电力工程高压送电线路设计手册

第二版

编著　国家电力公司东北电力设计院

主编　张殿生

中国电力出版社

CHINA ELECTRIC POWER PRESS

内 容 提 要

本书是在原书的基础上进行了全面修订。本书是从 35～500kV 送电线路设计、线路勘测、建设预算的实际应用出发编著的。全书共分十一章，主要内容有高压送电线路设计内容、程序和计算机软件简介；送电线路绝缘、防雷、接地、静电感应、无线电干扰；电线力学；绝缘子串及金具；对通信线路的影响保护；杆塔和基础；选线及定位；大跨越设计；线路勘测；建设预算和设计使用资料等。为了便于掌握和使用，书中著述了简要的设计、勘测、预算的理论；列供了各专业线路设计、线路勘测、建设预算的内容、方法、要求及有关参考例题；提出了计算公式、图表曲线，计算机程序软件介绍及框图，设计、勘测图纸，编制建设预算及设计使用资料等。

本书可供从事高压送电线路的设计、勘测、预算和施工、运行部门及高等院校有关专业人员使用和参考。

图书在版编目（CIP）数据

电力工程高压送电线路设计手册第二版/国电公司，东北电力设计院编. —2 版. —北京：中国电力出版社，2003.1（2025.2 重印）

ISBN 978 – 7 – 5083 – 1136 – 4

Ⅰ. 电⋯　Ⅱ.①国⋯②东⋯　Ⅲ. 高电压 – 输电线路 – 设计 – 手册　Ⅳ. TM726.1 –62

中国版本图书馆 CIP 数据核字（2002）第 042218 号

中国电力出版社出版、发行

（北京市东城区北京站西街 19 号　100005　http://www.cepp.sgcc.com.cn）

三河市万龙印装有限公司印刷

各地新华书店经售

*

1999 年 9 月第一版

2003 年 1 月第二版　2025 年 2 月北京第三十五次印刷

787 毫米 ×1092 毫米　16 开本　70.5 印张　2415 千字

印数 103751 —104750 册　定价 **298.00** 元

第二版前言

本书自 1991 年出版后得到有关部门和广大读者的支持和肯定，为了适应电力工业的高速发展的需要，对全书进行了全面修订。

这次修订增加了线路勘测、建设预算、设计使用资料、对通信光缆的电磁感应计算、钢管杆设计等内容；纳入了 DL/T 5092—1999《110～500kV 架空送电线路设计技术规程》和 GB 50061—97《66kV 及以下架空电力线路设计规范》中规定的内容；采用了国家标准中法定计量单位和新的文字符号。

本书编著人员：第一章张殿生；第二章第一、二、四、五节倪宗德，第三节 马绍驳 ，第六至九节张洞明；第三章邵天晓、汤伯兰；第四章第一至四、六、八、九节鲁崇周，第五、七节周长兴，第十节于文志；第五章第一至五节李广和，第六节谷仁川；第六章第一、二、四、五、七至九节彭广源，第二、三、五、六、九节吴宝昌，第十节孙连昌；第七章 李正民 、祝永年；第八章邓云龙；第九章第一节范成师，第二节曹士忠，第三节于善一；第十章第一至三、八节刘兵，第四节刘大力，第五、六节沈维春，第七节奚平，第八、九节邵长利；第十一章张殿生。

本书审校人员：第一章、第四章第一至九节、第八章孙鼎；第四章第十节周长兴；第二章 翁之盛 ；第二章第三节倪宗德；第三、五章薄通、张殿生；第六章第一至九节 曹伯远 ；第六章第十节祝永年；第七章祝永年、 李正民 ；第九、十章张殿生。主编张殿生。

东北电力设计院谭永才副总工程师对本书进行了主审，华北电力设计院对全书进行了认真审阅，电力规划设计总院黄志明教授级高级工程师审阅了第一章，并对全书进行了复审。此外，本书在编著过程中有关部门和人员给予了大力支持和帮助。特别是在第一版出版后的几年里，收到了全国送电线路设计、施工、运行等部门及广大读者来函、来信，提出了宝贵意见，给予较高评价、诚恳的鼓励，在此一并表示诚挚感谢。

由于我们的设计、勘测、预算经验和水平所限，书中缺点和错误在所难免，请各部门和广大读者提出宝贵意见，以便修正。

国家电力公司东北电力设计院

2002 年 5 月　于长春

目　　录

第二版前言

第一章　设计内容、程序和计算机软件简介

第一节　初步设计 …………………………… 1
　一、初步设计书及附图 …………………… 1
　二、设备材料清册 ………………………… 5
　三、施工组织设计 ………………………… 5
　四、概算书 ………………………………… 5
第二节　施工图设计 ………………………… 6
　一、施工图总说明书及附图 ……………… 6
　二、线路平断面图及杆（塔）
　　　位明细表 ……………………………… 7
　三、机电施工图及说明书 ………………… 7
　四、杆塔施工图及说明书 ………………… 9
　五、基础施工图及说明书 ………………… 10
　六、大跨越设计施工图及说明书 ………… 10

　七、通信保护施工图及说明书 …………… 11
　八、预算书 ………………………………… 11
　九、线路勘测 ……………………………… 12
　十、工程技术档案资料 …………………… 12
第三节　设计程序 …………………………… 12
　一、初步设计程序 ………………………… 13
　二、施工图设计程序 ……………………… 14
第四节　计算机软件简介 …………………… 15
　一、送电电气软件 ………………………… 15
　二、通信保护设计软件 …………………… 15
　三、自立式铁塔内力分析软件 …………… 15
　四、自立式铁塔制图软件 ………………… 15
　五、台阶式基础设计计算及制图软件 …… 15

第二章　电　气　部　分

第一节　高压送电线路的
　　　　电气参数 …………………………… 16
　一、正序（负序）阻抗 …………………… 16
　二、零序阻抗 ……………………………… 17
　三、正序、负序和零序电容 ……………… 20
　四、无地线线路的正序（负序）
　　　电容及正序（负序）电纳 …………… 20
　五、零序电容及零序电纳的计算 ………… 22
　六、送电线路的波阻抗和自然功率 ……… 24
　七、导线表面的电场强度 ………………… 24
第二节　交流送电线路的电晕 ……………… 29
　一、导线表面状况和大气条件对
　　　电晕的影响 …………………………… 29
　二、导线的电晕临界电场强度 …………… 30
　三、电晕损失 ……………………………… 30
第三节　无线电干扰（RI） ……………… 33
　一、送电线路 RI 的术语及特性 ……… 34
　二、送电线路 RI 的预估 ……………… 37
　三、送电线路的 RI 标准 ……………… 40

　四、送电线路 RI 的防护及其计算 …… 41
第四节　可听噪声 …………………………… 48
　一、送电线路可听噪声及其计量 ………… 49
　二、可听噪声的允许值 …………………… 50
　三、可听噪声的预计 ……………………… 50
第五节　送电线路的静电效应 ……………… 52
　一、电场强度及其计算 …………………… 52
　二、电场对人和动物的影响 ……………… 56
　三、地面各种物体上电流和
　　　电压的预计 …………………………… 57
　四、电流对人和动物的影响 ……………… 62
　五、设计送电线路时考虑的静电效应 …… 66
第六节　送电线路的绝缘
　　　　配合设计 …………………………… 67
　一、线路绝缘配合设计的概述、
　　　方法和原则 …………………………… 67
　二、大气状态对外绝缘放电
　　　电压的影响 …………………………… 69
　三、工频电压下塔头绝缘设计 …………… 72

四、操作过电压作用下塔头
　　绝缘设计 …………………… 83
五、雷电过电压作用下塔头
　　绝缘设计 …………………… 99
六、塔头间隙尺寸的确定 ……… 103
七、档距中央的绝缘配合 ……… 114
八、塔头规划设计程序 ………… 120

第七节　送电线路的防雷
　　　　　保护与接地 …………… 120
一、雷电参数 …………………… 120
二、送电线路上的雷电过电压 … 122
三、送电线路的防雷保护计算 … 124
四、送电线路的综合防雷措施
　　及有关规程规定 …………… 134

五、接地设计 …………………… 136
第八节　导线换位 ……………… 151
一、线路换位的作用 …………… 151
二、换位方式 …………………… 152
三、不换位线路电流不对称度
　　的计算方法 ………………… 152
第九节　绝缘地线 ……………… 156
一、地线的综合效益及其绝缘 … 156
二、电磁感应和电能
　　损失的计算 ………………… 156
三、静电感应的计算 …………… 157
四、地线的绝缘水平、绝缘结构
　　及绝缘方式 ………………… 161
参考文献 ………………………… 163

第三章　电线力学计算

第一节　气象条件 ……………… 166
一、搜集资料 …………………… 166
二、气象台的选择及气象分段 … 166
三、设计气象条件的选定原则 … 166
四、最大设计风速的选择 ……… 167
五、线路风速及风压高度变化系数 172
六、线路电线风压计算 ………… 173
七、电线覆冰厚度的选择 ……… 175
八、计算用气象条件的组合 …… 175
第二节　电线的机械特性和比载 … 176
一、电线的种类和选用 ………… 176
二、单股线的机械特性 ………… 176
三、钢芯铝绞线的机械特性 …… 177
四、电线单位荷载及比载 ……… 178
第三节　电线应力弧垂计算 …… 179
一、电线悬挂曲线方程式 ……… 179
二、弧垂公式的选用 …………… 181
三、电线的状态方程式 ………… 181
四、连续档的代表档距及档距中央
　　应力状态方程 ……………… 182
五、水平、垂直档距 …………… 183
六、极大档距和极限档距 ……… 184
七、电线应力弧垂曲线计算 …… 185
八、具有非均布荷载的孤立档
　　电线应力弧垂计算 ………… 191
第四节　直线杆塔上电线纵向不平衡

　　　　　张力计算 …………… 198
一、固定线夹的断线张力及纵向
　　不平衡张力值选取 ………… 198
二、固定线夹断线张力的计算 … 199
三、线路正常运行中的不平衡
　　张力计算 …………………… 202
四、导线断线时地线支持力计算 206
第五节　施工弧垂计算、调整、观测、
　　　　　安装和验收 ………… 207
一、电线初伸长的处理 ………… 207
二、架线弧垂及弧垂曲线 ……… 209
三、连续上下山的架线观测弧垂及悬垂
　　线夹的安装位置 …………… 212
四、电线弧垂的观测方法 ……… 214
五、装配架线计算方法 ………… 216
六、验收计算弧垂与检测弧垂的比较和处理 217
第六节　电线的风振及其防振 … 218
一、电线受风振动的种类、损害及
　　防护概况 …………………… 218
二、电线微风振动的基本理论 … 219
三、电线无危险振动的判断 …… 223
四、电线防振措施 ……………… 224
五、防振锤安装数量 …………… 227
六、防振锤安装距离 …………… 229
七、大跨越电线的防振 ………… 231
参考文献 ………………………… 232

第四章　对通信线路的影响及其保护

第一节　概述 …………………… 234
第二节　危险影响计算 ………… 235
一、磁危险影响 ………………… 235

二、电危险影响 ………………… 240
三、地电位升 …………………… 240
四、计算中注意的问题 ………… 241
第三节　干扰影响计算 ………… 242

一、干扰影响计算的简化内容 ……… 242
二、双线电话回路噪声计电动势 …… 244
三、单线电话回路噪声计电动势 …… 249
四、单线电报回路干扰电流 ………… 250
五、通信线路传播效应的衰减系数 … 251
第四节　屏蔽系数计算 ……………… 252
一、送电线路屏蔽地线的屏蔽系数 … 253
二、通信电缆金属外护层的屏蔽系数 … 254
三、铁道钢轨的屏蔽系数 …………… 261
四、综合屏蔽系数 …………………… 262
第五节　防护措施 …………………… 262
一、R-250 型陶瓷放电管性能 ……… 262
二、放电管配置计算方法 …………… 262
三、放电管安装与维护 ……………… 268
四、音响冲击限制器 ………………… 268
五、排流线圈 ………………………… 269
第六节　接地装置 …………………… 269
一、土壤电阻率 ……………………… 269
二、放电管的接地装置 ……………… 270
三、送电线路良导体架空屏蔽地线

的接地装置 ………………………… 270
第七节　大地电导率测量 …………… 273
一、四极电测深法 …………………… 274
二、地质资料判定法 ………………… 278
第八节　短路电流计算 ……………… 279
一、对称分量法 ……………………… 279
二、标么制 …………………………… 280
三、网络简化 ………………………… 280
四、短路电流计算 …………………… 282
第九节　危险影响计算及防护
　　　　设计例题 …………………… 283
一、短路电流计算 …………………… 284
二、危险影响计算 …………………… 285
第十节　对通信光缆线路电磁感应
　　　　影响的计算 ………………… 288
一、光缆的分类 ……………………… 289
二、危险影响的计算方法及允许标准 … 289
三、对金属光缆影响的防护措施 …… 290
参考文献 ……………………………… 290

第五章　金　　具

第一节　概述 ………………………… 291
第二节　金具的选用 ………………… 291
一、金具强度的安全系数 …………… 291
二、金具的分类和用途 ……………… 291
三、悬垂线夹的选用 ………………… 292
四、耐张线夹的选用 ………………… 293
五、联结金具的选用 ………………… 294
第三节　绝缘子串的组装 …………… 294
一、绝缘子机械强度的安全系数 …… 295
二、绝缘子串数的确定 ……………… 295
三、挂线点的选择 …………………… 295
四、金具零件连接接触点的选择 …… 296
五、V 型绝缘子串的组装形式和受力计算 … 296
六、跳线连接及跳线绝缘子串的组装 … 297
七、单导线用绝缘子串组装设计图例 … 298
第四节　220kV 线路双分裂垂直排列

导线金具 …………………………… 300
一、悬垂线夹的选择 ………………… 300
二、耐张和转角塔跳线金具的安装 … 300
三、双分裂导线的绝缘子串组装设计图例 … 301
第五节　500kV 线路四分裂导线金具 … 305
一、上扛式悬垂绝缘子串的组装 …… 305
二、下垂式悬垂绝缘子串的组装 …… 305
三、跳线悬垂绝缘子串的组装要求 … 306
四、对重锤的使用要求 ……………… 306
五、双联耐张或转角绝缘子串的组装 … 306
六、四分裂导线的绝缘子串组
　　装设计图例 …………………… 306
第六节　间隔棒 ……………………… 316
一、用途、分类及适用范围 ………… 316
二、技术要求 ………………………… 316
三、安装距离 ………………………… 317

第六章　杆　塔　设　计

第一节　杆塔型式 …………………… 318
一、钢筋混凝土电杆 ………………… 318
二、铁塔 ……………………………… 318
第二节　杆塔设计荷载 ……………… 324
一、杆塔上的荷载 …………………… 324
二、风荷载计算 ……………………… 325
三、电线垂直荷载与杆塔自重荷载计算 … 327
四、电线不平衡张力及其角度合力计算 … 327

五、直线杆塔安装荷载计算 ………… 328
六、耐张转角杆塔的安装荷载计算 … 329
七、荷载组合 ………………………… 330
第三节　钢筋混凝土电杆内力及变形计算 … 331
一、自立式拔梢电杆内力及变形计算 … 331
二、门型双杆内力计算 ……………… 335
三、A 字型双杆内力计算 …………… 337
第四节　拉线杆塔内力分析及变形计算 ……… 337

一、拉线应力和变形计算 ················ 337
二、门型和 V 型拉线杆塔计算 ·········· 340
三、拉线门型杆的简化计算 ·············· 342
四、双层及多层拉线杆塔内力计算 ······ 344

第五节　自立式铁塔内力分析和变形计算 ··················· 346
一、组成塔架的杆系形式 ················ 346
二、横隔的形式和设置 ·················· 346
三、静定平面桁架的内力分析 ·········· 347
四、平面桁架的变形计算 ················ 352
五、超静定平面桁架内力分析 ·········· 354
六、塔架内力和变形计算 ················ 355
七、常用横担、地线支架、横隔及塔头结构内力分析 ·················· 357
八、杆塔结构的极限状态设计法 ········ 362

第六节　钢筋混凝土及预应力钢筋混凝土构件计算 ··········· 363
一、材料允许值及设计值 ················ 363
二、安全系数 ···························· 364
三、钢筋混凝土构件计算 ················ 364
四、预应力钢筋混凝土构件计算 ········ 368
五、环形截面钢筋混凝土结构的构造要求 ···························· 371

第七节　钢结构构件截面选择 ········ 372
一、材料及其基本容许应力 ············ 372
二、构件的容许细长比 ·················· 372
三、拉线截面选择 ······················ 372

四、构件截面选择 ······················ 372
五、组合构件截面选择 ·················· 379
六、压弯构件计算 ······················ 381

第八节　连接计算 ···················· 382
一、材料及其基本容许应力 ············ 382
二、螺栓连接计算 ······················ 382
三、焊接连接件计算 ···················· 384
四、法兰盘连接计算 ···················· 386
五、塔脚板计算 ························· 386
六、拉板计算 ··························· 388

第九节　计算例题 ···················· 389
一、35kV 拔梢单杆计算 ················ 389
二、110kV 门型双杆计算 ··············· 392
三、猫头型铁塔计算 ···················· 394

第十节　钢管杆设计 ·················· 438
一、概述 ······························· 438
二、钢管杆设计型式 ···················· 438
三、设计荷载 ··························· 438
四、钢管杆的计算 ······················ 439
五、挠度计算 ··························· 444
六、钢管杆的连接 ······················ 446
七、基础型式 ··························· 446
八、构造要求 ··························· 447
九、钢管杆计算例题 ···················· 447

参考文献 ······························· 452

第七章　基础设计

第一节　基础分类和设计的基本知识 ··· 453
一、基础分类 ··························· 453
二、基础设计的基本知识 ················ 453

第二节　普通基础的上拔稳定计算 ····· 462
一、适用条件 ··························· 463
二、影响土体抗拔力的附加因素 ········ 463
三、剪切法 ····························· 464
四、土重法 ····························· 466

第三节　地基压力及地基计算 ········ 480
一、地基压力 ··························· 480
二、地基强度 ··························· 483
三、地基变形 ··························· 484

第四节　基础倾覆稳定计算 ·········· 489
一、电杆基础 ··························· 490
二、窄基铁塔基础 ······················ 491
三、宽基铁塔联合基础 ·················· 492

第五节　基础强度计算和构造要求 ····· 496
一、钢筋混凝土基础 ···················· 496
二、混凝土基础 ························· 513
三、石材基础 ··························· 516
四、底脚螺栓 ··························· 517

五、基础构造要求 ······················ 518

第六节　装配式基础 ·················· 523
一、基本型式 ··························· 523
二、内力和侧向稳定计算 ················ 524
三、强度计算和构件的构造要求 ········ 529

第七节　桩基础 ······················ 530
一、岩石锚桩基础 ······················ 530
二、爆扩桩基础 ························· 533
三、灌注桩基础 ························· 540
四、单桩的静荷试验要点 ················ 560

第八节　跨河基础设计的有关问题 ····· 564
一、基础型式及适用条件 ················ 564
二、基础设计的主要原始资料 ·········· 564
三、塔位的选定原则 ···················· 573
四、基础的设计荷载 ···················· 573
五、基础设计 ··························· 575
六、基础的构造要求 ···················· 575

第九节　计算例题 ···················· 575
一、掏挖基础 ··························· 575
二、机扩桩基础 ························· 577
三、普通钢筋混凝土基础 ················ 577

四、联合基础 …………………… 580
五、装配式基础 ………………… 584
六、岩石基础 …………………… 586
七、爆扩桩基础 ………………… 587
八、灌注桩基础 ………………… 588
九、电杆基础 …………………… 592
参考文献 ………………………… 593

第八章　选线及定位

第一节　选线 …………………… 595
　一、初勘选线 …………………… 595
　二、终勘选线 …………………… 596
第二节　定位 …………………… 599
　一、定位准备工作 ……………… 599
　二、定位方法 …………………… 600
　三、断面图测绘要求 …………… 601
　四、定位弧垂模板的制作与使用 … 601
　五、定位的原则 ………………… 602
　六、定位结果检查 ……………… 602

第三节　有关选线和定位的规定 … 611
　一、线路通过林区的要求 ……… 611
　二、线路与建筑物平行接近和交叉的要求 … 611
　三、线路与各种工程设施交叉和
　　　接近时的基本要求 ………… 612
附录8-1　线路杆（塔）位明细表 … 616
附录8-2　杆塔及基础使用条件一览表 … 617
附录8-3　线路纵断面图示例 …… 618
附录8-4　弱电线路等级 ………… 619
附录8-5　公路等级 ……………… 619

第九章　线路勘测

第一节　线路测量 ……………… 620
　一、选线测量 …………………… 620
　二、定线测量 …………………… 620
　三、平断面图测量 ……………… 624
　四、定位测量 …………………… 626
　五、弧垂测量 …………………… 627
　六、杆塔倾斜测量 ……………… 631
　七、仪器校正及视距常数的测定 … 632
　八、送电线路通过拥挤地段测定塔位坐标 … 632
　九、资料检查和整理 …………… 632
第二节　水文勘测 ……………… 632
　一、跨河方案选择 ……………… 632
　二、洪水调查 …………………… 633
　三、洪峰流量计算 ……………… 636
　四、设计洪水 …………………… 638
　五、河床冲刷调查 ……………… 655

　六、其它水文调查 ……………… 656
　七、电力水文CAD系统的应用 … 656
第三节　工程地质勘测 ………… 658
　一、概述 ………………………… 658
　二、平原地区勘测 ……………… 659
　三、山区勘测 …………………… 663
　四、特殊地区勘测 ……………… 666
　五、勘测资料的整理 …………… 672
附录9-1　拥挤地段平面图 ……… 675
附录9-2　变电所进出线平面图 … 676
附录9-3　测量标桩规格 ………… 676
附录9-4　通信线路危险影响相对
　　　　　位置图 ………………… 677
附录9-5　塔基断面图 …………… 677
附录9-6　送电线路水文勘测报告书编
　　　　　写参考提纲 …………… 678

第十章　建设预算

第一节　工程项目与建设预算 … 679
　一、工程项目建设程序和工程估算、
　　　概算和预算 ………………… 679
　二、建设预算的作用 …………… 680
　三、编制建设预算常用表格 …… 681
第二节　建设预算投资的内容组成
　　　　及其费用标准 …………… 681
　一、线路工程项目投资的内容组成 … 681

　二、本体工程费 ………………… 682
　三、单位工程费和相关费用标准 … 682
第三节　建设预算的项目划分 … 687
　一、项目划分的意义 …………… 687
　二、项目划分的原则 …………… 687
　三、项目划分的作用 …………… 688
　四、项目划分的要求、方法和说明 … 688
　五、送电线路工程的项目划分 … 688
第四节　建设预算的编制范围、

依据、方法 ……………………… 689
　一、建设预算的编制范围 …………… 689
　二、建设预算的编制依据 …………… 689
　三、建设预算编制的主要程序和方法 … 691
第五节　工程量的确定 ……………… 693
　一、工程量概述 ……………………… 693
　二、计算工程量的必要条件 ………… 693
　三、确定工程量的基本要求 ………… 694
第六节　估、概算指标和预算定额 … 694
　一、定额、指标的概述 ……………… 694
　二、定额与指标的性质 ……………… 694
　三、定额与指标的作用 ……………… 694
　四、定额、指标的编制条件 ………… 695
　五、工程建设定额的种类 …………… 695
　六、定额、指标的使用 ……………… 695
第七节　装置性材料预算价格 ……… 697
　一、材料及其分类 …………………… 697
　二、装置性材料的概述 ……………… 697
　三、装置性材料预算价格 …………… 698

　四、装置性材料预算价格的确定 …… 698
　五、装置性材料预算价格的使用 …… 700
　六、《装置性材料预算价格》的管理 … 700
第八节　建设预算的编制与实例 …… 700
　一、建设预算文件的组成 …………… 700
　二、建设预算的基本组成 …………… 703
　三、各单位工程装置性材料费的编制 … 704
　四、各单位工程安装费用的编制 …… 705
　五、辅助设施工程费用的编制 ……… 747
　六、其它费用的编制 ………………… 749
第九节　大跨越送电线路工程建设
　　　　预算的编制 ………………… 756
　一、一般做法 ………………………… 756
　二、大跨越直线跨越杆塔及基础工程 … 756
　三、施工组织设计大纲 ……………… 757
　四、辅助设施工程 …………………… 757
　五、其它费用的编制 ………………… 757
参考文献 ………………………………… 757

第十一章　设　计　使　用　资　料

第一节　计量单位及单位换算 ……… 758
　一、法定计量单位 …………………… 758
　二、常用物理量的法定计量单位 …… 759
　三、惯用的非法定计量单位与法定
　　　计量单位的换算 ………………… 765
第二节　导线和钢绞线 ……………… 769
　一、钢芯铝绞线 ……………………… 769
　二、铝绞线 …………………………… 787
　三、铝合金绞线 ……………………… 792
　四、钢芯铝合金绞线 ………………… 794
　五、铝包钢线 ………………………… 796
　六、铝包钢绞线及钢芯铝包钢绞线 … 797
　七、扩径钢铝绞线 …………………… 797
　八、圆铜线 …………………………… 798
　九、硬铜绞线 ………………………… 799
　十、铜包钢线 ………………………… 799
　十一、镀锌钢绞线 …………………… 799
第三节　绝缘子 ……………………… 802
　一、悬式绝缘子技术数据 …………… 802
　二、合成绝缘子技术数据 …………… 815
　三、地线绝缘子技术数据 …………… 816
　四、旧产品各型绝缘子技术数据 …… 817
　五、各型产品绝缘子说明 …………… 820
第四节　金具 ………………………… 821
　一、电力金具产品型号及说明 ……… 821
　二、悬垂线夹 ………………………… 823
　三、耐张线夹 ………………………… 829
　四、连接金具 ………………………… 840

　五、接续金具 ………………………… 855
　六、保护金具 ………………………… 864
　七、拉线金具 ………………………… 877
　八、T接金具 ………………………… 880
第五节　钢材 ………………………… 882
　一、角钢 ……………………………… 882
　二、槽钢 ……………………………… 935
　三、钢管 ……………………………… 937
　四、工字钢 …………………………… 968
　五、钢板和钢带 ……………………… 970
　六、圆钢和方钢 ……………………… 974
　七、钢筋混凝土用钢筋 ……………… 975
　八、盘条 ……………………………… 985
　九、焊接材料 ………………………… 985
　十、常用型钢组合截面回转半径近似值计算 … 990
　十一、常用截面几何特性 …………… 991
　十二、钢材的机械性能 ……………… 994
　十三、杆塔钢材强度设计值 ………… 996
　十四、钢材理论质量计算 …………… 996
第六节　螺栓、螺母 ………………… 996
　一、单个螺栓的容许承载力 ………… 996
　二、螺栓、铆钉连接强度 …………… 998
　三、螺栓、铆钉连接最小容许距离 … 999
　四、粗制六角头螺栓尺寸及质量 …… 1000
　五、粗制六角螺母尺寸及质量 ……… 1001
第七节　混凝土 ……………………… 1001
　一、水泥 ……………………………… 1001
　二、石材 ……………………………… 1007

三、砂 ……………………………………… 1007

四、混凝土 ………………………………… 1007

五、环形截面钢筋混凝土电杆截面特性数据 ……… 1012

第八节　木材 …………………………… 1013

一、木材的选用 …………………………… 1013

二、电杆、桩木、坑木的规格、材质要求 ……… 1013

三、木材的物理性能 ……………………… 1013

四、木材的计算指标 ……………………… 1013

第九节　建筑材料质量 ………………… 1019

第十节　66kV 线路绝缘子串和地线金具
　　　串定型设计图 …………………… 1021

一、设计使用说明书 ……………………… 1021

二、66kV 线路绝缘子串和地线金具串
　　定型设计图纸目录 …………………… 1023

三、66kV 线路悬垂绝缘子串组装图 ……… 1026

四、66kV 线路耐张绝缘子串组装图 ……… 1076

五、送电线路地线金具串组装图 ………… 1113

参考文献 ………………………………… 1116

第一章

设计内容、程序和计算机软件简介

高压送电线路的设计，一般分为初步设计和施工图设计两个阶段。也可以采用其它形式分阶段。

本章的重点主要是将初步设计按分章、分节，施工图设计按分卷、分册的设计内容及要求加以说明，以便能掌握全部工程设计内容和设计程序，并以此来对照设计内容是否齐全，是否满足设计深度的要求，并建立整体工程设计概念。

大型的或者地区复杂的送电线路设计项目，还要进行工程建设的可行性设计。

比较简单或小型的设计项目，也可将初步设计简化成为设计原则报告或设计纲要。

设计必须执行国家建设的各项方针政策和技术经济政策，执行规程、规范、现行国家标准及上级机关对工程设计的批示文件。并应符合国家基本建设部门颁发的设计文件编制及审批办法的有关规定和各部、委颁发的现行技术标准、规程、规范、导则等有关规定。设计的工程应做到安全可靠、技术先进、经济适用。

第一节 初 步 设 计

初步设计是工程设计的重要阶段，主要的设计原则，都在初步设计中明确，应尽全力研究深透。初步设计阶段应着重对不同的线路路径方案进行综合的技术经济比较，取得有关协议，选择最佳的路径方案；充分论证导线和地线、绝缘配合及防雷设计的正确性，确定各种电气距离；认真选择杆塔和基础形式；合理地进行通信保护设计；对于严重的污秽区、大风和重冰雪地区、不良地质和洪水危害地段、特殊大跨越设计等均要列出专题进行调查研究，提出专题报告；根据工程的特点及设计的实际情况，列出新技术的科研专题，把科学实验的成果用于工程设计中去。各项设计均应作出安全可靠、技术经济合理的设计方案，进行优选。设计必须做到技术进步，并从实际出发，结合国情和地区特点，积极慎重地推广采用成熟的新材料、新结构等先进技术。

在初步设计阶段为了确定设计原则，需编写初步设计书及附有关图纸；为了工程建设加工定货，需编写设备材料清册，估计主要设备材料的数量；为了有计划地进行经济建设，建设单位应合理的使用资金、安排工程投资，建设管理单位、施工单位应做工程建设计划及施工预算，并需编写概算书；大型工程为了合理地组织施工，需编写施工组织设计。故此，初步设计一般要编写初步设计书及附图、设备材料清册、施工组织设计、概算书等四卷设计。

一、初步设计书及附图

列出总目录、分卷目录、附件目录及附图目录。

（一）总论部分

（1）设计依据：列出工程设计任务书及批准的文号、经审核批准后的电力系统设计文件、上级机关或下达设计任务单位对工程设计的有关指示性文件等，以及与建设单位签订的设计合同。

（2）设计规模及范围：设计规模是根据工程设计任务书或设计合同的要求，说明线路的电压等级，输送电力容量及导线截面，线路起迄点、长度、回路数，中间落点及连接方式等。

设计范围一般包括线路的本体设计、通信保护设计、工程概算和预算、对运行维护设计考虑的附属设备等。还应说明线路是否包括降压运行的设计，进出两端变电所临时线的设计及检修站、巡线站的建筑设计等。

（3）建设单位及期限：确定工程建设单位、施工单位，按设计任务要求及建设单位安排，明确施工期间及建成投产时间。

（4）主要经济和材料耗用指标：主要包括全线总的综合造价和本体造价，每公里的综合造价和本体造价。说明每公里耗用的导线、地线，导线和地线用的绝缘子、金具，接地材料、杆塔、基础、钢材、水泥、木材等的数量。

（二）电力系统部分

（1）说明送电线路在电力系统中的地位和作用：①是主要干线，还是分支线、联络线、电力调峰线等；②如果该线路出现事故时，对电力系统的影响及作用；③在建设初期是否要求降压运行等。

（2）送电线路的输送电力容量及导线截面选择：根据已定的送电线路电压等级，通过电力系统的计算，说明线路正常和事故时的最大输送电力容量，确定线路回路数和所需要的导线截面。

（3）限制工频过电压和潜供电流的措施：对于500kV及以上送电线路，通过电力系统计算，确定限制工频过电压和潜供电流的措施。重点说明对地线是否要求用良导体材料，以减少工频过电压和潜供电流。

（4）变电所进出线：说明两端变电所或发电厂、中间变电所的进出线布置情况及规划出线数量，以便统一考虑变电所或发电厂的进出线方案。

（三）　线路路径部分

（1）发电厂和变电所的进出线：说明两端及中间变电所（发电厂）进出线的位置和方向，还要表示出现有和拟建线路出线的关系，统一规划，合理的布置进出线方案。

（2）路径方案的选择：按照已掌握的沿线路路径资料，对全线选出各有特点的两、三个路径方案进行比较，在大的方案中也可选出不同的小方案参加比较。

各路径方案要从路径长度，可利用的铁路、公路、水路等交通条件，沿线路地形、地势、水文、地质情况，特殊气象区，污秽地区，森林资源，矿产资源，跨越河流，各种障碍物，选用的线路转角及线路曲折系数等情况，来说明各路径方案的优劣。经过对各路径方案的选择，除从技术上看出各方案的优劣程度外，还要从线路安全运行、方便施工、降低造价、经济运行、障碍物的处理及大跨越情况等方面进行全面分析比较后，来说明推荐的路径方案。

选择路径应尽量避开重冰区、不良地质地带、原始森林区以及严重影响安全运行的其它地区，并应考虑与邻近设施，如电台、机场、弱电线路等的相互影响。

对规划中的两回路或多回路线路，在路径狭窄地段宜采用同杆塔架设。

线路耐张段长度，单导线或 35kV 和 66kV 线路不宜大于 5km；2 分裂导线线路不宜大于 10km；3 分裂导线及以上线路不宜大于 20km。如运行施工条件许可，耐张段长度可适当延长。在高差或档距相差非常悬殊的山区或重冰区（设计冰厚为 20mm 及以上地区）等运行条件较差地段，耐张段长度应适当缩小。

（四）　气象条件

1.　对气象资料的分析及取值

说明取用沿线气象台（站）和送电线路、通信线路的运行经验及造成自然灾害等资料情况，并进行分析。如果一条送电线路较长或气象复杂，可分段选择气象区。气象资料的取值如下：最大风速的取值；电线覆冰的取值；年平均气温的确定；最高和最低气温的取值；雷电日数的取值。

2.　气象条件成果表

将已选取的各种气象条件，分别按最高气温、最低气温、最大风速、覆冰、安装、年平均气温、雷电

过电压、操作过电压等情况所对应的气温、风速、覆冰的气象条件组合数值，汇总列表表示。宜采用全国典型气象区的表格形式及数值，见 DL/T 5092—1999《110～500kV 架空送电线路设计技术规程》，典型气象区标准见该规程附录表。

（五）　机电部分

1.　导线

按照工程设计任务书的要求和电力系统设计，决定导线截面和分裂根数，论证导线型式、规格、分裂方式、分裂间距等，并说明导线的主要机械和电气特性。通过污秽区时，应说明是否采用防腐导线。

2.　地线及其绝缘

（1）地线材料及规格：按照设计规程规定，选用地线的钢绞线型号。按照电力系统通信、运行维护通信、通信保护用屏蔽地线或光纤复合架空地线（OPGW）、电力系统运行过电压和潜供电流等的需要，论证是否采用良导体地线。通过分析比较后，确定地线的型式、规格并列出其性能情况。

（2）地线的绝缘：论证为了减少地线接地的电能损失、地线绝缘的必要性，确定是否采用良导体地线。要确定地线的绝缘方式、绝缘子串型式、绝缘子型式及片数、绝缘间隙距离及换位方式等。

3.　导线和地线的防振

（1）导线的防振：按技术经济条件，选取导线的安全系数、最大使用应力和平均运行应力，并考虑线路通过地区的地形、地貌及使用档距情况后，提出导线的防振措施。当采用分裂导线时，需确定导线用间隔棒型式，并考虑是否采用其它的防振措施。对特殊地区，经过调查研究后，如导线产生振荡、舞动问题，应提出防护措施。

（2）地线的防振：防振措施，原则上和导线相同。

4.　绝缘配合和防雷接地

（1）绝缘配合设计：

1）绝缘强度区段的划分：送电线路的绝缘强度按清洁地区和污秽地区来划分。以污秽性质、附盐密度、污源距离、气候条件及已有线路运行经验等，按架空送电线路设计技术规程的污秽等级来划分污秽区段和污秽等级，并提出防污秽措施。按线路通过地区海拔高度的不同，确定不同的绝缘设计。

2）绝缘子型式：选择一般清洁地区、污秽地区、高海拔地区绝缘子型式和相应跳线绝缘子型式。

3）绝缘子串及片数：按需要选择悬式和耐张绝缘子串的型式。区分清洁地区、污秽地区、高海拔地区，按电压等级、荷载条件来选择不同型式的绝缘子串的片数和联数，并说明各种绝缘子串的使用条件。

4）空气绝缘间隙：一般是按不同电压等级和海

拔高度选择操作过电压、雷电过电压、运行电压的空气间隙。特殊情况可按电气试验数据和绝缘子串配合选择空气间隙。还要考虑带电作业的空气间隙。

(2) 防雷接地:

1) 防雷保护:按送电线路的电压等级,通过地区雷电活动情况和已有线路运行经验来确定采用地线的根数。确定地线的保护角、档距中央导线和地线的最小距离。

2) 接地装置:按照地质、地貌情况,说明采用接地装置的主要型式和要求的接地电阻值。

3) 耐雷水平:按照送电线路设计情况,计算雷电预期跳闸率和耐雷水平情况,以满足过电压保护规程的要求。

5. 导线和地线的换位

(1) 导线换位:按照线路长短,确定是否换位;要说明两端和中间变电所(发电厂)的相序排列情况;按换位或换相情况绘出换位或换相布置图。

(2) 地线换位:当地线绝缘时,应结合导线换位和在地线上感应电压、电能损失情况,确定地线的换位长度及换位方式。

6. 绝缘子串及金具组装图

(1) 按送电线路电压等级,设计要求的电气强度和机械荷载条件,选择绝缘子串。按导线荷载条件和防电晕性能要求,选择线路各种金具型式。

(2) 采用分裂导线时,按照电压等级、导线型号、导线分裂根数、防电晕、导线振动等情况,选择间隔棒型式,并确定间隔棒在档距内的安装距离。

(3) 一般线路金具应选择定型设计产品,需要特殊设计的金具,应说明设计原则,并附设计图纸。

(4) 选用地线金具组合的设计原则,除了电气要求外,基本上与导线用金具相同。

7. 导线对地和交叉跨越距离

导线对地和交叉跨越距离,按设计规程和有关规定执行。

8. 无线电干扰

(1) 无线电干扰标准:500kV送电线路可按我国的无线电干扰标准进行设计。

(2) 导线最大电场强度及干扰水平:计算导线在运行电压下的最大电场强度,最大干扰水平不超过规定值。

(3) 防干扰措施:对500kV及以上送电线路,选择合适的导线,采用防电晕金具;对一般绝缘子串及金具采用均压环、屏蔽环等防电晕措施。

(六) 杆塔和基础

1. 杆塔设计

(1) 选择杆塔型式:

1) 选择杆塔型式的原则:按照全线地形,交通情况,线路在电力系统中的重要性,国家材料供应及施工、运行条件等因素,选择杆塔型式。

2) 套用杆塔设计:在工程设计中,一般应尽量选用典型设计或经过施工、运行考验过的成熟杆塔型式。要说明杆塔的使用条件。

3) 新型杆塔的设计:对新型杆塔的设计,需要充分研究设计的理由。一般都要经过科学试验后再选用。

4) 杆塔型式的选择:说明采用各种直线杆塔和承力杆塔型式的理由,包括各型杆塔的特点、适用地区、使用钢材、混凝土量等技术经济指标,考虑基础和线路占用走廊等因素后,进行综合的技术经济比较,优选杆塔型式。

(2) 杆塔使用条件:说明全线使用的直线杆塔和承力杆塔的荷载条件,包括设计最大风速、覆冰厚度、水平档距、垂直档距、最大使用档距、线间距离。确定标准杆塔高度和分段高度,杆塔的允许转角度数,每种杆塔质量及使用材料等情况。

(3) 杆塔主要设计原则:说明主要设计依据及遵照的有关规定,明确设计计算原则,提出对材料、构件、连接及防腐等要求。

2. 基础设计

(1) 选择基础型式:

1) 选择基础型式的原则:按照全线地形、地质、水文等情况,以及基础受力条件,来确定基础的型式。

2) 基础型式的选择:说明各种基础型式的特点,适用地形、地质、水文条件,每基耗用材料量,技术经济指标等。

(2) 基础主要设计原则:

1) 说明基础设计要遵照的有关规定,明确设计计算原则。

2) 特殊基础的设计,对岩石基础的选用,沼泽地基础的冻胀、强腐蚀地区基础的防腐、大孔性土基础的沉陷、特殊不良地质的基础问题等,经调查研究,做必要的科学试验,提出处理措施。

(七) 大跨越设计

线路跨越通航大河流、湖泊或海峡等,因档距较大(在1000m以上)或杆塔较高(在100m以上),导线选型或杆塔设计需特殊考虑,且对发生故障时严重影响航运或修复特别困难的耐张段,需进行大跨越设计。线路跨越较大的山谷是作为大档距来设计,一般情况只对导线及特殊的气象条件进行加强设计。

(1) 跨越地点的选择:说明各跨越地点的杆塔位处的地形、地势、水文、地质、主河道变迁、通航、跨越档距的大小等情况。选出几个跨越方案后,经过综合技术经济比较,推荐最佳方案。

（2）气象条件：选择最大风速、电线覆冰和气温等情况。

（3）导线和地线的选择：按照导线和地线的电气和机械性能，跨越档距的大小，杆塔高度，导线和地线的间距及荷载条件，选择导线和地线。要论述采用特殊导线和地线的必要性，并按照导线和地线的特性和参数，经技术、经济比较后推荐最佳方案。

（4）导线和地线的防振：根据大跨越的特点，比一般线路振动严重，应说明采取联合防振措施的情况。

（5）绝缘子串及金具：除按照对一般线路考虑的条件外，还应按线路荷载大和杆塔高，需要增加绝缘子片数的情况，来选择或新设计绝缘子串及金具。同时也要论述是否采用特殊金具的必要性。

（6）绝缘配合及防雷保护：高杆塔的绝缘配合及防雷保护，是按照不同杆塔高度增加绝缘子片数后，配合相应的操作过电压、雷电过电压、工频电压的空气间隙及其风速值来确定塔（杆）头尺寸，线间距离，档距中央导线和地线距离，防雷保护角及接地装置。

（7）跨越杆塔和基础：

1）跨越杆塔的设计：大跨越杆塔，一般设置在5年重现期的洪水淹没区以外，并考虑30～50年河岸冲刷变迁的影响。按照不同的跨越方案，确定杆塔高度、型式，进行技术经济比较，优选杆塔设计方案；确定主要的设计原则，如杆塔的结构材料、高空风速、风振系数、攀登设施、防空标志等。

2）跨越基础的设计：按照地质、水文资料及荷载条件，确定主要的设计原则，如最大洪水位，冲刷条件，地震土壤局部液化，基础的防护等；对不同的基础型式进行技术经济比较，选择最佳设计方案，确定基础型式。

（8）跨越方案的优选：将各跨越设计方案的杆塔型式、高度和基础型式，采用单、双回路跨越和路径长度，以及采用导线和地线，绝缘子和金具，施工和运行条件等进行综合比较。全面论证各跨越方案的材料耗量，技术经济、安全可靠性，推荐大跨越的最佳方案。

（八）对通信线路的影响及其保护

1. 通信保护设计的说明

说明送电线路中性点接地情况，线路路径对主要通信线路影响的情况，各种保护方案的比较及关键性问题等。

2. 设计原则及依据

（1）根据电力系统阻抗图，计算线路的单相接地短路电流，并绘成单相接地短路电流曲线图。

（2）说明送电线路沿线大地电导率的分段及取值。

（3）按照从各有关单位收集的通信线路资料，绘制送电线路影响范围内通信线路路径位置平面图，以此相对位置计算电磁危险影响值。

3. 危险影响计算和保护措施

计算受影响的通信线路感应的纵电动势，对超过电磁危险电势标准的通信线路，进行技术经济比较后采取保护措施。

对各条通信线路危险影响计算结果、保护措施、协议情况等可列表说明。

4. 干扰影响计算和保护措施

对送电线路交叉或接近通信线路时，产生的静电感应电压、杂音电势，超过规定标准时，需要采取防干扰保护措施。

（九）送电线路的维护通信

（1）选择维护通信的方式：说明在工程中选用光缆通信、地线通信、无线电通信、有线通信等各种通信方式情况。经过技术经济比较后，推荐线路维护通信方案。

（2）通信通道的组织：说明各种通信通道的频率分配情况，并绘出通道设计组织图。

（3）主要设备的选择：确定主要设备选择的型号和配套设备的附件等。

（十）线路运行维护

1. 运行机构及人员编制

（1）运行机构：说明全线由几个运行单位维护、需要增设或扩建保线站、巡线站情况。

（2）运行人员编制：按规定和实际运行情况，确定运行人员的编制。

2. 交通工具及贮备器材

（1）交通工具：确定交通工具的种类、数量、型号等。

（2）贮备器材及工具：按规定贮置贮备器材和工器具。

（十一）初步设计附图

（1）电力系统接线图；

（2）送电线路路径经过图；

（3）送电线路进出线平面图；

（4）拥挤地段平面图；

（5）大跨越设计的平、断面图；

（6）导线力学特性曲线；

（7）地线力学特性曲线；

（8）绝缘子串及金具组装图；

（9）全线杆塔一览图；

（10）全线基础一览图；

（11）影响范围内通信保护平面位置图；

（12）单相接地短路电流曲线。

（十二）附件

（1）工程计划任务书、设计合同及批准文件；

（2）主要收集资料和协议单位文件及内容摘要；

（3）重要会议纪要及函件、电文资料；

（4）新技术、新设备试验鉴定资料、各种科研试验报告及其它重要文件；

（5）大跨越设计及复杂地段的地质报告；

（6）水文、气象勘测报告。

二、设备材料清册

（一）工程概况

包括送电线路的电压等级，回路数，线路起迄点、路径长度，全线地形情况，污秽区情况，导线和地线型式，导线和地线悬垂、耐张串的绝缘子型式、片数和金具情况，杆塔和基础型式及数量等。

（二）编制依据

以工程设计任务书或设计合同、有关上级文件、工程设计资料为依据。

（三）建设期限和施工单位

在设计任务书或设计合同中规定或由建设单位文件来确定建设期限和施工单位。

（四）设备材料清册

（1）线路本体部分主要设备材料表：主要包括有导线、地线、金具、绝缘子、钢材、水泥、木材、汽车等设备材料。说明各项的规格、数量等。

（2）通信保护部分主要设备材料表：主要包括有放电管，隔电子，排流线圈和其它保护措施的设备材料等。说明各项设备材料的规格、数量等。

（3）维护通信部分主要设备材料表：主要包括有各类载波机设备，无线电设备，必备的仪器及其它主要通信设备材料等。说明各项设备材料的规格、数量等。

三、施工组织设计

施工组织设计，必须充分调查，掌握工程建设的实际情况，并征求施工单位意见后，进行编制。

（一）技术组织措施

（1）工程概况：主要包括线路的电压等级、回路数、起迄点、长度、导线和地线型式、各类主要杆塔和基础的型式、数量等。

（2）建设单位及期限：说明负责组织工程的建设单位、施工单位和开工、竣工期限。

（3）路径情况：主要包括全线路各类地形、地貌情况，全线路各种交叉跨越物的数量及次数。影响线路建设需拆迁的房屋、设施及其它建筑物的数量范围等。

（4）通信设施：确定施工指挥机构后，说明在施工中的工程指挥系统、通信联络方式。

（5）施工组织措施：按照上级要求、建设单位的意见、线路自然情况、施工单位的力量情况，确定施工组织措施，说明施工单位可投入的技术力量，采用机械化施工、半机械化施工及人力施工的情况，说明利用最佳季节安排施工、全面保证工程质量来完成任务的措施。

（6）主要设备材料表：除按本章"设备材料清册"内容列表外，并列出可供使用的大型机械设备表。

（二）沿线交通条件及工地运输

（1）沿线交通条件：说明沿送电线路可供各种车辆通行的道路、桥梁与线路路径的相对距离及需要修桥、补路的情况。

（2）选择配料站和计算平均运距：按照方便施工和减少运距的原则，选择沿线配料站。以配料站向各施工的杆塔位置供配料，并计算出各站供应线段长度，全线路各种运输方式的运输工作量和平均运距。

（三）施工综合进度

（1）编制施工综合进度：按照对施工工期的要求，建设单位的意见，施工单位人力，机械设备及材料供应，各工序工作量和施工的有利季节等情况，来制定各项施工进度。

（2）施工进度表：按施工工作量，安排各项目的施工工期，投入人力和使用各类机械设备等情况，编制工程从施工准备至竣工的施工进度表。做到合理的安排工期，促进优质、高效地完成施工任务。

四、概算书

（一）编制说明

（1）工程概况：包括线路起迄点，路径长度，回路数，电压等级，沿线路地形、地貌、地质、水文情况，气象条件，交通运输情况，采用导线、地线型式及根数，杆塔和基础的型式及数量，绝缘子串和金具的型式及数量，树木砍伐，障碍物迁移拆除情况，大跨越设计及有关特殊情况等。

（2）工程投资及概算指标：说明工程概算的总投资和平均每公里综合造价。本体工程的总投资和平均每公里本体造价。

（3）编制依据：

1）设计任务书或设计合同。

2）初步设计书及审核意见。

3）有关各项概算、预算的规定。

4）有关单位提供的概算资料，生产厂家提供工程使用的产品价格等。

5）市场价格计算差的情况。

（4）技术经济分析：要分析工程的特点和各项

工程设备材料消耗多少的主要原因，并和同类工程每公里综合造价，本体造价及工程分项造价情况进行比较，分析造价高低的原因。估算、概算技术、经济指标的对比分析。说明造价指标是否合理及存在的问题，提出解决的办法。

（5）建设单位及其它说明：在编制概算中要说明负责工程建设的单位及施工单位，以及其它该说明的问题及事项。

（二）编制概算书

编制概算主要是按规定的统一表格形式计算、填写各项数据。静态投资包括：总概算表，本体工程汇总表，单位工程表及其装置性材料数量价值表，辅助设施工程表，其它费用表，基本预备费，材料价差等。动态投资包括：价差预备费，建设期贷款利息等。计算工程总投资。

1. 总概算表

包括线路本体工程，辅助设施工程，其它费用，定额人工费上调，材机调整价差，基本预备费，材料价差。价差预备费，建设期贷款利息等的各项安装及总的工程费，各项占总计的百分数，各项及总的单位每公里造价。

2. 本体工程汇总概算表

包括工地运输，基础工程，杆塔工程，附件工程，架线工程等分项和总的直接费，含主材费，安装费，其它直接费和间接费含施工管理费，其它间接费及计划利润、税金等建筑安装费用，每公里工程造价和总造价及分项占总造价的百分数。

3. 单位工程装置性材料费

按装置性材料统计表含各种材料总数量，加损耗后计算各种量的合价并累计质量及费用。

4. 单位工程安装费

包括工地运输，土（石）方工程，基础工程，杆塔工程，绝缘子及金具工程，架线工程等各项内容的单位数量，安装费及其工资，并累计安装合价及其工资。

5. 辅助设施工程费

按各项费用统计计算，含巡线、检修站工程，巡线、检修道路工程，通信工程，拦河（江）线工程，设备和工具购置的各项费用。

6. 其它费用

包括生产准备费，建设场地准备费，施工辅助费，技术装备及劳动保护费，通信保护费，勘测设计费，各项预备费，税收及贷款利息等。

（三）编制大跨越概算书

大跨越段线路概算的编制，在项目划分、编制原则及依据、编制内容及程序、体现形式等与一般概算编制相同。

按照大跨越段的特点，对大跨越杆塔及基础、架线工程、附件工程、辅助工程、其它费用等进行独立编制费用，并编写说明书。最后要列出大跨越段的综合造价和本体造价。

第二节   施工图设计

施工图设计是按照初步设计原则和设计审核意见所作的具体设计。是由施工图纸和施工说明书、计算书、地面标桩等组成。施工说明书主要是说明为实现设计意图而要求的施工方法、原则和工艺标准。施工图设计一般包括下列的设计内容。

一、施工图总说明书及附图

在施工图总说明书前面要附施工图总说明书目录、附件目录和附图目录。

1. 施工图设计编制依据及范围

（1）编制依据：是按初步设计和初步设计审核意见及其它有关文件进行编写的，并附文件的编号及内容。

（2）设计范围：说明工程设计的范围，包括从某一变电所或发电厂至另一变电所或发电厂的全部或部分线路本体设计，对通信和信号线路的危险和干扰影响的保护设计，施工组织设计，编制概算、预算，确定运行组织设计的附属设备等。

2. 对初步设计及审核意见执行情况的说明

（1）关于执行初步设计的情况：主要说明完成施工图设计的总情况。

（2）对初步设计修改及审核意见处理的情况：在施工图设计中，因某些原因不能执行初步设计和审核意见，重大的问题已作了报告，在此只说明结果。一般问题要说明变化的理由和结论意见。

3. 施工图设计阶段的科研试验

在施工图设计中按初步设计确定的科研试验或者是在施工图设计中新增加的科研试验项目，要说明结论意见，并附单项科研试验报告的名称及编号。

4. 工程技术特性

（1）工程概况：包括送电线路的名称，起迄点，电压等级，回路数，实际长度，航空距离，路径曲折系数，转角次数，沿线地形、地貌及交叉跨越情况等。

（2）设计气象条件：包括最高气温、最低气温、最大风速、覆冰厚度、安装情况、平均气温、雷电过电压、操作过电压等组合的气温、风速、冰厚情况等。

（3）导线和地线：说明导线和地线的型号，导线分裂根数及排列方式，设计安全系数，最大使用应力，平均运行应力等。

（4）绝缘配合：

1）导线用绝缘子：说明一般地区、高海拔地区、大跨越区段、污秽地区等的直线和耐张及跳线绝缘子串用的绝缘子型式和片数。

2）地线用绝缘子：说明直线和耐张绝缘子串用的绝缘子型式及片数。

3）空气间隙：说明工频电压、雷电过电压、操作过电压在不同海拔高度时的空气间隙和相应的设计风速；带电检修间隙及防雷保护角。

4）接地电阻：说明土壤电阻率及要求的接地电阻值。

（5）导线和地线的防振：说明采用导线和地线的防振措施。

（6）导线和地线的换位：说明送电线路换位方式、换位次数及长度等情况。

（7）线路金具：说明导线和地线采用的悬式和耐张金具组合情况。

（8）杆塔使用情况：说明采用杆塔的型式、呼称高、允许转角度数、水平档距、垂直档距和全线各型杆塔使用基数；每基杆塔合计使用的钢材、水泥、拉线等的数量及质量，列表表示。

（9）基础使用情况：说明采用基础的型式，单基基础的钢材、混凝土的数量及质量，土（石）方量，列表表示。

（10）档距使用情况：说明全线平均使用档距、最大使用档距、最小使用档距、大跨越档距长度等情况。

（11）通信保护措施：说明对受影响的通信线路主要保护措施情况。

（12）运行组织设计：说明运行机构和所采用维护通信的方式等。

5. 经济指标

包括初步设计的概算或批准修正概算和施工图预算的全线路综合投资，每公里综合造价和全线路本体投资，每公里本体造价。

6. 主要设备材料汇总表

（1）主要设备材料表：包括全线路的导线、地线、绝缘子、金具、钢材、水泥、木材、汽车等的设备材料数量和每公里的数量表。

（2）通信保护主要设备材料表：包括放电管、隔电子、排流线圈和其它保护设备材料的数量。

7. 设计说明书及卷册目录

列出全部初步设计和施工图设计的说明书及卷册目录。本章第一节序号一～四为初步设计卷号（章号在卷号之中），第二节序号一～八为施工图设计卷号（册号在卷号之中）。

8. 线路勘测成果目录

（1）送电线路平断面图；

（2）送电线路工程地质勘测塔位明细表；

（3）大跨越及复杂地质地段的地质报告；

（4）水文勘测报告；

（5）气象资料报告。

9. 附件

（1）初步设计审核意见；

（2）上级和其它单位来往重要文件；

（3）重要的会议纪要；

（4）补充协议文件；

（5）科研试验及调查报告。

10. 附图

（1）送电线路路径经过图；

（2）全线杆塔一览图；

（3）全线基础一览图。

二、线路平断面图及杆（塔）位明细表

（一）线路平断面图

送电线路断面图及平面图是测量专业的测量成果，是按设计人员选出的线路路径方案，测量出供设计用的断面图及平面图。断面图包括沿线断面地形，杆塔位置及各项地面物的标高、里程、杆塔编号和杆塔型式、弧垂线等。平面图包括各种杆塔档距、里程、标高、耐张段长度、代表档距等。

（二）杆（塔）位明细表及其封面说明

杆（塔）位明细表是把线路断面图上的设计、施工、运行所需要的各项主要数据，包括耐张段长度、塔位里程、杆（塔）位桩号、杆塔型式、线路转角、杆塔呼称高、档距、代表档距、水平档距、垂直档距、杆塔施工基面及长短腿、基础型式、导线及地线绝缘子金具串组合、重锤、防振锤等，汇集在一起，列成表格。以便设计、施工、运行使用。

杆（塔）位明细表的封面说明包括线路总长度、分段长度、各种杆塔的基数、确定线路前进方向的说明，标明铁塔ABCD腿布置情况、横担布置方向及需要统一说明的事项。

（三）交叉跨越分图

交叉跨越分图是供有关单位掌握送电线路跨越铁路和Ⅰ、Ⅱ级通信线路的情况及签订施工协议使用。图中应标明与被交叉跨越物距离的各项尺寸。

三、机电施工图及说明书

（一）架线施工图及说明书

1. 总说明

（1）说明架线施工范围及主要内容。

（2）说明架线施工的要求，除按上级有关规定的线路施工质量标准外，需按施工图设计内容的要求进行施工。

（3）说明对工程使用的各项元件，在安装之前，按设计要求进行检查验收。

（4）说明在开工时，要按线路平断面图及杆（塔）位明细表，对杆（塔）位置进行复测，核对杆（塔）号、杆（塔）型、档距等。

（5）说明在架线施工中发现与设计不符时，要求及时提出，经设计工地代表研究后，妥善处理。

2. 导线的架设

（1）说明采用的各种导线型号，并附架线弧垂曲线。

（2）说明在有放松导线张力的耐张段时，另附放松张力的架线弧垂曲线或表格。

（3）说明线路经过高差较大的山区并有连续上、下山时，为使绝缘子串在杆塔上不偏移，需要对导线弧垂及线长进行调整后安装线夹。

（4）导线进出发电厂或变电所的孤立档距和在线路中间出现较小的孤立档距，要算出施工弧垂和竣工弧垂，列出施工图表。

（5）承力杆（塔）的跳线，按逐基杆（塔）所处条件，计算跳线弧垂及线长，列出施工图表。

（6）要求导线架线施工完毕后，对被交叉和接近的障碍物及对地距离，按规定进行检查。为了便于检查列出对各种距离的要求。

（7）说明分裂导线排列方式及对间距尺寸的施工要求。

3. 地线的架设

（1）说明采用地线的型式，并附地线的架线弧垂曲线。

（2）说明采用良导体地线和光纤复合架空地线（OPGW）的架设方式和接地要求等。

（3）说明对地线孤立档距的架设要求。

（4）当导线需要放松张力，也需地线相应的放松张力时，要附地线放松张力的架线弧垂施工图表。

4. 导线和地线的换位

说明导线和地线的换位方式、全线换位长度及次数。附换位施工图及两端变电所的相序排列情况。

当采用构架换位或耐张换位时，要附图说明相位关系和各带电体距离的要求。

当采用直线换位时，要确定横担布置方向及杆塔位移尺寸。

5. 防振措施

说明按照送电线路振动情况，确定导线和地线的防振措施，提出对防振元件的安装要求。

6. 杆塔挂线

有些杆塔挂线孔位较多，要附图说明各挂线孔的用途。

7. 放线和紧线

（1）提出导线和地线放线和紧线的保护措施。

（2）说明采用直线杆塔作为临时锚线时，观测弧垂对绝缘子串的要求。

（3）按计算的非直线杆塔跳线施工弧垂及长度，列出施工图表。

（4）导线对地距离和交叉跨越距离，应符合有关规定，提出对交叉跨越距离的要求。

（5）对大档距的施工，要求在紧完线后，尽快安装线夹和采取防振措施。

8. 其它

（1）线路通道内的树木砍伐：提出尽量少砍伐树木的措施。

（2）采用新技术的说明：提出对采用新技术、设备、材料的要求及注意事项。

（3）特殊情况的说明：在线路中出现的新旧线路连接、双回路变单回路连接、单双地线的连接、采用特殊绝缘子串和金具等，均应给予说明。

（4）线路运行标志：说明线路上导线有明显的相位及安全运行的标志等。

9. 机电施工图纸

（1）导线和地线力学特性曲线；

（2）导线和地线架线曲线；

（3）导线和地线孤立档架线表；

（4）连续上、下山导线架线弧垂调整表；

（5）跳线施工图；

（6）导线换位施工图；

（7）防振锤和阻尼线安装示意图。

（二）金具施工图及说明书

1. 施工说明

（1）说明各种金具要取得生产厂家的合格证书，施工单位要按照施工图设计的要求进行检查和试组装。

（2）说明导线和地线用的耐张线夹和直线压接管，要按有关规定进行压接试验，应满足抗拉强度和电气性能的要求。

（3）金具零件大部分是定型产品，选出零件列出图纸目录。

（4）对新产品，要绘出外形尺寸、性能要求的设计图纸，并提出保证质量的措施。

（5）绝缘子串及金具的设计，除按常规施工方法进行施工外，均需编写施工说明。

2. 绝缘子串及金具组装图

按照各种导线和地线的最大荷载条件和电气强度

的要求进行设计，并绘成组装图，详见第五章和第十一章第十节。

3. 绝缘子串安装说明

（1）悬垂绝缘子串，除单导线按常规安装绝缘子串外，对两分裂、三分裂、四分裂及以上导线采用的下垂式线夹、上扛式线夹及其它型式线夹，均应说明安装工序及其要求。对防电晕金具的螺栓、销子等项安装应提出防电晕的要求。

（2）耐张绝缘子串，除按一般常规绝缘子串施工安装外，对屏蔽环、均压环、跳线等项的施工，要提出保证质量的措施。

4. 地线的安装施工说明

除按常规安装施工外，还要说明绝缘子放电间隙的安装方向及其它事项。

5. 间隔棒的安装说明

说明采用间隔棒的型式、性能、使用范围及其安装要求。

6. 缠铝包带的要求

要求在导线用悬垂线夹、螺栓型耐张线夹、防振锤夹头处缠铝包带，说明在不同电压等级线路，于导线上缠绕的范围与线夹宽度的关系。

7. 包装要求

为确保线路建设质量，对所有绝缘子和金具都要有包装的要求，以防碰坏。

（三）接地装置施工图及说明书

1. 接地装置施工设计说明

（1）每基杆塔的接地装置型式，均在杆（塔）位明细表中注明。

（2）说明当接地装置埋设完毕后，实测工频电阻值，要满足规定值的要求。

（3）提出在岩石地区，接地体的施工，要保持接地槽的土体及其它安全运行的措施。

（4）说明杆塔接地体与地下电缆、管道等的距离，要满足规定的要求。

（5）说明在有严重腐蚀地区的接地装置，所采取的防锈蚀措施。

（6）说明按不同地形、地势条件，可灵活敷设接地体及其它降低接地电阻的措施。

2. 接地装置施工图

（1）各型杆塔在不同的土壤电阻率地区，选择或新设计合适的接地装置型式。

（2）杆塔接地装置施工图的内容，详见第二章。

四、杆塔施工图及说明书

（一）杆塔施工说明

（1）说明杆塔施工及验收，要遵守的规定。

（2）说明杆塔组装、起吊时，允许起吊点的位置。

（3）说明当杆塔采用不对称结构需要施工预偏时，确定预偏的方向和数值。

（4）在锚塔、紧线塔设置临时拉线时，要对临时拉线在杆塔上的连结点、对地夹角、平衡张力等提出要求。

（5）在直线杆塔上架设导线和地线时，应说明允许的起吊方法。

（6）从杆塔强度设计方面，提出对架线施工方法的要求。

（7）说明新旧线路连接或特殊受力的杆塔，在施工中应满足的杆塔受力条件及有关事项。

（二）杆塔图纸说明

（1）对直线杆塔、耐张杆塔、转角杆塔、跨越杆塔、换位杆塔、终端杆塔等分别进行说明。

（2）杆塔设计内容深度，按有关杆塔的设计和制图规定，要满足便于加工和施工安装的要求。

（三）杆塔设计图纸的内容

1. 铁塔设计图

（1）铁塔设计图纸包括铁塔组装总图，横担及地线支架结构图，上、下曲臂结构图，塔身部分结构图和腿部、底脚结构图等。

（2）铁塔结构图中包括单线组装图和角钢、构件制造图。要在图中标明各部位的尺寸，单件材料的编号、螺栓、脚钉和连接板的位置，各种角钢、构件的型号等，并附材料明细表及其说明等。

（3）铁塔组装图包括正面、侧面单线图及铁塔接腿图和拉线图。图中标明各部位尺寸，并附有铁塔根开表、计算荷载、设计条件及材料汇总表等。

2. 钢筋混凝土杆设计图

（1）钢筋混凝土杆设计图包括钢筋混凝土杆组装总图，上、中、下杆段结构图，横担及地线支架结构图和梯子及其它有关部位结构图等。

（2）钢筋混凝土杆制造图中包括平面图和剖面图。图中标明主筋和构造筋的配置、螺旋筋和内钢箍间距、穿钉钢管位置、接头构造、预应力钢筋混凝土杆的挂筋方式等，并附材料明细表及其说明。

（3）钢筋混凝土杆组装总图，包括正面、平面单线图。图中标明各部尺寸，杆段直径、分段长度、横担长度及线间距离，基础埋深，拉线根开，梯子组装图等，并附设计条件、材料明细表及其说明。

3. 钢管杆设计图

（1）钢管杆设计图纸包括钢管杆组装总图，横担及地线支架结构图，杆身部结构图，腿部结构图等。

（2）钢管杆结构图中包括单线组装图和钢管杆构件制造图、梯子结构图。并附材料明细表及其说明。

（3）钢管杆组装图包括正面、侧面单线图及钢管杆头部、身部、腿部及梯子图。并附有钢管杆根开表、设计条件及材料汇总表等。

五、基础施工图及说明书

(一)基础施工说明

(1)说明基础施工及验收要遵守的规定。

(2)说明施工基面的含义,并绘出示意图,以便达到正确的施工。

(3)说明拉线杆塔的主柱基础和拉线基础施工基面不在同一标高时,确定拉线根开的原则。

(4)为了保护基础,当采取护坡、挡墙和挖排水沟等措施时,应说明确定的杆塔号和处理方式,并附处理的简图。

(5)对有地下水的基础,须说明采取防水措施和对基础垫层的要求。

(6)对于采用爆扩桩基础、灌注桩基础、岩石基础及掏挖基础等,应说明在施工中应遵守的事项及严格的质量要求。

(7)当基础位于有腐蚀性的土壤和地下水时,要说明对基础及构件的防腐措施和要求。

(8)当塔脚和基础采用地脚螺栓连接时,要说明对浇制保护帽的要求。

(9)对严寒地区的沼泽地和地下水位高的地段,要说明采用杆塔基础的防冻胀措施及施工要求。

(10)对大孔性土壤、流砂、淤泥、沙漠、滚石和溶洞等地区的基础,要说明在施工中处理的措施和要求。

(11)说明对受水淹没或冲刷基础的防护设计及要求。

(12)当采用新的基础型式时,应编写研究试验报告,得出使用的结论。

(二)基础图纸说明

(1)对于直线杆塔基础、非直线塔基础、大跨越杆塔基础和特殊杆塔基础等,分别进行设计。

(2)基础设计内容深度,按常规基础设计和制图规定,便于加工和安装及浇制混凝土等要求。

(三)铁塔基础设计图纸的内容

(1)每种基础设计图纸的内容包括有构造图、组装图、地脚螺栓制造图和基础根开表,铁塔基础设计条件,铁塔基础材料表等主要内容。

(2)铁塔基础制造图的内容包括有正面图、平面图、剖面图等,图中表明基础设计的各部分构造形式、尺寸、根开和地脚螺栓间距等。

(四)钢筋混凝土杆基础设计图纸内容

(1)每种基础的设计图纸,均应绘出打拉线杆或不打拉线杆的正面和平面单线图及相应的基础图,底部杆段为基础的一部分。图中标出杆和拉线的根

开,底盘、拉线盘、卡盘的位置,有关的外形尺寸及基础埋深。

(2)基础的制造图,主要是底盘、拉线盘、卡盘的制造图,一般为钢筋混凝土预制件。要用正面图、平面图、侧面图的形式表示基础设计的构造形式和尺寸,并附钢筋混凝土杆基础材料表及其说明。

六、大跨越设计施工图及说明书

(一)机电施工图及说明书

1. 大跨越概况

说明送电线路大跨越的地点、地形、地势,河流宽度及变化情况,交通运输情况,设计档距、塔高、耐张段长度和塔位的地质、水文等情况。

2. 导线和地线的特性及架线弧垂

(1)说明导线和地线的机电特性。

(2)对导线和地线的力学特性,可制成曲线或列表说明。

(3)导线和地线的架设,须计算出在各种气温下的架线弧垂值,并列出表格。

3. 跳线施工图

当计算出跨越耐张或转角塔的跳线弧垂和线长后,绘制成跳线施工图。

4. 绝缘子串及金具

由于大跨越导线、地线和绝缘子串荷载大,所以要求具有高强度的绝缘子串及金具。又因杆塔高,需要增加绝缘子片数,有时还要研制新型金具,编写施工说明。

5. 接地装置

只是对大跨越设计接地电阻值要求比较低,而接地装置施工图的内容及要求与一般线路设计相同。

6. 高塔照明灯

为了空中航行安全,杆塔达到一定高度时,按航空单位要求,应在杆塔上装设夜间用的航空安全灯或在下部装设夜间防空标志灯,并绘出安装施工图。

7. 导线和地线的防振

说明导线和地线的防振措施和要求。由于大跨越振动比一般线路严重,通常采取联合防振措施,并绘出施工安装图。

8. 导线和地线的接续

为了大跨越的安全,要求在档距内不许有接头。在耐张或转角塔上的连接也要采取加强安全的措施。

(二)杆塔施工图及说明书

杆塔设计施工图的内容和要求,与一般杆塔设计基本上相同。不同的是杆塔高,高空风速大,覆冰厚度增加,荷载条件大,一般设有爬梯。要编写详细的

施工说明。

（三）基础施工图及说明书

基础设计施工图的内容和要求，与一般基础设计基本相同，不同的是基础作用力大。一般地质条件差，采用灌注桩基础较多，良好的地质条件，也要庞大的浇制基础。需要编写严格的质量要求和施工说明。

（四）大跨越设计施工图纸

（1）大跨越平面位置图；

（2）大跨越平断面图；

（3）大跨越导线力学特性曲线；

（4）大跨越地线力学特性曲线；

（5）大跨越导线用绝缘子串组装图；

（6）大跨越地线用金具组装图；

（7）大跨越用防振措施安装图；

（8）大跨越用跳线施工安装图；

（9）大跨越用接地装置施工图；

（10）大跨越杆塔施工图；

（11）大跨越基础施工图；

（12）大跨越用航空灯安装图；

（13）大跨越用导线架线弧垂表；

（14）大跨越用地线架线弧垂表。

七、通信保护施工图及说明书

（一）施工图说明

1. 概述

说明按照初步设计、审核意见、线路终勘后的路径位置、单相短路电流、大地电导率、线路电气参数等来计算通信线路、信号线路、广播线路的危险和干扰影响，确定保护措施。并列出保护设备材料表。当送电线路考虑降压运行时，说明保护措施的原则。

2. 设计原则和依据

（1）说明对初步设计和审核意见的执行情况。

（2）一般是采用初步设计时的电力系统单相接地短路电流曲线。

（3）大地电导率，一般是采用初步设计时的数值，如送电线路路径终勘位置与初步设计时变化较大，或者危险影响特别严重地段，需要精确计算时，采用实测或试验的数值。

（4）说明在送电线路影响范围内通信线路、信号线路、广播线路等路径位置及其它资料的来源。

3. 计算结果及保护措施

（1）对长途和地方通信线路的电磁危险影响计算及其保护，长途通信线路、信号线路要按初步设计签订原则协议的保护措施设计，其它线路按计算结果和施工图设计协议情况确定保护措施。并列表说明危险影响计算结果、保护措施、通信线路的单位、线路影响区段、杆面型式、最大纵电动势、对地电压和单项保护措施施工图图号等。

（2）送电线路与通信线路平行接近距离较近或交叉跨越时，要进行干扰影响计算；说明通信回路的杂音电动势和电报回路的干扰电流等，如超过规定的标准，须采取保护措施。

（3）说明对广播线路或电话兼广播线路的保护措施，按广播电压来确定放电管的型式。

（4）对安装放电管的通信线路，为了安全运行，当头带耳机的电话交换台与线路相连接时，选择在话台上装设音响冲击限制器。

（5）由于通信线路上安装放电管的位置在施工图中不是准确位置，应说明就近选择土壤电阻率较好的通信线杆位。

4. 通信保护设备材料表

通信保护设备材料表，主要是要列出各项保护措施，所需用的设备材料情况。

（二）通信保护施工图纸

（1）送电线路与通信线路相对位置平面图；

（2）送电线路单相接地短路电流曲线；

（3）通信、广播线路保护设备安装图；

（4）放电管和排流线圈安装图；

（5）放电管接地装置施工图；

（6）音响冲击限制器安装图；

（7）放电管箱加工安装图；

（8）携带型放电管安装图。

八、预算书

预算书与概算编制基本相同，是在概算的基础上，以施工图设计及施工组织设计情况，对各项设备材料及运输等比较准确的计算后，按照工程定额及实际情况进行编制的。

（一）编制说明

（1）工程概况：内容基本上与概算书相同。

（2）工程投资和预算指标：说明工程预算综合总投资和综合平均每公里造价；工程本体总投资和本体平均每公里造价。

（3）编制依据：预算的编制是按照施工图设计、初步设计批准概算、批准修正概算及有关规定编制的。

（4）其它说明：结合工程设计的实际情况，对有关问题的处理意见及编制中需要说明的事项等。

（5）经济分析：以施工图预算的总投资及各项指标对比批准的概算进行分析，查出增减的原因，说明是否合理。还要和同类工程的综合单位造价和本体工程单位造价做比较，查出造价高低的原因，进行全面分析后提出意见。

（二）编制预算书

（1）总预算表。

（2）本体工程汇总预算表。

（3）单位工程装置性材料费。

（4）单位工程安装费。

（5）辅助设施工程费。

（6）其它费用。

（三）编制大跨越预算书

大跨越段线路预算的编制与大跨越段线路概算编制相同。

九、线路勘测

（一）线路测量

线路测量是测出沿线路需用各点的距离和高程连成一条断面线，供设计人员设计导线弧垂和排定各种杆塔位置使用。主要包括以下内容。

（1）选线测量：选出线路的起迄点，中间用标桩固定直线段和各转角点。

（2）定线测量：在选出的线路路径直线段中增设标桩，此类标桩为测量断面点、杆塔位置、交叉跨越点、各种障碍物的基准桩位。

（3）断面测量：是以定线标桩位为准，测量出实际地形的各断面点（包括各种交叉跨越物断面点）的高程和距离。

（4）平面测量：测出对应断面图的带状平面，体现出在杆塔、交叉跨越、各种障碍物在地面上的位置及地面自然状况。

（5）定位测量：当设计人员在平断图上排定各种杆塔后，在地面上落实杆塔位置，并测量杆塔施工基面。

另外有时需对河流断面中的水位进行平面高程联系；对旧线路的导（地）线弧垂、杆塔的倾斜度等进行测量。

绘制平断面图：把定线、断面、平面、杆塔定位的测量结果绘制成送电线路平断面图，供设计人员使用。

（二）水文勘测

水文勘测是对现有河流、湖泊、水库、水利设施及水利规划项目等进行调查，收集水文资料。对选择的跨河杆塔位置，提出水文勘测报告，供设计人员设计杆塔和基础使用。

主要内容包括选择跨河方案，按照水文条件，通过洪水调查、水位测量、河床冲刷调查、进行水的洪峰流量计算等。评价大跨越方案和跨河点的优劣情况，并建议采取必要的防护措施。

（三）地质勘测

工程地质勘测是通过地质及水文调查，搜集地质资料，采用探查方式，确定各基杆塔的地质情况。选择杆塔位置和大跨越方案，提出工程地质勘测报告，供设计人员设计基础使用。

主要内容包括平原地区、山区、特殊地区杆塔位置各地层地质状态、承载力、水质等的评价，提出工程地质勘测杆（塔）位明细表。

十、工程技术档案资料

工程技术档案资料，包括原始设计资料、图纸及设计书资料和工程设计总结资料等，为存查和设计资料的使用，均要归入技术档案。

（一）原始设计资料

（1）工程设计任务书及设计合同；

（2）上级和有关单位的来往文件及会议纪要；

（3）收集的设计资料和协议文件；

（4）勘测的调查报告及原始记录；

（5）各专业的原始设计条件；

（6）计算书及原始图纸资料；

（7）各专业互相提供的资料；

（8）处理施工工地问题的资料；

（9）工程大事记本。

（二）工程设计图纸及设计书出版的资料

（1）初步设计和施工图设计的技术组织措施计划；

（2）工程设计的可行性研究报告；

（3）初步设计和施工图设计全部图纸及设计书；

（4）概算书和预算书；

（5）测量、地质及水文出版的资料；

（6）工程设计定位手册；

（7）新技术科研试验及调查报告。

（三）工程设计总结资料

（1）工程设计的质量调查报告；

（2）工程设计的运行回访报告；

（3）工程设计总结；

（4）评选优秀设计的资料；

（5）工程设计事故调查报告资料。

第三节　设　计　程　序

高压送电线路的设计程序，大体上用方框图表示。但实际上不可避免地有一定的交叉、反复、充实的过程，基本的设计流程如图 1-3-1、图 1-3-2 所示。

一、初步设计程序

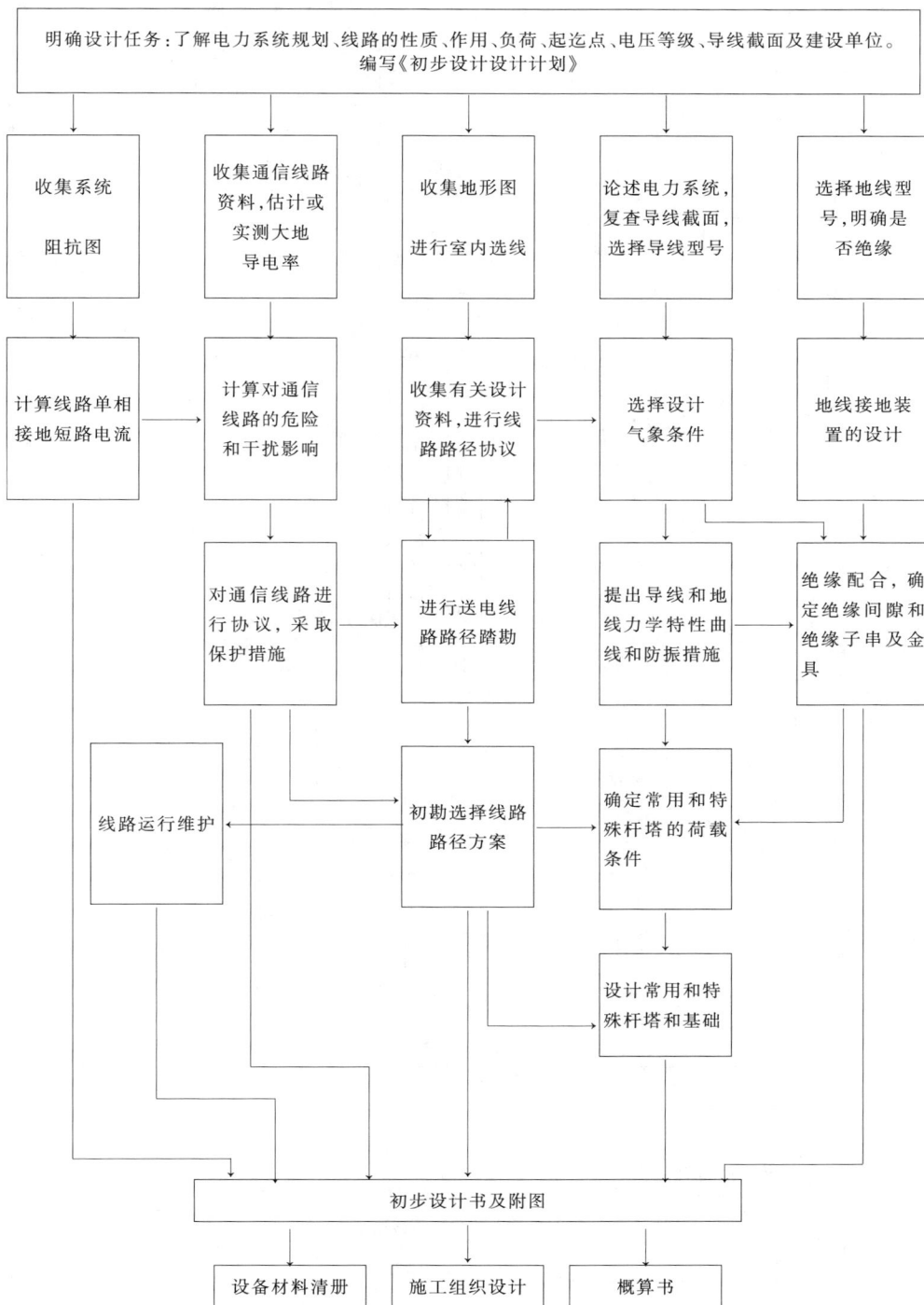

明确设计任务:了解电力系统规划、线路的性质、作用、负荷、起迄点、电压等级、导线截面及建设单位。
编写《初步设计设计计划》

收集系统阻抗图

收集通信线路资料,估计或实测大地导电率

收集地形图进行室内选线

论述电力系统,复查导线截面,选择导线型号

选择地线型号,明确是否绝缘

计算线路单相接地短路电流

计算对通信线路的危险和干扰影响

收集有关设计资料,进行线路路径协议

选择设计气象条件

地线接地装置的设计

对通信线路进行协议,采取保护措施

进行送电线路路径踏勘

提出导线和地线力学特性曲线和防振措施

绝缘配合,确定绝缘间隙和绝缘子串及金具

线路运行维护

初勘选择线路路径方案

确定常用和特殊杆塔的荷载条件

设计常用和特殊杆塔和基础

初步设计书及附图

设备材料清册

施工组织设计

概算书

图 1-3-1 初步设计程序方框图

二、施工图设计程序

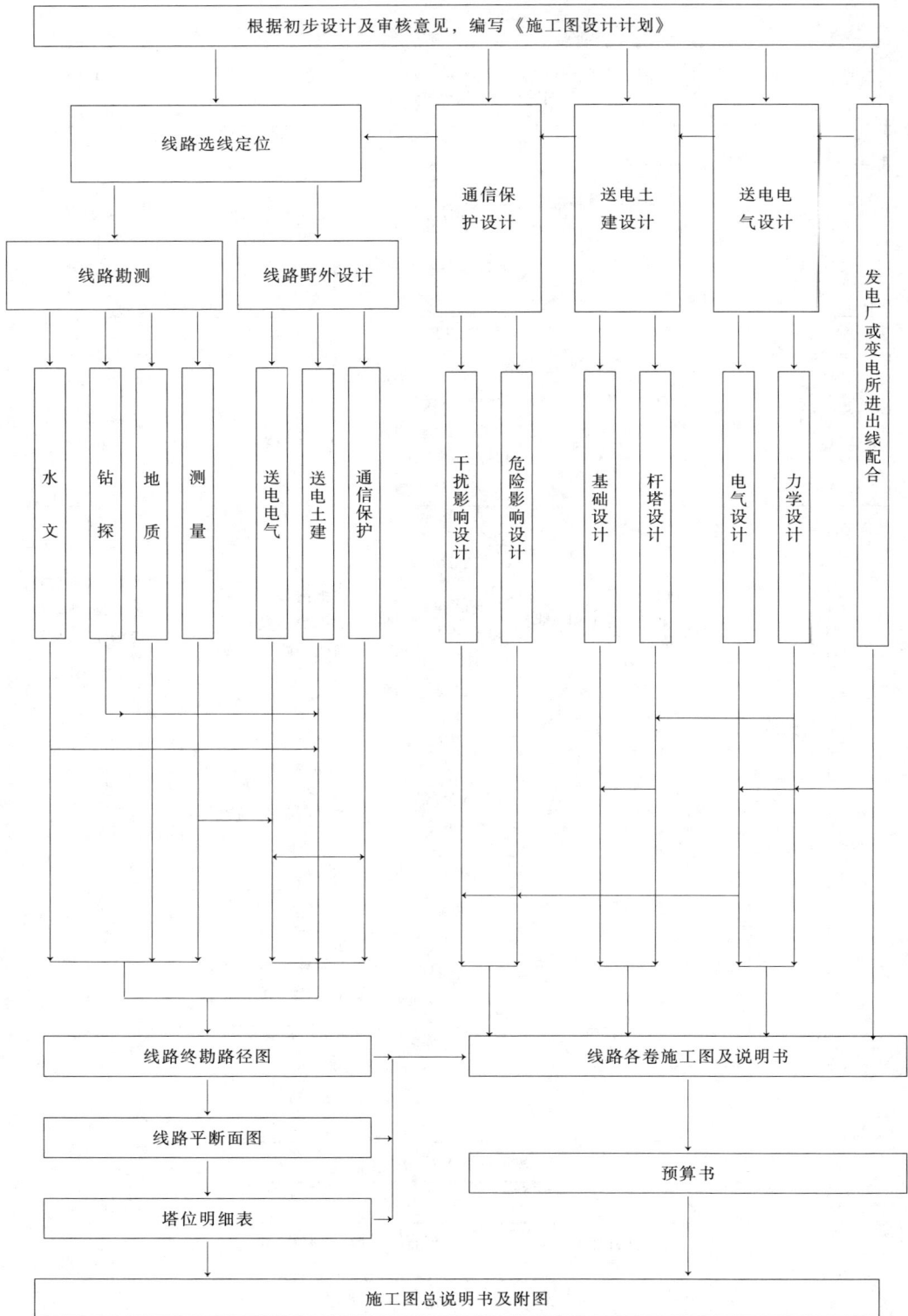

根据初步设计及审核意见，编写《施工图设计计划》

线路选线定位

通信保护设计　送电土建设计　送电电气设计　发电厂或变电所进出线配合

线路勘测　线路野外设计

水文　钻探　地质　测量　送电电气　送电土建　通信保护　干扰影响设计　危险影响设计　基础设计　杆塔设计　电气设计　力学设计

线路终勘路径图　线路各卷施工图及说明书

线路平断面图　预算书

塔位明细表

施工图总说明书及附图

图 1-3-2　施工图设计程序方框图

第四节　计算机软件简介

东北电力设计院的送电线路设计及制图大部分是利用计算机进行各项计算及制图。对送电电气、通信保护、自立式铁塔、台阶式基础等设计的计算及制图均有自行编制的软件。各软件编制依据除按国家及各部委颁发的规程、规范、规定外，所用的设计理论、计算公式等，是以本手册各章内容为主进行编制的。各软件手册不列编著，另有专项操作手册，只把计算机软件主要内容、项目及功能做简要介绍。各软件的运行均为中文提示，方便使用。

一、送电电气软件

本软件是我国电力系统勘测设计集成系统的一部分。软件包以数据库为基础，包括送电电气设计的绝大多数内容。设计了两种数据交换方式，即通过数据库调用和通过数据文件进行数据交换。使得该软件包运行灵活，使用方便，既可以单独运行模块，也可以系统化运行整个软件包。

主要功能包括：电气计算模块；机电施工图计算及制图；金具组装及制图模块；数据库管理等。可完成各项计算机计算和制图，满足各项送电气设计的需要。

二、通信保护设计软件

送电线路通信保护设计计算及制图软件包，能满足通信保护专业基本计算及制图的应用。软件采用数据运行生成方式进行数据传递，在基本数据共享的基础上各功能块具有系统运行能力，同时各功能块具有单独运行能力，以满足通信保护设计的基本需要。

软件运行根据分析计算结果，经数据处理后由制图功能块自动生成基本图形，使图形交互作业量较少。用户掌握软件使用要求后即可方便机上操作。

主要功能包括：送电线路和通信线路相对位置计算参数功能块；单相接地短路电流计算功能块；地线返流计算功能块；危险影响计算功能块；制图功能块等。

三、自立式铁塔内力分析软件

该软件具有内力分析功能，用于线性空间桁架，即各式自立式角钢铁塔。可用来进行铁塔的满应力设计，通过内力分析—选材—再分析—再选材的自动迭代循环过程直至收敛或接近收敛为止；也可用于验算或逐个工况地给出杆件内力，杆件规格可自行指定，也可全部或部分地继承满应力的设计结果。能够一次性完成多塔高、多塔腿系列，对不同塔高可以指定不同的荷载，对铁塔内力进行分析计算，打印出计算数据和铁塔单线图等设计成果。

四、自立式铁塔制图软件

自立式铁塔制图软件是利用铁塔角钢的主材、斜补材、节点、板上的特殊孔及板的共用和覆盖节点等关系，在机内构成一个铁塔模型，再自动将它描画到图纸上，形成铁塔施工图。即输入数据后生成图形，为铁塔施工图。

五、台阶式基础设计计算及制图软件

该程序适用于各类台阶式方形断面的送电线路铁塔、电视塔、微波塔等结构的独立基础的计算。可以自动确定基础各部尺寸、分析计算、绘制图形，适用于各种地质条件，并能符合配用钢模板的需求。是采用输入已知的基础设计条件，输出设计需用数据和制图的方式来完成基础施工图设计的。

第二章

电 气 部 分

本节讨论的线路参数，除特别说明者外，均系指三相导线的平均值，即按三相线路通过换位后获得完全对称考虑。对不换位三相线路，因其不对称度较小，也可以近似地适用。但不适用于"两线-大地"等不对称度很大的线路。

一、正序（负序）阻抗

线路是静止设备，其正、负序阻抗相等。正序阻抗为

$$Z_1 = R + jX_1, \Omega/km \qquad (2-1-1)$$

式中　R——相导线电阻，Ω/km；

X_1——相导线的正序电抗，Ω/km。

（一）单回路单导线的正序电抗

$$\left.\begin{array}{l} X_1 = 0.0001\pi\mu f + 0.0029f\lg\dfrac{d_m}{r}, \Omega/km \\[2mm] 或\ X_1 = 0.0029f\lg\dfrac{d_m}{r_e}, \Omega/km \end{array}\right\} \quad (2-1-2)$$

$$d_m = \sqrt[3]{d_{ab}d_{bc}d_{ca}} \qquad (2-1-3)$$

上二式中　μ——导线材料的相对导磁率，对于有色金属 $\mu = 1$；

f——频率，Hz；

d_m——相导线间的几何均距，m；

d_{ab}、d_{bc} 及 d_{ca}——分别为三相导线间距离，m；

r——导线的半径，m；

r_e——导线的有效半径，m。

有效半径 r_e（也称几何半径），它与导线的材料和结构尺寸有关。一根非磁性的实心圆柱形导线的 r_e 为

$$r_e = e^{-\frac{1}{4}} \cdot r \approx 0.779r \qquad (2-1-4)$$

常用导线 r_e 的计算如表 2-1-1。

（二）单回路相分裂导线的正序电抗

$$X_1 = 0.0001\pi\mu f$$
$$+ 0.0029f\lg\dfrac{d_m}{R_m}, \Omega/km \qquad (2-1-5)$$

或

$$X_1 = 0.0029f\lg\dfrac{d_m}{R_e}, \Omega/km \qquad (2-1-6)$$

表 2-1-1　导线的有效半径 r_e

导线种类	r_e
有色金属绞线	
7 股	$0.726r$
19 股	$0.758r$
37 股	$0.768r$
61 股	$0.772r$
91 股	$0.774r$
钢芯铝线约为	$0.81r$
空芯有色金属绞线及忽略钢芯影响的钢芯铝线	
两层 26 股	$0.809r$
两层 30 股	$0.826r$
三层 54 股	$0.81r$
单层钢芯铝线	$0.35r \sim 0.70r$

式中　R_m——相分裂导线的等价半径，或称分裂导线自几何均距，m；

R_e——相分裂导线的有效半径，m。

当分裂导线按正多角形排列，且分裂间距等于 S 时，则

$$R_m = (nrA^{n-1})^{\frac{1}{n}} \qquad (2-1-7)$$

$$R_e = (nr_e A^{n-1})^{\frac{1}{n}} \qquad (2-1-8)$$

$$R_0 = S/2\sin\dfrac{\pi}{n}\ (n > 1) \qquad (2-1-9)$$

上三式中　n——相分裂导线的根数；

R_0——分裂导线所占圆周的半径，也称分裂导线半径，m。

下面分别列出 $n = 2 \sim 12$ 的 R_e 计算式。

$$n = 2 \quad R_e = (r_e S)^{\frac{1}{2}}$$

$$n = 3 \quad R_e = (r_e S^2)^{\frac{1}{3}}$$

$$n = 4 \quad R_e = 1.091(r_e S^3)^{\frac{1}{4}}$$

$$n = 5 \quad R_e = 1.212(r_e S^4)^{\frac{1}{5}}$$

$$n = 6 \quad R_e = 1.349(r_e S^5)^{\frac{1}{6}}$$

$$n = 7 \quad R_e = 1.491(r_e S^6)^{\frac{1}{7}}$$

$$n = 8 \quad R_e = 1.639(r_e S^7)^{\frac{1}{8}}$$

$$n = 9 \quad R_e = 1.789(r_e S^8)^{\frac{1}{9}}$$

$$n = 10 \quad R_e = 1.941(r_e S^9)^{\frac{1}{10}}$$

$$n = 11 \quad R_e = 2.095(r_e S^{10})^{\frac{1}{11}}$$

$$n = 12 \quad R_e = 2.249(r_e S^{11})^{\frac{1}{12}}$$

（三）双回路线路的正序电抗（参见图 2-1-1）

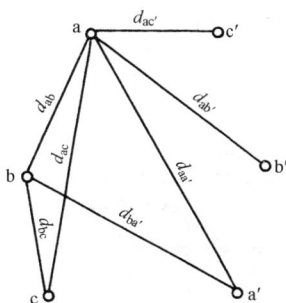

图 2-1-1 双回路正序电抗计算图

$$\left.\begin{array}{l} X_1 = 0.0029 f \lg \dfrac{d_m}{R_e},\ \Omega/\text{km} \\[2mm] d_m = (d_{ab} d_{ac} d_{ab'} d_{ac'} d_{ba} d_{bc} d_{ba'} \\[1mm] \qquad \cdot d_{bc'} d_{ca} d_{cb} d_{ca'} d_{cb'})^{\frac{1}{12}} \\[2mm] R_e = \sqrt[6]{r_e^3 d_{aa'} d_{bb'} d_{cc'}} \end{array}\right\} \quad (2\text{-}1\text{-}10)$$

国内常用导线的线路正序电抗及电阻列于表 2-1-2 ～ 表 2-1-4。

二、零序阻抗

（一）无地线单回路线路的零序阻抗

$$\begin{aligned} Z_0 &= (R + 3R_e) + \text{j}0.435 \lg \frac{D}{\sqrt[3]{R_e d_m^2}} \\ &= (R + 0.15) + \text{j}0.435 \lg \frac{D}{\sqrt[3]{R_e d_m^2}},\ \Omega/\text{km} \quad (2\text{-}1\text{-}11) \end{aligned}$$

$$D = 660\sqrt{\rho/f}$$

式中 R ——每相导线的电阻，Ω/km；

   D ——地中电流的等价深度，m；

   ρ ——大地电阻率，$\Omega\cdot\text{m}$；

   f ——频率，Hz；

   R_e ——大地电阻，当 $f = 50\text{Hz}$ 时 R_e 为 $R_e \approx \pi^2 f \times 10^4 \approx 0.05$，$\Omega/\text{km}$；

   d_m ——三相导线间的几何均距，m；

   R_e ——每相导线的半径，分裂导线为等价半径，m。

（二）具有单地线时单回路线路的零序阻抗

$$Z_{0(1)} = Z_0 - Z_{0(ag)}^2 / Z_{0(g)},\ \Omega/\text{km} \quad (2\text{-}1\text{-}12)$$

$$Z_{0(g)} = 3R_g + 0.15 + 0.435 \lg \frac{D}{r_{e(g)}},\ \Omega/\text{km} \quad (2\text{-}1\text{-}13)$$

$$Z_{0(ag)} = 0.15 + \text{j}0.435 \lg \frac{D}{\sqrt[3]{d_{ag} d_{bg} d_{cg}}} \quad (2\text{-}1\text{-}14)$$

上三式中 Z_0 ——无地线时的零序阻抗，可按式（2-1-11）计算；

   $Z_{0(g)}$ ——地线的零序阻抗；

   D ——地中电流的等价深度，m；

   R_g ——地线的电阻，Ω/km；

   $r_{e(g)}$ ——地线的等价半径，m；

   $Z_{0(ag)}$ ——地线和三相导线之间的零序互阻抗；

d_{ag}、d_{bg}、d_{cg}——分别为三相导线至地线的距离，m。

（三）具有双地线的单回路线路的零序阻抗

$$Z_{0(z)} = Z_0 - Z_{0(agh)}^2 / Z_{0(gh)},\ \Omega/\text{km} \quad (2\text{-}1\text{-}15)$$

$$\begin{aligned} Z_{0(gh)} &= 1.5 R_g + 0.15 + \text{j}0.435 \\ &\quad \times \lg \frac{D}{\sqrt{r_{e(g)} d_{gh}}},\ \Omega/\text{km} \quad (2\text{-}1\text{-}16) \end{aligned}$$

$$\begin{aligned} Z_{0(agh)} &= 0.15 + \text{j}0.435 \\ &\quad \times \lg \frac{D}{\sqrt[6]{d_{ag} d_{bg} d_{cg} d_{ah} d_{bh} d_{ch}}},\ \Omega/\text{km} \quad (2\text{-}1\text{-}17) \end{aligned}$$

上三式中 $Z_{0(gh)}$ ——双地线（g、h）系统的零序阻抗；

   d_{gh} ——双地线间的距离，m；

   $Z_{0(agh)}$ ——双地线与三相导线之间的零序互感抗；

d_{ag}、d_{bg}、d_{cg}、d_{ah}、d_{bh}、d_{ch}——分别为各导线与地线间距离，m。

（四）无地线的双回路线路每一回路的零序阻抗

$$Z'_0 = Z_0 + Z_{0(\text{I II})},\ \Omega/\text{km} \quad (2\text{-}1\text{-}18)$$

当双回路导线型号相同时，双回路的零序阻抗为

$$Z'_0 = 0.5[Z_0 + Z_{0(\text{I II})}],\ \Omega/\text{km} \quad (2\text{-}1\text{-}19)$$

$$\begin{aligned} Z_{0(\text{I II})} &= 0.15 + \text{j}0.435 \\ &\quad \times \lg \frac{D}{d_{m(\text{I II})}},\ \Omega/\text{km} \quad (2\text{-}1\text{-}20) \end{aligned}$$

$$\begin{aligned} d_{m(\text{I II})} &= (d_{aa'} d_{ab'} d_{ac'} d_{ba'} d_{bb'} d_{bc'} d_{ca'} \\ &\quad \times d_{cb'} d_{cc'})^{\frac{1}{9}},\ \text{m} \quad (2\text{-}1\text{-}21) \end{aligned}$$

上三式中 Z_0 ——单回路的零序阻抗，按式（2-1-11）计算；

   $Z_{0(\text{I II})}$ ——第 II 回路对第 I 回路的零序互感阻抗；

   $d_{m(\text{I II})}$ ——第 I 回路导线（a、b、c）与第 II 回路导线（a'、b'、c'）间的几何均距（参见图 2-1-1）。

表 2-1-2　　　　　　　　　　　钢芯铝绞线导线的电阻及正序电抗　　（Ω/ km）

导线型号	直流电阻（Ω/ km）	几何均距（m）													
		1.5	2.0	2.5	3.0	3.5	4.0	4.5	5.0	5.5	6.0	6.5	7.0	7.5	8.0
LGJ-10/ 2	2.706	0.423	0.441	0.455	0.466	0.476	0.485								
LGJ-16/ 3	1.779	0.410	0.428	0.442	0.453	0.463	0.471								
LGJ-25/ 4	1.131	0.395	0.413	0.427	0.439	0.449	0.457								
LGJ-35/ 6	0.8230	0.385	0.403	0.417	0.429	0.439	0.447								
LGJ-50/ 8	0.5946	0.375	0.393	0.407	0.419	0.428	0.437								
50/ 30	0.5692	0.363	0.381	0.395	0.407	0.416	0.425								
LGJ-70/ 10	0.4217	0.364	0.382	0.396	0.408	0.418	0.426	0.433	0.440	0.446					
70/ 40	0.4141	0.353	0.371	0.385	0.397	0.406	0.415	0.422	0.429	0.435					
LGJ-95/ 15	0.3058	0.353	0.371	0.385	0.397	0.406	0.415	0.422	0.429	0.435	0.440	0.445			
95/ 20	0.3019	0.352	0.370	0.384	0.396	0.405	0.414	0.421	0.428	0.434	0.439	0.444			
95/ 55	0.2992	0.343	0.361	0.375	0.387	0.396	0.405	0.412	0.419	0.425	0.430	0.435			
LGJ-120/ 7	0.2422	0.349	0.367	0.381	0.393	0.402	0.411	0.418	0.425	0.431	0.436	0.441			
120/ 20	0.2496	0.347	0.365	0.379	0.390	0.400	0.408	0.416	0.422	0.428	0.434	0.439			
120/ 25	0.2345	0.344	0.362	0.376	0.388	0.397	0.406	0.413	0.420	0.426	0.431	0.436			
120/ 70	0.2364	0.335	0.354	0.368	0.379	0.389	0.397	0.405	0.411	0.417	0.423	0.428			
LGJ-150/ 8	0.1989	0.343	0.361	0.375	0.387	0.396	0.405	0.412	0.419	0.425	0.430	0.435			
150/ 20	0.1980	0.340	0.358	0.372	0.384	0.394	0.402	0.409	0.416	0.422	0.428	0.433			
150/ 25	0.1939	0.339	0.357	0.371	0.382	0.392	0.400	0.408	0.414	0.420	0.426	0.431			
150/ 35	0.1962	0.337	0.355	0.369	0.381	0.391	0.399	0.406	0.413	0.419	0.425	0.430			
LGJ-185/ 10	0.1572			0.368	0.379	0.389	0.397	0.405	0.411	0.417	0.423	0.428	0.432	0.437	0.441
185/ 25	0.1542			0.365	0.376	0.386	0.394	0.402	0.408	0.414	0.420	0.425	0.429	0.434	0.438
185/ 30	0.1592			0.365	0.376	0.386	0.394	0.402	0.408	0.414	0.420	0.425	0.429	0.434	0.438
185/ 45	0.1564			0.362	0.374	0.383	0.392	0.399	0.406	0.412	0.417	0.422	0.427	0.431	0.435
LGJ-210/ 10	0.1411			0.364	0.376	0.385	0.394	0.401	0.408	0.414	0.419	0.424	0.429	0.433	0.437
210/ 25	0.1380			0.361	0.373	0.382	0.391	0.398	0.405	0.411	0.416	0.421	0.426	0.430	0.434
210/ 35	0.1363			0.360	0.371	0.381	0.389	0.397	0.403	0.409	0.415	0.420	0.425	0.429	0.433
210/ 50	0.1381			0.358	0.370	0.380	0.388	0.395	0.402	0.408	0.413	0.418	0.423	0.428	0.432
LGJ-240/ 30	0.1181			0.356	0.368	0.377	0.386	0.393	0.400	0.406	0.411	0.416	0.421	0.425	0.429
240/ 40	0.1209			0.356	0.367	0.377	0.386	0.393	0.400	0.406	0.411	0.416	0.421	0.425	0.429
240/ 55	0.1198			0.354	0.365	0.375	0.383	0.390	0.397	0.403	0.409	0.414	0.419	0.423	0.427
LGJ-300/ 15	0.09724								0.402	0.407	0.412	0.417	0.421	0.425
300/ 20	0.09520								0.401	0.406	0.411	0.416	0.420	0.424
300/ 25	0.09433								0.400	0.405	0.410	0.415	0.419	0.423
300/ 40	0.09614								0.399	0.405	0.410	0.414	0.419	0.423
300/ 50	0.09636								0.398	0.404	0.409	0.414	0.418	0.422
300/ 70	0.09463								0.396	0.402	0.407	0.411	0.416	0.420
LGJ-400/ 20	0.07104								0.392	0.397	0.402	0.407	0.411	0.416
400/ 25	0.07370								0.393	0.398	0.403	0.408	0.412	0.416
400/ 35	0.07389								0.392	0.398	0.403	0.407	0.412	0.416
400/ 50	0.07232								0.390	0.396	0.401	0.405	0.410	0.414
400/ 65	0.07236								0.389	0.395	0.400	0.405	0.409	0.413
400/ 95	0.07087								0.387	0.392	0.397	0.402	0.406	0.411
LGJ-500/ 35	0.05812								0.385	0.391	0.396	0.400	0.405	0.409
500/ 45	0.05912								0.385	0.391	0.396	0.400	0.405	0.409
500/ 65	0.05760								0.383	0.389	0.394	0.398	0.403	0.407
LGJ-630/ 45	0.04633								0.378	0.383	0.388	0.393	0.397	0.402
630/ 55	0.04514								0.377	0.382	0.387	0.392	0.396	0.400
630/ 80	0.04551								0.376	0.381	0.386	0.391	0.395	0.399
LGJ-800/ 55	0.03547								0.370	0.375	0.380	0.385	0.389	0.393
800/ 70	0.03574								0.369	0.375	0.380	0.384	0.389	0.393
800/ 100	0.03635								0.369	0.374	0.379	0.384	0.388	0.392

表 2-1-3　　　　　　　　双分裂钢芯铝绞线导线的电阻及正序电抗（Ω/km）

导线型号	直流电阻（Ω/km）	几 何 均 距 （m）							
		7.5	8.0	8.5	9.0	9.5	10.0	10.5	11.0
2×LGJ-300/15	0.04862	0.299	0.303	0.307	0.311	0.314	0.317	0.320	0.323
300/20	0.04760	0.299	0.303	0.307	0.310	0.314	0.317	0.320	0.323
300/25	0.04717	0.298	0.302	0.306	0.310	0.313	0.316	0.319	0.322
300/40	0.04807	0.298	0.302	0.306	0.309	0.313	0.316	0.319	0.322
300/50	0.04818	0.298	0.302	0.305	0.309	0.312	0.316	0.319	0.322
300/70	0.04732	0.296	0.300	0.304	0.308	0.311	0.315	0.318	0.321
2×LGJ-400/20	0.03552	0.294	0.298	0.302	0.306	0.309	0.312	0.316	0.318
400/25	0.03685	0.295	0.299	0.303	0.306	0.310	0.313	0.316	0.319
400/35	0.03695	0.294	0.298	0.302	0.306	0.309	0.313	0.316	0.319
400/50	0.03616	0.293	0.298	0.301	0.305	0.308	0.311	0.315	0.318
400/65	0.03618	0.293	0.297	0.301	0.305	0.308	0.311	0.314	0.317
400/95	0.03544	0.292	0.296	0.300	0.303	0.307	0.310	0.313	0.316
2×LGJ-500/35	0.02906	0.291	0.295	0.299	0.302	0.306	0.309	0.312	0.315
500/45	0.02956	0.291	0.295	0.299	0.302	0.306	0.309	0.312	0.315
500/65	0.02880	0.290	0.294	0.298	0.301	0.305	0.308	0.311	0.314
2×LGJ-630/45	0.02317	0.287	0.291	0.295	0.299	0.302	0.305	0.309	0.311
630/55	0.02257	0.287	0.291	0.295	0.298	0.302	0.305	0.308	0.311
630/80	0.02276	0.286	0.290	0.294	0.298	0.301	0.304	0.307	0.310
2×LGJ-800/55	0.01774	0.283	0.287	0.291	0.295	0.298	0.301	0.304	0.307
800/70	0.01787	0.283	0.287	0.291	0.294	0.298	0.301	0.304	0.307
800/100	0.01818	0.283	0.287	0.291	0.294	0.298	0.301	0.304	0.307

表 2-1-4　　　　　　　　四分裂钢芯铝绞线导线的电阻及正序电抗　（Ω/km）

导线型号	直流电阻（Ω/km）	几 何 均 距 （m）									
		10.0	10.5	11.0	11.5	12.0	12.5	13.0	13.5	14.0	14.5	15.0
4×LGJ-300/15	0.02431	0.251	0.254	0.257	0.260	0.262	0.265	0.267	0.270	0.272	0.274	0.276
300/20	0.02380	0.251	0.254	0.257	0.259	0.262	0.265	0.267	0.269	0.272	0.274	0.276
300/25	0.02358	0.250	0.253	0.256	0.259	0.262	0.264	0.267	0.269	0.272	0.274	0.276
300/40	0.02404	0.250	0.253	0.256	0.259	0.262	0.264	0.267	0.269	0.271	0.274	0.276
300/50	0.02409	0.250	0.253	0.256	0.259	0.262	0.264	0.267	0.269	0.271	0.273	0.276
300/70	0.02366	0.249	0.253	0.255	0.258	0.261	0.263	0.266	0.268	0.271	0.273	0.275
4×LGJ-400/20	0.01776	0.248	0.251	0.254	0.257	0.260	0.262	0.265	0.267	0.270	0.272	0.274
400/25	0.01843	0.249	0.252	0.255	0.257	0.260	0.263	0.265	0.267	0.270	0.272	0.274
400/35	0.01847	0.248	0.252	0.254	0.257	0.260	0.263	0.265	0.267	0.270	0.272	0.274
400/50	0.01808	0.248	0.251	0.254	0.257	0.259	0.262	0.265	0.267	0.269	0.271	0.274
400/65	0.01809	0.248	0.251	0.254	0.257	0.259	0.262	0.264	0.267	0.269	0.271	0.273
400/95	0.01772	0.247	0.250	0.253	0.256	0.259	0.261	0.264	0.266	0.268	0.271	0.273
4×LGJ-500/35	0.01453	0.247	0.250	0.253	0.255	0.258	0.261	0.263	0.266	0.268	0.270	0.272
500/45	0.01478	0.247	0.250	0.253	0.255	0.258	0.261	0.263	0.266	0.268	0.270	0.272
500/65	0.01440	0.246	0.249	0.252	0.255	0.258	0.260	0.263	0.265	0.267	0.270	0.272
4×LGJ-630/45	0.01158	0.245	0.248	0.251	0.254	0.256	0.259	0.261	0.264	0.266	0.268	0.270
630/55	0.01129	0.245	0.248	0.251	0.253	0.256	0.259	0.261	0.263	0.266	0.268	0.270
630/80	0.01138	0.244	0.247	0.250	0.253	0.256	0.258	0.261	0.263	0.266	0.268	0.270
4×LGJ-800/55	0.00887	0.243	0.246	0.249	0.252	0.254	0.257	0.259	0.262	0.264	0.266	0.268
800/70	0.00894	0.243	0.246	0.249	0.252	0.254	0.257	0.259	0.262	0.264	0.266	0.268
800/100	0.00909	0.243	0.246	0.249	0.251	0.254	0.257	0.259	0.261	0.264	0.266	0.268

（五）具有单地线的双回路线路的零序阻抗

$$Z'_{0(1)} = Z'_0 - Z'^2_{0(ag)} / Z_{0(g)} ，\Omega/\ km$$
$$(2\text{-}1\text{-}22)$$

$$Z'_{0(ag)} = 0.15 + 0.435$$
$$\times \lg \frac{D}{\sqrt[6]{d_{ag}d_{bg}d_{cg}d_{a'g}d_{b'g}d_{c'g}}} ，\Omega/\ km$$
$$(2\text{-}1\text{-}23)$$

上二式中　Z'_0——无地线的线路零序阻抗，可按
式（2-1-18）计算；

$Z'_{0(ag)}$——导线与地线间的零序互感阻抗；

d_{ag}、d_{bg}、d_{cg}、——分别为各导线与地线间距离，m；
$d_{a'g}$、$d_{b'g}$、$d_{c'g}$

$Z_{0(g)}$——地线的零序阻抗，按式（2-1-13）计算。

（六）具有双地线的双回路线路的零序阻抗

当双地线与导线之间排列对称时，其零序阻抗为

$$Z'_{0(z)} = Z'_0 - Z'^2_{0(agh)} / Z_{0(gh)} ，\Omega/\ km$$
$$(2\text{-}1\text{-}24)$$

$$Z'_{0(agh)} = 0.15 + 0.435$$
$$\times \lg \frac{D}{\sqrt[6]{d_{ag}d_{bg}d_{cg}d_{ah}d_{bh}d_{ch}}} ，\Omega/\ km$$
$$(2\text{-}1\text{-}25)$$

上二式中　Z'_0——无地线的线路零序阻抗；

$Z_{0(gh)}$——双地线系统的零序阻抗，按式
（2-1-16）计算；

$Z'_{0(agh)}$——双地线与导线间的零序互感阻抗。

地线对送电线路的零序阻抗影响较大。一般情况下，用两根钢线作地线，可增加零序电阻 10% ~ 30%，而减少零序电抗 5% ~ 15%。

一般情况下，送电线路零序电抗与正序电抗的平均比值如表 2-1-5。

表 2-1-5　一般送电线路零序与正序电抗的平均比值

线路类别	X_0/X_1
（1）无地线的单回路线路	3.5
（2）具有钢线地线的单回路线路	3.0
（3）具有良导体地线的单回路线路	2.0
（4）无地线的双回路线路	5.5
（5）具有钢线地线的双回路线路	4.7
（6）具有良导体地线的双回路线路	3.0

三、正序、负序和零序电容

线路的正序电容 C_1 等于负序电容 C_2。通过换位达到对称线路的正序电容（导线对中性点的电容）C_1、零序电容（导线的对地电容）C_0 及线间电容 C_{ab} 间的关系，如图 2-1-2 所示。

电容 C_1、C_0 及 C_{ab} 的数值计算可以利用电位系数 α_{aa} 及 α_{ab} 表示。电位系数的计算如下

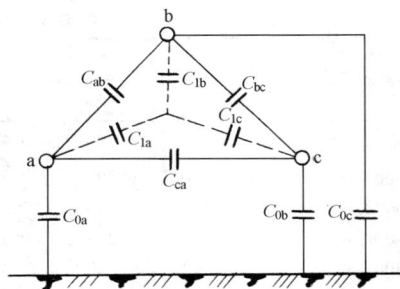

图 2-1-2　三相导线序电容示意图

$$\alpha_{aa} = 41.45 \times 10^6 \lg \frac{2H_a}{r} ，1/\ F/\ km \quad (2\text{-}1\text{-}26)$$

$$\alpha_{ab} = 41.45 \times 10^6 \lg \frac{D_{ab}}{d_{ab}} ，1/\ F/\ km \quad (2\text{-}1\text{-}27)$$

式中　H_a、H_b——导线 a 和 b 的对地高度，m；

r——导线半径，m；

d_{ab}——导线 a 与导线 b 的距离（m），余类推；

D_{ab}——导线 a 与导线 b 的镜像间距离（m），余类推。

当三相线路导线布置对称时

正序电容　$C_1 = \dfrac{1}{a_{aa}a_{ab}} = 3C_{ab} + C_0$ 　(2-1-28)

零序电容　$C_0 = \dfrac{1}{a_{aa} + 2a_{ab}}$ 　(2-1-29)

线间电容 $C_{ab} = \dfrac{a_{ab}}{a_{aa} - a_{ab}} \cdot \dfrac{1}{a_{aa} + 2a_{ab}}$

$$= \frac{1}{3}(C_1 - C_0)$$

$$= \frac{\lg \dfrac{2H_m}{d_m}}{124 \lg \dfrac{d_m}{r} \lg \dfrac{2H_m}{\sqrt[3]{rd_m^2}}} \times 10^{-6} ，F/\ km$$

$$H_m = \sqrt[3]{H_1 H_2 H_3}$$
$$(2\text{-}1\text{-}30)$$

上二式中　d_m——三相导线间的几何均距（m），按式（2-1-4）计算；

H_m——三相导线的对地几何平均高，m；

H_1、H_2 及 H_3——分别为三相导线的对地高，m。

电容 C_1、$3C_{ab}$ 及 C_0 之间数值的大概关系如下：

	C_1	$3C_{ab}$	C_0
有地线的单回路	100%	44%	56%
有地线的双回路	100%	60%	40%

四、无地线线路的正序（负序）电容及正序（负序）电纳

（一）单回路线路的正序电容

$$C_1 = \frac{0.02413 \times 10^{-6}}{\lg \dfrac{d_m}{R_m}} ，F/\ km \quad (2\text{-}1\text{-}31)$$

正序电纳

$$b_{c1} = \omega C_1 = \frac{7.58 \times 10^{-6}}{\lg \frac{d_m}{R_m}}, S/km \qquad (2\text{-}1\text{-}32)$$

上二式中 d_m——相导线间的几何均距，（m），按式
（2-1-4）计算；

R_m——相导线的自几何均距，（m），按式
（2-1-7）计算。

（二）双回路线路的正序电容（参见图2-1-3）

$$C_1 = \frac{0.02413 \times 10^{-6}}{\lg\left[\frac{2H_m}{R_m} \times \frac{d}{D} \times \frac{D'}{d'} \times \frac{d''}{D''} \right]} \quad F/km \quad (2\text{-}1\text{-}33)$$

式中 H_m——三相导线对地几何平均高（m），参见

式（2-1-30）；

R_m——同式（2-1-32）；

$d = \sqrt[6]{d_{ab}d_{bc}d_{ca}d_{a'b'}d_{b'c'}d_{c'a'}}$，m；

$D = \sqrt[6]{D_{ab}D_{bc}D_{ca}D_{a'b'}D_{b'c'}D_{c'a'}}$，m；

$D' = \sqrt[3]{D_{aa'}D_{bb'}D_{cc'}}$，m；

$D'' = \sqrt[6]{D_{ab'}D_{ac'}D_{ba'}D_{bc'}D_{ca'}D_{cb'}}$，m；

$d' = \sqrt[3]{d_{aa'}d_{bb'}d_{cc'}}$，m；

$d'' = \sqrt[6]{d_{ab'}d_{ac'}d_{ba'}d_{bc'}d_{ca'}d_{cb'}}$，m。

国内常用导线具有不同几何均距的电纳值列于表
2-1-6 和表2-1-7。

表 2-1-6　　　　　　　　　　　送电线路电纳 $[10^{-6} \times 1/(\Omega \cdot km)]$

导线型号	几 何 均 距 （m）													
	1.5	2.0	2.5	3.0	3.5	4.0	4.5	5.0	5.5	6.0	6.5	7.0	7.5	8.0
LGJ-10/ 2	2.68	2.57	2.49	2.43	2.37	2.33								
LGJ-16/ 3	2.77	2.65	2.57	2.50	2.44	2.40								
LGJ-25/ 4	2.88	2.75	2.65	2.58	2.52	2.48								
LGJ-35/ 6	2.95	2.82	2.72	2.64	2.58	2.53								
LGJ-50/ 8	3.04	2.89	2.79	2.71	2.65	2.60								
LGJ-70/ 10	3.13	2.98	2.87	2.79	2.72	2.66	2.62	2.58						
LGJ-95/ 15	3.23	3.07	2.96	2.87	2.80	2.74	2.69	2.64	2.61	2.57	2.54			
LGJ-120/ 20	3.30	3.13	3.01	2.92	2.84	2.78	2.73	2.69	2.65	2.61	2.58			
LGJ-150/ 20	3.36	3.18	3.06	2.97	2.89	2.83	2.77	2.73	2.69	2.65	2.62			
LGJ-185/ 30			3.13	3.03	2.95	2.89	2.83	2.78	2.74	2.70	2.67	2.64	2.61	2.59
LGJ-210/ 25			3.16	3.06	2.98	2.91	2.86	2.81	2.77	2.73	2.69	2.66	2.64	2.61
LGJ-240/ 30			3.21	3.10	3.02	2.95	2.89	2.84	2.80	2.76	2.73	2.70	2.67	2.64
LGJ-300/ 40							2.85	2.81	2.77	2.74	2.71	2.68		
LGJ-400/ 50							2.92	2.87	2.84	2.80	2.77	2.74		
LGJ-500/ 45							2.96	2.91	2.87	2.84	2.81	2.78		
LGJ-630/ 45							3.01	2.97	2.93	2.89	2.86	2.83		
LGJ-800/ 55							3.08	3.04	3.00	2.96	2.92	2.89		

表 2-1-7　　　　　　　　　　送电线路（分裂导线）电纳 $[10^{-6} \times 1/(\Omega \cdot km)]$

导线型号	几 何 均 距 （m）															
	7.5	8.0	8.5	9.0	9.5	10.0	10.5	11.0	11.5	12.0	12.5	13.0	13.5	14.0	14.5	15.0
2×LGJ-300/ 40	3.77	3.72	3.67	3.63	3.59	3.55	3.52	3.48								
2×LGJ-400/ 50	3.83	3.78	3.73	3.68	3.64	3.60	3.57	3.53								
2×LGJ-500/ 45	3.87	3.81	3.76	3.72	3.67	3.63	3.60	3.56								
2×LGJ-630/ 45	3.92	3.86	3.81	3.76	3.72	3.68	3.64	3.61								
2×LGJ-800/ 55	3.98	3.92	3.87	3.82	3.77	3.73	3.69	3.66								
4×LGJ-300/ 40						4.45	4.40	4.35	4.30	4.25	4.21	4.17	4.13	4.10	4.07	4.03
4×LGJ-400/ 50						4.49	4.44	4.38	4.34	4.29	4.25	4.21	4.17	4.13	4.10	4.07
4×LGJ-500/ 45						4.52	4.46	4.41	4.36	4.31	4.27	4.23	4.19	4.15	4.12	4.09
4×LGJ-630/ 45						4.55	4.49	4.44	4.39	4.34	4.30	4.26	4.22	4.18	4.15	4.11
4×LGJ-800/ 55						4.59	4.53	4.48	4.43	4.38	4.34	4.29	4.25	4.22	4.18	4.15

五、零序电容及零序电纳的计算

（一）无地线单回路的零序电容及零序电纳

1. 零序电容

$$
\left.
\begin{aligned}
C_0 &= \frac{0.008043 \times 10^{-6}}{\lg \dfrac{D_i}{\sqrt[3]{R_m d_m^2}}} \quad , \text{F/km} \\[3mm]
D_i &= \sqrt[9]{2H_a \cdot 2H_b \cdot 2H_c \cdot D_{ab}^2 \cdot D_{bc}^2 \cdot D_{ca}^2} \quad , \text{m}
\end{aligned}
\right\}
$$

$$(2\text{-}1\text{-}34)$$

式中　D_i——导线 a、b、c 到其镜像间的几何均距，m；

H_a——导线 a 对地高（m），余类推；

D_{ab}——导线 a 对导线 b 镜像的距离（m），余类推；

d_m、R_m——含义同式（2-1-32）。

2. 零序电纳

$$b_0 = \omega C_0 = \frac{2.53 \times 10^{-6}}{\lg \dfrac{D_i}{\sqrt[3]{d_m^2 R_m}}}, \text{S/km} \qquad (2\text{-}1\text{-}35)$$

式中符号含义同式（2-1-34）。

（二）具有一根地线的单回路线路的零序电容

$$
\left.
\begin{aligned}
C_0 &= 0.008043 \times 10^{-6} \times \left[\lg \frac{D_i}{\sqrt[3]{d_m^2 R_m}} \right. \\[3mm]
&\quad \left. - \left(\lg \frac{D_{iag}}{d_{mag}} \right)^2 \Big/ \lg \frac{2H_g}{r_g} \right]^{-1}, \text{F/km}
\end{aligned}
\right\}
$$

$$(2\text{-}1\text{-}36)$$

$$D_{iag} = \sqrt[3]{D_{ga} D_{gb} D_{gc}}, \text{m}$$

$$d_{mag} = \sqrt[3]{d_{ga} d_{gb} d_{gc}}, \text{m}$$

式中

D_i、R_m、d_m——含义同式（2-1-34）；

D_{iag}——地线 g 至导线 a、b、c 的镜像间的几何均距，m；

D_{ga}——地线 g 至导线 a 的镜像间的距离（m），m；

d_{mag}——地线 g 至导线 a、b、c 之间的几何均距，m；

d_{ga}、d_{gb}、d_{gc}——地线 g 至导线 a、b、c 之间的距离，m；

H_g——地线 g 的对地高，m；

r_g——地线 g 的半径，m。

（三）具有双地线的零序电容

$$
\left.
\begin{aligned}
C_0 &= 0.008043 \times 10^{-6} \times \left[\lg \frac{D_i}{\sqrt[3]{d_m^2 R_m}} \right. \\[3mm]
&\quad \left. - \frac{2\left(\lg \dfrac{D_{iagh}}{d_{magh}} \right)^2}{\lg \dfrac{2H_{gh}}{r_g} + \lg \dfrac{D_{gh}}{d_{gh}}} \right]^{-1}, \text{F/km}
\end{aligned}
\right\}
$$

$$(2\text{-}1\text{-}37)$$

$$D_{iagh} = \sqrt[6]{D_{ga} D_{gb} D_{gc} D_{ha} D_{hb} D_{hc}}, \text{m}$$

$$d_{magh} = \sqrt[6]{d_{ga} d_{gb} d_{gc} d_{ha} d_{hb} d_{hc}}, \text{m}$$

$$H_{gh} = \sqrt{H_g H_h}, \text{m}$$

式中　D_i、R_m、d_m、r_g——含义同式（2-1-36）；

D_{iagh}——地线 g 和 h 至导线 a、b、c 的镜像间的几何均距，m；

D_{ga}——地线 g 至导线 a 的镜像间的距离（m），余类推；

d_{magh}——地线 g 和 h 至导线 a、b、c 间的几何均距，m；

d_{ga}——地线 g 至导线 a 之间的距离（m），余类推；

H_{gh}——地线 g 和 h 对地的几何平均高，m；

H_g、H_h——分别为地线 g 和 h 的对地高，m；

D_{gh}——地线 g 至地线 h 镜像间的距离，m。

（四）无地线对称的双回路线路的零序电容（参见图 2-1-3）

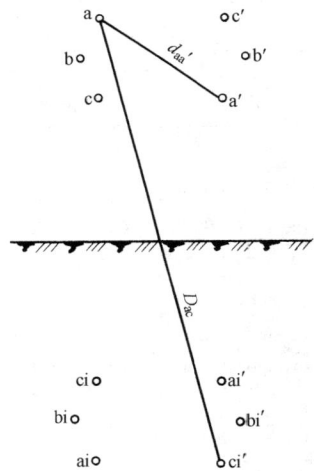

图 2-1-3　无地线双回路序电容计算参数图

$$C_0 = 0.008043 \times 10^{-6} \times \left[\lg \frac{D_i}{\sqrt[3]{d_m^2 R_m}} \right.$$

$$\left. + \lg \frac{D_{M(I\,II)}}{d_{M(I\,II)}} \right]^{-1}, \text{F/km}$$

$$D_{M(I\,II)} = (D_{aa'}D_{ab'}D_{ac'}D_{ba'}D_{bb'}D_{bc'}$$
$$\times D_{ca'}D_{cb'}D_{cc'})^{\frac{1}{9}}, \text{m}$$

$$d_{M(I\,II)} = (d_{aa'}d_{ab'}d_{ac'}d_{ba'}d_{bb'}d_{bc'}$$
$$\times d_{ca'}d_{cb'}d_{cc'})^{\frac{1}{9}}, \text{m}$$

$$\tag{2-1-38}$$

式中　D_i、R_m、d_m——含义同式（2-1-37）；

$D_{M(I\,II)}$——第 I 回路导线（a、b、c）对
第 II 回路导线（a'、b'、c'）
的镜像间的几何均距，m；

$d_{M(I\,II)}$——第 I 回路导线（a、b、c）与
第 II 回路导线（a'、b'、c'）
间的几何均距，m。

（五）具有单地线对称的双回路线路的零序电容
（参见图 2-1-4）

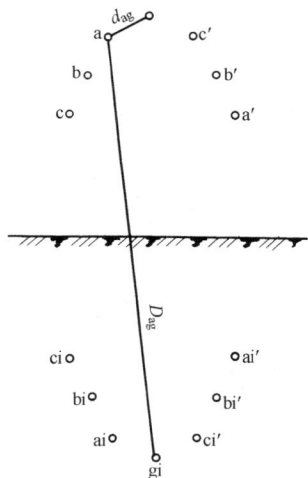

图 2-1-4　有单地线的双回路序电容计算参数图

$$C_0 = 0.008043 \times 10^{-6} \left\{ \lg \frac{D_i}{\sqrt[3]{d_m^2 R_m}} \right.$$

$$\left. + \lg \frac{D_{M(I\,II)}}{d_{M(I\,II)}} - 2 \left[\frac{\left(\lg \frac{\sqrt[3]{D_{ag}D_{bg}D_{cg}}}{\sqrt[3]{d_{ag}d_{bg}d_{cg}}} \right)^2}{\lg \frac{2H_g}{r_g}} \right] \right\}^{-1}, \text{F/km}$$

$$\tag{2-1-39}$$

式中　D_i、R_m、d_m、——含义同式（2-1-38）；
　　　$D_{M(I\,II)}$、$d_{M(I\,II)}$

D_{ag}、D_{bg}、D_{cg}——地线 g 至导线 a、b、c 的镜

像的距离，m；

d_{ag}、d_{bg}、d_{cg}——地线 g 至导线 a、b、c 间
的距离，m；

H_g——地线 g 的对地高，m；

r_g——地线 g 的半径，m。

（六）具有双地线对称的双回路线路的零序电容
（参见图 2-1-5）

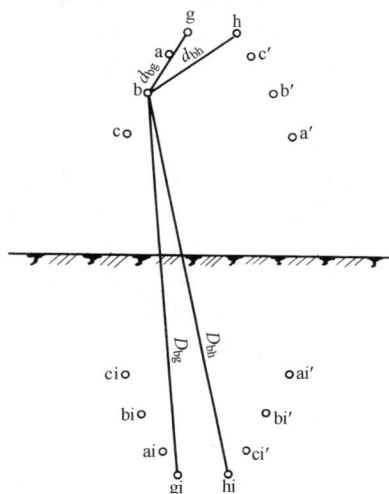

图 2-1-5　有双地线的双回路序电容计算参数图

$$C_0 = 0.008043 \times 10^{-6} \times \left\{ \lg \frac{D_i}{\sqrt[3]{d_m^2 R_m}} \right.$$

$$\left. + \lg \frac{D_{M(I\,II)}}{d_{M(I\,II)}} - 2 \left[\frac{2\left(\lg \frac{D_{iagh}}{d_{magh}} \right)^2}{\lg \frac{2H_g}{r_g} + \lg \frac{D_{gh}}{d_{gh}}} \right] \right\}^{-1}, \text{F/km}$$

$$D_{iagh} = (D_{ag}D_{bg}D_{cg}D_{a'g}D_{b'g}D_{c'g}D_{ah}D_{bh}$$
$$\times D_{ch}D_{a'h}D_{b'h}D_{c'h})^{\frac{1}{12}}, \text{m}$$

$$d_{magh} = (d_{ag}d_{bg}d_{cg}d_{a'g}d_{b'g}a_{c'g}d_{ah}d_{bh}d_{ch}$$
$$\times d_{a'h}d_{b'h}d_{c'h})^{\frac{1}{12}}, \text{m}$$

$$\tag{2-1-40}$$

式中　D_i、R_m、d_m、H_g、——含义同式（2-1-39）；
　　　r_g、$D_{M(I\,II)}$、$d_{M(I\,II)}$

D_{iagh}——地线 g 和 h 至导线 a、
b、c、a'、b'、c' 的镜像间
的几何均距，m；

d_{magh}——地线 g 和 h 至导线 a、
b、c、a'、b'、c' 间的几何
均距，m；

D_{gh}——地线 g 与地线 h 的镜
像距离，m；

d_{gh}——地线 g 与 h 间的距离，
m。

六、送电线路的波阻抗和自然功率

通常送电线路的电阻与其电抗和容抗相比是十分小的，可以忽略不计。忽略线路电阻后波阻抗 Z_n 变为

$$Z_n = \sqrt{\frac{X_1}{b_1}} = \sqrt{\frac{L_1}{C_1}}, \Omega \qquad (2\text{-}1\text{-}41)$$

式中　X_1、b_1——分别为线路正序电抗和电纳；

L_1、C_1——分别为线路的正序电感和电容。

线路的自然功率 P_n 为

$$P_n = U^2 / Z_n, MW \qquad (2\text{-}1\text{-}42)$$

式中　U——线路电压，kV。

线路输送自然功率时的特性是：沿全线的电压和电流值均保持不变，即送端和受端的电压和电流相等；其次，线路产生的无功和消耗的无功互相抵消。线路输送的功率大于自然功率时，送端电压高于受端电压，线路的无功损耗需由系统供给。当输送功率小于自然功率时，送端电压低于受端电压，线路产生无功供给系统。

七、导线表面的电场强度

为了预计超高压和特高压线路的电晕放电现象（无线电杂音、可听噪声和电晕损失），需要知道送电线路导线表面的电场分布。关于导线（特别是分裂导线）表面的电场强度的计算目前有几种计算方法，以马克特（Markt）和门得尔（Mengele）提出的用等效单根导线代替分裂导线的方法，计算导线表面电场强度较为简单实用，因而在工程计算中得到广泛的应用。但是，这种方法的缺点是没有反映分裂导线中每根子导线表面电场大小和分布，特别是分裂导线在 4 根以上时不能计算导线附近的空间电场和电位，而且计算准确度较差，因此，为了精确计算，又提出逐步镜像法（或称多重镜像法）、模拟电荷法及矩量法等等，而这些方法计算十分复杂，需借助计算机来求得，在此不作介绍。本节仅列出已广泛应用的计算方法，并介绍美国超高压试验基地，根据多重镜像法原理计算结果提出的图解法。

（一）工程中广泛采用的计算方法

就高压送电线路来说，导线相间及与地面之间的距离通常比导线直径大得多。因此，认为导线上电荷位于导线中心的近似方法是实用的。对于相分裂导线，这个方法仍可采用。而其表面电场的变化，当子导线是对称排在一个圆周上时，则可用下面所述的余弦定律来表示。

利用麦克斯韦方程确定导线的电荷密度，则导线的表面电场强度有效值为

$$E = \frac{Q}{2\pi\varepsilon r} = \frac{C_1 U_L}{2\pi\varepsilon r \sqrt{3}}$$

$$= 0.001039 \frac{C_1 U_L}{r}, MV/m \qquad (2\text{-}1\text{-}43)$$

式中　U_L——线电压，kV；

C_1——相导线工作（或称正序）电容，pF/m；

r——导线半径，cm。

若用电场强度最大值表示，则式（2-1-43）变为

$$E_m = 0.00147 \frac{C_1 U_L}{r}, MV/m \qquad (2\text{-}1\text{-}44)$$

对于分裂导线，其单根导线的平均电场强度为

$$\left. \begin{aligned} \overline{E} &= 0.001039 \frac{C_1 U_L}{nr}, MV/m \\ \overline{E}_m &= 0.00147 \frac{C_1 U_L}{nr}, MV/m \end{aligned} \right\} \qquad (2\text{-}1\text{-}45)$$

式中　$\overline{E}$——平均电场强度有效值，kV；

$\overline{E}_m$——平均电场强度最大值，kV；

n——分裂导线根数；

其它符号含义同式（2-1-43）。

沿导线圆周表面的电场强度（如图 2-1-6 给定的参数）为

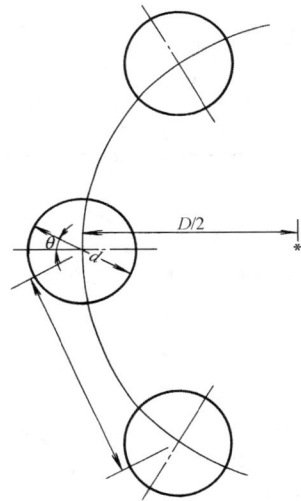

图 2-1-6　相分裂导线的几何图形

$$E_\theta = \overline{E} \left[1 + 2(n-1) \frac{r}{s} \sin \frac{\pi}{n} \cos\theta \right], MV/m$$
$$(2\text{-}1\text{-}46)$$

式中　$\overline{E}$、n、r 含义同式（2-1-45）。

圆周表面的最大电场强度有效值为

$$E = \overline{E} \left[1 + 2(n-1) \frac{r}{s} \sin \frac{\pi}{n} \right], MV/m$$
$$(2\text{-}1\text{-}47)$$

式（2-1-43）～式（2-1-45）中的电容 C_1 可用

式（2-1-31）和式（2-1-33）计算，但计算出的是三相平均电容值，不能反映各相导线的电场强度。从计算电晕效应观点来看，知道各相导线电场强度的最大值更有意义，例如单回路三相导线呈水平排列时，中相的电容一般比边相大7%，也即中相导线的表面电场强度较边相高7%。因此应利用麦克斯韦电位系数法来准确地计算各相电容值 C_1 是适宜的，其计算方法如下。

1. 有两根接地地线的三相单回路线路

$$C_{1a} = \beta_{aa} - \frac{1}{2}(\beta_{ab} + \beta_{ac})$$

$$C_{1b} = \beta_{bb} - \frac{1}{2}(\beta_{ab} + \beta_{bc})$$

$$C_{1c} = \beta_{cc} - \frac{1}{2}(\beta_{ac} + \beta_{bc})$$

$$\beta_{aa} = \frac{a'_{bb}a'_{cc} - (a'_{bc})^2}{\Delta}$$

$$\beta_{bb} = \frac{a'_{aa}a'_{cc} - (a'_{ac})^2}{\Delta}$$

$$\beta_{cc} = \frac{a'_{bb}a'_{aa} - (a'_{ba})^2}{\Delta}$$

$$\beta_{ab} = \beta_{ba} = \frac{-(a'_{ab}a'_{cc} - a'_{ac}a'_{bc})}{\Delta}$$

$$\beta_{ac} = \beta_{ca} = \frac{-(a'_{ac}a'_{bb} - a'_{ab}a'_{bc})}{\Delta}$$

$$\beta_{bc} = \beta_{cb} = \frac{-(a'_{bc}a'_{aa} - a'_{ab}a'_{ac})}{\Delta}$$

$$\Delta = a'_{ac}[a'_{bb}a'_{cc} - (a'_{bc})^2]$$
$$- a'_{ab}(a'_{ab}a'_{cc} - a'_{bc}a'_{ac})$$
$$+ a'_{ac}(a'_{ab}a'_{bc} - a'_{bb}a'_{ac})$$

$$a'_{aa} = a_{aa} - \{a_{gg}[(a_{ag})^2 + (a_{ah})^2]$$
$$- 2a_{ag}a_{ah}a_{gh}\} \times [(a_{gg})^2 - (a_{gh})^2]^{-1}$$

$$a'_{bb} = a_{bb} - \{a_{gg}[(a_{bg})^2 + (a_{bh})^2]$$
$$- 2a_{bg}a_{bh}a_{gh}\} \times [(a_{gg})^2 - (a_{gh})^2]^{-1}$$

$$a'_{cc} = a_{cc} - \{a_{gg}[(a_{cg})^2 + (a_{ch})^2]$$
$$- 2a_{cg}a_{ch}a_{gh}\} \times [(a_{gg})^2 - (a_{gh})^2]^{-1}$$

$$a'_{ab} = a'_{ba} = a_{ab} - [a_{gg}(a_{ag}a_{bg} + a_{ah}a_{bh})$$
$$- a_{gh}(a_{ag}a_{bh} + a_{bg}a_{ah})]$$
$$\times [(a_{gg})^2 - (a_{gh})^2] - 1$$

$$a'_{bc} = a'_{cb} = a_{bc} - [a_{gg}(a_{bg}a_{cg} + a_{bh}a_{ch})$$
$$- a_{gh}(a_{bg}a_{ch} + a_{bh}a_{cg})]$$
$$\times [(a_{gg})^2 - (a_{gh})^2] - 1$$

$$a'_{ac} = a'_{ca} = a_{ac} - [a_{gg}(a_{ag}a_{cg} + a_{ah}a_{ch})$$
$$- a_{gh}(a_{ag}a_{ch} + a_{ah}a_{cg})]$$
$$\times [(a_{gg})^2 - (a_{gh})^2] - 1$$

以上各式中，下标 a、b、c 分别代表三相导线；g、h 分别代表两根地线。有关电位系数 a 的计算参见本节式（2-1-26）、式（2-1-27）。

2. 有一根接地地线的三相单回路线路

$$a'_{aa} = a_{aa} - \frac{a_{ag}^2}{a_{gg}}$$

$$a'_{bb} = a_{bb} - \frac{a_{bg}^2}{a_{gg}}$$

$$a'_{cc} = a_{cc} - \frac{a_{cg}^2}{a_{gg}}$$

$$a'_{ab} = a'_{ba} = a_{ab} - \frac{a_{ag}a_{bg}}{a_{gg}}$$

$$a'_{ac} = a'_{ca} = a_{ac} - \frac{a_{ag}a_{cg}}{a_{gg}}$$

$$a'_{bc} = a'_{cb} = a_{bc} - \frac{a_{bg}a_{cg}}{a_{gg}}$$

其它计算同两根地线。

3. 无地线的三相单回路线路

$$a'_{aa} = a_{aa} \qquad a'_{bb} = a_{bb}$$

$$a'_{cc} = a_{cc}$$

$$a'_{ab} = a_{ab} \qquad a'_{bc} = a_{bc}$$

$$a'_{ca} = a_{ca}$$

其它计算同两根接地地线。无地线的线路及有地线但其保护角不超过30°的单回路水平排列线路的正序电容可直接利用图 2-1-7 的曲线查得。曲线纵坐标 C_1 表示边导线的正序电容，C_2 表示中相导线的正序电容；在图 2-1-7 中：d 为相间距离；H_{av} 为导线平均对地高度；r 为导线半径，如分裂导线时则为其等效半径。横坐标 C 为三相线路平均的正序电容，可按式（2-1-31）计算。

（二）美国"超高压-特高压试验基地"提出的一种计算导线表面场强的精确图解法

（1）说明：图解法中，对每一种电压等级以每一相的导线数作为参数，把导线表面电场强度表示为导线直径的函数的"基准曲线"。每一电压等级的电场强度是按照导线高度、相间距离和避雷线的布置经计算得出的。这些参数影响相当小。就导线的高度和相间距离来说，对每一电压等级提出了附加的曲线来计算这些尺寸变化对电场强度的影响。

"超高压-特高压试验基地"的实验指出，围绕分裂导线中导线圆周方向出现的电场强度的最大值，在确定电晕现象时是最有意义的参数。认识到由于分裂导线中每一根分裂导线的位置不同，它们的最大电场强度稍有不同，故取这些最大值的平均值作为每一相的标准值。因此，"基准曲线图"中的最大表面电场强度有效值是这些最大值的平均值。

这些电场强度是按下述方法计算的，首先用多重镜像法详细求得每根单独导线的平均电场强度（$\overline{E}$），然后按式（2-1-47）求得环绕导线圆周方向的最大电场强度。最后，将分裂导线的最大电场强度值加以平均。

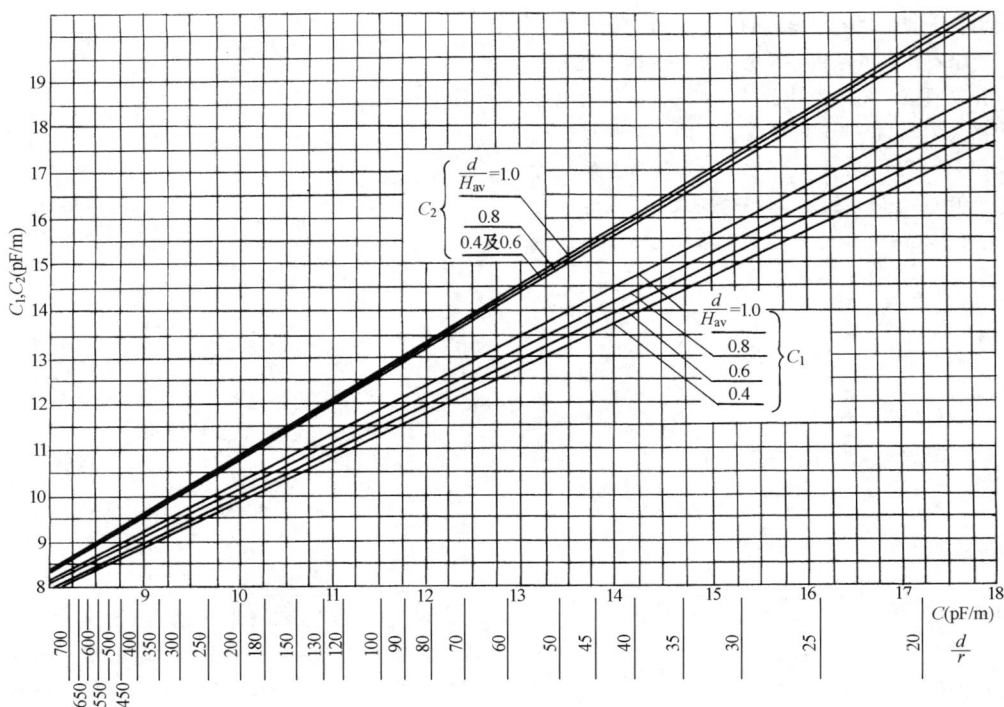

图 2-1-7　中边相导线正序电容曲线

表 2-1-8　　　　　　　　　　　　　　基准单回路线路的参数

线路电压 (kV)	水平相间距离 (m)	平均导线高度 (m)	地 线			每相导线根数
			直 径 (cm)	平均高度 (m)	间 距 (m)	
362	7.5	12.5	0.95	22.2	9.4	1, 2
550	10.0	14.0	1.27	24.3	14.6	1, 2, 3, 4
800	14.0	18.5	1.90	30.7	22.1	3, 4, 6, 8
1200	18.5	24.0	2.54	39.9	33.8	6, 8, 12, 16
1500	22.5	28.0	2×1.8 间距 45.7	45.9	40.0	8, 12, 16

（2）基准线路的特性：单回路选择三相导线水平排列作基准，每一电压等级的几何尺寸列在表 2-1-8 中。电晕效应是以导线的平均高度来计算的，它表示与实际线路产生相同电晕效应的一条理想水平线路的高度。平均高度等于档距中点的高度加 1/3 的弧垂。所有电压等级的子导线数目和分裂导线的直径列在表 2-1-9 中。

表 2-1-9　　　基准分裂导线的直径

每相导线根数	分裂导线的直径 (cm)	每相导线根数	分裂导线的直径 (cm)
2	45.7	8	101.6
3	52.8	12	127.0
4	64.7	16	152.4
6	91.4		

（3）基准曲线图和计算例题，各种电压等级的

基准图表和有关的相间距离和高度影响的图表，列在图 2-1-8 ～ 图 2-1-22 中。下面的例题可以说明确定电场强度的方法。

【例题 2-1】　　线路电压 525kV；每相导线 3 根，每根导线直径 3cm；相间距离 9m；导线对地高度 14.5m。求导线表面最大电场强度。

解　根据图 2-1-11，对于导线直径为 3cm 和 n 等于 3 有

$$E_A = 1.79 \text{MV/m}$$

$$E_B = 1.93 \text{MV/m}$$

式中　E_A——边相平均的最大表面基准电场强度有效值；

E_B——中相平均的最大表面基准电场强度有效值。

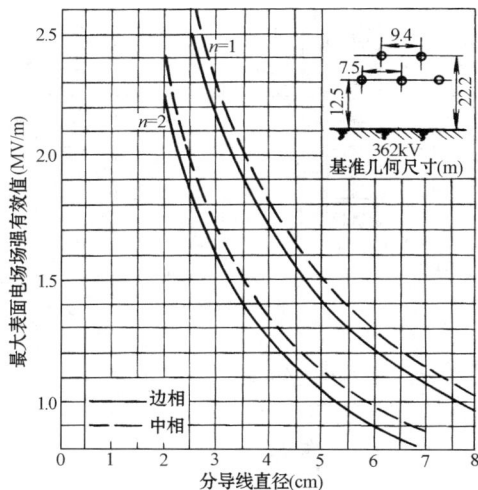

图 2-1-8　362kV 级单回路线路的
导线表面电场强度

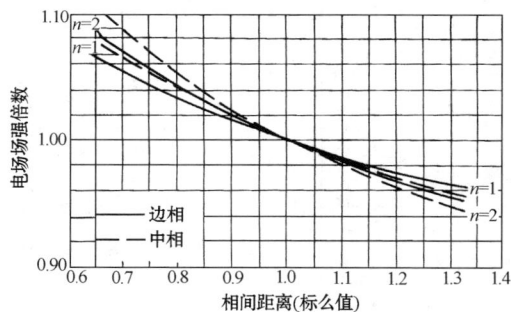

图 2-1-9　362kV 级单回路线路相间距离
对电场强度的影响

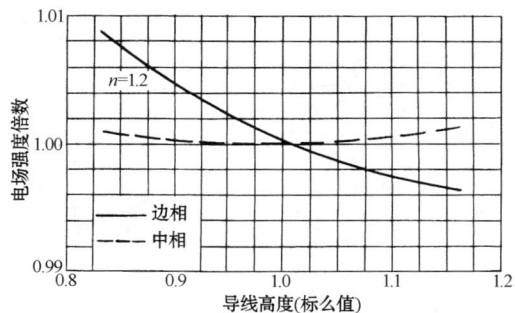

图 2-1-10　362kV 级单回路线路
导线高度对电场强度的影响

将上述基准值换算到本例情况的相乘系数列在表
2-1-10 中。

于是，得边相和中相的平均最大电场强度有效值
为

$$E_{Am} = F_V F_{PS} F_H E_A = 1.741 \text{MV/m}$$
$$E_{Bm} = F_V F_{PS} F_H E_B = 1.890 \text{MV/m}$$

表 2-1-10　单回路计算例题的电场强度系数

	标么值	符号	系　数		备　注
			边相	中相	
电　压	525/550 = 0.9545	F_V	0.9545	0.9545	按比例
相间距离	9/10 = 0.9	F_{PS}	1.020	1.026	由图 2-1-12 查得
高　度	14.5/14 = 1.036	F_H	0.999	1.0	由图 2-1-13 查得

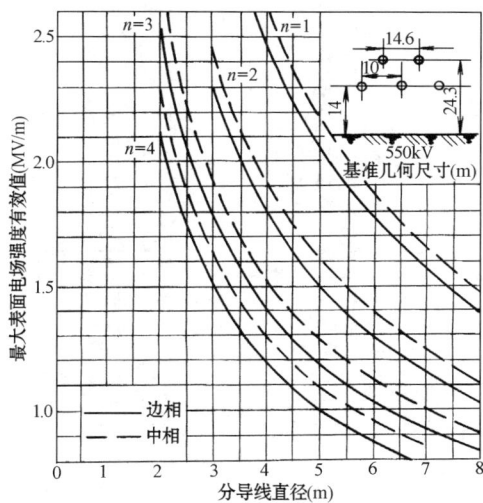

图 2-1-11　550kV 级单回路线路的
导线表面电场强度

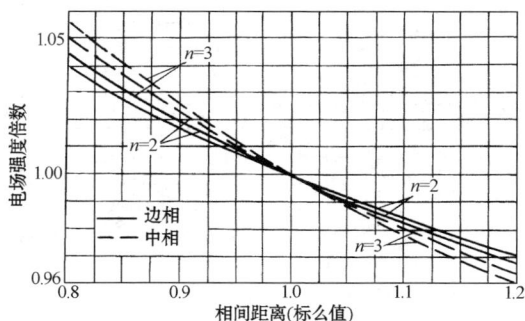

图 2-1-12　550kV 级单回路线路相间
距离对电场强度的影响

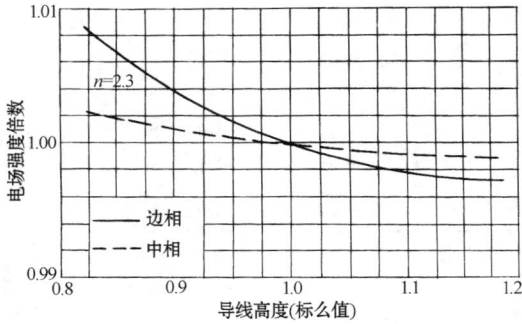

图 2-1-13　550kV 级单回路线路导线
高度对电场强度的影响

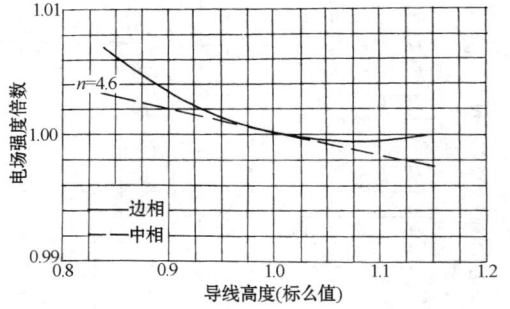

图 2-1-16　800kV 级单回路线路
导线高度对电场强度的影响

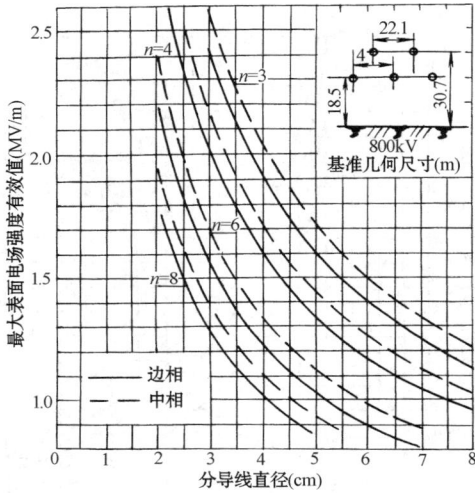

图 2-1-14　800kV 级单回路线路的
导线表面电场强度

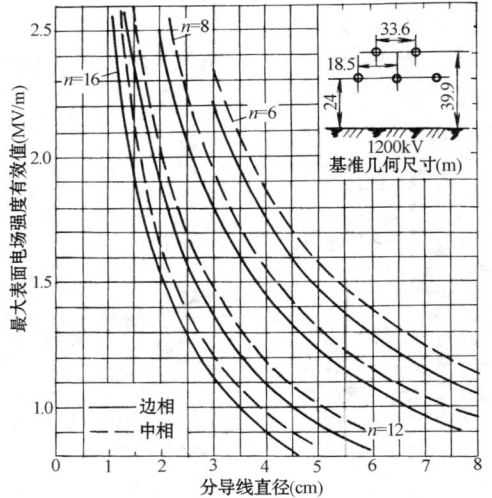

图 2-1-17　1200kV 级单回路线路
的导线表面电场强度

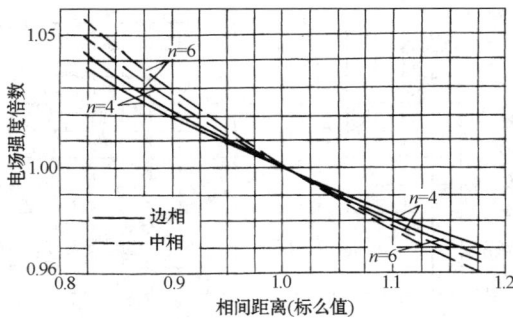

图 2-1-15　800kV 级单回路线路
相间距离对电场强度的影响

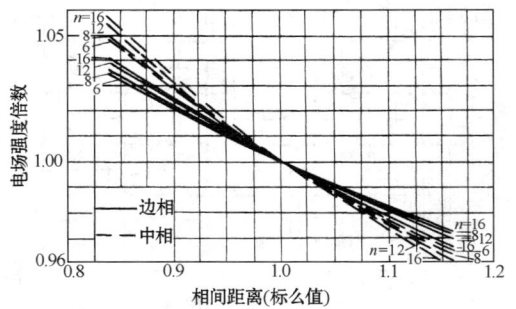

图 2-1-18　1200kV 级单回路线路
相间距离对电场强度的影响

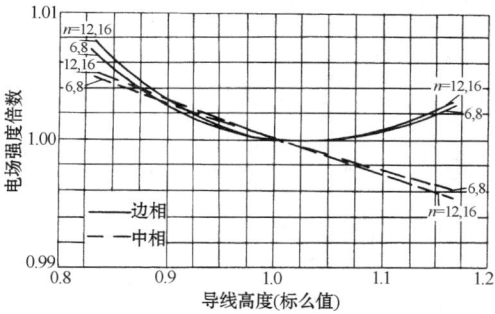

图 2-1-19　1200kV 级单回路线路
高度对电场强度的影响

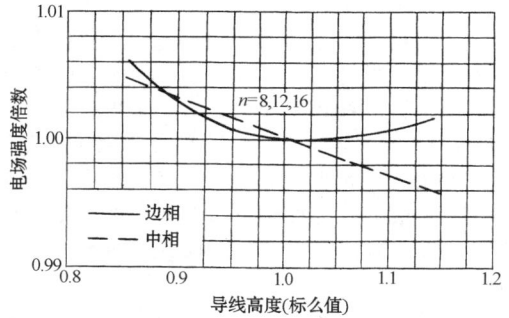

图 2-1-22　1500kV 级单回路线路
导线高度对电场强度的影响

第二节　交流送电线路的电晕

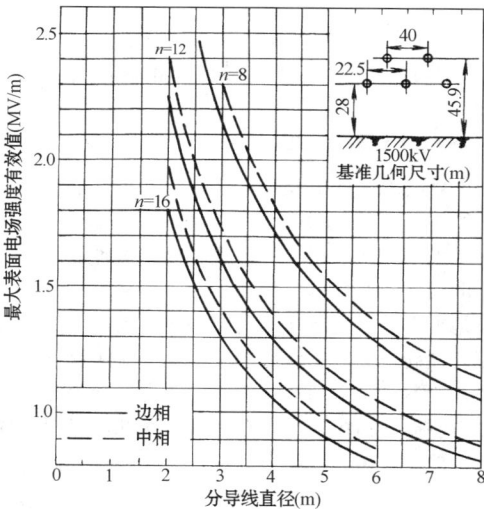

图 2-1-20　1500kV 级单回路线路
的导线表面电场强度

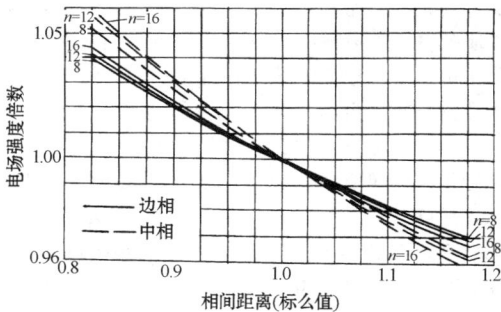

图 2-1-21　1500kV 级单回路线路
相间距离对电场强度的影响

　　电极间距离很大时，由于电场极不均匀，在电极表面及其附近的电场强度超过空气的击穿强度时，在电极表面就形成电晕放电。或者说电极表面及附近产生局部击穿的放电现象叫电晕。不论在均匀还是不均匀电场中空气的击穿强度都受许多条件的影响，如空气压力、电极材料、水蒸气的存在、光游离和电压的类型等。电极表面的不规则性，例如脏污的微粒、突出的毛刺等都会引起电场强度集中而形成电晕放电。电晕放电将产生光、可听噪声、无线电杂音、导线振动、臭氧和其它生成物，同时还产生电能损失。对电晕（特别是送电线路电晕）问题，各国已进行长时间的研究，其基本规律已经掌握。

　　本节将简述电极表面状况及大气状况对电晕的影响，送电线路导线电场强度及电晕损失的计算。

一、导线表面状况和大气条件对电晕的影响

（一）导线表面状况的影响

　　220kV 及以下送电线路，导线的电场强度一般较低。但是 220kV 以上的超高压送电线路，由于经济上的考虑，通常导线的电场强度在正常运行时为起始电晕强度的 80% 以上，接近于起始电晕强度，而新架设的线路，导线表面有许多明显的不规则处，电晕起始电压较低，故新导线的电晕损失，无线电杂音和可听噪声将较大。表面不规则处电晕形成的自由电荷引起的局部离子轰击，能磨蚀掉导线表面的毛刺，而且能帮助除去表面的污秽物和其它好天气下的电晕源。

　　根据一些超高压试验基地所获得的资料表明，新导线大约经过六个月后，电晕损失明显减小。观察到导线在很低的运行强度下也产生老化，这表明，在比

运行电压低或甚至不加电压的情况下，只要导线受到天气的作用就会老化。从数量上来讲，老化导线在大雨天的电晕损失可减少 25% ~ 33%，有露水时也有类似的减少；在老化 32 个月以后，无线电干扰电平降低 25%。用了数年经过风吹雨打已老化的导线，其电晕损失、可听噪声和无线电杂音都较小，而且产生强烈电晕放电的点源也较少。但是，当线路停电几天后重新带电时，在头 15 ~ 20min 内，电晕损失会暂时增加。

根据观察，老化的导线具有亲水性，会将表面水滴吸入到各股线之中，而新导线是憎水性的，则有较多的水滴停留在导线表面。因此，在有雨滴情况下新导线电晕严重，并可看到水滴上有微弱的辉光。

美国蒂德试验基地的试验说明，涂油脂的导线一般要比人工老化（喷砂处理）的导线有较大的电晕损失、无线电杂音和可听噪声。

（二）　大气条件的影响

大气条件，诸如空气密度、湿度、风、降雨、降雪及降霜等等都以各种方式影响着电晕的产生。

空气密度和相对湿度影响着电晕起始电场强度。空气密度和相对湿度的增大提高了电晕起始电场强度，就相当于电晕放电水平减低。

风增加了正极性流注的活跃性，因为负半周产生的空间电荷被吹掉。当无风时，该空间电荷将减弱电晕源的表面电场强度，从而抑制了正极性流注的形成。

雨、雪、霜、雾等降落时，这些小的质点经过导线引起导线对质点放电，这时也会发生电晕放电。其放电方式为：质点临近导线时引起局部电场畸变，由于感应作用，质点两端呈现偶极子电荷分布，这种电荷使电场强度增加而引起放电。许多国家的试验都表明，降雨、雪、霜、雾时不同程度地使电晕损失显著增加。

此外，有些著者指出，超高压送电线路在好天气下产生电晕主要是空中降落物质，诸如昆虫、灰尘、蜘蛛网、树叶、鸟粪和其它非金属物。而大气条件也对导线上好天气的电晕源的性质有影响，因而改变了电晕特性。

大气状态也对无线电杂音有影响。例如，曾测得当相对空气密度每减少 1% 时，无线电杂音增加 0.3 ~ 0.5dB。同样，风速每增加 1km/h（约 0.28m/s），可使好天气下的无线电杂音增加 0.2 ~ 1dB。无线电杂音随湿度的增加而减小，一直到导线表面形成水滴时为止，形成水滴后电晕损失却急剧增加。

二、　导线的电晕临界电场强度

实验证明，临界电场强度与极性的关系很小。在磨光的导线上负极性的临界电场强度略高一点，但是在线路采用的导线直径范围（1 ~ 5cm）内差别极小，可取相同的值。

根据试验数据确立的皮克公式，对同轴圆筒及平行导线，其临界电场强度最大值为

$$E_{m0} = 3.03 m \delta^{\frac{2}{3}} \left(1 + \frac{0.3}{\sqrt{r}} \right), \text{MV/m} \qquad (2\text{-}2\text{-}1)$$

式中　　m——导线表面系数，对绞线一般可取 0.82；

δ——相对空气密度，

$$\delta = 289 \times 10^{-5} \frac{p}{273 + t}$$

p——气压，Pa；

t——气温，℃；

r——导线半径，cm。

当 $p = 101.325 \times 10^3$ Pa，$t = 20℃$，$\delta = 1$ 时，则式（2-2-1）变为

$$E_{m0} = 3.03 m \left(1 + \frac{0.3}{\sqrt{r}} \right), \text{MV/m} \qquad (2\text{-}2\text{-}2)$$

三、　电晕损失

当导线表面的电场强度超过空气击穿强度时，靠近导线表面的空气被击穿，就将电能转换成热、光、可听噪声和无线电干扰等形式释放，这种能量损失就是送电线路导线的电晕损失。电晕损失及其经济上的后果是半个多世纪以来的研究课题。人们收集了许多有用的试验数据和现场数据，作了大量的统计分析，以公式表达了电晕的规律，并对其有关理论方面进行了许多研究。但由于电晕损失是导线几何尺寸、导线电场强度、电压和线路所处地区气象条件的函数，十分复杂，因而至今无论对超高压线路出现的电晕损失，或是选择不同导线结构以补偿这些损失的经济方面，仍不可能作出有把握的预计。

根据测试数据发现，超高压线路电晕损失的变动范围很大，从好天气时的每公里几千瓦至最恶劣天气时的每公里几百千瓦。年平均电晕损失只是电阻损失的一小部分，但是恶劣天气最大的电晕损失对电力用户的用电需要和电力系统备用容量有较大影响，因为必须发出足够的电力来满足此尖峰电晕损失的需要，或输入补充电力以应付尖峰电晕损失。

近年来的研究注意到，随着送电电压等级的提高，在选择导线截面和线路几何尺寸方面，电晕损失已经愈来愈不起控制作用，尤其采用分裂导线以后，对于 500kV 以上电压的线路来说，电晕产生的可听噪声和无线电杂音比电晕损失更起决定性的作用。

下面给出了估算电晕损失的方法，由于电晕损失的变化极大，即使在给定的气候条件下，计算电晕损失的准确性也不会太高，但它仍可作为选择最佳导线截面的比较计算之用。

（一）年平均电晕损失的估算

1. 功率损失

三相线路的年平均电晕功率损失，为三相导线在各种天气条件下（好天气、雪天、雨天、雾淞天）产生的电晕功率损失的总和，可按式（2-2-3）求得

$$P_C = \frac{n^2 r^2}{8760}\left\{\left[F_1\left(\frac{E_{m1}}{\delta^{\frac{2}{3}} E_{m0}}\right) + F_1\left(\frac{E_{m2}}{\delta^{\frac{2}{3}} E_{m0}}\right)\right.\right.$$
$$\left. + F_1\left(\frac{E_{m3}}{\delta^{\frac{2}{3}} E_{m0}}\right)\right]t_1 + \left[F_2\left(\frac{E_{m1}}{E_{m0}}\right)\right.$$
$$\left. + F_2\left(\frac{E_{m2}}{E_{m0}}\right) + F_2\left(\frac{E_{m3}}{E_{m0}}\right)\right]t_2$$
$$+ \left[F_3\left(\frac{E_{m1}}{E_{m0}}\right) + F_3\left(\frac{E_{m2}}{E_{m0}}\right)\right.$$
$$\left. + F_3\left(\frac{E_{m3}}{E_{m0}}\right)\right]t_3 + \left[F_4\left(\frac{E_{m1}}{E_{m0}}\right)\right.$$
$$\left.\left. + F_4\left(\frac{E_{m2}}{E_{m0}}\right)\right] + F_4\left(\frac{E_{m3}}{E_{m0}}\right)t_4\right\} \quad (2\text{-}2\text{-}3)$$

式中　　　P_C——三相总计的年平均功率损失，W/m；

E_{m1}、E_{m2}、E_{m3}——分别为三相导线表面电场强度，对单导线取 E_m，对分裂导线取平均电场强度最大值，MV/m；

$F_1\left(\dfrac{E_{mi}}{\delta^{2/3} E_{m0}}\right)$——好天气电晕损失，为 $\dfrac{E_{mi}}{\delta^{\frac{2}{3}} E_{m0}}$ 的函

数，由图 2-2-1 查出；

$F_{2,3,4}\left(\dfrac{E_{mi}}{E_{m0}}\right)$——分别为雪天、雨天、雾淞天的

电晕损失，为 $\dfrac{E_{mi}}{E_{m0}}$ 的函数，由图

2-2-1 查出；

t_1、t_2、t_3、t_4——分别为一年内好天气，雪天、雨天、雾淞天的计算小时数。

2. 气象资料的选择及修正

雨天除包括一般的降雨天以外，毛毛雨、雨夹雪以及湿雪天亦均属雨天。雪天系指干雪天，包括下雪花、雪球以及暴风雪等。雾淞天包括颗粒状或针状结晶的雾淞和坚实的雨淞。除上述以外均属好天气，包括下雾天和阴天，还包括考虑电流使导线发热经修正后排除的一部分雨天和雾淞天在内。考虑电流发热的修正如下：

（1）雾淞天计算小时数 T_4 为实际雾淞小时数 T'_4 乘上修正系数 k_1，k_1 可从图 2-2-2 查得（由于目前还缺少国产导线的试验数据，所以利用了相近的国外资料）。严格地说需要进行修正的只是雾淞，不包括雨淞，但因通常缺少对雾淞天进一步划分的统计材料，所以一般就一同加以修正。图 2-2-2 中的 j 为平均电流密度，其单位为（A/mm²），一般按线路正常设计输送容量考虑。

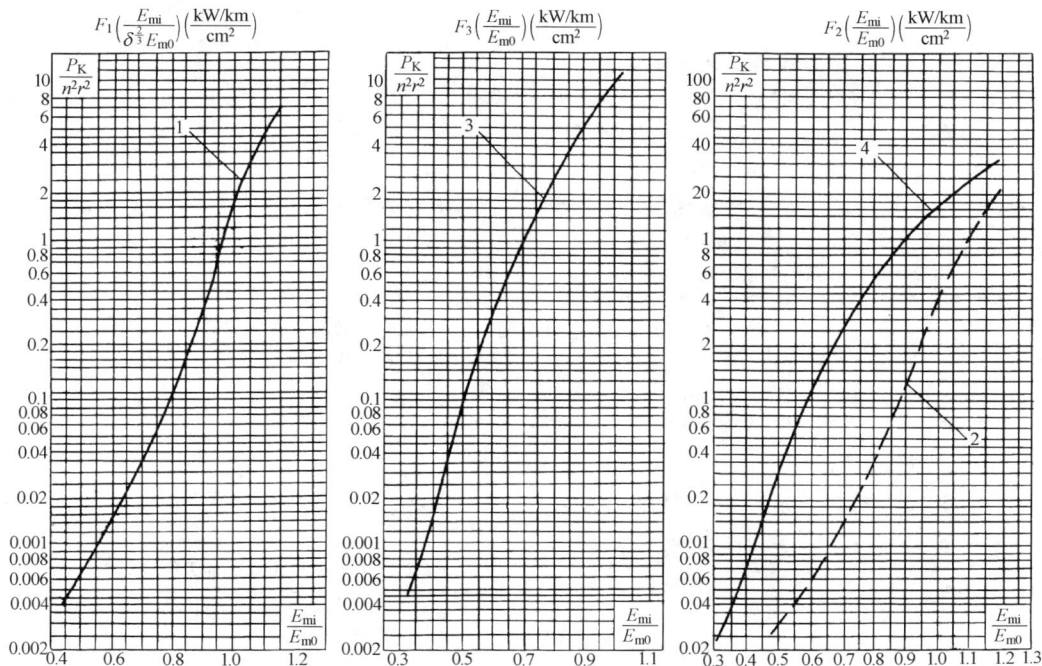

图 2-2-1　电晕损失计算用曲线

1—好天气；2—下雪天；3—下雨天；4—雾淞天

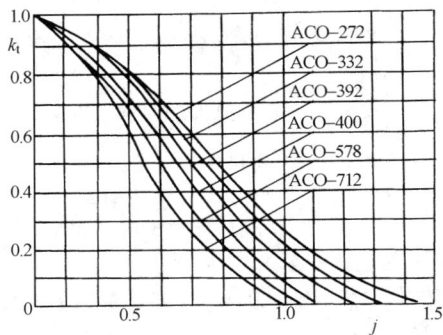

图 2-2-2　电流发热修正系数曲线

（2）雨天计算小时数 t_3 为实际雨天小时数 t'_3 乘以修正系数 k_2。

$$\left.\begin{array}{l} k_2 = 1 - \dfrac{J_1}{J_{av}} \\ J_1 = 0.2j^2 r \end{array}\right\} \qquad (2\text{-}2\text{-}4)$$

式中　J_{av}——平均降雨强度，mm／h。等于年降雨量除以降雨小时数；

　　　　J_1——临界降雨强度 mm／h。

（3）好天气计算小时数 t_1 按下式求得：

$$t_1 = t'_1 + (1 - k_1)t'_4 + (1 - k_2)t'_3 \qquad (2\text{-}2\text{-}5)$$

式中　t'_1、t'_4、t'_3——分别为实际好天气、实际雾天和实际下雨天的小时数。

（4）雪天计算小时数 t_2，可由气象资料内查得，不再做修正。

【例题 2-2】　某线路的参数及沿线气候情况假定如下：运行电压 330kV；导线为双分裂的 2 × LGJQ-300，分裂间距为 40cm；三相呈水平排列，相间距离为 9.0m；绝缘子串长 3.0m；地线保护角 20°；杆塔呼称高 24m；导线最大弧垂时对地距离 7.0m；沿线的气候情况列在表 2-2-1；并设 $\delta = 1$。

表 2-2-1　　　　电晕损失计算用气候情况表

天气条件	好 天	雪天	雨 天	雾凇天	降雨量
各种天气的数量	（年小时数）				（mm）
	7349	137	1154	120	1135

求出该线路的年平均电晕损失。

解　按表 3-3-1 中公式，先求出标准档距年平均气温时的弧垂为 13.4m，再计算导线平均高度为

$$H_{av} = 24 - 3 - \frac{2}{3} \times 13.4 = 12\text{m}$$

根据式（2-1-7），$R_m = \sqrt{rs} = \sqrt{1.17 \times 40} = 6.8\text{cm}$

相导线间距离与导线平均高度之比

$$\frac{d}{H_{av}} = \frac{9}{12} = 0.75$$

相导线间距离与相导线的自几何均距之比

$$\frac{d}{R_m} = \frac{9}{0.068} = 133$$

本线路地线保护角为 20°，导线水平排列可用图 2-1-7 的曲线查得电容为：

边相 $C_1 = 11.07\text{pF／m}$

中相 $C_2 = 11.8\text{pF／m}$

根据式（2-1-45）导线的平均电场强度最大值为

边相 $\overline{E}_{m1} = \dfrac{0.00147 \times 11.07 \times 330}{2 \times 1.17} = 2.3\text{MV／m}$

中相 $\overline{E}_{m2} = \dfrac{0.00147 \times 11.8 \times 330}{2 \times 1.17} = 2.45\text{MV／m}$

导线表面平均电场强度最大值与临界电场强度之比为

边相 $\dfrac{\overline{E}_{m1}}{E_{m0}} = \dfrac{2.3}{3.16} = 0.725$

中相 $\dfrac{\overline{E}_{m2}}{E_{m0}} = \dfrac{2.45}{3.16} = 0.775$

根据 $\dfrac{\overline{E}_{m1}}{E_{m0}}$、$\dfrac{\overline{E}_{m2}}{E_{m0}}$ 的值，查图 2-2-1 的曲线得：

边相 $\dfrac{\overline{E}_{m1}}{E_{m0}} = 0.725$	中相 $\dfrac{\overline{E}_{m2}}{E_{m0}} = 0.775$
$F_1 = 0.046$	$F_1 = 0.08$
$F_2 = 0.18$	$F_2 = 0.3$
$F_3 = 1.1$	$F_3 = 2.0$
$F_4 = 3.5$	$F_4 = 5.7$

考虑导线工作电流发热影响，求出雨天和雾凇天的修正系数 k_1 和 k_2。由图 2-2-2 得雾凇天修正系数 $k_1 = 0.2$（假定电流密度 $j = 1\text{A／mm}^2$）。

临界降雨强度 $J_1 = 0.2j^2 r = 0.2 \times 1^2 \times 1.17 = 0.234$，mm／h

平均降雨强度 $J_{av} = \dfrac{1135}{1154} = 0.98$，mm／h

$$k_2 = 1 - \frac{J_1}{J_{av}} = 1 - \frac{0.234}{0.98} = 0.76$$

考虑导线的工作电流发热影响后，计算电晕损失用的好天气持续小时数经计算得

$$\begin{aligned} t_1 &= t'_1 + (1 - k_1)t'_4 + (1 - k_2)t'_3 \\ &= 7349 + (1 - 0.2) \times 120 + (1 - 0.76) \times 1154 \\ &= 7722\text{h} \end{aligned}$$

经修正后计算电晕损失用的各种天气情况如表 2-2-2。

表 2-2-2　　　计算电晕损失的天气情况表

天气情况	好天	雪天	雨 天	雾凇天
小时数	7722	137	1154 × 0.76 = 877	120 × 0.2 = 24

将上述计算得的数值代入式（2-2-3）得线路的年平均电晕损失为

$$P_c = \frac{2^2 \times 1.17^2}{8760}\{[2 \times 0.046 + 0.08] \times 7722$$
$$+ [2 \times 0.18 + 0.3] \times 137 + [2 \times 1.1 + 2.0]$$
$$\times 877 + [2 \times 3.5 + 5.7] \times 24\}$$
$$= 0.625 \times 10^{-3} \times 5406.8$$
$$= 3.38 \text{W/ m}$$

（二）最大电晕损失

根据试验数据由图 2-2-1 曲线看出雾凇天有最大电晕损失，因此最大电晕损失 P_{cm} 按下式估计

$$P_{cm} = n^2 r^2 \left[F_4\left(\frac{E_{m1}}{E_{m0}}\right) + F_4\left(\frac{E_{m2}}{E_{m0}}\right) \right.$$
$$\left. + F_4\left(\frac{E_{m3}}{E_{m0}}\right) \right], \text{W/ m} \qquad (2\text{-}2\text{-}6)$$

式中符号与式（2-2-3）相同。

但是需要注意到，一条长送电线路的单位长的最大电晕损失不会达到上述值，因为沿线路的天气几乎不可能一样都是雾凇天。实际线路的最大电晕损失应按沿线天气分段计算求和确定。当利用最大电晕损失的数据来考虑附加电量时，还应考虑到与送电线最大负荷出现的同时率及其出现的概率。当出现雾凇天的概率极小时（国内一般天气情况如此），可按雨天损失作为最大电晕损失来考虑附加的电量，即 P_{cm} 为

$$P_{cm} = n^2 r^2 \left[F_3\left(\frac{E_{m1}}{E_{m0}}\right) + F_3\left(\frac{E_{m2}}{E_{m0}}\right) \right.$$
$$\left. + F_3\left(\frac{E_{m3}}{E_{m0}}\right) \right] , \text{W/ m} \qquad (2\text{-}2\text{-}7)$$

式中符号与式（2-2-3）相同。

利用上述电晕损失的计算方法，就可以比较电晕和电阻损失的功率。电晕损失取决于气象条件，而电阻损失取决于线路负荷。根据计算看出，从 220kV 到 500kV，甚至更高电压等级，通常年平均电晕损失为电阻损失的百分之几。在我国一些升压为 220kV 运行的线路，因导线截面较小电晕严重，在导线输送按发热计算的极限负荷下，年平均电晕损失也仅为电阻损失的 25% 左右。这说明为了减少电晕损失而增大导线截面是不经济的，即选择导线截面可不考虑电晕损失的影响。但最大电晕损失可达电阻损失的同一数量级，或者比电阻损失还高。随着线路电压等级的增高，送电负荷也增大，年平均电晕损失与电阻损失之比将趋于减小。

第三节　无线电干扰（RI）

高压送电线路，随着电压的不断提高，使导线表面发生电晕及其它放电的机会越来越多。在电晕及其它放电的同时，产生的效应之一是无线电干扰（简称为 RI，或称为无线电噪声，RN；以下均采用 RI）。

无线电干扰的实质，是在电晕过程中出现一些有害的、频带相当宽的电磁波，干扰无线电通信，危害环境。

泛指的 RI 电磁波，大体来自：天电干扰（磁暴、极光、雷电等）；宇宙干扰（太阳的黑子变化辐射、银河系电磁辐射等）；工业干扰（电弧、电焊、电火花、热处理设备、电车、电气化铁道、电气点火装置、各种发动机、整流设备、日光灯、辉光灯、医疗机械及高压线路等）；人为干扰（无意干扰，即工业干扰；故意干扰，即敌人干扰、电台干扰等）。高压线路的 RI，虽比天电干扰、宇宙干扰、电弧干扰小得多，但毕竟是全部 RI 的组成之一。

为了妥善解决 RI 与弱电、通信之间兼容的关系，国际电工学会（IEC）专设了无线电干扰特别委员会（CISPR），在 CISPR 中研究各种工业所产生的 RI，制订有关导则、手册等[2-3]、[2-4]。在 CISPR 中，下设 C 分会，简写为 CISPR/ C，专门负责管理高压架空线路（交流与直流）及电力拖动设备等的 RI 问题。每年在其成员国召开一次会议，我国参加了这个 CISPR 组织，中国 CISPR/ C 分会，设在国家电力公司武汉高压研究所，由该组织统一管理我国电力工业、高压线路所产生的电磁干扰，协调有关无线电干扰的矛盾，归口及制订我国无线电干扰 C 分会有关的规定、规程、规范等。

产生电磁干扰的原因，是带电粒子的运动或电荷的中和过程。RI 的传播，一般有两种途径。一种是对称途径，RI 电流从干扰源流经一根导线，通过负荷及导线间的分布电容，再流经另一根导线返回干扰源；在导线之间的 RI 电压，称为对称干扰电压，即 RIV；另一种是不对称干扰途径，RI 电流同时沿几根导线传出，经地面，作用在每一根导线与地之间的 RI 电压，称为不对称干扰电压。在多数情况下，接收天线从导线上耦合到的干扰，都是由于干扰电压不对称分界作用的结果（不对称分界在干扰导线和大地之间形成的电场，作用在收信天线上）。因此，为了消除 RI 的作用，必须首先抑制不对称的 RI。

送电线路的 RI，属于不对称分界在导线和大地间形成的干扰电磁场，主要来自：导线电晕放电；因绝缘子表面污秽而产生的泄漏电流；有缺陷绝缘子的间隙击穿火花；连接金具、线夹的电晕及火花放电；间隔棒、导线接续管、补修管、防振措施、甚至均压、屏蔽环的电晕及火花；绝缘地线间隙及其小绝缘子的感应电压放电；变电所的各种干扰源通过母线传入线路上。因此，所谓送电线路的无线电干扰（RI），虽然主要取决于导线的电晕放电，但是实际上是上述各种干扰的总合。

送电线路 RI 在空间的传播，基本上可分为三个

区域[2-5]。

（1）近区。P 点距线路的垂直距离为 D_p，当 $D_p \ll \frac{\lambda}{2\pi}$（$\lambda$ 波长，m）称为近区。在这一区域内，RI 主要是静电感应分量。

（2）远区。当 $D_p \gg \frac{\lambda}{2\pi}$ 时，称为远区。远区主要是辐射区，电场 E 和磁场 H 值与间距 D_p 成反比；当 RI 电流不变，E、H 与波长 λ 成反比，即波长越短，电磁强度越大；垂直于导线方向的辐射最强，平行于导线方向的辐射值接近于 0。

（3）中间区。近区与远区之间，称为中间区。在这个区域内，不论 RI 的感应分量或电磁分量，均不能忽略。理论证明[2-5]，当 $D_p \approx \frac{1}{6}\lambda$ 时，两分量的绝对值相等。

送电线路的 RI，是由均匀干扰（周期性干扰）、不均匀干扰（无规律性的干扰）、脉冲干扰所构成。其干扰频谱相当宽（0.1MHz~1000GHz），理论上对任何频率的无线电接收设备均产生干扰。然而，实际上，主要是对调幅广播、通信（550kHz~12MHz）和电视产生干扰。5MHz 以上频率的 RI，实际上幅值已经很小了。

送电线路对无线电通信的干扰程度，取决于送电线路与收信设备之间的距离、接收天线的方位、接收设备的性能、制式、送电线路的各种参数，以及天气条件等有关。送电线路的 RI，在不利条件下会使得收到的信号、声音、图像完全不清楚，在有利条件下又使收到的信号以及声像的收听、收看毫无影响。

送电线路的 RI，在工程设计中又分交流与直流 RI，其机理大同小异。直流 RI 主要是发生在正极性上。

一、送电线路 RI 的术语及特性

送电线路 RI 虽然随机性很强，且具有各种特性，这些特性除决定于其本身的内在因素外，还受环境、气候等影响或制约，但是从大量的实测统计中，仍存在一定的规律性。

（一）有关的术语

（1）送电线路的无线电干扰（RI）：系指送电线路，当其导线表面电场强度较高，在一定条件下（如导线表面状态、气候条件、施工工艺、运行特点等）所产生的干扰，不论组成干扰成分是导线电晕、闪络、微火花、刷状放电等，或是绝缘子及金具等所产生的干扰，统统称为"送电线路无线电干扰"。

（2）干扰电平（RI 电平）：用以衡量送电线路 RI 程度的单位，用 dB 表示（decibel），0dB 相当于 $1\mu V/m$。含义完全相同的术语还有"干扰水平""干扰场强"等，本书均称为干扰电平。

（3）横向衰减特性：系指某一频率下，随垂直于线路不同距离而使 RI 变化的规律。

（4）频率特性：线路的 RI 电平，随其干扰频率而变化的规律。

（5）纵向特性：系指沿送电线路整个档距或全线或某几档 RI 的变化规律及特点。它与运行状况、沿线的天气条件、弧垂大小、杆塔高低等有关。对外供环境保护、对内供送电线路高频通道载波设计和运行参考。

（6）无线电干扰电压（RIV）：用以衡量高压电器、开关等设备零件、金具等在额定电压作用下的无线电干扰程度，此干扰电压是测自回路中的干扰电流，流过 300Ω 电阻（CISPR 标准为 300Ω，NEMA 标准为 150Ω）所产生的压降值，称为 RIV。送电线路是由导线、绝缘子、金具及防振元件等许多部件构成，因此这些零、部件，必须有保证的 RIV 值；RIV 的 0dB 相当于 $1\mu V$。

（7）气候特性：在不同气候下送电线路 RI 的变化规律称为气候特性。获得这一特性后，便可把送电线路已知某种气候下的 RI 值，换算到所需的另一种气候下 RI 值。

（8）准峰值（QP）：是一非物理量；根据 CISPR 的大量工作，发现无线电脉冲干扰引起的噪声影响，应模拟人耳生理、眼睛的视觉特性予以评价。而准峰值符合人的眼、耳特性的要求。

准峰值仅仅与脉冲输入信号包络的最大电压值成一定正比关系，其比例系数与脉冲重复频率有关，参看图 2-3-1。

（9）干扰场强：干扰电磁场在空间的干扰强度，单位用 $\mu V/m$ 表示，送电线路的干扰场强，如不加特殊说明，均为导线周围最大干扰场强的有效值。

（10）分贝（dB）：1/10 贝尔，即 decibel，$\frac{1}{10}$Bel = 1dB；其定义为

功率：　$N(dB) = 10\lg \dfrac{输出功率}{输入功率}$　　（2-3-1）

RI 电平：　$N(dB) = 20\lg \dfrac{E_1}{E_0}$　　（2-3-2）

当输出场强 $E_1 = 1\mu V/m$，输出功率 $1\mu W$；输入场强 $E_0 = 1\mu V/m$，输入功率 $1\mu W$；则式（2-3-1）、（2-3-2）相应的 $N = 10\lg \dfrac{1\mu W}{1\mu W} = 0dB$，及 $N = 20\lg \dfrac{1\mu V/m}{1\mu V/m} = 0dB$。在 RI 电平的表示中，规定 $1\mu V/m$ 相当于 0dB。凡不加特殊说明，dB 值均为 $1\mu V/m$，相当于 0dB 的关系。

（11）背景：当送电线路停电或没发生 RI 时的环境干扰电平，简称为背景。背景的高低，与当地的工业发展状况、地形、气候变化有一定的关系。

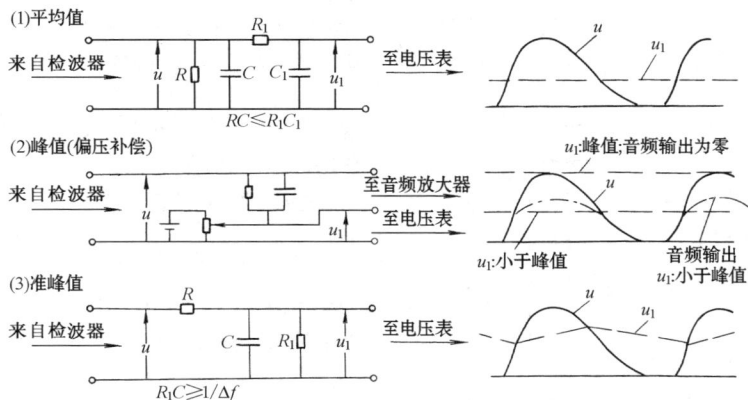

图 2-3-1　各种检波器加权回路

（12）标准情况及标准值[2-43]：RI 的标准情况，是指无雨、无雾、无雪的天气，风速在 10m/s 及以下，距高压线路边线地面投影 20m 处的 RI 值，这些条件统称为标准情况（或标准条件），标准情况下，频率为 0.5MHz（或 1.0MHz）且运行时间在半年以上的 RI 值，称为无线电干扰的标准值（或称为基准值）。无线电干扰（RI）的测试，一般用 RI 测试仪，它的信号测试过程，如图 2-3-2 所示。

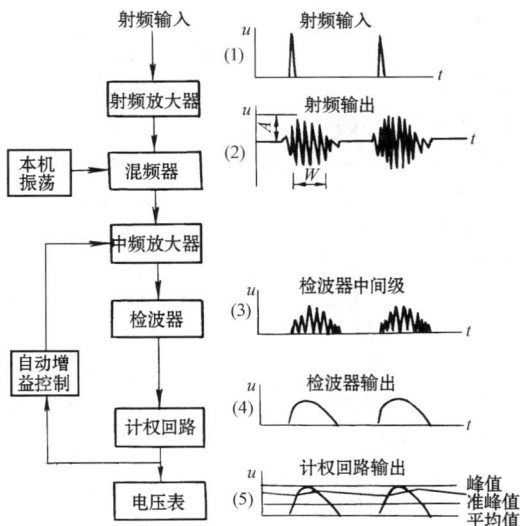

图 2-3-2　RI 测试仪的信号测试过程

（二）送电线路 RI 的特性

研究送电线路 RI 特性的目的，在于弄清各种线路结构、导线型式、对地距离、地形、地物、气候变化等情况下 RI 的变化规律，以便预估或弄清各种状态下 RI 对环境的危害程度，合理的设计送电线路。

1.RI 的晴天特性

晴天的 RI 值，是送电线路的标准值，也是其它情况下 RI 计算的基础。所谓晴天特性，是指晴天与阴天 RI 总实测数据的统计值。导线表面电场强度（有效值）的变化，仅影响 RI 的绝对值（每 kV/cm 约变化 4dB），一般不影响其特性。晴天 RI 特性，主要取决于空气相对湿度，而相对湿度在各季节的晴天中是不相同的，因而使 RI 变化；导线表面状态，取决于导线制造工艺、老化程度，同时也随季节变化，如夏季因下雨冲洗而使导线表面的灰尘较少，导线起晕机遇较少；冬天导线表面的积灰较多，因而易于造成电晕放电；风的影响（风吹导线摇摆，风吹绝缘子串、金具摇摆晃动），使产生火花的机会增多；空气密度、海拔高程均对晴天 RI 有影响。

晴天的夜间，RI 随露、霜而变化，随系统电压波动而变化。从试验中得知，夜间变化均比日间的变化小。总而言之，RI 的晴天特性，是晴天昼夜、阴天昼夜等因素共同组成，其 RI 值的分散性，通常在 ±3dB 以下。送电线路晴天 RI 的取值，采用晴、阴天全部测值的 80%～90% 重复概率为基准值（CISPR 规定的重复概率为 80%）。

2.RI 的雨天特性

送电线路 RI 的雨天特性，受导线表面电场强度、降雨量及地区范围的雷电活动等影响。我国幅员辽阔，各地气候条件悬殊，因而显示出复杂关系。从各地的 RI 测量结果看，降雨对 RI 的影响如下。

（1）雨强度与 RI 的关系：黑龙江省所属 220kV 佳双线运行中测试结果如图 2-3-3 所示。该曲线系根据 870 个雨天测试数据绘制，下雨强度为双鸭山气象台提供，由东北电力设计院测试。由图可见，随下雨强度的增加，RI 也增加；小雨时，RI 似乎按直线增加，且较分散；降雨量超过 5mm/h 时，RI 呈饱和状曲线增加；雨量超过 7mm/h 以后，RI 虽有增加趋势，但增量极微。小雨时 RI 分散的原因，主要是由于风的强弱不同；空气中的尘埃量不同；导线表面老化层的程度不同。东北地区雨天 RI 的增加量实测最大为 10.5dB，90％为 7 ± 2.1dB；西南电力设计院测试的西南地区雨天 RI 的增加量实测为 10dB，80％时间、80％可靠度为 7dB。

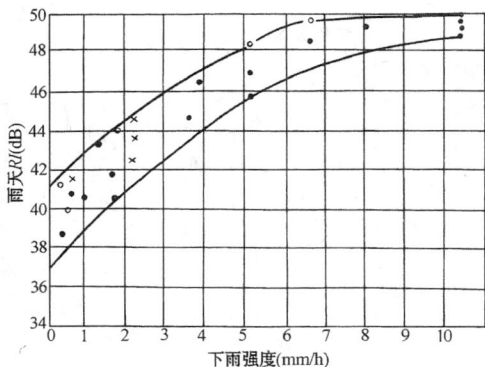

图 2-3-3　不同下雨强度的 RI 电平
[距边线 10m，1MHz；导线表面最大电场
强度有效值 $E=16.3$kV/cm]
●—1981 年 8 月 80833RR$_2$ 仪的测值；
×—1981 年 8 月 60481RR$_2$ 仪的测值；
○—1981 年 8 月 KNM—402C 仪的测值

（2）导线表面电场强度与雨天 RI 的关系，如图 2-3-4 所示[2-6]。降雨量在 1～6mm/h 范围内，RI 与导线表面电场强度的关系，大体按线性增加，即导线表面电场强度有效值每增加 1kV/cm，RI 大体增加 3.2dB；降雨量在 6～12mm/h 范围内，导线表面电场强度有效值每增加 1kV/cm，RI 大体增加 3.0dB；降雨量在 12～24mm/h 范围内，导线表面电场强度有效值每增加 1kV/cm，RI 大体增加 2.8dB。导线表面电场强度越高，雨天 RI 相对增加量越少。

3. RI 的老化特性

线路 RI 的老化特性，主要取决于导线表面氧化、碳化的程度；其次取决于绝缘子、金具、防振元件及间隔棒等的老化。

由于新导线表面有毛刺，以及架线过程中导线与金具的损伤，因而在运行初期，导线易于起晕，RI

值普遍偏高。根据实测，运行半年以后的 220kV 及 500kV 线路可降低 1～5dB。半年以后老化较慢；运行一年以后，老化过程基本完成。

设计时 RI 的预估值，是指运行半年后的老化值。线路刚刚投运时，在实测 RI 值上应减去 1～5dB 才是线路的容许 RI 值。

4. RI 的雾、霜、雪天特性

雾、霜与雪虽然不同，但在导线上产生的 RI 大体相同。雾、霜、雪降量的增加，RI 也随之增加，增加范围均在 0～7dB。RI 值比雨天更加分散，在大雾下接近小雨时的 RI 电平。

图 2-3-5 及图 2-3-6 是降雾量、降雪量与 RI 的关系曲线[2-6]。

（三）RI 的测量方法与要求

送电线路及变电所 RI 的测量方法，详见 GB 7349—1987《高压架空输电线变电站无线电干扰测量方法》。

（1）GB 7349—1987 国标的适用范围为，电压等级在 500kV 及以下的交流送电线路与变电所。测量频率为 0.15～30MHz。测量仪器必须符合 GB 6113—85《电磁干扰测量仪》的规范。使用准峰检波器。干扰场强有效值的单位为 μV/m，用 dB 表示，1μV/m 为 0dB。使用鞭天线或具有电屏蔽的环天线。使用记录仪器，必须保证不影响干扰仪的性能及测量精度。

（2）测量要求。每次测量前，按仪器使用要求，对仪器进行校准；测量人员与天线的相对位置，应不影响测量读数，其它人员和设备，应远离试验场地；环天线底座高度不超过地面 2m，测量时应绕其轴旋转到获得最大读数的位置，并记录其方位；鞭天线的架设应按制造厂家规定；参考测量频率为 0.5MHz，建议在 0.5MHz±10％范围内测量，但也可用 1MHz。由于线路可能出现驻波，变电所测单一频率没有代表性，所以应在干扰频带内对多个频率进行测量，并画出相应曲线；测量可在下列频率或其附近进行：0.15、0.25、0.5、1.0、1.5、3.0、6.0、10、15、30MHz 等。

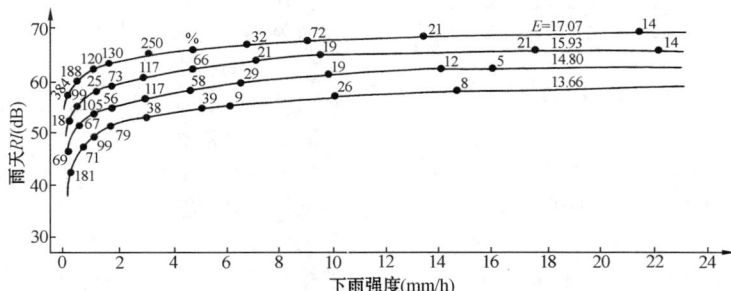

图 2-3-4　不同下雨强度不同导线表面电场强度的 RI 电平（4×ACSR330）（测试频率为 455kHz）
●—取样数据的平均值，数字表示取样数；E—导线表面最大电场强度有效值

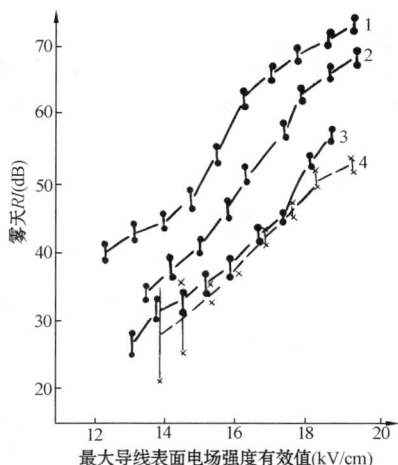

图 2-3-5 雾天的 *RI* 电平（4 × ACSR330，
测试频率为 455kHz）

1—1963 年 7 月 7 日 23:10～23:35（重雾）数据曲线；
2—1963 年 7 月 6 日 23:37～23:57（重雾）数据曲线；
3—1963 年 7 月 19 日 21:05～21:25（重雾）数据曲线；
4—1963 年 7 月 6 日 20:45～21:45（轻雾）数据曲线

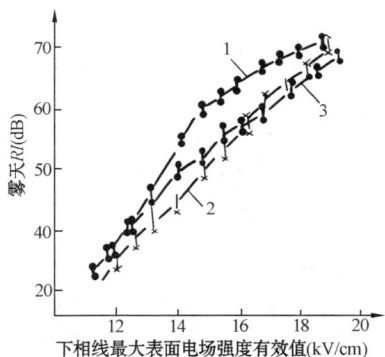

图 2-3-6 雪天的 *RI* 电平（4 × ACSR330，
测试频率为 455kHz）

1—1964 年 2 月 1 日（大雪）测试数据；
2、3—1963 年 12 月 18 日（中雪）测试数据

测量时应同时监听测量仪的音频输出，以保证测量结果不受其它强干扰源如火花放电、线路载波等的影响，必要时应在高压架空线路的两侧都进行测量。

在使用杆状天线测量时，应避免杆状天线端部的电晕放电影响测量结果。如发生电晕放电，应移动测量仪及天线位置，在不发生电晕放电的地方测量，或采用环状天线。

（3）测量位置。测量地点选在地势较平坦、远离高大建筑物和树木，没有其它电线、通信线或广播线的地方，电磁环境（背景）电平至少比来自被测

对象的 *RI* 低 6dB。

送电线路：测点应在档距中央附近，且距线路终端 10km 以上，若受条件限制，应不少于 2km，测点应远离线路换位、交叉、转角等点，但在对干扰实例进行调查时，不受此限。测点距离，应设在距边相导线投影的 20m 处。

变电所：测点应选在最高电压等级的配电装置外侧，避开进出线，不少于三点。测量距离有二，之一是距最近带电构架投影 20m 处，之二是围墙外 20m 处。

（4）测值。在特定条件下，测量有稳定读数；若测量值是波动的，使用记录器记录或每半分钟读一个数，取其 10 分钟平均值。对使用不同天线的，应分别记录与处理。

送电线路：每次测量数据，应由沿线近似等分布的三个地点测量值组成；

变电所：每次测量由各测点测得数据做频谱曲线。

（5）测量次数。测量次数 n 不得少于 15 次，最好 20 次以上。

（6）统计评价。线路及变电所 *RI* 均按正态分布，先算出各次测得结果 *RI* 的平均值 $\overline{N}$ 及标准差 S_n，进而算出干扰电平 N（$N = \overline{N} + kS_n$。其中 k——取决于测量次数 n 的常数，可以用满足 80%/80% 规则来确定，具体数值为 $n = 15$，$k = 1.17$；$n = 20$，$k = 1.12$；$n = 25$，$k = 1.09$；$n = 30$，$k = 1.07$；$n = 35$，$k = 1.06$）。

二、送电线路 *RI* 的预估

送电线路的 *RI*，随机因素很多，虽然可推导分析出 *RI* 的理论预估方法，但是实际情况往往相差较远。因而 *RI* 的预估，主要是下述三种方法。其一为半理论分析法，目前各国使用得较少；其二为比较法，即从已知的线路 *RI*，通过线路参数比较，预估出新线路的 *RI*；其三为特高压设计法，在试验笼内的导线，从大雨状态下求得激发函数，用以预估新线路的 *RI*。

各国广泛采用的是比较法。这种方法不但简单易行，而且对于随机因素很多的送电线路，是方便准确的。在比较法中，参与比较的因素有：导线表面最大电场强度，单根导线的直径，干扰频率，导线对地面的平均高，海拔高，运行老化时间，天气，空气密度，空气温度，相对湿度，分裂导线的根数及其布置，大地导电率，运行电压，线路器材的制造水平，线路施工水平等等，当然每个公式不一定包括上述全部因素。

我国在运行线路上，对各种天气状况下测得大量

RI 值,将数据进行整理、分析、统计后,通过比较得到 RI 预估经验公式,现介绍如下。

(一)送电线路 RI 电平的预估

所谓 RI 预估值,是指在标准条件下,即晴天、1MHz、按 CISPR 仪表参数、对距边线横向水平距离为 20m 处的 RI 预估值。以下如不加特殊说明,均指这种情况下的 RI。我国的预估公式为[2-7]

$$N_{20} = 41 + 4(E - 15.3) \pm 2.85$$
$$+ 40\lg \frac{d}{2.72} + k\lg n \qquad (2\text{-}3\text{-}3)$$

式中 N_{20}——距边导线横向水平距离 20m 处、距地面高 0.5m、干扰频率为 1MHz、晴天、按 CISPR 规定的仪器参数、鞭天线(以下均称标准条件)、送电线路的 RI 电平预估值,dB;

41——运行线路长期实测 RI 值的 95% 概率值,其标偏为 2.85dB,(在 80% 的时间 80% 的重复概率为 39),以下称这一项的 RI 值为基准值,dB;

4——导线表面电场强度有效值每增加 1kV/cm 时,使 RI 所增加的 dB 数陡度;

E——预估电力线的边导线表面最大电场强度有效值,kV/cm;

15.3——测量 RI 数据的运行线路(简称基准线路)之导线表面最大电场强度有效值,kV/cm;

d——预估线路单根导线的直径,cm;

2.72——基准线路的导线直径,cm;

k——与相导线相关的系数,取 5~10;

n——相导线的分裂根数。

式 (2-3-3) 被用于 110~500kV 线路上,其预估 RI 值与实测 RI 值相当吻合,其值的分散性,均在标偏范围内[2-8]。CISPR 要求采用 80% 的重复概率、80% 时间内的 RI 基准值,但是考虑到我国的南方、北方、沿海、内地等实际情况,故式 (2-3-3) 采用了 95% 的概率基准值。

标准情况下,0.5MHz 时高压架空线路 RI 电平的预估公式,根据 CISPR 及国标 GB 15707—95《高压交流架空送电线路无线电干扰限值》的建议为[2-43]

$$N_D = 3.5E + 12r - 30 + 33\log \frac{20}{D} \qquad (2\text{-}3\text{-}4)$$

式中 N_D——距线路边导线 D 处($D < 100\text{m}$)、0.5MHz 的 RI 电平,dB;

E——预估线路边导线表面最大电场强度有效值,kV/m;

r——单根导线半径,cm;

D——被干扰点距边导线的直接距离,m。

式 (2-3-4) 的计算值,为好天气 50% 的 RI,如

需换算至 80% 时间、80% 置信度的 RI 值,可由该值增加 6~10dB 得到。

(二)非标准条件下送电线路的附加 RI 电平

1. 距线路边线横向水平距离 D 处的 RI 电平

$$N_D = N_{20} + \Delta N_D \qquad (2\text{-}3\text{-}5)$$

$$\Delta N_D = 20k_1\lg \frac{H_{av}^2}{H_{av}^2 + (D - 20)^2} \qquad (2\text{-}3\text{-}6)$$

$$\Delta N_{D \geqslant 100} = 20k_1\lg \frac{H_{av}^2}{H_{av}^2 + 80^2}$$
$$+ 20k_2\lg \frac{100}{D_{\geqslant 100}} \qquad (2\text{-}3\text{-}7)$$

上三式中 N_D——距线路边线横向水平距离 D 处(参看图 2-3-7)、晴天、1MHz 的 RI 电平,dB;

N_{20}——标准条件下的预估算,按式 (2-3-3),dB;

ΔN_D——RI 的附加衰减值,dB,见图 2-3-7。当 $20 < D < 100$ 时,按式 (2-3-6) 计算。当 $D \geqslant 100\text{m}$ 时,按式 (2-3-7) 计算;

H_{av}——边导线对地平均高($\frac{1}{3}f$ + 导线最低点距地面高),m;

f——导线的弧垂,m;

k_1——距离衰减系数,$20 < D < 100\text{m}$,k_1 取 2,(详见表 2-3-1);

D——距边线的水平距离,$20 < D \leqslant 100$,m。

$\Delta N_{D \geqslant 100}$——横向距离 D 大于或等于 100m(见图 2-3-7)RI 的附加衰减值,dB;

k_1——小于 100m 的距离衰减系数,见表 2-3-1;

k_2——大于或等于 100m 的距离衰减系数,见表 2-3-1;

$D_{\geqslant 100}$——距边线横向大于或等于 100m 的水平距离,m。

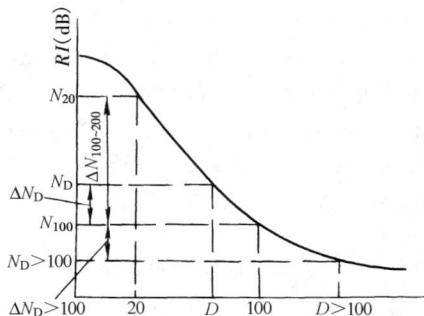

图 2-3-7 线路干扰及其横向各种距离

表 2-3-1　　送电线路 RI 横向衰减系数

资　料	频率范围（MHz）		衰减系数	
			k	$K = 20k$
国内测试	中短波	$D_{<100}$	2	40
		$D_{\geqslant 100}$	1	20
CISPR[2-3]、[2-4]	0.15 ~ 0.4		1.8	36
	0.4 ~ 1.7		1.65	33
	30 ~ 100		1.2	24
	100 ~ 300		1	20

2. 频率修正

若被干扰的对象为调幅广播、专用无线通信、导航台等，实际上所使用的频率并非标准频率 1MHz。将 RI 值从 1MHz 换算到被干扰对象的接收频率 f 所引起的 RI 修正值 ΔN_f

$$\Delta N_f = 20\lg \frac{1.5}{0.5 + f^{1.75}} \qquad (2\text{-}3\text{-}8)$$

式中　f——所需换算的频率，MHz。

式（2-3-8）的应用范围是 0.15 ~ 30MHz。

当 RI 值从 0.5MHz 换算到被干扰对象的接收频率 f 时，所引起的 RI 修正值 ΔN_f：

当修正频率为 0.15 ~ 4.0MHz 时

$$\Delta N_f = 5[1 - 2(\log 10f)^2] \qquad (2\text{-}3\text{-}9)$$

当修正频率为 0.4 ~ 30MHz 时

$$\Delta N_f = 20\log \frac{1.5}{0.5 + f^{1.75}} - 5 \qquad (2\text{-}3\text{-}10)$$

式中　ΔN_f——基准干扰频率为 0.5MHz 换算到频率为 f 的 RI 修正值，dB；

　　　f——所需换算的频率，MHz。

当频率为 30MHz 及以上时，可按式（2-3-11）换算：

$$\Delta N_f = 20\lg \frac{1}{f} + C \qquad (2\text{-}3\text{-}11)$$

式中　f——所需换算的频率，MHz；

　　　C——天线形状变化常数，从试验中得，（80% 概率约为 20dB），dB。

举例：当频率为 0.8MHz，用式（2-3-9）计算出的 $\Delta N_f = -3$dB；对于 500kV 线路 0.5MHz 的 RI 值为 55dB，所以 0.8MHz 时的 RI 限值为 $N_{20} + \Delta N_f = 55 - 3 = 52$dB。

3. 天气修正

我国的大量测试统计表明，雨天 RI 较晴天增加 10dB（详见 RI 的雨天特性），测试还表明了雨天 RI 的增加量，虽然随频率的变化有所不同，即随频率的增加使雨天 RI 增加量有减少的趋势，但考虑到安全，不论频率高低，不论沿海或内地均在标准 RI 值上增加 10dB 作为电力线的雨天 RI 值。

4. 运行电压波动而引起 RI 的修正值 ΔN_U

可用实际运行电压计算导线表面电场强度，再用

公式（2-3-3）计算 N_{20}；也可近似采用公式（2-3-12）算出运行下的 RI 值正值。

$$\Delta N_U = 3.8E\left(\frac{U - U'}{U'}\right) \qquad (2\text{-}3\text{-}12)$$

式中　E——额定电压下的导线表面最大电场强度有效值，kV/cm；

　　　U——测量时的实际运行电压，kV；

　　　U'——额定电压，kV。

5. 海拔高程对 RI 影响的修正值 ΔN_H

$$\Delta N_H = \frac{h_2 - h_1}{300} \qquad (2\text{-}3\text{-}13)$$

式中　ΔN_H——海拔高程修正值，dB；

　　　h_2——须换算之海拔高程，m；

　　　h_1——基准线路的海拔高程，m；由于分散性，一般可取 $h_1 = 1000$m；1000m 以下可不换算。

6. 通频带宽换算

无线电接收设备（机）的通频道宽，通常与无线电干扰场强测试仪的通频带宽不同；或者不同型（或规格）的 RI 场强测试仪通频带宽互不相同，此时，需要把不同的通频带宽换算到同一的带宽电平上，以便进行比较与计算。通频带宽的换算式为

$$\Delta N_B = 10\lg \frac{\Delta f_2}{\Delta f_1} \qquad (2\text{-}3\text{-}14)$$

式中　ΔN_B——通频带宽的修正值，dB；

　　　Δf_1——无线电干扰场强测试仪的通频带宽，kHz；

　　　Δf_2——无线电接收设备（机）的通频带宽，kHz。

（三）非标准条件下线路 RI 的预估

综合上述诸修正值，加在标准预估值 N_{20} 中，可得非标准条件 RI 的计算公式如式（2-3-15）

$$N = N_{20} + \Delta N_D + \Delta N_f + \Delta N_w + \Delta N_U + \Delta N_H + \Delta N_B \qquad (2\text{-}3\text{-}15)$$

式中　N——非标准条件下的送电线路 RI 电平，dB；

　　　N_{20}——标准条件下的 RI，见式（2-3-3）或式（2-3-4），dB；

　　　ΔN_D——距离衰减修正值，见式（2-3-6）或（2-3-7），dB；

　　　ΔN_f——频率修正值，见式（2-3-8）或式（2-3-11），dB；

　　　ΔN_w——天气修正值，雨天加 10dB，雾、霜、雪加 0 ~ 10dB；

　　　ΔN_U——运行电压修正值，见式（2-3-12），dB；

　　　ΔN_H——海拔修正值，见式（2-3-13），dB；

　　　ΔN_B——通频带宽修正值，见式（2-3-14），dB。

上述各种量值，均为同一种天线，或鞭天线、或框天线，不能两者混用。

（四）同塔多回送电线路 *RI* 的预估

同塔双回或多回线路的 *RI*，如其同系统的导线皆呈对称布置，其导线表面最大电场强度有效值 E 相同，运行电压相同，可先求出其中 1 回的 N_{20} 然后合成；如果系统电压互不相同，可分别求出 N_1，N_2，N_3 …，然后合成多回综合 *RI* 值 N_Σ。

根据东北电力设计院在沈阳市 4 回 220kV/66kV 线路、抚顺地区双回 220kV 线路的测试结果，表明 *RI* 电平接近正态分布，因而有

$$N_\Sigma = 20\lg \sqrt{E_1^2 + E_2^2 + \cdots + E_n^2} \qquad (2\text{-}3\text{-}16)$$

式中　　N_Σ——多回路的综合 *RI*，dB；

E_1，E_2，…，E_n——分别同塔 1 回，2 回，…，
　　　　　　　　　　n 回线的导线表面最大电场强
　　　　　　　　　　度有效值，kV/cm。

当双回路运行电压相同，且导线的 E_1、E_2 相同，则式（2-3-16）可写成

$$\begin{aligned} N_\Sigma &= 20\lg \sqrt{E_1^2 + E_2^2} = 20\lg \sqrt{E_1^2 + E_1^2} \\ &= 20\lg \sqrt{2E_1^2} = 20\lg \sqrt{2} + 20\lg E_1 \\ &= 3.01 + N_1 \qquad (2\text{-}3\text{-}17) \end{aligned}$$

即双回 *RI* 等于其中某 1 回的 *RI* N_1 加 3.01dB。然而这种关系仅在测点距两个相同干扰源的距离较远（100m 以上）才是正确的。如测试仪某回线路边线在 50m 左右，计算值比实测值明显偏高，计算误差超出允许范围。在这种情况下，可按距离修正后，分别计算 N_1，N_2，…再合成。

$$\left.\begin{aligned} N_1 &= 20\lg E_1 & E_1 &= 10^{\frac{N_1}{20}} \\ N_2 &= 20\lg E_2 & E_2 &= 10^{\frac{N_2}{20}} \end{aligned}\right\} \qquad (2\text{-}3\text{-}18)$$

式中　　N_1、N_2——分别为同塔第 1 回和第 2 回的 *RI*，
　　　　　　　　　dB；

E_1、E_2——分别为同塔第 1 回和第 2 回的导线
　　　　　　　表面电场强度有效值，kV/cm。由
　　　　　　　式（2-3-13）得，

$$N_\Sigma = 20\lg \sqrt{E_1^2 + E_2^2}$$

将式（2-3-15）中的 E_1、E_2 代入上式得

$$\begin{aligned} N_\Sigma &= 20\lg \sqrt{10^{\left(\frac{N_1}{20}\right)\times 2} + 10^{\left(\frac{N_2}{20}\right)\times 2}} \\ &= 20\lg \sqrt{10^{\frac{N_1}{10}} + 10^{\frac{N_2}{10}}} \qquad (2\text{-}3\text{-}19) \end{aligned}$$

设 $N_1 - N_2 = \Delta N$，$N_2 = N_1 - \Delta N$ 代入式（2-3-16）中有

$$\begin{aligned} N_\Sigma &= 20\lg \sqrt{10^{\left(\frac{N_1}{10}\right)} + 10^{\left(\frac{N_1 - \Delta N}{10}\right)}} \\ &= 20\lg \sqrt{10^{\left(\frac{N_1}{10}\right)}\left(1 + 10^{-\frac{\Delta N}{10}}\right)} \end{aligned}$$

$$\begin{aligned} &= N_1 + 20\lg \sqrt{1 + 10^{-\frac{\Delta N}{10}}} \qquad (2\text{-}3\text{-}20) \end{aligned}$$

式中　　N_Σ——双回路的综合 *RI*，dB；

N_1——同塔多回路中某一回的 *RI* 电平，dB；

ΔN——双回路 *RI* 值 N_1 与 N_2 的差值，dB。

距双回送电线路 100m 以内的 *RI*，试验证明用式（2-3-20）求其综合值 N_Σ 相当准确。多回路可同样用式（2-3-20）分别两两计算求得 N_Σ。为简化计算，式（2-3-20）可做成表 2-3-2 及图 2-3-8 的曲线。

令式（2-3-20）中的 $20\lg \sqrt{1 + 10^{-\frac{\Delta N}{10}}} = \delta N$，并代入不同的 ΔN 值便得表 2-3-2。

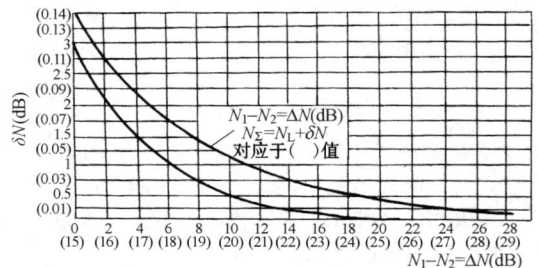

图 2-3-8　双回路 *RI* 的合成图解曲线

表 2-3-2　根据双回路 *RI* 差值 ΔN 计算其 *RI* 增加量 δN 表

$\Delta N = N_1 - N_2$（dB）	0	1	2	3
δN（dB）	3.01	2.53	2.12	1.76
$\Delta N = N_1 - N_2$（dB）	4	5	6	7
δN（dB）	1.46	1.19	0.97	0.79
$\Delta N = N_1 - N_2$（dB）	8	9	10	12.5
δN（dB）	0.64	0.51	0.414	0.24
$\Delta N = N_1 - N_2$（dB）	15	17.5	20	22.5
δN（dB）	0.14	0.076	0.0434	0.024
$\Delta N = N_1 - N_2$（dB）	25	27.5	30	
δN（dB）	0.0137	0.0077	0.00434	
$\Delta N = N_1 - N_2$（dB）	32.5	35	37.5	
δN（dB）	0.00244	0.00137	0.00077	
$\Delta N = N_1 - N_2$（dB）	40	50	60	
δN（dB）	0.00043	4.3×10^{-5}	4.3×10^{-6}	

三、送电线路的 *RI* 标准

送电线路 *RI* 的标准，既关系到各级电压送电线

路的造价，又关系到人类生活环境的保护。环境保护的方法之一，是控制电力线的 RI 在标准条件下不超过容许值。通常规定线路两侧一定范围内的 RI 电平，作为设计与验收的依据。

（一）我国运行线路 RI 的情况

根据资料统计，我国 110 ~ 330kV 线路的 RI，标准条件（晴天，1MHz 距边线 20m 处）下绝大多数在 45 ~ 50dB 范围内。

国外 220kV ~ 700kV 线路的统计[2-5]，其 RI 为 36 ~ 58dB（其中包括升压线路，导线表面最大电场强度有效值 $E = 17.9kV/cm$）。各国 RI 的标准在 32 ~ 66dB 范围内，在标准条件下，其平均值及偏差为 $48 \pm 8.9dB$。

（二）交流架空送电线路 RI 的国家标准

我国高压架空送电线路的无线电干扰限值，如表 2-3-3 所示（详见 GB15707—1995）。

表 2-3-3　高压架空送电线路 RI 限值

电压（kV）	110	220 ~ 330	500	标准频率（MHz）
RI 限值 (dB, μV/m)	46	53	55	0.5
	41	48	50	1.0

（三）RI 限值的使用条件

（1）RI 限值的频率。以往我国 RI 的实测频率多为 1.0MHz，GB 7349—1987《高压架空输电线变电站无线电干扰测量方法》也规定了两个标准频率，即 0.5 及 1.0MHz。为了逐步与国际 CISPR 接轨（CISPR 为 0.5MHz，见 CISPR 第 18 号出版物[2-3]），表 2-3-3 的 RI 限值，列出了两个标准，设计中符合其中任一限值，均为合格。

为便于 RI 的测量，CISPR 要求各国的无线电广播及无线电通信部门，不得占用 0.5MHz 的频率，因此，我国今后的 RI 测试与计算，建议尽量采用 0.5MHz 的标准频率。

（2）RI 限值的气候情况，均为好天气，即无雨、无雪、无雾的天气。

（3）RI 限值的距离，表 2-3-3 的限值，是在距高压线路边导线（分裂导线为其几何中心）在地面投影 20m 处的 RI 值，该值为 80% 的时间、具有 80% 置信度的标准值。

（4）表 2-3-3 之国标限值，适用于运行时间半年以上的 110 ~ 500kV 高压架空线路 RI 值。

（四）非标准距离时 RI 的计算值

如果线路 RI 值为非标准距离（不为 20m）电平，根据式（2-3-5）~（2-3-7），可写成式（2-3-21）的形式，该式亦称为 RI 的距离特性。

$$N_{\mathrm{D}} = N_{20} + k\log \frac{400 + (H_e - H)^2}{D^2 + (H_e - H)^2} \qquad (2\text{-}3\text{-}21)$$

式中　H_e——导线高度，m；

$\quad N_{\mathrm{D}}$——距边导线投影 D 处的 RI 值，dB；

$\quad N_{20}$——距边导线投影 20m 处的 RI 值，dB；

$\quad D$——距边导线地面投影的水平距离，m；

$\quad H$——测量仪天线的架设高度，m；

$\quad k$——距离衰减系数，与频率有关，对于 0.15 ~ 0.4MHz 频段，k 取 18；对大于 0.4 直至 30MHz 频段，k 取 16.5。

通过式（2-3-21）既可以计算出距边导线投影不是 20m 处的 RI 值，也可以把距边导线投影 D 处测量的 RI 电平修正到 20m 处。不过，式（2-3-21）适用于距边导线投影距离小于 100m 范围内。如大于（或等于）100m，可用式（2-3-7）计算。

（五）线路 RI 测量环境的要求

（1）要求变电所的 RI（在非出线方向，距围墙 20m 处），应等于（或小于）表 2-3-3 的规定值。

（2）要求线路的连接金具、防振设备、均压环、屏蔽环、间隔棒等，在额定电压下，其无线电干扰电压（RIV），均应在 60dB（μV）或以下（详见 JB 3567—84《高压绝缘子无线电干扰试验方法》），否则很难保证高压线路 RI 的设计预估值。

（六）导线表面最大电场强度的允许值

满足 RI 限值所要求之导线直径，线路方案比较，特别是导线型号选择的比较，用表 2-3-3 限值标准不太方便，简便的方法，是找到导线表面最大电场强度的允许值。如果海拔高在 1000m 以下的地区，RI 值不大于表 2-3-3 的标准，1 ~ 4 根分裂导线的表面最大电场强度有效值 E 同时要满足式（2-3-22）的要求。

$$E \leqslant 21 - 10\lg d \qquad (2\text{-}3\text{-}22)$$

式中　E——导线表面最大电场强度有效值，kV/cm；

$\quad d$——单根导线直径，cm。

将式（2-3-22）制成图 2-3-9 的曲线，便于计算。

四、送电线路 RI 的防护及其计算

送电线路产生的 RI，其防护方法通常是，规定高压线的 RI 标准；从高压线自身，通过设计、施工、运行的努力进一步降低 RI 值；从被干扰对象上改善提高收信效益，增加抗干扰性能。

（一）信杂比（SNR）

在不同的频率下，收信天线处的信号电场强度与干扰（背景与线路 RI 的综合干扰）电场强度的比值，定义为信杂比（SNR）。其计算式为

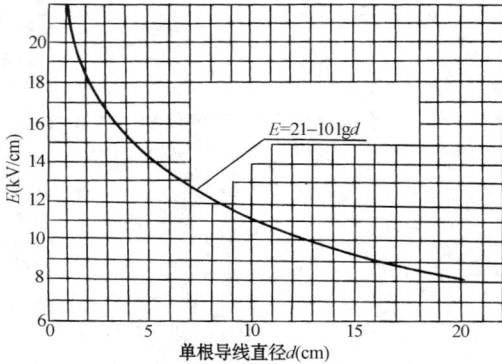

图 2-3-9   50dB 时，不同导线直径所要求
的导线表面最大电场强度有效值

$$SNR = 20\lg \frac{E_{\mathrm{S}}}{E_{\mathrm{N}}}$$
$$= 20\lg E_{\mathrm{S}} - 20\lg E_{\mathrm{N}}$$
$$= S - N \qquad (2\text{-}3\text{-}23)$$

式中 SNR——信杂比，dB；

E_{S}——无线电信号场强有效值，$\mu V/m$；

E_{N}——背景与电力线的合成干扰场强有效值，$\mu V/m$；

S——无线电信号电平，$S = 20\lg E_{\mathrm{S}}$，dB；

N——背景与电力线的合成干扰电平，$N = 20\lg E_{\mathrm{N}}$，dB。

不同的干扰对象，要求不同的 SNR。对于收音机或收音台站，我国国内的大量试验，SNR 在 20 ~ 24dB 均能保持良好的收听。对农村居民的收音机，SNR 保持在 20dB，收听相当满意。对于重要的收音台、站，SNR 保持在 24dB 则相当清楚。对于彩色电视，SNR 保持 20 ~ 30dB 相当满意，TV 差转台、收转台的 SNR 取 35dB（6MHz 带宽），相当清楚，看不出干扰。

对于调幅广播的收听，国际上 CIGRE（国际大电网）推荐 $SNR = 24dB$ 为良好标准，CCIR（国际无线电咨询委员会）推荐 $SNR = 30dB$，NARBA（北美地区广播公司）推荐 $SNR = 26dB$［电视差转、收转台，美国设计手册推荐 $SNR = 30dB$（6MHz 带宽）］。

RI 的横向衰减特性，在 100m 以上或 100m 以下有明显不同，因而应分别计算其衰减值 ΔN_{D}。

（二）由 SNR 确定防护间距的计算

由式（2-3-23）可得

$$N = S - SNR = S - R_{\mathrm{p}} \qquad (2\text{-}3\text{-}24)$$

式中 N——被干扰对象的天线处的 RI 电平，用式（2-3-3）、式（2-3-15）计算，dB；

S——信号电平，用实测值，当无实测值可参考表 2-3-4，dB；

R_{p}——即 SNR 的简写，dB。

防护间距 D_{p}，可按 CISPR 推荐的公式计算[2-9]。

$$D_{\mathrm{p}} = 10^{\left(\frac{N_{20f} + R_{\mathrm{p}} - S_{\mathrm{p}} + 1.3}{K}\right)} + d_{\mathrm{d}} \qquad (2\text{-}3\text{-}25)$$

式中 D_{p}——被干扰对象至线路中心（$20 \leqslant D_{\mathrm{p}} < 100m$）的水平距离，m；

N_{20f}——距边线 20m 处、信号频率的线路 RI，dB；

R_{p}——收信设备要求的信杂比（调幅收音机农村取 20dB，城市取 24dB），dB；

S_{p}——接收信号电平，可按表 2-3-5 选取或实测，dB；

K——RI 的横向衰减系数，见表 2-3-1；

d_{d}——线路中心至边导线距离，m。

判断 100m 以内或以外，分别用式（2-3-6）或式（2-3-7）。CISPR 推荐的式（2-3-25）中，无 d_{d} 项；在近距离中如果不计此项，对特高压线路的误差较大。当 $D_{\mathrm{p}} \geqslant 100m$，用式（2-3-26）计算 D_{p}。

表 2-3-4   我国广播、电视边界服务电平
（S）的标准 （dB）

序号	工作制式	地区分类 （dB）		
		大城市	农 村	一般情况
1	调频广播收听	60	46	
2	调幅广播收转			40
3	黑白电视收看	70	米波 54 分米波 64	
4	黑白电视收转			46
5	彩色电视	在黑白电视的标准上相应增加 3dB		

表 2-3-5   我国调幅广播节目良好收听标准
（$\mu V/cm$，dB）

序 号	工作频率（MHz）	大城市①	中城市①	农村①
1	0.15（2000m）~ 0.3（1000m）	10000 （80）	2000 （66）	550 （55）
2	0.546（550m）~ 1.5（200m）	5000 （74）	1000 （60）	250 （48）
3	30（10m）~ 50（6m）	500 （54）	200 （46）	50 （34）

① 相应栏目中括号外数字为 $\mu V/cm$ 数，括号内数字为 dB 数。

【例题 2-3】   求 500kV 线路两侧影响农村住宅收音机收听的距离。

已知 500kV 线路导线为 4 × LGJQ-300，分裂距离

为 450mm，避雷线 19 股铝包钢线，水平排列线间距离 13m，绝缘子为 28×XP-16（串长 $\lambda=5.0m$），单导线直径 2.37cm，经计算导线表面最大电场强度有效值为 $E=15.9kV/cm$，导线对地平均高为 20m，当地的收听频率为 1.1MHz，农村广播信号的最小值为 46dB（表 2-3-4）。

解　被干扰对象 20m 处的 *RI* 为：

$$N_{20} = 41 + 4(E - 15.3) \pm 2.85$$
$$+ 40\lg(d/2.72) + K\lg n$$
$$= 41 + 4(15.9 - 15.3) + 40\lg(2.37/2.72)$$
$$+ 5\log 4 \pm 2.85$$

$$= 44 \pm 2.85dB$$（以下计算将标准偏差省略）

用式（2-3-8）进行频率修正

$$\Delta N_f = 20\lg \frac{1.5}{0.5 + 1.1^{1.75}} = -1dB$$

$$N_{20f} = N_{20} + \Delta N_f = 44 - 1 = 43dB$$

将 $N_{20f} = 43dB$；$R_p = 20dB$，$d_d = 13m$ 代入式（2-3-25），得

$$D_p = 10^{[(N_{20f} + R_p + S_p)/K + 1.3]} + 13$$
$$= 10^{[(43 + 20 - 46)/33 + 1.3]} + 13$$
$$= 78.3m$$

计算表明为保证线路两侧农民收听广播具有良好水平，该 500kV 线路选线时应尽量保持收音机距线路中心 78m 或以上。

（三）架空送电线路与调幅广播收音台的防护间距

防护间距如表 2-3-6 所列。表 2-3-6 的使用说明及术语含义：

（1）防护间距，是指送电线路靠近调幅广播收音台一侧边导线到调幅广播收音台天线的距离，110kV 及以下架空送电线路还应包括到机房天线馈线入口处的距离。

表 2-3-6　架空送电线路与调幅广播收音台、监测台的防护间距（m）[2-10]

序号	接收台等级		架空送电线路电压等级（kV）			
			35	66~110	220~330	500
1	收音台	一级台	600	800	1000	1200
2		二级台	300	500	700	900
3		三级台	100	300	400	500
4	监测台	一级台	1000	1400	1600	2000
5		二级台	600	600	800	1000
6		三级台	100	300	400	500

注　摘自 GB 7495—87《架空电力线路与调幅广播收音台的防护间距》

（2）调幅广播收音台，是指接收调幅信号，并将信号传送至当地转播发射台或有线广播网作信号源使用的专用调幅广播收音台。根据行政隶属和业务性质共分三级。

一级调幅广播收音台：为广播电影电视部设在北京以外的转播发射台收转中央人民广播电台或中国国际广播电台（Radio Beijing）节目的调幅广播收音台以及为省、自治区、直辖市直属转播发射台收转中央人民广播电台节目的调幅广播收音台。

二级调幅广播收音台：为省、自治区、直辖市直属转播发射台收转省、自治区人民广播电台节目的调幅广播收音台；为地区、省辖市直属转播发射台收转中央人民广播电台节目的调幅广播收音台。

三级调幅广播收音台：为市、县级转播发射台收转中央人民广播电台和省、自治区人民广播电台节目的调幅广播收音台，以及县级有线广播网的调幅广播收音台。

（3）监测台（站），是对广播播出质量和广播所需的各种技术数据、资料等进行监听、监测和分析的专用调幅广播收音台。监测台（站）根据监测范围、监测项目、监测精度、工作时间以及技术设备的不同要求，共分三级。

一级监测台：广播电影电视部所属监测、监听国内外广播质量、技术参数、广播频谱负荷和测定广播电台方位，并进行有关电波传播研究等工作的监测台。

二级监测台（站）：广播电视部、省、自治区、直辖市所属监测、监听部分广播质量、技术参数和测定广播电台方位等工作的监测台（站）。

三级监测台（站）：为省、自治区、直辖市、地区、省辖市监测、监听区域性广播质量、技术参数等工作的监测台（站）。

（4）表 2-3-6 中，非标准电压等级 66kV 线路，按 110kV 电压的防护间距标准；330kV 线路按 220kV 电压的防护间距标准。

（5）35kV 以下架空配电线路与一级调幅广播收音台、一级监测台、二级监测台（站）的防护间距按表 2-3-6 中 35kV 线路的规定标准；与二三级调幅广播收音台、三级监测台（站）的防护间距参照表 2-3-6 中 35kV 线路的规定标准。满足上述规定有困难时，可协商解决。

（6）GB 7495—87 第 3.4 条明确规定：当满足表 2-3-6 的防护间距确有困难时，可通过计算，进一步缩小防护间距。

（四）送电线路与收音台防护间距的计算

对于短波或间距大于 100m，用式（2-3-25）计算便发生了困难。此外，当间距不能满足表 2-3-4~6 的要求时，也需要做进一步的计算，在保证其接收质量

的前提下，尽可能的缩小两者间距。

当间距超过 100m，设两者的间距为 D_p，则[2-9]

$$D_p = 10^{\left[\frac{N_{20f} + R_p - (S_p + 0.699k_1)}{20k_2} + 2\right]} + d_d \qquad (2\text{-}3\text{-}26)$$

式中　D_p——送电线路中心线与收信台间等于或大于 100m 以上的间距，m；

$\quad\ \ N_{20f}$——线路横向 20m 处广播信号频率为 f 的晴天 RI 电平，dB；

$\quad\ \ R_p$——收信台要求的 SNR，dB；

$\quad\ \ S_p$——接收信号电平，（按实际值，如无实际值采用表 2-3-4），dB；

$\quad\ \ k_1$——间距小于 100m RI 的横向衰减指数，见表 2-3-1，通常取 $k_1 = 2$；

$\quad\ \ k_2$——间距大于 100m RI 的横向衰减指数，见表 2-3-1，通常取 $k_2 = 1$；

$\quad\ \ d_d$——线路中心线至边线距离，m。

式（2-3-26）中的 N_{20f} 应考虑各种修正。同时式（2-3-25）及式（2-3-26）仅适用于低背景，当背景电平较高时，则在计算中将出现虚假现象。

（五）用允许背景增量确定干扰间距

不论式（2-3-25）或式（2-3-26），均以保持 SNR 一定的条件确定两者的防护间距 D_p。但是，若收音信号较弱（通常达不到表 2-3-4 及表 2-3-5 的规定），同时背景较高，其 SNR 本来就未满足要求。这样，即使线路与收音台间距为无穷大（即 $RI = 0$），也无法达到其信杂比的要求值，于是用式（2-3-25）、式（2-3-26）计算防护间距就发生了困难。

此外，由于种种原因，收信设备往往不能提供准确的参数，例如 S_p、R_p 及收信设备的性能等，于是用式（2-3-25）、式（2-3-26）也有困难。

在这种情况下，可根据国家标准《架空电力线路与调幅广播收音台的防护间距》，GB 7495—87 所推荐的计算方法，按背景确定间距，用控制背景的增加量来确定两者间距。[2-9] 只要双方商定背景的允许增加量，通过实测背景便可算出两者的间距，如式（2-3-27）所示

$$D_p = 10^{\left[\frac{N_{20f} - N_b - 10\lg(10^{0.1\Delta N} - 1)}{20} + 0.6\right]} + d_d \qquad (2\text{-}3\text{-}27)$$

式中　D_p——线路中心线与收音台的防护间距，m；

$\quad\ \ N_{20f}$——线路在 20m 处、广播信号频率为 f 的 RI 电平，dB；

$\quad\ \ N_b$——在线路横向 D_p 点的背景电平，dB；

$\quad\ \ \Delta N$——D_p 点背景的允许增加值，取值见表 2-3-7，dB；

$\quad\ \ d_d$——线路中心至边线距离，m。

如果导线的平均高度已知时，可用式（2-3-28）

进一步计算最小间距 D_D

$$D_p = \frac{(10H_{av})^2}{H_{av}^2 + 80^2} \sqrt{\frac{10^{0.1(N_{20f} - N_b)}}{10^{0.1\Delta N} - 1}} + d_d \qquad (2\text{-}3\text{-}28)$$

式中　H_{av}——导线对地的平均高度，m；

其余符号见式（2-3-27）。

当已知边导线正下方的 RI（CISPR，径向电场），两者间距可按式（2-3-29）计算。

$$D_p = \frac{(10H_{av}^2)^2}{(H_{av}^2 + 20^2)(H_{av}^2 + 80^2)}$$
$$\times \left[\frac{10^{0.1(N_{0f} - N_b)}}{10^{0.1\Delta N} - 1}\right]^{\frac{1}{2}} + d_d \qquad (2\text{-}3\text{-}29)$$

式中　N_{0f}——导线正下方、广播信号频率 f 的 RI 电平，dB；

其它符号含义同式（2-3-28）。

式（2-3-28）与式（2-3-29）基本相同。只是将 N_{20f}（20m 处的 RI）变换成 N_{0f} $\left(N_{0f} = N_{20f} + 20 \times \lg\frac{H_{av}^2 + 20^2}{H_{av}^2}\right)$，这样符合 CISPR 的径向电场关系，两式的计算结果基本一致，举例如下。

【例题 2-4】 某 500kV 线路，其参数 $H_{av} = 16$m，$d_d = 13$m，$N_{20f} = 50$dB，SNR 及 S_p 均无法提供，双方协商同意背景增加量 $\Delta N = 0.4$dB，实测背景电平（均为 1MHz）$N_b = 16$dB。求两者间的防护距离。

解　由式（2-3-28）求得两者间的防护距离

$$D_p = \frac{(10H_{av})^2}{H_{av}^2 + 80^2} \sqrt{\frac{10^{0.1(N_{20f} - N_b)}}{10^{0.1\Delta N} - 1}} + d_d$$
$$= \frac{(10 \times 16)^2}{16^2 + 80^2} \sqrt{\frac{10^{0.1(50 - 16)}}{10^{0.1 \times 0.4} - 1}} + 13$$
$$= 621 + 13 = 634\text{m}$$

当用式（2-3-29）计算时

$$N_{0f} = N_{20f} + 20\lg\frac{H_{av}^2 + 20^2}{H_{av}^2}$$
$$= 50 + 20\lg\frac{16^2 + 20^2}{16^2} = 58.17\text{dB}$$

于是可得出两者间的防护距离为

$$D_p = \frac{(10H_{av}^2)^2}{(H_{av}^2 + 20^2)(H_{av}^2 + 80^2)}\left[\frac{10^{0.1(N_{0f} - N_b)}}{10^{0.1\Delta N} - 1}\right]^{\frac{1}{2}}$$
$$+ 13$$
$$= \frac{100 \times 16^4}{6656 \times 656}\left[\frac{10^{0.1(58.17 - 16)}}{10^{0.1 \times 0.4} - 1}\right]^{\frac{1}{2}} + 13$$
$$= 633\text{m}$$

由以上计算可看出两种计算结果基本相同。用式（2-3-27）～式（2-3-29）计算后，由于均满足防护要求，故可取其最小值。

背景电平增加量 ΔN 建议值，如表 2-3-7 所列。

表 2-3-7　背景电平增加量建议值（dB）

序　号	收信或监测台等级	背景增量建议值 ΔN（dB）
1	一　级	0.4
2	二　级	1
3	三　级	1.5

注　摘自《架空电线路与调幅广播收音台的防护间距》，GB 7495—87。

（六）送电线路对航空无线电导航台站的干扰与防护（摘自 GB 6364—1986《航空无线电导航台站电磁环境要求》）

送电线路对航空无线电导航台站的干扰对象主要有：中波导航台，超短波定向台，仪表着陆系统，全向信标台，测距台，塔康导航台，着陆雷达站。各机场的无线电导航设备不尽相同，选线及协议时根据不同的无线电导航设备，选择不同的防护距离。

1. 中波导航台（NDB）

中波导航台的工作频率在 0.15～0.7MHz 范围内；覆盖区最低信号场强，在北纬 40°以上为 70μV/m（37dB），在北纬 40°以南为 120μV/m（42dB）；在覆盖区域内，要求工业（含科学和医疗设备，下同）干扰的 SNR 为 9dB，其它有源干扰的 SNR 为 15dB。

以中波导航台天线为中心，半径 500m 以内不得有 110kV 及以上送电线路。120m 以内不得有高于 8m 的建筑物。

2. 超短波定向台（VHF/UHF DF）

超短波定向台的工作频率在 118～150MHz 和 225～400MHz 两个频段中；最低定向信号场强为 90μV/m（39dB）；要求的 SNR：工业为 14dB，其它有源干扰为 20dB。

以定向天线为中心，半径 700m 以内不得有 110kV 及以上的送电线路；500m 以内不得有 35kV 及以上的送电线路；300m 以内不得有金属线缆；70m 以内不得有建筑物（机房除外）；70m 以外建筑物的高度不应超过以天线处地面为准的 2.5°垂直张角。

3. 仪表着陆系统（ILS）

（1）航向信标台：工作频率在 108～111.975MHz 范围内；航向信标台的覆盖区如图 2-3-10 所示；在覆盖区内，要求工业的 SNR 为 14dB，其它有源干扰的 SNR 为 20dB。

在航向信标台场地保护区内（图 2-3-11），不得有架空金属线缆；进入航向信标台的电源线应从保护区外埋入地下；在信标台天线前向 ±10°、距天线阵 3000m 的区域内，不得有高于 15m 的建筑物、送电线路等大型反射物体存在。

（2）下滑信标台：工作频率在 328.6～335.4MHz 范围；覆盖区如图 2-3-12 所示，在覆盖区内最低信号

场强为 400μV/m（52dB）；覆盖区内对工业要求的 SNR 为 14dB、对其它有源干扰为 20dB。

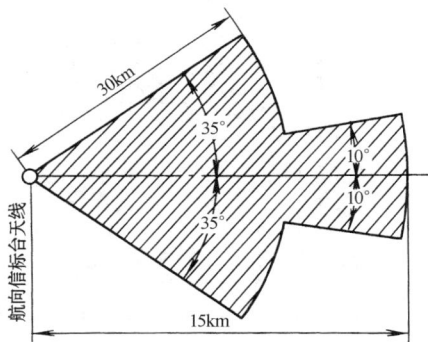

图 2-3-10　航向信标台覆盖区

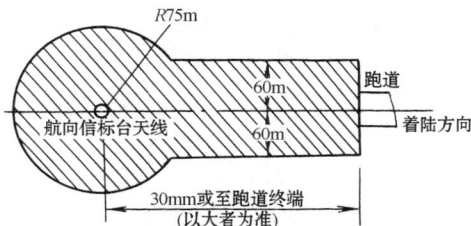

图 2-3-11　航向信标台保护区

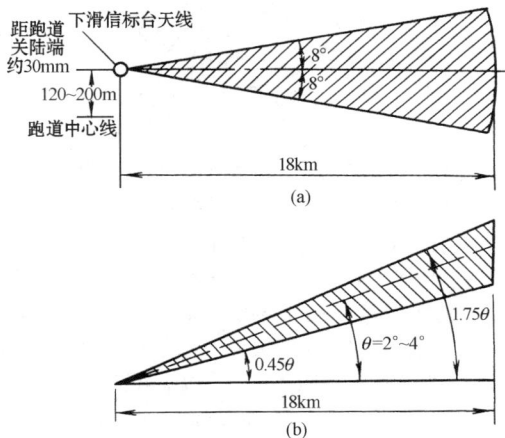

图 2-3-12　下滑信标台覆盖区
（a）方位覆盖；（b）仰角覆盖

下滑信标台的保护区如图 2-3-13 所示。在 A 区不得有金属栅栏和架空金属线缆；进入的电源线应从 A 区外埋入地下；在 B 区内不得有高于 10m 的送电线路等大型反射体存在。

（3）指点信标台：工作频率为 75MHz；覆盖区如图 2-3-14 所示，要求 SNR 为 23dB。

在保护区内（图 2-3-15），不得有超出以地网或

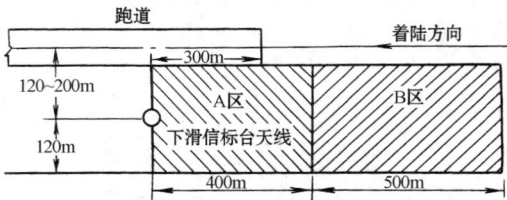

图 2-3-13 下滑信标台保护区

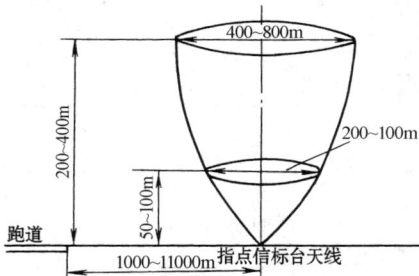

图 2-3-14 指点信标台覆盖区

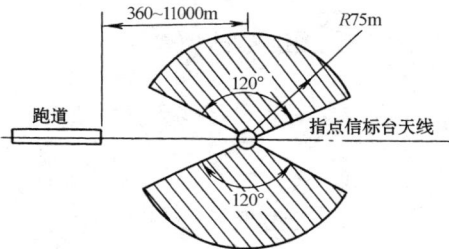

图 2-3-15 指点信标台保护区

天线阵最低单元为基准、垂直张角为 20° 的障碍物。

4. 全向信标台（VOR）

全向信标台的工作频率在 108 ~ 117975MHz 范围；飞行高度为 400m 时，覆盖区半径为 65km；覆盖区内的最低信号场强为 90μV/m（39dB）；要求的 SNR，对工业为 14dB，对其它有源干扰为 20dB。

场地保护要求见图 2-3-16，以天线为中心，半径 360m 以内，不得有架空金属线缆，360m 以外架空金属线缆的高度不应超过以天线顶部为准 0.5° 垂直张角；径向进入全向信标台内的电源线应从 200m 以外埋入地下。

5. 测距台（DME）

测距台的工作频率在 960 ~ 1215MHz 范围；飞行高度为 400m 时，覆盖半径为 65km；其覆盖区内的最低信号场强为 1380μV/m（63dB）；在覆盖区域内，对各种有源干扰的 SNR 为 8dB。

测距台的场地保护要求同全向信标台。

6. 塔康导航台（TACAN）

塔康导航台的工作频率在 962 ~ 1213MHz 范围；飞行高度为 400m 时，覆盖区半径为 65km；覆盖区内最低信号场强为 1000μV/m（60dB）。对各种干扰源的 SNR 为 8dB。

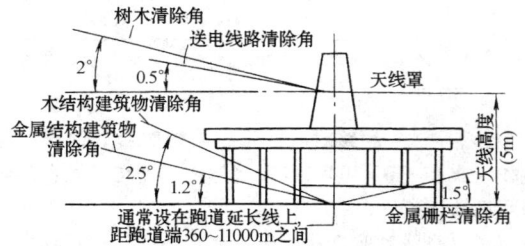

图 2-3-16 全向信标台场地要求

以天线为中心，半径 300m 以内不得有架空金属电缆。引入塔康导航台的电源线应从 300m 以外埋入地下，300m 以外的障碍物，其高度应满足如下要求（图 2-3-17）：

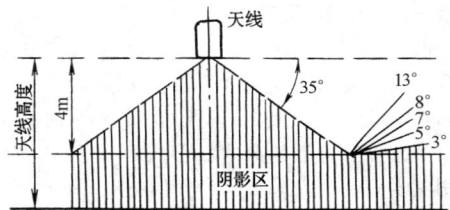

图 2-3-17 塔康导航台场地要求

（1）最大水平张角为 3° 的障碍物，允许最大垂直张角为 8°；

（2）最大水平张角为 10° 的障碍物，允许最大垂直张角为 5°。

7. 着陆雷达站（PAR）

着陆雷达站的工作频率为 9370 ± 30MHz；其覆盖区如图 2-3-18 所示；距天线 500m 以内不得有高于以天线为基准 0.5° 垂直张角的障碍物。当雷达台配有超短波定向台时，还应满足超短波定向台的有关要求。

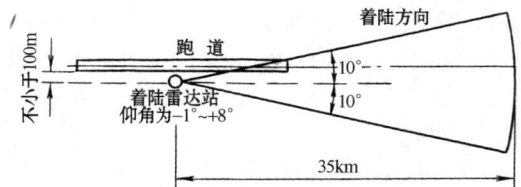

图 2-3-18 着陆雷达覆盖区

8. 对航空导航台 RI 距离的计算

送电线路路径满足上述对航空导航台站的保护间距有困难时，可以通过计算协商解决。根据送电线路的 RI，覆盖区内的最小信号电平及所要求的 SNR，按下式计算防护间距。

$$D_p = 30 \times 10^{\left(\frac{N_{30} - N_s + R_P}{20K}\right)} \qquad (2\text{-}3\text{-}30)$$

式中　D_P——防护间距，（m）；

N_{30}——距工业、科学和医疗设备30m处的干扰允许值，实测值或采用表2-3-7中的数值，dB；

N_s——航空设备的最小信号场强，dB；

R_P——信杂比，dB；

k——工业设备干扰的衰减指数，参见表2-3-8。

表2-3-8　工业、科学和医疗设备干扰允许值及其衰减特性

防护对象	频率范围（MHz）	信杂比（dB）	工、科、医设备干扰衰减指数 k	距干扰源30m处的RI允许值 N_{30}（dB）
中波导航台	0.15～0.535	9	$d^{-2.8}$	85
超短波定向台航向信标台全向信标台下滑信标台	108～400	14	d^{-1}	40

9. 导航台站覆盖区和进场着陆时的飞机飞行高度

运输机按远、近距导航台进场着陆时的下滑线如图2-3-19所示。

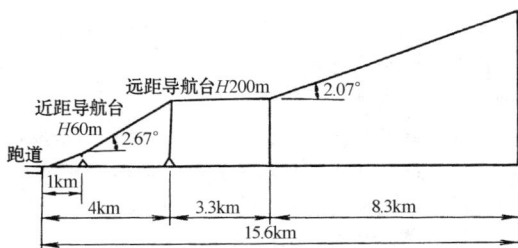

图2-3-19　客货飞机下滑线

利用航向信标台、下滑信标台、全向信标台、测距台和塔康导航台，引导飞机进场着陆时的最低飞行高度，按最低下滑角为2.5°计算。

除进场着陆阶段外，飞机在中波导航台、全向信标台、测距台和塔康导航台覆盖区内的最低飞行高度为400m，在仪表着陆系统航向信标台和下滑信标台覆盖区内的最低飞行高度为600m。

（七）送电线路对电视差转台、转播台干扰的保护标准

1. 国家的干扰保护标准

架空高压线路、变电所对电视差转台、转播台干扰防护标准[2-44]、[2-45]的要求。为使架空线路、变电所与电视差转台、转播台的建设安全可靠、经济合理、正常运行，必须按照表2-3-9、表2-3-10控制两者间距。

（1）不同电压等级之架空送电线路与各频段电视差转台、转播台间的防护间距，应不小于表2-3-9的规定。

表2-3-9　架空线路对电视差转台、转播台RI的防护间距

防护间距（m）　额定电压　频段	110kV	220～330kV	500kV	频率范围
VHF（Ⅰ）	300	400	500	48.5～92MHz
VHF（Ⅲ）	150	250	350	167～223MHz

（2）各级变电所与电视差转台、转播台间的防护间距，应不小于表2-3-10的规定。

（3）表2-3-9、表2-3-10国家标准的使用条件是，该标准只保护广播电视部电视网规划内的电视差转台、转播台，凡不属广电部电视网内的其它电视收转台（例如机关、单位、居民的集中天线或微波天线等），均不受本国标保护。

表2-3-10　变电所对电视差转台、转播台无线干扰的防护间距

防护间距（m）　额定电压　频段	110kV	220～330kV	500kV	频率范围（MHz）
VHF（Ⅰ、Ⅲ）	1000	1300	1800	48.5～92 167～223

接收电视信号后的差转频率，有时需根据地区的规划，以及背景的变化情况而改变，因此，国标GBJ143—90只分两段保护，VHF（Ⅰ）及VHF（Ⅲ），分别称为甚高频一段及甚高频三段。VHF（Ⅰ）的频率为48.5～92MHz；VHF（Ⅲ）的频率为167～223MHz。

2. 防护间距的计算

表2-3-9、表2-3-10中规定之间距，均考虑了一定的裕度。某些特殊情况，如升压线路，或地形特殊，或大跨越，当不能满足表2-3-9所要求的防护间距时，可通过计算方法进一步缩小防护间距，协商解决。

高压架空线路与TV差（收）转台防护间距的计算通式为[2-44]

$$D = \left[\frac{f_o^\alpha d_o^k}{f^\alpha} \cdot \left(10 \exp \frac{N_{dofo} + R - S_{df} + A}{20}\right)\right]^{1/k}$$

$$(2\text{-}3\text{-}31)$$

式中 D——架空线路边线（变电所为围墙或栅栏），与 TV 差（收）转台接收天线之防护间距，m；

f_o——VHF RI 的基准测量频率，建议采用 100 或 75，MHz；

d_o——测量 VHF RI 的基准距离（建议采用 20m），m；

f——TV 差（收）转台的接收信号频率，MHz；

α—— VHF RI 的频率衰减系数，$\alpha = 1 \sim 1.03$[2-44]；

k——VHF RI 的距离衰减系数，$k = 1.0025 \pm 0.014$[2-44]；

N_{dofo}——距架空线路边线 d_o 处、频率为 f_o 的 VHF RI 电平（参见表 2-3-11），dB；

R——TV 差（收）转台合理的信杂比，根据台的重要性及地形特点，取 $30 \sim 40$dB；

S_{df}——TV 差（收）转台天线 d 处、频率为 f 的接收信号电平，通常可实测，如无实测值，用表 2-3-4，dB；

A——多干扰源的 RI 分配系数，例如，双回路 $A \leqslant 3$；单回路 $A = 0$，准确计算用式（2-3-19）及表 2-3-11 之基准值，通过距离衰减后计算，dB。

表 2-3-11   架空高压线路 VHF RI 的 N_{dofo} 实测统计值[2-45]

额定电压 频 段	110kV	220～330kV	500kV
VHF（Ⅰ）	27dB	30dB	31.8dB
VHF（Ⅲ）	18dB	21dB	23dB

高压线路与 TV 差（收）台间防护间距的简化计算式，根据试验结果[2-44]，$\alpha = 1$，$k = 1$，$d_o = 20$m，$f_o = 100$MHz，代入式（2-3-31）中得：

$$D = \frac{2000}{f} \cdot 10\exp\left(\frac{N_{20.100} + R - S_{df}}{20}\right)$$
$$(2-3-32)$$

式中 $N_{20.100}$——距高压线路边线（变电所围墙）20m 处、频率为 100MHz 的 VHF RI 值，dB；单回路 $A = 0$，其余符号含义同式（2-3-31）。

我国目前对 $N_{20.100}$ 未有具体规定。根据现场的大量实测[2-44]表明，白天用 100MHz 实测 VHF RI 比较安静，可获得较准确的线路甚高频干扰值；某些地区如果 100MHz 被调频广播占用时，亦可采用 75MHz，此时式（2-3-32）中的第一项 $2000/f$，应改为 $1500/f$。

国标[2-45]中的 N_{dofo}（表 2-3-9），是 VHF（Ⅰ）及 VHF（Ⅲ）偏大的统计值（为了安全）。

当线路的无线电干扰频率与 TV 的接收信号频率相同时，式（2-3-32）（将 $f = 100$ 代入）可进一步简化为

$$D = 20.2\exp\left(\frac{N_{20} + R - S + A}{B}\right) \quad (2-3-33)$$

式中 D——高压线路边线至 TV 差（收）转台接收天线间距，m；

N_{20}——距高压线路 20m 处、与 TV 台接收频率相同的干扰值，dB；

R——TV 差（收）转台的信杂比，通常取 30（县）～40（省、市）dB；

B——每倍程距离 VHF RI 的衰减量，可按 6dB 计算；

A——RI 分配系数，单回路 $A = 0$，多回路计算见式（2-3-19）、式（2-3-20）。

式（2-3-33）是 GBJ 143—1990《架空线路变电所对电视差（收）转台 RI 防护间距》国标所采用的公式[2-45]。由于此式中 N_{20} 与 S 的频率相同，因而现场实测 N_{20} 或测量 S 时，会彼此影响，测不出准确的信号或干扰电平。

第四节 可 听 噪 声

由于交通车辆，工厂和其它噪声源的大量增加，当今社会对噪声问题越来越关心了。与这些日常发生的噪声相比，送电线路的噪声通常是很小的。但随着高压送电线路的发展，线路通常有一定的电晕放电，这时送电线路的导线上出现了新的噪声源。在较低的运行电压下，因噪声级相当低，不引起人们的关注。在超高压线路发展时人们注意了这个问题，美国一些工程技术人员认为可听噪声可能成为特高压送电线路设计中的一个限制因素。

送电线路的可听噪声主要发生在坏天气下。在干燥条件下，导线电场强度通常是在电晕起始水平以下运行，只有很少的电晕源。然而，在潮湿条件下，因为水滴碰撞或聚集在导线上而产生大量的电晕放电，每次放电都发生爆裂声。

关于送电线路的可听噪声，国内研究很少，国外作了许多试验和研究工作，但国内、外都没有公认的标准。本节利用国外试验和研究结果，提供了计算送电线路产生的可听噪声的方法，叙述了对噪声的评价问题，讨论了影响噪声的一些因素等，以供线路设计时参考。

一、送电线路可听噪声及其计量

送电线路可听噪声有两个特征分量：宽频带噪声（可用"油煎"声、劈啪声、嘘嘶声来描述）；频率为两倍工频（100Hz或120Hz）及其整倍数倍频率的纯分量。宽频带噪声是由导线表面在空气中的局部放电（电晕）产生的杂乱无章的脉冲所造成的。在交流电压所产生的电晕模式中，最重要的可听噪声源是极性流注。这些流注束发生在每一周的正极性上，因此在频谱中有可能出现工频和更高的谐波分量。它们的振幅通常不大，并且对电晕噪声的烦恼程度的作用可以忽略不计。交流声是导线周围的空间电荷的运动造成的；由于正离子和负离子离开和到达导体表面的运动，在每半周内使空气压力变换方向两次。空间电荷由空气的电离而产生，一个局部放电既能造成无规噪声又产生电离。然而，并不是所有电晕模式都按同样比例产生无规噪声和交流声。如无规噪声主要由正极性流注产生，而特里切尔脉冲能产生强烈的电离，并由此引起强的交流声，这时无规噪声却低得多。因此，在不同的天气条件下，无规噪声和交流声的相对数值是不同的。例如，与雨天发生的情况相反，在结冰条件下会产生很高的交流声，而无规噪声级却较低。

声压级——研究可听噪声时所测得的量，为声压的有效值。声压级通常是以0.00002Pa（1Pa＝10μbar）作为基准声压。0.00002Pa系正常人在1000Hz时所能听到的最低声压。人所能听到的声音的声压级范围是1～1000000基准声压。声压级以分贝（dB）表示，以分贝表示的声压级为被测声功率与基准声功率之比以10为底的对数值的10倍。因为声功率与声压的平方成正比，故

$$以分贝表示的声压级=10\lg\left(\frac{p^2}{p_0^2}\right)$$
$$=20\lg\left(\frac{p}{p_0}\right)，dB$$

式中　p——被测声压，Pa；
　　　p_0——基准声压，为0.00002Pa。

用声级计可以检测全部的声压级。然而，人对声的感觉与频率关系很大，因此这种测量的意义不大。对各种不同声压分量进行加权后可得到更为有用的测量值。因此，声级计配有一套称为A、B和C的"频率计权网络"，再加上一个"平坦"响应网络。使用得最普遍的是计权网络A，用它来测得的声压级通常以dB（A）表示。这种网络是模拟人耳对纯音的平均响应，而且在频率低于1000Hz时，对频率有非常明显的依赖性。尽管人对噪声的反应十分复杂，以致不能用单一数字表示，但仍广泛使用dB（A）。我国

国家噪声标准规定的声级也采用dB（A）。

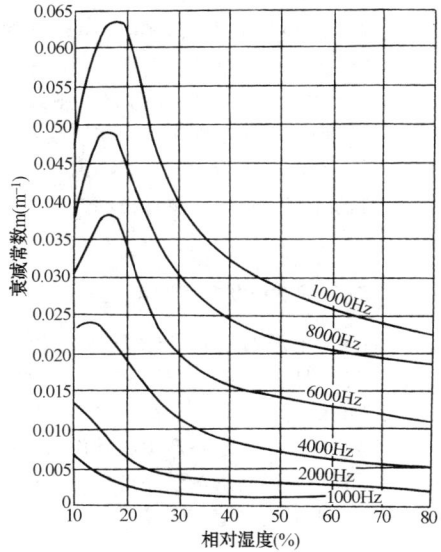

图2-4-1　对不同频率声能衰减常数 m 的实验值与相对湿度的关系（温度假定20℃）

声音在空气中的衰减取决于相对湿度和频率。由图2-4-1看出，在相对湿度值较低（5%～20%）的临界相对湿度时，衰减达到最大值；当湿度高于临界值时，衰减随着湿度的增加而减小。图2-4-2示出了在不同湿度下衰减与频率的关系。图2-4-2表明，低频声音实际是不衰减的。在频率为1000Hz以上时，发生明显的衰减。

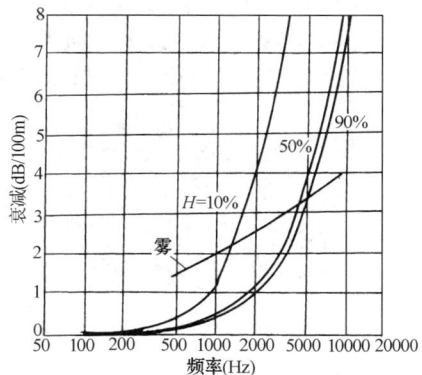

图2-4-2　不同频率下声音在空气中的衰减
H——相对湿度

为了实际计算坏天气下离导线100m及以内的短距离处的噪声、声音在空气中的衰减和量测仪器方向特性的综合影响，可采用dB（A）值每30m衰减

1dB（A）。对于100Hz交流声无需考虑衰减问题。

噪声的叠加视其性质是有规和无规而遵循着不同的规律。无规噪声叠加的方法是其功率密度线性相加，因而声压级等于每个个别噪声声压级的平方和的平方根。纯音（如交流声）叠加的方法则与它们的相位有关。如果两个交流声同相，则声压级相加；如果它们反相，则合成声级为两者之差。因此，来自送电线路三个相的噪声，对于无规噪声和交流声以完全不同的方式组合起来。

二、可听噪声的允许值

我国在1993年颁布了城市区域环境噪声标准（GB 3096—93），见表2-4-1，对郊外和农村没有规定标准，而送电线路，尤其是超高压送电线路，通常是处在郊外和农村。送电线路产生的噪声随着电压的提高而增大，有必要限制送电线路产生的噪声量，因此就需要研究噪声的允许值。

表 2-4-1   城市各类区域环境噪声标准值 ［dB（A）］

适用区域	昼间	夜间
特殊住宅区	45	35
居民、文教区	50	40
一类混合区	55	45
二类混合区，商业中心区	60	50
工业集中区	65	55
交通干线道路两侧	70	55

美国根据公众对送电线路可听噪声反应提出一个一般准则，如图2-4-3所示。其它国家虽然有提到送电线路产生的噪声问题，但均未见到过论述资料。美

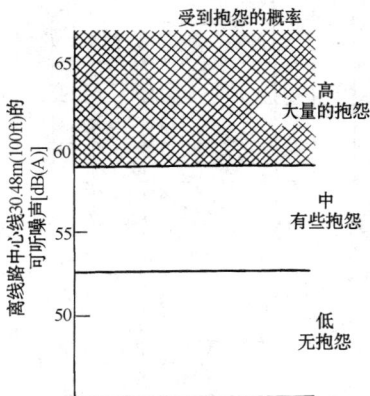

图 2-4-3   可听噪声引起抱怨的标准

国所提出的一般准则没有考虑在不同环境条件下对于

相同噪声的不同心理反应，例如同样的噪声在雾或小雨的条件下，要比暴雨时更难允许，因为线路噪声产生在坏天气下，这时本底噪声和环境条件可明显地改变噪声的烦恼程度。根据我国城市环境噪声标准和美国提出的一般准则看，将送电线路在最坏气象条件下产生的噪声声级控制在60dB（A）是可行的。按照60dB（A）来衡量，500kV及以下的送电线路通常不会超过，500kV以上电压线路设计时则需要考虑噪声的问题。

三、可听噪声的预计

（一）无规噪声的预计

对由dB（A）所确定的无规噪声的预计，可用下述步骤进行：

（1）计算导线的最大表面电场强度 E，按式（2-1-47）计算。

（2）计算每相在大雨时产生的声功率 P_1，按式（2-4-1）求得：

$$P_i = n^2 \left(\frac{D}{3.8} \right)^{4.4} A_1 k_n, \quad \mu W/m \qquad (2-4-1)$$

$$A_1 = 46.4 - 66.5/E \qquad (2-4-2)$$

上二式中　　n——分裂导线根数；

D——子导线直径，cm；

k_n——与分裂导线根数有关的系数：

$n \geqslant 3$ 时，$k_n = 1$；$n = 2$ 时，$k_n = 1.8$；$n = 1$ 时，$k_n = 5.6$；

i——相导线序号；

A_1——以 $1\mu W/m$ 为基准的分贝数表示。

（3）用式（2-4-3）计算在离线路任一距离处，每相产生的声能 J_i。

$$J_i = e^{ad} k \frac{P_i}{4d}, \quad \mu W/m^2 \qquad (2-4-3)$$

式中　　a——声音在空气中的衰减系数，$a = 0.0075/m$；

d——所计算处与相导线间的距离，m；

k——对无限长导线及不考虑地面反射则可取 1。

（4）将各相产生的声能 J_i 用代数法相加 $J = \sum J_i$。

（5）用式（2-4-4）计算以 Pa 表示的声压。

$$p = 20.5\sqrt{J}, \quad Pa \qquad (2-4-4)$$

（6）将声压 p 用式（2-4-5）换算为以分贝表示的声压级 $p_{(dB)}$：

$$p_{(dB)} = 20\lg \left[p/\left(2 \times 10^{-5} \right) \right], \quad dB（A）$$

$$(2-4-5)$$

（7）用上述类似方法计算湿导线条件下的可听噪声。湿导线噪声代表雾天的最大噪声或者小雨时或

雨刚停后的噪声。但是，需将计算得出的大雨条件下的声能乘以系数 C 换算为湿导线条件下的声能。C 为湿导线产生的声功率和大雨时产生的声功率之比。C 可按式（2-4-6）求得

$$C = (63.4x^2 + 1.87x^3 - 1.15x^4)/1000 \tag{2-4-6}$$

式中，$x = 10(E/E_C - 0.8)$，且 $0.8 < E/E_C < 1.4$。

当 $n \leqslant 4$ 时

$$E_C = [(12.5d - 4.57)/(D - 1.07)] \times 10^{-1} \tag{2-4-7}$$

当 $n > 4$ 时

$$E_C = \frac{(12.5d - 4.57)/(D - 1.07)}{1 + 0.027(n - 4)} \times 10^{-1} \tag{2-4-8}$$

式中，d 的单位为 cm，E_C（有效值）的单位为 MV/m。

【例题 2-5】 应用上述步骤计算离开 500kV 三相线路边相 15m 处的噪声。线路的参数如下：工作电压 525kV；导线 $4 \times$ LGJ-400/35，单根导线直径为 2.682cm；分裂间距 40cm；相导线间距为 1200cm；导线离地平均高度 1500cm。

解 （1）根据第二节计算导线最大表面电场强度有效值的方法求得 E 为：

边相：1.442MV/m

中相：1.596MV/m

（2）按式（2-4-1）求得每相在大雨时产生的功率为：

边相：$P_i = 3.685 \mu W/m$

中相：$P_i = 10.26 \mu W/m$

（3）离边相导线水平距离 15m 处，至三相导线的距离分别为：

$$d_1 = \sqrt{15^2 + 15^2} = 21.2m$$

$$d_2 = \sqrt{27^2 + 15^2} = 30.89m$$

$$d_3 = \sqrt{39^2 + 15^2} = 41.79m$$

用式（2-4-3）计算出离边相 15m 处的声能为：

$$J_1 = e^{-(0.0075 \times 21.2)}\frac{3.685}{4 \times 21.2} = 0.0371 \mu W/m^2$$

$$J_2 = e^{-(0.0075 \times 30.89)}\frac{10.26}{4 \times 30.89} = 0.0659 \mu W/m^2$$

$$J_3 = e^{-(0.0075 \times 41.79)}\frac{3.685}{4 \times 41.79} = 0.0161 \mu W/m^2$$

（4）$J = J_1 + J_2 + J_3$
$$= 0.1191 \mu W/m^2$$
$$= 0.1191 \times 10^{-6} \mu W/m^2$$

（5）$p = 20.5 \sqrt{0.1191 \times 10^{-6}}$
$$= 0.00707Pa$$

（6）$p_{(dB)} = 20\lg\dfrac{0.00707}{2 \times 10^{-5}}$
$$= 50.97dB（A）$$

（7）计算湿导线条件的噪声，按式（2-4-6）进行声能校正。根据式（2-4-7）得 $E_C = 1.4MV/m$，由式（2-4-6）得 C 为：

边相：　$C = 0.326$

中相：　$C = 0.653$

相应的声能为：

$$J_1 = 0.0371 \times 0.326 = 0.0121 \mu W/m^2$$

$$J_2 = 0.0659 \times 0.653 = 0.043 \mu W/m^2$$

$$J_3 = 0.0161 \times 0.326 = 0.0052 \mu W/m^2$$

$$J = J_1 + J_2 + J_3$$
$$= 0.0603 \mu W/m^2$$
$$= 0.0603 \times 10^{-6} W/m^2$$

$$p = 20.5 \sqrt{0.0603 \times 10^{-6}}$$
$$= 0.00503Pa$$

$$p_{(dB)} = 20\lg\frac{0.00503}{2 \times 10^{-5}} = 48dB$$

（二）交流声的预计

送电线路电晕引起的可听噪声也包括两倍工频交流声。由于空气、树木和墙壁对交流声的衰减很小，因此，在离线路较远处或在室内，它的重要性可能比无规噪声大。通过下列步骤可确定大雨时交流声（120Hz）的水平（因为以下所列公式系采用美国提出的方法和数据计算的，而美国电力商用频率为 60Hz，故其双倍工频为 120Hz）。

（1）计算每相的最大表面电场强度有效值 E。

（2）根据式（2-4-9）求出所产生的声功率：

$$P_1 = 53.5 - 50.55/E \tag{2-4-9}$$

式中　P_1——产生的声功率，dB；

　　　E——导线表面最大、电场强度有效值，MV/m。

（3）根据式（2-4-10）对导线直径进行校正：

$$C_d = 10.6 - 41/D \tag{2-4-10}$$

式中　C_d——直径校正系数，dB；

　　　D——导线直径 cm。

（4）根据式（2-4-11）对分裂导线根数进行校正：

当 $D = 4.63cm$ 时

$$C_n = 24.1 - 390/(n + 10)$$

当 $D = 2.3cm$ 时

$$C_n = 47.4 - 1000/(n + 15)$$

$$\tag{2-4-11}$$

式中 C_n——对导线根数 n 的校正系数，dB；

n——分裂导线根数。

如果导线直径不同于 4.63cm 和 2.3cm 时，则可用线性内插法或外推法求得 C_n。

校正后每相产生声功率为

$$P_i = P_1 + C_d + C_n, \quad dB$$

（5）将以 dB 表示的声功率变换为以 W/m 表示。

（6）根据产生的功率和声压之间的关系用式（2-4-12）计算出声压

$$P = p^2 H / \delta c \qquad (2-4-12)$$

式中 P——产生的声功率，W/m；

p——声压，Pa；

H——$2\pi R$，R 为导线至所计算点之间的距离，m；

δ——空气密度，kg/m³；

c——声波传播速度，m/s（对于标准大气条件 $\sqrt{\delta c} = 20.5$）。

确定每相的直达波与反射波的声压 $p_{i.d}$ 和 $p_{i.r}$，对三相线路的校正如下

$$\left.
\begin{aligned}
p_{i.d} &= \sqrt{2} \cdot \frac{\sqrt{\delta c P_i}}{2\pi d_{i.d}} \\
&\quad \times \cos\ (\omega t - \varphi_i - 2\pi d_{i.d}/\lambda) \\
p_{i.r} &= \sqrt{2} \cdot k \cdot \frac{\sqrt{\delta c P_i}}{2\pi d_{i.r}} \\
&\quad \times \cos\ (\omega t - \varphi_i - 2\pi d_{i.r}/\lambda)
\end{aligned}
\right\} \quad (2\text{-}4\text{-}13)$$

式中 φ_i——i 相电压的相位角；

$d_{i.d}$——i 相至所计算点的距离；

$d_{i.r}$——i 相的镜像至所计算点之间的距离；

k——反射系数，对 120Hz 近似等于 1；

λ——120Hz 声波的波长（$\lambda = 2.85$m）。

（7）把声压波按量值和相位相加求得交流声。

由于交流声系按量和相位相加，在一些位置上声压波互相叠加，而在另一些位置上声压波的相位又相反，其结果随离地面的高度不同和横向距离的变化而变化很大。甚至上列参数之一的细小变化，就可能使声压级局部变化高达 20dB。因此，交流声压级不能简单地确定，必须求得所计算处的最大可能值。

第五节　送电线路的静电效应

在电力设备和送电线路附近以及在变电所内存在有工频电场和磁场，由此引起的静电效应和电磁影响，从来就是电力系统和其它有关部门所关心的问题。随着送电压的提高，静电效应变得越来越突出。当世界上出现 500kV 及以上电压的超高压送电线路后，静电效应已成为人们关注的问题。因此，选择送电线路和附近物体之间的净距，除考虑电气强度因素外，还必须考虑静电效应这一重要因素。静电效应包括耦合电流、感应电压和感应能量所产生的影响。

本节提出了静电效应的计算方法、送电线路静电场对人类和动物生态的影响和设计中应考虑的对策。

各种"静电效应"是用静电耦合电流、感应电压和感应能量来表征的。研究表明，对于各种情况（诸如送电线邻近的房屋、车辆等），这些物理量取决于该物体的几何形状和参数，并取决于地面电场强度。由于静电效应与电场强度密切相关，因而把电场强度当作静电效应的一个设计参量。

一、电场强度及其计算

这里所说的电场强度是指要估计静电效应的物体还未进入电场，电场尚未产生畸变时的电场强度。

下面讨论地面十分平坦，导线十分水平，线路下面没有任何物体的情况下，理想的电场强度。所述的方法，对于各种导线布置方式的单回和双回送电线路，以及线下设置有多根和线路平行的屏蔽线等情况都是适用的。对送电线路的每一导线，包括处于地电位的导线（如地线），都应加以考虑。对于分裂导线，计算中采用等值单导线来代替，因为这样可使计算简化并有足够的准确性。

按上述理想情况并假设送电线路为无限长且平行地面，地面为良导体（电阻率小于 $10^5 \Omega \cdot m$），则空间场强可简化为二维场计算。

（一）分析计算法

导线上的电荷 Q 可用电压和电位系数 α 的麦克斯韦方程式（2-5-1）求得

$$[Q] = [\alpha]^{-1} [U] \qquad (2\text{-}5\text{-}1)$$

式中电位系数 α 见式（2-1-26）、式（2-1-27）。

i 导线上的电荷在线下空间任意点 ρ 产生的电场强度 $\dot{E}_{\rho i}$ 的计算，按图 2-5-1 所示为

$$\dot{E}_{\rho i} = E_{\rho v i} + j E_{\rho H i} \qquad (2\text{-}5\text{-}2)$$

$$E_{\rho i} = \sqrt{E_{\rho v i}^2 + E_{\rho H i}^2} \qquad (2\text{-}5\text{-}3)$$

$$E_{\rho v i} = \frac{Q_i}{2\pi\varepsilon} \left[\frac{H_i - y}{(H_i - y)^2 + (x_i - x)^2} + \frac{H_i + y}{(H_i + y)^2 + (x_i - x)^2} \right] \qquad (2\text{-}5\text{-}4)$$

$$E_{\rho H i} = \frac{Q_i}{2\pi\varepsilon} \left[\frac{S_i - x}{(H_i - y)^2 + (x_i - x)^2} \right.$$

$$-\frac{S_i - x}{(H_i + y)^2 + (x_i - x)^2}\Bigg] \quad (2\text{-}5\text{-}5)$$

式中　$E_{\rho vi}$，$E_{\rho Hi}$——分别为 $\dot{E}_{\rho i}$ 垂直和平行地面的分量；

Q_i，$-Q_i$——分别为 i 导线及其镜像上单位长度的电荷；

x，y——ρ 点的平面坐标；

x_i——i 导线的 x 坐标值，m；

H_i——i 导线的对地高度，m。

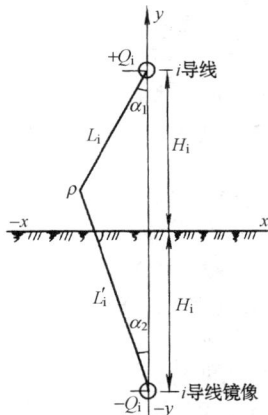

图 2-5-1　线下任意点电场
强度计算参数图

对于 n 相导线在空间 ρ 点产生的场强，采用叠加原理则得

$$
\begin{aligned}
E_{\rho v} &= \sum_{i=1}^{i=n} E_{\rho vi} \\
&= \sum_{i=1}^{i=n} \frac{Q_i}{2\pi\varepsilon}\Bigg[\frac{H_i - y}{(H_i - y)^2 + (x_i - x)^2} \\
&\quad + \frac{H_i + y}{(H_i + y)^2 + (x_i - x)^2}\Bigg] \quad (2\text{-}5\text{-}6)
\end{aligned}
$$

$$
\begin{aligned}
E_{\rho H} &= \sum_{i=1}^{i=n} E_{\rho Hi} \\
&= \sum_{i=1}^{i=n} \frac{Q_i}{2\pi\varepsilon}\Bigg[\frac{S_i - x}{(H_i - y)^2 + (x_i - x)^2} \\
&\quad - \frac{S_i - x}{(H_i + y)^2 + (x_i - x)^2}\Bigg] \quad (2\text{-}5\text{-}7)
\end{aligned}
$$

$$\dot{E}_\rho = E_{\rho v} + jE_{\rho H}$$

$$E_\rho = \sqrt{E_{\rho v}^2 + E_{\rho H}^2} \quad (2\text{-}5\text{-}8)$$

由式（2-5-1）解出 Q_i 值后即可计算 ρ 点场强 E_ρ。如果考虑到任何一个多相交流送电系统导线上的电压均为 U，只是各相导线上的相角 φ 值不同，则

$$
\begin{aligned}
E_\rho &= \frac{1}{2\pi\varepsilon}\cdot\frac{U}{D}\Big[\ (M\cos\varphi_1 + N\sin\varphi_1)^2 \\
&\quad + (M_1\cos\varphi_1 + N_1\sin\varphi_1)^2\ \Big]^{\frac{1}{2}}
\end{aligned}
$$

$$
\begin{aligned}
M &= (q_{11} + q_{12} + q_{13} + \cdots + q_{1n})\ A_1 \\
&\quad + (q_{21} + q_{22} + q_{23} + \cdots + q_{2n})\ A_2\cos\frac{2\pi}{n} \\
&\quad + (q_{31} + q_{32} + q_{33} + \cdots + q_{3n})\ A_3\cos\frac{2\times 2\pi}{n} \\
&\quad + \cdots + (q_{n1} + q_{n2} + q_{n3} + \cdots + q_{nn}) \\
&\quad \times A_n\cos(n-1)\frac{2\pi}{n}
\end{aligned}
$$

$$
\begin{aligned}
N &= (q_{21} + q_{22} + q_{23} + \cdots + q_{2n})\ A_2\sin\frac{2\pi}{n} \\
&\quad + (q_{31} + q_{32} + q_{33} + \cdots + q_{3n})\ A_3\sin\frac{2\times 2\pi}{n} \\
&\quad + \cdots + (q_{n1} + q_{n2} + q_{n3} + \cdots + q_{nn}) \\
&\quad \times A_n\sin(n-1)\frac{2\pi}{n}
\end{aligned}
$$

$$
\begin{aligned}
M_1 &= (q_{11} + q_{12} + q_{13} + \cdots + q_{1n})\ B_1 \\
&\quad + (q_{21} + q_{22} + q_{23} + \cdots + q_{2n})\ B_2\cos\frac{2\pi}{n} \\
&\quad + (q_{31} + q_{32} + q_{33} + \cdots + q_{3n})\ B_3\cos\frac{2\times 2\pi}{n} \\
&\quad + \cdots + (q_{n1} + q_{n2} + q_{n3} + \cdots + q_{nn}) \\
&\quad \times B_n\cos(n-1)\frac{2\pi}{n}
\end{aligned}
$$

$$
\begin{aligned}
N_1 &= (q_{21} + q_{22} + q_{23} + \cdots + q_{2n})\ B_2\sin\frac{2\pi}{n} \\
&\quad + (q_{31} + q_{32} + q_{33} + \cdots + q_{3n})\ \times B_3\sin\frac{2\times 2\pi}{n} \\
&\quad + \cdots + (q_{n1} + q_{n2} + q_{n3} + \cdots + q_{nn}) \\
&\quad B_n\sin(n-1)\frac{2\pi}{n}
\end{aligned}
$$

$$
\begin{aligned}
A_i &= \frac{H_i - y}{(H_i - y)^2 + (x_i - x)^2} \\
&\quad + \frac{H_i + y}{(H_i + y)^2 + (x_i - x)^2}
\end{aligned}
$$

$$
\begin{aligned}
B_i &= \frac{x_i - x}{(H_i - y)^2 + (x_i - x)^2} \\
&\quad - \frac{x_i - x}{(H_i + y)^2 + (x_i - x)^2}
\end{aligned}
$$

$$(2\text{-}5\text{-}9)$$

式中　U——导线对地电压，kV；

D——n 相导线之 $|a_{ij}|$ 行列式的值；

q_{ij}——$|a_{ij}|$ 行列式 a_{ij} 的余子式。

由于交流送电的电压随时间不断变化，因此 ρ 点的场强也随时间（相角）而变化。所以在空间不同点的最大场强所对应的相角是不同的，在任一点 ρ 的最大场强相应的相角是 $\dfrac{\mathrm{d}E_\rho}{\mathrm{d}\varphi}=0$ 时所求的相角 φ_1 为

$$\varphi_1=\frac{1}{2}\tan^{-1}\frac{2\ (MN+M_1N_1)}{(M^2+M_1^2)\ -\ (N^2+N_1^2)}\quad (2\text{-}5\text{-}10)$$

n 相送电线路在 ρ 点产生的最大电场强度为

$$E_{\rho m}=\frac{1}{2\pi\varepsilon}\cdot\frac{U}{D}\cdot\frac{1}{\sqrt2}\ \{M^2+M_1^2+N^2+N_1^2$$
$$+\ \sqrt{[\ (M^2+M_1^2)-(N^2+N_1^2)\ ]^2+4(MN+M_1N_1)^2}\}^{\frac{1}{2}}$$
$$(2\text{-}5\text{-}11)$$

对于三相交流送电线路不计及地线影响时，单、双回路送电线路的 M、M_1、N 及 N_1 值的计算式列于表 2-5-1。

表 2-5-1 M、M_1、N 及 N_1 值计算表

单回路	$M=(q_{11}+q_{21}+q_{31})\ A_1-\dfrac{1}{2}\ (q_{12}+q_{22}+q_{32})\ A_2$ $-\dfrac{1}{2}\ (q_{13}+q_{23}+q_{33})\ A_3$ $N=-\dfrac{\sqrt3}{2}\ (q_{12}+q_{22}+q_{32})\ A_2+\dfrac{\sqrt3}{2}\ (q_{13}+q_{23}+q_{33})\ A_3$ $M_1=(q_{11}+q_{21}+q_{31})\ B_1-\dfrac{1}{2}\ (q_{12}+q_{22}+q_{32})\ B_2-\dfrac{1}{2}\ (q_{13}+q_{23}+q_{33})\ B_3$ $N_1=-\dfrac{\sqrt3}{2}\ (q_{12}+q_{22}+q_{32})\ B_2+\dfrac{\sqrt3}{2}\ (q_{13}+q_{23}+q_{33})\ B_3$
双回路	$M=(q_{11}+q_{21}+\cdots+q_{61})\ A_1+(q_{14}+q_{24}+\cdots+q_{64})\ A_4-\dfrac{1}{2}\ [\ (q_{12}+q_{22}+\cdots+q_{62})\ A_2+(q_{15}+q_{25}+\cdots+q_{65})\ A_5\ ]-\dfrac{1}{2}\ (q_{13}+q_{23}+\cdots+q_{63})\ A_3+(q_{16}+q_{26}+\cdots+q_{66})\ A_6]$ $N=-\dfrac{\sqrt3}{2}\ [\ (q_{12}+q_{22}+\cdots+q_{62})\ A_2+(q_{15}+q_{25}+\cdots+q_{65})\ A_5\ ]+\dfrac{\sqrt3}{2}\ [\ (q_{13}+q_{23}+\cdots+q_{63})\ A_3+(q_{16}+q_{26}+\cdots+q_{66})\ A_6]$ $M_1=(q_{11}+q_{21}+\cdots+q_{61})\ B_1+(q_{14}+q_{24}+\cdots+q_{64})\ B_4-\dfrac{1}{2}\ [\ (q_{12}+q_{22}+\cdots+q_{62})\ B_2+(q_{15}+q_{25}+\cdots+q_{65})\ B_5\ ]-\dfrac{1}{2}\ [\ (q_{13}+q_{23}+\cdots+q_{63})\ B_3+(q_{16}+q_{26}+\cdots+q_{66})\ B_6]$ $N_1=-\dfrac{\sqrt3}{2}\ [\ (q_{12}+q_{22}+\cdots+q_{62})\ B_2+(q_{15}+q_{25}+\cdots+q_{65})\ B_5\ ]+\dfrac{\sqrt3}{2}\ [\ (q_{13}+q_{23}+\cdots+q_{63})\ B_3+(q_{16}+q_{26}+\cdots+q_{66})\ B_6]$

注   表中算式系假定 1 和 4、2 和 5 及 3 和 6 导线相角分别相同。

（二）电子计算机法

计算步骤如下：

（1）首先确定各相导线、地线和屏蔽线的几何位置，在档距中央垂直于线路方向取一截面，将地面取作 X 轴，对称的单回路取 Y 轴通过中相，对双回路取 Y 轴通过两回路的对称轴。各相导线、地线和屏蔽线的位置，按此坐标定位。

（2）计算导线的电位系数 a_{ii} 和 a_{ij}。

（3）按式（2-5-1）麦克斯韦方程求解每根导线上的电荷。为使一般计算机能进行计算，求解时将电压和电荷分成实部和虚部分别求解。

（4）计算线下空间各点对地电压实部和虚部，最后求得所计算点的对地电压。

（5）计算线下空间各点电场强度的垂直和水平分量。

（6）计算空间各点合成场强的最大值，最小值及其所在方向。

三相线下各点空间场强是一个旋转相量，其大小随着方向的改变而变化，在某一方向有最大值。因此，先任意给定空间方向，求场强垂直分量和水平分量在该方向的相量和，将该相量对方向角求导数并令其等于零，最后可求出场强的最大值、最小值及其所在的方向。计算程序的流程如图 2-5-2 所示。

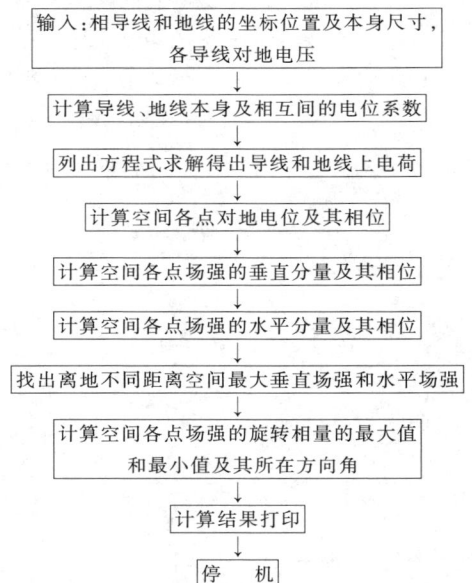

图 2-5-2   计算高压送电线下空间场强的流程图

众所周知，只是某些比较简单的布置形状的电场才能用分析计算。为了计算诸如杆塔，相互跨越的母线等复杂结构的电场，就需要利用电子计算机计算场强的各种方法。这些方法包括电荷模拟法、有限差分法和有限元素法以及所谓的蒙特卡诺法。但是，甚至这些方法也很快到达它们的极限，其原因不是因为保存数据需要的储存容量太大，就是因为反置的矩阵阶数太高。此外还可利用模型法，用高频电压（为增加测量的灵敏度）加到模型装置上，借助于特殊测量电极逐点画出的电场图，确定相应的电场强度。

（三）送电线下地面的电场强度及影响场强的因素

1. 送电线下地面的电场强度

图 2-5-3 是单回路导线水平排列情况几种电压的地面电场分布曲线。图中曲线系按 1.05 倍额定电压计算的电场强度。由图 2-5-3 可看出地面最大电场强度产生在边线外约 1m 处。我国运行的 220kV 线路地面最大电场强度为 5kV/m；330kV 线路为 8.7kV/m；500kV 线路为 9.7kV/m。

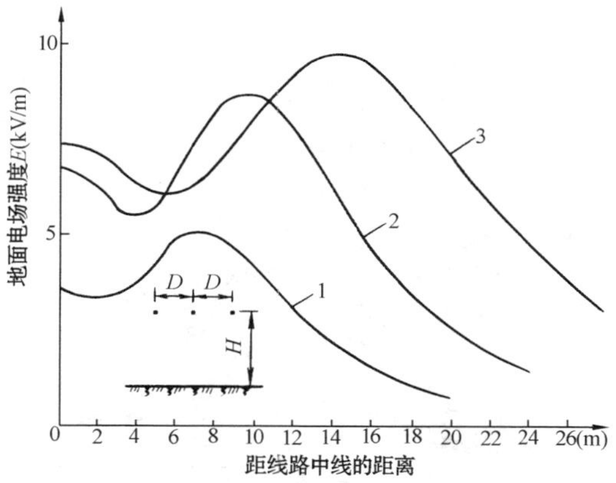

图 2-5-3 导线水平排列情况各种电压线路的地面场强分布

1—LQJQ-400，$D=6.5\text{m}$，$H=6.5\text{m}$，220kV；

2—2×LQJ-300，$D=9\text{m}$，$H=7.5\text{m}$，330kV；

3—4×LQJQ-400，$D=13\text{m}$，$H=11\text{m}$，500kV

图 2-5-4 是 500kV 双回路导线为 4×LGJQ-300 的地面电场分布曲线。图示曲线表明两个回路的相序排列对地面电场强度的影响较大。对称排列的地面电场强度最大而导线的电场强度最小。逆相序排列的地面场强最小而导线的场强最大。当一回路带电和另一回路停电接地的情况下，地面电场强度介于对称和逆相序排列电场强度之间。

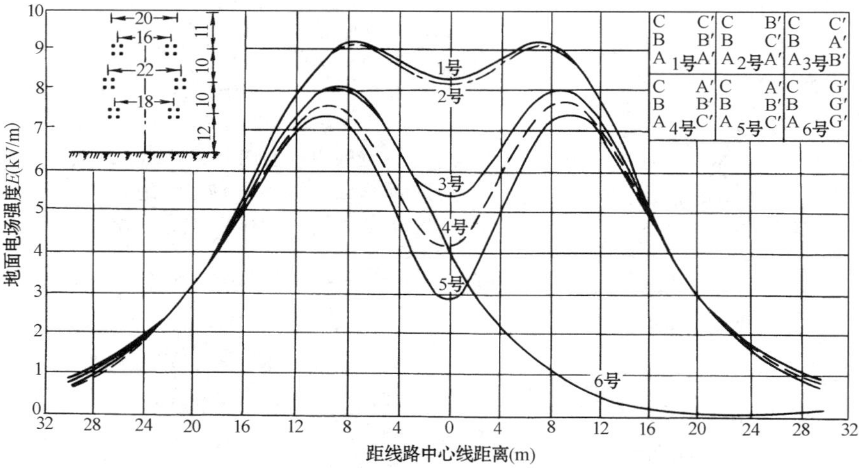

图 2-5-4 500kV 双回路不同相序布置时地面场强分布

上述地面场强的计算未考虑有地线的情况。在导线上方有地线会减小地面电场强度。但是，地线使地面电场强度仅降低约 1%～2%。因此，计算地面场强可略去地线，这样可以简化计算又不致影响计算结果的正确性。

2. 影响地面场强的因素

（1）导线对地距离。图 2-5-5 和图 2-5-6 分别是 500kV 线路，导线为 4×LGJQ-300，相导线水平排列与三角形排列，在不同导线对地距离情况下的地面场强分布曲线。由图 2-5-5 和图 2-5-6 看出随着导线对地距离增加，线下地面最大场强降低较快，而距边线 15m 以外的场强几乎没有变化。当导线对地距离增加到一定高度，距线路中心不同距离各点的场强相差很小。

图 2-5-7 为不同导线对地距离的地面最大电场强度。由图看到 500kV 线路当导线对地距离由 8m 增大到 24m，开始增加对地距离时最大场强降低较快，继续增大导线对地距离，则最大场强降低值逐渐减小。如对地距离由 8m 增至 9m，最大场强降低约2.4kV/m；而对地距离由 16m 增至 17m 时，最大场强降低约 0.45kV/m。220kV 及 330kV 线路情况也类似。由此推断：当导线对地距离大到一定程度时，采用增大对

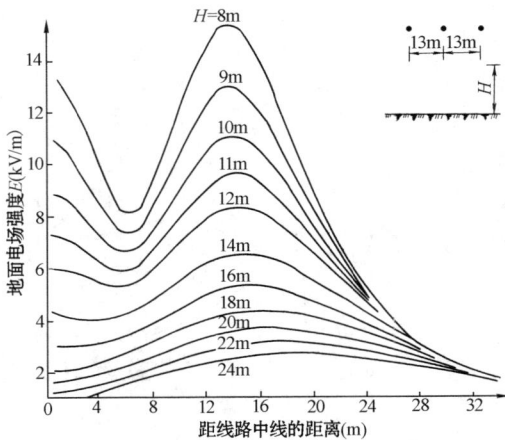

图2-5-5 导线水平排列不同
对地距离的地面场强分布

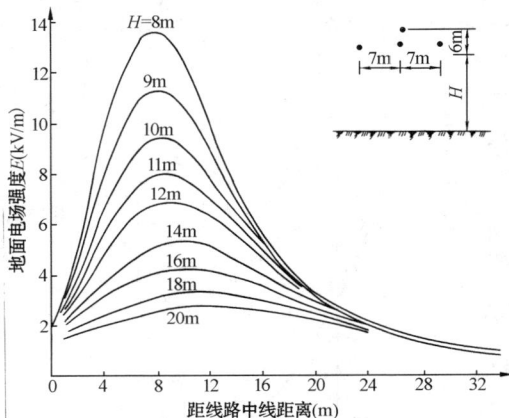

图 2-5-6 导线三角形排列不同对
地距离的地面场强分布

地距离来降低地面场强则效果不明显，从经济上考虑也不合适。

（2）相导线的布置。图2-5-8 为单回路 500kV 线路、导线不同对地距离、导线呈水平与三角形排列的地面最大场强。由图看出，在相同对地距离及满足绝缘间隙要求的条件下，三角形排列的最大场强较水平排列约低 1.2～2kV/m。比较图 2-5-5 和图 2-5-6 还可看到，三角形排列地面处于高场强区的范围较水平排列小，如以 11m 对地距离为例，场强高于 6kV/m 的区域，三角形排列约为 20m，而水平排列则约为 42m。因此，从静电感应观点看，导线呈三角形排列较好，不仅最大场强低，而且高场强范围小。

导线布置对地面场强影响的另一因素是线间距离。根据 500kV 线路计算，若是水平排列，线间距离每增加 1m 地面场强约增大 0.1～0.3kV/m。若呈三角形排

列，水平线间距离每增加 1m 地面场强约增大 0.35kV/m，而垂直线间距离每增加 1m 场强约增加 0.1kV/m。

（3）相导线根数。超高压送电线路为了限制导线产生的电晕，常常采用分裂导线。但是，分裂导线根数增多，其对地电容增大，从而导线上蓄积电荷增多造成地面电场强度增大。为了估计分裂导线根数对地面场强的影响，按导线水平排列、相间距离 14m 及对地距离 10m，就 500kV 线路采用双分裂、三分裂及四分裂导线，计算得地面场强与导线表面电场见表 2-5-2。

表 2-5-2   分裂导线根数对地面场强的影响

相 导 线	$2 \times LGJQ\text{-}700$	$3 \times LGJQ\text{-}400$	$4 \times LGJQ\text{-}300$
导线表面最大场强（MV/m）	2.42	2.39	2.24
地面最大场强（kV/m）	9.55	10.42	11.27
地面最大场强相对值（%）	100	109.1	118

由表 2-5-2 看出三种相导线表面最大场强均在允许范围内，但四分裂导线的地面最大场强比双分裂导线增大了 18%，场强的绝对值增大 1.72kV/m，这一因素在设计选择相导线结构时值得注意。

二、电场对人和动物的影响

当人或动物处在高压电场中，就有一"稳态"电流通过人体（动物）或产生电晕火花放电。此外往往有另一种现象存在，如头发感到刺激、耳鸣和面颊有刺痛感觉等，而这种现象与流过人体电流无关。所谓电场效应就是指这些与电流无关，仅与人所处电场强度有关的反应，由电场强度的大小决定其效应的严重程度，而这个场强系指人未进入时的场强。

许多国家对电场效应作了研究。美国特高压（UHV）计划，在试验线下对人进行了强电场感觉反应的试验，试验结果如图 2-5-9 所示。从图中可以看出，几率为 10% 的人在 10～15kV/m 电场强度下开始有感觉（本节所指场强均为有效值），当场强达到 15～25kV/m 时，人体普遍感到头发刺激，身体（尤其是手臂）和衣服之间感到刺痛，而且这种刺痛有少数人感到不能接受。根据不多的观察材料指出：人在地面场强直到 25kV/m，若没有火花放电时，无有害异常反应；当产生重复火花放电时，人有神经过敏的反应和无力继续工作之感，然而正常工作中或在送电线下一般不会遇到重复火花放电的现象；即使偶然

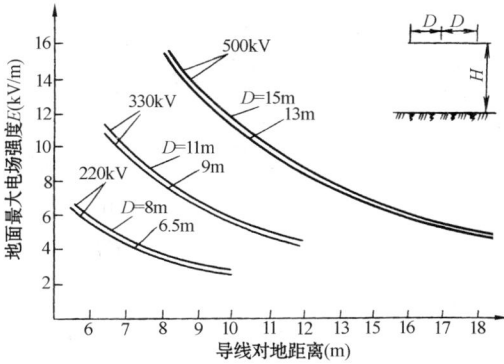

图 2-5-7　不同导线对地距离
的地面最大电场强度

220kV—LGJQ-400　　$D=6.5m,\ 8m$
330kV—$2\times$LGJ-300　　$D=9.0m,\ 11m$
500kV—$4\times$LGJQ-400　　$D=13m,\ 15m$

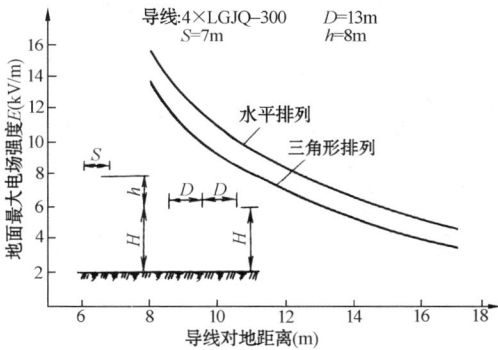

图 2-5-8　500kV 线路水平和三角形
排列的地面最大场强

产生重复火花放电，对人的反应也是短时的，第二天即能恢复。

美国对强电场下工作多年的线路工，如超高压送电线路带电检修人员，进行了系统的医学检查，没有发现对健康有不利的影响，至今也没有迹象表明送电线路和变电所的静电场会引起不良的后果。

加拿大魁北克水电局和魁北克水电研究所通过研究指出：推测在送电线路下和在变电所具有何种程度的静电场时会产生直接生物学作用是没有根据的；唯一的直接影响是人的头皮会有刺痛发麻的感觉，不应当把这种感觉看作是不利的生物学效应；但是连续的感应交流电流，特别是持续时间甚短的感应脉冲电流是有影响的；无论是连续交流电流，还是放电时的脉冲电流都不具备足以造成直接生理危害的程度，但或多或少会引起痛的感觉。而在不利的条件下，感应连续电流可能达到释放电流值；在感应交流电流，尤其

是放电脉冲电流重复通过的情况下所引起的痛感，可能会导致应激反应。

应激反应这个术语反映了以下真实，即对人或动物的任何强烈作用（如愉快和不愉快），会在机体中引起一系列的反应。其中有些是可立即观察到的，例如肾上腺素增加，而胸腺和淋巴结可能减少。依作用的类型、强度和物体的特点不同，还可以观察到其它反应，如溃疡加重、神经性反应、阳萎等。强烈的噪声或电击如果只是偶尔发生的话，是可以忍受的；但若经常重复，则可能会发展成综合症。从另一方面看，也可能会开始不适应；当慢慢地习惯这种作用后，综合症也就逐渐消失了。

西德用高达30kV/m场强度，对被试人员进行了研究，结果不能断定对人的健康有什么影响和危害。

与上述研究结果相反，苏联自采用400～500kV输电以来，发现在10～15kV/m电场下工作的人有感觉不适、疲倦、头痛和指标混乱等现象。为此列宁格勒劳动保护研究所对300个以上的人在5～20kV/m电场上进行了研究，观察结果是电场对中枢神经系统、血压和心率未引起什么特殊的功能干扰，但发现血的形态有变化。在此研究基础上，苏联制定了《在交流400、500和750kV输电线及变电所工作的劳保条例》，该条例规定工人在无任何保护的条件下，允许在电场中停留的最长时间：电场强度在5kV/m以下，停留时间不受限制；电场强度为10kV/m时，限制在3h；电场强度15kV/m时，限制在1.5h；电场强度20kV/m时，限制在10min；电场强度为25kV/m时，限制在5min；电场强度25kV/m以上时，只能在有保护措施（如采用屏蔽和保护服）下工作。苏联在1972年国际大电网会议提出这个报告后，在世界各地引起了极大震动。此后，许多国家都进行电场对生态影响的研究，大部分研究是在实验室内用动物在高电场强度下（大于20kV/m）进行的，意图是使任何可能的效应能清楚地显示出来。即使在这种提高的电场强度下，所反应出的效应仍是微弱的。

1980年国际大电网会议，根据各国研究成果正式发表了公告，认为"过去对电场的危险影响作了过高的估计"，说明现有高压送电线路的电场强度对人体无害，离允许的电场强度值还有很大的安全裕度。

三、地面各种物体上电流和电压的预计

本节中，我们主要讨论对静电场源和导线上的表面电荷都影响不大的物体，当其靠近地面并处在静电场中时，该物体上充电电流和电压的计算方法。

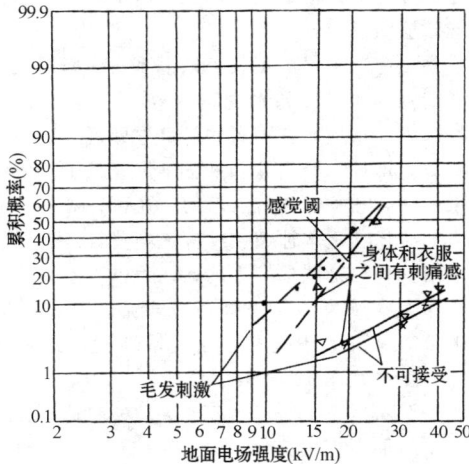

图 2-5-9　地面电场强度对人的影响

（一）一般公式

设靠近地面的物体 M 位于一条三相送电线路附近，如果物体 M 对地完全绝缘，则其等效电路图如图 2-5-10（a）所示；物体 M 接地时，则如图 2-5-10（b）所示。图中 a、b、c 分别代表三相导线，$\dot{U}_a$、$\dot{U}_b$、$\dot{U}_c$ 分别为各相的电压。

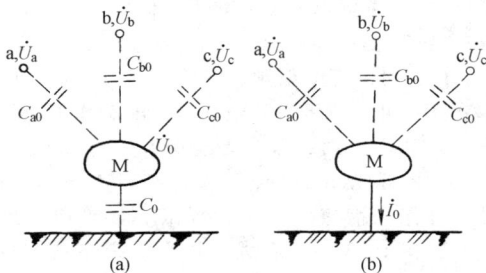

图 2-5-10　电力线下物体的等效电路

图 2-5-10 中物体 M 的电位和电荷关系的一般静电方程式可以写成

$$Q = U_0 C_0 + U_a C_{a0} + U_b C_{b0} + U_c C_{c0} \qquad (2\text{-}5\text{-}12)$$

在图 2-5-10（a）的情况，因该物体对地绝缘，故 $Q = 0$，则"悬浮"电位 U_0 为

$$U_0 = - \frac{U_a C_{a0} + U_b C_{b0} + U_c C_{c0}}{C_0}$$

要注意到静电感应耦合系数 c_{i0} 为负，故电位 U_0 与 U_a、U_b、U_c 同符号。

公式中的电容系数 c 与图 2-5-10（a）和（b）所示的电容 C 之间存在以下关系

$$C_{i0} = -c_{i0} \qquad C_0 = c_0 - \Sigma c_{i0}$$

实际上，因 $\Sigma c_{i0} \ll c_0$，故 C_0 与 c_0 几乎无区别。

在图 2-5-10（b）的情况，因物体为零电位，故

得感应电荷 Q

$$Q = U_a C_{a0} + U_b C_{b0} + U_c C_{c0} \qquad (2\text{-}5\text{-}13)$$

在交流正弦情况下，电荷 Q 与充电电流 $\dot{I}_0$ 的关系，可用公式表示为

$$\dot{I}_0 = -j\omega Q \qquad (2\text{-}5\text{-}14)$$

根据上述关系式，可得到下列方程组

$$\left. \begin{array}{l} \dot{I}_0 = -j\omega \left(\dot{U}_a C_{a0} + \dot{U}_b C_{b0} + \dot{U}_c C_{c0} \right) \\[2mm] \dot{U}_0 = \dfrac{\dot{I}_0}{j\omega C_0} \end{array} \right\}$$

$$(2\text{-}5\text{-}15)$$

按照式（2-5-15）可以把物体 M 和大地看成具有开路电压为 $\dot{U}_0$ 和短路电流为 $\dot{I}_0$ 的电源的两端，该源的内阻抗为 $Z_i = \dfrac{1}{j\omega C_0}$，其等效图为图 2-5-11（a）。若有一阻抗 Z 连接到这个电源上，则流经这个阻抗的电流 $\dot{I}$ 和在阻抗两端的电压 $\dot{U}$ 可直接按图 2-5-11（b）求出

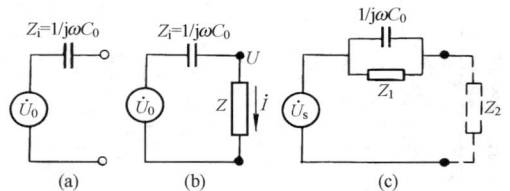

图 2-5-11　不同放电条件下的等效电路

$$\dot{I} = \frac{\dot{U}_0}{Z + \dfrac{1}{j\omega C_0}} = \frac{\dot{I}_0}{1 + j\omega C_0 Z} \qquad (2\text{-}5\text{-}16)$$

$$\dot{U} = \dot{U}_0 \frac{Z}{Z + \dfrac{1}{j\omega C_0}} = \dot{I}_0 \frac{Z}{1 + j\omega C_0 Z} \qquad (2\text{-}5\text{-}17)$$

式（2-5-15）确定了等效电源的三个变量 $\dot{U}_0$、C_0、$\dot{I}_0$ 之间的相互关系。因此，只要知道其中两个变量就可以解决一般的问题。在某些情况下 $\dot{I}_0$ 和 C_0 容易求得，而另一些情况下 $\dot{U}_0$ 和 C_0 容易求得。因此在解决具体问题时应根据实际情况先解容易求得的两个量。

由式（2-5-16）和式（2-5-17）可看到，当 $\omega C_0 Z \ll 1$ 时，流经 Z 的电流实际上等于 $\dot{I}_0$，即是说流过 Z 的是充电电流。需要指出在通常情况下 $\omega C_0 Z \leqslant 1$。

有些情况有必要把阻抗 Z 看作是由 Z_1 和 Z_2 两个并联支路构成。一个支路 Z_1 是固有回路的组成部分，另一支路 Z_2 是临时附加的。当物体 M 有泄漏阻抗时

就属这种情况,其等效电路如图 2-5-11(c)。显然固有的"开路电压"不再等于 $\dot{U}_0$,但其值 $U_s < U_0$,当泄漏为纯电导时固有支路为一电阻 R,则

$$\dot{U}_s = \dot{U}_0 \frac{jRC_0\omega}{1 + jRC_0\omega}$$

等效电源的内阻抗为

$$Z'_i = \frac{R}{1 + jRC_0\omega}$$

由此可以看出,短路电流值为 U_s/Z'_i,其值仍然是 I_0。

(二)物体感应电压 U_0 的预计

若整个物体处于一个等位面内,感应电压(开路电压)就易于确定。平行于线路的水平延伸导线就属于这种情况,近似于水平的金属板,例如小屋顶也类似这种情况。平行于线路的物体,其尺寸可能相当大,比如在平坦地面上的水平导线,在档距最低点两侧都是 100m,按等位面计算也不会引起很大的误差。因此,当导线与线路轴线平行时,其电压可简单表示为

$$U_0 = EH, \quad \text{kV} \qquad (2\text{-}5\text{-}18)$$

式中 E——导线全长的准恒定电场,kV/m;

$\quad\quad H$——导线在地面上高度,m。

若导线为水平的,但不再平行于线路时,它的电压可由下式进行计算

$$\dot{U}_0 = \frac{H}{x_2 - x_1} \int_{x_1}^{x_2} E \cdot e^{j\varphi} \mathrm{d}x \qquad (2\text{-}5\text{-}19)$$

式中 x——沿导线长度段 $(x_2 - x_1)$ 所取的计算点;

$\quad\quad E \cdot e^{j\varphi}$——在 x 点考虑了相角关系以后的电场。

稍倾斜(例如 1/5 的斜度)的金属顶,若在金属顶面积范围内的静电场从一点到另一点变化不大,则其电压可估计为

$$U_0 = \overline{E} \cdot \overline{H}, \quad \text{kV} \qquad (2\text{-}5\text{-}20)$$

式中 $\overline{E}$——平均电场,kV/m;

$\quad\quad \overline{H}$——金属顶的平均离地高度,m。

对于大的物体,则不可再采用简单方法计算它的电压。图 2-5-12(a)和(b)给出两种典型形状物体的 U_0 预计值,一个为一平面平放的长方形盒,一个为垂直的圆柱体。若 h 为物体底边在地面上的高度,则修正系数 K_1 可由降低参数 h/l 及 h_1/l 的函数来确定,因此

$$U_0 = K_1 EH, \quad \text{kV}$$

式中 H——物体离地面的平均高度,其值为

$$H = h_1/2 + h$$

(三)电容 C_0 的预计

只有少数形状的物体,当靠近地面时能进行较准确的估计。例如:水平的圆柱体,其单位长度的电容

可表示为

$$C_0 = \frac{4\pi\varepsilon_0}{\ln \dfrac{H + \sqrt{H^2 - r^2}}{H - \sqrt{H^2 - r^2}}}, \quad \text{F/m} \qquad (2\text{-}5\text{-}21)$$

式中 H——圆柱体的轴心离地面的高度,即 $H = h + r$,m;

$\quad\quad r$——圆柱体的半径,m;

$\quad\quad \varepsilon_0$——介电常数,等于 $\dfrac{1}{36 \cdot \pi \cdot 10^9}$,F/m。

水平圆柱体可用来代替相似形状的物体,譬如长的车辆(卡车或公共汽车)。

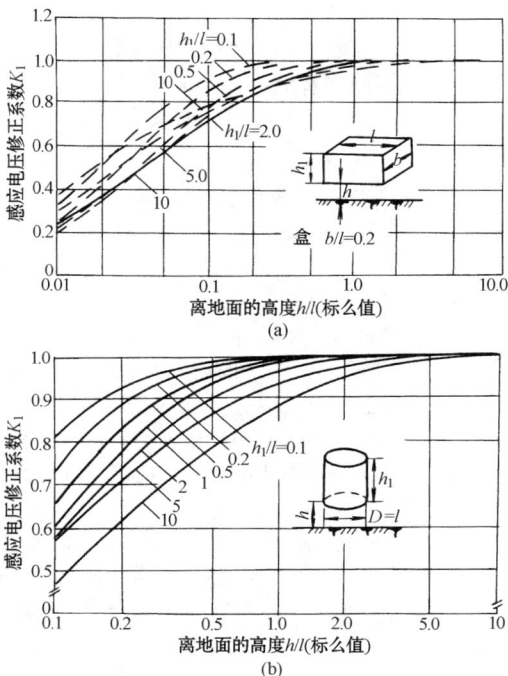

图 2-5-12 感应电压修正系数 K_1
随离地面的高度 h 而变化
(a)长方形的盒;(b)垂直的圆柱体

球体:在自由空间一个绝缘球的电容为 $C = 4\pi\varepsilon_0 r$,r 为球的半径。当这个球接近地面时,电容随图 2-5-13 中曲线绘出的系数 K_2 的增加而增大,K_2 为降低参数 r/h 的函数。即

$$C_0 = 4\pi\varepsilon_0 r K_2, \quad \text{F} \qquad (2\text{-}5\text{-}22)$$

栅栏和檐沟,其对地电容为

$$C_0 = \frac{2\pi\varepsilon_0 L}{\ln \dfrac{2h}{GMR'}}, \quad \text{F} \qquad (2\text{-}5\text{-}23)$$

式中 L——长度,m;

$\quad\quad h$——对地高度,m;

$\quad\quad GMR'$——物体的静电几何平均半径,m。

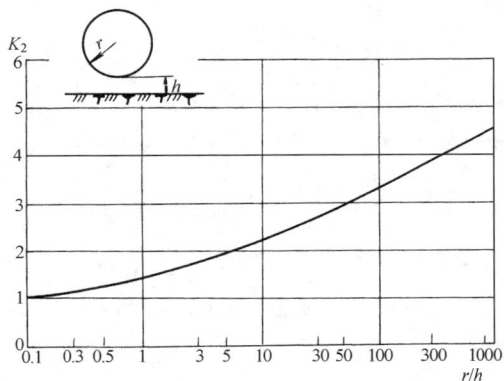

图 2-5-13 地面上球体的电容随高度而变化
$(C_0 = 4\pi\varepsilon_0 r K_2$，式中 K_2 为 r/h 的函数)

对于檐沟、建筑物构架的电导率将使电容增大，并且有明显的泄漏。

平板和金属物顶，靠近地面的大型平板的电容近似地为

$$C_0 = \varepsilon_0 A/h, \quad \text{F} \qquad (2-5-24)$$

式中 A——平板的面积，m^2；

h——平板对地面的高度，m。

如果平板很大，平行送电线路的长度远大于其宽度，且离地很高时，平板将收敛为像栅栏和檐沟那样的平行导线，可按式（2-5-23）近似地求出单位长度的电容来预计，此时的 GMR' 为平板的静电几何平均半径。

其它大型物，对在图 2-5-12（a）和（b）已叙述过的典型体积而言，可用图 2-5-14（a）和（b）估计其电容 C_0。为此，首先用下式求出空间绝缘物体的电容

$$C = 4\pi\varepsilon_0 \frac{l+b+h_1}{3} \qquad (2-5-25)$$

然后，将这个电容乘以从图 2-5-14（a）和（b）曲线查出的修正系数 K_3，就得到接近地面物体的电容为

$$C_0 = K_3 C \qquad (2-5-26)$$

除上述情况物体的 C_0 可估计外，其它情况的电容就只能实际测量。

下面列出参考文献［2-1］中有关人、畜和物体对地电容的测量数据供参考。

对人、马、奶牛在正常站立位置时在 5cm 绝缘上测得的电容 C_0 如表 2-5-3。

表 2-5-3 人、马、奶牛的对地电容

名 称	电容（pF）
人：身高 1.8m，体重 105kg	110
身高 1.75m，体重 68kg	100

名 称	电容（pF）
马：长 2.03m，肩高 1.26m，腹部 宽度 0.6m，体重 385kg	180
奶牛：长 2.03m，肩高 1.17m，腹部 宽度 0.4m，体重 318kg	200

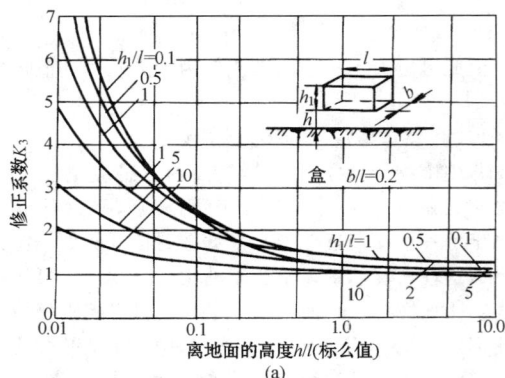

(a)

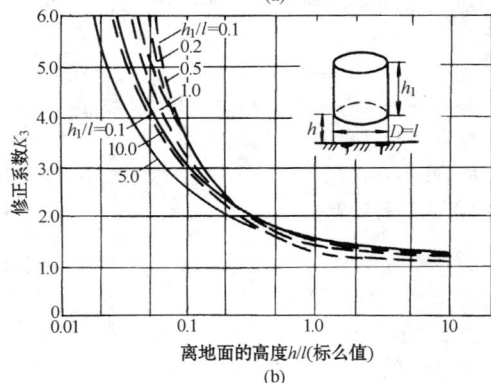

(b)

图 2-5-14 电容修正系数 K_3
随地面上高度 h 而变化
（a）长方形的盒；（b）垂直的圆柱体

对人和物体在有 5cm 绝缘的干燥路面上测得的典型电容值列于表 2-5-4。

表 2-5-4 人和物体的对地电容

名 称	电容（pF）
人	100
人手拿工具（如加油管）	150
小型车辆	700
小汽车	800
带客卡车	900
标准的大型汽车	1000
起重汽车	1000
货车	1200
巡线车	1200
高空作业人员	1900
大型轿车	2000
特大卡车	≥3000

注 潮湿路面可使电容的数值增高。

(四) 充电电流 $\dot{I}_0$ 的预计

对于形状简单的物体可按前述分别估算出 $\dot{U}$ 和 C_0，则 $\dot{I}_0$ 就可立即求得为

$$\dot{I}_0 = \dot{U}_0 \mathrm{j}\omega C_0 \qquad (2\text{-}5\text{-}27)$$

但是这种方法不适用于形状复杂的物体。计算充电电流的一般方法是求出物体表面 A 上任一点的电场强度 $E(A)$。根据经典静电学，这个电场强度和电荷密度 σ 的关系为

$$\sigma = \varepsilon_0 E \qquad (2\text{-}5\text{-}28)$$

在交变电场中，在物体内的交变电荷密度与其电流密度是对应的，即

$$J = \mathrm{j}\omega\sigma = \mathrm{j}\omega\varepsilon_0 E \qquad (2\text{-}5\text{-}29)$$

因此，总的充电电流可由积分求得为

$$\dot{I}_0 = \mathrm{j}\omega\varepsilon_0 \int_A E(A)\,\mathrm{d}A \qquad (2\text{-}5\text{-}30)$$

如果考虑到送电线路在地面附近形成的电场强度 $\dot{E}$ 均匀，则式（2-5-30）可写成

$$\dot{I}_0 = \mathrm{j}\omega\varepsilon_0 E A' \qquad (2\text{-}5\text{-}31)$$

分析式（2-5-31）可看到 ω 及 ε_0 均为已知常数，电场 $\dot{E}$ 系为物体未放入前未畸变的电场强度，可由前述求得，余下的只是求等效面积 A' 的问题。

根据我们的模拟测量和美国特高压试验基地在物体模型的测量结果，及分析研究，提出了求取等效面积 A' 的下列数据。

（1）长方形物体：要准确计算某些物体的形状通常是困难的，例如汽车有各式各样的外形，因此需要用等价物体来代替，代替车辆等价物体合适的是长方体。考虑到车辆可能的尺寸，我们模测了宽度 3m 以下长方体的 $\dot{I}_0$，根据测量数据分析后，车辆的等效面积 A' 可用下式计算

$$A' = Kah_1，\ \mathrm{m}^2$$

式中　h_1——物体离地的平均高度；

　　　K——数值由图 2-5-15 查得。

对于一般长方体可用图 2-5-16 所示曲线求得等效面积 A'。

（2）平板和金属屋顶：其等效面积可用图 2-5-17 所示的曲线查得。

（3）电视和调频天线：普通的家庭用电视天线有大量结构上的细节会影响 $\dot{I}_0/\dot{E}$ 的比值。因此，要给出所有可能的几何形状均适用的通用曲线是困难的，但可按参考文献〔2-1〕352～354 页资料估算天线电流。

金属线、栅栏和檐沟：预计金属线、栅栏和檐沟的 $\dot{I}_0$ 可用图 2-5-18 所示的曲线。由图 2-5-18 看出，当长度较短时单位长度的电流就较大，这是由于端部效应的缘故。栅栏和檐沟的长度较长时，其充电电流的公式可写为

$$\dot{I}_0 = \mathrm{j}\omega E h \frac{2\pi\varepsilon_0 L}{\ln\dfrac{2h}{GMR'}} \qquad (2\text{-}5\text{-}32)$$

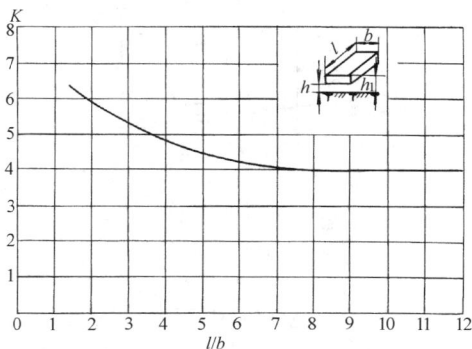

图 2-5-15　估计长方形体的 K 值曲线

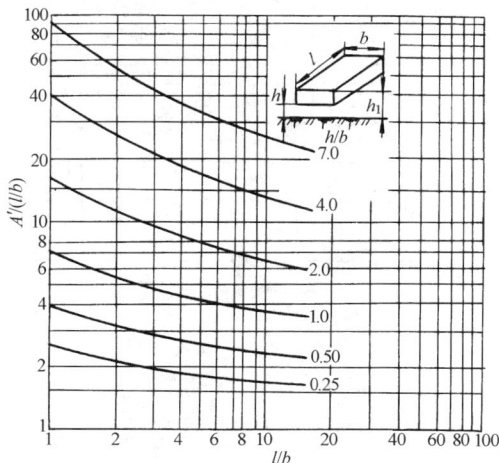

图 2-5-16　估算矩形物体等效面积 A' 的曲线
（曲线是为 $h/h_1 < 1/6$ 而得出的）

式中　GMR'——物体的静电几何平均半径，m；

　　　L——金属线、栅栏或檐沟的长度，m。

图 2-5-18 中的数据曲线采用的是真空电介质。

式（2-5-32）对于栅栏通常是正确的，但对于檐沟并不如此。有金属檐沟的建筑物是导电的，因此实际的 $\dot{I}_0$ 比这些曲线预计的数值要小。

【例题 2-6】　计算以下三种情况的充电电流：

（1）计算如图 2-5-19 所示小汽车的电流 I_0。

解　由图 2-5-19 得

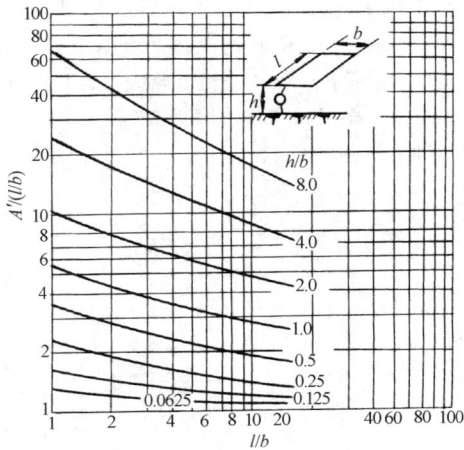

图 2-5-17　估算平板和金属屋顶
等效面积 A' 的曲线

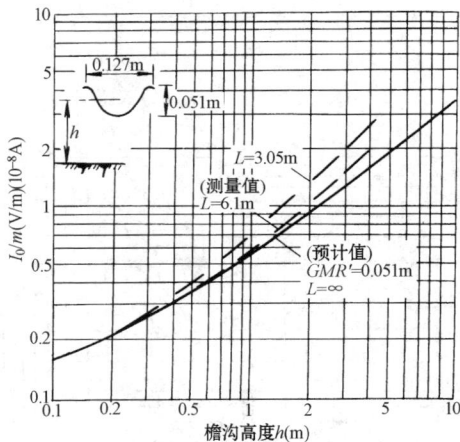

图 2-5-18　估算金属线、栅栏
和檐沟的 I_0/m 的曲线

$$h = \frac{1.73 \times 0.86 + 1.83 \times 1.37 + 1.04 \times 0.94}{4.6}$$

$$= 1.08m$$

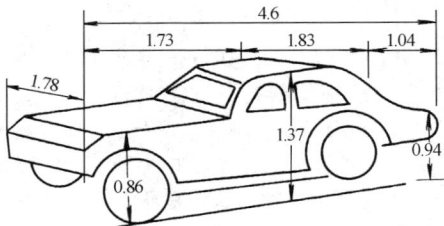

图 2-5-19　估计 I_0 的小汽车尺寸（单位：m）

$a/b = 4.6/1.78 = 2.58$

由图 2-5-15 曲线查得 $K = 5.5$，则

$$A' = 5.5 \times 4.6 \times 1.08 = 27.3m^2$$

在无汽车时计算得地面场强 $E = 9000V/m$，则 50Hz 交流的情况下充电电流 I_0 为

$$I_0 = 2.78 \times 10^{-9} \times 9000 \times 27.3 = 0.682mA$$

实测值 $I_0 = 0.665mA$。计算值与实测值相当吻合。

（2）一根金属线长 150m，高出地面 1m，在电场强度为 5kV/m 处与送电线路平行，金属线的 $GMR' = 1.5mm$。

解　根据式（2-5-32），将已知数代入该式则求得充电电流 $I_0 = 1.82mA$。

（3）金属线长 120m，高出地面 1m，$d = 3mm$，与多脑型排列的双回线路垂直交叉（线路每侧约 60m）。

解　由于不平行，应分段计算。按式（2-5-10）计算或由图 2-5-20 计算出每段地面出现最大电场强度相应的平均相角。分为 8 段，每段 15m，计算参数如下：

金属线段号	平均电场强度 （kV/m）	平均相角 （°）	充电电流幅值 （mA）
1	0.4	140	0.014
2	0.8	125	0.025
3	2.7	100	0.10
4	2.8	−20	0.103
5	3.7	−75	0.137
6	2.4	−20	0.089
7	0.5	0	0.0183
8	0.15	30	0.006

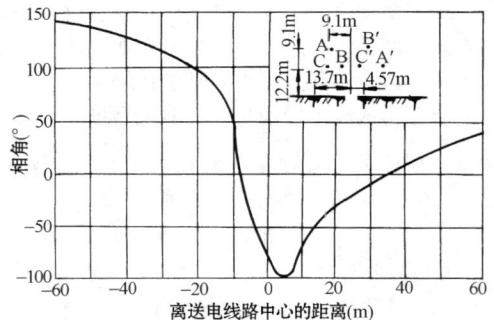

图 2-5-20　多脑型排列双回路
的地面电场强度的相角（A 相的相角）

考虑相位后总的充电电流 I_0 约为 0.045mA，并计算得对地电容为 930pF，则线上的感应电压 $U_0 = I_0/\omega C_0 = 154V$。

四、电流对人和动物的影响

电流根据其性质及其产生的影响可以有不同的分类。按电流的性质，可分为稳态交流电流，暂态电流和直流电流。根据其影响，又可分为感觉不到的电流、可感觉到的电流、二级电击电流和一级电击电流。

一级电击电流可产生直接的生理伤害，并可使人和动物致死。二级电击电流虽不能产生直接的生理伤害，但却使人感到刺激和烦恼，甚至产生使人难以接受的痛感和引起不自觉的肌肉反应。

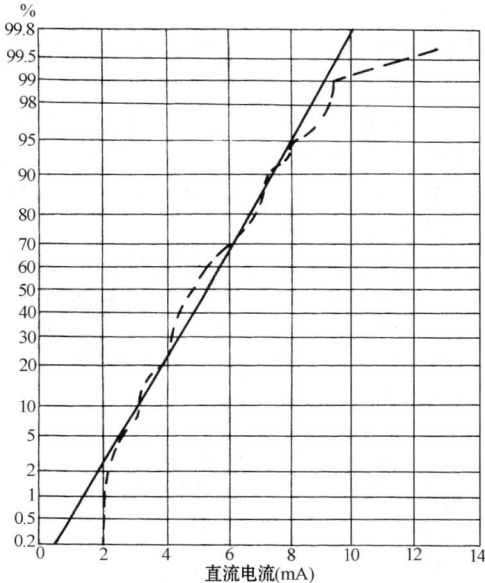

图 2-5-21　可感觉的最小直流电流的分布曲线
（数据是从对 115 人的试验取得的）

（一）稳态电流

1. 感觉电流

人体的不同部分对电流的敏感程度各不相同，而最敏感部分是舌头。但是当电流在两手之间或手与脚之间通过时，手的知觉实际是重要的。

根据达尔齐尔对人的试验结果示于图 2-5-21（直流电流）和图 2-5-22（交流电流）。其数据符合正态分布，但有很大分散性（1% 和 99% 的数值之比为 1:4），对男人的平均值为 5.2mA（直流电流）和 1.1mA（60Hz 交流电流）。对直流电流的最初感觉是热的感觉，而交流电流则给人以刺痛的感觉。

频率对感觉电流的影响示于图 2-5-23，其频率范围为 60Hz～200kHz。当频率超过 100kHz 时，刺痛感觉便变成热的感觉。图中曲线系指接触情况，而且是对与图 2-5-22 不同的所有例子而言，所以其结果只应解释为频率的影响。

2. 二级电击电流

对于与超高压和特高压架空送电线路有关的大多数情况，发生直接的生理伤害的危险性很小。但是，

尽可能地避免发生痛苦或使人烦恼的感觉还是很重要的。

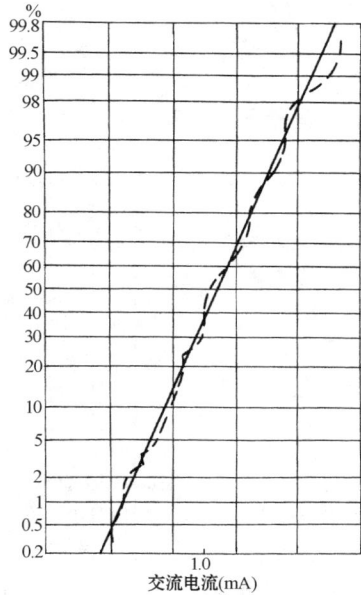

图 2-5-22　可感觉的最小交流电流的分布曲线
（数据是从对 167 人的试验取得的）

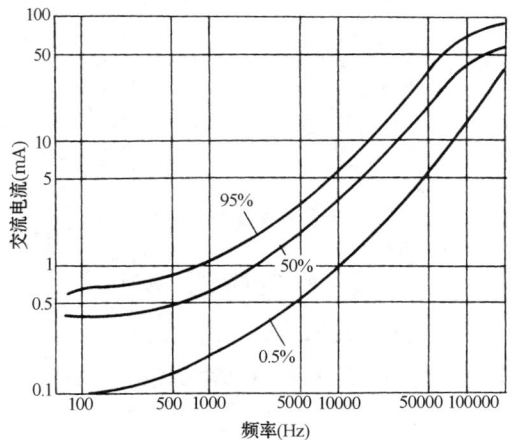

图 2-5-23　频率对感觉电流的影响

达尔齐尔试验结果，稳态电流对人体的影响如表 2-5-5。

奥西普卡对 50 个健康的男子（19～22 岁）试验结果，稳态电流对人体的影响如表 2-5-6 和表 2-5-7。

由上述试验资料看出，对男人产生不愉快感觉的工频稳态电流的平均值，即最小二级电击电流约为 2mA，但对妇女来说现有数据不充分。

3. 一级电击电流

表 2-5-5　　稳态电流对人体的影响

序号	对人体的影响	电流（mA）					
		直流		60Hz（有效值）		10kHz（有效值）	
		男人	女人	男人	女人	男人	女人
1	手无感觉	1	0.6	0.4	0.3	7	5
2	轻微刺痛、临界感觉（平均）	5.2	3.5	1.1	0.7	12	8
3	无疼痛的电击，肌肉未失控	9	6	1.8	1.2	17	11
4	疼痛的电击，0.5%人的肌肉失控	62	41	9	6	55	37
5	疼痛的电击——摆脱极限	76	51	16.0	10.5	75	50
6	疼痛和严重的电击，肌肉收缩，呼吸困难	90	60	23	15	94	63
7	短时电击可能引起心房纤维性震颤						
	（1）电击持续 0.03s	1300	1300	1000	1000	1100	1100
	（2）电击持续 3s	500	500	100	100	500	500
	（3）心房纤维性震颤	1370	1370	275	275	1375	1375

续表

对人体的影响	被试者比率		
	5%	50%	95%
上肢部有连续针刺感，腕部特别是手关节有强度痉挛	6.5	9.5	12.5
肩部有强度连续针刺感，前肢部肘部硬直，但仍可摆脱	7.5	11.0	14.5
手指关节和踝、脚跟有压迫感，手大拇指完全痉挛	8.8	12.3	15.3
只有尽最大努力才可能摆脱（摆脱电流）	10.0	14.0	18.0

随着通过肌肉稳态电流的增加，肌肉的控制变得越来越困难。当电流增高到某一数值，便不可能释放握在手中的物体。产生这种状况的电流称为“摆脱电流”（Let go current），一般定义为最小一级电击电流。图 2-5-24 所示为直流电流的摆脱值分布曲线。图 2-5-25 所示为工频电流的摆脱值分布曲线。如果最小摆脱值取相当于 0.5% 概率的数值，则从图 2-5-25 可看出，对于男人摆脱值为 9mA，女人为 6mA，对于儿童建议取用 5mA。

表 2-5-6　50Hz 交流电感应对人体的影响，电流通路手-躯干-手（有效值，mA）

对人体的影响	被试者的比率		
	5%	50%	95%
手表面有感觉	0.7	1.2	1.7
手表面似乎有麻痹似的连续针刺感	1.0	2.0	3.0
手关节有连续针刺感	1.5	2.5	3.5
手有轻度颤动，关节有压迫感	2.0	3.2	4.4
前肢部受手拷压迫似的轻度痉挛	2.5	4.0	5.5
上肢部有轻度痉挛	3.2	5.2	7.2
手硬直有痉挛，但能伸开，已感到有轻度疼痛	4.2	6.2	8.2
上肢部有剧烈痉挛失去感觉，手前表面有连续刺痛感	4.3	6.6	8.9
手的筋肉直到肩部全部痉挛还可摆脱（摆脱电流）	7.0	11.0	15.0

表 2-5-7　50Hz 交流电感应对人体的影响，电流通路单手-躯干-两脚（有效值，mA）

对人体的影响	被试者比率		
	5%	50%	95%
手表面有感觉	0.9	2.2	3.5
手表面有麻痹似的接续针刺感	1.8	3.4	5.0
关节有轻度压迫感，有强度连续针刺感	2.9	4.8	6.7
前肢部有压迫感	4.0	6.0	8.0
脚底下开始有连续针刺感，前肢有压迫感	5.3	7.6	10.0
手关节有轻度痉挛，手动作有困难	5.5	8.5	11.5

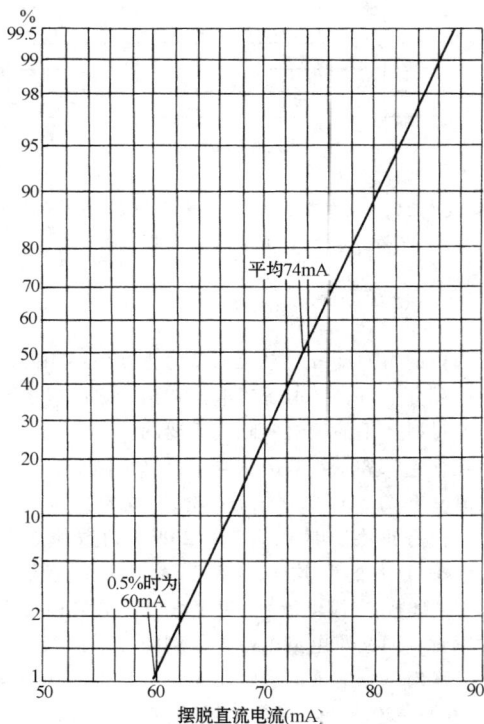

图 2-5-24　直流电流摆脱值的分布曲线

（数据从对 28 个男人的试验获得）

频率对于一级电击电流的影响示于图 2-5-26。

等于或大于摆脱电流值的电流称为一级电击电流。一级电击电流可能产生心房纤维性颤动，即心房

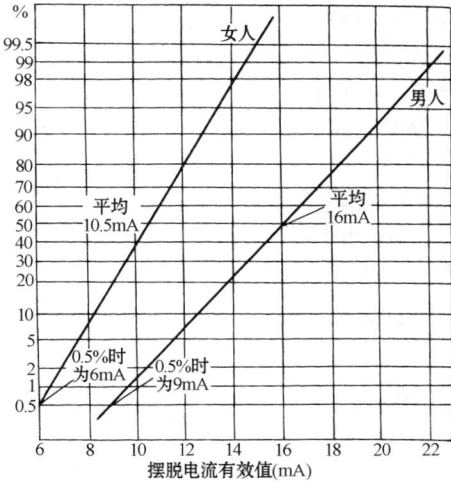

图 2-5-25 交流电流摆脱值的分布曲线
（数据从对 28 个女人和 134 个男人的试验获得）

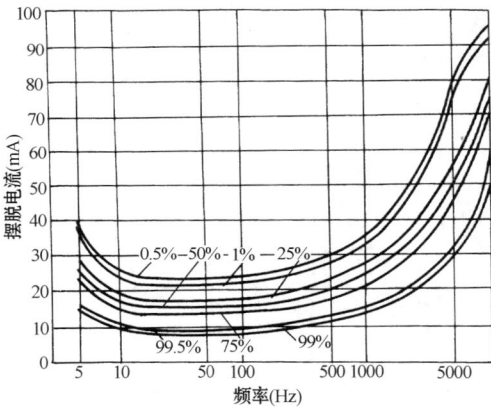

图 2-5-26 频率对摆脱电流的影响
（曲线表示达到摆脱状态人数的百分比）

主动脉不协调的动作，它可导致血液循环停止。一旦发生纤维性颤动，实际上从来不会自然停止。影响心房纤维性颤动的参数有体重、电流幅值和电击时间。根据几种动物的试验，纤维性颤动电流实际是体重的函数，如图 2-5-27 所示。

达尔齐尔统计研究导出触电致死的方程如下

$$I = \frac{K}{\sqrt{t}} \tag{2-5-33}$$

式中　I——电流，mA；

　　　t——电击时间，s。

用各种动物做试验，纤维性颤动概率为 0.5% 时，求得 $K = 165$。

（二）暂态电流

电场中的绝缘物体具有一悬浮电位，若另一个物

体是接地的或电气上连接到带电设备，在稳定接触前的一瞬间，它们间的电位差，足以产生一个小火花。于是这个绝缘物体，通过具有一定电位的物体突然放电（或充电），即发生暂态情况，此时暂态电流比稳态时高很多。这种情况常发生在：对地绝缘（例如穿上胶靴）的人接触接地的设备；接地的人接触绝缘的设备；以及带电作业人员握一个有浮动电位的物体（如工具或由绝缘支持的金属部分）。上述不同情况下的暂态放电，都将有一暂态电流通过人体，产生一种不舒服的感觉，放电处的电流密度相当大（$>10\,\text{A}/\text{mm}^2$）时更是这样。

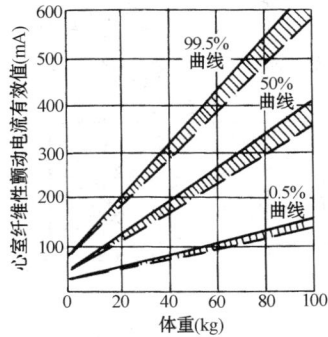

图 2-5-27 引起心室颤动
的电流与 7 种动物
（小牛、狗、羊、猫、兔、豚鼠、
猪）的体重关系
（实线，包括上述所有动物；
虚线，不包括猪）

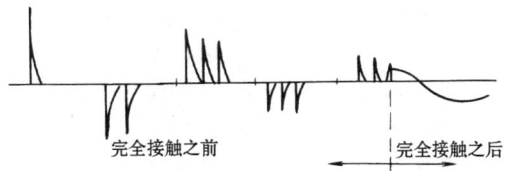

图 2-5-28 通过人体（该人是接地的且触
及静电场中的某一绝缘体）
的火花放电电流波形的概念略图

火花放电时流入人体电流的大小与人体电阻有关。如果接触不良，放电可能是反复的。由于电荷的积聚（累积），两个物体之间的电压在相继发生的放电时间里是变化的。图 2-5-28 是表示通过人体（人接地并接触一绝缘体）的火花放电电流的概念略图。

暂态放电电流，经大量测量表明总是非周期的，它的变化可用具有波前很陡的双指数脉冲恰当地表示。但在实际上用一个指数来表示已足够了，即

$$i = I_\text{m}\text{e}^{-t/T} \tag{2-5-34}$$

放电时间常数　$T = C_0\dfrac{R_\text{i}R}{R_\text{i}+R}$ (2-5-35)

式中　R_i——绝缘物体固有的泄漏电阻，Ω；

　　　　R——人体的电阻，Ω；

　　　　C_0——绝缘物体的对地电容，F。

关于暂态电流对人体的影响，加拿大做了一些试验发表在1976年大电网会议论文中，他们在试验过程中将200、1200和6000pF的电容器充电到不同的电压，通过很大的电阻向人体放电。每个自愿受试者都经受同样次数放电。受试者赤脚站在接地的金属板上，用指尖轻轻接触尖端而得到电荷〔图2-5-29

（a），图2-5-29（b）〕是通过3×17mm的铜片得到电荷，铜片夹在两手指末端，而图2-5-29（c）是铜片握在手里。每个受试者都按照可感的、轻的、可接受的、严重的四种水平来提供感应电击的感觉，并施加足够次数的电击来估计感觉。由图2-5-29看出，属于"可感的"这一类的平均水平约为$3\mu C$。当用针尖接触时，要低于$3\mu C$，而用手握紧铜片时，则要高于$3\mu C$。感觉水平还依电容的不同而稍有变化，电容越小感觉越强（系指积蓄电荷相同而言）。

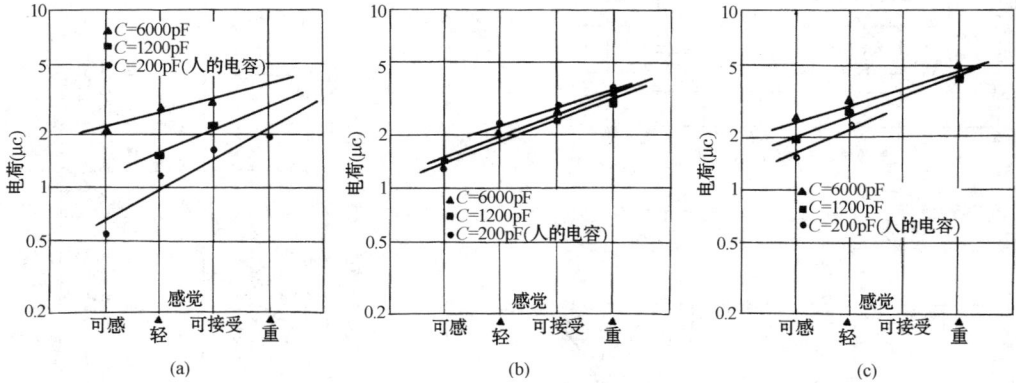

图2-5-29　人对电击的感受曲线

试验测试还表明，按感觉来评价，电荷是最理想的参数，而达尔齐尔则认为能量是理想的参数。

美国IEEE输电线路静电效应工作组提出：当人或物体对地电容为27.5pF，感应电压为1000至2000V时，会产生轻度的电击感觉；当人或物体对地电容等于或大于275pF，充电到2000V或以上时，会发生疼痛的电击。美国特高压试验基地试验认为，当$C=1000pF$时，电压$U=700\sim1200V$（能量$=0.5\sim1.5mJ$）就会产生疼痛的感觉。

暂态电流不大可能产生一级电击，因为通常很难有这样大的物体，在它对地的电容中积蓄足以产生这样电击的能量。对于非常短时间的暂态电流，应以其能量来评价其影响。根据对动物的试验数据，对人的最小一级暂态电击可取50J。

根据上述将电流对人影响的数据摘要列于表2-5-8。

表2-5-8　　电流对人影响的数据摘要

	直流电流（mA）	稳态工频电流有效值（mA）	暂态电击
感觉电流：			
男人	5.2	4.1	$3\mu C$
女人	3.4	0.8	
最小二级电击电流：			
男人	9	1.8	约1.5mJ
女人	6	1.2	

续表

	直流电流（mA）	稳态工频电流有效值（mA）	暂态电击
最小一级电击电流：			
男人	62	9	50J
女人	41	6	
儿童		5	

五、设计送电线路时考虑的静电效应

超高压送电线路设计必须避免因静电感应造成人身危险，但要设计成一个对人完全没有静电感觉的送电线路是不经济的，设计的基本原则是：当人们遭受到静电电击时不应有人身危险，而其感觉是人们可以接受的。

从前面分析看出，地面上通常很难有不接地的庞大物，其积蓄的能量足以给人以致命的电击，因之设计线路时可不必考虑暂态电击。需要考虑的是电场强度和稳态电流对人的影响问题。各个国家设计超高压送电线路时对静电感应的考虑和处理是不同的，如美国能源部近年颁发的"超高压特高压架空输电线路电气与机械设计规范"（1980DOE/RA 12133-10）中认为静电场强的控制取决于当前生态研究的结果。对于交流线路线下面的地面上1m处的电场强度规定采用$7.5\sim15kV/m$，对走廊边缘处的场强规定为1～

4kV/m。并且根据美国《国家电气安全法规》1977年第 7 版提出的要求，规定在严重的情况下送电线路下面最大车辆感应的短路电流应小于 5mA。

日本设计 500kV 线路时采用地面场强不超过 3kV/m，对大型汽车静电感应短路电流不超过 2mA。

苏联 1983 年出版的超高压输电设计机械部分一书中要求，地面静电场强不超过 5kV/m，通过居民区的地面场强应不超过 0.5kV/m。并且规定 750kV 及以上电压线路跨越道路时路基上的场强不应大于 10kV/m，跨越公路时交叉处两侧的保护区域内禁止运输车辆停车。

我国第一批 500kV 线路设计，控制地面静电场强小于 9kV/m，线下大型车辆感应的短路电流不超过 5mA。对于住人的房屋处所之地面场强不大于 4kV/m。对 500kV 线路交越电力线、通信线和索道等的静电感应影响也作了考虑。

需要指出，线下大型车辆感应的短路电流与地面的静电感应强度成正比例。因此对静电效应来说控制地面场强是十分重要的，然而有许多送电线路的参数影响着场强，如导线对地距离，分裂导线的根数和其等价半径，相导线间的距离和排列方式以及相序排列等。随着导线对地距离增大地面场强减小；导线为三角排列比水平排列的场强小；场强随相导线间距离减小而减小；场强随分裂导线根数的减少而减小；双回路线路逆相序排列的场强最小。所有这些，要求线路设计人员充分考虑各个参数的影响，经过全面分析后才能作出技术经济合理的决策。

此外，降低地面静电场强也可采用屏蔽线（或网）等屏蔽措施。一般说来采用屏蔽办法来控制场强是不经济的。但是对于个别场合，例如线路通过居民区附近，为了减少房屋拆迁采用屏蔽方法来控制场强可能是经济合理的，也是最可行的。

第六节 送电线路的绝缘配合设计

一、线路绝缘配合设计的概述、方法和原则

（一）线路绝缘配合设计的概述

架空送电线路的绝缘配合设计就是要解决杆塔上和档距中各种可能放电途径（包括导线对杆塔、导线对地线、导线对地、不同相导线间）的绝缘选择和相互配合的问题，其具体内容为：

（1）杆塔上的绝缘配合设计：就是按正常运行电压（工频电压）、内过电压（操作过电压）及外过电压（雷电过电压）确定绝缘子型式及片数以及在

相应风速条件下导线对杆塔的空气间隙距离。

（2）档距中央导线及地线间的绝缘配合设计：就是按外过电压（雷电过电压）确定档距中央导线与地线间的空气间隙距离。

（3）档距中央导线对地及对各被跨越物的绝缘配合设计：就是根据内过电压（操作过电压）及外过电压（雷电过电压）的要求，确定导线对地及对各被跨越物的最小允许间隙距离。

对超高压线路，除按此项要求考虑对地最小允许间隙距离外，尚应满足地面静电场强影响所需对地最小允许间隙距离的要求。

（4）档距中央不同相导线间的绝缘配合设计：即按正常运行（工频）电压并计及导线振荡的情况，确定不同相导线间的最小距离。

（二）线路绝缘配合设计的方法

为确定电气设备（包括线路杆塔的塔头等）绝缘水平而进行的操作及雷电过电压绝缘配合的设计方法有以下几种：

（1）惯用法。对于自恢复绝缘和非自恢复绝缘均可采用惯用法进行绝缘配合设计。这种方法首先是确定电气设备绝缘上可能出现的最大过电压，然后根据经验乘上一个裕度系数，这样就确定了绝缘的最低耐压强度，其情况如图 2-6-1 所示。

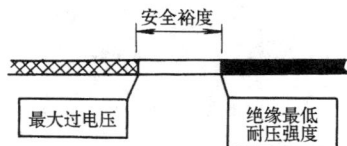

图 2-6-1 绝缘配合的惯用法

由于过电压和绝缘强度都是随机变量，所谓"最大过电压"和"绝缘最低耐压强度"并非绝对"最大"和"最低"，实际上只可能是和某一足够小的概率相对应而已。而根据经验所乘的裕度系数，不是建立在概率统计的基础上，而是带有一定的任意性，特别是对超高压电网来讲，在经济上是不能允许的。另外，随着电网电压等级的不断提高，操作过电压将成为确定线路绝缘的控制因素，而空气间隙和绝缘子串的操作冲击放电电压的分散性非常大，波形的影响也很大，这就给在绝缘配合中应用惯用法造成了困难。因此，对超高压线路，目前已开始采用绝缘配合的统计法或简化统计法。对于非自恢复绝缘的设备（如变压器、电抗器等），不可能通过绝缘试验来确定统计的耐压点，亦不可能将破坏几率作为定量设计参数，故对此类设备仍有必要考虑使用惯用法。

（2）统计法。统计法的特点在于承认存在绝缘击穿这一事实，允许对自恢复绝缘有一定的故障率，

并按可以接受的故障率来选择绝缘。

统计法的根据是假定描述过电压和绝缘强度的随机特性的概率函数是已知的。当我们知道了过电压概率密度函数 $f(u)$ 和绝缘的放电概率函数 $P(u)$，就可以计算由过电压引起的绝缘损坏的危险性。如图 2-6-2 所示，$f(U_0)\,du$ 为过电压在 U_0 附近 du 范围内出现的概率，$P(U_0)$ 为在过电压 U_0 作用下绝缘击穿的概率，则出现这样高的过电压并损坏绝缘的概率为 $P(U_0)f(U_0)\,du$，即图 2-6-2 中密阴影部分面积。把 $P(u)f(u)$ 函数积分得

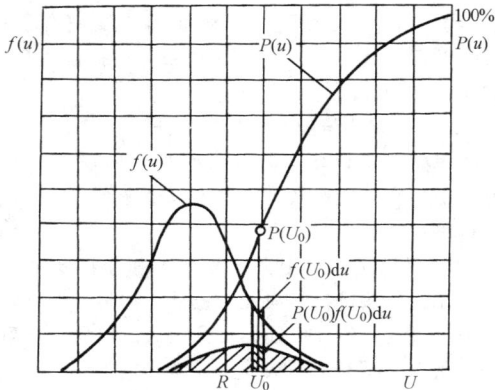

图 2-6-2　绝缘故障率统计计算图

$P(u)$—绝缘放电概率；R—绝缘故障率；

$f(u)$—过电压概率密度

$$R = 总阴影面积 = \int_0^\infty P(u)f(u)\,du$$

即为绝缘在过电压作用下的故障（损坏）率。根据允许的绝缘故障（损坏）率 R，即可确定设备应具有的绝缘水平。

（3）统计法的计算是很复杂的。假如过电压和绝缘耐受电压的统计分布的图形为已知（如假定它们为正态分布），就可以采用简化统计法。

简化统计法就是用对应某一定参考概率的点来代替整条概率曲线。例如，按国际电工委员会《绝缘配合》标准（IEC 出版物 71-1、71-2、71-3，1983 年）推荐，取参考概率为 2% 的过电压作为统计过电压（U_0），取耐受概率为 90%（相当于 10% 的放电概率）的电压作为绝缘的统计耐受电压（U_w），用这两个电压值分别代替惯用法中的"最大过电压"和"绝缘最低耐压强度"，并在这两个电压值间选择一个由统计安全系数（γ）表征的裕度。故障率就与这两个电压值之间的裕度相关。根据这个关系，按给定的故障率，就可以确定设备的绝缘水平。其情况如图 2-6-3 所示。

目前，我国 500kV 线路塔头绝缘配合设计即采用简化统计法。

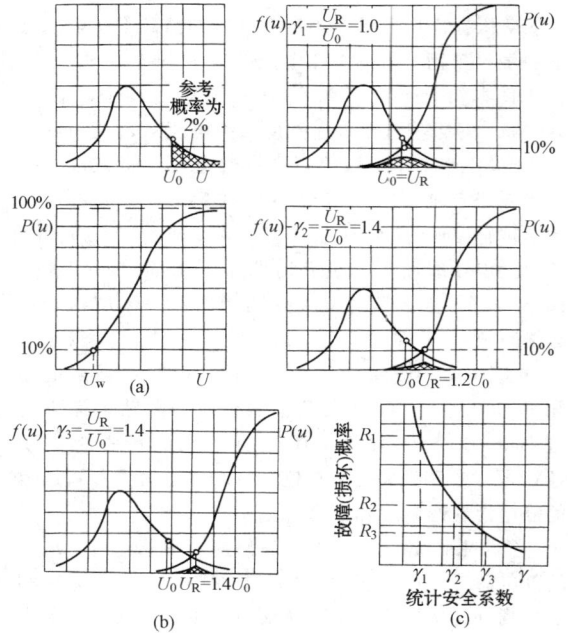

图 2-6-3　简化统计法示例图

U_0—统计过电压；U_R—绝缘的统计耐受电压

（三）塔头绝缘配合设计的原则

塔头绝缘由绝缘子串及空气间隙组成，其选择原则如下：

1. 绝缘子串的选择

悬垂绝缘子串的选择应考虑如下几方面：

（1）在正常运行（工频）电压作用下，绝缘子应有足够的机电破坏强度。也就是说，应按线路运行电压、绝缘子的机械强度（如机械或机电破坏荷载）及拟承受的外荷载（如导线荷载），并考虑一定的安全系数来选择绝缘子的型式。

（2）在正常运行（工频）电压作用下，绝缘子应具有足够的电气绝缘强度。这是因为在正常工频电压作用下，特别是在绝缘子表面积有一定的污秽时，有可能沿绝缘子串表面发生闪络。为了防止这类故障所需的电气绝缘强度，通常以绝缘子串的爬电比距（亦称单位泄漏距离，cm/kV）来表示。根据所要求的爬电比距，并根据所选绝缘子单片爬电距离数值即可确定所需绝缘子片数。若有可能，亦可利用绝缘子串的成串污闪特性来选择。

（3）绝缘子串还应能耐受内过电压（操作过电压）的作用，即绝缘子片数的选择尚应满足操作过电压的要求。

（4）一般不按外过电压（雷电过电压）的要求来选择绝缘子串的绝缘强度，而是根据已选定的绝缘水平（即按工频电压及操作过电压所确定的绝缘子

型式及片数）来估计线路的耐雷性能。仅在个别高塔、大跨越，需要提高耐雷水平的情况下或个别高接地电阻杆塔上，才适当考虑耐受雷电过电压的需要，酌量增加绝缘子片数。

耐张绝缘子串，由于其承受的机械应力比悬垂绝缘子串大，出现零值绝缘子的概率比悬垂绝缘子串高且检修困难，因此，其电气强度应略高于悬垂绝缘子串，可按如下原则考虑：

（1）当耐张绝缘子串所用的绝缘子型式与悬垂绝缘子串的绝缘子型式相同时，根据 GB 50061—1997《66kV 及以下架空电力线路设计规范》及 DL/T 5092—1999《110～500kV 架空送电线路设计技术规程》规定，35～330kV 线路，耐张绝缘子串的绝缘子数量应比悬垂绝缘子串多 1 片，500kV 线路应多 2 片。

（2）当耐张绝缘子串所用的绝缘子型式与悬垂绝缘子串不同时，其整串的机电性能应不低于第（1）条中对耐张绝缘子串的要求。

2. 塔头空气间隙及相应气象条件的选择

（1）塔头空气间隙选择的一般原则，是考虑绝缘子串风偏后，带电体与塔构间的空气间隙在正常运行（工频）电压情况下，应能耐受住最高运行电压及在一定概率条件下可能出现的工频过电压的作用；在操作过电压情况下，应能耐受住在一定概率条件下系统可能出现的操作过电压的作用；在雷电过电压情况下，对非污秽区而言，其耐压强度应与绝缘子串的耐压强度相匹配。

绝缘子串在各种电压情况下的风偏取决于相应的风速取值，而风速取值则与风速的统计分布、各种电压出现的概率及其作用时间的长短等因素有关。

考虑到工频电压长期作用在导线上，各种风速均能遇上，因此，按运行（工频）电压选择空气间隙时，其计算绝缘子风偏所用的计算风速选用线路的最大设计风速。

对操作过电压，考虑其持续时间较短，很高的过电压和大风凑在一起发生的机会很小，所以按规程（GB 50061—1997 及 DL/T 5092—1999）规定，其计算风速选用 50% 最大风速，但不应低于 15m/s。国外有的取 30%～40% 最大设计风速作为操作过电压绝缘配合的风速。

至于雷电过电压，其持续时间极短并发生在一定季节内，按规程（GB 50061—1997 及 DL/T 5092—1999）规定，一般地区计算风速选用 10m/s，在气象条件恶劣地区，如最大设计风速取 35m/s 的地区以及雷暴季节风速较大地区则选用 15m/s。

（2）对需要考虑带电作业的杆塔，尚需要考虑带电作业所需的安全空气间隙距离。考虑到带电作业的方式是灵活、多样的，因此，在一般情况下不应因考虑带电作业而增大塔头尺寸。

根据 DL 409《电业安全工作规程（电力线路部分）》规定，带电作业应在天气良好条件下进行。带电作业时的风速一般不应大于五级（8～10.7m/s），因此，规程（GB 50061—1997 及 DL/T 5092—1999）规定，检验带电作业间隙时的计算风速采用 10m/s。

二、大气状态对外绝缘放电电压的影响

塔头绝缘选择取决于外绝缘（空气间隙和绝缘子串）的放电电压，它和大气状态（气压、温度、湿度）有关，这主要是由于空气密度和湿度对外绝缘放电电压的影响所致。

试验表明，外绝缘的放电电压随着空气密度或湿度的增加而升高，但当相对湿度超过 80% 时，特别是当闪络发生在绝缘表面时，放电电压的分散性变得很大（参见（GB 311.1～311.6—1983）《高压输变电设备的绝缘配合》《高电压试验技术》）。

空气相对密度和湿度之间有如下特点：

（1）在相同地理位置情况下，空气绝对湿度随空气温度增加而增加[2-31]，而空气相对密度则随空气温度增加而减少。

（2）在相同地理位置情况下，相对空气密度低时湿度就高，相对空气密度高时湿度就低，两者是同时变化的[2-1]。

由于大气状态对外绝缘放电电压有影响，为了测试数据统一起见，各国均规定了标准大气状态，并规定了大气状态不同时外绝缘放电电压相互换算的方法。当线路设计需运用各试验数据（或曲线）时，均应根据线路对绝缘的要求及线路所处地区的大气条件确定外绝缘放电电压数值，将其换算到标准大气状态下的数值，然后再查各试验所得标准大气条件下的数据（或曲线）。

各国对标准大气条件规定不尽一致。国际电工委员会（IEC）、我国、欧洲、日本等规定的标准大气条件是：

气温：20℃

气压：1.013×10^5 Pa（1013mbar）

湿度：11g/m³

美国、加拿大等国规定的标准大气条件是：

气温：25℃

气压：1.013×10^5 Pa（760mmHg）

绝对湿度❶：15g/m³（气压 2026Pa）

---

❶ 绝对湿度除用水分含量（g/m³）表示外，还可用水蒸气分压力 Pa（1Pa = 0.0075mm·Hg）表示。水分含量1g/m³≈135Pa。

不同大气状态下外绝缘放电电压相互间换算的办法各国也不相同。我国早期是根据 GB 311-64《高压电气设备绝缘试验电压和试验方法》进行换算的。本节后面所附的一些早期的试验曲线即是按此方法进行换算的。近期，我国的一些试验单位则按 IEC 60-1-73 或 GB 311.2-83 所规定的方法进行换算。GB 311.2-83 的换算方法与 IEC 60-1-73 基本一致，但不尽相同。现将其方法概述如下。

根据 GB 311.2-83 规定，当大气状态不同时，外绝缘的放电电压可按下式进行换算

$$U = \frac{K_d}{K_h} U_0 \qquad (2\text{-}6\text{-}1)$$

$$K_d = \left(\frac{p}{p_0}\right)^m \left(\frac{273 + t_0}{273 + t}\right)^n \qquad (2\text{-}6\text{-}2)$$

$$K_h = (K)^w \qquad (2\text{-}6\text{-}3)$$

上三式中　U——实际状态下外绝缘的放电电压，kV；

　　　　　U_0——标准状态下外绝缘的放电电压，kV；

　　　　　K_d——空气密度校正系数；

　　　　　K_h——空气湿度校正系数；

　　　　　p 及 p_0——实际及标准状态下空气压力，Pa；

　　　　　t 及 t_0——实际及标准状态下空气温度，℃；

　　　　　K——系数，可由表 2-6-1 及图 2-6-4 求得，它是绝对湿度的函数。绝对湿度可根据干、湿球温度计的读数，由图 2-6-5 求得；

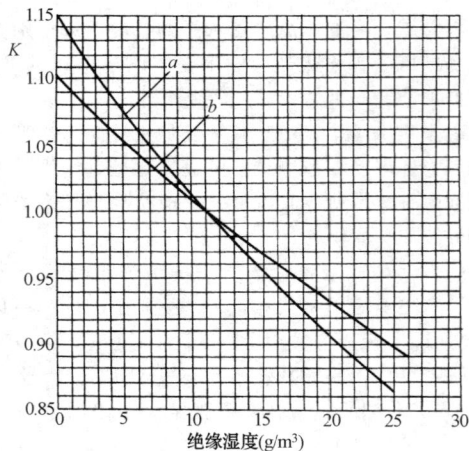

图 2-6-4　湿度校正系数 K
与绝对湿度的关系曲线
a—交流电压、操作冲击电压；b—直流电压、雷电冲击电压

　　　　　m、n 和 w——指数，取决于电压的形式、极性和闪络距离 s，如表 2-6-1 及图 2-6-6 所示。IEC 60-1-73 中 m、n、w 与 s 的关系均按图 2-6-6 曲线 c 选取。

由于缺少更确切的资料，假定 m 和 n 相等。

对于不属于表 2-6-1 中所述类型的电极装置，不作湿度校正，只对空气密度进行校正，其指数取 $m = n = 1$。

表 2-6-1 大气校正系数的应用

试验电压形式	电极形状	极性	空气密度校正 指数 m 和 n	湿度校正 系数 K	湿度校正 指数 w
直流电压	球对球间隙	±			0
					0
	棒对棒间隙 悬式绝缘子	±	1.0	见图 2-6-4 曲线 b	1.0
					1.0
	棒对板间隙 支柱绝缘子	±			1.0
					0
交流电压	球对球间隙		1.0		0
	支柱绝缘子、悬式绝缘子、棒对板间隙		见图 2-6-6 曲线 c	见图 2-6-4 曲线 a	见图 2-6-6 曲线 a
	棒对板间隙				见图 2-6-6 曲线 a，当 $h > 11\,\text{g/m}^3$ 取 $w = 0$
雷电冲击电压	球对球间隙	±			0
					0
	棒对板间隙	+	1.0	见图 2-6-4 曲线 b	1.25
		−			0
	支柱绝缘子、悬式绝缘子、棒对棒间隙	+			1.25
		−			1.0

试验电压形式	电极形状	极性	空气密度校正	湿度校正	
			指数 m 和 n	系数 K	指数 w
操作冲击电压	球对球间隙	±	1.0	见图2-6-4曲线 a	0
			1.0		0
	支柱绝缘子、悬式绝缘子、棒对板间隙、棒对棒间隙	+	见图2-6-6曲线 c		见图2-6-6曲线 b
		−			0

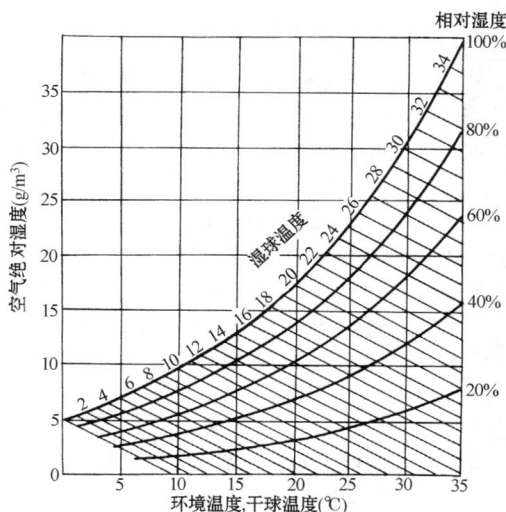

图 2-6-5 空气湿度与干、湿球
温度计读数的关系

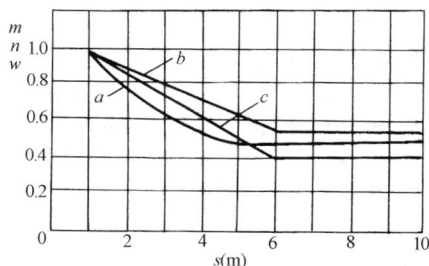

图 2-6-6 m、n、w 值与放电
距离 s 的关系曲线

湿试验和人工污秽试验不作湿度校正。这种试验的空气密度校正问题正在考虑中，因此，GB 311.2-83 及 IEC60-1-73 均未列入校正办法。

若假定 m 和 n 相等，则式（2-6-2）改为

$$K_d = \delta^m \qquad (2\text{-}6\text{-}4)$$

$$\delta = \frac{p}{1.013 \times 10^5} \times \frac{273 + 20}{273 + t}$$

$$= 289 \times 10^{-5} \frac{p}{273 + t} \qquad (2\text{-}6\text{-}5)$$

上二式中 δ——空气相对密度；

p——实际状态下空气压力，Pa；

t——实际状态下空气温度，℃。

当海拔高度不同时，外绝缘的放电电压也需要进行换算校正。根据 GB 311.1-83《高压输变电设备的绝缘配合》规定，对拟用于海拔高于 1000m 但不超过 4000m 的设备的外绝缘，在非高海拔地区进行试验时，其试验电压（U）应为标准状态下的试验电压（U_0）再乘以海拔校正系数（K_a），即

$$U = K_a U'_0 = \frac{1}{1.1 - H \times 10^{-4}} U_0 \qquad (2\text{-}6\text{-}6)$$

式中 H——设备安装地点的海拔高度，m。

另外，根据规程规定及参考文献［2-28］建议，对不同海拔高度大气条件的校正，可根据不同海拔高度的平均条件来计算大气相对密度和湿度，然后利用式（2-6-1）～式（2-6-4）进行换算校正。此法虽较粗糙（如没有考虑海拔高度相同地区间大气状态的差异而取平均条件等），但尚可行，现概述如下。

不同海拔高度下大气压力、空气密度和绝对湿度可按下列公式计算[2-28]

$$p_H = p_0 \left(1 - \frac{aH}{T_0}\right)^{5.26} \qquad (2\text{-}6\text{-}7)$$

式中 p_H——海拔高度为 H 时的气压，Pa；

p_0——标准状态下的气压，Pa；

T_0——绝对温度，293K；

H——海拔高度，m；

a——空气温度梯度，约为 0.0065℃/m。

实际上大气压力还受很多因素影响而在一定范围内变化，故式（2-6-7）只能求出一个近似的平均值。

根据气体状态方程式求得空气密度与海拔高度的关系为

$$\delta_H = \delta_0 \left(1 - \frac{aH}{293}\right)^{4.26} \qquad (2\text{-}6\text{-}8)$$

式中 δ_H——海拔高度为 H 处的空气密度，kg/m³；

δ_0——标准状态下空气密度，kg/m³；

a、H 的代表意义与式（2-6-7）同。

空气湿度与海拔高度的关系为

$$h_H = h_0 \times 10^{-\frac{H}{6300}} \qquad (2\text{-}6\text{-}9)$$

式中 h_H——海拔高度 H 处的绝对湿度，g/m³；

h_0——海平面处绝对湿度，g/m³；

H——海拔高度，m。

以标准状态下相对大气压力为1，相对空气密度

为 1，绝对湿度为 $11g/m^3$，（DL/T 620—1997）《交流电气装置的过电压保护和绝缘配合》列出不同海拔高度处的相对大气压力、相对空气密度和绝对湿度的数值见表 2-6-2。

表 2-6-2　　不同海拔高度气象参数表

海拔高度（m）	0	500	1000	1500	2000	2500	3000	3500
相对大气压	1	0.945	0.888	0.835	0.786	0.741	0.695	0.655
相对空气密度	1	0.955	0.9085	0.865	0.824	0.784	0.745	0.708
绝对湿度（g/m^3）	11	9.17	7.64	6.37	5.33	4.42	3.68	3.08

三、工频电压下塔头绝缘设计

（一）悬式绝缘子的机电强度

1. 悬式绝缘子机电强度的选择

根据 DL/T 5092—1999 规定，悬式盘型绝缘子机械强度的安全系数（K_1）不应小于下列数值：

在最大使用荷载时为 2.7；

在断线情况下为 1.8；

在断联情况下为 1.5。

对于瓷质悬式盘型绝缘子，尚应满足正常运行情况常年荷载状态下安全系数不小于 4.5 的要求。

常年荷载是指年平均气温条件下绝缘子所承受的荷载。断线、断联的气象条件是无风、无水、最低气温月的最低平均气温。

绝缘子机械强度的安全系数（K_1）应按下式计算

$$K_1 = \frac{T_1}{T_P} \qquad (2\text{-}6\text{-}10)$$

式中　T_1——悬式盘型绝缘子的额定机械（或机电）破坏负荷，kN；

　　　T_P——悬式盘型绝缘子所承受的最大使用荷载，断线、断联荷载或常年荷载，kN。

双联及以上的多联绝缘子串应验算断一联后的机械强度，其荷载及安全系数按断联情况考虑。

绝缘子所承受的荷载（T_p）包括绝缘子所承受的全部最大的水平和垂直荷载组合，而且应按承受荷载最大的靠近横担处的第一片绝缘子来考虑。因为，靠横担的第一片绝缘子除承受导线的水平和垂直荷载外，尚承受其它各片绝缘子的水平和垂直荷载。

2. 悬式绝缘子串的可靠性问题

悬式绝缘子串（包括悬垂绝缘子串及耐张绝缘子串）一般由 m 片绝缘子相互串联组装而成，只有每片绝缘子都能可靠运行，整串绝缘子才能可靠运行，只要其中有一片断掉，整串绝缘子就会产生故障。因此，整串绝缘子的可靠性与串中每片绝缘子的可靠性有关。根据可靠性理论，并假定单片绝缘子的可靠度均相等且为 R_i，则 m 片绝缘子相互串联后，整串绝缘子的可靠度（R_1）为

$$R_1 = R_i^m \qquad (2\text{-}6\text{-}11)$$

若采用双联绝缘子串（即两个单串并联），令每串绝缘子的可靠度为 R_1，并假定当一串绝缘子断裂（失效）后，另一串绝缘子仍能继续工作，则其可靠度（R_2）为

$$R_2 = 2R_1 - R_1^2 \qquad (2\text{-}6\text{-}12)$$

式中　R_1——一串绝缘子的可靠度，可按式（2-6-11）计算。

在超高压送电线路上，特别对耐张绝缘子串，设计者有时需要考虑三联、四联乃至更多联绝缘子串组合的方案进行比较，此时，其可靠度可按如下公式进行计算。

设有 n 串绝缘子并联组成 n 联绝缘子串，若允许其中有 r 串绝缘子断裂，则可按下式将前 $r+1$ 项加起来计算 n 联绝缘子串的可靠度（R_n）。

$$R_n = R_1^n + nR_1^{n-1}\,\overline{R_1} + \frac{n\,(n-1)}{2}R_1^{n-2}\,\overline{R_1}^2$$

$$+ \cdots + \frac{n!}{r!\,(n-r)!}R_1^{n-r}\,\overline{R_1}^r \qquad (2\text{-}6\text{-}13)$$

式中　R_1——串绝缘子的可靠度，可按式（2-6-11）计算；

　　　$\overline{R_1}$——一串绝缘子的失效（断裂）概率，$\overline{R_1}$ $= (1-R_1)$。

（二）非污秽条件下悬式绝缘子串的工频闪络特性

电压较低的线路，当缺乏绝缘子串的操作过电压正极性湿闪络特性数据时，可用其工频湿闪络电压数据作为计算依据来选择绝缘子片数。为此，本款列入有关悬垂绝缘子串的工频闪络电压试验曲线，如图 2-6-8 ~ 图 2-6-13 所示。

试验表明，绝缘子串的工频干闪络电压主要与串长有关，而和绝缘子的型式关系不大，即闪络一般沿最短路径发生[2-22]。此外，悬垂绝缘子串的工频干闪电压还与悬挂位置有关，即存有邻近效应。

悬垂绝缘子串的工频湿闪电压与绝缘子型式有关，主要取决于湿闪络距离的空气间隙部分长度 L_a 和潮湿表面部分长度 L_h，特别是 L_a，见图 2-6-7 所示。参考文献［2-22］建议，对标准盘形悬垂绝缘子串的工频湿闪电压（U_s）可按下式估算

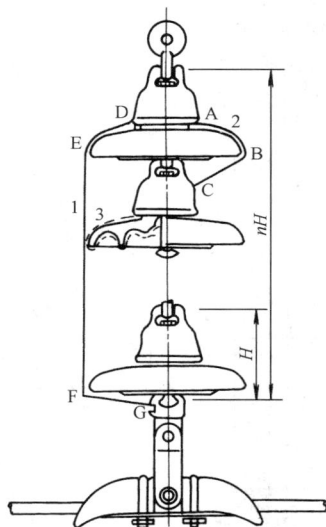

图 2-6-7　悬垂绝缘子串的闪络
距离和闪络路径

$$L_F = \widehat{DE} + \overline{EF} + \overline{FG} \approx nH;\ L_a = n\,\overline{BC};$$

$$L_h = n\,\widehat{AB};\ n—绝缘子片数;$$

1、2、3—闪络路径

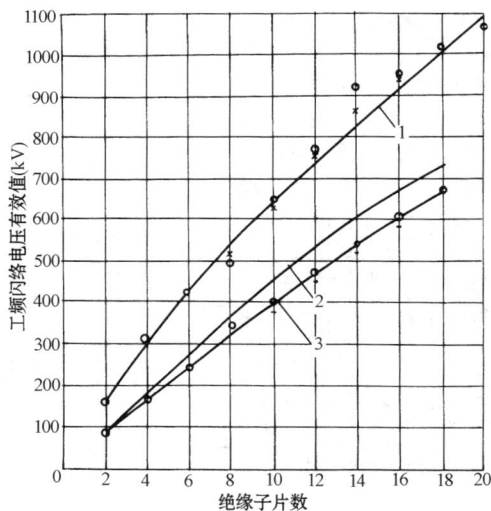

图 2-6-8　X-4.5、X-4.5C 绝缘子
工频闪络电压曲线

1—干闪;2—X-4.5 湿闪;3—X-4.5C、X-1-4.5
湿闪;·—X-4.5（146×254mm，亦称 C-105、XQ-
4.5）数据;×—X-4.5C（150×254mm，亦称 C-108、
C-5、XC-4.5）数据;○—X-1-4.5（170×270mm，亦
称 п-4.5，пп-4.5）数据
本曲线摘自1958年沈阳变压器厂所做试验的数
据。数据已校正到标准状态

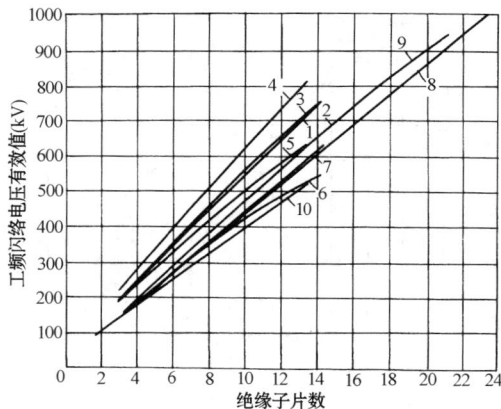

图 2-6-9　X-4.5、X-7 绝缘子工频闪络电压曲线
1、6—醴陵 X-7（140×250mm）干、湿闪;2、7—玻
璃绝缘子 LX-7（146×254mm）干、湿闪;3、8—西
瓷 X-7（150×265mm）干、湿闪;4、9—西瓷 X-7
（170×280mm）干、湿闪;5—西瓷 X-4.5（146×
250mm）干闪;10—玻璃绝缘子 LX-4.5（140×
254mm）湿闪曲线 1～9 摘自1967年2月原第一机械
工业部高压电器研究所《330kV 输电线及变电所绝缘
试验报告》，数据已按 GB 311-64 校正到标准状态。
曲线 10 摘自南京电瓷厂及南京电瓷研究所资料

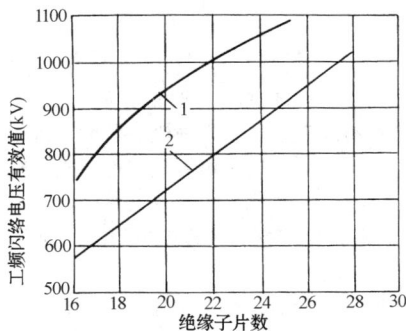

图 2-6-10　XP-10 绝缘子工频闪络电压曲线
1—干闪;2—湿闪
本曲线摘自原第一机械工业部高压电器研究所
1984年2月试验报告，试验时绝缘子串上端离横
担 0.8m,下端带 P1-330 屏蔽环及分裂间距为 0.4m
的两根钢管（长 6m）
本曲线已按 IEC 60-2-73 校正到标准状态

$$U_s = 2.76 L_a + E_h L_h,\ kV \qquad (2-6-14)$$

式中　L_a——单位为 cm,范围为 25～220cm;
　　　L_h——单位为 cm,范围为 30～270cm;
　　　E_h——湿闪部分闪络强度，kV/cm。当 $L_h >$
　　　　　200cm 时，可按 $E_h = 2.4 L_h^{-0.111}$ 计算。

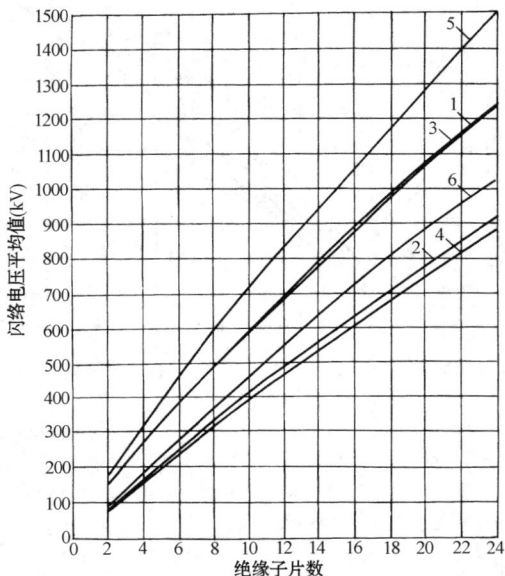

图 2-6-11 绝缘子工频闪络电压（平均值）曲线

1、2—$10'' \times 5\frac{3}{4}''$（高 146mm，盘径 254mm）绝缘

子干、湿闪；3、4—$11'' \times 6\frac{1}{8}''$（高 156mm，盘径

280mm）绝缘子干、湿闪；5、6—$12\frac{5}{8}'' \times 7\frac{3}{4}''$

（高 197mm，盘径 320mm）绝缘子干、湿闪

本曲线按 ANSIC 29.1 标准进行试验

原第一机械工业部高压电器研究所所作的试验结果表明，悬垂绝缘子串和耐张绝缘子串的干闪电压没有明显差别，而耐张绝缘子串的湿闪电压则比悬垂串约高 2% ~ 5%。

（三）污秽条件下悬式绝缘子串的工频闪络特性

1. 污秽绝缘子的运行特性

线路绝缘子，特别是在工业区、海岸和盐碱地区线路运行的绝缘子，常常会受到工业污秽或自然界盐碱、飞尘等的污染，在其表面上形成一定的污秽层。在干燥情况下，这种污秽层的电阻很大，对运行没有危险，但当遇到潮湿气候条件时，污秽层被湿润，就可能发生污秽闪络（简称污闪）。

形成绝缘子表面污秽层的沉积物是多种多样的，但使绝缘子闪络电压降低最显著的是含有大量可溶性盐类或酸、碱的积尘。这些污秽常常是由一些化工企业排出的废气或海边盐雾珠集积在绝缘子表面而形成。有些黏附力很强的积尘，如水泥厂的飞尘，它沉积在绝缘子表面后不易清洗掉，使绝缘子表面粗糙而更易积污，因此，对绝缘子的运行危害也很显著。

潮湿气候条件是引起绝缘污闪的必要条件。一般

当空气相对湿度小于 50% ~ 60% 时，污秽绝缘子的沿面闪络电压降低很少，随着湿度增加，闪络电压迅速下降。运行经验证明，引起污闪的气象条件以雾、露、雪、毛毛雨为主。

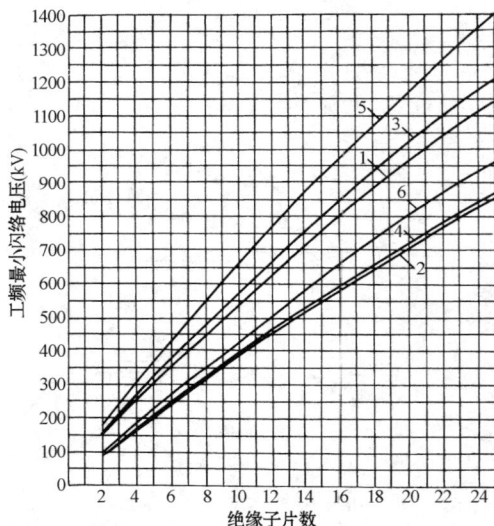

图 2-6-12 绝缘子工频最小闪络电压曲线

1、2—$10'' \times 5\frac{3}{4}''$（高 146mm，盘径 254mm）绝缘

子干、湿闪；3、4—$11'' \times 6\frac{3}{4}''$（高 170mm，盘径

280mm）绝缘子干、湿闪；5、6—$12\frac{5}{8}'' \times 7\frac{3''}{4}$

（高 197mm，盘径 320mm）绝缘子干、湿闪绝缘

曲线按 IEC 出版物 383 和 B. S. 137 第一部分的标准

进行试验

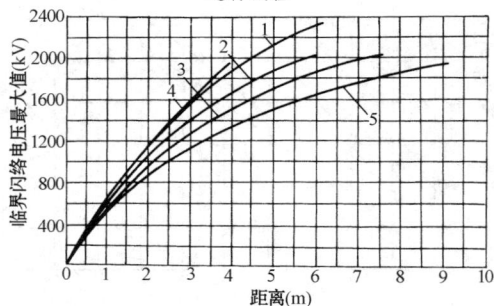

图 2-6-13 长间隙和绝缘子串的

工频闪络电压曲线

1—棒-棒、环-环、导线-导线；2—导线-杆塔支柱；

3—悬垂绝缘子串；4—垂直的棒-棒；5—棒-板

本曲线系亚历山德洛夫等的试验曲线。数据未进行

气象校正，而是气象条件自然变化时所得多次重复

试验的平均值

2. 污秽绝缘子试验方法

污秽绝缘子的工频污闪特性由两种试验方法取

得，一种是自然污秽试验法，另一种是人工污秽试验法。

自然污秽试验法是在污秽区设立试验站，或利用污秽区线路来鉴定绝缘子的耐污性能和防污措施的有效性。其方法是在绝缘子上长期施加额定电压（或高于额定电压的电压值），根据绝缘子发生闪络的时间间隔（或闪络次数）来衡量绝缘子的耐污性能。也可根据泄漏电流的大小及超过一定幅值的泄漏电流脉冲次数来评定绝缘子的优劣。另外，亦可将运行一定时间（如污闪季节的持续时间）的绝缘子拆下来，在人工雾室中进行人工雾闪试验，然后再测量其附盐密度来判定绝缘子的污闪性能，目前国内一般均采用这种方法。

自然污秽试验完全符合实际运行情况，因此，其试验结果可充分说明在实际运行条件下的绝缘子的性能。但自然污秽试验花费的时间较长，在污秽量及受潮等试验条件方面都不易控制。

为了避免自然污秽试验的上述不足之处，采用了人工污秽试验。人工污秽试验由于其试验条件（如污秽量、潮湿程度等）可以任意变动，因此，可以在较短的时间内获得较完整的试验数据。但是，由于其试验条件和实际情况不可能完全一致，故所测结果还需与实际运行经验或自然污秽试验结果进行核对。因此，人工污秽试验和自然污秽试验两者是相辅相成的。

人工污秽试验方法是多种多样的。IEC 60-1《高电压试验技术》推荐两种方法：盐雾法和预沉积污层法。

（1）盐雾法：此法用来模拟沿海盐污。其方法是以一定浓度的盐溶液，利用压缩空气喷射产生盐雾进行试验。绝缘子不另涂污，其表面的污秽程度可用盐水浓度（g/L）❶ 来表示。试验时先将绝缘子清洗干净，在绝缘子仍是湿的时候就喷射盐雾，同时加上电压，很快地升到规定值（如最大工作相电压），在规定的时间内（通常为一小时）维持电压不变，直到发生闪络。如果在规定的时间内不发生闪络，则将绝缘子清洗干净后，增加盐水浓度重新试验，直到发生闪络为止。其判断标准以不导致绝缘子闪络的盐溶液的最大含盐量（g/L）来表示。

（2）预沉积污层法：此法用来模拟工业污秽。试验前在绝缘子表面均匀地涂上（或喷上）一层由易吸潮物质（如硅藻土）、可溶性导电物质（如盐）、水等配制而成的污液，干燥后即构成人工污秽固体层。试验时采用人工雾使污层均匀而充分地湿润，但不应使污秽物流失。

加压的方法有两种：一种是当污层受潮达饱和时（此时它的表面电阻达到最低值），立即（或不超过

5min）加上规定电压值，保持 15min 或至闪络。这种加压方式和备用线路投入运行的方式相似；另一种是在试品湿润以前就加上规定的电压值，然后再使试品浸湿达饱和状态，并在规定的时间内电压保持不变。这种加压方式和线路正常运行的情况相似。

预沉积污层法的另一种变通的方法是湿污试验法。此法不需要喷雾，而是将污液喷涂到绝缘子表面后静置约 3～5min，随即在潮湿状态下加压，并且很快地升到规定的电压值，维持此值不变或至闪络。

污液一般由二氧化硅、照像用湿剂、盐及水配成。它应能保持在 15～30min 内不需要将污层预湿，即能保持实际上恒定的电阻率。

预沉积污层法的判断方法是以一定电压下的极限等价附盐量或污层电导率来评价，或以一定等价附盐量或污层电导率下的极限耐压（或闪络电压）来评价。

以上所述各人工污秽试验方法系目前 IEC 所推荐的方法，但在我国，对预沉积污层法尚推荐逐渐加压的闪络电压试验法，即升压法，其作法是绝缘子受潮达饱和时加压，并逐渐升压直到闪络。这种试验方法所需时间较短，但线路运行中没有与其相似的运行方式。IEC 也不建议采用这种试验方法作为标准方法，而建议只有在特殊目的时才可以使用。

以上所述各人工污秽试验方法之间没有直接关系。采用方法不同，所得结果也不同，而且无法相互换算。因此，应分析具体情况，决定采用何种试验方法。同时，在使用试验结果时，也应注意其所采用的试验方法。

3. 绝缘子表面污秽程度的表示方法

绝缘子表面污秽导致放电的关键是污秽物中水溶性物质（如盐）溶于水造成的导电性，而污秽物中不溶于水的成分（如硅藻土、黏土）的作用是在潮湿气候条件下吸收水分，保持污秽层潮湿，因此，绝缘子表面脏污程度一般用下列两种方法表示：①用污秽质量及污秽导电性表示，即用绝缘子表面单位面积上的污秽质量（也称污秽密度，mg/cm^2）及污秽物加水成一定浓度（如 0.2%～1%）污液时的导电率（$\mu S/cm$）来表示；②用等值附盐密度及附灰密度来表示。等值附盐密度是指和污秽物导电性相当的、单位面积上的等值含盐量（mg/cm^2）。附灰密度是指绝缘子表面积上不溶于水的污秽物质量（mg/cm^2）。

4. 污秽绝缘子的工频闪络特性

图 2-6-14 列出了原东北电业管理局技术改进局（简称东北技改局）、原第一机械工业部高压电瓷研

---

❶　污秽程度亦可用附盐密度来表示。盐水浓度 1g/L 相当于附盐密度 $0.0025\,mg/cm^2$ [2-20]。

究所（简称西瓷所）、原第一机械工业部高压电器研究所（简称西高所）、清华大学、原天津电业局中心

试验所（简称天津中试）等五个单位的 X-4.5 绝缘子的人工污秽及自然污秽的耐受电压测试数据。

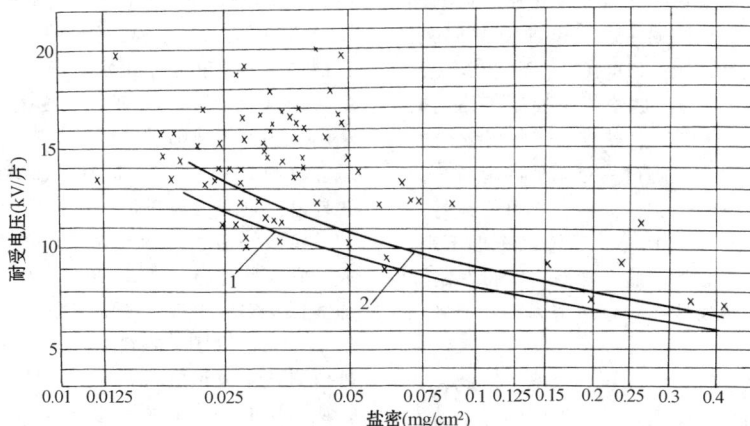

图 2-6-14　X-4.5 绝缘子人工污秽及自然污秽耐受电压曲线

1—五个单位（西瓷所、西高所、清华大学、天津中试、东北技改局）综合曲线

（1977 年）；2—东北技改局曲线（1977 年）；×—自然污秽数据

表 2-6-3 及表 2-6-4 列出了一些国产悬式绝缘子的人工污闪及自然污闪的试验数据，这些数据均取自东北技改局 1975 ~ 1985 年陆续进行的一些试验。试验方法采用预沉积法（升压法），即被试污秽绝缘子在人工雾中受潮饱和后，立即升压至闪络。每串试品通常加压三次，两次加压时间间隔约 1 ~ 2min，取三串试品的最低闪络电压平均值或九次闪络电压的平均值。

表 2-6-3　　　　　　　　　　几种国产小吨位悬式绝缘子的人工污闪试验数据

绝缘子型式		X-4.5	G210	XFP-4.5	XW₁-4.5	NF-4.5	C-104
几何尺寸（mm）	高度 H	146	146	146	160	170	190
	盘径 D	254	254	254	254	254	270
	爬电距离 L	280	320	400	410	430	460
	形状系数 $a = L/H$	1.92	2.2	2.74	2.56	2.53	2.42
爬电距离与 X-4.5 爬电距离之比		1.0	1.14	1.43	1.46	1.53	1.64
不同附盐密度（mg/cm²）下的污闪电压 U_f（kV）/有效系数①	0.05	13.0/1.0	14.0/0.942	16.8/0.905	17.3/0.909	17.5/0.877	18.5/0.866
	0.1	10.1/1.0	12.5/1.083	13.0/0.901	15.0/1.014	15.4/0.993	15.6/0.94
	0.2	9.2/1.0	12.0/1.141	10.9/0.829	12.3/0.913	12.0/0.849	14.2/0.94
	0.4	8.3/1.0	8.5/0.896	8.5/0.717	10.4/0.856	8.1/0.635	
不同附盐密度（mg/cm²）下的污闪电压梯度 $E_f = U_f/H$（kV）	0.05	0.89	0.959	1.15	1.08	1.03	0.974
	0.1	0.692	0.856	0.891	0.938	0.906	0.821
	0.2	0.63	0.822	0.746	0.769	0.706	0.748
	0.4	0.569	0.582	0.582	0.650	0.476	

① 有效系数 $= \dfrac{单片标准绝缘子的爬电比距}{单片待求绝缘子的爬电比距} = \dfrac{L_S}{U_{FS}} \bigg/ \dfrac{L_X}{U_{FX}} = \dfrac{U_{FX}}{U_{FS}} \times \dfrac{L_S}{L_X}$

式中　L_S、U_{FS}—标准绝缘子的单片爬电距离及单片污闪电压。表中取 X-4.5 为标准绝缘子；

　　　　L_X、U_{FX}—待求绝缘子的单片爬电距离及单片污闪电压。

从绝缘子的有效系数可以鉴别绝缘子几何爬电距离（L）增加的有效性。

表2-6-4

几种国产大吨位悬式绝缘子的人工污秽及自然污秽试验

绝缘子型式	制造厂家②	几何尺寸① (mm)				爬电距离和XP-16爬电距离之比	试验日期	试验串片数	不同附盐密度/灰密 (mg/cm²) 下的人工污秽试验数据 [污闪电压 Uf (kV) /有效系数]				
		高度 H	盘径 D	爬电距离 L	形状系数 a=L/H				0.025/1.0	0.05/0.2~1.0	0.1/0.4~1.0	0.2/1.0	0.4/1.0
XP-16	大瓷	155	254	312	2.01	1.0	1980年3~4月	3片串	37.9/1.0	32.4/1.0	27.7/1.0		20.3/1.0
XP₁-16D	渌瓷	156	280	340	2.18	1.09		3片串	41.0/0.992	35.4/1.0	30.7/1.02		23.0/1.04
XP₂-16D	渌瓷	156	280	359	2.3	1.15		3片串	44.9/1.03	37.5/1.0	31.4/0.985		21.9/0.985
XP-21	大瓷	168	280	342	2.04	1.096		3片串	42.2/1.016	36.3/1.022	31.4/1.034		23.3/1.047
XP₁-21	渌瓷	175	290	370	2.11	1.186		3片串	44.4/0.988	37.3/0.97	31.4/0.956		22.3/0.926
XP₂-21	渌瓷	175	290	380	2.17	1.218		3片串	47.4/1.027	41.0/1.039	35.5/1.052		26.7/1.08
XP-30D	渌瓷	199	320	399	2.0	1.279		3片串	48.4/1.0	41.0/0.99	34.8/0.982		25.0/0.85
XP-16	大瓷	155	254	292	1.88	1.0	1980年6~7月	3片串	35.5/1.0	30.3/1.0	25.8/1.0		18.7/1.0
XWP-16D	大瓷	155	290	398	2.57	1.36		3片串	38.2/0.79	33.2/0.804	30.1/0.856		23.6/0.926
XP₁-16D	湖瓷	155	274	344	2.22	1.18		3片串	38.3/0.916	31.9/0.894	26.6/0.875		18.5/0.84
XP₂-16D	湖瓷	158	283	361	2.28	1.24		3片串	36.4/0.829	32.4/0.865	28.7/0.9		22.7/0.98
XP₃-16D	湖瓷	158	281	379	2.4	1.3		3片串	37.9/0.823	33.6/0.854	29.8/0.89		23.4/0.964
XWP-16	西瓷	162	280	407	2.51	1.39		3片串	39.7/0.802	35.3/0.839	31.5/0.876		24.9/0.955
XP-16D	醴瓷	164	287	386	2.35	1.32		3片串	36.8/0.784	32.9/0.821	29.4/0.862		23.5/0.95
XP-16D₁	醴瓷	156	288	362	2.32	1.24		3片串	36.8/0.836	33.1/0.881	29.8/0.932		24.2/1.044
XP-16D₃	醴瓷	156	307	406	2.6	1.39		3片串	46.9/0.95	40.2/0.954	34.4/0.959		25.2/0.969
XP-16D₄	醴瓷	164	300	445	2.71	1.52		3片串	45.2/0.835	38.8/0.84	33.3/0.847		24.6/0.863
XWP-16	醴瓷	160	280	420	2.63	1.44		3片串	40.3/0.789	35.2/0.808	30.8/0.83		23.5/0.874
XP-16	大瓷	155	255	290	1.87	1.0	1985年9月	25片串		277.3/1.0	227.7/1.0	172.0/1.0	163.5/1.0
XP-16D₃	渌瓷	155	310	430	2.77	1.48		25片串		359.8/0.875	295.3/0.875	242.3/0.95	198.9/0.82
XP-16D	醴瓷	155	304	400	2.58	1.38		25片串		361.6/0.945	298.6/0.95	246.6/1.04	203.6/0.903
XP-16D₄	大瓷	155	300	425	2.74	1.47		25片串		368.8/0.908	297.1/0.89	239.4/0.95	192.9/0.805
LXP-16 (玻璃)	南瓷	155	280	350	2.26	1.21		25片串		369.1/1.1	298.7/1.087	241.7/1.164	195.1/0.99

续表

绝缘子型式	制造厂家②	自然污秽试验数据（每组试验周期为一年）[单片污闪电压 U_f (kV)／有效系数]									
		第一组	第二组	第三组	第四组	第五组	第六组	第七组	第八组	第九组	第十组
XP-16	大瓷										
XP₁-16D	渌瓷										
XP₂-16D	渌瓷	17.5/0.938		17.75/0.902							
XP-21	大瓷										
XP₁-21	渌瓷										
XP₂-21	渌瓷										
XP-30D	渌瓷										
XP-16	大瓷	15.78/1.0	12.3/1.0	16.25/1.0	12.7/1.0						
XWP-16D	大瓷										
XP₁-16D	湖瓷										
XP₂-16D	湖瓷	20.1/1.023	12.7/0.829	17.15/0.848							
XP₃-16D	湖瓷	15/0.727	17.1/1.064	17.2/0.81							
XWP-16	西瓷										
XP-16D	醴瓷										
XP-16D₁	醴瓷										
XP-16D₃	醴瓷				17.05/0.966						
XP-16D₄	醴瓷				19.8/1.02						
XWP-16	醴瓷										
XP-16	大瓷					11.73/1.0	19/1.0	14.46/1.0	12.7/1.0	8.94/1.0	21.2/1.0
XP-16D₃	渌瓷					14.76/0.849	24.2/0.859	21.52/1.0	17.38/0.923	10.88/0.82	29.26/0.935
XP-16D	醴瓷					16.52/1.02	22.05/0.84	22.04/1.1	18.2/1.04	11.18/0.907	30.42/1.04
XP-16D₄	大瓷					16.28/0.947	22.25/0.8	20.04/0.95	17.15/0.92	12.74/0.97	30.46/0.98
LXP-16（玻璃）	南瓷					15.2/1.074	20.96/1.2			11.43/1.06	30.42/1.19

① 本表所列几何尺寸为试验时实量尺寸，不是定型尺寸。
② 大瓷—大连电瓷厂；渌瓷—渌江电瓷厂；湖瓷—湖北电瓷厂；西瓷—西安电瓷厂；醴瓷—醴陵电瓷厂；南瓷—南京电瓷厂。

为了便于比较，列出了苏联及美国的两组试验曲线。

苏联对绝缘子的人工污秽试验采用预沉积污层法，但加压方式有两种，一种是在污秽绝缘子受潮前加电压，另一种则是在污秽受潮达饱和时立即加压，图2-6-15所列曲线即是按后一种方法取得的[2-24]。

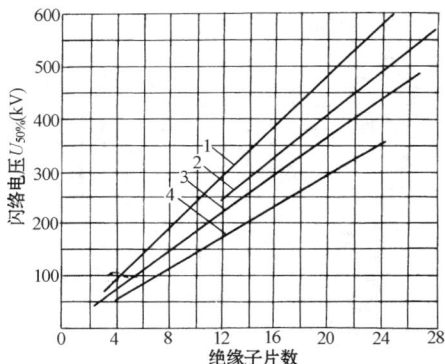

图2-6-15 AC-30、Π-11绝缘子工频
50%污闪电压曲线

1—AC-30，$\eta=1$、$\rho=4$；2—Π-11，$\eta=1$、$\rho=4$；3—Π-11，$\eta=1$、$\rho=5$；4—Π-11，$\eta=3$、$\rho=9$；η—绝缘子表面污秽密度，mg/cm^2；ρ—绝缘子表面电导率，$\mu S/m$

曲线为厅内试验数据；×表示Π-11绝缘子$\eta=1$、$\rho=5$的室外试验数据

图2-6-16为美国特高压试验基地的一组试验曲线[2-1]，其试验方法亦采用预沉积污层法，但在污秽

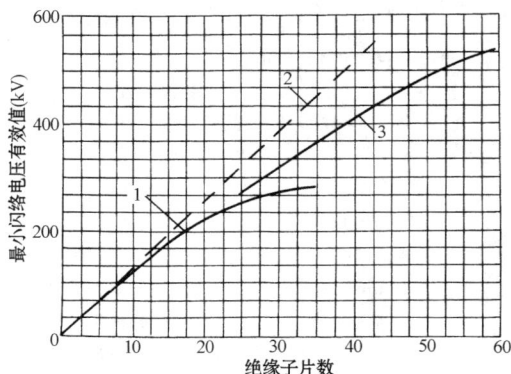

图2-6-16 $10''\times5\frac{3}{4}''$绝缘子串最小闪络电压
和片数的关系曲线

1—在超高压（EHV）试验厅（$12.2\times12.2 m^2$、高8.54m）试验曲线；2—线性外推曲线；3—在特高压（UHV）试验厅（直径24.4m、高25.2m）的实验曲线附盐密度$0.07mg/cm^2$，高岭土40g/L

绝缘子湿润以前施加电压。由图可以看出，随着绝缘子串长的增加，曲线显示出明显的饱和效应。图中最小闪络电压是指闪络概率为12%~25%的闪络电压，这是因为特高压基地的污秽试验大部分是在并联的2~4串绝缘子串上进行的，其50%闪络电压相当于单串的12%~25%闪络概率的电压值。

由以上各图、表可以看出，绝缘子串污闪有以下一些特征：

（1）自然污秽条件下绝缘子的污闪电压数据比较分散，而且在多数情况下比人工污秽条件下的试验数据要高，这主要是由于自然污秽分布不均匀、污秽性质不同及其污秽附着密度与人工污秽有较大差别所致。

（2）大多数绝缘子的污闪电压提高倍数要低于其泄漏距离提高的倍数，所以，对这些绝缘子的泄漏距离存有一个有效性问题。在绝缘子片数选择时可用有效系数（见表2-6-3注①）来考虑。

（3）有效系数随污秽条件不同而有所差异。特别是自然污秽，由于绝缘子形状不同而在积污特性上所产生的差异，使得其污闪电压及有效系数分散性较大。因此，有效系数的选择应考虑人工污秽及自然污秽的试验情况综合确定，并最终由其在运行中的性能来判定。

（4）从国内外所提供的一些试验数据来看，绝缘子串的工频污闪电压与串长的关系，有的呈线性关系，有的则出现饱和现象，如图2-6-15及图2-6-16所示。出现这两种不同结果的原因，据有些文章分析，认为与试验方法有密切关系。若在加电压开始时绝缘子表面污秽层已完全湿润或在加电压过程中污秽层很快被湿润，则污闪电压与串长呈线性关系。而且，周围接地物体对污秽绝缘子串的闪络电压影响不大。若在绝缘子表面污秽层缓慢湿润之前先加以恒定电压，则污闪电压和串长呈饱和现象。这主要是由于接地构架（或周围接地体）对绝缘子串的邻近效应，使沿绝缘子串电压分布不均匀的缘故。因此，当按这种方法进行试验时，最好能模拟真型塔尺寸。不过由图2-6-16也可看出，对于500kV及以下不太长的绝缘子串，在污秽条件下可以认为串长与污闪电压呈线性关系。这就有可能允许按单片绝缘子的污闪电压来选择绝缘子所需片数。

据有关资料分析认为，水平耐张绝缘子串的污闪电压和悬垂串相差不多，究竟哪个高一些将随情况而异[2-20]。

对于V形串，据参考文献［2-1］认为，外形较简单的标准型绝缘子$\left(10''\times5\frac{3}{4}''\right)$组成V形串时，其污闪电压比悬垂串可提高25%~30%，而由防污型绝缘子（如 $15\frac{3}{4}'' \times 7\frac{3}{4}''$、$16\frac{1}{2}'' \times 8\frac{11}{16}''$、$15'' \times 7\frac{7}{8}''$）组成的 V 形串，其污闪电压则比悬垂串仅提高 $0\% \sim 10\%$。

（四）空气间隙的工频击穿特性

空气间隙的工频击穿特性曲线用于选择线路正常运行情况下所需空气间隙。对电压较低的线路，当缺乏操作过电压空气间隙击穿特性曲线时，亦可用于选择操作过电压所需空气间隙。

图 2-6-17[2-23] 绘出了棒-棒、棒-板击穿特性曲线。图 2-6-13 是苏联做的一组试验曲线，参考文献［2-1］认为该组曲线代表了现有长空气间隙的最好估计值，因此，推荐作为美国的使用曲线。

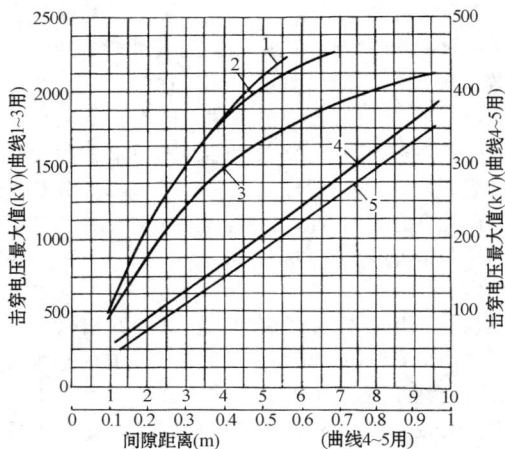

图 2-6-17 棒-棒、棒-板间隙工频击穿电压曲线
1—棒-棒（上棒长 5m，下棒长 6m），$\sigma\% = 3\% \sim 5\%$；2—棒-棒（上棒长 5m，下棒长 3m），$\sigma\% = 3\% \sim 5\%$；3—棒-板（棒长 5m，地面铺 $8 \times 8m^2$ 钢板），$\sigma\% = 3\% \sim 5\%$；4—棒-棒（上棒长 1.5m，下棒长 3.6m），$\sigma\% < 2.5\%$；5—棒-板（棒长 1.5m，板为 $\phi 1.5m$ 圆钢板，离地 1.2m），$\sigma\% < 1\%$
曲线已校正到标准状态

棒-棒、棒-板是典型的对称及不对称间隙。试验结果表明，送电线路外绝缘中，所有电极形状对称的间隙（如导线-导线）都接近或相当于棒-棒间隙。所有电极形状不对称的间隙都接近于棒-板间隙。

图 2-6-18～图 2-6-20 分别列出了我国试验所获得的各种空气间隙工频击穿电压曲线供参考使用。

国外的一些试验指出，塔头空气间隙的工频击穿电压与塔身宽度（B）及相导线结构有关。

参考文献［2-34］指出，在塔身宽度为 $0.25 \sim 0.5m$ 的范围内，塔头空气间隙的击穿电压与对应于导线的塔身宽度（B）之间，可以确立如下的关系式

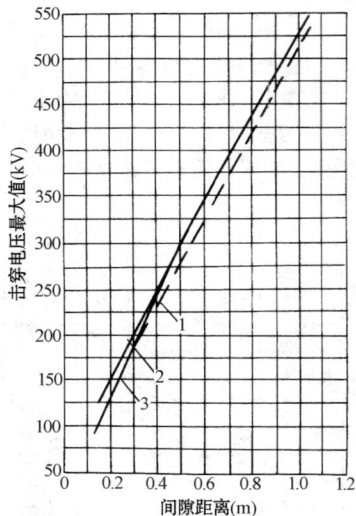

图 2-6-18 导线-水泥杆空气间隙工频击穿电压曲线
1—双分裂导线-门型水泥杆；2—单导线-上字型水泥杆杆身；3—单导线-上字型水泥杆斜拉杆

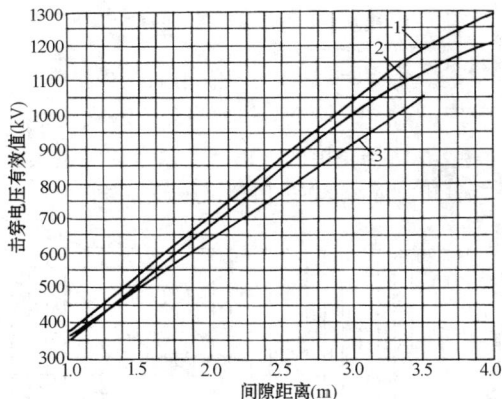

图 2-6-19 双分裂导线-铁塔工频击穿电压曲线
1—导线-导线；2—导线-杆塔支柱；3—导线-杆塔横担
本曲线摘自 1967 年 2 月原第一机械工业部高压电器研究所《330kV 输电线路及变电所外绝缘特性试验报告》，分裂导线为水平排列，分裂间距为 300mm。
数据已按 GB 311-64 校正至标准状态

$$U_{0.5(B)} = U_{0.5(1)} \; (1.03 - 0.03B) \qquad (2\text{-}6\text{-}15)$$

式中　$U_{0.5(B)}$——塔身宽度为 Bm 时空气间隙的击穿电压；

$U_{0.5(1)}$——塔身宽度 $B = 1m$ 时空气间隙的击穿电压。

关于相导线结构对塔头空气间隙的工频击穿电压

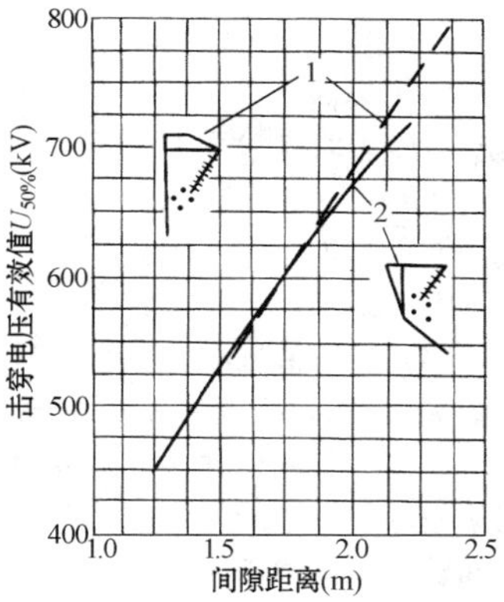

图 2-6-20　四分裂导线-塔构

间隙工频击穿电压曲线

1—北京电力试验研究所门型塔

边相试验曲线（1978 年）；2—原

水利电力部电力科学研究院高压

究所塔窗间隙试验曲线（1979 年）

的影响，参考文献［2-34］根据专门的研究得出以下规律：

绝缘距离（s）在 2m 以下时，击穿电压与相导线结构无关。

绝缘距离（s）在 2~5m 范围内时，把一种相导线结构的击穿电压换算到另一种导线结构，可以通过沿横坐标轴（s 轴）移动一 Δs 距离后，再查击穿电压曲线上相应点的方法求得。Δs 可按下式计算

$$\Delta s = (R_{02} - R_{01})\frac{s-2}{3} \qquad (2\text{-}6\text{-}16)$$

例如，相导线分裂半径为 $R_{02} = 1$m，$s = 3.5$m 的击穿电压，等于相导线分裂半径 $R_{01} = 0.25$m，$s = 3.5 + (1 - 0.25)\frac{3.5-2}{3} = 3.875$m 的放电电压。

绝缘距离（s）超过 5m 时，试验表明，当从相分裂导线对称轴到杆塔构件间的距离不变时，击穿电压与相导线的分裂半径无关。例如，当相导线分裂半径 $R_{02} = 1$m，$s = 7$m 时的击穿电压，等于相导线分裂半径 $R_{01} = 0.25$m，$s = 7 + (1 - 0.25) = 7.75$m 时的击穿电压。

（五）绝缘子片数的选择

在工频电压作用下，选择绝缘子片数的方法一般有两种：一种是按各类污秽条件下绝缘子串的成串污闪电压来选择；另一种是按各类污秽条件下绝缘子串的爬电比距（λ）来选择。这两种方法的基本出发点都是以一定的线路允许的污闪事故率为基础。而且，这两种方法都需要首先确定线路所处地区的污秽等级。

1. 地区污秽等级的确定

地区污秽等级主要应根据地区的污、湿特征、运行经验以及外绝缘表面污秽物的等值附盐密度（简称盐密）三个因素综合考虑确定。按现行 GB/T

16434—1966《高压架空线路和发电厂、变电所环境污秽区分级及外绝缘选择标准》规定，我国将污秽等级分为五级，其情况见表 2-6-5。应该说明，这些污区等级，一般适用于海拔高度不超过 1000m 的地区。

表 2-6-5　　高压架空线路污秽分级标准

污秽等级	污秽条件			爬电比距（cm/kV）	
	污湿特征		盐密（mg/cm²）	220kV及以下	330kV及以上
0	大气清洁地区及离海岸盐场 50km 以上无明显污染地区		≤0.03	1.39（1.60）	1.45（1.60）
1	大气轻度污染地区、工业区和人口低密集区，离海岸盐场 10~50km 地区，在污闪季节中干燥少雾（含毛毛雨）或雨量较多时		>0.03~0.06	1.39~1.74（1.60~2.00）	1.45~1.82（1.60~2.00）
2	大气中等污染地区，轻盐碱和炉烟污秽地区，离海岸盐场 3~10km 地区，在污闪季节中潮湿多雾（含毛毛雨）但雨量较少时		>0.06~0.1	1.74~2.17（2.00~2.50）	1.82~2.27（2.00~2.50）
3	大气污染较严重地区，重雾和重盐碱地区，近海岸盐场 1~3km 地区，工业与人口密度较大地区，离化学污源和炉烟污秽 300~1500m 的较严重污秽地区		>0.1~0.25	2.17~2.78（2.50~3.20）	2.27~2.91（2.50~3.20）
4	大气特别严重污染地区，离海岸盐场 1km 以内地区，离化学污源和炉烟污秽 300m 以内地区		>0.25~0.35	2.78~3.30（3.20~3.80）	2.91~3.45（3.20~3.80）

注　表中爬电比距括号外数字为按系统最高工作电压计算值，括号内数字为按额定电压计算值。

2. 按泄漏比距（λ）要求选择绝缘子型式与片数

DL/T 5092—1999《110~500kV 架空送电线路设计技术规程》推荐采用以绝缘子串的污闪电压与绝缘子片数呈线性关系为依据而确立的一种方法，其计算公式为

$$n \geqslant \frac{\lambda U_m}{L_e} = \frac{\lambda U_m}{K_e L_g} \qquad (2\text{-}6\text{-}17)$$

式中 n——每串绝缘子所需片数；

U_m——系统最高电压，kV；

λ——不同污秽条件下所需爬电比距，其数值按表 2-6-5 选取；

L_e——单片绝缘子有效爬电距离，cm；

L_g——单片绝缘子几何爬电距离，可按产品型录选取，cm；

K_e——绝缘子爬电距离的有效系数，计算方法参照表 2-6-3 附注。当采用 X-4.5 或 XP-16 时，可取 $K_e = 1$。当采用其它型式绝缘子时可根据运行经验或参照表 2-6-3 及表 2-6-4 以及其它试验资料综合选取。

由于这种选择方法是以实际线路的运行经验及事故率为依据的，零值绝缘子的影响已包括在内，所以不需要考虑可能出现零值绝缘子而再增加片数。

3. 按绝缘子串的污闪电压选择绝缘子片数[2-21]

美国电机电子工程师学会（IEEE）取绝缘子污闪电压的标准偏差系数（以下简称标偏系数）$\sigma\% = 10\%$，取最高运行相电压作为污闪耐压值（U_R）

$$U_R = U_{50\%}(1 - 3\sigma\%) = 0.7 U_{50\%} \qquad (2\text{-}6\text{-}18)$$

式中 $U_{50\%}$——绝缘子串的 50% 污闪电压，kV。

$U_{50\%}$ 值可由成串污闪数据取得。对 500kV 及以下线路，也可由单片 $U_{50\%}$ 值按线性关系选定。但对特高压线路，则应考虑串长的非线性。

苏联选定绝缘的方法与我国（按污闪电压选绝缘子片数的方法）和美国相近。测试单片绝缘子的污闪电压（$U_{50\%}$）。标准偏差系数取 $\sigma\% = 8\%$。耐压值（U_R）取为最高运行相电压。

$$U_R = U_{50\%}(1 - 4\sigma\%) = 0.68 U_{50\%} \qquad (2\text{-}6\text{-}19)$$

式中成串污闪电压（$U_{50\%}$）可由单片 $U_{50\%}$ 值按线性关系选定。计算中，对超高压线路不同于 Пф6-A、ПС6-A 的绝缘子，还要引入校正系数（有效系数）K_e，一般 $K_e = 1.1 \sim 1.2$。

（六）塔头工频空气间隙的选取

当按运行（工频）电压选择线路带电部分（考虑绝缘子串在最大设计风速下风偏后）和杆塔构件间的最小空气间隙距离时，此间隙的工频 50% 击穿电压（最大值）$U_{50\%}$ 应满足下式要求

$$U_{50\%} = \frac{\sqrt{2} K_1 K_3}{K_2 K_4} U_{p.m} = K'' U_{p.m} \qquad (2\text{-}6\text{-}20)$$

式中 K_1——安全系数；

K_2 及 K_3——外绝缘放电电压的空气密度及湿度校正系数，参见第六节第二款；

K_4——50% 击穿电压与耐受电压之间的间隔系数，如取 $K_4 = (1 - 3\sigma\%)$；

$U_{p.m}$——最高运行相电压有效值，kV；

$\sigma\%$——空气间隙工频击穿电压的标偏系数。

安全系数 K_1 主要是考虑工频过电压等一些不利因素以及它们与大风同时出现的概率而乘得的系数。

标偏系数 $\sigma\%$ 表示击穿电压测试值的分散程度。$\sigma\% = \dfrac{\text{标准偏差（kV）}}{50\% \text{击穿电压（kV）}} = \dfrac{\sigma}{U_{50\%}}$。空气间隙工频击穿电压的 $\sigma\%$ 值一般在 2% ~ 3% 范围内，也可参照有关试验曲线的实测 $\sigma\%$ 值选取。

间隔系数 K_4 表示耐受电压小于 50% 放电电压的程度，它能反映出空气间隙在此耐受电压选取后可能发生的闪络概率。如 $K_4 = 1 - 3\sigma\%$ 即表示按此要求选择的空气间隙，其闪络概率仅为 0.135%（按正态分布考虑）。

综合系数 K'' 在 DL/T 620—1997 中已有规定，见表 2-6-6 所示。

表 2-6-6　　　　综合系数 K'' 值计算表

规程依据	电压等级（kV）	K''（适用于海拔 1000m 以下）	备注
DL/T 620—1997《交流电气装置的过电压保护和绝缘配合》	66kV 及以下	1.2（1.3）	括号内数字对应 V 型串间隙
	110kV 及 220kV	1.35（1.4）	
	220kV 以上	1.4（1.5）	

用式（2-6-20）算出空气间隙 $U_{50\%}$ 数值后，查相应电极型式的空气间隙 $U_{50\%}$ 击穿电压曲线即可得所需空气间隙距离的数值。

（七）有关规程规定

为了标准统一起见，DL/T 620—1997 及 DL/T 5092—1999 对各级电压线路所需最少绝缘子片数及最小运行（工频）电压空气间隙距离作了规定，现归纳如表 2-6-7 所示。

表 2-6-7　　送电线路悬式绝缘子片数及最小运行（工频）电压空气间隙

标称电压（kV）	20	35	66	110	220	330	500
XP 型绝缘子片数	2	3	5	7	13	17（19）	25（28）
运行（工频）电压空气间隙（m）	0.05	0.1	0.2	0.25	0.55	0.9	1.3（1.2）

注　1. 表内绝缘子片数适用于 0 级污秽区。当污秽地区需增加绝缘子片数时，间隙仍用表中的数值；

2. 表内数值适用于海拔 1000m 及以下的地区，500kV 栏括号内数值适用于海拔 500m 及以下地区。海拔超过 1000m 地区，一般每增高 100m，工频空气间隙增大 1%，绝缘子片数也增加 1%。绝缘子片数栏中括号内的数字适用于发电厂、变电所进线保护段杆塔。

（八）工频电压下线路跳闸率的统计计算

线路工频跳闸率的大小是衡量线路运行可靠性的重要指标。根据我国各级电压线路大量运行统计资料[2-21]表明，110kV 线路的工频闪络跳闸率为 0.15～0.28 次/100km·年，220kV 线路为 0.1～0.13 次/100km·年，330kV 线路为 0.05 次/100km·年。

工频电压作用下线路塔头部分闪络引起跳闸的主要原因是绝缘子串或空气间隙闪络。由于设计最大风速出现的概率甚低（15～30 年一遇）且风速宽度较窄，加以在实际定塔位时大风间隙用足的塔位一般不超过 10%～20%，因此，实际上塔头空气间隙工频闪络的机会很少，所以，在计算线路工频跳闸率时可只考虑绝缘子串在雾湿天气下的闪络，这样就可使计算大为简化。

假定绝缘子串的污闪电压服从正态分布，这样，当线路绝缘子串的污闪电压及其标偏系数选定后，即可按式（2-6-21）计算并查正态概率分布表，得到一串绝缘了在一次雾湿天气下发生污闪的概率（P_1）。

$$P_1 = \frac{1}{\sqrt{2\pi}\sigma_1^2} \int_{-\infty}^{u} e^{-\frac{(u-U_1)^2}{2\sigma_1^2}} du$$

$$= \frac{1}{\sqrt{2\pi}} \int_{-\infty}^{\frac{U_P-U_1}{\sigma_1}} e^{-\frac{t^2}{2}} dt \qquad (2-6-21)$$

式中　U_P——线路运行相电压，kV；

U_1——绝缘子串的 50% 污闪电压。可由成串污闪试验取得，亦可由单片 50% 污闪电压（$U'_{50\%}$）乘片数而求得，kV；

σ_1——U_1 的标准偏差，$\sigma_1 = U_1\sigma\%$。

知道每百公里的绝缘子串数 N，即可按式（2-6-22）计算一次雾湿天气下每百公里的污闪概率。

$$P_N \approx NP_1 \qquad (2-6-22)$$

若每年的雾湿日统计天数为 M，则可求出每年每百公里线路的工频闪络概率为

$$P = MP_N \qquad (2-6-23)$$

相反，若要求按每年每百公里线路的工频闪络概率（P）来确定所需绝缘子的片数，则可按式（2-6-23）及（2-6-22）求出单串绝缘子在一次雾湿天气下的污闪概率 P_1，然后用式（2-6-21）求出所需绝缘子的片数。

【例题 2-7】 一条 220kV 线路长 100km，用 13 片 X-4.5 绝缘子，线路所处地区的附盐密度为 0.01mg/cm²，每片绝缘子的污闪电压 $U'_{50\%}$ = 15.7kV，求每年每百公里线路的闪络概率。

解 每串绝缘子的污闪电压为

$$U_1 = n \times U'_{50\%} = 13 \times 15.7 = 204\text{kV}$$

设 $\sigma_1\% = 8\%$，则每一串绝缘子在一次雾湿天气

下的闪络概率（P_1）可计算如下

$$P_1 = \frac{1}{\sqrt{2\pi}} \int_{-\infty}^{\frac{U_P-U_1}{\sigma_1}} e^{-\frac{t^2}{2}} dt$$

式中　$\frac{U_P - U_1}{\sigma_1} = \frac{\frac{220}{\sqrt{3}} - 204}{204 \times 8\%} = -4.72$

查正态分布表得　$P_1 = 1.18 \times 10^{-6}$

若假定每百公里线路有 750 串绝缘子，并假定线路所处地区每年的雾湿天气为 40 天，则每年每百公里线路的闪络概率为

$$P = MNP_1 = 40 \times 750 \times 1.18 \times 10^{-6}$$
$$= 0.0354 \text{ 次/（100km·年）}$$

四、操作过电压作用下塔头绝缘设计

操作过电压是电力系统中由于开关操作或事故状态引起的过电压。操作过电压的类型很多，其频率约几十赫兹到几千赫兹，幅值最高可达 3～4 倍最大相电压，因此，电力系统的绝缘应按能耐受操作过电压来考虑。50 年代前各国都认为，可用工频放电电压乘以操作冲击系数来代表操作冲击放电电压进行绝缘选择。随着系统电压的不断提高，各国对操作过电压进行了广泛的研究。通过研究发现，在操作冲击波作用下，外绝缘放电有许多与工频放电不同的新特点，所以，现在一致认为，特别对 330kV 及以上的送电线路，绝缘的操作冲击特性应采用操作冲击波作用下的试验数据。

（一）线路绝缘设计用操作过电压参数的特性

与线路绝缘设计有关的操作过电压参数主要是幅值、波头长度、极性及过电压沿线长的分布等，而这些参数都具有统计特性。

1. 操作过电压幅值及其分布

线路绝缘在运行中可能受到的操作过电压主要有合闸及重合闸过电压、电网故障解列及振荡解列过电压、空载线路分闸过电压等。为了降低这些过电压的幅值，一般均采用加装并联电阻的断路器、装设并联电抗器以及避雷器等。切空线及系统解列过电压一般不作为线路绝缘设计的依据，因此，仅考虑合闸、单相重合闸和三相重合闸（如运行中使用时）的情况。

测试表明，操作过电压幅值具有正态分布、韦布尔分布或极值分布的特征。在进行绝缘设计时，一般均假定幅值为正态分布。相应的分散性用标偏系数（$\sigma\%$）来表示。$\sigma\%$ 值一般在 5%～20% 范围内。

操作过电压的幅值一般用 $U_{max} = U_{50\%}(1 + 3\sigma\%)$ 及 $U_{2\%} = U_{50\%}(1 + 2.05\sigma\%)$ 来表示。在正态分布中，U_{max} 指大于它的过电压值出现的概率仅 0.135%，$U_{2\%}$ 指大于它的过电压值出现的概率为

2%。

我国对 220～500kV 的各级电压线路均进行过模拟及实际的测试。测试结果表明，220kV 线路的 U_{max} 值为（2.97～3.2）U_{pm}（U_{pm} 为最高运行相电压有效值），$\sigma\%$ 为 19%～20%[2-21]。330kV 线路的 U_{max} =（2.33～2.38）U_{pm}，$\sigma\%$ 为 12.6%～15.4%。500kV 线路的 $U_{2\%}$ =（1.54～2.02）U_{pm}，U_{max} =（1.66～2.15）U_{pm}，$\sigma\%$ 为 5%～15%。

国际电工委员会（IEC）对七个国家 100kV 以上电网操作线路的过电压值统计结果[2-19]表明，超过 2.63 倍的过电压出现的概率为 2.24%。参考文献［2-29］对国外过去十几年内在 345kV 至 500kV 线路上实测或模拟测试的数据进行了综合分析，结果表明，$U_{2\%}$ 为（1.37～2.09）U_{pm}，$\sigma\%$ = 2.9%～19.6%。

DL/T 620—1997 对设计应选用的操作过电压最大幅值作了规定，见表 2-6-8。

表 2-6-8   电力系统操作过电压倍数（K_0[①]）

线路电压等级 （kV）	过电压标准	过电压倍数 K_0
35 及以下 低电阻接地系统	U_{max}	3.2
66kV 及以下 （除低电阻接地系统外）		4.0
110 及 220		3.0
330	$U_{2\%}$	2.2
500		2.0

① 以最高运行相电压（最大值）为基础。

2. 操作过电压波头长度的分布

操作过电压波头长度对设备绝缘强度的影响较大。为此，国内外不少单位对波头长度进行了实测和研究。

我国原第一机械工业部高压电器研究所对 110～330kV 线路的操作过电压波头长度的实测数据曾进行过统计分析，得出操作过电压波头范围为[2-21]

110kV 电网：300～1800μs，多数在 1000μs 左右；

220kV 电网：800～3500μs，多数在 1000μs 左右；

330kV 电网：1000～5000μs（自振频率 10～200Hz），多数在 1500～3000s。

我国原水利电力部电力科学研究院高压研究所曾对八条 220kV 线路的实测波形进行了统计分析[2-30]，得知其自振频率为 125～225Hz，波头平均长度为 1771～3807μs，多数在 1000～2500μs 之间，最短波头长度为 365μs。1982 年原水利电力部电力科学研究所又对 500kV 电网进行了模拟测试，见表 2-6-9。

表 2-6-9   500kV 线路波头长度统计分布

操作方式		合闸	重合闸
波头长度平均值 （μs）		3338	2528
波头长度超过下列时间的概率（%）	250μs	100	99.8
	500μs	100	98.3
	1000μs	99.5	91.3
	2000μs	88.4	63.2
	3000μs	59.0	27.2
	4000μs	24.9	9.9
	5000μs	8.6	4.3
统计分布规律		所有统计方法均服从韦布尔分布，按 $\tau_{85\%}$ 统计方法，尚服从正态分布	

美国曾在 345kV、100～250km 线路上实测了波头长度的分布。尽管线路较短，多数波头长度仍达 1000μs。另外，在 500kV 线路上测得的波头平均长度约在 2000μs 及以上[2-24]。

苏联在电网中测试表明，操作过电压波头长度为 600～4500μs，90% 以上的波头长度大于 1000μs[2-34]。

关于操作过电压波头长度与幅值是否相关的问题，原水利电力部电力科学研究院高压研究所对 220kV 及 500kV 线路均进行过统计分析。分析表明，二者相关程度极弱。

3. 操作过电压极性的分布

测试表明，操作过电压的正、负极性所占比例大体相等。原水利电力部电力科学研究院高压研究所对 500kV 电网模拟测试所得结果，正、负极性所占比例分别为 55% 及 45%。

4. 操作过电压沿线长的分布

操作过电压幅值沿线长的分布是不均匀的。原水利电力部电力科学研究院高压研究所曾按某条 500kV 线路参数，就合闸与重合闸时的操作过电压沿线长的分布进行了模拟测试，见图 2-6-21 所示。

由图 2-6-21 可以看出，合闸与重合闸时操作过电压幅值与标偏基本上随距线路首端距离增加而增大。

（二）操作波作用下外绝缘放电的特点

线路绝缘在操作波作用下的放电也具有统计特性，并有如下特点：

（1）极性效应：试验表明，绝缘的正极性放电电压比负极性低。由图 2-6-22 列出的典型棒-棒、棒-板间隙正、负极性操作波的击穿电压曲线可以看出，

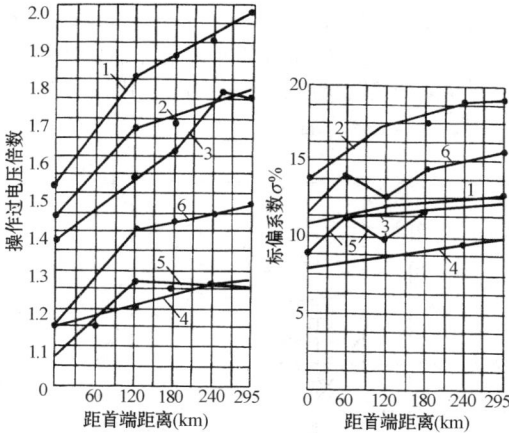

图 2-6-21　合闸与重合闸时操作过电压幅值
与标偏沿线长分布

1—合闸、无电抗器、无开关并联电阻；2—合闸、
无电抗器、有 1000Ω 开关并联电阻；3—合闸、有电
抗器、无开关并联电阻；4—合闸、有电抗器、有
1000Ω 开关并联电阻；5—重合闸、无电抗器、有
400Ω 开关并联电阻；6—重合闸、无电抗器、有 1200Ω
开关并联电阻

随着间隙距离增加，正、负极性的差别也增大，而
且，不对称间隙（棒-板）的正、负极性差别比对称
间隙（棒-棒）大。

鉴于绝缘的正极性操作冲击放电电压比负极性
低，而在实际线路上出现正、负极性操作波的概率大

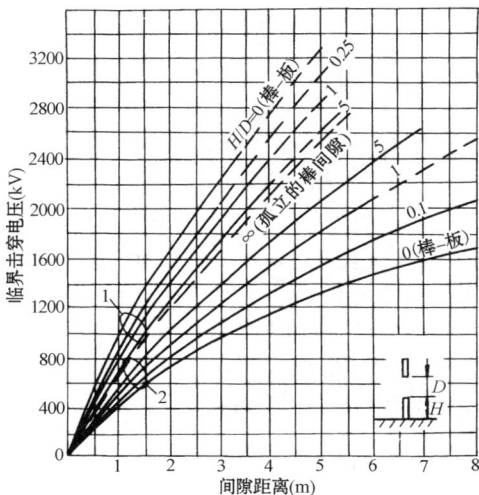

图 2-6-22　棒-棒、棒-板间隙操作
波击穿电压曲线

1—负极性；2—正极性

波头长度 100 ~ 200μs，蒸汽压力 ≈ 1.69 × 10³Pa

体相等，因此，选择线路绝缘强度时应以正极性操作
波为准。

（2）邻近效应：指周围接地物体对绝缘放电电
压的影响。由图 2-6-22 可以看出，当接地板靠近间
隙时，会大大降低其正极性闪络强度，但却能提高负
极性闪络强度。而且，随着间隙距离的增加，邻近效
应的影响增大。

由于绝缘在正极性操作波作用下具有明显的邻
近效应，所以，在国外，对超高压和特高压线路均
普遍提倡在真型塔上进行绝缘的操作冲击放电电压
试验。

（3）电极形状的影响：电极形状对绝缘的正极
性操作冲击放电电压的影响比工频，特别比雷电冲击
的影响要大，见图 2-6-17、图 2-6-22 及图 2-6-51。

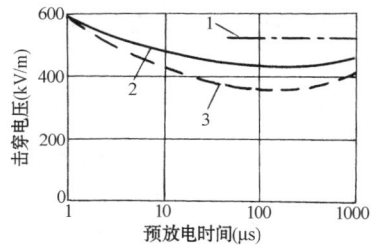

图 2-6-23　每米 50% 击穿电压对预
放电时间的关系曲线（3m 间隙）

1—工频 50% 击穿电压；2—棒-棒间
隙；3—导线-平板间隙

（4）波头长度的影响：图 2-6-23 说明了波头长
度对间隙击穿电压的影响。雷电冲击击穿电压最高，
操作冲击击穿电压在一定的波头范围内低于工频击穿
电压[2-17]，但当波头长度增至 2500 ~ 3000μs 时，其
50% 击穿电压的平均值实际上接近工频均匀升压下的
击穿电压[2-32]。这表明击穿特性曲线呈 U 形特性。由
图 2-6-24 及图 2-6-25 可以看出，在操作波作用范围
内，在某一波头长度下，绝缘的操作冲击 50% 放电
电压最低，称为临界 50% 放电电压 $U_{050\%}$，相应的波
头长度称为临界波头长度 T_0。随着绝缘距离的增大，
临界波头长度 T_0 也增大。

为了能粗略地估计各间隙情况下的 T_0 及 $U_{050\%}$，
现引用如下经验公式[2-19,2-20]以供参考：

棒-板间隙　　$T_0 = 48d$，μs　　　　　　（2-6-24）

$$U_{050\%} = \frac{3400}{1 + \dfrac{8}{d}}, \text{ kV （1 < d < 20m 时）} \quad (2\text{-}6\text{-}25)$$

棒-棒间隙　　$T_0 = 24d$，μs　　　　　　（2-6-26）

上三式中　　d——间隙距离，m。

国外认为，绝缘的操作冲击放电电压的标偏系数
（$\sigma\%$）也是波头长度的函数，也具有 U 形特性，而

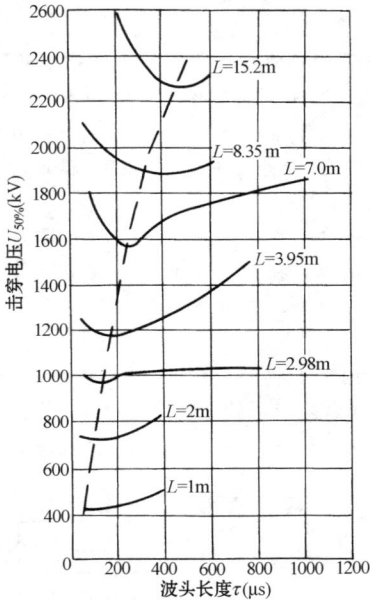

图 2-6-24　棒-板间隙正极性

操作冲击击穿电压

和波头长度的关系

L—间隙距离

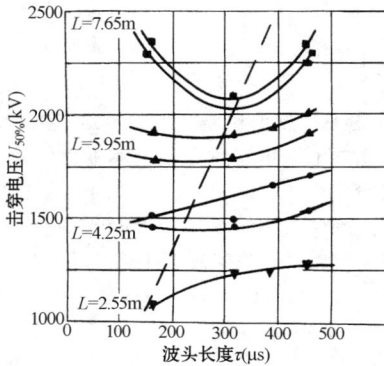

图 2-6-25　悬垂绝缘子串正极性操作

冲击闪络电压与波头长度关系

L—绝缘子串长度；○□△干闪；

●■▲湿闪

本曲线摘自日本 NGK 资料

且，最小 σ% 值的波头长度与临界波头长度也基本一致，如图 2-6-26 所示。但在我国所作的悬垂绝缘子串塔头间隙试验则尚未表明有此种规律，见表 2-6-10。

（5）标偏系数大：绝缘在工频和雷电冲击波作用下，其放电电压的标偏系数（σ%）一般为 2%～3%，而在操作波作用下，其标偏系数可达 2%～10%[2-17]。

（6）具有明显的"饱和"效应：如图 2-6-27 所示，随着距离的增加，平均操作放电场强度急剧下降。这一情况比工频和雷电冲击情况都要严重。因此，尽量降低线路操作过电压水平，消除不必要的设计裕度，对超高压和特高压线路来讲非常重要。

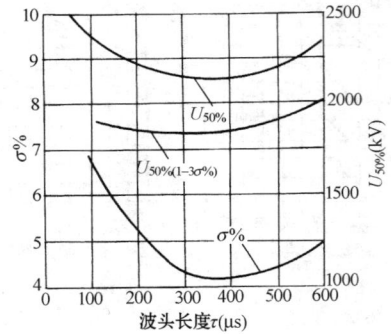

图 2-6-26　击穿电压（$U_{50\%}$）

标偏系数（σ%）与波头长度的关系

（8.75m 的绝缘子串对杆塔间隙）

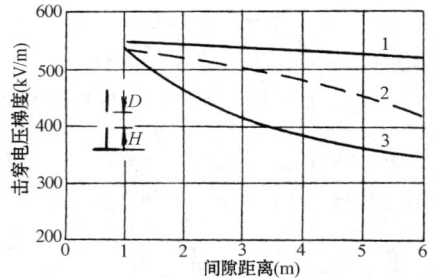

图 2-6-27　击穿电场强度随间

隙距离变化曲线

1—1.2/50μs 冲击波；2—工频；

3—200/2000μs 冲击波棒-棒间隙，

H/D=1.0，正极性、干燥天气

（三）外绝缘试验用操作波波形的选择

在实际系统中操作波的波形是非常复杂的。目前各国主要使用了如下几种波形：

（1）指数型冲击波：如图 2-6-28（a）所示，它是一种波头很陡，衰减较慢的波。目前这种波应用较广。

（2）衰减振荡型冲击波：如图 2-6-28（b）所示，它是一种极性呈周期性变化的波。振荡频率从数十到数百赫兹，即其 1/4 周期（相当于波头）为数百到数千微秒。苏联采用这种波形。一般多用于湿试验和污秽试验。

表 2-6-10   500kV 悬垂绝缘子串塔头间隙放电电压 ($U_{50\%}$) 与标偏系数 ($\sigma\%$)

试验单位	间隙型式	被比较的参数	试验用波形				
			+175/2500	+250/2500	+500/3200 +500/3750 +500/2500	+1000 /5400	+2000/12000
原水利电力部 东北电力试验研 究院	500kV 猫头型 塔中相塔窗	放电电压 ($U_{50\%}$) 比	1.03~1.07	1.0	1.1~1.19	1.14~1.23	1.19~1.26
		$\sigma\%$ 变化范围	2.5~5.9	2.9~4.4	2.0~3.6	3.4~5.6	2.0~4.9
原水利电力部 电力科学研究院 高压研究所[2-27]	500kV 酒杯型 塔中相塔窗	放电电压 ($U_{50\%}$) 比		1.0	1.09~1.14		
		$\sigma\%$ 变化范围		5.1~7.2	4.0~5.5		
北京电力试验 研究所[2-26]	500kV 门型塔 边相	放电电压 ($U_{50\%}$) 比		1.0	1.027~1.04		
		$\sigma\%$ 变化范围		3.0~5.4	2.0~5.7		

注 表中标偏系数 $\sigma\%$ 系用升降法求得。

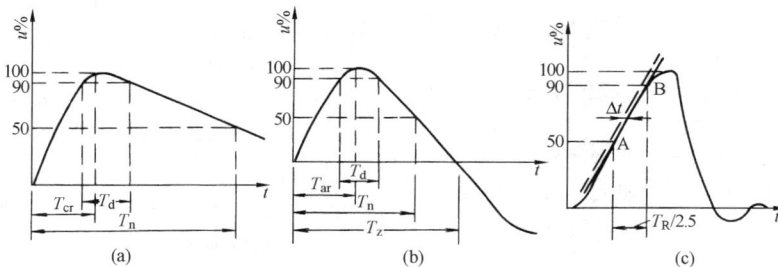

图 2-6-28 操作冲击试验用波形

（a）指数型冲击波；（b）衰减振荡型冲击波；（c）斜角波

T_{cr}—波头长度（或称波前时间）；T_n—半峰值时间；T_d—90%峰值以上时间；

T_R—斜角波上升时间；S—斜角波视在陡度（即 $4B$ 直线的斜率）

（3）斜角波：如图 2-6-28（c），它是一种以近似恒定的陡度上升的电压波，其幅值被击穿电压所限制。这种波多用于避雷器试验和绝缘的伏秒特性试验。当 $\Delta t/T_R \leqslant 0.05$ 时可以认为是斜角波。

国际电工委员会（IEC）60-1-89《高电压试验技术（第一部分：定义和试验要求）》及 GB 311.3-83《高电压试验技术（第二部分：试验程序）》推荐的操作波的波形及有关规定如下：

（1）标准操作冲击波：指波头长度（T_{cr}）为 250μs，半峰值时间（T_n）为 2500μs 的指数型冲击波，可以写为 250/2500 冲击波。

（2）特种操作冲击波：当标准波形不能满足要求或不适用时，建议采用振荡性或非周期性冲击波。

（3）允许偏差：对标准和特种操作冲击波，规定值和实测值之间允许下列偏差：

峰值：±3%；波头长度：±20%；半峰值时间：±60%。

在某些情况下，如低阻抗的试品，将波形调节在推荐的容许偏差之内可能有困难，此时，可以采用其它冲击波形和允许偏差。

其中斜角操作冲击试验的测量结果，通常可用伏-秒曲线来表示。由于它的使用范围很广，没有必要规定任何特定的波头陡度或预期的波头长度，也不需要规定这些数值的容许偏差。

（四）塔头绝缘操作冲击的影响因素及试验数据（或曲线）的选用

当按要求的操作过电压水平来选择绝缘子片数及塔头空气间隙距离时，都需要有关的试验数据或曲线。但由于国内外各试验研究单位在进行外绝缘操作冲击试验时所选用的试验参数（如操作波波型、极性、波头长度、试品布置方式、气象条件等）均有所不同，试验设备及条件（如室内、室外、试验厅大小等）也存有差异，这样，就使得各数据（或曲线）分散性很大，有的甚至相互矛盾，而这些差异或矛盾是很难相互统一归算的。因此，在设计选用时，应尽可能选用与设计要求相当的数据（或曲线），同时，尚应注意以下各点。

1. 关于操作波极性的选用

如前所述，空气间隙的正极性击穿电压比负极性低，所以，设计时应选用正极性击穿电压数据（或曲线）。

对于悬垂绝缘子串，虽然有的试验[2-24]表明，在淋雨的湿状态下（特别在雨量较大时），其负极性闪络电压比正极性低，但从各国大量的试验数据统计来看，无论干闪或湿闪，几乎都是正极性比负极性的闪络电压低（特别在雨量较小时），或正、负极性的闪络电压基本相同[2-1,2-24,2-31]，因此，在设计时仍应以正极性为准。

2. 关于干、湿闪数据（或曲线）的选用

试验表明，降雨对空气间隙的击穿电压影响很小，所以，设计时对空气间隙可选用干击穿电压的数据（或曲线），并按相应气象条件进行相对空气密度和湿度的校正。各试验单位提供的数据（或曲线）也都是干击穿电压的数据（或曲线）。

关于悬垂绝缘子串，其干、湿闪数据的选用需说明如下。

（1）试验表明，绝缘子串的操作冲击干闪电压与绝缘子类型关系不大，主要决定于绝缘子串长度，而其操作冲击湿闪电压则与绝缘子型式有关。一般认为，湿闪电压低于干闪电压，但悬式绝缘子的泄漏距离和结构高度之比越大，其干、湿闪的差值越小[2-20]。

（2）降雨率及水电阻率对闪络电压的影响程度见图 2-6-29[2-24]及图 2-6-30 所示。各国对绝缘子湿试

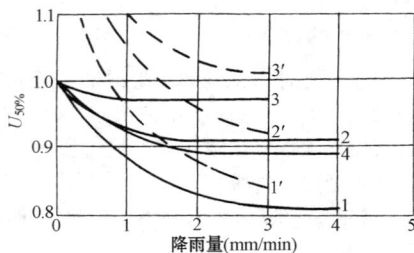

图 2-6-29　各型绝缘子操作冲击
湿闪络电压（$U_{50\%s}$）与干闪络电压
（$U_{50\%}$）之比值和降雨率的关系
1、1′—7 × пм-4.5；2、2′—7 × пс-4.5；3、
3′—сп-110；4—8 × кс-400；
——正极性；……负极性

验所规定的降雨率标准并不一致。国际电工委员会 IEC 60-1-73 规定的标准为 1.0 ~ 1.5mm/min（垂直及水平分量），欧洲规定为 3 ± 0.3mm/min，美国为 5 ± 0.5mm/min，日本为 1 ~ 3mm/min。我国过去有的用 IEC 标准，有的用 3mm/min。我国 GB 311.2-83 标准与 IEC 60-1-73 相同。目前 IEC 60-1-89 则规定为 1.0 ~ 2.0mm/min。

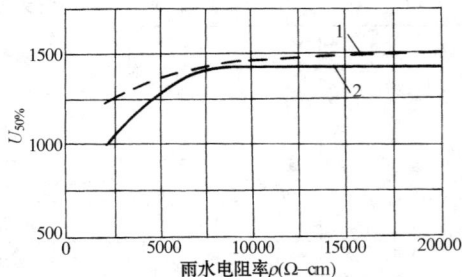

图 2-6-30　雨水电阻率对绝缘子串正极性
操作冲击闪络电压的影响
1—摘自北京电力试验研究所资料[2-26]；2—摘
自 IEEE，PAS1964. No11

各国所规定的水电阻率也不完全一致。IEC 60-1-73 规定为 10000 ± 15% Ω-cm（15℃时），日本规定为 10000 ± 20% Ω-cm，欧洲规定为 10000 ± 10% Ω-cm（15℃时），美国规定为 17800 ± 15% Ω-cm（15℃时），我国 GB 311.2-83 标准与 IEC 60-1-73 相同。

实际上，自然雨达 1mm/min 降雨率的机会是不多的，达 3mm/min 降雨率的机会则更为稀少。如我国年降雨量较大的南京地区，仅在几十年才发生一次的暴雨中记录到最大降雨率为 3.8mm/min[2-20]。此外，一般天然雨的电阻率均大于 10000Ω-cm。由此可见，上述各国所定湿试验标准是偏于安全的。

（3）由于各试验单位采用的湿试验标准及条件不同，因此，所得数据分散性较大。由图 2-6-29 可看出，绝缘子串的正极性湿闪电压比干闪电压低 3% ~ 18%。参考文献 [2-1] 及 [2-31] 表明，正极性湿闪电压比干闪电压低 5% ~ 8%，并建议一般可按低 5% 考虑。北京电力试验研究所对 XP-16 绝缘子进行干、湿闪（波头长度 250 ~ 500μs、垂直淋雨率为 1.5 ~ 1.8mm/min）试验表明，湿闪电压比干闪低 5% ~ 7%。图 2-6-35 所列 X-7 绝缘子的干、湿闪电压相差最大达 35% 左右。

（4）DL/T 620—1997 规定，当按操作冲击电压选择绝缘子片数时，应按如下两种方法校正，且选取严重者。

1）考虑雨使绝缘子正极性冲击干闪络电压降低 5%（或采用实测的湿试验数据），再进行相对空气密度校正❶；

2）不考虑雨的影响，但进行相对空气密度和湿度的校正。

3. 关于电场分布影响的修正问题

---

❶ 国标 GB 311.2-83 指出，湿试验的空气密度校正问题正在考虑中。

送电线路塔头绝缘，由于其电极形状不同，塔头布置及塔身宽度不同，以及离地高度不同等，均使其电场分布受到影响，因而影响放电电压。所有这些因素，在设计时均应适当考虑。

（1）塔头布置的影响：送电线路的塔头布置，从电气设计角度来看一般可分为三种形式，即：窗型（如酒杯型及猫头型塔中相）、门型及倒 L 型（如酒杯、猫头及门型塔边相）。为了了解这些形式对塔头绝缘放电电压的影响，国内外都进行了一些试验，所得数据比较分散。

图 2-6-31 及图 2-6-32 示出了日本 NGK 试验室对悬垂绝缘子串的试验数据[2-40]。试验波形为 + 145/2700μs，干闪，试验方法采用升降法，每组试验 40 次。

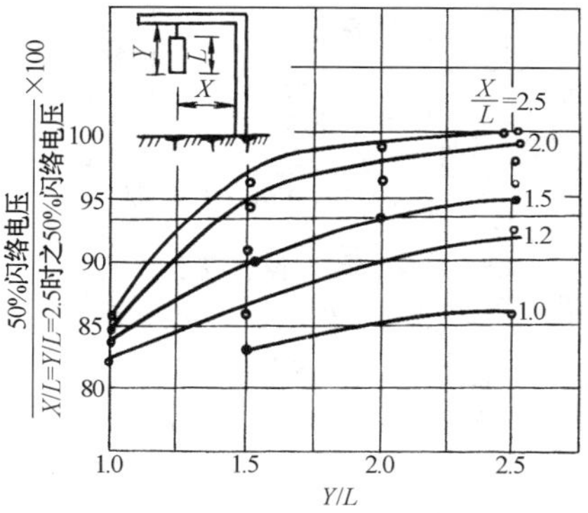

图 2-6-31　塔构对悬垂绝缘子串
操作冲击闪络电压的影响

试品为 22 片 190 × 320mm 绝缘子（无环），
图中 100% 闪络电压为 1845kV

由图 2-6-31 可以看出，当 $Y/L = X/L = 2.5$ 时，

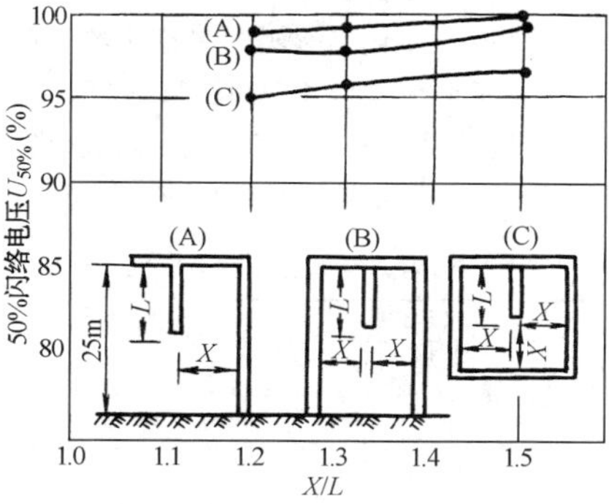

图 2-6-32　塔头布置对悬垂绝缘子
串操作冲击闪络电压的影响

试品为 22 片 195 × 320mm 绝缘子（无环），
图中 100% 闪络电压为 1538kV

绝缘子串的操作冲击闪络电压已不受横担及塔身的影响，而当 $Y/L = 1.0$ 时，受距离 X 的影响不大。由图 2-6-32 可以看出，门型与倒 L 型的操作冲击闪络电压相差甚小，窗型闪络电压约低 4% 左右。

由图 2-6-38 及图 2-6-39 所示美国超（特）高压基地对塔头绝缘子串所测试验数据[2-31]表明，对悬垂绝缘子串，边相的闪络电压比中相约高 11%。对 V 型绝缘子串，则边相比中相仅高 5%，这可能是由于 V 型串受横担及相邻串的影响较大所致。

图 2-6-47 示出了苏联推荐的塔头空气间隙试验曲线[2-34]。该曲线所用绝缘子串为 V 型串。由曲线可以看出，门型塔中相及塔窗比门型塔边相（即倒 L 型）的放电电压分别低 3% 及 6% 左右。

我国原水利电力部电力科学研究院高压研究所及北京电力试验研究所亦对各种塔头布置型式进行过操作冲击干闪试验，其闪络概率与塔头布置的关系见表 2-6-11 及表 2-6-12 所示。

表 2-6-11　　原水利电力部电力科学研究院高压研究所所测酒杯真型塔数据

试　验　用　波　形		+250/2500					中相：+520/3750 边相：+600/4500
距塔身距离（D）/绝缘子串长（λ）		1.38	1.2	1.1	1.0	0.8	1.38
边相放电电压/中相塔窗放电电压		1.107	1.074	1.062	1.045	1.033	1.035
沿绝缘子串的闪络概率	边相	86%	57%	40%	25%	0%	57%
	中相	70%	46%	35%	20%	0%	90%

注　试品为 28 片 XP-16，绝缘子串总长（λ）约为 4.4m（不包括金具）。

表 2-6-12　北京电力试验研究所所测数据　　　　　　　　　　　　　　　续表

试验用波形		+250/2500				试验用波形		+250/2500			
距塔身距离（D）/绝缘子串长（λ）		0.9	0.8	0.7	0.6	放电电压比	门型塔边相/门型塔中相	1.025	1.025	1.028	1.021
放电电压比	门型塔边相/酒杯塔中相塔窗	1.063	1.06	1.055	1.048						

注　绝缘子串为 28 片 XP-16，总长（λ）约为 4.4m（不包括金具）。

以上所列国内、外数据可供设计者参考。在塔头绝缘配合设计时，我们感兴趣的是塔头绝缘的耐受电压值（U_N），而不是放电电压值（$U_{50\%}$）。二者差别的大小与标偏系数（$\sigma\%$）有关。国内外试验均表明，$\sigma\%$的大小与塔头布置型式有关，见表 2-6-13。

表 2-6-13　　国内、外试验所得 $\sigma\%$ 值

间隙型式	苏联数据[2-34]	北京电力试验研究所数据	原水利电力部电力科学研究院高压所数据[2-27]
导线-横担	(7.6)		
倒 L 型（门型塔边相）	(6.6)	5.08	6 ~ 10
门型塔中相	(5.8)	4.16	
塔窗	(5.1)	3.93	5.0 (3.5)

注　1. 括号外数字为用悬垂绝缘子串时的测试数据，括号内数字为用 V 型串时的测试数据；

　　2. 苏联为长波头数据，其它为 +250/2500μs 数据。

综上可见，中相塔窗的操作冲击 50% 放电电压（$U_{50\%}$）比边相低，但其标偏系数（$\sigma\%$）也比边相小。因此，中相与边相的耐受电压实际上差别不大。现行规程对边相与中相的绝缘要求完全一致，没有区别。

（2）塔头宽度的影响：塔头宽度对塔头空气间隙的操作冲击击穿电压有一定的影响。图 2-6-33 绘出了美国[2-31]的试验数据。苏联则仍按式（2-6-15）进行操作冲击击穿电压的塔头宽度校正。

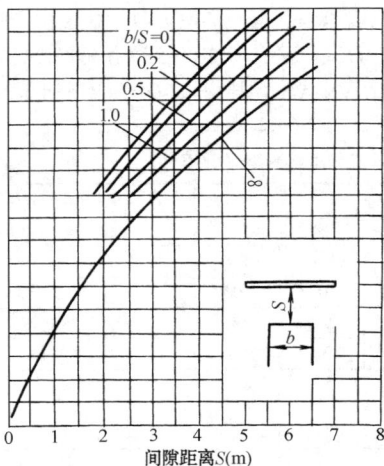

图 2-6-33　导线对塔身（或横担）
空气间隙操作冲击击穿电压曲线
（+175/3200μs）
b—塔身（或横担）宽度；S—间隙距离

实际上，当空气间隙距离不同时，塔头宽度的影响也应有所不同，美国的试验数据较明显地反映了这一影响，可作为设计参考。

（3）绝缘子串距横担距离的影响：图 2-6-34 列出了 +175/3200μs 操作冲击波作用下绝缘子串的悬挂杆（即悬垂绝缘子串与杆塔横担的连接金具）校正曲线[2-31]，可供设计参考。从国内的一些试验资料来看，试验所用的悬垂绝缘子串与横担连接金具的长度与实际工程所用差别不大，因此，在设计时可不必进行校正。

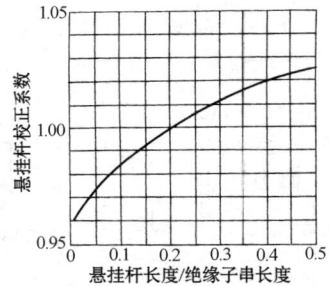

图 2-6-34　在正极性操作冲击波
作用下悬垂绝缘子串的悬挂杆
校正曲线　（+175/3200μs）

（4）绝缘子串防护金具对塔头绝缘操作冲击放电电压的影响：国外一些试验已证实，绝缘子串防护金具对塔头空气间隙的正极性操作冲击击穿电压的影响，可以简单地按防护金具使空气间隙距离减小（即从防护金具外缘计算间隙距离）来考虑，并可利用没有防护金具时的击穿电压数据[2-1]。对悬垂绝缘子串，在正极性操作冲击干闪情况下防护金具对闪络电压的影响，应视防护金具相对于绝缘子串安装位置之不同，其影响相当于减少 0 ~ 1.5 片绝缘子。

（5）导线根数对塔头空气间隙击穿电压的影响：L·帕里斯曾对单导线及四分裂导线与构架的空气间隙击穿电压进行了对比试验，其情况见表 2-6-14 所示[2-16]。

由表 2-6-14 可以看出，在导线分裂根数不多（如三根、四根）的情况下，导线分裂根数对间隙的击穿电压影响很小，参考文献［2-1］也同样指出了这一点。因此，对这一影响在设计中可不予以校正。

（6）塔头离地高度对间隙击穿电压的影响：参考文献［2-1］列出了不同高度的导线对塔柱的试验结果。结果表明，对塔身宽 1.22m、间隙为 2.44m 的情况，把导线由离地 16.8m 高度降为 4.6m 高度时，间隙的击穿电压降低 8% 左右。这就足以说明塔头离地高度对间隙击穿电压有影响。参考文献［2-34］也同样指出了这一点。由于各试验场（所）条件所限，

试验高度通常小于正常使用高度，因而其结果偏于安全。考虑到目前有关杆塔高度影响的校正尚无可靠数据，因此可暂不作校正。

表 2-6-14　　　　　　　　　　　导线-构架间隙击穿电压比较表

被 试 间 隙	波 形	间距 S (m)	(1) 单导线 $U_{50\%}$（kV）	(2) 四分裂导线 $U_{50\%}$（kV）	(1)／(2)
	+120/4000μs、干闪	2	940	960	0.98
		5	1730	(1750)	(0.99)
	+420/4000μs、干闪	2	1020	1020	1.0
		4	1750	1760	0.99

注　1. 括号中的数值为插入值；
　　2. 单导线直径与四分裂导线中单根子导线直径相等。

（五）悬垂绝缘子串的操作冲击闪络特性

为便于设计使用，现列出国内、外的一些试验曲线以供参考。

图 2-6-35 为国产 X-7 型绝缘子的操作冲击闪络特性[2-20]。由图可以看出，+800/5000μs 情况下的绝缘子串的干、湿闪络电压与工频基本一致。图 2-6-36 为大连产 XP-10 的闪络特性，它是西安原第一机械工业部高压电器研究所 1984 年的试验曲线。试验时绝缘子串上端离横担 0.8m，下端带 P_1-330 屏蔽环及分裂间距为 400mm 的两分裂导线（用长 6m 的钢管代替）。模拟铁塔吊高约 20m，横担长 14.1m。图 2-6-37 为我国 XP-16（155×255mm）及大盘径 XP-16D（155×267mm，泄漏距离为 325mm，试验时尚未正式定型）绝缘子的操作冲击闪络特性，它是北京电力试验研究所的试验曲线[2-26]。绝缘子串无防护金具，导线采用上扛线夹。湿试验时的淋雨率为 1.5 ~ 1.8mm/min（垂直分量）。

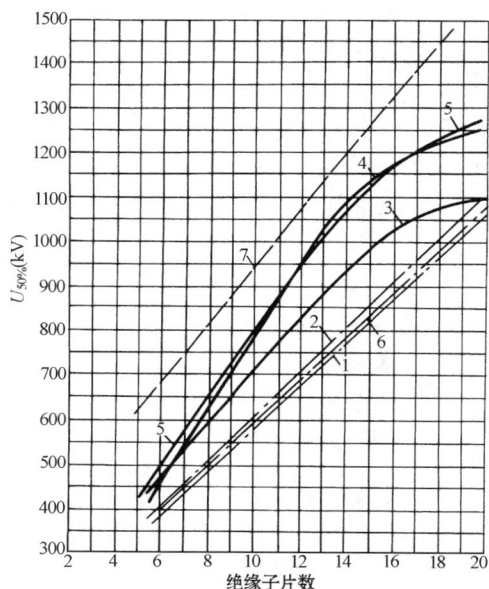

图 2-6-35　X-7（146×254mm）绝缘子串操作冲击闪络电压曲线

1—800/5000μs，湿闪，正、负极性；2—100/5000μs，湿闪，正、负极性；3—100/5000μs，干闪、正极性；4—800/5000μs，干闪，正极性；5—工频干闪；6—工频湿闪；7—1.5/40μs，正极性

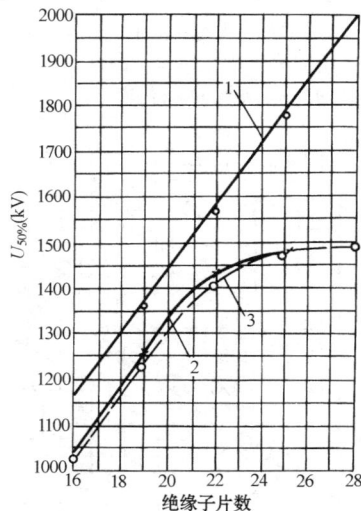

图 2-6-36　XP-10（146×254mm）绝缘子操作及雷电冲击闪络电压曲线

1— +1.2/50μs，干闪；2— +310/3300μs，干闪；3— +310/3300μs 湿闪，淋雨率为 3mm/min
雷电及操作冲击干闪数据已按 IEC 60-2-73 校正到标准状态，操作冲击湿闪未作校正

图 2-6-38 及图 2-6-39 为美国超高压试验基地的一组试验曲线[2-31]，此两图曲线的试验波形为 +175/

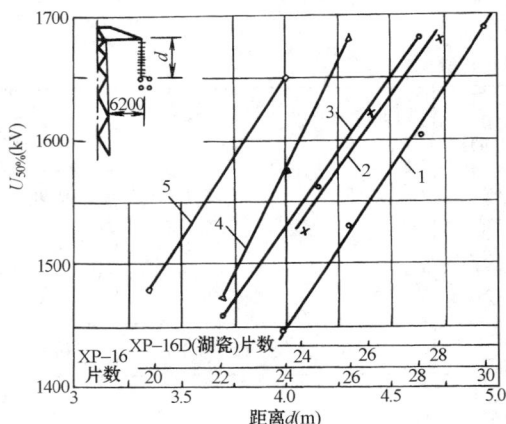

图 2-6-37 XP-16 及 XP-16D（湖北电瓷厂）
绝缘子串操作冲击闪络电压曲线
1—XP-16，湿闪，+250～290/2800～3300μs；2—
XP-16D，湿闪，+220～270/2900～3000μs；3—XP-
16，干闪，+260/3200μs；4—XP-16，湿闪，+470
～480/3300～3400μs；5—XP-16，干闪，+480～500/
3000～3100μs

3200μs，闪络电压的标偏系数（σ%）约为 5%。图 2-6-
38 若用于边相，则 $U_{50\%}$ 应增加 11%，如装设均压环，则
$U_{50\%}$ 降低约相当于减少 0～1.5 片绝缘子。图 2-6-39 若
用于边相，则绝缘强度增加 5%。湿闪使绝缘强度降低
5%。如装设均压环，则使绝缘强度降低约 5%。

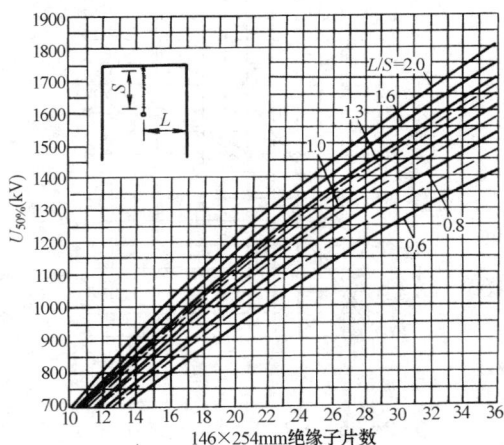

图 2-6-38 铁塔中相悬垂绝缘子
串的正极性操作冲击
干闪电压曲线

以上所列均是短波头的试验数据。图 2-6-40 列
出了一组苏联的长波头数据[2-24]。图中曲线为正极性
干闪电压数据，各试验点为湿闪电压数据。湿试验时
淋雨率为 3mm/min。

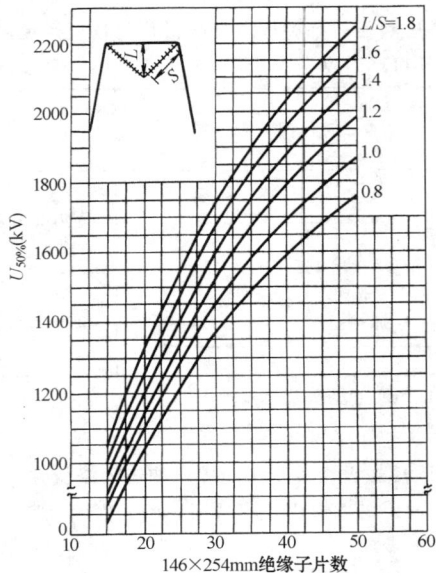

图 2-6-39 铁塔中相 V 型绝缘子串的
正极性操作冲击干闪电压曲线

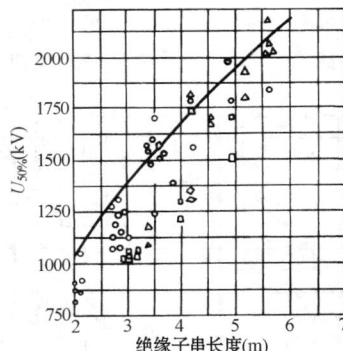

图 2-6-40 操作冲击电压
（等值频率为 125Hz）作用下悬
垂绝缘子串的闪络特性
○ ●—ПM-4.5（140×270mm）；
□ ■—П-8.5（203×320mm）；
△ ▲—ЛC-30（190×320mm）；
◆—П-11（215×350mm）；
白色点表示正极性，黑色表示
负极性，曲线为正极性干闪电压

（六）污秽条件下悬垂绝缘子串的操作冲击闪络特性

1. 电网运行情况对悬垂绝缘子串操作污闪的影响

试验表明，绝缘子串的操作污闪特性与工频电压的施加情况有密切关系。为了了解电网不同运行条件下绝缘子串的操作污闪特性，操作污闪的试验方法一般有如下三种：

（1）先不加工频电压，直接加操作冲击电压。这种情况相当于停运之后重新带电运行的湿污秽线路的运行情况。

（2）先加工频电压，然后在断开工频电压后立即施加操作冲击电压。这种情况相当于湿污秽线路自动重合闸的运行情况。

（3）工频电压叠加操作冲击电压。这种情况相当于系统解列及线路弧光接地等的运行情况。

测试表明，先加工频电压比先不加工频电压的操作污闪电压低，这主要是由于工频电压作用时间较长，能在受潮绝缘子表面形成干燥带所致。试验也同时表明，绝缘子串的操作污闪电压随脏污程度的增加而下降。对工频叠加操作冲击电压的情况，其操作污闪电压比清洁绝缘子的操作湿闪电压约低 $\frac{1}{3}$ ~ $\frac{1}{2}$ [2-20]。

2. 绝缘子串的操作污闪与工频污闪的关系

国内、外试验均表明[2-17、2-20、2-31]，绝缘子串的操作污闪电压和工频污闪电压的比值一般为 2 左右。如果线路的操作过电压倍数在 2 倍左右及以下，则按工频污闪要求选择的绝缘子片数能满足操作冲击作用下的污闪要求。同时，目前我国规程规定的绝缘子工频泄漏比距的要求（见表 2-6-5）系根据我国线路的大量运行经验而得出的，这自然也包括了污秽绝缘子遭受操作过电压的情况在内。由此两点可以认为，在设计时操作污闪可不作为选择绝缘子片数的条件。

（七）塔头空气间隙的操作冲击击穿特性

为便于设计使用，现列出国内、外的一些试验曲线以供参考。所列曲线均是正极性干击穿电压曲线。

图 2-6-41～图 2-6-45 为国内测试的曲线。图 2-6-41 是几种波形下双分裂导线-水泥杆间隙的操作冲击击穿电压曲线，数据已按 GB 311-64 校正至标准状态[2-20]。图 2-6-42 为西安高压电器研究所的双分裂导线-铁塔间隙操作冲击击穿电压曲线。试验时悬垂绝缘子下端带有分裂间距为 400mm 的双分裂导线及 P_1-330 屏蔽环。当间隙较长时，为防止对墙及塔腿放电，则仅有 P_1-330 屏蔽环。试验数据已按 IEC 60-1-73 校正至标准状态。

图 2-6-43 为北京电力试验研究所的试验曲线，试验厅宽约 30m，被试塔头的横担距试验厅屋顶横梁约 8m，距地约 16m，模拟导线离地约 10m，因此，大地对测试数据有较大的影响，所测数据与图 2-6-44 相比要偏低一些。另外，图中曲线 3、4 为两次不同

时间的测试数据，两曲线的差异可能是由于塔身宽度不同以及其它因素的影响所致。图中数据已按 IEC 60-1-73 校正。

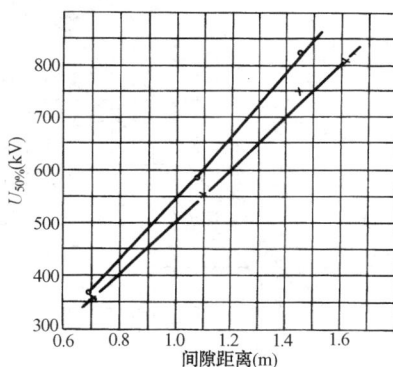

图 2-6-41　双分裂导线-水泥杆间隙操作冲击击穿电压曲线
·— +640/3000μs；×— +88/3000μs；
+— +400/3000μs

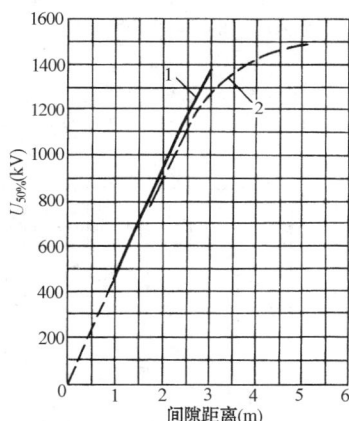

图 2-6-42　双分裂导线-塔构间隙操作冲击击穿电压曲线（+310/3300μs）
1—带导线及 P_1-330 屏蔽环；
2—带 P_1-330 屏蔽环，无导线

图 2-6-44 为原水利电力部电力科学研究院高压所在户外试验场的测试数据。被试塔头的横担距地 33m。导线为四分裂导线。试验酒杯塔塔头间隙时，绝缘子串采用 28 片 XP-16，上扛线夹，无均压屏蔽环。

图 2-6-45 系东北电力试验研究院在二代猫头塔真型塔窗上所作的试验曲线。试验采用了各种波头长度，是国内比较完整的一组曲线。

图 2-6-33 系引自美国超高压试验基地的一组试验曲线[2-31]，图 2-6-46 系引自日本的试验数据[2-37]，可供设计参考。

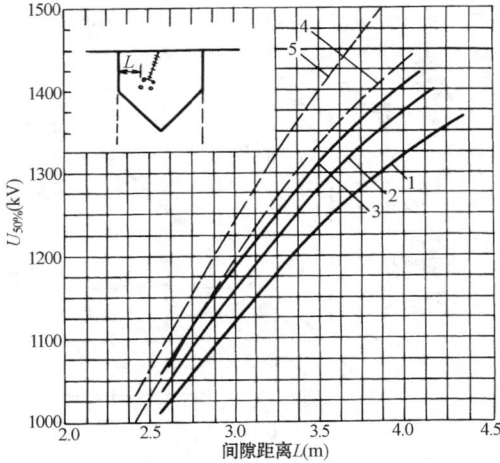

图 2-6-43 四分裂导线-塔构间隙
正极性操作冲击击穿电压曲线

1—塔窗中相，+240~255/2040~2250μs；2—门型
塔中相，+236~265/2040~2330μs；3—门型塔边
相，+240~250/1980~2200μs；4—门型塔边相，
+250~270/3000~3300μs；5—门型塔边相，+460~
540/3100~3600μs

实线为 1979 年所测，塔身宽约 2.4m。虚线为 1978 年
所测，塔身宽约 1.7m。数据已按 IEC 60-1-73 校正

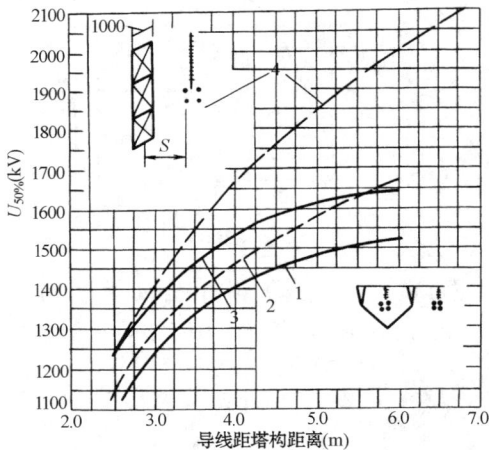

图 2-6-44 500kV 酒杯塔塔头操
作冲击击穿电压曲线

1—酒杯塔中相，+250/2500μs，σ% = 5.2% ~
7.25%；2—酒杯塔边相，+250/2500μs，σ% =
4.28% ~ 5.76%；3—酒杯塔中相，+520/3750μs，
σ% = 4.0% ~ 5.48%；4—导线-立柱间隙，
+250/2500μs

图 2-6-47 列出一组长波头的试验数据[2-34]。该曲

线所用绝缘子串为 V 型串。在长波头作用下各种空
气间隙的 σ% 值列入表 2-6-15。

表 2-6-15 长波头作用下空气间隙
的标偏系数（σ%）

间 隙 型 式	σ_t%	σ%
导线-横担	7.6%	7.9%
导线-横担和立柱	6.6%	6.9%
导线-横担和双立杆	5.8%	6.1%
导线处于塔窗内	5.1%	5.5%

注 σ_t%—试验条件下的标偏系数；σ%—气象条件变化
影响后的综合标偏系数，见式（2-6-34）。

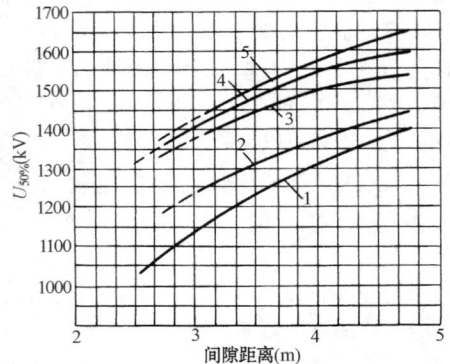

图 2-6-45 500kV 二代猫头型塔塔窗
操作冲击击穿电压曲线

1— +250/2500μs；2— +175/2500μs；
3— +500/2500μs；4— +1000/5400μs；
5— +2000/12000μs

绝缘子串采用 25 片 XP$_3$-16D，上扛线夹，无
均压环及屏蔽环，四分裂导线

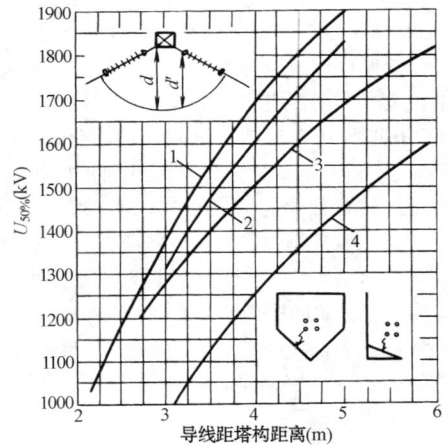

2-6-46 四分裂导线-塔构间隙操作冲击
击穿电压曲线 （+150/3000μs）

1—棒-棒间隙；2—跳线-横担间隙；3—导线
-塔身间隙；4—棒-板间隙

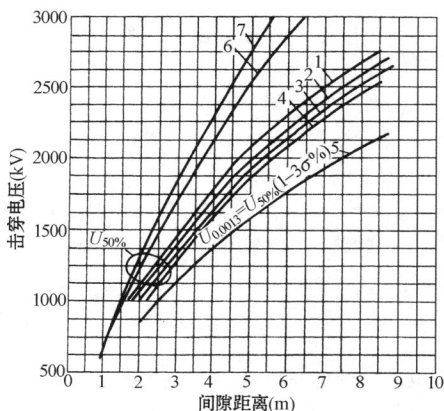

图 2-6-47　导线-铁塔空气间
隙击穿电压曲线

1—导线-横担，操作，正极性；2—导线-横担
及立柱，操作，正极性；3—导线-横担及两
立柱，操作，正极性；4—导线-塔窗，操作，
正极性；5—所有以上（1～4 曲线）间隙，
操作，正极性；6—导线-横担及立柱，雷电，
正极性；7—导线-横担及立柱，雷电，负极
性导线距铁塔所有构件（横担、立柱及下横
梁）的距离相等，铁塔断面为 $1 \times 1 m^2$

（八）并联绝缘的闪络

当线路上出现操作过电压时，操作冲击电压波不仅只作用在一个绝缘（如一个空气间隙或一串绝缘子，而在实用中则往往把一个塔头看作一个绝缘）上，而是几乎全线绝缘都受到操作冲击电压波的作用。因此，一条线路的闪络跳闸率不但和单个绝缘的闪络概率有关，而且和并联绝缘的数量有关。若假定单个绝缘的闪络概率为 $P_i(U_i)$ 时，则有 n 个绝缘的线路的闪络概率为

$$P_n(U) = 1 - \prod_{i=1}^{n}[1 - P_i(U_i)] \quad (2\text{-}6\text{-}27)$$

下面就两种情况进行分析。

1. 假定操作过电压沿线路（即沿 n 个绝缘）均匀分布的情况

当线路全线（设有 n 个绝缘）的绝缘水平都相等，而且加于全线 n 个绝缘上的操作过电压幅值均相等（即均匀分布）时，式（2-6-27）可变为

$$P_n(U) = 1 - [1 - P_1(U_1)]^n \quad (2\text{-}6\text{-}28)$$

按式（2-6-28），并假定单个绝缘及 n 个并联绝缘的放电概率均服从正态分布，则可推算出在一定的耐压概率下并联绝缘的耐压值与单个绝缘的耐压值之间的关系，如图 2-6-48 所示[2-1]。设计时，用图 2-6-48 的曲线和单个绝缘的试验数据，就可以根据线路（n 个并联绝缘）的耐受概率确定线路的耐压水平。

由图 2-6-48 可以看出，随着线路并联绝缘数量的增加，线路的耐压水平降低。与此同时，经计算表明，随着并联绝缘数量（n）的增加，其放电电压的分散性（即标准偏差 σ_n）也减小，如式（2-6-29）及表 2-6-16 所示[2-24]。

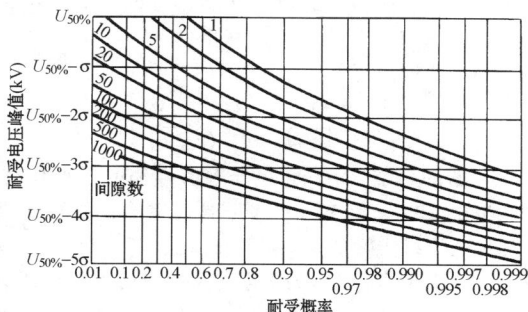

图 2-6-48　并联间隙使耐
受电压降低的换算图

$U_{50\%}$—单个间隙的 50% 闪络电压，kV；

σ—单个间隙的标准偏差，kV

表 2-6-16　并联间隙数（n）与 σ_n/σ_1 的关系

n	1	2	4	10	20	50
σ_n/σ_1	1	0.81	0.7	0.6	0.54	0.47

n	100	200	500	1000	10000
σ_n/σ_1	0.42	0.38	0.35	0.33	0.28

$$\frac{\sigma_n}{\sigma_1} = \frac{1}{n} \times 0.5 \left(\frac{1}{n}\right)^{-1}$$
$$\times \exp\left[\frac{(U_{50\%n} - U_{50\%1})^2}{2\sigma_1^2}\right] \quad (2\text{-}6\text{-}29)$$

式中　σ_1——一个绝缘放电电压的标准偏差，kV；

σ_n——n 个并联绝缘放电电压的标准偏差，kV；

$U_{50\%1}$——一个绝缘的 50% 放电电压，kV；

$U_{50\%n}$——n 个并联绝缘的 50% 放电电压，kV。

2. 操作过电压沿线（即沿 n 个绝缘）不均匀分布的情况

实际上，当操作冲击波施加于线路上时，每个杆塔（可看成每个绝缘）所承受的过电压幅值及其标偏均不相等（见图 2-6-21），因此，假定过电压幅值沿线均匀分布来计算线路的闪络概率（或耐压水平）是不正确的。正确的作法只能按各塔实际承受的过电压幅值及其标偏逐塔计算各塔的闪络概率，并应用式（2-6-27）来计算整个线路（设共有 n 个绝缘）的闪络概率。不过，这样计算不但非常麻烦，而且也不可能准确掌握各塔上过电压分布的确切规律。为了能比较切合实际并使计算简化，目前各国在粗略计算中均

采用了等值塔数（n_{eq}）的概念。

所谓等值塔数（n_{eq}），就是假定以线路上最大过电压的幅值及其标偏均匀施加在 n_{eq} 基杆塔上，使其按式（2-6-28）计算出的线路闪络概率 $P_{n_{eq}}$（U）等于按实际过电压不均匀分布用式（2-6-27）算出的闪络概率 P_n（U）。这样，令式（2-6-27）算出的 P_n（U）等于按式（2-6-28）算出的 $P_{n_{eq}}$（U），即可得 n_{eq} 为

$$n_{eq} = \frac{\lg\,[\,1 - P_n\,(\,U\,)\,]}{\lg\,[\,1 - P_1\,(\,U_1\,)\,]} \qquad (2\text{-}6\text{-}30)$$

n_{eq} 值的大小与沿线过电压及其标偏的分布有关。苏联根据 220kV 和 500kV 线路自动重合闸过电压及其标偏的沿线实际分布，推算出 $n_{eq} = 80 \sim 150$，建议取 $n_{eq} = 100$。原水利电力部电力科学研究院高压研究所曾对 500kV 线路进行过合闸及重合闸内过电压模拟测试。经测试及计算，推算出 $n_{eq} = 100 \sim 170$，建议取 $n_{eq} = 120$。

综上所述，对 220kV 及以上线路进行操作过电压闪络概率粗略计算时，建议取 $n_{eq} = 100 \sim 120$。

（九）绝缘子片数的选择

绝缘子串中绝缘子片的选择除应符合工频电压的泄漏距离要求［见式（2-6-17）］外，尚应符合操作过电压的要求，其选择方法如下：

（1）电压较低的线路，当绝缘子串缺乏合适的操作冲击闪络电压数据时，可用工频湿闪络电压数据作为选择依据。此时，绝缘子串的工频 50% 湿闪络电压峰值 U_{Nh} 应满足下式要求。

$$U_{Nh} = KK_0\sqrt{2}\,U_{pm}, \quad kV \qquad (2\text{-}6\text{-}31)$$

式中 K_0——操作过电压倍数，可按表 2-6-8 或线路实测数据选取；

K——考虑了工频与操作冲击电压差别等因素而引入的湿闪络电压综合校正系数。在海拔 1000m 及以下，$K = 1.1$；

U_{pm}——线路的最高运行相电压有效值，kV。

（2）按绝缘子串的操作冲击闪络电压数据选择绝缘子片数。此时，对绝缘子串的干、湿闪络电压均分别按下式进行计算并按条件严格者选取绝缘子片数

$$U_{suh} = \frac{\sqrt{2}K_0 U_{pm}}{(\,1 - n\sigma\%\,)\;K_d} \qquad (2\text{-}6\text{-}32)$$

$$U_{sua} = \frac{\sqrt{2}K_h K_0 U_{pm}}{(\,1 - n\sigma\%\,)\;K_d} \qquad (2\text{-}6\text{-}33)$$

上两式中 U_{suh}——绝缘子串的操作冲击 50% 湿闪络电压值（峰值），kV；

U_{sua}——绝缘子串的操作冲击 50% 干闪络电压值（峰值），kV；

K_d——空气密度校正系数，按式（2-6-

2）选取；

K_h——空气湿度校正系数，按式（2-6-3）选取；

$\sigma\%$——标偏系数；

n——标偏系数的倍数；

K_0、U_{pm} 符号含义同式（2-6-31）。

按式（2-6-32）、式（2-6-33）算出 U_{suh}、U_{sua} 后，分别查相应的绝缘子串湿、干闪络电压曲线即可得所需绝缘子片数。

上两式中，$\dfrac{1}{1 - n\sigma\%}$ 表示操作冲击 50% 闪络电压和耐受电压之间的裕度。n 的取值与线路绝缘的数量及线路允许的跳闸率（或耐受概率）有关。例如，假定线路的等值倍数 $n_{eq} = 100$，线路的操作闪络跳闸率为 10%（即耐受概率为 90%）时，查图 2-6-48 即可得 $n = 3.15$。根据 IEC 71-2-76 绝缘配合（第二部分）使用导则推荐，$\sigma\%$ 按下式考虑

$$\sigma\% = \sqrt{(\sigma_t\%)^2 + (\sigma_n\%)^2} \qquad (2\text{-}6\text{-}34)$$

式中 $\sigma_t\%$——在试验室条件下由于各种参数（如波形、极性、试品布置、介质特性等）影响试验的不准确性所引起的放电电压的标偏系数；

$\sigma_n\%$——绝缘在运行条件下或在长时间试验条件下，由于气象条件变化以及其它外因所引起的放电电压的标偏系数。

$\sigma_t\%$ 和 $\sigma_n\%$ 应根据试验室和运行（试验）现场的实际数据选用。当无可靠资料时，IEC 71-2-76 推荐 $\sigma_t\%$ 取 6%，$\sigma_n\%$ 取 5%，由此，$\sigma\% \approx 8\%$。

参考标准 DL/T 620—1997，式（2-6-32）及（2-6-33）中，对 220kV 及以下线路，取 $\dfrac{1}{1 - n\sigma\%}$ = 1.17，对 330kV 及以上线路则取为 1.25。

（3）关于零值绝缘子的考虑：绝缘子在运行中，由于制造质量不良及老化等原因可能出现零值。当绝缘子串中出现有零值绝缘子后，对其操作冲击闪络电压有无影响？目前尚有不同的看法。国外有资料介绍，长串绝缘子中有个别零值绝缘子，对其操作冲击闪络电压没有明显影响。北京电力试验研究所对 500kV 长绝缘子串进行操作冲击湿闪络电压的试验表明[2-26]，长绝缘子串中出现两片零值绝缘子，能使绝缘子串的操作冲击湿闪络电压降低，其降低程度相当于减少一片多绝缘子。基于所述情况，并考虑到现行规程 GB 50061-97 及 DL/T 5092—1999 的规定，建议对各级电压线路，当按式（2-6-31）～式（2-6-33）选择绝缘子片数后，尚应再增加 1～2 片绝缘子以补偿出现零值绝缘子的影响。

（十）塔头空气间隙的选取

导线在操作过电压所规定的相应风速作用下产生风偏后，对杆塔构件的最小空气间隙距离可按如下公式选取。

（1）电压较低的线路，当缺乏合适的空气间隙操作冲击击穿电压数据时，可用工频击穿电压数据作为选择依据。此时，塔头空气间隙的工频50%击穿电压（最大值）U_{Nm}应满足下式要求

$$U_{Nm} = K_2 K_0 \sqrt{2} U_{pm}, \quad kV \qquad (2-6-35)$$

式中　K_2——考虑了工频与操作冲击电压差别等因素而引入的击穿电压综合校正系数，在海拔1000m及以下，$K_2 = 1.2$；

K_0、U_{pm}的符号含义同式（2-6-31）。

（2）按空气间隙的操作冲击击穿电压数据选择塔头空气间隙距离。此时，塔头空气间隙的操作冲击50%击穿电压（U_{sua}，峰值）应满足下式要求

$$U_{sua} = \frac{\sqrt{2} K_h K_0 U_{pm}}{(1 - n\sigma\%) K_d}, \quad kV \qquad (2-6-36)$$

式中符号含义同式（2-6-33）。$\sigma\%$的含义同式（2-6-34）。IEC 71-2-76绝缘配合使用导则中，对空气绝缘（包括空气间隙和绝缘子串，特别对真型塔试验，塔头间隙往往是二者的组合）的故障率计算考虑了$\sigma\%$等于6%、8%、10%三种情况，其中6%（即$\sigma_n\% = 0$）适用于试验室条件，8%（即$\sigma_n\% = 5\%$）适用于一般运行条件，10%适用于特别严重的条件。苏联测试表明[2-34]，当间隙距离$d \geqslant 3m$时，$\sigma_n\% \approx 2\%$。参考文献［2-1］建议，当采用临界波头长度时$\sigma\%$可取为4%～5%。我国在绝缘配合计算中，对短波头则综合考虑取$\sigma\% = 6\%$左右。

式（2-6-36）中n的数值则取决于承受操作冲击电压波作用的并联间隙数的多少，而并联间隙数的多少则与操作过电压计算风速的大小、线路受风作用的范围、计算操作过电压与其计算风速同时出现的概率、实际塔位的间隙裕度等因素有关。一般对悬垂绝缘子串杆塔，可取$n = 2$左右，对V型绝缘子串杆塔，可取$n = 3$左右。

根据规程DL/T 620—1997规定，对330kV及以上线路的悬垂绝缘子串杆塔，$\frac{1}{1-n\sigma\%}$取为1.1，对V型绝缘子串杆塔，取为1.25。对220kV及以下线路的悬垂绝缘子串的杆塔取为1.03，对V型绝缘子串的杆塔则取为1.17。

根据式（2-6-36）计算出的U_{sua}值查相应的曲线，即可得所需塔头空气间隙的数值。

（3）DL/T 5092—1999、DL/T 620—1997对各级电压线路所需操作过电压最小空气间隙距离作了规定，现将其归纳整理，如表2-6-17所示。

表2-6-17　送电线路操作过电压及雷电过电压最小空气间隙距离

标称电压（kV）	20	35	66	110	220	330	500	
海拔高度（m）	1000						500	
操作过电压间隙（m）	0.12	0.25	0.5	0.70	1.45	1.95	2.70	2.50
雷电过电压间隙（m）	0.35	0.45	0.65	1.00	1.90	2.30 (2.60)	3.30 (3.70)	3.30 (3.70)

注　污秽地区加强绝缘时，间隙一般仍用表中数值。在海拔高度超过1000m地区，海拔高度每增高100m，操作过电压间隙应较表中所列数值增大1%。如因高海拔或高杆塔而需增加绝缘子片数时，则雷电过电压间隙应相应增大。括号内数字适用于发电厂、变电所进线保护段杆塔。

（十一）塔头带电作业间隙的确定

根据现行规程（GB 50061—1997及DL/T 5092—1999），对需要带电作业的杆塔，应考虑带电作业所需的安全空气间隙距离。由于带电作业的方式是灵活多样的，根据多年的设计及运行经验，在一般情况下不会也不宜因考虑带电作业而增大塔头尺寸。不过，在设计中应尽可能从塔头结构及构件布置上为带电作业创造方便条件。

根据DL409的规定："带电作业应在天气良好的条件下进行……雷电时应停止工作。"这就是说，在雷雨（即雷电电压）条件下是不允许进行带电作业的。因此，带电作业所需空气间隙距离仅由操作过电压来确定。至于远方雷击线路的情况，由于雷电波沿导线传播至作业点时产生衰减，因此也不起控制作用。

直线塔带电作业方式一般有如下三种：

（1）地电位作业方式：即人站在杆塔上（处于地电位），用绝缘工具对带电体进行操作。

（2）等电位作业方式：即人与大地绝缘，处于与带电体相同电位下进行操作。

（3）中间电位作业方式：即用绝缘梯或吊篮等，使人处于带电体与地（或杆塔）之间的某一中间电位，然后用绝缘工具对带电体进行作业。

110kV及以下线路，由于塔头间隙较小，一般采用地电位作业方式。220kV及330kV线路，一般可以采用地电位或等电位作业方式。500kV线路，除可以采用前两种作业方式外，由于塔头间隙距离较大，地电位作业所需绝缘工具太长，操作不便，因此，也可以采用中间电位作业方式。

GB 50061—1997及DL/T 5092—1999规定了带电作业所需的间隙距离如表2-6-18所示。

表 2-6-18 带电作业安全间隙距离

（海拔高度 1000m 以下地区）

电压等级（kV）	35	66	110	220	330	500
操作过电压间隙（cm）	25	50	70	145	195	270
带电作业间隙（cm）	60	70	100	180	220	320

上表所列距离不包括人体及其活动范围。对地电位工作人员停留工作的部位，尚应考虑 30～50cm 的人体及其活动范围。对等电位作业人员的人体及其活动范围，应视人体在带电体上的部位（包括人进入带电体的方式）灵活考虑。

500kV 线路当需要考虑中间电位作业方式时，东北电力试验研究院推荐直线塔带电体-人-塔构组合间隙距离不应小于 330cm（按操作过电压 2.0 倍考虑，不包括人体及其活动范围）。

根据规程规定，检验带电作业间隙时的计算风速采用 10m/s（相应气温为 +15℃），因此，以上所列间隙距离系指考虑导线风偏后所应满足的净距。根据大量带电检修工作的经验，在间隙不足时可采用将带电导线撑开的办法，或在有风天作业时人位于反风向侧作业的办法等来人为的增大间隙距离。因此，在设计时，在征得有关单位同意后，亦可按导线无风偏的位置来计算带电作业所需的间隙距离。

（十二）操作过电压作用下线路跳闸率的简化统计计算法 [参见规程 DL/T 620—1997]

如假定单个绝缘在幅值为 U 的操作过电压作用下发生闪络的概率 $P(U)$ 服从正态分布，则

$$P(U) = \frac{1}{\sqrt{2\pi}\sigma_1^2} \int_{-\infty}^{u} e^{-\frac{(u-\overline{U}_1)^2}{2\sigma_1^2}} dU \qquad (2\text{-}6\text{-}37)$$

式中 $\overline{U}_1$——单个绝缘在操作波作用下的50％放电电压，kV；

σ_1——单个绝缘放电电压的标准偏差，kV。

如假定线路上的操作过电压也服从正态分布，且其均值及标准偏差分别为 $\overline{U}_0$ 及 σ_0，那么，在一次操作中幅值为 U 与 $U + du$ 间的过电压出现的概率为

$$F(u)du = \frac{1}{\sqrt{2\pi}\sigma_0} e^{-\frac{(u-\overline{U}_0)^2}{2\sigma_0^2}} du \qquad (2\text{-}6\text{-}38)$$

于是受到操作过电压分布整体作用的单个绝缘闪络概率 P_F 为

$$P_F = \frac{1}{2} \int_0^{\infty} F(u) P(u) du \qquad (2\text{-}6\text{-}39)$$

式中 $\frac{1}{2}$ 为忽略负极性操作过电压的闪络而引入的数值。

式（2-6-39）经变换后可写为

$$P_F = \frac{1}{2}\left(\frac{1}{\sqrt{2\pi}} \int_{-\infty}^{\theta} e^{-\frac{1}{2}U^2} du \right) \qquad (2\text{-}6\text{-}40)$$

式中括号内为标准型正态概率积分函数，θ 为标准化

变量。当知道 θ 值后，即可利用正态分布函数表方便地求出 P_F。θ 值可由下式表示

$$\theta = \frac{\overline{U}_0 - \overline{U}_1}{\sqrt{\sigma_0^2 + \sigma_1^2}} \qquad (2\text{-}6\text{-}41)$$

如果我们令绝缘的50％放电电压 $\overline{U}_1$（即50％耐受电压）为统计耐受电压，则统计安全系数可表示为

$$\gamma = \frac{\overline{U}_1^{\textbf{❶}}}{U_{2\%}} \qquad (2\text{-}6\text{-}42)$$

式中 $U_{2\%} = \overline{U}_0\left(1 + 2.05\frac{\sigma_0}{U_0}\right)$ 为参考概率为 2% 的统计操作过电压。将 γ 值及 $U_{2\%}$ 值代入式（2-6-41），则

$$\theta = \frac{1 - \gamma\left(1 + 2.05\frac{\sigma_0}{U_0}\right)}{\sqrt{\left(\frac{\sigma_0}{U_0}\right)^2 + \left[\gamma\left(1 + 2.05\frac{\sigma_0}{U_0}\right)\frac{\sigma_1}{U}\right]^2}} \qquad (2\text{-}6\text{-}43)$$

当确定了统计安全系数 γ 值之后，算出 θ 值，然后由式（2-6-40）查正态函数表，即可求出受到操作过电压分布整体作用的单个绝缘的闪络概率 P_F。若假定一条线路的绝缘数（或等值塔数）共有 n 个，则此 n 个绝缘在同一操作过电压作用下的闪络概率由式（2-6-28）可写为

$$P_n = 1 - (1 - P_F)^n$$

P_n 即表示一条线路（共有 n 个绝缘）在一次操作过电压（也可以说是在一次操作）作用下的闪络概率。

【例题 2-8】 设一条 500kV 线路全长 300km，平均档距长度为 450m，海拔高度为 1000m，绝缘子串选为 25 片 XP_3-16D，线路统计操作过电压为 2.0 倍（参考概率为 2%），标偏系数 $\sigma\% = 12\%$。假定全线等值塔数 $n_{eq} = 120$，求全线路的绝缘子串闪络概率。

解 若假定中相绝缘子串的湿闪络电压最低，则每基塔可仅计算中相。查相应曲线知塔窗 25 片 XP_3-16D 绝缘子的 50% 干闪络电压 $\overline{U}_1 = 1390$kV，标偏系数 $\sigma_1\% = 0.05$。

用式（2-6-42）得 $\gamma = \dfrac{\overline{U}_1}{U_{2\%}} = \dfrac{1390}{900} = 1.544$，计及雨使绝缘子串 50% 干闪络电压降低 5%，并进行空气密度（δ）校正，则统计安全系数 γ' 变为

$$\gamma' = 0.95\delta^n\gamma = 0.95 \times 0.94 \times 1.544 = 1.379$$

将以上各数值代入式（2-6-43）求 θ，得

$$\theta = \frac{1 - 1.379(1 + 2.05 \times 0.12)}{\sqrt{(0.12)^2 + [1.379(1 + 2.05 \times 0.12) \times 0.05]^2}}$$

$$= -4.87$$

---

❶ 图 2-6-3 中取耐受概率为 90%（即放电概率为 10%）的电压作为绝缘的统计耐受电压（U_R），$U_R = \left(1 - 1.3\dfrac{\sigma_1}{U_1}\right)\overline{U}_1$。

将 θ 值代入式（2-6-40）并查正态分布表则得一串绝缘子的闪络概率为

$$P_F \approx 2.79 \times 10^{-7}$$

一条线路一次操作的闪络概率为

$$P_{n_{eq}} = 1 - (1 - P_F)^{n_{eq}} = 3.35 \times 10^{-5}$$

一条线路操作过电压闪络率（闪络次数/100次操作）为 3.35×10^{-3}。

五、雷电过电压作用下塔头绝缘设计

（一）雷电过电压及其对线路绝缘的影响

1. 线路的雷击事故及雷电流的特征

当雷击线路时，巨大的雷电流在线路对地阻抗上产生很高的电位降落，从而导致绝缘闪络。另外，当雷击线路附近的地面时，由于雷电流引起附近电场及磁场发生强烈突变，使线路上感应出高电压，也会使35kV及以下线路的绝缘发生闪络。因此，雷电造成线路绝缘闪络事故的原因，主要是巨大的雷电冲击电流。

实测表明，在对地的雷电放电中，90%左右的雷是负极性的。雷电流的波形具有冲击波的形式，其波形参数（幅值、波头长度、波长等）具有统计特性。据统计，其波头长度约 $0.5 \sim 10\mu s$，多数为 $1.5 \sim 2\mu s$。波长约 $20 \sim 90\mu s$，但大于 $50\mu s$ 的很少。雷电流幅值最大可达200kA以上，但多数低于100kA。雷电流陡度超过 $7.5kA/\mu s$ 的约占一半。

由于雷电流具有冲击波的形式，故由雷闪引起的高电压也具有冲击波的形式。

2. 试验用雷电冲击电压的标准波形

为了研究雷电冲击电压作用下线路绝缘的闪络特性，需模拟雷电冲击电压的波形。为此，各国均规定了标准的雷电冲击全波波形，其形状如图2-6-49（a）所示。同时，还规定了雷电冲击截波，其截断时刻可以发生在波头、波峰或波尾，如图2-6-49（b）（c）所示。另外，亦可采用斜角波，如图2-6-28（c）所示。

IEC 60-2-73《高电压试验技术》及 GB 311.3—1983规定的标准雷电冲击全波的视在波头长度 $T_1 = 1.2\mu s$，视在半峰值时间（即波长）$T_2 = 50\mu s$，表示为 1.2/50。其允许偏差为，峰值：$\pm 3\%$；波头长度（即波前时间）：$\pm 30\%$；半峰值时间：$\pm 20\%$。

对于雷电冲击截波，IEC 60-2-73 及 GB 311.3—1983均规定，经过 $2 \sim 5\mu s$ 后被外部间隙截断的标准冲击波称为标准雷电截波。

试验用雷电冲击电压波除了用视在波头长度（T_1）和视在半峰值时间（T_2）表示外，还应标出其极性（即不接地电极相对于地而言的极性），例如

$\pm 1.2/50\mu s$ 等。

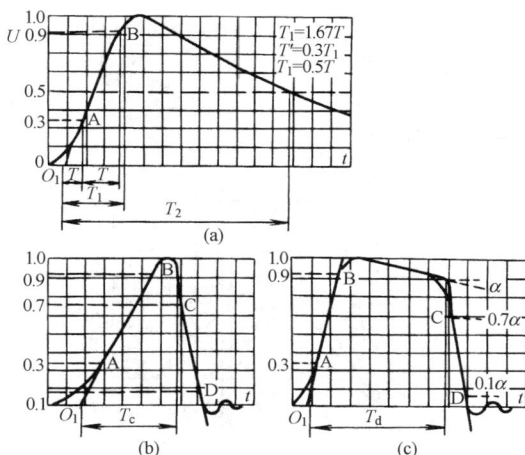

图 2-6-49　试验用雷电冲击电压波波形图
（a）雷电冲击全波；（b）波前截断的雷电冲击电压波；
（c）波尾截断的雷电冲击电压波
T_1—视在波头长度（亦称视在波前时间）；T_2—视在半峰值时间；T_c—截断时间

3. 雷电冲击50%闪络电压与伏秒特性

在雷电冲击电压作用下，线路绝缘的闪络电压比直流或工频交流持续作用下的闪络电压要高，这是因为整个闪络发展的过程不仅需要有足够高的电压幅值，还需要有一定的电压作用时间。所以，绝缘的闪络特性和外加的冲击电压的波形有关。通常都采用标准的雷电冲击波来评定绝缘的冲击特性。

绝缘的雷电冲击特性一般用其50%闪络电压、耐受电压或其伏秒特性来表示。

和绝缘的操作冲击闪络特性一样，雷电冲击的50%闪络（或击穿）电压（$U_{50\%}$），是指闪络（或击穿）概率为50%的电压值。它适用于自恢复绝缘、闪络电压符合正态分布的情况。线路绝缘（包括空气间隙和绝缘子串）一般都用这一参数来表征。

耐受电压（U_R）是指对应于某一耐受概率 P_R（如 $P_R = 90\%$ 等）的电压，一般由 $U_{50\%}$ 和其标准偏差 σ 计算得到（如 $U_R = U_{50\%} - n\sigma$），或按一定的试验方法得到。

由于绝缘的闪络特性与施加电压的持续时间有关，而雷电冲击电压波的持续时间甚短，所以只用 $U_{50\%}$ 来表征绝缘的冲击特性是不够的，有时还需要考虑绝缘的雷电冲击伏秒特性。所谓伏秒特性是指绝缘的闪络电压与作用电压截断时间的关系曲线。伏秒特性对于比较不同设备绝缘的冲击闪络（或击穿）特性具有重要意义。例如，保护设备的伏秒特性应比被保护设备的伏秒特性低一些，平坦一些，这样才能在

任何电压作用的时间下，对被保护设备起到保护作用。

标准波伏秒特性如图 2-6-50 中曲线 A 所示。由于放电时间具有分散性，每级电压下可能得一系列的放电时间，所以，伏秒特性实际上是以上、下包络线为界的一个带状区域。

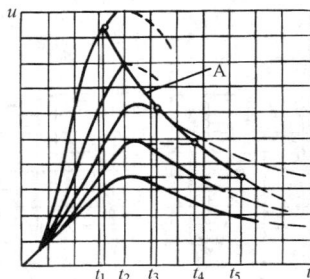

图 2-6-50　间隙的标准
波伏秒特性

4. 绝缘在雷电冲击作用下的极性效应及电极形状的影响

图 2-6-51 示出了棒-棒、棒-板间隙承受雷电冲击电压时的击穿电压曲线[2-31]。

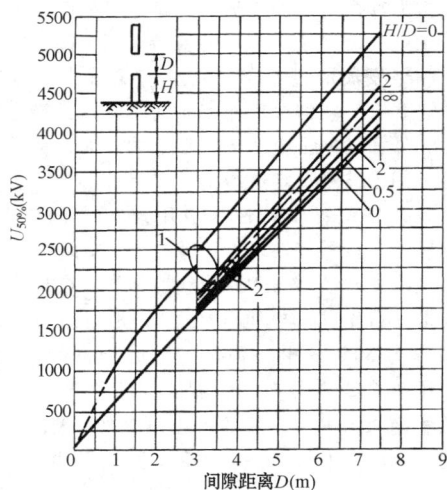

图 2-6-51　棒-棒、棒-板间隙雷电干
冲击击穿电压曲线

$1.5/40\mu s$ 冲击波；大气压力：$1.013 \times 10^5 Pa$；
蒸汽压力：$2.06 \times 10^3 Pa$；雨仅有可忽略的影响；图中负极性 $H/D = 0$ 曲线在 3.0m 处断开
系取自不同资料
1—负极性；2—正极性

将图 2-6-51 与图 2-6-22 操作波作用下的曲线相比可以看出：

（1）任何间隙的雷电冲击击穿电压与操作波作用下一样，都是正极性比负极性低；

（2）间隙的雷电冲击正、负极性击穿电压的差别比操作波情况下的小；

（3）特别在正极性雷电冲击波作用下，邻近接地板对击穿电压的影响比操作波情况下的小。电极形状对击穿电压的影响也比操作波情况下的小；

（4）雷电冲击击穿电压与间隙距离基本上呈线性关系，这在正极性冲击波作用下尤为明显，没有出现如操作波作用下的那种饱和现象。

（二）各类空气间隙的雷电冲击击穿特性

由以上所述可知，在雷电冲击电压作用下，间隙的正极性击穿电压低于负极性。同时，考虑到 90% 以上的直击雷是负极性的，当雷击塔顶及避雷线时，相当于在导线上施加正极性雷电冲击电压，所以，线路塔头空气间隙的选取，应采用正极性雷电冲击击穿电压的数据。

试验表明，降雨对空气间隙的雷电冲击击穿电压实际上没有影响，所以，以下所列曲线都是干闪情况下的数据。

图 2-6-52 及图 2-6-53[2-36] 绘出了典型的棒-板、棒-棒间隙正极性雷电冲击波的伏秒特性曲线。图中各曲线所标注的放电时间（如 $2\mu s$、$7\mu s$ 等）系指击穿时放电时间小于或大于所标注放电时间的概率各为 50%。由图可以看出，棒-棒、棒-板的 50% 击穿电压（$U_{50\%}$）在正极性时差别不大（在负极性时差别较大）。因此，在设计中若无恰当的试验曲线可资利用时，亦可根据拟选间隙的电极形状，选用这组曲线中的棒-棒或棒-板曲线或其中间值。

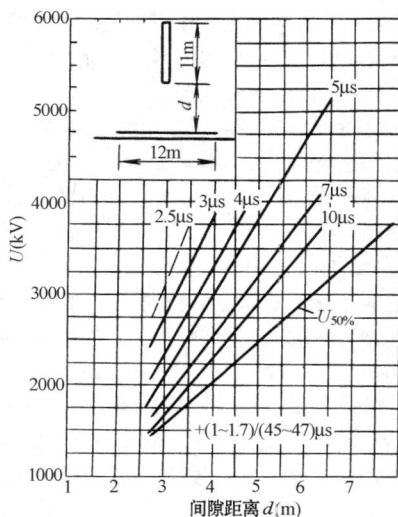

图 2-6-52　棒-板间隙正极性雷电
冲击波伏秒特性

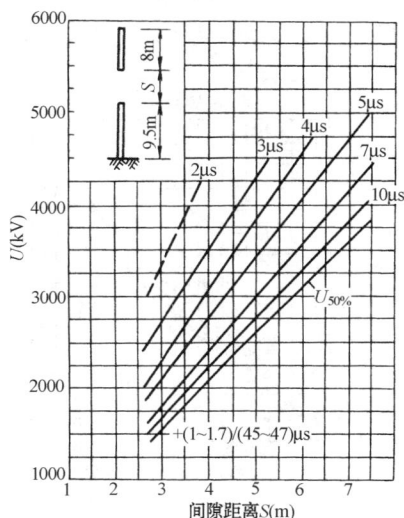

图 2-6-53 棒-棒间隙正极性雷电
冲击波伏秒特性

图 2-6-54 是小间隙距离下的试验数据[2-20]。图
2-6-55 系根据原第一机械工业部高压电器研究所的试
验数据。图 2-6-56 是原水利电力部电力科学研究院
高压研究所及北京电力试验研究所为 500kV 线路所
测数据。图 2-6-57 列出了一组日本的试验数据[2-37]。
由图可以看出,非直线塔跳线(即引流线)间隙的
雷电冲击击穿电压比直线塔低。

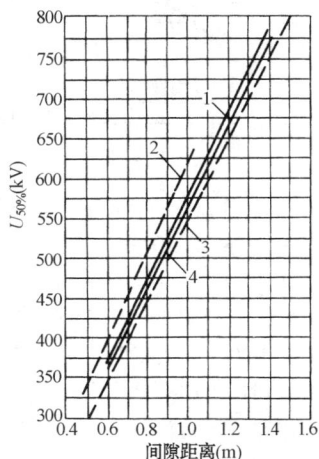

图 2-6-54 正极性雷电冲击波作用下导线-
水泥杆间隙击穿电压曲线
1—导线-斜拉杆;2—棒-棒;
3—棒-板;4—导线-水泥杆

由于空气间隙的雷电冲击击穿电压的分散性小,
故其标偏系数(σ%)可取为 3%,也可根据试验数
据选取。

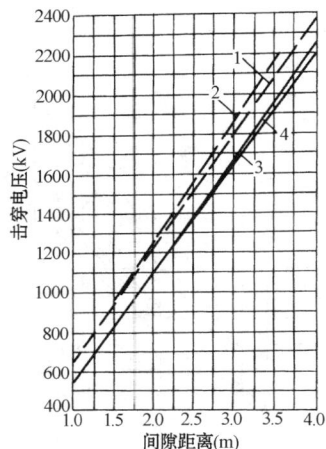

图 2-6-55 雷电冲击波作用下双分裂
导线-门型塔构间隙击穿电压曲线
1—导线-横梁,负极性;2—导线-杆塔支柱,负极性;
3—导线-杆塔支柱,正极性;4—导线-横梁,正极性曲
线已按 GB 311-64 校正至标准状态,导线为双分裂
导线,分裂间距 300mm

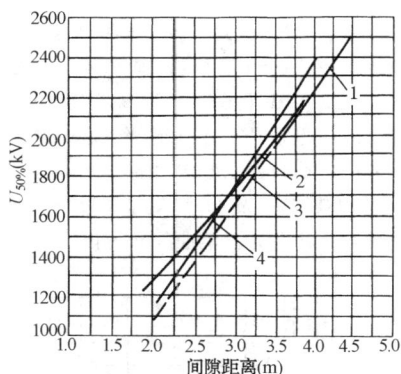

图 2-6-56 四分裂导线-塔构间隙雷电
冲击击穿电压曲线 (+1.5/40μs)
1—门型塔边相(北京电力试验研究所);
2—500kV 二代酒杯塔中相;3—500kV 二代
酒杯塔边相;4—500kV 一代酒杯塔中相
曲线 2~4 为原水利电力部电力科学研究
院高压研究所曲线

(三) 绝缘子串的雷电冲击闪络特性

测试表明,绝缘子串的正极性雷电冲击闪络电压
比负极性低,所以,当按雷击杆塔来选择绝缘子片数
时,应如选择空气间隙一样,采用正极性雷电冲击闪
络的数据。

除了在负极性试验中大雨沿瓷件结构流下的情况
外,降雨对绝缘子串的雷电冲击闪络电压的影响很

小，可以忽略不计[2-31]，所以，本款所列均是干闪情况下的曲线。

外，绝缘子串的雷电冲击闪络电压的分散性也比较小，故其标偏系数 $\sigma\%$ 一般可取为 3%，也可根据试验数据选取。

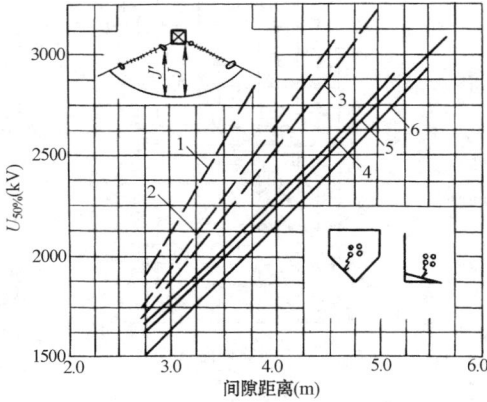

图 2-6-57　四分裂导线-塔构（跳线）间隙
雷电冲击击穿电压曲线
1—导线-塔构间隙，$-2/10\mu s$；2—导线-塔构间隙，
$+2/10\mu s$；3—跳线-横担间隙，$+2/10\mu s$；4—导线-
塔构间隙，$-1.5/40\mu s$；5—棒-棒间隙，$+1.5/40\mu s$；
6—导线-塔构间隙，$+1.5/40\mu s$

图 2-6-58 及图 2-6-59 系摘自参考文献［2-31］的一组数据。图 2-6-60 系摘自 1958 年沈阳变压器厂试验数据。图 2-6-61 及图 2-6-36 系分别摘自原第一机械工业部高压电器研究所 1967 年及 1984 年试验数据。图 2-6-62 则摘自原水利电力部电力科学研究院高压研究所（1981 年）及北京电力试验研究所（1978年）的试验数据。所列这些曲线均可供设计参考。

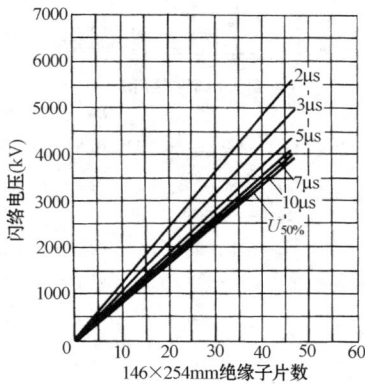

图 2-6-58　长绝缘子串正极性雷
电冲击闪络电压曲线
（在绝缘子串导线端加
$+1.5/40\mu s$ 冲击波）

根据大量试验可以看出，绝缘子串的雷电冲击闪络电压和绝缘子型式关系不大而主要决定于串长。另

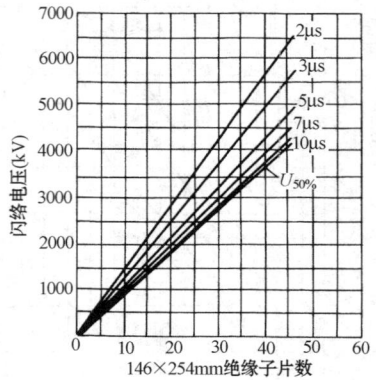

图 2-6-59　长绝缘子串负极性雷
电冲击闪络电压曲线
（在绝缘子串导线端加
$-1.5/40\mu s$ 冲击波）

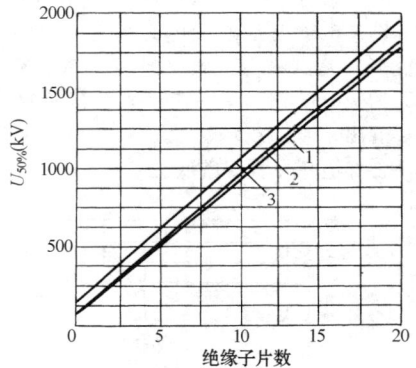

图 2-6-60　X-4.5、П-6 绝缘子串正
极性雷电冲击闪络电压曲线
1—X-4.5（146×254mm）；
2—X-4.5C（150×254mm）；3—П-6

参考文献［2-20］列出了湿污秽绝缘子串在工频叠加雷电冲击作用下的试验结果。由所列数据可以看出，绝缘子串在脏污条件下的雷电冲击闪络电压比清洁状态下可降低 15%～35%。不过，考虑到造成污闪的不利气象条件（如雾、露、毛毛雨等）和雷电同时出现的可能性甚少，因此，雷电冲击污闪不应作为选择绝缘子片数的条件。

（四）雷电过电压作用下塔头绝缘配合设计

1.　绝缘子片数的确定

一般不按雷电过电压的要求来选择绝缘子串的绝缘强度，但应根据已选定的绝缘水平（即按工频泄

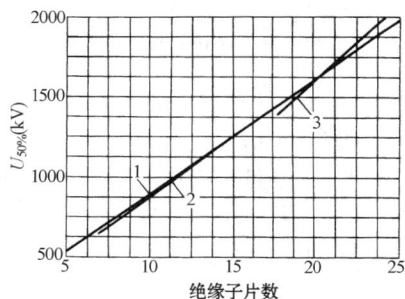

图2-6-61　绝缘子串正极性雷
电冲击闪络电压曲线

1—X-7（150×260mm）；2—玻璃绝缘子
LX-7（146×254mm）；3—双联耐张 X-7
（老型号 170×280mm）数据已按 GB 311-
64 校正至标准状态

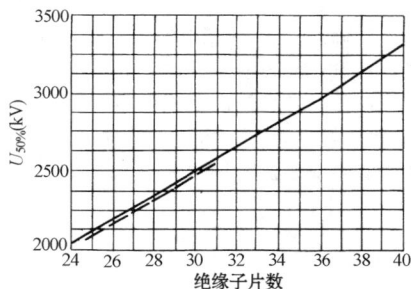

图 2-6-62　XP-16（155×254mm）绝
缘子串正极性雷电冲击闪络电压曲线
四分裂导线，上扛线夹，无均压环及屏蔽
环；实线为原水利电力部电力科学研究院
高压研究所的试验曲线（σ%≈2%）；虚
线为北京电力试验研究所的试验曲线
（σ% =1% ~2%）

漏距离及操作过电压要求选定的绝缘子型式及片数）
来检验线路的耐雷水平，并应符合 DL/T 620—1997
的规定。如果在某些情况下雷击跳闸率太高，则可根
据具体情况（如考虑采用降低接地电阻等其它综合
措施后）酌量增加绝缘子片数。

根据 DL/T 620—1997，在下列情况下需按大气
过电压要求增加绝缘子片数。

（1）对装有地线的杆塔，当全高超过 40m 后，
每增高 10m 应增加一片绝缘子。当全高超过 100m
后，绝缘子数量应结合运行经验，通过雷电过电压的
计算来确定。

（2）对无地线线路的大跨越档，应比规程规定
增加一片绝缘子。

2. 塔头空气间隙的确定

塔头空气间隙的雷电冲击击穿电压应该和绝缘子
串的雷电冲击闪络电压相匹配。现行规程规定的雷电
过电压空气间隙（见表 2-6-17）的击穿电压与绝缘子
串的闪络电压之比（即所谓"配合比"）在 0.85 左
右（污秽区该间隙可仍按清洁区配合）。多年来根据
上述配合比设计的线路，其运行情况是满意的。为了
统计性地说明问题，现将一部分 220kV 线路雷击跳
闸资料统计于表 2-6-19 中。

表 2-6-19　220kV 线路雷击跳闸统计表

线　路　分　布	全　国	东　北
统计年限	1964 年以前	1970 ~ 1977 年
直线塔绝缘子串闪络次数	49	40
直线塔塔头间隙闪络次数	4	4
配合比	0.66 ~ 0.88	0.577 ~ 0.88
闪络比	12.3∶1	10∶1

由表 2-6-19 可以看出，塔头间隙采用 0.85 的配
合比还是偏于安全的。在某些情况下，这一配合比尚
可适当减小。

六、塔头间隙尺寸的确定

（一）悬垂绝缘子串摇摆角计算

以上各款论述了在运行（工频）电压、操作过
电压及雷电过电压作用下绝缘子片数及塔头空气间隙
数值的选取，并指出这种空气间隙数值是指在规定风
速下绝缘子串相应风偏后带电体对塔构所应保持的最
小距离。因此，为了最终确定直线塔塔头间隙尺寸，
尚必须对绝缘子串的风偏大小进行计算。

绝缘子串的风偏大小依其所产生的风偏角大小来
表示。绝缘子串的风偏角可按下式计算

$$\varphi = \tan^{-1}\left(\frac{P_1/2 + Pl_H}{G_1/2 + W_1 l_H + aT}\right)$$
$$= \tan^{-1}\left(\frac{P_1/2 + Pl_H}{G_1/2 + W_1 l_v}\right) \qquad (2\text{-}6\text{-}44)$$

式中　φ——悬垂绝缘子串风偏角，（°）；

P_1——悬垂绝缘子串风压，N；

G_1——悬垂绝缘子串重力，N；

P——相应于工频电压、操作过电压及雷电过
　　电压风速下的导线风荷载，N/m；

W_1——导线自重力，N/m；

l_H——悬垂绝缘子串风偏角计算用杆塔水平档
　　距，m；

l_v——悬垂绝缘子串风偏角计算用杆塔垂直档
　　距，m；

a——塔位高差系数；

T——相应于工频电压、操作过电

电压气象条件下的导线张力，N。

下面对公式中各参数数值的选取进行说明。

（1）悬垂绝缘子串风压（P_1）按下式计算

$$P_1 = 9.81 A_1 \frac{V^2}{16}, \text{ N} \qquad (2\text{-}6\text{-}45)$$

式中　V——设计采用的10min平均风速，m/s；

　　　A_1——绝缘子串的受风面积，m^2。单盘盘径为254mm的绝缘子，每片受风面积取0.02m^2，大盘径及双盘径者取0.03m^2。金具零件受风面积，对单导线每串取0.03m^2，对两分裂导线，每串取0.04m^2，对3～4分裂导线，每串取0.05m^2。双联绝缘子串的受风面积，可取为单联的1.5～2.0倍。

（2）导线风荷载（P）可按第三章公式（3-1-14）计算。

（3）杆塔水平档距（l_H）的选取：图2-6-63及图2-6-64分别列出了西南电力设计院统计的220kV线路及东北电力设计院统计的500kV线路，在各种地形情况下的水平档距频率分布及累积频率分布曲线，可供参考。规划塔头间隙圆图时，可根据地形及拟规划杆塔的档距使用范围，并参考图2-6-63及图2-6-64或既有的实际经验，即可确定相应的水平档距。应该说明，杆塔荷载规划使用的水平档距，应采用拟规划杆塔水平档距使用范围的上限，而塔头规划使用的水平档距，则应使其所规划的塔头尺寸能满足该型塔的水平档距使用范围。在a、T等参数一定时，往往选用拟规划杆塔水平档距使用范围的下限（或接近下限的某一水平档距），否则摇摆角偏小。因此，杆塔荷载规划用的水平档距与塔头规划用的水平档距往往是不一致的。

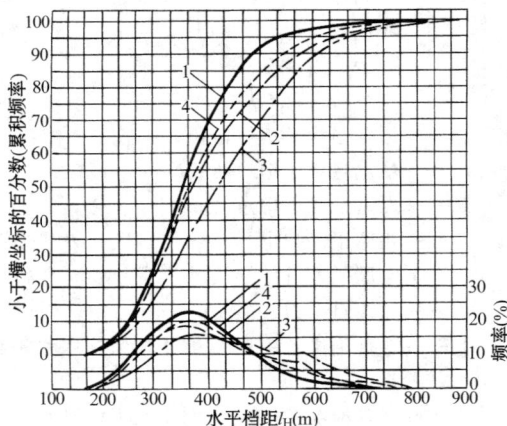

图 2-6-63　220kV线路水平档距（l_H）
频率分布及累积频率分布曲线
1—平丘；2—山丘；3—山地；4—综合

（4）垂直档距（l_v）、导线张力（T）及塔位高差系数（a）的选取：垂直档距（l_v）可按式（3-3-10）选取。

由式（3-3-10）可以看出，l_H、l_v、σ_0（或水平张力T）、a四个参数的选取是相互有关的。将式（3-3-10）代入式（2-6-44）的后半式，即可得其前半式。有些设计者习惯于用l_H、a、T三参数来确定风偏角，有些设计者则习惯于用l_H及l_v两参数来确定风偏角。

当用l_H、a、T三参数来确定风偏角时，对平地，a一般取$-0.03\sim-0.05$，对丘陵及低山地，a一般取$-0.06\sim-0.08$，对山地（包括大山地），a一般取$-0.08\sim-0.15$。至于导线张力（T），则与代表档距有关，因而也就与地形有关。一般取在相应地形下可能出现的代表档距范围内张力稍大一点的代表档距。

当用l_v及l_H来确定风偏角时，其数值的选取可根据经验来确定。从杆塔定位验证来看，l_{v+40}/l_H（l_{v+40}表示$+40℃$时之垂直档距）之比值，平地一般取0.75左右，丘陵及低山地一般取0.65～0.75，山地及大山地一般取0.55～0.65。当按l_{v+40}/l_H之比值及l_H值确定l_{v+40}之后，即可用下式将l_{v+40}换算到工频、操作或雷电条件下的l_v

$$l_v = l_{v+40} - \frac{T_{+40} - T}{W_1} a \qquad (2\text{-}6\text{-}46)$$

式中　T_{+40}——$+40℃$时导线张力，N；

　　　T——雷电、操作或工频条件下的导线张力，N；

　　　W_1、a符号的含义同式（2-6-44）。

将式（2-6-46）算得的不同条件下的l_v代入式（2-6-44），即可得不同条件下的绝缘子串风偏角。

（二）直线杆塔间隙圆图的绘制

悬垂绝缘子片数及串长（包括连接金具）以及运行（工频）电压、操作过电压、雷电过电压所需空气间隙距离和其相应的风偏角确定之后（若需要考虑带电检修，则尚应包括带电检修的情况），即可着手进行直线杆塔间隙圆图的绘制，以最终确定直线塔塔头间隙尺寸。

1. 自立式塔及内拉线塔间隙圆图的绘制

此类塔的特点是塔头纵向（沿线路方向）宽度不大，只需根据绝缘子串长度及悬垂绝缘子串的风偏角，并适当考虑塔身边缘导线弧垂的影响，在杆塔正面图上绘出间隙圆即可，其情况如图2-6-65所示。

图中L_1为绝缘子串串长，φ_1、φ_2、φ_3及R_1、R_2、R_3分别为雷电过电压、操作过电压及运行（工频）电压情况下的绝缘子串风偏角及间隙距离。δ_1、δ_2、δ_3为考虑塔身边缘导线弧垂影响而引入的数值，

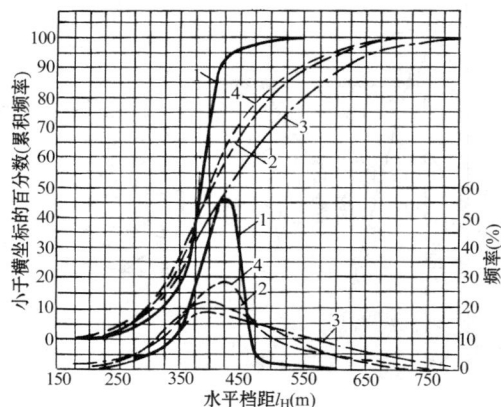

图 2-6-64　500kV 线路水平档距（l_H）
频率分布及累积频率分布曲线
1—平地；2—丘陵及一般山地；
3—大山地；4—综合

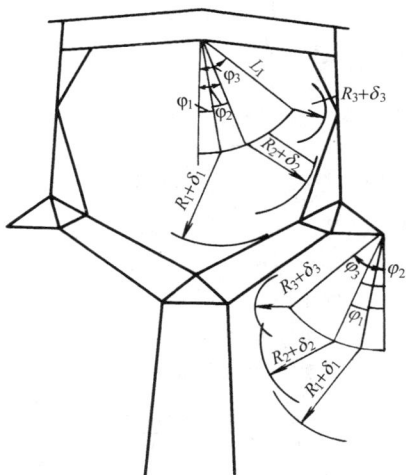

图 2-6-65　自立式塔正面间隙圆图

其计算公式见式（2-6-48）。

图中间隙圆与塔头单线图轮廓线不应相切，应留 0.1m 左右的裕度，这主要是考虑杆塔单线图与制造图的差别、制图误差以及实际杆塔组装误差的影响。

　2. 外拉线塔间隙圆图的绘制及检查

在有拉线的情况下，因拉线顺线路方向的尺寸可长达 10 多米，导线下垂和它的风偏实际上就比较大，因此单纯的正面图一般说来不再能说明问题，常需另作较细致的检查。通常的方法是绘出与拉线垂直的平面上的投影，这时拉线投影成一点，而导线（指与塔身接近的那一段）则可足够近似地视为一直线，从而二者间的距离可以准确清楚地表示出来。

另外，也可以用计算公式算出距拉线的间隙 d。

同样可以借助作正面间隙圆图的简单表示方法来检查间隙是否满足，此时间隙圆半径中应加入由于出口导线下垂、风偏对拉线的接近而应留出的裕度 δ。

（1）投影作图法：与拉线垂直的平面的投影图是由两个相互垂直的投影图构成的，图中导线各点对拉线的垂直距离按照下述原则相交而成。以图 2-6-66（a）的投影原理图为例，该图中水平虚线的上半部为正视（或侧视）图，而下半部则为其相应的平面图，该水平虚线则可理解为这二投影面的分界线。该图中除用实线标示出导线和拉线的投影外，其它全部虚线均系作图用的辅助线，图中 g_1、g_2 分别为空间拉线在正视（或侧视）和下视图上的投影，O_1A_1，O_2A_2 分别为空间导线 OA 在正视（或侧视）和下视图上的投影。在正视图和下视图交线上任选一点 p 作水平分界线，并作 l_1 和 l_2 分别与拉线投影 g_1 和 g_2 垂直，得交点 G_1 和 G_2。随意指定其正方向如图所示，注意夹角 α_1 和 α_2 为这三者正方向间的夹角，然后过 O 点的投影 O_1 和 O_2 分别作 l_1 和 l_2 的垂线，得点 O'_1 和 O'_2；同样过 A 点的投影 A_1 和 A_2 得垂足 A'_1 和 A'_2。

图 2-6-66（b）为与拉线垂直的平面的投影。先

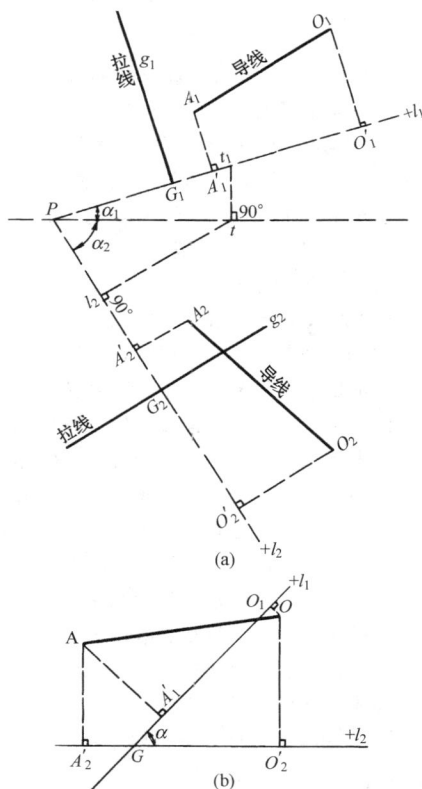

图 2-6-66　外拉线塔间隙圆投影原理图
（a）正、下视投影图；
（b）与拉线垂直平面的投影图

任取一点 G 作为拉线在这个平面上的投影，然后过 G 作直线 l_1 和 l_2，也分别指定其正方向，这一步惟一的要求只是应使它们之间正方向的夹角 α 符合 $\cos\alpha = \cos\alpha_1 \cdot \cos\alpha_2$ 的关系（注意超过 90° 的余弦是负数）。为了得出 A 点的投影，可在 l_1 上量取 GA'_1 使与正视（或侧视）图中的 $G_1A'_1$ 相等，同样在 l_2 上量取 $GA'_2 = G_2A'_2$。这一步应注意的是正、负方向不要弄错，例如图中 GA'_2 就应向负方向量取，因在下视图中 A_2 系位于 l_2 的负侧。过 A'_1 和 A'_2 作 l_1 和 l_2 的垂线相交于 A，就是空间 A 点在这个平面上的投影。完全同样地使 $GO'_1 = G_1O'_1$，$GO'_2 = G_2O'_2$，得出 O 点的投影 O，过 OA 的直线就是空中导线的投影，从 G 至 OA 的垂直距离就是导线和拉线在空中的净空距离。

角度 α 可以根据拉线的坡度算出，也可以从原始投影图上量 α_1 和 α_2 后算出，还可以直接作图得出。为此可在 l_1 上任取一点 t_1，依次作垂线得点 t 和 t_2，如图 2-6-66（a）所示，以 pt_1 为斜边，pt_2 为底边的直角三角形，其底角就是 α，即 $\cos\alpha = \dfrac{pt_2}{pt_1}$。

上述方法较为简明，其作图所依据的理由，只需将原始资料［图 2-6-66（a）］沿分界线叠成彼此垂直的二平面即可看出。这时 l_1 和 l_2 在空间所组成的平面即为与拉线垂直的平面。其作图法示例见图 2-6-67。这种作图法适用于对直线（如拉线）的垂直平面投影，且垂直平面内的坐标夹角 α 是随着拉线的布置位置不同而变，故要特别注意夹角 α 计算与作图的正确性，否则会产生投影的错误。

为了避免上述非直角坐标夹角 α 的计算或作图易产生错误，仍根据上述原理，选择其 $\alpha = 90°$ 的投影面作图法，其作图示例见图 2-6-68，作图步骤是：第一、先作杆塔正视及下视图；第二、根据正视、下视图中的数据，作拉线与地所成垂直平面上的侧视图；第三、根据下视与侧视图中各点到拉线的垂直投影距离，作出垂直拉线的平面投影图，其作图方法是先划一直角坐标（即 pl_1、pl_2 补助线），坐标原点 G 即拉线投影为一点的位置，将侧视图中各投影点到拉线的垂直投影距离分别标在相应的坐标线上，每两相应的垂距相交的交点即为各投影点。简言之，将下视图与侧视图以拉线为坐标轴成直角相重叠，各点的平行投视线两两相应相交，所得交点即为垂直拉线的平面投影图。该作图法一般均需多作一个侧视图，但省去了作辅助线和计算 α 角的工作。

现将图 2-6-68 中的符号说明如下：

$$OB = \Delta f = \frac{\gamma_6(l - \Delta l)\Delta l}{2\sigma\cos\beta};$$

$$\Delta f_n = \Delta f \sin\eta;$$

$$AO = \Delta l \tan\beta;$$

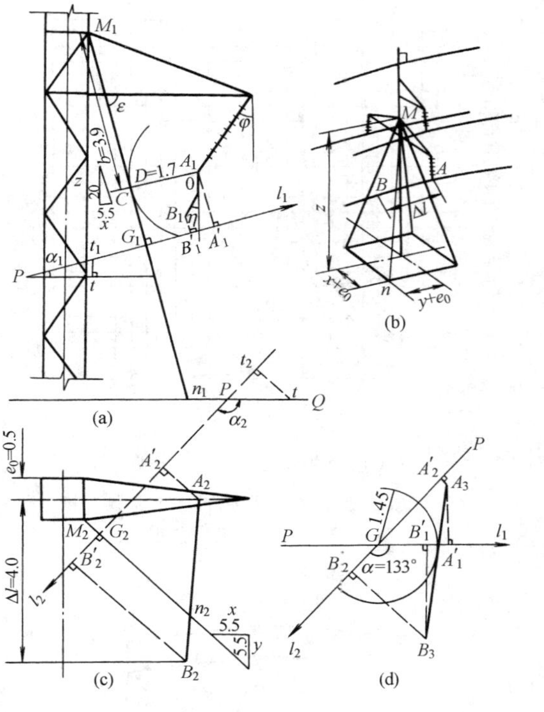

图 2-6-67　外拉线塔间隙圆投影图（一）

（a）正视图；（b）立体图；

（c）下视图；（d）垂直拉线平面投视图

$F_2A_2 = FA$；$K_2B_2 = KB$，$G_1a = Ga$；

$\quad G_1b = Gb$；$G_1e = Ge$；

L_1——悬垂绝缘子串长度；

Δf——线夹出口 Δl 处的弧垂；

ψ——拉线与地垂线间的夹角，

$$\psi = \tan^{-1}\frac{\sqrt{x^2 + y^2}}{z - \Delta s};$$

l——档距长度；

β——单侧悬挂点高差角；

σ——导线应力，N/mm^2；

γ_6——导线综合比载，$N/m\text{-}mm^2$；

Δl——导线 B 点到悬挂点 A 间的水平距离（设为 3 ～ 6m）；

α——垂直拉线平面内坐标夹角（恒为 90°）；

φ——悬垂绝缘子串风偏角；

r——间隙半径；

Δs——横担下沿至拉线挂点距离；

η——导线风偏角，$\eta = \tan^{-1}\dfrac{\gamma_4}{\gamma_1}$，$\gamma_1$ 为导线自重比载，γ_4 为导线风荷载比载。

【例题 2-9】　有一单柱 220kV 直线拉线塔，试用作图法检查操作过电压时下导线对拉线的间距。拉线布置如图 2-6-67 所示。绝缘子串长度为 2.3m，摇摆角 φ 为 35°。

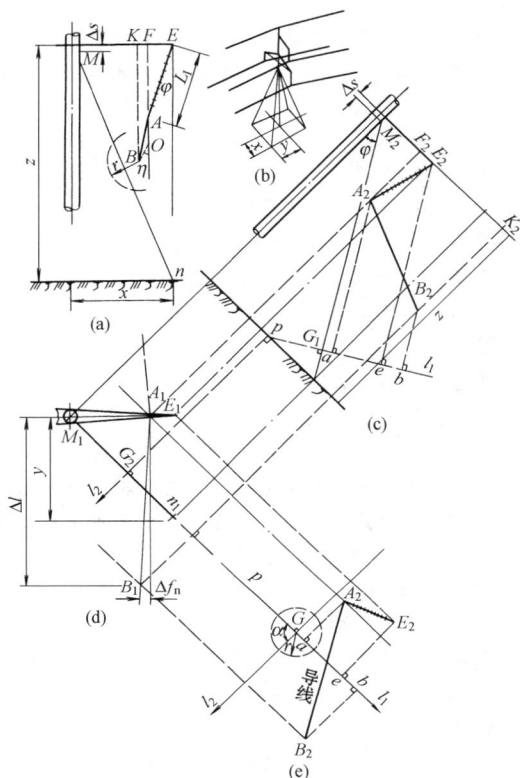

图 2-6-68　外拉线塔间隙圆投影图（二）

（a）正视图；（b）立体示意图；（c）拉线平面侧视图；
（d）下视图；（e）垂直拉线平面投影图

解　首先作出相互垂直的两个塔头部分正、下视图。画出导线出口一段的位置，取 $\Delta l = 4\text{m}$。有关原始数据如下：

导线为 LGJ-240，应力 $\sigma = 65.7\text{N/mm}^2$，比载 $\gamma_1 = 34.8 \times 10^{-3}\text{N/(m·mm}^2)$，$\gamma_{4(18)} = 16.79 \times 10^{-3}\text{N/}$（m·mm^2）；$\gamma_{6(18)} = 38.6 \times 10^{-3}\text{N/(m·mm}^2)$，导线风偏角 $\eta = \tan^{-1}(\gamma_4/\gamma_1) = 25.8°$。设档距 $l = 500\text{m}$（取较大者），单侧高差系数 $\alpha_h = \dfrac{h}{l} = 0.15$（取正值较大者）。出口 4m 处由于高差引起的垂距 $A_1O = \alpha_h \Delta l = 0.6\text{m}$；导线弧垂（风偏后）引起的下垂

$$OB_1 = \frac{\Delta l(l - \Delta l)\gamma_6}{2\sigma} = 0.582\text{m}。$$

第二步，作垂直拉线的坐标线 Pl_1、Pl_2，并将各带电点投影到 Pl_1、Pl_2 上，如图 2-6-67 中 A_1'、B_1'，A_2'、B_2'。然后计算两坐标轴间的夹角 α。

$$\cos\alpha_1 = \frac{z}{\sqrt{x^2 + z^2}} = \frac{20}{\sqrt{5.5^2 + 20^2}} = 0.965$$

$$\cos\alpha_2 = \frac{y}{\sqrt{x^2 + y^2}} = \frac{-5.5}{\sqrt{5.5^2 + 5.5^2}} = -0.707$$

$$\cos\alpha = \cos\alpha_1 \cos\alpha_2$$
$$= -(0.707 \times 0.965) = -0.68$$
$$\alpha = 180 - \cos^{-1}0.68 = 133°$$

或自图 2-6-67 中量得

$$\cos\alpha = \frac{Pt_2}{Pt_1} = \frac{-1}{1.5} \approx -0.67$$

第三步，作垂直拉线的平面投影图，将两坐标轴 Pl_1、Pl_2 按 α 角相交，交点 G 为拉线两投影点 G_1、G_2 的重合点。按图 2-6-66 投影原理图的作图方法即可绘出口一段导线 A_3B_3 在垂直拉线投影图中的投影位置（见图 2-6-67）。自 G 点向 A_3B_3 线作垂线量得拉线距导线的最小间距在操作过电压时满足 1.45m。

（2）公式计算法：当已知塔头正面图中导线悬挂点 A_1 到拉线间的正面投影垂距 D（见图 2-6-67）以及垂足 C 点到拉线上端固定点 M_1 间的间距 b 时（M_1 在 C 点上方为正，反之为负），便可用下式计算导线出口附近对拉线的间距 d：

$$\left.\begin{aligned} d &= \frac{D - e_A\tan\theta'}{\sec\theta'} \approx \frac{D - e_A\tan\theta'}{1 + \frac{1}{2}\tan^2\theta'} \\[2mm] \tan\theta' &= \frac{\alpha_h\cos\varepsilon + \frac{\gamma_6 l}{2\sigma}\cos(\varepsilon - \eta)}{\cos\beta - \sin\beta[\alpha_h\sin\varepsilon + \frac{\gamma_6 l}{2\sigma}\sin(\varepsilon - \eta)]} \\[2mm] e_A &= e_0\cos\beta + b\sin\beta \end{aligned}\right\}$$

$$(2\text{-}6\text{-}47)$$

式中　α_h——导线单侧高差系数，$\alpha_h = h/l$；

ε——正面图中拉线与横担水平面间的夹角 $\left(\tan\varepsilon = \dfrac{z}{x}\right)$；

β——侧视拉线所在平面内的拉线与主柱间的投影夹角 $\left(\cos\beta = \sqrt{\dfrac{z^2 + x^2}{x^2 + y^2 + z^2}};\ \sin\beta = \dfrac{y}{\sqrt{x^2 + y^2 + z^2}}\right)$；

η——导线风偏角，$\eta = \tan^{-1}\dfrac{\gamma_4}{\gamma_1}$；

l——检查侧的档距，m；

γ_6,σ——导线有风时的综合比载 [N/(m·mm^2)] 及导线水平应力（N/mm^2）；

e_0——杆塔侧面拉线悬挂点到杆身中心线间之距离。

【例题 2-10】　仍利用作图法的前例数据，参看图 2-6-67。已知 $D = 1.7\text{m}$，$b = 3.9\text{m}$，$e_0 = 0.5\text{m}$，$\eta = 25.8°$，求操作过电压时下导线对拉线的间距。

解 $\varepsilon = \tan^{-1}\dfrac{20}{5.5} = 74.6°$, $\sin\varepsilon = 0.964$,

$\cos\varepsilon = 0.266$

$\cos\beta = \sqrt{\dfrac{20^2 + 5.5^2}{2\ (5.5)^2 + 20^2}} = 0.966$,

$\sin\beta = \dfrac{5.5}{\sqrt{2\ (5.5)^2 + 20^2}} = 0.256$

$e_A = 0.5 \times 0.966 + 3.9 \times 0.256 = 1.483$

$\tan\theta' = [0.15 \times 0.266 + 38.6 \times 10^{-3} \times 500$
$\times \cos\ (74.6° - 25.8°)\ /2 \times 65.7]$
$\div \{0.966 - 0.256\ [0.15 \times 0.964 + 38.6$
$\times 500 \times 10^{-3} \sin\ (74.6° - 25.8°)\ /2 \times$
$65.7]\}$

$= \dfrac{0.0398 + 0.0968}{0.966 - 0.256 \times 0.255} = 0.1515$

$d = \dfrac{1.7 - 1.483 \times 0.1515}{1 + 0.5 \times 0.1515^2}$

$= \dfrac{1.475}{1.012} = 1.46\text{m}$

计算结果与作图法所得值是一致的，但不够直观，容易产生计算错误。

（3）预留间隙裕度法：对于具有拉线的直线杆或宽身塔，仍可如图 2-6-65 中通过画正面间隙圆图的方法来表示导线对构件的间距，但为了考虑出口附近导线下垂与风偏对拉线或构件的接近，可通过公式计算求出各种校验条件下在正面图中应留的裕度 δ 值，即间隙圆的半径应为 $R + \delta$，且圆弧应不割入正面图中的构件内。δ 值可按下式计算

$\delta = e_A \tan\theta' + R\ (\sec\theta' - 1)$
$\approx \tan\theta'\ (e_A + 0.5R\tan\theta')$ (2-6-48)

式中所有符号含义与式（2-6-47）同。仍以上例数据举例求得（设 $R = 1.45$）：

$\delta = 0.1515\ (1.483 + 0.725 \times 0.1515)$
$= 0.242\text{m}$

当 $\beta = 0$ 时，拉线相当于侧面等宽的宽度为 $2e_0$ 的宽身构件，其计算公式则变成式（8-2-4）的形式。

（三）非直线杆塔的间隙设计及跳线计算

非直线塔（包括直线耐张及转角塔）的间隙设计实质上就是按运行（工频）电压、操作过电压及雷电过电压确定的间隙距离，并计及跳线（亦称引流线）的风偏摆动来确定跳线弧垂、线长以及塔头尺寸。在设计非直线塔时，可预先选定一初步的塔型及塔头正、侧面尺寸，然后进行跳线计算，看其是否符合要求，并按计算结果来修正原初步拟定的塔头尺寸。当塔头尺寸确定后，即可按实际塔头尺寸进行跳线施工弧垂及线长的计算以供安装使用。

跳线一般有"直引"和"绕引"两种。直引跳线如同穿过塔头空间的一个小孤立档导线；绕引跳线如同中间具有一（或二）个直线转角的两（或三）个连续档。跳线由于线长较短，导线的刚性对跳线的

几何形状与风偏摆动是有一定影响的，但为简化计算，通常均假定跳线是柔软而呈悬链线或抛物线状。

1. 直引跳线计算

直引跳线计算主要是选取一个合适的跳线弧垂或线长。弧垂太小会引起跳线对横担及上部构件间隙不足；太大又可能引起对塔身、拉线和下部构件间隙不足。由于跳线悬挂点（即耐张线夹尾端）的位置在各种校验条件下是变化的，因而弧垂也不同，较为合理的跳线计算方法是首先假定一个跳线长度，并认为在各校验条件下（如雷电过电压、操作过电压、工频电压条件）线长保持不变，依此借助公式或链条、弧垂模板等，比拟画出跳线在塔头正、下、侧视图中各校验条件下的投影位置，然后检查跳线各点对周围构件的空气间隙；若间隙不满足或不匀称，可重新选定线长另行计算。上述计算法由于考虑了跳线档距、弧垂是变化的，因此换算计算与作图比较麻烦。实际计算中是更为粗略地假定跳线在各种校验条件下的弧垂是不变的，依此便可选跳线施工弧垂为各校验条件下跳线最小允许弧垂 $f_{\min}$ 的最大值与最大允许弧垂 $f_{\max}$ 最小值的平均值。其计算步骤如下：

第一步，计算跳线作图中的原始数据，如逐塔计算雷电过电压条件下的耐张绝缘子串倾斜角（其它条件选择计算）；计算代表性的耐张绝缘子串水平风偏角，跳线风偏角等。

耐张绝缘子串倾斜角 θ 系耐张绝缘子串与横担水平面间的夹角，图 2-6-69 示出绝缘子串所在平面内的受力图。θ 下倾为正角，上仰为负角，其算式为：

$\theta = \tan^{-1}\dfrac{0.5G_v + W_v}{T}$

$= \tan^{-1}\left(\dfrac{G_v + g_1 l}{2T} + \dfrac{h}{l}\right)$ (2-6-49)

式中 G_v——耐张绝缘子串重力，N；

W_v——作用于绝缘子串末端的导线重力，N；

g_1——导线单位长度自重力，N/m；

l、h——计算侧档距及高差，m。当比邻塔低时 h 为负值；

T——计算条件下的导线水平张力，N。

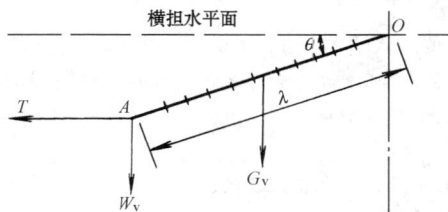

图 2-6-69 耐张绝缘子串倾斜角 θ 计算图

耐张绝缘子串水平风偏角 φ，系风垂直导线吹时引起耐张绝缘子串在水平面内的偏移角度，受力图如

图 2-6-70 所示，其算式为

$$
\left.\begin{aligned}
\varphi &= \tan^{-1}\frac{G_{\mathrm{H}}+g_4 l}{2T}\\
G_{\mathrm{H}} &= 9.81 A_1\frac{v^2}{16}
\end{aligned}\right\}
\qquad (2\text{-}6\text{-}50)
$$

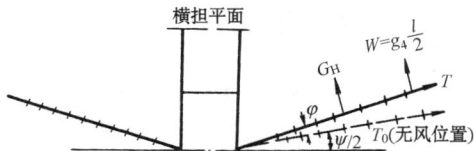

图 2-6-70　耐张绝缘子串水平
风偏角 φ 计算图

式中　G_{H}——耐张绝缘子串所受风压，N；

A_1——绝缘子串受风面积，m^2；

v——风速，m/s；

g_4——导线计算条件下的单位风荷载，N/m；

T、l 的符号含义同式（2-6-49）。

图中 ψ 为线路转角度数。φ 角的正、负选取应依跳线距构件最接近为原则。由于 φ 角较小，对跳线计算影响不大，一般仅取一有代表性的常数。

跳线风偏角 η，仍同前述导线风偏角一样近似取 $\eta = \tan^{-1}(\gamma_4/\gamma_1)$，不考虑跳线悬挂点刚性影响。

第二步，图解跳线最小允许弧垂 $f_{\min}$；最小允许弧垂值是在各种校验条件下跳线各点与横担或第一片绝缘子铁帽间应保持有最小的规定间距下定出的，它的大小系指横担下沿至塔身宽度内跳线最低点间的垂直距离。对于小转角和耐张杆塔，图解最小弧垂时，一般仅需在横担侧视图中比拟即可，如图 2-6-71 所示，在图中近似地认为跳线与耐张绝缘子串均位于侧视平面图内。实际工程中同一塔型使用多基，可仅选一代表性的较严重情况进行弧垂计算。为了得到最小弧垂的较大值，选取代表条件时应取转角较大，两侧（或一侧）绝缘子串倾斜角较小者。按各种校验间隙条件下绝缘子串的倾斜数据作出侧视图（图 2-6-71 中仅表示了一种校验情况），在图中以最接近跳线的接地构件端头为圆心（如横担下沿角或第一片绝缘子铁帽 0 点），以要求间隙 R_1 为半径画间隙圆，以链条或弧垂模板比拟出风偏下最小允许弧垂的垂直投影 $f'_{1\min}$、$f'_{2\min}$ 等，并算出各最小允许弧垂 $f_{1\min} \approx \dfrac{f'_{1\min}}{\cos\eta_1}$、$f_{2\min} \approx \dfrac{f'_{2\min}}{\cos\eta_2}$ 等，取其各最小允许弧垂中的最大值为设计最小弧垂 $f_{\min}$。在图 2-6-71 中绝缘子串的投影位置是由以下数据画出

$$d = \lambda\sin\theta,$$

$$\lambda'_0 = \lambda\cos\theta\cos\left(\frac{\psi}{2}\pm\psi\right)$$

$$\theta' = \tan^{-1}\frac{\sin\theta}{\cos\theta\cos\ (\psi/2\pm\varphi)}$$

式中　λ——耐张绝缘子串长度，m；

ψ——线路转角，（°）；

θ 及 φ 的含义见式（2-6-49）及式（2-6-50）。

当线路转角较大时，由于在侧视图中跳线与接地构件并不在一个平面内，必须利用侧视图和下视图中跳线对构件的两个正交投影距离 x，y，求出空间间隙 $\rho = \sqrt{x^2+y^2}$，$\rho \geqslant R$ 时则表示间隙满足要求。图 2-6-72 示出跳线最小弧垂时对第一片绝缘子铁帽间的净距投影。如 $\rho_{\mathrm{d}} = \sqrt{y_{\mathrm{d}}^2+x_{\mathrm{d}}^2} = \sqrt{(o\,\overline{d_1})^2+(o\,\overline{d_2})^2}$。

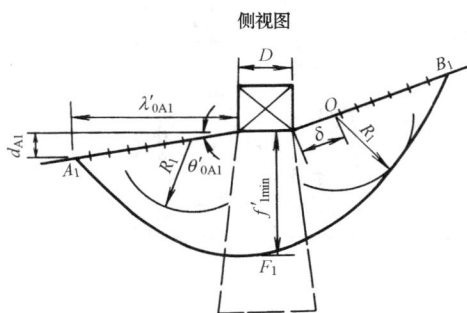

图 2-6-71　跳线最小弧垂图解图（一）

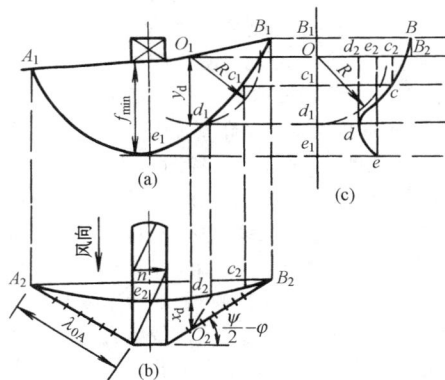

图 2-6-72　跳线最小弧垂图解图（二）

（a）侧视图；（b）下视图；

（c）0 点距跳线净距图

$ne_2 = f_{\min(h)} \approx f'_{\min}\tan\eta = f_{\min}\sin\eta$；$\lambda_0 = \lambda\cos\theta$

λ——耐张绝缘子串长；θ——耐张绝缘子串倾斜角；η——跳线风偏角

第三步，图解跳线最大允许弧垂：最大允许弧垂是考虑跳线在各校验条件下风偏时，满足对塔身构件、拉线的要求间隙下求出的，并取其各最大允许弧垂中的最小值作为计算最大允许弧垂。对无拉线杆塔，一般仅利用塔头正视图进行最大弧垂的图解，如

图 2-6-73 所示（图中为醒目起见，仅画出了一种校验条件）。图中：$e_{cp} = \dfrac{1}{2}(\lambda_A\cos\theta_A + \lambda_B\cos\theta_B) \times \sin\left(\dfrac{\psi}{2} \pm \varphi_p\right)$ 为跳线两侧悬挂点的平均水平位移；$d_{cp} = \dfrac{1}{2}(\lambda_A\sin\theta_A + \lambda_B\sin\theta_B)$ 为跳线两侧悬挂点的平均垂直位移（图中 d_{cp} 为负值），跳线最大允许弧垂为 $f_{max} = S + d_{cp}$（取其最小值）。为了得到较小的最大允许弧垂，选择 θ、λ、ψ、φ 数据时应使 d_{cp} 最小（如为负值），e_{cp} 最大。

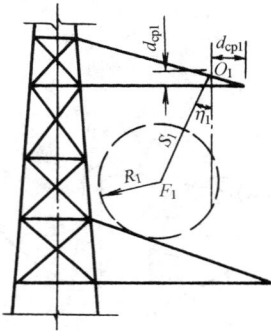

图 2-6-73　跳线最大
弧垂图解图（一）

对于拉线杆塔，为了求得拉线间隙控制下的最大允许弧垂，可按前述拉线间隙的投影方法作出如图 2-6-74 垂直拉线平面的投影图（图中仅示出一种校验条件）。由于开始不知道最大允许弧垂数值，可先假设各校验条件时的最大允许弧垂大于已选出的最小允许弧垂，或者取任意值定出各图中 F_1、F_2 点，O 点为 A、B 悬挂点连线的中点。在垂直拉线平面投影图中，悬挂点 A_3、B_3 和跳线档中央假定弧垂点 F_3 是利用正、下视图中的尺寸投影画出的，O_3 点或利用投影得到或取 A_3B_3 连线中间点即是，O_3F_3 既为假定弧垂摇摆部分的投影长度，又为跳线综合荷载作用线的投影，故置图使 O_3F_3 方向垂直于地面，用链条或模板过 A_3、F_3、B_3 点作出跳线投影位置，若刚好切于拉线间隙圆，则最大弧垂为 $f_{max} = d_{cp} + O_1F_1$，否则应找出使链条与拉线间隙圆相切时跳线在 O_3F_3 线上的交点 F_x，按照比例关系 $f_{max} = d_{cp} + O_1F_1\dfrac{O_3F_x}{O_3F_3}$（取各种校验条件的最小值）。

现将图 2-6-74 中的符号说明如下：

$$\lambda'_0 = \lambda\cos\theta\cos\left(\dfrac{\psi}{2} \pm \varphi\right);$$

$$d = \lambda\sin\theta;$$

$$OF = O_1F_1\cos\eta;$$

$$f_{max} \approx d_{cp} + \overline{O_1F_1} > f_{min};$$

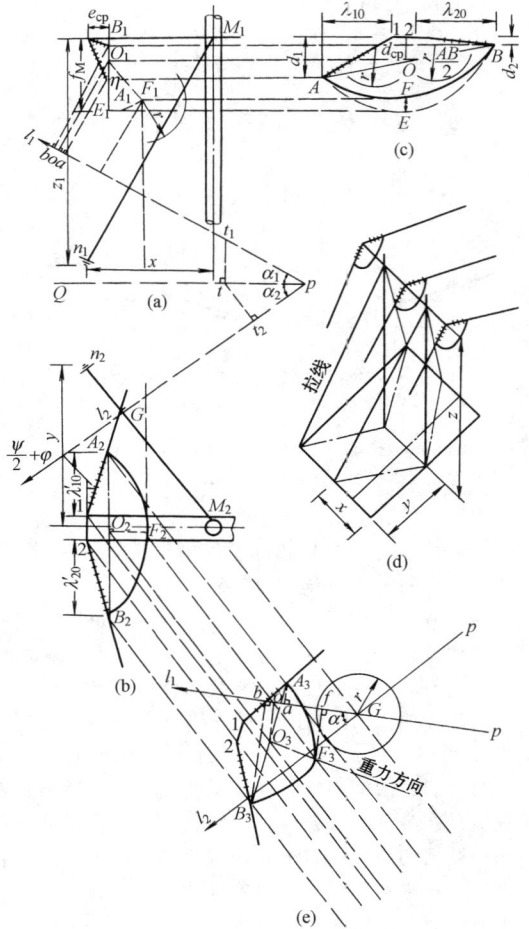

图 2-6-74　跳线最大弧垂图解图（二）
（a）正视图；（b）下视图；（c）跳线侧视图；
（d）整体示意图；（e）垂直拉线平面投影图

$$OB = OA = \dfrac{AB}{2};$$

$$O_2F_2 = O_1F_1\sin\eta;$$

$$O_1E_1 = O_1F_1 = OE;$$

$$\cos\alpha_1 = \dfrac{z}{\sqrt{x^2 + z^2}};$$

$$\cos\alpha_2 = \dfrac{y}{\sqrt{x^2 + y^2}};$$

$$\cos\alpha = \cos\alpha_1\cos\alpha_2$$

或

$$\cos\alpha = Pt_2/Pt_1$$

上述各式中　η——跳线风偏角；

λ——耐张绝缘子串长度；

θ——耐张绝缘子串倾斜角；

ψ——线路转角角度；

φ——耐张绝缘子串水平风偏角；

f——跳线弧垂；

α——垂直拉线平面的坐标间的夹角，

　　即 $< l_1 p l_2$ 间的立体空间夹角。

　　当按图 2-6-74 的方法作图时要特别注意，α 角的计算，y、z 的正负取决于 pl_1、pl_2、pQ 三者方向的选定，并要注意当 $\cos\alpha$ 为负值时 α 为大于 $90°$ 的角，即

$$\alpha = 180° - \cos^{-1} | \cos\alpha |$$

　　第四步，确定跳线施工弧垂：跳线施工弧垂 f 应大于最小允许弧垂，小于最大允许弧垂。一般取 $f = \dfrac{f_{max} + f_{min}}{2}$，m。考虑到跳线的施工与气温变化等所产生的弧垂误差，如若 $f_{max} - f_{min} < 200\text{mm}$ 时，则认为跳线间隙不足，应加装跳线绝缘子串或其它措施防止跳线风偏摆动。

　　第五步，跳线施工长度计算：根据已求得的跳线施工弧垂 f，以雷电过电压气象条件下耐张绝缘子串的倾斜角，逐塔画出如图 2-6-71 所示的跳线两悬挂点及跳线所在平面侧视图，自横担"下沿"向下量 f 长，并通过末点画一水平线，将图纸垂直悬挂，以链条过两悬挂点并切于 f 末端水平线，此时记住链条两端位置，然后拉直链条量出两悬挂点间的线长即为跳线施工长度 L。

　　加装跳线悬垂绝缘子串时，悬垂线夹点可相当于 f 末端，模拟跳线长度时应使悬垂线夹两侧跳线稍有下垂而不致引起悬垂串上卷。当杆塔转角且加跳线绝缘子串时，跳线变成"绕引"形式，跳线悬挂点 A、B 和悬垂线夹点 F 不在一个垂直平面内，为模拟跳线长度，可将上述三点展开，放在同一个侧视平面图内，如图 2-6-75 所示。模拟线长时，以跳线呈链状通过 F 点为准。当跳线施工后，悬垂串受力向转角内侧偏移，跳线在 F 点两侧必然呈悬垂状。

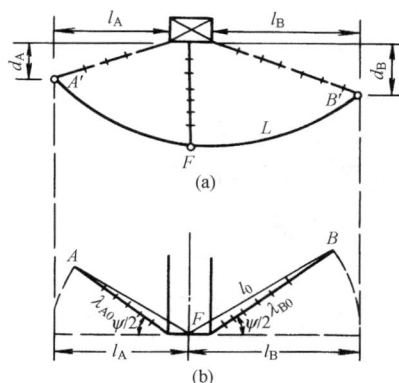

图 2-6-75　加装跳线绝缘子串
时跳线弧垂及线长图解图
（a）侧视图；（b）下视图

2. 绕引跳线计算

　　绕引跳线是耐张绝缘子串悬挂在杆塔主柱上，跳线借助塔身旁侧悬垂绝缘子串的支持，自塔身正面绕行旁侧接到塔身后侧耐张线夹处，如图 2-6-76 所示。一般设计中，跳线中间的悬垂线夹 B 点是可动的，它随跳线施工的松紧和悬垂串上作用的荷重不同而变化。绕引跳线的计算主要是选择一个合适的悬垂绝缘子串的施工偏角 ϕ_0（或偏距 $\delta_0 = \rho\sin\phi_0$），以及相应的施工线长 L_0，并检查跳线在各种校验条件下变位时，跳线对上、侧、下各面的构件间隙是否均能满足要求。图 2-6-76 中仅示出跳线的一种校验条件间隙检查示意，其间隙检查方法仍可选同类塔型中的一基典型进行（如跳线一般通过转角内侧，故选转角较小者为严重情况），计算与图解步骤如下：

　　第一步，计算施工时的跳线张力和线长：为作出跳线的正、下视图（如图 2-6-76），先假设无风 + 15℃ 施工时，绕跳悬垂串拉偏角为 ϕ_0（位移 δ_0），然后算出跳线单侧悬挂点 A、B 间挡距 l_0 及高差 h_0（假定两侧对称布置），继而算出跳线施工张力 T_0 及单侧线长 L_0。选定偏角 ϕ_0 时应使跳线对构件的间距大于雷电过电压的间隙，一般选 $10°$ 左右。

　　跳线在任意条件下的挡距 l、张力 T、线长 L、弧垂 f 按式（2-6-51）计算。

$$
\begin{aligned}
l &= \left\{ \left[S - \lambda\cos\theta\sin\left(\frac{\psi}{2} - \varphi\right) - \rho\sin\phi \right]^2 \right. \\
&\quad \left. + \left[\lambda\cos\theta\cos\left(\frac{\psi}{2} - \varphi\right) + \frac{D - \Delta s}{2} \right]^2 \right\}^{\frac{1}{2}} \\
T &= \frac{\tan\phi(0.5G_v + g_1 l) - (0.5G_H + g_4 l_H)}{2\left(\cos\omega - \dfrac{h}{l}\tan\phi\right)} \\
L &= L_0 = \frac{l}{\cos\beta} + \frac{l^3 g_1^2 \cos\beta}{24T^2} \\
&= \frac{l_0}{\cos\beta_0} + \frac{l_0^3 g_1^2 \cos\beta_0}{24T_0^2} \\
f_{xv} &= \frac{x(l - x)g_1}{2T\cos\beta} \\
f_H &= \frac{x(l - x)g_4}{2T\cos\beta} \\
l_H &= \lambda\cos\theta\cos\left(\frac{\psi}{2} - \varphi\right) + \frac{D - \Delta s}{2} \\
\omega &= \cos^{-1}\frac{S - \delta - \lambda\cos\theta\sin\left(\dfrac{\psi}{2} - \varphi\right)}{l} \\
h &= (E + \lambda\sin\theta) - \rho\cos\phi \\
\beta &= \tan^{-1}\frac{h}{l}
\end{aligned}
$$

$$(2\text{-}6\text{-}51)$$

式中　f_{xv}、f_{xH}——绕跳挡距内任一点 x 之垂直及水
　　　　　　　　　　平投影弧垂，m；

l_H——跳线作用于悬垂串上的受风水平档
　　　距，m。粗略计算可取为定值 l_0；

ω——档距 l 与横担中线间的水平夹角，
　　　(°)；

h——悬挂点间高差，m；

β——悬挂点间高差角，(°)；

g_1、g_4、g_6——跳线的单位长度自重力、风重力、综
　　　合荷载，N/m；

G_v、G_H——悬垂绝缘子串的垂直荷载、水平风荷
　　　载，N；

D、E、S、ρ、Δs 等符号的含义如图 2-6-76 所示；

　　式中其它符号含义见图 2-6-74 符号说明。

　　式（2-6-51）是计算绕跳 L、T、l、f 时的通式，
在第一步计算时应假定无风。根据假定无风偏角 ϕ_0，

利用式（2-6-51）便可求出施工时的跳线各点弧垂 f_x
$=f_{xv}$，画于正、下视图中大致检查间隙是否合适。若
间隙都相当大且估计有风时跳线的间隙亦无问题，便
可逐塔计算施工线长，否则应按下一步骤检查有风变
位后的跳线间隙。

　　第二步，检查有风时的跳线间隙：假设风偏前后
跳线长度保持不变（恒为 L_0），利用下式试凑求解各
有风校验条件下的悬垂串偏斜角 ϕ_c：

$$\left.\begin{array}{l} \phi = \tan^{-1}\dfrac{2T\cos\omega + 0.5G_H + g_4 l_H}{(0.5G_v + p_1 l) + 2T\dfrac{h}{l}},(°) \\[4mm] T = \sqrt{\dfrac{l^3 g_6^2 \cos\beta}{24(L_0 - l/\cos\beta)}},N \end{array}\right\} (2\text{-}6\text{-}52)$$

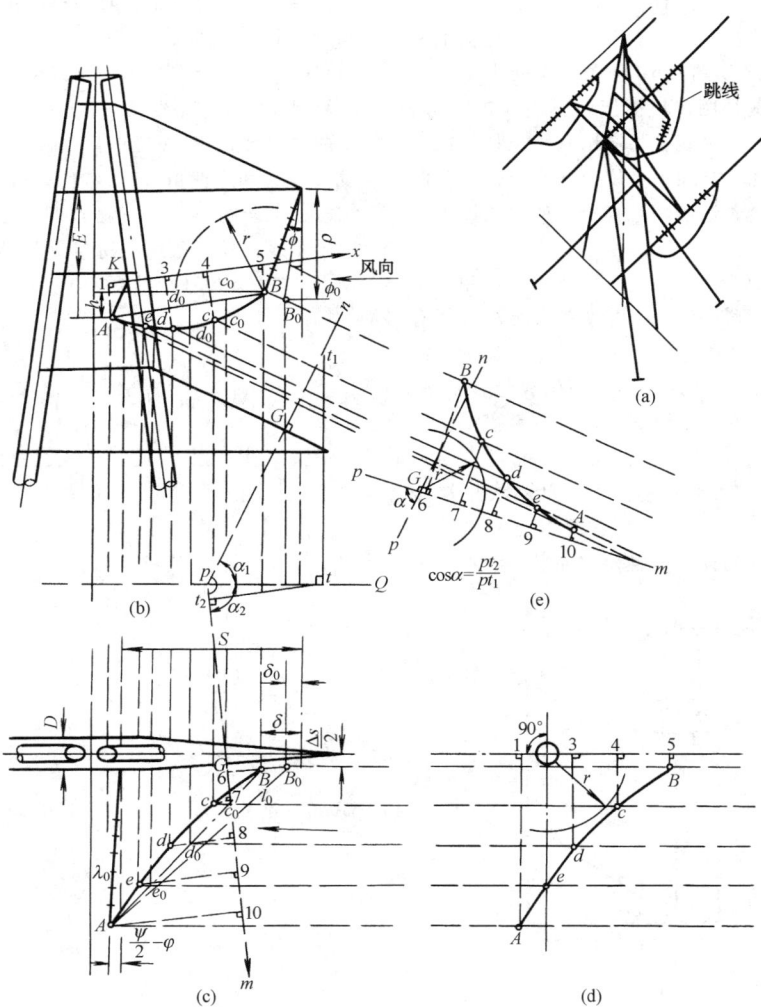

图 2-6-76　绕引跳线作图与间隙检查示意图

（a）整体示意图；（b）绕跳正视图；（c）下视图；（d）垂直于主杆平面内的投影图；

（e）垂直于下拉杆平面内的投影图绕跳施工图中应注明 δ_0 及 $\sum L = 2L_0 + \Delta s$

上式中 ϕ 是隐函数，其中 ω、l、h、β、T 均是 ϕ 的函数，故必须先假设 ϕ 角，算出与它相关的 ω、l、h、T、β，代入上面第一式右侧，解出 ϕ 如果与假设相同，即表示 ϕ_x 假设的正确，否则应重设 ϕ 值算至 $\phi_x = \phi$，此时的 T 则为跳线风偏后的张力。另外亦可先假定 $3 \sim 5$ 个 ϕ_x，求出相应的 ϕ，作成 $\phi = f(\phi_x, T)$ 曲线，自曲线中查出 $\phi_x = \phi$ 时的 ϕ_x 及 T，即为所求的悬垂串偏角 ϕ 及跳线张力 T。根据已解出的 ϕ、l、T 便可算出 f_{xv} 及 f_{xH}，作出跳线在正、下视图中的风偏变位位置。检查跳线对构件间隙，若各方间隙不匀称或不足，经分析表明若施工假设偏角 ϕ_0 不适当，可另选 ϕ_0 重复上述计算和检查。有时间隙不足可能是塔头结构尺寸不适当，为了获得较大的间隙，一般可根据具体情况向外延伸跳线悬挂点、采用上悬下拉式固定悬垂串、加长悬垂线夹船体等措施。

第三步，计算绕引跳线长度：根据同类塔型中通过间隙校验选定的施工偏距 δ_0（即选定 ϕ_0），逐塔算出跳线两侧的档距与高差，进而算出跳线长度 $\Sigma L = L_{01} + L_{02} + \Delta S$，m。

【例题 2-11】 有一 220kV "A 字型" 转角杆，最小转角 $\psi = 10°$，中线绕跳塔头尺寸为：$S = 5.12\text{m}$，$D = 0.6\text{m}$、$E = 2.5\text{m}$。导线数据为：LGJ-240、$A = 281.1\text{mm}^2$、$g_1 = 9.78\text{N/m}$、$g_{4(18)} = 4.72\text{N/m}$、$g_{6(18)} = 10.89\text{N/m}$。耐张绝缘子数据：$\lambda = 3.5\text{m}$、$\theta_A = \theta_B = 10°$、$\varphi = 3°$（假定 θ、φ 在各校验条件下不变）。跳线悬垂串数据：$\rho = 2.3\text{m}$、$G_v = 686\text{N}$、$G_{h(18)} = 84.3\text{N}$、$\Delta = 0.3\text{m}$。设跳线悬垂串施工偏角 $\phi_0 = 10°$（即 $\delta_0 = 0.4\text{m}$），求解操作过电压时跳线的 ϕ、l、T、f_{xv}、l_{xh}。

解 第一步，由式 (2-6-51) 求 l_0、T_0、L_0：

$$l_0 = \left\{ \left[S - \lambda\cos\theta\sin\left(\frac{\psi}{2} - \varphi\right) - \rho\sin\phi_0 \right]^2 \right.$$
$$\left. + \left[\lambda\cos\theta\cos\left(\psi/2 - \varphi\right) + \frac{D - \Delta s}{2} \right]^2 \right\}^{\frac{1}{2}}$$

$$= \left\{ (5 - 0.4)^2 + [3.5 \times 0.985 \right.$$
$$\left. \times 0.999 + 0.15]^2 \right\}^{\frac{1}{2}}$$

$$= \sqrt{4.6^2 + 3.59^2} = 5.84\text{m}$$

$$T_0 = \frac{\tan\phi_0 (0.5G_v + g_1 l_0)}{2\left(\cos\omega_0 - \dfrac{h_0}{l_0}\tan\phi_0\right)}$$

式中

$$\cos\omega_0 = \frac{S - \delta_0 - \lambda\cos\theta\sin\left(\dfrac{\psi}{2} - \varphi\right)}{l_0}$$

$$= \frac{4.6}{5.84} = 0.788$$

$$h_0 = (E + \lambda\sin\theta) - \rho\cos\phi_0$$

$$= 3.11 - 2.26 = 0.85\text{m}$$

则

$$T_0 = \frac{0.176 (343 + 57.1)}{2\left(0.788 - \dfrac{0.85}{5.84} \times 0.176\right)} = 46.18\text{N}$$

$$\cos\beta = \frac{1}{\sqrt{1 + \tan^2\beta_0}}$$

$$= \frac{1}{\sqrt{1 + \left(\dfrac{0.85}{5.84}\right)^2}}$$

$$= 0.99$$

$$L_0 = \frac{l_0}{\cos\beta_0} + \frac{l_0^3 g_1^2 \cos\beta_0}{24 T_0^2}$$

$$= \frac{5.84}{0.99} + \frac{5.84^3 \times 9.78^2}{24 \times 46.18^2} \times 0.99$$

$$= 6.27\text{m}$$

第二步，求解跳线操作过电压条件下的 ϕ、l、T、f_x。

设，$\phi_x = 14°$、$15°$、$16°$、$17°$、$18°$，求对应下的 ϕ 值，找出 $\phi_x = \phi$ 时的 ϕ、l、T，其试凑计算成果如表 2-6-20。

将表 2-6-20 成果绘成 $\phi = f_1(\phi_x)$、$T = f_2(\phi_x)$、$l = f_3(\phi_x)$ 曲线，便可查出 $\phi = \phi_x$ 下的 T、l，此例 $\phi = \phi_x = 16.08°$，可近似取接近的整数 $16°$，即悬垂串由施工时的偏角 $10°$ 变到操作过电压时为 $16°$，跳线张力由 46.18N 变为 38.5N。由表 2-6-20 可以看出虽 ϕ_x 变化幅度很大，而 ϕ 的变化很小，ϕ_x 从小变到大时，ϕ 则由大变小，掌握这一规律，很容易试凑出 ϕ_0，如先任设一个 $\phi_{x1} > \phi_0$ 的偏角，算出对应下的一个 ϕ_1 值，若 $\phi_{x1} > \phi_1$，可再设 ϕ_{x2} 略大 ϕ_1 的整角度（若 $\phi_{x1} < \phi_1$ 则设 $\phi_{x2} < \phi_1$），算出 ϕ_2，依此规律再选算第三点，一般便可得到近似值，也没有必要解得精确的 ϕ 值。

从表 2-6-20 知：$l = 5.65\text{m}$、$T = 38.5\text{N}$、$g_1 = 9.78\text{N/m}$、$g_{4(18)} = 4.72\text{N/m}$、$\cos\beta = 0.988$，算出跳线各点的垂直与水平投影弧垂如下：

计算点 弧垂公式（m） 弧垂类别	l 中央点 $f_{1/2} = \dfrac{l^2 g_x}{8T\cos\beta}$	$1/4$ 及 $3/4 l$ 点 $f_{1/4} = 0.75 f_{1/2}$
垂直投影弧垂 f_{xv}	1.025	0.769
水平投影弧垂 f_{xH}	0.495	0.371

将求得的 ϕ、δ、l、f 画于图 2-6-76 中，便可进行间隙检查作图，图中 $d'_0 d_0 = f_{1/2v}$，$d_0 d = f_{1/2H}$。

表 2-6-20　　　　　　　　　　　　　　　　计 算 结 果

公　式	项　目 ϕ_x	14°	15°	16°	17°	18°
$l = \sqrt{\left[S - \lambda\cos\theta\sin\left(\dfrac{\psi}{2} - \varphi\right) - \rho\sin\phi\right]^2 + 3.59^2}$	$\rho\sin\phi$	0.556	0.595	0.634	0.673	0.71
	$5 - \rho\sin\phi$	4.444	4.405	4.366	4.327	4.29
	l	5.71	5.68	5.65	5.62	5.59
$\cos\omega = (5 - \rho\sin\phi)/l$	$\cos\omega$	0.778	0.775	0.772	0.77	0.767
$\cos\beta = \dfrac{1}{\sqrt{1 + \tan^2\beta}}$	$\tan\beta = h/l$	0.1541	0.1568	0.1594	0.1621	0.1647
	$\cos\beta \approx$	0.988	0.998	0.998	0.998	0.998
$T = \sqrt{\dfrac{l^3 g_6^2 \cos\beta}{24\,(L_0 - l/\cos\beta)}}$	$l^3 p_6^2 \cos\beta/24$	908.9	893.5	879	865.6	851.2
	$l/\cos\beta$	5.78	5.755	5.725	5.695	5.665
	$L_0 - l/\cos\beta$	0.538	0.563	0.593	0.623	0.653
	T	41.1	39.8	38.5	37.3	36.2
$\tan\phi = \dfrac{2T\cos\omega + (0.5G_h + g_4 l_H)}{(0.5G_V + l) + 2T\dfrac{h}{l}}$	$2T\cos\omega$	63.95	61.69	59.44	57.44	55.53
	$p_1 l$	55.84	55.55	55.26	54.96	54.67
	$2Th/l$	12.65	12.45	12.26	12.16	11.96
式中　$0.5G_h + g_4 l_H = 42.15 + 16.94$ $= 59.1$	$\tan\phi$	0.299	0.294	0.2885	0.284	0.2795
	ϕ	16.65°	16.4°	16.1°	15.86°	15.62°

七、档距中央的绝缘配合

本款所述档距中央的绝缘配合，包括导线相间最小距离的确定及导线和地线间最小距离的确定两部分内容。

（一）导线相间最小距离的确定

1. 档距中央导线水平相间距离的确定

档距中央导线水平相间最小距离主要决定于较大的风引起的导线不同步摆动（或舞动）的条件，此时正常运行的工频电压不应使相间空气间隙击穿。至于操作过电压和雷电过电压，由于其与较大的风同时出现并引起导线不同步摆动（或舞动）的概率甚小，因此不作为确定档距中央导线水平相间距离的控制条件。

导线不同步摆动（或舞动）的产生，除风的作用外又与其它许多因素有关，很难用某种计算办法来确定，因此，各国确定导线水平相间最小距离的公式或数据均是根据线路的大量运行经验得出，其公式见表 2-6-21。

表 2-6-21　　　　　　　　　　　　　　各国线间距离计算公式

国　别	公　式	国　别	公　式
西 班 牙	$D = \dfrac{U}{150} + 0.62\sqrt{f}$	瑞 典	$D = \dfrac{U}{150} + 0.5\sqrt{f}$
奥 地 利	$D = \dfrac{U}{150} + 0.9\sqrt{f + L_1}$	芬 兰	$D = \dfrac{U}{143} + 0.027\dfrac{L_1 + 10}{\sqrt{d\sigma_0}}$
德国、比利时	$D = \dfrac{U}{150} + 0.62\sqrt{f + L_1}$	苏 联	$D = 1 + \dfrac{U}{110} + 0.6\sqrt{f}$
意 大 利	$D = \dfrac{U}{100} + 0.5\sqrt{f + L_1}$	美 国	$D = 0.7L_1 + 0.0076U + K\sqrt{f}$ 轻、中、重冰区的 K 值分别为：0.635；0.662；0.691
荷 兰	$D = \dfrac{U}{125} + 0.8\sqrt{(f + L_1)\,\sin\alpha}$	捷 克	$D = 0.25 + \dfrac{U}{100} + 0.7\sqrt{f}$
波 兰	$D = \dfrac{U}{150} + 0.65\sqrt{f + L_1}$	瑞 士	$D = 0.007U + 0.065\sqrt{f}$

注　D—水平线间距离，m；U—线路额定电压，kV；f—导线最大弧垂，m；L_1—绝缘子串长度，m；α—导线最大风偏角，（°）；σ_0—一年平均气温下导线应力，$\dfrac{1}{9.81}$N/mm^2；d—导线直径，cm。

GB 50061—97 及 DL/T 5092—1999 总结了我国大量线路的运行经验并参照国外公式，提出了计算导线相间水平距离的如下公式（当档距 $l \leqslant 1000\text{m}$ 时）

$$D = 0.4L_1 + \frac{U}{110} + 0.65\sqrt{f} \qquad (2\text{-}6\text{-}53)$$

式中　D——导线水平相间距离，m；
　　　L_1——悬垂绝缘子串长度，m；
　　　U——额定线电压，kV；
　　　f——导线最大弧垂，m。

2. 导线垂直排列时相间最小距离的确定

垂直排列时导线的相间距离主要确定于上、下导线覆冰不均匀以及覆冰脱落时的跳跃（或舞动），因此与导线弧垂及冰厚有关。在一般地区，考虑到导线覆冰情况较少，导线发生舞动的情况更为少见，因此，GB 50061—97 及 DL/T 5092—1999 推荐导线垂直相间距离可为水平相间距离的 0.75 倍［即按式（2-6-53）计算结果乘以 0.75］，并对各级电压线路规定了使用悬垂绝缘子串杆塔的最小垂直线间距离值如表 2-6-22 所示。但这一垂直距离的规定，在具有覆冰的地区则嫌不够，尚必须考虑导线间的水平偏移才能保证线路的运行安全，所以规程中又对导线间水平偏移的数值作了相应的规定（见表 2-6-23）。

表 2-6-22　使用悬垂绝缘子串杆塔的最小垂直线间距离

线路电压（kV）	35	60	110	220	330	500
垂直线间距离（m）	2.0	2.25	3.5	5.5	7.5	10

表 2-6-23　上下层相邻导线间或地线与相邻导线间的水平偏移　（m）

线路电压（kV）	35	60	110	220	330	500
设计冰厚 10mm	0.2	0.35	0.5	1.0 (1.25)	1.5 (1.75)	1.75 (2.5)
设计冰厚 15mm	0.35	0.5	0.7	1.5 (1.75)	2.0 (2.25)	2.5 (3.0)

注　表中括号内数值为大跨越杆塔水平偏移值。

设计冰厚 5mm 的地区，上下层相邻导线间或地线与相邻导线间的水平偏移，可以根据运行经验适当减小。

在重冰区，导线应采用水平排列。地线与相邻导线间的水平偏移数值，应较表 2-6-23 中"设计冰厚 15mm"栏内数值至少大 0.5m。

3. 导线三角排列时相间最小距离的确定

导线呈三角排列时，其工作状态介乎垂直排列和水平排列之间。GB 50061—97 及 DL/T 5092—1999 建议，当三角排列时导线间的斜向相间距离可化为等

效水平相间距离，并可按下式计算

$$D_{\text{X}} = \sqrt{D_{\text{H}}^2 + \left(\frac{4}{3}D_{\text{V}}\right)^2} \qquad (2\text{-}6\text{-}54)$$

式中　D_{X}——导线三角排列的等效水平相间距离，m；
　　　D_{H}——相导线间水平投影距离，m；
　　　D_{V}——相导线间垂直投影距离，m。

按式（2-6-54）算出 D_{X} 值后，代入式（2-6-53），即可确定允许的导线弧垂（或档距）。

4. 多回路塔相间距离的确定

对于多回路同杆架设的线路，考虑到不同回路间导线闪络将影响到两个以上回路的供电安全，易使事故扩大，因此，GB 50061—97 及 DL/T 5092—1999 规定，对多回路杆塔的不同回路不同相导线间的水平或垂直相间距离，应比上述单回路不同相导线间所要求的相间距离大 0.5m。一般不应小于表 2-6-24 所列数值。

表 2-6-24　不同回路不同相导线间的最小相间距离

线路电压（kV）	35	60	110	220	330	500
线间距离（m）	3.0	3.5	4.0	6.0	8.0	10.5

5. 大跨越杆塔导线相间距离的确定

以上所列公式和数据一般均适用于档距不超过 1000m 的情况。对于 1000m 以上的大跨越杆塔，特别是跨越较大河流的大跨越档，目前尚没有一些较成熟的经验公式可资利用。本款仅列出一些国内、外大跨越设计的一些经验公式及数据以供参考。设计时可根据运行经验选定。

（1）水平线间距离的选择：根据前电力工业部电力规划设计总院颁发的《架空送电线路大跨越设计技术规定》（试行，1998 年），对档距为 1000～2000m 的大跨越，推荐了如下计算水平线间距离(D)的公式。

$$D = 0.4L_1 + \frac{U}{110} + K\sqrt{f}, \text{m} \qquad (2\text{-}6\text{-}55)$$

式中　L_1——悬垂绝缘子串长度，m；
　　　U——额定线电压，kV；
　　　f——导线最大弧垂，m；
　　　K——系数，可在 0.8～1.0 之间选取。跨越档档距或弧垂较大者宜取较大数值。

另外，中南电力设计院还汇集了国外经验公式及数据，现一并列出，可供参考。

1）日本（《电气计算》第 36 卷第 6 号）在统计各国电压 200kV 以上的 14 个大跨越基础上，提出了如下公式

$$D = 0.005l + 10, \text{m} \qquad (2\text{-}6\text{-}56)$$

式中　l——档距，m。

2）竹下英世《架空送电线路的弛度》一书推荐如下公式

$$D = K_1 \frac{f}{l} + 0.003U + 0.5L_1 \qquad (2\text{-}6\text{-}57)$$

式中 K_1——常数，一般取 50～70；

U、f、L_1 符号含义同式（2-6-55），l 符号含义同式（2-6-56）。

3）在日本，尚以相邻两导线反向风吹检验档距中危险接近的条件来选择水平线间距离（《电气计算》第 36 卷第 7 号），其公式为

$$D \geqslant 2(L_1 + f)\sin\theta + 0.003U + 2r \qquad (2\text{-}6\text{-}58)$$

式中 θ——风偏角，（°）；

r——导线半径或分裂半径，m；

L_1, f, U 符号含义同式（2-6-55）。

反向风的风速取值，竹下英世《架空送电线路的弛度》一书取 7～9m/s，电源开发公司取 7～9m/s，中部电力公司取 13m/s。

4）挪威海湾大跨越线间距离，对 275kV 及以下电压者，一般按不小于档距的 1% 选择。英国《架空电力线》一书介绍大跨越线距，以档距每 100 英尺需线距 1.0 英尺选择，即也按 1% 选择。考虑到以上所述按档距 1% 的标准，系指 275kV 及以下的线路，因此，在我国，当按此原则选择线间距离时，对不同电压等级的线路尚应考虑电压差别的修正及绝缘子串长度的修正。例如，对 500kV 线路，其水平线间距离除按档距的 1% 计算外，尚应加电压修正 $\frac{500 - 275}{110} = 2.05$m 及绝缘子串长的风偏差别约 1.0m。

5）根据德国和法国的标准[2-42]，线间距离按导线在档距中的异步风偏危险接近来检验，检验的条件是一根导线作用以最大风速 V_{max}，另一根为 $0.8V_{max}$。

（2）当导线呈三角排列时，其等效水平线间距离可按式（2-6-54）估算。

（3）垂直线间距离的选择：对大跨越杆塔，上、下导线（或导线与地线）间垂直线间距离首先应满足各项绝缘配合的要求，同时尚应满足档距中央导线（或地线）的不均匀覆冰和异常运动对线间距离的要求（一般可按水平线间距离的 75% 估算）。

各项绝缘配合的要求，系指塔头绝缘配合要求及档距中央导线与地线间绝缘配合要求。

档距中央导线（或地线）不均匀覆冰，系指上、下导线（或地线与导线）覆冰不等时的静态情况，其计算条件是上导线（或地线）各档均覆冰，下导线跨越档不覆冰（或少覆冰），相邻两档全部覆冰。此时，跨越档上、下导线（或地线与导线）间的间隙距离应满足操作过电压（再加一定的裕度）的要求。

档距中央导线异常运动是指覆冰脱落时的导线跳跃，以及因风、冰引起的导线舞动。此时，导线间（或导线与地线间）的最小间隙应满足工频电压的要求。

覆冰脱落时导线跳跃的问题在国外曾进行过许多研究。现列出苏联提出的如下公式[2-42]供参考

$$H = m\Delta f\left(2 - \frac{l}{1000}\right) \qquad (2\text{-}6\text{-}59)$$

式中 m——考虑到局部脱冰所引入的系数，可取为 0.5～0.9（较小的数值用于比较小的导线）；

Δf——覆冰时及脱冰后的弧垂差值，m；

l——档距长度，m。

舞动是一种大幅值、低频率的导线振荡。根据国内外所观测到的一些数据来看，导线舞动的全振幅可达几米到十几米。对于一般线路档距来讲，舞动幅值与弧垂的比例大概是 20%，也可能达 40%，最大可能达 100%。中南电力设计院推荐选用如下公式估算舞动幅值

$$A = \frac{v\sqrt{f}\tan\alpha_s}{1.1\pi K} \qquad (2\text{-}6\text{-}60)$$

式中 A——舞动幅值，m；

v——风速，m/s；

f——导线弧垂，m；

α_s——最大冲击角，（°）；

K——振荡系数，$K = \dfrac{2l}{\lambda}$，其中，l 为档距长，m。λ 为舞动振荡波长，m。

（4）水平偏移距离选择：为了保证上、下导线（或地线与导线）在垂直面上运动（如跳跃、舞动等）时相互间不发生闪络，或使这种闪络的可能性减到最小，还需要考虑上、下层导线（或地线与导线）有适当的水平偏移。水平偏移的大小主要应根据运行经验确定，亦可按导线脱冰跳跃及舞动进行初步估算。

若假定导线覆冰时伴随有一定的风速，则导线脱冰跳跃将在一个斜面上运动。根据跳跃高度及风速即可算得相应的水平偏移。

舞动时导线将呈椭圆形轨迹运动。椭圆形轨迹的长轴与垂线成一倾角 α。国外运行实践指出，倾角 α 最大不超过 20°～30°。根据舞动幅值及倾角 α，即可估出相应的水平偏移。

最终估算出的大跨越杆塔水平偏移值应比表 2-6-23 所列数值大 0.25～1.0m。《架空送电线路大跨越设计技术规定》（试行）规定了 220kV 及以上线路的大跨越杆塔水平偏移值，如表 2-6-23 中括号内数值所示。

6. 导线排列方式改变时最小相间距离的确定

以上关于线间距离的叙述均系指排列方式基本不变的情况。在排列方式有突然变化时，例如由原来的水平排列变至邻塔上的垂直排列等，则档距中最接近处的净空距离，就将与相邻两塔上导线的布置以及其它一些因素有关。在设计中，对一般档距，最小净空距离以不低于表 2-6-25 为宜（该表不适用于覆冰厚度超过 10mm 地区及变电所进线档）。

表 2-6-25　　　　　　　　　　　导线排列方式改变时的最小净空距离

电　压　（kV）	35	60	110	154	220	330	500
距　离　（m）	1.0～1.5	1.5～2.0	2.5～3.0	3.5～4.0	4.0～4.5	5.0～5.5	6.0～6.5

为了检查两相导线在档距中的最接近间距，基本方法是和前述拉线投影法一样，将其中一根导线 A 看作具有弧垂的拉线，作出与导线 A 相垂直平面内的投影图（A 线投影成一点 a），便可量得 A 线同另一线 B 间的最近间距。顺着一条曲线投影要比顺着一条直线拉线投影繁杂些，故在小弧垂等特定条件下，可将顺视导线 A 简化近似成直线，使之变成同直线拉线一样的投影方法。下面分别介绍近似投影与普遍适用的投影方法。

（1）间距近似投影法：

1）当顺视导线 A 两悬挂点间无高差且在两端杆塔上不转角，两线 A、B 的弧垂与档距相比很小（$l \gg f$）的情况下，作图步骤是先绘出两导线在两端杆塔上的正面位置图，如图 2-6-77（a）、（b）所示。然后顺着导线 A 的悬挂点连线 AA′ 作投影图（即与 AA′ 相垂直的平面），它是由两正面图（a）、（b）平行移动使 A 线的两悬挂点 A、A′ 重合而成，如图 2-6-77（c）所示。当两线均无弧垂时，图（c）中 BB′ 直线既是 B 线的悬挂点连线又是它本身的投影位置，A 线则投影为一点 a（A、A′）。当两线对应点的弧垂相同时，由于假设弧垂很小，最近间距近似认为仍发生在垂直于轴线 AA′ 的平面内，故弧垂相同就近似于无弧垂的情况。在图 2-6-77（c）中自 a（A、A′）点向 BB′ 作垂线，垂臂 R 即线间最近距离，其垂足为 m。根据投影成比例的性质能定出接近点在档中的位置。当两线的弧垂不同时，仍可近似地仿照图 2-6-77（c），取 BB′ 连线的中点 O，并过 O 作中垂线 $\overrightarrow{OV}$。无

风时沿中垂线量取档距中央的弧垂差 $\Delta f = f_b - f_a$（正值向下），如图 2-6-78（a）所示，以 $\overrightarrow{OV}$ 为重力方向便可作出 B 线的弧垂投影线 $\overarc{BB'}$，R 即为 A、B 线间之最近间距。当既有弧垂差又考虑同向风偏时，如图 2-6-78（b）所示，自 O 点量风偏角 η，作出合力线 $\overrightarrow{OP}$，自 O 点沿 $\overrightarrow{OP}$ 取 $\Delta f = OF$，以 $\overrightarrow{OP}$ 为重力方向，便可作出 B 线的 $\overarc{BB'}$ 投影位置。

2）当顺视导线 A 两悬挂点间有高差，且两端转角，两线弧垂很小的情况和 1）款情况的作图法一样，但塔头正面图中的悬挂点间水平距离 d_0 和垂直距离 h_0，需根据顺视线 A 的悬挂点高差角 β 及两端的转角 ψ_A、ψ_A' 进行改正。为直观起见，通常用作图法进行改正。如图 2-6-79 所示，先假定两线无弧垂，画出两线悬挂点连线的下视图（a）和垂直 AA′ 轴的侧视图（b）（顺视线 A 的 AA′ 轴位于侧视图平面内），在下、侧视图中即可画出与 AA′ 轴相垂直的改正后的塔头导线布置投影尺寸 d_{AB}、h_{AB}、$d_{A'B'}$、$h_{A'B'}$。垂线 AA′ 轴平面的投影图的作法与图 2-6-78 的作法相似：当有弧垂差而无风时，图 2-6-79（c）中 $\Delta f' = \Delta f_0 \times \cos\beta$（其中 Δf_0 为无风时的 B 线档距中央与 A 线对应点的弧垂差）。当有风时，其投影图如图 2-6-79（d）所示，图中 $\Delta f_V = \Delta f \cos\eta \cos\beta$，$\Delta f_H = \Delta f \sin\eta$（其中 Δf 为有风时综合弧垂差，η 为风偏角）。

（2）精确投影法：当导线的弧垂较大时，即使

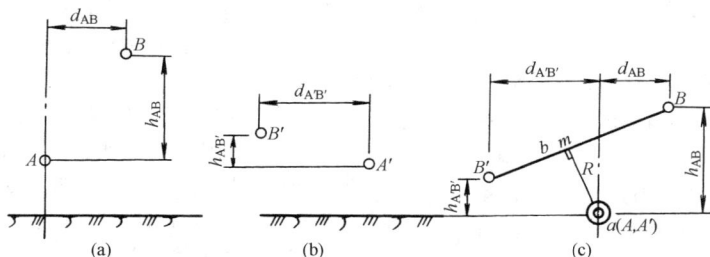

图 2-6-77　档中导线间距近似投影图（一）

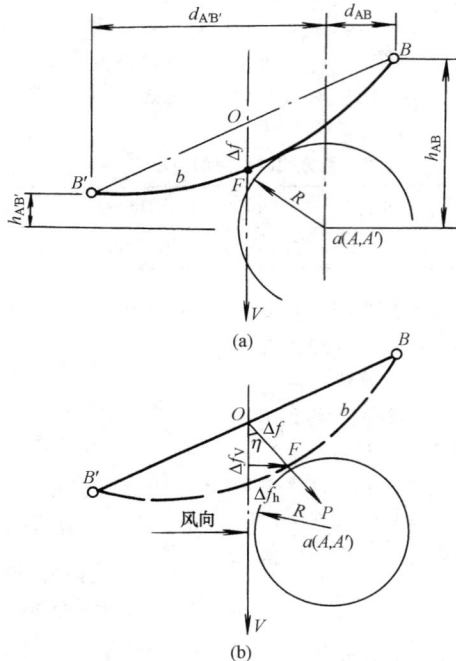

图 2-6-78   档中导线间距近似投影图 （二）

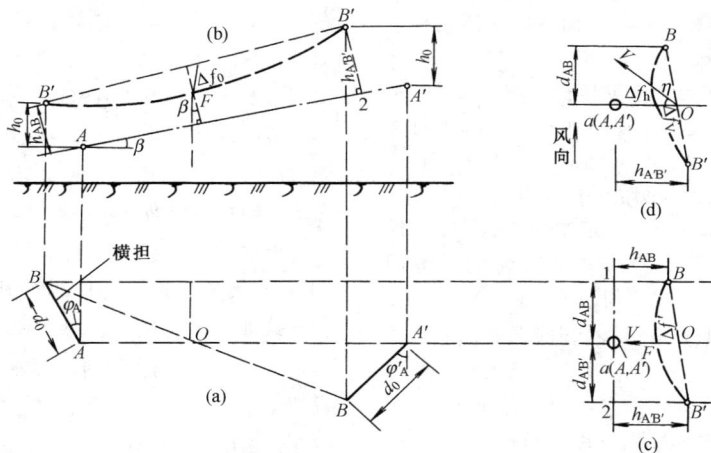

图 2-6-79   档中导线间距近似投影图 （三）

（a）下视图；（b）侧视图；（c）垂直 *AA′* 轴平面的投影图（无风时）；（d）垂直 *AA′* 轴平面的投影图（有风时）

两线对应点的弧垂相同，线间最近间距亦不能再假设发生在与顺视导线 *A* 的悬挂点连线 *AA′* 相垂直的平面内，否则将产生较大误差。应该作出与导线 *A* 相垂直的投影图，而 *A* 线本身又是曲线 $\overset{\frown}{AA'}$，需要在档内 *A* 线的几个点上作垂直 *A* 线的"垂切面图"，然后将数个垂切面图对应重合在一起，即可变成与 *A* 线相垂直的平面投影，如图 2-6-80 中的图（c）所示。图中 *A* 弧线变成一点 *a*（*A*、*A′*），*B* 弧线变成 *a*（*A*、*A′*）点附近的一投影曲线。图 2-6-80 所示为两线间既有高差、

转角，又有较大弧垂、无风情况下的精确作图法。

（二）导线和地线间最小距离的确定

1. 一般档距情况下导线和地线间最小距离的确定（见 DL/T 620—1997）

线路档距中央导线和地线间的最小距离应按雷击档距中央地线时不致使二者间的间隙击穿来确定。其最小安全距离与雷电流陡度、档距长度及导线和地线间的耦合系数等有关。对于一般档距，由于其档距长度不很大，当雷击档距中央地线时，在雷电流未达到

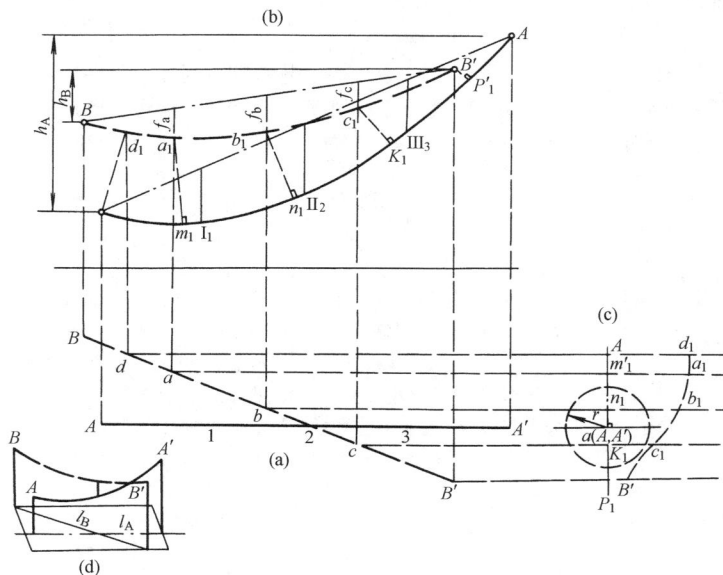

图 2-6-80 档中导线间距精确投影图

（a）下视图；（b）$\overset{\frown}{AA'}$曲线平面正视图；（c）与 AA' 线垂直平面的投影图；（d）立体示意图

最大值之前，从杆塔接地装置反射回来的负波已达到雷击点，因而限制了雷击点的电位升高。根据我国大量的运行经验，DL/T 620—1997 推荐了如下的经验公式

$$S = 0.012l + 1 \qquad (2\text{-}6\text{-}61)$$

式中　S——在气温为 $+15℃$ 无风情况下档距中央导线与地线间的最小安全距离，m；

　　　l——档距长度，m。

2. 大跨越档导线和地线间最小距离的确定 [参见参考文献 [2-1] 及《架空送电线路大跨越设计技术规定》（试行）]

对于档距较大的大跨越档，当按雷击线路档距中央避雷线来选定导线与地线间的距离时，按式（2-6-61）计算距离往往过大，此时，应按避免反击的公式（2-6-63）进行计算，并取两公式计算数值的较小值。

按避免反击的条件选择大跨越档导线与地线间的距离，规程明确指出：当档距 $l > v\tau_t$（v 表示波的传播相速，取 $225\,\text{m}/\mu\text{s}$；$\tau_t$ 表示波头长度）时，来自杆塔的负波在雷电流达到最大值之前尚未达到雷击点，此时，雷击点的电压最大值为

$$U = \frac{I}{2} \times \frac{z}{2} = \frac{I \times 350}{4} \approx 90I \qquad (2\text{-}6\text{-}62)$$

式中　U——雷击点的电压最大值，kV；

　　　I——耐雷水平，kA。可按表 2-7-5 选取；

　　　z——地线波阻抗，Ω。

取导线与地线间空气间隙的平均击穿强度为 $700\,\text{kV/m}$，有电晕时的耦合系数 $K_1K_0 = 0.2$，则导线与地线间的距离宜符合下式要求

$$S_1 \geqslant \frac{90I(1 - 0.2)}{700} = 0.1I \qquad (2\text{-}6\text{-}63)$$

这里应该说明的是，根据瓦格纳和希尔曼的管-管预击穿电流理论[2-1]，当导线与地线之间的冲击电压进入击穿范围时，两线之间就突然出现一层预击穿电流。预击穿电流可多少减低一些过电压，因而造成明显的击穿时延，使得间隙击穿不是发生在经典理论值的 1 或 2μs，而是发生在 5μs 或更长的时间。这样，即使在档距远大于 $l = v\tau_t = 225 \times 2.6 = 585\text{m}$ 的情况下，反射波仍来得及从邻塔返回，以降低档距中央导线与地线间的电压，使间隙不易击穿。因此，档距 $l = v\tau_t$ 的条件可适当放大。

如按上述两式选定的导线与地线间距离过大，致使大跨越杆塔在结构上发生困难或在经济上很不合理时，可考虑用几根横连线在档距中将两根地线连接起来。此时，雷击一根地线的阻抗减小到双地线的数值（约为230Ω），有电晕的耦合系数增大为 0.3 左右，则导线与避雷线间的距离（S'_1）可减小到下列数值

$$S'_1 = \frac{I \times 230 \times (1 - 0.3)}{4 \times 700} = 0.06I \qquad (2\text{-}6\text{-}64)$$

式中　I——耐雷水平，kA。

发电厂、变电所进线段内的大跨越，为防止危险的雷电波侵入厂、所内，其导线与地线间的距离必须符合式（2-6-63）的要求。

在中性点非直接接地系统，导线与地线间闪络不会引起线路跳闸，因此，可允许比式（2-6-63）计算距离适当减小。

八、塔头规划设计程序

塔头间隙尺寸及档距中央导线间和导线与地线间距离确定之后，即可完整地进行塔头型式及尺寸的规划，其设计程序如图 2-6-81 所示。

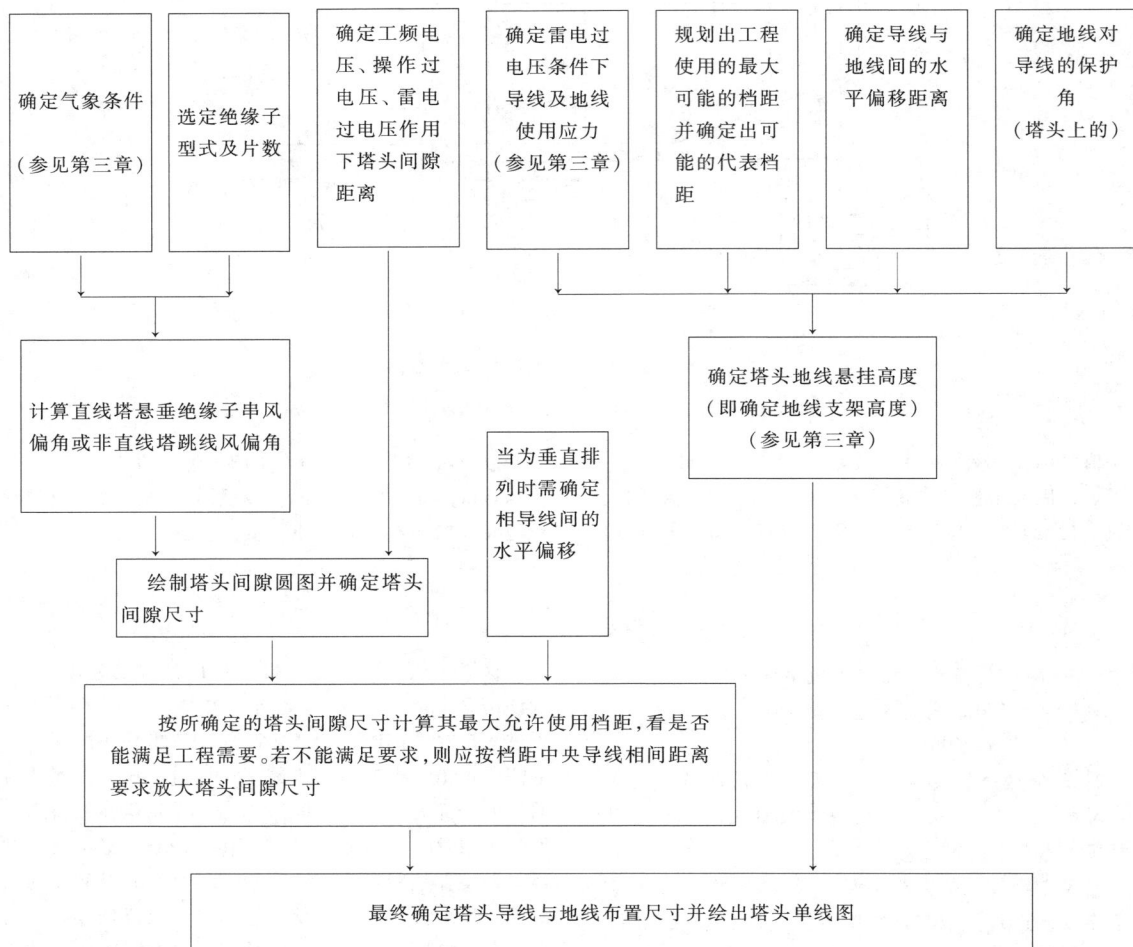

确定气象条件（参见第三章）

选定绝缘子型式及片数

确定工频电压、操作过电压、雷电过电压作用下塔头间隙距离

确定雷电过电压条件下导线及地线使用应力（参见第三章）

规划出工程使用的最大可能的档距并确定出可能的代表档距

确定导线与地线间的水平偏移距离

确定地线对导线的保护角（塔头上的）

计算直线塔悬垂绝缘子串风偏角或非直线塔跳线风偏角

确定塔头地线悬挂高度（即确定地线支架高度）（参见第三章）

当为垂直排列时需确定相导线间的水平偏移

绘制塔头间隙圆图并确定塔头间隙尺寸

按所确定的塔头间隙尺寸计算其最大允许使用档距,看是否能满足工程需要。若不能满足要求,则应按档距中央导线相间距离要求放大塔头间隙尺寸

最终确定塔头导线与地线布置尺寸并绘出塔头单线图

图 2-6-81 塔头规划设计程序框图

在实际工程中，为经济起见，一般均选用几种型号的直线塔以分别用于各种不同条件，因此，在塔头规划中应分别选定大小不同的几种悬垂绝缘子串风偏角，规划出不同尺寸的塔头。特别应该注意的是，对于大山区的线路，往往需要跨越一些大的山谷，因此，尚应考虑一种允许使用档距甚大的杆塔，这时，其塔头尺寸就不一定是由塔头间隙圆确定，而可能是由档距中央导线相间最小允许距离确定。

第七节 送电线路的防雷保护与接地

一、雷电参数

（一）雷暴日与雷暴小时

在进行防雷设计和采取防雷措施时，必须考虑到该地区的雷电活动情况。某一地区的雷电活动频度，可用该地区的雷暴日或雷暴小时来表示。雷暴日是一年中有雷电的日数。雷暴小时是一年中有雷电的小时数。一天或一小时内只要听到雷声（不管听到几次），就记为一个雷暴日或雷暴小时。由于各年的雷暴日（或雷暴小时）变化较大，所以应采用多年的平均值。

DL/T 620—1997 规定采用雷暴日作为计算单位。各国气象单位及设在日内瓦的世界气象组织所提供的指标也是雷暴日数。但有人认为，雷暴日不能区别雷暴的持续时间及强烈程度，因而主张采用雷暴小时作为计算单位。参考文献［2-21］列出了我国雷暴日与雷暴小时之间的关系如表 2-7-1 所示。

表 2-7-1　我国雷暴日与雷暴小时的比值

年平均雷暴日数	雷暴小时数/雷暴日数
20 ~ 25	2.2 ~ 3.0
30 ~ 40	2.5 ~ 3.5
50 ~ 60	3.0 ~ 4.0
70 ~ 80 及以上	3.3 ~ 4.3

由表 2-7-1 可以看出，雷暴小时数与雷暴日数之比随雷暴日数增加而增大。大致看来，二者的比值在 3.0 左右。

参考文献［2-18］指出，雷暴日的多少和纬度有关。以一般平均值来说，赤道地带约 100 ~ 150 雷暴日，热带约 75 ~ 100 雷暴日，中纬度地区约 30 ~ 50 雷暴日，而在极圈附近只有几个雷暴日。我国北回归线（北纬 23.5°）以南一般在 80 雷暴日以上（但台湾省只有 30 雷暴日左右），北纬 23.5°到长江一带约 40 ~ 80 雷暴日，长江以北大部分地区（包括东北）约 20 ~ 40 雷暴日。西北地区多数在 20 雷暴日以下。西藏因印度洋暖流沿雅鲁藏布江上溯，很多地方雷暴日高达 50 ~ 80。一般把年平均雷暴日不超过 15 日的地区叫少雷区，超过 40 日的叫多雷区，超过 90 日的叫强雷区，在防雷设计上要因地制宜区别对待。

（二）地面落雷密度

雷暴日或雷暴小时虽反映出该地区雷电活动的频度，但它未能反映出是云间放电或是云对地放电。测试表明，云间放电远多于云对地放电，二者之比，在温带为 1.5 ~ 3.0，在热带为 3 ~ 6[2-17]。我们最关心的还是云对地的放电，也就是地面落雷。

地面落雷密度用 γ（次/km²·雷暴日）表示。它表示每一雷暴日、每平方公里地面落雷次数。我国规程（DL/T 620—1997）推荐，在 40 雷暴日情况下，可取 $\gamma = 0.07$。

参考文献［2-21］列出了一些国外的地面落雷密度 γ（次/km²·雷暴日）数据，现开列如下，可供设计参考。

苏联	0.09
加拿大（H. Linck）	0.15
奥地利（普润提斯）	0.13
德国（按磁钢棒记录）	0.2
美国（Hagengath）	0.09
美国（超高压输电设计）	0.1
英国	0.19

（三）雷电流的幅值

雷电流是指雷击于接地良好的目标时泄入大地的电流。雷电流的幅值（包括极性）一般都是在塔上或避雷针上用磁钢棒测出的。

雷电流的幅值（I）与气象及自然条件有关，是一个随机变量，只有通过大量实测才能正确估算其概率分布的规律。根据我国部分地区实测数据，老规程（SDJ 7-79）绘出了我国雷电流幅值的概率曲线如图 2-7-1 所示（注：该曲线尚有一定的参考价值，故予以保留）。DL/T 620—1997 则建议按下式计算。

$$\log P = -\frac{I_m}{88} \qquad (2-7-1)$$

式中　I_m——雷电流幅值，kA；
　　　P——超过雷电流幅值 I_m 的概率。

应该说明，图 2-7-1 曲线及式（2-7-1）仅适用于我国年平均雷暴日大于 20 的地区。对于年平均雷暴日小于 20 的地区，如陕南以外的西北地区及内蒙古自治区的部分地区等，由于其雷电流幅值较小，故老规程建议，可由给定的概率（P 值）按图 2-7-1 查出雷电流幅值后减半。新规程则建议由下式计算

$$\log P = -\frac{I}{44} \qquad (2-7-2)$$

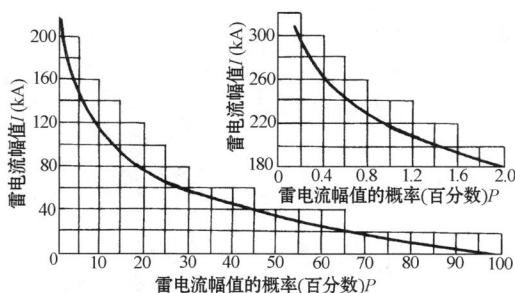

图 2-7-1　我国部分地区雷电流
幅值概率曲线

测试表明，雷电流幅值与海拔高度及土壤电阻率的大小关系不大。

（四）雷电流的波形、陡度和波头长度及其与雷电流幅值的关系

由各国所测得的雷电流波形来看，基本上出入不大。波长（τ）大致在 $40\mu s$ 左右。波头长度（τ_t）大致在 $1\sim 4\mu s$，平均在 $2.6\mu s$ 左右。因此，我国规程（DL/T 620—1997）规定，在线路防雷保护设计中，雷电流的波头长度一般取 $2.6\mu s$。

既然波头长度（τ_t）变化不大，所以，雷电流波头陡度$\left(a = \dfrac{\mathrm{d}i}{\mathrm{d}t}\right)$和雷电流幅值必然是密切相关的。根据 DL/T 620—1997 推荐，在线路防雷设计中，波头形状可简化取为斜角波。若波头长度取为 $2.6\mu s$，则斜角波波头的平均陡度为

$$a = \frac{\mathrm{d}i}{\mathrm{d}t} = \frac{I}{2.6} \qquad (2\text{-}7\text{-}3)$$

用斜角波进行线路的防雷计算，对于一般线路杆塔（如塔高在 $40m$ 以下时）来说是可行的，但对于特殊高塔来说，采用半余弦波头则更符合实际且偏于安全。因此，建议在设计特殊高塔时，可采取半余弦波形。

对于半余弦波形，其表达形式可写为

$$i = \frac{I}{2}(1 - \cos\omega t) \qquad (2\text{-}7\text{-}4)$$

若将式（2-7-4）中的 ω 用波头长度 τ_t 来代替，则

$$\omega = 2\pi f = 2\pi\frac{1}{T} = \frac{2\pi}{2\tau_t} = \frac{\pi}{\tau_t} \qquad (2\text{-}7\text{-}5)$$

将式（2-7-5）代入式（2-7-4），则得

$$i = \frac{I}{2}\left(1 - \cos\frac{\pi t}{\tau_t}\right) \qquad (2\text{-}7\text{-}6)$$

式中　I——雷电流幅值，kA；

　　　t——时间，μs。

其最大陡度与平均陡度为

$$a_{\max} = \left(\frac{\mathrm{d}i}{\mathrm{d}t}\right)_{\max} = \frac{I}{2}\omega = \frac{I\pi}{2\tau_t} \qquad (2\text{-}7\text{-}7)$$

$$a_{\mathrm{av}} = \left(\frac{\mathrm{d}i}{\mathrm{d}t}\right)_{\mathrm{av}} = \frac{I}{\pi}\omega = \frac{I}{\pi}\cdot\frac{\pi}{\tau_t} = \frac{I}{\tau_t}$$
$$(2\text{-}7\text{-}8)$$

由此可知，在半余弦波情况下雷电流的最大陡度为平均陡度的 $\dfrac{\pi}{2}$ 倍。

半余弦波与斜角波波形见图 2-7-2 所示。

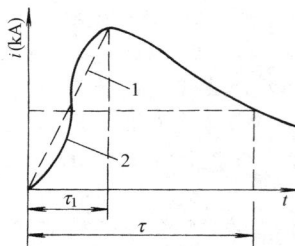

图 2-7-2　雷电流波形图
1—斜角波；2—半余弦波

二、送电线路上的雷电过电压

雷击现象虽然十分复杂，但从分析其后果的角度看，又可简单地将其看成是一个电流行波沿空中通道注入雷击点，如图 2-7-3 所示。在击中电线后即分为左右二路继续前进。伴随着电流行波一同前进的还有电压行波，它们构成了以接近光速而传播着的电磁波。

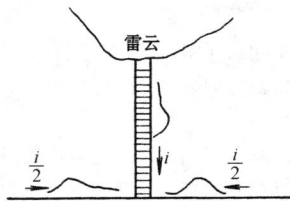

图 2-7-3　雷击电线示意图

电压行波 u 和电流行波 i 的比值 $Z = u/i$，就是该通道的波阻抗，一般取 300Ω。对于导线或避雷线，它大约为 $300\sim 400\Omega$。

在雷击塔顶时，由于塔脚接地电阻 R 很小，于是就出现反射现象。如果 $R = 0$，则无论如何塔顶都不会出现对地电压。这时随同电流波一同侵入的电压行波，就只好改变其极性后再由原通道反射回去，才能正、负抵消，保证塔顶的零电位状态。但伴随这个向回反射的电压行波还有一个电流行波返回去。由于 $R = 0$，电流将发生正的全反射，其结果相当于二倍的电流叠加在一起，如图 2-7-4 中箭头所示。故从被击物看来，电压消失了，电流增加了一倍。

当然，实际上 R 不等于零，故这种转化也不会十分完善，而且，这时 R 上的压降还要使地线对地获得一个电位，从而于其上出现电压行波（图 2-7-4），它还要伴随一个电流行波 $i = u_t/Z$。后者标志着在这种实际情况下地线的分流作用。但通常 R 只有 $1\sim 20\Omega$，这些因素毕竟是次要的。故一般当将地线的分流计入后就认为电流基本上还是增了一倍。

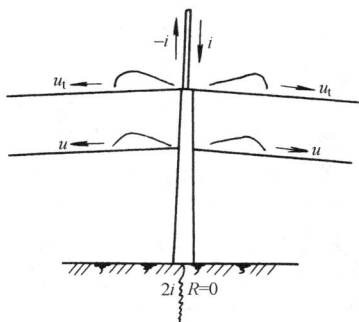

图 2-7-4　雷击杆塔后
波过程示意图

由于雷电流一般都是在塔上测出的，已经将这种理论上的反射包括在内，所以，我们一般所测的雷电流（I），包括目前常用的雷电流概率曲线中的数值（如图 2-7-1），都指的是这个结果，即 $I = 2i$，因此，在考虑雷击导线（或雷击于档距中央）时，应首先将这电流值减半，才算将其折算到同一个基准之上。

避雷线的保护作用，主要地也就在于利用上述原理将电压转化为电流，经很低的塔脚电阻排泄出去，从而达到了大幅度降压目的。例如，若 $R = 10\Omega$，则当雷击塔顶或其邻近的地线上时，塔身电位即使忽略地线的分流，也不过只有 $IR = 10I$。如果进一步忽略其它一些基本上可以互相抵消的次要因素（感应电压和耦合作用），这也就是作用在每相导线绝缘上的电压。然而，同一次落雷，若击中导线，电压就要高达 $\frac{1}{2} \times \left(\frac{I}{2}\right) z \approx \frac{300}{4} I = 75I$，相差达 7～8 倍之多。

很明显，地线的降压作用，完全是依靠低的接地电阻来实现的，而且接近于成比例关系。此外，当然还应保证雷电不致绕过地线而直接命中导线。所谓绕击率就是指绕过地线而击中导线的概率，它随保护角 α（图 2-7-5）的减小而迅速下降。a 系指塔头上的数值，对于单根地线，不同的相导线可能有不同的保护角，而对于如图 2-7-5 所示对称的双地线，却只需考虑边导线，因中导线位于两地线中央，一般是能很好地被屏蔽着的。

由于平行导线之间存在着互感和线间电容，因此，一旦在地线上出现电压（必然伴随一个电流）行波时，在相导线上就要耦合出一个相应的电压，如图 2-7-4 所示。真正作用在绝缘子上的电压乃是它们二者之差，即 $u_t - u = u_t (1 - k)$，耦合系数 k 通常约在 0.2 左右。耦合作用使绝缘所受到的电压低于塔顶电位 u_t。在没有电晕的情况下，耦合系数不难根据电线的几何尺寸算出，故有时被称为几何耦合系数，在此基础上再考虑电晕影响的修正。

雷电所引起的高电压使电线产生电晕，在雷击电线档距中央时尤为突出。电晕作用大的时候就使电波传播过程大为复杂，耦合系数会因之增大，而波阻抗

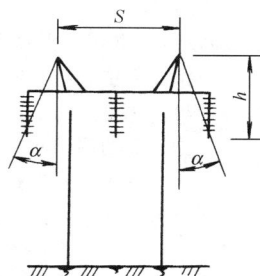

图 2-7-5　杆塔保护
角示意图

$\left(z = \sqrt{\dfrac{L}{C}} \right)$ 和波速（$v = 1 / \sqrt{LC}$）则因之有所下降，其原因为电晕仿佛扩大了电线直径，因而增大了其电容效果，但电晕层又并非真的能够导流，故对电感又影响不大。在图 2-7-4 中，出现在地线上的行波反映出它的分流作用。当这个行波到达邻塔时，由于又遇到一个低的接地电阻，又要发生反射。这样往复反射，使我们在分析中面临了要处理一连串行波的叠加问题。为了避免这个麻烦，通常在近似的计算中就忽略地线上的分布电容$\left($ 波阻 $z = \sqrt{\dfrac{L}{C}}$ 则将分布电容考虑在内 $\right)$，而只考虑其电感。这个电感（L_g）很容易根据地线的波阻 z 和波速 v 以及档距长度算出，因为单位长度的电感 $L = \dfrac{z}{v}$ 之故。同样，当雷电流经塔身注入塔脚电阻时，也要碰到实际上系分布的电感和电容，但在近似的分析中，我们也只用一个集中电感 L_t 来代替。于是就得到雷击塔顶时的近似等价图，如图 2-7-6 所示，其中 i_t 是塔身电流，而 u_{tp} 是塔顶电位。对于通常在杆塔高度和通常的接地电阻（一般 $R \geqslant 10\Omega$），杆塔电感影响不大，但对于高塔，L_t 的作用就比较突出，这是高塔的特殊性之一。

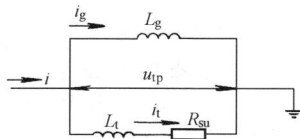

图 2-7-6　雷击杆塔时
等值阻抗图

高塔的另一特殊性，是在相同的保护角下，绕击导线的机会可能要大一些，需要更加重视保护角的问题。

利用近似的等价图 2-7-6，当给定雷电流 i 的数值及其波形，就可以算出塔顶电位 u_{tp}，再乘上考虑耦合的系数 $(1-k)$，就是实际作用于导线绝缘上的电压（此外还有一个静感应电压，详见后述）。如果它超过绝缘子的 50% 闪络电压，那就可以认为要造成闪络了。雷电对线路放电引起绝缘闪络时的雷电流临界值，称作线路的耐雷水平（I_1）。

但是当雷电流超过线路的耐雷水平时，虽然会导致一次雷电闪络，却并不一定意味着是一次故障。只要在雷电过程迅速消逝后，在闪络点不随之建立工频电弧，就仍然可以照常供电。雷电闪络后是否会使工频电流乘虚而入，这是一个几率问题，通常用建弧率来表示。它是一个随机变量，与单位长度的绝缘上实际作用着的工频电压有关，也就是同绝缘的工作电场强度有关，这个电场强度越大，建弧的机会也越大。

除耐雷水平外，表征线路耐雷性能的另一个指标就是遮断次数，它是假定在每年 40 个雷电日的情况下，每百公里线路每年因雷害而可能跳闸的次数，它可用来衡量不同设计方案的相对优劣，并不能代表线路实际运行中真实遮断情况。

当将雷击简单地视为一个电波沿雷电通道侵入时，还有一个属于静电感应的现象没有考虑到。在主放电（即雷电波侵入被击物）以前，雷云和从雷云缓慢地向地面延伸的先驱通道中都大量的积存了电荷（一般为负电荷），如图 2-7-7 的上半部所示。这个电荷使其周围的空间产生了静电场。悬挂在这个静电场之中的导线也就因之要获得一个对地电位，基本上与导线的悬挂高度成比例。

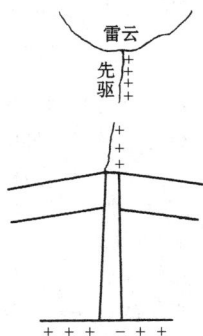

图 2-7-7 雷击高杆塔时先驱放电示意图

之中的导线也就因之要获得一个对地电位，基本上与导线的悬挂高度成比例。但实际上导线又延伸得很远，而且绝缘子也并非完全没有漏泄，故受上述静电场影响的那段导线，可以从远方（或经绝缘子的漏泄而直接从大地）吸入一些相反的电荷（一般为正电荷）。这个被感应出的电荷也要使导线获得一个电位，而且基本上应抵消掉前述静电场所赋予的电位，这是因为这个过程发展得十分缓慢，以致线上的电荷移动速度（也就是电流值）很小，整根导线仍然应

处在零电位状态之故（不考虑系统的工作电压）。在主放电的一瞬间，空中电荷被急剧中和，原有的静电场迅速消失，导线上原被束缚的感应电荷很快被释放出来开始以行波的形式向两侧逸去。这部分多余的电荷使导线上多了一个电压 u_g，称为感应电压，其作用是使绝缘子电压有所增加，因为，若空中原为负电荷，则侵入的雷电流应为负极性，它使塔顶对地电位为负，而这时导线上的感应电荷却是正的，它使导线获得正电位，从而加大了两者的差别。而且，主放电时的雷电流的陡度愈大，标志着雷道中电荷被中和的速度愈快，这个感应电压也就会越高，但悬挂在导线之上的地线，由于它对静电场的屏蔽作用，则要使导线上的感应电压有所降低。通常在雷击塔顶的情况下，感应电压在数值级别上约与地线的耦合作用相当，但在极性上却是互相抵消的。至于在雷击导线或地线于档距中央时，由于雷电流所产生的电压很高，也就不再需要将其计入了。另外，当杆塔很高时，在主放电以前，从塔头上也会发展出一个先驱导向雷云方向（图 2-7-7），截住了来自上方电荷的电力线，从而显著降低了导线上所感应出的静电荷，使感应电压降低很多，因而在高塔的某些计算中也就不予考虑。

关于雷击地线档距中央的问题，目前沿用的概念仍然是将导线和地线档距中央的距离视为一个空气间隙，适当估计其耐压能力（DL/T 620—1997 的估计值为 700kV/m），再与雷击档距中央时的电压相比较，据以确定足以避免闪络所需要的尺寸。雷击档距中央时的电压，开始时是由雷电流和地线波阻所确定，即 $u_g = \frac{1}{2}\left(\frac{i}{2}\right)Z_g$，其后，即在行波往返半个档距所需的时间以后，由于从两端塔脚反射回来的负波到达档距中央，再叠加上这个反射波就得到后一阶段的电压。档距短时反射回来快，电压就低，需要的距离就小，反之就要大。现行规程的有关规定基本上就是以这一设想为基础的。运行经验证明，按这种规定设计的线路，运行情况还是良好的。

三、送电线路的防雷保护计算

（一）线路雷击次数及击杆率

1. 线路雷击次数

线路雷击次数与雷暴日、地面落雷密度（γ）以及线路遭受雷击的面积（等值受雷面积）有关。

我国根据模拟试验和运行经验，对一般高度的线路，其等值受雷面积的宽度取为 $4h_{av}$（h_{av} 为地线或无地线时最高导线的平均高度，m）。

根据 DL/T 620—1997，每年每百公里线路的雷击次数为

$$N = \gamma \times \frac{(b + 4h_{av})}{1000} \times 100T = 0.1\gamma T \quad (b + 4h_{av})$$

$$h_{av} = h - \frac{2}{3}f$$

$$(2\text{-}7\text{-}9)$$

式中　N——每年每100km线路的雷击次数，次/
　　　　　100km 年；

γ——地面落雷密度，次/km²·雷暴日；

b——两根地线之间的距离，m；

T——年雷暴日数；

h_{av}——地线（或导线）的平均高度，m；

h——地线（或导线）在杆塔上的悬挂点高度；

f——地线（或导线）的弧垂。

若取 $\gamma = 0.07$，$T = 40$，则式（2-7-9）变为

$$N = 0.28(b + 4h_{av}) \quad (2\text{-}7\text{-}10)$$

此式即为 DL/T 620—1997 中所推荐的公式。

2. 击杆率

击杆率（g）是指雷击线路杆塔的次数与线路雷击总次数之比值。击杆率（g）的大小与地线根数和地形有关。DL/T 620—1997 推荐的击杆率如表2-7-2所示。

表 2-7-2　　　　击杆率（g）

地形 ＼ 地线根数	1	2
平　原	1/4	1/6
山　丘	1/3	1/4

（二）送电线路绕击率计算

为防止雷直击于导线，高压线路一般均加挂地线，但地线对导线的防护并非绝对有效，仍存在一定的雷绕击导线的可能性。线路运行经验、现场实测和模拟试验均证明，雷电绕过地线直击导线的概率与地线对边导线的保护角、杆塔高度以及线路经过地区的地形、地貌、地质条件有关。

目前，用地线防止雷绕击于导线的计算方法基本上可分为两类，一类是如像我国规程及苏联规程所用的方法，可以叫作经验法；另一类则是 60 年代才发展起来的几何分析模型法（也称击距法或华特赫德法）。

几何分析模型法是用几何模型来分析地线对直击雷的屏蔽作用的一种方法。它是以闪击距离（r_s）的概念为基础所建立的一种新的屏蔽理论。该方法在美、日等国已用于超高压送电线路的设计中，不少文献及书籍中均介绍了这种方法。但该方法在我国尚未采用，国内学者对此种方法尚存有一定的分歧意见。

目前我国普遍采用的则是 DL/T 620—1997 所推荐的计算方法，故本手册仅对这种方法予以介绍。

DL/T 620—1997 指出，地线对边导线的保护范围按保护角来确定，并按如下经验公式计算绕击率。保护角的要求见本节第四（一）款所述。

平原线路　　$\lg P_\theta = \dfrac{\theta\sqrt{h}}{86} - 3.9$　　（2-7-11）

山区线路　　$\lg P'_\theta = \dfrac{\theta\sqrt{h}}{86} - 3.35$　　（2-7-12）

上二式中　P_θ、P'_θ——平原、山区线路的绕击率；

θ——杆塔上地线对外侧导线的保护角，（°）；

h——地线在杆塔上的悬挂点高度，m。

由式（2-7-11）、式（2-7-12）可以看出，山区线路的绕击率约为平地线路的 3 倍，或相当于保护角增大 8°的情况。

当采用两根地线时，杆塔上两地线间的距离不应超过导线与地线间垂直距离的 5 倍。

（三）送电线路的感应过电压计算

1. 雷击线路附近大地时，线路上的感应过电压计算

当雷击送电线路附近地面时，由于电磁感应会在架空送电线路三相导线上产生感应过电压。

感应过电压包括静电和电磁两个分量。由于主放电通道与导线是互相垂直的，所以互感不大，即电磁感应不大。因此，电磁分量要比静电分量小得多。同时，又由于两个分量出现最大值的时刻也不同，所以，在对总的感应过电压幅值的构成上，静电分量起主导作用[2-40]。

DL/T 620—1997 建议，在距电力线 $S > 65\text{m}$ 处雷云对地放电时，在电力线的导线上产生的感应过电压最大值可按下式计算

$$U_i \approx 25\frac{I \times h_{av}}{S} \quad (2\text{-}7\text{-}13)$$

式中　U_i——导线上感应过电压最大值，kV。只在极少情况下达到 500～600kV；

I——雷电流幅值，kA。在设计中一般计入雷击点自然电阻的作用，最大电流采用 $I \leqslant 100\text{kA}$；

h_{av}——导线平均高度，m；

S——雷击点距线路的距离，m。

由于感应过电压一般很少达到 500～600kV，故对 60kV 及以上线路，感应过电压一般不会引起闪络。

如果线路上挂有地线，由于地线有屏蔽效应，导线上的感应过电压就会降低。挂有地线的导线上的感应过电压（U_{ic}）可按下式计算

$$U_{ic} = U_i(1 - k) \qquad (2\text{-}7\text{-}14)$$

式中　U_i——无地线时导线上的感应过电压，可按式（2-7-13）计算；

　　　k——导线与地线间的耦合系数。计算方法见本节第三（八）款。

2. 雷击杆塔时导线上的感应过电压

式（2-7-13）只适用于 $S > 65\text{m}$ 的情况。离线路更近的雷击实际上会被线路吸引而击于线路自身。当雷击杆塔时，由于雷电通道所产生的电磁场的迅速变化，将在导线上感应出与雷电流极性相反的过电压。DL/T 620—1997 建议，当无地线时，对于一般高度的线路，导线上感应过电压的最大值（U_i）可按下式计算

$$U_i = ah_{av} \qquad (2\text{-}7\text{-}15)$$

式中　h_{av}——导线的平均高度，m；

　　　a——感应过电压系数，其值等于以 kA/μs 计的雷电流陡度值。规程建议取 $a = \dfrac{I}{2.6}$，I 为雷电流，kA。

当挂有地线时，由于地线的屏蔽作用，则导线上感应的过电压最大值（U_{ic}）为

$$U_{ic} = ah_{av}\left(1 - \frac{h_{gv}}{h_{av}}K_0\right) \qquad (2\text{-}7\text{-}16)$$

式中　K_0——导线与地线间的几何耦合系数。计算方法见本节第三（八）款；

　　　h_{gv}——地线的平均高度，m。其它符号同式（2-7-15）。

（四）雷击杆塔时的过电压及耐雷水平计算

1. 塔顶电位和绝缘承受电压的计算

雷击塔顶后，由于避雷线的分流作用，只有一部分雷电流（i_t）流过杆塔电感和接地电阻，可用分流系数表示流经杆塔的雷电流和总雷电流的关系。

$$i_t = \beta i \qquad (2\text{-}7\text{-}17)$$

式中　i_t——流经杆塔的雷电流瞬时值，kA；

　　　i——总雷电流瞬时值，kA；

　　　β——杆塔分流系数。

杆塔分流系数 β 可近似按图 2-7-6 所示的等值电路图来进行计算。图中 L_g 为杆塔两侧邻档地线的电感并联值（μH）。对单地线，L_g 约等于 $0.67l$（l 为档距长度，m），对双地线，约等于 $0.42l$。R_{su} 为杆塔冲击接地电阻。L_t 为杆塔电感（μH），可按表 2-7-3 选取（参见 DL/T 620—1997）。

如设计中取雷电流波头为斜角波（$i = at$），则按图 2-7-6 所示，β 值可写为

表 2-7-3　杆塔波阻和电感的平均值

杆塔型式	杆塔波阻抗（Ω）	杆塔电感（μH/m）
无拉线钢筋混凝土单杆	250	0.84
有拉线钢筋混凝土单杆	125	0.42
无拉线钢筋混凝土双杆	125	0.42
铁塔	150	0.50
门型铁塔	125	0.42

$$\beta = \frac{1}{1 + \dfrac{L_t}{L_g} + \dfrac{R_{su}}{L_g}t} \qquad (2\text{-}7\text{-}18)$$

如令 β 为常数，则式（2-7-18）中的 t 宜取为由 0 到 τ_t 的平均值，于是，式（2-7-18）可变为

$$\beta = \frac{1}{1 + \dfrac{L_t}{L_g} + \dfrac{R_{su}}{L_g} \times \dfrac{\tau_t}{2}} \qquad (2\text{-}7\text{-}19)$$

式中　τ_t——波头长度，μs。

当 $\tau_t = 2.6\mu s$ 时，对于一般长度的档距，DL/T 620—1997 建议 β 值可按表 2-7-4 选取。

DL/T 620—1997 规定，按斜角波计算时，雷电流陡度取 $a = \dfrac{di}{dt} = \dfrac{I}{2.6}$，故塔顶电位的最大值为

表 2-7-4　一般长度的档距的线路杆塔分流系数 β

线路额定电压（kV）	地线根数	β 值
110	单地线	0.90
	双地线	0.86
220	单地线	0.92
	双地线	0.88
330 及 500	双地线	0.88

$$\begin{aligned} U_{tp} &= R_{su}\beta I + L_t\beta\frac{di}{dt} \\ &= R_{su}\beta I + L_t\beta\frac{I}{2.6} \\ &= \beta I\left(R_{su} + \frac{L_t}{2.6}\right) \qquad (2\text{-}7\text{-}20) \end{aligned}$$

式中　I——雷电流幅值，kA。

当塔顶电位为 U_{tp} 时，塔顶的地线也具有电位 U_{tp}。由于地线和导线间具有耦合作用，导线将具有电位 kU_{tp}。另外，当雷击塔顶时，导线上尚有与雷电流极性相反的感应过电压 U_{ic}［见式（2-7-16）］，这样，导线上的电位（U_c）即为

$$U_c = kU_{tp} - U_{ic} = kU_{tp} - ah_{av}\left(1 - \frac{h_{gv}}{h_{av}}K_0\right)$$

$$(2\text{-}7\text{-}21)$$

线路绝缘上的电压为横担高度处杆塔电位和导线电位之差，故线路绝缘上承受的电压最大值（U_1）为

$$U_1 = U_{ta} - U_c = \beta I \left(R_{su} + \frac{L_t}{2.6} \times \frac{h_a}{h_t} \right) - K U_{tp}$$
$$+ a h_{av} \left(1 - \frac{h_{gv}}{h_{av}} K_0 \right) \tag{2-7-22}$$

式中　h_a——横担对地高度，m；

h_t——杆塔高度，m。

2. 雷击塔顶时耐雷水平的计算

雷击线路时线路绝缘不发生闪络的最大雷电流幅值叫耐雷水平。若令式（2-7-22）中的 U_1 等于塔头绝缘（绝缘子串或塔头间隙）的 50% 冲击放电电压 $U_{50\%}$，则可得雷击塔顶时的耐雷水平（I_1）为

$$I_1 = \frac{U_{50\%}}{(1-k)\beta R_{su} + \left(\frac{h_a}{h_t} - k \right) \beta \frac{L_t}{2.6} + \left(1 - \frac{h_{gv}}{h_{av}} K_0 \right) \frac{h_{av}}{2.6}} \tag{2-7-23}$$

式中　$U_{50\%}$ 应取正极性冲击放电电压值。

以上是杆塔上装有地线的情况。当线路未装地线时，其雷击杆塔时耐雷水平的计算可按以下原则考虑。

对于中性点不直接接地系统，由于雷击无地线的塔顶造成对一相导线反击放电时不会引起线路跳闸，必须再有第二相导线反击放电，才会引起线路跳闸造成故障。因此，导致第二相导线闪络放电的雷电流才是所需的耐雷水平。此时，由于第一相导线已对地（对杆塔）放电，使其具有了塔顶电位。这对第二相导线来讲，就相当于有了一根地线，只是雷电流没有分流而已，因此，其耐雷水平可按式（2-7-23）并令 $\beta = 1$ 来计算，即

$$I_1 = \frac{U_{50\%}}{(1-k)R_{su} + \left(\frac{h_a}{h_t} - k \right) \frac{L_t}{2.6} + \left(1 - \frac{h_{gv}}{h_{av}} K_0 \right) \frac{h_{av}}{2.6}} \tag{2-7-24}$$

对中性点直接接地系统，当雷击无地线的杆塔时，只要一相导线绝缘发生放电即导致线路跳闸。因此，雷击塔顶时的耐雷水平可按式（2-7-24）并令 $k=0$ 来计算，即

$$I_1 = \frac{U_{50\%}}{R_{su} + \frac{h_a}{h_t} \cdot \frac{L_t}{2.6} + \frac{h_{av}}{2.6}} \tag{2-7-25}$$

现行规程（DL/T 620—1997）规定，对装有地线的线路，在一般土壤电阻率地区，其耐雷水平（I_1）不宜小于表 2-7-5 所列数值。

表 2-7-5　有地线线路的耐雷水平

额定电压（kV）	一般线路（kA）	大跨越档中央和发电厂、变电所进线保护段（kA）
35	20～30	30
60	30～60	60
110	40～75	75
220	75～110	110
330	100～150	150
500	125～175	175

注　1. 表中较大数值用于多雷区或较重要的线路；

2. 双回路或多回路杆塔的线路，应尽量达到表中的数值。为此，可采取改善接地、架设耦合地线或适当加强绝缘等措施。

（五）大跨越特高杆塔的直击雷计算

现行规程对大跨越档的防雷保护要求见本节第四（五）款所述。本款着重对大跨越特高杆塔的直击雷计算及绝缘选择予以说明。

1. 雷电流波形及杆塔波阻抗的选取

在大跨越特高杆塔的直击雷计算中，雷电流波形及杆塔波阻抗（或电感）对计算结果影响较大。

（1）雷电流波形的选取：DL/T 620—1997 规定，在线路防雷设计中，雷电流波头长度一般取 2.6μs，波头形状取斜角波。

目前采用的特高杆塔的直击雷计算方法中，有的采用固定波头长度（如 2.6μs）的斜角波，有的采用半余弦形波。

（2）杆塔波阻抗（电感）的计算：DL/T 620—1997 提出了杆塔波阻抗及电感如表 2-7-3 所示。但这些数据能否适用于特高杆塔，尚有待于更多地验证。

关于杆塔波阻抗（电感）的取值，国内外均进行过一些现场和模拟测试，也提出或验证了一些理论计算公式。

实测表明，杆塔波阻抗沿着塔身而变化，存在着显著的衰减[2-17]，但在计算和实际采用中都把它作为一固定的数值来考虑。

一般在理论计算时，只能把外形和杆件复杂的杆塔，简化为等效圆柱体或圆锥体等有规则的外形，并忽略了当雷电流通过杆塔时将产生电晕、波形畸变和波速降低等因素。此外，大地土壤电阻的存在，也使零电位并非在地面，而在理论计算中，则往往把地表面假设成零电位。所有这些情况，均使杆塔波阻抗（电感）在理论计算上存有一定的误差。下面将目前国内外使用的理论计算公式列举一些，可供参考[2-17,2-40]。

1）塔高为 h、底部半径为 r 的圆锥形塔（例如通用的双回路塔）的杆塔波阻抗：

$$z_{\rm t} = 30\ln 2\left(1 + \frac{h^2}{r^2}\right),\Omega \qquad (2\text{-}7\text{-}26)$$

2）塔高为 h、等价半径（平均周长除以 2π）为 r 的圆柱形塔的杆塔波阻抗：

$$z_{\rm t} = 60\ln\frac{h}{r} + 90\frac{r}{h} - 60,\Omega \qquad (2\text{-}7\text{-}27)$$

中南电力设计院在利用此公式计算长江大跨越塔（钢筋混凝土圆锥形塔身，下横担以上为等径钢构架）时，其等价半径按下式计算

$$\ln r = \frac{h_1}{h_0\,(x_1 - x_2)}\big[x_1\,(\ln x_1 - 1)$$
$$- x_2\,(\ln x_2 - 1)\big] + \frac{h_0 - h_1}{h_0}\ln x_2 \qquad (2\text{-}7\text{-}28)$$

式中　h_1——下横担处塔高，m；
　　　　h_0——塔全高，m；
　　　　$2x_1$——塔底部宽度，m；
　　　　$2x_2$——塔的下横担至顶部一段的宽度，m。

3）酒杯塔的杆塔波阻抗：

$$z_{\rm t} = 60\ln\frac{5.657h}{b} - 60,\Omega \qquad (2\text{-}7\text{-}29)$$

式中　h——塔横担上平面高（即塔全高减去避雷线支架高），m；
　　　　b——塔头与塔身交界处的颈部宽度，m。

4）双柱门型塔的杆塔波阻抗：

$$z = \frac{1}{2}(z_{\rm t} + z_{\rm m})\quad \Omega \qquad (2\text{-}7\text{-}30)$$

$$z_{\rm m} = 60\ln\frac{h}{b} + 90\frac{b}{h} - 60\quad \Omega \qquad (2\text{-}7\text{-}31)$$

上二式中　$z_{\rm t}$——按式（2-7-27）计算，Ω；
　　　　　h——塔高，m；
　　　　　b——门型塔两柱间距离，m。

用以上各式算出杆塔波阻抗后，假定波速 $v = 300\text{m}/\mu\text{s}$，则可用下式算出杆塔单位高度电感值（$L_{\rm t}$）。

$$L_{\rm t} = \frac{z_{\rm t}}{300},\mu\text{H/m} \qquad (2\text{-}7\text{-}32)$$

2. 大跨越特高杆塔的耐雷水平和绝缘子片数选择

按现行规程要求，大跨越档的绝缘水平不应低于同一线路的其它杆塔。杆塔绝缘水平的高低，从防雷保护来看，应视其耐雷水平的高低，而耐雷水平的高低，从计算上来讲，则与计算方法有关。同样的绝缘水平，用不同计算方法计算，可得出不同的耐雷水平。至于哪种计算方法更符合实际，尚需不断验证。在设计时，不管用哪种计算方法，主要应使其耐雷水平不低于同一线路的其它段杆塔（用同样计算方法）所具有的耐雷水平，并应符合相应于该计算方法的规定。

大跨越特高杆塔的绝缘子片数，一般通过计算并结合运行经验选定。从收集到的国内外一些资料来看，一般约相当于塔高超过 40m 后，每增高 10m 增加 0.4～1.5 片绝缘子的情况（按绝缘子高度为 146mm 考虑），因此，有些大跨越杆塔，即使超过 100m，也仍按 "全高超过 40m 后，每增高 10m，即增加一片绝缘子" 的办法来考虑。当然，这种粗略的选择办法有时会使绝缘子片数增加太多。为了能恰当地选择绝缘水平，尚应通过实测或计算。

关于特高杆塔的耐雷水平计算，方法较多。本款仅列出目前国内一些设计单位采用的两种我国规程的计算方法以供参考。至于其它一些计算方法（如经常用到的苏联 д.в. РАЗЕВИГ 计算方法、波多次反射计算方法等），设计者可查阅有关资料计算。

（1）DL/T 620—1997 提出的计算方法：计算用波形取 2.6μs 斜角波，耐雷水平可参照表 2-7-5 选取，计算方法见本节第三（四）款所述。

（2）我国 1959 年《过电压保护规程（适用于 3～220kV 交流电气设备）》附录 4 的计算方法：计算用波形取半余弦波形，如式（2-7-4）所示，其陡度为

$$\frac{\mathrm{d}i}{\mathrm{d}t} = \frac{I\omega}{2}\sin\omega t = \frac{\pi I}{2\tau_{\rm t}}\sin\frac{\pi t}{\tau_{\rm t}} \qquad (2\text{-}7\text{-}33)$$

式中符号含义同式（2-7-4）～式（2-7-5）。

当采用本方法时，其耐雷水平，对装有地线的一般土壤电阻率的地区线路，应不低于表 2-7-6 所列数值。

表 2-7-6　　　　1959 年规程建议的耐雷水平

线路电压（kV）	110	154	220 及以上
耐雷水平（kA）	120	150	200[①]

①　220kV 以上数值系本手册建议值。

在杆塔绝缘上的电压（U）由以下三个分量组成：流经杆塔的电流在杆塔接地电阻上形成的电压降（$U_{\rm R}$）；流经杆塔的电流在杆塔电感上形成的电压降（$U_{\rm L}$）；在导线上感应的电压（$U_{\rm iC}$）。

$$U_{\rm I} = U_{\rm R} + U_{\rm L} + U_{\rm iC} \qquad (2\text{-}7\text{-}34)$$

$$U_{\rm R} = \beta i R_{\rm su}\,(1 - k)$$
$$= \frac{\beta I R_{\rm su}}{2}\left(1 - \cos\frac{\pi t}{\tau_{\rm t}}\right)(1 - k) \qquad (2\text{-}7\text{-}35)$$

$$U_{\rm L} = L_{\rm t}\frac{h_{\rm a}}{h_{\rm t}}\frac{\mathrm{d}\,(\beta i)}{\mathrm{d}t}$$
$$- kL_{\rm t}\frac{\mathrm{d}\,(\beta i)}{\mathrm{d}t}$$
$$= \beta\frac{1}{2}L_{\rm t}\left(\frac{h_{\rm a}}{h_{\rm t}} - k\right)$$

$$\times \frac{\pi}{\tau_t} \sin \frac{\pi t}{\tau_t} \qquad (2\text{-}7\text{-}36)$$

$$U_{iC} = \frac{a}{2}(h_{av} - kh_{gv})\left(1 - \cos \frac{\pi t}{\tau_t}\right) \qquad (2\text{-}7\text{-}37)$$

$$\beta = \frac{1}{1 + \dfrac{L_t}{L_g} + \dfrac{R_{su}}{L_g} \cdot \dfrac{\tau_t}{\pi} \cdot \tan\left(\dfrac{\pi t}{2\tau_t}\right)}$$

上四式中　β——杆塔分流系数；

　　L_g——杆塔两侧邻档地线的电感并联值，μH；

　　I——雷电流幅值（耐雷水平），kA；

　　τ_t——雷电流波头长度。根据《过电压保护规程（适用于 3～220kV 交流电气设备）》，雷电流最大陡度取 50kA/μs，故 $\tau_t = \dfrac{\pi I}{100}$；

　　k——导线与地线间的耦合系数，可按式（2-7-46）计算；

　　R——杆塔冲击接地电阻，Ω；

　　L_t——杆塔电感，可按式（2-7-26）～式（2-7-32）计算，亦可根据试验及实测数据选取；

　　h_a——导线横担高度，m；

　　h_t——杆塔总高度，m；

　　h_{av}——导线的平均高度，m；

　　h_{gv}——地线的平均高度，m；

　　a——感应过电压系数。其值等于随雷电流幅值（I）而变化的系数，$a = 0.1I + 10$。

根据要求的耐雷水平（I），按式（2-7-34）～式（2-7-37）即可算出不同时间（μs）的 U_R、U_L、U_{iC}

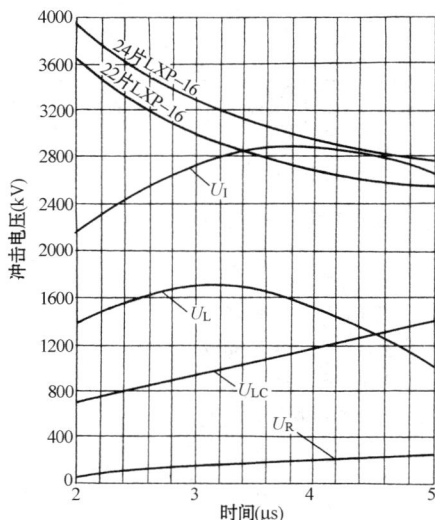

图 2-7-8　塔头绝缘选择曲线

及 U_I，如图 2-7-8 所示。

图 2-7-8 中画出 U_{j-i} 曲线后，再根据绝缘子的伏秒特性，在图中绘出不同片数绝缘子的伏秒特性曲线。由 U_{j-i} 曲线与绝缘子伏秒特性曲线相切点，即可确定所需绝缘子片数。如图所示，选用 22 片 LXP-16 不够，选用 24 片 LXP-16 正好，故选用 24 片 LXP-16。

绝缘子的伏秒特性可根据有关试验数据选取（+1.5/40μs数据），若无恰当数据，亦可将拟选用的绝缘子型式及片数，按高度折算成146×254mm标准绝缘子片数查图 2-6-58 曲线。

（六）雷击档距中央地线或雷击导线时的过电压及耐雷水平计算

（1）雷击档距中央地线时，只要地线与导线间的空气间隙距离满足第六节第七（二）款所述绝缘配合的要求，则一般不会发生档中闪络，所以可不再计算这种情况。

（2）雷直击导线，或雷绕过地线击于导线时，导线上的电位为：

$$U = \frac{I}{2} \times \frac{z}{2} = \frac{Iz}{4} \qquad (2\text{-}7\text{-}38)$$

若令式（2-7-38）中的 U 等于绝缘子串（或塔头空气间隙）的 50% 放电电压（$U_{50\%}$），则可求得雷击导线时的耐雷水平（I_2）为

$$I_2 = \frac{4U_{50\%}}{z} \approx \frac{U_{50\%}}{100} \qquad (2\text{-}7\text{-}39)$$

式中导线波阻抗 $z \approx 400\Omega$。$U_{50\%}$ 取绝缘子串或空气间隙的雷电冲击负极性闪络电压。

（七）线路雷击跳闸率的计算

（1）建弧率：绝缘子串和空气间隙在雷电冲击闪络之后，转变为稳定的工频电弧的概率（即建弧率）与沿绝缘子串和空气间隙的平均运行电压梯度有关，也和去游离条件有关。根据实验和运行经验，规程（DL/T 620—1997）推荐建弧率（η）按下式计算

$$\eta = (4.5E^{0.75} - 14) \times 10^{-2} \qquad (2\text{-}7\text{-}40)$$

式中　E——绝缘子串的平均运行电压梯度有效值，kV/m。

平均运行电压梯度 E，对中性点直接接地系统

$$E = \frac{U}{\sqrt{3}l_{ig}} \qquad (2\text{-}7\text{-}41)$$

对中性点不直接接地系统

$$E = \frac{U}{2l_{ig} + l_w} \qquad (2\text{-}7\text{-}42)$$

上两式中　U——额定电压，kV；

　　l_{ig}——绝缘子串的闪络距离，m；

l_w——木横担线路的线间距离，m。对铁横担和钢筋混凝土横担，$l_m = 0$。

（2）中性点不直接接地系统，一般高度的铁塔或钢筋混凝土杆，无避雷线线路的雷击跳闸率可按下式计算：

$$n = N\eta P \qquad (2\text{-}7\text{-}43)$$

式中　n——雷击跳闸率，次/100km·40雷电日；

N——每年每100km线路的雷击次数，按式（2-7-9）计算。

η——建弧率，按式（2-7-40）计算；

P——超过耐雷水平 I_1 的雷电流概率。I_1 按式（2-7-24）计算，P 按式（2-7-1）或式（2-7-2）计算。

（3）在中性点直接接地系统中，一般高度的铁塔或钢筋混凝土杆，无避雷线线路的雷击跳闸率可按下式计算：

$$n = N\eta[gP_1 + (1-g)P_2] \qquad (2\text{-}7\text{-}44)$$

式中　g——线路的击杆率，见表2-7-2；

P_1——超过雷击杆塔时耐雷水平 I_1 [见式（2-7-25）] 的雷电流概率；

P_2——超过雷击导线时耐雷水平 I_2 [见式（2-7-39）] 的雷电流概率；

N、η 的含义同式（2-7-43）。

（4）一般高度的有地线线路的雷击跳闸率可按下式计算：

$$n = N\eta[gP_1 + P_\theta P_2 + (1-g)P_3]$$
$$(2\text{-}7\text{-}45)$$

式中　P_1——超过雷击杆塔时耐雷水平 I_1 [见式（2-7-23）] 的雷电流概率；

P_θ——绕击率，可按式（2-7-11）或式（2-7-12）计算；

P_3——雷击档距中央的避雷线时，雷电流超过耐雷水平的概率。由于发生这种闪络的情况极少，其值一般可不予计算，即令 $P_3 = 0$；

式中其它符号含义同式（2-7-43）、式（2-7-44）。

（5）线路雷击跳闸率计算例题如下。

【例题 2-12】　　110kV单避雷线线路，如图2-7-9所示，导线弧垂 $f_a = 5.3$m，地线弧垂 $f_g = 2.8$m 求雷击线路的跳闸率。

解

（1）地线平均高度：

$$h_{gv} = 19.5 - \frac{2}{3} \times 2.8 = 17.6(\text{m})$$

（2）下导线平均高度：

$$h_{av} = 12.2 - \frac{2}{3} \times 5.3 = 8.66(\text{m})$$

（3）避雷线对下导线的几何耦合系数：

$$k_0 = \frac{\ln\dfrac{\sqrt{26.26^2 + 2.5^2}}{\sqrt{8.94^2 + 2.5^2}}}{\ln\dfrac{2 \times 17.6}{\dfrac{3.90}{1000}}} = 0.114$$

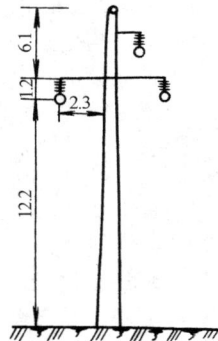

图 2-7-9　110kV 钢筋混凝土单杆

（4）电晕下的耦合系数：

$$k = k_1 k_0 = 1.25 \times 0.114 = 0.143$$

（5）杆塔电感：

$$L_t = 19.5 \times 0.84 = 16.4 \ (\mu H)$$

（6）雷击杆塔时的分流系数：

$$\beta = 0.90$$

（7）雷击杆塔时耐雷水平（当用 $7 \times$ XP-70 以及 $R_i = 7\Omega$ 时）：

$$I_1 = \frac{700}{(1-0.143)\times0.90\times7 + \left(\frac{13.4}{19.5}-0.143\right)\times0.9\times\frac{16.4}{26} + \left(1-\frac{17.6}{8.66}\times0.114\right)\times\frac{8.66}{2.6}}$$

$$= 63.4(\text{kA})$$

（8）雷电流超过 I_1 的概率：

$$P_1 = 19\%$$

（9）绕击率（当 $\alpha = 25°$ 时）：

平原地区　　$P_\alpha = 0.238\%$

山丘地区　　$P_\alpha = 0.82\%$

（10）雷绕击于导线时的耐雷水平：

$$I_2 = \frac{700}{100} = 7 \ (\text{kA})$$

（11）雷电流超过 I_2 的概率：

$$P_2 = 83.3\%$$

（12）建弧率：

$$\eta = 0.85$$

（13）跳闸率：

平原地区：

$$N = 0.28 \times (4 \times 17.6) \times 0.85$$

$$\times \left(\frac{1}{4} \times 0.19 + \frac{0.238}{100} \times \frac{83.3}{100} \right)$$

$$= 0.83$$

山丘地区：

$$N = 0.28 \times (4 \times 17.6) \times 0.85$$

$$\times \left(\frac{1}{3} \times 0.19 + \frac{0.82}{100} \times \frac{83.3}{100} \right)$$

$$= 1.18$$

【例题 2-13】　220kV 双地线，如图 2-7-10 所示。求雷击线路的跳闸率。

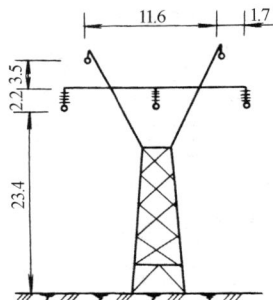

图 2-7-10　220kV 酒杯型铁塔（mm）

解

（1）地线弧垂 $f_g = 7m$。地线平均高 $h_{gv} = 29.1 - \frac{2}{3} \times 7 = 24.5m$。

（2）导线弧垂 $f_a = 12m$。导线平均高 $h_{av} = 23.4 - \frac{2}{3} \times 12 = 15.4m$。

（3）双地线对外侧导线的几何耦合系数：

$$k_0 = \frac{\ln \frac{\sqrt{39.9^2 + 1.7^2}}{\sqrt{9.1^2 + 1.7^2}} + \ln \frac{\sqrt{39.9^2 + 13.3^2}}{\sqrt{9.1^2 + 13.3^2}}}{\ln \frac{2 \times 24.5}{\frac{5.5}{1000}} + \ln \frac{\sqrt{49^2 + 11.6^2}}{11.6}}$$

$$= 0.237$$

（4）有电晕下的耦合系数：

$$k = k_1 k_0 = 1.25 \times 0.237 = 0.296$$

（5）杆塔电感：$L_t = 29.1 \times 0.5 = 14.5 \mu H$。

（6）雷击杆塔时的分流系数：$\beta = 0.88$。

（7）雷击杆塔时的耐雷水平（当用 13 片 XP-70 及冲击接地电阻为 7Ω 时）：

$$l_1 = \frac{1200}{(1 - 0.296) \times 0.88 \times 7 + \left(\frac{25.6}{29.1} - 0.296 \right) \times 0.88 \times \frac{14.5}{2.6} + \left(1 - \frac{24.5}{15.4} \times 0.237 \right) \times \frac{15.4}{2.6}}$$

$$= 110.2 \text{kA}$$

（8）雷电流超过 I_1 的概率：$P_1 = 5.6\%$。

（9）绕击率（当 $a = 16.5°$ 时）：平原地区为 $P_1 = 0.144\%$；山丘地区为 $P_\theta = 0.5\%$。

（10）雷绕击于导线时的耐雷水平：

$$I_2 = \frac{1200}{100} = 12 \text{kA}$$

（11）雷电流超过 I_2 的概率：$P_2 = 73.1\%$。

（12）建弧率：$\eta = 0.80$。

（13）跳闸率：

平原地区：$n = 0.28 \times (11.6 + 4 \times 24.5) \times 0.8$

$$\times \left(\frac{1}{6} \times 0.056 + \frac{0.144}{100} \times \frac{73.1}{100} \right)$$

$$= 0.25$$

山丘地区：$n = 0.28 \times (11.6 + 4 \times 24.5) \times 0.8$

$$\times \left(\frac{1}{4} \times 0.056 + \frac{0.5}{100} \times \frac{73.1}{100} \right)$$

$$= 0.43$$

现行规程（DL/T 620—1997）将 110～500kV 送电线路常用杆塔的耐雷水平及雷击跳闸率列于表 2-7-7 中以供参考。

（八）导线和地线（或耦合线）间耦合系数（k）的计算

公式（2-7-14）中耦合系数（k）可按下式计算

$$k = k_1 k_0 \qquad (2\text{-}7\text{-}46)$$

式中　k_0——导线和地线（或耦合线）间的几何耦合系数；

　　　k_1——电晕校正系数。

1. 几何耦合系数（k_0）的计算

几何耦合系数（k_0）可由无损耗平行多导线系统波的传播方程求得。

假定线路是无损耗的，导线中波的运动可以近似看成是平面电磁波的传播。这样，只需引入波速的概念就可以将麦克斯韦静电方程运用到波过程的计算中。

表 2-7-7   110kV~500kV 架空送电线路典型杆塔的耐雷水平和雷击跳闸率

标称电压（kV）		500	330	220	110
杆塔型式					
保护角（°）		14	20	16.5	25
保护方法		双地线	双地线	双地线	单地线
杆塔绝缘	绝缘子个数	25×XP2-160	19×XP1-100	13×X-70	7×X-70
	50%冲击放电电压（正极性）（kV）	2138	1645	1200	700
档距长度（m）		400	400	400	300
冲击接地电阻（Ω）		7~15	7~15	7~15	7~15
雷击杆塔时耐雷水平（kA）		177~125	155~105	110~76	63~41
建弧率		100%	100%	91.8%	85%
平原线路	绕击率	0.112%	0.238%	0.144%	0.238%
	击杆率	1/6	1/6	1/6	1/4
	跳闸率	0.081	0.12	0.25	0.83
山区线路	绕击率	0.40%	0.84%	0.5%	0.82%
	击杆率	1/4	1/4	1/4	1/3
	跳闸率	0.17~0.42	0.27~0.60	0.43~0.95	1.18~2.01

注　跳闸率栏，平原对应 $R_i = 7\Omega$，山区两数据分别对应 R_i 为 7Ω 和 15Ω。

如图 2-7-11 所示。设有与地面平行的几根平行导线系统，则 n 根导线中，导线 k 的电位可由麦克斯韦静电方程表示为

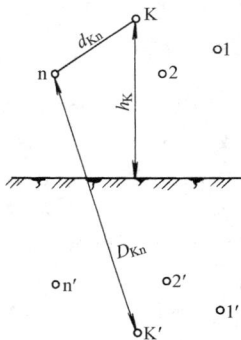

图 2-7-11 n 根平行多导线系统

$$U_k = a_{k1}Q_1 + a_{k2}Q_2 + \cdots$$

$$+ a_{kk}Q_k + \cdots + a_{kn}Q_n \qquad (2\text{-}7\text{-}47)$$

式中　Q_1，Q_2，$\cdots$，Q_k，$\cdots$，Q_n——导线 1, 2, $\cdots$, k, $\cdots$, n 单位长度上的电荷；

a_{kk}——导线 k 单位长度的自电位系数；

a_{kn}——单位长度导线 k 与导线 n 间的互电位系数。

a_{kk} 与 a_{kn} 可用镜像法算出

$$a_{kk} = \frac{1}{2\pi\varepsilon_0\varepsilon_r}\ln\frac{2h_k}{r_k} \qquad (2\text{-}7\text{-}48)$$

$$a_{kn} = \frac{1}{2\pi\varepsilon_0\varepsilon_r}\ln\frac{D_{kn}}{d_{kn}} \qquad (2\text{-}7\text{-}49)$$

上二式中　r_k——导线 k 的半径；

h_k——导线 k 的平均高度；

d_{kn}——导线 k 与导线 n 间的距离；

D_{kn}——导线 n 与导线 k 的镜像 k' 间的距离；

ε_0——空气的介电系数；

ε_r——导线所在介质的相对介电系数，此式中 $\varepsilon_r = 1$。

在式（2-7-47）右侧乘以 $\dfrac{v}{v}$（v 为波速），并以 $i = Qv$ 代入，则可得

$$U_k = z_{k1}i_1 + z_{k2}i_2 + \cdots$$
$$+ z_{kk}i_k + \cdots + z_{kn}i_n \qquad (2\text{-}7\text{-}50)$$

式中　z_{kk}——导线 k 的自波阻抗；

z_{kn}——导线 k 与导线 n 间的互波阻抗。

z_{kk} 与 z_{kn} 可按下式计算

$$z_{kk} = \frac{a_{kk}}{v} = \frac{1}{2\pi}\sqrt{\frac{\mu_0}{\varepsilon_0}}\ln\frac{2h_k}{r_k}$$
$$= 60\ln\frac{2h_k}{r_k} \qquad (2\text{-}7\text{-}51)$$

$$z_{kn} = \frac{a_{kn}}{v} = \frac{1}{2\pi}\sqrt{\frac{\mu_0}{\varepsilon_0}}\ln\frac{D_{kn}}{d_{kn}}$$
$$= 60\ln\frac{D_{kn}}{d_{kn}} \qquad (2\text{-}7\text{-}52)$$

式中符号含义同式（2-7-48）及式（2-7-49）。

设有一根地线（1）及一根导线（2），则按式（2-7-50）可列出

$$u_1 = z_{11}i_1 + z_{12}i_2$$
$$u_2 = z_{21}i_1 + z_{22}i_2$$

由于导线（2）是对地绝缘的，故 $i_2 = 0$，于是可得导线与地线间的几何耦合系数（k_0）为

$$k_0 = \frac{u_2}{u_1} = \frac{z_{21}}{z_{11}} = \frac{\ln\dfrac{D_{12}}{d_{12}}}{\ln\dfrac{2h_1}{r_1}} \qquad (2\text{-}7\text{-}53)$$

式中　r_1——地线的半径；

h_1——地线的平均高度；

d_{12}——地线与导线间的距离；

D_{12}——地线与导线镜像间的距离。

设有两根地线（1 及 2）和一根导线（3），并令导线上的电流 $i_3 = 0$，则按式（2-7-50）可列出

$$u_1 = z_{11}i_1 + z_{12}i_2$$
$$u_2 = z_{21}i_1 + z_{22}i_2$$
$$u_3 = z_{31}i_1 + z_{32}i_2$$

若认为两根地线电位相同，即 $u_1 = u_2 = u$，解上述联立方程（未知数为 u_3、i_1、i_2），则得

$$U_3 = \frac{\Delta_1}{\Delta}$$

式中

$$\Delta_1 = \begin{vmatrix} U & z_{11} & z_{12} \\ U & z_{21} & z_{22} \\ 0 & z_{31} & z_{32} \end{vmatrix} = U\begin{vmatrix} 1 & z_{11} & z_{12} \\ 1 & z_{21} & z_{22} \\ 0 & z_{31} & z_{32} \end{vmatrix}$$

$$\Delta = \begin{vmatrix} 0 & z_{11} & z_{12} \\ 0 & z_{21} & z_{22} \\ -1 & z_{31} & z_{32} \end{vmatrix}$$

$$= (-1)(-1)^{3+1}\begin{vmatrix} z_{11} & z_{12} \\ z_{21} & z_{22} \end{vmatrix}$$

故两根地线与一根导线的几何耦合系数为

$$K_{0(1,2\text{-}3)} = \frac{U_3}{U} = \frac{\dfrac{\Delta_1}{\Delta}}{U}$$

$$= -\frac{\begin{vmatrix} 1 & z_{11} & z_{12} \\ 1 & z_{12} & z_{22} \\ 0 & z_{13} & z_{23} \end{vmatrix}}{\begin{vmatrix} z_{11} & z_{12} \\ z_{12} & z_{22} \end{vmatrix}}$$

$$= \frac{z_{13}(z_{22} - z_{12}) + z_{23}(z_{11} - z_{12})}{z_{11}z_{22} - z_{12}^2} \qquad (2\text{-}7\text{-}54)$$

如果两地线悬挂高度及直径均相等，则 $z_{11} = z_{22}$，此时，

$$k_{0(1,2\text{-}3)} = \frac{z_{13} + z_{23}}{z_{11} + z_{12}}$$

$$= \frac{\dfrac{z_{13}}{z_{11}} + \dfrac{z_{23}}{z_{11}}}{1 + \dfrac{z_{12}}{z_{11}}}$$

$$= \frac{k_{0(1\text{-}3)} + k_{0(2\text{-}3)}}{1 + k_{0(1\text{-}2)}} \qquad (2\text{-}7\text{-}55)$$

设有两根地线（1 及 2）、一根耦合地线（3）及一根导线（4），则可按式（2-7-50）列出四个方程式。令 $U_1 = U_2 = U_3 = U$ 及 $i_4 = 0$ 代入方程组，则得两根地线及一根耦合线共同对导线（4）的几何耦合系数为

$$k_{0(1,2,3\text{-}4)} = (-1)^4\frac{\begin{vmatrix} 1 & z_{11} & z_{12} & z_{13} \\ 1 & z_{12} & z_{22} & z_{23} \\ 1 & z_{13} & z_{23} & z_{33} \\ 0 & z_{14} & z_{24} & z_{34} \end{vmatrix}}{\begin{vmatrix} z_{11} & z_{12} & z_{13} \\ z_{12} & z_{22} & z_{23} \\ z_{13} & z_{23} & z_{33} \end{vmatrix}}$$

$$(2\text{-}7\text{-}56)$$

推而广之，设有 1、2、…、$(n-1)$ 个地线和耦合线，则对导线 n 的几何耦合系数可按下式计算

$k_{0[1,2,3,\cdots,(n-1)]}$

$$= (-1)^n \frac{\begin{vmatrix} 1 & z_{11} & z_{12} & \cdots & z_{1(n-1)} \\ 1 & z_{12} & z_{22} & \cdots & z_{2(n-1)} \\ & & \cdots\cdots & & \\ 0 & z_{1n} & z_{2n} & \cdots & z_{(n-1)n} \end{vmatrix}}{\begin{vmatrix} z_{11} & z_{12}\cdots z_{1(n-1)} \\ z_{12} & z_{22}\cdots z_{2(n-1)} \\ \cdots\cdots \\ z_{1(n-1)} & z_{2(n-1)}\cdots z_{(n-1)(n-1)} \end{vmatrix}} \quad (2\text{-}7\text{-}57)$$

为便于参考,参考文献 [2-21] 列出了几种典型线路的几何耦合系数如表 2-7-8 所示。

表 2-7-8　几种典型线路的几何耦合系数 (k_0) 的计算值

额定电压 (kV)	线路型式	几何耦合系数 (k_0)
35	无地线,消弧线圈接地或不接地	$k_{0(1-2)} = 0.238$
110	单地线	$k_{0(1-2)} = 0.114$
	单地线、单耦合线	$k_{0(1,2-3)} = 0.275$
	双地线、双耦合线	$k_{0(1,2,3,4-5)} = 0.438$
220	单地线	$k_{0(1-2)} = 0.103$
	双地线	$k_{0(1,2-3)} = 0.237$
500	双地线	$k_{0(1,2-3)} = 0.20$
	双地线、双回路塔	$k_{0(1,2-3)} = 0.124$

2. 电晕校正系数 (k_1) 的计算

当雷击时,由于地线上的冲击电压超过地线的起始电晕电压,地线上将出现电晕。由于电晕的存在,使地线径向尺寸增大。其结果将使地线与导线间的耦合系数增大。故几何耦合系数 (k_0) 尚应乘以电晕校正系数 (k_1),以考虑电晕的影响。

试验表明,负冲击电晕时的耦合系数比正冲击电晕时小。

DL/T 620—1997 推荐,雷直击塔顶时,电晕校正系数 (k_1) 可按表 2-7-9 选取。表中也一并列出参考文献 [2-21] 所列有耦合线时的数据。雷击地线档距中央时,电晕校正系数 (k_1) 可取为 1.5。

表 2-7-9　雷击塔顶时的电晕校正系数 (k_1)

额定电压 (kV)	20～35	60～110	220～330	500
双地线	1.1	1.2	1.25	1.28
单地线	1.15	1.25	1.3	
双地线有耦合线	1.1	1.15	1.2	1.25
单地线有耦合线	1.1	1.2	1.25	

注　有耦合线的单、双地线数据取自参考文献 [2-21]。

四、送电线路的综合防雷措施及有关规程规定

在确定送电线的防雷方式时,应全面考虑线路的重要程度、系统运行方式、线路经过地区雷电活动的强弱、地形地貌特征、土壤电阻率的高低等条件,并应结合当地已有线路的运行经验,进行全面的技术经济比较,从而确定出合理的保护措施。

送电线的防雷保护措施一般有如下各项。

(一) 架设地线

地线是送电线路最基本的防雷措施之一。由前述各节可以看出,地线在防雷方面具有以下功能:①防止雷直击导线;②雷击塔顶时对雷电流有分流作用,减少流入杆塔的雷电流,使塔顶电位降低;③对导线有耦合作用,降低雷击杆塔时塔头绝缘(绝缘子串和空气间隙)上的电压;④对导线有屏蔽作用,降低导线上的感应过电压。

DL/T 620—1997、DL/T 5092—1999 及 GB 50061—97 对各级电压线路架设地线的要求有如下规定。

(1) 500kV 线路应沿全线架设双地线。

(2) 220～330kV 线路应沿全线架设地线。在山区,宜架设双地线;在少雷区,宜架设单地线。

(3) 110kV 线路宜沿全线架设地线。在山区和雷电活动特殊强烈地区,宜架设双地线。在少雷区或运行经验证明雷电活动轻微地区,可不沿全线架设地线,但应在变电所或发电厂的进线段架设 1～2km 地线,且应装设自动重合闸装置。

(4) 60kV 线路,负荷重要且所经地区年平均雷暴日数为 30 以上地区,宜沿全线架设地线。对不沿全线架设地线的 60kV 线路,亦应在变电所或发电厂的进线段架设 1～2km 的地线。

(5) 35kV 及以下线路,一般不沿全线架设地线,但应在变电所或发电厂的进线段架设 1～2km 地线。

(6) 装设地线的线路,杆塔上地线对边导线的保护角,对 220kV 及 330kV 双地线线路,一般采用 20°左右,单地线线路一般采用 25°左右,500kV 线路一般不大于 15°,山区宜采用较小的保护角。山区 60～110kV 单地线线路宜采用 25°左右。重冰区的线路,不宜采用过小的保护角。杆塔上两根地线间的距离,不应超过导线与地线间垂直距离的 5 倍。

(7) 装有地线的线路,在一般土壤电阻率地区,其耐雷水平不宜低于表 2-7-5 所列数值。

(二) 降低杆塔接地电阻

对一般高度的杆塔,降低接地电阻是提高线路耐雷水平防止反击的有效措施。现行规程对杆塔接地电阻的要求见本节第五 (一) 款及表 2-7-11 所示。

降低杆塔接地电阻,一般可采用增设接地装置

（带、管），采用引外接地装置或连续伸长接地线（在过峡谷时可跨谷而过，起耦合作用等）。

连续伸长接地线是沿线路在地中埋设 1～2 根接地线，并可与下一基塔的杆塔接地装置相连。此时对工频接地电阻值不作要求。国内外的运行经验证明，它是降低高土壤电阻率地区杆塔接地电阻的有效措施之一。

除上述措施外，对特殊地段亦可采用化学降阻剂降低杆塔接地电阻。

（三）架设耦合地线

为了提高线路的防雷性能，减少线路的雷击跳闸率，可采用在导线下面（或其附近）加挂耦合线（即架空地线）的办法。加挂耦合线虽不能减少绕击率，但能在雷击杆塔时起分流作用和耦合作用，降低杆塔绝缘上所承受的电压，提高线路的耐雷水平。

耦合线的耦合系数计算可参照本节第三（八）款进行。如图 2-7-12 所示，有耦合线时的杆塔分流系数可按下列公式计算。

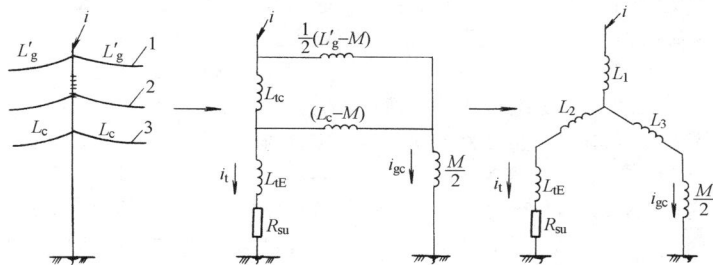

图 2-7-12　有耦合线时的等值电路图
1—地线；2—导线；3—耦合线

$$\beta_c = \frac{L_3 + \dfrac{M}{2}}{L_2 + L_3 + L_{te} + \dfrac{M}{2} + R_{su} \times \dfrac{\tau}{2}}$$

$$L_2 = \frac{L_{te}(L_c - M)}{2L_{tc} + L_c + L'_g - 2M}$$

$$L_3 = \frac{\dfrac{1}{2}(L'_g - M)(L_c - M)}{2L_{tc} + L_c + L'_g - 2M}$$

$$(2\text{-}7\text{-}58)$$

式中　β_c——有耦合线时的杆塔分流系数；
　　　M——一档耦合线与地线间的互感，μH；
　　　L_{tc}——地线至耦合线一段塔身电感，μH；
　　　L_{tE}——耦合线至地面一段塔身电感，μH；
　　　R_{su}——杆塔冲击接地电阻，Ω；
　　　L_c、L'_g——一档耦合线及地线自感，μH；
　　　τ——雷电流波头长度，μs。

当无耦合线时，令 $L_c \to \infty$，$M = 0$，则式（2-7-58）中的 β_c 变为式（2-7-19）。

（四）其它几项具体措施

1. 装设自动重合闸

据统计，我国 110kV 及以上送电线路的自动重合闸重合成功率可达 75%～95%，35kV 及以下线路约为 50%～80%。因此，DL/T 620—1997 要求，各级电压线路应尽量装设三相或单相自动重合闸。

2. 加强绝缘

增加绝缘子片数（塔头间隙也相应增大），可提高一些耐雷水平，但这样做不仅增加了绝缘费用，也增大了塔头尺寸，因此，一般不采用这种办法。只是在高海拔地区和雷电活动强烈地段，可以考虑适当加强绝缘。另外，DL/T 620—1997 规定，全高超过 40m 有地线杆塔，每增高 10m 应增加一片绝缘子。

（五）现行规程规定的对某些重点地段的保护措施

1. 对发电厂及变电所进线段的保护

DL/T 620—1997 对发电厂及变电所进线段的保护作了如下规定：

未沿全线架设地线的 35～110kV 架空送电线路，应在变电所 1～2km 的进线段架设地线，并应采用如图 2-7-13 所示的保护方案。在雷季，如变电所的 35～110kV 进线隔离开关或断路器可能经常断路运行，同时线路侧又带电，则必须在靠近隔离开关或断路器处装设一组排气式避雷器（或阀式避雷器）GB_2。

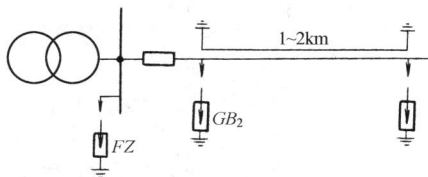

图 2-7-13　35～110kV 变电所的进线
保护接线图

220～500kV 送电线在 2km 进线保护段范围内，以及 35～110kV 送电线在 1～2km 进线保护段范围内，杆塔的耐雷水平应符合表 2-7-5 要求。

35 ~ 330kV 线路进线保护段上的地线保护角不宜超过 20°，最大不应超过 30°。500kV 线路进线段保护角不宜大于 15°。

发电厂、变电所的 35kV 及以上电缆进线段，在电缆与架空线的连接处应装设阀型避雷器。连接电缆段的 1km 架空线路应架设地线。

2. 对线路交叉跨越档的保护

DL/T 620—1997，DL/T 5092—1999 及 GB 50061—97 对线路交叉跨越档的保护作了如下规定。

（1）线路交叉档两端的绝缘不应低于其邻档杆塔的绝缘。

（2）同级电压线路交叉或与较低电压线路、通信线路交叉时，两交叉线路导线间或上方线路导线与下方线路地线间的垂直距离，当导线温度为 +40℃时（或覆冰无风时），不得小于表 2-7-10 所列数值。

对按允许载流量计算导线截面的线路，还应校验当导线为最高允许温度时的交叉距离。此距离应大于表 2-6-17 内所列操作过电压间隙值，且不得小于 0.8m。

（3）3kV 及以上同级电压线路相互交叉或与较低电压线路、通信线路交叉时，交叉档一般采取下列保护措施。

1）交叉档两端的钢筋混凝土杆或铁塔（上、下方线路共 4 基），不论有无避雷线，均应接地。

2）35kV 及以上电力线路交叉档两端为木杆或木横担钢筋混凝土杆且无避雷线时，应装设排气式避雷器或保护间隙。

3）与 3kV 及以上电力线路交叉的低压线路和通信线路，当交叉档两端为木杆时，应装设保护间隙。

表 2-7-10 同级电压线路相互交叉或与较低压线路、通信线路交叉时的交叉距离

额定电压（kV）	3 ~ 10	20 ~ 110	220	330	500
交叉距离（m）	2	3	4	5	6 (8.5)①

① 500kV 括号内数字为跨越电力线或通信线杆顶时所应保证之距离。

4）按交叉距离要求而采取的保护措施，其接地电阻不宜超过表 2-7-11 所列数值的 2 倍。

5）如交叉距离比表 2-7-10 所列数值大 2m 及以上时，则交叉档可不采取保护措施。

6）如交叉点距最近杆塔的距离不超过 40m，则可不在此线路交叉档的另一杆塔上装设交叉保护用的接地装置、排气式避雷器或保护间隙。

3. 对大跨越档的保护

DL/T 620—1997 及《架空送电线路大跨越设计技术规定》（试行）对大跨越档的保护作了如下规定。

（1）大跨越档的绝缘水平不应低于同一线路的其它杆塔。全高超过 40m 有地线的杆塔，每增高 10m，应增加 1 片绝缘子。地线对边导线的保护角，220kV 及以下线路不应大于 20°，330kV 线路小于 15°，500kV 线路不应大于 10°。接地电阻不应超过表 2-7-11 所列数值的 50%。当土壤电阻率大于 2000Ω·m 时，也不宜超过 20Ω。全高超过 100m 的杆塔，绝缘子数量应结合运行经验及通过雷电过电压的计算来确定。

（2）未沿全线架设地线的 35kV 及以上新建线路的大跨越段，宜架设地线。对新建或现有无地线的大跨越档，应装设排气式避雷器或保护间隙。新建线路并应比表 2-6-7 要求增加 1 片绝缘子。

（3）根据雷击档距中央地线时防止反击的条件，大跨越档导线与地线间的距离应符合第六节第七（二）款要求。

（六）线路防雷保护对路径选择的要求

大量运行经验表明，线路遭受雷击往往集中于线路的某些地段。我们称之为选择性雷击区，或称易击区。线路若能避开易击区，或对易击区线段加强保护，则是防止雷害的根本措施。实践表明，下列地段易遭受雷击[2-18]：

（1）雷暴走廊，如山区风口以及顺风的河谷和峡谷等处；

（2）四周是山丘的潮湿盆地，如杆塔周围有鱼塘、水库、湖泊、沼泽地、森林或灌木，附近又有蜿蜒起伏的山丘等处；

（3）土壤电阻率（ρ）有突变的地带，如地质断层地带，岩石与土壤、山坡和稻田的交界区，岩石山脚下有小河的山谷等地，雷易击于低土壤电阻率处；

（4）地下有导电性矿的地面和地下水位较高处；

（5）当土壤电阻率差别不大时，例如有良好土层和植被的山丘，雷易击于突出的山顶、山的向阳坡等。

五、接地设计

（一）有关规定

送电线路的杆塔接地装置主要是为了导泄雷电流入地，以保持线路有一定的耐雷水平。

DL/T 620—1997 及 DL/T 621—1997《交流电气装置的接地》规定，送电线路杆塔接地装置应按以下要求进行设计。

（1）有地线的送电线路每基杆塔的接地装置，在雷季干燥时，不连地线的工频接地电阻，不宜超过表 2-7-11 所列数值。

中雷区及以上地区 35kV 及 60kV 的无地线钢筋混凝土杆和铁塔宜接地，接地电阻不受限制，但年平均雷暴日数超过 40 的地区，不宜超过 30Ω。在土壤电阻率不超过 100Ω·m 的地区或已有运行经验的地区，钢筋混凝土杆和铁塔，利用其自然接地作用，可不另设人工接地装置。

（2）送电线路接地装置的型式

1）在土壤电阻率 $\rho \leqslant 100\Omega \cdot m$ 的潮湿地区，如杆塔的自然接地电阻不大于表 2-7-11 规定，可利用铁塔和钢筋混凝土杆的自然接地（包括铁塔基础以及钢筋混凝土杆埋入地中的杆段和底盘、拉线盘等），不必另设人工接地装置，但发电厂、变电所的进线段除外。在居民区，如自然接地电阻符合要求，也可不另设人工接地装置。

表 2-7-11　　有地线架空送电线路杆塔的工频接地电阻

土壤电阻率（Ω·m）	100 及以下	100 以上至 500	500 以上至 1000	1000 以上至 2000	2000 以上
工频接地电阻（Ω）	10	15	20	25	30①

① 如土壤电阻率很高，接地电阻很难降低到 30Ω 时，可采用 6～8 根总长不超过 500m 的放射形接地体或连续伸长接地体，其接地电阻可不受限制。

2）在 $100 < \rho \leqslant 300\Omega \cdot m$ 的地区，除利用铁塔和钢筋混凝土杆的自然接地外，还应设人工接地装置。接地体埋设深度不宜小于 0.6m。

在 $300 < \rho \leqslant 2000\Omega \cdot m$ 的地区，一般采用水平敷设的接地装置，接地体埋设深度不宜小于 0.5m。

在耕地中的接地体，应埋设在耕作深度以下。

3）在 $\rho > 2000\Omega \cdot m$ 的地区，可采用 6～8 根总长度不超过 500m 的放射形接地体，或连续伸长接地体。放射形接地体可采用长短结合的方式。接地体埋设深度不宜小于 0.3m。

4）居民区和水田中的接地装置，包括临时接地装置，宜围绕杆塔基础敷设成闭合环形。

5）放射形接地体每根的最大允许长度，应根据土壤电阻率确定，见表 2-7-12 所示。

表 2-7-12　　放射形接地体每根最大允许长度

土壤电阻率 ρ（Ω·m）	≤500	≤1000	≤2000	≤5000
最大允许长度（m）	40	60	80	100

6）在高土壤电阻率地区，当采用放射形接地装置时，如在杆塔基础附近（在放射形接地体每根最大长度的 1.5 倍范围内）有土壤电阻率较低的地带，可部分采用引外接地或其它措施。

（3）如接地装置由很多水平接地体或垂直接地体组成，为减少相邻接地体的屏蔽作用，垂直接地体的间距不应小于其长度的两倍；水平接地体的间距可根据具体情况确定，但不宜小于 5m。

（4）接地体的截面积及断面形状对接地电阻值影响不大，因此，接地体材料规格的选择主要考虑腐蚀及机械强度的需要。接地体的材料一般采用钢材。

人工接地体，水平敷设的可采用圆钢、扁钢；垂直敷设的可采用角钢、钢管、圆钢等。接地装置（包括接地体和接地引下线）的导体截面，应符合热稳定与均压的要求，且不应小于表 2-7-13 所列规格。敷设在腐蚀性较强场所的接地装置，应根据腐蚀的性质采取热镀锡、热镀锌等防腐措施，或适当加大截面。

目前在实际线路工程中，对非腐蚀性地区，一般采用 φ10 圆钢作接地体，而接地引下线则采用 φ12 圆钢。

表 2-7-13　　钢接地体和接地引下线的最小规格

种　类	规格及单位		地上（屋外）	地下
圆钢	直径（mm）		8	8/10
扁钢	截面（mm²）		48	48
	厚度（mm）		4	4
角钢	厚度（mm）		2.5	4
钢管	管壁厚度（mm）		2.5	3.5/2.5

注　电力线路杆塔的接地引下线，其截面不应小于 50mm²，并应热镀锌。地下部分圆钢直径，分子对应于架空线，分母对应于发电厂及变电所。钢管管壁厚，分子对应于埋于土壤，分母对应于埋于室内素混凝土地坪中。

（5）钢筋混凝土杆铁横担和钢筋混凝土横担线路的避雷线支架、导线横担与绝缘子固定部分或瓷横担固定部分之间，宜有可靠的电气连接并与接地引下线相连。主杆非预应力钢筋如上下已用绑扎或焊接连成电气通路，非预应力钢筋可兼作接地引下线。

利用钢筋兼作接地引下线的钢筋混凝土杆，其钢筋与接地螺母、铁横担或瓷横担的固定部分应有可靠的电气连接。外敷的接地引下线可采用镀锌钢绞线，其截面不应小于 25mm²。接地体引下线的截面不应小于表 2-7-13 的规定。

（6）接地装置的连接应严密可靠，除必须断开处以螺栓连接外，均需焊接。如采用搭接焊，其搭接长度，圆钢为直径的 6 倍，并双面施焊；扁钢为带宽的 2 倍，并四面施焊。接地装置的接地引下线与杆塔的连接最好不少于两处，其连接方式如图 2-7-14 所示。

（7）对绝缘地线长期通电的接地引线及接地装置，必须校验其热稳定和人身安全的防护措施。

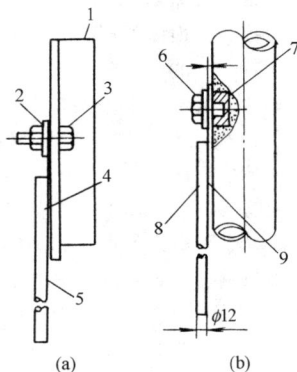

图 2-7-14　接地引下线与杆塔连接方式图

（a）铁塔；（b）钢筋混凝土杆

1—铁塔主材角钢；2—垫圈；3—铁塔螺栓；
4—40×4 镀锌扁铁；5—φ10 镀锌圆钢；6—
M16 镀锌螺栓；7—M16 螺母；8—φ12 镀
锌圆钢；9—40×4 镀锌扁铁

（二）土壤电阻率的判定

DL/T 621—1997 中列出了不同类别土壤的电阻率参考值。在工程设计中，往往根据工程习惯的土壤分类方法，对各类土壤的电阻率也进行了分类，现列于表 2-7-14 以供参考。

表 2-7-14　　常用土壤计算用电阻率

土　壤　类　别	电阻率（Ω·m）
耕土、腐殖土、黏土、淤泥、黑土、泥沼地带、盐渍土	1×10^2
石质黏土、潮湿沙土、黄土、细沙混合土、亚沙土、亚黏土	3×10^2
湿砂、风化砂、砂质土壤、砾石混合砂土、河砂淤积土	6×10^2
砂子（干砂）、含有卵石和碎石的砂土、含硬质砂岩的亚黏土	10×10^2
卵石、碎石、风化岩石、风化泥质页岩	20×10^2
花岗岩　石英岩、石灰岩	20×10^2 以上

计算防雷接地装置所采用的土壤电阻率，DL/T 621—1997 规定，应取雷季中最大可能的数值，建议按下式计算

$$\rho = \rho_0 \psi \qquad (2\text{-}7\text{-}59)$$

式中　ρ——土壤电阻率，Ω·m；

ρ_0——雷季中无雨水时所测得的土壤电阻率，Ω·m；

ψ——考虑土壤干燥所取的季节系数。

季节系数（ψ）根据规程规定，可采用表 2-7-15 所列数据。测定土壤电阻率时，如土壤比较干燥，则应采用表中较小值，如比较潮湿，则应采用较大值。

表 2-7-15　　防雷接地装置的季节系数 ψ

埋　深（m）	ψ 值	
	水平接地体	2~3m 的垂直接地体
0.5	1.4~1.8	1.2~1.4
0.8~1.0	1.25~1.45	1.15~1.3
2.5~3.0（深埋接地体）	1.0~1.1	1.0~1.1

（三）杆塔自然接地体及人工接地装置的工频接地电阻计算

送电线路的杆塔接地，应首先考虑充分利用其本身的自然接地体（包括铁塔基础、钢筋混凝土杆埋入地中的杆段及其底盘、拉线盘等），在自然接地体不能满足要求时，才考虑补充敷设人工接地装置。因此，接地设计一般均按如下两步来考虑：①利用自然接地体；②在自然接地体不能满足要求的情况下，可于基础坑中围绕杆塔基础添加环形接地带，或于地表面再添加浅埋（一般埋深为 0.3~0.6m）的接地带、管等接地装置。

1. 简单人工接地体工频接地电阻计算

人工接地装置一般均由垂直埋设的管、水平敷设的带和环等一些简单的接地体组合而成。

一些简单人工接地体的工频接地电阻计算公式列于表 2-7-16 中。

在表 2-7-16 的计算公式中，若接地体不是用圆管及圆钢，而是用其它型式的钢材时，则可将其折算成等效圆形断面并代入表中公式来计算，此时，其等效直径为

扁铁：$d = \dfrac{b}{2}$，b——扁铁宽度；

等边角钢：$d = 0.84b$，b——角钢翼宽；

不等边角钢：$d = 0.71\sqrt[4]{b_1 b_2 (b_1^2 + b_2^2)}$，$b_1$、$b_2$——角钢翼宽。

若深埋（于基础坑）之接地环为边长 $A \times B$ 之矩形环时，则可用一直径为 $D = \sqrt{\dfrac{4AB}{\pi}}$ 之等价圆形环代替。

为了简化计算，DL/T 621—1997 中列出了简易公式如表 2-7-17 所示。

2. 复合式人工接地装置工频接地电阻计算

复合式人工接地装置由管、带、环等简单人工接地体组合而成。目前在计算方法上主要有两种：一种是利用系数法，其基本要点是计算出单个（如单根管、带、环等）人工接地体的接地电阻后，按通常的方法计算其并联电阻值，然后再增添一个反映接地体间相互屏蔽影响的利用系数，即得出综合的工频接地电阻值；另一种是电阻系数法，它利用地中电流场和静电场的相似性，列出下列方程组

表 2-7-16　　　　　　　　　　一些简单人工接地体的工频接地电阻计算公式

接 地 装 置 型 式	工 频 接 地 电 阻 计 算 公 式
	接地引下线或上口紧靠地面的管子（当 $l \geqslant d$ 时）： $$R_1 = \frac{\rho}{2\pi l}\left(\ln\frac{8l}{d} - 1\right), \Omega \qquad (2\text{-}7\text{-}60)$$ 式中　ρ——计算用土壤电阻率，$\Omega\cdot cm$ 　　　l——管子（或引下线）埋深，cm 　　　d——管子（线）直径，cm
	上口埋在地下的管子： $$R_2 = \frac{\rho}{2\pi l}\left(\ln\frac{2l}{d} + \frac{1}{2}\ln\frac{4t+l}{4t-l}\right), \Omega \qquad (2\text{-}7\text{-}61)$$ 式中　t——地面到管子长度之半间的距离，cm
	浅埋的水平接地体： $$R_3 = \frac{\rho}{2\pi l}\ln\frac{l^2}{td}, \Omega \qquad (2\text{-}7\text{-}62)$$ 式中　d——接地体直径，cm
	深埋（于基础坑）的接地环： $$R_4 = \frac{\rho}{2\pi^2 D}\left(\ln\frac{8D}{d} + \frac{\pi D}{4t}\right), \Omega \qquad (2\text{-}7\text{-}63)$$ 式中　D——环的直径，cm

表 2-7-17　　　　　　　　人工接地体的工频接地电阻简易计算公式（Ω）

接地体型式	简 易 计 算 公 式	备　　注
垂　直　式	$R \approx 0.3\rho$	长度 3m 左右的接地体
单根水平式	$R \approx 0.03\rho$	长度 60m 左右的接地体
复合式 （接地网）	$R \approx 0.5\dfrac{\rho}{\sqrt{S}} = 0.28\dfrac{\rho}{r}$ 或 $R \approx \dfrac{\sqrt{\pi}}{4}\cdot\dfrac{\rho}{\sqrt{S}} + \dfrac{\rho}{L} = \dfrac{\rho}{4r} + \dfrac{\rho}{L}$	（1）面积 S 大于 $100m^2$ 的闭合接地网 （2）r 为与接地网面积 S 等价的圆半径，即等效半径，m。L 为接地体总长，m

$$\varphi_1 = a_{11}I_1 + a_{12}I_2 + \cdots + a_{1n}I_n$$
$$\varphi_2 = a_{21}I_1 + a_{22}I_2 + \cdots + a_{2n}I_n$$
$$\cdots\cdots$$
$$\varphi_n = a_{n1}I_1 + a_{n2}I_2 + \cdots + a_{nn}I_n$$

式中　$I_1, I_2, \cdots, I_n$——各接地体传导的电流；
　　　$\varphi_1, \varphi_2, \cdots, \varphi_n$——各接地体的电位；
　　　a_{ik}、a_{kk}——接地体的互电阻系数与自电阻系数。

由于各接地体是并联的，则
$$\varphi_1 = \varphi_2 = \cdots = \varphi_n = \varphi$$

如果认为各接地体的形状彼此相等，对接地引下线对称排列，则

$$I_1 = I_2 = \cdots = I_n = \frac{I}{n}, \quad I\text{——总入地电流，因之可}$$
得
$$R = \frac{\varphi}{I}$$
$$= \frac{a_{k1} + a_{k2} + \cdots + a_{kk} + \cdots + a_{kn}}{n} \qquad (2\text{-}7\text{-}64)$$

由此式即可求得接地装置的综合接地电阻值。

如果不满足上述条件，但可以确定各接地体传导电流的比值时，则可得

$$\frac{I_1}{I_k} = A; \quad \frac{I_2}{I_k} = B, \cdots, \frac{I_n}{I_k} = N$$

$$R = \frac{\varphi}{I}$$

$$= \frac{a_{k1}A + a_{k2}B + \cdots + a_{kk} + \cdots + a_{kn}N}{A + B + \cdots + \cdots + N} \qquad (2\text{-}7\text{-}65)$$

由上可见，电阻系数法有一个基本假定，即电流沿接地体全长均匀分布。同时亦可看出，这种计算方法对水平接地带比较适用，它可以直接算出某些由水平接地带组成的复杂接地体的工频电阻值，从而在一定范围内避免了确定利用系数的困难。

现将用两种计算方法所得的复合式人工接地装置的工频接地电阻计算公式介绍如下。

（1）利用系数法：用利用系数法计算复合式人工接地装置的工频接地电阻，其计算公式如表 2-7-18 所示。

（2）电阻系数法：

1）DL/T 621—1997 利用电阻系数法提出了如下的计算水平敷设的复合式人工接地装置的工频接地电阻（R_p）的计算公式：

$$R_p = \frac{\rho}{2\pi L}\left(\ln \frac{L^2}{td} + A \right) \qquad (2\text{-}7\text{-}71)$$

式中　ρ——土壤电阻率，$\Omega \cdot m$；

　　　L——水平接地体的总长度，m；

　　　t——水平接地体的埋设深度，m；

　　　d——水平接地体的直径或等效直径，m；

　　　A——水平接地体的形状系数，如表 2-7-19 所示。

表 2-7-18　　　　　　　　　　复合式人工接地装置的工频接地电阻计算公式

接地装置型式	简　图	计　算　公　式
n 根水平射线的复合接地装置		$R_5 = \frac{R_3}{n} \times \frac{1}{\eta}$ $\qquad$ (2-7-66) 式中　R_3——一根射线的接地电阻，可按式（2-7-62）计算； 　　　η——工频利用系数
敷设在基坑底部的深埋接地环和引线的复合接地装置		$R_6 = \frac{R_4 \times \dfrac{R_1}{n}}{R_4 \times \dfrac{R_1}{n}} \times \frac{1}{\eta}$ $\qquad$ (2-7-67) 式中　R_1、R_4——引下线及深埋环的电阻值，可用式（2-7-60）及式（2-7-63）计算； 　　　n——引下线数； 　　　η——工频利用系数
引下线、深埋环和水平射线的复合接地装置		$R_7 = \frac{R_5 R_6}{R_5 + R_6} \times \frac{1}{\eta}$ $\qquad$ (2-7-68) 式中　R_5、R_6——可利用式（2-7-66）及式（2-7-67）计算； 　　　η——工频利用系数
		$\left. \begin{aligned} R'_8 &= \frac{R_5 R_6}{R_5 + R_6} \times \frac{1}{\eta'} \\ R_8 &= \frac{R'_8}{4} \times \frac{1}{\eta} \end{aligned} \right\}$ $\quad$ (2-7-69) 式中　R'_8、R_8——单个环、带及四个环、带的电阻； 　　　η'、η——单个环、带及四个环带的工频利用系数
垂直电极和水平射线的复合接地装置		$\left. \begin{aligned} R' &= \frac{R_2}{n} \times \frac{1}{\eta'} \\ R_9 &= \frac{R' R_5}{R' + R_5} \times \frac{1}{\eta} \end{aligned} \right\}$ $\quad$ (2-7-70) 式中　R_2——可利用式（2-7-61）计算； 　　　R_5——可利用式（2-7-66）计算

注　表中各利用系数 η 和 η' 等数值的选取可参见表 2-7-23 的表下注。

表 2-7-19　　　　　　　　　　　　　　　　水平接地体的形状系数 A

接地体的形状	—	⌐	Y	+	✳	✴	□	○	✳	✴
A	-0.6	-0.18	0	0.89	3.03	5.65	1	0.48	2.19	4.71

公式（2-7-71）仅适用于表 2-7-19 所示接地体形状的计算。对于其它形状的水平接地体的工频接地电阻可按以下各式计算。

2）两等长反向平行射线水平接地装置（如图 2-7-15（a）所示）的接地电阻：

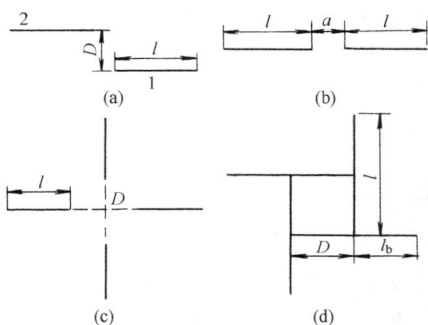

图 2-7-15　水平接地装置图（一）

$$R = \frac{a_{11} + a'_{11} + 2a_{12}}{2}$$

$$a_{11} = \frac{\rho}{2\pi l}\ln\frac{2l}{d}$$

$$a'_{11} = \frac{\rho}{2\pi l}\left\{\ln\left[\frac{l}{2t} + \sqrt{\left(\frac{l}{2t}\right)^2 + 1}\right]\right.$$

$$\left. + \frac{2t}{l} - \sqrt{\left(\frac{2t}{l}\right)^2 + 1}\right\}$$

当 $l \geqslant 2t$ 时

$$a'_{11} = \frac{\rho}{2\pi l}\ln\frac{l}{2t}$$

$$a_{12} = \frac{\rho}{2\pi l}\left[\ln\frac{2l + \sqrt{4l^2 + D^2}}{l + \sqrt{l^2 + D^2}}\right.$$

$$\left. + \sqrt{\left(\frac{D}{l}\right)^2 + 1} - \frac{D}{2l} - \sqrt{\left(\frac{D}{2l}\right)^2 + 1}\right]$$

(2-7-72)

式中　l——单根水平接地体长度，m；
　　　D——两反向平行接地体间的距离，m；
　　　d、ρ、t 的符号含义同式（2-7-71）。

3）两等长反向射线接地装置（如图 2-7-15（b）所示）的接地电阻：

$$R = \frac{a_{11} + a'_{11} + 2a_{12}}{2}$$

$$a_{12} = \frac{\rho}{4\pi l^2} - \left[(2l + a)\ln\frac{2l + a}{l + a}\right.$$

$$\left. - a\ln\frac{l + a}{a}\right]$$

(2-7-73)

式中　a——两反向接地体间的距离，m；
　　　其它符号含义同式（2-7-72）。

4）四点引出的四射线接地装置（如图 2-7-15（c）所示）的接地电阻：

$$R = \frac{a_{11} + a'_{11} + 4a_{12} + 2a_{13}}{4}$$

$$a_{12} = \frac{\rho}{2\pi l^2}\left[(D + l)\right.$$

$$\times \ln\frac{(D + l)(l + \sqrt{2})}{D + \sqrt{D^2 + (D + l)^2}}$$

$$\left. - D\ln\frac{(D + l) + \sqrt{D^2 + (D + l)^2}}{D(1 + \sqrt{2})}\right.$$

$$a_{13} = \frac{\rho}{2\pi l^2}\left[(D + l)\ln\frac{2(l + D)}{l + 2D}\right.$$

$$\left. - D\ln\frac{l + 2D}{2D}\right]$$

(2-7-74)

式中　D——见图 2-7-15（c）所示；
　　　其它符号含义同式（2-7-72）。

5）风车式接地装置（如图 2-7-15（d）所示）的接地电阻：

$$R = \frac{a_{11} + a'_{11} + 4a_{12} + 2a_{13}}{4}$$

$$a_{12} = \frac{\rho}{4\pi l^2}\left[D\,\mathrm{sh}^{-1}\frac{l}{D} + l\,\mathrm{sh}^{-1}\frac{D}{l}\right.$$

$$\left. + l_b\,\mathrm{sh}^{-1}\frac{l}{l_b} + l\,\mathrm{sh}^{-1}\frac{l_b}{l}\right]$$

$$a_{13} = \frac{\rho}{4\pi l^2}\left[(l + l_b)\right.$$

$$\times \ln\frac{(l + l_b) + \sqrt{(l + l_b)^2 + D^2}}{l_b + \sqrt{l_b^2 + D^2}}$$

$$+ D\ln\frac{l_b + \sqrt{l_b^2 + D^2}}{D(\sqrt{2} - 1)} + 2\sqrt{l_b^2 + D^2}$$

$$\left. - D\sqrt{2} - \sqrt{(l_b + l)^2 + D^2}\right.$$

(2-7-75)

式中　　D——单根接地体正方形部分边长，m；

　　　　l_b——单根接地体射线部分长度，m；

　　　　其它符号含义同式（2-7-72）。

6）正方形带四射线式接地装置如图 2-7-16（a）所示的接地电阻：

$$R = \frac{l_1\,(a_{11} + a'_{11} + 2a_{12}) + 4l_4 a_{14}}{2\,(l_1 + l_4)}$$

$$a_{11} = \frac{\rho}{2\pi l_1}\ln\frac{2l_1}{d}$$

$$a'_{11} = \frac{\rho}{2\pi l_1}\Big[\ln\Big(\frac{l_1}{2t} + \sqrt{\Big(\frac{l_1}{2t}\Big)^2 + 1}\,\Big) + \frac{2t}{l_1} - \sqrt{\Big(\frac{2t}{l_1}\Big)^2 + 1}\,\Big]$$

当 $l_1/2t > 3$ 时

$$a'_{11} = \frac{\rho}{2\pi l_1}\ln\frac{l_1}{2t}$$

$$a_{12} = \frac{\rho}{2\pi l_1}\big[\ln\,(1 + \sqrt{2}) + 1 - \sqrt{2}\big]$$

$$a_{14} = \frac{\rho}{4\pi l_1 l_4}\Big(l_1\,\mathrm{sh}^{-1}\frac{l_a}{l_1} + l_1\,\mathrm{sh}^{-1}\frac{l_b}{l_1} + l_a\,\mathrm{sh}^{-1}\frac{l_1}{l_a} + l_b\,\mathrm{sh}^{-1}\frac{l_1}{l_b}\Big)$$

（2-7-76）

式中　　l_1——两平行水平接地带间的距离，m；

　　　　l_4——两较长接地带的长度，m；

　　　　l_a——如图 2-7-16（a）所示，m；

　　　　l_b——如图 2-7-16（a）所示，m；

　　　　其它符号含义同式（2-7-72）。

7）井字形接地装置如图 2-7-16（b）所示的接地电阻：

$$R = \frac{a_{11} + a'_{11} + 2a_{12} + 4a_{13}}{4}$$

$$a_{12} = \frac{\rho}{2\pi l}\Big[\ln\Big(\frac{l}{D} + \sqrt{\Big(\frac{l}{D}\Big)^2 + 1}\,\Big) + \frac{D}{l} - \sqrt{\Big(\frac{D}{l}\Big)^2 + 1}\,\Big]$$

$$\begin{aligned}a_{13} = \frac{\rho}{2\pi l^2}\Big\{ &-(D + l_1)\\
&\times \ln\frac{(1 + \sqrt{2})\,[l_1 + \sqrt{l_1^2 + (D + l_1)^2}\,]}{D + l_1}\\
&+ l_1 \ln\frac{(1 + \sqrt{2})\,[D + l_1 + \sqrt{l_1^2 + (D + l_1)^2}\,]}{l_1}\Big\}\\
&+ 0.0744\,\frac{\rho}{l_1}\end{aligned}$$

（2-7-77）

式中　　l——单根水平接地体长度，m；

　　　　D——两平行接地体间的距离，m；

　　　　l_1——单根接地体射线部分长度，m；

　　　　ρ——土壤电阻率，$\Omega\cdot m$；

　　a_{11}、a'_{11}——见式（2-7-72）。

8）八射线接地装置如图 2-7-16（c）所示的接地电阻：

$$R = \frac{a_{11} + a'_{11} + 2\,(a_{12} + a_{13} + a_{14} + a_{15} + a_{16} + a_{17} + a_{18})}{8}$$

$$a_{12} = \frac{\rho}{2\pi l}\ln\,(\sqrt{2} + 1) = 0.14\,\frac{\rho}{l}$$

$$\begin{aligned}a_{13} = a_{17} = \frac{\rho}{4\pi l^2}\Big\{ &l\ln\frac{[l + \sqrt{l^2 + (D + l)^2}\,]\,[(D + l) + \sqrt{l^2 + (D + l)^2}\,]}{(D + l)\,(D + \sqrt{l^2 + D^2})}\\
&+ D\ln\frac{[l + \sqrt{l^2 + (D + l)^2}\,]\,D}{(D + l)\,(l + \sqrt{l^2 + D^2})}\Big\}\end{aligned}$$

$$a_{14} = \frac{\rho}{4\pi l^2}\Big[(2l + D)\,\ln\frac{2l + D}{l + D} - D\ln\frac{l + D}{D}\Big]$$

$$\begin{aligned}a_{15} = \frac{\rho}{4\pi l^2}\Big[&(2l + D)\,\ln\frac{2l + D + \sqrt{(2l + D)^2 + D^2}}{l + D + \sqrt{(l + D)^2 + D^2}} - D\ln\frac{(l + D) + \sqrt{(l + D)^2 + D^2}}{D + \sqrt{2}D}\\
&+ 2\sqrt{(l + D)^2 + D^2} - D\sqrt{2} - \sqrt{(2l + D)^2 + D^2}\,\Big]\end{aligned}$$

$$\begin{aligned}a_{16} = \frac{\rho}{2\pi l^2}\Big[&(D + l)\,\ln\frac{(D + l)\,(1 + \sqrt{2})}{D + \sqrt{D^2 + (D + l)^2}}\\
&- D\ln\frac{(D + l) + \sqrt{D^2 + (D + l)^2}}{D + (1 + \sqrt{2})}\,\Big]\end{aligned}$$

（2-7-78）

$$a_{18} = \frac{\rho}{2\pi l}\left\{ \ln\left[\frac{l}{D} + \sqrt{\left(\frac{l}{D}\right)^2 + 1} \right] + \frac{D}{l} - \sqrt{\left(\frac{D}{l}\right)^2 + 1} \right\}$$

式中，l、D 的符号含义可参见图 2-7-16（c）；a_{11}、a'_{11} 计算公式见式（2-7-72）。

9）十二射线接地装置如图 2-7-16（d）所示的接地电阻：

$$R = \frac{a_{11} + a'_{11} + 2\,(a_{12} + a_{13} + \cdots + a_{1.11} + a_{1.12})}{12}$$

$$a_{19} = \frac{\rho}{2\pi l}\ln\frac{2 + \sqrt{2 + \sqrt{2}}}{\sqrt{2 - \sqrt{2}}} = 0.204\frac{\rho}{l}$$

$$a_{1.10} = \frac{\rho}{4\pi l^2}\left[l\ln\frac{-0.707l - D + \sqrt{0.5l^2 + (-0.707l - D)^2}}{-1.707l - D + \sqrt{0.5l^2 + (-1.707l - D)^2}} \right.$$
$$+ (D + l)\,\ln\frac{\sqrt{0.5l^2 + (-1.707l - D)^2} + l + 0.707\,(D + l)}{1.707\,(D + l)}$$
$$\left. - D\ln\frac{\sqrt{0.5l^2 + (0.707l - D)^2} + l + 0.707D}{1.707D} \right]$$

$$a_{1.11} = \frac{\rho}{4\pi l^2}\left[(l + D\sqrt{2})\,\ln\frac{0.2929l + 0.4142D}{-1.707l - D + \sqrt{0.5\,(l + D\sqrt{2})^2 + (-1.707l - D)^2}} \right.$$
$$- D\sqrt{2}\ln\frac{0.4142D}{-D - l - \sqrt{D^2 + (D + l)^2}}$$
$$\left. + l\ln\frac{\sqrt{0.5\,(l + D\sqrt{2})^2 + (1.707l + D)^2} + 1.707l + \sqrt{2}D}{\sqrt{D^2 + (D + l)^2} + D\sqrt{2} + 0.707l} \right]$$

$$a_{1.12} = \frac{\rho}{4\pi l^2}\left[(l + D\sqrt{2})\,\ln\frac{0.7071l + \sqrt{0.5\,(l + D\sqrt{2})^2 + 0.5l^2}}{-0.2929l + \sqrt{0.5\,(l + D\sqrt{2})^2 + (0.2929l)^2}} \right.$$
$$- D\sqrt{2}\ln\frac{D}{-l + \sqrt{D^2 + l^2}} + (l + D)\,\ln\frac{\sqrt{0.5\,(l + D\sqrt{2})^2 + (0.2929l)^2} + 0.2929l + 0.7071D}{\sqrt{D^2 + l^2} - 0.7071\,(l - D)}$$
$$\left. - D\ln\frac{\sqrt{0.5\,(l + D\sqrt{2})^2 + 0.5l^2} + l + 0.7071D}{1.7071D} \right]$$

（2-7-79）

式中，a_{11}、a'_{11} 计算公式同式（2-7-72）；a_{12}、a_{13}、a_{14}、a_{15}、a_{16}、a_{17}、a_{18} 计算公式同式（2-7-78）。

型式较为复杂，利用上述各公式计算显然存有困难。为此，DL/T 621—1997 列出了如下的计算公式。

$$R = \alpha_1 R_e \qquad (2\text{-}7\text{-}80)$$

$$\alpha_1 = \left(3\ln\frac{L_0}{\sqrt{S}} - 0.2 \right)\frac{\sqrt{S}}{L_0}$$

$$R_e = 0.213\frac{\rho}{\sqrt{S}}\,(1 + B) + \frac{\rho}{2\pi L}\left(\ln\frac{S}{9hd} - 5B \right)$$

$$B = \frac{1}{1 + 4.6\dfrac{h}{\sqrt{S}}}$$

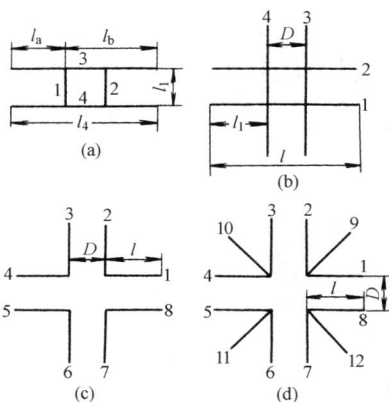

图 2-7-16　水平接地装置图（二）

（3）边缘闭合型水平复合接地网的工频接地电阻计算：对于发电厂、变电所等大型接地网，其组合

式中　R——任意形状边缘闭合接地网的接地电阻，Ω；

R_e——等值（即等面积、等水平接地极总长度）方形接地网的接地电阻，Ω；

S——接地网的总面积，m^2；

d——水平接地极的直径或等效直径，m；

h——水平接地极的埋设深度，m；

L_0——接地网的外缘边线总长度，m；

L——水平接地极的总长度，m。

为了简化计算，DL/T 621—1997 列出了复合水平接地网的简易估算公式见表 2-7-17 所示。该估算公式是参考了国外常用的估算方法列出的。

使用上述公式进行较大面积的接地网计算时，应特别注意 ρ 值的选取。一般应取主要接地体埋深处的数值，特别是土壤电阻率不均匀时，应考虑地层深处 ρ 值的影响，取有代表意义的数值（应多测一些点）。

3. 杆塔自然接地体及其与人工接地装置组合的工频接地电阻计算

试验表明，当土壤中有水分时，由于混凝土具有毛细管作用而吸收水分，使其具有导电性。DL/T 621—1997 中列出了在各种状态下混凝土的电阻率如表 2-7-20 所示。由表中所列数值可以看出，在湿状态下其电阻率十分接近于水或土壤的电阻率。因此，在接地设计中，特别对土壤电阻率不太高的地区，利用杆塔自然接地体是非常必要的。

杆塔自然接地体及其与人工接地装置组合的工频接地电阻计算公式如表 2-7-21 所示。

4. 各型接地装置（包括自然接地）的工频接地电阻简易计算

为了简化计算，DL/T 621—1997 中列出了各型接地装置的工频接地电阻简易计算公式如表 2-7-22 所示。

表 2-7-20　　　　　　　　　　　　混凝土的电阻率

状　　态	在　水　中	在湿土中	在干土中	在干燥的大气中
电阻率（ρ）近似值（$\Omega \cdot m$）	40～55	100～200	500～1300	12000～18000

表 2-7-21　　　　杆塔自然接地体及其与人工接地装置组合的工频接地电阻计算公式

接地装置型式	简　图	计　算　公　式
钢筋混凝土杆或桩基础		$$\left.\begin{array}{l} R'' = \dfrac{1.4\rho}{2\pi l}\ln\dfrac{4l}{d} \\[3mm] R_{10} = \dfrac{R''}{n\eta} \end{array}\right\}\quad (2\text{-}7\text{-}81)$$ 式中　ρ——土壤电阻率，$\Omega \cdot m$； 　　　d——钢筋骨架的直径，m； 　　　l——埋深，m； 　　　1.4——考虑混凝土层的影响及钢筋骨架与光滑圆筒差别的综合校正系数； 　　　n——一基杆塔的电杆或桩基根数； 　　　η——工频利用系数
拉线盘		$$\left.\begin{array}{l} R' = \dfrac{\sqrt{\pi}}{5\sqrt{S}}\times\rho \\[3mm] R_{11} = \dfrac{R'}{n\eta} \end{array}\right\}\quad (2\text{-}7\text{-}82)$$ 式中　S——拉线盘的面积，m； 　　　n——拉线盘数 其它符号同式（2-7-81）
装配式钢筋混凝土基础		$$\left.\begin{array}{l} \text{底座：}R_D = \dfrac{\rho}{2D} \\[3mm] D = \sqrt{\dfrac{4AB}{\pi}} \end{array}\right\}\quad (2\text{-}7\text{-}83)$$ 式中　D——底座的等效直径，m； 　　　A、B——底座的边长，m 柱的计算公式见式（2-7-81） 底座和柱的联合计算公式为 $$R_{12} = \dfrac{R''R_D}{R'' + R_D}\times\dfrac{1}{\eta} \quad (2\text{-}7\text{-}84)$$ 一基塔的总接地电阻为 $$R_{13} = \dfrac{R_{12}}{n}\times\dfrac{1}{\eta} \quad (2\text{-}7\text{-}85)$$ 式中　n——每基塔的基础数； 　　　η——工频利用系数 　　　R''按式（2-7-81）计算，R_D按式（2-7-83）计算

续表

接地装置型式	简图	计算公式
敷设在基坑底部的深埋接地及钢筋混凝土基础		$$R_{14} = \frac{R_6 R_{13}}{R_6 + R_{13}} \times \frac{1}{\eta} \quad (2\text{-}7\text{-}86)$$ 式中　η——工频利用系数；R_6 按式（2-7-67）计算，R_{13} 按式（2-7-85）计算
沿每个基坑单独敷设的深埋接地及钢筋混凝土基础		$$\left.\begin{array}{l} R_{15} = \frac{R_6 R_{12}}{R_6 + R_{12}} \times \frac{1}{\eta} \\[2mm] R_{16} = \frac{R_{15}}{4} \times \frac{1}{\eta} \end{array}\right\} \quad (2\text{-}7\text{-}87)$$ 式中　R_{16}——基塔的总电阻；η——工频利用系数 R_6 按式（2-7-67）计算，R_{12} 按式（2-7-84）计算

注　各工频利用系数的选取可参见表 2-7-27 的表下注。

表 2-7-22　各种型式接地装置的工频接地电阻（Ω）简易计算式

接地装置的型式	杆塔型式	接地电阻简易计算式
n 根水平射线（$n \leq 12$，每根长约 60m）	各型杆塔	$R \approx \dfrac{0.062\rho}{n+1.2}$
沿装配式基础周围敷设的深埋式接地体	铁塔	$R \approx 0.07\rho$
	门型杆塔	$R \approx 0.04\rho$
	V 型拉线的门型杆塔	$R \approx 0.045\rho$
装配式基础的自然接地体	铁塔	$R \approx 0.1\rho$
	门型杆塔	$R \approx 0.06\rho$
	V 型拉线的门型杆塔	$R \approx 0.09\rho$
钢筋混凝土杆的自然接地体	单杆	$R \approx 0.3\rho$
	双杆	$R \approx 0.2\rho$
	拉线单、双杆	$R \approx 0.1\rho$
	一个拉线盘	$R \approx 0.28\rho$
深埋式接地与装配式基础自然接地的综合	铁塔	$R \approx 0.05\rho$
	门型杆塔	$R \approx 0.03\rho$
	V 型拉线的门型杆塔	$R \approx 0.04\rho$

注　表中 ρ 为土壤电阻率，$\Omega \cdot m$。

（四）杆塔自然接地体及人工接地装置的冲击接地电阻计算

1. 冲击接地电阻的概念

雷电流通过接地装置向大地扩散时，起作用的是接地装置的冲击接地电阻而不是工频接地电阻。

冲击接地电阻是指接地体通过雷电流时的冲击电压幅值与冲击电流幅值之比。

冲击接地电阻与工频接地电阻是不相同的。这主要是由于冲击雷电流的幅值很高，接地体的电位很高，使得紧靠接地体周围的土壤被击穿而发生强烈的火花放电，这仿佛扩大了接地导体的直径，从而使得接地体在冲击雷电流下所呈现的冲击接地电阻（R_{su}）要比工频接地电阻（R）小得多（特别对于集中接地装置）。但是，另一方面，雷电流相当于历时很短的高频冲击波，接地导体本身的电感将起阻碍电流通过的作用，这一效应将阻碍着雷电流向长接地体末端的扩散，使末端不能有效地向地中导泄电流。因此，对于长接地体，除上述因土壤击穿而使其冲击接地电阻具有降低的趋势外，又有因电感作用使接地体不能充分利用而使其增大的趋势。因此，对长接地体，其冲击接地电阻有时比工频接地电阻还大。

2. 接地体的冲击系数

通常把冲击接地电阻（R_{su}）与工频接地电阻（R）的比叫作接地体的冲击系数（α）。

接地体的冲击系数（α）与单独接地体的形状、尺寸、冲击电流数值以及土壤电阻率有关。各型人工接地体和线路自然接地体的冲击系数，根据 DL/T 621—1997 推荐，可按以下公式计算。

（1）杆塔接地装置与单独接地极的冲击系数

铁塔接地装置

$$\alpha = 0.74\rho^{-0.4}(7.0 + \sqrt{L})\left[1.56 - \exp(-3.0I_i^{-0.4})\right]$$
$$(2\text{-}7\text{-}88)$$

式中 I_i——流过杆塔接地装置或单独接地极的冲击电流，kA；

ρ——以 $\Omega \cdot m$ 表示的土壤电阻率。

钢筋混凝土杆放射型接地装置

$$\alpha = 1.36\rho^{-0.4}(1.3 + \sqrt{L})\left[1.55 - \exp(-4.0I_i^{-0.4})\right]$$
$$(2\text{-}7\text{-}89)$$

钢筋混凝土杆环型接地装置

$$\alpha = 2.94\rho^{-0.5}(6.0 + \sqrt{L})\left[1.23 - \exp(-2.0I_i^{-0.3})\right]$$
$$(2\text{-}7\text{-}90)$$

垂直接地极

$$\alpha = 2.75\rho^{-0.4}(1.8 + \sqrt{L})\left[0.75 - \exp(-1.50I_i^{-0.2})\right]$$
$$(2\text{-}7\text{-}91)$$

单端流入冲击电流的水平接地极

$$\alpha = 1.62\rho^{-0.4}(5.0 + \sqrt{L})\left[0.79 - \exp(-2.3I_i^{-0.2})\right]$$
$$(2\text{-}7\text{-}92)$$

中部流入冲击电流的水平接地极

$$\alpha = 1.16\rho^{-0.4}(7.1 + \sqrt{L})\left[0.78 - \exp(-2.3I_i^{-0.2})\right]$$
$$(2\text{-}7\text{-}93)$$

（2）杆塔自然接地极的冲击系数

杆塔自然接地极的效果仅在 $\rho \leqslant 300\Omega \cdot m$ 才加以考虑，其冲击系数可利用下式计算

$$\alpha = \frac{1}{1.35 + a_i I_i^{1.5}} \qquad (2\text{-}7\text{-}94)$$

式中 a_i——对钢筋混凝土杆、钢筋混凝土桩和铁塔的基础（一个塔脚）为 0.053；对装配式钢筋混凝土基础（一个塔脚）和拉线盘（带拉线棒）为 0.038。

3. 冲击接地电阻计算

单个接地体（包括人工及自然接地体）的冲击接地电阻，可按其所分担的雷电流的大小，选择适当的冲击系数并按下式进行计算

$$R_{su} = \alpha R \qquad (2\text{-}7\text{-}95)$$

式中 R_{su}——单个接地体的冲击接地电阻，Ω；

R——单个接地体的工频接地电阻，Ω；

α——单个接地体的冲击系数。

整个接地装置（包括自然接地体）的综合冲击接地电阻计算可按前款所述工频接地电阻计算办法进行，只是将公式中的工频利用系数换成冲击利用系数，将各单个接地体的工频接地电阻折算成冲击接地电阻即可。

例如，由 n 根等长水平放射形接地体组成的接地装置，其冲击接地电阻可按下式计算

$$R_{su} = \frac{R'_{su}}{n} \times \frac{1}{\eta_{su}} \qquad (2\text{-}7\text{-}96)$$

式中 R'_{su}——每根水平放射形接地体的冲击接地电阻，Ω；

η_{su}——考虑各接地体间相互影响的冲击利用系数。

又如，由水平接地体连接的 n 根垂直接地体组成的接地装置，其冲击接地电阻可按下式计算

$$R_{su} = \frac{\dfrac{R_{vsu}}{n} \times R_{hsu}}{\dfrac{R_{vsu}}{n} \times R_{hsu}} \times \frac{1}{\eta_{su}} \qquad (2\text{-}7\text{-}97)$$

式中 R_{vsu}——每个垂直接地体的冲击接地电阻，Ω；

R_{hsu}——每个水平接地体的冲击接地电阻，Ω；

η_{su}——接地体的冲击利用系数，按 DL/T 621—1997 推荐可由表 2-7-23 选取。

（五）工程常用接地装置图

见表 2-7-24～表 2-7-26 所列各型接地装置一览表。

表 2-7-23   接地体的冲击利用系数 η_{su}

接地体型式	接地导体的根数	冲击利用系数	备　　　注
n 根水平射线 （每根长 10～80m）	2	0.83～1.0	较小值用于较短的射线
	3	0.75～0.90	
	4～6	0.65～0.80	
以水平接地体连接的垂直接地体	2	0.80～0.85	$\dfrac{D}{l} = 2$～3；较小值用于 $\dfrac{D}{l} = 2$ 时；式中 D 为垂直接地体间距离，l 为垂直接地体长度
	3	0.70～0.80	
	4	0.70～0.75	
	6	0.65～0.70	
自然接地体	拉线棒与拉线盘间	0.6	
	铁塔的各基础间	0.4～0.5	
	门型、各种拉线杆塔的各基础间	0.7	

注　工频利用系数 η，一般取为 $\eta \approx \eta_{su}/0.9 \leqslant 1$，但对自然接地 $\eta \approx \eta_{su}/0.7$。

表 2-7-24　　　　　　　　　　　　　　　　　　单杆及单基础铁塔接地装置一览表

接地装置正面图（mm）										
接地装置平面图（mm）										
接地装置型式	b		c						d	
土壤电阻率（Ω·m）	1×10^2		3×10^2		6×10^2		10×10^2		20×10^2	
工频电阻值不大于（Ω）	10		15		20		20		30	
接地型号	D_{1b}	D_{1d}	D_{3b}	D_{3d}	D_{6c}	D_{6d}	D_{10c}	D_{10d}	D_{20c}	D_{20d}
接地装置尺寸（m）	$l_1 = 17$	$l_3 = 0$	$l_1 = 40$	$l_3 = 7$	$l_2 = 40$	$l_3 = 15$	$l_2 = 70$	$l_3 = 30$	$l_2 = 95$	$l_3 = 40$
材料　φ10 圆钢数量（kg/m）	11.4/18.5	14.8/24	25.5/41.5	32/52	50.6/82	52.5/85	87/142	89.5/145	118/192	114.5/185
φ12 镀锌圆钢（kg/m）	1.6/1.8	1.6/1.8	1.6/1.8	1.6/1.8	1.6/1.8	1.6/1.8	1.6/1.8	1.6/1.8	1.6/1.8	1.6/1.8
45×4 镀锌扁铁（kg/m）	0.23/0.16	0.23/0.16	0.23/0.16	0.23/0.16	0.23/0.16	0.23/0.16	0.23/0.16	0.23/0.16	0.23/0.16	0.23/0.16
总重量（kg）	13.2	16.6	27.3	33.8	52.4	54.3	88.8	91.3	119.8	116.3
土方量（m³）	4	5	10	11.0	19	19	33	33	45	43

注　1. 接地型号含义：例 D_{3b}，D 表示单杆或单基础铁塔，3 表示土壤电阻率值，b 表示接地装置型式（d 型用于居民区，其它接地型号也是如此表示）；

　　2. 土方量按挖 0.6m 深，0.4m 宽的沟计算。

表 2-7-25　　　　　　　　　　　　　　　　　　双杆接地装置一览表

接地装置正面图（mm）			
接地装置平面图（mm）			

续表

接地装置型式	b				c		d		
土壤电阻率 (Ω·m)	1×10^2		3×10^2		6×10^2		10×10^2		20×10^2
工频电阻值不大于 (Ω)	10		15		20		20		30
接地型号	S_{1b}	S_{1d}	S_{3b}	S_{3d}	S_{6c}	S_{6d}	S_{10c}	S_{10d}	S_{20d}
接地装置尺寸 (m)	$l_2=8$	$l_4=0$	$l_2=20$	$l_4=5$	$l_3=20$	$l_4=15$	$l_3=30$	$l_4=25$	$l_4=40$
材料　φ10 圆钢数量 (kg/m)	12.3/20	24.7/40	27.2/44	38.2/62	58.7/95	63/102	83.4/135	87/142	12.5/202
材料　φ12 镀锌圆钢 (kg/m)	3.2/3.6	3.2/3.6	3.2/3.6	3.2/3.6	3.2/3.6	3.2/3.6	3.2/3.6	3.2/3.6	3.2/3.6
材料　45×4 镀锌扁铁 (kg/m)	0.46/0.32	0.46/0.32	0.46/0.32	0.46/0.32	0.46/0.32	0.46/0.32	0.46/0.32	0.46/0.32	0.46/0.32
总重量 (kg)	15.9	28.4	30.9	41.8	62.4	66.6	87.1	90.7	132.8
土方量 (m³)	4	8	8	12	18	20	26	28	48

注　1. 接地型号含义：例 S_{3d}，S 表示双杆，3 表示土壤电阻率值，d 表示接地装置型式；

　　2. 材料及土方量按 l_1 为 10m 计算（l_1 值等于根开 +1.5m）。

表 2-7-26　　　　　　　　　　　铁塔接地装置一览表

接地装置正面图 (mm)	（图）>2000	（图）600
接地装置平面图 (mm)	（图）2000 / >6000	（图）l / >6000

接地装置型式	T_1	$T_3\sim T_{20}$			
土壤电阻率 (Ω·m)	1×10^2	3×10^2	6×10^2	10×10^2	20×10^2
工频电阻值不大于 (Ω)	10	15	20	20	30
接地型号	T_1	T_3	T_6	T_{10}	T_{20}
接地装置尺寸 (m)		$L=10$	$L=15$	$L=30$	$L=45$
材料　φ10 圆钢数量 (kg/m)	15/24	26/42	38.5/62	75/122	112/182
材料　φ12 镀锌圆钢 (kg/m)	8.9/10	6.4/7.2	6.4/7.2	6.4/7.2	6.4/7.2
材料　45×4 镀锌扁铁 (kg/m)	0.91/0.64	0.91/0.64	0.91/0.64	0.91/0.64	0.91/0.64
总重量 (kg)	24.8	33.3	45.8	82.3	119.3
土方量 (m³)	0	10	13	25	36

注　1. T_1 型接地装置，环应尽量靠近基础坑边；

　　2. 接地型号含义：例 T_1，T 表示宽基铁塔，1 表示土壤电阻率值。

（六）高土壤电阻率地区的接地问题

高土壤电阻率地区的接地问题，多年来一直是一个没有圆满解决的问题。为此，不少人曾进行过各种各样的研究。但总的来看，不外乎采用土壤的化学处理、换土、采用伸长接地带（有时辅助以引外接地）等几种措施。通过实践来看，前两项办法由于费工费时、维护工作量大。因此，一般不适于在送电线路上使用。对送电线路来讲，在高土壤电阻率地区降低接地电阻有效的办法则是采用伸长接地带（有时辅助以引外接地）或连续伸长接地体。

1. 伸长接地带在高土壤　电阻率地区的应用[2-41]

雷电冲击电流通过接地体的最初瞬间，以及冲击电流在特高土壤电阻率地区伸长接地带中的传播，其冲击阻抗均决定于波阻。地中接地带的波阻 z_0 可由下式得到

$$z_0 = \sqrt{\frac{L'}{C'}} = \frac{\sqrt{\varepsilon\mu}}{C'}$$
$$= \frac{L'}{\sqrt{\mu\varepsilon}}, \ \Omega \qquad (2\text{-}7\text{-}98)$$

$$\varepsilon = \varepsilon_\gamma \frac{1}{4\pi \times 9 \times 10^9}, \ \text{F/m}$$

式中　ε——介电系数；

ε_γ——相对介电系数，可参照表2-7-27选取；

μ——导磁系数。由于地的相对导磁系数 μ_r 近似为1，故 $\mu = \mu_\gamma\mu_0 = 4\pi \times 10^{-7}$，H/m；

C'——接地体单位长度电容，F/m；

L'——接地体单位长度外电感，H/m。

一根水平接地体单位长度的外电感为

$$L' = \frac{1}{l}\left[\frac{\mu_0 l}{2\pi}\left(\ln\frac{4l}{d} - 1\right)\right]$$
$$= 2 \times 10^{-7}\left(\ln\frac{4l}{d} - 1\right) \qquad (2\text{-}7\text{-}99)$$

式中　l——接地体长度，m；

d——接地体直径，m。

通常，$L' \approx 1.7 \sim 1.8 \mu\text{H/m}$。若取 $L' \approx 1.7\ \mu\text{H/m}$，则由式（2-7-98）求得一根水平接地带的波阻为

$$z_0 = \frac{3 \times 10^8}{\sqrt{\varepsilon_\gamma}} \times 1.7 \times 10^{-6} = \frac{510}{\sqrt{\varepsilon_\gamma}}, \ \Omega$$
$$(2\text{-}7\text{-}100)$$

当 $\varepsilon_\gamma = 4 \sim 15$ 时，$z_0 = 150 \sim 255\Omega$。这一数值和国内、外的试验结果基本吻合。

原东北电业管理局技术改进局曾以 Π 型链形回路对土壤电阻率 $\rho = 1200 \sim 5000\Omega \cdot \text{m}$ 情况下不同长度接地带的阻抗-时间特性进行了试验。通过试验发现，在 $\rho = 1200 \sim 5000\Omega \cdot \text{m}$ 的范围内，当土壤电阻率相同时，若接地带总长度相等，则用多根较短的接地带比用根数少而长的接地带，其阻抗起始值（即波阻）z_0 要低，而且较短接地带的曲线变化较平缓，其情况可见表2-7-28所示。另外，测试表明，由于接地体电感的作用，接地体阻抗由初始值逐渐下降，直到8μs左右才趋于稳定值。

表 2-7-27　地 的 相 对 介 电 系 数

岩石名称	花岗岩	正长岩	闪长岩	玄武岩	片麻岩	大理岩	石炭岩	砂 岩	土 壤	水
相对介电系数 ε_γ	$7 \sim 12$	$13 \sim 14$	$8 \sim 9$	12	$8 \sim 15$	8	15	$9 \sim 11$	$2 \sim 20$	≈ 80

表 2-7-28　不同土壤电阻率情况下各种伸长接地组合的阻抗-时间曲线

土壤电阻率 $(\Omega \cdot \text{m})$	组 合 方 式	接地体总长 (m)	阻 抗 (Ω) z_0	z_2	z_4	波 形
1200	2×100	200	100	27	19	3.5/30
	$2 \times 60 /\!/ 2 \times 40$	200	63	17	14	
	5×40	200	55	15	13	
2000	4×100	400	100	16.5	13	3.5/30
	$2 \times 100 /\!/ 2 \times 60 /\!/ 2 \times 40$	400	79	13	12	
	$4 \times 60 /\!/ 4 \times 40$	400	67	11	10	
5000	$100 /\!/ 100$	200	100	65	54	
	$100 /\!/ 60 /\!/ 40$	200	92	60	52	
	$2 \times 60 /\!/ 2 \times 40$	200	88	57	50	

注　z_2 表示 2μs 时之阻抗，z_4 表示 4μs 时之阻抗。

基于以上所述情况。因此，在设计中对高土壤电阻率地区，一般均采用多根并联水平伸长接地组合的方式。DL/T 620—1997 规定，如土壤电阻率很高，接地电阻很难降低到 30Ω 时，可采用 6～8 根总长不超过 500m 的放射形接地体或连续伸长接地体，其工频接地电阻可不受限制。

2. 连续伸长接地体在特高土壤电阻率地区的应用

土壤电阻率很高（如 $\rho = 8000 \sim 10000\Omega \cdot m$ 及以上）时，接地体周围的泄漏电导（G）的作用已变得很小。此时，电容效应及位移电流显著增加，因而波过程就起着重要作用。图 2-7-17[2-41] 示出了

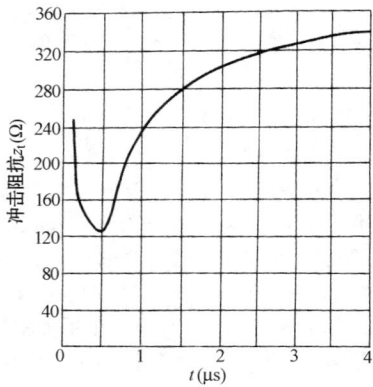

图 2-7-17　$\rho = 8000\Omega \cdot m$ 地区水平接地体的冲击阻抗（直角波）

$\rho = 8000\Omega \cdot m$，长 50m 的水平接地体，从塔顶测量得到的冲击阻抗随时间变化的关系曲线。由图可以看出，在 $t = 0$ 之后表现出的接地体初始阻抗（即波阻抗）约为 250Ω。在 $t = 0.5\mu s$ 时，由于位移电流和传导电流共同作用的结果，使接地体阻抗降为 125Ω 左右。在此之后，由于从接地体末端（它相当于开路）传来负反射电流波，使冲击阻抗又急剧上升，最终趋为稳态电阻值。同时，由图可以看出，接地体的波阻小于它的稳态电阻。这时，波过程对接地是有利的。在特高土壤电阻率地区，为了减小冲击接地阻抗，可以利用波过程的这一有利条件，将波过程转变到电阻过程的时间延长，因而可采用连续伸长接地体。这样，连续伸长接地体的长度至少应满足在冲击电流的波头时间范围内无终端反射，其长度应为

$$l \geq \frac{\tau_t v}{2} \qquad (2\text{-}7\text{-}101)$$

式中　l——连续伸长接地体长度，m；

τ_t——波头长度，μs；

v——波速，m/s。

冲击电流在地中接地体里传播的速度（v）可由电磁场和电路的相似性得到，即

$$v = \frac{1}{\sqrt{L'C'}} = \frac{1}{\sqrt{\varepsilon\mu}} \qquad (2\text{-}7\text{-}102)$$

式中　v——波速，m/s；

其它符号含义同式（2-7-98）。

将 ε 及 μ 值代入式（2-7-102），则得

$$v = \frac{3 \times 10^8}{\sqrt{\varepsilon_\gamma}}, m/s \qquad (2\text{-}7\text{-}103)$$

这样，当取 $\tau_t = 6\mu s$、$\varepsilon_\gamma = 4 \sim 15$ 时，$v = 77 \sim 150$ m/s，连续伸长接地体的长度应为 230～450m。这对 110～500kV 的架空送电线路而言，相当于 1～2 个档距长度。所以，一般连续伸长接地体均沿线路方向埋设并与邻塔接地装置相连，这在一定程度上尚可起到对导线的耦合作用。在工程中使用时，一般均埋设 1～2 条连续伸长接地体。为了降低接地装置的起始冲击阻抗，尚应并联一些短的水平接地带。

3. 引外接地的应用

DL/T 620—1997 建议，在高土壤电阻率地区，如在杆塔附近有可以利用的低电阻率的土壤，为了减小冲击接地电阻，可以采用引外接地，即用较长的接地带引至低电阻率的土壤中再做集中接地。但引外接地的距离（即引线的长度）是有一定要求的，它决定于大地的电性参数 ρ 及 ε_γ。例如，当土壤电阻率不很高时，接地带周围的泄漏电导相对较大，如接地带过长，其末端电位也很低，此时，与接地带末端相连的引外接地装置就不能起到降低接地冲击阻抗的作用，因此，接地规程推荐引外接地线的最大长度不宜大于表 2-7-12 所列数值的 1.5 倍。

参考文献［2-41］建议，当冲击电流的波头长度为 3～6μs 时，引外线的最大长度 l_{max} 可按下式估计

$$l_{max} = (0.0265 \sim 0.053)\rho\sqrt{\varepsilon_\gamma} \qquad (2\text{-}7\text{-}104)$$

式中　ρ——土壤电阻率，$\Omega \cdot m$；

ε_γ——地的相对介电系数，一般地区可取 $\varepsilon_\gamma = 9$；

0.0265——用于波头长度 3μs；

0.053——用于波头长度 6μs。

（七）接地电阻的测量

测量接地电阻须用专门的仪表，普通常用的有国产 701 型仪器，也有进口的 MC-07 型仪器。尽管各种仪器的外形和结构有所不同，但其测量原理是一致的。测量方法通用三极法，有被测电极 x、电压极 z、电流极 B，测量时将接地电阻测量器 I_1 与 E_1 端子接到被测量的对象上，端子 I_2 连接到电流极接地棒上，而端子 E_2 连接到电压极接地棒上，如图2-7-18（a）所示。

测量时按接地电阻测量仪说明书进行布线。在没

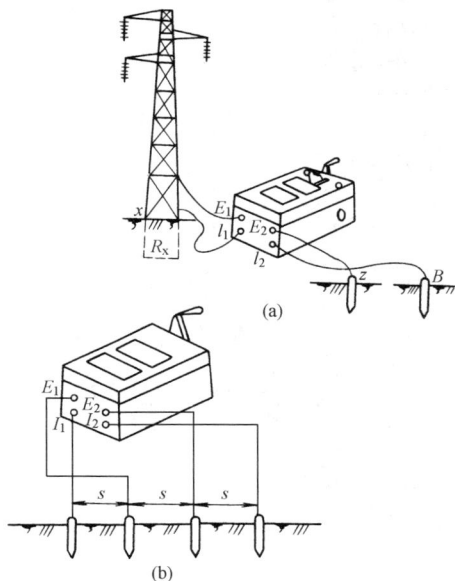

图 2-7-18 接地电阻测量接线图

有说明书时，一般可取电流极距塔脚的距离为接地装置最长射线长度的 4 倍，电压极距塔脚的距离为 2 倍，电流极与电压极间的距离应在 20 ~ 40m 间。

（1）辅助接地棒 B 通常都是用直径不小于 0.5cm 的铁棒作成，埋入的深度一般不小于 0.5m。当测量杆塔的接地装置时，通常在接地电阻不大于 10Ω 的情况下，辅助接地棒本身的接地电阻不应大于 250Ω，否则就不能满足仪器的灵敏度。

（2）探针 z 通常也都是用直径不小于 0.5cm 的铁棒作成。探针的接地电阻不应大于 1000Ω。超过此值时将影响接地电阻测值的准确度。

对于大多数种类的土壤来说，辅助接地棒的接地电阻一般不会超过 250Ω，必要时可将辅助接地棒周围的土壤弄湿，降低其接地电阻。

（3）测量土壤电阻率时，在被测地区，按照直线埋在土内的四根棒，它们之间的距离为 "s" cm，棒的埋入深度不应低于 $\frac{s}{20}$。仪表端子 I_1 和 I_2 连接到两端的棒上，而端子 E_1 和 E_2 连接到相应的靠里面的棒上（端子 I_1 与 E_1 间的压板是拆开的），如图 2-7-18（b）所示。

当仪器调节到测量位置时，仪器所指示的是靠里面的两棒之间的电阻（Ω）。

土壤电阻率的计算公式

$$\rho = 2\pi s R \times 10^{-2}, \Omega \cdot m$$

式中　R——接地电阻测量的读数，Ω；
　　　　s——棒间距离，cm。

用这种方法可以近似地求得土壤深度等于棒间距

离 "s" 处的平均土壤电阻率。

（4）测量接地电阻注意事项：

1）所用联线截面一般不应小于 1 ~ 1.5mm²。

2）仪器的电压极引线与电流极引线之间应有足够距离（一般相隔 2m），以免自身发生干扰。

3）使用摇表，当发现有干扰时，应注意改变几个转动速度，以便避免外界干扰的影响。

第八节　导线换位

一、线路换位的作用

线路换位的作用是为了减小电力系统正常运行时电流和电压的不对称，并限制送电线路对通信线路的影响。但是事实上，换位并不能消除线路电流中某些属于零序的高次谐波，而且双线电话可通过其自身的交叉达到对称，故并不很需要电力线路换位。至于单线电报或电话线路，由于电力系统不平衡后产生的地中杂散电流，有可能使这些线路受干扰后电码不清或电话产生杂音，因此在设计中对此问题应有所考虑。一般说只要电力线路与通信线路保持足够的距离，这种影响就很小。根据有关资料，只要二者保持几百米（例如 200m 以上），这种影响就不大了。所以目前考虑导线换位问题着重是为了限制电力系统中的不对称电流和不对称电压，因为不换位线路的每相阻抗和导纳是不相等的，这引起了负序和零序电流。过大的负序电流将会引起系统内电机的过热，而零序电流超过一定数值时，在中性点不接地系统中，有可能引起灵敏度较高的接地继电器的误动作。但考虑这些问题，应从整个电力系统着眼，不能单纯地仅仅考虑某一条送电线路。因为电力系统总是要发展的，如果某一条送电线路引起的不平衡电流或不平衡电压，就已接近电机的允许过热或零序继电器的误差范围，那就势必会给以后的线路设计带来困难。基于这样的观点，在线路设计中完全不考虑换位是不合适的，但换位本身又是整个线路绝缘的薄弱环节，过多的换位也不合适。设计规程（DL/T 5092—1999）规定："在中性点直接接地的电力网中，长度超过 100km 的线路均应换位。换位循环长度不宜大于 200km。如一个变电所某级电压的每回出线虽小于 100km，但其总长超过 200km，可采用变换各回线路的相序排列或换位，以平衡不对称电流。中性点非直接接地的电力网，为降低中性点长期运行中的电位，可用换位或变换线路相序排列的方法来平衡不对称电容电流"。我国《电力工业技术管理法规》规定："转子为绑线式的汽轮发电机禁止在不平衡的负荷下运行（当负序电流不超过正序电流的 5%时，则认为三相电流实际上是平衡的）"。

二、换位方式

1. 换位循环典型图

图 2-8-1 表示了全线路采取一个和两个整循环换位的布置情况。图（a）为换位一个整循环，或称一个全换位，达到首端和末端相序一致。图（b）为两个全换位，达到首端末端相序一致（图中 l 为线路长度）。

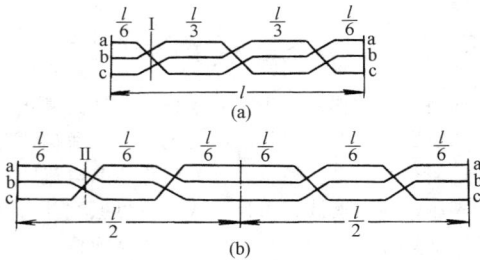

图 2-8-1 送电线路换位循环布置图

2. 直线杆换位（又称滚式换位）

利用三角排列的直线杆（塔）换位如图 2-8-2 所示。该图为图 2-8-1（a）I 处的透视情况。一般适宜用在冰厚不超过 10mm 的冰区（包括冰厚等于 10mm 的地区）。在重冰区，由于直线换位时导线在换位处有交叉现象，易于在交叉点因覆冰不平衡造成短路，因而宜改用其它换位方法。

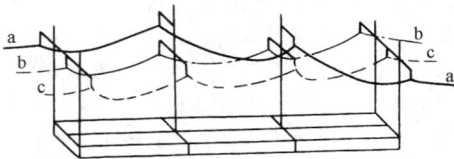

图 2-8-2 直线杆塔换位

直线杆换位，在换位处导线因改变了排列方式，将使换位杆的绝缘子串产生偏移，为减小此种影响，在设计中往往采用换位杆中心偏离线路中心线的措施（即位移）。位移方向和位移值见第八章。

3. 耐张塔换位

利用一个特殊的耐张塔来完成换位，如图 2-8-3 所示，该图为图 2-8-1（b）II 处的透视。这种换位方式适宜在重冰区的线路上使用。

4. 悬空换位

这种换位方法不需要设计特殊的换位杆塔，如图 2-8-4 所示，即在每相导线上另外再单独串接一组绝缘子串，并通过两根短跳线和一根长跳线直接进行交叉跳接来完成。

这种换位方法在我国辽宁地区的 154kV 升压为 220kV 的线路以及山西省的一些 110kV 线路上采用过；在国外，欧洲一些国家也曾采用。设计中的关键在于合理选择好该单独串接绝缘子串的绝缘强度，因为它承受的是线路的线电压，根据运行经验应为一般相对地绝缘的 1.3~1.5 倍。

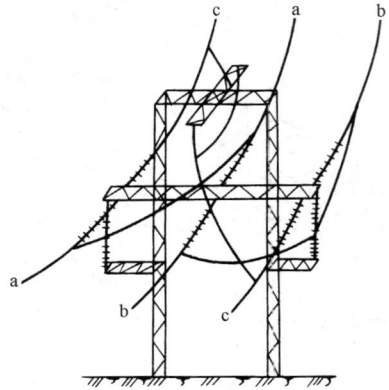

图 2-8-3 耐张换位

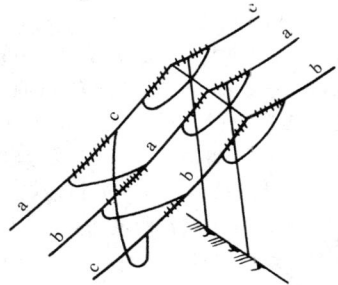

图 2-8-4 悬空换位

三、不换位线路电流不对称度的计算方法

现仅将单回路的计算方法概述如下。

1. 电感不平衡计算公式

（1）"导（地）线-地"回路的自阻抗：

$$Z_{nn} = \left(R + 0.05 + j0.145 \lg \frac{D_0}{r_e} \right), \ \Omega/km \tag{2-8-1}$$

或

$$Z_{nn} = \left(R + 0.05 + jX_{in} + j0.145 \lg \frac{D_0}{r} \right), \Omega/km \tag{2-8-2}$$

$$D_0 = 210 \sqrt{\frac{10\rho}{f}} = 660 \sqrt{\frac{\rho}{f}}, m \tag{2-8-3}$$

上三式中 D_0——地中电流的等价深度，它的数值决定于大地电阻率和电流的频率，可由（2-8-3）式求出；

f、ρ——分别为电流的频率（Hz）和大地电阻率（$\Omega\cdot$m）。如果 ρ 的值不知道，在初步计算中可概略的采取 $D_0=1000$m；

R——导（或地线）线的电阻，Ω/km；

r_e——导线的有效半径，参见表2-1-1；

X_{in}——导（或地）线内感抗，Ω/km。

对于钢绞线以采用公式（2-8-2）较为方便。

（2）互感阻抗：

$$Z_{mn}=0.05+j0.1451g\frac{D_0}{d_{mn}} \quad (2-8-4)$$

式中 d_{mn}——线间距离，m。

（3）线路负序阻抗：

$$Z_{22}=\frac{1}{3}\left[Z_{aa}+Z_{bb}+Z_{cc}-(Z_{bc}+Z_{ac}+Z_{ab})\right] \quad (2-8-5)$$

（4）线路零序阻抗：

$$Z_{00}=\frac{1}{3}\left[Z_{aa}+Z_{bb}+Z_{cc}+2(Z_{bc}+Z_{ab}+Z_{ac})\right] \quad (2-8-6)$$

（5）线路序间互阻抗：

$$Z_{21}=\frac{1}{3}\left[Z_{aa}+aZ_{bb}+a^2Z_{cc}+2(Z_{bc}+aZ_{ac}+a^2Z_{ab})\right] \quad (2-8-7)$$

$$Z_{01}=\frac{1}{3}\left[Z_{aa}+a^2Z_{bb}+aZ_{cc}-(Z_{bc}+a^2Z_{ac}+aZ_{ab})\right] \quad (2-8-8)$$

如果要考虑端部的负序和零序阻抗的影响，可以把它们分别加在 Z_{22} 和 Z_{00} 上。例如图2-8-5所示系统，当考虑端阻抗的影响后，线路的负序阻抗和零序阻抗分别为

图 2-8-5 端部阻抗和不换位系统图

$$Z'_{22}=Z_{22}+Z_2 \quad (2-8-9)$$

$$Z'_{00}=Z_{00}+Z_0 \quad (2-8-10)$$

$$Z_2=Z_{g2}+Z_{t2}+Z_{T2}+Z_{G2} \quad (2-8-11)$$

$$Z_0=Z_{t0}+Z_{T0} \quad (2-8-12)$$

（6）正序电流：$I_{a1}=\dfrac{P}{\sqrt{3}U\cos\varphi} \quad (2-8-13)$

式中 P——线路输送容量，kW；

U——线路电压，kV；

$\cos\varphi$——功率因数。

（7）负序电流：$I_{a2}=-I_{a1}\cdot\dfrac{Z_{21}}{Z'_{22}} \quad (2-8-14)$

（8）零序电流：$I_{a0}=-I_{a1}\cdot\dfrac{Z_{01}}{Z'_{00}} \quad (2-8-15)$

2. 电容不平衡计算公式

（1）导线 n 的自容抗：

$$Z_{nn}=-j132\times10^8\lg\frac{2h_{av}}{r},\Omega/\text{km} \quad (2-8-16)$$

导线 m 和 n 间的互容抗

$$Z_{mn}=-j132\times10^8\lg\frac{D_{mn}}{d_{mn}},\Omega/\text{km} \quad (2-8-17)$$

上二式中 h_{av}——导线平均高度，m；

r——导线半径，m；

d_{mn}——导线 m 与导线 n 的距离，m；

D_{mn}——导线 m 至导线 n 的镜象间距离，m。

从导线容抗换算成相序容抗的公式仍然是公式（2-8-5）~式（2-8-8），正序容抗 Z_{11} 与负序容抗 Z_{22} 相同，均由公式（2-8-5）给出。

（2）电容电流：

$$I_{a1}=U_al/Z_{11},\text{A} \quad (2-8-18)$$

$$I_{a2}=I_{a1}Z_{21}/Z_{22},\text{A} \quad (2-8-19)$$

$$I_{a0}=-I_{a1}Z_{01}/Z_{00},\text{A} \quad (2-8-20)$$

式中 l——线路长度，km；

U_a——a 相导线的对地电压，V。

以上电感和电容不平衡的计算公式均为无地线的情况。考虑地线的影响只需在公式（2-8-5）~式（2-8-8）中，对阻抗 Z_{aa}，Z_{ab} 等进行修正即可，也就是用下述带撇的 Z'_{aa}、Z'_{ab} 等代替无地线时的 Z_{aa}、Z_{ab} 等即可。

只有一根地线 x 时

$$\left.\begin{array}{l}Z'_{aa}=Z_{aa}-Z_{ax}^2/Z_{xx},\\Z'_{cb}=Z_{cb}-Z_{bx}Z_{cx}/Z_{xx},\\Z'_{bb}=Z_{bb}-Z_{bx}^2/Z_{xx},\\Z'_{ac}=Z_{ac}-Z_{ax}Z_{cx}/Z_{xx},\\Z'_{cc}=Z_{cc}-Z_{cx}^2/Z_{xx},\\Z'_{ab}=Z_{ab}-Z_{ax}Z_{bx}/Z_{xx}\end{array}\right\} \quad (2-8-21)$$

有两根地线 x 和 y 且属对称布置时

$$\left.\begin{array}{l}Z'_{aa} = Z'_{cc} = Z_{aa} + \dfrac{1}{\Delta}(2Z_{ax}Z_{ay}Z_{xy} \\ \qquad - Z_{ax}^2 Z_{xx} - Z_{ay}^2 Z_{xx}) \\ Z'_{bb} = Z_{bb} + \dfrac{2}{\Delta}Z_{bx}^2(Z_{xy} - Z_{xx}) \\ Z'_{ab} = Z'_{bc} = Z_{ab} + \dfrac{1}{\Delta}Z_{bx}(Z_{ax} \\ \qquad + Z_{ay})(Z_{xy} - Z_{xx}) \\ Z'_{ac} = Z_{ac} + \dfrac{1}{\Delta}(Z_{ax}^2 Z_{xy} + Z_{ay}^2 Z_{xy} \\ \qquad - 2Z_{ax}Z_{ay}Z_{xx}) \end{array}\right\}$$

$$(2\text{-}8\text{-}22)$$

其中 $\Delta = Z_{xx}^2 - Z_{xy}^2$

【例题 2-14】 220kV 送电线路,双地线(ΠC-70)对称布置,塔头尺寸及平均对地高度如图 2-8-6,导线标号 LGJQ-400,线路亘长 110km,考虑不换位,线路输送容量 150000kW,功率因数 0.95,大地电阻率 $\rho = 1500\Omega \cdot m$,各线间距离(m):$d_{ac} = 14.0$; $d_{xy} = 11.0$, $d_{ab} = d_{bc} = 7$; $d_{ax} = d_{cy} = 8.85$; $d_{bx} = d_{by} = 10.3$; $d_{ay} = d_{cx} = 15.2$。至镜像距离(m):$D'_{aa} = D'_{bb} = D'_{cc} = 24.4$; $D'_{xx} = D'_{yy} = 41.8$; $D'_{ab} = D'_{bc} = 25.4$, $D'_{ac} = 28.1$, $D'_{xy} = 43.1$; $D'_{cx} = D'_{cy} = 33.1$; $D'_{ay} = D'_{cx} = 35.3$; $D'_{by} = D'_{bx} = 33.5$。导线半径 $r = 13.6$mm;等价半径 $r_e = 0.81r = 11$mm;地线电阻 $R = 1.7\Omega/km$;地线内感抗 $X_i = 0.18\Omega/km$;地线半径 $r = 5.5$mm;导线电阻 $R = 0.08\Omega/km$。

求其在运行中的不平衡程度。

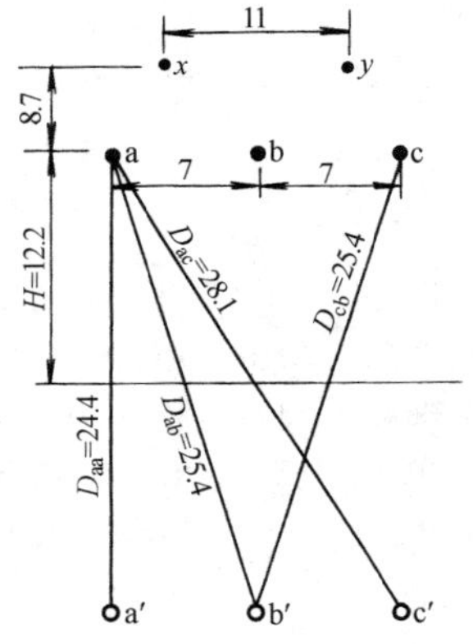

图 2-8-6 塔头布置图

解 1. 电感不平衡计算

$$D_0 = 210\sqrt{10 \times 1500/50} = 3640$$

$$Z_{aa} = Z_{bb}\,(= Z_{cc}) = 0.08 + 0.05$$
$$+ j0.145\lg\frac{3640}{0.011} = 0.13 + j0.79$$
$$= 0.803\ \underline{/80.6°}\quad \Omega/km$$

$$Z_{xx}\,(= Z_{yy}) = 1.7 + 0.05 + j0.18$$
$$+ j0.145\lg\frac{3640}{j0.0055} = 1.75$$
$$+ j1.021 = 2.03\ \underline{/30.3°}$$

$$Z_{ax}\,(= Z_{cy}) = 0.05 + j0.145\lg\frac{3640}{8.85}$$
$$= 0.05 + j0.378 = 0.381\ \underline{/82.5°}$$

$$Z_{ay}\,(= Z_{cx}) = 0.05 + j0.145\lg\frac{3640}{15.2}$$
$$= 0.05 + j0.345 = 0.348\ \underline{/81.7°}$$

$$Z_{bx}\,(= Z_{by}) = 0.05 + j0.145\lg\frac{3640}{10.3}$$
$$= 0.05 + j0.369 = 0.372\ \underline{/82.3°}$$

$$Z_{xy} = 0.05 + j0.145\lg\frac{3640}{11}$$
$$= 0.05 + j0.365 = 0.369\ \underline{/82.2°}$$

$$Z_{ab}\,(= Z_{bc}) = 0.05 + j0.145\lg\frac{3640}{7.0}$$
$$= 0.05 + j0.393 = 0.396\ \underline{/82.7°}$$

$$Z_{ac} = 0.05 + j0.145\lg\frac{3640}{14.0}$$
$$= 0.05 + j0.35 = 0.353\ \underline{/81.8°}$$

考虑地线的修正

$$\Delta = (2.03\ \underline{/30.3°})^2 - (0.369\ \underline{/82.2°})^2$$
$$= 2.15 + j3.54 = 4.14\ \underline{/58.6°}$$

$$Z'_{aa}\,(= Z'_{cc}) = (0.13 + j0.79)$$
$$+ \frac{1}{\Delta}\big[2(0.381\ \underline{/82.5°})$$
$$\times (0.348\ \underline{/81.7°}) \times (0.369\ \underline{/82.2°})$$
$$- (0.381\ \underline{/82.5°})^2 \times (2.03\ \underline{/30.3°})$$
$$- (0.348\ \underline{/81.7°})^2 \times (2.03\ \underline{/30.3°})\big]$$
$$= 0.200 + j0.696\,\Omega/km$$

$$Z'_{bb} = (0.13 + j0.79)$$
$$+ \frac{2}{\Delta}(0.372\ \underline{/82.3°})^2\big[(0.05$$
$$+ j0.365) - (1.75 + j1.021)\big]$$
$$= 0.203 + j0.693$$

$$Z'_{ab} = Z'_{bc} = (0.05 + j0.393)$$
$$+ \frac{1}{\Delta}(0.372\ \underline{/82.3°})\big[(0.05$$
$$+ j0.378) + (0.05 + j0.345)\big]$$
$$\times \big[(0.05 + j0.365) - (1.75$$
$$+ j1.021)\big] = 0.122 + j0.298$$

$$Z'_{ac} = (0.05 + j0.35)$$
$$+ \frac{1}{\Delta}\big[(0.381\ \underline{/82.5°})^2(0.369\ \underline{/82.2°})$$
$$+ (0.348\ \underline{/81.7°})^2(0.369\ \underline{/82.2°})$$
$$- 2(0.381\ \underline{/82.5°})(0.348\ \underline{/81.7°})$$
$$\times (2.03\ \underline{/30.3°})\big] = 0.120 + j0.256$$

相序阻抗

$$Z'_{aa} + Z'_{bb} + Z'_{cc} = 2(0.200 + j0.696)$$

$$+ (0.203 + j0.693) = 0.632 + j2.116$$

$$Z'_{ab} + Z'_{ac} + Z'_{bc} = 2(0.122 + j0.298)$$
$$+ (0.120 + j0.256)$$
$$= 0.364 + j0.852$$

$$Z_{22} = \frac{1}{3}\big[(0.603 + j2.085)$$
$$- (0.364 + j0.852)\big] = 0.0797$$
$$+ j0.411\,\Omega/km$$

$$Z_{00} = \frac{1}{3}\big[(0.603 + j2.085)$$
$$+ 2(0.364 + j0.852)\big]$$
$$= 0.444 + j1.263$$

$$Z_{21} = \frac{a}{3}\big[(Z'_{bb} - Z'_{aa})$$
$$+ 2(Z'_{ac} - Z'_{ab})\big] = \frac{a}{3}\big[(0.203$$
$$+ j0.693 - 0.200 - j0.696)$$
$$+ 2(0.120 + j0.256 - 0.122$$
$$+ j0.298)\big] = \frac{a}{3}(0.087\ \angle 269.3°)$$
$$= 0.029\ \angle 29.3°$$

$$Z_{01} = \frac{a^2}{3}\big[(Z'_{bb} - Z'_{aa}) - (Z'_{ac} - Z'_{ab})\big]$$
$$= \frac{a^2}{3}0.0392\ \angle 82.7°$$
$$= 0.0131\ \angle -37.3°$$

系统阻抗（100MVA 为基准之标么值）如图 2-8-7 所示，则端阻抗为

图 2-8-7　系统阻抗图

$$Z_2 = j(0.0514 + 0.128) \times \frac{(220)^2}{100}$$
$$= j86.6\,\Omega$$

$$Z_0 = j(0.0627 + 0.0895) \times \frac{(220)^2}{100}$$
$$= j73.7\,\Omega$$

考虑端阻抗后

$$Z'_{22} = Z_{22} + \frac{Z_2}{110} = (0.0797 + j0.411)$$
$$+ j0.788 = 1.205\ \angle 86.2°\ \Omega/km$$

$$Z'_{00} = Z_{00} + \frac{Z_0}{110} = (0.444 + j1.263)$$
$$+ j0.670 = 1.98\ \angle 77°$$

负荷电流（相角以 U_a 为基准）

$$I_{a1} = \frac{150000}{\sqrt{3} \times 220 \times 0.95}\ \angle -\cos^{-1}0.95$$
$$= 415\ \angle -18°\ A$$

负序电流 $I_{a2} = -I_{a1}\dfrac{Z_{21}}{Z'_{22}}$

$$= -\frac{415\ \angle -18° \times 0.029\ \angle 29.3°}{1.205\ \angle 86.2°}$$
$$= 10\ \angle 105.1°\ A$$

零序电流 $I_{a0} = -I_{a1}\dfrac{Z_{01}}{Z'_{00}} = 2.75\ \angle 47.7°\ A$

2. 电容不平衡计算

$$Z_{aa} = Z_{bb}\ (= Z_{cc}) = -j132$$
$$\times 10^3 \lg\frac{2 \times 12.2}{0.0136}$$
$$= -j430 \times 10^3\,\Omega/km$$

$$Z_{xx}\ (= Z_{yy}) = -j132$$
$$\times 10^3 \lg\frac{2 \times (12.2 + 8.7)}{0.0055}$$
$$= -j512 \times 10^3$$

$$Z_{ab}\ (= Z_{bc}) = -j132 \times 10^3 \lg\frac{25.4}{7.0}$$
$$= -j74 \times 10^3$$

$$Z_{ac} = -j132 \times 10^3 \lg\frac{28.1}{14} = -j40 \times 10^3$$

$$Z_{ax}\ (= Z_{cy}) = -j132 \times 10^3 \lg\frac{33.1}{8.85}$$
$$= -j75.5 \times 10^3$$

$$Z_{ay}\ (= Z_{cx}) = -j132 \times 10^3 \lg\frac{35.3}{15.2}$$
$$= -j48.2 \times 10^3$$

$$Z_{bx}\ (= Z_{by}) = -j132 \times 10^3 \lg\frac{33.5}{10.3}$$
$$= -j67.6 \times 10^3$$

$$Z_{xy} = -j132 \times 10^3 \lg\frac{43.1}{11.0}$$
$$= -j78.3 \times 10^3$$

考虑地线的修正

$$\Delta = (-j512 \times 10^3)^2 - (-j78.3$$
$$\times 10^3)^2 = -25.6 \times 10^9$$

$$Z'_{aa} = Z'_{cc} = -j430 \times 10^3$$
$$+ [2(-j75.5)(-j48.2)$$
$$\times (-j78.3) - (-j75.5)^2(-j512)$$
$$- (-j48.2)^2(-j512)]/(-256)$$
$$= -j416 \times 10^3\,\Omega/km$$

$$Z'_{bb} = -j430 \times 10^3 + 2(-j67.6)^2$$
$$\times [(-j78.3) - (j512)]/-256$$
$$= -j415 \times 10^3$$

$$Z'_{ab} = Z'_{bc} = -j74.0 \times 10^3$$
$$+ (-j67.6)(-j75.5 - j48.2)$$
$$\times (-j78.3 + j512)/-256$$
$$= -j59.9 \times 10^3$$

$$Z'_{ac} = -j40 \times 10^3 + [(-j75.5)^2$$
$$\times (-j78.3) + (-j48.2)^2$$

$$\times (-j78.3) - 2(-j75.5)$$
$$\times (-j48.2)$$
$$\times (-j512)]/(-256)$$
$$= -j27.9 \times 10^3$$

相序容抗

$$Z_{22} = \frac{1}{3}[2(-j416) + (-j415)$$
$$-2(-j59.9) - (-j27.9)]$$
$$\times 10^3 = -j367 \times 10^3 \Omega/km$$

$$Z_{00} = \frac{1}{3}[2(-j416) + (-j415)$$
$$+4(-j59.9) + 2(-j27.9)]$$
$$\times 10^3 = -j514 \times 10^3$$

$$Z_{21} = \frac{a}{3}\{[(-j415) - (j416)]$$
$$+2[(-j27.9) - (-j59.9)]\} \times 10^3$$
$$= (j21.7 \times 10^3)a = 21.7$$
$$\times 10^3 \angle 210°$$

$$Z_{01} = \frac{a^2}{3}\{[(-j415) - (-j416)]$$
$$-[(-j27.9) - (-j59.9)]\} \times 10^3$$
$$= (-j10.3 \times 10^3)a^2 = 10.3$$
$$\times 10^3 \angle 150°$$

$$Z_{11} = Z_{22} = -j367 \times 10^3$$

电容电流

正序 $I_{a1} = U_a l / Z_{11} = \dfrac{220 \times 10^3 \times 110}{\sqrt{3} \times (-j367 \times 10^3)}$
$$= 38.1 \angle 90° \ A$$

负序 $I_{a2} = -I_{a1}\dfrac{Z_{21}}{Z_{22}} = -38.1 \angle 90°$
$$\times \frac{21.7 \angle 210°}{-j367} = -2.25 \angle 30° \ A$$

零序 $I_{a0} = -I_{a1}\dfrac{Z_{01}}{Z_{00}} = -0.763 \angle -30° \ A$

假定全部电容电流均由送端输入，则送端的全部不平衡电流为

负序电流 $= 10 \angle 105.1° + (-2.25 \angle 30°)$
$$= 9.7 \angle 118° \ A$$

零序电流 $= 2.75 \angle 47.7° + (-0.763 \angle -30°)$
$$= 2.7 \angle 63.8° \ A$$

故在送端不平衡电流占负荷电流之百分比为

负序 $= 9.7/415 = 2.34\%$
零序 $= 2.7/415 = 0.65\%$

第九节　绝 缘 地 线

一、地线的综合效益及其绝缘

送电线路的地线除用作防雷外，还有多方面的综合作用，如实现载波通信；降低不对称短路时的工频过电压、减小潜供电流；作为屏蔽线以降低电力线对通信线的干扰等。

减小潜供电流、降低工频过电压和降低电力线对通信线的危险及干扰影响都与地线中零序电流（零序阻抗）大小有关，因而与地线所选用的材料有关。一般需选用零序阻抗较小的良导体。即使用作载波通信，特别当距离较长时，地线外层也需用高导电性材料，而当地线仅用作防雷时，选用钢线即可。因此，根据地线之不同作用，地线材料选择亦应有所不同。目前地线采用的材料一般有镀锌钢绞线、钢芯铝线、钢芯铝合金线、铝包钢线等。

按照用途之不同，地线悬挂方式有两种，一种是直接悬挂于杆塔上，另一种是经过绝缘子与杆塔相连，使地线对地绝缘。

由于地线至各相导线的距离一般是不相等的，它们之间的互感就有些差别。因此，尽管在正常情况下三相导线上的负荷电流是平衡的，但在地线上仍然要感应出一个纵电动势。如果地线逐塔接地，这个电动势就要产生电流，其结果就增加了线路的电能损失。这个附加的电能损失是同负荷电流的平方和线路长度成比例。对于220kV 长 200～300km 的送电线路，这个附加电能损失每年约可达几十万度，而对于500kV 长 300～400km 的线路，每年约可损失数百万度。因此，目前我国设计的超高压线路，即使不作其它用途，也往往将地线绝缘以减少能耗。

地线虽然绝缘，但在雷击时，地线的绝缘在雷电先驱放电阶段即被击穿而使地线呈接地状态，因而不会影响其防雷效果。

二、电磁感应和电能损失的计算

（一）电磁感应电动势

根据互阻抗的式（2-8-4），可算出地线 1 和 2 上每公里的电磁感应电动势 E_1 和 E_2。

在正常情况下，a、b、c 三相电流平衡，即
$$I_a = a^2 I_b = a I_c, \quad a = \angle 120°$$

（相序排列取常用的正序或负序，其结果相同，此处为任意取的负序）

故对单回路的线路

$$E_1 = j0.145 I_a \left(a\lg\frac{d_{1a}}{d_{1b}} + a^2\lg\frac{d_{1a}}{d_{1c}} \right),$$
$$V/km \qquad (2\text{-}9\text{-}1)$$

而且在通常对称布置的情况下（$d_{1a} = d_{2c}$，$d_{1b} = d_{2b}$，$d_{1c} = d_{2a}$）有

$$E_2 = j0.145 I_a \left(a\lg\frac{d_{1c}}{d_{1b}} + a^2\lg\frac{d_{1c}}{d_{1a}} \right),$$
$$V/km \qquad (2\text{-}9\text{-}2)$$

式中 d_{1a} 为地线1和导线 a 之间的距离，其余类推。

（二）电磁感应电流

若绝缘地线两端经排流线圈接地，则在上述纵电动势的作用下就会产生电流，例如在正常情况下对于地线1的电流

$$I_1 = \frac{Z_\Sigma E_1 - Z_m E_2}{Z_\Sigma^2 - Z_m^2} \times K, \text{A}$$
$$Z_\Sigma = Z_{11} + Z_t/L \qquad (2\text{-}9\text{-}3)$$

式中，Z_t 为两端排流线圈之工频阻抗；Z_{11} 为地线以大地为回路的自阻抗，见式（2-8-2）；Z_{mn} 为两地线间或地线与导线间的互阻抗，见式（2-8-4）；L 为线路总长；纵电动势 E_1 和 E_2 由式（2-9-1）和式（2-9-2）给出；至于系数 K，当导线不换位时 $K=1$，而当导线换位时，$K=(l_a + l_b\angle 120° + l_c\angle 240°)/L$，$l_a$、$l_b$ 和 l_c 为导线 a 依次占据 a、b、c 位置的累计长度。又若地线也换位，则上式中的 E_1 和 E_2 都应代之以它们的纵分量 $E_L = \frac{1}{2}(E_1 + E_2)$。

这个电流再叠加上后面将要提到的静感应电流就是实际通过排流线圈的电流，当然不应超过排流线圈的额定值。

在导线不换位的情况下，这个电磁感应电流可以达到接近10A的水平（对于220km线路），它通过地线入地就增加了电能损失，因此当绝缘地线用作高频通道时，因一般在两端要装排流线圈，故导线还是换一次位为好。

（三）电能损失

1. 两根地线逐塔接地

在正常情况下，由于两地线的电磁感应电动势不等，见式（2-9-1）和式（2-9-2），而它们在塔上又是互相联通的，所以在它们之间会出现环流。另外当然还会有以大地为回路的电流。根据对称分量的基本概念可知，这两个分量可以分开计算，并将各分量所产生之电能损失相加，即得到总的电能损失。

（1）线间的环流分量：此即所谓金属回路分量

$$E_M = \frac{1}{2}(E_1 - E_2)$$
$$Z_M = Z_{11} - Z_m \qquad (2\text{-}9\text{-}4)$$
$$I_M = E_M/Z_M$$

每公里的功率损失（包括两地线）

$$\Delta P_M = 2|I_M^2| R_e(Z_M)$$
$$= 2|I_M^2| R_i \qquad (2\text{-}9\text{-}5)$$

式中 R_i——地线每公里的电阻，Ω。

从而年电能损失

$$\Delta A_M = \Delta P_M L\tau = 2|I_M^2| R_i L\tau \qquad (2\text{-}9\text{-}6)$$

式中 L——线路总长，km；

τ——损失小时数。

将有关数据代入式（2-9-6），即得到单回线的年电能损失

$$\Delta A_M = \frac{1.5\left(0.145 I\lg\dfrac{d_{1a}}{d_{1c}}\right)^2 R_i}{R_i^2 + \left(0.145\lg\dfrac{d_{12}}{r} + x_i\right)^2} \times L\tau \qquad (2\text{-}9\text{-}7)$$

式中 $I = |Ia|$；

d_{12}——两根地线间距离，m。

（2）地中分量：此即所谓纵分量，类似三相系统的零序分量

$$E_L = \frac{1}{2}(E_1 + E_2)$$
$$Z_L = Z_{11} + Z_m \qquad (2\text{-}9\text{-}8)$$
$$I_L = E_L/Z_L$$

每公里的功率损失（包括两地线）

$$\Delta P_L = 2|I_L^2| R_e(Z_L) \qquad (2\text{-}9\text{-}9)$$

而年电能损失

$$\Delta A_L = \Delta P_L L\tau = 2|I_L^2|(R_i + 0.10)L\tau \qquad (2\text{-}9\text{-}10)$$

将有关数据代入式（2-9-10）即得到单回线年电能损失

$$\Delta A_L = \left(0.145\frac{I}{2}\lg\frac{d_{1a}d_{1c}}{d_{1b}^2}\right)^2$$
$$\times (0.5R_i + 0.05)\tau L \div \left[(0.5R_i + 0.05)^2\right.$$
$$\left. + \left(0.5x_i + 0.145\lg\frac{D_0}{\sqrt{d_{12}r}}\right)^2\right] \qquad (2\text{-}9\text{-}11)$$

（3）总电能损失

$$\Delta A = \Delta A_M + \Delta A_L \qquad (2\text{-}9\text{-}12)$$

2. 一根地线接地

$$\Delta P = \left|\left(\frac{E_1}{Z_{11}}\right)^2\right| R_e(Z_{11}) \qquad (2\text{-}9\text{-}13)$$

而年电能损失为

$$\Delta A = \Delta P L\tau \qquad (2\text{-}9\text{-}14)$$

代入有关数据得

$$\Delta A = |E_1^2|$$
$$\times \frac{R_i + 0.05}{(R_i + 0.05)^2 + \left(x_i + 0.145\lg\dfrac{D}{r}\right)^2}$$
$$\times \tau L \qquad (2\text{-}9\text{-}15)$$

式中 E_1——对于单回线，由式（2-9-1）给出。

三、静电感应的计算

静电感应电压是以麦克斯韦电位系数法为依据。

对于单回路双地线的情况可以写出

$$
\left.
\begin{aligned}
U_a &= a_{aa}Q_a + a_{ab}Q_b + a_{ac}Q_c \\
&\quad + a_{a1}Q_1 + a_{a2}Q_2 \\
U_b &= a_{ba}Q_a + a_{bb}Q_b + a_{bc}Q_c \\
&\quad + a_{b1}Q_1 + a_{b2}Q_2 \\
U_c &= a_{ca}Q_a + a_{cb}Q_b + a_{cc}Q_c \\
&\quad + a_{c1}Q_1 + a_{c2}Q_2 \\
U_1 &= a_{1a}Q_a + a_{1b}Q_b + a_{1c}Q_c \\
&\quad + a_{11}Q_1 + a_{12}Q_2 \\
U_2 &= a_{2a}Q_a + a_{2b}Q_b + a_{2c}Q_c \\
&\quad + a_{21}Q_1 + a_{22}Q_2
\end{aligned}
\right\} \quad (2\text{-}9\text{-}16)
$$

式中，U 为对地电位（V）；Q 为各线上的电荷（c/km）；而电位系数 a 的计算见式（2-1-26）～式（2-1-27）。

在式（2-9-16）中导线对地电位 U_a、U_b 和 U_c 是已知的，如果地线绝缘，则其电荷（Q_1 或 Q_2）为零；如果地线接地（包括经排流线圈接地），则其电位为零。所以不论是那一种情况，都可从式（2-9-16）中解出未知的电荷和电位。若地线接地，则在求出地线的电荷以后，即可进一步算出从该地线流入大地的电流。例如地线 1 接地，则 $I_1 = \dfrac{\mathrm{d}Q_1}{\mathrm{d}t} = \mathrm{j}\omega Q_1$，即为自地线 1 流入大地的静感应电流（A/km）。

由于通常三相电压平衡，即 $U_b = aU_a$，$U_c = a^2 U_a$，（$a = \angle\,120°$），而且我们遇到最多的还是导线和地线布置成左右对称的情况，故如需要计算，则可简化很多，当地线绝缘时，其上的静感应电压为

$$
\left.
\begin{aligned}
U_1 &= r_{1a}U_a,\ U_2 = r_{2a}U_a \\
r_{1a} &= \frac{1}{\Delta}\big[\Delta_1(a_{1a} + a^2 a_{1c}) \\
&\quad + \Delta_2(a^2 a_{1a} + a_{1c}) + a\Delta_3\big] \\
r_{2a} &= \frac{1}{\Delta}\big[\Delta_1(a^2 a_{1a} + a_{1c}) \\
&\quad + \Delta_2(a_{1a} + a^2 a_{1c}) + a\Delta_3\big] \\
\Delta &= (a_{aa} - a_{ac})\big[a_{bb}(a_{aa} \\
&\quad + a_{ac}) - 2a_{ab}^2\big] \\
\Delta_1 &= a_{aa}a_{bb} - a_{ab}^2, \\
\Delta_2 &= a_{ab}^2 - a_{bb}a_{ac} \\
\Delta_3 &= (a_{aa} - a_{ac})\big[a_{1b}(a_{aa} \\
&\quad + a_{ab} + a_{ac}) - a_{ab}(a_{1a} \\
&\quad + a_{1c})\big]
\end{aligned}
\right\} \quad (2\text{-}9\text{-}17)
$$

当绝缘地线经排流线圈接地时，则通过排流线圈

入地的电流（A/km）为

$$
I_1 = \mathrm{j}\omega\,\frac{P_{12}r_{2a} - P_{11}r_{1a}}{P_{11}^2 - P_{12}^2}U_a
$$

$$
I_2 = \mathrm{j}\omega\,\frac{P_{12}r_{1a} - P_{11}r_{2a}}{P_{11}^2 - P_{12}^2}U_a
$$

$$
P_{11} = a_{11} - \frac{1}{\Delta}\big[\Delta_1(a_{1a}^2
$$
$$
+ a_{1c}^2) + (2a_{1a}a_{1c})
$$
$$
\times \Delta_2 + \Delta_4\big]
$$

$$
P_{12} = a_{12} - \frac{1}{\Delta}\big[\Delta_2(a_{1a}^2 + a_{1c}^2)
$$
$$
+ 2(a_{1c}a_{1c})\Delta_1 + \Delta_4\big]
$$

$$
\Delta_4 = a_{1b}(a_{aa} - a_{ac})
$$
$$
\times\big[a_{1b}(a_{aa} + a_{ac}) - 2a_{ab}
$$
$$
\times (a_{1a} + a_{1c})\big] \qquad (2\text{-}9\text{-}18)
$$

式中　$\omega = 314$，其余符号含义同式（2-9-16）、式（2-9-17）。

在式（2-9-16）和式（2-9-17）中未考虑换位。它们也可理解成只是在第一个换位节距上的感应值，从而在换位的情况下，只需将各段叠加起来就行了。详细点说就是若只是导线换位，则只需将两式中的 U_a 换成 KU_a，系数 $K = (l_a + al_b - a^2 l_c)/\Sigma l$，此处 l_a、l_b、l_c 为 A 相导线依次占有 a、b、c 位置的累计长度，而 Σl 为线路总长。

若地线也换位，则同一根地线，例如地线 1 上的感应电压 U'_1 和电流 I'_1（这儿加上撇是用以与前述地线不换位的 U_1 和 I_1 相区别）为

$$
U'_1 = K_1 U_1 + K_2 U_2
$$

$$
I'_1 = K_1 I_1 + K_2 I_2
$$

式中，U_1、U_2 和 I_1、I_2 分别由式（2-9-17）、式（2-9-18）给出，系数 $K_1 = (l_{1a} + al_{1b} + a^2 l_{1c})/\Sigma l$，$K_2 = (l_{2a} + al_{2b} + a^2 l_{2c})/\Sigma l$，此处 l_{1a}、l_{1b}、l_{1c} 为在地线 1 占有位置 1 的前提下，A 相导线依次占有 a、b、c 位置的累计长度，而 l_{2a}、l_{2b}、l_{2c} 则为在该地线占有位置 2 的前提下，A 相导线依次占有 a、b、c 位置的累计长度。表 2-9-1 用以进一步说明这个意思。

若只是地线换位，导线不换位，则 $l_{2b} = l_{2c} = l_{1b} = l_{1c} = 0$ 而 $l_{1a} = l_1$，即等于地线 1 占有位置 1 的累计长度，$l_{2a} = l_2$，即等于它占有位置 2 的累计长度。

若 $l_1 = l_2 = \dfrac{1}{2}\Sigma l$ 则 $K_1 = K_2 = \dfrac{1}{2}$。

表 2-9-1

简　图	系　数　K_1 和 K_2
	$K_1 = (l_{1a} + l_{1b}\angle120° + l_{1c}\angle-120°)/\Sigma l$ $K_2 = (l_{2a} + l_{2b}\angle120° + l_{2c}\angle-120°)/\Sigma l$

【例题 2-15】 已知导线 LGJ-400（$r = 14\text{mm}$）；地线 GJ-70（$r = 5.5\text{mm}$）；线间距离和平均对地高度如图 2-9-1；

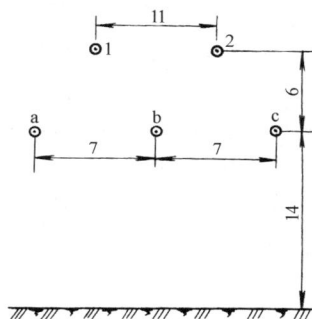

图 2-9-1　导线及地线布置图（m）

$d_{1a} = \sqrt{6.0^2 + 1.5^2} = 6.21\text{m} = d_{2c}$

$d_{1b} = d_{2b} = \sqrt{6.0^2 + 5.5^2} = 8.14\text{m}$

$d_{1c} = \sqrt{6.0^2 + 12.5^2} = 13.9 = d_{2a}$

$d_{ab} = d_{bc} = 7.0,\ d_{ac} = 14.0,$

$d_{12} = 11.0$

$D_{ab} = D_{bc} = \sqrt{(2 \times 14)^2 + 7.0^2} = 28.9$

$D_{ac} = \sqrt{(2 \times 14.0)^2 + 14.0^2} = 31.3$

$D_{aa} = D_{bb} = D_{cc} = 2 \times 14 = 28$

$D_{11} = D_{22} = 40$

$D_{12} = \sqrt{40^2 + 11^2} = 41.5$

$D_{1a} = D_{2c} = \sqrt{(20 + 14)^2 + 1.5^2} = 34.1$

$D_{1b} = D_{2b} = \sqrt{34^2 + 5.5^2} = 34.5$

$D_{1c} = D_{2a} = \sqrt{34^2 + 12.5^2} = 36.0$

输送功率150MW，$\cos\varphi = 0.9$；电压220kV；相电流 $I_a = (150000/\sqrt{3} \times 220 \times 0.9) \times \angle -\cos^{-1}(0.9) = 436\angle-26°$ A。求流经排流线圈的工频电流及地线中之能量损耗。

解 1. 正常情况下的电磁感应电动势

$E_1 = j0.145 I_a \left(a\lg\dfrac{6.21}{8.14} + a^2\lg\dfrac{6.21}{13.9}\right) = j0.145$

$\quad\quad \times 436 \angle-26° \ (-0.118 - 0.35a)\angle120°$

$\quad\quad = 63.2 \angle184° \left(-0.118 + \dfrac{0.35}{2}\right.$

$\quad\quad \left. -j0.866 \times 0.35\right) = 63.2\angle184° \ (0.057$

$\quad\quad -j0.304) = 63.2\angle184° \times 0.308\angle-79.4°$

$\quad\quad = 19.5\angle104.6°$

$E_2 = j0.145 I_a \left(a\lg\dfrac{13.9}{8.14} + a^2\lg\dfrac{13.9}{6.21}\right)$

$\quad\quad = 63.2\angle184° \left(0.234 - \dfrac{0.351}{2} + j0.351\right.$

$\quad\quad \left. \times 0.866\right) = 63.2\angle184° \ (0.059 + j0.304)$

$\quad\quad = 63.2\angle184° \times 0.308\angle79.4°$

$\quad\quad = 19.5\angle263.4° = 19.5\angle-96.6°$

对于第二第三个换位节距，E_1 和 E_2 要旋转120°、240°等。

2. 静感应电压

暂时忽略 18×10^6 的数值系数，则

$a_{aa} = a_{bb} = \ln\left(\dfrac{28}{14} \times 10^3\right) = 7.6$

$a_{ab} = \ln\left(\dfrac{28.9}{7}\right) = 1.42$

$a_{ac} = \ln\left(\dfrac{31.3}{14}\right) = 0.81$

$a_{1a} = \ln\dfrac{34.1}{6.21} = 1.7$

$a_{1b} = \ln\dfrac{34.5}{8.14} = 1.45$

$a_{1c} = \ln\dfrac{36.0}{13.9} = 0.951$

$\Delta = (7.6 - 0.81)\ [7.6\ (7.6 + 0.81)$

$$-2 \times 1.42^2] = 6.79 \times 59.88 = 406$$

$$\Delta_1 = 7.6 \times 7.6 - (1.42)^2 = 55.78$$

$$\Delta_2 = 1.42^2 - 7.6 \times 0.81 = -4.13$$

$$\Delta_3 = (7.6 - 0.81)[1.45(7.6 + 1.42$$
$$+ 0.81) - 1.42(1.7 + 0.951)] = 73.6$$

在导入 18×10^6 系数后，很明显在 r_{1a} 和 r_{2a} 的分母和分子中要互相抵消，故

$$r_{1a} = \frac{1}{406}[55.78(1.7 + 0.951a^2)$$
$$- 4.13(1.7a^2 + 0.951) + 73.6a]$$
$$= \frac{1}{406}(90.87 + 46a^2 + 73.6a)$$
$$= \frac{1}{406}(90.87 - \frac{1}{2} \times 46 - \frac{1}{2} \times 73.6$$
$$- j0.866 \times 46 + j0.866 \times 73.6)$$
$$= \frac{1}{406}(31.07 + j24)$$
$$= 0.0965 \underline{/37.7°}$$

$$r_{2a} = \frac{1}{406}(46 + 90.87a^2 + 73.6a)$$
$$= \frac{1}{406}(46 - \frac{1}{2} \times 90.87 - \frac{1}{2} \times 73.6$$
$$- j0.866 \times 90.87 + j0.866 \times 73.6)$$
$$= \frac{1}{406}(-36.24 - j15) = -0.0966 \underline{/22.5°}$$

故在地线完全对地绝缘且导线不换位时

$$U_1 = r_{1a}U_a = r_{1a}\frac{220}{\sqrt{3}} = 0.0965 \times \frac{220}{\sqrt{3}} \underline{/37.7°}$$
$$= 12.3 \underline{/37.7°}$$

$$U_2 = r_{2a}U_a = -0.0966 \times \frac{220}{\sqrt{3}} \underline{/22.5°}$$
$$= -12.3 \underline{/22.5°}$$

而单纯通过地线的换位，可以使静感应电压下降到

$$\frac{1}{2}(U_1 + U_2) = \frac{1}{2}(r_{1a} + r_{2a})U_a$$
$$= \frac{220}{2 \times 406 \times \sqrt{3}}(31.07 - 36.24 + j24 - j15)$$
$$= -0.81 + j1.41$$
$$= 1.62 \underline{/120°} \text{ kV}$$

3. 感应电流

若线路全长 100km，导线不考虑换位，且绝缘地线的两终端各经工频阻抗约 20Ω 之排流线圈接地，以用作高频通道，则流经排流线圈之工频电流应为：

（1）电磁感应部分：地线的内阻抗估计为 $R = 1.7\Omega/\text{km}$，$X_i = 0.21\Omega/\text{km}$，地区大地电阻率估计为 $200\Omega \cdot \text{m}$，于是地线的自阻抗和互阻抗

$$Z_{11} = 1.7 + 0.05 + j0.21 + j0.145$$

$$\times \lg(210\sqrt{10 \times 200/50}/0.0055)$$
$$= 1.75 + j0.99$$

$$Z_m = 0.05 + j0.145\lg$$
$$\times (210\sqrt{10 \times 200/50}/11)$$
$$= 0.05 + j0.302 = 0.306 \underline{/80.4°}$$

$$Z_\Sigma = Z_{11} + j(2 \times 20/100)$$
$$= 1.75 + j1.39$$
$$= 2.24 \underline{/38.5°}$$

$$I_1 = \frac{Z_\Sigma E_1 - Z_m E_2}{Z_\Sigma^2 - Z_m^2}$$
$$= [2.24 \underline{/38.5°} \times 19.5 \underline{/104.6°}$$
$$- 0.306 \underline{/80.4°} \times 19.5 \underline{/263.4°}]$$
$$\div [(2.24 \underline{/38.5°})^2 - (0.306 \underline{/80.4°})^2]$$
$$= \frac{43.7 \underline{/143.1°} - 5.96 \underline{/343.8°}}{5.03 \underline{/77°} \quad 0.0935 \underline{/160.8°}}$$
$$= [43.7(\cos143.1 + j\sin143.1)$$
$$- 5.96(\cos343.8 + j\sin343.8)]$$
$$\div [5.03(\cos77 + j\sin77)$$
$$- 0.0935(\cos160.8 + j\sin160.8)]$$
$$= \frac{-34.9 + j26.2 - 5.72 + j1.66}{1.13 + j4.9 + 0.0883 - j0.0308}$$
$$= \frac{-40.62 + j27.86}{1.218 + j4.87}$$
$$= \frac{49.3 \underline{/145.5°}}{5.02 \underline{/76°}} = 9.8 \underline{/69.5°}$$

若地线换位，此电流可降为

$$I_1 = (Z_\Sigma - Z_m)\frac{1}{2}(E_1 + E_2)/(Z_\Sigma^2 - Z_m^2)$$
$$= (1.7 + j1.09)\frac{1}{2}(19.5 \underline{/104.6°}$$
$$+ 19.5 \underline{/263.4°}) \div 5.02 \underline{/76°}$$
$$= (1.7 + j1.09)\frac{1}{2}19.5(-0.252 - 0.115$$
$$+ j0.97 - j0.99) \div 5.02 \underline{/76°}$$
$$= 2.02 \underline{/32.6°} \times \frac{1}{2}(-7.15 \underline{/3.1°})$$
$$\div 5.02 \underline{/76°} = -1.44 \underline{/-40.3°}$$
$$= 1.44 \underline{/139.7°}$$

相应的电能损失为（两线合计）

$$2 \times 1.44^2 \times R_i \times 100$$
$$= 2 \times 1.44^2 \times 1.7 \times 100 = 0.705\text{kW}$$

（2）静感应部分：暂时忽略 18×10^6，则

$$a_{11} = \ln\left(\frac{40}{5.5} \times 10^3\right) = 8.89$$

$a_{12} = \ln \dfrac{41.5}{11} = 1.33$

$\Delta_4 = 1.45 \times (7.6 - 0.81)[1.45(7.6 + 0.81) - 2 \times 1.42(1.7 + 0.951)] = 46$

$P_{11} = \left\{ 8.89 - \dfrac{1}{406} \left[55.78(1.7^2 + 0.951^2) - (2 \times 1.7 \times 0.951 \times 4.13) + 46 \right] \right\} \times 18 \times 10^6$

$= 8.286 \times 18 \times 10^6$

$P_{12} = \left\{ 1.33 - \dfrac{1}{406} \left[-4.13(1.7^2 + 0.951^2) + (2 \times 1.7 \times 0.951) \times 55.78 + 46 \right] \right\} \times 18 \times 10^6$

$= 0.737 \times 18 \times 10^6$

$I_1 = j\omega \dfrac{P_{12}r_{2a} - P_{11}r_{1a}}{P_{11}^2 - P_{12}^2} U_a$

$= j314[0.737 \times (-0.0966 \ \angle 22.5°) - 8.286 \times (0.0965 \ \angle 37.7°)]$

$\div (8.286^2 - 0.737^2)$

$\times \dfrac{220 \times 10^3}{\sqrt{3} \times 18 \times 10^6}$

$= j(-0.0227 - j0.0168)$

$= 0.0168 - j0.0227$

$= 0.0282 \ \angle -53.5° \quad \text{A/km}$

$I_2 = j\omega \dfrac{P_{12}r_{1a} - P_{11}r_{2a}}{P_{11}^2 - P_{12}^2} U_a$

$= j \times 314[0.737 \times (0.0965 \ \angle 37.7°) - 8.286 \times (-0.0966 \ \angle 22.5°)]$

$\div (8.286^2 - 0.737^2)$

$\times \dfrac{220 \times 10^3}{\sqrt{3} \times 18 \times 10^6}$

$= j(0.0258 + j0.0114)$

$= -0.0114 + j0.0258$

$= 0.0282 \ \angle 113.8° \quad \text{A/km}$

而在地线换位时降为

$\dfrac{1}{2}(I_1 + I_2) = \dfrac{1}{2}(0.0168 - j0.0227 - 0.0114 + j0.0258)$

$= 0.00623 \ \angle 30°$

实际通过排流线圈之电流应为上述两部分叠加结果，而当地线换位时应约为

$1.44 \ \angle 139.7° + 100 \times 0.00623 \ \angle 30°$

$= -1.095 + j0.093 + 0.54 + j0.31$

$= -0.555 + j0.4$

$= 0.684 \ \angle 144.3°$

4. 附加电能损失

若线路总长 $L = 300\text{km}$，年损失小时数 T 估计为 4000h，则逐塔接地时之电能损失如下。

（1）线间环流分量：

$\Delta A_M = \dfrac{1.5 \left(0.145 \times 436 \lg \dfrac{6.21}{13.9} \right)^2 \times 1.7}{1.7^2 + \left(0.145 \lg \dfrac{11}{0.0055} + 0.21 \right)^2}$

$\times 300 \times 4000 \times 10^{-3}$

$= \dfrac{1.5 \times 1.7 \ [0.145 \times 436 \times (-0.35)]^2}{1.7^2 + (0.145 \times 3.3 + 0.21)^2}$

$\times 1200$

$= \dfrac{1240}{2.89 + 0.473} \times 1200$

$= 444000 \text{kW} \cdot \text{h/年}$

（2）地中分量：地中电流等价深度

$D = 210 \sqrt{10 \times 200/50} = 1330\text{m}$

$\Delta A_L = \left(0.145 \times \dfrac{436}{2} \lg \dfrac{6.21 \times 13.9}{8.14^2} \right)^2$

$\times \ [\ (0.5 \times 1.7 + 0.05) \times 4000$

$\times 300 \times 10^3] \div \ [\ (0.5 \times 1.7 + 0.05)^2$

$+ \left(0.5 \times 0.21 + 0.145 \right.$

$\times \lg \dfrac{1330}{\sqrt{0.0055 \times 11}} \Big)^2]$

$= \left(0.145 \times \dfrac{436}{2} \times 0.115 \right)^2$

$\times \dfrac{1080}{0.81 + (0.105 + 0.145 \times 3.73)^2}$

$= 13.2 \times 1080 / (0.81 + 0.416)$

$= 11600 \text{kW} \cdot \text{h/年}$

∴ 年电能损失 $= 444000 + 11600 = 455600 \text{kW} \cdot \text{h}$

四、地线的绝缘水平、绝缘结构及绝缘方式

1. 地线的绝缘水平

在确定地线的绝缘水平时需要考虑到：在线路正常运行情况下能有良好的绝缘性能，而在雷电先驱放电阶段的强烈电场作用下，能使原来绝缘的地线呈完全接地状态，以及满足线路事故情况下的特殊要求等。

正常情况下的感应电压与线路是否换位和是否采用排流线圈有密切关系。若线路换位对称，则正常情况下的静感应电压可以基本上得到消除。根据东北某220kV线路的实测结果，换位后残存的感应电压只有数百伏的水平。即使线路不换位，地线上的静感应电压也可通过排流线圈而得到消除。仅当线路不换位而

且又不能安装排流线圈，也就是仅当利用绝缘地线抽能的情况下，静感应电压才可能达到较高的水平，例如，对于 220kV 线路可达 10kV 或略多一点。正常情况下电磁感应纵电动势也要使绝缘地线出现一个对地电压。对于一般的 220kV 线路，其对电动势每公里约有十几伏，500kV 线路每公里约 50 ~ 60V。对于导线正常换位的线路，若每一换位节距不超过 30 ~ 50km，则对 220kV 线路来讲，其对地电压约有几百伏，而 500kV 线路约有 1500 ~ 3000V 左右。因此，一般说来，除非想利用绝缘地线抽能或送电，否则对 220kV 线路，只要地线的绝缘能有 2 ~ 3kV 以上的耐压水平，对 500kV 线路，能有 5 ~ 8kV 左右的耐压水平就可认为足够。

当采用双地线时，为了降低地线上的电磁感应纵电动势，在导线的每个换位节距内应将地线换位。地线换位应尽可能做到对称，即在一个导线换位节距内地线在线路中心线左侧和右侧的位置尽可能相等，这样才能大大降低地线上的感应电动势。地线换位次数愈多，感应电压愈小。为了方便起见，地线换位一般在耐张塔上进行，如图 2-9-4 所示。但这样就难以使地线换位对称。不过，略有不对称时，地线上的感应电压不会很高。

从防雷角度看，当雷电先驱逐步向线路逼近时，最后究竟是导向避雷线还是导向导线，也就是是否会绕过地线而击中导线，主要取决于"先驱-地线-导线"这一系统的电场图形。若绝缘地线很长（如数十公里的线路沿全线绝缘），则在先驱逐步发展的过程中不可能在绝缘地线上感应出明显的对地电位，故而上述的电场图形应与地线接地时基本相同。若绝缘地线很短（例如只在全线中绝缘一小段供抽能用），则可通过限制地线绝缘水平的办法，保证在雷电先驱最后定向以前，先驱在地线上所感应出的电压即足以使绝缘闪络，从而及时转化为接地状态，这样也就可以保证先驱的正确定向，也就是保证了绝缘地线的正常防雷功能。从这一角度出发，绝缘地线的绝缘水平一般不宜超过 40 ~ 50mm 空气间隙的绝缘水平。现行规程规定："绝缘地线的放电间隙，其间隙值应根据地线上感应电压的续流熄弧条件和继电保护的动作条件确定，一般采用 10 ~ 40mm。在海拔 1000m 以上的地区，间隙值应相应增大"。

所谓在线路故障情况下的特殊要求，主要是指采用单相重合闸的系统中性点直接接地的线路，这时由于各种主保护都要通过选相元件来跳闸，故选相元件能否正确动作关系很大，而选相元件能否正确动作又与线路的等效塔脚电阻有关，如果后者过大就可能不正确动作。为了保证等效塔脚电阻足够低，就可能需要适当压低地线的绝缘水平。这样才能在单相故障时保证选相元件的正确动作。

有较多的杆塔，其地线绝缘会被击穿，从而使这些塔脚的接地电阻通过地线并联成一个低的等效接地电阻。等效塔脚电阻 Z_f 可按下式计算：

若两地线均绝缘，则

$$\left| Z_f \right| \leqslant \left| \frac{Z_{11} - Z_{mn}}{Z_{11} + Z_{mn}} \right|$$

$$\times \sqrt{\left(\frac{U_b}{I_f} \right)^2 + \frac{R}{8} \left| \frac{(Z_{11} - Z_{mn})^2}{Z_{11} + Z_{mn}} \right|}, \quad \Omega$$

$$(2\text{-}9\text{-}19)$$

若只有一根地线而且是绝缘的，则

$$\left| Z_f \right| \leqslant \left| \frac{Z_{11} - Z_{mn}}{Z_{11}} \right|$$

$$\times \sqrt{\left(\frac{U_b}{I_f} \right)^2 + \frac{R}{4} \left| \frac{(Z_{11} - Z_{mn})^2}{Z_{11}} \right|}, \quad \Omega$$

$$(2\text{-}9\text{-}20)$$

上二式中　Z_{11}——档地线的自阻抗，Ω；

Z_{mn}——一档地线和导线间的互阻抗，Ω；

R——基塔的接地电阻（按最大值考虑），Ω；

I_f——单相故障电流，A；

U_b——地线绝缘的工频击穿电压，V。

【例题 2-16】　某线路两地线均绝缘，求等效塔脚电阻。

解　从保证选相元件正确动作的角度看，在出口处短路要求最高。兹以出口 6km 处短路为代表：

$I_f = 6020A$，U_b 考虑取为 12kV，档距平均约为 0.4km，于是 $Z_{11} = 0.4 \times (2.24 + j1.55) \Omega$，$Z_{mn} = 0.4 \times (0.05 + j0.374) \Omega$，从而 $Z_{11} - Z_m = 0.992 \underline{/28.2°}$，$Z_{11} + Z_m = 1.2 \underline{/40°}$，考虑到冬季冻结，$R$ 取为 100Ω，代入式（2-9-19）得

$$Z_f \leqslant \frac{0.992}{1.2} \sqrt{\left(\frac{12000}{6020} \right)^2 + \frac{100}{8} \times \frac{(0.992)^2}{1.2}}$$

$$= 3.15\Omega$$

据此即可以具体检查能否保证选相元件的正确动作。

2. 地线的绝缘结构

通常为了保护绝缘子，并为了使地线的耐压水平基本保持稳定，地线的绝缘结构采用无裙绝缘子并联火花间隙。所谓无裙绝缘子，是由于这种绝缘子的造型与普通悬式绝缘子一样，只不过裙缘非常小而已。目前已采用的无裙绝缘子型式（大连电瓷厂生产）如图 2-9-2 及表 2-9-2 所示。原水利电力部电力科学研究院高压研究所于 1984 年又新研制了一种火花间隙如图 2-9-3 所示。为了使地线绝缘具有一定的机械和电气可靠性，规程规定，地线绝缘时不宜使用单联单片悬式绝缘子串。

3. 避雷线的绝缘方式

表 2-9-2　目前已采用的无裙绝缘子技术数据

型　号	盘径 D (mm)	高度 H (mm)	连接尺寸 (mm)	可调间隙 10~30（mm）		工频电压（不带间隙）			一小时机电负荷 (9.81N)	机电破坏负荷 (9.81N)	图　号
				工频干闪电压 (kV)	工频湿闪电压 (kV)	干闪 (kV)	湿闪 (kV)	击穿 (kV)			
XDP-7C	110	182	16C	15~24	9~16	30	18	90	5250	7000	2-9-2（a）
XDP$_1$-7C	140	182	16C	15~30	5~16	45	25	90	5250	7000	2-9-2（b）
XDP-10C	150	200	16C	15~30	5~16	45	25	90	7500	10000	2-9-2（b）

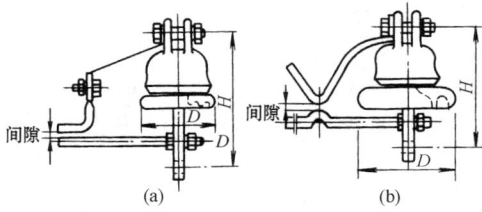

(a)　　　(b)

图 2-9-2　目前已采用的无裙绝缘子结构图

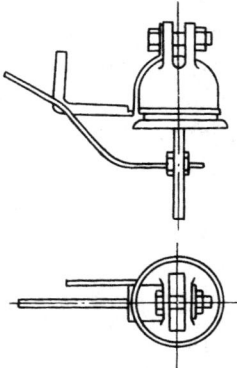

图 2-9-3　无裙绝缘子火花间隙图

当地线全绝缘时，其绝缘方式如图 2-9-4 所示。若用作载波通信，则两端尚需装设结合设备（包括排流线圈及放电器等）。

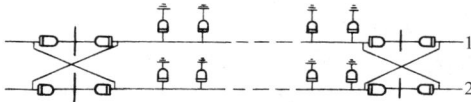

图 2-9-4　双地线全绝缘图

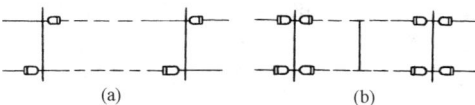

(a)　　　(b)

图 2-9-5　节约能损的地线绝缘方式

若地线绝缘仅为了节约能量损失时，其绝缘方式可如图 2-9-5 所示。这样，地线上感应电压较低，运行维护较安全。其中，图（a）用于耐张段较短的线路，图（b）用于耐张段较长的线路。

参 考 文 献

[2-1]　［美］J. G. 安德生等著 . 345 千伏及以上超高压输电线路设计参考手册，电力工业部武汉高压研究所译. 北京：电力工业出版社，1981.

[2-2]　V. V. Burgsdorf、L. V. Egorov、N. P. Emeljana and N. N. Tihodeev（U. S. S. R），Corona Investigation on Extrahigh Voltage Overhead Lines, CIGRE, 1960, No413.

[2-3]　C. I. S. P. R Publication Document 18-1, 1982, Radio Interference Characteristics of Overhead Power Lines and Highvoltage Equipment Partl, Description of Phenomena.

[2-4]　C. I. S. P. R Publication Feb. 1984, Document 18, Radio interference from Overhead Power Lines and High-voltage Equipment, Part Ⅱ-Methods of Measurement and Procedure for Determining Limits, Part Ⅲ-Code of Practice for Minimising The Generation of Radio Noise.

[2-5]　马绍驳，论 50 万伏超高压线的电磁污染，中国环境科学，1982 年第 4 期.

[2-6]　500kV 送变电设备的实证试验报告，其中 4，静电诱导とコロナ杂音，500kV 送电实证试验研究委员会，昭和 47 年 4 月.

[2-7]　余克千，220kV 渔金高压输电线路无线电干扰测试分析，电力技术，1985 年第 1 期.

[2-8]　马绍驳，500kV 输电线路无线电干扰（RI）的情况反馈，吉林电力技术，1986 年第 4 期.

[2-9]　马绍驳，高压输电线与收信台合理间距的计算，电力技术，1985 年第 2 期.

[2-10]　L. L. 白瑞纳克，声学，章启馥等译，北京：高等教育出版社，1959.

［2-11］ 国际大电网会议第 36.01 工作组，输电系统产生的电场和磁场，邵方殷等译．北京：水利电力出版社，1984.

［2-12］ CIGRE 36-04，高压输电线路和变电所的静电效应，高电压技术，1977 年 2 期.

［2-13］ 倪宗德，500kV 输电线的静电感应问题，电力技术，1979 年 3 期.

［2-14］ 邵方殷，500kV 输电线下空间场强，电力技术，1980 年 8 期.

［2-15］ А. С. Зеличенко、Б. И. Смиров，Проектирова- ние механическон части воздуиных линщ сверхвысокого нанряжения，Москва ЗНЕРГОИЗДАТ. 1981.

［2-16］ 高电压试验技术（译文集），一机部高压电器研究所译．北京：机械工业出版社，1974.

［2-17］ ［澳］ W. 迪森朵夫，高压电力系统的绝缘配合，东北电力设计院送电室译，北京：水利电力出版社，1976.

［2-18］ 解广润主编，过电压及保护，北京：水利电力出版社，1980.

［2-19］ 重庆大学、南京工学院合编，高电压技术，北京：电力工业出版社，1981 年.

［2-20］ 清华大学、西安交通大学合编，高电压绝缘，北京：电力工业出版社，1980 年.

［2-21］ 刘继，电气装置的过电压保护，北京：电力工业出版社，1982.

［2-22］ 电机工程手册第 27 篇绝缘子，北京：机械工业出版社，1978.

［2-23］ 电机工程手册第 3 篇高电压技术，北京：机械工业出版社，1978.

［2-24］ ［苏］ Г. Н. 阿列克山德洛夫等，一机部高压电器研究所译，高压外绝缘的电气强度，北京：机械工业出版社，1977.

［2-25］ 王遵，线路绝缘子泄漏比距的选择，电网技术，1979 年第 3 期.

［2-26］ 北京电力试验研究所等，500kV 晋京线输电杆塔绝缘电气特性试验报告，北京电力技术，1979 年第 1 期.

［2-27］ 电科院高压所王来等，500 千伏输电线路塔头绝缘的试验研究，电网技术，1982 年第 1 期.

［2-28］ 西北电力设计院、东北电力设计院合编，电力工程设计手册（第 1 册），上海：上海人民出版社，1972.

［2-29］ IEEE COMMITTEE REPORT Switching Surges，Part Ⅲ，Field and Analyzer Results for Transmission Lines Past、Present and Future Trends，IEEE PAS-89 №2，1970.

［2-30］ 水利电力部电力科学研究院史六如等，220kV 开关切合空载长线时过电压测量结果分析，电网技术，1979 年第 2 期.

［2-31］ ［美］ J. G. 安德生等，超高压输电线路，西南电力设计院、北京电力设计院译，北京：水利电力出版社，1979.

［2-32］ ［苏］ Н. А. 米里尼科夫等，330 ~ 500kV 架空输电线路电气部分的设计，湖北省高电压协作组、华东电力设计院系统室译，北京：水利电力出版社，1977.

［2-33］ Flashover Voltage Characteristics of Long Insulator Strings and Stacks，CIGRE 1968，25-04.

［2-34］ ［苏］ Г. Н. 阿列克山德洛夫等，超高压送电线路的设计，东北电力设计院送电室译，北京：水利电力出版社，1987.

［2-35］ Г. Н. АЛЕКСАДРОВ，В. Л. ИВАНОВ，В. П. РЕДОВ，Злектрическая Прочность Характерных воздущных промежутков линийсверхвысокого Напряжения При коммутационных перенапряжениях，Злектричество 1966. №1.

［2-36］ T. Udo，Sparkover characteristics of Large Gap Spaces and Long Insulation Strings，IEEE PAS-83 1964，№5.

［2-37］ MIKIO KAWAI，MITSURU YASUI，ISAMU KISHIZIMA，Full-scale Tests in Japan on 500kV Transmission Line Insulation，IEEE PAS-88 1969. №2.

［2-38］ ［苏］ 麦．维．科基琴科著，大气过电压和高压设备的防雷保护，王继先、李阜正译，北京：电力工业出版社，1957.

［2-39］ （苏） Л. И. 西洛京斯基，蒋德福、李家训译，北京：高压工程，电力工业出版社，1956.

［2-40］ 解广润主编，电力系统过电压，北京：水利电力出版社，1985.

［2-41］ 曾永林，接地技术，北京：水利电力出版社，1979.

［2-42］ К. П. КРюКОВ、А. И. КУРНОСОВ、Б. П. НОВГОРОДЦЕВ，Конструкции и раслет-опор линий злектропередача，издательство《ЗНЕРГИЯ》，1964.

［2-43］ 中华人民共和国国家标准，高压交流架空送电线路无线电干扰限值，GB 15707—95，北京：国家技术监督局标准出版社，

1996.

[2-44] 马绍驳，架空线路变电所对电视差（收）转台干扰防护间距的研究，电力建设，1990 年 12 期.

[2-45] 中华人民共和国国家标准，架空电力线路、变电所对电视差转台、转播台无线电干扰防护间距标准，GBJ 143—90，北京：国家标准出版社，1991.

[2-46] 中华人民共和国电力行业标准，110 ~ 500kV 架空送电线路设计技术规程，G 95-D04.

[2-47] IEC-6D-1-89 High-Voltage Test Techniques Part 1：General Definitions and Test Requirements.

[2-48] IEC-60-2-94 High-Voltage Test Techniques Part Ⅱ：Measuring systems.

[2-49] IEC-60-2-94 AMENDMENT 1-96, High-Voltage Test Techniques；Part Ⅱ：Measuring Systems.

第三章

电线力学计算

第一节 气象条件

一、搜集资料

为使送电线路的结构强度和电气性能够很好地适应自然界的气象变化，以保证送电线路的安全运行，在设计过程中，必须对沿线的气象情况进行全面的了解，详细搜集设计所需要的气象资料。搜集资料的内容及其主要用途参见表 3-1-1。

表 3-1-1   气象资料及用途表

项目	搜集内容	用 途
1	最高气温	计算电线最大弧垂，使电线对地面或其它构筑物保持一定的安全距离
2	最低气温	在最低气温时，电线可能产生最大应力，检查绝缘子串上扬或电线上拔及电线防震计算等
3	年平均气温	防震设计一般用平均气温时电线的应力作为计算控制条件
4	历年最低气温月的平均气温	计算电线或杆塔安装检修时的初始条件
5	最大风速及最大风速月的平均气温	风荷载是考虑杆塔和电线强度的基本条件
6	地区最多风向及其出现频率	用于电线的防震，防腐及绝缘防污设计
7	电线覆冰厚度	杆塔及电线强度设计依据，验算不均匀覆冰时电线纵向不平衡张力及垂直布置的导线接近距离，可能出现最大弧垂时决定跨越时距
8	雷电日数（或小时数）	防雷计算用
9	雪天、雨天、雾凇天的持续小时数	计算电晕损失时的基本数据
10	土壤冻结深度	用于杆塔基础设计
11	常年洪水位及最高航行水位气温	确定跨越杆塔高度及验算交叉跨越距离
12	最高气温月的日最高气温的平均值	用于计算导线发热温升
13	历年最低气温月的最低平均气温	计算断线或断串时气温条件

二、气象台的选择及气象分段

（1）为反映线路经过地区的实际气象情况，应搜集尽量靠近沿线路周围各气象台（站）的气象资料。所选气象台（站）距线路一般应不大于 100km。

（2）若沿线路气象台（站）较少，且距线路较远时，除应加强对非专业性单位（如铁路、邮电、电业等）的调查访问外，可选更远的气象台（站）或向省级气象台搜集资料以资参考判断，并将选定结果送交有关气象台（站）鉴定。

（3）调查风、冰灾情及群众反映：访问当地群众，进行风、冰灾情调查，对缺乏气象观测资料的地区及需要验证气象资料准确性时，都是很必要的。根据群众反映的自然物及建筑物的破坏情况，判断风、冰等气象的严重程度。

（4）大风、气温等资料以年代较长完整者为主，结冰资料则以电业、邮电、铁路及军事部门提供的各类电线结冰资料为主。

（5）若沿线几个台（站）的记录值相差悬殊且线路较长（100km 以上），可考虑将全线划为若干个不同的气象区段，此时尚须注意：

1）分析差异原因，如观测台（站）的环境、测点高度、使用仪器及整个地形地貌特征等。

2）线路上不同气象区段的具体分界地点，应与当地气象部门共同确定。

（6）搜集当地已运行线路的设计气象条件和与气象有关的运行情况。

（7）利用 GBJ 9—87《建筑结构荷载规范》[3-1]或地区气象部门编制的《基本风压分布图》，按设计规定的重现期和基准风速高度，将基本风压换算成风速，以供选择最大设计风速参照。

三、设计气象条件的选定原则

（1）设计气象条件，应根据沿线的气象资料和附近已有线路的运行经验，按表 3-1-2 中规定的气象"重现期"，提出适当的风、冰与气温相组合的气象条件。若沿线的气象与表 3-1-3 典型气象区中的数据接近时，宜采用其中所列数值。

所谓重现期 T 年的气象数据即 T 年一遇的气象数据，指每年出现等于或超过该气象数据的概率（或频率 p），$p = \dfrac{1}{T}$。如重现期 T 为 30 年，相当于 30 年一遇，即每年出现的概率 $p = \dfrac{1}{30}$。

表 3-1-2　　线路设计规定的气象重现期

线路设计类别	重现期 T（年）
500kV 大跨越工程	50
500kV 线路工程	30
110～330kV 大跨越工程	30
110～330kV 线路工程	15

表 3-1-3　　典型气象区

气象区		I	II	III	IV	V
大气温度（℃）	最　高	+40				
	最　低	−5	−10	−10	−20	−10
	覆　冰	—		−5		
	最大风	+10	+10	−5	−5	+10
	安　装	0	0	−5	−10	−5
	雷电过电压	+15				
	操作过电压年平均气温	+20	+15	+15	+10	+15

气象区		VI	VII	VIII	IX
大气温度（℃）	最　高	+40			
	最　低	−20	−40	−20	−20
	覆　冰	−5			
	最大风	−5	−5	−5	−5
	安　装	−10	−15	−10	−10
	雷电过电压	+15			
	操作过电压年平均气温	+10	−5	+10	+10

气象区		I	II	III	IV	V
风速（m/s）	最大风	35	30	25	25	30
	覆　冰	10				
	安　装	10				
	雷电过电压	15	10			
	操作过电压	0.5×最大风（不低于 15m/s）				
覆冰厚度（mm）		0	5	5	5	10
冰的密度		900kg/m³				

气象区		VI	VII	VIII	IX
风速（m/s）	最大风	25	30	30	30
	覆　冰	10		15	
	安　装	10			
	雷电过电压	10			
	操作过电压	0.5×最大风（不低于 15m/s）			
覆冰厚度（mm）		10	10	15	20
冰的密度		900kg/m³			

（2）确定送电线路最大设计风速时，首先应计算最大风速的统计值，即以当地气象台、站一观测高度下的历年连续自记 10min 时距平均最大风速作样本，并宜采用极值 I 型分布函数作为概率统计模型，

以表 3-1-2 中规定的重现期 T，求出相应重现期下的观测最大风速，再以表 3-1-4 中所列不同线路类别所规定的风速基准高度 h_s，求出最大风速统计值。

表 3-1-4　　最大风速的基准高度 h_s

线路类别	基准高度 h_s	备　注
110～330kV 线路工程	距地面以上 15m	约为平地线路导、地线的距地平均高度
500kV 线路工程	距地面以上 20m	约为平地线路导、地线的距地平均高度
各级电压大跨越工程	距历年大风季节平均最低水位以上 10m	

（3）一般送电线路的最大设计风速，应按沿线附近气象台站的最大风速统计值选取。山区送电线路的最大设计风速，若无可靠资料时，应按附近平原地区的统计风速值提高 10% 选用。110～330kV 送电线路的最大设计风速应不低于 25m/s；500kV 送电线路计算导、地线荷载和张力以及杆塔荷载时，最大设计风速应不低于 30m/s。

（4）确定线路大跨越工程的最大设计风速时，若跨越地点无可靠的最大风速统计值资料，宜将附近平地送电线路的风速统计值换算到与大跨越线路相同电压等级陆上线路重现期下历年大风季节平均最低水位以上 10m 处的风速，并增加 10%，然后考虑水面影响再增加 10% 后作为最大设计风速（常称为设计基准风速）。此值应不低于相联接的陆上送电线路的最大设计风速。必要时，还宜按稀有风速作为验算条件。当计算跨越处导、地线荷载和张力以及杆塔荷载、检查风偏间隙时，尚应以设计基准风速为基础，考虑电线平均高度处的高空风速。

（5）线路大跨越工程的最大设计冰厚，除无冰区外，宜较附近一般送电线路的最大设计覆冰厚度增加 5mm。必要时，对大跨越和重冰区（设计冰厚为 20mm 及以上），宜按稀有覆冰条件进行验算。

（6）送电线路位于河岸、湖岸、高峰以及山谷口等特殊地形以及容易产生强风的地带，设计风速应较附近一般地区适当增大。

四、最大设计风速的选择

1. 最大风速统计值的计算

计算线路最大风速统计值时，应将当地气象台、站连续自记 10min 时距平均的历年最大风速作统计样本，以极值 I 型分布函数作为概率统计模型，求出设计规程规定的重现期和基准高度下的风速值即为线路

注　一般情况下覆冰同时风速 10m/s，当有可靠资料表明需加大风速时可取为 15m/s。

最大风速统计值。由于历史的变迁等原因，气象台、站以往风速感应器的安装高度、风仪型式、风速观测次数、取值时距等多随年代不同而异。将这些搜集到的历年最大风速资料进行高度、时距、次数等影响的换算，变成某一相同观测高度下的连续自记 10min 平均历年最大风速，作为统计样本进行线路最大设计风速的统计计算。

（1）风速观测高度影响的换算

我国位于空旷地区（B 类区）的气象台、站风速感应器的安装高度以往多在距地面以上 8 ~ 12m；城市市区内（C 类区）的气象台、站的安装高度随周围建筑物的高度而变化。在进行同一观测高度的风速值换算时，宜选用该气象台、站常用的风速观测高度，以便减少换算数据。按现行荷载规范[3-1]中的规定，风速随高度的变化用指数公式（3-1-1）计算：

$$V_i = V_x \left(\frac{h_i}{h_x} \right)^\alpha \qquad (3-1-1)$$

式中 h_i、V_i——分别为距地面以上的同一换算高度，m 和该高度处的换算风速，m/s；

h_x、V_x——分别为距地面以上的实际观测高度，m 和该观测高度处的观测风速，m/s；

α——与气象台地面粗糙度有关的系数。对 A 类区系指近海海面、海岛、海岸、湖岸及沙漠等，取 $\alpha_A = 0.12$；对 B 类区系指空旷田野、乡村，丛林、丘陵、房屋比较稀疏的中、小城镇和大城市郊区，取 $\alpha_B = 0.16$；对 C 类区系指有多层和高层建筑且房屋比较密集的大城市市区，取 $\alpha_C = 0.2$。

（2）风速次时换算

我国许多气象台（站）以往多采用一天定时观测 4 次的 2min 平均风速，显然会漏掉不少大风风速。因此，对于定时观测风速，必须经过观测时距和次数的两重订正，即次时换算，才能将定时 2min 平均风速换算为连续自记 10min 平均风速。这种换算是根据具有定时和连续自记的平行观测资料，而通过相关分析建立回归方程进行的。下面举例说明并在表 3-1-8 中列出全国各地按区建立的换算公式。

1）风压板定时观测 2min 的平均风速 v_2 换算为定时自记 10min 平均风速 v_{10}。

用相关法列出两者之间的回归方程式为

$$v_{10} = A v_2 + B \qquad (3-1-2)$$

$$A = \frac{\Sigma v_2 v_{10} - N \overline{v_2} \overline{v_{10}}}{\Sigma v_2^2 - N (\overline{v_2})^2} \qquad (3-1-3)$$

$$B = \overline{v_{10}} - A \overline{v_2} \qquad (3-1-4)$$

上三式中，$\Sigma v_2 v_{10}$ 为各个对应观测点的风压板 2min 平均风速和同时自记仪 10min 平均风速之乘积的总和。

N 为全部统计资料中 v_2（或对应的 v_{10}）出现的总次数。

$\overline{v_2}$ 为 v_2 的算术平均值，$\overline{v_2} = \dfrac{\Sigma v_2}{N}$。

$\overline{v_{10}}$ 为 v_{10} 的算术平均值，$\overline{v_{10}} = \dfrac{\Sigma v_{10}}{N}$。

【例题 3-1】 以表 3-1-5 所列沈阳气象台 5 年间观测（风压板每日 4 次定时观测）资料，计算 v_2 和 v_{10} 的关系。

解   已知 $N = 60$ 次，$\Sigma v_2 = 841.0$，$\Sigma v_{10} = 1082.1$，$\Sigma v_2 v_{10} = 15761$，$\Sigma v_2^2 = 12520$。

$$\overline{v_2} = \frac{841.0}{60} = 14.02$$

$$\overline{v_{10}} = \frac{1082.1}{60} = 18.03$$

则 $A = \dfrac{15761 - 60 \times 14.02 \times 18.03}{12520 - 60 \times 14.02^2} = 0.818$

$B = 18.03 - 0.818 \times 14.02 = 6.56$

将 A、B 系数代入式（3-1-1）中，即得换算方程式为

$$v_{10} = 0.818 v_2 + 6.56$$

为了检查 v_2 与 v_{10} 的关系是否密切，可再计算相关比 ρ，它越接近于 1，表明两种记录方法间的关系越密切，若接近 0，将不适于统一换算。在气象方面一般认为 ρ 在 0.85 以上较好。

$$\rho = \frac{N\Sigma v_2 v_{10} - \Sigma v_2 \Sigma v_{10}}{\sqrt{\left[N\Sigma v_2^2 - (\Sigma v_2)^2 \right] \left[N\Sigma v_{10}^2 - (\Sigma v_{10})^2 \right]}}$$

将上例值代入，则得

$$\rho = \frac{60 \times 15761 - 841 \times 1082.1}{\sqrt{(60 \times 12520 - 841^2)(60 \times 20788 - 1082.1^2)}}$$

$$= \frac{35641}{57903} = 0.615$$

表 3-1-5   沈阳气象台 v_2 及 v_{10} 的观测资料

年份	月份 风别	1	2	3	4	5	6	7	8	9	10	11	12
1954	自记 v_{10}	20.7	28.3	21.0	29.7	25.0	17.7	13.3	13.3	16.3	20.0	15.2	17.7
	风压板 v_2	16	20	16	16	24	10	10	10	12	12	18	12

续表

年份	月份 风别	1	2	3	4	5	6	7	8	9	10	11	12
1955	自记 v_{10}	16.7	20.8	19.7	26.7	15.7	14.5	14.3	16.7	21.0	18.0	24.0	20.7
	风压板 v_2	14	16	18	18	12	12	14	10	10	14	14	14
1956	自记 v_{10}	22.2	23.3	23.7	27.5	20.8	20.0	15.5	11.7	13.0	26.3	20.7	13.3
	风压板 v_2	18	18	16	24	20	14	12	10	12	12	12	16
1957	自记 v_{10}	12.3	12.0	15.0	20.2	20.8	16.0	12.5	13.5	16.8	20.7	16.7	20.7
	风压板 v_2	10	9	12	14	16	14	10	12	12	14	12	12
1958	自记 v_{10}	17.1	15.2	18.7	17.3	18.0	17.8	17.3	9.2	12.0	13.0	11.3	13.0
	风压板 v_2	16	16	20	16	18	16	9	8	14	12	12	12

现将东北地区三个主要城市的 A、B 值计算结果列入表3-1-6，表中数字与算例稍有出入。

表3-1-6　　v_{10} 与 v_2 换算公式

地　区	经　验　公　式
沈　阳	$v_{10} = 6.66 + 0.81 v_2$
长　春	$v_{10} = 2.22 + 0.982 v_2$
哈尔滨	$v_{10} = 2.96 + 0.95 v_2$

注　v_{10}——定时观测之10min平均风速；
　　v_2——定时观测之2min平均风速。

2）10min定时自记平均风速换算为连续自记10min平均风速。

在设计时尚须考虑因定时观测而可能漏记的较大风速值，即尚须将本款（1）中已求得的定时观测10min平均值换算为10min连续自记平均值。表3-1-7列出北京及东北地区部分换算关系式。

表3-1-7　　自记与定时风速换算公式

观测次数 地　区	每天定时 4 次
北　京	$v = 0.841 v_{10} + 6.08$
哈尔滨	$v = 0.98 v_{10} + 2.57$
长　春	$v = 0.846 v_{10} + 6.69$
沈　阳	$v = 1.0 v_{10} + 4.22$

注　v——连续自记10min平均风速值；
　　v_{10}——定时观测10min平均风速值，用于30m/s以下的最大风速。

表3-1-6及表3-1-7只作为例子，实际工作中，应按工程所在地气象台（站）的最新资料推求。

3）四次定时2min与连续自记10min关系式（见表3-1-8）。

表3-1-8　　自记风速与 v_2 换算公式[3-1]、[3-3]

地区	换算公式	应用范围
华北	$v = 0.822 v_2 + 7.82$	北京、天津、河北、山西、河南、内蒙古、关中、汉中
东北	$v = 1.04 v_2 + 3.20$	辽宁、吉林、黑龙江
西北	$v = 1.004 v_2 + 2.57$	陕北、甘肃、宁夏、青海、新疆、西藏
四川	$v = 1.25 v_2$	
湖北	$v = 0.732 v_2 + 7.0$	湖北、江西
湖南	$v = 0.68 v_2 + 9.54$	
广东	$v = 1.03 v_2 + 4.15$	广东、广西、福建、台湾
江苏	$v = 0.78 v_2 + 8.41$	上海、江苏
山东	$v = 0.855 v_2 + 5.44$	山东、安徽
云贵	$v = 0.751 v_2 + 6.17$	云南、贵州
浙江	$v = 1.262 v_2 + 0.53$	浙江、内陆

注　1. v 为连续自记10min平均风速；v_2 为4次定时2min平均风速。

　　2. 四川换算式系重现期为30年自记10min与相应4次定时风速的比值。

此外，根据各地一些达因自记风速仪的记录，挑出瞬时值大于15m/s的风速，并列出该瞬时大风下的10min平均风速，其二者之比大约为1.5。若瞬时风用风压板观测值换算，考虑到风压板的瞬时风速值均比达因自记的瞬时值偏大，且风压板读瞬时风速可能不及时，有漏掉瞬时风速峰值的机会，取二者之比值约为1.65。

（3）最大风速统计值的计算

参照上述步骤及方法求得气象台、站某一风速

高度 h_i 下连续自记 10min 平均的历年最大风速作统计样本，采用如式（3-1-5）所示的极值 I 型分布函数作为风速概率统计的模型，代入线路规定的重现期 T，即可求得该重现期下的最大风速 v_T：

$$v_T = -\frac{\sqrt{6}}{\pi}\left\{0.57722 + \ln\left[-\ln\left(1-\frac{1}{T}\right)\right]\right\}\sigma_{n-1} + \bar{v}$$

$$(3-1-5)$$

$$\sigma_{n-1} = \sqrt{\frac{\sum(v_i-v)^2}{n-1}} \qquad (3-1-6)$$

式中　v_T——气象台某一高度 h_i 处、重现期为 T 年的连续自记 10min 平均最大风速，m/s；

T——重现期，年；

σ_{n-1}——统计样本标准差；

v_i——样本中的每年最大风速，m/s；

$\bar{v}$——样本中的历年最大风速平均值，$\bar{v} = \frac{\sum v_i}{n}$，m/s；

n——样本中的风速总次数或年数。

式（3-1-5）通常也称为极值分布的耿贝尔（E. J. Gurnbel）矩法[3-3]。以表 3-1-9 中所列北京空旷 B 类地区 1951～1970 年经换算到距地面以上 $h_i = 10m$ 高处的连续自记 10min 平均最大风速资料作统计样本，利用式（3-1-6）算出该组资料的 $\sigma_{n-1} = 2.358$，并求出 $\bar{v} = 19m/s$，以重现期为 50、30、15 年，代入式（3-1-5）分别求出距地高度为 10m 的 $v_{50} = 25.7$ m/s、$v_{30} = 24.65m/s$、$v_{15} = 23.22m/s$。

表 3-1-9　　北京地区 1951～1970 年历年
最大风速（m/s）[3-3]

年　份	1951	1952	1953	1954	1955	1956	1957
最大风速	22.9	17.1	19.7	23.8	23.0	18.0	16.7
年　份	1958	1959	1960	1961	1962	1963	1964
最大风速	16.3	20.3	20.0	17.3	15.0	21.3	15.5
年　份	1965	1966	1967	1968	1969	1970	
最大风速	19.7	20.0	16.5	19.0	21.5	18.0	

若要计算 500kV 线路重现期 T 为 30 年、基准高度 h_s 为 20m 以及 220kV 线路重现期 T 为 15 年、基准高度 h_s 为 15m 的线路最大风速统计值 v_s，尚需按式（3-1-7）将式（3-1-5）求出的 v_T 进行高度影响的换算：

$$v_s = v_T\left(\frac{h_s}{h_i}\right)^\alpha \qquad (3-1-7)$$

式中　h_s、v_s——分别为线路风速的基准高度，m 及该高度处的最大风速统计值，m/s；

h_i、v_T——分别为统计样本风速的同一换算高度，m 及该高度处重现期为 T 的最大风速，m/s；

α——与式（3-1-1）中的含义相同，线路涉及的气象台、站多系 B 类空旷地区，其 α 值取 0.16。

例如将表 3-1-9 中资料算得的 v_{30}、v_{15} 分别代入式（3-1-7）求得 500kV 线路最大风速统计值 $v_s = 27.54m/s$；220kV 线路的 $v_s = 24.78m/s$。

（4）利用《基本风压分布图》计算线路最大风速统计值

1）根据基本风压计算基本风速

GBJ 9—87 中所附全国基本风压分布图，是根据全国 300 多个地点的气象台站，从 1954～1981 年的最大风速资料，按照我国基本风压的标准要求，将不同风仪高度和 4 次定时 2min 平均的年最大风速，统一换算为离地 10m 高、连续自记 10min 平均的年最大风速。以该风速数据，经统计得出重现期为 30 年的最大风速作为基本风速 v_0，按式（3-1-8）计算得出各地空旷地区（B 类）的基本风压 P_0 为：

$$P_0 = \frac{1}{2}\rho v_0^2 = \frac{v_0^2}{1600} \qquad (3-1-8)$$

式中　P_0——风压分布图中的基本风压，kN/m²；

v_0——空旷地区距地 10m 高、重现期为 30 年的连续自记 10min 平均的最大风速，称作基本风速，m/s；

ρ——大风时的空气密度，kg/m³。

上式中的空气密度 ρ 随不同地区的气压、气温、绝对温度而变化，详见式（3-1-13）。但基本风压计算中近似地统一取 $\rho = 1.25kg/m³$（相当于标准大气压力为 1013.3hPa、10℃ 时的干燥空气密度）。自基本风压分布图中查知基本风压 P_0，代入式（3-1-8）即可求出某地区的基本风速 v_0。

2）由基本风速估算线路最大风速的统计值

基本风速的概率统计中亦是采用极值 I 型分布，依此可列出重现期为 30 年的基本风速和其它重现期下最大风速的关系式[3-1]：

$$\left.\begin{array}{l}\dfrac{v_{15}}{v_0} = 0.79 + \dfrac{0.21(\bar{v}-0.45\sigma_{n-1})}{v_0} \approx 0.937 \\[3mm] \dfrac{v_{50}}{v_0} = 1.153 - \dfrac{0.153(\bar{v}-0.45\sigma_{n-1})}{v_0} \approx 1.046\end{array}\right\}$$

$$(3-1-9)$$

式中　v_{15}、v_{30}、v_{50}——某空旷地区距地 10m 高、重现期分别为 15、30、50 年的连续自记 10min 平均最大风速，m/s；

$\bar{v}$、σ_{n-1}——基本风速 v_0 统计样本的风速平

均值和标准差，各地风速样本中的 $\bar{v}$ 和 σ_{n-1} 均不相同，式中统一取 $(\bar{v}-0.45\sigma_{n-1})/v_0$ 的平均值为0.7。

根据线路规定的重现期及基准高度 h_s，将式（3-1-8～9）中算得的距地高度为10m不同重现期下的风速代入式（3-1-7）即可求得线路最大风速的统计值 v_s。

例如从GBJ 9—87的"全国基本风压分布图"中查得郑州地区的基本风压 $P_0=0.4\text{kN/m}^2$，将其代入式（3-1-8）中求得基本风速为 $v_0=25.3\text{m/s}$。将 v_0 代入式（3-1-9）求得 $v_{15}=23.71\text{m/s}$。若求500kV和220kV线路最大风速统计值 v_s，可将 v_0、v_{15} 及其相应的风速高度代入式（3-1-7），分别求得500kV线路的 $v_s=28.27\text{m/s}$；220kV线路的 $v_s=25.3\text{m/s}$。

（5）大跨越工程最大风速统计值的计算

当线路的大跨越工程跨越宽阔的大河流、湖泊、海峡等A类粗糙度的水面上空时，若附近无可靠的风速观测资料，可利用附近B类区气象台、站的大风资料或基本风速，根据大跨越工程规定的重现期和距水面高度10m，先求出跨越地区B类区的最大风速统计值 v_s^B，代入下式（3-1-10）[3-1] 近似求出跨越附近A类区距地面或水面10m高的最大风速统计值 v_s^A：

$$v_s^A=v_s^B\left(\frac{350}{10}\right)^{0.16}\left(\frac{10}{300}\right)^{0.12}=1.174v_s^B$$

（3-1-10）

式中　v_s^A、v_s^B——分别为跨越附近A类区及跨越地区B类区距地或水面高度10m最大风速统计值，m/s。

上式是基于同一地区不同粗糙度的地面上空的梯度风速是相同的。且取B类区的梯度风高度为350m；A类区为300m。两个高度处的风速假定是相同的。

例如要在郑州北部25km处的黄河上建设500kV线路大跨越工程，跨越岸边无气象台站。若假定黄河水面上空为A类粗糙度区，借用郑州B类地区距地10m高、重现期为30年的基本风速 $v_0=25.3\text{m/s}$，及500kV跨越工程规定的重现期为50年，距水面高度为10m（基准高），分别代入式（3-1-9～10）求出跨越A类地区的线路跨越最大风速统计值 $v_s=25.3\times1.046\times1.174=31.07\text{m/s}$。这其中已考虑了水面影响引起的风速增大因素。若按本节三（4）中规定的原则，该跨越点水面以上10m高处的最大设计风速统计值 $v_s=25.3\times1.1\times1.1=30.61\text{m/s}$。

考虑到远离跨越点风速资料的换算误差，选取的最大设计风速宜比上面 v_s 值适当增大。

2. 线路最大设计风速的选定

（1）线路最大设计风速应以本节三中的原则选定。

（2）线路最大设计风速的取值应以沿线附近各气象台、站大风资料经过统计取得的最大风速统计值作为依据。通常以距线路最近气象台、站的数据选定。当较远（100km以内）气象台、站的数据较大时，宜将近台、站的数据适当加大来选定。

（3）应根据沿线地形、大风风向等因素选择能代表线路风速的气象台、站的风速数据。

（4）线路既通过平、丘地带又穿过山区的长线路，宜采用两个不同的最大设计风速段。当跨越山区峡谷、河道或位于暴露的山脊、顶峰，沿迎风坡及垂直于开口无屏障的山口、无屏障的山沟汇交口等线路的微地形段，一般可比山区风速再增大10%。

（5）对远离气象台、站的线路，主要应以当地运行电力线路和通信线路设计、运行状况以及风灾调查为依据。表3-1-10列出供调查用的风级和风速鉴别表。

表 3-1-10　　　　　　　　　　风 级 风 速 鉴 别 表

风力等级	相当风速（m/s）		海 面 物 征 象			陆 地 物 征 象
	范围	中值	海岸渔船动态	一般浪高（m）	最高浪高（m）	
0	0～0.2	0.1	静			静、烟直立
1	0.3～1.5	0.9	寻常渔船略觉摆动	0.1	0.1	烟能表示风向，但风向标不能转动
2	1.6～3.3	2.5	渔船张帆时，每小时可行2～3km	0.2	0.3	人面感觉有风、树叶有微响，风向标能移动
3	3.4～5.4	4.4	渔船感觉簸动，每小时可随风移行5～6km	0.6	1.0	树叶及微枝摇动不息，旌旗展开

续表

风力等级	相当风速（m/s）		海面物征象			陆地物征象
	范围	中值	海岸渔船动态	一般浪高（m）	最高浪高（m）	
4	5.5～7.9	6.7	渔船满帆时，可使渔船倾斜一方	1.0	1.5	能吹起地面尘土和纸张，树的小枝摇动
5	8～10.7	9.4	渔船收帆（即收去帆之一节）	2.0	2.5	有叶的小树摇摆，内陆的水面有小波
6	10.8～13.8	12.3	渔船加倍收帆，捕渔需注意风险	3.0	4.0	大树枝摇动，电线呼呼有声，举伞困难
7	13.9～17.1	15.5	渔船停息港中，在海者下锚	4.0	5.5	全树摇动，大树枝弯下来，逆风步行感觉不便
8	17.2～20.7	19.0	近港之渔船皆停留不出	5.5	7.5	可折毁树枝，人向前行，感觉阻力甚大
9	20.8～24.4	22.6	汽船航行困难	7.0	10.0	烟囱及平屋房顶受到损坏，小屋被破坏
10	24.5～28.4	26.5	汽船航行颇危险	9.0	12.5	陆上少见，见时可使树木拔出或将建筑物吹毁
11	28.5～32.6	30.6	汽船遇之极危险	11.5	16.0	陆上很少，有则必有重大损失
12	大于32.6	大于30.6	海浪滔天	14.0		陆上极少，其摧毁力极大

五、线路风速及风压高度变化系数

空气在地球表面流动时，由于与地面摩擦而产生摩擦力，这种摩擦引起与地面相接近的气流方向和速度有很大变化。随着高度的增加，摩擦对风速的影响逐渐减小，因此，风速随高度而增加，在低气层中增加很快，而当高度很高时则增长逐渐减慢。从理论上看，风速沿高度的增大与地面的摩擦力（粗糙程度）、地表基本风速、高度等主要因素有关。当线路杆塔高度或导、地线的平均高度不同于线路规定的基准高度 h_s 时，其不同高处的风速或风压应乘风速或风压高度变化系数。其风速高度变化系数，仿式（3-1-1）可写为：

$$K_h = \left(\frac{h}{h_s}\right)^{\alpha} \qquad (3\text{-}1\text{-}11)$$

式中　h、K_h——风速距地面或水面的高度，m以及该高度处的风速高度变化系数；

h_s——线路的风速基准高度，m；

α——参见式（3-1-1），一般陆地线路按 B 类取 0.16；宽水面跨越线路上空按 A 类取 0.12。

根据不同类别线路规定的基准高度，代入式（3-1-11）求得距地面或水面以上不同高度 h 处的风速高度变化系数 K_h 列于表 3-1-11 中。

风压高度变化系数 μ_z 为式（3-1-11）风速高度变化系数的平方数，列于下表 3-1-12 中：

表 3-1-12 中对于大跨越线路应根据杆塔和导、地线所处的地形类别选择 A 类或 B 类。这里未考虑 C 类城市区内的线路。需要指出的是表 3-1-12 中的线路风压高度变化系数与现行荷载规范[3-1]中的"风压高度变化系数 μ_z"值不完全相同，原因是线路基准高度与荷载规范中的 10m 高不完全一致。

表 3-1-11　　　　　　　　　　　　　线路风速高度变化系数 K_h

距地面或水面高 h（m） 线路类别	10	15	20	30	40	50	60	70	80	90	100	150	200	250	300	≥350
110～330kV 线路（B 类区）	0.937	1	1.047	1.117	1.170	1.212	1.248	1.280	1.307	1.332	1.355	1.445	1.514	1.569	1.615	1.655
500kV 线路（B 类区）	0.895	0.955	1	1.067	1.117	1.158	1.192	1.222	1.248	1.272	1.294	1.380	1.445	1.498	1.542	1.581
大跨越线路　A 类区	1	1.050	1.087	1.141	1.181	1.213	1.240	1.263	1.283	1.302	1.318	1.384	1.433	1.472	1.504	1.504
大跨越线路　B 类区	1	1.067	1.117	1.192	1.248	1.294	1.332	1.365	1.395	1.421	1.445	1.542	1.615	1.674	1.723	1.766

表 3-1-12　　　　　　　　　　　　　线路风压高度变化系数 μ_z

距地面或水面高 h（m） 线路类别	10	15	20	30	40	50	60	70	80	90	100	150	200	250	300	≥350
110～330kV 线路（B 类区）	0.878	1	1.096	1.248	1.369	1.470	1.558	1.637	1.709	1.774	1.835	2.089	2.291	2.460	2.608	2.74
500kV 线路（B 类区）	0.801	0.912	1	1.139	1.248	1.341	1.421	1.493	1.558	1.618	1.674	1.906	2.089	2.244	3.379	2.499
大跨越线路　A 类区	1	1.102	1.181	1.302	1.395	1.471	1.537	1.595	1.647	1.694	1.738	1.915	2.052	2.165	2.262	2.262
大跨越线路　B 类区	1	1.139	1.248	1.421	1.558	1.674	1.774	1.864	1.945	2.020	2.089	2.379	2.608	2.801	2.970	3.120

六、线路电线风压计算

（一）理论风压

理论风压系以恒定风速 v 垂直吹到平面上，在单位面积上所受到的压力，通常称为"理论风压"。其表示式为：

$$P_0 = \frac{\rho}{2}v^2 \qquad (3\text{-}1\text{-}12)$$

式中　P_0——平面上的理论风压，Pa（或 N/m^2）；

v——风速，m/s；

ρ——空气密度，kg/m^3。

式中空气密度 ρ 随气象台、站的气压、气温、湿度而变化，其计算式为：

$$\rho = \frac{1.2930}{1 + 0.00367t}\left(\frac{p - 0.378H}{1013.3}\right) \qquad (3\text{-}1\text{-}13)$$

式中　p——大气压，hPa（1hPa = 1mbar）；

H——绝对湿度，hPa；

t——气温，℃。

我国对风速的测量，用不同的仪表，维尔达式风压板和达因风管式风速仪都是利用风压换算成风速读数。换算时一般取 $\rho = 1.25\text{kg/m}^3$（标准大气压下，气温为 10℃ 时的干燥空气密度）。这对高海拔地区由于 ρ 较小，测得的风速读数偏小，但气象部门并未根据当地空气密度进行风速订正。我国气象台、站以往大多采用上述风压式测风仪，故对这类风速资料，在计算风压时仍取 $\rho = 1.25\text{kg/m}^3$ 是正确的。但今后随着连续自记资料的增多，多采用风杯式测风仪，所测风速读数与空气密度无关，故计算风压时应采用当地的实际空气密度。表 3-1-13 列出我国部分地区大风时空气密度计算值以及 $2/\rho$ 值，仅供参考。

表 3-1-13　　　　　　　　　　我国部分地区大风时的空气密度 ρ（kg/m^3）

地　区	纬　度	海拔高（m）	气温（℃）	气压（hPa）	绝对湿度（hPa）	空气密度 ρ（kg/m^3）	$2/\rho$（m^3/kg）
海拉尔	49°13′	676.6	13.8	941.11	1.333	1.142	1.751
武　汉	30°38′	23.0	2.6	1024.51	6.400	1.292	1.548
哈尔滨	45°45′	145.1	2.8	970.91	6.307	1.223	1.635
长　春	43°52′	215.7	5.2	982.78	5.333	1.229	1.627
沈　阳	41°47′	44.3	12.3	998.86	10.000	1.215	1.646
塘　沽	38°59′	5.0	14.0	1002.57	10.933	1.212	1.650
北　京	39°57′	52.3	12.5	1001.15	4.453	1.219	1.641

续表

地 区	纬 度	海拔高 （m）	气 温 （℃）	气 压 （hPa）	绝对湿度 （hPa）	空气密度 ρ （kg/m³）	$2/\rho$ （m³/kg）
重 庆	29°30′	260.6	12.1	987.19	10.933	1.202	1.664
成 都	30°46′	553.4	20.8	1010.35	14.053	1.192	1.678
赤 峰	42°17′	575.4	2.6	937.24	2.880	1.183	1.691
西 安	34°15′	416.0	11.4	971.89	9.400	1.186	1.686
南 京	32°04′	61.5	20.6	1001.14	22.466	1.178	1.698
青 岛	36°04′	77.0	19.0	984.78	20.266	1.166	1.715
上 海	30°11′	5.0	23.1	985.30	25.493	1.148	1.742
酒 泉	39°50′	1478.2	9.0	856.02	0.0133	1.057	1.892
贵 阳	26°34′	1071.2	18.91	888.74	18.546	1.052	1.901
昆 明	26°02′	1893.3	17.6	806.73	9.520	0.963	2.077

（二）电线风荷载计算

风作用于电线上产生的横向风荷载，并非上述理论风压与电线受风面之积，还要考虑电线的体型系数、与风速大小有关的风压不均匀系数、与电压等级和风速大小有关的风载调正系数、与电线平均高度有关的风速高度变化系数以及风向与电线轴向间的夹角等影响。电线水平档距为 l_H 时的风荷载计算公式为：

$$W_x = 0.625\alpha\mu_{sc}\beta_c\ (d+2\delta)\ l_H\ (K_h v)^2$$
$$\times \sin^2\theta \times 10^{-3}$$
$$= g_H l_H \beta_c \sin^2\theta \qquad (3-1-14)$$

式中 W_x——电线水平档距为 l_H，电线平均高度为 h、垂直于电线轴线的水平风荷载，N；

α——电线风压不均匀系数，见表 3-1-14；

μ_{sc}——电线体型系数，见表 3-1-15；

β_c——500kV 线路电线作用于杆塔上的风载调整系数，见表 3-1-16；

v——线路规定基准高 h_s 处的设计风速，m/s；

K_h——电线平均高为 h 处的风速高度变化系数，见式（3-1-11）及表 3-1-11，当 $h = h_s$ 时，$K_h = 1$；

d——电线外径，mm；

δ——电线覆冰厚度，mm，无冰时 $\delta = 0$；

l_H——杆塔水平档距，m；

θ——风向与电线轴向间的夹角，deg；

g_H——电线单位长度上的风荷载，$g_H = 0.625\alpha\mu_{sc}\ (d+2\delta)\ \times\ (K_h v)^2 \times 10^{-3}$，N/m。

1. 电线风压不均匀系数 α

沿整个档距内电线各点的风速，不可能都相同，其不均匀度随风速、档距增大而加大，为考虑整档电线所受风荷载与设计选用整档同一的风速相吻合，采用一个风压不均匀系数。该系数还分两种情况：①计算电线作用于杆塔上的风荷载时所采用的 α；②为计算直线杆塔上导线及悬垂绝缘子串风偏角，校验电气间隙时所采用的 α（计算耐张杆塔上的跳线风偏角时 $\alpha = 1$）。其值均列于表 3-1-14 中。

表 3-1-14   电线风压不均匀系数 α

基准高度 的风速 v （m/s）　　α	≤10	15	20≤v <30	30≤ v<35	v≥35
计算杆塔所受 张力和风荷载时	1.0	1.0	0.85	0.75	0.7
校验电气间隙计算 张力和风荷载时	1.0	0.75	0.61	0.61	0.61

表 3-1-14 中校验直线杆塔电气间隙时计算电线张力和风荷载所采用的 α 值也可按式（3-1-15）计算：

$$\alpha = 5.543 v^{-0.737} \qquad (3-1-15)$$

式中 v——基准高度处的设计风速（大于 20m/s 时，仍采用 20m/s），m/s。

2. 电线体型系数 μ_{sc} 及风向因素 $\sin^2\theta$

物体所受到的实际风压与物体的体形和气流方位有关，这种影响通常以"体型系数"的大小来表示（亦称空气动力系数），即物体体形对风阻力大小的系数。如"流线"型，表面光滑的物体就是减小体型系数的典型。在同样受风面和风速下，"流线"型所受的风压要小。对于规程规定的电线体型系数，是以水平风向与电线轴线成 90°时的值。其实考虑风向方位的 $\sin^2\theta$ 亦是体型系数的范围。风向与电线轴线垂直时的体型系数列于表 3-1-15 中。

表 3-1-15　电线受风体型系数 μ_{sc}

表面状况	无冰时		覆冰时
电线外径 d（mm）	$d<17$	$d\geq17$	不论 d 大小
μ_{sc}	1.2	1.1	1.2

3. 500kV 线路电线作用于杆塔上的风载调整系数 β_c

该项风压增大系数是考虑 500kV 线路因绝缘子串较长、子导线多，有发生动力放大的可能，且随风速增大而加剧。为提高 500kV 线路杆塔安全度而专设的一项风载调整系数，其数值列于表 3-1-16 中。

表 3-1-16　500kV 线路电线作用于杆塔上的风载调整系数 β_c

基准高度的风速 v（m/s）	<20	$20\leq v$ <30	$30\leq v$ <35	$v\geq35$
β_c	1.0	1.1	1.2	1.3

七、电线覆冰厚度的选择

当天空中的"过冷却"水滴及湿雪下降碰到地面上低于 0℃ 的冷物体后，便会在物体表面冻结成冰。由于气候条件和地理条件的不同，覆冰种类大致可分雾凇和雨凇两类。雾凇密度较轻（约 $0.1\sim0.4\times10^3\text{kg/m}^3$），形呈针状或羽毛状结晶，冻结不密实。雨凇密度则较大（约 $0.5\sim0.9\times10^3\text{kg/m}^3$），冻结成浑然一体的透明状冰壳，附着力很强，电线覆冰常指这类雨凇而言。

形成雨凇的气象条件多在 $0\sim-10℃$，风速 $5\sim15\text{m/s}$，湿度约 80% 以上。覆冰和地理条件也很有关系，地形条件能促使"过冷却"雨下降外，其它如平原中的突出高地，暴露的丘陵顶峰及高海拔地区、迎风山坡、垭口、风道、水面上空等覆冰相对比较严重。

由于目前电线覆冰方面的气象观测资料积累不多，因此设计送电线路时，要特别注意调查线路通过地区附近的已有电力线，通信线及自然物上的覆冰情况并沿新建线路所经地区进行覆冰调查访问（如覆冰地区树枝末端呈下垂状或折断下垂情况等），根据线路地形的具体特点、确定设计覆冰厚度。对于严重覆冰的微地形地段，可自成耐张段单独考虑不同的冰厚。当无可靠的覆冰记录时，在常年最低气温零度以

下的，应考虑电力线覆冰，其冰厚度不小于 5mm，密度按 $0.9\times10^3\text{kg/m}^3$ 计算。

电线覆冰厚度系指覆冰成圆形的厚度，然而实际覆冰断面可能成各种不规则形状，测量方法有很多种。一般常用方法有测记"长径"及"短径"，然后以其平均直径作为覆冰成圆形的直径，或以"长、短径"作为椭圆，计算面积，再以此面积作为圆形面积折算出圆形直径。也可量电线覆冰断面周长作为圆周长折算出圆形直径。但这些方法只能反映实际线路上的覆冰厚度，由于不知冰的密度，难以折算成设计要求的冰厚。比较准确的方法是在线路覆冰时的现场截取一段覆冰的电线（电线断线时易办到），计量电线覆冰后单位长度的总质量 p_3，用式（3-1-16）折算出覆冰厚度 δ：

$$\delta=\sqrt{\left(\frac{d}{2}\right)^2+\frac{p_3-p_1}{\pi\rho_i}\times10^6}-\frac{d}{2} \qquad (3-1-16)$$

式中　p_3——电线每米覆冰后总质量，kg/m；
　　　p_1——无冰时电线每米自重，kg/m；
　　　ρ_i——覆冰密度、设计采用 900kg/m³；
　　　d——无冰时电线外径，mm；
　　　δ——电线覆冰厚度，mm。

当从现场覆冰电线上剥掉一段纯冰，计量得到电线单位长度覆冰质量 $p_2=(p_3-p_1)$ kg/m 时，将其代入上式同样也可得电线的覆冰厚度 δ。

对确认的个别严重覆冰地段，在经济、技术条件许可下，选择路径的尽量避开为宜。

八、计算用气象条件的组合

线路设计所选用的气象条件组合，除应合理地反映一定程度的自然变化规律外，还要适合整个结构上的技术经济合理性及设计计算上的方便性。因此，必须根据线路实际运行中可能遇到的情况，慎重地调查分析原始气象资料，合理地概括出"组合气象条件"。

（一）选择组合气象条件的要求

(1) 线路在大风、覆冰及最低气温时仍能正常运行。

(2) 线路在断线及不平衡张力情况下，不使事故范围扩大，即杆塔不致倾覆。

(3) 线路在安装过程中不致发生人身或设备损坏事故。

(4) 线路在重冰区及大跨越等特殊区段的稀有气象验算条件下，不致发生杆塔倾覆和断线。

(5) 线路在正常运行情况下，在任何季节里，导线对地面或与其它地物保持足够的安全距离。

(6) 线路在长期运行中，应保证导线或地线有足够的耐振动性能。

（二）线路正常运行情况下的气象组合

线路在正常运行中使电线及杆塔产生较大受力的气象条件，不外乎出现大风、覆冰及最低气温这三个因素。但根据气象规律不应该把这三个因素的极值都组合在一起，而是分别考虑三种气象组合。一般考虑最大风时不覆冰，气温取该地区发生大风月的平均气温或稍低一些。考虑电线覆冰时，根据雨凇形成规律，一般取相应的风速为10m/s，若地区最大风速很大（如35m/s以上）可取相应风速为15m/s，覆冰时气温取－5℃。考虑最低气温时不出现冰、风。

（三）线路安装和检修情况下的气象组合

线路要考虑一年四季中有安装、检修的可能（这里仅指机械性作业），但在严重气象条件时，则应暂停。规程规定："遇有六级以上大风，禁止高空作业"。因此，安装情况下的气象条件按风速为10m/s、无冰、气温为最低气温月的平均气温，基本上能概括全年的安装检修时的气象情况。但对其它特殊情况，如冰、风事故中的抢修或安装中途出现大风等，只有靠安装时用辅助加强措施来解决。

（四）平均运行应力的气象条件组合

线路设计中，应保证电线在长期运行中有足够的耐振性，其中电线静态应力越高，振动越显严重，因此需要将振动时的静态应力控制在一定的限度内，而这一应力在实际运行中是经常随气象变化而改变的。为了概括出经常引起振动的应力平均值，就需要归纳出平均运行应力的气象组合。

电线易在微风低温下振动，且低温时综合应力亦较大，故这一气象组合采用规程规定的年平均气温。而按照现行设计规程规定，如地区年平均气温在3～17℃之间，年平均计算气温应采用与此数邻近的5的倍数温度值；如地区年平均气温超出3～17℃范围时，应将年平均气温降低3～5℃后再采用与此数邻近的5的倍数温度值。

（五）线路断线情况下的气象组合

按DL/T 5092—1999规定，覆冰厚度小于20mm的线路，断线气象条件的组合为无风、无冰和最低气温月的最低平均气温；冰厚为20mm及以上的重冰区线路，其断线（含纵向不平衡张力）气象组合为无风、气温为－5℃、覆冰荷载不小于正常覆冰荷载的50%。

（六）绝缘配合情况下的气象组合

（1）运行电压气象条件与正常最大设计风速条件相同。

（2）操作过电压气象条件为年平均气温、无冰、风速为最大设计风速的50%，且不得小于15m/s。

（3）雷电过电压气象条件为气温＋15℃、无冰、最大设计风速小于35m/s时其风速一般采用10m/s；

当最大设计风速为35m/s及以上以及雷暴时风速较大的地区，一般采用15m/s。

第二节　电线的机械特性和比载

一、电线的种类和选用

送电线路的导线和地线（统称电线）长期在旷野、山区或湖海边缘运行，需要经常耐受风、冰等外荷载的作用，气温的剧烈变化以及化学气体等的侵袭，同时受国家资源和线路造价等因素的限制。因此，在设计中特别是大跨越地段，对电线的材质、结构等必须慎重选取。

选定电线的材质、结构一般应考虑下述原则：

（1）导线材料应具有较高的导电率。但考虑国家资源情况，一般不应采用铜线。

（2）导线和地线应具有较高的机械强度和耐振性能。

电线的种类、用途参见表3-2-2。

（3）导线和地线应具有一定的耐化学腐蚀能力。

（4）选择电线材质和结构时，除满足传输容量外还应保证线路的造价经济和技术合理。

二、单股线的机械特性

各种电线的单股线的机械特性一般如表3-2-1所示。

表 3-2-1　　　　单股电线的机械特性

材料　特性	弹性系数 （N/mm²）	线膨胀系数 （1/℃）	密　度 （10³kg/m³）	抗拉强度 （N/mm²）
硬铜线	127000	17×10^{-6}	8.98	400～450
硬铝线	59000	23×10^{-6}	2.703	159～200
铝合金线	63000	23×10^{-6}	2.703	290～310
镀锌钢线	196000	12×10^{-6}	7.80	1175～1570

例如国家标准GB 3953—83规定特硬圆铜线的抗拉强度为

$$\sigma_{ts} \geqslant (47.1 - 1.1d) \times 9.80665 \qquad (3-2-1)$$

式中　d——股径，mm；

　　　σ_{ts}——铜线抗拉强度，N/mm²。

又如国家标准GB 1179—83对圆铝线及镀锌钢芯线的抗拉强度等都有详细标准。详见第十一章第二节中国家最新标准。

三、钢芯铝绞线的机械特性

钢芯铝绞线的弹性系数（或弹性模量）E，为单位截面上作用一单位应力时，电线单位长度上所产生的伸长值的倒数值（简称弹性伸长系数的倒数值）。

钢芯铝绞线弹性系数 E 的大小不仅与铝钢的截面比及两者的单一弹性系数有关，而且与电线的扭绞角度以及在使用中所出现的最大应力等因素有关。工程计算中一般容许不考虑扭绞对应力大小的影响，仅根据钢和铝的伸长相同这一假定，按下式计算：

$$E = \frac{E_s + mE_{al}}{1 + m} \qquad (3-2-2)$$

式中　E_{al}、E_s、E——分别为铝、钢和综合弹性系数，N/mm^2；

　　　m——铝对钢的截面比，$m = \dfrac{A_{al}}{A_s}$。

如果考虑电线的扭绞影响，则所得电线综合弹性系数将较上式为小。具体结果参见表 11-2-5 所列最终弹性系数。

钢芯铝绞线的膨胀系数 α，为温度升高 1℃时电线单位长度的伸长值。工程计算所采用的公式同样像上述求弹性系数的假定，按下式计算：

$$a = \frac{a_s E_s + m a_{al} E_{al}}{E_s + m E_{al}}$$

$$= \frac{a_s E_s + m a_{al} E_{al}}{E(1 + m)} \qquad (3-2-3)$$

钢芯铝绞线的膨胀系数，也可在表 11-2-5 中查到。

钢芯铝绞线及铝绞线的计算拉断力 T_{ts}，可在表 11-2-1 和表 11-2-12 中查到。如为非标准型，则可按下式计算：

$$T_{ts} = a\sigma_{al} A_{al} + \sigma_{1\%} A_s \qquad (3-2-4)$$

式中　σ_{al}——绞前铝线抗拉强度最小值，N/mm^2；

　　　A_{al}——铝线总截面，mm^2；

　　　$\sigma_{1\%}$——钢线伸长 1% 的应力，N/mm^2；

　　　A_s——钢线总截面，mm^2；

　　　a——铝线的强度损失系数：37 股及以下的铝绞线取 0.95；37 股以上的铝绞线取 0.9；各种钢芯铝绞线取 1.0。

对于 GB 1179—83 中的钢芯铝绞线，由于导线上有接续管、耐张管、补修管使导线拉断力降低，故设计使用的导线保证计算拉断力为计算拉断力的 95%。

关于钢芯铝绞线、铝绞线、铝合金绞线、钢芯铝合金绞线、铝包钢线、铝包钢绞线、钢芯铝包钢绞线、扩径钢芯铝绞线、圆铜线、硬铜绞线、铜包钢线、镀锌钢绞线等的国家标准和企业标准详见第十一章第二节。

表 3-2-2　　　　　　　　　　　　　　　　电线的种类、用途

电线类型	品　种	型号	电线结构概况	用途及选用原则
硬铝线	硬圆铝单线	LY	用硬拉铝制成的单股线	送电线路不许使用
	铝绞线	LJ	用圆铝单线多股绞制的绞线	对 35kV 架空线路铝绞线截面不得小于 35mm²，对 35kV 以下线路不小于 25mm²
钢芯铝绞线	铝钢截面比 $m = 1.7 \sim 21$	LGJ	内层（或芯线）为单股或多股镀锌钢绞线，主要承担张力；外层为单层或多层硬铝绞线，为导电部分	对普通程度钢芯，铝钢截面比 m 在 12 以上的常称特轻型，用于变电站母线及小档距低压线路。m 在 6.5～12 的常称轻型，用于一般平丘地区的高压线路。m 在 5～6.5 的常称正常型，用于山区及大档距线路。m 在 4～5.0 的常称加强型，用于重冰区及大跨越地段。m 在 1.72 以下的常称特强型，多作为良导体架空地线用。另有钢芯稀土铝绞线 LXGJ，与 LGJ 型结构尺寸相同，其导电率、延伸率、耐腐蚀性优于 LGJ 型
防腐型钢芯铝绞线	轻防腐 中防腐 重防腐	LGJF	结构型式及机械、电气性能与普通钢芯铝绞线相同 轻防腐型—仅在钢芯上涂防腐剂 中防腐型—仅在钢芯及内层铝线上涂防腐剂 重防腐型—在钢芯和内、外层铝线均涂防腐剂	用于沿海及有腐蚀性气体的地区

续表

电线类型	品　　种	型号	电线结构概况	用途及选用原则
镀锌钢线	硬镀锌钢单线	GY	以碳素钢拉制成的单股线，外表镀锌	一般均做架空地线用。用作导线时，35kV 以上架空线路不许使用单股线，绞线截面不小于 $16mm^2$
	镀锌钢绞线	GJ	用多股镀锌钢线绞制成绞线	10kV 以下线路单线直径不小于 3.5mm；绞线截面不小于 $10mm^2$；大跨越段可采用高强度镀锌钢绞线做芯线或导线，但做导线时应具有较高的导电率
铝合金线	铝合金单线 铝合金绞线 钢芯铝合金绞线	LH LHJ LHGJ	以铝、镁、硅合金拉制的圆单线或用多股作成绞线，抗拉强度接近铜线，导电率及重量接近铝线	抗拉强度高，可减少弧垂，降低线路造价。单股线在线路上不许使用。加强型钢芯铝合金绞线常用于线路大跨越导线（尚有耐高温高强度铝合金绞线）
铝包钢绞线	铝包钢绞线	LBJ	以单股钢线为芯，外面包以铝层，作成单股及多股绞线	线路的大跨越、地线通信、良导体地线等
铝包钢芯铝绞线			芯线为铝包钢绞线，外层为单层或多层铝绞线	用于轻腐蚀地带及良导体地线等
压缩型（光体）钢芯铝绞线	普通型 加强型	LGJY LGJJY	将一般钢芯铝绞线，进行径向压缩，外层线变成扇形，表面光滑	LGJY 型适用于农村、山区小档距及具有一定拉力强度的线路；LGJJY 型适用于农村、山区大档距拉力强度较大的线路 与普通钢芯铝线比较，同截面时强度高；同强度时外径小，空气动力系数低，故承受风压荷载、冰雪荷载小
硬铜线	硬圆铜单线 硬铜绞线	TY TJ	用硬拉铜制成的单股线或用多股制成绞线	铜导线在一般情况下不推荐使用。必须使用铜线时，导线最小截面规定如下：35kV 以上线路不许使用单股线；绞线截面不小于 $25mm^2$；10kV 及以下线路单股线不小于 $16mm^2$，绞线不小于 $16mm^2$
光缆复合架空地线	光纤、铝包钢线和铝线	OPGW	芯线为光导纤维的光缆，外层绞绕承受张力的铝包钢线和导电用的铝线或铝合金线	用于兼作系统通信、远动保护、摇测、遥控等通信传输的线路架空地线

四、电线单位荷载及比载

电线每米长度上的荷载简称单位荷载 g（N/m），将其折算到电线单位载面上的荷载称为比载 γ [N/($m \cdot mm^2$)]。电线上各种单位荷载及比载的意义和计算式列于表 3-2-3。

表 3-2-3　　　　　　　　　　　　　　　　　　　电线单位荷载及比载计算表

单位荷载及比载类别	单位荷载（N/m）		比载［N/（m·mm²）］		说　　　明
	符号	计　算　公　式	符号	计算公式	
自重力荷载	g_1	$9.80665 \times p_1$	γ_1	g_1/A	A—电线截面积，mm^2
冰重力荷载	g_2	$9.80665 \times 0.9\pi\delta\ (\delta+d)\ \times 10^{-3}$	γ_2	g_2/A	p_1—电线单位质量，kg/m
自重力加冰重力荷载	g_3	g_1+g_2	γ_3	g_3/A	d—电线直径，mm
无冰时风荷载	g_4	$0.625v^2 d\alpha\mu_{sc} \times 10^{-3}$	γ_4	g_4/A	δ—电线覆冰厚度，mm v—电线平均高度处的风速， m/s
覆冰时风荷载	g_5	$0.625v^2\ (d+2\delta)\ \alpha\mu_{sc} \times 10^{-3}$	γ_5	g_5/A	α—电线风压不均匀系数 μ_{sc}—电线体型系数
无冰时综合荷载	g_6	$\sqrt{g_1^2+g_4^2}$	γ_6	g_6/A	表中对重力加速度值取 $9.80665 m/s^2$，对空气密度取
覆冰时综合荷载	g_7	$\sqrt{g_3^2+g_5^2}$	γ_7	g_7/A	$1.25 kg/m^3$

第三节　电线应力弧垂计算

一、电线悬挂曲线方程式

在送电线路中，电线是以杆塔为支持物而悬挂起来的。其悬挂曲线形状和表征参数如表 3-3-1 中所示。对于悬挂在两固定点 A、B 的一根柔软的（指不承受弯曲应力）且荷载沿线长均匀分布的绳索，其所形成的形状为"悬链线"。在送电线路中，当所使用的档距足够大时，电线材料的刚性影响可以忽略，

同时电线的荷载系沿线长均匀分布，则电线悬挂形状也可认为是"悬链线"。有关"悬链线"特性的公式列于表 3-3-1 中。从公式中可以看出悬链线方程包含着双曲线函数，计算比较复杂不便使用，故一般将悬链线公式简化为斜抛物线公式或平抛物线公式。所谓斜抛物线公式是近似地认为电线荷载沿悬挂点连线上均匀分布而简化得来。所谓平抛物线是近似地认为电线荷载沿悬挂点间的水平线上均匀分布而简化得来。另一方面也可以从悬链线公式的级数展开式中取其主要项直接近似得到斜（平）抛物线公式，其公式相应地列于表 3-3-1 中。

表 3-3-1　　　　　　　　　　　　　　　　　　　电线应力弧垂公式一览表[3-4]

公式类别 / 参数	悬链线公式	斜抛物线公式	平抛物线公式
曲线方程　坐标 O 点位于电线最低点	$y=\dfrac{\sigma_0}{\gamma}\left(ch\dfrac{\gamma x}{\sigma_0}-1\right)=\dfrac{\gamma x^2}{2\sigma_0}+\dfrac{\gamma^3 x^4}{24\sigma_0^3}+\cdots$	$y=\dfrac{\gamma x^2}{2\sigma_0 cos\beta}$	$y=\dfrac{\gamma x^2}{2\sigma_0}$
坐标 O 点位于电线悬挂点 A	$y'=\dfrac{\sigma_0}{\gamma}\left[ch\dfrac{\gamma\ (l_{AO}-x')}{\sigma_0}-ch\dfrac{\gamma l_{OA}}{\sigma_0}\right]$；或 $y'=\dfrac{-2\sigma_0}{\gamma}\left[sh\dfrac{\gamma\ (2l_{OA}-x')}{2\sigma_0}sh\dfrac{\gamma x'}{2\sigma_0}\right]$	$y'=x'tan\beta-\dfrac{\gamma x'\ (l-x')}{2\sigma_0 cos\beta}$	$y'=x'tan\beta-\dfrac{\gamma x'\ (l-x')}{2\sigma_0}$

续表

公式类别　参数		悬　链　线　公　式	斜抛物线公式	平抛物线公式
电线弧垂	坐标 O 点位于电线最低点	$f_x = y_A + \tan\beta(l_{OA}+x) - y$ $= \dfrac{2\sigma_0}{\gamma}\text{sh}\dfrac{\gamma(l_{OA}+x)}{2\sigma_0}\text{sh}\dfrac{\gamma(l_{OA}-x)}{2\sigma_0}$ $+ \tan\beta(l_{OA}+x)$	$f_x = \dfrac{\gamma(l_{OA}^2-x^2)}{2\sigma_0\cos\beta}$ $+ \tan\beta(l_{OA}+x)$	$f_x = \dfrac{\gamma(l_{OA}^2-x^2)}{2\sigma_0}$ $+ \tan\beta(l_{OA}+x)$
	坐标 O 点位于电线悬挂点 A	$f'_x = x'\tan\beta - y' = x'\tan\beta$ $+ \dfrac{2\sigma_0}{\gamma}\left[\text{sh}\dfrac{\gamma(2l_{OA}-x')}{2\sigma_0}\text{sh}\dfrac{\gamma x'}{2\sigma_0}\right]$	$f'_x = \dfrac{\gamma x'(l-x')}{2\sigma_0\cos\beta}$ $= \dfrac{4x'}{l}\left(1-\dfrac{x'}{l}\right)f_m$	$f'_x = \dfrac{\gamma x'(l-x')}{2\sigma_0}$ $= \dfrac{4x'}{l}\left(1-\dfrac{x'}{l}\right)f_m$
	最大弧垂	$f_m = \dfrac{\sigma_0}{\gamma}\left[\text{ch}\left(\dfrac{\gamma l}{2\sigma_0}\right)\times\sqrt{1+\left(\dfrac{h}{\dfrac{2\sigma_0}{\gamma}\text{sh}\dfrac{\gamma l}{2\sigma_0}}\right)^2}\right.$ $\left.-\sqrt{1+\left(\dfrac{h}{l}\right)^2}+\dfrac{h}{l}\right.$ $\left.\times\left(\text{sh}^{-1}\dfrac{h}{l}-\text{sh}^{-1}\dfrac{h}{\dfrac{2\sigma_0}{\gamma}\text{sh}\dfrac{\gamma l}{2\sigma_0}}\right)\right]$	$f_m = \dfrac{\gamma l^2}{8\sigma_0\cos\beta}$ （档距中央）	$f_m = \dfrac{\gamma l^2}{8\sigma_0}$ （档距中央）
	档内线长	$L = \sqrt{\dfrac{4\sigma_0^2}{\gamma^2}\text{sh}^2\dfrac{\gamma l}{2\sigma_0}+h^2}$ $= \dfrac{\sigma_0}{\gamma}\left(\text{sh}\dfrac{\gamma l_{OA}}{\sigma_0}+\text{sh}\dfrac{\gamma l_{OB}}{\sigma_0}\right)$	$L = \dfrac{l}{\cos\beta}+\dfrac{\gamma^2 l^3\cos\beta}{24\sigma_0^2}$	$L = l + \dfrac{h^2}{2l}+\dfrac{\gamma^2 l^3}{24\sigma_0^2}$
悬挂点应力	切线方向综合值	$\sigma_A = \sigma_0\text{ch}\dfrac{\gamma l_{OA}}{\sigma_0}=\sigma_0+\gamma y_A$ $=\sigma_0\left[\left(\sqrt{1+\left(\dfrac{h}{\dfrac{2\sigma_0}{\gamma}\text{sh}\dfrac{\gamma l}{2\sigma_0}}\right)^2}\right)\text{ch}\dfrac{\gamma l}{2\sigma_0}-\dfrac{\gamma h}{2\sigma_0}\right]$ $\sigma_B = \sigma_0\left[\left(\sqrt{1+\left(\dfrac{h}{\dfrac{2\sigma_0}{\gamma}\text{sh}\dfrac{\gamma l}{2\sigma_0}}\right)^2}\right)\text{ch}\dfrac{\gamma l}{2\sigma_0}+\dfrac{\gamma h}{2\sigma_0}\right]$	$\sigma_A = \sqrt{\sigma_0^2+\dfrac{\gamma^2 l_{OA}^2}{\cos^2\beta}}$; $\sigma_B = \sqrt{\sigma_0^2+\dfrac{\gamma^2 l_{OB}^2}{\cos^2\beta}}$	$\sigma_A = \sigma_0 + \dfrac{\gamma^2 l_{OA}^2}{2\sigma_0}$; $\sigma_B = \sigma_0 + \dfrac{\gamma^2 l_{OB}^2}{2\sigma_0}$
	垂直分量	$\sigma_{AV}=\gamma L_{OA}=\sigma_0\text{sh}\dfrac{\gamma l_{OA}}{\sigma_0}$; $\sigma_{BV}=\gamma L_{OB}=\sigma_0\text{sh}\dfrac{\gamma l_{OB}}{\sigma_0}$	$\sigma_{AV}=\dfrac{\gamma}{\cos\beta}l_{OA}$; $\sigma_{BV}=\dfrac{\gamma}{\cos\beta}l_{OA}$	$\sigma_{AV}=\gamma l_{OA}$; $\sigma_{BV}=\gamma l_{OB}$
	电线最低点到悬挂点电线间水平距离	$l_{OA}=\dfrac{l}{2}-\dfrac{\sigma_0}{\gamma}\text{sh}^{-1}\dfrac{\gamma h}{2\sigma_0\text{sh}\dfrac{\gamma l}{2\sigma_0}}$; $l_{OB}=\dfrac{l}{2}+\dfrac{\sigma_0}{\gamma}\text{sh}^{-1}\dfrac{\gamma h}{2\sigma_0\text{sh}\dfrac{\gamma l}{2\sigma_0}}$	$l_{OA}=\dfrac{l}{2}-\dfrac{\sigma_0}{\gamma}\sin\beta$; $l_{OB}=\dfrac{l}{2}+\dfrac{\sigma_0}{\gamma}\sin\beta$	$l_{OA}=\dfrac{l}{2}-\dfrac{\sigma_0}{\gamma}\tan\beta$; $l_{OB}=\dfrac{l}{2}+\dfrac{\sigma_0}{\gamma}\tan\beta$
	电线悬挂点到电线最低点间垂直距离	$y_A=\dfrac{\sigma_0}{\gamma}\left(\text{ch}\dfrac{\gamma l_{OA}}{\sigma_0}-1\right)$; $y_B=\dfrac{\sigma_0}{\gamma}\left(\text{ch}\dfrac{\gamma l_{OB}}{\sigma_0}-1\right)$	$y_{OA(OB)}=\dfrac{\gamma l^2_{OA(OB)}}{2\sigma_0\cos\beta}$ $=f_m\left(1\mp\dfrac{h}{4f_m}\right)^2$	$y_{OA(OB)}=\dfrac{\gamma l^2_{OA(OB)}}{2\sigma_0}$ $=f_m\left(1\mp\dfrac{h}{4f_m}\right)^2$

续表

公式类别 参数	悬　链　线　公　式	斜抛物线公式	平抛物线公式
电线悬挂点电线悬垂角（倾斜角）	$\theta_A = \tan^{-1} sh\dfrac{\gamma l_{OA}}{\sigma_0};$ $\theta_B = \tan^{-1} sh\dfrac{\gamma l_{OB}}{\sigma_0}$	$\theta_{\substack{A\\B}} = \tan^{-1}\left(\dfrac{\gamma l}{2\sigma_0 \cos\beta} \mp \dfrac{h}{l}\right)$	$\theta_{\substack{A\\B}} = \tan^{-1}\left(\dfrac{\gamma l}{2\sigma_0} \mp \dfrac{h}{l}\right)$

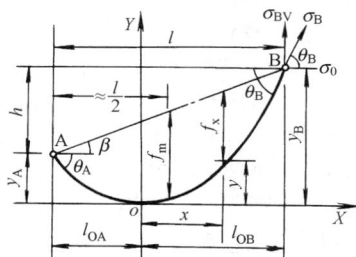

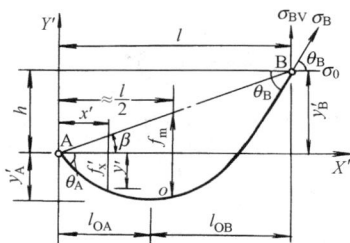

式中　　$shx = \dfrac{e^x - e^{-x}}{2} = x + \dfrac{x^3}{3!} + \dfrac{x^5}{5!} + \dfrac{x^7}{7!} + \cdots$ 双曲线函数正弦；

$chx = \dfrac{e^x + e^{-x}}{2} = 1 + \dfrac{x^2}{2!} + \dfrac{x^4}{4!} + \dfrac{x^6}{6!} + \cdots$ 双曲线函数余弦；

l——档距（两悬挂点间之水平距离），m；

h——高差（两悬挂点间之垂直距离），m；

β——高差角，$\tan\beta = \dfrac{h}{l}$；

f——电线弧垂（两悬挂点连线上各点到电线上的垂直距离），m；

y、y'——电线各点到横坐标轴的垂直高度，m；

σ_0——电线各点的水平应力（亦即最低点之应力），N/mm²；

γ——电线比载（即单位长度单位截面上的荷载），N/m·mm²

二、弧垂公式的选用

弧垂误差比较：若以悬链线弧垂公式作为准确公式，则在同样条件下（即 l,γ,σ,h 相同），抛物线公式算得的弧垂偏小，且随着 $\dfrac{\gamma l}{\sigma_0}$ 的增加而误差增大。

弧垂公式的选择关系到电线使用应力的误差和电线对跨越物的间距误差问题。由于悬链线公式计算复杂，故一般工程设计与施工常采用平抛物线公式，即电线偏于拉紧，使应力偏大。线路在一般使用档距和应力下，$\dfrac{f_m}{l} = \dfrac{\gamma l}{8\sigma_0}$ 约在 0.1 以下，弧垂减小值不超过 2%，也可近似的认为应力增大值不超过 2.0%。由于电线使用应力考虑了较大的安全系数，而且如此程度的应力增量同施工测量误差，悬挂点应力增量，振动附加应力，接头强度降低等因素比较并不占显著地位，故可认为是容许的。然而在实际架线中往往并不能保证均以平抛物线的小弧垂架线，如连续档中有悬挂点等高档和不等高档，若在等高档观测弧垂，而

不等高档内的弧垂必然要大于平抛物线计算值。因此，对于大档距和大高差的档距，在杆塔定位与施工架线中，要采取措施避免对地或跨越物引起间距不足（如定位时留出裕度）。因为对大档距大高差的档距不仅弧垂误差的百分数大，且其绝对值往往大到不能容许的程度（如弧垂是 100m，误差 2% 就是 2m）。

在一般情况下，当 $\dfrac{h}{l} > 0.15$ 时，应考虑用斜抛物线公式计算和架设弧垂，斜抛物线公式是比较精确的，且随着 $\dfrac{h}{l}$ 增大反而误差更小。然而斜抛物线无法刻制"通用"的弧垂曲线定位模板，可考虑用悬链线弧垂模板定位，按不同条件用平抛物线或斜抛物线弧垂设计与架设。这样对间距、应力计算等均有照顾。

三、电线的状态方程式

悬挂于两固定点的电线，当气象条件变化时（即气温及荷载改变时），电线应力及弧垂也随着发

生变化。当已知某一气象条件下的电线应力 σ_m、比载 γ_m、气温 t_m 及待求应力气象条件下的 γ、t 时，考虑电线的弹性伸长及温度伸长并利用两种气象状态下档内原始线长（制造长度即不受拉力的长度）不变的原则，便可列出电线的状态方程，求出待求气象条件下的电线应力。

（一）常用的电线状态方程式及解法

按悬挂点等高的情况求得：

$$\sigma_m - \frac{\gamma_m^2 l^2 E}{24\sigma_m^2} = \sigma - \frac{\gamma^2 l^2 E}{24\sigma^2}$$
$$- aE(t_m - t) \qquad (3\text{-}3\text{-}1)$$

令上式中：$\dfrac{l^2\gamma_m^2 E}{24\sigma_m^2} - \sigma_m + aE(t - t_m) = F_m + aEt = a$；

$$\frac{\gamma^2 l^2 E}{24} = b ; \quad F_m = \frac{l^2\gamma_m^2 E}{24\sigma_m^2} - (\sigma_m + \alpha Et_m) ;$$

则式（3-3-1）可简化为

$$\sigma^2(\sigma + a) = b \qquad (3\text{-}3\text{-}2)$$

式中　σ_m、σ——分别为已知和待求情况下的电线最低点的水平应力，N/mm^2；

γ_m、γ——分别为已知和待求情况下的电线比载，$N/m\cdot mm^2$；

l——电线档距，对具有悬垂绝缘子串的直线杆塔的连续档，则为耐张段的代表档距 l_r，见式（3-3-4）；

E——电线的弹性系数，N/mm^2；

a——电线的温度伸长系数，$1/℃$；

F_m——已知条件系数。

式（3-3-2）为三次方程，下面介绍其求解法。

目前设计人员大都有计算器，利用它可很快地解出精确的应力值。现将解法列下：

式（3-3-2）状态方程式中，b 值永远为正，而 a 值可正可负，为便于讨论，将 a 值的正负号分出来，即化为

$$\sigma^2(\sigma + CA) = b$$

式中　$A = |a|$ ；

$C = \dfrac{a}{|a|} = \pm 1$ 与 a 的正负号相同。

设状态方程式的判别式为：

$$\Delta = 13.5 \times \frac{b}{A^3} - C$$

则当 $\Delta \geqslant 1$ 时，设 $\theta = \mathrm{ch}^{-1}\Delta$，可解得：

$$\sigma = \frac{A}{3}\left(2\mathrm{ch}\frac{\theta}{3} - C\right)$$

当 $\Delta \leqslant 1$ 时，设 $\theta = \cos^{-1}\Delta$，可解得：

$$\sigma = \frac{A}{3}\left(2\cos\frac{\theta}{3} - C\right)$$

当 $A = 0$ 时，则得

$$\sigma = \sqrt[3]{b}$$

如计算器带有微型程序功能，则可用公式，σ_{i-1}
$= \sqrt{\dfrac{b}{\sigma_i + a}}$（其中 σ_i，当 $i = 1$ 时的应力值可由经验确定）求解较为方便。

（二）悬挂点不等高的电线状态方程式

按斜抛物线线长公式导出，如式（3-3-3），它的精度很接近悬链线方程。对于具有高差的重要跨越档或高差很大的档距，为使其应力或弧垂的计算误差不致超出允许范围，应考虑采用式（3-3-3）计算应力变化或进行校验计算。

$$\sigma_m - \frac{\gamma_m^2 l^2 E\cos^3\beta}{24\sigma_m^2} = \sigma - \frac{\gamma^2 l^2 E\cos^2\beta}{24\sigma^2}$$
$$- aE\cos\beta(t_m - t) \qquad (3\text{-}3\text{-}3)$$

式中 β 对于孤立档，为悬挂点高差角，对于具有悬垂绝缘子串的连续档，式中的 l 应为不等高代表档距 l_r；β 应为"代表高差角" β_r［l_r、β_r 见式（3-3-5）～式（3-3-6）］。

四、连续档的代表档距及档距中央应力状态方程

对于耐张段间（两基相邻的耐张杆塔间）具有若干悬挂悬垂绝缘子串的直线杆塔的连续档中，各档电线水平应力 σ_0 是按同一值架设的。但当气象条件变化时，由于各档的档距线长及高差不一定相同，各档应力变化就不完全相同，从而使直线杆塔上出现不平衡张力差，使悬垂绝缘子串产生偏斜。偏斜结果则又使各档应力趋于基本相同的某一数值上。这个应力可称为耐张段内的代表应力，其值是用耐张段内的所谓"代表档距"代入电线状态方程式中求出的。

（1）常用的代表档距，系不考虑悬挂点有高差的情况得出的，其式为

$$l_r = \sqrt{\frac{l_1^3 + l_2^3 + l_3^3 + \cdots + l_n^3}{l_1 + l_2 + l_3 + \cdots + l_n}}$$
$$= \sqrt{\frac{\Sigma l^3}{\Sigma l}} \qquad (3\text{-}3\text{-}4)$$

式中　l_r——代表档距，m；

l_1，l_2，$\cdots$，l_n——耐张段内各档的档距，m。

（2）考虑高差影响的代表档距 l_r 与代表高差角 β_r，是与考虑高差影响的电线状态方程式（3-3-3）相配合，其算式为[3-4]

$$l_r = \frac{1}{\cos\beta_r}\left(\frac{l_1^3\cos\beta_1 + l_2^3\cos\beta_2 + \cdots + l_n^3\cos\beta_n}{\dfrac{l_1}{\cos\beta_1} + \dfrac{l_2}{\cos\beta_2} + \cdots + \dfrac{l_n}{\cos\beta_n}}\right)^{\frac{1}{2}}$$
$$= \frac{1}{\cos\beta_r}\left(\frac{\Sigma l^3\cos\beta}{\Sigma\dfrac{l}{\cos\beta}}\right)^{\frac{1}{2}} \qquad (3\text{-}3\text{-}5)$$

$$\cos\beta_{\mathrm{r}} = \frac{\dfrac{l_1}{\cos\beta_1} + \dfrac{l_2}{\cos\beta_2} + \cdots + \dfrac{l_n}{\cos\beta_n}}{\dfrac{l_1}{\cos^2\beta_1} + \dfrac{l_2}{\cos^2\beta_2} + \cdots + \dfrac{l_n}{\cos^2\beta_n}}$$

$$= \frac{\sum \dfrac{l}{\cos\beta}}{\sum \dfrac{l}{\cos^2\beta}} \tag{3-3-6}$$

式（3-3-5.6）中 l_1，l_2，$\cdots$，l_n 及 β_1，β_2，$\cdots$，β_n 分别为耐张段内各档的，m 档距及高差角，d。

考虑高差影响的代表档距的公式为近似式，由于近似方程式不同，式（3-3-5）、式（3-3-6）有不同形式，但结果相差甚少，皆可采用。本书所用公式精度较好而又较简单。

工程设计中一般均按悬挂点等高情况的式（3-3-1）计算应力变化曲线，因此，即使对山区不等高连续档也不按式（3-3-3～6）的方法计算，致使这些地段的应力弧垂计算产生较大的误差。为使悬挂点不等高档与等高档的应力计算状态方程统一起来，下面介绍一种档距中央应力计算的通用状态方程式。

（3）档距中央应力状态方程式 [3-4]

1）档距中央应力的状态方程

当悬挂点不等高时，用档距中央的应力 $\sigma_{\mathrm{c}} = \dfrac{\sigma}{\cos\beta}$ 代入式（3-3-3），便可将不等高状态方程式变为：

$$\sigma_{\mathrm{cm}} - \frac{E\gamma_{\mathrm{m}}^2 l^2}{24\sigma_{\mathrm{cm}}^2} = \sigma_{\mathrm{c}} - \frac{\gamma^2 l^2 E}{24\sigma_{\mathrm{c}}^2} - \alpha E\left(t_{\mathrm{m}} - t\right) \tag{3-3-7}$$

式中 σ_{cm}、σ_{c}——分别为档距中央的已知和待求情况的应力，N/mm²，$\sigma_{\mathrm{cm}} = \dfrac{\sigma_{\mathrm{m}}}{\cos\beta}$，$\sigma_{\mathrm{c}} = \dfrac{\sigma}{\cos\beta}$；

β——悬挂点间的高差角，（°）；

式中其余符号含义与式（3-3-1）中相同。当计算不等高的连续档应力时，式中的 l 和 β 用式（3-3-5 和 6）中的 l_{r} 及 β_{r} 代替。

式（3-3-7）的形式与悬挂点等高的式（3-3-1）是一样的，对悬挂等高档的应力计算也同样适用（因 $\cos\beta = 1$，此时，σ_{cm}、σ_{c} 即电线最低点档距中央的水平应力）。

对于悬挂点不等高的档来说，也是以档距中央的应力 $\sigma_{\mathrm{c}} = \dfrac{\sigma}{\cos\beta}$ 作为应力计算的标准，其电线最低点的应力比传统和规程中的减少 $\dfrac{1}{\cos\beta}$ 倍，但这是比较合理的，因为以往的应力计算中，不等高档的电线平均应力和悬挂点应力均比等高档大，使不等高的运行条件比等高的运行条件不利。即使采用该种从档距中央应力作为统一的标准（如档距中央的最大使用应力不超过 $0.4\sigma_{\mathrm{ts}}$），不等高档悬挂点的应力仍比等高

档大 $\dfrac{\gamma h}{2}$。如果采用式（3-3-7）的计算方法，对线路上不论是等高或不等高档均采用同样的应力方程和曲线，这又是该方法的优点。

2）不等高档内的电线弧垂

不等高档中央的弧垂按式（3-3-8）计算，它比传统计算法的弧垂增大 $1/\cos\beta_{\mathrm{r}}$ 倍。

$$f \approx \frac{\sigma_{\mathrm{c}}\cos\beta_{\mathrm{r}}}{\gamma\cos\beta}\left(\mathrm{ch}\frac{\gamma l}{2\sigma_{\mathrm{c}}\cos\beta_{\mathrm{r}}} - 1\right) \approx \frac{\gamma l^2}{8\sigma_{\mathrm{c}}\cos\beta_{\mathrm{r}}\cos\beta} \tag{3-3-8}$$

式中 l——计算弧垂档的档距，m；

β——计算弧垂档的高差角，（°）；

f——计算弧垂档的档中央最大弧垂，m；

σ_{c}、$\cos\beta_{\mathrm{r}}$——分别为耐张段内代表档距 l_{r} 中央的应力，N/mm²；

$\cos\beta_{\mathrm{r}}$——耐张段内代表档距 l_{r} 的代表高差角，（°）。

本段的应力弧垂计算原则，对有高差档与现行规程按电线最低点应力规定安全系数的原则不符，但增大了不等高档的安全系数，故并不违背规程中允许增大安全系数的原则。

五、水平、垂直档距

（一）水平档距

当计算杆塔结构所承受的电线横向（风）荷载时，其荷载通常近似认为是电线单位长度上的风压与杆塔两侧档距平均值之乘积，其档距平均值称为"水平档距"，即

$$l_{\mathrm{H}} = \left(l_1 + l_2\right)/2 \tag{3-3-9}$$

在高差较大且又需要准确地计算杆塔的水平荷载时，其水平档距可按下式计算：

$$l_{\mathrm{H}} = \frac{\left(\dfrac{l_1}{\cos\beta_1} + \dfrac{l_2}{\cos\beta_2}\right)}{2} \tag{3-3-10}$$

式中 l_{H}——水平档距，m；

β_1、β_2——分别为杆塔两侧高差角，（°）；

l_1、l_2——分别为杆塔两侧的档距，m。

（二）垂直档距

当计算杆塔结构所承受的电线垂直荷载时，其荷载通常近似的认为是电线单位长度上的垂直荷载与杆塔两侧电线最低点（O 点）间的水平距离之乘积，此距离因系供计算垂直荷载之用故称为"垂直档距"，常用计算式为

$$l_{\mathrm{v}} = l_{1\mathrm{v}} + l_{2\mathrm{v}} = \left(\frac{l_1}{2} + \frac{\sigma_{10}h_1}{\gamma_{\mathrm{v}}l_1}\right)$$

$$+ \left(\frac{l_2}{2} + \frac{\sigma_{20}h_2}{\gamma_{\mathrm{v}}l_2}\right) \tag{3-3-11}$$

当为直线杆塔时 $\sigma_{10} = \sigma_{20} = \sigma_0$

$$l_v = \frac{l_1 + l_2}{2} + \frac{\sigma_0}{\gamma_v}\left(\frac{h_1}{l_1} + \frac{h_2}{l_2}\right)$$

$$= l_H + \frac{\sigma_0}{\gamma_v}\alpha \qquad (3\text{-}3\text{-}12)$$

当高差很大，需要较精确的计算杆塔所承受的垂直荷载时，其垂直荷载可按电线单位荷载分别增大 $\sec\beta_1$、$\sec\beta_2$ 倍，再分别与 l_{1v}、l_{2v} 相乘之和计算。

上两式中 l_{1v}、l_{2v}——分别为某一杆塔两侧的垂直档距，m；

σ_{10}、σ_{20}——分别为某一杆塔两侧的电线水平应力，N/mm²；

a——杆塔的综合高差系数；

l_1、l_2、l_H——分别为杆塔两侧的档距和杆塔的水平档距，m；

h_1、h_2——分别为杆塔两侧的悬挂点高差（m），当邻塔悬挂点低时取正号，反之取负号；

σ_0——耐张段内的电线水平应力（N/mm²），对于耐张塔，应取两侧可能不同的应力，按对应注角号分开计算垂直档距；

γ_v——电线的垂直比载，N/(m·mm²)；

$\beta_1 = \tan^{-1}\dfrac{h_1}{l_1}$，$\beta_2 = \tan^{-1}\dfrac{h_2}{l_2}$ 分别为杆塔两侧高差角，(°)。

六、极大档距和极限档距

（一）极大档距

线路设计中为方便起见，一般均以导线在弧垂最低点的应力作为计算的基点。架空送电线路设计技术规程中也规定了导线在弧垂最低点的应力，不得超过导线瞬时破坏应力的40%。但实际上导线其它各点应力都比最低点应力为大。因此规程又规定：如导线悬挂点比最低点高得很多时，还应验算悬挂点的导线应力，其应力可较弧垂最低点应力高10%。也就是说，导线任一点的应力皆不得超过导线瞬时破坏应力的44%（现行规程为44.44%，略有不同）。

在线路设计中的一般档距上，导线在最低点的应力为破坏应力的40%时，皆能保持悬挂点应力不超过破坏应力的44%。如果某档距导线悬挂点应力刚刚达到破坏应力的44%，则称此档距为极大档距。当档距两端导线悬挂点高差为零时（$h = 0$），极大档距达到最大值；有高差时极大档距皆较此值为小。

在上述条件下，当 $h = 0$ 时，极大档距的最大值按下式计算：

$$l_{0m} = \frac{2\sigma_m}{\gamma_7}\text{ch}^{-1}1.1 = 0.8871365\frac{\sigma_m}{\gamma_7} \qquad (3\text{-}3\text{-}13)$$

当 $h \neq 0$ 时，极大档距 l_m 与高差 h 的关系式为

$$h = \left(\frac{2\sigma_m}{\gamma_7}\text{sh}\frac{\gamma_7 l_m}{2\sigma_m}\right)\text{sh}\left(\text{ch}^{-1}1.1 - \frac{\gamma_7 l_m}{2\sigma_m}\right) \qquad (3\text{-}3\text{-}14)$$

式中 l_m——极大档距，m；

h——极大档距悬挂点间的高差，m；

σ_m——导线最低点允许最大应力，N/mm²；

γ_7——导线覆冰时综合比载（取最大比载，如大风控制，则取 γ_6），N/m·mm²。

式（3-3-14）的 h、l_m 的临界关系绘于图3-3-1 中 $\mu = 1$ 的曲线上。

（二）极限档距和允许档距

如果线路上的档距超过相应高差时的极大档距，则必须放松导线应力才能符合规程要求。此时悬挂点应力保持为破坏应力的44%，而弧垂最低点的应力则为破坏应力的40%乘以放松系数 μ。这种条件下的档距称 μ 为某值时的允许档距。

μ 愈小允许档距愈大。但是，当导线应力放松到一定数值后，如果再继续放松，这时导线的荷载因弧垂的增大而迅速增大，对导线悬挂点应力起主要作用，允许档距反而会减小。故 μ 小到某一极限最小值所能得到的最大允许档距称为极限档距 l_1。因此极限档距和极大档距为允许档距数值的上下包络线。当 $h = 0$ 时极限档距 $l_{lo} = 1.458\dfrac{\sigma_m}{\gamma_7}$，此时放松系数极限最小值 $\mu_1 = 0.608$，导线最低点应力应放松为 $0.608\sigma_m$。

（三）放松系数

当导线放松，悬挂点应力大于最低点应力的1.1倍时，允许档距与放松系数的关系如下式[3-4]：

$$\frac{h}{l} = \frac{\text{sh}(C_0/\mu)}{C_0/\mu}\text{sh}\left(\text{ch}^{-1}\frac{1.1}{\mu} - \frac{C_0}{\mu}\right) \qquad (3\text{-}3\text{-}15)$$

式中 l——允许档距，m；

h——档距两端悬挂点高差，m；

μ——放松系数，$\mu = \sigma/\sigma_m$；

C_0——$\dfrac{\gamma_7 l}{2\sigma_m}$，通式为 $C_0 = \dfrac{\gamma l}{2\sigma_m}$（其中 γ，当覆冰控制时取 γ_7，$\gamma_6 > \gamma_7$ 时取 γ_6）；

σ_m——导线最低点允许最大应力，N/mm²；

σ'——导线放松后最低点最大使用应力，N/mm²；

γ_7——导线覆冰时综合比载，N/(m·mm²)。

上式中未知数 μ 分散在好几项中，故不易求得。将上式绘成一组曲线，则很容易从图中根据 C_0 和 h/l 查出 μ 值。此图称为导线应力放松图，见图3-3-1。

【**例题 3-2**】   设定某导线 LGJQ-300 的 $\sigma_m = 100\text{N/mm}^2$，覆冰10mm、风速为10m/s 时 $\gamma_7 = 6.253 \times$

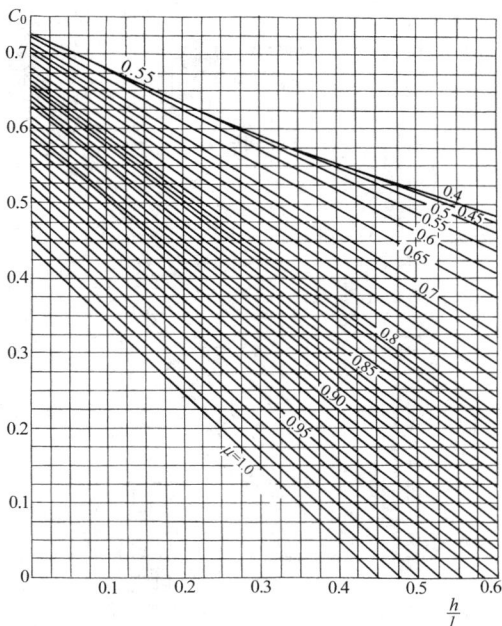

图 3-3-1　导线应力放松图

10^{-2}，试求该导线应力放松系数。

解　由 $\sigma_m / \gamma_7 = 1599.23$ 可得 $h = 0$ 时的极大档距值为 $l_{0m} = 1418.7 \text{m}$

如档距为 1400m，高差为 420m，则得

$$h/l = 0.3, \quad C_0 = \frac{1400}{2 \times 1599.23} = 0.4377$$

依此，从图 3-3-1 上可求出应力放松系数为 $\mu = 0.8$。即覆冰时导线最低点的最大使用应力应放松为 $\sigma_m = 0.8 \times 100 = 80 \text{N/mm}^2$，才能保证悬挂点处的应力恰好在允许范围。

又如档距为 1000m，高差为 125m，则得 $h/l = 0.125$，$C_0 = \dfrac{1000}{2 \times 1599.23} = 0.313$ 此两数在图 3-3-1 中交于 $\mu = 1$ 的曲线上，表明悬点应力恰好为最低点应力的 1.1 倍，不必放松应力。此档距即为 $h = 125 \text{m}$ 时的极大档距。

又如某 h/l 及 C_0 交于 $\mu = 1$ 曲线的下方，则表明尚未达到极大档距，即悬点应力未到最大允许值。

七、电线应力弧垂曲线计算

在线路设计中，为全面了解电线在各种气象条件下运行时的力学特性，便于在设计中查用有关数据，需将各个代表档距（或孤立档距）下各种气象条件时的电线应力及有关弧垂计算出来，绘成随代表档距变化的"弧垂应力曲线"。计算曲线前必须预先确定各种气象条件，计算电线在各种气象条件下的比载，确定电线使用安全系数和最大使用应力及有关气象

件下的控制应力（如平均运行应力值，地线受导线与地线间距控制的应力等），计算临界档距，划定各种控制应力出现的档距区间，确定各区间内的已知应力及相应的气象条件，然后才能计算其它气象条件下的应力及弧垂。

（一）控制应力的选定

1. 电线最大使用应力的选定

电线发生最大应力时（如最大风，冰荷载或最低气温时），应具有一定的安全系数。以安全系数 F 除电线的破坏强度 σ_{ts}（或抗拉强度），即得电线最大使用应力（指电线最低点的水平应力），以式（3-3-16）表示：

$$\sigma_m = \frac{\sigma_{ts}}{F} \tag{3-3-16}$$

式中　σ_m——最大使用应力，N/mm^2；

σ_{ts}——电线的破坏强度，N/mm^2；

F——电线的安全系数。

设计规程规定，电线的安全系数不应小于 2.5，地线的安全系数宜大于导线的安全系数。在大跨越的稀有气象条件下和重冰区的较少出现的覆冰情况下，导线在弧垂最低点的最大应力，均应按不超过瞬时破坏应力的 60%；悬挂点不超 66% 验算。

如悬挂点高差过大，正常情况应验算悬挂点应力。悬挂点应力可较弧垂最低点应力高 10%。

架设在滑轮上的导线或地线，应计算悬挂点局部弯曲引起的附加应力。

2. 平均运行应力的限制

为了防止电线振动的危害，就需要对电线的平均运行应力有一个限制。设计规程规定：当有防振措施的情况下，导线及地线的平均运行应力不得超过拉断应力的 25%。其原因及有关详情见第六节。

3. 地线截面与使用应力的选定

（1）按线路设计技术规程规定，地线与导线之截面配合，当地线采用镀锌钢绞线时应符合表 3-3-2 的规定。

表 3-3-2　地线采用镀锌钢绞线时与导线配合表

导线型号	LGJ-185/30 及以下	LGJ-185/45 ~ LGJ-400/50	LGJ-400/65 及以上和 500kV 线路
镀锌钢绞线最小截面（mm^2）	35	50	70

注　镀锌钢绞线 GB 1200—88 标准中的截面范围见表 11-2-43。

（2）根据防雷要求，在大气过电压气象条件时

（+15℃、无风、无冰），导线与地线在档距中央应保持（$0.012l + 1$）米的间距，此处 l 为档距。设计时须按此要求选定地线于 15℃ 时各代表档距下的应力，并以此应力做为已知有效控制条件，再用状态方程式求出其最大使用应力、平均运行应力及其它条件下的应力。若求出的最大使用应力与平均运行应力超出或过低于规定数值，可在杆塔地线保护角满足要求的情况下，适当放大或缩小导线与地线悬挂点间的距离，使之较均衡地满足各控制条件。

一般地线弧垂应小于导线弧垂。对重冰区尚应检查导线不同期脱冰时，地线不应垂于导线下方。

根据间距要求，地线在 +15℃、无风、无冰时的应力 σ_g 可由下式算出[3-4]：

$$\sigma_g = \cfrac{\gamma_g}{\cfrac{\gamma_c}{\sigma_c} - \cfrac{8\left[\sqrt{(0.012l_x+1)^2-s^2}-h\right]}{l_x^2}}$$

$$(3-3-17)$$

式中　s、h——导线和地线在杆塔上悬挂点间的水平间距和垂直间距，m；

γ_c、γ_g——导线和地线的自重力比载，N/（m·mm²）；

σ_c、σ_g——导线和地线在某代表档距下、+15℃、无风、无冰时的应力，N/mm²；

l_x——可能在工程中出现的档距范围内，使地线应力 σ_g 为最大值的档距，m。

上式中 l_x 一般用控制档距 l_c 代入，控制档距由式（3-3-18）求得。

$$\left.\begin{array}{l} h = \cfrac{(0.012l_c)^2 + 0.036l_c - 2(s^2-1)}{2\sqrt{(1+0.012l_c)^2 - s^2}} \\[4mm] 当\ s=0\ 时\quad l_c = \cfrac{h-1}{0.006} \end{array}\right\}\quad(3-3-18)$$

如已知 h、s 求解上式中的 l_c 是比较困难的，除非用电子计算机程序求解。因此，绘制了 l_c 计算曲线图 3-3-2，按图可查出 l_c 值，以避免用公式试凑求解的麻烦。

控制档距 l_c 的意义是：当以 l_c 值代替 l_x 值代入式（3-3-17）中，求得某代表档距下的地线控制应力 σ_g 时，则档距长度为 l_c 一档的导线与地线在档距中央的间距，恰好满足（$0.012l+1$）的要求。而长度大于或小于 l_c 的档距中，导线和地线之间距均有富裕。

当工程中的最大档距 l_{max} 小于 l_c 时，为了力争降低地线应力，避免将地线拉得过紧，也可取 $l_x = l_{max}$，此时最大档距及其以下档距中，导线和地线之间距均能满足设计规程要求。

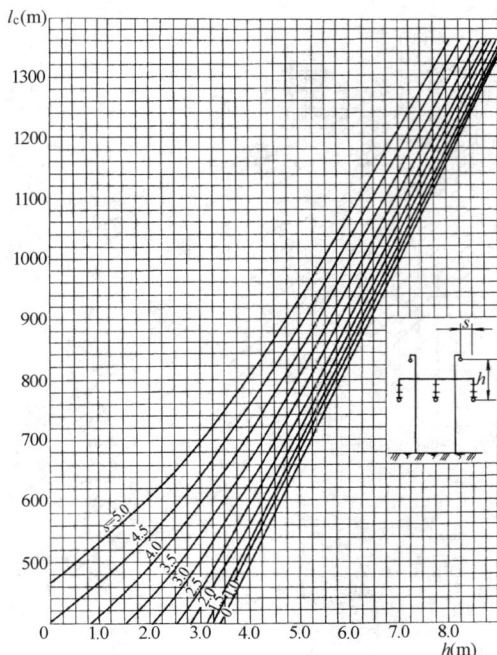

图 3-3-2　计算地线应力 σ_g（+15℃）的控制档距 l_c 的求解曲线

当可能出现的最小档距 l_{min} 明显大于 l_c 时，同样为了降低地线应力，可取 $l_x = l_{min}$。此时大于及等于 l_{min} 的档距，间距均能满足要求。

由于计算应力时，事先不易准确估计各耐张段内的档距长度范围及杆塔类型，因此一般多以 $l_x = l_c$ 进行 σ_g 计算。待施工图设计阶段，再根据具体的耐张段内的档距大小范围，考虑是否可以按后两种情况，放松地线应力。

为使地线弧垂小于导线弧垂，式（3-3-17）中 $\cfrac{8\left[\sqrt{(0.012l_c+1)^2-s^2}-h\right]}{l_c^2}$ 应为正值。

（二）临界档距及其选定

电线上的应力随着气象情况而变化。如果对于某一种气象情况，指定其应力不得超过某一数值，则该情况就成为设计中的一个控制条件。例如最大使用应力和平均运行应力，其相应的气象条件为最大荷载（风、冰），最低气温及平均气温。因此这些气象情况就成为几个不同的控制条件，在各代表档距下，电线应力均不应超出各控制条件。各控制条件可能只有部分条件（称有效控制条件）在不同的档距范围内起控制作用，而在某一档距下可能某两个有效控制条件同时起控制作用，超过此档距时是一个条件控制，而小于此档距时则是另一个条件控制。这样的档距称为该两个有效控制条件的有效临界档距。所以设计中在确定了最大使用应力和平均运行应力的数值后，还必须根据指定的可能控制条件算出互相组合的临界档距，并判定出有效临界档距，划分出各有效控制条件起控制作用的档距范围，然后才能计算其它气象情况下的应力和弧垂。这样算得的应力值才能保证在任何档距下均不超过所选定的最大使用应力或平均运行应力。

临界档距可用下式计算：

$$l_{cr} = \sqrt{\dfrac{\dfrac{24}{E}\left(\sigma_m - \sigma_n\right) + 24a\left(t_m - t_n\right)}{\left(\dfrac{\gamma_m}{\sigma_m}\right)^2 - \left(\dfrac{\gamma_n}{\sigma_n}\right)^2}}$$

(3-3-19)

若两控制条件下的电线允许应力值相等（$\sigma_m = \sigma_n$）时，则临界档距 l_{cr} 的计算公式为

$$l_{cr} = \sigma_m \sqrt{\dfrac{24a\left(t_m - t_n\right)}{\gamma_m^2 - \gamma_n^2}}$$

(3-3-20)

上式二中　　l_{cr}——临界档距，m；

σ_m、σ_n——分别为两种控制条件下允许的使用应力，N/mm²；

t_m、t_n——分别为两种控制条件下的气温，℃；

γ_m、γ_n——分别为两种控制条件下的电线比载，N/（m·mm²）；

a——电线的温度线膨胀系数，1/℃；

E——电线的弹性系数，N/mm²。

如上所述，既然每两个控制条件便可得到一个临界档距，如有最大风、冰、最低气温及平均气温四个控制条件，两两组合即可得到 6 个临界档距。但是真正有意义的临界档距最多不超过 3 个，最少为 0（按每一条件控制一段档距，可有三个分界线，如只有两个条件起控制作用，则只有一个分界线）。相邻有效控制条件间的临界档距称之为"有效临界档距"。设计时首先算出可能起控制作用的各控制条件互相组合的临界档距（如四个可能控制条件，可两两组合为 6 个），然后按一定规律判别出"有效临界档距"和"有效控制条件"。判别的步骤如下[3-4]。

（1）假如有四种可能的控制条件，则按照各自的 γ/σ 值的大小，由小到大分别以 A、B、C、D 表示。在一般情况下，最低气温条件为 A，平均气温条件为 B，最大风及覆冰条件为 C、D。如果其中有两种条件的 γ/σ 值相同，则须另计算这两种条件的 $\sigma + aEt$ 值。取其中 $\sigma + aEt$ 值较小者编入顺序，较大者不参于判别，因为肯定它不起控制作用。然后按式（3-3-19）或式（3-3-20）以两两组合原则算出 6 个临界档距。

（2）将算得的 l_{cr} 按 A、B、C 三种控制条件，各与其它控制条件组合顺序排成如下的数列（表 3-3-3）。

表 3-3-3　　　　　　　控制条件顺序表

A	B	C	D
$l_{cr(AB)}$	$l_{cr(BC)}$	$l_{cr(CD)}$	
$l_{cr(AC)}$	$l_{cr(BD)}$		
$l_{cr(AD)}$			

（3）先从 γ/σ 值最小的 A 栏内开始判别，取该栏中最小的一个临界档距（不是虚数或 0），如果该档距值为正实数，则此档距即为第一个"有效临界档距"（如 l_{crAB}）。于是在 A 栏内凡与 A 情况组合的其它临界档距（如 l_{crAC}、l_{crAD}）即应舍去。该有效临界档距为 A 情况控制的档距上限，并为该有效临界档距后一个注脚所代表情况的控制档距下限（如 l_{crAB} 中的 B 情况），A、B 此时为有效控制条件。

紧接着对第一个有效临界档距后一个注脚所代表的情况栏进行判别（如 B 或 C 情况栏）。依上述选择原则，选出第二个有效临界档距（如 l_{crBC}）。如第一"有效临界档距"为 l_{crAC}，则 B 被"隔越"，B 栏则全被舍去（即 B 为无效控制条件）。

根据上述原则，依此类推判别到最后一栏（如 C 栏）。

不论在哪一栏内，如果其中有一个临界档距值为虚数或 0 时，则该栏所有档距均舍去（即该栏内无"有效临界档距"），表示该栏条件不起控制作用，（即无效控制条件）。

如果平均运行应力取值甚低，或覆冰相对甚薄且最低气温较高，那么平均气温条件下的 γ/σ 可能为最大，因而该控制条件将排到 D 栏。此时可能出现其它各栏中皆有一个临界档距为虚数或 0，故 A、B、C 各栏均应舍去，只剩下 D 栏。因此当 A、B、C 各栏均出现虚数时，该电线将无有效临界档距，且全部为 D 条件即平均气温条件控制（为惟一的有效控制条件）。

（4）对于地线，如果是先按式（3-3-17）求得 σ_g，然后推求各种气象情况下的应力时，则其临界档距值与导线一致。否则也要按上述步骤确定其自己的"有效临界档距"。

（5）利用判别式判断有效控制条件控制的档距区间和有效临界档距[3-4]：

将式（3-3-1）求解应力状态方程中的已知条件系数 F_m 写成式（3-3-21）的判别式：

$$F_{mx} = \dfrac{E\gamma_{mx}^2 l^2}{24\sigma_{mx}^2} - \left(\sigma_{mx} + \alpha E t_{mx}\right)$$

(3-3-21)

式中符号含义与式（3-3-1）中相同，仅脚注多加一个 x 表示已知的各种控制条件。

令 l 为参变数（如在电脑计算中设 $l = 0, 1, 2,$

3，…，l_{max}）并将所有已知控制条件下的 γ_m、σ_m、t_m 分别代入式（3-3-21）求得某一个 l 下的所有 F_{mx}，某中最大者即为该档距的有效控制条件（其余已知控制条件在该档距下不起控制）。改变 l 便可判断出所有使用档距（或代表档距）范围内的有效控制条件。当 l 和 $l+1$ 的有效控制条件不同时，再细分其间的档距值（如 $l+0.1$，$l+0.2$，…，$l+0.9$）并分别代入该档距范围内两个不同的有效控制条件，找出某一个 l_x 下两有效控制条件 F_{mx} 相同时，此档距即为两有效控制条件的有效临界档距 l_{cr}。也可将两相临有效控制条件的参数 γ、σ、t 代入式（3-3-19）中解出有效临界档距 l_{cr}。由于电算的速度很快，用判别式逐档寻找有效控制条件和有效临界档距则变得是非常容易的事。

（三）最大弧垂判别法

为计算电线对地或其它跨越物间距，往往需要知道电线可能发生的最大垂直弧垂。最大弧垂可能发生在最高气温时或最大垂直荷载时（如覆冰），要看哪种情况的 γ/σ 大小而定。也有用所谓"临界温度""临界比载"来判别。临界温度及临界比载均是基于电线覆冰时该气温或该覆冰比载下电线发生的弧垂与最高气温时的垂直弧垂相等的情况下求出的，判断最大弧垂不够直观，在此不再详述。

最简单的是最大弧垂比较法：

当 $\dfrac{\gamma_7}{\sigma_7} > \dfrac{\gamma_1}{\sigma_1}$ 时，最大垂直弧垂发生在覆冰时，反之发生在最高气温时，γ_7、σ_7 为覆冰时的综合比载及应力；γ_1、σ_1 为最高气温时的自重力比载及应力。

需要说明的是，以往都是以覆冰、无风时的垂直比载 γ_3 及相应的应力 σ_3 来比较最大弧垂，这是不够安全的，由于覆冰时多伴有一定的风速，且弧垂有左右摆动振荡的可能，因此这里改用覆冰有风时的综合比载 γ_7 和相应的应力 σ_7 情况下的风偏弧垂作为可能发生最大的垂直弧垂进行比较，且省略 γ_3 时 σ_3 的专项应力计算。

上述 σ_1、σ_7 均指某一代表档距下的应力，随着代表档距不同而变，进行判别时要考虑应力的变化范围。

（四）连续档电线应力、弧垂曲线（常称力学特性或机械特性曲线）计算示例

【例题 3-3】 本例题首先需要说明的是，它是1975 年前在当时各种规范规定下所作的例题，如导线为 JB649—65 标准，地线为 YB258—64 标准，力的单位采用 kg 制，且计算电线的比载和气象条件等与现行规范必有所不同。本次修订，仅将旧单位换算为新单位制，如 1kgf 为近似等 10N。其它未作修改，但例题计算方法、步骤及采用公式仍不失其参考价

值。

（1）计算气象条件：

表 3-3-4　　　　　计算气象条件

气象＼设计条件	气温（℃）	风速（m/s）	覆冰厚度（mm）
最高气温	+40	0	0
最低气温	−40	0	0
最大风	+10	30	0
覆冰	−5	10	5
雷电过电压	+15	10	0
操作过电压	+15	18（现在规定为15）	0
安装	−10	10	0
事故	−10	0	0
平均气温	+10	0	0

（2）导线及地线计算参数表：

表 3-3-5　　　　导线及地线计算参数表

项目＼线别	导线	地线
电线制造标准	JB 649-65	YB 258-64
电线型号	LGJ-185	GJ-50
电线总截面积 A（mm^2）	215.4	49.46
外径 d（mm）	19.0	9.0
弹性系数 E（N/mm^2）	84900	2×10^5
温度伸长系数 $\alpha \times 10^{-6}$（℃）	18.9	12
综合破坏强度 σ_{ts}（N/mm^2）	280	1200
使用安全系数 F	2.8	>3.0
最大使用应力 σ_M（N/mm^2）	100.0	<400
平均运行应力限度 σ_{av}（N/mm^2）	70	240
电线比载［$\times 10^{-3}$N/（mm$^2 \cdot$m）］:		
自重力比载 γ_1	35.8	85.7
自重力加冰重力比载 γ_3（5.0）	51.6	125.7
有风综合比载 γ_6（0.10）	36.3	86.8
有风综合比载 γ_6（0.18）	40.8	96.4
有风综合比载 γ_6（0.30）	54.4	125.8
有风有冰综合比载 γ_7（5.10）	52.5	128.9

（3）导线临界档距计算与有效临界档距的选取：

1）可能控制条件：

表 3-3-6　　　　可能控制条件表

项　目 气象条件	大风	覆冰	低温	平均温
允许应力 σ（N/mm^2）	100	100	100	70
比载 $\gamma \times 10^{-3}$［N/（m·mm^2）］	54.4	52.5	35.8	35.8
气温 t（℃）	10	-5	-40	+10
$\gamma/\sigma \times 10^{-3}$（1/m）	0.544	0.525	0.358	0.511
γ/σ 由小到大的顺序编号	D	C	A	B

2）临界档距计算与组合：

将上表中的可能控制条件相互组合代入式（3-3-19 或 20）中，分别算出临界档距 l_{cr} 填入表 3-3-7 中：

表 3-3-7　　　　临界档距组合表

A	B	C	D
▲ $l_{cr(AB)}=325$	▲ $l_{cr(BC)}=361$	▲ $l_{cr(CD)}=581$	
$l_{cr(AC)}=328$	$l_{cr(BD)}=507$		
$l_{cr(AD)}=368$			

按照本节七、（二）、（1）中所述的原则，从上表中判断出有效临界档距为表中带 ▲ 的。

3）有效临界档距及有效控制条件控制的档距区间：如下所示：

控制区	A 控区 $l_{cr(AB)}$	B 控区 $l_{cr(BC)}$	C 控区 $l_{cr(CD)}$	D 控区 ∞
档距(m) 0	325	361	581	

（4）导线各气象条件下的应力弧垂计算：

以档距各区间的有效控制条件作为已知条件，利用式（3-3-1）的应力状态方程式计算有关气象条件下的应力。用表 3-3-1 中的平抛物线弧垂公式计算最大弧垂及 +15℃、无风、无冰时的弧垂。应力及弧垂示例列于表 3-3-9 及图 3-3-3 中。

（5）地线在雷电过电压情况（+15℃、无风、无冰）下的应力推算：

地线应力的计算一般均以雷电过电压情况下（+15℃、无风、无冰）导、地线档距中央的间距满足 $0.012l+1$，m 的要求，根据杆塔上导、地线悬挂点间最小（或杆塔可能组合的平均最小）垂直间距和水平间距及导线在该气象情况下的应力推求地线在该气象情况下各档距下的应力。将其作为已知的有效

控制条件，推求其它气象条件下的应力。当推求出其它控制条件下的应力超出允许值时，应增大杆塔上导、地线悬挂点间的垂直间距来解决。

本例题已知杆塔上导、地线悬挂点间的垂直间距 $h=4.2$m；水平间距 $s=1.5$m。自图 3-3-2 中查得导、地线间距刚好满足要求时的控制档距 $l_c=575$m。对耐张段内代表档距 l_r 很小时（如 100～300m）不可能出现 575m 的档距。可将 l_c 取小一些，进一步放松地线应力。但为保证地线弧垂小于导线弧垂，本例题对各代表档距均取 l_c 为 575m。将表 3-3-9 中算得的导线 +15℃、无风、无冰情况下的应力和比载以及 $l_c=l_x$ 代入式（3-3-17），求得地线在该气象情况下的应力为：

$$\sigma_g = \cfrac{\gamma_g}{\cfrac{\gamma_c}{\sigma_c} - \cfrac{8\left[\sqrt{(1+0.012 \times l_c)^2 - 1.5^2} - 4.2\right]}{l_c^2}}$$

$$= \cfrac{85.7 \times 10^{-3}}{\cfrac{0.0358}{\sigma_c} - 0.086 \times 10^{-3}}$$

式中，地线比载 $\gamma_g = 85.7 \times 10^{-3}$ N/（m·mm^2）；导线比载 $\gamma_c = 35.8 \times 10^{-3}$ N/（m·mm^2）。由上式算得各代表档距下 +15℃、无风、无冰情况时的地线应力 σ_g 列于表 3-3-8 中：

表 3-3-8　GJ-50 地线 +15℃、无风、无冰情况
下的应力 σ_g 计算示例表

项目 代表档距 l_{cr}（m）	150	200	250	325	361
导线应力 σ_c（N/mm^2）	47.4	54.7	60.8	68.0	68.2
控制档距 l_c（m）	575	575	575	575	575
地线应力 σ_g（N/mm^2）	128	150.8	170.5	194.6	195.3
地线弧垂 f（m）	1.88	2.84	3.93	5.81	7.15

项目 代表档距 l_{cr}（m）	400	500	581	600	700
导线应力 σ_c（N/mm^2）	68.3	68.4	68.4	68.3	67.5
控制档距 l_c（m）	575	575	575	575	575
地线应力 σ_g（N/mm^2）	195.6	196.0	196.0	195.6	192.9
地线弧垂 f（m）	8.76	13.66	18.45	19.72	27.21

以表 3-3-8 中的地线应力为已知条件，计算其它气象条件下的应力、弧垂，其计算方法与表 3-3-9 中导线应力弧垂计算相似（如雷电、操作、高温气象条件可不必计算）。

表 3-3-9

LGJ-185 导线应力、弧垂计算示例表

计算公式：$\sigma^2(\sigma+a)=b$；$f=\dfrac{\gamma l^2}{8\sigma}$。

式中
$$a=\frac{El^2\gamma_m^2}{24\sigma_m^2}-\sigma_m+\alpha E(t-t_m)=F_m+\alpha Et；$$
$$F_m=\frac{El^2\gamma_m^2}{24\sigma_m^2}-\sigma_m-\alpha Et_m；$$
$$b=\frac{E\gamma^2 l^2}{24}=Bl^2；\qquad B=\frac{E\gamma^2}{24}$$

本例中 $\alpha=18.86\times10^{-6}$ (1/℃)，$E=84900$ (N/mm²)

已知条件

条件 \ 数据（控制档距区间 m）	低温 0~325	平均温 325~361	覆冰 361~581	大风 581~∞
t_m (℃)	-40	+10	-5	+10
δ_m (mm)	0	0	5	0
v_m (m/s)	0	0	10	30
σ_m (N/mm²)	35.8	35.8	52.5	54.4
$\gamma_m\times10^{-3}$ [N/(m·mm²)]	100	70	100	100
αEt_m (N/mm²)	-64.0	16.0	-8.0	16.0

符求条件

条件 \ 数据	最高气温	最低气温	平均气温	事故	雷电过电压	操作过电压	安装	覆冰	最大风
t (℃)	+40	-40	+10	-10	+15	+15	-10	-5	10
δ (mm)	0	0	0	0	0	0	0	5	0
v (m/s)	0	0	0	0	0	18	10	10	30
$\gamma\times10^{-3}$ [N/(m·mm²)]	35.8	35.8	35.8	35.8	36.3	40.8	36.3	52.5	54.4
B	4.56	4.56	4.56	4.56	4.66	5.9	4.66	9.75	10.48
αEt	64.0	-64.0	16.0	-16.0	24.0	24	-16.0	-8.0	16.0

计算结果

l	σ_m	F_m	最高气温 $b\times10^3$	最高气温 a	最高气温 σ	最高气温 f	最低气温 σ	最低气温 a	平均气温 a	平均气温 σ
150	100	-25.7	102.7	38.3	37.0	2.73	100		-9.7	50.3
200	100	-17.7	182.5	46.3	44.8	4.0	100		-1.7	57.3
250	100	-7.5	285	56.5	51.4	5.46	100		8.5	63.3
325	100	12.1	482	76.1	59.6	7.95	100		28.1	70.0
361	100	35.4	595	99.4	61.0	9.60	94.7	-28.6	51.4	70.0
400	100	64.0	730	128	62.0	11.6	90.0	0	80.0	69.8
500	100	152	1140	216	63.9	17.56	82.0	88.0	168	69.3
581	100	238	1544	302	64.9	23.4	78.3	174	254	69.1
600	100	261	1644	325	65.0	24.85	77.5	197	277	68.9
700	100	398	2235	462	65.0	33.8	74.0	334	414	68.0

l	事故 a	事故 σ	雷电过电压(无风) σ	雷电过电压(无风) a	雷电过电压(无风) $b\times10^3$	雷电过电压(无风) f	雷电过电压(有风) a	雷电过电压(有风) σ	安装 a	安装 σ
150	-41.7	65.6	47.4	-1.7	105	2.13	-1.7	47.7	-41.7	65.9
200	-33.7	70.5	54.7	6.3	186.5	3.28	6.3	55.1	-33.7	70.9
250	-23.5	74.6	60.8	16.5	291	4.62	16.5	61.2	-23.5	75.1
325	-3.9	79.7	68.0	36.1	492	6.96	36.1	68.5	-3.9	80.2
361	19.4	78.1	68.2	59.4	608	8.60	59.4	68.8	19.2	78.7
400	48.0	76.5	68.3	88.0	745	10.51	88.0	68.9	48.0	77.1
500	136	73.8	68.4	176	1165	16.4	176	69.0	136	74.4
581	222	72.5	68.4	262	1575	22.2	262	69.0	222	73.0
600	245	72.0	68.3	285	1680	23.6	285	69.0	245	72.7
700	382	70.2	67.5	422	2285	32.6	422	68.2	382	71.1

l	操作过电压 $b\times10^3$	操作过电压 a	操作过电压 σ	覆冰 $b\times10^3$	覆冰 a	覆冰 σ	最大风 $b\times10^3$	最大风 a	最大风 σ
150	133	-1.7	51.6	220	-33.7	74.0	236	-9.7	65.2
200	236	6.3	59.8	290	-25.7	82.7	420	-1.7	75.5
250	369	16.5	66.6	610	-15.5	90.3	655	8.5	84.1
325	623	36.1	74.9	1003	4.1	99.6	1107	28.1	94.9
361	770	59.4	75.5		28.1	100	1367	51.4	96.2
400	945	88.0	76.0		51.4	100	1675	80.0	97.2
500	1477	176.0	76.5	3300	230	100	2620	168	99.0
581	2000	262	76.9	3510	253	100	3540	254	100
600	2130	285	76.7	4780	390	99.8		277	100
700	2900	422	76.3			98.9		414	100

注：最大弧垂发生于 γ/σ 最大值的最高气温情况。应力、弧垂曲线绘于图 3-3-3 中。

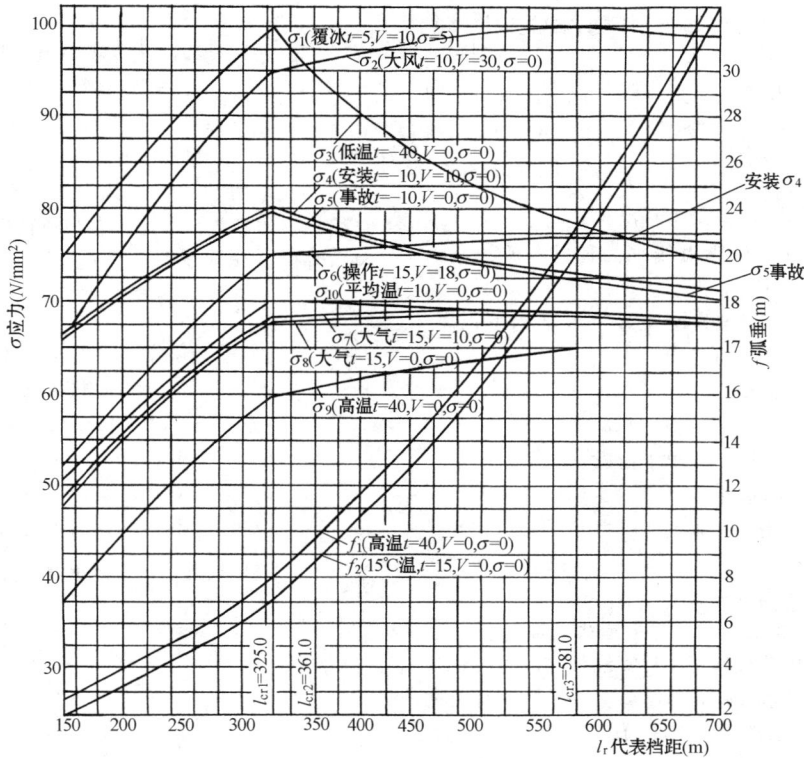

图 3-3-3 导线应力弧垂曲线示例

八、具有非均布荷载的孤立档电线应力弧垂计算

"非均布荷载的孤立档"系指该档两侧用耐张塔与其它档隔开且电线上附加有集中荷载（如耐张绝缘子串，"T"接引下线，上人检修等）的档距。这种档距在变电所进出口及所内架空母线，线路跨越重要设施等地方经常出现。

由于孤立档内的电线上附加了集中的或不均匀分布的荷载，对电线的应力、弧垂、线长等计算产生影响（不同于均布荷载），特别在档距较小（如 200m 以下），耐张绝缘子串的均布单位荷载远大于电线的单位荷载时，其影响更甚，若用一般的均布荷载计算法（不计算集中荷载及耐张串荷载），所产生的应力弧垂计算误差将达到不能容许的程度，故对这种档距应逐档分别计算或校验。

（一）孤立档电线弧垂计算

对于电线两端具有耐张绝缘子串及档内悬有集中荷载（如图 3-3-4 所示）的电线任一点弧垂按式（3-3-22）计算。

$$f_x = \frac{\tau_A x - M_x}{\sigma_0} \qquad (3\text{-}3\text{-}22)$$

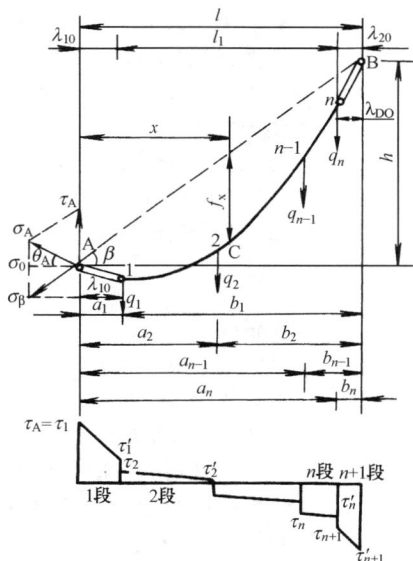

图 3-3-4 孤立档的荷载及切应力图

式中　f_x——档距内距悬挂点 x 处 C 点的电线弧垂,m;

σ_0——电线水平应力，N/mm^2;

τ_A——档内折换到导线单位截面上的全部荷载在悬点 A 引起的相当于简支梁的支点切应力，N/mm^2；

M_x——x 长度内（即 C 点左侧）各单位截面上的荷载对 C 点的弯矩，$N \cdot m/mm^2$。

$$\tau_A = \frac{1}{l} \left[\sum \frac{\gamma}{\cos\beta} \Delta l \left(\frac{\Delta l}{2} + b_\gamma \right) + \sum qb \right] \quad (3\text{-}3\text{-}23)$$

式中 Δl——均布荷载段水平长度，m；

γ——均布荷载段沿线轴的比载，$N/(m \cdot mm^2)$；

b_γ——均布荷载段末端至悬点 B 的水平距离，m；

l——档距，m；

β——悬点间高差角，(°)；

q——单位截面上的集中荷载，N/mm^2；

b——集中荷载至悬点 B 的水平距离，m。

对于两端悬挂相同耐张绝缘子串且具有不同数量的集中荷载时，利用式（3-3-22）以斜抛物线方程化简为表 3-3-10 中所列的算式。

（二）孤立档电线应力状态方程式

（1）由于集中荷载作用，计算线长和应力时也要考虑其影响，若不考虑施工"过牵引"及杆塔挠度的因素，按斜抛物线方程求得电线的应力状态方程式为

$$\sigma_n^2 \left\{ \sigma_n + \left[\frac{K_m}{\sigma_m^2} - \sigma_m + \alpha E\cos\beta \times (t_n - t_m) \right] \right\} = K_n$$
$$(3\text{-}3\text{-}24)$$

式中 σ_m、σ_n——分别为已知情况和待求情况的水平应力，N/mm^2；

t_m、t_n——分别为已知情况和待求情况的气温，℃；

α、E——分别为电线的温度线膨胀系数，$1/℃$；弹性系数，N/mm^2；

β——电线悬挂点高差角，(°)（等高时 $\beta = 0°$）；$F_m = \frac{K_m}{\sigma_m^2} - (\sigma_m + \alpha E\cos\beta t_m)$ 为已知条件系数；

K_m、K_n——分别为已知情况和待求情况电线的线长参数，可按式（3-3-26）或表 3-3-10 中的公式计算。

（2）当孤立档架设挂线时，为使紧线侧的耐张绝缘子串容易挂到杆塔的悬挂点上，往往要将绝缘子串拉出档外一段长度 ΔL（即过牵引长度），当档距较小时，这种过牵引引起的应力增加很大，往往使电线和杆塔不能承受，因此一般要采用各种措施减少过牵引长度到 $50 \sim 200mm$ 范围，且要对过拉时的应力和杆塔强度等进行验算，其应力状态方程式为

$$\sigma_n^2 \left\{ \sigma_n + \left[\frac{K_m}{\sigma_m^2} - \sigma_m + \alpha E\cos\beta (t_n - t_m) \right. \right.$$

$$\left. \left. - \frac{E\Delta L\cos^2\beta}{l_1} \right] \right\} = K_n \quad (3\text{-}3\text{-}25)$$

式中 ΔL——挂线时绝缘子串过拉长度，m；

l_1——扣除两侧绝缘子串的档距长度（m），参见图 3-3-4，其它符号含义与式（3-2-24）中相同。

（3）应力状态方程式中的 K 值计算：K 值系计算线长中的参数，因此，它和各种情况下的荷载大小及布置位置有关，其普遍算式为

$$K = \frac{E\cos^6\beta}{6l_1} \sum \frac{\left[\tau_i^3 - (\tau_i')^3 \right]}{\gamma_i} \quad (3\text{-}3\text{-}26)$$

式中 τ_i、τ_i'——第 i 个均布荷载段左、右两端的简支梁荷载切应力，N/mm^2；

γ_i——第 i 个均布荷载段单位长度上的比载，$N/(m \cdot mm^2)$，对导线为 γ；对耐张绝缘子串，亦假定为均布荷载，折算到导线单位截面上的绝缘串单位长度上的比载 $\gamma_s = \frac{G}{A\lambda}$，$G$ 为耐张串荷载，N；λ 为串长，m；A 为导线截面积，mm^2；

β——档距两端导线悬挂点间的高差角；

$$\beta = \tan^{-1}\left(\frac{h}{l} \right)，(°)；$$

E——导线弹性系数，N/mm^2。

当两端悬挂相同耐张绝缘子串，且具有不同数量的集中荷载时，利用式（3-3-26）以斜抛物线方程化简 K 值计算式列于表 3-3-10。表中公式内的集中荷载编号与 a、b 脚注号与表中附图相对应（但与图 3-3-4 有别）。当两端耐张串不同时，若利用表 3-3-10 中的算式，可近似取两耐张串的长度和荷载平均值作为两端具有相同的耐张串来计算。

（三）孤立档电线应力中的有效控制条件判别与选定

（1）孤立档的已知控制条件：对于进出变电所的孤立档，除由于变电所进出线构架在各种情况下允许的最大使用张力外（如覆冰、大风、安装过牵引等情况），还往往因档内有旁路导线等被跨越物要求在不同情况下保证一定的跨越间距，而限定电线的最小允许张力或应力（如最高气温、带电上人检修情况）。在进行孤立档的施工应力、弧垂计算前，首先根据构架和初步设定的终端杆塔高度以及被跨越物尺寸、集中引下线等参数，由各种情况下交叉物上方允许的最大弧垂 f_x 求出最小容许的应力，作为已知可能控制条件之一。各种情况下允许的各种最大应力也是已知可能控制条件。然而真正起控制作用的往往只有其中之一，即有效控制条件，可利用已知条件的 F 系数来判定。[3-4]

（2）孤立档的已知控制条件 F 系数式：

1）最大允许应力条件的 F 系数式：

当非挂线过牵引情况时（如覆冰，大风等）：

$$F_{aMx} = \frac{K_{Mx}}{\sigma_{Mx}^2} - (\sigma_{Mx} + \alpha E \cos\beta t_{Mx}) \quad (3\text{-}3\text{-}27)$$

式中　K_{Mx}——线长参数；

　　　σ_{Mx}——最大允许应力，N/mm^2；

　　　t_{Mx}——气温，℃；

　　　α、E、β 的含义与式（3-3-24）、式（3-3-25）中相同。

当挂线过牵引 ΔL 长度情况时：

$$F_{aM} = \frac{K_M}{\sigma_M^2} - \left(\sigma_M + \alpha E \cos\beta t_M - \frac{\Delta L E \cos^2\beta}{l_1}\right)$$

$$(3\text{-}3\text{-}28)$$

式中　K_M——过牵引时的线长参数；

　　　σ_M——过牵引时的最大允许应力，N/mm^2；

　　　t_M——过牵引时的气温，℃；

　　　ΔL——允许过牵引长度，m；

　　　α、E、β、l_1 的含义与式（3-3-24）、式（3-3-25）中相同。

表 3-3-10　　　　　　　　　　　　　孤立档应力、弧垂计算公式汇总表[3-4]

情　况	简　图	公　式
施工观测弧垂情况（一侧有绝缘子串，无集中荷重）		$K = \dfrac{\gamma^2 E \cos^3\beta}{24}\left[l_1\left(l_1+3\lambda_0\right) + \dfrac{6G\lambda_0}{A\gamma_\beta W_1}\left(W_1+\dfrac{2G}{3A}\right)\right.$ $\left. - \dfrac{3\lambda_0^2\left(W_1+G/A\right)^2}{W_1\gamma_\beta l}\right]$ $f_m = \dfrac{1}{\sigma_\beta\cos\beta}\left[\dfrac{\gamma l^2}{8} + \dfrac{(\gamma_s-\gamma)\lambda_0^2}{4} + \dfrac{(\gamma_s-\gamma)^2\lambda_0^4}{8\gamma l^2}\right]$
竣工情况（两侧绝缘子串相同，无集中荷重）		$K = \dfrac{\gamma^2 E \cos^3\beta}{24}\left[l_1\left(l_1+6\lambda_0\right) + \dfrac{12G\lambda_0}{W_1 A\gamma_\beta}\left(W_1+\dfrac{2G}{3A}\right)\right]$ $f_m = \dfrac{1}{\sigma_0\cos\beta}\left[\dfrac{\gamma l^2}{8} + \dfrac{(\gamma_s-\gamma)\lambda_0^2}{2}\right]$ 当 $\lambda_0 \le x \le l-\lambda_0$ 时： $f_x = \dfrac{1}{\sigma_0\cos\beta}\left[\dfrac{\gamma x\left(l-x\right)}{2} + \dfrac{(\gamma_s-\gamma)\lambda_0^2}{2}\right]$
竣工情况（两侧绝缘子串相同，一个集中荷重）		$K = \dfrac{\gamma^2 E \cos^3\beta}{24}\left\{l_1\left(l_1+6\lambda_0\right) + \dfrac{12}{W_1\gamma_\beta}\right.$ $\left. \times\left[\dfrac{G\lambda_0}{A}\left(W_1+\dfrac{2G}{3A}+q\right) + qab\left(\gamma_\beta+\dfrac{q}{l}\right)\right]\right\}$ 当 $\lambda_0 \le x \le a$： $f_x = \dfrac{1}{\sigma_0\cos\beta}\left[\dfrac{\gamma x\left(l-x\right)}{2} + \dfrac{(\gamma_s-\gamma)\lambda_0^2}{2}\right] + \dfrac{xqb}{\sigma_0 l}$ 当 $a \le x \le l-\lambda_0$： $f_x = \dfrac{1}{\sigma_0\cos\beta}\left[\dfrac{\gamma x\left(l-x\right)}{2} + \dfrac{(\gamma_s-\gamma)\lambda_0^2}{2}\right] + \dfrac{(l-x)qa}{\sigma_0 l}$
竣工情况（两侧绝缘子串相同，二个集中荷重）		$K = \dfrac{\gamma^2 E \cos^3\beta}{24}\left\{l_1\left(l_1+6\lambda_0\right)\right.$ $+\dfrac{12}{W_1\gamma_\beta}\left[\dfrac{G\lambda_0}{A}\left(W_1+\dfrac{2G}{3A}+q_1+q_2\right) + q_1a_1b_1\left(\gamma_\beta+\dfrac{q_1}{l}\right)\right.$ $\left.\left. + q_2a_2b_2\left(\gamma_\beta+\dfrac{q_2}{l}\right) + \dfrac{2q_1q_2a_1b_2}{l}\right]\right\}$ 当 $\lambda_0 \le x \le a_1$： $f_x = \dfrac{1}{\sigma_0\cos\beta}\left[\dfrac{\gamma x\left(l-x\right)}{2} + \dfrac{(\gamma_s-\gamma)\lambda_0^2}{2}\right] + \dfrac{x\left(q_1b_1+q_2b_2\right)}{\sigma_0 l}$ 当 $a_1 \le x \le a_2$： $f_x = \dfrac{1}{\sigma_0\cos\beta}\left[\dfrac{\gamma x\left(l-x\right)}{2} + \dfrac{(\gamma_s-\gamma)\lambda_0^2}{2}\right]$ $+ \dfrac{x\left(q_1b_1+q_2b_2\right) - lq_1\left(x-a_1\right)}{\sigma_0 l}$ 当 $a_2 \le x \le l-\lambda_0$： $f_x = \dfrac{1}{\sigma_0\cos\beta}\left[\dfrac{\gamma x\left(l-x\right)}{2} + \dfrac{(\gamma_s-\gamma)\lambda_0^2}{2}\right]$ $+ \dfrac{(l-x)\left(q_1a_1+q_2a_2\right)}{\sigma_0 l}$

情　况	简　图	公　式
竣工情况 （两侧绝缘子串相同 n 个集中荷重）		(见下列各式)

$$K = \frac{\gamma^2 E\cos^3\beta}{24}\left\{ l_1(l_1 + 6\lambda_0) + \frac{12}{W_1\gamma_\beta}\left[\frac{G\lambda_0}{A}\left(W_1 + \frac{2G}{3A}\right.\right.\right.$$
$$\left. + \Sigma q\right) + \sum_1^n qab\left(\gamma_\beta + \frac{q}{l}\right) + \frac{2}{l}\left(q_1 a_1 \sum_2^n qb\right.$$
$$\left.\left.\left. + q_2 a_2 \sum_3^n qb + \cdots + q_{n-1}a_{n-1}q_n b_n\right)\right]\right\}$$

当 $\lambda_0 \leqslant x \leqslant a_1$:

$$f_x = \frac{1}{\sigma_0\cos\beta}\left[\frac{\gamma x(l-x)}{2} + \frac{(\gamma_s - \gamma)\lambda_0^2}{2}\right] + \frac{x\sum_1^n qb}{\sigma_0 l}$$

当 $a_{i-1} \leqslant x \leqslant a_i$:

$$f_x = \frac{1}{\sigma_0\cos\beta}\left[\frac{\gamma x(l-x)}{2} + \frac{(\gamma_s - \gamma)\lambda_0^2}{2}\right]$$
$$+ \frac{x\sum_1^n qb - l\sum_1^{i-1} q(x-a)}{\sigma_0 l}$$

当 $a_n \leqslant x \leqslant l - \lambda_0$:

$$f_x = \frac{1}{\sigma_0\cos\beta}\left[\frac{\gamma x(l-x)}{2} + \frac{(\gamma_s - \gamma)\lambda_0^2}{2}\right] + \frac{\sum_1^n qa(l-x)}{\sigma_0 l}$$

表 3-3-10 中　K——应力状态方程中的系数;

f_m——档距内最大弧垂,m;

f_x——距悬挂点 A 为 x 处的弧垂,m;

β——两悬挂点的高差角,(°);

l——档距,m;

l_1——电线所占档距长,m;

λ——绝缘子串长度,m;

$\lambda_0 = \lambda\cos\beta$——绝缘子串水平投影长,m;

G——绝缘子串荷载,N;

γ——电线比载,N/m·mm²;

$\gamma_s = G/\lambda A$——绝缘子串比载,N/(m·mm²);

A——电线截面,mm²;

q——集中荷载的单位截面荷载,N/mm²;

a、b——分别为集中荷载距左右两端悬挂点的距离,m;

σ_0——电线水平应力,N/mm²;

E——电线弹性系数,N/mm²;

$W_1 = \gamma l_1/\cos\beta$——电线单位截面上的荷载,N/mm²;

$\gamma_\beta = \gamma/\cos\beta$——电线水平投影比载,N/(m·mm²);

x——距左侧悬挂点 A 的水平距离,m。

2) 最小允许应力条件的 F 系数式:

$$F_{bmx} = \frac{K_{mx}}{\sigma_{mx}^2} - (\sigma_{mx} + \alpha E\cos\beta\, t_{mx}) \quad (3\text{-}3\text{-}29)$$

式中　K_{mx}——最小允许应力时的线长参数;

σ_{mx}——允许最小应力,N/mm²;

t_{mx}——最小允许应力时的气温,℃;

α、E、β 的含义与式(3-3-24)中相同。

(3) 有效控制条件的判别与选定:

式(3-3-27)、式(3-3-28)算出的最大允许应力条件下的 F_{aMx} 及 F_{aM} 中,取其中最大者 F_{aMax};用式(3-3-29)算出的最小允许应力条件下的 F_b 中、取其中最小者 F_{bmin}。两者必须满足

$$F_{aMax} \leqslant F_{bmin} \quad (3\text{-}3\text{-}30)$$

若不满足式(3-3-30)的判别关系,可升高杆塔高度、减小最小允许应力而使 F_{bmin} 增大,达到满足上式条件;当 F_{bmin} 与 F_{aMFax} 相比过大时,可降低杆塔高使两者接近。取两者的某一中间值 F_m 作为已知的有效控制条件,以此值代入式(3-3-24)、式(3-3-25)中的 F_m 推求所有已知控制条件及施工架线应力,均能满足要求。

当线下无交叉跨越物,且对地间距较高,无最小允许应力控制条件时,各最大允许应力控制条件中的最大者 F_{aMax} 即为有效控制条件。或取某一适当大于

F_{aMax}的F_m值作为已知的有效控制条件代入式（3-3-24）、式（3-3-25）的F_m中推求其它应力,此时意味着适当减小最大使用应力。参见例题3-4中F值的判别与选定。

【例题3-4】 某一220kV送电线路的进变电所孤立档,其档内断面图如图3-3-5中所示。

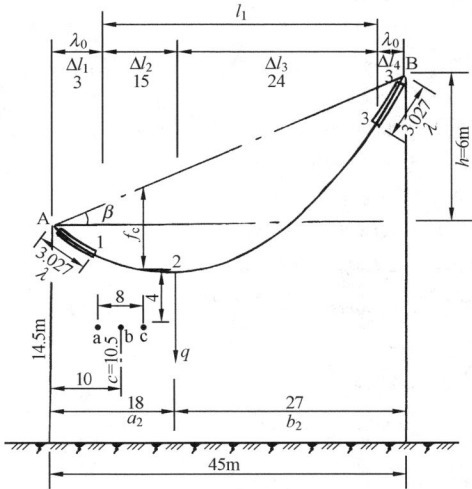

图3-3-5 孤立档计算图例

导线每相为单根LGJ-300/40钢芯铝绞线,截面$A=338.99mm^2$,弹性系数$E=73000N/mm^2$,温度线膨胀系数$\alpha=19.6\times10^{-6}1/℃$,自重力比载$\gamma_1=0.032777N/m\cdot mm^2$,覆冰时的综合比载$\gamma_7=0.061284N/m\cdot mm^2$。档中有一集中引下线荷载估算为10m引下线,其单位截面的自重力荷载$q_1=0.32777N/mm^2$,覆冰时的综合荷载$q_7=0.61284N/mm^2$。两端悬挂相同的耐张绝缘子串,串长$\lambda=3.027m$,$\lambda_0=\lambda\cos\beta=3.0m$,串的自重力荷载$G_1=1200N$,$\gamma_{s1}=\frac{G_1}{A\lambda}=1.1695N/（m\cdot mm^2）$,串覆冰有风时的综合荷载$G_7=1800N$,$\gamma_{s7}=1.7542N/（m\cdot mm^2）$。进线档内跨越10.5m高的旁路母线（如图中$a$、$b$、$c$点）,假定$+40℃$最高气温时导线对旁路母线的间距$s\geq4m$。施工挂线过牵引导线$\Delta L=0.1m$时,导线最大张力不大于10000N;最大荷载时最大允许张力不大于9000N。试计算导线架设时的观测与竣工弧垂及应力。

1. 根据对旁路母线的间距要求,计算导线允许的最小应力

首先计算旁路母线a、b、c上方导线最大允许弧垂:先假定终端塔呼称高为20.5m,其它尺寸参见图3-3-5中所示,则:

$$f_{aM}=h_A+x_1\tan\beta-(c+d)$$

$$=14.5+6\times\frac{6}{45}-(10.5+4)$$
$$=0.8m$$
$$f_{bM}=14.5+10\times\frac{6}{45}-14.5=1.333m$$
$$f_{cM}=14.5+14\times\frac{6}{45}-14.5=1.8667m$$

利用式（3-3-22）求导线容许最小应力:先计算式中的A悬点简支梁切应力τ_A,由$\Sigma M_B=0$参见式（3-3-23）算得:

$$\tau_A=\frac{1}{l}\left[\Sigma\frac{\gamma}{\cos\beta}\Delta l\left(\frac{\Delta l}{2}+b_r\right)+\Sigma qb\right]$$

$$=\frac{1}{45}\left[\frac{1.1695}{0.9912}\times3\left(\frac{3}{2}+42\right)+\frac{0.032777}{0.9912}\times15\right.$$
$$\times\left(\frac{15}{2}+27\right)+\frac{0.032777}{0.9912}\times24\left(\frac{24}{2}+3\right)$$
$$\left.+\frac{1.1695}{0.9912}\times3\times\frac{3}{2}+0.32777\times27\right]$$
$$=4.381N/mm^2$$

$$\sigma_{0a}=\frac{\tau_A x_a-M_a}{f_{aM}}=\frac{1}{0.8}\left\{4.381\times6-\left[\frac{1.169\times3}{0.9912}\right.\right.$$
$$\left.\left.\times4.5+\frac{0.032777}{0.9912}\times\frac{(6-3)^2}{2}\right]\right\}$$
$$=12.76N/mm^2$$

用表3-3-10中的简化式计算

$$\sigma_{0a}=\frac{1}{f_{aM}\cos\beta}\left[\frac{\gamma x_a(l-x_a)}{2}+\frac{(\gamma_s-\gamma)\lambda_0^2}{2}\right.$$
$$\left.+\frac{x_a qb\cos\beta}{l}\right]=\frac{1}{0.8\times0.9912}$$
$$\times\left[\frac{0.032777\times6\times39}{2}+\frac{(1.169-0.0328)\times3^2}{2}\right.$$
$$\left.+\frac{6\times0.032777\times27}{45}\times0.9912\right]$$
$$=12.76N/mm^2$$

与式（3-3-24）计算结果相同;

$$\sigma_{0b}=\frac{1}{1.333\times0.9912\times2}\left[0.032777\times10\times35\right.$$
$$+(1.169-0.0328)\times3^2+2\times10$$
$$\left.\times0.32777\times27\times0.9912/45\right]$$
$$=9.686N/mm^2$$

$$\sigma_{0c}=\frac{1}{1.8667\times0.9912\times2}\left[0.032777\times14\times31\right.$$
$$+(1.169-0.0328)\times3^2+2\times14$$
$$\left.\times0.32777\times27\times0.9912/45\right]$$
$$=8.082N/mm^2$$

取上面3个最低应力中的最大者作为最高气温容许最低应力才能保证导线对a、b、c三相旁路母的间距$d\geq4m$,即取$\sigma_{0min}=12.8N/mm^2$作为已知可能控制条件之一。

2. 计算状态方程式中的K值

（1）无冰、无风、有引下线、两端有耐张串时的 K_1：

利用普遍式（3-3-26）计算 K_1 前，先计算各区段左、右端的简支梁切应力：

$$\tau_1 = \tau_A = 4.381 \text{N/mm}^2,$$

$$\tau_1' = \tau_1 - \frac{G_1}{A} = 4.381 - \frac{1200}{338.99} = 0.841 \text{N/mm}^2;$$

$$\tau_2 = \tau_1' = 0.841 \text{N/mm}^2,$$

$$\tau_2' = \tau_2 - \Delta l_2 \times \gamma_1/\cos\beta = 0.841 - 15$$
$$\times 0.032777/0.9912 = 0.345 \text{N/mm}^2;$$

$$\tau_3 = \tau_2' - q_1 = 0.345 - 0.328 = 0.017,$$

$$\tau_3' = \tau_3 - \Delta l_3 \gamma_1/\cos\beta = 0.017 - 24$$
$$\times 0.032777/0.9912 = -0.776 \text{N/mm}^2;$$

$$\tau_4 = \tau_3' = -0.776 \text{N/mm}^2,$$

$$\tau_4' = \tau_B = \tau_4 - \frac{G_1}{A} = -0.776 - \frac{1200}{338.99}$$
$$= 4.316 \text{N/mm}^2$$

校核：$\tau_B = \tau_A - \left(\sum \frac{\gamma}{\cos\beta}\Delta l + \sum q \right) = 4.381 -$

$\left(2 \times 1200/338.99 + \frac{39 \times 0.03278}{0.9912} + 0.3278 \right) = -4.316$

N/mm^2 与上计算一致。将上面的 τ 值代入式（3-3-26）得：

$$K_1 = \frac{E\cos^6\beta}{6l_1} \sum \frac{\zeta_i^3 - (\zeta_i')^3}{\gamma}$$

$$= \frac{73000 \times 0.9912^6}{6 \times 39} \left[\frac{4.381^3 - 0.841^3}{1.169} \right.$$

$$+ \frac{0.841^3 - 0.345^3}{0.032777}$$

$$+ \frac{0.017^3 - (-0.776)^3}{0.03277}$$

$$\left. + \frac{(-0.776)^3 - (-4.316)^3}{1.1695} \right]$$

$$= 50575$$

用表 3-3-10 中的简化式计算 K_1：式中 $W_{11} = l_1\gamma_1/\cos\beta = \frac{39 \times 0.032777}{0.9912} = 1.28965$

$$K_1 = \frac{\gamma_1^2 E\cos^3\beta}{24} \left\{ l_1 (l_1 + 6\lambda_0) \right.$$

$$+ \frac{12}{W_{11}\gamma_{\beta1}} \left[\frac{G_1\lambda_0}{A}\left(W_{11} + \frac{2G_1}{3A} + q_1 \right) \right.$$

$$\left. \left. + q_1 ab\left(\gamma_{\beta1} + \frac{q_1}{l} \right)_I \right] \right\}$$

$$= \frac{0.03278^2 \times 73000 \times 0.9912^3}{24} \left\{ 39 (39 + 6 \times 3) \right.$$

$$+ \frac{12 \times 0.9912}{1.28965 \times 0.03278} \left[\frac{1200 \times 3}{338.99} \right.$$

$$\times \left(1.28965 + \frac{2 \times 1200}{3 \times 338.99} + 0.32777 \right) + 0.32777$$

$$\left. \left. \times 18 \times 27\left(\frac{0.032777}{0.9912} + \frac{0.32777}{45} \right) \right] \right\} = 50652,$$

与普遍式计算基本相同，差别仅系数字上的微小误差，非公式不一致。

（2）无冰、无风、无引下线、两端有耐张串时的施工挂线情况的 K_{10}：

用来 3-3-10 中的简化式计算 K_{10}，式中 $W_{11} = l_1\gamma_1/\cos\beta = 1.28965$，$q = 0$，

$$K_{10} = \frac{0.03278^2 \times 73000 \times 0.9912^3}{24}$$

$$\times \left\{ 39 (39 + 6 \times 3) + \frac{12 \times 0.9912}{1.28965 \times 0.03278} \right.$$

$$\left. \times \left[\frac{1200 \times 3}{338.99}\left(1.28965 + \frac{2 \times 1200}{3 \times 338.99} \right) \right] \right\} = 41780$$

（3）无冰、无风、无引下线，仅一端有耐张串时观测弧垂情况的 K_{10}'：

用表 3-3-10 中的公式计算：

式中 $l_1 = l - \lambda_0 = 45 - 3 = 42$，

$$W_{11} = l_1\gamma_1/\cos\beta = \frac{42 \times 0.032777}{0.9912} = 1.38886$$

$$K_{10}' = \frac{\gamma_1^2 E\cos^3\beta}{24} \left[l_1 (l_1 + 3\lambda_c) \right.$$

$$+ \frac{6\lambda_0 G_1}{AW_{11}\gamma_{\beta1}}\left(W_{11} + \frac{2G_1}{3A} \right)$$

$$\left. - \frac{3\lambda_0^2\left(W_{11} + \frac{G_1}{A} \right)^2}{LW_{11}\gamma_{\beta1}} \right]$$

$$= \frac{0.03278^2 \times 73000 \times 0.9912^3}{24}$$

$$\times \left[42 \times (42 + 3 \times 3) + \frac{6 \times 3 \times 1200 \times 0.9912}{338.99 \times 1.3889 \times 0.03278} \right.$$

$$\times \left(1.3889 + \frac{2 \times 1200}{3 \times 338.99} \right)$$

$$\left. - \frac{3 \times 3^2\left(1.3889 + \frac{1200}{338.99} \right)^2 \times 0.9912}{45 \times 1.3889 \times 0.032777} \right]$$

$$= 22357.0$$

（4）有冰、有风、有引下线、两端有耐张串时的 K_7：

用表 3-3-10 中的公式计算，式中 $W_{17} = l_1\gamma_7/\cos\beta$

$= \frac{39 \times 0.061284}{0.9912} = 2.4113 \text{N/mm}^2$

$$K_7 = \frac{\gamma_7^2 \times E\cos^3\beta}{24} \left\{ l_1 (l_1 + 6\lambda_0) \right.$$

$$+ \frac{12}{W_{17}\gamma_{\beta7}} \left[\frac{G_7\lambda_0}{A}\left(W_{17} + \frac{2G_7}{3A} + q_7 \right) \right.$$

$$\left. \left. + q_7 ab\left(\gamma_{\beta7} + \frac{q_7}{l} \right) \right] \right\}$$

$$= \frac{0.061284^2 \times 73000 \times 0.9912^3}{24}$$

$$\times \left\{ 39 \times (39 + 6 \times 3) + \frac{12 \times 0.9912}{2.4113 \times 0.061284} \right.$$

$$\times \left[\left(2.4113 + \frac{2 \times 1800}{3 \times 338.99} + 0.61284 \right) \right.$$

$$\times \frac{1800 \times 3}{338.99} + 0.61284 \times 18 \times 27$$

$$\times\left(\frac{0.061284}{0.9912}+\frac{0.61284}{45}\right)\right]\right\}$$

$$=138481.0$$

3. 判断有效控制条件

（1）已知可能控制条件有 3 种：

1）最高气温：$t=40\,℃$、$v=0$、$\delta=0$，最小容许应力 $\sigma_{0min}=12.8\,\text{N/mm}^2$，$K_1=70650$；

2）覆冰情况：$t=-5\,℃$，$v=10\,\text{m/s}$、$\delta=10\,\text{mm}$，最大容许应力 $\sigma_{0M1}=\dfrac{9000}{338.99}=26.55\,\text{N/mm}^2$，$K_7=138481$；

3）安装过牵引 $\Delta l=0.1\,\text{m}$ 情况：$t=-10\,℃$、$v=0$、$\delta=0$，最大容许应力 $\sigma_{0M2}=\dfrac{10000}{338.99}=29.5\,\text{N/mm}^2$，$K_{10}=41780$。

（2）参照式（3-3-27～29）列出已知可能控制条件的 F 式，判别和选定有效控制条件：

1）最高气温：

$$F_{bm}=\frac{K_1}{\sigma_{0min}^2}-\left(\sigma_{0min}+t_{max}\alpha E\cos\beta\right)$$

$$=\frac{70650}{12.8^2}-\left(12.8+40\times19.6\times10^{-6}\right.$$
$$\left.\times73000\times0.9912\right)=316.7$$

2）覆冰情况：

$$F_{aM1}=\frac{K_7}{\sigma_{0M1}^2}-\left(\sigma_{0M1}+t_{-5}\alpha E\cos\beta\right)$$

$$=\frac{138481}{26.55^2}-\left(26.55-5\times19.6\times10^{-6}\right.$$
$$\left.\times73000\times0.9912\right)=177.0$$

3）安装过牵引情况：

$$F_{aM2}=\frac{K_{10}}{\sigma_{0M2}^2}-\left(\sigma_{0M2}+t_{-10}\alpha E\cos\beta-\frac{E\Delta L\cos^2\beta}{l_1}\right)$$

$$=\frac{41780}{29.5^2}-\left(29.5-10\times19.6\times10^{-6}\right.$$
$$\left.\times73000\times0.9912-\frac{73000\times0.1\times0.9912^2}{39}\right)$$

$$=216.6$$

上面已知条件系数式中 F_{aM} 为最大容许应力的可能控制条件系数，其中最大者 F_{aMax}（安装过牵引），它必须小于或等于最小容许应力的 F_{bmin}，即 $F_{aMax}\leq F_{bmin}$，否则应升高杆塔使 F_{bmin} 变大。本例中满足该项要求条件，且两者 216.6 < 316.7 差距较大，若需要时还可降低杆塔高度缩小 F_{bmin} 或放松最大允许应力增大 F_{aMax} 使两者接近。本例中考虑到给定的最大容许应力太大，有条件可以放松。故取中间值 $F_m=250$ 作为已知的有效控制条件，以此推求各控制条件下的应力均会满足要求。

4. 根据有效控制条件，推求已知可能控制条件下的实际使用应力

（1）求最高气温时的应力，由式（3-3-24）并代入已知有效控制条件 $F_m=250$，及 $K_n=70650$ 得：

$$\sigma^2\left[\sigma+\left(250+\alpha E\cos t\right)\right]=70650,$$

$$\sigma^2\left[\sigma+\left(250+19.6\times10^{-6}\times73000\times0.9912\right.\right.$$
$$\left.\left.\times40\right)\right]=70650$$

$$\sigma^2\left(\sigma+306.73\right)=70650,$$

$$\sigma=14.823\,\text{N/mm}^2,$$ 大于最小容许的 $12.8\,\text{N/mm}^2$ 使跨越间隙由 4m 增为 4.11m。

（2）求覆冰时的应力，仿上可写为：

$$\sigma^2\left[\sigma+\left(250+\alpha E\cos\beta t\right)\right]=138481,$$

$$\sigma^2\left[\sigma+\left(250-5\times19.6\times10^{-6}\times73000\times\right.\right.$$
$$\left.\left.0.9912\right)\right]=138481,$$

$$\sigma^2\left(\sigma+242.91\right)=138481,$$

$$\sigma=22.83\,\text{N/mm}^2,$$ 小于最大容许应力 26.55 N/mm^2。

（3）求安装过牵引时的应力，由式（3-3-25）可写为：

$$\sigma^2\left[\sigma+\left(250+\alpha E\cos\beta t-\frac{E\Delta l\cos^2\beta}{l_1}\right)\right]=41780,$$

$$\sigma^2\left[\sigma+\left(250-10\times19.6\times10^{-6}\times73000\times\right.\right.$$
$$\left.\left.0.9912-\frac{73000\times0.1\times0.9912^2}{39}\right)\right]=41780,\ \sigma^2\left(\sigma\right.$$
$$\left.+51.92\right)=41780,\sigma=23.53,$$ 小于最大容许应力 29.5 N/mm^2。

5. 计算架线观测弧垂及应力

此情况一般均不带集中引下线荷载（待以后变电施工安装），且仅一端挂耐张串，另一端导线悬于滑轮上，计算应力时用 K'_{10}。

（1）计算观测弧垂 f'_m 的计算常数：

由表 3-3-10 中算式写出：

$$f'_m=\frac{1}{\sigma'_0\cos\beta}\left[\frac{\gamma_1 l^2}{8}+\frac{\left(\gamma_{s1}-\gamma_1\right)\lambda_0^2}{4}\right.$$
$$\left.+\frac{\left(\gamma_{s1}-\gamma_1\right)^2\lambda_0^4}{8\gamma_1 l^2}\right]=\frac{1}{\sigma'_0\times0.9912}$$

$$\times\left[\frac{0.03278}{8}\times45^2+\frac{\left(1.1695-0.0328\right)\times3^2}{4}\right.$$
$$\left.+\frac{\left(1.1695-0.0328\right)^2\times3^4}{8\times0.03278\times45^2}\right]$$

$$=\frac{11.15}{\sigma'_0}$$

（2）计算各气温下的观测弧垂时的应力 σ'_0 及弧垂 f'_m：

由于导线张力很松，可不考虑导线"初伸长"引起的弧垂变化，其求解应力的方程按式（3-3-24）写为：

$$\left(\sigma'_0\right)^2\left\{\sigma'_0+\left[\left(\frac{K_m}{\sigma_m^2}-\sigma_m-\alpha E\cos\beta t_m\right)\right.\right.$$

$$\left.\left.+\alpha E\cos\beta t\right]\right\}=K'_{10}$$

式中已知有效控制条件取 $F_m = \dfrac{K_m}{\sigma_m^2} - \sigma_m - \alpha E\cos\beta t_m = 250$，则

$$(\sigma_0')^2 \left[\sigma' + (250 + \alpha E\cos\beta t)\right] = 22357.0,$$

令 $a = 250 + \alpha E\cos\beta t$

$$= 250 + 19.6 \times 10^{-6} \times 73000 \times t \times 0.9912$$

$$= 250 + 1.4182t$$

$$(\sigma_0')^2 \left[\sigma' + (250 + 1.4182t)\right] = 22357$$

应力 σ_0' 及弧垂 f_m' 的计算结果列于表 3-3-11 中：

表 3-3-11　　　　　　　　　　　　　　孤立档架线观测应力及弧垂示例表

架线观测气温（℃）	40	20	0	-20	-40
a 值	306.73	278.36	250	221.64	193.27
导线观测弧垂时应力 σ_0'（N/mm²）	8.423	8.823	9.285	9.827	10.475
导线观测弧垂 f_m'（m）	1.32	1.26	1.20	1.13	1.06

6. 计算挂线后（竣工）的应力及弧垂

此情况一般均不带集中引下线（待以后变电施工安装），但两端均有耐张绝缘子串，计算应力时用 K_{10}。

（1）计算线路架线时的竣工弧垂 f_m 的计算常数：

由表 3-3-10 中的算式写出：

$$f_m = \frac{1}{\sigma_0\cos\beta}\left[\frac{\gamma_1 l^2}{8} + \frac{(\gamma_{s1} - \gamma_1)\lambda_0^2}{2}\right]$$

$$= \frac{1}{\sigma_0 \times 0.9912}\left[\frac{0.03278 \times 45^2}{8}\right.$$

$$\left. + \frac{(1.1695 - 0.0328) \times 3^2}{2}\right]$$

$$= \frac{13.530}{\sigma_0}$$

（2）计算各气温下挂线竣工时的应力 σ_0 及弧垂 f_m：

仿上面 5、（2）中的算例可列出解应力的方程为：

$$\sigma_0^2 \left[\sigma_0 + (250 + \alpha E\cos\beta t)\right] = K_{10}$$

令 $a = 250 + \alpha E\cos\beta t = 250 + 1.4182t$

则 $\sigma_0^2(\sigma_0 + a) = 41780$

应力 σ_0 及弧垂 f_m 的计算结果列于表 3-3-12 中：

表 3-3-12　　　　　　　　　　　　　　孤立档挂线竣工应力及弧垂示例表

挂线竣工时的气温（℃）	40	20	0	-20	-40
a 值	306.73	278.36	250	221.64	193.27
导线挂线竣工后的应力 σ_0（N/mm²）	11.46	11.99	12.62	13.33	14.19
导线挂线竣工后的弧垂 f_m（m）	1.18	1.13	1.07	1.02	0.95

由于变电所进出线孤立档导线张力及档距很小且绝缘子串荷载影响很大，致使温度变化对应力弧垂变化的影响不大，当跨越间隙有较大裕度时，经过计算，也可以提出各气温下同一个较大的观测与竣工弧垂。

第四节　直线杆塔上电线纵向不平衡张力计算

当线路架线时，一般要求直线杆塔上不出现不平衡的水平张力。但当电线断线或气象条件改变时，由于档距、高差、荷载等的不同，均能产生不平衡张力。计算杆塔强度、验算电线不均匀覆冰（或不同期脱冰）、上人检修等情况下的线间电气间隙、检验邻档断线对被跨档内的交叉间距、检查转动横担或释放线夹是否能动作等均需考虑这种纵向不平衡张力。

一、固定线夹的断线张力及纵向不平衡张力值选取

固定线夹的断线张力计算主要是用于计算杆塔强度。

已往经验和调查资料表明，高压送电线路的断线事故，实际上是比较少的，且断线情况无规律可言，只是电压愈高，导线截面愈大，运行可靠性就愈高，断线的概率就愈少。因此就没有必要用繁琐的理论来论证和推算断线情况和断线张力。

现行设计技术规程[3-2]对杆塔承受的断线张力（或分裂导线和地线的纵向不平衡张力）作出如下的规定：

1. 直线杆塔断线（或分裂导线时纵向不平衡张力）情况的荷载组合

（1）对单、双回路断任一根导线（或任一相有不平衡张力），地线未断，无风、无冰。

单导线的断线张力应按表 3-4-1 的规定选用。

表 3-4-1　　　　单导线断线张力与
最大使用张力的百分比

钢芯铝线型号	钢筋混凝土杆及拉线塔	自立式铁塔
LGJ-95/20 及以下	30	40
LGJ-120/20 ～ LGJ-185/45	35	40
LGJ-240/20 及以上	40	50

两分裂导线的断线张力（或不平衡张力）对平地及山地线路应分别取一根导线最大使用张力的 40％及 50％。两分裂以上导线的纵向不平衡张力，对平地、丘陵及山地线路分别取一相导线最大使用张力的 15％、20％及 25％，且均不小于 20kN。

（2）转动横担或变形横担的启动力，应满足运行和施工的安全要求。

（3）对两回路以上的多回路直线杆塔，当采用单导线时，断任意两根导线；当采用分裂导线时，任意两相有不平衡张力，断线或不平衡张力按上面（1）中的规定选用。此时，地线未断，无风、无冰。

（4）任意一根地线有不平衡张力，导线未断，无冰、无风，地线不平衡张力按表 3-4-2 的规定选取。

表 3-4-2　　地线不平衡张力与最大使用
张力的百分比

杆塔类别	钢筋混凝土电杆	拉线铁塔	自立式铁塔
330kV 及以下线路	15 ～ 20	30	50
500kV 线路	20 ～ 30	40	50

2. 耐张型杆塔（单回路或多回路）的断线情况的荷载组合

（1）在同一档内断任意两相导线（终端杆塔应考虑作用有一相或两相电线张力的不利情况），地线未断，无风、无冰。

（2）断任意一根地线，导线未断，无风、无冰。

（3）导线断线后剩余导线上的张力均为最大使用张力的 70％；地线为地线最大使用张力的 80％。

3. 重冰区各类杆塔断线情况的荷载组合

重冰区（导、地线覆冰厚度为 20mm 及以上者）线路各类杆塔的断线（或纵向不平衡张力）情况应按覆冰（不小于正常覆冰荷载的 50％）、无风和气温 -5℃ 的气象条件。断线张力或不平衡张力应根据覆冰情况由计算确定。同时，尚应验算导线及地线同时存在有不均匀脱冰情况的各种荷载组合。35 ～ 220kV 重冰区线路导、地线断线张力和不均匀覆冰情况的不平衡张力可按表 3-4-3 选取。

表 3-4-3　重冰区导、地线断线张力及不匀均
冰载时的不平衡张力

冰区（冰厚 mm）	断线张力（最大使用张力的百分数）					
	直线型杆塔（导线）			耐张型杆塔		
	覆冰率（%） 拉线杆塔		铁塔	覆冰率（%）	导线	地线
I（20）	50	45	55	60	75	80
II（30）	60	50	60	70	80	85
III（40）	70	55	65	80	85	90

冰区（冰厚 mm）	不均匀冰载时的不平衡张力（最大使用张力的百分数）					
	直线拉线杆塔		直线自立式铁塔		耐张型杆塔	
	导线	地线	导线	地线	导线	地线
I（20）	25	35	40	55	50	65
II（30）	30	40	50	60	55	70
III（40）	35	45	60	65	60	75

注　1. 表中不均匀冰荷载取值：直线型杆塔，一侧 100％、另一侧 40％；耐张型杆塔，一侧 100％，另一侧 30％。

2. 耐张型杆塔的不平衡张力，为两侧线条张力差。

二、固定线夹断线张力的计算

除上述设计杆塔时规定的断线张力外，对重冰区线路、杆塔试验、邻档断线计算跨越档弧垂等，有时需要较为精确地计算断线张力，为此列入了几种常用的静态断线张力计算方法供参考。

（一）图解法

用图解法计算断线张力时，根据精度要求档距可取各档相同或按实际的不等档距。靠近断线档附近的档距越大，剩余档数越多，断线张力越大（超过 5 档则影响不显著）。这里介绍普遍性的图解法，断线余档的档距布置如图 3-4-1，作图方法如下：

（1）绘制断线后各档档距变化与张力变化的关系曲线 I：

$$T = f(\Delta l)$$

当考虑电线弹性伸长时：

$$T^2 \left[T + \left(\frac{Eg^2 l_0^2 A}{24 T_0^2} - T_0 + \frac{E\Delta l A}{l_0} \right) \right]$$
$$= \frac{AEg^2 (l_0 - \Delta l)^3}{24 l_0} \qquad (3\text{-}4\text{-}1)$$

或

$$\Delta l = \frac{l_0}{\left(1 + \frac{g^2 l_0^2}{8 T^2} \right)} \left[\frac{g^2 l_0^2}{24} \left(\frac{1}{T^2} - \frac{1}{T_0^2} \right) + \frac{T_0 - T}{AE} \right]$$

$$(3\text{-}4\text{-}2)$$

式中　T——档距由 l_0 变化为 $l_0 - \Delta l$ 后的电线水平
张力，N；

T_0——断线前档距为 l_0 下的已知电线水平张力，N；

l_0——断线前的档距，m；

g——断线条件下的电线单位荷载，N/m；

E——电线弹性系数，N/mm^2；

Δl——档距 l_0 的改变量（m），档距缩小取正值，增大取负值；

A——电线截面，mm^2。

（2）绘制断线后各直线塔上电线悬挂点偏移与不平衡张力差的关系曲线Ⅱ：

$$\delta = f(\Delta T)$$

$$\delta = \frac{\lambda \Delta T}{\sqrt{\left(G_c + \dfrac{G_s}{2}\right)^2 + \Delta T^2}} + M\Delta T \qquad (3\text{-}4\text{-}3)$$

式中　δ——直线塔电线悬挂点偏移距离（即悬垂绝缘子串下端悬垂线夹的水平偏移），m；

λ——悬垂绝缘子串长度，m；

G_s——悬垂绝缘子串重力荷载，N；

G_c——直线塔上作用的电线荷载（N），当为等高等档距时取 $G_c = gl_0$；

M——柔性杆塔的挠度系数，m/N；

ΔT——绝缘子串两侧电线水平张力差，N。

（3）图解断线张力步骤：将各档的 $T = f(\Delta l)$ 曲线Ⅰ与各直线杆塔的 $\delta = f(\Delta T)$ 曲线以 T 和 ΔT 为纵坐标，以 δ 和 Δl 为横坐标绘于同一张米格纸上（当档距、高差相同时，曲线Ⅰ、Ⅱ，各作一条）。

利用试凑法，先假定靠耐张塔一档的电线张力 T_1（见图 3-4-1），由 T_1 查曲线Ⅰ找出 Δl_1，因 $\Delta l_1 = \delta_1$，由 δ_1 查曲线Ⅱ₁ 找出 ΔT_1，算出 $T_2 = T_1 - \Delta T_1$。

由 T_2 查曲线Ⅰ₂ 找出 Δl_2，算出 $\delta_2 = \delta_1 + \Delta l_2$，由 δ_2 查曲线Ⅱ₂，找出 ΔT_2，算出 $T_3 = T_2 - \Delta T_2$。

如此继续下去由 T_i 查曲线Ⅰ₁，算出 $\delta_i = \delta_{i-1} + \Delta l_i$，由 δ_i 查曲线Ⅱ₁ 找出 ΔT_i，算出 $T_{i+1} = T_i - \Delta T_i$。

直至算出相邻断线档的 T_B，由 T_B 查曲线Ⅰ₈ 找出 Δl_B，算出 $\delta_B = \delta_{B-1} + \Delta l_B$，由 δ_B 查曲线Ⅱ₈ 算出 ΔT_B。

若 $T_B = \Delta T_B$（或者说 $\Delta l_B + \delta_{B-1}$ 的线段末端（P）正好落在Ⅱ₈ 曲线上），则原假定为正确，T_B 即为所求的断线张力，否则应重新假定 T_1，重复上述步骤直至 $T_B = \Delta T_B$ 为止。

$T_B > \Delta T_B$（或者说 δ_B 线末端 P 点未达到Ⅱ₈ 曲线上）表明 T_1 设大了；若 $T_B < \Delta T_B$（或者说 δ_B 线末端 P 点超越过Ⅱ₈ 曲线）表明 T_1 设小了。

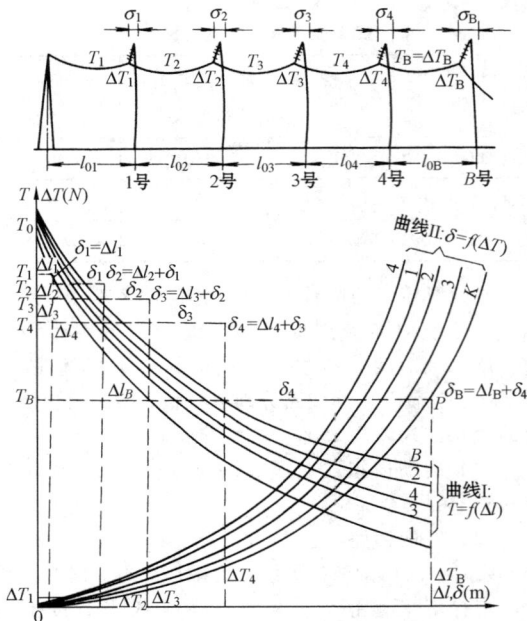

图 3-4-1　固定线夹断线张力图解法示意图

图解步骤简单顺序如下：

设　$T_1 \rightarrow \Delta l_1 \rightarrow \delta_1 = 0 + \Delta l_1 \rightarrow \Delta T_1 \rightarrow T_2$
　　$= T_1 - \Delta T_1$

$T_2 \rightarrow \Delta l_2 \rightarrow \delta_2 = \delta_1 + \Delta l_2 \rightarrow \Delta T_2 \rightarrow T_3$
$= T_2 - \Delta T_2$

$T_3 \rightarrow \Delta l_3 \rightarrow \delta_3 = \delta_2 + \Delta l_3 \rightarrow \Delta T_3 \rightarrow T_4$
$= T_3 - \Delta T_3$

$T_4 \rightarrow \Delta l_4 \rightarrow \delta_4 = \delta_3 + \Delta l_4 \rightarrow \Delta T_4 \rightarrow T_5$
$= T_4 - \Delta T_4$

$\vdots$

$T_B \rightarrow \Delta l_B \rightarrow \delta_B = \delta_{B-1} + \Delta l_B \rightarrow \Delta T_B \rightarrow T_{B+1}$
$= T_B - \Delta T_B = 0$

【例题 3-5】　断线张力图解的计算，见表 3-4-4 及图 3-4-2。

利用式（3-4-1～3），借助电算试凑求解断线张力要比图解快捷得多，其试凑步骤与图解相似。

（二）公式计算法

1. 断线后剩余一档的情况

在计算中不考虑杆塔的挠度和绝缘子荷载的影响，其断线应力的公式为

$$\sigma \left[\sigma + \left(\frac{E\gamma^2 l_0^2 \cos^3 \beta}{24\sigma_0^2} - \sigma_0 + \frac{E\lambda \cos^2 \beta}{l_0} \right) \right]$$

$$= \frac{E\gamma^2 l_0^2}{24} \cos^3 \beta \qquad (3\text{-}4\text{-}4)$$

当不考虑悬挂点高差及弹性伸长的影响时，则式（3-4-4）简化为下式：

表 3-4-4

断线张力图解曲线计算例题表

曲线计算公式：

I. 曲线 I　$\sigma=f(\Delta l)$

$$\sigma^2\left[\sigma+\left(\frac{E\gamma^2 l_0^2}{24\sigma_0^2}-\sigma_0+\frac{E\Delta l}{l_0}\right)\right]=\frac{E\gamma^2}{24l_0}(l_0-\Delta l)^3$$

式中　设　$a=\frac{E\gamma^2 l_0^2}{24\sigma_0^2}-\sigma_0+\frac{E\Delta l}{l_0}$

$b=\frac{E\gamma^2}{24l_0}(l_0-\Delta l)^3$　　$B=\frac{E\gamma^2}{24}=4.54$

$\frac{E\gamma^2}{24\sigma_0^2}=\frac{B}{\sigma_0^2}=7.1\times10^{-4}$

II. 曲线 II　$\delta=f(\Delta\sigma)$

$$\delta=\sqrt{\left(\gamma l_v+\frac{G_s}{2A}\right)^2+\Delta\sigma^2}=\frac{\lambda\Delta\sigma}{\sqrt{W^2+\Delta\sigma^2}}+M\Delta\sigma$$

数 据 表

直线塔编号	档距编号 l 与档距	垂直档距 l_v (m)	γ_v	W	$\frac{B}{\sigma_0^2}l_0^2$	$\frac{Bl_0^2}{\sigma_0^2}-\sigma_0$
1	1　400	400	14.32	15.8	113.5	33.5
2	2　300	400	14.32	15.8	63.9	-16.1
3	3　400	200	7.16	8.56	113.5	33.5
4	4　300	400	14.32	15.8	63.9	-16.1
5	5　400	200	7.16	8.56	113.5	33.5
6	6					

电线比载 $\gamma\times10^{-2}$ [N/(m·mm²)]	断线前应力 σ_0 (N/mm²)	弹性模数 E (N/mm²)	悬垂串重力 G_s (N)	悬垂串长度 λ (m)	电线截面 A (mm²)	$\frac{G_s}{2A}$	挠度系数 $\frac{M}{(\text{m·mm}^2/\text{N})}$
3.58	80	84900	600	1.8	215.4	1.4	0

曲线 I：$\sigma=f(\Delta l)$

档号及档距 l_0	档距缩短量 Δl (m)	$l_0-\Delta l$ (m)	b (×10³)	$\frac{E\Delta l}{l_0}$	a	σ
1、3、5　400	0.2	399.8	726	42.5	76	70.4
	0.4	399.6	726	84.9	118.4	63.2
	0.6	399.4	724	127.3	160.8	57.6
	0.8	399.2	724	169.8	203.3	53.0
	1.0	399.0	722	212	245.5	49.5
	1.2	398.8	722	254.5	288	46.5
	1.4	398.6	722	297	330.5	43.9
	1.6	398.4	718	340	373.5	41.6
2、4　300	0.2	299.8	409	56.6	40.5	62.8
	0.4	299.6	409	113.2	91.7	52.3
	0.6	299.4	407	169.8	153.7	45.2
	0.8	299.2	407	226.4	210.3	40.3
	1.0	299.0	405	283	266.9	36.7
	1.2	298.8	405	339.6	323.5	33.6
	1.4	298.6	405	396.1	380.1	31.4
	1.6	298.4	403	452.8	436.7	29.4

曲线 II：$\delta=f(\Delta\sigma)$

$\Delta\sigma$	$\Delta\sigma^2$	直线塔编号	$W^2+\Delta\sigma^2$	$\sqrt{W^2+\Delta\sigma^2}$	$\frac{\lambda}{\sqrt{W^2+\Delta\sigma^2}}$	δ
1	1	3、5	74.6	8.63	0.2085	0.2085
		1、2、4	251	15.85	0.1135	0.1135
5	25	3、5	98.6	9.93	0.1813	0.907
		1、2、4	275	16.6	0.1085	0.543
10	100	3、5	173.6	13.18	0.1365	1.365
		1、2、4	350	18.7	0.0963	0.963
15	225	3、5	298.6	17.3	0.104	1.56
		1、2、4	459	21.4	0.0841	1.26
20	400	3、5	473.6	21.75	0.0827	1.655
		1、2、4	650	25.5	0.0706	1.410
30	900	3、5	973.6	31.2	0.0577	1.73
		1、2、4	1150	33.9	0.0531	1.593
50	2500	3、5	2574	50.7	0.0355	1.775
		1、2、4	2750	52.4	0.0344	1.72
60	3600	3、5	3674	60.5	0.0298	1.785
		1、2、4	3850	62.0	0.029	1.74

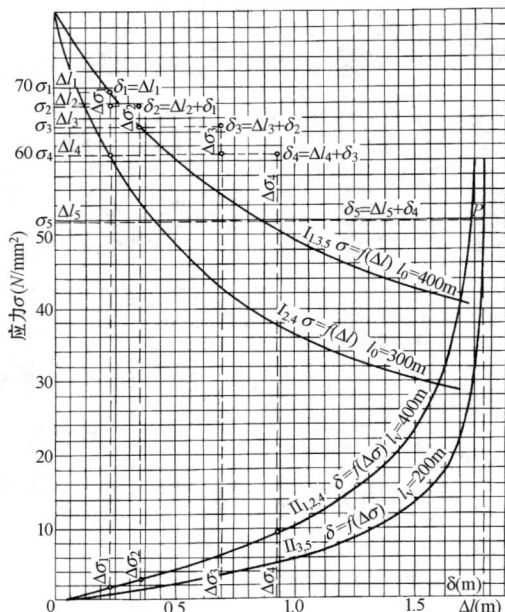

图 3-4-2   固定线夹断线应力图解法例题

$\sigma_i = \sigma_{i-1} - \Delta\sigma_{i-1}$	Δl_i	$\delta_i = \Delta l_i + \delta_{i-1}$	$\Delta\sigma_i$
$\sigma_1 = 69.4$	$\Delta l_1 = 0.225$	$\delta_1 = \Delta l_1 = 0.225$	$\Delta\sigma_1 = 1.8$
$\sigma_2 = 69.4 - 1.8 = 67.6$	$\Delta l_2 = 0.125$	$\delta_2 = 0.125 + 0.225 = 0.35$	$\Delta\sigma_2 = 2.9$
$\sigma_3 = 67.6 - 2.9 = 64.7$	$\Delta l_3 = 0.35$	$\delta_3 = 0.35 + 0.35 = 0.70$	$\Delta\sigma_3 = 3.7$
$\sigma_4 = 64.7 - 3.7 = 61$	$\Delta l_4 = 0.225$	$\delta_4 = 0.225 + 0.7 = 0.925$	$\Delta\sigma_4 = 9.3$
$\sigma_5 = 61 - 9.3 = 51.7$	$\Delta l_5 = 0.86$	$\delta_5 = 0.86 + 0.925 = 1.785$	$\Delta\sigma_5 = 51.7$

$$\sigma = \frac{\sigma_0}{\sqrt{1 + \dfrac{24\sigma_0^2\lambda}{\gamma^2 l_0^3}}} = \sigma_0 \cot an^{-1}\left(\frac{\sigma_0}{\gamma l_0}\sqrt{\frac{24\lambda}{l_0}}\right)$$

$$(3\text{-}4\text{-}5)$$

上二式中 σ_0、σ——断线前后的电线应力，N/mm²；

l_0——剩余一档的档距，m；

λ——悬垂绝缘子串的长度，m；

γ——断线条件下的电线比载，N/（m·mm²）；

E——电线弹性系数，N/mm²；

β——剩余一档的电线悬挂点高差角，（°）。

2. 经验计算公式与经验曲线法[3-5]

计算中不考虑电线的弹性伸长及杆塔的挠度并假定档距相等，高差为零，断线张力用下式表示：

$$T_B = C_i\sigma_0 A = C_i T_0 \qquad (3\text{-}4\text{-}6)$$

式中 $\sigma_0 = \dfrac{T_0}{A}$断线前的电线应力，N/mm²；

A——电线截面，mm²；

C_i——断线后电线应力（或张力）的衰减系数。

断线后电线应力衰减系数，按以下情况选取：

（1）断线后剩下一档的情况：

$$C_1 = \sqrt{\frac{\left(1 - \dfrac{2.9\lambda}{l_0}\right)}{\left(1 + \dfrac{23}{\left(\dfrac{\gamma l_0}{\sigma_0}\right)^2\left(\dfrac{l_0}{\lambda}\right)}\right)}} \qquad (3\text{-}4\text{-}7)$$

式中符号含义与式（3-4-4~5）中相同。

（2）断线后剩下 5 档及 5 档以上情况：

当 $\dfrac{\gamma l_0}{\sigma} > 0.1$ 时：

$$C_5^2(C_5 - B) = A \qquad (3\text{-}4\text{-}8)$$

其中 $A = \left[0.0196\sqrt{\dfrac{l_0}{\lambda}} + 0.224\right]$

$$\times \sqrt{\frac{l_0}{\lambda}\left(\frac{\gamma l_0}{\sigma_0}\right)^2}$$

$$B = 0.74 - \frac{5.7}{\sqrt{\dfrac{l_0}{\lambda}}} - A$$

当 $\dfrac{\gamma l_0}{\sigma_0} \leqslant 0.1$ 时：$C_5 = D\sqrt{\dfrac{\gamma l_0}{\sigma_0}} \qquad (3\text{-}4\text{-}9)$

式中 $D^2(D - B) = A$

$$A = 0.0062\left(\frac{l_0}{\lambda}\right) + 0.0708\sqrt{\frac{l_0}{\lambda}}$$

$$B = 2.34\frac{18}{\sqrt{\dfrac{l_0}{\lambda}}} - 0.1A$$

（3）断线后剩下 2~4 档的情况：

$$\left.\begin{array}{l} C_2 = 0.4C_1 + 0.6C_5 \\ C_3 = 0.16C_1 + 0.84C_5 \\ C_4 = 0.06C_1 + 0.94C_5 \end{array}\right\} \qquad (3\text{-}4\text{-}10)$$

式中 C_1 用式(3-4-7)计算；C_5 根据 $\dfrac{\gamma l_0}{\sigma_0}$ 的大小采用式(3-4-8)或式(3-4-9)计算。为便于求得 $C_1 \sim C_5$，也可按式(3-4-7~10)或文献[3-4]中的精确公式求解以 l_0/λ 为参变数，以 l_0/σ_0 为变数的 C 值曲线族。

三、线路正常运行中的不平衡张力计算

电线架设时是保持连续档内各档水平应力相同的，但当运行中气象条件异于架线情况时（如气温及外荷载的改变），由于档距或高差不一或因各档外荷载不均匀（如冰、风）等，将引起各档应力不相同，使直线杆塔上出现不平衡张力。当线路为针式绝缘子时，这种不平衡张力往往很大。当为悬式绝缘子时，由于绝缘子串的偏移作用，将使不平衡张力大为减小。但在不利条件可能引起上下线间的间距不足或使释放线夹和转动横担发生误动作。对分裂导线的线路，直线型杆塔设计不考虑断整相导线，仅规定直线

型杆塔承受一定程度的纵向不平衡张力,对这种线路以及大跨越和重冰区线路,需要检查由于档距、高差悬殊、覆冰不均匀等因素引起的不平衡张力。对覆冰的大跨越及重冰区线路,还要检查覆冰不均匀时导线间及导、地线间的电气间隙。

发生最大不平衡张力的情况一般是档距、高差相差悬殊,耐张段内一侧覆冰而另一侧少冰或无冰的交界杆塔处。发生上下导线或与地线相接近的情况,一般是在耐张段中间大档内下线无冰或少冰,其余全覆重冰。由于不平衡张力涉及的因素很多,难以详细概括叙述各变化因素间的组合关系。下面仅列出计算不平衡应力的普遍方程组,可根据工程中的具体条件和计算用途,选择适应的参数,借助电算试凑求解。另外还列出计算最大不平衡张力的近似求解法。

(一)不平衡张力求解的近似方程组

1. 档距变化与应力间的近似关系

假定在耐张段内有几个连续档,架线后无冰、无风架线气温为 t_m,导线初伸长尚未放出架线应力为 σ_m 时,各直线杆塔上悬垂绝缘子串均处于中垂位置,各档导线水平应力均为 σ_m。当出现需要计算不平衡张力的气象条件时(如不均匀复冰),各档应力不一,直线杆塔导线悬挂点发生偏移,档距发生变化。可近似列出第 i 档档距增量 Δl_i 与档内应力 σ_i 间的关系式为:

$$\Delta l_i = \frac{l_i}{\cos^2\beta_i\left(1 + \frac{\gamma_i^2 l_i^2}{8\sigma_i^2}\right)}\left\{\frac{(l_i\cos\beta_i)^2}{24}\right.$$
$$\times\left[\left(\frac{\gamma_m}{\sigma_m}\right)^2 - \left(\frac{\gamma_i}{\sigma_i}\right)^2\right] + \left(\frac{\sigma_i - \sigma_m}{E\cos\beta_i}\right)$$
$$\left. + \alpha(t + \Delta t_e - t_m)\right\} \qquad (3\text{-}4\text{-}11)$$

当第 i 档内在运行中上人检修或悬挂集中荷载时,其 Δl_i 与 σ_i 的关系式为

$$\Delta l_i = \frac{l_i}{\cos^2\beta\left(1 + \frac{\gamma_i^2 l_i^2}{8\sigma_i^2}\right)}\left\{\frac{(l_i\cos\beta_i)^2}{24}\right.$$
$$\times\left[\left(\frac{\gamma_m}{\sigma_m}\right)^2 - \varepsilon_i\left(\frac{\gamma_i}{\sigma_i}\right)^2\right] + \left(\frac{\sigma_i - \sigma_m}{E\cos\beta_i}\right)$$
$$\left. + \alpha(t + \Delta t_e - t_m)\right\} \qquad (3\text{-}4\text{-}12)$$

$$\varepsilon_i = 1 + \frac{12\cos^2\beta_i}{\gamma_i^2 l_i^4}\left[\sum_{j=1}^{j=n} q_j a_j b_j\right.$$
$$\times\left(\frac{\gamma_i l_i}{\cos\beta_i} + q_j\right) + 2\left(q_1 a_1\sum_{j=2}^{j=n} q_j b_j + q_2 a_2\right.$$
$$\left.\left.\times\sum_{j=3}^{j=n} q_j b_j + \cdots + a_{n-1}b_n q_{n-1}q_n\right)\right] \quad (3\text{-}4\text{-}13)$$

式中 $\quad l_i$、β_i ——耐张段内悬垂串处于中垂位置第 i 档的档距,m,高差角,(°);

α、E ——导线的温度线膨胀系数,1/℃;弹性系数,N/mm^2;

t_m、σ_m、Δt_e、γ_m ——分别为导线架线时的气温,℃;相应气温下耐张段内的架线水平应力,N/mm^2,架线时为考虑初伸长降低的等效温度(取正值),℃;架线时导线的自重力比载,N/(mm$^2\cdot$m);

t、σ_i、γ_i、Δl_i ——计算不平衡张力时的气温,℃;第 i 档的水平应力,N/mm^2;比载,N/(mm$^2\cdot$m),档距的增量(缩短时为负值),m;

ε_i ——当计算不平衡张力时第 i 档内附加 n 个集中荷载所产生的系数;

q_j、a_j、b_j ——第 i 档内第 j 个单位截面的集中荷载,N/mm^2,该荷载距档距左、右(或前、后)端头的水平距离,m;

A ——导线截面积。

2. 悬垂绝缘子串偏斜与两侧导线应力间的关系

由于待求情况下各档水平应力可能不同而在相邻档间悬垂串两侧出现不平衡水平张力差,它使悬垂串产生偏斜,如图 3-4-3 所示。

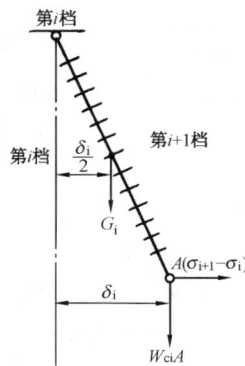

图 3-4-3　悬垂绝缘子串受力偏斜图

假定悬垂串为均布荷载的刚体直棒,第 i 基直线塔上悬垂串末端导线悬挂点的顺线路水平偏移 δ_i 与两侧导线应力差的关系为:

$$\sigma_{i+1} = \sigma_i + \frac{\delta_i}{\sqrt{\lambda_i^2 - \delta_i^2}}\left(\frac{G_i}{2A} + W_{ci}\right)$$

$$W_{ci} = \left(\frac{\gamma_i l_i}{2\cos\beta_i} + \frac{\sigma_i h_i}{l_i}\right) + \left(\frac{\gamma_{i+1} l_{i+1}}{2\cos\beta_{i+1}} - \frac{\sigma_{i+1} h_{i+1}}{l_{i+1}}\right)$$

上两式解出 σ_{i+1} 的显函数式为：

$$\sigma_{i+1} = \left[\left(\frac{G_i}{2A} + \frac{\gamma_i l_i}{2\cos\beta_i} + \frac{\gamma_{i+1} l_{i+1}}{2\cos\beta_{i+1}} + \frac{\sigma_i h_i}{l_i} \right) + \frac{\sigma_i}{\delta_i} \sqrt{\lambda_i^2 - \delta_i^2} \right] \div \left(\frac{\sqrt{\lambda_i^2 - \delta_i^2}}{\delta i} + \frac{h_{i+1}}{l_{i+1}} \right)$$

$$(3\text{-}4\text{-}14)$$

式中　σ_i、σ_{i+1}——分别为第 i 及 $i+1$ 档内导线的水平应力，N/mm^2；

δ_i——第 i 基直线杆塔上悬垂串导线悬挂点顺线路水平偏距，偏向大号侧为正值，反之为负值，m，$\delta_i = \Delta l_1 + \Delta l_2 + \cdots + \Delta l_i$；

λ_i、G_i——第 i 基直线杆塔上悬垂串的串长，m 及荷载，N；

h_i、h_{i+1}——悬垂串处于中垂位置时，第 i 基对第 $i-1$ 和第 $i+1$ 对第 i 基直线杆塔上导线悬挂点间的高差，m，大号比小号杆塔悬挂点高者 h 本身为正值，反之为负值；

β_i、β_{i+1}——悬垂串处于中垂位置时，第 i 及 $i+1$ 档导线悬挂点间的高差角，（°），$\beta_i = \tan^{-1}\left(\frac{h_i}{l_i}\right)$；

l_i、l_{i+1}——悬垂串处于中垂位置时，第 i 及 $i+1$ 档的档距（两端悬挂点间的水平距离），m；

A——导线截面积，mm^2。

3. 各档档距增量间的关系

对于整个耐张段内，各档档距增量之和应为零，即第 n 基杆塔（耐张杆塔）上导线悬挂点的偏距应为零，即

$$\delta_n = \sum_1^n \Delta l_i = 0 \qquad (3\text{-}4\text{-}15)$$

4. 各档导线应力的求解步骤

耐张段内若有 n 档，则有 $n-1$ 基直线杆塔。利用式（3-4-11）可列出 n 个方程，利用式（3-4-14）可列出 $n-1$ 个方程，利用式（3-4-15）可列出一个方程，共列出 $2n$ 个方程。有 Δl、σ 共 $2n$ 个未知数是可以求出的。较为直接的求解方法是利用上述公式试凑求解，例如自编号第一档开始按如下顺序运算：

设　$\sigma_1 \rightarrow$ 式（3-4-11）$\rightarrow \Delta l_1 = \delta_1$；

δ_1、$\sigma_1 \rightarrow$ 式（3-4-14）$\rightarrow \sigma_2$；

$\sigma_2 \rightarrow$ 式（3-4-11）$\rightarrow \Delta l_2$；

$\delta_1 + \Delta l_2 = \delta_2$；

δ_2、$\sigma_2 \rightarrow$ 式（3-4-14）$\rightarrow \sigma_3$；

$\sigma_3 \rightarrow$ 式（3-4-11）$\rightarrow \Delta l_3$；

$\delta_2 + \Delta l_3 = \delta_3$；

……

δ_i、$\sigma_i \rightarrow$ 式（3-4-14）$\rightarrow \sigma_{i+1}$；

$\sigma_{i+1} \rightarrow$ 式（3-4-11）$\rightarrow \Delta l_{i+1}$；

$\delta_i + \Delta l_{i+1} = \delta_{i+1}$；

……

δ_{n-1}、$\sigma_{n-1} \rightarrow$ 式（3-4-14）$\rightarrow \sigma_n$；

$\sigma_n \rightarrow$ 式（3-4-11）$\rightarrow \Delta l_n$；

直至　$\delta_n = \delta_{n-1} + \Delta l_n = \Delta l_1 + \Delta l_2 + \Delta l_3 + \cdots + \Delta l_n = 0$ 即为最终解。

当各档的 Δl、σ 解出后，即可找出相邻档间的不平衡应力差，或计算需检验档的弧垂。

当第 i 档内有集中荷载时，计算 Δl_i 应换用式（3-4-12）。计算 σ_i 及 σ_{i+1} 时应换用下式（3-4-16）、式（3-4-17）：

$$\sigma_i = \left[\left(\frac{G_{(i-1)}}{2A} + \frac{\gamma_{i-1} l_{i-1}}{2\cos\beta_{i-1}} + \frac{\gamma_i l_i}{2\cos\beta_i} \right. \right. + \frac{\Sigma q_j b_j}{l_i} + \frac{\sigma_{i-1} h_{i-1}}{l_{i-1}} \bigg) + \frac{\sigma_{i-1}}{\delta_{i-1}} \sqrt{\lambda_{i-1}^2 - \delta_{i-1}^2} \bigg]$$
$$\div \left(\frac{\sqrt{\lambda_{i-1}^2 - \delta_{i-1}^2}}{\delta_{i-1}} + \frac{h_i}{l_i} \right) \qquad (3\text{-}4\text{-}16)$$

$$\sigma_{i+1} = \left[\left(\frac{G_i}{2A} + \frac{\gamma_i l_i}{2\cos\beta_i} + \frac{\Sigma q_j a_j}{l_i} \right. \right. + \frac{\gamma_{i+1} l_{i+1}}{2\cos\beta_{i+1}} + \frac{\sigma_i h_i}{l_i} \bigg) + \frac{\sigma_i}{\delta_i} \sqrt{\lambda_i^2 - \delta_i^2} \bigg]$$
$$\div \left(\frac{\sqrt{\lambda_i^2 - \delta_i^2}}{\delta_i} + \frac{h_{i+1}}{l_{i+1}} \right) \qquad (3\text{-}4\text{-}17)$$

式中符号含义与式（3-4-13、14）中相同。

利用上述计算不平衡应力的公式，编制电算程序，借助电算是很容易试凑求解的。

（二）覆冰不均匀条件下的最大不平衡张力计算通用曲线[3-6]

当耐张段内有无限多个等高的等档距时，设耐张段中央某直线杆塔的一侧所有档距内导线覆有设计冰厚，而另一侧所有档距内均无冰或覆轻冰，则耐张段中央分界直线杆塔上的不平衡张力可用图 3-4-4 中的曲线近似的解出，其求解方法如下：

作直线 $y = a + mx$ 绘于图 3-4-4 中，与图中曲线 $y_n = \frac{x}{\sqrt{1 - x^2}} - nx^2$ 交于已知参变数为 n 的曲线上，设其交点的对应横坐标为 x_0，由 x_0 查 $n = 0$ 曲线上所对应的纵坐标 y_0，则覆冰不均匀分界直线杆塔上的不平衡张力即可按下式求出：

$$\Delta T = \frac{x_0}{\sqrt{1 - x_0^2}} G_0 = y_0 G_0 \qquad (3\text{-}4\text{-}18)$$

参数 a、m、n 计算如下式：

$$a = (\sigma_1 - \sigma_2) \frac{A}{G_0} \qquad (3\text{-}4\text{-}19)$$

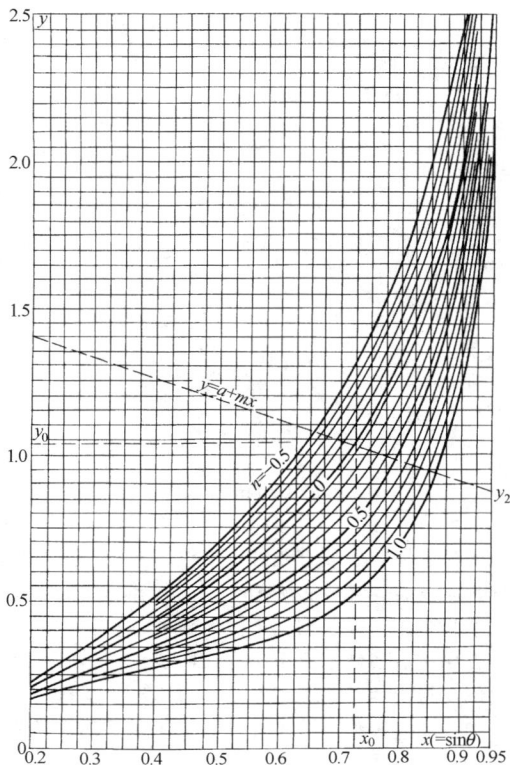

图 3-4-4　覆冰不均匀不平衡张力计算曲线

$$m = \frac{\lambda A}{G_0}\ (\sigma_1 M_1 + \sigma_2 M_2) \qquad (3\text{-}4\text{-}20)$$

$$n = \frac{\lambda^2 A}{G_0}\ (\sigma_1 N_1 - \sigma_2 N_2) \qquad (3\text{-}4\text{-}21)$$

式中　$M = \dfrac{1}{2d} - \sqrt{\left(\dfrac{1}{2d}\right)^2 + \left(1 + \dfrac{b}{2l}\right)/cd}$

$N = \left(\dfrac{b}{2c}\right)\ \dfrac{(1-dM)\ M^2}{(1-dM)\ -dM\ (2+cM)}$

$b = \dfrac{\gamma^2 l^3}{4\sigma^2}$；　$C = \dfrac{l\sigma}{E} + \dfrac{b}{3}$

$d = \dfrac{A\sigma\lambda}{G}$

上四式中　A——导线截面积，mm^2；

l——档距，m；

E——导线弹性系数，N/mm^2；

γ——导线比载，$N/(m \cdot mm^2)$；

λ——悬垂绝缘子串长度，m；

G_s——绝缘子串荷载，N；

G——垂直荷载（N），按两侧覆冰大小计
算，分别以 G_1、G_2 代表：

$$\left.\begin{array}{l} G_1 = \dfrac{G_s}{2} + A l \gamma_{3(100\%)} \\[2mm] G_2 = \dfrac{G_s}{2} + A l \gamma_{3(x\%)} \\[2mm] G_0 = \dfrac{G_s}{2} + \dfrac{Al}{2}\ [\gamma_{3(100\%)} + \gamma_{3(x\%)}] \end{array}\right\} \quad (3\text{-}4\text{-}22)$$

σ——假想的导线初始应力（即覆冰不均匀时，
假想悬垂绝缘子串均不产生偏斜，即各档
假想互相孤立变化时的应力），N/mm^2。

以上各项应分别附加注脚"1"或"2"，以区别
不同覆冰的左右侧，且应力大的一侧（即覆冰100％
设计冰重），加注脚"1"，覆冰轻的一侧加脚注
"2"，使 $\sigma_1 > \sigma_2$，注脚"0"者为覆冰不同分界杆塔
上的所属量。

【例题 3-6】　设一线路导线为 LGJ-120，设计冰
厚为20mm，耐张段内档距均为300m，在耐张段中
央某分界直线杆的左侧档距均覆冰20mm，而右侧档距
覆冰为设计冰重的25％，求分界直线杆塔上的悬垂
绝缘子串偏角及不平衡张力。

解　（1）已知数据：

$A = 137\,mm^2$　$E = 85000\,N/mm^2$

$\lambda = 1.625\,m$　$G_s = 500N$

$\gamma_{3(100\%)} = 19.4 \times 10^{-2}$

$\gamma_{3(25\%)} = 7.87 \times 10^{-2}$

$\sigma_1 = 112\,N/mm^2 = \sigma_3 \approx \sigma_7$

$\sigma_2 = 47.2\,N/mm^2 = \sigma_{3(25\%)}$

$G_0 = 250 + 137 \times \dfrac{300}{2}\ (7.87 + 19.4)\ 10^{-2}$

$\quad = 5855$

$G_1 = 250 + 137 \times 300 \times 19.4 \times 10^{-2}$

$\quad = 8230$

$G_2 = 250 + 137 \times 300 \times 7.87 \times 10^{-2}$

$\quad = 3500$

（2）参数计算：

$a = \dfrac{A}{G_0}\ (\sigma_1 - \sigma_2)\ = \dfrac{137}{5855} \times\ (112 - 47.2)$

$\quad = 1.52$

$b_1 = \dfrac{\gamma_7^2 l^3}{4\sigma_1} = \dfrac{19.4^2 \times 300^3}{4 \times 112^2} \times 10^{-4} = 20.2$

$b_2 = \dfrac{\gamma_{3(25\%)}^2 l^3}{4\sigma_2}$

$\quad = \dfrac{7.87^2 \times 300^2}{4 \times 47.2} \times 10^{-4} = 18.8$

$C_1 = \dfrac{l\sigma_1}{E} + \dfrac{b_1}{3} = \dfrac{300 \times 112}{85000} + \dfrac{20.2}{3}$

$\quad = 7.14$

$C_2 = \dfrac{l\sigma_2}{E} + \dfrac{b_2}{3} = \dfrac{300 \times 47.2}{85000} + \dfrac{18.8}{3}$

$\quad = 6.43$

$d_1 = A\sigma_1\lambda/G_1 = \dfrac{137 \times 112 \times 1.63}{8230}$

$\quad = 3.04$

$d_2 = A\sigma_2\lambda/G_2 = \dfrac{137 \times 47.2 \times 1.63}{3500}$

$\quad = 3.01$

$$M_1 = \frac{1}{2d_1} - \sqrt{\left(\frac{1}{2d_1}\right)^2 + \left(1 + \frac{b_1}{2l}\right)\Big/c_1 d_1}$$

$$= \frac{1}{2 \times 3.04} - \sqrt{\left(\frac{1}{2 \times 3.04}\right)^2 + \left(1 + \frac{20.2}{600}\right)\Big/7.14 \times 3.04} = -0.11$$

$$M_2 = \frac{1}{2 \times 3.01} - \sqrt{\left(\frac{1}{6.02}\right)^2 + \left(1 + \frac{18.8}{600}\right)\Big/6.43 \times 3.01} = -0.118$$

$$m = (\sigma_1 M_1 + \sigma_2 M_2)\frac{\lambda A}{G_0} = \frac{-137}{5855}1.63 \ (112 \times 0.11 + 47.2 \times 0.118) = -0.681$$

$$N_1 = \frac{b_1}{2c_1} \times \frac{(1 - d_1 M_1)\ M_1^2}{(1 - d_1 M_1)\ - d_1 M_1\ (2 + C_1 M_1)}$$

$$= \frac{20.2}{2 \times 7.14} \times \frac{(1 + 3.04 \times 0.11)\ 0.11^2}{(1 + 3.04 \times 0.11)\ + 3.04 \times 0.11\ (2 - 7.14 \times 0.11)} = 0.0131$$

$$N_2 = \frac{18.8}{2 \times 6.43} \times \frac{(1 + 3.01 \times 0.118)\ \times 0.118^2}{(1 + 3.01 \times 0.118)\ + 3.01 \times 0.118\ (2 - 6.43 \times 0.118)} = 0.01535$$

$$n = \frac{\lambda^2 A}{G_0}\ (N_1 \sigma_1 - N_2 \sigma_2)\ = \frac{1.63^2 \times 137}{5855}\ (0.0131 \times 112 - 0.01535 \times 47.2)\ = 0.046$$

（3）作直线 $y = a + mx$，并绘于图 3-4-4 中：$y = 1.52 - 0.681x$

当 $x = 0.2$ 时，$y_1 = 1.38$；当 $x = 0.95$ 时

$$y_2 = 0.873$$

（4）求解分界塔上之不平衡张力及悬垂绝缘子串偏角：

自图 3-4-4 中可查得直线与 $n = 0.046$ 的曲线交点的横坐标 $x_0 = \sin\theta_0 = 0.725$，则 y_0 值可自 $n = 0$ 曲线上查得，当 $x = x_0$ 的纵坐标为 1.04。如要精确求解 y_0 值时，可用下式计算，即

$$y_0 = \frac{x_0}{\sqrt{1 - x_0^2}} = 1.053$$

于是 $\Delta T = y_0 G_0 = 1.053 \times 5855 = 6165\text{N}$

悬垂串的偏角为：$\theta = \sin^{-1}0.725 = 46.5°$

由于曲线的假定条件为无穷多档，故计算结果一般皆偏大。

四、导线断线时地线支持力计算

当线路上一相导线折断时，杆塔沿线路方向倾斜。挂在杆顶地线的挂点亦发生偏移，因此相邻两档的地线产生了张力差。这张力差对杆塔起支持作用，这就是所要求的地线支持力。

设计钢筋混凝土电杆时，如果考虑断导线时地线支持力的作用，可减小杆塔的挠度和节省材料。但要保证地线悬垂线夹有足够的握着力，以免在断导线时，地线出现支持力引起地线在线夹中滑动而使支持力减小。因此，设计线夹握着力时要考虑地线可能出现的最大支持力；而设计杆塔时则要考虑断线时可能出现的最小支持。地线支持力的大小与耐张段内档距的数量、大小，断导线位置以及断导线引起各杆塔的挠度等因素有关。地线支持力的精确计算是很复杂的，如忽略非事故直线杆上导线不平衡张力所引起的杆顶挠度，则计算大为简化，因其计算结果误差甚小，故甚实用。今介绍如下。

首先按有挠度情况求出导线断线张力，以作为计算地线支持力的基础。也就是不考虑导线及地线不平衡张力的相互影响，分别计算。下面就是已知导线断线张力后，只考虑地线各档张力的变化，以求地线支持力。

地线支持力各处不相同。如果耐张段很长，挡距小，而导线断线挡在耐张段中部，则地线支持力大。如果耐张段短，档距大，断线挡紧靠耐张塔，则地线支持力小。为计算地线较小的支持力，假定在 n 号杆和 $n+1$ 号杆（即靠耐张段一端）间档距中导线断线（如图 3-4-5），求地线对 n 号杆的支持力。

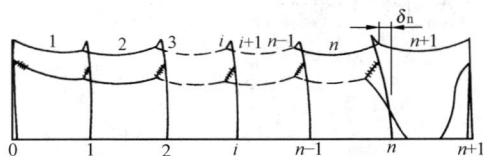

图 3-4-5　地线支持力在耐张段中
产生情况示意图

（1）如地线支持力 ΔT_g 假定为已知，则可按下式计算 n 号杆上地线线夹的位移。

$$\delta_n = D_B T_B - D_g \Delta T_g - \frac{\lambda \Delta T_g}{\sqrt{\Delta T_g^2 + G_n^2}} \qquad (3\text{-}4\text{-}23)$$

式中　δ_n——n 号杆避雷线线夹的位移，偏向 0 号杆者为正，m；

　　　λ——避雷线悬垂串长，m；

　　　T_B——导线断线张力，N；

　　　ΔT_g——避雷线支持力，N；

　　　G_n——n 号杆上避雷线垂直荷载，N；

D_B——断线张力作用下杆顶挠度系数,m/N;

D_g——避雷线支持力作用下杆顶挠度系数, m/N;

$$D_B = \frac{K_c H_g^3}{3B_0}, \quad D_g = \frac{K_g H_g^3}{3B_0};$$

H_g——避雷线线夹悬挂点到电杆根部的高度, m;

B_0——电杆根部固定处的刚度, N·m²;

K_g、K_c——与作用力位置有关的系数, 对等径杆

$$K_g = 1, \quad K_c = \frac{3}{2}\left(\frac{H_c}{H_g}\right)^2 - \frac{1}{2}\left(\frac{H_c}{H_g}\right)^3,$$

对拔梢杆须查曲线;

H_c——导线悬垂绝缘子串悬挂点到电杆根部的高度, m。

(2) 算得 δ_n 后, 下步求 n 到 $n+1$ 号杆间避雷线张力。如 $n+1$ 号杆为耐张杆, 那么该档档距将伸长 $\Delta l_{n+1} = \delta_n$; 如 $n+1$ 号为直线杆, 且在长耐张段的中部, 那么 $\Delta l_{n+1} = 2\delta_n$。然后按下式求该挡地线张力。

$$T_{n+1}^2 \left[T_{n+1} + \left(\frac{AEg^2 l_{n+1}^2}{24T_0^2} - T_0 - \frac{AE\Delta l_{n+1}}{l_{n+1}} \right) \right]$$
$$= \frac{AEg^2 (l_{n+1} + \Delta l_{n+1})^3}{24 l_{n+1}} \qquad (3\text{-}4\text{-}24)$$

式中 T_0——断线前该耐张段代表档距下地线的张力, N;

g——地线单位长度重力荷载, N/m;

l_{n+1}——第 $n+1$ 档档距长度, m;

T_{n+1}——第 $n+1$ 档地线事故后的张力, N。

在按上式计算前, 应判别 Δl_{n+1} 之正负。如为负, 则表示该档档距缩短, 那就不会有地线支持力了, 也就是 ΔT_g 假定过大, 应减小后重新计算。

(3) 第 n 档地线张力可由下式算得:

$$T_n = T_{n+1} - \Delta T_g \qquad (3\text{-}4\text{-}25)$$

算得之 T_n 应为整个耐张段各档地线张力中最小者, 当然也不会大于 T_0。故可由此计算出事故后第 n 档地线线夹间距离缩小值:

$$\Delta l = \frac{l}{\left(1 + \frac{g^2 l^2}{8T^2}\right)} \left[\frac{g^2 l^2}{24} \left(\frac{1}{T^2} - \frac{1}{T_0^2} \right) + \frac{1}{AE}(T_0 - T) \right]$$
$$(3\text{-}4\text{-}26)$$

式中 Δl——档端地线线夹间距离缩小值 (正值), m;

l——档距长度, m;

T——事故后, 地线张力, N;

T_0——事故前地线张力, N;

A、E——地线截面 (mm²) 和弹性系数, N/mm²。

上式适用于 1, 2, 3, …, n 各档。首先由第 n 档开始代入 T_n 求 Δl_n, 然后递减。

(4) 由下式可求得 $n-1$ 号 (第 i 号) 杆上地线线夹向 1 号杆的位移值:

$$\delta_i = \delta_{i+1} - \Delta l_{i+1} \qquad (3\text{-}4\text{-}27)$$

式中符号含义见上述各式, i 适用于 1, 2, …, $n-1$ 各杆。

(5) 将 δ_i (如 δ_{n-1}) 代入下式, 即可求得第 i 号 (如 $n-1$ 号) 杆上地线张力差 ΔT_i:

$$\delta_i = \frac{\lambda \Delta T_i}{\sqrt{\Delta T_i^2 + G_i^2}} + \Delta T_i D_g \qquad (3\text{-}4\text{-}28)$$

上式右侧第二项为地线张力差产生的杆顶挠度, 对拔梢杆而言, 其影响甚大。

(6) 求得 ΔT_i 后, 即可由式 (3-4-29) 求得 T_i:

$$T_i = T_{i+1} + \Delta T_i \qquad (3\text{-}4\text{-}29)$$

式中 下角注 $i = 1, 2, …n-1$。

然后依次得 T_i 代入式 (3-4-26)、式 (3-4-27) 直至求得 $\delta_0 = 0$ 为止, 即 0 号耐张塔上地线悬挂点不偏移。如不等于零, 则应修正原假设支持力 ΔT_g, 再从头算起, 直到满足要求为止。此时的 ΔT_g 即为所求的地线支持力。

求解顺序如下:

设 ΔT_g→式 (3-4-23) →δ_n;

$\delta_n = \Delta l_{n+1}$→式 (3-4-24) →$T_{n+1}$;

T_{n+1}、ΔT_g→式 (3-4-25) →T_n;

T_n→式 (3-4-26) →Δl_n;

$\Delta l_n = \Delta l_{i+1}$、$\delta_n = \delta_{i+1}$→式 (3-4-27) →$\delta_i$;

δ_i→式 (3-4-28) →ΔT_i;

ΔT_i、T_{i+1}→式 (3-4-29) →T_i;

……

T_1→式 (3-4-26) →Δl_1;

Δl_1、δ_1→式 (3-4-27) →$\delta_0 = 0$ 为止。

此时的 ΔT_g 即为所求地线支持力。

利用上述式 (3-4-23) ~ 式 (3-4-29), 借助电算试凑求解地线支持力 ΔT_g 是很容易的事。

第五节 施工弧垂计算、调整、观测、安装和验收

一、电线初伸长的处理

当多股绞合电线受拉力后, 除各股单线互相滑动、挤压使线股绞合得更紧而产生永久伸长外, 随作用拉力的大小和持续时间还产生所谓"塑性伸长和蠕变"。前者的紧压伸长一般在架线观测过程中便能放出, 后者中的一少部分在架线张力和其持续时间下也会放出, 故对运行应力、弧垂无影响, 而后者中的

大部分塑性伸长和蠕变量则在线路运行初期的张力作用下才能逐渐放出，故称"初伸长"。由于这种初伸长的放出，而增加了档内线长，引起弧垂增大（应力减小），以致使线路导线对地及其它被跨越物的安全距离减小，所以在架线施工中必须考虑补偿。

为了更清楚地说明初伸长的概念，在图 3-5-1 中划出了电线应变特性曲线的示意图及初伸长的发展过程。[3-7] 当电线初受拉力时，应力与伸长关系沿着 Oe-My 曲线变化（ε 为单位伸长）。oa_0 称为线股收紧的永久伸长。$oany$ 段系初始应变线，其直线段的斜率为初始弹性系数 E_c。

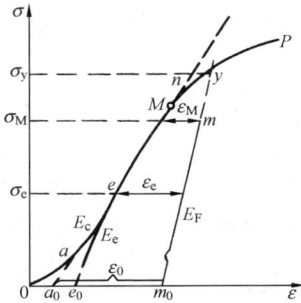

图 3-5-1   电线应变特性
曲线示意图

当电线架线开始受拉时，伸长沿着初始应变线 Oae 变化，观测弧垂应力往返于 σ_e 以下时，应变则另沿 ee_0 应变线变化（相应的弹性系数为 $E_e > E_c$），a_0e_0 段便为架线时的塑性伸长（架线蠕变伸长未示出），这一塑性伸长和线股收紧伸长 aa_0 自然会在观测弧垂过程中予以排除。

当电线架设后，运行中若应力大于架线应力 σ_e，应变仍沿初始应变线 $eMny$ 线段上升。省略应力上升与下降往返过程的应变变化的叙述，简单地代之为应力升至最大使用应力 σ_M 时，若长时间地保持该应力，电线将产生"蠕变"伸长 ε_M（ε_M 随 σ_M 增大而略有增加），之后，应力变化时，应变将往返于 mm_0 应变线上（相应的斜率为运行弹性系数 E_F）。因而运

行中电线共产生了 $\varepsilon_e \approx e_0m_0$ 长的塑性和蠕变伸长，简称为"初伸长"，需要在架线时加以排除或补偿。其常用措施如下：

（一）预拉法

电线的初伸长，随着应力的加大，可以缩短放出的时间，如图 3-5-1 所示，最大应力 σ_M 下的蠕变伸长 ε_M，可能需要数年才能发展完毕。但所加应力如大于最大设计应力，完成时间可以缩短。若所加应力大到 σ_y，则瞬间便能将初伸长拉出。为此，可以在架线时预先加大拉力，将其初伸长拉出，使电线在架设初期就进入"运行应变状态"。预拉应力的大小、时间随电线最大使用应力的大小而定，对于钢芯铝绞线，列出表 3-5-1 中的预拉应力以供参考。

表 3-5-1   预拉应力与时间表（min）

电线安全系数	预拉应力为导线破坏应力的 60% 所需的预拉时间	预拉应力为导线破坏应力的 70% 所需的预拉时间
2.0	30	2
2.5	2	瞬　间

根据文献〔3-7〕中介绍，我国及日本等国对钢芯铝绞线所作的恒定拉力蠕变伸长测试表明，在最大使用应力下持续受拉 50h 左右，变形即趋于稳定状态。而文献〔3-8〕中所载美国的一些蠕变测试资料表明，导线在恒定拉力作用下，持续 10 年左右仍有蠕变伸长，只是初期的伸长迅速，后期伸长很缓慢而已。图 3-5-2 摘示文献〔3-8〕中所载 NO·8 钢芯铝绞线全部塑性及蠕变伸长的测试值 ε_0 随时间 T 的变化关系曲线。它可以用近似式表示为

$$\varepsilon_0 = CT^m \qquad (3\text{-}5\text{-}1)$$

式中　C——某一恒定拉应力下经过 1h 的塑性伸长率；

　　　T——恒定拉应力下经历的总时间，h；

　　　m——用对数坐标描绘塑性变形图形中的直线斜率。

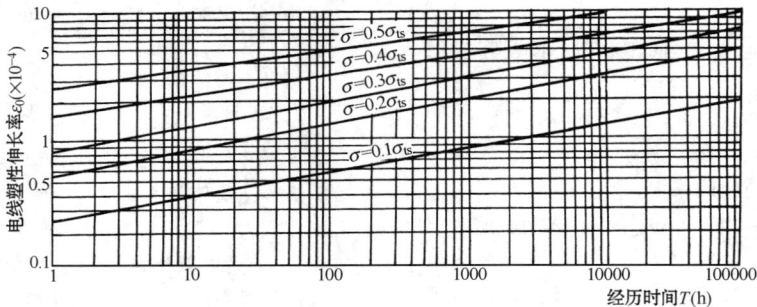

图 3-5-2   电线塑性伸长与时间的关系

例如：假定施加于导线上的恒拉应力为导线抗拉强度 σ_{ts} 的 40%，自图 3-5-2 量得对应直线的倾斜角约为 9°，其斜率 m 约为 0.158，并查得 1h 的塑性伸长率为 $C = 1.6 \times 10^{-4}$。若分别令 T 为 100、1000h，算得相应的塑性伸长率 ε_0 为 3.31×10^{-4} 和 4.77×10^{-4}。

在线路的整个运行寿命期间，出现最大使用应力的小时数并不会很多。因此，在考虑导、地线长期运行后的塑性伸长时，多采用平均运行应力持续 10 年下的塑性伸长率作为设计标准。

（二）增加架线应力系数法

所谓系数法就是在架线施工时适当地减小电线的安装弧垂，以便当电线在运行中产生初伸长时，所增大的弧垂恰能补偿架线中所减小的弧垂，以达到原设计无初伸长存在时的弧垂要求。增加架线应力的方法有以下几种算法。

1. 理论计算法

系以电线实际的应变特性曲线为基础（如图 3-5-1），根据不同架线应力下的初伸长长度 ε_e 按下式计算架线应力 σ_e：

$$\sigma_e^2 \left\{ \sigma_e + \left[\frac{E_F \gamma_m^2 l^2}{24\sigma_m^2} - \sigma_m + \alpha E_F \times (t_e - t_m) - E_F \varepsilon_e \right] \right\} = \frac{E_F \gamma_e^2 l^2}{24} \qquad (3\text{-}5\text{-}2)$$

式中　σ_e——考虑初伸长的架线应力，N/mm²；

γ_e、t_e——分别为架线时的电线比载，N/（m·mm²），及架线时气温，℃；

ε_e——架线应力 σ_e 下的初伸长率，如图 3-5-1 所示，它随架线应力而变（$\sigma_e = 0$ 时，$\varepsilon_e = \varepsilon_0 = \overline{a_0 m_0}$，当 $\sigma_e = \sigma_M$ 时，$\varepsilon_e = \varepsilon_M$）；

σ_m、γ_m、t_m——分别为最终运行期间已知情况下的电线应力，N/mm²；电线比载，N/（m·mm²），气温，℃；

E_F——最终运行期间电线弹性系数，N/mm²；

l——档距，m；对连续档为代表档距 l_r，m；

α——电线温度线膨胀系数，1/℃。

现行设计规程对导、地线架线时应考虑的初伸长率（塑性伸长率）规定为：导、地线架设后的塑性伸长应按制造厂提供的数据或通过试验确定。如无资料，对镀锌钢绞线可采用 1×10^{-4}；对钢芯铝绞线可采用表 3-5-2 中所列数值。

表 3-5-2　钢芯铝绞线塑性伸长率 ε_e

铝钢截面比	塑性伸长
7.71 ~ 7.91	$4 \times 10^{-4} \sim 5 \times 10^{-4}$
5.05 ~ 6.16	$3 \times 10^{-4} \sim 4 \times 10^{-4}$
4.29 ~ 4.38	3×10^{-4}

这里需要指出，厂家或试验提供的往往是平均运行应力下持续 1000h 的塑性伸长率，需按式（3-5-1）近似放大 10 年的塑性伸长率 ε_0。考虑初伸长求架线应力时，$\varepsilon_e = \varepsilon_0 - \overline{a_0 e_0}$，$\overline{a_0 e_0}$ 为架线过程中已拉出的塑性伸长（如图 3-5-1 中所示）。设架线应力为 σ_e，挂线的受力时间为 T_e，由图 3-5-2 及式（3-5-1）可算出架线中拉出的塑性伸长率为 $\overline{a_0 e_0} = C_e T_e^m$。

2. 恒定降温法

线路设计中，一般将上式（3-5-2）中架线考虑的初伸长率 ε_e 用下式（3-5-3）折算为等效温度 Δt_e：

$$\Delta t_e = \frac{\varepsilon_e}{\alpha} \qquad (3\text{-}5\text{-}3)$$

式中　Δt_e——计算架线应力考虑补偿初伸长的等效温度，℃；

ε_e——架线应力 σ_e 下的初伸长率（塑性伸长率）；

α——导、地线的温度线膨胀系数，1/℃。

将上式中的 $\varepsilon_e = \alpha \Delta t_e$ 代入式（3-5-2）中，便得到式（3-5-4）：

$$\sigma_e^2 \left\{ \sigma_e + \left[\frac{E_F \gamma_m^2 l^2}{24\sigma_m^2} - \sigma_m + \alpha E_F \times (t_e - \Delta t_e - t_m) \right] \right\} = \frac{E_F \gamma_e^2 l^2}{24} \qquad (3\text{-}5\text{-}4)$$

对于钢芯铝绞线 α 一般在 20×10^{-6}/℃ 左右；钢绞线在 11×10^{-6}/℃ 左右。据此将表 3-5-2 中规定的 ε_e 折算为 $\alpha \Delta t_e$，其中 Δt_e 即现行设计规程中规定降温值，如表 3-5-3 所示。所谓采用降温法补偿初伸长对弧垂的影响，即在计算架线应力的式（3-5-4）中计入 "$-\Delta t_e$" 的缘故，使某一架线气温 t_e 下的架线应力高于该气温长期运行后的应力。

表 3-5-3　镀锌钢绞线及钢芯铝绞线架线降温值 Δt_e

线　别	铝钢截面比	降温值（℃）
钢芯铝绞线	7.71 ~ 7.91	20 ~ 25
	5.05 ~ 6.16	15 ~ 20
	4.29 ~ 4.38	15
镀锌钢绞线	0	10

二、架线弧垂及弧垂曲线

所谓 "架线弧垂" 系指各架线气温下档距中的最大弧垂点的弧垂，这里仅指档距内无耐张绝缘子串和集中荷载的情况（有集中荷载者见第三节中的孤立档计算）。在计算架线弧垂之前应先按本段中所述的方法计算各代表档距下的架线应力（计算例题见表3-5-4），然后根据观测档的档距、高差、应力等不同，选用适当的公式计算架线弧垂。

（一）架线弧垂曲线计算与绘图

由于一条线路中往往都有很多个不同代表档距的耐张段，且档距、高差等各异，故不宜一一分别选定其观测档单独进行架线应力弧垂计算。为方便起见，

一般均以代表档距和架线气温为变数，计入为补偿塑性伸长需降低的温度 Δt_e，不计高差影响，计算架线应力及档距为100m时的弧垂。其计算与绘图见表3-5-4及图3-5-3的例题，绘制各代表档距下百米档距的观测弧垂，这不仅能放大绘图比例，且便于不同观测档的弧垂换算。在实际架线使用时，可先根据耐张段的代表档距查出与观测气温相对应的 f_{100}，然后根据观测档的高差、档距等用 f_{100} 换算出观测档的架线弧垂。

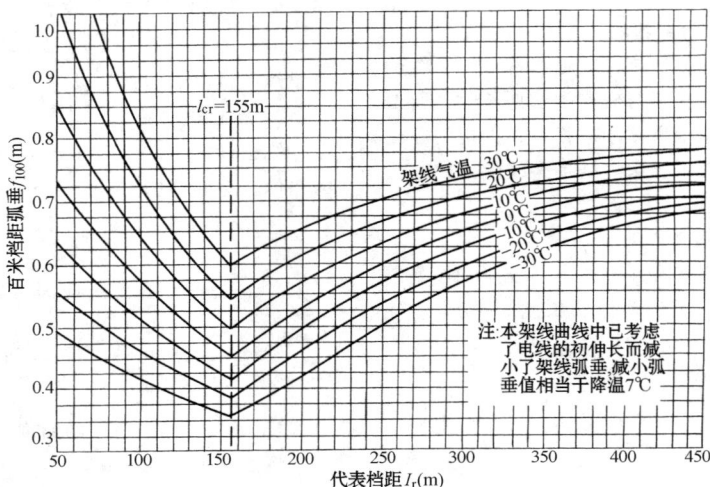

图 3-5-3   GJ-35 地线架线弧垂曲线例题图

（二）架线观测档弧垂的计算

由于连续架线弧垂曲线中仅绘出代表档距下、百米档距内的弧垂 f_{100}，依此按下面公式换算出档距为 l 时的观测弧垂 f。

（1）对于悬挂点等高且弧垂较小时，观测档的架线弧垂 f 为

$$f = \frac{\gamma l^2}{8\sigma_r} = f_{100}\left(\frac{l}{100}\right)^2 \tag{3-5-5}$$

式中　f——观测档弧垂，m；

　　　　l——观测弧垂档的档距，m；

　　　　γ——电线自重力比载，N/（m·mm²）；

　　　　σ_r——观测档的代表档距的架线应力，N/mm²；

　　　　$f_{100} = \dfrac{\gamma \times 100^2}{8\sigma_r}$、档距为100m时的观测弧垂，m。

（2）对悬挂点等高，但 $f/l > 0.1$ 的大档距，观测档的架线弧垂 f 和悬挂点不等高且高差角 $\beta > 8.5°$（或 $h/l > 0.15$）时的架线弧垂 f 按下式计算：

当 $h = 0$ 的大档距：$f = \dfrac{\sigma_r}{\gamma}\left(\mathrm{ch}\dfrac{\gamma l}{2\sigma_r} - 1\right)$

$$= \frac{100^2}{8f_{100}}\left(\mathrm{ch}\frac{4lf_{100}}{100^2} - 1\right)$$

$$\tag{3-5-6}$$

当 $\dfrac{h}{l} > 0.15$ 时的一般档距：$f = \dfrac{\gamma l^2}{8\sigma_r\cos\beta}$

$$= \frac{f_{100}}{\cos\beta}\left(\frac{l}{100}\right)^2$$

$$\tag{3-5-7}$$

当 $\dfrac{h}{l} > 0.15$ 时的大档距 f 应按表 3-3-1 中悬链线公式的最大弧垂 f_m 计算，式中的 $\dfrac{\sigma_r}{\gamma} = \dfrac{100^2}{8f_{100}}$。

这里还需指出，杆塔定位模板宜用悬链线弧垂刻制，防止发生最大弧垂时对跨越物的间距不足。另外对连续上下山的档距，观测弧垂还要考虑弧垂调正。

【例题 3-7】　地线架线应力弧垂计算示例见表3-5-4及图3-5-3中所示。其中已知条件为 +15℃、无风、无冰下的地线应力，它一般是按本章第3节七、（一）3中地线应力的选定方法得出的，算例见［例题3-3］中的（5）项计算。对于导线的架线应力弧垂计算，其已知条件为各代表档距下的"有效控制条件"，详见本章第3节七、（二）及［例题3-3］中所述。

表 3-5-4

架 线 应 力 弧 垂 曲 线 计 算 表

GJ-35（7×2.6）地线架线应力弧垂曲线计算表（例题）

GJ-35线数据 $\alpha = 12.0 \times 10^{-6}$，$E = 200000$

$\alpha E = 2.4$

计算公式：$\sigma^2(\sigma + \alpha) = b \cdot f_{100} = \dfrac{\gamma}{8\sigma} \times 100^2$

$$f = \dfrac{f_{100} l^2 \times 10^{-4}}{\cos\beta}$$

式中：$a = Al_r^2 - \sigma_m + \alpha E(t_e - \Delta t_e - t_m)$

$b = Bl_r^2$

$A = \dfrac{E\gamma_m^2}{24\sigma_m^2} = \dfrac{B_m}{\sigma_m^2}$

$B = \dfrac{E\gamma^2}{24} = 54.2$

$\dfrac{E\gamma_m^2}{24} = 54.2$

注：考虑电线初伸长，$\Delta t_e = 7℃$

已知条件（最好取一种）

数据	条件	大气过电压
t_m	（℃）	15
v_m	（m/s）	0
δ_m	（mm）	0
$\gamma_m \times 10^{-2}$ [N/(m·mm²)]		8，065
σ_m	（N/mm²）	下表
控制区间		全部
B_m		54.2

求 出 条 件

数据	条件		架 线 情 况					
t_e	（℃）	-30	-20	-10	0	10	20	30
v_e	（m/s）	0	0	0	0	0	0	0
δ_e	（mm）	0	0	0	0	0	0	0
$\gamma_e \times 10^{-2}$ [N/(m·mm²)]		8.065	8.065	8.065	8.065	8.065	8.065	8.065
降温 Δt_e ℃		+7.0	+7.0	+7.0	+7.0	+7.0	+7.0	+7.0
	$t_e - \Delta t_e - t_m$	-52	-42	-32	-22	-12	-2	8
	$\alpha E \times (t_e - \Delta t_e - t_m)$	-124.8	-100.8	-76.8	-52.8	-28.8	-4.8	19.2

数据 l_r	$A \times 10^{-3}$	Al_r^2	σ_m	$Al_r^2 - \sigma_m$	$Bl_r^2 \times 10^3$	架线气温（℃） -30			-20			-10			0			10			20			30		
						α	σ	f_{100}	α	σ	f_{100}	α	σ	f_{100}	α	σ	f_{100}	α	σ	f_{100}	α	σ	f_{100}	α	σ	f_{100}
50	6.05	15.1	94.5	-79.4	135.5	-204.2	207.4	0.486	-180.2	184.2	0.547	-156.2	161.4	0.625	-132.2	139.2	0.725	-108.2	118	0.855	-84.2	98.2	1.027	-60.2	80.9	1.248
100	2.90	29	136.8	-107.8	542	-232.6	241.9	0.417	-208.6	219.8	0.460	-184.6	198.4	0.508	-160.6	177.8	0.567	-136.6	158.3	0.637	-112.6	140	0.72	-88.6	124	0.814
155	1.63	39	182.5	-143.5	1300	-268.3	284.4	0.354	-244.3	263.1	0.338	-220.3	242.5	0.416	-196.3	222.6	0.453	-172.3	203.7	0.495	-148.3	186	0.542	-124.3	169.6	0.595
200	2.12	84.8	160	-75.2	2170	-200	238.3	0.423	-176	220.6	0.457	-152	204.1	0.494	-128	189	0.534	-104	175	0.576	-80	162.4	0.621	-56	151.1	0.667
250	2.45	153.2	148.7	4.5	3390	-120.3	202.8	0.497	-96.3	190	0.531	-72.3	178.6	0.565	-48.3	168.3	0.600	-24.3	158.8	0.635	-0.3	150.3	0.67	23.7	142.8	0.706
300	2.75	245	141	104	4880	-20.8	176.8	0.57	3.2	168.6	0.598	27.2	161	0.626	51.2	154	0.655	75.2	148	0.681	99.2	142.2	0.709	123.2	137	0.736
350	2.86	350	137.7	212.3	6640	87.5	162.8	0.62	111.5	157.3	0.641	135.5	152	0.664	159.5	147	0.685	183.5	142.6	0.707	207.5	138.5	0.728	231.5	134.5	0.756
400	3.00	480	134.3	235.7	8660	220.9	152.5	0.661	244.9	148.5	0.68	268.9	144.8	0.696	292.9	141.3	0.714	317	138	0.73	341	135	0.747	365	132	0.764
450	3.02	611	134	477	10980	352.2	147.8	0.683	376.2	144.8	0.697	400.2	142	0.71	424.2	139.2	0.725	448.2	136.7	0.739	472.2	134.5	0.750	496.2	131	0.769

三、连续上下山的架线观测弧垂及悬垂线夹的安装位置[3-9]

架线施工时，首先是将导线和地线悬挂在滑车中，待架线弧垂观测完毕后，再移设到悬垂线夹内。当电线挂于滑车中时，滑车两侧出口的电线张力必定保持相等，否则电线就要在滑车中滑动直至张力相等。因此，若耐张段中档距及悬挂点高度全相同时，则滑车两侧的水平张力（或水平分力）均相等而滑轮处于垂直位置，这种情况下，要将电线从滑轮中移设在悬垂线夹内时，只需在电线接触滑轮中心点处装置悬垂线夹，悬垂绝缘子串就能保持垂直悬挂，并表明各档水平张力一致。若耐张段内档距或悬挂点高度不相等，特别是线路经过山区连续数档上山或下山，各杆塔悬挂点（$Z_1 \sim Z_3$）的导线高度彼此悬殊（见图 3-5-4）。此时电线在滑车中虽两侧张力相等，但由于两侧电线悬垂角不一样而使其水平张力不同（滑轮产生偏斜）。其结果是电线最低点较低的档中水平张力较设计值小，弧垂较设计值大；最低点较高的档中水平张力（或应力）较设计值大，弧垂较设计值小。架线观测弧垂时应按电线在滑车中的弧垂值观测，待安装悬垂线夹时，按计算出的调正距离安装，这样才能使电线安装完毕后，各档水平应力相同，且弧垂与设计一致。连续上下山观测弧垂的调正及悬垂线夹安装位置计算方法如下：

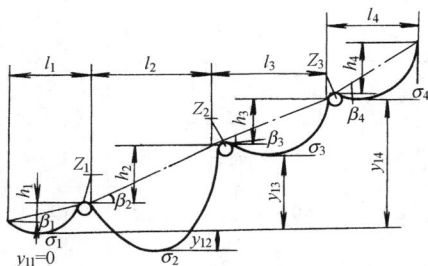

图 3-5-4　连续上下山电线在滑轮中的示意图

（一）电线在滑轮中各档的应力与弧垂计算

电线在滑轮中，任意两点间的应力差，等于两点间的高差与比载的乘积，据此得各档最低点的应力及架线弧垂如式（3-5-8）。

$$\sigma_1 = \sigma_0 + \Delta\sigma_1 = \sigma_0 + \gamma_1 \left(y_{11} - y_0 \right)$$
$$\sigma_2 = \sigma_0 + \Delta\sigma_2 = \sigma_0 + \gamma_1 \left(y_{12} - y_0 \right)$$
$$\cdots\cdots\cdots\cdots\cdots\cdots\cdots\cdots\cdots$$
$$\sigma_K = \sigma_0 + \Delta\sigma_K = \sigma_0 + \gamma_1 \left(y_{1K} - y_0 \right)$$
$$y_0 = \frac{\sum M_K y_{1K}}{\sum M_K}$$

$$M_K = \frac{\gamma_1^2 l_K^3 \cos\beta_K}{12\sigma_0^3} + \frac{l_K}{E\cos^2\beta_K}$$

$$f_K = \frac{\gamma_1 l_K^2}{8\sigma_K \cos\beta_K} = f_{0K} + \Delta f_K$$

$$= f_{0K}\left(1 - \frac{\Delta\sigma_K}{\sigma_K} \right)$$

$$f_{0K} = \frac{\gamma_1 l_K^2}{8\sigma_0 \cos\beta_K} \tag{3-5-8}$$

$$y_{1k} \approx f_{01}\left(1 + \frac{h_{01}}{4f_{01}} \right)^2 + h_{01k} - f_{Ck}\left(1 + \frac{h_{0k}}{4f_{0k}} \right)$$

各式中　　y_{1k}——第 K 档电线最低点比第 1 档最低点高出的高度，m，即 $y_{1k} = y_k - y_1$，并取 $y_{11} = 0$，y_{1k} 也可近似地在最大弧垂的定位断面图中量得或将架线情况下的弧垂画在断面图上量取。

h_{01k}——第 K 基直线导线悬挂点对第 1 基直线塔导线悬挂点间的高差，m；K 悬点比 1 悬点高者为正值，反之为负值。

h_{01}、h_{0k}——分别为第 1 和第 K 档两端导线悬挂点间的高差，m；后端（大号侧）比前端高者为正值，反之为负值。

γ_1——电线自重力比载，N/（m·mm²）；

σ_0——不考虑连续上下山影响的架线应力，N/mm²；可自架线弧垂曲线中查出估计架线气温下的 f_{100}，即得 $\sigma_0 = \frac{\gamma_1}{8f_{100}} \times 10^4$。

l_K、β_K——分别为第 K 档的档距，m；高差角，（°）。

E——电线弹性系数，N/mm²。

σ_K——电线在滑轮中观测弧垂时第 K 档实际水平应力，N/mm²。

f_{0K}——不考虑连续上下山影响的第 K 档架线弧垂，m；可自架线弧垂曲线中查 f_{100}，用 $f_{0K} = \frac{f_{100}}{\cos\beta_K} \times \left(\frac{l_K}{100} \right)^2$ 换算或用 σ_0 代入 f_{0K} 的公式中计算。

f_K——电线在滑车中，第 K 档的实际弧垂，m；即考虑连续上下山影响的架线弧垂。

Δf_K——电线在滑车中，考虑连续上下山影响的架线观测弧垂调正量，m；

表 3-5-5

连续上下山档距的架线观测弧垂及线夹安装位置例题

计算段原始数据

计算段　1号至7号

代表档距　518m

导线型号　LGJ-185

导线比载　$\gamma_1 = 3.58 \times 10^{-2}\,\text{N/(m·mm}^2)$

导线弹性模数　$E = 84900\,\text{N/mm}^2$

架线气温(代表值)　$t = 15℃$

架线应力(代表值)　$\sigma_0 = 68.5\,\text{N/mm}^2$

$$K_0 = \frac{\gamma_1}{8\sigma_0} = 0.654 \times 10^{-4}$$

$$\frac{\gamma_1^2}{12\sigma_0^3} = 0.00332 \times 10^{-7}$$

计算公式

$$y_0 = \frac{\Sigma M_K y_{1K}}{\Sigma M_K} = \frac{\Sigma④}{\Sigma③} = +87.7$$

$$\sigma_1 = \sigma_0 - \gamma_1 y_0,\quad \sigma_K = \sigma_0 + \Delta\sigma_K$$

$$\Delta L_K = -\Delta\sigma_K M_K,\quad L_K = \Delta L_K + L_{K-1}$$

$$M_K = \frac{\gamma_1^2 l_K^3 \cos\beta_K}{12\sigma_0^3} + \frac{l_K}{E\cos^2\beta_K}$$

$$f_K = \frac{\gamma_1 l_K^2 \cos\beta_K}{8\sigma_K} \approx f_{0K}\left(1 - \frac{\Delta\sigma_K}{\sigma_0}\right)$$

校核条件　$\Sigma\Delta L_K = 0$

连续上下山档示意图

线夹安装位置示意图

连续上下山档的架线观测弧垂及线夹安装位置计算

档距两端塔号	l_K 档距(m)	h_K 高差(m)	h_K/l_K ($\text{tg}\beta_K$)	y_K 电线最低点标高(m)	y_{1K} ($y_K - y_1$)	β_K (°)	$\cos\beta_K$	l_K^3 (m³) $\times 10^6$	① $\dfrac{\gamma_1^2 l_K^3 \cos\beta_K}{12\sigma_0^3}$	② $\dfrac{l_K}{E\cos^2\beta_K}$	③ $M_K = $①+②	④ $y_{1K} \times M_K$	⑤ $y_{1K} - y_0$	⑥ $\Delta\sigma_K = \gamma_1 \times$⑤	⑦ $f_{0K} = \dfrac{k_0 l_K^2}{\cos\beta_K}$	⑧ $\Delta f_K \approx -\left(\dfrac{\Delta\sigma_K}{\sigma_0}\right) \times f_{0K}$	⑨ $f_K = f_{0K} + \Delta f_K$	⑩ $\Delta L_K = -\Delta\sigma_K \times M_K$	调线号 塔号	⑪ $L_K = \Delta L_K + L_{K-1}$
1~2	250	+25	0.1	2.5	0	5.7	0.995	15.62	0.00516	0.00298	0.00814	0	-87.7	-3.14	4.1	0.188	1.288	+0.0256	2	+0.026
2~3	700	+35	0.05	0	-2.5	2.9	0.999	343.0	0.1138	0.00827	0.12207	-0.306	-90.2	-3.23	32.0	+1.51	33.51	+0.3940	3	+0.420
3~4	300	+49.5	0.165	60.0	+57.5	9.4	0.987	27.0	0.00884	0.00363	0.01247	+0.717	-30.2	-1.08	5.95	0.0938	6.041	+0.0135	4	+0.433
4~5	300	+63	0.21	105.0	+102.5	11.9	0.979	27.0	0.0876	0.00369	0.01245	+1.275	+14.8	+0.53	6.0	-0.0464	5.954	-0.0066	5	+0.426
5~6	300	+63	0.21	167.5	+165.0	11.9	0.979	27.0	0.00876	0.00369	0.01245	+2.055	+77.3	+2.77	6.0	-0.2426	5.757	-0.0345	6	+0.392
6~7	600	+60	0.10	229.5	+227.0	5.7	0.995	216.0	0.0714	0.00714	0.07854	+17.84	+139.3	+4.99	23.6	-1.72	21.88	-0.3920		
									$\Sigma③=0.2461$ $\Sigma④=+21.58$									校核条件 $\Sigma\Delta L_K=0$		

$$\Delta f_{\mathrm{K}} = f_{\mathrm{K}} - f_{0\mathrm{K}}。$$

目前很多工程采用机械化放线和紧线，为方便起见，紧线段常常跨耐张段。即式（3-5-8）中 σ_0 在各档中就不一定相同，它按不同耐张段的代表档距而变，今以 σ_{0i} 代之。此时将该式改写于下：

设　　　　　 $\sigma_{\mathrm{K}} = \gamma_1 (y_{\mathrm{K}} - y_0)$

式中　y_{K}——第 K 档电线最低点标高，m。

很明显上式中 y_0 与式（3-5-8）中的 y_0 是不同的，但含义是相同的。故得

$$
\left.
\begin{aligned}
\Delta \sigma_{\mathrm{K}} = \sigma_{\mathrm{K}} - \sigma_{0i} &= (\gamma_1 y_{\mathrm{K}} - \sigma_{0i}) - \gamma_1 y_0 \\
&= \gamma_1 (y_{\mathrm{K}i} - y_0) \\
y_{\mathrm{K}i} &= y_{\mathrm{K}} - \frac{\sigma_{0i}}{\gamma_1} \\
y_0 &= \frac{\sum M_{\mathrm{K}} y_{\mathrm{K}i}}{\sum M_{\mathrm{K}}} \\
\Delta l_{\mathrm{K}} &= - M_{\mathrm{K}} \Delta \sigma_{\mathrm{K}}
\end{aligned}
\right\}
\quad (3\text{-}5\text{-}9)
$$

上式中 Δl_{K} 为 K 档导线多余的长度。

（二）悬垂线夹安装位置的调整

当电线在滑轮中观测弧垂后，耐张塔上挂线完毕，但直线杆塔上电线仍在滑轮中。在安装悬垂线夹之前，需进行悬垂线夹安装位置调整的划印工作（同一紧线段内必须全部划印完毕才能安装线夹），以保证架线完毕后各档应力相同（悬垂绝缘子串处于垂直）且符合设计值。所谓"调整"即装线夹时将低应力档的线长向高应力档串动（如一般向山上档移线）。调整长度 L_{K} 按式（3-5-10）计算。

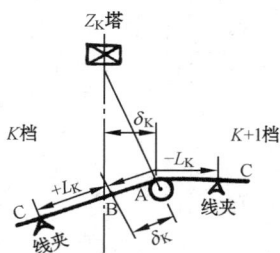

图 3-5-5　悬垂线夹安装位
置的调整

线长调正的划印工作，参看图 3-5-5 中所示，首先是自滑轮与导线的接触点 A 量得至直线塔横担上绝缘子串悬挂点中垂线间的导线悬点水平偏距 δ_{K}，然后自 A 点沿导线向悬垂串中垂线方向量取 δ_{K} 至线上 B 点。B 点为丈量 L_{K} 的起点，当 L_{K} 为正值时应向 K 值减少的方向（即第 $K-1$ 基塔）量 L_{K}；反之，向 K 值增加方向量 L_{K}。终点 C 即安装线夹中心点位置。

$$
\left.
\begin{aligned}
L_1 &= - \Delta \sigma_1 M_1 \\
L_2 &= - (\Delta \sigma_1 M_1 + \Delta \sigma_2 M_2) \\
&\vdots \\
L_{\mathrm{K}} &= - \sum_1^{\mathrm{K}} \Delta \sigma M = L_{\mathrm{K}-1} - \Delta \sigma_{\mathrm{K}} M_{\mathrm{K}}
\end{aligned}
\right\}
\quad (3\text{-}5\text{-}10)
$$

连续上下山档的架线观测弧垂及悬垂线夹安装位置，可用表 3-5-5 的计算。用电算程序计算较为方便，仅用该表做了例题，即［例题 3-7］，供参考。

【例题 3-8】 连续上下山档的架线观测弧垂及线夹安装位置的计算：见表 3-5-5 及表中示意图。表中的 y_{K} 标高系假设标高系统。

四、电线弧垂的观测方法

线路在施工架线和运行中都会碰到观测电线弧垂的工作。观测弧垂的方法很多（详见表 3-5-6），可以根据观测档的现场条件和测量工具不同选用适当的方法。为提高测量精度，还需要恰当地选择观测档与观测点。

（一）弧垂观测档的选择原则

（1）选取连续档中的档距最大或较大者。

（2）选取高差较小的平坦地带。

（3）当连续档在⑤档及其以下者，至少选一靠近中间的大档距观测；当在⑥～⑫档时，至少各选一靠近两端的大档距观测（但不宜选在邻耐张杆塔之档内）；当在⑫档以上时，在耐张段两端及中间至少各选一大档进行弧垂观测，以保证连续档的弧垂一致性。

（二）弧垂观测点的选择

为保证观测精度，弧垂观测点即观测视线与电线的相切点，应尽量设法切在弧垂最大处或附近（一般在档距中央）。当利用仪器观测时，切点仰角或俯角不宜过大，以保证弧垂有微小改变亦能引起仪器读数的明显变化，一般限制在 10° 以下，且视角还应尽量接近高差角。

另外，观测档的档距、悬挂点高差等有关涉及弧垂观测的数据，必须按照施工测量精度进行测量和核查。观测档的弧垂应计入考虑初伸长及连续上下山和气温变化引起的弧垂变化。

（三）弧垂观测方法

弧垂观测方法列于表 3-5-6 中。

（四）改变弧垂方法

架线中有时采用放松张力下观测弧垂，挂线时再根据设计弧垂计算出多余的线长 $\sum \Delta L$，将其截去，挂线后恰好满足要求。特别是运行中的线路，往往发现弧垂不符合要求需要拉紧或放松已架线之弧垂时，可根据已有的弧垂应力，计算出满足弧垂要求下需要收紧或放松的电线长度。将线长进行调整即能达到要求的弧垂，勿需再行观测弧垂。其计算公式如下：

表 3-5-6 　　　　　　　　　　　　　　　　观　测　弧　垂　方　法　表

名 称	图 　 例	测量方法与计算公式	使用说明
经纬仪测角法		1. 悬挂点下方测角法 低悬挂点： $$\theta = \tan^{-1}\left(\frac{h}{l} + \frac{4\sqrt{fa}-4f}{l}\right)$$ 高悬挂点： $$\theta = \tan^{-1}\left(\frac{-h}{l} + \frac{4\sqrt{fb}-4f}{l}\right)$$ 2. 档外测角法 $$\theta_1 = \tan^{-1}\left[\frac{\pm h + a_1 - (2\sqrt{f} - \sqrt{a_1 - l_1\tan\theta_1})^2}{l+l_1}\right]$$ 在低悬挂点侧 h 取正；高侧取负 3. 档内侧角法 $$\theta_2 = \tan^{-1}\left[\frac{\pm h + a_2 - (2\sqrt{f} - \sqrt{a_2 + l_2\tan\theta_2})^2}{l-l_2}\right]$$ 在低悬挂点侧 h 取正号，高侧取负号	该法应用范围广，但测量项目多且需较高的测量精度，一般应用于不能用样板法测量的档距 使用该法时，观测角应接近高差角
等长样板法		（1）当塔高大于 f 且视线 $\overline{A_1B_1}$ 通视时，自电线悬挂点各向下量 f 处设置彩色鲜明标志的样板，以目视或望远镜自样板 A_1 视向样板 B_1（或自 B_1 视向 A_1），电线与 $\overline{A_1B_1}$ 线相切时之弧垂即为 f。若弧垂变化 Δf 小量时，A_1、B_1 可同时移动 Δf，或仅一端移动，$2\Delta f$ （2）当塔高小于 f 或 $\overline{A_1B_1}$ 线不通视时可在障碍物 C_1 点设样板，其位置与高度的关系为 $d = f - x\dfrac{h}{l}$	可广泛地应用于施工架线的弧垂观测中，该法测量简单，且切点在最大弧垂处，如果视线清晰，误差较小
不等长样板法		（1）当两塔高之和大于 $2\,(2f - \sqrt{ab})$，且 $\overline{A_1B_1}$ 线通视时，样板距悬挂点下的距离为 $$a = (2\sqrt{f} - \sqrt{b})^2$$ $$b = (2\sqrt{f} - \sqrt{a})^2$$ （2）当档中有障碍物，$\overline{A_1B_1}$ 线不通视时，可在障碍物上设样板 C_1，其 C_1 的位置与高度的关系为 $d = a$ $-\dfrac{x\,(h+a-b)}{l}$ （3）当 f 变化 Δf 时，若仅移动一侧的样板、则移动距离 $\Delta b = 2\Delta f\sqrt{\dfrac{b}{f}}$	应用于因地形，塔高等限制不能采用等长样板法的档距，更方便于检查电线弧垂，因可以先随意设置一端样板（样板自悬挂点下移距离要大于 0 小于 $4f$），在另一端设活动样板直至 $\overline{A_1B_1}$ 视线与电线相切，根据 a、b 值即可算出弧垂 f。 使用该法要注意 a、b 不宜相差太大
测档内线高法		$$C = A + \frac{h}{2} - f \qquad S = C - C_0$$ $$C_x = A + \frac{x}{l}\left[h - 4f\left(1 - \frac{x}{l}\right)\right]$$ $$S_x = C_x - C_{x0}$$	该方法仅用于档内地形适于测量的档，测量项目多，要求精度高，故多采用仪器和标杆配合测量（运行中的线可以用绝缘杆量 S）。测任意点线高时，x 应尽量接近 $\dfrac{l}{2}$

$$\Sigma \Delta l = \left(\Sigma \frac{l_i}{\cos^2 \beta_i} \right) \left[\frac{\gamma_1^2 l_r^2 \cos^3 \beta_r}{24} \left(\frac{1}{\sigma_2^2} - \frac{1}{\sigma_1^2} \right) \right.$$

$$\left. + \frac{\sigma_1 - \sigma_2}{E} + \alpha \cos \beta_r \ (t_1 - t_2) \right] \quad (3\text{-}5\text{-}11)$$

式中 $\Sigma \Delta l$——耐张段内需要补偿的线长，m，放松时为正值，收紧时为负值。

γ_1——电线自重力比载，N/（m·mm^2）。

l_r——耐张段的代表档距，m；详见式（3-3-5）。

β_r——耐张段的代表高差角，（°），详见式（3-3-6）。

l_i、β_i——分别为第 i 档的档距，m；该档的高差角，（°）。

σ_1、σ_2——分别为未调整弧垂前和调整后的应力，N/mm^2。

t_1、t_2——分别为未调整弧垂前和调整弧垂后相应于 σ_1、σ_2 下的气温，℃。

E——电线弹性系数，N/mm^2。

表 3-5-6 中 $f = \dfrac{\gamma_1 l^2}{8 \sigma_r \cos \beta} = \dfrac{f_{100}}{\cos \beta} \times \left(\dfrac{l}{100} \right)^2$ 为档距中央的最大弧垂，m；连续上下山时，应计入弧垂调整量。

l——观测档的档距，m。

σ_r——观测档的代表档距的电线应力，N/mm^2。

γ_1——电线自重力比载，N/（m·mm^2）。

f_{100}——架线弧垂曲线中的 100m 档距的弧垂，m。

$\beta = \tan^{-1} \dfrac{h}{l}$ 为观测档距电线悬挂点高差角，（°）。

h——观测档的电线悬挂点高差，m。

a、b——观测样板距悬挂点的垂直距离，m。

A、B——电线悬挂点的假设标高，m。

C、C_x——档内电线测点的假设标高，m。

C_0、C_{x0}——档内电线测点下方地面假设标高，m。

S、S_x——档内电线距地高度，m。

五、装配架线计算方法

所谓装配架线法，即在室内外地面上直接量取档内所需要的电线长度标定线夹安装位置，依此悬挂电线勿需观测弧垂即可达到预定的竣工弧垂。在变电所软母线架线施工中已广泛采用这种装配架线法。对送电线路的进出线孤立档与变电所软母档基本相同，自然也可采用装配架线。至于线路上的长耐张段，由于丈量长线不便，装配架线不能普遍采用。如果电线在制造厂中像电缆线那样每 50 或 100m 就打印上长度

标记（如日本电线厂就这样做过），线路上将会便于装配架线。采用这种方法架线，既免除了连续档内复杂而费工的弧垂观测和分段紧线等往返操作过程，又免除了连续倾斜档的弧垂与线长调整，减少施工工作量。但档距和高差等的测量精度要准确至 mm，这对目前采用的高精度测量仪器并不困难。

（一）连续档装配架线的无张力线长计算[3-4]

1. 连续档耐张段内无耐张绝缘子串档内的无张力线长计算

$$\sum_2^{n-1} L_0 = \sum_2^{n-1} L [1 - \alpha (t_e - t_0) - (\varepsilon_\Sigma - \alpha \Delta t_e)]$$

$$- \frac{\sigma_e}{2E} \sum_2^{n-1} \left[l + \left(\frac{L^2 + h^2}{\sqrt{L^2 - h^2}} \right) \text{ch} \frac{\gamma_1 l}{2 \sigma_e} \right]$$

$$(3\text{-}5\text{-}12)$$

式中 $$L = \left[\left(\frac{2 \sigma_e}{\gamma_1} \text{sh} \frac{\gamma_1 l}{2 \sigma_e} \right)^2 + h^2 \right]^{\frac{1}{2}} \quad (3\text{-}5\text{-}13)$$

2. 连续档两端第 1 及第 n 档内一端有耐张绝缘子串的无张力导线线长计算

$$L_{01} + L_{0n} = (L_1 + L_n - 2\lambda)$$

$$\times [1 - \alpha \ (t_e - t_0) - (\varepsilon_\Sigma - \alpha \Delta t_e)]$$

$$- \frac{\sigma_e}{E} \left(\frac{L_1 - \lambda}{\cos \beta_1} + \frac{L_2 - \lambda}{\cos \beta_n} \right)$$

$$- (D_1 + D_2) A \sigma_e \quad (3\text{-}5\text{-}14)$$

式中 $$L_i = \frac{l_i}{\cos \beta_i} + \frac{\gamma_1^2 \cos \beta_i}{24 \sigma_e^2} \left\{ (l_i - \lambda \cos \beta_i)^2 \right.$$

$$\times (l_i + 2\lambda \cos \beta_i) + \frac{6 G \lambda \cos^3 \beta_i}{A \gamma_1^2}$$

$$\times \left[\frac{(l - \lambda \cos \beta_i) \ \gamma_1}{\cos \beta_i} + \frac{2G}{3A} \right] - \frac{3 \lambda^2 \cos^4 \beta_i}{\gamma_1^2 l}$$

$$\times \left. \left[\frac{(l - \lambda \cos \beta_i) \ \gamma 1}{\cos \beta_i} + \frac{G}{A} \right]^2 \right\} \quad (3\text{-}5\text{-}15)$$

3. 连续档内无张力时的导线纯线长

$$\sum_1^n L_0 = \sum_2^{n-1} L_0 + L_{01} + L_{0n} \quad (3\text{-}5\text{-}16)$$

上五个式中 l、l_i——分别为档内无耐张串和两端档一侧有耐张串的档距（算至耐张串挂孔，有转角时各相档距不同），m。

h——档距为 l 的两端悬挂点间高差，m。

β_i——两端第 1 或第 n 档两侧导线悬点间的高差角，（°）。

L、L_i——分别为档内无耐张串和两端档一侧有耐张串、架线气温为 t_e 时悬挂中的悬挂点间的弧线长，m。

L_0、L_{01}、L_{0n}——分别为档内无耐张串和两端档一侧有耐张串、无张力下丈量线长气温为 t_0 时的档内线长，m。

t_e、t_0——架线气温和丈量线长时的气温，℃。

γ_1、σ_e——分别为导线自重力比载；N/（m·mm²）；架线气温为 t_e 时已考虑初伸长降温 Δt_e 后的耐张段内代表档距下的架线应力，N/mm²。

α、A、E——分别为导线线膨胀系数，1/℃；单根导线截面，mm²；弹性系数，N/mm²。

D_1、D_n——两端耐张塔挂线后，两端导线悬挂点的挠度位移系数，m/N。

ε_Σ、$\alpha\Delta t_e$——分别为导线产生的总塑性伸长率（如图 3-5-1 中的 $\overline{0m_0}$ 段，包括股间收紧的塑性伸长率）；架线考虑的塑性伸长率，$\varepsilon_e = \alpha\Delta t_e$（见表 3-5-2、表 3-5-3）；两者之差即架线受张力时已拉出的塑性伸长率，如图3-5-1中的 $\overline{0e_0}$，可用一段出厂线 L_0 加架线应力 σ_e 受拉再放松后量得伸长量 Δl_e，$\overline{0e_0} = \dfrac{\Delta l_e}{L_0}$。

λ、G——耐张段两端悬挂的耐张绝缘子串长度（算至导线截断处，逐串拉直精确丈量至 mm 精度），m；耐张串分配到单根导线上的自重力荷载，N。

sh、ch——分别为双曲线正弦及余弦函数符号。

（二）两端带等长等荷载耐张绝缘子串和集中引下线荷载的孤立档装配架线的无张力导线线长计算

$$L_0 = (L - 2\lambda)\left[1 - \alpha(t_e - t_0) - (\varepsilon_\Sigma - \alpha\Delta t_e)\right.$$
$$\left. - \frac{\sigma_e}{E\cos\beta}\right] - (D_1 + D_2)A\sigma_e \qquad (3\text{-}5\text{-}17)$$

式中　$L = \dfrac{l}{\cos\beta} + \dfrac{\gamma_1^2\cos\beta}{24\sigma_e^2}\left\{(l - 2\lambda\cos\beta)^2(l + 4\lambda\cos\beta)\right.$

$$+ \frac{12\cos^2\beta}{\gamma_1^2 l}\left[\frac{\lambda Gl\cos\beta}{A}\right.$$
$$\times \left(\frac{(l - 2\lambda\cos\beta)\gamma_1}{\cos\beta} + \frac{2G}{3A} + \sum_1^n q\right)$$

$$+ \sum_1^n qab\left(\frac{l\gamma_1}{\cos\beta} + q\right)$$
$$+ 2\left(a_1 q_1 \sum_2^n qb + a_2 q_2\right.$$
$$\left.\left.\left. \times \sum_3^n qb + \cdots + a_{n-1}q_{n-1}b_n q_n\right)\right]\right\}$$

$$(3\text{-}5\text{-}18)$$

式中　n——档内集中荷载数量；

q——单根导线上分配的单位截面上的某集中荷载，N/mm²；

a、b——某集中荷载至左、右（或前、后）塔上导线悬挂点间的水平距离，m；

其它符号含义与式（3-5-14）、式（3-5-15）中相同。

六、验收计算弧垂与检测弧垂的比较和处理

电线架设后，往往要经过一段时间后才进行架线弧垂的验收和核测。在这段滞后的时间内，电线在悬挂中应力的作用下，要产生塑性伸长使弧垂增大（设气温保持架线气温）。工程中常常不知道这段滞后时间内产生塑性伸长的量值，而难以判断架线弧垂是否正确。为此，首先应该掌握架线中考虑的最终塑性伸长 ε_e（或 $\alpha\Delta t_e$）在架线后应力作用下短期时间内（如 10～1000h 间）所产生塑性伸长率的量值或占 ε_e 的百分数，便可依此计算验收弧垂的增量是否正确。但我国电线生产厂或规范目前尚缺乏上述塑性伸长与时间、应力方面的关系资料。这里仅从理论计算上和根据国外资料加以分析。

1. 验收时的应力计算

$$\sigma_a^2\left\{\sigma_a + \left[\frac{E\gamma_1^2 l_r^2}{24\sigma_e^2} - \sigma_e + \alpha E(t_a - t_e + \Delta t_a)\right]\right\}$$
$$= \frac{E\gamma_1^2 l_r^2}{24} \qquad (3\text{-}5\text{-}19)$$

式中　σ_a、σ_e——分别为验收弧垂时的代表档距下的应力和架线观测弧垂时已考虑塑性伸长降温 Δt_e 后的应力，N/mm²；σ_e 可通过架线百米档弧垂算出，即 $\sigma_e = \dfrac{\gamma_1 \times 100^2}{8f_{100}}$。

t_a、t_e——分别为验收弧垂和观测弧垂时的气温，℃。

γ_1、α、E、l_r——分别为导线自重力比载，N/（m·mm²）；线膨胀系数，1/℃；弹性系数，N/mm²；耐张段的代表档距，m。

Δt_a——验收弧垂比观测弧垂滞后一段时间

T_a 小时后，塑性伸长放出一部分 $\Delta\varepsilon_a$ 所折算的等效温升，℃，$\Delta t_a = \Delta\varepsilon_a/\alpha$，$\Delta\varepsilon_a$，参见式（3-5-20）。

2. 验收计算弧垂的塑性伸长 ε_a 及等效温升 Δt_a 的估算

自导线挂线至检验弧垂期间由于运行应力的作用，导线要有塑性伸长放出而使弧垂增大。相当于气温升高 Δt_a，塑性伸长与时间、应力的关系目前尚缺乏资料。为示范起见，以美国文献〔3-8〕本节图3-5-2中摘录的关系曲线为例，对 $\Delta\varepsilon_a$ 的计算加以介绍。一般取平均运行应力（如 $0.25\sigma_{ts}$）下持续 $T_0 =$ 10万 h 的电线塑性伸长率作为 $\varepsilon_0 = CT_0^m$。架线过程中张力放线及观测弧垂期间，以平均运行应力经历等效架线时间 T'_e（约 2～3h），放出塑性伸长率为 $\Delta\varepsilon_e = C(T'_e)^m$。则架线后剩余未放出的塑性伸长率（初伸长率）为 $\varepsilon_e = \varepsilon_0 - \Delta\varepsilon_e$。架线后以平均运行应力又经历等效时间 T'_a 小时后才检查验收弧垂，此时又会放出塑性伸长率 $\Delta\varepsilon_a$，可写出其近似计算式为：

$$\Delta\varepsilon_a \approx C\left[(T'_e + T'_a)^m - (T'_e)^m\right]$$
$$\approx \varepsilon_e\left[\frac{(T'_e + T'_a)^m - (T'_e)^m}{100000^m - (T'_e)^m}\right]$$
$$(3-5-20)$$

上式中的等效时间 T'_e、T'_a 可按下式近似求出：

$$T'_x \approx \left(\frac{\sigma_x}{\sigma_{15}}\right)^{7.647} \times e^{0.0882(t_x - 15)} \times T_x \quad (3-5-21)$$

上两式中 $\Delta\varepsilon_a$——架线后经历 T_a 验收弧垂，电线放出的塑性伸长率；

m——塑性伸长率的指数量，与式（3-5-1）中相同，一般可近似取 0.17；

ε_e——架线时所考虑未放出的塑性伸长率（初伸长率）；

T'_x——分别代表 T'_e 和 T'_a 为放、架线过程中和滞后验收弧垂时间内以折算到平均运行应力 σ_{15} 下所持续的等效时间，（h）；

T_x——分别代表 T_e 和 T_a，为放、架线

过程中电线受应力 $\sigma_x = \sigma_e$ 下持续的实际时间（放线和架线应力及时间各不同）和验收弧垂时电线受应力 $\sigma_x = \sigma_a$ 所持续的实际滞后时间，h；

σ_{15}、σ_x——分别为电线的平均运行应力和放、架线及验收弧垂滞期间的应力，N/mm²；

t_x——分别代表 t_e、t_a，为放、架线和验收滞后期间的气温，℃。

3. 验收计算弧垂与实测弧垂的比较和处理

（1）验收计算弧垂（即可接收的理论计算弧垂）：依据式（3-5-19）算出的应力 σ_a 代入式（3-5-22）算出：

$$f_a = \frac{\gamma_1 l^2}{8\sigma_a \cos\beta} \quad (3-5-22)$$

（2）验收计算弧垂与实测弧垂的比较和处理：与验收计算弧垂相同的气温 t_a 和架线后运行应力为 σ_a、运行 T_a 时后现场实测 l 档距的弧垂为 f_{as}，它与验收计算弧垂 f_a 之差值做如下判定与处理：

1）$\Delta f_a = f_{as} - f_a$ 其正负值在验收规范允许之内者为合格；

2）Δf_a 为负值且超过规定范围，表示架线弧垂过小，应放松弧垂；当 Δf_a 为正值且超过规定范围者，表示架线弧垂过大，应收紧弧垂。收紧或放松弧垂的方法参见式（3-5-11）。

第六节 电线的风振及其防振

一、电线受风振动的种类、损害及防护概况

架空线路上电线受风的作用经常出现的是均匀低风速下的微风振动；个别覆冰情况下的舞动；当分裂导线加间隔棒时有时会发生次档距振荡。这些风振的一般特性，危害及其防护的概况列于表3-6-1中。[3-10]

表 3-6-1 电线风振种类、危害及防护概要

项目	振动类别	微风振动	舞动	复导线次档距振荡
振动状态	频率（Hz）	3～150	0.1～1.0（1～4个波腹/每档）	1～5（1～数个波腹/每次档距）
	振幅（单峰）	一般小于电线直径	12m 以下	电线直径～500mm
	持续时间	数小时	数小时	数小时
	风速（m/s）	0.5～10	5～15	5～15
	主要振动方向	垂直	垂直或椭圆	水平或椭圆
产生振动的原因	主因	均匀微风作用下，在电线下风侧发生周期性的卡门涡流激起电线上下振动	电线外形不对称，风对电线产生上扬力和曳力所致	两根子导线较近且构成的平面与风向相接近时，上风侧导线的尾流招致下风侧导线失去平衡，又引起上风侧导线同时产生振荡

项目＼振动类别		微风振动	舞　动	复导线次档距振荡
产生振动的原因	从因	电线运行应力大（消耗振动功率小），电线自阻尼性能差，风受到扰乱少的地形，档距长	覆冰不对称，绞线表面线股凹凸大，导线截面大	分裂间距与电线直径的比值太小，风很少受干扰的地形，次档距太长
危　害		电线疲劳断股，损坏防振装置、绝缘子和金具，振松紧固螺栓、磨损电线	相间短路烧伤或烧断电线，引起电线、护线条断股，间隔棒、防振装置、绝缘子、金具及杆塔等损坏	子导线鞭击磨损导线，损坏间隔棒、金具
防护措施		安装防振装置，降低电线运行应力，改善线夹性能，加强悬点抗弯刚度，使用自阻尼好的电线和分裂导线，采用组合线线夹	增大线间距离和上下线的水平位移，缩小档距，加装相间间隔棒及舞动阻尼器，采用不易覆冰的光滑电线，避开易舞动地区，减小弧垂	增大子导线间距，变更下风侧子导线位置使不受上风侧子导线的屏蔽，采用阻尼间隔棒等

二、电线微风振动的基本理论

（一）振动的形成和波形

当电线受到稳定的横向风均匀作用时，在电线被风面将形成按一定频率上下交替出现的气流旋涡，它的依次出现和脱离使电线受到同一频率的上下交变的冲击力。该冲击力的频率 f_w 与风速和电线直径有关，根据试验可按下式计算：

$$f_w = K \frac{v}{d} \qquad (3\text{-}6\text{-}1)$$

式中　f_w——风的冲击频率，Hz；

　　　　v——垂直于电线的风速，m/s；

　　　　d——电线的直径，mm；

　　　　K——系数，与雷诺数有关，$K = 185 \sim 210$，一般用 200。

各点旋涡的脱离是随机的，故作用在电线上的力，沿着电线长度上各点的相位也是随机的。因此不是一有风，电线就会振动。如果电线以某一频率 f_c 振动，且 f_c 与 f_w 相近在 ±20% 范围之内，则旋涡的脱离，受电线的振动频率控制，同时沿电线各点脱离，形成同步，结果电线的微风振动开始了。这种现象通常称为"锁定效应"或"同步效应"。振动开始以后，如果振动频率保持在"锁定"范围之内，作用在电线上的升力就会逐步增加，振幅同时增加，一直到达"饱和振幅"为止。

电线的微风振动常以驻波振动型式表示（也常有拍频 beat 波和行波），可以看成是两端固定的弦线振动型式。故电线的振动频率可按下式计算：

$$f_c = \frac{n}{2L} \sqrt{\frac{T}{m}} = \frac{1}{\lambda} \sqrt{\frac{T}{m}} \qquad (3\text{-}6\text{-}2)$$

式中　f_c——电线的振动频率，Hz；

　　　　n——档内振动半波数，为正整数；

　　　　L——档内电线长度，m；

　　　　T——电线张力，N；

　　　　m——电线单位质量，kg/m；

　　　　λ——波长，m。

当 $f_c = f_w$ 时，即可求出导线振动之波长 λ 为：

$$\frac{\lambda}{2} = \frac{d}{400v} \sqrt{\frac{T}{m}} \qquad (3\text{-}6\text{-}3)$$

式中符号含义与式（3-6-1）、式（3-6-2）相同。

微风振动的波形有驻波、拍频波、行波等。其中拍频波，其振幅周期性地由最大值变到零。行波仅在振动发生的初期看到档间某点出现间歇性的振动，即振动在档内往返移动。研究微风振动通常是以简单的驻波谐波函数来描述，[3-10] 即假定电线是一根受拉力的无阻尼、完全柔软的弦，则在产生稳定振动时，导线上任一点离开平衡位置的位移，在沿档距长度上或是时间上都是按正弦规律变化的，在理想情况下形成的驻波振动可表示为：

$$Y = A\sin \frac{2\pi x}{\lambda} \sin 2\pi f t \qquad (3\text{-}6\text{-}4)$$

式中　Y——电线任一点离开其原始平衡位置的位移，mm；

　　　　A——电线振动波腹点的最大振幅，mm；

x——自振动节点（或悬挂点）沿电线至任
一点的距离，m；

λ、f——振动波长，m 及频率，Hz；

t——计算时间，s。

图 3-6-1 中实线波形为 $\sin 2\pi ft = 1$ 的时刻下波形
沿电线分布的最大位移图形；虚线表示 $\sin 2\pi ft = -1$
时的最大位移图；其它时刻下的位移则在包络线的范
围内上下变化。

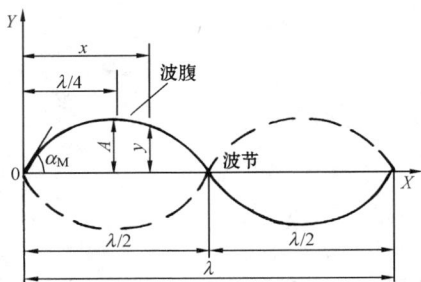

图 3-6-1　驻波示意图

由于在一定振动频率下的振动波在波节点仅有角
位移，且在电线位置上不变，特别是档距两端电线悬
挂点，对各种频率的振动波均为波节点并受线夹的约
束使电线不能自由转动，同时在此处还经常受到较大
的拉、弯曲和挤压等静态应力，因此该处若受到长期
强烈的振动易产生电线材料的疲劳断股等损坏，这是
电线防振的关键部位。波节点最大振动角由式（3-6-
4）导出为：

$$\alpha_M = 60\tan^{-1}\left(\frac{2\pi A}{\lambda}\right) \qquad (3\text{-}6\text{-}5)$$

式中　A、λ、α_M——分别为振动最大振幅，mm；振
动波长，mm；最大振动角，
（'）；α_M 是衡量振动强弱的重
要参数，将在后面再加说明。

（二）振动强度及其影响因素[3-11]

送电线路的电线振动，由风力输入给振动体的能
量和振动体系内消耗的能量达到平衡状态时，就确定
了导线稳定振动的振幅。按此观点估算振幅，可为防
振设计提供依据。所谓振动强度是指振动幅值及其振
动延续时间的多少，是衡量线股承受的动弯应力及振
动次数是否能使电线在寿命期内不产生振动疲劳断股
的重要判据。

1. 振动输入能量

振动时输入风功率的大小与风速、振幅、电线直
径、频率以及档距长度等有关，但这是一个很复杂的
问题，其计算多系经验公式或曲线。[3-11,12] 一般认为
风输入给电线的功率（mW/m）与 $f^3 d^4$ 成正比并与
振幅 A 及风速 V 成函数关系。文献［3-12］中的
SLETHEI 曲线，当风速为 5 和 1.7 m/s 时，风输入的

能量可近似地表达为下式：

$$P_5 = \left[13.5\left(\frac{2A}{d}\right) + 6.9\left(\frac{2A}{d}\right)^2\right]f^3 d^4 \times 10^{-9};$$

$$P_{1.7} = \left[28\left(\frac{2A}{d}\right) + 17\left(\frac{2A}{d}\right)^2\right]f^3 d^4 \times 10^{-9}; \quad (3\text{-}6\text{-}6)$$

上二式中　$P_{1.7}$、P_5——当风速为 1.7 m/s 或 5 m/s
时，电线上输入的风能，mW/m；

A、d——电线单振幅和直径，mm；

f——为电线的振动频率，Hz。

由上两式可知，风速为 1.7 m/s 时 P 较大，约为数十 mW/m；
而当风速为 10 m/s 时，则仅为风速 5 m/s 时的 $P_5/3$。

2. 电线振动的自阻尼作用

风输入电线能量使其振动时，电线因其结构和材
料固有的自阻尼作用消耗输入能量，耗能也随振幅而
增加，当输入能与耗能平衡时，电线便维持在该振幅
下稳定振动，如图 3-6-2 中的 A_2 点。

电线自阻尼作用主要是电线振动时，线股之间发
生滑移，各线股接触面处的摩擦作用引起能量消耗。
其次是线股材料的迟滞阻尼，即每根线股内部的能量
损耗。另外电线振动时与空气之间的黏滞摩擦所引起
的能量消耗。其总阻尼耗能量大小与电线张力、振动
波长、振幅、及频率等因素有关，难以作理论上的处
理。测量电线自阻尼有各种方法[3-11,13,14,15]，东北电
力学院曾对 LGJQ-400 导线的自阻尼进行了试验，将
其结果近似表达成式（3-6-7），以资参考

$$E_c = 50\left(\frac{\lambda}{2}\right)^{-4.5} \times \left(\frac{2A}{d}\right)^{2.5} \qquad (3\text{-}6\text{-}7)$$

式中　E_c——电线自阻尼功率，W/m；

A——振幅，mm。

从式（3-6-7）及式（3-6-2）可看出，频率不变时，
张力越大则波长越长而自阻尼越小，故振动较大。如
张力不变，频率增快，则波长减小，自阻尼增大，故
振幅减低。旧导线的自阻尼较新导线有所降低，其阻
尼功率约为上式的 0.7 倍。电线的蠕变及涂油脂的防
腐电线也会影响其阻尼作用。

从防振的角度出发，专门制造一种阻尼作用大的
导线称"自阻尼导线"或"防振导线"，其阻尼作用
可达一般导线的 3~15 倍，其制造原理多是设法提
高线股间的摩擦作用，即当导线提高拉力后，要避免
各线股咬紧在一起且不产生严重的磨损。上海电缆研
究所研制生产的自阻尼导线，结构型式是采用两层拱
型的铝线股保持线股之间有 0.3~3mm 的间隙。另外
的自阻尼线采用变化电线外径或单位长度质量避免共
振。有的是在线股层间介入软金属或高滞后作用的非
金属材料提高阻尼作用。自阻尼导线是沿整个档内消
耗振动能量，避免了装防振锤或防振线将耗能集中到
档中几个点所产生的负面影响（如防振锤线夹振松

磨伤导线、防振锤本身受振疲劳损坏，线夹出口处出现节点使导线疲劳断股等）。

3. 防振器对振动的阻尼作用

防振器（亦称阻尼器、消振装置等），是专门为降低微风振动强度防止电线引起疲劳断股而在电线上装设的一种减振部件。目前世界上有数十种防振器可供使用，我国常用的有 FD 哑铃型（stockbridge）防振锤和经过改进的新 FR 音叉（锤头形状）型防振锤和护线条以及防振线阻尼间隔棒等。绝大多数防振器的消振原理是将振动能量吸收转化为热能或声能而散发掉，从而降低了导线的振幅，或是将大部分振动行波反射回到档距中及限制那些严重的振动传给不耐振的悬挂点。另外，绝缘子串、金具及杆塔等也对振动有一定的阻尼作用。分裂导线通过间隔棒把子导线联系在一起，使各子导线互相牵扯，从而破坏和抑制了分裂线持续稳定振动的形成，起到干扰和阻尼的作用，阻尼间隔棒也有消振的作用。[3-16]。

防振器的阻尼效果，一般是通过室内试验和室外测振对比等方法作出。

4. 按能量平衡原理估算振动幅值[3-11]

图 3-6-2 是根据电线达到稳定振动后，风能的输入应与整档电线自阻尼能量及所有防振锤消耗能量之和相平衡而得到的。据此可估价电线振动可能达到的最大振幅。从该图可知电线阻尼消耗能量与振幅 2.5 次方成正比，而输入之风能基本与振幅一次方成正比。故加上防振锤消耗能量，曲线稍有上升后，其平衡交点所示之振幅下降甚多。从图中还可看到，当没有消振装置时，输入风能曲线与裸电线自阻尼耗能曲线的交点 2 即为能量平衡点，此时的稳定振动幅值为较大的 A_2。如果 A_2 振幅引起的动弯应力或应变不超过允许值，则说明不装消振装置也不会使电线产生疲劳断股。否则应加装消振装置。如图中虚线是电线自阻尼和消振器及其振动体系总耗能曲线，它与风力输入风能曲线的交点 1 相对应下的振幅为 A_1 比 A_2 有所降低，若经检查振幅 A_1 降到危险程度以下，则表明防振设计是适当的。

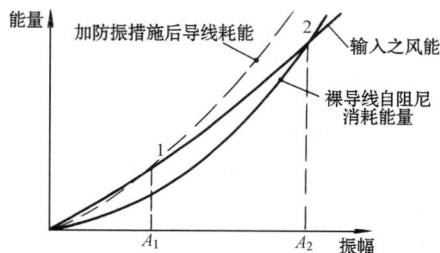

图 3-6-2　防振锤减振原理示意图

5. 影响电线振动强度的因素

（1）振动频率对振幅的影响

对已运行线路，档距长度及导线张力等都是已知数值，假定一个频率值，就可按功率平衡关系确定一个对应的振幅值，将各个频率所对应的振幅汇集起来就可绘制成如图 3-6-3 所示的振幅与频率关系曲线 1，该曲线表明不同频率下所产生的振幅值。图中显示一般在低频区段出现最大振幅。而普通防振锤在 10Hz 以下的低频段消振效果则不太好。

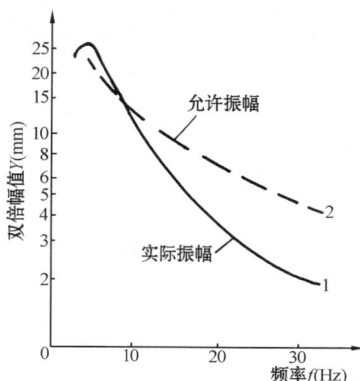

图 3-6-3　电线振幅与频率关系

电线悬挂点处的动弯应力（或动弯应变 ε）与振幅之间的关系也随频率不同而变化，若根据疲劳试验或运行经验，可确定导线在线路寿命期内不产生疲劳断股允许的动弯应变（如一些国家对铝股采用 $\varepsilon = 100\mu$），则可根据该允许应变下频率与允许振幅间的关系作出如图 3-6-3 中的虚线 2。若曲线 2 在曲线 1 之上，说明导线振动是安全的。

（2）地形及地物对振动的影响

地形、地物（合称地区条件），对线路振动强度有显著的影响。产生振动的必要条件是气流的均匀性及风向的恒定性。平坦、开阔地区有利于气流的均匀流动，易形成强烈振动的条件，并延长振动的持续时间。相反情况是地形交错起伏，或线路附近有建筑物、树林等地物，对气流产生摩擦，破坏气流的均匀性，使不易形成振动条件。当树林高度达到悬挂点高度的一半时，振动强度可降低 50% 左右；超过悬点时降低 90% 而达到安全的程度。一般将地区条件划分为 A、B、C 三个条件，A 类地区属振动强烈地区；C 类振动十分轻微或无振地区；B 类介于两者之间。

根据能量平衡条件可以估算出电线振动体系最大可能的振幅，但由于地区条件的影响，电线实际出现的要小于这一最大振幅。其影响程度可乘一"地形系数"（或环境系数）来表示，一些典型地区条件下的地形系数 F_T[3-12] 列于表 3-6-2 中。$F_T = \eta_p / \eta_r$，式中 η_p 为在足够长的时间中，所测得的最大振动水平

$(2A/d)$；η_r 从系统能量平衡计算出的最大可能振动水平。

表 3-6-2　　地区条件与地形系数 F_T

地 区 条 件	地形系数
非常平坦且靠近水面的开阔地带	0.8 ~ 1.0
非常平坦开阔的地带	0.45 ~ 0.55
有小树丛的轻度起伏地带	0.3 ~ 0.4
有些树林的平坦地带	0.1 ~ 0.2

（3）风速、风向对振动的影响

风速是输给电线能量使之振动之源，维持导线振动的下限风速一般取 0.5m/s，风速增大仍能引起导线振动的最大风速称上限值，它受地形、地物及悬点高度等影响，风速越大不均匀气流距地面高度亦增高，若超过悬点高度就不会引起振动。一般线路的振动上限风速为 4 ~ 6m/s，大跨越档因在平滑的水面上方，其上限风速可达 8 ~ 10m/s 或按经验公式（3-6-8）计算

$$v_M = 0.0667h + 3.33 \qquad (3-6-8)$$

式中　h、v_M——分别为导线悬挂点高度 m，振动风速上限值，m/s。

导线能否产生稳定振动还与风向有关，观察到风向与电线轴线的夹角在 45°~ 90°时易产生稳定振动；当在 30°~ 45°时，振动的稳定性小；在 20°以下时，一般即不出现振动。

根据风速及风向性质，可估计线路的振动严重程度。若先搜集线路沿气象台、站记录风速、风向资料，再从线路走向及地区条件，悬点高度等确定风向夹角及振动风速上、下限值，以此可判定历年气象记录中能出现振动风速时间（或次数）与历年总时间（或总观测次数）之比值，以判断振动持续时间系数。

（4）档距及悬挂点高度的影响

1）档距长度的影响

在没有安装防振器和忽略档端金具等部件消耗振能的情况下，电线输入风能和自身耗能以及产生振幅的大小与档距长度无关，但若安装了相同数量的防振器后（其阻尼耗能假定相同），则小档距振幅会下降多，而大档距振幅会下降少（因长档距输入风能多）。另外，由式（3-6-2）可知，档距愈长，能满足半波数为整倍数的振动频率数也愈密集，与式（3-6-1）的风力冲击频率相接近而建立稳定振动的机会就愈多，振动持续时间也自然会增加。另外档距两端绝缘子、金具与杆塔横担等部件对振动阻尼作用，对小档距所占比例可达不需安装防振器（如 100m 以下），而对大档距其阻尼所占比例则较少。

2）悬挂点高度的影响

当电线悬挂点的高度增加时，在平坦开阔地区可能使振动上限风速提高，使振动频率的范围扩大，也使振动延续时间增加。架设在平坦开阔地区的线路，悬挂点高度随档距平方的函数而增加，两者结合一起考虑，对振动风速范围及振动相对延续时间的影响如表 3-6-3 所示。[3-17]

表 3-6-3　　档距长度对振动的影响

档距（m）	电线悬挂点高度（m）	振动的风速范围（m/s）	振动的相对延续时间
150 ~ 200	12	0.5 ~ 4.0	0.15 ~ 0.25
300 ~ 450	25	0.5 ~ 5.0	0.25 ~ 0.3
500 ~ 700	40	0.5 ~ 6.0	0.25 ~ 0.35
700 ~ 1000	70	0.5 ~ 8.0	0.30 ~ 0.40

（5）导线张力对振动的影响

提高电线张力不仅会增加振动强度（振幅和振动次数），而且会降低导线的疲劳极限。因电线张力提高后，其自阻尼作用下降，振幅增大且波长也增大。由于电线所受的动弯应力与振幅对波长的比值有关，因而动弯应力的增加不是与导线张力的增大成线性关系。试验资料[3-18、19]表明，导线张力在 8% UTS（导线拉断力）以下时，很少有振动，随着张力增大距线夹出口 89mm 处（即 $3\frac{1}{2}$in）处的弯曲幅值（A_{89}）迅速增加，张力达 15% UTS 时，弯曲幅值达到最大值，此后张力再增大弯曲幅值增加极微。此外导线张力提高后，振动频率及振动延续时间都随之有所增加，因而振动次数也会增多。导线张力约在 20% UTS 以下时，振动次数的增加几乎与张力的提高成直线关系。但当导线张力超出 20% UTS 以后，振动延续时间减少，因而振动次数逐渐趋于恒定状态。

提高导线张力引起导线疲劳极限（应力）降低。材料的疲劳极限与静态应力（平均应力）的大小有关，线路上的导线是在有应力的条件下产生振动的，线股的实际疲劳极限将降低。要想不使导线产生振动疲劳断股，必须限制振动的弯曲应力及振动强度。

（6）电线规格及结构对振动的影响

1）电线断面形状及其表面状况的影响

电线断面形状如果能破坏风在电线背风侧卡门旋涡的建立（如三股钢丝绞制的钢绞线），就不会建立稳定振动。而光滑型（或称压缩型）的导线，其直径与截面的比值较小，虽能减少风荷载和减少覆冰及舞动，但微风振动的振幅及延续时间则变得严重。

2）电线截面和直径以及材质的影响

风输给电线的振能随电线直径增加而加大。振动频率又随直径增加而变低，而低频范围的电线自阻尼

又减小。这两种因素使大直径导线振动严重，给防振带来困难。为此可采用分裂导线来减振。大直径导线若股数及股数增多，其阻尼作用会增加。但如果是扩径或空芯导线，截面与重量比小，则易于振动。增大导线刚度有利于降低动弯应力（如护线条就有加强导线刚度的作用）。

导线直径与其单位质量的比值愈大则振动愈严重，故铝绞线比铜绞线和钢绞线振动严重；铝钢截面比大的比小的振动严重。用高强度材料制造的电线，其线股材料的疲劳极限与其破坏强度的比值，却随破坏强度的提高而下降（如高强度钢丝的疲劳极限等于破坏强度的28%，而特高强度的钢丝则降到24%）。

（三）电线疲劳极限及其影响因素[3-10、11]

1. 电线疲劳极限的定义[3-20]

一般金属材料的疲劳极限是用振动弯曲应力与振动次数的关系（$\sigma - N$）曲线来表示，即纵坐标为振动弯曲应力，横坐标为振动次数的对数值。此曲线趋于平缓时即为材料的疲劳极限应力（常简称疲劳极限）。对于送电线路电线的寿命一般按40年考虑，估计微风振动次数在（$10 \sim 100$）$\times 10^6$ 之下的动弯应力值作为电线的疲劳极限（若为钢芯铝线，应为铝股的疲劳极限），这是防振设计的重要依据。当导线受到的动弯应力低于或等于铝股的疲劳极限时，导线即使达到上述估计的振动次数也不会产生疲劳断股。

2. 影响疲劳极限的因素

材料的疲劳极限与静态应力（平均应力）的大小有关，线路上的电线是在带有静态拉应力的条件下产生振动的，此时线股的实际疲劳极限（仅有动弯应力）将会降低，特别是对铝股，其数值可根据"古德曼"曲线查取，或按下式计算。

$$\sigma_{am} = \sigma_a \left(1 - \frac{\sigma_m}{\sigma_{ts}}\right) \quad (3-6-9)$$

式中　σ_{ts}、σ_a——铝股材料的破坏强度及其疲劳强度，N/mm^2；

σ_m、σ_{am}——铝股承受静拉平均应力及该应力下的疲劳强度，N/mm^2。

铝单股无静拉张力下的疲劳极限 σ_a 约为 $57 \sim 62N/mm^2$，高的可达 $70N/mm^2$。式（3-6-9）中如已知铝股的 $\sigma_{ts} = 169N/mm^2$，$\sigma_a = 57N/mm^2$，（相当于振动 10^8 次下的值）。当钢芯铝线的平均运行应力（EDS）为破坏应力（σ_{ts}）的25%时，可推算出铝线股承受的平均应力约为 $\sigma_m = 30\%\sigma_{ts}$，将其代入式（3-6-9），即算得铝股有静拉应力下的疲劳极限降为 $\sigma_{am} = 39.9N/mm^2$，为无静拉应力作用时的70%。如果考虑铝单丝绞制成导线后，其疲劳极限还要降低，两者的比值约为 $0.5 \sim 0.8$（如上例 σ_{am} 降为 $20 \sim 32N/mm^2$）。导线在悬垂线夹中，其线夹船体曲率使导线又产生弯曲附加

应力以及在防振器、间隔棒等夹具处又产生径向挤压造成压痕以及受力不均等因素，这些夹具处的导线疲劳极限还要再降低至 $50\% \sim 70\%$（后者为装设线条时）。因此，铝股的疲劳极限降到仅有 $10 \sim 20N/mm^2$ 的水平，其降低程度与线夹类型和质量有关，加装护线条或胶垫能减少降低程度。若限定容许动弯应变 $\varepsilon = \pm 150\mu_\varepsilon$，铝股弹性系数为 $63000N/mm^2$，则容许的动弯应力为：$\sigma_b = 150 \times 10^{-6} \times 63000 = 9.45N/mm^2$，其值已接近上述实际疲劳极限值。

作为地线使用的钢绞线，使用应力与拉断应力的比值较导线为小，故一般认为平均静张拉应力对疲劳极限的影响是微小的。钢绞线的疲劳强度大约是铝线的二倍。[3-21]

三、电线无危险振动的判断

1. 判断振动强度的标准

电线悬挂点及各种线夹处是振动疲劳损害最危险的部位，此处电线所受的动弯应力大小要想通过计算或测量都是困难的。一般都是测量该处附近的振动弯曲幅值，间接地求出振动角或动弯应变来表示振动强弱（它与动弯应力成正比）。目前国际上多以测量线夹出口89mm处电线相对于线夹的振动弯曲幅值 A_{89}（峰对峰值），间接计算出线夹出口处的振动角 α 或动弯应变 ε_c 的大小来衡量振动的强度是否免于振动疲劳断股。式（3-6-5）α 振动角算式可近似地用下式（3-6-10）表示。

$$\alpha = 60\tan^{-1}\left(\frac{A_{89}}{2 \times 89}\right) \quad (3-6-10)$$

式中　A_{89}、α——分别为距线夹出口89mm处动弯幅值（峰-峰），mm；振动角，（'）。

动弯应变系指距线夹出口89mm处动弯幅值 A_{89} 引起动弯应变（单位长度上、单位应力下的变形量）常用近似公式表示为：

$$\varepsilon_c = 354dA_{89} \quad (3-6-11)$$

式中　d、A_{89}、ε_c——分别为电线外层线股直径，mm；距线夹出口89mm处的弯曲幅值（峰-峰），mm；线夹出口处的动弯应变（峰-峰）（如算出 $\varepsilon_c = 300\mu\varepsilon$，应表示为 $\varepsilon_c = \pm 150\mu_\varepsilon$）$\mu_\varepsilon = 10^{-6}m/m$。

另外，国外测振取得 A_{89}，多通过 Poffenberger-Swart 方程[3-22] 计算动态弯曲应力 σ_b 单峰值（N/mm^2）为：

$$\sigma_b = E_0\varepsilon_c/2 = dE_0P^2A_x/4\ (e^{-px} - 1 + px)$$

$$(3-6-12)$$

式中　　　　$P = \sqrt{\dfrac{T}{EI}}, 1/mm$

　　d、E_0——分别为电线外层线股直径，mm；弹性系数，N/mm^2。

　　x、A_x——测振仪传感器距线夹出口的距离，规定为89mm；及该处的弯曲幅值（峰-峰）mm。

　　T——电线张力，N。

$\varepsilon_c = dP^2A_x/2(e^{-Px}-1+Px)$——线夹出口处的动弯应变

（峰-峰），μ_ε；

　　EI——各线股弯曲刚度之总和，$N \cdot mm^2$。

2. 无危险振动的标准

目前国内外尚无判断无危险振动的一致标准，大都是根据各自的经验加以规定。我国以往也是总结自己的经验并借鉴国的标准用振动角的大小来判断振动有无危险。自20世纪70年代末我国测振就试用动弯应变的标准来判断有无危险振动。表3-6-4列出一些国家的判别标准。

表 3-6-4　　　　　　　　无危险振动的判断标准[3-11]

线路类别	国别 线别	意大利	加拿大	中国①	美国	日本	前苏联
普通线路	铝绞线 钢芯铝绞线	$\pm150\mu_\varepsilon$	$D\geqslant17.8mm$ $\pm150\mu_\varepsilon$ $D<17.8mm$ $\pm75\mu_\varepsilon$	$\pm150\mu_\varepsilon$	$\pm100\mu_\varepsilon$	硬铝线及耐热铝合金线 $\pm100\mu_\varepsilon$	$EDS=0.2\sim0.25$ $\sigma_{TS}:10'$
	铝合金绞线 钢芯铝合金绞线	$\pm150\mu_\varepsilon$	—	$\pm150\mu_\varepsilon$	—	高张力铝合金及高张力耐热铝合金线：$\pm120\mu_\varepsilon$； 一号铝合金线：$\pm150\mu_\varepsilon$	$EDS>0.25$ $\sigma_{TS}:5'$
	钢绞线、铝包钢绞线及钢芯铝包钢线	$\pm300\mu_\varepsilon$	$A_{89}<0.381mm$ （峰—峰）	$\pm300\mu_\varepsilon$	—	±400	
大跨越线路	铝绞线、铝合金及钢芯铝绞线	$\pm75\mu_\varepsilon$	—	$\pm100\mu_\varepsilon$	—	—	—
	钢绞线、铝包钢绞线、钢芯钢包钢线	$\pm150\mu_\varepsilon$	—	$\pm150\mu_\varepsilon$	—	—	—

①　数值系文献［3-11］的建议尚未形成规定，但已在十余年的测试判断中认为行之有效。

四、电线防振措施

（一）电线平均运行张力与防振措施的关系

1. 平均运行张力的定义及其对振动强度的影响

在本节二、（二）、5、（5）已介绍电线张力对振动强度影响很大。但线路上悬挂中的电线张力随气象条件的变化而不同，为了能表达电线实际发生振动条件下的代表性张力，以此张力振动所产生的振动强度和疲劳效果，将与实际线路情况相等，就将此代表性张力称为平均运行张力。张力大小与导线截面有关。为了消除截面大小的差别，取为平均运行应力（国际上通常以EDS表示）。但又为了消除导线规格、材料及结构等因素的不同而引起的差别，以及便于相互对比，平均运行应力一般不以绝

对应力值表示，而是采用平均运行张力与导线拉断力（UTS）比值的百分数表示。振动多发生在无冰低风速（$0.5\sim10m/s$）的各种气温下，故一般取无冰、无风、年平均气温附近的应力作为平均运行应力（或张力）。

2. 电线平均运行张力与防振措施的关系

自1960年国际大电网会议报告[3-21]提出导线EDS值与防振要求的规定，如表3-6-5所示，对世界各国线路设计有很大影响。我国电力建设研究所及设计运行单对电线振动情况作了大量调查、测试和研究工作，提出的导线平均运行张力与防振措施的成果已被线路设计规程采用至今[3-2]，如表3-6-6所示。苏联1968年也提出了平均运行应力与防振措施的规定[3-23]，列于表3-6-7中。这些表中都规定了无需采取防振措施的条件和平均运行张力（或应力）的上

限值。但相对比较我国的防振要求比较高，如档距超过500m不论平均应力再低，地形条件再屏蔽均需采取防振措施。

表3-6-5　国际大电网会议报告的平均运行张力（%UTS）上限与防振措施[3-21]

电线类别 ＼ 防振措施	无需防振	护线条	防振锤	护线条及防振锤
铜绞线	26	—	—	—
钢芯铝绞线	18	22	24	24
全铝绞线	17	—	—	—
铝合金绞线	18	26	—	—
钢绞线　刚性线夹	11	—	—	—
钢绞线　摆动线夹	13	—	—	—

表3-6-6　DL/T 5092—1999中电线平均运行张力（%UTS）上限与防振措施

情　况	防振措施	平均运行张力的上限（%）（拉断力的百分数）	
		钢芯铝绞线	镀锌钢绞线
档距不超过500m的开阔地区	不需要	16	12
档距不超过500m的非开阔地区	不需要	18	18
档距不超过120m	不需要	18	18
不论档距大小	护线条	22	—
不论档距大小	防振锤（阻尼线）或另加护线条	25	25

表3-6-7　前苏联（1968年）防振规定中平均运行应力（EDS）与防振措施[3-23]

地　区　条　件			档距（m）	电线类别	平均运行应力（N/mm²）		
				钢芯铝绞线	49以上	39.2~49	低于39.2
				铜绞线	107.8以上	98~107.8	低于98
				钢绞线	215.6以上	176.4~215.6	低于176.4
防振措施	A	开阔平地或小丘地区	150~500		每档两个防振锤	每档一个防振锤	
	B	崎岖起伏地区稀树或矮树区	75~150		每档一个防振锤	每档一个防振锤	
			100~500		每档一个防振锤		
	C	a）树高超过悬挂点的多树丛山区；b）线路沿山区谷底走线	无论大小		不需要防振		

据悉苏联1983年又将表3-6-7中防振锤安装个数予以减少，其主要差别介绍于下：

线路通过B类地区时，每档每根电线上只安装一个防振锤。

线路通过A类地区时，如档距在200m以下，则每档每根导线上只安装一个防振锤。档距超过200m则分两种情况：下面有宽阔水面的跨越档和下面无宽阔水面的跨山谷档。具体规定：长度在500m以下的跨越档（跨山谷则为800m以下）推荐在每根导线、地线上于档距两端各装一个防振锤；长度在500~1500m的大跨越档（或山谷宽800~1500m的大跨山谷档），由于在较宽频率范围中有较强烈的振动，必须在每根导线、地线上于档距两端各装具有不同特性的两个防振锤，重者靠近塔身，轻者远离塔身。在更大的跨越中，安装在粗重导线上的防振锤数量增加到每端3个及以上，依次排列在导线上。

（二）电线T/m值与防振措施的关系

1986年夏，加拿大送电线路专家Brian White来华讲学，热情地介绍了意大利米兰技术大学著名博士Rodolfo Claren在1978年提交给CIGRE的一篇论文《架空线路导线受空气涡流作用的反应》。该论文根据很多实际线路的运行经验和理论分析，认为以导线张力与其单位长度质量之比T/m来确定导线的微风振动特性是更为确切的。40年前在调查和分析基础上推荐的用EDT百分数估计导线疲劳损伤的可能性的经验方法，是因为当时的导线基本上为正常型和加强型。但其后出现的全铝合金导线和小、大铝钢截面比导线如仍依该推荐值，就会导致全铝合金和特小铝钢截面比导线疲劳断股或大铝钢截面比导线强度不能充分利用。

该论文是从导线外层铝股应力来推算导线期望寿

命的，而铝股应力恰与 T/m 成正比，因而用 T/m 作参数更使问题变得简单明了。因该文已受到各国许多专家的重视，故将其部分结论转述于下，以供参考。

架空线路在 B 类地区（似指一般无水面平坦地区）的单导线，当档距不超过 500m 时，在最低气温月的平均气温条件下：

无护线条：$\frac{T}{m} \leqslant 16900$，$m^2/s^2$ 是安全的；

有护线条：$\frac{T}{m} \leqslant 17500$，$m^2/s^2$ 是安全的；

档中一个防振锤：$\frac{T}{m} = 19500 \sim 20500$，$m^2/s^2$ 是安全的；

档中 2 个防振锤：$\frac{T}{m} = 21500 \sim 22500$，$m^2/s^2$ 是安全的。

以上表明，电线的张力愈大，单位长度质量愈小其振动愈严重。以此考虑防振也就照顾到了高强度铝合金导线和特强型钢芯铝绞线的振动严重性（T/m 值大），并充分利用了大铝钢截面导线的耐振强度（T/m 值小）。

意大利塞尔维（SALVI）公司制定的防振锤使用导则中以电线最低气温月平均气温无风、无冰下的张力 T（N）与电线单位质量 m（kg/m）的比值来判断振动的强度和确定防振措施的标准，目前，我国生产的 FR 型防振锤，其安装标准就是应用上述 T/m 判据[3-24]。

（三）防振锤类型及特性

目前世界上可供使用的防振锤类型多达十余种，我国工程上采用的有如下三种于以介绍。

1. FD、FG 哑铃型司托克布里奇（Stockbridge）防振锤

这种防振锤的形状见图 11-4-118 所示。防振锤的阻尼性能主要取决于高强度钢绞线的弹性及重锤质量与锚接工艺等，其阻尼振动的作用是利用两个重锤振动时使钢线股间滑移而产生的摩擦阻尼力。防振锤的重锤的振动是以自身回转和上下摆动的运动，故有两个共振频率。在此频率附近时消耗的功率最大。防振锤的特性与重锤质量、偏心距、钢线粗细、长短有关，故应根据电线的不同规格，选配不同的防振锤。当电线的截面、质量增加时，振动的危险频率范围将移至较低频谱段，故对较重电线采用自振频率低的较重防振锤。英国防振锤的总质量按下式确定：

$$W = 0.3036d - 1.361 \tag{3-6-13}$$

式中　　W——防振锤总质量，kg；

d——电线直径，mm。

我国防振锤总质量，也基本符合上式规律。

防振锤的各种主要尺寸、质量及适用电线截面的

范围见表 11-4-129 中，其典型频率特见图 3-6-4。该种哑铃型防振锤，为用于 500kV 超高压线路减少电晕，专制有 FF-5 防电晕型防振锤，适用导线外径为 23～28mm，线夹采用圆滑外形的铝合金材料紧固螺栓埋入夹具内。见图 11-4-119 及表 11-4-130。

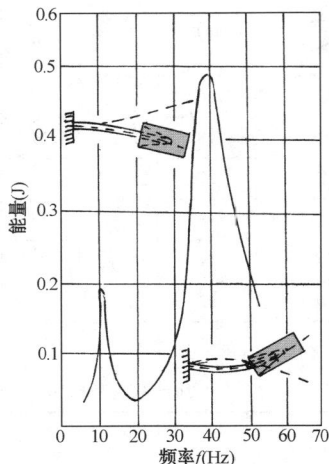

图 3-6-4　FD、FG 型防振锤的典型频率特性曲线

2. FR 音叉型塞尔维（Salvi）防振锤

这种意大利塞尔维公司生产的 4R 型防振锤与我国生产的 FR 型防振锤是类似的。锤头似开口音叉，其外形见图 11-4-120，它有四个谐振频率，如图 3-6-5 FR-3 型防振锤的频率特性图中所示。其防振频带宽度也大于 FD、FG 型防振锤。其结构原理是在固定线夹两侧的钢绞线长度不等，两端重锤质量也不相同，因而产生四个谐振率频。其结构尺寸及适用电线外径等详见图 11-4-120 及表 11-4-131 中所示。

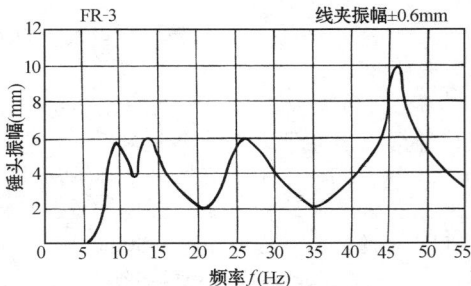

图 3-6-5　FR-3 型防振锤频率特性

3. 环式扭矩型防振锤

这种防振锤的结构型式很多，我国使用的防振环即称扭矩防振锤，如图 3-6-6 所示。扭矩防振锤的特点是钢绞线两端的重锤是用圆钢作的防振环代替，并

分别布置在钢绞线的前后侧,形成一定的角度。当导线振动时,重锤使钢绞线受到弯矩和扭矩的两种作用,从而改善了防振锤的消振性能,扭矩防振锤可获得三个谐振频率。其结构主要尺寸及适用范围列于表3-6-8中。

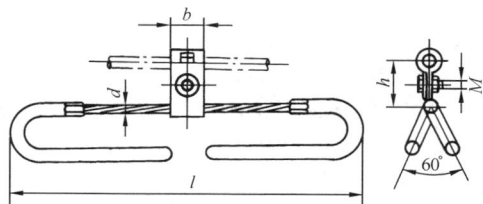

图 3-6-6 环式扭矩型防振锤外形图

表 3-6-8 环式扭矩型防振锤主要尺寸及适用范围

型号	外径 (mm)	主要尺寸 (mm)				钢绞线		质量 (kg)
		b	h	l	M	结构	外径 d (mm)	
FH-1	8.4 ~ 9.6	50	55	480	12	19/2.0	10	1.8
FH-2	11.4 ~ 13.68	50	60	540	12	19/2.2	11	2.6
FH-3	15.2 ~ 16.72	60	75	610	16	19/2.6	13	4.6
FH-4	19.02 ~ 21.28	60	80	670	16	19/2.6	13	5.1
FH-5	23.7 ~ 27.68	60	85	690	16	19/2.6	13	6.5

(四) 护线条类型及特性

护线条的主要作用是增加线夹出口近的电线刚度和分担导线张力,减少弯曲应力及线夹处受到的挤压应力和摩损,卡伤等,并使导线在悬垂线夹中的应力集中现象得以改善,导线振动时可使导线受到的动弯应力减少 20% ~ 50%。护线条的减振效果不如防振锤显著,故在振动强烈及平均运行张力高(如表 3-6-6 超过 22% UTS)的地区线路上,不能单独使用护线条。

以往使用的护线条,每根两端呈拔梢状,加工和安装都比较困难,自 20 世纪 60 年代出现了工厂预制成螺旋状的等径护线条,称预绞丝护线条,如图 11-4-123 所示。它是采用高强度、弹性好的铝合金制造,无需专用工具便可方便地安装。图 3-6-7 示出预绞丝护线条在普通型悬垂线夹中的安装图。各种钢芯铝绞线使用的预绞丝护线条规格见表 11-4-134 中。

图 3-6-7 预绞丝护线条安装图

在我国 330kV 刘关线的导线及光缆复合架空地线上采用如图 3-6-8 中所示的预绞丝灯笼型悬垂线夹。这种线夹用于普通导线时,先在线夹夹固段的导线上加垫两块半圆双曲线腰鼓形的耐磨硅橡胶垫,然后包缠预绞丝,最外层才装绞式抱箍线夹。对光缆复合架空地线,通常装两层预绞丝,内层预绞丝直接包缠于地线表面,股径小而长,胶垫包于上,再包缠第二层股径粗而短的预绞丝护线条。这种预绞丝及线夹的结构方式,其耐振、抗弯、耐磨等性能均优于普通型悬垂线夹。更具有握力大、电晕小,质量轻、磁损小的特点。

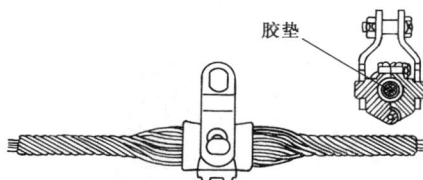

图 3-6-8 预绞丝灯笼型悬垂线夹图

五、防振锤安装数量

我国高压架空线路已有半个多世纪的运行历史,在电线振动与防护方面积累了大量的科研、测试、设计和运行的经验。20 世纪 60 年代以前,当时国内外对振动及其防护措施认识不足,电线使用应力较高,防振措施不当,出现不少振动疲劳断股现象。之后国内外通行平均运行应力的控制原则,限制并降低使用应力,增加防振锤的安装数量,使振动危害有所降低。自 20 世纪 70 年代初国内外科研、运行部门发现防振锤集中安装在档距端部超过两个以上时,其吸收振动能量并不与安装数量倍增。当输入风能很大时,仅在档距端部集中地消耗能量,不一定能使档中振动降至安全水平。过多地安装防振锤,如果再加位置或规格不当(不可能适应所有的易振频率),实质上就是将振动产生的危险弯曲应变位置,从悬挂点线夹处转移到防振锤的安装点处。故在防振锤(或防振线)的线夹处发生疲劳断股的事例,国内外多有发生(特别是悬挂点最外侧的防振器线夹处)。

目前不少国家在已制订的新的防振规定或导则中,防振锤的安装数量已有所减少,出现一档仅装一个防振锤的所谓“半档防振法”及 T/m 判定振动强度法等。而我国至今仍未制定出适合我国情况的防振规定或导则。

1. 半档防振方法

电线上安装的防振锤不足或过多都对安全运行不利,从理论到测试都证明在档距一端安装防振锤,对档距中间及另一端的电线都起减振作用。因此美国、意大利、苏联等国家都明确规定,推广采用半档防振方法,如表 3-6-7 中前苏联规定一档仅装一个防振锤的具体条件(档距可达 500m)。我国南京线路器材厂制订的《FR型防振锤安装导则》[3-24]，也采用了半档防振的方法并推广到出口该产品的国家。我国从事振动研究及测试单位的良乡电力研究所有关学者专家[3-11]对单根相导线或地线建议试用如下规定的半档防振法：

（1）电线直径大于等于22mm时，档距在300m以下，每档仅一端安装一个防振锤；

（2）电线直径小于22mm时，档距在200以下，每档仅一端安装一个防振锤。

以上建议值与以上所提国家的规定相比还是趋于比较安全的想法。美国资料提出当相邻两档均仅装一个防振锤时，应安装在同一悬挂点两侧。当采用FR型防振锤时，可以试用文献［3-24］的安装导则。

2. 档内安装防振锤数量

（1）单根相导线及地线的防振锤安装数量

不少国家认为，不能简单地用增加防振锤的数量来提高能量的消耗，在档距每端安装防振锤的数量不宜超过两个，并且两个防振锤的频率特性应不同。对大跨越每端安装两个防振锤不能满足要求时，采用"档中央阻尼"的方法（如美国）。

持相反认识的少数国家（如英国、挪威）则认为，所需装防振锤的数量与档距长度成比例，即按每120m需要加一个防振锤。如泰晤士河大跨越，跨距1372m，在档距每端竟装6个防振锤。英国BPE公司1980年建议，在每档每端安装防振锤的数量为：档距370m以下装一个；370～670m装2个。

我国线路上安装防振锤数量是目前世界上最多的少数国家之一，对单导线每档每端的安装数量如表3-6-9所示，为20世纪60年代开始试行至今。有必要在总结经验的基础上进行调整。

表3-6-9　我国单、双根相导线及地线防振锤安装数量

每档每端防振锤个数／电线外径(mm)	一个	二个	三个
$D<12$	≤300	300～600	600～900
$12≤D≤22$	≤350	350～700	700～1000
$22<D<37.1$	≤450	450～800	800～1200

档距(m)

东北电力设计院自20世纪80年代已将$d<12$用作架空地线的镀锌钢绞线每档每端安装一个防振锤的档距由上表中的300m放长为500m；二个的由600m增大为700m；三个的由600m增大为700m以上不限。其它$d>12$的导地线，不论档距再大最多每档每端只装3个防振锤，而不再加其它防振措施。

（2）分裂导线防振锤安装数量

1）分裂导线的振动特性

分裂导线由于间隔棒的存在，使整档分成一系列次档距，微风振动的幅值在不同次档距内有显著差别，即所谓"次档距效应"。安装在档距端部的防振锤，在单导线的情况下，可对整个档距起阻尼作用；在多分裂导线的情况下，不能或很少对整档起阻尼作用，主要对安装侧的端次档距内振动起阻尼作用。档内的间隔棒（无论阻尼或非阻尼式）及其子导线间对风振的相互抑制和阻尼都会使各次档距内的振动强度减少。国内外的试验和测振对比证实，双分裂导线比单导线的振动强度（包括振幅及振动次数）减少50%以下；四分裂又比双分裂减少50%以下。在悬垂线夹处测得的动弯应力其三者的比例关系是4：2：1。

2）分裂导线防振锤安装数量

由于分裂导线振动强度低，国外一些国家除对二～三根分裂导线一般只在档距的一端子导线上安装一个防振锤（如美国档距小于436m）或每档装二个防振锤（档距小于872m）。对四分裂导线一般多不再加装防振锤，如日本、前苏联等国即使采用非阻尼间隔棒也如此处理，美国及加拿大等国采用阻尼间隔棒者一般也不加装防振锤（美国能源部规范则要求装[3-27]）。

表3-6-10列出前苏联20世纪80年代单线（架空地线用）及双分裂导线防振锤的安装数量[3-25]，并说明当分裂导线为三根及以上子导线时，无论采用何种间隔棒结构，次档距间距不小于75m，均可不装防振锤。当相线为二分裂导线时，则一档内每根导、地线只装一个防振锤，并安装在每档内相对两端不同的子导线上，在表中未予说明的超范围者，应在每档每根子导线上安装两个防振锤。

表3-6-10　苏联单地线及双分裂导线防振锤安装数量[3-25]

地貌特点	档距长度(m)	电线材料及钢芯铝线的铝钢截面比	平均运行应力(N/mm²)	分裂线子导线根数	每档每根线上防振锤安装数量
树木高度超过电线悬挂点高度的林区及线路通过山谷低地	任意	任意	任意	1～2	

续表

地　貌　特　点	档距长度（m）	电线材料及钢芯铝线的铝钢截面比		平均运行应力（N/mm²）	分裂线子导线根数	每档每根线上防振锤安装数量
任　何　地　区	任意	铝绞线		<40	2	—
		钢芯铝线	4.5～8	<45		
			0.95	<120		
			0.65	<135		
		钢绞线		<185	1	—
		钢芯铝线	0.95	<110		
			0.65	<125		
	<150	钢芯铝线	4.5～8	任意	2	—
严重起伏不平和有建筑物的地区，起伏不大、稀疏林或矮树林覆盖的地区	任意	铝绞线		<45	2	—
		钢芯铝线	4.5～8	<50		
			0.95	<130		
			0.65	<135		
		钢绞线		<200	1	—
		钢芯铝线	0.95	<120		
			0.65	<135		
	<300	钢绞线		>200	1	1
		钢芯铝线	0.95	>120		
			0.65	>135		
	>150	铝绞线钢芯铝线	4.5～8	>45>50	2	1
没有树木或灌木丛植被的平坦或起伏不大的地区	<150	钢绞线		>180	1	1
		钢芯铝线	0.95	>110		
			0.65	>125		
	150～200	铝绞线钢芯铝线	4.5～8	>45>50	2	1
	>150	铝绞线		40～45	2	1
		钢芯铝线	4.5～8	45～50		
			0.95	<130		
			0.65	<145		
		钢绞线		180～200	1	1
		钢芯铝线	0.95	110～120		
			0.65	125～135		

　　我国现行设计技术规程只规定，四分裂导线采用阻尼间隔棒时，在档距500m以上还要求采取防振措施。对水平排列的双分裂导线，其防振措施并未同单导线加以区别，这从国内外实际测振对比和国外规定看都是过于安全的。

　　东北电力设计院以往对500kV四分裂导线对开阔地形自档距600m以上开始安装防振锤，800m及以下档距每档每子导线安装二个防振锤；1000m及以下4个；大于1000m每档每子导线安装6个防振锤，这与国外多数不装或少装防振锤相比还是过于安全的。

　　分裂导线间隔棒的型式、性能及次档距大小的说明详见第五章金具部分。

六、防振锤安装距离

1. 防振锤安装距离的决定原则

　　防振锤应安装在靠近振动波的波腹处，才能使防振锤上下滞后振动及锤头回转的幅度加大，从而最大限度地消耗电线振动能量。然而电线谐振的频率是在一个频带范围内变化的。一般在3～60Hz振动较为严重，在更高频段由于电线自阻尼作用的显著增大，不会造成危险振动。而在低频情况下，电线的自阻尼作用减弱，防振锤的频率特性也较差，往往是防振设计的危险频段。如果没有取得电线振动的实际密集频率范围，可根据线路引起振动风速的上限及下限值

（一般平坦开阔地区的振动下限风速取 $0.5\mathrm{m/s}$；而上限取 $5 \sim 6\mathrm{m/s}$），按式（3-6-1）计算出振动频率范围，并按式（3-6-3）算出振动的最大、最小半波长，选择能保护该振动频率范围的防振锤，计算防振锤的安装位置，使之在最大及最小波长范围内均能起到防振作用。

2. 防振锤安装距离

（1）安装距离的计算

假定线夹出口是所有振动波的波节，当安装第一个防振锤时，防振锤的安装位置应在线夹出口所有振动波的第一个半波之内。具体的位置应这样考虑：在最长和最短波的情况下，防振锤的位置在第一个半波长内对最长和最短波波节点都有最可能大的相同相角（如 $\theta_M = 180° - \theta_m$），见图 3-6-9，即安装位置对最大和最小半波具有相同的布置条件，或对最大、最小波腹接近程度相同。依此得出第一个防振锤安装距离 b_1 的计算式（3-6-14），安装距离如图 3-6-10 中所示。

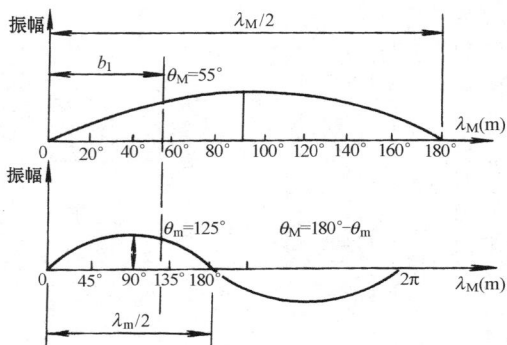

图 3-6-9   防振锤最佳安装位置图解

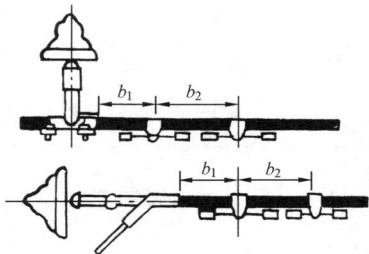

图 3-6-10   防振锤安装距离示意图

$$b_1 = \left(\frac{\lambda_m}{2} \times \frac{\lambda_M}{2}\right) \Big/ \left(\frac{\lambda_m}{2} + \frac{\lambda_M}{2}\right)$$

$$= \frac{1}{1+\mu}\left(\frac{\lambda_m}{2}\right) \qquad (3\text{-}6\text{-}14)$$

式中 $\dfrac{\lambda_m}{2} = \dfrac{d}{400 v_M}\sqrt{\dfrac{T_m}{m}}$；$\dfrac{\lambda_M}{2} = \dfrac{d}{400 v_m}\sqrt{\dfrac{T_M}{m}}$；$\mu$

$= \dfrac{v_m}{v_M} \times \sqrt{\dfrac{T_m}{T_M}}$；

b_1——第一个防振锤距线夹出口的距离，m。

d、m——分别为电线外径，mm；单位长度质量，kg/m。

λ_m、λ_M——分别为最小及最大振动波长，m。

v_m、v_M——振动风速的下、上限值，m/s，参见表 3-6-3 和式（3-6-8）。

T_m、T_M——最高和最低气温条件下的电线张力，N。

上式是假定各种振动频率和振动强度出现的机率是相同的，这可能与实际不符，振动的危险性可能多在低频、长波段，这就应该使 b_1 更大一些为好。另外当代表档距（或孤立档档距）很大时，T_m 和 T_M 相差很小，在使用的档距范围内，用平均运行张力 T_{av} 代替 T_m、T_M 对 b_1 影响很小。再由式（3-6-14）中的系数 μ 值来看，一般在 $0.05 \sim 0.1$ 之间。故常将式（3-6-14）近似简化为下式计算 b_1 甚为方便

$$b_1 = 0.9 \sim 0.95\left(\frac{\lambda_m}{2}\right)$$

$$= 2.25 \sim 2.375\left(\frac{d}{v_M}\sqrt{\frac{T_{av}}{m}}\right) \times 10^{-3} \quad (\mathrm{m})$$

$$(3\text{-}6\text{-}15)$$

式中 T_{av}——电线平均运行张力，N；

其它符号含义与式（3-6-14）相同。

我国过去常用式（3-6-14）、式（3-6-15），而且当档距每端安装多个同型号防振锤时，仍依上述原理采用等距安装法，即 $b_1 = b_2 = b_3$ 等，计算及安装均方便。

前苏联计算安装距离 b_1 时，后改为取 $b = \lambda_m/2$，对超高压线路取振动上限风速 $v_M = 6\mathrm{m}$，由式（3-6-14）中的 $\lambda_m/2$ 简化可写为下式（3-6-16）[3-26]：

$$b_1 \approx \frac{\lambda_m}{2} \approx 1.3d\sqrt{\frac{T_{av}}{10m}} \times 10^{-3}$$

$$\approx 0.415d\sqrt{\frac{T_{av}}{m}} \times 10^{-3} \quad (\mathrm{m}) \qquad (3\text{-}6\text{-}16)$$

以上三式基本上无大差别，都可使用，即使防振锤置于波节处，因其有回转甩动和摇摆作用仍能起一定的减振作用，而且并非总在 $\lambda_m/2$ 相对应的高频处振动。

（2）不等距安装法

前苏联防振规定[3-26]，跨越河流及水库，长 $500 \sim 1500\mathrm{m}$（山谷宽 $800 \sim 1500\mathrm{m}$）的跨越档距，由于在较宽频率范围内有强烈振动，必须依次安装具有不同特性的两个防振锤，第一个防振锤质量大于第二个的质量，并采用不等距安装法，上限风速取 $6.5\mathrm{m/s}$，其计算公式为：

$$\left.\begin{array}{l} b_1 = 1.1\left(\dfrac{\lambda_m}{2}\right) \\[2mm] b_2 = 0.75\left(\dfrac{\lambda_m}{2}\right) \end{array}\right\} \qquad (3\text{-}6\text{-}17)$$

加拿大 Nigol 等认为（CIGRE-1984，22-07）：当每档安装两个防振锤时，防振锤距各端的安装距离也应不相等。当风速达 1.5m/s 时，无防振锤的电线将产生最大的振幅。故一侧防振锤应安装在其波腹中心。为避免当频率增加一倍或其它整数倍数时，第一个防振锤处于波节点不能充分发挥作用，故第二个防振锤的安装距离应为第一个防振锤安装距离的 0.4～0.6 倍。由于第二个防锤是抑制高一倍以上频率的振动，故其重锤可减轻 1.7 倍、钢丝长度也可减短。

英国安装防振锤也采用不等距安装法（各公司不尽相同），在 PLP 公司的计算规定中，当用式（3-6-1）计算风振频率时，取式中的系数 K = 185，振动上限风速取 6.7m/s。其算式为：

$$s_1 = 0.7\left(\frac{\lambda_m}{2}\right) \approx 1.9\left(\frac{d}{v_M}\sqrt{\frac{T_{av}}{m}}\right) \times 10^{-3}$$

$$\left. \begin{array}{l} s_2 = 0.6\left(\frac{\lambda_m}{2}\right) \approx 1.62\left(\frac{d}{v_M}\sqrt{\frac{T_{av}}{m}}\right) \times 10^{-3} \\[4mm] s_3 = 0.9\left(\frac{\lambda_m}{2}\right) \approx 2.43\left(\frac{d}{v_M}\sqrt{\frac{T_{av}}{m}}\right) \times 10^{-3} \end{array} \right\} (m)$$

$$(3-6-18)$$

上式中 s_1、s_2 与我国常采用的式（3-6-14、3-6-15）不同而 s_3 则接近。

美国电力公司一般安装第一个防振锤时，导线取 $b_1 = 0.75\left(\frac{\lambda_m}{2}\right)$；对地线则取 $0.9\left(\frac{\lambda_m}{2}\right)$（认为是照顾地线振动频率高）。第二只防振锤距线夹回转点的距离比一般更远些（通常为 2.44m），以针对振动的低频部分加以控制。

七、大跨越电线的防振

1. 大跨越工程电线的防振

大跨越的档距长、电线悬挂点高、地形开阔，电线张力大（T/m 值大），致使振动强度严重、振动频率范围变宽、振动持续时间增加，这就要求大跨越电线的振动强度应限制到更低水平（比普通线路振动弯曲应变允许值降低 50% 左右），从而增加了大跨越电线的防振设计的难度，目前对大跨越线路一般均采用护线条、防振锤、阻尼线及阻尼间隔棒（分裂导线用）的混合防振方法。

2. 阻尼线的防振特性

阻尼线一般是用与被防护的电线相同的电线形成"花边"状悬挂在悬挂点两侧电线上，如同多个防振锤联合防振。如图 3-6-11，其型式多样，若选配适当，可获得较宽的频率特性，适用于大跨越档内导、地线的防振。在挪威、意大利、日本及澳大利亚等国使用阻尼线最多最早，我国自 20 世纪 60 年代也开始在大跨越的导、地线上安装防振线。对单装阻尼线的

跨越工程，运行中反映其低频防护效果还不理想，出现过阻尼线最外侧结点（或线夹）处产生电线断股情况。因此，以后又发展采用阻尼线和防振锤的联合保护方式，起到两种消振装置的取长补短作用[3-11]。我国常用的如图 3-6-11 中的（b）型。

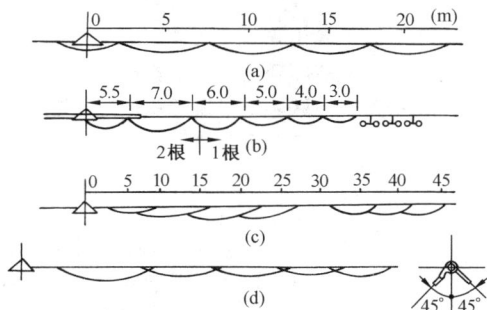

图 3-6-11　不同类型的阻尼线

阻尼线是一个极为复杂的消振体系，迄今为止还没有比较完整的、有系统的设计理论和计算方法，往往通过一些定性分析和试验来确定阻尼线的最佳结构型式。阻尼线是通过各个结点与导线连接，在结点处阻尼线对导线的作用相当于一个防振锤，故要求阻尼线的各结点应尽量设置在振动波形的波腹处，以获得最佳的消振效果。但阻尼线的相邻结点之间又是相互联系的，阻尼线的消振作用又决定于导线振动时，相邻的两个结点能产生最大的相对变位，从而使花边在振动时消耗更多的能量。因此，阻尼线的性能与多个防振锤的情况相似，而相互之间又有联系作用。阻尼线采用的绞线对消振效果有影响，要适当地选择绞线的规格、结构及材料。随着档距长度的增大，要求阻尼线的消耗能量增加及保护的频谱范围扩大，增加阻尼线的总长度、结点数目及改变布置型式，在一定程度上可以适应此项要求。但是增加阻尼线的总长度及结点数目是有限度的，正像防振锤的安装数量也不能无限制地增加一样，这时采用防振锤与阻尼线的联合保护是解决这个问题的方法之一。

3. 阻尼线的设计要点[3-28]

一些运行经验证实效果良好的阻尼线结构类型，往往是用来作为新设计阻尼线的借鉴，并提前在试验室内进行试验和优化，线路建成后的测振将作为防振设计鉴定的依据。

（1）阻尼线各花边长度的确定

阻尼线花边长度变化可分为等长、递减和递增等方式，但对大跨越多花边的（b）型多采用递减型。各花边的长度是根据档距长度、电线直径、风速及振动频谱范围等因素确定的，通常除第一个花边外，其余按等差级数递减，大直径电线振动频谱偏于低频，

花边长度比直径小的地线要相对长些。文献［3-28］中介绍，在长花边内的导线上也可加装防震锤以弥补低频防护的不足。长花边不宜超过4m，短花边可以短至0.5m，防震锤不宜装在阻尼线的外侧，以避免外侧有防震锤时对高频波有较大的反射作用。在确定花边长度时，应以阻尼线的综合保护效果最佳为原则，要求阻尼线的各结点设置在振动波的波腹附近，所布置的各结点能兼顾到全部危险振动频谱范围，不使存在无保护的空白区。阻尼线的总长与档距长成比例地增加，其每端单侧长度约为档距长度的1/80左右。

（2）阻尼线沿长度的变化

阻尼线结点离开悬挂点愈远处、阻尼线所加给导线的质量越轻为宜，以防止在远端形成振动节点而导致断股，为此除按递减设置花边长度外，还可采用绞线规格不同或者用单、双根阻尼线（或用单导线和其剥层轻线）的措施，如在图3-6-11的图（a）中虽采用等长花边，但最外端的花边可选用质量轻的绞线；在图（b）中靠悬点的第1～2花边内采用双根相同规格的绞线；图（c）中外端三个一体的花边采用较轻的绞线等。

（3）邻近悬挂点第一个阻尼线结点的位置

考虑方法有多种，其一是仿效防振锤的安装距离来计算，一般取最小半波长的0.5～0.9倍；其二是按低频最危险振动风速（如1.5～1.7m/s）下的波腹λ/4来计算。

（4）阻尼线花边的弧垂

阻尼线的花边弧垂对阻尼线的自振频率有一些影响，但对消振效果影响不大。因此通常取为花边长度的$\frac{1}{6}$～$\frac{1}{10}$或取0.5～1.0m。

（5）阻尼线结点夹固方式

过去对阻尼线的结点夹固方式多采用与电线外层相同材质的单股线将阻尼线与电线缠绕在一起，运行中发现缠绕点有断股现象。目前多改用导线外面先加预绞丝护线条，后安装带有阻尼橡胶垫的专用阻尼线线夹。

参 考 文 献

［3-1］ 中国建筑科学研究院《建筑结构荷载规范》（GBJ 9—87）建筑结构荷载规范及条文说明宣讲材料，管理组编印，1987.

［3-2］ 国家电力公司华东电力设计院主编 DL/T 5092—1999 110～500kV架空送电线路设计技术规程．中国电力出版社，1999.

［3-3］ 朱瑞兆编著，风压计算的研究，科学出版社，1976.

［3-4］ 邹天晓编，架空送电线路的电线力学计算，水利电力出版社，1987.

［3-5］ 山西电管局设计处编印，输电线路断线张力计算方法，1964.

［3-6］ 程在镕编，覆冰不均匀条件下的最大不平衡张力计算通用曲线，东北电力设计院出版，1973.

［3-7］ 薄通等编，中国电机工程学会1964年输电线路导线，金具学术会议论文选集，中国工业出版社，1966.

［3-8］ IEEE Commitee Report, Limitation on stringing and sagging conductors, IEEE Transactions, PAS-83, NO. 12, 1964.

［3-9］ 薄通著，架空送电线路连续倾斜档距的架线问题，电力技术，1959年第4期.

［3-10］ 薄通编，架空送电线的微风振动——国外资料摘录，500kV输变电技术，总243号，线路027号，500kV输变电专业技术情报网，1978.

［3-11］ 郑玉琪、薄通、潘忠华，徐乃管等合编，架空输电线微风振动，水利电力出版社，1987.

［3-12］ 国际大电网会议报告，架空线路的微风振动，1970年 NO22-11.

［3-13］ 输电线路振动的数学分析，IEEE Transaction, Vol. PAS—88,NO.12,1969.

［3-14］ 输电线路振动的试验室研究，《电气时报》16 March 1972，Vol·161，NO·11.

［3-15］ 在室内试验档距上进行导线振动理论及试验研究，PIEE, Vol·120, June 1965, NO·6.

［3-16］ 潘忠华编，论分裂导线的防振，《电力建设》1986年，第7卷，第9、10期.

［3-17］ （前）苏联电站部中央电工科学研究所编制，架空输电线路导线防振保护导则，1955.

［3-18］ 国际大电网会议第23小组报告，关于导线振动的小组讨论意见，1968年，NO23—00.

［3-19］ 国际大电网会议第22专业小组讨论纪要，1970年 NO22—00.

［3-20］ 架空线路中导线振动疲劳特性，CIGRE·22—69（WG-04）-03，《古河电气》1969年3月.

［3-21］ 国际大电网会议报告，架空线路导线及机械计算研究委员会第六委员会工作报告，1960年，NO223.

［3-22］　Poffenberger, J. C；Swart, R. L：Differential displacement and dynamic conductor strain, IEEE Transaction Paper, Vol. PAS—84, 1965, S. 281.

［3-23］　国际大电网会议报告,苏联架空线路导线的振动及防振措施,1968 年,NO23-06.

［3-24］　程应镗、朱黎云编,FR 防振锤安装导则（参考）,南京线路器材厂,1992.

［3-25］　［苏］A. C. 泽利琴科,Б. И. 斯米尔诺夫著,超高压架空线路机械部分设计,李广泽等译,水利电力出版社,1986.

［3-26］　［苏］Г. H. 亚历山大罗夫等著,超高压送电线路的设计,翁之盛、倪宗德、张洞明、马绍驳、汤伯兰、孙鼎等译,水利电力出版社,1987.

［3-27］　美国能源部规划文件,超、特高压架空输电线路电气与机械设计规范,1980 DOE／RA12133-10,武汉高压研究所译载于 HVT 高电压技术译文,1984 年第 4 期(总第十四期).

［3-28］　徐乃管、王景朝编,500kV 线路大跨越分裂导线防振试验研究,《电力建设》,1994 年 NO-11.

第四章

对通信线路的影响及其保护

第一节 概　　述

送电线路对通信线路的危害影响来源于送电线路的电压和电流所建立的电场和磁场和入地电流产生的地电位升。其影响从类别分有危险影响和干扰影响。从性质分有电流产生的磁影响（或称感性耦合影响）、电压产生的电影响（或称容性耦合影响）和入地电流产生的地电位升影响（或称阻性耦合影响）。

本章编制范围是三相对称送电线路对通信线路的影响计算方法及保护设计（侧重中性点直接接地系统三相送电线路）。

与本章有关的设计规范有：

原水利电力部、铁道部、邮电部、通信兵部1961年3月颁发的《防止和解决电力线路对通信信号线路危险和干扰影响的原则协议》见参考文献[4-1]（以下简称《四部协议》）、国际电报电话咨询委员会（CCITT）提出的《关于电力线路对电信线路危害影响保护导则》见参考文献[4-2]（以下简称《导则》）、GB 6830—86《电信线路遭受强电线路危险影响的允许值》见参考文献[4-3]、DL 5033—94《送电线路对电信线路危险影响设计规程》见参考文献[4-4]、DL/T 5063—1996《送电线路对电信线路干扰影响设计规程》见参考文献[4-5]。

本章所用的主要术语及其说明

（1）中性点不直接接地系统：发电机或变压器的中性点不接地或经消弧线圈、高阻抗接地的系统，称为中性点不直接接地系统。

（2）中性点直接接地系统：发电机或变压器的中性点直接或经小阻抗接地的系统，称为中性点直接接地系统。

（3）危险影响：通信线路遭受送电线路感应而产生的电压和电流，足以危害通信线路运行和维护人员的生命安全；损坏线路、机器和仪器，引起房屋的火灾，以及引起铁路信号设备的误动作等影响，称为危险影响。

（4）干扰影响：通信线路遭受送电线路感应而产生的电压和电流足以引起破坏通信装置的正常运行，即在电话回路中引起杂音，降低传输质量，使电报信号失真等影响，称为干扰影响。

（5）接近距离和代数接近距离：在通信线路中心线上任一点引伸到送电线路中心线并与送电线路方

向垂直的距离，称为该点的送电线和通信线的接近距离如图4-1-1中的 a 值。代数接近距离为假定送电线路一侧的接近距离定为正值时，则另一侧为负值；带有正负符号的接近距离，称为两线路间在某一点上的代数距离。

（6）平行接近和斜接近：两线路接近的距离变化不超过其算术平均值的5%时，称为平行接近；接近距离有均匀的增加或减少时，称为斜接近，如图4-1-1（a）、（b）所示。

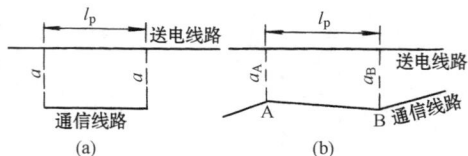

图4-1-1　送电线路与通信线路的接近
（a）平行接近；（b）斜接近

（7）斜接近段的等值接近距离：斜接近段两端接近距离的几何平均值，称为斜接近段的等值接近距离（a）。在计算时，每个斜接近段两端距离的比值应满足 $\frac{1}{3} \leqslant a_A/a_B \leqslant 3$，否则应划分若干线段，$a = \pm \sqrt{a_A a_B}$。

（8）接近段长度：通信线路接近段在送电线路上的投影称为接近段长度（l_p），如图4-1-1所示。

（9）交叉跨越：送电线路由通信线路的一边跨越至另一边时，称为交叉跨越。

（10）磁感应纵电动势：送电线路上的电流在通信线路上任意两点间感应的电位差，称为磁感应纵电动势，简称纵电动势。

（11）磁感应对地电压：送电线路上的电流在通信线路上感应的任意一点对地电位，称为磁感应对地电压，简称对地电压。

（12）电感应人体电流：当人体触及位于送电线路高压电场内对地绝缘的通信导线时，由电感应引起的流经人体的电流，称为电感应人体电流。

（13）地电位升：电力网故障电流经发电厂、变电所接地网或送电线路杆塔接地装置流入大地时，使该区域内地电位升高，电缆金属护套与芯线间、无金属护套电缆的芯线与远处接地间所形成的电位差以及电信局（站）接地装置上的电位升高，统称为地电位升。

第二节　危险影响计算

中性点直接接地系统的三相对称送电线路发生单相接地短路时，以及中性点不直接接地系统的三相对称送电线路两相在不同地点同时接地短路时，送电线路中的不平衡电流急剧增加。由不平衡电流对通信线产生的磁影响（感性耦合影响），通常是以通信线路上感应的纵电动势和对地电压来衡量。实际做法是首先计算纵电动势，当纵电动势超过允许标准时，再通过对地电压计算来确定通信线路是否存在危险影响。另外某些通信线路由于技术或运行上的要求，通信回路一点（或多点）接地或经设备元件接地，对于这样的通信线路要进行对地电压计算。

中性点不直接接地系统的三相对称送电线路发生单相接地故障时，送电线路对地不平衡电压对通信线路产生的电影响（容性耦合影响）是以通过人体的静电感应电流来衡量。对于有金属外皮接地的电缆通信线路，可不考虑容性耦合影响。

入地电流产生的地电位升（阻性耦合影响）是以地电位差来衡量。

本节提出了送电线路对架空和电缆通信线路（含铁路闭塞信号线）的磁感应纵电动势、磁感应对地电压、互感系数、电感应人体电流和地电位的简化计算公式和有关曲线、图表。

一、磁危险影响

（一）架空明线通信线路和长度小于 40km 的电缆通信线路磁感应纵电动势和对地电压

1. 纵电动势计算式

通常通信线路与送电线路不可能是单一的平行接近、斜接近或交叉，而是接近距离呈曲折变化的复杂接近，如图 4-2-1 所示。这时可将整个线路分成若干个平行、斜接近和交叉的等效接近段来代替各段线路，这样由影响电流在通信线路导线上感应产生的纵电动势为每个接近段上感应纵电动势的代数和，其计算式为

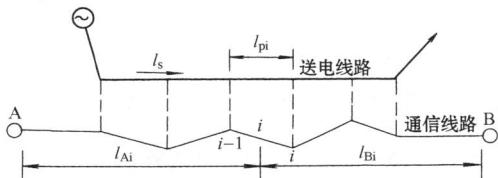

图 4-2-1　送电线与通信线相对位置图

$$E = \sum_{i=1}^{n} \omega M_i l_{pi} I_{si} K_{mi}, V \qquad (4-2-1)$$

式中　$\omega = 2\pi f$——影响电流角频率，rad/s，$f=50Hz$；
I_{si}——第 i 段的影响电流，A；
l_{pi}——第 i 接近段长度，km；
K_{mi}——第 i 段综合磁屏蔽系数，各种屏蔽体的屏蔽系数和综合屏蔽系数的计算方法见本章第四节；
M_i——第 i 段送电线路和通信线路之间在 50Hz 时的互感系数，H/km。

对称的三相送电线路发生不对称短路时的故障电流（即影响电流），是指送电线路各相导线中电流的相量和，它是一个不平衡电流，在数值上等于沿着送电线路对应段的地中电流，其计算方法见本章第八节。《四部协议》规定：对于一般通信线路，取短路开始时电流交流分量的 70% 作为影响电流；对于电缆线路和铁路半自动闭塞装置信号线路，则取 85%。

2. 对地电压计算式

（1）通信线路一端接地一端绝缘，在图 4-2-1 图中，当 A 端接地时，B 端对地电压 U_B 等于磁感应纵电动势 E，其计算见式（4-2-1）。

（2）通信线路两端绝缘，如图 4-2-1 所示，由影响电流在通信线路上感应产生的两端对地电压等于各个接近段分别在两端产生的对地电压的代数和，其计算式为

$$U_A = \sum_{i=1}^{n} \omega M_i l_{pi} I_{si} K_{mi} \frac{l_{Bi}}{l_s}, V \qquad (4-2-2)$$

$$U_B = \sum_{i=1}^{n} \omega M_i l_{pi} I_{si} K_{mi} \frac{l_{Ai}}{l_s}, V \qquad (4-2-3)$$

上二式中　l_{Ai}——第 i 接近段中点至 A 端通信线路长度，km；
l_{Bi}——第 i 接近段中点至 B 端通信线路长度，km；
l_s——A 端至 B 端间通信线路的长度，km；

其它符号含义与式（4-2-1）相同。

通信线路沿线各点对地电压为

$$U_i = U_{i-1} - E_i, V \qquad (4-2-4)$$

式中　U_{i-1}——通信线路上第 $i-1$ 点的磁感应对地电压，V；
E_i——通信线路第 i 接近段上的磁感应纵电动势，V。

（3）通信线路两端接地，当两侧电信终端局避雷器动作及单线电话、单线电报等情况时，两接地地点间通信导线对地电压的计算见本章第五节式（4-5-1）～（4-5-5）。

（二）长度大于 40km 的电缆通信线路磁感应纵电动势和对地电压

（1）如图 4-2-1 所示，当 B 端电缆芯线接地时，A 端对地电压为

$$U_A = \sum_{i=1}^{n} 2\omega M_i I_{si} K_{mi} \text{sh} \frac{\gamma l_{pi}}{2}$$

$$\times \frac{\text{ch} \gamma l_{Bi}}{\gamma \text{ch} \gamma l_s}, \text{V} \qquad (4\text{-}2\text{-}5)$$

式中　γ——电缆单线回路在 50Hz 时的传播常数 $1/\text{km}$，$\gamma = \beta + \alpha$，常用数据列于表 4-2-1 中；

其它符号含义与式（4-2-1）、式（4-2-2）、式（4-2-3）相同。

当 $\frac{\gamma l_{pi}}{2} \ll 1$ 时，$\text{sh} \frac{\gamma l_{pi}}{2} \approx \frac{\gamma l_{pi}}{2}$，于是式（4-2-5）可以写成

$$U_A = \sum_{i=1}^{n} \omega M_i l_{pi} I_{si} K_{mi} \frac{\text{ch} \gamma l_{Bi}}{\text{ch} \gamma l_s}, \text{V} \qquad (4\text{-}2\text{-}6)$$

表 4-2-1　电缆单线回路在 50Hz 时传播常数

芯线直径（mm）	衰减常数 β（Np/km）	相移常数 α（rad/km）
1.05	0.0111	0.0113
1.2	0.00925	0.0095
1.4	0.0105	0.0107

注　1Np = 8.686dB。

（2）如图 4-2-1，当电缆芯线两端对地绝缘时，端点 A、B 对地电压为

$$U_A = \sum_{i=1}^{n} 2\omega M_i I_{si} K_{mi} \text{sh} \frac{\gamma l_{pi}}{2}$$

$$\times \frac{\text{sh} \gamma l_{Bi}}{\gamma \text{sh} \gamma l_s}, \text{V} \qquad (4\text{-}2\text{-}7)$$

$$U_B = -\sum_{i=1}^{n} 2\omega M_i I_{si} K_{mi} \text{sh} \frac{\gamma l_{pi}}{2}$$

$$\times \frac{\text{sh} \gamma l_{Ai}}{\gamma \text{sh} \gamma l_s}, \text{V} \qquad (4\text{-}2\text{-}8)$$

上二式中符号含义与式（4-2-2）、式（4-2-3）、式（4-2-5）相同。当 $\frac{\gamma l_{pi}}{2} \ll 1$ 时 $\text{sh} \frac{\gamma l_{pi}}{2} \approx \frac{\gamma l_{pi}}{2}$，于是式（4-2-7）、式（4-2-8）可以写成

$$U_A = \sum_{i=1}^{n} \omega M_i l_{pi} I_{si} K_{mi} \frac{\text{sh} \gamma l_{Bi}}{\text{sh} \gamma l_s}, \text{V} \qquad (4\text{-}2\text{-}9)$$

$$U_B = -\sum_{i=1}^{n} \omega M_i l_{pi} I_{si} K_{mi} \frac{\text{sh} l_{Ai}}{\text{sh} \gamma l_s}, \text{V} \qquad (4\text{-}2\text{-}10)$$

（3）在图 4-2-1 中，当电缆芯线两端对地绝缘时，两端点间感应纵电动势为

$$E = U_A - U_B = \sum_{i=1}^{n} 2\omega M_i I_{si} K_{mi} \text{sh} \frac{\gamma l_{pi}}{2}$$

$$\times \frac{\text{sh} \gamma l_{Bi} + \text{sh} \gamma l_{Ai}}{\gamma \text{sh} \gamma l_s}, \text{V} \qquad (4\text{-}2\text{-}11)$$

式中符号含义与式（4-2-2）、式（4-2-3）和式（4-2-5）相同。于是当 $\frac{\gamma l_{pi}}{2} \ll 1$ 时，$\text{sh} \frac{\gamma l_{pi}}{2} \approx \frac{\gamma l_{pi}}{2}$，式（4-2-11）可以写成

$$E = \sum_{i=1}^{n} \omega M_i l_{pi} I_{si} K_{mi}$$

$$\times \frac{\text{sh} \gamma l_{Bi} + \text{sh} \gamma l_{Ai}}{\text{sh} \gamma l_s}, \text{V} \qquad (4\text{-}2\text{-}12)$$

（4）当送电线路与电缆通信线路完全平行接近，电缆长度等于接近段长度（$l_s = l_p = l$）时，式（4-2-5）、式（4-2-11）经整理后可得：

1）电缆芯线 B 端接地，A 端对地电压

$$U_A = \omega M l I_s K_m \frac{\text{th} \gamma l}{\gamma l}, \text{V} \qquad (4\text{-}2\text{-}13)$$

2）电缆芯线两端对地绝缘，两端点间感应纵电动势或对地电压

$$E = 2 |U_A| = \omega M l I_s K_m \frac{\text{th} \dfrac{\gamma l}{2}}{\dfrac{\gamma l}{2}}, \text{V} \qquad (4\text{-}2\text{-}14)$$

式中符号含义与式（4-2-1）、式（4-2-5）相同，令 $\frac{\text{th} \gamma l}{\gamma l} = K_\beta$，简称衰减系数，常用电缆 K_β 的计算值见图 4-2-2。

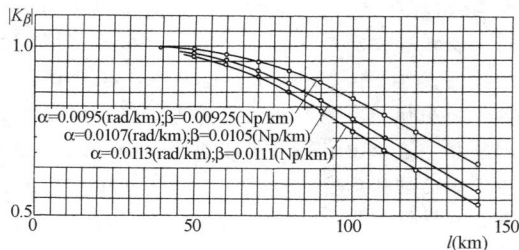

图 4-2-2　电缆衰减系数计算曲线

（三）铁道自动闭塞区间轨道电路钢轨磁感应纵电动势

送电线路对轨道电路感应电压的计算方法与对电缆通信线路的计算方法相同，根据式（4-2-14），其磁感应纵电动势的具体计算公式如下：

$$E_r = 2\frac{\omega M I_s}{\gamma_r}\mathrm{th}\frac{\gamma_r l}{2}, \mathrm{V} \qquad (4\text{-}2\text{-}15)$$

式中 γ_r——钢轨大地传播常数，$\gamma_r = \sqrt{Z_r G_r}$，$1/\mathrm{m}$。

$\quad\quad l$——自动闭塞轨道电路长度，km。

$\quad\quad Z_r$——钢轨大地回路全阻抗，无实测数据时可采用以下数值：

$\quad\quad\quad$ 如为塞钉式接续采用：$1\angle 46°$，Ω/km。

$\quad\quad\quad$ 如为焊接式接续采用：$0.8\angle 60°$，Ω/km。

$\quad\quad G_r$——钢轨对地电导，如无实测数据时可采用 $0.5\mathrm{s/km}$。

（四）互感系数

1. 无限长线路间的互感系数

两无限长平行接近线路间互感系数可按式（4-2-16）～式（4-2-21）计算

当 $X \leqslant 6$ 时

$$\begin{aligned}\mathrm{Re}M_0(X) &= 123.36 - 1.69X + 23.937X^2 - 4.9614X^3 \\ &\quad + 0.44212X^4 - 0.01526X^5 + 0.001215e^X \\ &\quad - 200\ln X, \mu\mathrm{H/km} \qquad (4\text{-}2\text{-}16)\end{aligned}$$

$$\begin{aligned}\mathrm{Im}M_0(X) &= -339 + 193.67X - 49.77X^2 + 6.979X^3 \\ &\quad - 0.5243X^4 + 0.01672X^5 \\ &\quad + 180.42e^{-X} - 0.00146e^X \\ &\quad - 0.274\ln X, \mu\mathrm{H/km} \qquad (4\text{-}2\text{-}17)\end{aligned}$$

$$\begin{aligned}|M_0(X)| &= 142.5 + 45.96X - 1.413X^2 \\ &\quad - 198.4\ln X, \mu\mathrm{H/km} \qquad (4\text{-}2\text{-}18)\end{aligned}$$

当 $X > 6$ 时

$$\mathrm{Re}M_0(X) = -23.21e^{-0.7X}, \mu\mathrm{H/km} \quad (4\text{-}2\text{-}19)$$

$$\mathrm{Im}M_0(X) = -400X^{-2}, \mu\mathrm{H/km} \qquad (4\text{-}2\text{-}20)$$

$$|M_0(X)| = 400X^{-2}, \mu\mathrm{H/km} \qquad (4\text{-}2\text{-}21)$$

$$X = \alpha a, \alpha = \sqrt{\mu_0 \sigma\omega}, 1/\mathrm{m} \qquad (4\text{-}2\text{-}22)$$

式中   Re——复数实部（Real Part）符号；

$\quad\quad$ Im——复数虚部（Imaginary Part）符号；

$\quad\quad X$——计算参数（无量纲）；

$\quad\quad a$——送电线路与通信线路的平行接近距离或等值接近距离，m；

$\quad\quad \sigma$——50Hz 大地电导率，$\mathrm{S/m}$；

$\quad\quad \alpha$——计算参数，$1/\mathrm{m}$；

$\quad\quad \mu_0$——真空磁导率，$\mu_0 = 4\pi \times 10^{-7}\mathrm{H/m}$；

$\quad\quad \omega$——影响电流角频率，$\mathrm{rad/s}$，$\omega = 2\pi f$，$f = 50\mathrm{Hz}$。

两无限长线路斜接近及交叉时，如图 4-2-3 所示，互感系数可按式（4-2-23）或式（4-2-28）计算

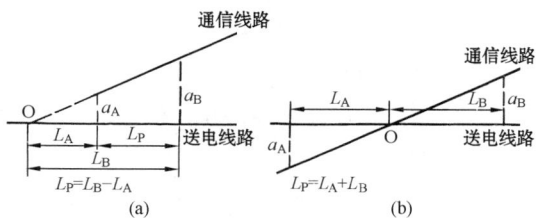

图 4-2-3 送电线路与通信线路斜接近或交叉相对位置图

当按复数计算 $M_0(X)$ 时

$$\left[M_0(X)\right]_{X_A}^{X_B} = \frac{T(X_B) \mp T(X_A)}{X_B \mp X_A} \quad (4\text{-}2\text{-}23)$$

式中 $T(X) = \int_0^X M_0(X)\mathrm{d}x$，$X_A = \alpha a_A$，$X_B = \alpha a_B$。

当通信线路在送电线路一侧斜接近时，使用"－"号；当通信线路与送电线路交叉时，使用"＋"号，分别用 $T(X)$ 的实部或虚部按式（4-2-22）计算 $M_0(X)$ 的实部或虚部。

当电信线路在送电线路一侧且斜接近的角度很小，即 $\alpha a_A \approx \alpha a_B$ 时，式（4-2-22）的数值不定，此时可按 $\alpha a = \dfrac{\alpha a_A + \alpha a_B}{2}$ 并按平行接近计算互感系数。

$T(X)$ 的多项式计算公式：

当 $X \leqslant 6$ 时

$$\begin{aligned}\mathrm{Re}T(X) &= 323.36X - 0.845X^2 + 7.979X^3 - 1.2404X^4 \\ &\quad + 0.0884X^5 - 0.00254X^6 - 200X\ln X \\ &\quad + 0.001215e^X, \mu\mathrm{H/km} \qquad (4\text{-}2\text{-}24)\end{aligned}$$

$$\begin{aligned}\mathrm{Im}T(X) &= 180.42 - 338.73X + 96.84X^2 - 16.59X^3 \\ &\quad + 1.745X^4 - 0.105X^5 + 0.00279X^6 \\ &\quad - 180.42e^{-X} - 0.00146e^X \\ &\quad - 0.274X\ln X, \mu\mathrm{H/km} \qquad (4\text{-}2\text{-}25)\end{aligned}$$

当 $X > 6$ 时

$$\mathrm{Re}T(X) = 444.218 + 33.157e^{-0.7X}, (\mu\mathrm{H/km}) \qquad (4\text{-}2\text{-}26)$$

$$\mathrm{Im}T(X) = -444.29 + 400X^{-1}, \mu\mathrm{H/km} \qquad (4\text{-}2\text{-}27)$$

当按模值计算 $M_0(X)$ 时

$$\left.\begin{aligned}\left[|M_0(X)|\right]_{X_A}^{X_B} &= \frac{S(X_B) \mp S(X_A)}{X_B \mp X_A} \\ S(X) &= \int_0^X |M_0(X)|\mathrm{d}X\end{aligned}\right\} (4\text{-}2\text{-}28)$$

式中正、负符号等的使用同式（4-2-23）。

$S(X)$ 的多项式计算公式：

当 $X \leqslant 6$ 时

$$S(X) = 340.9X + 22.98X^2 - 0.471X^3$$
$$- 198.4X\ln X, \mu H/km \qquad (4-2-29)$$

当 $X > 6$ 时

$$S(X) = 701.69 - 400X^{-1}, \mu H/km \qquad (4-2-30)$$

式（4-2-16）～式（4-2-21）中，当 X 较大时，互感系数实部远小于虚部，此时互感系数主要取决于虚部分量（电感分量）。因此，即使实部分量的相对误差较大，对感性耦合计算的影响也不大。当 $X > 10$ 时互感系数实部可简化取零值。

一般情况互感系数可利用查诺模图的方法确定。图 4-2-4、图 4-2-5 为 $f = 50Hz$ 时互感阻抗图，图中给出了平行段和交叉段互感阻抗列线。对于斜接近段，当 $\dfrac{a_B}{a_A}$ 的比值在 $\dfrac{1}{3}$ 与 3 之间时，可采用等值接近距离 a，再利用平行段阻抗列线计算。

2. 有限长线路间的互感系数

如图 4-2-6 所示，两有限长平行接近线路间互感系数的计算式如下：

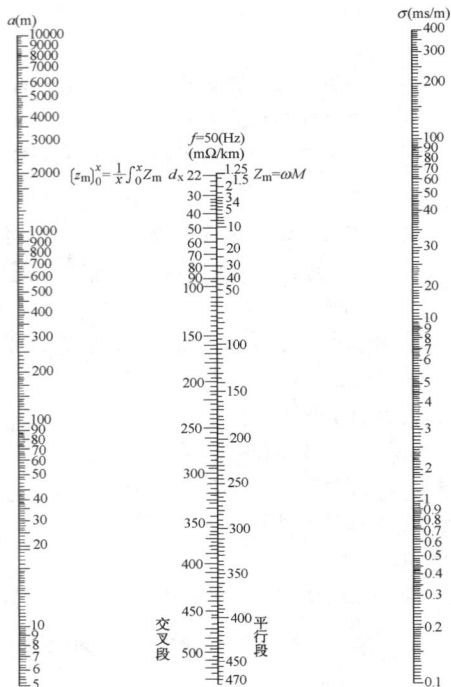

图 4-2-4　$f = 50Hz$ 互感阻抗诺模图

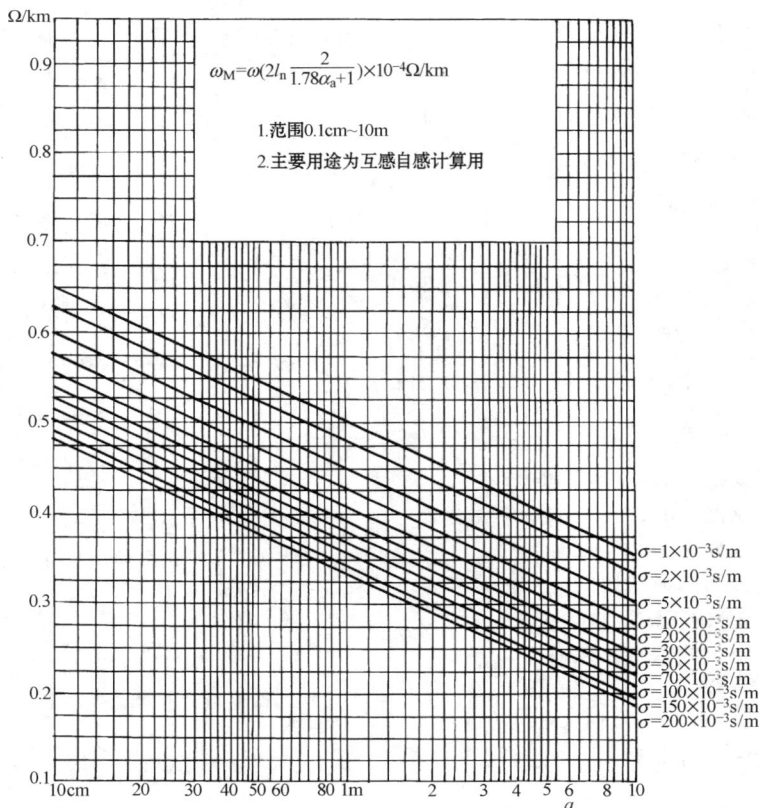

$$\omega M = \omega(2l_n \frac{2}{1.78a_a + 1}) \times 10^{-4}\Omega/km$$

1.范围0.1cm~10m

2.主要用途为互感自感计算用

$\sigma = 1 \times 10^{-3} s/m$
$\sigma = 2 \times 10^{-3} s/m$
$\sigma = 5 \times 10^{-3} s/m$
$\sigma = 10 \times 10^{-3} s/m$
$\sigma = 20 \times 10^{-3} s/m$
$\sigma = 30 \times 10^{-3} s/m$
$\sigma = 50 \times 10^{-3} s/m$
$\sigma = 70 \times 10^{-3} s/m$
$\sigma = 100 \times 10^{-3} s/m$
$\sigma = 150 \times 10^{-3} s/m$
$\sigma = 200 \times 10^{-3} s/m$

图 4-2-5　$f = 50Hz$ 互感阻抗曲线

$$M_{AB,CD} = M(\alpha a) + \frac{1}{\alpha L_P}[F(\alpha L_{DA}, \alpha a)$$
$$+ F(\alpha L_{CB}, \alpha a) - F(\alpha L_{CA}, \alpha a)$$
$$- F(\alpha L_{DB}, \alpha a)], \mu H/km \qquad (4-2-31)$$

式中　　　　　$M(\alpha a)$——无限长接近段互感系数，
$\mu H/km$；

$F(\alpha L, \alpha a)$——校正系数，$\mu H/km$，见
表 4-2-2；

$L_{AC}、L_{AD}、L_{BC}、L_{BD}$——图 4-2-6 所示的长度，
km；

L_P——接近段长度，km；

α 分别与 a 或 L 单位一致。

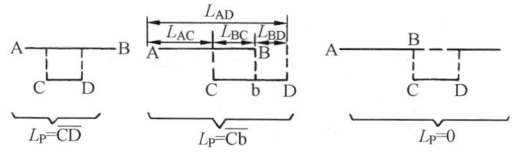

图 4-2-6　两有限长线路相对位置图

两线路间的互感系数，在大地电导率大的地区或
两线路接近距离较大时，按无限长线路或有限长线路
考虑其计算结果相差不多，一般在大地电导率小的地
区考虑互感有限长校正系数。

表 4-2-2　　　　　　　　　　　　校正系数 $F(\alpha L、\alpha a)$ 表（$\mu H/km$）

αa \\ αL	0	0.1	0.2	0.3	0.4	0.6	0.8	1.0	1.2
0.001	141 – j141	109 – j134	90 – j127	76 – j120	64 – j114	47 – j102	35 – j92	26 – j83	19 – j75
0.01	140 – j141	109 – j134	90 – j127	76 – j120	64 – j114	47 – j102	35 – j92	26 – j83	19 – j75
0.1	131 – j141	107 – j134	89 – j127	75 – j120	63 – j114	46 – j102	35 – j92	26 – j83	19 – j75
0.2	122 – j140	102 – j133	86 – j126	73 – j119	62 – j113	46 – j101	34 – j91	25 – j82	19 – j74
0.4	105 – j137	90 – j130	78 – j123	67 – j117	58 – j111	44 – j100	32 – j90	24 – j81	18 – j74
0.6	90 – j134	79 – j128	69 – j121	60 – j115	52 – j109	40 – j98	30 – j88	23 – j80	17 – j73
1.0	64 – j125	57 – j119	51 – j113	45 – j108	40 – j103	31 – j93	24 – j84	19 – j77	14 – j70
1.5	40 – j111	36 – j106	33 – j101	29 – j96	26 – j93	21 – j84	17 – j76	13 – j70	10 – j64
2	24 – j96	22 – j92	20 – j88	18 – j84	16 – j81	13 – j75	11 – j69	8 – j63	6 – j59
2.5	13 – j83	12 – j80	11 – j77	10 – j74	9 – j71	7 – j66	5 – j61	5 – j57	4 – j53
3	7 – j71	6 – j68	5 – j66	5 – j64	4 – j62	4 – j58	3 – j54	2 – j51	1 – j48
3.5	3 – j62	3 – j60	2 – j58	2 – j56	2 – j54	1 – j51	1 – j48	1 – j45	0 – j43
4	1 – j53	1 – j50	0 – j50	0 – j48	0 – j47	0 – j45	0 – j43	0 – j40	0 – j38
5	0 – j41	0 – j40	– j39	– j38	– j38	– j36	– j35	– j33	– j32
6	– j34	– j33	– j33	– j32	– j32	– j31	– j30	– j28	– j27
7	– j29	– j28	– j28	– j27	– j27	– j26	– j25	– j24	– j24
8	– j25	– j24	– j24	– j23	– j23	– j23	– j22	– j22	– j21
9	– j22	– j22	– j21	– j21	– j21	– j20	– j20	– j19	– j19
10	– j20	– j20	– j19	– j19	– j19	– j19	– j18	– j18	– j18

αa \\ αL	1.6	2.0	2.5	3	3.5	4	5	6	7	8	9	10
0.001	11 – j62	6 – j51	3 – j41	1 – j34	0 – j29	– j25	– j20	– j17	– j14	– j12	– j11	– j10
0.01	11 – j62	6 – j51	3 – j41	1 – j34	– j29	– j25	– j20	– j17	– j14	– j12	– j11	– j10
0.1	11 – j61	6 – j51	3 – j41	1 – j34	– j29	– j25	– j20	– j17	– j14	– j12	– j11	– j10
0.2	10 – j61	5 – j51	3 – j41	1 – j34	– j29	– j25	– j20	– j17	– j14	– j12	– j11	– j10
0.4	10 – j61	5 – j51	2 – j41	1 – j34	– j29	– j25	– j20	– j17	– j14	– j12	– j11	– j10
0.6	9 – j60	5 – j50	2 – j41	1 – j34	– j29	– j25	– j20	– j17	– j14	– j12	– j11	– j10
1.0	8 – j58	4 – j49	2 – j40	1 – j34	– j29	– j25	– j20	– j17	– j14	– j12	– j11	– j10
1.5	6 – j54	3 – j46	1 – j38	1 – j33	– j28	– j24	– j20	– j17	– j14	– j12	– j11	– j10
2	4 – j50	2 – j43	1 – j36	0 – j31	– j27	– j24	– j19	– j16	– j14	– j12	– j11	– j10
2.5	2 – j46	1 – j40	0 – j34	– j30	– j26	– j23	– j19	– j16	– j14	– j11	– j11	– j10
3	1 – j42	0 – j37	– j32	– j28	– j25	– j22	– j18	– j16	– j14	– j11	– j11	– j10
3.5	0 – j38	– j34	– j30	– j27	– j24	– j22	– j15	– j15	– j12	– j11	– j11	– j10
4	– j35	– j31	– j28	– j25	– j23	– j21	– j17	– j15	– j14	– j11	– j11	– j10
5	– j29	– j27	– j24	– j22	– j20	– j19	– j16	– j14	– j13	– j11	– j11	– j10
6	– j25	– j24	– j22	– j20	– j19	– j18	– j15	– j13	– j11	– j10	– j9	– j9
7	– j22	– j21	– j20	– j19	– j18	– j17	– j15	– j13	– j12	– j11	– j10	– j9
8	– j20	– j19	– j18	– j17	– j17	– j16	– j14	– j12	– j11	– j10	– j9	– j9
9	– j18	– j18	– j17	– j16	– j15	– j14	– j13	– j12	– j11	– j10	– j9	– j8
10	– j17	– j17	– j16	– j15	– j14	– j13	– j12	– j11	– j10	– j10	– j9	– j8

二、电危险影响

中性点不直接接地系统三相对称送电线路发生单相接地故障时，对架空明线通信线路产生电影响，当人接触对地绝缘通信导线时，流经人体的电感应电流按以下各式进行计算。

（一）判别式

送电线路与通信线路的全部接近长度 l_p 中，若接近距离全部大于下列计算值时，容性耦合危险影响可忽略不计当频率为 50Hz 时：

$$a = \frac{1}{12}\sqrt{U_r l_p}, \text{m} \qquad (4\text{-}2\text{-}32)$$

式中　U_r——送电线路的额定电压，V。

（二）电感应人体电流计算式

当送电线路与通信线路间的距离不能全部大于按式（4-2-32）计算的 a 值时，就应计算通信线路上由电感应产生的对地放电电流，但可不必计算两线路之间的距离大于 $a = \frac{1}{4}\sqrt{U_r l_p}$ 的那些接近段。

1. 平行接近

$$I'_b = \frac{m_1}{m_1+n+2}\omega U_r g_r n(a) \\ \times l_T p q_1 q_2 \times 10^{-5}, \text{mA} \qquad (4\text{-}2\text{-}33)$$

式中　m_1——人体接触对地绝缘的通信回路导线数（如双线回路 $m_1=2$，双幻回路 $m_1=4$）；

n——通信线路接地导线数（系指单线电话、单线电报和幻象电报等）；

ω——送电线路基波电压角频率，rad/s；

U_r——送电线路的额定线电压，V；

g_r——送电线路结构系数，一般情况取 $g_r = \frac{3}{11}$；

$n(a)$——单位长度静电耦合系数，$n(a)$ 表示式见表 4-3-6；

l_T——接近段内通信线路长度，km；

p——送电线路避雷线的静电屏蔽系数，一般取 0.75；

q_1、q_2——分别为距送电线路、通信线路在 3m 以内有一行连续不断树木的电屏蔽系数，数值为 0.7。

2. 从 A 点到 B 点斜接近或交叉段

$$I''_b = \frac{m_1}{m_1+n+2}\omega U_r g_r [n(a)]_A^B \\ \times l_T p q_1 q_2 \times 10^{-5}, \text{mA} \qquad (4\text{-}2\text{-}34)$$

而　　$$[n(a)]_A^B = \frac{N(a_B)-N(a_A)}{a_B-a_A}$$

式中　$[n(a)]_A^B$——是 A 点到 B 点接近段单位长度的静电耦合系数 $n(a)$ 的平均值，$N(a)$ 的表示式见表 4-3-7；

其它符号含义与式（4-2-33）同。

在斜接近情况下，若 $\frac{a_B}{a_A}$ 的比值是在 $\frac{1}{3}$ 与 3 之间，可设平均值 $[n(a)]_A^B$ 为接近距离 $a = \pm\sqrt{a_B a_A}$ 的平行情况下的 $n(a)$ 值。

3. 复杂接近

$$I_b = \Sigma I'_b + \Sigma I''_b, \text{mA} \qquad (4\text{-}2\text{-}35)$$

式中 I'_b、I''_b 计算式见式（4-2-33）、式（4-2-34）。

三、地电位升

送电线路发生接地故障时，不平衡电流通过接地点流入大地，由于接地回路存在电阻，因此使大地上各点产生电位差，有时这个电位差可高达数千伏，它主要集中在电流入地点附近，一般为 200～300m 范围内，较远的距离所占分量较小，可以忽略。

接地装置的电位升和大地电位分布与流入接地装置的电流大小、接地装置型式和大地电阻率有关。接地装置附近某一点的电位 U_p 可根据以下公式进行计算。

大型接地装置——发电厂和变电所的接地装置[如图 4-2-7（a）所示]，附近 P 点电位：

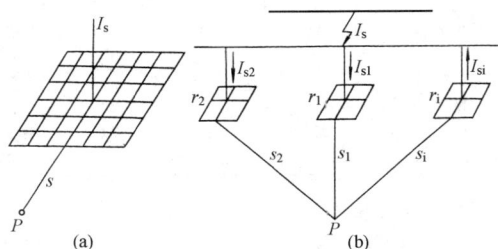

图 4-2-7　地电位计算说明图

（a）发电厂、变电所及无地线杆塔接地装置；（b）有地线的杆塔接地装置

$$U_p = \frac{I_s \rho}{2\pi r}\sin^{-1}\frac{r}{r+s}, \text{V} \qquad (4\text{-}2\text{-}36)$$

小型接地装置——杆塔接地装置：

$$U_p = \frac{I_s \rho}{2\pi r}\times\frac{r}{s}, \text{V} \qquad (4\text{-}2\text{-}37)$$

上二式中　I_s——经接地装置流入地中的电流，A；

ρ——大地电阻率，$\Omega\cdot$m；

r——接地装置计算半径，m；

s——自接地装置边缘至计算点 P 的距离，m。

对于有架空地线的送电线路，考虑到接地短路电流经地线从多基杆塔的接地装置流入大地，如图4-2-7（b）所示，P点电位应同时考虑多个接地装置电位升的影响，则U_p按下式计算：

$$U_p = \sum_{i=1}^{n} \frac{I_{si}\rho}{2\pi r_i} \times \frac{r_i}{r_i + s_i}, V \qquad (4\text{-}2\text{-}38)$$

式中符号含义与式（4-2-36）同，但指的是第i基杆塔的数值。

式（4-2-36）是以圆板电极推算出来的，式（4-2-37）是以半球形电极推算出来的。在实际工程中这两种电极很少有，可认为发电厂、变电所接地装置面积大，近似于圆板电极；杆塔接地装置面积小，近似于半圆球电极。

对于人身和设备构成危险影响的是电位差，既然能求得大地上任一点电位，那么任何两点电位之间的差值就是电位差。

四、计算中注意的问题

在计算纵电动势时，应根据通信线路的具体情况，确定每个电路电气连接段的起止点，算出电路任意两点间感应纵电动势最大值。一般可选择送电线路对应计算区段两端的地点短路，此时$\Sigma\omega Ml_p$为计算区段的全互感阻抗，所得的感应电势较大。但如通信线路和送电线路接近、交叉情况复杂，使互感阻抗集中在接近段内某一局部，或在通信电路上有正、负不同的感应电动势出现以及对应计算区段送电线路的影响电流变化率较大时，则应在送电线路中间再选取几个短路点进行计算，以求得通信电路上感应的最大纵电动势值。

现以第九节计算实例对以上问题做如下具体说明：

该例送电线路与通信线路平行接近、交叉跨越和回线运用情况等如图4-9-1所示，图中注明了大地电导率的分段和采用数值。

为进行送电线路与通信线路之间互感阻抗计算，全线共划分15个区段，其中⑩、⑪、⑭和⑮为交叉段，①和⑤段为平行接近段，其余各段为斜接近段。由于$\frac{Ee}{Cc}$的比值大于3，所以增加Dd分段线。由于F点是大地电导率的分界点，出于计算上的考虑而补加了Ff分段线。g点是分线杆，某些电路在此处进入乙站终断，为了便于各通信电路的纵电动势计算而增加Gg分段线。

如果在送电线路上通过的影响电流为I_s，其方向是由甲发电厂流向乙变电所，根据式（4-2-1）可以计算各接近段的感应纵电动势和总的电动势。根据电磁感应定律对图4-9-1中各段的纵电动势计算做如下分析：

（1）hh'线段是受GH和HI两线段同时感应的重叠感应段。由于gh'（GH线段感应）和hi（HI线段感应）段上的感应纵电动势方向相同，所以hh'线段上的纵电动势值是相加的。

（2）从⑭、⑮两段上来看，$n'o$（或PO）线段也是属于重叠感应段，由于$n'o$（NO线段感应）和PO（PO线段感应）线段上的感应纵电动势方向相反，所以$n'o$线段上的纵电动势值是相减的。如果送电线路的接地故障点取在O点上，如图4-2-8所示，则$n'o$和po线段上感应的纵电动势方向相同，$n'o$线段上的纵电动势值应是相加的。当然这段通信线路（mo）还受送电线路MN段的感应影响，其感应纵电动势E_{mn}与E_{no}方向相同。

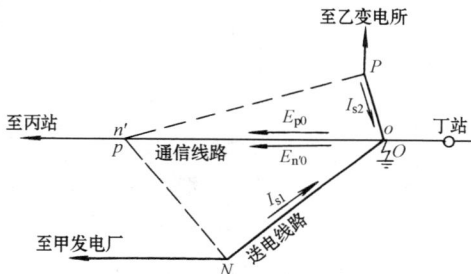

图4-2-8　重叠感应段计算图

（3）lm段是通信线路反向转折点，该段上感应纵电动势与ab、bc……等段上感应纵电动势方向相反。

（4）ii'段不受任何感应影响，因此这个线段上没有感应电压。

互感阻抗本身并无正负之分，但与电流联系起来的电动势就有方向问题了。为了区分纵电动势的方向，在互感阻抗计算中常常冠以"＋""－"符号作为标记，⑫和⑮段的互感阻抗标为"－"，其它各段标为"＋"。

以上对感应纵电动势的方向等问题做了简要分析，在计算中还必须确定哪几个通信回路要计算、起止点和找出最大感应纵电动势。送电线路与通信线路接近位置图一般只能表明两者相对位置关系，说明不了通信线路上各对导线的起止点、断开点和回线用途等情况，这些情况只能从回线运用图中说明。图4-9-1中的回线图说明从甲站到丁站通信线路共有六个电路，要对六个电路分别进行纵电动势计算。

对于电路Ⅰ，因丙站设有增音机，纵电动势计算区段的起止点应为甲站~丙站和丙站~丁站。纵电动势计算区段划分的依据是电路对50Hz的感应纵电动势是否能构成通路，凡是对50Hz的感应纵电动势构成通路的都要做为一个电气连接段来计算纵电动势。

在计算纵电动势时必须在送电线路上移动短路点，找出通信线路上任何两点间的最大感应纵电动势，例如图 4-9-1 中：

电路 Ⅱ，送电线路 C 点接地短路时，感应纵电动势 E_{ac} 就有可能大于 G 点接地时的 E_{ag}。

电路 Ⅵ，送电线路 L 点接地时，$E_{gm} = E_{gh} + E_{h'i} + E_{i'j} + E_{jk} + E_{kl} - E_{lm}$；送电线路 J 点接地短路时，$E_{lj} = E_{lk} + E_{kj}$，$E_{lj}$ 就有可能大于 E_{gm}。

电路 Ⅴ，送电线路 P 点接地短路时，$E_{mo} = E_{mn} + E_{n'o} - E_{op}$；送电线路 O 点接地短路时，$E'_{mo} = E_{mn} + E_{n'o} + E_{op}$；此时 $E'_{mo} > E_{mo}$。

通过以上计算可以找出各个电路的最大感应纵电动势。同理，根据对地电压计算公式也可以计算出通信导线最大对地电压，最后确定通信线路是否存在危险影响。对以上问题将在第九节计算例中通过数据说明。

第三节　干扰影响计算

在电力系统中，由于发电机输出电压的非正弦性和存在着非线性阻抗的电气设备，因而在送电线路工作电压和电流中含有谐波。根据测量和分析表明，音频波段的谐波是电话回路产生干扰影响的根源之一。送电线路对电报回路的干扰影响主要是由送电线路的基波电压和电流产生的。

"人耳-话机"具有一种特性，就是对不同频率有不同的灵敏度，对 50Hz 的电流和电压，灵敏度很低，而对于 800Hz 的电流和电压，灵敏度则很高。在计算噪声电压时，一般以 800Hz 为基准，将不同频率的感应电压折算到 800Hz，用下列公式表示：

$$U_{p(Zc)} = \frac{1}{P_{800}} \sqrt{\Sigma (P_f U_f)^2}, \text{V} \qquad (4-3-1)$$

式中　$U_{p(Zc)}$——折算到频率为 800Hz 的噪声电压，它等于在电话机的两端接入与电话回路特性阻抗（Z_c）相等的纯电阻，用噪声计在此电阻上测得的电压，V；

U_f——电话机端子上频率为 f 的感应电压值，V；

P_f——频率为 f 的噪声加权系数，其值见表 4-3-1；

P_{800}——频率为 800Hz 时噪声加权系数，P_{800} = 1000。

表 4-3-1　　　　　　噪声加权系数

频率 （Hz）	P_f	频率 （Hz）	P_f	频率 （Hz）	P_f
16.66	0.056	950	1109	2150	679
50	0.71	1000	1122	2250	661
100	8.91	1050	1109	2350	643
150	35.5	1100	1072	2450	625
200	89.1	1150	1035	2550	607
250	178	1200	1000	2650	590
300	295	1250	977	2750	571
350	376	1300	955	2850	553
400	484	1350	928	2950	534
450	582	1400	905	3000	525
500	661	1450	881	3200	473
550	733	1500	861	3400	412
600	794	1550	842	3600	335
650	851	1600	824	3800	251
700	902	1650	807	4000	178
750	955	1750	775	4200	116
800	1000	1850	745	4400	72.4
850	1035	1950	720	4600	43.7
900	1072	2050	698	4800	26.3
				5000	15.9

送电线路对电话回路的干扰影响程度是以电话回路感应的噪声计电动势来衡量，其值是指线路终端 600Ω 的纯电阻上所测得的噪声计电压的两倍值即 $e = 2U_{p(600)}$。当线路特性阻抗不是 600Ω 而是 Z_c 时，如式（4-3-1）所述情况，式中杂音电压 $U_{p(Zc)}$ 可通过以下计算式进行换算，换算成在纯电阻 600Ω 上的噪声计电压值 $U_{p(600)}$

$$U_{p(600)} = U_{p(Zc)} \sqrt{\frac{600}{Z_c}}, \text{V} \qquad (4-3-2)$$

式中　$U_{p(Zc)}$——回路两端均终接等于特性阻抗值的纯电阻，用噪声计在此电阻上测得的电压，V；

Z_c——电话回路的特性阻抗，Ω。

电话回路中的噪声电压是由送电线路的基波和各次谐波电流和电压的感应而产生的。欲计算电话回路的噪声电压，就要逐一求送电线路每个谐波分量，然后再计算每个谐波分量在电话回路上产生的噪声电压。显然，这样计算是非常繁杂的。为计算简单，通常是用等效于频率 800Hz 的电流和电压来计算，此电流和电压称为等效干扰电流和等效干扰电压。等效干扰电流和等效干扰电压在电话机中所产生的噪声值和送电线路各次谐波电流和电压在电话机中所产生的噪声值相同。

一、干扰影响计算的简化内容

送电线路在正常运行情况下相导线上的电压和电

流一般是不对称的，它包含有平衡分量和剩余分量。因此，干扰影响计算中必须考虑电压、电流的平衡分量和剩余分量。

由于双线电话线对送电线存在着几何位置不对称，因而，两导线上感应的对地电压不相等，产生均衡电流，称为环路效应。同时，双线电话线由于导线对地导纳和导线阻抗等的不同，存在着对地不对称，致使相同幅值和相位的电压传到话机的端点，两导线的对地电压也不相同，因而产生不平衡电流称为不平衡效应。基于送电线这个干扰源中电压和电流有四个分量，而双线电话又存在着环路效应和不平衡效应，故双线电话回路中的噪声计电动势，可分解为以下八个分量：

（1）由平衡电压分量和环路效应引起的噪声计电动势 e_{bvl}；

（2）由平衡电压分量和不平衡效应引起的噪声计电动势 e_{bv}；

（3）由平衡电流分量和环路效应引起的噪声计电动势 e_{bIl}；

（4）由平衡电流分量和不平衡效应引起的噪声计电动势 e_{bI}；

（5）由剩余电压分量和环路效应引起的噪声计电动势 e_{rvl}；

（6）由剩余电压分量和不平衡效应引起的噪声计电动势 e_{rv}；

（7）由剩余电流分量和环路效应引起的噪声计电动势 e_{rIl}；

（8）由剩余电流分量和不平衡效应引起的噪声计电动势 e_{rI}。

总的噪声计电动势为各分量的平方和的开方，即均方根值。

但实际上，由于送电线路运行方式不同，例如：中性点直接接地的三相对称送电线路，它的剩余电压分量 U_{r0} 近似为零；中性点不直接接地的三相对称送电线路的剩余电流分量 I_{r0} 近似为零。这样，在对双线电话的干扰计算中，最多只需考虑六个分量，《导则》对它们的计算方法做了详细介绍。这六个分量随着送电线路与通信线路的接近距离以及大地导电率等因素的不同，各分量所占的比重差异很大。例如中性点直接接地的三相送电线路与通信线路之间的距离受磁危险影响控制，一般距离都在数百米以上。通过实测和计算比较可以得出：通信线路不平衡效应引起的噪声要比环路效应引起的噪声大十到几十倍，对以上这些相对来说较小的分量在实际工程计算中是完全可以忽略不计的。根据以上分析送电线路对通信线路的干扰影响计算一般可简化如表 4-3-2 所示内容。当送电线路与通信线路之间距离在 100m 以内时，电压分量的影响在总噪声中占有较大比重。但随着距离的增加，其影响急剧衰减，而剩余电流分量的影响，随着距离的增加，相对减少缓慢且逐渐成为主要分量，因而在工程设计中往往磁影响是主要的，而电影响却可略之。所以根据工程具体情况，双线电话噪声计电动势也可进一步简化为：110～330kV 线路 $e = (1.05 \sim 1.1) e_{rI}$，500kV 线路 $e = (1.05 \sim 1.25) e_{rI}$。值得指出的是，上述简化只适用于送电线路与通信线路接近距离较大情况，若接近距离较小时，应按《导则》要求计算六个分量的噪声计电动势，否则将导致较大误差。

表 4-3-2 三相对称送电线路对通信线路干扰影响计算简化内容和计算公式索引号

送电线路运行方式 / 通信方式	中性点直接接地系统	中性点不直接接地系统	
	正常运行	正常运行	一相故障
双线电话	$e = \sqrt{e_{bv}^2 + e_{bI}^2 + e_{rI}^2}$，mV 式（4-3-4）～式（4-3-13）	$e = \sqrt{e_{bv}^2 + e_{bI}^2}$，mV 式（4-3-4）～式（4-3-10）	$e = e_{rv}$，mV 式（4-3-16）～式（4-3-18）
单线电话	$e_s = \sqrt{e_{sbv}^2 + e_{sbI}^2 + e_{srI}^2}$，mV 式（4-3-20）～式（4-3-28）	$e_s = \sqrt{e_{sbv}^2 + e_{sbI}^2}$，mV 式（4-3-20）～式（4-3-25）	$e_s = e_{srv}$，mV 式（4-3-31）～式（4-3-33）
单线电报	$I_I = \sqrt{I_{bv}^2 + I_{rI}^2}$，mA 式（4-3-35）～式（4-3-40）	$I_I = I_{bv}$，mA 式（4-3-35）～式（4-3-37）	$I_I = I_{rv}$，mA 式（4-3-43）～式（4-3-45）

二、双线电话回路噪声计电动势

（一）中性点直接接地系统送电线路正常运行情况下的计算

$$e = \sqrt{e_{bv}^2 + e_{bI}^2 + e_{rI}^2} , \text{mV} \qquad (4\text{-}3\text{-}3)$$

式中　e_{bv}——由平衡电压分量和电话回路对地不平衡而引起的噪声计电动势，mV；

e_{bI}——由平衡电流分量和电话回路对地不平衡而引起的噪声计电动势，mV；

e_{rI}——由剩余电流分量和电话回路对地不平衡而引起的噪声计电动势，mV。

1. e_{bv} 的计算

（1）平行接近：

$$\left.\begin{array}{l} e'_{bv} = \dfrac{1}{\sqrt{3}} U_r K g_e \eta_e n_e^1 \dfrac{l_T}{l} , \text{mV} \\[2mm] \text{送电线路导线水平排列} \quad n_e^1(a) = 1.4 S n'_a(a) \\[1mm] \text{送电线路导线垂直排列} \quad n_e^1(a) = 1.4 S n'_b(a) \\[1mm] \text{送电线路导线三角排列} \quad n_e^1(a) = 0.9 S [n'_a(a) \\[1mm] \hspace{4cm} \pm j n'_b(a)] \end{array}\right\}$$
$$(4\text{-}3\text{-}4)$$

式中　U_r——送电线路的额定电压，V；

K——送电线路电压平衡分量等效干扰电压系数，由测量确定，无测定值时，可取表4-3-3中数值；

g_e——送电线路结构系数，可参照表4-3-4选用；

η_e——双线电话回路的电敏感系数，mV/V，无实测数据时，可采用表4-3-5数值；

l_T——接近段内通信线路长度，km；

l——双线电话电气回路总长度，km；

$s = \sqrt[3]{s_1 \cdot s_2 \cdot s_3}$——送电线路各相导线间的几何平均距离，m；

n_e^1——平行段耦合系数，函数 $n(a)$ 及其偏导数的表示式，见表4-3-6。

表 4-3-3　　电压平衡分量等效干扰电压系数 K 表

负荷性质	送电线路额定电压（kV）	
	$U_r < 110$	$U_r \geqslant 110$
主要供照明及动力负荷	0.01	0.004
主要供整流负荷	0.04	0.02

表 4-3-4　　送电线路结构系数表

电压（kV）	500	330	220 及以下
g_e	1/4.5	1/5	1/6.5

表 4-3-5　　通信线路敏感系数 η 表　$(f = 800 \text{Hz})$

线路类型		条件	$\eta \left(\dfrac{\text{mV}}{\text{V}}\right)$
架空明线	铜线	横担	3
		弯钩	5
	铁线	横担	4
		弯钩	6
电缆	长途	不加感	0.6
		加感施以对地电容补偿	0.5
		加感	1
	市话	HQ　6km 及以下	1
		HQ　7km 及以上	2
		HYA	0.8

表 4-3-6　　函数 n（a）和导数表示式　　$u = \dfrac{h_b + h_c}{a}$　　$V = \dfrac{h_b - h_c}{a}$

函数	$a = 0$	$a > 0$ $\|u\| > 0.1$ $\|v\| > 0.1$	$a > 0$ $\|u\| < 0.1$ $\|v\| < 0.1$	单位
$n(a)$	$\ln \dfrac{h_b + h_c}{h_b - h_c}$	$\ln \sqrt{\dfrac{1+u^2}{1+v^2}}$	$\dfrac{1}{2}(u^2 - v^2)$	
$n'_a(a)$	0	$-\dfrac{1}{a}\left[\dfrac{1}{1+v^2} - \dfrac{1}{1+u^2}\right]$	$-\dfrac{1}{a}(u^2 - v^2)$	(1/m)
$n'_b(a)$	$-\dfrac{2h_c}{h_b^2 - h_c^2}$	$\dfrac{1}{a}\left[\dfrac{u}{1+u^2} - \dfrac{v}{1+v^2}\right]$	$\dfrac{1}{a}(u - v)$	(1/m)

注　$n(-a) = n(a)$，$n'_a(-a) = -n'_a(a)$，$n'_b(-a) = n'_b(a)$。

表 4-3-6 中：

a——送电线路与通信线路的代数接近距离，m，即送电线路一侧定为正值时，另一侧为负；

h_b——送电线路导线的平均架设高度，m；

h_c——通信线路导线的平均架设高度，m。

（2）从 A 点到 B 点斜接近或交叉段：

$$e''_{bv} = \frac{1}{\sqrt{3}} U_r K g_e \eta_e \left[n_e^I \right]_A^B \frac{l_T}{l} , mV \quad (4\text{-}3\text{-}5)$$

$$\left[n_e^I \right]_A^B = \frac{N_e^I(a_B) - N_e^I(a_A)}{a_B - a_A}$$

送电线路导线水平排列　$N_e^I(a) = 1.4 S N'_a(a)$

送电线路导线垂直排列　$N_e^I(a) = 1.4 S N'_b(a)$

送电线路导线三角排列　$N_e^I(a) = 0.9 S [N'_a(a) \pm j N'_b(a)]$

上五式中　$\left[n_e^I \right]_A^B$——是 A 点到 B 点接近段的单位长度的耦合系数平均值，函数 $N(a)$ 及其偏导数的表示式，见表 4-3-7；

a_A、a_B——斜接近或交叉段两端 A 点和 B 点送电线路与通信线路的代数接近距离，m；

其它符号含义与式（4-3-4）同。

在斜接近情况下，若 $\frac{a_B}{a_A}$ 的比值是在 $\frac{1}{3}$ 与 3 之间，可设平均值 $\left[n_e^I \right]_A^B$ 为接近距离 $a = \pm \sqrt{a_B a_A}$ 的平行情况下的 $\left[n_e^I \right]$ 值。

表 4-3-7　　函数 N（a）及其偏导数表示式 $u = \dfrac{h_b + h_c}{a}$　　$v = \dfrac{h_b - h_c}{a}$

函　数	$a = 0$	$a > 0$　$u > 0.1$　$v > 0.1$	$a > 0$　$u < 0.1$　$v < 0.1$	单　位
$N(a)$	0	$a \left[\ln \sqrt{\dfrac{1 + u^2}{1 + v^2}} + u \arctan \dfrac{1}{u} - v \arctan \dfrac{1}{v} \right]$	$a \left[1.571(u - v) - \dfrac{1}{2}(u^2 - v^2) \right]$	m
$N'_a(a)$	$n(a)$	$\ln \sqrt{1 + u^2} - \ln \sqrt{1 + v^2}$	$\dfrac{1}{2}(u^2 - v^2)$	
$N'_b(a)$	0	$\arctan \dfrac{1}{u} - \arctan \dfrac{1}{v}$	$-(u - v)$	

注　$N(-a) = -N(a), N'_a(-a) = N'_a(a), N'_b(-a) = -N'_b(a)$。

表 4-3-7 公式中符号含义与表 4-3-6 相同。

（3）复杂接近：

$$e_{bv} = \Sigma e'_{bv} + \Sigma e''_{bv} , mV \quad (4\text{-}3\text{-}6)$$

式中 e'_{bv}、e''_{bv} 的计算式见式（4-3-4）、式（4-3-5），其合成值 e_{bv} 计算方法如下：

1）计算的电话回路位于送电线路一侧，可应用式（4-3-6）进行合成值计算；

2）计算的电话回路位于送电线路两侧，n_e^I、$\left[n_e^I \right]_A^B$ 计算值符号相同时，可应用式（4-3-6）进行合成值计算；不相同时，应分别计算正实数部分和负实数部分之和，然后将两数中绝对值小的乘以 $\frac{3}{4}$ 后和绝对值大的取代数和。再以同样步骤对正、负虚部进行计算，最后取其模值。采取以上方法计算合成值，说明位于送电线路两侧通信线路上的正、负感应影响不能完全有效抵消，这一点已通过理论分析和实验证实。

2. e_{bI} 的计算

（1）平行接近：

$$e'_{bI} = I_{pb} \eta_m z_e^I l_p K_{800} , mV \quad (4\text{-}3\text{-}7)$$

$$I_{pb} = A U_r \times 10^{-6} , A \quad (4\text{-}3\text{-}8)$$

送电线路导线水平排列　$z_e^I(a) = 1.4 S z'_a(a)$

送电线路导线垂直排列　$z_e^I(a) = 1.4 S z'_b(a)$

送电线路导线三角排列　$z_e^I(a) = 0.9 S [z'_a(a) \pm j z'_b(a)]$

上五式中　η_m——双线电话回路的磁敏感系数，mV/V，无实测数据时，可采用表 4-3-5 数值；

l_p——接近段内送电线路长度，km；

K_{800}——800Hz 磁综合屏蔽系数，见本章第四节；

I_{pb}——送电线路平衡分量电流的等效干扰电流，A，由测量确定，无实测值时，可按式（4-3-8）计算；

A——电流平衡分量等效干扰电流系数，可取表 4-3-8 所列数值；

U_r——送电线路的额定线电压，V；

$S = \sqrt[3]{s_1 s_2 s_3}$——送电线路各相导线间的几何平均距离，m；

z_e^I——平行段 800Hz 互感阻抗，Ω/km，

函数 $z(a)$ 及其偏导数表示式见表 4-3-9，其数值可借助表 4-3-10、表 4-3-11 算出。

在三角形排列的公式中，j 前面的 ± 号在整个线段内 + 或 − 必须相同，以便在整个接近段内得到杂音电势最大值。

表 4-3-8　　　　电流平衡分量等值干扰电流系数 A 表

负 荷 性 质	送电线路额定电压（kV）	
	$U_r < 110$	$U_r \geq 110$
主要供照明及动力负荷	4	2
主要供整流负荷	10	5

表 4-3-9　　　　函数 z（a）及其偏导数表示式　　$x = \alpha a$　　$y = \alpha (h_b + h_c)$　　$v = \dfrac{h_b - h_c}{a}$

函　数	$a = 0$	$a >$　　　　$\lvert V \rvert > 0.1$	$a > 0$　　　　$\lvert V \rvert \leqslant 0.1$	单　位
$z(a)$	$z_0[a(h_b - h_c)]$	$z_0(x) - \ln \sqrt{1 + V^2}$	$z_0(x)$	Ω/km
$z'_a(a)$	0	$\dfrac{1}{a}\left[-\dfrac{1}{1+V^2} + xz'_{1x}(x,0)\right]$	$\dfrac{1}{a}[-(1-V^2) + xz'_{1x}(x,0)]$	$\Omega/\text{km}\cdot\text{m}$
$z'_b(a)$	$-\dfrac{1}{h_b - h_c}$	$\dfrac{1}{a}\left[-\dfrac{V}{1+V^2} + xz'_{1y}(x,0)\right]$	$\dfrac{1}{a}[-V + xz'_{1y}(x,0)]$	$\Omega/\text{km}\cdot\text{m}$

注　$z(-a) = z(a), z'_a(-a) = -z'_a(a), z'_b(-a) = z'_b(a)$。

表 4-3-10　　　　$x = \alpha a$ 800 Hz 计算值

σ_{800} (s/m)	α ($10^{-4}/\text{m}$)	$x = \alpha a$						
		10m	20m	50m	100m	200m	500m	1000m
10^{-1}	250	0.25	0.5	1.25	2.5	5	12.5	25
10^{-2}	80	0.08	0.16	0.4	0.8	1.6	4	8
10^{-3}	25	0.025	0.05	0.125	0.25	0.5	1.25	2.5
10^{-4}	8	0.008	0.016	0.04	0.08	0.16	0.4	0.8

表 4-3-11　　　　表 4-3-9 中 xz'_{1x}（x）、xz'_{1y}（x）数值表　（$f = 800\text{Hz}$）

x	xz'_{1x}（x）（Ω/km）	xz'_{1y}（x）（Ω/km）	x	xz'_{1x}（x）（Ω/km）	xz'_{1y}（x）（Ω/km）
0	$0 + j0$	$0 + j0$	3.0	$0.743 + j0.371$	$0.559 - j0.121$
0.01	$0.0000 + j0.0001$	$0.0047 + j0.0047$	3.2	$0.78 + j0.36$	$0.54 - j0.14$
0.05	$0.0005 + j0.0024$	$0.0236 + j0.0226$	3.4	$0.82 + j0.34$	$0.52 - j0.16$
0.1	$0.0020 + j0.0079$	$0.0470 + j0.0433$	3.6	$0.85 + j0.32$	$0.50 - j0.18$
0.2	$0.0077 + j0.0248$	$0.0936 + j0.0793$	3.8	$0.88 + j0.30$	$0.48 - j0.20$
0.3	$0.0172 + j0.0467$	$0.1391 + j0.1086$	4.0	$0.90 + j0.29$	$0.46 - j0.21$
0.4	$0.0302 + j0.0717$	$0.1833 + j0.1317$	4.2	$0.92 + j0.27$	$0.44 - j0.22$
0.5	$0.0462 + j0.0984$	$0.2258 + j0.1494$	4.4	$0.94 + j0.25$	$0.42 - j0.22$
0.6	$0.065 + j0.125$	$0.266 + j0.161$	4.6	$0.96 + j0.23$	$0.40 - j0.23$
0.7	$0.087 + j0.154$	$0.305 + j0.169$	4.8	$0.97 + j0.21$	$0.37 - j0.23$
0.8	$0.110 + j0.181$	$0.341 + j0.173$	5.0	$0.98 + j0.20$	$0.35 - j0.23$
0.9	$0.136 + j0.207$	$0.374 + j0.173$	5.5	$0.99 + j0.16$	$0.31 - j0.23$
1.0	$0.164 + j0.232$	$0.406 + j0.169$	6.0	$1.00 + j0.13$	$0.27 - j0.22$
1.2	$0.223 + j0.277$	$0.460 + j0.155$	6.5	$1.00 + j0.10$	$0.24 - j0.21$
1.4	$0.286 + j0.314$	$0.504 + j0.132$	7.0	$1.01 + j0.08$	$0.22 - j0.20$
1.6	$0.350 + j0.344$	$0.538 + j0.103$	7.5	$1.00 + j0.07$	$0.20 - j0.18$
1.8	$0.414 + j0.367$	$0.562 + j0.070$	8.0	$1.00 + j0.06$	$0.18 - j0.17$
2.0	$0.477 + j0.382$	$0.577 + j0.036$	8.5	$1.00 + j0.05$	$0.17 - j0.16$
2.2	$0.538 + j0.390$	$0.585 + j0.001$	9.0	$1.00 + j0.05$	$0.16 - j0.16$
2.4	$0.595 + j0.392$	$0.587 - j0.033$	9.5	$1.00 + j0.04$	$0.15 - j0.15$
2.6	$0.649 + j0.389$	$0.583 - j0.065$	10.0	$1.00 + j0.04$	$0.15 - j0.14$
2.8	$0.698 + j0.382$	$0.572 - j0.094$	>10	$\dfrac{1}{x} + j\dfrac{4}{x^2}$	$\dfrac{1.4}{x} - j\dfrac{1.4}{x}$

表 4-3-10、表 4-3-11 中，$x = \alpha a = a\sqrt{2\pi f\mu_0\sigma_{800}}$；$\mu_0 = 4\pi \times 10^{-7}$ H/m；σ_{800} 为 800Hz 大地电导率；$f = 800$Hz。

（2）从 A 点到 B 点斜接近或交叉段：

$$e''_{bI} = I_{pb}\eta_m[z^I_e]^B_A l_p K_{800}, \text{mV} \qquad (4\text{-}3\text{-}9)$$

$$[z^I_e]^B_A = \frac{Z^I_e(a_B) - Z^I_e(a_A)}{a_B - a_A}, \Omega$$

送电线路导线水平排列　$Z^I_e(a) = 1.4SZ'_a(a)$

送电线路导线垂直排列　$Z^I_e(a) = 1.4SZ'_b(a)$

送电线路导线三角排列　$Z^I_e(a) = 0.9S[Z'_a(a) \pm jZ'_b(a)]$

上五式中　$[z^I_e]^B_A$——是 A 点到 B 点接近段单位长度的 800Hz 互感阻抗平均值，函数 $Z(a)$ 及其偏导数表示式见表 4-3-12，其数值可借助表 4-3-10、表 4-3-13 算出；

　　其它符号含义与式（4-3-7）、式（4-3-8）相同。

在三角形排列计算式中，j 的符号如何选取应与平行接近情况的取法相同。

在斜接近情况下，若 $\dfrac{a_B}{a_A}$ 的比值是在 $\dfrac{1}{3}$ 与 3 之间，可设平均值 $[z^I_e]^B_A$ 为接近距离 $a = \pm\sqrt{a_B a_A}$ 的平行情况下的 $[z^I_e]$ 值。

（3）复杂接近：

$$e_{bI} = \Sigma e'_{bI} + \Sigma e''_{bI}, \text{mV} \qquad (4\text{-}3\text{-}10)$$

式中　e'_{bI}、e''_{bI} 计算式见式（4-3-7）、式（4-3-9）。

3. e_{rI} 的计算

（1）平行接近：

$$e'_{rI} = I_{pr}\eta_m z_m l_p K_{800}, \text{mV} \qquad (4\text{-}3\text{-}11)$$

其中　　　　$z_m = \omega M_m, \Omega$

上二式中　I_{pr}——送电线路电流剩余分量等效干扰电流，由测量确定，无实测值时，可采用表 4-3-14 数值；

　　ω——剩余分量电流的等效干扰电流角频率，$\omega = 2\pi f$，$f = 800$Hz；

　　z_m——送电线路与通信线路间 800Hz 互感阻抗，Ω/km，z_m 值可由表 4-3-13 中第 2 栏 $z_m(x)$ 项查取 [且 $z_m(-x) = z_m(x)$]；或 $z_m = \omega M_m$，M_m 值可由图 4-3-1 800Hz 互感系数诺模图查取。

　　其它符号含义与式（4-3-7）同。

（2）从 A 点到 B 点斜接近或交叉段：

$$e''_{rI} = I_{pr}\eta_m[z_m]^B_A l_p K_{800}, \text{mV} \qquad (4\text{-}3\text{-}12)$$

其中　$[z_m]^B_A = \dfrac{Z_m(x_B) - Z_m(x_A)}{x_B - x_A}, \Omega$/km

$$[z_m]^B_0 = \omega[M_m]^B_0 = \frac{Z(x_B)}{x_B}, \Omega$/km$$

上三式中　$[z_m]^B_A$——$a = a_A$ 到 $a = a_B$ 段互感阻抗模量 z_m 的平均值，$Z_m(x)$ 为 z_m 从 0 到 x 的积分，且 $Z_m(-x) = -Z_m(x)$，$Z_m(x)$ 值可由表 4-3-13 中第 4 栏 $Z_m(x)$ 项查取；

　　$[M_m]^B_0$——$a = 0$ 到 $a = a_B$ 段互感系数 M_m 的平均值（H/km），其值可由图 4-3-1，800Hz 互感系数诺模图查取；

其它符号含义与式（4-3-7）、式（4-3-11）相同。

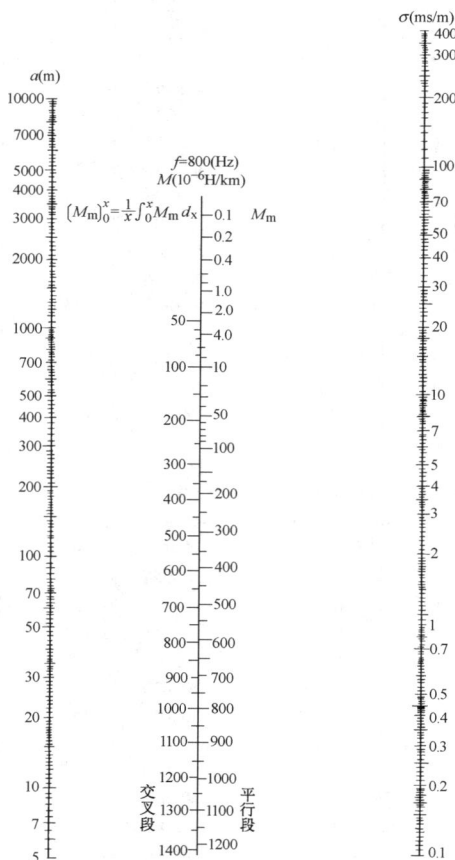

图 4-3-1　$f = 800$Hz 互感系数诺模图

在斜接近情况下，若 $\dfrac{a_B}{a_A}$ 的比值是在 $\dfrac{1}{3}$ 与 3 之间，可设平均值 $[z_m]^B_A$ 为接近距离 $a = \pm\sqrt{a_B a_A}$ 的平行情况下的 z_m 值。

（3）复杂接近：

$$e_{rI} = \Sigma e'_{rI} + \Sigma e''_{rI}, \text{mV} \qquad (4\text{-}3\text{-}13)$$

式中 e'_{rI}、e''_{rI} 计算式见式（4-3-11）、式（4-3-12）。

表 4-3-12　　　　　　　函数 $Z(a)$ 及其偏导数表示式　$\begin{aligned}x &= \alpha a\\ y &= a(h_{\mathrm{b}}+h_{\mathrm{c}})\end{aligned}$　$V = \dfrac{h_{\mathrm{b}}-h_{\mathrm{c}}}{a}$

函数	$a=0$	$a>0 \mid V \mid >0.1$	$a>0 \mid V \mid \leqslant 0.1$	单位
$Z(a)$	0	$\dfrac{1}{a}Z_0(x)$	$\dfrac{1}{a}Z_0(x)$	$\Omega\mathrm{m}/\mathrm{km}$
$Z'_{\mathrm{a}}(a)$	$z_0[a(h_{\mathrm{b}}-h_{\mathrm{c}}),0]$	$-\ln\sqrt{1+V^2}+z_0(x)$	$z_0(x)$	Ω/km
$Z'_{\mathrm{b}}(a)$	0	$-\arctan\dfrac{1}{V}+Z'_{1y}(x,0)$	$-(1.571-V)+Z'_{1y}(x,0)$	Ω/km

注　$Z(-a)=-Z(a),Z'_{\mathrm{a}}(-a)=Z'_{\mathrm{a}}(a),Z'_{\mathrm{b}}(-a)=-Z'_{\mathrm{b}}(a)$。

表 4-3-13　　　　　　　　互感阻抗表 $(f=800\mathrm{Hz})$

x	$z_{\mathrm{m}}(x)$ (Ω/km)	$z_0(x)$ (Ω/km)	$z_{\mathrm{m}}(x)$ (Ω/km)	$z_0(x)$ (Ω/km)	$z'_{1y}(x)$ (Ω/km)
1	2	3	4	5	6
0	∞	$\infty-j0.7854$	0	$0-j\,0$	$0+j\,0$
0.001	7.565	$7.5237-j0.7854$	0.0086	$0.0085-j0.0008$	$0.0005+j0.0005$
0.01	5.280	$5.2211-j0.7854$	0.0627	$0.0622-j0.0079$	$0.0047+j0.0047$
0.05	3.696	$3.6119-j0.7840$	0.2340	$0.2306-j0.0392$	$0.0236+j0.0231$
0.1	3.022	$2.9195-j0.7808$	0.4000	$0.3919-j0.0783$	$0.0471+j0.0452$
0.2	2.359	$2.2293-j0.7705$	0.6651	$0.6453-j0.1560$	$0.0940+j0.0867$
0.3	1.979	$1.8286-j0.7565$	0.8807	$0.8468-j0.2322$	$0.1406+j0.1246$
0.4	1.715	$1.5476-j0.7396$	1.0647	$1.0150-j0.3071$	$0.1867+j0.1591$
0.5	1.515	$1.3328-j0.7208$	1.2258	$1.1586-j0.3802$	$0.2322+j0.1905$
0.6	1.355	$1.1605-j0.7004$	1.3691	$1.2829-j0.4515$	$0.2770+j0.2189$
0.7	1.224	$1.0180-j0.6789$	1.4979	$1.3917-j0.5205$	$0.3210+j0.2444$
0.8	1.112	$0.8976-j0.6567$	1.6145	$1.4873-j0.5872$	$0.3641+j0.2673$
0.9	1.016	$0.7943-j0.6338$	1.7208	$1.5720-j0.6516$	$0.4062+j0.2877$
1.0	0.933	$0.7047-j0.6108$	1.8181	$1.6468-j0.7138$	$0.4473+j0.3057$
1.2	0.793	$0.557-j0.564$	1.990	$1.772-j0.831$	$0.526+j0.336$
1.4	0.682	$0.442-j0.519$	2.137	$1.872-j0.940$	$0.600+j0.358$
1.6	0.591	$0.351-j0.475$	2.264	$1.951-j1.039$	$0.670+j0.373$
1.8	0.515	$0.278-j0.433$	2.375	$2.014-j1.130$	$0.735+j0.383$
2.0	0.451	$0.220-j0.393$	2.471	$2.063-j1.212$	$0.795+j0.389$
2.2	0.396	$0.173-j0.357$	2.555	$2.102-j1.287$	$0.850+j0.391$
2.4	0.350	$0.135-j0.322$	2.630	$2.133-j1.355$	$0.901+j0.390$
2.6	0.309	$0.105-j0.291$	2.696	$2.157-j1.416$	$0.948+j0.386$
2.8	0.275	$0.081-j0.263$	2.754	$2.175-j1.472$	$0.991+j0.380$
3.0	0.244	$0.061-j0.237$	2.806	$2.189-j1.522$	$1.030+j0.372$
3.2	0.218	$0.046-j0.213$	2.852	$2.200-j1.566$	$1.066+j0.364$
3.4	0.195	$0.034-j0.192$	2.893	$2.208-j1.607$	$1.098+j0.354$
3.6	0.175	$0.025-j0.173$	2.930	$2.214-j1.643$	$1.127+j0.344$
3.8	0.157	$0.017-j0.156$	2.963	$2.218-j1.676$	$1.154+j0.334$
4.0	0.141	$0.012-j0.141$	2.993	$2.221-j1.706$	$1.178+j0.324$
4.2	0.127	$0.008-j0.127$	3.020	$2.223-j1.733$	$1.200+j0.313$
4.4	0.115	$0.005-j0.115$	3.044	$2.224-j1.757$	$1.220+j0.303$
4.6	0.105	$0.002-j0.105$	3.066	$2.225-j1.779$	$1.238+j0.293$
4.8	0.095	$0.001-j0.095$	3.086	$2.225-j1.799$	$1.254+j0.283$
5.0	0.087	$-0.000-j0.087$	3.104	$2.225-j1.817$	$1.269+j0.273$
5.5	0.070	$-0.002-j0.070$	3.143	$2.224-j1.856$	$1.301+j0.251$
6.0	0.057	$-0.002-j0.057$	3.175	$2.223-j1.888$	$1.326+j0.232$
6.5	0.048	$-0.001-j0.048$	3.201	$2.223-j1.914$	$1.347+j0.214$
7.0	0.041	$-0.001-j0.041$	3.223	$2.222-j1.936$	$1.364+j0.199$
7.5	0.035	$-0.001-j0.035$	3.242	$2.222-j1.955$	$1.379+j0.186$
8.0	0.031	$-0.000-j0.031$	3.259	$2.222-j1.971$	$1.391+j0.175$
8.5	0.027	$-0.000-j0.027$	3.273	$2.222-j1.986$	$1.402+j0.164$
9.0	0.024	$-0.000-j0.025$	3.286	$2.222-j1.999$	$1.412+j0.155$
9.5	0.022	$+0.000-j0.022$	3.298	$2.222-j2.010$	$1.420+j0.147$
10.0	0.020	$+0.000-j0.020$	3.308	$2.222-j2.021$	$1.428+j0.140$

表 4-3-14　　送电线路电流剩余分量等
效干扰电流 I_{pr}（A）

负荷性质	送电线路额定电压（kV）		
	110～220	330	500
一般负荷	0.07～0.1	0.18	0.2
主要供整流负荷	0.25～0.3	0.4	1.0

**（二）中性点不直接接地系统送电线路正常运行
情况下的计算**

$$e = \sqrt{e_{bv}^2 + e_{bI}^2}, \text{mV} \qquad (4\text{-}3\text{-}14)$$

式中　e_{bv}——由平衡电压分量和电话回路对地不平
　　　　　　衡而引起的噪声计电动势（mV），其
　　　　　　计算式与式（4-3-4）～式（4-3-6）相
　　　　　　同；

　　　e_{bI}——由平衡电流分量和电话回路对地不平
　　　　　　衡而引起的噪声计电动势，mV，其计
　　　　　　算式与式（4-3-7）～式（4-3-10）相同。

**（三）中性点不直接接地系统送电线路单相接地
故障情况下的计算**

$$e = e_{rv}, \text{mV} \qquad (4\text{-}3\text{-}15)$$

式中　e_{rv}——由剩余电压分量和电话回路对地不平
　　　　　　衡而引起的噪声计电动势，mV。

1. 平行接近

$$e'_{rv} = \frac{1}{\sqrt{3}} U_r K_r g_r \eta_e n(a) \frac{l_t}{l} p q_1 q_2, \text{mV} \qquad (4\text{-}3\text{-}16)$$

式中　K_r——送电线路电压剩余分量等效干扰电压系
　　　　　　数，由测量确定，无实测值时 K_r 取
　　　　　　0.02；

　　　$n(a)$——单位长度的静电耦合系数，$n(a)$ 表
　　　　　　示式见表 4-3-6；

　　　其它符号含义与式（4-2-33）、式（4-3-4）相同。

2. 从 A 点到 B 点斜接近或交叉段

$$e''_{rv} = \frac{1}{\sqrt{3}} U_r K_r g_r \eta_e [n(a)]_A^B \frac{l_t}{l} p q_1 q_2, \text{mV}$$
$$(4\text{-}3\text{-}17)$$

其中　　$[n(a)]_A^B = \frac{N(a_B) - N(a_A)}{a_B - a_A}$

式中　$[n(a)]_A^B$——是 A 点到 B 点接近段单位长度
　　　　　　　的静电耦合系数 $n(a)$ 的平均
　　　　　　　值，$N(a)$ 的表示式见表 4-3-7；

　　　其它符号含义与式（4-3-16）相同。

在斜接近情况下，若 $\frac{a_B}{a_A}$ 的比值是在 $\frac{1}{3}$ 与 3 之
间，可设平均值 $[n(a)]_A^B$ 为接近距离 $a = \pm \sqrt{a_B a_A}$
的平行情况下的 $n(a)$ 值。

3. 复杂接近

$$e_{rv} = \Sigma e'_{rv} + \Sigma e''_{rv}, \text{mV} \qquad (4\text{-}3\text{-}18)$$

式中 e'_{rv}、e''_{rv} 计算式见式（4-3-16）、式（4-3-17）。

三、单线电话回路噪声计电动势

**（一）中性点直接接地系统送电线路正常运行情
况下的计算**

$$e_s = \sqrt{e_{sbv}^2 + e_{sbI}^2 + e_{srI}^2}, \text{mV} \qquad (4\text{-}3\text{-}19)$$

式中　e_{sbv}——由平衡电压分量感应的噪声计电动
　　　　　　势，mV；

　　　e_{sbI}——由平衡电流分量感应的噪声计电动
　　　　　　势，mV；

　　　e_{srI}——由剩余电流分量感应的噪声计电动
　　　　　　势，mV。

1. e_{sbv} 的计算

（1）平行接近：

$$e'_{sbv} = \frac{m}{m+n+2} z_{800} K U_r \omega g_e n_e^I l_T \times 10^{-5}, \text{mV}$$
$$(4\text{-}3\text{-}20)$$

式中　z_{800}——800Hz 时话机阻抗，Ω；

　　　n——通信线路接地导线根数（不包括计算
　　　　　回路本身）；

　　　m——计算回路接地导线根数，如为单线回
　　　　　路 $m=1$，单幻象回路 $m=2$；

　　　ω——平衡分量电压的等效干扰电压的角频
　　　　　率，$\omega = 2\pi f$，$f = 800$Hz；

　　　其它符号含义与式（4-3-4）相同。

（2）A 点到 B 点斜接近或交叉段：

$$e''_{sbv} = \frac{m}{m+n+2} z_{800} K U_r \omega g_e [n_e^I]_A^B l_T \times 10^{-5}, \text{mV}$$
$$(4\text{-}3\text{-}21)$$

上式中符号含义与式（4-3-5）、式（4-3-20）相同。

（3）复杂接近：

$$e_{sbv} = \Sigma e'_{sbv} + \Sigma e''_{sbv}, \text{mV} \qquad (4\text{-}3\text{-}22)$$

其中 e'_{sbv}、e''_{sbv} 计算式见式（4-3-20）、式（4-3-21），其合成值计算方法详见式（4-3-6）说明。

2. e_{sbI} 的计算

（1）平行接近：

$$e'_{sbI} = \frac{2z_{800}}{z_t l_t + 2z_{800}} I_{pb} z_e^I l_p K_{800} \times 10^3, \text{mV}$$
$$(4\text{-}3\text{-}23)$$

式中　z_t——单线电话回路 800Hz 的单位长度阻抗，
　　　　　Ω/km；

　　　l_t——单线电话电气回路长度，km；

　　　其它符号含义与式（4-3-7）、式（4-3-8）、式
（4-3-20）相同。

（2）从 A 点到 B 点斜接近或交叉段：

$$e''_{sbI} = \frac{2z_{800}}{z_t l_t + 2z_{800}} I_{pb} [z_e^I]_A^B l_p K_{800} \times 10^3, \text{mV}$$

$$(4\text{-}3\text{-}24)$$

式中　各符号含义与式（4-3-9）、式（4-3-20）、式（4-3-23）相同。

（3）复杂接近：

$$e_{sbI} = \Sigma e'_{sbI} + \Sigma e''_{sbI}, \text{mV} \qquad (4\text{-}3\text{-}25)$$

式中 e'_{sbI}、e''_{sbI} 计算式见式（4-3-23）、式（4-3-24）。

3. e_{srI} 的计算

（1）平行接近：

$$e'_{srI} = \frac{2z_{800}}{z_t l_t + 2z_{800}} I_{pr} z_m l_p K_{800} \times 10^3, \text{mV}$$

$$(4\text{-}3\text{-}26)$$

式中　各符号含义与式（4-3-11）、式（4-3-23）相同。

（2）从 A 点到 B 点斜接近或交叉段：

$$e''_{srI} = \frac{2z_{800}}{z_t l_t + 2z_{800}} I_{pr} [z_m]_A^B l_p K_{800} \times 10^3, \text{mV}$$

$$(4\text{-}3\text{-}27)$$

式中　符号含义与式（4-3-12）、式（4-3-23）相同。

（3）复杂接近：

$$e_{srI} = \Sigma e'_{srI} + \Sigma e''_{srI}, \text{mV} \qquad (4\text{-}3\text{-}28)$$

式中　e'_{srI}、e''_{srI} 计算式见式（4-3-26）、式（4-3-27）。

（二）中性点不直接接地系统送电线路正常运行情况下的计算

$$e_s = \sqrt{e_{sbv}^2 + e_{sbI}^2}, \text{mV} \qquad (4\text{-}3\text{-}29)$$

式中　e_{sbv}——由平衡电压分量感应的噪声计电动势（mV），计算式与式（4-3-20）～式（4-3-22）相同；

　　　e_{sbI}——由平衡电流分量感应的噪声计电动势（mV），计算式与式（4-3-23）～式（4-3-25）相同。

（三）中性点不直接接地系统送电线路单相接地故障情况下的计算

$$e_s = e_{srv}, \text{mV} \qquad (4\text{-}3\text{-}30)$$

式中　e_{srv}——由剩余电压分量感应的噪声计电动势，mV。

1. 平行接近

$$e'_{srv} = \frac{m}{m+n+2} z_{800} K_r U_r \omega g_r n(a) l_T p q_1 q_2$$
$$\times 10^{-5}, \text{mV} \qquad (4\text{-}3\text{-}31)$$

式中符号含义与式（4-3-16）、式（4-3-20）相同。

2. 从 A 点到 B 点斜接近或交叉段

$$e''_{srv} = \frac{m}{m+n+2} z_{800} K_r U_r \omega g_r [n(a)]_A^B l_T p q_1 q_2$$
$$\times 10^{-5}, \text{mV} \qquad (4\text{-}3\text{-}32)$$

式中符号含义与式（4-3-16）、式（4-3-17）、式（4-3-20）相同。

3. 复杂接近

$$e_{srv} = \Sigma e'_{srv} + \Sigma e''_{srv}, \text{mV} \qquad (4\text{-}3\text{-}33)$$

式中 e'_{srv}、e''_{srv} 计算式见式（4-3-31）、式（4-3-32）。

四、单线电报回路干扰电流

在发送和接收装置直接连接到电报导线上且发送端通过设备接地时，单线电报回路中的干扰电流，应根据送电线路不同运行状态采用以下计算公式。

（一）中性点直接接地系统送电线路正常运行情况下的计算

$$I_t = \sqrt{I_{bv}^2 + I_{rI}^2}, \text{mA} \qquad (4\text{-}3\text{-}34)$$

式中　I_t——单线电报回路中的干扰电流，mA；

　　　I_{bv}——由平衡电压分量感应产生的干扰电流，mA；

　　　I_{rI}——由基波电流剩余分量感应产生的干扰电流，mA。

1. I_{bv} 的计算

（1）平行接近：

$$I'_{bv} = \frac{1}{2} f U_r \frac{m}{m+n+2} r_e^I l_T \times 10^{-5}, \text{mA}$$

$$(4\text{-}3\text{-}35)$$

式中　f——送电线路基波电压的频率 $f=50\text{Hz}$；

　　　其它符号含义与式（4-3-4）、式（4-3-20）相同。

（2）A 点到 B 点斜接近或交叉段：

$$I''_{bv} = \frac{1}{2} f U_r \frac{m}{m+n+2} [n_e^I]_A^B l_T \times 10^{-5}, \text{mA}$$

$$(4\text{-}3\text{-}36)$$

式中　符号含义与式（4-3-5）、式（4-3-20）相同。

（3）复杂接近：

$$I_{bv} = \Sigma I'_{bv} + \Sigma I''_{bv}, \text{mA} \qquad (4\text{-}3\text{-}37)$$

式中 I'_{bv}、I''_{bv} 计算式见式（4-3-35）、式（4-3-36），其合成值计算方法详见式（4-3-6）说明。

2. I_{rI} 的计算

（1）平行接近：

$$I'_{rI} = \frac{I_0 z_m l_p K_m}{\frac{1}{m} z_c l_c + 2z_{50}} \times 10^3, \text{mA} \qquad (4\text{-}3\text{-}38)$$

式中　I_0——基波电流的剩余分量，A，当无测试值时，对照明及动力负荷采用负荷电流的 0.5%，整流负荷采用负荷电流的 1%；

　　　z_c——单线电报回路 50Hz 的单位长度阻抗，Ω/km；

　　　l_c——电报回路长度，km；

　　　z_{50}——电报机 50Hz 阻抗，Ω，不同型号报机阻抗差异较大，应根据实际设备情况选取，日式标准甲型继电器的实测值 $2z_{50} = 980\angle\underline{20°}$；

　　　l_p——送电线与电报线接近长度，km；

　　　z_m——送电线路与电报线路间 50Hz 互感阻抗，Ω/km，其数值由图 4-2-4 50Hz 互感阻抗诺模图查取；

　　　K_m——50Hz 综合磁屏蔽系数，见本章第四节。

（2）从 A 点到 B 点斜接近或交叉段：

$$I''_{rI} = \frac{I_0[z_m]^B_A l_p K_m}{\frac{1}{m}z_c l_c + 2z_{50}} \times 10^3, mA \qquad (4\text{-}3\text{-}39)$$

其中　$[z_m]^B_A = \dfrac{Z_m(x_B) - Z_m(x_A)}{x_B - x_A}, \Omega/km$

　　　$[z_m]^B_0 = \dfrac{Z_m(x_B)}{x_B}$

　　　　　　$= \dfrac{1}{x_B}\displaystyle\int_0^{x_B} Z_m(x)\,dx, \Omega/km$

式中　$[z_m]^B_A$——$a = a_A$ 到 $a = a_B$ 段互感阻抗模量 z_m 的平均值，$Z_m(x)$ 为 z_m 从 0 到 x 的积分，且 $Z_m(-x) = -Z_m(x)$；

　　　$[z_m]^B_0$——$a = 0$ 到 $a = a_B$ 交叉段互感阻抗模量 z_m 的平均值，由图 4-2-4 50Hz 互感阻抗诺模图查取；

其它符号含义与式（4-3-38）相同。

在斜接近情况下，若 $\dfrac{a_B}{a_A}$ 的比值是在 $\dfrac{1}{3}$ 与 3 之间，可设平均值 $[z_m]^B_A$ 为接近距离 $a = \sqrt{a_B a_A}$ 的平行情况下的 z_m 值。

（3）复杂接近：

$$I_{rI} = \Sigma I'_{rI} + \Sigma I''_{rI}, mA \qquad (4\text{-}3\text{-}40)$$

式中 I'_{rI}、I''_{rI} 计算式见式（4-3-38）、式（4-3-39）。

（二）中性点不直接接地系统送电线路正常运行情况下的计算

$$I_t = I_{bv}, mA \qquad (4\text{-}3\text{-}41)$$

式中　I_{bv}——由平衡电压分量感应产生的干扰电流（mA），计算式与式（4-3-35）～式（4-3-37）相同。

（三）中性点不直接接地系统送电线路单相接地故障情况下的计算：

$$I_t = I_{rv}, mA \qquad (4\text{-}3\text{-}42)$$

式中　I_{rv}——由基波电压的剩余分量感应产生的干扰电流，mA。

1. 平行接近

$$I'_{rv} = \frac{1}{2} \times \frac{m}{m+n+2}\omega U_r g_r n(a) l_T p q_1 q_2$$
$$\times 10^{-5}, mA \qquad (4\text{-}3\text{-}43)$$

式中　$\omega = 2\pi f$——基波电压的角频率，$f = 50Hz$；

　　　其它符号含义与式（4-3-16）、式（4-3-20）相同。

2. 从 A 点到 B 点斜接近或交叉段

$$I''_{rv} = \frac{1}{2} \times \frac{m}{m+n+2}\omega U_n g_r [n(a)]^B_A l_T p q_1 q_2$$
$$\times 10^{-5}, mA \qquad (4\text{-}3\text{-}44)$$

式中符号含义与式（4-3-16）、式（4-3-17）、式（4-3-20）、式（4-3-43）相同。

3. 复杂接近

$$I_{rv} = \Sigma I'_{rv} + \Sigma I''_{rv}, mA \qquad (4\text{-}3\text{-}45)$$

式中 I'_{rv}、I''_{rv} 计算式见式（4-3-43）、式（4-3-44）。

五、通信线路传播效应的衰减系数

为了使理论计算值更接近实际，DL/T 5063—1996 第 4.0.6 条规定：在进行干扰影响计算时，应计入电信线传播效应的衰减数。见文献［4-5］。如图 4-3-2 所示通信线路考虑传播效应衰减系数后的各分量噪声计电动势计算表达式

$$\left.\begin{array}{l} e_{bv\varphi} = e_{bv} \cdot \dfrac{l}{L}\varphi \\ e_{bI\varphi} = e_{bI}\varphi \\ e_{rI\varphi} = e_{rI}\varphi \end{array}\right\}, mV \qquad (4\text{-}3\text{-}46)$$

其中

$$\varphi = \frac{(1 - e^{-\alpha_T l_T})(e^{-\alpha_T l_1} + e^{-\alpha_T l_2})}{2\alpha_T l_T} \qquad (4\text{-}3\text{-}47)$$

$$L = \frac{\text{th}\left[\alpha_A\left(l_1 + \dfrac{l_T}{2}\right)\right] + \text{th}\left[\alpha_A\left(l_2 + \dfrac{l_T}{2}\right)\right]}{\alpha_A}, km$$
$$(4\text{-}3\text{-}48)$$

上三式中　φ——电信线路传播效应的衰减系数，$\varphi < 1$ 无量纲；

　　　l——通信线总长度，且 $l = l_1 + l_T + l_2$，km；

　　　L——计入通信线传播效应后，通信线总长的等效长度，km；

　　　l_T——接近段通信线长度，km；

　　　l_1——通信线左侧延段长度，km；

　　　l_2——通信线右侧延段长度，km；

　　　α_T——双线电信线传播衰耗常数，1/km，无工程具体资料时，可按照表 4-3-15 选定；

α_A——单线大地通信线传播衰耗常数，1/km，对相邻条件的通信线路可取 $\alpha_A = \frac{2}{3}\alpha_T$；

e_{bv}、e_{bI}、e_{rI} 为不考虑传播效应衰减时的噪声计电动势，其计算式、符号含义见式（4-3-3）。

表 4-3-15　　双线电信线传播衰耗常数 α_T 表（1/km）

线路类型	条　　　件	α_T	
		横担	弯钩 $s_d = 600mm$
架空明线	4.0mm 线径铁线	0.0167	0.0147
	3.0mm 线径铁线	0.0196	0.0175
	4.0mm 线径铜线	0.0028	0.0021
	3.0mm 线径铜线	0.0042	0.0035
电　缆	0.9mm 芯径星绞	0.067（0.02）	
	1.2mm 芯径星绞	0.050	
	0.5mm 芯径对绞	0.153	
	0.7mm 芯径对绞	0.096	

注　1. 括号内为长途加感电缆数据。
　　2. 适用于 $f = 800Hz$，$t = 20℃$。
　　3. s_d 为弯钩上电信导线间距。

式（4-3-47）是 φ 的通用表达式，如 l_T 为每一小段的 l_{Ti}，则计算的是 φ_i；如 l_T 为影响段通信线总长，则计算的是 φ。应注意的是当计算 φ_i 时，则应是第 i 段首端至左端点的长度为 l_1，第 i 段末端至右端点的长度为 l_2。

另外在计入传播效应衰减时，电干扰影响计算式（4-3-4）、式（4-3-5）、式（4-3-16）、式（4-3-17）中的电话线总长 l 应改为等效总长度 L，同时应注意的是计算每个接近小段的 L 时，都具有各小段的 l_{Ti} 和各不相同左右延长段 l_1、l_2。

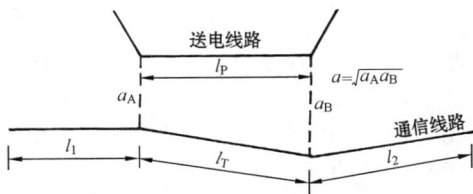

图 4-3-2　　接近长度示意图

第四节　屏蔽系数计算

任何接地的金属回路对电磁影响都有不同程度的屏蔽作用。这是因为影响回路中不平衡电流产生的一次磁场，在接地的金属回路中感生电流。此电流产生二次磁场，二次场对一次场抵消一部分，随着磁场的减弱，被影响回路的磁影响就要降低。屏蔽作用以屏蔽系数 K 表示，它是有屏蔽体时影响线路在被影响线路上感应的纵电动势 E' 与无屏蔽体时影响线路在被影响线路上感应的纵电动势 E 之比，即：

$$K = \frac{E'}{E} \qquad (4-4-1)$$

因为 $E' < E$，所以屏蔽系数是一个小于 1 的数，其数值越小表示屏蔽作用越好。如图 4-4-1 所示，设 $Z_{1A} = R_{1A} + j\omega M_{1A}$ 为影响线路"1"与被影响线路"A"间的互感阻抗（Ω/km）；$Z_{1S} = R_{1S} + j\omega M_{1S}$ 为影响线路"1"与屏蔽体"S"间的互感阻抗；$Z_S = R_S + j\omega L_S$ 为屏蔽体"S"的全阻抗。

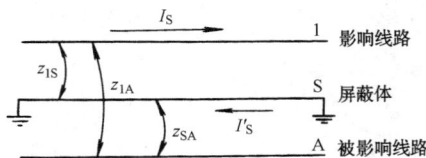

图 4-4-1　　接地金属回路的屏蔽作用

在平行接近、回路长度都等于 l 时，对于回路"S"和"A"可列出

$$\left.\begin{array}{l} z_S l I'_S - z_{1S} l I_S = 0 \\ z_{1A} l I_S - z_{SA} l I'_S = E' \end{array}\right\} \qquad (4-4-2)$$

求解上面的方程组，可得到

$$E' = \frac{z_{1A} z_S - z_{1S} z_{SA}}{z_S} I_S l \qquad (4-4-3)$$

而 $E = Z_{1A} I_S l$ 代入（4-4-1）、式（4-4-3）式，得

$$K = \frac{E'}{E} = 1 - \frac{z_{1S} z_{SA}}{z_{1A} z_S} \qquad (4-4-4)$$

上式为屏蔽系数计算的一般表达式。可见，屏蔽系数不但与回路之间的互感抗有关，而且也取决于屏蔽体的全阻抗。当屏蔽体接地电阻为零，即为一种理想的情形，此种状态下的屏蔽系数称为理想屏蔽系数，或称固有屏蔽系数，用 K_0 表示。

送电线路地线一般为逐塔接地，当送电线路发生闪络接地时，在地线中除由相导线中零序电流感应而产生的感应电流外，还有一部分零序电流通过闪络点经铁塔返回地线后，再逐塔由接地装置入地，这个电流（称自由分量电流）同样可以使被影响线路上感应纵电动势降低。只要求出自由分量电流在接地系统中的分布，就可以确定其屏蔽效应。实际的电流分布计算较为复杂，在工程中一般都是通过电算求解。本节仅介绍和讨论感应分量电流的屏蔽效应计算。

在影响保护设计中，影响线路是送电线路，被影响线路是通信线路，常遇到的屏蔽体有：架空送电线路的地线，铁路轨道和通信电缆的金属外护层等。

一、送电线路屏蔽地线的屏蔽系数

（一）屏蔽系数计算

为防雷而在送电线路杆塔上部架设的接地地线，通常使用钢绞线，钢质地线屏蔽效果较差，为了降低送电线路对通信线路的危险影响，可将地线改为导电良好的有色金属线，以减少地线自阻抗，提高地线屏蔽效果。地线或良导体屏蔽地线的屏蔽系数用"t"表示，考虑到 $Z_{1A} \approx Z_{SA}$，则式（4-4-4）可改写为

$$t = 1 - \frac{z_{1s}}{z_s} \qquad (4-4-5)$$

一般全阻抗 z_{1s} 的有效分量 R_{1s} 是很小的，可以忽略，则式（4-4-5）将为

$$t = 1 - \frac{j\omega M_{1s}}{z_s} \qquad (4-4-6)$$

单根架空地线或良导体屏蔽线的屏蔽系数

$$t = 1 - \frac{j\omega M_{1s}}{\dfrac{2R_g}{L} + R_s + j\omega L_s} \qquad (4-4-7)$$

式中　M_{1s}——送电线路与屏蔽线间单位长度互感系数，H/km，ωM_{1s} 值可利用图 4-2-4 互感阻抗诺模图确定；

L_s——屏蔽线单位长度自感系数，H/km；

R_s——屏蔽线有效电阻，Ω/km；

R_g——屏蔽线两端接地电阻，Ω；

L——屏蔽线架设长度，km。

两根同型号架空地线或良导体屏蔽线的屏蔽系数

$$t = 1 - \frac{j\omega M_{1s}}{\dfrac{2R_g}{L} + \dfrac{R_s}{2} + j\omega\left[L_s + M_{ss}\right]/2} \qquad (4-4-8)$$

式中　M_{ss}——屏蔽线间互感系数，H/km；

ωM_{ss} 值可利用图 4-2-4 互感阻抗诺模图确定；

其它符号含义与式（4-4-7）相同。

（二）屏蔽地线设计的有关问题

在屏蔽地线的设计中，要考虑屏蔽地线在送电线路杆塔上的架设位置，屏蔽地线敷设的长度以及屏蔽地线两端接地电阻、中间接地电阻和屏蔽地线的材料、截面等。

1. 屏蔽地线在杆塔上的布置

屏蔽地线在送电线路杆塔上架设位置，通常是架设于杆塔的顶部，代替原有的架空地线，同时起到防雷与屏蔽的作用。如果采用的杆塔不易将屏蔽地线设置在顶部时，应根据不同杆塔型式，不同电压等级，研究屏蔽地线的合理布置方式。

例如图 4-4-2 为某一双回路塔，屏蔽地线 p 布置在塔身横隔空档内。由于屏蔽地线布置在塔身上，离每根导线 D 的距离均接近，可改善屏蔽效果。图 4-4-3 猫头型塔图 4-4-4 酒杯型塔，仿照双回路塔，把屏蔽地线 p 布置在瓶口处。图 4-4-5 为上字型塔，因为三相导线呈上字型排列，上横担的一侧为空区。因此，将屏蔽地线 p 布置在这一区内，也是一种合理的解决办法。

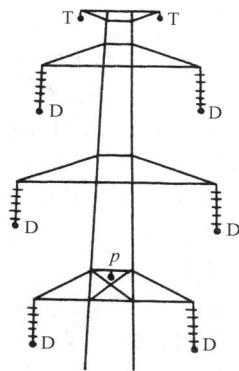

图 4-4-2　双回路塔屏蔽地线位置

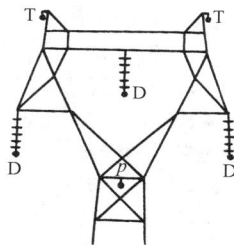

图 4-4-3　猫头型塔屏蔽地线位置

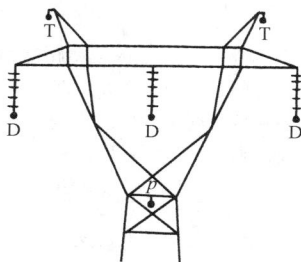

图 4-4-4　酒杯型塔屏蔽地线位置

2. 屏蔽地线的接地电阻

根据理论分析和多次试验论证，要想提高感应分量的屏蔽效应，应尽可能地降低屏蔽地线两端接地电阻，对于中间接地电阻只要能达到防雷接地要求就可以了。屏蔽地线两端接地电阻值，是根据设计计算确定的，一般要求在 1Ω 左右，最小 0.5Ω。可考虑利用现有接地装置，新设时要进行现场实际调查和测量，选

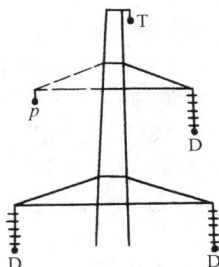

图 4-4-5　上字型塔屏蔽地线位置

择土壤电阻率低的地点和开阔地区敷设接地装置。一基接地装置达不到要求时,可敷设多基接地装置来实现。

3. 屏蔽地线长度

屏蔽地线长度由以下几点来确定:

(1) 根据屏蔽系数计算要求;

(2) 要稍大于被保护区段通信线路的长度;

(3) 屏蔽地线终端要在耐张塔处断引;

(4) 为了实现屏蔽地线终端的接地电阻值,终端应选择土壤电阻率较好且易于敷设接地装置的地点。

二、通信电缆金属外护层的屏蔽系数

通信电缆金属外护层有多种不同的类型,常见的有铅包、铅包钢带铠装、铝包、铝包钢带铠装等。由于外护层类型和敷设情况的不同,屏蔽系数在较大的范围内变化,是影响保护设计中不容忽视的一项参数。

(一) 固有屏蔽系数的计算

通信电缆金属外护层的固有屏蔽系数用 "γ_0" 表示,考虑到 $Z_{1S} \approx Z_{1A}$,根据式 (4-4-4),得

$$\gamma_0 = 1 - \frac{Z_{rA}}{Z_r} = \frac{Z_r - Z_{rA}}{Z_r}$$

$$= \frac{R_r - R_{rA} + j\omega(L_r - M_{rA})}{R_r + j\omega L_r} \qquad (4\text{-}4\text{-}9)$$

由于通信电缆外护层——大地回路电感在数值上近似等于外护层与芯线间互感,即 $L_r \approx M_{rA}$,全阻抗的有效分量 R_{rA} 很小,而在低频时 R_r 又接近于直流电阻 R_0,即可认为 $R_r - R_{rA} \approx R_0$,则式(4-4-9)可改写为

$$\gamma_0 = \frac{R_0}{R_r + j\omega L_r} = \frac{R_0}{Z_r} \qquad (4\text{-}4\text{-}10)$$

对具有铁磁物体外护层的电缆,其外护层的固有屏蔽系数为

$$\gamma_0 = \frac{R_0}{R_r + R_i + j\omega(L_r + L_{ri})}$$

$$= \frac{R_0}{Z_r} \qquad (4\text{-}4\text{-}11)$$

其中　　　$R_0 = \dfrac{R_{al} R_A}{R_{al} + R_A}$

或　　　　$R_0 = \dfrac{R_L R_A}{R_L + R_A}$

$$R_{al} = 1000 \frac{\rho_{al}}{\pi(d_{al} + \delta_{al})\delta_{al}}$$

$$R_L = 1000 \frac{\rho_L}{\pi(d_L + \delta_L)\delta_L}$$

$$R_A = 1000 \frac{\rho_A \pi D m}{n b^2 \delta}$$

$$m = \frac{b}{b + \Delta}$$

$$R_i = 1000 \frac{\omega \mu'_R \delta m n}{\pi D}$$

$$L_{ri} = 1000 \frac{\mu L \delta m n}{\pi D}$$

以上诸式中　R_{al}——铝层的单位长度的直流电阻, Ω/km;

$\qquad R_L$——铅层的单位长度的直流电阻, Ω/km;

$\qquad R_A$——铠装钢带的单位长度的直流电阻, Ω/km;

$\qquad \rho_{al}$——铝的电阻率,可取 0.029×10^{-6} $\Omega \cdot \text{m}$;

$\qquad \rho_L$——铅的电阻率,可取 0.221×10^{-6} $\Omega \cdot \text{m}$;

$\qquad \rho_A$——铠装钢带的电阻率,可取 $0.139 \times 10^{-6} \Omega \cdot \text{m}$;

$\qquad d_{al}$——铝层内直径, m;

$\qquad d_L$——铅层内直径, m;

$\qquad \delta_{al}$——铝层厚度, m;

$\qquad \delta_L$——铅层厚度, m;

$\qquad D$——铠装钢带平均直径, m;

$\qquad b$——铠装钢带宽度, m;

$\qquad \delta$——一层铠装钢带厚度, m;

$\qquad n$——铠装钢带层数;

$\qquad m$——铠装钢带绕包系数;

$\qquad \Delta$——铠装钢带绕包间隙, m;

$\qquad R_r$——外护层的有效电阻,在低频时 $R_r \approx R_0$, Ω/km;

$\qquad R_i$——铠装钢带中磁滞和涡流损失增加的电阻, Ω/km;

$\qquad L_r$——外护层的外电感,一般可取 $2 \times 10^{-3} \text{H/km}$;

$\qquad L_{ri}$——铠装钢带的内电感, H/km;

$\qquad \mu'_R$——铠装钢带串联电阻部分的导磁率;

$\qquad \mu_L$——铠装钢带串联电感部分的导磁率。

实测低碳钢带 $B\text{-}H$、$\mu\text{-}H$ 曲线见图4-4-6,图中列出 μ'_R 和 μ_L 计算值。

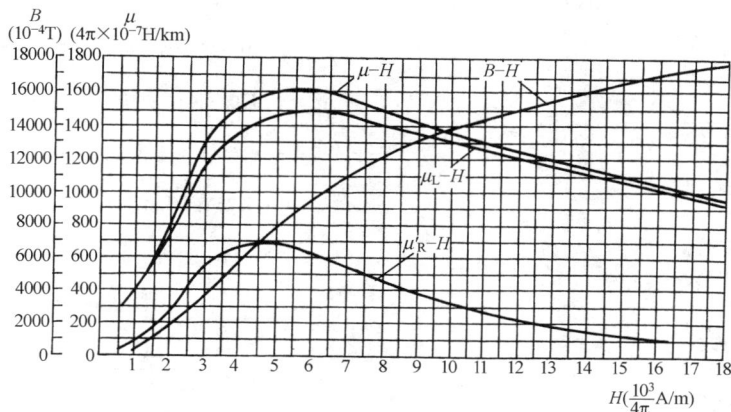

图 4-4-6 低碳钢 $B\text{-}H$、$\mu\text{-}H$ 曲线

式（4-4-10）和式（4-4-11）表明，通信电缆外护层的理想屏蔽系数等于外护层的直流电阻与外护层的全阻抗之比。

对于非铁磁物体金属外护层的固有屏蔽系数，可按式（4-4-10）计算，它只取决于外护层的材料性质和几何尺寸；对于铁磁物体金属外护层的理想屏蔽系数，需按式（4-4-11）计算，它不但取决于外护层的材料性质和尺寸，而且与外护层的感应电势大小有关。这是因为不同的电势在外护层中引起的电流大小不同，因而具有不同磁效应的缘故。

式（4-4-11）中 μ'_R、μ_L 与磁场强度有关，需预先假定电流值 I，算出铠装钢带的磁场强度 H，才能由图 4-4-6 查取 μ'_R、μ_L 求得相应于不同电流时的 R_i、L_{ri} 值。

铠装钢带的磁场强度可按下式计算：

$$\left.\begin{array}{l} H = \dfrac{I}{\pi(D' + \delta_e)},\text{A/m} \\[2mm] \delta_e = 2\delta - \dfrac{2\Delta\delta}{b'} \end{array}\right\} \quad (4\text{-}4\text{-}12)$$

式中 I——外护层中电流，A；

D'——铠装钢带内直径，m；

δ_e——二层等效钢带的等效厚度，m，这是因为铠装层还有空气间隙，需要折合成一整块带状面积下的等效厚度；

b'、δ、Δ 的含义见图 4-4-7 和式（4-4-11）说明。

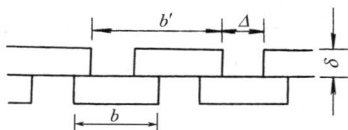

图 4-4-7 二层铠装钢带纵截面

【例题 4-1】 某一铅包市话电缆，铅层内直径

$d_L = 23.2\text{mm}$，铅层厚度 $\delta_L = 1.5\text{mm}$，求 $f = 50\text{Hz}$ 时该电缆的固有屏蔽系数。

解 由 $R_L = 1000\dfrac{\rho_L}{\pi(d_L + \delta_L)\delta_L}$

$$= 1000\frac{0.221 \times 10^{-6}}{3.14 \times (23.2 + 1.5) \times 1.5 \times 10^{-6}}$$

$$= 1.9\,\Omega/\text{km}$$

再取 $L_r = 2 \times 10^{-3}\text{H/km}$

由式（4-4-10）可得

$$\gamma_0 = \frac{R_0}{R_r + j\omega L_r} = \frac{1.9}{1.9 + j3.14 \times 2 \times 10^{-3}}$$

$$= 0.95$$

【例题 4-2】 已知某一铝包钢带铠装 0.5/150HLP$_{22}$型市话电缆的数据如下：

铝层内直径 $d_{al} = 21\text{mm}$；

铝层厚度 $\delta_{al} = 1.5\text{mm}$；

铠装钢带宽度 $b = 30\text{mm}$；

铠装钢带厚度 $\delta = 0.5\text{mm}$；

铠装钢带绕包间隙 $\Delta = 9\text{mm}$；

铠装钢带层数 $n = 2$；

铠装钢带平均直径 $D = 30\text{mm}$。

试求 $f = 50\text{Hz}$ 时该电缆外护层的固有屏蔽系数。

解 由式（4-4-11）可分别求出

$$R_{al} = 1000\frac{\rho_{al}}{\pi(d_{al} + \delta_{al})\delta_{al}}$$

$$= 1000\frac{0.029 \times 10^{-6}}{3.14 \times (21 + 1.5) \times 1.5 \times 10^{-6}}$$

$$= 0.27\,\Omega/\text{km}$$

$$m = \frac{b}{b + \Delta} = \frac{30 \times 10^{-3}}{(30 + 9) \times 10^{-3}}$$

$$= 0.77$$

$$R_A = 1000\frac{\rho_A \pi D m}{n b^2 \delta}$$

$$= 1000 \frac{0.139 \times 10^6 \times 3.14 \times 30 \times 10^{-3} \times 0.77}{2 \times (30 \times 10^{-3})^2 \times 0.5 \times 10^{-3}}$$

$$= 11.2\,\Omega/\text{km}$$

$$R_0 = \frac{R_{al}R_A}{R_{al} + R_A} = \frac{0.27 \times 11.2}{0.27 + 11.2}$$

$$= 0.263\,\Omega/\text{km}$$

$$R_i = 1000 \frac{\omega\mu'_R \delta m n}{\pi D}$$

$$= 1000 \frac{\omega\mu'_R 0.5 \times 10^{-3} \times 0.77 \times 2}{3.14 \times 30 \times 10^{-3}}$$

$$= 8.16\omega\mu'_R,\,\Omega/\text{km}$$

取
$$L_r = 2 \times 10^{-3}\,\text{H/km}$$

$$L_i = 1000 \frac{\mu_L \delta m n}{\pi D}$$

$$= 8.16\mu_L,\quad \text{H/km}$$

为了确定 μ'_R、μ_L 值，须根据式（4-4-12）预先选定电缆铠装钢带的磁场强度 H，计算如下：

$$D' = D - 2\delta = (3 - 2 \times 0.05) \times 10^{-2}$$

$$= 2.9 \times 10^{-2}\,\text{m}$$

$$\delta_e = 2\delta - \frac{2\Delta\delta}{b'} = 2 \times 0.05 \times 10^{-2}$$

$$- \frac{2 \times 0.9 \times 0.05 \times 10^{-4}}{(3 + 0.9) \times 10^{-2}}$$

$$= 0.0769 \times 10^{-2}\,\text{m}$$

如假定 $I = 20\text{A}$，则

$$H = \frac{I}{\pi(D' + \delta_e)}$$

$$= \frac{20}{3.14 \times (2.9 + 0.0769) \times 10^{-2}}$$

$$= 2.14 \times 10^2\,\text{A/m}$$

由图 4-4-6 查得

$$\mu'_R = 440 \times 4\pi \times 10^{-7},\,\text{H/km}$$

$$\mu_L = 1020 \times 4\pi \times 10^{-7},\,\text{H/km}$$

$$R_i = 8.16\omega\mu'_R = 8.16 \times 314 \times 440 \times 4\pi \times 10^{-7}$$

$$= 1.415,\,\Omega/\text{km}$$

$$L_{ri} = 8.16\mu_L = 8.16 \times 1020 \times 4\pi \times 10^{-7}$$

$$= 10.45 \times 10^{-3}\,\text{H/km}$$

$$\gamma_0 = \frac{R_0}{R_r + R_i + j\omega(L_r + L_{ri})}$$

$$= \frac{0.263}{0.263 + 1.415 + j314 \times (2 + 10.45) \times 10^{-3}}$$

$$= \frac{0.263}{4.25} = 0.0619$$

相应的外护层电势

$$E = IZ = 20 \times 4.25 = 85\text{V}$$

对电流值作一系列假定后所算得的固有屏蔽系数见表 4-4-1。

从表 4-4-1 计算结果可以看出，随着外护层感应电势的增大，固有屏蔽系数逐渐减小，但增到一定数值时，电势继续增大，固有屏蔽系数反而恶化，因为铠装钢带中磁通接近饱和时，随着磁场强度的增大，导磁率开始变小。铝包钢带铠装通信电缆的屏蔽作用是相当显著的，因为采用铝包，大大降低了外护层的直流电阻，钢带铠装又增加了外护层的全阻抗，所以这类通信电缆也称高屏蔽电缆。

表 4-4-1　　　**铝包钢带铠装 0.5/150HLP$_{22}$ 型市话电缆固有屏蔽系数**

I (A)	μ'_R	μ_L	R_i (Ω/km)	L_{ri} (mH/km)	Z_r (Ω/km)	γ_0	E (V)
	($4\pi \times 10^{-7}$H/km)						
5	30	330	0.0966	3.38	1.73	0.152	8.65
10	130	510	0.419	5.22	2.36	0.1115	23.6
15	265	730	0.853	7.47	3.18	0.0828	47.7
20	440	1020	1.415	10.45	4.25	0.0619	85
30	660	1380	2.125	14.12	5.59	0.0471	167.7
40	650	1470	2.095	15.05	5.85	0.0450	234
50	565	1460	1.82	14.95	5.71	0.0461	286
60	460	1400	1.48	14.32	5.42	0.0486	325
70	360	1325	1.16	13.58	5.09	0.0517	356.5
80	290	1260	0.935	12.90	4.82	0.0547	385
90	220	1200	0.708	12.30	4.60	0.0572	414
100	180	1140	0.58	11.68	4.37	0.0602	437

注　$R_0 = 0.263\,\Omega/\text{km}$，$L_r = 2 \times 10^{-3}$，H/km。

（二）固有屏蔽系数测量

在实际工作中使用的通信电缆固有屏蔽系数曲线都是通过测量获得的，有专门的测量仪器，也可利用一般的电器测量仪器进行测量。如将式（4-4-11）写成

$$\gamma_0 = \frac{IR_0}{IZ} \tag{4-4-13}$$

若认为外护层与芯线间互感在数值上近似等于外护层的内电感，即 $M_{rA} \approx L_{ri}$，则

$$\gamma_0 = \frac{I[(R_0 + j\omega L_{ri}) - j\omega M_{rA}]}{IZ}$$

$$= \frac{E'_1}{E} \tag{4-4-14}$$

如图 4-4-8 的接线，就能满足式（4-4-14）的要求，当双投开关位于"1"的位置，测出的即为外护层电势 E，位于"2"的位置，即为通信电缆芯线的感应电势 E'。通过变更外护层中的电流强度，就可以得到外护层不同电势 E 时的电缆固有系数 γ_0。

图 4-4-8 中的测量接线连接成矩形框架形状，目的是模拟外电感 L_r；L_r 随大地电导率而变化，但变化不大，已如前所述其数值为 2mH 左右，要求电缆轴线距电流线轴线的距离为 0.6m。

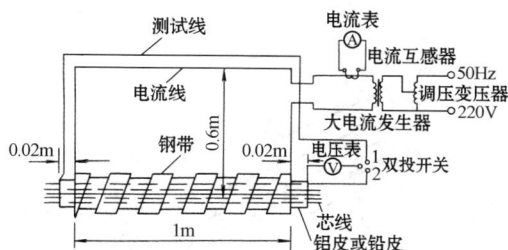

图 4-4-8 通信电缆固有屏蔽系数测量接线

不同型号通信电缆 $f = 50Hz$，$f = 800Hz$ 的固有屏蔽系数见图 4-4-9 ～ 图 4-4-20 和表 4-4-2 ～ 表 4-4-4。当通信电缆无固有屏蔽系数实测资料时，可根据电缆结构特性从上述图表中查取。

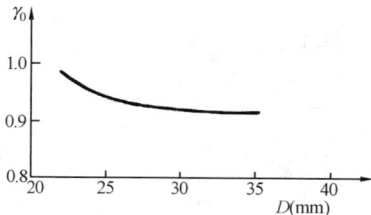

图 4-4-9 裸铅包电缆固有屏蔽系数
（$f = 50Hz$）D—铅皮外径
注：适用于铅皮厚度为 1.6～2.0mm

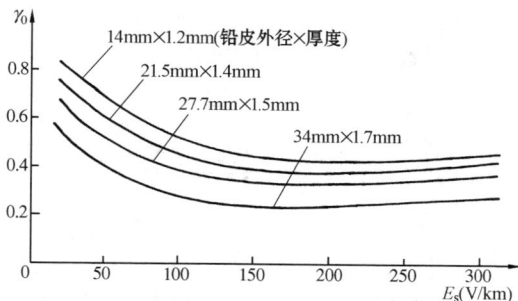

图 4-4-10 铅包钢带（2×0.5）铠装电缆固有屏蔽系数曲线（$f = 50Hz$）

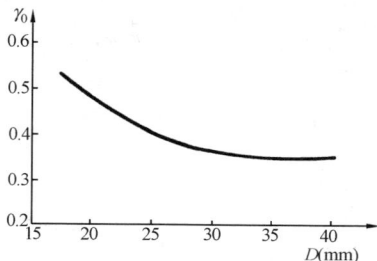

图 4-4-11 铝包电缆固有屏蔽系数曲线（$f = 50Hz$）D—铝包外径
注：适用于铝包厚度为 1.8～2.0mm

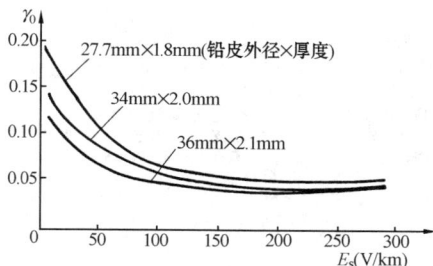

图 4-4-12 铝包钢带（2×0.5）铠装电缆固有屏蔽系数曲线（$f = 50Hz$）

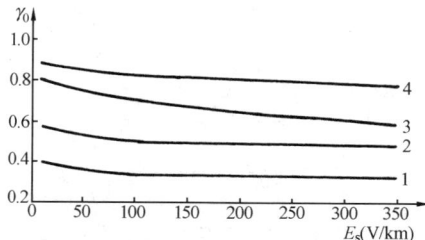

图 4-4-13 小同轴铅包综合钢丝铠装通信电缆（$HOQZ_{15} - 4 \times 1.2 / 4.4 + 3 \times 4 \times 0.9 + 6 \times 1 \times 0.6$）固有屏蔽系数曲线（$f = 50Hz$）

1—钢丝接铅皮，同轴对外导体接铅皮时，测内导体；2—钢丝接铅皮，同轴对外导体与铅皮断开时，测内导体；3—钢丝与铅皮断开，同轴对外导体接铅皮时，测内导体；4—钢丝与铅皮断开，同轴对外导体与铅皮断开时，测内导体

注：铅护套厚度 2.3mm，钢丝铠装 $\phi4mm$

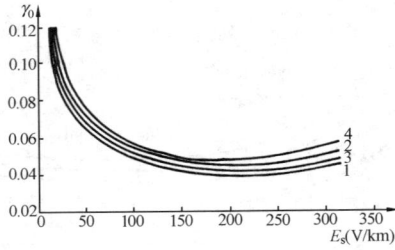

图 4-4-14　同轴铝包综合钢带铠装通信电缆（$HOLZ_{22} - 4 \times 1.2 / 4.4 + 3 \times 4 \times 0.9 + 6 \times 1 \times 0.6$）固有屏蔽系数曲线（$f = 50Hz$）

1—钢带接铝皮，同轴对外导体接铝皮时，测内导体；2—钢带接铝皮，同轴对外导体与铝皮断开时，测内导体；3—钢带与铝皮断开，同轴对外导体接铝皮时，测内导体；4—钢带与铝皮断开，同轴对外导体与铝皮断开时，测内导体

注：铝护套厚度 1.8mm，钢带铠装

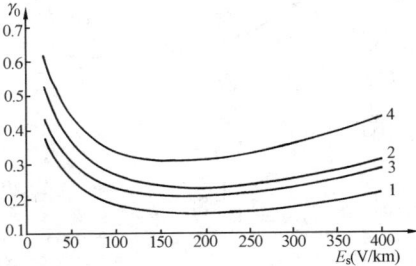

图 4-4-15　中同轴铅包综合钢带铠装通信电缆（$HOYDQZ_{12} - 4 \times 2.6 / 9.4 + 4 \times 4 \times 0.9 + 1 \times 4 \times 0.9 + 6 \times 1 \times 0.6$）固有屏蔽系数曲线（$f = 50Hz$）

1—钢带接铅皮，同轴对外导体接铅皮时，测内导体；2—钢带接铅皮，同轴对外导体与铅皮断开时，测内导体；3—钢带与铅皮断开时，同轴对外导体接铅皮时，测内导体；4—钢带与铅皮断开时，同轴对外导体与铅皮断开时，测内导体

注：铅包护套厚度 1.8mm，钢带铠装

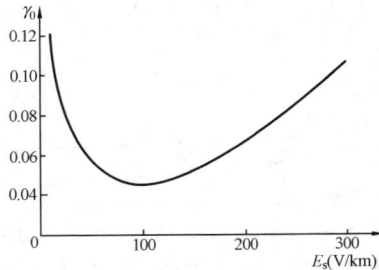

图 4-4-16　四管同轴综合高屏蔽电缆 [$4 \times 2.6 / 9.5 + 4 \times 4 \times 0.9$（高）$+ 1 \times 4 \times 0.9$（低）$+ 6 \times 1 \times 0.6$（低）] 固有屏蔽系数曲线（$f = 50Hz$）

注：1. 此图适用于

$HOYDLZG_{22}$ 铝套高导磁镀锌钢带铠装聚氯乙烯外护套同轴电缆；

$HOL_{23}\text{-}G_1$ 铝套高导磁钢带铠装聚乙烯外护套同轴电缆；

$HOL_{23}\text{-}G_2$ 铝套高导磁镀锌钢带铠装聚乙烯外护套同轴电缆

2. 铝包厚度 1.6mm，DT_4 型电工钝铁带

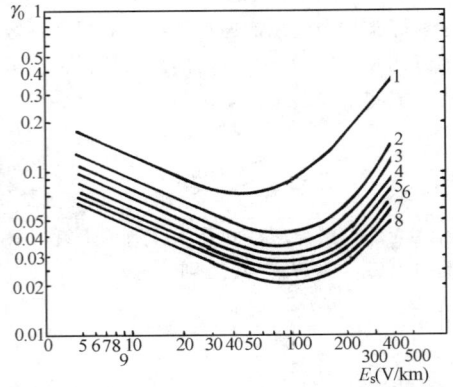

曲线编号		1	2	3	4	5	6	7	8
铝护套	d_1	15.0	20.0	25.0	30.0	35.0	40.0	45.0	50.0
	d_2	12.4	17.4	22.2	27.0	31.8	36.6	41.4	16.2
	δ_1	1.3	1.3	1.4	1.5	1.6	1.7	1.8	1.9
钢带	D	20	25	30	35	40	45	50	55
	b	20	25	30	35	35	35	45	45
	δ	0.3	0.5	0.5	0.5	0.5	0.5	0.5	0.5
	n	2	2	2	2	2	2	2	2
	$b + \Delta$	28	35	42	49	49	49	63	63

注：d_1—铝护套外径（mm）；d_2—铝护套内径（mm）；δ_1—铝皮厚度（平均值）（mm）；D—钢丝绕包平均直径（mm）；$b + \Delta$—钢带绕包节距（mm）；n—钢带总根数；δ、b、Δ（mm）含义见图 4-4-7

图 4-4-17　DT_4 型钢带铠装铝护套电缆固有屏蔽系数曲线（$f = 50Hz$）

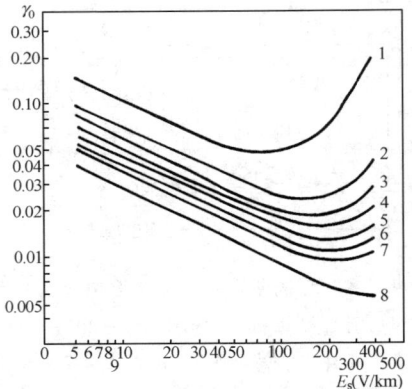

曲线编号		1	2	3	4	5	6	7	8
铝护套	d_1	15.0	20.0	25.0	30.0	35.0	40.0	45.0	50.0
	d_2	12.4	17.4	22.2	27.0	31.8	36.6	41.4	46.2
	δ_1	1.3	1.3	1.4	1.5	1.6	1.7	1.8	1.9
钢带	D	20	25	30	35	40	45	50	55
	b	20	25	30	35	35	35	45	45
	δ	0.3	0.5	0.5	0.5	0.5	0.5	0.5	0.5
	n	2	2	2	2	2	2	2	2
	$b + \Delta$	28	35	42	49	49	49	63	63
	ϕ	4	4	4	4	4	4	4	6
钢丝	D_3	29	34	39	44	49	54	59	66
	n_3	20	24	28	31	35	38	42	30
	$b_3 + \Delta$	290	340	390	440	490	540	590	660

注：1. ϕ—单根钢丝直径（mm）；D_3—钢丝绕包平均直径（mm）；n_3—钢丝总根数；$b_3 + \Delta$—钢丝绕包节距（mm）。

2. 其它符号含义同图 4-4-17

图 4-4-18　DT_4 型钢带、钢丝铠装铝护套电缆固有屏蔽系数曲线（$f = 50Hz$）

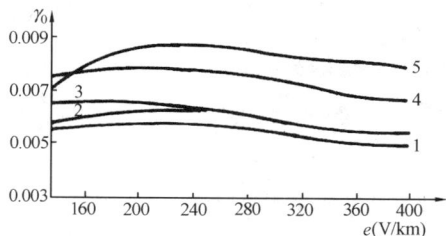

图 4-4-19 高屏蔽四管中同轴电缆磁
屏蔽系数 ($f=800\text{Hz}$)

1—两层 DT_4 型钢带；2—两层 DT_4 型镀
锌钢带；3—内层 DT_4 型钢带，外层镀锌
钢带；4—内层镀锌钢带，外层 DT_4 型钢带；
5—两层镀锌钢带

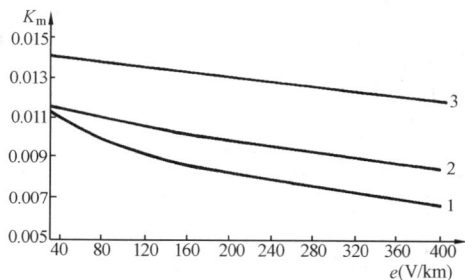

图 4-4-20 高屏蔽六管小同轴电缆磁
屏蔽系数 ($f=800\text{Hz}$)

1—铝厚 1.4mm，两层 DT_4 型钢带；2—铝
厚 2.0mm，两层镀锌钢带；3—铝厚 1.4mm，
两层镀锌钢带

表 4-4-2　常用铅护套长途电信电缆
的磁屏蔽系数 ($f=800\text{Hz}$)

序号	电缆规格		屏蔽系数
1	对称电缆	HEQ2-1×4×1.2	0.14
2		HEQ2-4×4×1.2	0.12
3		HEQ2-7×4×1.2	0.09
4	小同轴电缆	HOYQZ-4×1.2/4.4	0.15
5		HOYQZ 15-4×1.2/4.4	0.075
6	中同轴电缆	HOYDQZ12-4×2.6/9.5	0.06
7		HOYDQZ12-8×2.6/9.5	0.05

表 4-4-3　常用铅护套长途电信电缆
的磁屏蔽系数 ($f=800\text{Hz}$)

序号	电缆规格		屏蔽系数
1	对称电缆	HEL 22-1×4×1.2	0.09
2		HEL 22-4×4×1.2	0.014
3		HEL 22-7×4×1.2	0.012
4	小同轴电缆	HOYPLWZ 21-4×1.2/4.4	0.025
5		HOYPLZ 22-4×1.2/4.4	0.01
6	中同轴电缆	HOYDLWZ 21-4×2.6/9.5	0.015

表 4-4-4　常用市话电缆的磁屏蔽
系数 ($f=800\text{Hz}$)

序号	电缆规格	屏蔽系数
1	HQ-300×0.5	0.15
2	HYA-50×0.5	0.4
3	HYA-100×0.5	0.3
4	HYA-200×0.5	0.27
5	HYA-400×0.5	0.15
6	HYA-600×0.4	0.19
7	HYA-800×0.4	0.13

（三）实际屏蔽系数计算

当通信电缆金属外护层在接近段两端终接波阻抗
或接近段两端以外通信电缆有较长的延长段而相当于
终接波阻抗时，通信电缆实际屏蔽系数可按下式计算：

$$\gamma = \gamma_0 + (1-\gamma_0)\frac{1-e^{-rl}}{rl} \quad (4\text{-}4\text{-}15)$$

其中

$$r = \sqrt{\frac{Z_w}{R_g}}, 1/\text{km}$$

上二式中　γ_0——通信电缆的固有屏蔽系数；

l——接近段内通信电缆长度，km；

r——通信电缆金属外护层的传播常数，
1/km；

Z_w——波阻抗，Ω/km；

R_g——通信电缆金属外护层与大地间的接
触电阻，Ω/km。

1. 在铠装外面没有绝缘层时

$$R_g = R_{zm} + \frac{10^{-3}\rho}{\pi}\ln$$
$$\times \frac{1.12}{\sqrt{Dhr\times10^{-3}}}, \Omega/\text{km} \quad (4\text{-}4\text{-}16)$$

式中　R_{zm}——铠装外被层的对地电阻，对黄麻编织
的外被层为 $0.1\sim1\Omega/\text{km}$；

ρ——土壤电阻率，Ωm；

D——铠装的平均直径，m；

h——通信电缆埋深，m。

因等式右边含有 r，故式（4-4-16）是 R_g 的隐函
数，直接求解比较费事，一般可用图解法。将 $r=$
$\sqrt{\frac{Z_w}{R_g}}$ 代入（4-4-16）式后，可写成

$$R_g = R_{zm} + \frac{10^{-3}\rho}{\pi}\ln\frac{1.12\times10^3}{\sqrt{DhZ_w}}$$
$$+ \frac{10^{-3}\rho}{2\pi}\ln R_g, \Omega \quad (4\text{-}4\text{-}17)$$

令

$$y_1 = R_g - R_{zm} - \frac{10^{-3}\rho}{\pi}$$
$$\times \ln\frac{1.12\times10^3}{\sqrt{DhZ_w}} \quad (4\text{-}4\text{-}18)$$

$$y_2 = \frac{10^{-3}\rho}{2\pi}\ln R_g \quad (4\text{-}4\text{-}19)$$

如以 y 为纵轴，以 R_g 为横轴，在坐标中可画出 $y_1 = f_1(R_g)$ 和 $y_2 = f_2(R_g)$ 两条直线，两直线交叉点的横坐标即为所求的 R_g。

2. 在铠装外面有塑料绝缘层时，通信电缆两端并沿电缆每隔一定距离必须进行接地，才能形成外护层电流，产生屏蔽作用，此时

$$R_g = \frac{R_z l_z \sqrt{m_1 R_z}}{\sqrt{m_1 R_z} + 4.5\sqrt{l_z}}, \Omega \cdot km \quad (4\text{-}4\text{-}20)$$

式中 R_z——每处接地电阻的平均值，Ω；

l_z——相邻接地的平均间距，km；

m_1——增音段上的接地数目。

在满足 $\sqrt{m_1 R_z} \approx \sqrt{m_1 R_z} + 4.5\sqrt{l_z}$ 时

$$R_g \approx R_z l_z, \Omega \cdot km \quad (4\text{-}4\text{-}21)$$

常见通信电缆常用数据见表 4-4-5 ~ 表 4-4-7。

表 4-4-5　　　　　　　　　　　　　　　　铜线对绞纸绝缘市内电话电缆

电缆型号	规　格	外　径（mm）	铠　装　钢　带		铅或铝层厚　度（mm）	内　径（mm）	试　验　电　压
			层　数	厚　度（mm）			
HQ₂（铅包）	30 对 ×0.5	22.3	2	0.5	1.25	11.2	能经受交流 50Hz 电压 500V，试验 2min
	×0.6	24.5	2	0.5	1.25	12.9	
	×0.7	26.4	2	0.5	1.4	16.4	
	×0.9	31.8	2	0.5	1.4	16.8	
	50 对 ×0.5	25.3	2	0.5	1.25	14.2	
	×0.6	28.7	2	0.5	1.25	16.4	
	×0.7	31.6	2	0.5	1.4	20.8	
	×0.9	37.6	2	0.5	1.4	21.2	
	80 对 ×0.5	29.1	2	0.5	1.4	17.7	
	×0.6	32.1	2	0.5	1.4	20.4	
	×0.7	36.0	2	0.5	1.5	25.7	
	×0.9	44.4	2	0.5	1.6	26.5	
	100 对 ×0.5	32.1	2	0.5	1.4	19.7	
	×0.6	36.0	2	0.5	1.4	22.7	
	×0.7	39.7	2	0.5	1.6	28.5	
	×0.9	48.6	2	0.5	1.6	30.0	
	150 对 ×0.5	36.7	2	0.5	1.5	23.7	
	×0.6	41.2	2	0.5	1.6	27.8	
	×0.7	48.4	2	0.5	1.6	28.5	
	×0.9	57.4	2	0.5	1.95	36.4	
	200 对 ×0.5	40.6	2	0.5	2.05	27.2	
	×0.6	45.7	2	0.5	1.7	32.1	
	×0.7	54.0	2	0.5	1.95	40.0	
	×0.9	65.8	2	0.5	2.05	41.6	

表 4-4-6　　　　　　　　　　　　　　　　铜芯纸绝缘星绞低频通信电缆

电缆型号	规　格	外　径（mm）	铠　装　钢　带		铅或铝层厚　度（mm）	内　径（mm）	试　验　电　压
			层　数	厚　度（mm）			
HEQ₂（铅包）	4×4×0.8	20.2	2	0.3	1.4	9.2	能经受交流 50Hz 电压 1800V 试验 2min
	4×4×0.9	22.4	2	0.3	1.4	11.4	
	4×4×1.0	22.9	2	0.3	1.4	11.9	
	4×4×1.2	24.0	2	0.3	1.4	13.0	
	7×4×0.8	23.3	2	0.3	1.4	12.3	
	7×4×0.9	23.6	2	0.3	1.4	12.6	
	7×4×1.0	25.9	2	0.3	1.5	14.7	
	7×4×1.2	27.3	2	0.3	1.5	16.1	
	12×4×0.8	28.1	2	0.3	1.5	16.9	
	12×4×0.9	30.5	2	0.3	1.5	19.3	
	12×4×1.0	31.4	2	0.3	1.6	20.0	
	12×4×1.2	35.3	2	0.3	1.7	23.7	
	14×4×0.8	29.1	2	0.3	1.5	17.9	
	14×4×0.9	33.6			1.6	22.2	
	14×4×1.0	34.5			1.7	22.9	
	14×4×1.2	36.8			1.7	25.2	

表 4-4-7　　　　　　　　　　　　　铜芯纸绳绝缘高频长途通信电缆

电缆型号	规　格	外径（mm）	铠装钢带 层数	铠装钢带 厚度（mm）	铅或铝层 厚度（mm）	内径（mm）	试　验　电　压
HEQ₂ （铅包）	$4 \times 4 \times 1.2 + 5 \times 1 \times 0.9$	32.3	2	0.3	1.6	20.9	除信号线芯外，全部连接的线芯
	$7 \times 4 \times 1.2 + 6 \times 1 \times 0.9$	37.7	2	0.5	1.7	25.3	与铅（铝）层间能经受交流 50Hz
HEL₂₂ （铝包）	$4 \times 4 \times 1.2 + 5 \times 1 \times 0.9$	30.2	2	0.3	1.3	19.4	电压 1800V，相互连接的信号线和
	$7 \times 4 \times 1.2 + 6 \times 1 \times 0.9$	34.6	2	0.3	1.4	23.6	铅（铝）层间为 700V，试验 2min

三、铁道钢轨的屏蔽系数

铁道钢轨是经过垫石的漏泄电阻而形成分布接地，每根钢轨之间在非电气化铁道用鱼尾板，在电气化铁道另有金属导线保持电气上的连接。铁路通信线路通常在铁路中心两侧 20～50m 的范围内架设，所以在近似计算中可认为 $Z_{1S} \approx Z_{1A}$，铁道轨道的屏蔽系数用符号"λ"表示，则式（4-4-4）可改写为

$$\lambda_0 = 1 - \frac{Z_{rA}}{Z_r} \qquad (4\text{-}4\text{-}22)$$

当忽略全互阻抗的有效分量 $R_{\lambda A}$ 时，考虑铁道轨道敷设情况的实际屏蔽系数为

$$\lambda = 1 - \frac{j\omega M_{rA}}{Z'_r} \qquad (4\text{-}4\text{-}23)$$

式中　M_{rA}——铁道轨道与通信线路间的互感系数，H/km；

Z'_r——铁道轨道与大地回路阻抗，Ω/km。

1. 单线铁道

$$Z'_r = \frac{R_0 + R_{cm} + R_i}{2} + j\omega \frac{L_r + L_{ri} + M_{1-2}}{2}, \Omega/km$$

$$R_0 = 1000 \frac{\rho_r}{s_r}, \Omega/km$$

$$R_{cm} = 0.2 R_0, \Omega/km$$

$$R_i = \frac{10}{P} \sqrt{20\pi\omega\rho_r\mu}, \Omega/km$$

$$L_r = \left(2\ln\frac{2}{1.78\alpha r_r} + 1\right) \times 10^{-4}, H/km$$

$$L_{ri} = \frac{10}{P} \sqrt{\frac{20\pi\rho_r\mu}{\omega}}, H/km$$

$$M_{1-2} = \left(2\ln\frac{2}{1.78\alpha s_{1-2}} + 1\right) \times 10^{-4}, H/km$$

$$(4\text{-}4\text{-}24)$$

式中　R_0——钢轨的单位长度直流电阻，Ω/km；

ρ_r——钢轨的电阻率，可取 0.19×10^{-6}，Ω·m；

s_r——钢轨的截面积，mm²；

R_{cm}——钢轨的接缝电阻，联接良好时取 $0.2 R_0$，Ω/km；

R_i——由于集肤效应钢轨单位长度增加的电阻，Ω/km；

P——钢轨截面周长，cm；

μ——钢轨起始相对导磁率，一般可取 150；

L_r——钢轨的外电感，H/km；

r_r——钢轨的等周长圆半径，m；

L_{ri}——钢轨的内电感，H/km；

M_{1-2}——两根钢轨间的互感系数，H/km，ωM_{1-2} 值可利用图 4-2-5 互感阻抗图确定；

s_{1-2}——两根钢轨间距离，m；

α——见式（4-2-22）说明，1/m。

P、r_r、s_{1-2} 可选用表 4-4-8 中所列数值。

表 4-4-8　　　钢　轨　数　据

钢轨类型	P（cm）	r_r（cm）	s_{1-2}（cm）
P₆₅	70	11.1	160
P₅₀	62	9.9	159.4
P₄₃	56	8.9	159.4

2. 双线铁道

$$Z'_r = \frac{R_0 + R_{cm} + R_i}{4}$$

$$+ j\omega \left(\frac{L_r + L_{ri} + M_{1-2} + M_{I-II}}{4}\right)$$

$$\times 10^{-4}, \Omega/km \qquad (4\text{-}4\text{-}25)$$

$$M_{I-II} = \left(2\ln\frac{2}{1.78\alpha s_{I-II}} + 1\right) 10^{-4}, H/km$$

$$(4\text{-}4\text{-}26)$$

上二式中　M_{I-II}——两股轨道间的互感系数（H/km），ωM_{I-II} 值可利用图 4-2-4 互感阻抗诺模图确定；

s_{I-II}——两股轨道间的距离，m；

其它符号含义与式（4-4-24）同。

非电气化铁道由于轨道之间的接缝电阻较大，屏蔽作用不显著，在计算中可以不考虑。

土壤电阻率在 $10 \sim 1000\Omega \cdot m$ 时，铁道轨道的屏蔽系数参见表 4-4-9。

表 4-4-9　　　　铁道轨道屏蔽系数

铁道类别	铁道路基到通信线路的距离	
	小于 50m	50 ~ 100m
非电气化单线铁道	0.9	1
非电气化双线铁道	0.8	0.9
电气化单线铁道	0.61	0.8
电气化双线铁道	0.46	0.7

四、综合屏蔽系数

当送电线路和通信线路两侧都有接地屏蔽体时，综合屏蔽系数为两侧屏蔽系数的乘积；当在同一侧有多条屏蔽体存在时，应考虑屏蔽体间的相互影响，其综合屏蔽系数可按以下近似式计算：

$$K'_n = \frac{1}{\sum_{i=1}^{n} \frac{1}{K_i} - (n-1)} \qquad (4-4-27)$$

式中　　K_i——单根屏蔽体时的屏蔽系数；

　　　　n——屏蔽体根数。

第五节　防　护　措　施

当送电线路对通信线路的感应影响超过允许标准时，应根据不同性质的影响和不同类型的通信线路采用相应的防护措施。

防护措施可在送电线路或通信线路方面采取，也可在送电线路和通信线路方面同时采取，应从技术和经济上进行全面比较，寻求经济有效的解决方案，以期满足允许值的要求。

在送电线路方面可采取的措施：

（1）送电线路与通信线路保持合理隔距；

（2）限制单相接地短路电流值；

（3）迅速切断故障电流；

（4）架设屏蔽线。

在通信线路方面可采取的措施：

（1）装设大容量放电管或采用携带型放电器；

（2）加装屏蔽变压器、中和变压器、隔离变压器、防护滤波器等；

（3）改迁路径、改用电缆、单线改双线、增设增音站等。

有关各种屏蔽体的屏蔽效应已在第四节论述，本节重点介绍常用防护设备放电管及其配套设备的防护设计方法。

为防止送电线路短路故障瞬间对通信线路的电磁危险影响，在通信线路（架空明线或电缆线路）上采用大容量放电管保护，在我国已有 40 多年的历史。五十年代初开始采用 PБ-280 型钡放电器，六十年代末逐步为 R-250 型陶瓷放电管所取代，随着电真空技术的提高，近来已试制成 3TF-250G、3TF-350G 型三极陶瓷放电管并通过了技术鉴定和工业性鉴定投入批量生产。过电压间隙气体放电管保护方法，国外于 1929 年就已推荐使用，许多国家都已列入本国规程，《导则》也已把放电管列为一项保护措施。大容量放电管作为一种经济有效的防护措施，一直被广泛应用于工频感应过电压及大气过电压的防护。

一、R-250 型陶瓷放电管性能

R-250 型放电管是一种两极金属陶瓷放电管，管长 40mm，最大直径 11mm，外形如图 4-5-1 所示。

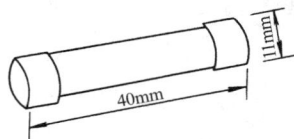

图 4-5-1　R-250 型陶瓷放
电管外形图

R-250 型放电管是根据气体放电原理制成的一种过电压间隙气体放电元件，当放电管两极间开始建立电压时，极间形成不均匀电场，在电场作用下气体开始游离。当外加电压很快增大并达到点火电压时，气体由绝缘状态变为导电状态，放电管随之由辉光放电很快转入弧光放电。当外加电压消失后，气体很快又恢复到原来的绝缘状态。因此，采用放电管保护通信线路的工频感应过电压时，只要通信线路上感应出高于放电管的放电电压，放电管就立即放电导通接地，使通信线路上的感应电压降低至允许值，从而保证了通信线路运行维护人员和设备的安全。

国产 R-250、R-350、3TF-250G 及 3TF-350G 四种放电管主要技术指标见表 4-5-1，表中同时列出 CCITT 推荐的技术条件，以资比较。

二、放电管配置计算方法

在通信线路上采用加装放电管来保护送电线路的电磁感应危险影响时，需要进行放电管的装设位置和接地电阻计算，以使通信导线上任一点的感应电压降低至允许值。以下具体介绍两种常用的配置计算方法。

（一）典型配置计算方法

1. 放电管装设位置的确定

放电管装设位置的确定，只需计算送电线路对应在任意相邻两处放电管间发生接地短路时通信导线上感应的某点对地电压 u_x。如图 4-5-2 所示的等效电路，当送电线路为双侧供电时、一般 $E_1 \neq E_2$，I_p 为感应纵电动势在通信回路与大地所形成的回路上产生的电流，u_x 为

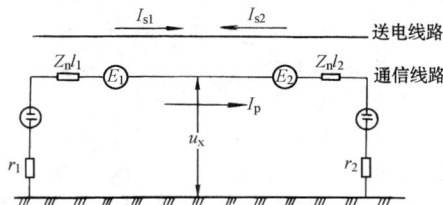

图 4-5-2　放电管保护等效电路图

$$\left.\begin{array}{l} u_x = E_1 - I_p(Z_n l_1 + R_1)，\mathrm{V} \\ u_x = E_2 + I_p(Z_n l_2 + R_2)，\mathrm{V} \end{array}\right\} \quad (4\text{-}5\text{-}1)$$

或

表 4-5-1　　　　　　　　　　　　　放 电 管 的 电 气 性 能

类型 指标名称		二极管及三极管（CCITT指标）				国产二极管（厂标）		国产三极管（厂标）	
型号		250/1	250/2	350/1	350/2	R-250	R-350	3TF-250G	3TF-350G
直流放电电压 （V）	标称值	250	250	350	350	250	350	250	350
	波动范围	200~450	200~300	265~600	290~600	210~290	300~400	200~300	280~500
冲击放电电压（V） （1kV/μs）		≤900	≤900	≤1100	≤1000	≤1600	≤1600	≤900	≤1100
三极管两间隙放电时间差 （1kV/μs）		0.2μs	0.2μs	0.2μs	0.2μs			0.2μs	0.2μs
工频耐流能力		2.5A、1s、5次 5A、1s、5次 10A、1s、5次 20A、1s、5次				30A、3s、1次或 100A、1s、1次		20A、1s、10次或 20A、2s、3次或 50A、1s、5次	
冲击耐流能力 （8/20μs）		2.5kA、10次 5kA、10次 10kA、10次 20kA、10次				20/40μs 10kA、3次		10kA、10次	10kA、10次
弧光管压降		<40V（直流2A）							
辉光管压降（V）						200	200	160	160
极间电容（pF）		≤20	≤20	≤20	≤20	≤5	≤5	≤5	≤5
绝缘电阻（MΩ）		≥1000	≥1000	≥1000	≥1000	≥5000	≥5000	≥2000	≥2000
过保持能力（ms）		<150	<150	<150	<150			<150	<150

解式（4-5-1），可得

$$u_x = E_1 - \frac{(E_1 - E_2)(Z_n l_1 + R_1)}{Z_n l + R_1 + R_2}，\mathrm{V} \quad (4\text{-}5\text{-}2)$$

如设 $R_1 = R_2 = 0$，则式（4-5-2）可写成

$$u_{0x} = \frac{E_1 l_2 + E_2 l_1}{l_1 + l_2}，\mathrm{V} \quad (4\text{-}5\text{-}3)$$

装有多处放电管当计入放电管接地电阻上的压降时则式（4-5-2）可写成

$$u_x = \frac{E_1 l_2 + E_2 l_1}{l_1 + l_2} + \frac{1}{4}(u_i + u_{i+1})，\mathrm{V} \quad (4\text{-}5\text{-}4)$$

式中　l_1、l_2——送电线路接地短路点对应通信导线上某点到相邻两放电管的距离，km；

E_1、E_2——l_1、l_2 两区段上感应的纵电动势，V；

u_i、u_{i+1}——相邻两放电管在对应放电管处送电线路发生短路时的接地电阻上的电压降，V。

当送电线路为单侧供电时

$$u_{0x} = \frac{E_1 l_2}{l_1 + l_2} \quad 或 \quad u_{0x} = \frac{E_2 l_1}{l_1 + l_2}，\mathrm{V} \quad (4\text{-}5\text{-}5)$$

式（4-5-3）、式（4-5-5）是不考虑放电管接地电阻电压降时通信导线的对地电压。

接地装置上的电压降一般取150V，所以实际计算时应为允许对地电压再减去150V。计算时只要沿着送电线路移动接地短路点，就可求得任意相邻两处放电管间通信导线的最大对地电压u_{0xmax}。

配置方法可以从通信线路影响区段两端起各装一处放电管，如不能满足，继续在中间加装放电管，直至任意相邻两处放电管间的u_{0xmax}不超过允许值为止。也可从通信线路影响区段的某一端起装，沿着通信线路向另一端进行，逐个验算相邻两处放电管间的u_{0xmax}，直至装到另一端为止。确定放电管的装设位置时，还要考虑运行维护的方便、通信回线的变化和土壤电阻率好坏等情况。

2. 放电管接地电阻的计算

放电管接地电阻的计算与放电管的动作条件、通信线路导线束的线束阻抗及放电管的接地电阻允许电压降有关。

（1）放电管动作条件的假设：

1）送电线路为双侧供电时，若送电线路接地短路点对应于通信线路两端放电管处，则仅考虑两端放电管动作；若接地短路点对应于某中间放电管处，则考虑该中间放电管和两端放电管动作；若接地短路点对应于某中间两处放电管之间，则考虑此中间两放电管和两端放电管动作。

2）送电线路为单侧供电时，只考虑接地短路点对应的放电管和供电侧始端放电管动作。

实际上，当装设多处放电管时，不论接地短路点对应于何处，只要感应电压超过放电管的放电电压，任一处放电管都有动作的可能。因此，上述放电管动作条件的假设是偏于安全的。

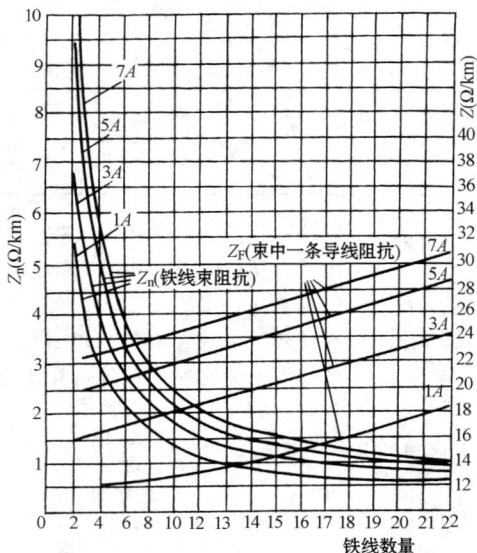

图 4-5-3 铁线中电流为1、3、5、7安时
铁线束及束中一条导线阻抗曲线

（2）通信线路线束阻抗的精确计算是很复杂的，在工程设计中一般均由图 4-5-3 ~ 图 4-5-6 查取。图中铁线负载电流只取到7A，因电流再增大其阻抗基本不变；由于导线在杆面中的位置及大地电导率对线束阻抗的影响很小，所以线束阻抗计算曲线可应用于任意情况的通信明线。

图 4-5-4、图 4-5-5 式中 Z_n——线束阻抗，Ω/km；

Z_{co}——线束中一条铜线的阻抗，Ω/km；

Z_{al}——线束中一条铝线的阻抗，Ω/km；

Z_F——线束中一条铁线的阻抗，Ω/km；

n_{co}——线束中铜线数目；

n_{al}——线束中铝线数目；

n_F——线束中铁线数目。

（3）放电管接地电阻允许电压降应根据配置后的u_{0xmax}值来计算，此时放电管接地电阻允许电压降应为

$$u_m \leqslant 2(u_e - u_{0xmax}) < u_e, V \qquad (4-5-6)$$

放电管接地电阻允许电压降计算值仍不得超过任何一点对大地电压的规定值u_e。

当通信线只装设两处放电管时或当送电线路单侧供电时，则取$u_m = u_e$。

《四部协议》规定：在特殊情况下（即进局、进电缆等）应降低最高电压的允许值至250V。

（4）终端放电管接地电阻计算，首先考虑送电线路接地短路点对应于两端放电管处的情况，且该接地短路点是在使纵电动势较大的那一侧。此时首、末端放电管接地电阻值为

$$\left.\begin{array}{l} R_b = \dfrac{u_b Z_n l}{E - u_b - u_e}, \Omega \\[4mm] R_e = \dfrac{u_e Z_n l}{E - u_b - u_e}, \Omega \end{array}\right\} \qquad (4-5-7)$$

式中 E——保护区段感应纵电动势，V；

u_b、u_e——首、末端放电管接地电阻允许电压降，V；

l——保护区段通信线路长度，km；

Z_n——通信线路线束阻抗，Ω/km。

然后依次计算送电线路接地短路点对应于各中间放电管处的情况时首、末端放电管接地电阻为

$$\left.\begin{array}{l} R_b = \dfrac{u_b Z_{n1} l_1}{E_1 - u_m - u_b}, \Omega \\[4mm] R_e = \dfrac{u_e Z_{n2} l_2}{E_2 - u_m - u_e}, \Omega \end{array}\right\} \qquad (4-5-8)$$

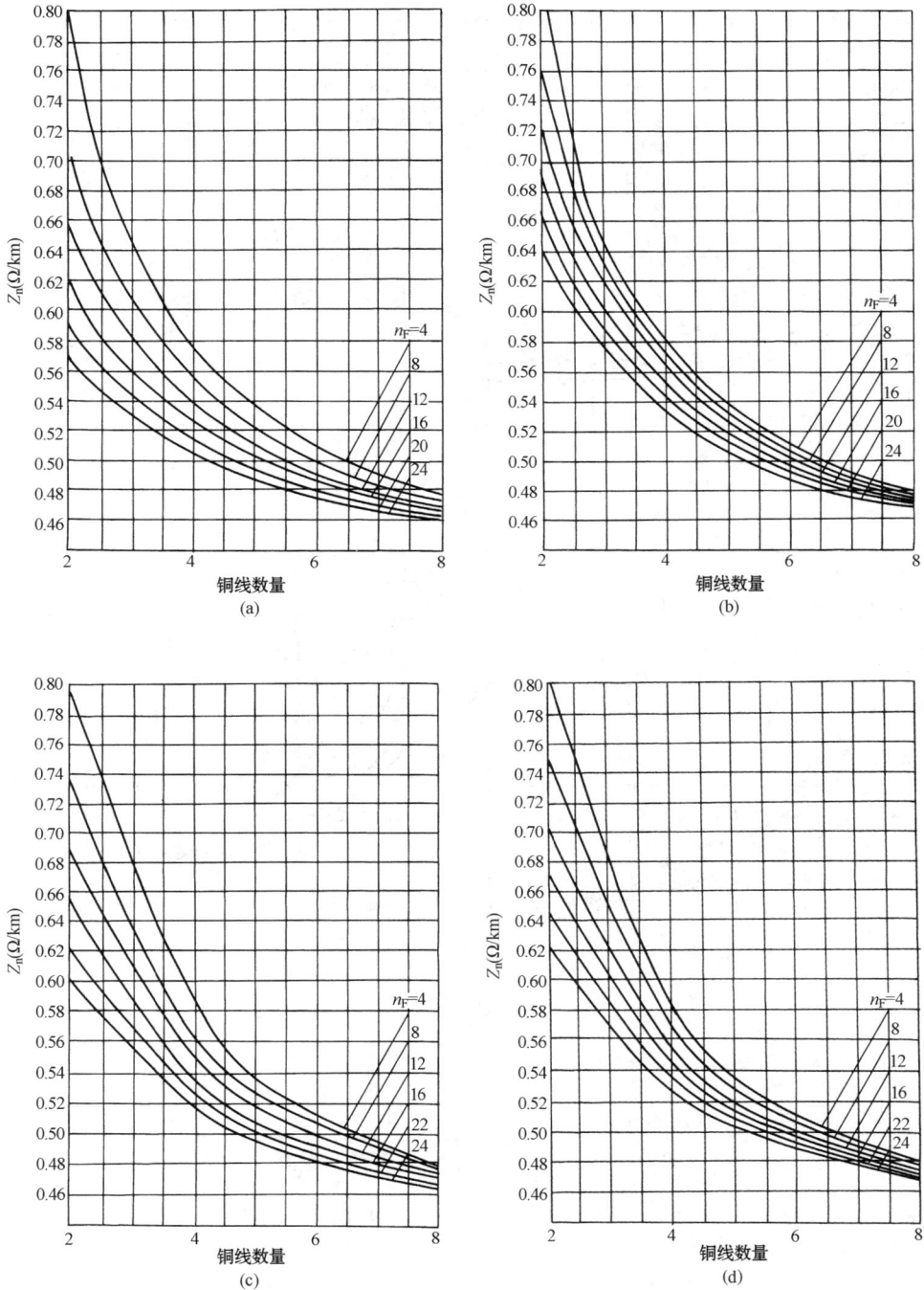

图 4-5-4　铜线和铁线组合线束阻抗曲线

（a）铁线中电流为 1A 时，一条导线的
　　阻抗按下式求出：
　　$Z_{co} = Z_n(n_{co} + 0.113 n_F)$
　　$Z_F = Z_n(n_F + 8.85 n_{co})$；

（b）铁线中电流为 3A 时，一条导线的
　　阻抗按下式求出：
　　$Z_{co} = Z_n(n_{co} + 0.086 n_F)$
　　$Z_F = Z_n(n_F + 11.6 n_{co})$；

（c）铁线中电流为 5A 时，一条导线的阻抗按下
　　式求出：
　　$Z_{co} = Z_n(n_{co} + 0.069 n_F)$
　　$Z_F = Z_n(n_F + 14.5 n_{co})$；

（d）铁线中电流为 7A 时，一条导线的阻抗按下
　　式求出：
　　$Z_{co} = Z_n(n_{co} + 0.0615 n_F)$
　　$Z_F = Z_n(n_F + 16.3 n_{co})$

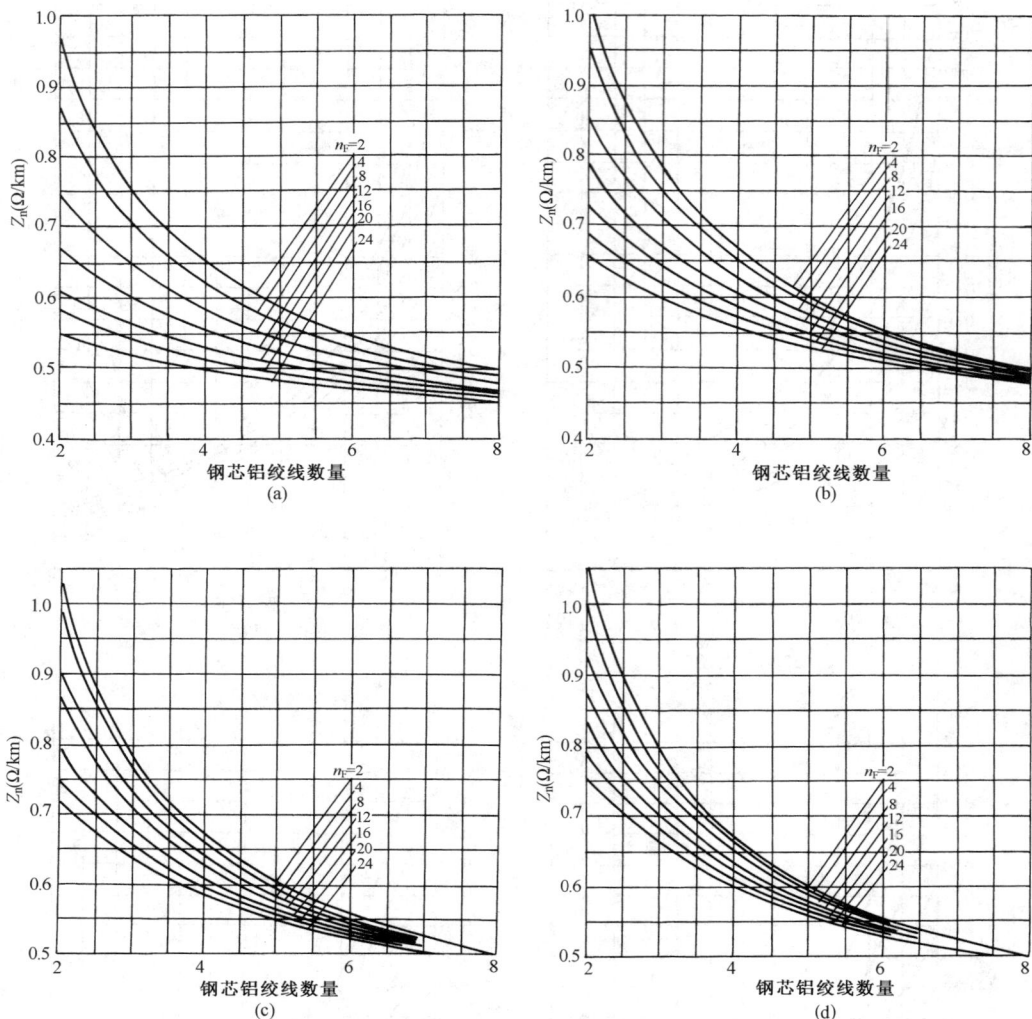

图 4-5-5　钢芯铝线和铁线组合线束阻抗曲线

（a）铁线中电流为 1A 时，一条导线的阻抗按下式求出：

$$Z_{al} = Z_n [n_{al} + (0.167 + j0.0073) n_F]$$

$$Z_F = Z_n [n_F + (5.98 + j0.262) n_{al}];$$

（c）铁线中电流为 5A 时一条导线的阻抗按下式求出：

$$Z_{al} = Z_n [n_{al} + (0.087 + j0.047) n_F]$$

$$Z_F = Z_n [n_F + (8.89 + j4.8) n_{al}];$$

式中　l_1、l_2——首、末端放电管至接地短路点对应
　　　　　　　的某中间放电管的距离，km；
　　　E_1、E_2——l_1、l_2 两区段上感应的纵电动势，V；
　　　Z_{n1}、Z_{n2}——l_1、l_2 两区段通信线路线束阻抗，Ω/
　　　　　　　km；
　　　u_m——中间某放电管接地电阻允许电压降，V。

（b）铁线中电流为 3A 时，一条导线的阻抗按下式求出：

$$Z_{al} = Z_n [n_{al} + (0.116 + j0.044) n_F]$$

$$Z_F = Z_n [n_F + (7.53 + j2.89) n_{al}];$$

（d）铁线中电流为 7A 时，一条导线的阻抗按下式求出：

$$Z_{al} = Z_n [n_{al} + (0.074 + j0.048) n_F]$$

$$Z_F = Z_n [n_F + (9.76 + j6.07) n_{al}]$$

由式（4-5-7）、式（4-5-8）计算得到的 R_b 和 R_e，取其小的 R_{bmin}、R_{emin} 为设计值。

送电线路为单侧供电时，类似地从一个方向依次计算送电线路接地短路点对应于各中间放电管处的情况，取其小者为首端放电管接地电阻设计值。

（5）中间放电管接地电阻计算，只需考虑送电线路接地短路点对应于中间任一放电管处的情况，此时该中间放电管接地电阻值为

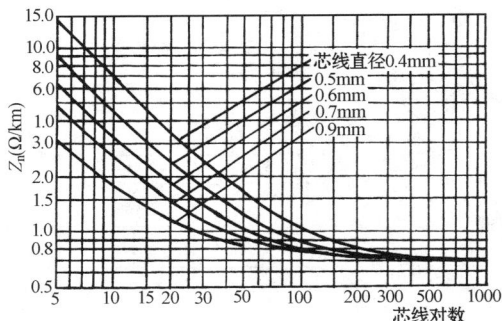

图 4-5-6 市话电信电缆线束阻抗图

$$R_{\mathrm{m}} = \cfrac{u_{\mathrm{m}}}{\cfrac{E_1 - u_{\mathrm{m}}}{R_{\mathrm{bmin}} + Z_{\mathrm{n}1} l_1} \quad \cfrac{E_2 - u_{\mathrm{m}}}{R_{\mathrm{emin}} + Z_{\mathrm{n}2} l_2}} , \ \Omega \quad (4\text{-}5\text{-}9)$$

式中 R_{bmin}、R_{emin}——首、末端放电管接地电阻设计值，Ω。

（二）简化配置计算方法

典型配置计算方法较为繁杂，应该使用计算机进行计算；如前所述，放电管实际装设位置还要受到其它条件的限制，而且放电管动作条件的假设也过于安全；因此，简化配置计算方法目前已在不少国家使用，虽然规定和方法有所不同，但计算都很简便易行。我国使用的简化配置计算方法是从现行标准拟定的，完全可供工程设计使用，国外方法仅供参考。

1. 我国简化配置计算方法

简化配置原理是把保护区段内各斜接近段等效成完全平行接近段，因而可用平均互感阻抗来表征，即

$$\overline{\omega M} = \cfrac{\sum\limits_{i=1}^{n} \omega M_i l_{\mathrm{p}i}}{\sum\limits_{i=1}^{n} l_{\mathrm{p}i}} , \ \Omega / \mathrm{km} \quad (4\text{-}5\text{-}10)$$

式中 ωM_i——第 i 接近段互感阻抗，Ω / km；

$l_{\mathrm{p}i}$——第 i 接近段接近长度，km。

再把保护区段内相邻两处放电管间短矩离内的接地短路总电流的变化看成是线性的，因而可用平均接地短路总电流 $\bar{I}_s$ 来表征。如果保护区段内存在非故障送电线路的影响，由于放电管配置计算中非故障送电线路综合影响的效果在平行接近条件时是均衡的，在非平行接近条件时主要改变放电管间通信导线对地电压的分布，故在放电管配置计算时，非故障送电线路的影响一般也可以不考虑。这样保护区段长度 L 内所需的放电管总处数为

$$N = \cfrac{\overline{\omega M}\ \bar{I}_s\ L}{4u_{0x\mathrm{max}}} + 1 \quad (4\text{-}5\text{-}11)$$

按照规定，$u_{0x\mathrm{max}}$ 的预选值不应大于 350V，故

$$N = \cfrac{\overline{\omega M}\ \bar{I}_s\ L}{1400} + 1 \quad (4\text{-}5\text{-}12)$$

各相邻放电管间的平均互感阻抗为

$$\overline{Z} = \cfrac{\sum\limits_{i=1}^{n} \omega M_i l_{\mathrm{p}i}}{N - 1} , \ \Omega \quad (4\text{-}5\text{-}13)$$

两端放电管接地电阻的最小值，一般是在对应于两端放电管处送电线路发生接地短路且在使纵电动势为较大的那一端出现，两端放电管的装设位置位于进局附近的可能性又较大，偏于安全可取 $u_{\mathrm{b}} = u_{\mathrm{e}} = 250$V，故两端放电管接地电阻为

$$r_{\mathrm{b}} = r_{\mathrm{e}} = \cfrac{250 Z_{\mathrm{n}} l}{E - 500} , \ \Omega \quad (4\text{-}5\text{-}14)$$

中间放电管接地电阻可仍按式（4-5-9）计算确定，此时 u_{m} 均取 300V。也可采用经验平均值，如表 4-5-2 所示，由保护区段最大感应纵电动势和通信线路线束阻抗，即可查得各中间放电管接地电阻的经验平均值。

简化计算方法的说明：

（1）保护区段长度内所需的放电管总处数 N 按计算结果取整；

（2）中间放电管按各相邻放电管间平均互感阻抗等分配置，同时要结合放电管运行维护条件、通信线路回线变化及土壤电阻率好坏等情况加以适当调整；

（3）送电线路单相接地短路总电流，按保护计算区段的中点查取，即取 $\bar{I}_s$；

（4）合理选定保护区段是使用简化配置计算的关键环节，通常两端放电管必须控制在有效影响段落的两端，对于某些接近距离变化过大或存在中间变电所等情况，简化配置计算可分段进行，以使其接近平行条件。

2. 国外简化配置计算方法

（1）英国：当感应纵电动势超过 430V（对一般的送电线路）或 650V（对高度可靠的送电线路）时，只在受影响的通信线路首、末端装设放电管。

（2）法国：当感应纵电动势超过 430V（对一般的送电线路）或 650V（对高度可靠的送电线路）时，在受影响的通信线路上每隔 860V 装设一处放电管。

（3）联邦德国：当感应纵电动势超过 300V 时，在受影响的通信线路上每隔 300V 装设一处放电管，但在线路的两端相邻两处放电管间的距离必须保持在 500m 以上。

（4）瑞士：当感应的纵电动势超过 430V 时，在受影响的通信线路中间每隔 900V 装设一处放电管，末端放电管与电话局或用户间的纵电动势为 500V。

表 4-5-2　　　　　　　　　　　　　　中间放电管接地电阻的经验平均值

$R_m(\Omega)$ / $E(V)$ 　 $Z_nL(\Omega)$	1000	1500	2000	2500	3000	3500	4000	4500	5000	5500	6000
5 以下	7	3									
5-7	9	4	2								
7-10	13	5	3	2							
10-14	18	7	4	3	2						
14-20	25	9	5	4	3	2					
20-30	35	13	7	5	4	3	2				
30-45	60	18	13	7	5	4	3	2			
45-65		35	18	9	7	5	4	3	2		
65-100		60	25	18	13	9	7	5	3	2	
100-140			35	25	18	13	9	7	5	4	3
140-200		60	35	35	25	18	13	9	7	5	4
200 以上			60	60	35	35	25	18	13	9	7

2 欧以下仍按式

$$R_m = \frac{300}{\dfrac{E_1-300}{r_b+Z_{n1}l_1}+\dfrac{E_2-300}{r_e+Z_{n2}l_2}}$$ ——计算取值

（5）芬兰：当感应纵电动势超过 900V（送电线路故障切除时间为 0.35s）或 1200V（送电线路故障切除时间为 0.2s）时，在受影响的通信线路上每隔 12km 装设一处放电管。

三、放电管安装与维护

R-250 型放电管安装在专用的瓷绝缘子内，如图 4-5-7 所示，绝缘子有可启拧的上盖，下部固定可与大号直、弯螺脚配套，安装与维护都很方便。

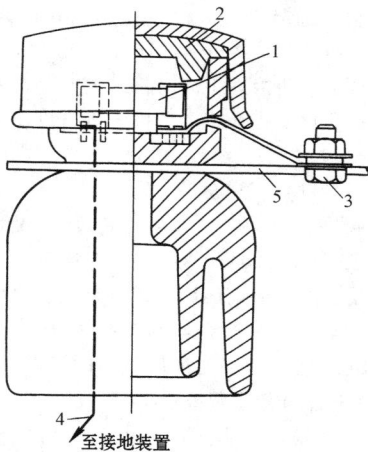

图 4-5-7　放电管专用瓷
绝缘子示意图

1—R-250 型放电管；2—橡胶垫盖；3—
引接线夹；4—接地引下线；5—通信导线

R-250 型放电管的电气接线见图 4-5-8，放电管的一个电极接至通信导线，另一电极接地。放电管的引下线要求采用绝缘线，其在杆上部分的长度不小于 2.5m，以防止上杆作业时人体部分同时接触通信导线和接地引下线。

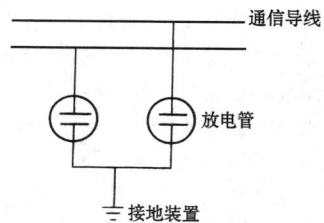

图 4-5-8　R-250 型放电管
电气接线图

放电管在安装前要进行放电电压测试，合乎要求方能使用。放电管安装后的维护，一般在每年雷雨季节前后各进行一次全面检测，可采用携带型放电管放电电压测试仪在现场检测，如放电管备品充裕，也可采用在现场全部更换的办法，将换下来的放电管带回室内进行检测，合乎要求的留在下次使用。放电管日常维护可结合巡线工作进行：对外部涂漆有否烧黑或变色、接触是否良好等作外观检查，对个别有怀疑的管子可随时进行检测与更换。放电管接地装置的接地电阻一般每年测试一次并做好测试记录。

四、音响冲击限制器

由于送电线路电磁感应影响，在电话回路中可能产生音响冲击危险的情况有两种：一是由于电感应影响在电话回路内产生大于 20mJ 的电能，另一是由于磁感应影响，双线电话回路装设的两个放电管可能不同时动作，使放电电流通过电话机，产生很大的喀啦声。此外，由于雷电感应也会产生音响冲击危险，故规定头戴型受话器都应装设音响冲击限制器。

音响冲击限制器组装见图 4-5-9（图中安装尺寸均为 mm），装设位置在交换台内头戴型受话器的塞孔前，目前有的交换台在出厂前已备有音响冲击限制器。

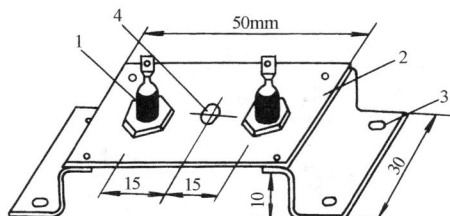

图 4-5-9　音响冲击限制器组装图
1—硅二极管；2—薄胶木板；
3—薄铁片支架；4—引线孔

音响冲击限制器的电气接线见图 4-5-10，正反相接的两个二极管与头戴型受话器并联。其特性是：在端电压低于 0.5V（头戴耳机的最高工作电压）时，800Hz 阻抗远较头戴型受话器为大，正常工作衰耗很小；而在端电压超过 1.2V 时，50Hz 阻抗远较头戴型受话器为小，对音响冲击起到分流和保护作用。

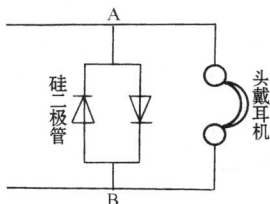

图 4-5-10　音响冲击限制器
电气接线图

五、排流线圈

排流线圈在防护送电线路感应影响方面主要是用来配合放电管使用，其电气接线见图 4-5-11。放电管串接排流线圈具有两个作用：

（1）能促使双线电话回路装设的两个放电管同时动作，当其中一个放电管先动作时，放电电流流经排流线圈中的一个线圈，同时在未动作放电管的一个线圈上感应产生与送电线路感应电压具有相同符号的电动势，增加了未动作放电管上所加的电压，从而促使双线电话回路的两个放电管同时动作。

（2）由于流入排流线圈中的两个线圈的信号电流（话音电流、电报电流、铃流）的方向相反，故当放电管动作时排流线圈呈现很高的阻抗，进一步避免了对话音、振铃和电报的动态影响。

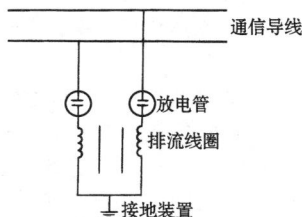

图 4-5-11　排流线圈配合放电
管使用电气接线图

排流线圈由两个相同的绕组组成，同绕在由钼坡莫合金制成的环形铁芯上。国产排流线圈的主要特性如下：

（1）每个线圈的电阻为 2Ω，电感为 160mH；

（2）两个线圈的平衡度大于 60dB；

（3）耐受雷电流的能力，每线圈通过 600A 电流（电流波形为 4/63μs），连续放电 20 次，其原有技术特性无变化；

（4）耐受工频电流的能力，每线圈通过 15A 电流，经过 3.2s，温度不高于 20℃，其原有技术特性无变化。

第六节　接 地 装 置

在放电管配置计算中，为限制送电线路对通信线路的瞬时感应过电压，要在通信线路上安装一定数量的放电管。其接地电阻值要达到设计要求，才能保证通信设备和维护使用人员的安全。另外，各种屏蔽体的接地只有满足设计值时，才能起到应有的屏蔽效果。通信保护设计中的各种接地，都要提出接地装置施工图。

一、土壤电阻率

接地装置的接地电阻是由金属接地体与一定范围内的大地所构成，前者电阻远小于后者，所以接地装置的电阻主要决定于土壤的电阻率。土壤性质的好坏，直接影响到接地装置的性能。对安装接地装置地点的土壤电阻率，最好进行实测，如无实测数值时，可参考表 2-7-14 所列数值。

土壤电阻率在一年中是随季节变化的，故土壤电阻率实测值应考虑季节系数（参见表 2-7-15）。

二、放电管的接地装置

放电管的接地装置，通常采用管形接地体和水平接地体组成的复合接地体（简称管带接地体）；当土质含有大量卵石或为岩石，采用管形接地体施工有困难时，可减少管形接地体数量、缩短管子长度或全部采用水平接地体。

不同型式的管带接地体和水平接地体的典型装置如表 4-6-1、表 4-6-2 所示。管形接地体选用管径 48mm、长 2m 的铁管，管子间距为 5m。水平接地体选用 20×4mm 扁铁，也可选用圆铁代替。

放电管通常采用集中接地，即将同一地点所有的放电管集中接到一个接地装置上。如果接地点土壤电阻率大，而且要求较小的接地电阻值时，也可将放电管分组进行接地，例如做一个 2Ω 的接地装置不如做两个 4Ω 的接地装置。

三、送电线路良导体架空屏蔽地线的接地装置

由理论分析可知，欲想获得屏蔽地线的良好屏蔽效果，降低屏蔽地线两端接地电阻值是一个很重要的因素。工程中一般要求接地电阻值为 1Ω 左右，属于大型接地装置。敷设低电阻的接地装置是比较困难的，尤其在高土壤电阻率地区是难以实现的，所以必须充分利用现有接地装置。若屏蔽地线一端在变电所，则该端的屏蔽地线接地装置应利用变电所的接地网。

单独设置的接地装置需要进行现场调查和土壤电阻率测量，屏蔽地线接地点应结合终勘定位将屏蔽地线终端塔位选在土壤电阻率低、地形平坦、便于接地体敷设的地点。草绘塔位附近地貌图（如公路、河流、村庄和地形等），要标出屏蔽地线接地装置敷设点与塔位的相对位置和距离。

在土壤电阻率较高的山区，一个接地装置的接地电阻值难以满足设计要求，可在两个或两个以上邻近的杆塔都埋设屏蔽地线接地装置，并与送电线路地线的接地装置合并。接地装置型式可采用管带接地体，也可采用如图 4-6-1 所示的环形接地体，该图为某工程屏蔽地线接地装置设计的实例，接地电阻值为 1Ω，土壤电阻率是 300Ω·m。

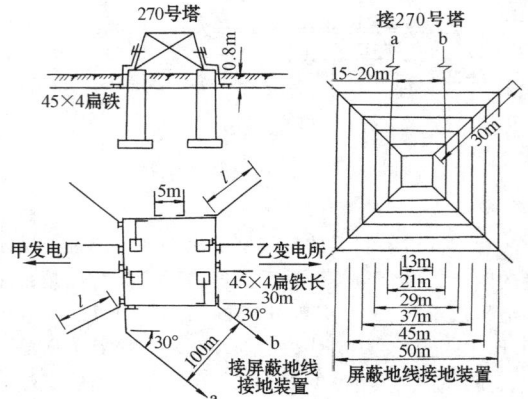

图 4-6-1   屏蔽地线接地装置联结示意图

表 4-6-1   管带接地装置典型图表

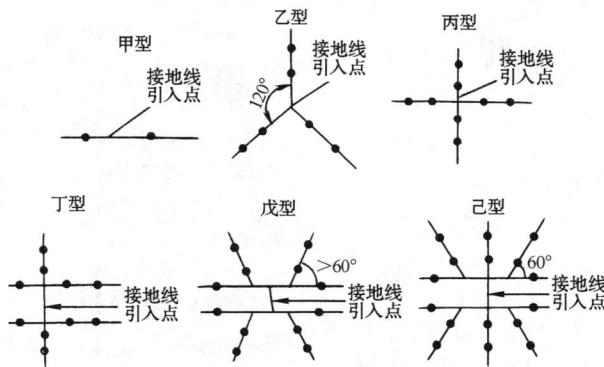

名称 接地型式	每根射线长度 (m)	每根射线上的管数 (根)	射线总长度 (m)	总管数 (根)	接地电阻计算值（Ω） 当电阻率（Ω·m）分别为以下值时										土（石）方量 (m³)
					100	200	300	400	500	600	700	800	900	1000	
甲₁	10	1	20	2	5.95	11.9	17.9	23.8	29.7	35.7	41.8	47.5	53.5	59.5	8.45
甲₂	15	2	30	4	3.85	7.6	11.55	15.4	19.3	23.1	27	30.7	34.6	38.5	12.9

续表

接地型式 名称	每根射线长度（m）	每根射线上的管数（根）	射线总长度（m）	总管数（根）	接地电阻计算值（Ω）当电阻率（Ω·m）分别为以下值时										土（石）方量（m³）
					100	200	300	400	500	600	700	800	900	1000	
甲$_3$	20	3	40	6	2.83	5.66	8.5	11.3	14.2	17	19.9	22.6	25.4	28.4	17.34
甲$_4$	25	4	50	8	2.34	4.67	7.02	9.35	11.3	14.6	16.4	18.7	21	23.4	21.8
甲$_5$	30	5	60	10	2.0	4	6.0	8	10	12	14	16	18	20	26.26
乙$_1$	15	2	45	6	3.3	6.6	9.92	13.2	16.5	19.8	25.1	26.3	29.7	33	18.92
乙$_2$	20	3	60	9	2.27	4.53	6.8	9.08	11.35	13.6	15.9	18.2	20.4	22.7	25.2
乙$_3$	25	4	75	12	1.81	3.62	5.43	7.24	9.05	10.85	12.7	14.5	16.3	18.1	32.7
乙$_4$	30	5	90	15	1.42	2.84	4.26	5.68	7.1	8.51	10	11.35	12.8	14.2	39.4
乙$_5$	35	6	105	18	1.22	2.44	3.65	4.87	6.08	7.31	8.51	9.74	11	12.2	46.1
丙$_1$	20	3	80	12	2.13	4.26	6.38	8.51	10.6	12.75	14.9	17	19.1	21.3	34.7
丙$_2$	25	4	100	16	1.46	2.92	4.38	5.83	7.2	8.75	10.2	11.65	13.1	14.6	43.6
丙$_3$	30	5	120	20	1.22	2.44	3.64	4.87	6.08	7.31	8.5	9.74	11	12.2	52.5
丙$_4$	35	6	140	24	1.04	2.08	3.13	4.42	5.21	6.62	7.3	8.82	9.36	10.4	69.4
丁$_1$	30	5	180	30	0.81	1.62	2.43	3.24	4.05	4.86	5.7	6.46	7.28	8.1	78.8
丁$_2$	35	6	200	36	0.7	1.4	2.1	2.8	3.47	4.2	4.86	5.6	6.3	6.95	92.1
丁$_3$	40	7	240	42	0.6	1.2	1.8	2.4	3.0	3.6	4.2	4.8	5.4	6.0	105.5
丁$_4$	45	8	270	48	0.54	1.04	1.63	2.16	2.71	3.24	3.79	4.32	4.88	5.41	119
戊$_1$	35	6	280	48	0.56	1.12	1.69	2.22	2.81	3.36	3.93	4.47	5.04	5.62	123
戊$_2$	40	7	320	56	0.49	0.98	1.46	1.96	2.42	2.94	3.39	3.91	4.41	4.85	140
戊$_3$	45	8	360	64	0.44	0.88	1.31	1.76	2.15	2.64	3.08	3.51	3.95	4.37	158.4
戊$_4$	50	9	400	72	0.43	0.86	1.3	1.72	2.16	2.57	3.0	3.43	3.87	4.32	176
戊$_5$	55	10	440	80	0.39	0.78	1.17	1.56	1.94	2.34	2.72	3.12	3.51	3.89	194
戊$_6$	60	11	480	82	0.36	0.72	1.08	1.44	1.8	2.16	2.52	2.88	3.24	3.6	212
己$_1$	40	7	400	70	0.5	1.0	1.51	2.0	2.52	3.0	3.53	4	4.5	5.04	176
己$_2$	45	8	450	80	0.455	0.91	1.37	1.78	2.27	2.73	3.18	3.54	4.1	4.55	198
己$_3$	50	9	500	90	0.416	0.83	1.25	1.66	2.07	2.49	2.9	3.32	3.73	4.15	220

表 4-6-2　　　　　　　　　　多方延伸带状接地装置典型图表

接地型式 名称	每根射线长度（m）	射线总长度（m）	接地电阻计算值（Ω）当电阻率（Ω·m）分别为以下值时										土（石）方量（m³）	接地装置形式
			100	200	300	400	500	600	700	800	900	1000		
甲$_1$	10	20	8.13	16.3	24.4	32.5	40.7	48.8	57.0	65.1	73.2	81.4	8.0	
甲$_2$	15	30	5.85	11.7	17.6	23.4	29.3	35.2	41.0	46.7	52.7	58.6	12.0	
甲$_3$	20	40	4.62	9.23	13.9	18.5	23.1	27.8	32.4	37.0	41.6	46.3	16.0	
甲$_4$	25	50	3.89	7.68	11.5	15.4	19.2	23.0	26.9	30.7	34.6	38.4	20.0	甲型
甲$_5$	30	60	3.29	6.58	9.89	13.2	16.5	19.8	23.1	26.4	30.0	33.0	24.0	
甲$_6$	35	70	2.89	5.79	8.68	11.6	14.5	17.4	20.3	23.2	26.0	29.0	28.0	
甲$_7$	40	80	2.58	5.17	7.76	10.4	12.9	15.5	18.1	20.7	23.3	25.9	32.0	
甲$_8$	45	90	2.34	4.69	7.0	9.37	11.7	14.1	16.4	18.7	21.1	23.4	36.0	

续表

名称 接地型式	每根射线长度 (m)	射线总长度 (m)	接地电阻计算值（Ω） 当电阻率（Ω·m）分别为以下值时										土（石）方量 (m³)	接地装置形式
			100	200	300	400	500	600	700	800	900	1000		
乙₁	10	30	6.31	12.6	18.9	25.2	31.5	37.9	44.1	50.4	56.8	63.1	12.0	
乙₂	15	45	4.5	9.0	13.5	18	22.5	27.0	31.5	36.0	40.4	45.0	18.0	
乙₃	20	60	3.52	7.05	10.6	14.1	17.6	21.1	24.7	28.2	31.7	35.2	24.0	乙型
乙₄	25	75	2.91	5.82	8.74	11.7	14.6	17.5	20.4	23.3	26.2	29.1	30.0	
乙₅	30	90	2.49	4.98	7.47	9.96	12.5	14.9	17.4	19.9	22.4	24.9	36.0	
乙₆	35	105	2.18	4.37	6.55	8.73	10.9	13.1	15.3	17.5	19.7	21.8	42.0	
乙₇	40	120	1.94	3.89	5.83	7.78	9.7	11.7	13.6	15.6	17.5	19.5	48.0	
乙₈	45	135	1.76	3.51	5.27	7.0	8.8	10.5	12.3	14.1	15.8	17.6	54.0	
丙₁	10	40	5.46	10.9	16.4	21.9	27.3	32.8	38.2	43.7	49.2	54.6	16.0	
丙₂	15	60	3.86	7.72	11.6	15.4	19.3	23.2	27.0	30.9	34.7	38.6	24.0	
丙₃	20	80	3.01	6.02	9.0	12	15.0	18.1	21.1	24.1	27.1	30.1	32.0	丙型
丙₄	25	100	2.48	4.95	7.43	9.91	12.4	14.9	17.3	19.8	22.3	24.8	40.0	
丙₅	30	120	2.11	4.22	6.34	8.45	10.6	12.7	14.8	16.9	19.0	21.0	48.0	
丙₆	35	140	1.84	3.7	5.54	7.39	9.2	11.1	12.9	14.8	16.6	18.5	56.0	
丙₇	40	160	1.64	3.28	4.92	6.57	8.2	9.85	11.5	13.1	14.8	16.4	64.0	
丙₈	45	180	1.48	2.96	4.44	5.92	7.4	8.9	10.4	11.8	13.3	14.8	72.0	
丁₁	10	50	4.91	9.82	14.7	19.6	24.5	29.5	34.4	39.3	44.2	49.1	20.0	
丁₂	15	75	3.45	6.9	10.3	13.8	17.2	20.7	24.1	27.6	31.0	34.5	30.0	
丁₃	20	100	2.68	5.36	8.0	10.7	13.4	16.1	18.7	21.4	24.1	26.8	40.0	丁型
丁₄	25	125	2.2	4.4	6.59	8.8	11.0	13.2	15.4	17.6	19.8	22.0	50.0	
丁₅	30	150	1.87	3.74	5.61	7.48	9.4	11.2	13.1	15.0	16.8	18.7	60.0	
丁₆	35	175	1.63	3.26	4.9	6.53	8.2	9.8	11.4	13.1	14.7	16.3	70.0	
丁₇	40	200	1.45	2.9	4.34	5.8	7.2	8.7	10.1	11.6	13.0	14.5	80.0	
丁₈	45	225	1.3	2.61	3.91	5.22	6.5	7.8	9.1	10.4	11.7	13.1	90.0	
戊₁	10	60	4.68	9.37	14.1	18.8	23.4	28.1	32.8	37.5	42.2	46.9	24.0	
戊₂	15	90	3.27	6.54	9.8	13.1	16.4	19.6	22.9	26.2	29.4	32.7	36.0	
戊₃	20	120	2.53	5.06	7.58	10.1	12.6	15.2	17.7	20.2	22.8	25.3	48.0	戊型
戊₄	25	150	2.07	4.14	6.21	8.28	10.4	12.4	14.5	16.6	18.6	20.7	60.0	
戊₅	30	180	1.76	3.52	5.27	7.0	8.8	10.5	12.3	14.1	15.8	17.6	72.0	
戊₆	35	210	1.53	3.06	4.59	6.12	7.7	9.2	10.7	12.2	13.8	15.3	84.0	
戊₇	40	240	1.36	2.71	4.07	5.42	6.8	8.1	9.5	10.8	12.2	13.6	96.0	
戊₈	45	270	1.22	2.44	3.66	4.88	6.1	7.3	8.5	9.8	11.0	12.2	108.0	

续表

名称 接地型式	每根射线长度（m）	射线总长度（m）	接地电阻计算值（Ω）当电阻率（Ω·m）分别为以下值时										土（石）方量（m³）	接地装置形式
			100	200	300	400	500	600	700	800	900	1000		
己₁	10	80	4.34	8.68	13	17.4	21.7	26.1	30.4	34.7	39.1	43.4	32.0	
己₂	15	120	3.0	6.0	9.0	12.0	15.0	18.0	21.0	24.0	27.0	30.0	48.0	己型 45°
己₃	20	160	2.31	4.62	6.93	9.24	11.6	13.9	16.2	18.5	20.8	23.1	64.0	
己₄	25	200	1.88	3.77	5.65	7.53	9.4	11.3	13.2	15.1	17.0	18.8	80.0	
己₅	30	240	1.59	3.18	4.78	6.37	8.0	9.6	11.2	12.8	14.3	15.9	96.0	
己₆	35	280	1.38	2.77	4.15	5.53	6.9	8.3	9.7	11.1	12.5	13.8	112.0	
己₇	40	320	1.22	2.45	3.67	4.9	6.1	7.3	8.6	9.8	11.0	12.2	128.0	
己₈	45	360	1.1	2.2	3.29	4.39	5.5	6.6	7.7	8.8	9.9	11.0	144.0	
庚₁	10	120	4.1	8.2	12.3	16.4	20.5	24.5	28.6	32.7	36.8	40.9	48.0	
庚₂	15	180	2.8	5.6	8.4	11.2	14.0	16.8	19.6	22.4	25.2	28.0	72.0	庚型 30°
庚₃	20	240	2.1	4.3	6.4	8.6	10.7	12.8	15.0	17.1	19.2	21.4	96.0	
庚₄	25	300	1.7	3.5	5.2	6.9	8.7	10.4	12.1	13.9	15.6	17.3	120.0	
庚₅	30	360	1.5	2.9	4.4	5.8	7.3	8.7	10.2	11.7	13.1	14.6	144.0	
庚₆	35	420	1.3	2.5	3.8	5.1	6.3	7.6	8.9	10.1	11.4	12.6	168.0	
庚₇	40	480	1.1	2.2	3.3	4.5	5.6	6.7	7.8	8.9	10.0	11.2	192.0	
庚₈	45	540	1.0	2.0	3.0	4.0	5.0	6.0	7.0	8.0	9.0	10.0	216.0	

为了保证屏蔽地线端点接地电阻值，屏蔽地线接地引下线的各接点和接地体的焊接点一定要做到良好的接触和焊接。

第七节　大地电导率测量

计算磁感应影响时大地电导率具有显著的影响。在工频时，大地电导率主要取决于几百米深度内的地质构造和地下水分布，与季节和温度变化的关系不大。大地岩层的构造是很复杂的，其电特性又很不相同，所以通过测量得出的大地电导率是电流场作用范围内多种岩层电导率的综合反映，即设想为均匀各向同性介质的电导率，在数值上等于同一条件下所测得的非均匀介质的电导率，则称为视在大地电导率，采用单位 S/m，其与过去常用的绝对电磁单位换算关系为

$$1 \times 10^{-14} C \cdot G \cdot S \cdot M = 1 \times 10^{-3} S/m$$

大地一般为层状结构，由于类似集肤效应的作用，同一地质结构在不同频率时反映的大地电导率值是不同的，大地岩层的电特性也决定着地中电流的分布。虽然地中电流是扩散分布的，但可把扩散在大地中的电流看成是集中在距地表以下一定深度而方向相反、大小相等的虚构导线中流通。这种入地电流的等值深度可表示为

$$h_d = 660 \sqrt{\frac{1}{\sigma f}}, \text{ m} \quad (4\text{-}7\text{-}1)$$

式中　f——入地电流频率，Hz；

σ——大地电导率，S/m。

这样，送电线路对通信线路的影响可以看成是由地上导线和地下等效导线两电流分别影响的合成，两者对通信线路的影响要相互抵消掉一部分，所以大地电导率愈小，入地电流的等值深度愈深，送电线路对通信线路的影响范围也就愈大。

大地电导率获取的方法很多，如地质资料判定法、四极电测深法、电流互感法、电流自感法、线圈法、偶极法等，前两种是国内外推荐在工程中普遍采用的方法。

一、四极电测深法

四极电测深法是地球物理电法勘探中直流电法的电阻法,采用等距四极成直线排列,如图 4-7-1 所示。

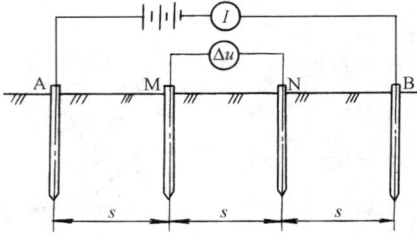

图 4-7-1　四极电测深法原理图

四极电测深法的实质是利用大地不同岩层具有不同电阻率的特点,将直流电送入地下建立稳定的人工电场,在测点处利用改变电极距离、即改变探测深度的办法来找出不同深度时岩层视在电阻率的变化关系,绘成实测曲线与已知理论曲线比较,分析得出各岩层电阻率的大小和岩层深度,然后根据拉德列曲线换算出所求影响电流频率下的视在大地电导率。

四极电测深法测量用仪表虽有多种不同型号,但工作原理是相同的,目前使用较广泛的是 JDC 和 DDC 型自动补偿仪。此类仪表由微安表头、极化补偿、供电开关等基本部件组成。表头用来读出供电电流和测量电位差。极化补偿用来消除由于土壤及其孔隙中的溶液与测量电极发生电化学作用而产生的极化电位差和由于天然电场带来的自然电位差。供电开关则是为了同时接通供电回路与观测回路,提高观测效率和质量以及节省电源。

（一）基本原理

确定岩层电特性的方法,就是研究确定介质表面距电源某点的电位或电场强度,根据理论推导在两层介质对称四极装置中,电测深视在电阻率 ρ_k 的函数表达式为

$$\frac{\rho_k}{\rho_1} = f\left(\frac{AB}{2h_1}, \frac{\rho_2}{\rho_1}\right) \tag{4-7-2}$$

式中　ρ_1、ρ_2——表层和下伏层电阻率,Ωm;

　　　　h_1——表层岩层深度,m;

　　　　AB——供电电极极距,m。

所以理论曲线是以 $AB/2h_1$ 和 ρ_2/ρ_1 为参变量来制作的。

实测视在电阻率 ρ_k 的计算值,可从均匀导电的半空间表面某点的电位求得

$$\rho_k = \frac{\Delta U}{I} K,\ \Omega m \tag{4-7-3}$$

式中　　　　$K = 2\pi s$,m　　　　(4-7-4)

K 称为装置系数。实测时 ΔU 及 I 可由仪表读出,

由式 (4-7-3) 可算得不同极距时的视在电阻率,逐点联接绘成实测曲线。

（二）极距选择

由于四极电测深法的电极是等距和对称布置的,所以极距选择只需考虑供电电极 A、B 极距的选取问题。据理论分析 50Hz 电流的渗透深度最大可达数千米的广阔范围,但实践表明多数情况主要取决于 300～500m 的有效深度。等距四极法的探查深度约为 A、B 极距的三分之一。因此,A、B 最大极距可采用 900～1500m,一般平丘地区可用 900m,山区可用 1500m。A、B 最小极距的选择应大于电极入地深度的几倍,既要避免电极附近电位分布的影响,又要小于地表岩层的厚度,故一般选取 6～12m。中间极距的选择,则以能有效控制实测曲线的形状、取得完整的实测曲线为准,并无具体要求。工程上习惯有两种取法:一种是保持相邻 A、B 间极距的比值为定数,如表 4-7-1 所示;另一种是考虑深层时测量比较困难,测值准确性对解释结果影响较大,因而随着极距的增加适当减小相邻 A、B 间极距的比值,如表 4-7-2 所示。

表 4-7-1　　　　电极间距离表（一）

$AB/2$（m）	6	12	25	50	100	200	450
$MN/2$（m）	2	4	8.3	16.7	33.3	66.7	150

表 4-7-2　　　　电极间距离表（二）

$AB/2$（m）	6	12	24	42	70	120	190	300	460	750
$MN/2$（m）	2	4	8	14	23.3	40	63.3	100	153.3	250

（三）实测曲线绘制

把在现场用等距四极法测得的各不同极距的视在电阻率逐点绘在模数为 6.25cm 的双对数坐标纸上,取横轴为 $AB/2$（m）,纵轴为 ρ_k（Ωm）,连成光滑曲线即为实测曲线。图 4-7-2 是探测深度内岩层为两层且表层电阻率 ρ_1 小于下伏层电阻率 ρ_2 的例子。

图 4-7-3 是探测深度内岩层为三层且各层电阻率呈现 $\rho_1 > \rho_2 < \rho_3$ 的例子。

（四）实测曲线解释

1. 量板法

量板法是用实测曲线与理论曲线（或称理论量板）相对比,来求取各岩层电阻率及厚度的一种方法。理论曲线常用的有培拉耶夫理论量板,它是按函数 $\rho_k/\rho_1 = f$（$AB/2h_1$,ρ_2/ρ_1）及模数为 6.25cm 双对数坐标绘制的,横轴为 $AB/2h_1$,纵轴为 ρ_k/ρ_1,参变量为 ρ_2/ρ_1,如图 4-7-4 所示。

两层理论量板有以下特征:

（1）$\rho_2 > \rho_1$ 时曲线皆在横轴之上,$\rho_2 < \rho_1$ 时曲

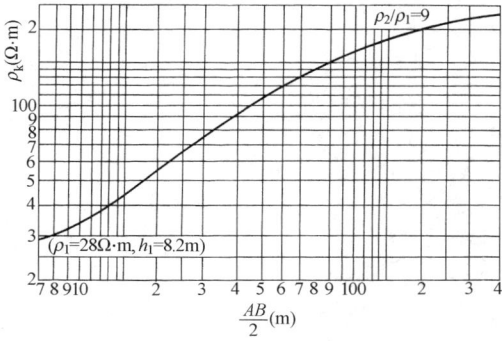

图 4-7-2　两层实测曲线图

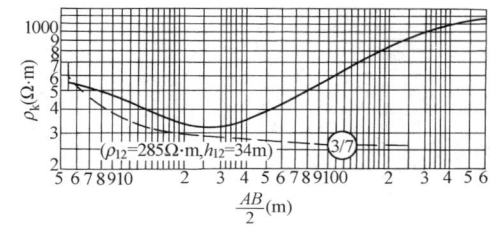

图 4-7-3　三层实测曲线图

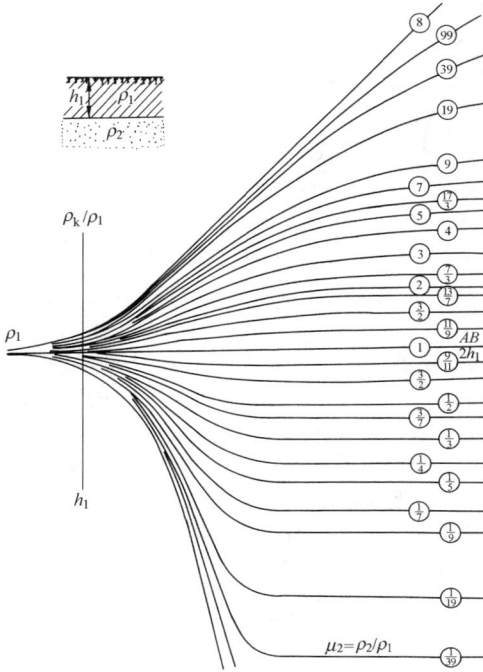

图 4-7-4　两层理论量板图

线皆在横轴以下；

（2）$\rho_2 > \rho_1$ 时以 $\rho_2/\rho_1 = \infty$，即以与横轴成 $45°$ 的直线为渐近线，$\rho_2 < \rho_1$ 时在 $AB/2h_1 \geqslant 10$ 时就都达到渐近线；

（3）当 $AB/2h_1 \to 0$ 时曲线左半部都汇集一起而达渐近值 $\rho_k/\rho_1 = 1$，即视在电阻率等于表层电阻率 ρ_1，当 $AB/2h_1 \gg 1$ 时曲线右部也都趋向渐近值 $\rho_k/\rho_1 = \rho_2/\rho_1$，即视电阻率等于第二层电阻率 ρ_2，故不论 $AB/2h_1$ 为何值，ρ_k 总是介于 ρ_2 与 ρ_1 之间。

由于两层理论量板是按双对数坐标绘制的，故可将式（4-7-2）表示为

$$\log\rho_k - \log\rho_1 = F\left(\log\frac{AB}{2} - \log h_1\right) \qquad (4\text{-}7\text{-}5)$$

同样，实测曲线在双对数坐标系中的函数表达式也可表示为

$$\log\rho_k = F\left(\log\frac{AB}{2}\right) \qquad (4\text{-}7\text{-}6)$$

比较式（4-7-5）和式（4-7-6）可知，在同一参变量时理论曲线和实测曲线的外形是相同的。只是两者的坐标轴在坐标系中有了位移，在横轴上移动了 $\log h_1$，在纵轴上移动了 $\log\rho_1$。所以，实测曲线解释的具体方法是：只要将实测曲线放在理论曲线上相对平移，找到实测曲线与理论曲线之一重合或有规律地介于相邻两理论曲线之间时，则理论曲线坐标原点在实测曲线坐标中的位置即为所求之 h_1 和 ρ_1 值。

以图 4-7-2 为例，找到实测曲线与 $\rho_2/\rho_1 = 9$ 的理论曲线相重合，由理论曲线坐标原点在实测曲线坐标中的位置可查取 $h_1 = 8.2\text{m}$，$\rho_1 = 28\Omega \cdot \text{m}$。由此得 $\rho_2 = 9 \times 28 = 252\Omega \cdot \text{m}$。

三层曲线可用三层理论曲线解释，也可仍用两层理论曲线结合辅助量板采用逐层等效的方法来解释，工程上习惯采用后者。三层曲线有四种可能的类型，分别称为 H、A、K、Q 型曲线，如图 4-7-5 所示。

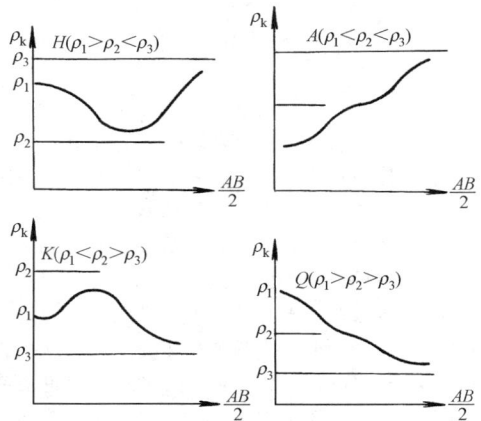

图 4-7-5　三层曲线类型图

辅助量板相应也有 H、A、K、Q 四种类型，如图 4-7-6 和图 4-7-7 所示。

以图 4-7-3 为例，先解释实测曲线的上两层，从

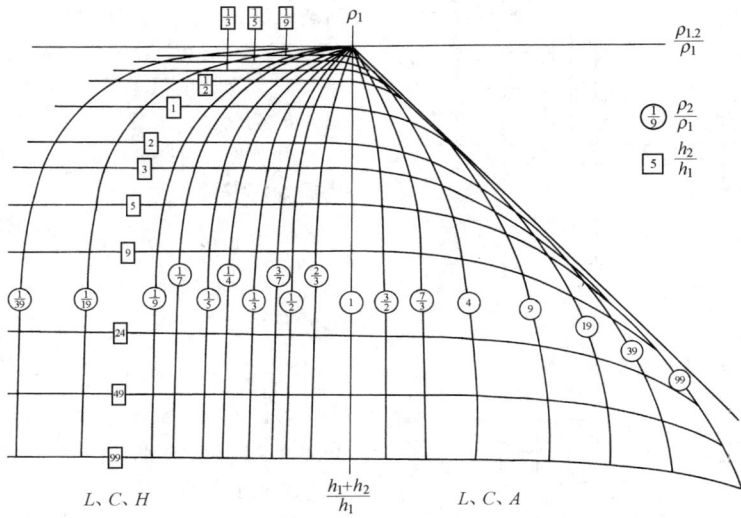

图 4-7-6　H、A 型辅助量板图

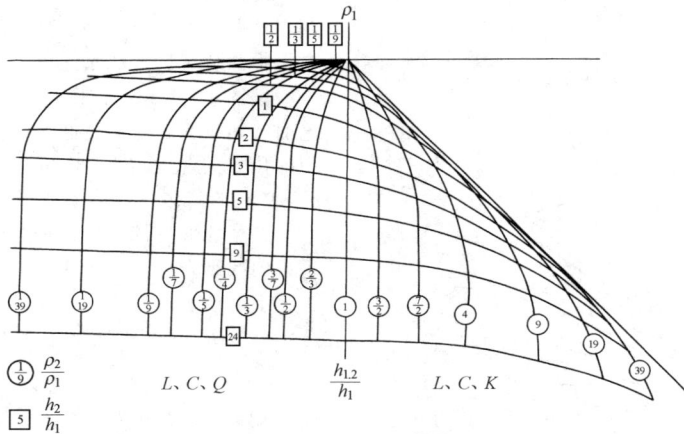

图 4-7-7　K、Q 型辅助量板图

前部找到与 $\rho_2/\rho_1 = 3/7$ 的理论曲线重合最多，记下理论曲线坐标原点在实测曲线坐标中的第一个位置；再把实测曲线放在同类型的辅助量板上，使原点位置与辅助量板的原点重合，保持坐标轴平示，画下参数相同的那条辅助曲线如图中虚线所示。然后，将上两层看成一个等效层再解释等效两层曲线，保持理论曲线的原点沿着辅助曲线的轨迹作平行移动，从后部找到与 $\rho_3/\rho_{12} = 5$ 的理论曲线重合最多，由理论曲线坐标原点在实测曲线坐标中的第二个位置即可查得

$$h_{12} = h_1 + h_2 = 34\text{m}$$

$$\rho_{12} = 285\Omega\text{m}$$

故　　　　　$\rho_3 = 5 \times 285 = 1425\Omega\text{m}$

　　由于 Poliazek-Carson 互感系数公式是在假设大地具有均匀电导率的情况下导出的，因此在求得两层地

质参数 ρ_1、ρ_2、h_1 或三层地质的等效两层参数 ρ_{12}、ρ_3、h_{12} 以后，还要根据拉德列曲线换算成 50Hz 或 800Hz 时的视在大地电导率，拉德列曲线如图 4-7-8 和图 4-7-9 所示。

　　按上述两侧的计算参数，在 $\rho_1 = 28\Omega \cdot \text{m}$、$\rho_2 = 252\Omega \cdot \text{m}$、$h_1 = 8.2\text{m}$ 时可求得

$$P = h_1 \sqrt{\frac{10f}{\rho_1}} = 8.2 \sqrt{\frac{10 \times 50}{28}} = 34.6$$

查出　　　　　$\rho_1/\rho_k = 0.13$

故　　　$\rho_{50} = \frac{\rho_1}{0.13} = \frac{28}{0.13} = 215.38\Omega \cdot \text{m}$

$$\sigma_{50} = \frac{1}{\rho_{50}} = \frac{1}{215.38} = 4.64 \times 10^{-3}\text{S/m}$$

$$P = 8.2 \sqrt{\frac{10 \times 800}{28}} = 138.6$$

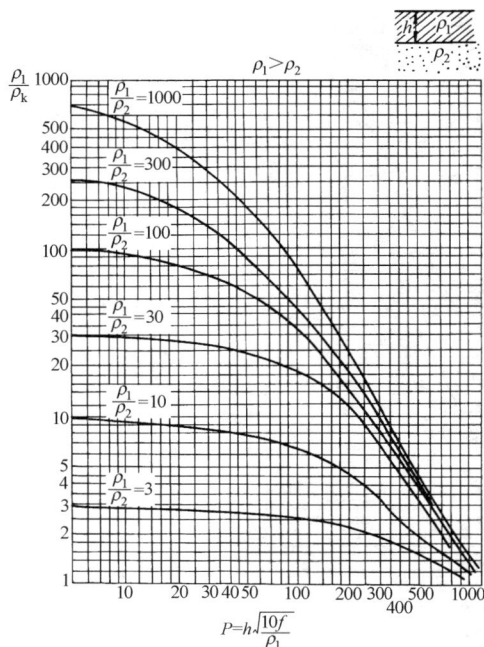

图 4-7-8　拉德列曲线 ($\rho_1 > \rho_2$) 图

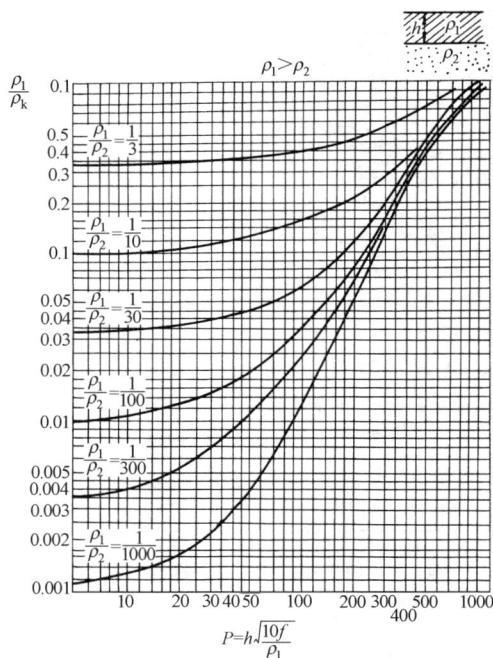

图 4-7-9　拉德列曲线 ($\rho_2 > \rho_1$) 图

查出
$$\rho_1 / \rho_k = 0.19$$

故
$$\rho_{800} = \frac{\rho_1}{0.19} = \frac{28}{0.19} = 147.36 \Omega \cdot m$$

$$\sigma_{800} = \frac{1}{\rho_{800}} = \frac{1}{147.36} = 6.78 \times 10^{-3} \, S/m$$

同理，在 $\rho_{12} = 285 \Omega \cdot m$、$\rho_3 = 1425 \Omega \cdot m$、$h_{12} = 34m$ 时可求得

$$P = h_{12} \sqrt{\frac{10f}{\rho_{12}}} = 34 \sqrt{\frac{10 \times 50}{285}} = 45$$

查出
$$\rho_{12} / \rho_k = 0.23$$

故
$$\rho_{50} = \frac{\rho_{12}}{0.23} = \frac{285}{0.23} = 1239.13 \Omega \cdot m$$

$$\sigma_{50} = \frac{1}{\rho_{50}} = \frac{1}{1239.13} = 0.807 \times 10^{-3} \, S/m$$

$$P = 34 \sqrt{\frac{10 \times 800}{285}} = 180$$

查出
$$\rho_{12} / \rho_k = 0.33$$

故
$$\rho_{800} = \frac{\rho_{12}}{0.33} = \frac{285}{0.33} = 863.63 \Omega \cdot m$$

$$\sigma_{800} = \frac{1}{\rho_{800}} = \frac{1}{863.63} = 1.15 \times 10^{-3} \, S/m$$

2. 简化法

简化法是用实测曲线与简化解释曲线相交直接求得视在大地电导率的一种方法。简化解释曲线是按照经验公式制成的，如图 4-7-10 所示，图中

$$C_1 \text{ 的对数曲线方程为 } a \sqrt{\sigma f} \approx 294$$

$$C_2 \text{ 的对数曲线方程为 } a \sqrt{\sigma f} \approx 184$$

式中　a——电位电极极距，m；

σ——大地电导率，S/m；

f——影响电流频率，Hz。

解释时保持实测曲线与简化解释曲线的坐标轴重合，视实测曲线的尾部是上升或下降分别与简化解释曲线 C_2 或 C_1 相交，由该交点右标尺读数即为所求的视在大地电导率。为与量板法相对照，仍由图4-7-2、图 4-7-3 实测曲线采用简化法解释所得结果依次为：$\sigma_{50} = 4.4 \times 10^{-3} S/m$、$\sigma_{800} = 6.3 \times 10^{-3} S/m$、$\sigma_{50} = 0.86 \times 10^{-3} S/m$、$\sigma_{800} = 1 \times 10^{-3} S/m$。对照两种解释方法得出的两组数值，可以看出解释结果是比较接近的。

简化法虽简便易行，但在某些情况下解释结果有可能出现不容忽视的误差。例如视在电阻率大于 $1000 \Omega \cdot m$ 时，即使 $AB/2$ 测到 $750m$，实测曲线也远不能与简化解释曲线相交，因而只能根据实测曲线的变化趋势，估计延伸使之相交。再如地质构造复杂时，曲线本身形状变化较大，因而描绘实测曲线时局部形状不易控制，如果赶上交点附近也会导致解释结果产生误差。量板法则无此种局限性，实测曲线局部形状误差对解释结果的影响也较小。工程中应根据实测曲线的具体情况而采用不同的解释方法，最好办法是在现场采用简化法、室内整理采用量板法，相互对照以取得满意的解释结果。

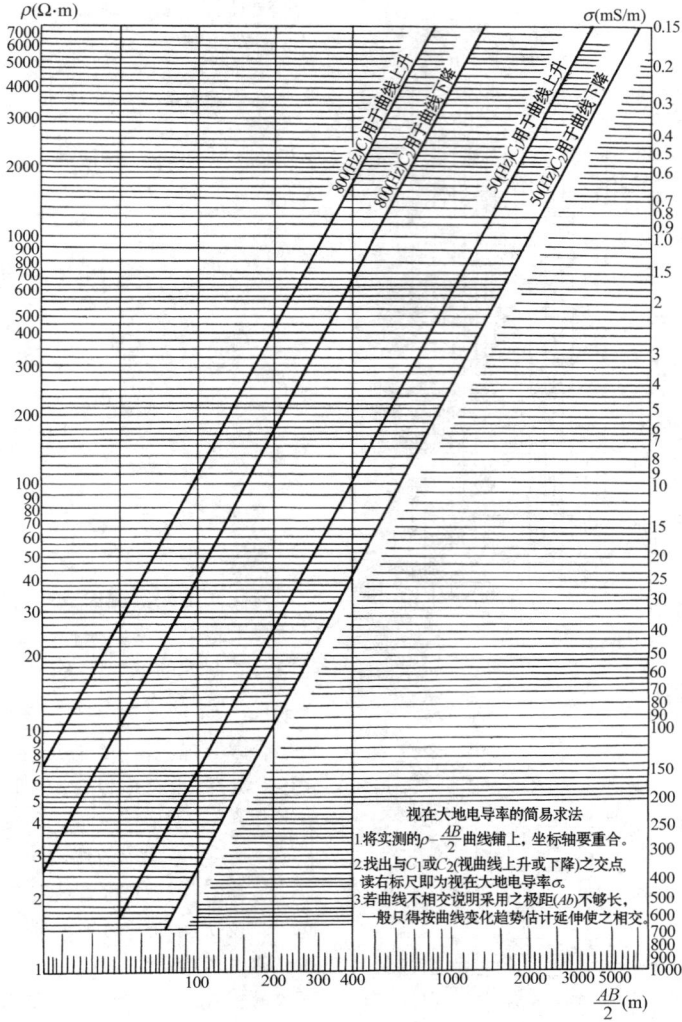

图 4-7-10 简化解释曲线图

二、地质资料判定法

地质资料判定法，是根据普查的深层地质图或钻探的深层地质资料利用已知各类岩性的电阻率来判定大地电导率的一种方法。地质资料判定法不可能用以精确的确定大地电导率，一般可作为工程前期工作参考使用，表 4-7-3 是《导则》提供的各类地质条件大地电导率值的变化范围。

表 4-7-3 各类地质条件大地电导率表

地　　　质	气候条件——降雨量			地下碱水
	年降雨量超过 500mm		年降雨量少于 250mm	
	大地电导率（×10^{-3}S/m）			
	大概值	变化范围	变化范围	变化范围
1	2	3	4	5
冲积土和软黏土	200	500～100 *	200～1 *	1000～200
黏土（没有冲积层的）	100	200～100	100～10	
泥灰岩（例如考依波泥灰岩）	50	100～30	20～3	300～100

地　　　质	气候条件——降雨量			地下碱水
	年降雨量超过 500mm	年降雨量少于 250mm		
	大地电导率（×10⁻³S/m）			
	大概值	变化范围	变化范围	变化范围
1	2	3	4	5
多孔的钙（例如白垩）	20	30～10	20～3	300～100
多孔的砂岩（例如考依波砂岩、粘板岩）	10	30～3		100～30
石英、坚硬的结晶灰岩（例如大理石、石灰纪白垩）	3	10～1		100～30
粘板岩、板状页岩	1	3～0.3	≤1	
花岗岩	1	1～0.1		30～10
页岩、化石、片岩、片麻岩、火成岩	0.5	1～0.1		

表 4-7-3 中说明：

1. 有"＊"符号者与地下水位有关。

2. 如已知年降雨量超过 500mm，可采用第 2 栏的数值。

3. 如有补充资料、特别是知道地下水位深度时，可按下列条件采用第 3、4、5 栏的数值。

（1）如年降雨量超过 500mm，当地是平原或是被宽的山谷所隔离的小山所环绕，又是古代岩层构成，对地下水位较浅（如在地表下 10m）的地区，采用第 3 栏的大地电导率最大值；对地下水位较深（如在地表下 150m）的地区，则采用第 3 栏的大地电导率最小值。

（2）对四周被明显的悬崖包围的小面积高台地，地下水可能在地表下很深处，在这种情况下，无论当地平均降雨量如何，均可采用第 4 栏的数值。第 4 栏的最小值适用于天气很干燥的情况，最大值适用于当地降雨量有规律的、即使是间断的情况。

（3）第 5 栏的数值与降雨量无关，适用于地面附近（如在 150m 以内）存在碱水的情况。第 5 栏的最大值适用于地下碱水较浅（在 10m 以内）的情况，最小值适用于地下碱水较深的情况。

第八节　短路电流计算

中性点直接接地的三相送电线路发生单相接地短路和中性点不直接接地三相送电线路发生两相不同地点同时接地短路时的零序电流计算，习惯称短路电流计算，是确定磁危险影响的重要数据。

短路电流计算范围是依据电力系统设计提供的 5～10 年远景电力系统阻抗图，通过网络简化，计算零序电流，绘制成接地短路电流曲线。短路电流计算方法采用对称分量法，各电气量的计算采用标幺制。

一、对称分量法

三相对称送电线路发生单相或两相接地短路时，对称系统的对称性遭到破坏，对称三相电压和电流的大小和方向都变成不对称了，所以这类短路称为不对称短路。

对称分量法就是将任意一组不对称的三相分量分解成为三组对称分量的方法。如以 $\dot{F}_{a1}$、$\dot{F}_{b1}$、$\dot{F}_{c1}$ 表示大小相等、相位差 120° 的正序分量；以 $\dot{F}_{a2}$、$\dot{F}_{b2}$、$\dot{F}_{c2}$ 表示大小相等、相位差 120° 的负序分量；以 $\dot{F}_{a0}$、$\dot{F}_{b0}$、$\dot{F}_{c0}$ 表示大小相等、方向相同的零序分量，如图 4-8-1 所示，任意一组不对称的三相分量 $\dot{F}_a$、$\dot{F}_b$、$\dot{F}_c$ 可表示为

$$\left.\begin{aligned} \dot{F}_a &= \dot{F}_{a1} + \dot{F}_{a2} + \dot{F}_{a0} \\ \dot{F}_b &= \dot{F}_{b1} + \dot{F}_{b2} + \dot{F}_{b0} \\ \dot{F}_c &= \dot{F}_{c1} + \dot{F}_{c2} + \dot{F}_{c0} \end{aligned}\right\} \tag{4-8-1}$$

如令 $1 = e^{i0°}$；$a = e^{i120°}$；$a^2 = e^{i240°}$，"a"称为运算子，则若以 A 相为基准相，公式（4-8-1）可写成

$$\left.\begin{aligned} \dot{F}_a &= \dot{F}_{a1} + \dot{F}_{a2} + \dot{F}_{a0} \\ \dot{F}_b &= a^2 \dot{F}_{a1} + a \dot{F}_{a2} + \dot{F}_{a0} \\ \dot{F}_c &= a \dot{F}_{a1} + a^2 \dot{F}_{a2} + \dot{F}_{a0} \end{aligned}\right\} \tag{4-8-2}$$

解式（4-8-2）可得

$$\left.\begin{aligned} \dot{F}_{a1} &= \frac{1}{3}(\dot{F}_a + a \dot{F}_b + a^2 \dot{F}_c) \\ \dot{F}_{a2} &= \frac{1}{3}(\dot{F}_a + a^2 \dot{F}_b + a \dot{F}_c) \\ \dot{F}_{a0} &= \frac{1}{3}(\dot{F}_a + \dot{F}_b + \dot{F}_c) \end{aligned}\right\} \tag{4-8-3}$$

这就说明,用式(4-8-3)可将任意一组不对称的三相分量分解成为正序、负序、零序三组对称分量。

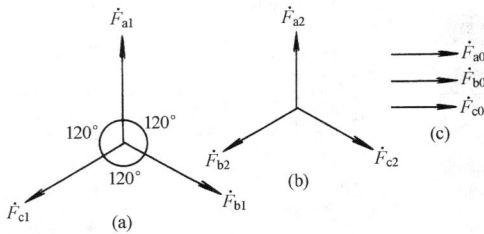

图 4-8-1　对称分量的正序、负序、零序分量
(a) 正序分量; (b) 负序分量; (c) 零序分量

二、标幺制

短路电流计算普遍采用标幺制,即将各电气量预先归算到一种基准情况,因而对系统中不同电压等级的各个元件可直接进行运算。

如以 I_d、U_d、S_d、X_d 分别表示基准电流、基准线电压、基准容量、基准电抗,则在纯电抗电路中四个电气量间的关系为

$$X_d = \frac{U_d}{\sqrt{3}\,I_d} \qquad (4\text{-}8\text{-}4)$$

$$S_d = \sqrt{3}\,U_d I_d \qquad (4\text{-}8\text{-}5)$$

所以,只要任意选定两个基准量,另外两个基准量也就确定了。基准量确定后各电气量的标幺值可表示为

$$I_* = \frac{I}{I_d} \qquad (4\text{-}8\text{-}6)$$

$$U_* = \frac{U}{U_d} \qquad (4\text{-}8\text{-}7)$$

$$S_* = \frac{S}{S_d} \qquad (4\text{-}8\text{-}8)$$

$$X_* = \frac{X}{X_d} = X\frac{S_d}{U_d^2} \qquad (4\text{-}8\text{-}9)$$

注脚"*"表示各电气量的标幺值,在使用习惯后往往省略。标幺值是个无名量,是实际量与基准量的比值(两量要采用相同单位)。

通常,首先取定基准容量和基准电压。基准容量为便于计算,一般取 100 或 1000MVA,基准电压一般取各电压级的平均电压,见表 4-8-1。

表 4-8-1　　　各电压级的平均电压

标称电压 (kV)	35	60	110	154	220	330	500
平均电压 (kV)	37	63	115	162	230	345	525

因此,在 $S_d = 100\text{MVA}$ 时各电压级的基准电流见表 4-8-2。

表 4-8-2　　$S_d = 100\text{MVA}$ 各级电压基准电流

平均电压 (kV)	37	63	115	162	230	345	525
基准电流 (A)	1560	917	502	356	251	167	110

单回送电线路的正序电抗近似值见表 4-8-3。

表 4-8-3　　单回送电线路正序电抗近似值

电压 (kV)	导线分裂数	正序电抗 X_1 (Ω/km)
110 及以下	1	0.4
220	1	0.4 ~ 0.42
220 ~ 380	2	0.3 ~ 0.33
500	3	0.3
	4	0.29

架空送电线路的零序电抗与零序电流在地中和架空地线中的分布情况有关,计算比较复杂,但在短路电流的实用计算中,一般可采用表 4-8-4 数值。

表 4-8-4　　架空送电线路零序电抗

架空地线类别	单回送电线路	双回送电线路 (每个回路值)
无架空地线	$3.5X_1$	$5.5X_1$
钢质架空地线	$3.0X_1$	$4.7X_1$
良导体架空地线	$2.0X_1$	$3.0X_1$

35 ~ 500kV 架空单回送电线路(具有钢质架空地线),在 $S_d = 100\text{MVA}$ 时,各电压级每公里的电抗标幺值见表 4-8-5。

三、网络简化

系统阻抗图实际只给出正(负)序和零序网络两部分,这是因为在近似计算中,可认为系统中各元件的正序电抗与负序电抗相等,而且只取各元件的电抗分量,以避免繁杂的复数运算。

网络简化的目的,就是将复杂的正(负)序和零序网络利用电路计算的串联、并联及星形——三角形变换,简化成为只具有一个或几个等效电抗,其一端为电源点,另一端为短路点的综合等效电路。计算常用公式见表 4-8-6。

网络简化要求:

(1) 通过串联要求做到至少减少一个元件。

(2) 通过并联要求做到至少减少一个支路。

(3) 通过星形—三角形变换要求做到减少一个电源点或将闭式网络变成开式网络,在不太复杂的网络中,三角形变换为星形是基本的。

(4) 变电所变压器的接地点应视为供出零序电流的电源。

表 4-8-5　　　　　　　$S_d = 100MVA$ 具有钢质地线单回路送电线路各电压级每公里电抗标么值

平均电压（kV）	37	63	115	162	230	230	345	525
正序电抗（Ω/km）	0.4	0.4	0.4	0.4	0.42	0.33	0.3	0.29
正（负）序电抗标么值	0.029	0.0101	0.003	0.00152	0.000794	0.000624	0.000252	0.000105
零序电抗标么值	0.087	0.0303	0.009	0.00456	0.00238	0.00187	0.000756	0.000316

表 4-8-6　　　　　　　　　　　　　　常用网络变换的基本公式

变换名称	变换前网络	变换后等效网络	等效网络的阻抗	变换前网络中的电流计算公式
串联			$X_\Sigma = X_1 + X_2 + \cdots + X_n$	$\dot{I}_1 = \dot{I}_2 = \cdots = \dot{I}_n = \dot{I}$
并联			$X_\Sigma = \dfrac{1}{\dfrac{1}{X_1}+\dfrac{1}{X_2}+\cdots+\dfrac{1}{X_n}}$	$\dot{I}_n = \dfrac{X_\Sigma}{X_n}\dot{I}$
多个有源支路并联			$E_\Sigma = X_\Sigma\left(\dfrac{\dot{E}_1}{X_1}+\dfrac{\dot{E}_2}{X_2}+\cdots+\dfrac{\dot{E}_n}{X_n}\right)$ X_Σ 值同上	$\dot{I}_n = \dfrac{\dot{E}_n - \dot{U}}{X_n}$ $\dot{I} = \dfrac{\dot{E}_\Sigma - \dot{U}}{X_\Sigma}$
三角形变星形			$X_L = \dfrac{X_{ML}X_{LN}}{X_{ML}+X_{LN}+X_{NM}}$ $X_M = \dfrac{X_{NM}X_{ML}}{X_{ML}+X_{LN}+X_{NM}}$ $X_N = \dfrac{X_{LN}X_{NM}}{X_{ML}+X_{LN}+X_{NM}}$	$\dot{I}_{ML} = \dfrac{\dot{I}_M X_M - \dot{I}_L X_L}{X_{ML}}$ $\dot{I}_{LN} = \dfrac{\dot{I}_L X_L - \dot{I}_N X_N}{X_{LN}}$ $\dot{I}_{NM} = \dfrac{\dot{I}_N X_N - \dot{I}_M X_M}{X_{NM}}$
星形变三角形			$X_{ML} = X_M + X_L + \dfrac{X_M X_L}{X_N}$ $X_{LN} = X_L + X_N + \dfrac{X_L X_N}{X_M}$ $X_{NM} = X_N + X_M + \dfrac{X_N X_M}{X_L}$	$\dot{I}_L = \dot{I}_{LN} - \dot{I}_{ML}$ $\dot{I}_N = \dot{I}_{NM} - \dot{I}_{LN}$ $\dot{I}_M = \dot{I}_{ML} - \dot{I}_{NM}$
多星形变为对角连接的网形			$X_{AB} = X_A \cdot X_B \Sigma\dfrac{1}{X}$ $X_{BC} = X_B \cdot X_C \Sigma\dfrac{1}{X}$ ────────── ────────── 式中 $\Sigma\dfrac{1}{X} = \dfrac{1}{X_A}+\dfrac{1}{X_B}+\dfrac{1}{X_C}+\dfrac{1}{X_D}$	$\dot{I}_A = \dot{I}_{AC} + \dot{I}_{AB} - \dot{I}_{DA}$ $\dot{I}_B = \dot{I}_{BD} + \dot{I}_{BC} - \dot{I}_{AB}$ ────────── ──────────

（5）正（负）序网络中的电源点均视为等电位点，零序网络中的接地点均为零电位点，因此在简化时都可拆开或合并。

（6）网络简化的次序应在保留所需计算送电线路 X_L 支路的情况下进行，这样，任何复杂网络，在两端供电的情况下均可简化为如图 4-8-2 所示两种形式的等效网络。至此，必须取定短路点，才能达到进一步将网络最终简化成为只具一个等效电抗的综合等效电路。

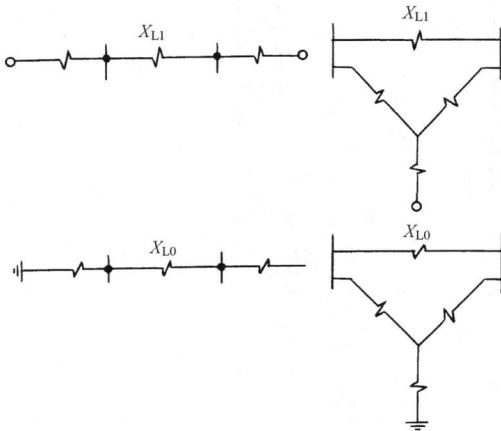

图 4-8-2　简化为保留所需计算送电
线路的等效电路

（7）对于单独架设的两回平行送电线路，由于回路间存在着互感作用，每个回路的零序电抗要有所增大，当需要考虑这种影响时，可按图 4-8-3 所绘曲线进行计算。

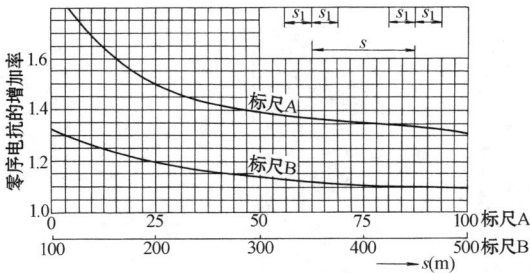

图 4-8-3　平行线路零序电抗增加率与线路间
距离 s 的关系曲线

四、短路电流计算

（一）接地点总电流

（1）中性点直接接地的三相送电线路发生单相接地短路时，流经接地点的总的零序电流即接地短路电流按下式计算：

$$I_S = \frac{3}{X_1 + X_2 + X_0}I_d = \frac{3}{2X_1 + X_0}I_d, \ \text{A} \quad (4\text{-}8\text{-}10)$$

式中　X_1、X_2、X_0——分别为系统综合等效正序、负序、零序电抗；

I_d——基准电流，A。

（2）中性点不直接接地的三相送电线路发生两相不同地点同时接地短路时，流经接地点总的零序电流按下式计算：

$$
\begin{aligned}
I_S = 3\sqrt{3}I_d \div \ & (3X_{S1\Sigma} + 3X_{S2\Sigma} + X_{C1\Sigma} \\
& + X_{C2\Sigma} + X_{D1\Sigma} + X_{D2\Sigma} + X_{C0\Sigma} \\
& + X_{D0\Sigma}), \ \text{A}
\end{aligned}
\quad (4\text{-}8\text{-}11)
$$

式中　$X_{S1\Sigma}$、$X_{C1\Sigma}$、$X_{D1\Sigma}$——分别为正序等效网络各支的综合电抗；

$X_{S2\Sigma}$、$X_{C2\Sigma}$、$X_{D2\Sigma}$——分别为负序等效网络各支的综合电抗；

$X_{C0\Sigma}$、$X_{D0\Sigma}$——分别为零序等效网络各支的综合电抗；

I_d——基准电流，A。

等效网络如图 4-8-4 所示，图中 C、D 为接地故障点，在中性点不直接接地系统中，$X_{S0\Sigma}$ 接近无限大。

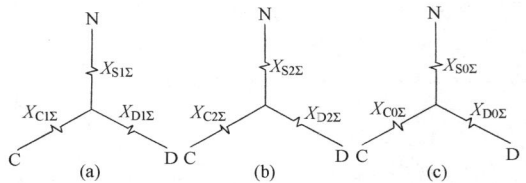

图 4-8-4　等效网络
（a）正序等效网络；（b）负序等效网络；（c）零序等效网络

（二）短路电流分配

当送电线路接地故障时，需要分别确定故障线路和非故障线路对通信线路的感应影响。因此，只有接地点的总电流是不行的，必须知道有关送电线路上的故障电流值。其计算方法是根据电流与阻抗成反比关系，按零序网络进行反运算，以求得故障点两侧以及系统中有关送电线路导线中流通的零序电流，即称为短路电流分配。

短路电流分配计算常用公式见表 4-8-6。必须指出，零序电流只能在零序网络中流通，因此，短路电流分配一定要在零序网络中进行。

两相在不同地点接地短路，接地短路电流从一个接地故障相的接地点流入大地，经过大地由另一接地故障相的接地点返回另一相，入地点的总电流就是线路中和大地中的电流，故不需进行电流分配计算。

有时通信线路不但和所需计算的送电线路接近，还可能和所需计算送电线路相邻近的送电线路同时接近。尤其是在送电线路两端电厂或变电所出口处拥挤地段这种情况更为常见，为了考虑送电线路对通信线路的综合感应影响，实际工作中常常还要计算邻近有关送电线路的零序电流。

（三）短路电流曲线绘制

短路电流曲线是表征沿着所计算送电线路移动接地短路点时，所计算送电线路和系统中有关送电线路零电流的变化规律。由于接地点总电流是由系统中所有电源供出的，系统中所具有零序回路的送电线路都会有不同数值的零序电流流通，且其值的大小必定是随着所计算送电线路的短路点的变化而变化。这就说明，完全可以把邻近有关送电线路的短路电流曲线，按所计算送电线路的比例绘在同一个坐标内。这在使用上就很方便，对于任一短路点，可以在同一横坐标上，同时查出任一有关送电线路的零序电流。接地短路点的选取，以能有效地控制曲线形状为准，一般可等距取4点或5点，两端点是在所计算送电线路两端母线上。对短路电流曲线变化陡峭的区段，可适当补充接地短路点。每一接地短路点都要按照上述步骤进行短路电流分配。

短路电流曲线的绘制是依所计算送电线路长度按比例地绘在米格纸上。横轴为送电线路长度（km），纵轴为短路电流数值（A 或 kA）。图下要相应地画上所计算送电线路和有关送电线路的系统原理接线，标出短路电流方向。具体计算见第九节计算实例。

第九节　危险影响计算及防护设计例题

某甲发电厂至乙变电所，新建220kV系统中性点直接接地三相送电线路，线路长度215km，架设两根钢质地线。送电线路在距甲发电厂50km处与某架空明线通信线路平行接近，接近长度17.3km，两线路相对位置如图4-9-1所示。图中标出了大地电导率分段采用数值。

通信线路设备情况见图4-9-1中的通信线路的回线运用图。

电力系统10年远景规划的正（负）序、零序网络图见图4-9-2、图4-9-3，图中电抗是以100MVA为基准的标么值。

本例送电线路对通信线路的危险和干扰影响中感

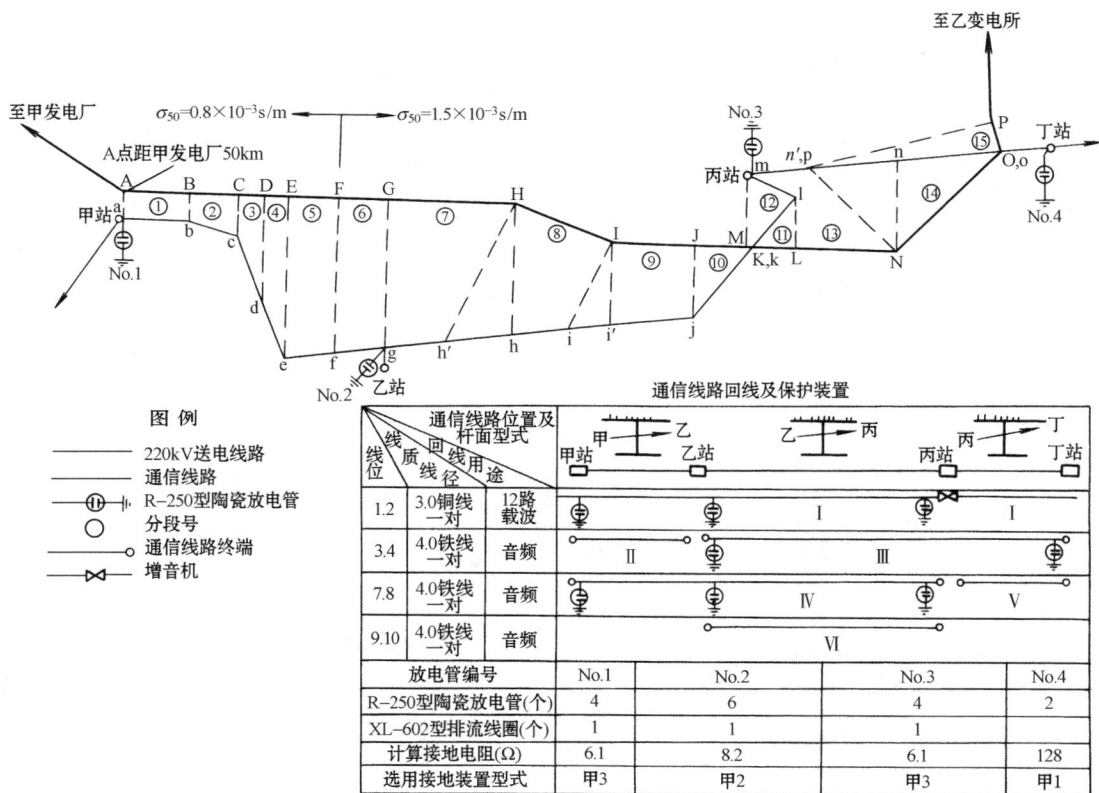

图 4-9-1　送电线路与通信线路平行接近和放电管安装位置图

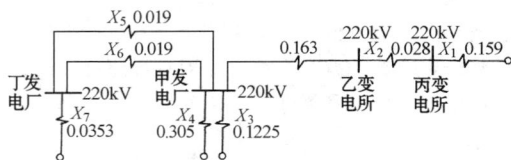

图 4-9-2 正（负）序网络图

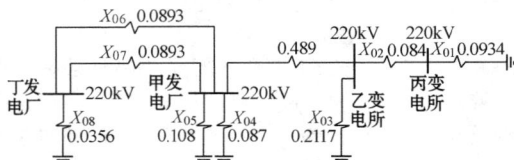

图 4-9-3 零序网络图

性耦合影响起主控作用，由于送电线路对通信线路800Hz 等效干扰电动势计算方法与 50Hz 的危险影响纵电动势的计算方法基本相同，故本计算例只提出磁危险影响计算及防护设计（示范计算采用《四部协议》的规定和标准），干扰计算从略。

一、短路电流计算

（一）网络简化

按网络简化要求和表 4-8-6 中的网络变换计算公式对图 4-9-2 正（负）序网络和图 4-9-3 零序网络进行简化计算。

1. 正（负）序网络简化

首先将每一电抗都编上顺序号见图 4-9-2，在保留所需计算送电线路情况下对网络逐步进行简化

$$X_8 = X_1 + X_2 = 0.159 + 0.028 = 0.187$$

$$X_9 = \frac{X_3 X_4}{X_3 + X_4} = \frac{0.1225 \times 0.305}{0.1225 + 0.305} = 0.0874$$

$$X_{10} = X_7 + \frac{X_5 X_6}{X_5 + X_6} = 0.0353 + \frac{0.019}{2}$$
$$= 0.0448$$

$$X_{11} = \frac{X_9 X_{10}}{X_9 + X_{10}} = \frac{0.0875 \times 0.0448}{0.0875 + 0.0448} = 0.0296$$

得出保留所需计算送电线路的正（负）序等效网络如图 4-9-4 所示。

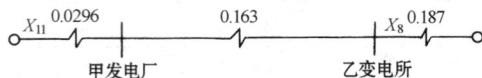

图 4-9-4 保留所需计算送电线路的
正（负）序等效网络

如取定短路点"S_1"在乙变电所母线，则
$$X_{12} = X_{11} + 0.163 = 0.0296 + 0.163 = 0.1926$$

$$X_{13} = \frac{X_8 X_{12}}{X_8 + X_{12}} = \frac{0.187 \times 0.1926}{0.187 + 0.1926} = 0.095$$

最终得"S_1"点短路时正（负）序综合等效电路，如图 4-9-5 所示。

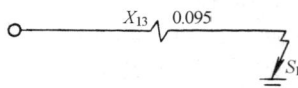

图 4-9-5 S_1 点短路时正
（负）序综合等效电路

2. 零序网络简化

采取相同步骤，见图 4-9-3

$$X_{09} = X_{01} + X_{02} = 0.0934 + 0.084 = 0.1774$$

$$X_{010} = \frac{X_{03} X_{09}}{X_{03} + X_{09}} = \frac{0.2117 \times 0.1774}{0.2117 + 0.1774} = 0.0975$$

$$X_{011} = \frac{X_{04} X_{05}}{X_{04} + X_{05}} = \frac{0.087 \times 0.108}{0.087 + 0.108} = 0.0481$$

在图 4-9-3 中甲发电厂至丁发电厂间为同杆架设的双回路送电线路（架挂两根钢质地线），其零序电抗 X_{06} 根据表 4-8-4 查得

$$X_{012} = \frac{1}{2} X_{06} = \frac{1}{2} \times 4.7 X_5$$
$$= \frac{1}{2} \times 4.7 \times 0.019 = 0.045$$

$$X_{013} = X_{08} + X_{012} = 0.0356 + 0.045$$
$$= 0.0806$$

$$X_{014} = \frac{X_{011} X_{013}}{X_{011} + X_{013}} = \frac{0.0481 \times 0.0806}{0.0481 + 0.0806}$$
$$= 0.0301$$

得出保留所需计算送电线路的零序等效网络如图 4-9-6 所示。

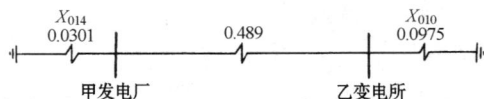

图 4-9-6 保留所需计算送电
线路的零序等效网络

取定短路点"S_1"在乙变电所母线，则
$$X_{015} = X_{014} + 0.489 = 0.0301 + 0.489 = 0.5191$$

$$X_{016} = \frac{X_{010} X_{015}}{X_{010} + X_{015}} = \frac{0.0975 \times 0.5191}{0.0975 + 0.5191} = 0.082$$

最终得出"S_1"点短路时零序综合等效电路，如图 4-9-7 所示。

（二）接地点总电流

中性点直接接地的三相送电线路发生单相接地短路时，根据第八节式（4-8-10），流经接地点的总的零序电流即接地短路电流。

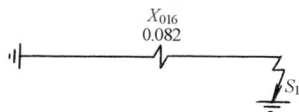

图 4-9-7 S_1 点短路时零序
综合等效电路

$$I_s = \frac{3}{2X_{13} + X_{016}} I_d = \frac{3 \times 251}{2 \times 0.095 + 0.082}$$
$$= 2770A$$

I_d 数值由表 4-8-2 查得

（三）短路电流分配

"S_1" 点接地短路时由甲发电厂侧来之故障电流为

$$I_{s1} = \frac{X_{016}}{X_{015}} I = \frac{0.082}{0.5191} \times 2770 = 438A$$

由乙变电所侧来之故障电流

$$I_{s2} = \frac{X_{016}}{X_{010}} I_{s1} = I - I_{s1} = 2770 - 438 = 2332A$$

本计算共取五个接地短路点，"S_2"点取定在距乙变电所母线 $\frac{1}{3} l_p$ 处（l_p 为计算送电线路长度，$l_p = 215km$）；"S_3"点在距乙变电所母线 $\frac{2}{3} l_p$ 处；"S_4"点在甲发电厂母线，为有效控制曲线形状，在距乙变电所母线 $\frac{6}{7} l_p$ 处取一接地短路点 "S_5"，各接地短路点的计算结果见表 4-9-1。

表 4-9-1 短路电流计算结果

短路电流（A） 接地短路点	接地点 总电流 I_s	甲厂侧来 的电流 I_{s1}	乙变侧来 的电流 I_{s2}
S_1（乙变母线）	2770	438	2332
S_2	2310	980	1330
S_3	2870	1980	890
S_4（甲厂母线）	9070	8627	443
S_5		3610	

绘成短路电流曲线见图 4-9-8。

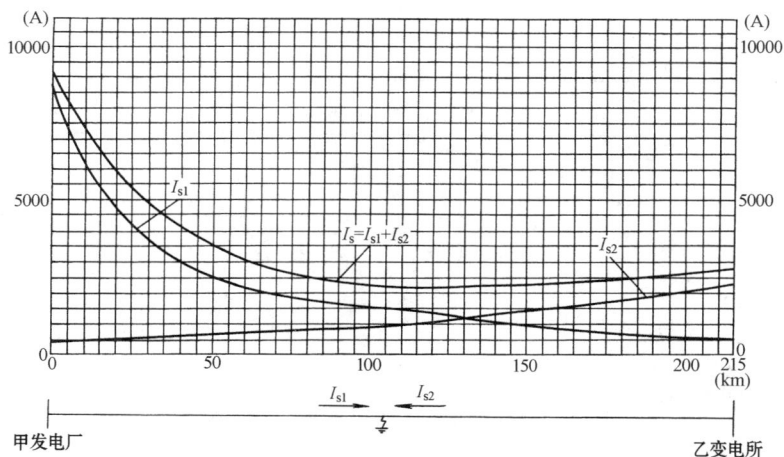

图 4-9-8 单相接地短路电流曲线

二、危险影响计算

（一）送电线路与通信线路间的互感阻抗

在图 4-9-1 两线路接近位置图上，按第二节的计算要求，在送电线路和通信线路每个转角点、大地电导率分界点、通信回路断开点和通信回路终端等处，按 $\frac{a_1}{a_2} = 3 \sim \frac{1}{3}$ 进行分段，如图 4-9-1 所示，图中共划分 15 段，按图纸所示比例将量得的 a_1、a_2 和 l_p 值记入表 4-9-2 中。

根据等值接近距离 a 和大地电导率 σ_{50} 值，从图 4-2-4，$f = 50Hz$ 时互感阻抗诺模图，查出接近段每公

里的互感阻抗值。例如：①段由诺模图平行段刻度查出互感阻抗 $\omega M = 128m\Omega/km$；⑩段由诺模图交叉段刻度查出互感阻抗 $\omega M = 107m\Omega/km$。然后将查出每公里的互感阻抗乘以接近段长度得出接近段的互感阻抗，计算结果列入表 4-9-2 中。

（二）纵电动势计算

在送电线路上选取不同的接地短路点，按式（4-2-1）计算找出各通信回路的最大感应纵电动势，计算时不考虑地线的屏蔽作用，即 $K_{mi} = 1$，单相接地短路电流值在图 4-9-8 查取，计算结果见表 4-9-3。从表 4-9-3 计算结果可以看出 I、III、IV 回路感应纵电动势超过允许值 750V，根据式（4-2-2）、式（4-2-3）

对地电压计算式判定上述回路对地电压超过500V。

（三）放电管配置计算

本计算例对存在危险影响的通信回路，确定采用放电管保护，首先在各回路接近段终端装设放电管。当送电线路在 G 点接地短路时，I、IV回线 NO.1～ NO.3 放电管间通信导线对地电压超过允许值，故需在该两回线的 g 点处增加一组放电管，编号为 NO.2。各回线相邻放电管间通信导线对地电压计算结果见表4-9-4，表中计算结果均能满足要求。各回线放电管装设情况见图4-9-1。

表 4-9-2　　　　　　　互 感 阻 抗 表

区间	段号	a_1 (m)	a_2 (m)	a (m)	l_p (km)	σ (10^{-3} S/m)	ωM (mΩ/km)	$\omega M l_p$ (mΩ)	$\Sigma \omega M l_p$ (mΩ)
甲站	1	500	500	500	1.3	0.8	128	166.4	166.4
	2	500	750	612	1.0	0.8	117	117	283.4
	3	750	2050	1240	0.5	0.8	78	39	322.4
	4	2050	3300	2600	0.5	0.8	42	21	343.4
	5	3300	3150	3220	1.0	0.8	32	32	375.4
乙站	6	3150	3000	3074	1.0	1.5	23	23	398.4
	7	3000	2700	2846	2.5	1.5	26	65	65
	8	3100	1950	2459	2.0	1.5	28	56	121
	9	1700	1500	1597	1.6	1.5	48	76.8	197.8
	10	1500	0		1.2	1.5	107	128.4	326.2
	11	0	1000		0.9	1.5	129	116.1	442.3
丙站	12	1000	1450	1204	1.0	1.5	63	−63	379.3
	13	1450	1850	1638	3.0	1.5	48	144	144
	14	2300	0		2.8	1.5	84	235.2	379.2
丁站	15		3300		0.7	1.5	65	−45.5	333.7

表 4-9-3　　　　　　　纵 电 动 势 计 算 表

计算区段	回线号	假定短路地点	短路点距甲厂距离 (km)	短路电流 (A) 来自甲厂	来自乙变	$\Sigma \omega M l_p$ (mΩ)	纵电动势 (V)
甲站～丙站	I、IV	A 点	50	700		840.7	411.9
		L 点	63.5		2050	840.7	1206.4
甲站～乙站	II	A 点	50	700		398.4	195.2
		G 点	55.3		2300	398.4	641.4
乙站～丁站	III	G 点	55.3	730		713	364.3
		P 点	68.9		1920	713	958.3
		O 点	68.2		1950　−810	758.5；−45.5	1035.3 + 25.8 = 1061.1
丙站～丁站	I、V	M 点	62.5	790		333.7	184.5
		P 点	68.9		1920	333.7	448.5
		O 点	68.2		1950　−810	379.2；−45.5	517.6 + 25.8 = 543.4
乙站～丙站	VI	G 点	55.3	750		442.3	232.2
		L 点	63.5		2050	442.3	634.7

表 4-9-4　　　　　　　对 地 电 压 计 算 表

区间放电管编号	甲站～乙站 NO.1～NO.2				乙站～丙站 NO.2～NO.3			乙站～丁站 NO.2～NO.4			
假定短路地点	B 点	C 点	D 点	E 点	H-I 中点	J 点	K 点	I 点	J 点	K 点	M-N 中点
短路点距甲厂距离 (km)	51.3	52.3	52.8	53.3	58.8	61.4	62.6	59.8	61.4	62.6	64
$(\Sigma \omega M l_p)_1$ (mΩ)	116.4	283.4	322.4	343.4	93	197.8	326.2	121	197.8	326.2	451.3
来自甲厂短路电流 I_{s1} (A)	2420	2400	2370	2350	2200	2120	2100	2150	2120	2100	2050

区间放电管编号		甲站~乙站 NO.1~NO.2				乙站~丙站 NO.2~NO.3			乙站~丁站 NO.2~NO.4			
纵电动势 E_1 （V）		197.2	476.1	534.9	564.9	143.2	293.5	499.5	182.1	293.5	479	647.6
通信线长度 l_2 （km）		5.82	4.77	3.37	2.07	7.6	4.2	2.3	12.3	10	8.1	4.5
$E_1 l_2$ （V·km）		1147.6	2271.1	1802.5	1169.3	1088.5	1232.9	1102.9	2239.9	2935	3884.1	2914.3
$(\Sigma\omega M l_p)_2$ （mΩ）		282	115	76	55	286.3	181.5	53.1	592	515.2	386.8	261.7
来自乙变短路电流 I_{s2} （A）		700	710	710	730	770	780	800	760	780	800	810
纵电动势 E_2 （V）		138.2	57.2	37.8	28.1	154.3	99.1	29.7	314.9	281.3	216.6	148.4
通信线长度 l_1 （km）		1.35	2.4	3.8	5.1	2.6	6	7.9	3.7	6	7.9	11.5
$E_2 l_1$ （V·km）		186.5	137.2	143.5	143.3	401.2	594.6	234.9	1165.3	1687.8	1711.2	1706.4
$U_{0x} = \dfrac{E_1 l_2 + E_2 l_1}{l_1 + l_2}$	计算点	b点	c点	d点	e点	h'点	j点	h点	i点	j点	h点	n点
	计算值 （V）	186.1	335.9	271.4	183.1	146	179.2	131.2	212.8	288.9	349.1	288.8

（四）放电管接地电阻计算

1. 放电管接地电阻允许电压降

回线 Ⅰ、Ⅳ 的 NO.1、NO.3 放电管和回线 Ⅲ 的 NO.2、NO.4 放电管位于进站，接地电阻电压降选取 250V，回线 Ⅰ、Ⅳ 的 NO.2 为中间放电管，根据式 (4-5-6)，其接地电阻电压降为

$$U_m < 2\ (U_e - U_{0max})$$
$$= 2 \times\ (500 - 335.9\ ) = 328.2V$$

为了施工和运行维护方便，一般都是将各回线同一地点的放电管接到一个接地装置上，只有当放电管接地电阻值要求较小时，才考虑分开接地。采取集中接地时，接地电阻电压降，要采取各组放电管中的较小值作为计算电压。Ⅰ、Ⅳ 回线 NO.2 放电管集中接地时，其允许电压降应为 250V。为了说明计算方法，Ⅴ、Ⅳ 回线 NO.2 放电管按两种接地方式考虑。

2. 通信线路线束阻抗计算

（1）NO.1~NO.2 间：

NO.1~NO.2 间，接有放电管的通信导线共 4 根，其中铜线、铁线各 2 根，选择铁线中电流为 5A 时的线束阻抗，由图 4-5-4（c）查得 $Z_n = 0.88\Omega/km$，其中

一根铜线阻抗

$$Z_{co} = Z_n (n_{co} + 0.069 n_F)$$
$$= 0.88 \times (2 + 0.069 \times 2)$$
$$= 1.88\Omega/km$$

一根铁线阻抗

$$Z_F = Z_n (n_F + 14.5 n_{co})$$

$$= 0.88(2 + 14.5 \times 2) = 27.3\Omega/km$$

（2）NO.2~NO.3 间：

NO.2~NO.3 间，接有放电管的通信导线共 6 根，其中 2 根为铜线，4 根为铁线，选择铁线中电流为 5A 时线束阻抗，由图 4-5-4（c）查得，$Z_n = 0.81\Omega/km$，其中

一根铜线阻抗

$$Z_{co} = Z_n (n_{co} + 0.069 n_F)$$
$$= 0.81 \times (2 + 0.069 \times 4) = 1.84\Omega/km$$

一根铁线阻抗

$$Z_F = Z_n (n_F + 14.5 n_{co}) = 0.81 \times (4 + 14.5 \times 2)$$
$$= 26.7\Omega/km$$

（3）NO.3~NO.4 间：

NO.3~NO.4 间有 2 根铁线接有放电管，选铁线中电流为 5A 时的线束阻抗，由图 4-5-3 查得 $Z_n = 9.5\Omega/km$，其中一根铁线 $Z_F = 19\Omega/km$。

3. 接地电阻值

各回线终端放电管和中间放电管的接地电阻计算结果见表 4-9-5、表 4-9-6。Ⅰ、Ⅳ 回线 NO.2 放电管接地电阻电压降为 250V 或 328.2V 时，接地电阻值虽然相差一倍，但是接地电阻值都在 10Ω 以上，对于 10Ω 以上的接地装置，工程中是容易做到的，因此该放电管采取集中接地方式。

各处放电管采取集中接地，其接地电阻值如下：

NO.1 放电管

$$R = \frac{1}{\frac{1}{6.5} + \frac{1}{95}} = 6.1\Omega$$

NO. 2 放电管

$$R = \frac{1}{\frac{1}{128} + \frac{1}{9.4} + \frac{1}{140}} = 8.2\Omega$$

NO. 3 放电管

$$R = \frac{1}{\frac{1}{6.5} + \frac{1}{95}} = 6.1\Omega$$

NO. 4 放电管

$$R = 128\Omega$$

通信线路经过地区土壤电阻率为 $200\Omega \cdot m$，根据表 4-6-1，选择各处放电管的接地装置。以上的结果均列入图 4-9-1 中的表内。

表 4-9-5　　　　　　　　　　　　　　　　终端放电管接地电阻计算表

回线号	对应短路点的放电管编号	接地电压降 $U(V)$	E_1 (V)	$Z_{n1} l_1$ (Ω)	$R_b = \frac{U_b Z_{n1} l_1}{E_1 - U_b - U_m}$ (Ω)	E_2 (V)	$Z_{n2} l_2$ (Ω)	$R_e = \frac{U_e Z_{n2} l_2}{E_2 - U_e - U_m}$ (Ω)
I	NO. 1	250			∞	381	$\frac{1}{2} \times (1.88 \times 7.17 + 1.84 \times 10.2) = 16.1$	∞ ①
	NO. 2	250 (328. 2)	641. 4	$\frac{1}{2} \times 1.88 \times 7.17 = 6.7$	11.8 (26.5)	$0.7 \times 0.75 \times 379.3 = 199$	$\frac{1}{2} \times 1.84 \times 10.2 = 9.4$	∞
	NO. 3	250	$0.7 \times 2.05 \times 777.7 = 1116$	16.1	6.5			6.5
III	NO. 2	250				364.3	$\frac{1}{2} \times (26.7 \times 10.2 + 19 \times 16) = 288$	∞
	NO. 4	250	1061.1	288	128			128
IV	NO. 1	250			∞	381	$\frac{1}{2}(27.3 \times 7.17 + 26.7 \times 10.2) = 234.1$	∞
	NO. 2	250 (328. 2)	641. 4	$\frac{1}{2} \times 27.3 \times 7.17 = 97.9$	173 (387. 3)	199	$\frac{1}{2} \times 26.7 \times 10.2 = 136.2$	∞
	NO. 3	250	1116	234.1	95			95

① 放电回路中的电动势值小于回路中选定的接地电压降。

表 4-9-6　　　　　　　　　　　　　　　　中间放电管接地电阻计算表

回线号	对应短路点的放电管编号	接地电压降 U_m (V)	E_1 (V)	R_{bmin} (Ω)	$Z_{n1} l_1$ (Ω)	$l_1 = \frac{E_1 - U_m}{R_{1min} + Z_{n1} l_1}$ (A)	E_2 (V)	R_{emin} (Ω)	$Z_{n2} l_2$ (Ω)	$I_2 = \frac{E_2 - U_m}{R_{kmin} + Z_{n2} l_2}$ (A)	$R_n = \frac{U_m}{I_1 + I_2}$ (Ω)
I	NO. 2	250 (328. 2)	641. 4	6.5	6.7	29.7 (23.7)	199	6.5	9.4	-3.2 (-8.12)	9.4 (21)
IV	NO. 2	250 (328. 2)	641. 4	95	97.9	2 (1.62)	199	95	136.2	-0.22 (-0.56)	140 (310)

第十节　对通信光缆线路电磁感应影响的计算

光纤通信是当代的发展方向。光纤通信系统具有传输损耗低、信息容量大、传输距离远、保密性强等优点。

光纤是非电磁材料，光纤回路所传输的信号是光信号，具有不受外界电磁干扰和危害的优越特性。但是，光缆由于其构造和辅助系统上的需要，一般具有金属加强芯，有一些辅助的金属线，这就给通信防护提出了新的课题。

目前，光纤通信系统已从国家的一、二级干线、省、地市级干线扩大到县、镇的通信网络，将来还会有一个更大的发展。提出电力线路对光缆通信线路的电磁感应影响的计算方法及允许标准是必要的。

一、光缆的分类

（一）无金属光缆

无金属光缆是无任何金属构件，包括金属铠装及外护层等，因此它不受电磁和静电感应的影响。

（二）金属光缆

金属光缆一般是由多种金属构件组合而成。金属光缆通常有铅或铝的内护层，还经常具有两层钢带或双层钢丝的金属铠装外护层，与长途铠装电缆不同，在金属光缆的最外层复上聚乙烯防护层。金属光缆即使具有厚厚的铠装层，由于其对地绝缘电阻很大，所以其屏蔽作用很小。另外，在一些长途光缆通信系统中，为了对中继站进行远距离供电，采用金属导体作为充气维护信号线和公务联络线，还在光缆中加入铜线。

采用有金属构件的通信光缆，无论是有铜线光缆，还是无铜线光缆，都要考虑电力线和雷电影响的防护问题。

二、危险影响的计算方法及允许标准

根据邮电部1991年《长途通信干线光缆数字传输系统线路工程设计暂行技术规定》中有关条款的规定，当电力线路与通信光缆线路接近或交叉跨越时，通信光缆线路不考虑电力线路对其产生的干扰影响，但对于金属光缆通信线路，经受电力线路的危险影响可采用与长途电缆线路相同的计算方法。

（一）金属光缆危险影响的计算

光缆通信线路和其它通信线路一样，与电力线路不可能是单一的平行接近、斜接近或交叉跨越，而是曲折变化的复杂接近，如图4-2-1所示。

这时也同其它通信线路一样，将整个线路分成若干个等效接近段来代替各段线路，感应电流在光缆通信系统的金属导线上产生的纵电动势为每个接近段上感应的纵电动势的代数和，其计算公式同式（4-2-1）。对地电压计算见式（4-2-3）、式（4-2-4）。

计算电力线路在故障状态对接近的光缆线路产生的危险时，其影响电流取故障电流乘以0.85。计算电力线路在工作状态对其产生的危险影响时，其影响电流取电力线路的不平衡电流，或是交流电气铁道接触网的平均牵引电流。

光缆通信线路与发电厂或变电所的接地网接近时，对其光缆敷设位置所产生的电位为

$$u = \frac{2}{\pi} IR \sin^{-1} \frac{r}{r+s}, \text{ V} \quad (4\text{-}10\text{-}1)$$

与高压电力线路杆塔接地装置接近时，对其产生的电位为：

$$U = IR \frac{r}{r+s}, \text{ V} \quad (4\text{-}10\text{-}2)$$

式中　R——接地电阻，Ω；

U——光缆距接地装置等效半径 s 处的电位，V；

I——通过接地装置的电流，A；

r——接地装置的等效半径，m；

s——距接地装置等效半径的距离，m。

在土壤电阻率不太高的地区，地电位的升高区域并不很大，加之光缆护套的工频耐压强度较高（约20000V），只要光缆在地电位升高区不作接地，地电位一般不会超过耐压强度。

（二）危险影响的允许标准

有铜线光缆的危险影响允许值，以铜线及铜线工作回路所能承受的允许值来确定；无铜线光缆的危险影响允许值，以光缆的金属护层（如皱纹钢套、钢丝铠装）允许影响值来确定。

用作远距离供电回路的铜线，其瞬间危险影响的纵电动势允许值可用下式确定：

$$E = 0.6 U_t - \frac{U_L}{2\sqrt{2}}, \text{ V} \quad (4\text{-}10\text{-}3)$$

不用作远供回路的铜线光缆和其它有色金属光缆，其瞬间危险影响的纵电动势允许值可用下式确定：

$$E = 0.6 U_t, \text{ V} \quad (4\text{-}10\text{-}4)$$

式中　E——允许的纵电动势，V；

U_t——光缆中继段铜线的直流试验电压；光缆护套的直流绝缘介质试验电压，V；

U_L——远供电压，V。

铜线上长期危险感应的纵电动势，一般要求小于或等于60V。

目前光缆内铜线的 U_t 一般为2000V，14MB/s光缆数字通信系统的 U_L 为300V，光缆塑料外护套的直流绝缘介质试验电压为20000V，塑料外护套的厚度一般为2mm。

光缆金属护套瞬间危险影响的纵电动势，按光缆塑料外护套直流绝缘介质试验电压标准值的60%确定，其长时间危险影响的纵电动势为60V。

按上述公式和标准得出的危险影响允许值（参照邮电部门行业标准）见表4-10-1。

表4-10-1　光缆危险影响的允许值

光缆类别		危险影响允许值（V）	
		瞬间影响	长期影响
有铜线光缆	一般铜线	≤1200	≤60
	远供回路铜线	≤740	≤60
无铜线光缆金属护套		≤12000	≤60

光纤通信是以光波为载波，光缆作为通道的通信系统。它主要由光发送、光接收和光传输三部分组成。通常把光缆终点的光发送和光接收两部分称为光端机，由于光端机只是一种光电转换设备，对 50Hz 的电波不构成回路，所以不存在电力线路的电磁感应问题。

三、对金属光缆影响的防护措施

当送电线路对光缆线路的感应纵电动势和对地电压超过允许标准存在危险影响时，一般采用如下措施：

（1）光缆金属护套、金属加强芯在接头处相临光缆间不做电气连接。

（2）在交流电气化铁道地段，当光缆施工、检修时，为保证操作及维护人员的安全，应将光缆中的金属护套与加强芯做临时接地。

（3）在接近发电厂、变电所等地电位升高区域，为避免高电位引入光缆的金属护套及加强芯等，金属构件不做接地。

（4）对有铜线的光缆线路，要与电力线路保持足够的距离。

综上所述，对于无金属光缆线路，不考虑电磁和静电感应的影响；对于金属光缆线路，不考虑静电感应影响。当计算电力线路对金属光缆线路的电磁危险影响时，根据不同情况，可按式（4-2-1）～式（4-2-3）、式（4-10-1）、式（4-10-2）进行计算，除有远供回路铜线的光缆外，其危险影响的计算长度，按光缆的成盘长度考虑，影响标准按表 4-10-1 所列的数值确定。

参 考 文 献

[4-1]　水利电力部、铁道部、邮电部、通信兵部，防止和解决电力线路对通信信号线路危险和干扰影响的原则协议，1961 年 3 月.

[4-2]　CCITT, Directives concerning the protection of telecommunication lines against harmful effects from electricity lines, New Delhi, 1960.

[4-3]　邮电部电信传输研究所. GB 6830—86. 电信线路遭受强电线路危险影响的容许值. 1987 年.

[4-4]　电力工业部电力规划设计总院. 电力工业部西南电力设计院. DL 5033—94. 送电线路对电信线路危险影响设计规程. 水利电力出版社，1994 年. 北京.

[4-5]　电力工业部西南电力设计院. DL/T 5063—1996. 送电线路对电信线路干扰影响设计规程. 中国电力出版社，1996 年. 北京.

第五章

金 具

第一节 概 述

送电线路主要由杆塔、导线、地线、绝缘子和金具等组成。将杆塔、导线、地线和绝缘子连接起来所用的金属零件，统称为送电线路金具。

送电线路金具，按其性能、用途大致可分为悬垂线夹、耐张线夹、联结金具、接续金具、保护金具和拉线金具等六大类。上述各类金具已成为定型产品，有专业化工厂生产供应。

送电线路金具在大自然中长期运行，除需要承受导线、地线和绝缘子等自身的荷载外，还需承受其覆冰和风的荷载。因此，送电线路金具应有足够的机械强度。此外，作为导电体的金具还应具有良好的电气性能。对由黑色金属制成的金具还应采用热镀锌防腐处理（灰铸铁另作防腐处理）。

第二节 金具的选用

一、金具强度的安全系数

金具强度的安全系数，见 DL/T 5092—1999《110～500kV 架空送电线路设计技术规程》。

二、金具的分类和用途

送电线路金具的分类和用途，见表 5-2-1。

表 5-2-1　　　　　　　　　　　　　　送电线路金具的分类和用途表

分 类	名 称	用 途
悬垂线夹	悬垂线夹	用于将导线固定在直线杆塔的悬垂绝缘子串上，或将地线悬挂在直线杆塔的地线支架上
耐张线夹	螺栓型耐张线夹	用于将导线固定在耐张、转角杆塔的绝缘子串上。适用于固定中小截面导线
	压缩型耐张线夹	压缩型耐张线夹分两种，一种用于将导线（钢芯铝绞线）固定在耐张、转角杆塔的绝缘子串上，适用于固定大截面导线。另一种用于将地线（镀锌钢绞线）固定在耐张、转角杆塔上
	楔型耐张线夹	用于将地线（镀锌钢绞线）固定在耐张、转角杆塔上
联结金具	U型挂环、二联板、直角挂板、延长环、U型螺丝等	这类金具又称为通用金具，多用于绝缘子串与杆塔之间、线夹与绝缘子串之间、及地线线夹与杆塔之间的联结
	球头挂环、碗头挂板	联结球窝型绝缘子的专用金具
接续金具	接续管（圆形）	一种用于大截面导线（钢芯铝绞线）的接续，另一种用于地线（镀锌钢绞线）的接续
	接续管（椭圆形）	用于中小截面导线的接续
	补修管	一种用于导线（钢芯铝绞线）的补修，另一种用于地线（镀锌钢绞线）的补修
	并沟线夹	一种用于导线作为跳线时的接续，另一种用于地线（镀锌钢绞线）作为跳线时的接续
保护金具	防振锤	抑制导线、地线振动，起保护作用
	预绞丝护线条	起保护导线的作用
	预绞丝补修条	导线损伤时补修用
	重锤	抑制悬垂绝缘子串及跳线绝缘子串摇摆角过大及直线杆塔上导线、地线上拔
	间隔棒	固定分裂导线排列的几何形状
拉线金具	UT型线夹	可调式的用于固定和调整杆塔拉线下端，不可调式的用于固定杆塔拉线上端
	楔型线夹	用于固定杆塔拉线上端
	拉线二联板	用于联结两根组合拉线

三、悬垂线夹的选用

（一）悬垂线夹形式、结构的选择

悬垂线夹常用的定型产品，现在只保留了 U 型螺丝式固定悬垂线夹一种，见图 5-2-1。这种线夹，导线、地线都能用。

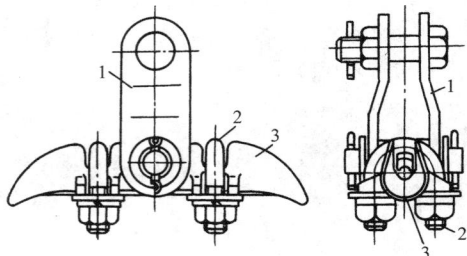

图 5-2-1　悬垂线夹
1—挂架；2—U 型螺丝；3—船体

悬垂线夹悬挂导线时，应能承受垂直档距内导线的全部荷载，并且在线路正常运行或断线时不允许导线在线夹内滑动或脱离绝缘子串。因此，使用这种线夹时杆塔承受的断线张力较大。

悬垂线夹悬挂地线时，同样应能承受垂直档距内地线的全部荷载，并且当地线产生不平衡张力时，亦不允许地线在线夹内滑动。

悬垂线夹按使用导线或地线的型号划分为若干种。在设计选用时必须根据导线（包括缠铝包带厚度或护线条直径）或地线直径及其荷载大小挑选合适的线夹型号。

（二）悬垂线夹机械强度的核定

悬垂线夹在线路运行情况下，主要承受导线或地线的垂直与水平荷载形成的综合荷载。当导线或地线发生最大荷载时，考虑一定的安全系数后，应小于或等于悬垂线夹的破坏荷载。

（三）悬垂线夹握力的核定

悬垂线夹在线路正常运行或断线情况下，对导线应具有一定握力，即此时导线不许从线夹中滑出。悬垂线夹用于地线时，对地线也应具有一定的握力，当地线产生不平衡张力时，地线亦不许从线夹中滑出。

根据国标 GB 2314—1997《电力金具通用技术条件》的规定，固定型悬垂线夹对导线或地线的握力，以导线或地线的计算拉断力的百分数表示，其值应不小于表 5-2-2 的规定。

（四）悬垂线夹悬垂角的检验

在送电线路上，由于地形起伏、档距不等以及因荷载或气温变化，使直线杆塔悬挂点两侧的导线或地线产生不同的悬垂角。因而要求悬垂线夹的船形体，除必须具有一定的曲率半径 ρ 外，还必须有足够的

表 5-2-2　　　　　　悬垂线夹握力

绞 线 类 别	铝钢截面比	导线、地线计算拉断力的百分数（%）
钢芯铝绞线、钢芯铝合金线	≥1.7	14
	4.0～4.5	18
	5.0～6.5	20
	7.0～8.0	22
	11.0～20.0	24
铜绞线		28
钢绞线、铝包钢绞线		14
钢绞线、铝合金绞线		24

悬垂角 α，如图 5-2-2 所示，才能保证导线或地线在线夹出口附近不受较大的弯曲应力，以避免发生局部机械损伤引起断股或断线。

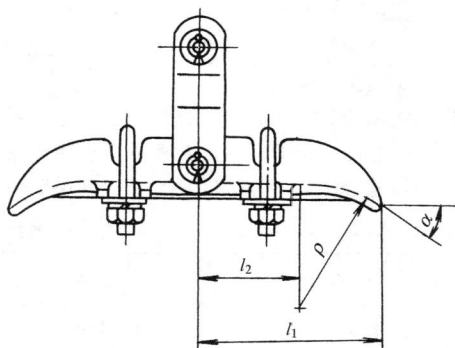

图 5-2-2　悬垂线夹的悬垂角

悬垂线夹的曲率半径 ρ，一般不小于所使用导线直径的 8 倍。线夹悬垂角 α 用下式计算：

$$\alpha = \sin^{-1} \frac{l_1 - l_2}{\rho} \qquad (5\text{-}2\text{-}1)$$

式中　l_1、l_2——线夹长度，见图 5-2-2。

由式（5-2-1）可知，由于线夹的曲率半径 ρ 和长度 l_1 及 l_2 是一定的，因此它的悬垂角也是一定的，而导线或地线的悬垂角则是变化的。当线夹两侧导线或地线的悬垂角不等时，线夹将绕中心回转轴旋转直至平衡，并产生一偏转角 β，见图 5-2-3。

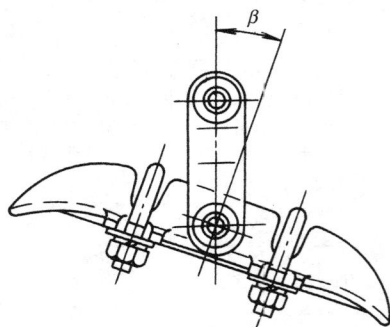

图 5-2-3　悬垂线夹的偏转角

显然，在 $\theta_A > \theta_B$（见图5-2-4）的情况下，导线或地线在线夹上的安全运行条件应满足式（5-2-2）的要求。

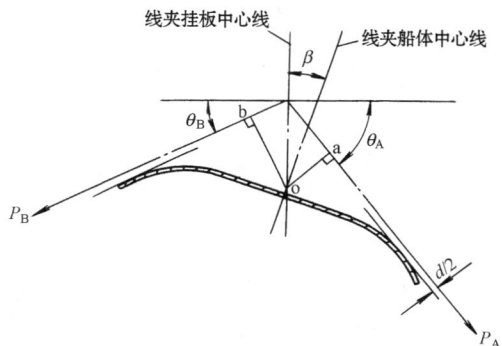

图 5-2-4 悬垂线夹偏转角 β 求解图

$$\theta_A - \beta < \alpha \quad 或 \quad \theta_B + \beta < \alpha \qquad (5-2-2)$$

式中　θ_A、θ_B——悬垂线夹两侧导线或地线的悬垂角；

　　　β——悬垂线夹船形体的偏转角（见图5-2-4）。

关于 β 值的求法，即当悬垂线夹船体处于平衡状态时，线夹两侧导线或地线悬挂点的张力 F_A、F_B 对线夹中心回转轴 o 点的力矩相等，见图5-2-4。根据这个原理，采用作图法试凑较为简便。具体作法如下：

（1）在图纸上划出导线或地线悬垂角 θ_A、θ_B，并取导线或地线直径 d 之半划出外缘线。

（2）在另外一张透明纸上划出悬垂线夹船体底部的剖面。此剖面的曲率半径及悬垂角以及中心回转轴的位置都应与悬垂线夹制造图相吻合。

（3）调整透明纸上船体底部剖面，使其悬垂角部分的某一点与导线或地线的外缘线相切，此时量出线段 $\overline{oa}$、$\overline{ob}$，并使 $F_A \overline{oa} = F_B \overline{ob}$。若不相等，可再调整 $\overline{oa}$ 及 $\overline{ob}$，直到相等为止。此时量出的 β 角即为所求。

但是，值得注意的是悬垂线夹船体的偏转角 β 是有一定限度的，当船体转到某一角度 β_0 时，船体上的 U 型螺丝将被挂架挡住，见图5-2-5，β_0 则称为悬垂线夹的最大偏转角。此时悬垂线夹的安全运行条件应是 $\beta < \beta_0$。

β_0 除与杆塔悬挂点两侧导线或地线的悬垂角 θ_A、θ_B 有关外，还与导线或地线的直径（导线外径应包括缠铝包带厚度或护线条直径）有关，直径越大 U 型螺丝越往上移，则 β_0 角就越小。若 $\beta > \beta_0$ 时应采取措施，如改用双线夹，调整塔高、塔位，或特殊设计新型线夹等。

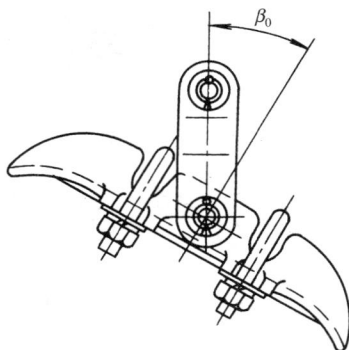

图 5-2-5 悬垂线夹的最大偏转角

四、耐张线夹的选用

（一）导线用耐张线夹的选择

导线用耐张线夹一般分为两类，第一类用螺丝将导线压紧固定，线夹只承受导线全部拉力（即导线计算拉断力），而不导通电流。这类线夹称为螺栓型耐张线夹，见图5-2-6。

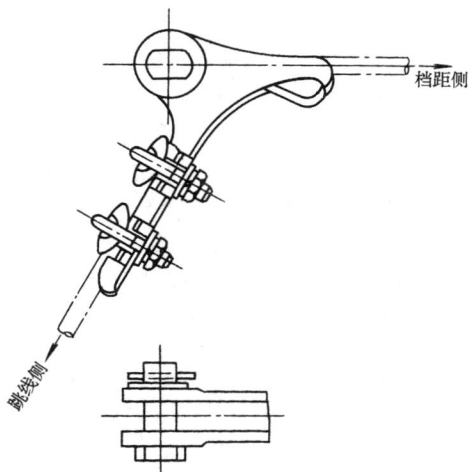

图 5-2-6 导线用螺栓型耐张线夹

螺栓型耐张线夹，其主要优点是施工安装方便，并对导线有足够的握力，质量也较轻。因此，多年来被广泛地应用到送电线路上。螺栓型耐张线夹适用于安装中小截面的导线。

第二类称为压缩型耐张线夹，采用液压或爆压方法将导线的铝股、钢芯与线夹的铝管、钢锚压在一起，见图5-2-7。线夹本身除承受导线的全部拉力（即导线的计算拉断力）外，还是导电体，这类线夹适用于安装大截面的导线。采用液压方法连接导线的耐张线夹，其钢锚和铝管压后外形为正六角形。

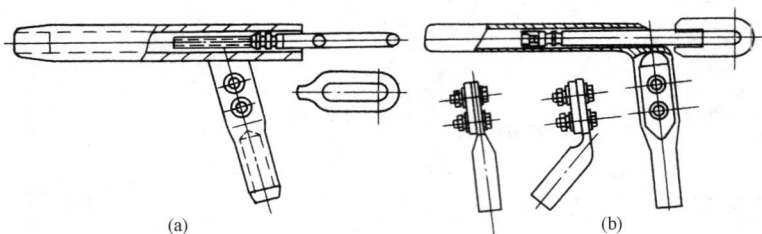

(a)　　　　　　　　　　　　(b)

图 5-2-7　导线用压缩型耐张线夹
（a）液压型；（b）爆压型

（二）地线用耐张线夹的选择

地线（镀锌钢绞线）用耐张线夹，按其结构分为楔型及压缩型两种，见图 5-2-8。

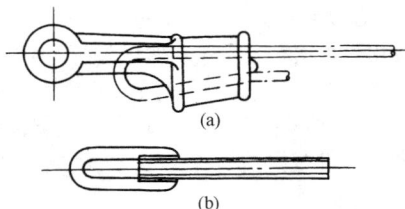

(a)
(b)

图 5-2-8　地线（镀锌钢绞线）
用耐张线夹
（a）楔型；（b）压缩型

楔型耐张线夹，可用于地线的终端，也可用于固定杆塔的拉线。由于楔型线夹具有施工方便和运行可靠等优点，所以被广泛地应用到送电线路上。但是，楔型线夹在施工安装时必须把所安装的钢绞线弯曲成圆弧状，才能使其紧密地贴在线夹的楔子上。安装经验证明：楔型线夹一般适合安装 GJ-70 及以下钢绞线；对 GJ-70 以上的钢绞线，用楔型线夹安装较为困难，宜采用压缩型耐张线夹。

（三）对耐张线夹的要求

（1）各类耐张线夹的破坏荷载应不小于安装导线或地线的计算拉断力值；其对导线或地线的握力，压缩型耐张线夹应不小于导线或地线计算拉断力的 95%；非压缩型耐张线夹应不小于导线或地线计算拉断力的 90%。

（2）作为导电体的耐张线夹压接后，其接续处的电阻应不大于同样长度导线的电阻；温升应不大于被接续导线的温升；载流量应不小于被安装导线的载流量。

五、联结金具的选用

（一）专用联结金具

专用联结金具是直接用来连接绝缘子的，故其连接部位的结构尺寸与绝缘子相配合。用于连接球窝型绝缘子的联结金具，有球头挂环、碗头挂板等。用于连接槽型绝缘子的有平行挂板、直角挂板和直角挂环等。

（二）通用联结金具

通用联结金具，用于将绝缘子组成两联、三联或更多联数，并将绝缘子串与杆塔横担或与线夹之间相连接，也用来将地线紧固或悬挂在杆塔上，或将拉线固定在杆塔上等。根据用途不同，联结金具有着不同形式和品种。定型金具有 U 型挂环、U 型挂板、直角挂板、平行挂板、延长环和二联板等。

（三）联结金具机械荷载的核定

联结金具机械荷载，在一般情况下按已选定的绝缘子的机械破坏荷载来确定。每一种型式的绝缘子配备一套与其机械破坏荷载相同的金具。对双联绝缘子用的金具，其机械破坏荷载为单联绝缘子金具的二倍。例如：用于 XP-70 型绝缘子的金具，其破坏荷载应不小于 70kN；用于 XP-160 型绝缘子的金具，其破坏荷载应不小于 160kN。

地线所用的联结金具，用于悬垂时，其破坏荷载除以金具的安全系数后，应不小于地线的最大荷载；用于耐张时，其破坏荷载应与地线等强度配合。

第三节　绝缘子串的组装

送电线路上用的绝缘子串，由于杆塔结构、绝缘子型式、导线型号、每相导线的根数及电压等级不同，将有很多不同的组装形式。但归纳起来可分为悬垂组装及耐张组装两大类型。绝缘子串不论是悬垂还是耐张都是由几个分支组成，整个组装称为"串"，其中分支称为"联"。金具与绝缘子组装时，需考虑的主要问题是绝缘子形式和联数的确定；绝缘子本身的组装形式；绝缘子串与杆塔的连接形式；绝缘子串与导线的连接等。此外，金具零件的机械强度，金具零件间的尺寸配合、方向等都要选择正确，检查无误。

一、绝缘子机械强度的安全系数

绝缘子机械强度的安全系数，见 DL/T 5092—1999。

二、绝缘子串数的确定

（一）悬垂绝缘子串

导线挂在直线杆塔上，悬垂绝缘子串应能承受导线等的全部荷载，其联数应按如下荷载计算并考虑相应的安全系数后进行选择确定。

（1）按正常运行时作用在绝缘子串上的最大荷载计算；

（2）按断线后作用在绝缘子串上的荷载计算；

（3）按断联后作用在剩余完好联上的垂直荷载计算。

（二）耐张绝缘子串

导线挂在耐张杆塔上，耐张绝缘子串应能承受导线的全部张力，其联数应按如下荷载计算并考虑相应的安全系数后进行选择确定。

（1）按作用在耐张绝缘子串上的最大张力计算；

（2）按断联后作用在剩余完好联上的最大张力计算。

（三）悬垂和耐张绝缘子串确定后，对串中所有金具的机械强度应进行检查核定，并应满足如下安全系数

（1）最大使用荷载情况，2.5；

（2）断线、断联情况，1.5。

三、挂线点的选择

杆塔上悬挂导线和地线的部位称为挂线点。选择挂线点时，必须将与其连接的金具包括在内，两者应一并考虑。挂线点受力较为复杂，在任何情况下都应保证有足够的机械强度。为了减少或消除挂线点处的弯曲应力，要求与挂线点连接的金具，应能随实际受力方向的改变而灵活转动。由于杆塔的形式和绝缘子串的种类较多，挂线点亦有不同的形式和种类，但归纳起来可分为悬垂、耐张两类。根据多年的运行经验，推荐如下几种常用的挂线点方式。

（一）悬垂挂线点

图 5-3-1（a），适用于方横担一点悬挂或两点悬挂。当平行线路方向受力，U 型挂板可以转动；垂直线路方向受力，球头挂环可以转动。由于这种挂线方式受力条件较好，在送电线路中得到普遍采用。

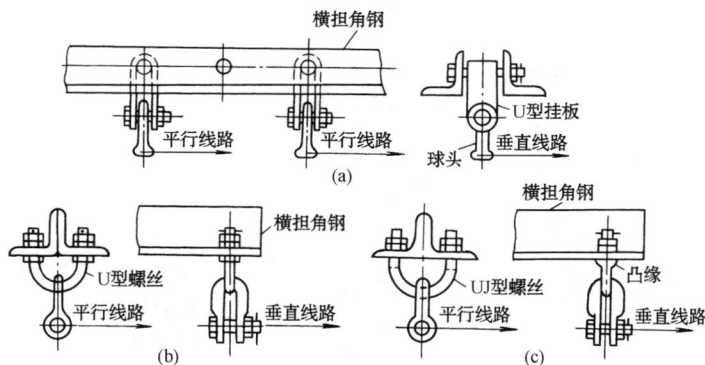

图 5-3-1 悬垂挂线点

图 5-3-1（b）系采用普通 U 型螺丝，适用于杆塔尖横担结构。采用这种挂线方式，挂线点结构简单，安装方便。平行和垂直线路方向受力，U 型挂环均能自由转动，受力条件较好，尤其适合于悬挂地线。但是，这种挂线方式的 U 型螺丝直接承受轴向及纵横两方面的荷载，因此要求螺丝部分加工必须保证质量。此外，由于普通 U 型螺丝在垂直线路方向允许的荷载较小，限制了使用范围。因此，近年来又增加一种叫 UJ 型的螺丝，见图 5-3-1（c）。UJ 型螺丝，其根部增加一凸缘，借以增大垂直线路方向的抗

弯荷载。在工程设计中应根据实际荷载在两种 U 型螺丝中挑选。

（二）耐张挂线点

常用的耐张挂线点的连接方式，图 5-3-2（a）适用于一点悬挂，图 5-3-2（b）适用于两点悬挂。由于这两种挂线方式上下（用绝缘子串中的第二个金具零件）、左右都能自由转动，适应了导线倾斜角和线路转角的变化。它不仅适用悬挂导线，也适用于悬挂地线。

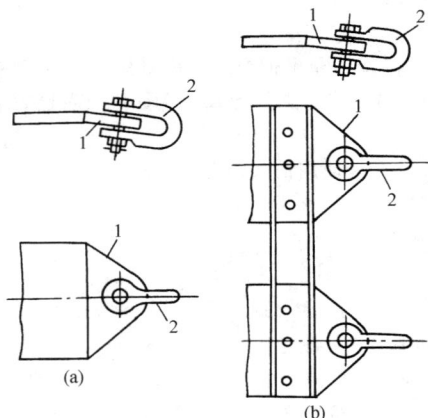

图 5-3-2   耐张挂线点

1—杆塔挂线板；2—U 型挂环

（绝缘子串中的第一个零件）

四、金具零件连接接触点的选择

在金具零件的互相连接时，应尽量避免点接触，以防止应力集中。两零件间若采用螺栓连接，还应避免因开裆过大而使螺栓受到不必要的弯矩。图 5-3-3 列举了几种正确与错误的连接方式，供选用时参考。

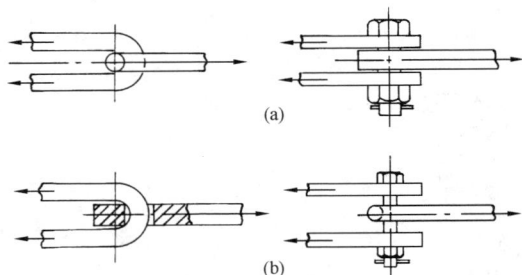

图 5-3-3   金具零件连接接触点

（a）正确连接；（b）错误连接

五、V 型绝缘子串的组装形式和受力计算

V 型绝缘子串的组装形式，见图 5-3-4。采用 V 型组装的目的是限制绝缘子串摇摆，以减小塔头尺寸及减小线路走廊宽度。V 型绝缘子串一般用在酒杯型、门型、猫头型等塔的中相导线上。用于边导线时，边导线横担要加长，所以需全面进行经济技术比较。这一措施也适用于旧线路改造或升压运行。

V 型绝缘子串与塔的连接方式，应能保证在断线时平行线路方向灵活转动。在导线最大风偏时，应能避免绝缘子串受压松弛，以防绝缘子脱落或受压损坏。

绝缘子串是否受压松弛，取决于 V 型绝缘子串的夹角，即 V 型联板的夹角 α，如图 5-3-5 所示，夹角 α 与风偏角 φ 有关，其计算公式见式（5-3-1）。

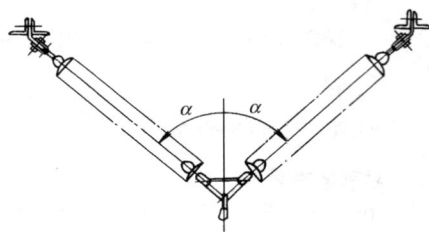

图 5-3-4   V 型绝缘子串

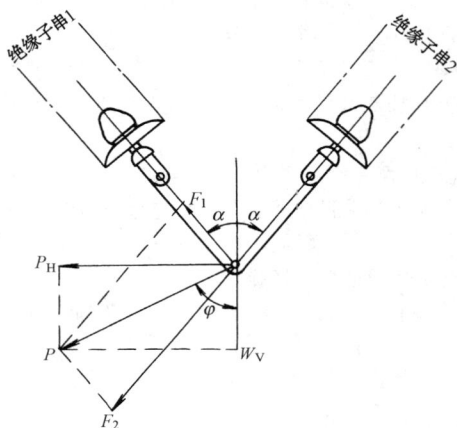

图 5-3-5   V 型绝缘子串受力分析图

$$\left.\begin{array}{l} P = \sqrt{P_H^2 + W_v^2} \\ F_1 = \dfrac{\sin(\varphi-\alpha)}{\sin2\alpha}P \\ F_2 = \dfrac{\sin(\varphi+\alpha)}{\sin2\alpha}P \end{array}\right\} \quad (5\text{-}3\text{-}1)$$

式中 P——最大风时导线的综合荷载，N；

P_H——导线最大风荷载，$P_H = l_H W_4$，N；

W_v——导线自重荷载，$W_v = l_v W_1$，N；

F_1——P 力在绝缘子串 1 上的分力，N；

F_2——P 力在绝缘子串 2 上的分力，N；

l_H、l_v——导线的水平和垂直档距，m；

W_1、W_4——导线单位长度自重荷载和最大风荷载，N/m；

φ——导线最大风偏角，$\varphi = \tan^{-1}\dfrac{P_H}{W_v}$，（°）；

α——V 型绝缘子串夹角之半，（°）。

表 5-3-1 列出当 φ 与 α 成一定关系时，作用在两绝缘子串上的分力 F_1 和 F_2 的数值，以表示绝缘子串受拉或受压的情况。

表 5-3-1　　　　　V 型绝缘子串受力分析

φ 与 α 的关系	$F_1 =$	$F_2 =$	绝缘子串受力情况
$\varphi = 0$	$\dfrac{-\sin\alpha}{\sin 2\alpha}P$	$\dfrac{\sin\alpha}{\sin 2\alpha}P$	两个绝缘子串均受拉
$\varphi = \alpha$	0	P	绝缘子串 1 不受力,绝缘子串 2 受全部综合荷载 P
$\varphi > \alpha$			绝缘子串 1 受压,绝缘子串 2 受拉

由表 5-3-1 的分析可知,V 型绝缘子串的夹角 α 须大于或等于导线最大风偏角 φ,才能避免绝缘子串受压。但是,α 角愈大绝缘子受力愈增加,考虑到导线最大风偏角 φ 在一般情况下不超过 60°,所以 V 型绝缘子串的夹角 α 一般取 60° 为宜。

六、跳线连接及跳线绝缘子串的组装

(一)跳线连接

耐张、转角及终端杆塔上跳线的连接方式,按使用耐张线夹的形式不同,大致可分为如下几种。

(1)使用压缩型耐张线夹时,耐张线夹本身自带跳线线夹,见图 5-3-6。这种跳线线夹经压接后用螺栓固定,接触可靠,可装可卸,安装方便。因此,在送电线路中被广泛采用。

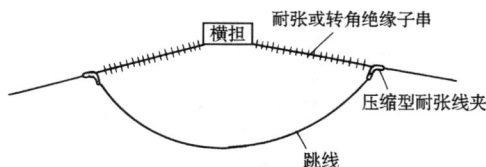

图 5-3-6　使用压缩型耐张线夹时跳线连接示意图

(2)使用螺栓型耐张线夹时,若跳线不需要切断,则可作为导线的一部分连续通过,见图 5-3-7。但是,由于施工和运行的需要,须在跳线处断开后再重新连接起来,其连接的方式有二种,一种是采用压缩型跳线线夹,压接后用螺栓固定,接触可靠,装卸方便,见图 5-3-8。另一种是采用铝并沟线夹,将两侧引来的跳线固定在一起,见图 5-3-9。这种连接装卸亦很方便,同时跳线还有调整的余地。铝并沟线夹

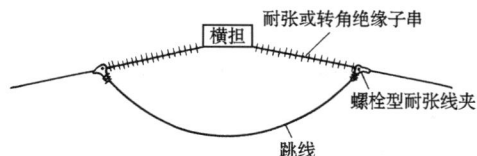

图 5-3-7　使用螺栓型耐张线夹时跳线连接示意图(一)

适宜安装小型号跳线,安装个数一般以不少于两个为宜。

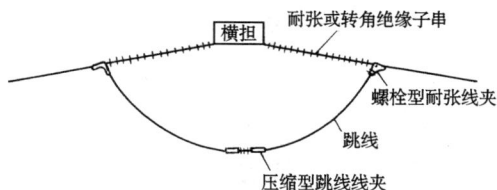

图 5-3-8　使用螺栓型耐张线夹时跳线连接示意图(二)

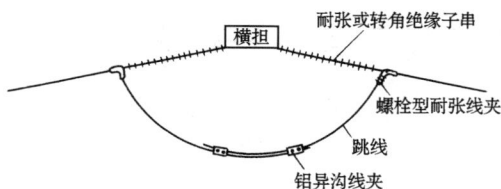

图 5-3-9　使用螺栓型耐张线夹时跳线连接示意图(三)

(二)跳线绝缘子串的组装形式和作用

1. 一般跳线绝缘子串

采用一般跳线绝缘子串(见图 5-3-10),是靠跳线绝缘子串自身的质量来限制跳线的摇摆角度不至过大,以增大跳线对杆塔的电气间隙。这种方法广泛地应用于耐张、转角塔上。跳线绝缘子串的组装形式,一般与导线用的悬垂绝缘子串相同,两者通用。

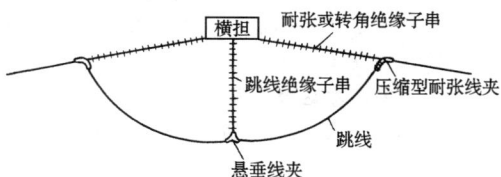

图 5-3-10　跳线绝缘子串安装位置示意图

2. 由跳线托架组成的跳线绝缘子串

对干字型耐张塔的中相导线,跳线需从塔的一侧绕至另一侧,若采用一般绝缘子串还不能满足对塔身的间隙时,可采用由跳线托架(俗称扁担线夹)组成的跳线绝缘子串,使跳线远离塔身。跳线托架有两种结构,一种是用角钢做托架,角钢之两端压成弧形,用四个钩形螺栓将跳线固定,见图 5-3-11;另一种也是用角钢做成托架,托架之下挂两个悬垂线夹,见图 5-3-12。这两种形式的跳线托架目前均无定型产品,需要时可根据工程实际情况自行设计。采用跳线托架悬挂跳线,在运行中有其缺点,应引起注意,详

见第四节。

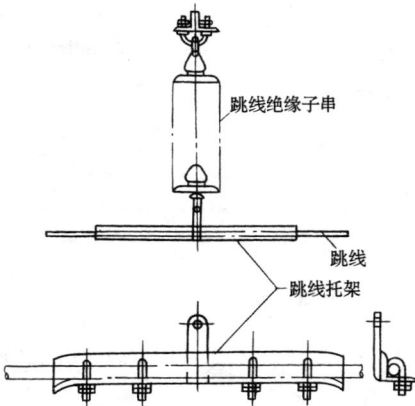

图 5-3-11　装有托架的跳线绝缘
子串示意图

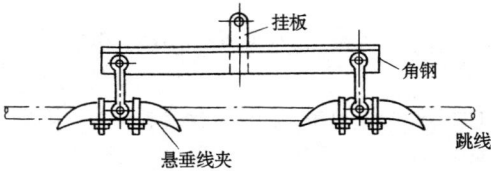

图 5-3-12　跳线绝缘子串托架示意图

七、单导线用绝缘子串组装设计图例

单导线绝缘子串组装设计图例，是在 DL/T
5092—1999 发布之前编制设计的，所采用的金具为
1985 年国家标准《电力金具》和少量非标准金具。
这些图例可供工程设计参考。

（一）单联悬垂绝缘子串的组装

单联悬垂绝缘子串的组装，见图 5-3-13 和表 5-3-
2。

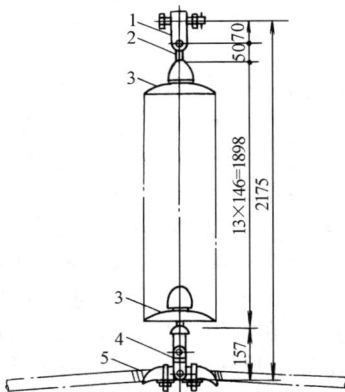

图 5-3-13　单联悬垂绝缘子
串组装图

表 5-3-2　　　图 5-3-13 设备材料表

编号	名　称	型　号	每组数量（个）	每个质量（kg）	共计质量（kg）	总质量（kg）
1	挂板	UB-7	1	0.75	0.75	
2	球头挂环	QP-7	1	0.27	0.27	
3	悬式绝缘子	XP-7	13	4.7	61.1	67.92
4	悬垂线夹	XGU-5A	1	5.7	5.7	
5	铝包带（1×10）				0.1	

注　本悬垂绝缘子串适用于电压为 220kV，导线型号为
　　LGJ-400/50（GB 1179—83）。

（二）双联悬垂绝缘子串的组装

双联悬垂绝缘子串的组装，见图 5-3-14 和表 5-3-
3。

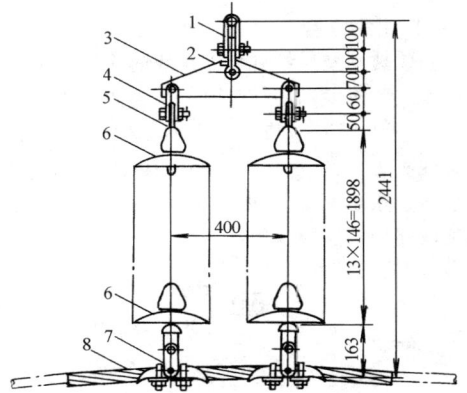

图 5-3-14　双联悬垂绝缘子串组装图

表 5-3-3　　　图 5-3-14 设备材料表

编号	名　称	型　号	每组数量（个）	每个质量（kg）	共计质量（kg）	总质量（kg）
1	挂板	UB-12	1	2.82	2.82	
2	直角挂板	见表注1	1	0.85	0.85	
3	联板	L-1240	1	4.66	4.66	
4	挂板	Z-7	2	0.56	1.12	
5	球头挂环	QP-7	2	0.27	0.54	147.19
6	悬式绝缘子	XP-7	2×13=26	4.7	122.2	
7	悬垂线夹	XGU-6A	2	6.1	12.2	
8	预绞丝护线条	FYH-400/50	1（组）	2.8	2.8	

注　1．编号2直角挂板，系东北电力设计院设计，图号
　　　为 S100DS030227g。
　　2．其它说明与表 5-3-2 表注相同。

（三）单联耐张或转角绝缘子串的组装

单联耐张或转角绝缘子串的组装，见图 5-3-15 和表 5-3-4。

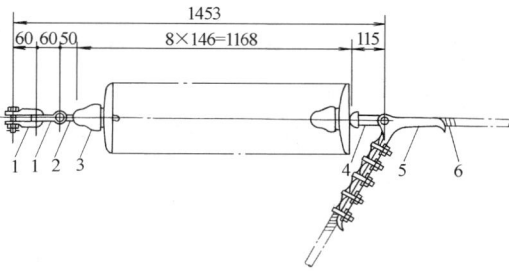

图 5-3-15 单联耐张或转角绝缘子串组装图

表 5-3-4 图 5-3-15 设备材料表

编号	名称	型号	每组数量（个）	每个质量（kg）	共计质量（kg）	总质量（kg）
1	U型挂环	U-7	2	0.44	0.88	
2	球头挂环	QP-7	1	0.27	0.27	
3	悬式绝缘子	XP-7	8	4.7	37.6	46.90
4	碗头挂板	W-7B	1	0.92	0.92	
5	耐张线夹	NLD-4	1	7.1	7.1	
6	铝包带	（1×10）			0.13	

注 本耐张或转角绝缘子串适用于电压为 110kV，导线型号为 LGJ-185/30（GB 1179—83）。

（四）双联耐张或转角绝缘子串的组装

双联耐张或转角绝缘子串的组装，见图 5-3-16 和表 5-3-5。

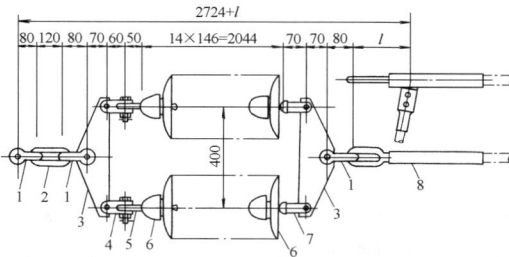

图 5-3-16 双联耐张或转角绝缘子串组装图

表 5-3-5 图 5-3-16 设备材料表

编号	名称	型号	每组数量（个）	每个质量（kg）	共计质量（kg）	总质量（kg）
1	U型挂环	U-12	3	0.95	2.85	
2	挂环	PH-12	1	0.73	0.73	152.30
3	联板	L-1240	2	4.66	9.32	

续表

编号	名称	型号	每组数量（个）	每个质量（kg）	共计质量（kg）	总质量（kg）
4	挂板	Z-7	2	0.56	1.12	
5	球头挂环	QP-7	2	0.27	0.54	
6	悬式绝缘子	XP-7	2×14=28	4.7	131.6	152.30
7	碗头挂板	WS-7	2	0.97	1.94	
8	耐张线夹	NY-400/50	1	4.2	4.2	

注 1. 本耐张或转角绝缘子串适用于电压为 220kV，导线型号为 LGJ-400/50（GB 1179—83）。

2. 编号 8 耐张线夹与编号 1U 型挂环连接时，由于耐张线夹钢锚上的拉环开裆偏紧，U 型挂环有可能装不进去，在组装设计时应与厂家联系落实，以防施工时发生问题。

（五）地线用悬垂金具的组装

地线用悬垂金具的组装，见图 5-3-17 和表 5-3-6。

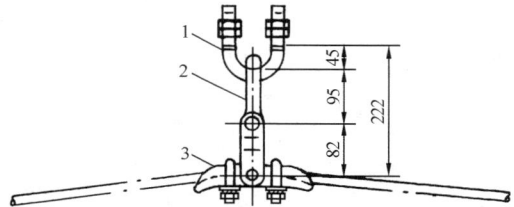

图 5-3-17 地线用悬垂金具组装图

表 5-3-6 图 5-3-17 材料表

编号	名称	型号	每组数量（个）	每个质量（kg）	共计质量（kg）	总质量（kg）
1	U型螺丝	UJ-1880	1	0.85	0.85	
2	挂环	ZH-7	1	0.85	0.85	3.5
3	悬垂线夹	XGU-2	1	1.8	1.8	

注 本悬垂金具组装图适用于地线型号为 GJ-50。

（六）地线用耐张或转角金具的组装

地线用耐张或转角金具的组装，见图 5-3-18 和表 5-3-7。

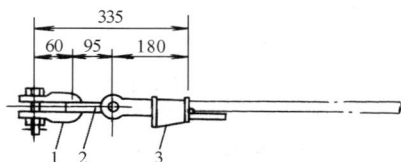

图 5-3-18 地线用耐张或转角金具组装图

表 5-3-7　　　图 5-3-18 材 料 表

编号	名　称	型　号	每组数量（个）	每个质量（kg）	共计质量（kg）	总质量（kg）
1	U 型挂环	U-7	1	0.44	0.44	
2	挂环	ZH-7	1	0.85	0.85	3.05
3	耐张线夹	NX-2	1	1.76	1.76	

注　本耐张或转角金具组装图适用于地线型号为 GJ-50。

第四节　220kV 线路双分裂垂直排列导线金具

一、悬垂线夹的选择

双分裂垂直排列导线用的悬垂线夹，是利用两只已定型的悬垂线夹船体和外套大小挂板组装连接而成。组成后的双分裂悬垂线夹，上线夹和下线夹各自独立悬挂，互不干扰，见图 5-4-1。这种线夹经过线路施工安装和运行，证明具有如下优点：

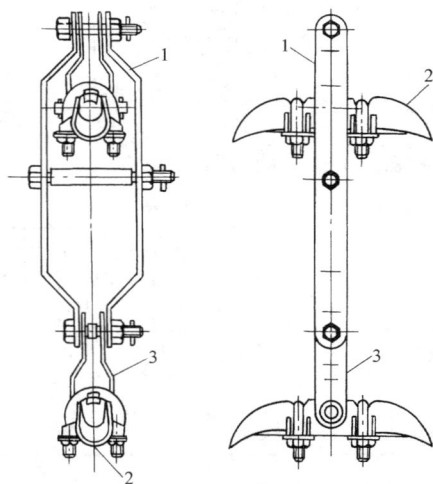

图 5-4-1　双分裂导线用悬垂线夹
1—大挂板；2—悬垂线夹船体；3—小挂板

（1）两只线夹船体为定型产品，只加工大小挂板，简化了加工，降低了成本；

（2）上下两只线夹各自独立悬挂，线夹船体可绕中心回转，使悬垂角能得到充分利用；

（3）当悬挂点两侧导线产生不平衡张力时，线夹可向张力较大的一侧偏移，这就避免了因线夹不能偏移使挂板产生附加弯矩；

（4）上下各自独立悬挂的线夹，在平行线路方

向有一定的活动范围，可为施工安装和运行检修需要窜线提供了方便。

该线夹的缺点，由于外面的大挂板遮挡视线，在运行巡线时略感不便。

二、耐张和转角塔跳线金具的安装

在送电线路工程设计中，耐张或转角塔通常采用干字型塔。由于塔型结构上的原因，其跳线引跳方式分为两种。

（一）边相跳线

导线垂直排列后，跳线在耐张线夹处如何引跳是一个突出问题。按常规办法引下，上跳线就会与下导线交叉相碰，长期运行就会使跳线磨损。解决的办法，是将上导线的压缩型耐张线夹的跳线连接板沿钢锚转 45°后压接，然后连接上跳线。上跳线引下后，在距下导线 500mm 处安装一只间隔棒，使两根跳线隔开，见图 5-4-2。这种安装方式，即使跳线处于风偏状态，在跳线的交叉点处还能保持一定距离。

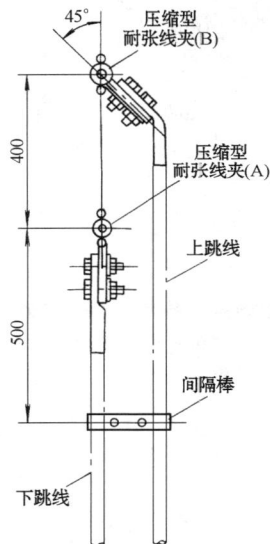

图 5-4-2　双分裂跳线引下方式

边相跳线安装的另一个问题，是在过去线路工程设计时，边相跳线需要加装跳线绝缘子串，但又没有专用的跳线悬垂线夹，常把两根跳线装在一个大线夹里用盖板和螺丝紧固在一起。采用这种方法易损伤跳线而且又不匀称。因此，近年来为双分裂跳线新设计一种带有双沟的悬垂线夹，见图 5-4-3。经过线路施工操作，它具有安装方便、结构合理和跳线成形美观等优点。

（二）中相跳线

干字型塔的中相跳线采用绕跳方式。绕跳又分为两种形式，一种是跳线绝缘子串所采用的线夹为跳线

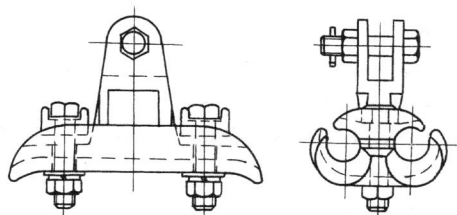

图 5-4-3 双分裂跳线用悬垂线夹

托架（俗称扁担线夹），使跳线远离塔身，见图 5-4-4。托架是利用角钢，上面安装铝并沟线夹，两根跳线从并沟线夹里通过，见图 5-4-5。但是，跳线托架为一点悬挂，其稳定性较差，遇有斜向风力或施工安装稍不注意就会影响跳线对塔身的电气间隙。这一情况在送电线路运行中时有发生。因此，近年来又采取另一种方式，即悬挂跳线的悬垂绝缘子串，采用两个单串分两点悬挂在塔上，见图 5-4-6。两点悬挂稳定性较好，电气间隙容易得到保证，克服了扁担线夹过于灵活的缺点。

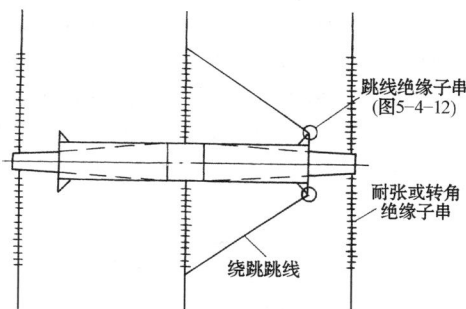

图 5-4-4 采用跳线托架的绕跳方式

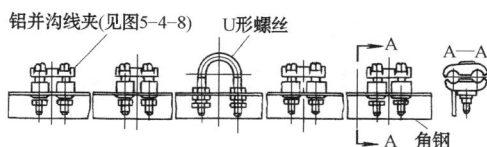

图 5-4-5 双分裂绕跳跳线悬垂线夹
（简称：跳线托架）

绕跳跳线在耐张线夹处的引出角度，据实际安装经验，一般应以 60° 为宜。即压缩型耐张线夹的跳线板应沿钢锚转 60° 后进行压接，然后连接跳线。为使引出来的跳线成形美观，第一个并沟线夹应装在距导线中心 2000mm 处，见图 5-4-7。

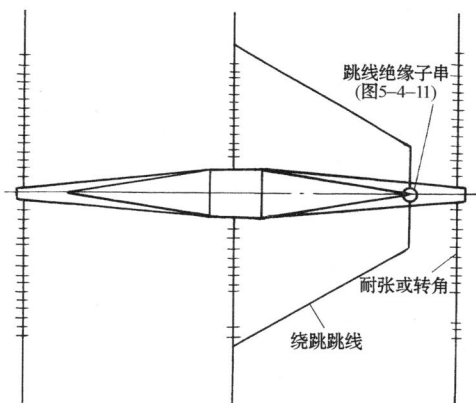

图 5-4-6 两点悬挂跳线的绕跳方式

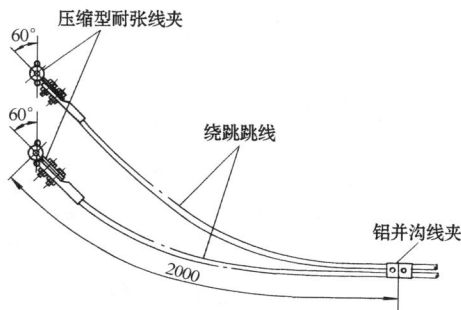

图 5-4-7 绕跳跳线的引线方式

（三）并沟线夹在跳线上的安装距离

双分裂跳线安装以后，为防止两根跳线互相鞭击，应采用铝并沟线夹（见图 5-4-8）加以间隔。铝并沟线夹在跳线上的安装距离，应视工程具体情况确定，在一般情况下每隔 1200～1500mm 安装一个为宜。

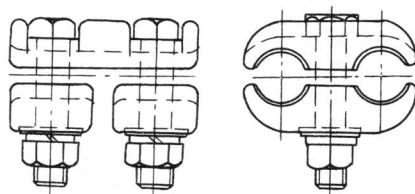

图 5-4-8 铝并沟线夹

（四）双分裂跳线安装注意事项

（1）边相的两根跳线，因挂点不一致，所形成的跳线长度亦不相等，即上导线的跳线较长，下导线的跳线较短。

（2）每相跳线都由两根跳线组成，此两根跳线各位于哪一侧，应作统一规定，以方便施工和运行。

三、双分裂导线的绝缘子串组装设计图例

双分裂导线的绝缘子串组装设计图例，是在

DL/T 5092—1999发布之前编制设计的，所采用的金具为1985 年国家标准《电力金具》和少量非标准金具。这些图例可供工程设计参考。

（一）双分裂导线用单联悬垂绝缘子串的组装

双分裂导线用单联悬垂绝缘子串的组装，见图5-4-9 和表 5-4-1。

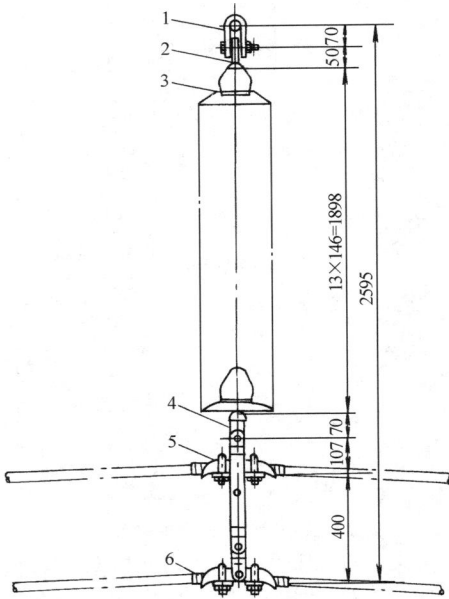

图 5-4-9　双分裂导线用单联
悬垂绝缘子串组装图

（二）双分裂导线用双联悬垂绝缘子串的组装

双分裂导线用双联悬垂绝缘子串的组装，见图5-4-10 和表 5-4-2。

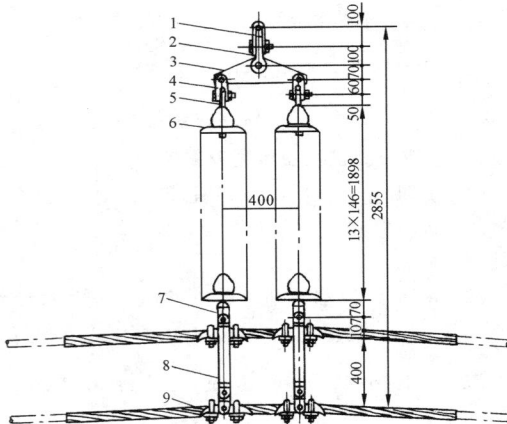

图 5-4-10　双分裂导线用双联
悬垂绝缘子串组装图

（三）双分裂跳线用单联悬垂绝缘子串的组装（一）

双分裂跳线用单联悬垂绝缘子串的组装（一），见图 5-4-11 和表 5-4-3。

（四）双分裂跳线用单联悬垂绝缘子串的组装（二）

双分裂跳线用单联悬垂绝缘子串的组装（二），见图 5-4-12 和表 5-4-4。

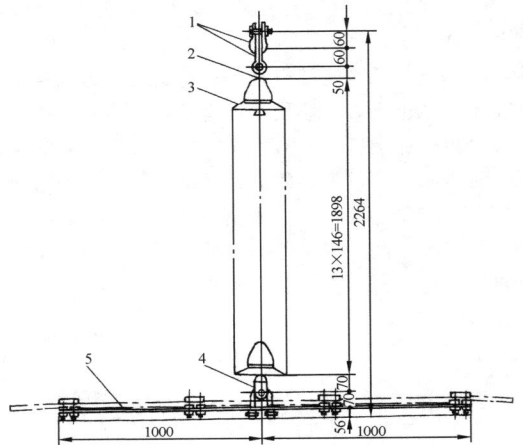

图 5-4-11　双分裂跳线用单联悬垂
绝缘子串组装图（一）

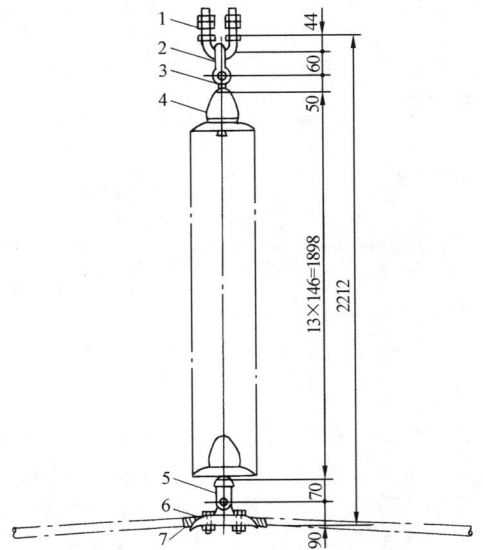

图 5-4-12　双分裂跳线用单联悬垂绝缘
子串组装图（二）

表 5-4-1
图 5-4-9 设 备 材 料 表

编号	名　称	型　号	每组数量（个）	每个质量（kg）	共计质量（kg）	总质量（kg）
1	挂板	UB-7	1	0.75	0.75	
2	球头挂环	QP-7	1	0.27	0.27	
3	悬式绝缘子	XP-7	13	4.7	61.1	72.42
4	碗头挂板	WS-7	1	0.85（估）	0.85	
5	悬垂线夹（双线夹）	XCS-5	1	9.3	9.3	
6	铝包带（1×10）				0.15	

注 1. 本悬垂绝缘子串适用于电压为 220kV，导线型号为 LGJQ-240（GB 1179—74）。
　　2. 因 XCS-5 悬垂线夹挂架已带螺栓，故碗头挂板（WS-7）上带的螺栓、螺帽和闭口销应取消，订货时须加说明。

表 5-4-2
图 5-4-10 设 备 材 料 表

编号	名　称	型　号	每组数量（个）	每个质量（kg）	共计质量（kg）	总质量（kg）
1	挂板	UB-12	1	2.82	2.82	
2	直角挂板	见表注	1	0.85	0.85	
3	联板	L-1240	1	4.66	4.66	
4	挂板	Z-7	2	0.56	1.12	
5	球头挂环	QP-7	1	0.27	0.27	155.34
6	悬式绝缘子	XP-7	2×13=26	4.7	122.2	
7	碗头挂板	WS-7	2	0.97	1.94	
8	悬垂线夹（双线夹）	XCS-5	2	9.3	18.6	
9	预绞丝护线条	FYH-240/30	2（组）	1.44	2.88	

注 编号 9 预绞丝护线条用于 LGJQ-240 导线，系代用，设计时应取得制造厂同意或经试验合格后方可采用。编号 2 直角挂
　　板，系东北电力设计院设计，图号为 S100DS030227g。其它说明与表 5-4-1 的表注相同。

表 5-4-3
图 5-4-11 设 备 材 料 表

编号	名　称	型　号	每组数量（个）	每个质量（kg）	共计质量（kg）	总质量（kg）
1	U 型挂环	U-7	2	0.44	0.88	
2	球头挂环	QP-7	1	0.27	0.27	
3	悬式绝缘子	XP-7	13	4.7	61.1	76.12
4	碗头挂板	WS-7	1	0.97	0.97	
5	双分裂绕跳跳线悬垂线夹	见表注 2	1	12.9	12.9	

注 1. 本跳线用悬垂绝缘子串适用于电压为 220kV，跳线型号为 LGJQ-240（GB 1179—74）。
　　2. 编号 5 双分裂绕跳跳线悬垂线夹，系东北电力设计院设计，图号为 S100DS030225。

表 5-4-4
图 5-4-12 设 备 材 料 表

编号	名　称	型　号	每组数量（个）	每个质量（kg）	共计质量（kg）	总质量（kg）
1	U 型螺丝	U-1880	1	0.83	0.83	
2	U 型挂环	U-7	1	0.44	0.44	
3	球头挂环	QP-7	1	0.27	0.27	
4	悬式绝缘子	XP-7	13	4.7	61.1	67.34
5	碗头挂板	W-7A	1	0.8	0.8	
6	双分裂跳线悬垂线夹	见表注 2	1	3.8	3.8	
7	铝包带（1×10）				0.1	

注 1. 本跳线悬垂绝缘子串适用于电压为 220kV，跳线型号为 LGJQ-240（GB 1179—74）。
　　2. 编号 6 双分裂跳线悬垂线夹，系东北电力设计院设计，图号为 S100DS030223g。

（五）双分裂导线用双联耐张或转角绝缘子串的组装

双分裂导线用双联耐张或转角绝缘子串的组装，见图 5-4-13 和表 5-4-5。

（六）双分裂导线用双联耐张或转角绝缘子串的组装（绕跳）

双分裂导线用双联耐张或转角绝缘子串的组装（绕跳），见图 5-4-14 和表 5-4-6。

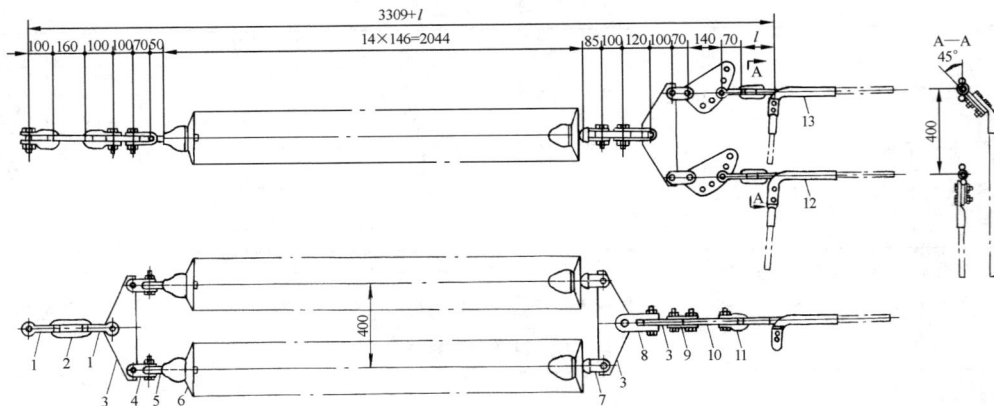

图 5-4-13　双分裂导线用双联耐张或转角绝缘子串组装图

表 5-4-5　　　　　　　　　　　图 5-4-13 设 备 材 料 表

编号	名　称	型　号	每组数量（个）	每个质量（kg）	共计质量（kg）	总质量（kg）
1	U 型挂环	U-20	2	2.2	4.4	
2	挂环	PH-20	1	1.27	1.27	
3	联板	L-2040	3	6.9	20.7	
4	挂板	Z-10	2	0.87	1.74	
5	球头挂环	QP-10	2	0.32	0.64	
6	悬式绝缘子	XP-10	2×14=28	5.9	165.2	214.04
7	碗头挂板	WS-10	2	1.7	3.4	
8	Z_1-20 直角挂板	见表注 3	1	4.03	4.03	
9	挂板	P-10	2	0.85	1.7	
10	调整板	DB-10	2	2.7	5.4	
11	U 型挂环	U-10	2	0.54	1.08	
12	耐张线夹［80］型	NY-240QA	1	2.24	2.24	
13	耐张线夹［80］型	NY-240QB	1	2.24	2.24	

注　1. 本耐张或转角绝缘子串适用于电压为 220kV，导线型号为 LGJQ-240（GB 1179—74）。

　　2. 编号 12、13 耐张线夹，选自水利电力部 1985 年修订的《电力金具产品样本》。这两种耐张线夹的钢锚拉环部分，样本上尺寸不全，U 型挂环（U-10）能否装进去，在工程设计时应与厂家联系落实。

　　3. 编号 8 的 Z_1-20 直角挂板，系东北电力设计院设计，图号为送 87 电施 030107。

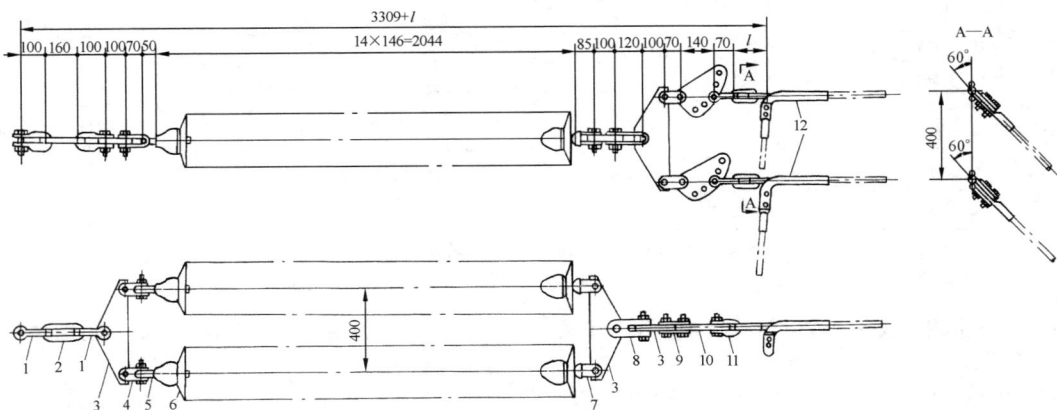

图 5-4-14　双分裂导线用双联耐张或转角绝缘子串组装图（绕跳）

表 5-4-6　　　　　　　　图 5-4-14 设 备 材 料 表

编号	名　　称	型　号	每组数量（个）	每个质量（kg）	共计质量（kg）	总质量（kg）
1	U 型挂环	U-20	2	2.2	4.4	
2	挂环	PH-20	1	1.27	1.27	
3	联板	L-2040	3	6.9	20.7	
4	挂板	Z-10	2	0.87	1.74	
5	球头挂环	QP-10	2	0.32	0.64	
6	悬式绝缘子	XP-10	2×14=28	5.9	165.2	214.04
7	碗头挂板	WS-10	2	1.7	3.4	
8	Z₁-20 直角挂板	见表注3	1	4.03	4.03	
9	挂板	P-10	2	0.85	1.7	
10	调整板	DB-10	2	2.7	5.4	
11	U 型挂环	U-10	2	0.54	1.08	
12	耐张线夹［80］型	NY-240QA	2	2.24	4.48	

注　1. 本耐张或转角绝缘子串适用于电压为220kV，导线型号为 LGJQ-240（GB 1179—74）。

2. 编号12耐张线夹，选自水利电力部1985年修订的《电力金具产品样本》。这种耐张线夹的钢锚拉环部分，样本上尺寸不全，U 型挂环（U-10）能否装进去，在工程设计时应与厂家联系落实。

3. 编号8的 Z₁-20 直角挂板，系东北电力设计院设计，图号为送87电施030107。

第五节　500kV 线路四分裂导线金具

500kV 送电线路的金具大部分已成为定型产品，在设计时可根据工程情况选用。

一、上扛式悬垂绝缘子串的组装

（1）上扛式悬垂绝缘子串的组装，见图 5-5-1。其特点是将上导线扛到与第一片绝缘子相平的位置，使其对绝缘子产生均压作用。线夹外表光滑平整，而上扛联板和碗头等又被四根导线束所包围，使导线对金具起屏蔽作用。因此，由上扛联板和线夹等所组成的上扛式悬垂绝缘子串，不但可不装均压屏蔽环，而且整个串长将得到缩短。

（2）上扛式组装采用的悬垂线夹为船形结构，通过盖板 U 型螺丝将导线压紧。这种线夹整体性能好。由于船体线槽加宽，装线半径增大，扩展了导线的使用范围。线夹主体部分采用铝合金铸造，表面光滑平整，还具有防电晕特性。

（3）上扛式组装，四根导线的垂直力重心是在上扛联板旋转点之下，在一般情况下，四个线夹上的导线是稳定的。但是，当导线覆冰不平衡时，上扛联板将向覆冰较重的一侧转动，当转到某一角度时线夹将与绝缘子相碰。为此，对上扛联板在碗头挂板上的转动角作了限制。

（4）上扛式组装的装线程序，应先装两根下线，后装两根上线。若先装两根上线，重心上移，上扛联板将失去稳定，造成事故。这种装线程序在施工时应特别注意。

（5）为防止产生可见电晕，防电晕线夹上的螺栓，在导线安装完毕后，其螺母和闭口销都应位于四根导线束的内侧。

（6）上扛式悬垂绝缘子串，具备了上述一些优点，并且在一般档距的荷载下又能满足要求，是一种重要和较理想的组装形式，故为大部分地区的线路所采用。

二、下垂式悬垂绝缘子串的组装

（1）单联下垂式绝缘子串的组装，就其挂线联板的形式可分为两种：一种为整体联板，见图 5-5-2。采用整体联板金具零件少，结构简单，必要时又可加挂重锤。但整体联板活动范围小又显得笨重，施工不太方便。另一种为组合联板，见图 5-5-3。采用组合联板零件较多，又不能加挂重锤，但转动灵活，施工安装较为轻巧、方便。采用哪种形式可根据工程情况选定。

单联下垂式绝缘子串组装，见图 5-5-2 和图 5-5-3，采用的线夹为铝合金防电晕线夹，线夹为喇叭形，由两个半圆组成，通过螺栓紧固将导线夹紧。这种线夹多用于 500kV 线路建设初期。

单联下垂式绝缘子串的全串长度，要比上扛组装串长些，并且需加装均压环，无疑价格较贵。500kV线路建设初期，对上扛式组装认识不足，缺乏运行经验，认为下垂式稳定性好，所以有些地方采用了下垂式组装。随着运行经验的丰富，采用下垂式组装将会少些。

（2）单联下垂式绝缘子串的组装，如采用防电晕线夹（见图5-5-2和图5-5-3）在导线安装完毕后，线夹上的螺栓，其螺母和闭口销应位于四根导线束的内侧，以防产生可见电晕。

（3）双联下垂式绝缘子串的组装，见图5-5-4和图5-5-5。此两种下垂式组装，金具能承受较大的荷载，而绝缘子又采用双串，扩大了承载能力。图5-5-4多用于较大档距或重要的交叉跨越。图5-5-5为配合悬垂转角塔使用。

双联下垂式绝缘子串的另一种组装形式是采用两个独立的单串，各自悬挂在横担上，见图5-5-6。由于每串单独配备一套悬垂线夹，故能承受较大的垂直荷载，所以适用于较大的跨越档。但是，当杆塔两侧垂直荷载不等时，两串所负担的荷载不能互相调整，这在使用时须加注意。

（4）下垂式组装，如采用铁线夹，在线夹处的导线上应缠1×10铝包带。对缠铝包带的要求，应按GBJ 233—90《110～500kV架空送电线路施工及验收规范》中有关规定执行。

三、跳线悬垂绝缘子串的组装要求

跳线悬垂绝缘子串仍采用上扛式组装。但考虑到四根跳线质量轻，故跳线串采用XP-7悬式绝缘子，这样既能满足技术要求又可省节省投资。组成后的跳线悬垂绝缘子串见图5-5-7。

四、对重锤的使用要求

直线塔的导线和耐张（转角）塔的跳线，当水平荷载影响较大，致使悬垂绝缘子串偏角过大时，允许在悬垂绝缘子串上用加挂重锤的办法来抑制。重锤每片约20kg，加挂的片数可根据工程的具体情况确定。

重锤片安装在上扛联板和下垂整体联板上，与绝缘子串结为一体。此时重锤片处于四根导线束包围之中，因为挂重锤的联板地方狭窄，所以重锤片的边缘距防电晕线夹很近。当导线和跳线悬垂绝缘子串风偏时，就有可能使线夹与重锤相撞。为防止相撞，在施工图设计阶段必须作仔细检查。

五、双联耐张或转角绝缘子串的组装

（1）双联耐张或转角绝缘子串的组装，因干字型塔跳线的引跳方式不同而分为两种组装形式：一种用于边相（见图5-5-8）；另一种用于中相，其跳线为绕跳形式（见图5-5-9）。

（2）由于四分裂导线束总的张力大，为方便施工，在塔上选择两点挂线。根据这一要求，绝缘子采用了双串，每串连接两根导线。挂线以后用专用金具（支撑架）将两串绝缘子连接在一起，这样既能使四根导线保持正方形排列，又能防止两串发生撞击。

（3）双联耐张或转角绝缘子串，采用两点挂线后，在线路转角时为使两串间仍能保持一定距离，对塔上挂线点也应保持一定的距离 s，见表5-5-10，供参考。

（4）双联耐张或转角绝缘子串，用于耐张塔上时，两串的长度是相等的。而用于转角塔上时，转角外侧一串上金具的 L 值见（图5-5-8），应根据线路转角度数进行调整，粗调用平行挂板，细调用调整板，调整目的是使两串受力均衡和保持一定距离。

（5）在双联耐张或转角绝缘子串的头部，每串都装一个牵引板，专供挂线牵引之用，见图5-5-8和5-5-10。采用牵引板挂线给施工提供了很大的方便。

（6）在双联耐张或转角绝缘子串尾部的每根导线上，都装有一个调整板，用以调整导线弧垂，见图5-5-8和图5-5-9。

（7）边相用的双联耐张或转角绝缘子串的两根上导线，其耐张线夹的跳线连接板偏30°引下（见图5-5-8）。上跳线引下后与下导线的金具交叉，在交叉点处用跳线间隔棒［跳线间隔棒（TJ₂—12300）选自水利电力部1985年修订的《电力金具产品样本》］将上跳线和拉杆固定（见图5-5-11），以防止上跳线在交叉点处与下导线上的金具接触摩擦。

（8）中相用双联耐张或转角绝缘子串的四根导线，其耐张线夹的跳线板偏45°引出，然后进行绕跳，见图5-5-9。

（9）为防止耐张或转角绝缘子串尾部金具产生可见电晕和第一片绝缘子承受电压过高，在其尾部两侧应装上均压屏蔽环。

（10）双联耐张或转角绝缘子串，用于中相时，绕跳侧的上导线的跳线引出后，跳线管的末端恰好位于均压屏蔽环末端附近，若组装设计考虑不周，二者就有相碰的可能（见图5-5-9）。此问题已在线路施工中时有发生，应引起注意。图5-5-9所用的拉杆（YL—1040）仍按原长组装，为防止产生上述问题在工程实际采用时应适当加长。

六、四分裂导线的绝缘子串组装设计图例

四分裂导线的绝缘子串组装设计图例，是在DL/T 5092—1999发布之前编制设计的，所用的金具为1985年国家标准《电力金具》和少量非标准金具，这些图例可供工程设计参考。

（一）四分裂导线用单联上扛式悬垂绝缘子串的组装

四分裂导线用单联上扛式悬垂绝缘子串的组装，见图5-5-1和表5-5-1。

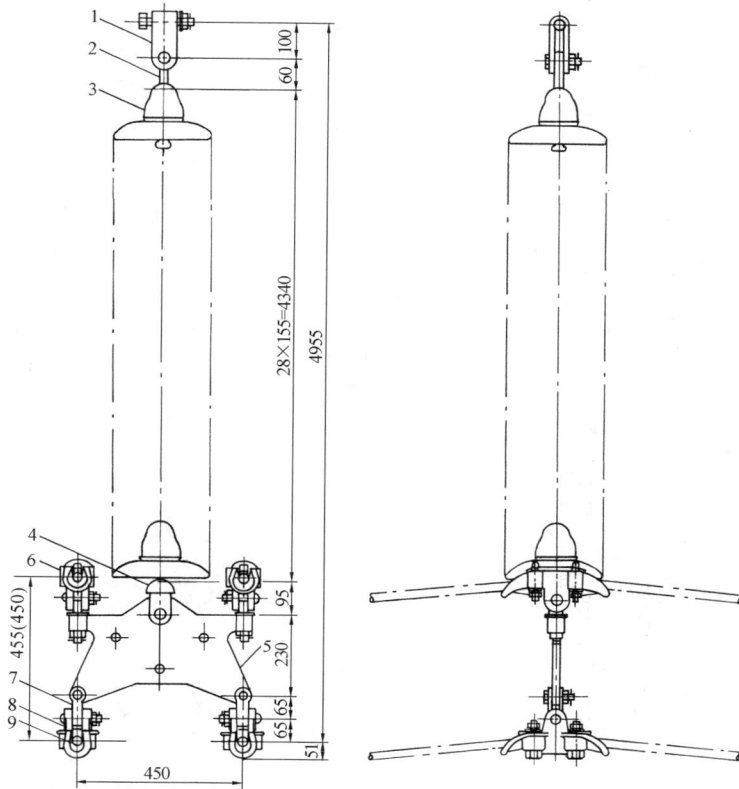

图 5-5-1　四分裂导线用单联上扛式悬垂绝缘子串组装图

表 5-5-1　　　　　　　　　　　图 5-5-1 设 备 材 料 表

编　号	名　　称	型　　号	每组数量（个）	每个质量（kg）	共计质量（kg）	总质量（kg）
1	挂板	UB-16	1	2.89	2.89	
2	球头挂环	QP-16	1	0.5	0.5	
3	悬式绝缘子	XP-16	28	6.5	182	
4	碗头挂板	WS-16	1	2.64	2.64	
5	联板	LK-1645	1	18	18	220.95
6	悬垂线夹	XGF-5K	2	3	6	
7	挂板	UB-6-1	2	0.82	1.64	
8	悬垂线夹	XGF-5X	2	3.5	7	
9	铝包带（1×10）				0.28	

注　1. 本上扛悬垂绝缘子串适用于导线型号为 LGJQ-300（GB 1179—74）。

　2. 编号 5、6、7、8 各金具零件的纵向尺寸相加等于 455mm，正确的数值相加后应等于 450mm，工程设计时应与厂家联系纠正。

　3. 编号 7 挂板（UB-6-1），选自四平线路器材厂金具产品样本 98 版，该挂板开口距等于 18，上扛联板（LK-1645）板厚也是 18，两者不能连接。工程采用时应与厂家联系解决。

（二）四分裂导线用单联下垂式悬垂绝缘子串的组装（一）

四分裂导线用单联下垂式悬垂绝缘子串的组装（一），见图 5-5-2 和表 5-5-2。

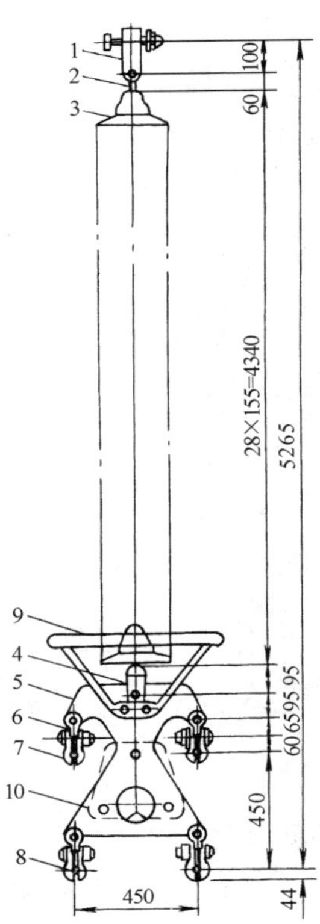

图 5-5-2　四分裂导线用单联下垂式
悬垂绝缘子串组装图（一）

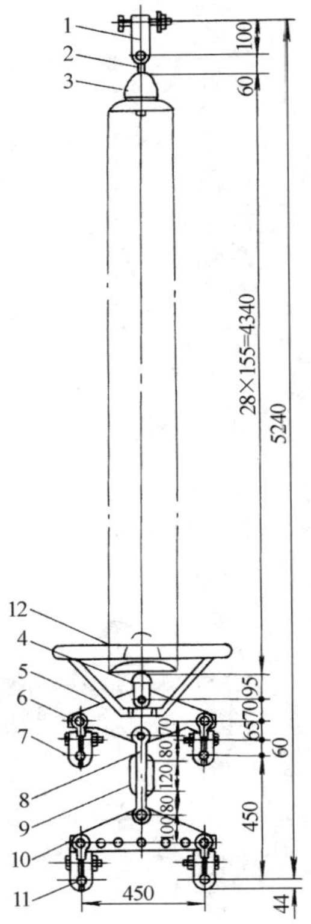

图 5-5-3　四分裂导线用单联下垂式
悬垂绝缘子串组装图（二）

表 5-5-2　　　　　　　　　　　　　**图 5-5-2 设 备 材 料 表**

编号	名　　称	型　号	每组数量（个）	每个质量（kg）	共计质量（kg）	总质量（kg）
1	挂板	UB-16	1	2.89	2.89	
2	球头挂环	QP-16	1	0.5	0.5	
3	悬式绝缘子	XP-16	28	6.5	182	
4	碗头挂板	WS-16	1	2.64	2.64	
5	联板	LX-1645	1	18.5	18.5	230.11
6	挂板	Z_3-665	4	0.65	2.6	
7	悬垂线夹	XGF-300	4	3	12	
8	铝包带（1×10）				0.24	
9	均压屏蔽环	FJP-500XD	1	8.74	8.74	
10	重锤	见表注2				

注　1. 本悬垂绝缘子串适用于导线型号为 LGJQ-300（GB 1179—74）。

2. 重锤系东北电力设计院设计，图号为 T-SD83-01-38。

3. 编号6挂板（Z_3-665），选自水利电力部1985年修订的《电力金具产品样本》。

**（三）四分裂导线用单联下垂式悬垂绝缘子串的
组装（二）**

四分裂导线用单联下垂式悬垂绝缘子串的组装
（二），见图 5-5-3 和表 5-5-3。

表 5-5-3   图 5-5-3 设 备 材 料 表

编 号	名 称	型 号	每组数量（个）	每个质量（kg）	共计质量（kg）	总质量（kg）
1	挂板	UB-16	1	2.89	2.89	
2	球头挂环	QP-16	1	0.5	0.5	
3	悬式绝缘子	XP-16	28	6.5	182	
4	碗头挂板	WS-16	1	2.64	2.64	
5	联板	LL-1645	1	6.9	6.9	
6	挂板	Z_3-665	4	0.65	2.6	226.14
7	悬垂线夹	XGF-300	4	3	12	
8	U 型挂环	U-12	2	0.95	1.9	
9	挂环	PH-12	1	0.73	0.73	
10	联板	L-1245	1	5	5	
11	铝包带（1×10）				0.24	
12	均压屏蔽环	FJP-500XD	1	8.74	8.74	

注 1. 本悬垂绝缘子串适用于导线型号为 LGJQ-300（GB 1179—74）。

2. 编号 6 挂板（Z_3-665），选自水利电力部 1985 年修订的《电力金具产品样本》。

（四）四分裂导线用双联下垂式悬垂绝缘子串的组装（一）

四分裂导线用双联下垂式悬垂绝缘子串的组装（一），见图 5-5-4 和表 5-5-4。

（五）四分列导线用双联下垂式悬垂绝缘子串的组装（二）

四分裂导线用双联下垂式悬垂绝缘子串的组装（二），见图 5-5-5 和表 5-5-5。

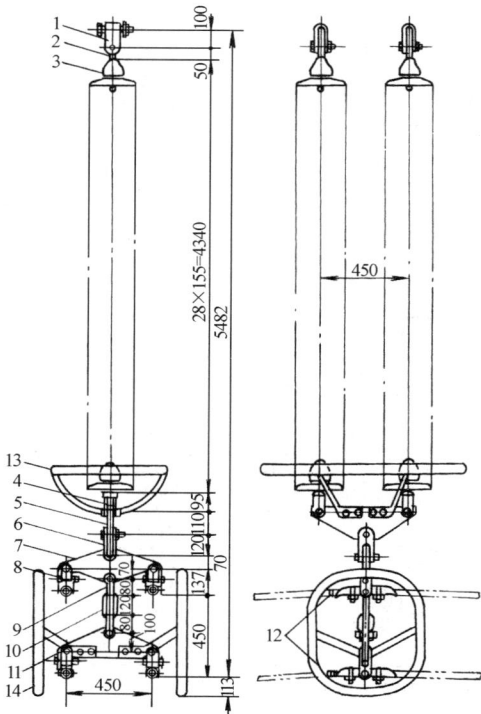

图 5-5-4 四分裂导线用双联下垂式
悬垂绝缘子串组装图（一）

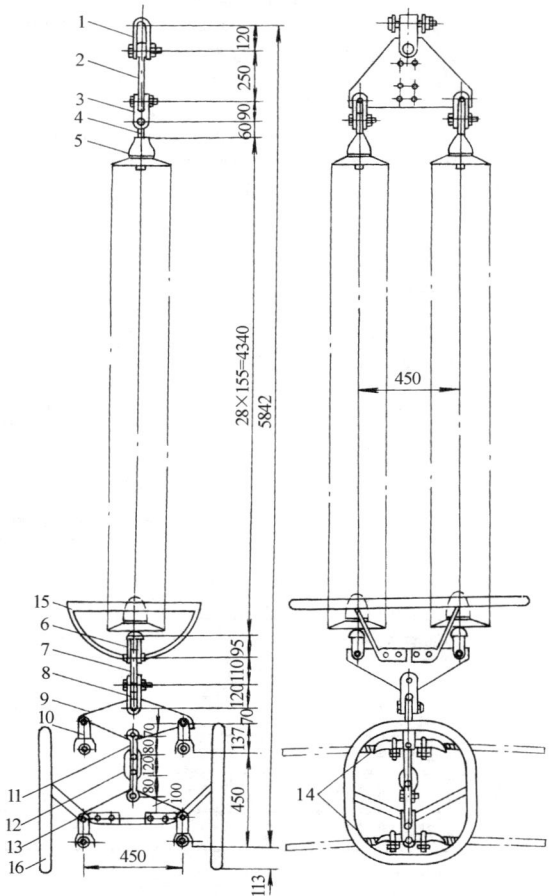

图 5-5-5 四分裂导线用双联下垂式
悬垂绝缘子串组装图（二）

表 5-5-4　　　　　　　　　　　　图 5-5-4 设 备 材 料 表

编号	名　称	型　号	每组数量（个）	每个质量（kg）	共计质量（kg）	总质量（kg）
1	挂板	UB-16	2	2.89	5.78	
2	球头挂环	QP-16	2	0.5	1	
3	悬式绝缘子	XP-16	2×28＝56	6.5	364	
4	碗头挂板	WS-16	2	2.64	5.28	
5	二联板	L-25	1	10	10	
6	直角挂板	见表注3	1	4.4	4.4	
7	联板	LL-2545	1	7	7	456.61
8	悬垂线夹	XGU-5B	4	5.4	21.6	
9	U 型挂环	U-12	2	0.95	1.9	
10	挂环	PH-12	1	0.73	0.73	
11	联板	L-1245	1	5	5	
12	铝包带（1×10）				0.36	
13	均压屏蔽环	FJP-500XS	1	12.3	12.3	
14	均压屏蔽环	FJP-500XL	2	8.63	17.26	

注　1. 本悬垂绝缘子串适用于导线型号为 LGJQ-300（GB 1179-74）。

　　2. 二联板（L-25）选自1979年《500kV 线路金具统一设计》。

　　3. 直角挂板，系东北电力设计院设计，图号为 T-SD83-01-43。

表 5-5-5　　　　　　　　　　　　图 5-5-5 设 备 材 料 表

编号	名　称	型　号	每组数量（个）	每个质量（kg）	共计质量（kg）	总质量（kg）
1	U 型挂板	见本表注	1	7.6	7.6	
2	联板	L-3045	1	16	16	
3	挂板	Z-16	2	2.38	4.76	
4	球头挂环	QP-16	2	0.5	1	
5	悬式绝缘子	XP-16	2×28＝56	6.5	364	
6	碗头挂板	WS-16	2	2.64	5.28	
7	二联板	L-25	1	10	10	
8	直角挂板	见表 5-5-4 表注3	1	4.4	4.4	
9	联板	LL-2545	1	7	7	479.19
10	悬垂线夹	XGU-5B	4	5.4	21.6	
11	U 型挂环	U-12	2	0.95	1.9	
12	挂环	PH-12	1	0.73	0.73	
13	联板	L-1245	1	5	5	
14	铝包带（1×10）				0.36	
15	均压屏蔽环	FJP-500XS	1	12.3	12.3	
16	均压屏蔽环	FJP-500XL	2	8.63	17.26	

注　编号1的U型挂板，系东北电力设计院设计，图号为 T-SD83-01-34。其它说明与表 5-5-4 表注相同。

（六）四分裂导线用双联下垂式悬垂绝缘子串的组装（三）

四分裂导线用双联下垂式悬垂绝缘子串的组装（三），见图 5-5-6 和表 5-5-6。

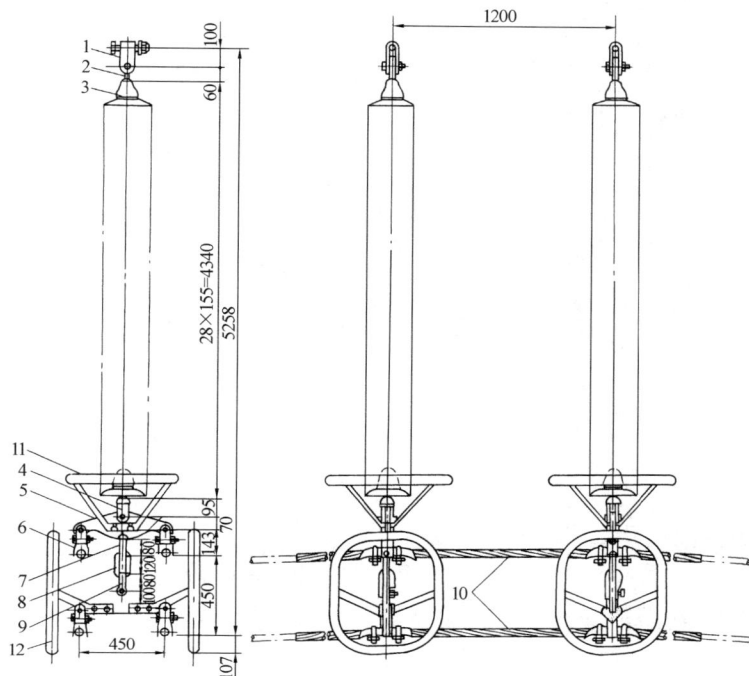

图 5-5-6　四分裂导线用双联下垂式悬垂绝缘子串组装图（三）

表 5-5-6　　　　　　　　　　　　图 5-5-6 设 备 材 料 表

编 号	名　　称	型　号	每组数量（个）	每个质量（kg）	共计质量（kg）	总质量（kg）
1	挂板	UB-16	2	2.89	5.78	
2	球头挂环	QP-16	2	0.5	1	
3	悬式绝缘子	XP-16	2×28=56	6.5	364	
4	碗头挂板	WS-16	2	2.64	5.28	
5	联板	LL-1645	2	6.9	13.8	
6	悬垂线夹	XGU-6B	8	5.8	46.4	
7	U 型挂环	U-12	4	0.95	3.8	512.88
8	挂环	PH-12	2	0.73	1.46	
9	联板	L-1245	2	5	10	
10	预绞丝护线条	FYH-300Q	4（组）	2.34	9.36	
11	均压屏蔽环	FJP-500XD	2	8.74	17.48	
12	均压屏蔽环	FJP-500XL	4	8.63	34.52	

注　1. 本悬垂绝缘子串适用导线型号为 LGJQ-300（GB 1179—74）。
　　2. 编号 10 预绞丝护线条的型号选自 1987 年水利电力出版社出版的《电力金具手册》，因本组装特殊，要求预绞丝的全长应改为 $l=3200$mm。

（七）　四分裂跳线用悬垂绝缘子串的组装

四分裂跳线用悬垂绝缘子串的组装图，见图 5-5-7 和表 5-5-7。

（八）　四分裂导线用双联耐张或转角绝缘子串的组装

四分裂导线用双联耐张或转角绝缘子串的组装，见图 5-5-8 和表 5-5-8。

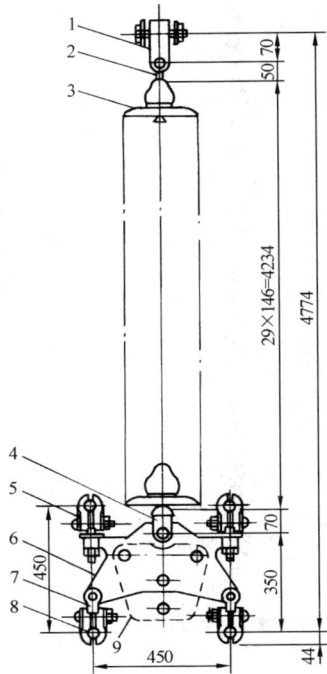

图 5-5-7　四分裂跳线用悬垂绝缘
子串组装图

表 5-5-7　　　　　图 5-5-7 设备材料表

编号	名　称	型　号	每组数量（个）	每个质量（kg）	共计质量（kg）	总质量（kg）
1	挂板	UB-7	1	0.75	0.75	
2	球头挂环	QP-7	1	0.27	0.27	
3	悬式绝缘子	XP-7	29	4.7	136.3	
4	碗头挂板	WS-7	1	0.97	0.97	170.13
5	悬垂线夹	XGF-300	4	3	12	
6	联板	无定型产品	1	17（估）	17	
7	挂板	Z_3-665	4	0.65	2.6	
8	铝包带（1×10）				0.24	
9	重锤	见表注2				

注　1. 本跳线用悬垂绝缘子串适用于跳线型号为 LGJQ-300（GB 1179—74）。

2. 重锤系东北电力设计院设计，图号为 T-SD83-01-38。

3. 编号5联板，没有定型产品，可根据工程情况自行设计。

表 5-5-8　　　　　　　　　　　　图 5-5-8 设 备 材 料 表

编　号	名　称	型　号	每组数量（个）	每个质量（kg）	共计质量（kg）	总质量（kg）
1	U型挂环	U-20	4	2.2	8.8	
2	调整板	DB-20	2	7.4	14.8	
3	挂板	P-20	4	4.09	16.36	
4	牵引板	QY-20	2	4.7	9.4	
5	球头挂环	QP-20	2	0.95	1.9	
6	悬式绝缘子	XP-21	2×28＝56	9.4	526.4	
7	碗头挂板	WS-20	2	4.3	8.6	
8	挂板	L-2045	2	11.32	22.64	688.18
9	U型挂环	U-10	12	0.54	6.48	
10	调整板	DB-10	4	2.7	10.8	
11	拉杆	YL-1040	2	0.88	1.76	
12	挂板	Z-10	2	0.87	1.74	
13	耐张线夹［80］型	NY-300QA	2	2.75	5.5	
14	耐张线夹［80］型	NY-300QB	2	2.75	5.5	
15	支撑架	ZCJ-45	1	10.5	10.5	
16	均压屏蔽环	FJP-500N	2	18.5	37	

注　1. 本耐张或转角绝缘子串适用于导线型号为 LGJQ-300（GB 1179—74）。

2. 编号13、14耐张线夹，选自水利电力部1985年修订的《电力金具产品样本》。这两种耐张线夹的钢锚拉环部分，样本上尺寸不全，U型挂环（U-10）能否装进去，在工程设计时应与厂家联系落实。

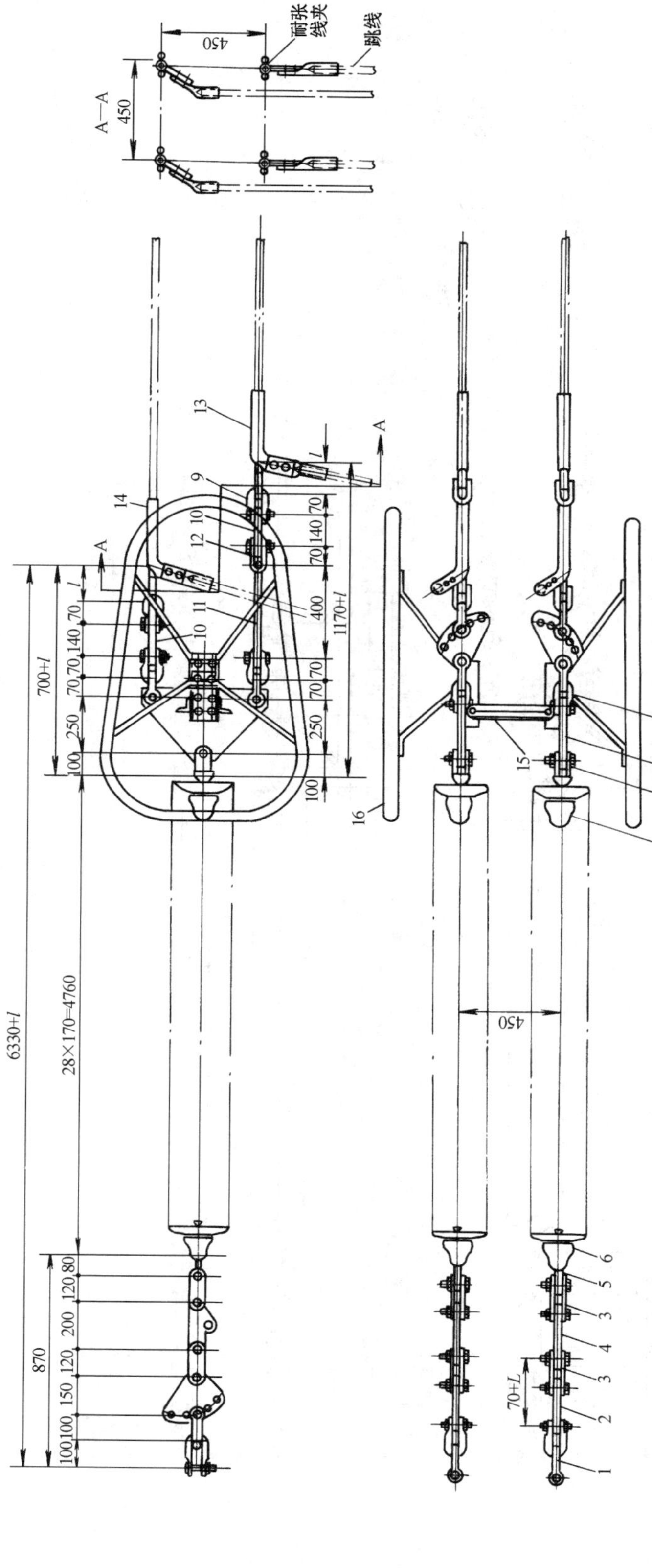

图 5-5-8　四分裂导线用双联耐张或转角绝缘子串组装图

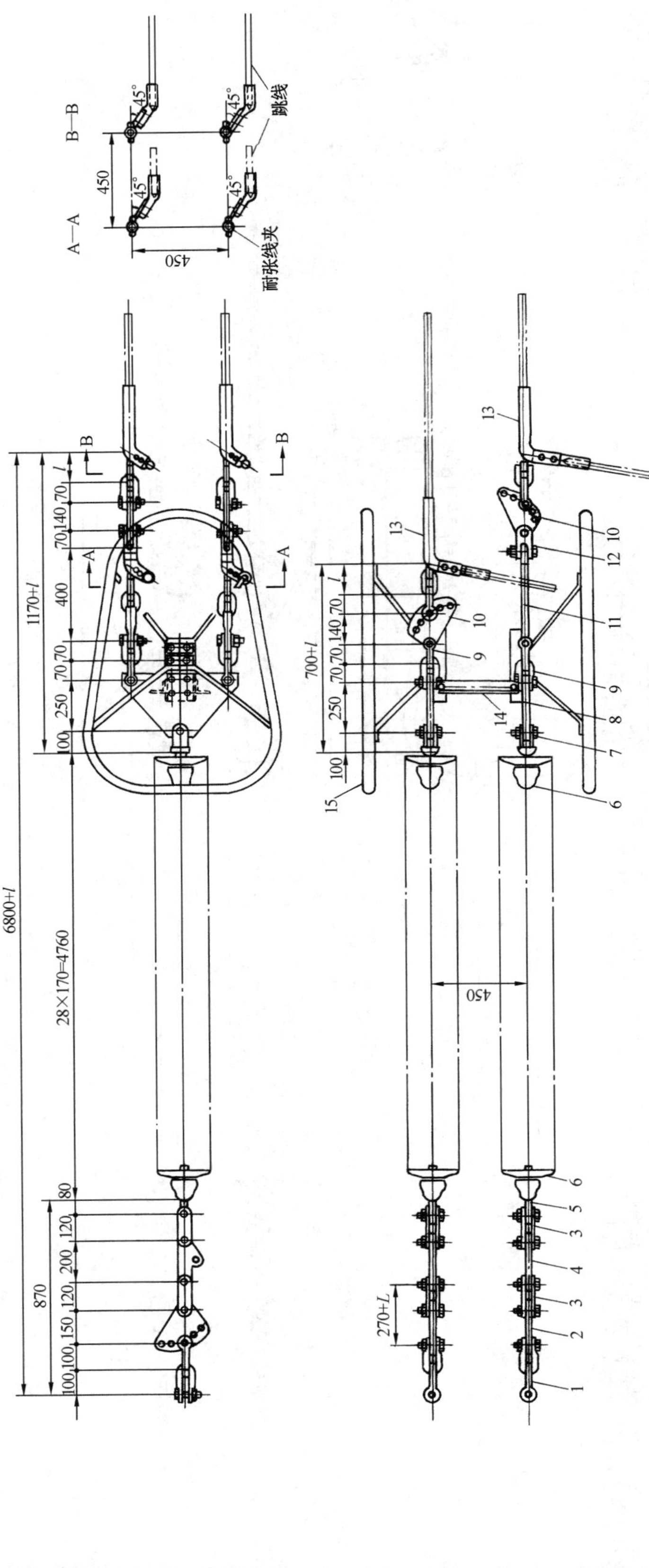

图 5-5-9　四分裂导线用双联耐张或转角绝缘子串组装图（绕跳）

（九）四分裂导线用双联耐张或转角绝缘子串的组装（绕跳）

四分裂导线用双联耐张或转角绝缘子串的组装（绕跳），见图 5-5-9 和表 5-5-9。

表 5-5-9　　　　　　　　　　　　　　　　图 5-5-9 设 备 材 料 表

编号	名　　称	型　　号	每组数量（个）	每个质量（kg）	共计质量（kg）	总质量（kg）
1	U 型挂环	U-20	4	2.2	8.8	
2	调整板	DB-20	2	7.4	14.8	
3	挂板	P-20	4	4.09	16.36	
4	牵引板	QY-20	2	4.7	9.4	
5	球头挂环	QP-20	2	0.95	1.9	
6	悬式绝缘子	XP-21	2×28=56	9.4	526.4	
7	碗头挂板	WS-20	2	4.3	8.6	
8	挂板	L-2045	2	11.32	22.64	688.18
9	U 型挂环	U-10	12	0.54	6.48	
10	调整板	DB-10	4	2.7	10.8	
11	拉杆	YL-1040	2	0.88	1.76	
12	挂板	Z-10	2	0.87	1.74	
13	耐张线夹［80］型	NY-300QA	4	2.75	11	
14	支撑架	ZCJ-45	1	10.5	10.5	
15	均压屏蔽环	FJP-500N	2	18.5	37	

注　1. 本耐张或转角绝缘子串适用于导线型号为 LGJQ-300（GB 1179—74）。

　　2. 编号 13 耐张线夹，选自水利电力部 1985 年修订的《电力金具产品样本》。这种耐张线夹的钢锚拉环部分，样本上尺寸不全，U 型挂环（U-10）能否装进去，在工程设计时应与厂家联系落实。

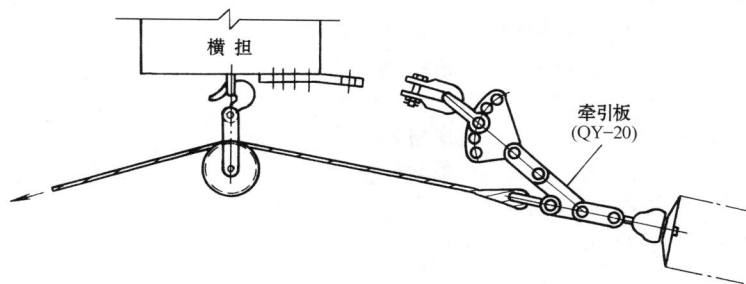

图 5-5-10　用牵引板挂线示意图

耐张（转角）塔挂线点间距见表 5-5-10。

表 5-5-10　　　　　　　　　　　耐张（转角）塔挂线点间距

线路转角	0°~30°	30°~60°	60°~90°	简　　图
s（mm）	460	500	580	

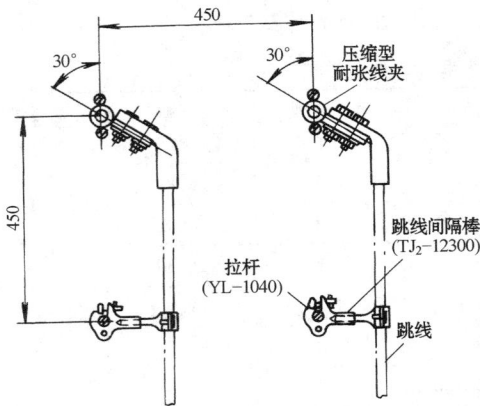

图 5-5-11　边相上跳线引下方式图

第六节　间　隔　棒

一、用途、分类及适用范围

送电线路分裂导线间隔棒的主要用途是限制子导线之间的相对运动及在正常运行情况下保持分裂导线的几何形状。

按送电线路分裂导线的根数不同，我国 500kV 及以下送电线路的导线间隔棒，目前可分为二、三、四根分裂导线用的三种类型。按间隔棒的工作特性大体可分为两类，即阻尼型间隔棒（见图 5-6-1）及非阻尼型间隔棒（见图 5-6-2）。阻尼型间隔棒的特点是：在间隔棒活动关节处利用橡胶作阻尼材料来消耗导线的振动能量，对导线振动产生阻尼作用。因此，该类间隔棒可适用于各地区。但是，考虑到送电线路的经济性，该类间隔棒重点是用于导线容易产生振动地区的线路（如平原、丘陵及一切开阔地带）。非阻尼型间隔棒的消振性能较差，可适用于导线不易产生

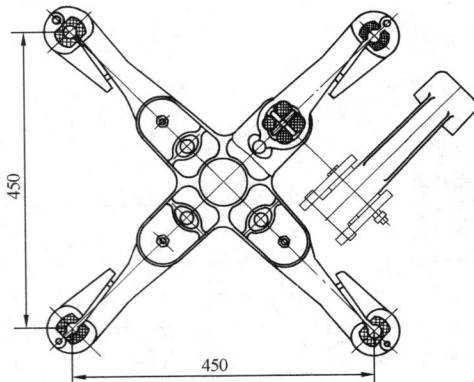

图 5-6-1　阻尼型间隔棒

振动地区的线路（如山地、林区的隐蔽地带）或用作跳线间隔棒。

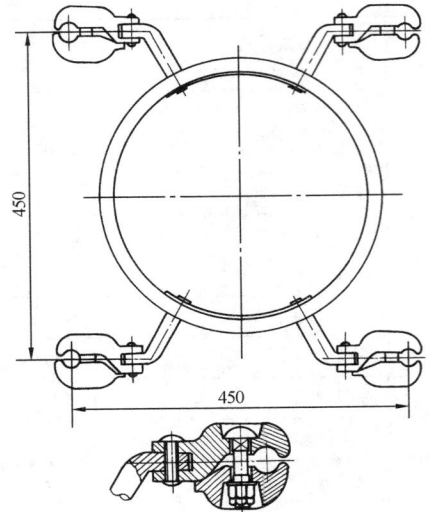

图 5-6-2　非阻尼型间隔棒

二、技术要求

（一）耐短路电流向心压力的机械强度

送电线路发生短路事故时，分裂导线受电磁作用将产生较大的向心压力，间隔棒的各部件应在经受这一压力时不发生破坏或永久变形。

间隔棒的向心力按式（5-6-1）计算：

$$F = 1.566 \times \frac{2}{n} \sqrt{n-1} I_{sc} \sqrt{F_T \lg \frac{s}{d}}$$

$$= 3.132 \frac{I_{sc}}{n} \sqrt{(n-1) \; F_T \lg \frac{s}{d}} \quad (5\text{-}6\text{-}1)$$

式中　F——短路电流向心力，N；

　　　n——分裂导线根数；

　　　I_{sc}——系统可能出现的最大短路电流，kA；

　　　F_T——子导线张力，N；

　　　s——分裂导线间距，m；

　　　d——子导线直径，m。

（二）两夹头之间的拉、压强度

分裂导线间隔棒的机械强度应能承受导线覆冰不平衡张力（如仅单根导线覆冰）、次档距振荡及单根导线上人时在子导线之间产生的拉、压力。考虑到可能出现的严重情况，一般该强度应不低于 4000N。

（三）夹头握力

送电线路不仅要求在正常运行或导线在微风振动情况下，间隔棒对导线有稳固的握力，以防止磨损导线。而且还要求由于不均匀覆冰等原因使导线发生扭转时，间隔棒夹头应能握住导线，以保证外力消除（如覆冰脱落）后，导线能有自行恢复到原位置的能

力。恢复力矩有两个来源，即 $M = M_1 + M_2$，M_1 是因夹头偏离其平衡位置后，由两侧张力合成的结果。这个力矩可近似地表述为

$$M_1 = -2 \times n \times \frac{F_T}{L} r^2 \sin\beta \quad (0 \leqslant \beta \leqslant \pi) \quad (5\text{-}6\text{-}2)$$

式中　n——分裂导线根数；

　　　F_T——子导线张力，N；

　　　L——次档距长度（即两间隔棒之间的长度），m；

　　　r——间隔棒分裂半径，m；

　　　β——间隔棒的扭转角度，（°）。

从式（5-6-2）可以看出，当 β 角小于 180°时 M_1 为负，即为恢复力矩。当 $\beta = 90°$时，M_1 达到最大值，当 β 逐渐接近 180°时 M_1 趋近于零。进一步增大扭转角 β（$\beta > 180°$），分裂导线开始扭绞到一起，表达式（5-6-2）的误差也将变得过大。扭转角在 180°～270°之间时 M_1 不再是恢复力矩，这时使导线复位只有依靠 M_2。

M_2 来源于子导线的抗扭刚度，并随 β 的增加而增大，方向与 β 增加的方向相反，即永为负值。M_2 这一部分力矩与间隔棒的扭握力有关，一旦扭握力不足，子导线与夹头之间将有相对转动，就不能被充分利用。夹头扭握力本身并不能提供额外的恢复力矩，只能保证子导线抗扭刚度的充分发挥。

国外资料及国内实测结果表明，在长期运行情况下，铝截面为 300mm² 的钢芯铝绞线，间隔棒夹头扭握力不应低于 25～30N·m，铝截面为 400mm² 的钢芯铝绞线，间隔棒夹头扭握力不应低于 35～40N·m。

值得注意的是，上述扭握力数值是在长期运行情况下必须保证的。由于夹头的防松型式不同，各类夹头初始扭握力的标准也不一样。因此，夹头初始扭握力的数值应根据各类夹头可能使导线产生的最大径向蠕变及防松方式等因素综合确定。

（四）活动性

间隔棒应具有充分的活动性，以避免由于导线的振动、振荡、弛度差及不均匀覆冰时，夹头附近的导线出现高应力疲劳损坏。

（五）电气性能

间隔棒应符合线路金具防电晕及无线电干扰的要求。此外，对采用橡胶做阻尼元件或做夹头防松件的间隔棒而言，橡胶应具有一定的导电性能，以防止在子导线之间的不平衡电压作用下橡胶元件发热损坏。

三、安装距离

如何合理地选择间隔棒的安装位置，仍然是一个正在探索中的问题。但是，目前国内外已广泛采用按不等距安装的方式。参考国外厂家所推荐的安装距离，初步拟定下述几项原则：

（1）第一次档距对第二次档距（或倒第一对倒第二次档距）的比值宜选在 0.55～0.65。此外，间隔棒不宜布置成对于档距中央呈对称分布。

（2）端次档距长度，对阻尼性能良好的间隔棒可选在 30～45m 范围内，对阻尼性能一般或非阻尼型间隔棒可选在 25～35m 范围内。

（3）最大次档距长度，对阻尼性能良好的间隔棒，一般不宜超过 80～90m，对阻尼性能一般或非阻尼型间隔棒一般不宜超过 60～65m。

第六章

杆 塔 设 计

第一节 杆 塔 型 式

杆塔外形主要取决于电压等级、线路回数、地形、地质情况及使用条件等。在满足上述要求下根据综合技术经济比较，择优选用。目前各级电压的送电线路常用的杆塔有以下两种。

一、钢筋混凝土电杆

1. 35~110kV 单回路直线杆

此类电杆由于其承受的荷载较小，一般可设计成单杆，导线呈三角形布置；主杆可用梢径 $\phi150 \sim \phi190$，全长 15~18m 的锥形杆（图 6-1-1）。

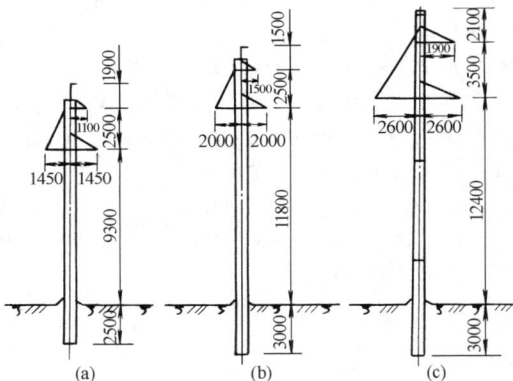

图 6-1-1　35~110kV 钢筋混凝土直线单杆
（a）35kV 单杆；（b）66kV 单杆；
（c）110kV 单杆

当杆塔荷载较大（如导线截面大、档距大等）时，也常用双杆（图 6-1-2）或带拉线的单杆（图 6-1-3）。

2. 220~330kV 单回路直线杆

由于这一电压等级的杆塔荷载较大，目前大多采用带叉梁的双杆或带拉线的八字杆，少数荷载较小的线路也采用带拉线的单杆。

带叉梁的双杆（图 6-1-4），一般可采用梢径 $\phi190 \sim \phi230$，全长 27m 左右的锥形杆段或 $\phi400$ 等径杆段，在主杆平面内设置一层或两层叉梁，以减小主杆所受的弯矩，有时还可在电杆平面外设置 V 型外拉线，以增加电杆的纵向稳定和承受纵向荷载。带双

层叉梁的直线双杆，由于根部弯矩较小，对软弱地基的基础设计较为有利。

在东北地区由于土壤冻结深度较大，土壤的冻胀作用会将卡盘及电杆抬起，一般不宜采用卡盘来平衡电杆根部的倾覆力矩，大多采用带 V 型或交叉外拉线的八字型杆（图 6-1-5）。这种电杆结构简单，耗用钢材少，在东北地区有成熟的运行经验。

3. 35~110kV 双回路直线杆

35~110kV 双回路直线杆大多采用 A 字型双杆（图 6-1-6），主杆采用锥形杆段，荷载较大时还可设置外拉线。这种杆型结构简单，受力性能好，耗钢量也较少，是一种较好的双回路杆型。

4. 35~110kV 单回路承力杆

承力杆（指耐张杆、转角杆、终端杆）所承受的荷载较大，当采用钢筋混凝土杆时一般均需设置拉线。其外形有 A 字型或门型，拉线布置方式在小转角时可用 V 型或交叉形；大转角时可用八字型，必要时还要设置反向拉线和分角拉线（图 6-1-7）。

5. 220kV 单回路承力杆

220kV 承力杆一般都采用双杆，主杆常用 $\phi400$ 等径杆，横担用钢结构，拉线大多布置成 2 交叉拉线或八字型拉线，必要时还需设置分角拉线和反向拉线（图 6-1-8）。

二、铁塔

铁塔是高压送电线路上最常用的支持物，国内外大多采用热轧等肢角钢制造、螺栓组装的空间桁架结构，也有少数国家采用冷弯型钢或钢管混凝土结构。根据结构型式和受力特点，铁塔可分为拉线塔和自立塔两大类。

1. 拉线塔

拉线塔由塔头、主柱和拉线组成。塔头和主柱一般由角钢组成的空间桁架构成，有较好的整体稳定性，能承受较大的轴向压力。拉线一般用高强度钢绞线做成，能承受很大的拉力，因而使拉线塔能充分利用材料的强度特性而减少材料耗用量。

就外形而言，拉线塔可设计成导线呈三角形排列的鸟骨架、猫头型（图 6-1-9）等，以及导线呈水平排列的门型、V 型（图 6-1-10）等，还有纵向能自立的内拉线门型塔（图 6-1-11）等。

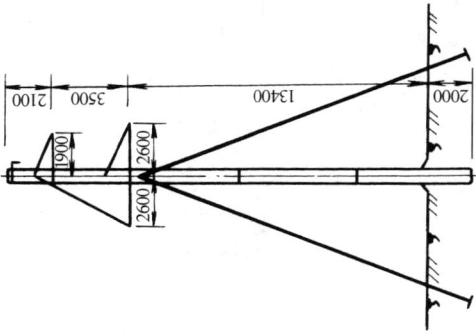

图 6-1-3　带拉线的钢筋
混凝土直线单杆

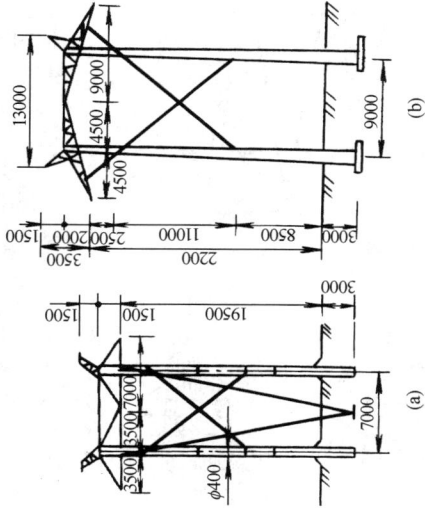

图 6-1-4　带叉梁的 220～330kV 钢筋混凝土直线杆
(a)220kV 直线杆;(b)330kV 直线杆

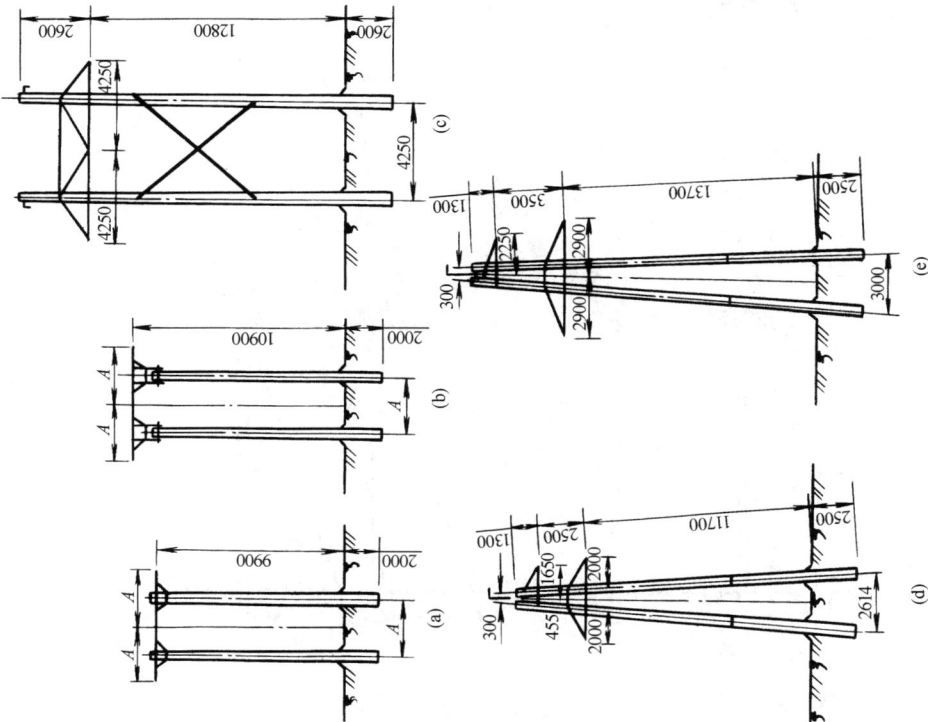

图 6-1-2　35～110kV 钢筋混凝土直线双杆
(a)、(b)不带避雷线的 35～66kV 门型双杆;(c)带叉梁的门型双杆;
(d)、(e)66～110kVA 字型双杆

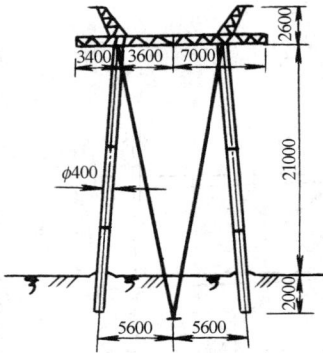

图 6-1-5　带拉线的八字型杆

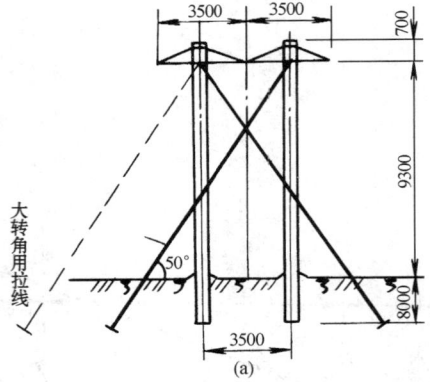

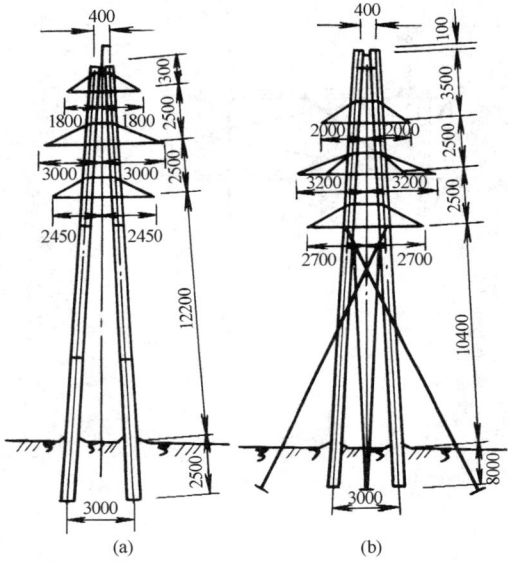

图 6-1-7　35～110kV 单回路承力杆
（a）门型承力杆；（b）A 字型承力杆

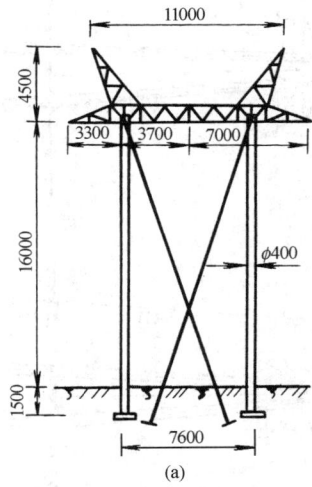

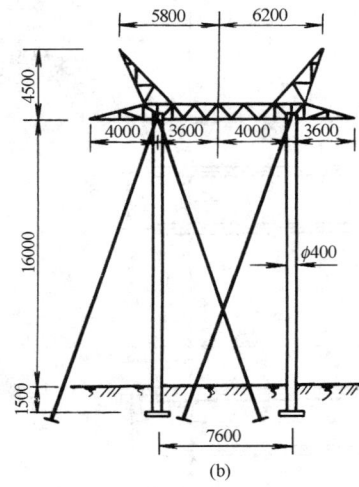

图 6-1-6　35～110kV 双回路直线杆
（a）不带拉线的 A 字型双杆；（b）带交叉拉线的 A 字型双杆

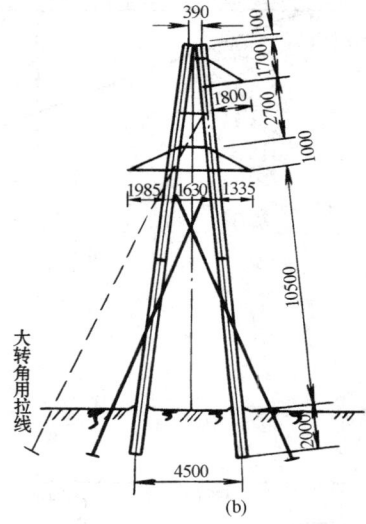

图 6-1-8　220kV 单回路承力杆
（a）耐张杆；（b）5°～30°转角杆

图 6-1-11　500kV 内拉线门型塔

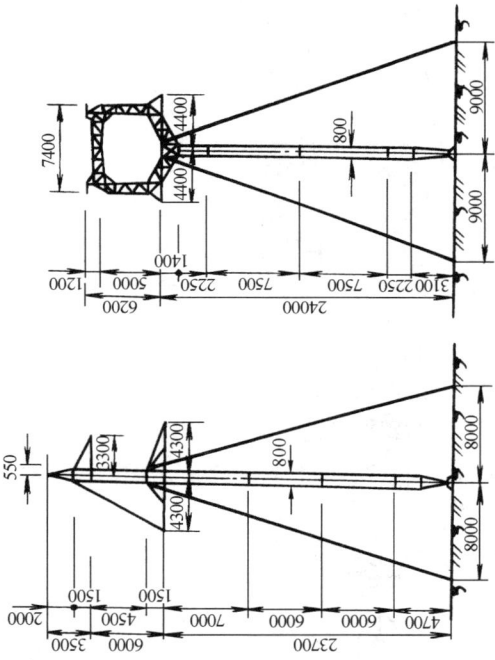

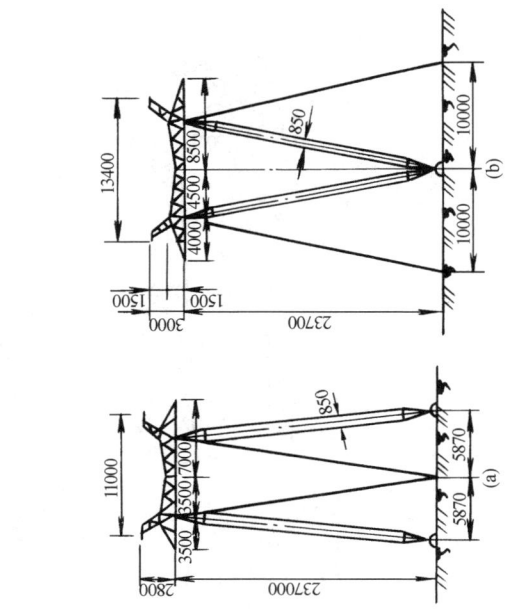

图 6-1-9　导线呈三角排列的拉线铁塔
（a）220kV 上字型拉线塔；（b）220kV 猫头型拉线塔

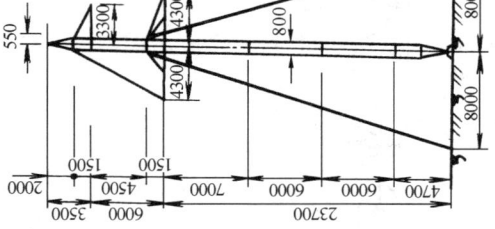

图 6-1-10　门型拉线铁塔
（a）220kV 门型拉线塔；（b）220kV V 型拉线塔；（c）500kV V 型拉线塔

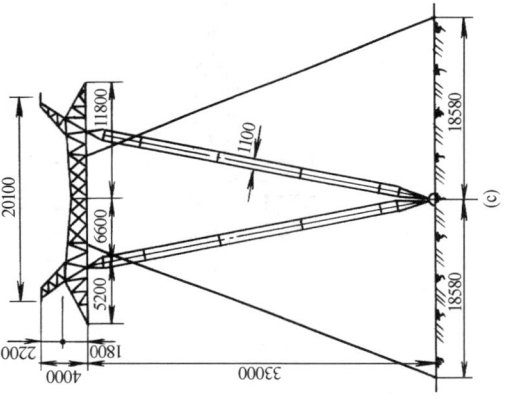

2. 自立式铁塔

自立式铁塔也可分为导线呈三角形排列的鸟骨型、猫头型、上字型、干字型及导线呈水平排列的酒杯型、门型等两大类（图 6-1-12、图 6-1-13）。

自立式双回路铁塔有六角型（或称鼓型）、倒伞型、正伞型和蝴蝶型等。目前国内大多采用六角型。

蝴蝶型一般多用于大跨越塔（图 6-1-14）。

自立式承力塔主要有酒杯型和干字型、桥型等。由于干字型塔的中相导线直接挂在塔身上，下横担的长度也比酒杯型塔短，结构也比较简单，因而比较经济，是目前 220～500kV 送电线路上常用的承力塔（图 6-1-15）。

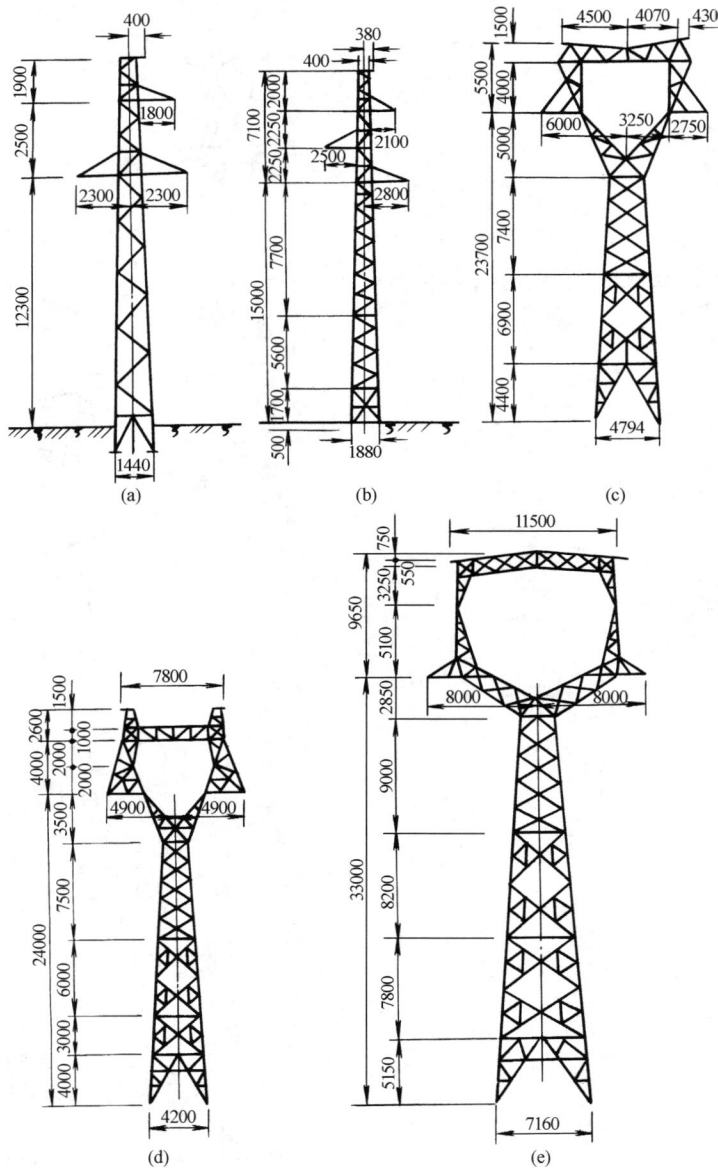

图 6-1-12　导线呈三角形排列的自立式铁塔

（a）上字型；（b）鸟骨型；（c）猫头型；（d）猫头型；（e）500kV 猫头型

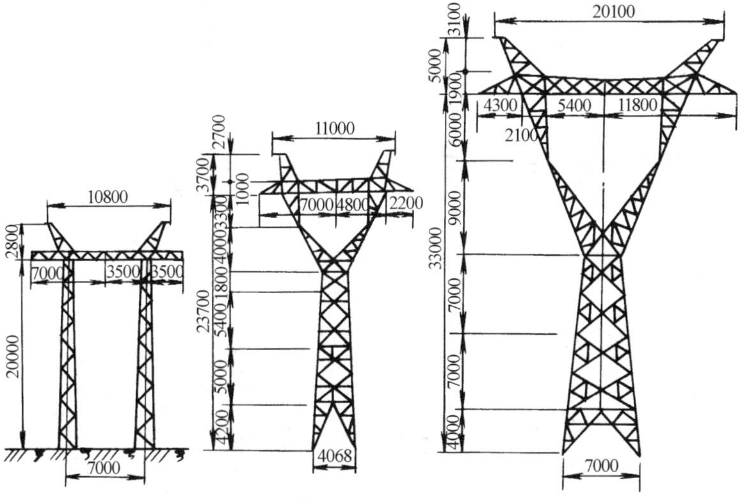

图 6-1-14 自立式双回路塔
(a) 六角型；(b) 蝴蝶型

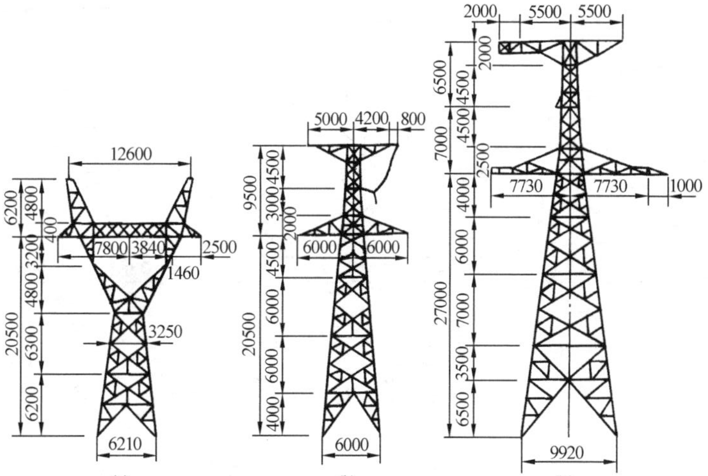

图 6-1-15 自立式承力塔
(a) 酒杯型；(b) 220kV 干字型；(c) 500kV 干字型

图 6-1-13 导线呈水平排列的自立式铁塔
(a) 门型；(b) 220kV 酒杯型；(c) 500kV 酒杯型

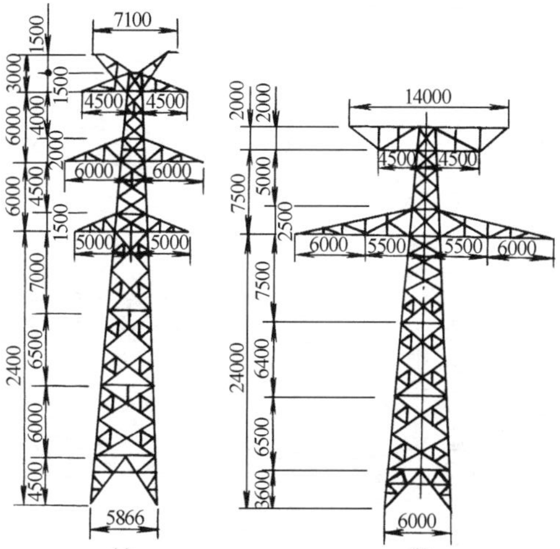

3. 大跨越塔

大跨越塔的高度高、荷载大、结构复杂、耗钢量和投资都较高。目前国内大多采用组合构件铁塔、钢管塔或独立式钢筋混凝土塔等（图 6-1-16）。组合构件铁塔是指采用几个等肢角钢拼合成组合截面（如十字形、T 形、方形）的构件作为主要承力构件。这种结构的材料来源比较方便，加工、施工工艺都与一般铁塔相同，无需特殊加工设备，因而使用较为广泛。

钢管结构的空气动力特性较好，断面力学特性也优于角钢，但要求加工部门要有大型卷管、焊接和镀锌设备，加工工艺比较复杂，因而每吨构件的造价往往成倍高于前者。钢筋混凝土塔在我国几处长江大跨越中得到较成功的应用。这种结构外形美观、耗钢量少。在运行维护上有一定优越性。在超高压线路的特大跨越处已常被采用。

带拉线的大跨越塔具有显著的经济意义，由于其柱身断面较小，铁塔自身的风荷载大大小于自立式铁塔；塔身部分自上至下多为同一尺寸，加工、施工都较方便，主柱弦杆既可采用角钢，也可采用钢管制作，材料来源较为方便。在一定的条件下也是一种优秀的塔型。

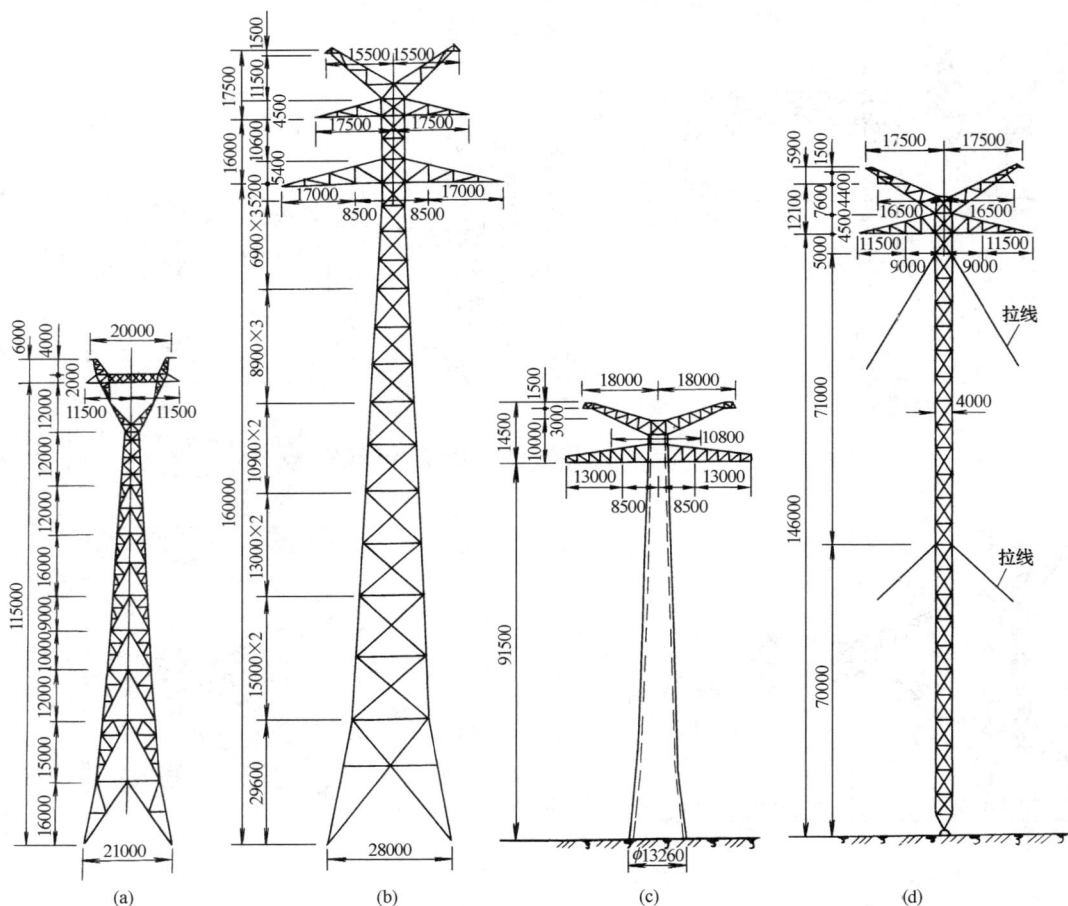

图 6-1-16　大跨越铁塔
（a）组合构件自立塔；（b）钢管塔；（c）钢筋混凝土塔；（d）拉线塔

第二节　杆塔设计荷载

一、杆塔上的荷载

作用在杆塔上的荷载按其性质可分为永久荷载、可变荷载和特殊荷载。

（1）永久荷载：包括杆塔自重力，电线、绝缘子、金具的重力及其它固定设备的重力。

（2）可变荷载：包括风荷载、电线和绝缘子上的覆冰荷载，电线和拉线的张力及施工检修时的临时荷载，结构变形引起的次生荷载以及各种振动动力荷载。

（3）特殊荷载：包括由于电线断线所引起的荷载和由地震引起的地震荷载，以及在山区或特殊地形地段，由于不均匀结冰所引起的不平衡张力等荷载。

上述各项荷载都可以根据计算需要，将它们分解成作用在杆塔上的横向荷载、纵向荷载和垂直荷载。

二、风荷载计算

（一）风速取值

不同电压等级的设计风速重现期、基准高度和时距值按表 6-2-1 取值。

（二）风压高度变化系数

杆塔风荷载应分段计算，每段高度不宜大于 10m，合力点可假定作用于段的形心处，对不同离地高度的杆塔身段的风荷载应乘以相对应高度处的风压高度变化系数 k_z，k_z 值根据不同电压等级按表 6-2-2 采用。

表 6-2-1　　设计风速时重现期、基准高及时距的取值

线路电压等级（kV）	重现期（年）	基准高（m）	时距（min）
110 ~ 330kV 线路	15	15	10
110 ~ 300kV 大跨越	30	10 *	10
500kV 线路	30	20	10
500kV 大跨越	50	10 *	10

注　设计风速最小值 110 ~ 330kV 线路不小于 25m/s，500kV 线路不小于 30m/s。

* 指离历年大风季节平均最低水位的距离。

表 6-2-2　　　　　　　　　　　　　　　风压高度变化系数 k_z

类　别 ＼ 离地面高（m）	10	15	20	30	40	50	60	70	80	90	100	150	200	250	300	350
330kV 及以下杆塔	0.88	1	1.10	1.25	1.37	1.46	1.55	1.63	1.71	1.77	1.83	2.09	2.29	2.46	2.61	2.74
500kV 杆塔	0.80	0.91	1	1.14	1.25	1.34	1.42	1.49	1.56	1.62	1.67	1.90	2.09	2.24	2.38	2.50

注　中间值可按线性插入法计算。

（三）杆塔和基础的风压调整系数

杆塔风荷载调整系数，按 DL/T 5092—1999 的规定取值。

1. 杆塔风荷载调整系数

杆塔风荷载调整系数 k_T，见表 6-2-3。

表 6-2-3　杆塔风荷载调整系数 k_T（用于杆塔本身）

杆塔全高 H（m）	20	30	40	50	60
单柱拉线杆塔	1.0	1.4	1.6	1.7	1.8
其它杆塔	1.0	1.25	1.35	1.5	1.6

注　1. 中间值按插入法计算。
　　2. 对自立式铁塔，表中数值适用于高度与根开之比为 4 ~ 6。

2. 基础风荷载调整系数

当杆塔全高不超过 50m 时，应取 1.0；50m 及以上时，应取 1.3。

（四）电线风荷载计算

导、地线风荷载的计算见第三章第一节。

（五）绝缘子串风压计算

绝缘子串的风压 P_z 按式（6-2-1）计算，即

$$P_z = n_1 n_2 A_p k_z \frac{v^2}{1600}, kN \qquad (6-2-1)$$

式中　n_1——一相导线所用的绝缘子串数；

n_2——每串绝缘子的片数，其金具零件按加一片绝缘子的受风面积计算；

A_p——每片绝缘子的受风面积，单裙绝缘子取 0.03m^2，双裙绝缘子取 0.04m^2；

k_z——风压高度变化系数见表 6-2-2；

v——计算风速，m/s。

（六）杆塔风荷载计算

作用在与风向相垂直的结构物表面的风荷载用式（6-2-2）计算

$$W = k k_z k_T A_c \frac{v^2}{1600}, kN \qquad (6-2-2)$$

式中　k——风载体形系数，采用表 6-2-4；

k_T——风荷载调整系数，采用表 6-2-3；

A_c——杆件挡风面积，m^2。

其它符号含义与式（6-2-1）相同。

表 6-2-4　　　　风载体型系数

序号	名称	建筑体型及体型系数 k
1	各种截面的构件	$k=1.3$

续表

序号	名称	建筑体型及体型系数 k
2	平面桁架	 平面桁架杆件的体型系数为 $$k_p = k\phi$$ 对于一般型钢桁架，取 $k = +1.3$； 对于圆管桁架，k 按序号 5 图（b）确定； $\phi = \dfrac{\Sigma A_c}{A}$ 为桁架的挡风系数； A_c 为桁架杆件投影面积，计算其总和 ΣA_c 时，应考虑由节点所引起的面积增值； $A = hl$，为桁架的轮廓面积

续表

序号	名称	建筑体型及体型系数 k
5	圆截面构筑物（包括烟囱、塔桅等）	 （a） 图（a）局部计算时表面分布的 k：

平行的桁架的整体体型系数为
$$k_1 = k_p(1 + \eta)$$，k_p 按序号 2 采用；η 按下表采用：

φ b/h	$\leqslant 0.1$	0.2	0.3	0.4	0.5	0.6
$\leqslant 1$	1.0	0.85	0.66	0.50	0.33	0.15
2	1.0	0.90	0.75	0.60	0.45	0.30

（序号 3 平行的桁架）

a	$h/d = 25$	$h/d = 7$	$h/d = 1$
0°	+1.0	+1.0	+1.0
15°	+0.8	+0.8	+0.8
30°	+0.1	+0.1	+0.1
45°	-0.9	-1.7	-0.7
60°	-1.9	-2.2	-1.2
75°	-2.5	-2.2	-1.7
90°	-2.6	-1.7	-1.7
105°	-1.9	-0.8	-1.2
120°	-0.9	-0.6	-0.7
135°	-0.7	-0.6	-0.5
150°	-0.6	-0.5	-0.4
165°	-0.6	-0.5	-0.4
180°	-0.6	-0.5	-0.4

上表数值适用于 $W_0 a^2 \geqslant 2.0$ 的情况（d 以 m 计），W_0——基本风压，N/m^2

（b）

图（b）整体计算时约 k：
当 $W_0 d^2 \leqslant 0.3$ 时，$k = +1.2$；
当 $W_0 d^2 \geqslant 2.0$ 时，$k = +0.6$。
中间值按插入法计算

序号 4 四边形及三角形塔架：

风向

三角形塔架当 $\phi \geqslant 0.1$ 时，k_1 应乘 0.9；
对角线方向计算四边形桁架时，k_1 应乘下列系数 ψ：

塔架类别		ψ
钢塔架	单肢杆件	1.0
	双肢杆件	1.2
环形断面钢筋混凝土塔架		0.6
矩形断面钢筋混凝土塔架 1.4		

对平面桁架的风荷载应按式（6-2-3）计算：

$$W = k_p K_z K_T A \frac{v^2}{1600}, \text{kN}$$

$$k_p = \varphi k \qquad (6\text{-}2\text{-}3)$$

$$\varphi = \Sigma A_c / A$$

式中　k_p——平面桁架的体型系数，采用表 6-2-4 数值；

　　　φ——平面桁架的挡风系数；

　　　ΣA_c——桁架杆件投影面积之和，应考虑节点板引起的面积增加，m^2；

　　　A——桁架轮廓面积，m^2。

对空间桁架、塔架的风荷载计算应按表 6-2-4 第三、四栏的规定计算。

计算塔身风压时，一般应分段计算，每段高度不宜超过 10m，风荷载的合力假定作用在该段的重心处。

（七）斜向风时风荷载计算

在杆塔设计中，应取最不利的风向来计算杆塔的内力。一般需考虑风向与线路方向垂直、平行、成45°夹角及成60°夹角等，此时电线风荷载及塔身风荷载应按以下规定计算。

1. 电线风荷载

当风向与电线方向之间的夹角为 θ 时，垂直于电线方向的风荷载可近似的按式（6-2-4）计算：

$$P_X = P\sin^2\theta,\text{N} \qquad (6-2-4)$$

式中　P——风向与电线垂直时的电线风荷载，按式（3-1-14）计算。

根据国外试验结果，在斜向风作用下顺电线方向的风荷载分量（P_Y）甚小，为确保杆塔的纵向强度，规定采用表6-2-5数值。

2. 杆塔风荷载

在斜向风作用下，塔上各杆件的轴线方向与风向之间的夹角无一定规律，因此要精确计算其风荷载是十分困难的，国外大多依据风洞试验的结果，选取适当的系数进行计算。可按表6-2-5的规定计算杆塔各个方向的风荷载分量。

三、电线垂直荷载与杆塔自重荷载计算

（1）电线的垂直荷载按式（6-2-5）计算：

$$G = L_V qn + G_1 + G_2,\text{N} \qquad (6-2-5)$$

式中　L_V——垂直档距，m；

　　　q——电线单位长度的重力，N/m；

　　　G_1、G_2——绝缘子、金具、防振锤、重锤等的重力，N；

　　　n——每相电线的根数。

表 6-2-5　　斜向风时电线及塔身风荷载计算

风向与线路方向夹角 θ（°）	导（地）线风荷载		塔身风荷载		横担风荷载		备　　注
	X	Y	X	Y	X	Y	
0	0	$0.25W_X$	0	W_b	0	W_c	
45	$0.5W_X$	$0.15W_X$	$K\times0.424\times(W_a+W_b)$	$K\times0.424\times(W_a+W_b)$	$0.40W'_c$	$0.70W_c$	
60	$0.75W_X$	0	$K\times(0.747W_a+0.249W_b)$	$K\times(0.431W_a+0.144W_b)$	$0.40W'_c$	$0.70W_c$	
90	W_X	0	W_a	0	$0.40W'_c$	0	

注　1. X、Y 分别为垂直线路、顺线路方向的风压分量。
　　2. W_X 为垂直线路方向风吹时，导线和地线的荷载。用式（3-1-14）计算。
　　3. W_a、W_b 分别为垂直线路、顺线路方向风吹的塔身风荷载。
　　4. W_c 为风垂直于横担正面吹时，横担风荷载。
　　5. K 为塔身风荷载断面形状系数，对单角钢或圆断面杆件组成的塔架取1.0；对组合角钢断面取1.1。

（2）杆塔自重荷载。

杆塔自重荷载一般可根据设计经验，并参照其它杆塔的资料作适当假定，也可对杆塔的每根构件逐一统计后获得。

四、电线不平衡张力及其角度合力计算

电线在各种运行情况、安装情况下的张力按第三章计算。但该张力是顺着电线方向的，在计算杆塔受力时需将它们分解成顺着杆塔平面的横向荷载（称角度荷载）和垂直于杆塔平面的纵向荷载（称不平衡张力），见图6-2-1和图6-2-2。

（一）电线不平衡张力

由图6-2-1所示，按式（6-2-6）计算：

$$\Delta T = T_1\cos\alpha_1 - T_2\cos\alpha_2,\text{N} \qquad (6-2-6)$$

假若 $\alpha_1 = \alpha_2 = \alpha/2$（即横担方向与线路转角的内分角线相重合）时，则：

$$\Delta T = (T_1 - T_2)\cos\alpha/2,\text{N} \qquad (6-2-7)$$

式中　T_1、T_2——杆塔前后两档内的电线张力，N；

　　　α——线路转角，（°）；

　　　α_1、α_2——电线与杆塔横担垂线之间的夹角，（°）。

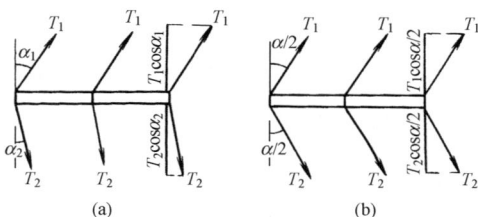

图 6-2-1　电线不平衡张力计算示意图

（a）杆塔两侧线路转角不同情况；（b）杆塔两侧线路转角相同情况

对直线杆塔，因杆塔前后两档内的电线张力相等，故一般情况下没有不平衡张力，即 $\Delta T = 0$。

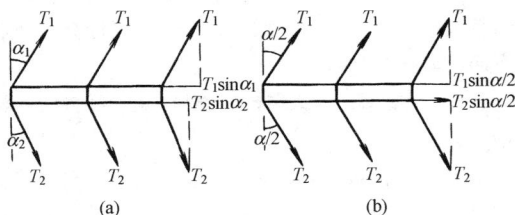

图6-2-2　电线角度荷载计算示意图

（a）杆塔两侧线路转角不同情况；（b）杆塔两侧线路转角相同情况

（二）电线角度荷载

由图6-2-2所示，按式（6-2-8）计算：

$$P_1 = T_1 \sin\alpha_1$$
$$P_2 = T_2 \sin\alpha_2, \text{N} \qquad (6\text{-}2\text{-}8)$$

当 $\alpha_1 = \alpha_2 = \alpha/2$ 时，则

$$P_1 = T_1 \sin\alpha/2$$
$$P_2 = T_2 \sin\alpha/2, \text{N} \qquad (6\text{-}2\text{-}9)$$

对直线塔，电线角度荷载一般为零，但对悬垂转角塔、换位塔和耐张、转角杆塔，都需计算这个荷载。

（三）断线张力荷载

各类杆塔均应计算断线（含分裂导线时纵向不平衡张力）情况下的荷载组合。

（1）直线型杆塔（含悬垂转角杆塔）的断线（含分裂导线时纵向不平衡张力）情况，应计算下列荷载组合：

单回路和双回路杆塔：断任意一根导线（分裂导线时任意一相有不平衡张力）、地线未断、无风、无冰。

单导线的断线张力，按表6-2-6选用。

表6-2-6　　单导线断线张力与最大使用张力的百分比值

钢芯铝线型号	钢筋混凝土杆及拉线塔	自立式铁塔
LGJ-95/20 及以下	30	40
LGJ-120/20 ~ LGJ-185/45	35	40
LGJ-240/20 及以上	40	50

两分裂导线的纵向不平衡张力，对平地及山地线路，应分别取一根导线最大使用张力的40%及50%。

两分裂以上导线的纵向不平衡张力，对平地、丘陵及山地线路，应分别取不小于一相导线最大使用张力的15%、20%及25%，且均不小于20kN。

多回路杆塔：

单导线时，断任意两根导线；分裂导线时，任意二相有纵向不平衡张力。断线张力或纵向不平衡张力仍按单回路和双回路杆塔的规定选用。地线未断、无风、无冰。

地线不平衡张力情况：不论带多少回路的杆塔，仅考虑任意一根地线有不平衡张力，导线未断（无不平衡张力），无风，无冰。

地线不平衡张力，按表6-2-7选用。

表6-2-7　　地线不平衡张力与最大使用张力的百分比值（%）

杆塔类别	钢筋混凝土杆	拉线铁塔	自立式铁塔
330kV 及以下线路	15 ~ 20	30	50
500kV 线路	20 ~ 30	40	50

转动横担或变形横担的启动力，应满足运行和施工的安全要求。

（2）耐张型杆塔的断线情况，应计算下列荷载组合：

在同一档内断任意两相导线（终端杆塔应考虑作用有一相或二相断线张力的不利情况）、地线未断、无冰、无风。

断任意一根地线，导线未断，无冰、无风。

断线情况时，所有的导、地线张力，均应分别取最大使用张力的70%及80%。

（3）重冰区各类杆塔断线（或纵向不平衡张力）情况时的导、地线张力，应按覆冰不小于正常覆冰荷载的50%、无风和气温为 -5℃ 的条件，由计算确定。

各类杆塔的断线数目应与非重冰区的规定相同；此外，尚应验算导、地线同时存在有不均匀脱冰情况的各种荷载组合。

断线情况下的断线张力或纵向不平衡张力均按静态荷载计算。

五、直线杆塔安装荷载计算

直线杆塔的安装，需要考虑吊线作业和锚线情况下的荷载；对钢筋混凝土电杆还要考虑整体吊装时的强度和稳定；对采用特殊施工方法组装（如倒装）的杆塔，还应配合施工单位按照施工过程中可能发生的荷载，对杆塔进行整体和局部强度的验算。

（一）吊线荷载

指线路在施工中安装导线时，将电线从塔上放下或从地面提升到塔上的作业过程中作用于杆塔的荷载。在施工中常采用双倍挂线或转向滑车挂线两种方式，如图6-2-3所示。

采用转向滑车挂线时作用在滑车悬挂点的荷载

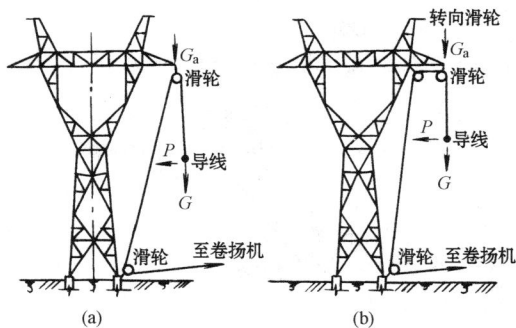

图 6-2-3　直线杆塔起吊导线示意图

（a）双倍挂线方式；（b）转向滑车挂线方式

有：

$$\left.\begin{array}{l} \text{垂直荷载} \quad \Sigma G = 1.1G + G_a, \text{N} \\ \text{水平荷载} \quad H = 1.1G + P, \text{N} \end{array}\right\} \quad (6\text{-}2\text{-}10)$$

式中　1.1——动力系数；

　　　　G——被吊电线、绝缘子及金具的重力，N；

　　　　G_a——附加荷载（见表6-2-8），N；

　　　　P——导线风荷载，N。

采用双倍挂线起吊导线时［图6-2-3（a）］，作用在滑车悬挂点的垂直荷载为

$$\Sigma G = 2 \times 1.1 \times G + G_a, \text{N} \quad (6\text{-}2\text{-}11)$$

横向荷载即为电线风荷载。

（二）锚线荷载

随着施工机械化程度的提高，在高压送电线路施工中逐渐采用张力放线机放线、紧线，由于施工场地的要求，放线、紧线往往不一定在耐张、转角杆塔上进行，这时就会出现在直线杆塔上紧线、锚线等作业。也就是在直线杆塔的相邻两档中，一档的电线已按要求架好，相邻档电线用临时拉线锚在地上，如图6-2-4所示。

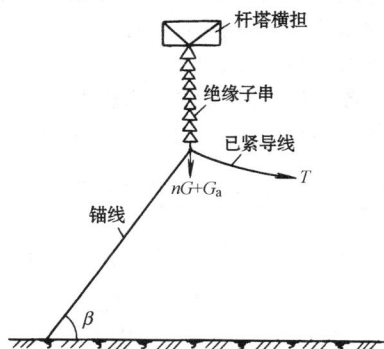

图 6-2-4　直线杆塔锚线示意图

作用在横担上的纵向不平衡张力、垂直荷载及横向荷载分别为

$$\left.\begin{array}{l} \Delta T = TK(1 - \cos\beta), \text{N} \\ \Sigma G = nG + TK\sin\beta + G_a, \text{N} \\ \Sigma P = nP, \text{N} \end{array}\right\} \quad (6\text{-}2\text{-}12)$$

式中　T——安装时导线或地线的张力，N；

　　　　β——锚线钢绳对地平面夹角，（°）；

　　　　K——动力系数，$K = 1.1$；

　　　　n——垂直荷载和横向荷载的分配系数；

　　　　G、P——分别为所锚电线的垂直荷载和横向荷载，N；

　　　　G_a——附加荷载，N。

表 6-2-8　　　　附加荷载 G_a 的数值（N）

分类 荷载 电压等级 （kV）	导　线		地　线	
	直线 杆塔	耐张转角 杆　塔	直线 杆塔	耐张转角 杆　塔
110	1500	2000	1000	1500
220	3500	4500	2000	2000
330	3500	4500	2000	2000
500	4000	6000	2000	2000

六、耐张转角杆塔的安装荷载计算

在一般送电线路施工中，在耐张、转角杆塔上的施工操作主要有两种，即挂线和牵引。此时对耐张转角杆塔应考虑挂线和牵引荷载。

（一）挂线荷载

挂线是指按设计要求的弧垂，把电线与绝缘子串连接后挂到杆塔上去的作业过程（图6-2-5）。电线挂到塔上后松开牵引钢绳，使杆塔受到一个突加的张力荷载。在实际施工中，这种操作一般只能逐根（相）进行。由于荷载较大，杆塔设计中可考虑设置临时拉线平衡部分荷载。

此时作用在杆塔上的荷载有：

横向荷载

$$\left.\begin{array}{l} \Sigma P = nP + (KT - T_0)\sin\alpha_1, \text{N} \\ \text{纵向荷载} \\ \Delta T = (KT - T_0)\cos\alpha_1, \text{N} \\ \text{垂直荷载} \\ \Sigma G = nG + T_0\tan\beta + G_a, \text{N} \end{array}\right\} \quad (6\text{-}2\text{-}13)$$

式中　n——电线垂直荷载和横向荷载在该挂线点上的分配系数；

　　　　P、G——该根（相）电线的横向荷载和垂直荷载，N；

　　　　K——动力系数，$K = 1.2$；

　　　　T——电线安装张力，N；

T_0——临时拉线平衡的电线张力，对 220kV 和 500kV 线路一般取 $T_0 = 10000 \sim 20000N$；

α_1——电线方向与横担垂线方向间的夹角，当横担方向置于线路转角内角平分线上时 $\alpha_1 = \alpha/2$（α 为线路转角），（°）；

β——临时拉线对地平面的夹角，（°）；

G_a——附加荷载，见表 6-2-8，N。

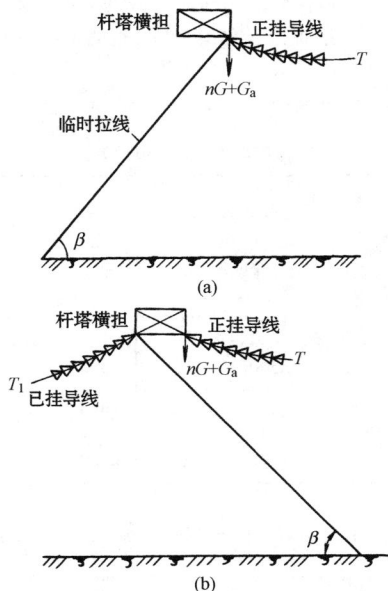

图 6-2-5 耐张、转角杆塔挂线荷载示意图
（a）相邻档的电线未挂；
（b）相邻档的电线已挂好

（二）牵引荷载

牵引电线荷载是指架线过程中通过设在杆塔上的滑车，把电线拉紧到设计张力的过程，有两种情况，如图 6-2-6 所示。

1. 相邻档电线未挂时

$$\left.\begin{array}{ll} 横向荷载 & \Sigma P = nP，\text{N} \\ 纵向荷载 & \Delta T = 0 \\ 垂直荷载 & \\ \Sigma G = nG + T_1 \sin\beta + KT\sin\gamma + G_a，\text{N} \end{array}\right\} \quad (6\text{-}2\text{-}14)$$

2. 相邻档电线已经挂完时

$$\left.\begin{array}{ll} 横向荷载 & \Sigma P = nP，\text{N} \\ 纵向荷载 & \Delta T = 0 \\ 垂直荷载 & \\ \Sigma G = nG + KT\sin\gamma + G_a，\text{N} \end{array}\right\} \quad (6\text{-}2\text{-}15)$$

式中 β——临时拉线对地平面的夹角，（°）；
γ——牵引钢绳对地平面的夹角，（°）；

T_1——临时拉线的初张力，一般取 $T_1 = 5000 \sim 10000N$。

其它符号含义与式（6-2-13）相同。

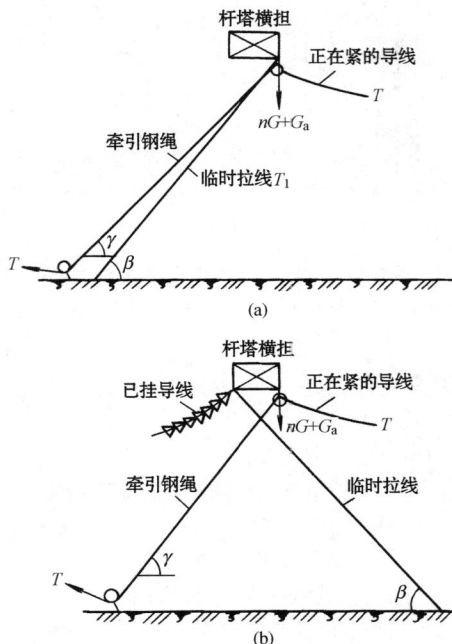

图 6-2-6 耐张、转角杆塔紧线时的荷载示意图
（a）相邻档电线尚未架设；
（b）相邻档电线已经挂完

以上各荷载均系作用在操作的那根（相）电线挂线点上的荷载，其余挂线点上的荷载应根据实际情况另行计算。

七、荷载组合

杆塔设计中一般需要考虑线路在正常运行、施工操作（包括组装）、事故断线及特殊荷载等四种情况下杆塔的强度、稳定及变形。

（一）各种荷载组合时的气象条件

各种荷载组合时的气象条件见表 6-2-9。

表 6-2-9   各种荷载组合时的气象条件

组　　合		气 象 条 件			备　注
		风速（m/s）	冰厚（mm）	气温（℃）	
正常运行	最大风	最大	0	−5	
	最大覆冰	相应	最大	−5	
	最低气温	0	0	最低	
施工操作	安装、检修	10	0	−5	

续表

组　　合		气象条件			备　注
		风速(m/s)	冰厚(mm)	气温(℃)	
事　故	断导线	0	0		
	断地线	0	0		
特殊情况	地震	$\frac{1}{2}$最大	0	相应	

（二）荷载组合系数

各种荷载组合下的组合系数见表 6-2-10。

表 6-2-10　　　　荷载组合系数

荷　载　组　合　情　况		荷载组合系数
运行情况		1.0
断线情况（包括纵向张力）	220kV 及以上	0.9
	110kV 及以下	0.75
安装情况		0.9
验算情况		0.75

表 6-2-10 中的验算情况包括大跨越杆塔按稀有气象条件验算，各类杆塔地震影响的验算，重冰区杆塔不均匀覆冰的验算以及在安装检修时，人可能达到的水平材，对人重引起的附加弯矩的验算。

（三）荷载组合的基本原则

对各类杆塔均应计算线路在正常运行、施工安装及事故等情况下的强度和稳定，组合的基本原则如下：

1. 正常运行情况

（1）最大风速、无冰、未断线。按最不利风向组合；

（2）电线覆冰、相应风速、未断线；

（3）最低气温、无风、无冰、未断线。

2. 直线杆塔的断线情况

（1）无风、无冰、断一相导线、地线未断；

（2）无风、无冰、断一根地线、导线未断。

3. 耐张转角杆塔断线情况

（1）无风、无冰、在同一档内断两相导线（对终端杆塔为在同一档内断剩两相导线）、地线未断；

（2）无风、无冰、在同一档内断一根地线（对终端杆塔为在同一档内断剩一根地线）、导线未断。

4. 直线杆塔的安装情况

（1）有一根地线进行挂线作业，另一根地线尚未架设或已经架设，导线均未架设；

（2）有一相导线进行挂线作业，其余导线尚未架设或已经架设的最不利组合，地线已经架设完毕；

（3）部分或全部电线进行锚线作业。

相应的气象条件见表 6-2-9。

5. 耐张、转角杆塔的安装情况

（1）在一档内有一根地线正在进行挂线或牵引作业，其余地线已经架设或尚未架设，导线尚未架设；相邻档内的导线、地线已经架设或尚未架设；

（2）在一档内有一相导线正在进行挂线或牵引作业，其余导线已经架设或尚未架设，地线已经架设完毕；相邻档内的导线、地线已经架设或尚未架设；

（3）在一档内的导线、地线已全部架设完毕，相邻档内的导线或地线正在架设。

相应的气象条件见表 6-2-9。

（四）荷载组合方法

通过电线力学计算，可得到在各种情况下的电线风压、重量、张力等荷载。根据这些数据将它们分解成作用在杆塔平面内的横向荷载、作用在与杆塔平面相垂直的纵向荷载和垂直荷载，并按前述要求分工况进行适当组合后用图形表示出来，供计算时使用。

第三节　钢筋混凝土电杆内力及变形计算

一、自立式拔梢电杆内力及变形计算

目前，在我国 110kV 及以下的送电线路上普遍采用锥度为 1：75，梢径为 φ190～φ230mm 自立式环形断面普通钢筋混凝土和预应力钢筋混凝土拔梢单杆。其典型尺寸见图 6-1-1。

这种杆型一般用于导线在 LGJ-150 及以下，导线覆冰厚度不大于 10mm 的平地或丘陵地带。它的主要特点是占地面积小，运行维护方便，施工简单。但是，主杆埋置深度较深（2.5～3.0m），而且往往需设置卡盘来满足电杆倾覆稳定的要求。在东北、华北、西北地区，因为上卡盘在冻结深度之内，当有地下水时由于冻胀会使上卡盘与主杆上抬，影响电杆的稳定。因此，对于有地下水并有冻胀情况时，不宜使用自立式拔梢单杆。

自立式拔梢单杆的头部布置如图 6-3-1 所示，其中以改进后的上字型为常用的杆型。

自立式拔梢单杆的杆段选择，主要根据设计荷载及加工厂的钢模规格去选用。国标 GB 4623—84（预应力杆）及 GB 396—84（普通杆）中之杆段系列有多种不同直径与长度，使用时可结合加工厂的具体情况来选用。

上述国标中的杆段系列图见图 6-3-2。

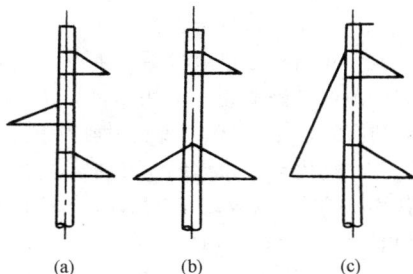

图 6-3-1 单杆头部布置型式

（a）克里姆型；（b）上字型；

（c）改进后的上字型

（一）正常情况内力计算

正常最大风速情况的计算简图见图 6-3-3 （a）。图中的 W_1、W_0 为电杆两端风压，在计算中取平均风压 W_{av}，按式 （6-3-1） 计算。

杆身风压为

$$W_{av} = CF \frac{v_2}{1631} K_z, \text{kN} \qquad (6\text{-}3\text{-}1)$$

式中　C——风载体型系数，对环形截面取 $C = 0.6$；

　　　F——杆身投影面积，对拔梢单杆其面积可取平均直径计算，m^2；

　　　v——设计风速，m/s；

　　　K_z——风压高度变化系数。

杆身任意截面 $x-x$ 处的弯矩和切力为

$$M_x = (P_g h_1 + P_c h_2 + 2P_c h_3 + W_{av} h_1 \bar{h}) \qquad (6\text{-}3\text{-}2)$$
$$\times (1+m) + (g_g a_1 + g_c a_2), \text{kN} \cdot \text{m}$$

$$Q_x = P_g + 3P_c + W_{av} h_1, \text{kN} \qquad (6\text{-}3\text{-}3)$$

其中

$$\bar{h} = \frac{h_1}{3} \times \frac{2D_0 + D_x}{D_0 + D_x}, \text{m} \qquad (6\text{-}3\text{-}4)$$

上三式中　$\bar{h}$——$x-x$ 截面至杆身风压合力作用点的高度，m；

　　　m——由挠度产生的附加弯矩系数，取 0.15。

其它符号含义如图 6-3-3 所示。

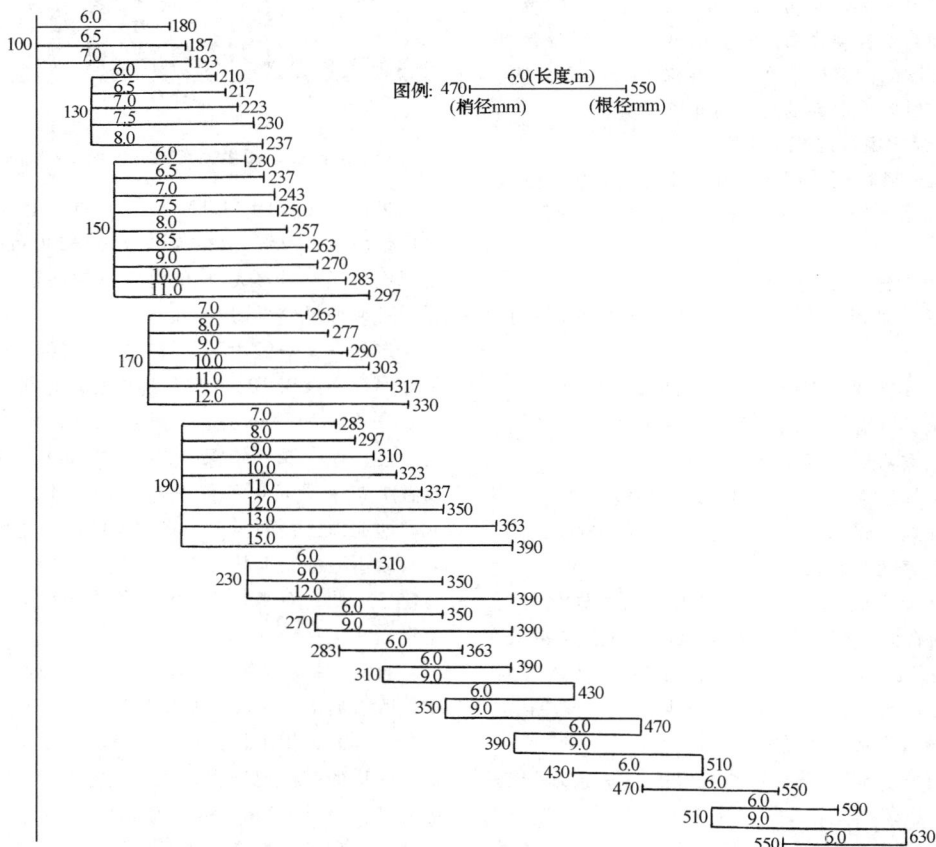

图 6-3-2 锥形杆杆段系列图

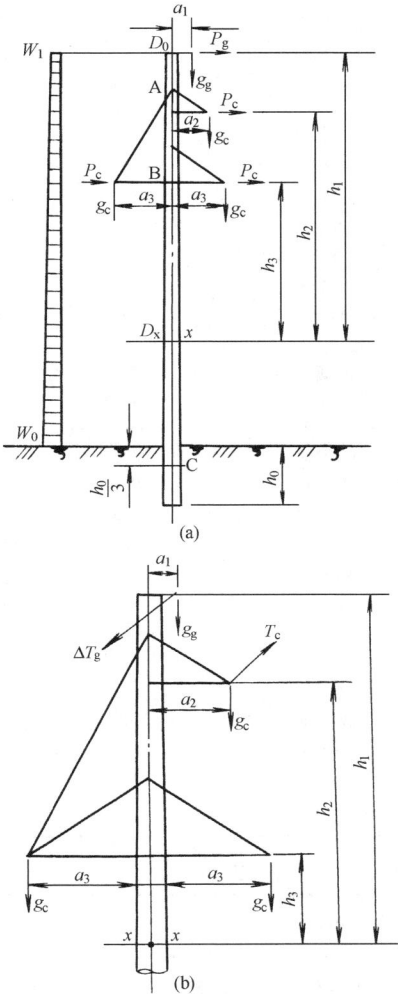

图 6-3-3　拔梢单杆计算简图
（a）正常情况计算简图；
（b）事故情况计算简图

杆身弯矩，一般应计算 A 点、B 点、根部固定处 C 点，主杆分段处以及杆内抽筋外的弯矩；相应截面的剪力，用以计算钢箍或螺旋钢筋。根据多年的工程实践，螺旋筋一般可按构造配置。主杆根据计算弯矩按纯弯构件计算配筋，并沿圆截面均匀布置。有关构造要求见第六节。

（二）事故情况内力计算

单杆事故断导线情况，可以考虑断线时主杆杆顶挠曲后，由于地线张力变化产生的地线支持力 ΔT_b。计算简图见图 6-3-3（b）。

事故断线后，在杆身产生弯矩和扭矩，任意截面处的弯矩和扭矩按下述计算。

1. 断上导线情况

弯矩　　$M_x = K_0 T_c h_2 - \Delta T_g h_1$，kN·m　　(6-3-5)

扭矩　　　　$M_k = T_c a_2$，kN·m　　　　(6-3-6)

2. 断下导线情况

弯矩　　$M_x = K_0 T_c h_3 - \Delta T_g h_i$，kN·m　　(6-3-7)

扭矩　　　　$M_k = T_c a_3$，kN·m　　　　(6-3-8)

式中　T_c——断导线后残存张力，kN；

K_0——断导线冲击系数；

ΔT_g——地线支持力，kN。

地线支持力的大小，与一个耐张段内的档距多少有关。导线在耐张段间不同档距内断线时，引起的地线支持力也不同。如果在靠近耐张杆的一档内断线时，将产生最小地线支持力；而在耐张段中央档距内断线时，将产生最大地线支持力。最大地线支持力对电杆上部会产生较大的弯矩，而地线支持力最小时对电杆根部嵌固点处会产生较大的弯矩。计算中必须考虑这两种不利情况的组合。因此，地线支持力应根据工程的具体情况计算后取值。

对不架设地线的拔梢单杆，在断导线时，其受力状态类似于一悬臂梁，对主杆不仅产生弯矩，同时产生扭矩和切力。

（三）安装情况内力计算

安装情况应考虑导线的双倍起吊及附加荷载。安装情况产生的弯矩对主杆一般不起控制作用，主要应视采用横担之结构型式，对横担及吊杆进行强度与稳定计算。

（四）挠度计算

挠度计算的基本假定是将整个电杆视为一个一端嵌固的悬臂梁，其嵌固点近似地取电杆埋深距地面三分之一处。计算目的主要用以核算运行情况下的倾斜值，同时计算由于电杆变形而对主杆产生的附加弯矩。电杆的挠度一般由以下几项组成（见图 6-3-4）。

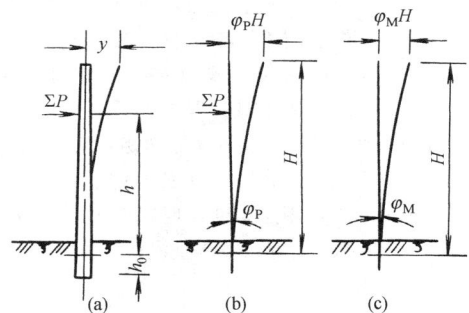

图 6-3-4　挠度计算简图
（a）水平力作用下的杆顶挠度；（b）水平力引起杆身角变位；（c）偏心弯矩引起杆身角变位

1. 在水平力作用下的杆顶挠度

假定电杆的根部完全固定时，由于水平力作用产生的杆顶挠度为

$$y = \frac{K\Sigma PH^3}{3B_r}, \text{m} \qquad (6-3-9)$$

式中　ΣP——水平力合力，kN；

　　　　K——与水平力合力位置有关的系数，按图 6-3-5 查出；

　　　　B_r——杆根固定点处电杆刚度，按第六节刚度计算公式计算。

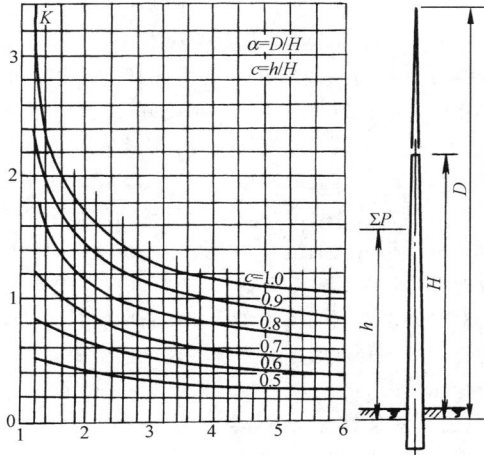

图 6-3-5　水平力合力位置系数图

2. 在水平力作用下，由于土壤压缩变形引起的杆身角变位

$$\varphi_P = \frac{C_1\Sigma P}{E_0 h_0^3}(6\gamma + 3)\varepsilon \qquad (6-3-10)$$

在垂直荷重产生之偏心弯矩作用下，杆身角变位为

$$\varphi_M = \frac{C_2 M}{E_0 h_0^3}\varepsilon \qquad (6-3-11)$$

式中　C_1——系数，无卡盘或仅有上卡盘时取 0.75，有上、下卡盘时取 0.6；

　　　　C_2——系数，无卡盘或仅有上卡盘时取 4.5，有上、下卡盘时取 3.6；

　　　　M——垂直荷载产生的偏心弯矩，kN·m；

　　　　E_0——土壤变形系数，见表 6-3-1；

　　　　γ——合力作用点高度与埋深之比，$\gamma = h/h_0$；

　　　　ε——系数，按表 6-3-2 查出；

　　　　ΣP——水平力合力，kN。

表 6-3-1　　　　**土壤变形系数 E_0**

土　壤　种　类	变形系数 E_0（kN/m²）
粗砾类 1. 砂砾砾石	65000～54000
2. 碎石	65000～29000
3. 卵石	42000～14000

续表

土　壤　种　类		变形系数 E_0（kN/m²）	
砂土类	1. 粗砂和砂砾	密实的 48000	中等密实 36000
	2. 中砂	42000	31000
	3. 细砂：干的和稍湿的	36000	25000
	很湿和饱和的	31000	19000
	4. 粉砂：干的和稍湿的	21000	17500
	很湿的	17500	14000
	饱和的	14000	9000
粘土类	1. 亚砂土：孔隙比 $\varepsilon = 0.5$	坚硬的 16000	塑性 9000
	$\varepsilon = 0.7$	12500	5000
	2. 亚黏土：干的	坚硬的 39000	
	稍湿的	30000	
	中等湿度	20000	
	坚硬可塑		塑性的 16000
	可塑		10000
	流动		4000
	3. 黏土：干的	坚硬的 59000	
	稍湿的	40000	
	中等湿度	30000	
	坚硬可塑		塑性的 16000
	可塑		10000
	流动		4000

表 6-3-2　　　　　　　　**系　数　ε**

$\frac{b}{h_0}$	0.05	0.1	0.2	0.3	0.4	0.5
ε	7.0	6.2	5.0	4.2	3.8	3.3
$\frac{b}{h_0}$	0.6	0.7	0.8	0.9	1.0	
ε	3.0	2.8	2.7	2.5	2.4	

注　b—杆根埋入部分的平均宽度或直径，m；

　　h_0—电杆埋置深度，m。

3. 杆顶总挠度

杆顶总挠度为

$$\delta = y + (\varphi_P + \varphi_M)H, \text{m} \qquad (6-3-12)$$

拔梢单杆的总挠度，主要是水平力作用下的 y。根据以往大量计算结果以及工程实践的经验，由于杆顶挠度对主杆产生的附加弯矩值相当于在水平力作用下产生弯矩值的 15% 以内，故一般不必计算由于杆顶挠度对主杆产生的附加弯矩。在计算主杆弯矩时，将水平荷载产生的弯矩值考虑 0.15 的增大系数，即可满足工程设计的要求。由于垂直荷载产生的 φ_M 值很小，可忽略不计。

二、门型双杆内力计算

自立式门型双杆有两种结构型式：一种有叉梁；另一种无叉梁。

无叉梁双杆主要用于35kV送电线路。有叉梁双杆可以承受较大的外荷载，还可减少主杆的计算弯矩，增强电杆的整体刚度。这种有叉梁的门型杆在我国110～330kV送电线路工程中得到了较多的应用。其外形尺寸见图6-1-2。

有叉梁门型双杆叉梁的固定位置，在满足电气间隙要求前提下，最理想的位置是使上部固定点与下部固定点处弯矩相等。如图6-3-6中之 $M_B = M_C$。

门型双杆的横担，多采用角钢组成的平面横担。

（一）正常情况内力计算

对无叉梁的门型双杆，在正常和事故情况下的内力计算，可按表6-3-3的分配值，直接计算各点力矩，主杆按受弯构件计算。

有叉梁的门型双杆，其结构体系是超静定结构。由于土壤特性叉梁与电杆联接点刚度等可变因素对准确计算影响较大，计算时有一定困难，工程设计中在求出叉梁下部固定点与主杆嵌固点间之零力矩点后，按以下两种近似方法计算主杆内力。

1. 电杆深埋内力计算

当电杆埋置较深（ $h_0 = 2.5\text{m}$ 左右），基础抵抗倾复弯矩能满足稳定要求时，假定根部按固定计算。其弯矩图形见图6-3-6（b）。

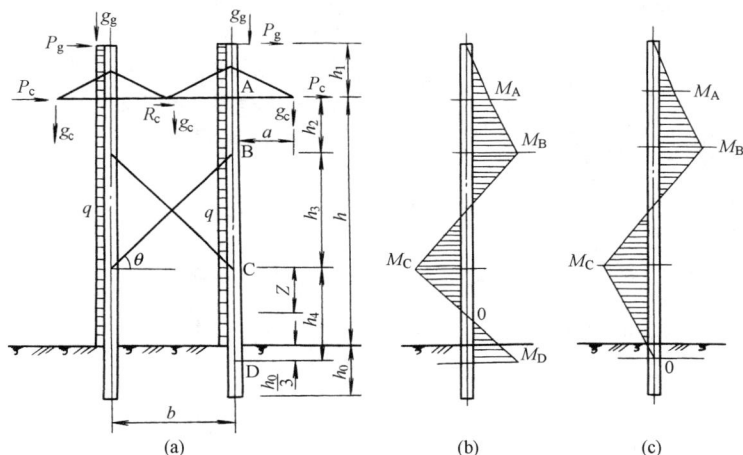

图 6-3-6 电杆弯矩计算图形

（a）荷载图形；（b）按根部固定的弯矩图形；（c）按根部铰接弯矩图形

表 6-3-3 门型双杆内力计算分配

杆型特点	杆型简图	正常情况分配	事故情况分配
（1）无地线无叉梁		A 柱：$0.5\Sigma P$ B 柱：$0.5\Sigma P$	A 柱：$1.0T_c$ B 柱：0
（2）无地线有叉梁		A 柱：$0.55\Sigma P$ B 柱：$0.55\Sigma P$	A 柱：$1.0T_c$ B 柱：0
（3）有地线无叉梁		A 柱：$0.5\Sigma P$ B 柱：$0.5\Sigma P$	A 柱：$0.85T_c\dfrac{a+b}{b}$ B 柱：$0.85T_c\dfrac{a}{b}$
（4）有地线有叉梁		A 柱：$0.55\Sigma P$ B 柱：$0.55\Sigma P$	A 柱：$0.85T_c\dfrac{a+b}{b}$ B 柱：$0.85T_c\dfrac{a}{b}$

主杆弯矩计算：

$$M_A = P_g h_1 + \frac{1}{2} q h_1^2, \text{kN} \cdot \text{m} \qquad (6\text{-}3\text{-}13)$$

$$M_B = 0.55 \left[2P_g(h_1 + h_2) + 3P_g h_2 \right.$$
$$\left. + \frac{1}{2} q (h_1 + h_2)^2 \right], \text{kN} \cdot \text{m} \qquad (6\text{-}3\text{-}14)$$

$$M_C = 0.55 \Sigma P K_0 Z, \text{kN} \cdot \text{m} \qquad (6\text{-}3\text{-}15)$$

$$M_D = 0.55 \Sigma P K_0 (h_4 - Z), \text{kN} \cdot \text{m} \qquad (6\text{-}3\text{-}16)$$

上四式中　ΣP——零力矩点以上所有水平荷载及杆身风压之和，kN；

$\qquad K_0$——零力矩点的偏离系数，取 $K_0 = 1.1$ ~ 1.2；

$\qquad Z$——零力矩点位置，对等径杆取 $Z = \frac{h_4}{2}$，对拔梢杆按 C、D 两点刚度分配，$Z = h_4 \dfrac{W_C}{W_C + W_D}$，$W_C$、$W_D$ 分别为 C、D 两点主杆的断面系数，m^3。

其它符号含义如图 6-3-6 所示。

主杆受压力或上拔力计算：

$$R_V = \pm \frac{\Sigma M_D}{b} - \frac{\Sigma G}{2}, \text{kN} \qquad (6\text{-}3\text{-}17)$$

当计算主杆受压力时取 ΣM_D 为负、上拔力时取为正。

叉梁轴向力计算：

$$N = \pm 0.55 \frac{\Sigma M_0}{h_3 \cos\theta}, \text{kN} \qquad (6\text{-}3\text{-}18)$$

上二式中　ΣM_0——所有水平力对零力矩点的力矩和，kN·m；

$\qquad \Sigma M_D$——所有水平力对杆根固定点的力矩和，kN·m；

$\qquad \Sigma G$——所有垂直荷载及电杆自重力、横担等部件自重力的和，kN。

2. 电杆浅埋内力计算

当电杆埋置较浅时（$h = 1.5$m 左右），假定根部按铰接计算，其计算弯矩图形见图 6-3-6（c）。计算时，假定根部铰接点在埋深 $h_0 = 1.0$m 处。

主杆弯矩计算：

$$M_C = 0.55 \Sigma P h_4, \text{kN} \cdot \text{m} \qquad (6\text{-}3\text{-}19)$$

叉梁轴向力计算：

$$N = \pm 0.55 \frac{\Sigma M_D}{h_3 \cos\theta}, \text{kN} \qquad (6\text{-}3\text{-}20)$$

其它各点内力计算以及公式符号含义同前。

（二）事故情况内力计算

无地线的门型双杆，断导线时的内力计算可按表 6-3-3 的分配数值，直接计算电杆各点力矩。按受弯构件选择截面配筋。

有地线的双杆，断导线时的内力计算，可以考虑地线的支持力。地线支持力的计算仍应根据工程的具体情况计算取值。考虑地线支持力后，主杆弯矩的计算：

导线横担处的弯矩为

$$M_A = \Delta T_{\max} h_1, \text{kN} \cdot \text{m} \qquad (6\text{-}3\text{-}21)$$

主杆在根部固定点的弯矩为

$$M_D = 0.85 T_c \frac{a+b}{b} K_0 h - \Delta T_{\min} H, \text{kN} \cdot \text{m}$$
$$(6\text{-}3\text{-}22)$$

叉梁内力为

$$N = \pm 0.55 \frac{\Sigma M_0}{h_3 \cos\theta}, \text{kN} \qquad (6\text{-}3\text{-}23)$$

上三式中　$\Delta T_{\max}$——地线支持力的最大值，kN；

$\qquad \Delta T_{\min}$——地线支持力的最小值，kN。

其它符号含义同前。事故情况内力计算简图见图 6-3-7。

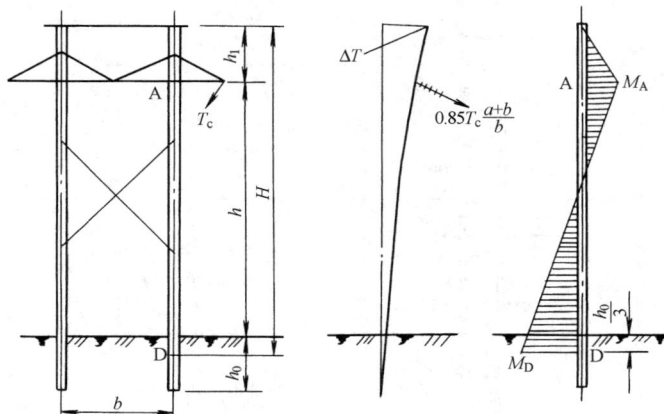

图 6-3-7　事故情况内力计算简图

三、A字型双杆内力计算

无拉线的A字型双杆，一般由$\phi190/430mm$全长18.0m的拔梢杆组成，杆段可分为$2\times9.0m$或$3\times6.0m$。适用于导线垂直排列，线路跨越障碍物或荷载较大处的35~110kV送电线路。这种杆型的结构比有叉梁双杆的简单，整体立杆时稳定性较好。横担结构一般采用固定横担。

A字型双杆在横向荷载作用下的内力，按超静定结构计算比较复杂，也缺少工程实践经验。目前的计算方法仍根据以往的试验研究，在工程设计中按下述原则计算：

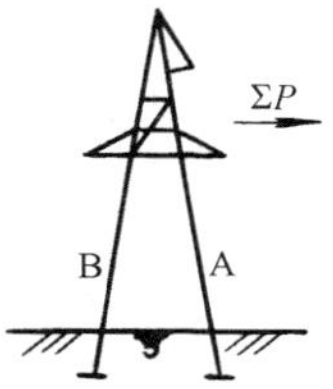

图6-3-8　A字型双杆计算简图

当电杆在横向荷载作用下，按A柱承受全部横向荷载的0.55倍；B柱承受全部横向荷载的0.45倍计算。计算简图见图6-3-8。

电杆在事故情况下，假定两杆共同受力，按表6-3-4的分配系数计算。

表6-3-4　系　数　表

断上导线情况	断下导线情况
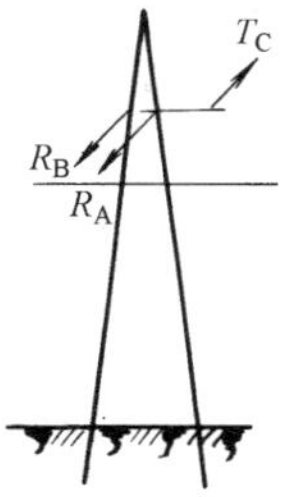 $R_A=0.55T_c$ $R_B=0.45T_c$	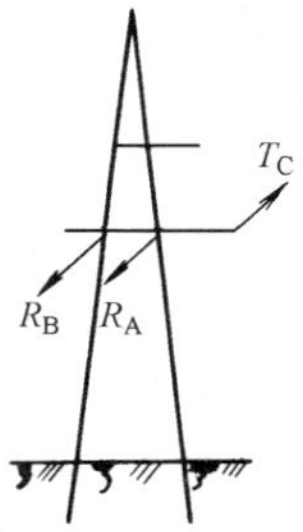 $R_A=0.6T_c$ $R_B=0.4T_c$

注　表中T_C为断线张力（N），对于直线杆须乘以冲击系数K。

第四节　拉线杆塔内力分析及变形计算

一、拉线应力和变形计算

（一）拉线状态方程式

按照柔索理论，悬挂在A、B两点的拉线（图6-4-1）的状态方程式为

$$\sigma_i-\sigma_0=\frac{E_T l^2}{24A^2}\left(\frac{q_i^2}{\sigma_i^2}-\frac{q_0^2}{\sigma_0^2}\right)\pm\frac{E_T\Delta l}{l}$$
$$\mp\alpha E_k(t_i-t_0)\cos^2\beta \qquad (6\text{-}4\text{-}1)$$

式中　σ_0、σ_i——在初始状态和某一计算状态下的拉线应力，N/mm^2；

q_0、q_i——在初始状态和某一计算状态下作用在拉线上的荷载，N/m；

t_0、t_i——在初始状态和某一计算状态下的温度，（°）；

E_T——拉线的弹性模量。拉线如用钢绞线做成$E_T=160000N/mm^2$；

l——拉线长度，m；

A——拉线横截面积，mm^2；

Δl——拉线支承点的位移，mm；

α——拉线的线膨胀系数；

β——拉线对地夹角，（°）。

在工程设计中，一般可不考虑温度影响，故式（6-4-1）可简化为

$$\sigma_i-\sigma_0=\frac{E_T l^2}{24A^2}\left(\frac{q_i^2}{\sigma_i^2}-\frac{q_0^2}{\sigma_0^2}\right)\pm\frac{E_T\Delta l}{l} \qquad (6\text{-}4\text{-}2)$$

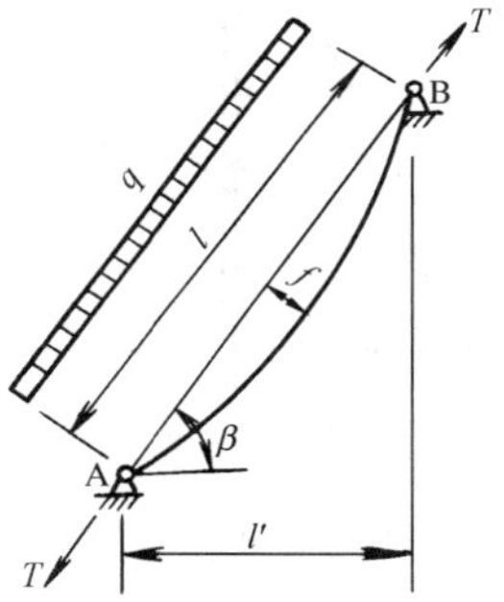

图6-4-1　拉线计算简图

拉线一般都呈空间布置，拉线方向与荷载方向往往不在同一平面内，因此，即使在同一计算状态下各条拉线的荷载q及伸长量Δl也各不相同，故在计算拉线内力时必须对每一条拉线按式（6-4-2）建立方程，并与拉线点的内、外力平衡方程联立求解。

（二）作用在拉线上的荷载

作用在拉线上的荷载有拉线自重力、风荷载、覆冰和拉线金具的重力，后者由于常设在拉线的两端一般可略之。

现以拉线呈对称布置的单杆为例，说明作用在拉线上的荷载计算。

设图6-4-2所示拉线单杆，拉线与横担方向间的夹角φ，拉线对地夹角β，拉线横截面积A（mm^2）、单位长度的重力$\bar{q}$（N/m）、单位长度的风荷载W（N/m）及长度l（m）。

1. 拉线自重力

拉线自重力总是作用在拉线平面内且垂直于地面（图6-4-3），故可将其分解成垂直于拉线轴线的$\bar{q}_y$和

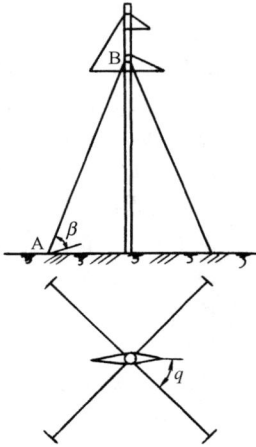

图 6-4-2　拉线单杆简图

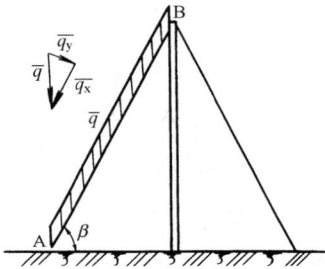

图 6-4-3　拉线自重力计算图

顺拉线轴的 $\overline{q}_x$ 两个分量：

$$\overline{q}_x = \overline{q}\sin\beta ; \quad \overline{q}_y = \overline{q}\cos\beta \qquad (6\text{-}4\text{-}3)$$

2. 拉线风荷载

风荷载总是平行于地面，但与各条拉线之间的夹角是任意的。现设风荷载方向与杆塔横担方向之间的夹角为 θ（图 6-4-4），则风荷载在各拉线平面内的分量将是

$$\left. \begin{array}{l} W_{x1} = W_{x3} = W\cos(\varphi-\theta),\mathrm{N/m} \\ W_{x2} = W_{x4} = W\cos(\varphi+\theta),\mathrm{N/m} \end{array} \right\} \qquad (6\text{-}4\text{-}4)$$

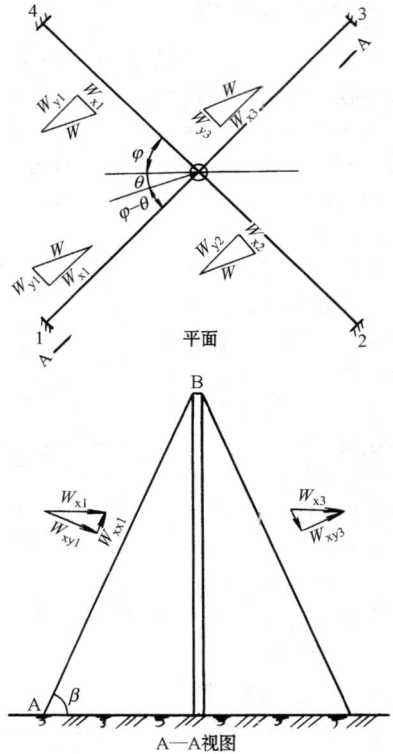

图 6-4-4　拉线风荷载计算图

作用在拉线平面内且又垂直于拉线轴线的分量：

$$\left. \begin{array}{l} W_{xy1} = W_{xy3} = W_{x1}\sin\beta \\ \qquad = W\cos(\varphi-\theta)\sin\beta,\mathrm{N/m} \\ W_{xy2} = W_{xy4} = W_{x2}\sin\beta \\ \qquad = W\cos(\varphi+\theta)\sin\beta,\mathrm{N/m} \end{array} \right\} \qquad (6\text{-}4\text{-}5)$$

垂直于拉线平面的风荷载分量：

$$\left. \begin{array}{l} W_{y1} = W_{y3} = W\sin(\varphi-\theta),\mathrm{N/m} \\ W_{y2} = W_{y4} = W\sin(\varphi+\theta),\mathrm{N/m} \end{array} \right\} \qquad (6\text{-}4\text{-}6)$$

这样，垂直于拉线轴线方向的荷载分量有 $\overline{q}_y$、W_{xy}、W_y，它们的合力为

$$\left. \begin{array}{l} \text{拉线}(1)q_1 = \sqrt{W_{y1}^2 + (W_{xy1}+q_y)^2} \\ \qquad = \sqrt{W^2\sin^2(\varphi-\theta) + [W\cos(\varphi-\theta)\sin\beta + q\cos\beta]^2},\mathrm{N/m} \\[2mm] \text{拉线}(2)q_2 = \sqrt{W_{y2}^2 + (W_{xy2}-q_y)^2} \\ \qquad = \sqrt{W^2\sin^2(\varphi+\theta) + [W\cos(\varphi+\theta)\sin\beta - q\cos\beta]^2},\mathrm{N/m} \\[2mm] \text{拉线}(3)q_3 = \sqrt{W_{y3}^2 + (W_{xy3}-q_y)^2} \\ \qquad = \sqrt{W^2\sin^2(\varphi-\theta) + [W\cos(\varphi-\theta)\sin\beta - q\cos\beta]^2},\mathrm{N/m} \\[2mm] \text{拉线}(4)q_4 = \sqrt{W_{y4}^2 + (W_{xy4}+q_y)^2} \\ \qquad = \sqrt{W^2\sin^2(\varphi+\theta) + [W\cos(\varphi+\theta)\sin\beta + q\cos\beta]^2},\mathrm{N/m} \end{array} \right\} \qquad (6\text{-}4\text{-}7)$$

顺拉线轴线方向的分量对拉线内力的变化影响极小，可予略去。

（三）拉线伸长量的计算

杆塔受荷载后拉线将伸长或缩短，杆塔发生位移，拉线点 B 将位移至 B' 点，如荷载作用在拉线对称平面内，则 B' 点仍将在此对称平面内，否则 BB' 点将与荷载方向之间有一夹角 γ（图6-4-5），则

拉线（1）伸长
$$\Delta l_1 = y'\cos\beta = y\cos(\varphi - \theta + \gamma)\cos\beta,\text{mm}$$
拉线（2）缩短
$$\Delta l_2 = y''\cos\beta = y\cos(\varphi + \theta - \gamma)\cos\beta,\text{mm}$$
拉线（3）缩短
$$\Delta l_3 = y'\cos\beta = y\cos(\varphi - \theta + \gamma)\cos\beta,\text{mm}$$
拉线（4）伸长
$$\Delta l_4 = y''\cos\beta = y\cos(\varphi + \theta - \gamma)\cos\beta,\text{mm}$$
$$(6\text{-}4\text{-}8)$$

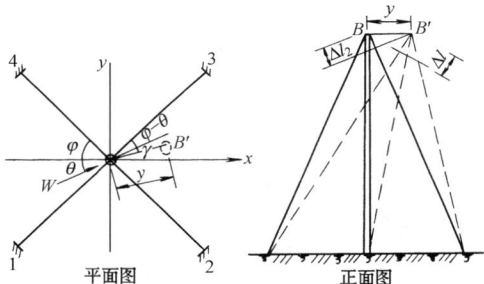

图 6-4-5　拉线伸长量的计算图

（四）拉线方程式

将式（6-4-6）、式（6-4-7）计算结果代入拉线状态方程式（6-4-2）可得：

$$\left.\begin{aligned}
\sigma_1 - \frac{A_1}{\sigma_1^2} &= B + b\cos(\varphi - \theta + \gamma)\\
\sigma_2 - \frac{A_2}{\sigma_2^2} &= B - b\cos(\varphi + \theta - \gamma)\\
\sigma_3 - \frac{A_3}{\sigma_3^2} &= B - b\cos(\varphi - \theta + \gamma)\\
\sigma_4 - \frac{A_4}{\sigma_4^2} &= B + b\cos(\varphi + \theta - \gamma)
\end{aligned}\right\}(6\text{-}4\text{-}9)$$

式中　$A_i = q_i^2 l^2 E_T/24A^2$（$i$ 为拉线代号）
$$B = \sigma_0 - q_0^2 l^2 E_T/24A^2$$
$$b = y\cos\beta E_T/l$$

（五）拉线点平衡方程式

在式（6-4-9）中共有六个未知数 σ_1、σ_2、σ_3、σ_4、y、γ，必须有六个方程式才能求解。可以利用拉线点的静力平衡条件建立两个平衡方程式。设作用在拉线点的荷载为 R_x 和 R_y（R_x、R_y 可据不同杆型计

算），则 $\Sigma x = 0$
$$\begin{aligned}
&\Sigma x = 0\\
&(\sigma_1 - \sigma_2 - \sigma_3 + \sigma_4)A\cos\varphi\cos\beta - R_x = 0\\
&\Sigma y = 0\\
&(\sigma_1 + \sigma_2 - \sigma_3 - \sigma_4)A\sin\varphi\cos\beta - R_y = 0
\end{aligned}\Bigg\}$$
$$(6\text{-}4\text{-}10)$$

（六）拉线计算的简化

在杆塔设计中很多情况下的荷载是作用在拉线对称平面内的，此时 $\theta = 0$、$\gamma = 0$，则式（6-4-9）可简化为

$$\left.\begin{aligned}
\sigma_1 - \frac{A_1}{\sigma_1^2} &= B + b\cos\varphi\\
\sigma_2 - \frac{A_2}{\sigma_2^2} &= B - b\cos\varphi\\
\sigma_3 - \frac{A_3}{\sigma_3^2} &= B - b\cos\varphi\\
\sigma_4 - \frac{A_4}{\sigma_4^2} &= B + b\cos\varphi
\end{aligned}\right\}(6\text{-}4\text{-}11)$$

在实用上还常忽略作用在拉线上的风冰荷载，则有 $\sigma_1 = \sigma_4$、$\sigma_2 = \sigma_3$、$q_i = q_0$、$A_1 = A_2 = A_3 = A_4 = A_0$，式（6-4-11）可进一步简化为

$$\left.\begin{aligned}
\sigma_1 - \frac{A_0}{\sigma_1^2} &= B + b\cos\varphi\\
\sigma_2 - \frac{A_0}{\sigma_2^2} &= B - b\cos\varphi
\end{aligned}\right\}(6\text{-}4\text{-}12)$$

式（6-4-10）可简化为
$$2(\sigma_1 - \sigma_2)A\cos\varphi\cos\beta - R_x = 0 \quad (6\text{-}4\text{-}13)$$

由此可得：
$$\sigma_1 = \frac{\sigma_p}{2\cos\varphi} + \sqrt{\frac{A_1}{2(\sigma_1 - B) - \dfrac{\sigma_p}{2\cos\varphi} - \dfrac{A_1}{\sigma_1^2}}},\text{N/mm}^2$$
$$(6\text{-}4\text{-}14)$$

式中　$\sigma_p = R_x/A\cos\beta$，$\text{N/mm}^2$。

式（6-4-14）是一个隐函数，可用试凑法求解。

在工程设计中往往只需算出拉线的最大受力，以满足选择拉线截面的需要。分析式（6-4-14）可以看出，当 σ_p 足够大时，式（6-4-14）中后面部分趋近于零，故常用下式来简化计算：

$$\sigma_1 = 1.05\frac{\sigma_p}{2\cos\varphi},\text{N/mm}^2 \quad (6\text{-}4\text{-}15)$$

（七）拉线点位移计算

由式（6-4-11）的第一式，可得拉线点位移
$$y = \left(\sigma_1 - \frac{A_0}{\sigma_1^2} - B\right)l/E_T\cos\varphi\cos\beta,\text{mm}$$
$$(6\text{-}4\text{-}16)$$

或者忽略拉线上的荷载后得
$$y \approx (\sigma_1 - \sigma_0)l/E_T\cos\varphi\cos\beta,\text{mm} \quad (6\text{-}4\text{-}17)$$

二、门型和 V 型拉线杆塔计算

220～500kV 送电线常采用门型和 V 型拉线杆塔。这两种杆塔因拉线在横担上的位置不同，有四种不同形式（见图 6-4-6）。现以图 6-4-6（a）的门型拉线塔为例说明其内力计算方法。

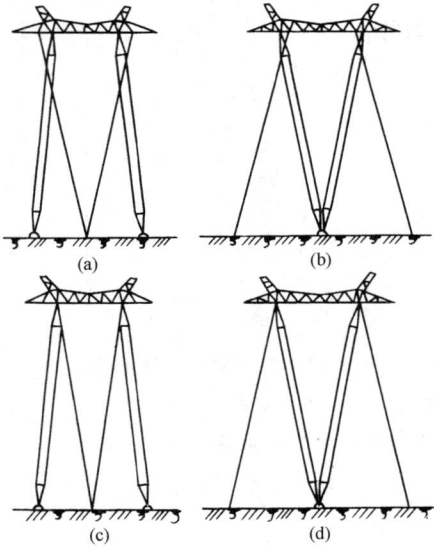

图 6-4-6　四种常见的门型和
V 型拉线杆塔
(a)、(b) 门型拉线杆塔；
(c)、(d) V 型拉线杆塔

在荷载作用下，杆塔共有八个未知量：拉线内力 T_1、T_2、T_3、T_4（或其应力 σ_1、σ_2、σ_3、σ_4）；主柱

（杆）内力 N_A、N_B 及主柱（杆）底部纵向反力 R_A、R_B，如图 6-4-7 所示。

由静力平衡条件可建立六个平衡方程式：

$$
\begin{aligned}
\sum X = 0 \quad & -A(\sigma_1 + \sigma_4 - \sigma_2 - \sigma_3)\cos\varphi\cos\beta \\
& - (N_A - N_B)\cos\gamma + P = 0 \\[4pt]
\sum Y = 0 \quad & A(\sigma_1 + \sigma_2 - \sigma_3 - \sigma_4)\sin\varphi\cos\beta \\
& + R_A + R_B + S = 0 \\[4pt]
\sum Z = 0 \quad & A(\sigma_1 + \sigma_2 + \sigma_3 + \sigma_4)\sin\beta \\
& - (N_A + N_B)\sin\gamma + G = 0 \\[4pt]
\sum M_X = 0 \quad & (R_A + R_B)H + M_X = 0 \\[4pt]
\sum M_Y = 0 \quad & A(\sigma_1 - \sigma_2 - \sigma_3 + \sigma_4)\sin\beta l_0 \\
& - (N_A - N_B)\sin\gamma(l + t) + M_Y = 0 \\[4pt]
\sum M_Z = 0 \quad & A(\sigma_1 - \sigma_2 + \sigma_3 - \sigma_4)\sin\varphi\cos\beta l_0 \\
& + (R_A - R_B)(l + t) + M_Z = 0
\end{aligned}
$$

$$(6\text{-}4\text{-}18)$$

式中　　$\sigma_1 \sim \sigma_4$——拉线 1～4 的应力，N/mm^2；

$\qquad A$——拉线横截面面积，mm^2；

$\qquad P$、S、G——作用在杆塔上的横向、纵向和垂直荷载，N；

$\qquad M_X$、M_Y、M_Z——荷载 P、S、G 对 X、Y、Z 轴的力矩，$N \cdot m$。

其它符号的含义如图 6-4-7 所示。

本塔共有四根拉线，可按式（6-4-2）列出四个拉线方程式

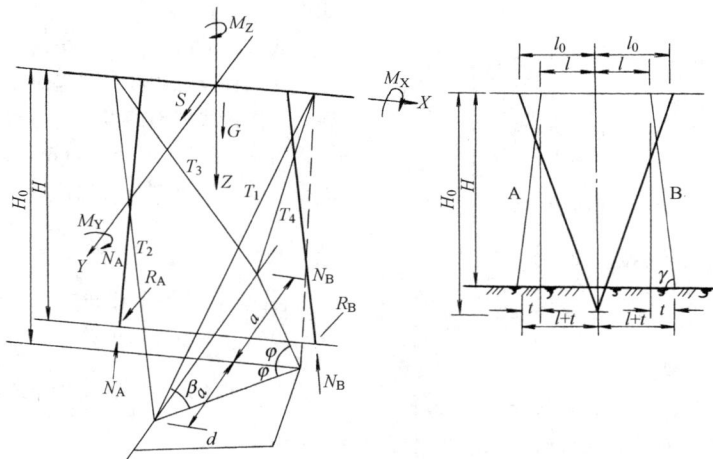

图 6-4-7　门型拉线塔计算简图

$$\sigma_1 - \sigma_0 = \frac{q_1^2 L^2 E_T}{24 A^2}\frac{1}{\sigma_1^2} - \frac{q_0^2 L^2 E_T}{24 A^2}\frac{1}{\sigma_0^2} + \frac{\Delta l_1}{L}E_T$$

$$\sigma_2 - \sigma_0 = \frac{q_2^2 L^2 E_T}{24 A^2}\frac{1}{\sigma_2^2} - \frac{q_0^2 L^2 E_T}{24 A^2}\frac{1}{\sigma_0^2} + \frac{\Delta l_2}{L}E_T$$

$$\sigma_3 - \sigma_0 = \frac{q_3^2 L^2 E_T}{24 A^2}\frac{1}{\sigma_3^2} - \frac{q_0^2 L^2 E_T}{24 A^2}\frac{1}{\sigma_0^2} + \frac{\Delta l_3}{L}E_T$$

$$\sigma_4 - \sigma_0 = \frac{q_4^2 L^2 E_T}{24 A^2}\frac{1}{\sigma_4^2} - \frac{q_0^2 L^2 E_T}{24 A^2}\frac{1}{\sigma_0^2} + \frac{\Delta l_4}{L}E_T$$

$$\text{(6-4-19)}$$

式中　Δl_1、Δl_2、Δl_3、Δl_4——各根拉线的伸长，m；

　　　　L——拉线长度，这里假定四根拉线的长度相同，m；

其它符号含义同前。

式（6-4-19）中引进了四根拉线的伸长量 Δl_i，可由几何关系将它们转换成杆塔的位移 ΔX、ΔY 和横担顺线路方向的转角 ψ 来表示，如图6-4-8所示。

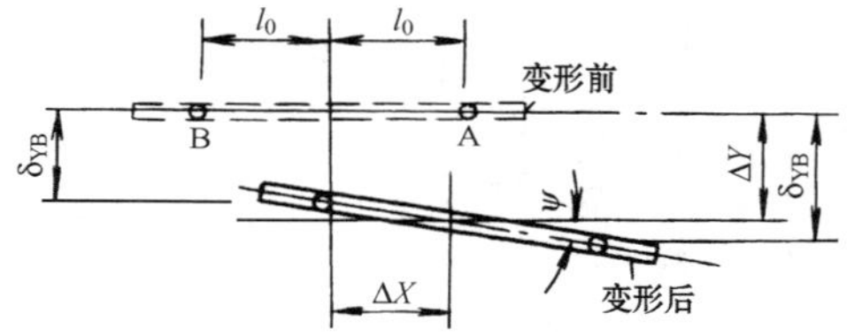

图 6-4-8　杆塔变形平面图

$$\left.\begin{array}{l}\delta_{YA} = \Delta Y + \psi l_0 \\ \delta_{YB} = \Delta Y - \psi l_0\end{array}\right\}\quad\text{(6-4-20)}$$

各根拉线的伸长量可用式（6-4-21）表示：

$$\Delta l_1 = \Delta X \cos\varphi\cos\beta - \delta_{YA}\sin\varphi\cos\beta$$
$$= \Delta X \frac{d}{L} - (\Delta Y + \varphi l_0)\frac{a}{L}$$

$$\Delta l_2 = -\Delta X \cos\varphi\cos\beta - \delta_{YB}\sin\varphi\cos\beta$$
$$= -\Delta X \frac{d}{L} - (\Delta Y - \psi l_0)\frac{a}{L}$$

$$\Delta l_3 = -\Delta X \cos\varphi\cos\beta + \delta_{YB}\sin\varphi\cos\beta$$
$$= -\Delta X \frac{d}{L} + (\Delta Y - \psi l_0)\frac{a}{L}$$

$$\Delta l_4 = \Delta X \cos\varphi\cos\beta + \delta_{YA}\sin\varphi\cos\beta$$
$$= \Delta X \frac{d}{L} + (\Delta Y + \psi l_0)\frac{a}{L}$$

$$\text{(6-4-21)}$$

上二式中　ΔX——杆塔横向位移，m；

　　　　　ΔY——杆塔纵向位移，m；

　　　　　ψ——横担绕 Z 轴的转角，(°)；

　　　　　δ_{YA}、δ_{YB}——拉线点 A、B 的位移，m。

式（6-4-19）可写成：

$$\sigma_1 - \sigma_0 = \frac{L^2 E_T}{24 A^2}\left(\frac{q_1^2}{\sigma_1^2} - \frac{q_0^2}{\sigma_0^2}\right) + \frac{E_T}{L^2}\left[\Delta X d - (\Delta Y + \psi l_0)a\right]$$

$$\sigma_2 - \sigma_0 = \frac{L^2 E_T}{24 A^2}\left(\frac{q_2^2}{\sigma_2^2} - \frac{q_0^2}{\sigma_0^2}\right) - \frac{E_T}{L^2}\left[\Delta X d + (\Delta Y - \psi l_0)a\right]$$

$$\sigma_3 - \sigma_0 = \frac{L^2 E_T}{24 A^2}\left(\frac{q_3^2}{\sigma_3^2} - \frac{q_0^2}{\sigma_0^2}\right) - \frac{E_T}{L^2}\left[\Delta X d - (\Delta Y - \psi l_0)a\right]$$

$$\sigma_4 - \sigma_0 = \frac{L^2 E_T}{24 A^2}\left(\frac{q_4^2}{\sigma_4^2} - \frac{q_0^2}{\sigma_0^2}\right) + \frac{E_T}{L^2}\left[\Delta X d + (\Delta Y + \psi l_0)a\right]$$

$$\text{(6-4-22)}$$

在式（6-4-18）和式（6-4-22）中共有十个方程，但有十一个未知数，第十一个方程可根据横担中部截面的变形（扭转）条件建立变形谐调方程。

从杆塔的侧面看，两个柱（杆）子顶部的纵向位移是不同的，因而横担既受弯又受扭。

从几何条件看，拉线点处横担截面发生扭转后横担底平面与水平面间的夹角（图6-4-9）为

$$\theta = \frac{\delta}{H} = \frac{l+t}{H}\psi$$

左右两个拉线点处横担底面的相对转角为

$$2\theta = \frac{2(l+t)}{H}\psi$$

从物理条件看，在主柱（杆）底部纵向反力 R_A、R_B 作用下横担截面将发生扭转变形。设 ζ 为单位扭矩作用在横担与主柱（杆）连接点处的横担截面上时，该截面与横担中部截面的相对转角。则在 R_A 作

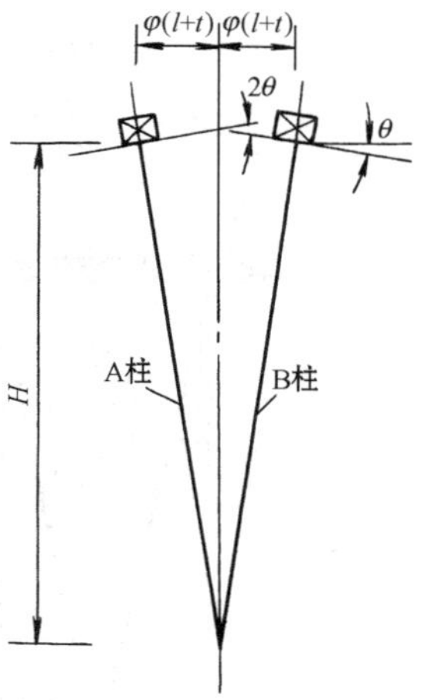

图 6-4-9　横担上两拉线点截面相对变形

用时上述两截面的相对扭转变位为

$$R_A H \zeta + \frac{R_A H^2}{3 EJ}$$

同样在 R_B 作用下左侧拉线点处横担截面对横担中部截面的扭转变位为

$$R_B H \zeta + \frac{R_B H^2}{3EJ}$$

两个拉线点处横担截面的相对扭转为上述两式之差（假定 R_A 与 R_B 的方向相同），它应与前述几何条件相符，即

$$\frac{2(l+t)}{H}\psi = R_A H \zeta + \frac{R_A H^2}{3EJ}$$
$$- \left(R_B H \zeta + \frac{R_B H^2}{3EJ} \right)$$

或

$$2(l+t)\psi = (R_A - R_B)H^2\zeta$$
$$+ \frac{H^3}{3EJ}(R_A - R_B) \quad (6\text{-}4\text{-}23)$$

用式（6-4-18）的六个静力平衡方程、式（6-4-21）四个拉线方程和式（6-4-21）的变形方程可求解所有未知数。

对拉 V 塔也可用类似方法计算。

在实际工程中往往只需计算拉线的最大拉力；加之某些组合荷载的对称性，利用这些条件可使计算大为简化。现分别说明（以下均指荷载大到足以使一侧拉线应力减小到接近于零的特殊情况）。

（一）横向对称荷载作用下的计算

横向荷载（如横向风荷载）对称于杆塔平面时，$S = 0$、$\Delta Y = 0$、$\psi = 0$、$\theta = 0$、$R_A = R_B = 0$、$\sigma_1 = \sigma_4$、$\sigma_2 = \sigma_3 = 0$。利用 $\Sigma X = 0$、$\Sigma Y = 0$ 和 $\Sigma Z = 0$ 三个方程即可求解：

$$T_1 = T_4 = \frac{L}{2\left(d + \dfrac{H_0 l_0}{Hl}t\right)}\left(p - M_Y\frac{t}{Hl}\right), \text{N}$$

$$T_2 = T_3 = 0$$

$$N_A = \frac{l_c}{H}\left[(T_1 + T_4)\frac{H_0}{L}\frac{l_0 - l}{2l} + \frac{G}{2} - \frac{M_Y}{2l}\right], \text{N}$$

$$N_B = \frac{l_c}{H}\left[(T_1 + T_4)\frac{H_0}{L}\frac{l + l_0}{2l} + \frac{G}{2} + \frac{M_Y}{2l}\right], \text{N}$$

$$\left.\right\} \quad (6\text{-}4\text{-}24)$$

式中　l_c——主柱（杆）长度，m；

　　　　L——拉线长度，m；

　　其它符号含义如图 6-4-7 所示。

（二）纵向对称荷载作用下的计算

纵向对称荷载（如断中导线、纵向风）对称于 YOZ 平面，因而 $T_1 = T_2$、$T_3 = T_4 \approx 0$、$R_A = R_B$、$\psi = 0$、$\Delta X = 0$，利用式（6-4-18）中的 $\Sigma Y = 0$、$\Sigma M_X = 0$ 两式可得：

$$T_1 = T_2 = \frac{L}{a}\left(-\frac{S}{2} + \frac{M_X}{2H}\right), \text{N}$$

$$R_A = R_B = -\frac{M_X}{2H}, \text{N}$$

$$T_3 = T_4 = 0$$

$$N_A = N_B = \frac{l_c}{2H}\left[(T_1 + T_2)\frac{H_0}{L} + G\right], \text{N}$$

$$\left.\right\} \quad (6\text{-}4\text{-}25)$$

三、拉线门型杆的简化计算

（一）带 V 型外拉线的门型杆在横向荷载下的计算

带 V 型外拉线的双杆如图 6-4-10（a）所示。在

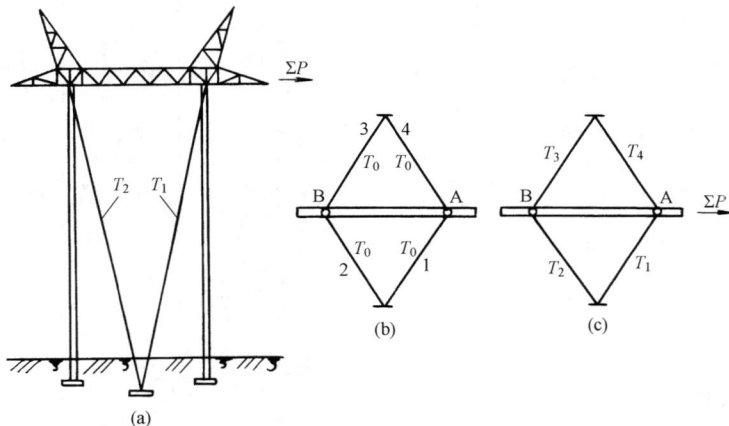

图 6-4-10　带 V 型外拉线的门型杆
（a）外形图；（b）初始状态下拉线受力情况；（c）在横向荷载下拉线受力情况

初始状态下四根拉线的内力都是 T_0，如图 6-4-10（b）所示。在横向荷载由零逐渐增加的过程中，拉线 1、4 的受力逐渐增加，拉线 2、3 的内力逐渐减小并趋于零。由于 AB 间横担的抗拉刚度很大，可假定 A、B 两点间的相对位移为零，即 $\delta_{XA}=\delta_{XB}$，所以在拉线 2、3 的内力减到零之前，拉线 1、4 内力的增量与拉线 2、3 内力的减小量是相同的，即 $\Delta T_1=\Delta T_4=-\Delta T_2=-\Delta T_3$，或者说是由四根拉线共同承受外荷载 ΣP，当荷载继续增大，拉线 2、3 退出工作，外荷载完全由拉线 1、4 承担，故

1. 当 $\Sigma P < 2T_0\cos\varphi\cos\beta$ 时

$$\left.\begin{array}{l} T_1=T_4=T_0+\dfrac{1}{4}\Sigma P/\cos\varphi\cos\beta,N \\[2mm] T_2=T_3=T_0-\dfrac{1}{4}\Sigma P/\cos\varphi\cos\beta,N \end{array}\right\}$$

$$(6\text{-}4\text{-}26)$$

2. 当 $\Sigma P > 2T_0\cos\varphi\cos\beta$ 时

$$\left.\begin{array}{l} T_2=T_3\approx 0 \\[2mm] T_1=T_4=\dfrac{1}{2}\Sigma P/\cos\varphi\cos\beta,N \end{array}\right\} \quad (6\text{-}4\text{-}27)$$

（二）带 V 型拉线的门型杆在断边导线时的计算

在初始状态下电杆的受力与前述相同。当横担一端作用有纵向荷载 ΔT 以后，两个拉线点的纵向反力可按简支梁计算支座反力的方法计算（$R_A > R_B$），现取 A 点为割离体（图 6-4-11），当 R_A 由零增加到某一数值时，拉线 4 将逐渐由 T_0 增加到 $2T_0$，拉线 1 逐渐由 T_0 减小到零。它们的横向合力为 $2T_0\sin\varphi\cos\beta$。R_A 继续增大，拉线 1 将退出工作，拉线 4 的内力增至 $R_A/\sin\varphi\cos\beta$，P_A 则变为 $P_A=T_4\cos\varphi\cos\beta$，并通过横担对 B 点产生一个向左的推力 $P_B=P_A$，所以：

（1）当 $P_A < 2T_0\sin\varphi\cos\beta$ 时，也就是 $2T_0\cos\varphi\times\cos\beta > R_A/\tan\varphi$ 时，R_A 与 $2T_0\cos\varphi\cos\beta$ 的合力的方向在 T_4 延长线的右上方，拉线 1 和 4 将共同承担荷载 R_A，但它们在横担方向的合力仍为 $2T_0\cos\varphi\cos\beta$，故

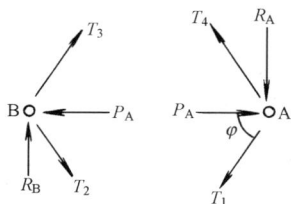

图 6-4-11 带 V 型外拉线的门型杆在纵向荷载作用下拉线受力情况

$$\left.\begin{array}{l} T_4=T_0+R_A/2\sin\varphi\cos\beta,N \\ T_1=T_0-R_A/2\sin\varphi\cos\beta,N \\ T_2=T_0+R_B/2\sin\varphi\cos\beta,N \\ T_3=T_0-R_B/2\sin\varphi\cos\beta,N \\ N_A=\big[(T_1+T_4)\sin\beta \\ \quad +\dfrac{\Sigma G}{2}+\dfrac{\Sigma M_Y}{2l}\big]/\sin\theta,N \\ N_B=\big[(T_2+T_3)\sin\beta \\ \quad +\dfrac{\Sigma G}{2}-\dfrac{\Sigma M_Y}{2l}\big]/\sin\theta,N \end{array}\right\}$$

$$(6\text{-}4\text{-}28)$$

（2）当 $P_A > 2T_0\cos\varphi\cos\beta$ 时，也就是 $R_A/\tan\varphi > 2T_0\cos\varphi\cos\beta$ 时，R_A 与 $2T_0\cos\varphi\cos\beta$ 的合力线在 T_4 延长线的右下方，此时拉线 1 退出工作，所以

$$\left.\begin{array}{l} T_1=0 \\ T_4=R_A/\sin\varphi\cos\beta,N \\ T_2=T_4/2+R_B/2\sin\varphi\cos\beta,N \\ T_3=T_4/2-R_B/2\sin\varphi\cos\beta,N \end{array}\right\}$$

$$(6\text{-}4\text{-}29)$$

N_A、N_B 的计算与式（6-4-28）相同。

（三）带 V 型外拉线的门型杆在横向和纵向荷载联合作用下的计算

（1）如果 $R_A/\tan\varphi < P_A=2T_0\cos\varphi\cos\beta+\dfrac{\Sigma P}{2}$，则：

$$\left.\begin{array}{l} T_4=T_0+\dfrac{R_A}{2\sin\varphi\cos\beta}+\dfrac{\Sigma P}{4\cos\varphi\cos\beta},N \\[2mm] T_1=T_0-\dfrac{R_A}{2\sin\varphi\cos\beta}+\dfrac{\Sigma P}{4\cos\varphi\cos\beta},N \\[2mm] T_2=T_0+\dfrac{R_B}{2\sin\varphi\cos\beta}-\dfrac{\Sigma P}{4\cos\varphi\cos\beta},N \\[2mm] T_3=T_0-\dfrac{R_B}{2\sin\varphi\cos\beta}-\dfrac{\Sigma P}{4\cos\varphi\cos\beta},N \end{array}\right\}$$

$$(6\text{-}4\text{-}30)$$

（2）如果 $R_A/\tan\varphi > P_A-2T_0\cos\varphi\cos\beta+\dfrac{\Sigma P}{2}$，则：

$$T_1=0$$
$$T_4=\dfrac{R_A}{\sin\varphi\cos\beta},N$$
$$T_2=(-\Sigma P+T_4\cos\varphi\cos\beta)/2\cos\varphi\cos\beta +R_B/2\sin\varphi\cos\beta,N$$
$$T_3=(-\Sigma P+T_4\cos\varphi\cos\beta)/2\cos\varphi\cos\beta -R_B/2\sin\varphi\cos\beta,N$$

$$(6\text{-}4\text{-}31)$$

（四）带八字拉线的门型双杆在横向荷载作用下的计算

图 6-4-12 所示带八字拉线的门型双杆，在横向荷载作用下，可假定两组拉线各承受 $\dfrac{1}{2}\Sigma P$，则各拉

线受力为

$$T_1 = T_2 = T_3 = T_4 = \Sigma P/4\cos\varphi\cos\beta,\text{N}$$

$$(6\text{-}4\text{-}32)$$

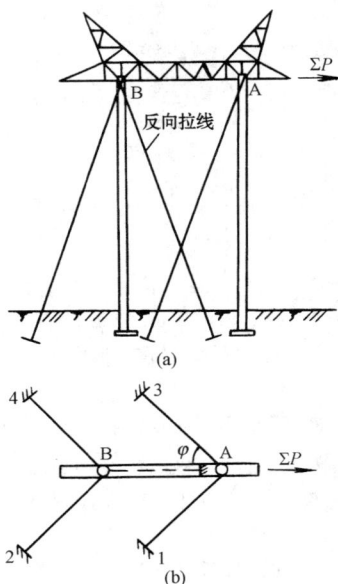

图 6-4-12　带八字拉线的门型双杆
在横向荷载作用下的计算简图
（a）外形图；（b）平面图

（五）带八字拉线的门型杆在纵向和横向荷载联合作用下的计算

带八字拉线的门型杆在纵向和横向荷载联合作用下时，假定横向荷载由两组拉线平均分担，纵向荷载则按简支反力 R_A、R_B 分配在 A、B 两点（图 6-4-13），则

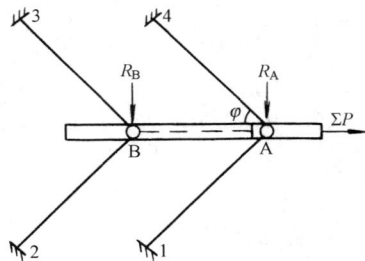

图 6-4-13　带八字拉线的门型杆在
纵向和横向荷载联合作
用下的计算简图

1. 当 $R_A/\tan\varphi < \dfrac{1}{2}\Sigma P$ 时

$$\left.\begin{aligned}
T_4 &= T_0 + \frac{\Sigma P}{4\cos\varphi\cos\beta} + \frac{R_A}{2\sin\varphi\cos\beta},\text{N} \\
T_1 &= T_0 + \frac{\Sigma P}{4\cos\varphi\cos\beta} - \frac{R_A}{2\sin\varphi\cos\beta},\text{N}
\end{aligned}\right\}$$

$$(6\text{-}4\text{-}33)$$

2. 当 $R_A/\tan\varphi > \dfrac{1}{2}\Sigma P$ 时

$$\left.\begin{aligned}
T_4 &= R_A/\sin\varphi\cos\beta,\text{N} \\
T_1 &= 0
\end{aligned}\right\}$$

$$(6\text{-}4\text{-}34)$$

计算 T_2、T_3 时可将 R_A 换成 R_B。

当四根拉线内力都算出后，需检查杆塔是否会向 ΣP 相反的方向倾倒，如果

$$(T_1 + T_2 + T_3 + T_4)\cos\varphi\cos\beta > \Sigma P$$

$$(6\text{-}4\text{-}35)$$

表示杆塔将向与 ΣP 相反的方向倾倒，此时杆塔必须设置反向拉线。

其它形式的双杆，在算得 ΣP、R_A、R_B 后，拉线内力亦可参考上述方法计算。

四、双层及多层拉线杆塔内力计算

（一）基本假设

设柱（杆）身为一支承在弹性支座上的多跨连续梁，在任一跨 L_k 中作用有均布荷载 q_k、集中荷载 P_0，在支座上作用有偏心弯矩 $M_{\varepsilon,k}$，如图 6-4-14 所示。

图中　M——支座左边或右边的弯矩，N·m；

N——支座上的纵向力，N；

P_0——作用在跨中的横向集中荷载，N；

q——作用在跨中的横向均布荷载，N/m；

M_ε——作用在支座上的偏心弯矩，N·m；

P——支座上的横向反力，N；

EJ——柱（杆）身抗弯刚度，N·m⁴；

下标 k、$k+1$…代表第 k 跨、第 $k+1$ 跨……。用于 M，N 时第一个下标代表支座的编号，第二个下标代表属于第几跨，如 $M_{k-1,k}$ 代表作用在第 $k-1$ 号支座对 k 跨作用的弯矩。

（二）柱（杆）身内力计算

根据结构力学原理在每一个支座上可建立力矩方程和切力方程，如式（6-4-36）和式（6-4-37）。

$$a_k M_{k-1} + (b_k + b_{k+1})M_k + a_{k+1}M_{k+1} + \frac{6}{L_{k-1}}Y_{k-1} + \left(b_k \varepsilon_k Y_k\right.$$
$$\left. - \frac{6}{L_k} - \frac{6}{L_{k-1}}\right)Y_k + \left(a_{k+1}\varepsilon_{k+1}V_{k+1} + \frac{6}{L_k}\right)Y_{k+1}$$
$$= -\frac{C_k q_k L_k^2}{4} - \frac{C_{k+1} q_{k+1} L_{k+1}^2}{4} - E_T P_0 \qquad (6\text{-}4\text{-}36)$$

$$P_k = \frac{M_{k-1}}{L_k} + \left(\frac{1}{L_k} + \frac{1}{L_{k+1}}\right)M_k - \frac{M_{k+1}}{L_{k+1}} + \frac{N_k}{L_k}Y_{k+1}$$
$$+ \left(V_k + \frac{\varepsilon_k V_k}{L_k} - \frac{N_k}{L_k} - \frac{N_{k-1}}{L_{k+1}}\right)Y_k$$
$$- \left(\frac{q_{k+1}V_{k+1}}{L_{k+1}} - \frac{N_{k+1}}{L_{k+1}}\right)Y_{k+1} \qquad (6\text{-}4\text{-}37)$$

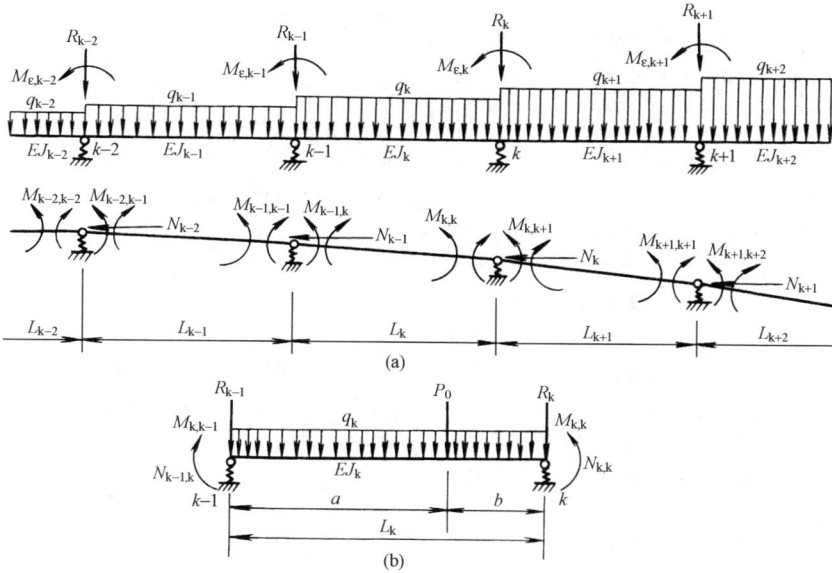

图 6-4-14 多层拉线杆塔柱身计算图
（a）柱身计算图；（b）任一跨柱身计算图

上两式中
$$a_k = \frac{6}{\psi_k^2}\left(\frac{\psi_k}{\sin\psi_k} - 1\right)\frac{L_k}{EJ_k}$$

$$b_k = \frac{6}{\psi_k^2}(1 - \psi_k\cot\psi_k)\frac{L_k}{EJ_k}$$

$$c_k = \frac{24}{\psi_k^3}\left(\tan\frac{\psi_k}{2} - \frac{\psi_k}{2}\right)\frac{L_k}{EJ_k}$$

$$E_T = \frac{6}{\psi_k^2}\left(\frac{\sin\psi_b}{\sin\psi_k} - \frac{6}{L_k}\right)\frac{L_k^2}{EJ_k}$$

$$\psi_k = a_k L_k = L_k\sqrt{\frac{N_k}{EJ_k}}$$

$$\psi_b = a_k b = b\sqrt{\frac{N_k}{EJ_k}}$$

$$\varepsilon_k = e_k\tan\beta_k , \text{m}$$

$$V_k = \frac{P_k}{Y_k} , \text{N/m}$$

(6-4-38)

式中 e_k——支座 K 上拉线偏心距（见图 6-4-15），m；

β_k——第 K 层拉线的对地夹角，（°）；

P_k——作用在支座 K 上的横向节点荷载，作为近似值可用三力矩方程求解，当拉线自身的风荷载较大时还应计入拉线风荷载，N。

在计算时可先假定各拉线点均为刚性支承，用三力矩方程求出支座横向节点荷载 P_k，代入拉线方程求解拉线受力及拉线点位移 Y_k、柱子压力 N_k（计入自重力）。即按式（6-4-38）计算各项系数后，代入

式（6-4-36）和式（6-4-37），建立各支座的力矩方程和剪力方程，而后联立求解。

对于格构式主柱，必须考虑在横向力作用下腹杆变形的影响。考虑的方法就是将杆身截面的惯矩 J，

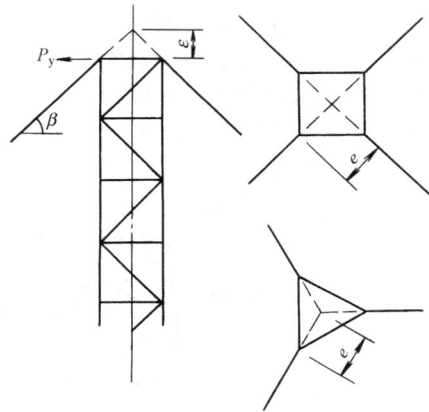

图 6-4-15 拉线结点的偏心距

乘以折减系数 ζ，按式（6-4-39）计算。

$$\zeta = \frac{\lambda_x}{\lambda_{hx}} \text{ 或 } \zeta = \frac{\lambda_y}{\lambda_{hy}} \qquad (6-4-39)$$

式中 λ_x、λ_y——柱（杆）身对 X 轴和 Y 轴的细长度；

λ_{hx}、λ_{hy}——柱（杆）身对 X 轴和 Y 轴的折算细长度。按式（6-7-16）或式（6-7-19）计算。

第五节 自立式铁塔内力分析和变形计算

自立式铁塔大多是由若干片平面桁架组成的空间结构。过去一般都将其分解成若干片平面桁架进行内力分析，这种方法略去了桁架的空间作用，因此是一种近似法。但它对大多数简单的静定结构或超静定次数较低的结构(例如上字型塔、干字型塔、双回路鼓型塔等)所引起的误差不大，因此它仍是一种既简单而又实用的分析方法，被广泛地应用着。对于复杂结构(如酒杯型塔、猫头型塔)，由于其实际内力分配十分复杂，欲将其分解成平面桁架计算时，必须引进一些假设，这在一定程度上影响了结构分析的精度。采用空间桁架的原理进行计算时，计算工作又十分繁复，一般很少在工程中采用。20世纪六十年代后，东北电力设计院提出了《铁塔对称分析法》，铁塔内力按空间原理进行分析才得到实际应用。这种方法实质上也就是空间力法，只是它充分利用了对称原理，排除了大量超静定分量，而使计算工作大大简化。近年来，随着电子计算机的广泛应用，国内不少单位先后编制了一批杆系有限元法的计算程序，使铁塔内力分析更为精确。

一、组成塔架的杆系形式

塔架一般由若干片平面桁架组成。平面桁架的杆系布置常有单腹杆系、双腹杆系、再分式腹杆系、K型腹杆系、倒K型腹杆系等，见图6-5-1。

单腹杆系：常用在荷载小、结构尺寸小的结构中。例如110kV以下的铁塔常用单腹杆系。对主要承受轴向压力的拉线塔主柱也多采用单腹杆系。

双腹杆系：常用于送电线路的自立式铁塔。腹杆可以设计成刚性的或柔性的，见图6-5-1(c)。为了减小主材、腹杆的支承长度，可在节间中布置一些辅助杆件，这些杆件在计算中并不受力，但为了可靠地支承主材和腹杆，也必须要有一定的强度和刚度。

K型和倒K型腹杆系：当铁塔宽度较大时常用K型或倒K型腹杆系。例如大跨越塔的塔身常采用这种腹杆形式。在一般铁塔的腿部常采用K型腹杆系。

混合腹杆系：在一座铁塔中，为适应不同部位受力不同的需要，往往综合应用各种不同的腹杆形式，以达到最经济的效果。

二、横隔的形式和设置

为了把各片平面桁架组合起来成为一个几何不变形的塔架，或者为了传力的需要，常需设置横隔。横隔常有图6-5-2的各种形式。横隔一般都应是几何不变形的。如图6-5-2(b)的形式不能保证塔架横截面的几何形状，一般不采用。

图6-5-2(a)常用于塔架横截面尺寸较小的部位，图6-5-2(c)~6-5-2(f)是送电线路铁塔中最常见的形式。图6-5-2(d)中的横杆可以用刚性杆件，也可以用柔性拉杆。图6-5-2(g)则用于横截面尺寸特别大的跨越高塔上。

在塔架中除在传力处(如有荷载作用的截面、变截面处)都必须设置横隔面外，其余部位可根据构造设置。

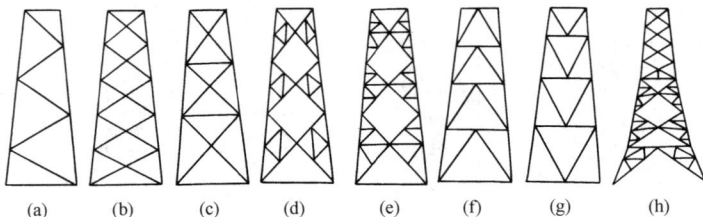

图6-5-1 平面桁架的杆系形式
(a)单腹杆系；(b)双腹杆系；(c)柔性腹杆系；
(d)、(e)有辅助杆件的双腹杆系；(f)K型腹杆系；
(g)倒K型腹杆系；(h)混合腹杆系

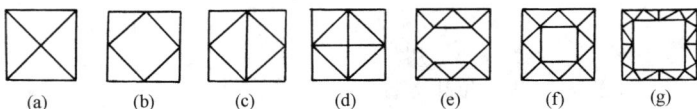

图6-5-2 横隔的形式

三、静定平面桁架的内力分析

铁塔设计中惯用的平面桁架分析法，常略去与荷载方向相垂直的那两片平面桁架的作用，假定只由与荷载方向相平行的两片桁架承受荷载。因此，当荷载不与桁架平面相平行时，首先要将荷载分解成与桁架平面平行或垂直的分量，分别计算各片桁架在这些分量作用下的内力，而后进行叠加。如图 6-5-3 所示的塔架，在横向力 P 和纵向力 T 共同作用下，其杆件内力要分别计算。即先计算前后两片桁架在 P 力作用下的内力和左右两片桁架在 T 力作用下的内力，而后进行叠加得出其总的内力。在分解、组合荷载时，当 P 力作用在前后两片桁架的对称平面内或 T 力作用在左右两片桁架的对称平面内时，假定此荷载 P 或 T 平均作用在前后或左右两片平面桁架上。假若荷载 P（或 T）并不作用在这两片平面桁架的对称平面内时，则还需计入扭力 T_k（图 6-5-4）。此时各片平面桁架所受的荷载在正面桁架为 $P/2 - T_k$；背面桁架为 $P/2 + T_k$；左侧面桁架为 $T/2 - T_k$；右侧面桁架为 $T/2 + T_k$。其中 $T_k = \dfrac{Te}{2b}$。

平面桁架的内力分析可用节点法、截面法等，其基本原理都是经典力学中三个静力平衡方程式的具体运用，即

$$\left.\begin{aligned}\Sigma X &= 0\\ \Sigma Y &= 0\\ \Sigma M &= 0\end{aligned}\right\} \qquad (6\text{-}5\text{-}1)$$

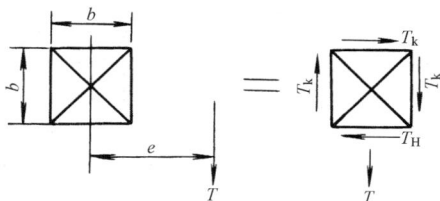

图 6-5-4　荷载作用在对称
平面外时的扭力

（一）用节点法分析平面桁架的杆件内力

如图 6-5-5 所示单腹杆系平面桁架，在荷载 G 及 P 作用下，计算各杆件内力。

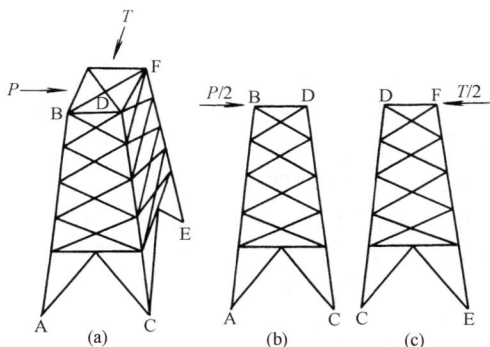

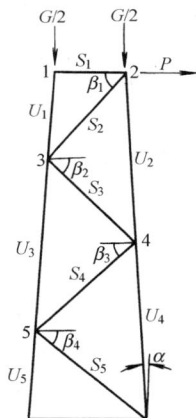

图 6-5-3　在横向和纵向荷载共同作用
下塔架的受力
（a）塔架受力简图；（b）正面桁架受力；
（c）右侧面桁架受力

图 6-5-5　单腹杆系平面
桁架内力计算

以各节点为割离体，由 $\Sigma X = 0$ 和 $\Sigma Y = 0$ 建立静力平衡方程，求解各杆件内力，如表 6-5-1 所示。

表 6-5-1　　　　　　　　　　用节点法计算图 6-5-5 中平面桁架各杆件内力

节点号	割离体简图	计　　　算　　　式	
1		$\Sigma X = 0 \quad S_1 - U_1 \sin\alpha = 0$ $\Sigma Y = 0 \quad U_1 \cos\alpha - G/2 = 0$ 解式①、②，得 $U_1 = G/2\cos\alpha$ $S_1 = G/2\sin\alpha\cos\alpha$	① ②

节点号	割离体简图	计　算　式
2		$\Sigma X = 0 \quad S_1 + P - S_2\cos\beta_1 - U_2\sin\alpha = 0$　　③ $\Sigma Y = 0 \quad G/2 + S_2\sin\beta_1 - U_2\cos\alpha = 0$　　④ 解式③、④可得 U_2、S_2（S_1 已在节点1解得）
3		$\Sigma X = 0 \quad (U_1 - U_3)\sin\alpha - S_2\cos\beta_1 + S_3\cos\beta_2 = 0$　　⑤ $\Sigma Y = 0 \quad (U_1 - U_3)\cos\alpha - S_2\sin\beta_1 - S_3\sin\beta_2 = 0$　　⑥ 解式⑤、⑥可得 U_3、S_3
4		$\Sigma X = 0 \quad (U_2 - U_4)\sin\alpha + S_3\cos\beta_2 - S_4\cos\beta_3 = 0$　　⑦ $\Sigma Y = 0 \quad (U_2 - U_4)\cos\alpha + S_3\sin\beta_2 + S_4\sin\beta_3 = 0$　　⑧ 解式⑦、⑧可得 U_4、S_4
5		$\Sigma X = 0 \quad (U_3 - U_5)\sin\alpha - S_4\cos\beta_3 + S_5\cos\beta_4 = 0$　　⑨ $\Sigma Y = 0 \quad (U_3 - U_5)\cos\alpha - S_4\sin\beta_3 - S_5\sin\beta_4 = 0$　　⑩ 解式⑨、⑩可得 U_5、S_5

原则上讲，以节点法可以解算任何静定平面桁架。为避免解算联立方程，在截取节点时，作用于节点上的未知力应不多于两个。故在计算中首先要从未知力不超过两个的节点开始依次计算。有时也可从整体平衡条件中求出塔腿反力，从塔脚节点开始依次向上计算各杆件内力。

应用节点法时，利用某些节点的特殊情况常可使计算得到简化，这几种特殊情况是：

（1）两杆件相交节点上无荷载作用时［图6-5-6（a）］，两杆内力均等于零；

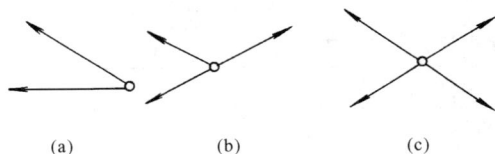

（a）　　　　（b）　　　　（c）

图6-5-6　利用节点法求解杆件内力
时的几种特殊情况

（a）两杆件相交、节点上无荷载；（b）三杆件相交，两杆件在一直线上；（c）四杆件相交成两直线

（2）三杆件节点上无荷载作用时，如其中有两

杆件在一直线上［图6-5-6（b）］，则在同一直线上的两杆件的内力相等且性质（指受拉或受压）相同；

（3）四杆节点上无荷载作用时，如其中两杆在一直线上，而另两杆又在另一直线上［图6-5-6（c）］，则同一直线上的两杆的内力相等且性质相同。

由以上三种特殊情况，可以极其方便地判别平面桁架中某些不受力的零件，而使计算工作得到简化。

（二）用截面法分析平面桁架杆件内力

（1）如图6-5-7所示单腹杆系平面桁架，用截面法分析杆件内力时，可逐次作截面1-1、2-2、3-3…，取截面以上部分为割离体，运用静力平衡方程 $\Sigma X = 0$、$\Sigma Y = 0$ 和 $\Sigma M = 0$ 计算各杆件内力。

1）主材内力计算：

如图6-5-7所示，作截面1-1、2-2、3-3、4-4，以 O_1、O_2、O_3、O_4 为力矩点，建立力矩平衡方程计算主材内力：

$$\Sigma M_{01} = 0 \quad U_1 = G_1 \times a_1/b_1$$

$$\Sigma M_{02} = 0 \quad U_2 = \left[\frac{1}{2}(a_2 - a_1)G_1 \right.$$
$$\left. + \frac{1}{2}(a_2 + a_1)G_2 + Ph_1\right]/b_2$$

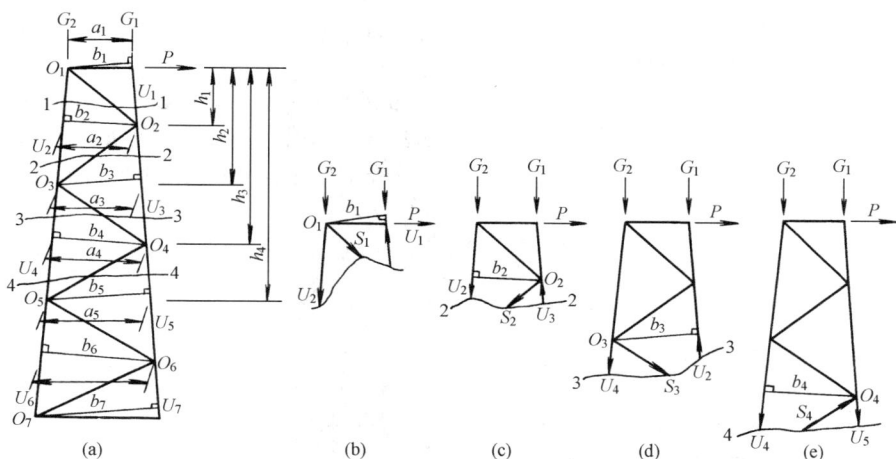

图 6-5-7　利用截面法计算平面桁架杆件内力

（a）平面桁架受力简图；（b）～（e）主材内力计算

$$\Sigma M_{03} = 0 \quad U_3 = \left[\frac{1}{2}(a_3 + a_1)G_1 \right.$$
$$\left. + \frac{1}{2}(a_3 - a_1)G_2 + Ph_2 \right]/b_3$$

$$\Sigma M_{04} = 0 \quad U_4 = \left[\frac{1}{2}(a_4 - a_1)G_1 \right.$$
$$\left. + \frac{1}{2}(a_4 + a_1)G_2 + Ph_3 \right]/b_4$$
$$\cdots$$

2）斜材内力计算：

如图 6-5-8 所示，以两弦杆延长线交点 O 为力矩点，建立力矩平衡方程，计算斜材内力：

$$\Sigma M_0 = 0 \quad S_1 = [Ph - (G_1 - G_2)a_1/2]/C_1$$
$$S_2 = [Ph - (G_1 - G_2)a_1/2]/C_2$$
$$S_3 = [Ph - (G_1 - G_2)a_1/2]/C_3$$
$$\cdots$$

为使计算方便，在建立平衡方程时，最好使每一平衡方程式中只包含一个未知力，因此在建立力矩平衡方程式时要适当选取力矩点。

在节点法、截面法计算中，一般可假定该杆件的未知力为受拉（图中箭头离开节点），如果计算结果为负值，则代表该杆件是受压力。在实际计算中可以综合应用节点法或截面法，使计算尽可能地简化。

（2）如图 6-5-9（a）所示双腹杆系平面桁架，可逐次作截面 1-1、2-2、3-3…，以截面以上部分为割离体，以双腹杆交点为力矩点，建立力矩平衡方程式，计算各主材内力。以两根主材延长线的交点为力矩点，并假定两根腹杆的受力大小相等，方向相反（一拉一压），建立力矩平衡方程式，计算各斜材内力。

1）主材内力计算：

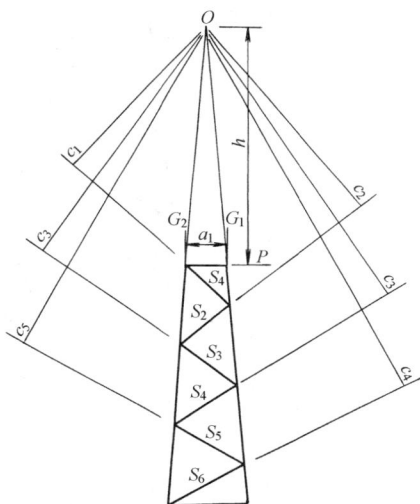

图 6-5-8　利用截面法计算平面
桁架斜材内力

$$\Sigma M_{01} = 0 \quad U_1 = \left[P_1 h_1 \pm \frac{1}{2}a_1(G_1 - G_2) \right]/2b_1$$

$$\Sigma M_{02} = 0 \quad U_2 = \left[P_1 h_2 + P_2(h_2 - C_1) \right.$$
$$\left. \pm \frac{1}{2}a_1(G_1 - G_2) \right]/2b_2$$

$$\Sigma M_{03} = 0 \quad U_3 = \left[P_1 h_3 + P_2(h_3 - C_1) + P_3(h_3 - C_1 - C_2) \right.$$
$$\left. \pm \frac{1}{2}a_1(G_1 - G_2) \right]/2b_3$$
$$\cdots$$

2）斜材内力计算：

$$\Sigma M_0 = 0 \quad S_2 = \pm \left[P_1 l_1 - (G_1 - G_2) \right.$$

$$\times a_1/2]/2d_2$$

$$\sum M_0 = 0 \quad S_3 = \pm \left[P_1 l_1 \pm P_2 l_2 \right.$$
$$\left. - (G_1 - G_2) a_1/2 \right]/2d_3$$

$$\sum M_0 = 0 \quad S_4 = \pm \left[P_1 l_1 \pm P_2 l_2 \right.$$
$$\left. \pm P_3 l_3 - (G_1 - G_2) a_1/2 \right]/2d_4$$
$$\cdots$$

（3）如图 6-5-10（a）所示 K 型腹杆系平面桁架，可逐次作截面 1-1、2-2、3-3…，以截面以上部分为割离体，以斜材和水平材的交点为力矩点，建立力矩平衡方程式，计算各主材内力。仍以截面 1-1、2-2、3-3…以上为割离体，以两根主材延长线的交点为力矩点，并假定两根斜材的内力大小相等，方向

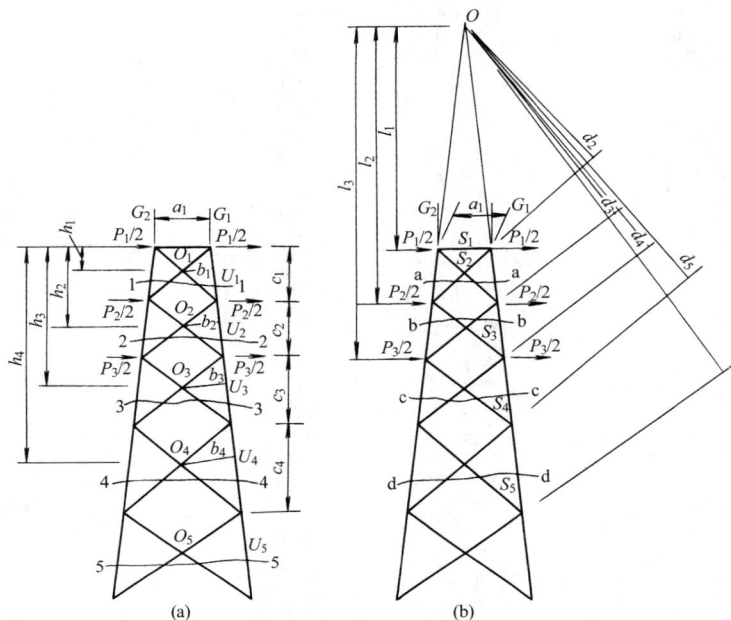

(a)　　　　　(b)

图 6-5-9　双腹杆系平面桁架主、斜材内力计算

（a）主材内力计算；（b）斜材内力计算

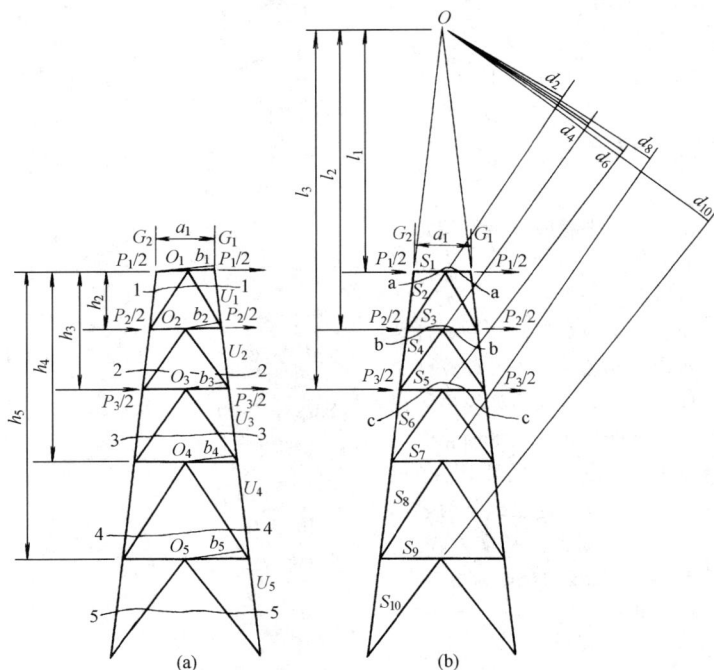

(a)　　　　　(b)

图 6-5-10　K 型腹杆系主、斜材内力计算

（a）主材内力计算；（b）斜材内力计算

相反,建立力矩平衡方程式计算斜材内力。同样作截面 a-a、b-b、c-c…,也以两根主材延长线的交点为力矩点,并假定水平材的左右两侧的内力大小相等、方向相反,建立力矩平衡方程式,计算水平材内力。

1)主材内力计算:

$\Sigma M_{01} = 0 \quad U_1 = \pm (G_1 - G_2) a_1/2/2b_1$

$\Sigma M_{02} = 0 \quad U_2 = \pm [P_1 h_2 + (G_1 - G_2) a_1/2]/2b_2$

$\Sigma M_{03} = 0 \quad U_3 = \pm [P_1 h_3 + P_2(h_3 - h_2)$
$\qquad\qquad\qquad + (G_1 - G_2) a_1/2]/2b_3$

…

2)斜材内力计算:

$\Sigma M_0 = 0 \quad S_2 = \pm [P_1 l_1 - (G_1 - G_2) a_1/2]/2d_2$

$\Sigma M_0 = 0 \quad S_4 = \pm [P_1 l_1 + P_2 l_2 - (G_1 - G_2)$
$\qquad\qquad\qquad \times a_1/2]/2d_4$

$\Sigma M_0 = 0 \quad S_6 = \pm [P_1 l_1 + P_2 l_2 + P_3 l_3$
$\qquad\qquad\qquad - (G_1 - G_2) a_1/2]/2d_6$

…

3)水平材内力计算:

$\Sigma M_0 = 0 \quad S_1 = \pm P_1 l_1/2l_1$

$\Sigma M_0 = 0 \quad S_3 = \pm (P_1 l_1 + P_2 l_2)/2l_2$

$\Sigma M_0 = 0 \quad S_5 = \pm (P_1 l_1 + P_2 l_2 + P_3 l_3)/2l_3$

…

(4)如图 6-5-11(a)所示倒 K 型腹杆系平面桁架,可逐次作截面 1-1、2-2、3-3…,以截面以上部分为割离体,以斜材和水平材的交点为力矩点,建立力矩平衡方程式,计算各主材内力。仍以截面 1-1、2-2、3-3…以上为割离体,以两根主材延长线的交点为力矩点,并假定两斜材的内力相等、方向相反,建立立力矩平衡方程式,计算斜材内力。同样作截面 a-a、b-b、c-c…,也以两根主材延长线的交点为力矩点,并假定水平材的两侧的内力大小相等、方向相反,计算水平材内力。

1)主材内力计算:

$\Sigma M_{01} = 0 \quad U_1 = \pm [P_1 h_1 + (G_1 - G_2) a_1/2]/2b_1$

$\Sigma M_{02} = 0 \quad U_2 = \pm [P_1 h_2 + P_2(h_2 - h_1)$
$\qquad\qquad\qquad + (G_1 - G_2) a_1/2]/2b_2$

$\Sigma M_{03} = 0 \quad U_3 = \pm [P_1 h_3 + P_2(h_3 - h_1)$
$\qquad\qquad\qquad + P_3(h_4 - h_2) + (G_1 - G_2) a_1/2]/2b_3$

…

2)斜材内力计算:

$\Sigma M_0 = 0 \quad S_1 = \pm [P_1 l_1 + (G_2 - G_1) a_1/2]/2d_1$

$\Sigma M_0 = 0 \quad S_3 = \pm [P_1 l_1 + P_2 l_2 + (G_2 - G_1)$
$\qquad\qquad\qquad \times a_1/2]/2d_2$

$\Sigma M_0 = 0 \quad S_5 = \pm [P_1 l_1 + P_2 l_2 + P_3 l_3$
$\qquad\qquad\qquad + (G_2 - G_1) a_1/2]/2d_3$

…

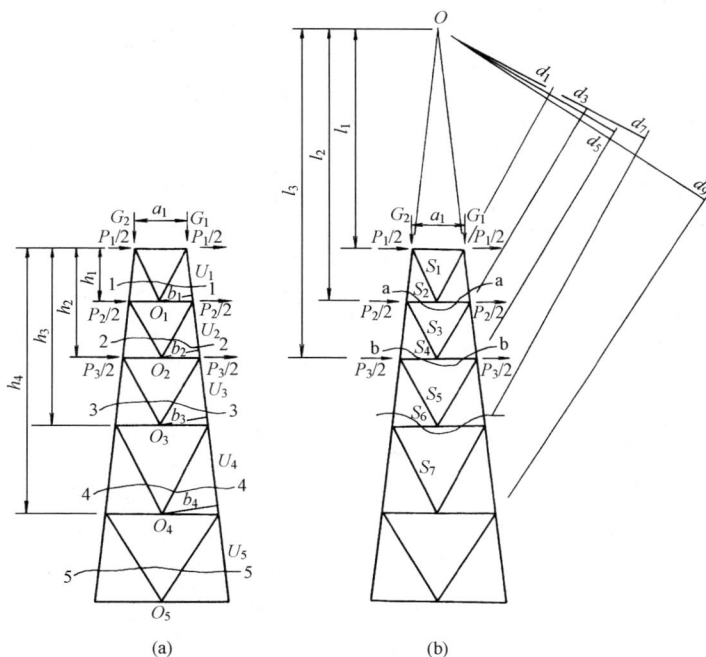

图 6-5-11　倒 K 型腹杆系主、斜材内力计算
(a)主材内力计算;(b)斜材内力计算

3）水平材内力计算：

$$\Sigma M_0 = 0 \quad S_2 = \pm P_1 l_1 / 2l_2$$

$$\Sigma M_0 = 0 \quad S_4 = \pm (P_1 l_1 + P_2 l_2)/2l_3$$

$$\cdots$$

（5）当平面桁架的两根主材相互平行，并利用截面法计算斜材内力时，可利用 $\Sigma X = 0$ 或 $\Sigma Y = 0$ 两个静力平衡方程求解。

如图 6-5-12 所示的横担平面，欲计算其斜材内力，可作截面 1-1、2-2…，利用静力平衡条件 $\Sigma Y = 0$ 计算斜材 S_1、S_2 的内力。

$$\Sigma Y = 0 \quad S_1 = \pm (T_1 - R_1)/2\sin\alpha_1$$

$$\Sigma Y = 0 \quad S_2 = \pm R_2 / 2\sin\alpha_2$$

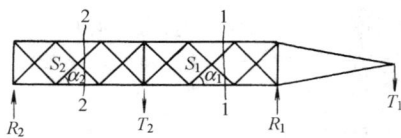

图 6-5-12　具有平行弦杆的平面
桁架的斜材内力计算

（6）图 6-5-13（a）所示在每个节点上都有水平材的双腹杆系平面桁架，是一个超静定结构，在实用上有两种假定：

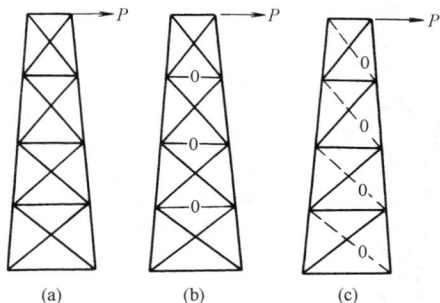

图 6-5-13　有水平横杆的
双腹杆系受力
（a）有水平横杆的双腹杆系；（b）斜材按拉
压体系计算；（c）斜杆按拉杆计算

1）假定水平杆不能受力，仅为构造而设，如图 6-5-13（b）所示，这时桁架的内力分析与双腹杆系平面桁架完全相同，而水平材可按辅助材的要求设置。

2）假定斜材只能承受拉力不能承受压力，这时两根交叉斜材中只有一根承受拉力，另一根为零杆，水平材承受压力，如图 6-5-13（c）所示。按此设计一般可获得较为经济的效果，但塔的刚度较差，故最好能对斜材施加一定的初张力（严格讲斜材施加初张力后结构成一非线性体系，宜用非线性原理分析内力）。

四、平面桁架的变形计算

平面桁架的变形可用虚功原理计算。即利用式（6-5-2）计算：

$$\Delta_P = \Sigma \int \frac{\bar{N}_1 N_P}{EA} ds = \Sigma \frac{\bar{N}_1 N_P}{EA} l \quad \text{cm} \quad (6\text{-}5\text{-}2)$$

式中　Δ_P——桁架某点在荷载 P 作用下的位移，cm。

$\bar{N}_1$——在该点沿所求变形方向施加一单位力 $N_1 = 1$ 后各杆件虚内力，N。

N_P——桁架在荷载 P 作用下各杆件内力，N。

E、A、l——分别为各杆件的弹性模量，N/cm^2；横截面积，cm^2；长度，cm。

例如图 6-5-14 平面桁架，欲计算 A、B 两点的水平变位，可分别在 A、B 两点施加一水平虚单位力 $N_1 = 1$ 和 $N_2 = 1$，分别计算各杆件虚内力 $\bar{N}_1$ 和 $\bar{N}_2$，再计算各杆件在荷载 P_1、P_2 共同作用下的内力 N_P，而后计算 $\frac{\bar{N}_1 P_P}{EA} l$ 和 $\frac{\bar{N}_2 N_P}{EA} l$，累加后即可得 A、B 两点的水平变位 ΔA 和 ΔB。详见表 6-5-2。

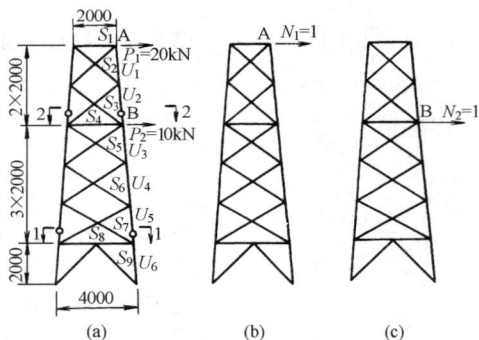

图 6-5-14　平面桁架变位计算
（a）桁架受力简图；（b）单位力 $N_1 = 1$ 作
用于 A 点；（c）单位力 $N_2 = 1$ 作用于 B 点

上述计算完全基于桁架结构的基本假定，即所有杆件由完全弹性材料做成；所有节点都是理想铰接。但在实际铁塔中，螺栓孔径一般都要比螺栓直径大 $1.5 \sim 2.0\text{mm}$，因此在螺栓受力后螺栓中心将偏离螺孔中心，使杆件长度增长或缩短 $(1.5 \sim 2.0)/2\text{mm}$，桁架变形随之增大。假定螺孔直径比螺栓直径大 e，且加工制作时螺孔中心均在理想中心位置，杆件受力后螺栓将紧靠螺孔壁，螺栓中心就位移 $e/2$，则由此引起的桁架位移的增大为：

表 6-5-2　　　　　　　　　位　移　计　算

杆件编号	杆件根数	杆件长度 l（cm）	杆件面积 A（cm²）	N_P（N）	A 点变形 $\overline{N_1}$	A 点变形 $n\dfrac{\overline{N_1}N_P}{EA}l$	B 点变形 $\overline{N_2}$	B 点变形 $n\dfrac{\overline{N_2}N_P}{EA}l$
U_1	2	200.7	8.797	±8570	±0.428	0.00796	0.0	0.0
U_2	2	200.7	8.797	±23570	±1.178	0.06031	0.0	0.0
U_3	2	200.7	12.301	±38330	±1.750	0.104	±0.333	0.0198
U_4	2	200.7	12.301	±53330	±2.200	0.182	±0.933	0.0773
U_5	2	200.7	12.301	±65450	±2.563	0.261	±1.418	0.1442
U_6	2	200.7	12.301	±70900	±2.727	0.300	±1.636	0.1802
S_1	1	200	6.143	+10000	+0.5	0.0077	0.0	0.0
S_2	2	294.9	6.143	±25274	±1.264	0.146	0.0	0.0
S_3	2	320.2	6.143	±20581	±1.029	0.105	0.0	0.0
S_4	1	266.7	6.875	±5000	0.0	0.0	+0.5	0.0046
S_5	2	346.8	6.875	±28901	±0.867	0.120	±1.156	0.161
S_6	2	374.5	6.875	±24969	±0.749	0.097	±0.999	0.129
S_7	2	403.1	6.875	±21988	±0.660	0.081	+0.880	0.108
S_8	2	183.3	7.367	±18182	±0.545	0.023	±0.727	0.0313
S_9	2	282.8	7.367	±25714	±0.771	0.072	±1.029	0.097
位　移					$\Delta A=\Sigma\dfrac{n\overline{N_1}N_P}{EA}l$ $=1.567\,\text{cm}$		$\Delta B=\Sigma\dfrac{n\overline{N_2}N_P}{EA}l$ $=0.952\,\text{cm}$	

注　1. 因结构对称，荷载不对称，表中内力 N_P 值用正负号分别表示。

　　2. 面积都是假设的，杆件弹性模量均为 $E=2.1\times10^7\,\text{N/cm}^2$。

$$\delta=\Sigma\frac{n}{2}\overline{N_1}e,\text{cm}\qquad(6\text{-}5\text{-}3)$$

式中　$e=(d_0-d)$；

　　　n——每一根杆件的连接点数；

　　　d_0——螺栓孔径，cm；

　　　d——螺栓直径，cm。

当一根杆件两端都用螺栓连接（不论连接螺栓的个数）时 $n=2$；当杆件用对接、外包角钢（或内包角钢）连接时（见图 6-5-15），$n=2$。

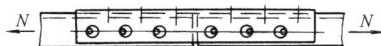

图 6-5-15　对接接头的松动

如上例，假定主材在 1-1、2-2 截面处用外包角钢的对接方式，连接所有斜材两端都用螺栓连接，$e=1.5\,\text{mm}$，则其变位计算如表 6-5-3 所示。桁架总的变位则是弹性位移［按式（6-5-2）］和由螺栓松动引起的位移［按式（6-5-3）］之和。

表 6-5-3　　　　　　　　　计入螺栓松动影响后的位移计算

杆件编号	杆件根数 n_1	连接点数 n	杆件长度 l（cm）	杆件面积 A（cm²）	N_P（N）	A 点变形 $\overline{N_1}$	A 点变形 $n_1\dfrac{\overline{N_1}N_P}{EA}l$	A 点变形 $n_1\dfrac{n}{2}\overline{N_1}e$	B 点变形 $\overline{N_2}$	B 点变形 $n_1\dfrac{\overline{N_2}N_P}{EA}l$	B 点变形 $n_1\dfrac{n}{2}\overline{N_2}e$
U_1	2	0	200.7	8.797	±8570	±0.428	0.00796	0.000	0.000	0.000	0.000
U_2	2	1	200.7	8.797	±23570	±1.178	0.06031	0.177	0.000	0.000	0.000
U_3	2	0	200.7	12.301	±38330	±1.750	0.104	0.000	±0.333	0.0198	0.000
U_4	2	0	200.7	12.301	±53330	±2.200	0.182	0.0000	±0.933	0.0773	0.000
U_5	2	1	200.7	12.301	±65450	±2.563	0.261	0.384	±1.418	0.1442	0.213
U_6	2	0	200.7	12.301	±70900	±2.727	0.300	0.000	±1.636	0.1802	0.000
S_1	1	2	200	6.143	+10000	+0.5	0.0077	0.075	0.000	0.000	0.000
S_2	2	2	294.9	6.143	±25274	±1.264	0.146	0.379	0.000	0.000	0.000
S_3	2	2	320.2	6.143	±20581	±1.029	0.105	0.309	0.000	0.000	0.000
S_4	1	2	266.7	6.875	+5000	0.0	0.000	0.000	+0.5	0.0046	0.075
S_5	2	2	346.8	6.875	±28901	±0.867	0.120	0.260	±1.156	0.161	0.347
S_6	2	2	374.5	6.875	±24969	±0.749	0.097	0.225	±0.999	0.129	0.30
U_7	2	2	403.1	6.875	±21988	±0.660	0.081	0.198	±0.880	0.108	0.264

续表

杆件编号	杆件根数 n_1	连接点数 n	杆件长度 l（cm）	杆件面积 A（cm²）	N_P（N）	A 点变形			B 点变形		
						$\bar{N}_1$	$n_1 \dfrac{\bar{N}_1 N_P}{EA} l$	$n_1 \dfrac{n}{2} \bar{N}_1 e$	$\bar{N}_2$	$n_1 \dfrac{\bar{N}_2 N_P}{EA} l$	$n_1 \dfrac{n}{2} \bar{N}_2 e$
S_8	2	2	183.3	7.367	±18182	±0.545	0.023	0.164	±0.727	0.0313	0.218
S_9	2	2	282.8	7.367	±25714	±0.771	0.072	0.231	±1.029	0.097	0.309
总位移（cm）						$\Delta A = 1.567 + 2.366$ $= 3.933 \text{cm}$			$\Delta B = 0.952 + 1.726$ $= 2.678 \text{cm}$		

五、超静定平面桁架内力分析

组成铁塔的平面桁架很多是超静定的，图 6-5-16 的塔腿结构是两次超静定结构——反力一次超静定、内力一次超静定。在工程设计中一般假定塔腿两个水平反力相等（即 $R_{XA} = R_{XB}$），它就成为一次超静定结构。分析这类结构，可以先将水平杆切开，代之以一对未知力 X，就成为一静定基本结构，而后根据切口

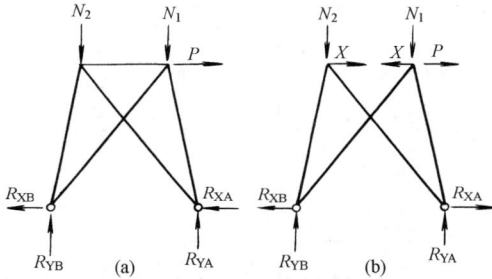

图 6-5-16　超静定塔腿计算
（a）外形；（b）计算简图

处相对变位为零的变形条件，建立力法方程：

$$X_1 \delta_{11} + \Delta_{1P} = 0 \qquad (6-5-4)$$

所以

$$X_1 = -\Delta_{1P}/\delta_{11}, \text{N}$$

式中　$\delta_{11} = \Sigma \dfrac{\bar{N}_1^2}{EA} l$——$X = 1$ 时基本结构在 X_1 处的虚变位，cm。

$\Delta_{1P} = \Sigma \dfrac{\bar{N}_1 N_P}{EA} l$——在荷载作用下基本结构在 X_1 处的变位，cm。

$\bar{N}_1$、N_P——分别为基本结构在 $X = 1$ 和在外荷载作用下各杆件的虚内力和内力，N。

A、l、E——分别为各杆件的横截面积，cm²；长度，cm；弹性模量，N/cm²。

各杆件的实际内力为

$$N = X_1 \bar{N}_1 + N_P, \text{N}$$

又如图 6-5-17 所示的塔身结构，属二次超静定结构，分析时可将其两根水平杆切开，代之以未知力

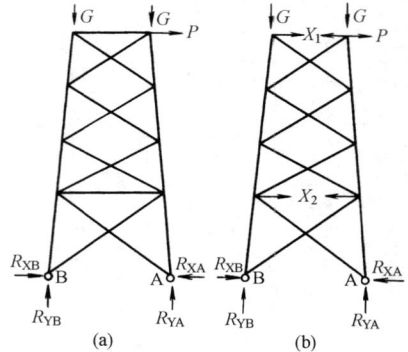

图 6-5-17　超静定塔身计算
（a）外形；（b）计算简图

X_1 和 X_2，建立力法方程组

$$\left.\begin{aligned}
X_1 \delta_{11} + X_2 \delta_{12} + \Delta_{1P} &= 0 \\
X_1 \delta_{21} + X_2 \delta_{22} + \Delta_{2P} &= 0 \\
\delta_{11} &= \sum_1^n \frac{\bar{N}_1^2}{EA} l \\
\delta_{12} = \delta_{21} &= \sum_1^n \frac{\bar{N}_1 \bar{N}_2}{EA} l \\
\delta_{22} &= \sum_1^n \frac{\bar{N}_2^2}{EA} l \\
\Delta_{1P} &= \sum_1^n \frac{\bar{N}_1 N_P}{EA} l \\
\Delta_{2P} &= \sum_1^n \frac{\bar{N}_2 N_P}{EA} l
\end{aligned}\right\} \qquad (6-5-5)$$

式中　δ_{11}——由 $X_1 = 1$ 时在 X_1 点沿 X_1 方向的虚位移，cm；

δ_{12}、δ_{21}——由 $X_2 = 1$（或 $X_1 = 1$）时在 X_1 点（或 X_2 点）沿 X_1（或 X_2）方向的虚位移，cm；

δ_{22}——由 $X_2 = 1$ 时在 X_2 点沿 X_2 方向的虚位移，cm；

Δ_{1P}、Δ_{2P}——由外荷载作用在 X_1 和 X_2 点的位移，cm。

由式（6-5-5）可解得 X_1 和 X_2，则各杆件的实际内力为

$$N = N_1 X_1 + N_2 X_2 + N_P, N$$

当多余杆件的数量为 K 时，可组成 K 行 $K+1$ 列线性方程组，其形式如下：

$$\left.\begin{array}{l} X_1\delta_{11} + X_2\delta_{12} + X_3\delta_{13} + \cdots + X_K\delta_{1K} + \Delta_{1P} = 0 \\ X_1\delta_{21} + X_2\delta_{22} + X_3\delta_{23} + \cdots + X_K\delta_{2K} + \Delta_{2P} = 0 \\ \cdots \\ X_1\delta_{K1} + X_2\delta_{K2} + X_3\delta_{K3} + \cdots + X_K\delta_{KK} + \Delta_{KP} = 0 \end{array}\right\}$$

$$(6\text{-}5\text{-}6)$$

式中

$$\delta_{ii} = \sum_1^n \frac{\bar{N}_i^2}{EA_i} l_i$$

$$\delta_{ij} = \delta_{ji} = \sum_1^n \frac{\bar{N}_i \bar{N}_j}{EA_i} l_i$$

$$\Delta_{iP} = \sum_1^n \frac{\bar{N}_i N_{Pi}}{EA_i} l_i$$

解线性方程组式（6-5-6）后，可得 X_1、X_2、X_3、$\cdots$、X_K，各杆内力由式（6-5-7）计算：

$$N_i = \sum_{i=1}^k X_i \bar{N}_i + N_{Pi}, N \qquad (6\text{-}5\text{-}7)$$

六、塔架内力和变形计算

如前所述，在工程设计中常将塔架分解成平面桁架后进行分析，这样就存在着如何将外荷载分配到各片平面桁架上去的问题。

（一）塔架在横向或纵向对称荷载作用下的计算

当塔架是对称的（包括主材、斜材的截面也是对称的）、荷载也是对称的［图6-5-18（a）］，则此横向或纵向荷载可平均分配在与荷载方向平行的两个平面桁架上，与荷载方向相垂直的两个平面桁架不承受此荷载。

当截面不对称，外荷载作用在截面重心上时，此荷载在两个与荷载方向相同的平面桁架上按刚度成正比分配。如图6-5-18（b）所示，在荷载 P 作用下，前后两个桁架的变形应相等。假设两个平面桁架的抗弯刚度分别为

$$EJ_1 = 2EA_1\left(\frac{a}{2}\right)^2; EJ_2 = 2EA_2\left(\frac{a}{2}\right)^2$$

对悬臂结构，当端部有荷载 P_1 和 P_2（$P_1 + P_2 = P$）作用时的位移为

$$\Delta_1 = \frac{P_1 l_1^3}{3EJ_1} = \frac{P_1 l_1^3}{3 \times 2EA_1\left(\frac{a}{2}\right)^2};$$

$$\Delta_2 = \frac{P_2 l_1^3}{3EJ_2} = \frac{P_2 l_1^3}{3 \times 2EA_2\left(\frac{a}{2}\right)^2}$$

式中　A_1、A_2——前后两片桁架弦杆的截面积，cm^2；

l_1、l_2——前后两片桁架的悬臂长度，cm。

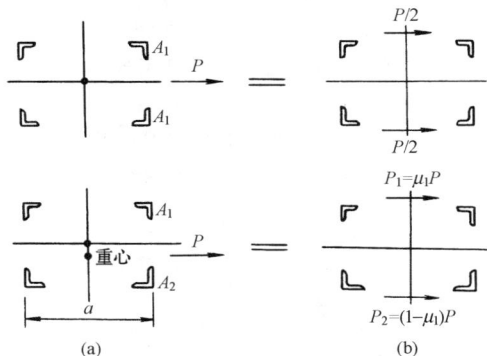

图 6-5-18　荷载在两片桁架上的分配
（a）结构对称，荷载作用在对称平面内；
（b）结构不对称，荷载作用在重心平面内

因 $\Delta_1 = \Delta_2$ 故　$\dfrac{P_1 l_1^3}{6EA_1\left(\frac{a}{2}\right)^2} = \dfrac{P_1 l_2^3}{6EA_2\left(\frac{a}{2}\right)^2}$

设 $P_1 = \mu_1 P, P_2 = (1-\mu_1)P = \mu_2 P$；又因 $\Delta_1 = \Delta_2$ 故得

$$\frac{\mu_1 P l_1^3}{A_1} = \frac{(1-\mu_1) P l_2^3}{A_2} \qquad (6\text{-}5\text{-}8)$$

$$\mu_P = \frac{A_1}{A_1 + A_2\left(\dfrac{l_1}{l_2}\right)^3}; \mu_2 = 1 - \mu_1 \qquad (6\text{-}5\text{-}9)$$

μ_1、μ_2 即为荷载在两个平面桁架上的分配系数。

（二）塔架受扭计算

当外荷载既不作用在塔架对称平面内，又没有作用在塔架截面的重心上时，塔架将受到弯、扭的联合作用。此时要将外荷载分配在各个平面桁架上时，可将外荷载以作用在截面重心上的纵向（或横向）荷载和扭矩（M_k）来代替（图6-5-19），对作用在截面

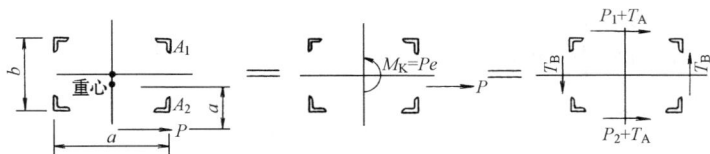

图 6-5-19　塔架受扭计算

重心上的纵向或横向荷载，可按前述方法用其刚度比分配。对扭矩则可分解成两对剪力（T_A 和 T_B）分别作用在四个平面桁架上。

（1）当塔身各段正侧面宽度的比（a/b）不变、且当 $a/b \leqslant 2.0$、受扭节间数 $\geqslant 4$ 时，各面所分配的扭力可按式（6-5-10）计算：

$$\left.\begin{array}{l} \text{正面扭力} \qquad T_A = \dfrac{Pe}{2b}, \text{N} \\[3mm] \text{侧面扭力} \qquad T_B = \dfrac{Pe}{2a}, \text{N} \end{array}\right\} \quad (6\text{-}5\text{-}10)$$

式（6-5-10）中符号见图 6-5-19。

（2）当塔身上部的正侧面宽度比 a_1/b_1 不等于下部的正侧面宽度比 a_2/b_2 时（见图 6-5-20），应按超静定原理分析，先计算横隔材的受力，再算出正侧面的受力分配。如塔身多于一个横隔面时，则必须逐段计算，步骤如下：

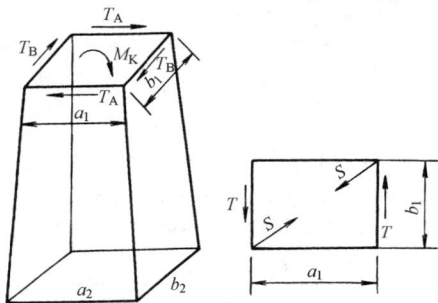

图 6-5-20　塔身上下 a/b 不相同
时的扭力计算

1）将扭矩 M_K 折算成扭力 $T = \dfrac{M_K}{a}$，作用在侧面两片桁架上；

2）将横隔材切开并以未知力 S 代替，由力法方程式（6-5-11）求解 S；

$$S\delta_{11} + \Delta_{1P} = 0 \qquad (6\text{-}5\text{-}11)$$

3）正侧面的扭力分别为

$$T_A = \frac{Sa}{\sqrt{a^2 + b^2}} \quad T_B = \frac{Sb}{\sqrt{a^2 + b^2}} \quad (6\text{-}5\text{-}12)$$

一般情况下塔身之间的横隔间距较大（大多在 $7 \sim 8$m 以上），相对来讲横隔面抵抗变形的能力较大，故在扭力 M_K 作用下横隔面本身的变形 δ_P 可以忽略不计，也即

$$\delta_P = \sum \frac{\bar{N}_1 N_{TA}}{EA} l + \sum \frac{\bar{N}_1 N_{TB}}{EA} l \approx 0 \quad (6\text{-}5\text{-}13)$$

式中　$\bar{N}_1$——在 $S = 1$ 作用下各塔身主材和斜材的虚内力，N；

N_{TA}——在 T_A 作用下各塔身主材和斜材的内力，N；

N_{TB}——在 T_B 作用下各塔身主材和斜材的内力，N。

在计算变形中，斜材的影响很小，一般可以忽略不计，因此要满足式（6-5-13）就必须有 $N_{TA} = -N_{TB}$，即由 T_A 产生的主材内力在数值上要与由 T_B 产生的内力相等，但受力性质相反，由于 $N_{TA} \approx \dfrac{T_A H}{a_2}$、$N_{TB} \approx \dfrac{T_B H}{b_2}$，所以 $\dfrac{T_A}{a_2} = \dfrac{T_B}{b_2}$，即在横隔面上正侧面上的剪力比可近似地取塔身下部正侧面宽度之比。又因 $M_K = T_B a_1 + T_A b_1$，并由 $T_A = \dfrac{a_2}{b_2} T_B$，故可解得

$$\left.\begin{array}{l} T_A = \dfrac{M_K}{\left(b_1 + b_2 \dfrac{a_1}{a_2}\right)}, \text{N} \\[5mm] T_B = \dfrac{M_K}{\left(a_1 + a_2 \dfrac{b_1}{b_2}\right)}, \text{N} \end{array}\right\} \quad (6\text{-}5\text{-}14)$$

（三）塔架的线位移

由于塔架的内力计算一般都将其分解为平面桁架后计算，因而塔架的线位移也可以应用上述平面桁架计算变位的方法计算。在计算中应考虑在外荷载作用下，有前后两片桁架共同承受外荷载。

（四）塔架的扭转变形

计算塔架任一截面在扭矩 M_K 作用下的扭转变形时，可将该扭矩分解为作用在各个平面桁架上的扭力 T_A、T_B，再用虚功法计算各个面的位移，而后按下式计算塔架的扭转变形（图 6-5-21）

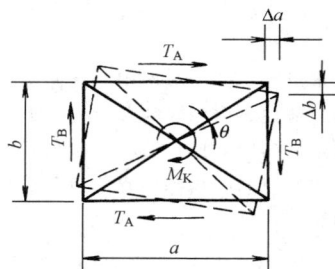

图 6-5-21　塔架的扭转变形

$$\theta = \frac{\sqrt{\Delta a^2 + \Delta b^2}}{r} \quad (6\text{-}5\text{-}15)$$

其中　　$$\Delta a = \sum \left(\frac{\bar{N}_1 N_{TA}}{EA} l + \frac{n_1}{2} \bar{N}_1 e \right), \text{cm}$$

$$\Delta b = \sum \left(\frac{\bar{N}_2 N_{TB}}{EA} l + \frac{n_2}{2} \bar{N}_2 e \right), \text{cm}$$

以上各式中　Δa——正面或背面桁架在 T_A 作用下的位移，cm；

Δb——侧面桁架在 T_B 作用下的位移，cm；

$\bar{N}_1$、$\bar{N}_2$——各面桁架在单位力作用下的虚内力，N；

N_{TA}、N_{TB}——各面桁架在 T_A 及 T_B 作用下的内力，N；

e——螺孔直径与螺栓直径之差，当无连接或用焊接时 $e=0$，cm；

n_1、n_2——杆件根数或连接点数；

r——矩形截面对角线长度之半，cm。

七、常用横担、地线支架、横隔及塔头结构内力分析

在工程设计中常需将空间结构的塔架分解成平面桁架后，进行内力分析。因此，要引用一些假设，下面所介绍的横担、地线支架、横隔等计算中都引进了一些假设，所以是近似计算。但这些假设大多已经过许多工程的实践和试验验证，基本上可满足工程设计的要求。

（一）角锥形横担

角锥形横担（图6-5-22）是送电杆塔常用的一种横担，它由横担的上下主材交汇于挂线点构成。为减小主材的计算长度，各面还可设置一些补助杆件。一般假定横向荷载由下平面的两根主材承受；垂直荷载由前后两片桁架承受；纵向张力可有两种假设，即纵向张力完全由下平面承担或由上下平面按刚度分担。

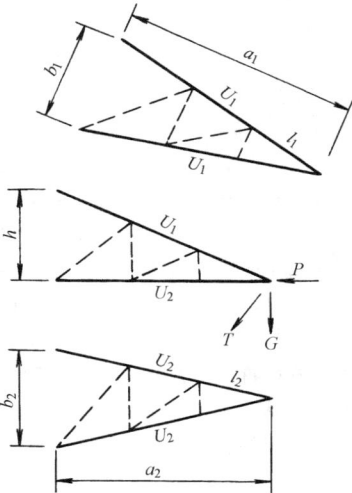

图 6-5-22 角锥形横担

在图6-5-22所示荷载作用下横担各杆件内力为
上平面主材受力：
$$U_1 = Gl_1/2h$$
下平面主材受力：

$$U_2 = (-Ga_2/2h - P/2 \pm Ta_2/b_2)l_2/a_2$$

当考虑上平面分担一部分纵向张力时，U_1、U_2 分别为

$$U_1 = (Ga_1/2h \pm \mu_1 Ta_1/b_1)l_1/a_1$$
$$U_2 = (-Ga_2/2h - P/2 \pm \mu_2 Ta_2/b_2)l_2/a_2$$

上二式中 μ_1、μ_2——纵向张力在上、下平面的分配系数，$\mu_1 = \dfrac{A_1}{A_1 + A_2\left(\dfrac{a_1}{a_2}\right)^3}$，$\mu_2 = 1 - \mu_1$；

A_1、A_2——上下弦主材横截面积，cm；

l_1、l_2——上下弦主材的实长，m。

其它符号含义如图6-5-22所示。

（二）鸭嘴形横担

计算中一般规定横向荷载由横担下平面主材承受，垂直荷载由前后两片桁架平均分担，纵向张力可只由下平面承受，也可由上、下平面分担（图6-5-23），对于耐张、转角杆塔，由于两侧挡距不同，作用在两个挂线点 A、B 上的荷载可能不同，故计算中应取其较大者。现设 $G = G_1 + G_2$、$P = P_1 + P_2$ 且 $G_1 > G_2$、$T_1 > T_2$，则

上平面主材受力：
$$U_1 = G_1 l_1/h$$
下平面主材受力：
$$U_2 = (-G_1 a_2/h - P_1 \pm Ta_3/2b_3)l_2/a_2$$
下平面斜材受力：
$$S_i = Ta_0/2c_i$$

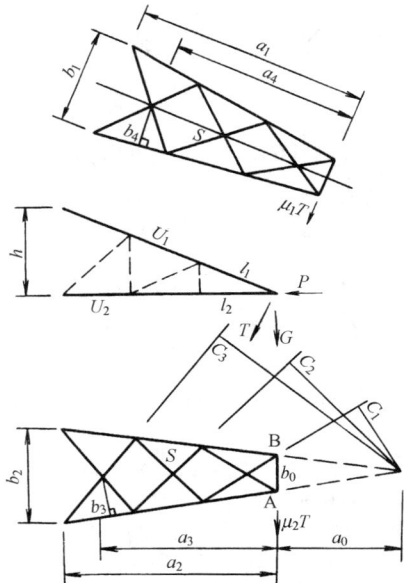

图 6-5-23 鸭嘴形横担

当考虑上平面分担纵向张力时，应按 $T_1 = \mu_1 T$、$T_2 = \mu_2 T$ 将纵向张力分配在上下两个平面后，计算各杆件内力。

（三）矩形横担

一般设垂直荷载由前后两片平面桁架承受，横向荷载由下平面主材承受，纵向荷载也可有两种假设，一是假定纵向张力 T 完全由下平面承担，二是假定纵向张力由上、下平面分担。

1. 上平面不承受纵向张力时（图6-5-24）

$$U_1 = G_1 l / 2h$$
$$U_2 = -G_1 l / 2h - P_1 \pm Tl/b$$
$$S_1 = G_1 / 2\sin\alpha_1$$
$$S_2 = T / \sin\alpha_2$$
$$S_3 = 0$$

2. 考虑上平面分担纵向张力时（图6-5-25）

设下平面主角钢截面 A_1，上平面主角钢截面 A_2，纵向张力作用点距下平面的距离 e（见图6-5-24）。

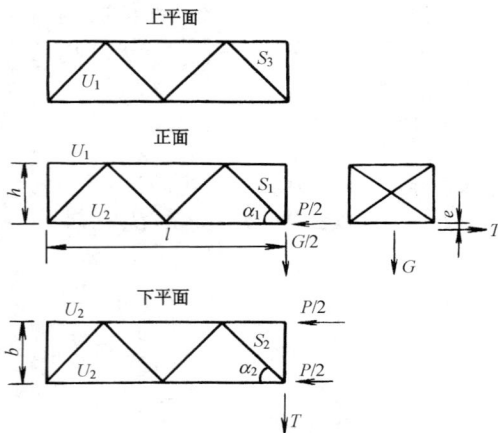

图 6-5-24　矩形横担

由于上、下主角钢截面不同，横担为非对称截面，横担截面的重心距由式（6-5-16）确定。

$$x = \frac{A_1(h - Z_1) + A_2 Z_2}{A_1 + A_2}, \text{m} \qquad (6-5-16)$$

式中　Z_1、Z_2——分别为上、下主角钢的重心距离，m。

纵向张力可分解为作用在截面重心上的剪力 T 和扭矩 M_K，也即

$$M_K = T(e + x), \text{N} \cdot \text{m}$$

则作用在各面的扭力为

$$T_a = \frac{M_K}{2b} \qquad T_b = \frac{M_K}{2h}, \text{N} \qquad (6-5-17)$$

作用在上下平面的剪力为

$$\left. \begin{array}{l} T_1 = \dfrac{A_1}{A_1 + A_2\left(\dfrac{l_2}{l_1}\right)^3} T = \dfrac{A_1}{A_1 + A_2} T = \mu_1 T, \text{N} \\[4mm] T_2 = \mu_2 T = (1 - \mu_1) T, \text{N} \end{array} \right\} $$

$$(6-5-18)$$

作用在各个面的荷载如图 6-5-25（b）所示。杆件受力为

$$U_1 = -(T_2 - T_b)l/b - (T_a - G/2)l/h$$

或　　$$U_1 = (T_2 - T_b)l/b + (T_a + G/2)l/h$$

$$U_2 = -(T_1 + T_b)l/b + (T_a - G/2)l/h$$

或　　$$U_2 = (T_1 + T_b)l/b - (T_a + G/2)l/h$$

$$S_1 = \pm\left(\frac{G}{2} + T_a\right)/\sin\alpha_1$$

$$S_2 = \pm(T_1 + T_b)/\sin\alpha_2$$

$$S_3 = \pm(T_2 - T_b)/\sin\alpha_3$$

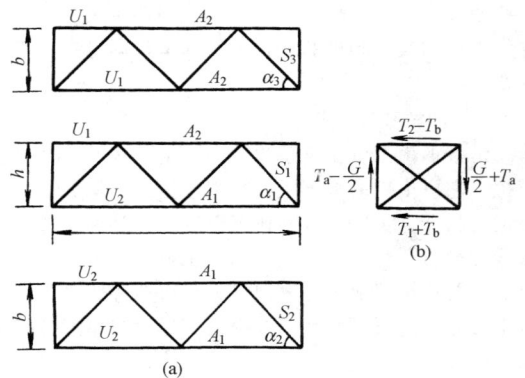

图 6-5-25　矩形横担（上平面分担张力时）

（四）地线支架

图 6-5-26 是常见的直线杆塔避雷线支架，计算中一般可假定垂直荷载 G、横向荷载 P 由前后两个平面分担，用截面法计算内力。纵向张力可以用一个作用在支架顶端的剪力 T 和扭矩 $M_K = Te$ 代替。剪力 T 可按地线支架两个侧面的刚度分配。分析扭矩作用下的支架受力时，可用分别作用于支架侧面顶部的一对扭力 T_T 和作用于前后两个面之间的未知横向剪力 X 代替，将地线支架拆成四片平面桁架，利用前后两片桁架之间相对位移为零的条件，建立力法方程求解。这样作用在外侧面的纵向力为

$$T_1 = \mu_1 T + T_T = \frac{A_1}{A_1 + A_2\left(\dfrac{l_1}{l_2}\right)^3} T + Te/a$$

$$(6-5-19)$$

作用在内侧面的纵向力为

$$T_2 = \mu_2 T - T_T = (1 - \mu_1)T - Te/a$$

$$(6-5-20)$$

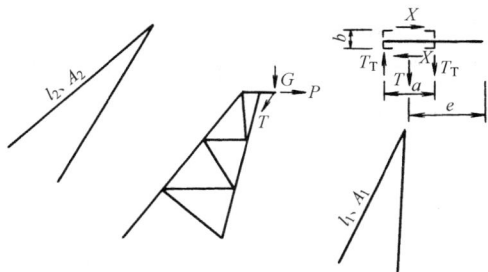

图 6-5-26　避雷线支架

作用在前后面的未知力 X 可用解一次超静定的方法求解，也可近似地由下式求解：

$$X = \pm Te/b \qquad (6-5-21)$$

上三式中　　　b——地线支架顶部侧面宽度；

l_1、l_2、A_1、A_2——分别为外侧面和内侧面主角钢的长度和横截面积；

δ_{11}——$X = 1$ 作用下支架顶部沿 X 方向的位移，$\delta_{11} = \sum \dfrac{\bar{N_1}\,\bar{N_1}}{EA}l$；

Δ_{1P}——在外荷载 T_1、T_2 作用下，支架顶部沿 X 方向的位移。

各杆件的内力即为上述 T_1、T_2 和 X 共同作用下的内力之和，如图 6-5-27 所示。

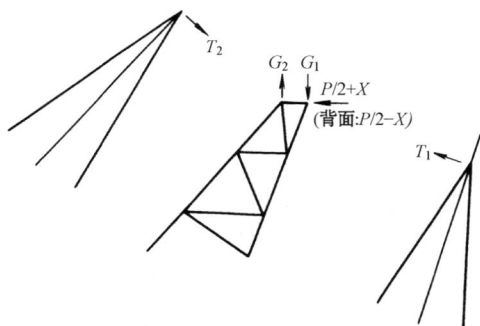

图 6-5-27　避雷线支架各面受力

（五）横隔

具有交叉斜材的横隔（图 6-5-28）是超静定结构，但工程设计中一般可假定两斜杆受力相等，方向

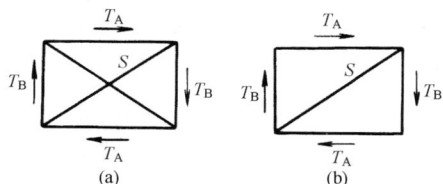

图 6-5-28　横隔计算

（a）交叉斜材横隔；（b）单根斜材横隔

相反，且各承受 $\dfrac{1}{2}$ 扭力，故斜杆受力为

$$S = \frac{1}{2}\sqrt{T_A^2 + T_B^2} \qquad (6-5-22)$$

如塔身为正方形截面，则 $T_A = T_B$，$S = \dfrac{1}{2}\sqrt{2T_A^2} = 0.707T_A$。

（六）酒杯塔塔头

酒杯塔塔头由地线支架、横担、上曲臂和下曲臂组成（图 6-5-29），其中上下曲臂连接点通称"K"节点。K 节点以上部分可以看作是一个两铰拱。

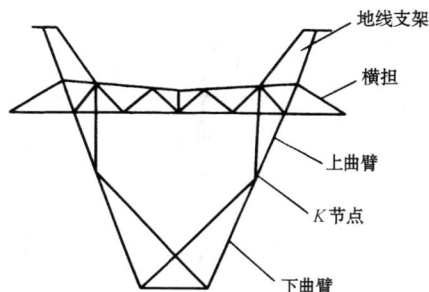

图 6-5-29　酒杯塔塔头

1. 在横向荷载下塔头内力分析

K 节点是铰接点，故把 K 节点切开后，在 K 节点上有两对反对称反力 H_x、R_y（图 6-5-30），由下式计算：

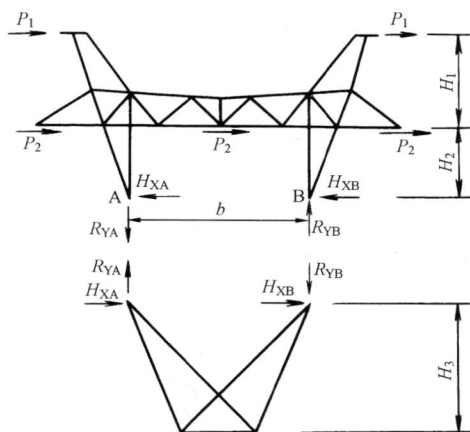

图 6-5-30　酒杯塔塔头在横向荷载下受力

$$\sum M_A = 0 \qquad R_{YA} = R_{YB} = \pm M_A/b \qquad (6-5-23)$$

$$\sum X = 0 \qquad H_{XA} = H_{XB} = \sum P_x/2 \qquad (6-5-24)$$

2. 在垂直荷载作用下塔头内力分析

当垂直力是对称时，K 节点有两对互成对称关系的反力 H_x、R_y，其中

$$R_y = \frac{1}{2}\sum G \qquad (6\text{-}5\text{-}25)$$

H_x 是一对自成平衡关系的超静定反力。当垂直荷载不对称时，$R_{YA} \neq R_{YB}$，可由 $\sum M_A = 0$ 和 $\sum M_B = 0$ 的条件求得：

$$R_{YA} = M_B/b; R_{YB} = M_A/b \qquad (6\text{-}5\text{-}26)$$

由于塔上只有垂直荷载，故不论此垂直荷载是否对称，H_{XA} 必与 H_{XB} 大小相等、方向相反（图 6-5-31），可由上、下曲臂在 A、B 两点相对位移为零的条件求出，其步骤如下：

（1）在 K 节点施加一单位水平力 $X=1$，计算上下曲臂、横担等各杆件的虚内力 $\overline{N}_1$（图 6-5-32）；

（2）计算上、下曲臂及横担各杆件在外荷载作用下的内力 N_P；

（3）建立力法方程：

$$H_x \delta_{11} + \Delta_{1P} = 0 \qquad (6\text{-}5\text{-}27)$$

或

$$H_x = -\Delta_{1P}/\delta_{11}$$

式中　　$\delta_{11} = \sum \dfrac{\overline{N}_1^2}{EA}l; \Delta_{1P} = \sum \dfrac{\overline{N}_1 N_P}{EA}l$。

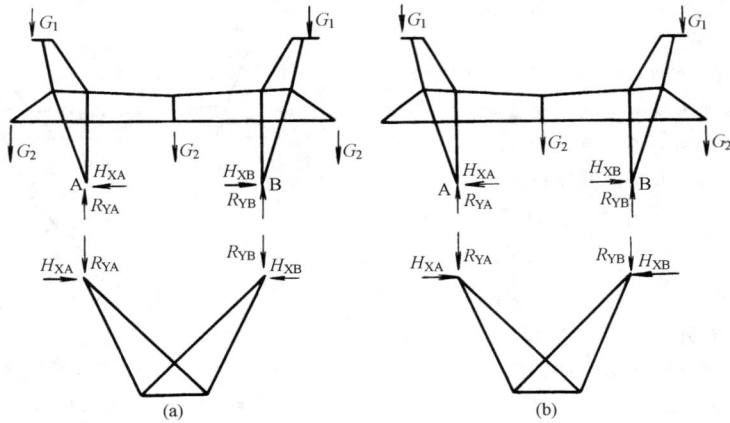

图 6-5-31　酒杯塔在垂直荷载下的受力
（a）在对称垂直荷载下；（b）在不对称垂直荷载下

在横向荷载和垂直荷载共同作用下时，K 节点的反力即为上述横向荷载及垂直荷载分别作用下反力之代数和，求得反力后即可用截面法、节点法计算各杆内力。

臂与横担连接点 C、D 的反力 R_C、R_D：

$$R_C = Ta/b; R_D = T(a+b)/b \qquad (6\text{-}5\text{-}28)$$

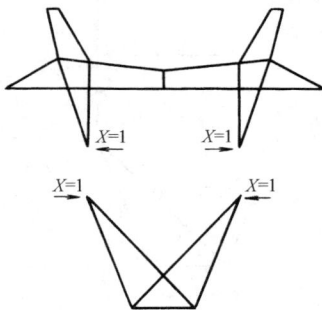

图 6-5-32　单位荷载 $X=1$
作用于"K"节点

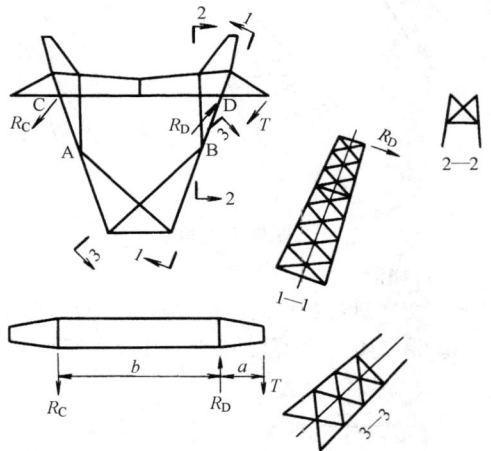

图 6-5-33　在纵向张力作用下塔头受力（一）

3. 在纵向荷载作用下塔头内力分析

第一种情况：如图 6-5-33 所示，当上、下曲臂的内侧面，2-2、3-3 截面不能传递剪力时，纵向荷载只能由上、下曲臂的外侧面承受，此时只需算出上曲臂外侧面分别承受 R_C 和 R_D。如果 K 节点外侧面上、下曲臂成一条直线，那么 R_D、R_C 也可假定只由下曲臂外侧面承受。否则在 R_C、R_D 作用下 K 节点还有横向和竖向反力分量。

第二种情况：当上、下曲臂的内侧面都能传递切力时，习惯上假设 R_C、R_D 作用在上曲臂内外侧面的中点，那么，上曲臂内外侧面各杆件受力各用 R_C、R_D 中较大者计算。在计算下曲臂时则假定上曲臂外侧面只承受 $R_C/2$（或 $R_D/2$，取大者），而另一半则由上曲臂内侧面承受并经 K 节点传至下曲臂的外侧面（图 6-5-34）。此时 R_D、R_C 分别为

$$R_D = T(a+b)/b;\quad R_C = Ta/b \qquad (6\text{-}5\text{-}29)$$

上曲臂内侧面传至 K 节点的竖向和纵向分量为

$$S = R_D l_1/2c_2 \qquad (6\text{-}5\text{-}30)$$
$$\Delta S = S(c_2 - c_1)/2l_1 \qquad (6\text{-}5\text{-}31)$$

则作用在 K 节点外侧面的纵向荷载为 $R_D/2 - 2\Delta S$。竖向分量 S 由正面桁架承受。

当 K 节点外侧面上、下曲臂不在一条直线上时尚需考虑横向和竖向反力分量。

以上所述虽然是一种近似分析法，但经试验和多年实践证明能够保证结构的安全，而且计算比较简单，仍可在工程中采用。

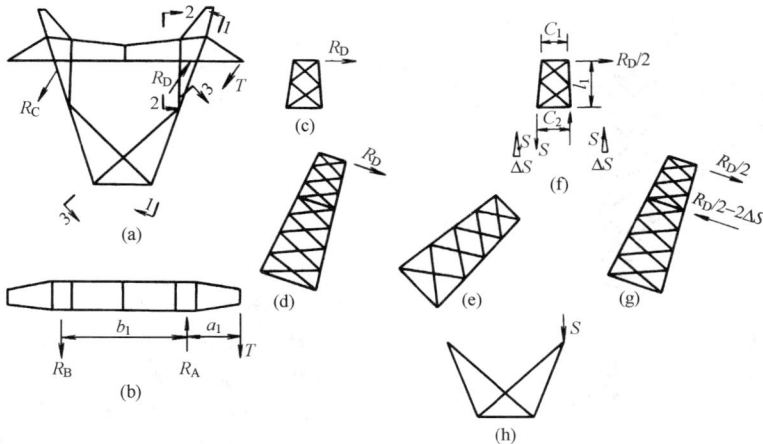

图 6-5-34 在纵向张力作用下塔头受力分析（二）

（a）正面；（b）横担平面；（c）计算上曲臂内侧面时假定；（d）计算上曲臂外侧面时假定；
（e）下曲臂内侧面不受力；（f）计算下曲臂外侧面时上曲臂内侧面的假定；
（g）计算下曲臂外侧面时的假定；（h）上曲臂内侧面的垂直分量作用于下曲臂

4. 横担部分构件内力计算

在横向和竖向荷载作用下，当求出 K 节点的反力后，即可用节点法或截面法逐根计算正面各杆件内力。在纵向张力作用下，可按上述假定计算上、下曲臂内外侧面各杆件的内力。对横担部分，可按假定此张力完全由下平面承受（如图 6-5-35 所示），计算各杆件内力。

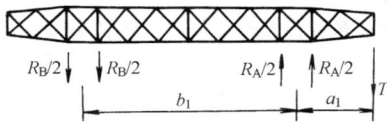

图 6-5-35 横担平面内构件内力计算

5. 内力综合

对每一种组合中的荷载可以分解成横向、纵向和竖向荷载，并算得各杆内力后，即可用叠加的方法算得各杆件在各组合下杆件的实际受力。

（七）猫头塔塔头内力分析

猫头型塔的塔头由上横担、上曲臂、下曲臂和下横担等组成（图 6-5-36）。这种塔头假若去掉下横担，就和酒杯塔一样，因而它在垂直荷载、横向荷载及中导线纵向张力作用下的内力分析也与酒杯型塔相同。下导线有纵向张力作用时比较复杂，可按以下近似方法计算。

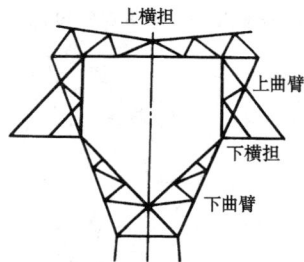

图 6-5-36 猫头塔塔头

当下导线挂线点有纵向张力作用时，在 K 节点上作用的荷载可分解成一纵向切力 T 和扭矩 M_K（图 6-5-37），假定切力 T 由下曲臂内外侧面分担，扭矩 M_K 则由上下曲臂共同承担。

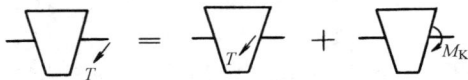

图 6-5-37　边导线纵向张力
作用下力的分解

1. 剪力 T 作用下，下曲臂内力计算

可假定内外侧面所承担的切力与内外侧面的纵向
刚度成正比（图 6-5-38），故内外侧面各承担的切力
为

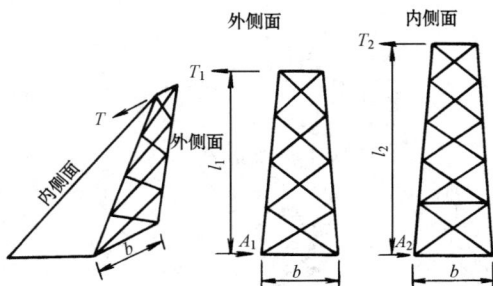

图 6-5-38　纵向张力作用下下曲臂计算

内侧面分担　　$T_1 = \mu_1 T = \dfrac{A_1}{A_1 + A_2 \left(\dfrac{l_1}{l_2}\right)^3} T$　　(6-5-32)

外侧面分担　　$T_2 = \mu_2 T = (1 - \mu_1) T$　　(6-5-33)

式中　　μ_1、μ_2——内外侧面切力分配系数；

　　　　A_1、A_2——内外侧面主角钢截面积，cm^2；

　　　　l_1、l_2——内外侧面桁架高度，m。

2. 扭矩作用下上、下曲臂内力计算

扭矩 M_K 作用于 K 节点时共有三对未知量 X_2、
M_1、M_2，其中 X_2 为上下曲臂间的相对切力；M_1 为
上下曲臂间相对扭矩；M_2 为上下曲臂间相对纵向弯
矩。经试验和计算证明：如略去 M_2，则对下曲臂的
内力影响不大；对上曲臂略偏安全。这样，就可将塔
头简化为二次超静定结构（图 6-5-39）。

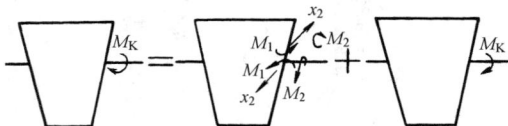

图 6-5-39　扭矩的分解

在 M_1 和 X_2 作用下，可从 K 节点处上下曲臂的
截面相对转角为零和相对位移为零的条件，列出力法
方程组：

$$\left.\begin{array}{l} \delta_{11} M_1 + \delta_{12} X_2 + \Delta_{1P} = 0（相对转角为零） \\ \delta_{21} M_1 + \delta_{22} X_2 + \Delta_{2P} = 0（相对位移为零） \end{array}\right\}$$

(6-5-34)

式中　　$\delta_{11} = 2(a_s + a_X)$——$M_1 = 1$ 作用时，沿 M_1
　　　　　　　　　　　　　　　方向的转角；

　　$\delta_{12} = \delta_{21} = -b(a_s + a_X)$——$X_2 = 1$ 作用时，沿 M_1 方
　　　　　　　　　　　　　　　向的转角；

　　　　$\Delta_{1P} = -a_X M_K$——在 M_K 作用下沿 M_1 方向
　　　　　　　　　　　　　的转角；

　　　　$\Delta_{2P} \approx 0$——在 M_K 作用下沿 M_1 方向
　　　　　　　　　　　的转角；

　　　　a_s、a_X——分别为 M_1 作用下，上、
　　　　　　　　　　下曲臂沿 M_1 方向的转
　　　　　　　　　　角；

　　$\delta_{22} = b^2(a_s + a_X) + \theta_1 h^2$——在 $X_2 = 1$ 作用下，沿 X_2
　　　　　　　　　　　　　　　　方向的位移；

　　　　b、h——分别为两个 K 节点之间
　　　　　　　　　的水平距离和上曲臂的
　　　　　　　　　高度；

　　　　θ_1——横担在纵向单位力矩作
　　　　　　　　用下的扭转角。

解式（6-5-34），可得上曲臂的扭矩为 M_1、附加切力
X_2，则下曲臂的扭矩为 $M_K - M_1$、附加切力为 X_2。

经计算统计，现在常用的 220~330kV 猫头型铁
塔上曲臂分担的扭矩约为 $0.3 \sim 0.4 M_K$，下曲臂分担
的扭矩约为 $0.6 \sim 0.7 M_K$，附加切力 X_2 约为 $0.0004 \sim$
$0.0005 M_K$。

八、杆塔结构的极限状态设计法

本章结构设计及构件截面选择均仍沿用允许应力
设计法。DL/T 5092—1999，规定杆塔结构设计采用
以概率论为基础的极限状态设计法，用可靠指标度量
结构构件的可靠度。具体采用分项系数的设计表达
式。但因目前对各项具体分项系数，有关管理部门尚
未统一编制出相应的技术规定。现仅将其基本规定简
述如下：

（一）一般规定

结构的极限状态是指结构或构件在规定的各种荷
载组合下或在各种变形或裂缝的限值条件下，满足线
路安全运行的临界状态。极限状态分为承载能力极限
状态和正常使用极限状态。

承载力极限状态：结构或构件达到最大承载力或
不适合继续承载的变形。

正常使用极限状态：结构或构件的变形或裂缝等
达到正常使用的规定限值。

结构或构件的强度、稳定和连结强度，应按承载
力极限状态的要求，采用荷载的设计值和材料强度的
设计值；结构或构件的变形或裂缝，应按正常使用极
限状态的要求，采用荷载的标准值进行计算。

（二）承载能力和正常使用极限状态计算表达式

结构或构件的承载力极限状态，应采用下列表达式：

$$\gamma_0(\gamma_G \cdot C_G \cdot G_K + \psi \cdot \Sigma_{\gamma_{Qi}} \cdot C_{Qi} \cdot Q_{iK}) \leq R$$

$$(6\text{-}5\text{-}35)$$

式中　γ_0——结构重要性系数，按安全等级选定。一级：特别重要的杆塔结构，应取 $\gamma_0 = 1.1$；二级：各级电压线路的各类杆塔，应取 $\gamma_0 = 1.0$；三级：临时使用的各类杆塔，应取 $\gamma_0 = 0.9$。

γ_G——永久荷载分项系数，对结构受力有利时，宜取 $\gamma_G = 1.0$；不利时，应取 $\gamma_G = 1.2$。

γ_{Qi}——第 i 项可变荷载的分项系数，应取 $\gamma_{Qi} = 1.4$。

G_K——永久荷载标准值。

Q_{iK}——第 i 项可变荷载标准值。

ψ——可变荷载组合系数，各级电压线路的正常运行情况，应取 $\psi = 1.0$；220kV 及以上送电线路的断线情况和各级电压线路的安装情况，应取 $\psi = 0.9$；各级电压线路的验算情况和110kV 线路的断线情况，应取 $\psi = 0.75$。

C_G、C_{Qi}——分别为永久荷载和可变荷载的荷载效应系数。

R——结构构件的抗力设计值。

结构或构件的正常使用极限状态，应采用下列表达式：

$$C_G \cdot G_K + \psi \cdot \Sigma C_{Qi} \cdot Q_{iK} \leq \delta \qquad (6\text{-}5\text{-}36)$$

式中　δ——结构或构件的裂缝宽度或变形的规定限制值。

结构或构件承载力的抗震验算，应采用下列表达式：

$$\gamma_{GE} \cdot S_{G\gamma} + \gamma_{Eh} \cdot S_{EK} + \gamma_{EV} \cdot S_{EVK}$$
$$+ \gamma_w \cdot \psi_w \cdot S_{WK} \leq R/\gamma_{RE} \qquad (6\text{-}5\text{-}37)$$

式中　γ_{GE}——重力荷载分项系数，一般宜取 $\gamma_{GE} = 1.2$；当重力荷载对结构承载力有利时，宜取 $\gamma_{GE} = 1.0$；当验算结构抗倾覆或抗滑移时，宜取 $\gamma_{GE} = 0.9$。

$S_{G\gamma}$——重力荷载代表值效应，应取结构构件、固定设备和导地线绝缘子等的重力标准值及除风荷载外的可变荷载组合值之和，可变荷载组合系数可取 0.75。

γ_{Eh}、γ_{EV}——分别为水平、竖向地震作用分项系数，当仅计算水平地震作用时：宜取 $\gamma_{Eh} = 1.3$，$\gamma_{EV} = 0$；当仅计算竖向地震作用时：宜取 $\gamma_{Eh} = 0$，$\gamma_{EV} = 1.3$；当两者同时计算时：如以水平作用为主，宜取 $\gamma_{Eh} = 1.3$，$\gamma_{EV} = 0.5$；如以竖向作用为主，宜取 $\gamma_{Eh} = 0.5$，$\gamma_{EV} = 1.3$。

S_{EK}——水平地震作用标准值效应，按现行国家规范《构筑物抗震设计规范》的有关规定计算，对悬挂的导地线及其附件的质量所产生的惯性作用可不予计入。

S_{EVK}——竖向地震作用标准值效应，按现行国家规范《构筑物抗震设计规范》的有关规定计算。

γ_w——风荷载的分项系数，宜取 $\gamma_w = 1.4$。

S_{WK}——风荷载标准值效应。

ψ_w——风荷载组合系数，宜取 $\psi_w = 0.2$。

γ_{RE}——承载力抗震调整系数，钢结构构件一般宜取 $\gamma_{RE} = 0.8$，但当仅计算竖向地震作用时，宜取 $\gamma_{RE} = 1.0$；混凝土结构或构件，宜取 $\gamma_{RE} = 1.0$。

当采用极限状态设计法时，钢材、螺栓和锚栓强度设计值及混凝强度设计值，应按 DL/T 5092—1999 或 GBJ 17—88《钢结构设计规范》、GBJ 10—89《混凝土结构设计规范》取值。

第六节　钢筋混凝土及预应力钢筋混凝土构件计算

一、材料允许值及设计值

混凝土和钢筋的设计强度、标准强度及弹性模量，分别按表 6-6-1 和表 6-6-2 选用。

表 6-6-1　　　　　　　　　　混凝土的设计强度和弹性模量（N/cm²）

强度与模量种类		符号	混凝土强度等级								
			C7.5	C10	C15	C20	C25	C30	C40	C50	C60
设计强度	轴心抗压	f_{cc}	420	550	850	1100	1450	1750	2300	2850	3250
	弯曲抗压	f_{ca}	520	700	1050	1400	1800	2200	2900	3550	4050
	抗　拉	f_{ct}	68	80	105	130	1550	1750	2150	2450	2650
	抗　裂	f_{cr}	85	100	130	160	190	210	255	285	305
弹性模量		E_{cc}		1.85×10^6	2.3×10^6	2.6×10^6	2.85×10^6	3.0×10^6	3.3×10^6	3.5×10^6	3.65×10^6

表 6-6-2 钢筋的设计强度、标准强度及弹性模量（N/cm²）

钢 筋 种 类		符 号	受拉钢筋设计强度 f_{st} 或 f_{py}	受压钢筋设计强度 f_{sc} 或 f'_{py}	标准强度 f^b_{st}	弹性模量 E_s
Ⅰ级钢筋（3号钢）		Φ	24000	24000		21×10^6
Ⅱ级钢筋（20MnSi）		Ⱨ	34000	34000		20×10^6
Ⅲ级钢筋（25MnSi）		ⱨ	38000	38000		20×10^6
Ⅳ级钢筋		Ⱨ	55000	40000		20×10^6
冷拉Ⅰ级钢筋（直径≤12mm）		Φ^L	28000	24000		21×10^6
冷拉Ⅱ级钢筋	双控	Φ^L	45000	34000		18×10^6
	单控		42000			
冷拉Ⅲ级钢筋	双控	$ⱨ^L$	53000	38000	53000	18×10^6
	单控		50000			
冷拉Ⅳ级钢筋	双控	$ⱨ^L$	75000	40000	75000	18×10^6
	单控		70000			
Ⅴ级钢筋热处理 44Mn2Si，45MnSiV		$ⱨ^t$	120000	40000	150000	20×10^6
冷拔低碳钢丝	甲 级 直径3mm	ϕ^b	60000	36000	75000	18×10^6
	直径4mm		56000		70000	
	直径5mm		52000		65000	
	乙 级 直径3~5mm 用于焊接骨架		36000	36000	55000	
	用于绑扎骨架		28000	28000		
碳素钢丝	直径3mm	ϕ^s	14400	36000	180000	18×10^6
	直径4mm		13600		170000	
	直径5mm		12800		160000	

二、安全系数

普通钢筋混凝土构件的强度安全系数为1.7，预应力钢筋混凝土构件的强度安全系数为1.8。不允许出裂构件的抗裂安全系数不小于1.0，允许出裂的抗裂安全系数不小于0.7。按抗拉强度计算的受拉、受弯构件，强度设计安全系数为2.65。

带拉线的钢筋混凝土电杆主杆的长细比，不超过下列数值：

钢筋混凝土直线杆　　　　180
预应力混凝土直线杆　　　 200
各类耐张转角和终端杆　　 160

三、钢筋混凝土构件计算

（一）中心受拉构件计算

钢筋混凝土中心受拉构件的正截面强度按下式计算：

$$KN \leqslant f_{st} \cdot A_s, \text{N} \qquad (6\text{-}6\text{-}1)$$

式中　K——钢筋混凝土中心受拉构件强度设计安全系数；
　　　N——纵向力，N；
　　　f_{st}——纵向钢筋的抗拉设计强度，N/cm²；
　　　A_s——全部纵向钢筋的截面面积，cm²。

（二）中心受压构件计算

钢筋混凝土中心受压构件，根据配筋多少，按下式计算：

当配筋率 $\mu \leqslant 3\%$ 时：

$$KN \leqslant \varphi(f_{cc}A + f_{sc}A'_s), \text{N} \qquad (6\text{-}6\text{-}2)$$

当配筋率 $\mu > 3\%$ 时：

$$KN \leqslant \varphi[f_{cc}(A - A'_s) + f_{sc}A'_s], \text{N} \qquad (6\text{-}6\text{-}3)$$

式中　K——钢筋混凝土构件的强度设计安全系数；
　　　N——中心压力，N；
　　　φ——钢筋混凝土构件的纵向弯曲系数，见表6-6-3；
　　　f_{cc}——混凝土的中心抗压设计强度，N/cm²；
　　　f_{sc}——纵向钢筋的抗压设计强度，N/cm²；
　　　A'_s——全部纵向钢筋的截面面积，cm²；
　　　A——构件截面面积，cm²。

（三）受弯构件计算

1. 矩形断面受弯构件

（1）单向配筋矩形截面抗弯强度：

$$KM \leqslant f_{st}A_s\left(h_0 - \frac{x}{2}\right), \quad \text{N} \cdot \text{cm} \qquad (6\text{-}6\text{-}4)$$

式中　K——强度设计安全系数；
　　　M——计算弯矩，N·cm；
　　　f_{st}——钢筋抗拉设计强度，N/cm²；
　　　A_s——受拉钢筋截面面积，cm²；

表6-6-3　　**钢筋混凝土构件纵向弯曲系数 φ**

L_0/b	≤8	10	12	14	16	18	20	22
L_0/r	≤28	35	42	48	55	62	69	76
φ	1.0	0.98	0.95	0.92	0.87	0.81	0.75	0.70
L_0/b	24	26	28	30	32	34	36	38
L_0/r	83	90	97	104	111	118	125	132
φ	0.65	0.60	0.56	0.52	0.48	0.44	0.40	0.36
L_0/b	40	42	44	46	48	50		
L_0/r	139	146	153	160	167	174	180	
φ	0.32	0.29	0.26	0.23	0.21	0.19	0.184	

注 L_0—构件计算长度；b—矩形截面的短边尺寸；r—截面最小回转半径。

其它符号含义如图6-6-1所示。

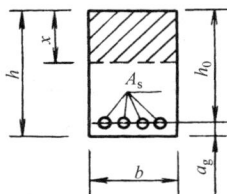

图 6-6-1　单向配筋矩形断面抗弯计算简图

中和轴位置：

$$x = \frac{f_{st}A_s}{f_{cm}b}, \text{cm} \quad (6\text{-}6\text{-}5)$$

此式应满足：$x \leq 0.5h_0$。

式中　f_{cm}——混凝土的弯曲抗压设计强度，N/cm^2。

（2）双向配筋矩形断面抗弯强度：

$$KM \leq f_{cm}bx\left(h_0 - \frac{x}{2}\right) + f_{sc}A'_s(h_0 - a'_s), \text{N·cm} \quad (6\text{-}6\text{-}6)$$

中和轴位置

$$f_{st}A_s - f_{sc}A'_s = f_{cm}bx, \text{cm} \quad (6\text{-}6\text{-}7)$$

此式应满足：$0.55h_0 \geq x \geq 2a'_s$, cm $\quad (6\text{-}6\text{-}8)$

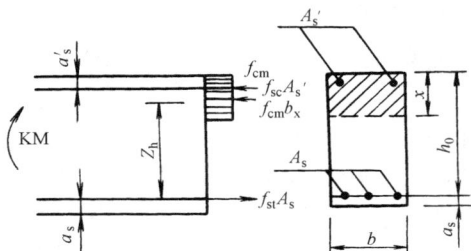

图 6-6-2　双向配筋矩形断面抗弯强度计算简图

式中符号含义同前。计算图形如图 6-6-2 所示，图中 Z_h 为纵向受拉钢筋合力点至受压区混凝土合力点间的距离。

2. 沿周边均匀配置钢筋的环形截面受弯构件抗弯强度

$$KM \leq \left(f_{cm}A\frac{r_1 + r_2}{2} + 2f_{st}A_s r_s\right)\frac{\sin\pi\alpha}{\pi}, \text{N·cm} \quad (6\text{-}6\text{-}9)$$

此时应满足受压区分布角系数 α 的要求：

$$\alpha = \frac{f_{st}A_s}{f_{cm}A + 2f_{st}A_s} \leq 0.3 \quad (6\text{-}6\text{-}10)$$

式中　A——构件截面面积，cm^2；

A_s——全部纵向钢筋的截面面积，cm^2；

r_1、r_2——环形截面的内、外半径，cm；

r_s——纵向钢筋所在圆的半径，cm；

f_{cm}——混凝土的抗弯设计强度，N/cm^2。

上二式尚应满足：纵向钢筋数量不小于6根，且

$\dfrac{r_2 - r_1}{r_2} \leq 0.5$。

计算图形见图 6-6-3。

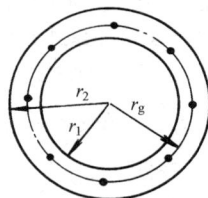

图 6-6-3　环形截面受弯构件计算简图

（四）受切构件计算

1. 矩形截面的受弯构件抗切强度计算

对矩形截面的受弯构件，其截面应符合式（6-6-11）要求，否则应加大断面或提高混凝土标号。

$$KQ \leq 0.3f_{cc}bh_0, \text{N} \quad (6\text{-}6\text{-}11)$$

当矩形截面的受弯构件仅配有箍筋时，斜截面的抗切强度可按下式计算：

$$KQ \leq Q_{kh}, \text{N} \quad (6\text{-}6\text{-}12)$$

$$Q_{kh} = 0.07f_{cc}bh_0 + a_{kh}f_{st}\frac{A_k}{s}h_0, \text{N} \quad (6\text{-}6\text{-}13)$$

式中　Q——斜截面上的最大剪力，N。

Q_{kh}——斜截面上受压区混凝土和箍筋的抗切强度，N。

a_{kh}——抗切强度影响系数，当 $\dfrac{KQ}{bh_0} \leq 0.2R_a$ 时，

$a_{kh} = 2.0$；当 $\dfrac{KQ}{bh_0} = 0.3R_a$ 时，$a_{kh} = 1.5$，为中间值时按插入法取用。

A_k——配置在同一截面内箍筋各肢的全部截面面积（cm^2），$A_k = na_k$。

式（6-6-13）中 A_k 应符合如下要求：$KQ > 0.07f_{cc}bh_0$ 时，箍筋配筋率 $\mu_k = \dfrac{na_k}{bs}$ 不小于 0.015 $\dfrac{f_{cc}}{f_{st}}$；绑扎骨架间距不大于 15d，焊接骨架不大于 20d，同时，不论何种骨架最大间距不应超过 400mm，并符合表6-6-4规定。其中 n 为在同一截面内箍筋的肢数，a_k 为单肢箍筋的截面面积（cm^2）；s 为沿构件长度方向上的箍筋间距（cm）；R_g 为箍筋的抗拉强度（N/cm^2）。

表 6-6-4　　梁中箍筋最大间距（mm）

项次	梁高（mm）	$KQ > 0.07f_{cc}bh_0$	$KQ \leqslant 0.07f_{cc}bh_0$
1	$150 < h \leqslant 300$	150	200
2	$300 < h \leqslant 500$	200	300
3	$500 < h \leqslant 800$	250	350
4	$h > 800$	300	500

对于矩形截面的受弯构件，如果 $KQ \leqslant 0.07f_{cc}bh_0$ 时，则不必计算斜截面的抗切强度，而按构造配置钢筋。

2. 环形截面构件在切力作用下截面强度计算

在切力作用下，环形截面的主拉应力按下式计算

$$\tau_Q = \frac{KQ}{1.6Dt}, \text{N} \qquad (6\text{-}6\text{-}14)$$

螺旋筋面积按下式计算：

$$A_{gl} = \frac{KQS}{2.8\pi r_s A_s \cos(45° + \theta)}, \text{cm}^2 \qquad (6\text{-}6\text{-}15)$$

附加主筋面积按下式计算：

$$A_{sl} = 0.2KQ/f_{st}, \text{cm}^2 \qquad (6\text{-}6\text{-}16)$$

上三式中　S——螺旋钢筋直径，cm；

　　　　D——构件外直径，cm；

　　　　t——构件壁厚，cm；

　　　　θ——螺旋筋的倾斜角，（°）；

　　　　K——强度设计安全系数；

　　　　r_s——纵向钢筋所在圆的半径，cm；

　　　　A_s——全部纵向钢筋的截面面积，cm^2。

（五）受扭同时受切构件计算

对于环形截面电杆，当有纵向力作用时（如断线），主杆是在切力与扭力同时作用下工作的。在这种情况下，需计算电杆的截面强度。

当切力与扭力所产生的主拉应力 τ 满足下述条件时，可按构造配置螺旋筋，即

$$\tau < 0.07f_{cc}, \text{N/cm}^2 \qquad (6\text{-}6\text{-}17)$$

当 $0.07f_{cc} < \tau < 0.3f_{cc}$ 时，应计算螺旋筋；当 $\tau > 0.3f_{cc}$ 时，构件截面尺寸或混凝土标号选择不合理，应加大构件断面或提高混凝土标号。由此得

$$\tau = \frac{KQ}{1.6Dt} + \frac{KM_{TP}}{W_T}, \text{N/cm}^2 \qquad (6\text{-}6\text{-}18)$$

当按式（6-6-18）计算后，$\tau < 0.07f_{cc}$，则按构造配置螺旋筋，不必进行计算；若 $0.07f_{cc} < \tau < 0.3f_{cc}$ 时，则按下式计算螺旋筋面积 A_{sh} 及附加主筋面积 A_{sa}。

$$A_{sh} = \frac{KQS}{\sqrt{2}\pi r_s f_{st}\cos(45° + \theta)} + \frac{KM_{Tm}S_1}{2\sqrt{2}f_{st}A_{hc}\cos(45° + \theta)}, \text{cm}^2 \quad (6\text{-}6\text{-}19)$$

$$A_{sa} = \frac{(0.2 - 0.3)Q_K}{f_{st}} + \frac{KM_{Tm}S_1}{2A_{ho}f_{st}} \times \tan(45° + \theta), \text{cm}^2 \qquad (6\text{-}6\text{-}20)$$

上二式中　W_T——混凝土塑性抗扭断面抵抗系数，$W_T = \dfrac{1}{2}(r_1 + r_2)A$；

　　　　S_1——纵向钢筋所围成的周长，$S_1 = 2\pi r_g$，cm；

　　　　A_{hc}——为螺旋筋所围成的核心面积，$A_{he} = \pi r_g^2$，cm^2；

　　　　M_{Tm}——构件所承担的外扭力矩，N·cm；

　　　　Q——构件所承担的切力，N；

　　　　D——构件外直径，cm；

　　　　S——螺旋钢筋的间距，cm；

　　　　θ——螺旋钢筋的倾斜角，（°）；

　　　　K——强度设计安全系数；

　　　　f_{st}——纵向钢筋的抗拉设计强度，N/cm^2；

　　　　r_s——纵向钢筋所在圆的半径，cm。

（六）偏心受压构件计算

1. 矩形断面偏心受压构件计算

（1）矩形断面偏心受压构件，根据偏心大小按下列两种情况计算：

$$KN \leqslant f_{cm}bx + f_{sc}A'_s - f_{st}A_s, \text{N} \qquad (6\text{-}6\text{-}21)$$

或 $KNe \leqslant f_{cm}bx(h_0 - \dfrac{x}{2}) + f_{sc}A'_s(h_0 - a'_s), \text{N}$ 　(6-6-22)

此时，中和轴位置按下式确定

$$f_{st}A_s e \pm f_{sc}A_s e = f_{cm}bx(e - h_0 + \frac{x}{2}), \text{cm} \qquad (6\text{-}6\text{-}23)$$

计算简图见图6-6-4。

（2）小偏心受压构件（$x > 0.55h_0$）：

$$KNe \leqslant 0.5f_{cc}bh_0^2 + f_{sc}A'_s(h_0 - 1a'_g), \text{N·cm} \qquad (6\text{-}6\text{-}24)$$

当纵向力作用于钢筋 A_s 合力点及 A'_s 合力点之间时，按下式计算：

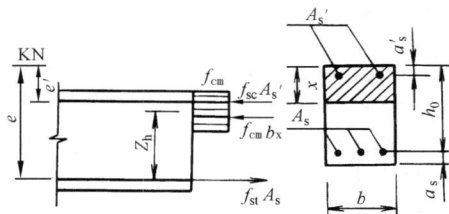

图 6-6-4　大偏心受压构件计算简图

$$KNe' \leq 0.5 f_{cc} b h'_0{}^2 + f_{sc} A_s (h'_0 - a_s) , N \cdot cm \tag{6-6-25}$$

计算简图见图 6-6-5。

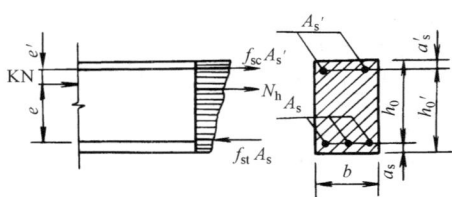

图 6-6-5　小偏心受压构件计算简图

上述式中　K——强度设计安全系数；

　　　　　N——纵向力，N；

　　　　　f_{cm}——混凝土的弯曲抗压设计强度，N/cm^2；

　　　　　f_{sc}——钢筋抗压设计强度，N/cm^2；

　　　　　A'_s——纵向受压钢筋的截面面积，cm^2；

　　　　　f_{st}——钢筋抗拉设计强度，N/cm^2；

　　　　　N_h——受压区混凝土合力，N；

　　　　　A_s——纵向受拉钢筋的截面面积，cm^2；

　　　　　e、e'——纵向力作用点至受拉及受压钢筋合力点之间的距离，cm；

其它符号含义如图 6-6-5 所示。

2. 沿周边均匀配置钢筋的环形偏心受压构件计算

（1）小偏心受压构件（$a > 0.5$）：

当受压区分布角系数 $a = \dfrac{KN + f_{st} A_s}{A f_{cm} + 2 f_{st} A_s} > 0.5$ 时按下式计算：

$$KN(e_0 + r_s)\eta \leq (f_{cc}A + \mu_e f_{sc}A'_s) r_s , N \cdot cm \tag{6-6-26}$$

式中　e_0——纵向力对截面重心的偏心距，cm；

　　　η——偏心距增大系数，按式（6-6-28）计算；

　　　N——纵向力，N；

　　　K——强度设计安全系数；

　　　r_s——纵向钢筋所在圆的半径，cm；

　　　f_{cc}——混凝土的受压设计强度，N/cm^2；

　　　A——断面面积，cm^2；

　　　f_{sc}——纵向钢筋的抗压设计强度，N/cm^2；

　　　A'_s——纵向钢筋的面积；

　　　μ_e——与偏心距有关的系数，当 $e_0 < r_g$ 时，$\mu_e = 1 - \dfrac{e_0}{3 r_s}$；$e_0 \geq r_s$ 时，$\mu_e = \dfrac{2}{3}$。

（2）大偏心受压构件（$a \leq 0.5$）：

$$KNe_0\eta \leq \left(A f_{cm} \frac{r_1 + r_2}{2} + 2 A_s f_{st} r_g \right) \frac{\sin \pi \alpha}{\pi} , N \cdot cm \tag{6-6-27}$$

式中　f_{cm}——混凝土的抗弯设计强度，N/cm^2；

其它符号含义与小偏心受压构件计算中式（6-6-26）相同。

计算截面强度时，当 L_0/D（计算长度与直径之比）大于 7 时，应考虑偏心距增大系数 η。η 值按下式计算：

$$\eta = \frac{1}{1 - \dfrac{KN}{10 a_e E_{cc} J} L_0^2} \tag{6-6-28}$$

式中　K——强度设计安全系数，取 1.55，不考虑附加安全系数；

　　　E_{cc}——混凝土的弹性模量，N/cm^2；

　　　J——混凝土截面的惯性矩（cm^4），当全部纵向钢筋的配筋百分率大于 3% 时，J 应乘以 1.2；

　　　a_e——与偏心距有关的系数，按表 6-6-5 或下式计算。

$$a_e = \frac{0.1}{0.3 + \dfrac{e_0}{d}} + 0.143$$

当 $e_0/d \geq 1$ 时，取 $a_e = 0.22$。

表 6-6-5　　　　　　偏心距相关系数 a_e

e_0/d	0.05	0.10	0.15	0.20	0.25	0.30	0.35
a_e	0.429	0.393	0.365	0.343	0.325	0.310	0.297
e_0/d	0.4	0.5	0.6	0.7	0.8	0.9	≥1.0
a_e	0.286	0.268	0.254	0.243	0.234	0.226	0.22

（七）偏心受拉构件强度计算

沿周边均匀配置钢筋的钢筋混凝土环形截面偏心受拉构件的正截面强度，按下式计算：

$$KN = A_s f_{st} \frac{\beta}{1 + \dfrac{e_0}{r_s}} , N \tag{6-6-29}$$

式中　β——截面上受压区影响与偏心距 e_0 有关的系数，当 $0 < \dfrac{e_0}{r_s} \leq 0.5$ 时，$\beta = 1.0$；当 $\dfrac{e_0}{r_s} \geq 3$ 时，$\beta = 0.9$；当 $\dfrac{e_0}{r_s}$ 为中间数值时，β 按直线内插法取用。

　　　e_0——外作用力至截面中心的偏心距，cm。

（八）钢筋混凝土电杆刚度计算

（1）短期荷载作用下的刚度 B_r 按下列公式计算：使用阶段不出裂构件

$$B_r = 0.85E_{cc}J_0, \text{N/cm}^2 \tag{6-6-30}$$

使用阶段出裂的构件

$$B_r = 1.2\beta E_s A_s r_s^2, \text{N/cm}^2 \tag{6-6-31}$$

式中　E_{cc}——混凝土的弹性模量，N/cm^2；

J_0——换算截面的惯性矩，$J_0 = J + \frac{1}{2}(n-1)A_s r_s^2$，$\text{cm}^4$；

β 可根据 $\alpha = 3n\mu$（$n = \dfrac{E_s}{E_{cc}}$，$\mu = \dfrac{A_s}{A}$），由图 6-6-6 中曲线查得（图中 φ 为压力角）；1.2 为压弯构件的刚度增大系数（计算受弯构件时 $B_d = \beta E_s A_s r_s^2$，不乘 1.2 系数）。

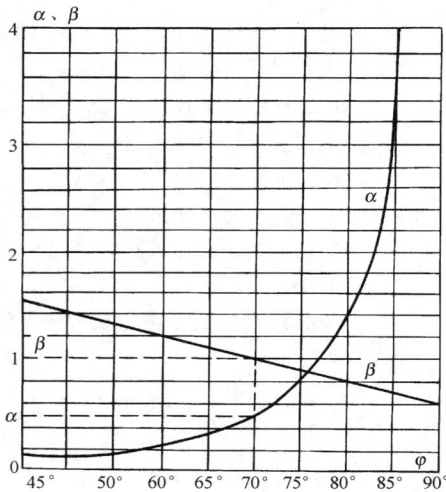

图 6-6-6　α、β 曲线图

（2）当有长期荷载作用时，刚度 B_c 按下列公式计算

$$B_c = B_r \frac{M}{M_c \theta + M_d} \tag{6-6-32}$$

式中　M_c——长期作用的标准荷载所产生的弯矩；

M_d——短期作用的标准荷载所产生的弯矩；

M——全部标准荷载所产生的弯矩 $M = M_c + M_d$；

θ——荷载长期作用下的刚度降低系数，取 $\theta = 1.8$。

（3）对直线杆和耐张杆，风荷载可考虑为短期荷载，刚度可用 B_r，对转角杆的电线张力可考虑为长期荷载，而风荷载可考虑为短期荷载，刚度用 B_c。

四、预应力钢筋混凝土构件计算

预应力钢筋混凝土电杆，较普通钢筋混凝土电杆的刚度及抗裂性好，由于采用高强材料还可节约钢材。

预应力钢筋混凝土电杆采用先张法工艺加工，要求混凝土不低于 40 级。

（一）预应力钢筋混凝土电杆钢筋的张拉应力

钢筋的张拉应力，应根据钢材材质及对电杆抗裂性、刚度的要求选用。张拉控制应力见表 6-6-6。

表 6-6-6　各种钢筋（丝）控制应力 σ_k 的范围

序号	钢筋（丝）种类	σ_k	
		最大	最小
1	硬钢（高强度碳素钢丝，调质 V 级钢筋）	$0.7f_{st}^b$	$0.4f_{st}^b$
2	软钢（冷拉 III、IV 级，取冷拉后屈服强度 f_{st}^b）	$0.9f_{st}^b$	$0.4f_{st}^b$
3	冷拔低碳钢丝	$0.75f_{st}^b$	$0.5f_{st}^b$

表中第 1、3 两项 f_{st}^b，取钢筋平均拉断强度减去两倍均方差（$f_{st} - 2\sigma$）；第二项 f_{st}^b，取冷拉屈服强度。

（二）预应力损失计算

第一批损失　σ_{sI}，$\sigma_{sI} = \sigma_s = \sigma_{s1} + \sigma_{s3} + \sigma_{s4}$

$$\tag{6-6-33}$$

式中　σ_{s1}——锚具损失，$\sigma_{s1} = \dfrac{\lambda}{L}E_s$（$\lambda$ 取 1～5mm）；

σ_{s3}——温差损失，$\sigma_{s3} = 20\Delta t$（Δt 为钢模与混凝土温差，无实测数据时，取 $\Delta t = 20℃$）；

σ_{s4}——钢筋应力松弛损失，其中：

经过超张拉，软钢，$\sigma_{s4} = 0.035\sigma_k$；

经过超张拉，硬钢，$\sigma_{s4} = 0.045\sigma_k$；

一次张拉，软钢，$\sigma_{s4} = 0.05\sigma_k$；

一次张拉，硬钢，$\sigma_{s4} = 0.07\sigma_k$。

第二批损失　σ_{sII}，$\sigma_{sII} = \sigma_{s5}$

式中　σ_{s5}——混凝土收缩、徐变引起的预应力损失，可按表 6-6-7 取用。

表 6-6-7　混凝土收缩、徐变引起的预应力损失 σ_{s5}

σ_h/R'	0.1	0.2	0.3	0.4	0.5	0.6
σ_{s5}（N/mm^2）	55	75	95	115	135	210

表中　σ_h——施加预应力对混凝土产生的压应力；R'——脱模放张时，混凝土的立方强度脱模放张时，施加预应力对混凝土产生的压应力 σ_h，按下列公式计算：

$$\sigma_h = \frac{A_p(\sigma_k - \sigma_s)}{A_0} \leq 0.4R' \tag{6-6-34}$$

式中　A_p——全部纵向预应钢筋截面面积；

A_0——构件换算断面面积 $A_0 = A - (n-1)A_p$；

σ_s——预应力第一批损失。

（三）预应力钢筋混凝土中心受拉构件的正截面强度计算

$$KN \le f_{st}A_s + f_{py}A_p , \text{N} \qquad (6\text{-}6\text{-}35)$$

式中　f_{st}、A_s——非预应力钢筋的抗拉强度及面积；

　　　f_{py}、A_p——预应力钢筋的抗拉强度及面积。

（四）用先张法加工的中心受压构件正截面强度计算

$$KN \le \varphi(f_{cm}A + \sigma'_{ya}A'_y) , \text{N} \qquad (6\text{-}6\text{-}36)$$

式中　φ——预应力混凝土构件纵向弯曲系数，按表6-6-8采用；

　　　f_{cm}——混凝土的中心受压设计强度，N/cm^2；

　　　A——构件截面面积，cm^2；

　　　σ'_{ya}——中心受压构件中预应力钢筋的设计应力（N/cm^2），$\sigma'_{ya} = R'_y - (\sigma'_k - \sigma'_s)$；

　　　f'_{py}——预应力钢筋抗压设计强度，N/cm^2；

　　　σ'_k——预应力钢筋张拉控制应力，N/cm^2；

　　　σ'_s——预应力钢筋预应力损失，N/cm^2；

　　　A'_y——预应力钢筋截面面积，cm^2。

表6-6-8　环形预应力钢筋混凝土电杆纵向弯曲系数 φ

L_0/r	≤28	35	42	48	55	62	69	76	83
φ	1.0	0.98	0.96	0.94	0.92	0.9	0.88	0.86	0.84
L_0/r	90	97	104	111	118	125	132	139	146
φ	0.82	0.8	0.78	0.74	0.7	0.66	0.62	0.58	0.52
L_0/r	153	160	167	174	180	190	200		
φ	0.46	0.4	0.34	0.28	0.23	0.15	0.08		

注　1. L_0——构件计算长度，cm；r——环形截面最小回转半径，cm。

　　2. 当扣除全部预应力损失后混凝土的预压应力 σ_k 控制在 $0.2f_{cc}$ 左右时，按上表采用。

（五）沿周边均匀配置预应力钢筋的环形截面受弯构件，采用先张法加工时正截面强度计算

1. 只采用一种钢筋的预应力构件（见图6-6-7）

$$KM \le \left[f_{cm}A\frac{r_1 + r_2}{2} + (f_{py} + \sigma'_{ya})A_p r_p \right]\frac{\sin\pi\alpha}{\pi} , \text{N} \cdot \text{cm}$$
$$(6\text{-}6\text{-}37)$$

此时 $a = \dfrac{f_{py}A_p}{(f_{py} + \sigma'_{ya})A_p + f_{cm}A} \le 0.42$（而且纵向钢筋数量不少于6根）

$$\frac{r_2 - r_1}{r_2} \le 0.5$$

式中　A——构件截面面积，cm^2；

　　　A_p——全部纵向预应力钢筋的截面面积，cm^2；

　　　σ'_{ya}——受压区预应力钢筋的设计应力，$\sigma'_{ya} = f'_{py} - (\sigma'_c - \sigma'_v)$，$\text{N/cm}^2$；

　　　r_p——纵向预应力钢筋所在圆的半径，cm；

　　　f_{py}——预应力钢筋抗拉设计强度，N/cm^2；

　　　f_{cm}——混凝土弯曲抗压设计强度，N/cm^2。

其它符号含义如图6-6-7所示。

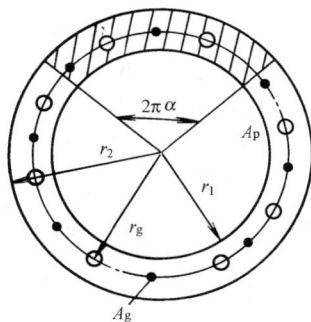

图6-6-7　预应力环形截面受弯构件计算简图

2. 同一构件中，预应力钢筋与非预应力钢筋混合使用时的抗弯强度

$$KM \le \frac{1}{\pi}\left[f_{cm}A\frac{r_1 + r_2}{2} + 2A_s f_{st}r_s + (f_{py} + \sigma'_{ya})A_p f'_{py} \right]\sin\pi\alpha , \text{N} \cdot \text{cm}$$
$$(6\text{-}6\text{-}38)$$

式中　K——抗弯强度设计安全系数；

　　　M——计算弯矩，$\text{N} \cdot \text{cm}$；

　　　f_{cm}——混凝土弯曲抗压设计强度，N/cm^2；

　　　A——构件截面面积，cm^2；

　　　A_s——纵向非预应力钢筋面积，cm^2；

　　　f_{st}——纵向非预应力钢筋抗拉设计强度，N/cm^2；

　　　f'_{py}——纵向预应力钢筋抗拉设计强度，N/cm^2；

　　　A_p——纵向预应力钢筋截面面积，cm^2；

　　　σ'_{ya}——受压区预应力钢筋的设计应力，N/cm^2；

$$a = \frac{A_p f_{py} + A_s f_{st}}{f_{cm}A + 2A_s f_{st} + (f_{py} + \sigma'_{ya})A_p} \le 0.42$$，其它符号含义如图6-6-7所示。

（六）预应力环形截面偏心受压构件计算

沿周边均匀配置预应力钢筋的环形截面，其纵向受力钢筋不少于6根，$\dfrac{r_2 - r_1}{r_2} \le 0.5$，采用先张法加工而且细长比小于100时，强度按下式计算：

1. 大偏心受压构件

当受压区分布角系数 $a \le 0.5$ 时，按下式计算：

$$KNe_0\eta \le \frac{1}{\pi}\left[f_{cm}A\frac{r_1 + r_2}{2} + (f_{py} + \sigma'_{ya})A_p r_p \right]\times \sin\pi\alpha , \text{N} \cdot \text{cm} \qquad (6\text{-}6\text{-}39)$$

$$a = \frac{KN + f_{py}A_p}{f_{cm}A + (f_{py} + \sigma'_{ya})A_p} < 0.5$$

2. 小偏心受压构件

当 $a > 0.5$

$$KN(e_0 + r_p)\eta \le [f_{cc}A + n_p f'_{py}A_s - (\sigma'_c - \sigma_1)A_p]r_p, \text{N·cm} \quad (6\text{-}6\text{-}40)$$

上二式中 K——强度设计安全系数;

N——计算压力,N;

A——构件截面面积,cm²;

A_s、A_p——分别为非预应力钢筋与预应力钢筋的截面面积,cm²;

f_{cm}——混凝土弯曲抗压设计强度,N/cm²;

f_{py}——预应力钢筋抗拉设计强度,N/cm²;

σ'_{ya}——受压区预应力钢筋的设计应力,N/cm²,$\sigma'_{ya}=f'_{py}-(\sigma'_c-\Sigma\sigma'_1)$;

e_0——纵向力对截面重心的偏心距,cm;

n_p——与偏心距有关的系数,当 $e_0 < r_y$ 时,取

$$n_p = 1 - \frac{e_0}{3r_p}; \quad e_0 \ge r_y \text{ 时}, n = \frac{2}{3};$$

η——偏心距增大系数。

(七) 预应力环形截面偏心受压构件的计算

当构件的细长比为 100~200 时按下式计算:

$$KNe'_0\eta \le r_p[0.2y_1 a(Af_{cm} + 1.25A_s\sigma'_{ya}) + (1-a)$$
$$\times (0.2A_pf_{py}y_2 + Af_{cr}y_3)], \text{N·cm} \quad (6\text{-}6\text{-}41)$$

式中 K——强度设计安全系数;

N——计算纵向力,N;

e'_0——折算偏心距,对一端偏心铰结柱:$e'_0 = 0.6$cm;对两端偏心铰结柱 $e'_0 = e_0$,cm;

e_0——偏心距,cm;

r_p——预应力钢筋在构件截面位置的半径,cm;

η——偏心距增大系数,$\eta = \dfrac{1}{1 - \dfrac{KN}{10a_r E_{cc}J_0}L_0^2}$;

J_0——混凝土截面的惯性矩,当配筋率 $\mu \ge 2\%$ 时,乘以系数 1.1;$\mu > 3\%$ 时,乘以系数 1.2;

L_0——构件计算长度,cm;

a_r——构件刚度修正系数,按表 6-6-9 采用;

a——受压区分布角系数,

$$a = \frac{2.5KN + A_pf_{py}}{A_p(f_{py} + 1.25\sigma'_{ya}) + Af_{cm}} \le 0.45,$$

其中 $\sigma'_{ya} = 2100 - (\sigma_k - \sigma_s)$;

f_{cr}——混凝土抗裂设计强度,N/cm²;

A——构件截面面积,cm²;

y_1、y_2、y_3——力臂系数,由表 6-6-10 查出;

f_{cm}——混凝土弯曲抗压设计强度,N/cm²;

f_{py}——预应力钢筋抗拉设计强度,N/cm²。

表 6-6-9　　偏心受压构件刚度修正系数 a_e

e_0/D	0.05	0.10	0.15	0.20	0.25	0.30
a_e	1.01	0.98	0.96	0.93	0.91	0.88
e_0/D	0.35	0.40	0.45	0.50	0.55	0.60
a_e	0.85	0.83	0.80	0.77	0.75	0.72

表 6-6-10　　力臂系数 y_1、y_2、y_3

a	0.222	0.278	0.333	0.389	0.444	0.500
y_1	1.87	1.85	1.78	1.72	1.65	1.57
y_2	1.17	1.24	1.30	1.40	1.49	1.57
y_3	0.263	0.338	0.413	0.489	0.564	0.637
a	0.555	0.611	0.666	0.722	0.778	
y_1	1.49	1.40	1.32	1.23	1.17	
y_2	1.65	1.73	1.80	1.85	1.87	
y_3	0.704	0.769	0.825	0.877	0.921	

注　中间数值用插入法计算。

(八) 预应力偏心受拉构件强度计算

$$KN = A_pf_{py}\frac{1.05}{1 + \dfrac{e_0}{r_p}}, \text{N} \quad (6\text{-}6\text{-}42)$$

式中 A_p——预应力钢筋的截面积,cm²;

f_{py}——预应力钢筋的抗拉设计强度,N/cm²;

e_0——偏心距,cm;

r_p——预应力钢筋在截面位置的半径,cm。

(九) 环形预应力构件的刚度计算

短期荷载作用的刚度 B_d 按下列公式计算

1. 不允许出裂构件的刚度计算

$$B_d = 0.85E_{cc}J_0, \text{N/cm}^2 \quad (6\text{-}6\text{-}43)$$

式中 B_d——计算构件的刚度,N/cm²;

E_{cc}——混凝土设计弹性模量,N/cm²;

J_0——换算截面惯性矩;

$$J_0 = J + \frac{1}{2}(n-1)A_p r_p^2;$$

A——构件截面面积,cm²;

A_p——预应力钢筋截面面积,cm²。

2. 允许出裂构件的刚度计算

$$B_d = \left[0.65 + \frac{2}{3}(K_f - 0.7)\right]E_{cc}J_0, \text{N/cm}^2$$

$$(6\text{-}6\text{-}44)$$

式中 K_f——不允许出裂构件的抗裂安全系数;

其它符号含义与式(6-6-43)相同。

当有长期荷载作用时,刚度按下式计算:

$$B_c = B_d\frac{M}{M_c + M_d} \quad (6\text{-}6\text{-}45)$$

式中　M_c——长期作用的标准荷载所产生的弯矩；

　　　M_d——短期作用的标准荷载所产生的弯矩；

　　　M——全部标准荷载所产生的弯矩，$M = M_c + M_d$；

　　　θ——荷载长期作用下的刚度降低系数，取 $\theta = 2.0$。

（十）环形截面预应力构件的抗裂计算

1. 中心抗裂拉力

环形截面预应力构件中心受拉时抗裂拉力 N_f 为

$$N_f \leqslant (\sigma_{ha} + r_s f_{cr}) A_0 , \text{N} \qquad (6\text{-}6\text{-}46)$$

式中　σ_{ha}——扣除相应阶段的预应力损失后，混凝土所承受的预压应力，N/cm^2；

　　　f_{cr}——混凝土抗裂设计强度，N/cm^2；

　　　A_0——环形预应力构件折算面积，$A_0 = A + (n-1) A_p$，cm^2；

　　　A——构件截面面积，cm^2；

　　　γ_s——环形截面混凝土塑性系数，$\gamma_s = 1$。

2. 受弯构件抗裂弯矩计算

环形截面预应力受弯构件抗裂弯矩 M_f 与安全系数 K_f 分别为

$$M_f = (\sigma_{ha} + \gamma_s f_{cr}) W_0 , \text{N} \cdot \text{cm} \qquad (6\text{-}6\text{-}47)$$

$$K_f = \frac{M_f}{M} \qquad (6\text{-}6\text{-}48)$$

式中　γ_s——混凝土断面抵抗矩塑性系数，$\gamma_s = 2 - \dfrac{0.4 r_1}{r_2}$；

　　　W_0——截面换算面积抵抗矩，$W_0 = \dfrac{A_0}{4 r_2} (r_1^2 + r_2^2)$，$\text{cm}^3$；

　　　A_0——截面换算面积，$A_0 = A + (n-1) A_y$，cm^2；

　　　M——构件设计使用弯矩，$\text{N} \cdot \text{cm}$；

　　　K_f——构件抗裂安全系数。

3. 受扭构件出裂强度

环形截面受扭构件出裂扭矩 M_{tf} 按下式计算

$$M_{tf} = (1 + 0.15 \frac{\sigma_{ha}}{f_{cr}}) W_t f_{cr} , \text{N} \cdot \text{cm} \qquad (6\text{-}6\text{-}49)$$

式中　W_t——截面的塑性抗扭抵抗矩，$W_t = \dfrac{1}{2} (r_1 + r_2) A$；

　　　σ_{ha}——构件扣除全部预应力损失后，混凝土所承受的预压应力，$\sigma_{ha} = \dfrac{A_y (\sigma_k - \sigma_s)}{A_0}$；

　　　f_{cr}——混凝土抗裂设计强度；

　　　r_1、r_2——分别为构件截面内、外半径，cm。

4. 偏心受拉构件出裂强度

$$K_f N \leqslant \frac{(\sigma_c - \sigma_1) A_y + A_0 \gamma_s f_{cr}}{1 + \dfrac{A_0 e_0}{W_0}} \qquad (6\text{-}6\text{-}50)$$

式中　σ_c、σ_1——分别为预应力钢筋的张拉应力与预应力损失，N/cm^2；

　　　其它符号含义与前三式相同。

5. 构件在弯扭共同作用下抗裂强度计算

$$\left(\frac{M_t}{M_{tf}}\right)^2 + \left(\frac{M}{M_f}\right) \leqslant 0.9 \qquad (6\text{-}6\text{-}51)$$

式中　M_t、M——分别为外作用扭矩与弯矩；

　　　M_{tf}——预应力环形截面抗裂扭矩；

　　　M_f——预应力环形截面抗裂弯矩。

五、环形截面钢筋混凝土结构的构造要求

（一）钢筋

预应力钢筋混凝土环形截面受弯构件常用管径的最小配筋量，见表 6-6-11。

表 6-6-11　预应力混凝土环形截面受弯构件常用管径的最小配筋量

最小配筋量 管径 （mm）	钢筋标准强度 65000N/cm^2	85000N/cm^2	150000N/cm^2
$\phi 200$	$6\phi 6$	$6\phi 6$	$6\phi 5$
$\phi 250$	$10\phi 6$	$8\phi 6$	$8\phi 5$
$\phi 300$	$12\phi 6$	$10\phi 6$	$8\phi 6$
$\phi 350$	$16\phi 6$	$12\phi 6$	$10\phi 6$
$\phi 400$	$18\phi 6$	$16\phi 6$	$12\phi 6$
$\phi 550$	$28\phi 6$	$22\phi 6$	$16\phi 6$

主筋直径不小于 5mm，主筋间距不大于 100mm。除满足构件强度计算要求外，主筋净距不小于 30mm，钢筋直径不大于 12mm，主筋根数不应少于 6 根。

钢筋混凝土环形截面受弯构件常用管径的最小配筋量，见表 6-6-12。

表 6-6-12　钢筋混凝土环形截面受弯构件常用管径的最小配筋量

管径（mm）	$\phi 200$	$\phi 250$	$\phi 300$	$\phi 350$	$\phi 400$
最小配筋量	$6\phi 10$	$10\phi 10$	$12\phi 12$	$14\phi 12$	$16\phi 12$

主筋直径不小于 10mm，间距不大于 70mm，根数不少于 6 根。除满足强度要求外，主筋净距不小于 30mm，主筋直径不大于 20mm。

预应力钢筋混凝土及钢筋混凝土构件，当钢筋根数较多，而直径较小（直径在 6mm 以下），在截面中单根布置有困难时，可采用双根并列布置。

预应力钢筋混凝土及钢筋混凝土环形截面构件，须设置等间距的螺旋筋及内钢箍。螺旋筋的间距不小于 50mm，不大于 150mm。内钢箍间距为 500 ~

1000mm。螺旋筋的直径不小于 3.5mm（用低碳冷拔钢丝）。钢板圈厚度不小于 8mm，高不小于 140mm。对锥形杆，小头主筋净距不小于 25mm。

预应力钢筋混凝土环形截面构件中穿筋板上用做连接预应力主筋的孔径不能太大，可较主筋直径大 0.5mm。

（二）混凝土

用做环形截面钢筋混凝土构件，其混凝土标号不低于 30 级；用做预应力环形截面钢筋混凝土构件，其混凝土标号不低于 40 级。

对于主筋的保护层厚度，均应不小于 15mm。杆段壁厚不小于 40mm。

第七节 钢结构构件截面选择

一、材料及其基本容许应力

送电线路铁塔构件的材料一般采用 A_3 号钢（或 A_3F 钢）及 16Mn 钢制作，其质量标准应分别符合现行标准，见表 11-5-70 ～ 表 11-5-72 和表 11-5-73。

按容许应力计算法钢材的基本容许应力如表 6-7-1 所列。

表 6-7-1 钢材的基本容许应力 （N/cm²）

材质 \ 应力种类	拉应力	压应力	弯曲应力	剪应力	孔壁挤压应力
A_3、A_3F	16000	16000	16000	10000	25500
16Mn	23000	23000	23000	14000	36000

注 表中孔壁挤压应力适用于螺栓中心至构件端部的距离为 1.5d（d 为螺栓直径）的情况。

二、构件的容许细长比

铁塔构件的细长比（λ）应符合表 6-7-2 的规定。

表 6-7-2 铁塔构件的容许细长比

构件种类	细长比限值
塔身及横担受压主材	$\lambda \leqslant 150$
塔腿受压斜材	$\lambda \leqslant 180$
其它受压材	$\lambda \leqslant 220$
辅助材	$\lambda \leqslant 250$
受拉材	$\lambda \leqslant 400$

三、拉线截面选择

当拉线采用高强度钢绞线时，其强度按式（6-7-1）验算

$$K = T/A\sigma_p f \geqslant [K] \qquad (6-7-1)$$

式中 A——钢绞线横截面面积，mm²；

σ_p——钢绞线单丝的极限抗拉强度（按 GB 1200—75 选用），N/mm²；

f——钢绞线的扭绞系数。7 股钢绞线 $f = 0.92$；19 股钢绞线 $f = 0.89$；37 股钢绞线 $f = 0.85$；

T——拉线所受的拉力，N；

$[K]$——安全系数，$[K] \geqslant 2.2$。

四、构件截面选择

（一）中心受拉构件

中心受拉构件的截面强度按式（6-7-2）计算

$$\sigma = \frac{T}{mA - nd_0 t} \leqslant [\sigma], N/cm^2 \qquad (6-7-2)$$

式中 T——构件所受的拉力，N；

A——构件毛截面面积，cm²；

n——同一截面上的螺栓孔数；

d_0——螺栓孔直径，cm；

t——构件厚度，cm；

m——构件工作条件系数。

根据近年来的试验研究，对只有一个肢连接的单角钢杆件，且当其肢宽 $B \geqslant 45$mm，螺栓为 M16 时系数 $m = 0.75$；当肢宽 $B \geqslant 63$mm，螺栓为 M20 时 $m = 0.75$；对两个肢都有连接的角钢，$m = 1.0$。

当角钢的两个肢上都有螺栓孔或一个肢上的螺栓孔为两列或两列以上的，还需验算杆件沿斜截面破坏时的强度，可参考下述方法计算。

1. 板的净截面积

拉杆的净截面积等于板的净宽与板厚的乘积，板的净宽则是板宽减去螺栓孔的总宽。但当板上有多列螺栓孔，且符合 $d_0 > S^2/4g$ 时（图 6-7-1），拉杆可能会沿某一锯齿形截面破坏，这时板的净宽应将板的总宽度减去此一锯齿形截面所通过的各个螺栓孔再减去式（6-7-3）所给出的宽度 ω_i 之和。

$$\omega_i = d_0 - s_i^2/4g_i, cm \qquad (6-7-3)$$

式中 d_0——螺栓孔径，cm；

s——螺栓列距，cm；

g——螺栓行距，cm。

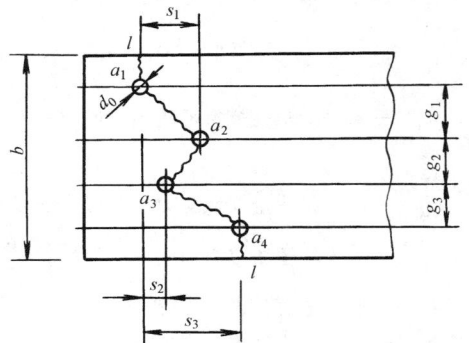

图 6-7-1 拉杆沿锯齿形截面破坏

如图 6-7-1 所示的钢板，如沿 I - I 所示的锯齿形截面破坏，对于螺栓 α_1 应扣除 d_0，对于螺栓 a_i（$i = 2 \sim 4$）应扣除 $\omega_i = d_0 - S_i^2/4g_i$，则此板净宽为

$$b_n = b - d_0 - \sum_{i=2}^{4}\left(d_0 - \frac{S_i^2}{4g_i}\right) = b - 4d_0 + \sum_{i=2}^{4}\frac{S_i^2}{4g_i}$$

或者　$b_n = b - 4d_0 + \left(\dfrac{S_1^2}{4g_1} + \dfrac{S_2^2}{4g_2} + \dfrac{S_3^2}{4g_3}\right)$

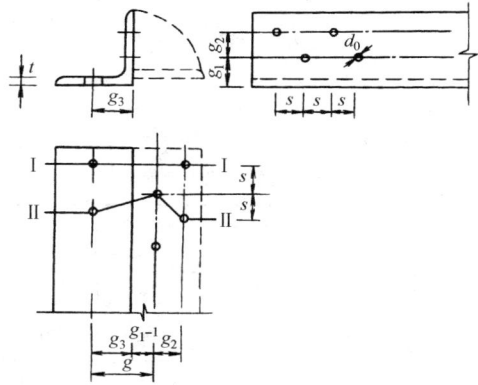

2. 角钢的净截面积

对于角钢，可先将其展开，展开后的总宽度为其两肢宽度之和减去肢厚，如图 6-7-2 所示，两肢间螺栓孔中心线间的距离 $g = g_3 + (g_1 - t)$，当角钢沿 I - I 截面破坏时，应减孔数 $n = 2$；沿 II - II 截面破坏时，应减孔数 $n = 3 - \left(\dfrac{S^2}{4g_2} + \dfrac{S^2}{4g}\right)\dfrac{1}{d_0}$。

根据铁塔上常见的螺栓排列方式，角钢应减的螺栓孔数可按表 6-7-3 计算。

图 6-7-2　角钢沿锯齿形截面破坏

（二）轴心受压构件

轴心受压构件的强度按式（6-7-4）计算：

表 6-7-3　　　　　　　　　　受拉角钢减孔数

序号	图　　　例	减　孔　数
1		沿 1-1 截面　　　$n = 2$
2		沿 1-1 截面　　　$n = 1$ 沿 2-2 截面　　　$n = 2 - \dfrac{S^2}{4gd_0}$；$g = 2d_1 - t$ 取以上两式中较大值
3		沿 1-1 截面　　　$n = 2$ 沿 2-2 截面　　　$n = 3 - \dfrac{S^2}{4g_3 d_0}$ 沿 3-3 截面　　　$n = 4 - \dfrac{S^2}{4d_0}\left(\dfrac{1}{g_1} + \dfrac{1}{g_2} + \dfrac{1}{g_3}\right)$ 　　　　　　　　$g_2 = 2d_1 - t$ 取以上三式中较大值 d_0——螺栓孔径

$$\sigma = \frac{N}{m(A - nd_0 t)} \leq [\sigma], \text{N/cm}^2 \quad (6\text{-}7\text{-}4)$$

式中　N——构件承受的轴心压力，N；

　　　A——构件的毛截面积，cm^2；

　　　m——构件工作条件系数，按表 6-7-4 采用。

轴心受压构件的稳定按式（6-7-5）计算

$$\sigma = \frac{N}{mA\varphi} \leq [\sigma], \text{N/cm}^2 \quad (6\text{-}7\text{-}5)$$

式中　φ——轴心受压构件的纵向稳定系数，根据构件的细长比（λ）采用表 6-7-5 和表 6-7-6

数值。例：$\lambda = 104$，先在左边行中查 100，再在上行中查 4，则 $\varphi = 0.577$。

轴心受压构件的细长比按式（6-7-6）计算

$$\lambda = l_0/r \quad (6\text{-}7\text{-}6)$$

式中　λ——构件细长比；

　　　l_0——根据构件的支撑情况确定的计算长度（参考选用表 6-7-5 和表 6-7-6 数值），cm；

　　　r——构件断面回转半径，根据失稳方向确定，cm。

表 6-7-4　　　　　　　　　　　　　　　　　　轴心受压构件的工作条件系数

序号	杆件及连接情况	工作条件系数 m	序号	杆件及连接情况	工作条件系数 m
1	杆件两端无偏心（如两肢都连接的单角钢、组合成十字形或 T 形截面的双角钢构件、用法兰盘连接的杆件等）	1.0	2	一个肢连接的主材	0.80
			3	交叉腹杆	0.90
			4	塔腿斜材或单腹杆系斜材	0.75

表 6-7-5　　　　　　　　　　　　　　3 号钢和 2 号钢轴心受压构件的稳定系数 φ

λ	0	1	2	3	4	5	6	7	8	9
0	1.000	1.000	1.000	1.000	0.999	0.999	0.998	0.998	0.997	0.996
10	0.995	0.994	0.993	0.992	0.991	0.989	0.988	0.987	0.986	0.983
20	0.981	0.979	0.977	0.975	0.973	0.971	0.969	0.966	0.963	0.961
30	0.958	0.956	0.953	0.950	0.947	0.944	0.941	0.937	0.934	0.931
40	0.927	0.923	0.920	0.916	0.912	0.908	0.904	0.900	0.896	0.892
50	0.888	0.884	0.879	0.875	0.870	0.866	0.861	0.856	0.851	0.847
60	0.842	0.837	0.832	0.826	0.821	0.816	0.811	0.805	0.800	0.795
70	0.789	0.784	0.778	0.772	0.767	0.761	0.755	0.749	0.743	0.737
80	0.731	0.725	0.719	0.713	0.707	0.701	0.695	0.688	0.682	0.676
90	0.669	0.663	0.657	0.650	0.644	0.637	0.631	0.624	0.617	0.611
100	0.604	0.597	0.591	0.584	0.577	0.570	0.563	0.557	0.550	0.543
110	0.536	0.529	0.522	0.515	0.508	0.501	0.494	0.487	0.480	0.473
120	0.466	0.459	0.452	0.445	0.439	0.432	0.426	0.420	0.413	0.407
130	0.401	0.396	0.390	0.384	0.379	0.374	0.369	0.364	0.359	0.354
140	0.349	0.344	0.340	0.335	0.331	0.327	0.322	0.318	0.314	0.310
150	0.306	0.303	0.299	0.295	0.292	0.288	0.285	0.281	0.278	0.275
160	0.272	0.268	0.265	0.262	0.259	0.256	0.254	0.251	0.248	0.245
170	0.243	0.240	0.237	0.235	0.232	0.230	0.227	0.225	0.223	0.220
180	0.218	0.216	0.214	0.212	0.210	0.207	0.205	0.203	0.201	0.199
190	0.197	0.196	0.194	0.192	0.190	0.189	0.187	0.185	0.183	0.181
200	0.180	0.178	0.176	0.175	0.173	0.172	0.170	0.169	0.167	0.166
210	0.164	0.163	0.162	0.160	0.159	0.158	0.156	0.155	0.154	0.152
220	0.151	0.150	0.149	0.147	0.146	0.145	0.144	0.143	0.142	0.141
230	0.139	0.138	0.137	0.136	0.135	0.134	0.133	0.132	0.131	0.130
240	0.129	0.128	0.127	0.126	0.125	0.125	0.124	0.123	0.122	0.121
250	0.120									

表 6-7-6   **16Mn 钢和 16Mnq 钢轴心受压构件的稳定系数 φ**

λ	0	1	2	3	4	5	6	7	8	9
0	1.000	1.000	1.000	0.999	0.999	0.998	0.998	0.997	0.996	0.994
10	0.993	0.992	0.990	0.989	0.987	0.985	0.983	0.980	0.978	0.976
20	0.973	0.970	0.967	0.964	0.961	0.958	0.955	0.951	0.948	0.944
30	0.940	0.936	0.932	0.928	0.923	0.919	0.915	0.910	0.905	0.900
40	0.895	0.890	0.885	0.880	0.874	0.869	0.863	0.858	0.852	0.848
50	0.840	0.834	0.828	0.822	0.815	0.809	0.803	0.796	0.789	0.783
60	0.776	0.769	0.762	0.755	0.748	0.741	0.734	0.727	0.719	0.712
70	0.705	0.697	0.690	0.682	0.674	0.667	0.659	0.651	0.643	0.635
80	0.627	0.619	0.611	0.603	0.595	0.587	0.579	0.571	0.563	0.554
90	0.546	0.538	0.530	0.521	0.513	0.504	0.496	0.488	0.479	0.471
100	0.462	0.454	0.445	0.436	0.428	0.420	0.413	0.405	0.398	0.391
110	0.384	0.378	0.371	0.365	0.359	0.353	0.347	0.341	0.336	0.331
120	0.325	0.320	0.315	0.310	0.305	0.301	0.296	0.292	0.288	0.283
130	0.279	0.275	0.271	0.267	0.263	0.260	0.256	0.253	0.249	0.246
140	0.242	0.239	0.236	0.233	0.230	0.227	0.224	0.221	0.218	0.215
150	0.213	0.210	0.207	0.205	0.202	0.200	0.197	0.195	0.193	0.190
160	0.188	0.186	0.184	0.182	0.180	0.178	0.176	0.174	0.172	0.170
170	0.168	0.166	0.164	0.162	0.161	0.159	0.157	0.156	0.154	0.152
180	0.151	0.149	0.148	0.146	0.145	0.143	0.142	0.140	0.139	0.138
190	0.136	0.135	0.134	0.132	0.131	0.130	0.129	0.128	0.126	0.125
200	0.124	0.123	0.122	0.121	0.120	0.118	0.117	0.116	0.115	0.114
210	0.113	0.112	0.111	0.110	0.109	0.108	0.108	0.107	0.106	0.105
220	0.104	0.103	0.102	0.101	0.101	0.100	0.099	0.098	0.097	0.097
230	0.096	0.095	0.094	0.094	0.093	0.092	0.091	0.091	0.090	0.089
240	0.089	0.088	0.087	0.087	0.086	0.085	0.085	0.084	0.084	0.083
250	0.082									

1. 主材的计算长度

主材的计算长度可参照表 6-7-7 确定。

表 6-7-7 中 r_x 为绕 x 轴的截面回转半径，r_{y0} 为绕 y_0 轴的截面回转半径，cm。

2. 斜材的计算长度

（1）交叉斜材和 K 型斜材的计算长度，采用表 6-7-8 数值。

表 6-7-7   主 材 的 计 算 长 度

序号	结 构 类 型	主材细长度计算	序号	结 构 类 型	主材细长度计算

1	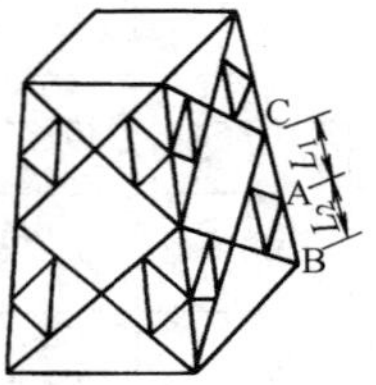 节点 A、B、C 两面都有支撑	$l_0 = L_1$
		 或 $l_0 = L_2$
		 $\lambda = l_0 / r_{y0}$
			3	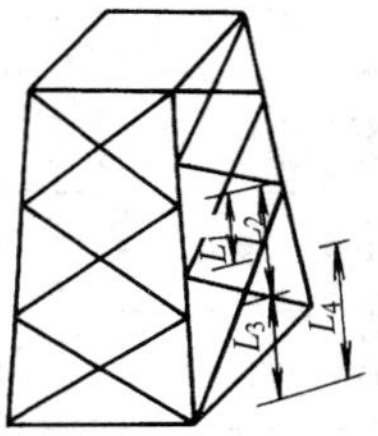	$L_{01} = L_1$
					 或 $l_{01} = L_3$
					   $\lambda_1 = l_{01}/r_{y0}$
					 或 $l_{02} = 1.2L_2$
					 或 $l_{02} = 1.2L_4$
					   $\lambda_2 = l_{02}/r_x$
					 λ 取 λ_1、λ_2 中的大者

2	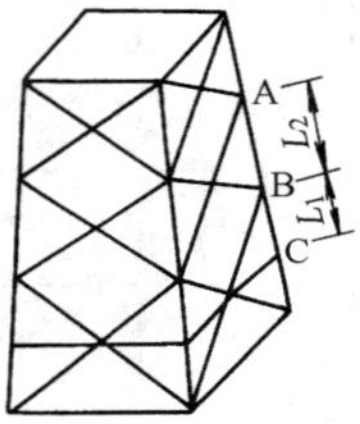 节点 A、B、C 两面都有支撑	$l_0 = L_1$ 或 $l_0 = L_2$ $\lambda = l_0 / r_{y0}$	4	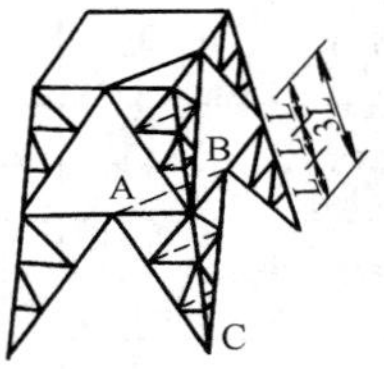	$l_0 = L$ $\lambda = l_0 / r_{y0}$ 注：斜材 AC、BC 必须有可靠的平面外稳定性

表 6-7-8   交叉斜材和 K 型斜材的计算长度

图 例	两根斜杆为一拉一压时		两根斜杆同时受压时		交于主材的相邻斜杆受压时	
	l_0	r	l_0	r	l_0	r
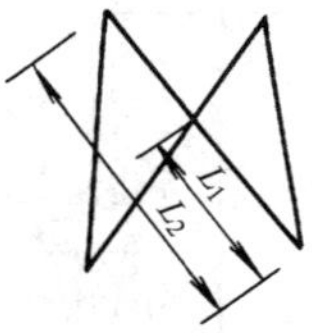	L_1	r_{y0}	$0.8L_2$	r_x	—	—
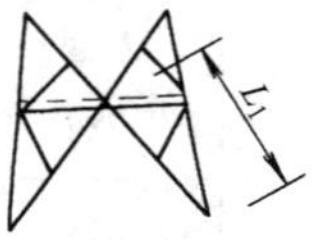	L_1	r_x	—	—	—	—

续表

图例	两根斜杆为一拉一压时		两根斜杆同时受压时		交于主材的相邻斜杆受压时	
	l_0	r	l_0	r	l_0	r
	L_1	r_x	$0.8L_2$	r_x	—	—
	L_1	r_{y0}	—	—	$0.85L_2$	r_x
	L_1	r_{y0}	—	—	$0.85L_2$	r_x
	L_1	r_{y0}	—	—	$0.65L_2$	r_x
	L_1	r_{y0}	—	—	$0.55L_2$ ($\alpha \geqslant 0.25$)	r_x
	L_1	r_{y0}	—	—	$0.65L_2$	r_x

续表

图 例	两根斜杆为一拉一压时		两根斜杆同时受压时		交于主材的相邻斜杆受压时	
	l_0	r	l_0	r	l_0	r
	L_1	r_{y0}	—	—	$0.55L_2$ ($\alpha \geqslant 0.4$) $0.65L_3$ ($a \geqslant 1.0$)	r_x
	L_1	r_{y0}	—	—	—	—

注 1. 图 1 至图 5 两交叉斜材都不在交叉处断开。

2. 图 7 及图 9 中 α 为平连杆及斜杆的刚度比，即

$$\alpha = \frac{J_4 L_2^3}{J_2 L_4^3}$$

式中：L_4、L_2 为平连杆及斜材全长；

J_4、J_2 为平连杆及斜材平行轴惯性矩。

（2）再分式腹杆内力在中点发生变化时的计算长度。图 6-7-3 所示再分式腹杆，当内力在中点 C（C 点平面外无支撑）发生变化时其计算长度按公式（6-7-7）计算：

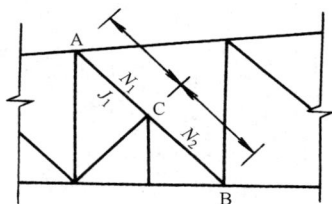

图 6-7-3 轴向力变化的再分式腹杆

$$l_0 = kl, \quad \text{cm} \tag{6-7-7}$$

其中

$$k = 0.63 + 0.13 \frac{N_2}{N_1} + \left(0.11 + 0.13 \frac{N_2}{N_1}\right) \frac{J_1}{J_2} \tag{6-7-8}$$

当 $J_1 = J_2$ 时

$$k = 0.74 + 0.26 \frac{N_2}{N_1} \tag{6-7-9}$$

其余符号的意义见图 6-7-3。

（3）K 型腹杆系水平杆的计算长度。图 6-7-4 所示 K 型腹杆水平杆的计算长度按式（6-7-10）计算：

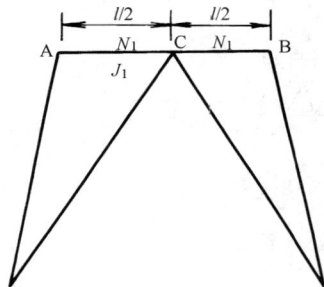

图 6-7-4 K 型腹杆系的水平杆
（C 点平面外无支撑）

$$l_0 = kl, \quad \text{cm} \tag{6-7-10}$$

其中

$$k = 0.75 - 0.25 \frac{N_2}{N_1} \quad (N_1 \geqslant N_2) \tag{6-7-11}$$

式（6-7-11）中 N_2 为拉力。如果 $\left|\dfrac{N_2}{N_1}\right| \geqslant 1$，则取 $k = 0.5$。符号含义如图6-7-4所示。

（三）受弯构件

1. 仅有一个主平面内受弯矩作用的构件

仅在一个主平面内承受弯矩作用的构件可按式（6-7-12）和式（6-7-13）分别计算其正应力和剪应力

$$\sigma = \frac{M}{W_n} \leqslant [\sigma], \quad N/cm^2 \qquad (6\text{-}7\text{-}12)$$

$$\tau = \frac{QS}{J\delta} \leqslant [\tau], \quad N/cm^2 \qquad (6\text{-}7\text{-}13)$$

式中 M——计算截面的弯矩，$N \cdot cm$；

         W_n——净截面抵抗矩，cm^3；

         Q——计算截面的剪力，N；

         J——计算截面的惯性矩，cm^4；

         S——计算应力处以上毛面积对中性轴的面积矩，cm^3；

         δ——腹板厚度，cm。

2. 在两个主平面内受弯矩作用的构件

在两个主平面内受弯矩作用的构件，应按式（6-7-14）计算正应力

$$\sigma = \frac{M_x}{W_{nx}} + \frac{M_y}{W_{ny}} \leqslant [\sigma], \quad N/cm^2 \quad(6\text{-}7\text{-}14)$$

式中 M_x、M_y——分别为对 x 轴和 y 轴的弯矩，$N \cdot cm$；

         W_{nx}、W_{ny}——分别为对 x 轴和 y 轴的净截面抵抗矩，cm^3。

3. 受弯同时受压的构件

受弯同时受压的构件可按公式（6-7-15）计算正应力

$$\sigma = \frac{N}{m\varphi A} + \frac{M}{W_n} \leqslant [\sigma], \quad N/cm^2 \quad(6\text{-}7\text{-}15)$$

五、组合构件截面选择

（一）由角钢组成的 T 型、十字型组合截面构件

由角钢组成的 T 型、十字型组合截面构件的强度可按式（6-7-2）至式（6-7-15）计算强度。但为保证两角钢能共同工作，在两角钢间应设置垫板。垫板间距：对受压构件应不大于 $40r$，对受拉杆件应不大于 $80r$（图6-7-5），且在一个间间内的垫板数量不少于 2 块（不包括构件两端的节点板）。其中 r 对 T 型截面取 r_x，对十字型截面取 r_{y0}。按现行规范，垫板仅需按构造设置。但对特别重要的构件建议参照缀板柱的设计方法对垫板强度及其连接进行详细计算。

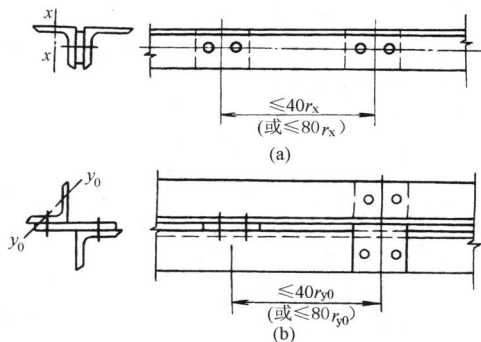

图6-7-5 双角钢组合构件垫板的设置
（a）T 型截面；（b）十字型截面

（二）格构式组合柱

格构式组合柱（见图6-7-6）应按式（6-7-4）和式（6-7-5）计算强度和稳定。但由于剪力的影响，格构式组合柱的临界力低于实腹柱，故在计算整体稳定时应按式（6-7-16）至式（6-7-21）的折算细长度计算：

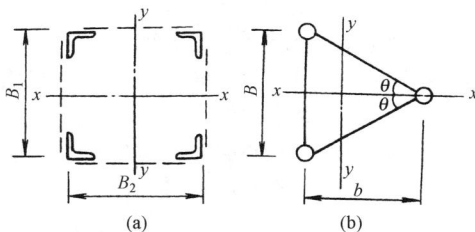

图6-7-6 格构式组合柱的截面形式
（a）方形截面；（b）三角形截面

1. 矩形截面组合柱

$$\lambda_{cx} = \sqrt{\lambda_x^2 + \frac{40A}{A_{1x}}}; \quad \lambda_{cy} = \sqrt{\lambda_y^2 + \frac{40A}{A_{1y}}} \quad(6\text{-}7\text{-}16)$$

$$\lambda_x = l_0/r_x; \quad \lambda_y = l_0/r_y \quad(6\text{-}7\text{-}17)$$

$$\left. \begin{array}{l} r_x = \sqrt{\dfrac{4[J_x + A_0(B_1/2 - Z_0)^2]}{4A_0}} \\[4mm] r_y = \sqrt{\dfrac{4[J_y + A_0(B_2/2 - Z_0)^2]}{4A_0}} \end{array} \right\} \quad(6\text{-}7\text{-}18)$$

式中 A_0——单个肢件的横截面积，cm^2；

         A——组合柱的横截面积，$A = 4A_0$，cm^2；

         A_{1x}、A_{1y}——组合柱横截面所截垂直于 x-x 轴和 y-y 轴的平面内各斜缀条的毛截面积之和，cm^2；

r_x、r_y——组合柱横截面对 $x-x$ 轴和 $y-y$
轴的回转半径，cm；

Z_0——角钢重心到角钢背的距离，cm。

2. 三角形截面组合柱

$$\left.\begin{array}{l} \lambda_{hx} = \sqrt{\lambda_x^2 + \dfrac{42A}{A_1(1.5 - \cos^2\theta)}} \\[3mm] \lambda_{hy} = \sqrt{\lambda_y^2 + \dfrac{42A}{A_1\cos^2\theta}} \end{array}\right\} \quad (6\text{-}7\text{-}19)$$

$$\lambda_x = l_0/r_x ; \quad \lambda_y = l_0/r_y \qquad (6\text{-}7\text{-}20)$$

$$\left.\begin{array}{l} r_x = \sqrt{\dfrac{3J_{1x} + 2A_0 B^2}{A}} \\[4mm] r_y = \sqrt{\dfrac{3J_{1y} + 2A_0(b/3)^2 + A_0(2b/3)^2}{A}} \\[4mm] \quad = \sqrt{\dfrac{3J_{1y} + \dfrac{2}{3}A_0 b^2}{A}} \end{array}\right\}$$

$$(6\text{-}7\text{-}21)$$

式中 A_0——单个肢件的横截面积，cm^2；

A_1——组合柱横截面所截各斜缀条的毛截面
积之和，cm^2；

r_x、r_y——组合柱横截面对 $x-x$ 轴和 $y-y$ 轴的
回转半径，cm；

θ——缀条所在平面和 x 轴的夹角，（°）。

3. 变截面格构式组合柱计算长度的修正

对于沿柱子长度改变截面尺寸的格构式组合柱
（图 6-7-7），在验算其稳定时，应据截面变化情况，
按式（6-7-22）修正其计算长度。

$$l_0 = \mu l \qquad (6\text{-}7\text{-}22)$$

式中 μ——变截面格构式组合柱计算长度修正系数，
按表 6-7-9 选用。

4. 格构式组合柱的缀条和缀板设计

为保证格构式组合柱各肢间的共同工作，应按式
（6-7-23）和式（6-7-24）规定的剪力计算缀条和缀
板的强度和稳定。

对用 3 号钢制成的构件 $Q = 20A$ （6-7-23）

对用 16Mn 钢制成的构件 $Q = 34A$ （6-7-24）

式中 Q——切力，假定其沿柱长不变，并由有关承
受该切力的缀条面分担，缀条的内力可
按平面桁架计算，N；

A——组合柱主角钢横截面积之和，cm^2。

缀条的轴线与柱子轴线之间的夹角应保持在 40°～
70° 之间。

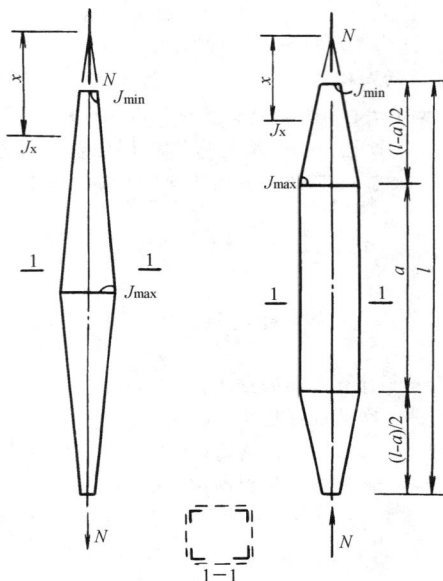

图 6-7-7   格构式变截面柱

表 6-7-9   两端铰支的变截面格构式组
合柱计算长度修正系数 μ

$\dfrac{J_{min}}{J_{max}}$	n	a/l				
		0	0.2	0.4	0.6	0.8
0.1	2	1.35	1.22	1.10	1.03	1.0
0.2	2	1.25	1.15	1.07	1.02	1.0
0.4	2	1.14	1.08	1.04	1.01	1.0
0.6	2	1.08	1.05	1.02	1.01	1.0
0.8	2	1.03	1.02	1.01	1.00	1.0

注 1. 表中 $n = 2$ 系指由四根角钢组成用缀条或缀板联系
的组合柱，其刚度变化符合 $\dfrac{j_x}{J_{min}} = \left(\dfrac{x}{x_1}\right)^2$ 的规
律。

2. 本表摘自《起重机设计手册》机械工业出版社，
1980。

5. 组合柱主角钢的强度和稳定验算

当组合柱的整体细长度小于主角钢单肢的局部细
长度时，应验算主角钢单肢的稳定，此时各肢的受力
为：

对矩形截面组合柱

$$N_1 = \frac{M}{2B} + \frac{N}{4} ， N \qquad (6\text{-}7\text{-}25)$$

对三角形截面组合柱 $N_1 = \dfrac{M}{b} + \dfrac{N}{3}$

或

$$N_2 = \frac{M}{2b} + \frac{N}{3} ， N \qquad (6\text{-}7\text{-}26)$$

式中　M——柱子最大弯矩，N·cm；

　　　N——柱子最大弯矩处的轴向压力，N；

　　　B——矩形柱边长，根据弯矩作用方向取 B_1 或 B_2，cm；

　　　b——三角形柱截面高度，cm。

六、压弯构件计算

在杆塔设计中常遇到大细长度的压弯构件，如拉线杆塔的主杆、主柱等。这类构件的特点是在压力和横向力的共同作用下，柱子横向变形迅速增大，最后导致整体失稳而破坏。根据以往经验，对这类构件宜采用压弯构件的方法来验算其整体和局部稳定。

（一）压弯构件的挠度计算

假设柱子在压力作用下达到临界状态时，其挠曲轴的曲线为一段正弦曲线（图6-7-8），则

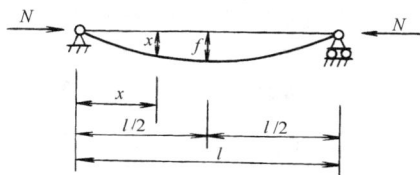

图 6-7-8　柱子挠曲轴曲线

$$y = f\sin\frac{\pi x}{l} \qquad (6\text{-}7\text{-}27)$$

式中　y——柱子任意点的挠度，cm；

　　　f——柱子中点的挠度，cm；

　　　l——柱子长度，cm；

　　　x——任意点至柱子端部的距离，cm。

式（6-7-27）所表示的挠曲轴曲线是一条近似曲线，但对于两端铰支的受压杆它符合边界条件

$$\left.\begin{array}{l} x = 0, y = 0, y'' = 0 \\ x = l, y = 0, y'' = 0 \end{array}\right\} \qquad (6\text{-}7\text{-}28)$$

因此，用它来代替实际的变形曲线时，所引起的误差在2%以内。

1. 在轴向压力和横向均布荷载共同作用下的挠度

$$y_1 = \frac{5}{384} \times \frac{ql^4}{EJ} \times \frac{1}{1 - \dfrac{N}{N_{EU}}}\sin\frac{\pi x}{l}$$

$$= f_1\frac{1}{1 - \dfrac{N}{N_{EU}}}\sin\frac{\pi x}{l}, \quad \text{cm} \qquad (6\text{-}7\text{-}29)$$

式中　N_{EU}——构件的欧拉力，$N_{EU} = \dfrac{\pi^2 EJ}{l^2}$，N；

　　　EJ——构件的抗弯刚度，N·cm²；

其它符号含义见图6-7-9。

2. 在轴向压力和横向力共同作用下的挠曲（见图6-7-10）

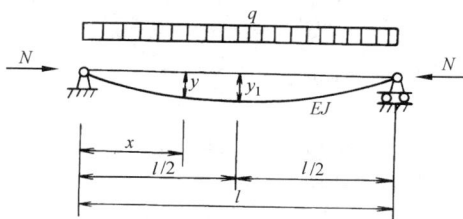

图 6-7-9　柱子在轴向压力和横向均布荷载共同作用下的挠曲

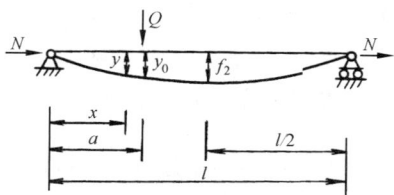

图 6-7-10　柱子在轴向力和横向力共同作用下的挠曲

$$y_2 = \frac{2Ql^3}{\pi^2 EJ} \times \frac{1}{1 - \dfrac{N}{N_{EU}}}\sin\frac{\pi x}{l}$$

$$= f_2\frac{1}{1 - \dfrac{N}{N_{EU}}}\sin\frac{\pi x}{l}, \quad \text{cm} \qquad (6\text{-}7\text{-}30)$$

式中　Q——横向集中力，N。

3. 由柱子初弯曲引起的挠曲（见图6-7-11）

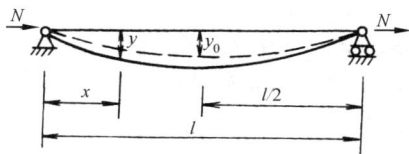

图 6-7-11　由柱子初弯曲引起的挠曲

$$y_3 = y_0\frac{1}{1 - \dfrac{N}{N_{EU}}}\sin\frac{\pi x}{l}, \quad \text{cm} \qquad (6\text{-}7\text{-}31)$$

式中　y_0——柱子中部的初弯曲，cm。

4. 由初偏心引起的挠曲（见图6-7-12）

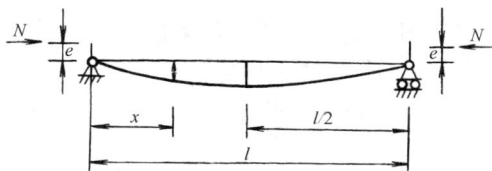

图 6-7-12　由初偏心引起的挠曲

$$y_4 = \frac{4e}{\pi} \times \frac{N}{N_{KP}} \frac{1}{1 - \dfrac{N}{N_{EU}}} \sin\frac{\pi x}{l}, \quad cm$$

$$(6\text{-}7\text{-}32)$$

式中　e——压力作用点的初偏心，cm。

（二）弯矩计算

压弯构件的弯矩由两部分组成：一部分是由横向荷载（q 和 Q）产生的弯矩和初偏心产生的弯矩，即 M_0；另一部分则是由于柱子挠曲后在压力作用下增加的弯矩，故任意截面的弯矩为

$$\begin{aligned} M_x &= M_0 + N\Sigma y \\ &= M_0 + N(y_1 + y_2 + y_3 + y_4) \\ &= M_0 + N\left(f_1 + f_2 + y_0 + \frac{4e}{\pi}\frac{N}{N_{EU}}\right) \\ &\quad \times \frac{1}{1 - \dfrac{N}{N_{EU}}}\sin\frac{\pi x}{l}, \quad N\cdot cm \end{aligned}$$

$$(6\text{-}7\text{-}33)$$

由式（6-7-33）可以看出，压弯构件柱身弯矩的增加并不与荷载 N 的增加成正比。因此压弯构件宜采用允许荷载法计算，也就是先将所有荷载乘上一个安全系数 K。假定此时达到构件的极限荷载，计算在此条件下的构件应力，如果小于构件极限应力，说明构件是安全的，否则就是不安全的。由此，构件的极限弯矩为

$$\begin{aligned} KM &= KM_0 + KN\left(f_1' + f_2' + y_0 + \frac{4e}{\pi}\frac{KN}{N_{EU}}\right) \\ &\quad \times \frac{1}{1 - \dfrac{KN}{N_{EU}}}\sin\frac{\pi x}{l}, \quad N\cdot cm \end{aligned}$$

如果改按习惯上常用的允许应力法计算，只需将上式左右各除一个安全系数 K，则柱子任一截面的弯矩为

$$\begin{aligned} M &= M_0 + N\left(f_1' + f_2' + y_0 + \frac{4e}{\pi}\frac{KN}{N_{KP}}\right) \\ &\quad \times \frac{1}{1 - \dfrac{KN}{N_{EU}}}\sin\frac{\pi x}{l}, \quad N\cdot cm \quad (6\text{-}7\text{-}34) \end{aligned}$$

$$f_1' = \frac{5}{384}\frac{Kql^4}{EJ}, \quad cm \quad\quad (6\text{-}7\text{-}35)$$

$$f_2' = \frac{2KQl^3}{\pi^2 EJ}, \quad cm \quad\quad (6\text{-}7\text{-}36)$$

（三）柱子整体稳定和局部稳定验算

柱子整体稳定按式（6-7-37）验算：

$$\sigma = \frac{N}{mA\varphi} + \frac{M}{W} \leqslant [\sigma], \quad N/cm^2 \quad (6\text{-}7\text{-}37)$$

式中　N、M——柱子任意截面上的压力，N 和弯矩，N·cm；

A——柱子横截面积，cm^2；

W——柱子截面抵抗矩，cm^3；

φ——纵向挠曲系数；

m——工作条件系数。

主角钢所受的压力按式（6-7-25）和式（6-7-26）计算，主角钢局部稳定按式（6-7-5）验算。

（四）关于初偏心和初弯曲的取值

根据目前有关规定，对钢结构主柱初弯曲可取 $y_0 = \dfrac{1}{750}l$（l——柱子全长）；初偏心应据具体构造计算，一般可取拉线挂点到主柱中心的距离。对钢筋混凝土电杆，初弯曲可取 $y_0 = \dfrac{2}{1000}l$。

第八节　连　接　计　算

一、材料及其基本容许应力

（一）连接材料

（1）螺栓连接：一般采用 4.8 级、5.8 级和 6.8 级普通粗制螺栓。

（2）手工电弧焊接：手工电弧焊接用的焊条，当焊接 16Mn 钢构件时，宜采用 T500～T505 型焊条；当焊接 A_3 钢构件时，宜采用 T420～T425 型焊条；当 A_3 钢构件与 16Mn 钢构件相焊接时，一般可采用 T420～T425 型焊条。

（二）螺栓和焊缝的基本容许应力

螺栓和焊缝的基本容许应力见表 6-8-1。

二、螺栓连接计算

（一）螺栓连接的最小间距和最大间距

螺栓连接的最小间距和最大间距见表 6-8-2。

（二）单个螺栓的容许承载力

单个螺栓的容许承载力按式（6-8-1）至式（6-8-3）计算：

抗切承载力

$$[N_s] = n_j \frac{\pi d^2}{4}[\tau], \quad N \quad\quad (6\text{-}8\text{-}1)$$

承压承载力

$$[N_p] = \Sigma\delta[\sigma_p], \quad N \quad\quad (6\text{-}8\text{-}2)$$

抗拉承载力

$$[N_t] = \frac{\pi d_0^2}{4}[\sigma_t], \quad N \quad\quad (6\text{-}8\text{-}3)$$

上三式中　$[N_s]$、$[N_p]$、$[N_t]$——每个螺栓的抗切、承压和抗拉容许承载力，N；

$[\tau]$、$[\sigma_p]$、$[\sigma_t]$——螺栓的抗切、承压和抗拉容许应力，N/cm²；

n_s——每个螺栓的抗剪面数目；

d——螺栓的直径，cm；

d_0——螺栓螺纹处的内径，cm。

当螺纹处于受剪面上时，式（6-8-1）中的 d 应改用 d_0。

（三）承受轴心力的连接所需的螺栓数目

承受轴心力的连接所需的螺栓数目按式（6-8-4）和式（6-8-5）计算：

抗剪连接

$$n \geq \frac{N}{[N]_{min}} \quad 或 \quad n \geq \frac{T}{[N]_{min}} \qquad (6-8-4)$$

表 6-8-1 螺栓和焊缝的基本容许应力（N/cm²）

连接材料	应力种类	拉 应 力	压 应 力	弯 曲 应 力	剪 应 力	备 注
粗 制 螺 栓	4.8 级	13000			11000	
	5.8 级	16000			14000	
	6.8 级	19000			16000	
T420～T425 焊 条	对接焊缝	14000	16000		10000	
	贴角焊缝	11000	11000		11000	
T500～T505 焊 条	对接焊缝	20000	23000		14000	
	贴角焊缝	16000	16000		16000	
A₃	地脚螺栓	11000				

表 6-8-2 螺栓的最小间距和最大间距

名 称	位 置 和 方 向		最大容许距离（取以下两者较小值）	最小容许距离
中心间距	外 排		8d 或 12δ	3d
	中间排	构件受压力	12d 或 18δ	
		构件受拉力	16d 或 24δ	
中心至构件边缘的距离	受力方向		4d 或 8δ	1.5d
	垂直于受力方向	切 割 边		1.5d
		轧 制 边		1.25d

注 1. d 为螺栓直径，δ 为外层较薄板件的厚度；

2. 钢板边缘与刚性构件（如角钢、槽钢等）相连的螺栓最大间距可采用中间排的距离；

3. 本表仅适用于螺栓孔径比螺栓直径大 1.0～1.5mm 的情况。

抗拉连接

$$n \geq \frac{T}{[N_1]} \qquad (6-8-5)$$

上二式中 n——传递压力 N 或拉力 T 所需的螺栓数；

$[N]_{min}$——按式（6-8-1）和式（6-8-2）计算的每个螺栓容许承载力的较小值，N；

$[N_1]$——按式（6-8-3）计算的每个螺栓的容许拉力，N。

（四）承受弯矩的连接件受力计算

当连接构件承受弯矩或者节点上被连构件的合力作用线不通过螺栓群的重心 M 时，连接将承受弯矩（图6-8-1），此时由弯矩引起的螺栓受力为

$$N'_i = \frac{e_i}{\sum e_i^2} M = \frac{e_i}{\sum e_i^2} N_0 e, \quad N \qquad (6-8-6)$$

由合力 N_0 引起的螺栓受力

$$N''_i = \frac{N_0}{n}, \quad N \qquad (6-8-7)$$

一个螺栓总的受力

$$N = \sqrt{(N')^2 + (N'')^2} \leq [N]_{min}, \quad N \qquad (6-8-8)$$

上式中 e_i——螺栓距离（$i = 1, 2, \cdots$），cm；

N_0——被连接构件在连接轴线方向的合力，N；

e——N_0 与连接轴线之间的偏心距（见图6-8-1），cm；

n——连接螺栓数；

$[N]_{min}$——一个螺栓的最小承载力，N。

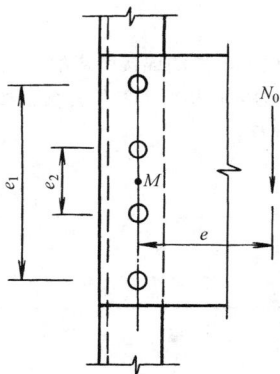

图 6-8-1   承受弯矩的连接

三、焊接连接件计算

（一）对接焊缝

（1）与轴心拉力或压力垂直的对接焊缝的应力，按式（6-8-9）计算

$$\sigma = \frac{N}{l_f \delta} \leqslant [\sigma_l^h] \text{ 或} [\sigma_a^h] \qquad (6\text{-}8\text{-}9)$$

式中 N——作用于连接的轴心压力或拉力，N；

l_f——焊缝的计算长度，当不采用引弧板施焊时，每条焊缝取实际长度减去1cm；当采用引弧板施焊时，即为实际长度，cm；

δ——连接件中的较小厚度，cm；

$[\sigma_l^h]$、$[\sigma_a^h]$——对接焊缝的抗拉、抗压容许应力，N/cm²。

由于焊缝的容许应力低于连接金属的容许应力，因此对接焊缝的强度低于构件强度，为使焊缝能与构件等强，可以采用斜焊缝（见图6-8-2）。焊缝应力，按式（6-8-10）~式（6-8-12）计算。

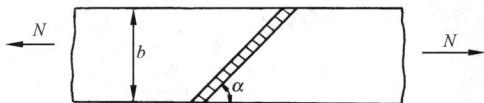

图 6-8-2   对接斜焊缝

焊缝的正应力

$$\sigma_1 = \frac{N}{l\delta} \sin\alpha, \quad \text{N/cm}^2 \qquad (6\text{-}8\text{-}10)$$

焊缝的剪应力

$$\tau_1 = \frac{N}{l\delta} \cos\alpha, \quad \text{N/cm}^2 \qquad (6\text{-}8\text{-}11)$$

（2）承受弯矩、剪力和轴力共同作用的对接焊缝

（图6-8-3），当对接焊缝与杆件轴心力垂直时，应按下列公式分别计算正应力和切应力

正应力

$$\sigma = \frac{N}{l_f \delta} \pm \frac{6M}{l_f^2 \delta} \leqslant [\sigma_l^h] \text{ 或} [\sigma_a^h] \qquad (6\text{-}8\text{-}12)$$

切应力

$$\tau = \frac{3Q}{2l_f \delta} \leqslant [\tau^h] \qquad (6\text{-}8\text{-}13)$$

式中 Q——作用于杆件的切力；

M——作用于杆件的弯矩；

$[\tau^h]$——抗剪容许应力；

其它符号含义见式（6-8-9）。

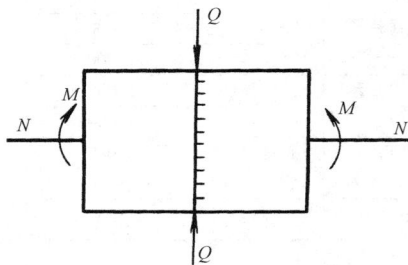

图 6-8-3   对接焊缝图

注：1. 承受轴心力的杆件用斜焊缝对接，当焊缝和作用力间夹角 θ 小于55°时，焊缝强度可不作计算；

2. 对正应力和切应力都较大的地方，还应按下式对焊缝验算折算应力

$$\sqrt{\sigma^2 + 3\tau^2} < 1.1[\sigma_l^h] \qquad (6\text{-}8\text{-}14)$$

（二）贴角焊缝

贴角焊缝的剖面形式如图6-8-4所示。

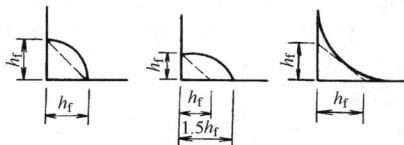

图 6-8-4   贴角焊缝的剖面图

1. 受拉、受压或受切力的贴角焊缝的应力计算

受拉、受压或受切力的贴角焊缝的强度应按式（6-8-15）计算：

$$\tau = \frac{N}{0.7 h_f l_f} \leqslant [\tau_f^h], \quad \text{N/cm}^2 \qquad (6\text{-}8\text{-}15)$$

式中 h_f——贴角焊缝的厚度，取焊缝剖面直角边中较小的边，cm；

$[\tau_f^h]$——贴角焊缝的容许应力，N/cm²。

2. 承受弯矩和切力共同作用的贴角焊缝强度，按下式计算

$$\tau = \frac{1}{0.7h_\mathrm{f}}\sqrt{\left(\frac{Q}{l_\mathrm{f}}\right)^2 + \left(\frac{6M}{l_\mathrm{f}^2}\right)^2} \leqslant \left[\tau_\mathrm{f}^\mathrm{h}\right]$$

$$(6\text{-}8\text{-}16)$$

3. 承受弯矩、切力和拉力共同作用的贴角焊缝强度，按下式计算

$$\tau = \frac{1}{0.7h_\mathrm{f}}\sqrt{\left(\frac{Q}{l_\mathrm{f}}\right)^2 + \left(\frac{N}{l_\mathrm{f}} + \frac{6M}{l_\mathrm{f}^2}\right)^2} \leqslant \left[\tau_\mathrm{f}^\mathrm{h}\right]$$

$$(6\text{-}8\text{-}17)$$

上二式中　　h_f——贴角焊缝的厚度；

　　　　　　$\left[\tau_\mathrm{f}^\mathrm{h}\right]$——贴角焊缝的容许应力；

　　其它符号含义见式（6-8-12）。

（三）角钢与钢板焊接时的焊缝长度计算

　　角钢是非对称断面，其重心线在靠近角钢的肢背，因而角钢肢两侧的焊缝不能对称布置（图6-8-5），可按式（6-8-18）至式（6-8-20）计算各条焊缝的长度。

　　总的焊缝长度

$$l_\mathrm{a} + l_\mathrm{b} = \frac{N}{0.7h_\mathrm{f}\left[\tau_\mathrm{f}^\mathrm{h}\right]}, \quad \text{cm} \quad (6\text{-}8\text{-}18)$$

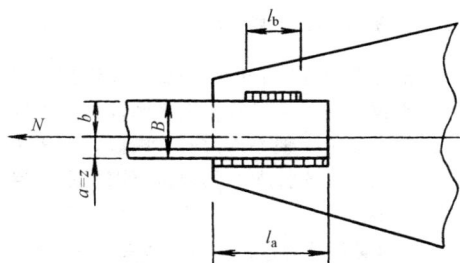

图 6-8-5　角钢与钢板焊接

每条焊缝长度

$$l_\mathrm{a} = \frac{b}{B}(l_\mathrm{a} + l_\mathrm{b}) + 1.0, \quad \text{cm} \quad (6\text{-}8\text{-}19)$$

$$l_\mathrm{b} = \frac{a}{B}(l_\mathrm{a} + l_\mathrm{b}) + 1.0, \quad \text{cm} \quad (6\text{-}8\text{-}20)$$

以上各式中的符号见图6-8-5。$\left[\tau_\mathrm{f}^\mathrm{h}\right]$ 为焊缝的抗拉允许应力，h_f 为焊缝高度。

　　角钢与钢板连接的贴角焊缝的传力分配，也可按表6-8-3选用。

表 6-8-3　　　　　　　　　　　　　角钢肢背肢尖焊缝传力分配表

项　次	连　接　型　式	计　算　公　式
1		$N_1 = K_1 N$ $N_2 = K_2 N$
2		$N_3 = 0.7h_{\mathrm{f}3}l_{\mathrm{f}3}\left[\tau_\mathrm{f}^\mathrm{h}\right]$ 但不大于 $K_2 N$ $N_1 = K_1 N - N_{3/2}$ $N_2 = K_2 N - N_{3/2}$
3		$N_3 = K_2 N$ $N_1 = N - N_3$

注　1. K_1、K_2——分别为角钢肢背、肢尖的分配系数，对等肢角钢 $K_1 = 0.7$，$K_2 = 0.3$；对不等肢角钢，当短肢焊接时，$K_1 = 0.75$，$K_2 = 0.25$，当长肢焊接时，$K_1 = 0.65$，$K_2 = 0.35$。

　　2. 三面围焊或 L 形围焊，在转角处必须连续施焊。

四、法兰盘连接计算

承受轴心拉力或轴心压力的法兰盘连接，当法兰盘承受轴心拉力时，假定每个连接螺栓均匀承担全部拉力；当法兰盘承受轴心压力时，则假定由法兰盘底板传递全部压力，连接螺栓的数量可按构造设置，但不宜少于 6 个。

（一）承受弯矩的法兰盘连接螺栓的受力

计算承受弯矩的法兰盘连接螺栓受力时，可假定其中和轴的位置在圆管外壁与底板接触点的切线上（图 6-8-6），则距中和轴 y_i 处的螺栓所受到的拉力 N_i^b 为

$$N_i^b = \frac{M y_i}{\Sigma y_i^2}, \quad N \qquad (6-8-21)$$

式中　y_i——任一螺栓中心到中和轴的距离，cm；

　　　Σy_i^2——所有受拉螺栓中心到中和轴距离的平方和，cm^2。

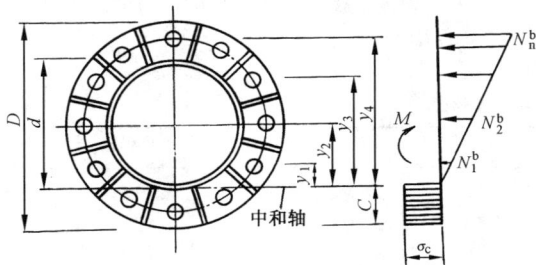

图 6-8-6　圆形法兰盘计算简图

（二）法兰盘底板厚度的计算

法兰盘底板的强度应按式（6-8-22）计算，且其厚度一般不宜小于 18mm。

$$\delta \geqslant \sqrt{\frac{6 M_{max}}{[\sigma]}}, \quad cm \qquad (6-8-22)$$

式中　M_{max}——底板单位宽度的最大弯矩（N·m）。其值可据底板反力和支承条件计算，有加劲肋时可近似按三边支承板计算，无加劲肋时应按悬臂板计算。详见塔脚板计算。

（三）法兰盘底板反力计算

法兰盘底板的反力可近似按式（6-8-23）和式（6-8-24）计算：

法兰盘受轴心压力时

$$\sigma_c = \frac{N}{A_j}, \quad N/cm^2 \qquad (6-8-23)$$

法兰盘受弯时

$$\sigma_c = \frac{MC}{J} = \frac{MC}{\frac{\pi}{64}(D^4 - d^4)}, \quad N/cm^2 \qquad (6-8-24)$$

上二式中　A_j——法兰盘底板的净面积，cm^2；

　　　　C——中和轴到法兰盘受压边缘的距离，cm；

　　　D、d——法兰盘底板的外径和内径，cm。

法兰盘受压且同时受弯时的应力，可近似取以上两式之和。

（四）加劲肋的计算

假定每块加劲肋所受的力 R 是压力分布角 45° 范围内的底板反力（图 6-8-7）之和，其作用点在距法兰盘外边缘 $\frac{1}{3}C$ 外，则加劲肋所受的弯矩为

$$M_c = \frac{2}{3} C R, \quad N \cdot cm \qquad (6-8-25)$$

加劲肋所需高度

$$h_c = \sqrt{\frac{6 M_c}{\delta [\sigma]}}, \quad cm \qquad (6-8-26)$$

式中　δ——加劲肋的厚度，cm。

加劲肋的焊缝应力按承受剪力 R 和弯矩 M_c 验算。

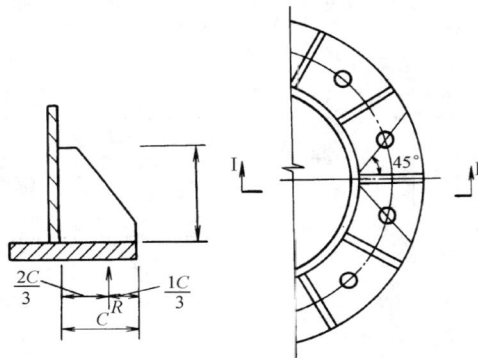

图 6-8-7　法兰盘加劲肋计算简图

五、塔脚板计算

（一）塔脚板的构造

塔脚板上地脚螺栓的布置，应与铁塔主角钢的重心线成对称布置，以保证各地脚螺栓均匀受力。考虑到加工和施工误差，地脚螺栓孔径一般可取地脚螺栓直径的 1.3~1.5 倍。但为防止铁塔受力后塔脚发生侧移使塔腿部分构件产生次应力，地脚螺栓与螺孔之间的孔隙，宜用可靠方法予以堵塞，或将垫板与底板焊起来。在布置加劲肋时，要考虑拧紧地脚螺栓帽时放置扳手的可能，并留一定的余地。

（二）塔脚板的计算

1. 塔脚板尺寸的确定

（1）按构造要求确定塔脚板尺寸（mm）：一般在地脚螺栓帽下应设置方垫板（图 6-8-8），方垫板宽度 $b \geqslant 2.5 \sim 3.0 d$（$d$ 为地脚螺栓直径），地脚螺栓中

心至加劲板边缘的最小距离 $a_1 > \dfrac{b}{2} + \left(\dfrac{d_0 - d}{2}\right) + 10 \sim$

20mm，故塔脚板的总宽度 $B \geqslant 2\ (z_0 + \delta_1 + a_1 + c)$，

其中 $c \geqslant \dfrac{b}{2} + 10 \sim 20\text{mm}$。

（2）按基础混凝土抗压强度确定底板尺寸：

$$F_j \geqslant \frac{N}{[R_a]}, \quad \text{cm}^2 \qquad (6\text{-}8\text{-}27)$$

式中　　F_j——塔脚板面积，如为方形且有四个地脚螺栓孔，则 $F_j = B^2 - 4 \pi d_0^2$，cm^2；

　　　　B——塔脚板的宽度，cm；

　　　　d_0——地脚螺栓孔径，cm；

　　　　N——塔脚板所受的压力，N；

　　$[R_a]$——基础混凝土的抗压强度，N/cm^2。

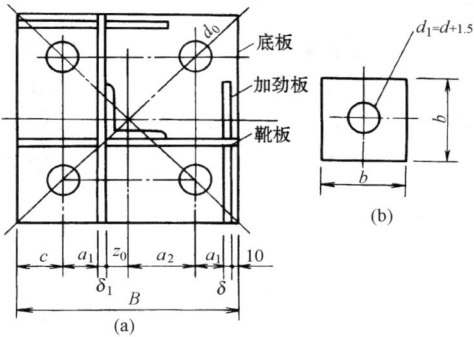

图 6-8-8　塔脚板的构造

（a）平面图；（b）方垫板

2. 塔脚板强度计算

塔脚板的厚度按式（6-8-28）计算

$$\delta \geqslant \frac{1}{1.2} \sqrt{\frac{6M_{max}}{[\sigma]}} \qquad (6\text{-}8\text{-}28)$$

式中　　M_{max}——根据塔脚板下基础反力和塔脚板支承条件，分别按四边支承、三边支承、两边支承、简支或悬臂板计算所确定的最大弯矩，可按式（6-8-29）至式（6-8-33）各式计算；

　　　　1.2——根据试验结果取的经验系数。

（1）对四边支承的受压板：

$$M_1 = \alpha \sigma_c a_1^2, \quad \text{N} \cdot \text{cm} \qquad (6\text{-}8\text{-}29)$$

式中　　σ_c——计算区段内塔脚板下基础的最大均布反力，N/cm^2；

　　　　α——与 b_1/a_1 有关的系数，按表 6-8-4 确定；

　　a_1、b_1——计算区段内板的短边和长边，cm。

（2）对于三边支承板和两相邻边支承的受压板：

$$M_2 = \beta \sigma_c a_2^2, \quad \text{N} \cdot \text{cm} \qquad (6\text{-}8\text{-}30)$$

式中　　a_2——计算区段内板的自由边的长度，对于两相邻边支承的板应按表 6-8-5 中图示确定，cm；

　　　　β——与 b_2/a_2 有关的系数，按表 6-8-5 确定。

（3）对于简支的受压板：

$$M_3 = \frac{1}{8} \sigma_c a_3^2, \quad \text{N} \cdot \text{cm} \qquad (6\text{-}8\text{-}31)$$

式中　　a_3——简支板的跨度，cm。

表 6-8-4　　　　　　　　　　　四 边 支 承 板 的 系 数 α

	b_1/a_1	1.0	1.1	1.2	1.3	1.4	1.5
	α	0.048	0.055	0.063	0.069	0.075	0.081
	b_1/a_1	1.6	1.7	1.8	1.9	2.0	>2.0
	α	0.086	0.091	0.095	0.099	0.102	0.125

表 6-8-5　　　　　　　　　　两边支承板和相邻板支承板的系数 β

	b_2/a_2	0.3	0.4	0.5	0.6	0.7	0.8
	β	0.027	0.044	0.060	0.075	0.087	0.097

续表

b_2/a_2	0.9	1.0	1.2	1.4	2.0	>2.0
β	0.106	0.112	0.121	0.126	0.132	0.133

注 当 $b_2/a_2 < 0.3$ 时应按悬伸长度为 b_2 的悬臂板计算。

（4）对于悬臂的受压板：

$$M_4 = \frac{1}{2}\sigma_c a_4^2, \quad N \cdot cm \qquad (6\text{-}8\text{-}32)$$

式中 a_4——悬臂的长度，cm。

（5）对于受拉的塔脚板：

对于受拉的塔脚板，可以假定每个地脚螺栓所承受的拉力平均分配在各靠近的加劲肋或靴板上，故弯矩

$$M_5 \approx \frac{1}{n}TS, \quad N \cdot cm \qquad (6\text{-}8\text{-}33)$$

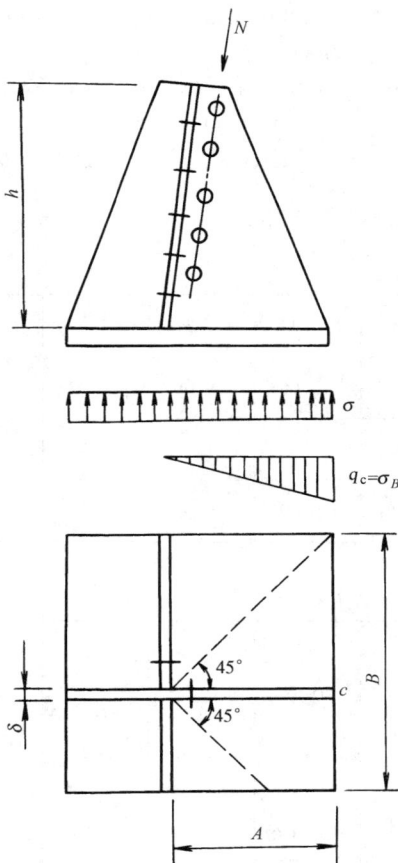

图 6-8-9 靴板计算简图

式中 T——一个地脚螺栓所受的拉力，N；

n——一个地脚螺栓周围的加劲肋和靴板数；

S——某一加劲肋或靴板至地脚螺栓中心的距离，cm。

（三）靴板计算

塔脚板受压时假定每块靴板承受由两靴板交点处作 45° 压力分布线范围内的全部反力，因此靴板承受一个按三角形规律分布的荷载，最大反力在塔脚板边缘（图 6-8-9）。

靴板所受的切力为

$$Q \approx \int_0^A q_x dx = \frac{1}{2}AB\sigma, \quad N \qquad (6\text{-}8\text{-}34)$$

靴板所受的弯矩为

$$M \approx \int_0^A q_x x dx = \frac{1}{3}A^2 B\sigma, \quad N \cdot cm \quad (6\text{-}8\text{-}35)$$

以上两式中的符号见图 6-8-9。

当塔脚板受拉时，可近似假定每个地脚螺栓所受的拉力平均向各邻近的靴板和加劲肋分布。靴板所承受的弯矩即为此靴板和加劲肋所分担的拉力和此力到靴板与主角钢连接螺栓线之间距离的乘积。靴板所需高度

$$h = \sqrt{\frac{6M}{\delta[\sigma]}}, cm \qquad (6\text{-}8\text{-}36)$$

式中 δ——靴板的厚度，cm。

六、拉板计算

拉线塔的拉线板、导线的挂板等，由于连接金具尺寸的限制，其最小端距、边距往往不能满足表 6-8-2 的要求，此时可按以下方法验算强度。

（一）水平截面 A-A 的强度

如图 6-8-10（a）的拉板，其水平截面的强度因受孔边应力集中的影响，孔边处最大拉应力可按式（6-8-37）计算：

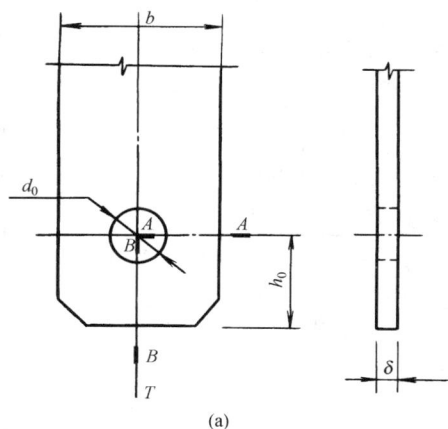

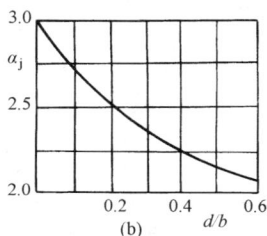

图 6-8-10 拉板计算简图

（a）拉板受力简图；（b）应力集中系数

$$\sigma = \frac{T}{(b - d_0)\delta}\alpha_c \leqslant [\sigma], \quad N/cm^2$$

$$(6\text{-}8\text{-}37)$$

（二）垂直截面 B-B 的强度

孔边切向最大应力可按式（6-8-38）计算：

$$\sigma = \frac{T(h_0^2 + 0.25d_0^2)}{d\delta(h_0^2 - 0.25d_0^2)} \leqslant [\sigma], \quad N/cm^2$$

$$(6\text{-}8\text{-}38)$$

（三）孔壁承压应力

孔壁承压应力可按式（6-8-39）计算：

$$\sigma_M = \frac{T}{d\delta} \leqslant [\sigma_M], \quad N/cm^2 \qquad (6\text{-}8\text{-}39)$$

上三式中 T——拉板所受的拉力，N；

$\quad\quad\quad d$——螺栓直径，cm；

$\quad\quad\quad b$——拉板宽度，cm；

$\quad\quad\quad \alpha_c$——应力集中系数；

$\quad\quad\quad d_0$——螺栓孔径，cm；

$\quad\quad\quad \delta$——拉板厚度，cm；

$\quad\quad\quad h_0$——螺栓中心到拉板边缘的距离（端距），cm。

第九节 计 算 例 题

一、35kV 拔梢单杆计算

（一）设计条件

（1）线路电压为 35kV（单回）。

（2）导线型号为 LGJ-120，地线型号为 GJ-35。

（3）设计水平档距为 220m，垂直档距为 300m。

（4）采用固定线夹、转动横担，起动张力为 2500N。

（5）电杆采用离心法制造。选用梢径 ϕ230mm、圆锥度 1/75 的拔梢杆段，全长 18m，按 9＋9（m）分段；壁厚 45mm，C40 级混凝土，A_3F 冷拔钢筋。

（6）电杆外形尺寸见图 6-9-1，标准呼称高 11.8m。

（二）设计荷载

拔梢单杆设计荷载详见表 6-9-1。

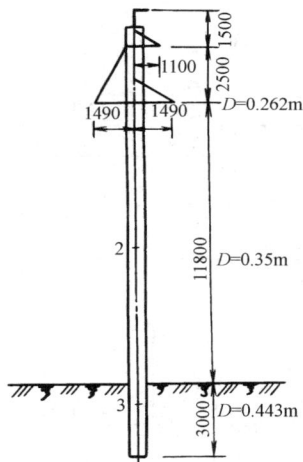

图 6-9-1 35kV 电杆计算外形图

（三）正常情况主杆内力和挠度计算

1. 杆身风压及其合力作用点高度计算

荷载见图 6-9-2。

（1）杆身风压计算：

$$q_{0\text{-}1} = \frac{25^2}{1.6} \times 0.6 \times \frac{0.23 + 0.262}{2}$$

$$= 58N/m$$

$$q_{0\text{-}2} = \frac{25^2}{1.6} \times 0.6 \times \frac{0.23 + 0.35}{2} = 68N/m$$

$$q_{0\text{-}3} = \frac{25^2}{1.6} \times 0.6 \times \frac{0.23 + 0.443}{2} = 79N/m$$

表 6-9-1　　　　　　　　　　　　　　　35kV 拔梢单杆设计荷载表

塔型	呼称高 (m)	转角范围 (°)	标准档距 (m)	水平档距 (m)	垂直档距 (m)	最大允许档距 (m)	代表档距 (m) 前／后	杆塔材料	导线规格 型号	导线规格 截面 (mm²)	地线规格 型号	地线规格 截面 (mm²)
Z_{g1}	11.8	0°	204	220	300	275	220		LGJ-120	137	GJ-35	37.2

情况 气象、荷载及张力			正常 覆冰	正常 最大风	正常 最低温	安装	事故
气象条件	温度（℃）		−5	−5	−20	−15	−15
	冰厚（mm）		10	0	0	0	0
	风速（m/s）		10	25	10	10	0
水平荷载	导线每相	导线（N）	580	1330		250	
		绝缘子（N）	10	90		10	
		共计（N）	590	1420		260	
		分配（N）					
	地线每根（N）		460	680		130	
垂直荷载	导线每相	导线（N）	3620	1480		1480	1480
		绝缘子（N）	320	220		220	220
		防震锤（N）					
		共计（N）	3940	1700		1700	1700
		分配（N）					
	地线每根	垂直荷载（N）	2470	950		950	950
拉力	导线每相	前侧拉力（N）	14000	11800		10000	11350
		后侧拉力（N）					
	地线每相	前侧拉力（N）	11150	9300		9000	9850
		后侧拉力（N）					
	直线塔断线拉力（N）						7600
备注							

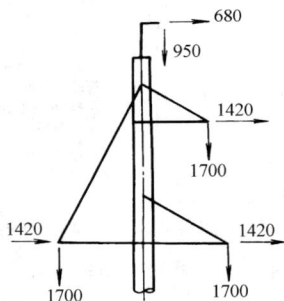

图 6-9-2　荷载简图

（2）杆身各段风压合力作用点高度计算：

$$\bar{h}_{0\text{-}1} = \frac{3.2}{3} \times \frac{2 \times 0.23 + 0.262}{0.23 + 0.262} = 1.56\text{m}$$

$$\bar{h}_{0\text{-}2} = \frac{9.0}{3} \times \frac{2 \times 0.23 + 0.35}{0.23 + 0.35} = 4.2\text{m}$$

$$\bar{h}_{0\text{-}3} = \frac{16.0}{3} \times \frac{2 \times 0.23 + 0.443}{0.23 + 0.443} = 7.15\text{m}$$

2. 杆身弯矩计算

$M_0 = 950 \times 0.3 = 285\text{N} \cdot \text{m}$

$$\begin{aligned} M_1 &= (680 \times 4 + 1420 \times 2.5 + 58 \times 3.2 \times 1.56) \\ &\quad \times 1.15 + (950 \times 0.3 + 1700 \times 1.1) \\ &= 9698\text{N} \cdot \text{m} \end{aligned}$$

$$\begin{aligned} M_2 &= [680 \times 9.8 + 1420(8.3 + 2 \times 5.8) + 68 \\ &\quad \times 9 \times 4.2] \times 1.15 + (950 \times 0.3 + 1700 \times 1.1) \\ &= 45271\text{N} \cdot \text{m} \end{aligned}$$

$$\begin{aligned} M_3 &= [680 \times 16.8 + 1420(15.3 + 2 \times 12.8) + 79 \times 16 \\ &\quad \times 7.15] \times 1.15 + (950 \times 0.3 + 1700 \times 1.1) \\ &= 92475\text{N} \cdot \text{m} \end{aligned}$$

3. 电杆挠度计算（参见图 6-9-4）

水平力合力

$$\sum P = 680 + 3 \times 1420 + 79 \times 16 = 6204\text{N}$$

合力作用点高度

$$\bar{h} = [680 \times 16.8 + 1420(15.3 + 2 \times 12.8) + 79 \times 16]/6204 = 11.4\text{m}$$

挠度计算点高度　　$H = 16.8\text{m}$

电杆平均直径交点的高度为

$$D = \left(\frac{185}{398 - 185} \times 16\right) + 16 = 29.9\text{m}$$

因此

$$c = \bar{h}/H = 11.4/16.8 = 0.678$$

$$a = D/H = 29.9/16.8 = 1.78$$

根据比值 c 和 a，从图 6-3-5 中查出挠度系数 $K = 1.07$，经过计算杆根固定处的刚度 $B_d = 1.82 \times 10^{11}$ N·cm²，则挠度为

$$y = \frac{K\Sigma PH^3}{3B_d} = \frac{1.07 \times 6204 \times 1680^3}{3 \times 1.82 \times 10^{11}} = 57.6\text{cm}$$

由土壤压缩变形引起的杆身角变位为

$$\varphi_p = \frac{C\Sigma P}{E_0 h_0^2}(6r + 3)\varepsilon$$

地质条件按稍湿的细砂土，由表 6-3-1 查出 $E_0 = 36000\text{kN/m}^2 = 3600\text{N/cm}^2$；按有上卡盘考虑，取系数 $C_1 = 0.75$，由 $b/h_0 = 0.443/3.0 = 0.148$，查表 6-3-2 得 $\varepsilon = 5.625$，$\gamma = \bar{h}/h_0 = 11.48/3 = 3.83$，则

$$\varphi_p = \frac{0.75 \times 6204}{3600 \times 300^2}(6 \times 3.83 + 3) \times 5.625 = 0.0021$$

在垂直荷载偏心弯矩作用下，由于土壤压缩变形引起的杆身角变位很小，故略去不计，则杆身总挠度为

$$\delta = 57.6 + 0.0021 \times 1680 = 61.1\text{cm}$$

（四）事故情况电杆内力计算

在工程设计中，对任一相导线断线时均应计算，本例仅计算断下导线时的情况（见图 6-9-3）。事故时荷载组合系数为 0.75。

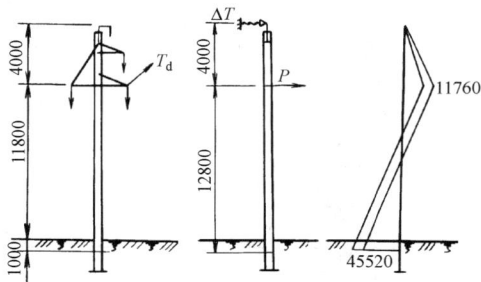

图 6-9-3　35kV 电杆事故情况计算简图

1. 地线支持力计算

事故情况可以考虑地线支持力，根据设计条件，按第三章中"导线断线时地线支持力计算"中的计算方法，其最小支持力 $\Delta T_{min} = 2700\text{N}$，最大支持力 $\Delta T_{max} = 2940\text{N}$。

2. 电杆弯矩计算

$$M_3 = (7100 \times 12.8 - 2700 \times 16.8) \times 0.75$$
$$= 34140\text{N·m}$$

$$M_1 = -2940 \times 4 \times 0.75 = 8820\text{N·m}$$

横担转动前杆身承受的扭矩为

$$M_K = 2500 \times 1.45 \times 0.75 = 2538\text{N·m}$$

（五）考虑地线张力差时，电杆内力计算

计算地线张力差时，不考虑导线的支持作用，则杆根弯矩为

$$M_3 = 0.2 \times 11150(12.8 + 4.0) \times 0.75 = 28098\text{N·m}$$

（六）主杆配筋计算

对于自立式拔梢单杆，可用普通钢筋混凝土与预应力钢筋混凝土电杆。目前，预应力电杆已较多的应用于工程中，现按预应力电杆计算主杆配筋。

1. 上段主杆配筋计算

已知上段主杆弯矩：$M = 45271\text{N·m}$，断面外半径 $r_2 = 17.5\text{cm}$，内半径 $r_1 = 13.0\text{cm}$，断面面积 $A = 430\text{cm}^2$；采用 C40 级混凝土，$f_{cm} = 3550\text{N/cm}^2$；Ⅳ 级钢筋，$f_{sc} = 40000\text{N/cm}^2$，$f_{st} = 55000\text{N/cm}^2$，钢筋张拉应力取 $0.6f_{st}^b$，预应力损失取 10000N/cm^2，钢筋用 $14\phi10$、$A_p = 10.99\text{cm}^2$。由此得钢筋张拉应力

$$\sigma_K' = 0.6 \times 55000 = 33000\text{N/cm}^2$$

$$\sigma_{ya}' = 40000 - (33000 - 10000) = 17000\text{N/cm}^2$$

按式（6-6-36）计算断面抗弯强度：

$$M = \left[f_{cm}A\frac{r_1 + r_2}{2} + (f_{st} + \sigma_{ya}')A_p r_p\right]\frac{\sin\pi\alpha}{\pi}$$

由

$$\alpha = \frac{f_{st}A_p}{(f_{st} + \sigma_{ya}')A_p + f_{cm}A}$$
$$= \frac{55000 \times 10.99}{(55000 + 17000) \times 10.99 + 3550 \times 430}$$
$$= 0.26$$

得

$$M = \left[3550 \times 430\frac{13 + 17.5}{2} + (55000 + 17000)\right.$$
$$\left. \times 10.99 \times 15.25\right]\frac{\sin180° \times 0.26}{3.14}$$
$$= 8205800\text{N·cm} = 82058\text{N·m}$$
$$K = 82058/45271 = 1.81 > 1.8$$

2. 下段主杆配筋计算

由 $M = 83825\text{N·m}$，$r_1 = 17.65\text{cm}$，$r_2 = 22.15\text{cm}$，$r_g = 18.4\text{cm}$，配 $26\phi10$，$A_y = 20.41\text{cm}^2$ 钢筋按式（6-8-36）计算断面抗弯强度 M。

因为 $\alpha = \dfrac{55000 \times 20.41}{(55000 + 17000) \times 20.41 + 3550 \times 563}$
$= 0.324$

所以 $M = \left[3550 \times 563\dfrac{17.65 + 22.15}{2} + (55000\right.$
$$\left. + 17000) \times 20.41 \times 18.4\right]\frac{\sin180° \times 0.324}{3.14}$$
$$= 18107293\text{N·cm} = 181072\text{N·m}$$
$$K = 181072/92475 = 1.96 > 1.8$$

（七）横担及吊杆计算

（1）以下横担计算为例，采用转动横担，起动张力为 $T = 2500\text{N}$，垂直荷载 $G = 1700\text{N}$，横担宽 25cm，长 120cm，高 100cm，则横担转动时剪切螺栓承受的切力为

$$Q = \frac{2500(120 + 8)}{8} = 40000\text{N}$$

采用 A_3 螺栓，切断强度 $\tau = 38000\text{N}/\text{cm}^2$，则剪切螺栓面积为 $F = 40000/38000 = 1.05\text{cm}^2$。选用 M12 螺栓，$F = 1.13\text{cm}^2$，此时起动张力约为 $2500 \times 1.13/1.05 = 2700\text{N}$，转动时横担弯矩和压力分别为

$$M = 2700 \times 120 = 324000\text{N} \cdot \text{cm}$$
$$N = 1700 \times 133/100 = 2260\text{N}$$

因压力很小，横担按受弯计算，选用 ［8 槽钢，$W_x = 22.4\text{cm}^3$，则：

$$\sigma = 324000/22.4 = 14500\text{N}/\text{cm}^2$$

（2）吊杆的计算考虑安装时双倍起吊控制，荷载组合系数为 0.9。由此得

$$G = (2 \times 1700 \times 1.2 + 2000) \times 0.9 = 5472\text{N}$$
$$S = (6100 \times 166/100) \times 0.9 = 9113\text{N}$$

选用 $\phi16$ 吊杆，$F = 2.01\text{cm}^2$，$\sigma = 9113/2.01 = 4534\text{N}/\text{cm}^2$。转动螺栓按构造要求选用 M24。

二、110kV 门型双杆计算

（一）设计条件

（1）线路电压为 110kV（单回）。

（2）导线型号为 LGJ-185，地线型号为 GJ-50。

（3）设计水平档距为 300m，垂直档距为 400m。

（4）采用固定线夹和固定横担。

（5）主杆用离心法制造。选用 $\phi230\text{mm}$、圆锥度 $\frac{1}{75}$ 的拔梢杆段，全长 18m，按 9＋9（m）分段。主杆接头用电焊连接，壁厚 50mm，用 C40 级混凝土、Ⅱ级钢筋。

（6）根据电气间隙要求，电杆外形尺寸如图 6-9-4 所示，标准呼称高为 12.8m。

（二）设计荷载

各种气象条件下的设计荷载，见表 6-9-2。

（三）正常情况电杆内力计算

1. 零力矩点位置的确定

主杆埋深 2.6m，故假定根部按固定计算，其嵌固点位置在 $2.6/3 = 0.9\text{m}$ 处（见图 6-9-4），则 $h_4 = 0.9 + 4.5 = 5.4\text{m}$。

表 6-9-2 110kV 门型双杆设计荷载表

情况 气象、荷载及张力			正 常			安 装	断 线
			覆 冰	最 大 风	最 低 温		
气象条件	气 温（℃）		−5	−5	−40	−15	−30
	冰 厚（mm）		10	0	0	0	0
	风 速（m/s）		10	30	0	10	0
水平荷载（N）	导 线		900	2850		410	
	地 线		650	1370		200	
垂直荷载（N）	导 线		7800	3700	3700	3700	3700
	地 线		3800	1650	1650	1650	1650
地线张力（N）			16700				12700
断导线残存张力（N）							11000

电杆各点外径注于图 6-9-4 中，$D_3 = 37.5\text{cm}$，$d_3 = 27.5\text{cm}$，断面系数为

$$W_3 = \frac{3.14}{32 \times 37.5}(37.5^4 - 27.5^4) = 3690\text{cm}^3$$

$D_4 = 44.7\text{cm}$，$d_4 = 34.7\text{cm}$，断面系数为

$$W_4 = \frac{3.11}{32 \times 44.7}(44.7^4 - 34.7^4)$$
$$= 5600\text{cm}^3$$

零力矩点（图 6-9-4 中 O 点）位置为

$$Z = 5.4\frac{3690}{3690 + 5600} = 2.14\text{m}$$

2. 主杆弯矩计算（荷载分布见图 6-9-5）

（1）杆身风压计算：

$$q_{0-1} = \frac{30^2}{1.6} \times 0.6 \times \frac{0.23 + 0.265}{2} = 84\text{N}/\text{m}$$

$$q_{0-2} = \frac{30^2}{1.6} \times 0.6 \times \frac{0.23 + 0.285}{2} = 87\text{N}/\text{m}$$

$$q_{0-3} = \frac{30^2}{1.6} \times 0.6 \times \frac{0.23 + 0.404}{2} = 107\text{N}/\text{m}$$

（2）各段风压合力作用点高度为

$$\bar{h}_{0-1} = \frac{2.6}{3} \times \frac{2 \times 0.23 + 0.265}{0.23 + 0.265} = 1.27\text{m}$$

$$\bar{h}_{0-2} = \frac{4.1}{3} \times \frac{2 \times 0.23 + 0.285}{0.23 + 0.285} = 1.98\text{m}$$

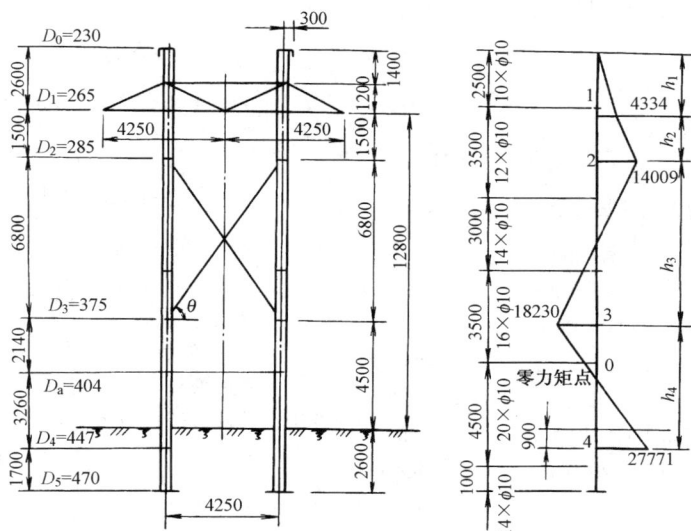

图 6-9-4 110kV 电杆外形图

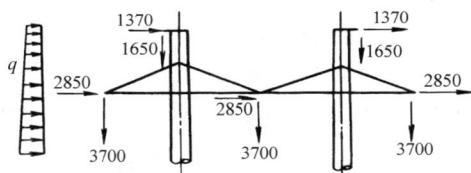

图 6-9-5 110kV 电杆荷载图

$$\bar{h}_{0-a} = \frac{13.04}{3} \times \frac{2 \times 0.23 + 0.404}{0.23 + 0.404} = 5.92\text{m}$$

（3）各段弯矩计算

$M_1 = 1370 \times 2.6 + 84 \times 2.6 \times 1.27 + 1650 \times 0.3$
$\quad = 4334\text{N} \cdot \text{m}$

$M_2 = 0.55(2 \times 1370 \times 4.1 + 3 \times 2850 \times 1.5 + 2$
$\quad \times 87 \times 4.1 \times 1.98) = 14009\text{N} \cdot \text{m}$

$M_3 = 0.55(2 \times 1370 + 3 \times 2850 + 2 \times 107$
$\quad \times 13.04) \times 1.1 \times 2.14 = 18230\text{N} \cdot \text{m}$

$M_4 = 0.55(2 \times 1370 + 3 \times 2850 + 2 \times 107$
$\quad \times 13.04) \times 1.1 \times 3.26 = 27771\text{N} \cdot \text{m}$

（四）事故情况电杆内力计算

事故断边导线荷载分布情况如图 6-9-6。荷载系数为 0.75。

不带拉线电杆，事故情况可以考虑地线支持力。根据设计条件，按第三章中导线断线时地线支持力的计算方法，其计算最小地线支持力为 $\Delta T_{\min} = 7350\text{N}$，最大地线支持力为 $\Delta T_{\max} = 7880\text{N}$。由此得：

杆根弯矩为

$$M_4 = (1.2 \times 11000 \times 13.7 - 7350 \times 16.3)$$
$$\times 0.75 = 45750\text{N} \cdot \text{m}$$

横担处主杆弯矩为

$$M_1 = -7880 \times 2.6 \times 0.75 = -15366\text{N} \cdot \text{m}$$

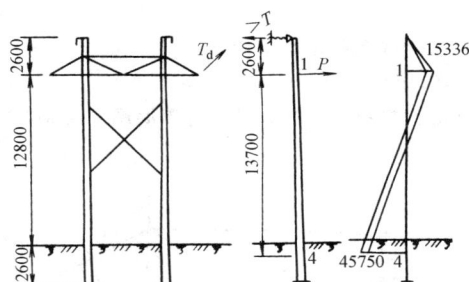

图 6-9-6 110kV 电杆事故断边导线情况计算简图

（五）考虑地线张力差时电杆内力计算

计算地线张力差时，不考虑导线的支持作用，则杆根处计算弯矩为

$$M_4 = 0.2 \times 12700 \times 16.3 \times 0.75 = 31052\text{N} \cdot \text{m}$$
$$< 45750\text{N} \cdot \text{m}$$

（六）主杆配筋计算

从以上计算可知，主杆弯矩由断边导线情况控制。考虑到主杆分段配筋，初步估算后，各点配筋注于图 6-9-4 中，现分别验算 1 点（M_1）及 4 点（M_4）强度。

（1）上段（M_1）主杆强度验算：$M_1 = 15366\text{N} \cdot \text{m}$，采用 C40 级混凝土，混凝土抗弯强度为 $f_{cm} = 3550\text{N/cm}^2$；Ⅱ级钢筋，$f_{sc} = 34000\text{N/cm}^2$，$f_{st} = 34000\text{N/cm}^2$；断面外半径为 $r_2 = 13.2\text{cm}$，内半径为 $r_1 = 8.2\text{cm}$，混凝土断面面积 $A = 332\text{cm}^2$，断面配筋为 12ϕ10、$A_g = 9.4\text{cm}^2$。据式（6-6-9）按受弯构件计算。

$$M = \left(f_{cm}A\,\frac{r_1 + r_2}{2} + 2f_{st}A_g r_s\right)\frac{\sin\pi\alpha}{\pi}$$

$$\alpha = \frac{R_g A_g}{f_{cm}A + 2f_{st}A_g}$$

$$\alpha = \frac{34000 \times 9.4}{3550 \times 332 + 2 \times 34000 \times 9.4} = 0.176$$

$$M = \left(3550 \times 332\,\frac{13.2 + 8.2}{2} + 2 \times 9.4\right.$$
$$\left. \times 34000 \times 10.7\right)\frac{\sin 180 \times 0.176}{3.14}$$
$$= 3253780N \cdot cm = 32537.8N \cdot m$$

$$K = 32537.8/15366 = 2.12 > 1.7$$

（2）下段主杆（M_4）强度验算：$M_4 = 45750$ N·m，断面外半径 $r_2 = 22.4cm$，内半径 $r_1 = 17.4cm$；断面面积 $A = 622cm^2$，配筋为 $20\phi10$、$A_g = 15.7cm^2$。由此得

$$\alpha = \frac{34000 \times 15.7}{3550 \times 622 + 2 \times 34000 \times 15.7} = 0.162$$

$$M = \left(3550 \times 622\,\frac{17.4 + 22.4}{2} + 2 \times 34000 \times 15.7\right.$$
$$\left. \times 19.9\right)\frac{\sin 180 \times 0.162}{3.14}$$
$$= 10115317N \cdot cm = 101153.2N \cdot m$$

$$K = 101153.2/45750 = 2.21 > 1.7$$

（七）横担和吊杆计算（计算简图见图 6-9-7）

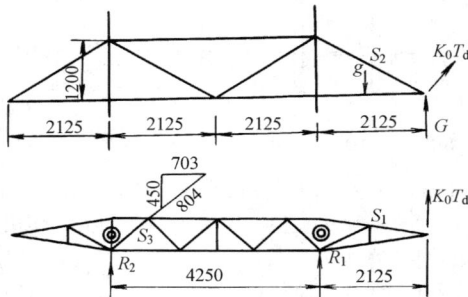

图 6-9-7　110kV 电杆横担计算简图

1. 横担内力

横担内力由断边导线情况控制。在断线瞬间，考虑冲击系数 1.1，$T_B = 11000N$，$G = 0.6 \times 3700 = 2220N$。故得

$$S_1 = \left(-\frac{2220 \times 2.14}{2 \times 1.2} - \frac{1.1 \times 11000 \times 2.14}{0.45}\right) \times 0.75$$
$$= -44670N$$

断线后修复时，不考虑冲击，但有活动荷载 1000N，则：作用在 S_1 上的压力及弯矩分别为：

$$S_1 = \left[-\frac{(2220 + 1000) \times 2.14}{2 \times 1.2}\right.$$

$$\left.-\frac{11000 \times 2.14}{0.45}\right] \times 0.75$$
$$= -41387N$$

$$M_1 = \frac{1000 \times 214}{4} \times 0.75 = 40125N \cdot cm$$

斜材内力为

$$S_3 = -11000 \times \frac{2.125}{4.25} \times \frac{0.84}{0.45} \times 0.75$$
$$= -7700N$$

$$M_3 = \frac{1000 \times 84}{4} \times 0.75 = 15750N \cdot cm$$

2. 吊杆内力

吊杆内力计算，主要由安装时的双倍起吊边导线控制，其最大轴向拉力为：

$$G = (2 \times 3700 \times 1.2 + 2000) \times 0.9 = 9792N$$

$$S_2 = 9792\,\frac{2.44}{2 \times 1.2} = 9955N$$

（八）叉梁计算

正常情况所有水平力对零力矩点的力矩和为

$$\Sigma M_0 = 2 \times 1370 \times 13.04 + 3 \times 2850$$
$$\times 10.44 + 2 \times 107 \times 13.04 \times 5.92$$
$$= 141511N \cdot m$$

由图 6-9-4 得叉梁轴线长度 $l = \sqrt{4.25^2 + 6.8^2} = 8.0m$，$\cos\theta = \frac{4.25}{8} = 0.53125$，叉梁轴向力为

$$N = 0.55\,\frac{141511}{6.8 \times 0.53125} = 21544N$$

采用 $b \times h = 14 \times 16cm$ 叉梁，C20 级混凝土，配 $4\phi10A_3F$ 钢筋。$f_{cc} = 1400N/cm^2$，$f_{st} = 28500N/cm^2$，$A = 224cm^2$，$A_s = 3.14cm^2$。

扣去主杆直径和抱箍距离后，叉梁实长约为 720cm，叉梁计算长度为 720cm 时的长细比为

$$\lambda = \frac{0.7 \times 720}{\sqrt{16^2/12}} = 110$$，查表 6-6-3，弯曲系数 $\varphi = 0.48$。

叉梁按轴心受压计算：

$$N = 0.48(1100 \times 224 + 24000 \times 3.14)$$
$$= 154445N$$

$$K = 154445/21544 = 7.2 > 1.7$$

叉梁抱箍一般均可按构造设计。计算略。

三、猫头型铁塔计算

（一）铁塔外形与计算荷载

本例为猫头型铁塔，其外形如图 6-9-8 所示。此类塔型已普遍采用电子计算机计算，本例以经典法计算，比较繁杂，仅供初学者参考，在分析中共需计算图 6-9-9 中（a）～（h）八种组合。

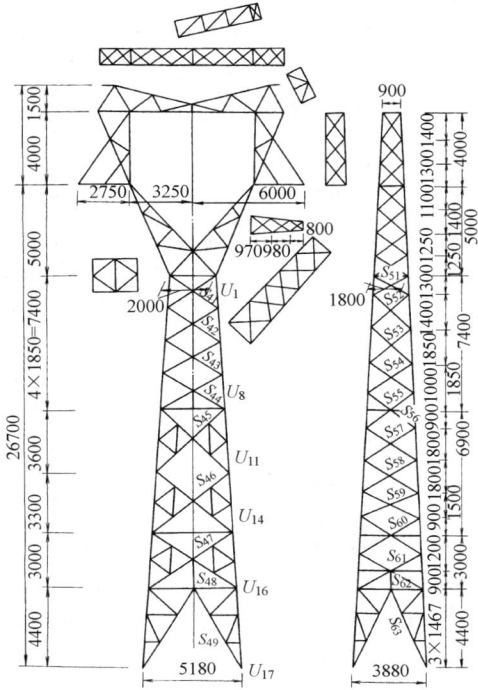

图 6-9-8 铁塔外形

最大风速为 30m/s 时的塔身风荷载经计算取值见表 6-9-3。

为计算头部杆件的受力，将塔头风荷载化为等效的集中荷载，分别作用于地线和导线挂线点，如图6-9-10所示。覆冰及安装情况下塔头风压对杆件受力影响不大，现予略之。塔身部分的自重荷载假定为1.0kN/m，塔头部分的自重荷载亦分配到五个挂线点，

在荷载组合图中的电线重力中已包括了这部分的荷载。

表 6-9-3 铁塔风荷载取值

部 位	风向与线路垂直		风向与线路平行		风向与线路夹角为45°		备 注
	侧面(X)	正面(Y)			侧面(X)	正面(Y)	
塔头(kN/m)	0.5	0.8			0.32	0.56	0.5为一个曲臂的风压、0.8为整个头部正面风压
塔身(kN/m)	0.6	0.7			0.55	0.55	
导线(kN)	7.0	1.75			3.5	1.05	
地线(kN)	3.35	0.84			1.68	0.5	

（二）横向风荷载和垂直荷载作用下塔头内力分析

1. **基本结构构件内力计算**

在将K节点切开后，塔头部分便分成下曲臂、上曲臂和上横担两个部分，即为基本结构。此时出现在K节点的反力有 R_x 和 R_z。R_z 可由静力平衡条件求得。在横向荷载作用下 R_x 也可由静力平衡条件求得，而在垂直荷载下，R_x 自成平衡，故必须由塔头上、下部分在K节点的相对位移为零的条件解得。塔头基本结构见图6-9-11。

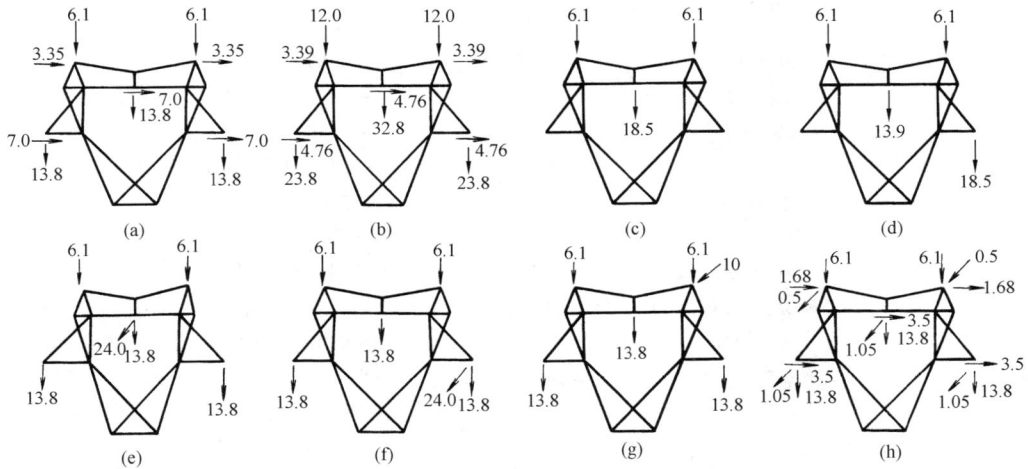

图 6-9-9 荷载组合图

（a）组合一，横线路方向最大风；（b）组合二，覆冰；（c）组合三，中线双倍起吊；（d）组合四，边线双倍起吊；（e）组合五，断中线；（f）组合六，断边线；（g）组合七，断地线；（h）组合八，45°方向最大风

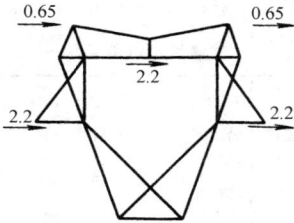

图 6-9-10　塔头风荷载的分配
$(v = 30 \text{m/s})$

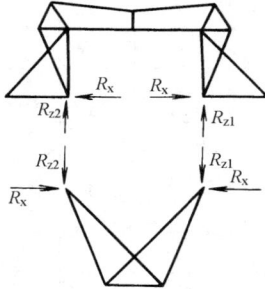

图 6-9-11　塔头基本结构

K 节点的反力由下式求得：

$$\Sigma M_{k1} = 0 \quad R_{z2} = \Sigma M_{k1}/6.5, \quad \text{kN}$$

$$\Sigma M_{k4} = 0 \quad R_{z1} = \Sigma M_{k2}/6.5, \quad \text{kN}$$

在横向风荷载作用下

$$R_{x1} = R_{x2} = \Sigma P_x/2, \quad \text{kN}$$

在垂直荷载下由下式求解超静定反力 R_x，即

$$\delta_{11}R_x + \Delta_{1p} = 0$$

$$\delta_{11} = \Sigma \frac{\overline{N}_1^2}{EA}l$$

$$\Delta_{1p} = \Sigma \frac{\overline{N}_1 N_p}{EA}l$$

上三式中　ΣM_{k1}、ΣM_{k4}——K 节点以上所有荷载对节点 K_1 和 K_4 的力矩，kN·m；

ΣP_x——K 节点以上所有横向荷载的总和，kN；

$\overline{N}_1$——$R_x = 1.0$ 时基本结构各杆件虚的内力；

N_p——基本结构各杆件在荷载作用下的内力，kN；

E、A、l——各杆件弹性模量、截面积和长度。

基本结构各杆件内力按式（6-9-4）计算，其中上、下曲臂及横担力臂图见图 6-9-12，塔头各面的展开图和杆件编号图见图 6-9-13，作用于塔头基本结构的荷载图见图 6-9-14。

在图 6-9-14（a）～（e）中 R_x、g_1、g_2、g_3 均为正正对称荷载，塔头左右对称及前后对称的杆件受力相等、性质、（指拉或压）相同，只需计算塔头的 $\frac{1}{4}$ 杆件。图 6-9-14（f）中 P_1、P_2 为反正对称荷载，塔头左右对称的杆件受力相等、性质相反，而塔头前后对称的杆件受力相等、性质相同，故亦只需计算塔头的 $\frac{1}{4}$ 杆件，由对称关系获其余 $\frac{1}{4}$ 杆件的受力。

$$S_1 = -2.786g_{3/4} - P_2$$

$$S_2 = 4.861g_{3/4}$$

$$S_3 = \left[(-R_{x1} - P_2) \times 4 + 2.75g_3 \right] \times 4.323/(4 \times 1.64)$$

$$S_4 = -R_{z1} - S_3 \times 4/4.323$$

$$S_5 = (2.75g_3 - 4R_{x1} - 4P_2) \times 1.71/(1.64 \times 1.5)$$

$$S_7 = (-3.965g_3 + 1.215R_{z1} + 5.1R_{x1} + 5.1P_2 - 2.035g_1 - 0.4P_1)/1.1$$

$$S_8 = (-6.0g_3 + 3.25R_{z1} + 4.7R_{x1} + 4.7P_2 - 4.0g_1 - 0.8P_1)/0.7$$

$$S_9 = (2.75g_3 - 4.0R_{x1} + 0.82g_1 + 1.5P_1 - 4.0P_2)/1.3137$$

$$S_{10} = (4.375g_3 - 4.0R_{x1} + 2.445g_1 + 1.5P_1 - 4.0P_2 - 1.625R_{z1})/1.0$$

$$\Sigma M_0 = 9.5612g_3 - 4.0R_{x1} - 6.8112R_{z1} + 7.6312g_1 + 1.5P_1 - 4.0P_2$$

$$S_{11} = \Sigma M_0/4.572$$

$$S_{12} = -\Sigma M_0/4.86$$

$$S_{13} = \Sigma M_0/2.048$$

$$S_{14} = -(S_3 \times 1.64/4.323 + 0.82S_5/1.71)$$

$$S_{15} = (5R_{x1} + 2.05R_{z1}) \times 6.693/(2.4 \times 5)$$

$$S_{16} = -(5R_{x1} + 4.45R_{z1}) \times 5.404/(2.4 \times 5)$$

$$S_6 = (1.5S_5/1.71 + 0.8S_9/4.1478 - g_1) \times 1.71/1.5$$

式中用到的杆件实长见表 6-9-4 第 1 栏。为减少篇幅，以下仅列出计算结果。

在 K 节点作用虚单位力 $R_x = 1$ 时各杆虚内力计算结果列于表 6-9-4 第 3 栏；当作用于两地线挂点的 $g_1 = 1$ 时，各杆内力计算结果列于表 6-9-4 第 4 栏。

作用于中导线挂点的 $g_2 = 1.0$ 时，各杆件内力计算结果列于表 6-9-4 第 5 栏。

作用于两边导线挂点的 $g_3 = 1.0$ 时，各杆件内力计算结果列于表 6-9-4 第 6 栏。

作用于右边导线挂点的 $g_4 = 1.0$ 时，各杆件内力

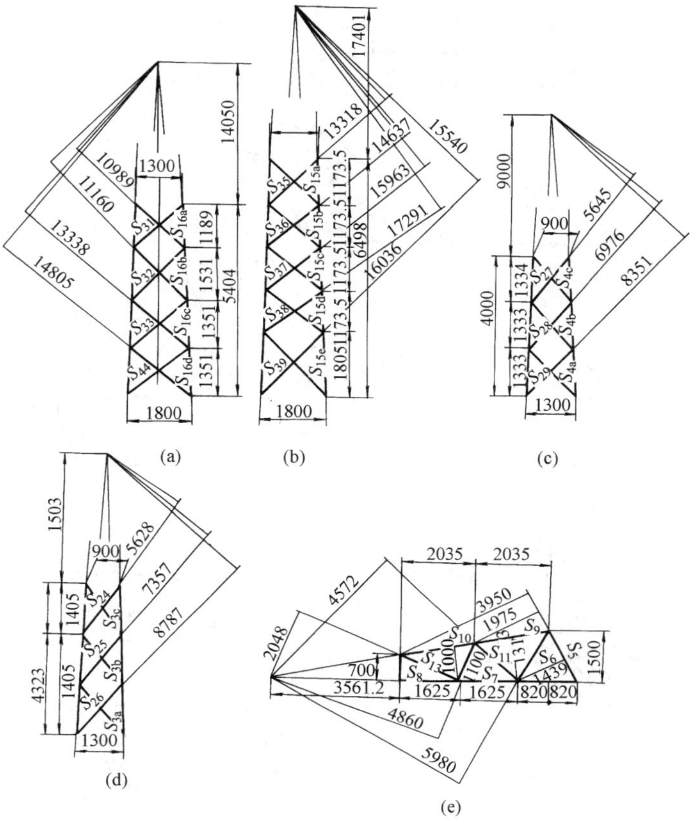

图 6-9-12 上、下曲臂及横担内力臂图

（a）下曲臂外侧面；（b）下曲臂内侧面；（c）上曲臂内侧面；
（d）上曲臂外侧面；（e）横担正面

计算结果列于表 6-9-4 第 7 栏。

组合一风荷载 $P_1 = 2.0\mathrm{kN}$、$P_2 = 4.6\mathrm{kN}$ 作用下，各杆件内力计算结果列于表 6-9-4 第 8 栏。

组合二风荷载 $P_1 = 1.73\mathrm{kN}$、$P_2 = 2.5\mathrm{kN}$ 作用下，各杆件内力计算结果列于表 6-9-4 第 9 栏。

组合八对头部杆件不起控制作用，计算从略。

2. 各组合超静定反力根据第五节所述进行计算（由单位荷载产生）

由地线重 $g_1 = 1$ 产生

$$R_{x1} = -\sum \frac{\overline{N}_1 N_{g1}}{A} l / \sum \frac{\overline{N}_1 \overline{N}_1}{A} l$$

由中导线重 $g_2 = 1$ 产生

$$R_{x2} = -\sum \frac{\overline{N}_1 N_{g2}}{A} l / \sum \frac{\overline{N}_1 \overline{N}_1}{A} l$$

由两边线重 $g_3 = 1$ 产生

$$R_{x3} = -\sum \frac{\overline{N}_1 \overline{N}_{g3}}{A} l / \sum \frac{\overline{N}_1 \overline{N}_1}{A} l$$

由右边线重 $g_4 = 1$ 产生

$$R_{x4} = -\sum \frac{\overline{N}_1 \overline{N}_{g4}}{A} l / \sum \frac{\overline{N}_1 \overline{N}_1}{A} l$$

各组合总的超静定反力

$$R_{xi} = R_{x1} G_{1i} + R_{x2} G_{2i} + R_{x3} G_{3i} + R_{x4} G_{4i}, \quad \mathrm{kN}$$

以上各式中的符号及计算结果见表 6-9-4。

3. 各杆件实际内力

塔头任一杆件在垂直荷载及横向风荷载作用下的内力由下式计算

$$N_j = R_{xi} \cdot \overline{N}_{1j} + \sum (N_{gij} \cdot G_i) + N_{pij}, \quad \mathrm{kN}$$

式中 $\overline{N}_{1j}$——基本结构中杆件 j 在 $x = 1.0$ 作用下的虚内力；

N_{gij}——基本结构中杆件 j 在 $N_{gi} = 1.0$ 作用下的内力，kN；

R_{xi}——组合 i 在 K 节点的超静定反力，kN；

G_i——各组合作用在导线、地线挂线点的垂直荷载，kN；

N_{pij}——杆件 j 在横向荷载作用下的内力，kN。

各杆件实际内力计算结果见表 6-9-5。

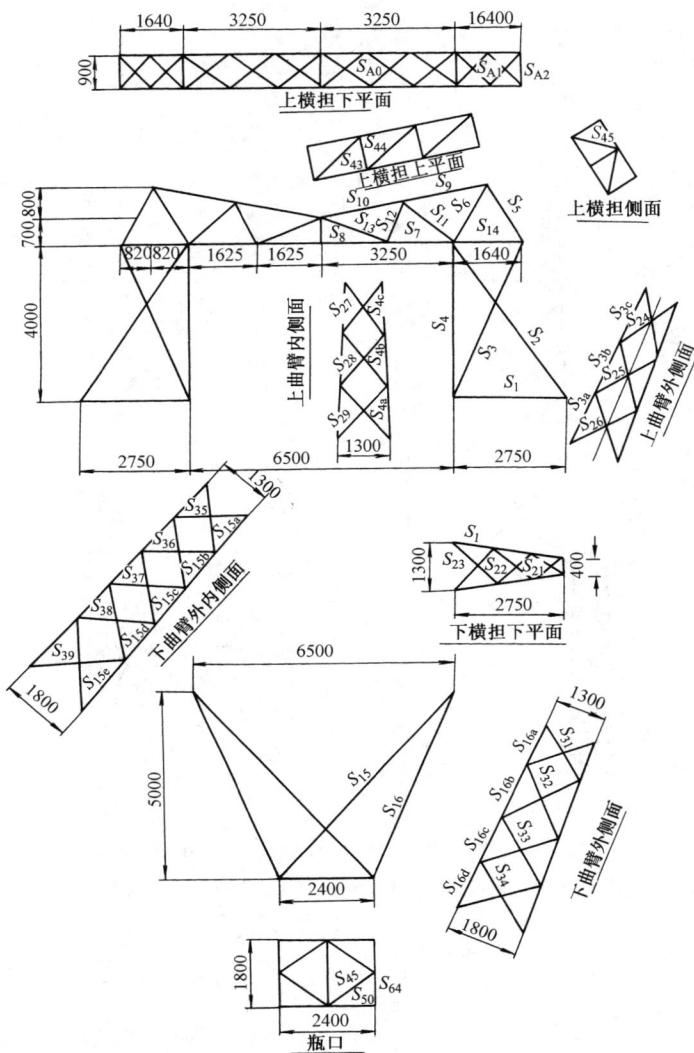

图 6-9-13　塔头各面展开图及杆件编号图

（三）边导线断线张力作用下塔头内力分析

1. 荷载的对称分解及 K 节点的反力

作用在边导线挂线点的断线张力，可以分解为分别作用在两边导线挂线点的反正对称荷载（张力）和反反对称荷载（扭矩），如图 6-9-15 所示。先分别计算在这两种荷载条件下的杆件内力，而后按对称原理叠加出杆件实际内力。

切开 K 节点以后，在反正对称荷载下出现在 K 节点的反力如图 6-9-16（a）所示，其中 R_x、R_y 是静定分量，可直接求得，m 是超静定分量。在反反对称荷载下出现在 K 节点的反力如图 6-9-16（b）所示，其中 R_x、R_y 是静定分量，而 r 和 z 则是超静定分量。图 6-9-16 表示了 K 节点上半被切去后，K 节点下半部

分的反力；对于 K 节点上半的反力，则应与图示方向相反。

在反正及反反对称荷载作用下

$$R_x = 12 \times 2.75/1.3 = 25.38\text{kN}$$

$$R_y = 12/2 = 6.0\text{kN}$$

作用方向如图 6-9-16 所示。

2. 在反正对称荷载作用下杆件内力计算

（1）下曲臂：

1）仅 $m = 1.0$ 时杆件受力：作用于 K 节点的单位力 $m = 1.0$ 时，对瓶口的反力见图 6-9-17（注意 m、L_0、L'_0、L_i、L'_i 的反正对称关系），内力计算结果见表 6-9-6 第 3 栏。

2）仅 $x = 1.0$ 时杆件受力：作用于 K 节点的单位

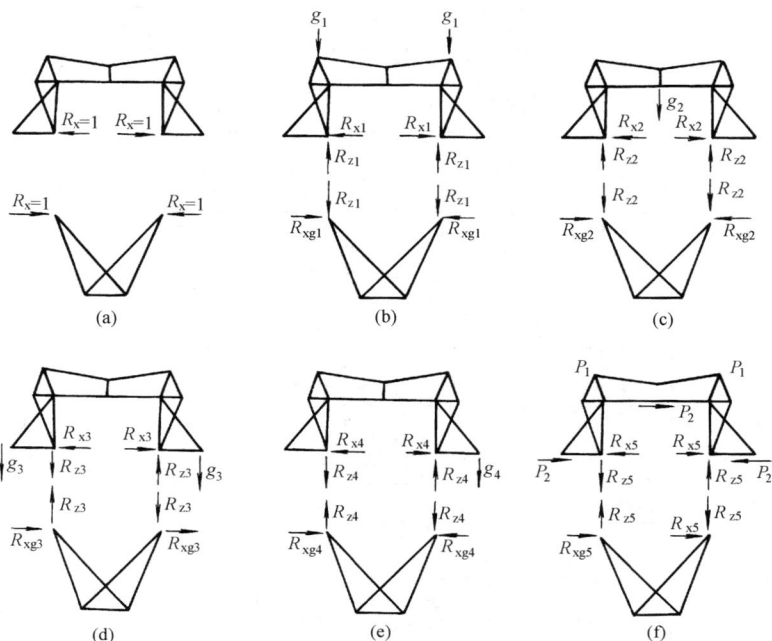

图 6-9-14　作用于基本结构的荷载简图

（a）作用于 K 节点的单位虚荷载 $R_x = 1.0$；（b）作用于地线挂点的 $g_1 = 1.0$；（c）作用
于中导线挂线点的 $g_2 = 1.0$；（d）作用于两边导线挂线点的 $g_3 = 1.0$；（e）作用于右边
导线挂点的 $g_4 = 1.0$；（f）作用于地线挂点和导线挂点的 P_1 和 P_2

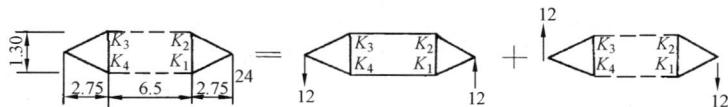

图 6-9-15　边线断线张力的对称分解

力 $x = 1.0$ 时，对瓶口的反力见图 6-9-18，内力计算结果见表 6-9-6 第 4 栏。

3）仅有外荷载 $R_y = T = 6kN$ 作用时杆件受力：首先任意假定 T 完全由外侧面承担，在此基础上来确

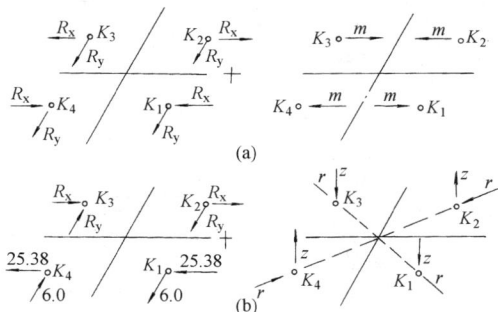

图 6-9-16　K 节点截去上半后的反力

（a）反正对称荷载作用下；

（b）反反对称荷载作用下

定内外侧面间的分配 x，而后计算实际受力。外侧面在 $T = 6.0kN$ 作用下的计算见表 6-9-6 第 5 栏。由表 6-9-6 第 7 栏可见内侧面将承担 T 的 31%。

$m = 1.0$ 且考虑了 x 后的杆件受力见表 6-9-6 第 8 栏；$m = 1.0$，且考虑了 x 后在 $T = 6.0kN$ 作用下的杆件受力见表 6-9-6 第 10 栏。

（2）上曲臂及上横担：

1）仅 $m = 1.0$ 时杆件受力：作用于 K 节点的单位力 $m = 1.0$ 时，上曲臂及上横担的作用力见图 6-9-19（注意 m、C_z、C_t、D_z、D_t、D_m 的反正对称关系），计算结果见表 6-9-7 第 3 栏。

图 6-9-19（b）中各量关系为

$L_i = 4/1.64 = 2.44$，$C_z = 1.3 L_i/0.9 = 3.523$，$C_t = D_t = 0$；$L_0 = 4.323/1.64 = 2.636$，$D = 1.3 L_0/0.9 = 3.806$，$D_m = 3.806 \times 1.64/4.323 = 1.444$，$D_z = 3.806 \times 4.0/4.323 = 3.523$。

表 6-9-4   **在垂直荷载及横向荷载下塔头杆件内力、K 节点超静定反力计算**

杆 件		l (cm)	A (cm^2)	$\overline{N}_1$ ($R_x = 1.0$)	N_{g1} ($g_1 = 1.0$)	N_{g2} ($g_2 = 1.0$)	N_{g3} ($g_3 = 1.0$)	N_{g4} ($g_4 = 1.0, g'_4 = 0$)
0		1	2	3	4	5	6	7
塔头右侧	S_1	278.60	6.900	0.000	0.000	0.000	-0.696	-0.696
	S_2	486.10	3.500	0.000	0.000	0.000	1.215	1.215
	S_3	432.80	6.100	-2.635	0.000	0.000	1.812	1.812
	S_4	400.5	6.100	2.439	-1.000	-0.500	-2.676	-3.099
	S_5	171.0	5.400	-2.780	0.000	0.000	1.911	1.911
	S_6	171.0	5.400	3.449	-1.277	0.000	-2.371	-2.371
	S_7	162.5	6.100	4.636	-0.745	0.552	-2.500	-2.032
	S_8	162.5	6.100	6.714	-1.071	2.321	-3.928	-1.964
	S_9	207.3	6.100	-3.044	0.624	0.000	2.093	2.093
	S_{10}	207.3	6.100	-4.000	0.820	-0.812	2.750	2.062
	S_{11}	163.9	3.900	-0.874	0.179	-0.744	0.601	-0.028
	S_{12}	117.4	3.900	0.823	-0.168	0.700	-0.565	0.026
	S_{13}	176.9	3.900	-1.953	0.400	-1.662	1.342	-0.064
	S_{14}	164.0	6.100	2.333	0.000	0.000	-1.604	-1.604
	S_{15}	661.1	7.400	-2.788	1.143	0.571	1.143	1.627
	S_{16}	535.8	7.400	2.251	-2.003	-1.001	-2.003	-2.851
	S_{50}	120.0	4.380	1.000	0.000	0.000	0.000	0.000
塔头左侧	S'_1	278.6	6.900	0.000	0.000	0.000	-0.696	0.000
	S'_2	486.1	3.500	0.000	0.000	0.000	1.215	0.000
	S'_3	432.8	6.100	-2.635	0.000	0.000	1.812	0.000
	S'_4	400.5	6.100	2.439	-1.000	-0.500	-2.676	0.423
	S'_5	171.0	5.400	-2.780	0.000	0.000	1.911	0.000
	S'_6	171.0	5.400	3.449	-1.277	0.000	-2.371	0.000
	S'_7	162.5	6.100	4.636	-0.745	0.552	-2.500	-0.467
	S'_8	162.5	6.100	6.714	-1.071	2.321	-3.928	-1.964
	S'_9	207.3	6.100	-3.044	0.624	0.000	2.093	0.000
	S'_{10}	207.3	6.100	-4.000	0.820	-0.812	2.750	0.687
	S'_{11}	163.9	3.900	-0.874	0.179	-0.744	0.601	0.630
	S'_{12}	117.4	3.900	0.823	-0.168	0.700	-0.565	-0.593
	S'_{13}	176.9	3.900	-1.953	0.400	-1.662	1.342	1.407
	S'_{14}	164.0	6.100	2.333	0.000	0.000	-1.604	0.000
	S'_{15}	661.1	7.400	-2.788	1.143	0.571	1.143	-0.478
	S'_{16}	535.8	7.400	2.251	-2.003	-1.001	-2.003	0.840
	S'_{50}	120.0	4.380	1.000	0.000	0.000	0.000	0.000

总 合

计算超静定反力

续表

杆 件		N_{p1} $\binom{P_1=2.0}{P_2=4.6}$	N_{p2} $\binom{P_1=1.73}{P_2=2.5}$	计算 $\Sigma\dfrac{\overline{N}_1 N_i}{A}l$					
				$\dfrac{\overline{N}_1 l}{A}$	$\dfrac{\overline{N}_1\overline{N}_1}{A}l$	$\dfrac{\overline{N}_1 N_{g1}}{A}l$	$\dfrac{\overline{N}_1 N_{g2}}{A}l$	$\dfrac{\overline{N}_1 N_{g3}}{A}l$	$\dfrac{\overline{N}_1 N_{g4}}{A}l$
0		8	9	10	11	12	13	14	15
塔头右侧	S_1	4.600	2.500	0.000	0.000	0.000	0.000	0.000	0.000
	S_2	0.000	0.000	0.000	0.000	0.000	0.000	0.000	0.000
	S_3	11.334	8.804	− 187.024	492.992	0.000	0.000	− 338.932	− 338.932
	S_4	− 16.702	− 12.612	160.135	390.575	− 160.135	− 80.067	− 428.656	− 496.394
	S_5	11.956	9.286	− 88.048	244.818	0.000	0.000	− 168.312	− 168.312
	S_6	− 15.336	− 11.957	109.249	376.906	− 139.537	0.000	− 259.123	− 259.123
	S_7	− 13.798	− 11.181	123.509	572.635	− 92.070	68.211	− 308.774	− 251.067
	S_8	− 2.301	− 3.667	178.864	1200.945	− 191.640	415.220	− 702.680	− 351.404
	S_9	15.376	12.145	− 103.474	315.062	− 64.587	0.000	− 216.605	− 216.605
	S_{10}	10.100	8.697	− 135.934	543.737	− 111.466	110.446	− 373.819	− 280.381
	S_{11}	− 4.840	− 3.163	− 36.767	32.167	− 6.594	27.387	− 22.115	1.054
	S_{12}	4.553	2.976	24.775	20.391	− 4.180	17.361	− 14.019	0.668
	S_{13}	− 10.806	− 7.062	− 88.591	173.030	− 35.471	147.318	− 118.958	5.672
	S_{14}	− 10.033	− 7.793	62.732	146.375	0.000	0.000	− 100.632	− 100.632
	S_{15}	31.926	21.392	− 249.140	694.791	− 284.864	− 142.432	− 284.864	− 405.362
	S_{16}	− 32.494	− 22.099	163.032	367.095	− 326.715	− 163.357	− 326.715	− 464.915
	S_{50}	0.000	0.000	27.397	27.397	0.000	0.000	0.000	0.000
塔头左侧	S'_1	− 4.600	− 2.500	0.000	0.000	0.000	0.000	0.000	0.000
	S'_2	0.000	0.000	0.000	0.000	0.000	0.000	0.000	0.000
	S'_3	− 11.334	− 8.804	− 187.024	492.992	0.000	0.000	− 338.932	0.000
	S'_4	16.702	12.612	160.135	390.575	− 160.135	− 80.067	− 428.656	67.737
	S'_5	− 11.956	− 9.286	− 88.048	244.818	0.000	0.000	− 168.312	0.000
	S'_6	15.336	11.957	109.249	376.906	− 139.537	0.000	− 259.123	0.000
	S'_7	13.798	11.181	123.509	572.635	− 92.070	68.211	− 308.774	− 57.679
	S'_8	2.301	3.667	178.864	1200.945	− 191.640	415.220	− 702.680	− 351.289
	S'_9	− 15.376	− 12.145	− 103.474	315.062	− 64.587	0.000	− 216.605	0.000
	S'_{10}	− 10.100	− 8.697	− 135.934	543.737	− 111.466	110.446	− 373.819	− 93.386
	S'_{11}	4.840	3.163	− 36.767	32.167	− 6.594	27.387	− 22.115	− 23.166
	S'_{12}	− 4.553	− 2.976	24.775	20.391	− 4.180	17.361	− 14.019	− 14.695
	S'_{13}	10.806	7.062	− 88.591	173.030	− 35.471	147.318	− 118.958	− 124.648
	S'_{14}	10.033	7.793	62.732	146.375	0.000	0.000	− 100.632	0.000
	S'_{15}	− 31.926	− 21.392	− 249.140	694.791	− 284.864	− 142.432	− 284.864	117.630
	S'_{16}	32.494	22.099	163.032	367.095	− 326.715	− 163.357	− 326.715	135.782
	S'_{50}	0.000	0.000	27.397	27.397	0.000	0.000	0.000	0.000
					5598.924 × 2	− 1417.264 × 2	400.087 × 2	− 3664.210 × 2	− 3669.444
$R_{xi}=-\Sigma\dfrac{\overline{N}_1 N_i}{A}l/\Sigma\dfrac{\overline{N}_1\overline{N}_1}{A}l$						$R_{x1}=0.253$	$R_{x2}=-0.071$	$R_{x3}=0.654$	$R_{x4}=0.328$

表 6-9-5　　　　　　　　　　各组合横向和垂直荷载下塔头杆件内力汇总　　　　　　　　（kN）

杆件		组合一（垂直线路大风）	组合二（覆冰）	组合三（中导线双倍挂线）	组合四（右边线双倍挂线）	组合五至七的全部垂直荷载 N'_1
0		1	2	3	4	5
塔头右侧	S_1	− 0.205	− 5.788	0.000	− 12.885	− 4.805
	S_2	8.385	14.461	0.000	22.482	8.385
	S_3	11.200	8.078	1.449	16.795	− 0.134
	S_4	− 29.978	− 35.791	− 13.641	− 48.366	− 13.275
	S_5	11.814	8.521	1.529	17.716	− 0.141
	S_6	− 19.056	− 18.671	− 5.792	− 25.877	− 3.719
	S_7	− 7.281	0.374	5.393	− 6.642	6.516
	S_8	15.533	27.557	35.986	19.019	17.835
	S_9	17.125	15.052	3.578	21.304	1.748
	S_{10}	6.791	2.848	− 10.330	9.665	− 3.309
	S_{11}	− 9.477	− 11.192	− 12.752	− 10.676	− 4.637
	S_{12}	8.916	10.529	11.996	10.043	4.362
	S_{13}	− 21.158	− 24.985	− 28.468	− 23.833	− 10.352
	S_{14}	− 9.914	− 7.151	− 1.283	− 14.867	0.118
	S_{15}	33.876	25.079	15.597	19.832	1.950
	S_{16}	− 48.551	− 50.853	− 25.887	− 51.490	− 16.057
	S_{50}	4.794	8.456	− 0.549	6.346	4.794
塔头左侧	S'_1	− 9.405	− 10.788	0.000		− 4.805
	S'_2	8.385	14.461	0.000		8.385
	S'_3	− 11.468	− 9.529	1.449		− 0.134
	S'_4	3.427	− 10.566	− 13.641		− 13.275
	S'_5	− 12.097	− 10.051	1.529		− 0.141
	S'_6	11.617	5.242	− 5.792		− 3.719
	S'_7	20.315	22.737	5.393		6.516
	S'_8	20.137	34.892	35.986		17.835
	S'_9	− 13.627	− 9.237	3.578		1.748
	S'_{10}	− 13.409	− 14.547	− 10.330		− 3.309
	S'_{11}	0.203	− 4.865	− 12.752		− 4.637
	S'_{12}	− 0.191	4.576	11.996		4.362
	S'_{13}	0.454	− 10.861	− 28.468		− 10.352
	S'_{14}	10.152	8.435	− 1.283		0.118
	S'_{15}	− 29.975	− 17.705	15.597		1.950
	S'_{16}	16.437	− 6.654	− 25.887		− 16.057
	S'_{50}	4.794	8.456	− 0.549		4.794

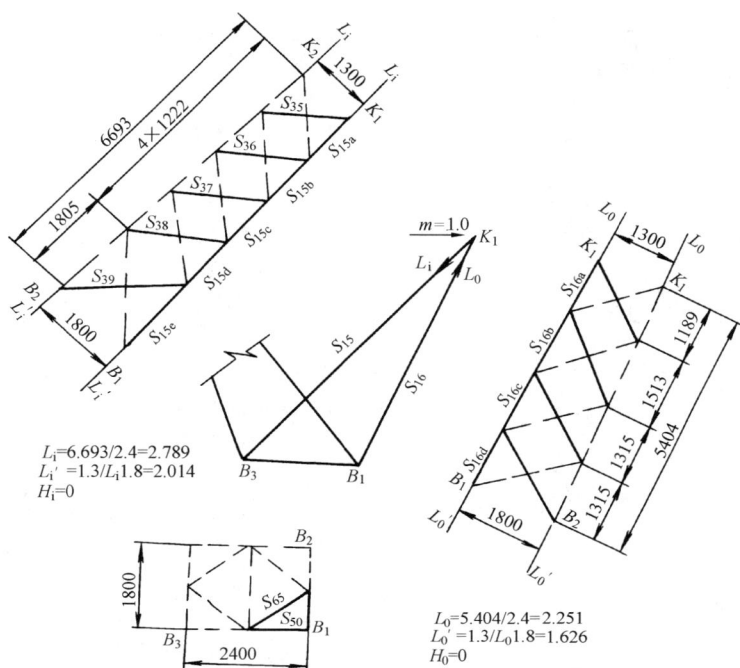

$L_i=6.693/2.4=2.789$
$L_i'=1.3/L_i1.8=2.014$
$H_i=0$

$L_0=5.404/2.4=2.251$
$L_0'=1.3/L_01.8=1.626$
$H_0=0$

图 6-9-17　作用于下曲臂 K 节点的 $m=1.0$

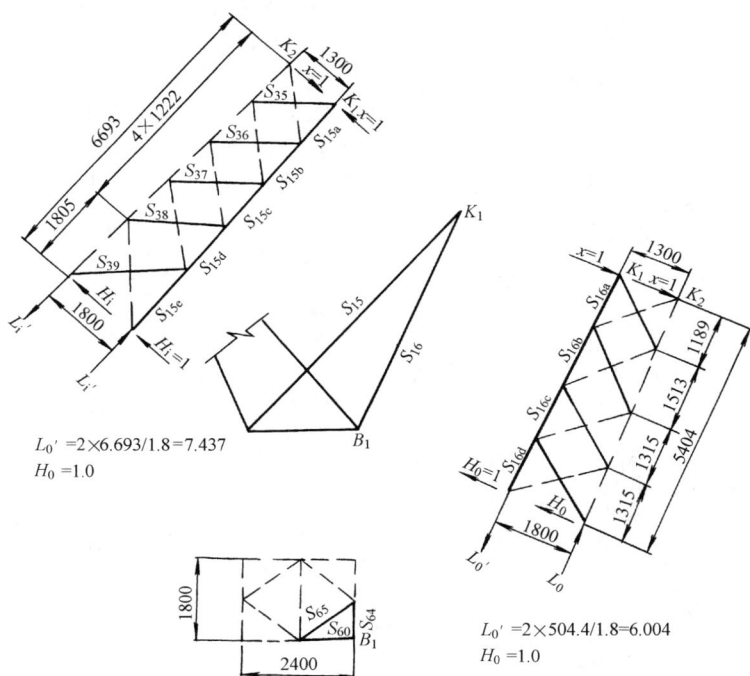

$L_0'=2\times6.693/1.8=7.437$
$H_0=1.0$

$L_0'=2\times504.4/1.8=6.004$
$H_0=1.0$

图 6-9-18　作用于下曲臂 K 节点的单位力 $x=1.0$

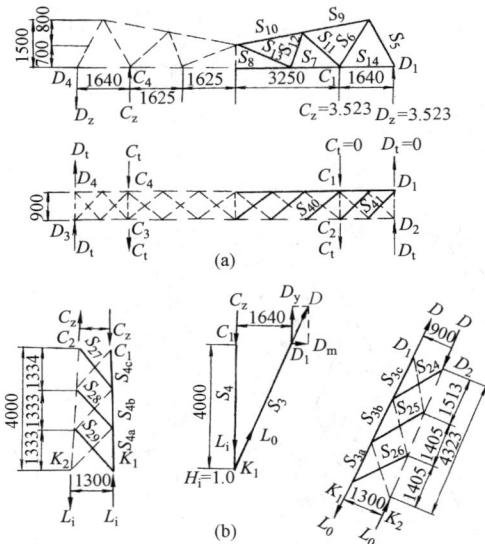

图 6-9-19 作用于曲臂 K 节点的单位力
$$m = 1.0$$
（a）上横担受力；（b）上曲臂受力

2）仅 $x = 0$ 时杆件受力：作用于 K 节点的单位力 $x = 1.0$ 时，上曲臂对上横担的作用力见图 6-9-20，计算结果见表 6-9-7 第 4 栏。

$m = 0$ 且考虑了 x 后的杆件受力见表 6-9-7 第 7 栏。由表 6-9-7 可见，上曲臂内侧面将分担纵向荷载的 42.7%。

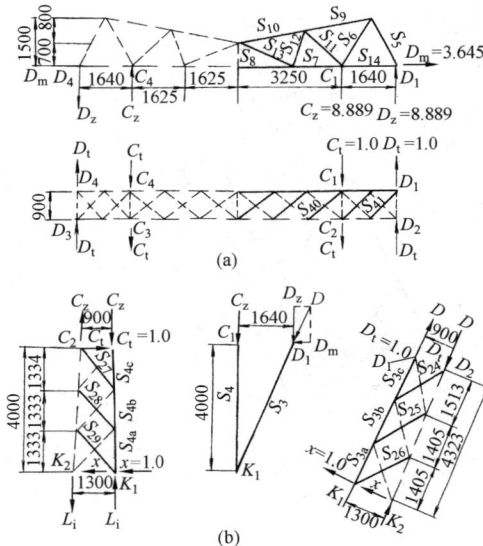

图 6-9-20 作用于曲臂 K 节点的单位力
$$x = 1.0$$
（a）上横担受力；（b）上曲臂受力

图 6-9-20（b）中各量关系为
$$\begin{cases} 2.05L_0/5.404 - 4.45L_i/6.693 = 0 \\ 5.0L_0/5.404 - 5.0L_i/6.693 - 1 = 0 \end{cases}$$

则 $L_0 = 2.044$，$L_i = 1.143$，$L'_0 = L_0 \times 1.3/1.8 = 1.476$，$L'_i = L_i \times 1.3/1.8 = 0.826$。

$C_z = 2 \times 4/0.9 = 8.889$，$C_t = 1.0$；$D = 2 \times 4.323/0.9 = 9.607$，$D_z = 9.607 \times 4/4.323 = 8.889$，$D_m = 9.607 \times 1.64/4.323 = 3.645$，$D_t = 1.0$。

3）上、下曲臂综合受力计算：由表 6-9-6 和表 6-9-7 计算在 $m = 1.0$ 时的 N_m 和 N_t，将它们列入表 6-9-8 后可求解超静定反力 m。由于本情况下对上曲臂只有超静定反力 m 作用，而对下曲臂除有 m 外，尚有 $R_x = 25.38\text{kN}$ 作用，根据 K 节点处相对变位为零的条件，可建立如下方程式

$$(-25.38 + m)415.874 + 583.806m + 35.17 = 0$$

解之得
$$m = 10.523\text{kN}$$

则 K 节点以上部分各杆件内力为
$$N'_2 = N_T + mN_m, \text{kN}$$

K 节点以下部分各杆件内力为
$$N'_2 = N_T + (-25.38 + m)N_m, \text{kN}$$

N'_2 即为各杆件在反正对称荷载下的受力，其余符号及数据见表 6-9-8。

3. 在反反对称荷载作用下杆件内力计算

（1）塔身对头部受力的影响：

当 $F_z = 0$ 且在纯扭矩作用下，作用于瓶口正侧面的剪力有 F_m 和 F_t。由于本塔四根主材的延长线接近交于一点，故 F_m 和 F_t 的合力 F_r 方向近于对角线方向，见图 6-9-21，当 $F_r = 1.0$ 时可得：

$$F_m = \frac{1.2}{1.5}F_r = 0.8$$

$$F_t = \frac{0.9}{1.5}F_r = 0.6$$

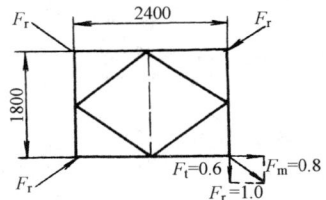

图 6-9-21 作用于瓶口的力

在 $F_m = 0.8$ 作用下，塔身正面斜材的受力计算见表 6-9-9 第 3 栏。在 $F_t = 0.6$ 作用下，塔身侧面斜材的受力计算见表 6-9-9 第 9 栏。在 $F_m = 0.8$、$F_t = 0.6$ 共

表 6-9-6　　　　　　　　　　　反正对称荷载作用下下曲臂内力计算

杆件		A (cm²)	l (cm)	仅 m=1.0 时杆件受力 N̄_m ($L_0=2.251, L_i=2.789$)		仅 x=1.0 时杆件受力 N̄_x	
0		1	2	3		4	
外侧面	S_{16a}	7.4	119	$-1.3L_0/2\times0.675$	-2.168	$2\times0.57/2\times0.675$	0.844
	S_{16b}	7.4	151	$-1.3L_0/2\times0.737$	-1.985	$2\times1.909/2\times0.737$	2.590
	S_{16c}	7.4	135	$-1.3L_0/2\times0.804$	-1.820	$2\times3.351/2\times0.804$	4.168
	S_{16d}	7.4	135	$-1.3L_0/2\times0.866$	-1.690	$2\times4.308/2\times0.866$	4.975
	S_{31}	3.48	180	$-1.3L_0/2\times10.989$	-0.133	$-2\times14.05/2\times10.989$	-1.279
	S_{32}	3.48	212	$-1.3L_0/2\times11.160$	-0.131	$-2\times14.05/2\times11.160$	-1.259
	S_{33}	3.48	210	$-1.3L_0/2\times13.338$	-0.110	$-2\times14.05/2\times13.338$	-1.053
	S_{34}	3.48	220	$-1.3L_0/2\times14.805$	-0.099	$-2\times14.05/2\times14.805$	-0.949
内侧面	S_{15a}	7.4	122.2	$1.3L_i/2\times0.671$	2.702	$-2\times0.59/2\times0.671$	-0.879
	S_{15b}	7.4	122.2	$1.3L_i/2\times0.717$	2.528	$-2\times1.813/2\times0.717$	-2.529
	S_{15c}	7.4	122.2	$1.3L_i/2\times0.762$	2.379	$-2\times3.036/2\times0.762$	-3.984
	S_{15d}	7.4	122.2	$1.3L_i/2\times0.808$	2.244	$-2\times4.259/2\times0.808$	-5.271
	S_{15e}	7.4	180.6	$1.3L_i/2\times0.864$	2.098	$-2\times5.755/2\times0.864$	-6.661
	S_{35}	2.35	181.7	$1.3L_i/2\times13.318$	0.136	$2\times17.401/2\times13.318$	1.307
	S_{36}	2.35	188.6	$1.3L_i/2\times14.637$	0.124	$2\times17.401/2\times14.637$	1.119
	S_{37}	2.35	195.6	$1.3L_i/2\times15.962$	0.114	$2\times17.401/2\times15.962$	1.090
	S_{38}	2.35	202.8	$1.3L_i/2\times17.291$	0.105	$2\times17.401/2\times17.291$	1.006
	S_{39}	2.35	250.1	$1.3L_i/2\times16.036$	0.113	$2\times17.401/2\times16.036$	1.085
瓶口	S_{50}	4.38	120	$-2.05L'_0/5.404 - 4.45L'_1/6.693$	-1.956	$2.05L'_0/5.404 + 4.45L'_i/6.693$	7.222
	S_{64}				0		0
	S_{65}				0		0

总　合

杆件		仅有外荷 T=6kN 作用时杆件受力 N_p (假定全部由外侧面承受)		$\dfrac{\bar{N}_x^2}{A}l$	$\dfrac{\bar{N}_x\bar{N}_m}{A}l$	考虑 x 后 m=1 时受力 $N_m = x'\bar{N}_x + \bar{N}_m$	$\dfrac{\bar{N}_x N_p}{A}l$	m=1 时在外荷作用下受力 $N_T = N_p + x''\bar{N}_x$
0		5		6	7	8	9	10
外侧面	S_{16a}	$-2\times6\times0.57/2\times0.675$	-5.064	11.455	-29.425	-1.906	-68.731	-3.413
	S_{16b}	$-2\times6\times1.909/2\times0.737$	-15.54	136.881	-104.907	-1.182	-821.289	-10.474
	S_{16c}	$-2\times6\times3.351/2\times0.804$	-25.008	316.925	-138.388	-0.527	-1901.554	-16.855
	S_{16d}	$-2\times6\times4.308/2\times0.866$	-29.85	451.531	-153.384	-0.147	-2709.190	-20.119
	S_{31}	$2\times6\times14.05/2\times10.989$	7.674	84.612	8.798	-0.529	-507.674	5.172
	S_{32}	$2\times6\times14.05/2\times11.160$	7.554	96.562	10.047	-0.521	-579.374	5.091
	S_{33}	$2\times6\times14.05/2\times13.338$	6.318	66.910	6.989	-0.436	-401.465	4.258
	S_{34}	$2\times6\times14.05/2\times14.805$	5.694	56.934	5.939	-0.393	-341.607	3.838
内侧面	S_{15a}		0	12.759	-39.220	2.429	0	-1.719
	S_{15b}		0	105.617	-105.576	1.744	0	-4.947
	S_{15c}		0	262.106	-156.514	1.143	0	-7.793
	S_{15d}		0	458.802	-195.323	0.609	0	-10.31
	S_{15e}		0	1082.841	-341.06	0.033	0	-13.029
	S_{35}		0	132.080	13.743	0.541	0	2.556
	S_{36}		0	100.492	11.135	0.470	0	2.189
	S_{37}		0	98.890	10.342	0.451	0	2.132
	S_{38}		0	87.336	9.115	0.416	0	1.968
	S_{39}		0	125.286	13.048	0.449	0	2.122
瓶口	S_{50}	$-2\times6\times5.404/1.8\times2.05/5.404$	-13.667	1428.966	-387.02	0.282	-2704.194	0.459
	S_{64}		0	0	0	0	0	0
	S_{65}		0	0	0	0	0	0
				5130.45	-1591.084		-10035.078	

$$m=1.0 \text{ 时下曲臂的 } x' = \frac{1591.084}{5130.45} = 0.31 \qquad m=1.0 \text{ 在 T 作用下时的 } x'' = \frac{10035.078}{5130.45} = 1.956$$

表6-9-7

反正对称荷载作用下上曲臂及上横担计算

杆件	A (cm²)	l (cm)	仅 m=1.0 时杆件受力 N̄_m ($L_0=2.636, L_i=2.44$)		仅 x=1.0 时杆件受力 N̄_x		$\dfrac{\bar{N}_x^2}{A}$	$\dfrac{\bar{N}_x \bar{N}_m}{A}$	考虑 x 后 m=1 时受力 $N_m = \bar{N}_m + x'\bar{N}_x$
0	1	2	3		4		5	6	7
S_{3a}	6.1	140.6	$1.3L_0/2 \times 0.615$	2.786	$-2 \times 0.739/2 \times 0.615$	-1.202	33.301	-77.186	2.271
S_{3b}	6.1	140.6	$1.3L_0/2 \times 0.549$	3.121	$-2 \times 2.148/2 \times 0.549$	-3.913	352.919	-281.487	1.446
S_{3c}	6.1	151.4	$1.3L_0/2 \times 0.481$	3.562	$-2 \times 3.621/2 \times 0.481$	-7.528	1406.550	-665.532	0.340
S_{24}	2.35	179.7	$-1.3L_0/2 \times 5.628$	-0.304	$2 \times 14.049/2 \times 5.628$	2.496	476.397	-58.022	0.764
S_{25}	2.35	178.7	$-1.3L_0/2 \times 7.357$	-0.233	$2 \times 14.049/2 \times 7.357$	1.910	277.410	-33.841	0.584
S_{26}	2.35	187.0	$-1.3L_0/2 \times 8.787$	-0.195	$2 \times 14.049/2 \times 8.787$	1.599	203.410	-24.811	0.489
S_{4a}	6.1	133.4	$-1.3L_i/2 \times 0.614$	-2.583	$2 \times 0.702/2 \times 0.614$	1.143	28.570	-64.564	-2.093
S_{4b}	6.1	133.4	$-1.3L_i/2 \times 0.547$	-2.899	$2 \times 2.039/2 \times 0.547$	3.728	303.932	-236.347	-1.303
S_{4c}	6.1	133.5	$-1.3L_i/2 \times 0.48$	-3.304	$2 \times 3.379/2 \times 0.480$	7.04	1084.667	-509.054	-0.290
S_{27}	2.35	164.7	$1.3L_i/2 \times 5.645$	0.281	$-2 \times 13.0/2 \times 5.645$	-2.303	371.718	-45.355	-0.704
S_{28}	2.35	172.8	$1.3L_i/2 \times 6.976$	0.227	$-2 \times 13.0/2 \times 6.976$	-1.864	255.486	-31.113	-0.570
S_{29}	2.35	181.6	$1.3L_i/2 \times 8.351$	0.19	$-2 \times 13.0/2 \times 8.351$	-1.557	187.337	-22.860	-0.476
S_{14a}	6.1	82	$-3.523 \times 0.82/1.5 - 1.445$	-3.371	$8.889 \times 0.82/1.5 + 3.645 - 2 \times 0.41/0.9$	7.593	775.016	-344.077	-0.121
S_{14b}	6.1	82	$-3.523 \times 0.82/1.5 - 1.445$	-3.371	$8.889 \times 0.82/1.5 + 3.645 - 2 \times 1.23/0.9$	5.771	447.699	-261.513	-0.901
S_7	6.1	162.5	$-3.523 \times 1.64/1.1 - 1.445$	-6.697	$8.889 \times 1.64/1.1 + 3.645 - 2 \times 1.64/0.9$	13.253	4678.987	-2364.384	-1.024
S_8	6.1	162.5	$-3.523 \times 1.64/0.7 - 1.445$	-9.699	$8.889 \times 1.64/0.7 + 3.645 - 2 \times 1.64/0.9$	20.826	11554.077	-5380.917	-0.785
S_9	6.1	207.3	$3.523 \times 1.64/1.313$	4.400	$-8.889 \times 1.64/1.313$	-11.103	4189.383	-1660.207	-0.351
S_{10}	6.1	207.3	$3.523 \times 1.64/1.0$	5.778	$-8.889 \times 1.64/1.0$	-14.578	7222.130	-2862.496	-0.461
S_5	5.4	171	$3.523 \times 1.71/1.5$	4.016	$-8.889 \times 1.71/1.5$	-10.133	3251.460	-1288.647	-0.320
S_6	5.4	171	$-3.523 \times 8.451/5.98$	-4.979	$8.889 \times 8.451/5.98$	12.562	4997.121	-1980.629	0.397
S_{11}	3.9	163.9	$3.523 \times 1.64/4.572$	1.264	$-8.889 \times 1.64/4.572$	-3.189	427.389	-169.400	-0.100
S_{12}	3.9	117.4	$3.523 \times 1.64/4.86$	-1.189	$8.889 \times 1.64/4.86$	3.000	270.923	-107.375	0.094
S_{13}	3.9	176.9	$-3.523 \times 1.64/2.048$	2.821	$-8.889 \times 1.64/2.048$	-7.118	2298.154	-910.802	-0.225
S_{41}	2.35	121.7	0	0	$1 \times 1.217/0.9$	1.352	189.324	0	0.578
S_{40}	2.35	140.8	0	0	0	0	0	0	0
合 总合							45283.416	-19380.631	

m=1.0 时上曲臂的 $x' = \dfrac{19380.631}{45283.416} = 0.427$

表 6-9-8　　　　　　　　　　　　　反正对称荷载作用下上、下曲臂综合受力计算

杆 件		A（cm²）	l（cm）	N_m	N_T	$\dfrac{N_m^2}{A}l$	$\dfrac{N_m N_t}{A}l$	反正对称荷载下各杆件受力（kN）$N_2' = N_T + (-25.38 + m)N_m$
0		1	2	3	4	5	6	7
下曲臂	S_{16a}	7.4	119	−1.906	−3.413	58.420	104.610	24.904
	S_{16b}	7.4	151	−1.182	−10.474	28.509	252.624	7.087
	S_{16c}	7.4	135	−0.527	−16.855	5.067	162.047	−9.025
	S_{16d}	7.4	135	−0.147	−20.119	0.394	53.954	−17.935
	S_{31}	3.48	180	−0.529	5.172	14.475	−141.517	13.031
	S_{32}	3.48	212	−0.521	5.091	16.536	−161.584	12.831
	S_{33}	3.48	210	−0.436	4.258	11.471	−112.029	10.736
	S_{34}	3.48	220	−0.393	3.838	9.764	−95.354	9.677
	S_{15a}	7.4	122.2	2.429	−1.719	97.430	−68.951	−37.807
	S_{15b}	7.4	122.2	1.744	−4.947	50.226	−142.471	−30.858
	S_{15c}	7.4	122.2	1.143	−7.793	21.574	−147.092	−24.775
	S_{15d}	7.4	122.2	0.609	−10.31	6.125	−103.685	−19.358
	S_{15e}	7.4	180.6	0.033	−13.029	0.0266	−10.493	−13.519
	S_{35}	2.35	181.7	0.541	2.556	22.630	106.917	−5.482
	S_{36}	2.35	188.6	0.470	2.189	17.728	82.569	−4.794
	S_{37}	2.35	195.6	0.451	2.132	16.930	80.032	−4.569
	S_{38}	2.35	202.8	0.416	1.968	14.934	70.651	−4.213
	S_{39}	2.35	250.1	0.449	2.122	21.455	101.400	−4.549
	S_{50}	4.38	120	0.282	0.459	2.179	3.546	−3.731
	S_{64}			0				
	S_{65}			0				
总　　合						415.874	35.174	

杆 件		A（cm²）	l（cm）	N_m	N_T	$\dfrac{N_m^2}{A}l$	$\dfrac{N_m N_t}{A}l$	反正对称荷载下各杆件受力$N_2' = N_T + m N_m$
8		9	10	11	12	13	14	15
上曲臂	S_{3a}	6.1	140.6	2.271	0	118.933	0	23.898
	S_{3b}	6.1	140.6	1.446	0	48.213	0	15.216
	S_{3c}	6.1	151.4	0.340	0	2.871	0	3.578
	S_{24}	2.35	179.7	0.764	0	44.663	0	8.040
	S_{25}	2.35	178.7	0.584	0	25.974	0	6.145
	S_{26}	2.35	187.0	0.489	0	19.055	0	5.146
	S_{4a}	6.1	133.4	−2.093	0	95.874	0	−22.025
	S_{4b}	6.1	133.4	−1.303	0	37.155	0	−13.711
	S_{4c}	6.1	133.5	−0.290	0	1.853	0	−3.052
	S_{27}	2.35	164.7	−0.704	0	34.799	0	−7.408
	S_{28}	2.35	172.8	−0.570	0	23.954	0	−5.998
	S_{29}	2.35	181.6	−0.476	0	17.536	0	−5.009
上横担	S_{14a}	6.1	82	−0.121	0	0.197	0	−1.273
	S_{14b}	6.1	82	−0.901	0	10.915	0	−9.481
	S_7	6.1	162.5	−1.024	0	27.983	0	−10.776
	S_8	6.1	162.5	−0.785	0	16.448	0	−8.261
	S_9	6.1	207.3	−0.351	0	4.208	0	−3.694
	S_{10}	6.1	207.3	−0.461	0	7.227	0	−4.851
	S_5	5.4	171	−0.320	0	3.258	0	−3.367
	S_6	5.4	171	0.397	0	4.999	0	4.178
	S_{11}	3.9	163.9	−0.100	0	0.427	0	−1.052
	S_{12}	3.9	117.4	0.094	0	0.271	0	0.989
	S_{13}	3.9	176.9	−0.225	0	2.304	0	−2.368
	S_{41}	2.35	2×121.7	0.578	0	34.678	0	6.082
	S_{40}	2.35	140.8	0	0	0	0	0
总　　合						583.806	0	

表 6-9-9　　　　　　　　　　　　　　　　$F_r = 1.0$ 时塔身斜材计算

杆　件	A (cm^2)	l (cm)	$F_r = 1$ 或 $F_m = 0.8$ 时杆件受力 $\overline{N}_r = \overline{N}_m$		$\dfrac{\overline{N}_r \overline{N}_r}{A} l$ 或 $\dfrac{\overline{N}_r \overline{N}_m}{A} l$
0	1	2	3		4
塔身正面斜材 S_{41}	4.38	312.4	$2 \times 0.8 \times 18.733/2 \times 15.808$	0.948	64.099
S_{42}	4.38	331.8	$2 \times 0.8 \times 18.733/2 \times 17.824$	0.841	53.578
S_{43}	4.38	351.8	$2 \times 0.8 \times 18.733/2 \times 19.837$	0.755	45.784
S_{44}	4.38	372.1	$2 \times 0.8 \times 18.733/2 \times 21.844$	0.686	39.979
S_{45}	4.38	507.6	$2 \times 0.8 \times 18.733/2 \times 19.611$	0.764	67.644
S_{46}	4.38	520.1	$2 \times 0.8 \times 18.733/2 \times 24.191$	0.620	45.645
S_{47}	4.38	534.5	$2 \times 0.8 \times 18.733/2 \times 28.528$	0.525	33.635
S_{48}	4.38	230.8	$2 \times 0.8 \times 18.733/2 \times 36.033$	0.416	9.119
S_{49}	6.13	510.6	$2 \times 0.8 \times 18.733/2 \times 18.20$	0.823	56.418
总　合					426.505

杆　件	A (cm^2)	l (cm)	$F_r = 1.0$ 或 $F_t = 0.6$ 时杆件受力 $\overline{N}_r = \overline{N}_t$		$\dfrac{\overline{N}_r \overline{N}_r}{A} l$ 或 $\dfrac{\overline{N}_r \overline{N}_t}{A} l$
6	7	8	9		10
塔身侧面斜材 S_{51}	3.48	227.1	$2 \times 0.6 \times 18.778/2 \times 15.913$	0.708	32.711
S_{52}	3.48	243.4	$2 \times 0.6 \times 18.778/2 \times 16.980$	0.664	30.837
S_{53}	3.89	283.4	$2 \times 0.6 \times 18.778/2 \times 16.944$	0.665	32.217
S_{54}	3.89	297.1	$2 \times 0.6 \times 18.778/2 \times 18.95$	0.595	27.038
S_{55}	3.89	156.7	$2 \times 0.6 \times 18.778/2 \times 20.157$	0.559	12.587
S_{56}	3.89	157.9	$2 \times 0.6 \times 18.778/2 \times 21.512$	0.524	11.145
S_{57}	3.89	322.9	$2 \times 0.6 \times 18.778/2 \times 23.207$	0.485	19.525
S_{58}	3.89	337.4	$2 \times 0.6 \times 18.778/2 \times 25.165$	0.448	17.408
S_{59}	3.89	336.5	$2 \times 0.6 \times 18.778/2 \times 28.118$	0.401	13.909
S_{60}	3.89	364.5	$2 \times 0.6 \times 18.778/2 \times 28.78$	0.391	14.325
S_{61}	3.89	396.0	$2 \times 0.6 \times 18.778/2 \times 29.671$	0.380	14.699
S_{62}	3.89	172.9	$2 \times 0.6 \times 18.778/2 \times 36.078$	0.312	4.326
S_{63}	6.13	480.9	$2 \times 0.6 \times 18.778/2 \times 14.58$	0.773	46.876
总　合					277.61

整个塔身斜材全部 $\dfrac{\overline{N}_r \overline{N}_r}{A} l = 426.505 + 277.61 = 704.114$

同作用下,塔身主材的受力计算见表 6-9-10 第 3、4、5 栏。塔身正、侧面的力臂图见图 6-9-22。

当瓶口 B_1 点作用一个向下的力 $F_z = 1.0$ 时,则主材受的力 $U_p \approx -1.0$,沿瓶口对角线方向的分力为

$$F_r = -\frac{5.18 - 2.4}{2 \times 21.7} \times \frac{1.5}{1.2} \times 1.0 = -0.08$$

"$-$"号代表与图 6-9-21 中 F_r 的方向相反。此时要求瓶口提供的力 F'_r 为

$$F'_r = -1718.205/(16278.432 + 704.114) = -0.1012$$

式中有关数字见表 6-9-9 和表 6-9-10。
故瓶口受力

$$\Delta_r = F_r - F'_r = -0.08 - (-0.1012) = 0.0212$$

主材实际受力

$$N_z = -1.0 - 0.1012\overline{N}_r$$

斜材实际受力

$$N_z = -0.1012\overline{N}_r$$

式中 $\overline{N}_r$ 为 $F_r = 1.0$ 时主、斜材的受力,见表 6-9-9 和表 6-9-10。

因而斜材的 $\sum \frac{l}{A}\overline{N}_z^2 = (-0.1012)^2 \times 704.114 = 7.211$

主材的 $\sum \frac{l}{A}\overline{N}_z^2 = \sum \frac{l}{A}(-1 - 0.1012\overline{N}_r)^2$

$$= \sum \frac{l}{A}(-1)^2 + \sum \frac{l}{A}(1 \times 0.1012\overline{N}_r)$$
$$\times 2 + \sum \frac{l}{A}(-0.1012\overline{N}_r)^2$$
$$= \left(\frac{1730}{9.38} + \frac{440}{13.93}\right)(-1)^2$$
$$+ 0.1012 \times 2 \sum \frac{l}{A}\overline{N}_r$$
$$+ 0.1012^2 \sum \frac{l}{A}\overline{N}_r^2$$
$$= 34.97$$

其中 1730、440 为截面积 $A = 9.30\text{cm}^2$ 和 $A = 13.93\text{cm}^2$ 的主材长度,其余数据取自表 6-9-9 和表 6-9-10。

由此,在 $F_z = 1.0$ 时整个塔身受力 $\sum \frac{l}{A}\overline{N}_z^2 = 34.97 + 7.211 = 42.181$,它相当于身部等价的 l/A。

(2)下曲臂和瓶口的受力:

1)下曲臂在 $x = 1.0$ 单独作用下的受力:与反正对称时相同,但作用在瓶口的力需按反反对称的关系组合。瓶口受力为

$$F_z = -L'_0 \times 5.0/5.404 - L'_i \times 5.0/6.693$$
$$= -11.111$$
$$F_m = L'_0 \times 2.05/5.404 - L'_i \times 4.45/6.693$$
$$= -2.667$$

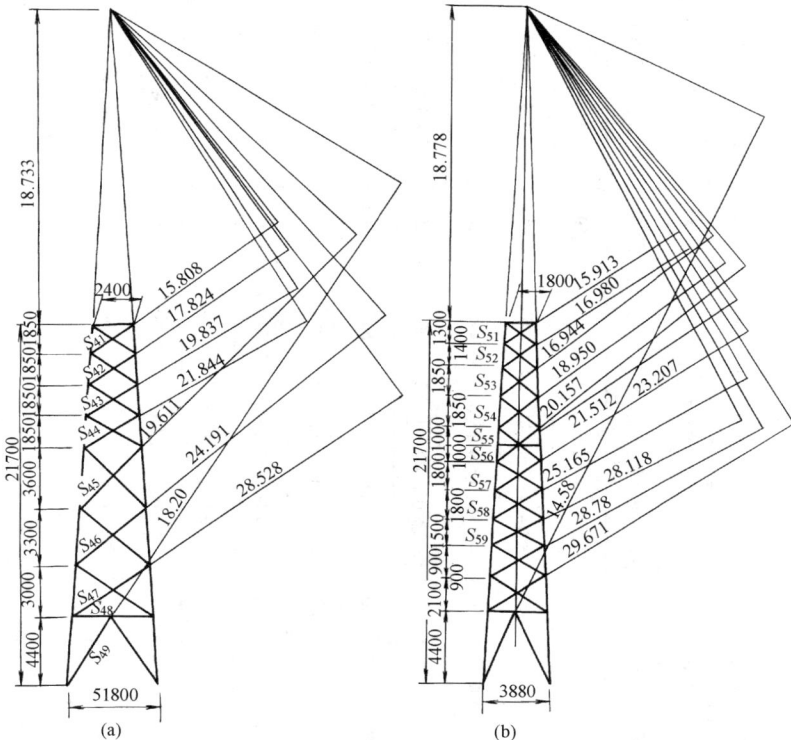

图 6-9-22 塔身斜材力臂图
(a)正面;(b)侧面

表6-9-10

$F_r = 1.0$ 时塔身斜材计算

杆件	A (cm²)	l (cm)	$F_r=1.0$时主材受力 $\bar N_r$ — 正面($F_m=0.8$), $\bar N_m$		侧面($F_t=0.6$), $\bar N_t$		合计 $\bar N_r$	$\dfrac{\bar N_r \bar N_l}{A}$	$\dfrac{\bar N_r \bar N_m}{A}$	$\dfrac{\bar N_r \bar N_l}{A}$	$\dfrac{l}{A}\bar N_r$
0	1	2	3		4		5	6	7	8	9
U_1	9.38	130	$-2\times0.8\times0.881/2\times1.253$	-0.562	$-2\times0.6\times0.628/2\times0.929$	-0.406	-0.968	12.986	7.539	5.446	-13.415
U_2	9.38	55	$-2\times0.8\times0.881/2\times1.253$	-0.562	$-2\times0.6\times1.976/2\times0.993$	-1.194	-1.756	18.080	5.786	12.293	-10.296
U_3	9.38	85	$-2\times0.8\times2.735/2\times1.372$	-1.595	$-2\times0.6\times1.976/2\times0.993$	-1.194	-2.789	70.487	40.311	30.176	-25.273
U_4	9.38	100	$-2\times0.8\times2.735/2\times1.372$	-1.595	$-2\times0.6\times3.586/2\times1.07$	-2.011	-3.606	138.627	61.317	77.309	-38.443
U_5	9.38	85	$-2\times0.8\times4.588/2\times1.490$	-2.463	$-2\times0.6\times3.586/2\times1.07$	-2.011	-4.474	181.387	99.856	81.531	-40.542
U_6	9.38	100	$-2\times0.8\times4.588/2\times1.490$	-2.463	$-2\times0.6\times5.439/2\times1.159$	-2.816	-5.279	297.098	138.615	158.482	-56.279
U_7	9.38	85	$-2\times0.8\times6.441/2\times1.609$	-3.202	$-2\times0.6\times5.439/2\times1.159$	-2.816	-6.018	328.186	174.618	153.568	-54.534
U_8	9.38	100	$-2\times0.8\times6.441/2\times1.609$	-3.202	$-2\times0.6\times7.4/2\times1.253$	-3.543	-6.745	485.021	230.250	254.771	-71.908
U_9	9.38	90	$-2\times0.8\times9.084/2\times1.778$	-4.087	$-2\times0.6\times7.4/2\times1.253$	-3.543	-7.63	558.584	299.379	259.379	-73.208
U_{10}	9.38	180	$-2\times0.8\times9.084/2\times1.778$	-4.087	$-2\times0.6\times9.171/2\times1.337$	-4.116	-8.203	1291.264	643.349	647.914	-157.413
U_{11}	9.38	90	$-2\times0.8\times9.084/2\times1.778$	-4.087	$-2\times0.6\times10.972/2\times1.424$	-4.623	-8.710	727.907	341.556	386.350	-83.571
U_{12}	9.38	90	$-2\times0.8\times12.563/2\times2.00$	-5.025	$-2\times0.6\times10.972/2\times1.424$	-4.623	-9.648	893.129	465.171	427.957	-92.571
U_{13}	9.38	150	$-2\times0.8\times12.563/2\times2.00$	-5.025	$-2\times0.6\times12.632/2\times1.503$	-5.043	-10.068	1620.969	809.035	811.933	-161.002
U_{14}	9.38	90	$-2\times0.8\times12.563/2\times2.00$	-5.025	$-2\times0.6\times14.3/2\times1.584$	-5.417	-10.442	1046.181	503.453	542.727	-100.189
U_{15}	9.38	90	$-2\times0.8\times15.734/2\times2.203$	-5.714	$-2\times0.6\times14.3/2\times1.584$	-5.417	-11.131	1188.797	610.258	578.539	-106.800
U_{16}	9.38	210	$-2\times0.8\times15.734/2\times2.203$	-5.714	$-2\times0.6\times16.178/2\times1.675$	-5.795	-11.509	2965.457	1472.293	1493.163	-257.661
U_{17}	13.93	440	$-2\times0.8\times17.3/2\times2.334$	-5.930	$-2\times0.6\times17.3/2\times1.746$	-5.945	-11.875	4454.19	2224.282	2229.908	-375.089
合计								16278.432	8126.901	8151.455	-1718.205

(左侧标注：身部主材)

$F_t = -1 - 1 = -2.0$

$F_r = \dfrac{1.5}{1.2}F_m = \dfrac{1.5}{0.9}F_t = -3.333$

所以 $S_{65} = -(-3.333) - (-11.111 \times 0.0212)$
$\qquad = 3.569$

$\quad S_{50} = -3.569 \times 1.2/1.5 = -2.855$

$S_{64} = -3.569 \times 0.9/1.5 = -2.141$

$U \approx 11.111$

其余杆件的受力计算结果见表 6-9-11 第 5 栏。

2）下曲臂在 $x_1 = 1.0$ 单独作用下的受力：下曲臂两内侧面交点受 $x_1 = 1.0$ 作用时对瓶口的作用力见图 6-9-23，内力计算结果见表 6-9-11 第 3 栏。

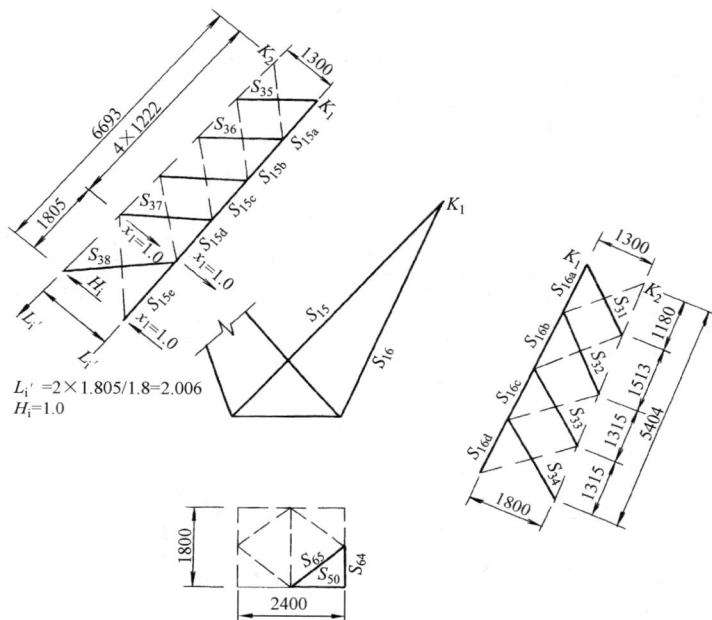

图 6-9-23　下曲臂两内侧面交点受 $x_1 = 1.0$ 的作用力

瓶口受力 $F_z = -L'_i \times 5.0/6.693 = -1.498$

$\quad F_m = -L'_i \times 4.45/6.693 = -1.334$

$\quad F_t = -1.0$

$\quad F_r = -1.334\dfrac{1.5}{1.2} = -1.668$

$\quad S_{65} = -(-1.668) - (-1.498)$
$\qquad\qquad \times 0.0212 = 1.7$

$\quad S_{50} = -1.7 \times \dfrac{1.2}{1.5} = -1.36$

$\quad S_{64} = -1.7 \times \dfrac{0.9}{1.5} = -1.02$

$\quad U = 1.498$

其余杆件的受力计算结果见表 6-9-11 第 3 栏。

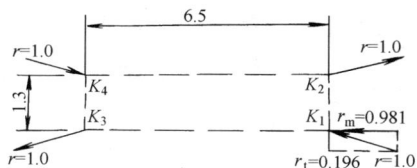

图 6-9-24　K 节点受 $r = 1.0$ 作用的
纵向及横向分力

3）下曲臂在 $r = 1.0$ 作用下的受力：K 节点受 $r = 1.0$ 作用时（图 6-9-24）的横向分力为

$\qquad r_m = 1.0 \times 6.5/6.629 = 0.981$

纵向分力　　$r_t = 1.0 \times 1.3/6.629 = 0.196$

瓶口受力可利用 $m = 1.0$ 和 $x = 1.0$ 的计算成果，但 r_t 只考虑由外侧面承担。作用于瓶口的力为

$\quad F_z = 1.626 \times 0.981 \times 5.0/5.404 + 2.014 \times 0.981$
$\qquad \times 5.0/6.693 + 6.004 \times 0.196 \times 5.0/5.404$
$\qquad = 4.041$

$\quad F_m = -(1.626 \times 0.981 + 0.196 \times 6.004)$
$\qquad 2.05/5.404 + 2.014 \times 0.981 \times 4.45/6.693$
$\qquad = 0.262$

$\quad F_t = 0.196$

$\quad F_r = \sqrt{F_m^2 + F_t^2} = \sqrt{0.262^2 + 0.196^2} = 0.327$

$\quad S_{65} = -(0.327 + 4.041 \times 0.0212) = -0.412$

$\quad S_{50} = 0.412 \times 1.2/1.5 = 0.33$

$\quad S_{64} = 0.412 \times 0.9/1.5 = 0.247$

$\quad U = -4.04$

其余杆件的受力计算结果见表 6-9-11 第 4 栏。

表 6.9-11

$r=1.0$ 时下曲臂杆件受力综合

杆件	A (cm²)	l (cm)	仅 $x_1=1.0$ 时杆件受力 $\bar N_{x1}$		仅 $r=1.0$ 时杆件受力 $\bar N_r$（F_t 由外侧面承担）		仅 $x=1.0$ 时杆件受力 $\bar N_x$	$\dfrac{\bar N_x \bar N_x A}{l}$ δ_{11}	$\dfrac{\bar N_x \bar N_{x1} A}{l}=\delta_{21}$ $\delta_{12}=\delta_{21}$	$\dfrac{\bar N_x \bar N_r A}{l}$ Δ_{1r}	$\dfrac{\bar N_{x1}\bar N_{x1} A}{l}$ δ_{22}	$\dfrac{\bar N_{x1}\bar N_r A}{l}$ Δ_{2r}	$r=1.0$ 时综合受力 N_r
0	1	2	3		4		5	6	7	8	9	10	11
S_{16a}	7.4	119		0	$-2.168\times0.981-0.844\times0.196$	-2.292	0.844	11.455	0	-31.108	0	0	-1.934
S_{16b}	7.4	151		0	$-1.985\times0.981-2.59\times0.196$	-2.455	2.590	136.881	0	-129.746	0	0	-1.358
S_{16c}	7.4	135		0	$-1.82\times0.981-4.168\times0.196$	-2.602	4.168	316.925	0	-197.850	0	0	-0.836
S_{16d}	7.4	135		0	$-1.69\times0.981-4.975\times0.196$	-2.633	4.975	451.531	0	-238.971	0	0	-0.526
S_{31}	3.48	180		0	$-0.133\times0.981-(-1.279)\times0.196$	0.120	-1.279	84.612	0	-7.938	0	0	-0.421
S_{32}	3.48	212		0	$-0.131\times0.981-(-1.259)\times0.196$	0.118	-1.259	96.562	0	-9.050	0	0	-0.415
S_{33}	3.48	210		0	$-0.11\times0.981-(-1.053)\times0.196$	0.098	-1.053	66.910	0	-6.227	0	0	-0.347
S_{34}	3.48	220		0	$-0.099\times0.981-(-0.949)\times0.196$	0.089	-0.949	56.934	0	-5.339	0	0	-0.312
S_{15a}	7.4	122.2		0	2.702×0.981	2.651	-0.879	12.759	0	-38.480	0	0	2.278
S_{15b}	7.4	122.2		0	2.528×0.981	2.48	-2.529	105.617	0	-103.571	0	0	1.409
S_{15c}	7.4	122.2		0	2.379×0.981	2.334	-3.984	262.106	0	-153.553	0	0	0.646
S_{15d}	7.4	122.2		0	2.244×0.981	2.201	-5.271	458.802	0	-191.581	0	0	-0.031
S_{15e}	7.4	180.6	$-2\times0.867/2\times0.864$	-1.003	2.098×0.981	2.058	-6.661	1082.841	163.052	-334.557	24.552	-50.377	-0.245
S_{35}	2.35	181.7		0	0.136×0.981	0.133	+1.307	132.080	0	13.440	0	0	0.686
S_{36}	2.35	188.6		0	0.124×0.981	0.122	1.119	100.492	0	10.956	0	0	0.595
S_{37}	2.35	195.6		0	0.114×0.981	0.112	1.090	98.890	0	10.161	0	0	0.573
S_{38}	2.35	202.8		0	0.105×0.981	0.103	1.006	87.336	0	8.942	0	0	0.529
S_{39}	2.35	250.1	$2\times22.289/2\times16.036$	1.39	0.113×0.981	0.111	1.085	125.286	160.505	12.817	205.624	16.420	-0.146
S_{50}	4.38	120		-1.36		0.33	-2.855	223.315	106.378	-25.812	50.673	-12.295	-0.177
S_{64}	4.38	90		-1.02		0.247	-2.141	94.189	44.873	-10.866	21.378	-5.176	-0.133
S_{65}	4.38	150		1.70		-0.412	3.569	436.224	207.784	-50.357	98.972	-23.986	0.222
U	$L/A=42.181$			+1.498		-4.041	11.111	5206.489	702.009	-1893.268	94.654	-255.276	-0.107
总合								9648.247	1384.602	-3371.963	495.855	-330.691	

（下曲臂：$S_{16a}\sim S_{39}$；瓶口：S_{50}、S_{64}、S_{65}；塔身：U）

4）下曲臂在 $r=1.0$ 时的综合受力：下曲臂在考虑了 x 和 x_1 后在 $r=1.0$ 作用下的综合受力计算见表6-9-11。超静定分量 x 和 x_1 可由下式解得：

$$\begin{cases} x\delta_{11} + x_1\delta_{12} + \Delta_{1p} = 0 \\ x\delta_{21} + x_1\delta_{22} + \Delta_{2p} = 0 \end{cases}$$

式（6-9-11）中 δ_{11}、δ_{12}、δ_{21}、δ_{22}、$\Delta_{1p}=\Delta_{1r}$、$\Delta_{2p}=\Delta_{2r}$ 的意义及数值见表6-9-11，解方程后得：

$$x = -\dfrac{\begin{vmatrix} \Delta_{1r} & \delta_{12} \\ \Delta_{2r} & \delta_{22} \end{vmatrix}}{\begin{vmatrix} \delta_{11} & \delta_{12} \\ \delta_{21} & \delta_{22} \end{vmatrix}} = -\dfrac{\begin{vmatrix} -3371.963 & 1384.602 \\ -330.691 & 495.855 \end{vmatrix}}{\begin{vmatrix} 9648.247 & 1384.602 \\ 1384.602 & 495.855 \end{vmatrix}}$$

$$= 0.423$$

$$x_1 = -\dfrac{\begin{vmatrix} \delta_{11} & \Delta_{1r} \\ \delta_{21} & \Delta_{2r} \end{vmatrix}}{\begin{vmatrix} \delta_{11} & \delta_{12} \\ \delta_{21} & \delta_{22} \end{vmatrix}} = -\dfrac{\begin{vmatrix} 9648.247 & -3371.963 \\ 1384.602 & -330.691 \end{vmatrix}}{\begin{vmatrix} 9648.247 & 1384.602 \\ 1384.602 & 495.855 \end{vmatrix}}$$

$$= -0.515$$

$r=1.0$ 并考虑了 x 和 x_1 后，杆件的实际受力按下式计算

$$N_r = \overline{N}_r + x\overline{N}_x + x_1\overline{N}_{x1}$$

计算结果见表6-9-11第11栏。

5）下曲臂在 $z=1.0$ 单独作用下的受力：如图6-9-25所示，瓶口的受力为

$$F_z = 1.476 \times 5.0/5.404 + 0.826 \times 5.0/6.693$$
$$= 1.983$$

$$F_m = 1.476 \times 2.05/5.404 - 0.826 \times 4.45/6.693$$

$$= 0$$
$$F_t = 0$$
$$F_r = 0$$
$$S_{65} = -1.983 \times 0.0212 = -0.042$$
$$S_{50} = 0.042 \times 1.2/1.5 = 0.034$$
$$S_{64} = 0.042 \times 0.9/1.5 = 0.025$$
$$U = -1.983$$

其余杆件受力计算结果见表6-9-12第3栏。图6-9-25中各量关系为

$$\begin{cases} 2.05L_0/5.404 - 4.45L_i/6.693 = 0 \\ 5.0L_0/5.404 - 5.0L_i/6.693 - 1 = 0 \end{cases}$$

则 $L_0 = 2.044$，$L_i = 1.143$，$L'_0 = L_0 \times 1.3/1.8 = 1.476$，$L'_i = L_i \times 1.3/1.8 = 0.826$。

6）下曲臂在 $z=1.0$ 时的综合受力：在考虑了 x 和 x_1 以后，在 $z=1.0$ 作用下的综合受力计算见表6-9-12。超静定分量 x 和 x_1 由式（6-9-11）解得，但其系数 δ_{11}、δ_{12}、δ_{21}、δ_{22}、$\Delta_{1p}=\Delta_{1z}$、$\Delta_{2p}=\Delta_{2z}$，见表6-9-12。

$$x = -\dfrac{\begin{vmatrix} -1616.205 & 1384.665 \\ -143.782 & 495.855 \end{vmatrix}}{\begin{vmatrix} 9649.184 & 1384.665 \\ 1384.665 & 495.855 \end{vmatrix}} = 0.210$$

$$x_1 = -\dfrac{\begin{vmatrix} 9649.184 & -1616.205 \\ 1384.665 & -143.782 \end{vmatrix}}{\begin{vmatrix} 9649.184 & 1384.665 \\ 1384.665 & 495.855 \end{vmatrix}} = -0.296$$

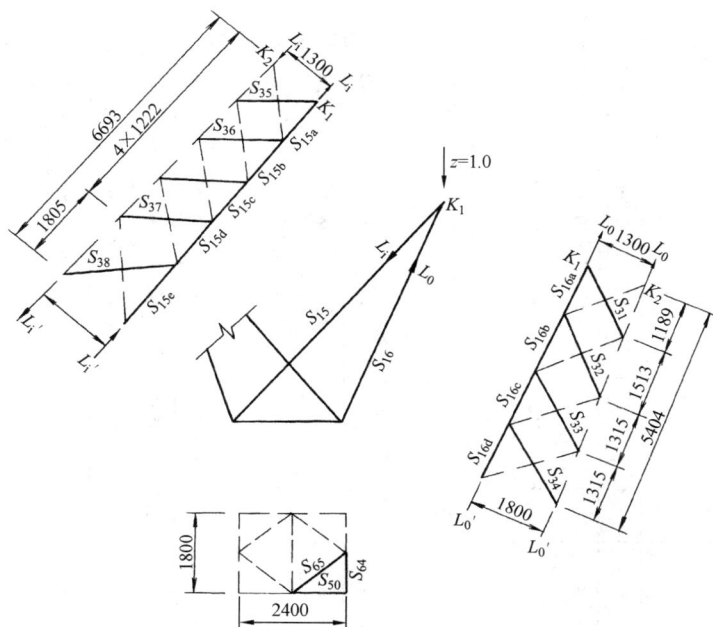

图6-9-25　下曲臂 K 节点在 $z=1.0$ 作用时的受力

表6-9-12　　z=1.0时下曲臂杆件受力综合

杆件	A (cm²)	l (cm)	仅$z=1.0$时杆件受力 $\bar{N}_z$	$\bar{N}_z$	仅$x=1.0$时杆件受力 $\bar{N}_x$	仅$x_1=1.0$时杆件受力 $\bar{N}_{x1}$	$\dfrac{\bar{N}_x^2 l}{A}$ δ_{11}	$\dfrac{\bar{N}_{x1}^2 l}{A}$ δ_{22}	$\dfrac{\bar{N}_x \bar{N}_z l}{A}$ Δ_{1z}	$\dfrac{\bar{N}_{x1} \bar{N}_z l}{A}$ Δ_{2z}	$\dfrac{\bar{N}_x \bar{N}_{x1} l}{A}$ $\delta_{12}=\delta_{21}$	$z=1.0$时综合受力 N_z
0	1	2	3		4	5	6	7	8	9	10	11
S_{16a}	7.4	119	$-1.3L_0/2\times0.675$	-1.968	0.844	0	11.455	0	-26.710	0	0	-1.790
S_{16b}	7.4	151	$-1.3L_0/2\times0.737$	-1.803	2.590	0	136.881	0	-95.288	0	0	-1.258
S_{16c}	7.4	135	$-1.3L_0/2\times0.804$	-1.652	4.168	0	316.925	0	-125.614	0	0	-0.776
S_{16d}	7.4	135	$-1.3L_0/2\times0.866$	-1.534	4.975	0	451.531	0	-139.226	0	0	-0.488
S_{31}	3.48	180	$-1.3L_0/2\times10.989$	-0.121	-1.279	0	84.612	0	8.004	0	0	-0.389
S_{32}	3.48	212	$-1.3L_0/2\times11.160$	-0.119	-1.259	0	96.562	0	9.127	0	0	-0.383
S_{33}	3.48	210	$-1.3L_0/2\times13.338$	-0.100	-1.053	0	66.910	0	6.354	0	0	-0.321
S_{34}	3.48	220	$-1.3L_0/2\times14.805$	-0.090	-0.949	0	56.934	0	5.399	0	0	-0.289
S_{15a}	7.4	122.2	$1.3L_i/2\times0.671$	1.107	-0.879	0	12.759	0	-16.068	0	0	0.922
S_{15b}	7.4	122.2	$1.3L_i/2\times0.713$	1.042	-2.529	0	105.617	0	-43.516	0	0	0.510
S_{15c}	7.4	122.2	$1.3L_i/2\times0.762$	0.975	-3.984	0	262.106	0	-64.145	0	0	0.138
S_{15d}	7.4	122.2	$1.3L_i/2\times0.808$	0.919	-5.271	0	458.802	0	-79.992	0	0	-0.188
S_{15e}	7.4	180.6	$1.3L_i/2\times0.864$	0.860	-6.661	-1.003	1082.841	24.552	-139.805	0	0	-0.241
S_{35}	2.35	181.7	$1.3L_i/2\times13.319$	0.056	1.307	0	132.080	0	5.659	-21.051	163.052	0.330
S_{36}	2.35	188.6	$1.3L_i/2\times14.637$	0.051	1.119	0	100.492	0	4.580	0	0	0.286
S_{37}	2.35	195.6	$1.3L_i/2\times15.962$	0.047	1.090	0	98.890	0	4.264	0	0	0.275
S_{38}	2.35	202.8	$1.3L_i/2\times17.291$	0.043	1.006	0	87.336	0	3.733	0	0	0.254
S_{39}	2.35	250.1	$1.3L_i/2\times16.036$	0.046	1.085	1.390	125.286	205.624	5.311	6.804	160.505	-0.138
S_{50}	4.38	120		0.034	-2.855	-1.360	223.315	50.673	-2.659	-1.266	-106.378	-0.162
S_{64}	4.38	90		0.025	-2.141	-1.020	94.189	21.378	-1.099	-0.523	44.873	-0.122
S_{65}	4.38	150		-0.042	3.569	1.700	436.224	98.972	-5.133	-2.445	207.784	0.203
U	$l/A=42.181$			-1.983	11.111	1.498	5207.426	94.654	-929.378	-125.300	702.072	-0.093
总合							9649.184	495.855	-1616.205	-143.782	1384.665	

行分组标注：下曲臂（S_{16a}～S_{39}）；瓶口（S_{50}、S_{64}、S_{65}）；塔身（U）

$z = 1.0$ 并考虑了 x 和 x_1 后,杆件的实际受力按下式计算:

$$N_z = \overline{N}_z + x\,\overline{N}_x + x_1 N_{x1}$$

计算结果见表 6-9-12 第 11 栏。

7)下曲臂在 $m = -25.38$kN、$T = 6.0$kN 单独作用下的综合受力:利用 $m = 1.0$ 和 $x = 1.0$ 的计算成果并任意假定 T 完全由外侧面承担,则作用在瓶口的力为

$$
\begin{aligned}
F_z &= -25.38 \times 1.626 \times 5.0/5.404 \\
&\quad -25.38 \times 2.014 \times 5.0/6.693 \\
&\quad +6.0 \times 6.004 \times 5.0/5.404 \\
&= -43.038\text{kN}
\end{aligned}
$$

$$
\begin{aligned}
F_m &= 25.38 \times 1.626 \times 2.05/5.404 - 6.0 \\
&\quad \times 6.004 \times 2.05/5.404 - 25.38 \times 2.014 \\
&\quad \times 4.45/6.693 = -31.997\text{kN}
\end{aligned}
$$

$$F_t = 6.0\text{kN}$$

作用在瓶口的扭力为

正面

$$F'_m = -\frac{1}{2} \times \frac{24.0 \times 6.0}{2 \times 1.8} = -20\text{kN}$$

侧面

$$F'_t = \frac{1}{2} \times \frac{24.0 \times 6.0}{2 \times 2.4} = 15\text{kN}$$

故横隔材受力

$$
\begin{aligned}
S_{50} &= F_m - F'_m + 0.0212 \times F_z \times \frac{1.2}{1.5} \\
&= -31.997 + 40 + 0.0212(-43.038) \\
&\quad \times \frac{1.2}{1.5} = -12.707\text{kN}
\end{aligned}
$$

$$
\begin{aligned}
S_{64} &= F_t - F'_t + 0.0212 \times F_z \times \frac{0.9}{1.5} \\
&= 6.0 - 15.0 + 0.0212(-43.038)\frac{0.9}{1.5} \\
&= -9.547\text{kN}
\end{aligned}
$$

$$
\begin{aligned}
S_{65} &= 12.707\frac{1.5}{1.2} = 9.547\frac{1.5}{0.9} \\
&= 15.884\text{kN}
\end{aligned}
$$

$$U = 43.038\text{kN}$$

其余杆件的受力计算结果见表 6-9-13 第 3 栏。

8)下曲臂在考虑了 x 和 x_1 后,在 $m = -25.38$kN、$T = 6.0$kN 作用下的综合受力计算见表 6-9-13。超静定分量 x 和 x_1 按式(6-9-11)计算,其中 δ_{11}、δ_{12}、δ_{21}、δ_{22}、Δ_{1p}、Δ_{2p} 见表 6-9-13。

$$x = -\frac{\begin{vmatrix} 46009.64 & 1384.665 \\ 5194.978 & 495.855 \end{vmatrix}}{\begin{vmatrix} 9649.607 & 1384.665 \\ 1384.665 & 495.855 \end{vmatrix}} = -5.447\text{kN}$$

$$x_1 = -\frac{\begin{vmatrix} 9649.607 & 46009.64 \\ 1384.665 & 5194.978 \end{vmatrix}}{\begin{vmatrix} 9649.607 & 1384.665 \\ 1384.665 & 495.855 \end{vmatrix}} = 4.735\text{kN}$$

$m = -25.38$kN、$T = 6.0$kN 作用下并考虑了 x 和 x_1 后的综合受力按下式计算:

$$N_\theta = N_D + x\,\overline{N}_{x1} + x_1\overline{N}_{x1}, \text{kN}$$

计算结果见表 6-9-13 第 11 栏。

(3)上曲臂和上横担:

1)K 节点在 $r = 1.0$ 单独作用时的横向分量 $r_m = 0.981$,纵向分量 $r_t = 0.196$(见图 6-9-24),上曲臂对横担的作用力可利用 $m = 1.0$、$r = 1.0$ 时的计算成果分别乘以 0.981 和 0.196 叠加而得,即

$$C_z = 3.523 \times 0.981 - 8.889 \times 0.196 = 1.714$$

$$C_t = 0.196$$

$$C_m = 0$$

$$D_z = 3.523 \times 0.981 = 3.456$$

$$D_m = 1.445 \times 0.981 = 1.418$$

$$D_t = 0$$

见图 6-9-26 和图 6-9-27。以上算式中系利用了反正对称的计算成果(参见图 6-9-19 和图 6-9-20),但必须注意其方向应按反反对称的规则组合。

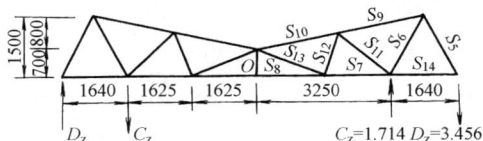

图 6-9-26　$r = 1.0$ 时横担正面受力

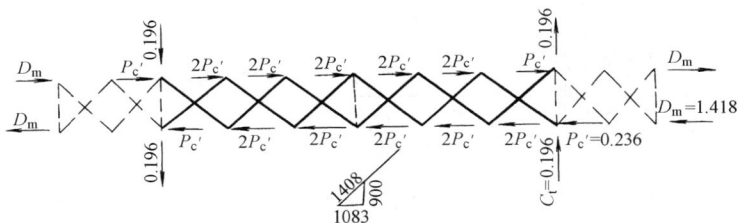

图 6-9-27　$C_t = 0.196$ 时横担底平面受力

表 6-9-13

下曲臂在 $m = -25.38$，$T = 6.0$ 作用下的综合受力

杆件	A (cm²)	l (cm)	仅 $m=-25.38$，$T=6.0$ 时 杆件受力 N_p（T由外侧面承担）		仅 $x=1.0$ 时 杆件受力 $\overline{N}_x$	仅 $x_1=1.0$ 时 杆件受力 $\overline{N}_{x1}$	$\dfrac{\overline{N}_x^2 l}{A}$ δ_{11}	$\dfrac{\overline{N}_{x1}^2}{A}$ δ_{22}	$\dfrac{\overline{N}_x N_p l}{A}$ Δ_{1p}	$\dfrac{\overline{N}_{x1} N_p l}{A}$ Δ_{2p}	$\dfrac{\overline{N}_x \overline{N}_{x1}}{A}$ $\delta_{12}=\delta_{21}$	在扭力、剪力共同作用下受力 N_θ
0	1	2	3		4	5	6	7	8	9	10	11
S_{16a}	7.4	119	$-25.38\times(-2.168)+6.0\times(-0.844)$	49.96	0.844	0	11.455	0	678.078			45.362
S_{16b}	7.4	151	$-25.38\times(-1.985)+6.0\times(-2.590)$	34.839	2.594	0	137.304	0	1844.084			20.708
S_{16c}	7.4	135	$-25.38\times(-1.820)+6.0\times(-4.168)$	21.184	4.168	0	316.925	0	1610.785			-1.521
S_{16d}	7.4	135	$-25.38\times(-1.690)+6.0\times(-4.975)$	13.042	4.975	0	451.531	0	1183.693			-14.059
S_{31}	3.48	180	$-25.38\times(-0.133)+6.0\times1.279$	11.050	-1.279	0	84.612	0	-731.014			18.017
S_{32}	3.48	212	$-25.38\times(-0.131)+6.0\times1.259$	10.879	-1.259	0	96.562	0	-834.394			17.737
S_{33}	3.48	210	$-25.38\times(-0.11)+6.0\times1.053$	9.110	-1.053	0	66.910	0	-578.877			14.846
S_{34}	3.48	220	$-25.38\times(-0.099)+6.0\times0.949$	8.207	-0.949	0	56.934	0	-492.372			13.376
S_{15a}	7.4	122.2	-25.38×2.702	-68.577	-0.879	0	12.759	0	995.421			-63.788
S_{15b}	7.4	122.2	-25.38×2.528	-64.161	-2.529	0	105.617	0	2679.535			-50.384
S_{15c}	7.4	122.2	-25.38×2.379	-60.379	-3.984	0	262.106	0	3972.324			-38.676
S_{15d}	7.4	122.2	-25.38×2.244	-56.953	-5.271	0	458.802	0	4957.344			-28.239
S_{15e}	7.4	180.6	-25.38×2.098	-53.247	-6.661	-1.003	1082.841	24.552	8656.066	1303.413	163.052	-21.710
S_{35}	2.35	181.7	-25.38×0.136	-3.452	1.307	0	132.080	0	-348.845	0	0	-10.571
S_{36}	2.35	188.6	-25.38×0.124	-3.147	1.119	0	100.492	0	-282.618	0	0	-9.242
S_{37}	2.35	195.6	-25.38×0.114	-2.893	1.090	0	98.890	0	-262.467	0	0	-8.830
S_{38}	2.35	202.8	-25.38×0.105	-2.665	1.006	0	87.336	0	-231.363	0	0	-8.145
S_{39}	2.35	250.1	-25.38×0.113	-2.868	1.085	1.390	125.286	205.624	-331.172	-424.267	160.505	-2.196
S_{50}	4.38	120		-12.707	-2.855	-1.360	223.315	50.673	993.931	473.466	106.378	-3.594
S_{64}	4.38	90		-9.547	-2.141	-1.020	94.189	21.378	420.002	200.094	44.873	-2.713
S_{65}	4.38	150		15.884	3.569	1.700	436.224	98.972	1936.060	922.191	207.784	4.447
U	($L/A=$ 42.181)			43.048	11.111	1.498	5207.426	94.654	20175.439	2720.079	702.072	-10.385
总合							9649.607	495.855	46009.640	5194.978	1384.665	

（左侧分组：下曲臂；瓶口；塔身）

由图 6-9-26 可见,在 $r=1.0$ 作用下整个横担是平衡的(注意横担背面的作用力与图示方向相反)。但就前后两面来讲,正面桁架有绕 O 点向右转动的趋势,背面桁架则有向左转动的趋势。因此,必须依靠前面及背面桁架间的斜材来传递和维持横担的整体平衡。假设横担上平面中间的杆件受力为 $a_0=1.0$,则横担上、下平面及两侧面的斜材均需受力,而且在主材上的分力将与外力矩相平衡,见图 6-9-28。

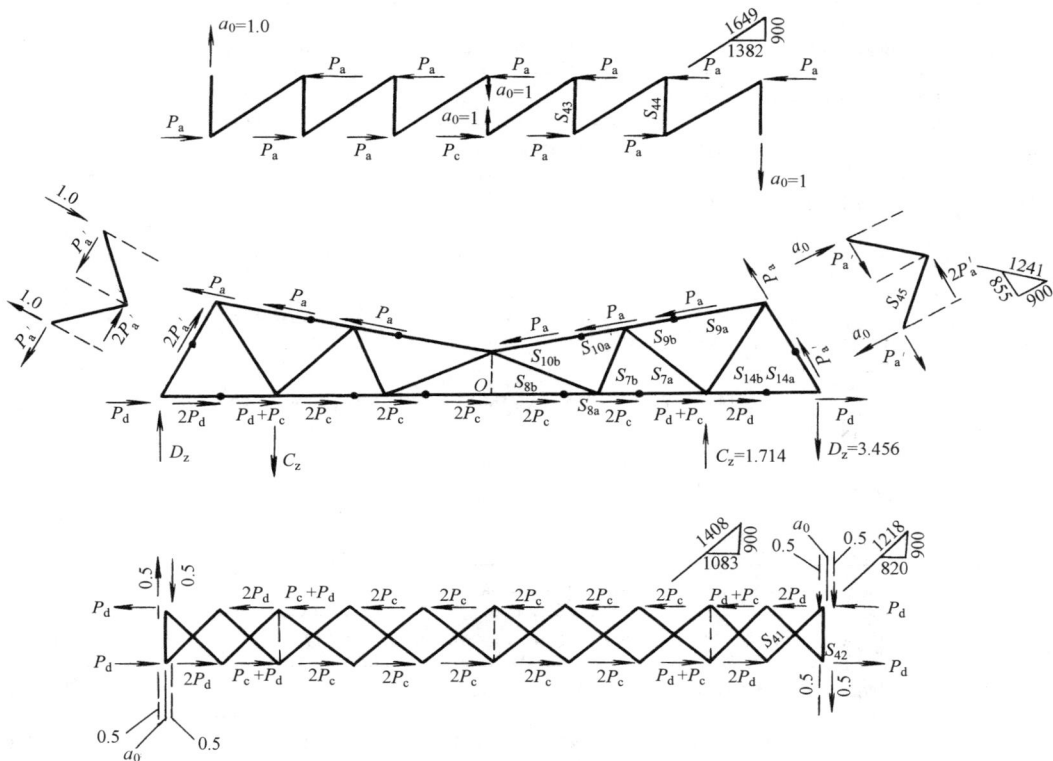

图 6-9-28 $a_0=1.0$ 时上横担各面斜材在主材上的分力

由于 $a_0=1.0$,各面斜材受力后在主材上的分力为

$P_a = 1.382/0.9 = 1.536$

$P'_a = 0.855/0.9 = 0.95$

$P_d = 0.5 \times 0.82/0.9 = 0.456$

$P_c = 0.5 \times 1.083/0.9 = 0.601$

现将它们绘入横担正面主材上(见图 6-9-28),显然它们应与由 C_z 和 D_z 构成的力矩相平衡。P_a、P'_a、P_c、P_d 对 O 点的力矩为

$M_0 = 6P_a \times 0.675 + 4P'_a \times 4.32 = 22.637a_0$

C_z、D_z 对 O 点的力矩为

$M'_0 = 3.456 \times 9.78 - 1.714 \times 6.5 = 22.659 \text{kN} \cdot \text{m}$

故 $a_0 = 1.001 \text{kN}$

由此各面斜材在主材上的分力应为 P_a、P'_a、P_c、P_d 乘以系数 1.001。横担底平面在 C_t 作用下的情况与此类似,为保持底平面的平衡,必有

$P'_c = 0.196 \times 1.083/0.9 = 0.236$

见图 6-9-27。横担底平面各杆件总的受力应为图 6-9-27 和图 6-9-28 中各杆件受力两者之和。

上横担杆件受力计算见表 6-9-14。

上曲臂的受力计算可利用反正对称部分 $m=1.0$ 和 $x=1.0$ 时的计算成果进行组合,见表 6-9-7。

2)上曲臂 K 节点在 $x=1.0$ 单独作用时,上曲臂对上横担的作用力与图 6-9-20(b)相同。但横担左侧的力应全部改变方向,见图 6-9-29 和图 6-9-30。

与上曲臂和上横担计算时相同的原理可知 $a_0 = -8.889 \times 1.64 \times 2/22.637 = -1.288$,故得

$P_a = -1.288 \times 1.536 = -1.978$

$P'_a = -1.288 \times 0.95 = -1.224$

$P_d = -1.288 \times 0.456 = -0.587$

$P_c = -1.288 \times 0.601 = -0.774$

在 C_t 和 D_t 作用下,横担底面的

$P''_c = 1.0 \times 0.82/0.9 = 0.911$

横担杆件受力计算见表 6-9-15。$z=1.0$ 时上横担杆件内力计算见表 6-9-16。上曲臂杆件内力计算与反正对称部分相同,见表 6-9-17 第 6 栏。

表 6-9-14 $r=0.1$ 作用在 K 节点时上横担杆件受力计算

杆 件		$r=0.1$ 作用在 K 节点时上横担杆件受力 $\overline{N}_r$ 的算式	计算结果
	S_{9a}	$(3.456 \times 1.64 - 2 \times 0.95 \times 1.001 \times 1.439)/1.313$	2.232
	S_{9b}	$2.232 - 1.536 \times 1.001$	0.695
	S_{10a}	$(3.456 \times 3.265 - 1.714 \times 1.625 - 2 \times 0.95 \times 1.001 \times 2.865)/1.0 - 1.536 \times 1.001$	1.512
	S_{10b}	$1.512 - 1.536 \times 1.001$	-0.025
	S_{14a}	$-3.456 \times 0.82/1.5 - 1.418 + 0.456 \times 1.001$	-2.851
	S_{14b}	$-2.851 + 2 \times 0.456 \times 1.001$	-1.938
	S_{7a}	$(-3.456 \times 2.855 + 1.714 \times 1.215 + 0.95 \times 2 \times 1.001 \times 1.975)/1.1 + (4 \times 0.456 + 0.601) \times 1.001 - 1.418 + 0.236$	-2.417
	S_{7b}	$-2.417 + 2 \times 0.601 \times 1.001 + 2 \times 0.236$	-0.741
	S_{8a}	$(-3.456 \times 4.89 + 1.714 \times 3.25 + 2 \times 0.95 \times 1.001 \times 3.95)/0.7 + (4 \times 0.456 + 3 \times 0.601) \times 1.001 - 1.418 + 3 \times 0.236$	-2.532
上	S_{8b}	$-2.532 + 2 \times 0.601 \times 1.001 + 2 \times 0.236$	-0.857
横	S_5	$3.456 \times 1.71/1.5 - 0.95 \times 1.001$	2.989
担	S_6	$(-3.456 \times 8.451 + 2 \times 0.95 \times 1.001 \times 7.413)/5.98$	-2.526
	S_{11}	$-(-3.456 \times 8.451 + 1.714 \times 6.811 + 2 \times 0.95 \times 1.001 \times 7.413)/4.572$	0.751
	S_{12}	$(-3.456 \times 8.451 + 1.714 \times 6.811 + 2 \times 0.95 \times 1.001 \times 7.413)/4.860$	-0.707
	S_{13}	$-(-3.456 \times 8.451 + 1.714 \times 6.811 + 2 \times 0.95 \times 1.001 \times 7.413)/2.048$	1.677
	S'_{5a}	$-3.456 \times 1.71/1.5 + 2 \times 0.95 \times 1.001$	-2.038
	S'_{5b}	$-3.456 \times 1.71/1.5$	-3.940
	S'_{9a}	$-2.232 + 1.536 \times 1.001$	-0.694
	S'_{9b}	$-0.694 + 1.536 \times 1.001$	0.843
	S'_{10a}	$-1.512 - 1.536 \times 1.001 + 2 \times 1.536 \times 1.001$	0.026
	S'_{10b}	$0.026 + 1.536 \times 1.001$	1.563
	S_{40}	$-1.001 \times 0.5 \times 1.408/0.9 - 0.196 \times 1.408/0.9$	-1.090
	S_{41}	$-1.001 \times 0.5 \times 1.218/0.9$	-0.677
	S_{42}	-0.5×1.001	-0.501
	S_{43}	1.001	1.001
	S_{44}	$-1.001 \times 1.649/0.9$	-1.834
	S_{45}	$-1.001 \times 1.241/0.9$	-1.380

注 横担左侧其余杆件与横担右侧的对称杆件受力为大小相同方向相反。

表 6-9-15 　　　　　　　　　　　　*K* 节点作用 *x* = 1.0 时上横担杆件内力计算

杆　件	*K* 节点作用 *x* = 1.0 时上横担杆件受力 $\overline{N}_x$ 的算式	计算结果
S_{9a}	$(-8.889 \times 1.64 + 2 \times 1.224 \times 1.439)/1.313$	−8.42
S_{9b}	$-8.42 + 1.978$	−6.442
S_{10a}	$(-8.889 \times 1.64 + 2 \times 1.224 \times 2.865)/1.0 + 1.978$	−5.586
S_{10b}	$-5.586 + 1.978$	−3.608
S_{14a}	$8.889 \times 0.82/1.5 - 0.587 + 3.645 - 0.911$	7.006
S_{14b}	$7.006 - 2 \times 0.587 - 2 \times 0.911$	4.01
S_{7a}	$(8.889 \times 1.64 - 2 \times 1.224 \times 1.975)/1.1 - 4 \times 0.587 - 0.774 + 3.645 - 4 \times 0.911$	5.736
S_{7b}	$5.736 - 2 \times 0.774$	4.188
S_{8a}	$(8.889 \times 1.64 - 2 \times 1.224 \times 3.95)/0.7 - 4 \times 0.587 - 3 \times 0.774 + 3.645 - 4 \times 0.911$	2.343
S_{8b}	$2.343 - 2 \times 0.774$	0.795
S_5	$-8.889 \times 1.71/1.5 - 1.224$	−8.909
S_6	$(8.889 \times 8.451 - 2 \times 1.224 \times 7.413)/5.98$	9.527
S_{11}	$-(8.889 \times 1.64 - 2 \times 1.224 \times 7.413)/4.572$	0.781
S_{12}	$(8.889 \times 1.64 - 2 \times 1.224 \times 7.413)/4.86$	−0.734
S_{13}	$-(8.889 \times 1.64 - 2 \times 1.224 \times 7.415)/2.048$	1.743
S'_{5a}	$8.889 \times 1.71/1.5 - 2 \times 1.224$	7.685
S'_{5b}	$8.889 \times 1.71/1.5$	10.133
S'_{9a}	$(8.889 \times 1.64 - 2 \times 1.224 \times 1.439)/1.313 - 1.978$	6.442
S'_{9b}	$6.442 - 1.978$	4.464
S'_{10a}	$(8.889 \times 1.64 - 2 \times 1.224 \times 2.865)/1.0 - 1.978 \times 2$	3.608
S'_{10b}	$3.608 - 1.978$	1.630
S_{40}	$1.288 \times 1.408/2 \times 0.9$	0.961
S_{41}	$(1.288 \times 1.218/2 + 1.0 \times 1.218)/0.9$	2.225
S_{42}	$1.288/2$	0.644
S_{43}	-1.288	−1.288
S_{44}	$1.288 \times 1.408/0.9$	2.015
S_{45}	$1.288 \times 1.241/0.9$	1.776

上横担

表 6-9-16   **$z=1.0$ 时上横担杆件内力计算**

杆 件	$z=1.0$ 时上横担杆件内力 $\overline{N_z}$ 的算式	计算结果
S_{9a}	$0.394 \times 2 \times 1.439/1.313$	0.864
S_{9b}	$0.864 + 0.637$	1.501
S_{10a}	$(0.394 \times 2 \times 2.865 - 1.444 \times 1.625)/1.0 + 0.637$	0.548
S_{10b}	$0.548 + 0.637$	1.185
S_{14a}	-0.189	-0.189
S_{14b}	-0.189×3	-0.567
S_{7a}	$(1.444 \times 1.215 - 2 \times 0.394 \times 1.975)/1.1 - 4 \times 0.189 - 0.249$	-0.825
S_{7b}	$-0.825 - 2 \times 0.249$	-1.323
S_{8a}	$(1.442 \times 3.25 - 2 \times 0.394 \times 3.95)/0.7 - 4 \times 0.189 - 0.249 \times 3$	0.745
S_{8b}	$0.745 - 2 \times 0.249$	0.247
S_5	0.394	0.394
S_6	$-2 \times 0.394 \times 7.413/5.98$	-0.977
S_{11}	$(2 \times 0.394 \times 7.413 - 1.444 \times 6.811)/4.572$	-0.873
S_{12}	$-(2 \times 0.394 \times 7.413 - 1.444 \times 6.811)/4.86$	0.822
S_{13}	$(2 \times 0.394 \times 7.413 - 1.444 \times 6.811)/2.048$	-1.950
S'_{5a}	-2×0.394	-0.788
S'_{5b}	0	0.000
S'_{9a}	$-0.864 - 0.637$	-1.501
S'_{9b}	$-1.501 - 0.637$	-2.138
S'_{10a}	$-(0.394 \times 2 \times 2.865 - 1.444 \times 1.625)/1.0 - 2 \times 0.637$	-1.185
S'_{10b}	$-1.235 - 0.637$	-1.822
S_{40}	$0.415 \times 1.408/2 \times 0.9$	0.325
S_{41}	$0.415 \times 1.218/2 \times 0.9$	0.281
S_{42}	0.5×0.415	0.208
S_{43}	-0.415	-0.415
S_{44}	$0.415 \times 1.649/0.9$	0.760
S_{45}	$0.415 \times 1.241/0.9$	0.572

杆件列左侧纵排标注：上 横 担

表 6-9-17　　　　　　　　　　r=1.0 时考虑 x 后上曲臂及上横担杆件内力计算

杆件		l (cm)	A (cm²)	杆件数量 全塔	折算到1/4	仅 $r=1.0$ 时杆件内力 $\bar{N}_r$（r 在 m 方向分量 0.981，在 x 方向分量 0.196）		仅 $x=1.0$ 时杆件受力 $\bar{N}_x$	$\dfrac{\bar{N}_x \bar{N}_x}{A} l$	$\dfrac{\bar{N}_x \bar{N}_r}{A} l$	仅 $r=1.0$ 考虑 x 后杆件受力 $N_r = \bar{N}_r + x\bar{N}_x$
0		1	2	3	4	5		6	7	8	9
1	S_{3a}	140.6	6.1	4	1	2.786×0.981	2.733	−1.202	33.301	−75.718	2.351
2	S_{3b}	140.6	6.1	4	1	3.121×0.981	3.062	−3.913	352.919	−276.166	1.820
3	S_{3c}	151.4	6.1	4	1	3.562×0.981	3.494	−7.528	1406.550	−652.827	1.106
4	S_{4a}	133.4	6.1	4	1	$-2.583 \times 0.981 + 1.143 \times 0.196$	−2.310	1.143	28.570	−57.740	−0.947
5	S_{4b}	133.4	6.1	4	1	$-2.899 \times 0.981 + 3.728 \times 0.196$	−2.113	3.728	303.932	−172.266	−0.930
6	S_{4c}	133.5	6.1	4	1	$-3.304 \times 0.981 + 7.04 \times 0.196$	−1.861	7.040	1084.667	−286.728	0.371
7	S_{24}	179.7	2.35	4	1	-0.304×0.981	−0.298	2.496	476.397	−56.877	0.493
8	S_{25}	178.7	2.35	4	1	-0.233×0.981	−0.229	1.910	277.410	−33.260	0.376
9	S_{26}	187.0	2.35	4	1	-0.195×0.981	−0.191	1.599	203.456	−24.302	0.316
10	S_{27}	164.7	2.35	4	1	$0.281 \times 0.981 - 2.303 \times 0.196$	−0.176	−2.303	371.718	28.407	−0.906
11	S_{28}	172.8	2.35	4	1	$0.227 \times 0.981 - 1.864 \times 0.196$	−0.143	−1.864	255.486	19.600	−0.734
12	S_{29}	181.6	2.35	4	1	$0.190 \times 0.981 - 1.557 \times 0.196$	−0.119	−1.557	187.337	14.318	−0.612
13	S_{9a}	138.2	6.1	2	0.5		2.232	−8.420	803.105	−212.889	−0.438
14	S_{9b}	69.1	6.1	2	0.5		0.695	−6.442	235.049	−25.358	−1.348
15	S_{10a}	69.1	6.1	2	0.5		1.512	−5.586	176.733	−47.837	−0.259
16	S_{10b}	138.2	6.1	2	0.5		−0.025	−3.608	147.462	1.021	−1.169
17	S_{14a}	82.0	6.1	4	1		−2.851	7.006	659.818	−268.504	−0.628
18	S_{14b}	82.0	6.1	4	1		−1.938	4.010	216.158	−104.467	−0.666
19	S_{7a}	108.3	6.1	4	1		−2.417	5.736	584.139	−246.141	−0.597
20	S_{7b}	54.2	6.1	4	1		−0.741	4.188	155.841	−27.573	0.587
21	S_{8a}	54.2	6.1	4	1		−2.532	2.343	48.776	−52.711	−1.788
22	S_{8b}	108.3	6.1	4	1		−0.857	0.795	11.221	−12.096	−0.604
23	S_{5a}	85.5	5.4	2	0.5		2.989	−8.909	628.348	−210.812	0.163
24	S_{5b}	85.5	5.4	2	0.5		2.989	−8.909	628.348	−210.812	0.163
25	S_6	171.0	5.4	4	1		−2.526	9.527	2874.184	−762.064	0.495
26	S_{11}	163.9	3.9	4	1		0.751	0.781	25.634	24.649	0.998
27	S_{12}	117.4	3.9	4	1		−0.707	−0.734	16.217	15.621	−0.939
28	S_{13}	176.9	3.9	4	1		1.677	1.743	137.802	132.584	2.229
29	S_{40}	140.8	2.35	12	3		−1.090	0.961	165.997	−188.280	−0.785

行标：上曲臂（第1～12行），上横担（第13～29行）。

杆　件		l （cm）	A （cm²）	杆件数量		仅 $r=1.0$ 时杆件内力 $\overline{N}_r$ （r 在 m 方向分量 0.981， 在 x 方向分量 0.196）		仅 $x=1.0$ 时杆件 受力 $\overline{N}_x$	$\dfrac{\overline{N}_x \overline{N}_x}{A}l$	$\dfrac{\overline{N}_x \overline{N}_r}{A}l$	仅 $r=1.0$ 考虑 x 后 杆件受力 $N_r = \overline{N}_r + x\,\overline{N}_x$
				全塔	折算 到 1/4						
0		1	2	3	4	5		6	7	8	9
上横担	30 S_{41}	121.8	2.35	8	2		−0.677	2.225	513.179	−156.145	0.028
	31 S_{42}	90.0	2.35	2	0.5		−0.502	0.644	7.941	−6.178	−0.296
	32 S'_{42}	90.0	2.35	3	0.75		0	0	0	0	0
	33 S_{43}	90.0	2.35	7	1.75		1.001	−1.288	111.184	−86.409	0.592
	34 S_{44}	164.9	2.35	6	1.5		−1.834	2.015	427.360	−388.972	−1.194
	35 S_{45}	124.1	2.35	4	1		−1.380	1.776	166.567	−129.427	−0.816
	36 S'_{9a}	138.2	6.1	2	0.5		−0.694	6.442	470.099	−50.644	1.349
	37 S'_{9b}	69.1	6.1	2	0.5		0.843	4.464	112.866	21.314	2.258
	38 S'_{10a}	69.1	6.1	2	0.5		0.026	3.608	73.731	0.531	1.170
	39 S'_{10b}	138.2	6.1	2	0.5		1.563	1.630	30.097	28.859	2.079
	40 S'_{5a}	85.5	5.4	2	0.5		−2.038	7.685	467.552	−123.991	0.399
	41 S'_{5b}	85.5	5.4	2	0.5		−3.940	10.133	812.865	−316.065	−0.726
总　　合									15690.034	−4976.364	

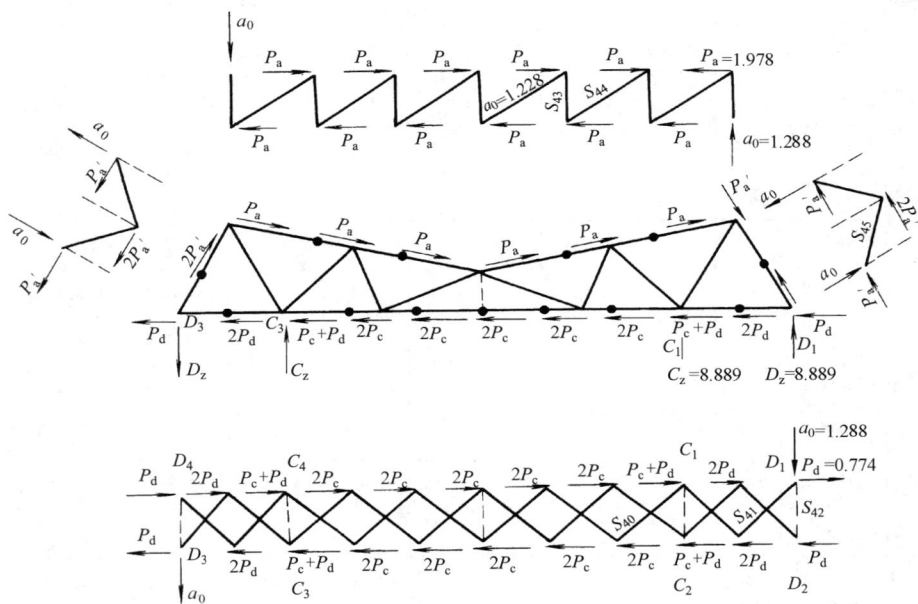

图 6-9-29　$x=1.0$ 时上横担各面斜材在主材上的分力

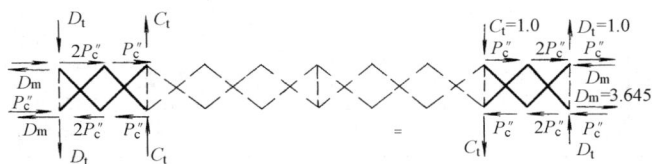

图 6-9-30　$C_t=1.0$、$D_t=1.0$ 时横担底平面受力

3）$z = 1.0$ 单独作用于上曲臂 K 节点时，上曲臂对上横担的作用力为

$$C_z = 1.3 \times 1.0/0.9 = 1.444$$

$$D_z = 0, D_m = 0, C_t = D_t = 0$$

见图 6-9-31。由此可得

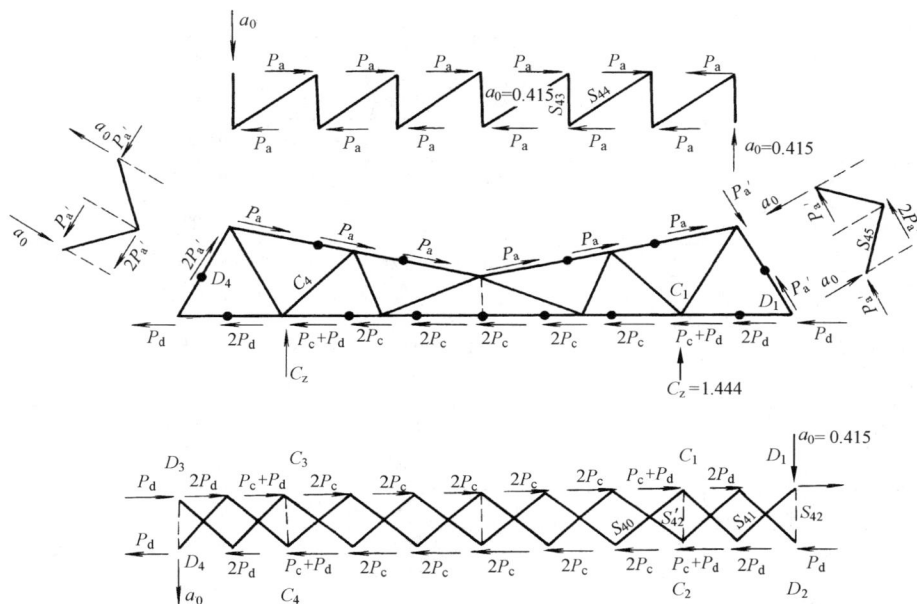

图 6-9-31　$z = 1.0$ 时上横担各面斜材在主材上的分力

$$a_0 = -1.444 \times 6.5/22.637 = -0.415$$

所以

$$P_a = -0.415 \times 1.536 = -0.637$$
$$P'_a = -0.415 \times 0.95 = -0.394$$
$$P_d = -0.415 \times 0.456 = -0.189$$
$$P_c = -0.415 \times 0.601 = -0.249$$

上横担杆件受力计算见表 6-9-16。上曲臂杆件内力计算见表 6-9-17 第 5 栏。

4）$r = 1.0$ 并考虑 x 后，上曲臂及上横担杆件内力的计算：将前述有关计算成果列入表 6-9-17，可解得

$$x = -\sum \frac{\overline{N}_x \overline{N}_r}{AE} l / \sum \frac{\overline{N}_x \overline{N}_x}{AE} l = \frac{-4976.364}{15690.034}$$
$$= 0.317$$

则各杆件在 $r = 1.0$ 时的受力为

$$N_r = \overline{N}_r + x\overline{N}_x$$

见表 6-9-17 第 9 栏。

5）$z = 1.0$ 并考虑 x 后，上曲臂及上横担杆件内力的计算：将前述有关计算成果列入表 6-9-18，可解得

$$x = -\sum \frac{\overline{N}_x \overline{N}_z}{AE} l / \sum \frac{\overline{N}_x \overline{N}_x}{AE} l$$
$$= -\frac{-1183.335}{15690.034} = 0.0754$$

则各杆件在 $z = 1.0$ 时的受力为

$$N_z = \overline{N}_z + x\overline{N}_x$$

计算结果见表 6-9-18 第 9 栏。

（4）下曲臂、上曲臂及横担综合分析：

根据表 6-9-17 及表 6-9-18 的数据可以求解在反反对称荷载下出现于 K 节的超静定反力 z 和 r（表 6-9-19）。即

$$r\delta_{11} + z\delta_{12} + \Delta_{1p} = 0$$
$$r\delta_{21} + z\delta_{22} + \Delta_{2p} = 0$$

$$r = -\frac{\begin{vmatrix} -8737.720 & -305.589 \\ -5003.296 & 741.809 \end{vmatrix}}{\begin{vmatrix} 1719.814 & -305.589 \\ -305.589 & 741.809 \end{vmatrix}} = 6.774\text{kN}$$

$$z = -\frac{\begin{vmatrix} 1719.814 & -8737.720 \\ -305.589 & -5003.296 \end{vmatrix}}{\begin{vmatrix} 1719.814 & -305.589 \\ -305.589 & 741.809 \end{vmatrix}} = 9.535\text{kN}$$

杆件实际受力：

K 节点以上部分

$$N'_3 = rN_r + zN_z$$

K 节点以下部分

$$N'_3 = N_Q + rN_r + zN_z$$

计算结果见表 6-9-19 第 13 栏。

4. 下横担杆件内力计算

断线张力 $T = 24.0\text{kN}$，可分解成反正对称荷载和反反对称荷载，如图 6-9-32 所示，在反正对称分量作用下，

表 6-9-18　　　　　$z=1.0$ 时考虑 x 后上曲臂、上横担杆件受力计算

部位	杆件	l (cm)	A (cm²)	杆件数量 全塔	杆件数量 折算到 1/4	仅 $z=1.0$ 时杆件受力 $\overline{N}_z$	仅 $x=1.0$ 时杆件受力 $\overline{N}_x$	$\dfrac{\overline{N}_x \overline{N}_x}{A} l$	$\dfrac{\overline{N}_x \overline{N}_z}{A} l$	仅 $z=1.0$ 考虑 x 后杆件受力 $N_z = \overline{N}_z + x\overline{N}_x$
	0	1	2	3	4	5	6	7	8	9
上曲臂	1 S_{3a}	140.6	6.1	4	1	0	-1.202	33.301	0	-0.090
	2 S_{3b}	140.6	6.1	4	1	0	-3.913	352.919	0	-0.295
	3 S_{3c}	151.4	6.1	4	1	0	-7.528	1406.550	0	-0.567
	4 S_{4a}	133.4	6.1	4	1	-1.3/2×0.614　-1.059	1.143	28.570	-26.470	-0.972
	5 S_{4b}	133.4	6.1	4	1	-1.3/2×0.547　-1.188	3.728	303.932	-96.854	-0.906
	6 S_{4c}	133.5	6.1	4	1	-1.3/2×0.48　-1.354	7.040	1084.667	-207.227	-0.814
	7 S_{24}	179.7	2.35	4	1	0	2.496	476.397	0	0.188
	8 S_{25}	178.7	2.35	4	1	0	1.910	277.410	0	0.144
	9 S_{26}	187.0	2.35	4	1	0	1.599	203.456	0	0.120
	10 S_{27}	164.7	2.35	4	1	1.3/2×5.645　0.115	-2.303	371.718	-18.561	-0.058
	11 S_{28}	172.8	2.35	4	1	1.3/2×6.976　0.093	-1.864	255.486	-12.746	-0.047
	12 S_{29}	181.6	2.35	4	1	1.3/2×8.351　0.078	-1.557	187.337	-9.384	-0.039
上横担	13 S_{9a}	138.2	6.1	2	0.5	0.864	-8.420	803.105	-82.408	0.228
	14 S_{9b}	69.1	6.1	2	0.5	1.501	-6.442	235.049	-54.767	1.015
	15 S_{10a}	69.1	6.1	2	0.5	0.548	-5.586	176.733	-17.338	0.126
	16 S_{10b}	138.2	6.1	2	0.5	1.185	-3.608	147.462	-48.432	0.912
	17 S_{14a}	82.0	6.1	4	1	-0.189	7.006	659.818	-17.799	0.339
	18 S_{14b}	82.0	6.1	4	1	-0.567	4.010	216.158	-30.564	-0.264
	19 S_{7a}	108.3	6.1	4	1	-0.825	5.736	584.139	-84.015	-0.392
	20 S_{7b}	54.2	6.1	4	1	-1.323	4.188	155.841	-49.230	-1.007
	21 S_{8a}	54.2	6.1	4	1	0.745	2.343	48.776	15.509	0.921
	22 S_{8b}	108.3	6.1	4	1	0.247	0.795	11.221	3.486	0.306
	23 S_{5a}	85.5	5.4	2	0.5	0.394	-8.909	628.348	-27.788	-0.277
	24 S_{5b}	85.5	5.4	2	0.5	0.394	-8.909	628.348	-27.788	-0.277
	25 S_6	171.0	5.4	4	1	-0.977	9.527	2874.184	-294.749	-0.258
	26 S_{11}	163.9	3.9	4	1	-0.873	0.781	25.634	-28.653	-0.814
	27 S_{12}	117.4	3.9	4	1	0.822	-0.734	16.217	-18.162	0.766
	28 S_{13}	176.9	3.9	4	1	-1.950	1.743	137.802	-154.168	-1.818
	29 S_{40}	140.8	2.35	12	3	0.325	0.961	165.997	56.138	0.397
	30 S_{41}	121.8	2.35	8	2	0.281	2.225	513.179	64.810	0.448
	31 S_{42}	90.0	2.35	2	0.5	0.208	0.644	7.941	2.565	0.256
	32 S'_{42}	90.0	2.35	3	0.75	0	0	0	0	0
	33 S_{43}	90.0	2.35	7	1.75	-0.415	-1.288	111.184	35.824	-0.512
	34 S_{44}	164.9	2.35	6	1.5	0.760	2.015	427.360	161.187	0.911
	35 S_{45}	124.1	2.35	4	1	0.572	1.776	166.567	53.646	0.705
	36 S'_{9a}	138.2	6.1	2	0.5	-1.501	6.442	470.099	-109.534	-1.015
	37 S'_{9b}	69.1	6.1	2	0.5	-2.138	4.464	112.866	-54.056	-1.801
	38 S'_{10a}	69.1	6.1	2	0.5	-1.185	3.608	73.731	-24.216	-0.912
	39 S'_{10b}	138.2	6.1	2	0.5	-1.822	1.630	30.097	-33.642	-1.699
	40 S'_{5a}	85.5	5.4	2	0.5	-0.788	7.685	467.552	-47.941	-0.208
	41 S'_{5b}	85.5	5.4	2	0.5	0.000	10.133	812.865	0.0	0.764
总　合								15690.034	-1183.335	

表 6-9-19   反反对称荷载下杆件受力综合表

杆 件		$A(\text{cm}^2)$	$l(\text{cm})$	杆件数量	折合到1/4	$r=1.0$ 时 N_r	$z=1.0$ 时 N_z	外荷作用下 N_Q
0		1	2	3	4	5	6	7
上曲臂	S_{3a} 1	6.10	140.60	4	1.00	2.351	−0.090	0.000
	S_{3b} 2	6.10	140.60	4	1.00	1.820	−0.295	0.000
	S_{3c} 3	6.10	151.40	4	1.00	1.106	−0.567	0.000
	S_{4a} 4	6.10	133.40	4	1.00	−1.947	−0.972	0.000
	S_{4b} 5	6.10	133.40	4	1.00	−0.930	−0.906	0.000
	S_{4c} 6	6.10	133.50	4	1.00	0.371	−0.814	0.000
	S_{24} 7	2.35	179.70	4	1.00	0.493	0.188	0.000
	S_{25} 8	2.35	178.70	4	1.00	0.376	0.144	0.000
	S_{26} 9	2.35	187.00	4	1.00	0.316	0.120	0.000
	S_{27} 10	2.35	164.70	4	1.00	−0.906	−0.058	0.000
	S_{28} 11	2.35	172.80	4	1.00	−0.734	−0.047	0.000
	S_{29} 12	2.35	181.60	4	1.00	−0.612	−0.039	0.000
上横担	S_{9a} 13	6.10	138.20	2	0.50	−0.438	0.228	0.000
	S_{9b} 14	6.10	69.10	2	0.50	−1.348	1.015	0.000
	S_{10a} 15	6.10	69.10	2	0.50	−0.259	0.126	0.000
	S_{10b} 16	6.10	138.20	2	0.50	−1.169	0.912	0.000
	S_{14a} 17	6.10	82.00	4	1.00	−0.628	0.339	0.000
	S_{14b} 18	6.10	82.00	4	1.00	−0.666	−0.264	0.000
	S_{7a} 19	6.10	108.30	4	1.00	−0.597	−0.392	0.000
	S_{7b} 20	6.10	54.20	4	1.00	0.587	−1.007	0.000
	S_{8a} 21	6.10	54.20	4	1.00	−1.788	0.921	0.000
	S_{8b} 22	6.10	108.30	4	1.00	−0.604	0.306	0.000
	S_{5a} 23	5.40	85.50	2	0.50	0.163	−0.277	0.000
	S_{5b} 24	5.40	85.50	2	0.50	0.163	−0.277	0.000
	S_6 25	5.40	171.00	4	1.00	0.495	−0.258	0.000
	S_{11} 26	3.90	163.90	4	1.00	0.998	−0.814	0.000
	S_{12} 27	3.90	117.40	4	1.00	−0.939	0.766	0.000
	S_{13} 28	3.90	176.90	4	1.00	2.229	−1.818	0.000
	S_{40} 29	2.35	140.80	12	3.00	−0.785	0.397	0.000
	S_{41} 30	2.35	121.80	8	2.00	0.028	0.448	0.000
	S_{42} 31	2.35	90.00	2	0.50	−0.296	0.256	0.000
	S'_{42} 32	2.35	90.00	3	0.75	0.000	0.000	0.000
	S_{43} 33	2.35	90.00	7	1.75	0.592	−0.512	0.000
	S_{44} 34	2.35	164.90	6	1.50	−1.194	0.911	0.000
	S_{45} 35	2.35	124.10	4	1.00	−0.816	0.705	0.000
	S'_{9a} 36	6.10	138.20	2	0.50	1.349	−1.015	0.000
	S'_{9b} 37	6.10	69.10	2	0.50	2.258	−1.801	0.000
	S'_{10a} 38	6.10	69.10	2	0.50	1.170	−0.912	0.000
	S'_{10b} 39	6.10	138.20	2	0.50	2.079	−1.699	0.000
	S'_{5a} 40	5.40	85.50	2	0.50	0.399	−0.208	0.000
	S'_{5b} 41	5.40	85.50	2	0.50	−0.726	0.764	0.000
下曲臂	S_{16a} 42	7.40	119.00	4	1.00	−1.934	−1.790	45.362
	S_{16b} 43	7.40	151.00	4	1.00	−1.358	−1.258	20.708
	S_{16c} 44	7.40	135.00	4	1.00	−0.836	−0.776	−1.521
	S_{16d} 45	7.40	135.00	4	1.00	−0.526	−0.488	−14.059
	S_{31} 46	3.48	180.00	4	1.00	−0.421	−0.389	18.017
	S_{32} 47	3.48	212.00	4	1.00	−0.415	−0.383	17.737
	S_{33} 48	3.48	210.00	4	1.00	−0.347	−0.321	14.846
	S_{34} 49	3.48	220.00	4	1.00	−0.312	−0.289	13.376
	S_{15a} 50	7.40	122.20	4	1.00	2.278	0.922	−63.788
	S_{15b} 51	7.40	122.20	4	1.00	1.409	0.510	−50.384
	S_{15c} 52	7.40	122.20	4	1.00	0.646	0.138	−38.676
	S_{15d} 53	7.40	122.20	4	1.00	−0.031	−0.188	−28.239
	S_{15e} 54	7.40	180.60	4	1.00	−0.245	−0.241	−21.710
	S_{35} 55	2.35	181.70	4	1.00	0.686	0.330	−10.571
	S_{36} 56	2.35	188.60	4	1.00	0.595	0.286	−9.242
	S_{37} 57	2.35	195.60	4	1.00	0.573	0.275	−8.830
	S_{38} 58	2.35	202.80	4	1.00	0.529	0.254	−8.145
	S_{39} 59	2.35	250.10	4	1.00	−0.146	−0.138	−2.196
瓶口	S_{50} 60	4.38	120.00	4	1.00	−0.177	−0.162	−3.549
	S_{64} 61	4.38	90.00	4	1.00	−0.133	−0.122	−2.713
	S_{65} 62	4.38	150.00	4	1.00	0.222	0.203	4.447
	U 63	1.00	42.18	4	1.00	−0.107	−0.093	−10.385
总 合								

杆 件		$\delta_{11}=N_r^2/K/A$	$\delta_{12}=N_rN_z/K/A$	$\Delta_{1p}=N_rN_Q/K/A$	$\delta_{22}=N_zN_z/K/A$	$\Delta_{2p}=N_zN_Q/K/A$	N'_3
0		8	9	10	11	12	13
S_{3a}	1	127.480	− 4.914	0.000	0.189	0.000	15.068
S_{3b}	2	76.425	− 12.386	0.000	2.007	0.000	9.522
S_{3c}	3	30.380	− 15.590	0.000	8.000	0.000	2.081
S_{4a}	4	82.941	41.430	0.000	20.695	0.000	− 22.470
S_{4b}	5	18.938	18.455	0.000	17.983	0.000	− 14.952
S_{4c}	6	3.026	− 6.624	0.000	14.502	0.000	− 5.243
S_{24}	7	18.634	7.106	0.000	2.709	0.000	5.139
S_{25}	8	10.795	4.127	0.000	1.577	0.000	3.926
S_{26}	9	7.953	3.033	0.000	1.157	0.000	3.291
S_{27}	10	57.583	3.728	0.000	0.241	0.000	− 6.700
S_{28}	11	39.637	2.568	0.000	0.166	0.000	− 5.427
S_{29}	12	29.021	1.867	0.000	0.120	0.000	− 4.527
S_{9a}	13	2.178	− 1.137	0.000	0.593	0.000	− 0.787
S_{9b}	14	10.294	− 7.751	0.000	5.836	0.000	0.546
S_{10a}	15	0.381	− 0.186	0.000	0.090	0.000	− 0.551
S_{10b}	16	15.489	− 12.092	0.000	9.440	0.000	0.782
S_{14a}	17	5.317	− 2.869	0.000	1.548	0.000	− 1.024
S_{14b}	18	5.965	2.369	0.000	0.940	0.000	− 7.036
S_{7a}	19	6.343	4.164	0.000	2.733	0.000	− 7.791
S_{7b}	20	3.064	− 5.255	0.000	9.012	0.000	− 5.624
S_{8a}	21	28.433	− 14.650	0.000	7.548	0.000	− 3.330
S_{8b}	22	6.495	− 3.296	0.000	1.672	0.000	− 1.170
S_{5a}	23	0.211	− 0.359	0.000	0.611	0.000	− 1.543
S_{5b}	24	0.211	− 0.359	0.000	0.611	0.000	− 1.543
S_6	25	7.779	− 4.056	0.000	2.115	0.000	0.893
S_{11}	26	41.917	− 34.168	0.000	27.852	0.000	− 0.996
S_{12}	27	26.587	− 21.688	0.000	17.692	0.000	0.943
S_{13}	28	225.529	− 183.931	0.000	150.006	0.000	− 2.234
S_{40}	29	110.820	− 56.098	0.000	28.397	0.000	− 1.529
S_{41}	30	0.085	1.335	0.000	20.880	0.000	4.474
S_{42}	31	1.686	− 1.457	0.000	1.260	0.000	0.436
S'_{42}	32	0.000	0.000	0.000	0.000	0.000	0.000
S_{43}	33	23.527	− 20.336	0.000	17.578	0.000	− 0.869
S_{44}	34	150.284	− 114.698	0.000	87.539	0.000	0.600
S_{45}	35	35.224	− 30.446	0.000	26.317	0.000	1.198
S'_{9a}	36	20.620	− 15.514	0.000	11.673	0.000	− 0.539
S'_{9b}	37	28.899	− 23.045	0.000	18.378	0.000	− 1.873
S'_{10a}	38	7.757	− 6.051	0.000	4.720	0.000	− 0.775
S'_{10b}	39	49.008	− 40.033	0.000	32.701	0.000	− 2.109
S'_{5a}	40	1.263	− 0.658	0.000	0.343	0.000	0.718
S'_{5b}	41	4.174	− 4.393	0.000	4.623	0.000	2.367
S_{16a}	42	60.148	55.670	− 1410.794	51.525	− 1305.751	15.190
S_{16b}	43	37.630	34.859	− 573.829	32.292	− 531.574	− 0.488
S_{16c}	44	12.750	11.835	23.197	10.985	21.532	− 14.584
S_{16d}	45	5.047	4.682	134.909	4.344	125.163	− 22.276
S_{31}	46	9.167	8.470	− 392.335	7.826	− 362.514	11.455
S_{32}	47	10.491	9.682	− 448.419	8.936	− 413.842	11.273
S_{33}	48	7.266	6.721	− 310.870	6.217	− 287.577	9.434
S_{34}	49	6.153	5.700	− 263.830	5.280	− 244.381	8.506
S_{15a}	50	85.693	34.683	− 2399.563	14.037	− 971.201	− 39.562
S_{15b}	51	32.783	11.866	− 1172.311	4.295	− 424.328	− 35.974
S_{15c}	52	6.891	1.472	− 412.585	0.314	− 88.137	− 32.983
S_{15d}	53	0.015	0.096	14.456	0.583	87.669	− 30.241
S_{15e}	54	1.464	1.441	129.811	1.417	127.691	− 25.667
S_{35}	55	36.386	17.503	− 560.695	8.420	− 269.722	− 2.776
S_{36}	56	28.412	13.657	− 441.323	6.564	− 212.131	− 2.483
S_{37}	57	27.328	13.115	− 421.130	6.294	− 202.113	− 2.325
S_{38}	58	24.149	11.595	− 371.832	5.567	− 178.535	− 2.138
S_{39}	59	2.268	2.144	34.121	2.026	32.252	− 4.501
S_{50}	60	0.858	0.785	17.210	0.719	15.751	− 6.292
S_{64}	61	0.363	0.333	7.414	0.305	6.801	− 4.777
S_{65}	62	1.687	1.543	33.809	1.411	30.915	7.886
U	63	0.482	0.419	46.871	0.364	40.738	− 11.996
总　合		1719.814	− 305.589	− 8737.720	741.809	− 5003.296	

行标注（左侧竖排）：上曲臂　上横担　下曲臂　瓶口

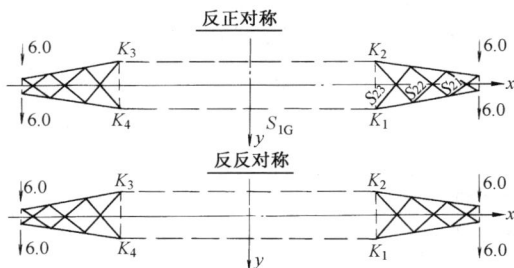

图 6-9-32 断线张力在下横担的对称分解

下横担杆件内力计算见表6-9-20。在反正对称分量作用下,下横担杆件内力计算与此相同,只需按对称关系重行组合。下横担的力臂图见图6-9-33。

表6-9-20 在反正对称荷载作用下横担杆件内力计算

杆 件		杆件内力的算式	计算结果
下横担下平面	S_{1a}	$-6.0 \times 2.191/2 \times 0.551$	-11.929
	S_{21}	$-6.0 \times 1.222/8.842$	-8.708
	S_{22}	$-6.0 \times 1.222/1.558$	-4.706
	S_{23}	$-6.0 \times 1.222/2.587$	-2.834

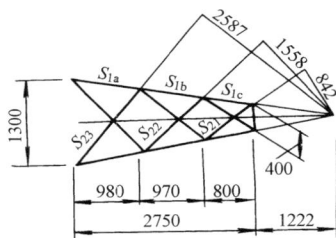

图 6-9-33 下横担力臂图

5. 边线断线张力作用下头部杆件内力综合

前已算得头部杆件在垂直荷载作用下杆件内力 N'_1(见表6-9-5)、在反正对称荷载作用下的内力 N'_2(见表6-9-8)和在反反对称荷载作用下的内力 N'_3(见表6-9-19),可按下式叠加出头部杆件在断线张力作用下的内力(见图6-9-34)为

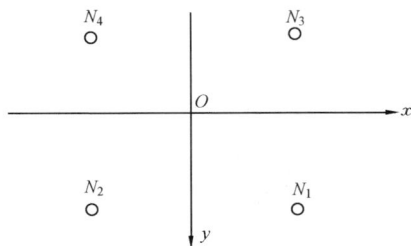

图 6-9-34 对称杆件的受力

$$\begin{bmatrix} N_1 \\ N_2 \\ N_3 \\ N_4 \end{bmatrix} = \begin{bmatrix} 1 & 1 & 1 \\ 1 & 1 & -1 \\ 1 & -1 & -1 \\ 1 & -1 & 1 \end{bmatrix} \times \begin{bmatrix} N'_1 \\ N'_2 \\ N'_3 \end{bmatrix}$$

式中 N_1——头部右侧正面杆件的内力,kN;

N_2——头部左侧正面杆件的内力,kN;

N_3——头部右侧背面杆件的内力,kN;

N_4——头部左侧背面杆件的内力,kN。

在边导线断线张力作用下塔头杆件内力综合结果见表6-9-21。

(四)中导线断线张力作用下塔头内力分析

中导线断线张力是反正对称荷载,故计算中大部分数据可利用断边导线时反正对称荷载作用下的计算成果。本情况下出现在 K 节点的反力有 $R_y = 24/4 = 6$kN,$R_z = 24 \times 4/2 \times 1.3 = 36.923$kN 及超静定分量 m。同时要考虑上、下曲臂的内、外侧面间相互作用的超静定分量 x;上横担中部截面处有一个左右两部分相互作用的扭矩。

1. 在断线张力 T 作用下,上横担中部截面超静定分量 y 的计算及杆件内力计算

截开横担中部截面并拆除吊杆 S_0,设 S_0 受力后在纵向的分量为 y,则其在垂直方向的分量为 $y\tan\theta$(见图6-9-35)。由于外荷呈反正对称关系,y 及 $y\tan\theta$ 也必呈反正对称关系。设 $y = 1.0$,则上横担各面斜材均要受力,且它们在横担主材方向的分力如图6-9-35所示,据反反对称计算中 $a_0 = 1.0$ 的计算结果知:$P_a = 1.536$,$P'_a = 0.95$,$P_c = 0.456$,$P_d = 0.601$;则横担各杆件受力如表6-9-22第5栏所示。在荷载 T 作用下首先假定张力 T 完全由下平面承担,内力计算见表6-9-22第6栏,根据上横担左右两半在中部截面的相对转角为零的条件,求解得

$$y = -\Sigma \frac{\overline{N_y}\,\overline{N_t}}{A}l \Big/ \Sigma \frac{\overline{N_y}\,\overline{N_y}}{A}l$$
$$= -(-29867.514)/14057.547$$
$$= 2.125$$

则考虑 y 值后,上横担在 T 作用下的受力为

$$N_t = \overline{N_t} + y\,\overline{N_y}$$

计算结果见表6-9-22第9栏。

2. 上下曲臂在断线张力 T 作用下的受力计算

首先任意假定 T 全部由上、下曲臂的外侧面承受(见图6-9-36),其各杆件的受力计算见表6-9-22第6栏。

3. 考虑 m 后塔头杆件受力的综合

塔头杆件在 $m = 1.0$ 并考虑 x 后的受力 $\overline{N_m}$ 可由表6-9-6第8栏和6-9-17第7栏取得,在荷载 T 作用下的内力 N_t,则可由表6-9-22第9栏取得,超静定反

力 m 根据第五节所述由下式解得：

$$m = - \Sigma \frac{\overline{N}_m N_t}{A} l \Big/ \Sigma \frac{\overline{N}_m \overline{N}_m}{A} l$$

各杆件实际受力 $N'_2 = N_t + m \overline{N}_m$

计算结果见表 6-9-22。

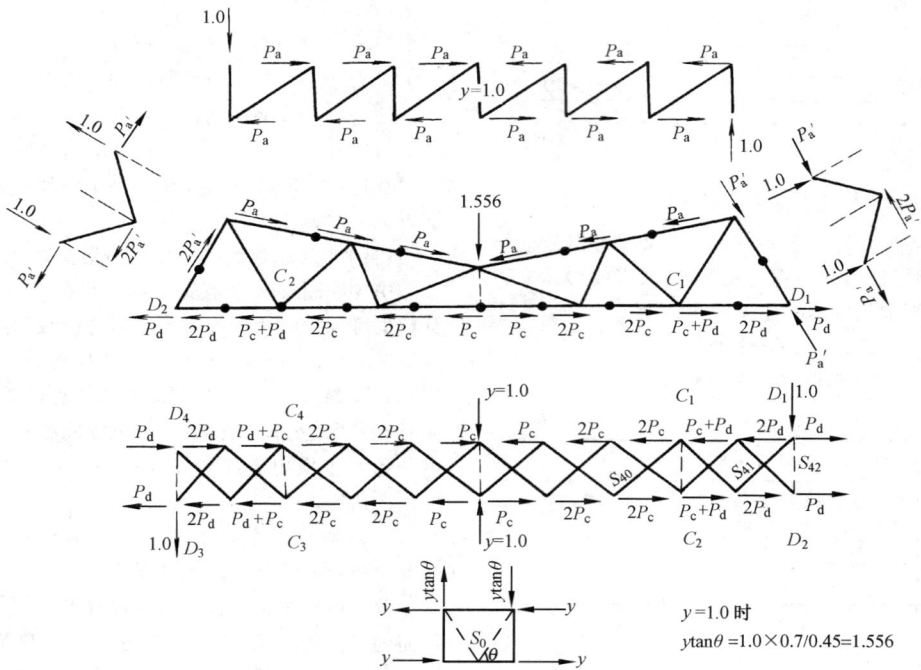

图 6-9-35 $y = 1.0$ 时上横担各面受力

$y = 1.0$ 时
$y\tan\theta = 1.0 \times 0.7 / 0.45 = 1.556$

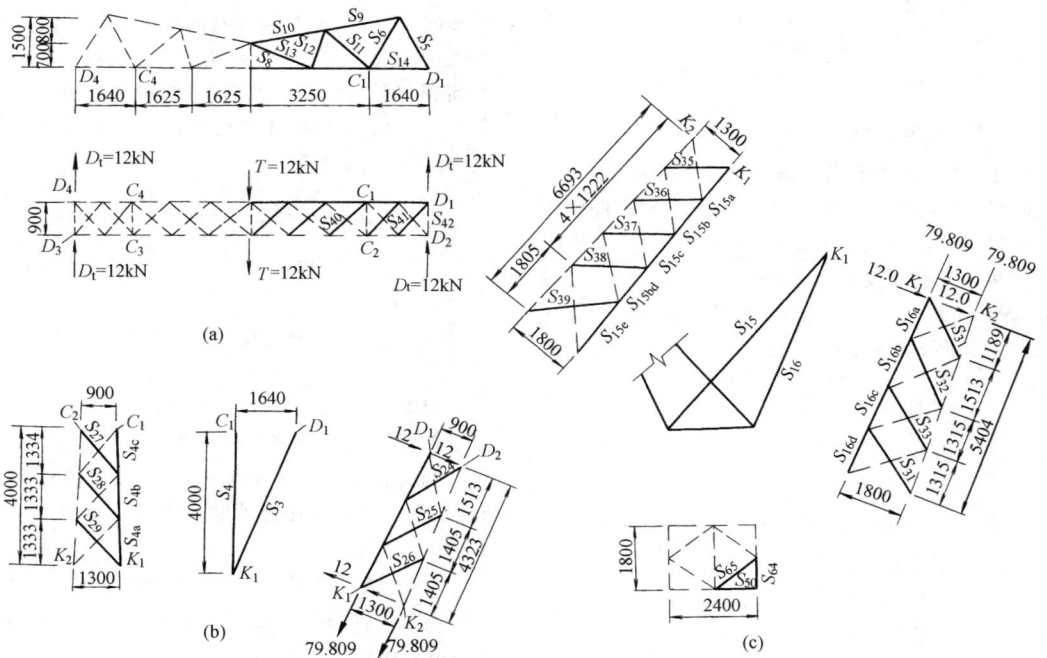

图 6-9-36   中导线断线张力作用下塔头杆件受力
（a）上横担；（b）上曲臂；（c）下曲臂及瓶口

表 6-9-21 边导线断线张力作用下塔头杆件内力综合(kN)

杆 件			各种对称荷载下杆件内力			对称杆件总的受力			
			正正对称荷载 N'_1	反正对称荷载 N'_2	反反对称荷载 N'_3	右前杆件 N_1	左前杆件 N_2	右后杆件 N_3	左后杆件 N_4
0			1	2	3	4	5	6	7
上曲臂	S_{3a}	1	− 0.134	23.898	15.068	38.832	8.695	− 39.100	− 8.963
	S_{3b}	2	− 0.134	15.216	9.522	24.604	5.559	− 24.872	− 5.827
	S_{3c}	3	− 0.134	3.578	2.081	5.525	1.362	− 5.793	− 1.630
	S_{4a}	4	− 13.275	− 22.025	− 22.470	− 57.770	− 12.829	31.220	− 13.720
	S_{4b}	5	− 13.275	− 13.711	− 14.952	− 41.938	− 12.033	15.388	− 14.516
	S_{4c}	6	− 13.275	− 3.052	− 5.243	− 21.570	− 11.083	− 4.979	− 15.466
	S_{24}	7	0.000	8.040	5.139	13.179	2.900	− 13.179	− 2.900
	S_{25}	8	0.000	6.145	3.926	10.071	2.218	− 10.071	− 2.218
	S_{26}	9	0.000	5.146	3.291	8.437	1.854	− 8.437	− 1.854
	S_{27}	10	0.000	− 7.408	− 6.700	− 14.108	− 0.707	14.108	0.707
	S_{28}	11	0.000	− 5.988	− 5.427	− 11.415	− 0.560	11.415	0.560
	S_{29}	12	0.000	− 5.009	− 4.527	− 9.536	− 0.481	9.536	0.481
上横担	S_{9a}	13	1.748	− 3.694	− 0.787	− 2.733			4.654
	S_{9b}	14	1.748	− 3.694	0.546	− 1.399			5.988
	S_{10a}	15	− 3.309	− 4.851	− 0.551	− 8.711			0.990
	S_{10b}	16	− 3.309	− 4.851	0.782	− 7.377			2.324
	S_{14a}	17	0.118	− 1.273	− 1.024	− 2.179	− 0.130	2.415	0.366
	S_{14b}	18	0.118	− 9.481	− 7.036	− 16.399	− 2.326	16.635	2.562
	S_{7a}	19	6.516	− 10.776	− 7.791	− 12.051	3.531	25.083	9.500
	S_{7b}	20	6.516	− 10.776	− 5.624	− 9.884	1.364	22.916	11.667
	S_{8a}	21	17.835	− 8.261	− 3.330	6.243	12.904	29.426	22.765
	S_{8b}	22	17.835	− 8.261	− 1.170	8.403	10.744	27.266	24.925
	S_{5a}	23	− 0.141	− 3.367	− 1.543	− 5.051			1.682
	S_{5b}	24	− 0.141	− 3.367	− 1.543	− 5.051			1.682
	S_6	25	− 3.719	4.178	0.893	1.352	− 0.434	− 8.790	− 7.003
	S_{11}	26	− 4.637	− 1.052	− 0.996	− 6.685	− 4.692	2.588	− 4.581
	S_{12}	27	4.362	− 0.989	0.943	6.294	4.407	2.429	4.316
	S_{13}	28	− 10.352	− 2.368	− 2.234	− 14.954	− 10.485	− 5.749	− 10.218
	S_{40}	29	0.000	0.000	− 1.529	− 1.529	1.529	1.529	− 1.529
	S_{41}	30	0.000	6.082	4.474	10.556	1.607	− 10.556	− 1.607
	S_{42}	31	0.000	0.000	0.436	0.436	− 0.436		
	S'_{42}	32	0.000	0.000	0.000	0.000	0.000	0.000	0.000
	S_{43}	33	0.000	0.000	− 0.869	− 0.869	0.869	0.869	− 0.869
	S_{44}	34	0.000	0.000	0.600	0.600	− 0.600	− 0.600	0.600
	S_{45}	35	0.000	0.000	1.198	1.198	− 1.198	− 1.198	1.198

续表

杆 件			各种对称荷载下杆件内力			对称杆件总的受力			
			正正对称荷载 N'_1	反正对称荷载 N'_2	反反对称荷载 N'_3	右前杆件 N_1	左前杆件 N_2	右后杆件 N_3	左后杆件 N_4
	0		1	2	3	4	5	6	7
上横担	S'_{9a}	36	1.748	-3.694	-0.539		-1.406	5.981	
	S'_{9b}	37	1.748	-3.694	-1.873		-0.072	7.315	
	S'_{10a}	38	-3.309	-4.851	-0.775		-7.384	2.317	
	S'_{10b}	39	-3.309	-4.851	-2.109		-6.050	3.651	
	S'_{5a}	40	-0.141	-3.367	0.718		-4.226	2.507	
	S'_{5b}	41	-0.141	-3.367	2.367		-5.875	0.858	
下曲臂	S_{16a}	42	-16.057	24.904	15.190	24.037	-6.343	-56.151	-25.770
	S_{16b}	43	-16.057	7.087	-0.488	-9.458	-8.481	-22.655	-23.632
	S_{16c}	44	-16.057	-9.025	-14.584	-39.666	-10.497	7.552	-21.616
	S_{16d}	45	-16.057	-17.935	-22.276	-56.268	-11.715	24.154	-20.398
	S_{31}	46	0.000	13.031	11.455	24.486	1.575	-24.486	-1.575
	S_{32}	47	0.000	12.831	11.273	24.104	1.557	-24.104	-1.557
	S_{33}	48	0.000	10.736	9.434	20.170	1.301	-20.170	-1.301
	S_{34}	49	0.000	9.677	8.506	18.183	1.170	-18.183	-1.170
	S_{15a}	50	1.950	-37.807	-39.562	-75.419	3.705	79.319	0.194
	S_{15b}	51	1.950	-30.858	-35.974	-64.882	7.066	68.782	-3.166
	S_{15c}	52	1.950	-24.775	-32.983	-55.808	10.158	59.708	-6.258
	S_{15d}	53	1.950	-19.358	-30.241	-47.649	12.833	51.549	-8.933
	S_{15e}	54	1.950	-13.519	-25.667	-37.236	14.098	41.136	-10.198
	S_{35}	55	0.000	-5.482	-2.776	-8.258	-2.705	8.258	2.705
	S_{36}	56	0.000	-4.794	-2.483	-7.277	-2.310	7.277	2.310
	S_{37}	57	0.000	-4.569	-2.325	-6.894	-2.243	6.894	2.243
	S_{38}	58	0.000	-4.213	-2.138	-6.351	-2.074	6.351	2.074
	S_{39}	59	0.000	-4.549	-4.501	-9.050	-0.047	9.050	0.047
瓶口	S_{50}	60	4.794	-3.731	-6.292	-5.229	7.355	14.817	2.232
	S_{64}	61	0.000	0.000	-4.777	-4.777	4.777	4.777	-4.777
	S_{65}	62	0.000	0.000	7.886	7.886	-7.886	-7.886	7.886
塔身	U	63	0.000	0.000	-11.996	-11.996	11.996	11.996	-11.996
下横担	S_{1a}	64	-4.805	-11.929	-11.929	-28.663	-4.805	19.053	-4.805
	S_{21}	65	0.000	-8.708	-8.708	-17.416	0.000	17.416	0.000
	S_{22}	66	0.000	-4.706	-4.706	-9.412	0.000	9.412	0.000
	S_{23}	67	0.000	-2.834	-2.834	-5.668	0.000	5.668	0.000
	S_2	68	8.385	0.000	0.000	8.385	8.385	8.385	8.385

表 6-9-22

上横担在 y=1.0 及 T=24kN 作用下杆件受力计算

杆件		A (cm²)	l (cm)	全塔杆件 数量	全塔杆件 折合到 1/4	y=1.0 作用下杆件内力 $\bar{N}_y$		T=24kN 作用下杆件内力 $\bar{N}_t$		$\dfrac{\bar{N}_y\bar{N}_y l}{A}$	$\dfrac{\bar{N}_y\bar{N}_t l}{A}$	杆件实际受力 $\bar{N}_t$
0		1	2	3	4	5		6		7	8	9
上曲臂	S_{3a}	6.10	140.6	4	1.0			24×0.701/2×0.481	17.489			17.489
	S_{3b}	6.10	140.6	4	1.0			24×2.174/2×0.549	47.519			47.519
	S_{3c}	6.10	151.4	4	1.0			24×3.583/2×0.615	69.912			69.912
	S_{4a}	6.10	133.4	4	1.0				0			0
	S_{4b}	6.10	133.4	4	1.0				0			0
	S_{4c}	6.10	133.5	4	1.0				0			0
	S_{24}	2.35	179.7	4	1.0			24×9.726/2×5.628	20.738			20.738
	S_{25}	2.35	178.7	4	1.0			24×9.726/2×7.357	15.864			15.864
	S_{26}	2.35	187.0	4	1.0			24×9.726/2×8.787	13.282			13.282
	S_{27}	2.35	164.7	4	1.0				0			0
	S_{28}	2.35	172.8	4	1.0				0			0
	S_{29}	2.35	181.6	4	1.0				0			0
上横担	S_{9a}	6.10	138.2	2	0.5	−2×0.95×1.439/1.313	−2.082		0	49.103	0	−1.424
	S_{9b}	6.10	69.1	2	0.5	−2.082−1.536	−3.618		0	74.14	0	−7.688
	S_{10a}	6.10	69.1	2	0.5	−2×0.95×2.865/1.0−1.536	−6.980		0	275.949	0	−14.833
	S_{10b}	6.10	138.2	2	0.5	−6.98−1.536	−8.516		0	821.523	0	−18.097
	S_{14a}	6.10	82.0	4	1.0		0.601	−12×0.41/0.9	−5.467	4.855	−44.168	−4.19
	S_{14b}	6.10	82.0	4	1.0	0.601×3	1.803	−12×0.41×3/0.9	−16.4	43.699	−397.488	−12.569
	S_{7a}	6.10	108.3	4	1.0	2×0.95×1.975/1.1+4×0.601+0.456	6.271	−12×(1.64+0.542)/0.9	−29.093	698.188	−3239.097	−15.767
	S_{7b}	6.10	54.2	4	1.0	6.271+2×0.456	7.183	−12×(1.64+1.625)/0.9	−43.533	458.439	−2778.395	−28.269
	S_{8a}	6.10	54.2	4	1.0	2×0.95×3.95/0.7+4×0.601+3×0.456	14.493	−12×(1.64+1.625)/0.9	−43.533	1866.32	−5605.913	−12.735
	S_{8b}	6.10	108.3	4	1.0	14.493+0.456×2	15.405	−12×(1.64+2.708)/0.9	−57.973	4213.297	−15855.725	−25.237
	S_{5a}	5.40	85.5	2	0.5		−0.95		0	7.145	0	−2.019
	S_{5b}	5.40	85.5	2	0.5		−0.95		0	7.145	0	−2.019
	S_6	5.40	171.0	4	1.0	2×0.95×7.413/5.98	2.355		0	175.624	0	5.004
	S_{11}	3.90	163.9	4	1.0	−2×0.95×7.413/4.572	−3.081		0	398.931	0	−6.547
	S_{12}	3.90	117.4	4	1.0	2×0.95×7.413/4.86	2.898		0	252.813	0	6.158
	S_{13}	3.90	176.9	4	1.0	−2×0.95×7.413/2.048	−6.877		0	2145.168	0	−14.614
	S_{40}	2.35	140.8	12	3.0	−0.5×1.408/0.9	−0.782	12/2×1.408/0.9	9.387	109.918	−1319.440	7.725
	S_{41}	2.35	121.8	8	2.0	−0.5×1.218/0.9	−0.677	12/2×1.218/0.9	8.12	47.510	−569.842	6.681
	S_{42}	2.35	90.0	2	0.5		−0.5	12/2	6.0	4.787	−57.446	4.938

续表

杆件	A (cm²)	l (cm)	全塔杆件 数量	折合到1/4	y=1.0作用下杆件内力 $\bar{N}_y$		T=24kN作用下杆件内力 $\bar{N}_t$		$\dfrac{\bar{N}_y \bar{N}_y l}{A}$	$\dfrac{\bar{N}_y \bar{N}_t l}{A}$	杆件实际 受力 $\bar{N}_t$
0	1	2	3	4	5		6		7	8	9
S'_{42}	2.35	90.0	3	0.75		0		0	0	0	0
S_{43}	2.35	90.0	7	1.75		−1.0		0	67.021	0	−2.125
S_{44}	2.35	164.9	6	1.5	−1.0×1.649/0.9	−1.832		0	353.260	0	−3.893
S_{45}	2.35	124.1	4	1.0	−1.0×1.241/0.9	−1.379		0	100.423	0	−2.930
S'_{9a}	6.10	138.2	2	0.5	−0.95×2×1.439/1.313−1.536	−3.618		0	148.281	0	−7.688
S'_{9b}	6.10	69.1	2	0.5	−3.618−1.536	−5.154		0	150.455	0	−10.952
S'_{10a}	6.10	69.1	2	0.5	−0.95×2×2.865/1.0−1.536×2	−8.516		0	410.376	0	−18.097
S'_{10b}	6.10	138.2	2	0.5	−8.516−1.536	−10.052		0	1144.598	0	−21.361
S_{5a}	5.40	85.5	2	0.5	−0.95×2	−1.90		0	28.579	0	−4.038
S_{5b}	5.40	85.5	2	0.5		0		0	0	0	0
S_{16a}	7.40	119.0	4	1.0			(79.809×1.3+24×0.57)/2×0.675	86.986			86.986
S_{16b}	7.40	151.0	4	1.0			(79.809×1.3+24×1.909)/2×0.737	101.471			101.471
S_{16c}	7.40	135.0	4	1.0			(79.809×1.3+24×3.351)/2×0.804	114.537			114.537
S_{16d}	7.40	135.0	4	1.0			(79.809×1.3+24×4.668)/2×0.866	124.586			124.586
S_{31}	3.48	180.0	4	1.0			(24×14.05−79.809×1.3)/2×10.989	10.622			10.622
S_{32}	3.48	212.0	4	1.0			(24×14.05−79.809×1.3)/2×11.16	10.459			10.459
S_{33}	3.48	210.0	4	1.0			(24×14.05−79.809×1.3)/2×13.338	8.751			8.751
S_{34}	3.48	220.0	4	1.0			(24×14.05−79.809×1.3)/2×14.805	7.884			7.884
S_{15a}	7.40	122.2	4	1.0				0			0
S_{15b}	7.40	122.2	4	1.0				0			0
S_{15c}	7.40	122.2	4	1.0				0			0
S_{15d}	7.40	122.2	4	1.0				0			0
S_{15e}	7.40	180.6	4	1.0				0			0
S_{35}	2.35	181.7	4	1.0				0			0
S_{36}	2.35	188.6	4	1.0				0			0
S_{37}	2.35	195.6	4	1.0				0			0
S_{38}	2.35	202.8	4	1.0				0			0
S_{39}	2.35	250.1	4	1.0				0			0
S_{50}	4.38	120.0	4	1.0				0			0
S_{64}	4.38	90.0	4	1.0				0			0
S_{65}	4.38	150.0	4	1.0				0			0
								Σ =	14057.547	−29867.514	

（杆件分组：上横担；下曲臂）

注　上曲臂、下曲臂不参加超静定分量 y 的计算。

表 6-9-23 断中线时杆件内力计算

杆 件			A (cm²)	l (cm)	全塔杆件		$m=1.0$ 考虑 x 后杆件受力 $\overline{N}_m$	$T=24$kN 考虑 y 后杆件受力 N_t	$\dfrac{\overline{N}_m \overline{N}_m}{A} lK$	$\dfrac{\overline{N}_m \overline{N}_t}{A} lK$	杆件实际受力 $N'_2 = N_t + m\overline{N}_m$
					数量	折合到 1/4					
0			1	2	3	4	5	6	7	8	9
上曲臂	S_{3a}	1	6.10	140.60	4	1.00	2.271	17.489	118.874	915.456	15.999
	S_{3b}	2	6.10	140.60	4	1.00	1.446	47.519	48.193	1583.766	46.570
	S_{3c}	3	6.10	151.40	4	1.00	0.340	69.912	2.869	589.965	69.689
	S_{4a}	4	6.10	133.40	4	1.00	−2.093	0.000	95.799	0.000	1.372
	S_{4b}	5	6.10	133.40	4	1.00	−1.303	0.000	37.129	0.000	0.854
	S_{4c}	6	6.10	133.50	4	1.00	−0.290	0.000	1.840	0.000	0.190
	S_{24}	7	2.35	179.70	4	1.00	0.764	20.738	44.634	1211.547	20.236
	S_{25}	8	2.35	178.70	4	1.00	0.584	15.864	25.934	704.502	15.481
	S_{26}	9	2.35	187.00	4	1.00	0.489	13.282	19.027	516.828	12.961
	S_{27}	10	2.35	164.70	4	1.00	−0.704	0.000	34.735	0.000	0.461
	S_{28}	11	2.35	172.80	4	1.00	−0.570	0.000	23.890	0.000	0.373
	S_{29}	12	2.35	181.60	4	1.00	−0.476	0.000	17.509	0.000	0.312
上横担	S_{9a}	13	6.10	138.20	2	0.50	−0.351	0.000	1.395	0.000	0.230
	S_{9b}	14	6.10	69.10	2	0.50	−0.351	0.000	0.697	0.000	0.230
	S_{10a}	15	6.10	69.10	2	0.50	−0.461	0.000	1.203	0.000	0.302
	S_{10b}	16	6.10	138.20	2	0.50	−0.461	0.000	2.407	0.000	0.302
	S_{14a}	17	6.10	82.00	4	1.00	−0.121	−5.467	0.196	8.892	−5.387
	S_{14b}	18	6.10	82.00	4	1.00	−0.901	−16.400	10.912	198.633	−15.809
	S_{7a}	19	6.10	108.30	4	1.00	−1.024	−29.093	18.616	528.916	−28.421
	S_{7b}	20	6.10	54.20	4	1.00	−1.024	−43.533	9.316	396.084	−42.861
	S_{8a}	21	6.10	54.20	4	1.00	−0.785	−43.533	5.475	303.639	−43.018
	S_{8b}	22	6.10	108.30	4	1.00	−0.785	−57.973	10.940	807.967	−57.458
	S_{5a}	23	5.40	85.50	2	0.50	−0.320	0.000	0.810	0.000	0.209
	S_{5b}	24	5.40	85.50	2	0.50	−0.320	0.000	0.810	0.000	0.209
	S_6	25	5.40	171.00	4	1.00	0.397	0.000	4.990	0.000	−0.260
	S_{11}	26	3.90	163.90	4	1.00	−0.100	0.000	0.420	0.000	0.065
	S_{12}	27	3.90	117.40	4	1.00	0.094	0.000	0.265	0.000	−0.061
	S_{13}	28	3.90	176.90	4	1.00	−0.225	0.000	2.296	0.000	0.147
	S_{40}	29	2.35	140.80	12	3.00	0.000	9.387	0.000	0.000	9.387
	S_{41}	30	2.35	121.80	8	2.00	0.578	8.120	34.631	486.511	7.740
	S_{42}	31	2.35	90.00	2	0.50	0.000	6.000	0.000	0.000	6.000
	S'_{42}	32	2.35	90.00	3	0.75	0.000	0.000	0.000	0.000	0.000
	S_{43}	33	2.35	90.00	7	1.75	0.000	0.000	0.000	0.000	0.000
	S_{44}	34	2.35	164.90	6	1.50	0.000	0.000	0.000	0.000	0.000
	S_{45}	35	2.35	124.10	4	1.00	0.000	0.000	0.000	0.000	0.000

续表

杆　件		A (cm^2)	l (cm)	全塔杆件		$m=1.0$考虑 x后杆件受力 $\overline{N}_m$	$T=24kN$考虑 y后杆件受力 N_t	$\dfrac{\overline{N}_m \overline{N}_m}{A} lK$	$\dfrac{\overline{N}_m \overline{N}_t}{A} lK$	杆件实际受力 $\overline{N'}_2 = N_t + m\overline{N}_m$
				数量	折合到1/4					
0		1	2	3	4	5	6	7	8	9
上横担	S'_{9a}　36	6.10	138.20	2	0.50	−0.351	0.000	1.395	0.000	0.230
	S'_{9b}　37	6.10	69.10	2	0.50	−0.351	0.000	0.697	0.000	0.230
	S'_{10a}　38	6.10	69.10	2	0.50	−0.461	0.000	1.203	0.000	0.302
	S'_{10b}　39	6.10	138.20	2	0.50	−0.461	0.000	2.407	0.000	0.302
	S'_{5a}　40	5.40	85.50	2	0.50	−0.320	0.000	0.810	0.000	0.209
	S'_{5b}　41	5.40	85.50	2	0.50	−0.320	0.000	0.810	0.000	0.209
下曲臂	S_{16a}　42	7.40	119.00	4	1.00	−1.906	86.986	58.419	−2666.167	88.235
	S_{16b}　43	7.40	151.00	4	1.00	−1.182	101.471	28.508	−2447.398	102.246
	S_{16c}　44	7.40	135.00	4	1.00	−0.527	114.537	5.066	−1101.180	114.882
	S_{16d}　45	7.40	135.00	4	1.00	−0.147	124.586	0.394	−334.109	124.682
	S_{31}　46	3.48	180.00	4	1.00	−0.529	10.622	14.474	−290.639	10.968
	S_{32}　47	3.48	212.00	4	1.00	−0.521	10.459	16.536	−331.959	10.800
	S_{33}　48	3.48	210.00	4	1.00	−0.436	8.751	11.471	−230.241	9.036
	S_{34}　49	3.48	220.00	4	1.00	−0.393	7.884	9.764	−195.876	8.141
	S_{15a}　50	7.40	122.20	4	1.00	2.429	0.000	97.430	0.000	−1.592
	S_{15b}　51	7.40	122.20	4	1.00	1.744	0.000	50.226	0.000	−1.143
	S_{15c}　52	7.40	122.20	4	1.00	1.143	0.000	21.574	0.000	−0.749
	S_{15d}　53	7.40	122.20	4	1.00	0.609	0.000	6.124	0.000	−0.399
	S_{15e}　54	7.40	180.60	4	1.00	0.033	0.000	0.026	0.000	−0.021
	S_{35}　55	2.35	181.70	4	1.00	0.541	0.000	22.629	0.000	−0.354
	S_{36}　56	2.35	188.60	4	1.00	0.470	0.000	17.728	0.000	−0.308
	S_{37}　57	2.35	195.60	4	1.00	0.451	0.000	16.929	0.000	−0.295
	S_{38}　58	2.35	202.80	4	1.00	0.416	0.000	14.934	0.000	−0.272
	S_{39}　59	2.35	250.10	4	1.00	0.449	0.000	21.455	0.000	−0.294
瓶口	S_{50}　60	4.38	120.00	4	1.00	0.282	0.000	2.178	0.000	−0.184
	S_{64}　61	4.38	90.00	4	1.00	0.000	0.000	0.000	0.000	0.000
	S_{65}　62	4.38	150.00	4	1.00	0.000	0.000	0.000	0.000	0.000
	总　合							999.028	655.138	

$$m = -0.655$$

4. 中导线断线张力作用下杆件受力综合

塔头杆件在垂直荷载作用下的受力 N'_1 见表6-9-5第5栏,则塔头各对称杆件的受力可按下式计算。

$$\begin{bmatrix} N_1 \\ N_2 \\ N_3 \\ N_4 \end{bmatrix} = \begin{bmatrix} 1 & 1 \\ 1 & 1 \\ 1 & -1 \\ 1 & -1 \end{bmatrix} \times \begin{bmatrix} N'_1 \\ N'_2 \end{bmatrix}$$

计算结果见表6-9-24,但请注意断线张力是由前面向背面作用的。

(五)在地线张力作用下塔头内力分析

按惯用的近似法计算,假定张力由横担侧面承受,有关杆件受力计算见表6-9-25。其余杆件不受本情况控制,计算从略。

表 6-9-24 　　　　　　　　中导线断线张力作用下杆件受力综合

杆　　　件		各种对称荷载下杆件受力		各对称杆件受力综合			
		正正对称	反正对称	N_1	N_2	N_3	N_4
0		1	2	3	4	5	6
S_{3a}	1	− 0.134	15.999	15.865	15.865	− 16.133	− 16.133
S_{3b}	2	− 0.134	46.570	46.436	46.436	− 46.704	− 46.704
S_{3c}	3	− 0.134	69.689	69.555	69.555	− 69.823	− 69.823
S_{4a}	4	− 13.275	1.372	− 11.902	− 11.902	− 14.647	− 14.647
S_{4b}	5	− 13.275	0.854	− 12.420	− 12.420	− 14.129	− 14.129
S_{4c}	6	− 13.275	0.190	− 13.084	− 13.084	− 13.465	− 13.465
S_{24}	7	0.000	20.236	20.236	20.236	− 20.236	− 20.236
S_{25}	8	0.000	15.481	15.481	15.481	− 15.481	− 15.481
S_{26}	9	0.000	12.961	12.961	12.961	− 12.961	− 12.961
S_{27}	10	0.000	0.461	0.461	0.461	− 0.461	− 0.461
S_{28}	11	0.000	0.373	0.373	0.373	− 0.373	− 0.373
S_{29}	12	0.000	0.312	0.312	0.312	− 0.312	− 0.312
S_{9a}	13	1.748	0.230	1.978	1.978	1.517	1.517
S_{9b}	14	1.748	0.230	1.978	1.978	1.517	1.517
S_{10a}	15	− 3.309	0.302	− 3.006	− 3.006	− 3.611	− 3.611
S_{10b}	16	− 3.309	0.302	− 3.006	− 3.006	− 3.611	− 3.611
S_{14a}	17	0.118	− 5.387	− 5.269	− 5.269	5.505	5.505
S_{14b}	18	0.118	− 15.809	− 15.691	− 15.691	15.927	15.927
S_{7a}	19	6.516	− 28.421	− 21.905	− 21.905	34.937	34.937
S_{7b}	20	6.516	− 42.861	− 36.345	− 36.345	49.377	49.377
S_{8a}	21	17.835	− 42.018	− 25.183	− 25.183	60.853	60.853
S_{8b}	22	17.835	− 57.458	− 39.623	− 39.623	75.293	75.293
S_{5a}	23	− 0.141	0.209	0.068	0.068	− 0.350	− 0.350
S_{5b}	24	− 0.141	0.209	0.068	0.068	− 0.350	− 0.350
S_6	25	− 3.719	− 0.260	− 3.979	− 3.979	− 3.458	− 3.458
S_{11}	26	− 4.637	0.065	− 4.571	− 4.571	− 4.702	− 4.702
S_{12}	27	4.362	− 0.061	4.300	4.300	4.423	4.423
S_{13}	28	− 10.352	0.147	− 10.204	− 10.204	− 10.499	− 10.499
S_{40}	29	0.000	9.387	9.387	9.387	− 9.387	− 9.387
S_{41}	30	0.000	7.740	7.740	7.740	− 7.740	− 7.740
S_{42}	31	0.000	6.000	6.000	6.000	− 6.000	− 6.000
S'_{42}	32	0.000	0.000	0.000	0.000	0.000	0.000
S_{43}	33	0.000	0.000	0.000	0.000	0.000	0.000
S_{44}	34	0.000	0.000	0.000	0.000	0.000	0.000
S_{45}	35	0.000	0.000	0.000	0.000	0.000	0.000
S'_{9a}	36	1.748	0.230	1.978	1.978	1.517	1.517

上曲臂 / 上横担 （杆件分组标注）

杆 件			各种对称荷载下杆件受力		各对称杆件受力综合			
			正正对称	反正对称	N_1	N_2	N_3	N_4
0			1	2	3	4	5	6
上横担	S'_{9b}	37	1.748	0.230	1.978	1.978	1.517	1.517
	S'_{10a}	38	−3.309	0.302	−3.006	−3.006	−3.611	−3.611
	S'_{10b}	39	−3.309	0.302	−3.006	−3.006	−3.611	−3.611
	S'_{5a}	40	−0.141	0.209	0.068	0.068	−0.350	−0.350
	S'_{5b}	41	−0.141	0.209	0.068	0.068	−0.350	−0.350
下曲臂	S_{16a}	42	−16.057	88.235	72.178	72.178	−104.292	−104.292
	S_{16b}	43	−16.057	102.246	86.189	86.189	−118.303	−118.303
	S_{16c}	44	−16.057	114.882	98.825	98.825	−130.939	−130.939
	S_{16d}	45	−16.057	124.682	108.625	108.625	−140.739	−140.739
	S_{31}	46	0.000	10.968	10.968	10.968	−10.968	−10.968
	S_{32}	47	0.000	10.800	10.800	10.800	−10.800	−10.800
	S_{33}	48	0.000	9.036	9.036	9.036	−9.036	−9.036
	S_{34}	49	0.000	8.141	8.141	8.141	−8.141	−8.141
	S_{15a}	50	1.950	−1.592	0.357	0.357	3.542	3.542
	S_{15b}	51	1.950	−1.143	0.806	0.806	3.093	3.093
	S_{15c}	52	1.950	−0.749	1.200	1.200	2.699	2.699
	S_{15d}	53	1.950	−0.399	1.550	1.550	2.349	2.349
	S_{15e}	54	1.950	−0.021	1.928	1.928	1.971	1.971
	S_{35}	55	0.000	−0.354	−0.354	−0.354	0.354	0.354
	S_{36}	56	0.000	−0.308	−0.308	−0.308	0.308	0.308
	S_{37}	57	0.000	−0.295	−0.295	−0.295	0.295	0.295
	S_{38}	58	0.000	−0.272	−0.272	−0.272	0.272	0.272
	S_{39}	59	0.000	−0.294	−0.294	−0.294	0.294	0.294
瓶口	S_{50}	60	4.794	−0.184	4.609	4.609	4.978	4.978
	S_{64}	61	0.000	0.000	0.000	0.000	0.000	0.000
	S_{65}	62	0.000	0.000	0.000	0.000	0.000	0.000

注　1. 下横担杆件仅受垂直荷载作用，受力较小，表中未列。

　　2. 断线张力是由前向后作用的。

表 6-9-25　　　　　　　地线张力作用下杆件内力计算（组合 t）

杆 件	在张力 $T=10\text{kN}$ 作用下杆件内力（kN）		在垂直荷载作用下的内力（kN）	内力综合（kN）	
				前　面	背　面
S_{5a}	$10 \times 0.855/0.9$	9.5	−0.141	9.359	
S_{5b}	$10 \times 0.855/0.9$	9.5	−0.141	9.359	
S''_{5a}	$-10 \times 1.71/0.9$	−19.0	−0.141		−19.141
S''_{5b}	$-10 \times 1.71/0.9$	−19.0	−0.141		−19.141
S_{45}	$\pm 10 \times 1.241/0.9$	±13.79	0	−13.79	13.79

注　在垂直荷载作用下的杆件内力见表 6-9-5 第 5 栏。

（六）塔身杆件内力计算

塔身主材一般都由最大风情况（指直线塔）控制，塔身斜材一般都由断边导线情况控制。塔身主材和斜材的内力计算如下，塔身斜材内力计算见表6-9-26。

表 6-9-26　塔身斜材内力计算（组合六）

杆　件	正 面 斜 材 内力（kN）	
S_{41}	$749.32/2 \times 15.808$	23.7
S_{42}	$749.32/2 \times 17.824$	21.02
S_{43}	$749.32/2 \times 19.837$	18.89
S_{44}	$749.32/2 \times 21.844$	17.15
S_{45}	$749.32/2 \times 19.611$	19.10
S_{46}	$749.32/2 \times 24.191$	15.49
S_{47}	$749.32/2 \times 28.528$	13.13
S_{48}	$749.32/2 \times 36.033$	10.39
S_{49}	$749.32/2 \times 18.20$	20.59

杆　件	侧 面 斜 材 内力（kN）	
S_{51}	$728.676/2 \times 15.913$	22.9
S_{52}	$728.676/2 \times 16.98$	21.46
S_{53}	$728.676/2 \times 16.944$	21.50
S_{54}	$728.676/2 \times 18.95$	19.23
S_{55}	$728.676/2 \times 20.157$	18.08
S_{56}	$728.676/2 \times 21.512$	16.94
S_{57}	$728.676/2 \times 23.207$	15.70
S_{58}	$728.676/2 \times 25.165$	14.48
S_{59}	$728.676/2 \times 28.118$	12.96
S_{60}	$728.676/2 \times 28.780$	12.66
S_{61}	$728.676/2 \times 29.671$	12.28
S_{62}	$728.676/2 \times 36.033$	10.11
S_{63}	$728.676/2 \times 14.58$	24.99

1. 作用在瓶口的荷载

（1）组合一：垂直线路方向最大风

$$\sum P_X = 7.0 \times 3 + 3.35 \times 2 + 0.5 \times 10.5 \times 2 = 38.2 \text{kN}$$

$$\sum P_Y = 0$$

$$\sum M_X = 7.0 \times 2 \times 5 + 7.0 \times 9.0 + \frac{1}{2} \times 0.5 \times 2 \times 10.5^2 = 188.125 \text{kN} \cdot \text{m}$$

$$\sum M_Y = 0$$

$$\sum G = 6.1 \times 2 + 13.8 \times 3 = 53.6 \text{kN}$$

（2）组合八：风向与线路方向成45°夹角

$$\sum P_X = 3.5 \times 3 + 1.68 \times 2 + 0.32 \times 10.5 = 17.22 \text{kN}$$

$$\sum P_Y = 1.05 \times 3 + 0.5 \times 2 + 0.56 \times 10.5 = 10.03 \text{kN}$$

$$\sum M_X = 3.5 \times 2 \times 5 + 3.5 \times 9 + 1.68$$

$$\times 2 \times 10.5 + \frac{1}{2} \times 0.32 \times 10.5^2$$

$$= 119.42 \text{kN} \cdot \text{m}$$

$$\sum M_Y = 1.05 \times 2 \times 5 + 1.05 \times 9 + 0.5$$

$$\times 2 \times 10.5 + \frac{1}{2} \times 0.56 \times 10.5^2$$

$$= 61.32 \text{kN} \cdot \text{m}$$

$$\sum G = 53.6 \text{kN}$$

2. 主材内力

（1）组合一：垂直线路方向最大风

$$U_1 = (38.2 \times 0.881 + \frac{1}{2} \times 0.6 \times 0.881^2 + 188.125)/2$$

$$\times 1.253 + (53.6 + 1 \times 1.85)/4$$

$$= 102.45 \text{kN}$$

$$U_8 = (38.2 \times 6.441 + \frac{1}{2} \times 0.6 \times 6.441^2 + 188.125)/2$$

$$\times 1.609 + (53.6 + 1 \times 7.4)/4$$

$$= 154.04 \text{kN}$$

$$U_{14} = (38.2 \times 12.563 + \frac{1}{2} \times 0.6 \times 12.563^2$$

$$+ 188.125)/2 \times 2.0 + (53.6 + 1 \times 14.3)/4$$

$$= 195.82 \text{kN}$$

$$U_{16} = (38.2 \times 15.734 + \frac{1}{2} \times 0.6 \times 15.734^2$$

$$+ 188.125)/2 \times 2.203 + (53.6 + 1 \times 17.3)/4$$

$$= 213.69 \text{kN}$$

$$U_{17} = (38.2 \times 17.3 + \frac{1}{2} \times 0.6 \times 17.3^2$$

$$+ 188.125)/2 \times 2.308 + (53.6 + 1 \times 21.7)/4$$

$$= 222.2 \text{kN}$$

（2）组合八：风向与线路方向成45°夹角

$$U_1 = (17.22 \times 0.881 + \frac{1}{2} \times 0.55 \times 0.881^2$$

$$+ 119.42)/2 \times 1.253 + (10.03 \times 0.628$$

$$+ \frac{1}{2} \times 0.55 \times 0.628^2 + 61.32)/2 \times 0.929$$

$$+ (53.6 + 1 \times 1.85)/4$$

$$= 104.11 \text{kN}$$

$$U_8 = (17.22 \times 6.441 + \frac{1}{2} \times 0.55 \times 6.441^2 + 119.42)/2$$

$$\times 1.609 + (10.03 \times 7.4 + \frac{1}{2} \times 0.55 \times 7.4^2$$

$$+ 61.32)/2 \times 1.255 + (53.6 + 1 \times 7.4)/4$$

$$= 150.37 \text{kN}$$

$$U_{14} = (17.22 \times 12.563 + \frac{1}{2} \times 0.55 \times 12.563^2$$

$$+ 119.42)/2 \times 2.0 + (10.03 \times 14.3$$

$$+ \frac{1}{2} \times 0.55 \times 14.3^2 + 61.32)/2$$

$$\times 7.585 + (53.6 + 14.3 \times 1.0)/4$$

$$= 194.09 \text{kN}$$

$$U_{16} = (17.22 \times 15.734 + \frac{1}{2} \times 0.55 \times 15.734^2$$

$$+119.42)/2 \times 2.203 + (10.03 \times 16.218$$

$$+\frac{1}{2} \times 0.55 \times 16.218^2 + 61.32)/2$$

$$\times 1.675 + (53.6 + 17.3 \times 1.0)/4$$

$$=210.23 \text{kN}$$

$$U_{17} = (17.22 \times 17.3 + \frac{1}{2} \times 0.55 \times 17.3^2$$

$$+119.42)/2 \times 2.308 + (10.03 \times 17.3$$

$$+\frac{1}{2} \times 0.55 \times 17.3^2 + 61.32)/2$$

$$\times 1.729 + (53.6 + 1.0 \times 21.7)/4$$

$$=218.77 \text{kN}$$

3. 塔身斜材内力计算

（1）边导线断线情况下瓶口扭力计算：

正面　$T_a = 24 \times 6/2 \times 1.8 = 40 \text{kN}$

侧面　$I_b = 24 \times 6/2 \times 2.4 = 30 \text{kN}$

（2）边导线断线情况下塔身斜材内力计算：扭力、张力对主材交点的力矩：

正面　$M_0 = 40 \times 18.733 = 749.32 \text{kN} \cdot \text{m}$

侧面　$M'_0 = 30 \times 18.778 + 2.4/2 \times 13.778$

$$= 728.676 \text{kN} \cdot \text{m}$$

（3）最大风情况塔身斜材内力计算：

对于较高的铁塔，塔身斜材也有可能受最大风荷载控制，实际工程中应予验证，对本塔计算如下：

$$S_{49} = [7.0 \times (13.733 \times 2 + 9.733) + 3.35 \times 2$$

$$\times 8.233 + 0.5 \times 10.5 \times 2 (10.5/2 + 8.233)$$

$$+ 0.6 \times 21.7 (21.7/2 + 18.733)]/2 \times 2$$

$$\times 18.2 = 11.57 \text{kN} < 断边导线情况，其余杆$$

件计算从略。

（七）杆件内力综合及截面选择

根据前述各项计算结果，选取各杆件的最大内力（拉力和压力）及其控制情况，逐根选择杆件截面及连接螺栓。对局部承受弯矩的杆件（如地线、导线挂线角钢）还应根据具体构造验算其强度和稳定性，为减少篇幅本例从略。

第十节　钢管杆设计

一、概　述

近几年来，由于城市建设高速发展，用电负荷迅猛增加，供电网络已不能满足用电发展的需要，势必要新建一批高压进城线路，对原有的城网线路进行增容改造。传统的空间立体桁架式铁塔，占地面积大，它的造型又与现代化城市环境很不协调。采用高压电缆造价昂贵。采用钢筋混凝土电杆，它的纵向、环向裂纹问题，一直未能得到很好的解决。采用拔梢型钢管杆用

环形或多边形截面型式，结构简单，受力清楚，加工制造容易，施工方便，运行安全可靠，维护工作量少。

钢管杆的主柱不像钢筋混凝土杆那样，受钢模长度、直径的限制，可根据结构受力、变形等要求，较随意调整杆段长度、坡度、壁厚等设计参数，使设计更趋于合理化。头部两侧布置成对称（或非对称）型横担根据具体情况横担造型可适当工艺性美化，架上导线、地线，造型美观大方，在解决城市电网建设、节省土地资源的同时，又美化了现代化城市的整体环境。主要缺点是，它比铁塔、钢筋混凝杆的造价高，使用前要综合分析，做好全面的技术经济比较。设计中应认真贯彻执行国家的基本建设方针和技术经济政策，应遵照 DL/T 5092—1999、DL/T 646—1998《输电线路钢管杆制造技术条件》、GB 50061—97、GBJ 17—88、GB 2694—81《输电线路铁塔制造技术条件》以及相关各有关标准和规范。

二、钢管杆设计型式

这里主要介绍拔梢型自立式钢管杆。

1. 按导线排列方式

单回路钢管杆导线为三角形排列，主要有"上字型""克里木型"。

双回路或多回路钢管杆，导线多为左右对称布置，垂直排列，有"鼓型""正伞型""倒伞型"等。

2. 钢管杆的种类

无论单回路、双回路或多回路的钢管杆，按其用途可分为直线杆、转角杆、耐张杆、终端杆、分歧杆、换位杆等。

3. 钢管杆的横担型式

横担由角钢组成的平面桁架，亦称为片横担；也有用钢板焊成工字型或箱型的变截面型式。为了节省材料及充分利用电气间隙，横担设计成弧线或折线型，从顶部至根部为变截面型式，增加了杆型的整体美观性。

三、设计荷载

钢管杆所承受的荷载主要有：水平荷载（它包括横向与纵向的荷载）和垂直荷载。横向荷载是指垂直线路方向，即指沿横担方向的荷载，如直线杆的地线、导线水平风荷载，转角杆的地线、导线的张力产生的水平分力等。纵向荷载是指垂直于横担方向的荷载，如导线、地线的张力在垂直横担或地线横担（地线支架）方向的分力等。垂直荷载是指垂直于地面方向的荷载，如导线、地线的重力等。水平荷载也包括在风作用于钢管杆身、横担等产生的横向或纵向荷载。垂直荷载也应计及杆塔本身的重力。

钢管杆的设计荷载所涉及到的荷载计算、荷载组合的基本原则、基本方法等，应遵照《送电线路杆塔设

计技术规定》,《架空送电线路钢管杆设计技术规定》,有关技术规定均应尽量按照最新版本执行。并参照本手册第六章第二节杆塔设计荷载的有关内容。

1. 导线及地线风荷载的标准值

$$W_0 = V^2/1600 \qquad (6\text{-}10\text{-}1)$$

式中　V——基准高度的风速,m/s;

　　　W_0——基准风压标准值,kN/m^2。

$$W_x = \alpha \cdot W_0 \cdot \mu_z \cdot \mu_{sc} \cdot d \cdot L_p \cdot \sin^2\theta$$

式中　W_x——垂直于地线或导线方向的水平荷载标准值,kN;

　　　α——风压不均匀系数,按表6-10-1取用。

　　　μ_z——风压高度变化系数,按表6-10-2取用。

　　　μ_{sc}——导线、地线的体型系数;线径小于17mm或覆冰时(不论线径大小)取$\mu_{sc}=1.2$;线径大于或等于17mm时,应取$\mu_{sc}=1.1$。

　　　d——导线、地线的外径,或覆冰时的计算外径;分裂导线取所有子导线外径的总和,m。

　　　L_p——杆的水平档距,m。

　　　θ——风向与导线或地线方向之间的夹角,(°)。

表 6-10-1　　风压不均匀系数

基准高度风速 v (m/s)	≤15	20≤v<30	30≤v<35	v≥35
α	1.0	0.85	0.75	0.7

表 6-10-2　　风压高度变化系数 μ_z

离地面高度 (m)	10	15	20	30	40	50	60
μ_z	0.88	1.0	1.10	1.25	1.37	1.47	1.56

注　中间值按插入法计算

2. 杆身风荷载的标准值

杆身风荷载的标准值:

$$W_s = W_0 \cdot \mu_z \cdot \mu_s \cdot \beta_z \cdot D \qquad (6\text{-}10\text{-}2)$$

式中　W_s——作用在杆身上单位高度的风荷载标准

值,kN/m;

　　　μ_s——风载体型系数,按表6-10-3取用;

　　　β_z——杆身风荷载调整系数,按表6-10-4取用;

　　　D——杆身直径的平均值,m。

表 6-10-3　　风载体型系数 μ_s

断面形状	风载体型系数 μ_s
环形及十六边形	0.9
十二边形	1.1
八边形及六边形	1.2
四边形	1.6

注　已包括杆身附件的影响。

表 6-10-4　　杆身风荷载调整系数 β_z

杆全高 (m)	20	30	40	50	60
66kV 及以下	1.0	1.20	1.20	1.20	1.50
110～220kV	1.0	1.25	1.35	1.50	1.60

注　中间高度 β_z 值按插入法计算。

3. 绝缘子串风荷载的标准值

$$W_1 = W_0 \cdot \mu_z \cdot A_1$$

式中　W_1——绝缘子串风荷载标准值,kN;

　　　A_1——绝缘子串承受风压面积计算值,m^2。

四、钢管杆的计算

钢管杆的强度、稳定和连接强度,应按承载能力的极限状态,采用荷载的设计值和材料强度的设计值进行计算;钢管杆的变形,应按正常使用极限状态的要求,采用荷载的标准值和正常使用规定限值进行计算。钢管杆的计算应考虑挠度的二次效应影响,为简化计算,可把计算公式中的弯矩值乘以 1.05～1.10 的增大系数。

1. 钢管杆常用的材料性能

钢管杆常用的材料性能见表6-10-5～表6-10-7。

2. 钢管杆的断面特性

钢管杆的断面性能见表6-10-8～表6-10-9。

表 6-10-5　　钢材(钢板)机械性能、化学成分及弹性模量

标 准 号	牌 号	拉 伸 试 验				180°冷弯试验 d 弯心直径 a 试样厚度 (mm)
		屈服点（N/mm²）		抗拉强度（N/mm²）	伸长率 δ_5 %	
		钢材厚度（mm）				
		≤16	>16～35		不小于	
GB 700—88	Q235	235	225	375～460	26	纵:$d=a$ 横:$d=1.5a$
GB/T 1591—94	Q345	345	325	470～630	21	$d=2a$ 钢材厚度≤16mm
	Q390	390	370	490～650	19	$d=3a$ 钢材厚度 ≤16～100mm

续表

标　准　号	牌　号	化学成分（%）				
		C≤	Mn	Si≤	P≤	S≤
GB 700—88	Q235A	0.14～0.22	0.30～0.65	0.30	0.045	0.05
GB/T 1591～94	Q345A	≤0.2	1.00～1.60	0.55	0.045	0.045
	Q390A	≤0.2	1.00～1.60	0.55	0.045	0.045
钢材弹性模量 E（N/mm²）		$(2.0～2.1)\times10^5$				

表 6-10-6　　　　　　　　钢板、螺栓和锚栓的强度设计值（N/mm²）

材料	类别	钢材厚度或螺栓直径 mm	抗　拉 f	抗压和抗弯 f	抗　切 f_v^b	孔壁承压 * f_c^b
钢材	Q235	≤20	215	215	125	
		≥21～40	200	200	115	370
		≥41～50	190	190	110	
	Q345	≤16	315	315	185	510
		17～25	300	300	175	490
		26～36	290	290	170	470
	Q390	≤16	350	350	205	530
		17～25	335	335	195	510
		26～36	320	320	185	490
镀锌粗制螺栓	4.8 级	标准直径 d≤24	200	—	170	—
	5.8 级	标准直径 d≤24	240	—	210	—
	6.8 级	标准直径 d≤24	300	—	240	—
	8.8 级	标准直径 d≤24	400	—	300	—
锚栓	Q235	外径 d≥16	160	—	—	—
	35 号优质碳素钢	外径 d≥16	160	—	—	—

*　适用于构件上螺栓端距大于等于 1.5d（d 为螺栓直径）。

表 6-10-7　　　　　　　　钢材焊缝的强度设计值（N/mm²）

焊接方法和焊条型号	钢材（钢板）		对接焊缝				角焊缝
	钢号	厚度（mm）	抗压 f_c^W	焊缝质量为下列级别时，抗拉和抗弯 f_t^W		抗剪 f_v^W	抗拉、抗压和抗剪 f_t^W
				一级、二级	三级		
自动焊、半自动焊和 E43 系列焊条的手工焊	Q235	≤20	215	215	185	125	160
		>20～40	200	200	170	115	160
		>40～50	190	190	160	110	160
自动焊、半自动焊和 E50 系列焊条的手工焊	Q345	≤16	315	315	270	185	200
		17～25	300	300	255	175	200
		26～36	290	290	245	170	200
自动焊、半自动焊和 E55 系列焊条的手工焊	Q390	≤16	350	350	300	205	220
		17～25	335	335	285	195	220
		26～36	320	320	270	185	220

注　自动焊和半自动焊所采用的焊丝和焊剂，应保证其熔敷金属抗拉强度不低于相应手工焊焊条的数值。

表 6-10-8 管型杆件断面特性表

截面简图	各种管型的毛断面特性	
环形	$A_{\mathrm{g}} = 3.14D \cdot \delta$ $I_{\mathrm{x}} = I_{\mathrm{y}} = 0.393D^3 \cdot \delta$ $C_{\mathrm{x}} = 0.5(D+\delta)\cos\alpha$ $C_{\mathrm{y}} = 0.5(D+\delta)\sin\alpha$	$r = 0.354D$ $M_{\mathrm{ax}}Q/I_\delta = \dfrac{0.637}{D \cdot \delta}$ $M_{\mathrm{ax}}C/J = \dfrac{0.637(D+\delta)}{D^3 \cdot \delta}$
16 边形	$A_{\mathrm{g}} = 3.19D \cdot \delta$ $I_{\mathrm{x}} = I_{\mathrm{y}} = 0.403D^3 \cdot \delta$ $C_{\mathrm{x}} = 0.510(D+\delta)\cos\alpha$ $C_{\mathrm{y}} = 0.510(D+\delta)\sin\alpha$ $\alpha = 11.25, 33.75, 56.25, 78.75 (°)$	$r = 0.356D$ $M_{\mathrm{ax}}Q/I_\delta = \dfrac{0.634}{D \cdot \delta}$ $M_{\mathrm{ax}}C/J = \dfrac{0.628(D+\delta)}{D^3 \cdot \delta}$ $b = 0.199(D-\delta-2BR)$
12 边形	$A_{\mathrm{g}} = 3.22D \cdot \delta$ $I_{\mathrm{x}} = I_{\mathrm{y}} = 0.411D^3 \cdot \delta$ $C_{\mathrm{x}} = 0.518(D+\delta)\cos\alpha$ $C_{\mathrm{y}} = 0.518(D+\delta)\sin\alpha$ $\alpha = 15, 45, 75 (°)$	$r = 0.358D$ $M_{\mathrm{ax}}Q/I_\delta = \dfrac{0.631}{D \cdot \delta}$ $M_{\mathrm{ax}}C/J = \dfrac{0.622(D+\delta)}{D^3 \cdot \delta}$ $b = 0.268(D-\delta-2BR)$
8 边形	$A_{\mathrm{g}} = 3.32(D+\delta)$ $I_{\mathrm{x}} = I_{\mathrm{y}} = 0.438D^3 \cdot \delta$ $C_{\mathrm{x}} = 0.541(D+\delta)\cos\alpha$ $C_{\mathrm{y}} = 0.541(D+\delta)\sin\alpha$ $\alpha = 22.5, 67.5 (°)$	$r = 0.364D$ $M_{\mathrm{ax}}Q/I_\delta = \dfrac{0.618}{D \cdot \delta}$ $M_{\mathrm{ax}}C/J = \dfrac{0.603(D+\delta)}{D^3 \cdot \delta}$ $b = 0.414(D-\delta-2BR)$
6 边形	$A_{\mathrm{g}} = 3.46D \cdot \delta$ $I_{\mathrm{x}} = I_{\mathrm{y}} = 0.481D^3 \cdot \delta$ $C_{\mathrm{x}} = 0.577(D+\delta)\cos\alpha$ $C_{\mathrm{y}} = 0.577(D+\delta)\sin\alpha$ $\alpha = 30, 90 (°)$	$r = 0.373D$ $M_{\mathrm{ax}}Q/I_\delta = \dfrac{0.606}{D \cdot \delta}$ $M_{\mathrm{ax}}C/J = \dfrac{0.577(D+\delta)}{D^3 \cdot \delta}$ $b = 0.577(D-\delta-2BR)$

截面简图	各种管型的毛断面特性	
4 边形	$A_g = 4.00D \cdot \delta$ $I_x = I_y = 0.666D^3 \cdot \delta$ $C_x = 0.707(D+\delta)\cos\alpha$ $C_y = 0.707(D+\delta)\sin\alpha$ $\alpha = 45(°)$	$r = 0.408D$ $M_{ax}Q/I_\delta = \dfrac{0.563}{D \cdot \delta}$ $M_{ax}C/J = \dfrac{0.500(D+\delta)}{D^3 \cdot \delta}$ $b = (D - \delta - 2BR)$

注   1. 本表摘自 1990 年美国 ASCE NO 72《输电线路钢管杆设计》。

2. 表中对多边形,除了 b 之外,所有特性均假定由尖角断面而得。

3. 表中 b 原文献为 W,为防止与强度计算中的断面系数 W 相混淆,特将符号 W 改为 b。

4. 计算中注意 mm,mm^2,mm^3 的单位。

α—x 轴与多边形的角点之间的夹角,(°)。

D—平均直径(mm),$D = D_0 - \delta$,D_0 对圆环系外直径,对多边形杆件是平行板(边)之间的外边直径,mm。

δ—壁厚,mm。

A_g—毛截面面积,mm^2。

I_x—绕 y 轴毛截面惯性矩,mm^4。

I_y—绕 y 轴毛截面惯性矩,mm^4。

C_x—沿 x 轴至某计算点的距离,mm。

C_y—沿 y 轴至某计算点的距离,mm。

r—回转半径,mm。

$Q/I\delta(\max)$—用于确定最大弯曲应力的一个值,1/mm^2。

$C/J(\max)$—用于确定最大扭矩切应力的一个值,1/mm^3。

b—多边形断面一个边的板宽,mm,见图 6-10-1。

BR—有效的弯曲半径,mm,见图 6-10-1,如果弯曲半径 $<4t$,$BR = $ 实际的半径;如弯曲半径 $>4\delta$,$BR = 4\delta$。

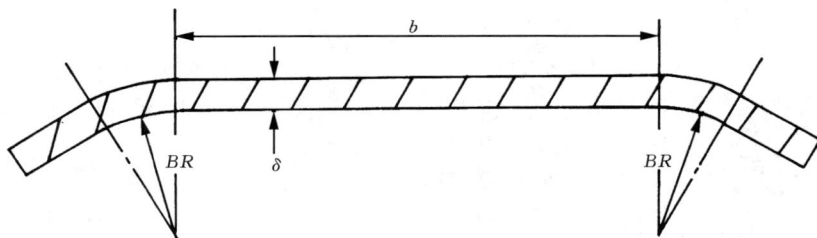

图 6-10-1   多边形断面的展开宽度和有效弯曲半径

表 6-10-9   圆与圆环截面特性表

截面简图	截面积 (A)	图示轴线至边缘距离 (y;x)	对于图示轴线的惯性矩、截面系数及 回转半径(I、W 及 r)
	$\dfrac{\pi d^2}{4} = 0.785d^2$ $\pi R^2 = 3.142R^2$	$y = \dfrac{d}{2} = R$	$Ix_0 = \dfrac{\pi d^4}{64} = 0.0491d^4$ $Wx_0 = 0.0982d^3$;$rx_0 = \dfrac{1}{4}d$

截面简图	截面积 (A)	图示轴线至边缘距离 ($y;x$)	对于图示轴线的惯性矩、截面系数及 回转半径(I、W及r)
	$\dfrac{\pi d^2}{4}=0.785d^2$	$y_1=\dfrac{d}{2}+s$ $y_2=\dfrac{d}{2}-s$	$I_x=\dfrac{\pi d^2}{64}(d^2+16s^2)$
	$\dfrac{\pi(d^2-d_1^2)}{4}$ $=0.785(d^2-d_1^2)$	$y=\dfrac{d}{2}$	$Ix_0=\dfrac{\pi(d^4-d_1^4)}{64}=0.0491(d^4-d_1^4);$ $Wx_0=0.0982\dfrac{d^4-d_1^4}{d};rx_0=\dfrac{\sqrt{d^2+d_1^2}}{4}$

3. 钢管杆的构件计算

（1）构件的轴心受拉计算：

$$\frac{N_1}{A_n}\leqslant f \qquad (6\text{-}10\text{-}3)$$

式中　N_1——轴心拉力，N；

　　　A_n——构件净截面面积，mm^2；

　　　f——钢材的强度设计值，查表（6-10-6），N/mm^2。

（2）多边形构件的压弯局部稳定计算：

1）多边形构件的压弯局部稳定的强度设计值。

①当b/δ符合以下要求时，其强度设计值取钢材的设计值。

四边形、六边形、八边形

当$b/\delta\leqslant\dfrac{660}{\sqrt{f}}$　$f_a=f$ 　　　　(6-10-4)

十二边形

当$b/\delta\leqslant\dfrac{610}{\sqrt{f}}$　$f_a=f$ 　　　　(6-10-5)

十六边形

当$b/\delta\leqslant\dfrac{545}{\sqrt{f}}$　$f_a=f$ 　　　　(6-10-6)

式中　f_a——多边形构件压弯局部稳定的强度设计值，N/mm^2；

②当b/δ不符合式（6-10-4）、式（6-10-5）、式（6-10-6）要求时，其强度设计值按下式计算：

四边形、六边形、八边形，当$660\leqslant\sqrt{f}\cdot\dfrac{b}{\delta}\leqslant925$

$$f_a=1.42f(1.0-0.000448\sqrt{f}\frac{b}{t}) \qquad (6\text{-}10\text{-}7)$$

十二边形，当$610\leqslant\sqrt{f}\dfrac{b}{\delta}\leqslant925$

$$f_a=1.45f(1.0-0.000507\sqrt{f}\frac{b}{\delta}) \qquad (6\text{-}10\text{-}8)$$

十六边形，当$545\leqslant\sqrt{f}\dfrac{b}{\delta}\leqslant925$

$$f_a=1.42f(1.0-0.000539\sqrt{f}\frac{b}{\delta}) \qquad (6\text{-}10\text{-}9)$$

2）多边形构件的压弯局部稳定计算

$$\frac{N_z}{A_g}+\frac{M_x\cdot C_y}{I_x}\leqslant f_a \qquad (6\text{-}10\text{-}10)$$

或 　　$$\frac{N_z}{A_g}+\frac{M_y\cdot C_x}{I_y}\leqslant f_a \qquad (6\text{-}10\text{-}11)$$

式中　N_z——轴心压力，N；

　　　M_x——绕x轴截面弯矩（0°风时弯矩），$N\cdot mm$；

　　　M_y——绕y轴截面弯矩（90°风时弯矩），$N\cdot mm$。

（3）环形构件压弯局部稳定计算：

1）环形构件压弯局部稳定强度设计值。

①当D_0/δ符合下列要求时，受压和受弯局部稳定强度设计值取钢材的强度设计值。

受压

当$\dfrac{D_0}{\delta}\leqslant\dfrac{24100}{f}$　　$f_c=f$ 　　　(6-10-12)

受弯

当$\dfrac{D_0}{\delta}\leqslant\dfrac{38060}{f}$　　$f_b=f$ 　　　(6-10-13)

上二式中　f_c——环形构件受压局部稳定强度设计值，N/mm^2；

　　　　　f_b——环形构件受弯局部稳定强度设计值，N/mm^2。

②当D_0/δ不符合式（6-10-12）、式（6-10-13）要求时，其强度设计值按下式计算

受压

当$\dfrac{24100}{f}\leqslant\dfrac{D_0}{\delta}\leqslant\dfrac{76130}{f}$时

$$f_c=0.75f+\frac{6025\delta}{D_0} \qquad (6\text{-}10\text{-}14)$$

受弯

当$\dfrac{38060}{f}\leqslant\dfrac{D_0}{\delta}\leqslant\dfrac{76130}{f}$时

$$f_b = 0.7f + \frac{11410\delta}{D_0} \qquad (6\text{-}10\text{-}15)$$

2）环形构件压弯局部稳定计算

$$\frac{N_z}{A_g \cdot f_c} + \frac{M \cdot c}{I \cdot f_b} \leqslant 1 \qquad (6\text{-}10\text{-}16)$$

式中　c——从中和轴至计算点的距离，mm；

I——截面惯性矩，mm^4。

（4）多边形或环形构件的弯曲强度计算：

多边形　　　　　$M \cdot c / I \leqslant f_a \qquad (6\text{-}10\text{-}17)$

环形　　　　　　或$\leqslant f_b \qquad (6\text{-}10\text{-}18)$

（5）多边形或环形构件的切力强度计算

$$V \cdot \frac{Q}{I_\delta} + T \cdot \frac{c}{J} \leqslant 0.58f \qquad (6\text{-}10\text{-}19)$$

式中　V——切力，N；

T——扭矩，N·mm。

（6）多边形或环形构件的复合受力强度计算：

多边形　$\left(\dfrac{N_z}{A_g} + \dfrac{M_x \cdot C_y}{I_x} + \dfrac{M_y \cdot C_x}{I_y} \right)^2$

$+ 3\left(V\dfrac{Q}{I_\delta} + T\dfrac{c}{J} \right)^2 \leqslant f_a^2 \qquad (6\text{-}10\text{-}20)$

环形　　　　　　$\leqslant f_b^2 \qquad (6\text{-}10\text{-}21)$

五、挠度计算

在荷载的长期效应组合（无冰、风速 5m/s 及年平均气温）作用下，钢管杆顶的最大挠度不应超过下列数值：

1. 直线杆

（1）直线杆不大于杆身高度的 0.5%；

（2）直线转角杆不大于杆身高度的 0.7%。

2. 转角杆

（1）66kV 及以下电压等级挠度不大于杆身高度的 1.5%；

（2）110～220kV 电压等级挠度不大于杆身高度的 2%。

3. 杆身高度自基础顶面算起至杆顶

拔梢型钢管杆在设计中除了要满足各种荷载组合的强度、稳定要求外，尚应进行变形计算，以检验杆体变形是否满足设计规程中规定的要求。

设计时可根据挠度计算情况，调整杆身的截面尺寸，加大（或减小）直径、壁厚等，直到满足为止。对于转角杆为保证杆体架线后不向转角内侧倾斜，设计可采取杆体向转角外侧预偏的措施。

挠度计算按文献［6-1］，根据荷载类型，按表 6-10-10 所列公式进行计算，公式中有关系数查表 6-10-2，挠度计算中转角项如为负值，但计算总挠度时，应采用正号进行叠加。

表 6-10-10　　　　钢管杆挠度计算用表

计算简图	计算公式	
	挠度	转角
(a1)	$f_{AP} = \dfrac{F_H L^3}{EI_B} \cdot \alpha_1$	$\theta_{AP} = \dfrac{-F_H L^2}{EI_B} \cdot \beta_1$
(b1)	$f_{CP} = \dfrac{F_H L_1^3}{EI_B}$ $\times \left(\alpha_1 + \dfrac{d}{L_1}\beta_1 \right)$	$\theta_{CF_H} = \theta_{AF_H}$
(a2)	$f_{AM} = \dfrac{ML^2}{EI_B} \cdot \alpha_2$	$\theta_{AM} = \dfrac{-ML}{EI_B} \cdot \beta_2$
(b2)	$f_{CM} = \dfrac{ML_1^2}{EI_B}$ $\times \left(\alpha_2 + \dfrac{L_2}{L_1}\beta_2 \right)$	$\theta_{CM} = \theta_{AM}$
(a3)	$f_{Aq} = \dfrac{qL^4}{EI_B} \cdot \alpha_3$	$\theta_{Aq} = \dfrac{-qL^3}{EI_B} \cdot \beta_3$

续表

计算简图	计算公式	
	挠 度	转 角

$$f'_{Aq} = \frac{L^4}{EI_B} \times (q'_A \alpha_3 + mL\alpha_4)$$

$$\theta_{Aq} = \frac{-L^3}{EI_B} \times (q_A \beta_3 + mL\beta_4)$$

注　$f_{××}$—挠度，cm，其下脚标第一个字母代表作用
　　　点，第二个字母表示荷载性质；

　　　$\theta_{××}$—转角（弧度），脚标字母含义同 $f_{××}$；

　　　$L、L_1、L_2$—杆长，cm；

　　　E—钢材弹性模量，取 2.1×10^7，N/cm^2；

　　　I_B—B 点处截面惯性矩。见表(6-10-10)；

　　　$F_H、M、q'、q$—分别表示水平集中力，N，集中力矩，N·cm，
　　　均布荷载，N/cm，分布荷载，N/cm；

　　　n—系数。$n = R_A/R_B$，式中 $R_A、R_B$ 分别为 $A、B$ 两
　　　点的截面半径（取内外半径的平均值）。根据
　　　n 值可在表 6-10-11 中查出表6-10-10有关公式
　　　中的有关系数；

　　　m—$(q_B - q_A)/L$，N/cm^2。

表 6-10-11　　钢管杆挠度计算系数表

n	α_1	β_1, β_2	β_2	α_3	β_3	α_4	β_4
0.40	0.6310	1.2500	4.3750	0.2024	0.3155	0.0490	0.0675
0.41	0.6210	1.2195	4.1939	0.2001	0.3105	0.0485	0.0667
0.42	0.6114	1.1905	4.0249	0.1979	0.3057	0.0481	0.0660
0.43	0.6022	1.1628	3.8670	0.1958	0.3011	0.0477	0.0653
0.44	0.5932	1.1364	3.7190	0.1937	0.2966	0.0474	0.0646
0.45	0.5846	1.1111	3.5802	0.1917	0.2923	0.0470	0.0639
0.46	0.5762	1.0870	3.4499	0.1897	0.2881	0.0466	0.0632
0.47	0.5681	1.0638	3.3273	0.1878	0.2840	0.0462	0.0626
0.48	0.5602	1.0417	3.2118	0.1859	0.2801	0.0459	0.0620
0.49	0.5526	1.0204	3.1029	0.1840	0.2763	0.0455	0.0613
0.50	0.5452	1.0000	3.000	0.1822	0.2726	0.0452	0.0607
0.51	0.5380	0.9804	2.9027	0.1805	0.2690	0.0448	0.0602
0.52	0.5310	0.9615	2.8107	0.1788	0.2655	0.0445	0.0596
0.53	0.5242	0.9434	2.7234	0.1771	0.2621	0.0442	0.0590
0.54	0.5177	0.9259	2.6406	0.1754	0.2588	0.0439	0.0585
0.55	0.5112	0.9091	2.5620	0.1738	0.2556	0.0435	0.0579
0.56	0.5050	0.8929	2.4872	0.1723	0.2525	0.0432	0.0574
0.57	0.4989	0.8772	2.4161	0.1707	0.2495	0.0429	0.0569

续表

n	α_1	β_1, β_2	β_2	α_3	β_3	α_4	β_4
0.58	0.4930	0.8621	2.3484	0.1692	0.2465	0.0426	0.0564
0.59	0.4873	0.8475	2.2838	0.1677	0.2436	0.0423	0.0559
0.60	0.4817	0.8333	2.2222	0.1663	0.2408	0.0420	0.0554
0.61	0.4762	0.8197	2.1634	0.1649	0.2381	0.0418	0.0550
0.62	0.4708	0.8065	2.1072	0.1635	0.2354	0.0415	0.0545
0.63	0.4656	0.7937	2.0534	0.1621	0.2328	0.0412	0.0540
0.64	0.4605	0.7813	2.0020	0.1608	0.2303	0.0409	0.0536
0.65	0.4556	0.7692	1.9527	0.1595	0.2278	0.0407	0.0532
0.66	0.4507	0.7576	1.9054	0.1582	0.2254	0.0404	0.0527
0.67	0.4460	0.7463	1.8601	0.1569	0.2230	0.0401	0.0523
0.68	0.4414	0.7353	1.8166	0.1557	0.2207	0.0399	0.0519
0.69	0.4368	0.7246	1.7748	0.1544	0.2184	0.0396	0.0515
0.70	0.4324	0.7143	1.7347	0.1532	0.2162	0.0394	0.0511
0.71	0.4281	0.7042	1.6961	0.1521	0.2140	0.0391	0.0507
0.72	0.4238	0.6944	1.6590	0.1509	0.2119	0.0389	0.0503
0.73	0.4197	0.6849	1.6232	0.1498	0.2098	0.0387	0.0499
0.74	0.4156	0.6757	1.5888	0.1487	0.2078	0.0384	0.0496
0.75	0.4117	0.6667	1.5556	0.1476	0.2058	0.0382	0.0492
0.76	0.4078	0.6579	1.5235	0.1465	0.2039	0.0380	0.0488
0.77	0.4039	0.6494	1.4927	0.1454	0.2020	0.0378	0.0485
0.78	0.4002	0.6410	1.4629	0.1444	0.2001	0.0375	0.0481
0.79	0.3965	0.6329	1.4341	0.1433	0.1983	0.0373	0.0478
0.80	0.3929	0.6250	1.4063	0.1423	0.1965	0.0371	0.0474
0.81	0.3894	0.6173	1.3794	0.1413	0.1947	0.0369	0.0471
0.82	0.3860	0.6098	1.3534	0.1404	0.1930	0.0367	0.0468
0.83	0.3826	0.6024	1.3282	0.1394	0.1913	0.0365	0.0465
0.84	0.3792	0.5952	1.3039	0.1384	0.1896	0.0363	0.0461
0.85	0.3760	0.5882	1.2803	0.1375	0.1880	0.0361	0.0458
0.86	0.3728	0.5814	1.2574	0.1366	0.1864	0.0359	0.0455
0.87	0.3696	0.5747	1.2353	0.1357	0.1848	0.0357	0.0452
0.88	0.3665	0.5682	1.2138	0.1348	0.1833	0.0355	0.0449
0.89	0.3635	0.5618	1.1930	0.1339	0.1817	0.0353	0.0446
0.90	0.3605	0.5556	1.1728	0.1330	0.1803	0.0351	0.0443
0.91	0.3576	0.5495	1.1532	0.1322	0.1788	0.0349	0.0441
0.92	0.3547	0.5435	1.1342	0.1313	0.1774	0.0347	0.0438
0.93	0.3519	0.5376	1.1157	0.1305	0.1759	0.0345	0.0435
0.94	0.3491	0.5319	1.0978	0.1297	0.1745	0.0344	0.0432
0.95	0.3464	0.5263	1.0803	0.1289	0.1732	0.0342	0.0430
0.96	0.3437	0.5208	1.0634	0.1281	0.1718	0.0340	0.0427
0.97	0.3410	0.5155	1.0469	0.1273	0.1705	0.0338	0.0424
0.98	0.3384	0.5102	1.0308	0.1266	0.1692	0.0336	0.0422

六、钢管杆的连接

钢管杆的连接包括杆体（段之间）本身的连接，以及杆身与横担、梯子等辅助构件的连接。

1. 杆体的连接

杆身各段之间的连接主要有套接、焊接、法兰这几种型式。

（1）套接（也称插接）。钢管杆接头套接长度，宜取套入段最大内径的 1.5 倍。这种连接方式多用于主杆为多边形截面的杆段，而不宜用在杆体有上拔力存在的杆型。套接可以提高接头处杆体的强度，加工、施工方便，杆体美观。

（2）焊接。当杆段或构件用焊接方式相连接时，应注意以下几点：

1）焊条应与被焊钢材相适应。当两不同强度的钢材相连接时，宜采用与低强度钢材相适应的焊接材料。

2）对接焊缝的坡口形式，应根据板厚和施工条件按 GB 985—88《气焊、手工电弧焊及气体保护焊焊缝坡口的基本型式与尺寸》和 GB 986—88《埋弧焊焊缝坡口的基本型式与尺寸》的要求选用。

3）在对接焊缝的拼接处：当焊件的宽度不同或厚度相差 4mm 以上时，应分别在宽度方向或厚度方向从一侧或两侧做成坡度不大于 1/4 的坡角；当厚度不同时，焊缝坡口形式应根据较薄焊件厚度按 GB 985—88；GB 986—88 要求采用。

4）角焊缝的尺寸应符合下列要求：

角焊缝的焊脚尺寸 h_f（mm）不得小于 $1.5\sqrt{t}$，t 为较厚焊件厚度（mm），但对自动焊，最小焊脚尺寸可减小 1mm；对 T 型连接的单面角焊缝，应增加 1mm。当焊件厚度等于或小于 4mm 时，则最小焊脚尺寸应与焊件厚度相同。

角焊缝的焊脚尺寸不宜大于较薄焊件厚度的 1.2 倍，但板件（厚度为 t）边缘的角焊缝最大焊脚尺寸，尚应符合下列要求：

当 $t \leqslant 6$mm 时，$h_f \leqslant t$，mm；

当 $t > 6$mm 时，$h_f \leqslant t - (1 \sim 2)$，mm。

角焊缝的两焊脚尺寸宜相等。当焊件的厚度相差较大，且等焊脚尺寸不能符合上述要求时，可采用不等焊脚尺寸，但均应符合上述要求。

角焊缝的计算长度不得小于 $8h_f$ 和 40mm，大于 $60h_f$ 时，计算长度取 $60h_f$。

（3）法兰。接头处采用法兰连接系法兰带在杆段上，工厂内加工制造，易保证质量，现场施工安装方便。要求杆体轴线与法兰平面应保证其垂直度，并应保证各预留连接部件方向的正确性。

2. 杆体与横担、梯子等部件的连接

横担不宜直接与杆身连接。在荷载作用下，横担根部的受压部位易产生应力集中，使局部受压，尤其是杆身上段，一般管壁较薄，在集中外力作用下容易使局部压曲，如加厚壁厚又不经济。因此，横担与杆身的连接处，应进行局部补强，杆身上焊接靴梁支座，使横担传来的外力得以分散，以避免产生杆体的局部压曲。如图 6-10-2 所示。

杆身开孔，有时为了连接横担、梯子和吊杆等部件时，需要在杆身的相应位置开孔，设穿心螺丝，当杆壁较薄孔壁挤压不够时，开孔处应焊接局部补强板，用以加厚杆壁的局部厚度。或者焊接穿心钢管。见图 6-10-3。

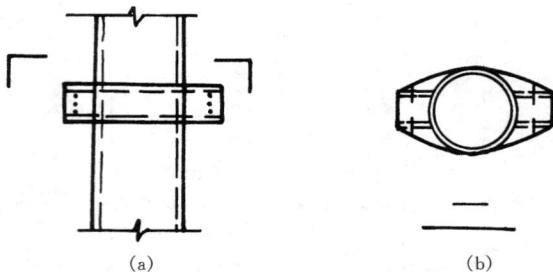

(a)   (b)

图 6-10-2 杆连接横担支座

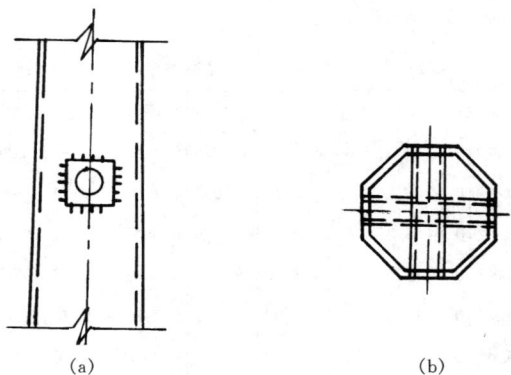

(a)   (b)

图 6-10-3 孔壁补强

七、基础型式

（1）直埋式基础，适用于钻孔或开挖易成型的地基。

（2）台阶式基础，主要用于开挖比较容易的地区。

（3）钢套筒式基础，适用于钻孔难以成型的软质地基。

（4）钻孔灌注桩基础，适用于地质条件较差的地基。

（5）岩锚基础，适用岩石地基。

（6）预制桩基础，一般有钢桩及混凝土桩，适用于钻孔、掏挖均难以成型且承载力很低的地基。

八、构造要求

（1）主杆分段，目前国内各生产厂家所生产的钢管杆，大部分以 6～10m 为一段，这主要与杆体全高、设计受力、钢板材料规格、厂家制造设备、施工运输条件等因素有关，设计时应根据具体情况决定。

（2）钢管杆的连接构造应考虑便于加工、施工、运行维护等方面，并使结构受力简单明确，尽量避免或减少产生应力集中。

（3）受力构件及其连接部件最小厚度不宜小于 3mm，螺栓直径不宜小于 16mm。

（4）地脚螺栓的孔径宜为地脚螺栓直径的 1.1 倍，施工时应用锚栓定位模板，控制各地脚螺栓方位的正确性。各部件连接螺栓的孔径宜比螺栓直径大 1.5mm。

（5）钢管杆及其附件，一般均应热浸镀锌防腐，特殊情况时也可采用热喷涂锌等防腐措施。

（6）钢管杆顶部应加焊盖板密封。

（7）钢管杆应设置安装吊点。

（8）钢管杆身及横担应设置攀登装置。

九、钢管杆计算例题

【例题 1】

1. 设计条件

（1）电压等级及回路数：110kV；双回路。

（2）导线、地线牌号：LGJ—240/40、GJ—50。

（3）设计档距：水平 $l_h = 250$m；垂直 $l_v = 300$m。

（4）气象条件：$V_{max} = 25$m/s；覆冰厚度 $\delta = 10$mm；最高温度，$t = 40℃$。

（5）主杆采用八边形。

2. 荷载组合

3. 单线图

4. 杆身风压计算

（1）点 $A-1$ 段（按图编号）：

$v = 25$m/s 时，则

$W_0 = 25^2/1600，\mu_z = 1.18，\mu_s = 1.2$（八边形），$\beta_z = 1.13，D = 0.5325，h_{cp} = 25.6$m

$W_s = 25^2/1600 \times 1.18 \times 1.2 \times 1.13 \times 0.5325 = 0.333$kN/m

$v = 5$m/s 时，则

$W'_s = 0.333 \times 5^2/25^2 = 0.0133$kN/m

（2）点 $1-3$ 段：

$v = 25$m/s 时，则

$\mu_z = 1.05，\mu_s = 1.2，\beta_z = 1.0，D = 0.669，h_{cp} = 17.4$m

$W_{s(1-3)} = 25^2/1600 \times 1.05 \times 1.2 \times 1.0 \times 0.669 = 0.330$kN/m

$v = 5$m/s 时，则

$W'_{s(1-3)} = 0.330 \times 5^2/25^2 = 0.0132$

（3）点 $3-5$：

$v = 25$m/s 时，则

$\mu_z = 0.904，\mu_s = 1.2，\beta_z = 1.0，D = 0.7765$

$W_{s(3-5)} = 25^2/1600 \times 0.904 \times 1.2 \times 1.0 \times 0.7765 = 0.329$

$v = 5$m/s 时，则

$W'_{s(3-5)} = 0.329 \times 5^2/25^2 = 0.0131$

（4）点 $5-7$：

$v = 25$m/s，$v' = 5$m/s 时，则

$h_{cp} < 10$m，$\mu_z = 0.88，\mu_s = 1.2，\beta_z = 1.0$

$W'_{s(5-7)} = 0.42$kN/m；$W'_{s(5-7)} = 0.0168$kN/m

5. 杆身各截面弯矩及轴向压力计算

由荷载组合图可以判断 90° 正常大风为弯矩最大。

B 点：

$M_B = 2.111 \times 2 \times 2.5 + 0.333 \times 2.5^2/2$
$= 11.60$kN · m $= 1160000$N · cm

$N_B = (1.37 + 4.010) \times 2$
$= 10.76$kN（省略杆自重）

C 点：

$M_C = 2.111 \times 2 \times 6 + 4.627 \times 2 \times 3.5 + 0.333 \times 6^2/2$
$= 63.72$kN · m

$N_C = 18.78$kN

1 点：

$M_1 = 2.111 \times 2 \times 9.85 + 4.627 \times 2 \times (7.35 + 3.85 + 0.35) + 0.333 \times 9.85^2/2 = 164.62$kN · m

$N_1 = 26.8$kN

3 点：

$M_3 = 2.111 \times 2 \times 16.35 + 4.627 \times 2 \times (13.85 + 10.35 + 6.85) + 0.333 \times 9.85 \times (9.85/2 + 6.5) + 0.330 \times 6.5^2/2 = 400.81$kN · m

$N_3 = 26.8$kN

5 点：

$M_5 = 2.111 \times 2 \times 22.7 + 4.627 \times 2 \times (20.2 + 16.7 + 13.2) + 0.333 \times 9.85 \times (9.85/2 + 6.5 + 6.35) + 0.330 \times 6.5 \times (6.5/2 + 6.35) + 0.329 \times 6.35^2/2 = 645$kN · m

$N_5 = 26.80$kN

7 点：

$M_7 = 2.111 \times 2 \times 30.5 + 4.627 \times 2 \times (28 + 24.5 + 21) + 0.333 \times 9.85 \times (9.85/2 + 6.5 + 6.35 + 7.8) + 0.330 \times 6.5 \times (6.5/2 + 6.35 + 7.8) + 0.329 \times 6.35 \times (6.35/2 + 7.8) + 0.42 \times 7.8^2/2$

$= 965.86 \text{kN} \cdot \text{m}$

$N_7 = 26.80 \text{kN}$

6. 多边形钢管局部稳定计算

本例题按八边形钢管杆进行主杆计算,其它各种不同边数只是计算查断面特性表中参数变化,就其计算方法是相同的。对某截面进行计算时,要先求其强度设计值,然后按多边形构件的压弯局部稳定计算公式,对该截面进行局部稳定计算,使其计算值不超过求出的强度设计值。

B 截面:

假定 $\delta = 0.6 \text{cm}$,则

$D_B = 49.2 \text{cm}$,$D = 49.2 - 0.6 = 48.6 \text{cm}$,$b = 0.414(D - \delta - 2BR) = 17.88 \text{cm}$

$b/\delta = 17.88/0.6 = 29.8 < \dfrac{660}{\sqrt{f}} = \dfrac{660}{\sqrt{215}} = 45$,

Q235,$f = 215$。查表 6-10-6,由于 $b/\delta \leq \dfrac{660}{\sqrt{f}} = 45$,则取 $f_a = f = 215 \text{N/mm}^2$。

按式 (6-10-11):$\dfrac{N_z}{A_g} + \dfrac{M_y}{I_y} \times C_x \leq f_a$,计算

N_B、M_B 前面已求出,再按表 6-10-8 求 A_g、I_y、c_x,将数值代入公式即可($N_z = N_B$,$M_y = M_B$):

$A_g = 3.32 D \times \delta = 3.32 \times 48.6 \times 0.6 = 96.81 \text{cm}^2$

$I_y = 0.438 D^3 \times \delta = 0.438 \times 48.6^3 \times 0.6 = 30167.1 \text{cm}^4$

$c_x = 0.541(D + \delta)\cos 67.5° = 24.59 \text{cm}$

$\eta = 1.10$——考虑挠度二次效应影响,将弯矩增大。

将上述各值代入公式:

$\dfrac{10760}{96.81} + \dfrac{1160000}{30167.1} \times 24.59 \times 1.10 = 1151 \text{N/cm}^2 = 11.51 \text{N/mm}^2 < f_a$

则 B 截面满足。

以同样方法计算 C、D 截面,(为节省篇幅 C、D 截面计算从略)。

1 截面:

$D_1 = 61.5$,$\delta = 0.6$,$D = 60.9$,$b = 23.0$

$b/\delta = 23/0.6 = 38.3 < \dfrac{660}{\sqrt{f}} = 45$,则取 $f_a = f = 215$

$N_1 = 26800 \text{N}$,$M_1 = 16462000 \text{N} \cdot \text{cm}$

$A_g = 3.32 D \cdot \delta = 3.32 \times 60.9 \times 0.6 = 121.31 \text{cm}^2$,$c_x = 30.74$

$I_y = 0.438 D^3 \delta = 0.438 \times 60.9^3 \times 0.6 = 59357.72 \text{cm}^4$,$\eta = 1.10$

$\dfrac{26800}{121.31} + \dfrac{16462000}{59357.72} \times 30.74 \times 1.10 = 9598.7 \text{N/cm}^2 = 96.0 \text{N/mm}^2 < f_a$

则第一杆段计算完毕。

以同样方法计算 2、3、4 截面,(从略)。

5 截面:

$D_5 = 83.0$,$\delta = 0.8$,$D = 82.2$,$b_5 = 31.05$,$A_{g(5)} = 218.3$

$I_{y(5)} = 0.438 D^3 \delta = 194616.5$,$c_x = 0.541(D + \delta)\cos 67.5 = 41.5$,$\eta = 1.10$

$b/\delta = 31.05/0.8 = 38.8 < 45$,则取 $f_a = 215$

$N_5 = 26800$,$M_5 = 64500000 \text{N} \cdot \text{cm}$

$$f_{a(5)} = \dfrac{N_5}{A_{g(5)}} + \dfrac{M_5 \times c_{y(5)}}{I_{x(5)}} \times \eta$$

$$= \dfrac{26800}{218.3} + \dfrac{64500000}{194616.5} \times 41.5 \times 1.10$$

$$= 15252.1 \text{N/cm}^2$$

$$= 152.52 \text{N/mm}^2 < f_a = 215 \text{N/mm}^2$$

7 截面:

$D_7 = 96$,$\delta = 0.8$,$D = 95.2$,$b = 36.43$

$A_{g(7)} = 252.85$,$I_{y(7)} = 302325.6$,$c_{x(7)} = 0.541(D + \delta)\sin 67.5° = 47.98$

$N_7 = 26800 \text{N}$,$M_7 = 96586000 \text{N} \cdot \text{cm}$,$\eta = 1.10$

$b/\delta = 36.43/0.8 = 45.54 > \dfrac{660}{\sqrt{f}} = \dfrac{660}{\sqrt{215}} = 45$,则求 f_a 用式 (6-10-7)

$$660 \leq \sqrt{f} \times \dfrac{b}{\delta} \leq 925$$

$660 < \sqrt{215} \times \dfrac{36.43}{0.8} = 667.7 < 925$,则求 f_a 用:

$$f_a = 1.42 \times f \left(1.0 - 0.000448 \sqrt{f} \dfrac{b}{\delta} \right)$$

$$= 1.42 \times 215 \times (1 - 0.000448 \sqrt{215} \times 36.43/0.8)$$

$$= 213.97 \approx 214 \text{N/mm}^2$$

$$f_7 = \dfrac{26800}{252.85} + \dfrac{96586000}{302325.6} \times 47.98 \times 1.10$$

$$= 16967.33 \text{N/cm}^2 = 169.7 \text{N/mm}^2 < f_a$$

$$= 214 \text{N/mm}^2$$

则 7 截面的强度和稳定满足要求。

7. 杆顶挠度计算

挠度计算条件按 SDGJ 94—90《架空送电线路杆塔结构设计技术规定》,或按新出版的《架空送电线路钢管杆设计技术规定》。

气象条件:风速 $v = 5 \text{m/s}$,覆冰 $\delta = 0 \text{mm}$

地线风压:$F'_{H1} = 2111 \times 5^2/25^2 = 84.4 \text{N}$

导线风压:$F'_{H2} = 4627 \times 5^2/25^2 = 185.1 \text{N}$

第①段壁厚:$\delta = 0.6 \text{cm}$

第②、③段壁厚:$\delta = 0.8 \text{cm}$

第④段壁厚:$\delta = 0.8 \text{cm}$

计算挠度荷载简图,见图 6-10-6。

图 6-10-6 计算挠度荷载简图

$g_1=0.071\text{N/cm}$

$g_2=0.079\text{N/cm}$

$g_3=0.886\text{N/cm}$

图 6-10-5 钢管杆计算单线图

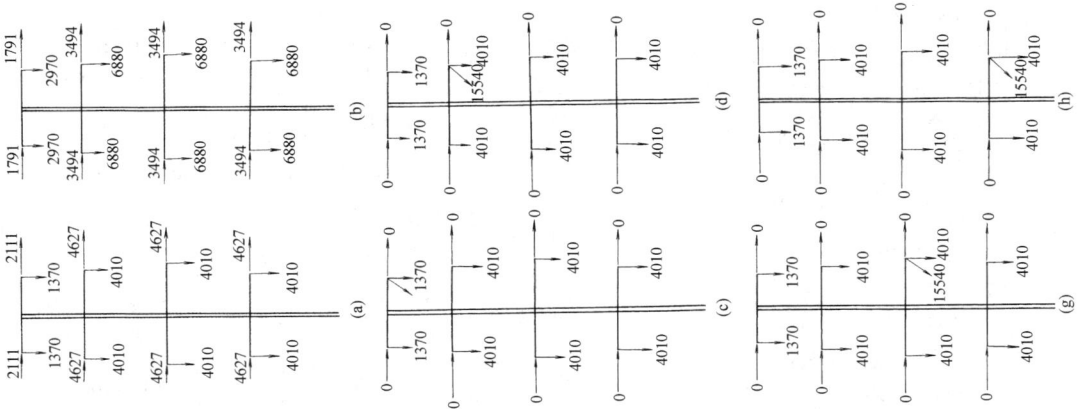

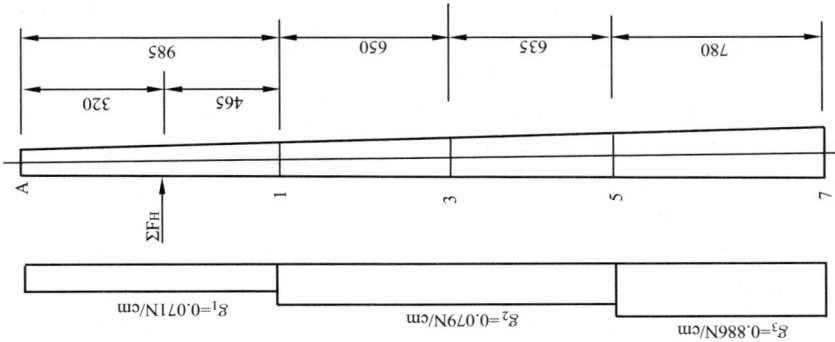

图 6-10-4 钢管杆设计荷载组合图

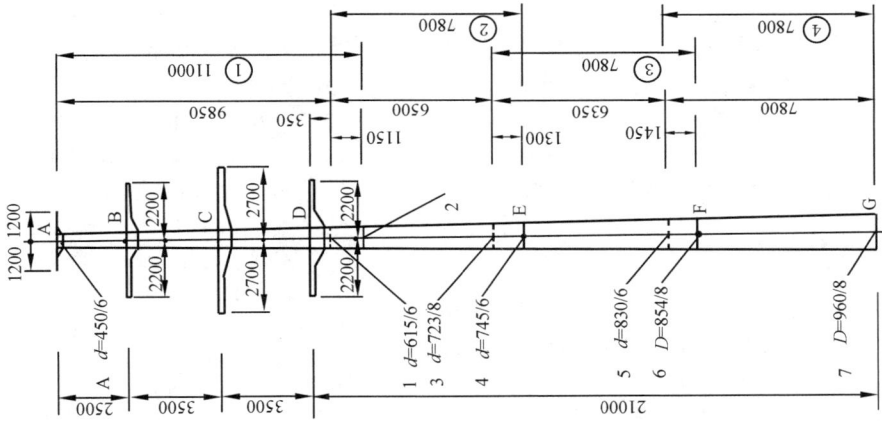

点 A – 1 段　点 A 半径　$R_A = 22.5\text{cm}$　$\delta = 0.6\text{cm}$
　　　　　　　点 1 半径　$R_1 = 30.75\text{cm}$　$\delta = 0.6\text{cm}$

点 1 – 3 段　点 3 半径　$R_3 = 36.15\text{cm}$　$\delta = 0.8\text{cm}$

点 3 – 5 段　点 5 半径　$R_5 = 41.5\text{cm}$　$\delta = 0.8\text{cm}$

点 5 – 7 段　点 7 半径　$R_7 = 48.0\text{cm}$　$\delta = 0.8\text{cm}$

因导线、地线均作用在第一段上，导线、地线的荷载（水平荷载）用合力 ΣF_H 代替。（简化计算）

$$\Sigma F_H = F'_{H1} \times 2 + F'_{H2} \times 6$$
$$= 84.4 \times 2 + 185.1 \times 6$$
$$= 1280\text{N}$$

合力的作用点：

$$h = \frac{84.4 \times 2 \times 30.5 + 185.1 \times 2 \times (21 + 24.5 + 28)}{1280}$$

$$= 25.3\text{m} = 2530\text{cm}$$

为简化计算，把第 2、第 3 段同一壁厚作为一段，这就变成了三段。挠度计算公式见表 6-10-10。

第一段挠度计算：点 $A \sim 1, \delta = 0.6\text{cm}$

$$f_{A1} = f_{AF_H} + f_{Aq} = \frac{F_H L_1^3}{EI_1}\left(\alpha_1 + \frac{d}{L_1}\beta_1\right) + \frac{q_1 L^4}{EI_1}\alpha_3$$

在 $F_H = \Sigma F_H$ 集中水平力作用下，先求出 n 值：

$$n = \left[R_A + \frac{R_1 - R_A}{L} \times d\right] / R_1$$

$$= \left[22.5 + \frac{30.75 - 22.5}{985} \times 520\right] / 30.75$$

$$= 0.87$$

由 n 值，查表 6-10-11，得 $\alpha_1 = 0.3696, \beta_1 = 0.5747$。（表 6-10-10，表 6-10-11 均为在圆环形截面推导出来的公式，八边形已较接近圆形，在暂无多边形公式的情况下，可近似使用）。

$$EI_1 = 2.1 \times 10^7 \times 0.411 D_0^3 \times \delta$$

其中　$D_0 = 2 \times 30.75 \times \cos 22.5° = 56.82\text{cm}$

$D = D_0 - \delta = 56.82 - 0.6 = 56.22\text{cm}$ 见表 6-10-3

将 $D_1 = D = 56.22, \delta = 0.6$ 值代入 EI_1 式

$EI_1 = 2.1 \times 10^7 \times 0.411 \times 56.22^3 \times 0.6$

$= 0.920205 \times 10^{12}\text{N} \cdot \text{cm}^2$

在 q 作用下，$n = R_A / R_1 = 22.5 / 30.75 = 0.73$

查表 6-10-11 得 $\alpha_3 = 0.1498, \beta_3 = 0.2098$

$$f_{A1} = \frac{1280 \times 465^3}{0.920205 \times 10^{12}} \times \left(0.3696 + \frac{520}{465} \times 0.5747\right)$$

$$+ \frac{0.071 \times 985^4}{0.920205 \times 10^{12}} \times 0.1498$$

$$= 0.1237 + 0.1339$$

$$= 0.2576\text{cm}$$

第二段挠度计算

点 $1 \sim 5$　作用在 1 点的荷载：

$F_H = 1280 + 0.071 \times 985 = 1350\text{N}, L = 1285\text{cm}$

$M = 1280 \times 465 + 0.071 \times 985^2 / 2 = 629643\text{N} \cdot \text{cm}$

$EI_5 = 2.1 \times 10^7 \times 0.411 \times D_5^3 \times \delta$

式中　$D_5 = 2 \times 41.5 \times \cos 22.5° - 0.8 = 79.37\text{cm}$

$$\delta = 0.8\text{cm}$$

则 $EI_5 = 2.1 \times 10^7 \times 0.411 \times 79.37^3 \times 0.8 = 3.4524 \times 10^{12}\text{N} \cdot \text{cm}^2$

$n = 30.75 / 41.5 = 0.74$, 查表 6-10-11 得：

$\alpha_1 = 0.4156$　$\alpha_2 = 0.6757$　$\alpha_3 = 0.1487$

$\beta_1 = 0.6757$　$\beta_2 = 1.5888$　$\beta_3 = 0.2078$

$$f_{A2} = \frac{F_H L^3}{EI_5}\alpha_1 + \frac{ML^2}{EI_5}\alpha_2 + \frac{qL^4}{EI_5}\alpha_3$$

$$= \frac{1350 \times 1285^3}{3.4524 \times 10^{12}} \times 0.4156 + \frac{629643 \times 1285^2}{3.4524 \times 10^{12}}$$

$$\times 0.6757 + \frac{0.079 \times 1285^4}{3.4524 \times 10^{12}} \times 0.1487$$

$$= 0.3448 + 0.2035 + 0.0093$$

$$= 0.5576\text{cm}$$

第三段挠度计算：

点 $5 \sim 7$，作用在 5 点的荷载

$F_{H5} = 1350 + 0.079 \times 1285 = 1452\text{N}$

$M_5 = 60672000 \times 5^2 / 25^2 = 2426880\text{N} \cdot \text{cm}$

$EI_7 = 2.1 \times 10^7 \times 0.411 D_7^3 \delta$

式中　$D_7 = 2 \times 48 \times \cos 22.5° - 1.0 = 91.729\text{cm}$

$$\delta = 1.0\text{cm}$$

$EI_7 = 2.1 \times 10^7 \times 0.411 \times 91.729^3 \times 1.0$

$$= 6.6616 \times 10^{12}\text{N} \cdot \text{cm}^2$$

$n = 0.415 / 0.48 = 0.86$, 查表 6-10-11 得：

$\alpha_1 = 0.3728$　$\alpha_2 = 0.5814$　$\alpha_3 = 0.1366$

$\beta_1 = 0.5814$　$\beta_2 = 1.2574$　$\beta_3 = 0.1864$

$$f_{A3} = \frac{1452 \times 780^3}{6.6616 \times 10^{12}} \times 0.3728 + \frac{2426880 \times 780^2}{6.6616 \times 10^{12}}$$

$$\times 0.5814 + \frac{0.0886 \times 780^4}{6.6616 \times 10^{12}} \times 0.1366$$

$$= 0.0386 + 0.1289 + 0.0006 = 0.1681\text{cm}$$

第 1 点的转角

$$\theta_1 = \frac{F_{H1}L}{EI_5}\beta_1 + \frac{M_1 L}{EI_5}\beta_2 + \frac{qL^3}{EI_5}\beta_3$$

$$= \frac{1350 \times 1285^2}{3.4524 \times 10^{12}} \times 0.6757 + \frac{629643 \times 1285}{3.4524 \times 10^{12}}$$

$$\times 1.5888 + \frac{0.079 \times 1285^3}{3.4524 \times 10^{12}} \times 0.2078$$

$$= 0.0004 + 0.00037 + 0.00001 = 0.00078$$

第 5 点的转角

$$\theta_5 = \frac{F_{H5}L^2}{EI_7}\beta_1 + \frac{M_5 L}{EI_7}\beta_2 + \frac{q_3 L^3}{EI_7}\beta_3$$

$$= \frac{1452 \times 780^2}{6.6616 \times 10^{12}} \times 0.5814 + \frac{2426880 \times 780}{6.6616 \times 10^{12}}$$

$$\times 1.2574 + \frac{0.0886 \times 780^3}{6.6616 \times 10^{12}} \times 0.1864$$

$$= 0.000077 + 0.000357 + 0.000001 = 0.000435$$

A 点总挠度

$f_A = 0.2576 + 0.5576 + 0.1681 + 0.00078 \times 985 +$

$\qquad 0.000435 \times (985 \times 1285)$

$\qquad = 2.73905 \text{cm}$

则：$f_A/H = 2.74/3050 = 0.898‰ \approx 0.1\% < 0.5\%$
满足要求。

8. 横担计算

横担计算参考第六章第九节例题部分。但用于城市或重要场所时，钢管杆不得采用转动横担。

横担如采用工字型或箱型截面时，截面特性查表11-5-68，表11-5-69。

横担计算部分从略。

9. 底法兰计算

钢管杆的底法兰计算参照本手册第六章第八节。

【例题 2】

求挠度计算例题。

已知：AB 杆，杆长 25m，AC 段 $AC = 10$m，BC 段 $BC = 15$m，$\delta_1 = 0.8$cm，$\delta_2 = 1.0$cm，$R_A = 16.0$cm，$R_B = 30$cm。$F_{H1} = 0.6$kN，$F_{H2} = 1.5$kN，$q = 0.00005$kN/cm，见图 6-10-7。

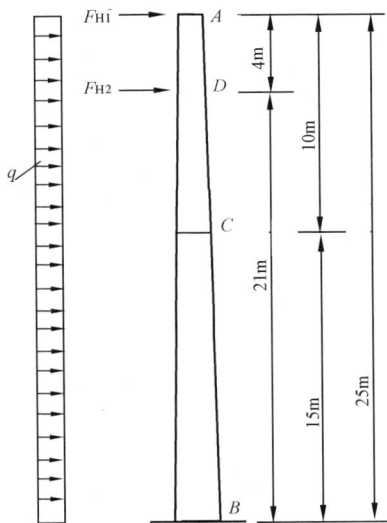

图 6-10-7 圆形钢管杆
挠度计算荷载图

求 A 点的挠度。

解 AC 段，$R_C = 16 + \dfrac{30-16}{25} \times 10 = 21.6$cm

$EI_C = 2.1 \times 10^4 \times \pi R^3 t = 2.1 \times 10^4 \times 3.1416 \times 21.6^3 \times 0.8 = 5.3189 \times 10^8 \text{ kN} \cdot \text{cm}^2$

在 F_{H1} 和 q 作用下

$n = R_A/R_C = 16/21.6 = 0.74$，查表6-10-11 得：$\alpha_1 = $

$0.4156, \alpha_3 = 0.1487$。

在 F_{H2} 作用下

$R_D = R_A + \dfrac{R_C - R_A}{A_C} \times AD = 16 + \dfrac{21.6 - 16}{10} \times 4.0$

$\qquad = 18.24 \text{cm}$

$n = R_D/R_C = 18.24/21.6 = 0.84$，查表6-10-11 得：$\alpha_1 = 0.3792, \beta_1 = 0.5952$。

则 $f_{A1} = \dfrac{0.6 \times 1000^3}{5.3189 \times 10^8} \times 0.4156 + \dfrac{1.5 \times 400^3}{5.3189 \times 10^8}$

$\qquad \times \left(0.3792 + \dfrac{400}{600} \times 0.5952 \right)$

$\qquad + \dfrac{0.00005 \times 1000^4}{5.3189 \times 10^8} \times 0.1465$

$\qquad = 0.6226 \text{cm}$

CB 段，作用在 C 点的荷载

$\Sigma F_C = 0.6 + 1.5 + 0.00005 \times 1000 = 2.15$kN

$M_C = 0.6 \times 1000 + 1.5 \times 600 + 0.00005$

$\qquad \times 1000 \times 1000/2 = 1525$kN · cm

$EI_B = 2.1 \times 10^4 \times 3.1416 \times 1.0 \times 30^3$

$\qquad = 1.78128 \times 10^9 \text{ kN} \cdot \text{cm}^2$

$n = R_C/R_B = 21.6/30 = 0.72$，查表6-10-11 得：
$\alpha_1 = 0.4238 \quad \alpha_2 = 0.6944 \quad \alpha_3 = 0.1509$
$\beta_1 = 0.6944 \quad \beta_2 = 1.6590 \quad \beta_3 = 0.2119$

将各有关数值及系数代入求挠度及转角公式

$f_{A2} = \dfrac{2.15 \times 1500^3}{1.78128 \times 10^9} \times 0.4238 + \dfrac{1525 \times 1500}{1.78128 \times 10^9}$

$\qquad \times 0.6944 + \dfrac{0.00005 \times 1500^4}{1.78128 \times 10^9} \times 0.1509$

$\qquad = 3.085 \text{cm}$

$\theta_C = \dfrac{2.15 \times 1500^2}{1.78128 \times 10^9} \times 0.6944 + \dfrac{1525 \times 1500}{1.78128 \times 10^9}$

$\qquad \times 1.6590 + \dfrac{0.00005 \times 1500^3}{1.78128 \times 10^9} \times 0.2119$

$\qquad = 0.004$

总挠度

$f_A = f_{A1} + f_{A2} + \theta_C \times L_1 = 0.6226 + 3.085 + 0.004$

$\qquad \times 1000 = 7.708 \text{cm}$

$f_A/L = 7.708/2500 = 0.00308 = 0.308 < 0.5\%$ 满足
要求。

说明：

1. 本章节的编写已于 1997 年完成，最近又参照电力行业标准《架空送电线路钢管杆设计技术规定（报批稿）》进行修改，使用中如与该规定的正式版有矛盾之处，以该规定正式版为准。

2. 挠度计算按文献[6-1]给出的理论公式进行计算，其值与工程试验实测值基本吻合。该计算方法简便快捷，可供工程设计参考。

3. 挠度计算中求 n 值和截面惯性矩 I_B 所用到的 R_C、R_B 应为 C、B 各点内外半径的平均值。实际工程计算中，为了方便，取该截面的外半径即可，对计算精度影响不大。

4. 挠度计算中的转角项均取正值。

5. 所有计算中均应注意单位、量纲的统一。

参 考 文 献

[6-1]   上官敦家，朱正义. 拔梢钢管杆的变形计算. 《电力建设》，1989 年第 10 卷第 3 期.

第七章

基 础 设 计

第一节 基础分类和设计的基本知识

一、基础分类

送电线路杆塔基础分为电杆基础和铁塔基础，其型式应根据杆塔型式、沿线地形、工程地质、水文以及施工、运输等条件进行综合考虑确定。送电线路所采用的基础类型，按其承载力的特性大致可分为如下几类：

1. "大开挖"基础类

这类基础系指埋置于预先挖好的基坑内并将回填土夯实的基础。它是以扰动的回填土构成抗拔土体保持基础的上拔稳定。由于扰动的黏性回填土，虽经夯实亦难恢复原有土的结构强度，因而就其抗拔性能而言这类基础是不够理想的基础型式。实践证明，这类基础的主要尺寸均由其抗拔稳定性能所决定，为了满足上拔稳定性的要求，必须加大基础尺寸，从而提高了基础造价。

这类基础具有施工简便的特点，是工程设计中最常用的基础型式，主要有混凝土基础、普通钢筋混凝土基础和装配式基础等。

2. 掏挖扩底基础类

这类基础系指以混凝土和钢筋骨架灌注于以机械或人工掏挖成的土胎内的基础。它是以天然土构成的抗拔土体保持基础的上拔稳定，适用于在施工中掏挖和浇注混凝土时无水渗入基坑的黏性土中。它能充分发挥原状土的特性，不仅具有良好的抗拔性能，而且具有较大的横向承载力。

这类基础具有节省材料、取消模板及回填土工序、加快工程施工进度、降低工程造价等优点。

3. 爆扩桩基础类

这类基础系指以混凝土和钢筋骨架灌注于以爆扩成型的土胎内的扩大端的短桩基础。它适用于可爆扩成型的硬塑和可塑状态的黏性土中，在中密的、密实的砂土以及碎石土中也可应用。由于其抗拔土体基本接近于未扰动的天然土，因而它也具有较好的抗拔性能，同时扩大端接触的持力层为一空间曲面，其下压承载力也比一般平面底板有所提高。

爆扩桩基础也具有掏挖扩底基础类的优点，只是施工中成型的工艺和尺寸检查尚有一定困难。

4. 岩石锚桩基础类

这类基础系指以水泥砂浆或细石混凝土和锚筋灌注于钻凿成型的岩孔内的锚桩或墩基础。它具有较好的抗拔性能，特别是上拔和下压地基的变形比其它类基础都小。适用于山区岩石覆盖层较浅的塔位。

这类基础由于充分发挥了岩石的力学性能，从而大量的降低了基础材料的耗用量，特别在运输困难的高山地区更具有明显的经济效益。但岩石地基的工程地质鉴定工作比较麻烦。

5. 钻孔灌注桩基础类

这类基础系指用专门的机具钻（冲）成较深的孔，以水头压力或水头压力和泥浆护壁，放入钢筋骨架和水下浇注混凝土的桩基。它是一种深型的基础型式，适用于地下水位高的黏性土和砂土等地基、特别是跨河塔位。

6. 倾覆基础类

这类基础系指埋置于经夯实的回填土体内的，承受较大倾覆力矩的电杆基础、窄基铁塔的单独基础和宽基铁塔的联合基础。电杆的倾覆基础被广泛采用。而铁塔的联合基础由于施工较复杂且耗用材料又多，故只有在荷载大、地基差的条件下，用其它类型基础在技术上有困难时方可采用。

二、基础设计的基本知识

（一）基础材料

基础材料决定着基础的强度、耐久性，一般应充分利用地方材料并应符合技术经济的要求。

1. 混凝土

混凝土的强度等级系指按照标准方法制作养护的边长为200mm的立方体试块，在28天期龄，用标准试验方法所得的抗压极限强度（以 kN/m^2 表示）。混凝土的强度等级是设计上一项重要的力学特性标志，在设计混凝土或钢筋混凝土构件时，必须首先确定混凝土的强度等级。

（1）混凝土基础的混凝土强度等级不宜低于C15。

（2）钢筋混凝土基础的混凝土强度等级不宜低于C15，当采用Ⅱ、Ⅲ级钢筋或预制钢筋混凝土构件时，混凝土的强度等级不宜低于C20。

在计算混凝土和钢筋混凝土基础的截面强度和刚度时，尚需具有混凝土的强度和弹性模量。表 7-1-1 列出混凝土强度等级及其设计强度、弹性模量的关系作为设计的依据。

表 7-1-1 混凝土的设计强度和弹性模量（kN/m²）

强度种类	符 号	混凝土强度等级					
		C10	C15	C20	C25	C30	C40
轴心抗压	f_{cc}	5500	8500	11000	14500	17500	23000
弯曲抗压	f_{ccm}	7000	10500	14000	18000	22000	29000
抗拉	f_{ct}	800	1050	1300	1550	1750	2150
抗裂	f_{cr}	1000	1300	1600	1900	2100	2550
弹性模量	E_{cc}	18.5×10^6	23.0×10^6	26.0×10^6	28.5×10^6	30.0×10^6	33.0×10^6

注 计算现场浇制钢筋混凝土轴心受压及偏心受压构件时，如截面的长边 b 或直径 D 小于300mm，表中混凝土的设计强度应乘以系数 0.8。

2. 钢筋

送电线路采用的钢筋混凝土基础，由于耐久性和受现场施工条件限制，其截面尺寸均较大，计算所需的钢筋截面面积较小，采用Ⅰ级～Ⅲ级钢筋就足以满足设计要求。

为使钢筋与混凝土共同协调地工作，对 C15 强度等级混凝土的钢筋混凝土基础宜采用Ⅰ级钢筋，多数用于现场浇制的钢筋混凝土基础；Ⅱ级和Ⅲ级钢筋大多数用于工厂或现场预制的 C20 强度等级钢筋混凝土基础构件。

计算钢筋混凝土基础的截面强度时，受拉钢筋设计强度 f_{st} 和受压钢筋设计强度 f_{sc} 以及钢筋的弹性模量 E_s，应按表 7-1-2 取值。

表 7-1-2 钢筋设计强度及弹性模量（10^3 kN/m²）

钢筋种类	符号	受拉钢筋设计强度 f_{st}	受压钢筋设计强度 f_{sc}	弹性模量 E_s
Ⅰ级钢筋（3 号钢）	Φ	240	240	2.1×10^5
Ⅱ级钢筋（16 锰）	Ⅱ	340	340	2.0×10^5
Ⅲ级钢筋（25 锰硅）	Ⅲ	380	380	2.0×10^5

注 1. 5 号钢钢筋的受拉设计强度和受压设计强度均取 280000kN/m²；

2. 轴心受拉和小偏心受拉构件的Ⅲ级钢筋的受拉设计强度取 340000kN/m²；

3. 直径 $d \geqslant 28$mm 的Ⅱ级钢筋，设计强度取 320000 kN/m²；

4. 当钢筋混凝土结构的混凝土强度等级为 C10 时，允许采用Ⅰ级钢筋和 5 号钢钢筋，此时受拉钢筋的设计强度应乘以系数 0.9；

5. 直径 $d > 12$mm 的Ⅰ级钢筋，如经冷拉，不得利用冷拉后的强度。

3. 石材

石材是一种具有良好力学性能的天然材料，如能就近取材将会降低基础工程的造价。石材，已广泛地用作电杆的底盘、拉线盘和卡盘等基础。凡未风化材质均匀的火成岩石，只要其极限抗压强度 f_{c0} 不低于 130000kN/m² 和软化系数 K_d 不小于 0.75 就可使用。

4. 钢材、螺栓和焊缝

基础设计所用的钢材、螺栓和焊缝计算，均采用容许应力法进行设计。其容许应力按表 7-1-3 确定。

表 7-1-3 钢材、螺栓和焊缝的容许应力（10^3 kN/m²）

材 料		拉应力 $[f_{at}]$	压应力 $[f_{ac}]$	弯曲应力 $[f_{am}]$	切应力 $[f_{av}]$	孔壁压应力 $[f_{ay}]$
3 号钢		160	160	160	100	255
16 锰钢		225	225	225	140	360
粗制螺栓	4.8 级	130			110	
	5.8 级	160			140	
	6.8 级	190			160	
3 号钢底脚螺栓		110				
T-42 焊条	对接焊缝	140	160		100	
	贴角焊缝	110	110		110	
T-50 焊条	对接焊缝	200	225		140	
	贴角焊缝	160	160		160	

注 表中钢材孔壁压应力适用于构件端距为 $1.5d$（螺栓孔直径）的情况。

（二）天然土体的分类及其物理力学特性[7-1]

1. 土体的分类

按工程分类法标准，土体分为岩石、碎石土、砂土、粉土、黏性土和人工填土。

（1）岩石：颗粒间牢固联结，呈整体或具有节理裂隙的岩体。按坚固性分为硬质和软质；按风化程度分为微风化、中等风化和强风化。

（2）碎石土：粒径 $d > 2$mm 的颗粒含量超过全重 50% 的土。砂石土可分为漂石、块石、卵石、碎石、圆砾和角砾；其密实度可分为密实、中密和稍密。

（3）砂土：粒径 $d>2mm$ 的颗粒含量不超过全重50%、粒径 $d>0.075mm$ 的颗粒超过全重50% 的土。砂土可分为砾砂、粗砂、中砂、细砂和粉砂。砂土的密实度，可分为松散、稍密、中密、密实。

（4）黏性土：塑性指数 $I_p>10$ 的土。黏性土可分为黏土、粉质黏土。

黏性土的状态，可分为坚硬、硬塑、可塑、软塑、流塑。

红黏土为碳酸盐岩系的岩石经红土化作用形成的高塑性黏土。其液限一般大于50。经再搬运后仍保留红黏土基本特征，液限大于45的土为次生红黏土。

（5）淤泥：系在静水或缓慢的流水环境中沉积，并经生物化学作用形成，其天然含水量大于液限、天然孔隙比大于或等于1.5的黏性土。当天然孔隙比小于1.5但大于或等于1.0的土为淤泥质土。

（6）粉土：塑性指数小于或等于10的土。其性质介于砂土与黏性土之间。

（7）人工填土：根据其组成和成因，可分为素填土、杂填土、冲填土。

素填土为由碎石土、砂土、粉土、黏性土等组成的填土。杂填土为含有建筑垃圾、工业废料、生活垃圾等杂物的填土。冲填土为由水力冲填泥砂形成的填土。

2. 土的物理特性

作为工程上的土，一般呈三相土体状态，由空气、水和固体颗粒所组成，仅当处于完全饱和状态才称为二相土体，由水和固体颗粒所组成。一般均以土中三相构成的比例来反映土的物理特性，这种关系称为土的物理特性指标。

结合送电线路地基土承受荷载的特点，设计上必须掌握如下各项指标：

（1）土的天然容重 γ：土在天然状态下单位体积的重力，简称为土的容重（kN/m^3）。

（2）土颗粒的比重 G：土颗粒的重力与同体积4℃时水的重力之比，简称为土的比重，一般，砂土约为2.65；黏土约为 $2.7\sim2.8$。

（3）土的天然含水量 w：土中水的重力与土颗粒重力的比值称为土的含水量，以百分比表示。一般对细颗粒地基土，若其含水量大，则工程性质较差。

（4）土的天然孔隙比 e：土中孔隙的体积与土颗粒体积的比值称为孔隙比。土的孔隙比 e 大，说明土质松散，e 小说明土质密实。

$$e=\frac{G\gamma_w(1+0.01w)}{\gamma}-1 \quad (7-1-1)$$

式中　γ_w——水的容重，kN/m^3。

（5）土的饱和度 S_r：土中水的体积与孔隙体积

的比值称为饱和度，饱和度 S_r（%）反映土的潮湿程度。

$$S_r=\frac{wG}{e} \quad (7-1-2)$$

（6）土的浮容重 γ'：地下水位以下的土受到水的浮力作用的容重称浮容重（kN/m^3）。

$$\gamma'=\frac{(G-1)\gamma_w}{1+e} \quad (7-1-3)$$

（7）塑性指数 I_p：塑性指数是黏性土定名的根据，$I_p>10$ 时称为黏性土。

$$I_p=w_L-w_P \quad (7-1-4)$$

式中　w_L——液限（%）；
　　　w_P——塑限（%）。

（8）液性指数 I_L：液性指数是判别黏性土状态的指标，根据液性指数将黏性土分为坚硬、硬塑、可塑、软塑和流塑等五种状态。I_L 的表达式为

$$I_L=\frac{w-w_P}{I_p} \quad (7-1-5)$$

（9）砂土的相对密度 D_r：当考虑砂土颗粒级配因素时，采用相对密度 D_r 表示砂土的密实度。可用来判别砂土在承受震动荷载时，产生液化的可能性。

3. 土的力学特性

在杆塔基础设计中涉及到土的力学特性，主要是土的压缩系数、压缩模量和抗剪强度。

（1）土的压缩系数 a_{1-2}（a_{1-3}）和压缩模量 E_s：压缩系数和压缩模量是表示土在附加荷载作用下压缩性的指标。

根据压缩系数 a_{1-2} 和压缩模量 E_s 将土分为三种不同压缩程度，用以评价土的工程性质。即

$a_{1-2}>0.5MPa^{-1}$ 或
$E_s<4MPa$ 时，属高压性
$0.1\leqslant a_{1-2}\leqslant0.5MPa^{-1}$ 或
$4\leqslant E_s\leqslant15MPa$ 时，属中压性
$a_{1-2}<0.1MPa^{-1}$ 或
$E_s>15MPa$ 时，属低压性

（2）土的抗剪强度[7-8]：一般以土的凝聚力 c（kN/m^2）和土的内摩阻角 φ 二项力学特性指标表示土的抗剪强度。

在《送电线路基础设计技术规定》SDGJ 62—84中，针对送电线路基础的承力特性和方便工程设计使用，规定为：

1）砂类土的内摩阻角 φ 值，可按土工实验室或其它野外鉴定方法确定，亦可根据其密实度按表7-1-4确定。

表 7-1-4　　　　砂土内摩阻角 φ（°）

土　名	密 实 度		
	密实	中密	稍密
砾砂、粗砂	45 ~ 40	40 ~ 35	35 ~ 30
中　砂	40 ~ 35	35 ~ 30	30 ~ 25
细砂、粉砂	35 ~ 30	30 ~ 25	25 ~ 20

注　当孔隙比 e 小时取表中大值，反之取小值。

2）黏性土的内摩阻角 φ 和凝聚力 c 值，可按土工实验室的饱和不排水剪或相当于饱和不排水剪的其它方法，或者，当一般黏性土具有塑性指数 I_p 和天然孔隙比 e 的土工资料时，可按表 7-1-6 确定。

当作为初步估计土体抗拔力时，亦可采用表 7-1-5 的数值进行估算。

表 7-1-5　　　黏性土凝聚力 c 和内摩阻角 φ

土状态	硬塑	可塑	软塑
c（kN/m²）	40 ~ 50	30 ~ 40	20 ~ 30
φ（°）	15 ~ 10	10 ~ 5	5 ~ 0

（三）回填土体的物理力学特性

回填土体的物理力学特性，包括土的计算容重 γ_0、计算上拔角 α 和计算内摩阻角 β。所谓回填土体，系指开挖基坑的扰动土，按每填 300mm 厚虚土夯实至 200mm 厚的重塑土。它的物理力学特性与扰动前的天然土尚未建立起可靠的关系。为了设计上实用需要，根据工程试验数据和设计经验而规定出各种土类的计算容重 γ_0、计算上拔角 α 和计算内摩阻角 β 值，系属经验值，因此不能直接从土工实验中确定。

根据 SDGJ 62—84 中规定，回填土体的计算容重 γ_0、计算上拔角 α 和计算内摩阻角 β 见表 7-1-7。

（四）地基土的容许承载力

地基土的容许承载力可按下列方法确定（参见《工业与民用建筑地基基础规范》）。

1. 基本容许承载力

表 7-1-6　一般黏性土凝聚力 c（kN/m²）和内摩阻角 φ（°）

序号	塑性指数 I_p	抗剪强度	天然孔隙比 e					
			0.6	0.7	0.8	0.9	1.0	1.1
1	3	c	18	10				
		φ	31°	30°				
2	5	c	28	20	13			
		φ	28°	27°	26°			
3	7	c	38	30	22			
		φ	25°	24°	23°			
4	9	c	47	38	31	24		
		φ	22°	21°	20°	19°		
5	11	c	54	45	38	31	24	
		φ	20°	19°	18°	17°	15°	
6	13	c	59	51	43	36	30	
		φ	18°	17°	16°	15°	13°	
7	15	c	62	55	48	41	34	27
		φ	16°	15°	14°	13°	11°	9°
8	17	c	66	58	51	43	37	31
		φ	14°	13°	12°	11°	10°	8°
9	19	c	68	60	52	45	38	32
		φ	13°	12°	11°	10°	8°	6°

表 7-1-7　　土的计算容重 γ_0、计算上拔角 α 和计算内摩阻角 β

土名	黏土及粉质黏土				砂土				
	坚硬	硬塑	可塑	软塑	砾砂	粗砂	中砂	细砂	粉砂
γ_0（kN/m³）	17	17	16	15	19	17	17	16	15
α（°）	25	25	20	10	30	28	28	26	22
β（°）	35	35	30	15	38	35	30	30	30

注　1. 表中值不适用于松散的砂土；

2. 位于地下水位以下的计算容重 γ_0，一般取浮容重。但对塑性指数大于 10 的黏性土的直线塔基础可取天然容重；

3. 基础埋于几种不同土层时，可采用其加权平均值。

当基础宽度 $B \leqslant 3m$、埋置深度 $h = 0.5 ~ 1.5m$ 时，地基土的容许承载力 $[p]$，可根据土的物理力学指标、野外鉴别及触探试验方法确定。

（1）根据土的物理、力学指标或野外鉴别结果，可按表 7-1-8 ~ 表 7-1-16 确定地基土的容许承载力。

（2）根据触探试验确定地基土的容许承载力：

1）根据标准贯入试验锤击数 $N63.5$，可按表7-1-17、表7-1-18确定容许承载力；

2）根据轻便触探试验锤击数 $N10$，可按表7-1-19、表7-1-20确定容许承载力。

表7-1-8　岩石容许承载力 $[p]$（kN/m^2）

岩石类别	强风化	中等风化	微风化
硬质岩石	500～1000	1500～2500	≥4000
软质岩石	200～500	700～1200	1500～2000

注　1. 对于微风化的硬质岩石，其承载力如取用大于 $4000kN/m^2$ 时，应由试验确定；
　　2. 对于强风化岩石，当与残积土难于区分时按土考虑。

表7-1-9　碎石土容许承载力 $[p]$（kN/m^2）

土名＼密实度	稍密	中密	密实
卵石	300～400	500～800	800～1000
碎石	200～300	400～700	700～900
圆砾	200～300	300～500	500～700
角砾	150～200	200～400	400～600

注　1. 表中数值适用于骨架颗粒空隙全部由中砂、粗砂或硬塑、坚硬状态的黏性土所填充；
　　2. 当颗粒为中等风化或强风化时，可按其风化程度适当降低承载力，当颗粒间呈半胶结状时，可适当提高承载力。

表7-1-10　砂土承载力 $[p]$（kN/m^2）

土名＼密实度		稍密	中密	密实
砾砂、粗砂、中砂		160～220	240～340	400
细砂、粉砂	稍湿	120～160	160～220	300
	很湿		120～160	200

表7-1-11　老黏性土容许承载力 $[p]$（kN/m^2）

含水比 u	0.4	0.5	0.6	0.7	0.8
$[R]$	700	580	500	430	380

注　1. 含水比 u 为天然含水量 w 与液限 w_L 的比值，$u = w/w_L$；
　　2. 本表适用于压缩模量 $E_s > 15000kN/m^2$ 的老黏性土；
　　3. 老黏土系第四纪晚更新世（Q_3）及其以前沉积的土。

表7-1-12　黏性土容许承载力 $[p]$（kN/m^2）

孔隙比 e ＼塑性指数 I_P＼液性指数 I_L	≤10			>10					
	0	0.5	1.0	0	0.25	0.50	0.75	1.00	1.20
0.5	350	310	280	450	410	370	(340)		
0.6	300	260	230	380	340	310	280	(250)	
0.7	250	210	190	310	280	250	230	200	160
0.8	200	170	150	260	230	210	190	160	130
0.9	160	140	120	220	200	180	160	130	100
1.0		120	100	190	170	150	130	110	
1.1				150	130	110	100		

注　有括号者按插入法使用。

表7-1-13　沿海地区淤泥和淤泥质土容许承载力 $[p]$（kN/m^2）

天然含水量 w（%）	36	40	45	50	55	65	75
$[p]$	100	90	80	70	60	50	40

注　对于内陆淤泥和淤泥质土，可参照使用。

表7-1-14　新近沉积黏性土容许承载力 $[p]$（kN/m^2）

孔隙比 e ＼液性指数 I_L	≤0.25	0.75	1.25
≤0.8	140	120	100
0.9	130	110	90
1.0	120	100	80
1.1	110	90	

表7-1-15　黏性素填土容许承载力 $[p]$（kN/m^2）

压缩模量（kN/m^2）	7000	5000	4000	3000	2000
$[p]$	150	130	110	80	60

注　本表只适用于堆填时间超过10年的黏性土以及超过5年的粉土。

表7-1-16　红黏土容许承载力 $[p]$（kN/m^2）

含水比 u	0.50	0.55	0.60	0.65	0.70
$[p]$	350	300	260	230	210
含水比 u	0.75	0.80	0.85	0.90	1.00
$[p]$	190	170	150	130	110

注　本表为地区性土，可参考采用。

表 7-1-17　砂土容许承载力 $[p]$（kN/m^2）

标准贯入试验锤击数 $N_{63.5}$	10～15	15～30	30～50
$[p]$	140～180	180～340	340～500

表 7-1-18　黏性土容许承载力 $[p]$（kN/m^2）

标准贯入试验锤击数 $N_{63.5}$	3	5	7	9	11	13
$[p]$	105	145	190	235	280	325
标准贯入试验锤击数 $N_{63.5}$	15	17	19	21	23	
$[p]$	360	420	500	580	660	

表 7-1-19　黏性土容许承载力 $[p]$（kN/m^2）

轻便触探试验锤击数 N_{10}	15	20	25	30
$[p]$	100	140	180	220

表 7-1-20　素填土容许承载力 $[p]$（kN/m^2）

轻便触探试验锤击数 N_{10}	10	20	30	40
$[p]$	80	110	130	150

2. 修正容许承载力

当基础宽度 $B > 3m$ 或埋置深度 $h > 1.5m$ 时，从表 7-1-8 至表 7-1-20 查得的容许承载力，应按式（7-1-6）修正。计算时，如基础宽度 $B < 3m$ 按 $3m$ 考虑，$B > 6m$ 按 $6m$ 考虑；埋置深度 $h < 1.5m$ 按 $1.5m$ 考虑。

$$[p_1] = [p] + m_B \gamma (B - 3) + m_h \gamma_p (h - 1.5)$$
$$(7\text{-}1\text{-}6)$$

式中　$[p_1]$——修正后地基承载力，kN/m^2；

$[p]$——地基土的容许承载力，kN/m^2，可按表 7-1-8～表 7-1-20 取值；

γ——基础底面以下土的天然容重，kN/m^2；

γ_p——基础底面以上土的加权平均容重，kN/m^2；

B——基础底面宽度，m，对矩形底面取短边宽度，对圆形底面取 $\sqrt{A}$（A 为基础底面积）；

h——基础埋置深度，m；

m_B、m_h——分别为基础宽度和深度的承载力修正系数，可按表 7-1-21 取值。

采用上述方法确定土的容许承载力值，在一般地基土和荷载条件下，它不仅保证了地基的强度，而且

也控制了地基的沉陷量，但对承受短期荷载的地基土以及处于空间受力状态的方形、圆形底面下的地基土显然是偏小的。

3. 直线杆塔地基土的容许承载力

根据 SDGJ 62—84 中规定，可以按下式确定直线杆塔地基上的容许承载力。

表 7-1-21　基础宽度和深度的承载力修正系数 m_B、m_h

土 的 类 别		m_B	m_h
淤泥和淤泥质土			
新近沉积黏性土		0	1.0
e 及 I_L 均大于 0.9 的一般黏性土			
老黏性土和一般黏性土	黏土、粉质黏土	0.3	1.5
	粉土	0.5	2.0
粉砂、细砂（不包括很湿与饱和状态的稍密粉、细砂）		2.0	2.5
中砂、粗砂、砾砂和碎石土		3.0	4.0

$$[p_{pr}] = N_B \gamma B + N_h \gamma_p h + N_c c \qquad (7\text{-}1\text{-}7)$$

式中　$[p_{pr}]$——直线杆塔地基土的容许承载力，kN/m^2，此时允许地基内出现局部塑性变形；

c——地基土的凝聚力，kN/m^2，一般黏性土可按表 7-1-6 取值；

B——基础底面宽度，当宽度 $B > 6m$ 时按 $6m$ 考虑，圆形底面取 $\sqrt{A}$；

N_B、N_h、N_c——与土的天然内摩阻角 φ 有关的承载力系数，可按表 7-1-22 取值；

γ、γ_p、h——符号含义与公式（7-1-6）相同。

表 7-1-22　承载力系数 N_B、N_h、N_c

内摩阻角 φ	N_B	N_h	N_c
0°	0.00	1.00	4.10
4°	0.06	1.25	4.55
8°	0.14	1.55	5.11
12°	0.23	1.94	5.75
16°	0.36	2.43	6.50
20°	0.51	3.06	7.25
24°	0.80	3.87	8.75
28°	1.40	4.93	9.90
32°	2.50	6.35	11.10
36°	4.20	8.25	13.00
40°	7.20	10.84	15.20

（五）基础的埋置深度

杆塔基础的埋置深度对杆塔的运行安全、施工进度和工程造价等均有很大影响。设计基础时，基础的埋深应按下列因素确定。

1. 作用于地基上的荷载大小和性质

同一土层，对荷载小的基础是很好的持力层，而对荷载大的基础则可能不适于作为持力层。承受横向荷载较小的受压基础，应尽量浅埋，但基础底面应埋置于植土或耕土层以下，一般以不浅于 0.6m 为宜。对承受较大上拔力的铁塔基础，为了充分发挥土体的抗拔能力，应尽量深埋，但不宜超过抗拔土体的临界深度。

2. 水文地质条件及基础埋深

遇有地下水的塔位，基础宜埋置于地下水位以上，如必须埋置在地下水位以下时，则应采取有效措施，以保证地基土在施工时不受扰动。跨河塔位的基础，基础底面必须埋置于局部冲刷深度以下。

基础的型式也决定基础的埋深。如刚性基础，当基础底面积确定后，由于需要满足刚性角的构造要求，就确定了基础的最小埋深。

3. 季节性冻土地基的冻胀和融陷

设计基础时还必须考虑地基冻胀和融陷对基础埋深的影响。对埋于冻胀土地基中的基础，最小埋深应不浅于 1.1 倍土的标准冻结深度。标准冻结深度宜采用地表无积雪和草皮等覆盖条件下，多年实测最大冻结深度的平均值。在无实测资料时，可参考《地基基础设计规范》GBJ 7—89 的标准冻结深度线图取值，亦可按表 7-1-24 最大冻土深度 h_0 取值。冻胀性土可按表 7-1-23 确定。

表 7-1-23　　地基土冻胀性分类

土　名	天然含水量 w（%）	冻结期间地下水位低于冻结深度的最小距离（m）	冻胀类别
岩石、碎石土、砾砂、粗砂、中砂、细砂	不考虑	不考虑	不冻胀
粉砂	$w < 14$	>1.5	不冻胀
		≤1.5	弱冻胀
	$14 \leqslant w < 19$	>1.5	
		≤1.5	冻胀
	$w \geqslant 19$	>1.5	
		≤1.5	强冻胀

续表

土　名	天然含水量 w（%）	冻结期间地下水位低于冻结深度的最小距离（m）	冻胀类别
粉土	$w \leqslant 19$	>2.0	不冻胀
		≤2.0	弱冻胀
	$19 < w \leqslant 22$	>2.0	
		≤2.0	冻胀
	$22 < w \leqslant 26$	>2.0	
		≤2.0	强冻胀
	$w > 26$	不考虑	
黏性土	$w \leqslant w_p + 2$	>2.0	不冻胀
		≤2.0	弱冻胀
	$w_p + 2 < w \leqslant w_p + 5$	>2.0	
		≤2.0	冻胀
	$w_p + 5 < w \leqslant w_p + 9$	>2.0	
		≤2.0	强冻胀
	$w > w_p + 9$	不考虑	

注 1. 表中碎石土仅指填充物为砂土或硬塑、坚硬状态的黏性土，如填充物为其它状态的黏土时，按黏土确定。

2. 表中细砂仅指粒径 $d > 0.075mm$ 的颗粒超过全重90%的细砂，其它细砂按粉砂确定。

（六）地下水对基础工程的影响

1. 对土的容重影响

地下水的水位常因地质、气候、水文、人们的生产、生活等因素的影响有很大的变化，可测出最高水位和最低水位，一般地下水的波动范围为（1～2）m。而工程地质柱状图中给出的地下水位仅是勘测当时的水位。因此，设计基础时对有地下水的塔位，必须考虑地下水位随季节性波动对基础和地基土的影响。

（1）计算基础的上拔稳定：当基础与其抗拔土体均位于地下水位的波动范围以下时，应取其浮容重进行计算。但是，按 SDGJ 62—84 中规定：当计算直线杆塔上拔稳定时，对塑性指数 $I_p > 10$ 的粉质黏土和黏土可不取其浮容重，仍取天然容重（原状土）或计算容重（回填土）计算基础的上拔稳定。

（2）计算基础倾覆稳定：当基础与其周围土体均位于地下水位的波动范围以下时，均取其浮容重计算。

（3）计算基础的下压稳定：当基础与其周围土体在地下水位的波动范围以上时，应考虑基础与底面以上的土均位于地下水位以上，其土容重取天然容重。

表 7-1-24　　　　　　　　　　　最大冻土深度 h_0 （cm）[7-5]

地点	h_0	地点	h_0	地点	h_0	地点	h_0	地点	h_0
1. 黑龙江		阿拉坦额英勤	>250	6. 青海		榆林	148	密云	65
呼玛	281	通榆（开通）	178	冷湖	174	横山	129	14. 天津	
嫩江	252	开鲁	151	大柴旦	172	绥德	119	天津	69
克山	282	通辽	179	乌兰德令哈	204	子长	103	塘沽	59
伊春	290	林东	149	互助却藏滩	129	吴旗	94	15. 河北	
齐齐哈尔	208	林西	200	西宁	134	延安	79	围场	124
富锦	228	乌丹	147	都兰	201	洛川	76	丰宁	142
安达	207	赤峰	201	共和	133	铜川	54	承德	126
通河	193	锡林浩特	289	同仁	131	彬县	50	张家口	136
哈尔滨	198	新浩特	>300	都兰诺木洪	119	大荔	28	怀来	99
鸡西	255	二连浩特	337	达日吉迈	>200	宝鸡	29	遵化	106
尚志	179	朱日和	227	玉树	94	武功	24	蔚县	150
牡丹江	191	多伦	199	7. 甘肃		西安	45	昌黎	72
富裕	225	固阳	>203	安西	116	商县	23	唐山	73
2. 吉林		集宁	191	金塔鼎新	99	留坝	15	涞源	150
扶余(三岔河)	209	呼和浩特	143	玉门	>150	宁陕	13	保定	55
长岭	171	新街镇	>150	敦煌	144	安康	7	定县	59
吉林	177	乌兰镇	150	酒泉	132	10. 四川		沧县	52
长春	169	5. 新疆		张掖	123	阿坝	91	石家庄	54
敦化	177	哈巴河	154	山丹	143	松潘	50	邢台	44
四平	148	阿勒泰	>146	乌鞘岑	149	甘孜	95	16. 山东	
延吉	200	和布克赛尔	171	靖远	93	乾宁	48	黄县龙口	41
临江	136	塔城	146	合水太白镇	87	理塘	>50	惠民	>50
通化	131	奇台、北塔山	243	兰州	103	11. 西藏		德州	48
3. 辽宁		奇台	141	榆中	118	班戈湖	296	寿光羊角沟	45
彰武	148	精河	196	庆阳西峰	82	那曲	278	文登	52
阜新	140	伊宁	62	会宁	94	昌都	81	禹城	52
沈阳	148	巴里坤	>253	临夏	86	日喀则	67	莱阳	45
建平	178	乌鲁木齐	141	通渭华家岭	122	12. 山西		临清	46
本溪	149	七角井	115	平凉	62	大同	179	淄博张店	48
辽阳	111	新源	69	临洮	82	右玉	169	济南	44
桓仁	114	吐鲁番	83	陇西	94	山阴	127	昌潍	50
锦州	113	克拉玛依	197	甘南夏河	142	河曲	141	冠县	47
鞍山	118	哈密	126	天水	61	原平	110	泰安	46
宽甸	93	库东	120	岷县	75	兴县	117	莘县朝城	39
营口	111	啊哈奇	111	武都	11	阳泉	68	新泰	38
兴城	102	尉犁铁干里克	82	8. 宁夏		太原	77	莒县	38
岫岩	102	巴楚	61	石嘴山	104	离石	96	兖州	48
盖县(熊岳)	105	乌恰	>150	银川	103	和顺	92	日照	32
丹东	88	喀什	90	永宁	105	介休	69	菏泽	35
4. 内蒙古		麦盖提	56	同心	137	隰县	103	滕县	30
根河	295	莎车	98	固原	114	晋城	43	临沂	32
满洲里	389	且末	85	环县	109	运城	43		
海拉尔	241	和田	67	9. 陕西		13. 北京			
博克图	>250	于田	87	神木	146	北京	85		

注　h_0 小于 50cm 的省份未列。

（4）土的浮容重 γ'：对未扰动的天然土可按式（7-1-3）计算，当没有计算需用的数据时，可根据土的类别和紧密程度取 $8\sim11kN/m^3$（一般砂土取小值，黏性土取大值）。

混凝土和钢筋混凝土的浮容重取 $12kN/m^3$ 和 $14kN/m^3$。

2. 地下水的侵蚀性影响

地下水含有各种化学成分，当某种成分过多时，对构成基础的混凝土和钢材都有侵蚀的危害。因此，设计基础时必须考虑地下水、周围环境水和土质对基础材料腐蚀的可能性。对有侵蚀性地下水的基础必须采取有效的防护措施。

（1）具有结晶性侵蚀的地下水，由于含有过多的硫酸离子（SO_4^{2-}）与混凝土中水泥作用使混凝土遭受侵蚀。因此，根据侵蚀的等级而分别采取大于 C50 高强度等级的普通硅酸盐水泥、普通抗硫酸盐水泥和高抗硫酸盐水泥等措施。

结晶性侵蚀的判定方法和标准如下：

1）当不具备下列条件时，一般判定为无结晶性侵蚀。

①地层中含有石膏（如纤维状、透镜状、碎屑状、层状及结核状石膏）；

②盐湖、盐田、盐渍化土和其它含盐（如岩盐、芒硝、光卤石、水氯镁石膏等）地区，以及海水和海水渗入的地区；

③硫化矿及煤矿矿水渗入地区；

④工业废水（酸性、含有大量硫酸盐、镁盐及铵盐）渗入地区；

⑤使水矿化的地形地貌条件。

2）在弱透水层（粉砂及颗粒小于粉砂的土层）中，当水中氢离子浓度 $pH > 6.5$，且不具有下列任一物理风化条件时，应按表 7-1-25 进行判定。

①冻融交替、年冻融循环大于 50 次，最冷月的平均温度低于 $-8℃$；

②干湿交替，气候干旱，温差大；

③混凝土一个侧面受有静水压力，最大作用水头 H 与混凝土壁厚比 $H/\delta > 5$，另一个侧面暴露于大气之中；

④受水力冲刷，冰流、石流等机械磨蚀。

3）在弱透水层中，当水中氢离子浓度 $pH \le 6.5$ 或具有上述任一物理风化条件时，以及在强透水层中，不论 pH 值的大小和有无上述任一物理风化条件时，应按表 7-1-26 进行判定：

（2）具有分解性侵蚀的地下水，主要是水中氢离子浓度（pH 值）、重碳酸离子（HCO_3^-）及游离碳酸（CO_2）等对混凝土的分解破坏作用。

表 7-1-25　　　结晶性侵蚀判定标准（一）

结晶性侵蚀指标 SO_4^{2-}（mg/L）	结晶性侵蚀判定	宜采用的水泥品种
<1500	无侵蚀	
1500～2500	弱侵蚀	普通硅酸盐水泥（水泥强度等级不小于 C50，水灰比不大于 0.6，C_3A 小于 8%）
2500～5000	中等侵蚀	普通抗硫酸盐水泥
5000～20000	强侵蚀	高抗硫酸盐水泥

分解性侵蚀的判定方法和标准如下：

1）符合下列条件之一的环境水，应判定为无分解性侵蚀。

表 7-1-26　　　结晶性侵蚀判定标准（二）

结晶性侵蚀指标 SO_4^{2-}（mg/L）	结晶性侵蚀判定	宜采用的水泥品种
<500	无侵蚀	
500～1500	弱侵蚀	普通硅酸盐水泥（水泥强度等级不小于 C50，水灰比不大于 0.55，C_3A 小于 8%）
1500～2500	中等侵蚀	普通抗硫酸盐水泥
2500～10000	强侵蚀	高抗硫酸盐水泥

①在强透水层中无硫化矿及煤矿矿水渗入，无泥炭、淤泥及不含有大量有机质土层内的水渗入；

②水的补给来源中含有碳酸盐类岩石、贝壳或钙质结核的土层中的水体；

③城镇及居民区（包括拟兴建的）无酸性工业废水渗入。

2）在强透水层中，分解性侵蚀应按表 7-1-27 进行判定。

表 7-1-27　　　分解性侵蚀判定标准

HCO_3^-（m摩［尔］/L）	分解性侵蚀指标 pH 值及侵蚀性 CO_2（mg/L）	分解性侵蚀判定
<1.0	$pH \le 6.5$ 或侵蚀性 $CO_2 > 15$	有侵蚀
1.0～3.0	$pH \le 6.0$	有侵蚀
>3.0	$pH \le 5.5$	有侵蚀

3）在弱透水层中，当无硫化矿和煤矿矿水渗入及无工业废水渗入时，应判定为无分解性侵蚀。当水的 $pH \le 4.0$ 时，应判定为有分解性侵蚀。

当地下水具有分解性侵蚀且具有前面所述的物理

风化条件之一时，宜采用不低于 C50 强度等级的水泥。当 pH≤4.0 时，宜采取在混凝土表面涂敷沥青或在基础周围填筑黏土保护层等防护措施。

（3）具有结晶分解复合性侵蚀的地下水，同时具有上述两种侵蚀的性质，它的判定方法为：

1）当土层中不含有石膏，非盐湖、盐田、盐渍化土和其它含盐地区，无工业废水，不具备使水矿化富集的地形、地貌条件时，应判定为无结晶复合性侵蚀。

2）当水质具有结晶分解复合性侵蚀时，通常具

有强结晶性侵蚀。

3）当水中含有大量的镁盐和铵盐不属硫酸盐类时，其侵蚀性应进行专门试验和判定。

（七）基础的设计荷载和安全系数

1. 基础设计荷载

系指杆塔在各种气象条件下线路运行情况、断线情况和安装情况所承受的荷载传递到基础顶面的外力——通常称为基础作用力，如图 7-1-1 所示。

（1）宽基铁塔基础的作用力有上拔力 F_T、下压力 F_v 和水平力 F_{HX}、F_{Hy}。

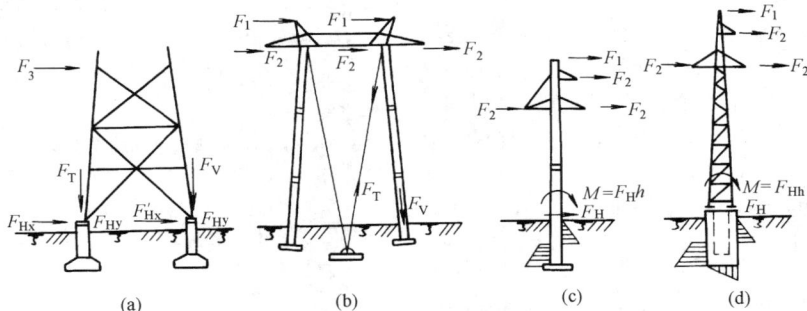

图 7-1-1　杆塔基础的设计荷载

（$F_1 \sim F_3$ 为作用于杆塔的荷载）

（a）宽基铁塔；（b）拉线杆塔；（c）拔梢电杆；（d）窄基铁塔

（2）窄基铁塔基础和拔梢电杆基础的作用力有倾覆力矩 $F_H h$、水平力 F_H 和垂直力 G。

（3）拉线杆塔的基础作用力有拉线的上拔力 F_T 和柱体的下压力 F_v。

（4）杆塔的基础作用力计算按第六章杆塔设计荷载的有关规定进行。

2. 基础的设计安全系数

送电线路杆塔基础的设计安全系数，遵照 SDGJ 62—84 确定。

（1）基础的上拔和倾覆稳定设计安全系数，根据不同的杆塔类型，按表 7-1-28 取值。

（2）基础强度的设计安全系数：根据材质和受力特征，按表 7-1-29 采用。

表 7-1-28　上拔和倾覆稳定设计安全系数

杆　塔　类　型	上拔稳定		倾覆稳定
	K_1	K_2	K_3
直线型	1.6	1.2	1.5
悬垂转角型、耐张型	2.0	1.3	1.8
转角型、终端型、大跨越型	2.5	1.5	2.2

表 7-1-29　强度设计安全系数

材　　质	受力特征	强度设计安全系数	
		符号	数值
混凝土结构	按抗压强度计算的受压构件、局部承压	K_4	1.7
	按抗拉强度计算的受压、受弯构件	K_5	2.7
钢筋混凝土结构	轴心（偏心）受拉（压）、受弯、受扭、局部承压、斜截面受剪	K_4	1.7
	受冲切、无腹筋斜截面受剪	K_6	2.2

第二节　普通基础的上拔稳定计算

普通基础包括"大开挖"基础和掏挖扩底基础两种类型。通常，设计该型基础时，首先以上拔稳定条件确定基础外形，再进行地基和基础的强度计算。

一、适用条件

1. 计算方法

基础的上拔稳定计算，根据 SDGJ 62—84《送电线路基础设计技术规定》要求，按抗拔土体的状态分别采用适用于原状抗拔土体的"剪切法"和适用于回填抗拔土体的"土重法"进行计算。原状抗拔土体，系指处于天然结构状态的黏性土和经夯实达到天然状态密实度的砂类回填土。

适用于"剪切法"计算的主要基型有机扩型和掏挖型如图 7-2-1 所示。适用于"土重法"计算的主要基型有装配式基础、浇制基础和拉线基础，如图 7-2-2 所示。

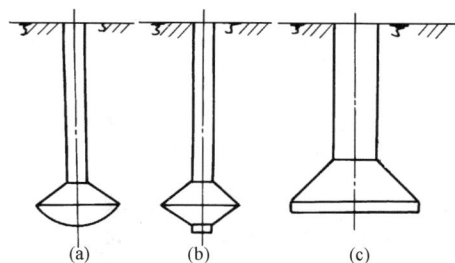

图 7-2-1　原状抗拔土体的基型
（a）、（b）机扩型；（c）掏挖型

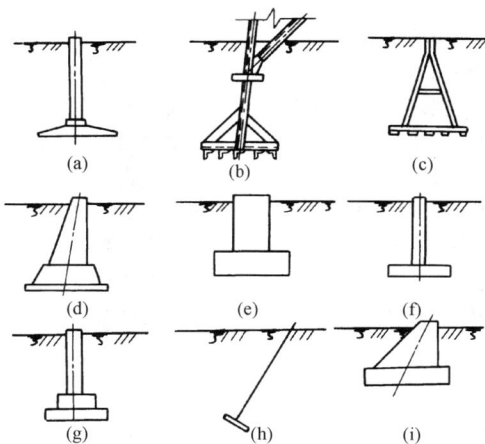

图 7-2-2　回填抗拔土体的基型
（a）、（b）、（c）装配式基础；（d）、（e）、（f）、
（g）浇制基础；（h）、（i）拉线基础

2. 限制条件

剪切法和土重法，适用于上拔深度 h_t 浅的或较浅的基型。其限制条件是：砂类土 $h_t/D \leqslant 4$（$h_t/B \leqslant 5$）；黏性土 $h_t/D \leqslant 3.5$（$h_t/B \leqslant 4.5$）。

二、影响土体抗拔力的附加因素

按剪切法或土重法计算上拔稳定公式的土抗力项中没有计入如下的影响因素，应予考虑：

1. 设计水平力对抗拔力的影响

对基础底板与柱刚性连接的独立基础，当承受上拔力的同时伴有横向水平力作用时，致使土体抗拔力降低。其降低系数 η_m 按水平力 F_H 和上拔力 F_T 的比值确定，即

$$F_H/F_T = 0.15 \sim 0.4 \qquad \eta_m = 1.0 \sim 0.9$$
$$F_H/F_T = 0.4 \sim 0.7 \qquad \eta_m = 0.9 \sim 0.8$$
$$F_H/F_T = 0.7 \sim 1.0 \qquad \eta_m = 0.8 \sim 0.75$$

2. 基础底板坡度的影响

基础底板通常见图 7-2-3 形状，底板上平面的开展角 θ 对土体抗拔力有一定影响。

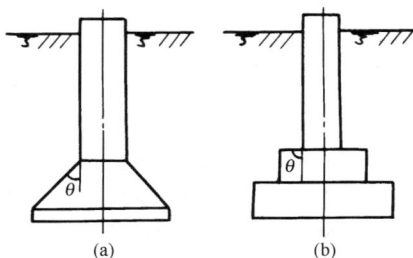

图 7-2-3　底板开展角 θ
（a）$\theta = 30° \sim 60°$；（b）$\theta = 90°$

开展角 θ 的影响以基型系数 η_θ 表示，当 $\theta > 45°$ 时，取 $\eta_\theta = 1.0$；$\theta = 30° \sim 45°$ 时，$\eta_\theta = 0.7 \sim 0.95$，可近似取 $\eta_\theta = 0.8$。

3. 相邻基础同时承受上拔力的影响

相邻基础间距（根开）小，同时承受上拔力时的抗拔土体，当相邻基础承受上拔力之差小于 20% 时，设计必须考虑其对土体抗拔力的影响。

（1）相邻基础同时承受上拔力作用（如图 7-2-4 所示），并按式（7-2-7）计算上拔稳定时，公式中的抗拔土体积在下列情况下应减去图中阴影部分的土体积 ΔV_t。

正方形底板，当 $L < B + 2h_t\tan\alpha$ 时

$$\Delta V_t = \frac{(B + 2h_t\tan\alpha - L)^2}{24\tan\alpha}$$

$$\times (2B + L + 4h_t\tan\alpha) \qquad (7-2-1)$$

长方形底板，当 $L < b + 2h_t\tan\alpha$ 时

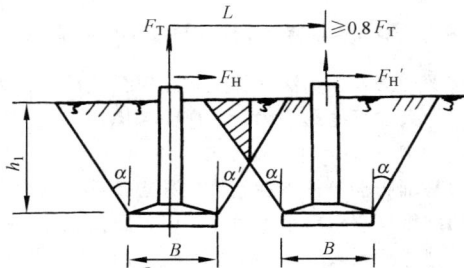

图 7-2-4　相邻上拔基础（土重法）计算简图

$$\Delta V_t = \frac{(b + 2h_t\tan\alpha - L)^2}{24\tan\alpha} \times (3l + L - b + 4h_t\tan\alpha)$$

或，当 $L < l + 2h_t\tan\alpha$ 时   (7-2-2)

$$\Delta V_t = \frac{(l + 2h_t\tan\alpha - L)^2}{24\tan\alpha} \times (3b + L - l + 4h_t\tan\alpha)$$

圆形底板，当 $L < D + 2h_t\tan\alpha$ 时

$$\Delta V_t = \frac{(D + 2h_t\tan\alpha)^2}{12}\left(\frac{D}{2\tan\alpha} + h_t\right)K_v \quad (7-2-3)$$

式中　L——基础中心间的距离，m；
B——正方形底板的边长，m；
h_t——基础的上拔深度，m，当 $h_t > h_c$ 时，取 $h_t = h_c$；
h_c——计算基础上拔时的临界深度，m；
α——土的计算上拔角，（°），按表 7-1-7 取值；
D——圆形底板的直径，m；
K_v——几何系数，可按表 7-2-1 取值；
b、l——分别为矩形底板的短边和长边，m。

表 7-2-1　系　数　K_v

$L/(D + 2h_t\tan\alpha)$	1.0	0.9	0.8	0.7	0.6
K_v	0	0.02	0.05	0.10	0.33
$L/(D + 2h_t\tan\alpha)$	0.5	0.4	0.3	0.2	
K_v	0.35	0.55	0.85	1.0	

注　当 $h_t > h_c$ 时，取 $h_t = h_c$。

（2）相邻基础同时承受上拔力作用（见图 7-2-5），并按式（7-2-4）、式（7-2-5）计算上拔稳定时，式中土抗力项的计算值，在下列的情况下应乘以折减系数 η_t：

当 $L \geq D + 2\lambda h_t$ 时，$\eta_t = 1.00$；
$L = D$、$h_t \leq 2.5D$ 时，$\eta_t = 0.70$；
$L = D$、$2.5D < h_t \leq 3.0D$ 时，$\eta_t = 0.65$；
$L = D$、$3.0D < h_t \leq 4.0D$ 时，$\eta_t = 0.55$；
$D + 2\lambda h_t > L > D$ 时，η_t 可按插入法确定。

其中 λ 为与相邻抗拔土体切力面有关的系数，可按下式确定：

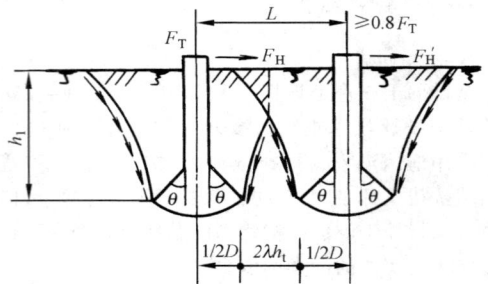

图 7-2-5　相邻上拔基础（剪切法）计算简图

$$\lambda = \frac{\cos\left[\left(\frac{\pi}{4} + \frac{\varphi}{2}\right)\left(\frac{D}{2h_t}\right)^2\right] - \sin\left(\frac{\pi}{4} - \frac{\varphi}{2}\right)}{\cos\left(\frac{\pi}{4} - \frac{\varphi}{2}\right) - \sin\left[\left(\frac{\pi}{4} + \frac{\varphi}{2}\right)\left(\frac{D}{2h_t}\right)^2\right]}$$

当 $h_t \geq D$ 时，λ 可近似按表 7-2-2 采用。L、D、h_t 与式（7-2-3）注释相同。

表 7-2-2　系　数　λ

φ (°)	45	40	30	20	10	0
λ	0.65	0.60	0.55	0.50	0.45	0.40

注　表中 φ 为土的内摩阻角，根据试验确定，亦可按表 7-1-4 或表 7-1-5 取值。

三、剪切法

（一）适用的主要基型和要求

1. 掏挖基础

如图 7-2-1（c）所示，这种基型系将基础的钢筋骨架和混凝土直接浇入人工掏挖成型的土胎内。钢筋骨架宜采用焊接以保持必要的刚度。为满足人工掏挖的施工操作和确保施工中人身安全的要求，掏挖基础的尺寸以基柱的直径不小于 0.8m，埋深和扩底部直径不大于 3m 为宜。由于该型基础以天然不扰动土作为抗拔土体，因此在上拔稳定计算时的计算上拔深度应扣除表层非原状土层的厚度，当地面有植土或耕土层时，一般扣除 0.3m，水稻田扣除 0.5m。

2. 机扩型基础

如图 7-2-1（a）、（b）所示，这种基型系将基础的钢筋骨架和混凝土直接浇入机扩成型的土胎内。基柱直径以不小于 0.3m 为宜。其特点和要求与掏挖基型类似。

3. 砂类夯实土体基型

这种以砂类回填土体经夯实达到天然状态的密实度时的"大开挖"基型，将方形底板以其周长换算为等效圆形底板直径时，亦可按"剪切法"进行基础的上拔稳定计算。

（二）用剪切法计算抗拔土体简图

用剪切法计算原状抗拔土体上拔稳定的计算简

图，假定如图 7-2-6 所示。

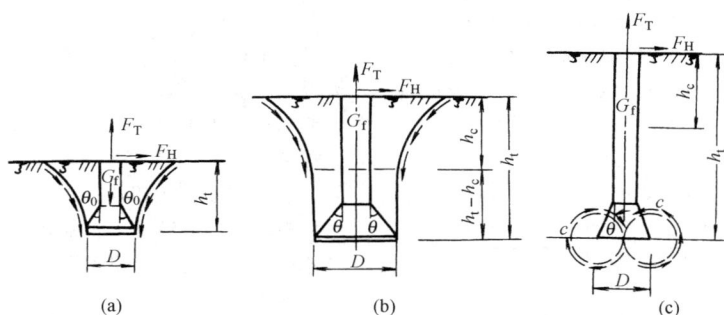

图 7-2-6　用剪切法计算抗拔土体简图

（a）浅基（$h_t \leqslant h_c$）；（b）中深基（$h_t > h_c$）；（c）软土深基（$h_t > h_c$）

（1）当基础的上拔深度 h_t（设计地面至底板上平面边缘）不大于其抗拔土体的临界深度 h_c 时，计算简图假定如图 7-2-6（a）所示。

（2）当基础的上拔深度 h_t 超过临界深度 h_c 时，其计算简图假定如图 7-2-6（b）所示。

（3）当基础的上拔深度 h_t 超过临界深度 h_c 的软黏性土，其计算简图假定如图 7-2-6（c）所示。

（三）用剪切法计算上拔稳定

1. 上拔稳定的计算

（1）$h_t \leqslant h_c$ 时：

$$F_T \leqslant \frac{0.5 A_1 c h_t^2 + A_2 \gamma h_t^3}{K_1} + \frac{G_f}{K_2} \quad (7\text{-}2\text{-}4)$$

（2）$h_t > h_c$ 时：

$$F_T \leqslant \frac{0.5 A_1 c h_c^2 + [A_2 h_c^3 + (h_t - h_c)\pi D^2/4 - \Delta V]\gamma}{K_1} + \frac{G_f}{K_2}$$

$$(7\text{-}2\text{-}5)$$

（3）$h_t > h_c$ 的软塑状态的黏性土中的基础，尚须按下式验算：

$$F_T \leqslant \frac{8 D^2 c}{K_1} + \frac{G_f}{K_2} \quad (7\text{-}2\text{-}6)$$

式中　F_T——作用于基础顶面的设计上拔力，kN；

h_t——基础的上拔深度，m；

h_c——基础的上拔临界深度，m，可按表 7-2-3 取值；

c——土体饱和状态下的凝聚力（kN/m²），可按表 7-1-6 取值；

γ——天然土的容重，kN/m³，由试验确定；

G_f——基础自重力，kN；

K_1——与土抗力有关的基础上拔稳定的安全系数，按表 7-1-28 取值；

K_2——与基础自重力有关的基础上拔稳定的安全系数，按表 7-1-28 取值；

D——基础底板的直径，m；

ΔV——$h_t - h_c$ 范围内的基础体积，m³；

A_1、A_2——土的内摩阻角 φ 和相对深度 h_t/D 的函数，可按图 7-2-7、图 7-2-8 确定。

表 7-2-3　　　　　　原状土的临界深度 h_c

土的名称	土的状态	临界深度 h_c（m）
碎石、粗砂、中砂	密实的～稍密的	$4.0D \sim 3.0D$
细砂、粉砂	密实的～稍密的	$3.0D \sim 2.5D$
一般黏性土	坚硬～可塑	$3.5D \sim 2.5D$
	可塑～软塑	$2.5D \sim 1.5D$

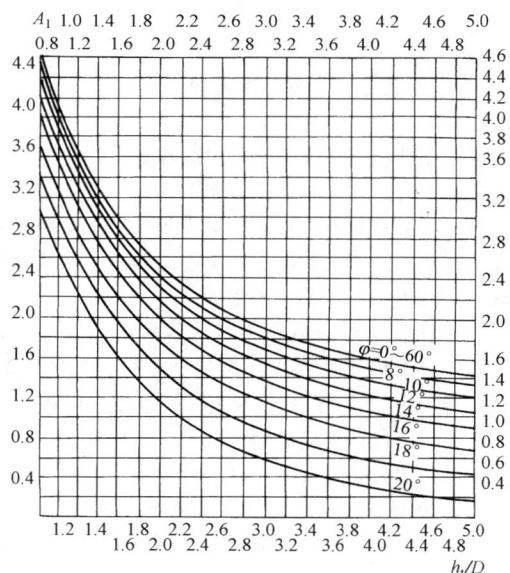

图 7-2-7　$A_1 = f(\varphi、h_t/D)$ 曲线

2. 计算说明

（1）当基础底板开展角 $\theta = 30° \sim 45°$ 时，式（7-2-4）～式（7-2-6）中土抗力项应乘以基型系数 0.8；

（2）当设计水平力与上拔力的比值 $F_H/F_T = 0.15 \sim 0.4$ 时，土抗力项应乘以系数 $1.0 \sim 0.9$；

（3）当基础根开较小，相邻基础同时作用设计上拔力时，即 $L < D + 2\lambda h_t$ 时，基础承载力应乘以折减系数 η_t。

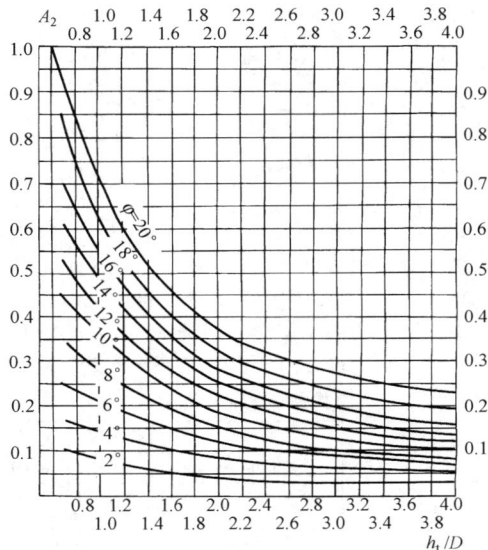

图 7-2-8 $A_2 = f(\varphi、h_t/D)$ 曲线

四、土重法

（一）适用的主要基型和要求

1. 装配式基础

这种基础包括用多个部件拼装而成的预制钢筋混凝土基础、金属基础和角锥支架基础等，具有工厂制造、保证质量和加速工程施工进度等优点。适用于缺少砂、石和水的地区或严冬现场浇制混凝土有困难的线路，一般用于地下水位较深的塔位。

（1）预制钢筋混凝土基础：一般由基柱和底板二个单件在现场用螺栓或焊接组成整体，如图 7-2-2（a）所示。基柱由方形或环形截面组成。底板可为方形或圆形，截面宜选择梯形。该型基础适用于运输条件较方便的风化岩石或坚硬土的直线塔位。

（2）金属基础：塔腿主角钢延伸直接与金属底板连接，全部由角钢组成的基型，俗称花窗基础，如图 7-2-2（b）所示。底板由互相交叉的角钢组成空心网格状。实践说明，金属基础适用于无侵蚀性风化岩石的直线塔位，特别是在运输条件极端困难的高山大岭的塔位使用更具有显著的经济效益。

（3）角锥支架基础：这种基型是由角钢组成的角锥形支架，通过槽钢或钢筋混凝土横梁用螺栓与钢筋混凝土板条连接成整体的钢和钢筋混凝土的混合结构，如图 7-2-2（c）所示。

当荷载较小和允许单件重力较大，支架亦可由钢筋混凝土构件组成。对塔基位于运输特别困难的高山大岭，底板的板条亦可用型钢组成的网格体系代替。该型基础适用于山区荷载较大的直线塔和不超过 30°的转角塔。

2. 现场浇制的混凝土基础

现场浇制的混凝土基础有塔腿主材锚入型和底脚螺栓锚固型。适用于现场附近有砂、石、水且施工条件好的塔位。

（1）主材锚入型：该型基础系将塔腿主角钢加长直接浇入混凝土中，并伸入基础底板。基柱通常为上部小、下部大的截头锥体，如图 7-2-2（d）所示。该型基础取消基柱配筋和地脚螺栓，可节省钢材，但施工较困难，故适用于荷载大的转角塔基础。

（2）底脚螺栓锚固型：该型基础系将底脚螺栓直接浇入混凝土中，如图 7-2-2（e）所示。它适用于设计上拔力小或只承受下压力的基础，一般用于拉线塔的立柱基础。

3. 现场浇制的钢筋混凝土基础

这种基础是目前送电线路上使用最广泛的基型，系由方形钢筋混凝土基柱和混凝土底板或钢筋混凝土底板构成。它适用于线路附近有砂、石、水的塔位。

（1）混凝土底板型：刚性混凝土底板可采用阶梯形和角锥形。阶梯形可采用定型钢模板，施工较方便，如图 7-2-2（g）所示。角锥形可节省混凝土，但须采用非定型模板，施工较麻烦。该型基础适用于荷载大、地基承载力高和运输条件方便的塔位。

（2）钢筋混凝土底板型：钢筋混凝土底板可根据荷载大小而采用平板形如图 7-2-2（f）所示或阶梯形。该基础适用于荷载大、地基承载力低和运输条件较困难的塔位。

4. 拉线基础

拉线基础可由工厂预制的钢筋混凝土构件、石材构件、现场浇制的混凝土和钢筋混凝土构成。

（1）拉线盘：拉线盘宜采用钢筋混凝土构件，亦可就地取材选用石材构件。拉线盘上平面以垂直于拉线如图 7-2-2（h）所示或平行于地面布置，其长短边的长度比以 $2 \sim 3$ 较适宜。拉线盘在工厂预制，具有质量好、施工进度快以及经济效益高等优点，因而被广泛的应用。

（2）浇制混凝土拉线基础如图 7-2-2（i）所示：现场浇制的混凝土基础由于耗材多、施工麻烦和造价高等缺点，因此，只使用在地下水位高，开挖基坑十分困难的塔位。

（二）用土重法计算抗拔土体简图

用土重法计算回填抗拔土体上拔稳定的计算简

图，假定如图 7-2-9 所示。亦即基础的极限抗拔力由基础的自重力和底板上部所切的倒截土锥体的重力组成。

（1）当基础上拔深度 h_t 不大于其抗拔土体的临界深度 h_c 时，假定铁塔基础的计算简图如图 7-2-9（a）所示，拉线基础如图 7-2-9（c）所示。

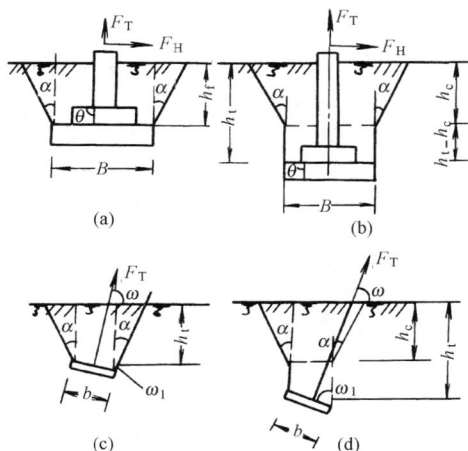

图 7-2-9 用土重法计算抗拔土体简图
（a）、（b）铁塔基础；（c）、（d）拉线基础

（2）当基础的上拔深度 h_t 超过临界深度 h_c 时，假定铁塔基础如图 7-2-9（b）所示，拉线基础如图 7-2-9（d）所示。

回填抗拔土体的临界深度 h_c 值，可按表 7-2-4 取值。

表 7-2-4 回填土体的临界深度 h_c

土的名称	土的状态	h_c （m）	
		圆形底板	方形底板
砂类土	稍密、密实	$2.5D$	$3.0B$
黏性土	坚硬、硬塑	$2.0D$	$2.5B$
	可塑	$1.5D$	$2.0B$
	软塑	$1.2D$	$1.5B$

注 1. 长方形底板，当长边 l 与短边 b 之比不大于 3 时，取 $B=0.5$（$b+l$）。

2. 土的状态按天然状态确定。

（三）用土重法计算上拔稳定

1. 铁塔基础

如图 7-2-9（a）、（b）所示，铁塔基础抗拔力为

$$F_T \leqslant \frac{(V-V_0)\gamma_0}{K_1} + \frac{G_f}{K_2} \qquad (7\text{-}2\text{-}7)$$

式中 V_0——h_t 深度内的基础体积，m^3；

γ_0——土的计算容重（kN/m^3），可按表 7-1-7 取值；

F_T、K_1、K_2——符号含义与式（7-2-4）相同；

V——h_t 深度内的抗拔土和基础的体积，m^3，可按式（7-2-8）～式（7-2-11）计算，正方形底板当 $h_t \leqslant h_c$ 时亦可按表 7-2-5～表 7-2-10 取值。

当 $h_t \leqslant h_c$ 时

方形底板 $V = h_t\left(B^2 + 2Bh_t\tan\alpha + \dfrac{4}{3}h_t^2\tan^2\alpha\right)$ (7-2-8)

圆形底板 $V = \dfrac{\pi h_t}{4}\left(D^2 + 2Dh_t\tan\alpha + \dfrac{4}{3}h_t^2\tan^2\alpha\right)$

$$(7\text{-}2\text{-}9)$$

当 $h_t > h_c$ 时

方形底板 $V = h_c\left(B^2 + 2Bh_c\tan\alpha + \dfrac{4}{3}h_c^2\tan^2\alpha\right) + B^2 \, (h_t$

$-h_c)$ (7-2-10)

圆形底板 $V = \dfrac{\pi}{4}\big[\, h_c(D^2 + 2Dh_c\tan\alpha$

$+ \dfrac{4}{3}h_c^2\tan^2\alpha) + D^2 \, (h_t - h_c)\big]$ (7-2-11)

上四式中 B——正方形底板的宽度，m，对板条底板或"花窗"金属底板当用于黏性土或风化岩地基时，可按实体底考虑；

α——回填土的计算上拔角，（°），可按表 7-1-7 取值；

h_c——基础的上拔临界深度，m，可按表 7-2-4 取值；

h_t——符号含义与式（7-2-5）相同。

计算说明：

（1）与"剪切法"计算说明相同；

（2）当基础根开较小，相邻基础上拔力同时作用时（即 $L < b + 2h_t\tan\alpha$），基坑抗拔土体应减去 ΔV_t 体积。

2. 拉线基础

如图 7-2-9（c）、（d）所示，拉线基础上拔及水平稳定分别为

（1）上拔稳定：

$$F_T\sin\omega \leqslant \frac{V_t\gamma_0}{K_1} + \frac{G_f}{K_2} \qquad (7\text{-}2\text{-}12)$$

式中 F_T——作用于拉线基础的上拔力，kN；

γ_0——土的计算容重，kN/m^3，可按表 7-1-7 取值；

ω——拉线与地面的夹角，（°），一般控制 $\omega \geqslant 45°$；

K_1、K_2——符号含义与式（7-2-4）相同；

V_t——h_t 深度内的抗拔土体积，m^3，对矩形拉线盘可按式（7-2-13）、式（7-2-14）计算，当 $h_t \leqslant h_c$ 时亦可按表 7-2-12～表 7-2-15 和表 7-2-16～表 7-

2-23 取值。

对矩形盘：当 $h_t \leq h_c$ 时，V_t 按式（7-2-13）计算；当 $h_t > h_c$ 时，V_t 按式（7-2-14）计算。即

$$V_t = h_t [\, bl\sin\omega_1 + (b\sin\omega_1 + l) \\ \times h_t\tan\alpha + \frac{4}{3}h_t^2\tan^2\alpha] \qquad (7\text{-}2\text{-}13)$$

$$V_t = h_c [\, bl\sin\omega_1 + (b\sin\omega_1 + l) \\ \times h_c\tan\alpha + \frac{4}{3}h_c^2\tan^2\alpha] + bl(h_t - h_c)\sin\omega_1 \\ \qquad (7\text{-}2\text{-}14)$$

式中　　b、l——分别为拉线盘的短边和长边，m；

ω_1——拉线盘上平面与垂面的夹角，（°），当拉线盘斜放与拉线垂直时 $\omega_1 = \omega$，当拉线盘平放时 $\omega_1 = 90°$；

a、h_c、h_t——符号含义与式（7-2-12）相同。

（2）水平方向稳定：当拉线盘平放如图 7-2-9（c）中 $\omega_1 = 90°$，且拉线对地面夹角 $\omega < 45°$ 时，需验算拉线盘在水平方向的稳定，可近似地按下式计算，即

$$K_1 F_T \leq \frac{\gamma_0 h_t l\delta\tan^2\left(45° + \frac{\beta}{2}\right) + F_T\sin\omega\tan\beta}{\cos\omega} \\ \qquad (7\text{-}2\text{-}15)$$

式中　　δ、l——分别为拉线盘的厚度和长边，m；

β——土的计算内摩阻角，（°），可按表 7-1-7 取值；

F_T、K_1、γ_0——符号含义与式（7-2-12）相同。

表 7-2-6 ～ 表 7-2-11 中粗线上数据系按下列条件确定：

软塑状态的黏性土（$\alpha = 10°$）当 $h_t > 1.5B$ 时取 $1.5B$

可塑状态的黏性土（$\alpha = 20°$）$h_t > 2.0B$ 时取 $2.0B$

硬塑坚硬状态黏性土（$\alpha = 25°$）$h_t > 2.5B$ 时取 $2.5B$

砂类土（$\alpha = 22°$、$26°$、$28°$）$h_t > 3.0B$ 时取 $3.0B$

表中土锥体积系按式（7-2-8）计算。

表 7-2-12 ～ 表 7-2-15 中粗线上数据为临界深度的控制值，按下列条件确定：

软塑状态黏性土　　当 $h_t > 1.5$（$b+l$）/2 时取 0.75（$b+l$）

可塑状态黏性土　　当 $h_t > 2.0$（$b+l$）/2 时取 1.0（$b+l$）

硬塑、坚硬状态黏性土　$h_t > 2.5$（$b+l$）/2 时取 1.25（$b+l$）

砂类土　　　　　　$h_t > 3.0$（$b+l$）/2 时取 1.5（$b+l$）

表中土锥体积系按式（7-2-13），当 $\omega_1 = 90°$ 时求得。表 7-2-16 ～ 表 7-2-23 中粗线上数据系临界深度的界限，确定方法与平放拉线盘的注释相同；表中土锥体积系按式（7-2-13），$\omega_1 = \omega$ 求得。

当采用极限状态计算方法计算基础的上拔和倾覆稳定时，其表达式为

$$\gamma_f F_T \leq A(\gamma_K, \gamma_s, \gamma_c, \cdots) \qquad (7\text{-}2\text{-}16)$$

式中　　F_T——基础上拔或倾覆外力设计值；

A——基础上拔或倾覆的承载力函数，当基础上拔承载力采用倒截锥体土重法计算时，上拔角 α 可参考表 7-1-7 所列数值；

γ_K——几何参数的标准值；

γ_s、γ_c——土及混凝土的重力设计值（取土及混凝土的实际重力），当位于地下水位以下时，取有效重力；

γ_f——基础的附加分项系数，应按表 7-2-5 的规定选用。

表 7-2-5　　基础附加分项系数

基础型式 / 杆塔类别	重力式基础	其它各种类型基础
直线杆塔	0.9	1.10
耐张及悬垂转角杆塔	0.95	1.30
转角、终端及大跨越塔	1.10	1.60

表 7-2-6　　　　　　正方形底板土锥体体积（$\alpha = 10°$）

$B \backslash h_t$	0.8	1.0	1.2	1.4	1.6	1.8	2.0	2.2	2.4	2.6	2.8	3.0	3.2	3.4	3.6	3.8	4.0
0.8	0.71	0.96	1.25	1.56	1.92	2.31	2.74	3.21	3.73	4.30	4.91	5.58	6.30	7.07	7.89	8.78	9.73
1.0	1.05	1.39	1.79	2.20	2.67	3.18	3.74	4.35	5.00	5.71	6.47	7.29	8.17	9.11	10.1	11.2	12.5
1.2	1.44	1.90	2.41	2.96	3.56	4.20	4.90	5.66	6.47	7.33	8.26	9.25	10.3	11.4	12.6	13.9	15.2
1.4	1.91	2.50	3.13	3.83	4.57	5.37	6.23	7.14	8.12	9.16	10.3	11.4	12.6	14.0	15.4	16.9	18.4
1.6	2.43	3.17	3.96	4.80	5.71	6.68	7.71	8.80	9.97	11.2	12.5	13.9	15.3	16.8	18.1	20.2	21.9
1.8	3.02	3.92	4.87	5.89	6.98	8.13	9.35	10.6	12.0	13.4	15.0	16.6	18.3	19.9	21.8	23.8	25.8
2.0	3.67	4.75	5.88	7.10	8.36	9.73	11.2	12.7	14.2	15.9	17.6	19.5	21.4	23.4	25.5	27.7	28.9
2.2	4.39	5.65	7.00	8.41	9.90	11.5	13.1	14.8	16.7	18.6	20.5	22.6	24.8	27.1	29.4	31.9	34.4

续表

h_t / B	0.8	1.0	1.2	1.4	1.6	1.8	2.0	2.2	2.4	2.6	2.8	3.0	3.2	3.4	3.6	3.8	4.0
2.4	5.17	6.65	8.20	9.84	11.6	13.4	15.2	17.2	19.3	21.4	23.7	26.0	28.5	31.0	33.6	36.4	39.2
2.6	6.02	7.64	9.50	11.4	13.3	15.4	17.5	19.8	22.1	24.5	27.0	29.7	32.4	35.2	38.2	41.2	44.4
2.8	6.93	8.87	10.9	13.0	15.2	17.6	20.0	22.4	25.1	27.8	30.6	33.5	36.5	39.7	43.0	46.3	49.8
3.0	7.90	10.1	12.4	14.8	17.3	19.9	22.6	25.4	28.3	31.3	34.4	37.6	40.9	44.9	48.1	51.8	55.6
3.2	8.90	11.4	14.0	16.7	19.4	22.3	25.3	28.4	31.7	35.0	38.4	42.0	45.7	49.5	53.4	57.4	61.7
3.4	10.0	12.8	15.7	18.7	21.7	24.9	28.3	31.7	35.2	38.9	42.6	46.6	50.6	54.8	59.1	63.5	68.1
3.6	11.2	14.2	17.5	20.8	24.2	27.7	31.3	35.1	38.9	43.0	47.2	51.5	55.5	60.4	65.0	69.9	74.8
3.8	12.4	15.8	18.3	22.9	26.7	30.6	34.6	38.7	43.0	47.3	51.9	56.5	61.3	66.2	71.3	76.5	81.9
4.0	13.7	17.5	21.3	25.3	29.0	33.6	37.9	42.5	47.1	51.9	56.8	61.8	67.0	72.3	77.8	83.4	89.2
4.2	15.1	19.2	23.4	27.7	32.7	36.8	41.5	46.4	51.4	56.6	61.9	67.4	72.9	78.7	84.6	90.7	96.9
4.4	16.5	21.0	25.5	30.3	35.1	40.1	45.3	50.5	56.0	61.6	62.3	73.2	78.3	85.4	91.7	98.3	105.0

表 7-2-7　　　　正方形底板土锥体体积（$\alpha = 20°$）

h_t / B	0.8	1.0	1.2	1.4	1.6	1.8	2.0	2.2	2.4	2.6	2.8	3.0	3.2	3.4	3.6	3.8	4.0
0.8	0.98	1.40	1.91	2.52	3.24	4.07	5.02	6.10	7.33	8.71	10.2	11.9	13.8	15.9	18.1	20.5	23.2
1.0	1.36	1.91	2.55	3.30	4.18	5.18	6.32	7.60	9.02	10.6	12.4	14.3	16.4	18.8	21.3	24.0	27.0
1.2	1.80	2.50	3.28	4.21	5.27	6.45	7.79	9.28	10.9	12.7	14.8	16.9	19.3	21.9	24.8	27.8	31.0
1.4	2.30	3.16	4.12	5.24	6.47	7.86	9.41	11.1	13.0	15.0	17.3	19.8	22.5	25.4	28.5	31.9	35.5
1.6	2.88	3.90	5.05	6.35	7.81	9.41	11.3	13.1	15.3	17.6	20.2	22.9	25.9	29.1	32.6	36.2	40.2
1.8	3.52	4.74	6.08	7.59	9.25	11.1	13.2	15.3	17.8	20.4	23.2	26.2	29.6	33.1	36.9	41.0	45.2
2.0	4.22	5.63	7.20	8.95	10.9	13.0	15.2	17.7	20.4	23.4	26.5	29.9	33.5	37.4	41.5	45.9	50.6
2.2	4.98	6.62	8.42	10.4	12.6	14.9	17.4	20.3	23.3	26.5	30.0	33.7	37.7	41.9	46.4	51.2	56.8
2.4	5.82	7.68	9.73	12.0	14.4	17.0	19.9	23.0	26.4	29.9	33.7	37.8	42.1	46.7	51.6	56.8	62.3
2.6	6.70	8.83	11.1	13.6	16.4	19.4	22.5	25.9	29.5	33.5	37.7	42.1	46.8	51.8	57.1	62.7	68.6
2.8	7.66	10.0	12.6	15.8	18.5	21.7	25.3	29.0	33.0	37.2	41.9	46.7	51.8	57.2	62.9	68.9	75.3
3.0	8.69	11.3	14.2	17.4	20.7	24.3	28.2	32.3	36.6	41.3	46.3	51.5	57.0	62.8	68.9	75.4	82.3
3.2	9.77	12.8	16.0	19.4	23.1	27.0	31.4	35.7	40.5	45.4	50.8	56.4	62.4	68.6	75.3	82.2	89.5
3.4	10.9	14.2	17.7	21.5	25.6	29.4	34.4	39.3	44.5	49.8	55.6	61.7	68.1	74.9	81.9	89.4	96.9
3.6	12.1	15.8	19.6	23.8	28.2	32.9	37.8	43.0	48.7	54.4	60.7	67.2	74.1	81.2	88.9	96.8	105.1
3.8	13.4	17.4	21.6	26.1	30.9	36.0	41.4	47.0	53.1	59.3	66.0	72.9	80.3	87.9	96.1	104.5	113.3
4.0	14.8	19.1	23.7	28.6	33.8	39.3	45.1	51.1	57.7	64.3	71.5	78.9	86.8	94.8	103.6	112.5	121.9
4.2	16.2	20.9	25.9	31.2	36.8	42.7	48.9	55.4	62.4	69.6	77.2	85.2	93.5	102.1	111.4	120.9	130.8
4.4	17.7	22.7	28.2	33.9	39.9	46.3	52.9	60.0	67.4	75.1	83.2	91.7	100.5	109.8	119.5	129.5	140.0

表 7-2-8   正方形底板土锥体体积（$\alpha = 22°$）

B \ h_t	0.8	1.0	1.2	1.4	1.6	1.8	2.0	2.2	2.4	2.6	2.8	3.0	3.2	3.4	3.6	3.8	4.0
0.8	1.04	1.50	2.07	2.76	3.57	4.52	5.61	6.85	9.27	9.86	11.6	13.6	15.8	18.2	20.8	23.7	26.8
1.0	1.43	2.03	2.74	3.58	4.56	5.65	6.97	8.43	10.1	11.8	13.9	16.5	18.6	21.3	24.3	27.4	30.9
1.2	1.98	2.63	3.50	4.51	5.68	7.00	8.50	10.2	12.1	14.1	16.4	18.9	21.7	24.7	27.9	31.4	35.2
1.4	2.40	3.31	4.36	5.56	6.92	8.46	10.2	12.1	14.2	16.6	19.1	21.9	24.9	28.3	31.6	35.7	39.9
1.6	2.99	4.07	5.31	6.72	8.30	10.1	12.0	14.2	16.6	19.2	22.1	25.2	28.6	32.2	36.1	40.3	44.9
1.8	3.03	4.91	6.36	7.98	9.80	10.8	14.0	16.5	19.2	22.1	25.3	28.7	32.4	36.4	40.6	45.3	50.2
2.0	4.35	5.83	7.50	9.36	11.4	13.7	16.2	18.9	21.9	25.2	28.7	32.4	36.4	40.8	45.5	50.5	55.7
2.2	5.12	6.84	8.74	10.9	13.2	15.7	18.5	21.6	24.9	28.4	32.3	36.4	40.8	45.6	50.6	56.0	61.7
2.4	5.96	7.92	10.1	12.5	15.1	17.9	21.0	24.4	28.0	31.5	36.1	40.6	45.4	50.6	56.0	61.8	68.0
2.6	6.86	9.08	11.5	14.2	17.6	20.2	23.7	27.4	31.3	35.8	40.2	45.1	50.3	55.8	61.7	68.0	74.6
2.8	7.83	10.3	13.0	16.0	19.2	22.7	26.5	30.5	34.9	39.6	44.5	49.8	55.4	61.4	67.7	74.4	81.5
3.0	8.86	11.6	14.7	18.0	21.5	25.3	29.4	33.9	38.6	43.6	49.0	54.7	60.8	67.2	74.0	81.2	88.7
3.2	9.96	13.0	16.4	20.0	23.9	28.1	32.6	37.4	42.5	47.6	53.7	59.9	66.4	73.3	80.5	88.2	96.3
3.4	11.1	14.5	18.2	22.2	26.4	31.0	35.9	41.1	46.6	52.5	59.7	65.3	72.3	78.3	87.4	95.5	101.2
3.6	12.3	16.1	20.2	24.4	29.1	34.0	39.3	44.9	50.9	57.2	63.9	70.9	78.4	86.3	94.5	103.3	112.3
3.8	13.6	17.7	22.1	26.8	31.4	37.2	42.9	49.0	55.4	62.2	69.3	76.8	84.8	93.2	101.9	111.2	120.8
4.0	15.0	19.5	24.2	29.3	34.7	40.5	46.7	53.2	60.0	67.2	74.9	83.0	91.4	100.3	109.6	119.4	129.6
4.2	16.4	21.2	26.4	32.0	37.8	44.1	50.6	57.6	64.9	72.6	80.7	89.3	96.3	107.8	117.6	128.0	138.7
4.4	17.9	23.1	28.7	34.7	41.0	47.6	54.7	62.1	70.0	78.2	86.9	96.0	105.5	115.5	125.9	136.9	148.3

表 7-2-9　　　　　　　　　　　　　正方形底板土锥体体积（$\alpha = 25°$）

B ＼ h_t	0.8	1.0	1.2	1.4	1.6	1.8	2.0	2.2	2.4	2.6	2.8	3.0	3.2	3.4	3.6	3.8	4.0
0.8	1.14	1.68	2.34	3.16	4.12	5.26	6.58	8.11	9.84	11.7	14.0	16.5	19.2	22.2	25.5	29.1	33.1
1.0	1.54	2.22	3.05	4.02	5.18	6.51	8.05	9.79	11.8	13.9	16.4	19.2	22.3	25.6	29.2	33.2	37.5
1.2	2.01	2.85	3.85	5.01	6.35	7.91	9.68	11.7	13.9	16.4	19.2	22.2	25.6	29.3	33.2	37.5	42.2
1.4	2.55	3.56	4.73	6.10	7.66	9.45	11.5	13.7	16.2	18.9	22.1	25.4	29.1	33.2	37.5	42.2	47.3
1.6	3.16	4.35	5.72	7.30	9.10	11.1	13.4	15.9	18.7	21.8	25.1	29.0	33.0	37.4	42.1	47.2	52.7
1.8	3.82	5.20	6.81	8.62	10.7	12.9	15.5	18.3	21.5	24.9	28.5	32.7	37.1	41.8	47.0	52.5	58.4
2.0	4.55	6.15	8.00	10.0	12.4	14.9	17.8	20.9	24.4	28.0	32.1	36.6	41.4	46.6	52.1	58.0	64.4
2.2	5.33	7.18	9.25	11.6	14.2	17.0	20.2	23.7	27.5	31.5	35.9	40.8	46.0	51.6	57.5	63.9	70.7
2.4	6.20	8.30	10.7	13.2	16.1	19.2	22.7	26.6	30.7	35.1	40.2	45.2	50.9	56.9	63.3	70.1	77.4
2.6	7.12	9.47	12.1	15.0	18.2	21.7	25.5	29.7	34.2	39.0	44.4	50.0	56.0	62.4	69.3	76.6	84.4
2.8	8.10	10.7	13.7	16.9	20.4	24.2	28.4	33.0	37.9	43.0	48.7	54.8	61.3	68.3	75.6	83.4	91.7
3.0	9.14	12.1	15.3	18.9	22.7	26.9	31.5	36.3	41.7	47.4	53.5	60.0	67.0	74.4	82.2	90.5	99.3
3.2	10.2	13.5	17.1	21.0	25.2	29.8	34.7	40.0	45.8	51.8	58.4	65.4	72.8	80.7	89.1	97.9	107.3
3.4	11.4	15.0	18.9	23.2	27.8	32.8	38.1	43.9	50.0	56.5	63.6	71.1	78.9	87.4	96.3	105.5	115.5
3.6	12.7	16.6	20.9	25.5	30.5	35.9	41.6	47.8	54.5	61.4	69.0	77.0	85.3	94.1	103.8	113.6	124.1
3.8	14.0	18.3	22.9	28.0	33.4	39.2	45.3	52.0	59.1	66.5	74.6	83.1	91.9	101.5	111.5	121.9	133.0
4.0	15.3	20.0	25.1	30.5	36.3	42.6	49.2	56.3	63.9	71.8	80.4	89.4	98.8	108.9	119.5	130.5	142.2
4.2	16.8	21.9	27.3	33.1	39.4	46.1	53.2	60.8	68.9	77.4	86.4	96.0	106.0	116.7	127.9	139.4	151.8
4.4	18.3	23.8	29.6	35.9	42.7	49.8	57.5	65.5	74.1	83.2	92.7	102.8	113.5	124.7	136.4	148.7	161.7

表 7-2-10　　　　　　　　　　　　　正方形底板土锥体体积（$\alpha = 26°$）

B ＼ h_t	0.8	1.0	1.2	1.4	1.6	1.8	2.0	2.2	2.4	2.6	2.8	3.0	3.2	3.4	3.6	3.8	4.0
0.8	1.17	1.74	2.44	3.30	4.32	5.53	6.94	8.56	10.4	12.5	14.9	17.5	20.4	23.7	27.2	31.1	35.4
1.0	1.58	2.28	3.15	4.18	5.40	6.81	8.44	10.3	12.4	14.8	17.4	20.3	23.6	27.1	31.1	25.3	39.9
1.2	2.06	2.93	3.96	5.18	6.60	8.23	10.1	12.2	14.5	17.2	20.2	23.4	27.0	30.9	35.2	39.8	44.8
1.4	2.60	3.64	4.87	6.29	7.93	9.80	11.9	14.3	17.0	19.9	23.1	26.7	30.7	34.9	39.6	44.6	50.0
1.6	3.21	4.44	5.87	7.51	9.39	11.5	13.9	16.6	19.5	22.8	26.4	30.5	34.6	39.2	44.2	49.7	55.5
1.8	3.88	5.31	6.96	8.85	10.9	13.4	16.0	19.0	22.3	25.9	29.8	34.1	38.7	43.8	49.2	55.1	61.4
2.0	4.61	6.27	8.16	10.3	12.7	15.4	18.3	21.6	25.2	29.2	33.5	38.1	43.2	48.6	54.5	60.8	67.5
2.2	5.41	7.30	9.45	11.9	14.5	17.5	20.8	24.4	28.4	32.7	37.3	42.4	47.9	53.7	60.0	66.8	74.0
2.4	6.27	8.42	10.8	13.5	16.5	19.8	23.4	27.4	31.7	36.4	41.5	46.9	52.8	59.1	65.9	73.1	80.3
2.6	7.19	9.61	12.3	15.3	18.6	22.2	26.2	30.5	35.2	40.3	45.8	51.7	58.0	64.8	72.0	79.7	87.9
2.8	8.18	11.0	13.9	17.2	20.8	24.8	29.1	33.8	38.9	44.4	50.3	56.7	63.5	70.7	78.4	86.6	95.4
3.0	9.24	12.2	15.6	19.2	23.2	27.5	32.2	37.2	42.8	48.8	55.1	61.9	69.2	76.9	85.1	93.9	103.1
3.2	10.4	13.6	17.3	21.3	25.7	30.4	35.5	41.0	46.9	53.3	60.1	67.4	75.1	83.4	92.1	101.3	111.2
3.4	11.5	15.2	19.7	23.6	28.3	33.4	38.9	44.9	51.2	58.1	65.3	73.1	81.4	90.1	99.4	109.2	119.1
3.6	12.8	16.7	21.2	25.8	31.0	36.6	42.5	48.9	55.7	63.0	70.8	79.1	87.8	97.1	107.0	117.4	128.3
3.8	14.1	18.4	23.2	28.4	33.9	39.9	46.2	53.1	60.4	68.2	76.5	85.2	94.6	104.4	114.8	125.8	137.4
4.0	15.5	20.2	25.4	30.9	36.9	43.3	50.1	58.0	65.3	73.6	82.4	91.7	101.6	112.0	123.0	134.6	146.7
4.2	16.9	22.1	27.6	33.6	40.0	46.9	54.2	62.0	70.3	79.2	88.5	88.4	108.7	119.0	131.4	143.6	156.4
4.4	18.5	24.0	29.9	36.4	43.3	50.6	58.4	66.7	75.6	84.9	94.8	105.3	116.3	127.9	140.1	153.0	166.4

表 7-2-11　　　　　　　　　　　　正方形底板土锥体体积 （α=28°）

B \ h_t	0.8	1.0	1.2	1.4	1.6	1.8	2.0	2.2	2.4	2.6	2.8	3.0	3.2	3.4	3.6	3.8	4.0
0.8	1.25	1.87	2.64	3.60	4.75	6.11	7.70	9.54	11.7	14.0	16.7	19.8	23.1	26.8	30.9	35.4	40.3
1.0	1.67	2.44	3.38	4.52	5.87	7.44	9.27	11.4	13.7	16.4	19.4	22.8	26.4	30.5	35.0	39.8	45.1
1.2	2.16	3.00	4.22	5.55	7.11	8.92	11.0	13.4	16.0	19.0	22.3	26.0	30.0	34.5	39.3	44.6	50.3
1.4	2.71	3.83	5.15	6.70	8.49	10.6	12.9	15.5	18.5	21.8	25.4	29.5	33.9	38.7	43.9	49.6	55.8
1.6	3.33	4.64	6.17	7.95	10.0	12.4	14.9	17.9	21.2	24.8	28.8	33.2	38.0	43.2	48.9	55.0	61.6
1.8	4.01	5.53	7.30	9.32	11.6	14.2	17.2	20.4	24.0	28.0	32.4	37.1	42.3	48.0	54.1	60.6	67.7
2.0	4.75	6.50	8.51	10.8	13.4	16.3	19.5	23.1	27.1	31.4	36.2	41.3	46.9	53.0	59.6	66.6	74.2
2.2	5.56	7.56	9.83	12.4	15.3	18.5	22.1	26.0	30.3	35.0	40.2	45.8	51.8	58.3	65.3	72.9	80.9
2.4	6.43	8.69	11.2	14.1	17.3	20.8	24.7	29.0	33.7	38.9	44.4	50.4	56.9	63.9	71.4	79.4	88.0
2.6	7.37	9.90	12.7	15.9	19.4	23.4	27.6	32.2	37.3	42.9	48.9	55.3	62.3	69.8	77.8	86.3	95.4
2.8	8.37	11.2	14.4	17.9	21.7	25.9	30.6	35.7	41.2	47.1	53.6	60.5	67.9	75.9	84.4	93.5	103.1
3.0	9.43	12.6	16.1	19.9	24.1	28.7	33.8	39.3	45.2	51.6	58.5	65.9	73.8	82.3	91.3	101.0	111.2
3.2	10.6	14.0	17.8	22.0	26.6	31.7	37.1	42.0	49.4	56.3	63.6	71.5	80.0	89.0	98.6	108.7	119.5
3.4	11.8	15.6	19.7	24.3	29.3	34.7	40.6	46.9	53.8	61.1	69.0	77.5	86.4	95.9	106.1	116.8	128.2
3.6	13.0	17.2	21.7	26.7	32.1	37.9	44.3	51.1	58.4	66.2	74.6	83.5	93.0	103.1	113.9	125.2	137.2
3.8	14.3	18.8	23.8	29.2	35.0	41.3	48.1	55.3	63.1	71.4	80.4	89.9	99.9	110.6	121.9	133.9	146.5
4.0	15.7	20.6	25.9	31.8	38.0	44.8	52.0	59.8	68.1	77.0	86.4	96.5	107.1	118.4	130.3	142.9	156.2
4.2	17.2	22.4	28.3	34.5	41.2	48.4	56.2	64.4	73.3	82.7	92.7	103.3	114.5	126.4	139.0	152.2	166.2
4.4	18.7	24.4	30.6	37.3	44.5	52.2	60.5	69.3	78.6	88.5	99.2	110.4	122.2	134.7	147.9	161.8	176.4

表 7-2-12　　　　　　　　　　　　平放矩形拉线盘土锥体体积 （α=10°）

规格 \ h_t	1.0	1.2	1.4	1.6	1.8	2.0	2.2	2.4	2.6	2.8	3.0
0.3×0.6	0.38	0.52	0.68	0.86	1.08	1.33	1.61	1.82	2.27	2.66	3.09
0.4×0.8	0.57	0.76	0.98	1.22	1.50	1.82	2.17	2.56	2.99	3.46	3.98
0.5×1.0	0.81	1.05	1.33	1.65	2.00	2.39	2.82	3.30	3.82	4.33	5.00
0.6×1.2	1.00	1.39	1.74	2.13	2.57	3.04	3.56	4.13	4.75	5.41	6.14
0.7×1.4	1.39	1.78	2.21	2.69	3.21	3.77	4.39	5.06	5.78	6.56	7.39
0.8×1.6	1.74	2.22	2.74	3.30	3.92	4.58	5.31	6.08	6.92	7.81	8.77
0.9×1.8	2.14	2.70	3.31	3.98	4.70	5.49	6.31	7.20	8.16	9.18	10.26
1.0×2.0	2.57	3.23	3.95	4.72	5.56	6.45	7.40	8.42	9.50	10.66	11.38
1.1×2.2	3.04	3.81	4.64	5.53	6.48	7.50	8.58	9.73	10.95	12.25	13.62
1.2×2.4	3.56	4.44	5.39	6.40	7.48	8.62	9.85	11.11	12.51	13.95	15.47
1.3×2.6	4.11	5.12	6.19	7.34	8.55	9.84	11.21	12.05	14.17	15.77	17.45
1.4×2.8	4.70	5.84	7.05	8.34	9.70	11.13	12.65	14.25	15.93	17.69	19.54
1.5×3.0	5.33	6.61	7.97	9.40	10.91	12.51	14.18	15.94	17.79	19.72	21.76
0.2×0.6	0.30	0.42	0.56	0.72	0.91	1.14	1.39	1.67	1.99	2.35	2.75

续表

规格 $\backslash$ h_t	1.0	1.2	1.4	1.6	1.8	2.0	2.2	2.4	2.6	2.8	3.0
0.3×0.9	0.52	0.70	0.91	1.14	1.41	1.72	2.06	2.44	2.86	3.32	3.83
0.4×1.2	0.80	1.05	1.34	1.66	2.02	2.42	2.86	3.35	3.88	4.47	5.10
0.5×1.5	1.14	1.48	1.85	2.27	2.73	3.24	3.80	4.40	5.06	5.77	6.54
0.6×1.8	1.54	1.98	2.46	2.96	3.56	4.18	4.87	5.68	6.40	7.25	8.17
0.7×2.1	2.01	2.55	3.14	3.79	4.49	5.25	6.06	6.94	7.89	8.90	9.87
0.8×2.4	2.53	3.19	3.91	4.69	5.53	6.43	7.40	8.43	9.53	10.71	11.96
0.9×2.7	3.11	3.90	4.76	5.68	6.67	7.73	8.86	10.06	11.34	12.69	14.12
1.0×3.0	3.75	4.69	5.70	6.78	7.93	9.15	10.46	11.84	13.30	14.84	16.47
1.1×3.3	4.45	5.54	6.72	7.96	9.29	10.69	12.18	13.75	15.41	17.16	18.99
1.2×3.6	5.21	6.47	7.82	9.25	10.76	12.36	14.04	15.82	17.68	19.64	21.78

表 7-2-13　　　　　平放矩形拉线盘土锥体体积 （$\alpha = 20°$）

规格 $\backslash$ h_t	1.0	1.2	1.4	1.6	1.8	2.0	2.2	2.4	2.6	2.8	3.0
0.3×0.6	0.68	0.99	1.38	1.85	2.42	3.08	3.86	4.76	5.79	6.95	8.26
0.4×0.8	0.93	1.32	1.79	2.35	3.02	3.80	4.70	5.73	6.89	8.20	9.66
0.5×1.0	1.22	1.69	2.25	2.92	3.78	4.60	5.62	6.79	8.10	9.56	11.18
0.6×1.2	1.55	2.11	2.78	3.55	4.45	5.47	6.64	7.94	9.41	11.03	12.83
0.7×1.4	1.92	2.58	3.35	4.25	5.27	6.43	7.74	9.28	10.82	12.61	14.59
0.8×1.6	2.33	3.10	3.99	5.01	6.16	7.47	8.92	10.55	12.34	14.31	16.47
0.9×1.8	2.78	3.66	4.68	5.83	7.13	8.58	10.20	11.99	13.96	16.12	18.47
1.0×2.0	3.27	4.28	5.42	6.72	8.17	9.78	11.57	13.53	15.69	18.04	20.60
1.1×2.2	3.80	4.94	6.23	7.67	9.28	11.06	13.02	15.17	17.52	20.07	22.84
1.2×2.4	4.37	5.65	7.08	8.69	10.46	12.41	14.56	16.90	19.45	22.21	25.20
1.3×2.6	4.98	6.41	8.00	9.77	11.71	13.85	16.19	18.73	21.49	24.47	27.68
1.4×2.8	5.62	7.21	8.97	10.91	13.04	15.37	17.90	20.65	23.63	26.84	30.29
1.5×3.0	6.31	8.06	9.99	12.12	14.44	16.96	19.71	22.68	25.88	29.32	33.01
0.2×0.6	0.59	0.87	1.22	1.66	2.19	2.82	3.55	4.41	5.38	6.50	7.75
0.3×0.9	0.88	1.26	1.72	2.27	2.93	3.70	4.59	5.61	6.76	8.06	9.51
0.4×1.2	1.24	1.72	2.30	2.98	3.79	4.70	5.76	6.95	8.29	9.78	11.45
0.5×1.5	1.65	2.25	2.96	3.78	4.74	5.82	7.05	8.43	9.98	11.68	13.57
0.6×1.8	2.13	2.86	3.71	4.69	5.80	7.07	8.48	10.07	11.82	13.75	15.87
0.7×2.1	2.67	3.54	4.54	5.68	6.98	8.43	10.05	11.84	13.82	15.98	18.35
0.8×2.4	3.26	4.29	5.46	6.78	8.26	9.91	11.74	13.76	15.97	18.38	21.01
0.9×2.7	3.92	5.11	6.45	7.97	9.65	11.51	13.57	15.82	18.28	20.95	23.85
1.0×3.0	4.63	6.00	7.54	8.25	11.15	13.24	15.58	18.03	20.75	23.69	26.87
1.1×3.3	5.41	6.97	8.71	10.63	12.75	15.08	17.62	20.38	23.37	26.60	30.87
1.2×3.6	6.24	8.00	9.96	12.11	14.74	17.84	19.84	22.87	26.15	29.67	33.45

表 7-2-14 平放矩形拉线盘土锥体体积（α＝25°）

规格 \ h_t	1.0	1.2	1.4	1.6	1.8	2.0	2.2	2.4	2.6	2.8	3.0
0.3×0.6	0.89	1.32	1.87	2.55	3.37	4.36	5.51	6.86	8.60	10.10	12.15
0.4×0.8	1.17	1.69	2.34	3.13	4.03	5.20	6.50	8.00	9.91	11.65	13.82
0.5×1.0	1.49	2.11	2.87	3.78	4.86	6.12	7.57	9.24	11.12	13.75	15.62
0.6×1.2	1.85	2.57	3.45	4.49	5.71	7.12	8.73	10.57	12.64	14.96	17.54
0.7×1.4	2.25	3.09	4.09	5.26	6.63	8.20	9.98	12.00	14.26	16.79	19.58
0.8×1.6	2.69	3.65	4.78	6.10	7.62	9.36	11.32	13.53	15.99	18.72	21.74
0.9×1.8	3.17	4.26	5.53	7.00	8.69	10.60	12.74	15.15	17.32	20.77	24.02
1.0×2.0	3.69	4.92	6.34	7.97	9.82	11.92	14.26	16.87	19.75	22.93	26.42
1.1×2.2	4.25	5.62	7.20	9.00	11.02	13.31	15.86	18.68	21.79	25.20	28.94
1.2×2.4	4.85	6.37	8.12	10.00	12.31	14.79	17.55	20.59	23.93	27.59	31.58
1.3×2.6	5.49	7.18	9.09	11.25	13.67	16.35	19.33	22.60	26.18	30.09	34.34
1.4×2.8	6.17	8.83	10.12	12.47	15.09	17.99	21.19	24.70	28.52	32.69	37.21
1.5×3.0	6.89	8.92	11.21	13.76	16.59	19.71	23.14	26.89	30.98	35.42	40.21
0.2×0.6	0.78	1.18	1.60	2.33	3.12	4.05	5.16	6.46	7.92	9.63	11.55
0.3×0.9	1.12	1.63	2.27	3.05	3.99	5.10	6.39	7.88	8.58	11.51	13.67
0.4×1.2	1.52	2.15	2.93	3.87	4.97	6.26	7.75	9.40	11.39	13.56	15.96
0.5×1.5	1.87	2.74	3.67	4.78	6.06	7.56	9.25	11.18	13.35	15.78	18.47
0.6×1.8	2.49	3.41	4.50	5.78	7.26	8.96	10.08	13.05	15.47	18.16	21.14
0.7×2.1	3.07	4.15	5.41	6.88	8.57	10.40	12.64	15.06	17.74	20.72	23.99
0.8×2.4	3.70	4.95	6.41	8.06	9.98	12.15	14.58	17.21	20.17	23.44	27.02
0.9×2.7	4.40	5.83	7.49	8.87	11.50	13.89	16.56	19.51	22.76	26.33	30.23
1.0×3.0	5.16	6.79	8.65	10.76	13.13	15.78	18.71	21.95	25.50	29.39	33.62
1.1×3.3	5.97	7.81	9.90	12.25	14.87	17.79	21.00	24.54	28.40	32.61	37.18
1.2×3.6	6.85	8.91	11.23	13.83	16.72	19.91	23.42	27.77	31.46	36.01	40.93

表 7-2-15 平放矩形拉线盘土锥体体积（a＝28°）

规格 \ h_t	1.0	1.2	1.4	1.6	1.8	2.0	2.2	2.4	2.6	2.8	3.0
0.3×0.6	1.04	1.56	2.22	3.06	4.07	5.29	6.73	8.40	10.33	12.53	15.07
0.4×0.8	1.34	1.95	2.73	3.69	4.84	6.21	7.81	9.65	11.77	14.17	16.88
0.5×1.0	1.67	2.40	3.30	4.39	5.68	7.21	8.97	11.00	13.32	15.93	18.86
0.6×1.2	2.05	2.89	3.97	5.15	6.60	8.29	10.28	12.45	14.97	17.79	20.95
0.7×1.4	2.47	3.44	4.59	5.97	7.58	9.44	11.57	13.99	16.72	19.77	23.17
0.8×1.6	2.93	4.02	5.33	6.86	8.64	10.68	13.01	15.63	18.56	21.86	25.50
0.9×1.8	3.43	4.66	6.12	7.81	9.77	12.00	14.53	17.37	20.54	24.07	27.96
1.0×2.0	3.97	5.35	6.96	8.83	10.97	13.40	16.13	19.20	22.61	26.36	30.53
1.1×2.2	4.55	6.08	7.86	9.91	12.24	14.87	17.83	21.13	24.78	28.81	33.23
1.2×2.4	5.17	6.86	8.82	11.05	13.58	16.43	19.61	23.15	27.05	31.35	36.05
1.3×2.6	5.83	7.69	9.83	12.26	15.00	18.07	21.49	25.27	29.43	34.00	38.99
1.4×2.8	6.53	8.57	10.90	13.53	16.49	19.79	23.45	27.48	31.91	36.76	42.04
1.5×3.0	7.27	9.50	12.02	14.87	18.05	21.59	25.49	29.79	34.50	38.63	45.21

规格 \ h_t	1.0	1.2	1.4	1.6	1.8	2.0	2.2	2.4	2.6	2.8	3.0
0.2×0.6	0.92	1.41	2.04	2.82	3.79	4.96	6.34	7.95	9.81	11.95	14.37
0.3×0.9	1.29	1.89	2.66	3.61	4.75	6.11	7.78	9.53	11.64	14.03	16.73
0.4×1.2	1.71	2.45	3.37	4.49	5.82	7.38	9.19	11.26	13.62	16.29	19.27
0.5×1.5	2.19	3.00	4.17	5.47	6.99	8.77	10.81	13.14	15.76	18.71	22.00
0.6×1.8	2.73	3.76	5.05	6.54	8.28	10.28	12.57	15.15	18.06	21.30	24.90
0.7×2.1	3.34	4.56	6.01	7.71	9.67	11.91	14.45	17.31	20.51	24.06	27.99
0.8×2.4	4.00	5.41	7.06	8.97	11.17	13.66	16.67	19.67	23.12	26.99	31.25
0.9×2.7	4.72	6.37	8.18	10.33	12.77	15.53	18.67	22.07	25.88	30.09	34.70
1.0×3.0	5.50	7.31	9.40	11.78	14.49	17.52	20.91	24.66	28.80	33.35	38.32
1.1×3.3	6.35	8.38	10.70	13.34	16.31	19.63	23.32	27.40	31.88	36.78	42.17
1.2×3.6	7.25	9.51	12.08	14.99	18.24	21.86	25.87	30.28	35.11	40.38	46.11

表 7-2-16　　　　斜放矩形拉线盘土锥体体积 $\left(\begin{array}{l}\omega=45°\\\alpha=10°\end{array}\right)$

规格 \ h_t	1.0	1.2	1.4	1.6	1.8	2.0	2.2	2.4	2.6	2.8	3.0
0.3×0.6	0.31	0.43	0.57	0.74	0.93	1.16	1.41	1.70	2.03	2.39	2.79
0.4×0.8	0.46	0.62	0.80	1.02	1.27	1.55	1.86	2.22	2.61	3.04	3.52
0.5×1.0	0.63	0.84	1.08	1.35	1.65	1.99	2.37	2.80	3.26	3.77	4.33
0.6×1.2	0.84	1.09	1.39	1.72	2.09	2.50	2.95	3.44	3.99	4.58	5.22
0.7×1.4	1.07	1.38	1.74	2.13	2.57	3.05	3.58	4.16	4.79	5.47	6.21
0.8×1.6	1.33	1.71	2.13	2.60	3.11	3.67	4.28	4.96	5.66	6.44	7.27
0.9×1.8	1.62	2.06	2.56	3.10	3.70	4.34	5.04	5.80	6.61	7.49	8.42
1.0×2.0	1.93	2.46	3.03	3.65	4.33	5.07	5.86	6.72	7.63	8.61	9.66
1.1×2.2	2.28	2.88	3.54	4.25	5.02	5.58	6.75	7.70	8.73	9.82	10.98
1.2×2.4	2.65	3.34	4.09	4.89	5.76	6.70	7.69	8.76	9.90	11.10	12.38
1.3×2.6	3.05	3.83	4.68	5.58	6.55	7.59	8.70	9.88	11.14	12.47	13.87
1.4×2.8	3.48	4.36	5.30	6.32	7.40	8.55	9.77	11.07	12.45	13.91	15.45
1.5×3.0	3.94	4.92	5.97	7.09	8.29	9.56	10.91	12.33	13.84	15.43	17.11
0.2×0.6	0.26	0.36	0.49	0.64	0.82	1.02	1.26	1.53	1.83	2.17	2.55
0.3×0.9	0.43	0.58	0.77	0.98	1.22	1.50	1.81	2.16	2.55	2.98	3.46
0.4×1.2	0.64	0.86	1.10	1.38	1.70	2.06	2.45	2.89	3.38	3.91	4.49
0.5×1.5	0.90	1.18	1.50	1.86	2.26	2.70	3.19	3.73	4.32	4.96	5.65
0.6×1.8	1.20	1.55	1.96	2.40	2.89	3.43	4.02	4.66	5.37	6.12	6.94
0.7×2.1	1.54	1.98	2.47	3.00	3.60	4.24	4.94	5.70	6.52	7.41	8.36
0.8×2.4	1.92	2.45	3.04	3.60	4.38	5.14	5.96	6.84	7.79	8.81	9.90
0.9×2.7	2.35	2.98	3.67	4.43	5.24	6.12	7.07	8.09	9.17	10.33	11.57
1.0×3.0	2.82	3.56	4.36	5.24	6.18	7.19	8.27	9.43	10.66	11.97	13.37
1.1×3.3	3.33	4.19	5.12	6.12	7.19	8.34	9.57	10.87	12.26	13.73	15.29
1.2×3.6	3.88	4.87	5.93	7.07	8.28	9.58	10.96	12.42	12.97	15.61	17.34

表 7-2-17　　　　　　　　　斜放矩形拉线盘土锥体体积 $\left(\begin{array}{l}\omega=45°\\\alpha=20°\end{array}\right)$

规格 $\quad h_t$	1.0	1.2	1.4	1.6	1.8	2.0	2.2	2.4	2.6	2.8	3.0
0.3×0.6	0.60	0.88	1.24	1.68	2.22	2.85	3.59	4.45	5.43	6.55	7.81
0.4×0.8	0.80	1.14	1.57	2.09	2.71	3.44	4.29	5.25	6.36	7.60	9.00
0.5×1.0	1.02	1.44	1.95	2.55	3.26	4.09	5.04	6.13	7.35	8.73	10.26
0.6×1.2	1.28	1.77	2.36	3.05	3.86	4.80	5.86	7.07	8.42	9.94	11.62
0.7×1.4	1.56	2.13	2.81	3.60	4.51	5.56	6.74	8.08	9.57	11.23	13.06
0.8×1.6	1.87	2.53	3.30	4.19	5.21	6.38	7.69	9.15	10.79	12.59	14.58
0.9×1.8	2.21	2.96	3.83	4.83	5.97	7.25	8.69	10.30	12.08	14.04	16.19
1.0×2.0	2.58	3.42	4.40	5.51	6.77	8.18	9.76	11.51	13.44	15.56	17.88
1.1×2.2	2.97	3.92	5.00	6.24	7.62	9.17	10.89	12.79	14.88	17.17	19.66
1.2×2.4	3.40	4.45	5.65	7.01	8.53	10.22	12.08	14.14	16.39	18.85	21.52
1.3×2.6	3.85	5.02	6.34	7.83	9.48	11.32	13.34	15.56	17.98	20.61	23.47
1.4×2.8	4.33	5.62	7.07	8.69	10.49	12.47	14.66	17.04	19.64	22.45	25.50
1.5×3.0	4.84	6.25	7.84	9.60	11.55	13.69	16.03	18.59	21.37	24.37	27.62
0.2×0.6	0.53	0.80	1.13	1.55	2.06	2.66	3.37	4.20	5.15	6.23	7.45
0.3×0.9	0.77	1.12	1.55	2.07	2.69	3.41	4.26	5.23	6.34	7.59	8.98
0.4×1.2	1.06	1.49	2.02	2.65	3.39	4.25	5.24	6.37	7.64	9.06	10.64
0.5×1.5	1.38	1.91	2.55	3.30	4.17	5.17	6.31	7.60	9.04	10.65	12.43
0.6×1.8	1.76	2.39	3.14	4.02	5.03	6.18	7.48	8.94	10.56	12.36	14.35
0.7×2.1	2.16	2.91	3.79	4.80	5.96	7.27	8.74	10.38	12.19	14.19	16.39
0.8×2.4	2.61	3.49	4.50	5.66	6.97	8.45	10.09	11.92	12.93	16.14	18.56
0.9×2.7	3.11	4.12	5.27	6.58	8.06	9.71	11.54	13.56	15.78	18.21	20.85
1.0×3.0	3.65	4.79	6.10	7.57	9.22	11.05	13.08	15.30	17.74	20.40	23.28
1.1×3.3	4.23	5.52	6.99	8.63	10.46	12.48	14.71	17.15	19.81	22.70	25.83
1.2×3.6	4.85	6.30	7.93	9.76	11.77	14.00	16.44	19.10	21.99	25.12	28.51

表 7-2-18　　　　　　　　　斜放矩形拉线盘土锥体体积 $\left(\begin{array}{l}\omega=45°\\\alpha=25°\end{array}\right)$

规格 $\quad h_t$	1.0	1.2	1.4	1.6	1.8	2.0	2.2	2.4	2.6	2.8	3.0
0.3×0.6	0.80	1.20	1.72	2.36	3.15	4.09	5.20	6.49	7.99	9.69	11.62
0.4×0.8	1.02	1.50	2.10	2.84	3.73	4.79	6.03	7.46	9.10	10.96	13.05
0.5×1.0	1.27	1.83	2.52	3.37	4.37	5.55	6.92	8.49	10.28	12.30	14.57
0.6×1.2	1.56	2.20	2.99	3.94	5.06	6.37	7.87	9.59	11.54	13.73	16.17
0.7×1.4	1.87	2.60	3.50	4.56	5.80	7.24	8.89	10.76	12.87	15.23	17.86
0.8×1.6	2.20	3.04	4.04	5.22	6.59	8.17	9.97	12.00	14.28	16.82	19.63
0.9×1.8	2.57	3.51	4.63	5.93	7.43	9.15	11.11	13.30	15.75	18.48	21.49
1.0×2.0	2.97	4.02	5.25	6.60	8.33	10.20	12.31	14.67	17.31	20.22	23.43
1.1×2.2	3.39	4.55	5.91	7.40	9.27	11.30	13.57	16.11	18.93	22.04	25.46
1.2×2.4	3.84	5.13	6.62	8.32	10.26	12.45	14.90	17.62	20.63	23.94	27.57
1.3×2.6	4.32	5.73	7.36	9.21	11.31	13.66	16.29	19.20	22.40	25.92	29.77
1.4×2.8	4.83	6.37	8.14	10.15	12.41	14.93	17.74	20.84	24.25	27.98	32.05
1.5×3.0	5.37	7.05	8.96	11.13	13.55	16.26	19.25	22.55	26.17	30.12	34.42

续表

规格 \ h_t	1.0	1.2	1.4	1.6	1.8	2.0	2.2	2.4	2.6	2.8	3.0
0.2×0.6	0.72	1.10	1.59	2.21	2.96	3.87	4.95	6.20	7.65	9.31	11.19
0.3×0.9	1.00	1.48	2.08	2.82	3.71	4.78	6.02	7.45	9.10	10.96	13.07
0.4×1.2	1.32	1.90	2.63	3.50	4.54	5.76	7.18	8.81	10.65	12.74	15.07
0.5×1.5	1.68	2.38	3.23	4.25	5.45	6.84	8.44	10.26	12.32	14.63	17.20
0.6×1.8	2.09	2.91	3.90	5.06	6.43	8.00	9.79	11.81	14.09	16.63	19.45
0.7×2.1	2.54	3.49	4.62	5.95	7.48	9.24	11.23	13.47	15.98	18.76	21.84
0.8×2.4	3.03	4.12	5.41	6.90	8.62	10.57	12.77	15.23	17.97	21.01	24.35
0.9×2.7	3.56	4.80	6.25	7.92	9.82	11.98	14.40	17.09	20.08	23.37	26.98
1.0×3.0	4.14	5.54	7.15	9.01	11.11	13.48	16.12	19.06	22.30	25.86	29.75
1.1×3.3	4.76	6.32	8.12	10.16	12.47	15.06	17.94	21.12	24.62	28.46	32.64
1.2×3.6	5.42	7.15	9.14	11.39	13.91	16.73	19.85	23.29	27.06	31.18	35.66

表 7-2-19　　斜放矩形拉线盘土锥体体积 $\left(\begin{array}{l}\omega=45° \\ \alpha=28°\end{array}\right)$

规格 \ h_t	1.0	1.2	1.4	1.6	1.8	2.0	2.2	2.4	2.6	2.8	3.0
0.3×0.6	0.94	1.43	2.06	2.85	3.83	5.00	6.38	8.00	9.88	12.02	14.45
0.4×0.8	1.18	1.75	2.48	3.38	4.47	5.77	7.30	9.07	11.11	13.42	16.04
0.5×1.0	1.45	2.11	2.94	3.95	5.17	6.60	8.27	10.20	12.41	14.91	17.72
0.6×1.2	1.75	2.51	3.44	4.57	5.91	7.49	9.31	11.41	13.79	16.47	19.48
0.7×1.4	2.08	2.93	3.98	5.23	6.71	8.43	10.41	12.68	15.24	18.11	21.32
0.8×1.6	2.43	3.40	4.56	5.94	7.56	9.43	11.58	14.02	16.76	19.84	23.26
0.9×1.8	2.82	3.89	5.18	6.69	8.46	10.49	12.80	15.42	18.36	21.64	25.27
1.0×2.0	3.23	4.42	5.84	7.49	9.41	11.60	14.09	16.90	20.03	23.52	27.37
1.1×2.2	3.67	4.98	6.53	8.34	10.41	12.77	15.44	18.44	21.78	25.48	29.56
1.2×2.4	4.14	5.58	7.27	9.22	11.46	14.00	16.85	20.05	23.60	27.52	31.83
1.3×2.6	4.64	6.21	8.05	10.16	12.56	15.28	18.33	21.73	25.49	29.64	34.19
1.4×2.8	5.16	6.88	8.86	11.14	13.72	16.62	19.87	23.47	27.45	31.83	36.63
1.5×3.0	5.72	7.58	9.72	12.16	14.92	18.02	21.46	25.28	29.49	34.11	39.16
0.2×0.6	0.86	1.32	1.93	2.69	3.63	4.76	6.11	7.69	9.51	11.60	13.98
0.3×0.9	1.16	1.73	2.46	3.36	4.46	5.76	7.30	9.08	11.12	13.45	16.07
0.4×1.2	1.50	2.19	3.05	4.11	5.36	6.85	8.58	10.57	12.84	15.41	18.29
0.5×1.5	1.89	2.71	3.71	4.92	6.35	8.02	9.95	12.16	14.66	17.49	20.64
0.6×1.8	2.32	3.27	4.42	5.79	7.40	9.27	11.42	13.86	16.61	19.69	23.11
0.7×2.1	2.80	3.89	5.19	6.74	8.54	10.61	12.98	15.65	18.66	22.00	25.71
0.8×2.4	3.31	4.55	6.03	7.75	9.75	12.04	14.63	17.55	20.81	24.44	28.44
0.9×2.7	3.87	5.27	6.92	8.83	11.04	13.55	16.38	19.55	23.09	26.99	31.38
1.0×3.0	4.47	6.04	7.87	9.98	12.40	15.14	18.22	21.66	25.47	29.67	34.28
1.1×3.3	5.11	6.85	8.88	11.20	13.84	16.82	20.15	23.86	27.96	32.46	37.39
1.2×3.6	5.80	7.72	9.95	12.49	15.36	18.59	22.18	26.17	30.56	35.37	40.63

表 7-2-20　　　　　　　斜放矩形拉线盘土锥体体积$\left(\begin{array}{l}\omega=60°\\\alpha=10°\end{array}\right)$

规格 \ h_t	1.0	1.2	1.4	1.6	1.8	2.0	2.2	2.4	2.6	2.8	3.0
0.3×0.6	0.36	0.48	0.63	0.81	1.01	1.25	1.52	1.82	2.16	2.54	2.95
0.4×0.8	0.52	0.70	0.90	1.13	1.40	1.69	2.03	2.40	2.82	3.27	3.77
0.5×1.0	0.72	0.96	1.22	1.51	1.84	2.21	2.62	3.07	3.56	4.10	4.69
0.6×1.2	0.97	1.26	1.58	1.94	2.35	2.79	3.28	3.82	4.40	5.02	5.72
0.7×1.4	1.24	1.60	2.00	2.43	2.92	3.44	4.02	4.65	5.33	6.06	6.85
0.8×1.6	1.55	1.98	2.46	2.98	3.55	4.17	4.84	5.56	6.34	7.18	8.08
0.9×1.8	1.90	2.41	2.97	3.58	4.24	4.96	5.73	6.56	7.45	8.40	9.42
1.0×2.0	2.28	2.88	3.53	4.23	5.00	5.82	6.70	7.64	8.66	9.72	10.86
1.1×2.2	2.69	3.39	4.14	4.95	5.82	6.75	7.74	8.80	9.94	11.14	12.41
1.2×2.4	3.14	3.94	4.79	5.71	6.70	7.75	8.86	10.05	11.31	12.65	14.06
1.3×2.6	3.63	4.52	5.50	6.54	7.64	8.81	10.06	11.38	12.78	14.26	15.81
1.4×2.8	4.14	5.16	6.25	7.41	8.64	9.95	11.33	12.80	14.34	15.96	17.67
1.5×3.0	4.70	5.84	7.06	8.35	9.71	11.16	12.68	14.29	15.99	17.76	19.63
0.2×0.6	0.28	0.39	0.53	0.69	0.87	1.08	1.33	1.61	1.92	2.27	2.66
0.3×0.9	0.48	0.65	0.84	1.07	1.33	1.62	1.95	2.31	2.72	3.17	3.66
0.4×1.2	0.73	0.96	1.23	1.53	1.87	2.25	2.68	3.14	3.65	4.21	4.82
0.5×1.5	1.03	1.34	1.69	2.08	2.52	2.99	3.52	4.10	4.72	5.40	6.14
0.6×1.8	1.39	1.78	2.22	2.71	3.25	3.84	4.48	5.17	5.93	6.74	7.61
0.7×2.1	1.79	2.29	2.83	3.43	4.08	4.79	5.55	6.38	7.26	8.22	9.23
0.8×2.4	2.25	2.85	3.51	4.23	5.00	5.84	6.74	7.70	8.74	9.84	11.02
0.9×2.7	2.76	3.48	4.26	5.11	6.02	6.99	8.04	9.16	10.35	11.61	12.95
1.0×3.0	3.32	4.17	5.09	6.07	7.13	8.25	9.46	10.73	12.09	13.53	15.05
1.1×3.3	3.93	4.92	5.98	7.12	8.33	9.62	10.99	12.44	13.97	15.59	17.30
1.2×3.6	4.60	5.74	6.95	8.25	9.63	11.09	12.63	14.26	15.99	17.80	19.71

表 7-2-21　　　　　　　斜放矩形拉线盘土锥体体积$\left(\begin{array}{l}\omega=60°\\\alpha=20°\end{array}\right)$

规格 \ h_t	1.0	1.2	1.4	1.6	1.8	2.0	2.2	2.4	2.6	2.8	3.0
0.3×0.6	0.65	0.94	1.32	1.77	2.32	2.98	3.74	4.62	5.63	6.77	8.06
0.4×0.8	0.87	1.24	1.69	2.24	2.88	3.64	4.51	5.51	6.65	7.92	9.36
0.5×1.0	1.13	1.58	2.11	2.75	3.50	4.37	5.36	6.49	7.76	9.18	10.76
0.6×1.2	1.43	1.95	2.58	3.32	4.18	5.16	6.28	7.54	8.96	10.53	12.27
0.7×1.4	1.76	2.38	3.10	3.95	4.92	6.03	7.28	8.68	10.25	11.98	13.89
0.8×1.6	2.12	2.84	3.67	4.63	5.73	6.97	8.36	9.91	11.63	13.52	15.61
0.9×1.8	2.52	3.34	4.29	5.37	6.60	7.97	9.51	11.22	12.10	15.17	17.43
1.0×2.0	2.95	3.89	4.95	6.17	7.53	9.05	10.74	12.61	14.66	16.91	19.35
1.1×2.2	3.42	4.47	5.67	7.01	8.52	10.19	12.05	14.08	16.31	18.74	21.38
1.2×2.4	3.92	5.10	6.42	7.92	9.58	11.41	13.43	15.64	18.05	20.68	23.52
1.3×2.6	4.46	5.77	7.24	8.88	10.69	12.69	14.88	17.28	19.88	22.71	25.76
1.4×2.8	5.03	6.48	8.10	9.89	11.87	14.01	16.47	19.00	21.00	24.83	28.10
1.5×3.0	5.64	7.23	9.01	10.56	13.11	15.47	18.02	20.81	23.81	27.06	30.45

续表

规格 \ h_t	1.0	1.2	1.4	1.6	1.8	2.0	2.2	2.4	2.6	2.8	3.0
0.2×0.6	0.56	0.84	1.18	1.61	2.13	2.75	3.47	4.31	5.28	6.37	7.61
0.3×0.9	0.83	1.19	1.64	2.18	2.82	3.57	4.44	5.43	6.57	7.84	9.27
0.4×1.2	1.16	1.61	2.17	2.83	3.60	4.50	5.52	6.68	7.99	9.45	11.08
0.5×1.5	1.53	2.10	2.77	3.56	4.48	5.53	6.71	8.05	9.55	11.21	13.05
0.6×1.8	1.96	2.64	3.45	4.38	5.45	6.66	8.02	9.55	11.24	13.12	15.17
0.7×2.1	2.43	3.25	4.20	5.28	6.51	7.90	9.45	11.17	13.07	15.16	17.45
0.8×2.4	2.97	3.92	5.02	6.27	7.67	9.24	10.99	12.92	15.04	17.36	19.89
0.9×2.7	3.55	4.65	5.91	7.33	8.92	10.69	12.64	14.79	17.14	19.70	22.48
1.0×3.0	4.18	5.45	6.88	8.48	10.27	12.24	14.41	16.78	19.37	22.18	25.23
1.1×3.3	4.87	6.31	7.92	9.72	11.70	13.89	16.29	18.90	21.74	24.81	28.13
1.2×3.6	5.61	7.23	9.03	11.03	13.24	15.65	18.28	21.15	24.25	27.59	31.19

表 7-2-22　　斜放矩形拉线盘土锥体体积 $\left(\begin{array}{l}\omega=60°\\\alpha=25°\end{array}\right)$

规格 \ h_t	1.0	1.2	1.4	1.6	1.8	2.0	2.2	2.4	2.6	2.8	3.0
0.3×0.6	0.85	1.27	1.80	2.46	3.22	4.23	5.37	6.69	8.21	9.94	11.90
0.4×0.8	1.10	1.60	2.23	3.00	3.92	5.01	6.28	7.75	9.43	11.33	13.47
0.5×1.0	1.39	1.98	2.71	3.59	4.64	5.86	7.27	8.90	10.76	12.82	15.14
0.6×1.2	1.72	2.40	3.24	4.24	5.41	6.77	8.34	10.12	12.14	14.40	16.92
0.7×1.4	2.07	2.87	3.82	4.94	6.25	7.76	9.48	11.43	13.63	16.08	18.79
0.8×1.6	2.47	3.37	4.44	5.70	7.15	8.81	10.70	12.83	15.21	17.85	20.78
0.9×1.8	2.90	3.92	5.12	6.51	8.11	9.94	12.00	14.30	16.87	19.72	22.86
1.0×2.0	3.36	4.50	5.84	7.38	9.14	11.13	13.37	15.86	18.63	21.69	25.06
1.1×2.2	3.86	5.13	6.61	8.38	10.23	12.39	14.81	17.51	20.48	23.76	27.35
1.2×2.4	4.35	5.80	7.43	9.28	11.38	13.72	16.34	19.23	22.42	25.92	29.74
1.3×2.6	4.95	6.52	8.30	10.32	12.59	15.17	17.94	21.04	24.45	28.18	32.75
1.4×2.8	5.56	7.27	9.22	11.41	13.86	16.59	19.61	22.93	26.57	30.54	34.85
1.5×3.0	6.19	8.06	10.18	12.55	15.70	18.13	21.36	24.91	28.78	32.99	37.56
0.2×0.6	0.75	1.14	1.65	2.28	3.05	3.97	5.06	6.33	7.80	9.48	11.38
0.3×0.9	1.06	1.56	2.18	2.95	3.86	4.95	6.22	7.68	9.36	11.26	13.40
0.4×1.2	1.43	2.04	2.79	3.70	4.76	6.04	7.49	9.16	11.05	13.18	15.56
0.5×1.5	1.84	2.58	3.47	4.53	5.78	7.22	8.88	10.76	12.88	15.25	17.89
0.6×1.8	2.31	3.18	4.23	5.45	6.88	8.52	10.38	12.48	14.84	17.46	20.37
0.7×2.1	2.82	3.85	5.05	6.45	8.07	9.91	12.00	14.33	16.94	19.82	23.00
0.8×2.4	3.39	4.57	5.95	7.54	9.36	11.41	13.73	16.31	19.17	22.33	25.80
0.9×2.7	4.02	5.36	6.92	8.71	10.74	13.02	15.57	18.40	21.54	24.98	28.74
1.0×3.0	4.69	6.21	7.97	9.96	12.21	14.73	17.53	20.63	24.04	27.77	31.85
1.1×3.3	5.42	7.13	9.08	11.29	13.77	16.54	19.60	22.97	26.67	30.71	35.11
1.2×3.6	6.19	8.11	10.27	12.71	15.43	18.46	21.79	25.45	29.45	33.80	38.52

表 7-2-23　　斜放矩形拉线盘土锥体体积 $\left(\begin{array}{l}\omega=60°\\\alpha=28°\end{array}\right)$

规格＼h_t	1.0	1.2	1.4	1.6	1.8	2.0	2.2	2.4	2.6	2.8	3.0
0.3×0.6	0.99	1.50	2.15	2.96	3.96	5.16	6.57	8.22	10.12	12.30	14.76
0.4×0.8	1.26	1.86	2.62	3.55	4.67	6.01	7.57	9.39	11.47	13.83	16.50
0.5×1.0	1.57	2.27	3.13	4.19	5.45	6.93	8.66	10.64	12.90	15.46	18.33
0.6×1.2	1.91	2.72	3.70	4.88	6.28	7.92	9.31	11.97	14.43	17.19	20.28
0.7×1.4	2.29	3.21	4.31	5.63	7.18	8.98	11.04	13.39	16.04	19.01	22.32
0.8×1.6	2.70	3.74	4.98	6.44	8.14	10.11	12.35	14.89	17.75	20.94	24.48
0.9×1.8	3.15	4.31	5.69	7.30	9.17	11.31	13.74	16.48	19.54	22.95	26.73
1.0×2.0	3.63	4.92	6.45	8.22	10.25	12.58	15.20	18.15	21.42	25.07	26.09
1.1×2.2	4.15	5.58	7.25	9.19	11.40	13.91	16.74	19.90	23.41	27.29	31.55
1.2×2.4	4.70	6.28	8.11	10.22	12.61	15.32	18.35	21.78	25.47	29.60	34.12
1.3×2.6	5.29	7.02	9.02	11.30	13.89	16.79	20.04	23.65	26.63	32.00	36.79
1.4×2.8	5.91	7.80	9.97	12.44	15.22	18.34	21.81	25.65	29.87	34.51	39.56
1.5×3.0	6.56	8.62	10.97	13.63	16.62	19.95	23.65	27.72	32.21	37.11	42.44
0.2×0.6	0.89	1.37	1.99	2.76	3.72	4.87	6.23	7.83	9.67	11.79	14.19
0.3×0.9	1.28	1.82	2.57	3.50	4.62	5.95	7.51	9.32	11.40	13.76	16.42
0.4×1.2	1.61	2.33	3.23	4.31	5.61	7.14	8.91	10.94	13.26	15.89	18.82
0.5×1.5	2.05	2.91	3.56	5.21	6.70	8.43	10.42	12.69	15.26	18.15	21.38
0.6×1.8	2.55	3.55	4.76	6.20	7.88	9.82	12.04	14.56	17.39	20.56	24.08
0.7×2.1	2.09	4.25	5.64	7.26	9.15	11.32	13.78	16.55	19.66	23.12	26.95
0.8×2.4	3.63	5.01	6.50	8.41	10.52	12.92	15.63	18.07	22.07	25.82	29.97
0.9×2.7	4.33	5.84	7.61	9.65	11.98	14.62	17.60	20.92	24.60	28.67	33.14
1.0×3.0	5.02	6.73	8.70	10.96	13.54	16.43	19.68	23.29	27.28	31.67	36.47
1.1×3.3	5.78	7.68	9.87	12.36	15.18	18.35	21.87	25.78	30.08	38.80	39.96
1.2×3.6	6.50	8.69	11.11	13.84	16.92	20.36	24.18	28.40	33.02	39.09	43.60

第三节　地基压力及地基计算

地基压力是指基础传递给地基持力层顶面处的压力，地基计算包括地基强度计算和长期荷载作用下地基变形计算。

一、地基压力

地基压力即基础底面的压力，其分布取决于地基与底板的相对刚度、荷载大小、基础埋深和土的性质等多种因素。送电线路杆塔基础的底板，无论刚性底板或柔性底板，其刚度均大大超过地基土（除岩石外）的刚度，可看作是绝对刚体。理论和实验都证明，轴心受压时刚性基础下的地基压力呈非线性分布，而且压力图形随荷载大小、土的性质、基础埋深等因素的变化而变化。但在一般情况下，均从工程实用观点出发，采取简化计算方法，假定地基压力分布按线性变化。根据承受荷载的性质，地基压力分别按下列各式确定。

（一）轴心荷载

基础底面的压力 P（kN/m²）按图 7-3-1 均匀分布计算：

$$P = \frac{F_v + G_f + G_0}{A} \tag{7-3-1}$$

式中　F_v——作用于基础顶面的设计轴心下压力，kN；

G_f——基础自重力，kN；

G_0——基础底板正上方土的重力，kN；

A——基础底板的计算面积，m²，圆形 $A=\pi D^2/4$，方形 $A=B^2$。

（二）单向偏心荷载

基础底面的压力 p（kN/m^2）按图 7-3-2（a）~（d）分布计算：

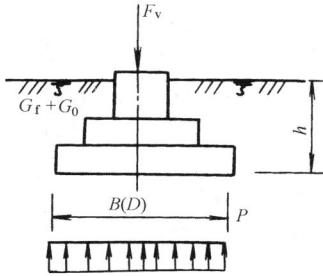

图 7-3-1　轴心荷载地基
压力计算简图

$$p_{max} = \frac{F_v + G_f + G_0}{A} + \frac{M}{W} \\ p_{min} = \frac{F_v + G_f + G_0}{A} - \frac{M}{W} \Bigg\} \quad (7\text{-}3\text{-}2)$$

式中　M——作用于基础底面的力矩，$kN \cdot m$，对不考虑侧向土压力的基型，$M = F_H(h + h_0)$ 对考虑侧向土压力的基型，M 可按式（7-3-6）、式（7-3-9）计算；

W——基础底面对垂直力矩方向的形心轴的抵抗矩，m^3。

当按式（7-3-2）求得的最小压力 $P_{min} < 0$ 时，基础底面一端压力为负值，即产生拉力如图 7-3-2（c）所示。实际上由于基础与地基间不能承受拉力，所以基础底面将部分和地基脱离，基础底面的压力分布假定如图 7-3-2（d）所示的三角形。此时基础底面三角形压力的合力与外荷载（$F_v + G_f + G_0$）的大小相等、方向相反而相互平衡，由此可求出边缘最大压力 P_{max}（kN/m^2）：

$$P_{max} = \frac{F_v + G_f + G_0}{A} m_a \quad (7\text{-}3\text{-}3)$$

式中　m_a——与偏心矩 e_0 和底板边长 B 或直径 D 有关的系数。

对矩形底板，系数 m_a 和偏心矩 e_0 分别为

$$m_a = \frac{2}{3\left(\frac{1}{2} - \frac{e_0}{B}\right)}; e_0 = \frac{M}{F_{va} + G_f + G_0}$$

式中　B——平行于力矩 M 方向的长边或短边长，对圆形底板 m_a 可按表 7-3-1 取值；

其它符号含义与式（7-3-1）相同。

（三）双向偏心荷载

基础底面的压力 P（kN/m^2）按图 7-3-3 分布计算：

表 7-3-1　　　　　系数 m_a

e_0/D	0.125	0.143	0.205	0.295	0.390
m_a	2.0	2.1	2.8	4.7	12.4

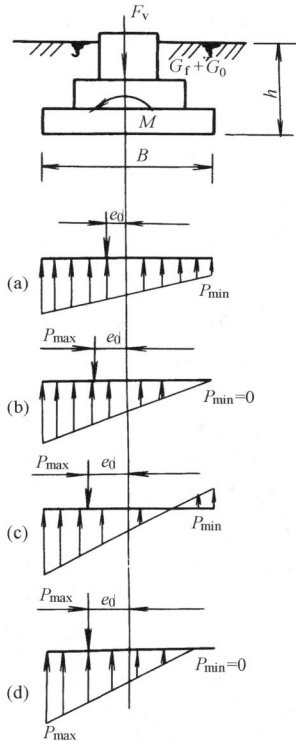

图 7-3-2　单向偏心荷载
地基压力计算简图

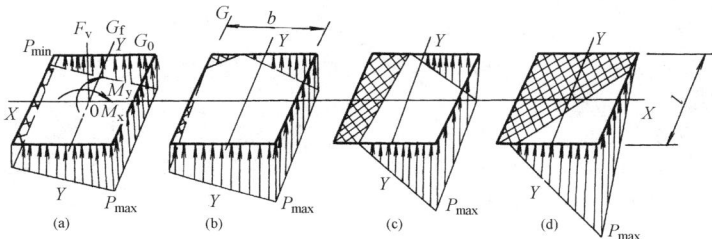

图 7-3-3　双向偏心荷载地基压力计算简图

（a）$P_{min} \geqslant 0$；（b）、（c）、（d）$P_{min} < 0$

$$P_{max} = \frac{F_v + G_f + G_0}{A} + \frac{M_x}{W_y} + \frac{M_y}{W_x}$$

$$P_{min} = \frac{F_v + G_f + G_0}{A} - \frac{M_x}{W_y} - \frac{M_y}{W_x}$$

$$(7\text{-}3\text{-}4)$$

式中　M_x、M_y——分别为作用于基础底面平行 X 轴和 Y 轴方向的力矩，kN·m；

W_x、W_y——分别为基础底面对 X 轴和 Y 轴的抵抗矩，m^3。

当按式（7-3-4）求得的最小压力 $P_{min} < 0$ 时，基础底面压力可出现图 7-3-3（b）、（c）、（d）等三种中任一种分布情况（阴影部分为基础底板与地基脱开部分）。此时，由基础底面压力的合力与外荷载（$F_v + G_f + G_0$）大小相等、方向相反的平衡条件，可求出边缘的最大压应力 P_{max}。即

$$P_{max} = \frac{F_v + F_f + G_0}{C_x C_y} m_b \qquad (7\text{-}3\text{-}5)$$

式中　$C_x = \dfrac{b}{2} - \dfrac{M_x}{F_v + G_f + G_0}$，m；

$C_y = \dfrac{l}{2} - \dfrac{M_y}{F_v + G_f + G_0}$，m；

b、l——分别为基础底面沿 X 方向和 Y 方向的宽度，m；

m_b——与基础底面压力图形有关的系数。

根据计算，图 7-3-3（b）、（c）、（d）所示的地基压力图形，$m_b = 0.333 \sim 0.375$，一般可近似取 $m_b = 0.35$。当按式（7-3-5）计算不大于按式（7-3-4）计算值时，则取 $m_b = 0.375$。

（四）原状土基础考虑侧向土压力时弯矩的近似计算

1. 弹性和刚性基柱的划分（图 7-3-4）

当 $h \geq h_A$ 时，考虑为弹性基柱；当 $h < h_A$ 时，考虑为刚性基柱。其中 h 为基柱高度（m）；h_A 为基柱嵌固深度（m），可按下式计算：

$$h_A = \frac{\pi}{2\beta_0}$$

式中　β_0——基柱的变形系数（1/m），$\beta_0 = \left(\dfrac{k d_0}{4EI}\right)^{\frac{1}{4}}$；

d_0——基柱直径，m；

EI——基柱的抗弯刚度（kN·m²），对钢筋混凝土受弯基柱，可取 $EI = 0.3E_{cc}I$；

E_{cc}——混凝土的弹性模量（kN·m²），可按表 7-1-1 取值；

I——基柱正截面的惯性矩（m⁴），$I = \pi r^4/4$；

k——基柱周围土体的侧向反力系数，对一般黏性土：软塑 $k = 5000 \sim 15000 \text{kN/m}^3$；可塑 $k = 15000 \sim 30000 \text{kN/m}^3$；

硬塑 $k = 30000 \sim 40000 \text{kN/m}^3$。

2. 弹性基柱的弯矩计算

当基柱顶部为自由，且作用设计水平力 F_H 时：

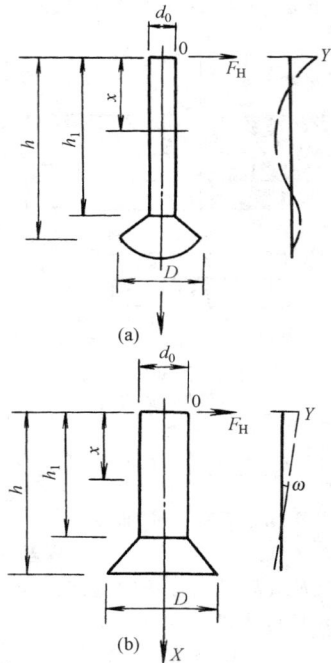

图 7-3-4　原状土基础计算简图
（a）弹性基柱；（b）刚性基柱

（1）基柱任一截面的弯矩 M_x 为

$$M_x = \frac{F_H}{\beta_0} e^{-\beta_0 x} \sin \beta_0 x \qquad (7\text{-}3\text{-}6)$$

（2）当 $x = \dfrac{\pi}{2\beta_0}$ 时，基柱弯矩 $M_x = M_{max}$；

$$M_{max} = -0.322 F_H/\beta_0$$

（3）当 $x = h$ 时，基柱根部的弯矩 M_h 为

$$M_1 = -\frac{F_H}{\beta_0} e^{-\beta_0 h} \sin \beta_0 h$$

式中　e——e = 2.71828⋯。

（4）当 $x = h_1$ 时，对机扩型基础可近似取基础底面的弯矩 $M_h = M_{h1}$。

3. 刚性基柱的弯矩计算

当基柱顶部为自由，作用设计水平力 F_H，且取基础底面土的竖向地基系数 $C_0 = 10m_0$ 时：

（1）基础转角 ω 为

$$\omega = \frac{24 F_H h}{m_0(dh^4 + 180 D_w)} \qquad (7\text{-}3\text{-}7)$$

（2）基础的旋转中心到地面的距离 x_A 为

$$x_A = \frac{3(dh_1^4 + 20 D_w)}{4 dh_1^3} \qquad (7\text{-}3\text{-}8)$$

（3）基柱任一截面弯矩 M_x：

$$M_x = F_H x - d\omega m_0 x^3 (2x_A - x)/12 \qquad (7\text{-}3\text{-}9)$$

（4）当 $x = h_1$，并将 ω、x_A 代入式（7-3-9）时

$$M_h = F_H h - d\omega m_0 h^3 (2x_A - h_1)/12$$
$$= 120 D_w F_H h_1 / (d h_1^4 + 180 D_w)$$

上四式中　F_H——作用于基础顶面的设计水平力，kN；

　　　　　h_1——基础的埋深，m；

　　　　　d——基柱的计算直径（m），当 $d_0 \leq 1.0$m 时，取 $d = 0.9 (1.5d_0 + 0.5)$；当 $d_0 > 1.0$m 时，取 $d = 0.9 (d_0 + 1.0)$；

　　　　　d_0——基柱的直径，m；

　　　　　D——基础扩底部的直径，m；

　　　　　w——扩底截面的抵抗矩（m³），$w = \pi r^3 / 4$；

　　　　　m_0——地基系数，对一般黏性土按其液性指数 I_L 确定：当 $1.0 \geq I_L > 0.5$ 时，取 $m_0 = 2000 \sim 4000$ kN/m⁴；$0.5 \geq I_L > 0$ 时，取 $m_0 = 4000 \sim 6000$kN/m⁴；$I_L \leq 0$ 时，取 $m_0 = 6000 \sim 10000$kN/m⁴。

二、地基强度

杆塔基础的几何尺寸，通常均按上拔稳定要求确定，此时地基的强度计算是在已知基型几何尺寸条件下的验算。

地基强度计算包括地基持力层的强度验算以及在地基压缩层深度内的软弱下卧层的强度验算。

（一）地基持力层的强度验算

按容许承载力计算地基时，应符合下列各式要求：

（1）轴心荷载作用时：

$$P \leq [P_1] (或 [P_{pr}]) \qquad (7-3-10)$$

（2）偏心荷载作用时，除应符合式（7-3-10）要求外，尚应符合下式要求：

$$P_{max} \leq 1.2[P_1] (或 1.2[P_{pr}]) \qquad (7-3-11)$$

式中　P——基础底面处的平均压力（kN/m²），可按式（7-3-1）计算；

　　　P_{max}——基础底面边缘的最大压力（kN/m²），可按式（7-3-2）～式（7-3-5）计算；

　　　$[P_1]$——修正后地基土的容许承载力（kN/m²），可按式（7-1-6）计算；

　　　$[P_{pr}]$——地基土的容许承载力（kN/m²），仅适用于承受短期荷载的直线杆塔的地基，可按式（7-1-7）计算。

当采用极限状态计算方法计算基础底面压应力时，应满足下列表达式。

（1）轴心荷载作用时：

$$P \leq f_s / \gamma_{if} \qquad (7-3-12)$$

（2）偏心荷载作用时，除应符合式（7-3-12）要求外，尚应符合下式要求：

$$P_{max} \leq 1.2 f_s / \gamma_{if} \qquad (7-3-13)$$

上二式中　P——基础底面处的平均压应力设计值；

　　　　　f_s——地基承载力设计值；

　　　　　γ_{if}——地基承载力调整系数，宜取 $\gamma_{rf} = 0.75$；

　　　　　P_{max}——基础底面边缘的最大压应力设计值。

如基础上拔、倾覆稳定及基础底面压应力采用极限状态计算方法时，则铁塔安全等级选定及基础作用力必须满足（DL/T 5092—1999）要求，相应基础强度及配筋计算同时采用极限状态计算法。

（二）地基软弱下卧层的强度验算

工程实践中常遇到持力层土质较好，下卧层土质较弱的情况。此时，首先按持力层强度确定基础底面积，然后校核下卧层顶面的压力。

（1）当地基压缩层范围内有软弱下卧层时，应按下式验算：

$$p_h + p_{Ch} \leq [p_1] \qquad (7-3-14)$$

式中　p_h——软弱下卧层顶面处的附加压力，kN/m²，根据底面形状可分别按式(7-3-13)～式(7-3-15)计算；

　　　p_{Ch}——软弱下卧层顶面处的土自重压力，kN/m²；

　　　$[p_1]$——软弱下卧层顶面处的修正后地基土的容许承载力，kN/m²。

（2）软弱下卧层顶面的附加力计算，是根据《建筑地基基础设计规范》GBJ 7—89 规定，按简化的压力扩散角法计算，亦即假定压力按某一角度向下扩散（图7-3-5），在此角度范围内压力在水平面上均匀分布。P_{h1} 可按下式计算：

1）正方形底面：

$$p_{h1} = \frac{B^2 (p - p_C)}{(B + 2h_1 \tan\theta_1)^2} \qquad (7-3-15)$$

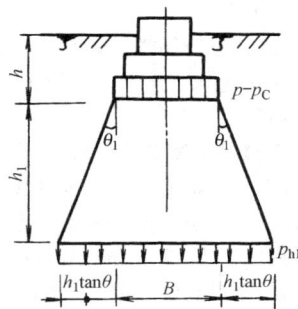

图 7-3-5　按压力扩散角计算软弱下卧层顶面的附加压力

2）矩形底面：

$$p_{h1} = \frac{bl(p - p_c)}{(b + 2h_1 \tan\theta_1)(l + 2h_1 \tan\theta_1)}$$
$$(7\text{-}3\text{-}16)$$

3）圆形底面：

$$p_{h1} = \frac{D^2(p - p_c)}{(D + 2h_1 \tan\theta_1)^2} \qquad (7\text{-}3\text{-}17)$$

上三式中　p_c——基础底面处土的自重压力,kN/m^2；

　　　　　h_1——基础底面至软弱下卧层顶面的深度，m；

　　　　　B——正方形底面宽度，m；

　　　　　D——圆形底面直径，m；

　　　　b、b_1——分别为矩形底面的短边和长边，m；

　　　　　θ_1——地基持力层的压力扩散角，一般取 $\theta_1 = 22°$；当土层为密实的碎石土、密实的砾砂、粗砂、中砂以及老黏土时，取 $\theta_1 = 30°$；当基础底面至软弱下卧层顶面以上的土层厚度 $h_1 \leqslant b\ (D)\ /4$ 时，可按 $\theta_1 = 0$ 计算。

三、地 基 变 形

经验证明，对一般杆塔地基只要在强度上符合容许承载力要求，则可不必进行地基变形计算，只是对某些有特殊要求的重要杆塔地基需进行地基变形计算。基于铁塔单独基础横向荷载远比竖向荷载小，因而杆塔基础地基的变形主要是计算竖向的最终沉降量，并使其符合容许沉降量和容许沉降差的要求。

（一）计算荷载

基础地基在附加压力作用下，砂类土在较短时期就可完成其沉降过程，而黏性土地基总要延续相当长的时期才能完结其沉降过程。为此，在计算地基最终沉降量时，将根据地质条件采取相应的设计荷载。

（1）砂类土地基设计荷载，采用送电线路杆塔基础承受的短期运行荷载，包括最大风荷载、最大覆冰、断线、安装引起的荷载等。

（2）一般黏性土地基设计荷载，采用杆塔基础承受的长期荷载，包括导线、避雷线、杆塔和基础自重力以及在 5m/s 风速、年平均气温条件下导、地线张力引起的荷载等。

（二）地基最终沉降量 S 计算

根据 GBJ 7—89 规定，计算地基最终沉降量时，地基内的压力分布可采用各向同性均质的直线变形体理论。基础的最终沉降量 S（m）可按分层总和法计算的变形值 S'，乘以经验系数 m_s 求得：

$$S = m_s S' = m_s \sum_{i=1}^{n} \frac{P_0}{E_{si}}$$

$$\times (h_i C_i - h_{i-1} C_{i-1}) \qquad (7\text{-}3\text{-}18)$$

式中　m_s——沉降计算经验系数，应根据同类地区已有构筑物实测最终沉降量与计算沉降量对比确定，一般可按表 7-3-2 取值；

　　　n——地基压缩层范围内所划分的土层数（图 7-3-6）；

　　　P_0——基础底面处的附加压力，kN/m^2；

　　　E_{si}——基础底面下第 i 层土的压缩模量，kN/m^2；

h_i、h_{i-1}——分别为基础底面至第 i 层和第 $i-1$ 层底面的距离，m；

C_i、C_{i-1}——分别为基础底面计算点至第 i 层和第 $i-1$ 层底面范围内平均附加压力系数，可按表 7-3-3 ~ 表 7-3-7 取值。

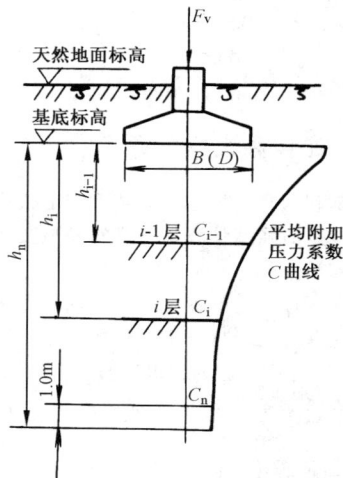

图 7-3-6　基础沉降计算
的分层示意图

（三）地基压缩层的计算深度 h_n[7-1]

作用于地基土的附加压力随深度的增加而减小，土的压缩量一般也随着深度的增加而降低。可以认为，在某一深度以下土层的压缩量则小到在实用上可以忽略不计，这个深度称为地基压缩层的计算深度。

计算深度 h_n 的确定，一般有下列几种方法：

（1）按沉降比确定地基压缩层的计算深度，一般采用试算法确定。当考虑相邻基础荷载影响，某试算深度符合式（7-3-17）要求条件时，该深度即为该压缩层的计算深度 h_n。

$$\Delta S'_n \leqslant 0.025 \sum_{i=1}^{n} \Delta S'_i \qquad (7\text{-}3\text{-}19)$$

表 7-3-2 沉降计算经验系数 m_s

压缩模量 E_s（kN/m²）	$E_s \leq 4000$	$4000 < E_s \leq 7000$	$7000 < E_s \leq 15000$	$15000 < E_s \leq 20000$	$E_s > 20000$
m_s	1.3	1.0	0.7	0.5	0.2

注 E_s 为地基压缩层范围内土的压缩模量，当压缩层由多层土组成时，E_s 采用厚度的加权平均值。

表 7-3-3 矩形面积上均布荷载作用下，通过中心点竖线上的平均压力系数 C

$\dfrac{h}{b}$ ＼ $\dfrac{b_1}{b}$	1.0	1.2	1.4	1.6	1.8	2.0	2.4	2.8	3.2	3.6	4.0	5.0
0.0	1.000	1.000	1.000	1.000	1.000	1.000	1.000	1.000	1.000	1.000	1.000	1.000
0.1	0.997	0.998	0.998	0.998	0.998	0.998	0.998	0.998	0.998	0.998	0.998	0.998
0.2	0.987	0.990	0.991	0.992	0.992	0.992	0.993	0.993	0.993	0.993	0.993	0.993
0.3	0.967	0.973	0.976	0.978	0.979	0.979	0.980	0.980	0.981	0.981	0.981	0.981
0.4	0.936	0.947	0.953	0.956	0.958	0.965	0.961	0.962	0.962	0.963	0.963	0.963
0.5	0.900	0.915	0.924	0.929	0.933	0.935	0.937	0.939	0.939	0.940	0.940	0.940
0.6	0.858	0.878	0.890	0.898	0.903	0.906	0.910	0.912	0.913	0.914	0.914	0.915
0.7	0.816	0.840	0.855	0.865	0.871	0.876	0.881	0.884	0.885	0.886	0.887	0.887
0.8	0.775	0.801	0.819	0.831	0.839	0.844	0.851	0.855	0.857	0.858	0.859	0.860
0.9	0.735	0.764	0.784	0.797	0.806	0.813	0.821	0.826	0.829	0.830	0.831	0.832
1.0	0.698	0.728	0.749	0.764	0.775	0.783	0.792	0.798	0.801	0.803	0.804	0.806
1.1	0.663	0.694	0.717	0.733	0.744	0.753	0.764	0.771	0.775	0.777	0.779	0.780
1.2	0.631	0.663	0.686	0.703	0.715	0.725	0.737	0.744	0.749	0.752	0.754	0.756
1.3	0.601	0.633	0.657	0.674	0.688	0.698	0.711	0.719	0.725	0.728	0.730	0.733
1.4	0.573	0.605	0.629	0.648	0.661	0.672	0.687	0.696	0.701	0.705	0.708	0.711
1.5	0.548	0.580	0.604	0.622	0.637	0.648	0.664	0.673	0.679	0.683	0.686	0.690
1.6	0.524	0.556	0.580	0.599	0.613	0.625	0.641	0.651	0.658	0.663	0.666	0.670
1.7	0.502	0.533	0.558	0.577	0.591	0.603	0.620	0.631	0.638	0.643	0.646	0.651
1.8	0.482	0.513	0.537	0.556	0.571	0.583	0.600	0.611	0.619	0.624	0.629	0.633
1.9	0.463	0.493	0.517	0.536	0.551	0.563	0.581	0.593	0.601	0.606	0.610	0.616
2.0	0.446	0.475	0.499	0.518	0.533	0.545	0.563	0.575	0.584	0.590	0.594	0.600
2.1	0.429	0.459	0.482	0.500	0.515	0.528	0.546	0.559	0.567	0.574	0.578	0.585
2.2	0.414	0.443	0.466	0.484	0.499	0.511	0.530	0.543	0.552	0.558	0.563	0.570
2.3	0.400	0.428	0.451	0.469	0.484	0.496	0.515	0.528	0.537	0.544	0.548	0.556
2.4	0.387	0.414	0.436	0.454	0.469	0.481	0.500	0.513	0.523	0.530	0.535	0.543
2.5	0.374	0.401	0.423	0.441	0.455	0.468	0.486	0.500	0.509	0.516	0.522	0.530
2.6	0.362	0.389	0.410	0.428	0.442	0.455	0.473	0.487	0.496	0.504	0.509	0.518
2.7	0.351	0.377	0.398	0.416	0.430	0.442	0.461	0.474	0.484	0.492	0.497	0.506
2.8	0.341	0.366	0.387	0.404	0.418	0.430	0.449	0.463	0.472	0.480	0.486	0.495
2.9	0.331	0.356	0.377	0.393	0.407	0.419	0.438	0.451	0.461	0.469	0.475	0.485
3.0	0.322	0.346	0.366	0.383	0.397	0.409	0.427	0.441	0.451	0.459	0.465	0.474
3.1	0.313	0.337	0.357	0.373	0.387	0.398	0.417	0.430	0.440	0.448	0.454	0.464
3.2	0.305	0.328	0.348	0.364	0.377	0.389	0.407	0.420	0.431	0.439	0.445	0.455
3.3	0.297	0.320	0.339	0.355	0.368	0.379	0.397	0.411	0.421	0.429	0.436	0.446
3.4	0.289	0.312	0.331	0.346	0.359	0.371	0.388	0.402	0.412	0.420	0.427	0.437
3.5	0.282	0.304	0.323	0.338	0.351	0.362	0.380	0.393	0.403	0.412	0.418	0.429
3.6	0.276	0.297	0.315	0.330	0.343	0.354	0.372	0.385	0.395	0.403	0.410	0.421
3.7	0.269	0.290	0.308	0.323	0.335	0.346	0.364	0.377	0.387	0.395	0.402	0.413
3.8	0.263	0.284	0.301	0.316	0.328	0.339	0.356	0.369	0.379	0.388	0.394	0.405
3.9	0.257	0.277	0.294	0.309	0.321	0.332	0.349	0.362	0.380	0.380	0.387	0.398
4.0	0.251	0.271	0.288	0.302	0.314	0.325	0.342	0.355	0.365	0.373	0.379	0.391
4.1	0.246	0.265	0.282	0.296	0.308	0.318	0.335	0.348	0.358	0.366	0.372	0.384
4.2	0.241	0.260	0.276	0.290	0.302	0.312	0.328	0.341	0.352	0.359	0.366	0.377
4.3	0.236	0.255	0.270	0.284	0.296	0.306	0.322	0.335	0.345	0.353	0.359	0.371
4.4	0.231	0.250	0.265	0.278	0.290	0.300	0.316	0.329	0.339	0.347	0.353	0.365
4.5	0.226	0.245	0.260	0.273	0.285	0.294	0.310	0.323	0.333	0.341	0.347	0.359
4.6	0.222	0.240	0.255	0.268	0.279	0.289	0.305	0.317	0.327	0.335	0.341	0.353
4.7	0.218	0.235	0.250	0.263	0.274	0.284	0.299	0.312	0.321	0.329	0.336	0.347
4.8	0.214	0.231	0.245	0.258	0.269	0.279	0.294	0.306	0.316	0.324	0.330	0.342
4.9	0.210	0.227	0.241	0.253	0.265	0.274	0.289	0.301	0.311	0.319	0.325	0.337
5.0	0.206	0.223	0.237	0.249	0.260	0.269	0.284	0.296	0.306	0.313	0.320	0.332

注 b—矩形的短边；b_1—矩形的长边；h—基础底面至计算土层的距离。

表 7-3-4　　　　　　　　　　矩形面积上均布荷载作用下角点的平均附加压力系数 C

$\dfrac{h}{b}$ ⟍ $\dfrac{b_1}{b}$	1.0	1.2	1.4	1.6	1.8	2.0	2.4	2.8	3.2	3.6	4.0	5.0
0.0	0.2500	0.2500	0.2500	0.2500	0.2500	0.2500	0.2500	0.2500	0.2500	0.2500	0.2500	0.2500
0.2	0.2496	0.2497	0.2497	0.2498	0.2498	0.2498	0.2498	0.2498	0.2498	0.2498	0.2498	0.2498
0.4	0.2474	0.2479	0.2481	0.2483	0.2483	0.2484	0.2485	0.2485	0.2485	0.2485	0.2485	0.2485
0.6	0.2423	0.2437	0.2444	0.2448	0.2451	0.2452	0.2454	0.2455	0.2455	0.2455	0.2455	0.2455
0.8	0.2346	0.2372	0.2387	0.2395	0.2400	0.2403	0.2407	0.2408	0.2409	0.2409	0.2410	0.2410
1.0	0.2252	0.2291	0.2313	0.2326	0.2335	0.2340	0.2346	0.2349	0.2351	0.2352	0.2352	0.2353
1.2	0.2149	0.2199	0.2229	0.2248	0.2260	0.2268	0.2278	0.2282	0.2285	0.2286	0.2287	0.2288
1.4	0.2043	0.2102	0.2140	0.2164	0.2180	0.2191	0.2204	0.2211	0.2215	0.2217	0.2218	0.2220
1.6	0.1939	0.2006	0.2049	0.2079	0.2099	0.2113	0.2130	0.2138	0.2143	0.2146	0.2148	0.2150
1.8	0.1840	0.1912	0.1960	0.1994	0.2018	0.2034	0.2055	0.2066	0.2073	0.2077	0.2079	0.2082
2.0	0.1746	0.1822	0.1875	0.1912	0.1938	0.1958	0.1982	0.1996	0.2004	0.2009	0.2012	0.2015
2.2	0.1659	0.1737	0.1793	0.1833	0.1862	0.1883	0.1911	0.1927	0.1937	0.1943	0.1947	0.1952
2.4	0.1578	0.1657	0.1715	0.1757	0.1789	0.1812	0.1843	0.1862	0.1873	0.1880	0.1885	0.1890
2.6	0.1503	0.1583	0.1642	0.1686	0.1719	0.1745	0.1779	0.1799	0.1812	0.1820	0.1825	0.1832
2.8	0.1433	0.1514	0.1574	0.1619	0.1654	0.1680	0.1717	0.1739	0.1753	0.1763	0.1769	0.1777
3.0	0.1369	0.1449	0.1510	0.1556	0.1592	0.1619	0.1658	0.1682	0.1698	0.1708	0.1715	0.1725
3.2	0.1310	0.1390	0.1450	0.1497	0.1533	0.1562	0.1602	0.1628	0.1645	0.1657	0.1664	0.1675
3.4	0.1256	0.1334	0.1394	0.1441	0.1478	0.1508	0.1550	0.1577	0.1595	0.1607	0.1616	0.1628
3.6	0.1205	0.1282	0.1342	0.1389	0.1427	0.1456	0.1500	0.1528	0.1548	0.1561	0.1570	0.1583
3.8	0.1158	0.1234	0.1293	0.1340	0.1378	0.1408	0.1452	0.1482	0.1502	0.1516	0.1526	0.1541
4.0	0.1114	0.1189	0.1248	0.1294	0.1332	0.1362	0.1408	0.1438	0.1459	0.1474	0.1485	0.1500
4.2	0.1073	0.1147	0.1205	0.1251	0.1289	0.1319	0.1365	0.1396	0.1418	0.1434	0.1445	0.1462
4.4	0.1035	0.1107	0.1164	0.1210	0.1248	0.1279	0.1325	0.1357	0.1379	0.1396	0.1407	0.1425
4.6	0.1000	0.1070	0.1127	0.1172	0.1209	0.1240	0.1287	0.1319	0.1342	0.1359	0.1371	0.1390
4.8	0.0967	0.1036	0.1091	0.1136	0.1173	0.1204	0.1250	0.1283	0.1307	0.1324	0.1337	0.1357
5.0	0.0935	0.1003	0.1057	0.1102	0.1139	0.1169	0.1216	0.1249	0.1273	0.1291	0.1304	0.1325
5.2	0.0906	0.0972	0.1026	0.1070	0.1106	0.1136	0.1183	0.1217	0.1241	0.1259	0.1273	0.1295
5.4	0.0878	0.0943	0.0996	0.1039	0.1075	0.1105	0.1152	0.1186	0.1211	0.1229	0.1243	0.1265
5.6	0.0852	0.0916	0.0968	0.1010	0.1046	0.1076	0.1122	0.1156	0.1181	0.1200	0.1215	0.1238
5.8	0.0828	0.0890	0.0941	0.0983	0.1018	0.1047	0.1094	0.1128	0.1153	0.1172	0.1187	0.1211
6.0	0.0805	0.0866	0.0916	0.0957	0.0991	0.1021	0.1067	0.1101	0.1126	0.1146	0.1161	0.1185
6.2	0.0783	0.0842	0.0891	0.0932	0.0966	0.0995	0.1041	0.1075	0.1101	0.1120	0.1136	0.1161
6.4	0.0762	0.0820	0.0869	0.0909	0.0942	0.0971	0.1016	0.1050	0.1076	0.1096	0.1111	0.1137
6.6	0.0742	0.0799	0.0847	0.0886	0.0919	0.0948	0.0993	0.1027	0.1053	0.1073	0.1088	0.1114
6.8	0.0723	0.0779	0.0826	0.0865	0.0898	0.0926	0.0970	0.1004	0.1030	0.1050	0.1066	0.1092
7.0	0.0705	0.0761	0.0806	0.0844	0.0877	0.0904	0.0949	0.0982	0.1008	0.1028	0.1044	0.1071
7.2	0.0688	0.0742	0.0787	0.0825	0.0857	0.0884	0.0928	0.0962	0.0987	0.1008	0.1023	0.1051
7.4	0.0672	0.0725	0.0769	0.0806	0.0838	0.0865	0.0908	0.0942	0.0967	0.0988	0.1004	0.1031
7.6	0.0656	0.0709	0.0752	0.0789	0.0820	0.0846	0.0889	0.0922	0.0948	0.0968	0.0984	0.1012
7.8	0.0642	0.0693	0.0736	0.0771	0.0802	0.0828	0.0871	0.0904	0.0929	0.0950	0.0966	0.0994
8.0	0.0627	0.0678	0.0720	0.0755	0.0785	0.0811	0.0853	0.0886	0.0912	0.0932	0.0948	0.0976
8.2	0.0614	0.0663	0.0705	0.0739	0.0769	0.0795	0.0837	0.0869	0.0894	0.0914	0.0931	0.0959
8.4	0.0601	0.0649	0.0690	0.0724	0.0754	0.0779	0.0820	0.0852	0.0878	0.0898	0.0914	0.0943
8.6	0.0588	0.0636	0.0676	0.0710	0.0739	0.0764	0.0805	0.0836	0.0862	0.0882	0.0898	0.0927
8.8	0.0576	0.0623	0.0663	0.0696	0.0724	0.0749	0.0790	0.0821	0.0846	0.0866	0.0882	0.0912
9.2	0.0554	0.0599	0.0637	0.0670	0.0697	0.0721	0.0761	0.0792	0.0817	0.0837	0.0853	0.0882
9.6	0.0533	0.0577	0.0614	0.0645	0.0672	0.0696	0.0734	0.0765	0.0789	0.0809	0.0825	0.0855
10.0	0.0514	0.0556	0.0592	0.0622	0.0649	0.0672	0.0710	0.0739	0.0763	0.0783	0.0799	0.0829

续表

$\dfrac{h}{b}$ ＼ $\dfrac{b_1}{b}$	1.0	1.2	1.4	1.6	1.8	2.0	2.4	2.8	3.2	3.6	4.0	5.0
10.4	0.0496	0.0537	0.0572	0.0601	0.0627	0.0649	0.0686	0.0716	0.0739	0.0759	0.0775	0.0804
10.8	0.0479	0.0519	0.0553	0.0581	0.0606	0.0628	0.0664	0.0693	0.0717	0.0736	0.0751	0.0781
11.2	0.0463	0.0502	0.0535	0.0563	0.0587	0.0609	0.0644	0.0672	0.0695	0.0714	0.0730	0.0759
11.6	0.0448	0.0486	0.0518	0.0545	0.0569	0.0590	0.0625	0.0652	0.0675	0.0694	0.0709	0.0738
12.0	0.0435	0.0471	0.0502	0.0529	0.0552	0.0573	0.0606	0.0634	0.0656	0.0674	0.0690	0.0719
12.8	0.0409	0.0444	0.0474	0.0499	0.0521	0.0541	0.0573	0.0599	0.0621	0.0639	0.0654	0.0682
13.6	0.0387	0.0420	0.0448	0.0472	0.0493	0.0512	0.0543	0.0568	0.0589	0.0607	0.0621	0.0649
14.4	0.0367	0.0398	0.0425	0.0448	0.0468	0.0486	0.0516	0.0540	0.0561	0.0577	0.0592	0.0619
15.2	0.0349	0.0379	0.0404	0.0426	0.0446	0.0463	0.0492	0.0515	0.0535	0.0551	0.0565	0.0592
16.0	0.0332	0.0361	0.0385	0.0407	0.0425	0.0442	0.0469	0.0492	0.0511	0.0527	0.0540	0.0567
18.0	0.0297	0.0323	0.0345	0.0364	0.0381	0.0396	0.0422	0.0442	0.0460	0.0475	0.0487	0.0512
20.0	0.0269	0.0292	0.0312	0.0330	0.0345	0.0359	0.0383	0.0402	0.0418	0.0432	0.0444	0.0468

注　b、b_1、h 与表 7-3-2 注释相同。

表 7-3-5　　　　矩形面积上三角形分布荷载作用下角点的平均附加压力系数 C

$\dfrac{h}{b}$ ＼ $\dfrac{b_1}{b}$ 点	0.2		0.4		0.6		0.8		1.0		1.2		1.4
	1	2	1	2	1	2	1	2	1	2	1	2	1
0.0	0.0000	0.2500	0.0000	0.2500	0.0000	0.2500	0.0000	0.2500	0.0000	0.2500	0.0000	0.2500	0.0000
0.2	0.0112	0.2161	0.0140	0.2308	0.0148	0.2333	0.0151	0.2339	0.0152	0.2341	0.0153	0.2342	0.0153
0.4	0.0179	0.1810	0.0245	0.2084	0.0270	0.2153	0.0280	0.2175	0.0285	0.2184	0.0288	0.2187	0.0289
0.6	0.0207	0.1505	0.0308	0.1851	0.0355	0.1966	0.0376	0.2011	0.0388	0.2030	0.0394	0.2039	0.0397
0.8	0.0217	0.1277	0.0340	0.1640	0.0405	0.1787	0.0440	0.1852	0.0459	0.1883	0.0470	0.1899	0.0476
1.0	0.0217	0.1104	0.0351	0.1461	0.0430	0.1624	0.0476	0.1704	0.0502	0.1746	0.0518	0.1769	0.0528
1.2	0.0212	0.0970	0.0351	0.1312	0.0439	0.1480	0.0492	0.1571	0.0525	0.1621	0.0546	0.1649	0.0560
1.4	0.0204	0.0865	0.0344	0.1187	0.0436	0.1356	0.0495	0.1451	0.0534	0.1507	0.0559	0.1541	0.0575
1.6	0.0195	0.0779	0.0333	0.1082	0.0427	0.1247	0.0490	0.1345	0.0533	0.1405	0.0561	0.1443	0.0580
1.8	0.0186	0.0709	0.0321	0.0993	0.0415	0.1153	0.0480	0.1252	0.0525	0.1313	0.0556	0.1354	0.0578
2.0	0.0178	0.0650	0.0308	0.0917	0.0401	0.1071	0.0467	0.1169	0.0513	0.1232	0.0547	0.1274	0.0570
2.5	0.0157	0.0538	0.0276	0.0769	0.0365	0.0908	0.0429	0.1000	0.0478	0.1063	0.0513	0.1107	0.0540
3.0	0.0140	0.0458	0.0248	0.0661	0.0330	0.0786	0.0392	0.0871	0.0439	0.0931	0.0476	0.0976	0.0503
5.0	0.0097	0.0289	0.0175	0.0424	0.0236	0.0476	0.0285	0.0576	0.0324	0.0624	0.0356	0.0661	0.0382
7.0	0.0073	0.0211	0.0133	0.0311	0.0180	0.0352	0.0219	0.0427	0.0251	0.0465	0.0277	0.0496	0.0299
10.0	0.0053	0.0150	0.0097	0.0222	0.0133	0.0253	0.0162	0.0308	0.0186	0.0336	0.0207	0.0359	0.0224

$\dfrac{h}{b}$ ＼ $\dfrac{b_1}{b}$ 点	1.4	1.6		1.8		2.0		3.0		4.0		6.0
	2	1	2	1	2	1	2	1	2	1	2	2
0.0	0.2500	0.0000	0.2500	0.0000	0.2500	0.0000	0.2500	0.0000	0.2500	0.0000	0.2500	0.2500
0.2	0.2343	0.0153	0.2343	0.0153	0.2343	0.0153	0.2343	0.0153	0.2343	0.0153	0.2343	0.2343
0.4	0.2189	0.0290	0.2190	0.0290	0.2190	0.0290	0.2191	0.0290	0.2192	0.0291	0.2192	0.2192
0.6	0.2043	0.0399	0.2046	0.0400	0.2047	0.0401	0.2048	0.0402	0.2050	0.0402	0.2050	0.2050
0.8	0.1907	0.0480	0.1912	0.0482	0.1915	0.0483	0.1917	0.0486	0.1920	0.0487	0.1920	0.1921
1.0	0.1781	0.0534	0.1789	0.0538	0.1794	0.0540	0.1797	0.0545	0.1803	0.0546	0.1803	0.1804
1.2	0.1666	0.0568	0.1678	0.0574	0.1684	0.0577	0.1689	0.0584	0.1697	0.0586	0.1699	0.1700
1.4	0.1562	0.0586	0.1576	0.0594	0.1585	0.0599	0.1591	0.0609	0.1603	0.0612	0.1605	0.1606
1.6	0.1467	0.0594	0.1484	0.0603	0.1494	0.0609	0.1502	0.0623	0.1517	0.0626	0.1521	0.1523
1.8	0.1381	0.0593	0.1400	0.0604	0.1413	0.0611	0.1422	0.0628	0.1441	0.0633	0.1445	0.1447

续表

b_1/b 点 / h/b	1.4 (2)	1.4 (1)	1.6 (2)	1.6 (1)	1.8 (2)	1.8 (1)	2.0 (2)	2.0 (1)	3.0 (2)	3.0 (1)	4.0 (2)	4.0 (1)	6.0 (2)
2.0	0.1303	0.0587	0.1324	0.0599	0.1338	0.0608	0.1348	0.0629	0.1371	0.0634	0.1377	0.0637	0.1380
2.5	0.1139	0.0560	0.1163	0.0575	0.1180	0.0586	0.1193	0.0614	0.1223	0.0623	0.1233	0.0627	0.1237
3.0	0.1008	0.0525	0.1033	0.0541	0.1052	0.0554	0.1067	0.0589	0.1104	0.0600	0.1116	0.0607	0.1123
5.0	0.0690	0.0403	0.0714	0.0421	0.0734	0.0435	0.0749	0.0480	0.0797	0.0500	0.0817	0.0515	0.0833
7.0	0.0520	0.0318	0.0541	0.0333	0.0558	0.0347	0.0572	0.0391	0.0619	0.0414	0.0642	0.0435	0.0663
10.0	0.0379	0.0239	0.0395	0.0252	0.0409	0.0263	0.0403	0.0302	0.0462	0.0325	0.0485	0.0349	0.0509

注　1. 点 1 为基底 $\sigma = 0$ 侧；点 2 为基底 $\sigma = \sigma_{\max}$ 侧。
　　2. b、b_1、h 与表 7-3-3 注释相同。

表 7-3-6　圆形面积上均布荷载作用下中点的平均附加压力系数 C

h/R	中点	h/R	中点	h/R	中点
0.0	1.000	1.6	0.739	3.2	0.484
0.1	1.000	1.7	0.718	3.3	0.473
0.2	0.998	1.8	0.697	3.4	0.463
0.3	0.993	1.9	0.677	3.5	0.453
0.4	0.986	2.0	0.658	3.6	0.443
0.5	0.974	2.1	0.640	3.7	0.434
0.6	0.960	2.2	0.623	3.8	0.425
0.7	0.942	2.3	0.606	3.9	0.417
0.8	0.923	2.4	0.590	4.0	0.409
0.9	0.901	2.5	0.574	4.2	0.393
1.0	0.878	2.6	0.560	4.4	0.379
1.1	0.855	2.7	0.546	4.6	0.365
1.2	0.831	2.8	0.532	4.8	0.353
1.3	0.808	2.9	0.519	5.0	0.341
1.4	0.784	3.0	0.507		
1.5	0.762	3.1	0.495		

注　R—圆形截面的半径；h—基础底面至计算土层的深度。

式中　$\Delta S'_n$——在深度 h_n 处，向上取计算层厚为 1m 的计算变形值，mm；

　　　$\Delta S'_i$——在深度 h_n 范围内，第 i 层土的计算变形值，mm。

当满足式（7-3-19）的 h_n 深度下还有更软弱的土层（较 h_n 外的土层更弱）时，还应继续向下计算，直到再次满足式（7-3-19）时为止。

（2）按压力分布确定地基压缩层的计算深度，取附加压力与自重压力的比值为 0.2（软土为 0.1）

表 7-3-7　圆形面积上三角形分布荷载作用下边点的平均附加压力系数 C

h/R	1	2	h/R	1	2
0.0	0.000	0.500	2.3	0.073	0.242
0.1	0.008	0.483	2.4	0.073	0.236
0.2	0.016	0.466	2.5	0.072	0.230
0.3	0.023	0.450	2.6	0.072	0.225
0.4	0.030	0.435	2.7	0.071	0.219
0.5	0.035	0.420	2.8	0.071	0.214
0.6	0.041	0.406	2.9	0.070	0.209
0.7	0.045	0.393	3.0	0.070	0.204
0.8	0.050	0.380	3.1	0.069	0.200
0.9	0.054	0.368	3.2	0.069	0.196
1.0	0.057	0.356	3.3	0.068	0.192
1.1	0.061	0.344	3.4	0.067	0.188
1.2	0.063	0.333	3.5	0.067	0.184
1.3	0.065	0.323	3.6	0.066	0.180
1.4	0.067	0.313	3.7	0.065	0.177
1.5	0.069	0.303	3.8	0.065	0.173
1.6	0.070	0.294	3.9	0.064	0.170
1.7	0.071	0.286	4.0	0.063	0.167
1.8	0.072	0.278	4.2	0.062	0.161
1.9	0.072	0.270	4.4	0.061	0.155
2.0	0.073	0.263	4.6	0.059	0.150
2.1	0.073	0.255	4.8	0.058	0.145
2.2	0.073	0.249	5.0	0.057	0.140

注　表中符号与表 7-3-6 注释相同。

作为压缩层的底部界限。

（3）按基础宽度确定地基压缩层的计算深度，当无相邻基础荷载影响时，计算深度 h_n 可取：

圆形基底　　$h_n = 2.0D$（D 为基底直径）

方形基底　　$h_n = 2.0B$（B 为基底边长）

矩形基底　　（$1.0 < l/b \leqslant 2.0$）

　　$h_n = 3.0b$（b 为基底短边长）

相邻基础荷载对地基 h_i 深度处压力的影响，可近似地取两相邻受压基础的中心距离 L。当 $L < D +$

$2h_i\tan\theta_1$；$L < B + 2h_i\tan\theta_1$；$L < b + 2h_i\tan\theta_1$ 或 $L < l + 2h_i\tan\theta_1$ 时，则 h_i 深度的附加压力尚应计入相邻受压基础荷载影响的附加压力。

当考虑相邻基础荷载对基础沉降的影响时，可采用角点法计算由相邻基础荷载引起的附加压力，并按式（7-3-16）计算附加沉降量。

（四）基础最终沉降量的计算例题

已知方形基础埋深 $h = 1.2\text{m}$，基础底面面积为 1.5×1.5（m^2），设计轴心下压力 $F_v = 300\text{kN}$，地质条件如图7-3-7所示。试求基础的最终沉降量 S。

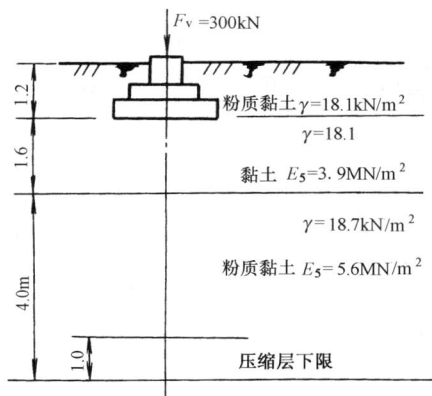

图 7-3-7　地质剖面示意图

计算基础最终沉降量的步骤：

（1）计算基础底面处的附加压力：取基础及其直上部分填土的平均容重 $\gamma_D = 20\text{kN/m}^3$，则基础底面的平均压力 p 为

$$p = F_v/A + \gamma_D h = 300/1.5^2 + 20 \times 1.2 = 157\text{kN/m}^2$$

基础底面处的附加压力 p_0 为

$$p_0 = p - \gamma h = 157 - 18.1 \times 1.2 = 135\text{kN/m}^2$$

（2）按沉降比法，设压缩层的厚度为 5.6m，上黏土层 1.6m，下亚黏土层 4.0m。

（3）各土层的计算变形值 ΔS：

1）黏土层：顶面及底面各位于基础底面下 $h = 0$，$h_1 = 1.6\text{m}$ 处：$b_1/b = 1.5/1.5 = 1$，$h/b = 0$，由表 7-3-3 查得 $C_0 = 1.00$；$b_1/b = 1$，$h/b = 1.6/1.5 = 1.07$，由表7-3-3中 $b_1/b = 1.0$ 和 $h/b = 1.1$ 用插入法，求得 $C_1 = 0.674$。将各值代入式（7-3-18），得黏土层的计算变形值为

$$\Delta S_1 = \frac{P_0}{E_{si}}(C_1 h_i - C_{i-1}h_{i-1})$$
$$= \frac{135}{3900}(0.674 \times 1.6 - 1.00 \times 0)$$
$$= 0.0373\text{m} = 3.73\text{cm}$$

2）粉土层：$h_1 = 1.6\text{m}$，$h_2 = 5.6\text{m}$，$b_1/b = 1$，$h_2/b = 5.6/1.5 = 3.73$，由表7-3-3 查得 $C_2 = 0.267$，

则粉质黏土层的计算变形值 ΔS_2 为

$$\Delta S_2 = \frac{135}{5600}(0.267 \times 5.6 - 0.674 \times 1.6)$$
$$= 0.01\text{m} = 1.0\text{cm}$$

（4）确定压缩层厚度，先计算在深度 $h = 5.6\text{m}$ 处向上取计算层厚为 1.0m 土层的计算变形值 $\Delta S'_n$：

$b_1/b = 1$，$h'/b = 4.6/1.5 = 3.07$，由表7-3-3查得 $C' = 0.316$，则 $\Delta S'_n = \frac{135}{5600}(0.267 \times 5.6 - 0.316 \times 4.6) = 0.001\text{m} = 0.1\text{cm}$，代入式（7-3-19）得

$$\frac{\Delta S'_n}{\sum_{i=1}^n \Delta S'_i} = \frac{0.1}{3.73 + 1.0} = 0.0211 < 0.025$$

故压缩层厚度可取 5.6m（从基础底面起算），与原假设相同。

（5）计算基础最终沉降量 S：压缩层范围内各土层压缩模量的加权平均值 E_{sm}，为

$$E_{sm} = \frac{E_{s1}h_1 + E_{s2}h_2}{h(1+2)}$$
$$= \frac{3900 \times 1.6 + 5600 \times 4.0}{5.6}$$
$$= 5114\text{kN/m}^2$$

由表 7-3-2 $4000 < E_s = 5114 \leqslant 7000\text{kN/m}^2$ 查得 $m_s = 1.0$ 则基础的最终沉降量 S 为

$$S = m_s \sum_{i=1}^n \Delta S_i = 1.0(3.73 + 1.0) = 4.73\text{cm}。$$

第四节　基础倾覆稳定计算

本节提出的倾覆稳定计算方法，适用于埋深 h 与宽度或直径 b_0 之比不小于3的电杆基础和窄基铁塔的单独基础以及宽基铁塔的联合基础的倾覆稳定计算。倾覆式基础型式如图7-4-1所示。

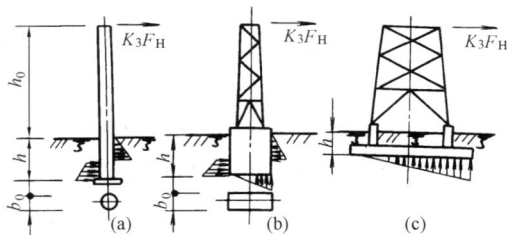

图 7-4-1　倾覆式基础型式

（a）电杆基础；（b）窄基铁塔基础；（c）宽基铁塔基础

图 7-4-1 中，K_3、F_H、h_0 与式（7-4-1）和式（7-4-13）注释相同。

一、电杆基础

电杆基础分为有卡盘和无卡盘两种基型，当电杆倾覆力小时采用无卡盘基型，当电杆倾覆力较大时，则采用加上卡盘或加上、下卡盘的基型。

（一）倾覆稳定计算简图（图 7-4-2）

电杆基础在达到极限倾覆力 F_u 或极限倾覆力矩 M_u 时，假定基础侧向土达到了极限平衡状态，此时依靠电杆基础侧面的被动土压力平衡。被动土压力的计算图形假定直线变化 $p_y = my$。

（二）无卡盘电杆基础

1. 倾覆稳定计算

如图 7-4-2（a）所示，当电杆基础的埋深和尺寸确定后，极限倾覆力 F_u 和极限倾覆力矩 M_u 可按下式计算：

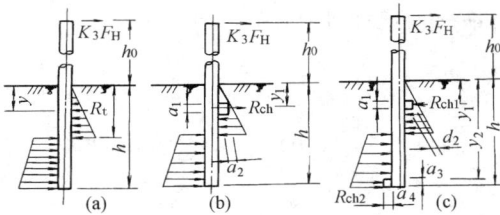

图 7-4-2   电杆基础倾覆稳定计算简图
(a) 无卡盘电杆；(b) 带上卡盘电杆；(c) 带上、下卡盘电杆

$$\left.\begin{aligned} F_u &= \frac{mbh^2}{\eta\mu} \geqslant K_3 F_H \\ M_u &= \frac{mbh^3}{\mu} \geqslant K_3 F_H h_0 \end{aligned}\right\} \quad (7\text{-}4\text{-}1)$$

式中 m——土压力系数，kN/m^3，$m = \gamma_0 \tan^2 (45° + \beta/2)$，亦可按表 7-4-1 取值；

γ_0——土的计算容重，kN/m^3，可按表 7-4-1 取值；

β——回填土的计算内摩阻角，（°），可按表 7-4-1 取值；

h——基础埋深，m；

b——基础计算宽度，m，按式 (7-4-3) 计算；

K_3——基础倾覆稳定的设计安全系数，可按表 7-1-28 取值；

F_H——作用于电杆上的倾覆力，kN；

h_0——倾覆力 F_H 的作用点到地面的高度，m。

$$\eta = \frac{h_0}{h};$$

$$\mu = \frac{3}{1 - 2\theta^3};$$

$\theta = \dfrac{t}{h}$，θ 值可按式 (7-4-2) 或按表 7-4-2 取值。

$$\theta^3 + \frac{3}{2}\theta^2\eta - \frac{3}{4}\eta - \frac{1}{2} = 0 \quad (7\text{-}4\text{-}2)$$

表 7-4-1   土压力系数 m（kN/m^3）

土名 (参数)	黏性土			粗砂、中砂	细砂、粉砂
	坚硬、硬塑	可塑	软塑		
γ_0	17	16	15	17	15
β	35°	30°	15°	35°	30°
m	62.7	48.0	25.5	62.7	45.0

表 7-4-2 θ、μ 值

η	θ	μ	$\eta\mu$	η	θ	μ	$\eta\mu$
0.10	0.784	82.9	8.3	5.00	0.720	11.8	59.1
0.25	0.774	41.3	10.4	6.00	0.718	11.6	69.0
0.50	0.761	25.3	12.7	7.00	0.716	14.3	79.0
1.00	0.716	17.7	17.7	8.00	0.715	11.2	89.2
2.00	0.732	13.9	27.8	9.00	0.714	11.0	99.3
3.00	0.725	12.6	37.8	10.00	0.713	11.0	109.1
4.00	0.722	12.1	18.5				

2. 计算宽度 b

在极限倾覆状态时电杆基础的计算宽度 b 可按下式计算：

（1）单基杆时：

$$b = b_0 K_0 \quad (7\text{-}4\text{-}3)$$

（2）双基杆（图 7-4-3），当符合 L 不大于 $2.5b_0$ 条件时，可取按下式计算得较小值：

$$\left.\begin{aligned} b &= (b_0 + s\cos\rho) K_0 \\ b &= 2b_0 K_0 \end{aligned}\right\} \quad (7\text{-}4\text{-}4)$$

上二式中 b_0——电杆基础的宽度或直径（m），对锥型杆取基础部分的平均直径（m）；

s——双基杆的间距，m；

K_0——宽度增大系数，可按下式计算或按表 7-4-3 取值。

$$K_0 = 1 + \frac{2h}{3b_0}\zeta\cos\left(45° + \frac{\beta}{2}\right)\tan\beta$$

式中 ζ——土的侧压力系数，黏土可取 0.72；粉质黏土、黏土可取 0.6；砂类土可取 0.38。

（三）带上卡盘的电杆基础

1. 卡盘的计算长度 L_0

如图 7-4-2（b）所示，当电杆的埋深、尺寸及卡

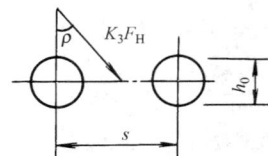

图 7-4-3   双基杆计算宽度示意图

表 7-4-3　　　　　宽度增大系数 K_0

β	15°		30°			35°		
土名	黏土	粉土	黏土	粉土	粉砂细砂	黏土	粉土	中砂粗砂
11	1.86	1.72	2.52	2.27	1.81	2.71	2.42	1.90
10	1.78	1.65	2.38	2.15	1.73	2.55	2.29	1.82
9	1.70	1.59	2.25	2.04	1.66	2.40	2.16	1.71
8	1.63	1.52	2.11	1.93	1.59	2.24	2.03	1.66
7	1.55	1.46	1.97	1.81	1.51	2.09	1.91	1.57
6	1.47	1.39	1.83	1.70	1.44	1.93	1.78	1.49
h/b_0　5	1.39	1.33	1.69	1.58	1.37	1.78	1.65	1.41
4	1.31	1.26	1.55	1.46	1.29	1.62	1.52	1.33
3	1.23	1.20	1.42	1.35	1.22	1.47	1.39	1.25
2	1.16	1.13	1.28	1.23	1.15	1.31	1.26	1.16
1	1.08	1.07	1.14	1.16	1.07	1.16	1.13	1.08
0.8	1.06	1.05	1.11	1.09	1.06	1.12	1.10	1.07
0.6	1.05	1.04	1.08	1.07	1.04	1.09	1.08	1.05

盘位置、断面尺寸确定后，可按下式计算卡盘的计算长度 L_0：

$$L_0 = \frac{R_{ch}}{y_1 \left(m\alpha_1 + 2\gamma_0 \alpha_2 \tan\beta \right)} \qquad (7\text{-}4\text{-}5)$$

式中　y_1——上卡盘到地面的距离，m；

　　　α_1、α_2——分别为上卡盘的厚度和外伸部分的平均宽度，m；

　　　R_{ch}——卡盘的横向作用力，kN，可按式（7-4-6）计算；

　　　γ_0、m、β——符号含义与式（7-4-1）相同。

2. 卡盘的长度 L

$$L = L_0 + b_0$$

式中　L_0——卡盘的计算长度，m；

　　　b_0——卡盘处的电杆宽度或直径，m。

3. 卡盘的横向作用力 R_{ch}

当电杆的埋深和尺寸确定后，可按下式计算卡盘的横向作用力 P_{ch}：

$$R_{ch} = K_3 F_H - mbh^2 \left(\theta_1^2 - \frac{1}{2} \right) \qquad (7\text{-}4\text{-}6)$$

式中的 θ_1 可按下式计算：

$$2\theta_1^3 - \frac{3y_1}{h}\theta_1^2 + \frac{3y_1}{2h} - 1$$

$$+ \frac{3K_3 F_H}{mbh^2}\left(\frac{y_1}{h} + \eta \right) = 0 \qquad (7\text{-}4\text{-}7)$$

当 $y_1 = h/3$ 时，可按下式计算或按表 7-4-4 取值：

表 7-4-4　　　　F_1、θ_1 值

θ_1	F_1	θ_1	F_1
0.600	0.428	0.660	0.360
0.610	0.418	0.670	0.347
0.620	0.408	0.680	0.334
0.630	0.397	0.690	0.319
0.640	0.385	0.707	0.293
0.650	0.373	0.712	0.285
0.714	0.282	0.740	0.237
0.716	0.279	0.750	0.219
0.718	0.275	0.760	0.200
0.720	0.272	0.770	0.180
0.725	0.263	0.780	0.159
0.730	0.255		

$$\frac{K_3 F_H (1 + 3\eta)}{mbh^2} = \frac{1}{2} + \theta_1^2 - 2\theta_1^3 = F_1 \qquad (7\text{-}4\text{-}8)$$

（四）带上、下卡盘的电杆基础

1. 上、下卡盘的计算长度 L_1 和 L_2

如图 7-4-2（c）所示，当电杆的埋深、尺寸及卡盘位置、断面尺寸确定后，可按下式计算卡盘的计算长度 L_1 和 L_2：

$$\left. \begin{aligned} L_1 &= \frac{R_{ch1}}{y_1 \left(m\alpha_1 + 2\gamma_0 \alpha_2 \tan\beta \right)} \\ L_2 &= \frac{R_{ch2}}{y_2 \left(m\alpha_3 + 2\gamma_0 \alpha_4 \tan\beta \right)} \end{aligned} \right\} \quad (7\text{-}4\text{-}9)$$

式中　y_1、y_2——分别为上、下卡盘至地面的距离，m；

　　　R_{ch1}、R_{ch2}——分别为上、下卡盘的横向作用力，kN，可按式（7-4-10）计算；

　　　α_3、α_4——分别为下卡盘的厚度和外伸部分的平均宽度，m；

其它符号含义与式（7-4-5）相同。

2. 上、下卡盘长度 L_s 和 L_x

$$L_s = L_1 + b_{01}; \quad L_x = L_2 + b_{02}$$

式中　b_{01}、b_{02}——分别为上、下卡盘处基础的宽度或直径，m。

3. 上、下卡盘的横向作用力

当电杆的埋深和卡盘位置确定后，可按下式计算上、下卡盘的横向作用力 R_{ch1}、R_{ch2}：

$$\left. \begin{aligned} R_{ch1} &= \frac{(K_3 F_H - F_u)(h_0 + y_2)}{y_2 - y_1} \\ R_{ch2} &= \frac{(K_3 F_H - F_u)(h_0 + y_1)}{y_2 - y_1} \end{aligned} \right\} \quad (7\text{-}4\text{-}10)$$

式中　F_u——无卡盘电杆基础的极限倾覆力（kN），可按式（7-4-1）计算；

其它符号含义与式（7-4-1）相同。

二、窄基铁塔基础

（一）倾覆稳定计算简图

窄基铁塔基础一般为整体式基础，当基础埋置较

深时（一般埋深不小于受力面宽度的 3.0 倍，即 $h \geqslant 3.0 b_0$），方可考虑受力面上的被动土压力的作用。被动土压力图形假定为直线变化，一般分为无阶梯和有一个阶梯型的二种型式，如图 7-4-4 所示。

（二）无阶梯型基础

如图 7-4-4（a）所示，当基础的埋深和断面尺寸确定后，其极限倾覆力矩可按下式计算：

$$M_u = \frac{2}{3} E h (1 - 2\theta^3) + y (e + fh)$$

$$+ \frac{1}{2} f b_1 E \geqslant K_3 F_H h_0 \qquad (7\text{-}4\text{-}11)$$

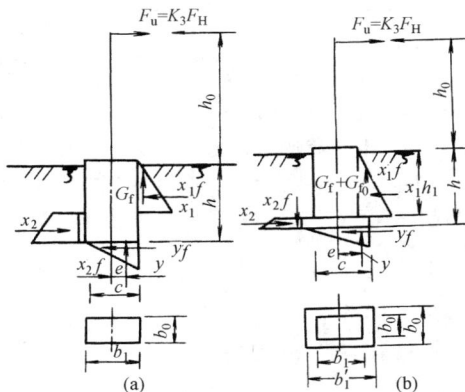

图 7-4-4　窄基铁塔基础倾覆计算简图

（图中 X_1、X_2 为基础的侧向土压力，
γ 为基底地基的反力）

（a）无阶梯型；（b）有一个阶梯型

式中　$\theta^2 = \dfrac{K_3 F_H + G_f f}{2E (1 + f^2)} + \dfrac{1}{2} < 1$；

$Y = \dfrac{G_f - K_3 F_H f}{1 + f^2} > 0$，且 Y 不大于

$0.18 K_3 [p_1] b_0 b_1$；

$E = \dfrac{1}{2} m b h^2$；

e——地基垂直反力 Y 的偏心距（m），可近似取 $e = 0.4 b_1$；

b——基础受力面的计算宽度（m），可按式（7-4-3）计算；

b_1、b_0——分别为基础正面和侧面的宽度，m；

f——地基土与基础面的摩阻系数，取 $f = \tan \beta$；

$[p_1]$——修正后地基土的容许承载力，kN/m^2；

G_f——杆塔和基础的全部重力，kN。

其它符号含义与式（7-4-1）相同。

（三）有一个阶梯型基础

如图 7-4-4（b）所示。当基础埋深和阶梯断面尺寸确定后，其极限倾覆力矩可按下式计算：

$$M_u = \frac{mh^3}{3} [b_p - \theta^3 (b + b_p)] + Y (e + fh)$$

$$+ \frac{E}{2} [(1 - \theta^2) f b'_1 + \theta^2 f \frac{b b_1}{b_p}] \geqslant K_3 F_H h_0$$

$$(7\text{-}4\text{-}12)$$

式中　$\theta^2 = \dfrac{[K_3 F_H + (G_f + G_0) f] b_p}{(1 + f^2)(b + b_p) E}$

$+ \dfrac{b_p}{b + b_p} < 1$，且 θ 不小于 $\dfrac{h_1}{h}$；

$Y = \dfrac{G_f + G_0 - K_3 F_H f}{1 + f^2} > 0$，

且 Y 不大于 $0.18 K_3 [P_1] b'_0 b'_1$；

G_0——阶梯正上方土的重力，kN；

h_1——基柱的埋深，m；

b_p——基础底板受力侧面的计算宽度（m），即

$$b_p = \frac{h^2 K_0 - h_1^2 K'_0}{h^2 - h_1^2} b'_0$$；

K_0、K'_0——分别为以 h/b_0、h_1/b_0 确定的宽度增大系数，可按式（7-4-4）计算或按表 7-4-3 取值；

b_0——基础底板的侧面宽度，m；

其它符号含义与式（7-4-1）、式（7-4-11）相同。

三、宽基铁塔联合基础

联合基础就是把塔脚四个基础墩用一个基础板联成整体。其特点是底板面积大，这样就减轻了对地基的压力。因此，它适用于荷重较大而地基承载力较差的塔位。另一特点是它可以浅埋（一般 $1.5 \sim 2.0m$），当地下水位较高时，施工排水较容易解决。

（一）倾覆稳定计算简图（图 7-4-5）

联合基础相对埋深较浅，在倾覆力作用下一般不考虑基础侧向土压力的作用。其倾覆稳定可忽略地基反力的影响，由基础（含上部垂直力）和底板正上方土的重力对底板边缘的力矩维持平衡。

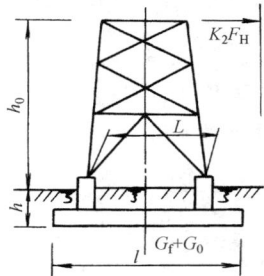

图 7-4-5　联合基础倾覆
计算简图

（二）倾覆稳定计算

当联合基础的埋深和底板尺寸确定后，其极限倾覆力矩 M_u 可按下式计算，在双向倾覆力矩作用时可分别进行计算：

$$M_u = \frac{(G_f + G_0)\, l}{2} \geqslant K_2 F_H\ (h_0 + h) \qquad (7\text{-}4\text{-}13)$$

式中　G_0——基础底面正上方土的重力，kN；

　　　l——平行于倾覆力 F_H 方向的底板长度，m；

　　　K_2——当仅考虑基础和底板上土重力时的倾覆稳定安全系数，可按表 7-1-28 取值；

其它符号含义与式（7-4-1）、式（7-4-11）相同。

当基础作用力按四脚分别给出时，其极限倾覆力矩 M_u 可按下式计算：

$$M_u = (G_f + G_0)\ l/2 \geqslant \big[\Sigma F_T\ (l + s)$$

$$+ 2\Sigma F_H\ (h + h_1)\ - \Sigma F_v\ (l - s)\big]\ /2$$

$$(7\text{-}4\text{-}14)$$

式中　F_T、F_v——分别为作用于基柱顶面的设计上拔力和下压力，kN；

　　　s——平行于倾覆力 F_H 方向基柱间的距离，m；

　　　F_H——作用于基柱顶面平行于倾覆力 F_{H0} 方向的设计水平力，kN；

　　　h——基础的埋置深度，m；

　　　h_1——基柱地面以上部分的高度，m；

　　　l——平行于倾覆力 F_H 方向基础底板的长度，m。

（三）内力计算

根据《工业与民用建筑地基基础设计规范》TJ 7—74 的规定计算：

1. 基本原则的假定

计算时假定联合基础为一倒置的肋形楼盖体系，其圈梁嵌固于四个基柱上（图 7-4-6）。由于板与梁浇成整体，一般情况下梁高 h 不小于 2δ（板厚），梁宽 b' 梁高 h 之比 $b'/h = 1/2 \sim 1/2.5$；板的柱形刚度 $\dfrac{E\delta^3}{12\ (1 - \mu^2)}$ 与梁的抗扭刚度 GI_T 之比小于 1.0（其中 E 为弹性模量；δ 为板厚；μ 为泊桑比；G 为剪切模量；I_T 为截面抗扭惯性矩）。因此，P_I 板（图 7-4-7）可按四边固定，圈梁按两端固定计算。

2. 底板的弯矩计算（取截面上边缘受拉为正号）

联合基础的底板尺寸既宽又厚，当符合本章第五节基础的构造要求时，其剪切强度可不必计算。

（1）P_I 板弯矩计算（图 7-4-8）：P_I 板按四边固定，以弹性理论计算跨中和固定边的弯矩。计算跨中弯矩时，取钢筋混凝土板的泊桑比 $\mu = \dfrac{1}{6}$；$l_y/l_x = 1.0 \sim 0.5$，中间值可近似地按直线插入法确定。

跨中单位宽度上的弯矩 M_{0x}（平行 X 轴）、M_{0y}（平行 Y 轴）可按下式计算：

$$\left.\begin{aligned} M_{0x} &= \eta_{0x} \sigma_0 l_y^2 \\ M_{0y} &= \eta_{0y} \sigma_0 l_y^2 \end{aligned}\right\} \qquad (7\text{-}4\text{-}15)$$

固定边单位宽度上的弯矩 M_x^0（平行 X 轴）、M_y^0（平行 Y 轴）可按下式计算：

$$\left.\begin{aligned} M_x^0 &= -\ (\eta_x^0 \sigma_0 \pm \eta_x \sigma_{xc})\ l_y^2 \\ M_y^0 &= -\ (\eta_y^0 \sigma_0 \pm \eta_y \sigma_{yc})\ l_y^2 \end{aligned}\right\} \qquad (7\text{-}4\text{-}16)$$

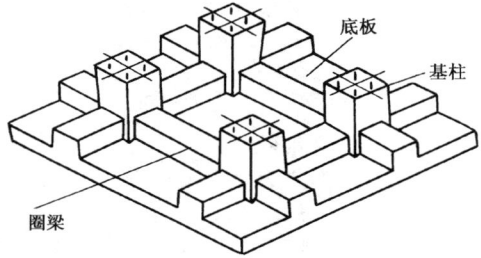

图 7-4-6　联合基础外形图

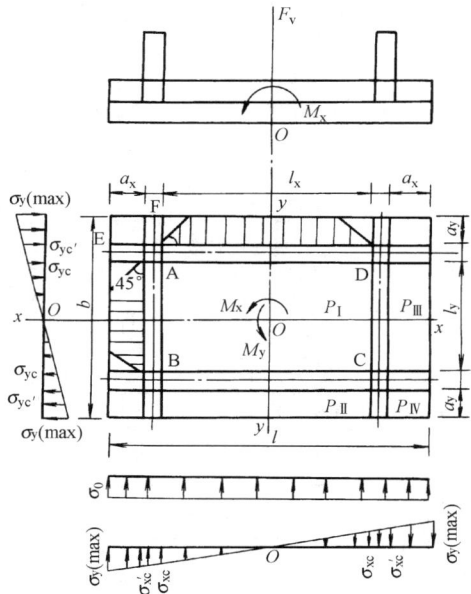

图 7-4-7　底板荷载计算图

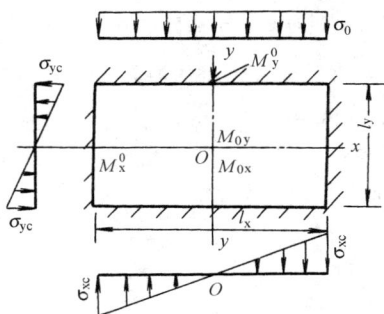

图 7-4-8 P_1 板荷载计算图

式中 σ_0——轴心荷载作用下基底的压力（kN/m^2），$\sigma_0 = F_{v0}/bl$；

    F_{v0}——作用底板上的轴心荷载（kN），不包括土和底板的重力；

    σ_{xc}、σ_{yc}——分别为 X 和 Y 方向固定边处的压力值（kN/m^2），可由 $\sigma_{x(max)} = \pm \dfrac{6M_x}{bl^2}$，$\sigma_{y(max)} = \pm \dfrac{6M_y}{lb^2}$ 的直线变化求得；

    M_{0x}、M_{0y}——分别为 l_x 和 l_y 方向板中心点单位宽度的弯矩，（$kN \cdot m$）/m；

    M_x^0、M_y^0——固定边中点沿 l_x 和 l_y 方向单位宽度的弯矩，（$kN \cdot m$）/m；

    η_{0x}、η_{0y}——轴心荷载作用下计算跨中 X 和 Y 方向的弯矩系数，可按表 7-4-5 取值；

    η_x^0、η_y^0——轴心荷载作用下计算固定边 X 和 Y 方向的弯矩系数，可按表 7-4-5 取值；

    η_x、η_y——弯矩荷载作用下计算固定边 X 和 Y 方向的弯矩系数，可按表 7-4-5 取值；

    l_x、l_y——P_1 板在 X 和 Y 方向的净跨度，m。

表 7-4-5   **计算弯矩系数**

l_y/l_x	轴心荷载				弯矩荷载	
	跨 中		固定边		固定边	
	η_{0x}	η_{0y}	η_x^0	η_y^0	η_x	η_y
1.0	0.0205	0.0205	0.0513	0.0513	0.0155	0.0155
0.9	0.0202	0.0249	0.0541	0.0588	0.0184	0.0160
0.8	0.0189	0.0295	0.0559	0.0664	0.0218	0.0164
0.7	0.0167	0.0340	0.0569	0.0735	0.0257	0.0166
0.6	0.0137	0.0380	0.0570	0.0793	0.0301	0.0167
0.5	0.0105	0.0406	0.0571	0.0829	0.0346	0.0167

（2）P_{II}、P_{III} 板弯矩计算：P_{II}、P_{III} 板的长宽比

$a \geqslant 2.0$，可按单向受弯构件计算，即按单位宽度的悬臂板计算。当长宽比 $a < 2.0$ 时，可按图 7-4-7 中的阴影面积的反力，取跨度为 l_x、l_y 的双向悬臂板计算。一般长宽比 $a \geqslant 2.0$ 的板可按下式计算其单位长宽的弯矩：

$$\left.\begin{array}{l} M_{P_{II}} = -(2\sigma_0 \pm \sigma_{y(max)} \pm \sigma'_{yc}) a_y^2/4 \\ M_{P_{III}} = -(2\sigma_0 \pm \sigma_{x(max)} \pm \sigma'_{xc}) a_y^2/4 \end{array}\right\} \quad (7\text{-}4\text{-}17)$$

式中 σ'_{xc}、σ'_{yc}——分别为 X 和 Y 方向固定边外侧的压力值，kN/m^2。

（3）P_{IV} 板的弯矩一般不起控制作用，可不予计算，其配筋可按 P_{II} 板或构造统一考虑。

3. 梁的内力计算

梁的内力计算：剪力以对邻近断面产生的力矩沿顺时针方向为正号；弯矩以截面上边缘受拉为正号。

（1）荷载分配（图 7-4-9）：AD（BC）梁分担 P_1 板的近似于梯形和 P_{II} 板的矩形两部分（BC 梁的阴影部分）反力，AB（DC）梁分担 P_1 板的近似于三角形和 P_{III} 板的矩形两部分（AB 梁的阴影部分）反力。

（2）AD（BC）梁的内力：在轴心荷载 N_0 和弯矩 M_y 作用下，由 P_{II} 板分配的荷载 q_1（kN/m）产生的弯矩和剪力可按下式计算：

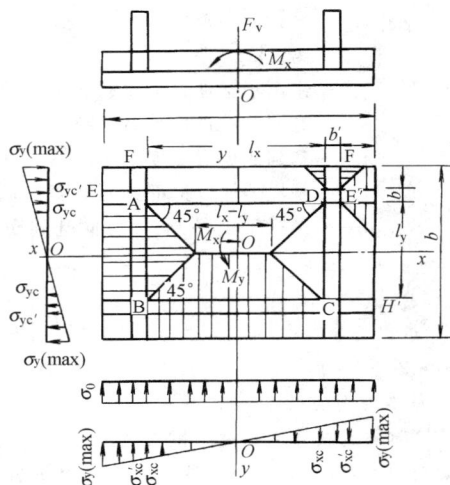

图 7-4-9   梁的荷载分配图

$$Q_{D1} = -Q_{A1} = q_1 l_x/2 \quad (7\text{-}4\text{-}18)$$

$$M_{A1} = M_{D1} = -q_1 l_x^2/12 \quad (7\text{-}4\text{-}19)$$

$$M_{01} = q_1 l_x^2/24 \quad (7\text{-}4\text{-}20)$$

上三式中 l_x——梁 AD 的净跨度，m。

在轴心荷载 F_{v0} 和弯矩 M_y 作用下，由 P_1 板分配的梯形部分荷载 q_2（kN/m）产生的弯矩和剪力可按下式计算：

$$Q_{D2} = -Q_{A2} = q_2 (l_x - l_y/2)/2 \quad (7\text{-}4\text{-}21)$$

$$M_{A2} = M_{D2} = -q_2\left(l_x^2 - \frac{l_y}{2} + \frac{l_y^3}{8l_x}\right)\Big/12 \qquad (7\text{-}4\text{-}22)$$

$$M_{02} = q_2\left(l_x^2 - \frac{l_y^3}{4l_x}\right)\Big/24 \qquad (7\text{-}4\text{-}23)$$

上三式中　l_y——梁 AB 的净跨度，m。

式（7-4-18）～式（7-4-23）中 q_1 和 q_2 分别为

$$q_1 = \frac{1}{2}(b - l_y)\left[\sigma_0 \pm \frac{\sigma_{y(max)} + \sigma_{yc}}{2}\right]$$

$$q_2 = \frac{1}{2}l_y\left(\sigma_0 \pm \frac{\sigma_{yc}}{2}\right)$$

如图 7-4-9 所示，当计算 AD 梁时，q_1、q_2 式中右侧括号内第二项取正号；计算 BC 梁时，取负号。

在 M_x 作用下由 P_{II} 板分配的荷载 q_3 产生的弯矩和剪力可按下式计算：

$$Q_{D3} = Q_{A3} = -q_3 l_x/5 \qquad (7\text{-}4\text{-}24)$$
$$M_{A3} = -M_{D3} = -q_3 l_x^2/60 \qquad (7\text{-}4\text{-}25)$$
$$M_{03} = 0$$

在 M_x 作用下由 P_I 板分配的近似于梯形部分荷载 q_4 产生的弯矩和剪力可按下式计算：

$$Q_{D4} = Q_{A4} = -q_4 l_x/b \qquad (7\text{-}4\text{-}26)$$
$$M_{A4} = -M_{D4} = -q_4 l_x^2/50 \qquad (7\text{-}4\text{-}27)$$
$$M_{04} = 0$$

上四式中 q_3、q_4 是在 M_x 作用下分别为 P_{II} 和 P_I 板分配的荷载（kN/m），其计算为

$$q_3 = \frac{1}{2}\sigma_{xc}(b - l_y)$$

$$q_4 = \sigma_{xc}\frac{(l_x - l_y/2)\,l_y}{4l_x}$$

其它符号含义与式（7-4-18）～式（7-4-23）相同。

将求得相对应截面的弯矩和剪力进行代数叠加，即为 AD 梁相对应截面的总弯矩 ΣM_{AD}、ΣM_{DA}、ΣM_{OD} 和剪力 ΣQ_{AD}、ΣQ_{DA}。

（3）AB（CD）梁的内力：在轴心荷载 F_{v0} 和弯矩 M_x 作用下，由 P_{II} 板分配的荷载 q'_1 产生的弯矩和剪力按下式计算：

$$Q'_{B1} = -Q'_{A1} = q'_1 l_y/2 \qquad (7\text{-}4\text{-}28)$$
$$M'_{A1} = M'_{B1} = -q'_1 l_y^2/12 \qquad (7\text{-}4\text{-}29)$$
$$M'_{01} = q'_1 l_y^2/24 \qquad (7\text{-}4\text{-}30)$$

在 F_{v0} 和 M_x 作用下由 P_I 板分配的近似于三角形部分荷载 q'_2 产生的弯矩和剪力按下式计算：

$$Q'_{B2} = -Q'_{A2} = q'_2 l_y/4 \qquad (7\text{-}4\text{-}31)$$
$$M'_{A2} = M'_{B2} = -5q'_2 l_y^2/96 \qquad (7\text{-}4\text{-}32)$$
$$M'_{02} = q'_2 l_y^2/32 \qquad (7\text{-}4\text{-}33)$$

上六式中 q'_1、q'_2 是在 F_{v0} 和 M_x 作用下分别为 P_{II} 板和 P_I 板分配的荷载（kN/m），其计算为

$$q'_1 = \frac{1}{2}(l - l_x)\left[\sigma_0 \pm \frac{\sigma_{x(max)} + \sigma_{xc}}{2}\right]$$

$$q'_2 = \frac{1}{2}l_y\left[\sigma_0 \pm \frac{\sigma_{xc}}{2}\left(2 - \frac{l_y}{l_x}\right)\right]$$

如图 7-4-9 所示，计算 AB 梁时，q'_1、q'_2 式中右侧括号内第二项取正号；计算 DC 梁时，取负号。

在 M_y 作用下由 P_{II} 板分配的荷载 q'_3 产生的弯矩和剪力按下式计算：

$$Q'_{B3} = Q'_{A3} = -q'_3 l_y/5 \qquad (7\text{-}4\text{-}34)$$
$$M'_{A3} = -M'_{B3} = -q'_3 l_y^2/60 \qquad (7\text{-}4\text{-}35)$$
$$M'_{03} = 0$$

在 M_y 作用下由 P_I 板分配的三角形部分荷载 q'_4 产生的弯矩和剪力按下式计算：

$$Q'_{B4} = Q'_{A4} = -q'_4 l_y/6 \qquad (7\text{-}4\text{-}36)$$
$$M'_{A4} = -M'_{B4} = -q'_4 l_y^2/50 \qquad (7\text{-}4\text{-}37)$$
$$M'_{04} = 0$$

上四式中 q'_3、q'_4 是在 M_y 作用下分别为 P_{II} 板和 P_I 板分配的荷载（kN/m），其计算为

$$q'_3 = \frac{1}{2}\sigma_{yc}(l - l_x)$$

$$q'_4 = \frac{1}{8}\sigma_{yc}l_y$$

其它符号含义与式（7-4-18）～式（7-4-23）相同。

将求得相对应截面的 M' 和 Q' 进行代数叠加，即得相对应截面的总弯矩 ΣM_{AB}、ΣM_{BA}、ΣM_{OB} 和剪力 ΣQ_{AB}、ΣQ_{BA}。

（4）AE 梁的内力：在轴心荷载 F_{v0} 和弯矩 M_x 作用下，由 P_{III} 板分配的荷载 F_1，梁下板分配的荷载 F_2 和 P_{IV} 分配的荷载 F_3、F_4 等，产生的剪力 Q_A 和弯矩 M_A 可按下式计算：

$$Q_A = -(F_1 + F_2 + F_3 + F_4) \qquad (7\text{-}4\text{-}38)$$
$$M_A = -\big[2F_1 a_x/3 + F_2 a_x/2$$
$$\quad + F_3\,(a_x + a_y)/2 + 2F_4 a_y/3\big] \qquad (7\text{-}4\text{-}39)$$

式中　F_1——P_{III} 板分配给 AE 梁的荷载，kN，

$F_1 = (\sigma_p + \sigma_{y1})\,a_x^2/2$；

F_2——梁下板分配的荷载，kN，$F_2 = (\sigma_p + \sigma_{y2})\,a \times b'$；

F_3、F_4——P_{IV} 板分配给 AE 梁的荷载，kN，

$F_3 = (\sigma_p + \sigma_{y3})\,(a_x - a_y)\,a_y/2$，

$F_4 = (\sigma_p + \sigma_{y3})\,a_y^2/2$；

a_x、a_y——分别为板在 X 轴和 Y 轴方向的外伸长度，m。

其中 σ_p、$\sigma_{y1} \sim \sigma_{y3}$ 分别为：

$\sigma_p = \sigma_0 + \sigma_{x(max)}\,(l - a_x)\,/l$；

$\sigma_{y1} = \sigma_{y(max)}\left(1 - \dfrac{a_x + 2a_y + 2b}{b}\right)$，当 σ_{y1} 为负值时取 $\sigma_{y1} = 0$；

$\sigma_{y2} = \sigma_{y(max)}\left(1 - \dfrac{2a_y + b'}{b}\right)$；

$\sigma_{y3} = \sigma_{y(max)}\left(1 - \dfrac{a_y}{b}\right)$。

（5）AF 梁的内力：

$$Q'_A = - (2F'_1 + F'_2) \qquad (7\text{-}4\text{-}40)$$

$$M'_A = - (4F'_1 a_y/3 + F'_2 a_y/2) \qquad (7\text{-}4\text{-}41)$$

式中　F'_1——P_{II} 板或 P_{IV} 板分配给 AF 梁的荷载，
kN，$F'_1 = (\sigma'_p + \sigma_{y3}) a_y^2/2$；

F'_2——梁下板分配的荷载，kN，$F'_2 = (\sigma'_p + \sigma_{y2}) a_y b'$，其中
$\sigma'_p = \sigma_0 + \sigma_{x(\max)} (l_x + b')/l$。

（6）DE' 梁的内力：

$Q_{DE'}$ 和 $M_{DE'}$ 均可按式（7-4-38）和式（7-4-39）计算，但式中 $F_1 \sim F_4$ 式中的 $\sigma_p = \sigma_0 - \sigma_{x(\max)} \times (l - a_x)/l$。

（7）DF' 梁的内力：

$Q_{DF'}$ 和 $M_{DF'}$ 均可按式（7-4-40）和式（7-4-41）计算，但公式中 F'_1、F'_2 式中的 $\sigma'_p = \sigma_0 - \sigma_{x(\max)} (l_x + b')/l$。

（8）CH' 梁的内力：

$Q_{CH'}$ 和 $M_{CH'}$ 均可按式（7-4-40）和式（7-4-41）计算，但公式中 F'_1、F'_2 式中的 $\sigma_{x(\max)}$ 及 σ_{y2}、σ_0、σ_{y3} 均以负值代入。

第五节　基础强度计算和构造要求

一、钢筋混凝土基础

（一）偏心受拉基柱

1. 矩形截面强度计算

（1）正截面强度：矩形截面双向偏心受拉构件，当纵向钢筋对称配置，且钢筋的受拉和受压的设计强度相等时（图 7-5-1），其纵向钢筋的截面面积可近似按下式计算：

$$A_s = \left(F_{T0} + \frac{2M_x}{s_x} + \frac{2M_y}{s_y} \right) \frac{K_4}{f_{st}} \qquad (7\text{-}5\text{-}1)$$

$$A_{sy} = \left(\frac{F_{T0} n_y}{n} + \frac{2M_y}{n_x s_y} + \frac{M_x}{s_x} \right) \frac{2K_4}{f_{st}} \qquad (7\text{-}5\text{-}2)$$

$$A_{sx} = \left(\frac{F_{T0} n_x}{n} + \frac{2M_x}{n_y s_x} + \frac{M_y}{s_y} \right) \frac{2K_4}{f_{st}} \qquad (7\text{-}5\text{-}3)$$

式中　A_s——正截面的全部纵向钢筋截面面积，m^2；

A_{sx}、A_{sy}——分别为正截面平行 X 轴和 Y 轴两侧钢筋的截面面积，m^2；

F_{T0}——作用于计算截面上的纵向拉力，kN；

M_x——平行于 X 轴方向的力矩，$kN \cdot m$，
$M_x = F_{Hx} h_i$；

M_y——平行于 Y 轴方向的力矩，$kN \cdot m$，
$M_y = F_{Hy} h_i$；

F_{Hx}、F_{Hy}——分别为作用于基础顶面平行于 X 轴和 Y 轴方向的设计水平力，kN；

h_i——基柱计算截面到柱顶的距离，m；

n——截面内纵向钢筋的总根数；

K_4——钢筋混凝土构件的强度设计安全系数，可按表 7-1-29 取值；

f_{st}——钢筋抗拉的设计强度，kN/m^2，可按表 7-1-2 取值；

s_x、s_y——分别为平行于 Y 轴和 X 轴两侧纵向钢筋截面面积重心的距离，m；

n_x、n_y——分别为平行于 X 轴和 Y 轴方向一侧钢筋的根数；

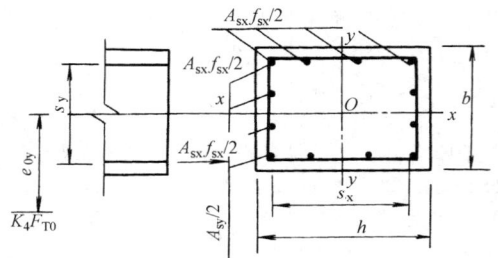

图 7-5-1　矩形截面双向偏心受拉构件
正截面强度计算简图

（2）斜截面强度：当矩形截面的拉应力不满足式（7-5-4）要求时，即

$$\sigma_d = \frac{F_{T0}}{A_{cc} + 20A_s}$$

$$+ \frac{M_x h}{\gamma_{pi} [bh^3/b + 10A_s (h_0 - a'_s)^2]} \geqslant \frac{f_{st}}{K_4} \qquad (7\text{-}5\text{-}4)$$

处于小偏拉受力状态的计算截面的剪力 F_H 可假定全部由箍筋承担，此时斜截面的抗剪强度可按下式计算：

$$K_4 F_H \leqslant a_{pr} f_{st} A_{pr} h_0/s \qquad (7\text{-}5\text{-}5)$$

上二式中　K_4——钢筋混凝土偏心受拉构件的抗剪强度设计安全系数，可按表 7-1-29 取值；

γ_{pi}——偏心受拉构件的塑性系数，
$\gamma_{pi} = \gamma - (\gamma - 1) K_4 F_{T0} [f_{ct} (A_{cc} + 20A_s)]$；

γ——截面弹塑性抵抗矩与弹性抵抗矩的

比值，对矩形截面 $\gamma = 1.75$；

F_H——基柱计算截面的剪力，kN；

A_{pr}——配置在同一截面内箍筋各肢的全部截面在剪力 F_H 方向的投影面积，m^2，$A_{pr} = n_1 a_{pr}$；

n_1——在同一截面内箍筋的肢数；

a_{pr}——单肢箍筋在切力 F_H 方向投影的截面面积，m^2；

s——沿基柱高度方向上的箍筋间距，m；

h_0——基柱计算截面的有效高度，m；

b——基柱计算截面的宽度，m；

f_{cc}——混凝土的抗压设计强度（kN/m^2），可按表 7-1-1 取值；

f_{st}——符号含义与式（7-5-1）中相同；

a_{ss}——抗剪强度影响系数，可按以下规定取值。

当 $K_4 F_H / bh_0 \leqslant 0.2 f_{cc}$ 时，$a_{ss} = 2.0$；当 $K_4 F_H / bh_0 = 0.3 f_{cc}$ 时，$a_{ss} = 1.5$；当 $K_4 F_H / bh_0$ 为中间数值时，a_{ss} 值可按直线插入法取用或按下式计算：

$$a_{ss} = \frac{2.65}{1 + \dfrac{A_{ps} f_{st}}{bs f_{cc}}}$$

2. 圆形截面的正截面强度计算[7-3]

沿周边均匀配置钢筋的圆形截面偏心受拉构件（图 7-5-2、图 7-5-3），当截面内纵向钢筋数量不少于 6 根，且纵向钢筋的种类和受拉、受压的设计强度相同时，根据纵向拉力 F_{T0} 的偏心矩 e_0，而分别按大偏心或者小偏心构件计算。

（1）大偏心受拉构件（$e_0 > r_s / 2$，如图 7-5-2 所示）。截面的纵向钢筋的截面面积可按下式计算：

$$A_s = \alpha_1 A_{cc} f_{ccm} / f_{st} \qquad (7\text{-}5\text{-}6)$$

式中　A_{cc}——计算截面的混凝土面积，m^2；

f_{ccm}——混凝土的弯曲抗压设计强度（kN/m^2），可按表 7-1-1 取值；

α_1——与 n_1 和 β_1 有关的系数，可由式（7-5-8）、式（7-5-9）求得，或当 $\beta_1 = e_0 / D_0 = 0.25 \sim 4.0$，$a_s = (0.05 \sim 0.10) D_0$ 时，可按图 7-5-4 确定；

f_{st}——符号含义与式（7-5-1）相同。

（2）小偏心受拉构件（$e_0 \leqslant r_s / 2$，如图 7-5-3 所示）可根据设计需要分别按考虑和不考虑塑性重分布两种情况，计算纵向受拉钢筋的截面面积。

1）当不考虑纵向受拉钢筋应力重分布如图 7-5-3（a）所示时，可按下式计算：

$$A_s = \frac{K_4 F_{T0}}{f_{st}} \left(1 + \frac{2e_0}{r_s} \right) \qquad (7\text{-}5\text{-}7)$$

2）当考虑纵向受拉钢筋应力重分布如图 7-5-3（b）所示时，可按下式计算：

$$A_s = \frac{K_4 F_{T0}}{f_{st}} \left(1 + \frac{1.25 e_0}{r_s} \right)$$

式中　r_s——纵向受拉钢筋中心至圆心的距离，m；

e_0——偏心距，m，$e_0 = M / F_{T0}$；

M——作用于计算截面的弯矩，$kN \cdot m$；

K_4、F_{T0}、f_{st}——与式（7-5-1）符号注释相同。

（3）α_1 系数计算：根据图 7-5-2 圆形截面偏心受拉构件（$e_0 > r_s / 2$）正截面强度计算简图中的力平衡条件可得出：

$$n_1 \frac{e_0}{D_0} - \alpha_1 \left(\frac{D_0 - 2\alpha_s}{D_0} \right) \frac{\sin \pi a}{\pi} - \frac{\sin^3 \pi a}{3\pi} = 0 \qquad (7\text{-}5\text{-}8)$$

$$\left[\alpha_1 (1 - 2\alpha) - \alpha + \frac{\sin 2\pi\alpha}{2\pi} \right] \frac{e_0}{D_0} - \alpha_1 \left(\frac{D_0 - 2a_s}{D_0} \right) \frac{\sin \pi\alpha}{\pi} - \frac{\sin^3 \pi\alpha}{3\pi} = 0 \qquad (7\text{-}5\text{-}9)$$

计算时采用试凑法，先假定 α_1，从式（7-5-9）中解出 α，代入式（7-5-8）中，直算至平衡为止。然后将 α_1 值代入式（7-5-6）中，可求出纵向钢筋截面面积 A_s。

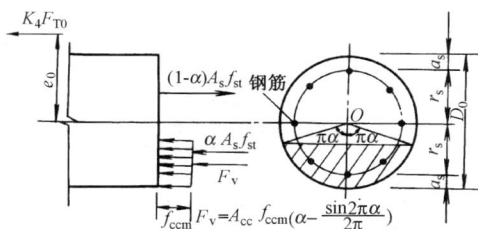

图 7-5-2　圆形截面偏心受拉构件（$e_0 > r_g / 2$）的正截面强度计算简图

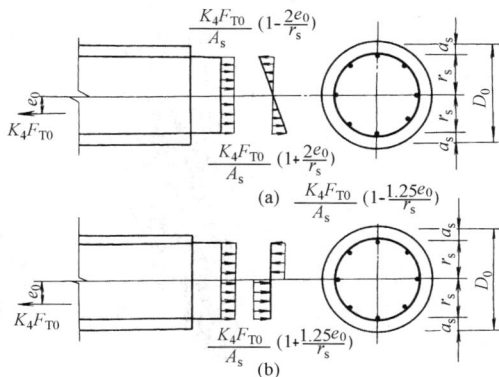

图 7-5-3　圆形截面偏心受拉构件（$e_0 \leqslant r_s / 2$）的正截面强度计算简图

（a）不考虑塑性分布；（b）考虑塑性分布

通常为了计算方便，当 $\beta_1 = e_0/D_0 = 0.25 \sim 4.0$；$a_s = (0.05 \sim 0.10) D_0$ 时，α_1 值可按图 7-5-4 确定。

图 7-5-4 中 $n_1 = \dfrac{K_4 F_{T0}}{A_{cc} f_{cc}}$，$\beta_1 = \dfrac{e_0}{D_0}$，$e_0 = \dfrac{M}{F_{T0}}$；

$\quad\quad D_0$——基柱计算截面的直径，m；

$\quad\quad K_4 F_{T0}$——符号含义与式（7-5-1）相同；

$\quad\quad A_{cc}$、f_{ccm}——符号含义与式（7-5-6）相同。

3. 环形截面的正截面强度计算

沿周边均匀配置钢筋的环形截面偏心受拉构件（图 7-5-5），当截面内纵向钢筋数量不少于 6 根，$(r_2 - r_1)/r_2 \leqslant 0.5$ 且纵向钢筋的种类及受拉、受压的设计强度相同时，可按下式计算：

$$K_4 F_{T0} \leqslant f_{st} A_s \frac{\beta}{1 + \dfrac{e_0}{r_g}} \quad\quad (7\text{-}5\text{-}10)$$

式中 $\quad f_{st}$、K_4、F_{T0}——符号含义与式（7-5-1）相同；

$\quad\quad r_s$、e_0——符号含义与式（7-5-7）相同；

$\quad\quad \beta$——与偏心矩 e_0 有关的系数。

β 值可由下式求得

$$\beta = \frac{1 + e_0/r_s}{1 + \dfrac{e_0}{r_s} \cdot \dfrac{\sin\pi\alpha}{\pi\alpha}}$$

亦可按下列规定取值：

$\quad\quad$当 $e_0/r_s \leqslant 0.5$ 时，取 $\beta = 1.0$；

$\quad\quad$当 $e_0/r_s \geqslant 3.0$ 时，取 $\beta = 0.9$；

$\quad\quad$当 e_0/r_s 为中间数值时，β 值可按直线插入法取用。

（二）轴心受拉基柱

钢筋混凝土轴心受拉构件的正截面强度应按下式计算：

$$K_4 F_{T0} \leqslant f_{st} A_s \quad\quad (7\text{-}5\text{-}11)$$

式中 $\quad K_4$——钢筋混凝土轴心受拉构件的强度设计安全系数，可按表7-1-29取值；

$\quad\quad F_{T0}$、f_{st}、A_s——符号含义与式（7-5-1）相同。

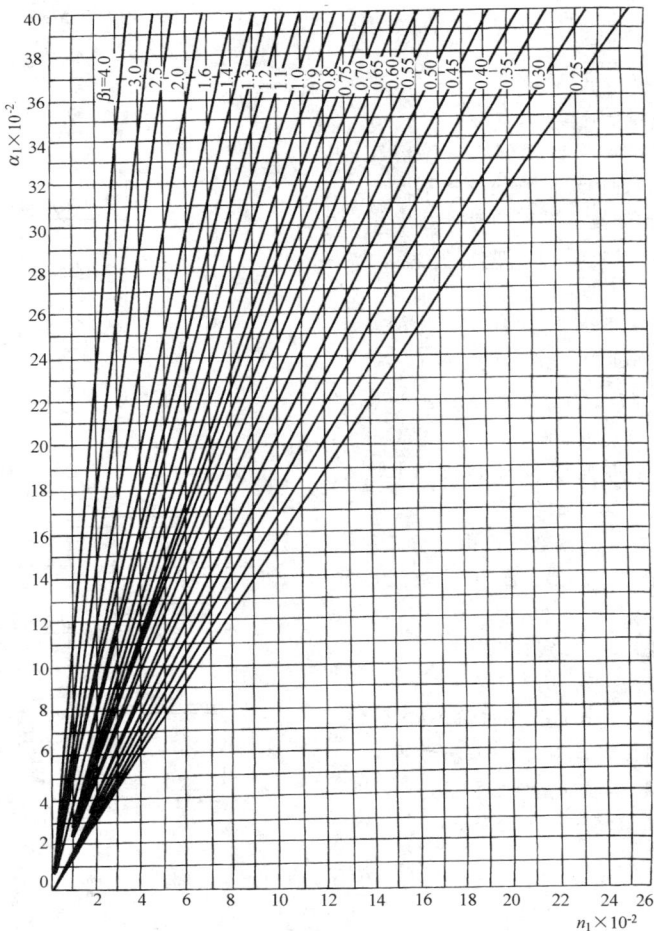

图 7-5-4　圆形截面配筋 α_1 系数

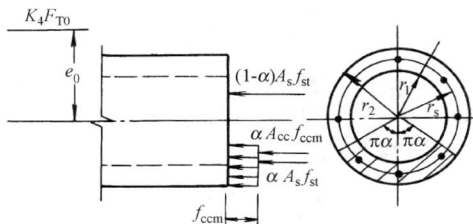

图 7-5-5 环形截面偏心
受拉构件正截面强度计算简图

（三）偏心受压基柱[7-8]

1. 矩形截面双向偏心受压构件的正截面强度计算

当纵向钢筋对称配置且钢筋的受拉和受压的设计强度相等时（图 7-5-6），其正截面强度应符合下式要求：

$$K_4 F_{va} \leq \frac{F_{v0}}{\dfrac{F_{v0x}}{F_{vx}} + \dfrac{F_{v0y}}{F_{vy}} - 1} \qquad (7\text{-}5\text{-}12)$$

式中 F_{va}——作用于受压基柱计算截面的纵向力，kN；

K_4——钢筋混凝土构件的强度设计安全系数；

F_{v0}——轴心受压时截面所能承受的纵向力，kN，此时考虑全部纵向钢筋，可按式（7-5-17）计算；

F_{vx}——纵向力作用于 X 轴，当偏心距为 e_{0x} 时截面所能承受的纵向力，kN，此时仅考虑沿平行于 Y 轴两侧的纵向钢筋，可按式（7-5-14）~式（7-5-16）计算；

F_{vy}——纵向力作用于 Y 轴，当偏心距为 e_{0y} 时截面所能承受的纵向力（kN），此时仅考虑沿平行于 X 轴两侧的纵向钢筋；

F_{v0x}——轴心受压时截面所能承受的纵向力，kN，此时所考虑的纵向钢筋同 F_{vx}，可按式（7-5-18）计算；

F_{v0y}——轴心受压时截面所能承受的纵向力，kN，此时所考虑的纵向钢筋同 F_{vy}，可按式（7-5-19）计算。

（1）偏心受压构件的 F_{vx} 计算：

1）如图 7-5-6（b）所示，大偏心受压构件 $h_x \leq 0.55 h_0$ 为

$$h_x = (h_0 - e_x) +$$
$$\sqrt{(h_0 - e_x)^2 + \frac{f_{sc} A_{sy}(e_x \mp e'_x)}{f_{ccm} b}} \qquad (7\text{-}5\text{-}13)$$

式（7-5-13）中根号内 e'_x，当纵向力作用在 Y 轴两侧纵向钢筋之间时取正号，在 Y 轴两侧纵向钢筋

之外时取负号。

当 $h_x \geq 2a'_s$ 时

$$F_{vx} = f_{ccm} b h_x \qquad (7\text{-}5\text{-}14)$$

当 $h_x < 2a'_s$ 时

$$F_{vx} = \frac{f_{st} A_{sy}(h_0 - a_s)}{2e'_x} \qquad (7\text{-}5\text{-}15)$$

2）小偏心受压构件（$h_x > 0.55 h_0$）为

$$F_{vx} = \frac{f_{sc} A_y(h_0 - a_s) + f_{cc} b h_0^2}{2e_x} \qquad (7\text{-}5\text{-}16)$$

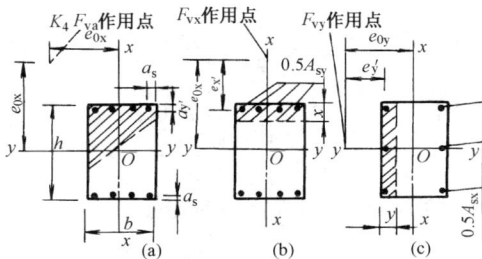

图 7-5-6 矩形截面双向偏心受压构件截面图
（a）实际截面图；（b）计算 N_x 的截面图；
（c）计算 N_y 的截面图

上四式中 h_x——当偏心距为 e_{0x}，截面承受纵向力 F_{vx} 时，所需混凝土受压区的高度，m；

h_0——计算截面在 X 轴方向的有效高度 m，$h_0 = h - a_s$；

e_x——F_{vx} 作用点至纵向受拉钢筋合力点的距离 m，$e_x = e_{0x} + \dfrac{h}{2} - a_s$ [见图 7-5-6（b）]；

h——计算截面在 X 轴方向的高度或 Y 轴方向的宽度，m；

a_s——纵向受拉钢筋合力作用点至其靠近的截面边缘间的距离，m，$a_s = a'_s$；

a'_s——纵向受压钢筋合力作用点至其靠近的截面边缘间的距离，m；

f_{ccm}——混凝土的弯曲抗压设计强度，kN/m^2，可按表 7-1-1 取值；

b——计算截面在 X 轴方向的宽度或 Y 轴方向的高度，m；

f_{cc}——混凝土的轴心抗压设计强度，kN/m^2，可按表 7-1-1 查取；

e'_x——F_{vx} 作用点至纵向受压钢筋合力点的距离，m，$e'_x = e_{0x} - \dfrac{h}{2} + a'_s$ [见图 7-5-6（b）]；当 F_{vx} 作用点在 Y 轴两侧纵向钢筋合力点之间时，

取 $e'_x = \dfrac{h}{2} - a'_s - e_{0x}$。

（2）偏心受压构件的 F_{vy} 计算：

1）如图 7-5-6（c）所示，大偏心受压构件（$h_y \leqslant 0.55 b_0$）为

$$h_y = (b_0 - e_y) + \sqrt{(b_0 - e_y)^2 + \dfrac{f_{sc} A_{sx} (e_y \mp e'_y)}{f_{ccm} h}}$$

式中根号内 e'_y，当纵向力作用在 X 轴两侧纵向钢筋之间时取正号，在 X 轴两侧纵向钢筋之外时取负号。

当 $h_y \geqslant 2a'_s$ 时

$$F_{vy} = f_{cc} h h_y$$

当 $h_y < 2a'_s$ 时

$$F_{vy} = \dfrac{f_{sc} A_{sx} (b_0 - a'_s)}{2 e'_y}$$

2）小偏心受压构件（$y > 0.55 b_0$）为

$$F_{vy} = \dfrac{f_{sc} A_{sx} (b_0 - a'_s) + f_{cc} h b_0^2}{2 e_y}$$

上述式中 h_y——当偏心距为 e_{0y} 时，截面承受的纵向力为 F_{vy} 时，所需混凝土受压区的高度，m；

e_y——F_{vy} 作用点至纵向受拉钢筋合力点的距离，m，$e_y = e_{0y} + \dfrac{b}{2} - a_s$ [见图 7-5-6（c）]；

b_0——计算截面在 Y 轴方向的有效高度，m，$b_0 = b - a_s$；

e'_y——F_{vy} 作用点至纵向受压钢筋合力点的距离，m，$e'_y = e_{0y} - \dfrac{b}{2} + a'_s$ [见图 7-5-6（c）]；当 F_{vy} 作用点在 X 轴两侧纵向钢筋合力点之间时，取 $e'_y = \dfrac{b}{2} - a'_s - e_{0y}$；

其它符号含义与式（7-5-1）及式（7-5-13）~式（7-5-16）相同。

（3）轴心受压构件的 F_{v0}、F_{v0x}、F_{v0y}（见图 7-5-7）计算：

1）混凝土截面和全部纵向钢筋承受的纵向力 F_{v0} 为

$$F_{v0} = f_{sc} A_s + f_{ccm} A_{cc} \qquad (7\text{-}5\text{-}17)$$

2）混凝土截面和平行 Y 轴的纵向钢筋承受的纵向力 F_{v0x} 为

$$F_{v0x} = f_{sc} A_{sy} + f_{cc} A_{cc} \qquad (7\text{-}5\text{-}18)$$

3）混凝土截面和平行 X 轴的纵向钢筋承受的纵向力 F_{v0y} 为

$$F_{v0y} = f_{sc} A_{sx} + f_{cc} A_{cc} \qquad (7\text{-}5\text{-}19)$$

上三式中 A_{cc}——构件计算截面面积，m^2，见图 7-5-7；

f_{cc}——混凝土的轴心抗压设计强度，kN/m^2，可按表 7-1-1 取值；

其它符号含义与式（7-5-1）相同。

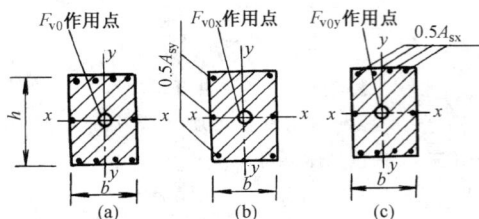

图 7-5-7　计算 F_{v0}、F_{v0x}、F_{v0y} 的截面图

（a）计算 F_{v0}；（b）计算 F_{v0x}；（c）计算 F_{v0y}

2. 圆形截面的正截面强度计算

沿周边均匀配置钢筋的圆形截面偏心受压构件（图 7-5-8），截面内纵向钢筋数量不少于 6 根且纵向钢筋的种类及受拉、受压的设计强度相同时，可按下列方法计算大偏心或小偏心构件的正截面强度。

（1）圆形截面偏心受压构件，其大小偏心可按下列方法判别：

当 $\alpha \leqslant 0.5$ 时，为大偏心受压构件；当 $\alpha > 0.5$ 时，为小偏心受压构件。α 可按下式计算：

$$\alpha = \dfrac{K_4 F_{va} + A_s f_{sc}}{A_{cc} f_{ccm} + 2 A_s f_{sc}} \qquad (7\text{-}5\text{-}20)$$

（2）大偏心受压构件（$\alpha \leqslant 0.5$）的正截面强度应符合下式要求：

$$\left. \begin{aligned} K_4 F_{va} e_0 &\leqslant \dfrac{\sin^3 \pi \alpha}{3 \pi} f_{ccm} A_{cc} D_0 \\ &+ \dfrac{\sin \pi \alpha}{\pi} A_s (D_0 - 2 a_s) f_{sc} \\ r_s \dfrac{\sin \pi \alpha}{\pi \alpha} &> \dfrac{D_0}{2} \cos \pi \alpha \end{aligned} \right\} \qquad (7\text{-}5\text{-}21)$$

为了计算方便，当 $a_s = 0.05 D_0$ 和 $a_s = 0.08 D_0$ 时，可按表 7-5-1 及表 7-5-2 根据 e_0 / D_0 和 $n_1 = \dfrac{K_4 F_{va}}{A_{cc} f_{ccm}}$ 查出 α_1，然后按下式计算纵向钢筋截面面积 A_s。即

$$A_s = \alpha_1 \dfrac{A_{cc} f_{ccm}}{f_{sc}} \qquad (7\text{-}5\text{-}22)$$

上三式中 $\pi \alpha$——混凝土受压部分圆心角的半角，（°），或，rad；

e_0——纵向力对截面重心的偏心距，m；

D_0——计算截面的直径，m；

α_1——与 n_1 和 e_0 / D_0 有关的系数；

其它符号含义与式（7-5-6）、式（7-5-7）相同。

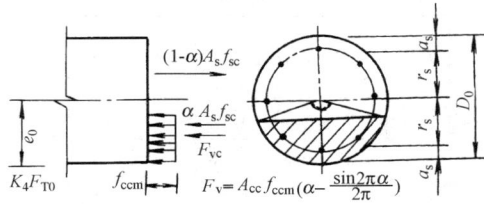

$$F_v = A_{cc} f_{ccm}(\alpha - \frac{\sin 2\pi\alpha}{2\pi})$$

图 7-5-8 圆形截面偏心受压
构件正截面强度计算简图

表 7-5-1　　　　　　　　　　圆形截面偏心受压构件用 n_1 值（$a_s = 0.05 D_0$）

$\dfrac{e_0}{D_0}\eta$ ＼ α_1	0.08	0.12	0.16	0.20	0.24	0.28	0.32	0.36	0.40	0.44	0.48	0.52	0.60	0.68
0.00	0.88	0.92	0.96	1.00	1.04	1.08	1.12	1.16	1.20	1.24	1.28	1.32	1.40	1.48
0.05	0.77	0.79	0.82	0.84	0.86	0.89	0.91	0.94	0.96	0.98	1.01	1.03	1.08	1.13
0.10	0.70	0.72	0.74	0.76	0.79	0.81	0.83	0.85	0.87	0.89	0.92	0.94	0.98	1.03
0.15	0.64	0.66	0.68	0.70	0.72	0.74	0.76	0.78	0.80	0.82	0.84	0.86	0.90	0.94
0.20	0.59	0.61	0.63	0.65	0.67	0.68	0.70	0.72	0.74	0.75	0.78	0.79	0.83	0.87
0.25	0.51	0.56	0.58	0.60	0.62	0.63	0.65	0.67	0.69	0.71	0.72	0.74	0.77	0.81
0.30	0.42	0.46	0.51	0.54	0.57	0.59	0.61	0.62	0.64	0.66	0.67	0.69	0.72	0.75
0.35	0.34	0.39	0.43	0.46	0.50	0.53	0.56	0.59	0.60	0.62	0.63	0.65	0.68	0.71
0.40	0.28	0.32	0.36	0.40	0.43	0.46	0.49	0.52	0.55	0.58	0.59	0.61	0.64	0.66
0.45	0.23	0.27	0.31	0.35	0.38	0.41	0.44	0.46	0.49	0.52	0.54	0.56	0.60	0.63
0.50	0.19	0.23	0.27	0.30	0.33	0.36	0.39	0.41	0.44	0.46	0.48	0.51	0.55	0.59
0.55	0.15	0.20	0.23	0.26	0.29	0.32	0.35	0.37	0.40	0.42	0.44	0.46	0.51	0.55
0.60	0.13	0.17	0.20	0.23	0.26	0.39	0.31	0.34	0.36	0.38	0.40	0.42	0.46	0.50
0.65	0.11	0.15	0.18	0.21	0.24	0.26	0.28	0.31	0.33	0.35	0.37	0.39	0.43	0.46
0.70	0.10	0.13	0.16	0.19	0.21	0.24	0.26	0.28	0.30	0.32	0.34	0.36	0.39	0.43
0.75	0.09	0.12	0.15	0.17	0.19	0.22	0.24	0.26	0.28	0.30	0.31	0.33	0.37	0.40
0.80	0.08	0.11	0.13	0.16	0.18	0.20	0.22	0.24	0.26	0.27	0.29	0.31	0.34	0.37
0.85	0.07	0.10	0.12	0.14	0.16	0.18	0.20	0.22	0.24	0.25	0.27	0.29	0.32	0.35
0.90	0.07	0.09	0.11	0.13	0.15	0.17	0.19	0.21	0.22	0.24	0.25	0.27	0.30	0.33
0.95	0.06	0.08	0.10	0.12	0.14	0.16	0.18	0.19	0.21	0.22	0.24	0.25	0.28	0.31
1.00	0.06	0.08	0.10	0.12	0.13	0.15	0.17	0.18	0.20	0.21	0.22	0.24	0.27	0.29
1.10	0.05	0.07	0.09	0.10	0.12	0.13	0.15	0.16	0.17	0.19	0.20	0.21	0.24	0.26
1.20	0.04	0.06	0.08	0.09	0.11	0.12	0.13	0.15	0.16	0.17	0.18	0.19	0.22	0.24
1.30	0.04	0.05	0.07	0.08	0.10	0.11	0.12	0.13	0.14	0.15	0.17	0.18	0.20	0.22
1.40	0.04	0.05	0.06	0.07	0.09	0.10	0.11	0.12	0.13	0.14	0.15	0.16	0.18	0.20
1.50	0.03	0.05	0.06	0.07	0.08	0.09	0.10	0.11	0.12	0.13	0.14	0.15	0.17	0.19
1.75	0.03	0.04	0.05	0.06	0.07	0.08	0.09	0.10	0.10	0.11	0.12	0.13	0.14	0.16
2.00	0.02	0.03	0.04	0.05	0.06	0.06	0.07	0.09	0.09	0.10	0.10	0.11	0.12	0.14
2.25	0.02	0.03	0.04	0.04	0.05	0.06	0.07	0.07	0.08	0.08	0.09	0.10	0.11	0.12
2.50	0.02	0.02	0.03	0.04	0.04	0.05	0.06	0.06	0.07	0.07	0.08	0.09	0.10	0.11
2.75	0.02	0.02	0.03	0.03	0.04	0.05	0.05	0.06	0.06	0.07	0.07	0.08	0.09	0.10
3.00	0.01	0.02	0.03	0.03	0.04	0.04	0.05	0.05	0.06	0.06	0.07	0.07	0.08	0.08
4.00	0.01	0.01	0.02	0.02	0.03	0.03	0.03	0.04	0.04	0.05	0.05	0.05	0.06	0.07

注　1.　表中 $n_1 = K_4 F_{va} A_{cc} f_{ccm}$，$\dfrac{e_0}{D_0} = \dfrac{M}{F_{va} D_0}$；

　　2.　当长细比 $l_0/D_0 \leqslant 7$ 时，系数 $\eta = 1$。

表 7-5-2 圆形截面偏心受压构件用 n_1 值（$a_s = 0.08D_0$）

$\dfrac{e_0}{D_0}$ η \ α_1	0.08	0.12	0.16	0.20	0.24	0.28	0.32	0.36	0.40	0.44	0.48	0.52	0.60	0.68
0.00	0.88	0.92	0.96	1.00	1.04	1.08	1.12	1.16	1.20	1.24	1.28	1.32	1.40	1.48
0.05	0.76	0.79	0.81	0.83	0.86	0.88	0.91	0.93	0.95	0.98	1.00	1.03	1.07	1.12
0.10	0.69	0.71	0.73	0.75	0.77	0.79	0.85	0.84	0.86	0.88	0.91	0.94	0.97	1.01
0.15	0.63	0.65	0.61	0.69	0.71	0.73	0.75	0.77	0.79	0.81	0.83	0.85	0.88	0.92
0.20	0.58	0.60	0.57	0.63	0.65	0.67	0.69	0.70	0.72	0.74	0.76	0.78	0.81	0.85
0.25	0.51	0.55	0.50	0.58	0.60	0.62	0.64	0.65	0.67	0.69	0.70	0.72	0.75	0.79
0.30	0.42	0.46	0.42	0.53	0.56	0.58	0.59	0.61	0.62	0.64	0.65	0.67	0.70	0.73
0.35	0.34	0.38	0.36	0.46	0.48	0.51	0.55	0.56	0.58	0.59	0.61	0.63	0.65	0.68
0.40	0.27	0.30	0.32	0.39	0.42	0.45	0.48	0.52	0.53	0.56	0.57	0.58	0.61	0.64
0.45	0.22	0.26	0.25	0.34	0.37	0.40	0.42	0.45	0.47	0.49	0.52	0.54	0.58	0.61
0.50	0.18	0.22	0.22	0.29	0.32	0.35	0.37	0.40	0.42	0.45	0.47	0.49	0.53	0.57
0.55	0.15	0.19	0.20	0.26	0.28	0.31	0.33	0.36	0.38	0.40	0.42	0.44	0.48	0.52
0.60	0.13	0.17	0.18	0.23	0.25	0.28	0.30	0.32	0.35	0.35	0.39	0.41	0.44	0.48
0.65	0.11	0.15	0.16	0.20	0.23	0.25	0.27	0.29	0.31	0.33	0.35	0.37	0.41	0.44
0.70	0.10	0.13	0.16	0.18	0.21	0.23	0.25	0.27	0.29	0.31	0.33	0.34	0.38	0.41
0.75	0.09	0.12	0.14	0.17	0.19	0.21	0.23	0.25	0.27	0.28	0.30	0.32	0.35	0.38
0.80	0.08	0.11	0.13	0.15	0.17	0.19	0.21	0.23	0.25	0.26	0.28	0.29	0.31	0.36
0.85	0.07	0.09	0.12	0.14	0.16	0.18	0.19	0.21	0.23	0.24	0.26	0.27	0.30	0.33
0.90	0.06	0.09	0.11	0.13	0.15	0.16	0.18	0.20	0.21	0.22	0.24	0.26	0.28	0.31
0.95	0.06	0.08	0.10	0.12	0.14	0.15	0.17	0.18	0.20	0.21	0.23	0.24	0.27	0.29
1.00	0.05	0.07	0.09	0.11	0.13	0.14	0.16	0.18	0.19	0.20	0.21	0.23	0.25	0.28
1.10	0.05	0.07	0.08	0.10	0.11	0.13	0.14	0.15	0.17	0.18	0.19	0.20	0.23	0.25
1.20	0.04	0.06	0.07	0.09	0.10	0.12	0.13	0.14	0.15	0.17	0.17	0.19	0.21	0.23
1.30	0.04	0.05	0.07	0.08	0.09	0.10	0.12	0.13	0.14	0.15	0.16	0.16	0.19	0.21
1.40	0.03	0.05	0.06	0.07	0.08	0.09	0.10	0.12	0.13	0.14	0.15	0.15	0.17	0.19
1.50	0.03	0.04	0.05	0.07	0.08	0.09	0.09	0.10	0.12	0.13	0.13	0.14	0.16	0.18
1.75	0.03	0.04	0.05	0.06	0.06	0.07	0.08	0.09	0.10	0.11	0.11	0.12	0.14	0.15
2.00	0.02	0.03	0.04	0.05	0.06	0.06	0.07	0.08	0.08	0.09	0.10	0.10	0.12	0.13
2.25	0.02	0.03	0.03	0.04	0.05	0.05	0.06	0.07	0.07	0.08	0.09	0.09	0.10	0.11
2.50	0.02	0.02	0.03	0.04	0.04	0.05	0.05	0.06	0.06	0.07	0.07	0.08	0.09	0.10
2.75	0.02	0.02	0.03	0.03	0.04	0.04	0.05	0.05	0.06	0.06	0.07	0.07	0.08	0.09
3.00	0.01	0.02	0.02	0.03	0.03	0.04	0.04	0.05	0.05	0.06	0.06	0.07	0.08	0.08
4.00	0.01	0.01	0.02	0.02	0.03	0.03	0.03	0.04	0.04	0.04	0.05	0.05	0.06	0.06
5.00	0.01	0.01	0.01	0.02	0.02	0.02	0.03	0.03	0.03	0.04	0.04	0.04	0.04	0.05

注 1. 表中 $n_1 = K_4 F_{va} A_{cc} f_{ccm}$、$e_0/D_0 = M/F_{va}D_0$。

2. 当长细比 $l_0/D_0 \leqslant 7$ 时，系数 $\eta = 1$。

（3）小偏心受压构件（$\alpha > 0.5$）的正截面强度应符合下式要求：

$$K_4 F_{va} (e_0 + r_s) \leq (A_{cc} f_{ccm} + \eta_1 f_{sc} A_s) r_s$$
$$(7\text{-}5\text{-}23)$$

式中　η_1——与偏心距 e_0 有关的系数，当 $e_0 \geq r_s$ 时，$\eta_1 = 2/3$；$e_0 = 0$ 时，$\eta_1 = 1.0$；$e_0 < r_s$ 时，$\eta_1 = 1 - \dfrac{e_0}{3r_s}$；

K_4、F_{va}——与式（7-5-12）符号注释相同；

其它符号含义与式(7-5-6)、式(7-5-7)相同。

（4）按偏心受压构件计算高桩（$l_0/D_0 > 7$）时，应考虑构件在弯矩作用平面内的挠度对纵向力偏心距的影响。此时，应将纵向力对截面重心的偏心距 e_0 乘以偏心距增大系数 η。η 值可按下式计算：

$$\eta = \cfrac{1}{1 - \cfrac{KF_v}{10 a_e E_{cc} I} l_0^2}$$
$$(7\text{-}5\text{-}24)$$

式中　K——钢筋混凝土强度设计安全系数，取 $K = 1.55$；

E_{cc}——混凝土的弹性模量，kN/m^2；

I——混凝土计算截面的惯性矩，m^4，当全部纵向钢筋的配筋率超过 3% 时，I 应乘以系数 1.2；

a_e——与偏心矩有关的系数，可按表 7-5-3 确定，或按下式计算。

$$a_e = \frac{0.1}{0.3 + e_0/D_0} + 0.143 \quad （当 e_0/D_0 \geq 1 \text{ 时，取 } a_e = 0.22）。$$

表 7-5-3　系　数　a_e

e_0/D_0	0.05	0.10	0.15	0.20	0.25	0.30	0.35
a_e	0.429	0.393	0.365	0.343	0.325	0.310	0.297
e_0/D_0	0.40	0.50	0.60	0.70	0.80	0.90	≥ 1.0
a_e	0.286	0.268	0.254	0.243	0.234	0.226	0.220

注　1. 当圆形截面 $l_0/D_0 \leq 7$ 时，可不计挠度对偏心距的影响；

　　2. 当偏心受压构件的偏心距很小时，如考虑 η 值后的偏心受压计算的强度反而大于轴心受压计算的强度，则应采用轴心受压强度；

　　3. 当按式（7-5-24）求得的 η 值为负值或大于 3 时，应加大截面尺寸。

3. 环形截面的正截面强度计算

沿周边均匀配置钢筋的环形截面偏心受压构件，截面内纵向钢筋数量不少于 6 根，$(r_2 - r_1)/r_2 \leq 0.5$ 且纵向钢筋的种类及受拉、受压的设计强度相同时，可按下式计算大偏心和小偏心构件的正截面强度。

（1）环形截面偏心受压构件的大、小偏心，可按式（7-5-20）计算结果判别。

（2）大偏心受压构件（$\alpha \leq 0.5$）：

$$K_4 F_{ve0} \leq \left(f_{ccm} A_{cc} \frac{r_1 + r_2}{2} + 2 f_{sc} A_s r_s \right) \frac{\sin \pi \alpha}{\pi}$$
$$(7\text{-}5\text{-}25)$$

式中　r_1、r_2——分别为环形截面的内、外半径，m；

其它符号含义与式（7-5-22）、式（7-5-23）注释相同。

（3）小偏心受压构件（$\alpha > 0.5$）：

与圆形小偏心受压构件的正截面强度计算相同，可按式（7-5-23）计算。

为了计算方便，当混凝土的强度等级为 C40 和纵向钢筋为 Ⅱ 级钢时，可按下图将计算截面的纵向压力 F_{va} 乘以 0.9 作为 F_{v0}，从图 7-5-9、图 7-5-10 中求出所需的纵向钢筋截面面积 A_s。

（四）轴心受压基柱

1. 轴心受压基柱强度的计算

（1）配有箍筋或在纵向钢筋上焊有横向钢筋时（图 7-5-11），其正截面强度应按下式计算：

$$K_4 F_{va} \leq \varphi (f_{cc} A_{cc} + f_{sc} A'_s)$$
$$(7\text{-}5\text{-}26)$$

式中　φ——钢筋混凝土构件的纵向弯曲系数，可按表 7-5-4 取值；

f_{cc}——混凝土的轴心抗压设计强度，kN/m^2；

f_{sc}——纵向钢筋的抗压设计强度，kN/m^2；

A'_s——全部纵向钢筋的截面面积，m^2；

其它符号含义与式（7-5-21）相同。

（2）采用螺旋式或焊接环式间接钢筋时（图 7-5-12），其正截面强度应按下式计算：

$$K_4 F_{va} \leq f_{cc} A_{cc} + f_{sc} A'_s + 2 f_{st} A_{cs}$$
$$(7\text{-}5\text{-}27)$$

式中　A_{c0r}——构件的核芯截面面积，m^2；

f_{st}——间接钢筋的抗拉设计强度，kN/m^2；

表 7-5-4　钢筋混凝土构件的纵向弯曲系数 φ

l_0/b	≤ 8	10	12	14	16	18	20	22	24	26	28	30	32	34	36	38	40	42	44	46	48	50
l_0/D_0	≤ 7	8.5	10.5	12	14	15.5	17	19	21	22.5	24	26	28	29.5	31	33	34.5	36.5	38	40	41.5	43
l_0/r	≤ 28	35	42	48	55	62	69	76	83	90	97	104	111	118	125	132	139	146	153	160	167	174
φ	1.0	0.98	0.95	0.92	0.87	0.81	0.75	0.70	0.65	0.60	0.56	0.52	0.48	0.44	0.40	0.36	0.32	0.29	0.26	0.23	0.21	0.19

注　l_0—构件计算长度；b—矩形截面的短边长度；D_0—圆形截面的直径；r—截面最小回转半径。

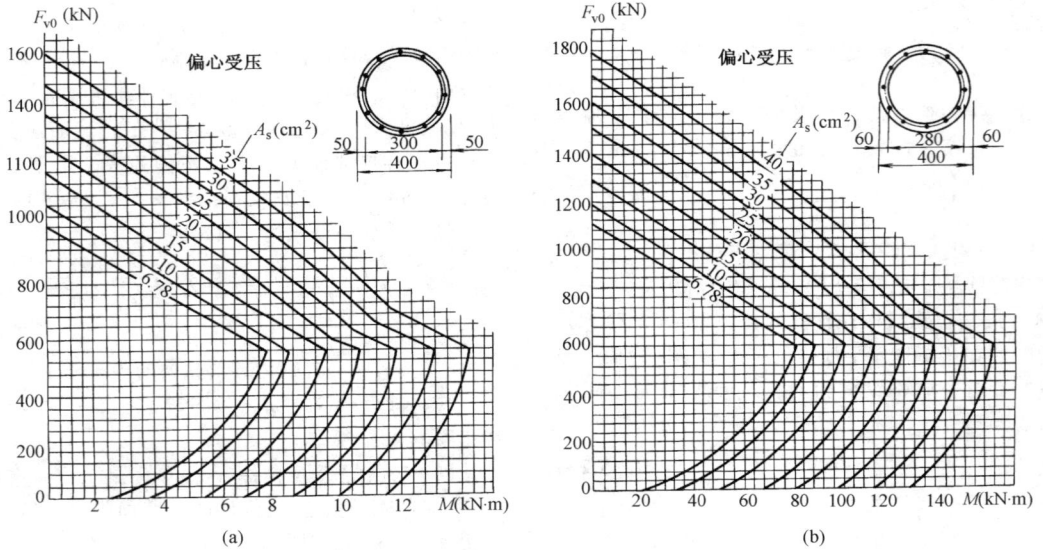

图 7-5-9 $\phi 100$ 环形截面偏心受压构件配筋图

(a) $\delta = 50\text{mm}$; (b) $\delta = 60\text{mm}$

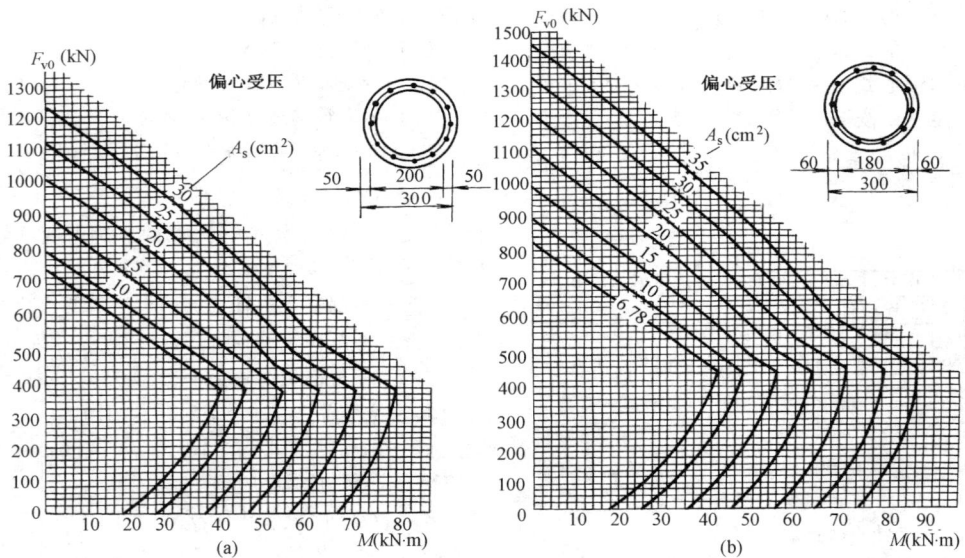

图 7-5-10 $\phi 300$ 环形截面偏心受压构件配筋图

(a) $\delta = 50\text{mm}$; (b) $\delta = 60\text{mm}$

A_{cs}——间接钢筋的换算截面面积, $A_{cs} = \dfrac{\pi d_{cr} a_i}{s}$;

d_{cr}——构件的核芯直径, m;

a_i——单根间接钢筋的截面面积, m^2;

s——沿构件轴线方向间接钢筋的间距, m。

2. 计算说明

(1) 按式 (7-5-27) 算得构件强度不应比按式 (7-5-26) 算得的大 50%;

(2) 凡属下列情况之一者, 不考虑间接钢筋的影响, 而按式 (7-5-26) 计算:

1) 当 $l_0 / D_0 > 12$ 时;

2) 当按式 (7-5-27) 算得的强度小于按式 (7-5-26) 算得的强度时;

3) 当间接钢筋的换算截面面积 A_{cs} 小于纵向钢筋全部截面面积的 25% 时。

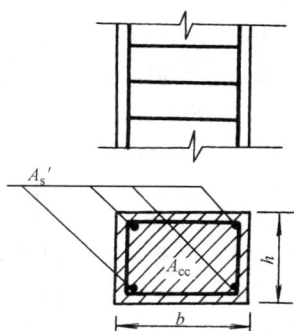

图 7-5-11　配置箍筋的轴心
受压构件截面图

（五）受弯基柱和梁

1. 矩形和 T 形截面的正截面强度计算

矩形截面配有纵向受压钢筋且 $b \geqslant 0.5 f_{sc}$（A_s -
A'_s）/$f_{ccm} a'_s$ 和 T 形截面配有纵向受压钢筋［其翼板
厚度 $h' \geqslant 2a'_s$，翼板宽度 $b' \geqslant 0.5 f_{sc}$（A_s - A'_s）/f_{cc}
a'_s］的单向受弯构件（图 7-5-13），其纵向受拉钢筋
截面面积可按下式计算：

$$A_s = \frac{K_4 M}{f_{st}（h_0 - a'_s）} \qquad (7-5-28)$$

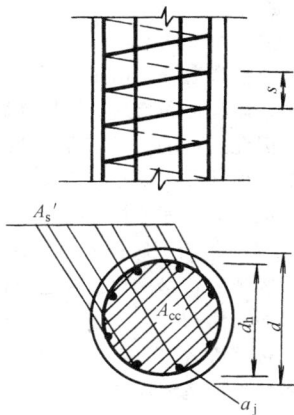

图 7-5-12　配置螺旋式间接钢
筋的轴心受压构件截面图

式中　　M——作用于计算截面的弯矩，kN·m。
其它符号含义与式（7-5-4）、式（7-5-6）相同。

T 型截面梁翼缘位于受压区时的计算宽度 b'
（m），对梁板浇成一体者 b' 值应取 $l/3$ 和 $b + s_0$ 的较
小者。s_0 为梁（肋）净距，当梁一侧有悬臂板时，s_0
取 2 倍净距和 2 倍悬臂板跨度的较小者；l 为梁的跨
度。

2. 圆形截面的正截面强度计算

沿周边均匀配置钢筋圆形截面的受弯构件（图

7-5-14），其正截面内纵向钢筋数量不少于 6 根。在
钢筋种类及受拉、受压设计强度相同时，构件正截面
强度应符合式（7-5-21）及下列各式要求：

$$K_4 M \leqslant \frac{\sin^3 \pi\alpha}{3\pi} f_{ccm} A_{cc} D_0 + \frac{\sin\pi\alpha}{\pi} A_s（D_0 - 2a_s）f_{st}$$

$$(7-5-29)$$

$$\alpha = \frac{f_{st} A_s}{f_{ccm} A_{cc} + 2f_{st} A_s} \leqslant 0.3 \qquad (7-5-30)$$

式中　　M——作用于计算截面的弯矩，kN·m；
其它符号含义与式（7-5-21）相同。

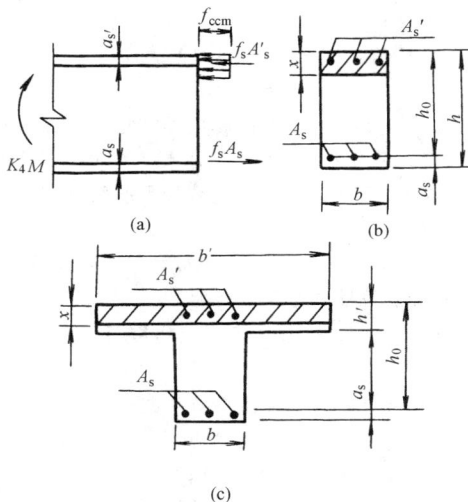

图 7-5-13　受弯构件正截面强度计算简图
（图中 x 指截面受压区的高度）
（a）受弯构件；（b）矩形截面；（c）T 型截面

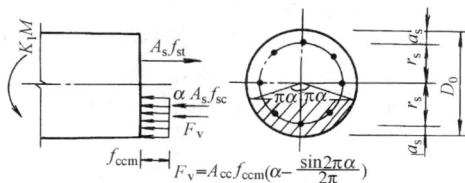

图 7-5-14　圆形截面受弯构件正
截面强度计算简图

3. 环形截面的正截面强度计算

沿周边均匀配置钢筋的环形截面受弯构件，其正
截面内纵向钢筋不少于 6 根，（$r_2 - r_1$）/$r_2 \leqslant 0.5$。在
纵向钢筋的种类和受拉、受压设计强度相同时，构件
正截面强度应符合下列各式要求：

$$K_4 M \leqslant \left(f_{ccm} A_{cc} \frac{r_1 + r_2}{2} + 2f_{st} A_s r_s \right) \frac{\sin\pi\alpha}{\pi} \qquad (7-5-31)$$

$$\alpha = \frac{f_{st}A_s}{f_{ccm}A_{cc} + 2f_{st}A_s} \leqslant 0.3 \qquad (7\text{-}5\text{-}32)$$

式中　M——符号含义与式（7-5-29）相同；

其它符号含义与式（7-5-25）相同。

4. 斜截面强度计算

矩形、T型和梯形截面的一般受弯构件，其斜截面的强度应符合下列条件。

（1）构件尺寸应符合：

$$K_4Q \leqslant 0.3f_{cc}bh_0 \qquad (7\text{-}5\text{-}33)$$

式中　Q——计算截面的剪力，kN；

b——计算截面的宽度，m；

其余符号含义与式（7-5-5）、式（7-5-26）相同。

（2）抗剪强度计算：

$$K_4Q \leqslant \eta f_{cc}bh_0 \qquad (7\text{-}5\text{-}34)$$

当符合式（7-5-34）要求时，则不需进行斜截面抗剪强度计算，可按基础的构造要求配置箍筋。当不符合式（7-5-34）要求时，有下列两种配筋情况。

1）仅配有箍筋为

$$K_4Q \leqslant \eta f_{cc}bh_0 + a_{ss}f_{st}h_0A_{pr}/s \qquad (7\text{-}5\text{-}35)$$

2）配有箍筋和弯起钢筋为

$$K_4Q \leqslant \eta f_{cc}bh_0 + a_{ss}f_{st}h_0A_{pr}/s + 0.8f_{st}A_m\sin\alpha \qquad (7\text{-}5\text{-}36)$$

上二式中　η——集中荷载折减系数；

a_{ss}——抗剪强度影响系数，可按式（7-5-5）注释计算；

A_{pr}——配置在同一截面内箍筋各肢的全部截面在剪力 Q 方向的投影面积，m^2；

s——沿构件长度方向箍筋的间距，m；

A_m——配置在同一弯起平面内的弯起钢筋和鸭筋的截面面积，m^2，此时弯起钢筋的弯起点和间距应符合本节的基础构造要求；

α——弯起钢筋与构件纵向轴线的夹角，（°）；

h_m——弯起钢筋距 Q 作用点的距离，m；

其它符号含义与式（7-5-5）、式（7-5-34）相同。

当均布荷载或集中荷载的作用点至支点的距离 $a \leqslant 1.7h_0$ 时，应取集中荷载折减系数 $\eta = 0.07$；当 $a > 1.7h_0$ 时，$\eta = \dfrac{0.4}{m+4}$（其中 $m = \dfrac{M}{Qh_0}$，剪力 Q 和弯矩 M 取计算截面的数值，当 $m > 4$ 时，取 $m = 4$）。当有数个集中荷载时，取 a 为距支点最近集中荷载作用点的距离。

（3）计算斜截面的抗剪强度时，其计算位置应按下列规定：

1）支座边缘处的截面；

2）受拉区弯起钢筋弯起点处的截面；

3）受拉区箍筋数量与间距改变处的截面。

（4）斜截面的抗弯强度可按下式计算（图7-5-15）：

$$\left.\begin{array}{l} K_4M \leqslant f_{st}A_sh + \Sigma f_{st}A_m h_m + \Sigma f_{st}A_s h_{pr} \\ K_4Q = \Sigma f_s A_m \sin\alpha + \Sigma f_{st}A_{pr} \end{array}\right\} \quad (7\text{-}5\text{-}37)$$

上二式中　Q——斜截面受压区末端的剪力，kN；

h——纵向受拉钢筋的合力点至受压区合力点之间的高度，m，可近似取 $0.875h_0$；

M——斜截面受压区末端的弯矩，kN·m；

其它符号含义与式（7-5-36）注释相同。

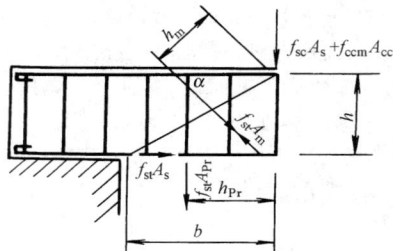

图 7-5-15　斜截面抗弯强度计算简图

（六）底板（盘）

1. 平板或阶梯形底板

钢筋混凝土底板通常采用正方形和矩形底面，正截面采用矩形、阶梯形和梯形。铁塔基础一般均承受拉力和压力，因此底板的上部和下部均须配置钢筋。一般均按单筋截面计算，仅当截面尺寸和混凝土标号受到限制时才按双筋截面计算。

（1）纵向压力作用下底板内力计算：

由于基础底板的长宽尺寸较接近，在地基土的反力作用下属双向弯曲构件，其内力计算通常采用简化计算方法。即将底板假定固定于基柱体周边上的四面伸出的悬臂板，近似地将地基土反力按底板对角线划分；沿基础底板长、宽两个方向的弯矩，假定等于基底梯形面积（图7-5-16的阴影面积）上地基土反力所产生的力矩；沿底板长、宽两个方向的剪力，假定等于基底梯形面积（图7-5-16的阴影面积）上地基土反力之和。对钢筋混凝土底板，其正截面抗拉强度由受拉钢筋承担，而抗剪及抗冲切力由混凝土承担。在一般情况下，为计算底板的抗冲切强度和正截面强度，首先需算出底板所承担的冲切力和弯矩。

1）弯矩计算：矩形底面的基础（当基柱为圆形或环形时，化为圆的内接正方形截面）在轴心或偏心荷载作用下，基础底板的外伸长度与其高度之比 $\tan\theta \leqslant 2.5$ 时，底板任意截面 Ⅰ-Ⅰ、Ⅱ-Ⅱ 处的弯矩

M_{I}、M_{II}可按下式计算：

轴心受压时［图 7-5-16（a）］

$$\left. \begin{aligned} M_{\mathrm{I}} &= \frac{\sigma_0}{24}\ (b - b')^2\ (2l + l') \\ M_{\mathrm{II}} &= \frac{\sigma_0}{24}\ (l - l')^2\ (2b + b') \end{aligned} \right\} \qquad (7\text{-}5\text{-}38)$$

单向偏心受压时［图 7-5-16（b）］

$$\left. \begin{aligned} M_{\mathrm{I}} &= \frac{\sigma_{\max} + \sigma_1}{48}\ (b - b')^2\ (2l + l') \\ M_{\mathrm{II}} &= \frac{\sigma_{\max} + \sigma_{\min}}{48}\ (l - l')^2\ (2b + b') \end{aligned} \right\} \quad (7\text{-}5\text{-}39)$$

双向偏心受压时（图 7-5-16，c）

$$\left. \begin{aligned} M_{\mathrm{I}} &= \frac{\sigma'_{\max} + \sigma'_1}{48}\ (b - b')^2\ (2l + l') \\ M_{\mathrm{II}} &= \frac{\sigma''_{\max} + \sigma''_1}{48}\ (l - l')^2\ (2b + b') \end{aligned} \right\} \quad (7\text{-}5\text{-}40)$$

上三式中　σ_0——基础底面的平均地基净反力（kN/m^2），$\sigma_0 = F_{v0}/bl$，F_{v0} 为作用于基础底面的纵向压力，kN，不包括底板及其上部土的重力；

b_1、l_1——分别为底板处基柱截面的宽度和长度，m，圆形和环形基柱时，$b_1 = l_1 = 0.707d_0$；

b、l——分别为基础底面的宽度和长度，m；

b'、l'——分别为 I-I、II-II 截面的宽度和长度，m；

$\sigma_{\max}$、$\sigma_{\min}$——分别为基础底面边缘处，由 F_{v0}，M 产生的最大和最小的地基净反力，kN/m^2，$\sigma_{\max} = F_{v0}/bl + M/W$，$\sigma_{\min} = F_{v0}/bl - M/W$；

$\sigma'_{\max}$——基础底面边缘处，由 F_{v0}、M_x 产生的最大地基净反力，kN/m^2，$\sigma'_{\max} = \dfrac{F_{v0}}{bl} + \dfrac{M_x}{W_y}$；

$\sigma''_{\max}$——基础底面边缘处，由 F_{v0}、M_y 产生的最大地基净反力，kN/m^2，$\sigma''_{\max} = \dfrac{F_{v0}}{bl} + \dfrac{M_y}{W_x}$；

σ_1、σ_c——分别为基础底板截面 I-I 和柱边处，由 F_{v0}、M 产生的地基净反力，kN/m^2；

σ'_1、σ'_c——分别为基础底板截面 I-I 和柱边处，由 F_{v0}、M_x 产生的地基净反力，kN/m^2；

σ''_1、σ''_c——分别为基础底板截面 II-II 和柱边处，由 F_{v0}、M_y 产生的地基净反力，kN/m^2。

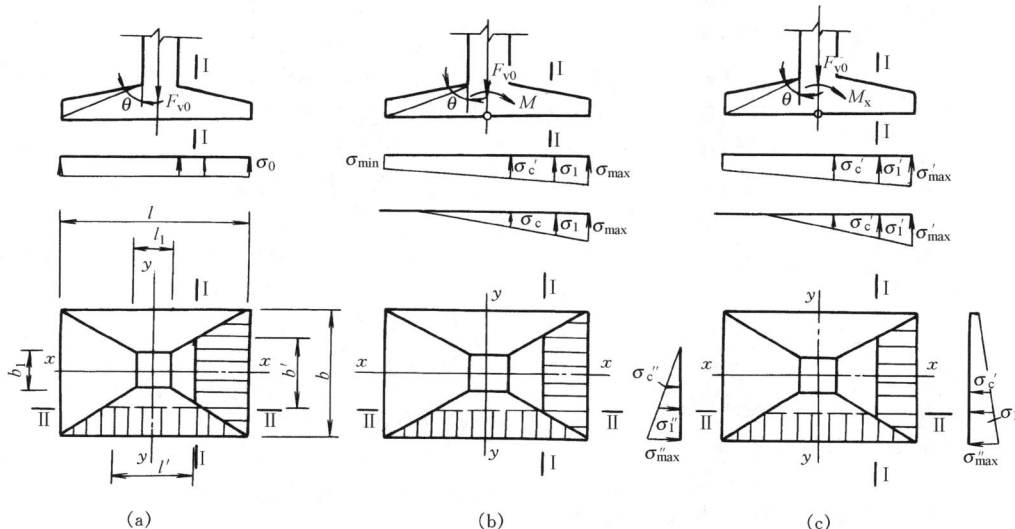

图 7-5-16　矩形底板内力（纵向压力）计算简图

（a）轴心受压；（b）单向偏心受压；（c）双向偏心受压

梯形截面柔性（$\tan\theta > 1$）底板，当任意截面 I-I 或 II-II 的配筋相等时，可仅计算各方向基柱体边缘处的最大弯矩，即将式（7-5-38）～式（7-5-40）中的 b'、l'、σ_1、σ'_1 和 σ''_1 分别以 b_1、l_1、σ_c、σ'_c 和 σ''_c 代替。

阶梯形截面柔性底板，除计算沿基柱体边缘处截面的最大弯矩外，尚须计算变阶梯处的弯矩，以验算变阶处正截面的强度。

2）冲切力计算：当基础底板较薄并承受基柱较大的纵向压力时，在基柱体与底板交接处或阶梯形底板的变阶处将出现沿 45°左右方向的斜面开裂，而呈现冲切性破坏。因此，为了不使底板出现冲切性破坏，必须首先计算底板上的冲切力，以确定底板正截面的高度。

如图 7-5-17 所示，矩形截面的基柱和底面的底板，在基柱与底板交接处或阶梯形底板变阶处的冲切力 Q_c，按下式计算：

$$Q_c = A_c \sigma_t \tag{7-5-41}$$

式中 A_c——计算冲切力时取用的多边形面积（图 7-5-17 中的阴影面积 $ABCDEF$），m^2，$b_x = b_1 + 2h_0$；

σ_t——基底计算的地基净反力，kN/m^2，可按轴心、偏心和双向偏心的条件，分别取 σ_0、σ_{max}、σ'_{max} 和 σ''_{max}，其值可按式（7-5-40）符号含义中的计算式确定。

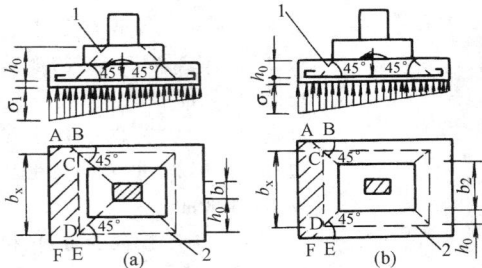

图 7-5-17 阶梯形基础冲切力计算简图

（a）基柱与底板交接处；（b）阶梯变阶处

1—冲切破坏锥体的斜截面线；

2—冲切破坏锥体的底面线

如图 7-5-18 所示，圆形或环形截面的基柱和矩形底面底板，在基柱与底板交接处和圆形阶梯底板变阶处的冲切力 Q_c，当轴心受压时可近似地按下式计算：

$$Q_c = F_{v0} \left[1 - \frac{\pi}{4bl}(d_0 + 2h_0)^2 \right] \tag{7-5-42}$$

式中 F_{v0}——作用于基础底板的纵向压力，kN；

d_0——基柱或圆形阶梯的外径，m；

h_0——底板冲切破坏锥体的有效高度，m；

b、l——底板的宽度和长度，m。

（2）纵向拉力作用下底板内力计算：

1）弯矩计算：底板在纵向拉力作用下其受弯状态和控制条件基本与纵向压力作用相同，可以直接用式（7-5-38）～式（7-5-40）计算 M_I 和 M_{II}。公式中的 σ 值应考虑基柱截面对底板面积的影响，可按下式计算：

轴心受拉时 ［图 7-5-19（a）］σ_0 为：

$$\sigma_0 = F_{T0} / (bl - b_1 l_1)$$

单向偏心受拉时 ［图 7-5-19（b）］：

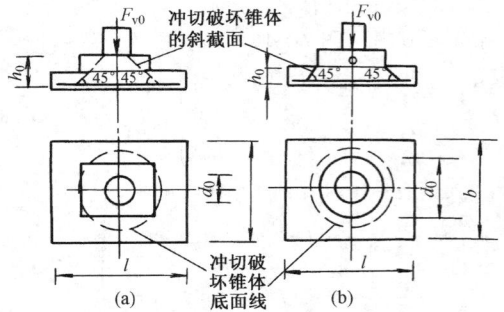

图 7-5-18 圆形（环形）基柱或圆形
阶梯冲切力的计算简图

（a）基柱与底板交接处；（b）阶梯变阶处

当偏心位于 X 轴向时，取双向偏心受拉的 σ' 公式计算，位于 Y 轴向时取 σ'' 公式计算。

双向偏心受拉时 ［图 7-5-19（c）］

$$\left. \begin{array}{l} \sigma' = \dfrac{F_{T0}}{bl - b_1 l_1} \pm \dfrac{6M_x l}{bl^3 - b_1 l_1^3} \\[3mm] \sigma'' = \dfrac{F_{T0}}{bl - b_1 l_1} \pm \dfrac{6M_y b}{lb^3 - l_1 b_1^3} \end{array} \right\} \tag{7-5-43}$$

式中 M_x、M_y——分别为作用于底板上平面平行 X 轴与 Y 轴的弯矩，$kN \cdot m$。

式（7-5-43）中等号右侧第二项负号分别为 σ'_{min}、σ''_{min} 值，正号分别为 σ'_{max}、σ''_{max} 值，其它符号含义与式（7-5-38）～式（7-5-40）相同。

2）剪力计算：底板在纵向拉力 ［图 7-5-19（b）］作用下的剪力可按下式计算：

$$\left. \begin{array}{l} Q_{c1} = \dfrac{\sigma_{max} + \sigma_1}{2} A_{c1} \\[3mm] Q_{c2} = \dfrac{\sigma_{max} + \sigma_{min}}{2} A_{c2} \end{array} \right\} \tag{7-5-44}$$

式中 A_{c1}、A_{c2}——分别为图 7-5-19 中阴影 $ABCD$、$AEFG$ 部分的面积，m^2；

其它符号含义与式（7-5-39）注释相同。

当轴心受拉时，式（7-5-44）中 σ_{max}、σ_1 和 σ_{min} 均以 σ_0 代入计算。当双向偏心受拉时，式（7-5-44）Q_{c1} 中 σ_{max}、σ_1 分别以 σ'_{max}、σ'_1 代入计算，Q_{c2} 中 σ_{max}、σ_{min} 分别以 σ''_{max}、σ''_1 代入计算。

（3）受弯强度计算：根据底板正截面的形状可分成二种情况进行正截面受弯强度的简化计算。

1）正截面为矩形 ［图 7-5-20（b）］，当宽度 b 较大时，无论截面有无纵向受压钢筋，均可按单筋截面计算。纵向受拉钢筋截面面积可近似按下式确定：

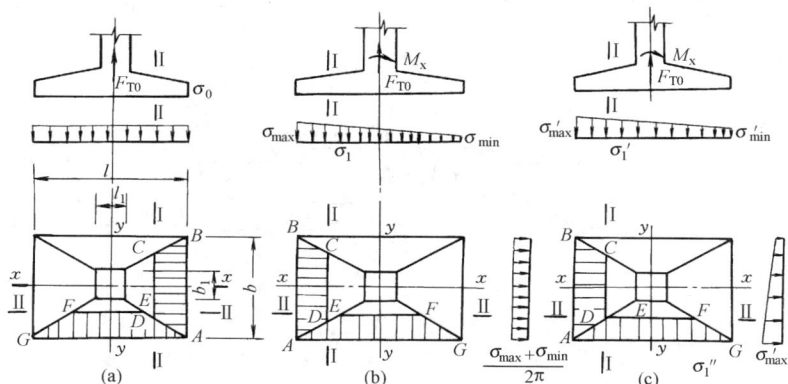

图 7-5-19 矩形底板内力（纵向拉力）计算简图

（a）轴心受拉；（b）单向偏心受拉；（c）双向偏心受拉

$$A_s = \frac{K_4 M}{0.875 h_0 f_{st}} \qquad (7\text{-}5\text{-}45)$$

式中 M——截面 Ⅰ-Ⅰ 或 Ⅱ-Ⅱ（图 7-5-16）的计算弯矩（kN·m），可按式（7-5-38）~式（7-5-40）计算；

其它符号含义与式（7-5-28）相同。

2）正截面为宽度很窄的矩形、上底宽度很窄的梯形［图 7-5-20（c）］或倒 T 形［图 7-5-20（d）］，而实际上配置有纵向受压钢筋时，可按如下步骤进行计算：

首先假定混凝土受压区高度 $x = 2a'_s$ 且 a'_s 不大于 $0.275 h_0$，按下式验算受压区混凝土强度：

$$K_4 M \leqslant 2 f_{ccm} b' a'_s h_1 \qquad (7\text{-}5\text{-}46)$$

当符合式（7-5-46）的要求时，无论截面内有无纵向受压钢筋，均可考虑为单筋截面。此时，纵向受拉钢筋的截面面积 A_s 可按下式计算：

$$A_s = \frac{K_4 M}{f_{st} h_1} \qquad (7\text{-}5\text{-}47)$$

式中 b'——截面受压区的平均宽度，m，梯形截面取 a'_s 处的宽度；

h_1——截面受压区面积重心至纵向受拉钢筋合力点的距离，m；

a'_s——受压区钢筋合力点至受压区上边缘的距离，m；

h_0——计算截面的有效高度，m；

其它符号含义与式（7-5-29）相同。

当不符合式（7-5-46）的要求时，按双筋截面计算。此时，仍令 $x = 2a'_s$ 且 a'_s 不大于 $0.275 h_0$，纵向受压钢筋截面面积 A'_m 可按下式计算：

$$A'_s = \frac{K_4 M - 2 f_{ccm} b' a'_s h_1}{f_{sc}(h_0 - a'_s)} \qquad (7\text{-}5\text{-}48)$$

纵向受拉钢筋截面面积可按下式计算：

$$A_s = A'_s + 2 f_{ccm} b' a'_s \qquad (7\text{-}5\text{-}49)$$

式中 A'_s——计算截面受压区的纵向钢筋截面面积，m^2，计算纵向受拉钢筋截面面积 A_s 时，应取实际选定的受压钢筋截面面积 A'_s；

f_{sc}——钢筋的抗压设计强度，kN/m^2，可按表 7-1-2 取值。

3）底板受拉时与底板受压［图 7-5-20（a）］的情况基本相同，可按式（7-5-45）计算纵向受拉钢筋的截面面积 A_s。

（4）斜截面强度计算：

1）底板受压时冲切强度计算：矩形截面基柱的矩形底面的底板，在基柱与底板交接处［图 7-5-17（a）］以及阶梯形底板变阶处［图 7-5-17（b）］的冲切强度，按有关规定计算：

$$K_6 Q_c \leqslant 0.75 f_{ct} b_{av} h_0 \qquad (7\text{-}5\text{-}50)$$

式中 K_6——钢筋混凝土冲切强度的设计安全系数，可按表 7-1-29 取值；

Q_c——计算截面的冲切力，kN；可按式（7-5-41）计算；

b_{av}——冲切破坏锥体斜截面的上边长 b_s 与下边长 b_x 的平均值，m；$b_p = (b_s + b_x)/2$；

b_s——冲切破坏锥体斜截面的上边宽，m；当计算基柱与底板交接处的冲切强度时，取基柱宽 b_{s1}；当计算底板变阶处的冲切强度时，取上阶梯宽 b_{s2}；

b_x——冲切破坏锥体斜截面的下边宽，m；当计算基柱与底板交接处的冲切强度时，取 $b_x = 2h_0 + b_{s1}$；当计算底板变阶处的冲切强度时，取 $b_x = 2h_0 + b_{s2}$；

h_0——底板冲切破坏锥体的有效高度，m；　　　　　　f_{ct}——混凝土抗拉设计强度，kN/m^2；可按表 7-1-1 取值。

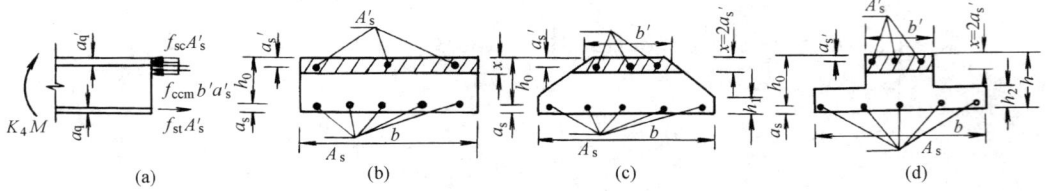

(a)　　　(b)　　　(c)　　　(d)

图 7-5-20　底板受压时正截面强度计算简图

(a) 受弯构件；(b) 矩形截面；(c) 梯形截面；(d) 倒 T 型截面

圆形或环形截面的基柱和矩形底面底板，在基柱与底板交接处 [图 7-5-18 (a)] 或圆形阶梯底板变阶处 [图 7-5-18 (b)] 的冲切强度可按下式计算：

$$K_6 Q_c \leq 0.75 f_{ct} \pi h_0 (d_0 + h_0) \qquad (7\text{-}5\text{-}51)$$

式中　Q_c——计算截面的冲切力，kN，可按式 (7-5-42) 计算；

d_0、h_0——符号含义与式 (7-5-42) 相同；

其它符号含义与式 (7-5-50) 相同。

2) 无箍筋底盘受拉时（或受弯板）的斜截面计算：在基柱与底板交接处 [图 7-5-17 (a)] 以及阶梯底板变阶处 [图-5-17 (b)] 的斜截面强度，应符合下列各式要求：

截面尺寸应符合

$$K_4 Q \leq 0.13 f_{cc} b h_0 \qquad (7\text{-}5\text{-}52)$$

当符合下式要求时，可不进行斜截面的抗剪强度计算：

$$K_6 Q \leq 0.875 b_0 h_0 f_{ct} \qquad (7\text{-}5\text{-}53)$$

式中　Q——计算截面的切力，kN，可按式 (7-5-44) 计算；

b_0——计算截面中和轴处的宽度，m；对图 7-5-20 (b) 取 $b_0 = b$；图 7-5-20 (c) 当矩形部分高度 h_1 不小于 $0.4 h_0$ 时取 $b_0 = b$，$h_1 < 0.4 h_0$ 时可取 $b_0 = (b + b')/2$；图 7-5-20 (d) 当翼板部分高度 h_2 不小于 $0.4 h_0$ 时取 $b_0 = b$，$h_2 < 0.4 h_0$ 时取 $b_0 = b'$；

b——计算截面宽度，m；梯形为底边宽度，T 形为翼缘宽度；

h_0——计算截面的有效高度，m；

其它符号含义与式 (7-5-51) 相同。

当各截面内的纵向受力筋不切断和不弯起时，可不进行斜截面的抗弯强度计算。

2. 壳体底盘[7-1]

壳体底盘是一种新型的基础型式，具有节省材料和降低基础工程造价的特点。在送电线路上有跨越杆塔的整体基础、电杆的底盘以及铁塔装配式基础的底盘已开始采用壳体底盘。

(1) 壳体的型式及适用条件：

1) 如图 7-5-21 所示，常用的壳体型式有正圆锥壳、M 型组合壳和内球外锥组合壳等型式。

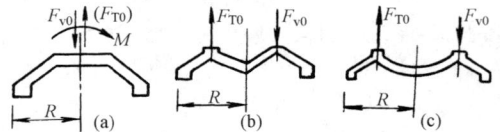

图 7-5-21　壳体底盘的结构型式示意图

(a) 正圆锥壳；(b) M 型组合壳；(c) 内球外锥组合壳

2) 适用条件：正圆锥壳适用于承受轴心荷载和较小偏心荷载的中、低压缩性的地基，一般用于铁塔的独立基础和电杆的底盘、拉线盘。

M 型组合壳和内球外锥组合壳，宜用于承受较大偏心荷载的杆塔整体基础。其偏心距不得大于 $0.25R$。

(2) 壳体基础的内力和强度计算：

1) 基础底面积和基底竖向压力，可按水平投影面积及其形状相同的实体基础计算。底盘处产生的剪力由接触的地基土承担，竖向净土反力假定按直线分布（图 7-5-22）。

2) 符合本节壳体基础的构造要求时，正圆锥壳的径向应力和组合壳中的内壳（倒锥壳或倒球壳）应力不予计算；正圆锥壳和组合壳的外壳的环向拉力及其配筋面积可按式 (7-5-54) 计算。当承受轴心拉力时，可按壳体拉线盘的有关公式进行内力和强度计算。

$$\left. \begin{array}{l} F_{TQ} = m_a \left(\dfrac{F_{va}}{A_1} + \dfrac{Mr}{W_{pr}R} \right) r \\[2mm] A_{si} = \dfrac{K_4 F_{TQi} L_i}{f_{st}} \end{array} \right\} \qquad (7\text{-}5\text{-}54)$$

式中　F_{TQ}——单位长度的环向拉力，kN/m；

A_{si}——每段壳壁的配筋面积，m^2；

m_a——与壳面倾角 α 和土的类别有关的系数，可按表 7-5-5 取值；

F_{va}——作用于壳体顶面的轴心压力，kN；

M——作用于壳体顶面的弯矩，kN·m；

A_1——壳体底板水平投影面的面积，m^2；

W_{pY}——壳体底板水平投影面的抵抗矩，m^3；

r——壳壁中心线计算点对回转轴的水平半径，m；

R——壳体底板水平投影的半径，m；

F_{TQi}——每段壳壁中点的单位长度环向的拉力，kN/m；

L_i——每段壳壁的长度（边梁段为 L_b），m；

f_{st}——钢筋的抗拉设计强度，kN/m^2。

边梁段配筋面积应按计算值增加30%。

表 7-5-5 系 数 m_q

土类别 α	30°	32°	34°	36°	38°	40°
中、低压缩性土	1.50	1.36	1.23	1.11	1.01	0.91
高压缩性土	1.75	1.62	1.51	1.41	1.32	1.23

3）壳壁的抗裂：壳壁承受拉力，当按控制混凝土的裂缝宽度 δ 不大于 0.2mm 设计时，为了减少裂缝开展的计算工作量，通常控制钢筋抗拉的使用应力 f_{st} 值；对直径 d 不大于 12mm 的变形钢筋，可取 $f_{st} = 220MN/m^2$；对直径 d 大于 12mm 的变形钢筋，可取 $f_{st} = 200MN/m^2$；对直径 d 不大于 12mm 的光面钢筋，可取 $f_{st} = 180MN/m^2$。

3. 拉线盘和卡盘

（1）拉线盘内力计算。

1）板式盘（图 7-5-23），1-1、2-2 截面的最大剪力 Q_{max}、最大弯矩 M_{max} 可按下式计算：

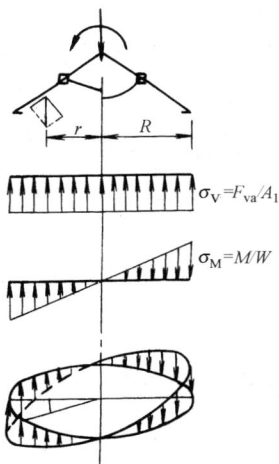

图 7-5-22 净土反力分布假定图形

$$\left.\begin{array}{l} Q_{1max} = \sigma_0 A_1, Q_{2max} = \sigma_0 A_2 \\ M_{1max} = \sigma_0 A_1 S_1, M_{2max} = \sigma_0 A_2 S_2 \end{array}\right\} \quad (7\text{-}5\text{-}55)$$

式中 σ_0——拉线盘上部的土反力（kN/m^2），$\sigma_0 = \dfrac{F_{T0}}{bl_2}$；

A_1、A_2——分别为图 7-5-23 中 $ABCOD$ 和 COE 阴影部分的面积，m^2；

S_1、S_2——分别为 A_1 和 A_2 的形心至拉线盘中心（1-1 和 2-2 截面）的距离，m。

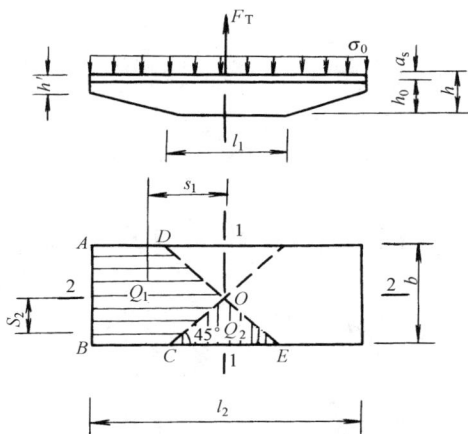

图 7-5-23 板式盘的计算简图

2）壳体盘（图 7-5-24），按壳体放置型式分别计算。

倒圆锥壳盘［图 7-5-24（a）］的受荷状态与图 7-5-21（a）$\Sigma M = 0$ 时相同，当壳体盘承受轴心拉力 F_{TQ} 时：

单位长度的环向拉力 F_{TQ}，为

$$F_{TQ} = \sigma_0 r \cos\alpha \operatorname{ctan}\alpha \quad (7\text{-}5\text{-}56)$$

单位长度的径向最大压力 $F_{V\phi(max)}$，为

$$F_{V\phi(max)} = \frac{\sigma_0 (R^2 - r_1^2)}{2r_1 \sin\alpha} \quad (7\text{-}5\text{-}57)$$

正圆锥壳盘［图 7-5-24（b）］当承受轴心拉力 F_{T0} 时：

单位长度的环向最大压力 $F_{VQ(max)}$ 为

$$F_{VQ(max)} = -\sigma_0 r \cos\alpha \operatorname{ctan}\alpha \qquad (7\text{-}5\text{-}58)$$

单位长度的径向拉力 $F_{T\phi}$ 为

$$F_{T\phi} = \frac{\sigma_0(R^2 - r^2)}{2r_1\sin\alpha} \qquad (7\text{-}5\text{-}59)$$

上四式中　F_{T0}——单位长度的环向拉力，kN/m；

$F_{T\phi}$——单位长度的径向拉力，kN/m；

$F_{VQ(max)}$——单位长度的环向最大压力，kN/m；

$F_{V\phi(max)}$——单位长度的径向最大压力，kN/m；

r——所求壳体点（θ、ϕ）对回转轴的水平半径，m；

α——圆锥壳的壳面倾角，（°）；

σ_0——壳体上部水平面的土反力，kN/m；

其它符号含义与式（7-5-54）相同。

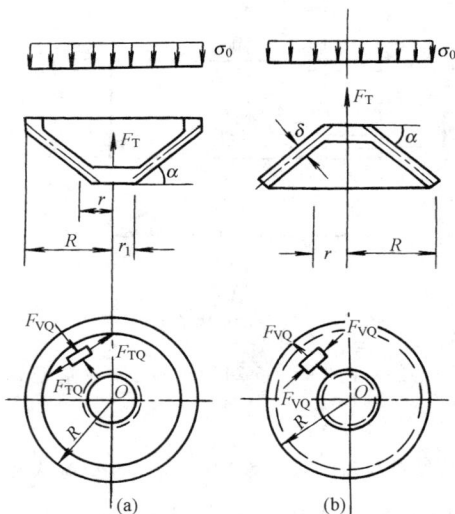

图 7-5-24　壳体盘的计算简图

（a）倒置型式；（b）正置型式

（2）拉线盘强度计算。

1）板式盘：正截面强度的纵向受拉钢筋截面面积，可按式（7-5-45）计算。受压区混凝土强度可按下式验算：

$$K_4 M_{1(max)} \leqslant 0.22 f_{ccm} b h_0^2 \qquad (7\text{-}5\text{-}60)$$

式中　$M_{1(max)}$——1-1 截面（图 7-5-23）的最大弯矩，kN·m，可按式（7-5-55）计算；

b——板式拉线盘的短边宽度，m；

h_0——1-1 截面的有效高度，m；

K_4、f_{ccm}——符号含义与式（7-5-29）相同。

当不满足式（7-6-60）要求时，可令混凝土的受压区高度 $x = 0.55h_0$ 验算受压区混凝土强度，并以此条件计算受拉钢筋截面面积 A_s。

斜截面强度，板式盘一般为无箍筋截面，其斜截面强度按承受拉力的无箍筋底盘（受弯板）的要求进行计算。

2）壳体盘：倒置型式的壳体［图 7-5-24（a）］，其单位长度的环向受拉钢筋截面面积 A_{sQ} 可按下式计算：

$$A_{sQ} = K_4 F_{TQ}/f_{st} \qquad (7\text{-}5\text{-}61)$$

边梁段配筋面积应按计算增加 30%。

正置型式的壳体［图 7-5-24（b）］，其单位长度的径向受拉钢筋截面面积 $A_{s\phi}$ 可按下式计算：

$$A_{s\phi} = K_4 F_{T\phi}/f_{st} \qquad (7\text{-}5\text{-}62)$$

式中　$F_{T\theta}$、$F_{T\phi}$——符号含义与式（7-5-56）~式（7-5-59）相同；

K_4、f_{st}——与式（7-5-54）符号注释相同。

（3）卡盘内力计算（图 7-5-25）：

1）剪力：1-1 截面的剪力 Q_{max}，可按下式近似计算：

$$Q_{max} = P(L_{ch} - l_1)/2 \qquad (7\text{-}5\text{-}63)$$

2）弯矩：0-0 截面的弯矩 M，可按下式近似计算：

$$M = PL_{0h}(L_{ch} - l_1)/8 \qquad (7\text{-}5\text{-}64)$$

式中　P——卡盘单位长度的侧土压力和上、下平面的摩阻力（kN/m），可按 $p = p_{ch}/L_{ch}$ 确定；

L_{ch}——卡盘长度，m；

R_{ch}——卡盘的横向作用力，kN；

l_1——卡盘与电杆接触部分的长度，m，$l_1 = d_0\sin\theta$，d_0 为电杆外径。

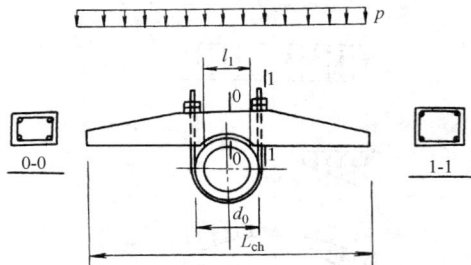

图 7-5-25　卡盘内力计算简图

（4）卡盘强度计算：卡盘一般为矩形截面对称

配筋的受弯构件。纵向钢筋截面面积可按式（7-5-28）计算，当截面尺寸符合式（7-5-33）要求和抗剪强度符合式（7-5-34）要求时，可不必进行斜截面强度计算，按本节基础构造要求配置箍筋。当不符合式（7-5-34）要求时，可按式（7-5-35）进行斜截面抗剪强度验算。

（5）板式底盘、板式拉线盘和卡盘的常用规格，详见表 7-5-6～表 7-5-8，混凝土的强度等级取 C20。

表 7-5-6　　钢筋混凝土板式底盘的常用规格

构件尺寸（m）长×宽×厚	质量（kg）	体积（m³）	钢筋（Ⅰ级）		容许压力（kN）
			数量	质量（kg）	
0.6×0.6×0.18	156	0.065	12φ10	6.0	110
0.8×0.8×0.18	277	0.115	16φ10	9.6	120
1.0×1.0×0.21	448	0.187	20φ10	14.0	140
1.2×1.2×0.21	597	0.249	24φ10	17.4	150
1.4×1.4×0.24	904	0.377	28φ10	25.8	180

注　表中容许压力系底盘的强度计算值。

表 7-5-7　　钢筋混凝土板式拉线盘的常用规格

构件尺寸（m）长×宽×厚	质量（kg）	体积（m³）	钢筋（Ⅰ级）数量	质量（kg）	容许压力（kN）
0.6×0.3×0.2	80	0.032	4φ10/4φ8	10.5	94
0.8×0.4×0.2	135	0.054	6φ10/6φ8	11.6	108
1.0×0.5×0.2	210	0.084	6φ12/7φ8	14.6	122
1.2×0.6×0.2	300	0.118	8φ12/9φ8	19.0	136
1.4×0.7×0.2	410	0.165	8φ14/11φ8	28.2	161
1.6×0.8×0.2	540	0.234	8φ14/13φ8	31.3	141
1.8×0.9×0.25	695	0.290	8φ14/15φ8	34.5	162
2.0×1.0×0.25	855	0.356	10φ14/15φ8	41.9	182
2.2×1.1×0.25	1170	0.490	10φ14/17φ8	46.1	166

注　1. 表中容许拉力系拉线盘的强度计算值；
　　2. 表中钢筋数量栏内，分子表示长方向钢筋量，分母表示宽方向钢筋量，见图 7-5-23。

表 7-5-8　　钢筋混凝土卡盘的常用规格

构件尺寸（m）长×高×宽	质量（kg）	体积（m³）	钢筋（Ⅰ级）		容许力（kN）
			数量	质量（kg）	
0.8×0.3×0.2	115	0.048	6φ12	4.2	52
1.0×0.3×0.2	144	0.060	6φ14	7.5	65
1.2×0.3×0.2	173	0.072	6φ14	8.8	54
1.4×0.3×0.2	202	0.084	6φ18	17.3	67
1.6×0.3×0.2	231	0.096	6φ18	18.2	59
1.8×0.3×0.2	259	0.108	6φ18	22.3	52

注　表中容许力系卡盘的强度计值。

二、混凝土基础

（一）偏心受拉基础

用于铁塔基础的混凝土基础有塔脚主材插入型和底脚螺栓锚固型，如图 7-5-26 所示。

1. 有锚固措施的强度计算

当塔脚主材插入底板且有可靠锚固措施［图 7-5-26（a）］或底脚螺栓锚入底板且符合锚固要求时，偏心受拉基柱的正截面强度和抗裂强度应符合下列各式要求：

（1）正截面强度：假定纵向拉力 F_T 由主材或底脚螺栓直接传给底板，且基柱仅承受弯矩时，可按下式计算：

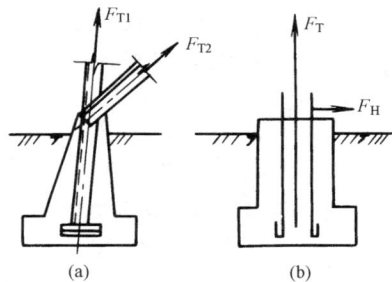

图 7-5-26　混凝土基础型式
（a）主材插入型；（b）底脚螺栓锚固型

$$\sigma_1 = \frac{M}{\gamma W_c} \le \frac{f_{ct}}{K_5} \qquad (7\text{-}5\text{-}65)$$

式中　M——作用于计算截面的弯矩，kN·m，矩形截面 M 分 M_x、M_y 计算，圆形截面 $M = \sqrt{M_x^2 + M_y^2}$。

W_c——混凝土计算截面受拉边缘的弹性抵抗矩，m^3，矩形截面 $W_{cx} = \frac{bh^2}{6}$，$W_{cy} = \frac{hb^2}{6}$；圆形截面 $W_c = \pi r^3/4$。

γ——截面抗弯抵抗矩的塑性系数，系截面的弹塑性抵抗矩与弹性抵抗矩的比值（矩形截面 $\gamma = 1.75$，圆形截面 $\gamma = 2.0$）。

f_{ct}——混凝土的抗拉设计强度，kN/m^2，可按表 7-1-1 取值。

K_5——混凝土抗拉强度的设计安全系数，可按表 7-1-29 取值。

（2）抗裂强度：偏心受拉基柱除计算正截面的强度外，尚须符合下式要求：

$$\sigma_f = \frac{F_{T0}}{A_c} + \frac{M}{\gamma_f W_c} \le \frac{f_{cra}}{K_f} \qquad (7\text{-}5\text{-}66)$$

式中　F_{T0}——计算截面的纵向拉力，kN；

A_c——计算截面的折算截面面积，m^2，取 $A_c = A_{cc} + 20A_s$；

A_{cc}——计算截面的混凝土截面面积，m^2；

A_s——计算截面的钢材截面面积，m^2；

f_{cra}——混凝土的抗裂设计强度，kN/m^2，可按表 7-1-1 取值；

K_f——混凝土的抗裂设计安全系数，取 $K_f = 1.25$；

γ_f——偏心受拉构件计算抗裂度时的塑性系数，$\gamma_f = \gamma - (\gamma - 1) \times \dfrac{K_f F_{T0}}{f_{cra} A_c}$；

γ、M、W——符号含义与式（7-5-65）相同。

2. 无锚固措施的强度计算

当塔脚主材插入底板或底脚螺栓锚入底板不满足上述锚固要求时，应按混凝土构件考虑，偏心受拉基柱的正截面强度应符合下式要求：

$$\sigma_1 = \frac{F_{T0}}{A_{cc}} + \frac{M}{\gamma_s W_c} \le \frac{f_{ct}}{K_5} \qquad (7\text{-}5\text{-}67)$$

式中　γ_s——偏心受拉构件计算强度时的塑性系数，

$$\gamma_s = \gamma - (\gamma - 1) \frac{K_5 F_{T0}}{f_{ct} A_{cc}};$$

其它符号含义与式（7-5-66）注释相同。

（二）偏心受压基柱

1. 局部承压强度计算

根据 TJ 10—74《钢筋混凝土结构设计规范》，当混凝土或未设置间接钢筋的钢筋混凝土基柱或电杆底盘等局部区域承受均匀压力荷载时，其局部承压强度应符合下式要求：

$$K_4 F_{vc} \le \beta f_{cc} A_p \qquad (7\text{-}5\text{-}68)$$

式中　K_4——混凝土构件的局部承压强度设计安全系数，可按表 7-1-29 取值；

f_{cc}——混凝土轴心抗压设计强度，kN/m^2，可按表 7-1-1 取值；

F_{vc}——考虑局部承压时的纵向力，kN；

A_p——局部承压面积，m^2；

β——混凝土局部承压时的强度提高系数，可按式（7-5-69）计算。

混凝土局部承压时的强度提高系数 β 应按下式计算：

$$\beta = \sqrt{\frac{A_b}{A_p}} \qquad (7\text{-}5\text{-}69)$$

式中　A_b——局部承压时的计算底面积（m^2），按图 7-5-27 取值。

当按式（7-5-69）算得的系数 $\beta > 3$ 时，取 $\beta = 3$。

图 7-5-27 中　L_1——矩形局部承压面积 A_p 长边的一半，m；

b——矩形局部承压面积 A_p 短边的一半，m；

L_2——矩形局部承压面积 A_p 的外边缘至构件边缘的最小距离，m；

$d/2$——圆形局部承压面积 A_p 的圆心至构件边缘的最小距离，m。

2. 偏心受压基柱正截面强度计算

混凝土的偏心受压基柱的正截面强度应符合下式要求：

$$\left. \begin{aligned} \sigma_a &= \frac{F_{va}}{A_{cc}} + \frac{M}{W_c} \le \frac{f_{cc}}{K_4} \\ \sigma_1 &= \frac{M}{\gamma W} - \frac{F_{va}}{A_{cc}} \le \frac{f_{ct}}{K_5} \end{aligned} \right\} \qquad (7\text{-}5\text{-}70)$$

式中　F_{va}——计算截面的纵向压力，kN；

W_c——混凝土计算截面受压边缘的弹性抵抗矩，m^3；

其它符号含义与式（7-5-65）相同。

3. 轴心受压基柱正截面强度计算

混凝土的轴心受压基柱的正截面强度应符合下式要求：

$$\sigma_d = F_{va}/A_{cc} \le f_{cc}/K_4 \qquad (7\text{-}5\text{-}71)$$

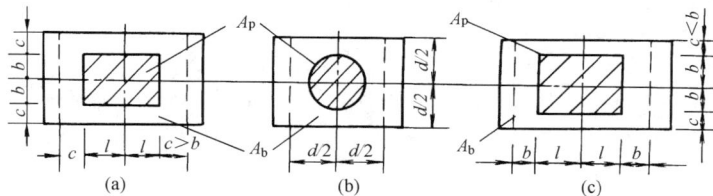

图 7-5-27　确定局部承压时计算底面积 A_p 的示意图

（a）矩形局部承压底面积（$c>b$）；（b）圆形局部承压底面积；（c）矩形局部承压底面积（$c<b$）

式中　F_{va}——符号含义与式（7-5-70）相同；

其它符号含义与式（7-5-65）相同。

（三）受弯底板

混凝土基础的底板属刚性基础，其刚性角 θ（或 θ_1、θ_2）不大于 45°（图 7-5-28）。混凝土底板受弯按基础承受纵向压力和拉力两种情况计算。

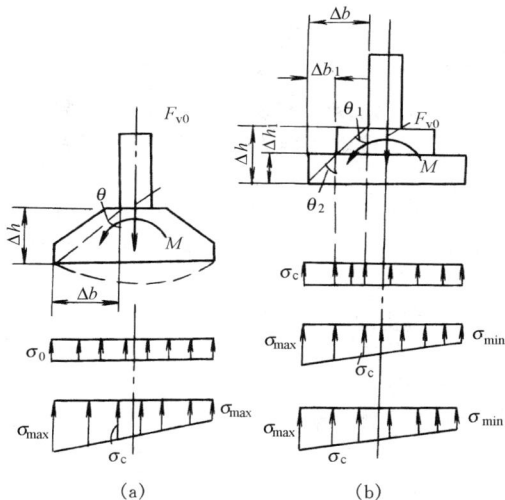

图 7-5-28　底板下压时强度计算简图

（a）锥台形；（b）阶梯形

1. 受压底板强度计算

混凝土底板在纵向压力作用下，当混凝土强度等级为 C10～C20 时，可根据净土反力 σ_0 值，按表 7-5-9 选择容许的底板高度 Δh（Δh_1）与挑出长度 Δb（Δb_1）之比值。亦可按下式计算：

表 7-5-9　净土反力 $[\sigma_0]$ 值（kN/m^2）

容许高宽比 $\left(\dfrac{\Delta h}{\Delta b}\right)$	混凝土强度等级		
	C10	C15	C20
1.0	80	110	140
1.2	110	140	180
1.4	140	180	230
1.6	180	230	280
1.8	210	270	340

$$\sigma_{ct} = \frac{\sigma_0\,(\pi/2 - \theta)}{\tan\,(\pi/2 - \theta) - (\pi/2 - \theta)} \leq \frac{f_{ct}}{K_5}$$

（7-5-72）

式中　θ——混凝土底板的刚性角，（°）或 rad；

σ_0——在计算荷载作用下地基的净土反力，kN/m^2，偏心受压时取 $\sigma_0 = (\sigma_{max} + \sigma_c)/2$；

其它符号含义与式（7-5-66）相同。

2. 受拉底板强度计算

混凝土底板在纵向拉力作用下，底板的强度可分别按下式计算：

（1）$Y-Y$ 截面强度：当圆锥台形底板上的土反力 σ_0 [偏心受拉时，取 $\sigma_0 = (\sigma_{max} + \sigma_c)/2$] 值符合表 7-5-9 的要求时，$Y-Y$ 截面强度可不计算（图 7-5-29，a）。

矩形或阶梯形底板在纵向拉力作用下的土反力 σ_0、σ_{max}、σ_{min} 可按式（7-5-43）计算。

（2）$X-X$ 截面强度（图 7-5-29）：可按式（7-5-67）计算。

（3）剪切强度：如图 7-5-30 所示，承受纵向拉力的矩形和阶梯形底板 1—1、2—2 截面的剪切强度，可近似按下式计算：

$$K_5 Q_c \leq b_0 h_0 f_{ct}/1.5$$

（7-5-73）

式中　Q_c——计算截面的剪力（kN），1—1 截面 $Q_{c1} = (\sigma_{max} + \sigma_{c1}) A_{c1}/2$；2—2 截面 $Q_{c2} = (\sigma_{max} + \sigma_{c2}) A_{c2}/2$，当轴心受拉时取 $\sigma_{max} = \sigma_{c2} = \sigma_{c1} = \sigma_0$。

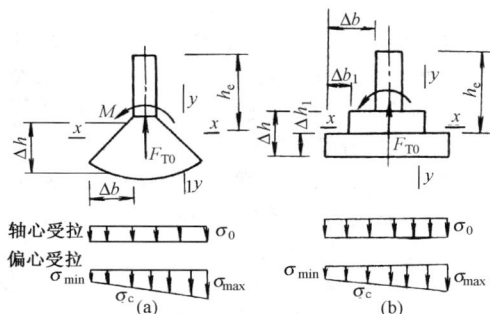

图 7-5-29　底板上拔时强度计算简图

（a）锥台形；（b）阶梯形

b_0——计算截面的宽度，m，$1-1$ 截面 $b_0 = l$ 或 $b_0 = b$；$2-2$ 截面 $b_0 = l - 2\Delta b_1$ 或 $b_0 = b - 2\Delta b_1$。

h_e——计算截面的有效高度，m，$1-1$ 截面 $h_e = \Delta h_1$；$2-2$ 截面 $h_e = \Delta h$。

A_{c1}、A_{c2}——分别为图 7-5-30 所示的 $1-1$、$2-2$ 截面的阴影面积，m^2。

K_5、f_{ct}——符号含义与式（7-5-70）相同。

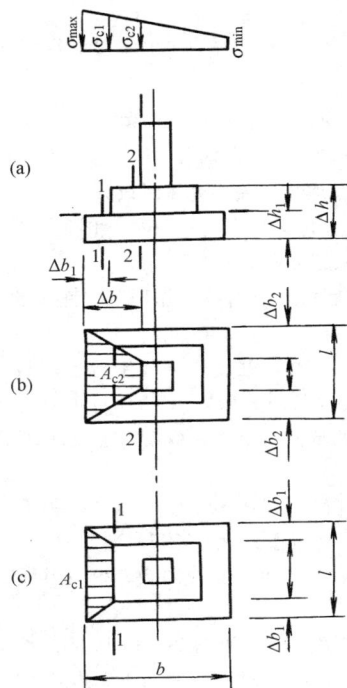

图 7-5-30　矩形和阶梯形底板上
拔时斜截面强度计算简图
（a）受拉底板；（b）$2-2$
截面；（c）$1-1$ 截面

三、石 材 基 础

为了节省三材，在电杆基础的底盘、拉线盘和卡盘的设计中，要求用石材代替钢筋混凝土的底盘、拉线盘和卡盘基础。石材的选择应以深层的花岗岩等火成岩为理想。凡有风化现象以及层理明显的岩石不宜使用。选用石材的力学特性，以极限抗压强度 f_{s0} 不小于 130MN/m^2 和软化系数 K_d 不小于 0.75 为准。

（一）正截面强度计算

石材的底盘、拉线盘和卡盘（简称三盘），一般均为矩形截面，根据设计经验其正截面强度可按下式计算：

$$K_s M = 0.29 b h^2 f_{s0} \qquad (7-5-74)$$

式中　K_{s0}——石材抗弯强度设计安全系数，按表 7-5-10 取值；

M——计算截面的弯矩，kN·m，底盘按式（7-5-38）～式（7-5-40）计算，拉线盘按式（7-5-55）计算，卡盘按式（7-5-64）计算；

f_{s0}——石材的设计弯曲抗拉强度，kN/m^2，取 $f_{s0} = 7000$kN/m^2；

b——计算截面垂直于弯矩方向的宽度，m；

h——计算截面垂直于弯矩方向的高度，m。

表 7-5-10　　石材抗弯强度的设计安全系数 K_{s0}

种　　类	K_{s0}
底　　盘	3
拉 线 盘	5
卡　　盘	4

（二）石材底盘、拉线盘和卡盘的加工要求

（1）底、拉盘边缘至中心线的距离容许误差 ±10mm，厚度误差 10mm。

（2）底盘的下平面其凹凸不平度不大于 10mm。

（3）底盘上平面圆形槽底的凹凸不平度不大于 5mm，圆槽中心与底盘中心误差不大于 10mm，圆槽直径误差 ±10mm。

（4）卡盘尺寸的容许误差：长度 ±20mm；宽度和厚度 ±10mm。

（5）卡盘侧面的弧形槽，弧径 ±5mm，凹凸不平度不大于 3mm，弧形槽的立面应与上下平面成直角。

（6）卡盘侧面固定螺栓处应有 100mm×100mm 的平整面，并应与螺栓孔垂直，其不平度不大于 5mm。

（7）孔位至构件中心线误差不大于 5mm，钻孔边缘脱落度不大于 10mm，孔径不大于 1.5 倍设计孔径。

（8）各构件除特殊要求外，各表面凹凸不平度不大于 20mm。

（三）石材底盘、拉线盘和卡盘的常用规格

石材底盘、拉线盘和卡盘的常用规格如表 7-5-11～表 7-5-13 所列。

表 7-5-11　　　　　底盘常用规格

型　号	构件尺寸（m）		质量（kg）	容许轴心压力（kN）
	宽	厚		
0.6	0.6	0.16	140	208
0.8	0.8	0.18	280	263
1.0	1.0	0.22	530	393
1.2	1.2	0.24	830	468
1.4	1.4	0.25	1180	508

注　表中容许轴心压力系按构件强度的计算值。

表 7-5-12　　　　　　　　　　　　　　　　　　　　拉线盘常用规格

型号	构件尺寸（m）			D（m）	质量（kg）	U型螺栓质量（kg）	容许拉力（kN）
	l	b	h				
0.6	0.6	0.4	0.14	0.2	100	3.5	50.9
0.8	0.8	0.5	0.20	0.2	250	3.5	93.4
1.0	1.0	0.6	0.22	0.2	350	3.5	107.2
1.2	1.2	0.6	0.22	0.4	450	5.6	85.7
1.4	1.4	0.7	0.25	0.4	700	5.6	110.8
1.6	1.6	0.8	0.25	0.4	900	5.6	110.7

注　1. 表中容许拉力系按构件强度的计算值；
　　2. D 为 U 型螺栓开口尺寸，其它符号含义与表 7-5-7 相同。

表 7-5-13　　　　　　　　　　　　　　　　　　　　卡 盘 常 用 规 格

型号	构件尺寸（m）			杆径（m）	质量（kg）	抱箍质量（kg）	容许力（kN）
	长	高	宽				
0.8	0.8	0.3	0.25	0.45/0.53	170	4.6/5.1	95
1.0	1.0	0.3	0.25	0.45/0.53	210	4.6/5.1	76
1.2	1.2	0.4	0.25	0.45/0.53	340	4.6/5.1	84
1.4	1.4	0.4	0.3	0.45/0.53	470	4.6/5.1	104
1.6	1.6	0.4	0.3	0.45/0.53	540	4.6/5.1	91
1.8	1.8	0.4	0.3	0.45/0.53	700	4.6/5.1	81

注　1. 杆径栏中的斜线前后尺寸分别相应抱箍栏中斜线前后的质量；
　　2. 容许力系按构件强度的计算值。

四、底脚螺栓

1. 强度计算

承受纵向拉力的底脚螺栓，当与纵向拉力呈对称布置时，单根截面的净面积可按下式计算：

$$A_{sn} = \frac{F_T}{n\,[f_{st}]} \qquad (7\text{-}5\text{-}75)$$

式中　F_T——作用于底脚螺栓的纵向拉力，kN；

　　　　n——底脚螺栓的根数；

　　$[f_{st}]$——底脚螺栓的容许拉应力，kN/m^2，按表 7-1-3 取值。

设计时亦可根据底脚螺栓的拉力，按表 7-5-14 给出的容许拉力选择合适的规格。对直接承受上拔力的底脚螺栓，其直径不宜小于 M22。

2. 锚固措施

锚入 C15 及其以上强度等级混凝土中的底脚螺栓，当其间距 a 不小于 $4d$ 时，Ⅰ 级钢筋底脚螺栓的锚固长度 l_a 不小于 $25d$（光面螺栓直径），下端并应设置弯钩或锚板等锚固措施。螺栓直径 $d = 16 \sim$ 36mm 一般宜采用弯钩式，直径 $d > 36$mm 弯钩困难时宜采用锚板式等端部锚固（见表 7-5-14 插图）。

3. 限制条件

承受纵向拉力 F_T 的底脚螺栓间距 a 不宜小于 $4d$（螺栓直径）。当 $a < 4d$ 时，可按下式验算其锚固长度：

$$K_4 F_T \leqslant n\pi d\tau_c n_a l_a \qquad (7\text{-}5\text{-}76)$$

式中　d——底脚螺栓的直径，m；

　　　　l_a——底脚螺栓的锚固长度，m；

　　　　τ_c——混凝土的设计握着强度，kN/m^2，C15 级混凝土，取 $\tau_c = 2000kN/m^2$；

　　　　n_a——折减系数，$n_a = \dfrac{1 - a\left(4 - \dfrac{a}{d}\right)}{3}$，当两根螺栓对纵向拉力 F_T 呈对称布置时，$a = 0.18$；4 根 $a = 0.43$；当螺栓对纵向拉力 F_T 呈轴对称（环形）布置，且环的直径不小于 4 倍螺栓直径 d 时，$a = 0.36$。

其它符号含义与式（7-5-75）相同。

表 7-5-14　　　　　　　　　　　　　　　**底 脚 螺 栓 选 择 表**

螺栓直径 d（mm）		16	20	22	24	27	30	36	42	48	56	64
内径（mm）		13.40	16.75	18.75	20.10	23.10	25.45	30.80	36.16	41.51	48.86	56.21
毛面积（cm²）		2.01	3.14	3.80	4.52	5.73	7.07	10.18	13.85	18.10	24.63	32.20
净面积（cm²）		1.47	2.20	2.76	3.17	4.19	5.08	7.46	10.25	13.52	18.73	24.80
容许拉力（kN）		16.2	24.2	30.4	34.9	46.1	55.9	82.1	112.8	148.7	206.0	272.8
螺杆	有丝扣部分 l_0	70	75	80	80	90	100	100	120	135	150	160
	露出基础面部分 l_1	100	100	100	100	110	120	130	150	170	190	200
	锚固长度 l_a	500	500	550	600	700	750	900	1050	1200	1400	1600
	钩长（mm）	100	130	140	150	170	190	205				
	总长（mm）	700	730	790	850	980	1060	1160	1200	1370	1590	1800
	杆质量（kg）	0.93	1.79	2.35	3.02	4.73	5.80	10.10	14.45	21.67	33.55	49.30
	锚板质量（kg）								4.4	5.8	7.4	9.4
螺帽	H（mm）	13	16	18	19	22	24	28	32	38	45	50
	D（mm）	27.7	34.6	36.9	41.6	47.3	53.1	63.5	75.0	86.5	93.0	104.0
	S（mm）	24	30	32	36	41	46	55	65	75	80	90
	质量（kg）	0.033	0.062	0.074	0.105	0.158	0.221	0.365	0.591	0.946	1.260	1.740
底脚螺栓图示		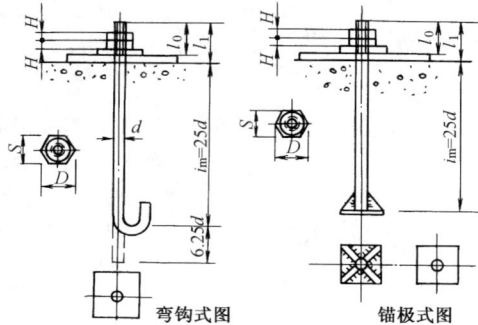										

弯钩式图　　　　锚极式图

注　1. 粗框内数值只适用于锚板式；
　　2. 锚固长度 l_a 适用于 C15 及其以上强度等级的混凝土。

五、基础构造要求

（一）混凝土强度等级

（1）现场浇制的混凝土基础，其混凝土强度等级一般不宜低于 C15 级；

（2）现场浇制的钢筋混凝土基础，其混凝土强度等级一般不宜低于 C15 级；

（3）预制的钢筋混凝土基础，部件的混凝土强度等级一般不宜低于 C20 级。

（二）钢筋接头

（1）钢筋接头宜采用焊接接头。钢筋焊接接头的类型及质量应符合现行《钢筋混凝土工程施工及验收规范》的要求。

（2）绑扎骨架和绑扎钢筋网的受力钢筋，当接头用搭接而不加焊时，其搭接长度 l_d 不应小于表 7-5-15 中的规定。但当受力钢筋直径 $d > 25$mm 时，不宜采用非焊接的搭接接头；而对轴心受压和偏心受压基柱，当钢筋直径 $d \leqslant 32mm$ 时，可采用非焊接的搭接接头，但接头位置宜设置在受力较小处。

焊接骨架在受力方向中的接头可采用非焊接的搭接接头，其接头的搭接长度 l_d 可按表 7-5-15 中规定的数值减 $5d$。

轴心受拉及小偏心受拉构件不得采用非焊接的搭接接头。

双面配置受力钢筋的焊接骨架，不得采用非焊接的搭接接头。

表 7-5-15　绑扎受力钢筋的最小搭接长度 l_d

受力情况 钢筋类型	受拉	受压
I 级钢筋 5 号钢筋	$30d$	$20d$
II 级钢筋	$35d$	$25d$
III 级钢筋	$40d$	$30d$

注　1. 位于受拉区的搭接长度 l_d 不小于 250mm，位于受压区的搭接长度 l_d 不小于 200mm；

　　2. 受压钢筋采用 I 级及冷拉 I 级钢筋时，如钢筋末端无弯钩，则其搭接长度 l_d 不小于 30d；

　　3. 当混凝土强度等级为 C15 时，最小搭接长度应按表 7-5-15 增加 5d。

（3）受力钢筋接头的位置应相互错开，在任一搭接长度 l_d 的区段内，有钢筋接头的受力钢筋截面面积占受力钢筋总截面面积的百分率 μ：

1）受力钢筋的焊接接头，受拉区 μ 不大于 50%，受压区不限制；

2）焊接骨架和焊接钢筋网的搭接接头 μ 不大于 50%；

3）绑扎骨架和绑扎钢筋网中钢筋的搭接接头，受拉区 μ 不大于 25%，受压区 μ 不大于 50%。

（三）钢筋锚固

（1）在支座锚固处的纵向受拉钢筋，如计算中充分利用其强度时，则伸入支座内的锚固长度 l_a 不应小于表 7-5-16 中规定的锚固长度 l_a。

如不能符合上述要求时，应采取可靠的锚固措施。如采用转向弯钩满足 30d（C15）时，其直段部分锚固长度应不小于 20d。

表 7-5-16　受力钢筋最小的锚固长度 l_a

钢筋受力情况	受　拉		受　压
混凝土强度等级	C15	> C15	≥ C15
I 级钢筋 5 号钢筋	$30d$	$25d$	$15d$
II 级钢筋	$35d$	$30d$	$20d$
III 级钢筋	$40d$	$35d$	$25d$

（2）纵向受拉钢筋不宜在受拉区截断，如必须截断时，应伸至按计算不需要该钢筋的截面以外，其伸出的锚固长度 l_m 除应符合表 7-5-16 外，对受弯构件，当 $K_4 Q > \eta f_{cc} b h_0$ 时，l_a 尚不应小于其截面高度。

（3）纵向受压钢筋在跨中截断时，必须伸至按计算不需要该钢筋的截面以外，其伸出的锚固长度 l_a 不小于 15d；但对绑扎骨架中末端无弯钩的光面钢筋，l_a 不小于 20d。

（4）绑扎骨架中的受力钢筋，应在末端弯钩，但在下列钢筋的末端可不做弯钩：

1）螺纹钢筋；

2）焊接骨架和焊接钢筋网中的光面钢筋；

3）绑扎骨架中的受压光面钢筋：在轴心受压构件中的任意直径的钢筋；在其它构件中的直径 $d \leqslant 12mm$ 的钢筋。

（四）纵向受力钢筋的最小配筋百分率

钢筋混凝土构件中纵向受力钢筋的配筋百分率，不应小于表 7-5-17 规定的最小配筋百分率。

表 7-5-17　纵向受力钢筋的最小配筋百分率

混凝土强度等级 受力状态	≤ C20	C25 ~ C40
轴心受压构件的全部受压钢筋	0.4	0.4
偏心受压及偏心受拉构件的受压钢筋	0.2	0.2
受弯构件、偏心受压及偏心受拉构件的受拉钢筋	0.1	0.15

注　1. 表中配筋百分率系指钢筋截面面积与混凝土计算截面面积的比值；

　　2. 对翼缘位于受压区的 T 形截面的受弯构件，表中值系指钢筋截面面积与构件肋宽乘以有效高度的截面面积的比值；

　　3. 构件的配筋百分率小于表中的要求时，应按混凝土构件考虑。

（五）基柱

（1）基柱截面：有方形、矩形（$l/b \leqslant 2$）、圆形和环形截面，其中以方形为主。现场浇制的方形混凝土及钢筋混凝土柱的截面，一般不小于 400mm × 400mm；工厂预制的钢筋混凝土基柱的截面不小于 150mm × 150mm。

（2）纵向受力钢筋：基柱中纵向受力钢筋应符合下列要求：

1）受压构件的纵向受力钢筋直径 d 不小于 12mm，全部纵向钢筋百分率不宜超过 3%。

2）当偏心受压基柱的截面高度 $h \geqslant 600mm$ 时，在侧面应设置直径 $d = 10 \sim 16mm$ 的纵向构造钢筋，并相应的设置附加箍筋。

3）基柱内纵向钢筋净距 a_1：现场浇制混凝土为 a_1 不小于 50mm；预制混凝土为 a_1 不小于 300mm。而纵向受力钢筋彼此间中心距离 a_2 亦不大于 350mm。

4）圆形和环形截面的纵向钢筋根数 n 不少于 6 根。

（3）纵向受力钢筋的混凝土保护层厚度 δ：现场浇制的厚度 δ 不小于 30mm，一般取 $\delta = 40$mm，对有侵蚀性地下水的基柱取 δ 不小于 50mm；预制混凝土强度等级不小于 C20 的，取 δ 不小于 20mm；离心制造的环形构件取 δ 不小于 15mm。

（4）基柱中的箍筋应符合下列要求：

1）基柱和其它受压构件中箍筋应做成封闭式。

2）箍筋的间距 s 不大于 400mm（预制构件不大于 300mm），且 s 不大于 b（基柱截面的短边宽度）；绑扎骨架中 s 不大于 $15d$、焊接骨架中 s 不大于 $20d$（纵向钢筋的最小直径），取三者中的小值且以 10mm 为模数。

3）箍筋直径 d_{pr} 不小于 $d/4$（d 为纵向受压钢筋的最大直径），且 d_{pr} 不小于 6mm，一般取 $d_{pr} = 6 \sim 8$mm。

4）受压基柱纵向受力钢筋配筋百分率 $\mu > 3\%$ 时，箍筋直径 d_{pr} 应不小于 $d/4$ 和 d_{pr} 不小于 8mm，且应焊成封闭式。箍筋间距 s 不大于 $10d$（纵向钢筋的最小直径），且 s 不大于 200mm。

5）当矩形截面基柱（轴心或偏心受压构件）各边纵向钢筋多于 3 根（或基柱矩边 b 不大于 400mm，纵向钢筋多于 4 根）时，应设置附加箍筋（图 7-5-31），在箍筋的转弯间隔内只容许有一根纵向钢筋不设在箍筋的转弯处。

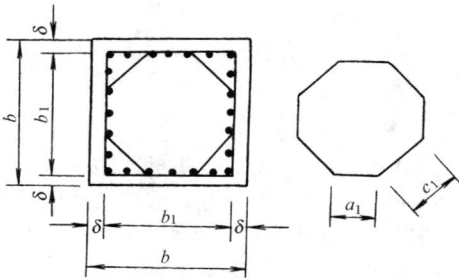

图 7-5-31 箍筋尺寸计算简图

6）箍筋尺寸均以箍筋的内皮计算，并以不碰底脚螺栓来确定箍筋的形状。绑扎箍筋两端的弯钩锚固长度：$\phi6$ 箍取 150mm；$\phi8$ 筋取 200mm。

箍筋尺寸计算（图 7-5-31）：

$$b_1 = b - 2\delta \tag{7-5-77}$$

$$\begin{aligned}
a_1 &= (b - 2\delta)/n \times m_1 + d\tan\frac{45°}{2} \\
&= b_1/n \times m_1 + K
\end{aligned} \tag{7-5-78}$$

$$\begin{aligned}
c_1 &= \sqrt{2\left(b_1/n \times m_2 - \frac{d}{2}\tan\frac{45°}{2}\right)^2} \\
&= \sqrt{2}\left(b_1 m_2/n - K/2\right)
\end{aligned} \tag{7-5-79}$$

式中 b——方形基柱截面宽度，mm；

δ——纵向受力钢筋的混凝土保护层，mm，一般取 $\delta = 40$mm；

n——基柱截面各边纵向钢筋的间隔数；

m_1——a_1 区段纵向钢筋的间隔数；

m_2——c_1 区段在 X 或 Y 向投影的间隔数；

d——纵向钢筋直径，mm；

K——与纵向钢筋有关的系数，可按表 7-5-18 取值。

表 7-5-18　　　　　　系数 K 值表

纵向钢筋直径（mm）	12	14	16	18	20	22	24	26	28	30	32
K	5	6	7	8	8	9	10	11	12	12	13

7）有水平力作用的受弯基柱，其箍筋的配置尚应符合梁中由剪力要求的箍筋最大间距和最小配箍率的要求。

8）箍筋的保护层厚度 δ_{pr}；现场浇制不宜小于 20mm；预制不宜小于 15mm。

（六）梁及卡盘

1. 截面尺寸及纵向受力钢筋的要求

矩形和 T 形截面梁的梁高 h 不宜小于 150mm，梁（肋）宽 b 不大于梁高 h。对纵向受力钢筋的要求如下：

（1）直径 d：当梁高 h 大于 300mm 时，d 应不小于 10mm；当梁高 $h = 300 \sim 150$mm 时，d 应不小于 6mm。

（2）净距 a：a 大于 30mm，且 a 应不小于 d_{max}（相邻纵向钢筋的最大直径）。

（3）间距 S：S 应不大于 350mm。

（4）受力钢筋合力作用点至靠近截面边缘间的距离 a_s 或 a'_s 不宜大于 $1/4h_0$（h_0 为截面的有效高度）。

2. 纵向构造钢筋

（1）架立筋直径 d：当梁跨度 l 小于 4m 时，d 不宜小于 6mm；$l = 4 \sim 6$m 时，d 不宜小于 8mm；$l > 6$m 时，d 不宜小于 10mm。

（2）构造筋的布置：当梁高 $h > 700$mm 时，在梁两侧面沿高度每间隔 $300 \sim 400$mm 设置一根 d 不小于 10mm 的纵向钢筋。

3. 纵向钢筋的混凝土保护层厚度 δ

（1）现场浇制混凝土受力筋的保护层厚度 δ，当梁底下部为干燥土层或有垫层时，下部的 δ 应不小于 35mm，上部的 δ 不小于 30mm；当梁底为非干燥土层又无垫层时，下部的 δ 不小于 70mm，上部的 δ 不小于 40mm。

（2）预制混凝土构件的受力筋的保护层厚度 δ，当混凝土标号不低于 C20 级时，下部的 δ 不小于 20mm，上部的 δ 不小于 15mm。

（3）现场浇制纵向构造筋的混凝土保护层厚度应不小于 25mm。

4. 箍筋

（1）箍筋直径 d_{pr}：一般取 $d_{pr} = 6 \sim 8mm$，当梁高 $h > 800mm$ 时，d_{pr} 应不小于 8mm；当 $h = 800 \sim 250mm$ 时，d_k 不小于 6mm；当 $h = 250 \sim 150mm$ 时，d_{pr} 不小于 4mm，但箍内有计算的纵向受压钢筋时，d_{pr} 不小于 $\frac{1}{4}d_{max}$（纵向受压钢筋的最大直径）。

（2）剪力要求的配箍率 μ_k，当 $K_4 Q > \eta f_{cc} bh_0$ 时，μ_k 不小于 $0.015 f_{cc}/f_{st} \left(\mu_k = \dfrac{A_{pr}}{bs} \right)$。

（3）剪力要求的最大间距 s_{max}，可按表 7-5-19 取值。

表 7-5-19　　梁中箍筋的最大间距（mm）

梁高 h	$K_4 Q > \eta f_{cc} bh_0$	$K_4 Q \leq \eta f_{cc} bh_0$
$150 \leq h \leq 300$	150	200
$300 < h \leq 500$	200	300
$500 < h \leq 800$	250	350
$800 < h$	300	500

注　1. 表中 η 符号的含义与公式（7-5-35）相同；
　　2. T 型截面梁宽度 b 取肋宽。

（4）当梁中配有计算的纵向受压钢筋时，间距应符合基柱规定的要求，当梁承受扭矩作用时，其间距尚应不大于肋宽。

（5）纵向钢筋搭接长度 l_d 内的间距 s，在受拉区 s 应不大于 $5d$；在受压区 s 应不大于 $10d$（纵向钢筋的直径）。

（6）保护层厚度 δ_{pr}：现场浇制混凝土构件的保护层，其下部的 δ_{pr} 应不小于 25mm，上部的 δ_{pr} 不小于 20mm；预制的钢筋混凝土构件的保护层，当混凝标号为 C20 级时，下部的 δ_{pr} 不小于 15mm，上部的 δ_{pr} 不小于 10mm。

（7）型式：以封闭式为宜，当梁承受扭力时，对绑扎骨架采用封闭式且末端搭接 $30d$；对焊接骨架应焊成空间骨架。

（8）肢数：梁宽 b 不大于 400mm 时，可采用单肢；b 大于 400mm 或纵向受拉钢筋在一排中多于 5 根

时，应采用双肢。当梁配有计算纵向受压钢筋时，按基柱要求配置箍筋。

5. 弯起钢筋和鸭筋

（1）锚固长度 l_a：弯起钢筋和鸭筋在弯起终点外应留有锚固长度，其长度在受拉区 l_a 应不小于 $20d$；在受压区 l_a 不小于 $10d$；对光面钢筋末端尚应设置弯钩。

（2）弯起角度：梁中弯起钢筋和鸭筋的弯起角度一般为 45° 或 60°。

（3）在梁的受拉区中，弯起钢筋的弯起点，应设在按弯矩计算该钢筋的强度全部被发挥的截面以外，其距离不小于 $h_0/2$ 处；同时，弯起钢筋与梁中心线的交点应位于计算不需要该钢筋截面以外（图 7-5-32）。

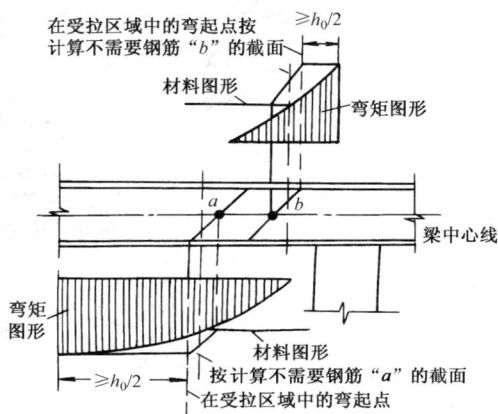

图 7-5-32　弯起钢筋弯起点
与弯矩图形的关系

（4）当按计算需设置弯起钢筋时，前一排（对支座而言）的弯起点至后一排的弯起终点的距离不应大于表 7-5-19 中 $K_4 Q > \eta f_{cc} bh_0$ 的规定。当此项规定与前项（3）要求不小于 $h_0/2$ 矛盾时，为了抗剪可另设置鸭筋。此时，弯起钢筋可不受表 7-5-19 限制。

（七）底板（盘）和拉线盘

（1）板式的底板和拉线盘：

1）底板（盘）厚度 h：现场浇制的 h 不小于 200mm；预制混凝土的强度等级不小于 C20 的，宜取 $h = 100 \sim 150mm$（h 小于宽度 b）；岩石质底板（盘）h 不小于 150mm。

2）纵向钢筋间距 s：当 h 不大于 150mm 时，s 不大于 200mm；$h > 150mm$ 时，s 不大于 $1.5h$，且每米宽度内不少于 3 根。

3）分布钢筋：截面面积 A_s 不小于单位长度上受力钢筋截面面积的 10%，且每米长度内不少于 3 根，直径 d 不小于 4mm。

4）纵向受力筋直径 d：现场浇制的 d 不小于 8mm；预制的 d 不小于 6mm。

5）混凝土保护层 δ：现场浇制底板受力钢筋，当底板下部为干燥土层或有垫层时，下部的 δ 不小于 35mm，上部的 δ 不小于 30mm；底板下部为非干燥土层又无垫层时，下部的 δ 不小于 70mm，上部的 δ 不小于 50mm。

预制底板（盘）受力钢筋的混凝土保护层 δ 应不小于 15mm。

分布钢筋的保护层 δ，按土质和有无垫层情况而定，现场浇制的下部 δ 应不小于 30～50mm，上部 δ 不小于 25～40mm；预制的 δ 不小于 10mm。

6）垫层厚度 t：一般取 $t = 100～200mm$。

7）预埋件：预埋钢板厚度 δ_1 应不小于 6mm，预埋钢筋直径 d 不小于 8mm，锚固长度 l_a 应符合表 7-5-16 受力钢筋最小锚固长度的要求。

（2）壳体的底盘和拉线盘（图 7-5-33）：

1）正圆和倒圆锥壳的壳面倾角 a：一般取 $a = 30°～40°$；内倒锥壳的壳面倾角 $a_1 = 20°～30°$；内倒球壳的壳面倾角 $\varphi_1 = 30°～40°$。

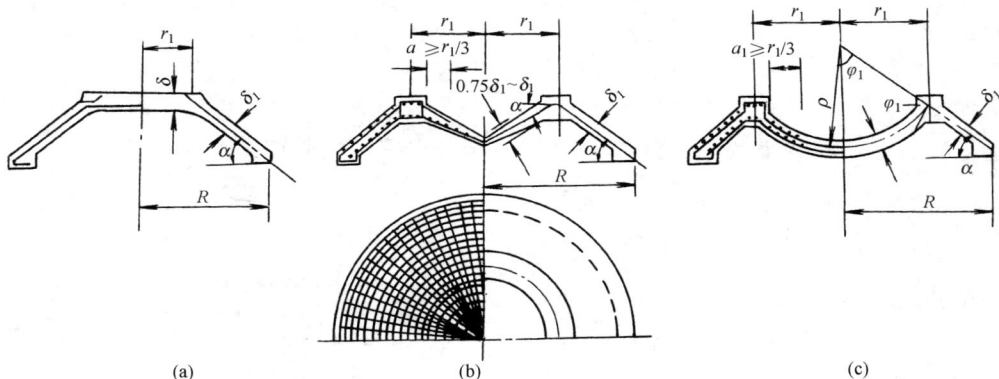

图 7-5-33　壳体基础的构造示意图
（a）正圆锥壳；（b）M 型组合壳；（c）内球外锥组合壳

组合壳体中内外壳的角度配合，可取 $\alpha_1 \approx \alpha - 10°$；$\varphi_1 \geqslant \alpha$。

2）当符合 1）的条件时，壳壁厚度可按表 7-5-20 取值，但壁厚不得小于 80mm。壳壁与锥底或上环梁的连接部位附近应适当增厚，增加的最大厚度一般不小于壳壁厚度的 50%，并以圆弧过渡。

3）在有 F_{va}（或 F_{va}、M）作用下的正圆锥壳（或组合壳）和在 F_T 作用下的倒圆锥壳应设置边梁，其边缘高度 h 应大于或等于壳壁厚度 δ_1；底面宽度 b 应等于 $1.5\delta_1 ～ 2.5\delta_1$；截面面积 A_{cc} 应大于或等于 $1.3\delta_1 L_b$（图 7-5-34）。

表 7-5-20　　　壳 壁 厚 度

壳体型式	基底水平面的最大净土反力 σ_{max}（kN/m²）		
	≤150	150～200	200～250
正、倒圆锥壳	$(0.05～0.06)R$	$a \geqslant 32$ 时 $(0.06～0.08)R$	
内倒球壳	$(0.03～0.05)r_1$	$(0.05～0.06)r_1$	$(0.05～0.07)r_1$
内倒锥壳	边缘最大厚度等于 $0.75\delta_1 ～ \delta_1$，中间厚度不小于 0.5 倍边缘厚度		

注 1. 表中正、倒圆锥壳壳壁厚系按不容许出现裂缝要求制定的，如不能满足规定时，应根据使用要求进行抗裂度或裂缝宽度验算。

2. 正圆锥壳适用于承受压力，倒圆锥壳适用于承受拉力的受力条件。

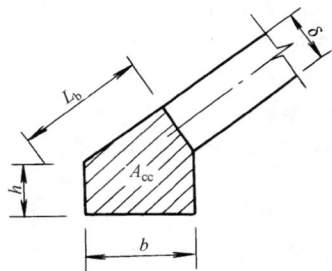

图 7-5-34　边梁截面示意图

4）正、倒圆锥壳以及内倒锥壳或内倒球壳的径向和环向钢筋一般按构造要求配置，其直径 ϕ 和最大间距 a 可按表 7-5-21 选用。$\delta_1 > 150mm$ 的部位和内倒锥或内倒球壳距边缘 $a_1 \geqslant r_1/3$ 的范围内均应配置双层构造钢筋（图 7-5-33）。内倒球壳边缘附近环向钢筋和底层径向钢筋应适当加强。

表 7-5-21 **壳体基础的构造配筋（径向或环向）**

壳壁厚度（mm）	< 100	100 ~ 200	200 ~ 400	400 ~ 600
正、倒圆锥壳混合壳的外壳	$\phi 6$，$a = 200$	$\phi 8$，$a = 250$	$\phi 10$，$a = 250$	$\phi 12$，$a = 300$
内倒锥壳		$\phi 8$，$a = 200$	$\phi 10$，$a = 200$	$\phi 12$，$a = 250$
内倒球壳		$\phi 8$，$a = 200$	$\phi 10$，$a = 200$	

注 1. 径向构造钢筋应伸入锥底或上环梁内，并须满足锚固长度要求；

2. 内倒锥壳构造钢筋，应按边缘最大厚度选用。

5）锥底厚度 δ 不得小于100mm，且不小于壁厚 δ_1。一般 $\delta \geqslant 200$mm，当 $\delta < 200$mm 时应验算在 F_{va} 作用下的抗冲切强度。在埋置底脚螺栓或拉环部位应做局部加强。

6）壳体底盘的混凝土强度等级应不低于C20，一般取C30。非预应力壳体的配筋宜采用 I 、II 级钢筋，钢筋直径 d 不小于 6mm。受力钢筋保护层厚度 δ_2 不小于 30mm。

（3）预制的壳体拉线盘，受力钢筋的混凝土保护层厚度 δ_2：上部的 δ_2 不小于 15mm；下部的 δ_2 不小于 25mm。

（4）受拉的底盘和钢筋混凝土杆根部应采用可靠的抗拉连接措施。

（5）埋入地基土中的金属基础构件，主材的厚度 δ 不小于 6mm；辅助材厚度 δ 不小于 4mm。

第六节 装配式基础

一、基本型式

（一）一般要求

（1）型式选择：装配式基础设计，必须因地制宜地做好基础类型的选择，并应根据塔位附近的运输条件，选定单个构件的最大运输重量和规格，部件的外形应力求简单。

（2）装配式基础的上拔、下压稳定和强度计算除应符合本章第二至第五节的有关规定外，还应结合装配式基础的特点确定符合实际受力情况的计算简图。

（3）底板侧向稳定，除设计上保证必要的安全系数外，在施工工艺方面必须有相应措施，确保回填土的夯实质量，以防底板侧向滑移。

（4）装配式基础的预制构件宜在工厂加工，有条件时应尽量采用预应力钢筋混凝土构件。

（5）部件间的连接节点宜少而简单，且宜采用穿孔方式连接，孔位应考虑加工的误差。当采用预埋件连接时，应考虑凸出部分铁件的防撞碰措施。

（二）基本型式

装配式基础有以下常用的几种类型：

1. 直柱单盘类

直柱单盘类系基柱与单一底盘（板或壳）组成的装配式钢筋混凝土基础。

（1）直柱固接型（图 7-6-1）：基柱由离心制造的钢筋混凝土环形截面柱（$d = 300 \sim 400$mm）或方形截面柱与底盘用法兰盘刚性连接。曾在 220kV 及其以下线路工程中广泛地应用在无地下水的较好地基的直线塔塔位上。

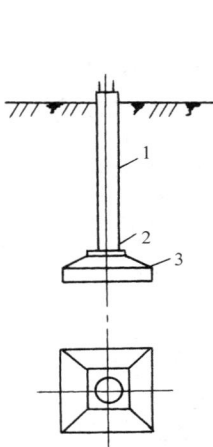

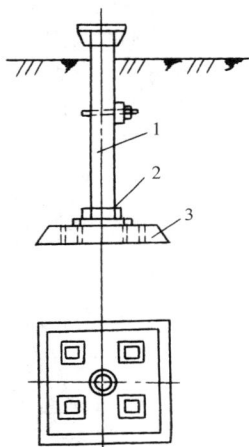

图 7-6-1 直柱固接型 图 7-6-2 直柱铰接型
1—基柱；2—法兰 1—基柱；2—柱脚
盘；3—底盘 3—底盘

（2）直柱铰接型（图 7-6-2）：由离心制造的钢筋混凝土环形截面基柱（$d = 300 \sim 400$mm）与底盘用 U 型螺栓或扁钢连接形成铰式连接，根据基柱的侧向稳定要求，分设有卡盘和无卡盘的两种构造型式。

直柱铰接型装配式钢筋混凝土基础，曾在 330kV 线路工程中广泛地应用在较好地基塔位上。

2. 塔腿埋入类（图 7-6-3）

此类系塔腿直接伸入基坑底部与底盘连接的混合式基础，塔脚与底盘铰接。底盘基本上处于轴心拉、压的受力状态，其内力和强度计算与普通钢筋混凝土底板相同。

该型基础曾用于风化岩石地基的直线塔塔位。对钢材有腐蚀和冻胀土质地基不宜采用，如采用时，必须有可靠的防腐和对塔腿角钢有防冻胀抗变形的可靠措施。

3. 角锥支架类

此类系由角锥支架基柱和底板组成的基型，支架

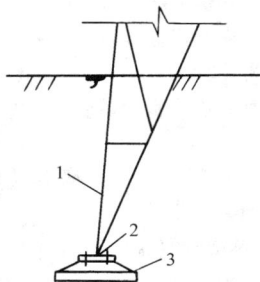

图 7-6-3　塔腿埋入型
1—塔腿；2—塔脚；3—底盘

顶部与塔脚连接，支架底部与底板连接，底板均由多根板条或类似轨枕的构件组成。

（1）金属支架型（图 7-6-4）：系由铰接的金属支架与钢筋混凝土板条上的横梁形成铰接的空间结构。支架的受力状态系桁架体系，底板的受力状态系板梁体系。

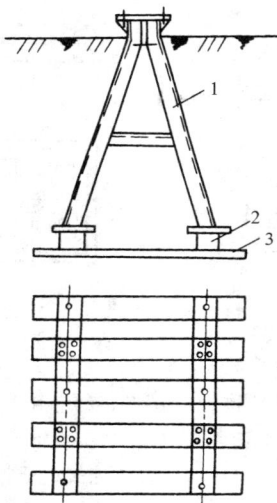

图 7-6-5　钢筋混凝土支架型
1—支架；2—横梁；
3—轨枕板条

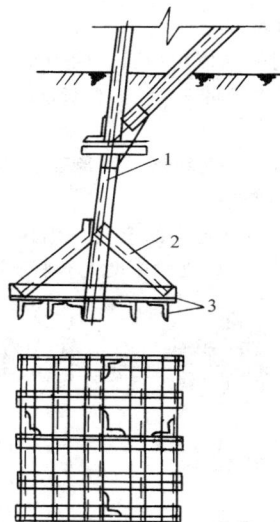

图 7-6-4　金属支架型
1—金属支架；2—横梁；3—板条

该型基础曾应用在荷载较大的直线塔塔位和转角塔塔位上。

（2）钢筋混凝土支架型（图 7-6-5）：系由铰接的钢筋混凝土支架与轨枕式底板上的横梁形成铰接的空间结构。其内力分析均与金属支架型相同。曾应用在 220～330kV 工程中的直线和小转角塔位上。

4. 金属基础（图 7-6-6）

这种基础也称花窗式金属基础，是由塔腿主材直接延伸到基坑底部与花窗式金属底板及底板上的斜撑共同连接而成。其内力计算是按经验公式，与一般基础计算不同。

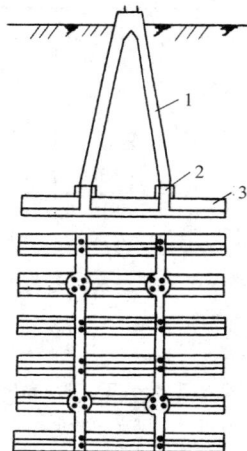

图 7-6-6　金属基础
1—塔腿主材；2—斜
撑；3—金属板条

金属基础可全部由角钢组成，运输单件重量轻，最适用于运输条件十分困难的高大山区的塔位，曾广泛地应用在直线塔基上。

二、内力和侧向稳定计算

装配式基础在计算上除符合本章第二至第五节的上拔稳定、地基和构件强度等的计算外，还要结合装配式的特点，对部分基型的内力和侧向稳定进行计算。

（一）直柱铰接型基础

如图 7-6-7 所示，该基础的计算简图是基柱与底板以不能移动的铰相连接，在构造上必须保证有铰接性能。按设计水平荷载的大小和地质条件分为设置卡盘和不设卡盘两种计算简图，可分别按下列方法计算。

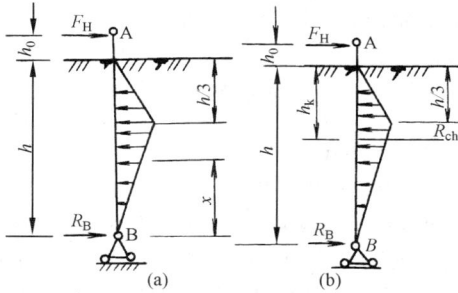

图 7-6-7　直柱铰接型基础侧向稳定计算简图
（a）无卡盘基柱；（b）有卡盘基柱

1. 倾覆稳定计算

$$\sigma_{max} \leq \frac{mhK_0}{3K_3} \qquad (7\text{-}6\text{-}1)$$

式中　σ_{max}——基柱侧向最大土压力，kN/m^2，可按式（7-6-9）计算；

m——土压力系数，kN/m^3，可按表 7-4-1 取值；

h——设计地面至底板上平面（铰支点）的距离，m；

K_0——基柱的宽度增大系数，可按表 7-4-3 采用；

K_3——倾覆稳定设计安全系数，可按表 7-1-28 取值。

2. 底板侧移稳定计算

（1）当基础上拔时：

$$K_h R_B \leq (F_T - G_f)\mu \qquad (7\text{-}6\text{-}2)$$

（2）当基础下压时：

$$K_h R_B \leq (F_V + G_f)\mu \qquad (7\text{-}6\text{-}3)$$

上二式中　R_B——基柱铰支点 B 的反力，kN，可按式（7-6-13）～式（7-6-16）计算；

G_f——基础自身的重力，kN；

K_h——基础侧移稳定的设计安全系数，可按表 7-6-1 取值；

μ——上拔和下压时，土与基础接触面间的摩阻系数，一般由试验确定，当无试验资料时可参考表 7-6-2 取值，上拔时取小值；

F_T、F_V——分别为作用于基础顶面的设计上拔力和下压力，kN。

表 7-6-1　　侧移稳定的安全系数 K_h

杆塔型式	K_h
直 线 塔	1.1
耐张及悬垂转角塔	1.2
转角、终端及特高塔	1.3

表 7-6-2　　土与混凝土基础的摩阻系数 μ 值

土 的 类 别		μ 值
黏性土	可 塑	0.25
	硬 塑	0.25 ~ 0.3
	坚 硬	0.3 ~ 0.4
砂 土		0.4
碎石土		0.4 ~ 0.5
软质岩石		0.4 ~ 0.6
表面粗糙的硬质岩石		0.7 ~ 0.8

3. 基柱内力 M_{max}、Q_{max} 计算

（1）基柱最大弯矩 M_{max}：

无卡盘基柱 [图 7-6-7（a）]：

当 $h_0 < 0.1h$ 时

$$M_{max} = 0.0363 F_H \sqrt{\frac{(4h + 9h_0)^3}{h + h_0}} \qquad (7\text{-}6\text{-}4)$$

当 $h_0 = 0.1h$ 时

$$M_{max} = 0.375 F_H h \qquad (7\text{-}6\text{-}5)$$

有卡盘基柱 [图 7-6-7（b）]：

当具有卡盘横向作用力，$h_{ch} > h/3$ 时

$$M_{max} = (h - h_{ch}) \left[R_B - \frac{b_0}{4h}(h - h_{ch})^2 \sigma_{max} \right] \qquad (7\text{-}6\text{-}6)$$

当 $h_{ch} < h/3$ 时

$$M_{max} = F_H(h_0 + h_{ch}) - \frac{b_0 h^3}{2h}\sigma_{max} \qquad (7\text{-}6\text{-}7)$$

当 $h_{ch} = h/3$，$h_0 \not> 0.1h$ 时

$$M_{max} = 0.44 F_H h - 0.02 b_0 h^2 \sigma'_{max} \qquad (7\text{-}6\text{-}8)$$

式中　F_H——作用于基柱顶面的设计水平力，kN；

h——设计地面至铰支点 B 的高度，m；

h_{ch}——设计地面至卡盘的高度，m，一般取 $h_{ch} = h/3$；

h_0——基柱顶面至设计地面的高度，m，一般 $h_0 \leq 0.1h$；

b_0——基柱的宽度或直径，m；

$\sigma'_{\max}$——有卡盘基柱侧向最大土压力（kN/m^2），可按式（7-6-10）计算；

其它符号含义与式（7-6-1）、式（7-6-3）相同。

（2）基柱的侧向土压力 $\sigma_{\max}$：

无卡盘基柱时为

$$\sigma_{\max} = \frac{18F_H (h + h_0)}{5b_0 h^2} \qquad (7\text{-}6\text{-}9)$$

有卡盘基柱时为

$$\sigma'_{\max} = \frac{F_H (h + h_0)}{\frac{5}{18} b_0 h^2 + \eta_{ch} (h - h_{ch}) A_{ch}} \qquad (7\text{-}6\text{-}10)$$

式中 η_{ch}——卡盘埋深与基柱埋深有关的比例系数，当 $h_{ch} > h/3$ 时，$\eta_{ch} = \dfrac{3 (h - h_{ch})}{2h}$；当 $h_{ch} \leq h/3$ 时，$\eta_{ch} = 3h_{ch}/h$；

A_{ch}——卡盘的侧面面积（m^2），可按式（7-6-11）、式（7-6-12）计算；

其它符号含义与式（7-6-6）～式（7-6-8）相同。

（3）卡盘的侧面面积 A_{ch}：

$$A_{ch} = \frac{3K_3 F_H (h_0 + h) - \frac{5}{18} K_0 m b_0 h^3}{\eta_{ch} K_0 m h (h - h_{ch})} \qquad (7\text{-}6\text{-}11)$$

当 $h_0 = h/10$，$h_{ch} = h/3$ 时

$$A_{ch} = \frac{4.95 K_3 F_H - 0.42 K_0 m b_0 h^2}{K_0 m h^2} \qquad (7\text{-}6\text{-}12)$$

式中 K_3、K_0、m 与式（7-6-1）相同，其它符号含义与式（7-6-7）相同。

（4）基柱底部支点 B 反力 R_B：

无卡盘基柱 ［图 7-6-7（a）］为

$$R_B = \frac{1}{2} b_0 h \sigma_{\max} - F_H \qquad (7\text{-}6\text{-}13)$$

当 $h_0 \leq h/10$ 时，$R_B = F_H$ （7-6-14）

有卡盘基柱 ［图 7-6-7（b）］为

$$R_B = \frac{1}{2} b_0 h \sigma'_{\max} + R_{ch} - F_H \qquad (7\text{-}6\text{-}15)$$

当 $h_{ch} = h/3$ 时，$R_B = \dfrac{mhK_0}{3K_3} (0.5 b_0 h + A_{ch} = F_H$

$$(7\text{-}6\text{-}16)$$

式中 R_{ch}——卡盘的横向作用力，kN，可按式（7-6-19）、式（7-6-20）计算；

A_{ch}——卡盘的侧面面积，m^2，选定的 A_{ch} 不宜大于 1.1 倍计算值；

其它符号含义与式（7-6-6）～式（7-6-8）相同。

（5）支点 B 至最大弯矩点的距离 x：

无卡盘基柱（图 7-6-7，a）可按下式计算，即

$$x = h \sqrt{\frac{2 (4h + 9h_0)}{27 (h + h_0)}} \qquad (7\text{-}6\text{-}17)$$

（6）基柱的最大剪力 $Q_{\max}$：

当 $h_0 \leq h/10$ 时

$$Q_{\max} = F_H = R_B \qquad (7\text{-}6\text{-}18)$$

（7）卡盘的横向力 R_{ch}：

$$R_{ch} = \eta_k \sigma'_{\max} A_{ch} \qquad (7\text{-}6\text{-}19)$$

当选定的 A_{ch} 不大于 1.1 倍计算的 A_{ch}，且 $h_{ch} = h/3$ 时

$$R_{ch} = \frac{mhK_0}{3K_3} A_{ch} \qquad (7\text{-}6\text{-}20)$$

式中符号含义与式（7-6-7）相同。

（二）角锥支架型基础

角锥支架型基础属桁架体系，分为角钢支架和钢筋混凝土支架，可按轴心受力构件考虑；基础底板属“板梁”体系，按受弯构件考虑。其内力计算如下。

1. 基柱支架（图 7-6-8）

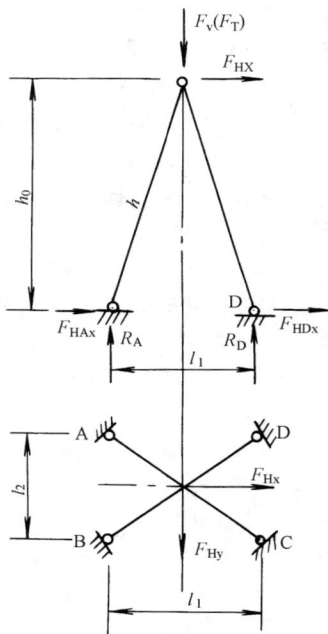

图 7-6-8 角锥支架型基柱计算简图

基柱支架的轴向压力 F_{v1} 和轴向拉力 F_{T1} 可分别按下式计算：

$$\left. \begin{aligned} F_{v1} &= \left(\frac{F_v}{4} + \frac{F_{Hx} h_0}{2l_1} + \frac{F_{Hy} h_0}{2l_2} \right) \frac{h}{h_0} \\ F_{T1} &= \left(\frac{F_T}{4} + \frac{F_{Hx} h_0}{2l_1} + \frac{F_{Hy} h_0}{2l_2} \right) \frac{h}{h_0} \end{aligned} \right\} \qquad (7\text{-}6\text{-}21)$$

式中 F_T、F_v——分别为作用于基础顶面的设计上拔力和下压力，kN；

F_{Hx}、F_{Hy}——分别为作用于基础顶面的 X 和 Y

轴方向的设计水平力，kN；

h_0、h——分别为基柱构件的垂直高和实长，m；

l_1、l_2——分别为基柱构件下平面的正面（X 向）和侧面（Y 向）的根开，m。

A、B、C、D 支点反力 $F_{HAx} \sim F_{HDx}$ 和 $F_{HAY} \sim F_{HDY}$ 等，可按对应构件轴向力在 $X - X$ 和 $Y - Y$ 方向投影计算。

2. 底板的计算荷载、支座反力和内力计算（图 7-6-9）

（1）计算荷载：

底板单位面积的净土反力（kN/m^2）

$$\sigma_0 = (F_v + G_f) / \Sigma A \tag{7-6-22}$$

$$\sigma_{xi} = F_{Hx} h a_i / I_y \tag{7-6-23}$$

$$\sigma_y = F_{Hy} h / W_x \tag{7-6-24}$$

底板单位长度的净土反力（kN/m）

$$\left.\begin{aligned}
q_0 &= \sigma_0 b_p \\
q_{x1} &= (\sigma_0 + \sigma_{x1}) b_p \\
q_{xi} &= (\sigma_0 + \sigma_{xi}) b_p \\
q'_{xi} &= (\sigma_0 - \sigma_{xi}) b_p \\
q'_{x1} &= (\sigma_0 - \sigma_{x1}) b_p \\
q_y &= \sigma_y b_p
\end{aligned}\right\} \tag{7-6-25}$$

式中　q_0——中心荷载作用下各板单位长度的净土反力，kN/m；

q_{xi}、q'_{xi}——作用于 i 板和 i' 板上单位长度的净土反力，kN/m；

b_p——板条的宽度，m；

q_y——由 M_y 在板条上产生的单位长度净土反力，kN/m；

W_x——各板条平面对 X 轴的抵抗矩，m^3；

ΣA——各板条平面面积之和，m^2；

I_y——各板条平面对 Y 轴的惯性矩，m^4，如图 7-6-9 所示，$I_y = I_{ny} + 2\left[\sum_{i=1}^{n-1} I_{iy} + b_p l_y \sum_{i=1}^{n-1} a_i^2\right]$；

S_i——各板条的中心至 Y 轴的距离，m；

h——底板底面至支架顶部的垂直高，m；

G_f——基柱支架和横梁自身的重力，kN；

l_y、l_x——分别为底板轮廓的长度和宽度，m；

$$I_{ny} = I_{iy} = b_p^3 l_y / 12$$

其它符号含义与式（7-6-21）相同。

（2）支座反力 R_B：取受力最大的 I 板计算

$$R_B = \frac{1}{2} l_y \left(q_{x1} + \frac{q_y l_y}{3 l_2}\right) \tag{7-6-26}$$

（3）支座弯矩 M_{min}：

$$M_{min} = -\frac{1}{8} (l_y - l_2)^2 \left[q_{x1} + \frac{q_y}{3}\left(2 + \frac{l_2}{l_y}\right)\right] \tag{7-6-27}$$

（4）跨中弯矩 M_{max}：

$$M_{max} = \frac{1}{8} q_{x1} l_2^2 \left[1 - \frac{(l_y - l_2)^2}{l_2^2}\right] \tag{7-6-28}$$

（5）下压时支座剪力 Q：

$$\left.\begin{aligned}
Q_W &= \frac{1}{2}(l_y - l_2 - b_h)\left[q_{x1} + \frac{1}{2}q_y\left(1 + \frac{l_2 + b_h}{l_y}\right)\right] \\
Q_N &= \frac{1}{2}(l_y - l_2 + b_h)\left[q_{x1} + \frac{1}{2}q_y\left(1 + \frac{l_2 - b_h}{l_y}\right)\right] - R_B
\end{aligned}\right\} \tag{7-6-29}$$

式中　b_h——横梁的截面宽度，m；

其它符号含义与式（7-6-25）相同。

（6）上拔时支座切力 Q：以 q_{x1} 中之 $\sigma_0 = (F_T - G_f)/\Sigma A$ 和 $b_n = 0$ 代入式（7-6-29）即可。

3. 横梁的荷载、支座反力和内力计算（图 7-6-10）

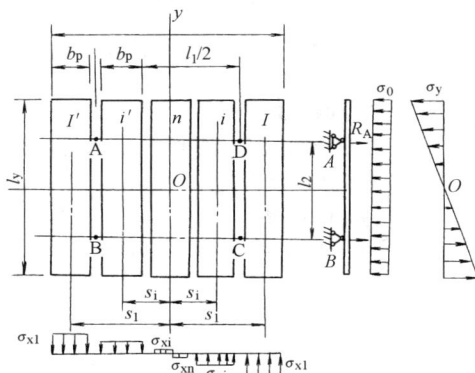

图 7-6-9　板条荷载计算简图

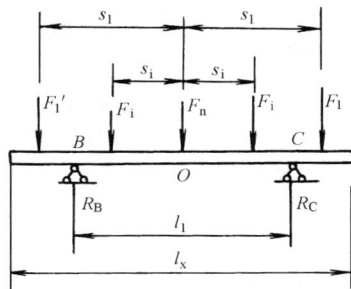

图 7-6-10　横梁受力计算示意图

（1）横梁的荷载 F：

$$F_1 = \frac{1}{2}q_{x1}l_y + \frac{1}{6}q_y l_y^2/l_2$$

$$F_i = \frac{1}{2}q_{xi}l_y + \frac{1}{6}q_y l_y^2/l_2$$

$$F_n = \frac{1}{2}q_0 l_y + \frac{1}{6}q_y l_y^2/l_2 \quad\quad (7\text{-}6\text{-}30)$$

$$F'_i = \frac{1}{2}q'_{xi}l_y + \frac{1}{6}q_y l_y^2/l_2$$

$$F'_1 = \frac{1}{2}q'_{xi}l_y + \frac{1}{6}q_y l_y^2/l_2$$

式中　F_1、F'_1——分别为 C 和 B 支座外侧集中荷载
的总和，kN；

F_i、F'_i——分别为跨中 O 点至 C 点和 B 支座
间的集中荷载的总和，kN；

F_n——跨中 O 点的集中荷载（kN），当
板条偶数布置时，$F_n = 0$；

其它符号含义与式（7-6-16）相同。

（2）横梁支座反力 R_C：当板条与底板中心 O 点
对称布置时

$$R_C = \frac{(F_1 - F'_1)s_1 + (F_i - F'_i)s_i}{l_1}$$
$$+ \frac{0.5(F_1 + F_i + F_N + F'_i + F'_1)l_1}{l_1}$$
$$(7\text{-}6\text{-}31)$$

式中　s_1——对应于 $F1$、F'_1 集中荷载作用点至跨中
O 点的距离，m；

s_i——对应于 F_i、F'_i 集中荷载作用点至跨中
O 点的距离，m；

l_1——横梁的跨度，m；

其它符号含义与式（7-6-30）相同。

（3）横梁切力 Q：

$$Q_W = F_1 \quad\quad (7\text{-}6\text{-}32)$$
$$Q_N = F_1 - R_C \quad\quad (7\text{-}6\text{-}33)$$

式中　R_C——横梁 C 支座的反力（kN），可按式
（7-6-31）计算。

（4）横梁弯矩 M：

$$M_C = -F_1(s_1 - l_1/2) \quad\quad (7\text{-}6\text{-}34)$$
$$M_0 = F_1 s_1 + F_i s_i - R_C l_1/2 \quad\quad (7\text{-}6\text{-}35)$$

式中符号含义与式（7-6-31）相同。

注　式（7-6-34）、式（7-6-35）的 M_C 和 M_0 是图 7-6-
10 特定计算示意图的表达式。

（三）金属基础

花窗式金属基础（图 7-6-11）的内力，可分别按
下列经验公式计算：

1. 基柱最大弯矩 M_{max}

$$M_x = \frac{2}{7}(F_{H0x} - R_y)h_{2y} - M_0$$
$$M_y = \frac{2}{7}(F_{H0y} - R_x)h_{2x} - M_0 \quad\quad (7\text{-}6\text{-}36)$$

式中　F_{H0x}、F_{H0y}——塔腿斜材在 X 和 Y 方向的水平
分力，kN；

R_y、R_x——分别为作用于 X 和 Y 方向横撑
的土抗力（kN），$R_x = m_1 b_y$
$\times h_{1y}l_y$，$R_y = m_1 b_x h_{1x}l_x$；

m_1——土压力系数，kN/m³，$m_1 = \gamma_0$
$\times\left[\tan^2\left(45° + \dfrac{\beta}{2}\right) - \tan^2\left(45° - \dfrac{\beta}{2}\right)\right]$，亦可按表 7-6-3 计算；

b_x、b_y——X 和 Y 方向横撑的角钢宽度，
m；

l_x、l_y——X 和 Y 方向横撑的角钢长度，
m；

h_{1x}、h_{1y}——X 和 Y 方向横撑的埋置深度，
m；

γ_0——土的计算容重，kN/m³，可按
表 7-1-7 取值；

β——土的计算内摩阻角，（°），可按
表 7-1-7 取值；

h_{2x}、h_{2y}——X 和 Y 方向横撑至底板斜撑交
点的高度，m；

M_0——基柱主材侧面土的抵抗力矩，
kN·m，$M_0 = \dfrac{1}{24}b_0 h_0^3 m_1$；

h_0——基柱主材的埋置深度（设计地
面至底板斜材支点 d 的深度，
m；

b_0——基柱主材角钢宽度，m。

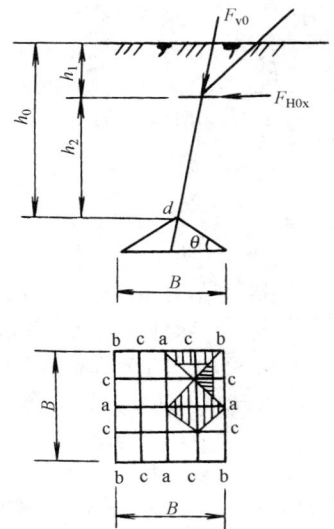

图 7-6-11　金属基础
计算简图

表 7-6-3   计算土压力系数的三角函数表

β (°)	$\tan\beta$	$\tan^2\beta$	$\tan^3\beta$	$\tan\left(45° - \dfrac{\beta}{2}\right)$	$\tan^2\left(45° - \dfrac{\beta}{2}\right)$	$\tan\left(45° + \dfrac{\beta}{2}\right)$	$\tan^2\left(45° + \dfrac{\beta}{2}\right)$	$\dfrac{4\tan\beta}{\cos\beta}$
0	0.000	0.000	0.000	1.0	1.0	1.0	1.0	0
5	0.087	0.007	0.001	0.916	0.84	1.09	1.19	0.349
10	0.176	0.031	0.005	0.839	0.704	1.192	1.421	0.715
15	0.268	0.072	0.019	0.767	0.588	1.303	1.698	1.110
18	0.325	0.106	0.034	0.727	0.528	1.380	1.890	1.366
20	0.364	0.133	0.048	0.700	0.490	1.430	2.040	1.549
22	0.404	0.163	0.066	0.675	0.455	1.480	2.200	1.742
24	0.445	0.198	0.088	0.649	0.422	1.540	2.370	1.947
25	0.466	0.217	0.101	0.637	0.406	1.570	2.460	2.056
26	0.488	0.238	0.116	0.625	0.391	1.60	2.560	2.173
28	0.532	0.283	0.151	0.601	0.361	1.66	2.770	2.411
30	0.577	0.333	0.192	0.577	0.333	1.73	3.000	2.663
32	0.625	0.391	0.244	0.554	0.307	1.80	3.250	2.948
34	0.675	0.456	0.308	0.532	0.283	1.88	3.540	3.256
35	0.700	0.490	0.343	0.521	0.271	1.92	3.690	3.416
36	0.727	0.529	0.384	0.510	0.260	1.96	3.850	3.594
38	0.781	0.610	0.476	0.488	0.238	2.05	4.20	3.964
40	0.839	0.704	0.591	0.466	0.217	2.15	4.62	4.380
42	0.900	0.810	0.729	0.445	0.198	2.25	5.04	4.842
44	0.966	0.933	0.901	0.425	0.180	2.36	5.55	5.371
45	1.000	1.000	1.000	0.414	0.171	2.41	5.81	5.656

注 $\dfrac{4\tan\beta}{\cos\beta} = \tan^2\left(45° + \dfrac{\beta}{2}\right) - \tan^2\left(45° - \dfrac{\beta}{2}\right)$。

2. 横撑的最大弯矩 M_{max}

Y 和 X 方向横撑

$$\left.\begin{array}{l} M_x = \dfrac{1}{8} m_1 b_y h_{1y} l_y^2 \\[2mm] M_y = \dfrac{1}{8} m_1 b_x h_{1x} l_x^2 \end{array}\right\} \qquad (7\text{-}6\text{-}37)$$

3. 底板内力

底板由纵横各 5 根计算长度相等的角钢组成（图 7-6-11）。现分别计算如下：

（1）a—a 构件：除中间与基柱材连接外，其两端以斜撑支持，承受图 7-6-11 方形阴影部分的地基的净土反力。其轴向压力 F_{va} 和弯矩 M_a 可按下式计算：

$$F_{va} = \dfrac{23 F_{v0}}{128\tan\theta} \qquad (7\text{-}6\text{-}38)$$

$$M_a = \dfrac{19}{1536} F_{v0} l \qquad (7\text{-}6\text{-}39)$$

式中 F_{v0}——基柱材在 h_1 深度以下的轴向压力，kN；

        θ——斜撑与底板水平材的夹角，(°)；

        l——底板水平材的长度，m。

（2）b—b 构件：在中间与 a—a 连接，承受图 7-6-11 梯形阴影部分的地基的净土反力：

$$M_b = \dfrac{7}{512} F_{v0} \qquad (7\text{-}6\text{-}40)$$

（3）c—c 构件：在中间与 a—a 连接，两端与 b—b 连接，承受图 7-6-11 三角形阴影部分地基的净土反力：

$$M_c = \dfrac{1}{512} F_{v0} \qquad (7\text{-}6\text{-}41)$$

（4）斜撑轴向力 F_{vd}：

$$F_{vd} = \dfrac{23 F_{v0}}{128\sin\theta} \qquad (7\text{-}6\text{-}42)$$

式中 θ、F_{v0}、l——符号含义与式（7-6-39）相同。

三、强度计算和构件的构造要求

（一）强度计算

（1）钢结构构件：构件的连接计算可参照第六章的有关规定，构件的强度可按下列各式计算：

1）轴心受力构件：

$$\sigma = F_v / A_c \leqslant [f_a] \qquad (7\text{-}6\text{-}43)$$

2）受弯构件：

$$\sigma = \dfrac{M_x}{W_y} + \dfrac{M_y}{W_x} \leqslant [f_a] \qquad (7\text{-}6\text{-}44)$$

3）偏心受力构件：

$$\sigma = \dfrac{F_v}{A_c} + \dfrac{M_x}{W_y} + \dfrac{M_y}{W_x} \leqslant [f_a] \qquad (7\text{-}6\text{-}45)$$

（2）钢筋混凝土预制构件：构件的强度计算应

按本章第五节钢筋混凝土构件强度计算的有关公式进行。构件的连接可参照第六章的有关规定。

（二）构造要求

钢结构构件除应符合第六章和钢筋混凝土预制构件符合本章第五节的基础构造要求外，结合装配式基础的特点尚应符合下述构造要求。

（1）角锥支架类基础的主材准线在构造上宜交于顶板面上，支架与横梁的连接，在构造上尽量避免横梁受扭，否则横梁截面须配置抗扭箍筋。

（2）装配式基础底板的钢筋混凝土板条间距不宜大于150mm；花窗式金属底板的方形空格不宜大于300mm×300mm。在底板空格和板条间隔的上部宜放置一层大于150mm的大块石。底板下部为岩石地基时，应垫以50～100mm的砂垫层。

第七节 桩 基 础

本节所包括的桩基础有岩石锚桩、爆扩桩、钢筋混凝土灌注桩（简称灌注桩）。岩石锚桩宜用于未风化、微风化和中等风化程度的岩石地基。爆扩桩宜用于可塑及可塑状态以上的黏性土中。灌注桩可应用在各种土层中。

一、岩石锚桩基础

（一）使用原则

岩石锚桩基础主要是把锚筋直接锚固于灌浆的岩石孔内，借岩石本身、岩石与砂浆间和砂浆与锚筋的黏结力来抵抗上部杆塔结构传来的外力，以保证对杆塔结构的锚固稳定。

随着试验和实践经验的积累，岩石基础在工程中的使用范围不断扩大。即使风化程度比较重的岩石，亦可用做岩石基础，但必须逐基鉴定岩石的风化情况、坚固程度和覆盖层厚度等，以便针对不同条件作出相应型式的岩石基础。

（二）岩石分类和基础的基本型式

1. 岩石分类

（1）按岩石的坚固性可划分为硬质和软质岩石两大类：

1）硬质岩石有花岗岩、花岗片麻岩、闪长岩、玄武岩、石灰岩、石英砂岩、石英岩和硅质砾岩等；

2）软质岩石有页岩、黏土岩、绿泥石片岩和云母片岩等。

除上述代表性岩石外，凡新鲜岩石的饱和单轴极限抗压强度大于或等于30MN/m² 的，可考虑为硬质岩石；小于30MN/m² 的，为软质岩石。

（2）按岩石风化程度可划分为微风化、中等风化和强风化，其特征如表7-7-1所列。

表 7-7-1　　　岩石风化程度的划分

风化程度	特　　征
微 风 化	岩质新鲜、表面稍有风化迹象
中等风化	1. 结构和构造层理清晰 2. 岩体被节理、裂隙被分割成块状（200～500mm），裂隙中填充少量风化物。锤击声脆，且不易击碎 3. 用镐难挖掘，用岩心钻方可钻进
强 风 化	1. 结构和构造层理不甚清晰，矿物成分已显著变化 2. 岩体被节理、裂隙分割成碎石状（20～200mm），碎石用手可以折断 3. 用镐可以挖掘，手摇钻不易钻进

注　只要具备本表中特征之一，就可以认为属该类风化。

2. 岩石基础的基本型式

岩石锚桩基础的常用型式有直锚式、承台式和嵌固式三类锚桩（图7-7-1）。

（1）直锚式锚桩：系以底脚螺栓做为锚筋直接锚入岩石，因底脚螺栓的间距较小，故仅能适用于覆盖层较薄的硬质未风化或微风化的岩石中。一般采用机械钻孔，用高标号水泥砂浆与底脚螺栓形成锚桩，顶部浇以不小于塔脚底板的混凝土承台，承台的厚度宜尽量减薄。

（2）承台式锚桩：系通过钢筋混凝土承台将锚桩与底脚螺栓连接成整体，适用于覆盖层较厚的硬质

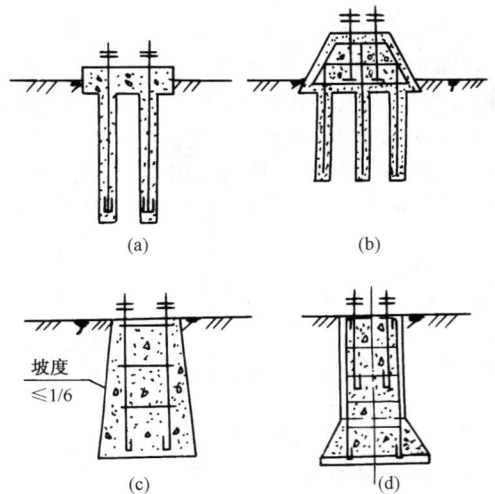

图 7-7-1　岩石锚桩基础的基本型式

（a）直锚式锚桩；（b）承台式锚桩；
（c）、（d）嵌固式锚桩

中等风化岩石和软质微风化岩石，在强风化岩石中采用必须慎重。锚桩用砂浆或细石混凝土锚固，承台由钢筋混凝土浇成。

（3）嵌固式锚桩：图7-7-1（c）系将底脚螺栓直接浇注在坡度1/6～1/8的混凝土墩内，图7-7-1（d）基柱可直掏挖。该型基础适用强风化的岩石条件，采用人工掏挖要防止岩石振动。这种型式亦可作为图7-7-1（a）、（b）型式在开凿期间岩石与设计条件不符，成孔困难时的备用型式。

上述三类锚桩型式，为常用和有使用经验的型式。当采用时应结合具体塔位的岩石情况，尤其在施工开挖后应逐基复查，以使设计的岩石锚桩基础安全、合理。

（三）岩石锚桩承载力计算

岩石地基耐压强度高，其承载力一般由抗拔强度控制。岩石锚桩承载力包括：底脚螺栓或锚筋的强度；底脚螺栓或锚筋与砂浆或细石混凝土间的粘结强度；锚桩与岩石间的粘结强度；岩石本身的剪切强度。

1. 锚筋的强度

单根锚筋或底脚螺栓的截面面积可按下式计算：

$$A_s = F_{T1} / [f_{st}] \tag{7-7-1}$$

式中　F_{T1}——单根锚筋或底脚螺栓的上拔力，kN；

A_s——单根锚筋或底脚螺栓的净截面面积，m^2；

$[f_{st}]$——钢筋或底脚螺栓的容许应力，kN/m^2，可按表7-1-3取值。

2. 锚筋与砂浆或细石混凝土间的黏结强度

单根锚筋或地脚螺栓与砂浆或细石混凝土间的黏结强度应符合下式要求：

$$K_4 F_{T1} \leqslant \pi d l_0 \tau_a \tag{7-7-2}$$

式中　K_4——黏结强度的设计安全系数，可按7-1-29取值。

d——锚筋或底脚螺栓的直径，m。

l_0——锚筋或底脚螺栓的有效锚固长度（m），当锚筋的锚固长度小于或等于表7-5-16规定的数值或底脚螺栓的锚固长度小于或等于25d时，取实际的锚固长度；当锚筋的锚固长度大于表7-5-16规定的数值时，取表7-5-16规定的数值；当底脚螺栓的锚固长度大于25d时，取25d。

τ_a——锚筋与砂浆或细石混凝土间的黏结强度，对C20强度等级砂浆或细石混凝土取$\tau_a = 2000 kN/m^2$；C30砂浆或细石混凝土取$\tau_a = 3000 kN/m^2$。

3. 锚桩与岩石间的粘结强度

单根锚桩与岩石间的粘结强度应符合下式要求：

$$K_1 F_{T1} \leqslant \pi D h_0 \tau_b \tag{7-7-3}$$

式中　h_0——锚桩的有效锚固深度 m，h_0 不宜大于45D；

D——锚桩直径，m；

τ_b——砂浆或细石混凝土与岩石间的黏结强度，可按表7-7-2取值。

表 7-7-2　　**砂浆或细石混凝土与岩石间的黏结强度 τ_b（kN/m^2）**

风化程度 岩石类别	微风化	中等风化	强风化
硬质岩石	700～1500	500～700	300～500
软质岩石	400～600	200～400	100～200

注　表中系指C20～C30强度等级砂浆或细石混凝土与岩石间的黏结强度。

4. 岩石的剪切强度

岩石的剪切（图7-7-2），按虚线所示倒锥体作为假想的破坏面，以均匀分布于倒锥体表面的剪切强度τ_s的垂直分量之和来抵抗上拔力。

（1）单根锚桩和嵌固式锚桩应符合下式要求：

$$K_1 F_{T0} \leqslant \pi h_0 \tau_c (D + h_0) \tag{7-7-4}$$

式中　F_{T0}——作用于锚桩的设计上拔力，kN，单根锚桩 $F_{T0} = F_{T1}$，嵌固式锚桩 $F_{T0} = F_T - G_f$；

h_0——锚桩的锚固深度，m，单根锚桩 $h_0 = h$，嵌固式 h_0 不大于3D；

D——锚桩直径，m，对嵌固式锚桩取底径；

τ_c——岩石的折算剪切强度，kN/m^2，当无试验资料时，可按表7-7-3采用。

（2）多根桩组成的群锚桩：在硬质的未风化和微风化的岩石中桩的间距 $b > 4D$（桩径）；软质微风化岩石以及中等风化的岩石中 $b > 6D \sim 8D$；强风化的岩石中 $b > 8D$；或者当桩间距 $b > h_0/3$ 时，应符合公式（7-7-4）的要求。

如图7-7-2所示，当桩间距 b 不符合上述要求条件时，除应符合式（7-7-4）的要求外，尚应符合下式要求：

$$K_1 F_{T0} \leqslant \pi h_0 \tau_c (d + h_0) \tag{7-7-5}$$

式中　F_{T0}——作用于锚桩的设计上拔力，kN，直锚式取 $F_{T0} = F_T$；承台式取 $F_{T0} = F_T - G_f$。

h_0——锚桩的有效锚固深度，m，直锚式取 $h_0 = h$；承台式取承台底面到锚桩根部

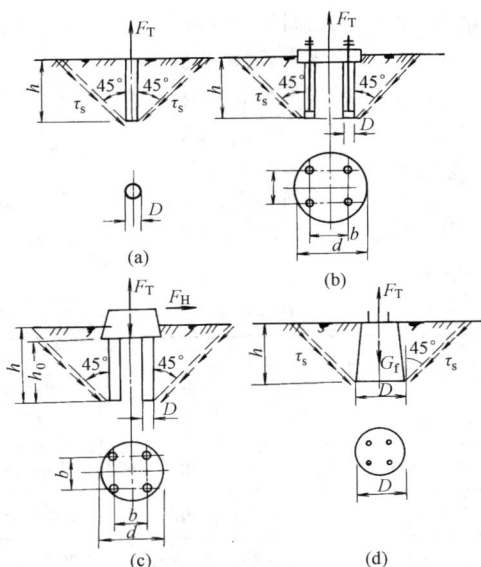

图 7-7-2   岩石剪切计算简图

（a）单根锚桩；（b）直锚式群锚桩；

（c）承台式群锚桩；（d）嵌固式锚桩

的距离，但 h_0 不大于 $45D$。

d——群锚桩外切圆直径，m，当群锚桩为

正方形布置时取 $d=\sqrt{2}b+D$；当群锚

桩为圆环形布置时取 $d=D_1+D$。

D_1——圆环轴线的直径，m。

（3）岩石剪切强度确定：

岩石锚桩基础的设计不但要求保证强度，而且在运行中不容许出现裂缝。为此，在取用岩石抗剪强度 τ_c 时，将裂缝和变形道综合加以考虑。由于硬质和软质岩石破坏机理不同，而且在"荷载-变位"曲线上出现的规律也不相同。因此，硬质和软质岩石应分别对待，不能用同一个标准去衡量。

软质岩石承载力的确定：软质岩石塑性大，裂缝开展早，随荷载的递增，变形也相应的发展较快。整个应力-应变曲线呈非线性平滑曲线状。它在低于破坏强度时已出现塑性变形。因此，在推算表 7-7-3 中的 τ_c 时，取径向裂缝出现的荷载为计算极限荷载。但对软质岩石锚桩，其计算极限荷载值取 30% 的极限荷载，以保证运行中不出现裂缝。

硬质岩石承载力的确定：硬质岩石随外力的增加变形较缓，其应力-应变曲线呈线性，当荷载超过屈服荷载时，变形的发展比荷载增长的速度快的多，破坏时具有明显脆性破坏的特点。因此，在推算表 7-7-3 中的 τ_c 时，亦取径向裂缝出现的荷载为计算极限荷载。但对硬质岩石锚桩，其计算极限荷载值（屈

服荷载）取 80% 的极限荷载，以保证运行中不出现裂缝。

表 7-7-3   岩石的极限剪切强度 τ_c 值（kN/m^2）

风化程度\岩石类别	微风化	中等风化	强风化
硬质岩石	80~150	30~80	17~30
软质岩石	40~80	20~40	10~20

（四）群锚桩的单根桩上拔力 F_{T1} 的计算

1. 直锚式群锚桩

如图 7-7-2（b）所示，直锚式群锚桩计算可忽略水平力的作用，当各锚桩与设计上拔力对称布置时，其单桩的上拔力可按下式计算：

$$F_{T1}=F_T/n \tag{7-7-6}$$

2. 承台式群锚桩

如图 7-3-3 所示，承台式群锚桩与设计上拔力对称布置，其单桩的最大上拔力可按下式计算：

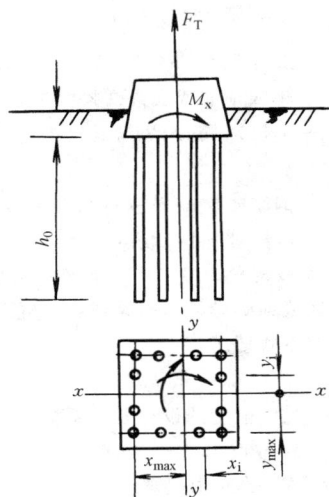

图 7-7-3   承台式群锚桩计算简图

$$F_{T(max)}=\frac{F_T-G_f}{n}+\frac{M_x x_{max}}{\sum x_i^2}+\frac{M_y y_{max}}{\sum y_i^2} \tag{7-7-7}$$

式中 F_T——作用于群锚桩顶部的设计上拔力，kN；

G_f——桩基承台的自重力，kN；

n——桩基的锚桩根数；

M_x、M_y——分别为承台底面平行于 x 轴和 y 轴的力矩，$kN\cdot m$；

x_i、y_i——分别为自群锚桩重心的 y 和 x 轴至第 i 根锚桩的距离，m；

x_{max}、y_{max}——分别为自群锚桩重心的 Y 和 X 轴至边缘锚桩的距离，m。

（五）岩石锚桩基础的构造要求

（1）承台部分和底脚螺栓的构造，按本章第五节基础强度计算和构造要求设计。

（2）锚筋直径 d 不小于 16mm，根部必须设有可靠的锚固措施，一般采用帮条式、鱼尾式和焊螺帽式等加固端头措施。

（3）直锚式和承台式锚桩的底脚螺栓和锚筋，在基岩中的锚固深度 l_m 应符合下列要求：

微风化岩石 $l_a \geqslant 25d$；中等风化岩石 $l_a \geqslant 35d$；强风化岩石 $l_a \geqslant 45d$。

（4）光面钢筋在承台中的锚固长度 l_a 不宜小于表 7-5-16 中的规定，并带有弯钩。

（5）锚孔直径 D：在硬质岩石中一般取 $D = (2.5 \sim 3.0) d$，且不得小于 $2d$（d 为锚筋或地脚螺栓直径），在软质岩石中应符合 $D = (2 \sim 3) d$，尚应符合 $d + 50mm$ 的要求。

（6）群锚桩的间距 b：硬质未风化和微风化的岩石，b 不宜小于 $4D$；软质微风化的岩石以及中等风化的岩石，b 不宜小于 $6D$。

（7）砂浆标号：直锚式和承台式锚桩填充的水泥砂浆或细石混凝土强度等级不得小于 C20；嵌固式锚桩的混凝土强度等级不得小于 C15。在浇注砂浆前

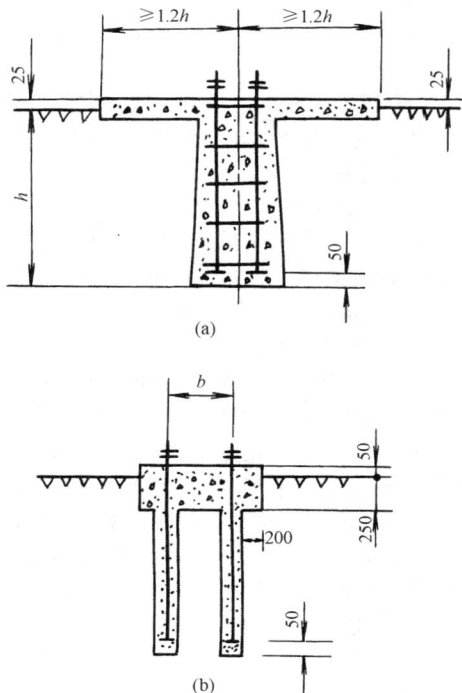

图 7-7-4 防风化措施简图

（a）强风化岩石；（b）微风化岩石

应将锚孔清理并冲洗干净。对易风化的岩石，从开孔至浇注的间歇时间应尽量缩短。

（8）防风化措施：锚孔的基岩表面应进行防风化处理，其保护范围应符合图 7-7-4 要求。

二、爆扩桩基础

（一）基本型式和要求

1. 基本型式

用于杆塔基础的爆扩桩一般采用单桩基型（图 7-7-5），仅当单桩满足不了基础作用力要求时，拉线基础可采用双桩，铁塔基础可采用群桩。

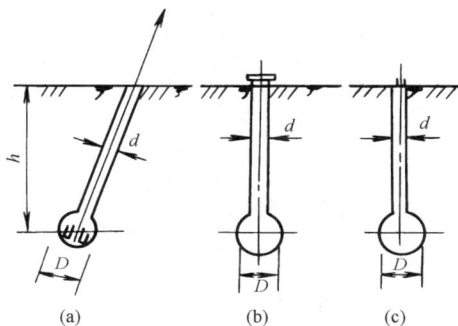

图 7-7-5 爆扩单桩基本型式

（a）拉线基础；（b）电杆基础；（c）铁塔基础

2. 地质条件

宜用于可以爆扩成型的硬塑和可塑状态的黏性土中，也可用于经试爆能成型的中密和密实的砂土、碎石土及风化岩石。

3. 工艺要求

施工必须具备可靠的爆扩成型工艺，工程使用时应做成型试验，以确保成型尺寸和混凝土的浇制质量。

（二）单桩容许垂直承载力的确定和验算

1. 按静荷载试验

无论下压或上拔的单桩容许承载力，按野外静荷载试验方法确定时，必须针对荷载的性质来制定加荷制度和采用统一规定的比例绘制"荷载-变位"和"变位-时间"曲线。为取得较准确的容许承载力，可参照本节"四"的加荷要点来确定容许承载力。

2. 按 SDGJ 62—84 技术规定的公式计算

（1）地基持力层土的容许下压力 $[F_{Va}]$，应符合下式要求：

$$[F_{Va}] = [f_e] A_{pr} \geqslant F_V \qquad (7-7-8)$$

式中 F_V——作用于桩顶面的设计下压力，kN；

$[F_{Va}]$——地基持力层土的容许下压力，kN；

A_{pr}——扩大端的水平投影面积，m^2，$A_{pr} = \pi D^2/4$；

$[f_e]$——扩大端支承处土的单位面积的容许承载力，kN/m^2，可按表 7-7-4、表 7-7-5 取值。

表 7-7-4　扩大端支承处一般黏性土的容许承载力 $[f_e]$（kN/m^2）

土的名称	土的状态	
	硬塑	可塑
	$0 < I_L \leqslant 0.25$	$0.25 < I_L \leqslant 0.75$
黏　土	1000 ~ 630	630 ~ 230
粉质黏土	900 ~ 570	570 ~ 220
粉土	700 ~ 480	480 ~ 220

注　1. 对液性指数 I_L 或孔隙比 e 小者，取表中大值，e 大者取低值。

　　2. 老黏土亦可参照本表取值。

　　3. 本表适用于桩深 h 不大于 5.0m。

表 7-7-5　扩大端支承处砂性土和碎石土的容许承载力 $[f_e]$（kN/m^2）

密实度	密　实	中　密
细砂	650	400
中砂、粗砂、砾砂	1400	750
碎石土	1600	900

注　1. 表中碎石土为卵石时取密实值，角砾时取中密值，其余取中间值。

　　2. 本表适用于桩深 $h \leqslant 5m$。

（2）软弱下卧层验算：基础下压时，当地基压缩层深度内有软弱土层时，可按本章第三节的计算方法进行验算。

（3）容许上拔力 $[F_T]$ 可按下列方法确定，如图 7-7-6 所示，在中密或密实的砂类土中，桩的埋深（从设计地面至扩大头中心）$h \geqslant 4D$ 和黏性土中，桩的埋深 $h \geqslant 3D$ 时，其单桩的容许上拔力应符合式（7-7-9）要求。当桩的埋深 h 不符合上述条件时，可按本章第二节"剪切法"计算桩的上拔稳定。

$$[F_T] = \frac{A_n P_u + \Sigma A_1 f_u}{K_1} + \frac{G_f}{K_2} \geqslant F_T \quad (7\text{-}7\text{-}9)$$

式中　F_T——作用于桩顶的设计上拔力，kN；

　　A_n——扩大端的净水平投影的面积，m^2，$A_n = \pi (D^2 - d^2)/4$；

　　P_u——扩大端上表面处抗拔土体的极限承载力，kN/m^2，可取扩大端中心水平截面以上抗拔土的持力层（厚度 $h_b = 1.0 + D/2$，m）的指标，也可按表 7-7-6 取值（若土质为下软上硬时，宜取软的

指标）；

　　f_u——桩周土单位面积的极限摩阻力 kN/m^2，可按表 7-7-6 取值；

　　A_1——桩侧表面面积，m^2，$A_1 = \pi d (h - 1.0 - D/2)$，若 $A_1 > 3\pi d$ 时，取 $A_1 = 3\pi d$；

　　G_f——桩基础的自重力，kN；

　　K_1、K_2——分别为与土抗力和基础自重力有关的上拔稳定设计安全系数，可按表 7-1-28 取值。

表 7-7-6　抗拔土体极限承载力 P_u 和极限摩阻力 f_u（kN/m^2）

土的名称	状态	P_u	f_u
黏　土	硬塑-可塑	750 ~ 300	35 ~ 15
粉质黏土	硬塑-可塑	680 ~ 300	35 ~ 15
粉　土	硬塑-可塑	550 ~ 280	35 ~ 15
粉　砂	饱和中密	770 ~ 410	45 ~ 24
细　砂	稍湿中密	870 ~ 530	50 ~ 30
中　砂	密实-中密	1860 ~ 1000	50 ~ 45
粗　砂	密实-中密	1860 ~ 1000	50 ~ 45
碎石土	中　密	2140 ~ 1200	50 ~ 45

注　1. 承受长期荷载（按 SDJ 3—79 规程的规定）时，表中值乘以 0.8 系数。

　　2. 对液性指数 I_L 或孔隙比 e 小者，取表中大值。

　　3. 碎石土为卵石时，取表中大值，角砾时取表中小值。

　　4. 黏性土的数值，适用于一般黏性土和老黏土。

（三）单桩容许水平承载力确定和验算

1. 按静荷载试验确定

单桩容许水平承载力主要取决于桩周土的性质、桩的抗弯刚度、桩的入土深度、桩顶嵌固情况和容许水平位移量等因素，一般可按现场静荷载试验的桩顶容许水平位移量确定。

桩顶容许水平位移量，应根据工程性质和上部的结构型式决定，如果上部结构对基础水平位移量无特殊要求时，可取"$F_{H0} - \Delta_0$"（地面处的水平荷载-水平位移量）试验曲线上的水平位移量 $\Delta_0 = 10mm$，所对应的水平荷载值作为单桩的容许水平承载力 $[F_{H0}]$，并使其不小于桩顶的设计水平力。按此法确定容许水平承载力时，其加荷方法必须与桩所承受的荷载性质基本相同，其侧向的稳定标准亦应对应。

2. 按 SDGJ 62—84 技术规定的公式计算

当无试验资料，且桩的入土深度 $h \geqslant 3.0m$、桩的直径 $d \geqslant 300mm$、桩顶的水平位移 $\Delta_0 = 10mm$ 时，其单桩的容许水平承载力可取表 7-7-7 的经验值，使之不小于作用在桩顶的设计水平力 F_H。

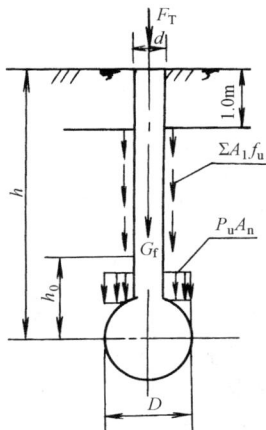

图 7-7-6　爆扩桩基础上拔计算简图

表 7-7-7　　单桩容许水平承
载力 $[F_{H0}]$（kN）

一般黏性土的状态	可 塑	硬 塑
$[F_{H0}]$	25～40	40～50

注　本表中值亦可适用于老黏土。

3. 按半经验公式计算

当取 $\Delta_0 = 10$mm 作为容许水平位移量时，单桩的容许水平力按下式要求，对长期荷载作用的桩尚须乘以 0.8 的系数。

$$[F_{H0}] = \eta_d \eta_g E_{cc} I a_h^3 \Delta_0 \geqslant F_H \qquad (7\text{-}7\text{-}10)$$

式中　η_d——与桩顶固定条件有关的系数，当桩顶自由或与承台铰接时，取 $\eta_d = 2.0$；当桩顶与承台固接时，取 $\eta_d = 4.0$；

　　　η_g——桩柱抗弯刚度降低系数，当 $\Delta_0 = 10$mm 时，取 $\eta_g = 0.3$；

　　　E_{cc}——桩柱混凝土的弹性模量，kN/m²，按表 7-1-1 取值；

　　　I——桩柱截面的惯性矩，m⁴；

　　　Δ_0——桩柱在地面处的水平位移量，取 $\Delta_0 = 10$mm；

　　　a_h——特征系数（1/m），$a_h = \sqrt[4]{\dfrac{kd}{4\eta_g E_{cc} I}}$；

　　　k——地基系数，kN/m³，可按表 7-7-8 取值；

　　　d_0——桩的直径，m。

表 7-7-8　一般黏性土地基系数 k（kN/m³）

土的状态	地基系数 k
可 塑	15000～30000
硬 塑	30000～40000
夹石或夹粗、砾砂	30000～60000

注　本表亦可适用于老黏土。

（四）单桩的沉降量计算

对承受长期荷载的转角和终端塔的桩基础的地基，当运行有特殊要求时，可按本章第三节有关的计算方法进行沉降量计算。

（五）桩基承载力的确定和验算

1. 桩基的上拔稳定

（1）桩基中的相邻单桩，当其间距 $S \geqslant 2.0D$（2根桩）和 $S \geqslant 2.5D$（4根桩）时，桩基的容许上拔力可取各单桩容许上拔力的总和。当与承台中心 O 对称布置时，桩基中单桩的最大上拔力 $F_{T(max)}$（图 7-7-7）应符合下式要求：

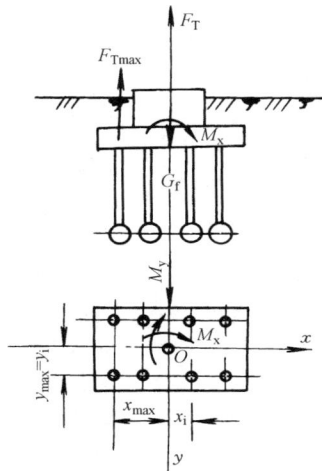

图 7-7-7　桩基计算简图

$$F_{T(max)} = \frac{F_T - G_f}{n} + \frac{M_x x_{max}}{\Sigma x_i^2} + \frac{M_y y_{max}}{\Sigma y_i^2} \leqslant [F_T]$$

式中　G_f——桩基承台和承台上土的重力，kN；

　　　$[F_T]$——单桩的容许上拔力，kN，可按式（7-7-9）计算。

（2）桩基中同时承受其差值不大于20%上拔力的相邻单桩，当间距 $S < 2.0D$（2根桩）和 $S < 2.5D$（4根桩）时，其承受上拔力较大的 i 桩，应按下式验算上拔稳定：

$$F_{Tl} \leqslant \frac{A_n P_u + \Sigma A_l f_u}{K_1} \eta_b + \frac{G_f}{K_2}$$

式中　F_{Tl}——2根或4根相邻单桩中较大 i 桩的上拔力，kN，可按式（7-7-7）计算，但式中 x_{max} 和 y_{max} 分别以 x_i 和 y_i 代之；

　　　η_b——桩基效应系数；

其它符号含义与式（7-7-7）、式（7-7-9）相同。

桩基效应系数可按下列条件确定：

桩基中有2根同时承受其差值不大于20%上拔

力的相邻单桩时，当桩的间距 $S = 1.5D$ 时，取 $\eta_b = 0.8$；当 $S = 2.0D$ 时，取 $\eta_b = 1.0$；介于中间时，η_b 可用插入法求得。

桩基中有 4 根同时承受其差值不大于 20% 上拔力的相邻单桩时，当桩的间距 $S = 1.5D$ 时，取 $\eta_b = 0.7$；当 $S = 2.0D$ 时，取 $\eta_b = 0.9$；当 $S = 2.5D$ 时，取 $\eta_b = 1.0$；介于中间时，η_b 可用插入法求得。

2. 桩基下压承载力

（1）桩基符合爆扩单桩和桩基的基本构造要求，当桩基的桩数 n 不大于 6 根，且间距 $S > 1.8D$ 时，桩基的容许下压力可取各单桩容许下压力的总和。若承台底面土质较好时可考虑承台的作用，必要时可对承台底面的地基土铺碎石夯实处理，以提高桩基的承载力。桩基中单桩的桩顶最大下压力 $F_{V(max)}$ 应符合下式要求：

$$F_{V(max)} = \frac{F_v + G_f}{n} + \frac{M_x x_{max}}{\sum x_i^2} + \frac{M_y y_{max}}{\sum y_i^2} \leqslant \left[F_{Va} \right]$$

$$(7\text{-}7\text{-}11)$$

式中 F_v、$\left[F_{Va} \right]$——符号含义与式（7-7-8）相同；
其它符号含义与式（7-7-7）相同。

（2）桩基符合爆扩桩和桩的基本构造要求，当桩基的桩数 $n > 6$ 根，且间距 $S \leqslant 1.8D$ 时，除应符合式（7-7-11）的要求外，尚应将扩大头中心深度 h 内的群桩和桩间土视为一个"实体深基"，并以此验算桩基容许承载力。一般，有下列两种常用的方法：

1）将桩与桩间土一起作为"实体深基"，假定荷载从最外一圈的桩顶，以 $\varphi/4$ 的倾角向下扩散传布，如图 7-7-8 所示。此时应满足：

中心荷载时

$$P_0 = \frac{F_v + G + G_f}{BL} \leqslant \left[P_1 \right] \qquad (7\text{-}7\text{-}12)$$

偏心荷载时除应符合式（7-7-12）的要求外尚应符合

$$P_{max} = \frac{F_v + G + G_f}{BL} + \frac{M_x}{W_y} + \frac{M_y}{W_x} \leqslant 1.2 \left[P_1 \right]$$

$$(7\text{-}7\text{-}13)$$

式中 G——"实体深基"底面（图 7-7-8 中矩形 $abcd$）正上方的土和桩的重力，kN；

M_x、M_y——作用于"实体深基"底面重心的平行于 X 轴和 Y 轴的力矩，kN·m，其值取承台底面处的力矩值；

W_x、W_y——"实体深基"底面（图 7-7-8 中矩形 $abcd$）对 X 轴和 Y 轴的抵抗矩，m³；

B、L——"实体深基"底面的宽度和长度，m，$B = B_0 + 2h\tan\dfrac{\varphi}{4}$，$L = L_0 + 2h\tan\dfrac{\varphi}{4}$；

B_0、L_0——桩基外围的宽度和长度，m；

φ——桩长 h 范围内各层土的内摩阻角的加权平均值，（°），$\varphi = \sum\varphi_i h_i / \sum h_i$；

φ_i——第 i 层土的内摩阻角，（°），可按表 7-1-4 和 7-1-6 取值；

h_i——第 i 层土的厚度，m；

$\left[P_1 \right]$——修正后地基土的容许承载力，kN/m²，可按式（7-1-6）计算；

F_v——作用于承台上的设计下压力，kN；

G_f——桩基承台的自重力，kN。

2）将桩与桩土间一起作为一个"实体深基"，只考虑"实体深基"侧表面与土的摩阻力作用，如图 7-7-9 所示。此时应满足：

中心荷载时

$$P_0 = \frac{F_v + G_f + G - \sum A_i f}{B_0 L_0} - \leqslant \left[P_1 \right] \quad (7\text{-}7\text{-}14)$$

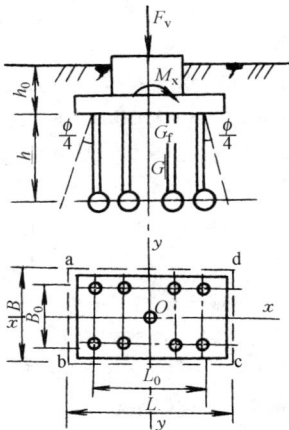

图 7-7-8 桩基的地基承载力验算图之一
（图中 h_0 为地面至承台底面的距离）

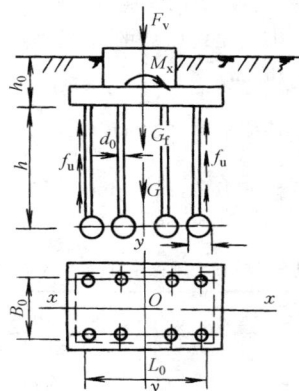

图 7-7-9 桩基的地基承载力验算图之二
（图中 h_0 为地面至承台底面的距离）

偏心荷载时除应符合式（7-7-14）的要求外尚应符合

$$P_{max} = \frac{F_v + G_f + G - \sum A_1 f}{B_0 L_0} + \frac{M_x}{W_y} + \frac{M_y}{W_x} \leqslant 1.2 [P_1]$$

$$(7\text{-}7\text{-}15)$$

上二式中　A_1——按桩深 h 范围内不同土层分段的"实体深基"侧表面面积，m^2；

　f——不同土层单位面积的容许摩阻力 kN/m^2，取 $f = 0.67 f_u$（f_u 可按表 7-7-6 取值）；

　G——"实体深基"底面（图 7-7-9 中矩形 $abcd$）正上方土和桩的重力，kN；

其它符号含义与式（7-7-13）相同。

（3）桩基的软弱下卧层验算：当"实体深基"下地基压缩层深度内有软弱土层时，可按本章第三节的计算方法进行软弱下卧层验算。

3. 桩基的水平承载力

桩基的容许水平力，一般可近似取各单桩容许水平力的总和。若桩基承台侧面与基坑的非冻胀性原状土接触良好，可考虑桩基承台边侧土的抗力作用。当承台侧面为矩形时，其土抗力 R 可按下式计算：

$$R = \frac{1}{2} (h_2^2 - h_1^2) rb \qquad (7\text{-}7\text{-}16)$$

式中　h_1、h_2——分别为承台顶面和底面的埋置深度，m；

　r——承台边侧土的天然容重，kN/m^3；

　b——承台的侧面宽度，m。

4. 桩基的沉降量计算

当运行上对沉降量有特殊要求时，对转角塔和终端塔的桩基础地基应按"实体深基"底面（视为浅基底面）参考本章第三节有关的计算方法进行沉降量计算。

（六）桩基内力和强度计算

1. 桩基的内力

（1）桩柱：如图 7-7-10 所示，桩柱的最大弯矩 M_{max}，当 $a_h h \geqslant 2.0$ 时，根据桩顶与承台构造不同，

可分别按下列各式计算：

1）桩顶铰接时（板式承台）：

$$M_{max} = 0.4 \zeta \frac{F_{H0}}{a_h} + 0.71 M_0 \qquad (7\text{-}7\text{-}17)$$

2）桩顶嵌固时（刚性承台）：

$$M_{max} = 0.52 F_{H0}/a_h \qquad (7\text{-}7\text{-}18)$$

式中　F_{H0}——作用于设计地面处桩的计算水平力，kN，当桩顶至设计地面 Δl 高度内，无其它水平力作用时 $F_{H0} = F_H$；

　F_H——作用于桩顶的水平力，kN；

　M_0——作用于设计地面处桩的计算力矩，$kN \cdot m$，当 Δl 高度内无其它水平力作用时 $M_0 = F_H \Delta l$；

　a_h——符号含义与式（7-7-10）相同；

　ζ——与 $F_{H0}/[F_{H0}]$ 有关的系数，$[F_{H0}]$ 为单桩容许水平承载力（kN），ζ 值可按表 7-7-9 取值。

表 7-7-9　　　　　系 数 ζ

$F_{H0}/[F_{H0}]$	1.0	0.7	0.5	0.3	0.1
ζ	1.0	1.1	1.2	1.5	2.3

（2）承台：铁塔爆扩桩基础的桩基承台一般采用板式低桩承台，仅当水平力较大或需将承台底面设置于较深的冻结深度以下时，才采用阶梯式刚性承台。

桩基板式平台的内力，当外荷载作用于承台中心 O，且各桩对称布置时，可近似采用下列简化公式计算：

1）截面弯矩：当承台承受设计上拔力 F_T 和弯矩 M_x [图 7-7-11（a）] 时

$$\left. \begin{array}{l} M_{I\,T} = m_1 S_1 F_{T(max)} \\ M_{II\,T} = m_2 S_2 F_{T(max)} \end{array} \right\} \qquad (7\text{-}7\text{-}19，a)$$

当承台承受设计下压力 F_v 和弯矩 M_x [图 7-7-11（b）] 时

$$\left. \begin{array}{l} M_{I\,v} = m_1 S_1 F_{v(max)} \\ M_{II\,v} = m_2 S_2 F_{v(max)} \end{array} \right\} \qquad (7\text{-}7\text{-}19，b)$$

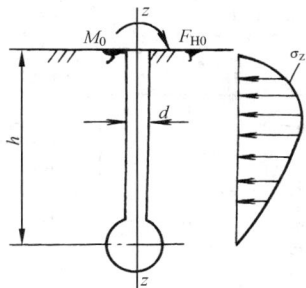

图 7-7-10　桩柱弯矩 M_{max} 计算图

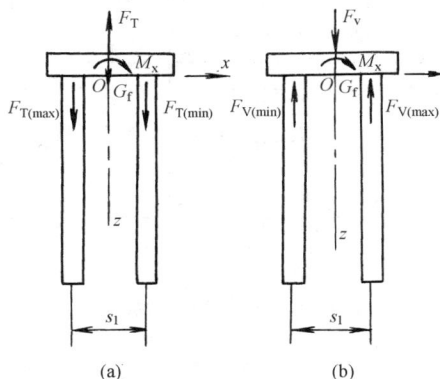

图 7-7-11　桩基承台单桩最大反力计算简图

（a）设计上拔力 F_T 作用；（b）设计下压力 F_v 作用

式中　M_{IT}、M_{IIT}——在上拔力 F_T 作用下，桩基承台板 I-I 和 II-II 截面的弯矩，kN·m，截面位置见表 7-7-10 中插图；

　　　　M_{IV}、M_{IIV}——在下压力 F_V 作用下，桩基承台板 I-I 和 II-II 截面的弯矩，kN·m；

　　　　m_1、m_2——承台弯矩计算系数，根据桩的排列方式、承台形状和配筋方式确定，可按表 7-7-10 取值；

　　　　S_1、S_2——桩的中心距离，m，可按表 7-7-10 规定取值；

　　　　$F_{T(max)}$——在上拔力 $F_T - G_t$ 和弯矩 M_x 作用下，单桩承受的最大拉力，kN；

　　　　$F_{V(max)}$——在下压力 $F_V + G_t$ 和弯矩 M_x 作用下，单桩承受的最大压力，kN。

式（7-7-19，a、b）宜用于承受轴心荷载的承台，但对有较小的偏心荷载作用时，以 $F_{T(max)}$ 或 $F_{V(max)}$ 代入计算是偏安全的；

对于等腰三角形的三桩承台不宜用于有弯矩作用的桩基，当承受轴心荷载时宜采用等边三角形布置桩，此时可按梁式配筋，取梁宽 $b = d$（桩径）。

表 7-7-10　　　　　系数 m_1、m_2

承台型式		m_1	m_2
双桩承台		0.5	0
三桩承台		0.5η	$0.5(1-\eta)$
四桩承台		η	$1-\eta$
六桩承台		η	$1.5-\eta$

注　$\eta = \dfrac{S_1}{S_1 + S_2}$。

2）I-I 和 II-II 截面的切力可按下式计算：

$$\left.\begin{array}{l} Q_I = \dfrac{2M_I}{S_1} \\[2mm] Q_{II} = \dfrac{2M_{II}}{S_2} \end{array}\right\} \qquad (7\text{-}7\text{-}20)$$

式中　M_I、M_{II}——分别为承台 I-I 和 II-II 截面的弯矩，kN·m，可按式（7-7-19）计算；

　　　　S_1、S_2——符号含义与式（7-7-19）相同。

2. 桩基的强度

（1）基桩：基桩一般为承受轴心拉力或压力、偏心拉力或压力和弯矩作用的钢筋混凝土构件。其强度可按本章第五节基础强度计算中圆形截面基柱强度计算的有关公式进行计算。

（2）承台：承台设计是桩基设计中的一个重要组成部分，承台应具有足够的强度和刚度，以便把杆塔的荷载可靠地传给各基桩，并将各基桩连成整体——桩基，承台分板式和刚性二类。爆扩桩基常用的板式承台应进行抗冲切、斜截面的抗剪及正截面抗弯的强度计算。当承台内纵向受力钢筋弯起或截断时，尚应校核斜截面的抗弯强度。

板式承台的厚度一般按冲切和抗剪的条件确定。如图 7-7-12 所示，板式承台的冲切包括传力垫或柱对承台的冲切和基桩对承台的冲切两种情况。

传力垫或柱对板式承台的冲切：当承台承受垫或柱传来的 F_{V0}、M 荷载时，对矩形截面的传力垫或柱和矩形的板式承台，在垫或柱与承台交接处冲切力 $Q_c = \Sigma F_{VI}$ [如图 7-7-12（a）所示，ΣF_{VI} 为阴影 ABCDEF 范围内全部基桩的反力]，其冲切强度可按式（7-5-50）计算。

基桩对板式承台的冲切：当板式承台边缘处厚度过薄时，则基桩的反力可能使承台边缘沿斜面冲切破坏，如图 7-7-12（b）所示。当与邻桩的冲切破坏面不相重叠时，其冲切力可按下式计算：

$$K_4 F_{V(max)} \leq 0.75 f_{ct} \frac{S_1 + S_2}{2} h_0 \qquad (7\text{-}7\text{-}21)$$

式中　$F_{V(max)}$——受力最大边基桩的反力，kN，可按式（7-7-11）计算；

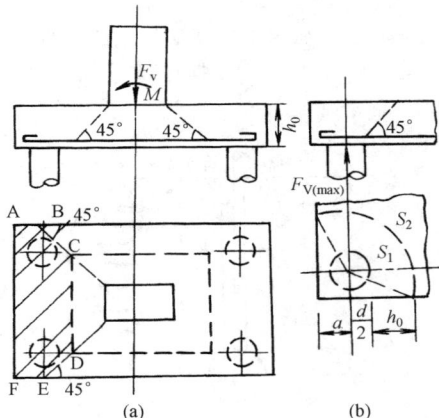

图 7-7-12　承台冲切计算简图
（a）垫或柱对承台；（b）基桩对承台

S_1、S_2——边基桩处冲切破坏锥体下边和上边的弧长，m，可按图 7-7-12（b）计算；

h_0——承台冲切破坏锥体的有效高度，m；

f_{ct}——混凝土的抗拉设计强度，kN/m^2；

K_4——钢筋混凝土的强度设计安全系数。

（七）爆扩桩的构造要求

单桩和桩基的基本构造要求，除应符合本章第五节基础的基本构造要求外，尚应符合下列要求：

（1）桩柱直径 d 不应小于 200mm，也不宜大于 500mm。

（2）扩大端直径一般取 $D = 2.0d \sim 2.5d$（桩径），而且 D 也不宜大于 1.2m，宜扩成扁球状，但高宽比应符合刚性基础要求。

（3）桩的埋深 h（单桩自地面或桩基自承台底面至扩大端中心水平面的距离）与扩大端直径 D 之比，$h/D = 3 \sim 6$ 为宜，h 宜取 $3 \sim 7$m。

（4）桩柱截面的纵向受力钢筋，轴心受压构件配筋不宜小于 $4\phi12$，其它受力构件配筋不宜小于 $6\phi12$。纵向钢筋的混凝土保护层厚度 δ 不宜小于 50mm，当纵向钢筋受拉时，应伸入扩大端中心以下并符合锚固要求。

（5）箍筋直径 d_{pr} 不应小于 6mm，间距 s 不宜大于 200mm，在桩顶下 $2d$ 范围内宜加密，箍筋宜采用焊接环式。

（6）承台宜采用钢筋混凝土板式承台，承台和桩的混凝土强度等级不应低于 C15。

（7）承台尺寸除按计算和符合上部杆塔结构的要求确定外，其厚度 $\delta \geqslant 400$mm，周边距桩中心的距离不宜小于桩柱直径。当承台底面下为冻胀性土时：标准冻结深度 $h_0 < 1.0$m，承台底面宜设置在冻结深度以下；标准冻结深度 $h_0 \geqslant 1.0$m，承台底面宜设置在冻结深度以上，但此时，底面下宜换填中砂、粗砂等松散材料，厚度不宜小于 300mm。当承台下为强冻胀性土时，承台下应预留 100mm 空隙。

（8）承受上拔和下压反复荷载作用的桩基板式承台，除配置承受正、负弯矩的纵筋外，箍筋宜做成封闭式。

（9）双桩、四桩和六桩的板式矩形承台，其纵向钢筋直径不宜小于 12mm，间距不宜大于 200mm，三桩板式等腰三角形承台，在桩径宽度内配置的纵向钢筋和箍筋应符合梁的构造要求。

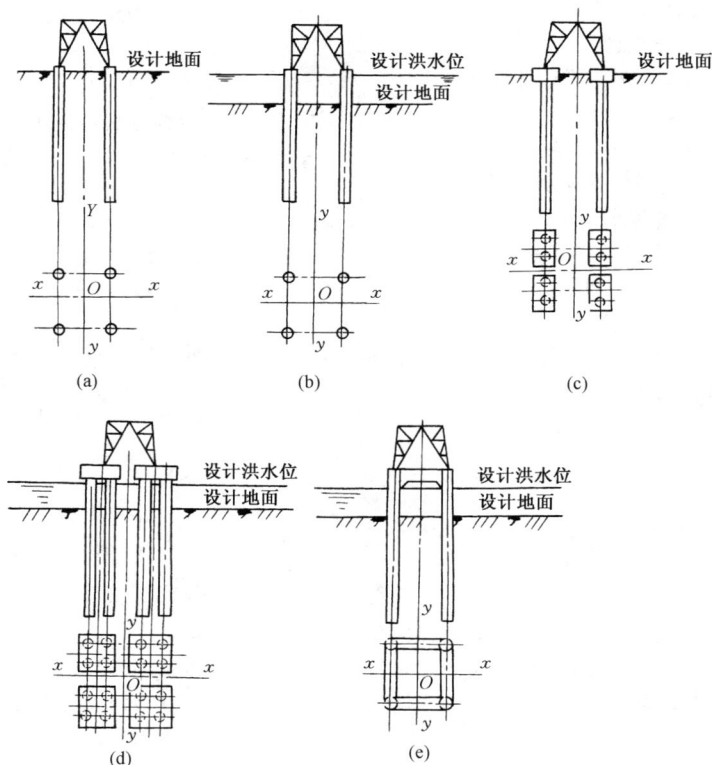

图 7-7-13　灌注桩基本型式

（a）低单桩；（b）高单桩；（c）低桩承台；（d）高桩承台；（e）高桩框架

（10）桩基的桩间距离 $S \geq 1.5D \sim 1.8D$（扩大端直径）。

（11）桩柱顶嵌入承台内的长度宜取 $l = 50mm$，桩柱纵向钢筋伸入承台的锚固长度 l_a 应符合表7-5-16规定的要求。

三、灌注桩基础

（一）基本型式和适用条件

如图 7-7-13 所示，按桩的结构布置灌注桩分为单桩和桩基，按桩埋置特点灌注桩还可分低桩和高桩基础，选用时应根据杆塔基础的设计荷载、水文和工程地质、施工工艺等条件确定。

1. 单桩基型

（1）低单桩：低单桩适用于地下水位高，易产生流砂现象的粉砂、细砂和软塑、流塑状态的黏性土地基，在洪水期间无漂浮物危害的河漫滩中的塔位均宜采用低单桩基型。

（2）高单桩：高单桩适用的地质条件与低单桩相同。当设计洪水位高且有漂浮物危害的跨河段塔位，宜采用高单桩基型。

2. 桩基基型

杆塔基础除转角和终端塔外，一般均承受非定向的设计荷载，其横向荷载仅为竖向荷载的（10～20）%。由于施工工艺条件的限制，在设计上宜选用对称的竖直群桩组成的桩基，根据塔位的水文条件选用低桩承台或高桩承台型。

（1）低桩承台：当杆塔基础的设计荷载大，采用低单桩不能满足地基稳定或桩柱体强度要求以及施工工艺上有困难时，可采用低桩承台型式。根据桩基设计荷载的大小和工程地质条件等，桩数可分为双桩、四桩和多桩的桩基。

（2）高桩承台：当杆塔基础的设计荷载大，采用高单桩不能满足地基稳定或桩柱体强度要求以及施工工艺上有困难时，可采用高桩承台型式。根据桩基设计荷载的大小和工程地质条件等，桩数也可分为双桩、四桩和多桩的桩基。

3. 高桩框架

该型基础系把各塔腿的高单桩借助于桩顶部的横梁连成整体，可组成刚接的空间框架体系，也可组成铰接的空间梁柱体系。当按空间框架体系设计时，要求横梁有较大的相对线性刚度（EI/l）和节点必须刚接，以起到分配桩柱固端弯矩的作用。当按梁柱体系设计时，要求横梁能承担拉腿侧向水平压力和自重力作用的压弯稳定。

（二）灌注桩基础的计算项目

在灌注桩基础设计中，应根据具体情况进行下列项目计算：

（1）承受上拔力的单桩，应计算桩的抗拔稳定性，并使桩顶处的设计上拔力 F_T 不大于单桩的容许上拔力 $[F_{Ta}]$。

（2）承受下压力的单桩，应计算桩的下压承载力，使桩顶处的设计下压力 F_V 不大于单桩的容许下压力 $[F_{Va}]$；还应作冻切力的上拔稳定计算。

（3）承受水平力和弯矩的单桩，应计算桩身的最大弯矩 M_{max} 及其作用位置，以及桩侧向的最大土压力 $\sigma_{h(max)}$，并使其不大于侧向土的容许承压力 $[\sigma_h]$。必要时尚须核对设计地面处桩的侧向位移量。

（4）对于转角、终端杆塔，长期承受下压力作用的单桩，对沉降量有特殊要求时，应进行地基的沉降量验算，并使其不大于所要求的沉降量。

（5）桩身的正截面强度应按轴心受拉、偏心受拉或偏心受压构件计算。

（6）桩基除符合单桩要求的计算项目外，尚须验算桩基整体的地基承载力 P_{max}，并使其不大于地基的容许承载力。

（7）桩基的板式承台应进行冲切、斜截面的抗剪、抗弯强度和正截面的抗弯强度计算。

（三）单桩垂直承载力

1. 按静荷载试验

可用爆扩桩野外静荷载试验方法确定桩的容许上拔或下压的垂直承载力。但是，在工程中除对极重要塔位的桩基按现场静荷载试验的方法确定承载力外，一般采用经验公式方法进行计算。

2. 按 SDGJ 62—84 技术规定计算

单桩的容许下压和上拔的垂直承载力可分别按下列公式计算：

（1）容许下压力 $[F_{Va}]$：

$$[F_{Va}] = (Uh\tau_p + A\sigma_R)/K_1 \geq F_V + G_f \tag{7-7-22}$$

式中　U——桩身截面的周长，m，按设计直径计算；

h——自设计地面起的桩入土深度，m；

τ_p——桩周土单位面积的加权平均极限摩阻力（kN/m^2），$\tau_p = \sum_{i=1}^{n} \tau_i h_i/h$，可按表7-7-11取值；

A——桩柱的横截面面积，m^2；

F_V——作用于桩顶的设计下压力，kN；

σ_R——桩端土单位面积的极限承载力，kN/m^2，可按式（7-7-23）计算；

G_f——设计地面以上桩身有效重力以及桩径不小于 1.0m 时，设计地面以下桩身之半的重力，kN；

K_1——基础稳定设计安全系数，可按表 7-1-28 取值。

表 7-7-11　　　灌注桩极限摩阻力 τ_p（kN/m²）

土的名称			τ_p
淤泥、淤泥质土、流塑黏性土			10 ~ 30
黏 土	软 塑		30 ~ 40
	可 塑		40 ~ 60
	硬 塑		60 ~ 80
	坚 硬		80 ~ 120
粉 土	软 塑		35 ~ 45
	可 塑		45 ~ 65
	硬 塑		65 ~ 85
粉砂、细砂			35 ~ 55
中砂			40 ~ 60
粗砂、砾砂			60 ~ 100
砾石（圆砾、角砾）、碎石、卵石			100 ~ 120

注　砂类土按密实度，对粉砂和细砂尚须考虑填充物（黏性土）选用大值或小值。

（2）桩端土单位面积极限承载力 σ_R：

$$\sigma_R = K_1 m_d \lambda_f \{ [P_0] + m_h \gamma_p (h - 3.0) \}$$
$$(7\text{-}7\text{-}23)$$

式中　m_d——清底系数，可按表 7-7-14 取值；

λ_f——桩入土深度影响系数，可按表 7-7-13 取值；

m_h——承载力修正系数，可按表 7-7-12 取值；

$[P_0]$——桩端地基的容许承载力，kN/m²，可按表 7-1-8 ~ 表 7-1-20 取值；

γ_p——桩周土的加权平均容重，kN/m³，水下部分取浮容重；

h——自设计地面算起的桩入土深度，当 $h > 40$m 时，取 $h = 40$m；

σ_R——桩端土单位面积承载力，kN/m²，当按原地基层计算的 σ_R 值小于按 δ/D_0（沉淀土层厚度与桩径之比）大于 0.6 时的 σ_R 值时，取后者计算的 σ_R 值。

表 7-7-12　　　原土层承载力修正系数 m_h

修正系数	黏性土		粉砂	细砂	中砂	粗砂	砾砂	碎石	卵石
	老黏土和液性指数 $I_L < 0.5$ 的一般黏性土	液性指数 $I_L \geq 0.5$ 的一般黏性土							
m_h	2.5	1.5	2	3	4	5	6	6	6

注　对淤泥、新近沉积黏性土，取 $m_h = 1.0$。

表 7-7-13　　　桩入土深度影响系数 λ_f

h/D_0 桩底土类	4 ~ 20	20 ~ 35	> 35
塑性指数 $I_p \leq 10$ 的土	0.7	0.7 ~ 1.1	1.1
塑性指数 $I_p > 10$ 的土	0.65	0.65 ~ 0.85	0.85

表 7-7-14　　　清底系数 m_d

l/D_0	0.6 ~ 0.3	0.3 ~ 0.1
m_d	0.25 ~ 0.7	0.7 ~ 1.0

注　1. 表中 δ/D_0 为桩底沉淀土层厚度 δ 与桩直径 D_0 之比。

2. 设计时，一般按 $l/D_0 \leq 0.4$ 计算。

3. 当 $\delta/D_0 > 0.6$ 时，取桩底沉淀层的 $[P_0] = 50$kN/m²；当沉淀层含有碎石取 $[P_0] = 100$kN/m²。此时取 $m_d = 1$，$m_h = 1$。

4. 当采用清水护壁工艺钻孔时，取 $m_d = 0.7 ~ 1.0$。

5. m_d 可按内插法取值。

（3）容许上拔力 $[F_{Ta}]$：

$$[F_{Ta}] = (a_b Uh\tau_p + G_f)/K_1 \geq F_T \quad (7\text{-}7\text{-}24)$$

式中　a_b——桩周土极限摩阻力的上拔折减系数，当无试验资料且桩入土深度 $h \geq 6.0$m 时，可按桩的入土深度 h 和桩周土质条件，取 $a_b = 0.6 ~ 0.8$（一般 $h = 6.0$m 时，取 $a_b = 0.6$，$h \geq 20$m 时，取 $a_b = 0.8$）；

F_T——作用于桩顶的设计上拔力，kN；

其它符号含义与式（7-7-9）、式（7-7-22）相同。

3. 冻切稳定性验算

埋置于季节性冻土中的受压桩基础，尚应按下式验算桩柱受冻切力作用的稳定性：

$$\tau_t A_t \leq [F_{Ta}] \quad (7\text{-}7\text{-}25)$$

式中　τ_t——季节性冻土层中，桩周土的冻切力（黏性土弱冻胀可取 $\tau_t = 30 ~ 50$kN/m²、冻胀取 $\tau_t = 50 ~ 80$kN/m²、强冻胀取 $\tau_t = 80 ~ 120$kN/m²，粉砂土弱冻胀取 $\tau_t = 0 ~ 20$kN/m²、冻胀取 $\tau_t = 20 ~ 50$kN/m²、强冻胀取 $\tau_t = 50 ~ 100$kN/m²，土的冻胀性分类，可按表 7-1-23 规定）；

A_t——季节性冻土层中，桩的侧表面面积，m²，$A_t = \pi D_0 h_0$；

h_0——标准冻结深度，m，采用在地表无积雪和草皮等覆盖条件下多年实测最大冻结深度的平均值（在无实测资料时，可按 TJ 7—74 规范的标准冻结深度线图查取或按表 7-1-24 取值）；

$[F_{Ta}]$——桩的容许上拔力，kN，可按式（7-7-24）计算。

（四）单（单排）桩的侧向土压力和桩身内力计算[7-2]

灌注桩基础在横向荷载作用时，目前的计算方法较多，JGJ 4—80 规程列出的 m 法和 SDGJ 62—84 技术规定推荐用 m 法的简捷计算法，二者基本上是一致的。该法是以 m 代表桩侧土的地基系数，所以通

常简称为 m 法。下面根据 SDGJ 62—84 技术规定，对弹性桩推荐用 m 法的简捷计算法。

1. m 简捷法计算原则的基本假定

（1）将桩周土视为弹性介质，其侧土反力系数 K_h：在设计地面 $h = 0$ 处 $K_h = 0$；并随桩深 h 成正比例增长，即 $K_h = mh$。

（2）当桩端支于非岩石地基上，桩的入土深度 $h \geq 2.5/a_m$ 和桩端支于岩面上（未嵌入岩层内），桩的入土深度 $h \geq 3.5/a_m$ 时，按弹性桩计算。此时，由横向荷载引起的桩端地基的竖向抗力作用可忽略不计。

（3）忽略凝聚力和摩阻力对桩侧向位移和转动的影响。

2. m 简捷法的基本计算参数

（1）桩在土中的变形系数 a_m：

$$a_m = \sqrt[5]{\frac{mb}{EI}} \qquad (7\text{-}7\text{-}26)$$

式中　EI——桩的抗弯刚度，$kN \cdot m^2$，对承受短期荷载杆塔的钢筋混凝土桩可取 $EI = 0.8E_{cc}I$，对承长期荷载的转角和终端杆塔的钢筋混凝土桩可取 $EI = 0.667E_{cc}I$；

　　　　E_{cc}——混凝土的弹性模量，kN/m^2，按表 7-1-1 取值；

　　　　I——桩截面的惯性矩，m^4；

　　　　m——桩侧土的侧向比例系数，kN/m^4，当无试验资料时可按表 7-7-15 取值；

　　　　b——桩的计算宽度，m，可按式（7-7-27）、式（7-7-28）计算。

（2）桩侧土的侧向比例系数 m：其值应采用设计地面处桩的水平位移量为 6mm 或 10mm 的试验实测值，当无此试验数据时可按表 7-7-15 取值。

表 7-7-15　桩侧土的侧向比例系数 m（kN/m^4）

土　类	m 值	
	水平位移 6mm	水平位移 10mm
淤泥、淤泥质土、流塑的黏性土	3000~5000	1000~2000
软塑的黏性土	5000~7500	2000~3000
可塑的黏性土	7500~15000	3000~5000
硬塑的黏性土	15000~20000	5000~6000
坚硬的黏性土	20000~30000	6000~10000
粉砂	5000~10000	2000~4000
细砂、中砂	10000~20000	4000~6000
粗砂	20000~30000	6000~10000
砾砂、角砾、圆砾、碎石、卵石	30000~80000	10000~20000
密实卵石夹粗砂、密实漂石、密实卵石	80000~120000	

注　水平位移系指在设计地面处桩的水平位移。

m 值应按桩的入土计算深度内的土类取值，当在 h_m 计算深度内有几种差别很大的土层时，可按下式求其 m 值（图 7-7-14）：

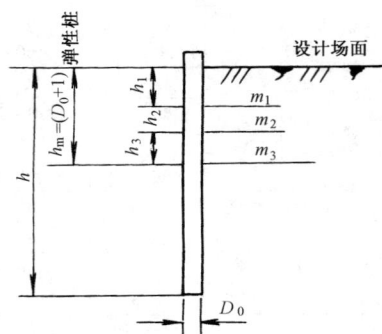

图 7-7-14　$h > h_m$ 时多土层的 m 值计算简图

当 h_m 深度内有两层差别很大的土层时

$$m = \frac{m_1 h_1^2 + m_2(2h_1 + h_2)h_2}{h_m^2}$$

当 h_m 深度内有三层差别很大的土层时

$$m = \frac{m_1 h_1^2 + m_2(2h_1 + h_2)h_2}{h_m^2} + \frac{m_3(2h_1 + 2h_2 + h_3)h_3}{h_m^2}$$

（3）桩的计算宽度 b：

1）如图 7-7-15 所示，圆形截面单桩的计算宽度 b 可按下式计算：

当桩直径 $D_0 > 1.0m$ 时

$$b = 0.9(D_0 + 1.0)$$

当桩直径 $D_0 \leq 1.0m$ 时

$$b = 0.9(1.5D_0 + 0.5)$$

2）在作用力 F_{Hx} 平面相垂直的平面内由数根桩组成的单排桩 [图 7-7-15（b）]，其单桩的计算宽度 b：

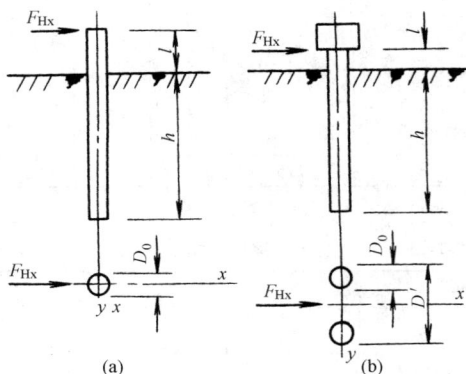

图 7-7-15　桩的计算宽度 b 计算简图
（a）单桩；（b）单排桩

当桩直径 $D_0 > 1.0\text{m}$ 时

$$b = 0.9 K_y n_y (D_0 + 1.0) \qquad (7\text{-}7\text{-}27)$$

当桩直径 $D_0 \leqslant 1.0\text{m}$ 时

$$b = 0.9 K_y n_y (1.5 D_0 + 0.5) \qquad (7\text{-}7\text{-}28)$$

上二式中 D_0——桩的直径，m。

$\qquad\qquad n_y$——Y 轴方向的桩数。

$\qquad\qquad K_y$——Y 轴方向各桩的影响系数，其取法如下：

当 $0.9 n_y (D_0 + 1.0)$ 或 $0.9 n_y \times (1.5 D_0 + 0.5) \leqslant D' + 1.0$ 时，$K_y = 1/n_y$；

当 $0.9 n_y (D_0 + 1.0) > (D' + 1.0)$ 时，取 $K_y = \dfrac{D' + 1.0}{0.9 n_y (D_0 + 1.0)}$；

当 $0.9 n_y (1.5 D_0 + 0.5) > (D' + 1.0)$ 时，取 $K_y = 0.9 n_y \dfrac{D' + 1.0}{(1.5 D_0 + 0.5)}$。

3. 在横向荷载作用下单桩的计算

（1）设计地面以下任一深度 h 处（图 7-7-16）桩的侧向位移 δ_h、转角 φ_h、侧向土压力 σ_h、桩身的剪力 Q_z 和弯矩 M_z 的计算式：

$$\delta_h = \frac{Q_0}{a_m^3 EI} A_\delta + \frac{M_0}{a_m^2 EI} B_\delta \qquad (7\text{-}7\text{-}29)$$

$$\varphi_h = \frac{Q_0}{a_m^2 EI} A_\varphi + \frac{M_0}{a_m EI} B_\varphi \qquad (7\text{-}7\text{-}30)$$

$$\sigma_h = \frac{a_m Q_0}{b} A_\sigma + \frac{a_m^2 M_0}{b} B_\sigma \qquad (7\text{-}7\text{-}31)$$

$$Q_h = Q_0 A_Q + a_m M_0 B_Q \qquad (7\text{-}7\text{-}32)$$

$$M_h = \frac{Q_0}{a_m} A_M + M_0 B_M \qquad (7\text{-}7\text{-}33)$$

上五式中 Q_0——设计地面（$h_1 = 0$）处的切力，kN，$Q_0 = F_{Hx}/n_y$ ［图 7-7-16（b）］；

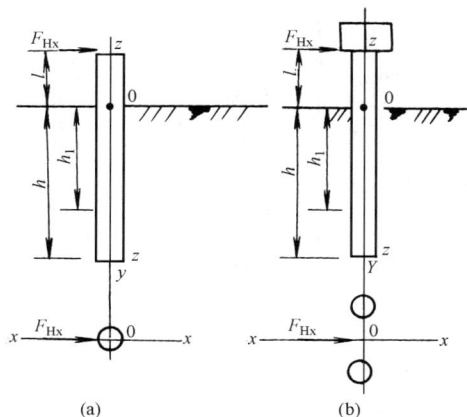

图 7-7-16 桩计算简图

（a）单桩；（b）单排桩

$\qquad\qquad F_{Hx}$——作用于桩顶的设计水平力，kN；

$\qquad\qquad n_y$——Y 轴方向的桩数；

$\qquad\qquad M_0$——设计地面（$h_1 = 0$）处的弯矩，kN·m；

$\qquad\qquad a_m$——桩在土中的变形系数，m^{-1}，按式（7-7-26）计算；

$\qquad\qquad b$——桩的计算宽度，m，可按式（7-7-27）或式（7-7-28）计算；

A_δ、B_δ、A_φ、B_φ、A_σ、B_σ、A_Q、B_Q、A_M、B_M 为无因次计算系数，根据换算深度 $\bar{h} = a_m h_1$ 和相当的最大换算深度 $\bar{h}_{max} = a_m h$（h 为桩的入土全长），分别按表 7-7-16 取值。

（2）桩侧最大土压力 $\sigma_{h(max)}$ 的位置 h_1，按下式先求出系数 $C_Ⅳ$：

$$C_Ⅳ = a_m M_0 / Q_0 \qquad (7\text{-}7\text{-}34)$$

根据 $C_Ⅳ$ 和对应相当的最大换算深度 $\bar{h}_{max} = a_m h$ 从表 7-7-17 $C_Ⅳ$ 中查出与其相应的 $a_m h$ 值，此 h_1 即为桩侧最大土压力 $\sigma_{h(max)}$ 的位置。

（3）桩侧最大土压力 $\sigma_{h(max)}$，可按下式计算：

$$\sigma_{h(max)} = \frac{\alpha_m Q_0}{b} C_V \qquad (7\text{-}7\text{-}35)$$

式中 C_V——无因次计算系数，根据所求得的桩侧最大土压力 $\sigma_{h(max)}$ 的位置 h_1，在表 7-7-17 C_V 中以 $a_m h_1$ 从对应的相当最大换算深度 $\bar{h}_{max} = a_m h$ 栏内查得 C_V。

（4）桩侧最大土压力 $\sigma_{h(max)}$ 验算：桩侧最大土压力 $\sigma_{h(max)}$ 应符合下列各式要求：

当 $\sigma_{h(max)}$ 的位置 $h_1 \leqslant h/3$ 时

$$\sigma_{h(max)} \leqslant \frac{4}{\cos\varphi} (\gamma h_1 \tan\varphi + c) / K_1 \qquad (7\text{-}7\text{-}36)$$

当 $\sigma_{h(max)}$ 的位置 $h_1 > h/3$ 时

$$\sigma_{h(max)} \leqslant \frac{4}{\cos\varphi} \left(\gamma \frac{h}{3} \tan\varphi + c \right) / K_1 \qquad (7\text{-}7\text{-}37)$$

式中 φ、c——桩侧土的内摩阻角，（°）；凝聚力，kN/m^2，均须按本章第一节所列的原则取值。

$\qquad\qquad h_1$——最大土压力处自设计地面算起的深度，m。

$\qquad\qquad \gamma$——桩侧土的有效容重，kN/m^3。

$\qquad\qquad K_1$——设计安全系数，可按表 7-1-28 取值，但对承受短期荷载的杆塔，取 $K_1 = 1.6$。

（5）桩侧土压力 $\sigma_{h1} = 0$ 的位置 h_1；可先按下式求出系数 $C_Ⅵ$：

$$C_Ⅵ = a_m M_0 / Q_0 \qquad (7\text{-}7\text{-}38)$$

根据 C_{VI} 和对应的相当最大换算深度 $\bar{h}_{max} = a_m h$，从表 7-7-17C_{VI} 中查出与其相对应的 $a_m h_1$ 值，此 h_1 即为桩侧土压力 $\sigma_{h1} = 0$ 的位置。

（6）桩身最大剪力 $Q_{h(max)}$ 及其位置 h_1：当桩侧土压力符合式（7-7-36）、式（7-7-37）要求时，计算设计地面下桩身的最大剪力 $Q_{h(max)} = Q_0$，其位置在 $h_1 = 0$ 处。

（7）桩身最大弯矩 $M_{h(max)}$ 及其位置 h_1：桩截面的配筋，当桩较短时一般按桩身的最大弯矩进行配置，因此，确定出设计地面下的桩身的最大弯矩位置 h_1 和最大弯矩 $M_{h(max)}$ 值是计算中不可缺少的。

当桩侧土压力符合式（7-7-36）、式（7-7-37）要求时，可按下列各式计算设计地面下桩身的最大弯矩 $M_{h(max)}$ 和其位置 h_1。

1）桩身的最大弯矩位置 h_1，可先按下式求出系数 C_I：

$$C_I = a_m M_0/Q_0 \qquad (7\text{-}7\text{-}39)$$

根据 C_I 和对应的相当最大换算深度 $\bar{h}_{max} = a_m h$，从表 7-7-17C_I 中查出与其相对应的 $a_m h_1$ 值，此 h_1 即为桩身最大弯矩的位置。

2）桩身最大弯矩 $M_{z(max)}$

$$M_{z(max)} = M_0 C_{II} \qquad (7\text{-}7\text{-}40)$$

式中 C_{II}——无因次计算系数，根据所求得的桩身最大弯矩 $M_{h(max)}$ 的位置 h_1，在表 7-7-17C_{II} 中以 $a_m h_1$ 从对应的相当最大换算深度 $\bar{h}_{max} = a_m h$ 栏内查得 C_{II}。

当 $M_0 = 0$ 时，则按式（7-7-33）求得 $M_{h(max)} = \dfrac{Q_0}{a_m} A_{M(max)}$，并由 $A_{M(max)}$ 相对应的换算深度 $a_m h_1$ 值，得出桩身最大弯矩位置 h_1。

$A_{M(max)}$ 为无因次系数，根据 $a_m h$ 值在表 7-7-16A_M 表中查出 A_M 的最大值。

（8）桩身弯矩零点位置 h，可先按下式求出系数 C_{III}：

$$C_{III} = a_m M_0/Q_0 \qquad (7\text{-}7\text{-}41)$$

式中 Q_0、M_0——符号含义与式（7-7-33）相同。

根据 C_{III} 和对应的相当最大换算深度 $\bar{h} = a_m h$，从表 7-7-17C_{III} 中查出与其相对应的 $a_m h_1$ 值，此 h_1 即为桩身弯矩零点位置。

表 7-7-16   灌注桩在横向荷载作用下"m 简捷法"计算系数 A、B

（适用于桩端置于非岩石土中或支于岩石面上）

系 数 A_δ

换算深度 $\bar{h} = a_m h_1$	$a_m h \geqslant 4.0$	$a_m h = 3.5$	$a_m h = 3.0$	$a_m h = 2.8$	$a_m h = 2.6$	$a_m h = 2.4$
0.0	2.441	2.502	2.727	2.905	3.163	3.526
0.1	2.279	2.338	2.551	2.718	2.958	3.293
0.2	2.118	2.175	2.376	2.533	2.754	3.062
0.3	1.959	2.014	2.204	2.349	2.553	2.832
0.4	1.803	1.856	2.034	2.168	2.354	2.605
0.5	1.650	1.702	1.868	1.991	2.159	2.382
0.6	1.503	1.552	1.707	1.818	1.968	2.164
0.7	1.360	1.407	1.550	1.650	1.782	1.950
0.8	1.224	1.269	1.400	1.488	1.602	1.742
0.9	1.094	1.137	1.255	1.333	1.428	1.539
1.0	0.970	1.011	1.118	1.183	1.260	1.342
1.1	0.854	0.893	0.987	1.041	1.099	1.152
1.2	0.746	0.782	0.863	0.905	0.944	0.967
1.3	0.645	0.679	0.746	0.776	0.795	0.788
1.4	0.552	0.583	0.637	0.653	0.652	0.615
1.5	0.466	0.494	0.533	0.537	0.515	0.446
1.6	0.388	0.413	0.437	0.426	0.383	0.282
1.7	0.317	0.339	0.347	0.322	0.257	0.122
1.8	0.254	0.272	0.262	0.222	0.134	−0.035
1.9	0.197	0.211	0.183	0.127	0.015	−0.190
2.0	0.147	0.156	0.108	0.036	−0.101	−0.342
2.2	0.065	0.063	−0.029	−0.137	−0.326	−0.644
2.4	0.003	−0.012	−0.153	−0.301	−0.547	−0.943
2.6	−0.040	−0.073	−0.270	−0.460	−0.766	
2.8	−0.069	−0.122	−0.383	−0.618		
3.0	−0.087	−0.165	−0.494			
3.5	−0.105	0.259				
4.0	−0.108					

系 数 B_δ 续表

换算深度 $\bar{h} = a_m h_1$	$a_m h \geqslant 4.0$	$a_m h = 3.5$	$a_m h = 3.0$	$a_m h = 2.8$	$a_m h = 2.6$	$a_m h = 2.4$
0.0	1.621	1.641	1.758	1.869	2.048	2.327
0.1	1.451	1.470	1.581	1.686	1.852	2.109
0.2	1.291	1.309	1.414	1.512	1.666	1.901
0.3	1.141	1.159	1.257	1.348	1.489	1.704
0.4	1.001	1.018	1.110	1.194	1.323	1.516
0.5	0.870	0.887	0.973	1.050	1.166	1.338
0.6	0.750	0.766	0.846	0.915	1.019	1.169
0.7	0.639	0.654	0.728	0.790	0.882	1.010
0.8	0.537	0.552	0.619	0.675	0.754	0.860
0.9	0.445	0.458	0.520	0.568	0.634	0.719
1.0	0.361	0.374	0.429	0.470	0.523	0.586
1.1	0.286	0.298	0.346	0.380	0.420	0.461
1.2	0.219	0.230	0.272	0.298	0.325	0.343
1.3	0.160	0.170	0.205	0.223	0.236	0.231
1.4	0.108	0.118	0.145	0.155	0.154	0.125
1.5	0.063	0.072	0.091	0.093	0.078	0.024
1.6	0.024	0.032	0.043	0.037	0.007	-0.071
1.7	-0.008	-0.002	0.001	-0.015	-0.060	-0.164
1.8	-0.036	-0.030	-0.036	-0.062	-0.123	-0.253
1.9	-0.058	-0.054	-0.070	-0.105	-0.183	-0.340
2.0	-0.076	-0.073	-0.099	-0.145	-0.240	-0.425
2.2	-0.099	-0.101	-0.149	-0.217	-0.349	-0.593
2.4	-0.110	-0.116	-0.190	-0.283	-0.454	-0.758
2.6	-0.111	-0.122	-0.226	-0.345	-0.557	
2.8	-0.105	-0.123	-0.259	-0.407		
3.0	-0.095	-0.120	-0.292			
3.5	-0.057	-0.106				
4.0	-0.015					

系 数 A_φ

换算深度 $\bar{h} = a_m h_1$	$a_m h \geqslant 4.0$	$a_m h = 3.5$	$a_m h = 3.0$	$a_m h = 2.8$	$a_m h = 2.6$	$a_m h = 2.4$
0.0	-1.621	-1.641	-1.758	-1.869	-2.048	-2.327
0.1	-1.616	-1.636	-1.753	-1.864	-2.043	-2.322
0.2	-1.601	-1.621	-1.738	-1.850	-2.028	-2.307
0.3	-1.577	-1.597	-1.713	-1.825	-2.004	-2.283
0.4	-1.543	-1.563	-1.680	-1.792	-1.971	-2.250
0.5	-1.502	-1.521	-1.639	-1.751	-1.930	-2.210
0.6	-1.452	-1.472	-1.590	-1.703	-1.883	-2.163
0.7	-1.396	-1.416	-1.535	-1.648	-1.829	-2.111
0.8	-1.334	-1.355	-1.475	-1.589	-1.771	-2.054
0.9	-1.267	-1.288	-1.410	-1.526	-1.710	-1.996
1.0	-1.196	-1.218	-1.343	-1.460	-1.647	-1.936
1.1	-1.123	-1.146	-1.273	-1.393	-1.583	-1.876
1.2	-1.047	-1.072	-1.203	-1.326	-1.519	-1.818
1.3	-0.971	-0.997	-1.133	-1.259	-1.457	-1.762
1.4	-0.894	-0.922	-1.064	-1.194	-1.398	-1.710
1.5	-0.818	-0.848	-0.997	-1.133	-1.343	-1.663
1.6	-0.743	-0.776	-0.934	-1.075	-1.292	-1.621
1.7	-0.671	-0.707	-0.874	-1.021	-1.247	-1.586
1.8	-0.601	-0.641	-0.819	-0.973	-1.207	-1.556
1.9	-0.534	-0.578	-0.768	-0.930	-1.174	-1.533
2.0	-0.471	-0.520	-0.723	-0.893	-1.147	-1.517
2.2	-0.356	-0.417	-0.650	-0.838	-1.111	-1.500
2.4	-0.258	-0.334	-0.600	-0.805	-1.096	-1.497
2.6	-0.178	-0.271	-0.571	-0.792	-1.093	
2.8	-0.116	-0.227	-0.559	-0.789		
3.0	-0.070	-0.201	-0.557			
3.5	-0.012	-0.184				
4.0	-0.003					

系　数　B_φ 续表

换算深度 $\bar{h} = a_m h_1$	$a_m h \geqslant 4.0$	$a_m h = 3.5$	$a_m h = 3.0$	$a_m h = 2.8$	$a_m h = 2.6$	$a_m h = 2.4$
0.0	-1.751	-1.757	-1.818	-1.889	-2.013	-2.227
0.1	-1.651	-1.657	-1.718	-1.789	-1.913	-2.127
0.2	-1.551	-1.557	-1.619	-1.689	-1.813	-2.027
0.3	-1.451	-1.458	-1.519	-1.589	-1.714	-1.928
0.4	-1.352	-1.359	-1.420	-1.490	-1.615	-1.829
0.5	-1.254	-1.261	-1.322	-1.392	-1.517	-1.732
0.6	-1.157	-1.164	-1.226	-1.296	-1.422	-1.637
0.7	-1.062	-1.069	-1.131	-1.202	-1.328	-1.544
0.8	-0.970	-0.977	-1.040	-1.111	-1.238	-1.456
0.9	-0.880	-0.887	-0.951	-1.023	-1.151	-1.371
1.0	-0.793	-0.801	-0.866	-0.939	-1.069	-1.291
1.1	-0.710	-0.718	-0.784	-0.859	-0.991	-1.216
1.2	-0.630	-0.639	-0.707	-0.784	-0.919	-1.148
1.3	-0.555	-0.564	-0.635	-0.714	-0.852	-1.086
1.4	-0.484	-0.493	-0.568	-0.649	-0.791	-1.031
1.5	-0.418	-0.428	-0.506	-0.590	-0.737	-0.982
1.6	-0.356	-0.369	-0.449	-0.537	-0.689	-0.941
1.7	-0.299	-0.311	-0.398	-0.490	-0.647	-0.907
1.8	-0.247	-0.260	-0.353	-0.450	-0.612	-0.880
1.9	-0.199	-0.214	-0.313	-0.414	-0.584	-0.860
2.0	-0.156	-0.172	-0.278	-0.385	-0.561	-0.845
2.2	-0.084	-0.104	-0.224	-0.342	-0.532	-0.831
2.4	-0.028	-0.052	-0.190	-0.318	-0.520	-0.828
2.6	-0.014	-0.016	-0.171	-0.309	-0.528	
2.8	-0.044	-0.008	-0.163	-0.307		
3.0	-0.063	-0.022	-0.162			
3.5	-0.083	-0.029				
4.0	-0.085					

系　数　A_σ

换算深度 $\bar{h} = a_m h_1$	$a_m h \geqslant 4.0$	$a_m h = 3.5$	$a_m h = 3.0$	$a_m h = 2.8$	$a_m h = 2.6$	$a_m h = 2.4$
0.0	0	0	0	0	0	0
0.1	0.228	0.234	0.255	0.272	0.296	0.329
0.2	0.424	0.435	0.475	0.507	0.551	0.612
0.3	0.588	0.604	0.661	0.705	0.766	0.850
0.4	0.721	0.742	0.814	0.867	0.941	1.042
0.5	0.825	0.851	0.934	0.995	1.079	1.191
0.6	0.902	0.931	1.024	1.091	1.181	1.298
0.7	0.952	0.985	1.085	1.155	1.248	1.365
0.8	0.979	1.015	1.120	1.191	1.282	1.393
0.9	0.984	1.023	1.130	1.200	1.285	1.385
1.0	0.970	1.011	1.118	1.183	1.260	1.342
1.1	0.940	0.982	1.086	1.145	1.209	1.267
1.2	0.895	0.939	1.036	1.086	1.133	1.161
1.3	0.838	0.882	0.970	1.008	1.033	1.025
1.4	0.772	0.816	0.891	0.914	0.913	0.861
1.5	0.699	0.742	0.800	0.805	0.773	0.669
1.6	0.621	0.661	0.699	0.682	0.614	0.451
1.7	0.540	0.576	0.589	0.547	0.436	0.207
1.8	0.457	0.489	0.472	0.399	0.241	-0.064
1.9	0.375	0.400	0.347	0.241	0.028	-0.360
2.0	0.294	0.312	0.216	0.071	-0.202	-0.684
2.2	0.142	0.137	0.063	-0.302	-0.718	-1.416
2.4	0.008	-0.030	-0.368	-0.722	-1.312	-2.264
2.6	-0.104	-0.189	-0.702	-1.197	-1.990	
2.8	-0.193	-0.342	-1.072	-1.731		
3.0	-0.262	-0.494	-1.483			
3.5	-0.367	-0.905				
4.0	-0.432					

系 数 B_σ

续表

换算深度 $\bar{h}=a_m h_1$	$a_m h \geqslant 4.0$	$a_m h = 3.5$	$a_m h = 3.0$	$a_m h = 2.8$	$a_m h = 2.6$	$a_m h = 2.4$
0.0	0	0	0	0	0	0
0.1	0.145	0.147	0.158	0.169	0.185	0.211
0.2	0.258	0.262	0.283	0.302	0.333	0.380
0.3	0.342	0.348	0.377	0.404	0.447	0.511
0.4	0.400	0.407	0.444	0.478	0.529	0.606
0.5	0.435	0.443	0.486	0.525	0.583	0.669
0.6	0.450	0.459	0.507	0.549	0.612	0.702
0.7	0.447	0.458	0.509	0.553	0.617	0.707
0.8	0.430	0.441	0.495	0.540	0.603	0.688
0.9	0.400	0.413	0.468	0.511	0.571	0.647
1.0	0.361	0.374	0.429	0.470	0.523	0.586
1.1	0.315	0.328	0.381	0.418	0.462	0.507
1.2	0.263	0.277	0.326	0.357	0.390	0.411
1.3	0.208	0.221	0.266	0.290	0.307	0.300
1.4	0.151	0.165	0.203	0.217	0.216	0.175
1.5	0.094	0.107	0.137	0.139	0.117	0.037
1.6	0.039	0.051	0.069	-0.059	0.011	0.114
1.7	-0.014	-0.003	0.002	-0.025	-0.102	-0.279
1.8	-0.064	-0.055	-0.066	-0.111	-0.221	-0.456
1.9	-0.110	-0.103	-0.132	-0.190	-0.347	-0.646
2.0	-0.151	-0.147	-0.198	-0.289	-0.480	-0.851
2.2	-0.219	-0.222	-0.328	-0.477	-0.767	-1.304
2.4	-0.265	-0.278	-0.457	-0.679	-1.089	-1.820
2.6	-0.290	-0.318	-0.588	-0.898	-1.449	
2.8	-0.295	-0.345	-0.726	-1.139		
3.0	-0.284	-0.360	-0.876			
3.5	-0.199	-0.372				
4.0	-0.059					

系 数 A_Q

换算深度 $\bar{h}=a_m h_1$	$a_m h \geqslant 4.0$	$a_m h = 3.5$	$a_m h = 3.0$	$a_m h = 2.8$	$a_m h = 2.6$	$a_m h = 2.4$
0.0	1	1	1	1	1	1
0.1	0.988	0.988	0.987	0.986	0.985	0.983
0.2	0.956	0.854	0.950	0.947	0.942	0.936
0.3	0.905	0.902	0.893	0.886	0.876	0.862
0.4	0.839	0.835	0.819	0.807	0.790	0.767
0.5	0.761	0.755	0.731	0.714	0.689	0.655
0.6	0.675	0.665	0.633	0.609	0.576	0.530
0.7	0.582	0.569	0.528	0.497	0.454	0.397
0.8	0.485	0.469	0.417	0.379	0.327	0.259
0.9	0.387	0.367	0.304	0.259	0.199	0.119
1.0	0.289	0.265	0.192	0.140	0.071	-0.017
1.1	0.193	0.165	0.081	0.023	-0.053	-0.148
1.2	0.102	0.069	-0.025	-0.088	-0.170	-0.270
1.3	0.015	-0.022	-0.125	-0.193	-0.278	-0.379
1.4	-0.066	-0.107	-0.218	-0.289	-0.376	-0.474
1.5	-0.140	-0.185	-0.303	-0.375	-0.460	-0.550
1.6	-0.206	-0.255	-0.378	-0.450	-0.530	-0.607
1.7	-0.264	-0.317	-0.442	-0.511	-0.582	-0.640
1.8	-0.313	-0.370	-0.496	-0.559	-0.616	-0.647
1.9	-0.355	-0.415	-0.537	-0.591	-0.630	-0.626
2.0	-0.388	-0.450	-0.565	-0.607	-0.621	-0.574
2.2	-0.432	-0.495	-0.581	-0.584	-0.531	-0.366
2.4	-0.447	-0.506	-0.538	-0.483	-0.329	0
2.6	-0.437	-0.484	-0.431	-0.292	0	
2.8	-0.406	-0.431	-0.255	0		
3.0	-0.361	-0.347	0			
3.5	-0.200	0				
4.0	0					

系 数 B_Q 　　　　　　　　　　　　　　　　　　　　续表

换算深度 $\bar{h} = a_m h_1$	$a_m h \geq 4.0$	$a_m h = 3.5$	$a_m h = 3.0$	$a_m h = 2.8$	$a_m h = 2.6$	$a_m h = 2.4$
0.0	0	0	0	0	0	0
0.1	−0.008	−0.008	−0.008	−0.009	−0.010	−0.011
0.2	−0.028	−0.028	−0.031	−0.033	−0.036	−0.041
0.3	−0.058	−0.059	−0.064	−0.068	−0.075	−0.086
0.4	−0.096	−0.097	−0.105	−0.112	−0.124	−0.142
0.5	−0.137	−0.140	−0.152	−0.163	−0.180	−0.206
0.6	−0.182	−0.185	−0.202	−0.217	−0.240	−0.275
0.7	−0.227	−0.231	−0.252	−0.272	−0.301	−0.345
0.8	−0.271	−0.276	−0.303	−0.327	−0.363	−0.415
0.9	−0.312	−0.319	−0.351	−0.379	−0.422	−0.482
1.0	−0.351	−0.358	−0.396	−0.429	−0.476	−0.544
1.1	−0.384	−0.393	−0.437	−0.473	−0.526	−0.599
1.2	−0.413	−0.424	−0.472	−0.512	−0.568	−0.645
1.3	−0.437	−0.449	−0.502	−0.544	−0.603	−0.681
1.4	−0.455	−0.468	−0.525	−0.570	−0.630	−0.704
1.5	−0.467	−0.482	−0.542	−0.588	−0.646	−0.715
1.6	−0.474	−0.489	−0.553	−0.597	−0.653	−0.711
1.7	−0.475	−0.492	−0.556	−0.599	−0.648	−0.692
1.8	−0.471	−0.489	−0.553	−0.592	−0.632	−0.655
1.9	−0.462	−0.481	−0.543	−0.577	−0.603	−0.600
2.0	−0.449	−0.468	−0.526	−0.553	−0.562	−0.526
2.2	−0.412	−0.431	−0.474	−0.476	−0.438	−0.311
2.4	−0.363	−0.381	−0.395	−0.361	−0.250	0
2.6	−0.307	−0.321	−0.291	−0.203	0	
2.8	−0.249	−0.255	−0.160	0		
3.0	−0.191	−0.184	0			
3.5	−0.067	0				
4.0	0					

系 数 A_M

换算深度 $\bar{h} = a_m h_1$	$a_m h \geq 4.0$	$a_m h = 3.5$	$a_m h = 3.0$	$a_m h = 2.8$	$a_m h = 2.6$	$a_m h = 2.4$
0.0	0	0	0	0	0	0
0.1	0.100	0.100	0.100	0.100	0.099	0.099
0.2	0.197	0.197	0.197	0.196	0.196	0.196
0.3	0.290	0.290	0.289	0.288	0.287	0.286
0.4	0.377	0.377	0.375	0.373	0.371	0.367
0.5	0.458	0.456	0.452	0.449	0.445	0.439
0.6	0.529	0.527	0.521	0.515	0.508	0.498
0.7	0.592	0.589	0.579	0.571	0.560	0.544
0.8	0.646	0.641	0.626	0.614	0.599	0.577
0.9	0.689	0.683	0.662	0.646	0.625	0.596
1.0	0.723	0.715	0.687	0.666	0.638	0.601
1.1	0.747	0.736	0.700	0.675	0.639	0.593
1.2	0.762	0.748	0.703	0.671	0.628	0.572
1.3	0.768	0.750	0.696	0.657	0.606	0.593
1.4	0.765	0.743	0.678	0.633	0.573	0.497
1.5	0.755	0.729	0.652	0.600	0.531	0.445
1.6	0.737	0.707	0.618	0.558	0.481	0.387
1.7	0.714	0.638	0.577	0.510	0.426	0.325
1.8	0.685	0.644	0.530	0.456	0.365	0.260
1.9	0.651	0.604	0.478	0.399	0.303	0.196
2.0	0.614	0.561	0.423	0.339	0.240	0.136
2.2	0.532	0.466	0.308	0.218	0.123	0.039
2.4	0.443	0.365	0.195	0.110	0.035	0
2.6	0.355	0.266	0.097	0.031	0	
2.8	0.270	0.174	0.027	0		
3.0	0.193	0.095	0			
3.5	0.051	0				
4.0	0					

系 数 B_M　　　　　　　　　　　　　　　　　　　　续表

换算深度 $\bar{h} = a_m h_1$	$a_m h \geq 4.0$	$a_m h = 3.5$	$a_m h = 3.0$	$a_m h = 2.8$	$a_m h = 2.6$	$a_m h = 2.4$
0.0	1	1	1	1	1	1
0.1	1	1	1	1	1	1
0.2	0.998	0.998	0.998	0.998	0.998	0.998
0.3	0.994	0.994	0.993	0.993	0.992	0.991
0.4	0.986	0.986	0.985	0.984	0.982	0.980
0.5	0.975	0.974	0.972	0.970	0.967	0.962
0.6	0.959	0.958	0.954	0.951	0.946	0.939
0.7	0.938	0.937	0.932	0.927	0.919	0.907
0.8	0.913	0.912	0.904	0.897	0.886	0.869
0.9	0.884	0.882	0.871	0.861	0.847	0.824
1.0	0.851	0.848	0.834	0.821	0.802	0.773
1.1	0.814	0.811	0.792	0.776	0.751	0.716
1.2	0.774	0.770	0.747	0.727	0.697	0.654
1.3	0.732	0.726	0.698	0.674	0.638	0.587
1.4	0.687	0.680	0.646	0.618	0.576	0.518
1.5	0.641	0.633	0.593	0.560	0.512	0.447
1.6	0.594	0.584	0.538	0.501	0.447	0.375
1.7	0.546	0.535	0.483	0.441	0.382	0.305
1.8	0.499	0.486	0.427	0.381	0.318	0.237
1.9	0.452	0.437	0.372	0.322	0.256	0.174
2.0	0.407	0.390	0.319	0.266	0.198	0.118
2.2	0.320	0.300	0.218	0.163	0.097	0.033
2.4	0.243	0.218	0.131	0.078	0.027	0
2.6	0.176	0.148	0.062	0.021	0	
2.8	0.120	0.090	0.016	0		
3.0	0.076	0.046	0			
3.5	0.014	0				
4.0	0					

注　表中 h 为桩的入土全长。

表 7-7-17　　灌注桩在横向荷载作用下"m 简捷法"计算系数 C

（适用于桩端置于非岩石土中或支于岩石面上）

系 数 C_1

换算深度 $\bar{h} = a_m h_1$	$a_m h \geq 4.0$	$a_m h = 3.5$	$a_m h = 3.0$	$a_m h = 2.8$	$a_m h = 2.6$	$a_m h = 2.4$
0.0	∞	∞	∞	∞	∞	∞
0.1	131.252	129.489	120.507	112.954	102.805	90.196
0.2	34.186	33.699	31.158	29.090	26.326	22.939
0.3	15.544	15.282	14.013	13.003	11.671	10.064
0.4	8.781	8.605	7.799	7.176	6.368	5.409
0.5	5.539	5.403	4.821	4.385	3.829	3.183
0.6	3.710	3.597	3.141	2.811	2.400	1.931
0.7	2.566	2.465	2.089	1.826	1.506	1.150
0.8	1.791	1.699	1.377	1.160	0.902	0.623
0.9	1.238	1.151	0.867	0.683	0.471	0.248
1.0	0.824	0.740	0.484	0.327	0.149	-0.032
1.1	0.503	0.420	0.187	0.049	-0.100	-0.247
1.2	0.246	0.163	-0.052	-0.172	-0.299	-0.418
1.3	0.034	-0.049	-0.249	-0.355	-0.465	-0.557
1.4	-0.145	-0.229	-0.416	-0.508	-0.597	-0.672
1.5	-0.299	-0.384	-0.559	-0.639	-0.712	-0.769
1.6	-0.434	-0.521	-0.684	-0.753	-0.812	-0.853
1.7	-0.555	-0.645	-0.796	-0.854	-0.898	-0.925
1.8	-0.665	-0.756	-0.896	-0.943	-0.975	-0.987
1.9	-0.768	-0.862	-0.988	-1.024	-1.043	-1.043
2.0	-0.865	-0.961	-1.073	-1.098	-1.105	-1.092
2.2	-1.048	-1.148	-1.225	-1.227	-1.210	-1.176
2.4	-1.230	-1.328	-1.360	-1.338	-1.299	0
2.6	-1.420	-1.507	-1.482	-1.434	0.333	
2.8	-1.635	-1.692	-1.593	-0.056		
3.0	-1.893	-1.886	0			
3.5	-2.994	1				
4.0	-0.045					

系 数 C_{II} 续表

换算深度 $\bar{h} = a_m h_1$	$a_m h \geqslant 4.0$	$a_m h = 3.5$	$a_m h = 3.0$	$a_m h = 2.8$	$a_m h = 2.6$	$a_m h = 2.4$
0.0	1	1	1	1	1	1
0.1	1.001	1.001	1.001	1.001	1.001	1.000
0.2	1.004	1.004	1.004	1.005	1.005	1.006
0.3	1.012	1.013	1.014	1.015	1.017	1.019
0.4	1.029	1.030	1.033	1.036	1.040	1.047
0.5	1.057	1.059	1.066	1.073	1.083	1.100
0.6	1.101	1.105	1.120	1.134	1.158	1.196
0.7	1.169	1.176	1.209	1.239	1.291	1.380
0.8	1.274	1.289	1.358	1.426	1.549	1.795
0.9	1.441	1.475	1.635	1.807	2.173	3.230
1.0	1.728	1.814	2.252	2.861	5.076	− 18.277
1.1	2.299	2.562	4.543	14.411	− 5.649	− 1.684
1.2	3.876	5.349	− 12.716	− 3.165	− 1.406	− 0.714
1.3	23.438	− 14.587	− 2.093	− 1.178	− 0.675	− 0.381
1.4	− 4.596	− 2.572	− 0.986	− 0.628	− 0.383	− 0.220
1.5	− 1.876	− 1.265	− 0.574	− 0.378	− 0.233	− 0.131
1.6	− 1.128	− 0.772	− 0.365	− 0.240	− 0.146	− 0.078
1.7	− 0.740	− 0.517	− 0.242	− 0.157	− 0.091	− 0.046
1.8	− 0.530	− 0.366	− 0.164	− 0.103	− 0.057	− 0.026
1.9	− 0.396	− 0.263	− 0.112	− 0.067	− 0.034	− 0.014
2.0	− 0.304	− 0.194	− 0.076	− 0.042	− 0.020	− 0.006
2.2	− 0.187	− 0.106	− 0.033	− 0.015	− 0.005	− 0.001
2.4	− 0.118	− 0.057	− 0.012	− 0.004	− 0.001	0
2.6	− 0.074	− 0.028	− 0.003	− 0.001	0	
2.8	− 0.045	− 0.013	− 0.001	0		
3.0	− 0.026	− 0.004	0			
3.5	− 0.003	0				
4.0	0.011					

系 数 C_{III}

换算深度 $\bar{h} = a_m h_1$	$a_m h \geqslant 4.0$	$a_m h = 3.5$	$a_m h = 3.0$	$a_m h = 2.8$	$a_m h = 2.6$	$a_m h = 2.4$
0.0	0	0	0	0	0	0
0.1	− 0.100	− 0.100	− 0.100	− 0.100	− 0.100	− 0.099
0.2	− 0.197	− 0.197	− 0.197	− 0.197	− 0.197	− 0.196
0.3	− 0.292	− 0.292	− 0.291	− 0.290	− 0.289	− 0.288
0.4	− 0.383	− 0.382	− 0.380	− 0.379	− 0.377	− 0.375
0.5	− 0.469	− 0.468	− 0.465	− 0.463	− 0.460	− 0.456
0.6	− 0.552	− 0.551	− 0.545	− 0.542	− 0.537	− 0.531
0.7	− 0.631	− 0.629	− 0.621	− 0.616	− 0.609	− 0.600
0.8	− 0.707	− 0.703	− 0.692	− 0.685	− 0.676	− 0.664
0.9	− 0.780	− 0.774	− 0.760	− 0.750	− 0.738	− 0.723
1.0	− 0.850	− 0.842	− 0.824	− 0.812	− 0.796	− 0.777
1.1	− 0.918	− 0.908	− 0.884	− 0.869	− 0.851	− 0.828
1.2	− 0.984	− 0.971	− 0.942	− 0.924	− 0.902	− 0.875
1.3	− 1.049	− 1.033	− 0.997	− 0.975	− 0.949	− 0.918
1.4	− 1.114	− 1.093	− 1.049	− 1.024	− 0.994	− 0.959
1.5	− 1.178	− 1.152	− 1.102	− 1.071	− 1.036	− 0.997
1.6	− 1.242	− 1.210	− 1.148	− 1.115	− 1.076	− 1.032
1.7	− 1.037	− 1.268	− 1.195	− 1.157	− 1.113	− 1.065
1.8	− 1.373	− 1.325	− 1.240	− 1.197	− 1.149	− 1.095
1.9	− 1.441	− 1.382	− 1.284	− 1.236	− 1.182	− 1.124
2.0	− 1.510	− 1.432	− 1.326	− 1.273	− 1.214	− 1.151
2.2	− 1.660	− 1.555	− 1.408	− 1.343	− 1.273	− 1.201
2.4	− 1.827	− 1.674	− 1.486	− 1.409	− 1.329	0
2.6	− 2.021	− 1.797	− 1.559	− 1.475	0.250	
2.8	− 2.254	− 1.928	− 1.636	0		
3.0	− 2.542	− 2.064	0			
3.5	− 3.753	0.250				
4.0	− 0.556					

系 数 C_{IV} 续表

换算深度 $\bar{h} = a_m h_1$	$a_m h \geqslant 4.0$	$a_m h = 3.5$	$a_m h = 3.0$	$a_m h = 2.8$	$a_m h = 2.6$	$a_m h = 2.4$
0.0	−1.506	−1.525	−1.551	−1.554	−1.544	−1.515
0.1	−1.646	−1.667	−1.686	−1.681	−1.658	−1.614
0.2	−1.833	−1.855	−1.861	−1.842	−1.802	−1.738
0.3	−2.016	−2.128	−2.109	−2.068	−2.001	−1.908
0.4	−2.578	−2.595	−2.513	−2.428	−2.312	−2.174
0.5	−3.696	−3.669	−3.363	−3.155	−2.927	−2.707
0.6	−11.385	−9.964	−6.838	−5.794	−5.036	−4.622
0.7	3.655	4.399	7.396	9.671	10.490	6.681
0.8	0.656	0.805	1.035	1.014	0.783	0.322
0.9	−0.135	−0.067	−0.041	−0.115	−0.275	0.499
1.0	−0.523	−0.486	−0.515	−0.590	−0.708	−0.842
1.1	−0.770	−0.748	−0.801	−0.870	−0.958	−1.039
1.2	−0.951	−0.940	−0.006	−1.067	−1.131	−1.173
1.3	−1.098	−1.097	−1.170	−1.221	−1.262	−1.272
1.4	−1.228	−1.235	−1.312	−1.351	−1.369	−1.350
1.5	−1.350	−1.365	−1.442	−1.466	−1.460	−1.414
1.6	−1.469	−1.493	−1.566	−1.571	−1.538	−1.466
1.7	−1.592	−1.626	−1.686	−1.668	−1.606	−1.509
1.8	−1.725	−1.770	−1.805	−1.757	−1.665	−1.544
1.9	−1.873	−1.930	−1.924	−1.840	−1.716	−1.573
2.0	−2.046	−2.115	−2.042	−1.916	−1.759	−1.596
2.2	−2.534	−2.604	−2.269	−2.042	−1.824	−1.630
2.4	−3.495	−3.383	−2.467	−2.133	−1.866	−1.652
2.6	−6.758	−4.774	−2.618	−2.193	−1.868	
2.8	24.050	−7.554	−2.719	−2.231		
3.0	3.154	−13.846	−2.783			
3.5	0.631	−283.994				
4.0	0.373					

系 数 C_V

换算深度 $\bar{h} = a_m h_1$	$a_m h \geqslant 4.0$	$a_m h = 3.5$	$a_m h = 3.0$	$a_m h = 2.8$	$a_m h = 2.6$	$a_m h = 2.4$
0.0	0	0	0	0	0	0
0.1	−0.011	−0.011	−0.011	−0.011	−0.011	−0.011
0.2	−0.050	−0.051	−0.051	−0.050	−0.050	−0.049
0.3	−0.133	−0.046	−0.134	−0.131	−0.128	−0.126
0.4	−0.311	−0.314	−0.302	−0.292	−0.282	−0.276
0.5	−0.783	−0.776	−0.702	−0.661	−0.628	−0.620
0.6	−4.221	−3.645	−2.445	−2.091	−1.900	−1.945
0.7	2.587	2.999	4.853	6.506	7.723	6.090
0.8	1.261	1.370	1.632	1.738	1.754	1.615
0.9	0.930	0.995	1.111	1.141	1.128	1.062
1.0	0.781	0.830	0.897	0.906	0.890	0.849
1.1	0.698	0.737	0.780	0.781	0.766	0.740
1.2	0.645	0.679	0.708	0.704	0.692	0.678
1.3	0.610	0.639	0.659	0.654	0.646	0.643
1.4	0.587	0.613	0.625	0.621	0.617	0.624
1.5	0.572	0.595	0.603	0.600	0.602	0.617
1.6	0.564	0.585	0.591	0.774	0.597	0.619
1.7	0.563	0.582	0.586	0.588	0.600	0.627
1.8	0.568	0.586	0.590	0.594	0.610	0.640
1.9	0.581	0.599	0.602	0.607	0.624	0.656
2.0	0.604	0.622	0.621	0.625	0.642	0.673
2.2	0.696	0.714	0.807	0.673	0.681	0.709
2.4	0.934	0.912	0.758	0.725	0.720	0.743
2.6	1.853	1.332	0.837	0.772	0.718	
2.8	−7.293	2.261	0.902	0.811		
3.0	−1.158	4.491	0.953			
3.5	−0.493	104.774				
4.0	−0.454					

系　数　C_{VI}　　　　　　　　　　　　　　　　　　　续表

换 算 深 度 $\bar{h} = a_m h_1$	$a_m h \geqslant 4.0$	$a_m h = 3.5$	$a_m h = 3.0$	$a_m h = 2.8$	$a_m h = 2.6$	$a_m h = 2.4$
0.0	− 1.506	− 1.525	− 1.551	− 1.554	− 1.544	− 1.515
0.1	− 1.571	− 1.590	− 1.614	− 1.613	− 1.597	− 1.561
0.2	− 1.641	− 1.661	− 1.681	− 1.675	− 1.654	− 1.610
0.3	− 1.717	− 1.997	− 1.753	− 1.743	− 1.714	− 1.662
0.4	− 1.802	− 1.824	− 1.832	− 1.816	− 1.779	− 1.719
0.5	− 1.899	− 1.919	− 1.920	− 1.896	− 1.851	− 1.781
0.6	− 2.004	− 2.027	− 2.018	− 1.986	− 1.931	− 1.850
0.7	− 2.129	− 2.152	− 2.130	− 2.088	− 2.021	− 1.930
0.8	− 2.278	− 2.300	− 2.261	− 2.206	− 2.126	− 2.024
0.9	− 2.459	− 2.479	− 2.416	− 2.346	− 2.252	− 2.140
1.0	− 2.687	− 2.703	− 2.606	− 2.518	− 2.409	− 2.291
1.1	− 2.987	− 2.995	− 2.849	− 2.739	− 2.615	− 2.500
1.2	− 3.405	− 3.394	− 3.175	− 3.037	− 2.906	− 2.823
1.3	− 4.035	− 3.984	− 3.644	− 3.477	− 3.363	− 3.413
1.4	− 5.112	− 4.957	− 4.398	− 4.214	− 4.228	− 4.909
1.5	− 7.413	− 6.909	− 5.857	− 5.771	− 6.613	− 18.107
1.6	− 16.025	− 12.972	− 10.076	11.637	− 57.501	3.945
1.7	37.472	170.509	− 323.747	21.872	4.272	0.743
1.8	7.107	8.910	7.193	3.600	1.089	− 0.139
1.9	3.401	3.893	2.623	1.210	0.081	− 0.558
2.0	1.941	2.123	1.091	0.246	− 0.422	− 0.805
2.2	0.650	0.620	0.193	− 0.632	− 0.936	− 1.086
2.4	0.032	− 0.107	− 0.806	− 1.064	− 1.205	− 1.244
2.6	− 0.358	− 0.592	− 1.195	− 1.333	− 1.373	
2.8	− 0.655	− 0.992	− 1.476	− 1.520		
3.0	− 0.923	− 1.372	− 1.694			
3.5	− 1.842	− 2.433				
4.0	− 7.255					

（五）单桩的轴向力计算

（1）轴心压力：在轴心下压力 F_v 作用下，桩身任一截面的轴心压力为

$$F_{vh} = F_v + G_1 + 0.5 G_2 h_1 / h - U h_1 \tau_{av} / K_1$$

$$(7\text{-}7\text{-}42)$$

（2）轴心拉力：在轴心上拔力 F_T 作用下，桩身任一截面的轴心拉力为

$$F_{Th} = F_T - G_1 - G_2 h_1 / h - \alpha_t U h_1 \tau_{av} / K_1$$

$$(7\text{-}7\text{-}43)$$

上二式中　G_1——设计地面以上部分桩的重力，kN，$G_1 = \pi D_0^2 l \gamma_{cc} / 4$，对单排桩应将分担承台部分的重力计入 G_1 中；

γ_{cc}——钢筋混凝土的容重，kN/m³，水下部分取浮容重；

G_2——设计地面以下部分桩的重力，kN，桩在轴心压力作用下，且 $D_0 < 1.0$m 时，取 $G_2 = 0$ 计算；

α_t——桩周土与柱之间极限摩阻力的上拔折减系数，当无试验资料且桩入土深度不小于 6.0m 时，可视土质和桩入土深度，取 $a_b = 0.6 \sim 0.8$；

U——桩的周长，m；

τ_{av}——桩周土单位面积的加权平均极限摩阻力，kN/m²，$\tau_{av} = \sum\limits_{i=1}^{n} \tau_i h_i / h$，可按表 7-7-11 取值；

h_1——设计地面至计算截面的深度，m；

其它符号含义与式（7-7-24）相同。

（六）竖直桩基计算

据 SDGJ 62—84 规定，竖直桩基中的单桩在横向荷载作用下侧向土压力，亦采用 m 简捷法进行计算。

1. 计算原则的基本假定

（1）应符合单桩计算原则的基本假定；

（2）低桩承台基桩的设计地面，取承台底面标高处，当承台底面下由于处理土的冻胀而置换为松散介质时，取原土层标高处，此时，基桩按高桩承台计算并考虑承台侧面的弹性抗力的作用；

（3）忽略基桩在水平力作用下和承台在竖直力作用的弹性抗力的影响；

（4）忽略承台侧土间凝聚力和摩阻力（包括承台底面与地基土间）对承台侧面的位移和转动的影响；

（5）桩顶与承台刚性连接（固接），视承台的刚度为无穷大。

2. 基本参数

（1）承台沿桩轴向产生单位位移 $\delta = 1$ 时，在每根桩顶产生的轴向力 p_1 或 p'_1 可分别按下列各式计算：

受压时

$$P_1 = \dfrac{1}{\dfrac{l + \zeta h}{E_{cc}A_{cc}} + \dfrac{1}{C_0 A_0}}, \quad \text{kN/m} \qquad (7\text{-}7\text{-}44)$$

受拉时

$$P'_1 = \dfrac{E_s A_s}{l + \zeta_h}, \quad \text{kN/m} \qquad (7\text{-}7\text{-}45)$$

式中　l——承台底面至设计地面间桩的长度，m，当桩基为低桩承台时，取 $l = 0$；

h——自设计地面算起的桩入土深度，m；

A_{cc}——桩的截面面积，m^2，$A_{cc} = \pi D_0^2/4$；

A_0——假定桩顶的轴心压力沿桩周边以 $\varphi/4$ 的倾角向下扩散至桩底截面的计算面积，m^2，对摩擦桩取 $A_0 = \pi \left(D_0/2 + h\tan\dfrac{\varphi}{4} \right)^2$ 和 $A_0 = \pi S^2/4$ 的较小值（S 为桩间距），对端承桩取 $A_0 = A_{cc}$；

φ——桩长范围内各层土内摩阻角的加权平均值，（°），可按表 7-1-6 取值；

E_{cc}——混凝土的弹性模量，kN/m^2，按表 7-1-1 取值；

E_s——钢筋的弹性模量，kN/m^2，可按表 7-1-2 取值；

A_s——桩纵向钢筋的截面面积，m^2，可按 $A_s = 0.63 A_{cc} f_{ct}/f_{st}$ 或按构造配筋之大者估算；

ζ——桩周土的摩阻力影响系数，对摩擦桩取 $\xi = 0.5$，端承桩取 $\xi = 1$；

C_0——桩底土的竖向反力系数，kN/m^3，$C_0 = m_0 h$，当 $h < 10\text{m}$ 时，取 $h = 10\text{m}$，即 $C_0 \geqslant 10 m_0$；

m_0——桩底土的竖向比例系数，kN/m^4，考虑孔底沉淀层相对厚度 t/D_0 情况和桩基承受荷载的性质，可按表 7-7-15 的桩侧土的比例系数 m 值取值。

（2）承台沿水平方向产生单位位移 $a = 1$ 时，在每根桩顶产生的剪力 p_2 为

$$p_2 = EI a_m^3 \xi_2, \quad \text{kN/m} \qquad (7\text{-}7\text{-}46)$$

（3）承台沿水平方向产生单位位移 $a = 1$ 时，在每根桩顶产生的弯矩，或承台沿所受外弯矩方向产生单位转角 $\beta = 1$ 时，在每根桩顶产生的切力 p_3 为

$$p_3 = EI a_m^2 \xi_3, \quad \text{kN/m} \qquad (7\text{-}7\text{-}47)$$

（4）承台沿所受外弯矩方向产生单位转角 $\beta = 1$ 时，在每根桩顶产生的弯矩 M 为

$$M = EI a_m \xi_1, \quad \text{kN·m} \qquad (7\text{-}7\text{-}48)$$

上三式中　ξ_1、ξ_2、ξ_3——位移系数，按 $a_m l$ 和对应的相当最大换算深度 $\bar{h}_{max} = a_m h$，可由表 7-7-18 查取，对低桩承台可按 $a_m l = 0$，由表 7-7-18 查取；

a_m——桩在土中的变形系数，$1/\text{m}$，可按式（7-7-26）计算；

EI——符号含义与式（7-7-26）相同。

（5）低桩承台［图 7-7-17（b）］沿所受外弯矩方向产生单位转角 $\beta = 1$ 时，所有桩顶弯矩和承台侧土反力对承台的反力矩之和 $\gamma_{\beta\beta}$ 为

$$\gamma_{\beta\beta} = nM + \dfrac{b C_n h_n^3}{12}, \quad \text{kN·m} \qquad (7\text{-}7\text{-}49)$$

（6）低桩承台［图 7-7-17（b）］沿水平方向产生单位水平位移 $a = 1$ 时，所有桩顶切力和承台的侧土反力对承台的水平反力之和 γ_{aa} 为

$$\gamma_{aa} = np_2 + \dfrac{b C_n h_n}{2}, \quad \text{kN/m} \qquad (7\text{-}7\text{-}50)$$

（7）低桩承台［图 7-7-17（b）］沿所受外弯矩方向产生单位转角 $\beta = 1$ 时，所有桩顶切力和承台侧土反力对承台的水平反力之和 $\gamma_{a\beta}$ 为

$$\gamma_{a\beta} = -np_3 + \dfrac{b C_n h_n^2}{6}, \quad \text{kN} \qquad (7\text{-}7\text{-}51)$$

上三式中　C_n——承台底面处的侧土反力系数，kN/m^3，$C_n = m h_n$，m 按表 7-7-15 取值；

h_n——承台在土中的深度，m；

b——与 β 转动面垂直的承台侧面计算宽度，m，可按式（7-7-27）、式（7-7-28）计算并乘以式（7-7-66）的 K_n 影响系数；

其它符号含义与式（7-7-46）～式（7-7-48）相同。

3. 桩基中基桩的承载力计算

（1）验算预估基桩的入土深度 h 的单桩承载力，预估基桩入土深度 h 时的单桩承载力，可按爆扩桩基的计算式（7-7-7）、式（7-7-11），求出最大上拔力 $F_{T(max)}$ 和最大下压力 $F_{V(max)}$，并使其不大于按式（7-7-24）、式（7-7-22）求得的容许上拔力 $[F_{Ta}]$ 和容许下压力 $[F_{Va}]$。当验算下压承载力时，对设计地面以上部分桩的有效重力和桩径 D_0 不小于 1.0m 的设计地面以下部分桩的有效重力之半，均作为外力计入 $F_{V(max)}$ 中。

（2）高桩承台桩基［图 7-7-17（a）］：承受有设计上拔力 F_{T0}、下压力 F_{V0} 和水平力 F_{Hz} 的桩基，对承受最大压力或拉力的单桩可按下式计算：

表 7-7-18　　　　　　　灌注桩在横向荷载作用下"*m* 简捷法"计算系数 ξ

（适用于桩端置于非岩石土中或支于岩石面上）

系　数　ξ₁

$a_m l$	$a_m h \geqslant 4.0$	$a_m h = 3.5$	$a_m h = 3.0$	$a_m h = 2.8$	$a_m h = 2.6$	$a_m h = 2.4$
0.0	1.484	1.468	1.459	1.458	1.457	1.447
0.2	1.435	1.420	1.408	1.406	1.406	1.403
0.4	1.383	1.369	1.354	1.351	1.351	1.350
0.6	1.329	1.316	1.300	1.295	1.293	1.293
0.8	1.273	1.262	1.245	1.240	1.236	1.235
1.0	1.219	1.208	1.192	1.185	1.181	1.178
1.2	1.166	1.157	1.140	1.133	1.127	1.124
1.4	1.117	1.107	1.091	1.084	1.077	1.072
1.6	1.066	1.059	1.044	1.037	1.030	1.024
1.8	1.021	1.015	1.000	0.993	0.985	0.978
2.0	0.978	0.973	0.959	0.952	0.944	0.936
2.2	0.938	0.933	0.921	0.913	0.905	0.897
2.4	0.900	0.896	0.884	0.877	0.869	0.861
2.6	0.865	0.861	0.850	0.843	0.835	0.827
2.8	0.832	0.829	0.819	0.812	0.804	0.795
3.0	0.802	0.798	0.789	0.782	0.775	0.766
3.2	0.773	0.770	0.761	0.755	0.747	0.738
3.4	0.746	0.743	0.735	0.729	0.721	0.713
3.6	0.720	0.718	0.710	0.705	0.697	0.689
3.8	0.697	0.695	0.687	0.682	0.675	0.666
4.0	0.674	0.672	0.665	0.660	0.653	0.645
4.2	0.653	0.651	0.645	0.640	0.633	0.625
4.4	0.633	0.632	0.626	0.621	0.614	0.607
4.6	0.615	0.613	0.607	0.603	0.597	0.589
4.8	0.597	0.596	0.590	0.586	0.580	0.572
5.0	0.580	0.579	0.574	0.569	0.564	0.556
5.2	0.564	0.563	0.558	0.554	0.549	0.541
5.4	0.549	0.548	0.543	0.539	0.534	0.527
5.6	0.535	0.534	0.529	0.526	0.520	0.514
5.8	0.521	0.520	0.516	0.512	0.507	0.501
6.0	0.508	0.507	0.503	0.500	0.495	0.489
6.4	0.484	0.483	0.480	0.477	0.473	0.466
6.8	0.462	0.462	0.458	0.455	0.451	0.445
7.2	0.442	0.441	0.438	0.436	0.432	0.426
7.6	0.424	0.423	0.420	0.418	0.414	0.409
8.0	0.407	0.406	0.404	0.401	0.398	0.393
8.5	0.387	0.387	0.384	0.382	0.379	0.374
9.0	0.369	0.369	0.367	0.365	0.362	0.358
9.5	0.353	0.353	0.351	0.349	0.346	0.342
10.0	0.338	0.338	0.336	0.335	0.332	0.328

系 数 ξ_2

$a_m l$	$a_m h \geqslant 4.0$	$a_m h = 3.5$	$a_m h = 3.0$	$a_m h = 2.8$	$a_m h = 2.6$	$a_m h = 2.4$
0.0	1.064	1.031	0.973	0.948	0.927	0.914
0.2	0.886	0.860	0.811	0.787	0.765	0.749
0.4	0.736	0.717	0.676	0.655	0.634	0.615
0.6	0.614	0.599	0.565	0.546	0.527	0.508
0.8	0.513	0.502	0.474	0.458	0.440	0.423
1.0	0.432	0.423	0.400	0.386	0.370	0.354
1.2	0.366	0.358	0.339	0.327	0.314	0.299
1.4	0.311	0.305	0.290	0.279	0.267	0.254
1.6	0.265	0.261	0.248	0.330	0.229	0.217
1.8	0.228	0.225	0.214	0.207	0.198	0.187
2.0	0.197	0.195	0.186	0.180	0.172	0.162
2.2	0.172	0.170	0.162	0.157	0.150	0.141
2.4	0.150	0.148	0.142	0.137	0.131	0.124
2.6	0.132	0.130	0.125	0.121	0.116	0.109
2.8	0.116	0.115	0.111	0.107	0.103	0.097
3.0	0.103	0.102	0.098	0.095	0.091	0.086
3.2	0.092	0.091	0.088	0.085	0.081	0.077
3.4	0.082	0.081	0.079	0.076	0.073	0.069
3.6	0.074	0.073	0.071	0.069	0.066	0.062
3.8	0.066	0.066	0.064	0.062	0.059	0.056
4.0	0.060	0.059	0.058	0.056	0.054	0.051
4.3	0.054	0.054	0.052	0.051	0.049	0.046
4.4	0.049	0.049	0.048	0.046	0.044	0.042
4.6	0.045	0.045	0.043	0.042	0.041	0.038
4.8	0.041	0.041	0.040	0.039	0.037	0.035
5.0	0.038	0.037	0.036	0.036	0.034	0.032
5.2	0.035	0.034	0.033	0.033	0.031	0.030
5.4	0.032	0.032	0.031	0.030	0.029	0.028
5.6	0.029	0.029	0.028	0.028	0.027	0.025
5.8	0.027	0.027	0.026	0.026	0.025	0.024
6.0	0.025	0.025	0.024	0.024	0.023	0.022
6.4	0.022	0.022	0.021	0.021	0.020	0.019
6.8	0.019	0.019	0.018	0.018	0.017	0.017
7.2	0.016	0.016	0.016	0.016	0.015	0.015
7.6	0.014	0.014	0.014	0.014	0.013	0.013
8.6	0.013	0.013	0.012	0.012	0.012	0.011
8.5	0.011	0.011	0.011	0.011	0.010	0.010
9.0	0.010	0.010	0.009	0.009	0.009	0.009
9.5	0.008	0.008	0.008	0.008	0.008	0.008
10.0	0.007	0.007	0.007	0.007	0.007	0.007

系　数　ξ_3　　　　　　续表

$a_m l$	$a_m h \geqslant 4.0$	$a_m h = 3.5$	$a_m h = 3.0$	$a_m h = 2.8$	$a_m h = 2.6$	$a_m h = 2.4$
0.0	0.985	0.963	0.940	0.938	0.943	0.955
0.2	0.904	0.885	0.860	0.855	0.855	0.861
0.4	0.822	0.806	0.782	0.774	0.770	0.772
0.6	0.745	0.731	0.708	0.699	0.693	0.691
0.8	0.673	0.661	0.640	0.630	0.623	0.618
1.0	0.607	0.598	0.579	0.569	0.561	0.554
1.2	0.549	0.542	0.524	0.515	0.506	0.498
1.4	0.499	0.491	0.475	0.467	0.458	0.450
1.6	0.451	0.446	0.432	0.424	0.415	0.407
1.8	0.411	0.406	0.394	0.386	0.378	0.370
2.0	0.375	0.371	0.360	0.353	0.345	0.337
2.2	0.343	0.340	0.330	0.324	0.316	0.308
2.4	0.315	0.312	0.303	0.298	0.290	0.283
2.6	0.289	0.287	0.279	0.274	0.268	0.260
2.8	0.267	0.265	0.258	0.253	0.247	0.240
3.0	0.247	0.245	0.239	0.235	0.229	0.222
3.2	0.229	0.227	0.222	0.218	0.213	0.206
3.4	0.213	0.212	0.207	0.203	0.198	0.192
3.6	0.198	0.197	0.193	0.189	0.185	0.179
3.8	0.185	0.184	0.180	0.177	0.173	0.167
4.0	0.173	0.172	0.169	0.166	0.162	0.157
4.2	0.162	0.161	0.158	0.156	0.152	0.147
4.4	0.152	0.152	0.149	0.146	0.143	0.138
4.6	0.143	0.143	0.140	0.138	0.135	0.130
4.8	0.135	0.135	0.132	0.130	0.127	0.123
5.0	0.128	0.127	0.125	0.123	0.120	0.116
5.2	0.121	0.120	0.118	0.116	0.114	0.110
5.4	0.114	0.114	0.112	0.110	0.108	0.104
5.6	0.108	0.108	0.106	0.104	0.102	0.099
5.8	0.103	0.102	0.101	0.099	0.097	0.094
6.0	0.098	0.097	0.096	0.094	0.092	0.090
6.4	0.088	0.088	0.087	0.086	0.084	0.082
6.8	0.081	0.080	0.079	0.078	0.077	0.074
7.2	0.074	0.075	0.072	0.072	0.070	0.068
7.6	0.068	0.067	0.066	0.066	0.064	0.063
8.0	0.062	0.062	0.061	0.061	0.059	0.058
8.5	0.056	0.056	0.056	0.055	0.054	0.053
9.0	0.051	0.051	0.051	0.050	0.049	0.048
9.5	0.047	0.047	0.046	0.046	0.045	0.044
10.0	0.043	0.043	0.043	0.042	0.041	0.040

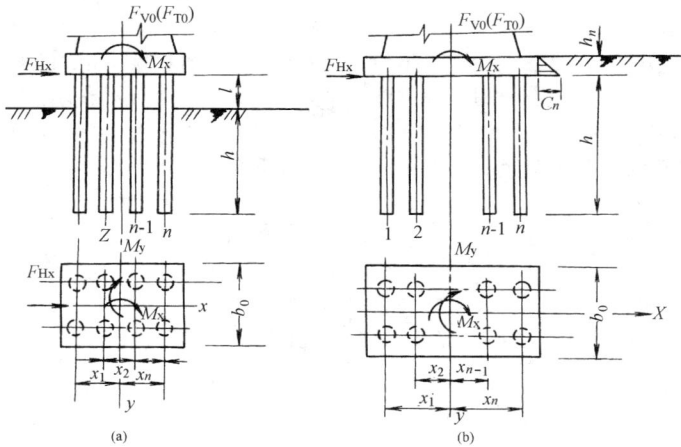

图 7-7-17　桩基内力计算简图

（a）高桩承台；（b）低桩承台

1）单桩最大下压力：

$$F_{V(max)} = \frac{F_{V0}}{n} + \frac{M_x x_{max}}{\sum x_i^2 + T_1} + \frac{M_y y_{max}}{\sum y_i^2 + T_1}$$

$$+ \frac{F_{Hx} x_{max}}{(\sum x_i^2 + T_1)\dfrac{p_2}{p_3}} + \frac{F_{Hy} y_{max}}{(\sum y_i^2 + T_1)}\frac{p_2}{p_3} \leqslant$$

$$[N_a] \tag{7-7-52}$$

2）单桩最大拉力：

$$F_{T(max)} = \frac{F_{T0}}{n} + \frac{M_x x_{max}}{\sum x_i^2 + T_1'} + \frac{M_y y_{max}}{\sum y_i^2 + T_1'}$$

$$+ \frac{F_{Hx} x_{max}}{(\sum x_i^2 + T_1')\dfrac{p_2}{p_3}} + \frac{F_{Hy} y_{max}}{(\sum y_i^2 + T_1')}\frac{p_2}{p_3}$$

$$\leqslant [F_{Ta}] \tag{7-7-53}$$

式中　F_{V0}——作用于承台底面桩基重心的垂直下压力，kN；

F_{T0}——作用于承台底面桩基重心的垂直拉力，kN；

$[F_{Va}]$——单桩的容许下压力，kN，可按式（7-7-22）计算；

$[F_{Ta}]$——单桩的容许上拔力，kN，可按式（7-7-24）计算；

T_1——计算受压桩引用的符号，$T_1 = \left(\dfrac{p_2 p_4 - p_3^2}{p_2}\right)\dfrac{n}{p_1}$，m²；

T_1'——计算受拉桩引用的符号，$T_1' = \left(\dfrac{p_2 p_4 - p_3^2}{p_2}\right)\dfrac{n}{p_1'}$，m²；

$p_1 \sim p_4$——与基本计算参数的符号含义相同；

F_{Hx}、F_{Hy}——分别为作用于承台底面 X 方向和 Y 方向的水平力，kN；

其它符号含义与式（7-7-7）相同。

（3）低桩承台桩基（图 7-7-17，b）：

1）单桩的最大下压力：

$$F_{V(max)} = \frac{F_{V0}}{n} + \frac{M_x x_{max}}{\sum x_i^2 + T_2} + \frac{M_y y_{max}}{\sum y_i^2 + T_2}$$

$$+ \frac{F_{Hx} X_{max}}{(\sum x_i^2 + T_2)\left(-\dfrac{1}{B}\right)} + \frac{F_{Hy} Y_{max}}{(\sum y_i^2 + T_2)\left(-\dfrac{1}{B}\right)}$$

$$\leqslant [F_{Va}] \tag{7-7-54}$$

2）单桩的最大拉力：

$$F_{T(max)} = \frac{F_{T0}}{n} + \frac{M_x x_{max}}{\sum x_i^2 + T_2'} + \frac{M_y y_{max}}{\sum y_i^2 + T_2'}$$

$$+ \frac{F_{Hx} X_{max}}{(\sum x_i^2 + T_2')\left(-\dfrac{1}{B}\right)} + \frac{F_{Hy} Y_{max}}{(\sum y_i^2 + T_2')\left(-\dfrac{1}{B}\right)}$$

$$\leqslant [T_a] \tag{7-7-55}$$

式中　T_2——计算受压桩引用的符号，$T_2 = \dfrac{1}{p_1}$

$$\times \left(\gamma_{\beta\beta} - \dfrac{\gamma_{a\beta}^2}{\gamma_{aa}}\right)，\text{m}^2；$$

T_2'——计算受拉桩引用的符号，$T_2' = \dfrac{1}{p_1'}\left(\gamma_{\beta\beta} - \dfrac{\gamma_{a\beta}^2}{\gamma_{aa}}\right)$，m²；

B——引用符号，m，$B = \gamma_{a\beta}/\gamma_{aa}$；

γ_{aa}、$\gamma_{a\beta}$、$\gamma_{\beta\beta}$——符号含义与式（7-7-49）～式（7-7-51）相同。

（4）桩基地基强度和沉降量计算：桩基的单桩除满足式（7-7-52）～式（7-7-55）单桩的容许压力外，尚应按灌注桩基础的计算项目确定桩基的计算内容。

1）桩基持力层和软弱下卧层的强度验算：灌注桩基的地基容许承载力计算，对桩间距 $S_1 < 6D_0$ 的多

排摩擦桩基可按"实体深基"验算。其计算方法可参照爆扩桩基的有关原则进行。

2）桩基的沉降量计算：对承受长期荷载作用的间距 $S<6D_0$ 的摩擦桩基进行沉降量计算时，同样将桩基作为一个"实体深基"（见图 7-7-8 和图 7-7-9），按浅基础的沉降计算步骤计算其沉降量。当采用式

1）承台受压时：

$$Q_t = \sqrt{\left(\frac{F_{Hx}}{n}\right)^2 + \left(\frac{F_{Hy}}{n}\right)^2} \tag{7-7-56}$$

$$M_i = \sqrt{\left[\frac{M_x T_1 - \frac{p_3}{p_2}F_{Hx}\sum x_i^2}{(\sum x_i^2 + T_1)n}\right]^2 + \left[\frac{M_y T_1 - \frac{p_3}{p_2}F_{Hy}\sum y_i^2}{(\sum y_i^2 + F_{T_1})n}\right]^2} \tag{7-7-57}$$

2）承台受拉时：

Q_i 可按公式（7-7-56）计算

$$M_i = \sqrt{\left[\frac{M_x T'_1 - \frac{p_3}{p_2}F_{Hx}\sum x_i^2}{(\sum x_i^2 + T'_1)n}\right]^2 + \left[\frac{M_y T_1 - \frac{p_3}{p_2}F_{Hy}\sum y_i^2}{(\sum y_i^2 + T'_1)n}\right]^2} \tag{7-7-58}$$

（2）低桩承台中单桩桩顶的剪力 Q_i 和弯矩 M_i，可按下列各式计算。

1）承台受压时：

$$Q_i = \sqrt{\left[\frac{F_{Hx}Bp_3 + F_{Hx}(\gamma_{\beta\beta}+p_1\sum x_i^2)p_2/\gamma_{aa}-(p_3+Bp_2)M_x}{(\sum x_i^2+T_2)p_1}\right]^2 + \left[\frac{F_{Hy}Bp_3 + F_{Hy}(\gamma_{\beta\beta}+p_1\sum y_i^2)p_2/\gamma_{aa}-(p_3+Bp_2)M_y}{(\sum y_i^2+T_2)p_1}\right]^2} \tag{7-7-59}$$

$$M_i = \sqrt{\left[\frac{(p_4+Bp_3)M_x - Bp_4F_{Hx}-F_{Hx}(\gamma_{\beta\beta}+p_1\sum x_i^2)p_3/\gamma_{aa}}{(\sum x_i^2+T_2)p_1}\right]^2 + \left[\frac{(p_4+Sp_3)M_y - Bp_4F_{Hy}-F_{Hy}(\gamma_{\beta\beta}+p_1\sum y_i^2)p_3/\gamma_{aa}}{(\sum y_i^2+T_2)p_1}\right]^2} \tag{7-7-60}$$

2）承台受拉时：

$$Q_i = \sqrt{\left[\frac{F_{Hx}Bp_3 + F_{Hx}(\gamma_{\beta\beta}+p'_1\sum x_i^2)p_2/\gamma_{aa}-(p_3+Bp_2)M_x}{(\sum x_i^2+T'_2)p'_1}\right]^2 + \left[\frac{F_{Hy}Bp_3 + F_{Hy}(\gamma_{\beta\beta}+p'_1\sum y_i^2)p_2/\gamma_{aa}-(p_3+Bp_2)M_y}{(\sum y_i^2+T'_2)p'_1}\right]^2} \tag{7-7-61}$$

$$M_i = \sqrt{\left[\frac{(p_4+Bp_3)M_x - Bp_4F_{Hx}-F_{Hx}(\gamma_{\beta\beta}+p'_1\sum x_i^2)p_3/\gamma_{aa}}{(\sum x_i^2+T_2)p'_1}\right]^2 + \left[\frac{(p_4+Bp_3)M_y - Bp_4F_{Hy}-F_{Hy}(\gamma_{\beta\beta}+p_1\sum y_i^2)p_3/\gamma_{aa}}{(\sum y_i^2+T_2)p'_1}\right]^2} \tag{7-7-62}$$

式中各符号含义与式（7-7-52）～式（7-7-55）相同。

（3）基桩在设计地面处的切力 Q_0 和弯矩 M_0。

1）高桩承台的基桩［图 7-7-17（a）］：

$$Q_0 = Q_i \tag{7-7-63}$$
$$M_0 = M_i + Q_i l \tag{7-7-64}$$

2）低桩承台的基桩［图 7-7-17（b）］：

$$Q_0 = Q_i$$
$$M_0 = M_i \tag{7-7-65}$$

由于处理土的冻胀而在承台底部置换为松散介质时，低桩承台的基桩地面处的弯矩，可按 $M_0 = M_i + Q_i l$ 计算。

（4）基桩在设计地面以下任一深度 h_1 处的侧土压力 σ_{h_1}、切力 Q_{h_1} 和弯矩 M_{h_1} 计算：

（7-3-16）计算沉降量时，土层的压缩模量 E_{si} 建议取 E_{1-3}；沉降计算经验系数 m_s 值，应根据地区经验或大量的桩基的观测资料，经统计分析确定。

4. 基桩的侧向承载力、切力和弯矩

（1）高桩承台中单桩桩顶的切力 Q_i 和弯矩 M_i，可按下列各式计算。

1）单根桩的计算宽度 b：当桩基在水平力作用平面的方向内有 n 根桩组成（图 7-7-18）时，桩的计算宽度 b 亦须考虑桩间的相互影响，此时可在单桩或单排桩中的单桩的计算宽度式（7-7-28）中乘以影响系数 K_n，作为桩基中单桩在水平力作用平面方向的计算宽度 b。

$$\left.\begin{array}{l} \text{当 } s\geq 0.6h_0 \text{ 时}\quad K_n=1；\\ s<0.6h_0 \text{ 时}\quad K_n=C+\dfrac{(1-C)\,s}{0.6h_0} \end{array}\right\} \tag{7-7-66}$$

式中　C——随作用力平面的桩数 n 变化的系数，当 $n=1$ 时，$C=1.0$；$n=2$ 时　$C=0.6$，$n=3$ 时　$C=0.5$；$n\geq 4$ 时　$C=0.45$。

　　h_0——设计地面以下的计算深度，m，取 $h_0=3(D_0+1.0)$，但不大于 h。

　　s——作用力平面内桩间的净距，m。

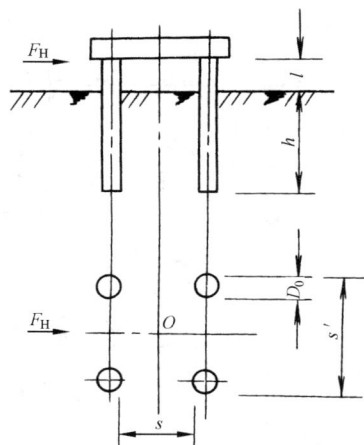

图 7-7-18 桩基中单桩的计算宽度

2）侧土压力 $\sigma_{h(max)}$：与单桩侧土压力的计算相同，由上述计算宽度 b 并按式（7-7-34）和式（7-7-35）便可求出侧向最大土压力 $\sigma_{h(max)}$ 及其位置 h_1，并使其符合式（7-7-39）或式（7-7-40）的要求。

3）设计地面下切力 Q_h 和弯矩 M_h：与单桩的切力和弯矩计算相同，一般可按式（7-7-40）和式（7-7-63）求出桩身的最大弯矩 $M_{h(max)}$ 和最大切力 $Q_{h(max)}$。当桩身较长时，可按式（7-7-32）、式（7-7-33）求桩身任一深度 h_1 处的切力 Q_{h_1} 和弯矩 M_{h_1}。

5. 桩基强度计算

（1）基桩的正截面强度可按下列的内力组合计算：

1）基桩承受拉力时，取最大正负弯矩和其对应截面的轴向力组合，或取最大轴向力和其对应截面的弯矩组合，对圆形截面，按本章第五节偏心受拉构件的式（7-5-6）或式（7-5-7）计算；

2）基桩承受压力时，取正负最大弯矩和其对应截面的轴向力组合，或取最大轴向力和其对应截面的弯矩组合，按本章第五节偏心受压构件或受弯构件的有关公式计算。按偏心受压构件计算时，其计算长度 l_0 可参考 JGJ4—80 规程，如表 7-7-19 所示。

表 7-7-19　　　　桩端置于非岩石土中单桩及基桩的计算长度 l_0

桩 顶 自 由		桩 顶 铰 接		桩 顶 固 接	
$h < \dfrac{4.0}{a_m}$	$h \geqslant \dfrac{4.0}{a_m}$	$h < \dfrac{4.0}{a_m}$	$h \geqslant \dfrac{4.0}{a_m}$	$h < \dfrac{4.0}{a_m}$	$h \geqslant \dfrac{4.0}{a_m}$
$l_0 = 2(l+h)$	$l_0 = 1.4\left(l + \dfrac{4.0}{a_m}\right)$	$l_0 = l + h$	$l_0 = 0.7\left(l + \dfrac{4.0}{a_m}\right)$	$l_0 = 0.7(l+h)$	$l_0 = 0.5\left(l + \dfrac{4.0}{a_m}\right)$

注　1. 表中 l、h 分别为高桩在设计地面以上和设计地面以下的长度，m；

2. $a_m = \sqrt[5]{\dfrac{mb}{EI}}$，详见式（7-7-26）。

3）基桩承受最大轴心压力（不计其对应截面的弯矩 M_z）时，按本章第五节轴心受压构件的式（7-5-26）、式（7-5-27）计算；

4）当桩身较长考虑分段配置纵向钢筋时，在纵向钢筋截面变化的位置，按承拉或承压的弯矩和轴心力的内力组合，进行该截面的强度验算；

5）低桩承台或不露出设计地面的基桩，可不计桩的长细比影响。

（2）承台的内力和强度计算：

1）板式承台（桩台铰接）的内力和强度计算与爆扩桩基的板式承台相同，因此，可利用计算爆扩桩板式承台内力和强度计算的有关公式进行灌注桩板式承台计算。

2）灌注桩基常用的刚性桩基承台，其内力和强度计算除按本章第五节的有关公式计算正截面强度外，对偏心受拉的钢筋混凝土承台尚需按式（7-5-65）计算抗裂度。

（七）桩基的基本构造

1. 基桩

除符合本章第五节基础构造要求的有关要求外，尚需符合下列要求：

（1）基桩自设计地面起的入土深度 h 不得小于 6m，对冻胀土桩端进入标准冻结深度以下不小于 4 倍桩径；桩径宜取 $D_0 = 0.6 \sim 1.8\text{m}$，其间距 s 不应小于 $2.5 D_0$；

（2）基桩的混凝土强度等级不得低于 C20。

（3）基桩的纵向钢筋宜采用光面钢筋，纵筋直径 d 不宜小于 12mm，同时也不宜大于 28mm，根数 n 不得少于 8 根。纵筋应沿基桩周边均匀布置，净距不宜小于 100mm，并尽量减少钢筋接头，在接头和截断处不宜设置弯钩。

（4）纵向钢筋的混凝土保护层厚度不得小于 50mm。

（5）箍筋采用直径 $d = 6 \sim 8\text{mm}$，间距 s 不大于 300mm，宜采用焊接环式箍筋。基桩顶部和剪力较大的截面处的箍筋应适当加密（一般可取 $s = 100\text{mm}$）。

钢筋笼沿长度每隔 1.5m ~ 2.0m，按笼径大小设置一道 $d = 14 ~ 18mm$ 的加劲箍筋。

2. 承台

（1）承台的混凝土强度等级不得低于 C15，高桩承台不宜低于 C20。

（2）承台的纵向受力钢筋直径 d 不宜小于 12mm，箍筋直径 d 不得小于 6mm，单排桩的板式承台按本节爆扩桩承台的构造要求。承台柱（墩）的截面边长大于 700mm 时，应沿柱的侧面每隔 300 ~ 400mm 设置直径不小于 10mm 的纵向构造钢筋。

（3）低桩承台底面的地基为冻胀性土，当标准冻结深度不大于 1.0m 时，承台底面宜设置在标准冻结深度以下，否则应按爆扩桩基承台的处理方法防止冻胀土的冻胀。当计算中考虑承台侧向土反力时，承台侧面应为原状土或经夯实达到天然密实度的砂石类土。

（4）承台外伸板的厚度 δ 应符合刚性底板的要求，一般取 $\delta = （1.0 ~ 2.0） D_0$，且 δ 不得小于 $1.0 D_0$。

（5）边基桩外侧距承台边缘的距离 a_1，当桩径 $D_0 \leq 1.0m$ 时，a_1 不得小于 $0.5 D_0$ 同时 a_1 也不小于 250mm；当桩径 $D_0 > 1.0m$ 时，a_1 不得小于 $0.3 D_0$ 同时 a_1 也不小于 500mm。

（6）边基桩截面中心至承台柱（墩）边的距离不应大于 $1.0 D_0$。

（7）在承台的桩顶部应设置不少于一层钢筋网，其钢筋截面面积在 1.0m 内不宜少于 $12cm^2$；钢筋直径 d 不宜小于 14mm。

3. 基桩与承台的连接

（1）基桩顶嵌入承台的长度 l 不得小于 150mm。

（2）基桩的纵向钢筋深入承台的长度 l_m 应符合表 7-5-15 锚固长度的规定。深入承台的纵向钢筋宜弯成与桩轴 15°左右倾斜的"喇叭"状，同时应设置间距不大于 200mm 的箍筋。

四、单桩的静荷试验要点

（一）下压静载试验（图 7-7-19）

根据 JGJ4—80《工业与民用建筑灌注桩基础设计与施工规程》：

1. 试验目的

采用接近于桩的实际工作条件的试验方法，确定单桩的轴向受压承载力。当埋设有桩底反力和桩身应力、应变测量元件时，尚可直接测定桩侧各土层的极限摩阻力和端承力。

2. 试验加荷装置

一般采用油压千斤顶加荷，千斤顶的加荷反力装置可根据现场实际条件，按下列三种形式采用。

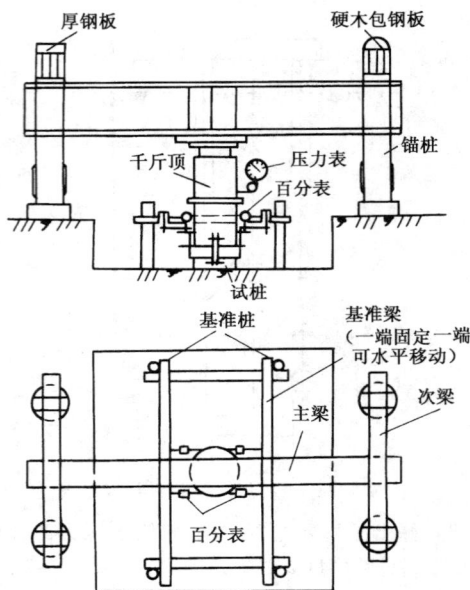

图 7-7-19 下压静载试验装置示意图

（1）锚桩横梁反力装置：锚桩数量、锚桩长度和横梁尺寸均应以 1.2 ~ 1.4 倍预估试桩破坏荷载进行设计，锚桩的上拔稳定和强度应按抗拔桩计算。

（2）压重平台反力装置：压重量不得少于预估试桩破坏荷载的 1.2 倍；压重应在试验开始前一次加上，并均匀稳定放置于平台上。

（3）锚桩压重联合反力装置：当试桩最大加荷力超过锚桩的抗拔能力时，可在横梁上放置或悬挂一定重物，由锚桩和重物共同承担千斤顶的加荷反力。

3. 荷载与沉降的量测仪表

（1）荷载：可用放置于千斤顶上的应力环、应变式压力传感器直接测定，或采用连于千斤顶的压力表测定油压，根据千斤顶率定曲线换算荷载。

（2）沉降：试桩沉降一般采用百分表测量。应在桩的 2 个正交直径方向对称安装 4 个百分表，沉降测定平面离桩顶距离不应小于 0.5 倍桩径。

4. 桩间距的规定

试桩、锚桩（压重平台支墩）和基准桩之间的中心距离应符合表 7-7-20 的规定。

表 7-7-20 试桩、锚桩和基准桩之间的中心距离（m）

反力系统	试桩与锚桩	试桩与基准桩	基准桩与锚桩
锚桩横梁、压重平台	$\geq 3 D_0$，$\geq 1.5m$	$\geq 4 D_0$，$\geq 2.0m$	$\geq 4 D_0$，$\geq 2.0m$

注 D_0—试桩或锚桩的直径。

5. 试桩制作要求

（1）试桩顶部一般应予加强，可在桩顶配置加密钢筋网 2～3 层，或以薄钢板圆筒作成加劲箍与桩顶混凝土浇成一体，用高标号砂浆将桩顶抹平。

（2）为安置沉降测点和仪表，试桩顶部露出试坑地面的高度不宜小于 60cm，试坑地面与桩承台底设计标高一致。

（3）试桩成桩工艺和质量控制标准应与工程桩一致。为了缩短试桩养护时间，可适当提高混凝土强度等级，或掺入早强剂。

6. 浇注混凝土后的间歇时间

从浇注试桩混凝土到开始试验的间歇时间，在满足混凝土的设计强度等级的前提下，对砂类土，不应少于 10 天；对一般黏性土，不应少于 20 天；对淤泥或淤泥质土的灌注桩，不应少于 30 天。

7. 加荷方式

一般采用维持荷载法，当考虑结合工程桩的荷载特征或为缩短试验时间，也可采用多循环加、卸荷法和快速维持荷重法。

8. 维持荷载法加、卸荷和沉降观测标准

（1）加荷等级：每级加荷为预估极限荷载的 1/10～1/15。

（2）沉降观测：每级加荷后在第一小时内每隔 15min 测读一次，以后每隔 30min 测读一次。每次测读值记入试验记录，见表 7-7-21。

表 7-7-21　　　　　　単桩下压（上拔）静荷试验记录表　　　　　　试桩号：

荷载 (kN)	观测时间 年月日时分	间隔时间 (min)	读　数 (kN)					沉降（拔出）(mm)		备注
			表 1	表 2	表 3	表 4	平均	本次	累计	

试验：　　　记录：　　　校核：

（3）沉降相对稳定标准：每小时的沉降不超过 0.1mm，并连续出现两次，认为已达相对稳定时可加下一级荷载，且每级荷载维持时间不得少于 2h。对于砂性土中的灌注桩，沉降相对稳定标准，可放宽至每小时不超过 0.2mm，并连续出现两次。

（4）终止加荷条件：当出现下列情况之一时，即可终止加荷。

1）某级荷载作用下，桩的沉降量为前一级荷载作用下沉降量的 5 倍；

2）某级荷载作用下，桩的沉降量大于前一级荷载作用下沉降量的 2 倍，且经 24h 尚未达到相对稳定。

（5）卸荷与沉降观测：每级卸荷值为加荷值的 2 倍。每级卸荷后 15min 测读一次残余沉降，读两次后隔 0.5h 再读一次，即可卸下一级荷载，全部卸荷后隔 3～4h 再读一次。

9. 下压静载试验资料的整理内容

（1）下压静载试验概况：整理成表 7-7-22 形式，并对成桩和试验过程出现的异常现象作补充说明。

（2）下压（上拔）静载试验记录见表 7-7-21。

（3）下压（上拔）静载试验荷载——沉降（拔出）汇总见表 7-7-23。

（4）绘制有关试验成果曲线：为确定单桩的极限荷载，一般绘制 p—s（荷载以 1mm 代表 5kN，变位以 1mm 代表 0.1mm 变位）、s—$\lg t$、s-$\lg p$ 曲线以及其它辅助分析所需曲线。

（5）当进行桩身应力、应变和桩底反力测定时，应整理出有关数据的记录表和绘制桩身轴力分布、摩阻力分布，桩底反力-荷载关系等曲线。

（6）确定轴向受压极限荷载：划分桩侧总极限摩阻力和总极限端承力，并由此求出桩侧平均极限摩阻力和极限端承力。

表 7-7-22　　　　　　下压、上拔、水平静载试验概况

工 程 名 称		地　　　点		试 验 单 位		
试桩编号		试验起止时间		混凝土浇灌时间		
成桩工艺		孔底虚土厚度		孔壁情况		
钻头直径 d_0		混凝土 标号	设计	配筋	规格	
实际桩径 d			实际		长度	
加载方式		稳定标准				

续表

综 合 柱 状 图					试桩平面布置示意图
层次	土层名称	描述	地质符号	桩身剖面	
1					
2					
3					
4					
5					
6					

桩身剖面图：相对标高 ±0.00，承台底，$d_0=$，$d=$

土 的 物 理 力 学 指 标

层次	深度 (m)	γ (kN/m^3)	ω (%)	e	S_r (%)	ω_p (%)	I_p	I_L	a_{1-2}	E_s (kN/m^2)	c (kN/m^2)	φ (°)	$[R]$ (kN/m^2)
1													
2													
3													

试验：　　　资料整理：　　　　　　　　　　　　　　　　校核：

表 7-7-23　下压（上拔）静载试验汇总

序号	荷载 (kN)	历时（min） 本级	累计	沉降（拔出）(mm) 本级	累计

10. 轴向下压极限荷载

（1）根据沉降随时间的变化特征确定极限荷载，取 $s-\lg t$（s 轴向下）曲线尾部出现明显向下弯曲的前一级荷载为极限荷载。

（2）根据沉降随荷载的变化特征确定极限荷载：

1）取 $p-s$ 曲线发生明显陡降的起始点所对应的荷载为极限荷载；

2）取 $s-\lg p$ 曲线出现陡降直线段的起始点所对应的荷载为极限荷载。

11. 极限的摩阻力和端承力

对于承载力以摩阻力为主的桩，桩侧极限摩阻力和桩底极限端承力可参照下述方法测定。

将 $s-\lg p$ 曲线陡降直线段向上延伸与横坐标相交，交点左段为总极限摩阻力，交点至极限荷载的距离即为总极限端承力，再分别除以桩侧表面积和桩底面积即得平均极限摩阻力和极限端承力。桩周沉降层范围的摩阻力可采用悬底桩静载试验或在常规静载试验中埋设桩身测力元件测定。

（二）上拔静载试验

根据 SDGJ 62—84 的要求：

1. 试验目的

采用接近于桩的实际工作条件的试验方法，确定单桩的轴向上拔承载力。当桩身设有应变测量元件或周围土中埋设土压力计时，尚可直接测定桩侧各土层的极限摩阻力或剪切力。

2. 试验加荷装置

一般采用横梁式的千斤顶加荷装置（图 7-7-20），对工程验收试验亦可采用绞磨、链式起重器或汽车吊等加荷方式。

3. 荷载与上拔位移的量测

（1）荷载的量测仪表与下压静载试验相同。

（2）上拔位移常用基准点量测，由基准梁，百分表亦可用标尺和水准仪进行测量。基准桩离开试桩要在预估上拔破坏土体范围之外；基准桩离反力支座的距离不应小于 2.5 倍支座的底板宽度；基准梁应有相当的刚度，要牢固地固定于基准桩上，若基准梁过长，可改用钢丝式游标测读的方法；百分表精度一般取 1%mm，行程宜大于 30mm。

（3）地面变形和裂缝开展亦可采用类似基准点和基准梁法，在两个相互正交的径向直线上隔一定距离安设百分表，以观测地面变位。

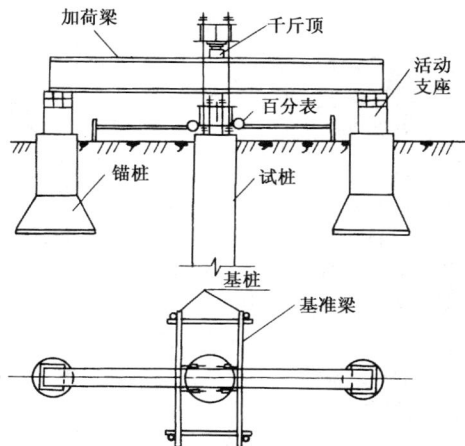

图 7-7-20 上拔静载试验装置示意图

4. 反力支座的设计要点

（1）型式：反力支座有承压桩和枕木或钢轨基垫两种型式。凡基垫形式不能符合地基强度和变形要求者，应采用承压桩。

（2）反力支座与试桩的间距：以支座均布压力 P 在地基中的应力分布 $0.1P$ 的等值线不与试桩影响土体轮廓相交的原则。

（3）反力支座的变位：试验过程中，如发现反力支座下沉量超过 25mm，而试验基础尚未达到极限荷载时，则必须终止试验，设法加强反力支座之后再继续试验，同时由此产生的返复荷载的残余变形必须在记录中加以详细地记录，以便分析试验成果。

5. 试验加荷方式和测读标准

（1）加荷方式：

1）维持荷载法：用于长期荷载作用下的基础试验，如转角和终端塔基等。

2）快速荷载法：用于短期荷载作用下的基础试验，如直线和耐张塔基等。

3）循环荷载法：系根据工程性质、杆塔特点、荷载和土质条件综合考虑后予以确定是否与维持荷载法和快速荷载法相配合使用。

（2）维持荷载法的施加荷载和测读标准：

1）荷载增（卸）速度：每级加（卸）载为预估极限荷载的 10%，每分钟以 10kN 的速度加荷。

2）荷载增（卸）量维持时间：在每级荷载下增载以上拔变位每小时不大于 0.5mm 为标准；卸载以回弹变位增量每小时不大于 0.5mm 为标准。

3）测读间隔时间：增载按每级加载后第 1h 内每隔 15min 读 1 次，以后每隔 30min 读 1 次；卸载按每级卸荷后每隔 15min 读 1 次，以后每隔 30min 读 1 次。

4）终止加载条件：基础发生剧烈或不停滞地上

拔位移，或荷重已不能上升。

其中各项也适用于循环荷载法试验。

（3）快速荷载法（应力控制）的施加荷载和测读标准：

1）荷载增（卸）速度，与维持荷载法相同；

2）荷载增（卸）量维持时间，增（卸）载以每级增（卸）量，时间间隔为 10～60min；

3）测读间隔时间：每级加（卸）载后和下一级加（卸）载前各读 1 次；

4）终止加荷条件：直至需要靠继续不断顶升千斤顶以维持荷载或加载设备已达最大容量为止。经判断加荷设备的最大容量相对应的上拔荷载小于极限荷载时，则不能以此荷载作为极限荷载。

其中各项也适用于循环荷载法试验。

（4）快速荷载法（等应变速率）：

1）荷载增（卸）速度和维持时间：应变速率控制以经验确定，要求整个试验在 2～8h 内完毕。

2）测读间隔时间应与应变速率相适应。

3）终止加载条件以荷载开始下降或加载设备已达最大容量，并可根据需要适当延长。

6. 上拔静载试验资料的整理内容

（1）试验概况：整理成表 7-7-22 形式。

（2）上拔静荷载试验记录表（表 7-7-21）：表中备注应记述基础周围地面裂缝情况和垄起变位量，汇总表记入表 7-7-23 中。

（3）绘制试验成果曲线：绘制 $p—s$（一般荷载以 1mm 代表 5kN；变位以 1mm 代表 0.1mm 变位，亦可相应缩小）、$s—lgt$（变位以 1mm 代表 0.1mm；时间以 50mm 代表 10min）、$s—lgp$ 及其它辅助分析曲线。

7. 极限上拔荷载的确定

（1）取 $p—s$（荷载-上拔位移）曲线几乎平行于上拔位移 s 轴时的荷载作为极限上拔荷载。

（2）取 $p—s$（荷载-上拔位移）曲线在每级荷载维持时间终了的最大荷载作为极限上拔荷载。

（3）本级荷载的上拔位移为前一级上拔位移的 5 倍时，取本级荷载为极限上拔荷载。

（4）取 $s-lgp$ 曲线（s 轴向下）出现陡降直线段的起始点所对应的荷载为极限上拔荷载。

（5）取 $s—lgt$（上拔位移-时间的对数）曲线中某级荷载 p 的 "$s—lgt$" 曲线斜率开始明显剧增的前一级荷载 p 为极限上拔荷载。

（1）、（3）～（5）适用于维持荷载法；（2）适用于快速荷载法。

8. 容许上拔荷载和上拔量

（1）容许上拔荷载，一般取极限上拔荷载除以上拔安全系数，即得桩的容许上拔力。

（2）试验容许上拔量，应按上部结构的承载性质和地基土的特性由设计单位确定。

第八节　跨河基础设计的有关问题

一、基础型式及适用条件

（一）基础型式

跨河基础的型式应根据塔型、荷载、工程地质、水文、地震时土层液化深度、施工可能性及技术经济综合比较进行选择。按基础的埋置深度可分为浅埋基础和深埋基础二类。

（1）常用的浅埋基础型式有阶梯式、重力墩式、薄壳式和联合式基础。

（2）常用的深埋基础多为钻孔灌注桩基础，其型式有单桩、高桩、低桩承台、高桩承台桩基和高桩框架式基础。

（二）适用条件

1. 浅埋基础

（1）基坑在施工期间不产生流砂或突涌现象。

（2）设计洪水期间基础顶面无漂浮物和基础局部冲刷较浅的塔位。

（3）塔位处的冰面高程应低于基础的设计地面。

（4）地震的基本烈度为 7 度及其以上地区，塔基的土质不为液化可能性的土、软土、冲积土以及其它松软的人工填土等。

2. 深埋基础

（1）低桩和低桩承台基础应符合浅埋基础（2）、（3）的条件，承台底面宜埋于冻胀土标准冻结深度以下。

（2）当设计洪水位高于塔位的设计地面时，高桩承台和框架式基础横梁的标高应能使漂浮物自由通过，承台的迎水面宜做成流线形，桩的截面宜为圆形。

（3）地震的基本烈度为 7 度及其以上地区，桩的持力层应为非液化可能性的土，当摩擦桩周土为液化可能性土时，可以采取加大其相对密度或其它处理方法，以达到非液化土条件的措施。

二、基础设计的主要原始资料

（一）水文地质

（1）线路跨越河流、水库、湖泊、海洋时的设计最高洪水位或潮位：电压为 330～500kV 线路取 50 年一遇数值；220kV 及其以下线路取 30 年一遇数值。常年洪水位取 5 年一遇的水位。洪水期间的流速须有

与各洪水位相应的一般冲刷后的垂线平均流速以及波浪的波长、波高。

（2）线路跨越河流断面上、下游影响区段内的河岸坍塌、河湾、边滩和砂洲的移动、河槽分流、深槽浅滩等河床演变情况和发生时间，以及洪水的天然冲刷深度和一般冲刷深度。如系通航河流，则应明确航道的变迁情况。

（3）线路跨越水库断面结冰期的水位及冰厚，在水库坝下跨越时，须有水库的设计标准、坝下水位、冲刷以及对塔位的影响。

（4）设计和常年洪水期间漂浮物的种类、大小、密度、水的相应流速、塔位处流速以及河中现有建筑物的破坏情况。

（5）流冰荷载的设计标准与洪水相同，取 30 年或 50 年一遇的流冰冰厚、冰块大小、方向、水面的密度及冰坝形成情况，流冰期间的最高流冰和初融流冰水位及其相应的流速。

（二）工程地质

（1）跨河基础均应逐基钻探，直线塔基础钻探深度，取基础埋深再加 2 倍基础宽度或直径，转角塔基础取基础埋深再加 3 倍基础宽度或直径，提出各土层内土的物理力学特性（天然容重，天然含水量、天然孔隙比、黏性土的塑性和液性指数以及土的容许承载力、饱和不排水剪切的凝聚力、内摩阻角）。

（2）塔基的地下水位标高和变动幅度以及地下水对基础材的侵蚀性。

（3）土的分类，黏性土按工程地质特征、塑性指数和液性指数划分，砂土按密实度和湿度划分，岩石按坚固性和风化程度划分。

（4）地基土的容许承载力。

（5）位于地震设计烈度（一般可取基本烈度）7度及其以上地区的跨河基础，当地表下 15m 范围内具有饱和砂土或粉土层时，判定其液化可能性的同时，尚应有饱和砂土的标贯击数（$N_{63.5}$）、砂土的相对密度 D_r、静力触探的双桥探头锥头阻力 q_c 及砂土和粉土的颗粒分析。

（三）塔基的冲刷计算[7-4]

塔基的冲刷计算分天然冲刷、一般冲刷和局部冲刷三种。现引用的冲刷计算公式，系根据公路及铁道部门用于桥梁建筑方面的资料。因此，采用该公式计算时，必须进行现场调查，结合河道具体情况，经过计算再确定冲刷数据。

1. 天然冲刷

在天然条件下河床的自然演变引起的冲刷称为天然冲刷。天然冲刷一般可分为以下几种情况：

（1）在河流发育成长过程中，河床纵断面的变形，如河流上游标高逐渐降低和河流下游的标高逐渐

增高等。这类变形一般时间较长，变化缓慢。

（2）河流横向移动引起的变形。如边滩下移，河湾的发展、移动和天然截直等所引起的河流变形。这种变形较快，变形的幅度也较大。

（3）河段最大深泓线不规则摆动而形成的冲刷变形，通常称为集中冲刷。河床愈不稳定，这种变形愈明显而且愈严重。

（4）河流随水位、流量变化而发生的周期性冲淤变形。

（5）工农业建设及河道整治等对河道引起的变形，如水库下游的清水冲刷，流域内的水土保持引起的河道下切等。

以上的河道变形，应根据具体河道的历史发展情况和类似河流的实际观测资料，并结合河道的规划作出适当的估算。

2. 一般冲刷

河槽的一般冲刷是指水流受压缩后，有效过水断面减少和流速增大而引起在河床过水断面上发生的冲刷，这种冲刷不同程度地分布在整个断面上。

在构筑物跨下河滩冲刷的特点，是河滩的流速大于该处土的容许不冲刷流速时，冲刷即开始，冲刷增大则流速相应减少，直至流速小于容许不冲刷流速时，冲刷即停止。

送电线路设置在河滩跨度内杆塔基础的冲刷计算，首先需判断塔位处的河滩能否变成河槽，或河槽能否扩宽和摆动而影响到塔位。对可能变成河槽的河滩跨内的塔位，应按河槽冲刷设计杆塔基础，其余的河滩跨度应按河滩冲刷计算。

（1）河槽的一般冲刷计算：常用的一般冲刷计算公式，可采用1964年全国桥渡冲刷计算学术会议推荐的式（64-1）、式（64-2）计算式。

1）河槽一般冲刷计算公式的适用范围如表7-8-1所示。

表 7-8-1　　河槽一般冲刷公式的适用范围

适用范围	适用公式
平原稳定河段	64-2
平原次稳定河段	64-1，64-2
平原游荡性河段	64-1
山区稳定河段	64-1，64-2
半山区、山前区变迁性河段	64-1

式（64-1）和式（64-2）均系按非黏性土制定的公式，对于黏性土的河槽一般冲刷计算，可将黏性土按容许不冲刷流速相等的条件转换成非黏性土粒径进行计算。黏性土容许不冲刷流速见表7-8-6。

按式（64-1）、式（64-2）计算的结果已包括了

基础压缩水流所产生最大的一般冲刷及一部分洪水时河槽的天然冲刷。

2）河槽一般冲刷计算的64-1公式：

$$h_P = \left(\dfrac{A \dfrac{Q_P}{\mu L} \left(\dfrac{h_{max}}{\bar{h}} \right)^{5/3}}{E d_{av}^{16}} \right)^{3/5} \qquad (7\text{-}8\text{-}1)$$

式中　Q_P——设计流量，m^3/s；

$\quad L$——跨间的长度，m；

$\quad \bar{h}$——设计断面跨距间的平均水深，m；

$\quad h_{max}$——设计断面跨距间的最大水深，m；

$\quad d_{av}$——河床土的平均粒径，mm，d_{av}

$$= \dfrac{\sum\limits_1^n P_i d_i}{100};$$

$\quad d_i$——i粒径土的直径，mm；

$\quad P_i$——i粒径土的百分率；

$\quad E$——与汛期含砂量有关的参数，可按表7-8-2取值；

$\quad \mu$——因桩基侧面涡流区阻水而引起的过水面积折减系数，称为压缩系数，$\mu = 1 - 0.375 v_p/L_0$，也可按表7-8-3取值；

$\quad v_p$——设计流速，m/s，一般采用河槽（主槽和边滩）的天然平均流速，对于人工河道或不容许冲刷的河渠，可采用表7-8-5～表7-8-7土的容许不冲刷流速；

$\quad L_0$——跨间的净距，m；

$\quad A$——单位宽度流量集中系数，$A = (\sqrt{B}/H)^{0.15}$，取$A \leqslant 2$；

$\quad B$——河槽宽度，m；

$\quad H$——满槽水位时的河槽平均水深，m。

表 7-8-2　　　系　数　E

含砂量 ρ（N/m^3）	<10	10~100	>100
式（7-8-1）的 E	0.46	0.66	0.86

注 含砂量 ρ 采用历年汛期月最大含砂量平均值。

3）河槽一般冲刷计算的64-2公式：

$$h_p = K \left(A \dfrac{Q_2}{Q_1} \right)^{4m_1} \left[\dfrac{B_1}{\mu (1-\lambda) B_2} \right]^{3m_1} h_{max} \qquad (7\text{-}8\text{-}2)$$

式中　Q_1——设计断面上河槽的天然流量，m^3/s；

$\quad Q_2$——基础建成后断面上河槽的流量，m^3/s，按表7-8-4取值；

$\quad B_1$——设计断面上的河槽宽度，m；

$\quad B_2$——跨越档断面上的河槽宽度 m，按表7-8-4取值；

$\quad \lambda$——全部基础所占过水面积与跨距间全部

过水面积之比；

K——综合系数，$K = 1 + 0.02\lg\dfrac{H_{max}}{\sqrt{d_{av}H}}$；

H_{max}、H——造床流量时的最大和平均水深，m；

d_{av}——土颗粒的平均粒径，mm；

m_1——随相对粗糙率 h_1/d_{95} 而变的指数，可按图 7-8-1 取值；

d_{95}——按质量计的 95% 都较它为小的粒径，在粒配曲线上确定，m；

h_1——设计水位的最大水深，m。

表 7-8-3   压 缩 系 数 μ

设计流速 v_p (m/s)	净跨径 l_0 (m)									
	≤10	12	15	18	23	28	33	38	43	48
<1.00	1.00	1.00	1.00	1.00	1.00	1.00	1.00	1.00	1.00	1.00
1.00	0.96	0.97	0.97	0.98	0.99	0.99	0.99	0.99	1.00	1.00
1.50	0.94	0.96	0.96	0.97	0.98	0.98	0.99	0.99	0.99	0.99
2.00	0.93	0.94	0.95	0.96	0.97	0.97	0.98	0.98	0.98	0.99
2.50	0.90	0.93	0.94	0.95	0.96	0.97	0.97	0.98	0.98	0.98
3.00	0.89	0.91	0.92	0.94	0.95	0.96	0.96	0.97	0.97	0.98
3.50	0.87	0.90	0.91	0.93	0.94	0.95	0.95	0.96	0.97	0.97
≥4.00	0.86	0.88	0.90	0.92	0.93	0.94	0.95	0.96	0.96	0.97

Q_1 和 Q_2 都是参与搬运推移质的流量（在河滩上没有推移质运动），基本上是和河槽宽度相对应的，可以通过查勘先确定 B_1 和 B_2，再按流量分配方法求 Q_1 和 Q_2。如按河流类型和基础压缩水流情况考虑时，则可按表 7-8-4 取值。

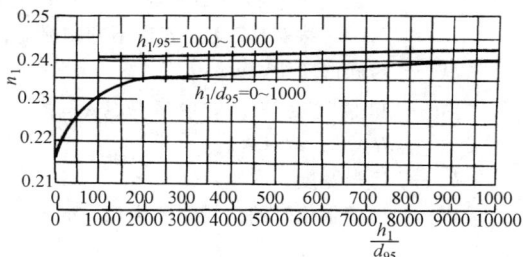

图 7-8-1　指数 m_1 图

当采用式（64-2）计算河槽一般冲刷时，则冲刷后的流速 v_2 可按下式计算：

$$v_2 = v_1\left[\frac{B_1}{\mu(1-\lambda)B_2}\right]^{\frac{1}{4}} \qquad (7\text{-}8\text{-}3)$$

式中　v_1——冲刷前河槽平均流速，m/s；

其它符号含义与式（7-8-2）相同。

（2）河滩的一般冲刷计算：

河滩的一般冲刷后的水深 h_p 为

$$h_p = q/v_b \qquad (7\text{-}8\text{-}4)$$

式中　q——河滩设置杆塔基础后的单位宽度的流量，m³/(s·m)；

v_b——河滩土的容许不冲刷流速，m/s，可按表 7-8-5 ～ 表 7-8-7 取值。

3. 局部冲刷

由于基础设置而阻碍了水流，被阻水流在基础周围以强烈的涡流形式与地面的泥砂发生作用。因此，在基础周围，特别是迎水面附近产生冲刷坑，使基础自身结构发生变化，夹砂能力也随着冲刷坑的加深和加大而减小。

塔基的局部冲刷一般可按 1964 年与 1965 年全国桥渡冲刷计算学术会议推荐的式（65-1）和式（65-2）计算，但此二式只适用于非黏性土河床中的基础，对黏性土可按其容许不冲刷流速（表 7-8-5 ～ 表 7-8-7）相等的条件折算成非黏性土粒径计算。

表 7-8-4 B_2 及 Q_2 的采用值

河型	跨距	B_2 的采用值	Q_2 的采用值	简图
平原区	河滩全压缩河槽全跨 $B_2 = B_1 = L$	L	Q_s	
	仅跨河槽的一部分 $B_2 = L < B_1$	L	Q_s	
	仅河滩压缩一部分，但河槽不扩宽 $B_2 = B_1 < L$	B_1	$Q_1 + \dfrac{Q_1}{Q_1+Q_3}Q_4$	
	仅河滩压缩一部分，但河槽扩宽至河堤 $B_2 = L > B_1$	L	Q_s	

续表

河型	跨　距	B_2 的采用值	Q_2 的采用值	简图
山前区	跨河槽的一部分，此时 B_1 应采用河槽的有效宽 B_0	L	Q_s	
山区	无河滩且不压缩，河槽 B_1 $=L$	L	Q_s	
	有阶地且阶地压缩一部分	同平原区		

注　1. 表中 $L=(1-\lambda)B_2$；

　　2. Q_2 栏中 Q_s 为设计流量。

（1）65-1 计算式：

当 $v\leqslant v_0$ 时

$$h_b=K_\zeta K_{\eta1}b_1^{0.6}(v-v'_0)$$

当 $v>v_0$ 时

$$\left.\begin{array}{c}\end{array}\right\}\qquad(7\text{-}8\text{-}5)$$

$$h_b=K_\zeta K_{\eta1}b_1^{0.6}(v-v'_0)\left(\frac{v}{v_0}\right)^{n1}$$

式中　h_b——局部冲刷深度，m；

　　　　K_ζ——基桩形状系数，可按表7-8-8取值；

　　　　b_1——基桩的计算宽度，m，可按表7-8-8取值；

　　　　$K_{\eta1}$——随冲刷线以上土的平均粒径 d_p 变化系数，$K_{\eta1}=\left(\dfrac{2.16}{d_{av}^{0.4}}+\dfrac{0.11}{d_{av}^{1.9}}\right)^{\frac{1}{2}}$，也可按图7-8-2取值；

　　　　d_{av}——河床土的平均粒径，mm；

　　　　v——一般冲刷后的垂线平均流速，m/s；

　　　　v_0——土颗粒受冲刷时的起动流速，m/s，可按表7-8-9取值或按下式计算，$v_0=\left(\dfrac{h}{d_{av}}\right)^{0.14}\left[29d_{av}+6.05\times10^{-7}\times(10+h)/d_p^{0.72}\right]^{\frac{1}{2}}$；

　　　　h——采用一般冲刷后的水深，m；

　　　　v'_0——基础周围土颗粒的起冲流速，m/s，$v'_0=0.75\left(\dfrac{d_{av}}{h}\right)^{0.1}\dfrac{v_0}{\sqrt{K_\zeta}}$，也可按表7-8-10取值；

　　　　n_1——与 v、v_0、d_p 有关的系数，可按下式计算

$$n_1\approx\frac{1}{\left(\dfrac{v}{v_0}\right)^{0.2d_{av}^{0.15}}}。$$

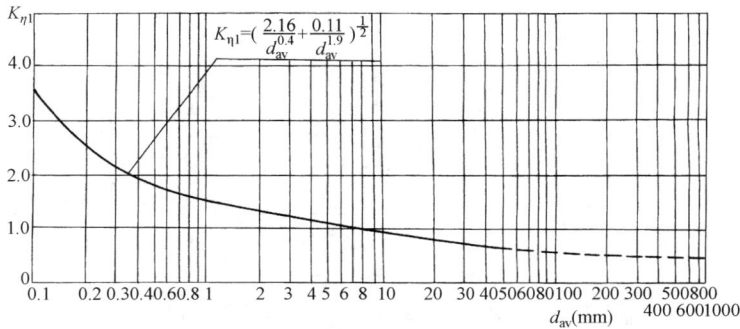

图 7-8-2　$K_{\eta1}$ 值曲线

表 7-8-5　　　　　　　　　　　　　　　非黏性土容许不冲刷流速

序号	土及其特征		土颗粒径 d_{av}（mm）	水流平均深度（m）					
	名称与形状	特　征		0.4	1.0	2.0	3.0	5.0	≥10
				平均流速（m/s）					
1	粉砂、淤泥	粉砂及淤泥带细沙	0.005~0.05	0.15~0.20	0.20~0.30	0.25~0.40	0.30~0.45	0.40~0.55	0.45~0.65
2	砂、小颗粒的	细砂带中等尺寸的砂粒	0.05~0.25	0.20~0.35	0.30~0.45	0.40~0.55	0.45~0.60	0.55~0.70	0.65~0.80
3	砂、中等颗粒的	细砂带黏土、中等尺寸的砂粒大的砂粒	0.25~1.00	0.35~0.50	0.45~0.60	0.55~0.70	0.60~0.75	0.70~0.85	0.80~0.95
4	砂、大颗粒的	砂夹杂着砾石，中等颗粒砂带黏土	1.00~2.50	0.50~0.65	0.60~0.75	0.70~0.80	0.75~0.90	0.85~1.00	0.95~1.20

续表

序号	土及其特征 名称与形状	特征	土颗粒径 d_{av} (mm)	水流平均深度 (m) 0.4 平均流速 (m/s)	1.0	2.0	3.0	5.0	≥10
5	砾、小颗粒的	细砾掺有中等尺寸的砾石	2.50~5.00	0.65~0.80	0.75~0.85	0.80~1.00	0.90~1.10	1.00~1.20	1.20~1.50
6	砾、中等颗粒的	大砾石含有砂和小砾石	5.00~10.0	0.80~0.90	0.85~1.05	1.00~1.15	1.10~1.30	1.20~1.45	1.50~1.75
7	砾、大颗粒的	小卵石含有砂和砾石	10.0~15.0	0.90~1.10	1.05~1.20	1.15~1.35	1.30~1.50	1.45~1.65	1.75~2.00
8	卵石、小颗粒的	中卵石含有砂和砾石	15.0~25.0	1.10~1.25	1.20~1.45	1.35~1.65	1.50~1.85	1.65~2.00	2.00~2.30
9	卵石、中等颗粒的	大卵石，掺有砾石	25.0~40.0	1.25~1.50	1.45~1.85	1.65~2.10	1.85~2.30	2.00~2.45	2.30~2.70
10	卵石、大颗粒的	小鹅卵石，含有卵石和砾石	40.0~75.0	1.50~1.85	1.85~2.40	2.10~2.75	2.30~3.00	2.45~3.30	2.70~4.00
11	鹅卵石、小个的	中等尺寸鹅卵石带砾石	75.0~100	2.00~2.45	2.40~2.80	2.75~3.20	3.10~3.50	3.50~3.80	3.60~4.20
12	鹅卵石、中等的	中等尺寸鹅卵石夹杂着大个鹅卵石	100~150	2.45~3.00	2.80~3.35	3.20~3.75	3.50~4.10	3.80~4.40	4.20~4.50
12	鹅卵石、中等的	大鹅卵石带着小的夹杂物	100~150	2.45~3.00	2.80~3.35	3.20~3.75	3.50~4.10	3.80~4.40	4.20~4.50
13	鹅卵石、大个的	大鹅卵石带小漂圆石带卵石	150~200	3.00~3.50	3.35~3.80	3.75~4.30	4.10~4.65	4.40~5.00	4.50~5.40
14	漂圆石、小个的	中等漂圆石带卵石	200~300	3.50~3.85	3.80~4.35	4.30~4.70	4.65~4.90	5.00~5.50	5.40~5.90
15	漂圆石、中等的	漂圆石夹杂着鹅卵石	300~400		4.35~4.75	4.70~4.95	4.90~5.50	5.50~5.60	5.90~6.00
16	漂圆石、特大的		400~500 及以上			4.95~5.35	5.30~5.50	5.60~6.00	6.00~6.20

表 7-8-6　黏性土容许不冲刷流速

序号	土的名称	颗粒大小及成分 (%) <0.005 mm	0.005~0.05 mm	不大密实土 孔隙比 $e=1.2\sim0.9$ 容重 $\gamma<12$ (kN/m³) 0.4	1.0	2.0	≥3.0	中等密实土 $e=0.9\sim0.6$ $\gamma=12\sim16.6$ (kN/m³) 0.4	1.0	2.0	≥3.0	密实土 $e=0.6\sim0.3$ $\gamma=16.6\sim20.4$ (kN/m³) 0.4	1.0	2.0	≥3.0	极密实土 $e=0.3\sim0.2$ $\gamma=20.4\sim21.4$ (kN/m³) 0.4	1.0	2.0	≥3.0
1	黏土	30~50	70~50	0.35	0.40	0.45	0.50	0.70	0.85	0.95	1.10	1.00	1.20	1.40	1.50	1.40	1.70	1.90	2.10
2	重砂质黏土	20~30	80~70	0.35	0.40	0.45	0.50	0.70	0.85	0.95	1.10	1.00	1.20	1.40	1.50	1.40	1.70	1.90	2.10
3	贫瘠的砂质黏土	10~20	90~80	0.35	0.40	0.45	0.50	0.65	0.80	0.90	1.00	0.95	1.20	1.40	1.50	1.40	1.70	1.90	2.10
4	沉陷已结束的黄土性土			0.60	0.70	0.80	0.85	0.80	1.00	1.20	1.30	1.10	1.30	1.50	1.70				
5	砂质土	5~10	20~40	根据砂粒大小按非黏性土取值															

注　表中土的分类系按颗粒成分划分与本章第一节工程分类法不同。

表 7-8-7　石质土容许不冲刷流速

序号	土的名称	水流平均深度 (m) 0.4 平均流速 (m/s)	1.0	2.0	≥3.0
1	砾石、泥灰岩、页岩	2.0	2.5	3.0	3.6
2	多孔的石灰岩，紧的砾岩，成层的石灰岩，石灰质砂岩，白云石质石灰岩	3.0	3.5	4.0	4.8
3	白云石质砂岩，紧密不分层的石灰岩，硅质石灰岩，大理石	4.0	5.0	6.0	6.5
4	花岗岩，辉绿岩，玄武岩，安山岩，石英岩，斑岩	15	18	20	22

表 7-8-8 　　　　　　　　　　　　　　　　基桩形状系数 K_ζ 和计算宽度 b_1

编号	基桩示意图	K_ζ	b_1
1	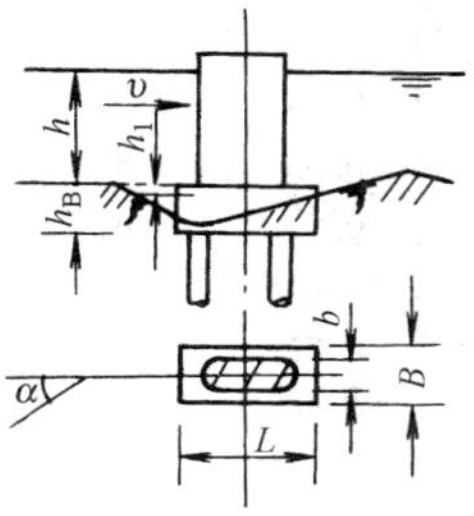	视 $\dfrac{c}{h}$ 值，偏角 α 而定等于 表： h_1/h：0、0.2、0.4、0.6、0.8、1.0 α 0°：0.85 / 0.99 / 1.15 / 1.21 10°：0.87 / 1.01 / 1.16 / 1.21 20°：0.90 / 1.03 / 1.17 / 1.22 30°：1.03 / 1.13 / 1.21 / 1.24 40°：1.13 / 1.20	当水流垂直冲击时 $b_1 = b + (B-b)\dfrac{h_1}{h}$ 水流偏斜冲击时 当 $\dfrac{c}{h} \leqslant 0.3$ （1）$b_1 = (L-b_0)\sin\alpha + b_0$ 式中 $b_0 = b + (B-b)\dfrac{h_1}{h}$ 当 $\dfrac{c}{h} > 0.3$ （2）$b_1 = L\sin\alpha + b_0\cos\alpha$
		注　当水流偏斜冲击时，只有当 $\dfrac{h}{b_1} \geqslant 1$ 时，表中之 K_ζ 值方正确。如 $\dfrac{h}{b_1} < 1$，则作为估算时，必须减小数值 b_1，这时利用关系式 $b_1 = b_0(\sin\alpha - \cos\alpha)$ 来代替公式（1）和（2）	
2	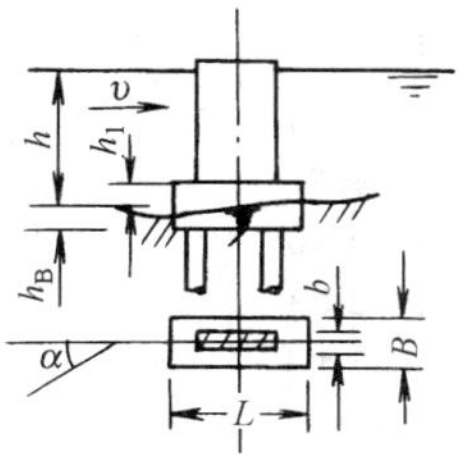	1.24	当水流垂直冲击时 $b_1 = b + (B-b)\dfrac{h_1}{h}$ 当水流偏斜冲击时 $b_1 = L\sin\alpha + b_0\cos\alpha$ 式中：$b_0 = b + (B-b)\dfrac{h_1}{h}$
		参看第一点注	
3	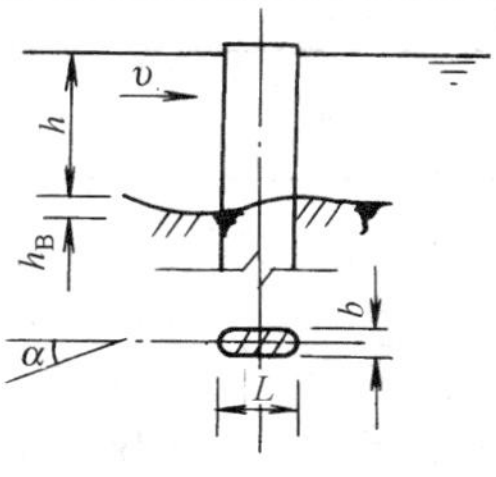	视偏角 α 而定 α：0°、10°、20°、30°、40° K_ζ：0.85、0.87、0.90、1.03、1.13	当水流垂直冲击时 $b_1 = b$ 当水流偏斜冲击时 $b_1 = (L-b)\sin\alpha + b$
		参看第一点注	
4	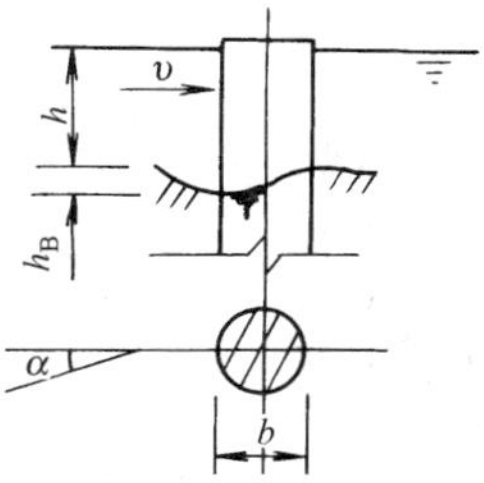	0.85	$b_1 = D_0$
5	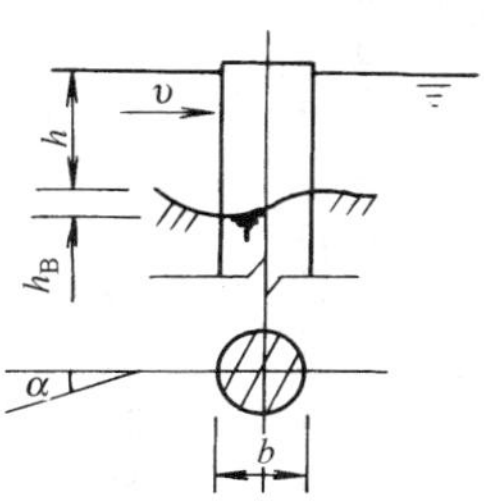	h_1/h：0、0.2、0.4、0.6、0.8、1.0 α 0°：1.00 / 1.09 / 1.19 / 1.22 10°：1.02 / 1.11 / 1.21 20°：1.06 / 1.14 30°：1.21 / 1.24 40°	b_1 值的计算与第一类基型同
		参看第一点注	

注　表图中 h_B 为基础周围地面的高差。

表 7-8-9　　　　　　　　　　桩和桩基局部冲刷式（65-1）的 v_0 值

$d_{av(mm)}$ \ h（m）	0.5	1	2	3	4	5	7	10	15	20
0.1	0.29	0.33	0.37	0.40	0.43	0.45	0.50	0.55	0.64	0.72
0.2	0.28	0.31	0.35	0.37	0.40	0.41	0.44	0.49	0.54	0.59
0.3	0.30	0.33	0.36	0.39	0.41	0.43	0.45	0.49	0.54	0.58
0.5	0.33	0.37	0.41	0.43	0.45	0.47	0.50	0.53	0.57	0.60
0.7	0.37	0.41	0.45	0.48	0.50	0.52	0.54	0.57	0.62	0.65
1.0	0.41	0.46	0.51	0.53	0.56	0.58	0.60	0.64	0.68	0.71
1.5	0.47	0.53	0.58	0.61	0.64	0.66	0.70	0.73	0.77	0.81
2	0.52	0.58	0.63	0.67	0.70	0.73	0.76	0.80	0.85	0.88
3	0.61	0.67	0.74	0.78	0.81	0.84	0.88	0.92	0.98	1.02
4	0.67	0.74	0.82	0.86	0.90	0.93	0.97	1.02	1.08	1.12
5	0.72	0.79	0.87	0.92	0.96	0.99	1.03	1.09	1.15	1.20
6	0.77	0.85	0.93	0.99	1.03	1.06	1.11	1.17	1.24	1.29
8	0.85	0.94	1.04	1.10	1.14	1.18	1.23	1.30	1.37	1.43
10	0.93	1.02	1.12	1.19	1.24	1.28	1.34	1.41	1.49	1.55
15	1.07	1.18	1.30	1.38	1.43	1.48	1.55	1.63	1.72	1.79
20	1.19	1.31	1.44	1.53	1.59	1.64	1.72	1.81	1.91	1.99
30	1.38	1.52	1.68	1.77	1.85	1.90	1.99	2.10	2.22	2.31
40	1.53	1.69	1.86	1.97	2.05	2.12	2.21	2.33	2.47	2.57
60	1.77	1.95	2.15	2.28	2.37	2.44	2.55	2.69	2.85	2.96
100	2.12	2.34	2.58	2.73	2.84	2.93	3.07	3.23	3.42	3.56
150	2.47	2.72	3.00	3.17	3.30	3.41	3.56	3.75	3.97	4.13
200	2.75	3.03	3.34	3.54	3.68	3.79	3.97	4.18	4.42	4.61

表 7-8-10　　　　　　　　桩和桩基局部冲刷式（65-1）的 v'_0 值（$K_\xi = 1$）

$d_{av(mm)}$ \ h（m）	0.5	1	2	3	4	5	7	10	15	20
0.1	0.09	0.10	0.10	0.11	0.11	0.12	0.12	0.13	0.14	0.16
0.2	0.10	0.10	0.11	0.11	0.11	0.11	0.12	0.13	0.13	0.14
0.3	0.11	0.11	0.11	0.12	0.12	0.12	0.12	0.13	0.14	0.14
0.5	0.12	0.13	0.13	0.14	0.14	0.14	0.15	0.15	0.15	0.16
0.7	0.15	0.15	0.15	0.16	0.16	0.16	0.16	0.17	0.17	0.18
1	0.16	0.17	0.18	0.18	0.18	0.19	0.19	0.19	0.19	0.20
1.5	0.20	0.21	0.21	0.21	0.22	0.22	0.22	0.23	0.23	0.23
2	0.22	0.23	0.24	0.24	0.24	0.25	0.25	0.26	0.26	0.26
3	0.28	0.28	0.29	0.29	0.30	0.30	0.30	0.31	0.31	0.32
4	0.31	0.32	0.33	0.33	0.34	0.34	0.35	0.35	0.36	0.36
5	0.34	0.35	0.36	0.36	0.37	0.37	0.38	0.38	0.39	0.39
6	0.37	0.38	0.39	0.40	0.40	0.41	0.41	0.42	0.42	0.43
8	0.42	0.43	0.45	0.46	0.46	0.47	0.48	0.48	0.48	0.49
10	0.47	0.48	0.49	0.51	0.51	0.51	0.52	0.53	0.54	0.54
15	0.57	0.58	0.60	0.61	0.61	0.62	0.63	0.64	0.65	0.65
20	0.65	0.66	0.68	0.70	0.70	0.71	0.72	0.73	0.74	0.75
30	0.78	0.80	0.83	0.84	0.85	0.86	0.87	0.88	0.89	0.90
40	0.89	0.92	0.94	0.96	0.97	0.98	0.99	1.01	1.03	1.03
60	1.08	1.10	1.14	1.15	1.16	1.17	1.19	1.21	1.23	1.24
100	1.35	1.40	1.43	1.46	1.47	1.48	1.51	1.53	1.55	1.56
150	1.64	1.69	1.73	1.76	1.78	1.81	1.82	1.84	1.88	1.90
200	1.88	1.93	2.00	2.02	2.04	2.06	2.08	2.12	2.16	2.18

（2）65-2 计算式：

当 $v \leqslant v_0$ 时

$$h_b = K_\zeta K_{\eta 2} b_1^{0.6} h^{0.15} \left(\frac{v - v'_0}{v_0} \right)$$

当 $v > v_0$ 时

$$h_b = K_\zeta K_{\eta 2} b_1^{0.6} h^{0.15} \left(\frac{v - v'_0}{v_0} \right)^{n_2}$$

$$(7\text{-}8\text{-}6)$$

式中　h——一般冲刷后的水深，m，对送电线路基础冲刷计算可取冲刷前的水深；

$K_{\eta 2}$——随冲刷线以上土的平均粒径 d_p 变化的系数，$K_{\eta 2} = \dfrac{0.0023}{d_{av}^{2.2}} + 0.375 d_{av}^{0.24}$；

n_2——与 v、v_0、d_{av} 有关的系数，$n_2 = \dfrac{1}{\left(\dfrac{v}{v_0} \right)^{0.23 - 0.19 \lg d_{av}}}$；

v_0——土颗粒受冲刷时的起动流速，m/s，$v_0 = 0.28 (d_{av} + 0.7)^{0.5}$，也可按表 7-8-11 取值；

v'_0——基础旁的起动流速，m/s，$v'_0 = 0.12 (d_{av} + 0.5)^{0.55}$，也可按表 7-8-11 取值；

v、K_ζ——符号含义与式（7-8-5）相同。

（四）地基土的地震液化[7-5]

1. 饱和砂土的液化

（1）液化现象的概念：砂土在地震动力暂短作用时间内，由于砂土饱和而导致孔隙水压力骤然上

升，对排水条件差孔隙水压力来不及消散的砂土，颗粒骨架有效压力减小，当有效压力完全消散时，砂颗粒骨架的抗剪强度亦即承载能力亦完全丧失，变成液体状态，即所谓砂土液化现象。地震时地表喷砂冒水现象，即为饱和砂土层产生液化的结果。

表 7-8-11　　桩和桩基局部冲刷式（65-2）的 v_0 及 v'_0 值

d_{av} (mm)	v_0	v'_0	d_{av} (mm)	v_0	v'_0
0.10	0.25	0.09	7.0	0.78	0.36
0.15	0.26	0.10	8.0	0.83	0.39
0.20	0.27	0.10	9.0	0.87	0.41
0.30	0.28	0.11	10	0.92	0.44
0.40	0.29	0.11	15	1.11	0.54
0.50	0.31	0.12	20	1.27	0.63
0.60	0.32	0.13	30	1.55	0.79
0.70	0.33	0.13	40	1.79	0.92
0.80	0.34	0.14	50	2.00	1.04
0.90	0.35	0.14	60	2.18	1.16
1.0	0.37	0.15	70	2.35	1.25
1.5	0.42	0.18	80	2.51	1.34
2.0	0.46	0.20	90	2.66	1.43
3.0	0.54	0.24	100	2.81	1.53
4.0	0.61	0.28	150	3.39	1.88
5.0	0.67	0.31	200	3.95	2.22
6.0	0.72	0.32			

表 7-8-12　　　　　　　影响液化的主要因素

液化因素			指标	对液化的影响
土性条件	颗粒特征	粒径	平均粒径 d_{50}	颗粒愈细愈容易液化，平均粒径在 0.1mm 左右的抗液化性最差
		级配	不均匀系数 C_u	不均匀系数愈小，抗液化性愈差，黏性土含量愈高，愈不容易液化
		形状		圆粒形砂比棱角形砂容易液化
	密度		孔隙比 e 相对密度 D_r	密度愈高，液化可能性愈小
	结构性	颗粒排列胶结程度均匀性		原状土比结构破坏土不易液化，老砂层比新砂层不易液化
	渗透性		渗透系数 K	渗透性低的砂土容易液化
	压密状态		超固结比	超压密砂土比正常压密砂土不易液化
埋藏条件	上覆土层		上覆土重有效压力 P_0	上覆土层愈厚，土的上覆有效压力愈大，就愈不容易液化
			静止土压力系数 K_0	
	排水条件	孔隙水向外排出的渗径长度	液化砂层的厚度	排水条件良好有利于孔隙水压力的消散，能减小液化的可能性
		边界土层的渗透性		
	应力历史			遭受过历史地震的砂土比未遭受地震的砂土不易液化，但曾发生过液化又重新被压密的砂土，却较易重新液化
动荷条件	地震烈度	震动强度	地面加速度 a_{max}	地震烈度高，地面加速度大，就愈容易液化
		持续时间	等级循环次数 N	震动时间愈长，或震动次数愈多，就愈容易液化

（2）影响砂土液化的主要因素：影响砂土液化的因素见表 7-8-12，其中最主要的是土颗粒径（以平均粒径 d_{50} 表示）、砂土的相对密度和孔隙比、上覆非液化土层厚度、排水条件、地面震动强度和持续时间。

（3）砂土液化可能性的判别：

1）标准贯入试验：TJ11—78《工业与民用建筑抗震设计规范》规定：当饱和砂土的实际标准贯入击数 $N_{63.5}$ 值小于按下式计算的 N' 值时，则可认为是可能液化的砂土。

$$N' = \overline{N}' \left[1 + 0.125 \left(h_s - 3 \right) - 0.05 \left(h_w - 2 \right) \right]$$

$$(7-8-7)$$

式中　N'——饱和砂土所处深度为 h_s，地面到地下水位距离为 h_w 时，砂土液化临界贯入击数；

$\overline{N}'$——当 $h_s = 3m$，$h_w = 2m$ 时的砂土液化临界标准贯入击数，当设计烈度为 7 度、8 度、9 度时，其数值分别为 6、10、16。

2）静力触探法：当其实测锥头阻力小于表 7-8-13 所列数值时，一般认为是可能液化的砂土。

表 7-8-13　　砂土可能液化临界锥头阻力 q_c

基本烈度	7	8	9
q_c（kN/m²）	8500	13000	21000

3）土的相对密度法：当其实际相对密度小于如表 7-8-14 所列数值时，可认为是可能液化的砂土。

表 7-8-14　　砂土可能液化临界相对密度

基本烈度	7	8	9
相对密度（%）	55	70	80

4）土的临界指标法：砂土液化可能性的临界指标列于表 7-8-15。

2. 饱和粉土的液化

按 TJ11—78 规范规定，一般在地面下 15m 范围内有粒径大于 0.05mm 的颗粒占总重 40% 以上的饱和粉土层时，应经试验确定在地震时是否可能液化。

一般可采用下列标准判别：

（1）SDJ14—78 指出，对塑性指数 $I_P \geqslant 3$ 的饱和粉土，当其饱和含水量 $W \geqslant (0.9 \sim 1.0) W_L$（液限）时，或液性指数 $I_L \geqslant 0.75 \sim 1.0$ 时，认为地震时可能发生液化。

（2）黄河水利委员会水利科学研究所提出的判别标准，如表 7-8-16 所列。

表 7-8-15　　砂土可能液化的临界指标

指标名称	基本烈度		
	7	8	9
平均粒径 d_{50}（mm）	0.02～0.10	0.02～0.20	0.015～0.50
有效覆盖压力 P_0（kN/m²）	<100	<150	<200

注　表中 P_0 为地基中第一层砂土层顶面以上土的自重压力。当地下水位在第一层砂土层顶面以上时，$P_0 = (h_s - h_w) \gamma + h_w \gamma'$，其中 γ 和 γ' 分别为地下水位以上（γ）土的容重和以下（γ'）土的浮容重（kN/m³）。

表 7-8-16　　饱和粉土地基液化判定标准

地震基本烈度		7	8	9
平均粒径 d_{50}（mm）		0.10～0.02	0.25～0.02	0.50～0.015
粘粒含量（%）		≤17	≤17	≤17
塑性指数 I_P		<（7～10）	<（7～10）	<（7～10）
有效覆盖压力 P_0（kN/m²）		100	150	200
液化最大深度（m）		15	20	25
相对密度（%）	Ⅰ级	65	75	85
	Ⅱ级	60	70	80

注　表中相对密度栏的Ⅰ级、Ⅱ级系指建筑物等级。

（3）判定的基本原则：

1）判断饱和粉土能否液化，应综合考虑土的成因、颗粒组成、密度、地下水埋深、上覆土层的有效压力等因素。

2）粘粒含量是影响饱和粉土液化可能性的重要因素，一般认为只有粘粒（粒径小于 0.005mm）含量不超过某一界限值（如 12%～15%）时，饱和粉土才有液化的可能性。

3）对于饱和粉土来说，直接应用判断砂土液化的各种标准是不适宜的。在采用标准贯入击数或静力触探比贯入阻力等指标来评价饱和粉土的密度并判断其液化可能性时，应充分考虑粘粒含量的影响。采用等效方法，即将实际标准贯入击数（或静力触探比贯入阻力）根据粉土的粘粒含量修正为等效的标准贯入击数（或静力触探比贯入阻力）后再来评价饱和粉土的液化可能性，是目前比较可行的一种方法。

3. 软土地基的触变

由于软塑、流塑状态等天然含水量高、孔隙比大、压缩性高、渗透系数小的黏性土具有触变特性，在地震动荷载作用下其强度剧烈地降低甚至流动。

据 TJ11—78 规定：地基持力层范围内如有软弱黏土层时，当地震设计烈度为 7、8 和 9 度，其容许承载力分别小于 80、100 和 120kN/m² 时，须对地基采取抗震措施。

三、塔位的选定原则

（1）从地貌条件考虑：塔位宜置于地形平缓、河流顺直区段；位于冲刷岸则应远离冲刷岸边。

（2）从水文地质条件考虑：

1）跨越塔位一般宜设置在常年洪水位淹没范围以外；

2）基础设计应考虑 30~50 年河岸冲刷和变迁的影响；

3）尽量避免在冰厚大于 0.5m 的水库区内立塔；

4）受一般冲刷后塔位的地面标高宜高于 30 年一遇流冰水位的标高。

（3）从地震条件考虑：塔位应尽量避开饱和松散砂土或饱和粉土构成的地基以及古河道、断层破碎地带等；宜置于较厚的黏土层或粉质黏土层中。

四、基础的设计荷载

跨越杆塔和基础取 30 年一遇的气象条件的荷载进行设计，对洪水荷载按线路电压等级采取 30~50 年一遇的洪水作为设计最大洪水进行冲刷计算和有关荷载计算。

1. 荷载计算

杆塔基础处于设计洪水位或结冰水位以下时，除承受杆塔的荷载外，尚须考虑流水动压力 F_w、流冰和漂浮物的撞击力 F_b、F_m、冰冻胀力 F_z 和波浪冲击力 F_L 等荷载。

（1）动水压力 F_w（kN/m²）：

$$F_w = K_w \gamma_w v_w^2 / 2g \qquad (7\text{-}8\text{-}8)$$

式中　K_w——基形系数，可按表 7-8-17 取值；

　　　γ_w——水的容重，一般取 $\gamma_w = 10$kN/m³；

　　　g——重力加速度，取 $g = 9.81$m/s²；

　　　v_w——水的垂线平均流速，m/s。

表 7-8-17　　　基形系数 K_w

断面型式	方形	矩形（长边平行水流）	圆形	尖端形	圆端形
K_w	1.5	1.3	0.8	0.7	0.6

流水压力的合力点，可假定作用在设计水位线以下 1/3 水深处。

当垂线平均流速 $v_w > 10$m/s 时，应考虑流水的脉动冲击，脉动系数可取 1.5。

（2）流冰的撞击力 F_b：

$$F_b = m f_u b h \qquad (7\text{-}8\text{-}9)$$

式中　m——基础迎冰方向的形状系数，矩形 $m = 1.0$，半圆形 $m = 0.9$；

　　　f_u——冰的极限抗压强度，当缺少试验资料时，对初融流冰水位取 $f_u = 750$kN/m²，最高流冰水位取 $f_u = 450$kN/m²；

　　　h——冰厚，m，按 50 年一遇冬季最大冰厚的 0.8 倍或当缺乏足够的观测资料时，取现场调查的最大结冰厚度；

　　　b——流冰水位线以上的基础宽度，m。

（3）漂浮物冲击力 F_m：

$$F_m = G v_w / g t \qquad (7\text{-}8\text{-}10)$$

式中　G——漂浮物的重力，kN；

　　　t——撞击时间，应根据实际资料估算，当无资料时，取 $t = 1$s；

　　　v_w、g——符号含义与式（7-8-8）相同。

（4）冰冻胀力 F_z：

$$F_z = A_1 \tau_1 \qquad (7\text{-}8\text{-}11)$$

式中　A_1——冰层中桩身的侧面积，m²；

　　　τ_1——冰冻后桩身侧面积的单位面积冻胀力，对混凝土的单位面积的冻胀力可采用 $\tau_1 = 190$kN/m²。

（5）波浪冲击力 F_L：

1）当基柱直径 D 与波长 L 的比值 $D/L \leqslant 0.2$ 时，作用于整个基柱高度上的水平总波浪力 F_L 为

$$F_L = F_{D(max)} \cos\sigma t | \cos\sigma t | - F_{I(max)} \sin\sigma t \qquad (7\text{-}8\text{-}12)$$

最大水平总波浪力 F_{max} 按下列情况计算：

当 $F_{D(max)} \leqslant 0.5 F_{I(max)}$ 时

$$F_{max} = F_{I(max)} \qquad (7\text{-}8\text{-}13)$$

当 $F_{D(max)} > 0.5 F_{I(max)}$ 时

$$F_{max} = F_{D(max)} \left(1 + 0.25 F_{I(max)}^2 / F_{D(max)}^2 \right) \qquad (7\text{-}8\text{-}14)$$

对水底面的最大总力矩 M_{max} 为

$$M_{max} = M_{D(max)} \left(1 + 0.25 M_{I(max)}^2 / M_{D(max)}^2 \right) \qquad (7\text{-}8\text{-}15)$$

上四式中

$F_{D(max)}$、$F_{I(max)}$——在 $h_1 \sim h_2$ 间（图 7-8-3）基柱截面相同时，作用于该段上的最大

速度分力，kN/m；和惯性分力，kN/m，可分别按式（7-8-17）、式（7-8-18）计算；

$M_{D(max)}$、$M_{I(max)}$——由最大速度分力 $F_{D(max)}$ 和惯性力 $F_{I(max)}$ 在 Z_1 截面产生的最大力矩（kN·m），可分别按式（7-8-19）、式（7-8-20）计算；

σ——圆频率（1/s），$\sigma = 2\pi/T$；

t——时间（s），当波峰通过柱体中心时 $t = 0$。

2）当 $D/L > 0.2$ 时，作用于基柱上的最大水平总波浪力为

$$F_{H(max)} = F_{HI(max)} \qquad (7-8-16)$$

$F_{I(max)}$ 及其对水底面的力矩 $M_{I(max)}$ 可按式（7-8-18）、式（7-8-20）计算，但惯性力系数 C_M 改由图 7-8-4 确定。

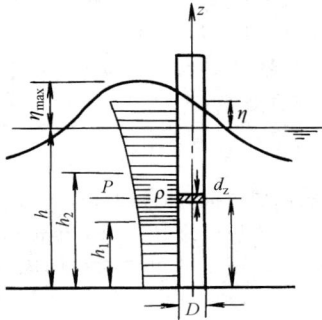

图 7-8-3　计算波浪力简图

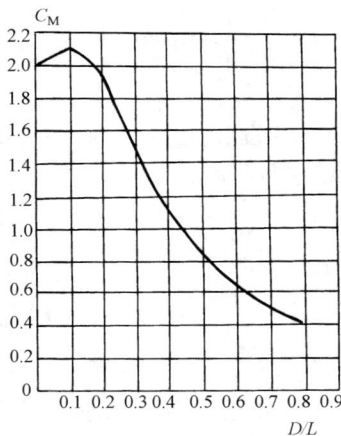

图 7-8-4　D/L 与惯性力系数
C_M 的关系曲线

对有底板的基柱，在计算整个底板上的 $F_{I(max)}$ 及 $M_{I(max)}$ 时，取 $h_1 = h - h_3$ 和 $h_2 = h + \eta_{max} - \dfrac{H}{2}$。其中 h_3

为底板上部水深（m），h 为水深（m），η_{max} 为波峰到水平面的距离（m），H 为波浪全高，即波峰到波谷的高差（m）。

3）$F_{D(max)}$ 和 $F_{I(max)}$ 计算：

$$F_{D(max)} = C_D \frac{\gamma D H^2}{2} K_1 \qquad (7-8-17)$$

$$F_{I(max)} = C_M \frac{\gamma A H}{2} K_2 \qquad (7-8-18)$$

其中

$$K_1 = \frac{\dfrac{4\pi h_2}{L} - \dfrac{4\pi h_1}{L} + \sinh\dfrac{4\pi h_2}{L} - \sinh\dfrac{4\pi h_1}{L}}{8\sinh\dfrac{4\pi d}{L}}$$

$$K_2 = \frac{\sinh\dfrac{2\pi h_2}{L} - \sinh\dfrac{2\pi h_1}{L}}{\cosh\dfrac{2\pi d}{L}}$$

4）$M_{D(max)}$、$M_{I(max)}$ 计算：

$$M_{D(max)} = C_D \frac{\gamma D H^2 L}{2\pi} K_3 \qquad (7-8-19)$$

$$M_{I(max)} = C_M \frac{\gamma A H L}{4\pi} K_4 \qquad (7-8-20)$$

其中

$$K_3 = \frac{1}{\sinh\dfrac{4\pi d}{L}}\left[\frac{\pi^2 (h_2 - h_1)^2}{4L^2} + \frac{\pi(h_2 - h_1)}{8L} \right.$$

$$\times \sinh\frac{4\pi h_2}{L} - \frac{1}{32}\left.\left(\cosh\frac{4\pi h_2}{L} - \cosh\frac{4\pi h_1}{L}\right) \right]$$

$$K_4 = \frac{1}{\cosh\dfrac{2\pi d}{L}}\left[\frac{2\pi (h_2 - h_1)}{L}\sinh\frac{\pi h_2}{L} \right.$$

$$- \left.\left(\cosh\frac{2\pi h_2}{L} - \cosh\frac{2\pi h_1}{L}\right) \right]$$

其它符号含义见图 7-8-3 和表 7-8-4 中所标注的距离，m。

2. 荷载组合

（1）按设计最大风速的基础作用力并取设计最高洪水位的荷载组合时，荷载系数可按 DL/T 5092—1999 的验算条件，取 0.75；

（2）当设计地面低于流冰水位标高时，除计算流冰的冲击力外尚须考虑 25% 的设计最大风荷载组合，此时，荷载系数取 1.0；

（3）塔基位于湖泊、内海或水库时，可取设计最大风荷载和由其引起的波浪冲击力的组合，此时，荷载系数取 1.0；

（4）当地震基本烈度为 7 度及其以上时，对有液化可能性的土和软土的地基，除计算地震力外尚须考虑 25% 的设计最大风荷载组合，此时，荷载系数

取 0.75；

（5）位于湖泊、水库或河床中基础，当计算冰冻胀力时，亦须考虑 25% 设计最大风荷载组合，此时，荷载系数取 1.0。

五、基础设计

1. 基础型式选定原则

跨河基础型式的选择，应根据塔型、荷载、工程地质、水文、地震时土层的可能液化深度和施工条件等方面，进行技术经济综合比较确定最优型式。

2. 基础承载力计算

根据选定的基础型式按本章的有关各节进行基础的承载力和强度计算。

六、基础的构造要求

除满足本章第七节灌注桩基础的构造要求外，尚须符合下列要求。

1. 承台

（1）承台一般为刚性承台，厚度 $\delta \geqslant 1.0$ m 和 $\delta \geqslant D_0$（桩径），并应满足桩嵌入承台的要求；

（2）承台的混凝土强度等级不低于 C20；

（3）承台柱的箍筋 $d \geqslant 8$ mm，间距 $s \leqslant 300$ mm；

（4）承台外伸部分按构造配置纵筋时，其直径 $d \geqslant 12$ mm，间距不宜大于 300 mm，配筋率 $\mu \geqslant 0.05\%$。

2. 基桩

（1）桩的构造配筋率 μ：当地震设计烈度为 7 度和 8 度时，$\mu = 0.6\%$；当设计烈度为 9 度时，$\mu = 0.8\%$。

（2）地震设计烈度为 7 度及其以上地区的桩基，当地面下 15m 范围内具有可能液化的土层时，铁塔四脚宜连成整体，桩的入土深度必须超过液化层的厚度。

第九节 计 算 例 题

一、掏挖基础

1. 设计条件

（1）工程地质：$0 \sim -0.3$ m 为耕植土层，-0.3 m ~ -10 m 为一般黏性土。地基物理特性：塑性指数 $I_P = 13$，天然孔隙比 $e = 0.8$，液性指数 $I_L = 0.5$，天然容重 $\gamma = 18$ kN/m³，无地下水，标准冻结深度 -2.0 m。

（2）基础作用力：设计上拔力 $F_T = 240$ kN，设计下压力 $F_V = 300$ kN，设计水平力 $F_{Hx} = 34$ kN，$F_{Hy} = 25$ kN。

（3）材料：混凝土强度等级采用 C20，纵向受力

钢筋采用 II 级钢筋，其余采用 I 级钢筋。

（4）适用塔型：直线塔，根开 8.0m。

2. 基础型式及参数

（1）型式：掏挖型（图 7-9-1）。

（2）基本数据：$\theta = 40°$，$h = 2.5$ m，$\Delta h = 0.6$ m，$h_1 = 1.9$ m，$h_2 = 0.1$ m，$d_0 = 1.0$ m，$D = 2.0$ m。

（3）基础体积 V_f 和自重力 G_f：

$$V_f = \pi \times 1.0^2 \times 0.1 + \pi \times 0.5^2 \times 1.9 + \frac{\pi}{3} \times 0.5$$
$$\times (1.0^2 + 0.5^2 + 0.5 \times 1.0) = 2.73 \text{m}^3$$

$G_f = 2.73 \times 24 = 65.5$ kN。

3. 上拔稳定计算

（1）有关参数：

1）计算深度 $h_t = 2.4 - 0.3 = 2.1$ m，临界深度 $h_c = 2.5D = 2.5 \times 2 = 5.0$ m > 2.1 m，故采用式（7-2-4）计算容许上拔力；

2）水平力的合力 $F_H = \sqrt{34^2 + 25^2} = 42.2$ kN，$F_H/F_T = 42.2/240 = 0.18 > 0.15$，则式（7-2-4）土抗力项乘以 0.98 的降低系数；

3）基础底板开展角 $\theta = 40° < 45°$，则式（7-2-4）土抗力项乘以 0.8 的降低系数；

4）由 $I_p = 13$、$e = 0.8$，按表 7-1-6 查得 $c = 43$ kN/m²，$\varphi = 16°$；

5）由 $h_t/D = 2.1/2 = 1.05$，$\varphi = 16°$，按图 7-2-7、图 7-2-8 查得 $A_1 = 3.1$，$A_2 = 0.53$；

6）由表 7-1-28 查得直线塔基础上拔稳定安全系数 $K_1 = 1.6$，$K_2 = 1.2$。

（2）容许上拔承载力 $[F_T]$：

由公式（7-2-4）得

$$[F_T] = \frac{0.5 A_1 c h_t^2 + A_2 \gamma h_t^3}{K_1} \times 0.98 \times 0.8 + \frac{G_f}{K_2}$$

$$= \frac{0.5 \times 3.1 \times 43 \times 2.1^2 + 0.53 \times 18 \times 2.1^3}{1.6}$$
$$\times 0.98 \times 0.8 + \frac{65.5}{1.2}$$

$$= 242 \text{kN} > 240 \text{kN}（符合要求）$$

4. 下压稳定计算

（1）容许下压承载力 $[P_{pr}]$

按表 7-1-22 查得，当 $\varphi = 16°$ 时，$N_B = 0.36$；$N_h = 2.43$；$N_c = 6.50$。由此按式（7-1-7）得

$$[P_{pr}] = N_B \gamma B + N_h \gamma_p h + N_c c$$
$$= 0.36 \times 18 \times \sqrt{\pi \times 1.0^2} + 2.43 \times 18 \times 2.5$$
$$+ 6.5 \times 43$$
$$= 390 \text{kN/m}^2$$

（2）地基压力：

1）划分桩类：取可塑状态黏性土的反力系数 k = 20000kN/m²，对钢筋混凝土桩的抗弯刚度 EI = $0.3E_{cc}I$，桩的变形系数 β_0 = $(kd_0/4EI)^{\frac{1}{4}}$ = $[20000 \times 1.0/(4 \times 0.3 \times 26000000\pi \times 0.5^4/4)]^{\frac{1}{4}}$ = $1/2.96$ (1/m)，嵌固深度 l_A = $\pi/2\beta_0$ = $\pi \times 2.96/2$ = 4.65m > 1.9m，故按刚性桩计算。

2）刚性桩底面的弯矩 M_h：可按式（7-3-9）计算，其中基柱的计算直径 d = $0.9(1.5d_0 + 0.5)$ = $0.9(1.5 \times 1.0 + 0.5)$ = 1.8m，由此得桩底面的弯矩为

$$M_h = 120DWF_H h/(dh^4 + 180DW)$$
$$= 120 \times 2\pi \times 1.0^3/4 \times 42.2 \times 2.5 / (1.8 \times 2.5^4 + 180 \times 2\pi \times 1.0^3/4)$$
$$= 56.3kN \cdot m$$

3）地基压力：可按式（7-3-1）和式（7-3-2）计算，其中底板正上方土的重力 G_0 = $\gamma(A_{cc}h - V_f)$ = $18(\pi \times 1.0^2 \times 2.5 - 2.73)$ = 92kN，故得地基压力为

$$P = \frac{F_v + G_f + G_0}{A} = \frac{300 + 65.5 + 92}{\pi \times 1.0^2}$$
$$= 145.6kN/m^2 < 390kN/m^2$$

$$P_{max} = \frac{F_v + G_f + G_0}{A} + \frac{M_h}{W}$$
$$= \frac{300 + 65.5 + 92}{\pi \times 1.0^2} + \frac{56.3 \times 4}{\pi \times 1.0^3}$$
$$= 217kN/m^2 < 1.2 \times 390kN/m^2$$

5. 强度计算

（1）基桩配筋：

1）基柱弯矩：将式（7-3-7）中的 ω，式（7-3-8）中的 x_A 代入式（7-3-9）中，便得基柱任一截面的弯矩（取基柱底部 $x = 1.9$m）为

$$M_x = F_{Hx}\left[1 - \frac{x_2(3dh^2 + 60DW/h^2 - 2dhx)}{dh^4 + 180DW}\right]$$

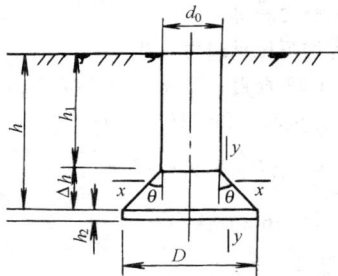

图 7-9-1 掏挖基础外形

$$42.2 \times 1.9\{1 - [1.9^2(3 \times 1.8 \times 2.5^2 + 60 \times 2\pi \times 1.0^3/(4 \times 2.5^2) - 2 \times 1.8 \times 2.5 \times 1.9)] \div (1.8 \times 2.5^4 + 180 \times 2\pi \times 1.0^3/4)\}$$
$$= 54.2kN \cdot m$$

2）配筋：按偏心受拉构件考虑（略基柱部分重），由 e_0 = M_x/F_{T0} = $54.2/240$ = 0.226m > $r_s/2$ = 0.225m（取 a_s = 50mm），按式（7-5-6）求基柱的纵向钢筋截面面积 A_s。即

先求 n_1 = $K_4F_{T0}/A_{cc}f_{ccm}$ = $1.7 \times 240/(\pi \times 1.0^2/4 \times 14000)$ = 0.037，β_1 = e_0/d_0 = $0.226/1.0$ = 0.226，再由图 7-5-4 查得 a_1 = 0.056，便得

$$A_s = a_1 A_{cc}f_{ccm}/f_{st} = 0.056\pi \times 1.0^2/4 \times \frac{14000}{340000}$$
$$= 18.1 \times 10^{-4}m^2 = 18.1cm^2$$

选 $10\phi16$，A_s = $20.1 > 18.1cm^2$。

（2）底板强度：

1）x—x 截面（基柱下 0.1m 的截面）：
$$M_x = 42.2 \times 2\{1 - [2^2 \times (3 \times 1.8 \times 2.5^2 + 60 \times 2\pi \times 1.0^3/(4 \times 2.5^2) - 2 \times 1.8 \times 2.5 \times 2)] \div (1.8 \times 2.5^4 + 180 \times 2\pi \times 1.0^3/4)\}$$
$$= 54.9kN \cdot m，$$

x—x 截面强度应符合式（7-5-67）要求：
$$\gamma_s = \gamma - (\gamma - 1)\frac{K_5F_{T0}}{f_{ct}A_{cc}} = 2.0 - \frac{2.7 \times (240 - 35.2)}{1300 \times 0.785}$$
$$= 1.46$$

$$\sigma_{ct} = \frac{F_{T0}}{A_{cc}} + \frac{M_x}{\gamma_s W} = \frac{204.2}{\pi \times 0.583^2} + \frac{54.9 \times 4}{1.46\pi \times 0.583^3}$$
$$= 432.9 < 1300/2.7 = 481.5kN/m^2（符合要求）$$

锚筋锚固长度从 x—x 截面起算。

2）y—y 截面（取基柱边截面）基础上、下面的净土压力 σ_0 计算：

偏拉时
$$\sigma_{max} = F_{T0}/A_{cc} + M_h/W$$
$$= \frac{204.2}{0.785(2.0^2 - 1.0^2)} + \frac{55.7 \times 2.0}{0.1(2.0^4 - 1.0^4)}$$
$$= 160 < 170kN/m^2（符合要求）$$

偏压时
$$\sigma_{max} = \frac{300 + 35.8}{0.785 \times 2^2} + \frac{56.3 \times 4}{\pi \times 1.0^3}$$
$$= 178 < 180kN/m^2（符合要求）$$

因为 $\Delta h/\Delta b$ = $0.6/0.5$ = 1.2，故由表 7-5-9 查得容许净土反力 $[\sigma_0]$ = 180kN/m²。

（3）底脚螺栓：单根底脚螺栓受力为

$$F_{Ta} = F_T/4 = 240/4 = 60\text{kN}$$

由表 7-5-14 选 $M36$ 螺栓,其容许拉力为 $[F_T]$ $= 82.1\text{kN} > 60\text{kN}$(符合要求)。

二、机扩桩基础

1. 设计条件同例一
2. 机扩桩基础型式(图 7-9-2)及参数

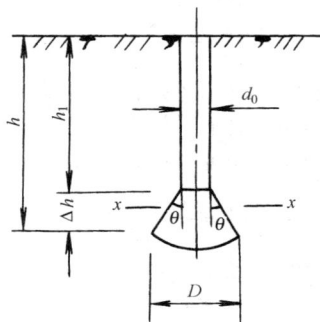

图 7-9-2 机扩桩基础外形

(1)基本数据:$\theta = 38°$;$h = 3.5\text{m}$;$\Delta h = 0.7\text{m}$; $h_1 = 2.8\text{m}$;$d_0 = 0.5\text{m}$;$D = 1.6\text{m}$。

(2)基础体积和自重力:

$$V_f = \pi \times 0.25^2 \times 2.8 + \frac{\pi \times 0.7}{2}(0.8^2 + 0.25^2 + 0.8$$

$$\times 0.25) + \pi \times 0.19^2 (0.89 - 0.19/3)$$

$$= 1.64\text{m}^3$$

$$G_f = 1.64 \times 2.4 = 39.4\text{kN}$$

3. 上拔稳定

(1)采用式(7-2-4)计算上拔稳定的有关参数:$h_t = 3.5 - 0.3 = 3.2\text{m} < h_c = 4.0\text{m}$;$\theta = 38° < 45°$,$\eta_\theta = 0.8$;$F_H/F_T = 0.18$,$\eta_m = 0.98$;由 $I_p = 13$、$e = 0.8$,按表 7-1-6 查得 $C = 43\text{kN/m}^2$,$\varphi = 16°$;由 $h_t/D = 3.2/1.6 = 2.0$、$\varphi = 16°$,按图 7-2-7、图 7-2-8 查得 $A_1 = 1.75$,$A_2 = 0.28$;$K_1 = 1.6$,$K_2 = 1.2$。

(2)容许上拔承载力 $[F_T]$:由式(7-2-4)得

$$[F_T] = \frac{0.5 \times 1.7 \times 43 \times 3.2^2 + 0.28 \times 18 \times 3.2^3}{1.6}$$

$$\times 0.8 \times 0.98 + \frac{39.4}{1.2}$$

$$= 296.1\text{kN} > 240\text{kN}(符合要求)$$

4. 下压稳定

(1)容许下压承载力 $[P_{pr}]$:式(7-1-7)得

$$[P_{pr}] = 0.36 \times 18 \times \sqrt{\pi \times 0.8^2} + 2.43 \times 18 \times 3.5$$

$$+ 6.5 \times 43$$

$$= 441.8\text{kN/m}^2$$

(2)地基压力:

1)划分桩类:$\beta_0 = (kd_0/4EI)^{\frac{1}{4}} = [20000 \times 0.5/(4 \times 0.3 \times 26000000\pi \times 0.25^4/4)]^{\frac{1}{4}} = 1/1.76$ $(1/\text{m})$,$l_A = \pi/2\beta_0 = \pi \times 1.76/2 = 2.76 < 2.8\text{m}$,属弹性桩。

2)桩底面弯矩 M_h:

$$M_h = \frac{F_H}{\beta_0}e^{-\beta_0 l}\sin\beta_0 l$$

$$= -42.2 \times 1.76 e^{-2.8/1.76}\sin\frac{2.8}{1.76}$$

$$= -15.1\text{kN} \cdot \text{m}$$

3)地基压力:由式(7-3-1)、式(7-3-2)计算并使之符合式(7-3-10)、式(7-3-11)的要求,其中 $G_0 = 18(\pi \times 0.8^2 \times 3.5 - 1.55) = 98.9\text{kN}$。

$$P = \frac{340 + 39.4 + 98.9}{0.8^2\pi} = 237.8 < 441.8\text{kN/m}^2$$

$$P_{max} = \frac{340 + 39.4 + 98.9}{0.8^2\pi} + \frac{15.1 \times 4}{0.8^3\pi}$$

$$= 275.4 < 1.2 \times 441.8\text{kN/m}^2(符合要求)$$

5. 强度计算

(1)基柱配筋:按式(7-3-6)求基柱最大弯矩为

$$M_{max} = -0.322F_H/\beta_0 = -0.322 \times 42.2 \times 1.76$$

$$= -23.9\text{kN} \cdot \text{m}$$

按偏心受拉构件计算,$e_0 = M_{max}/F_{T0} = 23.9/240 = 0.0996 < r_s/2 = 0.1\text{m}$($a_s = 50\text{mm}$)。当不考虑纵向受拉钢筋应力重分布时,按式(7-5-7)求纵向钢筋的截面面积 A_s:

$$A_s = K_4 F_{T0}(1 + 2e_0/r_s)/t_{st}$$

$$= 1.7 \times 240(1 + 2 \times 0.0996/0.2)/340000$$

$$= 24 \times 10^{-4}\text{m}^2 = 24\text{cm}^2$$

选 $12\phi16 A_s = 2.01 \times 12 = 24.12\text{cm}^2 > 24\text{cm}^2$,符合要求。

(2)锥台和地脚螺栓强度计算与例一相同,从略。

三、普通钢筋混凝土基础

1. 设计条件

(1)工程地质:一般黏性土,粉黏土可塑,地下水位 -1.0m(变动范围 $\pm 1.5\text{m}$),天然容重 $\gamma_p = 16\text{kN/m}^2$,$[P] = 100\text{kN/m}^2$。

(2)基础作用力:上拔力 $F_T = 93.4\text{kN}$,水平力 $F_{Hx} = 7.3\text{kN}$、$F_{Hy} = 6.4\text{kN}$;下压力 $F_V = 114.4\text{kN}$;水平力 $F_{Hx} = 8.5\text{kN}$、$F_{Hy} = 7.33\text{kN}$。

（3）材料：混凝土强度等级采用C15；钢材采用Ⅰ级钢筋。

（4）适用塔型：直线塔，根开2.3m。

2. 基础型式及基本尺寸

（1）型式：底板配筋混凝土基础（图7-9-3）

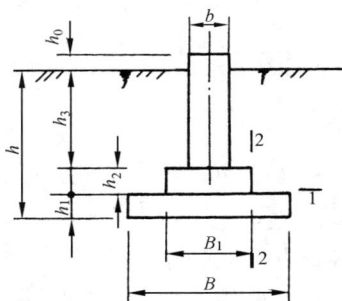

图 7-9-3　底板配筋基础外形

（2）基本尺寸：$h = 2.2$m；$h_3 = 1.6$m；$h_1 = h_2 = 0.3$m；$B = 2.2$m；$b = 0.5$m；$B_1 = 1.0$m；$h_0 = 0.2$m。

（3）基础体积和重力：

$$V_f = 0.5^2 \times 1.8 + 1.0^2 \times 0.3 + 2.2^2 \times 0.3$$
$$= 2.2 \text{m}^3,$$

$$G_f = 2.2 \times 14 = 30.8 \text{kN}$$

3. 上拔稳定

（1）临界深度 $h_c = 2B = 2 \times 2.2 = 4.4$m $> h_t = 1.9$m，采用式（7-2-7）计算上拔力。

（2）抗拔体积 V 及 V_0：取计算上拔角 $a = 20°$，由表7-2-7查得 $V = 16.2$m³，$V_0 = 0.5^2 \times 1.6 + 1.0^2 \times 0.3 = 0.7$m³。

（3）容许上拔承载力 $[F_T]$：按式（7-2-7）得

$$[F_T] = \frac{(V - V_0) \gamma_0}{K_1} + \frac{G_f}{K_2}$$

$$= \frac{(16.2 - 0.7) \times 16}{1.6} + \frac{30.8}{1.2}$$

$$= 181 > 93.4 \text{kN}$$

4. 下压稳定

（1）地基容许承载力 $[P_{pr}]$：按式（7-1-6），取 $\gamma_p = 16$kN/m²，则

$$[P_1] = [P] + m_B \gamma (B - 3)$$
$$+ m_h \gamma_p (h - 1.5)$$
$$= 100 + 0 + 1 \times 16 (2.2 - 1.5)$$
$$= 111.2 \text{kN/m}^2,$$

（2）地基及地基强度：底板正上方土重力 $G_0 = (2.2^2 \times 1.9 - 0.7) \times 16 = 136.9$kN，基础混凝土重力 $G_f = 2.2 \times 24 = 52.8$kN，从而由式（7-3-1）、式（7-3-

4）、式（7-3-10）和式（7-3-11）得基础底面压力为

$$P = (F_V + G_f + G_0) / A$$
$$= (114.4 + 52.8 + 136.9)) / 2.2^2$$
$$= 62.9 \text{kN/m}^2 < 111.2 \text{kN/m}^2$$

$$P_{max} = \frac{F_V + G_f + G_0}{A} + \frac{M_x}{W_y} + \frac{M_y}{W_x}$$

$$= \frac{114.4 + 52.8 + 136.9}{2.2^2} + \frac{8.5 \times 2.4 \times 6}{2.2^3}$$

$$+ \frac{7.33 \times 2.4 \times 6}{2.2^3}$$

$$= 84.3 \text{kN/m}^2 < 1.2 \times 111.2 \text{kN/m}^2 （符合要求）$$

5. 底板混凝土强度

（1）1—1截面强度：按式（7-5-67）计算，即

$$\sigma_{ct} = \frac{F_{T0}}{A_{cc}} + \frac{M}{\gamma_s W} = \frac{93.4 - 9.9}{1.0^2}$$

$$+ \frac{(7.3 + 6.4) \times 2.1 \times 6}{1.46 \times 1\,1.0^3}$$

$$= 201.7 < \frac{1050}{2.7} = 388.9 \text{kN/m}^2$$

$\gamma_s = 1.46$ 见例一

（2）2—2截面强度：

1）弯矩：

$$M = Q_c e = 22.63 \times \frac{0.85}{3} \times \frac{0.5 + 2 \times 2.2}{2.2 + 0.5}$$

$$= 22.63 \times 0.51 = 11.54 \text{kN} \cdot \text{m}$$

2）断面特性：

重心位置：

$$x = \frac{1 \times 0.3 \times 0.45 + 2.2 \times 0.3 \times 0.15}{1 \times 0.3 + 2.2 \times 0.3} = 0.24 \text{m},$$

惯性矩：

$$I = \frac{1}{12} 0.3^3 + 1 \times 0.3 \times 0.21^2 + \frac{2.2}{12} \times 0.3^3 + 2.2$$

$$\times 0.3 \times 0.09^2 = 0.026 \text{m}^4$$

抵抗矩：

$$W = I / (0.6 - 0.24) = 0.026/0.36 = 0.072 \text{m}^3,$$

3）截面应力：按式（7-5-65）得

$$\sigma_1 = \frac{M}{\gamma W} = \frac{10.64}{1.75 \times 0.072} = 84.4 < 388.9 \text{kN/m}^2$$

（3）底板切力强度：

底板上平面的净土反力按式（7-5-43）得

$$\sigma_{max} = \frac{F_{T0}}{bl - b_1 l_1} + \frac{6 l M_x}{(b l^3 - b_1 l_1^3)}$$

$$= \frac{93.4 - 2.2 \times 14}{2.2^2 - 0.5^2} + \frac{6 \times 2.2 \times 7.3 \times 2.4}{2.2^4 - 0.5^4}$$

$$= 13.6 + 9.9 = 23.5 \text{kN/m}^2$$

$$\sigma_{min} = 13.6 - 9.9 = 3.7 \text{kN/m}^2,$$

2—2截面切力按式（7-5-44）计算

$$Q_{c2} = \frac{\sigma_{max} + \sigma_1}{2} A_{c2} = \frac{23.5 + 15.85}{2}$$
$$\times (2.2 + 0.5) \times 0.85/2 = 22.63 kN,$$

2—2 截面的切力强度按式 (7-5-73) 计算

$$Q_p = b_0 h_x f_{ct}/1.5 = 2.2 \times 0.6 \times 105/1.5$$
$$= 92.4 kN > K_5 Q_c = 2.7 \times 22.63 = 61.6 kN$$

(4) 底板冲切强度:

1) 外力:

$$\sigma_{max} = \frac{F_{V0}}{bl} + \frac{M}{W} = \frac{114.4 + (0.45 + 0.3) \times 24}{2.2^2}$$
$$+ \frac{8.5 \times 2.4 \times 6}{2.2^3} = 27.4 + 11.5$$
$$= 38.9 kN/m^2$$

$$\sigma_{min} = 27.4 - 11.5 = 15.9 kN/m^2$$

按式 (7-5-41) 计算

$$Q_c = A_c \sigma_t = \frac{(2.2 + 1.5) \times 0.35}{2} \times \frac{38.9 + 35.8}{2}$$
$$= 0.65 \times 37.35 = 24.2 kN$$

$$K_6 Q_c = 2.2 \times 24.2 = 53.2 kN$$

2) 冲切强度 [图 7-5-17 (b)]:

按式 (7-5-50) 得

$$Q_p = 0.75 f_{ct} b_p h_0 = 0.75 \times 1050$$
$$\times 0.25 (1 + 1.5) /2$$
$$= 246.1 kN > 53.2 kN$$

计算结果符合要求。

6. 配筋计算

(1) 基柱配筋:

按式 (7-5-1) 计算纵向钢筋截面面积

$$A_s = (F_{T0} + 2M_x/s_x + 2M_y/s_y) K_4/f_{st}$$
$$= (93.4 + 2 \times 7.3 \times 1.8/0.4 + 2 \times 6.4$$
$$\times 1.8/0.4) \times 1.7/240000$$
$$= 15.3 \times 10^{-4} m^2 = 15.3 cm^2,$$

按式 (7-5-2) 计算平行 Y 轴两侧钢筋的截面面积

$$A_{sy} = [F_{T0} n_y/n + 2M_y/ (n_x s_y) + M_x/s_x]$$
$$\times 2K_4/f_{st}$$
$$= [93.4 \times 4/12 + 2 \times 6.4 \times 1.8/ (4 \times 0.4)$$
$$+ 7.3 \times 1.8/0.4] \times 2 \times 1.7/240000$$
$$= 11.1 \times 10^{-4} m^2 = 11.1 cm^2,$$

按式 (7-5-3) 计算平行 X 轴两侧钢筋的截面面积

$$A_{sx} = [F_{T0} n_x/n + 2M_x/ (n_y s_x) + M_y/s_y]$$
$$\times 2K_4/f_{st}$$
$$= [93.4 \times 4/12 + 2 \times 7.3 \times 1.8/ (4 \times 0.4)$$
$$+ 6.4 \times 1.8/0.4] \times 2 \times 1.7/240000$$
$$= 10.8 \times 10^{-4} m^2 = 10.8 cm^2,$$

最小配筋: $\frac{1}{2} A_{sy} = \frac{1}{2} A_{sx} = 0.2 \times 0.5$

$$\times 0.45/100 = 4.5 \times 10^{-4} m^2 = 4.5 cm^2,$$

选 $12\phi14 A_s = 18.5 cm^2 > 15.3 cm^2$

$A_{sy} = 12.3 cm^2 > 11.1 cm^2$ ⎫
$A_{sx} = 12.3 cm^2 > 10.8 cm^2$ ⎬ 符合要求
　　　　　　　　　　　　　　　⎭

(2) 底板配筋:

1) 柱边截面:

先按式 (7-5-40) 计算底板双向偏心受压时的弯矩

$$M = \frac{\sigma_{max} + \sigma_1}{48} (B - b)^2 (2B + b)$$
$$= \frac{38.9 + 30}{48} (2.2 - 0.5)^2 (2 \times 2.2 + 0.5)$$
$$= 20.33 kN \cdot m$$

再按式 (7-5-45) 便得柱边截面的钢筋截面面积

$$As = K_4 M/ (0.875 h_0 f_{st})$$
$$= \frac{1.7 \times 20.33}{0.875 \times 0.55 \times 24 \times 10^4}$$
$$= 3.0 \times 10^{-4} m^2 = 3.0 cm^2$$

2) 变阶截面:

$$M = \frac{38.9 + 32.6}{48} (2.2 - 1)^2 (2 \times 2.2 + 1)$$
$$= 11.59 kN \cdot m,$$

$$A_s = \frac{1.7 \times 11.59}{0.875 \times 0.25 \times 24 \times 10^4}$$
$$= 3.75 \times 10^{-4} m^2 = 3.75 cm^2$$

3) 最小配筋率:

按表 7-5-17 查得受弯构件配筋率为 0.1%, 由此得柱边截面的钢筋截面面积为

$$A_s = bh_0 \times 0.1\% = (1 \times 0.55 + 2 \times 0.6 \times 0.25)$$
$$\times 0.1\% = 8.5 \times 10^{-4} m^2 = 8.5 cm^2$$

变阶截面的钢筋截面面积为

$$A_s = bh_0 \times 0.1\% = 2.2 \times 0.25 \times 0.1\% = 5.5 cm^2$$

底板上、下面配筋均按最小配筋率构造配置,选用 $12\phi10$ 的钢筋,其截面面积

$$A_s = 9.42 cm^2 > 8.5 cm^2$$

7. 基柱抗剪力

基柱箍筋选用 $\phi6$, 箍筋间距 $s = 200 mm$, 采用双肢箍。当基柱承受小偏心拉力时,抗切力则按式 (7-5-35) 计算。即

$$Q_u = a_{ss} f_{st} A_{pr} h_0/s = 2 \times 24 \times 10^4 (2 + 1.4)$$
$$\times 0.283 \times 10^4 \times 0.45/0.2$$
$$= 103.9 kN > K_4 F_H = 1.7 \times 7.3 = 12.4 kN$$

8. 地脚螺栓受拉力

$$F_T = 93.4/4 = 23.35 kN$$

由表 7-5-14 选 M22, 其容许拉力 $[F_T] = 30.4 kN > 23.35 kN$, 符合要求。

四、联合基础

1. 设计条件

（1）工程地质：淤泥、孔隙比 $e = 1.5$，液性指数 $I_L = 1.1$；地下水位 $-1.0m$（波动范围 $\pm 1.0m$）；$[P] = 60kN/m^2$；$\gamma = 15kN/m^3$；$\varphi = 0$；$C = 10kN/m^2$；标准冻结深度 $-1.4m$。

（2）基础作用力（含上拔力 F_T，水平力 F_{Hx}、F_{Hy} 和下压力 F_V）：

垂直线路受风力

C、D 腿 $F_T = 116kN$；$F_{Hx} = 11.9kN$；$F_{Hy} = 4.80kN$

A、B 腿 $F_V = 138kN$；$F_{Hx} = 13.1kN$；$F_{Hy} = 5.70kN$

45°线路受风力

C 腿 $F_T = 143.5kN$；$F_{Hx} = 11.7kN$；$F_{Hy} = 9.56kN$

A 腿 $F_V = 176.7kN$；$F_{Hx} = 13.6kN$；$F_{Hy} = 11.0kN$

D 腿 $F_V = 27.8kN$；$F_{Hx} = 2.31kN$；$F_{Hy} = 4.83kN$

B 腿 $F_V = 5.49kN$；$F_{Hx} = 4.24kN$；$F_{Hy} = 3.43kN$

（3）材料：采用 C15 强度等级混凝土和 Ⅰ 级钢筋。

（4）适用塔型：直线塔。

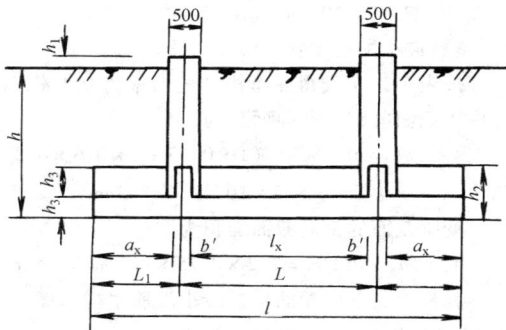

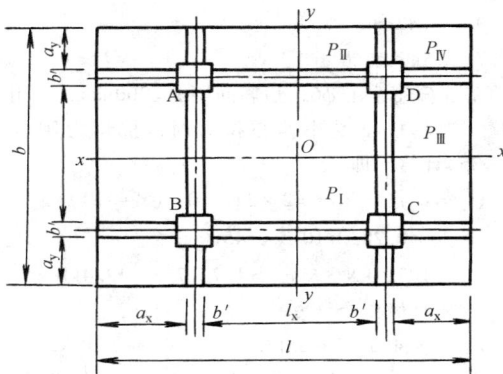

图 7-9-4 联合基础外形

2. 基础型式及基本数据

（1）型式：整体型，如图 7-9-4 所示。

（2）基本尺寸：$h = 1.8m$；$l = 6.4m$；$b = 4.6m$；$l_x = 3.404m$；$l_y = 2.304m$；$a_x = 1.098m$；$a_y = 0.748m$；$b' = 0.4m$；$h_3 = 0.3m$；$h_2 = 0.6m$；$L = 3.804m$；$h_1 = 0.2m$。

（3）基础体积和重力：

$$V_f = 6.4 \times 4.6 \times 0.3 + 6.4 \times 0.4 \times 0.3 \times 2 + 2 \times 0.4 \times 0.3 \times 4.6 + 0.5^2 \times 1.4 \times 4 + 0.05^2 \times 0.3 \times 4 \times 4 - 0.4^2 \times 0.3 \times 4 = 12.69m^3$$

有水时重力 $G_{f1} = 12.69 \times 14 = 177.7kN$ }

无水时重力 $G_{f2} = 12.69 \times 24 = 304.6kN$ }

（4）底板正上方土体积：

$$V_t = 6.4 \times 4.6 \times 1.8 - 12.69 + 0.5^2 \times 0.2 \times 4 = 40.5m^3$$

3. X 轴方向的倾覆稳定

（1）极限倾覆力矩 M_u 由式（7-4-13）计算：

$$M_u = (G_f + G_0) l/2 = (177.7 + 40.5 \times 8) \times 6.4/2 = 1605kN \cdot m$$

（2）倾覆力矩 M_Q 由式（7-4-14）计算：

$$\begin{aligned} M_Q &= \Sigma F_T (l + L)/2 + \Sigma F_H (h + h_1) \\ &\quad - \Sigma F_V (l - L)/2 \\ &= 2 \times 116 (6.4 + 3.804)/2 + 2 (11.9 \\ &\quad + 13.1) \times (1.8 + 0.2) - 2 \times 138 (6.4 \\ &\quad - 3.804)/2 \\ &= 925.4kN \cdot m \end{aligned}$$

（3）安全系数：

$$K = M_u/M_Q = 1605/925.4 = 1.73 > 1.2 （符合要求）$$

4. 下压稳定

（1）地基容许承载力 $[P_1]$ 按式（7-1-6）计算：

$$\begin{aligned} [P_1] &= [P] + m_B \gamma (B - 3) + m_h \gamma_p (h - 1.5) \\ &= 6 + 0 + 1.0 \times 15 (1.8 - 1.5) \\ &= 64.5kN/m^2 \end{aligned}$$

（2）地基压力和地基强度，取 45°风向作用力，按式（7-3-1）、式（7-3-4）计算：

$$\begin{aligned} P &= \frac{304.6 + 607.5 + 176.7 + 27.8 + 5.49 - 143.5}{6.4 \times 4.6} \\ &= 33.2kN/m^2 < 64.5kN/m^2 \end{aligned}$$

$$\begin{aligned} P_{max} &= (304.6 + 607.5 + 176.7 + 27.8 + 5.49 \\ &\quad - 143.5) \div (6.4 \times 4.6) + \{ [(11.7 \\ &\quad + 13.6 + 2.31 + 4.24) \times 2 + (176.7 + 5.49 \\ &\quad + 143.5 - 27.8) \times 3.804/2] \times 6 \} \end{aligned}$$

$$\div（4.6 \times 6.4^2）+ \{[（9.56 + 11.0$$
$$+ 4.83 + 3.43）\times 2 +（176.7 + 27.8$$
$$+ 143.5 - 5.49）\times 2.704/2]\times 6\}$$
$$\div（6.4 \times 4.6^2）$$
$$= 76.4 kN/m^2 < 1.2[P]= 77.4 kN/m^2$$
$$P_{min}= 33.2 - 20.1 - 23.1 = -10.0 kN/m^2$$

因为 $P_{min} < 0$ 则应按式（7-3-5）计算 P_{max}，并使其符合公式（7-3-11）要求。

$$C_x = \frac{l}{2} - \frac{M_x}{F_v + G_f + G_0}$$
$$= \frac{6.4}{2} - \frac{31.85 \times 2 + 297.9 \times 3.804/2}{304.6 + 607.5 + 66.5}= 2.56m$$

$$C_y = \frac{b}{2} - \frac{M_y}{F_v + G_f + G_0}$$
$$= \frac{4.6}{2} - \frac{28.82 \times 2 + 342.5 \times 2.704/2}{978.6}= 1.77m$$

$$P_{max}= \frac{F_v + G_f + G_0}{C_x C_y}m_b$$
$$= \frac{978.6}{2.56 \times 1.77}\times 0.35$$
$$= 75.6 kN/m^2 < 77.4 kN/m^2$$

5. 内力计算（按90°风计算，45°风从略）

（1）梁板刚度比：

梁的抗扭刚度：$\mu = \frac{1}{6}= 0.17$；$h_2/b' = 1.5$，K'
$= 0.196^{[7-7]}$

$$GI_{cc}= \frac{E_{cc}}{2（1 + \mu）}\times K' h_2 b'^3$$
$$= \frac{23 \times 10^6}{2（1 + 0.17）}\times 0.196 \times 0.6 \times 0.4^3$$
$$= 73980 kN \cdot m^2$$

板的柱形刚度：

$$\frac{E_{cc}t^3}{12（1 - \mu^2）}= \frac{23 \times 10^6 \times 0.3^3}{12（1 - 0.17^2）}= 53290 kN \cdot m,$$

当 $\dfrac{E_{cc}t^3}{12（1 - \mu^2）}/GI_{cc}= 53290/73980 = 0.72 <$

$1.0/m$，根据板梁固着条件，Ⅰ板可按四边固定考虑。

（2）底板下面的反力，按式（7-5-38）～式

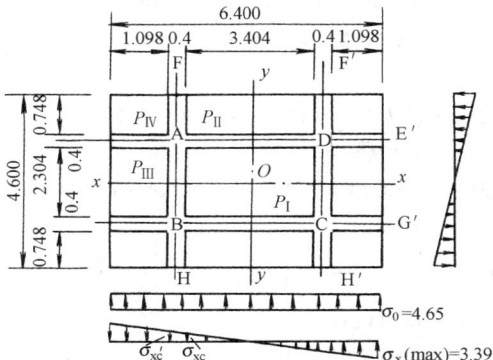

图 7-9-5　梁荷载示意图

（7-5-40）计算：

$$\sigma_0 =（G_{f1}+ \Sigma F_v - \Sigma F_T）/A$$
$$= [（12.69 - 6.4 \times 4.6 \times 0.3）\times 24 + 2$$
$$\times 138 - 2 \times 116]/6.4 \times 4.6$$
$$= 4.65 kN/m^2,$$

$$\sigma_{x(max)}= \pm[\Sigma F_{Hx}h +（\Sigma F_v$$
$$+ \Sigma F_T）h]/W_y$$
$$= \pm[（11.9 + 13.1）\times 2 \times 2.0 +（116 \times 2$$
$$+ 138 \times 2）\times 1.902]\times 6/4.6 \times 6.4^2$$
$$= \pm 33.9 kN/m^2$$

$$\sigma_{y(max)}= 0$$

（3）底板内力（图7-9-5）：

1）$P_Ⅰ$ 板：

由 $l_y/l_x = 2.304/3.404 = 0.7$，从表7-4-5查得 η_{0x}
$= 0.0167$、$\eta_{0y}= 0.0340$。再由式（7-4-15）计算跨中弯矩

$$M_{0x}= \eta_{0x}\sigma_0 l_y^2 = 0.0167 \times 4.65 \times 2.304^2$$
$$= 0.41（kN \cdot m）/m$$
$$M_{0y}= \eta_{0y}\sigma_0 l_y^2 = 0.034 \times 4.65 \times 2.304^2$$
$$= 0.84（kN \cdot m）/m$$

据 $\sigma_{xc}= 33.9 \times 1.702/3.2 = 18.0 kN/m^2$，轴心荷载系数 $\eta_x^0 = 0.0569$、$\eta_y^0 = 0.0735$，弯矩荷载系数 $\eta_x = 0.0257$、$\eta_y = 0.0166$，由式（7-4-16）计算固定端弯矩

$$M_x^0 = -（\eta_x^0 \sigma_0 \pm \eta_x \sigma_{xc}）l_y^2$$
$$= -（0.0569 \times 4.65 \pm 0.0257$$
$$\times 18.0）\times 2.304^2$$
$$= \begin{matrix}- 3.86 \\ + 1.05\end{matrix}（kN \cdot m）/m$$

$$M_y^0 = -（\eta_y^0 \sigma_0 \pm \eta_y \sigma_{yc}）l_y^2$$
$$= -（0.0735 \times 4.65 \pm 0）\times 2.304^2$$
$$= -1.81（kN \cdot m）/m$$

2）$P_Ⅱ$ 板：

据 $l_x/a_y = 3.404/0.748 = 4.6 > 2.0$，按式（7-4-17）计算单位宽度的弯矩

$$MP_Ⅱ = -（2\sigma_0 \pm \sigma_{y(max)}\pm \sigma'_{yc}）a_y^2/4$$
$$= -（2 \times 4.65 \pm 0 \pm 0）\times 0.748^2/4$$
$$= -1.30（kN \cdot m）/m$$

3）$P_Ⅲ$ 板：

据 $l_y/a_x = 2.304/1.098 = 2.1 > 2.0$，按式（7-4-17）计算单位宽度的弯矩

$$M_{PⅢ}= -（2\sigma_0 \pm \sigma_{x(max)}\pm \sigma'_{xc}）a_x^2/4$$
$$= -（2 \times 4.65 \pm 33.9 \pm 22.3）\times 1.098^2/4$$

$$= \begin{matrix} -19.74 \\ +14.17 \end{matrix} (kN \cdot m) / m$$

（4）梁内力（图 7-9-5）：

1）AD（BC）梁（板净跨与梁净跨之比等于 1.03 小于 1.1）：

AD 梁荷载计算

$$q_1 = \frac{1}{2}(b - l_y)\left(\sigma_0 + \frac{\sigma_{y(max)} + \sigma_{yc}}{2} \right)$$

$$= \frac{1}{2}(4.6 - 2.304) \times 4.65 = 5.34 kN/m$$

$$q_2 = \frac{1}{2}l_y(\sigma_0 + \sigma_{yc}/2)$$

$$= \frac{1}{2} \times 2.304 \times 4.65 = 5.36 kN/m$$

$$q_3 = \frac{1}{2}\sigma_{xc}(b - l_y)$$

$$= \frac{1}{2} \times 18.0(4.6 - 2.304) = 20.66 kN/m$$

$$q_4 = \frac{1}{4}\sigma_{xc}(l_x - l_y/2)l_y/l_x$$

$$= \frac{1}{4} \times 18.0(3.404 - 2.304/2) \times 2.304/3.404$$

$$= 6.86 kN/m$$

AD 梁内力由式（7-4-18）～式（7-4-27）计算

$$Q_{A1} = -Q_{D1} = -q_1 l_x/2 = -5.34 \times 3.404/2$$

$$= -9.09 kN$$

$$Q_{A2} = -Q_{D2} = -q_2(l_x - l_y/2)/2$$

$$= -5.36(3.404 - 2.304/2)/2 = -6.05 kN$$

$$Q_{A3} = Q_{D3} = -q_3 l_x/5$$

$$= -20.66 \times 3.404/5 = -14.07 kN$$

$$Q_{A4} = Q_{D4} = -q_4 l_x/6$$

$$= -6.70 \times 3.404/6 = -3.80 kN$$

$$\Sigma Q_{AD} = -9.09 - 6.05 - 14.07 - 3.8$$

$$= -33.01 kN$$

$$M_{A1} = M_{D1} = -q_1 l_x^2/12 = -5.34 \times 3.404^2/12$$

$$= -5.16 kN \cdot m$$

$$M_{A2} = M_{D2} = -q_2\left(l_x^2 - l_y^2/2 + \frac{l_y^3}{8l_x} \right)/12$$

$$= -5.36\left(3.404^2 - 2.304^2/2 + \frac{2.304^3}{8 \times 3.404} \right)/12$$

$$= -4.20 kN \cdot m$$

$$M_{A3} = -M_{D3} = -q_3 l_x^2/60 = -20.66 \times 3.404^2/60$$

$$= -3.99 kN \cdot m$$

$$M_{A4} = -M_{D4} = -q_4 l_x^2/50 = -8.30 \times 3.404^2/50$$

$$= -1.55 kN \cdot m$$

$$\Sigma M_{AD} = -(5.16 + 4.20 + 3.99 + 1.55)$$

$$= -14.9 kN \cdot m$$

$$\Sigma M_{DA} = -(5.16 + 4.20 - 3.99 - 1.55)$$

$$= -3.82 kN \cdot m$$

$$M_{01} = q_1 l_x^2/24 = 5.34 \times 3.404^2/24$$

$$= 2.58 kN \cdot m$$

$$M_{02} = q_2\left(l_x^2 - \frac{l_y^3}{4l_x} \right)/24$$

$$= 5.36\left(3.404^2 - \frac{2.304^3}{4 \times 3.404} \right)/24$$

$$= 2.39 kN \cdot m$$

$$M_{03} = M_{04} = 0$$

$$\Sigma M_0 = 2.58 + 2.39 = 4.97 kN \cdot m$$

2）AB 梁（板净跨与梁净跨之比等于 1.05 < 1.1）：

AB 梁荷载：

$$q'_1 = (l - l_x)\left(\sigma_0 + \frac{\sigma_{x(max)} + \sigma_{xc}}{2} \right)/2$$

$$= (6.4 - 3.404)\left(4.65 + \frac{33.9 + 18.0}{2} \right)/2$$

$$= 45.84 kN/m$$

$$q'_2 = l_y\left[\sigma_0 + \sigma_{xc}\left(2 - \frac{l_y}{l_x} \right)/2 \right]/2$$

$$= 2.304[4.65 + 18.0(2 - 2.304/3.404)/2]/2$$

$$= 19.08 kN/m$$

$$q'_3 = \sigma_{yc}(l - l_x)/2 = 0$$

$$q'_4 = \sigma_{yc} l_y/8 = 0$$

AB 梁内力按式（7-4-17）～式（7-4-22）计算：

$$Q'_{B1} = -Q_{A1} = q'_1 l_y/2 = 45.84 \times 2.304/2$$

$$= 52.81 kN$$

$$Q'_{B2} = -Q_{A2} = q'_2 l_y/4 = 19.08 \times 2.304/4$$

$$= 10.99 kN$$

$$\Sigma Q'_B = \Sigma Q_A = 52.81 + 10.99 = 63.8 kN$$

$$M'_{B1} = M'_{A1} = q'_1 l_y^2/12 = 45.84 \times 2.304^2/12$$

$$= 20.28 kN \cdot m$$

$$M'_{B2} = M'_{A2} = 5q'_2 l_y^2/96 = 5 \times 19.08 \times 2.304^2/96$$

$$= 5.28 kN \cdot m$$

$$\Sigma M'_B = \Sigma M'_A = 20.28 + 5.28 = 25.56 kN \cdot m$$

$$M'_{01} = -q'_1 l_y^2/24 = -45.84 \times 2.304^2/24$$

$$= -10.14 kN \cdot m$$

$$M'_{02} = q'_2 l_y^2/32 = 19.08 \times 2.304^2/32$$

$$= 3.17 kN \cdot m$$

$$\Sigma M'_0 = -10.14 + 3.17 = -7.24 kN \cdot m$$

3）DC 梁：

$$q'_1 = (6.4 - 3.404)\left(4.65 - \frac{33.9 - 18.0}{2} \right)/2$$

$$= -18.84 kN/m$$

$$q'_2 = 2.304[4.65 - 18.0(2 - 2.304/3.404)/2]/2$$

$$= -8.35 kN/m$$

$M'_{D1} = M'_{C1} = 18.84 \times 2.304^2/12 = 8.33\text{kN} \cdot \text{m}$

$M'_{D2} = M'_{C2} = 5 \times 8.35 \times 2.304^2/96$
$= 2.31\text{kN} \cdot \text{m}$

$\Sigma M_{DC} = \Sigma M_{CD} = 8.33 + 2.31 = 10.64\text{kN} \cdot \text{m}$

$M_{01} = -18.84 \times 2.304^2/24 = -4.17\text{kN} \cdot \text{m}$

$M_{02} = -8.35 \times 2.304^2/32 = 1.39\text{kN} \cdot \text{m}$

$\Sigma M_{0C} = -4.17 - 1.39 = -5.56\text{kN} \cdot \text{m}$

6. 强度计算

(1) 底板正截面：

1) P_I 板：

$M_{0x} = 0.41(\text{kN} \cdot \text{m})/\text{m}$,

$M_{0y} = 0.84(\text{kN} \cdot \text{m})/\text{m}$,

$M_x^0 = \begin{matrix} +1.05 \\ -3.86 \end{matrix}(\text{kN} \cdot \text{m})/\text{m}$,

$M_y^0 = -1.81(\text{kN} \cdot \text{m})/\text{m}$。

板上部 X 和 Y 向沿每米所需纵向钢筋截面积 A_{sx}、A_{sy} 按式 (7-5-45) 计算，即

$A_{sx} = \dfrac{K_4 M_x^0}{0.875 h_0 f_{st}} = \dfrac{1.7 \times 1.05}{0.875 \times 0.25 \times 240 \times 10^3}$
$= 0.34\text{cm}^2$

$A_{sy} = \dfrac{K_4 M_{0y}}{0.875 h_0 f_{st}} = \dfrac{1.7 \times 0.84}{0.875 \times 0.25 \times 240 \times 10^3}$
$= 0.27\text{cm}^2$

板下部 X 和 Y 向沿每米所需纵向钢筋截面积为

$A_{sx} = \dfrac{1.7 \times 3.86}{0.875 \times 0.25 \times 240 \times 10^3} = 1.25\text{cm}^2$,

$A_{sy} = \dfrac{1.7 \times 1.81}{0.875 \times 0.25 \times 240 \times 10^3} = 0.59\text{cm}^2$

按最小配筋 $A_s = 1.0 \times 0.25 \times 0.1\% = 2.5\text{cm}^2$

2) P_{II} 板：

$M_{P_{II}} = -1.3(\text{kN} \cdot \text{m})/\text{m}$

板下部 Y 向沿每米所需纵向钢筋截面积为

$A_{sy} = \dfrac{1.7 \times 1.3}{0.875 \times 0.25 \times 240 \times 10^3} = 0.42\text{cm}^2$

3) P_{III} 板：

$M_{P_{III}} = 14.17$ 及 $M_{P_{III}} = -19.74$，由此得

板上部 $A_{sx} = \dfrac{1.7 \times 14.17}{0.875 \times 0.25 \times 240 \times 10^3} = 4.59\text{cm}^2$

板下部 $A_{sx} = \dfrac{1.7 \times 19.74}{0.875 \times 0.25 \times 240 \times 10^3} = 6.35\text{cm}^2$

(2) 梁的强度 (各梁截面尺寸均取 0.4m × 0.6m)：

1) 斜截面强度：梁承受最大剪力 Q_{max} 为 63.8kN。

$Q_p = 0.3 f_{cc} b_1 h_0 = 0.3 \times 8500 \times 0.4 \times 0.55 = 561 > 1.7 \times 63.8 = 108.5\text{kN}$，则截面尺寸符合式 (7-5-33)

要求。

$Q'_p = \eta f_{cc} b_1 h_0 = 0.07 \times 8500 \times 0.4 \times 0.55 = 130.9\text{kN} > 108.5\text{kN}$，符合式 (7-5-34) 要求，按构造配置箍筋。

2) $AD(BC)$ 梁：$\Sigma M_{AD} = -14.9\text{kN} \cdot \text{m}$，$\Sigma M_{DA} = -3.82\text{kN} \cdot \text{m}$，$\Sigma M_{A0} = 4.97\text{kN} \cdot \text{m}$。

梁端 A 和 D 截面均为负弯矩，可由式 (7-5-28)，并按 $\Sigma M_{AD} = -14.9\text{kN} \cdot \text{m}$ 计算该截面下部所需的纵向受拉钢筋截面面积 A_s

$A_s = \dfrac{K_4 \Sigma M_{AD}}{f_{st}(h_0 - a'_s)} = \dfrac{1.7 \times 14.9}{240 \times 10^3(0.55 - 0.05)}$
$= 2.11 \times 10^{-4}\text{m}^2 = 2.11\text{cm}^2$

$b' = 0.5 f_{st}(A_s - A'_s) f_{ccm} a_s$
$= 0.5 \times 240 \times 10^3 \times 2.11 \times 10^{-4}/10.5 \times 10^3 \times 0.05$
$= 0.48\text{m} < 0.5\text{m}$ 则符合式 (7-5-28) 的条件。

按最小配筋

$A_s = 0.4 \times 0.55 \times 0.1\% = 2.2 \times 10^{-4}\text{m}^2 = 2.2\text{cm}^2$

梁端 A 和 D 截面的下部配筋的截面按构造要求需 2.2cm^2。

梁跨中截面上部所需之纵向受拉钢筋截面面积 A_s，由于 $b' > b$，$\Sigma M_{A0} < \Sigma M_{AD}$，故仍按构造配筋要求 $A_s = 2.2\text{cm}^2$。

3) $AB(DC)$ 梁：$\Sigma M_{AB} = \Sigma M_{BA} = -25.56\text{kN} \cdot \text{m}$，$\Sigma M_{0B} = 13.31\text{kN} \cdot \text{m}$，$\Sigma M_{DC} = \Sigma M_{CD} = 7.62\text{kN} \cdot \text{m}$，$\Sigma M_{0C} = -5.56\text{kN} \cdot \text{m}$。

固端截面上部所需纵向受拉钢筋截面面积

$A_s = \dfrac{K_4 \Sigma M_{DC}}{f_{st}(h_0 - a'_s)} = \dfrac{1.7 \times 7.62}{240 \times 10^3(0.55 - 0.05)}$
$= 1.08\text{cm}^2$

按最小配筋 $A_s = 0.4 \times 0.55 \times 0.1\% = 2.2\text{cm}^2$

固端截面下部 $A_s = \dfrac{K_4 \Sigma M_{AB}}{f_{st}(h_0 - a'_s)}$
$= \dfrac{1.7 \times 25.56}{240 \times 10^3(0.55 - 0.05)}$
$= 3.12\text{cm}^2$

跨中截面上部 $A_s = \dfrac{K_4 \Sigma M_{0B}}{f_{st}(h_0 - a'_s)}$
$= \dfrac{1.7 \times 13.31}{240 \times 10^3(0.55 - 0.05)}$
$= 1.89\text{cm}^2$

跨中截面下部 $\Sigma M_{0C} < \Sigma M_{0B}$，故均按构造配筋，$A_s = 2.2\text{cm}^2$。

4) $AE(CG')$ 梁：$M_{AE} = -34.81\text{kN} \cdot \text{m}$，$M_{CG'} = 29.87\text{kN} \cdot \text{m}$。

固端截面上部 $A_s = \dfrac{1.7 \times 29.87}{240 \times 10^3(0.55 - 0.05)}$

$$= 4.23 \text{cm}^2$$

固端截面下部 $A_s = \dfrac{1.7 \times 34.81}{240 \times 10^3 (0.55 - 0.05)}$

$$= 4.93 \text{cm}^2$$

5) AF (CH') 梁：$M_{AF} = -9.2 \text{kN} \cdot \text{m}$，$M_{CH'} = 7.5 \text{kN} \cdot \text{m}$。与其它梁比较均可按构造配筋要求 $A_s = 2.2 \text{cm}^2$。

6) 施工图中如有纵向筋切断或弯起时，尚应按式 (7-5-37) 验算斜截面的抗弯强度（从略）。

(3) 基柱的抗剪切和配筋计算与普通钢筋混凝土基础的计算相同。本例题计算从略。

五、装配式基础

1. 设计条件

(1) 工程地质：中砂（密实、稍湿），$\gamma = 17 \text{kN/m}^3$（无地下水），$[P] = 300 \text{kN/m}^2$。

(2) 基础作用力：

$F_T = 372.2 \text{kN}, F_{Hx} = 50.7 \text{kN}, F_{Hy} = 37.1 \text{kN}$;

$F_V = 506.6 \text{kN}, F_{Hx} = 65.8 \text{kN}, F_{Hy} = 46.6 \text{kN}$。

(3) 材料：混凝土强度等级采用 C20；钢筋采用 Ⅱ级钢筋；型钢采用 16Mn、A3。

(4) 适用塔型：直线塔。

2. 基础型式

(1) 型式：板条式装配式基础。

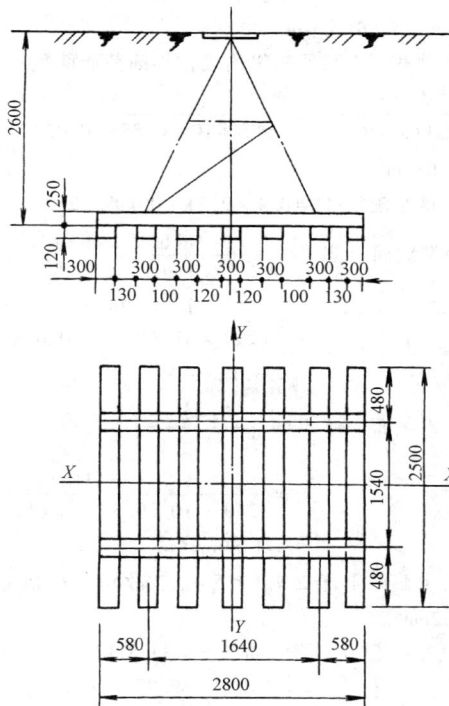

图 7-9-6　板条装配式基础外形

(2) 基本尺寸（mm），如图 7-9-6 所示。

(3) 基础自重力：

横梁 $G_1 = 0.15 \times 0.25 \times 2.8 \times 4 \times 24 = 10.1 \text{kN}$

板条 $G_2 = 0.12 \times 0.3 \times 2.5 \times 7 \times 24 = 15.1 \text{kN}$

钢支架 $G_3 = 4.2 \text{kN}$

3. 上拔稳定计算

按表 7-1-7 中砂的计算上拔角取 $\alpha = 28°$，由此得：

(1) 临界深度 $h_c = 3.0B = 3.0 \times 0.5 (2.8 + 2.5) = 7.95 \text{m} > 2.6 \text{m}$，则基础的计算深度 $h_t = 2.6 \text{m}$。

(2) 抗拔土体积：按式 (7-2-13)，当 $\omega_1 = 90°$ 时抗拔土体积为

$$V_t = h_t \left[l_y l_x + (l_y + l_x) h_t \tan\alpha + \frac{4}{3} h_t^2 \tan^2\alpha \right]$$

$$= 2.6 [2.5 \times 2.8 + 2.5 + 2.8) \times 2.6 \tan 28°$$

$$+ \frac{4}{3} \times 2.6^2 \tan^2 28°] = 43.9 \text{m}^3$$

(3) 容许上拔承载力 $[F_T]$ 按式 (7-2-7) 计算：

$$[F_T] = (V - V_0) \gamma_0 / K_1 + G_f / K_2 = (43.9 - 0.42)$$

$$\times 17 / 1.6 + (10.1 + 15.1 + 4.2) / 1.2$$

$$= 486.5 \text{kN} > 372.2 \text{kN}$$

4. 下压稳定

(1) 板上土重力 $G_0 = (2.6 \times 2.8 \times 2.5 - 0.42 - 10.1/24) \times 17$

$$= 295.1 \text{kN}。$$

(2) 基础重力 $G_f = 10.1 + 15.1 + 4.2 = 29.4 \text{kN}$。

(3) 抵抗矩 $W_x = 0.3 \times 2.5^2 \times 7 / 6 = 2.19 \text{m}^3$；

$$W_y = 2I_y / l_x = 2.5 \times 0.3^3 \times 7 / 12 + 2$$

$$\times 0.3 \times 2.5 (1.25^2 + 0.82^2$$

$$+ 0.42^2) = 3.66 \text{m}^3。$$

(4) 地基容许承载力 $[P_1]$ 按式 (7-1-6) 计算：

$$[P_1] = [P] + m_B \gamma (B - 3.0) + m_h (h - 1.5)$$

$$= 300 + 2.0 \times 17(3.0 - 3.0) + 3.5 \times 17(2.72 - 1.5)$$

$$= 351.6 \text{kN/m}^2$$

(5) 地基压力：按式 (7-3-1)、式 (7-3-2) 计算：

$$P = (F_V + G_f + G_0) / A$$

$$= (506.6 + 29.4 + 297.3) / (0.3 \times 2.5 \times 7)$$

$$= 158.7 \text{kN/m}^2 < [P_1] = 351.6 \text{kN/m}^2；$$

$$P_{max} = (F_V + G_f + G_0) / A + M / W$$

$$= \frac{506.6 + 29.4 + 297.3}{0.3 \times 2.5 \times 7} + \frac{46.6 \times 2.72}{2.19}$$

$$+ \frac{65.8 \times 2.72}{2.61} = 158.7 + 57.9 + 68.5$$

$$= 285.1 < 351.6 \times 1.2 = 422 \text{kN/m}^2$$

$$P_{min} = 158.7 - 57.9 - 68.5 = 32.3 \text{kN/m}^2 > 0$$

5. 板条计算

（1）边板内力：计算反力时应计入梁及支架的重力。

1）净土反力　由式（7-6-22）～式（7-6-25）计算：

$$\sigma_0 = (F_v + G_f')/A = (506.6 + 14.3)/5.25$$
$$= 99.2 \text{kN/m}^2$$

$$\sigma_{x1} = \sigma_x \times a_1/l_x = 68.5 \times 1.25/1.40 = 61.2 \text{kN}$$

$$\sigma_y = FH_yh/W_x = 46.6 \times 2.72/2.19 = 57.9 \text{kN}$$

$$q_{x1} = (\sigma_0 + \sigma_{x1})b_p = (99.2 + 61.2) \times 0.3$$
$$= 48.1 \text{kN/m}$$

$$q_y = \sigma_y b_p = 57.9 \times 0.3 = 17.4 \text{kN/m},$$

$$q_0 = \sigma_0 b_p = 99.2 \times 0.3 = 29.7 \text{kN/m}$$

2）支座反力　按式（7-6-26）计算：

$$R_B = \left(q_{x1} + \frac{q_y l_y}{3 l_2}\right) l_y/2 = \left(48.1 + \frac{17.4 \times 2.5}{3 \times 1.54}\right)$$
$$\times 2.5/2 = 71.9 \text{kN}$$

3）支座弯矩　按式（7-6-27）计算：

$$M_{min} = -(l_y - l_2)^2 [q_{x1} + (2 + l_2/l_y)q_y/3]/8$$
$$= -(2.5 - 1.54)^2 [48.1 + (2 + 1.54/2.5)$$
$$\times 17.4/3]/8 = 7.29 \text{kN} \cdot \text{m}$$

4）跨中弯矩　按式（7-6-28）计算：

$$M_{max} = q_{x1} l_2^2 [1 - (l_y - l_2)^2/l_2^2]/8$$
$$= 48.1 \times 1.54^2 [1 - (2.5 - 1.54)^2/1.54^2]/8$$
$$= 8.72 \text{kN} \cdot \text{m}$$

5）支座切力　按式（7-6-29）计算：

$$Q_w = (l_y - l_2 - b_h)\left[q_{x1} + q_y\left(1 + \frac{l_2 + b_h}{l_y}\right)/2\right]/2$$
$$= (2.5 - 1.54 - 0.31)\left[48.1 + 17.4\right.$$
$$\left. \times \left(1 + \frac{1.54 + 0.31}{2.5}\right)/2\right]/2 = 20.6 \text{kN}$$

$$Q_N = (2.5 - 1.54 + 0.31)\left[48.1 + 17.4\right.$$
$$\left. \times \left(1 + \frac{1.54 - 0.31}{2.5}\right)/2\right]/2 - 71.9 = -33.1 \text{kN}$$

（2）强度计算：

1）截面尺寸　按式（7-5-33）验算：

$$K_4 Q_{max} = 1.7 \times 0.3 f_{cc} bh_0$$
$$= 1.7 \times 0.3 \times 11000 \times 0.3 \times 0.1$$
$$= 168.3 > 33.1 \times 1.7 = 56.3 \text{kN}$$

2）斜截面抗剪强度　按式（7-5-34）计算：

因为 $\dfrac{K_4 Q}{f_{cc} bh_0} = \dfrac{1.7 \times 33.1}{11000 \times 0.3 \times 0.1} = 0.2$，所以 $a_{kh} = 2.0$。当采用 4 肢 $\phi 6$、I 级钢箍筋，间距 $s = 10 \text{cm}$ 时，剪力为

$$Q = 0.07 f_{cc} bh_0 + \alpha_{ss} f_{st} h_0 A_{pr}/s$$

$$= 0.07 \times 11000 \times 0.3 \times 0.1 + 2.0 \times 24 \times 10^4 \times 4$$
$$\times 0.283 \times 10^{-4} \times 0.1/0.1$$
$$= 77.4 \text{kN} > 1.7 \times 33.1 = 56.3 \text{kN}（符合要求）$$

3）正截面强度按式（7-5-45）、式（7-5-60）计算：

跨中截面上、下面所需的纵向受拉钢筋截面面积为

$$A_s = \frac{K_4 M_{max}}{0.875 h_0 f_{st}} = \frac{1.7 \times 8.72}{0.875 \times 0.1 \times 34 \times 10^4}$$
$$= 4.98 \times 10^{-4} \text{m}^2 = 4.98 \text{cm}^2$$

选 $2\phi 14 + 2\phi 12$，$A_s = 1.54 \times 2 + 1.13 \times 2$
$$= 5.34 \text{cm}^2 > 4.98 \text{cm}^2。$$

支座截面上下面所需纵向受拉钢筋截面面积为

$$A_s = \frac{1.7 \times 7.29}{0.875 \times 0.1 \times 34 \times 10^4}$$
$$= 4.17 \times 10^{-4} \text{m}^2 = 4.17 \text{cm}^2$$

故选截面为 5.43cm^2 的 $2\phi 14 + 2\phi 12$ 钢筋符合要求。

4）所配置纵向受力钢筋在跨内均不切断和不弯起，故斜截面的抗弯强度可不验算。

6. 横梁计算（图7-9-7）

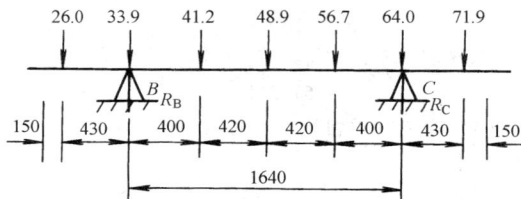

图 7-9-7　横梁荷载示意图

（1）荷载　按式（7-6-30）计算：

$$F_1 = \frac{1}{2}(\sigma_0 + \sigma_{xi})b_p l_y + \frac{1}{6}\sigma_y b_p l_y^2/l_2$$

$$F_1 = \frac{1}{2} \times (99.2 + 68.5 \times 1.25/1.4) \times 0.3 \times 2.5$$
$$+ \frac{1}{6} \times 57.9 \times 0.3 \times 2.5^2/1.54 = 71.9 \text{kN}$$

$$F_2 = \frac{1}{2}(99.2 + 68.5 \times 0.82/1.4) \times 0.3 \times 2.5$$
$$+ \frac{1}{6} \times 57.9 \times 0.3 \times 2.5^2/1.54 = 64.0 \text{kN}$$

$$F_3 = \frac{1}{2}(99.2 + 68.5 \times 0.42/1.4) \times 0.3 \times 2.5$$
$$+ \frac{1}{6} \times 57.9 \times 0.3 \times 2.5^2/1.54 = 56.7 \text{kN}$$

$$F_4 = \frac{1}{2} \times 99.2 + 0.3 \times 2.5 + \frac{1}{6} \times 57.9 \times 0.3$$
$$\times 2.5^2/1.54 = 48.9 \text{kN}$$

$$F_3' = \frac{1}{2}(99.2 - 68.5 \times 0.42/1.4) \times 0.3 \times 2.5$$

$$+ \frac{1}{6} \times 57.9 \times 0.3 \times 0.25^2/1.54 = 41.2kN$$

$$F'_2 = \frac{1}{2}(99.2 - 68.5 \times 0.82/1.4) \times 0.3 \times 2.5$$
$$+ \frac{1}{6} \times 57.9 \times 0.3 \times 2.5^2/1.54 = 33.9kN$$

$$F'_1 = \frac{1}{2}(99.2 - 68.5 \times 1.25/1.4) \times 0.3 \times 2.5$$
$$+ \frac{1}{6} \times 57.9 \times 0.3 \times 2.5^2/1.54 = 26.0kN$$

（2）支座反力（BC 单根梁）：按式（7-6-31）计算：

$$R_C = [(F_1 - F'_1)a_1 + (F_2 - F'_2)a_2 + (F_3 - F'_3)a_3$$
$$+ (F_1 + F_2 + F_3 + F_4 + F'_3 + F'_2 + F'_1)l_1/2]/2l_1$$
$$= [(71.9 - 26.0) \times 1.25 + (64.0 - 33.9) \times 0.82$$
$$+ (56.7 - 41.2) \times 0.42 + (71.9 + 64.0$$
$$+ 56.7 + 48.9 + 41.2 + 33.9 + 26.0)$$
$$\times 1.64/2]/2 \times 1.64 = 109.2kN$$

$$R_B = (71.9 + 64.0 + 56.7 + 48.9 + 41.2 + 33.9$$
$$+ 26.0)/2 - 109.2 = 62.1kN$$

（3）支座剪力（单根梁）按式（7-6-32）计算：

支座外侧 $Q_W = F_1/2 + F_2/4 = 71.9/2 + 64/4$
$$= 52kN,$$

支座内侧 $Q_N = Q_W - R_C = 52 - 109.2$
$$= -57.2kN$$

（4）弯矩（单根梁）按式（7-6-34）、式（7-6-35）计算：

支座弯矩 $M_C = -F_1(a_1 - l_1/2)/2$
$$= -71.9(1.25 - 1.64/2)/2$$
$$= -15.5kN \cdot m$$

跨中弯矩 $M_0 = -(F_1 a_1 + F_2 a_2 + F_3 a_3)/2$
$$+ R_C l_1/2$$
$$= -(71.9 \times 1.25 + 64.0 \times 0.82$$
$$+ 56.7 \times 0.42)/2 + 109.2$$
$$\times 1.64/2 = 6.46kN \cdot m$$

（5）截面尺寸 按式（7-5-33）计算：

$$Q_p = 0.3f_{cc}bh_0 = 0.3 \times 11000 \times 0.15 \times 0.215$$
$$= 106.4kN > 1.7 \times 57.2 = 97.2kN$$

（6）斜截面抗剪强度 按式（7-5-34）计算：

由支点 C 两侧的集中荷载 $P_2/4$ 作用点距支点 C 的距离均小于 $1.7h_0$，取 $\eta = 0.07$，设用双肢 $\phi6$ 箍筋，$s = 6.5cm$

由 $\frac{K_4 Q_{max}}{f_{cc}bh_0} = \frac{1.7 \times 57.2}{11000 \times 0.15 \times 0.215} = 0.274$

得 $a_{ss} = 1.63$

$$Q_p = 0.07 \times 11000 \times 0.15 \times 0.215 + 1.63 \times 240$$
$$\times 10^3 \times 2 \times 0.283 \times 10^{-4} \times 0.215/0.065$$

$$= 98.1kN > 1.7 \times 57.2 = 97.2kN$$

支座两侧 150mm 内用 $\phi6$ 双肢，$s = 6.5cm$ 符合要求，其它截面可按对应的切力按式（7-5-34）、式（7-5-35）计算，在此从略。

（7）正截面强度 按式（7-5-28）计算：

支座截面上下所需的纵向受拉钢筋截面面积为

$$A_s = \frac{K_4 M_C}{f_{cc}(h_0 - a'_s)} = \frac{1.7 \times 15.5}{340 \times 10^3(0.215 - 0.035)}$$
$$= 4.31 \times 10^{-4}m^2 = 4.31cm^2$$

选用 $3\phi14$、$A_s = 4.62cm^2 > 4.31cm^2$，符合要求

跨中截面上下所需的纵向受拉钢筋截面面积为

$$A_s = \frac{1.7 \times 6.46}{340 \times 10^3 \times 0.18} = 1.79cm^2$$

按最小配筋率 $A_s = 15 \times 21.5 \times 0.1\%$
$$= 0.32cm^2$$

选 $2\phi14$ $A_s = 3.08cm^2 > 1.79cm^2$

为使箍筋间距不受计算受压钢筋控制，可令 $A'_s = 0$，此时

$$b = 0.5f_{st}A_sf_{ccm}a'_s$$
$$= 0.5 \times 340 \times 10^3 \times 4.3 \times 10^{-4}/14 \times 10^3 \times 0.035$$
$$= 0.149m < 0.15m（符合要求）$$

（8）所配置的纵向受力筋在跨内均不切断和弯起，故斜截面的抗弯强度可不验算。

7. 基柱支架计算

（1）单肢构件轴向力 按式（7-6-21）计算：

基柱构件实长 $L = (2.35^2 + 0.8^2 + 0.77^2)^{1/2}$
$$= 2.6m$$

$$F_{V1} = \left(\frac{F_V}{4} + \frac{F_{Hx}L_0}{2l_1} + \frac{F_{Hy}L_0}{2l_2}\right)\frac{L}{L_0}$$
$$= \left(\frac{506.6}{4} + \frac{65.8 \times 2.35}{2 \times 1.64}\right.$$
$$\left. + \frac{46.6 \times 2.35}{2 \times 1.54}\right)\frac{2.60}{2.35}$$
$$= 231.6kN$$

（2）单肢构件强度 按式（7-6-43）计算：

选 $16M_n \angle 90 \times 8$，$A_u = 10.5cm^2$，故得

$$\sigma = 231.6/10.5 \times 10^{-4} = 220000 < 230000kN/m^2$$

8. 连接计算

连接计算包括：支架顶板厚度；底脚螺栓直径；支架与顶板连接的螺栓数量和十字板厚度；顶板与连接板焊缝长度；支架底脚部分的板厚、焊缝长度和连接螺栓；梁与底脚板连接的螺栓和局部承压计算等。应结合具体情况计算，本例从略。

六、岩石基础

1. 设计条件

（1）工程地质：石英砂岩，微风化。

（2）基础作用力：设计上拔力 $F_T = 138kN$。

（3）材料：砂浆强度等级采用 C20，钢筋采用 I 级钢筋。

（4）适用塔型：直线塔。

2. 基础型式

（1）型式：直锚式岩石锚桩（图 7-9-8）。

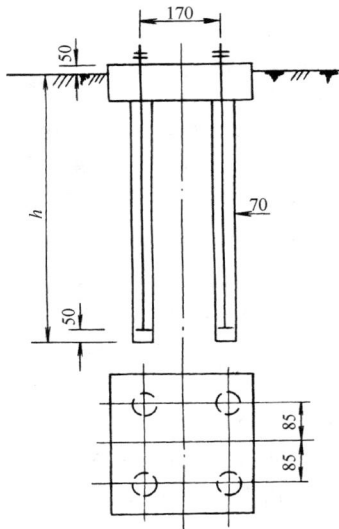

图 7-9-8 岩石锚桩基础外形

（2）基本尺寸：底脚螺栓按表 7-5-13 选为 M24 并由塔脚要求采用 4 根，其间距为 170mm 且与设计上拔力呈对称布置。按基础构造要求：取底脚螺栓在基岩中的锚固长度 $h_0 = 25d = 25 \times 2.4 = 60cm$；锚孔直径 $D = 2 \sim 3d$，取 $D = 7cm$。

3. 强度计算

（1）底脚螺栓与砂浆的粘结强度按式（7-7-2）计算：

对 C20 强度等级的砂浆取 $\tau_a = 2000kN/m^2$，从而得黏结强度为

$$[F_{T1}] = \pi d h_0 \tau_a / K_4 = \pi \times 0.024 \times 0.6 \times 2000/1.7$$
$$= 53.2kN > 138/4 = 34.5kN$$

（2）锚桩与岩石间黏结强度按式（7-7-3）计算：

由表 7-7-2 取 $\tau_b = 700kN/m^2$，从而得

$$[F_{T1}] = \pi D h_0 \tau_b / K_1 = \pi \times 0.07 \times 0.6 \times 700/1.6$$
$$= 57.7kN > 34.5kN$$

（3）岩石的切力强度：由于桩柱间距 $b = 17cm$ 不符合大于 $4D$ 的要求，则应符合式（7-7-4）、式（7-7-5）的要求。

单根锚桩：由表 7-7-3 查得 $\tau_s = 80kN/m^2$，从而得

$$[F_{T1}] = \pi h_0 \tau_s (D + h_0)/K_1$$
$$= \pi \times 0.6 \times 80 \times (0.07 + 0.6)/1.6$$

$$= 63.1kN > 34.5kN$$

群锚桩：$a = \sqrt{2}b + D = \sqrt{2} \times 17 + 7 = 31cm$，故得

$$[F_T] = \pi h_0 \tau_s (a + h_0)$$
$$= \pi \times 0.6 \times 80 \times (0.31 + 0.6)/1.6$$
$$= 85.8kN < 138kN$$

计算结果不符合要求，取 $h_0 = 80cm$，则得

$$[F_T] = \pi \times 0.8 \times 80 \times (0.31 + 0.8)/1.6$$
$$= 139.5kN > 138kN$$

由于为直锚型，最后确定 $h_0 = 0.8m$，底脚螺栓伸至锚桩底部以上 50mm 位置。

七、爆扩桩基础

1. 设计条件

（1）工程地质：粉质黏土，可塑（$I_L = 0.5$）；无地下水；标准冻结深度 0.5m。

（2）基础作用力、材料和适用塔型同例一，塔脚置于承台中心。

2. 基础型式

基础型式为爆扩型，如图 7-9-9 所示。其基本尺寸：$d = 0.4m$；$D = 1.0m$；$h_1 = 3.2m$；$h_3 = 0.6m$；$a = 2.3m$；$b = 0.8m$；$S = 1.5m$；$h = 4.0m$；$h_2 = 0.2m$。

3. 单桩的容许承载力

（1）地基持力层的容许下压力 $[F_{Va}]$ 按式（7-7-8）计算：

由表 7-7-4 取 $[f_e] = 395kN/m^2$，则下压力为

$$[F_{Va}] = [f_e]A_d = 395\pi \times 1.0^2/4 = 310kN$$

（2）容许上拔力 $[F_T]$ 按式（7-7-9）计算：

由 $h_1 = 3.2m > 3D = 3 \times 1.0 = 3.0m$，$A_f = \pi d (h_1 - 1.0 - D/2) = 0.4\pi (3.2 - 1.0 - 0.5) = 2.14m^2$，$G_f = [\pi \times 0.4^2 \times 2.7/4 + \pi \times 1.0^3/6] \times 26 = 22.4kN$。再由表 7-7-6 查得 $R_u = 300kN/m^2$，$f_u = 15kN/m^2$。又两相邻桩同时承受上拔力相差不大于 20% 和 $s = 1.5D_0$，$\eta_b = 0.8$，便得

$$[F_T] = \frac{A_n P_u + \Sigma A_f f_u}{K_1}\eta_b + \frac{G_f}{K_2}$$
$$= \frac{300\pi(1.0^2 - 0.4^2)/4 + 2.14 \times 15}{1.6} \times 0.8 + \frac{22.4}{1.2}$$
$$= 134kN$$

（3）容许水平力 $[F_{H0}]$ 按式（7-7-10）计算：

由 $\Delta_0 = 10mm$，$\eta_g = 0.3$，$\eta_d = 2.0$，再由表 7-7-8 取 $k = 25000kN/m^3$，$a_h = \left(\dfrac{kD_0}{4\eta_g E_{cc} I}\right)^{\frac{1}{4}}$

$$= \left(\frac{25000 \times 0.4 \times 64}{4 \times 0.3 \times 26 \times 10^6 \pi \times 0.4^4}\right)^{\frac{1}{4}} = 0.71m^{-1}，便得$$

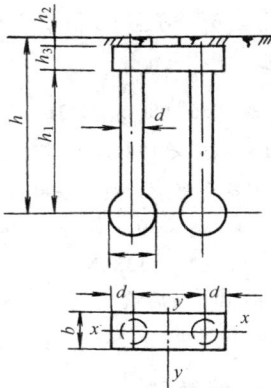

图 7-9-9　爆扩桩基础外形

$$[F_{H0}] = \eta_d \eta_g E_{cc} I a_h^3 \Delta_0$$
$$= 2.0 \times 0.3 \times 26 \times 10^6 \pi \times 0.4^2 \times 0.71^3 \times 0.01/64$$
$$= 70.1 > 21\text{kN}$$

亦可从表 7-7-7 单桩容许水平承载力 $[H_0]$ 中查得对可塑黏性土 $[F_{H0}] = 25 \sim 40\text{kN} > 21\text{kN}$。

4. 单桩的最大荷载

（1）最大下压力 F_{Vmax}，按式（7-7-11）计算：

由 $G_f = 2.3 \times 0.8 \times 0.6 \times 26 = 28.7\text{kN}$，便得

$$F_{Vmax} = \frac{F_V + G_f}{n} + \frac{M_x x_{max}}{\sum x_i^2} + \frac{M_y y_{max}}{\sum y_i^2}$$
$$= \frac{340 + 28.7}{2} + \frac{34 \times 0.8 \times 0.75}{2 \times 0.75^2}$$
$$= 202.5\text{kN} < 310\text{kN}$$

（2）最大上拔力 F_{Tmax} 按式（7-7-7）计算：

$$F_{Tmax} = \frac{F_T - G_f}{n} + \frac{M_x x_{max}}{\sum x_i^2} + \frac{M_y y_{max}}{\sum y_i^2}$$
$$= \frac{240 - 28.7}{2} + \frac{34 \times 0.8 \times 0.75}{2 \times 0.75^2}$$
$$= 123.8 < 143\text{kN}$$

5. 桩柱的内力和强度

（1）桩的剪力 $F_{H0} = \sqrt{(34/2)^2 + (25/2)^2}$
$$= 21.1\text{kN}。$$

（2）桩的弯矩　按式（7-7-17）计算：

由 $F_{H0}/[F_{H0}] = 21.1/70.1 = 0.3$，自表 7-7-9 查取 $\zeta = 1.5$；$a_h = 0.71\text{m}^{-1}$，$a_h h_1 = 0.71 \times 3.2 = 2.27 > 2.0$，故得

$$M_{max} = 0.4 F_{H0}/a_h + 0.71 M_0$$
$$= 0.4 \times 1.5 \times 21.1/0.71 + 0.71 \times 21.1 \times 0.8$$
$$= 29.8\text{kN} \cdot \text{m}$$

（3）正截面配筋截面按式（7-5-6）计算：

由　　$e_0 = 29.8/240 = 0.124\text{m} > r_s/2$
$$= 0.15/2 = 0.075\text{m}，$$

$$\beta = 0.124/0.4 = 0.31，$$
$$n_1 = K_4 T_{max}/A_{co} f_{ccm} = 1.7 \times 141.9 \times 4/(14000$$
$$\times \pi \times 0.4^2) = 0.137，$$

并由图 7-5-4 查取 $a_1 = 0.24$，便得正截面配筋截面积

$$A_s = \alpha_1 A_{co} f_{ccm}/f_{st}$$
$$= 0.24 \times \pi \times 0.4^2 \times 14000/(4 \times 340 \times 10^3)$$
$$= 12.4 \times 10^{-4}\text{m}^2 = 12.4\text{cm}^2$$

选 $10\phi14$ 钢筋的截面 $A_s = 15.4\text{cm}^2 > 12.4\text{cm}^2$。

6. 承台的内力和强度 [可视为 $2bh = 2(0.4 \times 0.6)$ 的 2 根梁考虑]

（1）Ⅰ-Ⅰ截面的弯矩按式（7-7-19）计算：

由表 7-7-10 查得 $m_1 = 0.5$，便得

受拉时　$M_T = m_1 S_1 F_{Tmax} = 0.5 \times 1.5 \times 141.9$
$$= 106.4\text{kN} \cdot \text{m}$$

受压时　$M_V = m_1 S_1 F_{Vmax} = 0.5 \times 1.5 \times 220.6$
$$= 165.5\text{kN} \cdot \text{m}$$

（2）Ⅰ-Ⅰ截面配筋按式（7-5-28）计算：

承台上部

$$A_s = K_4 M_T(0.875 h_0 f_{st})$$
$$= 1.7 \times 106.4/(0.875 \times 0.55 \times 340 \times 10^3)$$
$$= 11.1 \times 10^{-4}\text{m}^2 = 11.1\text{cm}^2$$

选 $6\phi16$　$A_s = 12.1\text{cm}^2 > 11.1\text{cm}^2$

承台下部

$$A_s = 1.7 \times 165.5/(0.875 \times 0.55 \times 340 \times 10^3)$$
$$= 17.2 \times 10^{-4}\text{m}^2 = 17.2\text{cm}^2$$

选 $9\phi16$　$A_s = 18.1\text{cm}^2 > 17.2\text{cm}^2$（符合要求）

（3）斜截面剪切强度（按有腹筋截面梁）：

截面尺寸应符合式（7-5-33），$Q = 0.3 \times 11000 \times 0.8 \times 0.55/1.7 = 854 > 220.6\text{kN}$ 符合要求。按式（7-5-34），$Q = 0.07 \times 11000 \times 0.8 \times 0.55/1.7 = 199.3\text{kN} < 220.6\text{kN}$，须进行箍筋计算：按式（7-5-35），取 $A_{pr} = 4 \times 0.283 = 1.13\text{cm}^2$，$s = 20\text{cm}$；$K_4 Q/(bh_0 f_{cc}) = 1.7 \times 220.6/(0.8 \times 0.55 \times 11000) = 0.077 < 0.2$，取 $a_{ss} = 2.0$，则得

$$Q = (0.07 f_{cc} b h_0 + a_{ss} f_{st} h_0 A_{pr}/s)/K_4$$
$$= 199.3 + 2 \times 240 \times 10^3 \times 0.55 \times 1.13 \times 10^{-4}/0.2 \times 1.7 = 287\text{kN} > 220.6\text{kN}$$

八、灌注桩基础

1. 设计条件

（1）工程地质：砾砂（密实、饱和），地下水位 -2.0m；地震基本烈度 6 度；$[R_0] = 400\text{kN/m}^2$，$\varphi = 45°$，$c = 0$。

（2）水文：天然和一般冲刷深度 0.4m；设计最

高洪水，塔位淹没 1.9m，水的纵向平均流速 4.5m/s；局部冲刷深度 1.5m。

（3）基础作用力：

设计最大风时 $F_T = 1340$kN，$F_{Hx} = 247$kN，

$$F_{Hy} = 263\text{kN}, \quad F_V = 1800\text{kN},$$
$$F'_{Hx} = 343\text{kN}, \quad F'_{Hy} = 359\text{kN}_\circ$$

设计最高洪水时，当设计最高洪水与最大风条件组合时，荷载系数取 0.75。

1）风荷载：$F_T = 1000$kN，$F_{Hx} = 185$kN，

$$F_{Hy} = 197\text{kN}, \quad F_V = 1350\text{kN},$$
$$F'_{Hx} = 257\text{kN}, \quad F'_{Hy} = 269\text{kN}_\circ$$

2）动水压力按式（7-8-8）计算：

由表 7-8-17 查取圆形基形系数 $K_w = 0.8$，方形 $K_w = 1.5$。从而得

基柱动水压力　$F_1 = 0.75 K_w \gamma_w v_w^2 / 2g$

$$= 0.75 \times 0.8 \times 10 \times 4.5^2 / 2$$
$$\times 9.81 = 6.2\text{kN/m}^2$$

承台动水压力　$F_2 = 0.75 \times 1.5 \times 10 \times 4.5^2 / 2$

$$\times 9.81 = 11.6\text{kN/m}^2$$

3）漂浮物冲击力：设漂浮物房梁长 7m，直径 0.8m，重量 $G = \pi \times 0.8^2 \times 7 \times 6.0/4 = 21$kN，冲撞时间取 $t = 1$s，则按式（7-8-10）计算，其冲击力为

$$F_m = G v_w / gt = 21 \times 4.5 / 9.81 \times 1 = 9.6\text{kN}$$

（4）材料：混凝土强度等级采用 C20；钢筋采用 Ⅱ级钢筋。

（5）适用塔型：直线塔

2. 基础型式

（1）型式：灌注桩基础，如图 7-9-10 所示。

（2）基本尺寸：$h = 10$m，$h_2 = 2.0$m

$$h_t = 1.9\text{m}, B = 5.0\text{m},$$
$$r_1 = 1.5\text{m}, r_2 = 0.8\text{m},$$
$$S = 2.8\text{m}, D_0 = 0.8\text{m},$$
$$C = 1.1\text{m}_\circ$$

（3）基础自重力：

墩台 $G_f = [(1.5^2 + 0.8^2 + 1.5 \times 0.8) \pi \times 1.9/3$

$$+ 5^2 \times 2] \times 24 = 1400\text{kN}$$

洪水时 $G'_f = 58.1 \times 14 = 810$kN

基桩　$G'_f = 0.503 \times 14 = 7.0$kN/m

3. 单桩的容许承载力

（1）容许下压力 $[F_{Va}]$ 按式（7-7-22）计算：

由表 7-7-11 取 $\tau_p = 100$kN/m²，再由式（7-7-23）得

$$\sigma_R = K_1 m_d \lambda_f \{[P_0] + m_h \gamma_p (h - 3.0)\}$$
$$= 2.5 \times 0.55 \times 0.7 \{400 + 5.0 \times 11(10 - 3)\}$$
$$= 756\text{kN/m}^2，于是便得$$

$$[F_{Va}] = (Uh\tau_p + A\sigma_R)/K_1$$
$$= (0.8\pi \times 10 \times 100 + \pi \times 0.8^2 \times 756/4)/1.6$$
$$= 1810\text{kN}$$

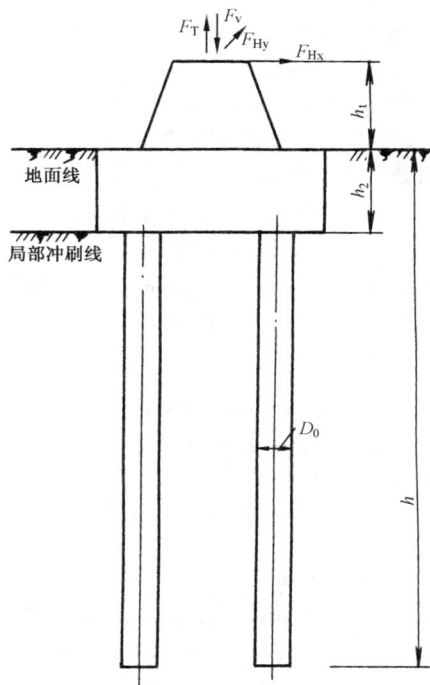

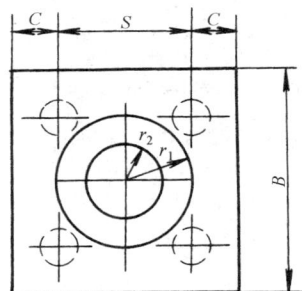

图 7-9-10　灌注桩基础外形

（2）容许上拔力 $[F_{Ta}]$ 按式（7-7-24）计算：

取 $a_b = 0.657$，便得

$$[F_{Ta}] = (a_b Uh\tau_p + G_f)/K_1$$
$$= (0.657 \times 0.8\pi \times 10 \times 100 + 7.0 \times 10)/1.6$$
$$= 1080\text{kN}$$

4. 基桩最大的上拔力和下压力

（1）计算参数：

1）基桩的计算宽度　按式（7-7-28）计算：

取 $K_y = 1/n_y$，$h_0 = 3(D_0 + 1) = 3(0.8 + 1) = 5.4$m，$L_0 = 2.8 - 0.8 = 2.0$m $< 0.6 h_0 = 0.6 \times 5.4 = 3.24$m；当 $n = 2$ 时，$C = 0.6$，故由式（7-7-66）便得

$$K_n = C + (1 - C)L_0/0.6h_0$$
$$= 0.6 + (1 - 0.6) \times 2.0/0.6 \times 5.4 = 0.85。$$

由此得出基桩计算宽度 b 和承台底板计算宽度 b' 分别为

$$b = 0.9K_n(1.5D_0 + 0.5)$$
$$= 0.9 \times 0.85(1.5 \times 0.8 + 0.5) = 1.3\text{m}$$
$$b' = B + 1.0 = 5.0 + 1.0 = 6.0\text{m}$$

2）变形系数 a_m 按式（7-7-26）计算：

先求出 $EI = 0.8E_{cc}I$

$$= 0.8 \times 26 \times 10^6 \pi \times 0.8^4/64$$
$$= 4.18 \times 10^5 \text{kN} \cdot \text{m}^2$$

再由表 7-7-15 按水平位移量 10mm 取 $m = 10000\text{kN}/\text{m}^4$。由此便得

$$a_m = (mb/EI)^{\frac{1}{5}}$$
$$= (10000 \times 1.3/4.18 \times 10^5)^{\frac{1}{5}} = 0.5\text{m}^{-1}$$

$$2.5/a_m = 2.5/0.5 = 5\text{m} < h = 10\text{m}$$

按弹性桩计算

$$\bar{h} = a_m h = 0.5 \times 10 = 5.0 > 4.0，$$

按 $\bar{h} = 4.0$ 计算。

3）竖向反力系数

$$C_0 = m_0 h = 10000 \times 10 = 100000\text{km}/\text{m}^3。$$

4）桩顶发生单位位移时的桩顶内力按式（7-7-44）、式（7-7-45）计算：

由 $l = 0$，$\xi = 0.5$，$A_{cc}\pi \times 0.8^2/4 = 0.503\text{m}^2$，

$A_0 = \pi \times 2.8^2/4 = 6.15\text{m}^2$，$A'_0 = \pi$

$\left(0.4 + 10\tan\dfrac{45°}{4}\right)^2 = 14.7\text{m}^2 > 6.15\text{m}^2$，并取 $A_0 = 6.15\text{m}^2$。便得受压时内力 p_1 及受拉时内力 p'_1 和 $p_2 \sim p_4$ 分别为

$$p_1 = \cfrac{1}{\cfrac{l + \xi h}{E_{cc}A_{cc}} + \cfrac{1}{C_0 A_0}}$$

$$= \cfrac{1}{\cfrac{0.5 \times 10}{26 \times 10^6 \times 0.503} + \cfrac{1}{10^5 \times 6.15}}$$

$$= 4.98 \times 10^5 \text{kN/m}$$

由 $A_s = 0.63 A_{co}f_{ct}/f_{st}$

$$= 0.63 \times 0.503 \times 1300/340 \times 10^3$$
$$= 1.21 \times 10^{-3}\text{m}^2 \text{ 得}$$

$$p'_1 = \frac{E_s A_s}{l + \xi h} = \frac{2.0 \times 10^8 \times 1.21 \times 10^{-3}}{0.5 \times 10}$$
$$= 4.84 \times 10^4 \text{kN/m}$$

$$p_2 = EIa_m^3\xi_2 = 4.18 \times 10^5 \times 0.5^3 \times 1.064$$
$$= 5.56 \times 10^4 \text{kN/m}$$

$$p_3 = EIa_m^2\xi_3 = 4.18 \times 10^5 \times 0.5^2 \times 0.985$$
$$= 1.03 \times 10^5 \text{kN}$$

$$p_4 = EIa_m\xi_1 = 4.18 \times 10^5 \times 0.5 \times 1.484$$
$$= 3.10 \times 10^5 \text{kN} \cdot \text{m}$$

5）低桩承台发生单位变位时，对承台的反力之和：

由 $C_n = mh_n = 10000 \times 2.0 = 20000\text{kN}/\text{m}^3$，按式（7-7-49）~式（7-7-51）计算，即

$$\gamma_{\beta\beta} = np_4 + bC_n h_n^3/12$$
$$= 4 \times 3.1 \times 10^5 + 6.0 \times 2 \times 10^4 \times 2^3/12$$
$$= 1.32 \times 10^6 \text{kN} \cdot \text{m}$$

$$\gamma_{\alpha\alpha} = np_2 + bC_n h_n/2$$
$$= 4 \times 5.56 \times 10^4 + 6.0 \times 2 \times 10^4 \times 2/2$$
$$= 3.42 \times 10^5 \text{kN/m}$$

$$\gamma_{\alpha\beta} = -np_3 + bC_n h_n^2/6$$
$$= -4 \times 1.03 \times 10^5 + 6.0 \times 2 \times 10^4 \times 2^2/6$$
$$= -3.32 \times 10^5 \text{kN}$$

6）符号 T，按下式得：

$$T_2 = (\gamma_{\beta\beta} - \gamma_{\alpha\beta}^2/\gamma_{\alpha\alpha})/p_1$$
$$= (1.32 \times 10^6 - 3.32 \times 10^{10}/3.42 \times 10^5)/4.98 \times 10^5$$
$$= 2.0\text{m}^2$$

$$T'_2 = (\gamma_{\beta\beta} - \gamma_{\alpha\beta}^2/\gamma_{\alpha\alpha})/p'_1$$
$$= (1.32 \times 10^6 - 3.32^2 \times 10^{10}/3.42 \times 10^5)/4.84 \times 10^4$$
$$= 20.6\text{m}^2$$

$$S = \gamma_{\alpha\beta}/\gamma_{\alpha\alpha} = -3.32 \times 10^5/3.42 \times 10^5 = -0.97\text{m}$$

（2）最大下压力，按下式求得：

$$F_{V(max)} = \frac{F_{V0}}{n} + \frac{M_x x_{max}}{\Sigma x_i^2 + T_2} + \frac{M_y y_{max}}{\Sigma y_y^2 + T_2}$$
$$+ \frac{F_{Hx}x_{max}}{(\Sigma x_i^2 + T_2)(-1/S)}$$
$$+ \frac{F_{Hy}y_{max}}{(\Sigma y_i^2 + T_2)(-1/S)}$$

$$= \frac{1800 + 1400}{4} + \frac{343 \times 3.9 \times 1.4}{4 \times 1.4^2 + 2.0}$$
$$+ \frac{359 \times 3.9 \times 1.4}{4 \times 1.4^2 + 2.0}$$
$$+ \frac{343 \times 1.4}{(4 \times 1.4^2 + 2.0)(1/0.97)}$$
$$+ \frac{359 \times 1.4}{(4 \times 1.4^2 + 2.0)(1/0.97)}$$

$$= 1286\text{kN} < 1810\text{kN}（符合要求）$$

（3）最大拉力，按式（7-7-53）得：

$$F_{(Tmax)} = \frac{1340 - 810}{4} + \frac{247 \times 3.9 \times 1.4}{4 \times 1.4^2 + 20.6}$$
$$+ \frac{263 \times 3.9 \times 1.4}{4 \times 1.4^2 \times 20.6}$$
$$+ \frac{247 \times 1.4}{(4 \times 1.4^2 + 20.6)(1/0.97)}$$

$$+ \frac{263 \times 1.4}{(4 \times 1.4^2 + 20.6)(1/0.97)}$$

$$= 255\text{kN} < 1080\text{kN}(\text{符合要求})$$

5. 基桩桩顶的剪力和弯矩

（1）承台受压时按式（7-7-59）、式（7-7-60）计算：

$$Q_i = \left\{ \left[\frac{F_{Hx}Bp_3 + F_{Hx}(\gamma_{\beta\beta} + p_1\Sigma x_i^2)p_2/\gamma_{\alpha\alpha} - (p_3 + Bp_2)M_x}{(\Sigma x_i^2 + T_2)p_1} \right]^2 \right.$$

$$\left. + \left[\frac{F_{Hy}Bp_3 + F_{Hy}(\gamma_{\beta\beta} + p_1\Sigma y_i^2)p_2/\gamma_{\alpha\alpha} - (p_3 + Bp_2)M_y}{(\Sigma y_i^2 + T_2)p_1} \right]^2 \right\}^{\frac{1}{2}}$$

$$= \left\{ \left[\frac{-343 \times 0.97 \times 1.03 \times 10^5 + 343(1.26 \times 10^6 + 4.98 \times 10^5 \times 4 \times 1.4^2) \times 5.56 \times 10^4/3.42 \times 10^5}{(4 \times 1.4^2 + 2.0) \times 4.98 \times 10^5} \right. \right.$$

$$\left. - \frac{(1.03 \times 10^5 - 0.97 \times 5.56 \times 10^4) \times 343 \times 3.9}{(4 \times 1.4^2 + 2.0) \times 4.98 \times 10^5} \right]^2 + \left[\frac{-359 \times 0.97 \times 1.03 \times 10^5 + 359(1.26 \times 10^6}{(4 \times 1.4^2 + 2.0) \times 4.98 \times 10^5} \right.$$

$$\left. \left. + \frac{+ 4.98 \times 10^5 \times 4 \times 1.4^2) \times 5.56 \times 10^4/3.42 \times 10^5 - (1.03 \times 10^5 - 0.97 \times 5.56 \times 10^4) \times 359 \times 3.9}{(4 \times 1.4^2 + 2.0) \times 4.98 \times 10^5} \right]^2 \right\}^{\frac{1}{2}}$$

$$= \{39.1^2 + 40.9^2\}^{\frac{1}{2}} = 56.6\text{kN}$$

$$M_i = \left\{ \left[\frac{(p_4 + Bp_3)M_x - Bp_4F_{Hx} - F_{Hx}(\gamma_{\beta\beta} + p_1\Sigma x_i^2)p_3/\gamma_{\alpha\alpha}}{(\Sigma x_i^2 + T_2)p_1} \right]^2 \right.$$

$$\left. + \left[\frac{(p_4 + Bp_3)M_y - Bp_4F_{Hy} - F_{Hy}(\gamma_{\beta\beta} + p_1\Sigma x_i^2)p_3/\gamma_{\alpha\alpha}}{(\Sigma y_i^2 + T_2)p_1} \right]^2 \right\}^{\frac{1}{2}}$$

$$= \left\{ \left[\frac{(3.10 \times 10^5 - 0.97 \times 1.03 \times 10^5) \times 343 \times 3.9 + 0.97 \times 3.10 \times 10^5 \times 343 - 343(1.32 \times 10^6}{(4 \times 1.4^2 + 2.0) \times 4.98 \times 10^5} \right. \right.$$

$$\left. + \frac{+ 4.98 \times 10^5 \times 4 \times 1.4^2) \times 1.03 \times 10^5/3.42 \times 10^5}{(4 \times 1.4^2 + 2.0) \times 4.98 \times 10^5} \right]^2 + \left[\frac{(3.1 \times 10^5 - 0.97 \times 1.03 \times 10^5) \times 359 \times 3.9}{(4 \times 1.4^2 + 2.0) \times 4.98 \times 10^5} \right.$$

$$\left. \left. + \frac{+ 0.97 \times 3.1 \times 10^5 \times 359 - 359(1.32 \times 10^6 + 4.98 \times 10^5 \times 4 \times 1.4^2) \times 1.03 \times 10^5/3.42 \times 10^5}{(4 \times 1.4^2 + 2.0) \times 4.98 \times 10^5} \right]^2 \right\}^{\frac{1}{2}}$$

$$= \{31.7^2 + 33.2^2\}^{\frac{1}{2}} = 45.9\text{kN} \cdot \text{m}$$

（2）承台受拉时按式（7-7-61）、式（7-7-62）计算：

$$Q_i = \left\{ \left[\frac{-247 \times 0.97 \times 1.03 \times 10^5 + 247(1.32 \times 10^6 + 4.84 \times 10^4 \times 4 \times 1.4^2) \times 5.56 \times 10^4/3.42 \times 10^5}{(4 \times 1.4^2 + 20.6) \times 4.84 \times 10^4} \right. \right.$$

$$\left. + \frac{-(1.03 \times 10^5 - 0.97 \times 5.56 \times 10^4) \times 247 \times 3.9}{(4 \times 1.4^2 + 20.6) \times 4.84 \times 10^4} \right]^2 + \left[\frac{-263 \times 0.97 \times 1.03 \times 10^5 + 263(1.32 \times 10^6}{(4 \times 1.4^2 + 20.6) \times 4.84 \times 10^4} \right.$$

$$\left. \left. + \frac{+ 4.84 \times 10^4 \times 4 \times 1.4^2) \times 5.56 \times 10^4/3.42 \times 10^5 - (1.03 \times 10^5 - 0.97 \times 5.56 \times 10^4) \times 263 \times 3.9}{(4 \times 1.4^2 + 20.6) \times 4.84 \times 10^4} \right]^2 \right\}^{\frac{1}{2}}$$

$$= \{2.68^2 + 2.83^2\}^{\frac{1}{2}} = 3.9\text{kN}$$

$$M_i = \left\{ \left[\frac{(3.10 \times 10^5 - 0.97 \times 1.03 \times 10^5) \times 247 \times 3.9 + 0.97 \times 3.1 \times 10^5 \times 247 - (1.32 \times 10^6}{(4 \times 1.4^2 + 20.6) \times 4.84 \times 10^4} \right. \right.$$

$$\left. + \frac{+ 4.84 \times 10^4 \times 4 \times 1.4^2) \times 247 \times 1.03 \times 10^5/3.42 \times 10^5}{(4 \times 1.4^2 + 20.6) \times 4.84 \times 10^4} \right]^2 + \left[\frac{(3.1 \times 10^5 - 0.97 \times 1.03 \times 10^5) \times 263 \times 3.9}{(4 \times 1.4^2 + 20.6) \times 4.84 \times 10^4} \right.$$

$$\left. \left. + \frac{+ 0.97 \times 3.1 \times 10^5 \times 263 - (1.32 \times 10^6 + 4.84 \times 10^4 \times 4 \times 1.4^2) \times 263 \times 1.03 \times 10^5/3.42 \times 10^5}{(4 \times 1.4^2 + 20.6) \times 4.84 \times 10^4} \right]^2 \right\}^{\frac{1}{2}}$$

$$= \{110^2 + 117^2\}^{\frac{1}{2}} = 160.6\text{kN} \cdot \text{m}$$

6. 桩侧最大土压力

（1）最大土压力 $\sigma_{h1(max)}$ 的位置 h_1：

按式（7-7-34）求出 C_1，再由与 C_1 对应的 $\bar{h}$，$a_m h = 5 > 4.0$，求得受压桩的 $C_{IV} = a_m M_i/Q_i = 0.5 \times 45.9/56.6 = 0.405$，然后由表 7-7-17 查得 $a_m h_1 =$ 0.83，由此得

$$h_1 = 0.83/a_m = 0.83/0.5 = 1.66\text{m}$$

同理可求得受拉桩的 $C'_{IV} = 0.5 \times 160.6/39 = 20.6$，$a_m h_1 = 2.83$，所以 $h'_1 = 2.83/0.5 = 5.66\text{m}$

（2）最大土压力 $\sigma_{h1(max)}$ 计算：

按式（7-7-35），在表 7-7-17C_V 中，由 $a_m h_1 = 0.83$ 和 $a_m h'_1 = 2.83$，查得 $C_V = 1.17$，$C'_V = 6.37$ 受压桩

$$\sigma_{h1(max)} = a_m Q_i C_V / b = 0.5 \times 56.6 \times 1.17 / 1.3$$
$$= 21.8 \text{kN/m}^2$$

受拉桩

$$\sigma'_{h1(max)} = 0.5 \times 3.9 \times 6.37 / 1.3 = 9.55 \text{kN/m}^2$$

（3）桩侧土的容许承载力 $[\sigma_{h1}]$，按式（7-7-36）

受压桩

$$[\sigma_{h1}] = \frac{4}{\cos\varphi}(\gamma z \tan\varphi + c)/K_1$$
$$= \frac{4}{\cos 45°}(11 \times 1.66 \times \tan 45° + 0)/1.6$$
$$= 64.6 \text{kN/m}^2 > 21.8 \text{kN/m}^2 （符合要求）$$

受拉桩

$$[\sigma_{h1}] = \frac{4}{\cos\varphi}(\gamma \tan\varphi h/3 + c)/K_1$$
$$= \frac{4}{\cos 45°}(11 \times \tan 45° \times 10/3 + 0)/1.6$$
$$= 129.6 \text{kN/m}^2 > 9.55 \text{kN/m}^2 （符合要求）$$

7. 基桩的弯矩

（1）桩身最大弯矩 $M_{h1(max)}$ 计算：

受压桩　由 $C_I = a_m M_i / Q_i = 0.405$，$a_m h_1 = 1.63$，

所以 $h_1 = 2.26$m，$C_{II} = 2.77$，按式（7-7-37）求得

$$M_{h1(max)} = M_i C_{II} = 45.9 \times 2.77 = 127.2 \text{kN} \cdot \text{m}$$

受拉桩　由 $C'_I = 20.6$，$a_m h'_1 = 0.27$，$h'_1 = 0.54$m，$C'_{II} = 1.009$，

$$M'_{z(max)} = 160.6 \times 1.009 = 162.1 \text{kN} \cdot \text{m}$$

（2）桩身任一截面的弯矩，按式（7-7-33）计算：

1）$h_1 = 4$m，$a_m h_1 = 0.5 \times 4 = 2$，由表 7-7-16 查得 $A_M = 0.614$，$B_M = 0.407$，则得

受压桩

$$M_{(4)} = Q_i A_M / a_m + M_i B_M$$
$$= 56.6 \times 0.614 / 0.5 + 45.9 \times 0.407$$
$$= 88.2 \text{kN} \cdot \text{m}$$

受拉桩

$$M'_{(4)} = 3.9 \times 0.614 / 0.5 + 160.6 \times 0.407$$
$$= 70.2 \text{kN} \cdot \text{m}$$

2）$h_1 = 6$m，$a_m h_1 = 0.5 \times 6 = 3$，由表 7-7-16 查得 $A_M = 0.193$，$B_M = 0.076$，则得

受压桩

$$M_{(6)} = 56.6 \times 0.193 / 0.5 + 45.9 \times 0.076$$
$$= 25.3 \text{kN} \cdot \text{m}$$

受拉桩

$$M'_{(6)} = 3.9 \times 0.193 / 0.5 + 160.6 \times 0.076$$
$$= 13.7 \text{kN} \cdot \text{m}$$

3）$h_1 = 8$m，$a_m h_1 = 0.5 \times 8 = 4$，由表 7-7-16 查得 $A_M = 0$、$B_M = 0$，则 $M_{(8)} = 0$

8. 承台内力和桩基强度计算

强度计算从略，但最后须以实际的配筋 A_g，代入式（7-7-45）求出受拉桩的内力 p'，并核算最大拉力 F_{Tmax} 和桩在受拉时的 Q_i、M_i 以及 $\sigma_{z(max)}$。

此外，最高洪水位与最大风组合条件，计算与最大风设计条件相同，故本例从略。

九、电杆基础

1. 设计条件

（1）工程地质：一般黏性土，其物理特性为塑性指数 $I_p = 13$、液性指数 $I_L = 0.5$、孔隙比 $e = 0.8$、容重 $\gamma = 18 \text{kN/m}^3$，无地下水，标准冻结深度 -2.0m。

（2）基础作用力：拉盘上拔力 $F_T = 48.5$kN；底盘下压力 $F_V = 167$kN；底盘上拔力 $F_T' = 4$kN；反弯点处水平力 $F_{H0} = 18.8$kN。

（3）材料：采用石材，极限抗压强度 $f_{a0} = 130 \text{MN/m}^2$，软化系数 $K_d = 0.75$。

（4）适用杆型：带叉梁等径拉线直线杆。

2. 基础型式和基本尺寸

石材底、拉、卡盘的布置型式见图 7-9-11。其基本尺寸：$h_0 = 2.65$m，$h = 3.0$m，$y_1 = 1.0$m，$y_2 = 2.85$m

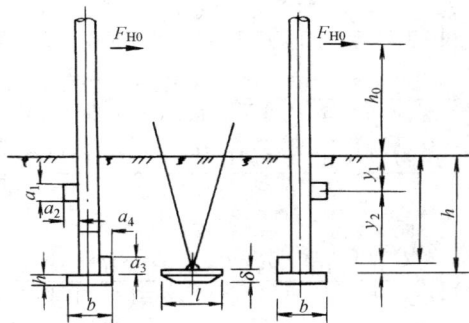

图 7-9-11　电杆基础组装图

3. 拉线盘设计

（1）计算参数：液性指数 $I_L = 0.5$ 的黏性土可定为可塑状态，按表 7-1-7 查得计算上拔角 $a = 20°$，计算容重 $\gamma_0 = 16 \text{kN/m}^3$。

（2）拉盘规格：取长度 $l = 1.2$m，宽度 $b' = 0.6$m，厚度 $\delta = 0.22$m。

（3）拉盘的上拔稳定　按式（7-2-12）计算：

由表 7-5-11 查得石材拉盘重力 $G_f = 450 \times 9.81 \cdot$

4410N = 4.41kN，再由表 7-2-4 查得可塑状态黏性土的临界深度 $h_c = 2.0B = 2.0 \times 0.5$ （1.2 + 0.6）= 1.8m < h_t，按式（7-2-14）计算上拔土体积，即

$$V_t = h_c \left[bl\sin\omega_1 + (b\sin\omega_1 + l) h_c \tan\alpha \right.$$
$$\left. + \frac{4}{3} h_c^2 \tan^2\alpha \right] + bl(h_t - h_c)\sin\omega_1$$

$$= 1.8 [0.6 \times 1.2 \times 0.924 + (0.6 \times 0.924 + 1.2)$$
$$\times 1.8\tan20° + \frac{4}{3} \times 1.8^2 \tan^2 20°] + 0.6$$
$$\times 1.2(2.5 - 1.8) \times 0.924$$

$$= 4.30 + 0.47 = 4.76 \text{m}^3，故拉盘的容许上拔力为$$

$$[F_T] = (V_t \gamma_0 / K_1 + G_f / K_2)/\sin\omega$$
$$= (4.76 \times 16/1.6 + 4.41/1.2)/0.924$$
$$= 55.6 \text{kN} > 48.5 \text{kN}（符合要求）$$

（4）弯矩按式（7-5-55）计算：

$$M_{1(\max)} = \left(\frac{bl}{4} \times \frac{3l}{8} + \frac{lb}{4 \times 2} \times \frac{2l}{3 \times 4} \right) \frac{F_T}{bl} = \frac{11}{96} l F_T$$

$$= \frac{11}{96} \times 1.2 \times 48.5 = 6.67 \text{kN} \cdot \text{m}$$

（5）强度石盘的容许弯矩按式（7-5-74）计算：

$$[M] = 0.29 bh^2 f_{s0}/K_s = 0.29 \times 0.6 \times 0.22^2 \times 7000/5$$
$$= 11.8 \text{kN} \cdot \text{m} > 6.67 \text{kN} \cdot \text{m}（符合要求）$$

4. 卡盘设计

（1）计算参数：可塑状态黏性土，按表 7-4-1 查得计算容重 $\gamma_0 = 16\text{kN/m}^3$，计算内摩阻角 $\beta = 30°$，土压力系数 $m = 48\text{kN/m}^3$。

（2）电杆的极限倾复力按式（7-4-1）计算：

由 $h/b_0 = 3/0.4 = 7.5$，在表 7-4-3 中以插入法求得宽度增大系数 $K_0 = 1.87$，再由式（7-4-3）得计算宽度 $b = b_0 K_0 = 0.4 \times 1.87 = 0.748$，，$\eta = F_{H0}/h = 2.65/3 = 0.883$，在表 7-4-2 中插入法查得 $\eta\mu = 16.53$，则

$$F_u = \frac{mbh^2}{\eta\mu} = \frac{48 \times 0.748 \times 3^2}{16.53} = 19.5 < K_3 S_0$$
$$= 1.5 \times 18.8 = 28.2 \text{kN}$$

因为 $F_u < K_3 F_{H0}$，故应采取设置卡盘措施。

（3）配上、下卡盘：卡盘的横向力按式（7-4-10）计算：

$$R_{ch1} = (K_3 F_H - F_u)(h_0 + y_2)/(y_2 - y_1)$$
$$= (1.5 \times 18.8 - 19.5)(2.65 + 2.85)/(2.85 - 1)$$
$$= 25.9 \text{kN}$$

$$R_{ch2} = (1.5 \times 18.8 - 19.5)(2.65 + 1)/(2.85 - 1)$$
$$= 17.2 \text{kN}$$

上卡盘长度 L_1 按式（7-4-9）计算，取 $d_1 = 0.4\text{m}$，$d_2 = 0.3\text{m}$，则

$$L_1 = \frac{R_{ch1}}{y_1(md_1 + 2\gamma_0 d_2 \tan\beta)} + b_0$$

$$= \frac{25.9}{1.0(48 \times 0.4 + 2 \times 16 \times 0.3\tan30°)} + 0.4$$
$$= 1.05 + 0.4 = 1.45 \text{m}（取 L_1 = 1.6\text{m}）$$

下卡盘长度，取 $d_3 = 0.3\text{m}$，$d_4 = 0.25\text{m}$，则

$$L_2 = \frac{17.2}{2.85(48 \times 0.3 + 2 \times 16 \times 0.25\tan30°)} + 0.4$$
$$= 0.32 + 0.4 = 0.72 \text{m}（取 L_2 = 0.8\text{m}）$$

（4）弯矩按式（7-5-64）计算：取 $l_1 = 0.1\text{m}$，则

$$M_1 = R_{ch}(l_{ch} - l_1)/8$$
$$= 25.9 \times 1.6(1.6 - 0.1)/8 \times 1.6 = 4.86 \text{kN} \cdot \text{m}$$
$$M_2 = 17.2 \times 0.8(0.8 - 0.1)/8 \times 0.8 = 1.51 \text{kN} \cdot \text{m}$$

（5）强度按式（7-5-74）计算：

$$[M_1] = 0.29 \times 0.4 \times 0.29^2 \times 7000/4$$
$$= 17.1 \text{kN} \cdot \text{m} > 4.86 \text{kN} \cdot \text{m}$$
$$[M_2] = 0.29 \times 0.3 \times 0.24^2 \times 7000/4$$
$$= 8.77 \text{kN} \cdot \text{m} > 1.51 \text{kN} \cdot \text{m}（符合要求）$$

5. 底盘设计：取宽度 $b = 1.0\text{m}$，厚度 $h = 0.22\text{m}$ 的正方形底盘。

（1）作用力：土重力：

$$G_0 = \left(1.0^2 \times 3.0 - \frac{\pi}{4} \times 0.4^2 \times 3.0 - 0.06 - 0.19 \right) \times 16$$
$$= 38 \text{kN}，卡盘重力 7.1\text{kN}，底盘重力 6\text{kN}，电杆压力 167\text{kN}。$$

（2）基础底面压力按式（7-3-1）计算：

$$P = \frac{F_V + G_f + G_0}{A} = \frac{167 + 7.1 + 6.0 + 38}{1.0^2}$$
$$= 218.1 \text{kN/m}^2$$

（3）地基容许承载力按式（7-1-6）计算：

由 $I_p = 13$，$I_L = 0.5$，$e = 0.8$，按表 7-1-12 查得 $[P] = 210\text{kN/m}^2$。故得地基容许承载力为

$$[P_1] = [P] + m_B \gamma(B - 3) + m_h \gamma_p(h - 1.5)$$
$$= 210 + 0 + 1.5 \times 16(3.2 - 1.5)$$
$$= 250.8 \text{kN/m}^2 > 218.1 \text{kN/m}^2（符合要求）$$

（4）强度计算：

1）底盘承受的弯矩按式（7-5-38）计算：

$$M = \sigma_0(b - b')^2(2l + l')/24$$
$$= 184.7(1.0 - 0.28)^2(2 \times 1 + 0.28)/24$$
$$= 8.8 \text{kN} \cdot \text{m}$$

2）底盘容许弯矩按式（7-5-74）计算：

$$[M] = 0.29 bh^2 f_{s0}/K_s = 0.29 \times 1.0 \times 0.22^2 \times 7000/3$$
$$= 32.8 > 8.8 \text{kN} \cdot \text{m}（符合要求）$$

参 考 文 献

[7-1]　天津大学、西安冶金建筑工程学院等合编. 地基与基础，中国建筑工业出版社，1978.

[7-2]   铁道部第三设计院主编. 桥梁地基和基础. 人民铁道出版社，1978.

[7-3]   手册编写组. 钢筋混凝土结构计算手册. 中国建筑工业出版社，1978.

[7-4]   手册编写组. 电力工程水文勘测计算手册. 水利电力部电力规划设计院，1981.

[7-5]   手册编写组. 工程地质手册（第二版）. 中国建筑工业出版社，1982.

[7-6]   杨晓音. 黏性土物理特性与抗剪强度指标的相关分析. 建筑科学研究第二期，建筑科学研究院，1965.

[7-7]   手册编写组. 建筑结构静力计算手册. 中国建筑工业出版社，1982.

[7-8]   天津大学、同济大学、南京工学院合编. 钢筋混凝土结构（上、下册）. 中国建筑工业出版社，1981.

第八章

选 线 及 定 位

第一节 选 线

路径选择的目的，就是要在线路起迄点间选出一个全面符合国家建设的各项方针政策的线路路径。因此，选线人员在选择线路路径时，应遵照各项方针政策，对运行安全、经济合理、施工方便等因素进行全面考虑，综合比较。

选线工作，一般按设计阶段分两步进行，即初勘选线和终勘选线。

一、初勘选线

（一）图上选线

图上选线是进行大方案的比较，从若干个路径方案中，经比较后选出较好的线路路径方案。图上选线的方法步骤如下：

（1）图上选线前应充分了解工程概况及系统规划，明确线路起迄点及中途必经点的位置、线路输送容量、电压等级、回路数与导线标号等设计条件。

（2）图上选线所用地形图的比例以 1/5 万或 1/10 万为宜。先在图上标出线路起迄点及中间必经点位置，以及预先了解到的有关城市规划，军事设施，工厂、矿山发展规划，地下埋藏资源开采范围，水利设施规划，林区及经济作物区，已有及拟建的电力线、通信线或其它重要管线等的位置、范围。然后按照线路起迄点间距离最短的原则，尽量避开上述影响范围，考虑地形、交通条件等因素，绘出若干个图上选线方案（一般经反复比较后保留 1～2 个方案）作为收资及初勘方案。

（3）对已选定的路径方案，根据与通信线的相对位置，远景系统规划的短路电流及该地区大地导电率情况计算对铁路、邮电、军事等主要通信线的干扰及危险影响。根据计算结果，便可对已选定的路径方案进行修正或提出具体措施。详见第四章。

（二）收资及初勘

1. 收集资料

收集资料的主要目的是要取得线路通过地区对路径有影响的地上、地下障碍物的有关资料及所属单位对路径通过的意见。由所属单位以书面文件或在路径图上签署意见的形式提供资料，作为设计依据。若同

一地区涉及单位较多又相互关联时，可邀集有关单位共同协商，并形成会议纪要。如果最终的路径走向满足对方的要求，可不再办理手续。但当路径靠近障碍物的边沿或厂、矿区内通过时，应在线路施工图设计后以"回文"（或兼附图）的形式说明路径通过位置及要求，以防对方将来有可能发展时影响线路的建设与安全运行。

收集资料阶段，调查了解的单位一般应包括大行政区及省、市地区的有关部门和重要厂、矿企业及军事部门。收集资料的内容一般为有关部门所属现有设施及发展规模、占地范围、对线路的技术要求及意见等。在取得对方的书面意见前，应充分了解对方的设施情况与要求，并详细向对方介绍线路的情况，在协商的基础上取得对方同意线路通过的文件。

收集资料的单位与内容通常可参考表 8-1-1。

表 8-1-1　　　　收资单位及内容一览表

序号	收集资料单位	收资内容提要
1	各军区司令部	邀集空军、作战、通信、炮兵、装甲兵、后勤等有关单位，了解现有及拟建的与各路径方案有关的军事设施的位置、影响范围及有关规定，取得对路径通过的要求或同意的文件
2	城市建设局或建设规划部门	取得城镇现有与规划平面图及同意线路走廊的文件，并请提供协议单位名单
3	地区铁路局及铁道设计单位	收集沿线现有及拟建的铁道、通信信号等设施资料及对保护措施的意见，并收集线路运行中的风、冰等灾害资料
4	各级邮电电信局、邮电设计单位	收集沿线现有及拟建的地上及地下通信设施资料及线路运行中的风、冰等灾害资料，征求对通信保护方面的意见
5	民航局	收集现有及拟建的民用与农用机场的位置、等级、起降方向以及导航台的位置、气象资料等，了解影响线路通过的有关规定，取得对方的意见
6	气象局（台）	收集设计所需要的气象资料及取得有关气象数据的鉴定性意见
7	地质局及所属勘探公司	收集沿线矿藏分布、储量、品位，开采价值及沿线地质构造、地震烈度等资料

续表

序号	收集资料单位	收资内容提要
8	矿务局	收集矿区矿藏分布、开采情况、采空区范围、深度及沉陷情况；露天开采时的爆破影响范围，火药库的位置、储量、库房规格，事故爆炸时影响范围。了解矿区对线路走线有影响的有关技术规定，取得对线路通过的意见
9	煤炭、有色金属管理局	收集沿线矿藏分布、开发情况、远景规划、设计单位等，并取得对线路通过的意见
10	各地水利局、航运管理局	收集江河上现有及规划的水库、电站、排灌系统等水利设施的位置、淹没范围；收集河流水文资料，其中包括百年一遇洪水位、流速、漂浮物及河道变迁、封冻期的最高冰面、流冰水位及流速、冰块大小等资料。通航河流尚应收集航运及五年一遇时的最高水位、船舶种类、桅杆高度、航道位置。若在水库下方通过时，还应收集水坝建设标准、溢洪道位置和排流方向以及水坝的可靠性等资料。征求对线路跨越水库的意见
11	广播事业管理局	收集现有及拟建电台、电视台天线位置、高度、用途以及对线路通过的要求等资料
12	各地交通（或公路）局	收集沿线现有及拟建的公路走向、等级及重要桥涵等设施资料、并了解农村简易公路的情况
13	各地林业局	收集沿线森林分布采伐情况，其中包括树木种类、密度、高度、直径等资料。如果是果树和其它经济作物，尚应了解自然生长高度和修剪高度以及对线路通过的要求
14	发电厂、变电所、电业局、电力设计单位	收集线路进出线走廊平面图及走廊内地上、地下设施与涉及的单位，征求对出线走向的意见，收集已有线路的运行资料与设计气象条件等
15	石油、化工管理局、油田、炼油厂	收集现有及拟开发的油田范围、地上、地下管线、设备等建设位置，线路穿过油田时对线路的要求。收集化工厂或炼油厂排出物（气、水、灰等）扩散范围以及对线路的影响等资料
16	火药库、油库、采石场、砂石管理所、沿线工、矿企业	收集建筑设施位置、正常及事故时对线路的影响范围。采石场尚应了解已开采年限、产值、规模及营业情况（包括有否经政府批准的文件）

2. 初勘

初勘是按图上选定的线路路径到现场进行实地勘察，以验证它是否符合客观实际并决定各方案的取舍。

初勘方法可以是沿线了解、重点勘察或仪器初测，按实际需要确定。

野外初勘应由送电设计（包括电气、土建、通信保护）、概算、测量、水文、地质等专业的人员组成，并邀请施工、运行单位参加。

初勘工作一般应包括如下内容：

（1）应根据地形、地物找出图上选线的实地位置并沿线勘察；对特殊大跨越，应进行实地选线、定线、平断面图草测及地质水文勘察；在某些协议区及复杂地段，需要将线路路径或具体塔位，用仪器测量落实或测绘有关平断面图。

（2）由收资、协议人员到沿线的县、乡及有关厂、矿补充收集沿线有影响的障碍、设施资料与办理初步协议，并收集沿线交通、污秽等资料。

（3）重点踏勘可能影响路径方案的复杂地段及仅凭图纸资料难以落实路径位置的地段。通常包括：重要或特殊跨越；进出线走廊、城镇拥挤地段；穿越或靠近有影响的障碍物协议区；不良地质、恶劣气象地段及交通困难、地形复杂地段；可能出现多方案地段。

（4）初勘时各有关专业组尚应做好拆迁、砍树（范围、树种、高度）、修桥补路、所需建筑材料产地、材料站设置及运距的调查。

初勘结束后，根据初勘中获得的新资料修正图上选线路径方案，并组织各专业进行方案比较，包括：线路亘长、交通运输条件、施工、运行条件、地形地质条件、大跨越情况等技术比较；线路投资、年运行费、拆迁赔偿和材料消耗量等经济比较。按比较结果提出初步设计的推荐路径方案，编写路径部分说明并整理有关协议文件，同时办理最终协议文件。

二、终勘选线

终勘选线是将批准的初步设计路径在现场具体落实，按实际地形情况修正图上选线，确定线路最终的走向，设立临时标桩。终勘选线工作对线路的经济、技术指标和施工、运行条件起着重要作用。因此，要正确地处理各因素的关系，选出一条既在经济技术上合理，又方便施工、运行的线路路径。

终勘选线一般应在线路终勘时提前一段时间进行，也可以与定线工作合并进行，需视线路的复杂程度而定。在选线中应做到"以线为主、线中有位"，即在选线中要兼顾杆（塔）位的技术经济合理性和关键塔位成立的可能性（如转角点、大档距和必须设立杆塔的特殊地点等），个别特殊地段应反复选线比较，必要时草测断面进行定位比较后优选。

（一）终勘选线的基本原则

（1）选线人员要认真贯彻国家建设的各项方针政策。在选线中要对运行安全、经济合理、施工方便等因素进行全面考虑，综合比较。

（2）尽可能选择长度短、特殊跨越少、水文和地质条件较好的路径方案。

（3）应尽可能避开森林、绿化区、果木林、公园、防护林带等，当必须穿越时，应尽量选取最窄处通过，以减少砍伐树木。

（4）应尽可能少拆迁房屋及其它建筑物，应尽量少占农田。

（5）应尽可能避开地形、地质复杂和基础施工挖方量大或排水量大以及杆塔稳定受威胁的不良地形、地质地段。

（二）终勘选线的一般技术要求

1. 山区路径选择

（1）线路经过山区时，应避免通过陡坡、悬崖峭壁、滑坡、崩塌区、不稳定岩石堆、泥石流、卡斯特溶洞等不良地质地带。当线路与山脊交叉时，应尽量从平缓处通过。

（2）在山区选线往往发生交通运输、地势高低与路径长短之间的矛盾。为此，应从技术经济与施工运行条件上作好方案比较。努力做到既合理地缩短路径长度、降低线路投资又保证线路安全可靠、运行方便。

（3）山区河流多为间歇性河流，其特点是流速大，冲刷力强。因此，线路应避免沿山间干河沟通过，如必须通过时，塔位应设在最高洪水位以上不受冲刷的地方，处理好"线位"关系。

2. 跨河段路径选择

（1）线路跨越河流（包括季节性河流）时，尽量选在河道狭窄、河床平直、河岸稳定、两岸尽可能不被洪水淹没的地段。

（2）选线时应调查了解洪水淹没范围及冲刷等情况，预估跨河塔位并草测跨越档距，尽量避免出现特殊塔的设计。

（3）应避免与一条河流多次交叉。

（4）避免在支流入口处及河道弯曲处跨越河流，应尽量避开旧河道或排洪道和在洪水期容易改为主河道的地方。

（5）不要在码头和泊船地区跨越河流。

（6）跨河塔位的地质条件：

1）河岸地层稳定，无严重的河岸冲刷现象（如蛇曲、塌岸等）。

2）两岸土质均匀良好，无软弱地层（如淤泥或淤泥质土）及易产生液化的饱和砂土。

3）地下水埋藏较深。

3. 转角点选择

（1）转角点不宜选在山顶、深沟、河岸、悬崖边缘、坡度较大的山坡，以及易被洪水淹没、冲刷和低洼积水之处；并应尽量与其它技术要求而需设置耐张杆结合起来考虑。

（2）线路转角点应放置在平地或山麓缓坡上，并应考虑有足够的施工场地和便于施工机械的到达（直线塔允许紧线作业者例外）。

（3）选择转角点时应考虑前后相邻两基杆（塔）位的合理性，以免造成相邻两档过大、过小而造成不必要的升高杆塔或增加杆塔数量等不合理现象。

4. 线路接近炸药库附近时的路径选择

应避开炸药库事故爆炸的影响范围。各种爆破及爆破器材仓库意外爆炸时，爆炸源与人员和其它保护对象之间的安全距离，应按各种爆破效应（地震、冲击波、个别飞散物等）分别核定并取最大值。❶

（1）爆破地震安全距离可按式（8-1-1）计算：

$$S_1 = \left(\frac{K}{V} \right)^{\frac{1}{\mu}} Q^n \qquad (8\text{-}1\text{-}1)$$

式中　S_1——爆破地震安全距离，m；

Q——炸药量，kg，齐发爆破取总炸药量，微差爆破或秒差爆破取最大一段药量；

V——地震安全速度（对钢筋混凝土框架房屋，可取 5cm/s；非抗震的大型砌块建筑物，取 2～8cm/s；对水工及交通隧洞，分别取 10cm/s 及 15cm/s）；

n——药量指数，取 1/3；

K、μ——与爆破点地形、地质等条件有关的系数和衰减指数，可按表 8-1-2 选取。

表 8-1-2　　爆区不同岩性的 K、μ 值

岩　　性	K	μ
坚硬岩石	50～150	1.3～1.5
中硬岩石	150～250	1.5～1.8
软岩石	250～350	1.8～2.0

（2）爆破冲击波安全距离。露天裸露爆破时，一次爆破的炸药量不得大于 20kg，并应按式（8-1-2）确定空气冲击波对在掩体内避炮作业人员的安全距离。

$$S_2 = 25 \sqrt[3]{Q} \qquad (8\text{-}1\text{-}2)$$

式中　S_2——空气冲击波对掩体内人员的最小安全距离，m；

Q——一次爆破的炸药量，kg，秒延期爆破

---

❶　参见中华人民共和国国家标准《爆破安全规程》GB 6722—86。

时，Q 按各延期段中最大药量计算；毫秒延期爆破时，Q 按一次爆破的总药量计算。

（3）个别飞散物安全距离。爆破时（抛掷爆破除外）个别飞散物对人员的安全距离不得小于表 8-1-3 的规定；对设备或建筑物的安全距离，应由设计计算确定。

表 8-1-3   爆破（抛掷爆破除外）时，个别飞散物对人员的安全距离

爆破类型和方法	个别飞石对人的最小安全距离（m）
1. 破碎大块岩矿①	
裸露药包爆破法②	400
浅眼爆破法	300
2. 浅眼爆破③	200
3. 浅眼药壶爆破	300
4. 蛇穴爆破	300
5. 深孔爆破	按设计，但不小于 200
6. 深孔药壶爆破	按设计，但不小于 300
7. 浅眼眼底扩壶	50
8. 深孔孔底扩壶	50
9. 峒室爆破	按设计，但不小于 300

注　① 沿山坡爆破时，下坡方向的飞石安全距离应增大 50%。

② 同时起爆或毫秒延期起爆的裸露爆破装药量（包括同时使用的导爆索装药量），不应超过 20kg。

③ 复杂地质条件下或未形成台阶工作面时，安全距离不小于 300m。

（4）设置爆破器材仓库或露天堆放爆破器材时，仓库或药堆至外部各种被保护对象的距离，应按下列条件确定：

1）外部距离的起算点是库房的外墙墙根、药堆的边缘以及隧道式峒库的峒口；

2）确定外部距离时，可不考虑炸药的性质；

3）爆破器材贮存区内有一个以上仓库或药准时，应按每个仓库或药堆分别核定外部距离；

4）确定仓库或药堆至企业的住宅区或村庄边缘的距离应遵守：地面库房或药堆不小于表 8-1-4 的规定；隧道式峒库不小于表 8-1-5 的规定；

5）仓库或药堆至其它保护对象的距离，应先按表 8-1-6 确定各种保护对象的保护等级系数，并以规定系数分别乘以表 8-1-4 或表 8-1-5 规定的距离来确定。

表 8-1-4 中距离适用于平坦地形，遇到下列几种特定地形时，其数值可适当增减。

① 当危险建筑物紧靠 20～30m 高的山脚下布置，山的坡度为 10°～25° 时，危险建筑物与山背后建筑物之间的距离，与平坦地形相比，可适当减少（10～30）%。

② 当危险建筑物紧靠 30～80m 高的山脚下布置，山的坡度为 25°～35° 时危险建筑物与山背后建筑物之间的距离，与平坦地形相比，可适当减少（30～50）%。

表 8-1-4   地面爆破器材库或药堆至住宅区或村庄边缘的最小外部距离

存药量（t）	≤200 ≥150	<150 ≥100	<100 ≥50	<50 ≥30	<30 ≥20	<20 ≥10	<10 ≥5	<5
最小外部距离（m）	1000	900	800	700	600	500	400	300

表 8-1-5   隧道式峒库至住宅区或村庄边缘的最小外部距离

距离（m）　存药量（t） 与峒口轴线交角 α	≤100 ≥50	<50 ≥30	<30 ≥20	<20 ≥10	<10 ≥5	<5
0°＜α≤50°	1500	1250	1100	1000	850	750
50°＜α≤70°	800	650	550	500	450	350
70°＜α≤90°	450	400	350	300	250	250
90°＜α≤180°	300	250	200	150	120	100

表 8-1-6   各种被保护对象的防护等级系数

被保护对象	防护等级系数		
	地面库	隧道式峒库	
		0°～90°	90°～180°
村庄边缘、企业住宅区边缘、其它单位的围墙、区域变电站的围墙	1.0	1.0	1.0

续表

被保护对象	防护等级系数		
	地面库	隧道式峒库	
		0°～90°	90°～180°
送电线路（kV）　500	1.5	2.0	1.5
300	1.2	1.8	1.2
220	1.0	1.5	1.0
110	0.7	1.0	0.7
35	0.4	0.6	0.4

注　峒轴线 ±90°～±180° 范围内，如有送电线高塔时，应通过地震安全性评价，专门确定防护等级系数。

③在一个山沟中，一侧山高为 30～60m，坡度为10°～25°；另侧山高为 30～80m，坡度为 25°～30°，沟宽 100m 左右。山沟内两山坡脚下直对布置的两建筑物之间的距离，与平坦地形相比，应增加（10～50）%。

④在一个山沟中，一侧山高为 30～60m，坡度为10°～25°；另侧山高 30～80m，坡度为 25°～35°；沟宽 40～100m，沟的纵坡（4～10）%。沿沟纵深和沟的出口方向建筑物之间的距离，与平坦地形相比，应适当增加（10～40）%。

5.通过特殊地带的路径选择

（1）线路通过矿区应避开爆炸开采的爆炸影响范围、未稳定的塌陷区及可能塌陷的地区。

（2）线路经过大孔性黄土地区时，应尽量避开冲沟特别发育的地段，要特别注意立塔条件，选线时就要考虑排塔位情况，做到"线中有位"。

（3）线路应避开采石场，一般情况下应离开采石场 200m 以上，但遇到表 8-1-4 中的特定地形时，应根据该说明情况适当的予以增减。

（4）线路应尽量避开沼泽池、水草地、已大量积水或易积水及严重的盐碱地带。

（5）线路与喷水池、冷却塔及生产过程中能排出腐蚀性气体或液体的工厂接近时，要查明其危害范围，分析其危害程度。并尽量使线路与这些工厂保持必要的距离，最好在上风向通过，以减少或避开其影响。

6.通过严重覆冰地区的路径选择

（1）在严重覆冰地区选线时，应着重调查该地区线路附近的已有电力线路、通信线路、植物等的覆冰情况、覆冰厚度，调查突变范围、覆冰时季节风向、覆冰类型、雪崩地带等。

（2）应特别注意地形对覆冰的影响，避免在覆冰严重地段通过，如必须通过时，应调查了解易覆冰的地形特征，选择较为有利的地形通过（如线路宜在地势低下的背风坡通过）。

（3）在开阔地区尽量避免靠近湖泊，且在结冰季节的下风向侧通过，以免由于湿度大，大量过冷却水滴吹向导线，造成严重覆冰。

（4）应尽量避免出现过大档距。

（5）应特别注意交通运输情况，尽量创造维护抢修的方便条件。

7.利用航测照片配合地形图选线

由于航测照片的比例较大（1～2 万分之一），村庄、房屋、河道、冲沟等地物以及山势大小，树林疏密程度等显示清晰。借助立体镜可看出立体形象，即使是小型障碍物也能辨认清楚。因此，利用航测照片配合地形图选择路径，能更好地保证路径质量。特别

是在高山大岭、人烟稀少、工作生活条件困难的地方或路径受地形、地物控制的地方，利用航测照片选线其优越性更加突出，既方便又可提高选线精度，加快选线进度，可选出理想的送电线路路径，避免一些不必要的返工。

第二节　定　位

在已经选好的线路路径上，进行定线、断面测绘，在纵断面图上配置杆塔的位置，称为定位。定位是送电线路设计的一个重要环节。定位的质量关系到线路的造价和施工、运行的方便与安全。所以，提倡深入实际，调查研究，进行细致工作，排出各种杆塔配置方案，进行优选。

一、定位准备工作

为了便于定位工作的顺利进行，需要事先将线路主要的有关技术资料和要求及注意事项汇编成"线路工程定位手册"，并准备好必要的工具，如弧垂模板及有关计算工具，空白的杆（塔）位明细表（参见附表 8-1）等。"线路工程定位手册"一般包括下列几方面内容：

（1）线路概要，如线路起讫点、回路数、长度及选线、定位的主要设计原则等。

（2）送、受电端的进出口线平面图或进、出口构架数据，如构架位置、挂线点标高、线间距离、相序排列及允许张力等。

（3）导线、地线型号及力学特性曲线，如使用两种或两种以上的不同电线型号或应力标准时，应标明各自架设的区段。

（4）悬垂绝缘子串型式、串长及使用地点，如有加强绝缘区段，应说明绝缘子型式、串长、片数及使用地点和附加要求。

（5）防震措施的安装规定。

（6）按档距长度需要安装间隔棒的数量。

（7）全线计划换位系统图及换位塔位的附加要求。

（8）不同气象区分段（如有两种或两种以上气象区时）。

（9）各型杆塔接地装置选配一览表及接地装置型式选配的有关规定。

（10）各种悬垂绝缘子串允许的垂直档距。

（11）线路采用飞车进行带电作业时，与被跨越线路交叉垂直距离的规定。

（12）各队划分（两个及以上勘测队）及标桩编号的有关规定。

（13）杆塔及基础使用条件一览表（参见附录8-2）。

（14）导线对地及对各种交叉物的距离及交叉跨越方式的要求。

（15）各型杆塔使用的原则（各型杆塔使用地点及其要求）。

（16）耐张段长度的有关规定。

（17）线路纵断面图的比例、图幅及边线测量的有关要求。

（18）定位使用的模板 K 值曲线、摇摆角等各种校验曲线及图表。

（19）对地裕度及有关交叉跨越特殊校验条件的规定。

（20）对各型转角杆（塔）位位移距离的规定。

（21）采用重锤片数的计算原则。

（22）线路边导线与建筑物之间距离的有关规定。

（23）基础型式的选用原则。

（24）通信保护要求及明确一、二级通信线位置。

（25）其它特殊要求。

二、定位方法

"定位"是一项实践性很强的技术工作，这主要是因为现场地形地物千变万化，而塔位、塔高及塔型等，必须根据这些千差万别的情况合理安排，才能做出质量优良，技术经济合理的设计。

"定位"方法共有以下三种：

（一）院内定位法

由勘测人员在现场进行勘测，回院后提出勘测资料（包括测量、水文、地质资料），供设计人员进行排位。然后再到现场交桩修正部分塔位。

院内定位法的主要特点是测断面、定位、交桩三工序串接进行。因而工序流程时间较长，近年来工程上已很少采用。

（二）现场定位法

由测量、地质、水文、设计人员在现场边测断面边定塔位。定位后按塔位进行地质鉴定，供设计基础及选配接地装置用。

现场定位法的主要特点是测断面、定位、交桩三项工作在一道工序内完成，工序简单。此定位法的另一特点是具有"以位正线"的反馈作用。所谓"以位正线"的反馈作用，是指在定位过程中，当发现某些塔位非常不合理而通过修改部分路径来解决才比较合适时，则可及时对该段路径进行修改。这一点之所以在"现场定位"中易于实现，主要是因为选线、断面、定位在同一现场，同一段时间内进行，各组之间的联系较为及时。其缺点则主要是不能对整个定位段进行方案比较，因而其经济合理性差。一般常在

220kV 以下工程中采用，现场定位法的大致工序如下：

（1）先由定线组按选线确定的方向和目标定出线路中心线，并埋设直线桩和转角桩，测得各标桩的距离、高程并标注在线路断面图上。

（2）定位组测量人员从起始塔位（如转角点）开始沿线路进行方向，向前测绘出 1~2 档的轮廓纵断面。将测点绘于米格纸断面图上。

（3）定位组设计人员估计代表档距，选出相应 K 值的弧垂模板，在断面图上比拟出杆塔的大约位置，并根据弧垂曲线补测控制点的距离及高程，添绘于断面图上。

（4）排出塔位位置，查看施工、运行条件，按定位手册要求的内容对各项使用条件进行检查，满足要求后，埋设塔位中心桩及塔号桩并实测档距、高程、施工基面、高低腿等，将测量结果填入断面图。

（5）在测定一、两个耐张段后，应在室内进行仔细校核、验算并反复进行定位方案比较，如发现原定方案不够经济、合理，应以新的定位方案重返现场修改，并拔掉原定塔位标桩，以免施工弄错。

（6）根据塔位地质情况，选配接地装置及基础型式，填写塔位明细表，整理断面图等内业工作。

（三）现场室内定位法

测量人员先在现场测平断面，所测平断面够一定位段后（如两转角塔之间或两死塔位之间，一般往往是 3~8km），即交设计人员在现场住地进行室内定位，然后共同到现场交桩。同时由地质、水文人员按塔位进行地质、水文鉴定。

现场室内定位法的主要特点是测断面、定位、交桩三工序可平行交叉进行，因而工序流程时间接近于现场定位，较"院内定位法"时间要短得多。另外，也具有"以位正线"的反馈作用。一般对投资较高的 220kV 及以上线路多采用现场室内定位法。其工序如下：

（1）在定线的同时测绘线路断面图。此时室内定位人员最好参加断面测绘工作，了解沿线地形、地物，对可能立塔地段做到心中有数，并做好调查和记录，掌握图纸难以反映但对定位有密切关系的感性材料。

（2）在测完一定位段的断面图后，定位人员在断面图上试排塔位，反复进行塔位方案比较及各项验算，最后定出一个技术经济比较合理的方案。

（3）由现场定位组（或原定线、断面组）将室内定位方案拿到现场实地验证，逐塔查看塔位处的施工、运行条件，校测和补测危险点和控制点断面，根据实际情况调整室内定位方案，埋设塔位标桩，测量施工基面、高低腿等，并填绘于断面图上。

（4）进行内业整理，填写塔位明细表，加工整理断面图。

三、断面图测绘要求

线路断面图包括线路纵断面图，个别横断面图，线路带状平面图，均为定位的主要资料。参见附录8-3。

（一）线路纵断面、平面图

（1）线路纵断面图表示沿线路中心线（及高边线）的地形起伏变化的形状、高程和交叉跨越物的位置及高程。弧垂对地面最近的区段断面点应适当加密，并应保证高程误差不超过±0.5m。

（2）纵断面图使用毫米方格纸，其比例一般采用：纵为1/500，横为1/5000或纵为1/200，横为1/2000。

（3）在纵断面图下方还应草绘沿线路中心线左右各50m范围内的平面图。在平面图上绘出：线路转角塔位的转角度数；杆塔位置；交叉跨越物（电力线、通信线、铁路、道路、河流、地上、下管道等）与线路的交叉角度、去向或与线路平行接近的位置、长度；线路中心线附近的建筑物位置和接近距离；陡坡、冲沟、坟地的位置、范围；耕地、树林、沼泽地等的位置和边界。

（4）纵断面图下方需要标注：里程（百米值）、塔位标高、杆塔档距、耐张段长度、代表档距及弧垂模板K值；在断面图中标注杆塔转角、直线桩里程、标高，交叉跨越物的里程、标高、名称；在图上绘出杆塔位置、定位高度，弧垂安全地面线，标注杆塔编号、型号、呼称高及施工基面等数据。

此外，对于重要交叉跨越（如跨越铁路及一、二级通信线等）尚应有交叉跨越分图供施工协议用（分图比例同纵断面图）。

（二）线路横断面图

当线路沿着大于1∶4的边坡或其它对风偏有影响的山坡通过时，应实测与线路垂直的横断面以检查风偏影响。横断面绘于纵断面图相应位置的上方，其纵横比例尺一律为1∶500。测量宽度应视现场地形确定，一般为40m左右。

四、定位弧垂模板的制作与使用

为便于按导线对地距离及对障碍物的距离要求配置塔位，可事先按导线安装后的实际最大弧垂形状，作成弧垂模板以比量档内导线各点对地及对障碍物的垂直间距。

（一）弧垂模板的刻制

悬挂的导线呈悬链线状，其弧垂式为

$$f = \frac{\sigma_c}{\gamma_c}\left(ch\frac{\gamma_c l}{2\sigma_c} - 1\right) = \frac{\gamma_c l^2}{8\sigma_c} + \frac{\gamma_c^3 l^4}{384\sigma_c^3}$$

$$= Kl^2 + \frac{4}{3l^2}(Kl^2)^3 \qquad (8\text{-}2\text{-}1)$$

式中 f——导线最大弧垂，m；

$$K = \frac{\gamma_c}{8\sigma_c};$$

σ_c、γ_c——分别为导线最大弧垂时的应力（N/mm²）和比载〔N/(m·mm²)〕；

l——档距，m。

由上式可见，只要 $\frac{\gamma_c}{\sigma_c}$ 相同，不论任何导线，其弧垂形状完全相同，因此可按不同的 K 值以 l 为横坐标，f 为纵坐标（档距中央为坐标原点），采用与线路纵断面图相同的纵、横比例作出一组弧垂曲线，并刻制成透明的（一般为1~2mm厚的赛璐珞）模板，如图8-2-1所示，通常称为通用弧垂模板。对钢芯铝线 K 值一般在 $4~15 \times 10^{-5}$（1/m）之间，可每隔 0.25×10^{-5} 作一曲线，每块模板上可作2~4条曲线。

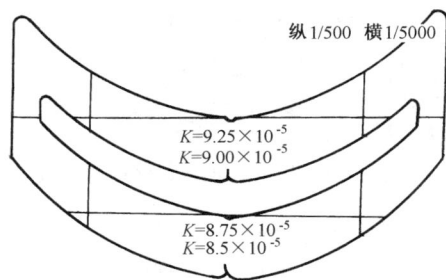

纵1/500 横1/5000

$K=9.25\times10^{-5}$
$K=9.00\times10^{-5}$
$K=8.75\times10^{-5}$
$K=8.5\times10^{-5}$

图 8-2-1 通用弧垂模板

（二）不同比例的模板 K 值换算

在定位时如没有与断面图比例尺一致的弧垂模板时，亦可按导线弧垂曲线形状相同的原则选用其它比例尺的等价 K 值模板，其相互关系如式（8-2-2）所示：

$$K_x = \left(\frac{m_a}{m_x}\right)^2 \times \frac{n_x}{n_a}K_a \qquad (8\text{-}2\text{-}2)$$

式中 K_a——比例为纵 $1/n_a$、横 $1/m_a$ 的模板 K 值；

K_x——K_a 值换算至模板（或断面图）比例为纵 $1/n_x$、横 $1/m_x$ 的等价 K 值。

例如有一块 $m_a = 2000$，$n_a = 200$，$K_a = 20 \times 10^{-5}$ 模板，要用到断面图比例 $m_x = 5000$，$n_x = 500$ 的图纸上，求它相当于多少 K_x 值。根据上式计算可得 $K_x = 0.4 \times 20 \times 10^{-5} = 8.0 \times 10^{-5}$。即一块纵为1/200、横为1/2000，$K = 20 \times 10^{-5}$ 的模板，在一张纵为1/500、横为1/5000的断面图上可当 $K = 8 \times 10^{-5}$ 的模板用。

（三）定位模板的使用

1. 模板的选用

由于各耐张段的代表档距不同，所用的模板 K 值亦不同（弯曲度不同），为便于定位时选择模板，可事先根据不同代表档距下，导线最大弧垂时的应力和比载，算出如图 8-2-2 中所示模板 K 值曲线。

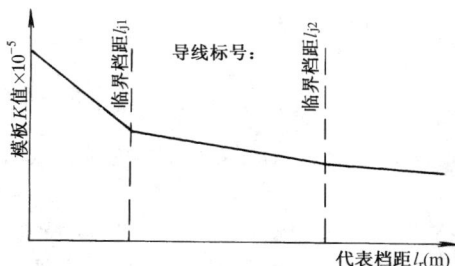

图 8-2-2　模板 K 值曲线

开始定位时，可先根据地形及常用的各种杆塔排位来估计待定耐张段的代表档距，并从 K 值曲线中查出初步选用的模板。整个耐张段定位完毕后，应计算实际的代表档距$\left(l_r^2 = \dfrac{\Sigma l^3}{\Sigma l} \right)$、核对所估选的模板是否正确，其误差应在 $+0.2 \times 10^{-5} \sim -0.05 \times 10^{-5}$ 以内，否则应按实际模板 K 值重新画弧垂线（即断面图中的安全地面线）并调整杆位、杆高，重新计算代表档距，直至所选用的模板与最终确定的代表档距相符为止。

2. 杆塔定位高度

杆塔的高度主要是根据导线对地面的允许距离决定的。为了便于检查导线各点对地的距离，通常在断面图上绘制的弧垂曲线并非导线的真实高度，而是导线的对地安全线，即将导线在杆塔上向下移动一段对地距离值后，画出的弧垂曲线，如图 8-2-3 所示，只要该线不切地面，即满足对地距离要求。杆塔定位高度 h_1：

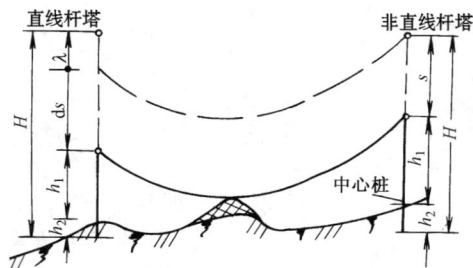

图 8-2-3　导线有效定位高度示意图

对直线杆塔：$h_1 = H$（呼称高）$- s$（对地安全距离）$- \lambda$（悬垂绝缘子串长）$- \delta$（考虑各种误差而采取的定位裕度）$- h_2$（杆塔施工基面）。

对非直线杆塔：$h_1 = H$（呼称高）$- s$（对地安全距离）$- \delta$（考虑各种误差而采取的定位裕度）$- h_2$（杆塔施工基面）。

导线对地距离 s 参见表 8-3-8，不同档内若对地距离不同，定位高度中应考虑相应的 s 值。

考虑到勘测设计及施工误差，定位时应根据档距的大小预留定位裕度 δ，一般档距 700m 以下取 1.0m，大于 700m 及孤立档取 1.5m，大跨越取 2～3m。

五、定位的原则

（一）杆（塔）位的选定原则

（1）应尽量少占耕地和好地；减少土石方量。

（2）杆（塔）位应尽可能避开洼地、泥塘、水库、冲沟发育地段、断层等水文、地质条件不良的处所，对于带拉线的杆塔还应考虑打拉线处的条件。

（3）应具有较好的施工［组、立杆（塔）和紧线］条件。

（二）档距的配置

（1）最大限度地利用杆塔强度，并严格控制杆塔使用条件。

（2）相邻档距的大小不应十分悬殊，以免过大地增加纵向不平衡张力。

（3）当不同的杆（塔）型或不同的导线排列方式相邻时，档距的大小应考虑到档中导线的接近情况，如换位杆（塔）间由于导线的交叉要适当减小档距。

（4）当杆塔的摇摆角不足时，应首先考虑在不增加杆高的情况下调整塔位和档距来解决。

（5）尽量避免出现孤立档（特别是小档距孤立档）。

（三）杆塔的选用

（1）尽可能地选用最经济的杆塔型式或高度，充分利用杆塔的使用荷载条件。

（2）尽量避免特殊设计杆塔，对较大转角杆塔应尽量降低杆塔高度。

（3）为充分利用地形、排位时高、矮塔应尽量配合使用。

六、定位结果检查

在初步确定杆塔位置、型式、高度后，应对线路设计条件进行全面检查，以验证是否超过设计规定的允许条件。检查内容包括：

（一）杆塔使用条件检查

1. 杆塔荷载条件检查

杆塔荷载条件检查，包括垂直档距、水平档距、最大档距、转角度数等，均不应超过设计条件。

水平档距为相邻档距的平均值，当高差特大时应取两档悬挂点连线间的距离平均值。

最大档距为两相邻杆塔间的距离，其大小受线间距离控制。对特大档距的线间距离要进行验算。

垂直档距为杆塔两侧导线弧垂最低点间的水平距离，此值可由断面图上量得。但断面图上量得的垂直档距系最大弧垂时的数值，当此值接近或超过杆塔设计条件时，应通过式（8-2-3）计算与杆塔设计条件相同的气象条件（如覆冰、最大风速、最低气温等）下的垂直档距 l_v，应使 l_v 不超过设计条件。

$$l_v = l_H + \frac{\sigma_1}{\gamma_v}\frac{h_1}{l_1} + \frac{\sigma_2 h_2}{\gamma_v l_2}, \text{m} \qquad (8\text{-}2\text{-}3)$$

式中　l_H——杆塔的水平档距，m；

l_1、l_2——杆塔前后侧的档距，m；

σ_1、σ_2——分别为杆塔两侧，待求情况下的导线水平应力（当为直线杆塔时 $\sigma_1 = \sigma_2 = \sigma$），N/mm^2；

h_1、h_2——杆塔导线悬挂点与前后邻塔悬挂点间之高差，比邻塔高为正值，反之为负值，m；

γ_v——待求情况下的导线垂直比载，N/(m·mm^2)。

2. 各种运行情况下绝缘子串与杆塔构件间安全间隙检查

对采用悬式绝缘子串的直线杆塔，应保证在各种运行情况下（外过电压、内过电压、正常工作电压及带电检修时），绝缘子串与杆塔构件间保证必要的空气间隙（参见第二章）。

定位时应用绝缘子串摇摆角临界曲线逐杆（塔）校验绝缘子串的摇摆角是否满足设计要求。

摇摆角临界曲线的计算、绘制、使用方法如下：

（1）根据杆塔头部结构尺寸及各种运行情况下的允许空气间隙（$R_1 \sim R_4$），作图量出外过电压、内过电压、正常工作电压及带电检修时的最大允许摇摆角 $\varphi_1 \sim \varphi_4$，如图 8-2-4 所示。

对宽身及拉线杆塔，在绘制最大允许摇摆角时，尚应考虑导线在塔身边缘（如瓶口、横担及拉线）附近，由于上扬或下垂在风偏时对构件接近的影响而预留一定的裕度 δ（见图 8-2-4 及图 8-2-5）。对拉线塔 δ 的计算参见第二章，对宽身塔 δ 一般可视不同接近位置取 100～300mm，或按式（8-2-4）计算。

$$\delta = a_r b \cos\beta + \frac{b\gamma_6 l}{2\sigma}\cos(\beta - \varphi)$$
$$+ R\left(\sqrt{1 + \left[a_r\cos\beta + \frac{\gamma_6 l}{2\sigma}\cos(\beta - \varphi)\right]^2} - 1\right), \text{m}$$
$$(8\text{-}2\text{-}4)$$

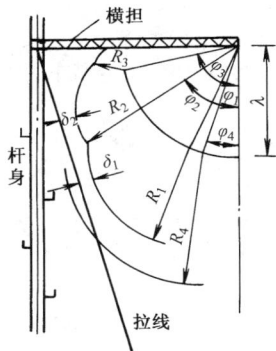

图 8-2-4　拉线塔最大允许摇摆角示意图

式中　a_r——杆塔某一侧可能出现的较大的高差系数 $\left(\frac{h}{l}\right)$，一般山地取 $a_r = \pm 0.1 \sim 0.2$。如酒杯型塔对瓶口取正值，对边线斜材或横担则取负值；

β——塔头外廓构件与水平面的夹角，当 a_r 取正值时 β 为 0°～90°之间的锐角；当 a_r 取负值时，β 取 90°～180°间的钝角；

σ、γ_6、φ——分别为各种运行条件下的导线应力、比载及风偏角；

l——与 a_r 相对应侧的档距（a_r 为正值时取较大的值，反之取较小值）；

b——与导线接近处的塔身构件侧面宽度之半，m；

R——各种运行条件下的允许空气间隙，m。

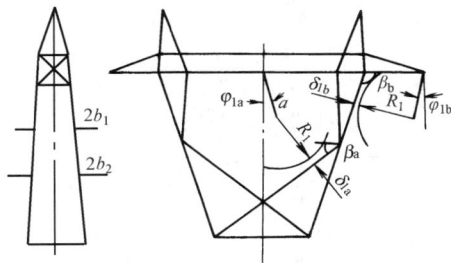

图 8-2-5　宽身塔最大允许摇摆角示意图

（2）根据求得的各种运行情况的最大允许摇摆角，用式（8-2-5）、式（8-2-6）相应的公式计算出水平档距与最大弧垂时垂直档距的关系，取各种运行情况中水平档距相同而相应的垂直档距最大者的包络线，即为摇摆角临界曲线，如图 8-2-6 所示。对杆塔的摇摆角进行检查时，可根据该杆塔实际水平档距及最大弧垂时的垂直档距（可由断面图上量得）查该曲线，如交点落在曲线上方，则安全（即表明该杆塔由于实际垂直档距大于临界值，实际摇摆角小于允许摇摆角）；交点落在曲线下方则不安全（实际摇摆角超过允许值）。

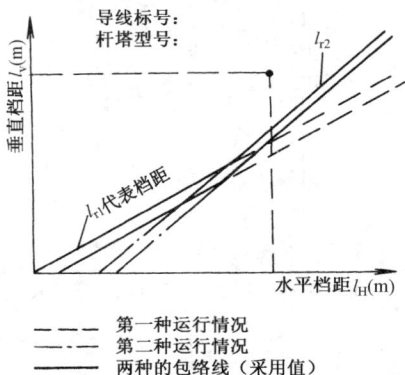

图 8-2-6 摇摆角临界曲线

（3）摇摆角临界曲线的计算式：

1）一般直线杆塔为

$$l_{vc} = \dfrac{\dfrac{p_{is} - G_{is}\tan\varphi}{2n} + \left[\left(\dfrac{P_c F}{F_T} - P_1\right)\tan\varphi + P_4\right]l_h}{\dfrac{F}{F_T}P_c\tan\varphi},\text{m}$$

（8-2-5）

式中 P_{is}——绝缘子串风荷载（N），$P_{is} = 9.80665$
$Av^2/16$；

A——绝缘子串受风面积，m^2；

v——该计算情况的风速，m/s；

G_{is}——绝缘子重力，N；

φ——绝缘子串在该计算情况下的最大允许摇摆角，（°）；

F_T、F——分别为某代表档距下导线最大弧垂时和计算情况时的张力，N；

l_h——杆塔水平档距，m；

l_{vc}——计算情况下要求的导线最大弧垂时的垂直档距，m；

P_c、P_1——导线最大弧垂时和单位自重荷载，N/m；

P_4——导线无冰时单位风荷载，N/m；

n——每相导线根数。

2）直线转角杆塔为

$$l_{vc} = \left\{\dfrac{p_{is} - G_{is}\tan\varphi}{2n} + 2F\sin\psi/2\right.$$

$$\left. + \left[\left(\dfrac{P_c F}{F_T} - P_1\right)\tan\varphi + P_4\cos\psi/2\right]l_h\right\}$$

$$\div\left(\dfrac{F}{F_T}P_c\tan\varphi\right)$$ （8-2-6）

式中 ψ——线路转角，（°）。

式中其它符号与式（8-2-5）的意义相同。

3）直线换位杆塔是相当于横担方向不在转角二等分线上的直线转角杆塔，此时式（8-2-6）中之 $\sin\psi/2$ 应为 $\sin\left(\dfrac{\varphi_1 - \varphi_2}{2}\right)$，$\varphi_1$、$\varphi_2$ 为换位杆（塔）两侧导线与线路中心线间的夹角。

换位杆塔数量不多，且受角度荷载的影响较大，一般宜逐基进行计算。由于换位杆塔上导线排列方式（一般为上下两层）可能与一般直线杆塔不同，因此换位杆塔和与之相邻的直线杆塔上导线的垂直档距可能与断面图上所标注的垂直档距（图上所示为下横担导线的弧垂线）不一致，故在计算或校验时应予修正。此外，因三相导线的角度荷载和垂直档距不同，应选取其中最严重的一根导线进行校验。

（4）对摇摆角超过设计值的杆塔，除调整杆（塔）位、杆（塔）型、杆（塔）高度或单联改双联外，尚应考虑加挂重锤，其具体办法如下：

在定位中查未加重锤的摇摆角临界曲线（如图8-2-6所示），若发现某直线杆塔垂直档距缺少 Δl_{vc} 时，可以加重锤予以补偿。若加重锤后，保持最大允许摇摆角仍不变（$\varphi = \varphi'$），可按式（8-2-7）计算所需重锤片数 N：

$$N \geq \dfrac{\dfrac{FP_c}{F_T P_1}(\Delta l_{vc} \times P_c)}{W_G}$$ （8-2-7）

式中 W_G——每片重锤重力（在计算每片重力时应计入重锤座重力），N。

其它符号意义与式（8-2-5）的相同。

如果 Δl_{vc} 很小，也可不加重锤，而将防振锤的重力计入。为补偿 Δl_{vc} 所需的杆塔两侧的防振锤个数 N，也按式（8-2-7）计算，此时 W_G 为每个防振锤的重力。

此外，还有改变绝缘子串的悬挂与组装型式、缩短绝缘子串的摆动长度或限制绝缘子串的摇摆角等措施。如采用人型半耐张式或 V 型绝缘子串（V 型绝缘子串的夹角，一般应大于导线最大摇摆角的 2 倍）。当然这些并非是经常采用的措施。

（5）宽身塔及拉线杆塔的单侧允许高差系数的检查。如前所述，宽身塔及拉线杆塔的最大允许摇摆角 φ，是在某一代表性的允许单侧高差系数 $a = h/l$，用预留一定的间隙裕度 δ_r 的假定条件下作出的。因此，某一杆塔虽然实际摇摆角不超过允许值 φ（即查摇摆角临界曲线时，交点在曲线上方），但实际的单侧高差系数过大或过小而超过假定值时，导线在塔身边缘附近的间隙仍有可能不足，故一般在检查摇摆角的同时还应检查 a 是否超过允许值 a_k。如山顶上的杆塔往往实际摇摆角很小，但 a 却很大，远大于绘制最大允许摇摆角时的假定条件。这种情况下就需要根据定位后实际的 φ_x、a_x、l_x 等对这些杆塔逐基进行检查。对拉线杆塔检查方法参见第二章。对宽身塔的检查方法如下：

1）根据定位后杆塔的实际高差系数、档距等数据算出实际的摇摆角 φ_x。

2）作图量出相应的 δ_x。

3）根据式（8-2-8）算出该杆（塔）所允许的 a_k，若实际的 $a_x \le a_k$ 时，则表示该塔间隙满足要求。

$$a_k \approx \frac{1}{R\cos\beta}\left[\sqrt{b^2 + 2R\delta_x} - b - \frac{Rlr_6}{2\sigma}\cos(\beta - \varphi)\right] \quad (8\text{-}2\text{-}8)$$

式中符号意义与式（8-2-4）相同。

工程上为便于检验导线对铁塔窗口下缘的间隙距离，一般预先作好计算，并在定位手册中给出各型塔单侧的允许垂直档距。

（二）导线及地线的运行条件检查

在一般地区的线路，由于高差不大，通常不需检查导线及地线的运行条件（如悬挂点应力和悬垂角）。对于山区线路，由于高差较大，应检查导线与地线的悬挂点应力和悬垂角是否超过允许值。

1. 导线悬挂点应力

现行规程规定：如悬挂点高差过大，应验算悬挂点应力。悬挂点应力可较弧垂最低点应力高 10%。

检查悬挂点应力可以使用图 8-2-7 的悬挂点应力临界曲线。曲线是根据式（8-2-9）计算的。

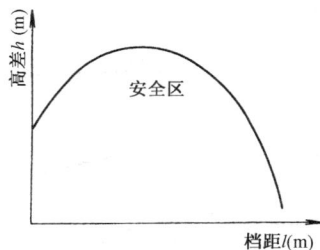

图 8-2-7　悬挂点应力临界曲线

$$h = \text{sh}\left[\text{ch}^{-1}\left(\frac{\sigma_p}{\sigma_m}\right) - \frac{\gamma l}{2\sigma_m}\right]$$
$$\times \frac{2\sigma_m}{\gamma}\text{sh}\frac{\gamma l}{2\sigma_m} \quad (8\text{-}2\text{-}9)$$

式中　h——悬挂点间高差，m；

σ_p——导线悬挂点允许应力，N/mm^2；

l——档距，m；

σ_m——导线最低点最大使用应力，N/mm^2；

γ——与 σ_m 相对应情况下的导线比载，N/（m·mm^2）。

曲线的使用方法为：根据被检查档的实际悬挂点高差和档距，在曲线图上作出交点，如交点落在所用曲线的下方（安全区），表明悬挂点应力未超过允许值；否则表明超过允许值，应采取措施。

一般可采取如下措施：

（1）调整杆塔位置及高度以降低两悬挂点间的高差。

（2）降低超过允许值的杆塔所处的耐张段内的导线应力。降低程度可使用第三章图 3-3-1 导线应力放松图的通用曲线进行检查。根据被检查档的高差系数（h/l）和参数 C_0 交点，可从曲线中很快得到应力降低倍数 μ，进而求出降低后的最低点应力 $\sigma = \mu\sigma_m$（σ_m 为未放松前的导线最低点最大使用应力）。放松应力后的耐张段，应根据放松后的导线最低点允许应力推求最大弧垂时的应力，另选弧垂模板定位。

2. 导线悬垂角

在垂直档距较大的地方，当导线在悬垂线夹出口处的悬垂角 $\theta = \frac{1}{2}(\theta_1 + \theta_2)$ 超过线夹悬垂角允许值 θ_d 时，由于附加的弯曲应力，可能使导线在线夹出口处受到损伤。显然，导线的最大悬垂角是发生在最大弧垂时，对于一般船体能自由转动的线夹两侧悬垂角，可按式（8-2-10）进行计算。

$$\theta_{1\cdot 2} = \tan^{-1}\left(\frac{\gamma_c l_{xvc}}{\sigma_c}\right) \quad (8\text{-}2\text{-}10)$$

式中　γ_c——导线最大弧垂时之比载，N/m·mm^2；

σ_c——导线最大弧垂时之应力，N/mm^2；

l_{xvc}（$x=1$、2）——杆塔两侧最大弧垂时导线最大垂直档距，m。

一般地方只要按式（8-2-10）即可很容易算出导线悬垂角。对于线路通过山区悬挂点高差较大时，为便于验算可按式（8-2-11）制成悬垂角临界曲线，如图 8-2-8 所示。

$$l_{1vc} = \frac{\dfrac{\sigma_c}{\gamma_c}\tan 2\theta_c - l_{2vc}}{1 + \dfrac{\gamma_c}{\sigma_c}\tan 2\theta_c l_{2vc}} \quad (8\text{-}2\text{-}11)$$

式中　θ_c——线夹允许悬垂角，（°）；

其它符号意义与式（8-2-10）相同。

在定位时，可从断面图上量得被检查杆塔两侧的垂直档距 l_{1vc}、l_{2vc}，查图 8-2-8 中的曲线，如交点交于曲线下方则为安全，反之为不安全。

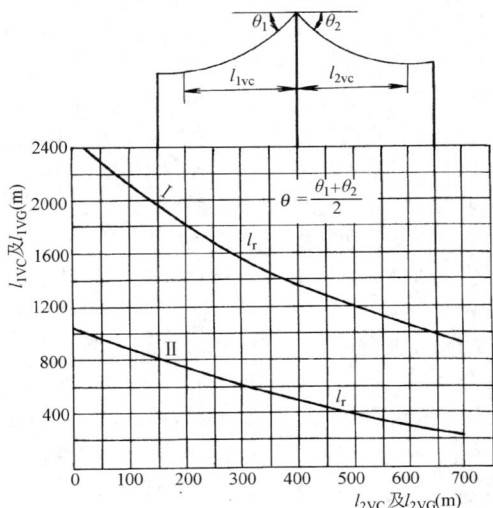

图 8-2-8　悬垂角临界曲线

l_r—代表档距（m）；Ⅰ—导线；Ⅱ—地线

当超过线夹允许悬垂角时，可采用调整杆塔位置或杆塔高度，以减少一侧或两侧的悬垂角，或改用悬垂角较大的线夹，也可以用两个悬垂线夹组合在一起悬挂。

对于地线亦可用相同的方法进行检验，可按式（8-2-12）进行计算。或按式（8-2-13）绘制曲线如图 8-2-8 所示。

$$\theta_G = \tan^{-1}\left(\frac{\gamma_G l_{XVG}}{\sigma_G}\right) \qquad (8\text{-}2\text{-}12)$$

式中　　σ_G——地线最大弧垂时应力，N/mm^2；

　　　　γ_G——地线最大弧垂时比载，$N/(m \cdot mm^2)$；

　　l_{XVG}（$x = 1.2$）——杆塔两侧最大弧垂时地线最大垂直档距，m。

$$l_{1VG} = \frac{\dfrac{\sigma_G}{\gamma_G}\tan 2\theta_G - l_{2VG}}{1 + \dfrac{\gamma_G}{\sigma_G}\tan 2\theta_G l_{2VG}} \qquad (8\text{-}2\text{-}13)$$

为了求得地线最大弧垂时的单侧垂直档距，如已知高差 h、档距 l，可根据式（8-2-14）直接算出。

$$l_{VG} = \frac{l}{2} + \frac{\sigma_G h}{\gamma_G l} \qquad (8\text{-}2\text{-}14)$$

式中　h——地线悬挂点之间高差，比邻杆（塔）高为正值，反之为负值，m；

　　　l——档距，m。

算得地线的单侧垂直档距后，再用地线悬垂角临界曲线检查，检查方法与导线检查方法相同。

（三）绝缘子串强度检查

1. 悬垂绝缘子串强度检查

当线路通过山区时，由于地势起伏高差影响，往

往垂直档距较大，可能出现导线垂直荷载超过绝缘子串的允许机械荷载的现象。为此，在定位时必须对绝缘子串的机械荷载进行验算，验算式（8-2-15）如下：

$$l_{vc} = \frac{\sigma_c}{\sigma_0 P_c}\left\{\left[W_{ic}^2 - (P_H/H\cos\psi/2 + P_{is} + 2F\sin\psi/2)^2\right]^{\frac{1}{2}} - G_{is}\right\} + l_h\left(1 - \frac{\sigma_c P_V}{\sigma_0 P_c}\right) \qquad (8\text{-}2\text{-}15)$$

式中　l_{vc}——导线最大弧垂时允许垂直档距，m；

　　　l_h——水平档距，m；

　　$\sigma_c \sigma_0$——分别为一相导线最大弧垂时及覆冰、最低气温或最大风速时的应力，N/mm^2；

　　　P_c——一相导线最大弧垂时单位荷载，N/m；

　　　W_{ic}——绝缘串允许机械荷载，N；

　P_V、P_H——分别为一相导线覆冰、最大风或最低气温时垂直荷载及风荷载，N/m；

　$G_{is} P_{is}$——分别为绝缘子串覆冰时的垂直荷载及水平荷载，N；

　　　F——一相导线覆冰、最大风或最低气温时张力，N；

　　　ψ——线路转角，（°）。

根据式（8-2-15）可以绘出 $l_{vc} = f(l_h)$ 的悬垂绝缘子串垂直荷载临界曲线，如图 8-2-9 所示。在定位时如 l_{vc} 与 l_h 交点在曲线下方，则表示满足单联绝缘子串机械强度的要求。否则，需改用双联或多联绝缘子串或改变杆（塔）位置等。

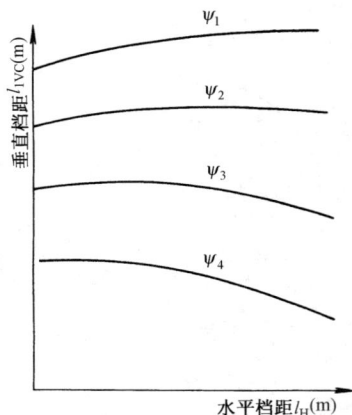

图 8-2-9　悬垂绝缘子串垂直荷载临界曲线

2. 耐张绝缘子串强度检查

耐张绝缘子串的允许荷载应等于或大于导线最大悬挂点张力。导线悬挂点张力 T_m 按式（8-2-16）

计算：

$$T_m = F + P\left[f\left(1 + \frac{h}{4f}\right)^2\right] \qquad (8\text{-}2\text{-}16)$$

式中　F——导线最低点张力，N；

P——导线单位荷载，N/m；

f——两悬挂点连线到导线弧垂最低点之距离，m；

h——两悬挂点间高差，m。

对于超过荷载的绝缘子串，可采用增加绝缘子联数或改用较高吨位的绝缘子，或放松耐张段内的导线张力。

（四）耐张绝缘子串倒挂检查

在山区，由于地形起伏较大，有些杆塔的耐张绝缘子串有可能经常上仰。这些绝缘子如仍按正常方式悬挂，则其瓷裙向上，容易使裙槽积有雨雪、污垢，从而降低绝缘强度。为此，宜将上仰绝缘子串倒挂。可用垂直档距判断是否需要倒挂，当某侧最大弧垂时的垂直档距小于式（8-2-17）计算所得之垂直档距 l_{vc} 时，则该侧耐张绝缘子串需倒挂。

$$l_{vc} = -\left(\frac{G_{is}}{P_c} + \frac{\sigma_{av} - \sigma_c}{\gamma_c}a\right) \qquad (8\text{-}2\text{-}17)$$

式中　G_{is}——一相耐张绝缘子串重力，N；

P_c——一相导线最大弧垂时单位荷载，N/m；

σ_{av}——导线平均气温时应力，N/mm^2；

σ_c——导线最大弧垂时应力，N/mm^2；

γ_c——导线最大弧垂时比载，N/(m·mm^2)；

a——该侧高差系数，邻塔低时为正、反之为负。

（五）施工基面及长短腿的确定

施工基面是指有坡度的塔位计算基础埋深的起始基面，亦是计算定位塔高的起始基面。施工基面根据以下原则确定：在基础上部应保证有足够的土壤体积，以满足基础受上拔力或受倾覆力矩时的稳定要求。对受上拔力的基础，在基础边缘沿土壤上拔角 a 方向与天然地面相交（交线在图 8-2-10 中投影为 b 点），通过该交线之水平面即为施工基面。

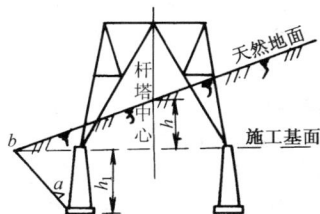

图 8-2-10　施工基面图

施工基面与塔位中心桩之间高差 h，称为施工基

面值。施工基面值应根据不同的杆塔型式实测确定。当施工基面值过大，为减少施工铲土量，亦可采用不等长塔腿。施工基面及长短腿测定方法参见图 8-2-11。

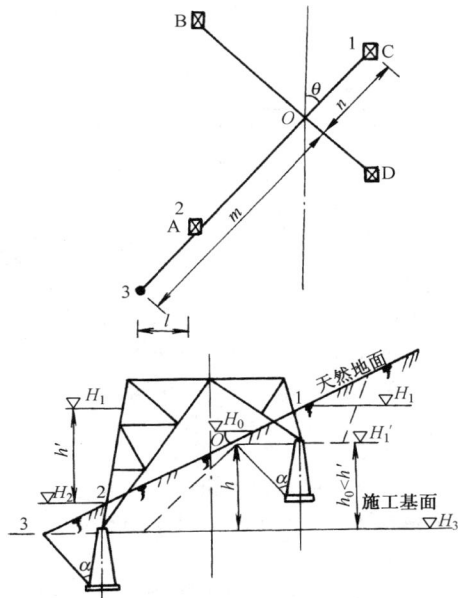

图 8-2-11　施工基面及长短腿测定方法图

图 8-2-11 中　H_0——塔位中心桩标高；

H_1——短腿地面标高；

H_2——长腿地面标高；

H_3——长腿的施工基面标高；

H'_1——短腿的施工基面标高；

l——确定测点 b 的一个计算值；

h——施工基面值；

h'——长短腿之间地面高差；

h_0——长短腿之间设计高差。

图中测点 1 是 C、D 腿（短腿）中较低一个腿的位置，测点 2 是 A、B 腿（长腿）中较低一个腿的位置，测点 1、2 的高差用以确定长短腿的高差。测点 3 是四腿对角线方向上最低的一点，用以确定施工基面值。测点 3 应根据基础之埋深和宽度以及土壤特性来确定。一般在直线铁塔中可取 l 值为 2～2.5m；在非直线铁塔中取 l 值为 3～3.5m（参见附录 8-2）。

在实际设计工作中，为了制造方便，长短腿的种类不宜设计过多，目前一般仅设计一种长短腿。例如在直线塔中采用高差为 2.0m 的一种。对于特殊地形的塔位，亦可先测出塔脚断面图（见图 8-2-12），然后根据实际情况进行长短腿的设计。

长短腿的采用与否，可根据实际测量结果进行选

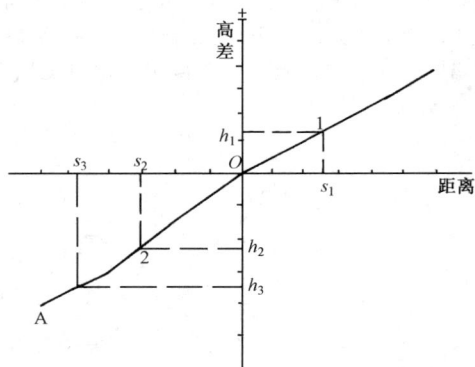

图 8-2-12　塔脚断面图

择，一般分下述三种情况：

（1）$h' = h_0$ 可用长短腿。此时的长短腿的施工基面分别为 H_3 及 H'_1，而 $H'_1 = H_3 + h_0$。

（2）$h' < h_0$ 一般不再采用长短腿，当需采用时，则需将长腿的施工基面标高降低 $(h_0 - h')$ 值，定位塔高亦降低此值。

（3）$h' > h_0$ 时可用长短腿。长腿的施工基面为 H_3，但短腿施工基准面标高降低 $(h' - h_0)$ 值。

（六）杆塔中心位移

当所定杆（塔）位为转角杆塔或直线换位杆塔时，尚需确定杆塔实际中心与位移值。

1. 耐张转角杆塔

当转角杆塔为不等长横担或横担较宽时，为尽量减少其两侧直线杆塔所受角度荷载的影响，杆塔中心 O 必须与线路转角中心桩 B 间有一段位移距离。如图 8-2-13 所示，位移距离 s 可按式（8-2-18）计算。

$$s = s_1 + s_2 = s_1 + \frac{b}{2}\tan\frac{\psi}{2} \qquad (8\text{-}2\text{-}18)$$

式中　b——横担两侧悬挂点间的宽度，m；

ψ——线路转角度数，(°)；

s_1——悬挂点设计预偏距离，m；

s_2——横担悬挂点间宽度引起的位移，m。

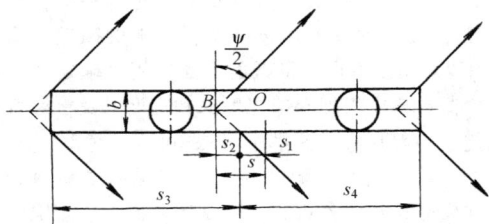

图 8-2-13　耐张转角杆塔位移图

B—线路中心桩；O—杆塔中心桩

在定位前按式（8-2-18）以 s、ψ 分别为纵、横坐标，绘制成转角杆塔位移曲线，供定位时查用。

当三相导线的横担宽度或悬挂点预偏距离各不相同时（如 A 字或干字型耐张杆），其位移方向和数值，应以使两侧直线杆塔上控制相（如间隙控制）转角最小为原则进行位移，或使各相转角最小为原则作一平均位移（如各相转角方向不一时）。

2. 直线转角杆塔

如图 8-2-14 所示的直线转角杆塔的位移 s 可按式（8-2-19）确定：

$$s = \lambda \sin\left(\tan^{-1}\frac{2F\sin\psi/2}{G_{is}/2 + P_1 l_H \pm aF}\right) - s_1$$

$$(8\text{-}2\text{-}19)$$

式中　s_1——悬挂点向转角外侧预偏距离，m；

λ——绝缘子串长，m；

G_{is}——绝缘子串重力，N；

F——年平均气温时一相导线张力，N；

P_1——一相导线单位自重荷载，N/m；

l_H——水平档距，m；

ψ——线路转角，(°)；

a——高差系数，$a = \dfrac{h_1}{l_1} + \dfrac{h_2}{l_2}$；

h——悬挂点高差，当被检查杆塔的悬挂点比邻塔悬挂点高时为正，比邻塔悬挂点低时则为负。

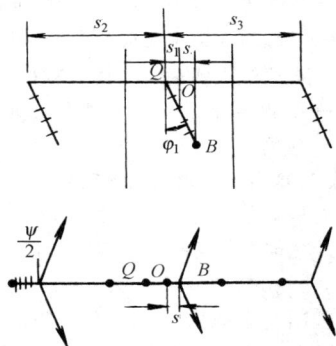

图 8-2-14　直线转角杆塔位移图

按式（8-2-19）计算 s 为正值时，塔位应向转角外侧位移；为负值时，应向转角内侧位移。如位移的绝对值在 0.5m 以内，则可不必位移。对需位移的塔位施工基面，应在位移后的实际塔位处施测。

3. 直线换位塔

当采用直线杆塔换位时，为了尽量减少由于导线位置变换（相当于转角）引起的直线杆塔及其绝缘子串上的附加水平分力，可将换位杆塔中心桩位移一段距离。位移的方向与数值应使换位杆塔及其相邻塔上三相导线均不致向塔身侧出现较大的水平转角为原则。

决定位移方向及大小时，最可靠的方法是根据定位后换位杆塔前后所使用的实际杆型与档距，作出如图 8-2-15（a）所示的导线平面布置图。在图中可根据各杆塔导线均不致向塔身侧出现较大的水平转角为原则，试划出换位杆的位移方向与距离。当不考虑换位杆塔的相邻杆塔上角度分力的大小时，如图 8-2-15（b）～（d）中所示的几种常用的直线换位型式的换位杆塔位移距离，可用图中相应的算式进行计算。但必须注意，往往相邻直线杆塔上的角度分力也需要调整到最小为好，故除用图中的算式计算位移距离外，还要弄清要求条件，并作位移平面图进行校验。

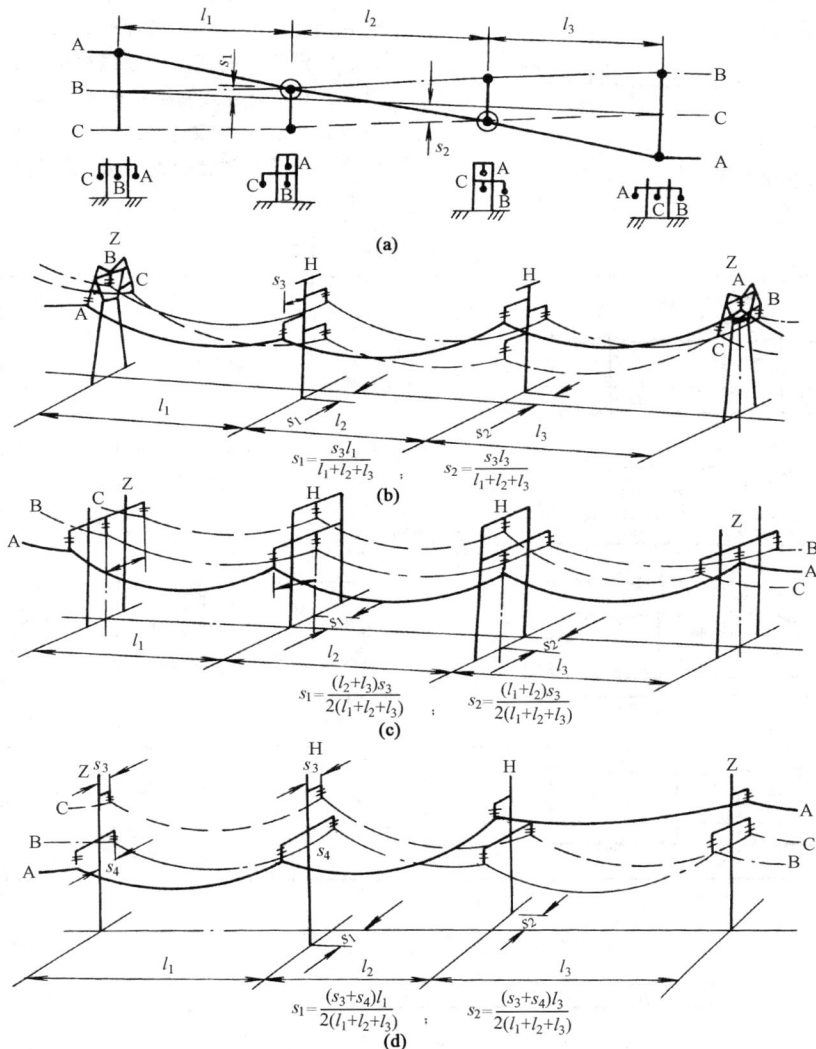

图 8-2-15　直线换位杆位移距离计算图

相邻杆塔导线排列方式改变时，档内导线间接近距离的检查详见第二章。

（七）交叉跨越距离的验算

1. 正常情况下的跨越距离验算

当线路跨越其它设施时，按照有关规程规定，导线与被跨越设施应保持一定的安全距离 s（如图 8-2-16 所示），一般可从断面图上直接检查该距离。

2. 邻档断线后跨越档间距的验算

如图 8-2-16 所示，当用直线杆塔跨越各种设施时，如需验算邻档断线后导线与被跨越设施间的垂直距离 s，可按式（8-2-20）计算。

$$s = (A - C) - f_c - (A - B)\frac{l_1}{l}, \text{m} \qquad (8\text{-}2\text{-}20)$$

式中　f_c——交叉跨越点导线弧垂，$f_c = \dfrac{\gamma_1 l_1 l_2}{2\sigma}$，m；

　　　A、B——导线悬挂点标高，m；

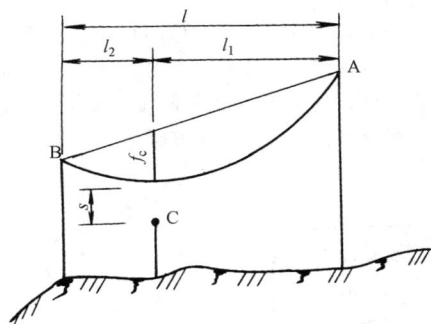

图 8-2-16　交叉跨越计算图

C——被跨越设施在被跨处的标高，m；

l_1、l_2——跨越处至左右杆塔的距离，m；

γ_1——导线断线后的比载，N/m·mm²；

σ——导线断线后的残余应力，N/mm²。

邻档断线后导线的残余应力按第三章所述方法计算。验算邻档断线时，按断线后跨越档内导线与被跨设施间的距离为最小的原则，选取断线档。对固定线夹、固定横担的情况，断线档可按表 8-2-1 选取。

（八）边线风偏后对地距离的检查

定位时，除满足导线对地垂直距离外，在山区尚应注意边线在风偏时对地或对树的净空距离，如图 8-2-17 所示。

表 8-2-1　　　　　　　　　　断线档选取原则一览表

档距分布型式	特　点	断线档选择原则
	各档档距大致相等	选在档距较多的一侧断线
	跨越档两侧的档距分别为一大一小。$l_3 > l_5$	选在大档距内断线
	跨越档两侧的档距一侧较大，一侧很小，而小档距的邻档为一大档距。$l_2 > l_5 > l_3$	先假定在较大档距 l_5 内断线，如计算结果裕度不大时，需再选小档距断线计算，取裕度小的情况
	跨越档一侧为大档距且靠近非直线杆塔 $l_1 > l_3$	先假定选在多档距一边，再计算大档距一边

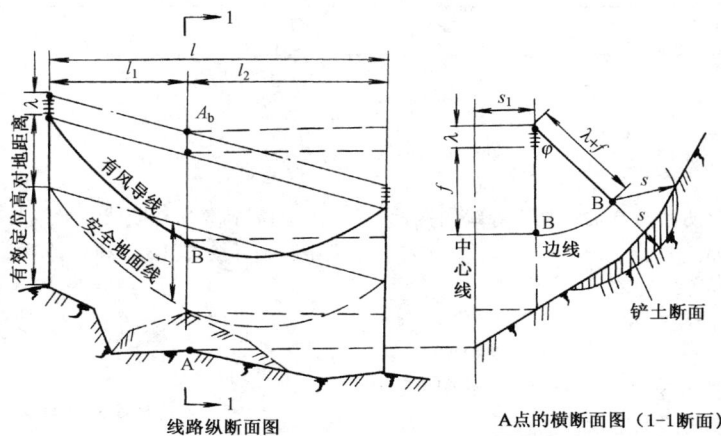

图 8-2-17　边线风偏后对地距离检查图

图 8-2-17 中　A——被检查横断面处线路中心线地面标高，m；

A_b——边导线悬垂绝缘子串悬挂点连线间在 A 处的标高，m；

B——对应于 A 处的边导线标高，m；

f——导线在最大风偏时的弧垂，m；

φ——绝缘子串和导线风偏角，(°)；

λ——绝缘子串长度，m；

s——导线风偏后要求的净空距离，m。

边线风偏时对地的净空距离应按下列两种情况中较严重的检查：

（1）导线有冰，周围空气温度为 $-5℃$，风速为 10m/s。

（2）导线无冰，最大风速及其相应温度。

被检查处的导线弧垂 f_c 可由断面图上量得，然后按式（8-2-21）换算：

$$f = \frac{\gamma\sigma_c f_c}{\gamma_c\sigma} \qquad (8\text{-}2\text{-}21)$$

式中　f——检查情况下的危险点处导线弧垂，m；

f_c——定位条件下被检查处的导线弧垂，m；

σ——检查情况下的导线应力，N/mm^2；

σ_c——定位条件下的导线应力，N/mm^2；

γ——检查情况下的导线比载，$N/m\cdot mm^2$；

γ_c——定位条件下的导线比载，$N/m\cdot mm^2$。

导线风偏后，对树、对建筑物及对地的允许距离见表 8-3-2、表 8-3-5 及表 8-3-9。

（九）整理定位资料

定位结束后，可填写线路杆（塔）位明细表。其中接地装置型式，可按地质情况选定，参见第二章；防震锤的个数可按第三章的规定填写；送电线路相互跨越或跨越通信线路的保护措施可按第二章规定办理；绝缘子串型式及数量按工程设计要求填写（填写明细表说明详见附录 8-1）。

第三节　有关选线和定位的规定

一、线路通过林区的要求

送电线路通过林区，应砍伐出通道，通道净宽度不应小于线路宽度加林区主要树种高度的 2 倍。通道附近超过主要树种高度的个别树木应砍伐。

在下列情况下，如不妨碍架线施工和运行检修可不砍伐出通道：

（1）树木自然生长高度不超过 2m；

（2）导线与树木（考虑自然生长高度）之间的垂直距离，不小于表 8-3-1 所列数值。

表 8-3-1　　导线与树木之间的垂直距离

标称电压（kV）	35～110	220	330	500
垂直距离（m）	4.0	4.5	5.5	7.0

线路通过公园、绿化区或防护林带，导线与树木之间的净空距离在最大计算风偏情况下，不应小于如表 8-3-2 所列数值。

表 8-3-2　　导线与树木之间的最小净空距离

标称电压（kV）	35～110	220	330	500
距离（m）	3.5	4.0	5.0	7.0

线路通过果树、经济作物林或城市灌木林不应砍伐出通道。导线与果树、经济作物、城市绿化灌木以及街道行道树之间的垂直距离，不应小于如表 8-3-3 所列数值。

表 8-3-3　　导线与果树、经济作物、城市
绿化灌木及街道行道树之间的最小垂直距离

标称电压（kV）	35～110	220	330	500
垂直距离（m）	3.0	3.5	4.5	7.0

对于 35～66kV 线路导线与街道行道树之间在最大计算风偏情况下的水平距离为 3.5m。

二、线路与建筑物平行接近和交叉的要求

送电线路不应跨越屋顶为易燃材料做成的建筑物。对耐火屋顶的建筑物，亦应尽量不跨越，如需跨越时，应与有关单位协商或取得当地政府的同意。导线与建筑物之间的垂直距离在最大计算弧垂情况下，不应小于表 8-3-4 所列数值。

表 8-3-4　　导线与建筑物之间的最小垂直距离

标称电压（kV）	35	60～110	220	330	500
垂直距离（m）	4.0	5.0	6.0	7.0	9.0

注　500kV 送电线路不应跨越长期住人的建筑物。

线路边导线与建筑物之间的距离，在最大计算风偏情况下，不应小于表 8-3-5 所列数值。

表 8-3-5　　边导线与建筑物之间的最小距离

标称电压（kV）	35	60～110	220	330	500
距离（m）	3.0	4.0	5.0	6.0	8.5

注　导线与城市多层建筑物或规划建筑线之间的距离，指水平距离。

在无风情况下，导线与不在规划范围内的城市建筑物之间的水平距离，不应小于表8-3-6所列数值。

表 8-3-6   导线与不在规划范围内城市建筑物之间的水平距离

标称电压（kV）	35	66～110	220	330	500
距 离（m）	1.5	2.0	2.5	3.0	5.0

500kV送电线路跨越非长期住人的建筑物或邻近民房时，房屋所在位置离地1m处最大未畸变电场不得超过4kV/m。

距送电线路边相导线投影外20m处，无雨、无雪、无雾天气，频率0.5MHz时的无线电干扰限值如表8-3-7所示。

表 8-3-7   无线电干扰限值

标称电压（kV）	110	220～330	500
限值（dB）	46	53	55

三、线路与各种工程设施交叉和接近时的基本要求

1. 有关交叉跨越的定义

（1）居民区：工业企业地区、港口、码头、火车站、城乡等人口密集地区。

（2）非居民区：上述居民区以外的地区，均属非居民区。对于时常有人、有车辆或农业机械到达的房屋稀少的地区，亦属非居民区。

（3）交通困难地区：车辆、农业机械不能到达的地区。

（4）通信线路：系指电报、电话、有线广播、铁道闭塞装置与信号、遥控、遥测等弱电流线路，按其重要性分三级（见附录8-4）。

2. 导线对地距离及交叉跨越

导线与地面、建筑物、树木、铁路、道路、河流、管道、索道及各种架空线路的距离，应根据最高气温或覆冰情况求得的最大弧垂和最大风速情况或覆冰情况求得的最大风偏进行计算。

计算上述距离，可不考虑由于电流、太阳辐射等引起的弧垂增大。但应计入导线架线后塑性伸长的影响和设计、施工的误差。重冰区的线路，还应计算导线覆冰不均匀情况下的弧垂增大。

大跨越的导线弧垂应按导线实际能够达到的最高温度计算。

送电线路与标准轨距铁路、高速公路及一级公路交叉，如交叉档距超过200m，最大弧垂应按导线温度为+70℃计算。

（1）导线与地面的距离，在最大计算弧垂情况下，不应小于表8-3-8所列数值。

（2）导线与山坡、峭壁、岩石之间的净空距离在最大计算风偏情况下，不应小于表8-3-9所列数值。

（3）送电线路跨越弱电线路时，其交叉角应符合表8-3-10的要求。

表 8-3-8   导线与地面的最小距离 s（m）

线路经过地区 \ 标称电压（kV）	35～110	220	330	500
居民区	7.0	7.5	8.5	14
非居民区	6.0	6.5	7.5	11（水平排列）10.5（三角排列）
交通困难地区	5.0	5.5	6.5	8.5

注 送电线路通过居民区宜采用固定横担和固定线夹。

表 8-3-9   导线与山坡、峭壁、岩石的最小净空距离（m）

线路经过地区 \ 标称电压（kV）	35～110	220	330	500
步行可以到的山坡	5.0	5.5	6.5	8.5
步行不能到的山坡、峭壁和岩石	3.0	4.0	5.0	6.5

表 8-3-10   35～500kV送电线路与弱电线路的交叉角

弱电线路等级	一级	二级	三级
交 叉 角	≥45°	≥30°	不限制

（4）送电线路与甲类火灾危险性的生产厂房、甲类物品库房，易燃、易爆材料堆场以及可燃或易燃、易爆液（气）体贮罐、抽油设备的防火间距，不应小于杆塔高度的1.5倍。

（5）送电线路与铁路、公路、河流、管道、索道及各种架空线路交叉或接近。应符合表8-3-11的要求。

表 8-3-11　送电线路与铁路、公路、河流、管道、索道及各种架空线路交叉或接近的基本要求

项　目	铁　　路			公　　路		电车道（有轨及无轨）	
导线或地线在跨越档内接头	标准轨距：不得接头　窄轨：不限制			高速公路，一级公路：不得接头　二、三、四级公路：不限制		不得接头	
邻档断线情况的检验	标准轨距：检验　窄轨：不检验			高速公路，一级公路：检验　二、三、四级公路：不检验		检　验	
邻档断线情况的最小垂直距离(m)　标称电压110~500	至轨顶 7.0		至承力索或接触线 2.0	至路面 6.0		至路面 —	至承力索或接触线 2.0
	至轨顶		至承力索或接触线	至路面		至路面	至承力索或接触线
最　小　垂　直　距　离(m)　标称电压(kV)	标准轨	电气轨					
35~66	7.5	7.5	3.0	7.0		10.0	3.0
110	7.5	11.5	3.0	7.0		10.0	3.0
220	8.5	12.5	4.0	8.0		11.0	4.0
330	9.5	13.5	5.0	9.0		12.0	5.0
500	14.0	16.0	6.0	14.0		16.0	6.5
	杆塔外缘至轨道中心			杆塔外缘至路基边缘		杆塔外缘至路基边缘	
最　小　水　平　距　离(m)　标称电压(kV)	交叉：30m　平行：最高杆(塔)高加3m			开阔地区	路径受限制地区	开阔地区	路径受限制地区
35~66				交叉：8m　平行：最高杆(塔)高	5.0（市区内0.5）	交叉：8m　平行：最高杆(塔)高	5.0
110					5.0		5.0
220					5.0		5.0
330					6.0		6.0
500					8.0（15）		8.0
附加要求	不宜在铁路出站信号机以内跨越			括号内为高速公路数值。高速公路下线边缘至公路基边缘指公路的隔离栏			
说　明	① 公路分级见附录表8-5，城市道路分级可参照公路的规定。 ② 35~66kV线路跨越高速公路和一、二级公路及城市一、二级道路均不准接头。						

续表

项目	通航河流	不通航河流	弱电线路	电力线路	特殊管道	索道
导线或地线在跨越档内接头	一、二级：不得接头 三级及以下：不限制	不限制	不限制（但35~66kV线路跨越二级空明一、二级弱电线不得接头）	35kV及以上线路：不得接头 35kV以下线路：不限制	不得接头	不得接头
邻档断线情况的检验	不检验	不检验	I级：检验 II、III级：不检验	不检验	检验	不检验

最小垂直距离（m）

标称电压（kV）110~500：

	通航河流	不通航河流	弱电线路	电力线路	特殊管道	索道
	一	一	1.0	一	至管道任何部分 1.0	一

最小垂直距离（m）

标称电压（kV）	通航河流 至五年一遇洪水位	通航河流 至最高航行水位（至最高船桅顶）	不通航河流 至百年一遇洪水位	不通航河流 冬季至冰面	弱电线路 至跨越物	电力线路 至被跨越物	特殊管道 至管道任何部分	索道 至索道任何部分
35~110	6.0	2.0	3.0	6.0	3.0	3.0	4.0	3.0
220	7.0	3.0	4.0	6.5	4.0	4.0	5.0	4.0
330	8.0	4.0	5.0	7.5	5.0	5.0	6.0	5.0
500	9.5	6.0	6.5	11（水平） 10.5（三角）	8.5	6.0（8.5）	7.5	6.5

最小水平距离（m）

标称电压（kV）	通航河流 / 不通航河流 边导线至斜坡上缘（线路与拉纤小路平行）	弱电线路 与边导线间 开阔地区	弱电线路 与边导线间 路径受限制地区	电力线路 与边导线间 开阔地区	电力线路 与边导线间 路径受限制地区	特殊管道 边导线至管 开阔地区	索道 索道任何部分 路径受限制地区（在最大风偏情况下）
35~110	最高杆（塔）高	最高杆（塔）高	4.0	最高杆（塔）高	5.0	最高杆（塔）高	4.0
220			5.0		7.0		5.0
330			6.0		9.0		6.0
500			8.0		13.0		7.5

续表

项　目	通航河流	不通航河流	弱电线路	电力线路	特殊管道	索　道
附加要求	①最高洪水位时，有航行抢险只航行的河流的垂直距离应协商确定。②35～66kV线路跨通航河流均不得接头。		①送电线路应设在上方。②35～66kV线路上空交叉点不应靠近杆塔，不应小于7m（市内除外）	电压较高的线路一般架设在电压较低线路的上方。同一等级电压同一电网公用专用线应架设在上方。	①与索道交叉，如索道在上方；②交叉点不应选在管道检查井（孔）处；③与管、索道平行、交叉时，管、索道应接地	
说　明	①不通航河流指不能通航，也不能浮运的河流；②次要通航河流对接头不受限制		弱电线路分级见附录8-4	括号内的数值用于跨越杆（塔）顶	①管、索道上的附属设施，均应视为管、索道的一部分；②特殊管道指输送易燃、易爆物品管道	

邻线路杆塔最允许水平距离

标称电压（kV）	110	220	330	500
距离（m）	3.0	4.0	5.0	7.0

注
1. 跨越杆塔（跨越河流除外）应采用固定线夹。
2. 邻档断线情况的计算条件：+15℃，无风。
3. 送电线路与弱电线路交叉时，交叉档弱电线路的木质电杆，应有防雷措施。
4. 送电线路跨220kV及以上线路、铁路、高速公路及一级公路时，悬垂绝缘子串宜采用双联串。（对500kV线路并宜采用双挂点），或两个单联串。
5. 跨径架等地线，如两线采取交错排列，导线在最大风偏情况下，对相邻线路线塔的跨越档内允许数值。
6. 跨越弱电线路或电力线路，如导线截面按允许载流量选择，还应校验邻档断线时的最高允许温度时的交叉距离，其数值不得小于操作过电压间隙。
7. 杆塔为固定横担，且采用分裂导线，可不检验断线档邻档导线断线时交叉跨越垂直距离。
8. 当线路采取爆压方式时，线路跨越二级公路的跨越档内允许有接头。
9. 交叉档最小截面铝芯线采用钢芯铝线35mm²。
10. 35～66kV线路可不进行邻档断线情况的检验。
11. 35～66kV线路跨越铁路、高速公路和一、二级公路及城市一、二级道路、电车道、通航河流、一般管道、特殊管道、索道均为双固定。

附录8-1 线路杆（塔）位明细表

设计＿＿＿＿＿ 校核＿＿＿＿＿ 图号＿＿＿＿＿

耐张段长	代表档距（m）	塔位里程（100m+m）	运行塔号	塔位桩号	杆塔型式	杆塔呼称高（m）	档距（m）	线路水平转角（°）	水平档距（m）	垂直档距（m）	设计施工基面（m）	长短腿（m）	基础型式	地下水（m）	接地型式	导线绝缘子组合（悬挂方式×每组绝缘子片数及绝缘子型式）（组×型）	重锤片数（片/相）	屏蔽线金具组合 悬垂	屏蔽线金具组合 耐张（组/基）	地线金具组合 悬垂	地线金具组合 耐张（组/基）	防震锤 导线	防震锤 屏蔽线地线（个/基）	导线与地线接头	同相棒（个/档）	被交叉跨越设施名称及保护措施	备注

填表说明：
1. 长短腿栏如A、B为长腿，C、D为短腿，则写C、D-2.0。
2. 导线、地线、棒栏应填用一相用量。导线与地线接头栏内一相接头不许时填写"不许"二字。
3. 被交叉跨越设施名称及保护措施栏填写被跨越电力线、通信线、铁路、公路等。
4. 被交叉跨越设施名称及保护措施栏填写被跨越房屋、果园、风区移距离、屏蔽地线安装范围及一般导线与特殊导线的分界点等需要特殊说明的事项。
5. 备注栏一般填写杆（塔）位有否变动、转角、换位杆塔位移距离、屏蔽地线安装范围及一般导线与特殊导线的分界点等需要特殊说明的事项。

附录 8-2　杆塔及基础使用条件一览表

塔型	呼称高(m)	使用档距(m)		根开(m)				长短腿 D	测定施工基面有关数值				塔重(t)
		水平	垂直	最大	正面 a	侧面 b	长短腿 c		e	m	n	θ(°)	
ZB₅	27.0	600	850		6.49	5.11	6.00	2.0	3.0	8.0	4.0	38.2	9.81
	30.0				7.16	5.53	6.71	2.0	3.0	8.3	4.5	37.6	10.84
	33.0				7.83	5.95	7.38	2.0	3.0	8.7	5.0	37.2	11.58
	36.0				8.5	6.38	8.05	2.0	3.0	9.1	5.5	36.8	12.36
	39.0	500	700		9.15	6.78	8.70	2.0	3.0	9.4	5.7	36.5	14.48
	42.0				9.84	7.22	9.39	2.0	3.0	9.8	6.1	36.2	16.07
	45.0				10.50	7.70	10.11	2.0	3.0	10.2	6.5	35.80	17.55
	48.0				11.17	8.05	10.7	2.0	3.0	10.6	6.9	35.8	19.67

施工基面测量说明：

1. 测量测点 3 与塔位中心桩间的高差，以决定施工基面。
2. 测量测点 1、2 与塔位中心桩间的高差用以决定使用长短腿。

图中：测点 3 为线路左（右）侧山坡下方的一个测点，距中心桩为 m；
测点 1 为 C、D 腿中较低一个腿的位置；
测点 2 为 A、B 腿中较低一个腿的位置。

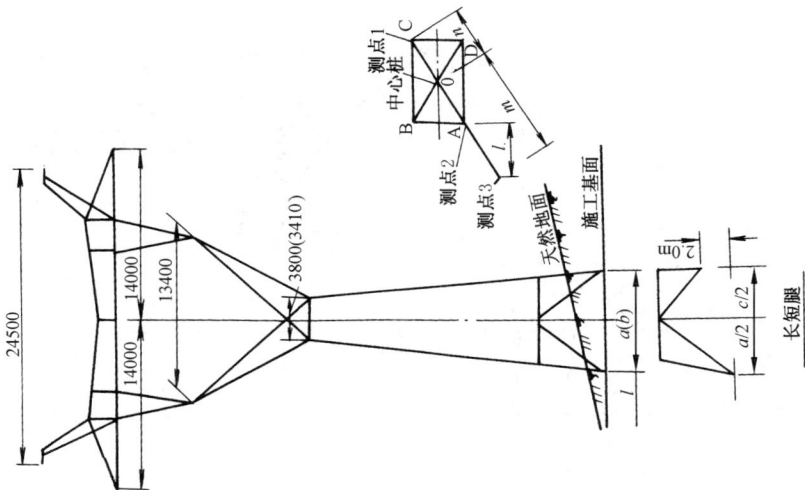

附录 8-3　线路纵断面图示例

附录 8-4　弱电线路等级

E1 一级——首都与各省（市）、自治区所在地及其相互间联系的主要线路；首都至各重要工矿城市、海港的线路以及由首都通达国外的国际线路；由邮电部指定的其它国际线路和国防线路；

铁道部与各铁路局及各铁路局之间联系用的线路；以及铁路信号自动闭塞装置专用线路。

E2 二级——各省（市）、自治区所在地与各地（市）、县及其相互间的通信线路；相邻两省（自治区）各地（市）、县相互间的通信线路；一般市内电话线路；

铁路局与各站、段及站段相互间的线路，以及铁路信号闭塞装置的线路。

E3 三级——县至区、乡的县内线路和两对以下的城郊线路；铁路的地区线路及有线广播线路。

附录 8-5　公 路 等 级

F1 高速公路——一般能适应按各种汽车（包括摩托车）折合成小客车的年平均昼夜交通量为25000辆以上，为具有特别重要的政治、经济意义，专供汽车分道高速行驶并全部控制出入的公路。

F2 一级公路——一般能适应按各种汽车（包括摩托车）折合成小客车的年平均昼夜交通量为10000～25000辆，为连接重要政治、经济中心，通往重点工矿区、港口、机场，专供汽车分道行驶并部分控制出入的公路。

F3 二级公路——一般能适应按各种车辆折合成中型载重汽车的年平均昼夜交通量为2000～5000辆，为连接政治、经济中心或大工矿区、港口、机场等的公路。

F4 三级公路——一般能适应按各种车辆折合成中型载重汽车的年平均昼夜交通量为2000辆以下，为沟通县以上城市的公路。

F5 四级公路——一般能适应按各种车辆折合成中型载重汽车的年平均昼夜交通量为200辆以下，为沟通县、乡（镇）、村等的公路。

第九章

線 路 勘 測

第一節 線 路 測 量

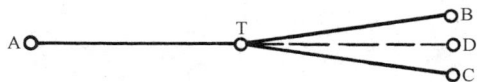

送電線路測量工作包括選線測量、定線測量、斷面測量、交叉跨越測量和定位測量。

本節除了介紹上述測量內容外，還簡要介紹了已有線路的弧垂測量和桿塔傾斜測量工作，以及送電線路通過擁擠地段測定塔位工作。

在測量工作中，要嚴格執行 DL/T 5146—2001《35～220kV 架空送電線路測量技術規定》和 DL/T 5122—2000《500kV 架空送電線路勘測技術規程》。

一、選線測量

根據已批准的路徑方案，用經緯儀將線路的起點、直線點、轉角點和終點逐個在實地確定，並用大旗標定方向，為定線測量做好準備。

二、定線測量

定線測量系根據選線測量所確定的路徑，將線路的起點、轉角點和終點，用標樁精確地固定於地面上。定線所用的儀器，一般採用水平度盤最小讀數不大於 1′、望遠鏡放大率不小於 25 倍的經緯儀。定線方法一般有下列幾種。

1. 正倒鏡分中法

如圖 9-1-1 所示，先將經緯儀架於 T 點。對中安平後，正鏡後視 A 點，倒轉望遠鏡定出 B 點，放松上盤再後視 A 點，倒轉望遠鏡定出 C 點。如 B、C 兩點不重合，應取 B、C 之中點 D，作為 AT 的延長線。這時望遠鏡視線應固定在 TD 方向線上，待釘完標樁後，必須重觀測一次，以防標樁打偏。

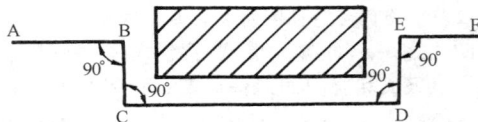

圖 9-1-1 重轉定線

2. 平行四邊形定線法

此法用於線路上有房屋等障礙物不通視的地段。如圖 9-1-2 所示，為保持直線不偏，要求 BC = DE，並用鋼尺往返丈量其長度，兩次相對誤差不大於 1/2000。CD 邊長可用視距測量。各轉角點的水平角應

保持 ∠ABC = ∠BCD = ∠CDE = ∠DEF = 90°，用方向法施測一測回。半測回之差不大於 ±1.5′。

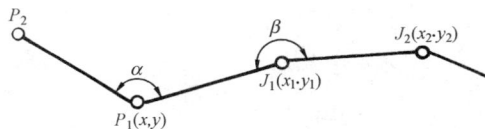

圖 9-1-2 平行四邊形定線

3. 前視定線法

此法用於在兩直線樁之間增設塔位樁、直線樁或測站樁的情況。將儀器對中安於已知點，瞄準前視的已知點，然後指揮花桿使其擺動在直線上，花桿和望遠鏡縱絲重合後即可釘樁。釘好樁後，必須重複測量一次，以防偏歪。

4. 坐標定線法

當線路穿越城區或有重要設施地區等必須用坐標控制的地段時，可採用坐標定線法。

圖 9-1-3 坐標定線

如圖 9-1-3 所示，J_1、J_2 為欲定之點，P_1、P_2 為已知的控制點。P_1 到 J_1 的方位角計算公式為：

$$\tan\varphi_{P_1J_1} = \frac{y_1 - y}{x_1 - x} \quad (9-1-1)$$

P_1 到 J_1 的邊長計算公式為：

$$S_{P_1J_1} = \frac{y_1 - y}{\sin\varphi_{P_1J_1}} = \frac{x_1 - x}{\cos\varphi_{P_1J_1}} = \sqrt{(x_1 - x)^2 + (y_1 - y)^2}$$

$$(9-1-2)$$

式中 x_1，y_1——J_1 的坐標；

x，y——P_1 的坐標。

根據方位角 $\varphi_{P_1J_1}$ 和 $\varphi_{P_1P_2}$ 之差，求得兩邊的夾角 α，然後按平經緯儀於 P_1 點上，後視 P_2 點轉 α 角並量 $S_{P_1J_1}$ 距離，測定出 J_1 點的位置。依同法可定出 J_2 及其它各點。邊長 S 必須用鋼尺進行往返測量，相對誤差不大於 1%，或用光電測距儀直接測量。角度 α、β 用方向法施測一測回，半測回之差不大於 ±1′。

对线路转角点、直线点的水平角测量，一般用方向法一测回施测其线路前进方向的右角。半测回之差不大于 ±1′。

图 9-1-4 方向法测角

如图 9-1-4 所示，用方向法施测 α 角的程序是：将经纬仪架于 O 点，以正镜照准 A 点，水平度盘读数为 a_1（一般 a_1 尽量接近于 0°），松开上盘，按顺时针方向转动望远镜，照准 B 点，读数为 b_1，则两次读数之差为所求的角值，即 $\alpha_1 = b_1 - a_1$。这样测角一次称为上半测回。倒转望远镜照准 B 点，读数为 b_2，按顺时针方向转动望远镜，再照准 A 点，读数为 a_2，取两读数的差值（$\alpha_2 = b_2 - a_2$）为下半测回的角值。两半测回角值的平均值即为方向法测角一测回之角值。记录格式如表 9-1-1 所示。

表 9-1-1　　　水平角测量记录

测站	测点	水平度盘读数 (°)	(′)	(″)	水平角 (°)	(′)	(″)	平均水平角 (°)	(′)	(″)	平面图
O	A	0	00	18	230	25	00				
O	B	230	25	18				230	24	57	
O	B	50	25	24	230	24	54				
O	A	180	00	30							

5. 距离及高程测量

（1）视距法：送电线路距离及高程测量一般都采用经纬仪视距法。仪器采用垂直度盘最小读数为 1′ 的经纬仪。视距尺采用正面按 2cm 刻划，反面按对数刻划长 3.5cm 的宽面视距尺，或普通视距尺。两点之间的水平距离计算公式为：

$$S = S_0 \cos^2 \alpha \qquad (9-1-3)$$

两点之间的高差计算公式为：

$$h = \frac{1}{2} S_0 \sin 2\alpha + h_1 - h_2 \qquad (9-1-4)$$

式中　S_0——视距（上下视丝在视距尺上截尺差数乘以视距常数 K，$K = 100$），m；
　　　α——垂直角，（°）；
　　　h_1——仪器高，m；
　　　h_2——仪器中视丝截尺数，m。

在实际工作中，水平距离 S 计算到 m。始算高差 $\frac{1}{2} S_0 \sin 2\alpha$ 计算到 cm，一般用计算器进行计算，亦可利用表 9-1-2 进行运算。在应用此表时，先根据整数达 6′ 的倾角 α，来找出高差主值 h_0，然后从表内找出 Δh，两数之和再乘以视距长度。因为表的高差值是以视距长度为 100m 进行计算的，故实测的视距长度 S_0 应除以 100，即 $h = 0.01 \times S_0 \times (h_0 + \Delta h)$。

表 9-1-2　　　　　　　　　　　　100m 视 距 计 算 表

修正值 Δh 1′	2′	3′	4′	5′	α_0	高差主值 h_0 0′	6′	12′	18′	24′	30′	36′	42′	48′	54′	水平距离 α_0	0′	30′
					0°	0.000	0.175	0.349	0.524	0.698	0.873	1.047	1.222	1.396	1.571	0°	100.0	100.0
0.029	0.058	0.087	0.116	0.145	1°	1.745	1.919	2.094	2.268	2.443	2.617	2.791	2.965	3.140	3.314	1°	100.0	100.0
					2°	3.488	3.662	3.836	4.010	4.184	4.358	4.532	4.705	4.879	5.053	2°	99.9	99.8
					3°	5.226	5.400	5.573	5.747	5.920	6.093	6.267	6.440	6.613	6.786	3°	99.7	99.6
					4°	6.959	7.131	7.304	7.477	7.649	7.822	7.994	8.166	8.338	8.510	4°	99.5	99.4
0.029	0.058	0.086	0.115	0.144	5°	8.682	8.854	9.026	9.198	9.369	9.540	9.712	9.883	10.054	10.225	5°	99.2	99.1
					6°	10.40	10.57	10.74	10.91	11.08	11.25	11.42	11.59	11.76	11.93	6°	98.9	98.7
					7°	12.10	12.27	12.43	12.60	12.77	12.94	13.11	13.28	13.45	13.61	7°	98.5	98.3
0.03	0.06	0.08	0.11	0.14	8°	13.78	13.95	14.12	14.28	14.45	14.62	14.79	14.95	15.12	15.28	8°	98.1	97.8
					9°	15.45	15.62	15.78	15.95	16.11	16.28	16.44	16.61	16.77	16.94	9°	97.6	97.3
0.03	0.05	0.08	0.11	0.14	10°	17.10	17.26	17.43	17.59	17.76	17.92	18.08	18.25	18.41	18.57	10°	97.0	96.7
0.03	0.05	0.08	0.11	0.13	11°	18.73	18.89	19.05	19.21	19.38	19.54	19.70	19.86	20.02	20.18	11°	96.4	96.0
0.03	0.05	0.08	0.11	0.13	12°	20.34	20.50	20.66	20.81	20.97	21.13	21.29	21.45	21.60	21.76	12°	95.7	95.3
0.03	0.05	0.08	0.10	0.13	13°	21.92	22.08	22.23	22.39	22.54	22.70	22.85	23.01	23.16	23.32	13°	94.9	94.6
0.03	0.05	0.08	0.10	0.13	14°	23.47	23.63	23.78	23.93	24.09	24.24	24.39	24.55	24.70	24.85	14°	94.1	93.7

续表

修正值 Δh					高差主值 h_0											水平距离		
1′	2′	3′	4′	5′	α_0	0′	6′	12′	18′	24′	30′	36′	42′	48′	54′	α_0	0′	30′
0.02	0.05	0.08	0.10	0.13	15°	25.00	25.15	25.30	25.45	25.60	25.75	25.90	26.05	26.20	26.35	15°	93.3	92.9
0.02	0.05	0.07	0.10	0.12	16°	26.50	26.64	26.79	26.94	27.09	27.23	27.38	27.52	27.67	27.81	16°	92.4	91.9
0.02	0.05	0.07	0.09	0.12	17°	27.96	28.10	28.25	28.39	28.54	28.68	28.82	28.96	29.11	29.25	17°	91.5	91.0
0.02	0.05	0.07	0.09	0.12	18°	29.39	29.53	29.67	29.81	29.95	30.09	30.23	30.37	30.51	30.65	18°	90.5	89.9
0.02	0.05	0.07	0.09	0.12	19°	30.73	30.92	31.06	31.19	31.33	31.47	31.60	31.74	31.87	32.01	19°	89.4	88.9
0.02	0.04	0.07	0.09	0.11	20°	32.14	32.27	32.41	32.54	32.67	32.80	32.93	33.07	33.20	33.33	20°	88.3	87.7
0.02	0.04	0.07	0.09	0.11	21°	33.46	33.59	33.72	33.84	33.97	34.10	34.23	34.35	34.48	34.61	21°	87.2	86.0
0.02	0.04	0.06	0.08	0.10	22°	34.73	34.86	34.98	35.11	35.23	35.36	35.48	35.60	35.72	35.85	22°	86.0	85.4
0.02	0.04	0.06	0.08	0.10	23°	35.97	36.09	36.21	36.33	36.45	36.57	36.69	36.80	36.92	37.04	23°	84.7	84.3
0.02	0.04	0.06	0.08	0.10	24°	37.16	37.27	37.39	37.51	37.62	37.74	37.85	37.96	38.08	38.19	24°	83.5	82.8
0.02	0.04	0.06	0.07	0.09	25°	38.30	38.41	38.53	38.64	38.75	38.86	38.97	39.08	39.18	39.29	25°	82.1	81.4
0.02	0.04	0.06	0.07	0.09	26°	39.40	39.51	39.61	39.72	39.83	39.93	40.04	40.14	40.25	40.35	26°	80.8	80.1
0.02	0.03	0.05	0.07	0.08	27°	40.45	40.55	40.66	40.76	40.86	40.96	41.06	41.16	41.26	41.35	27°	79.4	78.6
0.02	0.03	0.05	0.07	0.08	28°	41.45	41.55	41.65	41.74	41.84	41.94	42.03	42.12	42.22	42.31	28°	78.0	77.2
0.02	0.03	0.05	0.06	0.08	29°	42.40	42.49	42.59	42.68	42.77	42.86	42.95	43.04	43.13	43.21	29°	76.5	75.8
0.02	0.03	0.04	0.06	0.07	30°	43.30	43.39	43.47	43.56	43.65	43.73	43.82	43.90	43.98	44.07	30°	75.0	74.2
0.01	0.03	0.04	0.05	0.07	31°	44.15	44.23	44.31	44.39	44.47	44.55	44.63	44.71	44.79	44.86	31°	73.5	72.7
0.01	0.03	0.04	0.05	0.06	32°	44.94	45.02	45.09	45.17	45.24	45.32	45.39	45.46	45.53	45.61	32°	71.9	71.1
0.01	0.02	0.04	0.05	0.06	33°	45.68	45.75	45.82	45.89	45.96	46.03	46.10	46.16	46.23	46.29	33°	70.3	69.5
0.01	0.02	0.03	0.04	0.05	34°	46.36	46.42	46.49	46.55	46.62	46.68	46.74	46.80	46.86	46.92	34°	68.7	67.9
1′	2′	3′	4′	5′	α	0′	6′	12′	18′	24′	30′	36′	42′	48′	54′	α	0′	30′

【例 9-1-1】 已知视距 $s_0 = 121$m，倾角 $\alpha = 4°40′$。求两点之间的高差 h 和水平距离 s。

由表 9-1-2 中查得

$$\alpha_0 = 4°36′ \text{ 时，} h_0 = 7.994;$$

$$\Delta\alpha = +4′ \text{ 时，} \Delta h = 0.116。$$

则 $\qquad h_0 + \Delta h = 8.110$

故 $\qquad h = 0.01 \times 121 \times 8.110 = 9.81(\text{m})$

或 $\qquad \alpha_0 = 4°42′ \text{ 时，} h_0 = 8.166$

$$\Delta\alpha = -2′ \text{ 时，} \Delta h = -0.058$$

则 $\qquad h_0 + \Delta h = 8.108$

故 $\qquad h = 0.01 \times 121 \times 8.108 = 9.81(\text{m})$

水平距离 s 可先由表 9-1-2 水平距离栏中的 $\alpha_0 = 4°30′$ 查出 100m 的水平距离 s_{100} 为 99.4m，然后依下式计算出实际水平距离 s：

$$s = 0.01 \times s_0 \times s_{100}$$
$$= 0.01 \times 121 \times 99.4 = 120.3(\text{m})$$

表 9-1-2 在制表过程中，5°以内高差计算到 mm，当视距长度为 500m 时，由制表引起的最大误差不超过 ±5mm。6°～34°内高差计算到 cm，最大误差不超过 ±5mm。

视距法测距的步骤：

1）将仪器按平于直线桩上（大致对中），用望远镜瞄准视距尺，读出上、下视丝截尺数。以两截尺数之差乘上视距常数 K 即得视距 s_0。用对数视距尺时，将中线对准尺上的零标志，下视丝的截尺数即为视距对数，用计算器计算 s_0 或由四位对数表中的反对数中查出相对的视距 s_0。

2）在视距尺上切准截尺数 h_2，微调垂直气泡，使其居中后读垂直角 α_1，倒镜后再同样测 α_2，将两次读数取平均值作为成果。测量记录格式如表 9-1-3 所示。

表 9-1-3　　　　　　　　　　　　　　　距离、高程测量记录

测站	测点	视距	平距	平均距离	垂直度盘读数			平均垂直角			始算高差 h'	$h_1 - h_2$	$h = h' + h_1 - h_2$	高程	亘长
h_1	h_2	对数			(°)	(′)	(″)	(°)	(′)	(″)					
Z_{10}	Z_{11}	400	399	400	86	36	00								
1.50	3.00				273	24	00	3	24	00	+23.68	-1.50	+22.18		
	Z_{11}	2.604													
			401.8	401											

在用 2cm 刻划的视距尺和对数视距尺测距时，视距长度一般为 300～400m，在通视条件极好的情况下，最大不应超过 600m。在仅用普通视距尺测距时，必须作对向观测；如和对数视距尺配合测距时，可以单向各测一次，两次的相对误差不大于 1/200。垂直角应正倒镜施测，两次测角误差不应大于 ±1′。对向观测或不同截尺数两次所测的高差之差不应大于表 9-1-4 的数值。

表 9-1-4　　两次观测最大限差表

坡度（°）	2	4	6	8	10	12	14	16	18	20
每 100m 长度最大限差（cm）	3	5	7	8	10	12	14	16	18	20

为减少竖直折光差的影响，施测时，下视丝最少与地面保持 0.3m 以上。为减少立尺误差，尺上应装有水准管或立尺时悬挂垂球。观测前应校正仪器和测定视距常数，特别对垂直度盘的水准管应随时注意校正使其水泡居中。仪器校正方法见本节七。

（2）三角分析法：当线路跨越河流、山谷，距离超过 600m 时，一般采用三角分析法。

如图 9-1-5 所示，A、B 之间的距离 s 可按下式求得：

$$s = \frac{l\sin\gamma}{\sin\beta} \qquad (9\text{-}1\text{-}5)$$

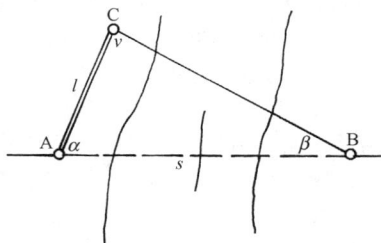

图 9-1-5　三角分析法

测量程序及要求：

1）于 A 或 B 点选择一基线。基线长度 l 最好不小于所求边的 1/3。如地形特别困难，最小亦不应小于 1/9。

2）基线长度 l 应用钢尺拉成水平往返测量，其相对误差不大于 1/2000。

3）将仪器分别安平于 A、B、C 三点，用方向法一测回施测其水平角。半测回之差不大于 ±30″。三角形闭合差不大于 ±1.5′。

4）在施测 A、B 两点水平角的同时，正倒镜施测其垂直角，两次角差不应大于 ±1′。

计算 AB 之间的距离 s 时，可将式（9-1-5）化成对数形式，即 $\lg s = \lg l + \lg\sin\gamma - \lg\sin\beta$。具体计算见表 9-1-5。

高差 h 的计算公式为 $h = h' + h_1 - h_2$。式中 h' 为始算高差，其计算公式为 $\lg h' = \lg s + \lg\tan\theta$，具体计算见表 9-1-6。

表 9-1-5　　　　　　　　　　　　　　　边 长 计 算 表

角号	观测值			改正值	平差值 α			$\lg\sin\alpha$		边长对数		边　长
	(°)	(′)	(″)		(°)	(′)	(″)					
α	83	50	36	+10	83	50	46					
β	16	00	30	+10	16	00	40	(3)	9.4406	(1)	2.3010	$l = 200.00$
γ	80	08	24	+10	80	08	34	(2)	9.9935	(4)	2.8539	$s = 714.4$
	179	59	30		180	00	00					
$\Delta\alpha = -30''$								(4) = (1) + (2) - (3)				

表 9-1-6　　　　　　　　　　　　　　　　高 差 计 算 表

测站 h₁	测点 h₂	垂直度盘读数 (°)	(′)	(″)	平均垂直角 θ (°)	(′)	(″)	lgtanθ (1)	lgs (2)	lgh' (3)=(1)+(2)	h'	h₁-h₂	h=h'+h₁-h₂	平均高差
A	B	89	30	00	+0	30	00	7.9409	2.8539	0.7948	+6.23	-1.50	+4.73	+4.75
1.50	3.00	270	30	00										
B	A	90	20	30	-0	20	30	7.7754	2.8539	0.6293	-4.26	-0.50	-4.76	
1.50	2.00	269	39	30										

送电线路距离测量方法还有对数视距光楔测距法、定长基线尺测距法和钢尺直接量距等,由于我们在实际工作中不常使用,这里不再介绍。

(3)光电测距法:应用光电测距仪(简称测距仪)测量距离,是目前比较先进的方法。测距仪分为中程和短程两种,测程为 3km 以上至 15km 的称为中程测距仪;测距为 3km 及 3km 以内的称为短程测距仪。按 1km 的测距中误差大小,测距仪的精度可分为三级,详见表 9-1-7。

表 9-1-7　　　光电测距仪标称精度

测距仪精度等级	测距中误差(mm/km)
Ⅰ	小于 5
Ⅱ	5~10
Ⅲ	10~20

测距仪是安装在光学经纬仪望远镜上,并用一个平衡锤来平衡。选件键盘可以配在光学经纬仪上,或用液晶显示窗口的三个控制键,用以归算距离,电源是以电池来供电,瞄准反射镜用以返回讯号。

对于长约 300m 的距离测量一次通常要用 5s,对于返回讯有波动的较长距离测量可能需用 10s。

测距前,对测距仪要进行频率和仪器常数的检验,同时在光学经纬仪望远镜上要作平行性的检验。

测量 AB 点间距离的步骤:首先电池要充足电,将光学经纬仪安于 A 点,测距仪装在望远镜上,瞄准安于 B 点的反射镜(一般用单棱镜)。当望远镜对准反射镜后,用控制键开机,然后按下 DIST 键,量测并显示斜距,同时读出垂直角以及仪器高和棱镜高便可计算 AB 点间的平距及高差。

选择测距边时,应使测线高出地面或障碍物 1.3m 以上,在湖泊、河流和沟谷等地,测线高度应在 2m 以上,以减弱大气折射的影响。

若测线与高压线(35kV 以上)平行时,测线应离高压线 2m 以上,测站不应设在有磁场影响的范围内。

在测距时,无须严格限制观测时间,但在雷雨前后、大雾、大风(四级以上)、雨雪天或大气透明度很差时,不应进行距离测量。

三、平断面图测量

1. 纵断面图测量

线路纵断面测量是施测线路中线的地形断面,称作纵断面。纵断面图是排定杆位的主要图纸。施测断面点高差和间距的视距尺最好用 4m 长的宽面视距尺。视距长度一般为 200m,最大不应超过 350m,其记录格式见表 9-1-8。

表 9-1-8　　　　　　　　　　　　　　　　断 面 测 量 记 录

(仪器 T_1,测站 Z_{10},仪器高 $h_1=1.50$,本站高 $h_0=100.00$)

测点	视距	垂直度盘读数 (°)	(′)	垂直角 (°)	(′)	平距 s	始算高差 h'	切尺数 h₂	h₁-h₂	高差 h'+h₁-h₂	标高	备注
1	-150	91	18	-1	18	150	-3.4	1.5	0	-3.4		
2	-100	90	51	-0	51	100	-1.5	1.5	0	-1.5		
3	+100	88	54	+1	06	100	+1.9	1.5	0	+1.9		
4	右100	88	30	+1	30	100	+2.6	1.5	0	+2.6		点3的右边线
5	+150	88	00	+2	00	150	+5.2	1.5	0	+5.2		
6	右150	87	36	+2	24	150	+6.3	1.5	0	+6.3		点3的右边线
7	+200	87	24	+2	36	199.6	+9.1	1.5	0	+9.1		
8		84	00	+6		199.6	+21.00		+1.50	+22.50	122.50	110kV 线高
9		276	00									

注 1. 视距栏中"+""-"表示方向。向前进方向测量时为(+),反之为(-)。

2. 测量已有送电线路的导线或地线的线高计算公式见式(9-1-9)。

断面点的取舍应因地制宜，能以控制主要地形变化为原则。对交叉的通信线、电力线、水渠、冲沟以及旱田、水田、果园、树林、沼泽和墓地的边界，都应施测断面点。丘陵地段地形虽有起伏，但一般地段都能立塔，故其断面点不宜过少，洼地、岗地的变坡点都应施测断面点。山区由于地形起伏变化较大，施测断面应考虑到可能立塔的地段，对山顶和山沟应分别对待。如断面图 9-1-6 在山顶需按地形变化选定不少于 3 个断面点，而山沟底部对线路排定杆位影响不大，故对山沟底部的断面点可以不测，平断面图测量见第八章附录 8-3。跨河处纵断面一般只测到水边。如在河床立杆塔需测河床断面而且测量时河中又不能立尺时，应采用交汇法施测，如图 9-1-7 所示。图中，通过 A 点垂直线路方向量一基线 l，在 C 点固定一花杆，A 点设有一测量员做指挥，B 点架设经纬仪。备小船一只，船上由一人立花杆，一人用标杆或重锤测水深，一人划船。A 点测量员指挥小船，当小船的花杆移至 AC 线上 Pi 点时，发出信号，此时在 B 点的测量员立即测出水平角 α_i，同时船上的测量员也马上测得 Pi 点的水深 h_i。河床断面点 Pi 至 A 点的距离 s_i 可按下式计算：

$$s_i = l\tan\alpha_i \qquad (9\text{-}1\text{-}6)$$

Pi 点的河底标高 H_i 按下式计算：

$$H_i = h - h_i \qquad (9\text{-}1\text{-}7)$$

式中 α_i——$\angle ABPi$ 的水平角，(°)；

h——水面标高，m；

h_i——Pi 点的水深，m。

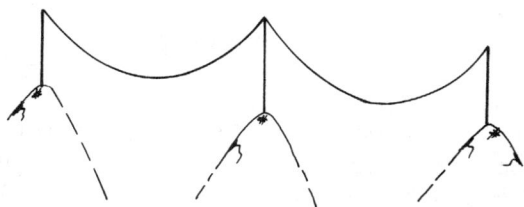

图 9-1-6 山区断面图

从图 9-1-8 可看出，决定杆高的不是中线断面，

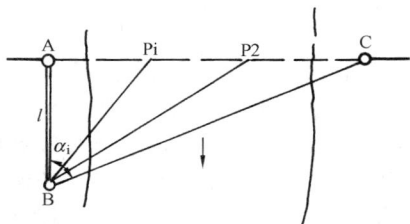

图 9-1-7 交汇法

而是边线地面。因此，一般边线地面如高出中线地面 0.5m 时，就应施测边线断面，施测边线断面应与中线断面同时进行。一般测量方法，是在测定中线断面之后，司尺员从该点向与线路垂直方向线上量出一个线间距离，再立尺测其高差。

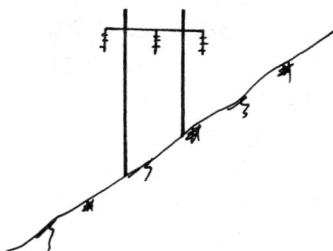

图 9-1-8 横断面图

当线路沿着大于 1:4 的斜坡通过时，还应测出与线路垂直的横断面。横断面的测量是将仪器架在横断面与线路中线的交点上，后视线路方向转 90°，测出较中线高的一侧横断面，如图 9-1-8 所示。其测量方法与要求和纵断面测量一样。横断面施测长度可近似按下式计算：

$$\delta = s_1 + (f + \lambda)\sin\alpha + s_2 \qquad (9\text{-}1\text{-}8)$$

式中 λ——绝缘子串长度；

f——大风时导线的弧垂；

s_2——安全距离；

s_1——线间距离；

α——导线风偏角。

在一般情况下，施测长度为 30～40m，并用 1:500 纵横相同的比例尺绘制横断面图表示在相应的线路纵断面点上。

2. 交叉跨越测量

线路与河流、电力线、通信线、铁路、公路以及地上地下构筑物交叉时，必须进行交叉跨越测量。当线路跨越河流时，除施测断面外，还应施测河岸、滩地、航道等位置，大跨越平断面图测量见附录 8-3，以便确定跨河塔所立的范围。

当线路与电力线交叉时，应施测交叉点的地线或最高导线的高度，并测量交叉角，同时记录气温和草测被交叉档左右杆塔的距离。测量线高系采用三角测高法，计算公式为：

$$h = h_0 + h_1 + s \cdot \tan\alpha \qquad (9\text{-}1\text{-}9)$$

式中 h——交叉点的线高（计算到 cm），m；

h_0——测站的标高，m；

h_1——仪器高，m；

s——测站至交叉点的水平距离（计算到 dm），m；

α——垂直角，（°）。

如果验算被交叉的导线应力，需要测出导线弧垂时应按本节的弧垂测量的要求进行。

当线路与通信线交叉时，除按三角测量法或用直接量距法施测线高外，对 1、2 级通信线还应测量其交叉角，对附近的通信杆位置草测绘于图上。

当线路与铁路、公路交叉时，应施测其轨顶或路面标高，并注明铁路或公路被交叉点的里程，还应测出与送电线的交叉角。

3. 平面图测量

线路中心两侧各 50m 范围内的地形地物应绘于平面图上。对 110kV、220kV 送电线路，应绘制实测中心线两侧各 25m 以内地物；对 330kV、500kV 送电线路，应绘制实测中心线两侧各 30m 以内地物；其余范围可用目测。其施测方法可用测绘法直接绘于平面图上，或用测记法在室内绘于平面图上。

对线路两侧 50m 内的河流、电力线、通信线、电缆线、道路、房屋、围墙及水田、旱田、果园、树林、墓地和不良地质地段的边界以及其它构筑物进行平面测量，交叉跨越测量和平面图测量和纵断面图测量可同时进行。

对影响范围内通信线的平面位置，一般情况到有关单位搜集资料和现场目测核对，草绘到线路经过图上即可。对与线路平行的距离较近，一般在 300m 以内，平行的范围较长，影响严重的主要通信线应以视距法施测其平面位置。对个别地段应绘出比例为 1：10000 的相对位置图。

4. 平面与高程联系测量

（1）平面联系测量：送电线路起迄点需要和电厂或变电所取得统一的平面关系，当送电线路通过城市规划区、工矿区、军事设施等根据协议须取得统一的平面坐标系统时，应进行平面坐标联系测量，视需要可采用图解、导线、交会、GPS 等联系方法。

（2）高程联系测量：线路的起迄点，宜采用电厂或变电所的地方高程系统。

当跨越一般河流、湖泊、水库、水淹区及河网地段时，应根据水文专业的需要进行绝对高程的联系测量和洪水痕迹的测量。

当跨越规划的铁路、公路、管道等构筑物时，应根据设计需要，进行高程系统的联系测量。

高程联系测量的方法，可采用视距高程测量或图根水准测量。

有时为计算洪水流量、流速、河床冲刷深度等尚需施测由水文工作者指定的河床断面。

四、 定位测量

定位测量是将在图上排定的塔位放样到地面上，作为施工的依据。包括：测定塔位、施测档距、杆塔位高差、施工基面以及补测危险断面点、风偏点等内容。

1. 塔位的测定

测定直线杆（塔）位时，应根据图上排位的杆（塔）位里程，计算出与邻近直线桩间的距离，然后根据这个数值用视距法放位于地上。如 10 号杆的里程为 30 + 50。直线桩 Z8 的里程为 30 + 10，两数之差为 40m，此即为 10 号杆位至直线桩 Z8 的距离。由于 10 号杆位的里程大于 Z8 的里程，故 10 号杆位于 Z8 和 Z9 之间。测定时将仪器架于 Z8 桩上，用望远镜瞄准 Z9，用视距法测出 40m，即为 10 号杆的位置。杆位桩测定后，在通视情况下施测档距和塔位高差，或与相邻的直线桩进行附合，其距离的相对误差不应大于 1/150，高差不应大于表 9-1-4 规定数字。如不相符，应进行复测。以复测的资料作为最后成果。

转角杆位与直线换位杆位除按上述方法测定外，还要测定位移桩，其测量方法如图 9-1-9 所示。测量时，将仪器架于转角 J5 桩上，松上盘使水平度盘对准 0°；紧上盘，松下盘后视 Z20；紧下盘，松上盘顺时针方向转，角度为 $\dfrac{180° - \alpha}{2}$，在此视线上量出位移距离 s，即为位移后的杆塔位置。位移距离 s 视不同塔型而定，其计算方法详见第八章第二节。

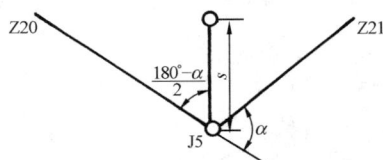

图 9-1-9　位移桩测量

2. 施工基面测量

当杆塔位置确定后，铁塔及双杆应进行施工基面测量。如图 9-1-10 所示，当塔脚根开相等时，其塔脚位于线路成 45°的方向线上。塔位中心桩至塔脚 A、B、C、D 的距离 s_1 和至测点 3 的距离 s_3 分别为

$$s_1 = \sqrt{2} \times \frac{B}{2}$$

$$s_3 = \sqrt{2}\left(\frac{B}{2} + l\right) \tag{9-1-10}$$

式中　B——塔脚根开，m；

　　　l——根据土壤安息角而定的距离，m。

如图 9-1-10 所示施测方法，先将仪器架在塔位桩上，后视直线桩，松上盘转 45°，用视距法测出距离 s_1，定出 1 点，并测出高差 h_1；倒转望远镜以同样的距离测出点 2 的高差 h_2；再以距离 s_3 定出点 3 并

测其高差 h_3。测点 1 应施测四腿中最高的一个，测点 2、3 应施测四腿中最低的一个。测点 1、2 是用以决定采用高低腿的。测点 3 用以决定施工基面，见第八章附录 8-2。当塔脚高差较大时，尚需测绘如图 9-1-11 所示的塔脚断面图，以备确定高低腿和施工基面。

采用双柱的电杆，其两腿位于线路的垂直线上。如图 9-1-12 所示，其施工基面的施测距离为：

$$s = \frac{l_1}{2} + l \qquad (9\text{-}1\text{-}11)$$

其测定方法与前述相同，而不同点是在水平度盘转 90° 进行测定。

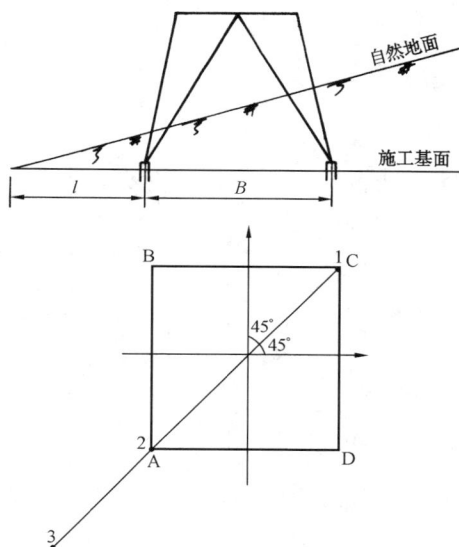

图 9-1-10　施工基面测量

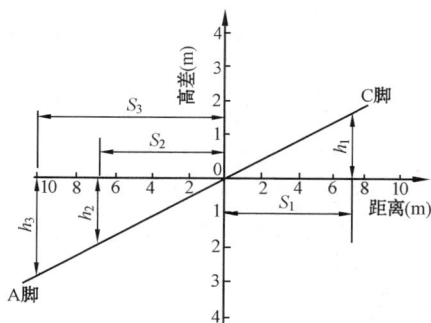

图 9-1-11　塔脚断面图

当杆塔位置确定后，还应对危险断面点（弧垂线与地面线最近处）以视距法补测其断面点。如图 9-1-13 所示中 A 点即为危险点。

经过测量送电线路路径走向后绘制线路路径图，

见图 9-1-14。

以上是送电线路工程测量的方法，当需要和可能时，也可用航空摄影测量的方法进行，这里不再介绍。

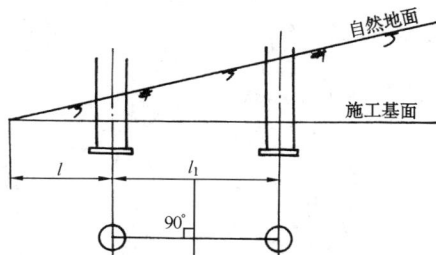

图 9-1-12　双杆施工基面测量图

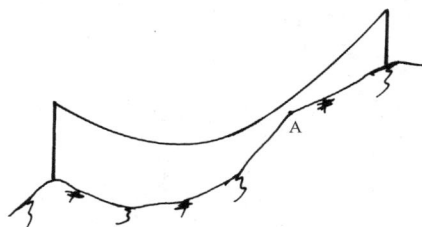

图 9-1-13　弧垂危险点地面图

五、弧垂测量

对已运行线路的弧垂测量，根据地形条件可采用中点高度法和角度法。

1. 中点高度法

此法适用于地形平坦地段，详见图 9-1-15，弧垂计算公式为：

$$f = \frac{H_A + H_B}{2} - H_C \qquad (9\text{-}1\text{-}12)$$

其中

$$H_A = l_A \tan\theta_A + h_A + H'_A$$
$$H_B = l_B \tan\theta_B + h_B + H'_B$$
$$H_C = l_C \tan\theta_C + h_C + H'_C$$

式中　l_A、l_B、l_C——测站至所测点的水平距离，m；

θ_A、θ_B、θ_C——测点的垂直角，m；

H'_A、H'_B、H'_C——测站的标高，m；

h_A、h_B、h_C——测站的仪器高，m。

测量方法及步骤：

（1）先将 A、B 两支持点投影在地面上得 A′、B′两点。并用钢尺丈量档距 l，在 $\frac{1}{2}l$ 处 E 点前后再选一点 D，作为测量支持点 A、B 高度的测站。测支持点高度时，对直线塔应视准悬垂线夹与导线联结处。对耐张杆塔应对准绝缘子的挂点与杆塔的联结处。

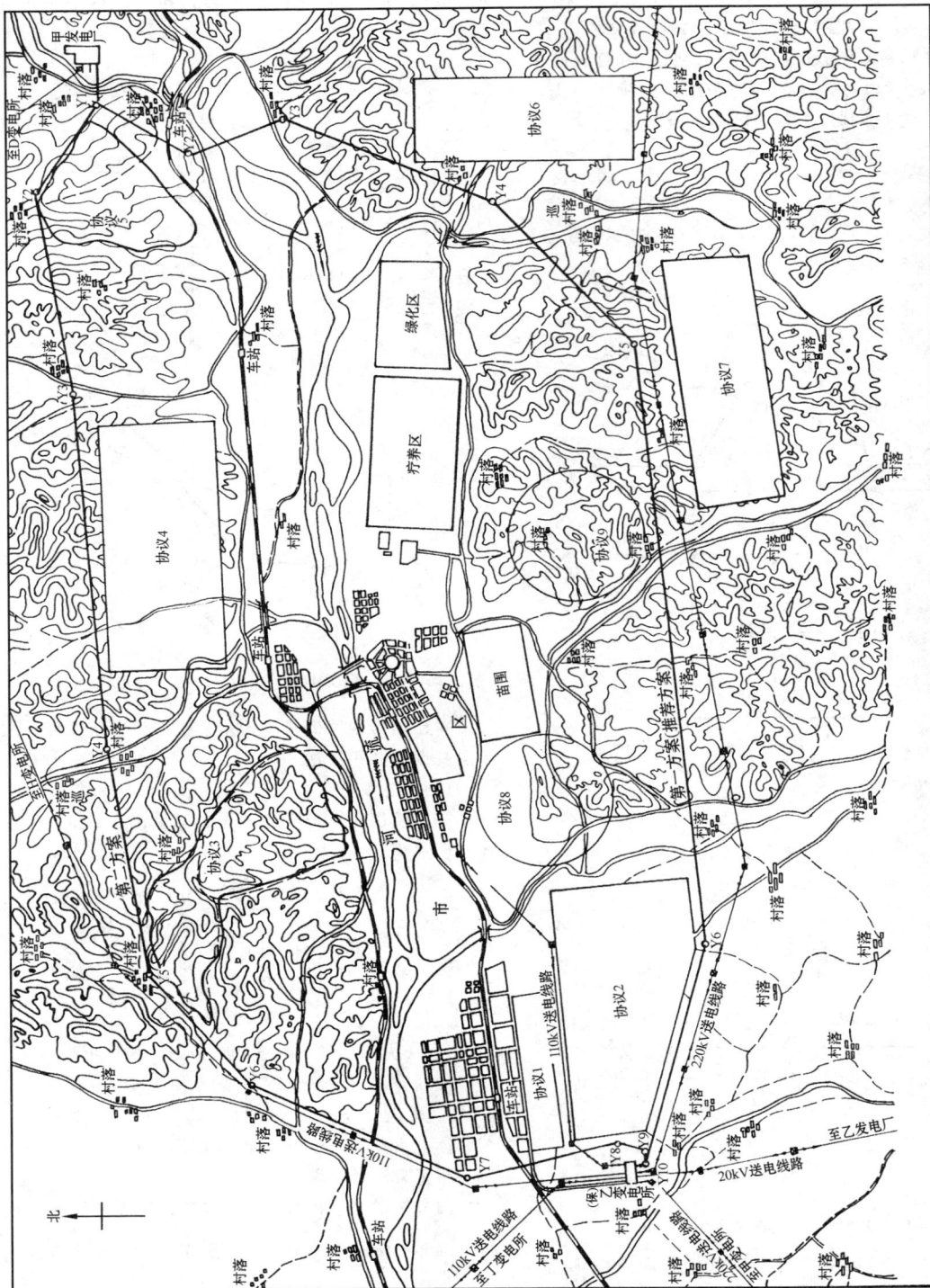

图 9-1-14　线路路径图

表 9-1-9

中点高度法弛度计算表

测站 (1)	测点 (2)	距离 (3)	垂直度盘读数 (4)			平均垂直角 (5)			lg (3) (6)	lgtan (5) (7)	lgh' (6)+(7) (8)	始算高差 h' (9)	测点标高 h'+h₁+H (10)	平均标高 (11)	弧垂 (12)	气温 (13)	备注 (14)
			(°)	(′)	(″)	(°)	(′)	(″)									
D h₁=1.43 H=0.63	30# 支线 A	256.8	84	20	00	+5	39	30	2.4096	8.9960	1.4056	+25.44	27.50	27.54			
			275	39	00												
	31# 支线 B	236.8	82	56	00	+7	04	00	2.3744	9.0933	1.4677	+29.35	31.41	31.40	14.55		
			277	04	00												
E h₁=1.29 H=1.00	30# 支线 A	246.8	84	09	00	+5	51	00	2.3923	9.0105	1.4028	+25.28	27.57				
			275	51	00												
	31# 支线 B	246.8	83	16	30	+6	43	30	2.3923	9.0716	1.4639	+29.10	31.39				
			276	43	30												
F h₁=1.32 H=2.75	中导线 C	60.0	79	45	00	+10	15	00	1.7782	9.2573	1.0355	+10.85	14.92	14.92		+15℃	
			280	15	00												
G h₁=1.47 H=2.66	中导线 C	65.0	80	34	00	+9	26	00	1.8129	9.2205	1.0334	+10.79	14.92	14.92		+15℃	
			279	26	00												

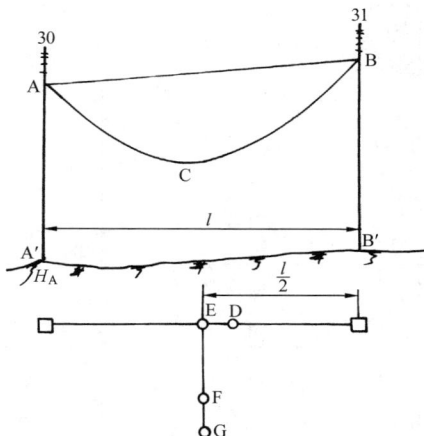

图 9-1-15   中点高度法

（2）通过 E 点垂直于线路方向线上选定 F、G 两测站，用来测定 C 点的高度。E 点至 F、G 两点的水平距离应用钢尺测量，一般最短不小于 50m。

（3）假设 E 站的标高，同时测出 F、G、D 的标高。

（4）观测 C 点高度时，应记录当时的气温。

（5）除了在 E、F 站施测外，还应在 D、G 站进行施测，作为校核和提高观测精度，观测记录及计算见表 9-1-9。

2. 角度法

此法适用于山区、丘陵和跨河地段。角度法测量图见图 9-1-16，该法精度较低。为保证观测精度，观测点应尽量设法切在弧垂最大处附近。切点仰角或俯角不宜过大，垂直角应尽量接近高差角。弧垂计算公式为：

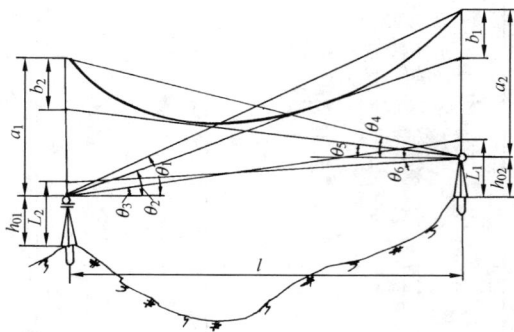

图 9-1-16   角度法

$$f = \left(\frac{\sqrt{a} + \sqrt{b}}{2} \right)^2 \qquad (9\text{-}1\text{-}13)$$

由图 9-1-16 知：

$$b_1 = l(\tan\theta_1 - \tan\theta_2)$$
$$b_2 = l(\tan\theta_4 - \tan\theta_5)$$
$$a_1 = l(\tan\theta_4 - \tan\theta_6) + l_2 - h_{01}$$
$$a_2 = l(\tan\theta_1 - \tan\theta_3) + l_1 - h_{02}$$

将 a_1、b_1、a_2、b_2 分别代入式（9-1-13），就能算出第一次和第二次测得的弧垂：

$$f_1 = \left(\frac{\sqrt{a_1} + \sqrt{b_1}}{2} \right)^2$$

$$f_2 = \left(\frac{\sqrt{a_2} + \sqrt{b_2}}{2} \right)^2$$

在等温观测条件下 $f_1 = f_2$，但实际观测中可能有误差存在。两次观测结果的应满足下式：

$$\frac{2(f_1 - f_2)}{f_1 + f_2} \leq \frac{1}{50} \qquad (9\text{-}1\text{-}14)$$

角度法的弧垂测量计算见表 9-1-10。

表 9-1-10   角度法弧度测量计算表

测站	测点	垂直度盘读数 (°)	(′)	(″)	角度平均值 (°)	(′)	(″)	气温	$h_i = l\tan\theta_i$（m）		a、b 值的计算	弧垂的计算（m）		平均弧垂
No27 $l=$ 431.3	No28 导支	272	18	30	2	18	30	+12℃	h_1	17.37	$L_2 = 20.00$	$\sqrt{b_1}$	4.288	16.72
		87	41	30					h_2	-1.03	$h_{01} = 1.52$	$\sqrt{a_1}$	3.881	
	导切	90	08	30	-0	08	15		$A_1 = h_1 - h_2$	18.40	$W_1 = L_2 - h_{01}$ $= 0.48$	$\sqrt{a_1} + \sqrt{b_1}$	8.169	
		269	52	00					h_3	2.20		$(\sqrt{a_1} + \sqrt{b_1})^2$	66.74	
	切尺	89	43	00	0	17	30		$A_2 = h_1 - h_3$	15.17	$b_1 = A_1 = 18.40$	$f = \frac{1}{4}\left(\sqrt{a_1} + \sqrt{b_1} \right)^2$	16.68	
		270	18	00							$b_2 = A_3 = 17.78$	$\sqrt{b_2}$	4.216	

续表

测站	测点	垂直度盘读数 °	'	"	角度平均值 °	'	"	气温	$h_i = l \cdot \tan\theta_i$ (m)		a、b值的计算	弧垂的计算 (m)		平均弧垂
No28 $l=$ 431.3	No27 导支	88	11	30	1	48	00	+13℃	h_4	13.55	$a_1 = A_4 + W_1$ $= 15.06$	$\sqrt{a_2}$	3.972	
		271	47	30					h_5	-4.23	$a_2 = A_2 + W_2$ $= 15.77$	$(\sqrt{a_2} + \sqrt{b_2})$	8.188	
	导切	90	33	30	-0	33	45		$A_3 = h_4 - h_5$	17.78	$L_1 = 2.00$	$(\sqrt{a_2} + \sqrt{b_2})^2$	67.04	
		269	26	00					h_6	-1.03	$h_{02} = 1.40$	$f = \frac{1}{4}(\sqrt{a_2}$ $+ \sqrt{b_2})^2$	16.76	
	切尺	90	08	30	-0	08	15		$A_4 = h_4 - h_6$	14.58	$W_2 = L_1 - h_{02}$ $= 0.60$			
		269	52	00										

六、杆塔倾斜测量

线路在运行中，杆塔由于受力不平衡，或者因基础不均匀下沉以及其它外界影响，都可能产生倾斜。倾斜测量的方法，是先量出杆塔的根开。根据根开中点 B（见图 9-1-17），再向左右量出导线之间的距离 s，定出 A、C 两点，并在 A、B、C 三点设立标桩，此即为导线悬挂点的正确位置。然后用经纬仪架在 K、K′点，仰视杆塔导线悬挂点，相交得出 A1、B1、C1 三点，量出这三点距原中心线的横向偏差为 x_1、x_2、x_3，纵向偏差为 y_1、y_2、y_3，填入表 9-1-11 中。为了避免错误，一般规定 x 值偏向线路前进方向的右侧为正，左侧为负。在投影的同时，还应测出悬挂点的高度，如图 9-1-17 中的 h_1、h_2、h_3，以便检查杆塔下沉情况。

表 9-1-11　　杆塔倾斜测量表

塔号	塔型	横向偏移值 (cm) 左 x_1	中 x_2	右 x_3	纵向偏移值 (cm) 左 y_1	中 y_2	右 y_3	塔高 (m) 左 h_1	中 h_2	右 h_3	备注
50	zg	+12	+6	+16	-10	+5	+20	15.2	15.6	16.0	

如图 9-1-17 中扭转角 α 的计算式为：

$$\sin\alpha = \frac{|y_3| + |y_1|}{2s}$$

式中　s——线间距离，m；

y_1，y_3——导线支持点纵向偏移值，m。

设线间距离为 5m，并将表 9-1-10 中的数字代入上式得：

$$\sin\alpha = \frac{|20| + |-10|}{2 \times 500} = 0.03$$

故　　　　　　　　$\alpha = -1°43'$

一般设顺时针方向扭转角为正，反之为负。

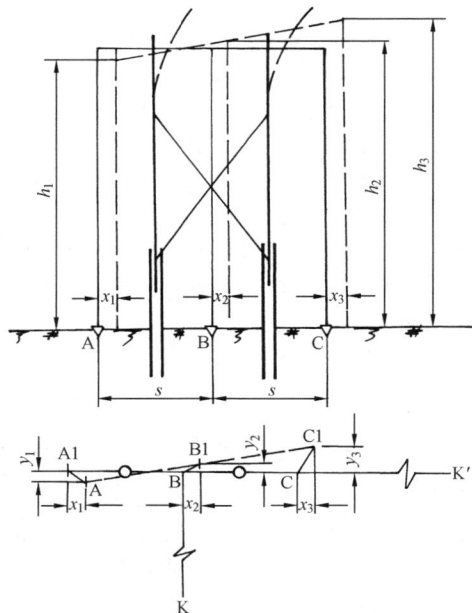

图 9-1-17　杆塔倾斜测量图

七、仪器校正及视距常数的测定

1. 水平度盘上水准管之校正

按平仪器，将度盘的水准管与一对基座螺旋平行，使气泡居中，然后将度盘旋转180°，如气泡仍居中，则表示垂直轴垂直。若气泡偏离一方，此时用水准管校正螺丝改正其偏差之一半，其余一半以基座螺旋改正。

2. 垂直度盘上水准管的校正

仪器按平后，将正镜（盘左）的十字丝中心对准一明显目标，使水准管气泡居中，读得一垂直角。倒镜（盘右）后对准同一目标，也使气泡居中，读得一垂直角，两角之和应为360°，若不符，可微动水准管的微动螺丝，使之对准两垂直角的平均值，再用水准管之校正螺丝改正，使气泡居中。

3. 十字丝的校正

以纵丝的一端对准望远镜50～60m处的一个明显的点子，固定紧上下盘，上下微动望远镜，看该点是否始终在纵丝上移动。如符合，则表明十字丝环正确。如不符合，则放松十字丝环上两个相邻校正螺丝，徐徐旋转十字丝环，至纵丝垂直为止，然后仍将该螺丝旋紧。

4. 视距常数的测定

内对光望远镜测距的式为：

$$s = s_0 K$$

式中　s——仪器中心至视距尺的距离；
　　　s_0——上下丝在视距尺上截尺数之差；
　　　K——视距常数。

在平地上选择一点A，并打一木桩，按平仪器于A点，再顺望远镜的方向用钢尺往返各一次量出50、100、150、200m等点，各打木桩C1、C2、C3、C4等。然后将水准尺垂直地放在各木桩上，将望远镜放成水平，用测距丝依次读出尺上的间隔S_1、S_2、S_3、S_4等，可在每点上重复读数几次，然后取其平均值S'_1、S'_2、S'_3、S'_4等。S用钢尺量得之数值，则可根据上式求出K_1、K_2、K_3、K_4等，取其平均值K，即为视距常数。

根据送电线路测量的要求，视距常数K值允许差±0.2。

八、送电线路通过拥挤地段测定塔位坐标

送电线路通过拥挤地段时，有时城建规划部门要求测定每塔位的坐标，可采用下述方法。

1. 坐标联测法

一般可采用导线法或交会法将国家三角点、城市三角点或导线点的坐标传递到各塔位，以确定各塔位的大地坐标或城市假定坐标，这两种坐标系统都有一定的换算关系。

2. 以GPS仪器测定坐标

随着科学技术的发展，一种精度高、速度快、设备轻的GPS卫星全球定位系统，已被广泛应用于坐标测量，它可通过卫星信号，测定某点的大地坐标。这套仪器包括：硬件部分为传感器与控制器，软件部分为坐标系统和地图投影计算处理软件与输入接口软件。它具有操作简单、可靠性强、有一定的抗干扰能力，可提高测量成果质量。减少测量人员的外业强度，也可降低测量外业生产的成本，是一种理想的测量仪器。

九、资料检查和整理

（1）送电线路测量的记录、计算、图纸、成果，应有自检、互检和专人检查，并有相应的签名和日期，提出处理意见。

（2）在外出期间，对工作方法和测量资料的质量要随时检查，发现问题现场及时解决。

（3）所有测量资料经检查和处理后，分别装订成册归档。

（4）工程结束后应提供下列资料：

1）线路路径图。

2）线路平断面图。

3）交叉跨越明细表。

4）大跨越平断面图。

5）拥挤地段平面图。

6）电厂或变电所进出线平面图。

7）工程测量技术报告。

8）送电专业所需要提供的其它资料。

第二节　水　文　勘　测

一、跨河方案选择

当送电线路跨越较大河流（湖泊、水库）时，线路路径走向应从选择跨河点开始，然后向两端延伸。可选择2～3个跨河方案，经技术经济比较，以最优方案作为线路路径推荐方案。

（一）跨河点选择

选择跨河点时应全面地考虑可能影响路径的有关因素，如水文、地质、地形、线路走向和技经等方面的合理性。

以河流水文条件而言，线路跨河点应考虑以下几个方面：

（1）线路应在河床稳定的河段跨越河流。

（2）选择河滩较窄而河床较宽的河段跨越，尽量避开有支流汇入及沙洲的河段，线路跨河点比较示意图见图9-2-1。

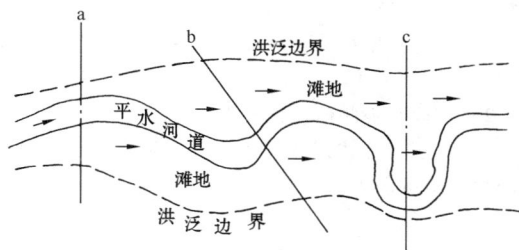

图9-2-1 线路跨河点比较示意图
a—良好；b—不好；c—很差

（3）尽量将跨河段线路走向与主河床垂直，而且还要与洪水河道垂直，最好选择主河床与洪水河床一致的河段。

（4）线路与河床斜交不仅加大了跨河段档距，而且加大了水流对基础的冲刷；在不得已的情况下，河流铅垂断面与线路跨河断面的交角应尽量缩小。

（5）跨河点应尽量避开自然裁弯或人工取直的河段。图9-2-2为3号塔可能成为河中塔示意图。

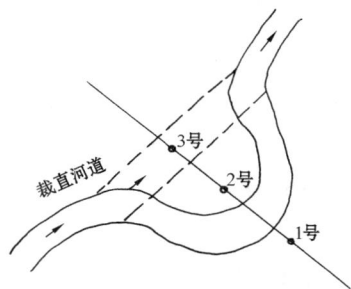

图9-2-2 3号塔可能成为河
中塔示意图

（6）线路路径不宜与河流平行接近，但不淹没塔位的平行段可以选定塔位。

（7）线路践径要尽量利用地形，选择两岸相对稳定的河段跨河。

（8）线路路径要尽量避开水库回水区、湖泊、沼泽及其它滞洪区的洪水淹没范围。

（9）对于整治河流，线路路径应选择在人工防洪堤距较窄处通过。如需在行洪河滩上立塔时，应尽量选择主河道顺直河岸稳定的河段。

（二）最佳方案水文条件

最佳跨河方案的水文条件应具备以下几点：①跨越较大河流能一档跨过；②若不能一档跨越，必须在

洪水河滩上立塔时，则塔位所在岸应岸边稳定、河床变迁不会危及塔位安全（见图9-2-3）；③线路路径一般不在水库回水区通过，如无法避开回水区，则回水淹没区的塔位应不受结冰冻胀的影响。

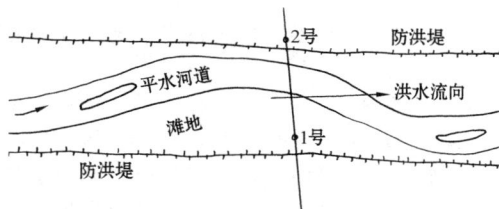

图9-2-3 安全滩地塔位示意图

二、 洪水调查

在送电线路跨河点及其上下游，无论有无水文测站，均应进行历史洪水调查。对于无资料地区，历史洪水调查是取得工程设计所需资料的重要手段；对于有资料地区，历史洪水调查起到展延洪水资料系列，提高设计洪水计算成果精度的作用。

（一）历史洪水调查内容

洪水发生的年、月、日和重现期；

最高洪水位痕迹、标志；

洪水发生时的河道组成及断面冲淤变化情况；

洪水涨落过程及峰顶持续时间；

洪水来源及地区组成、干支流洪水遭遇情况；

相应的降雨特性；

河床覆盖情况；

洪水分流、滞洪及堤防决口情况；

可考证的碑文、县志、石刻等。

考证、分析各历史洪水的重现期，排列洪水序位。

（二）调查方法和步骤

1. 收集资料

收集资料内容包括：

跨河点上下游水文站历史洪峰流量、洪水位、洪水比降、糙率及水位—流量关系；

邻近地区洪水调查和实测资料；

调查河段地形图；

跨河点附近沿河水基准点位置及高程；

历史文献、地方志、水利史、历史水文记录；

本河段及其上下游历史洪水调查报告、堤防规划报告、设计洪水水面线等。

所有资料中的洪水位及水准点高程要注明基面，查清其与线路基面的换算关系。

2. 调查河段的选择

调查河段一般应选在跨河断面及其上下游附近，

为调查到一定数量的可靠洪水痕迹，调查河段亦可向上、下游适当延伸。在调查河段，最好两岸都有古老村庄和容易遭受洪害而位置高低适度的房屋；

河道顺直，无支流汇入、无分流串沟和回水影响，尽量回避洪流向下游扩展的河段；

尽量避开人工建筑物对天然水流干扰较大的河段。

3. 调查步骤

（1）个别访问：访问对象最好是老居民、老船工、老渔民及住地邻近河岸的当地居民。对近期发生的大洪水可访问乡村干部和中青年。个别访问具有方便灵活、取材丰富、便于分析比较等优点。

（2）开调查会：访问中发现调查素材众说纷纭、出入较大、似是而非等情节时，可组织开调查会座谈回忆，相互启发，彼此印证。要注意防止个别权威人士一人定论、众人附和的现象，个别印象突出的洪水点不要轻易被否定。

洪水调查人员应2人以上，尽量记录原话或按原意如实记载，被访问者应在3人以上。

（3）现场指认：指认洪痕最好在两岸进行。可靠洪痕多在固定地物上，如庙宇、石碑、堤崖、老屋、寨墙、桥梁、老树、台阶、窑洞等，对各洪痕点应按年份编号，做好标记。

4. 调查方法

（1）洪水发生时间调查：联系历史上发生的重大事件。如水旱虫灾、战争变革、政治运动等。

联系群众最容易记忆的事件。如年龄、生婚病丧、节日、坍屋、搬家、庙会、做生意、收成等。

从民谚、碑记、庙宇、桥梁、亭阁了解推算洪水发生日期。从历史文件、日记中寻求线索。

由邻近河流的同次历史洪水发生日期分析设计河流洪水发生时间。

（2）洪水痕迹调查：洪痕调查可从三个方面循序渐进：

1）被访人指认的洪痕；

2）由被访人提供的线索查出洪水刻记、石碑标记等；

3）请被访人到现场指认。

位于河边地势低洼的老屋，是调查洪痕的有利场所，指认洪痕要有固定标志物，如炕沿、窗台、屋梁等准确性较高；另一类洪痕，如水进院、水没腰深、水涨到土边等则准确性较差。

对于年代久远的洪痕不易准确找到，近年来随着经济发展和生活改变，新房取代旧屋，洪痕衔接不上，应尽量找旧屋辨认洪痕。还可以从洪水浸泡线辨认洪痕，在砖墙或牢固的土墙上，浸泡线较明显，注意不要把墙上的地下水反碱线误认为洪痕。

洪痕辨认后，应予标记，以便联测洪痕高程。

（3）弯道洪水调查：历史洪水调查最好选在顺直河段，但有的工程弯道洪水调查亦不能回避，由于弯道水流受离心力影响，凹岸水位高于凸岸而形成横比降，设计断面洪水位需进行超高改正。

1）弯道两岸均有洪水位，取平均值作为断面洪水位；

2）按同步观测值进行改正；

3）按超高公式改正，由图9-2-4所示，弯道横比降示意图可得：

$$\frac{\delta}{B} = \frac{F}{mg} = \frac{m\frac{V^2}{R_0}}{mg} \qquad (9\text{-}2\text{-}1)$$

$$\delta = \frac{V^2 B}{R_0 g} \qquad (9\text{-}2\text{-}2)$$

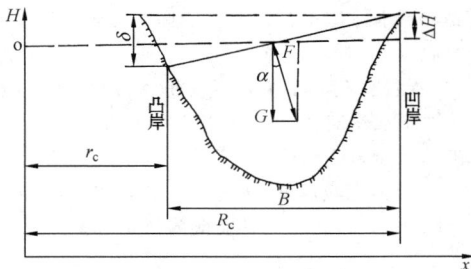

图9-2-4　弯道横比降示意图

由质点受力分析：

$$\tan\alpha = \frac{F}{g} = \frac{\frac{V^2}{x}}{g} = \frac{dH}{dx} \qquad (9\text{-}2\text{-}3)$$

$$\int_0^\delta dH = \int_{r_c}^{R_c} \frac{v^2}{gx}dx \qquad (9\text{-}2\text{-}4)$$

$$\delta = \frac{V^2}{g}\ln(R_c/r_c) = 2.3\frac{V^2}{g}\lg(R_c/r_c) \qquad (9\text{-}2\text{-}5)$$

式中　R_c——凹岸曲率半径，m；

　　　r_c——凸岸曲率半径，m；

　　　R_0——弯道中心曲率半径，m，可取（R_c + r_c）/2；

　　　δ——凸凹岸水位差，m；

　　　ΔH——超高水位改正值，m，$\Delta H = \delta/2$；

　　　F——离心力，kg；

　　　g——重力加速度，取9.81m/s^2；

　　　B——水面宽，m；

　　　v——断面平均流速，m/s；

　　　m——水质量，kg·m/s^2。

（4）洪水淹没线调查：调查地形、地物及村庄淹没情况，然后逐渐绘出水边线，在适当比例尺地形图上结合地物，如井、坟、窑、林带、苗圃、道路、房舍等确定淹没范围。要注意自然河道演变和人类活动的影响。自然河道演变要了解河流改道、裁弯、冲淤变迁等。人类活动影响有修建水库闸坝、水土保持工程、人工改道裁弯、疏浚、挖深、筑堤、引水等。

（三）无人烟地区洪水调查

1. 根据洪水淤积物判别

河流两岸的墓地、洞穴、树穴、石壁上留有层状淤积物，浮挂于树干上的杂草细枝可视为洪痕，这类洪痕能保留一、二十年，可粗略按 10 年一遇洪水处理。

多沙河流岸边树皮上也常能找到洪水悬浮物留下的痕迹。

2. 根据冲刷痕迹判别

洪水水流对两岸的冲刷和对滩地植被的浸泡会留下一定的痕迹，可视为洪水水位标志。植被覆盖较好的地区，最高洪水位以下树枝杂草被冲走，显露出新鲜泥土和岩石，沙岸受水流淘刷往往有下陷痕迹。

无人烟地区洪水发生日期可通过邻近地区暴雨和洪水发生的时间来分析判断。

（四）常年洪水位调查

常年洪水位是送电线路设计中特殊需要的水文资料，主要是用以进行基础的防护设计，一般要求大跨越杆塔，设置在 5 年重现期的洪水淹没区以外。在工程实用中取 5 年一遇洪水位作为常年洪水位。对于"常遇"洪水，被调查人并不清楚时，可采用选典型年的办法进行调查。分析邻近水文站实测洪峰流量系列，选择相当于 5 年一遇的近期洪水年份作为典型年，对典型年洪水进行调查。

（五）调查资料整理和洪痕可靠性分析

1. 调查记录整理

根据调查原始记录，整理填写洪水调查成果表，如表 9-2-1 所示。

表 9-2-1　　　　水文调查成果表

编号	所在地点	起点距	高程(m)	岸别	发生时间		指认人	洪水发生情况	可靠程度
					农历	公历	姓名、年龄、住址、居住史		

2. 洪痕高程联测

采用线路高程系统将各调查点的高程测出，若引

用邻近水文站资料或防洪堤水面线时，应将线路高程点引测到水文站水准点或堤防高程基点，得出两高程系统的换算关系。

3. 洪痕间距确定

将洪痕点标在适当比例尺的地形图上，以各洪痕点向洪水主流线上投影，在主流线上即可量取各点间距，洪水主流线是沿洪水河道的水流中泓线，可根据已调查到的洪水淹没范围在河道地形图上概化描绘，见图 9-2-5；如缺乏比例尺相当的地形图，可在联测洪痕高程时，同时记取各点沿主流方向的间距。

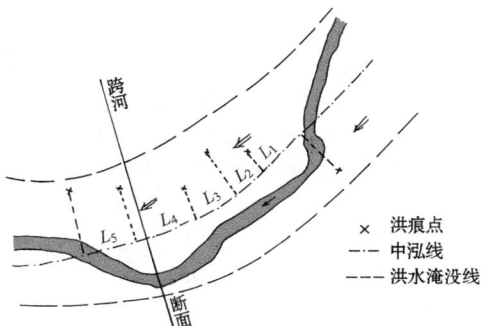

图 9-2-5　洪痕间距示意图

4. 调查洪水水面线绘制

以高程为纵坐标，距离为横坐标，参考调查河段的河底比降、测量时水面比降和上、下游水文站的实测洪水比降，通过调查点群中心近似地绘一直线。但应注意河道的放宽束窄、急弯及桥梁等对水面线的影响，结合调查情况对各点进行合理性分析。如发现有偏高偏低现象，应查找原因，决定取舍，以较可靠的调查点为依据，对初绘的水面线进行调整，图 9-2-6 为调查洪水水面线图。

根据调查洪水水面线，可推算出洪水比降和跨越处洪水位：

$$I = \frac{H_1 - H_2}{\Delta L} \qquad (9\text{-}2\text{-}6)$$

$$\Delta H = I\Delta L \qquad (9\text{-}2\text{-}7)$$

式中　I——水面比降；

H_1、H_2——上、下断面水位，m；

ΔL——上、下断面间距，m；

ΔH——上、下断面水位差，m。

5. 洪痕可靠性分析

对指认洪痕的可靠性进行评估，可从以下几个方面考虑：

（1）指认的洪痕是指认人当时目睹还是事后传闻，介绍情况是否符合实际，指认人的记忆力如何，是本地户还是外来户，旁证材料是否确凿等。

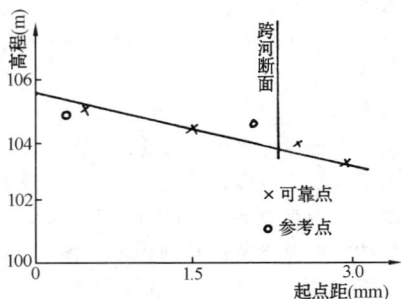

图 9-2-6 调查洪水水面线图

（2）洪痕标志物是否固定、明显，如老屋、庙宇、码头等洪水标志物较固定，改建房屋不固定；台阶、炕沿、窗台等较具体，半坡、平地水深半米等较含糊。

（3）洪痕在水面线上相互比较，同一年份进行单点分析，较可靠的洪水点沿水流方向有规律的呈带状分布。若有的点子偏离较远，应分析其原因，如弯道回流、波浪壅高等。

为确定较好的历史洪水水面线，应按洪痕可靠程度评定表对各洪水点进行评估，见表 9-2-2。

表 9-2-2 洪水痕迹可靠程度评定表

评定因素	等　　　　级		
	可　　靠	较 可 靠	供 参 考
指认的印象和旁证	亲身所见，印象深刻所讲情况逼真，旁证确凿	亲身所见，印象较深刻所述情况较逼真旁证材料较少	听传说，或印象不深所述情况不够清楚、具体，缺乏旁证
标志物和洪痕情况	标志物固定，洪痕位置具体或有明显的洪痕	标志物变化不大，洪痕位置较具体	标志物已有较大的变化，洪痕位置不具体
估计可能误差范围（m）	0.2 以下	0.2～0.5	0.5～1.0

三、洪峰流量计算

当调查的历史洪水位无法推算不同频率设计洪水位时，必需推算调查历史洪水洪峰流量，并加入经改正的上、下游水文站实测资料，可起到外延统计系列，提高计算成果精度的作用。以设计洪峰流量为参考，采用回填断面法求出跨越断面的设计洪水位。

（一）形态法

在河流洪水形成过程中，可以认为峰顶有一定的

持续时间，此时近似地视洪峰为不变常量，即作为稳定流处理，因沿程河道几何形状不同，则分为稳定均匀流和稳定非均匀流。

1. 稳定均匀流流量计算

水流连续方程式采用曼宁式：

$$Q = \frac{1}{n}AJ^{\frac{1}{2}}R^{\frac{2}{3}} \qquad (9-2-8)$$

$$R = A/P$$

式中　Q——断面过水流量，m^3/s；
　　　n——糙率，根据邻近水文站实测洪水糙率点绘出水深—糙率关系，无资料时参考糙率表，见后文表 9-2-14；
　　　A——断面过水面积，m^2；
　　　J——洪水比降，根据调查洪水水面线并参考河底线、测量时水面线及上下游水文站资料确定；
　　　R——水力半径，m；
　　　P——湿周，m，为断面浸水线总长，对于宽浅型河道（宽深比大于 10，即 $\frac{B}{h} > 10$），水力半径（R）可用断面平均水深（$\bar{h}$）代替，即 $\bar{h} \approx R$。

令　　$k = \frac{1}{n}AR^{\frac{2}{3}}$

则　　$Q = k\sqrt{\frac{\Delta H}{\Delta L}} \qquad (9-2-9)$

式中　ΔH——上、下游水位差，m；
　　　ΔL——上、下游水间距，m。

当采用上下两断面时，可用断面平均值，当上、下断面 k 值接近时即为均匀流，否则为非均匀流。

2. 稳定非均匀流流量计算

稳定非均匀流因河床摩擦损失和扩散损失，水面比降须用能面比降 J_e 代替，n、A、R 采用河段平均值，则

$$Q = \frac{1}{n}\bar{A}\,\bar{R}^{\frac{2}{3}}J_e^{\frac{1}{2}} \qquad (9-2-10)$$

能面比降 J_e 为摩擦水头损失 h_f 与流程 L 之比，即

$$J_e = h_f/L$$

$$h_f = \Delta h\left(\frac{v_1^2}{zg} - \frac{v_2^2}{zg}\right)$$

经代换

$$Q = \bar{A}\,\bar{C}\,\bar{R}\left[\frac{\Delta h + \left(\frac{v_1^2 - v_2^2}{zg}\right)(1-\alpha)}{L}\right] \qquad (9-2-11)$$

$$C = \frac{1}{n}R^{1/6}$$

式中　C——流速系数；

α——扩散系数，一般取 $\alpha = 0.5$。

其它符号含义同前。

稳定非均匀流示意图见图 9-2-7。

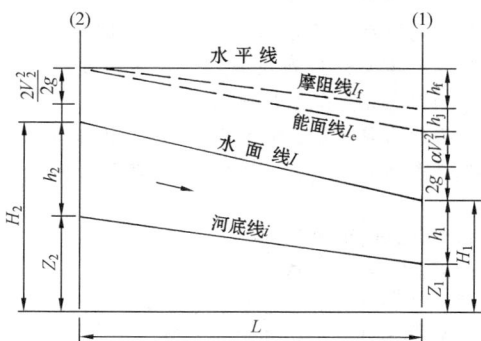

图 9-2-7　稳定非均匀流示意图

（二）水面线法

假定一个流量 Q'，根据选定的各河段糙率 n，自下游一个已知的洪水水面点起算，向上游逐渐推算水面线，检查推算的水面线与各洪痕点符合程度。如大部分点子符合较好，则 Q' 即为所求，否则重复上述步骤，直至相符为止。

计算水面线所用的基本公式为伯诺里方程：

$$H_1 + \frac{v_1^2}{zg} = H_2 + \frac{v_2^2}{zg} + h_f + h_e \quad (9\text{-}2\text{-}12)$$

$$h_f = \frac{1}{2}\left(\frac{Q^2}{k_1^2} + \frac{Q^2}{k_2^2}\right)L$$

$$k = CAR^{\frac{1}{2}}$$

$$h_e = \alpha\left(\frac{v_1^2}{zg} + \frac{v_2^2}{zg}\right)$$

式中　H_1、H_2——上、下断面水位，m；

v_1、v_2——上、下断面平均流速，m/s；

h_f——摩阻损失；

L——断面间距，m；

k_1——1 断面的流量模数；

k_2——2 断面的流量模数；

$$k = \frac{1}{n}AR^{\frac{2}{3}}$$

h_e——扩散损失；

α——系数，变化在 $0 \sim 1$，一般取为 0.5。

其它符号的含义同式（9-2-8）。

（三）经验频率法

当不仅调查到多次历史洪水，而且调查到稀遇洪水时，可按洪峰流量和相应经验频率，点绘在概率格纸上，徒手绘出一条平滑的频率曲线，由此求得各不同频率洪峰流量。

当已知各次调查洪水的洪峰流量 Q_1，Q_2，…，Q_n 及相应频率 P_1，P_2，…，P_n 时，可参考邻近相似流域的变差系数 C_v、偏态系数 C_s 值，然后根据表 9-2-10 查出摩比系数 ϕ 值，若 ϕ 值能满足下式

$$\frac{Q_1}{\phi_1 C_v + 1} = \frac{Q_2}{\phi_2 C_v + 1} = \frac{Q_n}{\phi_n C_v + 1} = \overline{Q} \quad (9\text{-}2\text{-}13)$$

式中　ϕ_1、ϕ_2、…、ϕ_n——摩比系数。

即该 C_v、C_s 值即为所求，由 $\overline{Q}$、C_v、C_s 可求得不同频率设计洪峰流量。

（四）洪峰流量估算法

在踏勘选线阶段需估算最大洪峰流量时，可采用经验公式进行估算。

1. 武汉水利电力大学公式

$$v_0 = \left(\frac{h}{d}\right)^{0.14}\left(29d + 6.05 \times 10^{-7}\frac{10 + h}{d^{0.72}}\right)^{0.5} \quad (9\text{-}2\text{-}14)$$

式中　v_0——泥沙起动流速，m/s；

d——泥沙粒径，mm；

h——水深，m。

则　　　　　　　　　　$v = 1.3v_0$

式中　v——平均流速，m/s。

2. 沙莫夫公式

$$v_0 = 4.6d^{\frac{1}{3}}h^{\frac{1}{6}} \quad (9\text{-}2\text{-}15)$$

式中　d——泥沙粒径 m；

其它符号含义同式（9-2-14）。

3. 平均流速经验表

根据现场断面的河床质，若能判别出洪水冲来的最大粒径，则可由此查算平均流速，山区、平原河流平均流速表见表 9-2-3、表 9-2-4。

表 9-2-3　　　　　　　　　　　　　　　山区河流平均流速表

流速（m/s） 粒径（mm）	平　　均　　流　　速												
	2.0	2.5	3.0	3.5	4.0	4.5	5.0	5.5	6.0	7.0	8.0	9.0	10.0
泥沙平均粒径	13	20	30	40	50	70	80	100	110	160	210	270	330

表 9-2-4　　　　　平原河流平均流速表

河床岩性特征和水流冲刷动态	平均流速（m/s）
淤泥、细沙，水流冲刷较弱	1.3
粗沙，中等冲刷	1.6
夹卵石的粗沙、黏土、中等冲刷	1.8
砾石（粒径 2 ~ 20mm），冲刷较强	2.0
卵石（粒径 20 ~ 60mm），冲刷强	3.0
圆石（粒径 60 ~ 200mm），冲刷强	4.0

由平均流速和过水面积则可求出相应的洪峰流量。

四、设计洪水

（一）洪峰流量系列的形成

当跨河断面上下游有水文站实测资料时，可采用内插相关等方法将资料系列转移至跨河断面。

1. 直接移用法

当水文站与跨河断面区间无分洪、滞洪，区间面积占设计断面以上流域面积不超过 3% 时，水文站的洪峰流量系列可直接移用。

2. 面积改正法

当水文站与跨河断面区间面积不超过设计断面以上流域面积 25%，且暴雨分布均匀、区间河道无特殊调蓄时，可用下式推算跨河断面洪峰流量：

$$Q_L = \left(\frac{F_L}{F_s}\right)^n Q_s \qquad (9\text{-}2\text{-}16)$$

式中　Q_L、F_L——跨河断面洪峰流量和流域面积，单位分别为 m³/s 和 km²；

　　　Q_s、F_s——水文站洪峰流量、流域面积，单位分别为 m³/s、km²；

　　　n——流域面积指数，无资料时，大中河流 n 为 0.5 ~ 0.7，小河（$F <$ 100km²）n 为 0.7 ~ 1.0。

3. 面积内插法

当跨越断面上、下游均有水文站时，可用面积内插法推算跨河断面洪峰流量：

$$Q_L = Q_a + (Q_b - Q_a)\frac{F_L - F_a}{F_b - F_a} \qquad (9\text{-}2\text{-}17)$$

式中　Q_L、Q_a、Q_b——跨河断面、上游站、下游站洪峰流量，m³/s；

　　　F_L、F_a、F_b——跨河断面、上游站、下游站流域面积，km²。

面积内插法适用条件与面积改正法基本相同。

4. 相关分析法

当设计流域资料短缺，且邻近流域测站具有较长年限洪峰资料系列，设计流域与参证流域自然地理条件相近，暴雨成因一致时，可点绘两站同次洪峰流量相关图，插补延长设计流域洪峰流量。相关分析法适用条件是相关系数 $r \geq 0.85$，图解相关时，相关点呈带状分布，外延范围不超过实测范围的 50%。

（二）频率分析计算

推算设计洪水比较常用的方法是频率计算法。频率计算是以数理统计的原理，对短期资料进行外延，求得稀遇的洪水，即设计洪水。计算所依据的历年资料系列（样本）须进行可靠性、代表性和一致性分析。采用 P-Ⅲ 型曲线进行适线。

频率计算取样方法是年最大值法，为减少抽样误差，统计系列应在 30 年以上，并有调查历史洪水加入计算。

频率计算的步骤分为：

（1）经验频率计算；

（2）用矩法计算统计参数 $\overline{Q}$、C_v、C_s；

（3）用适线法确定采用的参数；

（4）检验不同频率的设计值 Q_P。

1. 经验频率

对于连续系列或不连续系列，可根据随机抽样的原理只要洪水系列无明显的周期性，缺测年份不处于偏丰偏枯时段，并且有资料年份不是经过有意挑选的，可按下式计算各年的经验频率 P（%）和重现期 t（年）：

$$P = \frac{m}{n+1} \times 100 \qquad (9\text{-}2\text{-}18)$$

$$t = \frac{n+1}{m} \qquad (9\text{-}2\text{-}19)$$

式中　m——系列按递减排列的顺序号（$m = 1$，2，…，n）；

　　　n——系列项数。

2. 统计参数

频率曲线的分布特性是通过三个统计参数来概括的：

（1）算术平均值 $\overline{Q}$：

$$\overline{Q} = \sum_{i=1}^{n} Q_i / n \qquad (9\text{-}2\text{-}20)$$

式中　$\sum_{1}^{n} Q_i$——系列洪峰流量的总和；

　　　n——系列项数。

（2）变差系数 C_v：

$$C_v = \frac{\sqrt{\sum_{i=1}^{n}\left(\dfrac{Q_i}{\overline{Q}}-1\right)^2}}{n-1}$$

$$= \frac{1}{\overline{Q}}\sqrt{\frac{\sum_{i=1}^{n} Q_i^2 - n\overline{Q}^2}{n-1}} \qquad (9\text{-}2\text{-}21)$$

式中符号意义同式（9-2-20）。

（3）偏态系数 C_s：当系列项数小于 50 年时，用下式计算：

$$C_s = \frac{\sum_{i=1}^{n}\left(\dfrac{Q_i}{\overline{Q}}-1\right)^3}{(n-3)C_v^3} \qquad (9\text{-}2\text{-}22)$$

式中符号意义同前。

计算的 C_s 误差较大,在工程实用上,通常用理论频率曲线和经验点的适线拟合程度来确定 C_s 值。

频率曲线的统计参数允许在一定范围内修改,所采用的数值应使频率曲线与大洪水部分经验点较为吻合。C_s 值一般为 $2C_v \sim 4C_v$,特殊情况下也可采用大于 $4C_v$ 小于 $2C_v$ 的值。

加入历史洪水时,经验频率和统计参数计算需另行处理。

3. 频率计算

送电线路设计要求提供 100 年一遇设计洪水,而现在只有 20~30 年的资料,因此需借助于理论曲线进行外延,以皮尔逊Ⅲ型曲线应用较广,P-Ⅲ型曲线与大多数河流水文特性配合较好,P-Ⅲ型曲线概括性较强,在操作上有一定的弹性,统计参数物理概念明确计算方便,这些都决定了 P-Ⅲ型曲线被广泛应用。

适线步骤如下:

(1)将历年资料系列按递减顺序排列,按式(9-2-18)计算经验频率(也可查表 9-2-5),以对应的 Q 与 P 点绘于正态概率格纸上(概率格纸在大型文化市场上有出售);

(2)计算 $\overline{Q}$、C_v;

(3)选择适当的 C_s/C_v 比值,按下式计算理论频率曲线的纵坐标:

$$\overline{Q}_P = (1 + \phi_P C_v)\overline{Q} = K_P \overline{Q}$$

式中,ϕ_P 及 K_P 为 C_v、C_s 及 P 的函数,可在表 9-2-6 ~ 表 9-2-11 中查出。

(4)将查表计算各对应的 Q_P 及 P 点绘于概率格纸上(经验点和计算理论点应标以不同的符号或着色以示区别),检查计算的理论曲线与经验点的配合情况,如配合不好,则重新假定 C_v 或 C_s/C_v 比值,重复上述步骤,直到认为拟合最佳为止。

(5)计算成果综合分析:计算的设计洪水特征值,需经流域综合比较与合理性检查。可以通过上、下游站与邻近地区的调查及实测特大洪水数据进行比较,检查设计断面的计算成果有无显著偏大或偏小现象。

在暴雨特性比较一致,河槽调蓄作用较为一般的河流,下游站的洪峰均值大于此断面以上各站,而 C_v 值则下游小于上游。但在洪水主要来自上游,区间来水很少或不来水,而河槽调蓄作用及水量损又很大的河段,也会发生下游站洪峰均值小于上游站的现象。在区间暴雨变差较大,流域及河槽调蓄能力又较小时,下游站 C_v 值也会大于上游站。综合分析的目的就是要对这些现象做出科学的判断和解释。

在双对数纸上点绘本流域和邻近流域各站洪峰流量均值及设计值与流域面积的关系,按暴雨和流域汇流特性分组绘制关系图,进行分析比较。

4. 历史特大洪水资料的处理

处理历史洪水的关键,在于正确确定历史洪水数据(Q_N)和重现期(N),应以深入细致地调查研究为前提。

(1)当系列之外调查到一次历史洪水 Q_N 时,可用克—曼公式计算统计参数:

$$\overline{Q}' = \frac{1}{N}\left(Q_N + \frac{N-1}{n}\Sigma_1^n Q_i \right) \qquad (9\text{-}2\text{-}23)$$

$$C_v' = \sqrt{\frac{1}{N-1}\left[\left(\frac{Q_N}{Q'}-1\right)^2 + \frac{N-1}{n}\Sigma_1^n\left(\frac{Q_i}{Q'}-1\right)^2 \right]}$$
$$(9\text{-}2\text{-}24)$$

式中 $\overline{Q}'$、C_v' ——分别为加入历史洪水后的洪峰流量平均值和变差系数。

当实测系列 n 年中首位大洪水的重现期经判定的 N 年时($N > n$),上两式中的 n 值均以($n-1$)代替。

这些公式假定前提为:在 n 或 $n-1$ 年中洪水发生的情况可以代表 $N-1$ 年中的情况。如果调查洪水有两个以上,可以根据同样道理进行计算。

(2)特大值经验频率计算:有历史特大洪水加入时,按下式计算历史洪水的经验频率 P(%)和重现期 t(年):

$$P = \frac{M}{N+1} \times 100 \qquad (9\text{-}2\text{-}25)$$

$$t = \frac{N+1}{M} = \frac{1}{P} \times 100 \qquad (9\text{-}2\text{-}26)$$

式中 M——按递减排列的顺位;

N——经考证的首项历史洪水重现期。

(三)设计洪水位

1. 利用水位资料直接推求设计洪水位

送电线路设计所需的资料,是洪水位而不是洪峰流量,因此直接用洪水位系列进行频率计算,可以避开变化复杂的水位—流量关系环节。

但进行洪水位频率计算须遵循一定的条件:

(1)水位资料经过考证;

(2)河床比较稳定;

(3)断面形状较为规则,水位的变化不仅取决于流量的大小,而且与断面形状有关。对断面形状比较复杂的复式河床,当流量增加很多时,水位增加较小,如图 9-2-8 所示。

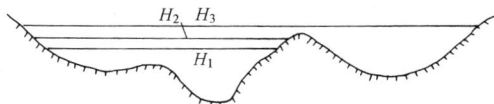

图 9-2-8 复式河床水位、流量增加比较图

640　第九章　线　路　勘　测

表 9-2-5

经验频率 P 值表 $\left(P=\dfrac{m}{n+1}\times100\%\right)$

n \ m	33	34	35	36	37	38	39	40	41	42	43	44	45	46	47	48	49	50	m
1	2.9	2.9	2.8	2.7	2.6	2.6	2.5	2.4	2.4	2.3	2.3	2.2	2.2	2.1	2.1	2.0	2.0	2.0	1
2	5.9	5.7	5.6	5.4	5.3	5.1	5.0	4.9	4.8	4.6	4.6	4.4	4.4	4.3	4.2	4.1	4.0	3.9	2
3	8.8	8.6	8.3	8.1	7.9	7.7	7.5	7.3	7.1	70.0	6.8	6.7	6.5	6.4	6.2	6.1	6.0	5.9	3
4	11.8	11.4	11.1	10.8	10.5	10.3	10.0	9.8	9.5	9.3	9.1	8.9	8.7	8.5	8.3	8.2	8.0	7.8	4
5	14.7	14.3	13.9	13.5	13.2	12.8	12.5	12.2	11.9	11.6	11.4	11.1	10.9	10.6	10.4	10.2	10.0	9.8	5
6	17.6	17.1	16.7	16.2	15.8	15.4	15.0	14.6	14.3	14.0	13.6	13.3	13.0	12.8	12.5	12.2	12.0	11.8	6
7	20.6	20.0	19.4	18.9	18.4	18.0	17.5	17.1	16.7	16.3	15.9	15.6	15.2	14.9	14.6	14.3	14.0	13.7	7
8	23.5	22.9	22.2	21.6	21.0	20.5	20.0	19.5	19.0	18.6	18.2	17.8	17.4	17.0	16.7	16.3	16.0	15.7	8
9	26.5	25.7	25.0	24.3	23.7	23.1	22.5	22.0	21.4	20.9	20.4	20.0	19.6	19.2	18.8	18.4	18.0	17.6	9
10	29.4	28.6	27.8	27.0	26.3	25.6	25.0	24.4	23.8	23.3	22.7	22.2	21.8	21.3	20.8	20.4	20.0	19.6	10
11	32.4	31.4	30.6	29.7	29.0	28.2	27.5	26.8	26.2	25.6	25.0	24.4	23.9	23.4	22.9	22.4	22.0	21.6	11
12	35.3	34.3	33.3	32.4	31.6	30.8	30.0	29.3	28.6	27.9	27.3	26.7	26.1	25.5	25.0	24.5	24.0	23.5	12
13	38.2	37.1	36.1	35.1	34.2	33.3	32.5	31.7	31.0	30.2	29.6	28.9	28.3	27.7	27.1	26.5	26.0	25.5	13
14	41.2	40.0	38.8	37.8	36.8	35.9	35.0	34.2	33.3	32.6	31.8	31.1	30.4	29.8	29.2	28.6	28.0	27.4	14
15	44.1	42.9	41.7	40.5	39.5	38.5	37.5	36.6	35.7	34.9	34.1	33.3	32.6	31.9	31.2	30.6	30.0	29.4	15
16	47.1	45.7	44.4	43.2	42.1	41.0	40.0	39.0	38.1	37.2	36.4	35.6	34.8	34.0	33.3	32.7	32.0	31.4	16
17	50.0	48.6	47.2	46.0	44.7	43.6	42.5	41.5	40.5	39.5	38.6	37.8	37.0	36.2	35.4	34.7	34.0	33.3	17
18	52.9	51.4	50.0	48.6	47.4	46.2	45.0	43.9	42.9	41.9	40.9	40.0	39.1	38.3	37.5	36.7	36.0	35.3	18
19	55.9	54.3	52.8	51.4	50.0	48.7	47.5	46.3	45.2	44.2	43.2	42.2	41.2	40.4	39.6	38.8	38.0	37.2	19
m	32	31	30	29	28	27	26	25	24	23	22	21	20	19	18	17	16	15	n

续表

m ＼ n	33	34	35	36	37	38	39	40	41	42	43	44	45	46	47	48	49	50	m
20	58.8	57.1	55.6	54.0	52.6	51.3	50.0	48.8	47.6	46.5	45.4	44.4	43.5	42.6	41.7	40.8	40.0	39.2	33
21	61.0	60.0	58.3	56.8	55.3	53.8	52.5	51.2	50.0	48.8	47.7	46.7	45.6	44.7	43.8	42.9	42.0	41.2	32
22	64.7	68.9	61.1	59.5	57.9	56.4	55.0	53.7	52.4	51.2	50.0	48.9	47.8	46.8	45.8	44.9	44.0	43.1	31
23	67.6	65.7	63.9	62.2	60.5	59.0	57.5	56.1	54.8	53.5	52.3	51.1	50.0	48.9	47.9	46.9	46.0	45.1	30
24	70.6	68.6	66.7	64.9	63.2	61.5	60.0	58.5	57.1	55.8	54.6	53.3	52.1	51.1	50.0	49.0	48.0	47.1	29
25	73.5	71.4	69.4	67.6	65.8	64.1	62.5	61.0	59.5	58.1	56.8	55.6	54.4	53.2	52.1	51.0	50.0	49.0	28
26	76.5	74.3	72.2	70.3	68.4	66.7	65.0	63.4	61.9	60.5	59.1	57.8	56.5	65.3	54.2	53.1	52.0	51.0	27
27	79.4	77.1	75.0	73.0	71.0	69.2	67.5	65.8	64.3	62.8	61.4	60.0	58.7	57.4	56.2	55.1	54.0	52.9	26
28	82.4	80.0	77.8	75.7	73.7	71.8	70.0	68.3	66.7	65.1	63.6	62.2	60.9	59.6	58.3	57.1	56.0	54.9	25
29	85.3	82.9	80.6	78.4	76.3	74.4	72.5	70.7	69.0	67.4	65.9	64.4	63.0	61.7	60.4	59.2	58.0	56.9	24
30	88.2	85.7	83.3	81.1	79.0	76.9	75.0	73.2	71.4	69.8	68.2	66.7	65.2	63.8	62.5	61.3	60.0	58.8	23
31	91.2	88.6	86.1	83.8	81.6	79.5	77.5	75.6	73.8	72.1	70.4	68.9	67.4	66.0	64.6	63.3	62.0	60.8	22
32	94.1	91.4	88.9	86.5	84.2	82.0	80.0	78.0	76.2	74.4	72.7	71.1	69.6	68.1	66.7	65.3	64.0	62.8	21
33	97.1	94.3	91.7	89.2	86.8	84.6	82.5	80.5	78.6	76.7	75.0	73.3	71.7	70.2	68.8	67.4	66.0	64.7	20
34		97.1	94.4	91.9	89.5	87.2	85.0	82.9	81.0	79.1	77.3	75.6	73.9	72.3	70.8	69.4	68.0	66.7	19
n	32	31	30	29	28	27	26	25	24	23	22	21	20	19	18	17	16	15	

续表

n＼m	35	36	37	38	39	40	41	42	43	44	45	46	47	48	49	50		n
33	97.0	93.9	90.9	87.9	84.8	81.8	78.8	75.8	72.7	69.7	66.7	63.6	60.6	57.6	54.6	51.5	48.5	32
34		96.9	93.8	90.6	87.5	84.4	81.2	78.1	75.0	71.9	68.8	65.6	62.5	59.4	56.2	53.1	50.0	31
35	97.2		96.8	93.6	90.3	87.1	83.9	80.6	77.4	74.2	71.0	67.7	64.5	61.3	58.1	54.8	51.6	30
36	94.6	97.3		96.7	93.3	90.0	86.7	83.3	80.0	76.7	73.3	70.0	66.7	63.3	60.0	56.7	53.3	29
37	92.1	94.7	97.4		96.6	93.1	89.7	86.8	82.8	79.3	75.9	72.4	69.0	65.5	62.1	58.6	55.2	28
38	89.7	92.3	94.9	97.4		96.4	92.9	89.3	85.7	82.1	78.6	75.0	71.4	67.9	64.3	60.7	57.1	27
39	87.5	90.0	92.5	95.0	97.5		96.3	92.6	88.9	85.2	81.5	77.8	74.1	70.4	66.7	63.0	59.3	26
40	85.4	87.8	90.2	92.7	95.1	97.6		96.2	92.3	88.5	84.6	80.8	76.9	73.1	69.2	65.4	61.5	25
41	83.3	85.7	88.1	90.5	92.8	95.2	97.6		96.0	92.0	88.0	84.0	80.0	76.0	72.0	68.0	64.0	24
42	81.4	83.7	86.1	88.4	90.7	93.0	95.4	97.7		95.8	91.7	87.5	83.3	79.2	75.0	70.8	66.7	23
43	79.6	81.8	84.1	86.4	88.6	90.9	93.2	95.4	97.7		95.6	91.3	87.0	82.6	78.3	73.9	69.6	22
44	77.8	80.0	82.2	84.4	86.7	88.9	91.1	93.3	95.6	97.8		95.4	90.9	86.4	81.8	77.3	72.7	21
45	76.1	78.3	80.5	82.6	84.8	87.0	89.1	91.3	93.5	95.6	97.8		95.2	90.5	85.7	81.0	76.2	20
46	74.5	76.6	78.7	80.8	83.0	85.1	87.2	89.4	91.5	93.6	95.7	97.9		95.0	90.0	85.0	80.0	19
47	72.9	75.0	77.1	79.2	81.2	83.3	85.4	87.5	89.6	91.7	93.8	95.8	97.9		94.7	89.5	84.2	18
48	71.5	73.5	75.5	77.6	79.6	81.6	83.7	85.7	87.7	89.8	91.8	93.9	95.9	98.0		94.4	88.9	17
49	70.0	72.0	74.0	76.0	78.0	80.0	82.0	84.0	86.0	88.0	90.0	92.0	94.0	96.0	98.0		94.1	16
50	68.6	70.6	72.6	74.5	76.5	78.4	80.4	82.4	84.3	86.3	88.2	90.2	92.2	94.1	96.1	98.0		15
m	35	36	37	38	39	40	41	42	43	44	45	46	47	48	49	50		m

续表

m \ n	33	34	35	36	37	38	39	40	41	42	43	44	45	46	47	48	49	50
15	45.4	46.9	48.4	50.0	51.7	53.6	55.6	57.7	60.0	62.5	65.2	68.2	71.4	75.0	79.0	83.3	88.2	93.8
14	42.4	43.8	45.2	46.7	48.3	50.0	51.8	53.8	56.0	58.3	60.9	63.6	66.7	70.0	73.7	77.8	82.4	87.5
13	39.4	40.6	41.9	43.3	44.8	46.4	48.2	50.0	52.0	54.2	56.5	59.1	61.9	65.0	68.4	72.2	76.5	91.2
12	36.4	37.5	38.7	40.0	41.4	42.9	44.4	46.2	48.0	50.0	52.2	54.6	57.1	60.0	63.2	66.7	70.6	75.0
11	33.3	34.4	35.5	36.7	37.9	39.3	40.7	42.3	44.0	45.8	47.8	50.0	52.4	55.0	57.9	61.1	64.7	68.8
10	30.3	31.2	32.3	33.3	34.5	35.7	37.0	38.5	40.0	41.7	43.5	45.4	47.6	50.0	52.6	55.6	58.8	62.5
9	27.3	28.1	29.0	30.0	31.0	32.1	33.3	34.6	36.0	37.5	39.1	40.9	42.9	45.0	47.4	50.0	52.9	56.2
8	24.2	25.0	25.8	26.7	27.6	28.6	29.6	30.8	32.0	33.3	34.8	36.4	38.1	40.0	42.1	44.4	47.1	50.0
7	21.2	21.9	22.6	23.3	24.1	25.0	25.9	26.9	28.0	29.2	30.4	31.8	33.3	35.0	36.8	38.9	41.2	43.8
6	18.2	10.8	19.4	20.0	20.7	21.4	22.2	23.1	24.0	25.0	26.1	27.3	28.6	30.0	31.6	33.3	35.3	37.5
5	15.2	15.6	16.1	16.7	17.2	17.9	18.5	19.2	20.0	20.8	21.7	22.7	23.8	25.0	26.3	27.8	29.4	31.2
4	18.1	12.5	12.9	13.3	13.8	14.3	14.8	15.4	16.0	16.7	17.4	18.2	19.0	20.0	21.0	22.2	23.5	25.0
3	9.1	9.4	9.7	10.0	10.3	10.7	11.1	11.5	12.0	12.5	13.0	13.6	14.3	15.0	15.8	16.7	17.6	18.8
2	6.1	6.3	6.5	6.7	6.9	7.1	7.4	7.7	8.0	8.3	8.7	9.0	9.5	10.0	10.5	11.1	11.8	12.5
1	3.0	3.1	3.2	3.3	3.5	3.6	3.7	3.9	4.0	4.2	4.4	4.6	4.8	5.0	5.3	5.6	5.9	6.8
n	32	31	30	29	28	27	26	25	24	23	22	21	20	19	18	17	16	15

表 9-2-6

$\bar{x}=1$，$C_v=1$ 时皮尔逊Ⅲ型曲线的离均系数 ϕ_P 值表

C_s \ P(%)	0.001	0.01	0.1	0.5	1	2	5	10	25	50	75	90	95	97	99	99.9
0.0	4.26	3.72	3.09	2.58	2.33	2.05	1.64	1.28	0.67	0.00	-0.67	-1.28	-1.64	-1.88	-2.33	-3.09
0.1	4.56	9.94	3.23	2.67	2.40	2.11	1.67	1.29	0.66	-0.02	-0.68	-1.27	-1.62	-1.84	-2.25	-2.95
0.2	4.86	4.16	3.38	2.76	2.47	2.16	1.70	1.30	0.65	-0.03	-0.69	-1.26	-1.59	-1.79	-2.18	-2.81
0.3	5.16	4.38	3.52	2.86	2.54	2.21	1.73	1.31	0.64	-0.05	-0.70	-1.24	-1.55	-1.75	-2.10	-2.67
0.4	5.47	4.61	3.67	2.95	2.62	2.26	1.75	1.32	0.63	-0.07	-0.71	-1.23	-1.52	-1.70	-2.03	-2.54
0.5	5.78	4.83	3.81	3.04	2.68	2.31	1.77	1.32	0.62	-0.08	-0.71	-1.22	-1.49	-1.66	-1.96	-2.40
0.6	6.09	5,05	3.96	3.13	2.75	2.35	1.80	1.33	0.61	-0.10	-0.72	-1.20	-1.45	-1.61	-1.88	-2.27
0.7	6.40	5.28	4.10	3.22	2.82	2.40	1.82	1.33	0.59	-0.12	-0.72	-1.18	-1.42	-1.57	-1.81	-2.14
0.8	6.71	5.50	4.24	3.31	2.89	2.45	1.84	1.34	0.58	-0.13	-0.73	-1.17	-1.38	-1.52	-1.74	-2.02
0.9	7.02	5.73	4.39	3.40	2.96	2.50	1.86	1.34	0.57	-0.15	-0.73	1.15	-1.35	-1.47	-1.66	-1.90
1.0	7.33	5.96	4.53	3.49	3.02	2.54	1.88	1.34	0.55	-0.16	-0.73	1.13	-1.32	-1.42	-1.59	-1.79
1.1	7.65	6.18	4.67	3.58	3.09	2.58	1.89	1.34	0.54	-0.18	-0.74	1.10	-1.28	-1.38	-1.52	-1.68
1.2	7.97	6.41	4.81	3.66	3.15	2.62	1.91	1.34	0.52	-0.19	-0.74	1.08	-1.24	-1.33	-1.45	-1.58
1.3	8.29	6.64	4.95	3.74	3.21	2.67	1.92	1.34	0.51	-0.21	-0.74	1.06	-1.20	-1.28	-1.38	-1.48
1.4	8.61	6.87	5.09	3.83	3.27	2.71	1.94	1.33	0.49	-0.22	-0.73	1.04	-1.17	-1.23	-1.32	-1.39
1.5	8.93	7.09	5.23	3.91	3.33	2.74	1.95	1.33	0.47	-0.24	-0.73	1.02	-1.13	-1.19	-1.26	-1.31
1.6	9.25	7.31	5.37	3.99	3.39	2.78	1.96	1.33	0.46	-0.25	-0.73	0.99	-1.10	-1.14	-1.20	-1.24
1.7	9.57	7.54	5.50	4.07	3.44	2.82	1.97	1.32	0.44	-0.27	-0.72	0.97	-1.06	-1.10	-1.14	-1.17
1.8	9.89	7.76	5.64	4.15	3.50	2.85	1.98	1.32	0.42	-0.28	-0.72	0.94	-1.02	-1.06	-1.09	-1.11
1.9	10.20	7.98	5.77	4.23	3.55	2.88	1.99	1.31	0.40	-0.29	-0.72	0.92	-0.98	-1.01	-1.04	-1.05
2.0	10.51	8.21	5.91	4.30	3.61	2.91	2.00	1.30	0.39	-0.31	-0.71	0.895	-0.949	-0.970	-0.989	-0.999
2.1	10.83	8.43	6.04	4.37	3.66	2.93	2.00	1.29	0.37	-0.32	-0.71	-0.869	-0.914	-0.935	-0.945	-0.952
2.2	11.14	8.65	6.17	4.44	3.71	2.96	2.00	1.28	0.35	-0.33	-0.70	-0.844	-0.879	-0.900	-0.905	-0.909
2.3	11.45	8.87	6.30	4.51	3.76	2.99	2.00	1.27	0.33	-0.34	-0.69	-0.820	-0.849	-0.865	-0.867	-0.870
2.4	11.76	9.08	6.42	4.58	3.81	3.02	2.01	1.26	0.31	-0.35	-0.68	-0.795	-0.820	-0.830	-0.831	-0.833
2.5	12.07	9.30	6.55	4.65	3.85	3.04	2.01	1.25	0.29	-0.36	-0.67	-0.772	-0.791	-0.800	-0.800	-0.800
2.6	12.38	9.51	6.67	4.72	3.89	3.06	2.01	1.23	0.27	-0.37	-0.66	-0.748	-0.764	-0.769	-0.769	-0.769
2.7	12.69	9.72	6.79	4.78	3.93	3.09	2.01	1.22	0.25	-0.37	-0.65	-0.726	-0.736	-0.740	-0.740	-0.741
2.8	13.00	9.93	6.91	4.84	3.97	3.11	2.01	1.21	0.23	-0.38	-0.64	-0.702	-0.710	-0.714	-0.714	-0.714
2.9	13.31	10.14	7.03	4.90	4.01	3.13	2.01	1.20	0.21	-0.39	-0.63	-0.680	-0.687	-0.690	-0.690	-0.690
3.0	13.61	10.35	7.15	4.96	4.05	3.15	2.00	1.18	0.19	-0.39	-0.62	-0.658	-0.665	-0.667	-0.667	-0.667

续表

$P(\%)$ / C_s	99.9	99	97	95	90	75	50	25	10	5	2	1	0.5	0.1	0.01	0.001	C_s / $P(\%)$
3.1	-0.645	-0.645	-0.645	-0.644	0.639	-0.60	-0.40	0.17	1.16	2.00	3.17	4.08	5.02	7.26	10.56	13.92	3.1
3.2	-0.625	-0.625	-0.625	-0.625	0.621	-0.59	-0.40	0.15	1.14	2.00	3.19	4.12	5.08	7.38	10.77	14.22	3.2
3.3	-0.606	-0.606	-0.606	-0.606	0.604	-0.58	-0.40	0.14	1.12	1.99	3.21	4.15	5.14	7.49	10.97	14.52	3.3
3.4	-0.588	-0.588	-0.588	-0.588	0.587	-0.57	-0.41	0.12	1.11	1.98	3.22	4.18	5.20	7.60	11.17	14.81	3.4
3.5	-0.571	-0.571	-0.571	-0.571	0.570	-0.55	-0.41	0.10	1.09	1.97	3.23	4.22	5.25	7.72	11.37	15.11	3.5
3.6	-0.556	-0.556	-0.556	-0.556	0.555	-0.54	-0.41	0.09	1.08	1.96	3.24	4.25	5.30	7.83	11.57	15.41	3.6
3.7	-0.541	-0.541	-0.541	-0.541	0.540	-0.53	-0.42	0.07	1.06	1.95	3.25	4.28	5.35	7.94	11.77	15.70	3.7
3.8	-0.526	-0.526	-0.526	-0.526	0.525	-0.52	-0.42	0.06	1.04	1.94	3.26	4.31	5.40	8.05	11.97	16.00	3.8
3.9	-0.513	-0.513	-0.513	-0.513	0.512	-0.506	-0.41	0.04	1.02	1.93	3.27	4.34	5.45	8.15	12.16	16.29	3.9
4.0	-0.500	-0.500	-0.500	-0.500	0.500	-0.495	-0.41	0.02	1.00	1.92	3.27	4.37	5.50	8.25	12.36	16.58	4.0
4.1	-0.488	-0.488	-0.488	-0.488	0.488	-0.484	-0.41	0.00	0.98	1.91	3.28	4.39	5.54	8.35	12.55	16.87	4.1
4.2	-0.476	-0.476	-0.476	-0.476	0.476	-0.473	-0.41	-0.02	0.96	1.90	3.29	4.41	5.59	8.45	12.74	17.16	4.2
4.3	-0.465	-0.465	-0.465	-0.465	0.465	-0.462	-0.41	-0.03	0.94	1.88	3.29	4.44	5.63	8.55	12.93	17.44	4.3
4.4	-0.455	-0.455	-0.455	-0.455	0.455	-0.453	-0.40	-0.04	0.92	1.87	3.30	4.46	5.68	8.65	13.12	17.72	4.4
4.5	-0.444	-0.444	-0.444	-0.444	0.444	-0.444	-0.40	-0.05	0.90	1.85	3.30	4.48	5.72	8.75	13.30	18.01	4.5
4.6	-0.435	-0.435	-0.435	-0.435	0.435	-0.435	-0.40	-0.06	0.88	1.84	3.30	4.50	5.76	8.85	13.49	18.29	4.6
4.7	-0.426	-0.426	-0.426	-0.426	0.426	-0.426	-0.39	-0.07	0.86	1.82	3.30	4.52	5.80	8.95	13.67	18.57	4.7
4.8	-0.417	-0.417	-0.417	-0.417	0.417	-0.417	-0.39	-0.08	0.84	1.80	3.30	4.54	5.84	9.04	13.85	18.85	4.8
4.9	-0.408	-0.408	-0.408	-0.408	0.408	-0.408	-0.38	-0.10	0.82	1.78	3.30	4.55	5.88	9.13	14.04	19.13	4.9
5.0	-0.400	-0.400	-0.400	-0.400	0.400	-0.400	-0.379	-0.11	0.80	1.77	3.30	4.57	5.92	9.22	14.22	19.41	5.0
5.1	-0.392	-0.392	-0.392	-0.392	0.392	-0.392	-0.374	-0.12	0.78	1.75	3.30	4.58	5.95	9.31	14.40	19.68	5.1
5.2	-0.385	-0.385	-0.385	-0.385	0.385	-0.385	-0.369	-0.13	0.76	1.73	3.30	4.59	5.99	9.40	14.57	19.95	5.2
5.3	-0.377	-0.377	-0.377	-0.377	0.377	-0.377	-0.363	-0.14	0.74	1.72	3.30	4.60	6.02	9.49	14.75	20.22	5.3
5.4	-0.370	-0.370	-0.370	-0.370	0.370	-0.370	-0.358	-0.14	0.72	1.70	3.29	4.62	6.05	9.57	14.92	20.46	5.4
5.5	-0.364	-0.364	-0.364	-0.364	0.364	-0.364	-0.353	-0.15	0.70	1.60	3.28	4.63	6.08	9.66	15.10	20.76	5.5
5.6	-0.357	-0.357	-0.357	-0.357	0.357	-0.357	-0.349	-0.16	0.67	1.66	3.28	4.64	6.11	9.74	15.27	21.03	5.6
5.7	-0.351	-0.351	-0.351	-0.351	0.351	-0.351	-0.344	-0.17	0.65	1.65	3.27	4.65	6.14	9.82	15.45	21.31	5.7
5.8	-0.345	-0.345	-0.345	-0.345	0.345	-0.345	-0.339	-0.18	0.63	1.63	3.27	4.67	6.17	9.91	15.62	21.58	5.8
5.9	-0.339	-0.339	-0.339	-0.339	0.339	-0.339	-0.334	-0.18	0.61	1.61	3.26	4.68	6.20	9.99	15.78	21.84	5.9

表 9-2-7　　　　　　　　　　　　　P-Ⅲ型 K_P 值表（$C_s = 2C_v$）

C_s \ $P(\%)$	0.01	0.1	0.2	0.33	0.5	1	2	5	10	20	50	75	90	95	97	99
0.05	1.20	1.16	1.15	1.14	1.13	1.12	1.11	1.08	1.06	1.04	1.00	0.97	0.94	0.92	0.91	0.89
0.10	1.42	1.34	1.31	1.29	1.27	1.25	1.21	1.17	1.13	1.08	1.00	0.93	0.87	0.84	0.88	0.78
0.15	1.67	1.54	1.48	1.46	1.43	1.38	1.33	1.26	1.20	1.12	0.99	0.90	0.81	0.77	0.74	0.69
0.20	1.92	1.73	1.67	1.63	1.59	1.52	1.45	1.35	1.26	1.16	0.99	0.86	0.75	0.70	0.66	0.59
0.25	2.22	1.96	1.87	1.81	1.77	1.67	1.58	1.45	1.33	1.20	0.98	0.82	0.70	0.63	0.59	0.51
0.30	2.52	2.19	2.08	2.01	1.94	1.83	1.71	1.54	1.40	1.24	0.97	0.78	0.64	0.56	0.52	0.44
0.35	2.86	2.44	2.31	2.22	2.13	2.00	1.84	1.64	1.47	1.28	0.96	0.75	0.59	0.51	0.45	0.37
0.40	3.20	2.70	2.54	2.42	2.32	2.16	1.98	1.74	1.54	1.31	0.95	0.71	0.53	0.45	0.39	0.30
0.45	3.59	2.98	2.80	2.65	2.53	2.33	2.15	1.84	1.60	1.35	0.93	0.67	0.48	0.40	0.34	0.26
0.50	3.98	3.27	3.05	2.88	2.74	2.51	2.27	1.94	1.67	1.38	0.92	0.64	0.44	0.34	0.29	0.21
0.55	4.42	3.58	3.32	3.12	2.97	2.70	2.42	2.04	1.74	1.41	0.90	0.59	0.40	0.30	0.24	0.15
0.60	4.85	3.89	3.59	3.37	3.20	2.89	2.57	2.15	1.80	1.44	0.89	0.56	0.35	0.26	0.16	0.13
0.65	5.33	4.22	3.89	3.64	3.44	3.09	2.74	2.25	1.87	1.47	0.87	0.52	0.31	0.22	0.17	0.10
0.70	5.81	4.56	4.19	3.91	3.68	3.29	2.90	2.36	1.94	1.50	0.85	0.49	0.27	0.18	0.14	0.08
0.75	6.33	4.93	4.52	4.19	3.93	3.50	3.06	2.46	2.00	1.52	0.82	0.45	0.24	0.15	0.11	0.06
0.80	6.85	5.30	4.84	4.47	4.19	3.71	3.22	2.57	2.06	1.54	0.80	0.42	0.21	0.12	0.09	0.04
0.85	7.41	5.69	5.17	4.77	4.46	3.93	3.39	2.68	2.12	1.56	0.77	0.39	0.18	0.10	0.07	0.03
0.90	7.98	6.08	5.51	5.07	4.74	4.15	3.56	2.78	2.19	1.58	0.75	0.35	0.15	0.08	0.05	0.02
0.95	8.59	6.58	5.86	5.38	5.02	4.38	3.74	2.89	2.25	1.60	0.72	0.31	0.13	0.07	0.04	0.01
1.00	9.21	6.91	6.22	5.70	5.30	4.61	3.91	3.00	2.30	1.61	0.69	0.29	0.11	0.05	0.03	0.01
1.05	9.86	7.35	6.59	6.03	5.59	4.84	4.08	3.10	2.35	1.62	0.66	0.26	0.09	0.04	0.02	0.01
1.10	10.52	7.79	6.97	6.37	5.88	5.08	4.26	3.20	2.41	1.63	0.64	0.23	0.07	0.03	0.01	0.00
1.15	11.21	8.24	7.36	6.71	6.19	5.32	4.44	3.30	2.46	1.64	0.61	0.21	0.06	0.02	0.01	0.00
1.20	11.90	8.70	7.76	7.06	6.50	5.57	4.62	3.41	2.51	1.65	0.58	0.18	0.05	0.02	0.01	0.00
1.25	12.63	9.18	8.16	7.41	6.82	5.81	4.80	3.51	2.56	1.65	0.55	0.16	0.04	0.01		0.00
1.30	13.36	9.67	8.57	7.76	7.14	6.06	4.98	3.61	2.60	1.65	0.52	0.14	0.03	0.01		0.00
1.35	14.13	10.17	8.99	8.13	7.46	6.31	5.16	3.71	2.65	1.65	0.50	0.12	0.02	0.01		0.00
1.40	14.90	10.67	9.41	8.50	7.78	6.56	5.35	3.81	2.69	1.64	0.47	0.10	0.02	0.01		0.00
1.45	15.71	11.20	9.85	8.89	8.11	6.82	5.54	3.91	2.73	1.64	0.44	0.09	0.01	0.00		0.00
1.50	16.53	11.73	10.30	9.27	8.44	7.08	5.73	4.00	2.77	1.63	0.42	0.07	0.01	0.00		0.00

表 9-2-8　　　　　　　　　　　　　P-Ⅲ型 K_P 值表（$C_s = 2.5C_v$）

C_v \ $P(\%)$	0.01	0.1	0.2	0.33	0.5	1	2	5	10	20	50	75	90	95	97	99
0.05	1.20	1.16	1.15	1.14	1.14	1.12	1.11	1.08	1.07	1.04	1.00	0.97	0.94	0.92	0.91	0.89
0.10	1.43	1.35	1.31	1.29	1.28	1.25	1.22	1.17	1.13	1.08	1.00	0.93	0.88	0.84	0.82	0.79
0.15	1.70	1.55	1.50	1.47	1.44	1.39	1.34	1.26	1.20	1.12	0.99	0.89	0.82	0.77	0.74	0.70
0.20	1.97	1.76	1.70	1.65	1.61	1.54	1.46	1.35	1.26	1.16	0.98	0.86	0.76	0.70	0.67	0.61
0.25	2.29	2.00	1.92	1.85	1.79	1.70	1.60	1.45	1.33	1.20	0.97	0.82	0.70	0.64	0.60	0.54
0.30	2.62	2.25	2.14	2.05	1.98	1.86	1.73	1.55	1.40	1.24	0.96	0.78	0.65	0.58	0.54	0.47
0.35	3.00	2.53	2.39	2.27	2.19	2.03	1.87	1.65	1.47	1.27	0.95	0.75	0.60	0.53	0.48	0.41
0.40	3.38	2.81	2.64	2.50	2.40	2.21	2.02	1.75	1.54	1.30	0.94	0.71	0.55	0.47	0.43	0.36
0.45	3.82	3.12	2.91	2.75	2.62	2.40	2.17	1.85	1.60	1.33	0.92	0.67	0.51	0.43	0.38	0.32
0.50	4.26	3.44	3.19	3.00	2.85	2.59	2.32	1.96	1.67	1.36	0.90	0.63	0.47	0.39	0.35	0.29

续表

C_v \ $P(\%)$	0.01	0.1	0.2	0.33	0.5	1	2	5	10	20	50	75	90	95	97	99
0.55	4.75	3.79	3.50	3.27	3.10	2.79	2.48	2.07	1.73	1.39	0.88	0.60	0.43	0.35	0.32	0.26
0.60	5.25	4.14	3.81	3.54	3.35	3.00	2.64	2.17	1.80	1.42	0.86	0.56	0.39	0.32	0.29	0.24
0.65	5.80	4.52	4.14	3.83	3.61	3.21	2.81	2.27	1.86	1.44	0.83	0.53	0.36	0.30	0.26	0.23
0.70	6.36	4.90	4.47	4.13	3.88	3.43	2.98	2.39	1.92	1.46	0.81	0.50	0.33	0.27	0.24	0.22
0.75	6.96	5.31	4.82	4.44	4.16	3.66	3.15	2.49	1.98	1.47	0.78	0.46	0.31	0.26	0.23	0.21
0.80	7.57	5.73	5.18	4.76	4.44	3.89	3.33	2.60	2.04	1.49	0.75	0.43	0.28	0.24	0.22	0.21
0.85	8.22	6.17	5.55	5.09	4.73	4.12	3.50	2.70	2.10	1.50	0.72	0.40	0.27	0.23	0.21	0.21
0.90	8.88	6.61	5.93	5.43	5.03	4.36	3.68	2.80	2.15	1.50	0.70	0.37	0.25	0.22	0.21	0.20
0.95	9.59	7.09	6.33	5.78	5.34	4.60	3.86	2.90	2.20	1.51	0.67	0.35	0.24	0.21	0.21	0.20
1.00	10.30	7.55	6.73	6.13	5.65	4.85	4.04	3.01	2.25	1.52	0.64	0.33	0.23	0.21	0.20	0.20
1.05	11.05	8.04	7.14	6.49	5.97	5.10	4.22	3.11	2.29	1.52	0.61	0.31	0.22	0.20	0.20	0.20
1.10	11.80	8.54	7.56	6.85	6.29	5.35	4.41	3.21	2.34	1.52	0.58	0.29	0.21	0.20	0.20	0.20
1.15	12.61	9.06	8.00	7.23	6.62	5.60	4.59	3.30	2.38	1.51	0.55	0.27	0.21	0.20	0.20	0.20
1.20	13.42	9.58	8.44	7.61	6.95	5.86	4.78	3.40	2.42	1.50	0.53	0.26	0.21	0.20	0.20	0.20
1.25	14.27	10.12	8.90	8.01	7.29	6.12	4.97	3.50	2.44	1.49	0.50	0.25	0.21	0.20	0.20	0.20
1.30	15.13	10.67	9.37	8.41	7.64	6.38	5.16	3.60	2.47	1.48	0.48	0.24	0.20	0.20	0.20	0.20
1.35	16.02	11.24	9.84	8.80	8.00	6.64	5.34	3.68	2.50	1.46	0.45	0.23	0.20	0.20	0.20	0.20
1.40	16.92	11.81	10.31	9.20	8.35	6.91	5.52	3.76	2.53	1.45	0.43	0.23	0.20	0.20	0.20	0.20
1.45	17.86	12.40	10.79	9.61	8.70	7.17	5.70	3.83	2.56	1.43	0.40	0.22	0.20	0.20	0.20	0.20
1.50	18.81	12.99	11.28	10.03	9.06	7.44	5.88	3.91	2.58	1.41	0.37	0.22	0.20	0.20	0.20	0.20

表 9-2-9 P-Ⅲ 型 K_P 值表 （$C_s = 3C_v$）

C_v \ $P(\%)$	0.01	0.1	0.2	0.33	0.5	1	2	5	10	20	50	75	90	95	97	99
0.05	1.20	1.17	1.15	1.14	1.14	1.12	1.11	1.08	1.07	1.04	1.00	0.97	0.94	0.92	0.91	0.89
0.10	1.44	1.35	1.32	1.30	1.29	1.25	1.22	1.17	1.13	1.08	0.99	0.93	0.88	0.85	0.82	0.79
0.15	1.71	1.56	1.51	1.48	1.45	1.40	1.35	1.26	1.20	1.12	0.99	0.89	0.82	0.78	0.75	0.70
0.20	2.02	1.79	1.72	1.67	1.63	1.55	1.47	1.36	1.27	1.16	0.98	0.86	0.76	0.71	0.68	0.62
0.25	2.35	2.05	1.95	1.88	1.82	1.72	1.61	1.46	1.34	1.20	0.97	0.82	0.71	0.65	0.61	0.56
0.30	2.72	2.32	2.19	2.10	2.02	1.89	1.75	1.56	1.40	1.23	0.96	0.78	0.66	0.60	0.56	0.50
0.35	3.12	2.61	2.46	2.33	2.24	2.07	1.90	1.66	1.47	1.26	0.94	0.74	0.61	0.55	0.51	0.46
0.40	3.56	2.92	2.73	2.58	2.46	2.26	2.05	1.76	1.54	1.29	0.92	0.70	0.57	0.50	0.47	0.42
0.45	4.04	3.26	3.03	2.85	2.70	2.46	2.21	1.87	1.60	1.32	0.90	0.67	0.53	0.47	0.43	0.39
0.50	4.55	3.62	3.34	3.12	2.96	2.67	2.37	1.98	1.67	1.35	0.88	0.64	0.49	0.44	0.40	0.37
0.55	5.09	3.99	3.66	3.42	3.21	2.88	2.54	2.08	1.73	1.36	0.86	0.60	0.46	0.41	0.38	0.36
0.60	5.66	4.38	4.01	3.71	3.49	3.10	2.71	2.19	1.79	1.38	0.83	0.57	0.44	0.39	0.36	0.35
0.65	6.26	4.81	4.36	4.03	3.77	3.33	2.88	2.29	1.85	1.40	0.80	0.53	0.41	0.37	0.35	0.34
0.70	6.90	5.23	4.73	4.35	4.06	3.56	3.05	2.40	1.90	1.41	0.78	0.50	0.39	0.36	0.35	0.34
0.75	7.57	5.68	5.12	4.69	4.36	3.80	3.24	2.50	1.96	1.42	0.76	0.48	0.38	0.35	0.34	0.34
0.80	8.26	6.14	5.50	5.04	4.66	4.05	3.42	2.61	2.01	1.43	0.72	0.46	0.36	0.34	0.34	0.34
0.85	9.00	6.12	5.92	5.40	4.98	4.29	3.59	2.71	2.06	1.43	0.69	0.44	0.35	0.34	0.34	0.34
0.90	9.75	7.11	6.33	5.75	5.30	4.54	3.78	2.81	2.10	1.43	0.67	0.42	0.35	0.34	0.34	0.33
0.95	10.54	7.62	6.76	6.13	5.62	4.80	3.90	2.91	2.14	1.43	0.64	0.39	0.34	0.34	0.34	0.33
1.00	11.35	8.15	7.20	6.51	5.96	5.05	4.15	3.00	2.18	1.42	0.61	0.38	0.34	0.34	0.34	0.33

C_v \ $P(\%)$	0.01	0.1	0.2	0.33	0.5	1	2	5	10	20	50	75	90	95	97	99
1.05	12.20	8.68	7.66	6.90	6.31	5.32	4.34	3.10	2.21	1.41	0.58	0.37	0.34	0.33	0.33	0.33
1.10	13.07	9.24	8.13	7.31	6.65	5.57	4.53	3.19	2.23	1.40	0.56	0.36	0.34	0.33	0.33	0.33
1.15	13.96	9.81	8.59	7.70	7.00	5.83	4.70	3.26	2.26	1.38	0.54	0.35	0.34	0.33	0.33	0.33
1.20	14.88	10.40	9.08	8.12	7.36	6.10	4.89	3.35	2.30	1.36	0.51	0.35	0.33	0.33	0.33	0.33
1.25	15.84	11.00	9.57	8.53	7.72	6.36	5.07	3.43	2.31	1.34	0.49	0.35	0.33	0.33		0.33
1.30	16.81	11.60	10.06	8.94	8.09	6.64	5.25	3.51	2.33	1.31	0.47	0.34	0.33	0.33		0.33
1.35	17.80	12.21	10.57	9.38	8.45	6.91	5.42	3.59	2.34	1.30	0.45	0.34	0.33	0.33		0.33
1.40	18.84	12.83	11.09	9.82	8.83	7.17	5.61	3.66	2.34	1.27	0.43	0.34	0.33	0.33		0.33
1.45	19.88	13.47	11.62	10.26	9.20	7.45	5.77	3.72	2.35	1.23	0.42	0.34	0.33	0.33		0.33
1.50	20.95	14.13	12.15	10.69	9.58	7.72	5.95	3.78	2.35	1.21	0.40	0.33	0.33	0.33		0.33

表 9-2-10　　　　　　　　　　　　　　$P\text{-}Ⅲ$ 型 K_P 值表　（$C_s = 3.5 C_v$）

C_v \ $P(\%)$	0.01	0.1	0.2	0.33	0.5	1	2	5	10	20	50	75	90	95	97	99
0.05	1.20	1.17	1.16	1.15	1.14	1.12	1.11	1.09	1.07	1.04	1.00	0.97	0.94	0.92		0.89
0.10	1.45	1.36	1.33	1.31	1.29	1.26	1.22	1.17	1.13	1.08	0.99	0.93	0.88	0.85		0.79
0.15	1.73	1.58	1.52	1.49	1.46	1.41	1.35	1.27	1.20	1.12	0.99	0.89	0.82	0.78		0.71
0.20	2.06	1.82	1.74	1.69	1.64	1.56	1.48	1.36	1.27	1.16	0.98	0.86	0.76	0.72		0.64
0.25	2.42	2.09	1.99	1.91	1.85	1.74	1.62	1.46	1.34	1.19	0.96	0.82	0.71	0.66		0.58
0.30	2.82	2.38	2.24	2.14	2.06	1.92	1.77	1.57	1.40	1.22	0.95	0.78	0.67	0.61		0.53
0.35	3.26	2.70	2.52	2.39	2.29	2.11	1.92	1.67	1.47	1.26	0.93	0.74	0.62	0.57		0.50
0.40	3.75	3.04	2.82	2.66	2.53	2.31	2.08	1.78	1.53	1.28	0.91	0.71	0.58	0.53		0.47
0.45	4.27	3.40	3.14	2.94	2.79	2.52	2.25	1.88	1.60	1.31	0.89	0.67	0.55	0.50		0.45
0.50	4.82	3.78	3.48	3.24	3.06	2.74	2.42	1.99	1.66	1.33	0.86	0.64	0.52	0.48		0.44
0.55	5.41	4.20	3.83	3.55	3.34	2.96	2.58	2.10	1.72	1.34	0.84	0.60	0.50	0.46		0.44
0.60	6.06	4.62	4.20	3.87	3.62	3.20	2.76	2.20	1.77	1.35	0.81	0.57	0.48	0.45		0.43
0.65	6.73	5.08	4.58	4.22	3.92	3.44	2.94	2.30	1.83	1.36	0.78	0.55	0.46	0.44		0.43
0.70	7.43	5.54	4.98	4.56	4.23	3.68	3.12	2.41	1.88	1.37	0.75	0.53	0.45	0.44		0.43
0.75	8.16	6.02	5.38	4.92	4.55	3.92	3.30	2.51	1.92	1.38	0.72	0.50	0.44	0.43		0.43
0.80	8.94	6.53	5.81	5.29	4.87	4.18	3.49	2.61	1.97	1.37	0.70	0.49	0.44	0.43		0.43
0.85	9.75	7.05	6.25	5.67	5.20	4.43	3.67	2.70	2.20	1.36	0.67	0.47	0.44	0.43		0.43
0.90	10.60	7.59	6.71	6.06	5.54	4.69	3.86	2.80	2.04	1.35	0.64	0.46	0.43	0.43		0.43
0.95	11.46	8.15	7.18	6.47	5.89	4.95	4.05	2.89	2.06	1.34	0.61	0.45	0.43	0.43		0.43
1.00	12.37	8.72	7.65	6.86	6.25	5.22	4.23	2.97	2.09	1.32	0.59	0.45	0.43	0.43		0.43
1.05	13.31	9.31	8.13	7.27	6.60	5.49	4.41	3.05	2.11	1.29	0.56	0.44	0.43	0.43		0.43
1.10	14.28	9.91	8.62	7.69	6.97	5.76	4.59	3.13	2.13	1.28	0.54	0.44	0.43	0.43		0.43
1.15	15.26	10.51	9.13	8.12	7.33	6.03	4.76	3.20	2.14	1.26	0.53	0.43	0.43	0.43		0.43
1.20	16.29	11.14	9.65	8.56	7.71	6.29	4.95	3.28	2.15	1.23	0.51	0.43	0.43	0.43		0.43
1.25	17.33	11.78	10.18	8.99	8.10	6.56	5.12	3.34	2.16	1.20	0.50	0.43	0.43	0.43		0.43
1.30	18.41	12.44	10.70	9.44	8.46	6.84	5.29	3.40	2.16	1.18	0.48	0.43	0.43	0.43		0.43
1.35	19.50	13.11	11.24	9.89	8.84	7.11	5.45	3.44	2.16	1.14	0.47	0.43	0.43	0.43		0.43
1.40	20.66	13.78	11.78	10.35	9.23	7.37	5.62	3.49	2.15	1.11	0.47	0.43	0.43	0.43		0.43
1.45	21.80	14.46	12.34	10.81	9.61	7.64	5.78	3.55	2.14	1.07	0.46	0.43	0.43	0.43		0.43
1.50	23.00	15.17	12.90	11.28	10.01	7.89	5.95	3.59	2.12	1.04	0.45	0.43	0.43	0.43		0.43

表 9-2-11　　　　　　　　　　P-Ⅲ型 K_P 值表 （$C_s = 4C_v$）

C_v \ $P(\%)$	0.01	0.1	0.2	0.33	0.5	1	2	5	10	20	50	75	90	95	97	99
0.05	1.21	1.17	1.16	1.15	1.14	1.12	1.11	1.08	1.06	1.04	1.00	0.97	0.94	0.92	0.91	0.89
0.10	1.46	1.37	1.34	1.31	1.30	1.26	1.23	1.18	1.13	1.08	0.99	0.93	0.88	0.85	0.83	0.80
0.15	1.76	1.59	1.54	1.50	1.47	1.41	1.35	1.27	1.20	1.12	0.98	0.89	0.82	0.78	0.76	0.72
0.20	2.10	1.85	1.77	1.71	1.66	1.58	1.49	1.37	1.27	1.16	0.97	0.85	0.77	0.72	0.70	0.65
0.25	2.49	2.13	2.02	1.94	1.87	1.76	1.64	1.47	1.34	1.19	0.96	0.82	0.72	0.67	0.65	0.60
0.30	2.92	2.44	2.30	2.18	2.10	1.94	1.79	1.57	1.40	1.22	0.94	0.78	0.68	0.63	0.60	0.56
0.35	3.40	2.78	2.60	2.45	2.34	2.14	1.95	1.68	1.47	1.25	0.92	0.74	0.64	0.59	0.57	0.54
0.40	3.92	3.15	2.92	2.74	2.60	2.36	2.11	1.78	1.53	1.27	0.90	0.71	0.60	0.56	0.54	0.52
0.45	4.49	3.54	3.25	3.03	2.87	2.58	2.28	1.89	1.59	1.29	0.87	0.68	0.58	0.54	0.52	0.51
0.50	5.10	3.96	3.16	3.35	3.15	2.80	2.46	2.00	1.65	1.30	0.84	0.64	0.55	0.53	0.52	0.51
0.55	5.76	4.39	3.99	3.68	3.44	3.04	2.63	2.10	1.70	1.31	0.82	0.62	0.54	0.52	0.51	0.50
0.60	6.45	4.85	4.38	4.03	3.75	3.29	2.81	2.21	1.76	1.32	0.79	0.59	0.52	0.51	0.50	0.50
0.65	7.18	5.34	4.78	4.38	4.07	3.53	2.99	2.31	1.80	1.32	0.76	0.57	0.51	0.50	0.50	0.50
0.70	7.95	5.84	5.21	4.75	4.39	3.78	3.18	2.41	1.85	1.32	0.73	0.55	0.51	0.50	0.50	0.50
0.75	8.76	6.36	5.65	5.13	4.72	4.04	3.36	2.50	1.88	1.32	0.71	0.54	0.51	0.50	0.50	0.50
0.80	9.62	6.90	6.11	5.53	5.06	4.30	3.55	2.60	1.91	1.30	0.68	0.53	0.50	0.50	0.50	0.50
0.85	10.49	7.46	6.58	5.93	5.42	4.55	3.74	2.68	1.94	1.29	0.65	0.52	0.50	0.50	0.50	0.50
0.90	11.41	8.05	7.06	6.34	5.77	4.82	3.92	2.76	1.97	1.27	0.63	0.51	0.50	0.50	0.50	0.50
0.95	12.37	8.65	7.55	6.75	6.13	5.09	4.10	2.84	1.99	1.25	0.60	0.51	0.50	0.50	0.50	0.50
1.00	13.36	9.25	8.05	7.18	6.50	5.37	4.27	2.92	2.00	1.23	0.59	0.50	0.50	0.50	0.50	0.50
1.05	14.38	9.87	8.57	7.62	6.87	5.63	4.46	3.00	2.01	1.20	0.57	0.50	0.50	0.50	0.50	0.50
1.10	15.43	10.52	9.10	8.05	7.25	5.91	4.63	3.06	2.01	1.18	0.56	0.50	0.50	0.50	0.50	0.50
1.15	16.51	11.18	9.62	8.50	7.62	6.18	4.80	3.12	2.01	1.15	0.54	0.50	0.50	0.50	0.50	0.50
1.20	17.62	11.85	10.17	8.96	8.01	6.45	4.96	3.16	2.01	1.11	0.53	0.50	0.50	0.50	0.50	0.50
1.25	18.78	12.52	10.71	9.41	8.40	6.71	5.12	3.21	2.00	1.07	0.53	0.50	0.50	0.50	0.50	0.50
1.30	19.94	13.22	11.27	9.88	8.79	6.96	5.29	3.25	1.99	1.04	0.52	0.50	0.50	0.50		0.50
1.35	21.14	13.92	11.83	10.33	9.17	7.24	5.44	3.30	1.97	1.00	0.52	0.50	0.50	0.50		0.50
1.40	22.38	14.64	12.40	10.80	9.55	7.50	5.59	3.32	1.94	0.96	0.51	0.50	0.50	0.50		0.50
1.45	23.65	15.37	12.99	11.27	9.95	7.77	5.74	3.36	1.91	0.93	0.51	0.50	0.50	0.50		0.50
1.50	24.91	16.10	13.57	11.72	10.34	8.02	5.88	3.38	1.88	0.90	0.51	0.50	0.50	0.50		0.50

表 9-2-12　　　　　　　　　　××河××断面最高水位频率计算表

序 号	年 份	最高水位 H_i（m）	递减排列 年份	$h_i = H_i - a$（$a = 465.00$）	h_i^2	经验计算 $P(\%) = m/(n+1)$
1	1972	465.27	1980	2.80	7.840	5.0
2	1973	466.18	1977	2.57	6.605	10.0
3	1974	467.07	1974	2.07	4.285	15.0
4	1975	465.91	1990	1.81	3.276	20.0
5	1976	466.12	1979	1.68	2.822	25.0
6	1977	467.57	1987	1.33	1.769	30.0
7	1978	465.44	1984	1.32	1.742	35.0
8	1979	466.68	1973	1.18	1.392	40.0
9	1980	467.80	1976	1.12	1.254	45.0

序 号	年 份	最高水位 H_i(m)	递减排列		h_i^2	经验计算
			年 份	$h_i = H_i - a$ $(a = 465.00)$		$P(\%) = m/(n+1)$
10	1981	465.97	1981	0.97	0.941	50.0
11	1982	465.78	1975	0.91	0.828	55.0
12	1983	465.71	1989	0.82	0.672	60.0
13	1984	466.32	1982	0.78	0.608	65.0
14	1985	465.56	1986	0.72	0.518	70.0
15	1986	465.72	1983	0.71	0.504	75.0
16	1987	466.33	1985	0.56	0.314	80.0
17	1988	465.37	1978	0.44	0.194	85.0
18	1989	465.82	1988	0.37	0.137	90.0
19	1990	466.81	1972	0.27	0.073	95.0
			总计	22.43	35.774	

表 9-2-13   水位频率计算表

$P(\%)$	0.1	1	2	5	10	20	50
K_P	5.31	3.66	3.15	2.49	1.98	1.47	0.78
$h_P = K_P \times h_0$	6.27	4.32	3.72	2.94	2.34	1.73	0.92
$H_P = h_P + a$	471.27	469.32	468.72	467.94	467.34	466.73	465.92

直接用水位进行频率计算的实例见表 9-2-12、表 9-2-13 及图 9-2-9。

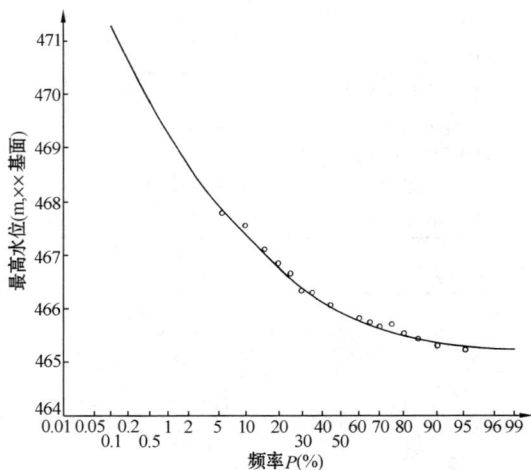

图 9-2-9   ××河××断面最高水位频率曲线

表 9-2-12 中 $\bar{h} = \sum_{i=1}^{n} 1 h_i / N = 22.43/19 = 1.18$

$$\bar{h}^2 = 1.392$$

$$C_v = \frac{1}{h} \sqrt{\frac{\sum_{i=1}^{n} h_1^2 - \overline{Nh^2}}{N-1}} = \frac{1}{1.18} \sqrt{\frac{35.774 - 19 \times 1.392}{19-1}}$$

$$= 0.61$$

采用：$C_v = 0.75$，$C_s = 2.5C_v$，$\bar{h} = 1.18$，$a = 465.00$。

在利用水位资料直接进行频率分析时，要特别注意资料基础的一致性。因为河道的变迁、人为的影响、基面变动、站址迁移等众多因素都会影响到水位观测值，要将水位订正到目前河道（或规划河道）状况的同一基础下的水位值，有时是相当困难的，有时河道的冲淤变化是一个较缓慢的过程。在没有详细、准确的资料时，最好不采用这种方法来推求设计洪水位。

2. 水位流量关系法

当设计洪峰流量为已知，推求设计洪水位时，可由已知流量 Q 在水位—流量关系曲线上查算水位 H。建立水位—流量关系主要是通过实测水位和流量资料分析确定，大洪水的流量不易测到，因此推算稀遇洪水水位，需对水位—流量进行高水延长。

（1）在单一的稳定河槽，实测的水位与流量关系呈现稳定，点群宽度不超过横坐标的 $10\% \sim 20\%$ 时，可采用顺势徒手延长的方法。

（2）在上述情况下，延长部分稍多，应分别延长水位与面积（根据大断面测量成果）、水位与流速（高水位时水位与流速曲线趋于直线，且与纵轴接近平行，可顺势延长）关系曲线，根据延长部分的流速和面积的乘积，延长水位与流量关系，如图 9-2-10 所示。

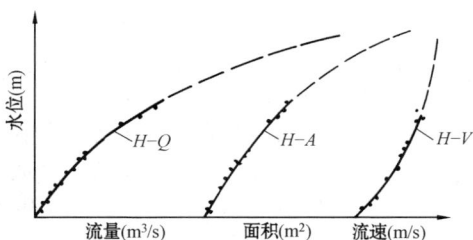

图 9-2-10 水位—流量关系的高水延长

（3）河道断面有较大滩地，延长水位与流量关系应将主槽和滩地分开，用水力学公式延长水位—流速关系。

（4）在高水位时断面变化剧烈，可借用上、下游邻近测站的实测资料延长。测验断面历年来无明显冲淤规律，水位—流量关系应根据本站历年来的平均线进行延长，如历年冲刷变化有一定规律性，应根据发展趋势延长。

3. 水位转移法

水位转移法是将参证站的水位转移到设计断面。首先，要查清参证站历年水尺位置和水尺零点的变化情况，将资料系列换算为同一水尺断面的统一高程系统，并得出参证站高程与线路高程的换算关系。

当线路跨河断面距参证站较近时，区间河道如无显著变化，可用比降法将参证站水位转移到跨河断面。

当跨河断面距参证站较远时，可建立两处短期同步实测水位相关关系，并要有经考证的调查历史洪水相关点来控制相关线的外延趋势。在确定相关线时可通过目估定线，图 9-2-11 为水位相关图。

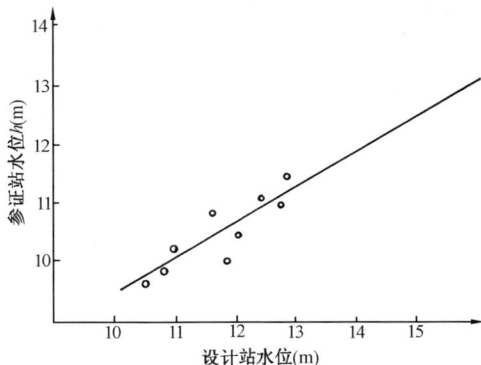

图 9-2-11 水位相关图

（四）水库下游设计洪水

当线路跨河断面位于水库下游时，需考虑水库对上游洪水的调蓄作用，水库下泄流量的传播及其与区间洪水的组合等，以确定工程地点的设计洪水。

1. 水库实际防洪标准高于线路设计防洪标准时的计算方法

线路跨河断面距坝址较近，中间无较大支流汇入，流域面积相差不大于 3％时，可直接采用与线路防洪同频率的水库下泄洪峰流量来推算跨河断面的设计洪水位。

线路跨河断面距坝址较远，区间洪峰流量较大时，应考虑区间洪水与水库下泄洪水的组合。

（1）区间洪水计算方法。区间实测洪水资料短缺时，需采用间接方法推算。方法为：①用区间设计暴雨推求区间设计洪水；②用本流域或相邻流域的流量资料，如采用上下游洪水相减法、区间代表站流量缩放法、相似流域水文比拟法等推求区间设计洪水。

（2）水库下游设计洪水简易计算法。

1）流域面积比例法。当水库控制面积较大，区间面积相对较小时，来自水库上游的洪水为主导，可将跨越处的设计洪峰按流域面积比例分配于区间和水库，水库的削减作用应乘以削减系数 q_P/Q_P。

当上游仅有一个骨干水库时，设计洪峰流量为：

$$Q'_{\text{P·L}} = Q_{\text{P·1}}\left[1 - \left(1 - \frac{q_{\text{P1}}}{Q_{\text{P1}}}\right)\frac{F_1}{F_L}\right] \qquad (9\text{-}2\text{-}27)$$

当上游流域有两个骨干水库时，设计洪峰流量为：

$$Q'_{\text{P·L}} = Q_{\text{P·L}}\left[1 - \left(1 - \frac{q_{\text{P1}}}{Q_{\text{P1}}}\right)\frac{F_1}{F_L} - \left(1 - \frac{q_{\text{P2}}}{Q_{\text{P2}}}\right)\frac{F_2}{F_L}\right]$$
$$(9\text{-}2\text{-}28)$$

其余类推。

上两式中 $Q'_{\text{P·L}}$ ——考虑水库调蓄作用时线路跨河处设计洪峰流量，m^3/s；

$Q_{\text{P·L}}$ ——天然情况下线路跨河处设计洪峰流量，m^3/s；

q_{P1}，q_{P2} ——发生设计洪水时各骨干水库最大下泄流量，m^3/s；

Q_{P1}，Q_{P2} ——各骨干水库设计洪峰流量，m^3/s；

F_1，F_2 ——各骨干水库流域面积，km^2；

F_L ——线路跨河处流域面积，km^2。

2）区间与下游同频率水库相应组合法。当区间面积较大或区间洪水为主要来源时，当上游只有一个水库，则：

$$Q'_{\text{P·L}} = Q_{\text{P·b}} + (Q_{\text{P·L}} - Q_{\text{P·b}})\frac{q_{\text{P1}}}{Q_{\text{P1}}} \qquad (9\text{-}2\text{-}29)$$

当上游有几个骨干水库时，则

$$Q'_{\text{P·L}} = Q_{\text{P·b}} + \frac{Q_{\text{P·L}} - Q_{\text{P·b}}}{\Sigma F_i}\left(F_1\frac{q_{\text{P1}}}{Q_{\text{P1}}} + F_2\frac{q_{\text{P2}}}{Q_{\text{P2}}} + \cdots\right)$$
$$(9\text{-}2\text{-}30)$$

式中 $Q_{\text{P·b}}$ ——区间设计洪峰，m^3/s；

ΣF_i ——各骨干水库控制面积之和，km^2。

其余符号含义同前。

3）简化组合计算法。当粗略地计算上游水库与

区间洪水组合时

$$Q'_{P \cdot L} = q_P + Q_{P \cdot L}\left(\frac{F_b}{F_L}\right)^n \tag{9-2-31}$$

式中　F_b——区间流域面积，km^2；

　　　n——面积指数，可取 $n = 0.5$。

其余符号含义同前。

2. 水库实际防洪标准低于线路设计标准的计算方法

当中小型水库的实际防洪标准低于线路设计标准时，在其下游影响范围内的主塔应按线路标准考虑溃坝对塔位的影响，计算坝址处的溃坝洪水，应将溃坝洪水演算塔位处，并与区间洪水进行组合。

（1）水库坝址处溃坝最大流量计算。

1）辽宁水利局简化公式：

$$Q_m = 0.91 B h^{\frac{3}{2}} \tag{9-2-32}$$

式中　Q_m——坝址处溃坝最大流量，m^3/s；

　　　B——坝全长，m；

　　　h——坝前水深，m，可根据具体情况，取正常蓄水位、校核洪水位及坝顶高程以下的水深。

式（9-2-32）适用于坝体瞬时全溃的情况。对于部分坝段溃坝，则

$$Q_m = 0.91\left(\frac{B}{b}\right)^{\frac{1}{4}} b h^{\frac{3}{2}} \tag{9-2-33}$$

式中　b——溃口长度，m，小型水库取 $b = B$，中型水库取 $b = 0.7B$，大型水库取 b 为下游泄洪主河槽宽度的 1.5 倍。

2）铁道部第三设计院公式：

$$Q_m = K_n B_n H_n^{\frac{3}{2}} \tag{9-2-34}$$

式中　B_n——水库极限蓄水时，沿上游水边线的坝长，m；

　　　H_n——溃坝前上下游水位差，m；

　　　K_n——考虑溃口长度与坝长 B_n 之比及侧面的收缩系数，对新建的 V 级土坝在良好使用条件下取 $K_n = 0.50$；对无等级旧土坝及 $\overline{V}$ 级土坝不良使用条件下取 $K_n = 0.75$；对无设计的小土坝及磨坊用坝取 $K_n = 0.90$；如能实地估算溃口宽度 b，则取 $K_n = 1.35 b/B_n$。

本法适用于小型土坝。

（2）溃坝最大流量演进至跨河处经验公式。

1）辽宁水利局改进公式：

$$Q'_m = \frac{W}{\dfrac{W}{Q_m} + \dfrac{L}{KV}} \tag{9-2-35}$$

式中　Q'_m——溃坝最大流量演进至下游线路跨河处的最大流量，m^3/s；

　　　W——溃坝时的可泄库容，m^3；

　　　L——坝址至跨河处的流程距离，m；

　　　K——经验系数，一般山区取 1.1 ~ 1.5，半山区取 1.0，平原地区取 0.8 ~ 0.9；

　　　V——传播河段在洪水期的断面最大平均流速，m/s，有资料时取历史最大值，无资料时山区取 $V = 3 \sim 5 m/s$，半山区取 $2 \sim 3 m/s$，平原地区取 $1 \sim 2 m/s$。

2）宇斯特万公式：

$$Q'_m = \frac{W Q_m}{W + \rho L Q_m} \tag{9-2-36}$$

式中　ρ——溃口波浪在下游通过的条件系数；季节河流当河段坡度为 0.05 ~ 0.005 时，取 $\rho = 0.8 \sim 1.25$；对经常流水的中小河流山区河段坡度为 0.01 ~ 0.005 时，取 $\rho = 0.35 \sim 0.40$；半山区河段坡度为 0.05 ~ 0.005 时，取 $\rho = 0.50 \sim 0.65$；平原地区河段坡度为 0.005 ~ 0.0001 时，取 $\rho = 0.8 \sim 1.0$。

（3）溃坝洪水与区间洪水组合。

1）用近似组合方法，当区间洪水相对不大时，可直接用上游水库溃坝洪水演进至跨河处的 Q'_m 作为设计依据；当区间洪水相对较大或区间发生同频率洪水时，可将 Q'_m 与区间设计洪峰相加而得。

2）将溃坝洪水过程演算到跨河处后，与区间洪水过程错开传播时间迭加，取其峰值作为设计依据。

跨河处溃坝洪水位可用回填断面法推求。

（五）设计洪水流速

送电线路河中杆塔基础设计需提供设计洪水位相应的垂线平均流速；计算洪水漂浮物对杆塔的破坏力需考虑历史最高洪水位的相应水面最大流速。

1. 垂线平均流速

根据设计洪水水面线，采用谢才公式计算设计流速：

$$v = C (hI)^{\frac{1}{2}} \tag{9-2-37}$$

其中　　　$C = \dfrac{1}{n} h^{\frac{1}{6}}$

则　　　$v = \dfrac{1}{n} h^{\frac{2}{3}} I^{\frac{1}{2}} \tag{9-2-38}$

式中　v——设计流速，m/s；

　　　h——设计水深，m；

　　　I——洪水水面比降；

　　　C——流速系数；

　　　n——河床糙率，与河槽形态、断面植被及河床组成有关。

糙率 n 可根据与跨河断面河道相似的上下游水文站实测洪水资料点绘水深 h 与糙率 n 关系图，如图 9-2-12 所示，从而将水文站糙率移用到跨河断面。

如果没有合适的水文站资料供参考借用，可根据跨河断面的河床及滩地自然地理条件查表估定（见表9-2-14、表9-2-15）。河滩糙率应大于主河道糙率。

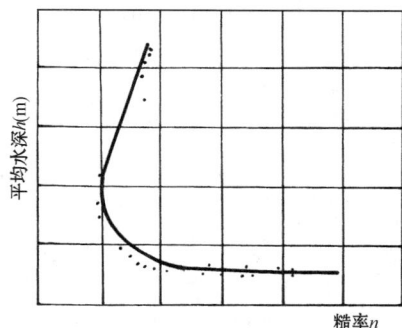

图 9-2-12 ××河××站平均水深
—糙率关系曲线

表 9-2-14 天然水流河槽糙率表（斯里布内依）（一）

级次	河 槽 特 性	$\frac{1}{n}$	n
1	情况极为良好的天然河槽（整齐，顺直，不受阻塞，水流通畅的土质河槽）	40	0.025
2	水流稳定的平原型河槽（多半是大河流及中等河流）河床及水流情况均属良好 河槽形状与表面非常良好的周期性水流（大的和小的）	30~35	0.033
3	一般情况下水流稳定而比较清洁的河槽，沿水流方向有些不规则的弯曲或者是直的，但河底地形不整齐（有浅滩、深潭、乱石） 情况比较良好，有周期性水流的土质河槽（干沟）	25	0.040
4	河槽（大、中河流）严重阻塞，弯曲而局部生草，多乱石（水流不平稳） 有周期性的水流（暴雨季及春季），在洪水时挟带大量泥沙，河底为粗砾石或长满水草（杂草及其它） 比较整齐的大、中河流的河滩，有通常数量的植物被覆（杂草，灌木丛）	20	0.050
5	周期性水流的河槽，严重阻塞与弯曲甚大 杂草丛生，高低不平，颇不整齐的河滩（有深潭、灌木丛、树木，并有回流） 水面不平顺的山溪型的卵石、块石河槽，水面不平顺的平原河流的急湍河段	15	0.067

续表

级次	河 槽 特 性	$\frac{1}{n}$	n
6	河道及河滩杂草极多（水流缓弱），有大的深潭 山溪型的块石河槽，水流激乱有泡沫，水面凌乱（水沫飞溅）	12.5	0.080
7	河滩状况同上，但有极不规则的横流及回流等 山区瀑布型的河槽，河床弯曲并有巨大块石，礁石突出，水翻白沫，水声喧腾掩过一切，言语不可闻	10	0.100
8	山地河流的特征大约与上述情况相同 沼泽型的河流（有杂草、小丘，许多地方几乎是死水等） 有很大的死水地带和局部深潭（湖沼等）的河滩	7.5	0.133
9	由泥浆、石子等组成泥石流动型的水流，林木繁密的河滩（原始森林类型）	5	0.200

表 9-2-8 中，流速公式为：

$$v = \frac{50}{ab}R^x \sqrt{RI}$$

其中 $x = \frac{1}{6}\sqrt{b}$

式中 b——与糙率系数相关的系数，$b = 50n$；

a——液体因素，12°~20℃清水等于1，泥石流紊流运动时按下式决定：

$$a = \left[\varphi\gamma_H + 1\right]^{\frac{1}{2}}$$

其中 $\varphi = \frac{\gamma_C - 1}{\gamma_H - \gamma_C}$

式中 γ_H 和 γ_C——泥沙和泥石流质团的容重。

2. 水面最大流速

水面最大流速 v_m 与断面平均流速（$\bar{v}$）的关系可用下式表达：

$$v_m = \bar{v}/k \qquad (9\text{-}2\text{-}39)$$

式中 k——水面最大流速系数。k值可从水文站实测资料中求得，大多数河流 $k = 0.7 \sim 0.8$。

表 9-2-15　　　　　　　　　　　　　　　斯里布纳依河槽糙率表（二）

分类	种类	河 槽 特 性	n	b	x
山区和周期性流水的河流按流动阻力分类	1	在陡壁上开凿出来的十分整洁的人工引水河槽	0.020	1.00	1/6
	2	同上类型但只是将表面进行普遍的整理	0.022	1.10	1/6
	3	源于山区的天然河流的河槽，但坡度不大，并处于十分良好的状况下，清洁，顺直，土质（黏土、砂、小砾石）河槽。$I = 0.0005 \sim 0.0008$	0.025	1.25	1/6
	4	同样情况下，小卵石—砾石河槽。$I = 0.0008 \sim 0.0010$	0.030	1.50	1/5
	5	河槽形状和表面状况良好的周期性流水的河槽（较大的和较小的）与上类一样，为小卵石—砾石河槽，但带有比较大的小卵石。$I = 0.001 \sim 0.003$	0.035	1.75	1/5
	6	在良好条件下周期性流水的土质河槽（干谷）。山区河流下游规则，整治良好的小卵石河槽。$I = 0.003 \sim 0.007$	0.040	2.00	1/5
	7	颇为堵塞，弯曲和部分长有茂密的水生植物，水流不静的石质河槽（较大的和中等的河流），河底为大卵石覆盖，或有水生植物覆盖的周期性（暴雨春汛）水流的河槽，$I = 0.007 \sim 0.015$	0.050	2.50	1/4
	8	非常堵塞和弯曲的周期性流水的河槽，水流表面不平顺的山区型（中游）的卵石或巨石河槽。$I = 0.015 \sim 0.05$	0.065	3.25	1/4
	9	山区河流（中游和上游）与周期性流水的山区型巨石河槽，水流湍急有泡沫（水花向上喷溅）。$I = 0.05 \sim 0.09$	0.080	4.00	1/3
	10	山区瀑布型河槽（主要是在上游区段），河床弯曲，并有大漂石，跌水现象很明显，水花四溅，以致使水流失去透明性而变成白色，水流的响声盖过所有声音。$I = 0.09 \sim 0.20$	0.100	5.00	1/3
	11	特征与上类相同的山区河流，但具有更强的阻力	0.140	7.00	1/3
	12	山区河流极限最高阻力	0.200	10.00	1/2
平原河道按流动阻力分类	1	运河的直顺区段，具有薄层的淤泥而较密实的土壤	0.020	1.00	1/6
	2	运河的弯曲区段，具有薄层的淤泥而较密实的土壤	0.022	1.10	1/6
	3	在十分良好状况下的天然土质河槽，清洁，顺直，水流平静	0.025	1.25	1/6
	4	在相同条件下的小卵石层砾石河槽	0.030	1.50	1/5
	5	经常流水的河槽，主要是指河槽与水流处于十分良好状况下的中等和较大的河流	0.035	1.75	1/5
	6	一般条件下比较清洁的经常流水的河槽，在流速方向上具有某种不规则的弯曲，或者流速方向顺直，但河底不规则有浅滩、深坑或零星孤石，无茂密杂草的平坦河滩	0.040	2.00	1/5
	7	颇为堵塞，弯曲和部分长有茂密水草的中等和较大河流的河槽，具有不平静水流的石质河槽，并覆以正常数量的水生植物（草灌木丛）稍加整治的较大和中等流的河槽	0.050	2.50	1/4
	8	十分堵塞与弯曲的周期性流水的河槽比较堵塞，不平坦，缺乏整治的河滩（深坑，灌木丛，树木，存在回水），平原河流的湍急区段	0.065	3.25	1/4
	9	具有很深的深坑，长有非常茂密的水草的河槽与河滩（水流很慢）	0.080	4.00	1/3
	10	与9类相同的河滩，但具有十分不规则的斜流和回水等现象	0.100	5.00	1/3
	11	沼泽型河流（长有茂密的水草、草墩，在很多地方水不流动等），具有很大死水区域的多树林的河滩和有很深深坑的河滩以及湖泊的河滩	0.140	7.00	1/3
	12	与11为同样类型，满布树木堵塞的河滩	0.200	10.00	1/2

五、河床冲刷调查

河床冲刷资料是送电线路跨河点选择、杆塔基础设计和采取防护措施的重要依据。对大跨越杆塔要考虑30~50年河岸冲刷变迁的影响。河床冲刷分为纵向冲刷和横向冲刷。河床下切和河弯下移属于纵向冲刷；横向冲刷是指河道分流和河岸坍塌。上述冲刷均为未修构筑物之前的自然冲刷。

游荡性河流的特点是涨冲落淤，河床宽线，沙洲及分流沿河时有分布，主流位置无常，所谓"十年河东，十年河西"。

弯曲性河流洪水淤滩，平水冲槽；凹岸冲刷，凸岸淤积，河弯的蠕动造成弯道下移和裁弯取直。

坍岸通常发生在洪水退水过程，此时河岸地下水位高，形成压力水头，容易使岸边松散层坍落。

（一）判断河床稳定性的经验公式

河床变迁是水流和泥沙相互作用、相互制约的结果，河流发生冲淤变化的过程十分复杂。在初勘选线阶段，可参考河相关系经验公式来估算跨河段的稳定性。

1. 稳定系数公式

$$f = \frac{d^3}{d^2 J} = \frac{d}{J} \qquad (9\text{-}2\text{-}40)$$

式中　f——纵向稳定系数；

　　　d——河床质平均粒径，mm；

　　　J——河段纵比降，m/km。

研究表明，$f = 15 \sim 20$ 时稳定；$f < 5$ 时不稳定。

2. 阿尔图宁公式

$$\phi = \frac{B J^{0.2}}{Q^{\frac{1}{2}}} \qquad (9\text{-}2\text{-}41)$$

式中　Q——造床流量，m^3/s；

　　　B——造床流量河宽，m；

　　　J——纵比降，‰；

　　　ϕ——河岸不稳定系数，ϕ 值表示河岸不稳定。阿尔图宁给出 ϕ 值表，见表9-2-16。

表 9-2-16　　　不同类型河流 ϕ 值表

河　段	河床质及河岸组成	ϕ 值
上游山区	石块河床	0.7
山　区	砂砾河床	0.9
中　游	粗细沙河床	1.0
下　游	细沙河床黏土河岸	1.1
下　游	细沙河岸亚黏土河岸	1.3

3. 苏联水文研究所公式

$$a = B / \bar{h} \qquad (9\text{-}2\text{-}42)$$

式中　B——造床流量河宽，m；

　　　$\bar{h}$——造床流量平均水深，m；

　　　a——河相系数。

一般，$a = 5.5$，易冲河床；$a = 1.4$，稳定河床；$a = 2.7$，相对稳定河床。

（二）冲刷调查

1. 冲刷调查内容

（1）纵向冲刷：河弯凹岸的水深、水面宽、边滩的冲淤及下移情况；指定断面及其附近的河床淤高、下切及稳定情况；历史上出现的最大一次冲淤深度、原因、年代、当时的来水来沙情况。

（2）横向变形：河床两岸岩性、植被；洪平枯水时主流摆动的范围，调查河段两岸扩展的速度，历史上最大一次坍岸情况及原因。沙滩的移动、河道分流变动等。

2. 冲刷调查方法

（1）收集资料：调查河段及其上下游河道演变分析报告；拦河及导流防护建筑物勘察设计报告；河道整治疏浚及充填情况；水文站历年实测大断面图；历代河道地形图。

（2）调查访问：对纵向冲刷，向老船工、老渔民、老居民了解河底逐年淤高及下切情况，结合枯水季节涉水过河情况了解纵向冲淤变化。借助河中或傍河建筑物了解冲刷深度。对横向冲刷，可根据岸边田地流失与河边道路的变动推测横向冲刷的宽度和速度。借助建筑物与河岸的相对距离的变化确定岸边冲淤宽度。

3. 跨河断面冲刷分析

根据现场调查，结合附近水文站历年汛前汛后断面冲淤变化，分析预测跨河断面的冲淤趋势和变化范围。

当跨河断面位于河弯附近时，要充分调查研究河弯加剧和裁弯取直的可能性及其对塔位的影响。图9-2-13为河弯演变示意图。

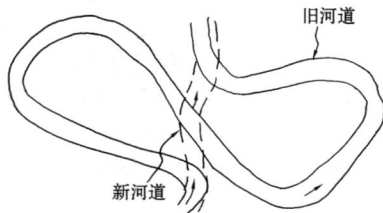

图 9-2-13　河弯演变示意图

在研究河道发展趋势时，还要注意到跨河断面上游数公里的地形、地物对河势的影响。线路塔位应尽量避开旧河道和排洪道。

用历代河道地形图进行迭合分析，有助于了解河流横向摆动范围。

六、其它水文调查

(一) 流冰调查

我国北方地区河流，春季河流融冰流冰往往给河滩建筑物造成危害，因此需重点调查对线路塔位有影响的春季流冰。但有的地区秋季流冰也不容忽视。

流冰调查内容包括：流冰持续时间、冰厚、冰块大小；流冰方向、覆盖水面的密度；流冰期最高水位和相应流速；冰塞和冰坝位置、形成原因、高度、移动和消长情况及其对河道水流的影响。

(二) 漂浮物调查

有些河流上，洪水漂浮物对河中建筑物的威胁往往比洪水水流的威胁更大。漂浮物的形成与漂移与暴雨量、暴雨强度、涨水时间、河岸岩性、上游水土保持程度等有关。调查内容有漂浮物种类、大小、密度、来源、堆积地点，漂移时的最大流速及其对河道建筑物的破坏情况。

(三) 内涝 (沼泽) 调查

内涝多发生在水系不发达的闭流区，调查内容为：内涝区边界、宽度、深度；内涝成因、持续时间；内涝区的土壤及植被、土壤改良规划、人类活动影响。

(四) 水库湖泊调查

水库兴建后，形成了坝上回水坝下天然径流改变的情况。当送电线路在水库回水末端通过时，应调查收集水库操作运用方式，水库特性水位和持续时间，水库主要技术经济指标，泥沙淤积，坍岸预测，波浪要素，冰情等。

送电线路在水库坝下通过时，应调查收集水库设计及校核标准，主要技术经济指标，水库操作运行方式，不同频率泄流量和坝下水面线，水库泄流对坝下河道的影响等。当线路跨越小型水库，水库设计标准低于线路设计标准时，应考虑水库溃坝对线路塔位的影响。规划中已落实但尚未兴建的水库，除考虑水库影响外，还要做自然情况的水文勘测，采用两者中对线路不利的资料提供设计使用。

线路跨越或接近湖泊时，应调查收集湖泊最高水位和持续时间，风浪高度，湖泊冰情，湖泊淹没范围，湖泊规划利用以及其它对线路有影响的因素。

七、电力水文 CAD 系统的应用

送电线路水文勘测及资料分析计算需占有和处理大量的原始数据，以前传统手段是手工演算和绘图。20 世纪 90 年初，电力系统进行的工程水文 CAD 系统开发，使计算机在电力工程水文分析计算中发挥出调参速度快、成果精度高、人为错误少、标准化程度高

等优点。电力工程水文 CAD 系统包括数据库、计算软件包、文档文件库等组成。资料库与国家气象局、水文局的结构相同，可互换资料，是电力工程各专业最具统一性、完整性的软件包。

数据库负责向所有计算软件提供原始资料并接受计算软件的计算成果。数据库管理系统具有翻页、录入、删改、打印和查询等功能。

(1) 硬件环境：PC- 486 以上/66 微机，配置 80387 协处理器，内存 4MB，硬盘 420MB；VGA 显示器；HI SKETCH-A 数字化仪；LQ1600K 打印机。

(2) 支撑软件；DOS Vr 6.0；UCDOS Vr 3.0；FOXBASE + Vr 2.1；汉化 AUTOCAD Vr10.0。

适用于送电线路工程计算的软件包，包括设计洪水和河床演变两个软件包。

设计洪水软件包内容包括：天然河道设计洪水；水库设计洪水；水库下游设计洪水；平原地区设计洪水。

河道演变软件包内容包括：河床稳定性分析；河道冲刷计算。

上述软件业经电力工业部电力规划设计总院鉴定通过。电力工程水文计算软件包框图见图 9-2-14，其中设计洪水中涉及的各类设计软件包框图见图 9-2-15 ~ 图 9-2-19；河床演变中涉及的软件包框图见图 9-2-20 ~ 图 9-2-21。另外，通用计算软件包框图见图 9-2-22。

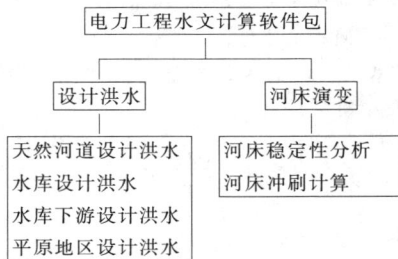

图 9-2-14   电力工程水文计算软件包框图

1. 设计洪水软件包

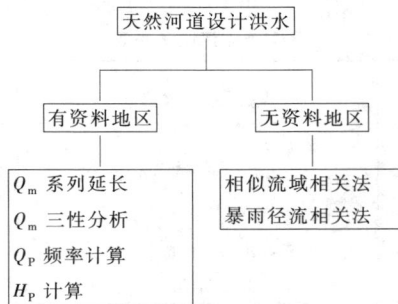

图 9-2-15   天然河道设计洪水软件包框图

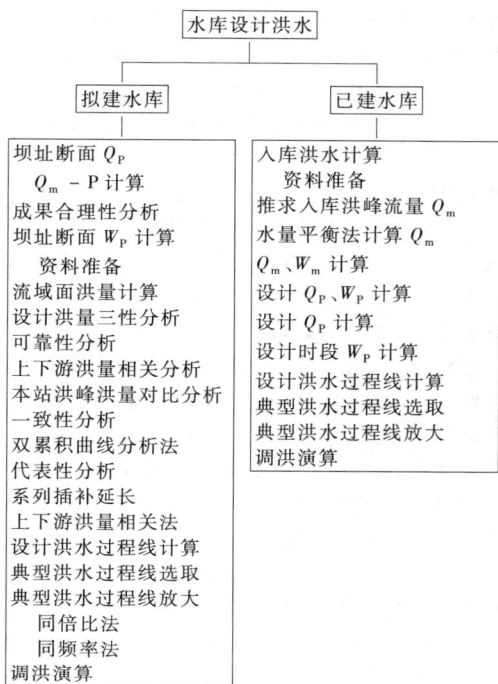

图 9-2-16 水库设计洪水软件包框图

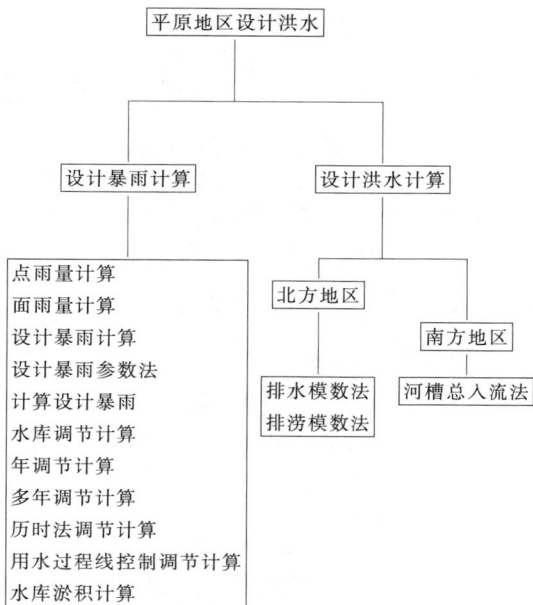

水库设计洪水

拟建水库

坝址断面 Q_P
$Q_m - P$ 计算
成果合理性分析
坝址断面 W_P 计算
　　资料准备
流域面洪量计算
设计洪量三性分析
可靠性分析
上下游洪量相关分析
本站洪峰洪量对比分析
一致性分析
双累积曲线分析法
代表性分析
系列插补延长
上下游洪量相关法
设计洪水过程线计算
典型洪水过程线选取
典型洪水过程线放大
　　同倍比法
　　同频率法
调洪演算

已建水库

入库洪水计算
　　资料准备
推求入库洪峰流量 Q_m
水量平衡法计算 Q_m
Q_m、W_m 计算
设计 Q_P、W_P 计算
设计 Q_P 计算
设计时段 W_P 计算
设计洪水过程线计算
典型洪水过程线选取
典型洪水过程线放大
调洪演算

图 9-2-16 水库设计洪水软件包框图

平原地区设计洪水

设计暴雨计算

点雨量计算
面雨量计算
设计暴雨计算
设计暴雨参数法
计算设计暴雨
水库调节计算
年调节计算
多年调节计算
历时法调节计算
用水过程线控制调节计算
水库淤积计算

设计洪水计算

北方地区

排水模数法
排涝模数法

南方地区

河槽总入流法

图 9-2-18 平原地区设计洪水软件包框图

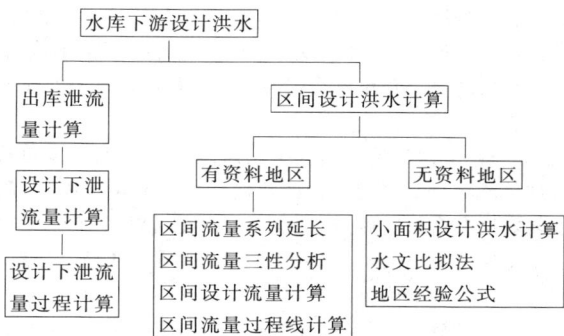

水库下游设计洪水

出库泄流量计算

设计下泄流量计算

设计下泄流量过程计算

区间设计洪水计算

有资料地区

区间流量系列延长
区间流量三性分析
区间设计流量计算
区间流量过程线计算

无资料地区

小面积设计洪水计算
水文比拟法
地区经验公式

图 9-2-17 水库下游设计洪水软件包框图

小流域设计洪水

一院二所法
铁三院法
林平一法
坡面流法
水科院法

图 9-2-19 小流域设计洪水软件包框图

2. 河床演变软件包

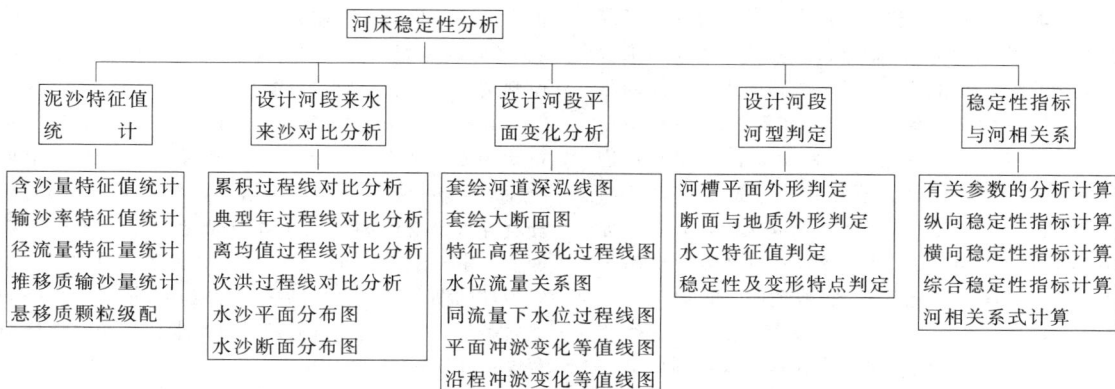

河床稳定性分析

泥沙特征值统计

含沙量特征值统计
输沙率特征值统计
径流量特征值统计
推移质输沙量统计
悬移质颗粒级配

设计河段来水来沙对比分析

累积过程线对比分析
典型年过程线对比分析
离均值过程线对比分析
次洪过程线对比分析
水沙平面分布图
水沙断面分布图

设计河段平面变化分析

套绘河道深泓线图
套绘大断面图
特征高程变化过程线图
水位流量关系图
同流量下水位过程线图
平面冲淤变化等值线图
沿程冲淤变化等值线图

设计河段河型判定

河槽平面外形判定
断面与地质外形判定
水文特征值判定
稳定性及变形特点判定

稳定性指标与河相关系

有关参数的分析计算
纵向稳定性指标计算
横向稳定性指标计算
综合稳定性指标计算
河相关系式计算

图 9-2-20 河床稳定性分析软件包框图

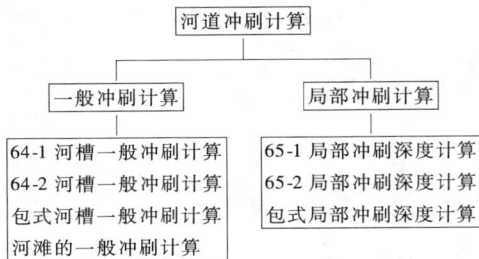

图 9-2-21　河道冲刷计算软件包框图

3．通用计算软件包

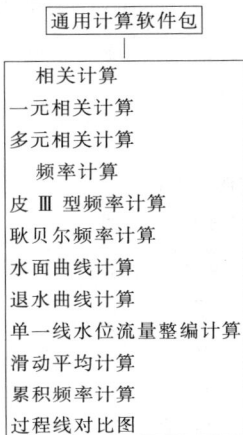

图 9-2-22　通用计算软件包框图

第三节　工程地质勘测

一、概述

本节着重阐明对送电线路工程地质勘测的基本要求和主要内容。当送电线路穿越各类地貌单元时，特别是地质条件较为复杂和不良地质现象发育地段以及跨越较大河流、湖泊、水库时，均应开展相应的工程地质勘测工作。通常情况下送电线路的工程地质勘测阶段与设计阶段相适应，即分为初勘选线（初步勘察）与终勘定位（详细勘察）两个阶段。同时在进行实际勘测工作的全部过程中，尚应遵循 220kV 与 500kV 架空送电线路工程地质勘测技术规定（即 DLGJ 103—1991 与 SDGJ 68—1987）以及 GB 50021—2001《岩土工程勘察规范》。实践证明，正确的选择大跨越位置和避开不良地质现象发育地段是确定线路路径的关键，而地质条件又是直接或者间接地影响着线路工程造价的经济性与安全程度的可靠性。为取得设计所必需的工程地质勘测资料，初勘选线阶段应提

供为选择线路路径方案和大跨越地段的初步地质勘测成果，并对影响线路路径选择、塔基稳定的重要地质问题作出全面评价。其主要内容包括有：

（1）调查沿线地貌、地质构造、地层岩性以及特殊土的分布、不良地质现象发育地段、地下水的水位和水质特性，并进行分析、评价。

（2）调查沿线古迹及矿产分布、开发与开挖（开采）情况。通常情况线路路径宜避开古迹名胜分布区或可供矿产的开采区，对已采完的采空区和预计采空区的稳定性进行评价。

（3）对大跨越地段，应详细查明工程地质条件，建议采用的基础类型、推荐和提出最优跨越方案。

终勘定位阶段应在已选定线路路径基础上，为杆塔设计与地基处理提供全部的地质资料，并以塔（杆）位地质明细表的型式全面论述各基塔（杆）位的地质条件和岩土特性，并给出地基承载力的标准值、有关参数计算成果、基础设计方案与提出工程措施的建议。终勘定位阶段应进一步查明：

1）平原区各基塔（杆）处土层的分布、埋藏条件、物理力学性质，水文地质条件及地下水与地表水对混凝土的侵蚀性和土对金属材料的腐蚀性。

2）丘陵与山区除查明上述内容外，尚应进一步查明影响塔（杆）基稳定的溶洞、土洞、人工洞穴、滑坡、岩崩塌陷、倒石堆与滚石、冲沟、泥石流等不良地质现象，并作出稳定性评价和相应采取的处理措施。

3）大跨越地段尚应查明跨越河段的地形地貌条件、塔（杆）位范围内的地层岩性、风化破碎程度、软弱层存在及其物理力学性质；查明对塔（杆）位稳定性有影响的不良地质现象的性质、特征、分布，并提出处理措施。

4）当线路所经过地区地震基本烈度大于或等于 7°，且分布有饱和状态的粉细砂、粉土时，应判定其液化的可能性；对大跨越塔基尚应判断液化等级，并提出消除液化的工程措施。

5）对基岩裸露地区，应查明岩石风化程度，以便判别作为岩石基础的可能性。

其勘探方法初勘选线阶段以调查（包括收集资料）为主，必要时开展少量的勘探工作；终勘定位阶段对于转角杆塔、耐张杆塔、终端杆塔以及大跨越杆塔等重要塔位和地质条件复杂地段应逐基进行勘探，其中对于直线杆塔位和地质条件较简单地段可布置少许的勘探工作量。勘探深度视其杆塔受力状态和地质条件而定。通常可采用基础埋置深度与基础底面宽度的 0.5～2.0 倍之和。

通常线路的地质勘测按地形地貌条件可划分为平原区勘测、山区勘测和特殊地区勘测。其工程地质勘

测的主要内容概括起来如下：

1. 地形地貌调查

通过野外全面调查，根据地形形态特征划分出不同的地貌单元如：河谷、阶地、冲沟、山谷、分水岭、平原、丘陵、山地等，以便了解和掌握其地形特点，有针对性地开展地质勘测工作。

2. 工程地质调查

阐明沿线地质构造特征，地层岩性的分布规律，岩石的产状要素，有无软弱层存在，埋藏条件及其成因时代，土石的各种物理力学性质，以便为选择适宜基础类型提供设计资料。

3. 不良地质现象调查

查明沿线通过地区各种不良物理地质现象的分布及发育程度，如重力崩塌、倒石堆、滑坡、泥石流、岩溶、黄土湿陷、砂土液化、震陷等的分布范围，发展趋势、影响塔（杆）位稳定程度和环境地质作用（如：水库的岸边再造、采空区的地面变形以及对杆、塔的危害等）。

4. 水文地质调查

对沿线及其塔（杆）位附近分布着的各种地下水露头（包括井、泉、沼泽、湿地等）应详细进行调查，了解和掌握地下水类型、埋藏深度、水位变化幅度、含水层性质、地下水的补给、排泄和径流条件以及地下水的物理化学性质、腐蚀性。

5. 评价线路优缺点

在初勘选线阶段，应以工程地质观点评价和说明线路路径的优缺点。

6. 勘探方法

地质资料的获得，除搜集沿线已有资料外，一般均以野外地质调查为主，其主要方法是通过地质调查和实地踏勘和访问，并对沿线分布的地层岩性与地下水的天然与人工露头进行较为详细的观测、描述、记录。对于重要的河流跨越、不良地质地段、地质条件较为复杂地带以及地貌单元分界线，岩性分界线均应适当布置勘探工作量，其勘探手段包括有：山地槽探、平地试坑、小口径钻探、物探、试验等。总之所得成果资料应能够全面地阐明线路经过地段的工程地质条件。

综上所述，线路地质勘测工作多采用野外现场调查方法或相应地勘探、试验等方法。对于专门性问题（如砂土液土、黄土湿陷、岩溶地基等）的研究和野外测试手段，仅在个别情况下独立进行。

7. 土、水室内分析和试验项目

试验项目的确定，要根据设计要求和考虑岩土特性、实际受力状况加以确定。如土的压缩试验，受力后针对不同固体和排水条件，可有不同的试验方法。

土分析的试验项目包括：颗粒级配、重力密度、天然含水量，孔隙度、孔隙比、相对密度（砂类土）、液限、塑限（黏性土）、渗透性、压缩性、抗剪试验（C、ϕ 值）、天然倾斜角（砂类土）、湿陷性（湿陷性黄土）、有机质含量（有机土）、含盐量（盐渍岩土）、胀缩性（膨胀岩土）、易溶盐及难溶盐含量、崩解性及毛细上升高度等。总之，通过试验在于掌握塔（杆）位下地基土的物理力学性质，以便最终评价其地基强度和塔（杆）位的稳定性。

水分析的试验项目包括：当塔（杆）位下及其附近有地下水存在，并有可能浸没或浸湿基础时，应根据其埋藏条件与特征，采取有代表性的样品（水试样）进行腐蚀性分析。以便判定地下水水质对基础（包括对混凝土的腐蚀性和对金属的腐蚀性）的腐蚀性评价。通常只需要进行简易分析即可，具体分析项目有：K^+、Na^+、Ca^{2+}、Mg^{2+}（阳离子）；Cl^-、SO_4^{2-}、HCO_3^-、CO_3^{2-}、OH^-、NO_3^-（阴离子），pH 值。侵蚀性 CO_2、游离 CO_2、总矿化度等。

由于线路经常穿越工矿区、水库区和交通枢纽、运河、水渠、油管线、通信线及与已有高压送电线路相毗邻，而这些地区及沿线地带的构筑物或建筑物有较详细的地质勘测资料，故具有一定的使用和参考价值。为此在室内选线阶段，应充分收集这些已有的地质资料，并对这些搜集到的勘测资料充分加以整理、分析、利用，这样可以节省大量勘探工作量，加快野外勘测进度。搜集资料的内容包括：区域构造、地震地质、矿产分布、地形地貌、工程地质、水文地质、水文气象与冻结深度等方面的有关图表（如地质图、地貌图、水文地质图等）和文字说明（各种地质报告）。

二、平原地区勘测

（一）平原地区的地貌及地质特征

平原地区系指在较大范围内，地势起伏不大，地形平坦开阔，地面坡度不超过 1%，地表除被地表水体切割外很少破坏，不良地质现象不甚发育的地区。构成平原地区的地层多为第四系松散堆积物，很少见有基岩出露。

（二）平原地区的工程地质勘测

平原地区的工程地质条件通常比较简单，对于线路勘测属于较为有利的地区。初勘阶段线路地质勘测只是在充分搜集已有地质资料的基础上，对沿线工程地质条件进行野外调查即可。必要时只在较大河流跨越处或者有软弱地层分布时，方才进行适当钻探工作。其勘探点布置应根据工程地质条件复杂程度、杆塔型式和设计要求确定。终勘阶段的地质勘测对直线段的简单地段可间隔 3～5 基杆塔布置一个勘探点，且勘探点尽量布置在塔（杆）的中心部位。对于中等复杂地段可间隔 1～3 基布置一个勘探点；对于复杂地段宜逐基勘探；对耐张、转角、跨越及终端杆塔应每基塔布置勘探点，且勘探点尽量布置在塔（杆）位中心部位。勘探点深度应根据工程地质条件、杆塔基础类型、埋置深度及荷载大小确定。一般勘探孔深度应达到：$H+0.5b～H+2.0b$（H 为基础埋置深度，m；b 为基础底面宽度，m）。对于硬质土可适当减少，转角、耐张、跨越杆塔和软土地基可适当加深。

勘探点（孔）布置的具体位置可由地质构造、地貌单元分界线或地层岩性分界处加以控制。就其勘探深度而言，对于直线塔（段）可控制在 3～5m；转角塔（点）及交叉跨越塔（点）可控制在 5～10m；特大跨越的高塔、可根据塔位处的地质、岩性特征和相应采用的基础型式、荷重条件等最终确定，一般可控制在 10～15m。当遇有软弱地层（如淤泥或泥炭土层），且又采用灌注桩基础时，则其勘探深度还应适当加深些，通常可视具体地质条件而定。勘探点应尽量布置在地形地貌显著变化的地段和不良地质现象发育的地段。总之，勘探工作的布置能以查明地质构造、地层岩性和地下水位分布规律和变化情况为准则，并适当掌握和了解杆塔基础影响深度内土的物理力学性质及判定土、水的腐蚀性（当杆塔处于地下水位以下时，应取地下水以下的土、水试样，分别做土、水的腐蚀性测试），土试样应取自杆塔基础砌置深度范围内及各种松软土层内。水试样仅当地下水能浸没基础时，方才取样分析。

鉴于平原地区线路勘测的重点和经常遇到的地层大多数是分布广泛的第四系松散土，为了便于野外调查和掌握各种类型土的特征、定名、状态等，现将有关松散土的分类及野外鉴别方法列出，见表 9-3-1～表 9-3-19。

表 9-3-1　　土颗粒大小分类

名　称	粒径范围（mm）
漂石（磨圆的） 块石（棱角的）	>200
大 中 小	>800 800～400 400～200
卵石（磨圆的） 碎石（棱角的）	200～20
极　大 大 中 小	200～100 100～60 60～40 40～20
圆砾、角砾 粗 中 细	20～2 20～10 10～5 5～2
砂　粒 粗 中 细 极　细	2～0.075 2～0.5 0.5～0.25 0.25～0.10 0.10～0.075
粉　粒 粗 细	0.075～0.005 0.075～0.01 0.01～0.005
粘　粒	<0.005
胶　粒	<0.002

表 9-3-2　　碎石、砂土野外鉴定特征

鉴别方法 \ 土的类别	大块碎石		砂				
	碎（卵）石	砾石	砾砂	粗砂	中砂	细砂	粉砂
颗粒大小	大部分（一半以上）接近或超过垂豆粒（约为20mm）	大部分（一半以上）接近或超过小高粮（约为2mm）	约有1/4以上接近或超过小高粮粒	约一半以上接近或超过小米（粟）粒	约一半以上接近或超过鸡冠花仔	较"精盐"稍粗，与粗玉米粉相近	比"精盐"稍细与小米粉相近
干燥时的状态	颗粒完全分散		颗粒分散，但有个别胶结	颗粒基本分散，但局部胶结（胶结部分一碰即散）	颗粒大部分分散，少量胶结（胶结部分稍加压力亦可分散）	颗粒少部分分散大部分胶结（稍加压力亦可分散）
湿润时用手拍击	表面无变化			表面偶有水印	有水印（翻浆）	有显著翻浆
黏着性	无黏着感				偶有轻微黏着感	有轻微黏着感

注　1. 不适用含有大量黏性土情况，如含量超过30%，则应采用鉴别黏性土的方法。

　　2. "颗粒大小"应从最粗的类别开始级查对，当首先符合某一类别时，即认为属于该类土。

表9-3-3 碎 石 土 分 类

土的名称	颗 粒 形 状	颗 粒 级 配
漂石	圆形及亚圆形为主	粒径大于200mm的颗粒质量超过总质量50%
块石	棱角形为主	
卵石	圆形及亚圆形为主	粒径大于20mm的颗粒质量超过总质量50%
碎石	棱角形为主	
圆砾	圆形及亚圆形为主	粒径大于2mm的颗粒质量超过总质量50%
角砾	棱角形为主	

注 定名时,应根据颗粒级配由大到小,以最先符合者确定。

表9-3-4 砂 土 分 类

土的名称	颗 粒 级 配
砾砂	粒径大于2mm的颗粒质量占总质量25%~50%
粗砂	粒径大于0.5mm的颗粒质量超过总质量50%
中砂	粒径大于0.25mm的颗粒质量超过总质量50%
细砂	粒径大于0.075mm的颗粒质量超过总质量85%
粉砂	粒径大于0.075mm的颗粒质量超过总质量50%

注 1. 定名时应根据颗粒级配由大到小以最先符合者确定。
2. 当砂土中小于0.075mm的土的塑性指数大于10时,应冠以"含黏性土"定名。如含黏性土粗砂等。
3. 粒径大于0.075mm的颗粒质量不超过总质量的50%,且塑性指数等于或小于10的土,应定名为粉土。
4. 塑性指数大于10的土应定名为黏性土,对于塑性指数大于10且小于或等于17的土应定名为粉质黏土;对于塑性指数大于17的土应定名为黏土。

表9-3-6 按液性指数(I_L)确定黏性土的状态

液性指数(I_L)值	黏性土状态
$I_L \leq 0$	坚硬
$0 < I_L \leq 0.25$	硬塑
$0.25 < I_L \leq 0.75$	可塑
$0.75 < I_L \leq 1$	软塑
$I_L > 1$	流塑

表9-3-5 **野外判定砂土密度的方法**

砂类土的密度	挖坑情况及其特征
稍密	用手可以挖动,铁铲可以自由插入
中密	坑壁易发生掉块,以脚压铁铲可以进入土中
密实	坑壁很稳定,铁铲难以插入土中

表9-3-7 **野外判断黏性土状态特征表**

土的状态	野 外 判 定 特 征
坚硬	不能塑,加力后呈碎块状
硬可塑	略能塑,但用力较大时则出现小裂缝
可塑	具有塑性体的性质,能塑成任何形状而保持原状不变,且不附着于刀上
软塑	略能塑成不尖锐的棱角,用刀切之可附于刀上
流动	成糊状,不能保持一定形状

表9-3-8 **岩石按坚硬程度分类**

类 别	亚 类	强度(MPa)	代 表 性 岩 石
硬质岩石	坚硬岩石	>60	花岗岩、花岗片麻岩、闪长岩、玄武岩、石灰岩、石英砂岩、石英岩、大理岩、硅质砾岩等
	较硬岩石	30~60	
软质岩石	较软岩石	15~<30	黏土岩、页岩、千枚岩、绿泥石片岩、云母片岩等
	软岩石	5~15	
	极软岩石	<5	

注 强度系指新鲜岩块的饱和单轴限抗压强度f_r。

表9-3-9 **碎石土承载力标准值f_k(MPa)**

密实度 / 土的名称	稍 密	中 密	密 实	备 注
卵石	3~5	5~8	8~10	表中数值适用于骨架颗粒空隙全部由中砂、粗砂或硬塑、坚硬状态的粘性或饱和度不大于0.5的粉土所充填;当粗颗粒为中等风化或强风化时,可按其风化程度适当降低承载力,当颗粒间呈半胶结状时,可适当提高承载力
碎石	2.5~4	4~7	7~9	
圆砾	2~3	3~5	5~7	
角砾	2~2.5	2.5~4	4~6	

表 9-3-10　　　　　　　　　　　　砂土承载力标准值 f_k（MPa）

土 的 名 称		密 实 度		
		密实	中密	稍密
砾砂、粗砂、中砂（与饱和度无关）		4	2.4～3.4	1.6～2.2
细砂、粉砂	稍湿	3	1.6～2.2	1.2～1.6
	很湿、饱和	2	1.2～1.6	

表 9-3-11　　粉土承载力基本值 f_0（MPa）

第一指标孔隙比 e ＼ 第二指标含水量 W（%）	10	15	20	25	30	35	40
0.5	4.10	3.90	(3.65)				
0.6	3.10	3.00	2.80	(2.70)			
0.7	2.50	2.40	2.25	2.15	(2.05)		
0.8	2.00	1.90	1.80	1.70	(1.65)		
0.9	1.60	1.50	1.45	1.40	1.30	(1.25)	
1.0	1.30	1.25	1.20	1.15	1.10	1.05	(1.00)

注　1. 有括号者仅供内插用。

　　2. 折算系数 ξ 为 0。

　　3. 在湖、塘、沟、谷与河漫滩地段，新近沉积的粉土，其工程性质一般较差，应根据当地实践经验取值。

　　4. 孔隙的体积和土体积之比为孔隙比 e。

表 9-3-12　　黏性土承载力基本值 f_0（MPa）

第一指标孔隙比 e ＼ 第二指标液性指数 I_L	0	0.25	0.50	0.75	1.00	1.20
0.5	4.75	4.30	3.90	(3.60)		
0.6	4.00	3.60	3.25	2.95	(2.65)	
0.7	3.25	2.95	2.65	2.40	2.10	1.70
0.8	2.75	2.40	2.20	2.00	1.70	1.35
0.9	2.30	2.10	1.90	1.70	1.35	1.05
1.0	2.00	1.80	1.60	1.35	1.15	
1.1		1.60	1.35	1.15	1.05	

注　1. 有括号者仅供内插用。

　　2. 折算系数 ξ 为 0.1。

　　3. 在湖、塘、沟、谷与河漫滩地段新近沉积的黏性土，其工程性能一般较差。第四纪晚更新世（Q3）及其以前沉积的老黏性土，其工程性能通常较好。这些土均应根据当地实践经验取值。

表 9-3-13　　沿海地区淤泥和淤泥质土承载力基本值 f_0

天然含水量 W（%）	36	40	45	50	55	65	75
f_0（MPa）	1.00	0.90	0.80	0.70	0.60	0.50	0.40

注　对于内陆淤泥和淤泥质土，可参照使用。

表 9-3-14　　红黏土承载力基本值 f_0（MPa）

土 的 名 称 ＼ 第一指标含水比 $a_W = \dfrac{W}{W_L}$ ＼ 第二指标液塑比 $I_r = \dfrac{W_L}{W_P}$	0.5	0.6	0.7	0.8	0.9	1.0
红黏土　$\leqslant 1.7$	3.80	2.70	2.10	1.80	1.50	1.40
红黏土　$\geqslant 2.3$	2.80	2.00	1.60	1.30	1.10	1.00
次生红黏土	2.50	1.90	1.50	1.30	1.10	1.00

注　1. 本表仅适用于定义范围内的红黏土。

　　2. $I_r = 1.7～2.3$ 时，内插。

　　3. 折算系数 ξ 为 0.4。

表 9-3-15　　　素填土承载力基本值 f_0

压缩模量 E_{s1-2}（MPa）	7	5	4	2
f_0（MPa）	1.60	1.35	1.15	0.85	0.65

注　本表只适用于堆填时间超过 10 年的黏性土和超过 5 年的粉土。

表 9-3-16　　　　砂土承载力标准值 f_k（MPa）

土类 ＼ 标贯锤击数（N）	10	15	20	25	30	35	40	45	50
中、粗砂	1.80	2.50	2.80	3.10	3.40	3.80	4.00	4.60	5.00
粉、细砂	1.40	1.80	2.03	2.26	2.50	2.72	2.95	3.18	3.40

表 9-3-17　　　　黏性土承载力标准值 f_k

标贯锤击数（N）	3	5	7	9	11	13	15	17	19	21	23
f_k（MPa）	1.05	1.45	1.90	2.35	2.80	3.25	3.70	4.30	5.15	6.00	6.80

表 9-3-18　　　　黏性土承载力标准值 f_k

N_{10}	15	20	25	30
f_k（MPa）	1.05	1.45	1.90	2.30

注　N_{10} 为轻便触探试验锤击数。

表 9-3-19　　　　素填土承载力标准值 f_k

N_{10}	10	20	30	40
f_k（MPa）	8.5	1.15	1.35	1.60

注　1. 本表只适用于黏性土与粉土组成的素填土。

　　2. N_{10} 为轻便触探试验锤击数。

三、山区勘测

（一）山区的地貌与地质特征

山区系指相对海拔高度在 200m 以上，由地势连绵起伏的山岭所构成的山系及山脉地区。其地形地貌特征多受地质构造与地层岩性所控制，通常具有一定的海拔高度或相对高度以及相应的形态要素（如山顶、山坡和山脚），不良地质现象较为发育，岩石裸露，风化较重，局部地段（如沟谷或山麓）分布有零星的第四纪松散土。

一般山区地形形态可按 2km 剖面内的相对高度划分为：

高山：相对高度大于 1000m；

中山：相对高度 500～1000m；

低山：相对高度 200～500m；

丘陵：相对高度小于 200m。

但通常在线路勘测的实际工作中，多半将具有一定高岭起伏的地形，统归属于山区或丘陵地带（主要考虑杆塔设计条件、施工运输及运行条件和针对其线路造价指标的差异），故在实际中不是绝对按着上述规定的高度去区分高、中、低山。

（二）山区的工程地质勘测

由于山区地势陡峻，岩石直接裸露地表，为线路地质勘测提供了便利条件。为此在初勘阶段，地质勘测以调查踏勘为主，应尽量充分利用天然露头（如岩石露头、天然洞穴、断层错动等）和人工露头（采石场、路堑、隧洞等）进行详细的观察与描述。对于基岩露头不明显，且多为各种残坡积层所覆盖地段，可采取简易的山体刨土与山地槽探等手段加以查明，勿需进行钻探。终勘阶段要对逐基塔位进行鉴定和评价，只是在地质构造较为复杂、岩溶十分发育地带以及较大跨越处，方才适当布置少量的勘探工作量。其勘探点多布置于线路与山脊、山脉和分水岭交叉处；不同地貌单元分界处；峡谷岗地或斜坡上较为平坦地带以及其它可能布置杆塔的地点。勘探深度主要取决于基岩的埋藏深度与断层破碎带的分布范围，通常不超过 5m。

由于自然界的物理与化学作用，如温度变化、生物与大气等的作用，会使岩石发生物理机械与化学变化，这种现象统称之为"风化"。岩石遭到风化后，改变了原岩性质、显著降低了各种强度，故在山区线路勘测中，对其岩石的风化程度及坚固性应充分加以重视和全面研究。如在塔位附近岩石直接出露或着覆盖层较薄、风化轻微、岩石完整、裂隙较少而又无黏性土充填裂缝的地方，可广泛采用岩石基础（可节省造价、减少材料运输困难）。故在野外调查时，对其塔位处分布的地层岩性、产状要素、结构构造特征、节理裂隙发育程度、填充物性质以及风化破碎情况，均应详细查明和加以研究，尤其应着重判别岩石的风化程度和特征，划分出不同程度的典型风化带。

风化岩层应对其外观特征加以详细描述，岩层的颜色（风化作用使岩石成分和性质发生变化，首先反映在颜色的变化上，所以在野外观察时应描述新鲜岩石的颜色和风化后的颜色变化），岩层裂隙发育程度及裂隙性质（属于构造节理，还是风化裂隙）分布规律和有无充填物，风化岩层的矿物成分及岩石结构联结特点、岩层的坚固性等，通常在野外可将岩石坚固性分为四级：①用锤子很难敲开的；②用手用力方能折断的；③可用手指便可折断的；④轻微碰动后即可削落的。

在上述观察的基础上，可进一步根据岩石风化程度随其深度变化的特征，将岩石的风化程度划分为六个典型的风化带，即未风化带、微风化带、中等风化带、强风化带、全风化带和残积土带，详见表 9-3-20、表 9-3-21。

表 9-3-20　　　　　　　　　　岩石按风化程度分类（硬质岩石）

岩石类别	风化程度	野外特征	风化程度参数指标		
			压缩波速度 v（m/s）	波速比 K_1	风化系数 K_2
硬质岩石	未风化	岩质新鲜，未见风化痕迹	>5000	0.9～1.0	0.9～1.0
	微风化	组织结构基本未变，仅节理面有铁锰质渲染或矿物略有变色。有少量风化裂隙	4000～5000	0.8～0.9	0.8～0.9
	中等风化	组织结构部分破坏，矿物成分基本未变化，仅沿节理面出现次生矿物。风化裂隙发育，岩体被切割成 20～50cm 的岩块。锤击声脆，且不易击碎；不能用镐挖掘，岩芯钻方可钻进	2000～4000	0.6～0.8	0.4～0.8

续表

岩石类别	风化程度	野外特征	风化程度参数指标		
			压缩波速度 v（m/s）	波速比 K_1	风化系数 K_2
硬质岩石	强风化	组织结构已大部分破坏，矿物成分已显著变化。长石、云母已风化成次生矿物。裂隙很发育，岩体破碎。岩体被切割成2~20cm的岩块，可用手折断。用镐可挖掘，干钻不易钻进	1000~2000	0.4~0.6	<0.4
	全风化	组织结构已基本破坏，但尚可辨认，并且有微弱的残余结构强度，可用镐挖，干钻可钻进	500~1000	0.2~0.4	—
残积土		组织结构已全部破坏。矿物成分除石英外，大部分已风化成土状，锹镐易挖掘，干钻易钻进，具可塑性	<500	<0.2	—

注　1. 波速比 K_1 为风化岩石与新鲜岩石压缩波速度之比。
　　2. 风化系数 K_2 为风化岩石与新鲜岩石饱和单轴抗压强度之比。
　　3. 岩石风化程度，除按表列野外特征和定量指标划分外，亦可根据地区经验按点荷载试验资料划分。
　　4. 花岗岩类的强风化与全风化、全风化与残积土的划分，宜采用标准贯入试验，其划分标准 $N \geqslant 50$ 为强风化；$50 > N \geqslant 30$ 为全风化；$N < 30$ 为残积土。

表 9-3-21　　　　　　　　　　　　　岩石风化程度分类（软质岩石）

岩石类别	风化程度	野外特征	风化程度参数指标		
			压缩波速度 v（m/s）	波速比 K_1	风化系数 K_2
软质岩石	未风化	岩质新鲜，未见风化痕迹	>4000	0.9~1.0	0.9~1.0
	微风化	组织结构基本未变，仅节理面有铁锰质渲染或矿物略有变色。有少量风化裂隙	3000~4000	0.8~0.9	0.8~0.9
	中等风化	组织结构部分破坏。矿物成分发生变化，节理面附近的矿物已风化成土状。风化裂隙发育。岩体被切割成20~50cm的岩块，锤击易碎，用镐难挖掘。岩芯钻方可钻进	1500~3000	0.5~0.8	0.3~0.8
	强风化	组织结构已大部分破坏，矿物成分已显著变化，含大量黏土质黏土矿物。风化裂隙很发育，岩体被切割成碎块，干时可用手折断或捏碎，浸水或干湿交替时可较迅速地软化或崩解。用镐或锹可挖掘，干钻可钻进	700~1500	0.3~0.5	<0.3
	全风化	组织结构已基本破坏，但尚可辨认，并且有微弱残余结构强度，可用镐挖，干钻可钻进	300~700	0.1~0.3	—
残积土		组织结构已全部破坏，矿物成分已全部改变并已风化成土状，锹镐易挖掘，干钻易钻进，具可塑性	<300	<0.1	—

注　1. 波速比 K_1 为风化岩石与新鲜岩石压缩波速度之比。
　　2. 风化系数 K_2 为风化岩石与新鲜岩石饱和单轴抗压强度之比。
　　3. 岩石风化程度，除按表列野外特征和定量指标划分外，亦可根据地区经验按点荷载试验资料划分。
　　4. 花岗岩类的强风化与全风化、全风化与残积土的划分，宜采用标准贯入试验，其划分标准 $N \geqslant 50$ 为强风化；$50 > N \geqslant 30$ 为全风化；$N < 30$ 为残积土。

上述关于岩石风化程度是结合我国实际情况具体划分的，无疑对线路勘测具有指导意义，但由于各地外动力作用的差异，其风化程度也不尽相同，六个典型风化带也不一定完全发育，分界线也很难截然分开，而往往是渐变关系，故不能机械地照搬硬套，应根据野外实地观察具体加以划分，即是同一地区，同一岩性也不能一概而论，如分布在朝阳坡的岩石就比处于背阴坡的岩石风化严重。

鉴于山区线路勘测主要研究对象和经常碰到的多是质地坚硬的岩石，故在野外如何正确地鉴别岩石与掌握手标本的特征，从而准确加以定名，并评价其物理力学性质，实属勘测的首要任务，为此现将三大岩石（岩浆岩、沉积岩、变质岩）的分类及其主要特征分别列出见表9-3-22～表9-3-24。

1. 岩浆岩（火成岩）

它是由熔融的岩浆冷凝而成的，通常在构造上多是块状的，在结构上具有牢固的结晶联结（如常见的花岗岩）。因此反映在物理力学性质上突出表现为不可压缩性和具有较高的力学强度指标、低孔隙和不透水性。由于岩浆冷凝所处部位和速度的不同——根据岩浆岩形成条件的差异，又可将岩浆岩进一步划分为深成岩、浅成岩、喷出岩。

深成岩往往形成巨大的侵入体，分布较广，且岩性均一。具有较高的力学强度，其中抗压强度一般为8～30MPa、坚固系数10～15，该岩石虽质地坚硬，但构造裂隙发育，且易风化。

浅成岩多呈现为小侵入体产出，除伟晶结构外，多为中细粒或斑状结构。岩性变化大且又不均匀，在无强烈风化和构造裂隙时，透水性低，抗压强度很高，一般介于10～30MPa、坚固系数12～20，但裂隙发育，极易风化，故大大降低了力学强度。

表 9-3-22　　火成岩（岩浆岩）分类

颜色		浅色：浅灰、肉红		深色：深灰、深绿、黑色	
化学成分及SiO₂含量(%)		富含 SiO_2		富含 Fe 和 Mg	
		75～65 酸性	65～52 中性	50～40 基性	<40 超基性
矿物成分		主要含正长石类的长石		主要含斜长石类的长石	不含长石
结构特征		石英 云母 普通角闪石	云母 普通角闪石 辉石	普通角闪石 辉石 黑云母	辉石 普通角闪石 橄榄石	橄榄石 或辉石
喷发的（喷至空中沉积而成）	非晶质、玻璃质火山碎屑结构	浮岩、松脂岩、黑曜岩			
		凝灰岩、火山角砾岩、火山集块岩			
喷出的（在地表形成的）	古火山岩	隐晶质斑状（斑岩结构）	石英斑岩	石英斑岩	玢岩	辉绿岩
	新火山岩	隐晶质斑状（斑岩结构）	流纹岩	粗面岩	安山岩	玄武岩
侵入的（在地壳内形成）	浅成的（脉岩）	花岗斑状（似斑状）（伟晶结构）	花岗斑岩 伟晶花岗岩	正长斑岩	闪长玢岩	辉长玢岩
	深成的	全晶质等粒结构	花岗岩	正长岩	闪长岩	辉长岩	橄榄岩或辉岩

表 9-3-23　　沉积岩分类

岩石类型	代表岩石	主要矿物成分	构造与结构特点
碎屑岩	砾岩（角砾岩） 砂岩 粉砂岩	为各种成分的砂砾石胶结而成	层理明显，且多互层为胶结联结
黏土岩	泥岩（黏土岩） 页岩	为黏土质成分胶结而成	层理明显，且多薄层或夹层出现
化学及生物岩	泥灰岩 石灰岩 白云岩	为灰岩与黏土岩过渡类型 以 $CaCO_3$ 成分为主 以 $CaMgCO_3$ 成分为主	层理明显，具有块状构造，为结晶联结

表 9-3-24　　　　　　　　　　　　变质岩分类

结　构	岩石名称	主要的矿物成分	构造和外形特征
片麻状	花岗片麻岩、角闪石片麻岩、柘榴子石片麻岩	长石、石英、云母角闪石、长石、云母、辉石、柘榴石、长石、石英、云母	浅色长石、石英与片状云母或柱状角闪石呈定向交错排列，有时呈眼球状，断面粗糙，颜色大多与花岗岩相同
片　状	云母片岩	云母、石英	当黑云母多时则色深，白云母多时则色浅，石英在云母片岩中含量虽多，但颗粒甚小，肉眼较难看出，断口参差状，多可剥离成片
	绿泥石片岩	绿泥石	呈深绿色的鳞片或叶片状块体，硬度不大于3
	滑石片岩	滑石、绢云母	颜色为白、灰白或微带绿的色调，具有滑感，硬度不大于3
	角闪石片岩	普通角闪石、石英	深绿、暗绿或黑色，片理不明显，较坚硬，由细小的角闪石及细的石英颗粒所组成
千枚状	千枚岩	绢云母、石英及一些黏土矿物	片理较发育，矿物颗粒极小，肉眼不能识别，具绢丝光泽
板　状	板岩	石英、绢云母、黏土矿物	能剥离成板状，非常致密，击之发声清脆，有时微具绢丝光泽
块　状	大理岩	方解石（或白云石）	颜色变化很大，具各种花纹，结晶为粒状。粗粒者矿呈砂状全解理清晰可见，遇盐酸起泡（当白云岩多时粉末才能遇酸起泡）
	石英岩	石英	多为细粒致密状，白色或灰色，油脂光泽，性坚硬
	蛇纹岩	蛇纹石	颜色变化大、有白、黄、绿等色，呈致密的块状，表面较平滑，形同蜡状

喷出岩往往岩性极不均匀，结构构造多种多样，孔隙及裂隙极为发育，产状极不规律，强度变化较大，一般多在10MPa以上，坚固系数为12～20（视具体岩性与构造而定），抗风化能力一般较强。

2. 沉积岩（火成岩）

沉积岩是由破碎的岩石或土经风化剥蚀的长期作用所形成的沉积物，再胶结硬化成岩。它广泛分布于地壳表层，在野外经常遇到此种岩石，其主要特点是具有明显的层理构造，多为胶结联结。由于沉积岩的层状构造，决定了其物理力学性质的各向异性（即垂直于层理方向的力学强度与平行层理方向的强度的差异），通常根据沉积岩形成条件特征的不同，又可将沉积岩划分为碎屑岩（包括火山碎屑岩在内）、坚硬黏土岩、生物和生物化学岩。

3. 变质岩

变质岩是由原生的岩浆岩和沉积岩经过强烈的变质作用（高温、高压），而形成的岩石，即岩浆岩和沉积岩由于物理化学条件（温度、压力、成分）的改变，使原来岩石成分、结构和构造发生显著变化，形成一种新的岩石类型。它们的基本特征与火成岩相近似，如具有相当牢固的结晶联结和熔合联结；较高的力学强度、不可压缩性。但由于在高温高压作用下变质岩通常具有片理构造（片麻状或片理状），决定

了岩石性质的各向异性。

岩石的允许强度往往是根据岩石最普遍测定的极限抗压强度来确定的，通常情况是对于极坚硬岩石允许压力可采用1/20～1/25抗压强度；对于中等坚固的岩石可采用1/10～1/20；对于半岩质岩石及松软岩石可采用1/5～1/10。而风化岩石的允许压力可按岩石风化程度降低25%～50%。

岩石的力学强度除了抗压强度外，尚有抗剪强度、抗拉强度、抗弯强度。它们之间的关系一般说来极限抗拉强度远远小于极限抗压强度，平均为抗压强度的3%～5%；而极限抗弯强度又大于极限抗拉强度，平均为极限抗压强度的7%～15%；极限抗剪强度为抗压强度的6%～8%。

四、特殊地区勘测

线路勘测的几种特殊地区系指跨越河流、不良物理地质现象发育地段（包括有滑坡、崩塌、岩堆、泥石流、岩溶、地震等）以及几种特殊类土分布地区（包括有湿陷性的黄土、膨胀性的胀缩土、含可溶盐的盐渍土以及软弱的淤泥、泥炭土等），现分述如下。

（一）跨越河流的勘测

河流跨越位置是线路勘测的重要地段，而河谷地

貌又为特殊的地形形态，故在线路勘测设计过程中必须给予充分重视。

在进行河流跨越处的线路勘测时（尤其是对特大跨越位置），应全面搜集地质地层资料和查明如下问题：

（1）河谷两岸地貌单元及地形特点，岸边有无冲刷、崩塌、滑坡等破坏现象及发育程度（即有无侧向侵蚀）。

（2）河流两岸新构造运动、地质构造特征，节理裂隙发育程度及有无构造断裂现象、地层岩性特点有无弱软夹层及不稳定倾斜地层的分布。

（3）跨越地段的水文地质条件，包括地下水埋藏深度，与地表水（河流、湖泊等）有无水力联系，含水层厚度，分布规律及透水情况等。

为进一步掌握河流跨越的工程地质条件，对于重要跨越处的每一岸边至少应布置 1~2 个勘探点。如为冲积层，则勘探深度，一般控制在 10~15m；如为基岩出露的河岸，可采取试坑及槽探方式加以查明，其勘探深度视基岩埋藏深度而定。（对于风化破碎带应予以剥离），当岩石质地坚硬，且较新鲜时，则可考虑利用岩石基础的可能性。对于特大跨越工程的地质勘探点，均应取样进行试验，掌握其土石的物理力学性质。当地下水浸没基础时，尚应采集水试样，以判定地下水质对混凝土基础的腐蚀性。个别地段涌水量特大时，尚需进行简易抽水试验，以便为基坑排水提供必要的资料。

（二）滑坡、崩塌及岩堆

处在斜坡上的岩层（包括土和石），由于自身的重力作用和地下水活动而失去稳定性，产生向斜坡下方运动的现象，统称为滑动。根据岩体滑动的特点及状态特征，又可区分为崩塌、岩堆和滑坡。

1. 崩塌

崩塌系指陡峻斜坡上的巨大岩块，在外力作用下失去平衡而突然产生坠落，而且坠落过程中岩块倾倒翻转相互撞击破碎，堆积于坡脚的平缓地带。这种现象发生在山区称作为山崩，而处于深切河谷两岸则为岸崩。

2. 岩堆

岩堆多发生于山区，它是指处于陡峻斜坡上的岩石受到强烈风化剥蚀作用，使大量岩石破碎，失去平衡沿山坡滚落下来，并堆积于坡脚下。岩堆的堆积物称为倒石堆。斜坡坡度大小、岩石的破碎程度、节理裂隙发育特征以及自然与人为等因素，使处于斜坡的岩块失去自然平衡，是产生崩塌与岩堆的重要条件。崩塌与岩堆的主要区别见表 9-3-25。

由于崩塌现象经常突然发生，岩石坠落迅速而猛烈，难以防治，而对于堆积作用范围较广的倒石堆又

多不稳定，故在选线时应尽量避开崩塌及岩堆发育地段。对于局部发育地段，可以在定位时直接跨过，此

表 9-3-25　崩塌与岩堆的主要区别

作用特征	崩　塌	岩　堆
作用过程	石块崩落快而猛烈	慢而缓和
作用范围	一般有限	面积较广
形成作用	内外力地质作用形成的产物	主要是外加作用——物理作用
形成物质	大小碎屑杂乱无章堆积	粗细较均，堆积有一定规律

外尚需考虑处于线路上方的崩塌岩块及滚石对导线及杆塔可能造成的危害，必要时应在施工时加以处理和采取相应措施。从工程地质角度来看，崩塌和岩堆的最大危害是给线路安全与杆塔稳定带来严重威胁，甚至可能发生毁灭性的破坏，故在山区勘测中应作为重点，详细查明崩塌及岩堆产生的可能条件、存在地点、作用范围、发育程度，并进一步研究其组成岩堆及崩塌的物质成分和构造裂隙特征，最终判定其稳定性（如根据其岩堆空隙处填充的黏土，并长有茂盛植被，说明该岩堆处于相对稳定状态）。必要时，可于山坡地段适当布置槽探详细查明。

3. 滑坡

处于斜坡上的岩体（包括第四纪松散的土体）受到重力及地下水等自然条件作用或某些人为因素的影响，而使土体失去平衡，沿着滑动面向下做整体滑动的现象称为滑坡。

滑坡的形成和发育主要因素是：

（1）具有与斜坡倾向一致的土石接触层面，并有地下水通道。

（2）具有充足的地下水补给来源，如大气降水、融雪及其它地表水沿裂隙渗透。

（3）由于斜坡上荷重的增加或下方土石的开挖，地下水侵入层间软弱夹层，水流的冲刷破坏了坡脚的天然支撑。如工程滑坡、岩体错落、老滑坡复活等。

由于滑坡的危害性较大，活动较缓慢，且不易被人们所察觉，故在线路勘测中，必须对滑坡地段进行较详细的工程地质勘测工作，查明滑坡分布的大致范围、性质、形成和发育条件及发展趋势，最终判定其稳定性。勘测手段主要以地质测绘、野外调查为主，适当配合物探、化验等，通常在野外识别滑坡主要根据如下方法：

（1）根据滑坡所特有的地貌形态，如在地形上存在着圈谷、变位阶地、滑坡裂隙等。

（2）根据滑坡体上地物特征加以判断，如树木歪斜或醉汉林分布、建筑物变形、泉水露头及喜水植物的出现。一般在滑坡的斜坡上均长满植被，斜坡多

是平缓的，没有地下水露头出现。

（3）根据地层岩性及水文地质条件加以鉴别，如倾斜岩层中有含水层存在并与山坡方向一致时，则易产生滑坡。软弱夹层及破碎带也往往造成滑坡体。

（三）泥石流

泥石流是一种强大的特殊水流。它与一般洪水不同，其中夹有大量泥砂和碎石，通常规定若水中携带的泥砂、石块等固体物质的含量超过 10% 者均称为泥石流（也有叫作野山洪、流石流泥或石洪等）。山岳地区当发生暴雨或积雪迅速融化时，常形成野山洪。在洪流中夹带的大量泥石迅猛地流经山涧谷地，最后将其大量的碎屑物堆积于谷口外缘，形成冲积锥（或洪积扇）。由于泥石流具有极大破坏性，来势凶猛，瞬间暴发，故在线路勘测中必须充分重视。总之，泥石流通常是在适当的地形、地质、水文、气候、植被等自然因素及某些人为活动（如乱伐树木、破坏水土保持等）的错综复杂条件作用下才能形成。一般应具备以下三个基本条件：

（1）地形陡峻具有长而顺直的沟床，纵向坡度较大，源头具有瓢状的集中泥石和水流盆地，出口多是峡谷。

（2）源头分布有大量松散堆积物（如泥砂、石块等），易被冲刷。

（3）具有较广泛的汇水面积，水源集中，有特大的暴雨和源头或有冰川、积雪的急剧融化。

另外，强烈的地震、雪崩和滑坡等都可以促成泥石流的发生。因此应加强野外调查，弄清有无发生泥石流的地形、地质、水文、气候等自然条件，并注意收集有关文献记载资料。同时尚应向当地居民访问泥石流出现时间、作用范围、持续时间以及发生情况等。

由于泥石流具有较大的破坏性，且难以防治，故在野外选线和定位时，应尽量设法避开和绕过，如果线路需经过此区或难以躲开时，则线路的走向应尽可能与泥石流经过地段成直交或于分水岭通过，严禁将杆塔立于泥石流区的谷地内或泥石流堆积沟口处。当线路穿越冲积锥（或洪积扇）时，最好从冲积锥顶部或上方跨越，不能在不稳定的冲积锥（洪积扇）上布设杆塔。

（四）岩溶

岩溶是某些可溶性岩石（主要是碳酸盐类岩石）所特有的一种物理地质现象。可溶性岩石受到地下水或地表水的溶解和冲刷作用，生成溶沟、溶槽、溶洞及地表的畸形山峰等独特的地貌景观，亦可称为"喀斯特"现象。

由于岩溶的地质作用结果，形成大量的地表及地下溶洞，而这些洞穴容易产生塌陷，从而导致地面建筑物变形或破坏，故于线路的选线及定位时必须对此加以注意。

岩溶形成的条件如下：①必须有可溶岩的存在；②在岩层中地下水是流动的；③地下水对岩石具有溶蚀破坏能力。上述条件必须同时具备，才能形成"喀斯特"地貌。

与岩溶发育的有关因素如下：

（1）可溶岩石的成分和性质；

（2）地质构造，岩层产状和埋藏条件；

（3）地下水的化学性质及循环条件；

（4）地形、气候、水文及植被分布情况。

在野外调查中应着重查明岩溶溶洞的分布，并对岩溶溶洞存在与其杆塔基础稳定性做出评价，而对于岩溶的发育速度无须了解。除石膏、岩盐等易溶岩的溶解速度很快外，其它易溶岩（特别是碳酸盐类岩石），在百年内的溶解速度是微不足道的，故在实际勘测中可予以忽略。

由于洞穴的塌陷可能危及线路杆塔的安全，因此在选线时尽量避开洞穴发育地段，如需从此区通过时，则杆塔应放在相对稳定地段。在构造断裂带发育地段，由于岩石破碎、地下水循环剧烈，常为岩溶发育地区，故线路应尽量绕过，塔位要避开洞穴及其塌陷可能影响的区域。

线路勘测应通过工程地质测绘（或调查）查明沿线（或塔位处）岩溶分布规律和发育程度。研究构造断裂（包括断层与岩层节理裂隙）与岩溶发育的关系，从而最终指明线路安全与合理的路径及杆塔布置的稳定地段，并通过现场调查和访问进一步了解洞穴及塌陷发生时间、地点、发展趋势和扩展范围，如洞穴的大小、形状、分布特征（是水平排列，还是垂直分布）和埋藏条件等要素。若必须于溶洞附近布置杆塔，可适当配合必要的勘探或物探（主要是电法勘探），查明地下掩埋洞穴位置、大小以便合理布设杆塔。

（五）沼泽

沼泽是一年四季中经常或大部分时间土层被水充分浸润饱和的地区。它的形成需具备一定的地形、地质、水文和气候等条件。在地形上是处于相对低洼处，极易汇水，从地质上来看地面下必有不透水或透水性较弱的隔水层存在；就水文气象而言必有地表水和地下水的补给来源，当具有排泄不畅，相对湿润，蒸发不强等因素时才能形成。

通常情况下，由于湖泊的淤积堵塞，永久冻土地区表土融化、干旱地带的冲积锥或山前倾斜平原的潜水溢出带等都可能出现沼泽。此外，由于修建水库，改变了原有的水文地质条件，也可以于库区回水淹没地带及岸边低洼地带形成沼泽湿地。总之，沼泽分布是广泛的，在山岳、丘陵、高原、平原、海滨地区都可以形成，如东北山地的高原沼泽、松辽平原与三江平原的低洼地沼泽、青藏与新疆等地的内陆盆地，长江中下游平原的湖泊沼泽等。线路勘测时，必须对此加以重视和采取相应的措施。一般根据沼泽所处位置可以划分为高地沼泽（在山岭、山坡上，多以大气降水补给）和低地沼泽（在山坡中部，系由降雨和地下水混合补给）。

在过分潮湿、易于积水、地势低洼的沼泽分布地区内，由于大量植被的不断生长与死亡及其残体的积累，而于接近地表处沉积了大量含有腐殖质较多的沼泽土，一般可分为泥炭沼泽土、腐殖质沼泽土和淤泥沼泽土等。

沼泽土的基本特点是含有大量的有机物，所以具有一系列特殊的工程地质性质。如高含水性、高孔隙性、高持水性（即达到过饱和状态），同时具有较明显的塑性，多数属于软可塑到流塑状态。反应在力学性质上，具有高压缩性，低抗压性，抗剪强度极低，稳定性差，承载力极低，尤其是含腐殖质较多的泥炭和淤泥，其力学性质更差，故在这些沼泽土分布地区，均不适宜作为杆塔的天然地基。且沼泽水中常含有大量的碳酸盐侵蚀性，故对混凝土基础均具有很强的腐蚀性。因此在线路选线时，应尽量设法绕过和避开泥沼地区，宜在地形较高部位（如分水岭、残丘或高地）通行为佳。如要在一些宽广的水草地、沼泽湿地通过时，则应尽量把线路设在沼泽分布最窄，淤泥、泥炭层埋藏最浅的相对稳定地段。

在线路勘测过程中，应对沼泽的分布范围、成因、种类、沼泽土的厚度及性质进行详细调查和研究，必要时适当布置一定量的勘探工作，借以查明沼泽土的埋藏深度及其物理力学性质。其勘探深度应穿透沼泽土，达到沼底出现密实地层为止，并相应采取各种土试样进行试验分析，同时于每一沼泽湿地分布区亦应取水试样 1~3 件，进行侵蚀性水质分析，以便确定其沼泽水对混凝土基础的侵蚀性。

（六）湿陷性黄土类土

湿陷性黄土类土是一种特殊的第四纪内陆干旱与半干旱地区分布广泛的松散堆积物，多集中在我国北方地带（西北、华北、东北地区）。这类土以其具有大孔性、湿陷性（遇水突然下沉）及富含钙质等独特性质而区别于其它类土。

一般，湿陷性黄土具有下列几点主要特征：黄或棕黄色，以粉粒为主，富含碳酸钙，层理不明显，但柱状节理发育，具有大孔性及湿陷性等。具备上述全部特征者，即为"典型黄土"，与此相类似，但缺少某些特征者称为"黄土状土"。两者均统称为"湿陷性黄土类土"，一般可笼统简称为"黄土"。

黄土不仅分布范围广（主要分布在西北黄土高原、华北及东北平原中部）而且具有独特的湿陷性，同时还发育着不良的地质现象，如湿陷，陷穴和沟谷等，故在线路勘测过程中，必须重点研究相适应的杆塔基础型式及防护措施。

1. 湿陷

湿陷性黄土很重要的一个特性是具有遇水后结构破坏产生附加下沉的性质，通常把这种现象名称为湿陷。这是因为黄土在外荷作用下，当水浸入其内时会产生一种特殊变形（即浸水后黄土本身结构破坏，体积骤然减小的性能）。

湿陷性黄土浸润湿陷而引起的地基下沉往往是突然的，同时下沉量也是很大的。湿陷的产生往往伴随着地基的过大变形而导致建筑物的破坏。在线路工程中会造成塔基歪斜，不均匀下沉等，故对湿陷性黄土必须进行工程地质研究和评价。具体的评价方法很多，通常可分为间接和直接两种。前者是根据与湿陷有关的某些主要特征，大致估计和定性说明黄土湿陷的可能性；后者则定量判定其湿陷性质和大小。确切地说，间接法就是根据与其地理、地质环境、黄土成分和状态有关的特征，来定性地估计湿陷的可能性。

从宏观来看，黄土或湿陷性黄土在我国分布广泛，主要地区有陕、甘、宁、晋、豫、冀及东北部分地区。在下列一些地区，黄土的湿陷性可能大些。

（1）干燥气候条件下形成的黄土分布区，其中风成、坡积、洪积的黄土地区比冲积、残积黄土地区湿陷性要大些。

（2）地势较高地区分布黄土，如分水岭、高地分布黄土就比河谷、低地的湿陷性要大些。

（3）黄土层较厚，且埋藏较浅地区，埋藏深度在 10m 以内，尤其是接近地表 2m 左右湿陷性最为明显。

（4）地下水埋藏较深地带（以潜水埋深大于 5m 以下者，湿陷性较明显）。

具备下列特征者可能发生湿陷：

（1）以粉粒为主（含量约占 50% 以上），黏粒含量较少（仅有 20% 以下）。

（2）含有较多的易溶盐类、中溶盐（其中易溶盐含量为 3%~5%，中溶盐含量为 0.4%）。

（3）高孔隙度和具有明显的大孔性（肉眼能见到的大孔隙，通常孔隙度为 45%~50% 者为具湿陷性，小于 40% 者为非湿陷性）。

（4）天然含水量低（$W/W_P < 1~1.2$）。

（5）低塑性（塑性指数小于 10~20）。

上述这些特征只能定性说明黄土是否可能产生湿陷和湿陷的强弱，而不能定量判定湿陷大小。

直接法则是通过试验和野外试验直接测得湿陷变形的数值，其方法很多，一般是采用湿陷系数（δ_s）和湿陷变形量（亦称湿陷量）来作为主要评定指标。

湿陷变形量的测定则是以野外载荷试验在 200kPa 压力下浸水后所产生的附加变形量，以湿陷量 s 与承压板宽度 b 之比 s/b 来表示，并以湿陷系数 $\delta_s \geq 0.015$ 作为划界标准，或以湿陷量与承压板宽度之比（s/b）为 0.023 作为划界标准。

若 $\delta_s \geq 0.015$ 则该土被称之为湿陷性土；$\delta_s < 0.015$ 则定为非湿陷性土。

若 $s/b \geq 0.023$ 为湿陷性土；$s/b < 0.023$ 为非湿陷性土。

当前，工程界多按湿陷系数 δ_s 值把湿陷性黄土分为以下几类：$\delta_s = 0.015 \sim 0.02$，为轻微湿陷；$\delta_s = 0.02 \sim 0.07$，为中等湿陷；$\delta_s = 0.07 \sim 0.10$，为强烈湿陷；$\delta_s > 0.10$，为很强烈湿陷。

2. 陷穴

有些湿陷性黄土类土受地下水的侵蚀作用，能在土中形成暗沟、暗穴和天然桥等洞穴现象，叫作黄土陷穴或被称为"黄土喀斯特"现象。其实这种洞穴现象的地质作用性质与石灰岩中的喀斯特现象是有区别的，前者属于机械物理的潜蚀作用，而后者则多为化学淋离作用。

黄土陷穴的类型有漏斗状陷穴、竖井陷穴、串珠状陷穴和暗穴。其中暗穴危害最大，也是线路工程中的隐患，勘测过程中应特别注意。它们的发育与发展主要受地形地貌、地层岩性和构造裂隙、地下水活动所控制，其分布没有规律性，可用物探方法查明。

3. 沟谷

在湿陷性黄土类土中，沟谷十分发育，尤其是高原及丘陵地区，每当暴雨发生或急剧融雪而形成的间歇性急流时，会对湿陷性黄土类土具有强烈的切割破坏作用，常出现各种沟谷。沟谷大小、形状主要取决于当地斜坡汇水面积，表土性质、植被情况、水土保持、气候及地表泾流等条件，同时也受当地的河流侵蚀基准面所控制。此外，人为活动因素对沟谷发生与发展也有着一定影响。

沟谷形成的过程主要有：溯源侵蚀，沟床下切与侧面侵蚀，谷坡的扩张方式与沟谷相伴生的不良地质现象，如陷穴、滑坡、崩塌、泥流和湿陷等。

线路勘测中应将湿陷、陷穴及冲沟的位置、形态及大小性质等，在野外详细记录，并应向当地居民调查这些不良地质现象的发生经过、发展速度以及地表变形和塌陷破坏等情况，以便判定对杆塔位的影响。

（七）盐渍岩土

盐渍岩土是指岩土中含有石膏、芒硝、岩盐（硫酸盐或氯化物）等易溶盐，其含量大于 0.5%，且自然环境具有溶陷、盐胀等特性。

按成因及其特征，盐渍岩土是盐土（含多量易溶盐类的土）和碱土（含碳酸钠和重碳酸钠较多，且多呈强碱性反应的土）的统称，其种类繁多，一般常根据含盐量及含盐性质进行详细分类，见表 9-3-26。

表 9-3-26   盐渍土含盐量分类

盐渍土名称	平均含盐量（%）		
	氯及亚氯盐	硫酸及亚硫酸盐	碱性盐
弱盐渍土	0.3 ~ 1.0	—	—
中盐渍土	1 ~ 5	0.3 ~ 2.0	0.3 ~ 1.0
强盐渍土	5 ~ 8	2 ~ 5	1 ~ 2
超盐渍土	>8	>5	>2

当土中易溶盐含量大于 0.3%，且具有溶陷、盐胀、腐蚀等工程特性时，应制定为盐渍土。当含盐量大于 3% 时，土的物理力学性质根据盐分的种类及多少而定。通常盐渍土的性质极不稳定，当干燥时抗压强度甚大，但受潮湿后很快变软，强度骤然降低，故对地基稳定极为不利。当盐渍土埋藏深度小于 2m 时，如能采取适当措施，还是可以通过的，但选线应尽量避开富含盐碱较高的低洼地段，绕行或跨过为宜，否则应选择下列地段通过为妥：

（1）含盐较少而不宜稀释的地段。

（2）黏土之上覆盖有轻亚黏土的地段。

（3）地势较高的地下水埋藏较深的地段。

（4）没有新产生盐碱地段。

线路勘测中应以地质调查和测绘为主，查明其盐渍土的分布范围、湿化程度、土的性质及结构特征、含盐成分、数量、生成环境以及地下水埋藏深度、汇水情况和动态变化等。当确定线路穿过盐渍土地段时，则应在该地段布置适当勘探点，同时亦需取水、土试样进行试验分析，其勘探深度与间距可视工程地质条件而定。

（八）地震

地震是构造运动或其它原因所引起的地壳岩层的震动。受到地震显著影响的区域叫作地震区。地震按成因不同，可分为四类：

（1）构造地震：地壳在发生隆起，凹陷及错动断裂等构造运动时所引起的，是最普遍最重要的一类，其特点为震力及震域范围很大，且危害也极大。

（2）火山地震：由于火山活动引起的，其特点为震力强但震域不大。

（3）陷落地震：由于地壳陷落引起的，多见于石灰岩地区喀斯特溶洞的塌陷及山崩等，其特点为震力和震域都较小。

（4）诱发地震：由于水库蓄水后而引起的地震（震级较小多在 3 级以下）。

我国地震分布相当普遍，一般根据多次地震带为划分地震域的根据，通常工程界习惯按着地震烈度划分为强震区（6度以上）和弱震区（5度以下）。

由于地震对建（构）筑物有巨大的破坏能力，所以在地震区架设送电线路工程时必须加以深入研究。地震能力传播主要依靠震波传播，通常震波可划分为纵波，横波和表面波。其中表面波破坏力最强，横波次之，而纵波最小。

地震对某一地区影响的强烈程度或建筑物的破坏程度称为地震烈度。地震烈度除受震级影响外，尚受距震源远近、地质如地形等条件的影响，通常地震作用的强度多以烈度表示，其鉴定标准见表9-3-27。

表 9-3-27　　　　　　　　　　　地 震 烈 度 标 准 表

等级	名　称	加速度 (cm/s²)	地震系数	地 震 情 况
I	无感震	< 0.25	$< \frac{1}{4000}$	不能感觉只有仪器可以记录
II	微震	0.26～0.5	$\frac{1}{4000} \sim \frac{1}{2000}$	少数在休息中极宁静的人感觉，住在楼上者更容易
III	轻震	0.6～1.0	$\frac{1}{2000} \sim \frac{1}{1000}$	少数人感觉地动（如有轻车从旁经过），不能立刻断定其地震，震动来自的方向或继续时间有时约略可定
IV	弱震	1.1～2.5	$\frac{1}{1000} \sim \frac{1}{400}$	少数在室外的人和极大多数在室内的人都感觉，家具等物有些摇动，盘碗及窗户玻璃震动有声，屋梁天花板等咯咯地响，缸里的水或敞口皿中的液体有些荡漾，个别情形惊醒了睡觉的人
V	次强震	2.6～5.0	$\frac{1}{400} \sim \frac{1}{200}$	差不多人人感觉，树木摇晃，如有风吹动，房屋及室内物件全部震动，并格格作响，悬吊物如窗帘、灯笼、电灯等来回摇动，挂钟停摆或乱打，器皿中的水满的溅出一些，窗户玻璃出现裂纹，睡觉的人被惊逃户外
VI	强震	5.1～10.0	$\frac{1}{200} \sim \frac{1}{100}$	人人感觉，许多惊骇跑到户外，缸里的水激烈的荡漾，墙上的挂图、架上的书会落下来，碗碟器皿打碎。家具移动位置或翻倒、墙上灰泥发生裂缝，坚固的庙堂房屋亦不免有些地方掉落了些泥灰，不好的房屋受相当损伤，但还是轻的
VII	损害震	10.1～25.0	$\frac{1}{100} \sim \frac{1}{40}$	室内陈设物品和家具损伤甚大，庙里的风铃叮当地响，池塘里腾起波浪，并翻出浊泥，河岸砂碛处有些崩滑，井泉水位改变房屋有裂缝，灰泥及雕塑装饰大量脱落，烟囱破裂，骨架建筑的隔墙亦有损伤，不好的房屋严重损伤
VIII	破坏震	25.1～50.0	$\frac{1}{40} \sim \frac{1}{20}$	树木摇摆、有时断折，重的家具物件移动很远或抛翻，纪念碑或像从座上扭转或倒下，建筑较坚固的房屋如庙宇亦被损害，墙壁间起了缝或部分裂坏，骨架建筑隔墙倾脱，塔或工厂烟囱倒塌，建筑特别好的烟囱顶部遭破坏，陡坡或潮湿的地方发生小小裂缝，有些地方涌出泥水
IX	毁坏震	50.1～100.0	$\frac{1}{20} \sim \frac{1}{10}$	坚固的建筑如：庙宇等损伤颇重，一般砖砌房屋严重破坏，有相当数量的倒塌，以至不能再住。骨架建筑根基移动，骨架歪斜，地上裂缝颇多
X	大毁坏震	100.1～250.0	$\frac{1}{10} \sim \frac{1}{4}$	大的庙宇，大的砖墙及骨架建筑连基础遭受破坏，坚固的砖墙发生危险的裂缝，河堤、坝梁域垣均严重损伤，个别的被破坏，钢轨亦挠曲，地下输送管破坏，马路及柏油街道起了裂缝与皱纹，松散软湿之地开裂相当宽及深的长沟，且有局部崩滑，崖顶岩石有部分崩落、水边惊涛拍岸
XI	灾震	250.1～500.0	$\frac{1}{4} \sim \frac{1}{2}$	砖砌建筑全部坍塌，大的庙宇与骨架建筑亦只部分保存。坚固的大桥被破坏，桥柱崩裂，钢梁弯曲（弹性大的木桥损坏较轻），城墙开裂崩坏。路基堤坝断开，错离很远、钢轨弯曲且凸起。地下输送管完全破坏，不能使用、地面开裂甚大，沟道纵横错乱，到处土滑山崩，地下水夹泥沙，从地下涌出
XII	大灾震	500.1～1000	$> \frac{1}{2}$	一切人工建筑物无不毁坏，物件抛掷空中，山川风景变异。范围广大，河流堵塞造成瀑布，湖底升高，地崩山推，水道改变等

对于线路处于地震烈度为7级及以上地区，选线及定位应考虑如下情况：

（1）线路路径尽量绕过强震和地震多发地区，同时应避开构造断裂发育地区及深大断裂带或采取斜交和直交等方式跨过。

（2）线路通过山地时，杆塔不应布置在悬崖、峭壁的边缘或地震时易产生滑动、崩塌、岩堆、岩溶、塌陷等塌滑现象所影响的地段。

（3）线路穿越平原地区时，应尽量避开第四纪覆盖层较薄（3～5m）、地下水埋藏深度较浅的松软饱和土层地段；当线路经过丘陵时，则应在较宽处通行。

（4）线路勘测首先应详细收集线路经过地区已有的地震资料和古地震记载文献，同时尚应进行地震调查（包括对当地居民访问的资料），并指出对杆塔布置不利的地点，如线路通过强震区（地震烈度处于8°以上地区），尚应作专门性地震研究，并将有关资料提交给地震部门进行鉴定。

（九）水库坍岸

通常多把水库称之为"人工湖泊"，原来的河谷由于水库的建成，改变了水文及水文地质条件，岸边旧有的平衡状态被破坏，库岸不断产生新的大量的坍陷，形成新的库岸，这种工程地质现象称为水库坍岸，这种作用亦称为水岸的岸边再造。水库的岸边的再造过程一般是很缓慢的，但是应注意，初期坍库的发展速度较快，往后则坍岸速度逐渐减缓，水库岸边再造的过程通常可分为三个阶段：即岸壁的破坏；坍落物质的迁移及浅滩的形成；水上岸坡的逐渐稳定化。

对于新建线路的选线及定位，应尽量避开水库坍岸范围，对已建于水库区的旧有线路，应按坍岸范围，并考虑坍岸速度，予以拆迁或采取相应防护措施。

（十）矿区和油田

当线路穿越矿区和油田时，应详细收集和了解有关矿区和油田分布的范围、埋藏条件、开采方式、现今发展状况及未来开采规划等资料，以便在有关部门协助下，将线路和杆塔位设于较为适当地点。通常线路最好绕过矿区或避开油田（油气富集带），若为此而使线路路径增长投资加大时，可以考虑穿越矿区和油田，但应选择合理的通行地段和采取必要措施（如保留一定的安全矿柱或杆塔位于非蓄油构造的穹隆地段）或暂时于矿区和油田的远景规划区通行。线路尽量不要通过矿山地下采空区和油田蓄油构造开采区，因为这些地段对于线路安全和稳定均带来不利因素，同时由于矿山和油田的继续开发，由此而产生地面坍陷及地表位移与变形，故在选线及定位时必须

对这些地下坑道位置，蓄油构造形状与大小、埋藏深度、地面有无位移和裂隙出现，建筑物有无变形等进行详细的调查与了解，必要时可利用物探手段查明其旧有坑道位置，以便最终确定其合理的路径方案，使线路尽可能通过矿区边缘或贫矿区（包括非蓄油构造带）。

五、勘测资料的整理

1. 资料整理的内容

对所收集到的地质文献资料要加以汇总，并将这些资料经详细研究分析，摘录和复制必要的文件和图纸，作为室内定线、重点踏勘及设计依据的资料。

2. 对野外工作资料的整编

包括有工程地质测绘、调查、勘探及某些野外简易试验等。这些资料一般为原始记录、野外素描、草图、摄影等原始材料，若数量较大时，应分类系统加以编录。需要在野外绘制成图表曲线的资料，均应在现场及时整理完成。

3. 对室内试验资料的整理

室内试验资料包括所有水、土试验资料，个别情况还有岩石试验资料（如采用岩石基础）。整理时首先要对这些试验成果的正确性和可靠性进行核查，充分联系野外地质条件和工程特性进行综合分析，最后提出水、土特征的评定意见。为便于设计使用，可将这些资料绘制成必要的综合图表及曲线。

4. 编写地质报告书

在上述资料整理的基础上，最终提供出线路勘测的报告书或文字说明及必要的图表。如复杂地质条件地段的工程地质图、不良地质现象发育地段及较大跨越地段的线路地质断面图及某些探井、坑槽、钻孔等地质柱状图。

报告书及文字说明的具体内容包括：

（1）地质工作概述：简要叙述勘测任务的要点、工作内容、工作量、工作方法及完成情况等。

（2）沿线地形地貌及物理地质现象：叙述地貌单元、地形特征、物理地质现象及其发育程度以及它们对线路的危害等。

（3）沿线地质构造：对平原区应着重阐明第四纪地层的成因类型、地层岩性特征、厚度变化及土的工程地质性质。对于山区应着重阐明基岩的岩性、风化及破碎程度，构造裂隙及断裂特征。如有覆盖层，尚应进一步查明其成因、岩性、厚度及基岩的接触关系。

（4）沿线水文地质条件：叙述地下水的类型、分布、埋藏深度、含水层性质与地表水体的关系、动态变化（水位年变化幅度）以及对基础的腐蚀性等。

（5）沿线各方案工程地质条件的说明，通过塔位地质明细表（见表9-3-28，为说明书的中心内容），

应将线路的工程地质条件详尽叙述，列表说明沿线地貌单元及岩土分布特征、土石的物理力学性质和有关的工程措施建议，并同时阐明各线路方案的工程地质条件的优劣，经过全面比较，最后从地质条件提出推荐方案。

5. 评价水、土腐蚀

评价水、土对混凝土基础、钢筋混凝土结构的腐蚀性，应按照岩土工程勘察规范的要求进行：

（1）当杆塔基础处于地下水位以下时，应取地下水位以上的土样和地下水水样，并应分别进行土、水的腐蚀性测试。

（2）当杆塔基础位于地下水位以上时，应取土样作土的腐蚀性测试。

（3）当杆塔基础（包括混凝土或钢筋混凝土结构）处于地表水中时，应取地表水进行水的腐蚀性测试。

水、土的腐蚀性测试项目见表9-3-29和表9-3-30。

表9-3-28　　　　　　　　　　　工程地质勘测杆（塔）位明细表

塔号 No	勘探点编号	勘探点位置	地貌	地 层			地下水位埋深（m）	备 注
				深度（m）	描 述	状态		

工程地质科长　　　　　　工程负责人　　　　　　填表

表9-3-29　　　水的腐蚀性测试项目

序号	测试类别（水的化学分析）	测试项目	测试方法
1		pH 值	电位法
2		$Na^+ + K^+$	差减法
3		NH_4^+	纳氏试剂比色法
4		Ca^{2+}	EDTA 容量法
5		Mg^{2+}	EDTA 容量法
6		Cl^-	摩尔法
7	水对混凝土结构的腐蚀性测试	SO_4^{2-}	EDTA 容量法
8		HCO_3^-	酸滴定法
9		CO_3^{2-}	酸滴定法
10		OH^-	酸滴定法
11		NO_3^-	水杨酸比色法
12		侵蚀性 CO_2	盖耶尔法
13		游离 CO_2	碱滴定法
14		总矿化度	质量法
15	水对钢筋混凝土结构中钢筋的腐蚀性测试	Cl^-	摩尔法
16		SO_4^{2-}	EDTA 容量法
17	水对钢结构的腐蚀性测试	pH 值	电位法
18		Cl^-	摩尔法
19		SO_4^{2-}	EDTA 容量法

注　1. 序号9和10两项，根据酚酞碱度和甲基橙碱度不大时，应用两者结果计算。

　　2. 对序号13，当无条件取到侵蚀性 CO_2 水样时，可不进行测试。

腐蚀性评价首先应考虑场地与沿线地段的环境类别。

腐蚀性评价对周围环境的分类见表9-3-31，受气候影响和受浸透影响的水土腐蚀介质评价见表9-3-32

～表9-3-33，水、土对钢筋、钢结构的腐蚀性评价分别见表9-3-34～表9-3-36。

表9-3-30　　　　　土的腐蚀性测试项目

序号	测试类别	测试项目	方 法
1		$K^+ + Na^+$	差减法
2		NH_4^+	纳氏试剂比色法
3		Ca^{2+}	EDTA 容量法
4		Mg^{2+}	EDTA 容量法
5	土对混凝土结构的腐蚀性测试（土的易溶盐全量分析）	Cl^-	摩尔法
6		SO_4^{2-}	EDTA 容量法
7		HCO_3^-	酸滴定法
8		CO_3^{2-}	酸滴定法
9		OH^-	酸滴定法
10		NO_3^-	水杨酸比色法
11		总含盐量	质量法
12	土对钢筋混凝土结构中钢筋的腐蚀性测试（土的易溶盐分析）	Cl^-	摩尔法
13		SO_4^{2-}	EDTA 容量法
14	土对钢结构的腐蚀性测试	pH 值	锥形电极法
15		氧化还原电位	铂电极法
16		极化曲线	两电极恒电流法
17	原位测试	电阻率	交流四极法
18	室内扰动土测试	质量损失	管罐法

注　1. 序号8和9两项，根据酚酞碱度和甲基橙碱度不大时，应用两者结果计算。

　　2. 序号14、15和16三项，当无条件进行原位测试时，宜作原状土测试。

　　3. 土的易溶盐全量分析的水浸出液采用土水比为1:5。

表 9-3-31　腐蚀性评价对周围环境分类

环境类别	气候区	土层特性	干湿交替	冰冻区（段）
I	高寒区干旱区半干旱区	直接临水，强透水土层的地下水中，或湿润的强透水土层	有	混凝土不论在地面上或地面下，当受潮或浸水，并处于严重冰冻区（段）、冰冻区（段）、或微冻区（段）时，见 9-3-33
II	高寒区干旱区半干旱区	弱透水土层的地下水中，或湿润的弱透水土层	有	（混凝土不论在地面上或地面下，无干湿交替时，见表 9-3-33）
II	湿润区半湿润区	直接临水，强透水土层的地下水中，或湿润的强透水土层	有	
III	各气候区	弱透水土层	无	不冻区（段）

注　1. 高寒区的干燥度指数 k（海拔高度等于或大于 3000m）：干旱区（$k > 2.0$）、半干旱区（$k = 2.0 \sim 1.5$）、半湿润区（$k = 1.5 \sim 1.0$）、湿润区（$k < 1.0$）。

2. 混凝土地面以下部分，按地下温度梯度区分为不冻段（$> 0℃$）、微冻段（$0 \sim -4℃$）、冰冻段（$-4 \sim -8℃$）、严重冰冻段（$< -8℃$）。

3. 大块碎石类土、砾砂、粗砂、中砂和细砂为强透水土层；粉砂、粉土和黏性土为弱透水土层。

表 9-3-32　受气候影响的水土腐蚀介质评价

腐蚀等级	腐蚀介质	环境类别 I	II	III
弱中强	硫酸盐含量 SO_4^{2-}（mg/L）	$250 \sim 500$ $500 \sim 1500$ > 1500	$500 \sim 1500$ $1500 \sim 3000$ > 3000	$1500 \sim 3000$ $3000 \sim 6000$ > 6000
弱中强	镁盐含量 Mg^{2+}（mg/L）	$1000 \sim 2000$ $2000 \sim 3000$ > 3000	$2000 \sim 3000$ $3000 \sim 4000$ > 4000	$3000 \sim 4000$ $4000 \sim 5000$ > 5000
弱中强	铵盐含量 NH_4^+（mg/L）	$100 \sim 500$ $500 \sim 800$ > 800	$500 \sim 800$ $800 \sim 1000$ > 1000	$800 \sim 1000$ $1000 \sim 1500$ > 1500

续表

腐蚀等级	腐蚀介质	环境类别 I	II	III
弱中强	苛性碱含量 OH^-（mg/L）	$35000 \sim 43000$ $43000 \sim 57000$ > 57000	$43000 \sim 57000$ $57000 \sim 70000$ > 70000	$57000 \sim 70000$ $70000 \sim 100000$ > 100000
弱中强	总矿化度（mg/L）	$10000 \sim 20000$ $20000 \sim 50000$ > 50000	$20000 \sim 50000$ $50000 \sim 60000$ > 60000	$50000 \sim 60000$ $60000 \sim 70000$ > 70000

注　1. I、II 类环境无干湿交替作用时，表中数据乘以系数 1.3。

2. I、II 类环境中，在严重冰冻区（段）或冰冻区（段）时，表中数据乘以 0.8 的系数，在微冻区（段）时，表中数据乘以 0.9 的系数。

3. 总矿化度一项是当水与混凝土接触部位有蒸发面，和干湿交替作用时，须进行测试和评价的项目。

4. 表中数据乘以 1.5 的系数为土的腐蚀指标，单位以 mg/kg 土表示。

表 9-3-33　受渗透影响的水土腐蚀性介质评价

腐蚀等级	pH 值 A	pH 值 B	侵蚀性 CO_2（mg/L） A	侵蚀性 CO_2（mg/L） B	HCO_3^-（mmol/L） A	HCO_3^-（mmol/L） B
弱中强	$5.0 \sim 6.5$ $4.0 \sim 5.0$ < 4.0	$4.0 \sim 5.0$ $3.5 \sim 4.0$ < 3.5	$15 \sim 30$ $30 \sim 60$ > 60	$30 \sim 60$ $60 \sim 100$ —	$1.0 \sim 0.5$ < 0.5 —	— — —

注　1. A 是指直接临水、强透水土层的地下水、或湿润的强透水土层；B 是指弱透水土层的地下水或湿润的弱透水土层。

2. HCO_3^- 含量是指水的矿化度低于 0.1g/L 的软水时，该类水质 HCO_3^- 离子的腐蚀性。

3. 土的腐蚀性只作 pH 值的腐蚀性评价，不作侵蚀性 CO_2 和 HCO_3^- 的腐蚀性评价。评价土的 pH 值腐蚀性时，A 是指具强透水性的土层，B 是指具弱透水性的土层。

表 9-3-34　水、土对钢筋混凝土中钢筋腐蚀性评价

腐蚀等级	水中的 Cl^- 含量（mg/L） 长期浸水	水中的 Cl^- 含量（mg/L） 干湿交替	土中的 Cl^- 含量（mg/kg） 干湿度为润与潮之间	土中的 Cl^- 含量（mg/kg） 干湿度为潮或湿
弱中强	> 5000 — —	$100 \sim 500$ $500 \sim 5000$ > 5000	$400 \sim 750$ $750 \sim 7500$ > 7500	$250 \sim 500$ $500 \sim 5000$ > 5000

注　1. Cl^- 含量是指氯化物中的 Cl^- 与碳酸盐折算成的 Cl^- 之和。

2. 当水或土中同时存在有硫酸盐和氯化物时，硫酸盐的数量乘以 0.25 的系数换算成氯化物含量，然后同氯化物含量相加。

表 9-3-35	水对钢结构的腐蚀性评价
腐蚀等级	pH 值和（Cl^- ＋SO_4^{2-}）含量
弱中强	pH 3～11，（Cl^- ＋SO_4^{2-}）mg/L＜500 pH 3～11，（Cl^- ＋SO_4^{2-}）mg/L≥500 pH ＜3，（Cl^- ＋SO_4^{2-}）mg/L 任何浓度

注 1. 表中系指氧能自由溶入的水及地下水。
　　2. 本表亦适用于钢管道。
　　3. 如水的沉淀物中有褐色絮状沉淀（铁）、悬浮物中有褐色生物膜、绿色丛块、或有硫化氢臭，应做铁细菌、硫酸盐还原细菌的检验，查明有无细菌腐蚀。

表 9-3-36		土对钢结构的腐蚀性评价			
腐蚀等级	pH 值	氯化还原电位（mV）	电阻率（$\Omega \cdot m$）	极化电流密度（mA/cm^2）	质量损失（g）
弱	5.5～4.5	＞200	＞100	＜0.05	＜1
中	4.5～3.5	200～100	100～50	0.05～0.20	1～2
强	＜3.5	＜100	＜50	＞0.20	＞2

当表 9-3-33 和表 9-3-34 中各项腐蚀介质评价为腐蚀性等级不相同时，应按下列规定综合评价腐蚀等级：

（1）各项腐蚀介质的腐蚀评价等级中只出现弱腐蚀，无中等腐蚀或无强腐蚀时，应综合评价为弱腐蚀。

（2）各项腐蚀介质的腐蚀评价等级中，无强腐蚀，腐蚀等级最高为中等腐蚀时，应综合评价为中等腐蚀。

（3）各项腐蚀介质的腐蚀评价等级中，有一个或两个为强腐蚀性时，应综合评价为强腐蚀。

（4）各项腐蚀介质的腐蚀评价等级中，有三个或三个以上为强腐蚀时，应综合评价作为严重腐蚀。

附录 9-1　拥挤地段平面图

拥挤地段平面图见附图 9-1-1。

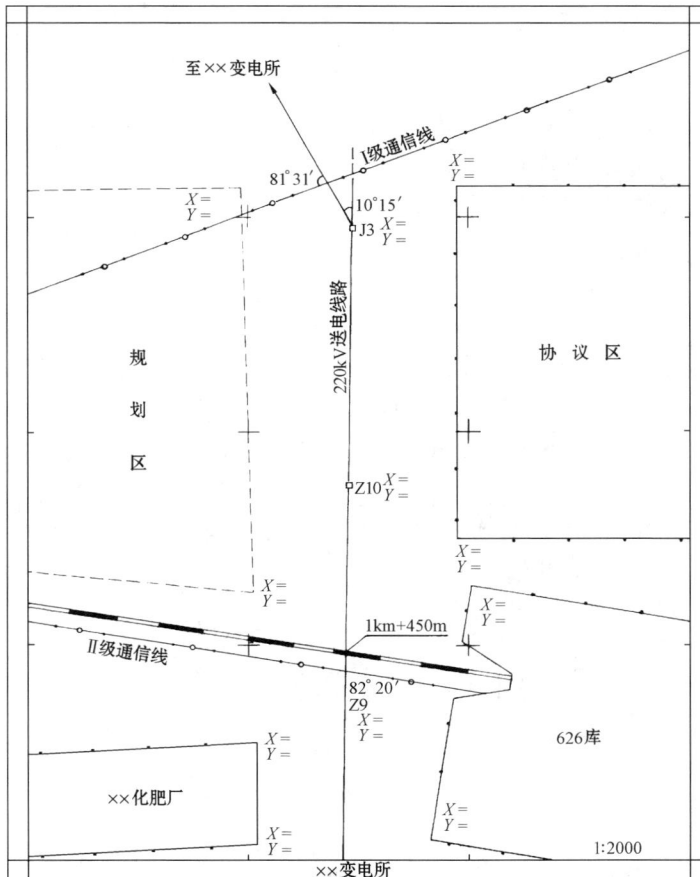

附图 9-1-1　拥挤地段平面图

附录 9-2   变电所进出线平面图

变电所进出线平面图见附图 9-2-1。

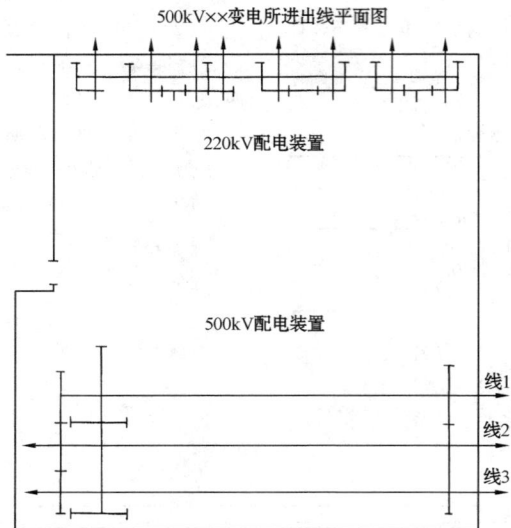

附图 9-2-1   变电所进出线平面图

附录 9-3   测量标桩规格

测量标桩规格见附图 9-3-1。

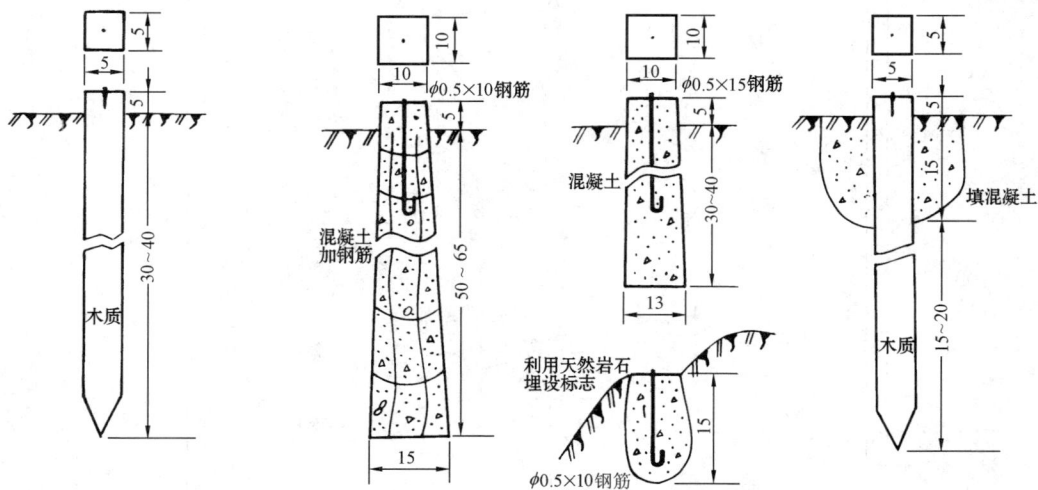

附图 9-3-1   测量标桩规格

附录 9-4　通信线路危险影响相对位置图

通信线路危险影响相对位置图见附图 9-4-1。

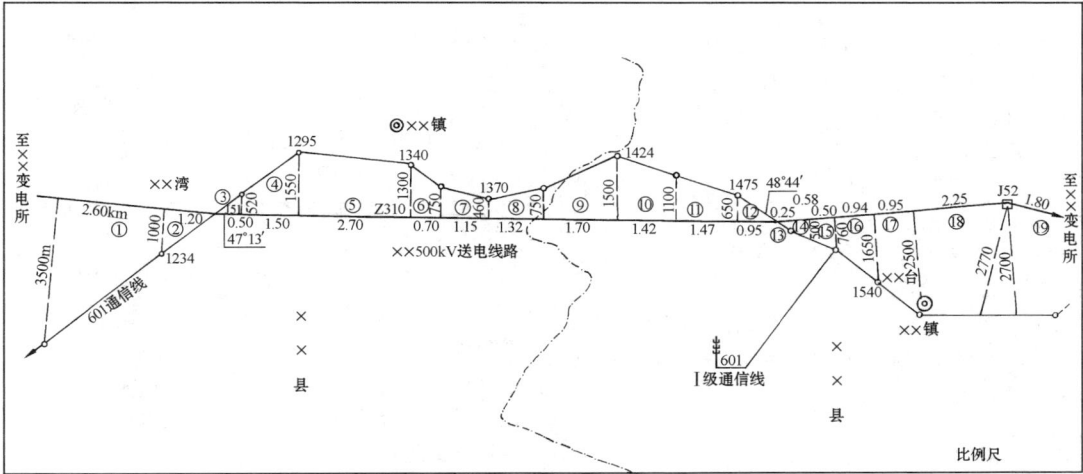

附图 9-4-1　通信线路危险影响相对位置图

附录 9-5　塔基断面图

塔基断面图见附图 9-5-1。

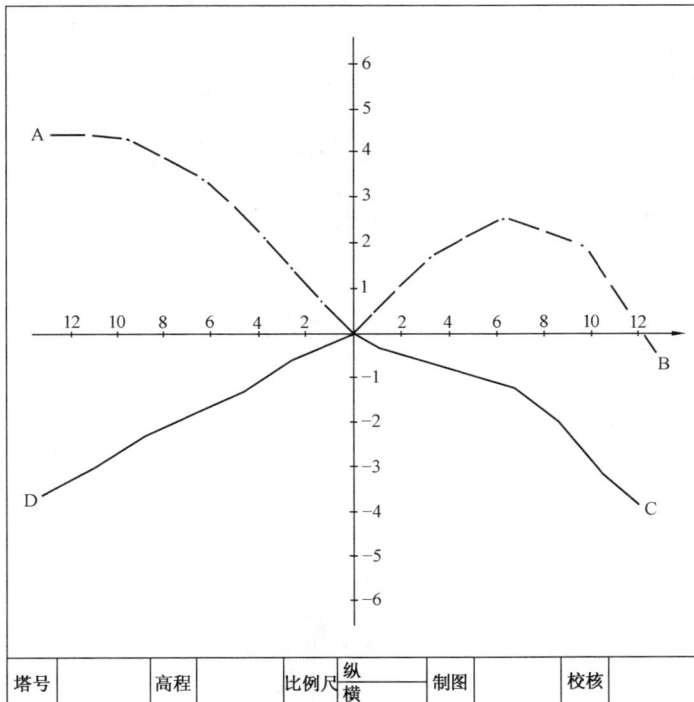

附图 9-5-1　塔基断面图

附录9-6　送电线路水文勘测报告书编写参考提纲

前言

工程名称、电压等级、起止地点、线路长度；任务依据及其对工程水文专业的要求；工程勘测人员组成及完成日期；高程基面的采用、与参证基面的换算关系。

一、沿线河流水文地理

（1）沿线地形、地貌、岩性、植被状况的综合评述（或分段评述）。

（2）沿线流域水系、湖泊、沼泽、泥石流以及水利工程分布和区域特点。

（3）线路平面图。绘入所跨河流、淹没区、内涝区、分洪区平面范围、水文测站、水利工程分布及有影响的规划工程的位置。

二、沿线水文条件

（1）跨越河流总数、区域水文特性。

（2）淹没区、内涝区、分洪区的分布综述。

（3）区域性水利规划。

三、重要跨河及跨河点选择

（1）流域概况及河流特性。

（2）跨河断面水文条件及水力学特性。

（3）设计洪水分析。

1）上游水库特性、洪水调节计算；

2）溃坝洪水及洪水演进计算；

3）区间洪水及洪水组合分析；

4）设计洪水结论及论证；

5）历史洪水调查及论证；

6）设计洪水位推算。

（4）河床演变分析及冲刷计算。

1）线路跨河断面上下游河势描述分析及其对跨河塔位的影响；

2）跨河断面上下游水文站冲刷淤积变化分析及其拟移用条件的论述；

3）跨越河段的河床演变调查；

4）对跨河塔位河床演变的预测及防冲措施建议；

（5）冰情、冰害（冰塞、冰坝）调查及对策、建议。

（6）跨河方案及方案比较。若有两条以上重要河流，则需根据本节内容分河编写。

（7）较大比例尺的跨河断面分图。

四、全线跨越河流（非重要跨越）水文特性

（1）流域概况。

（2）跨河断面位置、断面特征及水文特性。

（3）历史洪水调查及论证、历史最高洪水位、常年洪水位。

（4）设计洪水分析。上游水库调洪计算、区间洪水及其组合计算，溃坝洪水及洪水波演进计算，提供设计洪水位。

（5）上游弯道及跨河断面冲刷调查，跨越河段稳定性分析。

（6）冰情、流冰期水位、冰块尺寸、冰速及冰害对策建议。

（7）漂浮物种类、尺寸、数量、分布、流速等数据及描述。

（8）流域治理规划及其对跨河段的影响。

（9）根据以上内容逐项编写报告，提供水文特性。

五、全线淹没区、内涝区、分洪区水文特性

六、结论

跨河方案推荐意见，跨河断面两岸立塔位置，河中杆塔防护的建议，其它结论性意见。

第十章

建 设 预 算

技术经济是技术和经济紧密结合的学科。它的具体内容应该是为达到某个预定的目标而采取的技术政策、措施和实施方案的经济效果。

在电力工业基本建设项目的不同阶段，为达到预定的目标而采取了相应的技术政策，其经济效果在投资上往往体现在工程建设预算上。

建设预算（含可行性研究投资估算、初步设计概算和施工图预算，以下统称建设预算）是根据推荐的设计方案和内容，按国家在一定时期的经济政策，国家规定的费用标准，按一定程序编制出来的经济文件。审定后可视为该工程项目的国家定价。在此基础上，可通过经济合同进行协调，确定各方的经济关系。

本章对送电线路工程建设预算的叙述，是根据现行的电力工业部以电规（1997）177 号文颁发的《火电、送变电工程建设预算费用构成和计算标准》（1997 年版）（以下简称《预规》）和国家电力公司电力规划设计总院 1998 年 7 月 6 日颁发的《送电工程概算编制细则》（以下简称《细则》）为主要依据，结合目前工作的实际情况进行编写的。这个"预规"和"细则"在一定时间内，经常做阶段性修改，使用时，经调研收资，使它们均为目前国家级的电力行业标准，是专业工作的重要依据。本次在编写过程中又结合具体工程的实际做法，列示了部分示范表格和数据，这部分仅供读者参考。

第一节　工程项目与建设预算

一、工程项目建设程序和工程估算、概算和预算

建设项目是按一个总体设计进行建设的各个单项工程所构成的总体。按其建设性质的不同，可划分为基本建设项目和更新改造项目两大类。

基本建设项目是投资建设用于进行以扩大生产能力，固定资产的扩大再生产和简单再生产及其相关的综合性工作，增加工程效益为主要目的的新建、扩建工程。

（1）新建项目是指以技术、经济和社会发展为目的，从无到有的建设项目。

（2）扩建项目是指为扩大生产能力或新增效益而增建的工程项目。

（3）迁建项目是指现有企业、事业单位为改变生产布局或因其它特殊要求而搬迁到其它地点的建设项目。

恢复项目是指原固定资产因自然灾害或人为灾害等原因造成全部或部分报废，而又投资重新建设的项目。

更新改造项目是指建设资金用于对企业、事业单位原有设施进行技术改造或固定资产更新，以及相应配套的辅助性生产、生活福利等有关工程，包括节能、挖潜工程和安全、环保工程。

我国对工程的建设程序实行严格的管理，根据现有的规定，建设程序是指建设项目从设想选择、评估、决策立项、设计施工，到竣工验收，投入生产整个建设过程中，各项工作必须遵循的先后次序的法则。这个法则是人们在逐步认识事物客观规律的基础上不断总结而制定出来的，是建设项目科学决策、顺利建设的重要保证，按建设项目的内在联系和发展过程，建设程序分为如下若干阶段。

（一）项目建议书阶段

项目建议书是要求建设某具体项目的建议性文件，它是根据国民经济和社会发展的长远规划，综合行业和地区发展规划提出来的，是建设程序中最初阶段的工作。

项目建议书的主要作用是推荐一个拟建项目初步说明和轮廓设想。主要论述项目建设的必要性，实施的可行性和获利的可能性，供主管部门决策是否开展下步工作使用。

项目建议书的内容视项目的不同而有所差异，一般应包括以下几个方面：

（1）项目名称，建设的必要性和主要依据。

（2）建设规模、建设地点和产品方案的初步设想。

（3）建设条件、协作关系和资源情况的分析。

（4）投资估算和资金筹措设想方案。

（5）经济效益和社会效益的预测说明。

项目建议书经批准后，可以进行可行性研究工作。

（二）可行性研究报告阶段

可行性研究报告中，首先要对项目在技术上的先进性和经济上的合理性进行论述。不同行业在报告中的论述可以各有侧重点，但基本内容应包括以下几个方面：

（1）项目提出的历史背景、主要依据和必要性；

（2）建设规模、产品方案、市场预测和效益设想；

（3）建设内容和标准，线路结构和输送容量；

（4）原材料、设备来源及内外协作配合条件；

（5）建设地点，工艺方案，占地面积，线路长度；

（6）设计方案和配套设施工程，线路路径的推荐方案；

（7）环保、防震要求；

（8）劳动定员和培训计划；

（9）计划工期；

（10）投资估算和资金筹措方式；

（11）经济效益和社会效益。

（三）建设项目决策阶段

根据项目可行性研究报告和咨询、评估、审查情况，对项目进行决策。项目决策立项后，即可开展设计工作。

（四）设计工作阶段

根据可研报告和咨询、评估、审查意见，开展设计工作，编制设计文件（含初步设计概算书和施工图预算书）。

设计过程一般划分为两个阶段，即初步设计和施工图设计。重大项目或技术复杂项目，可根据其特点，增加技术设计（扩大初步设计）阶段。

如果初步设计批准总概算超过可行性研究投资估算10%以上时，要重新报批可行研究报告。

（五）建设准备阶段

有了设计文件后，在项目开工建设之前，要做好以下建设准备工作：

（1）征地、拆迁和场地平整；

（2）完成施工现场"五通一平"；

（3）准备图纸和设备，做好设备、材料订货、招标投标等工作；

（4）做好各项招投标工作，优化合作单位。

（六）建设实施阶段

项目经批准开工建设，即进入了建设实施阶段。按统计部门规定，设计文件中任何一项永久性工程第一次破土开槽的日期为此阶段的开始。

（七）生产准备阶段

建设单位根据项目的技术特点，及时组织专门班子和机构，做好准备，保证项目建成后及时投产。主要准备内容如下：①招收和培训生产人员；②生产组织准备；③生产技术准备；④生产物资准备。

（八）竣工验收阶段

这是工程建设过程的最后一环，是考核基建成品质量并由基建转入生产或使用的标志，对验收合格的项目及时移交固定资产。

（九）后评价阶段

建设项目后评价是工程项目竣工验收投产、生产运营一段时间后，再对项目的立项决策、设计施工、验收投产、生产运营等全过程进行系统评价的一次综合性技术经济活动。它是固定资产投资管理的重要内容和最后一个环节，做得好，可以达到肯定成绩、总结经验、研究问题、吸取教训、提出建议、改进工作、提高项目决策水平和投资效果的目的。

建设预算是设计文件的重要组成部分，是技术经济的综合反映，是基本建设过程中重要的投资管理工具和核算手段。所谓投资，是指投资主体为了特定的目的，以达到预期收益的价值垫付行为。广义的投资是指人们的一种有目的的经济行为，即以一定的资源投入某项目，以获取所期望的报酬；狭义的投资是人们在社会生产活动中，为了实现某种预定的生产、经营目标而预先垫支的资金。投资可分为生产性投资和非生产性投资。所投入的资源可以是资金，也可以是人力、技术或其它资源。

基本建设是应按其固有规律、程序分阶段进行的，送电线路工程也是如此，各个设计阶段都应有相应的经济文件。一般地说，可行性研究阶段编制投资估算；初步设计阶段编制初步设计概算；施工图设计阶段编制施工图预算。对于有特殊要求的工程，要在初步设计和施工图设计之间，增加一段技术设计，同时编制修正概算。

二、 建设预算的作用

（一）投资估算

在可行性研究阶段编制的投资估算，投资估算可作为国家确定大的工程或复杂的建设项目的决策依据之一；是核定建设项目总投资的经济文件，同时也是编制设计任务书的依据之一，是建设论证、审查和决策的依据。估算书应包括说明书、总估算表、专业汇总估算表及必要的附件。以前在一般送电线路工程设计中只做概算和预算，现在要求送电工程做估算的越来越多，其经济效益评价工作正处在起步阶段。

（二）初步设计概算

初步设计概算是初步设计文件的组成部分，它反映基本建设项目的投资额，其作用如下：①国家控制基建项目投资的最高限额；②编制基本建设计划的依据；③控制施工图预算、考核设计经济合理性和建设成本的依据；④实行基本建设投资包干和编制招标标底的依据。

初步设计概算经有权部门批准后，称为批准概算，其投资是国家编制基本建设计划、实行项目投资包干，以及考核设计项目经济合理性和工程建设期经济效益的依据。

（三）施工图预算

施工图设计阶段的施工图预算，是按国家规定由设计单位根据施工图设计图纸、国家现行预算定额、设备材料预算价格和费用标准编制的技术经济文件。经审定后它的主要作用是：①确定和结算工程价款的依据；②施工企业内部进行经济核算的依据；③调整基建计划，编制施工计划的依据；④财务拨款和工程价款结算的依据；⑤积累技术经济指标和参考工程量的依据；⑥施工单位编制工程决算的依据。

三、编制建设预算常用表格

1. 总估（概、预）算表（表一乙）
2. 本体工程汇总估（概、预）算表（表二乙）
3. 辅助设施工程估（概、预）算表（表三乙）
4. 单位工程估（概、预）算表（表三丙）
5. 其它费用估（概、预）算表（表四）
6. 综合地形增加率计算表（推荐表）
7. 装置性材料数量及价值表（附表一）
8. 土石方量计算表（附表二）
9. 运输重量计算表（附表三）
10. 工地运输工程量计算表（附表四）
11. 杆塔分类一览表（附表五）
12. 工程概况及主要技术经济指标表（表五丙）

上述表中括号内的表号为专业上对表的所标序号，一般工程中有时用这些表序表示。

第二节　建设预算投资的内容组成及其费用标准

一、线路工程项目投资的内容组成

送电线路工程建设预算总投资是由静态和动态两种不同性质，不同作用的投资构成的。

静态投资是指按工程建设预算编制时的价格、费率和标准等计算出相对稳定的费用，据此控制投资。动态投资是指建设预算编制、审定后，在建设期内因各种价格的涨落和工程贷款利息的逐期支付，而使投资不断变化的动态因素费用，据此管理投资。因此，现在所说的工程总投资的实质是动态性质的投资。

静态投资和动态投资的组成如下：

静态投资——（1）本体工程费
　　　　　　（2）辅助设施工程费
　　　　　　（3）其它费用
　　　　　　（4）基本预备费
　　　　　　（5）编制年价差费

动态投资——（6）价差预备费
　　　　　　（7）建设期贷款利息

静态投资合计＝（1）＋（2）＋（3）＋（4）＋（5）
动态投资总计＝静态投资合计＋（6）＋（7）

建设预算内容组成及计算依据见表10-2-1。

表10-2-1　　　　建设预算内容组成及计算依据表

项　目					计算方法
电力建设项目总（估、概）预算	静态费用	机、电、土、线专业汇总	单位工程费用	建筑、安装工程费用	直接工程费 / 基本直接费 / 人工费：定额
					材料费：定额
					施工机械使用费：定额
					其他直接费 / 冬、雨季施工增加费：人工费（或基本直接费）×费率
					夜间施工增加费：同上
					施工工具使用费：同上
					特殊工程技术培训费：安装工程热力系统人工费×费率
					特殊地区施工增加费：按地方规定　审查确定
				现场经费	临时设施费：基本直接费×费率
					现场管理费：人工费（或基本直接费）×费率
				间接费	企业管理费：人工费（或基本直接费）×费率
					财务费用：基本直接费×费率
					施工机械转移费：人工费（或基本直接费）×费率
				计划利润	（直接工程费＋间接费）×费率
				税金	（直接工程费＋间接费＋计划利润）×费率
			设备购置	设备原价	出厂价、合同价、信息价
				设备运杂费	按"预规"规定计取

续表

		项　　目	计算方法
电力建设项目总（估、概）预算	静态费用	其它费用	
		（一）建设场地划拨及清理费	
		1 土地划拨费	按有关规定计算
		2 旧有设施迁移补偿费	按省、自治区、直辖市规定计算
		3 余物拆除清理费	按费率计算
		（二）项目建设管理费	
		1 建设项目法人管理费	（建筑工程费＋安装工程费）×费率
		2 前期工程费	勘测设计费×18%
		3 设备成套服务费	设备购置费×0.5%
		4 备品备件购置费	设备购置费（送电安装工程费）×费率
		5 工程保险费	按保险公司规定
		（三）建设项目技术服务费	
		1 研究试验费	设计及相关单位提出主管部门批准
		2 勘察设计费	按国家收费标准计算
		3 竣工图文件编制费	按设计费×6%
		4 工程监理费	价费（92）479 号文，国火电（1999）677 号文
		（四）生产准备费	
		1 管理车辆购置费	设备购置费（送电安装工程费）×费率
		2 工器具、办公、生产及生活家具购置费	（建筑工程费＋安装工程费）×费率
		3 生产职工培训、提前进场费	（建筑工程费＋安装工程费）×费率
		4 整套启动试运费及系统调试费	《电力建设工程调试定额》
		（五）其它	
		1 施工安全措施补助费	电建（94）768 号文
		2 工程质量监督检测费	（建筑工程费＋安装工程费）×（0.05%～0.15%）
		3 预算定额编制管理费、劳动定额测定费	（建筑工程费＋安装工程费）×0.14%
		4 供电贴费	国家计委规定
		5 通信设施防送电线路干扰措施费	按设计内容和具体情况计列费用
		6 固定资产投资方向调节税	调节税实施细则
		基本预备费	（建筑＋安装＋设备＋其它）×费率
	动态费用	（一）价差预备费	按编制年国家公布的物价指数计列
		（二）建设期贷款利息	按编制年国家公布的贷款利率计列

二、本体工程费

线路本体工程费由以下六项单位工程组成：

（1）工地运输；

（2）土石方工程；

（3）基础工程；

（4）杆塔工程（含接地）；

（5）架线工程；

（6）附件工程。

这六个单位工程在编制建设预算时，各单位工程的具体工作量或工程内容见表 10-2-2。

三、单位工程费和相关费用标准

各单位工程费由直接工程费（基本直接费、其它直接费、现场经费）、间接费（企业管理费、财务费用、施工机构转移费）、计划利润、税金及设备购置费构成，见表 10-2-1。各类地区的费用标准用费率表示，见表 10-2-3，辽宁盖县以北地区的费率见表

10-2-4。

表 10-2-2 送电工程项目建设预算总量

送电工程项目建设预算总量表	一、架空送电线路本体工程	**1. 工地运输** 平均运距：由配料站到杆塔位的平均运距 运输方式：汽车、马车、拖拉机、板车、人抬等（一般不超过两种方式） 运输重量：工程所使用的装置性材料的运输重量 地形系数：按规定的地形增加系数计取
		2. 土石方工程 挖、填杆塔基础坑，拉线坑及接地槽，挖施工基面，尖峰铲土，挖排水沟，边线铲土，清滚石 地形系数：按规定的地形增加系数计算
		3. 基础工程 安装费：各种类型基础，保护帽，垫层，保护措施，跳跃施工增加费 装置性材料：各种基础型式的装置性材料，底拉卡盘，钢筋，拉线棒，垫层、地脚螺栓，防腐材料 地形系数：按规定的地形增加系数计算
		4. 杆塔工程 安装费：杆塔组立，钢环焊接，拉线组装，跳跃施工增加，接地 装置性材料：各种杆塔材料，横担，拉线棒，拉线金具，接地材料 地形增加系数：按规定的增加系数计算
		5. 绝缘子及挂线金具安装工程 安装费：绝缘子及挂线金具安装，防振锤、护线条、间隔棒安装，均压环、屏蔽环安装 装置性材料：绝缘子，挂线金具，防振锤，护线条，间隔棒，均压环，屏蔽环等 地形系数：按规定的地形增加系数计算
		6. 架线工程 安装费：导、地线架设，跨越架设，搭跨越线架，拦河线安装，非直线杆塔金具，绝缘子串安装，导线、地线压接悬挂，跳线压接安装 装置性材料：导线，地线，拉线金具，绝缘子，防振金具 地形系数：按规定的地形增加系数计算

续表

送电工程建设项目预算总表	二、辅助设施工程	1. 巡线、检修站工程：办公室、仓库、宿舍、休息室、汽车库等 2. 巡线、检修道路工程：巡线、检修道路、便桥、人行道路 3. 通信工程：地线载波通信，架空明线通信，车载机（台）等 4. 拦江线工程 5. 生产、生活用车辆
	三、其它费用	1. 建设场地划拨及清理费 2. 项目建设管理费 3. 建设项目技术服务费 4. 生产准备费 5. 其它费
	四、基本预备费	在不同的设计阶段，按不同的百分比计算
	五、材料价差	按预算价格与市场信息价的差值计算（以上一、二、三、四、五项之和为静态投资合计）
	六、价差预备费	按规定的计算公式和物价上涨指数计算
	七、建设期贷款利息	按资金流和规定的利率计算（以上六、七项为动态投资合计）
静态投资与动态投资之和为工程总投资		

表 10-2-3 送电本体工程各项费率及计算基数汇总表 单位：%

序号	费用名称	计算基数
1	直接工程费	
1.1	基本直接费	主要材料费＋安装费
1.2	其它直接费	
1.2.1	冬雨施工增加费	人工费（工、土）人工费（其它）
1.2.2	夜间施工增加费	基本直接费（大跨越中混凝土塔身及灌注桩基础）
1.2.3	施工工具用具使用费	人工费（工、土）人工费（其它）
1.2.4	特殊地区施工增加费	
1.3	现场经费	
1.3.1	临时设施费	基本直接费
1.3.2	现场管理费	人工费（工、土）人工费（其它）
2	间接费	
2.1	企业管理费	人工费（工、土）人工费（其它）
2.2	财务费用	基本直接费
2.3	施工机构转移费	人工费（工、土）人工费（其它）
3	计划利润	1＋2
4	税金	1＋2＋3

续表

序号	地区分类费率				
	Ⅰ	Ⅱ	Ⅲ	Ⅳ	Ⅴ
1					
1.1					
1.2					
1.2.1	4.60 8.70	6.52 12.27	9.95 18.76	13.00 24.53	14.55 27.42
1.2.2	0.33				
1.2.3	4.20 7.90				
1.2.4	按工程所在地省级主管部门规定计列				
1.3					
1.3.1	1.42	1.69	1.89	2.09	2.29
1.3.2	14.54 27.57				
2					
2.1	31.41 51.47				
2.2	2.70				
2.3	（220kV 及以下）4.60；（330kV）3.84； （500kV）3.43 （220kV 及以下）8.66；（330kV）7.30； （500kV）6.50				
3	5.00				
4	按施工企业所在地税率计列。当地如无 特殊规定一般按：市区 3.35； 城镇 3.28、3.41				

注　括号内工、土指工地运输和土石方工程；其它指工、土以外单位工程。

表 10-2-4　辽宁盖县以北地区的费率表

序号	费 用 名 称	运输及土方	其它
1	直接工程费		
1.1	基本直接费		
1.1.1	人工费		
1.1.2	材料费		
1.1.3	施工机械使用费		
1.2	其它直接费	17.2	32.43
1.2.1	冬、雨季施工增加费	13	24.53
1.2.2	夜间施工增加费		
1.2.3	施工工具具使用费	4.2	7.9
1.2.4	特殊工程技术培训费		
1.2.5	特殊地区施工增加费		
1.3	现场经费		
1.3.1	临时设施费	2.09	2.09
1.3.2	现场管理费	14.54	27.57
2	间接费	36.01	60.13
2.1	企业管理费	31.41	51.47
2.2	财务费用	2.7	2.7
2.3	施工机构转移费用	4.6	8.66
3	计划利润	5	5
4	税金	3.413	3.413

（一）基本直接费

基本直接费是指施工过程中耗费的构成工程实体和有助于工程形成的各项费用。它包括人工费、材料费和施工机械使用费。

1. 人工费

人工费是指直接给从事建筑安装工程施工的生产工人开支的各项费用。内容包括：

（1）基本工资：发放给生产工人的基本工资。

（2）工资性补贴：按规定标准发放的物价补贴，煤、燃气补贴，流动施工津贴。

（3）生产工人辅助工资：生产工人年有效施工天数以外非作业天数的工资。包括职工学习、培训期间的工资；调动工作、探亲，休假期间的工资；因气候影响的停工工资；女工哺乳期间的工资；病假在 6 个月以内的工资及产、婚、丧假期间的工资。

（4）职工福利费：按规定标准计算提取的职工福利费。

（5）生产工人劳动保护费：按规定标准发放的劳动保护用品的购置及修理费，徒工服装补贴，防暑降温费，在有碍身体健康环境中施工的保健费用等。

六类以上地区工资（定额人工单价减工资性补贴）按表 10-2-5 所列系数进行调整。

表 10-2-5　六类以上地区工资调整系数 K_1

地区	六类	七类	八类	九类	十类	十一类
系数	1.0000	1.0261	1.0522	1.0783	1.1043	1.1304
地区	兰州	西宁	乌鲁木齐	拉萨市	经济特区	
系数	1.1756	1.3226	1.5373	1.7182	1.4020	

工资性补贴中物价补贴，煤、燃气补贴按 1.91 元／（工·日）计列。各省（自治区、直辖市）规定的物价补贴超出部分，按建筑安装工程定额用工量乘以工日补贴差价后，分别列入建筑安装工程费中。

人工费可做如下调整：

$$人工费 = \frac{取定人工单价}{定额人工单价} - 1$$

取定人工单价 =（六类地区人工单价 - 工资性补贴）$\times K_1$ + 工资性补贴

2. 材料费

材料费是指施工过程中耗用的构成工程实体的原材料、构、配件、零件、半成品的费用和周转使用材料的摊销（或租赁）费用。内容包括：

（1）材料原价（或供应价）；

（2）供销部门手续费；

（3）包装费；

（4）材料自来源地运至工地仓库或指定堆放地点的装卸费、运输费及运输路途损耗；

（5）采购及保管费。

3. 施工机械使用费

施工机械使用费是指使用施工机械作业所发生的机械台班费用以及机械安、拆和场外运输费用。内容包括：

（1）折旧费；

（2）大修理费；

（3）经常修理费；

（4）安、拆费及场外运输费；

（5）燃料动力费；

（6）人工费；

（7）运输机械养路费、车船使用税及保险费。

施工机械台班单价按电力定额主管部门的规定计算。

（二）其它直接费

其它直接费是指在基本直接费以外施工过程中发生的其它相关费用。

其它直接费由冬、雨季施工增加费、夜间施工增加费、施工工具用具使用费、特殊工程技术培训费和特殊地区施工增加费组成。

（1）冬、雨季施工增加费：指建筑安装工程在冬季及雨季期间连续施工，而需额外增加的施工直接费用，其内容包括：

1）为确保工程施工质量而需额外采取的冬季施工措施费（如蒸汽养护、采暖等）及雨季措施费（如防雨防潮措施、排水措施等）。

2）因在冬、雨季施工增加工序，增加机械使用及材料消耗，降低工效等所需补偿费用。

为了计算方便，把冬季、雨季施工增加费合并统筹考虑，可以不按工程实际进度或计划进度分别计算。但必须按工程所在的不同地区（见表10-2-6）计算。

表 10-2-6　　　　地区分类表

地区分类	省、市、自治区名称
I	上海、江苏、安徽、浙江、福建、江西、湖南、湖北、广东、广西、海南
II	北京、天津、山东、河南、河北（张家口、承德以南地区）、云南、贵州、四川
III	辽宁（盖县及以南）、陕西（榆林以南地区）、山西、河北（张家口、承德及以北）
IV	辽宁盖县以北、陕西（榆林及以北）、内蒙古赤峰市、乌兰察布盟、哲里木盟、兴安盟、锡林郭勒盟（锡林浩特以南各旗）、新疆（伊犁地区及哈密地区以南）、吉林、甘肃、宁夏
V	黑龙江、青海、西藏、新疆（伊犁地区及哈密地区以北，含伊犁、哈密）、内蒙古除四类地区以外的其它地区

计算标准是：以见表10-2-7中小计栏人工费的合计数为基数乘以相应地区的费率。

（2）施工工具用具使用费：指施工中生产、检验、试验部门所需不属于固定资产的工具、用具的购置摊销和维修费用。

计算标准是：以见表10-2-7中小计栏人工费的合计数为基数乘以费率。

（3）夜间施工增加费：是指工程建设要求必须在夜间连续进行施工而额外增加的施工直接费，包括内容是夜餐津贴、工效降低以及安全照明设施所需费用。

计算标准是：以表10-2-7中小计栏人工费的合计数为基数乘以规定费率。

表 10-2-7（表三丙）　　　　送电线路单位工程概（预）算表　　　　金额单位：元

序号	编制依据	项目名称及规范	单位	数量	单价				合价			
					装置性材料费	合计	安装费		装置性材料费	合计	安装费	
							其中:工资	其中:机械			其中:工资	其中:机械
		小　计										

送变电工程原则上不列此项费用。对于有些跨江塔混凝土量较大、不连续施工难以保证工程质量等的项目，可根据具体情况计列此项部分工程量的夜间施工增加费。

（4）特殊地区施工增加费：指建筑，安装工程所在地区处于高原、沙漠、酷热和严寒地区，因特殊的自然条件的影响，而需额外增加的施工直接费。包括措施费和消耗增加的费用。

（三）现场经费

现场经费是指在施工现场为施工准备、组织施工生产和管理所需的费用。

（1）临时设施费：临时设施费是为工程进行正常施工而设置的施工、生活、设备材料储存的临时建筑物、构筑物以及其它设施的搭设、维修、拆除、折旧及摊销费用。

临时设施包括：职工宿舍、办公、生活、文化、福利等公用房屋和构筑物，生产用车间、工棚、加工厂、设备材料库、棚库、围墙、水源（支管）、电源（380/220V）、道路（支线）及施工现场内的通信设施、机组扩建端的临时隔离墙。

计算标准：

临时设施费＝各单位工程的基本直接费×相应费率

上述费率中不包括下列内容：

1）临建场地内超过±30cm以外的土石方挖、填工程；

2）施工电源：由厂外延伸至施工、生活变压器；

3）水源：由厂外延至厂内或由涤井泵房至施工、生活区的主干管部分（主干管指φ100以上管道）；

4）施工道路：厂外及厂内土建与安装共用的主干道路；

6）通信：厂外接至厂内施工、生活区的通信线路；

7）施工机具拆装费及轨道铺设费。

电力工业部电力规划设计总院以电规经〔1998〕17号文《关于当前估（概）算中若干问题的处理意见》中，对上述问题做了说明和规定。文中明确规定：厂内临时设施费不包括的临时道路、临时变电设施及线路、临时水泵及管线、临时通信线路、临时设施范围内的场地一般平整（2万 m³ 以内）。大型机具拆装费可按建筑1.48%、安装1.29%控制，其取费基数同新"预规"规定的临时设施费基数。

（2）现场管理费：现场管理费是指施工现场为组织和管理施工所必需的费用。内容包括：

1）工资：指现场管理人员的基本工资、辅助工资、工资性补贴，职工福利费、劳动保护费。

2）办公费：包括现场管理办公的文具、纸张、账表、印刷、邮电、书报、会议、水、电，烧水和集体取暖（现场临时宿舍取暖）用煤等费用。

3）交通差旅费：包括职工因公出差期间的旅差费、住勤补助费，市内交通费和误餐补助费，职工探亲路费，劳动力招募费，职工离退休、退职一次性路费，工地转移费以及现场管理需要的交通工具的油料、燃料、养路及车辆使用税。

4）固定资产使用费：包括现场管理及试验部门使用的属于固定资产的设备、仪器等的折旧、大修理、维修费或租赁费等。

5）工具用具使用费：包括现场管理使用的不属于固定资产的工具、器具、家具和检验、试验、测绘，消防用具的购置、维修和摊销费。

6）保险费：包括施工管理用财产、车辆的保险及高空作业等特殊工种安全保险。

7）工程排污费：包括施工现场按规定交纳的排污处理费用。

8）建筑工程定位复测、场地清理等费用。

9）建筑工程检验试验费是指对建筑材料、构件和建筑安装物进行一般鉴定、检查所发生的费用。包括自设试验室进行试验所耗用的材料和化学药品等费用，以及技术革新和研究试制试验费。

计算标准为：

火电、送变电安装工程现场管理费＝各单位工程人工费×费率

（四）间接费

间接费是指建筑、安装产品生产过程中，为全工程项目服务而不直接耗用在特定产品对象上的有关费用，由企业管理费、财务费用和施工机构转移费组成。

（1）企业管理费：企业管理费是指施工企业为组织施工生产所发生的管理费用。其内容包括：

1）工资：指管理人员的基本工资、辅助工资、工资性补贴及按规定标准计算所提的职工福利费。

2）交通差旅费：包括企业职工因公出差、工作调动的差旅费、住勤补助费，市内交通及误餐补助费，职工探亲路费，劳动力招募费，离退休职工一次性路费及交通工具油料、燃料和养路费等。

3）办公费：包括企业办公用文具、纸张、账表、印刷、邮电、书报、会议、水电及燃煤（气）等费用。

4）固定资产折旧、修理费：包括企业属于固定资产的房屋、设备、仪器等折旧及维修费用。

5）工具用具使用费：指企业管理使用不属于固定资产的工具、用具、家具、检验、试验、消防的摊销及维修费用。

6）工会经费：指企业按职工工资总额计算提取

的工会经费。

7）职工教育经费：指企业为职工学习先进技术和提高文化水平，按职工工资总额计算提取的费用。

8）劳动保险费：包括企业支付离退休职工的退休金（包括提取的离退休职工劳保统筹基金）、价格补贴、医药费、异地安家补助费，职工退职金，6个月以上的病号人员工资，职工死亡丧葬补助费、抚恤费，按规定支付给离休干部的各项经费。

9）职工待业保险费：指按规定标准计算提取的职工待业保险费。

10）保险费：指企业财产保险、管理用车辆保险费用。

11）税金：指企业按规定交纳的房产税，车船使用税、土地使用税和印花税等。

12）其它：包括技术转让费、技术开发费、业务招待费、排污费、绿化费、广告费、公证费、法律顾问费、审计费和咨询费等。

计算标准为：

火电、送变电安装工程企业管理费＝各单位工程人工费×费率

（2）财务费用：财务费用是工程项目为筹集资金而发生的流动资金贷款利息。

计算标准为：

火电、送变电工程财务费用＝各单位工程基本直接费×费率

（3）施工机构转移费：施工机构转移费是指施工企业根据建设任务需要，派遣施工队伍从基地迁往工程所在地发生的往返搬迁费用。内容包括：承担任务职工的调遣差旅费，调遣期间的工资，施工机械、工具、用具、周转性材料及其它施工装备的搬运费用。

计算标准为：

火电、送变电安装工程施工机构转移费＝各单位工程人工费×费率

（五）计划利润

计划利润是指按规定应计入建筑安装工程造价的利润。

计算标准为：

火电、送变电建筑安装工程计划利润＝（直接工程费＋间接费）×费率

（六）税金

税金是指按国家税法规定向施工企业承建建筑，安装工程的营业收入所征收的营业税，城市维护建设税及教育费附加。

计算标准为：

火电、送变电建筑、安装工程税金＝（直接工程费＋间接费＋计划利润）×税率

税率按工程所在地税务主管部门的规定计列。如果地方政府部门无具体规定的，一般可按市区3.41%，城镇3.28%计列。税和费都是征收的，也有所不同。见表10-2-8。

（七）税和费的主要区别

税和费的主要区别见表10-2-8。

表10-2-8　　税和费的区别

区别点	税	费
1.征收的主体不同	代表政府的税务机关或海关征收	由政府有关行政管理部门和企业事业单位收取
2.性质不同	无偿收取的是税，税收一经上缴入库就归国家所有，不能再直接返回纳税人	有偿收取的是费，无偿性遵循有偿的原则，是以收费部门付出的某种服务为前提的
3.使用原则不同	由国家统一支配，通过国家预算支出用于社会各方面的需要	专项专用或以收抵支，以弥补完善本身业务的开支

在某些时候，两者同时分别征收和收取，如集市交易税和市场管理费。

税收具有以下基本特征：

（1）税收的无偿性，征税人不需向纳税人付出任何报酬。一经上缴国库，不再归还纳税人。

（2）税收的强制性，税收是依法强制征收的，纳税人必须依法纳税，否则应受到处罚和制裁。

（3）税收的固定性，税收是国家预先依法按规定标准征收的，任何人不得随意改变和取消。

第三节　建设预算的项目划分

一、项目划分的意义

一个建设项目产品是由各个不同的专业，按其生产技术特点系统地组合起来的。为了便于统一管理，根据生产特点和专业分工以及设计卷册的划分，在编制建设预算时对建设项目进行科学的分解，即称为项目划分。

二、项目划分的原则

（1）便于技术经济指标的计算和积累。

（2）适应设计专业的图纸卷册划分。

（3）适应计划、统计、财务和施工管理。

三、项目划分的作用

（1）统一建设预算编制口径，便于同类型工程进行技术经济比较，对比分析。

（2）满足编制工程计划、统计工作量、核算工程成本，以及考核生产指标的需要。

（3）便于工程项目的建设管理，施工企业经济核算和固定资产的统计建档。

四、项目划分的要求、方法和说明

（1）项目划分一般分为三级，第一级为扩大单位工程，第二级为单位工程，第三级为分部工程。编制估算或概算时，"表二乙"应填列到单位工程；概算中分部工程以下的内容可在"表三丙"体现；编制施工图预算时，"表二乙"填列到分部工程，没有分部工程时填列到单位工程。

（2）编制预算时，对各级项目的工程名称不要任意简化，均应按所规定的全名填写，或与施工图卷册相一致。

（3）扩大单位工程以下的单位工程或分部工程，表中尚有未完全列出的，使用时可根据工程的实际情况，自行加以补充。

（4）为便于技术经济比较，在扩大单位工程和单位工程后面注明了技术经济指标单位，编制建设预算时，必须统一执行，填写到位。单位为"元/km"的指标，其公里数应以送电线的亘长为准。

五、送电线路工程的项目划分

送电线路本体工程建设预算的项目划分见表10-3-1，其它费用部分的项目划分见10-3-2。

表 10-3-1 送电线路工程建设预算项目划分

编号	项目名称	主要内容及范围说明
1	本体工程	
1.1	工地运输	将线路器材（未计价的主材）自工地集散仓库（或集放点）运至沿线各杆（塔）位的装卸、运输及空载回程等全部工作
1.2	土（石）方工程	包括杆塔坑、拉线坑、接地槽、施工基面、排水沟、挡土墙、尖峰铲土的土石方工程
1.3	基础工程	包括铺石灌浆，各种预制基础，现浇基础，灌注桩等各种基础

编号	项目名称	主要内容及范围说明
1.4	杆塔工程（含接地）	包括各种杆塔组立，拉线制作及安装，接地
1.5	绝缘子及挂线金具安装（附件工程）	金具、绝缘子、均压屏蔽环、重锤、间隔棒、防振锤、护线条、光缆线金具等安装
1.6	架线工程	包括导线、地线和光缆线的架设及一般跨越架设
2	辅助设施工程	
2.1	巡线、检修站工程	
2.1.1	宿舍	包括单身和家属宿舍
2.1.2	办公室及仓库、汽车库	
2.1.3	室外工程	
3	巡线、检修道路工程	
3.1	巡线、检修道路	
3.2	人行桥梁	
4	通信工程	
4.1	地线载波通信、光缆通信	包括中间引下设备，终端设备，及安装测试设备。（地线和金具绝缘子已包括在线路本体内）
4.2	架空明线通信	由引下装置到巡线，检修站架空线通信
4.3	无线电报话机设备及安装	
5	拦江线工程	
6	生产、生活及管理车辆购置	

表 10-3-2 其它费用项目划分

编号	项目名称	主要内容及范围说明	技术经济指标单位
1	建设场地划拨及清理费		
1.1	土地划拨费		
1.2	旧有设施迁移补偿费		
1.3	余物拆除清理费		
2	项目建设管理费		

续表

编号	项目名称	主要内容及范围说明	技术经济指标单位
2.1	建设项目法人管理费		
2.2	前期工程费		
2.3	设备服务费		
2.4	备品备件费		
2.5	工程保险费		
3	项目建设技术服务费		
3.1	研究试验费		
3.2	勘察设计费		
3.3	竣工图文件编制费		
3.4	工程监理费		
4	生产准备费		
4.1	管理车辆购置费		
4.2	工器具、办公、生产及生活家具购置费		
4.3	生产职工培训及提前进场费		
4.4	整套启动及分系统调试费		
5	其它		
5.1	施工安全措施补助费		
5.2	工程质量监督检测费		
5.3	预算定额编制管理费、劳动定额测定费		
5.4	供电贴费		
5.5	固定资产投资方向调节税		
6	基本预备费		
7	动态费用		
7.1	价差预备费		
7.2	建设期贷款利息		

第四节　建设预算的编制范围、依据、方法

一、建设预算的编制范围

架空送电线路是自发电厂升压站或送电端变电所引出线构架外侧的绝缘子金具串起，至受电端变电所引入构架或屋内配电装置外墙的绝缘子金具串止的线路，不包括属于变电工程范围和引入线及其绝缘子和金具串。

架空送电线路与已有架空线路连接或支接，以连接或支接的耐张绝缘子金具串为起（止）点，包括连接的跳线及跳线绝缘子金具串和间隔棒，支接时还应包括引线。

架空线路与电缆线路连接，以电缆终端头为界，电缆终端头及其支架应属于电缆工程范围。

架空线路与特殊大跨越连接，以特殊大跨越两端耐张塔为界，耐张塔外侧的绝缘子金具串应属一般架空送电线路的范围。

二、建设预算的编制依据

（一）设计工程量

设计工程量是指按推荐方案设计范围内的工程量，编制建设预算时。按专业间互提资料、设计蓝图、设计说明、设备材料清册计算工程量。对有些不易在图上表示的工程量，应注意文字说明。文字说明与图纸工程量具有同等效力。

（二）安装费

（1）《电力工程概算定额》是编制初步设计概算的主要依据。《全国统一安装工程预算定额》《电力建设专用项目选编本》《电力建设工程预算定额》（1996年北京地区价目本）、《电力建设安装工程补充预算定额》及《全国统一安装工程预算定额北京地区单位估价表》（1996年版），是编制施工图预算的主要依据。"定额"和"价目表"是经常修编的，使用时应收集现行版本。

（2）认真执行现行的《电力行业基本建设预算管理制度及费用标准》及有关规定。

（3）执行各大区颁发的地区装置性材料预算价格。

（4）对工资、材料、机械均应按工程所在地区现行工资标准、材料预算价格、进行调整，调整后达到时间、地点均能到编制年度的现行水平。采用直接调整和系数调整均可，可按工程所在地的实际情况确定。

（三）其它费用

（1）其它费用的主要费用项目名称应遵照"预规"和补充文件的规定来确定，有固定费率规定的按规定的计列。有些特殊的费用应慎重的结合工程实际做些处理，一般应加以说明，待审核时确定。

（2）预备费包括基本预备费和价差预备费，均应按规定的内容和标准计算。

（四）施工组织设计

每一个大中型工程项目的设计都应编制施工组织设计，它是技术和经济紧密结合的综合性文件，是设计和施工的纽带，是施工企业据以组织施工的指导性文件。它是现代施工技术和科学的施工管理的综合体现和具体运用。

施工组织设计是施工企业组织施工的总体设计，

施工组织设计要从工程的具体条件出发，尽量利用企业的现有条件，发挥施工队伍的优势，合理地组织施工，进行科学管理，不断地优化施工技术，有效地使用人力、物力，安排好空间和时间，文明施工，以求实现优质、高效、低耗、以尽可能小的投入取得最大的技术经济效果，全面地完成建设任务。

施工组织设计的编制一般需考虑下列几项原则：

（1）对工程的性质、特点、工程量、工作量以及施工企业的主客观条件进行综合分析，确定本工程施工组织设计的指导方针和主要原则。

（2）要符合国家建设计划期限和控制投资主要技术经济指标的要求。

（3）应严格遵循基本建设程序，合理安排形象进度和施工顺序，按时完成工程施工。缩短工期，提高经济效益。

（4）加强综合平衡，安排各年度、各阶段的施工进度，做到主要工种的工程量平衡，合理安排劳动力，降低劳动力的高峰系数，实现连续均衡施工。

（5）在经济合理的基础上，充分发挥现有修造加工基地的优势，提高工厂化施工程度，减少现场作业量，压缩现场施工人数，减少施工用的现场临时建筑和设施。

（6）从施工队伍的实际出发，采用科学的管理方法和先进的施工技术，推广先进经验，努力提高机械利用率和机械化水平，提高工效，提高劳动生产率，并努力降低工程成本。

（7）施工现场总体布置紧凑合理，方便施工，符合安全防火要求，提高场地利用系数，力争节约施工用地，力求不占或少占农田或良田。

（8）实现全面质量管理，贯彻国家要求的各项标准，保证工程质量，努力不断提高工艺水平。

（9）采用有针对性安全措施保证安全施工，实现文明施工。

（10）大力节约钢材、木材、水泥，积极努力推行节约"三材"的技术措施，按工程项目定方法、定措施、定指标。

一个好的施工组织设计应当具有科学性、实用性、先进性和群众性，务求切合实际，易于为全体施工人员所掌握。施工方案的选择和确定，要着重研究其经济效果，重要项目和环节可制订多个方案，以供决策时研究选定。

施工组织制定后，须经主管部门的审批。未经原审批单位批准，不得做原则性的变动。

在工程的不同设计阶段所做的施工组织设计是不同的。一般的说，在初步设计阶段由设计单位编制施工组织设计大纲；在施工图设计阶段由设计单位或施工单位编制施工组织设计。

施工组织设计大纲的编制目的是统筹安排施工进度，使施工总平面布置能够从整体出发，考虑其可能性和可行性，以保证工程建设的完善性。

工程概算其它费用中，有很多地方是以施工组织设计大纲为依据的，如施工场地的租用和工期，大型设施的数量，施工机具的配备等。施工组织设计大纲中的工期指标应与工期费用相一致。

施工图设计阶段编制的施工组织设计经批准后，是计算施工措施费用的参考和依据，是工程施工的依据。

（11）施工组织设计大纲的主要作用：

1）从施工角度对设计方案的选定、新技术的采用进行科学论证，通过调查研究，与施工单位的配合，使之达到方案落实、技术先进合理及取得良好的经济效益。

2）控制工程施工用地位置、数量及工程施工所需大型、特殊施工机具。

3）规划协调施工总平面布置及"五通一平"。

4）为编制工程概算提供合理的与施工组织设计有关的费用项目。

5）按设计任务书及合理的工期要求，编制包含有设备、材料交货日期、设计图纸交付日期、施工进度的综合控制进度。对建设进度紧的工程提出缩短工期的措施和建议。

（12）施工组织设计大纲的主要内容：

1）工程概况、工程项目的主要工程量。

2）主要及特殊工程项目施工方案与大型特殊施工机具配备选择。

3）施工总平面布置及场地"五通一平"规划。

4）主要设备的供应，设计、施工的轮廓控制进度及施工人力平衡计划。

5）送电线路工程中遇有特殊大跨越（如常年通航的重要河流），应专项编制施工组织设计大纲并按规定报送审批。

针对技术复杂项目，除按正常施工组织设计大纲内容深度要求编制外，尚应对下列内容进行补充：①特殊大跨越与水下（海底）线路施工时，应在周密调查的基础上与有关部门签订技术或原则协议；②对施工需用的主要机具、器材，施工的期限，施工安全防护设施等均应有明确的安排，必要时应附有布置图和方案图。

（13）一般架空送电线路工程的施工组织设计应包括的基本内容：

1）工程概况：包括起迄点、工程特点、地形地貌情况、主要工程量，沿线地质和气象条件，交通运输和地方材料的来源情况，交叉跨越次数及大跨越的重点情况介绍，上级和本单位对施工工期的要求等。

2）施工总平面布置：包括施工指挥机构的设置，材料站的选择，临时工程的安排，施工队伍布点和驻地、工地运输方式的原则性安排，平均运输半径和运输工作量，材料保管堆放计划及场地安排等。

3）施工计划及技术手册和物资供应计划的编制。

4）施工机构组织和施工方案。包括施工程序安排，组织机构设置，人员配备，劳动力来源，力能供应，生活资料供应和一般福利设施等。

5）主要工程重点项目的技术措施，如高塔施工、跨越施工、特殊基础施工、带电跨越特殊工艺等。

6）保证质量，开展全面质量管理措施，质量保证体系的设置，确保安全措施和质检计划，推广新技术的计划要求。

7）技术要求按《规范》、《规定》及验收指标来确定。

8）投资指标及降低工程成本的总的效益指标及其措施。

9）综合进度表。

三、建设预算编制的主要程序和方法

（一）概算、预算编制程序

编制人员接受任务后，应首先了解如下内容：

（1）设计任务书或项目建议书、设计合同的签发、批准单位；

（2）工程的起迄地点，建设性质和目的、电压等级、设计范围及主要设计原则；

（3）投资来源及投资限额，建设工期；

（4）勘测设计的初步安排及对本专业的进度要求；

（5）筹建方式和建设、施工单位名称；

（6）其它有关问题（如是否按招标管理办法工作）。

上述总的情况了解后，应即查阅参考以前同类型和同地区工程资料，并编写调查搜资提纲，经科长、主任工程师审查同意后，按收资提纲收资。

（二）搜集资料提纲

（1）搜集工程沿线电力主管部门颁发的现行电力工程装置性材料预算价格资料。

（2）通过工程沿线有关主管部门，搜集《统一定额》《电建定额》地区单位估价表及其调整补充文件。

（3）向工程沿线电力定额站搜集已计价材料费和施工机械使用费的调整系数。

（4）搜集工程所在地区及沿线砂石资源、产地、产量、质量、价格或供应点的供应量等情况。

（5）通过线路踏勘初步了解沿线地形、地质、

水文、地貌、交通运输条件，障碍物情况和重要交叉跨越。

（6）通过工程沿线政府主管部门搜集有关土地征用、房屋拆迁、林木砍伐、青苗赔偿和坟墓迁移等有关规定，赔偿标准或计算办法。

（7）在踏勘和终勘过程中，应尽可能地搜集掌握沿线需砍伐的林木种类、面积（数量）、胸径和疏密程度；青苗种类、面积以及需拆迁的房屋类型、结构等；同时应重点了解路径上的障碍物，尤其是采石场、炸药库、被跨越的重要通信、电力线路等设施的类型和特征。

（8）对续（扩）建工程，现场可以利用的有利或特殊条件。

（9）按《电力工业基本建设预算编制办法》规定，应由建设单位和施工单位（当已明确时）提供的资料。

搜资过程中，应主动与建设单位和施工单位（当已明确时）协调配合，对现场实际情况要及时核对并有记录，力求统一意见。

搜资结束后，提出搜资报告，在此基础上，结合主管领导的事先指导，主编人应提出书面的工程概、预算技术组织措施初稿。经审查后，与建设单位、主管单位、建设银行、施工单位等共同协商，统一认识，形成意见一致的编制原则，以保证概、预算的编制质量。如有分歧意见，暂按设计单位意见列入，待审查时一并确定。

概（预）算的编制工作包括：

1）了解设计资料，合理确定工程量。

2）选定指标或定额，编制单位工程概（预）算表（表三）。

3）本体工程汇总概（预）算表（表二乙）。

4）编制辅助设施工程表（表三乙）。

5）编制其费用表（表四）。

6）汇总编制总概（预）算表（表一乙）。

7）编制说明书。

概算、预算的编制工作程序和主要内容，见表10-4-1和表10-4-2，概算、预算的编制方法及主要区别对比表见表10-4-3。

表10-4-1　概算、预算编制程序及主要内容表

内容阶段程序	初步设计概算	施工图预算
1. 准备工作	接受工程任务，了解工程特点及设计主要内容，与常见方案的异同点，计划任务书拟定收资提纲	详细了解工程内容和特点，初步设计的审查意见，有关协议设备材料的落实和价格情况，各项费率的使用，借阅施工图纸

续表

程序＼内容＼阶段	初步设计概算	施工图预算
2. 收资和签订协议	按收资提纲，最好是三方一起收资并协商签订编制协议（结合现场定）	补充收集和变动部分资料签订编制协议
3. 确定工程量	根据初设部分图纸，设备材料清单，所提概算资料，施工组织大纲协议规定按项目划分，确定价格指标，计算工程量	根据施工图纸设计文件、初设审核意见，有关协议，上级文件按项目划分定额、价格计算工程量
4. 排表、编制单位工程表	按项目划分依次编制表三（粗）	按项目划分依次编制表三（细）
5. 套用定额、指标、上价	《指标》、《定额》单价或综合价	《定额》
6. 计算	包括设备、材料、安装费、工资、有关费率，合计（按项目划分规定填写表三）	《预规》
7. 汇总表二	把表三汇入表二乙，计算有关经济指标	
8. 其它工程费用	按"预规"和收资情况	
9. 总表一	编制总表	
10. 编写说明	内容要求见《预规》	
11. 对比分析	与同类工程对比分析，与"限额设计指标"对比分析	与概算和同类工程投资对比分析
12. 装订编页	批准、审查、审核、校核、编写	

注　《定额》是指现行的《全统定额北京地区1996年价目本》中《电力建设工程预算定额》（送电线路工程）。

表 10-4-2　　预算、概算编制程序示意表

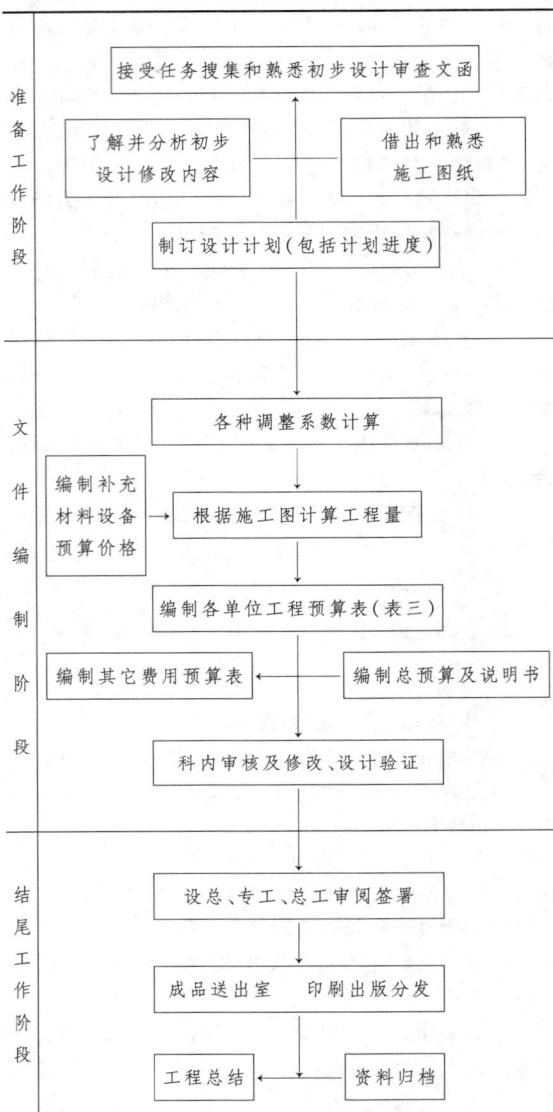

准备工作阶段：

接受任务搜集和熟悉初步设计审查文函

了解并分析初步设计修改内容　｜　借出和熟悉施工图纸

制订设计计划（包括计划进度）

文件编制阶段：

各种调整系数计算

编制补充材料设备预算价格

根据施工图计算工程量

编制各单位工程预算表（表三）

编制其它费用预算表　｜　编制总预算及说明书

科内审核及修改、设计验证

结尾工作阶段：

设总、专工、总工审阅签署

成品送出室　印刷出版分发

工程总结　｜　资料归档

（三）建设预算的编制方法

概算、预算编制方法见表10-4-3。

表 10-4-3　　概算、预算编制方法及区别对照表

序号	项目名称	初步设计概算	施工图预算
1	编制阶段	初步设计	施工图设计
2	工程量计算的主要依据	推荐的初步设计方案、设计图纸，有关说明，设备材料清册，有关文件及施工组织设计大纲	施工图设计图纸、说明，设备材料清册，施工组织设计和初步设计审定的项目

续表

序号	项目名称	初步设计概算	施工图预算
3	编制深度表现形式	为初步设计深度，表现粗一些，工程量偏大，具有概括性	为施工图设计深度，表现细一些，按施工图用量计算，是工程实际用量
4	安装费的计算依据	《电力建设工程预算定额》《全国统一定额》及单位估价表，有关文件规定的调整系数	《全国统一定额》《电力建设工程预算定额》及其单位估价表，《全国统一定额》北京地区1996年价目本，补充定额，选编本及文件规定的调整系数
5	设备价格的确定依据	国家定价设备，主管部门批准价，同类工程定货价，合同价	同初步设计价格，本工程合同价
6	材料价格	工程所在地区主管部门颁发的现行装置性材料预算价格，主要消耗性材料预算价格及其阶段调整系数；市场信息价格	同初步设计材料价格
7	有关费率及系数调整	部颁《火电、送变电工程建设预算费用构成及计算标准》及《电力建设安装工程概（预）算安装费基价调整办法》	同初步设计计算办法，按现新规定办
8	编制概算、预算的作用	1. 考核初设的经济合理性 2. 国家控制基建项目的投资依据 3. 编制基建列的依据 4. 控制施工图预算 5. 进行工程投资大包干和标底的依据 6. 工程承发包的依据 7. 相当于产品的计划价格	1. 确定工程承发包价款的依据 2. 作为企业经济核算的依据 3. 调整基建，承包计划的依据 4. 财务拨款的依据 5. 作为工程结算的依据 6. 相当于产品的销售价格

续表

序号	项目名称	初步设计概算	施工图预算
9	编制单位	设计单位	设计单位
10	预备费	稍大	稍小
11	价差预备费	按规定计算	一般不计列，留在适当时机解决

第五节　工程量的确定

一、工程量概述

工程量系指被安装的线路及其相应的内容，按规定要求计算的数量。如送电工程的1km线路，1m³混凝土，拆除一间房屋等。

由于每个线路工程的规模和内容不尽相同，工程量的组合因素也有差别，但总的说来这个数量是按建设预算项目划分和《定额》步距《指标》单位的内容要求，分别计算逐项列出的。

工程量的计算是一项细致而繁琐的工作，要做到计算准确，整理方便，易于校核。

工程量计算的准确性，是衡量一个工程项目或一个单位工程建设预算质量的重要因素。这里所说的工程量准确程度的要求，在不同的设计阶段，按其应有的设计深度和建设预算的不同，作用是不相同的。

确定工程量是编制建设预算的基础，必须掌握工程量计算的基本要求、计算方法和计算规则。

二、计算工程量的必要条件

（1）了解工程的建设性质，是新建还是改造旧线路，以便确定收集资料范围。

（2）了解各卷册设计说明书和各项设计的全部图纸，工程设计的特殊要求，该设计项目的全部内容，以及平面图、断面图，安装图之间的关系。

（3）按线路塔位明细表、单位工程分类统计工程量，确定各单位工程安装工程量和装置性材料量。如统计基础型式、杆塔型式、接地型式等。

（4）按照项目划分的要求，掌握分类和排列顺序。

（5）按照《定额》、《指标》的步距和内容，分清已计价材料和未计价材料。

三、确定工程量的基本要求

（1）确定工程量按专业规定进行计算，其计算内容应与概算定额、预算定额、章节划分说明，项目划分和适用范围一致。

（2）工程量的计量单位应与"定额""指标"的计量单位相一致。涉及量的计算公式，应以国家标准和法定计量单位为准，如未做规定者，可以厂家合格证书或产品说明书为参考。

（3）工程量的统计按照设计说明书、图纸、设备材料清册进行计算。

（4）计算工程量时，应详细阅读并认真执行所使用的《概算定额》《预算定额》所规定的工程量计算规则及有关说明。

第六节   估、概算指标和预算定额

一、定额、指标的概述

"定"就是规定，"额"就是额度、数量，定额的意思，即是按规定在产品生产中人力、物力或资金消耗的标准额度。它反映着一定的社会生产力水平。

《指标》是在定额的基础上经过综合扩大而编制出来的指导性的标准。《指标》和《定额》都是标准，它们的区别是：指标在执行上可以有一定的概括，而定额是强制的。

我们一方面要从理论上了解它们的区别，另一方面又要以上级颁发之文件为准，以便正确使用真正的《定额》和《指标》。

二、定额与指标的性质

定额的基本性质是一种规定的额度，是一种对事、对人、对物、对资金、对时间、空间在质和量上的规定。

这种规定出来的定额在形式上是主观的，是人们在某种动机的引导之下，按一定的原则通过某种方法制定出来的。但它又具有客观内容。

在现代的经济生活中，定额几乎无时不有、无处不在。它们存在于生产、流通、分配和消费领域，也存在技术领域和日常生活之中，如：工时定额，原材料消耗定额，原材料、半成品成品储备定额，设计定额，生活消费品的配给定额等。

工程建设定额是诸多定额中的一类，它的研究对象是工程建设范围内的生产消费规律。其结果可以获得产品。

在一定意义上来说，定额水平高低能代表生产力发展的水平，它是一把衡量一个国家、一个企业生产情况的尺子，归纳起来，它的性质如下：

（1）实践性：定额源于实践，是对实践的抽象，不是凭主观愿望臆造出来的。

（2）法定性：定额是经一定的审批程序颁发的，不是随意出口而成的，颁发后即成为法规的一个组成部分，必须严格贯彻执行，依法办事。

（3）概括性：定额是对实践的抽象，从个别到一般，它不可能符合每一个"一般"或"个别"，不完全符合是大量的，完全符合是少量的，但从平均的角度说来，它应概括所有的个别，符合个别的一般水平，在它概括范围之内，所有的个别都得接受它的概括，而且应该是强制的。

（4）阶段性：随着时间的推移，实践在发展，客观情况在变化，定额也要有阶段地进行适时的修编、补充和调整，以适应变化了的新的客观现实。在这方面没有永恒的、长期不变的东西。但每一次变更，都必须经过细致的工作，必要的修订和严格的立法程序，做到面对潮流不避讳，跟随发展不固守，迎接改革敢突破，讲究实在说实话的理论勇气和求实精神。

如果定额管理工作跟不上客观变化的现实，便会出现定额水平脱离实际的状况。所以"定额""指标"应当有一定时效性。

三、定额与指标的作用

（1）建设定额是科学地组织安装生产的必要手段。建筑安装产品是需要多行业、多工种共同协作才能完成。这些行业和工种都以建设项目为中心，以经济为手段，科学地组织起来，才能优质高效地完成基本建设任务。在这种有机的整体经济活动中，定额起着重要的作用。为了完成所承担的工作，劳动部门要按定额调配施工力量，材料物资部门要靠定额来供应设备材料，计划部门要合理安排工序，调度资金。

总之，只有以定额为基础，才能科学地组织建筑安装产品的完成。

（2）在基本建设中，定额是贯彻节约原则的有效工具。

（3）建设定额是基本建设计划管理的工具和基础。

（4）定额是国家用来计划和控制基建投资，衡量企业经济成果的标准，企业的一切经营活动，都是以定额的尺度来加以考核的。

（5）指标以定额为基础，进行适当的综合扩大，以恰当地确定指标的概括性，是编审工程项目建议书、设计任务书、可行性研究和初步设计文件方案比较、经济评估的重要依据。

四、定额、指标的编制条件

定额、指标是按下列条件编制的：

（1）设备、材料、成品、半成品、构件完整无损，符合质量标准和设计要求，附有合格证书和检验记录。

（2）安装工程和土建工程等按各工程之间的交叉作业编制。

（3）正常的气候、地理条件和施工环境。送电线路工程预算定额、概算指标是按平地施工条件考虑的。

（4）以往的定额都是按8h工作制考虑的。在特殊的自然条件下，如高原、高寒、沙漠等地区施工时，其增加的费用应按所在地区的规定计取。在非平地条件下，如丘陵、高山大岭、泥沼等地形条件施工的线路工程，其增加的费用，应按定额中规定的地形增加系数计取。

五、工程建设定额的种类

（一）定额反映的物质消耗内容分类

（1）劳动消耗定额：是指完成一定的合格产品规定活劳动消耗的数量标准，主要表现形式为时间和产量定额。

（2）机械消耗定额：是指完成一定的合格产品所规定的机械消耗的数量标准，以机械时间和产品数量表现的定额。

（3）材料消耗定额：是指完成一定合格产品所需材料消耗的数量标准。

（二）定额的编制程序和用途分类

（1）施工定额：是企业组织生产和加强管理的内部使用的定额，由劳动、机械、材料消耗量组成。

（2）预算定额：是编制施工图预算的计价定额，由人工费、机械费和材料费三项组成。

（3）概算定额：是初步设计阶段编制概算的一种计价定额，与设计阶段相适应。它是以现行的有关电力建设的预算定额为基础，对工程设计中的设备、材料按系统划分后综合编制而成的，是编制初步设计概算的依据之一。

（4）概算指标：是初步设计阶段编制概算确定工程投资的一种定价定额，以控制项目投资。

（5）投资估算指标：是编制项目建议书、可研报告和编制设计任务书投资估算的定价定额。

（6）万元指标：以万元建筑安装工作量为单位制定的人工、材料和机械台班消耗的数量标准。

（7）工期定额：是各类工程规定的施工期限的天数定额，包括建设期和施工期两个层次。

（三）按投资的费用性质分类

（1）建筑工程定额。

（2）设备安装工程定额。

（3）其它直接费定额：是与建筑安装施工生产直接有关是预算定额以外的直接费定额，如冬、雨季施工增加费用定额等。

（4）间接费定额：是与建筑安装施工生产的产品无关，而为企业生产产品所必须，为维持企业的经营管理所必须发生的各项费用开支的标准。

（5）工器具定额。

（6）其它费用定额。

（四）按专业性质划分

（1）通用定额：是在部门间、地区间都可使用的定额。

（2）专业通用定额：是具有专业特点，在部门间的同专业使用的定额。

（3）专业专用定额：只能供在特定范围内使用的定额，与本专业无关。

（五）按管理权限划分定额类别

（1）国家定额：综合全国工程建设中技术和施工组织管理的一般情况编制的定额，在全国范围内执行。如《全国统一安装工程预算定额》，它反映社会生产力的一般水平状况，对地区、部门有指导作用，使计划、统计、价格、成本具有依据性。

（2）主管部门定额：是考虑到各主管部门的专业技术特点以及施工生产和管理水平编制的定额。

（3）地方定额：是考虑到地方特点和依据国家定额水平编制的定额。

（4）企业定额：是考虑国家定额水平、地方情况并结合本企业具体条件编制的定额。

（5）补充定额：是在现行定额不能满足需要或定额缺项漏项所补充编制的定额。

六、定额、指标的使用

预算定额是定价定额，一经批准颁发就具有法定性质，产生法定效力。它是在现有的社会正常生产条件下，正确反映社会必要的劳动和物化劳动消耗的客观需要量及其价值，是反映社会的平均定额水平。因此，制定预算定额有一定科学性，使用时也有一定概括性，执行中还有一定严肃性。

定额颁发后，在定额规定的使用范围内，任何单位和个人都必须维护其严肃性，坚持其概括性，按其规定的范围和使用规则，无条件地认真执行。

如果在实际工作中，发现定额子目有不足现象，则应按原定额的制定原则和方法予以补充；如果发现认为某些定额有实质性错误，则应提出详细资料，报定额管理组或专业主管部门，以求得到合理的解决。

《电力建设工程预算定额》（第 4 册送电线路安装工程）是编制送电线路工程施工图预算的依据。也是编制初步设计概算的依据。它包括的内容和范围是：由送电端变电所（或发电厂）的构架的引出线起，至受电端变电所（构架或穿墙套管）的引入线止的 35～500kV 架空交、直流送电线路以及 35～220kV 电力电缆线路。适用于上述范围的新建和扩建工程。

《电力建设工程预算定额》1996 年北京地区价目本（送电线路安装工程）是以《电力建设工程预算定额》第 4 册（送电线路安装工程）中规定的量为基础，按 1996 年北京地区价格水平编制的。与《火电、送变电工程建设预算费用构成及计算标准》（1997 年版）配套使用。

《价目本》中的人工费包括：基本工资、工资性津贴、生产工人辅助工资、职工福利费和劳动保护费。其人工单价为 23.50 元／（工·日）。材料单价采用的是北京地区 1996 年度价格。机械费的台班单价是按 1995 年《电力建设施工机械台班·费用定额》取值的。

当工程所在地的人工费、材料单价和机械台班费用定额与上述条件有较大差异时，应按上级主管部门颁发的文件予以调整。

（1）地形增加系数的计算：《电建定额》是按平地施工考虑的，当工程地形条件不同时，应按《电建定额》的规定，计算综合地形增加系数，据以调增安装费中的人工费和机械费。

（2）综合地形增加系数的计算：根据沿线地形图，线路路径走向和踏勘时所搜集的资料，按《电建定额》规定的各种地形的定义，将全线划分成为若干段，确定各段地形，再将各类地形长度汇总，计算出各类地形线路长度占全线的百分比。

在具体工程中，为了简化计算，除西北地区高原台地外，各类地形段内若夹杂着少量的其它地形时，可不予单独考虑，则按该段的主要地形来确定其长度。

在确定工地运输地形增加系数时，应按运输路径的地形来划分，不得与工程地形相混淆。"工程地形"是指工程沿线地形，而"运输地形"则是指现场实际运输道路的地形。在人力运输地形难以确定时，一般可参考采用工程地形。

地形增加系数见表 10-6-1，综合地形增加系数率计算见表 10-6-2。

表 10-6-1　　　　　地形增加系数（%）

序号	定额名称		项目	丘陵	山地	高山大岭	泥沼	河网	备注
1	工地运输	人力运输	（1）混凝土杆、混凝土预制品、线材的运输	40	150	300	70	—	不包括机械
			（2）金具、绝缘子、零星钢材、塔材、砂、石、石灰、土、水泥、水的运输	20	100	150	40	—	
		拖拉机、汽车运输		20	80	—	—	—	不包括装卸
2	土石方工程			5	10	20	10	5	不包括机械
3	基础工程			10	20	40	40	10	
4	杆塔工程			20	70	110	70	20	不包括高塔及接地工程
5	架线工程	一般放、紧线		15	100	150	40	10	不包括跨越架设、拦河线安装
		张力机械放、紧线		5	40	80	20	5	
6	附件工程			5	20	50	10	5	
7	电缆工程	直埋敷设		10	20	40	10	5	

注　1．各种地形的定义：

（1）平地：指地形比较平坦，地面比较干燥的地带。

（2）丘陵：指地形有起伏的矮岗、土丘等地带。

（3）山地：指一般山岭或沟谷等地带以及西北地区的高原台地。

（4）高山大岭：指地势险峻，自然山坡在 30°以上，人力、牲畜攀登困难，需经盘山道路才能运物登高的地带。

（5）泥沼：指经常积水的田地及泥水淤积的地带。

（6）河网：指河流频繁，河道纵横交叉成网，影响正常陆上交通的地带。

2．套用说明：

（1）编制预算时，工程地形按全线的不同地形划分为若干区段，分别以其工程量所占长度的百分比进行计算。

（2）在确定运输地形时，应按运输路径的实际地形来划分，人抬运输的路径可以参考工程地形。

（3）在高山大岭地带进行工地运输时，其平均运距的确定，应以山坡垂直高差的平均计算斜长为准，不得按实际的运输距离计算。

（4）凡有盘山公路可利用汽车进行工地运输的地形，作出地论。

（5）凡同一地段内，"泥沼"与"河网"并存时，则仅可套用泥沼地形增加系数，两者不可同时取用。

（6）西北高原台地的工程地形按"山地"论；工地运输地形则按运输路径的实际情况而定，上台运输按"山地"论；台上运输按"平地"论。

表 10-6-2

综合地形增加系数率计算表

序号	项目	地形增加系数					地形比例（%）					综合增加率（%）					
		丘陵	山地	高山	泥沼	河网	丘陵	山地	高山	泥沼	河网	丘陵	山地	高山	泥沼	河网	综合
1	2	3	4	5	6	7	8	9	10	11	12	13	14	15	16	17	18

注 1. 3栏×8栏＝13栏，4栏×9栏＝14栏，……，以此类推。

2. 13栏＋14栏＋15栏＋16栏＋17栏＝18栏。

第七节 装置性材料预算价格

一、材料及其分类

（一）原料、材料

经过人们的劳动取得的劳动对象，也就是人们从自然界开采出来的未经过任何加工的有用物质，称之为原料。

按人们的要求经过加工的原料称为材料，它是劳动对象，在劳动过程中，材料的本身要变形、消耗或被组合。

在生产过程中构成产品实体，在定额含量以外单独计算的材料称装置性材料或主要材料；有助于产品形成或便于生产的进行，而不构成产品实体的材料称为辅助材料或次要材料。是材料构成了设备、建筑物或构筑物。

（二）材料的分类

材料按用途划分：安装材料｛已计价材料（消耗性材料）／未计价材料｝；建筑材料｛主要材料／次要材料（辅助材料）｝

材料按来源划分：国家统配材料：如钢材……；地方材料｛主要材料：砖、砂、石／次要材料｝；市场采购材料

二、装置性材料的概述

凡价值大、影响大的主体材料，其价值未包括在"定额"的材料费内，称为未计价材料。它的品名已在定额上做了注明，除注明的材料以外，其它材料（连同其损耗）均已包括在定额的材料费内（特殊情况除外）。如型钢、钢板、钢管、电线、钢绞线、电缆、电杆、塔材、金具、电瓷、铜线、绝缘子等。

装置性材料在送电线路的安装工程中，是按设计

图纸要求需要安装的材料及施工单位配制的成品或半成品，亦称未计价材料或主要材料。

送电线路工程设计中使用大量的装置性材料，不同电压等级的线路工程，结构不同的送电线路工程，所使用的装置性材料的规格、品种和数量也不相同，对工程造价的影响也不相同。根据对以往线路工程的统计资料，一般装置性材料费占线路工程总投资的 50%~60% 左右。

占工程总投资比重大的装置性材料费必须单独计算，因为它直接影响工程投资的高低和概、预算的准确度。一般要以设计图纸用量加上损耗量乘以地区装置性材料预算单价即可得出。

三、装置性材料预算价格

（一）价格的构成

价格的构成一般系指形成价格的各个要素及其组成情况。就总的情况来说，价格是由生产成本、流通费用、利润和税金等四个要素组成的。

税金，就是为了实现其职能，按法律规定，对经济单位和个人无偿地征收实物或货币。它是凭借行政权力，参与国民收入的分配和再分配，以取得财富的形式。

流通费用，是产品在流通过程中所耗各种费用的总称。它包括的基本内容是：

（1）流通过程中的职工工资及福利支出；

（2）流通过程中所发生的物质耗费，如固定资产的折旧、包装物料的损耗等；

（3）在运输保管和销售过程中的损耗；

（4）支付给其它经济部门的手续费、水电费和邮电费等；

（5）支付给银行的利息。

正确的核算产品的流通费用有利于加强企业的经营管理，降低费用，增加盈利，提高经济效益。

由于各种商品的产、销形式，流转环节，税收环节和劳务收费方式的不同，具体构成要素也不完全一致。

（二）价格的分类

产品的价格按其不同情况和条件，可分为以下几种：

（1）全国统一价格：产品在全国范围内按照一个价格销售，不保留地区差价。

（2）计划价格（牌价）：在我国统一的市场中，运用价值规律，按照物价政策和国民经济发展的要求，并考虑到产品的供求情况有计划制定的价格。

几十年来，计划价格在我国占主导地位，主要有：工业品出厂价格；批发价格；零售价格；调拨价格；劳务收费（价格）。

1）出厂价格：是指工厂把产品按计划卖给商业（物资）批发企业、物资部门或使用单位所使用的价格。它是由成本、利润和工商税组成，出厂价格是制订销售价格的基础。

2）批发价格：亦称"趸售价格"，一般指按一定的货物量为起点，大宗买卖商品所采用的价格。工业品批发价格由出厂价加批发企业流通费用和利润构成。

3）调拨价格：内部批发企业之间调拨商品所使用的价格。调拨价格由调出企业的进货价格、合理的商品流通费用和利润构成。

4）零售价格：是零售企业向消耗者出售所使用的价格。

它是由批发价格、零售企业的流通费用、利润和税金构成。零售价格是流通过程中的最终价格。

5）浮动价格：是计划价格的一种形式，是指由国家规定基价和浮动幅度，允许企业在规定之内调整的价格。浮动价格必须按物价管理权限和批准幅度进行浮动。

（3）新产品价格的定价原则：国务院颁发的《物价管理暂行条例》规定，新产品的价格要有利于新产品的发展和应用。新产品试销期间，由企业根据成本情况，参照同类产品价格，制订试销价格，报业务部门和主管部门备案。重要的新产品试销价格，要经省市自治区物价部门批准。试销期为1年，最多不超过2年。试销期满，按物价管理权限，由主管部门和业务部门根据正常生产成本，参照同类产品价格制定正式价格。

四、装置性材料预算价格的确定

是指装置性材料原价加上从生产仓库或交货地点运到工地仓库或施工指定的堆放地点材料站，所发生的一切费用，即原价加上运杂费。

装置性材料的编制范围包括送变电安装工程所使用的构成工程实体的各种黑色金属、有色金属、管件、电线、电缆、杆塔、绝缘子、金具，以及其它材料，通常指安装工程预算定额价目本中未计价的材料。由于现场加工配制品已另有预算定额，《装材算价格》未将其列入编制范围。组成装置性材料预算价格的几项费用如下。

（一）预算价格的组成

预算价格的组成包括材料购买及自货源点仓库运输至工程现场仓库或指定堆放地点的各项费用，主要内容如下：

1. 材料原价

材料原价指工程所需材料在供货点的采购原价。

为了配合新的预算定额的颁布执行和严格控制工程造价的各项要求，1998年由电力工业部技经中心组织重新编制的《电力建设安装工程装置性材料预算价格》,采用全国统一材料编码,统一名称、规格和原价。

2. 包装费

包装费是指为了便于运输、安全存储、减少损耗而对材料进行包装所需要的费用。

对包装费需说明以下几点:

（1）材料在出厂时已经包装者,这些包装费一般已计在材料的出厂原价内,不再分别计算。但要考虑其包装品的回收价值,如袋装水泥、线轴等。

（2）施工单位自备包装品者,其包装费应以原包装品的价值按使用次数分摊计算。

3. 材料运输费

（1）定义:是指材料由采购（或交货）地点起运至工地仓库材料站（或指定堆放地点）的全部运输过程中所发生的一切费用（包装费除外）。

（2）内容包括:上站费、中途运输费和下站费。

上站费包括出库费、上站装车费、上站运输费;中途运输费包括装车费、过称费、手续费、标签费、运输费、卸车费;下站费包括调车费、下站装车费、下站运输费、下站卸车费、入库费、终点堆放费等。

4. 保险保价费

保险保价费指为转移材料在运输过程中可能遭受不可预见损失风险而进行保险保价所发生的费用。

5. 采购保管费

采购保管费指建设、施工单位的材料供应部门对工程所需材料进行采购、供应、保管所需要的费用。

以上 2~5 项费用合称为运杂费。

（二）装置性材料预算价格的计算公式

预算价格 = ［材料原价 × （1 + 保险保价费率）
+ 包装费 + 运输费用］ × （1 + 采购
保管费率） - 包装品回收价值

（三）装置性材料预算价格的计算方法

1. 材料原价

材料原价的确定,按照依靠主渠道的原则,除部分与地方材料价格有关的材料（如混凝土杆、三盘等）外,均采用全国统一原价。材料原价均取货源点的采购原价,分不同的供货方式按以下原则分别确定:

（1）直接由厂家供货的,材料原价取出厂价;

（2）由物资部门供货的,取其批发售价;

（3）直接进口材料,以到岸价为材料原价;

（4）由电力企业附属加工厂加工配置的构件、配件,其原价按企业制定并报主管部门核定的价格确定;

（5）由供货方提供运输工具并且运杂费包括在售价中的,原价为将运杂费扣除后的价格;

（6）与地方材料价格有关的装材（混凝土杆、三盘）及蒸汽等消耗性材料的价格按各省（自治区、

直辖市）公布的地方材料价格和制作加工定额计算确定。

2. 包装费

包装费按照材料的实际一般性包装情况确定,应注意以下几点:

（1）材料无须包装的,不计包装费;

（2）材料出厂价中已包括包装费且无法扣除的,不再另计;

（3）材料确需包装且材料原价中未包括或已经扣除的,按有关行业的包装标准确定。

为了便于计算,本预算价格中的包装费按不同材料品种统一确定,各地不作调整。

3. 包装品回收价值

包装品的回收价值根据包装物的材质、回收可能性大小及回收后的使用价值确定,可多次重复的包装物,按其经济使用次数进行分摊。回收品的价格按废旧物资收购价格计算。计算公式为:

包装物回收价值 = 包装物数量 × 回收率 （%）
× 废旧物资收购价

或　包装物回收价值 = 包装物原价 × 回收率 （%）

本预算价格中的包装品回收价值按不同材料品种统一确定,各地不作调整。

4. 运输费用

运输费用包括上站费、铁路（水路）运费、公路运费、下站费和运输损耗。计算公式如下:

运输费用 = 上站费 + 铁路（水路）运费 + 公路
运费 + 下站费 + 运输损耗

（1）上站费:上站费指材料从供货单位交货仓库起运至装上火车或船舶所需的出仓费、运输费及装卸费等。

本预算价格中的上站费按不同材料品种统一确定,各地不作调整。

（2）铁路（水路）运费:采用铁路（水路）运输时,运费指从货源点就近火车站或船舶码头起运到工程现场仓库最近的具有接货能力的火车站或船舶码头所需要的费用。

铁路运费按照铁道部铁运〔1996〕18 号文件颁发的《铁路货物运价规则》计算。

（3）公路运费:公路运费指采用公路运输时,从供货单位仓库装车起运至工程现场仓库所需要的费用。

（4）下站费:下站费指材料从火车到达站或船舶到达码头运至工地仓库或指定堆放地点所需的运输费、装卸费及搬码费等。

下站费按照各地区工程布点情况与铁路（水路）就近到达站（码头）的平均运距和各地区运输、物价主管部门发布的运价计算。

（5）运输损耗：运输损耗指各类材料在运输及装卸过程中发生损耗的价值。

计算公式为：

运输损耗 ＝（材料原价 ＋ 包装费）× 运输损耗率（％）

本预算价格中的运输损耗率按不同材料品种统一确定，各地不作调整。

5. 保险保价费

保险费按现行保险公司规定的保险范围及收费标准确定，保价费按铁道部颁发的全国统一标准确定。

保险保价费以费率形式计算，各地不作调整。

6. 采购保管费

采购保管费的内容包括采购及保管人员的工资、工资性津贴、福利费、办公费、差旅交通费、固定资产使用费、工具用具使用费、劳动保护费、检验试验费以及保管过程中的损耗 等。计算公式为：

采购保管费 ＝（材料原价 ＋ 包装费 ＋ 运输费用）× 采购保管费率（％）

本预算价格的采购保管费率按统一标准确定，各地不作调整。

五、装置性材料预算价格的使用

（一）直接查用

装置性材料预算价格一般以行政大区或省、市、自治区为单位，在一定时期（多为五年）统一编制出版一次。颁发后在行政大区范围内使用，可按材料名称、规格、规范直接查出使用。

（1）各项材料的原价、预算价格，均以“元”为单位，单重均以“kg”为单位。

（2）装材预算价格中所示单重是计算材料运杂费的依据，使用时不作调整；折算工程量时可参照使用。

（3）阻燃电缆、阻燃补偿电缆的价格按预算价格中相同型号、规格电缆价格乘以 1.12 系数套用。

（4）送电线路铁塔如采用锰钢制造时，按所用锰钢质量计列价差，其差价执行本预算价格中所列差价，不另增加运杂费。

（5）混凝土杆及三盘价格根据本地区价格情况，实行东北地区统一原价，三盘不分规格，综合按体积计算。

（二）参考套用

有时具体工程中使用的材料名称和装置性材料预算价格本上的名称相同，但具体规格、规范不尽相同，这时可按相同名称的材料，连同它的性能、使用条件、单件质量及制造工艺一起考虑参考套用。

（三）补充新的装置性材料预算价格

当出现装置性材料预算价格本上查不到而且又无法参考套用的新材料时，可按装置性材料预算价格的编制方法补充编制新的预算价格，供工程使用。这种情况应在适当的地方加以说明。

六、装置性材料预算价格的管理

（1）本《装置性材料预算价格》由部电力建设定额站和各区网局管理。

（2）在使用过程中，如发现不当之处应及时通知由部电力建设定额站和各区网局。

（3）各网省局负责将工程中出现的新材料品种、规格、单价进行汇总、整理、定期（原则上每年一次）反馈给部电力建设定额站，以便统一编码、补偿。

（4）《装置性材料预算价格》原则上每五年重新编制一次，编制工作由部电力建设定额站组织各网省局根据生产资料市场价格变化情况统一安排。

（5）《装置性材料预算价格》除全部更新价格时需重编外，一般以不变价格（指正在执行的最新版本预算价格）乘以系数方式确定每年的预算价格水平，调整方式按单位工程执行装材综合价的调整系数。

（6）调整系数的计算公式：

$$k_i = \frac{\text{编制年度的装材综合价}}{\text{基期装材综合价}} \times 100\%$$

式中　k_i——第 i 项装材综合项目的调整系数；

编制年度——工程预算编制水平年度；

基期——正在执行的最新版本预算价格的水平年度。

（7）调整系数由各网省局根据装材综合价的年度变化指数确定，并报部电力建设定额站核定。

第八节　建设预算的编制与实例

一、建设预算文件的组成

建设预算文件一般应由封面、封里（签名）、目录、编制说明、单位工程表、汇总表、总表、附件和封底组成。

封面上部应写工程名称和建设预算的阶段文件名称，右上角为工程代号，左上角为检索号，下部应写设计单位全称，设计证书号，勘测证书号，编写时间（年、月、日）和编写地点。

封里的签名应由编制人、校核人、科长、主任（专）工程师、设计总工程师和总工程师逐级签署。

以上为组成建设预算书的编制程序。批准概算书的封面及目录写法如下。

工程代号

检索号

×××× 送电线新建工程

初步设计

第 4 卷　批准概算书

国家电力公司 ×× 电力设计院
设计证书 ×××××××
××××年×月　　×× （地点）

×××× 送电线新建工程

初步设计

第 4 卷　批准概算书

总　工　程　师
设 计 总 工 程　师
主　任 工 程　师
科　　　　　　长
主 要　设 计　人
校　　　　　核
编　　　　　写

×××× 年 × 月

目　　录

1　编制说明

2　总概算表

3　本体工程汇总概算表

4　单位工程概算表和装置性材料价值表

5　辅助设施工程概算表

6　其它费用概算表

7　附件

1. 工程的基本情况

建设预算说明书的编写要把与本专业的相关问题说明白。一般说明书的内容应有普遍性和针对性,所谓普遍性的内容就是常规项目都应交代的内容,如工程的建设性质,电压等级,线路起迄点,单、双回路的长度及线路亘长;导线,地线的规格型号、相数、根数,地线的绝缘方式;杆塔总基数、分类、型号、数量、结构及各占总量的百分比;基础型式分类、型式、数量及各占总量的百分比。所谓针对性,是指结合本工程情况针对其特点的内容,主要有:沿线的地形,地貌概况及各类地形所占的长度比例;交通运输条件,工地仓库,配料站的设置地点和数量,工地运输方式及各自的运输半径;沿线各类土质分类及基面、尖峰和排洪沟的情况等。如为改造、扩建项目,应交代其范围、主要工程量、过渡措施方案及其费用,残值回收等。

另外,应交代业主、投资方的投资额度,可研投资估算的批准投资额及各设计阶段的投资变化情况。

2. 编制的原则和依据

(1) 工程量的取定原则:工程设计的不同阶段,按其要求深度的不同,工程量的取定是不完全相同的。可行性研究阶段主要依据国家或上级主管部门批准的项目建设规模,对线路工程的本体和外部条件进行方案选择,同时对线路的终端、主要跨越点和需要特殊的地段提出设想和框图,技术经济专业可据此确定工程量的编制投资估算。

初步设计概算的工程量应根据初步设计内容与深度规定,按照设计专业推荐的优化方案,由设计人员按概算编制的内容深度和预算定额的要求提供工程量资料,这个资料应与该阶段的设计图纸,说明书及设备材料清册保持一致。对影响较大的项目,如主要杆塔型式、基础类型、线路亘长、导地线型号和路径方案等,各设计专业人员应在做细致工作的基础上分析比较确定工程量。技术经济专业据此工程量编制初步设计概算,并按审查意见编制出版初步设计批准概算书。

施工图预算的工程量应以施工图设计为依据,按上级颁发的工程量计算规则和预算定额的要求确定工程量,这个工程量应与设备材料清册保持一致,技术经济专业据此确定工程量编制施工图预算,经有权部

门审定后生效,可据此拨款。

各设计阶段需野外调查的工程量由技经专业人员现场调查,收集的有关资料来确定。

(2) 编制办法表现形式和项目划分:建设预算的编制办法项目划分和表现形式原则上应依据现行的《电力工业基本建设预算管理制度及规定》中的《电力工业基本建设预算编制办法》和《电力工业基本建设预算项目及费用性质划分办法》进行工作。

(3) 计价依据和费用标准

1) 定额:采用《电力建设预算定额》(送电线路安装工程) 1996 年北京价目本及其相应的调整文件。

2) 装置性材料预算价格:执行各大行政区或省级单位颁发的《地区装置性材料预算价格》及其相应的调整文件。

3) 费用标准:执行《火电、送变电工程建设预算费用构成及计算标准》及其相应的修订文件规定。

4) 现场调查收集到的各种省、市以上政府规定和费用标准。

3. 工程投资及其合理性分析

(1) 说明工程动态总投资额,平均每公里综合投资额,工程静态投资额及平均每公里投资额情况。其中包括本体工程投资额及每公里单位投资额。

(2) 投资合理性分析:通过工程量消耗,联系工程特点,结合定额、标准的使用,说明本工程投资的合理性。再把本工程的工程量和投资额与国家限额设计指标及同类型工程进行对比分析,说明其多少的原因,论述其合理性。

(3) 编写架空送电线路工程概况及主要技术经济指标表。

4. 其它

工程中与投资确定有关的具体需说明的各项事宜。

二、建设预算的基本组成

(一) 编制说明书

(二) 总概(预)算表(见表 10-8-1);本体工程汇总概算表(见表 10-8-2);装置性材料统计表(见表 10-8-3);辅助设施工程表;其它费用表;合计。基本预备费;材料价差;静态投资合计。价差预备费;建设期贷款利息。工程总投资。

本手册以某 220kV 送电线路工程概算为实例,把概算的内容列在各表格中。

表 10-8-1 (表一乙)　送电工程总概算表　　单位:万元

序号	工程或费用名称	安装工程费	各项占总计	单位投资(元/km)
一	送电线路本体工程	542	60.09%	479347
二	其它费用	314	34.81%	277876
	小计	856	94.90%	757223
三	基本预备费	43	4.77%	38053
四	价差	3	0.33%	2655
	工程静态投资	902	100.00%	797931
五	建设期贷款利息	22		
	工程总投资	924		818058

表 10-8-2（表二）　　　　　　　送电线路本体工程汇总概算表　　　　　　　　　单位：元

序号	工程或费用名称	直接工程费					间接费	计划利润	税金	建筑安装工程费用合计	单位投资	各项费用占合计的
		主材费	安装费	其它直接费	现场经费	小计						
	工地运输		330332	23924	27128	381384	59007	22020	15782	478193	42318	8.8%
	土石方工程		162684	24418	24042	211144	55514	13333	9556	289547	25624	5.4%
	基础工程	239618	328119	55235	58823	681795	117742	39977	28653	868167	76829	16.0%
	杆塔工程	1537714	109710	27935	58179	1733538	96275	91491	65574	1986878	175830	36.7%
	附件工程	339908	4394	1065	8101	353468	11270	18237	13071	396046	35048	7.3%
	架线工程	883257	171115	35010	51799	1141181	93381	61728	44242	1340532	118631	24.8%
	养路费及车船使用费		50576		1057	51633	1366	2529	1726	57254	5067	1.06%
	合计	3000497	1156930	167587	229129	4554143	434555	249315	178604	5416617	479347	100%
	各项费用占合计的	55.39%	21.36%	3.09%	4.23%	84.08%	8.02%	4.60%	3.30%	100.00%		
	单位投资	265531	102383	14831	20277	403022	38456	22063	15806	479347		

三、各单位工程装置性材料费的编制

装置性材料费的编制设在各单位工程建设预算的编制中，首先按不同的设计阶段所确定工程量，按表 10-8-3 统计。加上各种材料的损耗率，作为材料的消耗总量，再乘以各大行政区颁发的装置性材料预算价格，按照装置性材料数量及价值表计算费用。

表 10-8-3　　　　　　　　送电线路工程装置性材料统计表（附表一）　　　　　　　单位：元

序号	材料名称及规格	单位	型基	型基	型基	型基	型基	总数量	损耗率（%）	单价	合价	单位重（kg）	总重（kg）
	小　计										（转入表三丙）		（转入附表三）

四、各单位工程安装费用的编制

各单位工程安装费的编制，要按上述方法所确定的工程量，使用相应的《定额》《指标》分别按土石方工程、基础工程、杆塔工程、架线工程、附件工程和工地运输工程进行逐项编制。

（一）工地运输

1. 工作内容

是指将线路器材自工地集散仓库或集放点运至沿线各杆（塔）位的装卸、运输及空载回程等全部工作。

2. 运输方式

根据线路工程所处地点和沿线运输地形条件，根据定额要求，按不同的器材分类，分别汇总，分别套用人力运输、船舶运输、汽车运输、拖拉机运输和索道运输等方式的定额。其中"装卸"以 t 为计算单位，"运输"以"t·km"为计算单位。

3. 定额中各类材料的含义

（1）混凝土杆是指离心式机制的整根及分节混凝土杆、混凝土套筒及混凝土横担等。

（2）混凝土预制品是指以人工浇制、机械震捣的混凝土制成品或半成品。如基础砌块、薄壳基础块、底盘、拉盘、卡盘、夹盘、叉梁、重锤、盖板等。

（3）塔材是指铁塔钢材。

（4）线材是指导线、地线、光缆线、拉线、电缆等。

（5）金具绝缘子，零星钢材是指金具、绝缘子、电杆用的横担、地线支架、拉线棒、拉杆、抱箍、连接金具、防振锤、间隔棒、重锤、接地管（带）材、螺栓、垫圈等。

4. 工地运输量的计算方法

概（预）算量 = 设计用量 + 损耗量
$$= 设计用量 × （1 + 损耗率）$$

运输质量 = 概（预）算量 × 毛重系数（或单位质量）

式中的毛重系数或单位质量均按《电建定额》的规定计算见表 10-8-4。

表 10-8-4   各种材料单位质量表

材料名称		单位	运输质量（kg）	备注
混凝土制品	人工浇制	m³	2600	包括钢筋
	离心浇制	m³	2800	包括钢筋
线材	导线	kg	$W × 1.15$	W 为理论质量
	地线,拉线	kg	$W × 1.07$	W 为理论质量
土方		m³	1500	实挖量

续表

材料名称	单位	运输质量（kg）	备注
块石、碎石、卵石	m³	1600	
黄砂（干中砂）	m³	1550	自然砂为 1280kg/m³
水	kg	$W × 1.2$	W 为理论质量
金具、绝缘子	kg	$W × 1.07$	W 为理论质量
螺栓、垫圈、脚钉	kg	$W × 1.01$	W 为理论质量

注 1. 未列入的其它材料，均按净量计算。

2. 电缆按 $W + G$ 计算（W 为电线理论质量，G 为盘质量）。

5. 工地运输平均运距的计算条件

计算工地运输平均运距是按设计的路径方案、线路走向、沿线地形、运输条件和工地仓库、沿线的装卸货地点、堆放时间和施工组织设计进行计算。

工地仓库（材料站）的选择一般应符合下列要求：

（1）有足够的场地和可供租用的房屋，地势较高较平，不易受淹；

（2）交通方便、运输费用低；

（3）地势平坦较高，出入方便；

（4）通信和生活条件方好；

（5）靠近线路，最好是本控制段的中心。

工地仓库的个数多少，应按线路长度和控制段长短及临时工程设施的设置统一考虑。一般条件的工程可按每 50～70km 设置一个工地仓库。

工地运输平均运距即运输半径的计算，一般多采取加权平均的方法，加权是加每基杆塔、基础等材料用量不同的权。初步设计阶段没有做终勘定位设计，不可能把每基杆塔的位置全部定下来，在每基杆塔材料用量（即运量）相差不大时，一般则可按控制长度计算，以控制段长度来代替材料用量。

6. 各类平均运距的计算方法

（1）折角供应方式的平均运距半径的计算见图 10-8-1 和图 10-8-2。

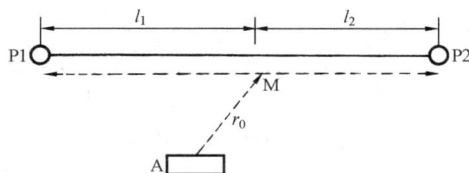

图 10-8-1   折角供应平均运距（A 站居中）

图 10-8-1 中，A 站居中的平均运输半径为：

$$R_{av} = \frac{l_1\left(r_0 + \dfrac{l_1}{2}\right) + l_2\left(r_0 + \dfrac{l_2}{2}\right)}{l_1 + l_2} \quad (10\text{-}8\text{-}1)$$

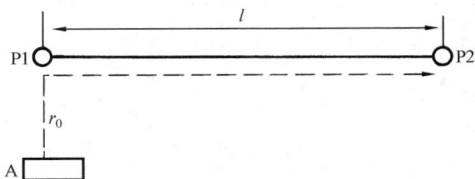

图 10-8-2　折角供应平均运距（A 站一端）

图 10-8-2 中，A 站一端的平均运输半径为：

$$R_{av} = r_0 + \frac{1}{2} \quad (10\text{-}8\text{-}2)$$

上两式中　R_{av}——材料站 A 的平均运输半径，km；

　　　　　r_0——由材料站 A 到运输道路上 M 点的实际里程，km；

　　　　　l_1——自 M 点沿线路到 P1 点线路控制长度，km；

　　　　　l_2——自 M 点沿线路到 P2 点线路控制长度，km。

（2）线路为直线时辐射供应方式的平均运输半径计算见图 10-8-3。计算公式如下：

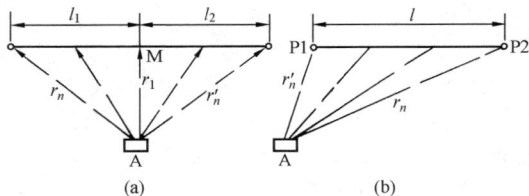

图 10-8-3　直线辐射供应平均运距
（a）正直线辐射方式；（b）偏直线辐射方式

对图 10-8-3 （a），有：

$$R_{av} = \frac{l_1(r_1 + r_n) + l_2(r_1 + r'_n)}{2(l_1 + l_2)} \quad (10\text{-}8\text{-}3)$$

对图 10-8-3 （b），有：

$$R_{av} = \frac{r_n + r'_n}{2} \quad (10\text{-}8\text{-}4)$$

上两式中　R_{av}——材料站 A 的平均运输半径，km；

　　　　　l_1、l_2——自线路距材料站最近点 M 分别到供应范围的线路两端 P1 点与 P2 点的线路控制长度，km；

　　　　　r_n、r_1、r_n——自材料站 A 分别沿射线到线路上 P1、M、P2 三点的实际里程，km。

（3）线路为折线时，辐射供应方式的平均运输半径计算见图 10-8-4。

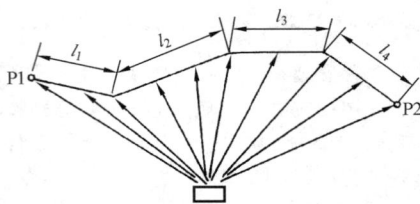

图 10-8-4　折线辐射供应平均运距

折线辐射供应平均运距计算公式为

$$R_{av} = \frac{l_1 R_{av1} + l_2 R_{av2} + l_3 R_{av3} + l_4 R_{av4}}{l_1 + l_2 + l_3 + l_4} = \frac{\Sigma l_i R_{avi}}{\Sigma l_i}$$
$$(10\text{-}8\text{-}5)$$

式中　l_1、l_2、l_3、l_4——分别为折线形线路中各直线段的实际里程，km；

　　R_{av1}、R_{av2}、R_{av3}、R_{av4}——分别为各段直线线路对材料站的平均运输半径，其值可按式（10-8-3）或式（10-8-4）求算，km。

（4）线路为直线时平行供应方式的平均运输半径见图 10-8-5。

对图 10-8-5 （a），有：

$$R_{av} = \frac{L + r_1 + r_n}{2} \quad (10\text{-}8\text{-}6)$$

式中　R_{av}——材料站的平均运输半径；

　　　　L——材料站供应范围内一侧运输道路实际里程，km；

　　　　r_1、r_n——自运输道路分别到供应范围的线路两端 P1、P2 点最短里程，km。

对图 10-8-5 （b），有：

$$R_{av} = \frac{l_1(L_1 + r_1 + r_n)}{2(l_1 + l_2)} + \frac{l_2(L_2 + r_x + r_n)}{2(l_1 + l_2)}$$
$$(10\text{-}8\text{-}7)$$

式中　L_1、L_2——材料站供应范围内两侧运输道路的实际里程，km；

　　　　l_1、l_2——对应于运输道路 L_1 和 L_2 段的线路控制长度，km；

　　　　r_1、r_x、r_n——自运输道路分别到供应范围的线路上最短里程，km。

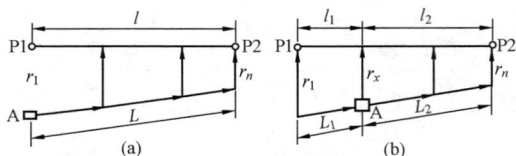

图 10-8-5　直线平行供应平均运距
（a）配料站在一端；（b）配料站在中间

（5）线路为折线时平行供应方式的平均运输半径计算见图10-8-6。计算公式如下。

对图10-8-6（a）：

$$R_{av} = \frac{l_1(L + r_1 + r_x)}{2(l_1 + l_2)} + \frac{l_2(2L_1 + L_2 + r_x + r_n)}{2(l_1 + l_2)}$$

$$(10\text{-}8\text{-}8)$$

对图10-8-6（b）：

$$R_{av} = \frac{l_1(L + r_1 + r_x)}{2(l_1 + l_2)} + \frac{l_2(L_2 + r_x + r_n)}{2(l_1 + l_2)}$$

$$(10\text{-}8\text{-}9)$$

上两式中　R_{av}——材料站的平均运输半径，km；

　　　　l_1、l_2——分别为折线形线路中各直线线段的实际里程，km；

　　　　L_1、L_2——对应于l_1与l_2直线线段运输道路的里程，km。

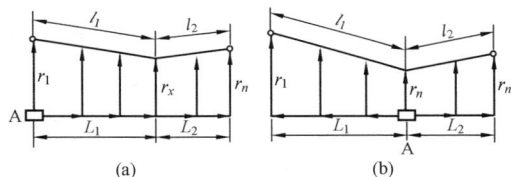

图 10-8-6　折线平行供应平均运距
（a）配料站在一端；（b）配料站在中间

（6）混合型供应方式（Ⅰ）的平均运输半径计算见图10-8-7。如图10-8-7所示，器材由材料站A先采取折角供应方式，分别运到各个卸料点①、②、③，然后自各卸料点，再分别采取折角供应方式和辐射供应方式，将器材继续运到各个桩位上，此时材料站A的平均运输半径为R_{av}。计算公式为：

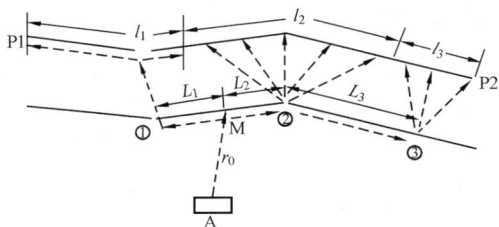

图 10-8-7　混合型供应平均运距（Ⅰ）

$$R_{av} = \frac{l_1(r_0 + L_1 + R_{av1}) + l_2(r_0 + L_2 + R_{av2}) + l_3(r_0 + L_3 + R_{av3})}{l_1 + l_2 + l_3}$$

$$(10\text{-}8\text{-}10)$$

式中　　r_0——由材料站A到运输道路上M点的实际里程，km；

　　L_1、L_2、L_3——由运输道路上M点分别到卸料点①、②、③实际里程，km；

　　R_{av1}、R_{av2}、R_{av3}——卸料点①、②、③的平均运输半径，分别按式（10-8-1）、式（10-8-5）及式（10-8-3）计算，km；

　　l_1、l_2、l_3——卸料点①、②、③分别控制的线路长度，km。

混合型供应方式（Ⅱ）的平均运距计算见图10-8-8，计算公式为：

$$R_{av} = \frac{l_1(r_{01} + R_{av1}) + l_2(r_{02} + R_{av2}) + l_3(r_{03} + R_{av3})}{l_1 + l_2 + l_3}$$

$$(10\text{-}8\text{-}11)$$

式中　r_{01}、r_{02}、r_{03}——由材料站A分别沿射线直接至卸料点①、②、③的实际里程，km；

　　l_1、l_2、l_3——卸料点①、②、③分别控制的线路长度，km；

　　R_{av1}、R_{av2}、R_{av3}——卸料点①、②、③的平均运输半径，分别按式（10-8-1）、式（10-8-5）及式（10-8-3）计算，km。

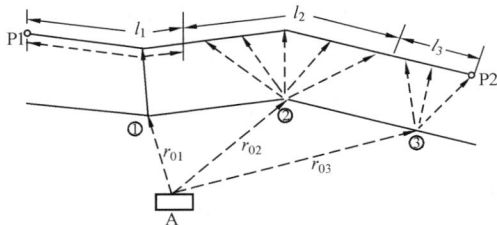

图 10-8-8　混合型供应平均运距（Ⅱ）

（7）对采用牵引机、张力机架线的工程，不应再计算导线的人力运输。

（8）人力平均运输半径，一般按下述原则考虑：平地0.3km，丘陵0.6km，泥沼、河网0.8km，山地1.0km，高山大岭1.5km。计算方法：各类地形百分比分别乘以各类地形人力平均运输半径之和即为全线的人力平均运输半径。

（9）一般情况，同一种材料只可计算两种运输方式（含人力运输）。

（10）当卸货（火车）站至工地仓库（施工组织设计确定的）的距离超过材料预算价格中的下站距离时，可计算超出部分的工地运输，但装卸费不再算。运输费的计算标准按照工程所在地的规定。

(11) 工地运输的平均运距以 km 为单位。凡用汽车、船舶运输时，其平均运距不足 1km 时，按 1km 计算；用拖拉机、人力运输时，其平均运距取二位小数，多余位数按四舍五入取舍。

(12) 船舶、汽车、拖拉机运输中均已综合考虑了车船型式、路面、河流、级别和一次装、分次卸等因素，使用定额时不另行换算。

(13) 主材（未计价材料）的单位运输重量按表 10-8-4 计算。

在确定上述各类运输距离时，可适当增加图纸量距误差、转弯曲折系数和各种地形的坡度系数。这个系数受地理、地势和地面物的影响，它的确定可根据不同的设计阶段，不同的地形状况，平地控制在

1.05~1.1，河网泥沼为 1.1~1.2，丘陵为 1.1~1.3，一般山地为 1.3~1.5，高山大岭盘山道为 1.6~1.8，不修盘山道的按"定额"说明计列。

对不同的设计阶段和不同地形情况，可用控制运距加权平均的方法进行计算。人力运距的控制运距为：平地 0.3km，丘陵 0.7km，河网泥沼 0.8km，山地 1.0km，高山 1.5km。

(14) 工地运输质量按表 10-8-5 统计。

(15) 工地运输工程质量按表 10-8-6 统计。

(16) 工地运输单位工程概（预）算及装置性材料价值表按表 10-8-7 统计。

(17) 各项基础工程工地运输质量按表 10-8-8 计算。

表 10-8-5（附表五）   工 地 运 输 量 计 算 表

| 项 目 名 称 | 运输质量 (t) | 运 输 方 式 | | | | | |
| | | 人力运输 | | 汽车运输 | | 拖拉机运输 | |
		运距 (km)	运输量 (t·km)	运距 (km)	运输量 (t·km)	运距 (km)	运输量 (t·km)
线材件重 2000kg 以内	11	0.2	2	12	132		
线材件重 4000kg 以内	54	0.2	11	12	648		
金具、绝缘子、钢材等	41	0.2	8	12	492		
塔材	212	0.2	42	12	2544		
水泥	282	0.2	56	12	3384		
砂子	701	0.2	140	41	28741		
石子	1845	0.2	369	34	62730		
水	405	0.2	81				
砂、石、水、水泥小计	3233		646		94855		

表 10-8-6   工地运输工程质量计算表

材料名称	运输质量 (t)	单位质量或包装系数	总质量	材料名称	运输质量 (t)	单位质量或包装系数	总质量
导线（钢芯铝线）	47	1.15	54	塔材	212		212
地线、拉线	9.73	1.1	11	水泥	282		282
金具	8	1.07	9	砂子	701		701
绝缘子	3	1.07	3	石子	1845		1845
基础钢材	26		26	水	405		405
接地钢材	3		3				

表 10-8-7 （表三丙）　　　　　　　　**单位工程概算表及装置性材料价值表**　　　　　　　　　　单位：元

序号	编制依据	项目名称及规范	单位	数量	单价				合价			
					装置性材料费	安装			装置性材料费	安装		
						合计	其中工资	其中机械		合计	其中工资	其中机械
(1)		工地运输工程										
		人力运输，运距 500m 以内										
	40015	线材，每件重 2000kg 以内	10t·km	0.2		2957.35	2687.23	270.12		591	537	54
	40016	线材，每件重 2000kg 以上	10t·km	1.1		3276.61	2977.45	299.16		3604	3275	329
	40017	金具、钢材、绝缘子	10t·km	0.8		951.69	864.8	86.97		761	692	70
	40018	塔材	10t·km	4.2		1279.9	1163.02	116.88		5376	4885	491
	40019	砂、石、土、水、水泥	10t·km	64.6		791.82	719.57	72.25		51152	46484	4667
		线材件重 2000kg 以内										
	40108	装卸	10t	1.1		654.15	75.91	557.01		720	84	613
	40109	运输	10t·km	13.2		13.17	3.06	10.11		174	40	133
		线材件重 4000kg 以内										
	40110	装卸	10t	5.4		701.19	89.3	586.25		3786	482	3166
	40111	运输	10t·km	64.8		19.45	4.7	14.75		1260	305	956
		金具、绝缘子、钢材										
	40116	装卸	10t	4.1		390.09	104.58	285.51		1599	429	1171
	40117	运输	10t·km	49.2		13.95	3.29	10.66		686	162	524
		塔材										
	40118	装卸	10t	21.2		453.84	71.91	352.12		9621	1524	7465
	40119	运输	10t·km	254.4		15.55	3.53	12.02		3956	898	3058
		砂、石、水泥										
	40120	装卸	10t	282.8		277.79	77.79	200		78559	21999	56560
	40121	运输	10t·km	9485.5		11.56	2.82	8.74		109652	26749	82903
		地形调增										
		人力：其它		0.384		55873			21455	21455		
		机械运输		0.323		28154		87574	37380	9094		28286
		基本直接费								330332	139094	190446
		其它直接费	%	17.2						23924		
		现场经费										

续表

序号	编制依据	项目名称及规范	单位	数量	单位 装置性材料费	单位 安装 合计	单位 安装 其中工资	单位 安装 其中机械	合价 装置性材料费	合价 安装 合计	合价 安装 其中工资	合价 安装 其中机械
		临时设施费	%	2.09						6904		
		现场管理费	%	14.54						20224		
		间接费1		36.01						50088		
		间接费2（财务费用）		2.7						8919		
		计划利润	%	5		440391				22020		
		税金	%	3.413		462411				15782		
		合计								478193	139094	190446

表 10-8-8（附表四）　　　　　　基础工程工地运输质量计算表

项目名称	数量	水泥（t）单位质量	水泥（t）合计	砂子（t）单位质量	砂子（t）合计	石子（t）单位质量	石子（t）合计	水（t）单位质量	水（t）合计
混凝土 C15 级	539	0.299	170	0.741	463	1.249	751	0.5	270
桩混凝土 C20 级	232	0.418	102	0.663	178	1.168	302	0.5	116
保护帽	8	0.301	3	0.74	7	1.248	11	0.5	4
砂浆	30	0.218	7	1.515	53			0.5	15
毛石	700					1	781		
损耗		1.056		1.159		1.115			
合计			282		701		1845		405

（二）土（石）方工程

1. 工作内容

土（石）方工程包括线路复测及分坑，电杆、拉线塔、拉线坑挖方（或爆破）及回填，自立式铁塔坑的挖方（或爆破）及回填，接地槽挖方（或爆破）及回填，岩石护壁爆破，坚土坑掏挖，井点施工开挖及回填排水沟、尖峰及施工基面挖方及挡土墙等。

2. 土、石质分类

（1）土、石质类别

1）普通土指种植土、黏砂土、黄土和盐碱土等，主要用锹、铲即能挖掘的土质。

2）坚土：指土质坚硬难挖的红土、板状黏土、重块土、高岭土等，必须用铁镐、条锄挖松，再用锹、铲挖出的土质。

3）松砂石：指卵石、碎石与土的混合体，各种不坚实的砾岩、风化岩、页岩、节理和裂纹很多的岩

石等，需用镐、撬棍、大锤、楔子等工具配合才能挖掘。

4）岩石：指不能用一般挖掘工具进行开挖的各类岩石，必须采用打眼、爆破或打凿才能开挖者。

5）泥水：指坑的周围经常积水，坑的土质松散，如沼泽、淤泥、水稻田等，挖掘时因水渗入和浸润而成泥浆，容易坍塌，需用挡土板和适量排水才能施工者。

6）流砂：指坑的土质为砂质或分层砂质，挖掘过程中砂层有上涌现象并容易坍塌的土质，挖掘时需排水和采用挡土板才能施工者。不需排水者为干砂坑。

7）水坑：指土质较密实，开挖中坑壁不易坍塌，但有地下水涌出，挖掘过程中需用机械排水才能施工者。

（2）土、石质分类说明：

1）各类土、石质按设计地质资料确定，但不作分层计算。凡同一坑、槽、沟内出现两种或两种以上不同土（石）质时，则选用含量较大的一种确定其类别。出现流砂层时，不论其上层土质占多少，全坑均按流砂坑计算。

2）挖掘过程中因少量坍塌而多挖的，或石方爆破过程中因人力不易控制而多爆破的土石方工作量已包括在定额内。

3）回填土均按原挖原填和余土的就地平整考虑，不包括100m以上的取（换）土回填和余土的外运。需要时可按设计规定的换土比例和平均运距，并套用尖峰挖方和工地运输金额。

4）泥水、流砂坑的挖填方，已分别考虑了必要的排水和挡土板的装拆工作量，套用定额时不再另计。

5）人工开凿岩石坑是指在变电所、发电厂、通信线、电力线、铁塔、铁路、居民点等附近受现场地形或客观条件限制，没有可靠的安全措施，按设计要求不能采用爆破者。

6）冻土厚度≥300mm者，冻土层的挖方量，按坚土挖方定额乘2.5的系数；其它土层仍按地质规定套用原定额。

7）岩石坑挖填，如需要排水者，可按挖填方（岩石）人工定额乘1.05系数。

3. 土（石）方量的计算

（1）地槽、地坑和土方的分类：送电线路的基础土方工程开挖型式，一般分为地槽、地坑和土方。它们的划分原则，是根据基础开挖底部的长宽比和底部面积大小来决定：①底宽在3m以内，其长宽比大于3者为地槽；②底宽大于3m，其底面积又超过20m²者为土方；③底面积在20m²以内，且其长宽比小于3者为地坑。

（2）基础土方开挖放坡系数：为便于操作，保证安全，合理计算土方工程费，在基础土方开挖时，要根据不同的土质和现场实际情况进行放坡。

挖土超过一定深度时，则需考虑放坡或支挡土板，超挖深度和放坡坡度按定额规定计算。一般挖土方的边坡坡度以$h:b$表示，h表示挖土的深度，b表示一侧边坡放出的宽度，如图10-8-9所示。如坡度1:0.5表示每挖深1m时，每边向外放出0.5m宽度。

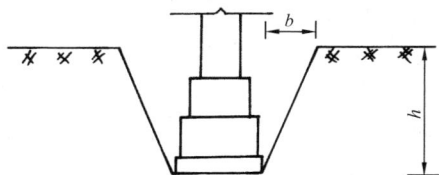

图 10-8-9 基础土方开挖放坡

若遇有不允许放土坡情况时，可考虑使用挡土板，其宽度应按基础宽度加上两边挡板的厚度及其拆移挡土板时的工作面的宽度。

（3）土（石）方工程量的计算方法：土（石）方工程量的计算，要根据基础设计的长、宽和埋深，按塔（杆）位地质明细表标示的地质资料和土质类别的划分规划，分别计算。在计算时，还要考虑不同土质的每边应留的操作裕度（见表10-8-9）和放坡系数（见表10-8-10），再按计算出的土石方量，分别套用定额。

4. 土（石）方工程量计算表

为了工作上的方便和提高效率，按上述工程量计算依据和不同形体土石方量的计算公式，计算出土石方工程量表，见表10-8-9～表10-8-11，电缆沟（槽）土石方工程量计算，见表10-8-20和表10-8-21。供使用查阅土石方量统计计算用表，见表10-8-22和表10-8-23。

（1）本土石方工程量计算表系根据全国统一安装工程预算定额第三册送电线路工程中第二章："土坑方工程"中规定的计算公式、操作裕度和放坡系数作为计算的依据。

（2）土质分类划分为：普通土、坚土、松砂石土、水坑、岩石、泥水、流砂等七类。

（3）电杆坑、铁塔坑、拉线坑［不包括无底盘、无卡盘的电杆坑、接地槽和电缆沟（槽）］的操作裕度见表10-8-9。

表 10-8-9　杆塔基础坑各类土（石）量操作裕度

土质分类	普通土、坚土、松砂石、水坑	泥水、流砂干沙	岩 石	
			无模板	有模板
每边裕度（m）	0.20	0.30	0.10	0.20

（4）电杆坑、铁塔坑、拉线坑［不包括无底盘、无卡盘的电杆坑，接地槽和电缆沟（槽）］的放坡系数见表10-8-10。

表 10-8-10　杆塔基础坑土（石）量放坡系数

坑深（m） \ 土质分类	坚土	普通土、水坑	松砂石	泥水、流砂、岩石
≤2.0	1:0.10	1:0.17	1:0.22	—
≤3.5	1:0.22	1:0.30	1:0.33	—
>3.5	1:0.30	1:0.45	1:0.60	—

表 10-8-11 　　　　杆塔土（石）方工程量计算表（杆塔坑：坚土）　　　　单位：m³

计算底宽(m) / 坑深(m)	1.0	1.2	1.4	1.6	1.8	2.0	2.2	2.4	2.6	2.8	3.0	3.2	3.4	3.6	3.8
1.0	1.21	1.69	2.25	2.89	3.61	4.41	5.29	6.25	7.29	8.41	9.61	10.89	12.25	13.69	15.21
1.1	1.36	1.89	2.51	3.22	4.02	4.90	5.87	6.93	8.08	9.32	10.64	12.06	13.56	15.14	16.82
1.2	1.51	2.10	2.78	3.56	4.43	5.40	6.46	7.63	8.88	10.24	11.69	13.23	14.87	16.61	18.45
1.3	1.67	2.31	3.05	3.90	4.85	5.91	7.06	8.33	9.70	11.17	12.74	14.42	16.21	18.09	20.09
1.4	1.83	2.52	3.33	4.25	5.28	6.42	7.67	9.04	10.52	12.11	13.81	15.63	17.55	19.59	21.74
1.5	1.99	2.75	3.62	4.61	5.72	6.95	8.30	9.77	11.36	13.07	14.90	16.85	18.92	21.11	23.42
1.6	2.17	2.97	3.91	4.97	6.16	7.48	8.93	10.50	12.20	14.03	15.99	18.08	20.29	22.63	25.10
1.7	2.34	3.21	4.21	5.34	6.61	8.02	9.57	11.24	13.06	15.01	17.10	19.32	21.68	24.18	26.81
1.8	2.53	3.45	54.51	5.72	7.08	8.57	10.22	12.00	13.93	16.00	18.22	20.58	20.09	25.74	28.53
1.9	2.71	3.69	4.83	6.11	7.55	9.14	10.88	12.77	14.81	17.01	19.36	21.86	24.51	27.31	30.27
2.0	2.91	3.95	5.15	6.51	8.03	9.71	11.55	13.55	15.71	18.03	20.51	23.15	25.95	28.91	32.03
2.1	4.64	5.95	7.43	9.08	10.89	12.88	15.03	17.35	19.84	22.49	25.32	28.31	31.47	34.80	38.30
2.2	5.02	6.41	7.93	9.73	11.65	13.75	16.02	18.47	21.10	23.90	26.88	30.03	33.36	36.87	40.55
2.3	5.41	6.89	8.55	10.40	12.43	14.64	17.04	19.62	22.38	25.33	28.47	31.79	38.29	38.97	42.84

计算底宽(m) / 坑深(m)	4.0	4.2	4.4	4.6	4.8	5.0	5.2	5.4	5.6	5.8	6.0	6.2	6.4	6.6	6.8	7.0
1.0	16.81	18.49	20.25	22.09	24.01	26.01	28.09	30.25	32.49	34.81	37.21	39.69	42.25	44.63	47.61	50.41
1.1	18.59	20.44	22.38	24.41	26.52	28.73	31.02	33.40	35.87	38.43	41.07	43.80	46.62	49.53	52.53	55.61
1.2	20.38	22.40	24.52	26.74	29.05	31.46	33.97	36.57	39.27	42.06	44.95	47.94	51.02	54.20	57.47	60.84
1.3	22.18	24.38	26.68	29.09	31.60	34.22	36.94	39.76	42.69	45.72	48.86	52.10	55.44	58.89	62.44	66.10
1.4	24.00	26.38	28.87	31.46	34.17	37.00	39.93	42.98	46.14	49.41	52.79	56.28	59.89	63.61	67.44	71.38
1.5	25.85	28.40	31.07	33.86	36.77	39.80	42.95	46.22	49.61	53.12	56.75	60.50	64.37	68.36	72.47	76.70
1.6	27.70	30.43	33.28	36.27	39.38	42.61	45.98	49.48	53.10	56.85	60.73	64.73	68.87	73.13	77.52	82.04
1.7	29.58	32.48	35.52	38.70	42.01	45.46	49.04	52.76	56.61	60.61	64.73	69.00	73.40	77.93	82.60	87.41
1.8	31.47	34.55	37.78	41.15	44.66	48.32	52.12	56.06	60.15	64.39	68.77	73.29	77.95	82.76	87.72	92.81
1.9	33.38	36.64	40.05	43.62	47.33	51.20	55.22	59.39	63.72	68.20	72.82	77.60	82.54	87.62	92.86	98.25
2.0	35.31	38.75	42.35	46.11	50.03	54.11	58.35	62.75	67.31	72.03	76.91	81.95	87.15	92.51	98.03	103.71
2.1	41.96	45.79	49.79	53.92	58.30	62.80	67.47	72.31	77.32	82.50	87.84	93.35	99.03	104.88	110.90	117.08
2.2	44.41	48.44	52.65	57.04	61.60	66.34	71.25	76.34	81.60	87.05	92.66	98.46	104.43	110.57	116.90	123.39
2.3	46.90	51.13	55.55	60.16	64.95	69.92	75.08	80.42	85.95	91.66	97.55	103.63	109.89	116.34	122.96	129.78

续表

计算底宽（m）＼坑深（m）	1.0	1.2	1.4	1.6	1.8	2.0	2.2	2.4	2.6	2.8	3.0	3.2	3.4	3.6	3.8
2.4	5.83	7.39	9.14	11.09	13.23	15.56	18.08	20.80	23.71	26.80	30.10	33.58	37.25	41.12	45.18
2.5	6.26	7.91	9.76	11.81	14.06	16.51	19.16	22.01	25.06	28.31	31.76	35.41	39.26	43.31	47.56
2.6	6.71	8.45	10.39	12.55	14.91	17.48	20.26	23.25	26.44	29.85	33.46	37.28	41.30	45.54	49.98
2.7	7.18	9.01	11.05	13.31	15.79	18.49	21.39	24.52	27.86	31.42	35.19	39.18	43.39	47.81	52.45
2.8	7.67	9.59	11.73	14.10	16.70	19.52	22.56	25.82	29.31	33.03	36.97	41.13	45.51	50.12	54.96
2.9	8.17	10.19	12.44	14.92	17.63	20.57	23.75	27.16	30.80	34.67	38.78	43.11	47.68	52.48	57.51
3.0	8.70	10.81	13.17	15.76	18.59	21.66	24.97	28.53	32.32	36.35	40.62	45.13	49.89	54.88	60.11
3.1	9.25	11.46	13.92	16.62	19.58	22.78	26.23	29.93	33.87	38.07	42.51	47.20	52.14	57.32	62.75
3.2	9.82	12.13	14.69	17.52	20.59	23.93	27.51	31.36	35.46	39.82	44.43	49.30	54.43	59.81	85.44
3.3	10.41	12.82	15.50	18.43	21.64	25.10	28.83	32.83	37.09	41.61	46.39	51.44	56.76	62.34	68.18
3.4	11.02	13.54	16.32	19.38	22.71	26.13	30.18	34.33	38.75	43.43	48.40	53.63	59.13	64.91	70.96
3.5	11.66	14.27	17.17	20.35	23.81	27.55	31.56	35.86	40.44	45.30	50.44	55.85	61.55	67.53	73.79
3.6	16.97	20.11	23.54	27.26	31.26	35.55	40.13	45.00	50.15	55.60	61.33	67.35	73.65	80.25	87.13
3.7	17.99	21.26	24.83	28.69	32.85	37.31	42.06	47.10	52.45	58.09	64.02	70.25	76.78	83.60	90.72

计算底宽（m）＼坑深（m）	4.0	4.2	4.4	4.6	4.8	5.0	5.2	5.4	5.6	5.8	6.0	6.2	6.4	6.6	6.8	7.0
2.4	49.43	53.87	58.51	63.33	68.35	73.56	78.97	84.56	90.35	96.33	102.50	108.86	115.42	122.16	129.10	136.23
2.5	52.01	56.66	61.51	66.56	71.81	77.26	82.91	88.76	94.81	101.06	107.51	114.16	121.01	128.06	135.31	142.76
2.6	54.63	59.49	64.56	69.83	75.32	81.01	86.91	93.01	99.33	105.85	112.58	119.52	126.67	134.02	141.58	149.36
2.7	57.30	62.37	67.66	73.16	78.87	84.81	90.96	97.32	103.90	110.70	117.72	124.95	132.39	140.05	147.93	156.02
2.8	60.02	65.30	70.80	76.53	82.49	88.66	95.07	101.69	108.54	115.62	122.91	130.44	138.18	146.15	154.35	162.76
2.9	62.78	68.27	74.00	79.96	86.15	92.58	99.23	106.12	113.24	120.59	128.18	135.99	144.04	152.32	160.83	169.58
3.0	65.58	71.29	77.25	83.44	89.87	96.54	103.45	110.61	118.00	125.63	133.50	141.61	149.97	158.56	167.39	176.46
3.1	68.44	74.37	80.54	86.97	93.64	100.56	107.73	115.15	122.82	130.73	138.89	147.30	155.96	164.87	174.02	183.42
3.2	71.34	77.49	83.89	90.55	97.47	104.64	112.07	119.76	127.70	135.90	144.35	153.06	162.02	171.24	180.72	190.45
3.3	74.29	80.66	87.29	94.19	101.35	108.78	116.47	124.42	132.64	141.12	149.87	158.88	168.15	177.69	187.49	197.56
3.4	77.28	83.88	90.74	97.88	105.29	112.97	120.92	129.15	137.64	146.41	155.45	164.77	174.35	184.21	194.34	204.74
3.5	80.33	87.14	94.24	101.62	109.28	117.22	125.43	133.93	142.71	151.77	161.11	170.72	180.62	190.80	201.26	212.00
3.6	94.30	101.76	109.51	117.54	125.87	134.48	143.38	152.57	162.04	171.80	181.85	192.19	202.82	213.74	224.94	236.43
3.7	98.13	105.85	113.85	122.15	130.75	139.65	148.84	158.33	168.11	178.19	188.56	199.23	210.20	221.46	233.02	244.88

计算底宽（m） 坑深（m）	1.0	1.2	1.4	1.6	1.8	2.0	2.2	2.4	2.6	2.8	3.0	3.2	3.4	3.6	3.8
3.8	19.05	22.45	26.16	30.18	34.49	39.11	44.04	49.27	54.80	60.64	66.78	73.22	79.97	87.02	94.38
3.9	20.14	23.69	27.54	31.70	36.18	40.97	46.07	51.48	57.21	63.25	69.60	76.26	83.23	90.52	98.11
4.0	21.28	24.96	28.96	33.28	37.92	42.88	48.16	53.76	59.68	65.92	72.48	79.36	86.56	94.08	101.92
4.1	22.46	26.28	30.43	34.90	39.71	44.84	50.30	56.09	62.21	68.66	75.43	82.53	89.96	97.72	105.80
4.2	23.67	27.64	31.94	36.58	41.55	46.86	52.50	58.48	64.80	71.45	78.44	85.77	93.43	101.42	109.76
4.3	24.93	29.05	33.50	38.30	43.44	48.93	54.76	60.93	67.45	74.32	81.52	89.07	96.97	105.21	113.79
4.4	26.24	30.50	35.11	40.07	45.39	51.05	57.07	63.44	70.17	77.24	84.67	92.45	100.58	109.06	117.90
4.5	27.59	32.00	36.77	41.90	47.39	53.24	59.45	66.02	72.95	80.24	87.89	95.90	104.27	113.00	122.09
4.6	28.98	33.54	38.47	43.77	49.44	55.47	61.88	68.65	75.79	83.29	91.17	99.41	108.02	117.00	126.35
4.7	30.41	35.13	40.23	45.70	51.54	57.77	64.37	71.34	78.69	86.42	94.52	103.00	111.85	121.09	130.69
4.8	31.90	36.77	42.03	47.68	53.71	60.12	66.92	74.10	81.66	89.61	97.94	106.66	115.76	125.25	135.11
4.9	33.42	38.46	43.89	49.71	55.92	62.53	69.53	76.92	84.70	92.87	101.44	110.39	119.74	129.48	139.62
5.0	35.00	40.20	45.80	51.80	58.20	65.00	72.20	79.80	87.80	96.20	105.00	114.20	123.80	133.80	144.20

计算底宽（m） 坑深（m）	4.0	4.2	4.4	4.6	4.8	5.0	5.2	5.4	5.6	5.8	6.0	6.2	6.4	6.6	6.8	7.0
3.8	102.04	110.01	118.27	126.85	135.72	144.90	154.39	164.18	174.27	184.67	195.37	206.37	217.68	229.30	241.21	253.43
3.9	106.02	114.24	122.78	131.62	140.78	150.25	160.03	170.12	180.53	191.25	202.27	213.62	225.27	237.23	249.51	262.10
4.0	110.08	118.56	127.36	136.48	145.92	155.68	165.76	176.16	186.88	197.92	209.28	220.96	232.96	245.28	257.92	270.88
4.1	114.21	122.96	132.02	141.42	151.15	161.20	171.58	182.29	193.33	204.69	216.39	228.41	240.76	253.43	266.44	279.77
4.2	118.43	127.43	136.77	146.45	156.46	166.81	177.50	188.52	199.87	211.57	223.59	235.96	248.66	261.70	275.07	288.78
4.3	122.72	131.99	141.60	151.56	161.86	172.51	183.50	194.84	206.52	218.54	230.90	243.62	256.67	270.07	283.81	297.90
4.4	127.09	136.63	146.52	156.76	167.35	178.30	189.60	201.25	213.26	225.61	238.32	251.38	264.79	278.55	292.67	307.13
4.5	131.54	141.35	151.52	162.05	172.94	184.19	195.80	207.77	220.10	232.79	245.84	259.25	273.02	287.15	301.64	316.49
4.6	136.06	146.15	156.60	167.42	178.61	190.16	202.08	214.37	227.03	240.06	253.46	267.22	281.35	295.85	310.72	325.95
4.7	140.67	151.03	161.77	172.88	184.37	196.23	208.47	221.08	234.07	247.44	261.18	275.30	289.80	304.67	319.91	335.54
4.8	145.37	156.00	167.02	178.43	190.22	202.39	214.95	227.89	241.21	254.92	269.02	283.49	298.35	313.60	329.23	345.24
4.9	150.14	161.06	172.37	184.07	196.16	208.65	221.53	234.70	248.46	262.51	276.95	291.79	307.02	322.64	338.65	355.06
5.0	155.00	166.20	177.30	189.30	202.20	215.00	228.20	241.80	255.80	270.20	285.00	300.20	315.80	331.80	348.20	365.00

表 10-8-12　　　　　　　　　杆塔土（石）方工程量计算表（杆塔坑：普通土、水坑）　　　　　　单位：m³

计算底宽 (m) ＼ 坑深 (m)	1.0	1.2	1.4	1.6	1.8	2.0	2.2	2.4	2.6	2.8	3.0	3.2	3.4	3.6	3.8
1.0	1.38	1.89	2.47	3.14	3.89	4.72	5.63	6.61	7.68	8.83	10.06	11.37	12.75	14.22	15.77
1.1	1.56	2.13	2.78	3.53	4.36	5.27	6.28	7.37	8.56	9.83	11.19	12.63	14.17	15.79	17.50
1.2	1.76	2.38	3.10	3.92	4.84	5.85	6.95	8.15	9.45	10.85	12.34	13.92	15.60	17.38	19.26
1.3	1.96	2.65	3.44	4.33	5.33	6.43	7.64	8.95	10.37	11.89	13.51	15.42	17.07	19.00	21.04
1.4	2.17	2.92	3.78	4.76	5.84	7.04	8.35	9.77	11.30	12.95	14.70	16.57	18.56	20.65	22.85
1.5	2.40	3.21	4.14	5.19	6.37	7.66	9.07	10.61	12.26	14.03	15.93	17.94	20.07	22.32	24.70
1.6	2.63	3.51	4.51	5.65	6.91	8.30	9.82	11.46	13.24	15.14	17.17	19.33	21.61	24.03	26.57
1.7	2.87	3.82	4.90	6.11	7.47	8.95	10.58	12.34	14.24	16.27	18.44	20.74	23.18	25.76	28.47
1.8	3.13	4.14	5.29	6.60	8.04	9.63	11.36	13.24	15.26	17.42	19.73	22.18	24.78	27.52	30.40
1.9	3.29	4.47	5.71	7.09	8.63	10.32	12.16	14.15	16.30	18.60	21.05	23.65	26.40	29.31	32.36
2.0	3.67	4.82	6.13	7.60	9.24	11.03	12.98	15.09	17.36	19.80	22.39	25.14	28.05	31.12	34.36
2.1	5.86	7.31	8.93	10.72	12.68	14.80	17.10	19.56	22.19	24.98	27.95	31.08	34.38	37.85	41.49
2.2	6.38	7.93	9.66	11.58	13.63	15.89	18.31	20.92	23.70	26.66	29.79	33.10	36.58	40.24	44.08
2.3	6.93	8.58	10.41	12.43	14.63	17.01	19.57	22.33	25.26	28.38	31.68	35.17	33.84	42.69	46.73

计算底宽 (m) ＼ 坑深 (m)	4.0	4.2	4.4	4.6	4.8	5.0	5.2	5.4	5.6	5.8	6.0	6.2	6.4	6.6	6.8	7.0
1.0	17.40	19.11	20.89	22.76	24.71	26.74	28.85	31.03	33.30	35.65	38.08	40.59	43.17	45.84	48.59	51.42
1.1	19.30	21.18	23.16	25.22	27.37	29.61	31.93	34.35	36.85	39.44	42.12	44.89	47.74	50.68	53.71	56.83
1.2	21.22	23.29	25.45	27.71	30.06	32.51	35.06	37.70	40.44	43.27	46.20	49.23	52.35	55.57	58.88	62.29
1.3	23.18	25.43	27.78	30.24	32.79	35.46	38.22	41.10	44.07	47.15	50.33	53.62	57.01	60.51	64.10	67.81
1.4	25.17	27.60	30.14	32.80	35.56	38.44	41.43	44.53	47.74	51.07	54.50	58.05	61.71	65.49	69.37	73.37
1.5	27.19	29.80	32.54	35.39	38.36	41.46	44.67	48.00	51.45	55.03	58.72	62.53	66.47	70.52	74.69	78.99
1.6	29.24	32.04	34.96	38.02	41.20	44.51	47.95	51.51	55.21	59.03	62.98	67.06	71.26	75.60	80.06	84.65
1.7	31.32	34.30	37.42	40.68	44.07	47.60	51.27	55.07	59.00	63.08	67.28	71.63	76.11	80.73	85.48	90.37
1.8	33.43	36.60	39.92	43.38	46.98	50.73	54.63	58.66	62.84	67.17	71.63	76.25	81.00	85.90	90.95	96.14
1.9	35.57	38.94	42.45	46.11	49.93	53.90	58.02	62.30	66.72	71.30	76.03	80.91	85.94	91.13	96.47	101.96
2.0	37.75	41.30	45.01	48.88	52.92	57.11	61.46	65.97	70.64	75.48	80.47	85.62	90.93	96.40	102.04	107.83
2.1	45.30	49.27	53.41	57.72	62.20	66.84	71.65	76.64	81.78	87.10	92.59	98.24	104.06	110.05	116.21	122.53
2.2	48.09	52.28	56.65	61.19	65.90	70.80	75.87	81.11	86.53	92.13	97.90	103.85	109.98	116.28	122.75	129.41
2.3	50.96	55.36	59.95	64.73	69.69	74.83	80.16	85.67	91.36	97.24	103.30	109.55	115.98	122.60	129.40	136.38

计算底宽（m）＼坑深（m）	1.0	1.2	1.4	1.6	1.8	2.0	2.2	2.4	2.6	2.8	3.0	3.2	3.4	3.6	3.8
2.4	7.51	9.26	11.20	13.33	15.66	18.17	20.88	23.78	26.87	30.15	33.63	37.29	41.15	45.20	49.45
2.5	8.12	9.98	12.03	14.28	16.73	19.38	22.23	25.28	28.53	31.98	35.63	39.48	43.53	47.78	52.23
2.6	8.77	10.72	12.88	15.25	17.83	20.62	23.62	26.82	30.23	33.85	37.68	41.71	45.96	50.41	55.07
2.7	9.44	11.50	13.78	16.27	18.93	21.91	25.05	28.41	31.99	35.78	39.78	44.01	48.45	53.10	57.97
2.8	10.14	12.31	14.71	17.33	20.17	23.24	26.54	30.05	33.79	37.76	41.95	46.36	51.00	55.86	60.94
2.9	10.87	13.16	15.68	18.42	21.41	24.62	28.06	31.74	35.65	39.79	44.10	48.77	53.61	58.68	63.98
3.0	11.64	14.04	16.68	19.56	22.63	26.04	29.64	33.48	37.56	41.88	46.44	51.24	56.28	61.56	67.08
3.1	12.44	14.96	17.72	20.74	24.00	27.51	31.26	35.27	39.52	44.02	48.77	53.77	59.02	64.51	70.25
3.2	13.28	15.91	18.81	21.95	25.36	29.02	32.94	37.11	41.54	46.22	51.16	56.36	61.81	67.52	73.49
3.3	14.15	16.91	19.93	23.21	26.77	30.58	34.66	39.00	43.61	48.48	53.61	59.01	64.68	70.60	76.79
3.4	15.05	17.94	21.09	24.52	28.22	32.19	36.43	40.95	45.73	50.79	56.12	61.73	67.60	73.75	80.17
3.5	16.00	19.01	22.30	25.87	29.72	33.85	38.26	42.95	47.92	53.17	58.70	64.51	70.60	76.97	83.62
3.6	27.86	31.78	35.98	40.48	45.26	50.33	55.68	61.33	67.26	73.48	79.99	86.79	93.87	101.24	108.90
3.7	29.70	33.79	38.18	42.86	47.84	53.12	58.69	64.56	70.72	77.13	83.94	90.99	98.34	105.98	113.92

计算底宽（m）＼坑深（m）	4.0	4.2	4.4	4.6	4.8	5.0	5.2	5.4	5.6	5.8	6.0	6.2	6.4	6.6	6.8	7.0
2.4	53.88	58.51	63.33	68.34	73.54	78.94	84.53	90.31	96.28	102.44	108.79	115.34	122.08	129.01	136.14	143.45
2.5	56.88	61.73	66.78	72.03	77.48	83.13	88.98	95.03	101.28	107.73	114.38	121.23	128.28	135.53	142.98	150.63
2.6	59.93	65.01	70.29	75.78	81.48	87.39	93.50	99.83	106.36	113.10	120.05	127.20	134.56	142.13	149.91	157.90
2.7	63.06	68.36	73.88	79.61	85.57	91.73	98.11	104.71	111.53	118.56	125.81	133.27	140.95	148.84	156.95	165.28
2.8	66.25	71.78	77.54	83.52	89.73	96.15	102.81	109.68	116.78	124.11	131.66	139.43	147.43	155.65	164.09	172.76
2.9	69.51	75.28	81.27	87.50	93.96	100.66	107.58	114.74	122.13	129.75	137.60	145.69	154.01	162.55	171.34	180.35
3.0	72.84	78.84	85.03	91.59	98.28	105.24	112.44	119.88	127.56	135.48	143.64	152.04	160.68	169.56	178.68	188.04
3.1	76.24	82.48	88.96	95.69	102.68	109.90	117.38	125.11	133.08	141.30	149.77	158.49	167.45	176.67	186.13	195.84
3.2	79.71	86.18	92.92	99.91	107.15	114.65	122.41	130.42	138.69	147.22	156.00	165.03	174.33	183.87	193.68	203.74
3.3	83.25	89.97	96.95	104.20	111.71	119.48	127.52	135.82	144.39	153.22	162.32	171.68	181.30	191.18	201.34	211.75
3.4	86.86	93.82	104.06	108.57	116.35	124.40	132.72	141.31	150.18	159.32	168.73	178.42	188.37	198.60	209.10	219.87
3.5	90.55	97.76	105.25	113.02	121.07	129.40	138.01	146.90	156.07	165.52	175.25	185.26	195.55	206.12	216.97	228.10
3.6	116.85	125.09	133.61	142.43	151.53	160.92	170.59	180.56	190.81	201.35	212.18	223.30	234.70	246.40	258.38	207.65
3.7	122.16	130.69	139.52	143.64	153.70	167.78	177.79	138.10	198.71	209.61	220.80	232.29	244.08	256.17	268.55	281.22

续表

计算底宽（m） 坑深（m）	1.0	1.2	1.4	1.6	1.8	2.0	2.2	2.4	2.6	2.8	3.0	3.2	3.4	3.6	3.8
3.8	31.61	35.88	40.46	45.34	50.52	56.01	61.80	67.89	74.29	81.00	88.00	95.31	102.93	110.85	119.07
3.9	33.61	38.06	42.82	47.90	53.29	58.99	65.01	71.33	77.97	84.92	92.18	99.76	107.64	115.84	124.35
4.0	35.63	40.32	45.28	50.56	56.16	62.08	68.32	74.88	81.76	88.96	96.48	104.32	112.48	120.96	129.76
4.1	37.84	42.67	47.83	53.31	69.12	65.27	71.74	78.53	85.66	93.11	100.90	109.01	117.44	126.21	135.30
4.2	40.08	45.10	50.46	56.16	62.19	68.56	75.26	82.30	89.67	97.38	105.43	113.81	122.53	131.59	140.98
4.3	42.41	47.63	53.19	59.10	65.35	71.95	78.89	86.17	93.80	101.77	110.09	118.75	127.75	137.10	146.79
4.4	44.82	50.24	56.02	62.14	68.62	75.45	82.63	90.16	98.05	106.28	114.87	123.87	133.11	142.75	152.75
4.5	47.33	52.95	58.94	65.28	71.99	79.05	86.48	94.26	102.41	110.91	119.78	129.00	138.59	148.53	158.84
4.6	49.92	55.76	61.96	68.53	75.46	82.77	90.44	98.48	106.89	115.67	124.81	134.33	144.21	154.46	165.07
4.7	52.61	58.66	65.08	71.87	79.05	86.59	94.52	102.82	111.49	120.55	129.98	139.78	149.96	160.52	171.45
4.8	55.40	61.66	68.30	75.33	82.74	90.53	98.71	107.27	116.22	125.55	135.27	145.37	155.85	166.72	177.97
4.9	58.27	64.75	71.62	78.88	86.54	94.58	103.02	111.85	121.07	130.69	140.69	151.09	161.88	173.06	184.64
5.0	61.25	67.95	75.05	82.55	90.45	93.75	107.45	116.55	126.05	135.95	146.25	156.95	168.05	179.55	191.45

计算底宽（m） 坑深（m）	4.0	4.2	4.4	4.6	4.8	5.0	5.2	5.4	5.6	5.8	6.0	6.2	6.4	6.6	6.8	7.0
3.8	127.60	136.43	145.57	155.01	164.75	174.80	185.15	195.80	206.76	218.02	229.59	241.46	253.64	266.12	278.90	291.99
3.9	133.17	142.31	151.75	161.51	171.58	181.96	192.65	203.66	214.93	226.61	238.55	250.80	263.37	276.25	289.44	302.94
4.0	138.88	148.32	158.08	168.16	178.56	189.28	200.32	211.68	223.36	235.36	247.68	260.32	273.20	286.56	300.16	314.08
4.1	144.72	154.47	164.55	174.96	185.69	196.75	208.14	219.86	231.91	244.28	256.98	270.01	283.37	297.06	311.07	325.41
4.2	150.71	160.77	171.17	181.91	192.98	204.38	216.13	228.21	240.62	253.37	266.46	279.88	293.64	307.74	322.17	336.94
4.3	156.83	167.21	177.94	189.00	200.42	212.17	224.27	236.72	249.50	262.64	276.11	289.93	304.10	318.61	333.46	348.65
4.4	163.10	173.80	184.85	196.25	208.01	220.12	232.58	245.39	258.56	272.07	285.94	300.16	314.74	329.66	344.94	360.57
4.5	169.50	180.53	191.91	203.66	215.76	228.23	241.05	254.24	267.78	281.69	295.95	310.58	325.56	340.91	356.61	372.68
4.6	176.06	187.41	199.13	211.22	223.68	236.50	249.69	263.25	277.18	291.43	306.14	321.18	336.58	352.35	368.48	384.99
4.7	182.76	194.44	206.50	218.94	231.75	244.94	258.50	272.44	286.76	301.45	316.52	331.96	347.78	363.98	380.55	397.50
4.8	189.60	201.62	214.03	226.81	239.98	253.54	267.48	281.80	296.51	311.60	327.08	342.94	359.18	375.18	392.82	410.21
4.9	196.60	208.96	221.71	234.85	248.38	262.31	276.63	291.34	306.44	321.93	337.82	554.10	370.77	387.83	405.28	423.13
5.0	203.75	216.45	229.55	243.05	256.95	271.25	285.95	301.05	316.55	332.45	348.75	365.45	382.55	400.05	417.95	436.25

表 10-8-13　　　　　　　杆塔土（石）方工程量计算表（杆塔坑：松砂石、土坑）　　　　　　单位：m³

计算底宽（m） / 坑深（m）	1.0	1.2	1.4	1.6	1.8	2.0	2.2	2.4	2.6	2.8	3.0	3.2	3.4	3.6	3.8
1.0	1.50	2.03	2.64	3.33	4.10	4.94	5.87	6.88	7.97	9.14	10.38	11.71	13.12	14.61	16.18
1.1	1.72	2.31	2.99	3.75	4.61	5.55	6.58	7.70	8.91	10.20	11.58	13.05	14.61	16.26	17.99
1.2	1.95	2.60	3.35	4.20	5.14	6.18	7.31	8.54	9.87	11.29	12.81	14.43	16.14	17.94	19.85
1.3	2.19	2.91	3.73	4.66	5.69	6.83	8.07	9.41	10.86	12.42	14.07	15.83	17.70	19.67	21.74
1.4	2.44	3.23	4.13	5.14	6.27	7.50	8.85	10.31	11.88	13.57	15.36	17.27	19.29	21.43	23.67
1.5	2.71	3.57	4.54	5.64	6.86	8.20	9.66	11.23	12.93	14.75	16.69	18.75	20.92	23.22	25.64
1.6	2.99	3.92	4.98	6.16	7.48	8.92	10.49	12.18	14.01	15.96	18.04	20.25	22.59	25.06	27.65
1.7	3.29	4.29	5.43	6.70	8.11	9.65	11.34	13.16	15.12	17.21	19.43	21.79	24.29	26.93	29.70
1.8	3.60	4.68	5.90	7.27	8.77	10.43	12.22	14.17	16.25	18.48	20.85	23.37	26.03	28.84	31.79
1.9	3.93	5.08	6.39	7.85	9.46	11.22	13.13	15.20	17.42	19.79	22.31	24.98	27.81	30.78	33.91
2.0	4.28	5.51	6.90	8.45	10.16	12.04	14.07	16.26	18.61	21.12	23.80	26.63	29.62	32.77	36.08
2.1	6.36	7.86	9.54	11.38	13.39	15.57	17.91	20.43	23.11	25.96	28.98	32.16	35.52	39.04	42.73
2.2	6.94	8.55	10.33	12.29	14.42	16.73	19.22	21.88	24.72	27.74	30.93	34.30	37.84	41.56	45.45
2.3	7.56	9.27	11.16	13.24	15.50	17.95	20.58	23.39	26.39	29.57	32.94	36.49	40.23	44.14	48.25

计算底宽（m） / 坑深（m）	4.0	4.2	4.4	4.6	4.8	5.0	5.2	5.4	5.6	5.8	6.0	6.2	6.4	6.6	6.8	7.0
1.0	17.82	19.55	21.36	23.25	25.22	27.26	29.39	31.60	33.89	36.26	38.70	41.23	43.84	46.53	49.30	52.14
1.1	19.82	21.73	23.72	25.81	27.99	30.25	32.60	35.04	37.56	40.18	42.88	45.67	48.55	51.52	54.57	57.71
1.2	21.85	23.94	26.13	28.42	30.80	33.28	35.85	38.52	41.29	44.15	47.11	50.17	53.32	56.57	59.91	63.35
1.3	23.92	26.20	28.58	31.07	33.66	36.36	39.16	42.07	45.07	48.19	51.40	54.72	58.15	61.68	65.31	69.05
1.4	26.03	28.50	31.08	33.77	36.57	39.49	42.52	45.66	48.91	52.27	55.75	59.34	63.04	66.85	70.78	74.81
1.5	28.18	30.84	33.61	36.51	39.53	42.67	45.93	49.30	52.80	56.42	60.16	64.02	67.99	72.09	76.31	80.65
1.6	30.37	33.22	36.20	39.30	42.54	45.90	49.39	53.00	56.75	60.62	64.62	68.75	73.01	77.39	81.91	86.55
1.7	32.60	35.65	38.82	42.14	45.59	49.18	52.90	56.76	60.75	64.88	69.15	73.55	78.09	82.76	87.57	92.52
1.8	34.88	38.12	41.50	45.02	48.69	52.50	56.46	60.56	64.81	69.20	73.73	78.41	83.23	88.19	93.30	98.56
1.9	37.20	40.63	44.22	47.95	51.84	55.83	60.08	64.42	68.92	73.75	78.37	83.33	88.43	93.69	99.10	104.66
2.0	39.56	43.19	46.98	50.93	55.04	59.32	63.75	68.34	73.09	78.00	83.08	88.31	93.70	99.25	104.96	110.84
2.1	46.59	50.61	54.81	59.17	63.70	68.40	73.26	78.30	83.50	88.87	94.41	100.11	105.99	112.03	118.24	124.62
2.2	49.52	53.77	58.19	62.79	67.57	72.52	77.64	82.95	88.43	94.08	99.91	105.92	112.10	113.46	125.00	131.71
2.3	52.53	57.00	61.66	66.50	71.52	76.72	82.11	87.69	93.45	99.39	105.52	111.83	118.32	125.00	131.86	138.91

续表

计算底宽(m) 坑深(m)	1.0	1.2	1.4	1.6	1.8	2.0	2.2	2.4	2.6	2.8	3.0	3.2	3.4	3.6	3.8
2.4	8.21	10.03	12.03	14.23	16.69	19.21	21.99	24.96	28.12	31.47	35.01	38.75	42.68	46.80	51.11
2.5	8.89	10.82	12.94	15.27	17.79	20.52	23.44	26.57	29.89	33.42	37.14	41.07	45.19	49.52	54.04
2.6	9.61	11.65	13.89	16.35	19.01	21.88	24.95	28.24	31.73	35.43	39.34	43.45	47.78	52.31	57.05
2.7	10.37	12.52	14.89	17.47	20.27	23.28	26.51	29.96	33.62	37.50	41.59	45.90	50.43	55.17	60.13
2.8	11.16	13.43	15.92	18.63	21.57	24.74	28.12	31.73	35.57	39.63	43.91	48.42	53.15	58.10	63.28
2.9	11.99	14.38	17.00	19.85	22.93	26.24	29.79	33.57	37.58	41.82	46.29	51.00	55.94	61.11	66.51
3.0	12.86	15.37	18.12	21.10	24.33	27.80	31.51	35.46	39.64	44.07	48.74	53.65	58.80	64.18	69.81
3.1	13.77	16.40	19.28	22.41	25.79	29.41	33.28	37.40	41.77	46.39	51.25	56.37	61.73	67.34	73.19
3.2	14.72	17.48	20.49	23.76	27.29	31.07	35.11	39.41	43.96	48.77	53.83	59.15	64.73	70.56	76.65
3.3	15.71	18.59	21.75	25.17	28.85	32.79	37.00	41.48	46.21	51.21	56.48	62.01	67.80	73.86	80.18
3.4	16.74	19.76	23.05	26.62	30.46	34.57	38.95	43.60	48.53	53.73	59.20	64.94	70.95	77.24	83.80
3.5	17.81	20.97	24.40	28.12	32.12	36.40	40.95	45.79	50.91	56.30	61.98	67.94	74.17	80.69	87.49
3.6	41.55	46.24	51.22	56.49	62.05	67.90	74.03	80.46	87.17	94.16	101.45	109.63	116.89	125.04	133.48
3.7	44.45	49.36	54.56	60.07	65.87	71.97	78.36	85.05	92.04	99.32	106.90	114.77	122.94	131.41	140.17

计算底宽(m) 坑深(m)	4.0	4.2	4.4	4.6	4.8	5.0	5.2	5.4	5.6	5.8	6.0	6.2	6.4	6.6	6.8	7.0
2.4	55.61	60.31	65.20	70.28	75.55	81.02	86.67	92.52	98.56	104.79	111.22	117.83	124.64	131.64	138.83	146.22
2.5	58.77	63.69	68.82	74.14	79.67	85.39	91.32	97.44	103.77	110.29	117.02	123.94	131.07	138.39	145.92	153.64
2.6	62.00	67.15	72.52	78.09	83.87	89.86	96.06	102.46	109.07	115.89	122.92	130.16	137.60	145.25	153.11	161.18
2.7	65.30	70.69	76.30	82.12	88.16	94.41	100.89	107.57	114.47	121.59	128.93	136.48	144.24	152.23	160.42	168.84
2.8	68.69	74.31	80.16	86.24	92.54	99.06	105.81	112.78	119.97	127.39	135.03	142.90	150.99	159.31	167.85	176.61
2.9	72.14	78.01	84.11	90.44	97.00	103.79	110.82	118.08	125.57	133.29	141.24	149.43	157.85	166.50	175.38	184.50
3.0	75.68	81.79	88.14	94.72	101.55	108.62	115.93	123.48	131.26	139.29	147.56	156.07	164.82	173.80	183.03	192.50
3.1	79.30	85.65	92.25	99.10	106.19	113.54	121.13	128.97	137.06	145.40	153.98	162.81	171.89	181.22	190.80	200.62
3.2	82.99	89.59	96.45	103.56	110.93	118.55	126.43	134.57	142.96	151.60	160.51	169.97	179.08	188.76	198.68	208.87
3.3	86.77	93.62	100.73	108.11	115.75	123.66	131.82	140.26	148.96	157.92	167.14	176.63	186.39	196.40	206.68	217.23
3.4	90.63	97.73	105.10	112.75	120.67	128.85	137.32	146.05	155.06	164.33	173.88	183.71	193.80	204.17	214.80	225.71
3.5	94.57	101.92	109.56	117.48	125.67	134.15	142.91	151.94	161.26	170.86	180.74	190.89	201.33	212.05	223.04	234.32
3.6	142.20	151.22	160.52	170.11	179.99	190.15	200.61	211.35	222.38	233.70	245.31	257.20	269.38	281.85	294.61	307.66
3.7	149.23	158.58	168.23	178.17	188.42	198.95	209.79	220.92	232.34	244.08	256.08	268.40	281.00	293.91	307.11	320.61

计算底宽（m） 坑深（m）	1.0	1.2	1.4	1.6	1.8	2.0	2.2	2.4	2.6	2.8	3.0	3.2	3.4	3.6	3.8
3.8	47.47	52.60	58.05	63.79	69.84	76.19	82.85	89.81	97.08	104.65	112.52	120.70	129.18	137.97	147.06
3.9	50.63	55.99	61.67	67.66	73.96	80.58	87.50	94.74	102.29	110.15	118.33	126.82	135.61	144.72	154.15
4.0	53.92	59.52	65.44	71.68	78.24	85.12	92.32	99.84	107.68	115.84	124.32	133.12	142.24	151.68	161.44
4.1	57.35	63.19	69.36	75.85	82.68	89.83	97.30	105.11	113.25	121.71	130.50	139.62	149.06	158.84	168.94
4.2	60.92	67.01	73.43	80.18	87.27	94.70	102.46	110.56	118.99	127.76	136.87	146.31	156.09	166.20	176.65
4.3	64.65	70.98	77.65	84.67	92.03	99.74	107.79	116.18	124.92	134.00	143.43	153.20	163.31	173.77	184.57
4.4	68.52	75.10	82.04	89.32	96.96	104.95	113.29	121.99	131.04	140.43	150.18	160.29	170.74	181.55	192.71
4.5	72.54	79.38	86.58	94.14	102.06	110.34	118.98	127.98	137.34	147.06	157.14	167.58	178.38	189.54	201.06
4.6	76.71	83.82	91.29	99.12	107.33	115.91	124.85	134.16	143.84	153.88	164.30	175.08	186.23	197.75	209.63
4.7	81.04	88.41	96.16	104.28	112.78	121.65	130.90	140.53	150.53	160.91	171.66	182.79	194.29	206.18	218.43
4.8	85.53	93.17	101.20	109.61	118.40	127.58	137.14	147.09	157.42	168.13	179.23	190.71	202.58	214.82	227.46
4.9	90.18	98.10	106.41	115.11	124.21	133.70	143.57	153.84	164.51	175.56	187.01	198.85	211.08	223.70	236.71
5.0	95.00	103.20	111.80	120.80	130.20	140.00	150.20	160.80	171.80	183.20	195.00	207.20	219.80	232.80	246.20

计算底宽（m） 坑深（m）	4.0	4.2	4.4	4.6	4.8	5.0	5.2	5.4	5.6	5.8	6.0	6.2	6.4	6.6	6.8	7.0
3.8	156.45	166.15	176.15	186.46	197.06	207.98	219.20	230.72	242.54	254.67	267.11	279.84	292.89	306.23	319.88	333.83
3.9	163.88	173.93	184.29	194.96	205.94	217.23	228.84	240.76	252.99	265.53	278.39	291.55	305.03	318.82	332.92	347.34
4.0	171.52	181.92	192.64	203.68	215.04	226.72	238.72	251.04	263.66	276.64	289.92	303.52	317.44	331.68	346.24	361.12
4.1	179.37	190.13	201.21	212.63	224.37	236.44	248.84	261.57	274.62	238.00	301.71	315.75	330.12	344.81	359.84	375.19
4.2	187.43	198.56	210.01	221.81	233.94	246.40	259.20	272.34	285.82	299.62	313.77	328.25	343.07	358.22	373.71	389.54
4.3	195.72	207.20	219.04	231.22	243.74	256.60	269.81	283.37	297.26	311.51	326.09	341.02	356.29	371.91	387.87	404.18
4.4	204.22	216.08	228.29	240.86	253.73	267.05	280.67	294.65	308.97	323.65	338.68	354.06	369.80	385.88	402.32	419.11
4.5	212.94	225.18	237.78	250.74	264.06	277.74	291.78	306.18	320.94	336.06	351.54	367.38	383.58	400.14	417.06	434.34
4.6	221.89	234.51	247.50	260.86	274.59	288.68	303.14	137.97	333.17	348.74	364.67	380.98	397.65	414.68	432.09	449.87
4.7	231.07	244.08	257.46	271.22	285.36	299.88	314.76	330.03	345.67	361.69	378.08	394.85	412.00	429.52	447.42	465.69
4.8	240.48	253.88	267.66	281.83	296.39	311.32	326.65	342.35	358.44	374.91	391.77	409.01	426.64	444.65	463.04	481.82
4.9	250.12	263.92	278.11	292.89	307.67	323.03	338.79	354.94	371.48	388.42	405.74	423.46	441.57	460.07	478.97	498.26
5.0	260.00	274.20	288.80	303.80	319.20	335.09	351.20	367.80	384.80	402.20	420.00	438.20	456.80	475.80	495.20	515.00

表 10-8-14　　　　　　　　　　杆塔土（石）方工程量计算表（杆塔坑：泥水、流砂、岩石）

计算底宽 (m) / 坑深 (m)	1.0	1.2	1.4	1.6	1.8	2.0	2.2	2.4	2.6	2.8	3.0	3.2	3.4	3.6	3.8
1.0	1.00	1.44	1.98	2.56	3.24	4.00	4.84	5.76	6.76	7.84	9.00	10.24	11.56	12.96	14.44
1.1	1.10	1.58	2.16	2.82	3.56	4.40	5.32	6.34	7.44	8.62	9.90	11.26	12.72	14.26	15.88
1.2	1.20	1.73	2.35	3.07	3.89	4.80	5.81	6.91	8.11	9.41	10.80	12.29	13.87	15.55	17.33
1.3	1.30	1.87	2.55	3.33	4.21	5.20	6.29	7.49	8.79	10.19	11.70	13.31	15.03	16.85	18.77
1.4	1.40	2.02	2.74	3.58	4.54	5.60	6.78	8.06	9.46	10.98	12.60	14.34	16.18	18.14	20.22
1.5	1.50	2.16	2.94	3.84	4.86	6.00	7.26	8.64	10.14	11.76	13.50	15.36	17.34	19.44	21.66
1.6	1.60	2.30	3.14	4.10	5.18	6.40	7.74	9.22	10.82	12.54	14.40	16.38	18.50	20.74	23.10
1.7	1.70	2.45	3.33	4.35	5.51	6.80	8.23	9.79	11.49	13.33	15.30	17.41	19.65	22.03	24.55
1.8	1.80	2.59	3.53	4.61	5.83	7.20	8.71	10.37	12.17	14.11	16.20	18.43	20.81	23.33	25.99
1.9	1.90	2.74	3.72	4.86	6.16	7.60	9.20	10.94	12.84	14.90	17.10	19.46	21.96	24.62	27.44
2.0	2.00	2.88	3.92	5.12	6.48	8.00	9.63	11.52	13.52	15.68	18.00	20.48	23.12	25.92	28.88
2.1	2.10	3.02	4.12	5.38	6.80	8.40	10.16	12.10	14.20	16.46	18.90	21.50	24.28	27.22	30.22
2.2	2.20	3.17	4.31	5.63	7.13	8.80	10.65	12.67	14.87	17.25	19.80	22.53	25.43	28.51	31.77
2.3	2.30	3.31	4.51	5.89	7.45	9.20	11.13	13.25	15.55	18.03	20.70	23.55	26.59	29.81	38.21

计算底宽 (m) / 坑深 (m)	4.0	4.2	4.4	4.6	4.8	5.0	5.2	5.4	5.6	5.8	6.0	6.2	6.4	6.6	6.8	7.0
1.0	16.00	17.64	19.36	21.16	23.04	25.00	27.04	29.16	31.36	33.64	36.00	38.44	40.96	43.56	46.24	49.00
1.1	17.60	19.40	21.30	23.28	25.34	27.50	29.74	32.08	34.50	37.00	39.60	42.28	45.06	47.92	50.86	53.90
1.2	19.20	21.17	23.23	25.39	27.65	30.00	32.45	34.99	37.91	40.37	43.20	46.13	49.15	52.27	55.49	58.00
1.3	20.80	22.93	25.17	27.51	29.95	32.50	35.15	37.91	40.77	43.73	46.80	49.97	53.25	56.63	60.11	63.70
1.4	22.40	24.70	27.10	29.62	32.26	35.00	37.86	40.82	43.90	47.10	50.40	53.82	57.34	60.98	64.74	68.60
1.5	24.00	26.46	29.04	31.74	34.56	37.50	40.56	43.74	47.04	50.46	54.00	57.66	61.44	65.34	69.36	73.50
1.6	25.60	28.22	30.98	33.86	36.86	40.00	43.26	46.66	50.18	53.02	57.60	61.50	65.54	69.70	73.98	78.40
1.7	27.20	29.99	32.91	35.97	39.17	42.50	45.97	49.57	53.31	57.19	61.20	65.35	69.63	74.05	78.61	83.30
1.8	28.80	31.75	34.85	38.09	41.47	45.00	48.67	52.49	56.45	60.55	64.80	69.19	73.73	78.41	83.23	88.20
1.9	30.40	33.52	36.78	40.20	43.78	47.50	51.38	55.40	59.58	63.92	68.40	73.04	77.82	82.76	87.86	93.10
2.0	32.00	35.28	38.72	42.32	46.08	50.00	54.08	58.32	62.72	67.28	72.00	76.88	81.92	87.12	92.48	98.00
2.1	33.60	37.04	40.66	44.44	48.38	52.50	56.78	61.24	65.86	70.64	75.60	80.72	86.02	91.48	97.10	102.90
2.2	35.20	38.81	42.59	46.55	50.69	55.00	59.49	64.15	68.99	74.01	79.20	84.57	90.11	95.83	101.73	107.80
2.3	36.80	40.57	44.53	48.67	52.99	57.50	62.19	67.07	72.13	77.37	82.80	88.41	94.21	100.19	106.35	112.70

续表

计算底宽 (m) 坑深 (m)	1.0	1.2	1.4	1.6	1.8	2.0	2.2	2.4	2.6	2.8	3.0	3.2	3.4	3.6	3.8
2.4	2.40	3.46	4.70	6.14	7.78	9.60	11.62	13.82	16.22	18.82	21.60	24.58	27.74	31.10	34.66
2.5	2.50	3.60	4.90	6.40	8.10	10.00	12.10	14.40	16.90	19.60	22.50	25.60	28.90	32.40	36.10
2.6	2.60	3.74	5.10	6.66	8.42	10.40	12.58	14.98	17.58	20.33	23.40	26.62	30.06	33.70	37.54
2.7	2.70	3.89	5.29	6.91	8.75	10.80	13.07	15.55	18.25	21.17	24.30	27.65	31.21	34.99	38.99
2.8	2.80	4.03	5.49	7.17	9.07	11.20	13.55	16.13	18.93	21.95	25.20	28.67	32.37	36.29	40.43
2.9	2.90	4.18	5.68	7.42	9.40	11.60	14.04	16.70	19.60	22.74	26.10	29.70	33.52	37.58	41.88
3.0	3.00	4.32	5.88	7.68	9.72	12.00	14.52	17.28	20.28	23.52	27.00	30.72	34.68	38.88	43.32
3.1	3.10	4.46	6.08	7.94	10.04	12.40	15.00	17.86	20.96	24.30	27.90	31.74	35.84	40.18	44.76
3.2	3.20	4.61	6.27	8.19	10.37	12.80	15.49	18.43	21.63	25.09	28.80	32.77	36.99	41.47	46.21
3.3	3.30	4.75	6.47	8.45	10.69	13.20	15.97	19.01	22.31	25.87	29.70	33.79	38.15	42.77	47.65
3.4	3.40	4.90	6.66	8.70	11.02	13.60	16.46	19.58	22.98	26.66	30.60	34.82	39.30	44.06	49.10
3.5	3.50	5.04	6.86	8.96	11.34	14.00	16.94	20.16	23.66	27.44	31.50	35.84	40.46	45.36	50.54
3.6	3.60	5.18	7.06	9.22	11.66	14.40	17.42	20.74	24.34	28.22	32.40	36.86	41.62	46.66	51.98
3.7	3.70	5.33	7.25	9.47	11.99	14.80	17.91	21.31	25.01	29.01	33.30	37.89	42.77	47.95	53.43

计算底宽 (m) 坑深 (m)	4.0	4.2	4.4	4.6	4.8	5.0	5.2	5.4	5.6	5.8	6.0	6.2	6.4	6.6	6.8	7.0
2.4	38.40	42.34	46.46	50.78	55.30	60.00	64.90	69.98	75.26	80.74	86.40	92.26	98.30	104.54	110.98	117.60
2.5	40.00	44.10	48.40	52.90	57.60	62.50	67.60	72.90	78.40	84.10	90.00	96.10	102.40	108.90	115.60	122.50
2.6	41.60	45.86	50.34	55.02	59.90	65.00	70.30	75.82	81.54	87.46	93.60	99.94	106.50	113.26	120.22	127.40
2.7	43.20	47.63	52.27	57.13	62.21	67.50	73.01	78.73	84.67	90.85	97.20	103.79	110.59	117.61	124.85	132.30
2.8	44.80	49.39	54.21	59.25	64.51	70.00	75.71	81.65	87.81	94.19	100.80	107.63	114.68	121.97	129.47	137.20
2.9	46.40	51.16	56.14	61.36	66.82	72.50	73.42	84.56	90.94	97.56	104.40	111.48	118.78	126.32	134.10	142.10
3.0	48.00	52.92	53.08	63.48	69.12	75.00	81.12	87.48	94.08	100.92	108.00	115.32	122.88	130.68	138.72	147.00
3.1	49.60	54.68	60.02	85.60	71.42	77.50	83.82	90.40	97.22	104.28	111.60	119.16	126.98	135.04	143.34	151.90
3.2	51.20	56.45	61.95	67.71	73.73	80.00	86.53	93.31	100.35	107.65	115.20	123.01	131.07	139.39	147.97	156.80
3.3	52.80	58.21	63.89	69.83	76.03	82.50	89.23	96.23	103.49	111.01	118.80	126.85	135.17	143.75	152.59	161.70
3.4	54.40	59.98	65.82	71.94	78.34	85.00	91.94	99.14	106.62	114.38	122.40	130.70	139.26	148.10	157.22	166.60
3.5	56.00	61.74	67.76	74.00	80.64	87.50	94.64	102.06	109.76	117.74	126.00	134.54	143.36	152.46	161.84	171.50
3.6	57.60	63.50	69.70	76.18	82.94	90.00	97.34	104.98	112.90	121.10	129.60	138.38	147.46	156.82	166.46	176.40
3.7	59.20	65.27	71.63	78.29	85.25	92.50	100.05	107.89	116.03	124.47	133.20	142.23	151.55	161.17	171.09	181.30

计算底宽 (m)／坑深 (m)	1.0	1.2	1.4	1.6	1.8	2.0	2.2	2.4	2.6	2.8	3.0	3.2	3.4	3.6	3.8
3.8	3.80	5.47	7.45	9.73	12.31	15.20	18.30	21.89	25.69	29.79	34.20	38.91	43.93	49.25	54.87
3.9	3.90	5.62	7.64	9.98	12.64	15.00	18.88	22.46	26.36	30.58	35.10	39.94	45.08	50.54	56.32
4.0	4.00	5.76	7.84	10.24	12.98	16.00	19.36	23.04	27.04	31.36	36.00	40.96	46.24	51.84	57.76
4.1	4.10	5.90	8.04	10.50	13.23	16.40	19.84	23.62	27.72	32.14	36.90	41.98	47.40	53.14	59.20
4.2	4.20	6.05	8.23	10.75	13.61	16.80	20.33	24.19	28.39	32.93	37.80	43.01	48.55	54.43	60.65
4.3	4.30	6.19	8.43	11.01	13.93	17.20	20.81	24.77	29.07	33.71	38.70	44.03	49.71	55.73	62.09
4.4	4.40	6.34	8.62	11.26	14.26	17.00	21.30	25.34	29.74	34.50	39.60	45.06	50.86	57.02	63.54
4.5	4.50	6.48	8.82	11.52	14.58	18.00	21.78	25.92	30.42	35.28	40.50	46.08	52.02	58.32	64.98
4.6	4.60	6.62	9.02	11.78	14.90	18.40	22.26	26.50	31.10	36.06	41.40	47.10	53.18	59.62	66.42
4.7	4.70	6.77	9.21	12.03	15.23	18.80	22.75	27.07	31.77	36.85	42.30	48.13	54.33	60.91	67.87
4.8	4.80	6.91	9.41	12.29	15.55	19.20	23.23	27.65	32.45	37.63	43.20	49.15	55.49	62.21	69.31
4.9	4.90	7.06	9.60	12.54	15.83	19.00	23.72	28.22	33.12	38.42	44.10	50.18	56.64	63.50	70.76
5.0	5.00	7.20	9.80	12.80	16.20	20.00	24.20	23.60	33.80	39.20	45.00	51.20	57.80	64.80	72.20

计算底宽 (m)／坑深 (m)	4.0	4.2	4.4	4.6	4.8	5.0	5.2	5.4	5.6	5.8	6.0	6.2	6.4	6.6	6.8	7.0
3.8	60.80	67.03	73.57	80.41	87.55	95.00	102.75	110.81	119.17	127.83	136.80	146.07	155.65	165.35	175.71	186.20
3.9	62.40	60.80	75.50	82.52	89.86	97.50	105.46	113.72	122.30	131.20	140.40	149.92	159.74	169.88	180.34	191.10
4.0	64.00	70.56	77.44	84.64	92.16	100.00	103.16	116.64	125.44	104.56	144.00	153.76	163.84	174.34	184.96	196.00
4.1	65.60	72.32	79.33	86.76	94.46	102.50	110.86	119.56	128.58	137.92	147.60	157.60	167.94	178.60	189.58	200.90
4.2	67.20	74.09	81.31	88.87	96.77	105.00	113.57	122.47	131.71	141.29	151.20	161.45	172.03	182.95	194.21	205.80
4.3	63.80	75.85	83.25	90.99	99.07	107.50	116.27	125.39	134.85	144.65	154.80	165.29	176.13	187.31	198.83	210.70
4.4	70.40	77.62	85.18	93.10	101.33	110.00	118.98	128.30	137.98	148.02	158.40	169.14	180.22	191.66	203.46	215.60
4.5	72.00	79.38	87.12	95.22	103.68	112.50	121.68	131.22	141.12	151.38	162.00	172.98	184.32	196.02	208.08	220.50
4.6	73.60	81.14	89.06	97.34	105.98	115.00	124.38	134.11	144.26	154.74	165.60	176.82	188.42	200.38	212.70	225.40
4.7	75.20	82.91	90.99	99.45	108.29	117.50	127.09	137.05	147.39	158.11	169.20	180.67	192.51	264.73	217.33	230.30
4.8	76.80	84.67	92.93	101.57	110.59	120.00	129.79	139.97	150.53	161.47	172.80	184.51	196.61	209.09	221.95	235.20
4.9	73.40	86.44	94.86	103.68	112.90	122.50	132.50	142.88	153.66	164.84	176.40	188.36	200.70	213.44	226.58	240.10
5.0	80.00	88.20	96.80	105.80	115.20	125.00	135.20	145.80	156.80	168.20	180.00	192.20	204.80	217.80	231.20	245.00

表 10-8-15　　　　　　　　　拉线土（石）方工程量（竖土坑）计算表　　　　　　　　单位：m³

拉盘规格	0.3×0.6	0.4×0.8	0.4×1.0	0.5×1.0	0.5×1.2	0.6×1.2	0.6×1.4	0.7×1.4	0.7×1.6	0.8×1.6
计算宽度(m) 坑深（m）	0.7×1.0	0.8×1.2	0.8×1.4	0.9×1.4	0.9×1.6	1.0×1.6	1.0×1.8	1.1×1.8	1.1×2.0	1.2×2.0
1.5	1.48	1.94	2.22	2.45	2.77	3.03	3.38	3.67	4.04	4.37
1.6	1.61	2.10	2.41	2.66	3.00	3.28	3.65	3.97	4.37	4.71
1.7	1.75	2.28	2.61	2.87	3.24	3.54	3.93	4.27	4.70	5.07
1.8	1.89	2.45	2.81	3.09	3.48	3.80	4.22	4.58	5.04	5.43
1.9	2.04	2.64	3.01	3.32	3.73	4.07	4.52	4.90	5.39	5.81
2.0	2.19	2.83	3.23	3.65	3.99	4.35	4.83	5.23	5.75	6.19
2.1	3.72	4.55	5.03	5.48	6.05	6.48	7.09	7.57	8.23	8.74
2.2	4.04	4.93	5.49	5.91	6.52	6.98	7.63	8.13	8.83	9.37
2.3	4.37	5.32	5.92	6.36	7.01	7.49	8.18	8.71	9.45	10.03
2.4	4.73	5.73	6.37	6.83	7.52	8.03	8.76	9.32	10.10	10.71
2.5	5.10	6.16	6.83	7.32	8.05	8.58	9.36	9.95	10.77	11.41
2.6	5.48	6.60	7.32	7.83	8.60	9.16	9.98	10.60	11.46	12.13

拉盘规格	0.8×1.8	0.9×1.8	0.9×1.9	0.9×2.0	1.0×2.0	1.0×2.2	1.2×3.3	1.2×3.6	2.6×3.0	2.6×3.8
计算宽度(m) 坑深（m）	1.2×2.2	1.3×2.2	1.3×2.3	1.3×2.4	1.4×2.4	1.4×2.6	1.6×3.7	1.6×4.0	3.0×3.4	3.0×4.2
1.5	4.77	5.12	5.34	5.56	5.94	6.41	10.12	10.91	16.79	20.57
1.6	5.15	5.53	5.76	5.99	6.40	6.90	10.88	11.73	18.01	22.06
1.7	5.54	5.94	6.19	6.44	6.88	7.41	11.66	12.56	19.26	23.57
1.8	5.93	6.36	6.63	6.89	7.36	7.93	12.45	13.41	20.51	25.09
1.9	6.33	6.79	7.07	7.36	7.85	8.45	13.25	14.27	21.78	26.63
2.0	6.75	7.23	7.53	7.83	8.35	8.99	14.07	15.15	23.07	28.19
2.1	9.44	10.00	10.37	10.74	11.34	12.12	18.17	19.47	28.23	34.04
2.2	10.12	10.71	11.10	11.49	12.13	12.95	19.35	20.73	29.94	36.07
2.3	10.81	11.44	11.85	12.27	12.94	13.81	20.57	22.02	31.69	38.14
2.4	11.54	12.19	12.63	13.07	13.77	14.70	21.82	23.35	33.48	40.26
2.5	12.28	12.97	13.43	13.90	14.63	15.61	23.10	24.71	35.31	42.41
2.6	13.05	13.78	14.26	14.75	15.52	16.55	24.41	26.10	37.17	44.60

拉盘规格	0.3×0.6	0.4×0.8	0.4×1.0	0.5×1.0	0.5×1.2	0.6×1.2	0.6×1.4	0.7×1.4	0.7×1.6	0.8×1.6
计算宽度(m) 坑深（m)	0.7×1.0	0.8×1.2	0.8×1.4	0.9×1.4	0.9×1.6	1.0×1.6	1.0×1.8	1.1×1.8	1.1×2.0	1.2×2.0
2.7	5.89	7.07	7.82	8.36	9.17	9.76	10.62	11.27	12.18	12.88
2.8	6.31	7.55	8.35	8.91	9.76	10.38	11.29	11.96	12.92	13.66
2.9	6.75	8.06	8.89	9.48	10.38	11.02	11.97	12.68	13.69	14.45
3.0	7.21	8.58	9.46	10.08	11.01	11.69	12.69	13.42	14.48	15.28
3.1	7.69	9.13	10.05	10.69	11.67	12.33	13.42	14.19	15.30	16.13
3.2	8.18	9.69	10.65	11.33	12.35	13.09	14.18	14.98	16.14	17.00
3.3	8.70	10.28	11.29	11.99	13.06	13.83	14.97	15.80	17.01	17.91
3.4	9.24	10.89	11.94	12.67	13.79	14.59	15.78	16.64	17.90	18.83
3.5	9.80	11.52	12.62	13.38	14.54	15.37	16.61	17.51	18.82	19.79
3.6	14.73	16.83	18.18	19.08	20.50	21.47	22.97	24.00	25.57	26.68
3.7	15.65	17.84	19.26	20.19	21.67	22.68	24.24	25.31	26.95	28.10
3.8	16.61	18.90	20.37	21.34	22.89	23.93	25.55	26.67	28.37	29.57

拉盘规格	0.8×1.8	0.9×1.8	0.9×1.9	0.9×2.0	1.0×2.0	1.0×2.2	1.2×3.3	1.2×3.6	2.6×3.0	2.6×3.8
计算宽度(m) 坑深（m)	1.2×2.2	1.3×2.2	1.3×2.3	1.3×2.4	1.4×2.4	1.4×2.6	1.6×3.7	1.6×4.0	3.0×3.4	3.0×4.2
2.7	13.85	14.61	15.12	15.63	16.44	17.51	25.75	27.53	39.07	46.84
2.8	14.67	15.46	16.00	16.53	17.38	18.51	27.13	29.00	41.02	49.12
2.9	15.52	16.34	16.91	17.47	18.35	19.53	28.55	30.50	43.00	51.44
3.0	16.39	17.25	17.84	18.43	19.35	20.58	30.00	32.03	45.01	53.80
3.1	17.29	18.19	18.80	19.42	20.37	21.66	31.48	33.60	47.07	56.20
3.2	18.22	19.15	19.79	20.43	21.43	22.77	33.00	35.21	49.17	58.65
3.3	19.18	20.14	20.81	21.48	22.51	23.91	34.55	36.86	51.31	61.15
3.4	20.16	21.16	21.86	22.55	23.62	25.09	36.14	38.54	53.49	63.69
3.5	21.17	22.21	22.93	23.66	24.77	26.29	37.77	40.26	55.71	66.27
3.6	28.32	29.50	30.36	31.22	32.47	34.25	47.52	50.41	67.20	78.95
3.7	29.81	31.03	31.93	32.82	34.12	35.97	49.75	52.76	70.10	82.27
3.8	31.35	32.61	33.54	34.47	35.81	37.74	52.04	55.16	73.07	85.65

表 10-8-16　　　　　　　拉线土（石）方工程量计算表（杆塔坑：普通土坑、水坑）　　　　　　　单位：m³

拉盘规格	0.3×0.6	0.4×0.8	0.4×1.0	0.5×1.0	0.5×1.2	0.6×1.2	0.6×1.4	0.7×1.4	0.7×1.6	0.8×1.6
计算宽度(m) 坑深（m）	0.7×1.0	0.8×1.2	0.8×1.4	0.9×1.4	0.9×1.6	1.0×1.6	1.0×1.8	1.1×1.8	1.1×2.0	1.2×2.0
1.5	1.83	2.34	2.65	2.90	3.25	3.52	3.90	4.21	4.62	4.95
1.6	2.02	2.56	2.91	3.17	3.55	3.85	4.26	4.59	5.03	5.39
1.7	2.21	2.80	3.17	3.46	3.87	4.19	4.62	4.98	5.45	5.84
1.8	2.42	3.05	3.45	3.76	4.19	4.54	5.01	5.39	5.89	6.31
1.9	2.64	3.32	3.74	4.07	4.53	4.90	5.40	5.81	6.35	6.79
2.0	2.86	3.59	4.04	4.39	4.89	5.28	5.81	6.24	6.82	7.28
2.1	4.83	5.77	6.37	6.80	7.44	7.91	8.60	9.11	9.83	10.38
2.2	5.29	6.29	6.94	7.39	8.08	8.57	9.30	9.84	10.62	11.20
2.3	5.77	6.84	7.53	8.01	8.74	9.27	10.04	10.62	11.44	12.06
2.4	6.28	7.42	8.15	8.66	9.43	9.99	10.82	11.42	12.30	12.95
2.5	6.81	8.03	8.80	9.34	10.16	10.75	11.62	12.26	13.19	13.88
2.6	7.38	8.66	9.48	10.05	10.92	11.54	12.47	13.14	14.12	14.84

拉盘规格	0.8×1.8	0.9×1.8	0.9×1.9	0.9×2.0	1.0×2.0	1.0×2.2	1.2×3.3	1.2×3.6	2.6×3.0	2.6×3.8
计算宽度(m) 坑深（m）	1.2×2.2	1.3×2.2	1.3×2.3	1.3×2.4	1.4×2.4	1.4×2.6	1.6×3.7	1.6×4.0	3.0×3.4	3.0×4.2
1.5	5.39	5.76	5.99	6.23	6.62	7.12	11.04	11.87	17.88	21.78
1.6	5.86	6.26	6.51	6.76	7.19	7.72	11.94	12.83	19.26	23.45
1.7	6.35	6.77	7.04	7.31	7.77	8.34	12.86	13.82	20.67	25.15
1.8	6.85	7.30	7.59	7.88	8.37	8.98	13.80	14.83	22.11	26.87
1.9	7.37	7.85	8.15	8.46	8.98	9.64	14.76	15.86	23.57	28.62
2.0	7.90	8.41	8.74	9.06	9.61	10.31	15.75	16.92	25.06	30.40
2.1	11.15	11.75	12.15	12.56	13.19	14.05	20.56	21.96	31.00	37.10
2.2	12.02	12.65	13.08	13.51	14.19	15.09	22.00	23.49	33.01	39.45
2.3	12.93	13.59	14.05	14.51	15.22	16.18	23.49	25.07	35.08	41.87
2.4	13.87	14.57	15.06	15.54	16.29	17.31	25.03	26.70	37.20	44.34
2.5	14.85	15.59	16.10	16.61	17.40	18.48	26.61	28.38	39.38	46.88
2.6	15.87	16.64	17.18	17.72	18.55	19.69	28.25	30.11	41.61	49.47

续表

拉盘规格	0.3×0.6	0.4×0.8	0.4×1.0	0.5×1.0	0.5×1.2	0.6×1.2	0.6×1.4	0.7×1.4	0.7×1.6	0.8×1.6
计算宽度(m)　坑深（m）	0.7×1.0	0.8×1.2	0.8×1.4	0.9×1.6	0.9×1.6	1.0×1.6	1.0×1.8	1.1×1.8	1.1×2.0	1.2×2.0
2.7	7.97	9.33	10.20	10.79	11.72	12.37	13.35	14.05	15.03	15.84
2.8	8.59	10.03	10.94	11.57	12.55	13.23	14.26	15.00	16.09	16.88
2.9	9.25	10.76	11.73	12.38	13.41	14.13	15.21	15.99	17.13	17.96
3.0	9.93	11.52	12.54	13.23	14.31	15.06	16.20	17.01	18.21	19.08
3.1	10.65	12.32	13.39	14.11	15.25	16.03	17.23	18.07	19.33	20.24
3.2	11.39	13.15	14.27	15.03	16.22	17.04	18.29	19.18	20.50	21.44
3.3	12.18	14.01	15.20	15.98	17.23	18.09	19.40	20.32	21.70	22.69
3.4	12.99	14.92	16.15	16.98	18.28	19.17	20.55	21.51	22.95	23.97
3.5	13.84	15.86	17.15	18.01	19.37	20.30	21.74	22.73	24.24	25.31
3.6	25.02	27.72	29.46	30.55	32.36	33.52	35.41	36.64	38.60	39.90
3.7	26.74	29.55	31.37	32.51	34.41	35.61	37.59	38.87	40.91	42.27
3.8	28.52	31.46	33.37	34.55	36.53	37.79	39.85	41.18	43.32	44.73

拉盘规格	0.8×1.8	0.9×1.8	0.9×1.9	0.9×2.0	1.0×2.0	1.0×2.2	1.2×3.3	1.2×3.6	2.6×3.0	2.6×3.8
计算宽度(m)　坑深（m）	1.2×2.2	1.3×2.2	1.3×2.3	1.3×2.4	1.4×2.4	1.4×2.6	1.6×3.7	1.6×4.0	3.0×3.4	3.0×4.2
2.7	16.93	17.74	18.31	18.88	19.74	20.94	29.94	31.89	43.90	52.13
2.8	18.02	18.87	19.47	20.07	20.98	22.23	31.68	33.73	46.25	54.85
2.9	19.16	20.05	20.68	21.31	22.26	23.57	33.47	35.62	48.65	57.63
3.0	20.34	21.27	21.93	22.59	23.58	24.96	35.31	37.56	51.12	60.48
3.1	21.56	22.53	23.22	23.91	24.95	26.39	37.21	39.56	53.65	63.39
3.2	22.82	23.84	24.56	25.28	26.36	27.87	39.16	41.62	56.23	66.37
3.3	24.13	25.18	25.94	26.70	27.82	29.39	41.16	43.73	58.88	69.41
3.4	25.48	26.58	27.37	28.16	29.32	30.96	43.22	45.90	61.59	72.53
3.5	26.88	28.02	28.84	29.66	30.87	32.53	45.34	48.12	64.36	75.71
3.6	41.93	43.31	44.36	45.41	46.85	49.03	64.82	68.30	86.64	99.95
3.7	44.39	45.82	46.92	48.01	49.52	51.79	68.23	71.86	90.84	104.65
3.8	46.94	48.43	49.57	50.71	52.28	54.64	71.75	75.52	95.16	109.48

表 10-8-17　　　　　　　　拉线土（石）方工程量计算表（杆塔坑：松砂石、土坑）　　　　　　单位：m³

拉盘规格	0.3×0.6	0.4×0.8	0.4×1.0	0.5×1.0	0.5×1.2	0.6×1.2	0.6×1.4	0.7×1.4	0.7×1.6	0.8×1.6
计算宽度(m) 坑深（m）	0.7×1.0	0.8×1.2	0.8×1.4	0.9×1.4	0.9×1.6	1.0×1.6	1.0×1.8	1.1×1.8	1.1×2.0	1.2×2.0
1.5	2.11	2.65	2.99	3.25	3.62	3.90	4.30	4.62	5.05	5.40
1.6	2.34	2.93	3.30	3.58	3.98	4.29	4.72	5.07	5.53	5.91
1.7	2.59	3.22	3.62	3.92	4.35	4.69	5.16	5.53	6.03	6.43
1.8	2.85	3.53	3.96	4.28	4.75	5.11	5.61	6.01	6.55	6.93
1.9	3.12	3.86	4.32	4.66	5.16	5.55	6.09	6.51	7.08	7.54
2.0	3.41	4.20	4.69	5.06	5.60	6.00	6.58	7.03	7.64	8.13
2.1	5.29	6.27	6.90	7.34	8.01	8.49	9.20	9.72	10.48	11.04
2.2	5.80	6.85	7.52	7.99	8.71	9.22	9.98	10.53	11.34	11.94
2.3	6.34	7.47	8.18	8.68	9.44	9.99	10.79	11.38	12.24	12.87
2.4	6.92	8.11	8.88	9.40	10.22	10.79	11.65	12.27	13.18	13.85
2.5	7.53	8.79	9.61	10.16	11.03	11.63	12.54	13.20	14.16	14.87
2.6	8.16	9.51	10.37	10.96	11.87	12.51	13.48	14.17	15.19	15.93

拉盘规格	0.8×1.8	0.9×1.8	0.9×1.9	0.9×2.0	1.0×2.0	1.0×2.2	1.2×3.3	1.2×3.6	2.6×3.0	2.6×3.8
计算宽度(m) 坑深（m）	1.2×2.2	1.3×2.2	1.3×2.3	1.3×2.4	1.4×2.4	1.4×2.6	1.6×3.7	1.6×4.0	3.0×3.4	3.0×4.2
1.5	5.86	6.24	6.48	6.73	7.14	7.66	11.72	12.59	18.69	22.68
1.6	6.40	6.81	7.08	7.34	7.78	8.34	12.72	13.66	20.19	24.48
1.7	6.97	7.40	7.69	7.97	8.45	9.05	13.75	14.76	21.73	26.31
1.8	7.55	8.02	8.32	8.63	9.13	9.78	14.81	15.89	23.30	28.19
1.9	8.16	8.66	8.98	9.31	9.84	10.54	15.90	17.05	24.91	31.10
2.0	8.79	9.32	9.66	10.01	10.58	11.32	17.02	18.24	26.55	32.05
2.1	11.84	12.44	12.86	13.28	13.93	14.81	21.49	22.93	32.08	38.28
2.2	12.78	13.43	13.87	14.32	15.01	15.94	23.04	24.57	34.21	40.77
2.3	13.77	14.45	14.93	15.40	16.13	17.12	24.63	26.26	36.40	43.32
2.4	14.81	15.52	16.03	16.53	17.29	18.35	26.29	28.01	38.65	45.93
2.5	15.88	16.64	17.17	17.70	18.51	19.62	28.00	29.82	40.97	48.62
2.6	17.00	17.80	18.36	18.92	19.77	20.94	29.77	31.68	43.35	51.37

拉盘规格	0.3×0.6	0.4×0.8	0.4×1.0	0.5×1.0	0.5×1.2	0.6×1.2	0.6×1.4	0.7×1.4	0.7×1.6	0.8×1.6
计算宽度(m) 坑深（m）	0.7×1.0	0.8×1.2	0.8×1.4	0.9×1.4	0.9×1.6	1.0×1.6	1.0×1.8	1.1×1.8	1.1×2.0	1.2×2.0
2.7	8.84	10.26	11.17	11.79	12.76	13.43	14.45	15.18	16.26	17.04
2.8	9.55	11.05	12.02	12.67	13.69	14.39	15.47	16.23	17.37	18.19
2.9	10.29	11.88	12.89	13.58	14.66	15.40	16.53	17.33	18.52	19.38
3.0	11.07	12.74	13.81	14.53	15.67	16.44	17.64	18.47	19.73	20.62
3.1	11.89	13.64	14.77	15.53	16.72	17.53	18.79	19.66	20.98	21.19
3.2	12.74	14.59	15.78	16.56	17.81	18.66	19.98	20.89	22.27	23.25
3.3	13.64	15.57	16.82	17.64	18.95	19.84	21.22	22.17	23.62	24.64
3.4	14.57	16.60	17.91	18.76	20.14	21.07	22.51	23.50	25.01	26.07
3.5	15.55	17.67	19.04	19.93	21.37	22.34	23.84	24.88	26.46	27.56
3.6	38.13	41.40	43.53	44.82	47.02	48.37	50.65	52.07	54.42	55.92
3.7	40.87	44.29	46.53	47.87	50.18	51.59	53.97	55.46	57.92	59.48
3.8	43.73	47.31	49.66	51.05	53.47	54.94	57.44	58.99	61.56	63.18

拉盘规格	0.8×1.8	0.9×1.8	0.9×1.9	0.9×2.0	1.0×2.0	1.0×2.2	1.2×3.3	1.2×3.6	2.6×3.0	2.6×3.8
计算宽度(m) 坑深（m）	1.2×2.2	1.3×2.2	1.3×2.3	1.3×2.4	1.4×2.4	1.4×2.6	1.6×3.7	1.6×4.0	3.0×3.4	3.0×4.2
2.7	18.17	19.00	19.59	20.18	21.07	22.31	31.59	33.61	45.79	54.20
2.8	19.38	20.25	20.87	21.50	22.43	23.73	33.48	35.60	48.31	57.10
2.9	20.63	21.55	22.20	22.86	23.83	25.20	35.42	37.64	50.88	60.06
3.0	21.94	22.90	23.58	24.27	25.29	26.72	37.42	39.75	53.53	63.10
3.1	23.29	24.29	25.01	25.73	29.79	28.29	39.49	41.92	56.24	66.22
3.2	24.70	25.74	26.49	27.24	28.35	29.92	41.61	44.16	59.02	69.41
3.3	26.15	27.23	28.02	28.81	29.96	31.60	43.80	46.46	61.88	72.67
3.4	27.65	28.78	29.61	30.43	31.63	33.34	46.05	48.83	64.80	76.01
3.5	29.21	30.38	31.24	32.10	33.35	35.14	48.37	51.26	67.80	79.43
3.6	53.34	59.91	61.15	62.40	64.04	66.60	84.92	88.98	108.88	123.74
3.7	62.01	63.64	64.95	66.25	67.96	70.64	89.75	93.99	114.62	130.07
3.8	65.83	67.53	68.89	70.25	72.03	74.83	94.75	99.18	120.55	136.60

表 10-8-18　　　　　　　拉线土（石）方工程量计算表（杆塔坑：泥水、流砂坑）　　　　单位：m³

拉盘规格	0.3×0.6	0.4×0.8	0.4×1.0	0.5×1.0	0.5×1.2	0.6×1.2	0.6×1.4	0.7×1.4	0.7×1.6	0.8×1.6
计算宽度(m) 坑深（m）	0.9×1.2	1.0×1.4	1.0×1.6	1.1×1.6	1.1×1.8	1.2×1.8	1.2×1.8	1.2×2.0	1.3×2.2	1.4×2.2
1.5	1.62	2.10	2.40	2.64	2.97	3.24	3.60	3.90	4.29	4.62
1.6	1.73	2.24	2.56	2.82	3.17	3.46	3.84	4.16	4.58	4.93
1.7	1.84	2.38	2.72	2.99	3.37	3.67	4.08	4.42	4.86	5.24
1.8	1.94	2.52	2.88	3.17	3.56	3.89	4.32	4.68	5.15	5.54
1.9	2.05	2.66	3.04	3.34	3.76	4.10	4.56	4.94	5.43	5.85
2.0	2.16	2.80	3.20	3.52	3.96	4.32	4.80	5.20	5.72	6.16
2.1	2.27	2.94	3.36	3.70	4.16	4.54	5.04	5.46	6.01	6.47
2.2	2.38	3.08	3.52	3.87	4.36	4.75	5.28	5.72	6.29	6.78
2.3	2.48	3.22	3.68	4.05	4.55	4.97	5.52	5.98	6.58	7.08
2.4	2.59	3.36	3.84	4.22	4.75	5.18	5.76	6.24	6.86	7.39
2.5	2.70	3.50	4.00	4.40	4.95	5.40	6.00	6.50	7.15	7.70
2.6	2.81	3.64	4.16	4.58	5.15	5.62	6.24	6.76	7.44	8.01

拉盘规格	0.8×1.8	0.9×1.8	0.9×1.9	0.9×2.0	1.0×2.0	1.0×2.2	1.2×3.3	1.2×3.6	2.6×3.0	2.6×3.8
计算宽度(m) 坑深（m）	1.4×2.4	1.5×2.4	1.5×2.5	1.5×2.6	1.6×2.6	1.6×2.8	1.8×3.9	1.8×4.2	3.2×3.6	3.2×4.4
1.5	5.04	5.40	5.62	5.85	6.24	6.72	10.53	11.34	17.23	21.12
1.6	5.38	5.76	6.00	6.24	6.66	7.17	11.23	12.10	13.43	22.53
1.7	5.71	6.12	6.38	6.63	7.07	7.82	11.93	12.85	19.58	23.94
1.8	6.05	6.48	6.75	7.02	7.49	8.06	12.64	13.61	20.74	25.34
1.9	6.38	6.84	7.12	7.41	7.90	8.51	13.34	14.36	21.89	26.75
2.0	6.72	7.20	7.50	7.80	8.32	8.96	14.04	15.12	23.04	28.16
2.1	7.06	7.56	7.88	8.19	8.74	9.41	14.74	15.88	24.19	29.57
2.2	7.39	7.92	8.25	8.58	9.15	9.86	15.44	16.63	25.34	30.98
2.3	7.73	8.28	8.62	8.97	9.57	10.30	16.15	17.39	26.50	32.38
2.4	8.06	8.64	9.00	9.36	9.98	10.75	16.85	18.14	27.65	33.79
2.5	8.40	9.00	9.38	9.75	10.40	11.20	17.55	18.90	28.80	35.20
2.6	8.74	9.36	9.75	10.14	10.82	11.65	18.25	19.66	29.95	36.61

拉盘规格	0.3×0.6	0.4×0.8	0.4×1.0	0.5×1.0	0.5×1.2	0.6×1.2	0.6×1.4	0.7×1.4	0.7×1.6	0.8×1.6
计算宽度(m)　　　坑深（m）	0.9×1.2	1.0×1.4	1.0×1.6	1.1×1.6	1.1×1.8	1.2×1.8	1.2×2.0	1.3×2.0	1.3×2.2	1.4×2.2
2.7	2.92	3.78	4.32	4.75	5.35	5.83	6.48	7.02	7.72	8.32
2.8	3.02	3.92	4.48	4.93	5.54	6.05	6.72	7.28	8.01	8.62
2.9	3.13	4.06	4.64	5.10	5.74	6.26	6.96	7.54	8.29	8.93
3.0	3.24	4.20	4.80	5.28	5.94	6.48	7.20	7.80	8.58	9.24
3.1	3.35	4.34	4.96	5.46	6.14	6.70	7.44	8.06	8.87	9.55
3.2	3.46	4.48	5.12	5.63	6.34	6.91	7.68	8.32	9.15	9.86
3.3	3.56	4.62	5.28	5.81	6.53	7.13	7.92	8.58	9.44	10.16
3.4	3.67	4.76	5.44	5.98	6.73	7.34	8.16	8.84	9.72	10.47
3.5	3.78	4.90	5.60	6.16	6.93	7.56	8.40	9.10	10.01	10.78
3.6	3.89	5.04	5.76	6.34	7.13	7.78	8.64	9.36	10.30	11.09
3.7	4.00	5.18	5.92	6.51	7.33	7.99	8.88	9.62	10.58	11.40
3.8	4.10	5.32	6.08	6.69	8.21	8.21	9.12	9.88	10.87	11.70
拉盘规格	0.8×1.8	0.9×1.8	0.9×1.9	0.9×2.0	1.0×2.0	1.0×2.2	1.2×3.3	1.2×3.6	2.6×3.0	2.6×3.8
计算宽度(m)　　　坑深（m）	1.4×2.4	1.5×2.4	1.5×2.5	1.5×2.6	1.6×2.6	1.6×2.8	1.8×3.9	1.8×4.2	3.2×3.6	3.2×4.4
2.7	9.07	9.72	10.13	10.53	11.23	12.10	18.95	20.41	31.10	38.02
2.8	9.41	10.08	10.50	10.92	11.65	12.54	19.66	21.17	32.26	39.42
2.9	9.74	10.44	10.88	11.31	12.86	12.99	20.36	21.92	33.41	40.83
3.0	10.08	10.80	11.25	11.70	12.48	13.44	21.06	22.68	34.56	42.24
3.1	10.42	11.16	11.62	12.09	12.90	13.89	21.76	23.44	35.71	43.65
3.2	10.75	11.52	12.00	12.48	13.31	14.34	22.46	24.19	36.86	45.06
3.3	11.09	11.88	12.38	12.87	13.73	14.78	23.17	24.95	38.02	46.46
3.4	11.42	12.24	12.75	13.26	14.14	15.23	23.87	25.70	39.17	47.87
3.5	11.76	12.60	13.12	13.65	14.56	15.68	24.57	26.46	40.32	49.28
3.6	12.10	12.96	13.50	14.04	14.98	16.13	25.27	27.22	41.47	50.69
3.7	12.43	13.32	13.88	14.43	15.39	16.58	25.97	27.97	42.62	52.10
3.8	12.77	13.68	14.25	14.82	15.81	17.02	26.68	28.73	43.78	53.50

表 10-8-19（a）　　　　　拉线土（石）方工程量计算表（杆塔坑：无模板岩石坑）　　　　　单位：m³

拉盘规格	0.3×0.6	0.4×0.8	0.4×1.0	0.5×1.0	0.5×1.2	0.6×1.2	0.6×1.4	0.7×1.4	0.7×1.6	0.8×1.6
计算宽度(m) 坑深（m）	0.5×0.8	0.6×1.0	0.6×1.2	0.7×1.2	0.7×1.4	0.8×1.4	0.8×1.6	0.9×1.6	0.9×1.8	1.0×1.8
1.5	0.60	0.90	1.08	1.26	1.26	1.47	1.68	1.92	2.43	2.70
1.6	0.64	0.96	1.15	1.34	1.34	1.57	1.79	2.05	2.59	2.88
1.7	0.68	1.02	1.22	1.43	1.43	1.67	1.90	2.18	2.75	3.06
1.8	0.72	1.08	1.03	1.51	1.51	1.76	2.02	2.30	2.92	3.24
1.9	0.76	1.14	1.37	1.60	1.60	1.86	2.13	2.43	3.08	3.42
2.0	0.80	1.20	1.44	1.68	1.68	1.96	2.24	2.56	3.24	3.60
2.1	0.84	1.26	1.51	1.76	1.76	2.06	2.35	2.69	3.40	3.78
2.2	0.88	1.32	1.58	1.85	2.16	2.46	2.82	3.17	3.56	3.96
2.3	0.92	1.38	1.66	1.93	2.25	2.58	2.94	3.31	3.73	4.14
2.4	0.96	1.44	1.73	2.02	2.35	2.69	3.07	3.46	3.89	4.32
2.5	1.00	1.50	1.80	2.10	2.45	2.80	3.20	3.60	4.05	4.50
2.6	1.04	1.56	1.87	2.18	2.55	2.91	3.33	3.74	4.21	4.68

拉盘规格	0.8×1.8	0.9×1.8	0.9×1.9	0.9×2.0	1.0×2.0	1.0×2.2	1.2×3.3	1.2×3.6	2.6×3.0	2.6×3.8
计算宽度(m) 坑深（m）	1.0×2.0	1.1×2.0	1.1×2.1	1.1×2.2	1.2×2.2	1.2×2.4	1.4×3.5	1.4×3.8	2.8×3.2	2.8×4.0
1.5	3.00	3.30	3.47	3.63	3.96	4.32	7.35	7.98	13.44	16.80
1.6	3.20	3.52	3.70	3.87	4.22	4.61	7.84	8.51	14.34	17.92
1.7	3.40	3.74	3.93	4.11	4.49	4.90	8.33	9.04	15.23	19.04
1.8	3.60	3.96	4.16	4.36	4.75	5.18	8.82	9.58	16.13	20.16
1.9	3.80	4.18	4.39	4.60	5.02	5.47	9.31	10.11	17.02	21.28
2.0	4.00	4.40	4.62	4.84	5.28	5.76	9.80	10.64	17.92	22.40
2.1	4.20	4.62	4.85	5.08	5.54	6.05	10.29	11.17	18.82	23.52
2.2	4.40	4.84	5.08	5.32	5.81	6.34	10.78	11.70	19.71	24.64
2.3	4.60	5.06	5.31	5.57	6.07	6.62	11.27	12.24	20.61	25.76
2.4	4.80	5.28	5.54	5.81	6.34	6.91	11.76	12.77	21.50	26.88
2.5	5.00	5.50	5.78	6.05	6.60	7.20	12.25	13.30	22.40	28.00
2.6	5.20	5.72	6.01	6.29	6.86	7.49	12.74	13.83	23.30	29.12

续表

拉盘规格	0.3×0.6	0.4×0.8	0.4×1.0	0.5×1.0	0.5×1.2	0.6×1.2	0.6×1.4	0.7×1.4	0.7×1.6	0.8×1.6
计算宽度(m) 坑深（m)	0.5×0.8	0.6×1.0	0.6×1.2	0.7×1.2	0.7×1.4	0.8×1.4	0.8×1.6	0.9×1.6	0.9×1.8	1.0×1.8
2.7	1.08	1.62	1.94	2.27	2.65	3.02	3.46	3.89	4.37	4.86
2.8	1.12	1.68	2.02	2.35	2.74	3.14	3.58	4.03	4.54	5.04
2.9	1.16	1.74	2.09	2.44	2.84	3.25	3.71	4.18	4.70	5.22
3.0	1.20	1.80	2.16	2.52	2.94	3.36	3.84	4.32	4.86	5.40
3.1	1.24	1.86	2.23	2.60	3.04	3.47	3.97	4.46	5.02	5.58
3.2	1.28	1.92	2.30	2.69	3.14	3.58	4.10	4.61	5.18	5.78
3.3	1.32	1.98	2.38	2.77	3.23	3.70	4.22	4.75	5.35	5.94
3.4	1.36	2.04	2.45	2.86	3.33	3.81	4.35	4.90	5.51	6.12
3.5	1.40	2.10	2.52	2.94	3.43	3.92	4.48	5.04	5.67	6.30
3.6	1.44	2.16	2.59	3.02	3.53	4.03	4.61	5.18	5.83	6.48
3.7	1.48	2.22	2.66	3.11	3.63	4.14	4.74	5.33	5.99	6.66
3.8	1.52	2.28	2.74	3.19	3.72	4.26	4.86	5.47	6.16	6.84

拉盘规格	0.8×1.8	0.9×1.8	0.9×1.9	0.9×2.0	1.0×2.0	1.0×2.2	1.2×3.3	1.2×3.6	2.6×3.0	2.6×3.8
计算宽度(m) 坑深（m)	1.0×2.0	1.1×2.0	1.1×2.1	1.1×2.2	1.2×2.2	1.2×2.4	1.4×3.5	1.4×3.8	2.8×3.2	2.8×4.0
2.7	5.40	5.94	6.24	6.35	7.13	7.78	13.23	14.36	24.19	30.24
2.8	5.60	6.16	6.47	6.78	7.39	8.06	13.27	14.90	25.09	31.36
2.9	5.80	6.38	6.70	7.02	7.66	8.35	14.21	15.43	25.98	32.48
3.0	6.00	6.60	6.93	7.26	7.92	8.64	14.70	15.96	26.88	33.60
3.1	6.20	6.82	7.16	7.50	8.18	8.93	15.19	16.49	27.78	34.72
3.2	6.40	7.04	7.39	7.74	8.45	9.22	15.68	17.02	28.67	35.84
3.3	6.60	7.26	7.62	7.99	8.71	9.50	16.17	17.56	29.57	36.96
3.4	6.80	7.48	7.85	8.23	8.98	9.79	16.66	18.09	30.46	38.08
3.5	7.00	7.70	8.09	8.47	9.24	10.08	17.15	18.62	31.36	39.20
3.6	7.20	7.92	8.32	8.71	9.50	10.37	17.64	19.15	32.26	40.32
3.7	7.40	8.14	8.55	8.95	9.77	10.66	18.13	19.68	33.15	41.44
3.8	7.60	8.36	8.78	9.20	10.03	10.94	18.62	20.22	34.05	42.56

表 10-8-19（b）　　　　　　　　拉线土（石）方工程量计算表（杆塔坑：有模板岩石坑）　　　　　　　单位：m³

拉盘规格	0.3×0.6	0.4×0.8	0.4×1.0	0.5×1.0	0.5×1.2	0.6×1.2	0.6×1.4	0.7×1.4	0.7×1.6	0.8×1.6
计算宽度(m) 坑深（m）	0.7×1.0	0.8×1.2	0.8×1.4	0.9×1.6	0.9×1.6	1.0×1.6	1.0×1.8	1.1×1.8	1.1×2.0	1.2×2.0
1.5	1.05	1.44	1.68	1.89	2.16	2.40	2.70	2.97	3.30	3.60
1.6	1.12	1.54	1.79	2.02	2.30	2.56	2.88	3.17	3.52	3.84
1.7	1.19	1.63	1.90	2.14	2.45	2.72	3.06	3.37	3.74	4.08
1.8	1.26	1.73	2.02	2.27	2.59	2.88	3.24	3.56	3.96	4.32
1.9	1.33	1.82	2.13	2.39	2.74	3.04	3.42	3.76	4.18	4.56
2.0	1.40	1.92	2.24	2.52	2.88	3.20	3.60	3.96	4.40	4.80
2.1	1.47	2.02	2.35	2.65	3.02	3.36	3.78	4.16	4.62	5.04
2.2	1.54	2.11	2.46	2.77	3.17	3.52	3.96	4.36	4.84	5.28
2.3	1.61	2.21	2.58	2.90	3.31	3.68	4.14	4.55	5.06	5.52
2.4	1.68	2.30	2.69	3.02	3.46	3.84	4.32	4.75	5.28	5.76
2.5	1.75	2.40	2.80	3.15	3.60	4.00	4.50	4.95	5.50	6.00
2.6	1.82	2.50	2.91	3.28	3.74	4.16	4.68	5.15	5.72	6.24

拉盘规格	0.8×1.8	0.9×1.8	0.9×1.9	0.9×2.0	1.0×2.0	1.0×2.2	1.2×3.3	1.2×3.6	2.6×3.0	2.6×3.8
计算宽度(m) 坑深（m）	1.2×2.2	1.3×2.2	1.3×2.3	1.3×2.4	1.4×2.4	1.4×2.6	1.6×3.7	1.6×4.0	3.0×3.4	3.0×4.2
1.5	3.96	4.29	4.49	4.68	5.04	5.46	8.88	9.60	15.30	18.90
1.6	4.22	4.58	4.78	4.99	5.38	5.82	9.47	10.24	16.32	20.16
1.7	4.49	4.86	5.08	5.30	5.71	6.19	10.06	10.88	17.34	21.42
1.8	4.75	5.15	5.38	5.62	6.05	6.55	10.66	11.52	18.36	22.68
1.9	5.02	5.43	5.68	5.93	6.38	6.92	11.25	12.16	19.38	23.94
2.0	5.28	5.72	5.98	6.24	6.72	7.28	11.84	12.80	20.40	25.20
2.1	5.54	6.01	6.28	6.55	7.06	7.64	12.43	13.44	21.42	26.64
2.2	5.81	6.29	6.58	6.86	7.39	8.01	13.02	14.08	22.44	27.72
2.3	6.07	6.58	6.88	7.18	7.73	8.37	13.62	14.72	23.46	28.98
2.4	6.34	6.86	7.18	7.49	8.06	8.74	14.21	15.38	24.48	30.24
2.5	6.60	7.15	7.48	7.80	8.40	9.10	14.80	16.00	25.50	31.50
2.6	6.86	7.44	7.77	8.11	8.74	9.46	15.39	16.64	26.52	32.76

续表

拉盘规格	0.3×0.6	0.4×0.8	0.4×1.0	0.5×1.0	0.5×1.2	0.6×1.2	0.6×1.4	0.7×1.4	0.7×1.6	0.8×1.6
计算宽度(m) 坑深（m）	0.7×1.0	0.8×1.2	0.8×1.4	0.9×1.6	0.9×1.6	1.0×1.6	1.0×1.8	1.1×1.8	1.1×2.0	1.2×2.0
2.7	1.89	2.59	3.02	3.40	3.89	4.32	4.86	5.35	5.94	6.48
2.8	1.96	2.69	3.14	3.53	4.03	4.48	5.04	5.54	6.16	6.72
2.9	2.03	2.78	3.25	3.65	4.18	4.64	5.22	5.74	6.38	6.96
3.0	2.10	2.88	3.36	3.78	4.32	4.80	5.40	5.94	6.60	7.20
3.1	2.17	2.98	3.47	3.91	4.46	4.96	5.58	6.14	6.82	7.44
3.2	2.24	3.07	3.58	4.03	4.61	5.12	5.76	6.34	7.04	7.68
3.3	2.31	3.17	3.70	4.16	4.75	5.28	5.94	6.53	7.26	7.92
3.4	2.38	3.26	3.81	4.28	4.90	5.44	6.12	6.73	7.48	8.16
3.5	2.45	3.36	3.92	4.41	5.04	5.60	6.30	6.93	7.70	8.40
3.6	2.52	3.46	4.03	4.54	5.18	5.76	6.48	7.13	7.92	8.64
3.7	2.59	3.55	4.14	4.66	5.33	5.92	6.66	7.33	8.14	8.88
3.8	2.66	3.65	4.26	4.79	5.47	6.08	6.84	7.52	8.36	9.12

拉盘规格	0.8×1.8	0.9×1.8	0.9×1.9	0.9×2.0	1.0×2.0	1.0×2.2	1.2×3.3	1.2×3.6	2.6×3.0	2.6×3.8
计算宽度(m) 坑深（m）	1.2×2.2	1.3×2.2	1.3×2.3	1.3×2.4	1.4×2.4	1.4×2.6	1.6×3.7	1.6×4.0	3.0×3.4	3.0×4.2
2.7	7.13	7.72	8.07	8.42	9.07	9.83	15.98	17.28	27.54	34.02
2.8	7.39	8.01	8.37	8.74	9.41	10.19	16.58	17.92	28.56	35.28
2.9	7.66	8.29	8.67	9.05	9.74	10.56	17.17	18.56	29.58	36.54
3.0	7.92	8.58	8.97	9.36	10.08	10.92	17.76	19.20	30.60	37.80
3.1	8.18	8.87	9.27	9.67	10.42	11.28	18.35	19.84	31.62	39.06
3.2	8.45	9.15	9.57	9.98	10.75	11.65	18.94	20.48	23.64	40.32
3.3	8.71	9.44	9.87	10.30	11.09	12.01	19.54	21.12	33.66	41.58
3.4	8.98	9.72	10.17	10.61	11.42	12.38	20.13	21.76	34.68	42.84
3.5	9.24	10.01	10.47	10.92	11.76	12.74	20.72	22.40	35.70	44.10
3.6	9.50	10.30	10.76	11.23	12.10	13.10	21.31	23.04	36.72	45.36
3.7	9.77	10.58	11.06	11.54	12.43	13.47	21.90	23.68	37.74	46.62
3.8	10.03	10.87	11.36	11.86	12.77	13.83	22.50	24.32	38.76	47.88

表 10-8-20　　　　　　　　　电缆沟（槽）土（石）方工程（直埋式）量计算表　　　　　单位：m³/100m

电缆（根）	1	2	3	4	5	6	7	8	9	10
土（石）方量	60	95	130	165	200	235	270	305	340	375

表 10-8-21　　　　　　　　　电缆沟（槽）土（石）方工程（保护管式）量计算表　　　　单位：m³/100m

保护管（根）		1	2	3	4	5	6	7	8	9	10	11	12	13	14	15	16
电缆直径（mm）	φ150	72.3	103.6	144.9	181.2	217.5	253.8	290.1	326.4	362.7	399	435.3	471.6	507.9	544.2	580.5	616.8
	φ200	79.2	122.4	165.6	208.8	252	295.2	328.4	381.6	424.8	468	511.2	554.4	597.6	640.8	684	727.2

表 10-8-22　　　　　　　　　　　　　　　土石方工程量计算表

基础型式	基础长	基础宽	基础深	基 数	单基量	合 计	坑 深	土质分类
铁塔坑挖填方								
ZC2	2	2	2.5	2	101.1	202	3 以内	普通土
JC2	3	3	2.5	1	174.1	174	3 以内	普通土
JC4	3.6	3.6	3	4	291.4	1166	3 以内	普通土
小计						1542		
JC3	3.8	3.8	3.1	4	361.3	1445	4 以内	普通土
小计						1445		
ZC2	2	2	2.5	4	57.60	230	3 以内	岩石坑（爆破）
ZC1	1.8	1.8	2.2	8	76.9	615	3 以内	松砂石
JC1	2.8	2.8	2.3	2	146.0	292	3 以内	松砂石
小计						907		
挡土墙挖方	50	2.5	2.2	1	1286.21	1286		普通土
施工基面挖方						380		松砂石
施工基面挖方						380		岩石
施工基面挖方						530		普通土
接地槽挖方						731		普通土
接地槽挖方						183		松砂石

表 10-8-23（表三丙）　　　　　　　　　　土石方工程单位工程概（预）算表　　　　　　　　单位：元

序号	编制依据	项目名称及规范	单位	数量	单 价				合 价			
					装置性材料费	安 装			装置性材料费	安 装		
						合 计	其中工资	其中机械		合 计	其中工资	其中机械
(2)		土石方工程										
		复测分坑										
	40167	直线塔	10 基	2.1		490.45	227.48	22.9		1030	478	48
	40168	跨越、耐张塔	10 基	1.2		674.21	359.32	36.13		809	431	43
		铁塔坑挖方										
	40197	普通土坑深 3m 以内	10m³	154.2		139.65	126.9	12.75		21534	19568	1966

续表

序号	编制依据	项目名称及规范	单位	数量	单价 装置性材料费	单价 安装 合计	单价 安装 其中工资	单价 安装 其中机械	合价 装置性材料费	合价 安装 合计	合价 安装 其中工资	合价 安装 其中机械
	40198	普通土坑深4m以内	10m³	144.5		160.81	146.17	14.64		23237	21122	2115
	40205	松砂石坑深3m以内	10m³	90.7		267.31	242.99	24.32		24245	22039	2206
	40209	岩石（爆破）坑深3m以内	10m³	23.0		772.81	620.87	62.34		17775	14280	1434
	40197	挡土墙	10m³	128.6		139.65	126.9	12.75		17959	16319	1640
	40232	接地槽挖方，普通土	10m³	73.12		75.47	68.62	6.85		5518	5017	501
	40234	接地槽挖方，松砂石	10m³	18.28		194.67	176.96	17.71		3559	3235	324
		施工基面挖方										
	40254	松砂石	10m³	38.0	110.73	100.58	10.15			4208	3822	386
	40256	岩石	10m³	38.0		383.76	263.44	26.45		14583	10011	1005
	40252	普通土	10m³	53.0		45.38	41.13	4.25		2405	2180	225
	40197	挡土墙	10m³	128.6		139.65	126.9	12.75		17959	16319	1640
		地形调增		5.30%		134821	13533			7863	7146	717
		基本直接费								162684	141967	14250
		其它直接费	%	17.2						24418		
		现场经费	%									
		临时设施费		2.09						3400		
		现场管理费	%	14.54						20642		
		间接费1	%	36.01						51122		
		间接费2（财务费用）	%	2.7						4392		
		计划利润	%	5		266658				13333		
		税金	%	3.413		279991				9556		
		合计								289547	141967	14250

（5）土、石方量计算公式和图示：

1）电杆坑、铁塔坑、拉线坑的土、石方量 V（m^3）的计算

对正方体（不放边坡），计算尺寸见图 10-8-10（a），计算公式为

$$V = l^2 \times h \qquad (10\text{-}8\text{-}12)$$

对平截方尖体柱（放边坡），计算尺寸见图 10-8-10（b），计算公式为

$$V = \frac{h}{3}(l^2 + ll_1 + l_1^2),\ m^3 \qquad (10\text{-}8\text{-}13)$$

对长方体（不放边坡），计算尺寸见图 10-8-10（c），计算公式为

$$V = l \times b \times h \qquad (10\text{-}8\text{-}14)$$

对平截长方尖柱体（放边坡），计算尺寸见图 10-8-10（d），计算公式为

$$V = \frac{h}{6}\left[lb + (l + l_1)(b + b_1) + l_1 b_1\right] \qquad (10\text{-}8\text{-}15)$$

式（10-8-12）～式（10-8-15）中

V——土、石方体积，m^3；

h——土、石体高度，m；

l、l_1——土、石体上边和底边，m；

b、b_1——土、石体上边和底边，m。

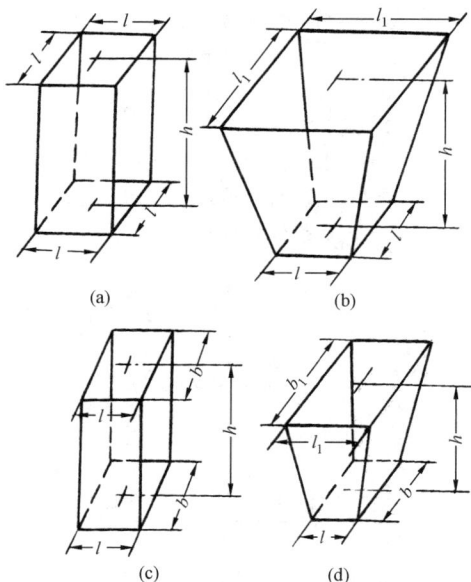

图 10-8-10　杆塔土（石）方量计算尺寸
（a）正方体（不放边坡）；（b）平截方尖柱体（放边坡）；（c）长方体（不放边坡）；（d）平截长方尖体（放边坡）

2）其它坑、槽土石方量计算：

a. 无底盘、卡盘的电杆坑：

$$V = 0.8 \times 0.8 \times h \qquad (10\text{-}8\text{-}16)$$

b. 带卡盘的电杆，如原计算坑的尺寸不能满足安装时，因卡盘超长而增加的土（石）方量另计。

c. 电杆坑的土（石）方量，未包括马道的土（石）方量，需要时按每坑 0.6m³ 另计。

d. 接地槽：

$$V = 0.4 \times l \times h \qquad (10\text{-}8\text{-}17)$$

式（10-8-16）、式（10-8-17）中：

　　V——土石方量，m³；

　　h——坑或槽深度，m；

　　l——槽的长度，m。

e. 采用井点施工的土方量计算，按普通土计量原则执行。

3）电缆沟（槽）土石方量计算及图示：电缆沟（槽）土石方计算尺寸见图10-8-11。

对直埋方式计算公式为

$$V = bLh = [0.6 + 0.35(n-1)] \times (h-\delta)L \qquad (10\text{-}8\text{-}18)$$

对保护管方式计算公式为：

$$V = bLh$$
$$= \left[\frac{n}{2}(d+D) + 0.1(n-1) + 0.4\right] \times (h-\delta)L \qquad (10\text{-}8\text{-}19)$$

上两式中　　V——土石方量，m³；

　　b——沟（槽）实宽，m；

　　L——沟（槽）长度，m；

　　h——沟（槽）实深，m；

　　δ——路面厚度，m；

　　n——电缆并列埋设根数；

　　d——电缆直径或保护管内径，m；

　　D——保护管口外径，m。

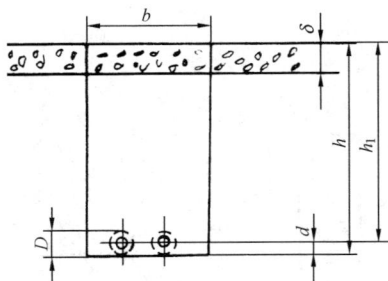

图 10-8-11　电缆沟（槽）土、石方量计算尺寸

（6）"土石方工程量计算表"的使用方法：

1）杆塔坑、拉线坑的计量表中，已按不同的土质、坑深和相应的边坡系数计算。拉线坑的计算宽度已计入操作裕度。但杆塔坑的"底宽"为坑底的实际开挖宽度，使用时应按基础图的设计底宽（不计垫层宽度）加上对不同土质所规定的两边操作裕度后，直接按坑深查表。

【例 10-8-1】　某自立塔为台阶型现浇基础，基础图底面积为 2.0m × 2.0m，土质为坚土，埋深2.4m，求该塔基础坑的土方量。

由表 10-8-9 中查知，坚土的操作裕度为 2 × 0.2m，故坑底实宽为 2.4m。

坑深 2.4m，查表 10-8-11 知：土方量为 20.8m³，则每基塔的坚土土方量为 4 × 20.8 = 83.2m³。

2）杆塔坑的底宽均按偶数排列，如出现奇数时，其土方量可按下列近似值公式求得：

$$V = \frac{A + B - 0.02 \times 2.6}{2} \qquad (10\text{-}8\text{-}20)$$

式中　A、B——相邻偶数的土方量，m³。

【例 10-8-2】　某电杆坑为坚土，底实际宽度为1.9m，坑深2.6m，求土方量。

查表 10-8-11 知：相邻偶数的土方量为 A = 14.91m³，B = 17.48m³，则

$$V = \frac{14.91 + 17.48 - 0.02 \times 2.6}{2} = 16.17\text{m}^3$$

3）电缆沟（槽）的计量表中，其计量单位为m³/100m。计算原则如下：

a. 水平直埋方式：计算原则按沟（槽）深度1.2m，路面厚度 0.2m，即实际沟（槽）深度按1.0m计列。如实际的路面厚度和埋深与计算原则有不同时，路面厚度一般不作调整，但深度的变化应作换算。

例如，电缆平行直埋敷设在田野，共四根，无路面开挖，其沟（槽）设计深度为1.2m，则查表知：四根电缆平行敷设，其沟（槽）的土方量为165m³/100m，换算为

$$V' = 165 \times \frac{1.2 \times 100}{1 \times 100} = 198\text{m}^3/100\text{m}$$

需说明的是，如电缆为重叠敷设时，计算土、石方量不得按敷设根数计量，应按每层根数和实际开挖深度计算。

b. 保护管方式：计算原则按电缆直径分 φ150 和φ200mm 两种，相应的保护管尺寸 D/d 为 245/160 和300/220mm，计算深度为 1.4m，路面厚度 0.2m，即开挖深度均为1.2m计。

如实际的路面厚度、保护管和电缆尺寸略有差异时，一般不作换算；但沟（槽）深度的变化应作换算，方法与直埋方式相同。

需说明，重叠排管时，其沟（槽）土方量的计算应按每层排管数和实际开挖深度计量。

5. 基础工程

（1）工作内容：包括预制基础、岩石基础、现浇基础、灌注桩基础，护坡、挡土墙及排洪水沟砌筑和基础防腐等。

（2）基础施工超灌量计算：爆扩桩和灌注桩基础的混凝土超灌量，应在施工图设计中明确。若无规定时，其超灌量按下列系数计算：

1）钻孔爆扩桩掏挖式基础混凝土超灌量按设计图纸浇灌量的 7% 计算。

2）灌注桩基础混凝土超灌量按设计图纸浇灌量的 23% 计算。

3）岩石灌浆基础按设计混凝土量的 8% 计算。

（3）余土清理：灌注桩基础定额中未包括余土的清理工作，如实际工程需要时，可套用相应的施工基面挖方和工地运输定额。

（4）灌注桩钻孔的土质分类：

1）"砂土、亚黏土"系指亚砂土和中、轻亚黏土。

2）"黏土"系指重亚黏土，黏土和松散的黄土。

3）"砂砾石"系指重亚黏土、僵石黏土，并伴有含量不超过 20%，粒径不大于 15cm 的砾石或卵石。

4）凡在孔中有不同土质时，应按工程的地质资料分层计算。

（5）跳跃施工的计算：在同时使用混凝土杆和铁塔的混合线路工程中，由于采用的基础不同，施工方法差异较大，会出现跳跃施工，使用定额时，定额（人工和机械）可按基础总量（不含高塔基础、护坡、挡土墙及排水沟砌筑、基础防腐）乘以跳跃施工系数 1.02 来计算。

（6）混凝土和砂浆用料配合比：砂浆和混凝土的各种用料，按表 10-8-24 和表 10-8-25 所示配合比乘以材料损耗率计算。

表 10-8-24　　　　砂浆配合比表　　　　单位：m³

项　目	单　位	水　泥　砂　浆			
		砂　浆　编　号			
		100	75	50	25
		数　　量			
325# 水泥	kg	347	282	218	153
中　砂	kg	1515	1515	1515	1515
水	kg	220	220	220	220

（7）影响混凝土价格的主要因素：混凝土是介于原材料和单独结构件（即原材料和成品之间的半成品）。水泥的用量是决定其价格的主要因素，通常 1m³ 混凝土价格中，有 50% 左右是水泥的价格。

单位体积的混凝土中水泥用量多少的变化一般有如下规律：

1）水泥用量与水泥标号高低成反比。

2）水泥用量与石子粒径大小成反比。

3）水泥用量与混凝土标号高低成正比。

4）粗砂混凝土比细砂混凝土的水泥用量少。

5）砾石混凝土比碎石混凝土的水泥用量少。

表 10-8-25　　　　　　　　　　　　　　现浇混凝土配合比表　　　　　　　　　　　　　　单位：m³

编　号	混凝土强度	水泥标号	水　泥（kg）	中　砂（kg）	碎　石（kg）	水（kg）	备　　注
1	C7.5	325#	271	815	1208	190	碎石粒径为 5~40mm
		425#	230	832	1233	190	
2	C10	325#	301	740	1248	190	
		425#	253	822	1219	190	
3	C15	325#	361	638	1285	190	
		425#	299	741	1249	190	
4	C20	325#	432	575	1273	190	
		425#	353	641	1290	190	
5	C25	425#	399	625	1259	190	
6	C30	525#	501	585	1178	190	
7	C20	425#	418	663	1168	230	灌注桩用，碎石粒径为 5~15mm
8	C25	425#	473	643	1132	230	
9	C30	525#	455	650	1144	230	
10	C35	525#	504	631	1111	230	

如为钢筋混凝土，其中钢筋的价格也应视为影响其价格的主要因素。尤其在钢筋出现多种不同价格的情况下，更应引起在经济比较和确定工程投资中的重视。

混凝土强度的主要指标为抗压强度，它是结构设计的主要指标，按其抗压强度不同，可把混凝土分为若干级，这就是混凝土标号。

混凝土抗压强度，是以标准的方法，把混凝土做成 $20cm \times 20cm \times 20cm$ 的正方体标准试块，放在温度为 (20 ± 3) ℃、相对湿度为 90% 以上的环境中养护 28 天后做抗压试验，直到将试块压至破坏为止。计算试块开始破坏时，$1cm^2$ 面积上所承受的压力的 kg 数，据此确定混凝土强度级别。

目前混凝土强度级别有 C7.5、C10、C15、C20、C25、C30、C35 等几种。

（8）基础工程量及价值计算：基础工程量及价值计算按表 10-8-26 和表 10-8-27 计算。

混凝土单价计算见表 10-8-28，其中水泥、砂子、石子均为工程现场价格。

表 10-8-26（表三丙）　　　　基础工程单位工程概（预）算表　　　　单位金额：元

序号	编制依据	项目名称及规范	单位	数量	单价				合价			
					装置性材料费	安装			装置性材料费	安装		
						合计	其中工资	其中机械		合计	其中工资	其中机械
（3）		基础工程										
		安装										
		基础钢筋加工及制作										
	40359	一般钢筋	t	16		484.36	266.96	109.61		7750	4271	1754
	40360	钢筋笼	t	6		559.29	320.31	120.38		3356	1922	722
		现浇混凝土基础										
	40371	每基混凝土量 10m³ 以内	10m³	6		2529.19	1420.58	210.71		15175	8523	1264
	40372	每基混凝土量 20m³ 以内	10m³	6.5		2275.27	1295.09	190.82		14789	8418	1240
	40373	每基混凝土量 40m³ 以内	10m³	22.8		2046.91	974.78	323.48		46670	22225	7375
	40374	每基混凝土量 40m³ 以上	10m³	18.6		1928.59	931.31	310.09		35872	17322	5768
		基础保护帽浇制										
	40375	每基 0.5m³ 以内	10 基	3		1289.87	875.83	88.07		3870	2627	264
		灌注桩基础，机械钻孔：砂土										
	40403	孔深 20m 内，径 1.0m 内	10m	24		3448.63	1247.85	1855.11		82767	29948	44523
	40421	灌注混凝土孔深 20m 以内	10m³	23.2		2498.15	1210.25	1168.26		57957	28078	27104
	40427	护坡及挡土墙浆砌	10m³	70		485.02	440.03	44.39		33951	30802	3107
		地形调增		10.50%			154136	93121		25962	16184	9778
		基本直接费							239618	328119	170320	102899
		其它直接费	%	32.43						55235		
		现场经费	%									
		临时设施费		2.09						11866		
		现场管理费	%	27.57						46957		
		间接费 1	%	60.13						102413		
		间接费 2（财务费用）	%	2.7						15329		
		计划利润	%	5		799537				39977		
		税金	%	3.413		839514				28653		
		合计							239618	628549	170320	102899

表 10-8-27　　　　　　　　　基础工程装置性材料量和价值计算表

材料名称及规格	单位	预算单价	损耗(%)	ZC1 8	ZC2 6	JC1 2	JC2 1	JC3 4	JC4 4	TC 5	挡土墙 1			总数量	总价值
混凝土 C15 级	m³	158.21		7.52	10.9	22.3	25.08	46.52	39.32					539	85275
桩混凝土 C20 级	m³	198.58	23							37.68				232	46071
保护帽	m³	158.90		0.2	0.2	0.3	0.3	0.3	0.3	0.3				8	1271
毛　石	m³	18.00									700			700	12600
砂　浆	m³	106.91									30			30	3207
钢　筋	t	2857	8	0.37	0.46	0.47	0.6	0.9	0.9	1.2				22	62854
地脚螺栓	t	7085		0.1	0.1	0.15	0.15	0.2	0.2	0.15				4	28340
总　　计															239618

表 10-8-28　　混凝土单价计算表　　单位：m³

项目名称	合价	水泥 (t)		砂子 (t)		石子 (t)	
		单位用量	单价(元)	单位用量	单价(元)	单位用量	单价(元)
混凝土 C15 级	158.21	0.299	350	0.741	15	1.249	25
混凝土 C20 级	177.57	0.353	350	0.641	15	1.29	25
混凝土 C20 级 (灌注桩)	198.58	0.418	350	0.663	15	1.168	25
保护帽	158.90	0.301	350	0.74	15	1.248	25
砂　浆	106.91	0.218	350	1.515	15		
损　耗		1.056		1.159		1.115	

6. 杆塔工程

（1）工作内容：包括混凝土杆的组立、铁塔组立、拉线制作及安装，拉线棒防腐、接地安装。

（2）表示形式：杆塔组立以"基"为计量单位。定额的每基质量，是指整基杆塔组合件（不包括基础、拉线盘、卡盘、套筒及拉线棒）的设计质量（包括塔材代用质量）。

混凝土杆定额是以杆型和组合质量的形式表示指杆身自重与横担、叉梁、脚钉（爬梯）、拉线抱箍等全部杆身组合构件的总质量，不包括底、拉、卡盘的质量。超过定额规定质量和杆高者，可按施工组织设计另行计算。

铁塔组立是按螺栓式和焊接式钢管杆等连接形式划分的，再以单基质量划分表示的。

（3）跳跃施工：在杆塔混合线路中，对其中部分杆塔将发生跳跃施工，如发生跳跃施工的情况，可将定额的人工和机械按杆（塔）总量（不含高塔及接地量）乘以 1.02 系数。

（4）铁塔定型与非定型的计价划分：

1）定型铁塔：和业已经过厂家放样生产在工程设计中重复使用的塔形，均按定型塔计价。

2）非定型塔：凡重新设计，或对定型塔进行局部设计修改，制造厂家需重新放样者，均按非定型铁塔计价。

（5）塔材代用：对塔材的以大代小（指生产厂家的加工代用），一般在概算中予以考虑，概算中的代用量统一按 5% 考虑。

（6）铁塔塔材损耗率：根据《全国统一安装工程预算定额》的规定，塔材损耗率按 0.5% 计算。

（7）接地安装中的接地钢材加工费：接地钢材的加工可套用基础工程中相应定额。

（8）铁塔及拉线的防卸：铁塔塔身及拉线有时需要防卸、防松螺栓，其用量按图纸规定量，计价后并入装置性材料费中。

（9）杆塔工程量及价值：杆塔的分类及地形情况的统计见表 10-8-29，杆塔的工程量及价值统计计算见表 10-8-30。

（10）杆塔接地工程材料数量及价值：杆塔工程单位工程概（预）算见表 10-8-31。

表 10-8-29　　　　　　　　　送电工程杆塔分类一览表（附表五）

序号	杆塔型式	杆塔全高（m）	杆塔单基设计质量（t）	全线基数	按地形分类基数					
					平　地	丘　陵	山　地	高山大岭	泥　沼	河　网
小　　计										

表 10-8-30　　　　　　　　　杆塔工程装置性材料数量及价值表

材料名称及规格　杆塔基数	单位	预算单价	损耗（%）	ZM1 21	ZM1 24	ZM1 27	ZM2 24	ZM3 39	GJ1 17.5
项　　目	基			8	2	2	2	5	3
镀锌螺栓塔材 A3F（直线）	t	7194	5.5	3.84	4.27	4.83	4.91	11	
镀锌螺栓塔材 A3F（非直线）	t	7194	5.5						6.24
防盗螺栓差价	t	1500		0.087	0.087	0.096	0.09	0.144	0.099
圆钢 ϕ10	t	2857	8.0						
ϕ12 镀锌圆钢	t	2857	8.0						
45×4 镀锌扁铁	t	2857	8.0						
接地槽挖方									
总　计									

材料名称及规格　杆塔基数	单位	预算单价	损耗（%）	GJ1 20.5	GJ2 17.5	GJ2 20.5	GJ3 17.5	GJ3 27.5	
项　　目	基			1	2	1	2	2	
镀锌螺栓塔材 A3F（直线）	t	7194	5.5						
镀锌螺栓塔材 A3F（非直线）	t	7194	5.5	6.91	6.6	7.35	9.39	11.08	
防盗螺栓差价	t	1500		0.105	0.099	0.108	0.189	0.147	
圆钢 ϕ10	t	2857	8.0						
ϕ12 镀锌圆钢	t	2857	8.0						
45×4 镀锌扁铁	t	2857	8.0						
接地槽挖方									
总　计									

续表

材料名称及规格　杆塔基数 项　目	单位	预算单价	损耗（%）			C5S 20	B10S 10	总数量 30	总价值
	基								
镀锌螺栓塔材 A3F（直线）	t	7194	5.5					120	863280
镀锌螺栓塔材 A3F（非直线）	t	7194	5.5					92	661848
防盗螺栓差价	t	1500						3	4500
圆钢 φ10	t	2857	8.0			0.0666	0.0963	2.5	7143
φ12 镀锌圆钢	t	2857	8.0			0.0085	0.0085	0.3	857
45×4 镀锌扁铁	t	2857	8.0			0.0009	0.0009	0.03	86
接地槽挖方						26.6	38.2	914	
总　计								30	1537714

表 10-8-31（表三丙）　　杆塔工程单位工程概（预）算表　　单位：元

序号	编制依据	项目名称及规范	单位	数量	单价 装置性材料费	单价 安装 合计	单价 安装 其中工资	单价 安装 其中机械	合价 装置性材料费	合价 安装 合计	合价 安装 其中工资	合价 安装 其中机械
（4）		杆塔工程										
		安装										
		铁塔组立										
	40453	每基质量5t以内	基	10		1079.44	801.12	212.10		10794	8011	2121
	40454	每基质量7t以内	基	9		1438.45	1065.49	274.34		12946	9589	2469
	40455	每基质量9t以内	基	2		1787.77	1342.79	339.31		3576	2686	679
	40456	每基质量11t以内	基	2		2391.49	1811.15	474.67		4783	3622	949
	40457	每基质量13t以内	基	7		2828.85	2154.25	568.93		19802	15080	3983
	40496	接地安装，每根100m以内	10根	132		324.41	267.20	26.92		42822	35270	3553
	40500	接地电阻测量	10次/基	3		43.92	35.25	3.54		132	106	11
		地形调增		0.302		38988	10201			14855	11774	3081
		基本直接费							1537714	109710	86138	16846
		其它直接费	%	32.43						27935		
		现场经费	%									
		临时设施费	%	2.09						34431		
		现场管理费	%	27.57						23748		
		间接费1	%	60.13						51795		
		间接费2（财务费用）	%	2.7						44480		
		计划利润	%	5		1829813				91491		
		税金	%	3.413		1921304				65574		
		合计							1537714	449164	86138	16846

7. 附件工程

（1）工作内容：包括绝缘子串悬挂，悬垂线夹安装，预绞丝（或护线条）安装，间隔棒、防震锤安装，均压环、屏蔽环安装，重锤安装。不包括耐张、转角杆塔金具、绝缘子安装，导线、地线压接和悬挂，跳线压接和安装。以上工作量包括在架线工程中。

此部分以"基"为单位的定额，均按三相的交流单回线路工程考虑，如遇下列情况时，按相应定额乘以调整系数：

1）两相的直流线路工程可按同型号线材截面的定额乘以0.71系数。

2）同塔架设双回路的线路工程，在同时架设时，人工和机械定额乘以1.75系数，材料定额乘以2.0系数。非同时架设时，在架设第二回时，其人工、机械定额乘以1.1系数。

导、地线连接管、补修管、铝包带属于已计价材料，包括在"定额"之中，不得另计主材费。

（2）附件的安装：附件的安装工程量及费用统计计算见表10-8-32。附件的装置性材料数量及价值的统计计算见表10-8-33。

表 10-8-32（表三丙）　　　　　附件工程单位工程概（预）算表　　　　　单位：元

序号	编制依据	项目名称及规范	单位	数量	单价 装置性材料费	单价 安装 合计	单价 安装 其中工资	单价 安装 其中机械	合价 装置性材料费	合价 安装 合计	合价 安装 其中工资	合价 安装 其中机械
（5）		附件工程										
		安装										
	40596	绝缘子悬挂，单串220kV	基	19		65.5	43.01	19.09		1245	817	363
	40604	悬垂线夹安装，220kV 单导线	基	19		24.38	18.1	1.89		463	344	36
	40609	预绞丝安装，单导线	基	10		49.85	45.36	4.49		499	454	45
	40617	防震锤安装，单导线	10 个	35.4		40.47	31.73	3.31		1433	1123	117
	40622	重锤安装，每相质量30kg 以内	基	12		36.96	24.41	11.07		444	293	133
		地形调增		0.083			3031	694		310	252	58
		基本直接费							339908	4394	3283	752
		其它直接费	%	32.43						1065		
		现场经费	%									
		临时设施费		2.09						7196		
		现场管理费	%	27.57						905		
		间接费1	%	60.13						1974		
		间接费2（财务费用）	%	2.7						9296		
		计划利润	%	5		364738				18237		
		税金	%	3.413		382975				13071		
		合计							339908	56138	3283	752

表 10-8-33　　　　　　　　　　附件工程装置性材料计算表

金具组名称	组数	材料名称	单位	单价	每组量	损耗	数量	合价
单联悬垂型	75	挂板 UB-10	只	15	1	1%	76	1140
合成绝缘子用	75	球头挂环 Q-7	只	8.48	1	1%	76	644
	75	悬垂线夹 XGU-5A	只	60	1	1%	76	4560
	75	运输质量	t		0.01	1%	1	
小计								6344
单联悬垂型	33	U 型螺丝 U-1880	只	14	1	1%	33	462

续表

金具组名称	组数	材料名称	单位	单价	每组量	损耗	数量	合价
跳线用	33	U 型挂环 U-7	只	8.58	1	1%	33	283
	33	球头挂环 Q-7	只	8.48	1	1%	33	280
	33	悬垂线夹 XGU-5A	只	60	1	1%	33	1980
	33	运输质量	t		0.01	1%		
小计								3005
双联耐张	72	U 型挂环 U-12	只	15	3	1%	218	3270
	72	延长环 PH-12	只	12	1	1%	73	876
	72	联板 L-1240	只	63	2	1%	145	9135
	72	直角挂板 Z-7	只	11	2	1%	145	1595
	72	球头挂环 Q-7	只	8.48	2	1%	145	1230
	72	碗头挂板 WS-7	只	12	2	1%	145	1740
	72	耐张线夹 NY-400/35	只	178	1	1%	73	12994
	72	运输质量	t		0.02	1%	1	
小计								30840
地线耐张	8	U 型螺丝 U-7	只	8.58	2	1%	16	137
GJ-70 用	8	挂环 ZH-7	只	12	1	1%	8	96
	8	耐张线夹 NY-70G-11.5	只	31.92	1	1%	8	255
	8	运输质量	t		0.003	1%	0.02	
小计								488
地线悬垂	38	U 型螺丝 UJ-2080	只	41	1	1%	38	1558
GJ-50 用	38	挂环 ZH-7	只	12	1	1%	38	456
	38	悬垂线夹 XGU-2	只	23	1	1%	38	874
	38	运输质量	t		0.004	1%	0.15	
小计								2888
地线耐张	50	U 型挂环 U-7	只	8.48	2	1%	101	856
GJ-50 用	50	挂环 ZH-7	只	12	1	1%	51	612
	50	耐张线夹 NY-50G	只	17	1	1%	51	867
	50	运输质量	t		0.002	1%	0.1	
小计								2335
	1	导线用悬垂合成绝缘子 HXS2-220/100	片	936	264	0.5%	265	248040
	1	运输质量	t		3	0.5%	3	
小计								248040
架线金具								
	1	防震锤 FR-3*	个	55.0	222	1%	224	12320
	1	防震锤 FR-1*	个	30.0	132	1%	133	3990
	1	重锤 ZC-1	片	84.0	240	1%	242	20328
	1	预绞丝护线条 FYH-400/35	组	211.0	30	1%	30	6330
	1	线路相序牌、警告牌	个	100.0	30		30	3000
		运输质量	t				6	
小计								45968
金具运输总质量	1	运输质量合计	t				11	
合计								339908

8. 架线工程

（1）工作内容：包括导线、地线的架设，导线、地线的跨越架设，拦河线安装，屏蔽地线安装，光缆线安装。

（2）导线、地线架设工程量：架线工程量的计算以线路的亘长为准，计算式为

导线、地线的质量＝线路亘长×每公里国家规定的标准质量×（1＋不同地形条件下的规定损耗率）

线路亘长的确定原则是在路径方案图上（如五万分之一图）量得的路径长度，另加不大于 2%的预留长度，即为线路亘长，据此编制概算。

导线、地线架设定额是以其截面表示，不分电压

等级。跨越架设工程量以"处"为计量单位。"处"是指一个档距内仅跨越一种被跨越物而言。如同一档内跨越两种或两种以上的被跨越物时,应按其种类和跨越架的实际搭设数量分别套用定额或指标,对广播线不做被跨越物计列。

(3)不同地形条件下的导线、地线损耗率:导线、地线的材料损耗率在不同地形条件下,其损耗率是不相同的,使用时应按工程地形和定额规定的不同的损耗计算。

(4)线路的跨越架设:跨越电力线定额是按停电跨越考虑的,若需带电跨越,则须另列带电跨越措施费。

对 10kV 以下电力线的停电跨越和带电跨越的处数的确定,一般应按全线总跨越处数的 50% 计算,并分别套用定额。

(5)张力架线:当导线、地线、光缆线采用张力机、牵引机放线时,可能将有 3~4 圈导、地线、光缆线残留在线轴上,为此可在《全国统一安装工程预算定额》规定的导、地线损耗率基础上,分别加上 0.5% 的损耗。

(6)几种特殊情况:定额是按三相的交流单回线路工程考虑的。如遇下列情况时,按相应定额乘以系数调整:

1)二相的直流工程可按同型号线材截面的定额人工和机械乘以 0.71 系数,材料乘以 0.67 的系数。

2)同塔架设双回线路工程,双回同时架设时,其定额人工、机械乘以 1.75 系数,消耗材料定额乘以 2.0 系数;非同时架设时,在架设第二回路时,其定额人工、机械乘以 1.1 系数。同时架设三回路、四回路时,其定额人工,机械分别乘以 2.8、3.9 系数,消耗材料定额乘以 3.4 系数。

3)在邻近有带电线路架线时,施工中将产生感应电压,其人工及机械定额乘以 1.1 系数,其边导线平行接近的控制距离见表 10-8-34。

表 10-8-34　带电作业线路边导线平行接近距离

电　压（kV）	220	330	500
接近距离（m）	≤30	≤40	≤50

架线工程单位工程概(预)算表见表 10-8-35。架线工程装置性材料价值表见表 10-8-36。

表 10-8-35 (表三丙) 　　　　架线工程单位工程概(预)算表　　　　　　单位:元

序号	编制依据	项目名称及规范	单位	数量	单价 装置性材料费	单价 安装 合计	单价 安装 其中工资	单价 安装 其中机械	合价 装置性材料费	合价 安装 合计	合价 安装 其中工资	合价 安装 其中机械
(6)		架线工程										
		安装										
		一般紧放线										
	40517	400/70mm² 以内,两根地线	km	11.3		3980.75	2452.46	868.59		44982	27713	9815
		导线,地线跨越架设										
	40545	铁路,220kV	处	1		3087.69	1751.22	375.91		3088	1751	376
	40550	一般公路,220kV	处	4		2871.45	1628.55	349.69		11486	6514	1399
	40560	跨越高压电力线,220kV	处	2		3518.50	1990.45	366.38		7037	3981	733
	40565	跨越低压,弱电线,220kV	处	50		1285.92	741.19	198.42		64296	37060	9921
	40575	跨河宽150m内,导线 400m 以内	处	3		876.12	612.65	263.47		2628	1838	790
		地形调增		0.369		101891	78857	23034		37598	29098	8500
		基本直接费							883257	171115	107955	31534
		其它直接费	%	32.43						35010		
		现场经费	%									
		临时设施费	%	2.09						22036		
		现场管理费	%	27.57						29763		
		间接费1	%	60.13						64913		
		间接费2(财务费用)	%	2.7						28468		
		计划利润	%	5	1234562					61728		
		税金	%	3.413	1296290					44242		
		合计							883257	457275	107955	31534

表 10-8-36　架线工程装置性材料价值表　单位：元

材料名称及规格	单位	预算单价	长度(km)	根数	单重(t/km)	总数量	总价值
钢芯铝绞线，LGJ-400/35	t	17518	11.30	3	1.349	47	823346
地线，GJ-70 (1×19)	t	6052	0.05	2	0.615	0.06	363
地线，GJ-50 (1×7)	t	6158	11.25	2	0.424	9.67	59548
合计							883257

五、辅助设施工程费用的编制

送电线路辅助设施工程建设预算，一般应包括：巡线、检修站工程；巡线、检修道路工程；通信工程；拦河（江）线工程；设备工器具工程等。

辅助设施工程项目一般是为建设和运行单位的生产运行而配置的。一般的编制建设预算的原则如下。

（一）巡线、检修站工程

1. 宿舍和新增定员标准

包括家属宿舍和单身宿舍。面积计算按新增定员数乘以不同地区的宿舍建筑面积控制指标 ［m²/人（户）］，每平方米的建筑造价按各地具体情况和近期造价水平由编制和审查单位研究确定。这里所说的造价水平不是指商品房的出售价格。

新建职工宿舍的占地可按建筑面积乘以 1.2～2.0 倍计算征地面积，单价按国家规定和地方情况确定。

新增定员按原劳动部和原电力工业部联合颁发的《供电劳动定员标准》（LD/T 70—94）查得，一般应包括生产人员、管理人员和服务人员。

（1）生产人员：

1）工作范围：线路的定期巡视、特殊巡视、夜间巡视、故障巡视、事故处理，杆塔、金具、瓷瓶、导线、间隔棒、地线的检查，导线连接器、接地电阻、绝缘子、绝缘子盐密度和机电性能的测试，红外线测温，雷电测试，设备的预防性试验，导线弧度、交叉和跨越距离的检测调整，拉线调整、更换，防腐涂漆，停电大修，带电检修，护线宣传，砍树、剪枝、防洪、清理巡线道，电缆沟抽水堵漏，压力箱及附属设备维护，大跨越过江塔值班、维护，零星改进及资料、技术管理等。

2）定员标准：见表 10-8-37。

表 10-8-37　送电定员标准

项目	计算单位	定员（人）							
		500kV		330kV		220、110kV		66、35kV	
		运行	检修	运行	检修	运行	检修	运行	检修
平原地区	100km	4.8	7.2	3.2	4.8	2.4	3.6	2.0	3.0
水田、丘陵区	100km	6.4	9.6	4.0	6.0	3.2	4.8	2.8	4.2
交流线路 河网、高山区、高原、沙漠地区	100km	7.6	11.4	4.8	7.2	3.6	5.4	3.2	4.8
大山、原始森林区	100km	9.6	14.4	5.6	8.4	4.8	7.2	4.4	6.6
交流电缆	100km					24.0		18.0	
大跨越过江塔	塔	4.0		2.0		1.0			

3）补充规定：

a. 严寒、污秽、高原重覆冰地区的线路定员按标准分别乘以 1.2 系数，同时具备以上两个条件时可按标准分别乘以 1.2 系数。

b. 不需要设置值班人员的大跨越过江塔，不计算定员。

c. 直流线路按交流线路标准的 0.85 倍计算。

d. 线路长度按回长计算；电缆长度按皮长计算。

e. 计算送电线路定员时，应按照线路经过地区（沿线）的自然条件类别分段计算，不能笼统地把经过不同地理条件的整条线路按高一档条件计算。特别是在使用特殊地理条件档时，必须按线路实际所处自然条件逐基确定、分段核实、按类计算。

（2）管理人员：

1）定员范围：

a. 职能管理人员包括：行政领导、总工程师（副总工程师）以及在各职能管理机构中从事工作的全部人员。其主要范围是行政事务、劳动人事、计划、生产技术、安全及环保监察、财务、物资供应、保卫、教育、总务、供用电管理、基建管理、审计、监察、法律事务、档案管理、科技、企业管理、多种经营、集体企业管理、离退休管理工作等。

b. 政治工作人员包括：党务、纪检、工会、青年团、人武以及各级机构专门设置的政治工作人员。

c. 二级机构管理人员包括：行政领导、技术、安全、劳资人事、保卫、财务、材料、总务等行使管理职能的全部人员。

d. 农电管理人员包括：地区供电局行使农电管理职能的全部人员。

2）定员标准：见表 10-8-38。

表 10-8-38　　　　　　　　　　　　　**管 理 人 员 定 员 标 准**

生产人员定员合计（x）	定　员（人）		
	职能管理人员	政治工作人员	二级单位管理人员
300 及以下	13%x	2.3%x	6.6%x
300～500	39 + （x - 300）×8%	7 + （x - 300）×1.5%	20 + （x - 300）×6.5%
500～1000	55 + （x - 500）×5%	10 + （x - 500）×1.2%	33 + （x - 500）×5.8%
1000～1500	80 + （x - 1000）×3%	16 + （x - 1000）×1%	62 + （x - 1000）×4.8%
1500～2000	95 + （x - 1500）×2%	21 + （x - 1500）×0.6%	86 + （x - 1500）×3.8%
2000～3000	105 + （x - 2000）×1.5%	24 + （x - 2000）×0.4%	105 + （x - 2000）×1.5%
3000～5000	120 + （x - 3000）×0.75%	28 + （x - 3000）×0.3%	120 + （x - 3000）×1%
5000 以上	135 + （x - 5000）×0.5%	34 + （x - 5000）×0.2%	140 + （x - 5000）×0.8%

对表 10-8-38，有如下补充规定：

a. 趸售县局不计算二级单位管理人员定员。

b. 地区供电局二级单位有直供县局的，每个县局增加定员 30 人。

c. 对农电趸售县实行归口管理体制的地区供电局，其专门设置的农电机构管理人员，按表 10-8-39 中的标准计算定员，没有实行归口管理体制的不计算定员。

表 10-8-39　　农电管理人员定员标准

定员依据（趸售县数据）					定员（人）
送电线路（100km）	配电线路（100km）	变电站（个）	年售电量（亿 kWh）	管辖县数（个）	
15 以上	150 以上	50 以上	10 以上	6 以上	15
10 以上	100 以上	35 以上	6 以上	5 以上	13
7 以上	70 以上	20 以上	4 以上	4 以上	11
7 及以下	70 及以下	20 及以下	3 及以下	3 及以下	9

（3）服务人员：

1）定员范围：限于地区条件仍由企业举办的，且为企业生产和生活服务的职工食堂、浴室、茶炉、锅炉、卫生所（医院）、托儿所（幼儿园）、招待所、俱乐部、传达室（门卫、收发）的人员以及勤杂、绿化、生活区房屋维修、液化气供应等工作的人员。

2）定员标准：由主管部门按不超过生产人员和管理人员定员总数 4.0% 的比例核定。

对表 10-8-37 送电定员标准表中的名词术语应做如下解释，供确定定员使用。

a. 水田区：指一年有两熟的稻（农）田或有半年以上时间积水的稻田。

b. 河网区：指河道纵横交错，每千米线路跨越的河道平均在 21.5 条以上。

c. 高原地区：指海拔在 1.8km 以上，空气稀薄，缺氧在 15% 以上的地区。

d. 高山区：指经过山区的线路、杆塔水平高差在 0.3km 以上的地段。

e. 大山区：指经过山区的线路、杆塔水平高差在 0.5km 以上的地段。

f. 原始森林区：指由国家划定和确认的原始森林。

g. 高原重覆冰区：指每年平均有 3 个月覆冰期的高原地区。

h. 污秽区：指线路所处污秽环境达国家规定Ⅲ级标准及以上的地段。

i. 严寒地区：指长冬严寒，全年积雪在 5 个月以上，且 2 月份平均气温在 -20℃ 以下的地区。

j. 大跨越过江塔：指建立在大江，大河两岸的档距在 1000m 以上，高度在 100m 以上的送电高塔。

k. 线路回长：指具备传输电力条件的一回线路的长度。

2. 建筑面积指标

（1）在没有新的规定之前，宿舍暂按：Ⅰ、Ⅱ类地区每人 28m²，Ⅲ、Ⅳ、Ⅴ类地区每人 30m² 划分。具体地区类别划分见表 10-2-6 地区分类表。

（2）办公室、仓库、汽车库：其面积计算按新增定员乘以表 10-8-40 中面积指标来计算。

表 10-8-40　　　办公室、仓库、汽车库面积指标

序　号	电等级（kV）	面积指标（m²/人）
1	500	14
2	330	12
3	220	10
4	110	8

（3）室外工程：包括室外的围墙和围墙内道路、供排水、化粪池、电源等建筑和安装费用的计算。其费用按宿舍造价和辅助建筑工程费之和的工程当地政府规定的室外费率计算。如当地政府无规定时，一般可按 15% 计取。

（4）巡线、检修站应考虑需征地带，占地面积可按该站建筑总面积的 2.0 倍计算，费用列入辅助设施工程中。

（5）巡线、检修站的单位造价（元/m²），应采用工程所在地中等造价水平为宜。

（二）巡线、检修道路工程

该费用在一般平原、丘陵地段不发生，只在山地和高山大岭地段发生。其费用计算为：按修筑道路的长度乘以"临时道路修筑、拓宽定额"（附在场外临建费项内）中的一般山地定额计费。

（三）通信工程

它是指运行、维护、检修需要的通信手段。包括地线载波通信、光缆通信、架空明线通信和无线电报话机设备及安装。

地线载波通信和架空明线通信，只有在大山区交通不便并缺乏通信手段的地段，才能考虑架设安装，对无线电报话机，可根据沿线及附近的通信条件考虑配备，光缆通信较为普遍应用。

（四）拦河（江）线工程

拦河（江）工程是为保护跨越通航河流的线路及航行船舶的安全而设置的。拦河项目除带人行索道和不带人行索道者外，还应区分拦河线的河流宽度。拦河线的数量单位为"道"，其值由设计单位提供，其单价可参照以往工程当地审定的预算造价和价差调整计算。

（五）航空障碍标志灯

要求在铁塔上装置航空障碍标志灯的，一般按采用太阳能标志灯计列。

（六）杆塔上悬挂的杆塔编号、警告和相序牌的材料费

每基按 100 元计列。

（七）辅助设施工程概算表的编制

按表 10-8-41 计算，其项目的多少由项目划分办法和工程具体情况确定。

表 10-8-41　辅助设施工程概算表

序号	编制依据	项目名称及规范	单位	数量	单价	合价
1		巡线、检修站工程				458720
1.1		宿舍 8 人 ×30m²/人	m²	240	1500	360000
1.2		线路辅助建筑 8 人×14m²/人	m²	112	650	72800
1.3		室外工程		0.15	72800	10920
1.4		巡线、检修站工程征地	亩	0.3	50000	15000
2		线路相序牌，警告牌	基	30.00	100	3000
3		巡线、检修道路工程				

续表

序号	编制依据	项目名称及规范	单位	数量	单价	合价
4		通信工程				
5		拦江线工程				
6		生产生活管理用车辆购置费				
	合　　　计					461720

六、其它费用的编制

其它费用是指完成工程建设项目所需的不属于建筑工程费、安装工程费、设备购置费的有关静态费用。主要包括以下项目：建设场地划拨及清理费；项目建设管理费；项目建设技术服务费；生产准备费；其它；基本预备费等。

其它费用的内容较多，编制方法不一致，尤其是我国幅员辽阔，东西南北各方的具体情况差异较大，这些其它费用项目又不做具体设计，只是定期修改费率，所以编起来比较复杂。这里只介绍其内容和一般做法。

1. 建设场地划拨及清理费

是指为实现建设项目所需场地的使用要求而发生的有关费用。由土地占用费、旧有设施迁移补偿费、余物拆除管理费组成。

（1）土地占用费是指按国家规定对建设场地所占用土地应支付的土地补偿费（含青苗赔偿费）、耕地占用税等。计算标准：按批准的占用数量及国家和工程所在地省、自治区、直辖市政府的有关部门规定和标准计算。

（2）场地占用划拨面积的计算：

1）铁塔占地划拨面积的计算：对方塔，其划拨面积计算公式为：

方塔划拨面积（m²）＝［铁塔根开（m）＋1只基础立柱宽度（m）＋2m］²

对扁塔其划拨面积计算公式为：

扁塔划拨面积（m²）＝［铁塔正面根开（m）＋1只基础立柱宽度（m）＋2m］²×［铁塔侧面根开（m）＋1只基础立柱宽度（m）＋2m］²

2）青苗赔偿：指在线路工程施工中因运输、堆放材料、机具，开挖土石方，基础施工，组立杆塔和施放导、地线、光缆线过程中损坏农作物的赔偿。

赔偿面积可综合按下式计算：

青苗赔偿面积（亩）＝线路长度（m）×（1－A）×B/667

式中　A——沿线无青苗地段占全线长度的比例，无青苗地段包括铁路、公路、河流、成片林木区、果园、荒地、杆塔基础占地、房屋、拆迁物占地、村庄以及农作物收割后的非青苗地带等；

　　　　B——施工临时场地综合宽度，m，包括放线、施工基础、组立杆塔、施工运输道路等。

综合宽度一般按以下规定数据控制计算，35kV为3m；110kV为4.5m；220kV为6m；330kV为7m；500kV为8m。

各类青苗的数量，按线路踏勘中所收集和统计的各类农作物比例及青苗的赔偿面积计算。青苗赔偿费用综合按一季的价值考虑。

3）林木砍伐赔偿：是指对树木和竹林的砍伐，其费用应只支付砍伐或迁移的费用，一般不考虑对被砍伐物的购买费用。

送电线路工程砍伐树木或竹林有施工和运行两种需要，应分别考虑，不得重复计算。前者是因影响基础、杆塔和架线等项工程施工而临时砍伐的；后者是因一定高度的林木将影响线路的安全运行，按设计要求进行砍伐的。

林木赔偿要根据工程沿线需要砍伐树木、竹林的情况，计算出需砍伐的种类及数量。

当遇有成片林木区时，可根据疏密程度，选择有代表性的点，先各自计算出每平方米不同胸径林木的数量（棵、株），再乘其全线的总面积，即为总数量。

遇零星林木，可按现场搜资记录计算数量。

（3）旧有设施迁移补偿费，是指对建设场地范围内和线路走廊范围内的原有建筑物、构筑物、电力线路、通信线路、公路、地下管道、坟墓、砖窑、采石场等因建设和施工的要求，必须迁移所发生的补偿费用，应按各省、自治区、直辖市规定的补偿标准计算。

（4）余物拆除清理费，是指施工前对建设场地余留和线路走廊内的旧有建筑物、构筑物等有碍施工建设和安全运行的设施予以拆除、清理所发生的各种费用。其计算标准可按表10-8-42计算。

表 10-8-42　　拆除清理费费率（%）

项目名称		计算公式	费率（%）
建筑工程	一般砖木结构	新建造价×费率	10
	混合结构		
	混凝土及钢筋混凝土结构	新建造价×费率	20

续表

项目名称		计算公式	费率（%）
建筑工程	（1）有条件爆破的	新建造价×费率	20
	（2）无条件爆破的	新建造价×费率	30～50
	临时简易建筑	新建造价×费率	8
	金属结构		
	（1）拆除后金属结构能利用	安装直接费×费率	55
	（2）拆除后金属结构不能利用	安装直接费×费率	38
安装工程	锅炉炉墙，金属结构及工业管道	安装直接费×费率	45
	机务设备		32
	电气设备		55
	送电线路及通信线路		72
铁路工程	铁道上线	新建造价×费率	15
	铁道下线		6

注　1. 新建造价按当地现行预算价格计算。
　　2. 安装直接费按《电建定额》计算（不包括未计价材料费在内）。
　　3. 费率中未包括运距超过5km的渣土运杂费，发生时，可按《电建定额》中工地运输相应项目计算超过5km以上部分的运输费，但不得再计装卸费。

拆除后的残余物应计算回收金额，冲抵拆除清理费。

（5）上述永久占地、青苗赔偿、林木砍伐和房屋及其屋外附属物的拆迁赔偿单价，应按工程沿线县及以上政府有关部门的规定和标准执行。

2. 项目建设管理费

项目建设管理费是指承担工程项目建设任务的单位（建设项目法人，以下同）自工程筹建至竣工验收及后评估全过程所必需的管理费用。

项目建设管理费是由建设项目法人管理费、前期工程费、设备成套服务费、备品备件购置费、工程保险费组成。

（1）建设项目法人管理费：建设项目法人管理费是由项目建设单位开办费、项目建设单位经费组成的。

1）建设项目单位开办费：建设项目单位开办费是指建设项目法人单位为保证工程筹建和工程建设正常进行所需配置必要办公设备、生活家具及交通工具的购置费用。

2）项目建设单位经费：项目建设单位经费是建设项目法人单位在工程建设期间发生的工作人员工资、办公费用、旅差交通费、固定资产使用费、工具用具使用费、技术图书资料费、水电费、教育及工会经费、劳动保险费、养老基金、住房补贴、劳动保护费、职工福利费、待业保险基金、咨询费、审计费、合同公证费、法律顾问费、会议费、董事会经费、业务接待费、消防治安费、采暖及防暑降温费、印花税、房产税、车船使用税、养路费、竣工交付使用清理及验收等项日常经费。

计算标准为：

送电工程建设项目法人管理费 = 安装工程费 × 费率

其中，费率见表 10-8-43。

表 10-8-43　　送电工程建设项目法人管理费费率

电压等级（kV）	220 及以下	330	500
送电工程费率（%）	0.73	0.74	0.76

在电力规划设计总院 1999 年 4 月颁发的《火电、送电、变电工程限额设计控制指标》（1998 年水平）的总说明中指出：在执行"新预规"取费标准的前提下，考虑到"减员增效"及"大监理、小业主"的改革思路，建设项目法人管理费按"新预规"的费率乘以 0.9 折减系数执行。

（2）前期工程费：前期工程费是指电力工程进行初步可行性研究和可行性研究阶段所发生的费用。

计算标准为：

对发电工程，可研阶段按勘测设计费的 18% 计列，初步设计阶段根据有关单位提出的项目和费用计列。

对送电工程，按发电工程出现最高一级电压等的勘测设计费的 18% 计列。

电力建设标准化（施工标准，勘测设计标准）编制管理费按勘测设计费的 3% 计列。

（3）设备成套服务费：设备成套服务费是指承担工程建设任务的单位（项目法人或业主）为实现设备供应，保证设备质量，满足工程建设需要而组织设备招标、订货、催交、调度、监造、现场服务等工作所支付的费用。

计算标准为：按设备购置费或设备性材料原价的 0.5% 计算。

送电工程建设所需的导、地线、光缆线、电磁等可作为计取此项费用的基数。

（4）备品备件购置费：备品备件购置费是指火电、送变电工程为交工验收前的建设阶段所准备的备品备件及专用材料的购置费用。

计算标准为：

送电工程备品备件购置费 = 安装工程费 × 费率

式中，费率见表 10-8-44。

表 10-8-44　　送电工程备品备件购置费费率

电压等级（kV）	220 及以下	330	500
送电工程费率（%）	0.5	0.4	0.3

（5）工程保险费：工程保险费是指工程建设过程中，承建工程建设任务的单位，对未形成生产能力的财产的安全保险费用。包括：火灾、水灾、爆炸、失盗构成影响工程建设进度可能造成的直接、间接损失投保。

计算办法为：根据项目法人或业主的要求，按保险公司的规定计算。

3. 项目建设技术服务费

项目建设技术服务费是指承担工程建设任务的单位要求服务发生的费用，包括：研究试验费、勘察设计费、竣工图文件编制费和工程监理费。

（1）研究试验费：是指为本建设项目提供验证设计数据、取得资料进行必要的研究试验所发生的费用；按照设计规定在施工过程中必须进行的试验费；以及支付科技成果、先进技术的一次性技术转让费。不包括：①应由科技三项费用（即产品试制费、中间试验费和重要科学研究赞助费）开支的项目；②由管理费开支的鉴定、检查和试验费；③应由勘察设计费、勘察设计单位事业费中开支的项目。

计算标准为：根据有关单位提出的项目和费用，由设计审核单位审定。

（2）勘察设计费：勘察设计费是指工程建设项目进行勘察设计所发生的费用。包括：初步设计、施工图设计、现场配合施工、参加调试、整套启动和竣工验收所发生的勘察设计费用。

计算标准为：以国家颁发的工程勘察设计收费标准为依据进行计算。

（3）工程监理费：工程监理费是项目法人为缩短工期、降低工程造价、保证工程质量，委托有资质的工程监理公司提供技术经济管理服务所支付的监理费用。

计费办法为：

参照国家物价局、建设部〔1992〕价费字 479 号文"关于发布工程建设监理费有关规定的通知"，对全过程监理的电力工程项目可按如下标准计列。

送电工程：500kV，每 10km　5 万 ~10 万元；

330kV，每 10km　4 万 ~7 万元；

220kV，每 10km　3 万 ~5 万元。

220kV 以下工程可参照执行。

在版"预规"颁发执行后，国家电力公司于 1999 年 12 月 7 日以国电火〔1999〕677 号文"关于印发电力建设工程监理费和建设项目法人管理费调整办法的通知"规定了送电工程监理费标准，见表 10-8-45。

表 10-8-45　送电工程监理费标准　单位：万元/km

电压等级	单 回 路	同杆（塔）双回路
500kV	1.48	2.07
330kV	1.05	1.42
220kV	0.84	1.09
110kV	0.45	0.50
35kV	0.25	0.30

注 1. 本标准地形按平地、丘陵考虑，河网泥沼、一般山地按本标准乘 1.1 系数，高山大岭按本标准乘 1.2 系数。

　　2. 大跨越工程，按安装工程费的 1.4% ~ 1.8% 计算。

　　3. 穿越城区的电网工程，可根据其施工难度，按本标准乘 1.1 ~ 1.2 系数。

　　4. 直流线路工程参照交流线路工程执行。

4. 生产准备费

生产准备费是为工程竣工后投产初期顺利过渡提供保证所发生的费用。包括：管理车辆购置费，工器具、办公、生产及生活家具购置费，生产职工培训及提前进场费，整套启动试运费及分系统调试费。

（1）管理车辆购置费：管理车辆购置费是指生产运行单位进行生产检修、生活而需配置的车辆购置费用。包括车辆原价、运杂费和车辆的附加费等。

计算标准为：

送电工程车辆购置费 = 安装工程费 × 费率

式中，费率见表 10-8-46。

表 10-8-46　送电工程管理车辆购置费费率

电压等级（kV）	220 及以下	330	500
送电工程费率（%）	0.3	0.3	0.3

（2）工器具、办公、生产及生活家具购置费。

工器具、办公、生产及生活家具购置费是指为保证送变电工程投产初期生产、生活和管理所必需的家具、用具等的购置费用。

计算标准为：

工器具、办公、生产及生活家具购置费 = 安装工程费 × 费率

式中，费率见表 10-8-47。

表 10-8-47　送电工程工器具、办公生产和生活用具购置费费率

电压等级（kV）	220 及以下	330	500
送电工程费率（%）	0.25	0.19	0.14

（3）生产职工培训及提前进场费：是指为保证送电工程的顺利投产，而对生产运行的工人、技术人员和管理人员进行培训，安排提前进站，以及熟悉线路运行、规程规范，生产管理等所需的费用。包括：培训人员和提前进站人员的岗位工资、技能工资、工资性津贴、工会工资、职工福利费、资料费、差旅费、培训费、劳动保护费、劳动保险基金、书报费、取暖费等。

计算标准为：

生产职工培训及提前进场费 = 安装工程费 × 费率

式中，费率见表 10-8-48。

表 10-8-48　生产职工培训及提前进场费费率

电压等级（kV）	220 及以下	330	500
费率（%）	0.13	0.11	0.09

（4）整套启动试运转费及分系统调试费：是指工程完工后按照规程、规范要求，对全部装置进行成套启动试运转，直至符合运行条件为止所发生的费用净支出。包括：材料费、机械使用费、施工单位参加联合试运转费用以及调试单位的调试费。不包括联合试运转中暴露出来的因施工原因发生的处理费用。施工单位参加联合试运转取费和调试费包括人工费、材料费、工具用具使用费、机械使用费、施工管理费、计划利润、税金等。

1）整套启动调试费：调试费是按电力工业部电建〔1996〕868 号《关于颁发〈电力建设工程调试定额〉的通知》执行。该定额适用于电压等级在 110 ~ 500kV 的送电线路工程。由单体调试，分系统调试和整套启动调试组成。其表现形式为"工日定额"，是调试单位承担调试工作的收费标准和合同双方结算调试费用的依据。

送电线路试运的工作内容包括：受电前检查、核相、工频参数、互感参数测量，零起升压及冲击合闸试验，通信试验。综合工日定额标准见表 10-8-49。

表 10-8-49　送电线路工程试运综合工日定额

定额编号	线路电压（kV）	单位	综合工日
T33053	110	条	100
T33054	220	条	200
T33055	330	条	250
T33056	500	条	300

注 1. 不包括线路对通信的干扰测试。

　　2. 每条线路长度按 50km 以内考虑，超过 50km 时，每增加 50km，定额增加 20%；不足 50km 按 50km 计取；

　　3. 本定额按单回路考虑，遇双回路时，定额乘以系数 1.5。

调试定额工日产值单价，1996 年的基础价定为：分系数调试单价为 250 元/（工·日），整套启动调试单价为 270 元/（工·日）。

2）施工单位参加整套启动试运费：计算公式为

施工单位参加整套启动试运费 = 安装工程费 × 费率

式中，费率见表 10-8-50。

表 10-8-50　　送电工程施工单位参加
整套启动试运费费率

电压等级（kV）	220及以下	330	500
费率（%）	0.20	0.17	0.13

35kV及以下的送电工程不列此项费用。

5. 其它

本项费用是指在基本建设过程中，对建设项目监督管理等必须发生的费用。包括：施工安全措施补助费、工程质量监督检测费、预算定额编制管理费、劳动定额测定费，供电贴费、通信保护费，固定资产投资方向调节税等。

（1）施工安全措施补助费：施工安全措施补助费是指为保证工程顺利建成，并按电力行业安全规程要求采取的特殊安全措施的补助费用。

计算标准为：

送电工程：220kV及以上线路，10km以内1万元，每增加1km增加500元，220kV以下送电工程参照执行。

（2）工程质量监督检测费：工程质量监督检测费是指电力建设各级质量监督机构对工程质量监督、检查、检测而发生的费用。

计算标准为：大中型工程以安装工程费的0.05%~0.15%计取，小型和外委工程项目比照所在地区的有关规定计算或计取。

（3）预算定额编制管理费、劳动定额测定费：是指送变工程估算、概算、预算劳动定额，测算、编制和管理所需费用。

计算标准为：以安装工程费的0.14%计取。

（4）通信保护费：通信设施防送电线路电磁和干扰措施费是指待建的送电线路，发生与正在运行的通信线路交叉或部分平行，为消除或减轻对通信线路的电磁和干扰影响，而对通信线路采取保护措施或移位所发生的费用。

计算标准为：

1）按通信保护专业根据电力线路与通信线路平行、交叉影响程度所做工程设计的耗用材料、设备，根据技术经济专业的取费标准及相关规定具体计算确定。

2）上述保护措施设计内容确需安装在通信线路上的设备、材料的经常性维护费用，应和有关单位协商确定。

通信保护措施费用概算见表10-8-51。

（5）固定资产投资方向调节税：固定资产投资方向调节税是指国家为控制投资规模，调整投资结构，而对固定资产投资征收的税赋。

计算标准为：按《中华人民共和国固定资产投资方向调节税暂行条例实施细则》的规定执行。"条例"中有电力生产工程可以免征的规定，其中职工宿舍应按造价的5%税率计征。计税的基数可按工程所在地政府规定计列。

表 10-8-51　　　　　　　　　　　　　　通信保护措施费用概算表　　　　　　　　　　　　　　单位：元

序号	编制依据	项目名称及规范	单位	数量	单价 设备	单价 安装 合计	单价 安装 其中工资	合价 设备	合价 安装 合计	合价 安装 其中工资
		通信保护措施费								
	40232	接地槽挖填	10m³	6.8		75.47	68.62		513	467
	40495	接地钢管安装	10根	1.6		252.88	205.39		405	329
	估	接地钢带安装	m	160		0.8	0.6		128	96
	估	放电管安装	只	8		4	0.8		32	6
		设备及材料费								
	1	陶瓷放电管 R-250 型	只	12	5			60		
		陶瓷绝缘子	只	10	20			200		
		直螺脚	只	8	3			24		
		放电管引下线	m	28	2.5			70		
		引接线夹	个	8	3.5			28		
		接地引下线　10圆钢	kg	36	3			108		
		接地螺栓	只	8	3			24		
		接地铁管 φ48	kg	123	4			492		
		接地铁带 45×4	kg	101	3.5			354		
		避雷线，φ4.0镀锌铁线	kg	4	7			28		
		通信电缆保安器	个	4	300			1200		
		放电管测试仪	台	3	500			1500		

续表

序号	编制依据	项目名称及规范	单位	数量	单价			合价		
					设备	安装		设备	安装	
						合计	其中工资		合计	其中工资
		小计						2760	4406	898
		其它费用	%	40					1762	
		放电管维护费							20000	
		合计						2760	26168	898

（6）场外临时设施费：送电线路的施工现场在野外，杆塔位又分散在线路沿线，多数工程要发生场外临时设施。主要包括：施工运输用的临时道路，临时桥梁的整修、拓宽、加固和修筑。

1）铺路修桥费：铺路修桥费是指施工用来运输的道路的修筑、拓宽，桥梁的修筑、修整或加固所发生的费用。这项费用的高低要受许多条件的限制，很难定出一个十分准确的标准，可用表 10-8-52 所列参考价格做估算和概算，在施工图阶段做详细调查，对不合理部分予以修正。

表 10-8-52　　临时道路修筑、拓宽参考单价

单位：元/km

序号	地形　　　道路种类	人行道	拖拉机、车道	汽车道
1	平　　　地		1300～2000	2200～3200
2	丘　　　陵	800	5400～7600	10800～15200
3	泥　　　沼		7600～9800	20000～24000
4	一　般　山　地	1600	10800～13000	22000～36000

注　1. 送电工程临时支叉道路（指从主干线至杆位的道路），按设计单位提出的施工组织设计大纲计列。

2. 送电工程临时道路分主干线与支叉道路，视现场具体情况，经调查研究确定必须修筑或拓宽的长度进行计算。

3. 定额单价是指新修筑道路而言，定额中上下限采用的原则，一般采用中下限定额，如载重运输工作量大、地质复杂等方可采用上限定额。

4. 平整拓宽道路的定额按表中新筑道路定额的 1/3 计算。

2）桥梁修筑、修整加固费：修整加固是指利用原有桥梁修理加固。修筑是指新修或原有桥梁损坏程度较大而需重新修筑。按需要修筑、修整加固的面积（m²）乘以参考价格计算：

临时桥梁修筑、修整加固参考价格按表 10-8-53 计算。

表 10-8-53　　临时桥梁修筑、修整加固参考价格

单位：元/m²

序号	修筑方式　　　桥梁种类	人行桥	拖拉机桥	汽车桥
1	修整加固	70	180	300
2	修　　　筑	130	250	400

（7）牵、张机场地费：是指使用牵引机和张力机架线的工程，因设置牵、张机所需场地而发生的费用。设置牵、张机场的数量按施工组织设计大纲确定数量，一般可按每 5km 设置一处考虑，不足 5km 按 5km 计。费用包括的范围为临时占地费、场地平整费和完工后的场地复耕费牵、张机场地上的青苗赔偿，通往牵、张场的道路修筑费在其它费用中考虑。

每处费用可参考下列金额：平地、丘陵为 5000～8000 元/每处；山地为 7000～10000 元/每处；泥沼地（水稻田）为 13000～15000 元/每处。

（8）带电跨越增加费：是指当架线跨越某些铁路、公路、35kV 及以上电力线时，需要采取一些特殊的跨越措施，在《统一定额》安装费以外，给予的补贴性费用。

1）对跨越 35kV 及以上电力线时，每跨越一次，套一次定额。对需要带电跨越的，另计"带电跨越措施费"其计算标准一般按跨 35kV 的一处 9000 元，110kV 的一处 15000 元，220kV 一处 25000 元，330kV 的一处 35000 元，500kV 一处 50000 元。

2）对跨越铁路（不能停运）的一处 25000 元；跨公路（双向四车道及以上的）一处 20000 元。

（9）基本预备费：指在各设计阶段用以解决设计变更（含施工过程中工程量增减、设备改型材料代用等）而增加的费用，以及一般自然灾害所造成的损失和预防自然灾害所采用的措施费用。但不包括重大设计变更及大型自然灾害所发生的费用。

计算标准为：按总概算表（表一乙）中的（安装工程费＋辅助设施工程费＋其它费用）×5% 计算。

（10）材料价差费：是指装置性材料预算价格中的原价（含政策性价差）与合同价或实际价格之间的价差，这是当前价格体制下发生的费用，见表 10-8-54。

表 10-8-54　　　　价 差 计 算 表　　　单位：元

项目名称	单位	数量	原价	市场价	价差	合计
工资性津贴补差超过 1.91 元部分	元/(工·日)	27607			1.5	41411
导线 LGJ-400/35	t	47.0	16350.0	15500.0	-850.0	-39950
塔材	t	212	6850	7000	150.0	31800
税金	%	3.413			33261	1135
合计						34396

计算标准为：

材料价差费 = 有关的主要材料概算量 × (合同价或实际价 - 预算价格中的原价)

主要材料价差费用计算中如确属施工单位备料时，应计列税金和流动资金贷款利息，但不得计列其它费用。

(11) 价差预备费：指送电工程从编制年至竣工年期间，因安装工程费、辅助设施工程费和其它费用变化而预留的补偿费用。本费用按投资包干的有关规定使用。

计算标准为：以金额投资为计算基础，考虑适当投资重心年和价格上涨指数进行统筹计算。计算公式为：

$$C = \sum_{i=1}^{n_2} F_i \left[(1 + e)^{n_1 + i} - 1 \right]$$

式中：C——价差预备费；

e——预测的价格上涨指数，由国家计委颁发工程建设预算审批部门确定；

n_1——建设预算中所取价格依据的年份到工程开工年份的间隔数；

n_2——工程开工年份到最后完工年份的间隔数 [即合理工期，可按《电力工程项目建设工期定额（试行）》计算]；

i——从开工年开始的第 i 年；

F_i——第 i 年的现金流。

(12) 固定资产投资方向调节税：根据国务院令 (1991 年第 82 号) 规定计列。其计算标准是宿舍建筑工程费×5%。固定资产投资方向调节税计入"其它费用"中。

(13) 建设期贷款利息：根据国家计划委员会、

计建设〔1991〕55 号文中关于"……项目总投资要将建设期利息、价格、国家调整汇率及缴纳固定资产投资方向调节税等因素考虑进去"的要求，概算中应计列此项费用。

计算方法为：

送变电工程的建设期贷款利息：

(年初贷款本息累计 + 本年贷款/2) ×年利率

工程各年度贷款额，以逐年信贷资金使用计划（各年现金流）为依据。

其它费用概（预）算表的编制是一件比较复杂的工作，它涉及的内容较多，需要做大量的调查研究工作。以一项工程为例，一般的做法可参见表 10-8-55。

表 10-8-55　　其它工程和费用概算表　　单位：元

序号	工程或费用名称	计算依据及计算方法	合计
1	建设场地占用及清理费		2230592
1.1	土地占用费		412592
1.1.1	永久征地费	菜田 1.22 亩 × 2040 元/亩 ×30	74664
1.1.2	新菜田建设基金	菜田 1.22 亩 × 2040 元/亩 ×14	34843.2
1.1.3	青苗赔偿及土地复耕费	大田 76.5 亩 × 900 元/亩 ×2.5	172125
		菜田 3.1 亩 × 2040 元/亩 ×2.5	15810
		水田 30 亩 ×1200 元/亩 ×2.5	90000
1.1.4	耕地占用税	1.22 亩 × 677m² ×6.5 元/m²	5289
1.1.5	征地管理费		19372
1.1.6	用地管理费	1.22 亩 × 667m² × 0.6 元/m²	488
1.2	树木砍伐赔偿费		1474000
		护路树 100 株 × 250 元/株	25000
		成片林 7 元/m² ×20.7 ×10⁴ m²	1449000
1.3	迁移赔偿费		344000
1.3.1	10kV 电力线	1km × 80000 元/km	80000
1.3.2	变压器台	1 处 ×2000 元/处	2000
1.3.3	坟墓	5 座 ×400 元/座	2000
1.3.4	砖瓦房	13 间 ×20000 元/间	260000
2	施工措施费		
3	建设项目法人管理费	安装工程费 × 0.73% × 0.9	35587
4	前期工程费		36000
5	备品备件购置费	安装工程费 × 0.5%	27083
6	勘察设计费		523170
6.1	勘测费		150000
6.2	设计费		250000
6.3	工程监理费	线路长度 ×10900 元/km	123170
7	管理车辆购置费	安装工程费 × 0.3%	16250

续表

序号	工程或费用名称	计算依据及计算方法	合计
8	工器具、办公、生产及生活家具购置费	安装工程费×0.25%	13542
9	生产职工培训及提前进站费	安装工程费×0.13%×0.8	5633
10	整套启动试运费	安装工程费×0.2%	10833
11	调试费	200工·日×270元/（工·日）	54000
12	施工安全措施补助费		10000
13	预算定额编制管理及测定费	安装工程费×0.14%	7583

续表

序号	工程或费用名称	计算依据及计算方法	合计
14	施工质量监督监测费	安装工程费×0.1%	5417
15	综合治理费		103700
16	通信保护措施费		28928
合计			3138318

注　1亩=667m²。

当一个送电线路工程的建设预算编制完成时，根据不同的设计路段，尽最大可能详细填写"架空送电线路工程概况及主要技术经济指标表"（见表10-8-56）附在"编制说明"的后部。

表 10-8-56　架空送电线路工程概况及主要技术经济指标表

工程名称：		线路起止点：			电压		kV	建设单位：		
线路长度		km　其中双回路长度		km	折合单回路长度					km
气象条件		最大风速	m/s	最大覆冰	mm					
工程地形		平地 %	河网 %	泥沼 %	丘陵 %		一般山地 %		高山大岭 %	
工地运输平均运距		人力运输 km	汽车运输 km		拖拉机运输 km			船舶运输		km
各类土石方量		普通土 m³ %	坚土 m³ %		松砂石 m³ %			岩石（爆破） m³ %		
		泥水坑 m³ %	流砂坑 m³ %		干砂坑 m³ %			岩石（人凿） m³ %		
施工基面及尖峰开挖		普通土 m³	坚土 m³		松砂石 m³			岩石 m³		
杆塔 基		混凝土杆基 %	拉线塔 基 %		自立塔 基 %		其中特种塔 基 %		每公里杆塔 基	
跨越障碍物		铁路 处	一般公路 处	高速公路 处	高压电力线 处		低压及弱电线 处		河宽150m内 处	河宽300m内 处
拆除障碍物		房屋 m² m²/km			树木 棵 棵/km			塔基征地 亩 亩/km		
导线牌号		每相分裂数 根			地线牌号 不绝缘 根		绝缘 根		利用通信线 根	

主　要　技　术　经　济　指　标										
主要材料每公里用量	导线 t		良导体地线 t	光缆线 t		钢绞线地线		t	杆塔拉线	
	绝缘子 片		导线用 片		跳线用 片			地线用 片		
	挂线及保护金具 t		其中间隔棒 组 t		拉线金具 t			混凝土杆混凝土 m³		
	钢材合计 t		杆塔用 t		接地用 t			基础用 t		
	基础混凝土 m³		现浇混凝土(含灌注桩混凝土) m³		预制混凝土 m³			碎石干、浆铺垫层 m³		
投资	动态投资 万元 万元/km	静态投资 万元 万元/km	本体工程 万元 万元/km	辅助设施 万元 万元/km	其它 万元 万元/km		编制期费用 万元 万元/km	价差 万元 万元/km	基本预备费 万元 万元/km	
概算编制期		计划开工期			计划竣工期			设计单位		

第九节　大跨越送电线路工程建设预算的编制

一、一般做法

在本章第八节所述的一般架空送电线路工程建设预算的编制中，已较全面地说明了常规的编制方法，且可以包含了送电线路工程中的一般性跨越。

在工程设计中的大跨越是单独设计的，其材料消耗量特大，经济指标极高，如果把它放在一般线路工程中计算列出，将使指标失常。为便于工程经济管理和单独积累技术经济指标，也有利于工程管理和招投标工作要单独编制大跨越段的建设预算。

大跨越段线路建设预算的编制，在项目划分、编制原则依据、工作程序、表现形式等方面，均与第八节所述相同。下面将不同之处分别说明。

二、大跨越直线跨越杆塔及基础工程

大跨越高杆塔的组立在电力建设工程预算定额中有两种情况，一种为型钢或钢管塔；另一种为混凝土塔身，而塔头是型钢或钢管的高塔。

对第一种情况，可直接套用《电力建设预算定额》；对第二种情况，混凝土塔的基础及筒身使用建筑工程中的基础和烟筒部分，塔头部分的支架及横担（型钢）的吊，组装未专列定额，需要时可按塔头的总质量（吨）与塔全高（m）的乘积计算工程量，其基价按 3.6 元／（t·m）计算。其中人工费占 38%，机械费占 42%，并按塔位的所在地另计地形增加系数。

高塔组立定额适用于塔高超过 60m 的高塔，对塔高超过 195m 或塔重超过 1.2t／m 时，应按每米塔重的增加比例（以 1.2t／m 为基数）计算人工费和机械费。

三、施工组织设计大纲

大纲一般包含的主要内容有：

（1）工程概况及主要工程量。

（2）工程地质、水文气象、交通运输条件及两岸地形地貌、临时码头、运输方式、平均运距。

（3）装置性材料供应方式、渠道。

（4）架线、附件安装施工方案，施工需用的大型及特殊施工机具型号、台班数量。

（5）架线、附件安装综合施工进度，固定职工、合同工或临时工人数、工期安排、总工日数。

（6）对通航江河，应在调查的基础上与有关航政部门签订的技术安全措施或补偿协议。

（7）架线施工场地（牵引场、张力场）平整、占用地范围、面积。临时码头及围堰等。

（8）大跨越两岸应考虑临时电源、水源、提出临时供电、供水方案，并考虑与永久供电、供水相结合的可能性。

四、辅助设施工程

除按一般线路工程的原则执行外，大跨越另增以下项目：

（1）根据大跨越设计技术规定，大跨越的高塔应根据与航空主管部门的协议，装置飞行障碍标志，障碍灯应设置备用灯俱和可靠备用电源。其设备购置费，安装费根据设计列入概算。

（2）跨越通航河流。根据与航运主管部门的协议，在跨越处上下游设置航标灯。其设备购置费、安装费由概算审批单位具体审定。

五、其它费用的编制

除按一般线路的原则执行外，大跨越另增以下项目。

（1）供电贴费：是指大跨越混凝土塔及基础工程进行施工而申请用电所应交付的对供电工程的补贴费用。

计算标准为：按照国家计委颁发的供电贴费规定和当地供电部门的贴费标准进行计算。一般均执行"关于用户外部供电工程收取贴费的暂行规定"。贴费按用户的受电电压分 380/220V，10、35、66、110kV 五种标准。380/220V 用户，按照其用电设备装接容量（kW）计；10kV 及以上电压用户，按照其受电变压器容量（kVA）及未接入该变压器的高压电动机容量（kW）之和计。

各级电压的贴费标准见表 10-9-1。

表 10-9-1   各级电压贴费表   单位：元

项目	用户受电电压等级（kV）	用户应交纳的贴费（元/kVA）	其中		自建本级电压外部供电工程应缴纳贴费（元/kVA）
			供电贴费（元/kVA）	配电贴费（元/kVA）	
1	0.38/0.22	500～550	190～210	310～340	400～450
2	10	400～450	220～250	180～200	300～350
3	35	300～350	300～330	—	150～180
4	66	200～220	200～220	—	—
5	35	150～180	150～180	—	—

（2）备品备件费用的计算：常规工程备品备件费用是按安装工程费乘以该费种的规定费率计算的。在大跨越线路工程中，此项费用原则上也可以按上述方法计算，但计算结果的费用总值应能保证以下备品的购买：一个跨越档的一根导、地线；特殊金具绝缘子和必要的常规备品。

参 考 文 献

[10-1] 郭晓耕，吕世森主编. 送电工程概算编制细则. 中国电力出版社出版，1998 年 8 月.

[10-2] 电力规划设计总院编写. 火电、送电、变电工程限额设计控制指标. 中国电力出版社，1998 年 8 月.

第十一章

设 计 使 用 资 料

第一节 计量单位及单位换算

一、法定计量单位（表11-1-1 ~ 表11-1-5）

表11-1-1　　国际单位制的基本单位

量的名称	单位名称	单位符号
长度	米	m
质量	千克（公斤）	kg
时间	秒	s
电流	安[培]	A
热力学温度	开[尔文]	K
物质的量	摩[尔]	mol
发光强度	坎[德拉]	cd

表11-1-2　　国际单位制的辅助单位

量的名称	单位名称	单位符号
平面角	弧度	rad
立体角	球面度	sr

表11-1-3　　国际单位制中具有专门名称的导出单位

量的名称	单位名称	单位符号	其它表示示例
频率	赫[兹]	Hz	s^{-1}
力	牛[顿]	N	$kg \cdot m/s^2$
压力，压强；应力	帕[斯卡]	Pa	N/m^2
能量；功；热	焦[耳]	J	$N \cdot m$
功率；辐射通量	瓦[特]	W	J/s
电荷量	库[仑]	C	$A \cdot s$
电位；电压；电动势	伏[特]	V	W/A
电容	法[拉]	F	C/V
电阻	欧[姆]	Ω	V/A
电导	西[门子]	S	A/V
磁通量	韦[伯]	Wb	$V \cdot s$
磁通量密度，磁感应强度	特[斯拉]	T	Wb/m^2
电感	亨[利]	H	Wb/A
摄氏温度	摄氏度	℃	
光通量	流[明]	lm	$cd \cdot sr$
光照度	勒[克斯]	lx	lm/m^2
放射性活度	贝可[勒尔]	Bq	s^{-1}
吸收剂量	戈[瑞]	Gy	J/kg
剂量当量	希[沃特]	Sv	J/kg

表11-1-4　　国家选定的非国际单位制单位

量的名称	单位名称	单位符号	换算关系和说明
时间	分	min	$1min = 60s$
	[小]时	h	$1h = 60min = 3600s$
	天（日）	d	$1d = 24h = 86400s$
平面角	[角]秒	(″)	$1'' = (\pi/648000)rad$（π 为圆周率）
	[角]分	(′)	$1' = 60'' = (\pi/10800)rad$
	度	(°)	$1° = 60' = (\pi/180)rad$
旋转速度	转每分	r/min	$1r/min = (1/60)s^{-1}$
长度	海里	n mile	$1n\ mile = 1852m$（只用于航程）
速度	节	kn	$1kn = 1n\ mile/h = (1852/3600)m/s$（只用于航行）
质量	吨	t	$1t = 10^3 kg$
	原子质量单位	u	$1u \approx 1.6605655 \times 10^{-27}kg$
体积	升	L(l)	$1L = 1dm^3 = 10^{-3}m^3$
能	电子伏	eV	$1eV \approx 1.6021892 \times 10^{-19}J$
级差	分贝	dB	
线密度	特[克斯]	tex	$1tex = 1g/km$

表11-1-5　　用于构成十进倍数和分数单位的词头

所表示的因数	词头名称	词头符号
10^{18}	艾[可萨]	E
10^{15}	拍[它]	P
10^{12}	太[拉]	T
10^{9}	吉[咖]	G
10^{6}	兆	M
10^{3}	千	k
10^{2}	百	h
10^{1}	十	da
10^{-1}	分	d
10^{-2}	厘	c
10^{-3}	毫	m
10^{-6}	微	μ
10^{-9}	纳[诺]	n
10^{-12}	皮[可]	p
10^{-15}	飞[母托]	f
10^{-18}	阿[托]	a

二、常用物理量的法定计量单位（表 11-1-6 ～ 表 11-1-12）

表 11-1-6　　　　　　　　　　　　　　　　力　学

量的名称	量的符号	单位名称	单位符号	备　　注
质量	m	千克（公斤）	kg	
		吨	t	$1t = 1000kg$ 在人民生活和贸易中，质量习惯称为重量
密度	ρ	千克每立方米	kg/m^3	
		千克每升	kg/L	$1kg/L = 1000kg/m^3 = 1g/cm^3$
		吨每立方米	t/m^3	$1t/m^3 = 1000kg/m^3 = 1g/cm^3$
相对密度	d			此量无量纲。量的名称不应称为比重
比容（比体积）	v	立方米每千克	m^3/kg	
线密度	ρ_l	千克每米	kg/m	
		特［克斯］	tex	$1tex = 10^{-6}kg/m = 1g/km$
面密度	$P_A, (P_S)$	千克每平方米	kg/m^2	
动量	p	千克米每秒	$kg \cdot m/s$	
动量矩，角动量	L	千克二次方米每秒	$kg \cdot m^2/s$	
转动惯量	$I, (J)$	千克二次方米	$kg \cdot m^2$	
力 重力 张力，拉力	F $W, (P, G)$ F_T	牛［顿］	N	$1N = 1kg \cdot m/s^2$
引力常数	G	牛［顿］ 二次方米每 二次方千克	$N \cdot m^2/kg^2$	
力矩 转矩，力偶矩	M T	牛［顿］米	$N \cdot m$	
压力，压强 正应力 切应力	p, f σ, f τ, f	帕［斯卡］	Pa	$1Pa = 1N/m^2$
功 能［量］ 势能，位能 动能	$W, (A)$ $E, (W)$ $E_p, (V)$ $E_k, (T)$	焦［耳］ 瓦［特］小时 电子伏	J $W \cdot h$ eV	$1J = 1N \cdot m$ $1W \cdot h = 3600J$ $1eV = 1.6021892 \times 10^{-19}J$
功率	P	瓦［特］	W	$1W = 1J/s = 1N \cdot m/s$
质量流量	q_m	千克每秒 千克每分 千克每小时 吨每秒 吨每分 吨每小时	kg/s kg/min kg/h t/s t/min t/h	$1kg/min = 16.6667 \times 10^{-3}kg/s$ $1kg/h = 2.77778 \times 10^{-4}kg/s$ $1t/s = 1000kg/s$ $1t/min = 16.6667kg/s$ $1t/h = 0.277778kg/s$
体积流量	q_V	立方米每秒 立方米每分 立方米每小时 升每秒 升每分 升每小时	m^3/s m^3/min m^3/h L/s L/min L/h	$1m^3/min = 16.6667 \times 10^{-3}m^3/s$ $1m^3/h = 2.77778 \times 10^{-4}m^3/s$ $1L/s = 0.001m^3/s$ $1L/min = 1.66667 \times 10^{-5}m^3/s$ $1L/h = 2.77778 \times 10^{-7}m^3/s$
线应变 切应变，（剪应变） 体积应变	ε, e γ θ			均为无量纲量
泊松比	μ, ν			此量无量纲
弹性模量 切变模量，（剪变模量）	E G	帕［斯卡］	Pa	$1Pa = 1N/m^2$

续表

量的名称	量的符号	单位名称	单位符号	备　注
体积模量	K			
压缩系数	κ	每帕[斯卡]	Pa^{-1}	$1Pa^{-1}=1m^2/N$
截面惯性矩	$Ia,(I)$	四次方米	m^4	
极惯性矩	I_p			
截面系数	W,Z	三次方米	m^3	
摩擦系数	$\mu,(f)$			此量无量纲
[动力]黏度	$\eta,(\mu)$	帕[斯卡]秒	$Pa \cdot s$	常用 $mPa \cdot s$
运动黏度	ν	二次方米每秒	m^2/s	常用 mm^2/s
表面张力	γ,σ	牛[顿]每米	N/m	

表 11-1-7　　　　　　　　　　　　　**电学和磁学**

量的名称	量的符号	单位名称	单位符号	备　注
电流	I	安[培]	A	在交流电技术中，用 i 表示电流的瞬时值
电荷[量]	Q,q	库[仑]	C	$1C=1A \cdot s$
		安培小时	$A \cdot h$	$1A \cdot h=3600C$
电荷[体]密度	$\rho,(\eta)$	库[仑]每立方米	C/m^3	
电荷面密度	σ	库[仑]每平方米	C/m^2	
电场强度	$E,(K)$	伏[特]每米	V/m	
电位,(电势)	V,φ	伏[特]	V	$1V=1W/A=1A \cdot \Omega=1A/S$
电位差,(电势差),电压	U	伏[特]	V	在交流电技术中，用 u 表示电位差的瞬时值
电动势	E			
电通[量]密度,电位移	D	库[仑]每平方米	C/m^2	
电通[量],电位移通量	Ψ	库[仑]	C	$1C=1A \cdot s$
电容	C	法[拉]	F	$1F=1C/V$
介电常数,(电容率)	ε	法[拉]每米	F/m	
真空介电常数,(真空电容率)	ε_0	法[拉]每米	F/m	$\varepsilon_0=(8.854187818 \pm 0.000000071) \times 10^{-12}F/m$
相对介电常数,(相对电容率)	ε_r			此量无量纲
电极化率	χ,χ_e			此量无量纲
电极化强度	P	库[仑]每平方米	C/m^2	
电偶极矩	$p,(p_e)$	库[仑]米	$C \cdot m$	
电流密度	$J,l,(S,\delta)$	安[培]每平方米	A/m^2	
电流线密度	$A,(\alpha)$	安[培]每米	A/m	$1A/m=1N/Wb$
磁场强度	H	安[培]每米	A/m	$1A/m=1N/Wb$
磁位差,(磁势差)	U_m	安[培]	A	
磁通势,磁动势	F,F_m			
磁通[量]密度,磁感应强度	B	特[斯拉]	T	$1T=1Wb/m^2=1V \cdot s/m^2=1N/(A \cdot m)$
磁通[量]	Φ	韦[伯]	Wb	$1Wb=1V \cdot s=1T \cdot m^2=1A \cdot H$
磁矢位,(磁矢势)	A	韦[伯]每米	Wb/m	
自感	L	亨[利]	H	$1H=1Wb/A$
互感	M,L_{12}			
耦合系数	$k,(\kappa)$			均为无量纲量
漏磁系数	σ			
磁导率	μ	亨[利]每米	H/m	
真空磁导率	μ_0			$\mu_0=12.5663706144 \times 10^{-7}H/m$
相对磁导率	μ_r			此量无量纲
磁化率	$\kappa,(\chi_m,\chi)$			此量无量纲
[面]磁矩	m	安[培]平方米	$A \cdot m^2$	
磁化强度	M,H	安[培]每米	A/m	
磁极化强度	J,B_i	特[斯拉]	T	$1T=1Wb/m^2=1V \cdot s/m^2=1N/(A \cdot m)$
电磁能密度	w	焦[耳]每立方米	J/m^3	

续表

量的名称	量的符号	单位名称	单位符号	备　注
坡印廷矢量	S	瓦[特]每平方米	W/m^2	
电磁波在真空中的传播速度	c,c_0	米每秒	m/s	$c = (2.99792458 \pm 0.000000012) \times 10^8\,m/s$
[直流]电阻	R	欧[姆]	Ω	$1\Omega = 1V/A = 1S^{-1} = 1W/A^2 = 1V^2/W$
[直流]电导	G	西[门子]	S	$1S = 1A/V = 1\Omega^{-1} = 1A^2/W = 1W/V^2$
电阻率	ρ	欧[姆]米	$\Omega \cdot m$	常用 $\Omega \cdot mm^2/m$
电导率	γ,σ,κ	西[门子]每米	S/m	
磁阻	R_m	每亨[利]	H^{-1}	$1H^{-1} = 1A/Wb$
磁导	$A,(P)$	亨[利]	H	$1H = 1Wb/A$
绕组的匝数	N			均为无量纲量
相数	m			
极对数	p			
相[位]差,相[位]移	φ	弧度	rad	
阻抗,(复数阻抗)	Z	欧[姆]	Ω	$1\Omega = 1V/A$
阻抗模,(阻抗)	$\lvert Z \rvert$			$\lvert Z \rvert = \sqrt{R^2 + X^2}$
电抗	X			
[交流]电阻	R			
品质因数	Q			此量无量纲
导纳,(复数导纳)	Y	西[门子]	S	$1S = 1A/V$
导纳模,(导纳)	$\lvert Y \rvert$			$\lvert Y \rvert = \sqrt{G^2 + B^2}$
电纳	B			
[交流]电导	G			
功率	P	瓦[特]	W	$1W = 1J/s = 1N \cdot m/s$
电能[量]	W	焦[耳]	J	$1J = 1N \cdot m$
		瓦[特]小时	$W \cdot h$	$1W \cdot h = 3600J$
		升	$L,(l)$	1964 年升的新定义:$1L = 1dm^3$
				1901 年升的定义:$1L = 1.000028dm^3$
时间,时间间隔,持续时间	t	秒	s	
		分	min	$1min = 60s$
		[小]时	h	$1h = 3600s$
		天,(日)	d	$1d = 86400s$
角速度	ω	弧度每秒	rad/s	
		弧度每分	rad/min	$1rad/min = 0.0166667\,rad/s$
		度每秒	$(°)/s$	$1°/s = 0.0174533\,rad/s$
		度每分	$(°)/min$	$1°/min = 2.90888 \times 10^{-4}\,rad/s$
角加速度	a	弧度每二次方秒	rad/s^2	
速度	$u,v,w,$	米每秒	m/s	
	c	米每分	m/min	$1m/min = 0.0166667\,m/s$
		千米每小时	km/h	$1km/h = 0.277778\,m/s$
		节	kn	$1kn = 0.514444\,m/s$
加速度	a	米每二次方秒	m/s^2	
重力加速度,自由落体加速度	g	米每二次方秒	m/s^2	标准重力加速度:$g_n = 9.80665\,m/s^2$

表 11-1-8 空 间 和 时 间

量的名称	量的符号	单位名称	单位符号	备 注
［平面］角	$\alpha,\beta,\gamma,\theta,\varphi$ 等	弧度	rad	此量无量纲
		度	（°）	$1° = 0.0174533\,\text{rad}$
		［角］分	（′）	$1′ = 2.90888 \times 10^{-4}\,\text{rad}$
		［角］秒	（″）	$1″ = 4.84814 \times 10^{-6}\,\text{rad}$
立体角	Ω	球面度	sr	此量无量纲
长度	$l,(L)$	米	m	公里为千米的俗称，符号为 km
		海里	n mile	$1\,\text{n mile} = 1852\,\text{m}$
宽度	b,B			
高度	h,H			
厚度	$\delta,(d,t)$			
半径	r,R			
直径	d,D			
程长,距离	s			
面积	$A,(S)$	平方米	m^2	
体积,容积	V	立方米	m^3	

表 11-1-9 声 学

量的名称	量的符号	单位名称	单位符号	备 注
周期	T	秒	s	
频率	$f,(\nu)$	赫［兹］	Hz	$1\,\text{Hz} = 1\,\text{s}^{-1}$
频程				此量无量纲
角频率,圆频率	ω	每秒	s^{-1}	
波长	λ	米	m	
圆波数	k	每米	m^{-1}	
密度	ρ	千克每立方米	kg/m^3	
静压［力］,声压	P_0,p_s,p	帕［斯卡］	Pa	$1\,\text{Pa} = 1\,\text{N/m}^2$
质点位移	$\xi,(x)$	米	m	
质点速度	u	米每秒	m/s	
质点加速度	a	米每二次方秒	m/s^2	
体积速度	U	立方米每秒	m^3/s	
声速	c	米每秒	m/s	
声能密度	D,w	焦［耳］每立方米	J/m^3	
声［源］功率	W,P	瓦［特］	W	$1\,\text{W} = 1\,\text{J/s}$
声能通量	Φ			
声强［度］	I	瓦［特］每平方米	W/m^2	
声阻抗率	Z_s	帕［斯卡］秒每米	$\text{Pa}\cdot\text{s/m}$	
［声］特性阻抗	Z_c			
声阻抗	Z_a	帕［斯卡］秒每三次方米	$\text{Pa}\cdot\text{s/m}^3$	
声阻	R_a			
声抗	X_a			
声质量	M_a	千克每四次方米	kg/m^4	
声劲	S_a	帕［斯卡］每三次方米	Pa/m^3	
声顺	C_a	三次方米每帕［斯卡］	m^3/Pa	
声导纳	Y_a	三次方米每帕［斯卡］秒	$\text{m}^3/(\text{Pa}\cdot\text{s})$	
声导	G_a			
声纳	B_a			
力	F	牛［顿］	N	$1\,\text{N} = 1\,\text{kg}\cdot\text{m/s}^2$
［振动］位移	d	米	m	
［振动］速度	v	米每秒	m/s	

续表

量的名称	量的符号	单位名称	单位符号	备 注
[振动]加速度	a	米每二次方秒	m/s^2	
力阻抗	Z_m	牛[顿]秒每米	$N \cdot s/m$	
力阻	R_m			
力抗	X_m			
[力]质量	M	千克	kg	
力劲	S_m	牛[顿]每米	N/m	
力顺	C_m	米每牛[顿]	m/N	
力导纳	Y_m	米每牛[顿]秒	$m/(N \cdot s)$	
力导	G_m			
力纳	B_m			
声压级	L_p	分贝	dB	均为无量纲量
声强级	L_I			
声功率级	$L_W,(L_P)$			
阻尼系数	δ	每秒	s^{-1}	
时间常数,弛豫时间	τ	秒	s	
对数减缩率	Λ			此量无量纲
传播系数	γ	每米	m^{-1}	
衰减系数	$\alpha,(a)$			
相位系数	$\beta,(b)$			
损耗系数	δ			均为无量纲量
反射系数	r			
透射系数	τ			
吸声系数	α			
声压反射系数	Y_p			均为无量纲量
声压透射系数	τ_p			
孔隙率	q			此量无量纲
流阻	R_f	帕[斯卡]秒每米	$Pa \cdot s/m$	
衰变常数	k	每秒	s^{-1}	
衰变率	K	分贝每秒	dB/s	
混响时间	$T,(T_{60})$	秒	s	
隔声量,传声损失	R	分贝	dB	此量无量纲
吸声量	A	平方米	m^2	
响度级	L_N			此量无量纲
自由场[电压]灵敏度	M	伏[特]每帕[斯卡]	V/Pa	

表 11-1-10 周期及有关现象

量的名称	量的符号	单位名称	单位符号	备 注
周期	T	秒	s	
		分	min	$1min = 60s$
		[小]时	h	$1h = 3600s$
		天,(日)	d	$1d = 86400s$
时间常数	$\tau,(T)$	秒	s	
频率	$f,(\nu)$	赫[兹]	Hz	
		每秒	s^{-1}	$1s^{-1} = 1Hz$
转速,旋转频率	n	转每分	r/min	$1r/min = 0.10472rad/s$
		转每秒	r/s	$1r/s = 6.28319rad/s$
角频率,圆频率	ω	弧度每秒	rad/s	
		每秒	s^{-1}	
波长	λ	米	m	

续表

量的名称	量的符号	单位名称	单位符号	备　注
波数	σ	每米	m^{-1}	
圆波数,角波数	k	弧度每米	rad/m	
振幅级差,场级差	L_F	分贝	dB	此量无量纲
功率级差	L_p	分贝	dB	此量无量纲
阻尼系数	δ	每秒	s^{-1}	
		分贝每秒	dB/s	
对数减缩率	Λ	分贝	dB	此量无量纲
衰减系数	α	每米	m^{-1}	
相位系数	β			
传播系数	γ			

表 11-1-11　　　　　　　　　　　　　　光 及 有 关 电 磁 辐 射

量的名称	量的符号	单位名称	单位符号	备　注
频率	f,ν	赫[兹]	Hz	$1Hz = 1s^{-1}$
圆频率,角频率	ω	每秒	s^{-1}	
		弧度每秒	rad/s	
波长	λ	米	m	
波数,波率	σ	每米	m^{-1}	
圆波数,圆波率	k			
电磁波在真空中的传播速度	c,c_0	米每秒	m/s	$c = (2.99792458 \pm 0.000000012) \times 10^8 m/s$
辐[射]能	$Q,W,(U,Q_e)$	焦[耳]	J	$1J = 1N \cdot m = 1kg \cdot m^2/s^2$
辐[射]能密度	$w,(u)$	焦[耳]每立方米	J/m^3	
辐[射]能密度的光谱密集度,光谱辐[射]能密度	w_λ	焦[耳]每四次方米	J/m^4	
辐[射]功率,辐[射能]通量	$P,\Phi,(\Phi_e)$	瓦[特]	W	$1W = 1J/s$

表 11-1-12　　　　　　　　　　　　　　　　热　学

量的名称	量的符号	单位名称	单位符号	备　注
热力学温度	T,Θ	开[尔文]	K	
摄氏温度	t,θ	摄氏度	℃	$1℃ = 1K$ $t = \left(\dfrac{T}{K} - 273.15\right)℃$
线[膨]胀系数	α_l	每开[尔文]	K^{-1}	
体[膨]胀系数	α_v,γ	每摄氏度	$℃^{-1}$	$1℃^{-1} = 1K^{-1}$
相对压力系数	α_p			
压力系数	β	帕[斯卡]每开[尔文]	Pa/K	
		帕[斯卡]每摄氏度	Pa/℃	$1Pa/℃ = 1Pa/K$
压缩率	κ	每帕[斯卡]	Pa^{-1}	$1Pa^{-1} = 1m^2/N$
热,热量	Q	焦[耳]	J	$1J = 1N \cdot m$
热流量	Φ	瓦[特]	W	$1W = 1J/s$
热流[量]密度	q,φ	瓦[特]每平方米	W/m^2	
热导率,(导热系数)	λ,k	瓦[特]每米开[尔文]	$W/(m \cdot K)$	
		瓦[特]每米摄氏度	$W/(m \cdot ℃)$	$1W/(m \cdot ℃) = 1W/(m \cdot K)$
比内能	$u,(e)$	焦[耳]	J/kg	
比焓	$h,(i)$	每千克		

续表

量的名称	量的符号	单位名称	单位符号	备 注
比亥姆霍兹自由能，比亥姆霍兹函数	a,f	焦[耳]每千克	J/kg	
比吉布斯自由能，比吉布斯函数	g			
马修函数	J	焦[耳]每开[尔文]	J/K	
		焦[耳]每摄氏度	J/℃	1J/℃=1J/K
普朗克函数	Y	焦[耳]每开[尔文]	J/K	
		焦[耳]每摄氏度	J/℃	1J/℃=1J/K

三、惯用的非法定计量单位与法定计量单位的换算（表 11-1-13 ～ 表 11-1-20）

表 11-1-13 惯用的非法定计量单位与法定计量单位换算系数

量的名称及符号	法定单位名称及符号	惯用的非法定单位 名称	惯用的非法定单位 符号	换 算 系 数
长度 L,l	米 m	英寸	in	$1\,in=2.54\times10^{-2}\,m$
		英尺	ft	$1\,ft=0.3048\,m$
		码	yd	$1\,yd=0.9144\,m$
	海里	英里	mile	$1\,mile=1609.34\,m$
	nmile	埃	Å	$1\,Å=10^{-10}\,m$
面积 $A,(S)$	平方米 m^2	平方英寸	in^2	$1\,in^2=6.4516\times10^{-4}\,m^2$
		平方英尺	ft^2	$1\,ft^2=9.29030\times10^{-2}\,m^2$
		平方码	yd^2	$1\,yd^2=0.836127\,m^2$
	公顷 hm^2	平方英里	$mile^2$	$1\,mile^2=2.58999\times10^6\,m^2$
		公亩	a	$1\,a=10^2\,m^2$
	平方公里 km^2	公顷	ha	$1\,ha=1\,hm^2=10^4\,m^2$
		亩	亩	1 亩 $=6.6667\times10^2\,m^2$
体积 V	立方米 m^3	立方英寸	in^3	$1\,in^3=1.63871\times10^{-5}\,m^3$
	升	立方英尺	ft^3	$1\,ft^3=2.83168\times10^{-2}\,m^3$
	L,(1)	立方码	yd^3	$1\,yd^3=0.764555\,m^3$
热力学温度 T,Θ	开[尔文] K	兰氏度	°R	$t_R(°R)=\dfrac{9}{5}T(K)$
摄氏温度 t,θ	摄氏度 ℃	华氏度	°F	$t_F(°F)=\dfrac{9}{5}T(K)-459.67$
		度	deg	$1\,deg=1K$
速度 u,v w,c	米每秒 m/s 节 kn	英尺每秒	ft/s	$1\,ft/s=0.3048\,m/s$
		码每秒	yd/s	$1\,yd/s=0.9144\,m/s$
		英里每时	mile/h	$1\,mile/h=1.60934\,km/h$
		英节	kn(UK)	$1\,kn(UK)=0.51477\,m/s$
加速度 a 重力加速度 g	米每二次方秒 m/s^2	英尺每二次方秒	ft/s^2	$1\,ft/s^2=0.3048\,m/s^2$
		码每二次方秒	yd/s^2	$1\,yd/s^2=0.9144\,m/s^2$
		伽	Gal	$1\,Gal=0.01\,m/s^2$
[动力]黏度 $\eta,(\mu)$	帕[斯卡]秒 Pa·s	泊	P	$1\,P=0.1\,Pa\cdot s$
		厘泊	cP	$1\,cP=0.001\,Pa\cdot s$
		千克力秒每平方米	$kgf\cdot s/m^2$	$1\,kgf\cdot s/m^2=9.80665\,Pa\cdot s$

量的名称及符号	法定单位名称及符号	惯用的非法定单位		换　算　系　数
		名称	符号	
运动黏度 v	二次方米每秒 m^2/s	二次方英尺每秒 二次方码每秒 恩氏黏度 斯托克斯 厘斯托克斯	ft^2/s yd^2/s $°E$ St cSt	$1ft^2/s = 9.29030m^2/s$ $1yd^2/s = 0.836127m^2/s$ $1°E = 10^{-6}m^2/s$ $1St = 10^{-4}m^2/s$ $1cSt = 10^{-6}m^2/s$
质量 m	千克 kg 克 g 吨 t	盎司 克拉 磅 英担 美担 英吨 美吨	oz carat lb long cwt sh cwt ton ton(US)	$1oz = 28.3495g$ $1carat = 0.2g$ $1lb = 0.453592kg$ $1long cwt = 50.8023kg$ $1shcwt = 45.3592kg$ $1ton = 1016.05kg$ $1ton(US) = 907.185kg$
密度 ρ	千克每立方米 kg/m^3 吨每立方米 t/m^3	磅每立方英尺 磅每立方英寸 英吨每立方码 美吨每立方码	$1b/ft^3$ lb/in^3 ton/yd^3 $ton(US)/yd^3$	$1lb/ft^3 = 16.0185kg/m^3$ $1lb/in^3 = 27.6799t/m^3$ $1ton/yd^3 = 1.32894t/m^3$ $1ton(US)/yd^3 = 1.18655t/m^3$
线密度 p_l	千克每米 kg/m	磅每英寸 磅每英尺 磅每码 英吨每千码 英吨每英里	lb/in lb/ft lb/yd ton/1000yd ton/mile	$1lb/in = 17.8580kg/m$ $1lb/ft = 1.48816kg/m$ $1lb/yd = 0.496055kg/m$ $1ton/1000yd = 1.11116kg/m$ $1ton/mile = 0.631342kg/m$
面密度 $\rho_A(\rho_s)$	千克每平方米 kg/m^2	磅每平方英尺 盎司每平方英尺 磅每英亩 千克每公顷	lb/ft^2 oz/ft^2 lb/acre kg/ha	$1lb/ft^2 = 4.88243kg/m^2$ $1oz/ft^2 = 0.305152kg/m^2$ $1lb/acre = 1.12085 \times 10^{-4}kg/m^2$ $1kg/ha = 1 \times 10^{-4}kg/m^2$
转动惯量 $I, (J)$	千克二次方米 $kg \cdot m^2$	磅二次方英尺 磅二次方英寸 盎司二次方英寸	$lb \cdot ft^2$ $lb \cdot in^2$ $oz \cdot in^2$	$1lb \cdot ft^2 = 4.21401 \times 10^{-2}kg \cdot m^2$ $1lb \cdot in^2 = 2.92640 \times 10^{-4}kg \cdot m^2$ $1oz \cdot in^2 = 1.8290 \times 10^{-5}kg \cdot m^2$
力 F 重力 $W, (P, G)$	牛[顿] N	千克力 吨力 达因 磅力 英吨力 美吨力	kgf tf dyn lbf tonf ton(US)f	$1kgf = 9.80665N$ $1tf = 9.80665 \times 10^3N$ $1dyn = 10^{-5}N$ $1lbf = 4.44822N$ $1tonf = 9.96402 \times 10^3N$ $1ton(US)f = 8.89644 \times 10^3N$
力矩 M 转矩 力偶矩 T	牛[顿]米 $N \cdot m$	千克力米 吨力米 达因厘米 磅力英寸 磅力英尺 英吨力英尺	$kgf \cdot m$ $tf \cdot m$ $dyn \cdot cm$ $lbf \cdot in$ $lbf \cdot ft$ $tonf \cdot ft$	$1kgf \cdot m = 9.80665N \cdot m$ $1tf \cdot m = 9.80665 \times 10^3N \cdot m$ $1dyn \cdot cm = 10^{-7}N \cdot m$ $1lbf \cdot in = 0.112985N \cdot m$ $1lbf \cdot ft = 1.35582N \cdot m$ $1tonf \cdot ft = 3.03703 \times 10^3N \cdot m$
压力,压强 p	帕[斯卡] Pa	千克力每平方米 千克力每平方厘米 吨力每平方米 巴 工程大气压 标准大气压 托 米水柱 毫米汞柱	kgf/m^2 kgf/cm^2 tf/m^2 bar at atm Torr mH_2O mmHg	$1kgf/m^2 = 9.80665Pa$ $1kgf/cm^2 = 9.80665 \times 10^4Pa$ $1tf/m^2 = 9.80665 \times 10^3Pa$ $1bar = 10^5Pa$ $1at = 9.80665 \times 10^4Pa$ $1atm = 1.013250 \times 10^5Pa$ $1Torr = 1.333224 \times 10^2Pa$ $1mH_2O = 9.80665 \times 10^3Pa$ $1mmHg = 1.333224 \times 10^2Pa$

续表

量的名称及符号	法定单位名称及符号	惯用的非法定单位		换算系数
		名称	符号	
功 $W,(A)$ 能[量] $E,(W)$ 热,热量 Q	焦[耳] J 千瓦[特] [小]时 kW·h	尔格 千克力米 磅力英尺 英热单位 马力小时 英制马力小时 升工程大气压 升标准大气压 卡	erg kgf·m lbf·ft Btu 马力·时 HP·h L·at L·atm cal	$1erg = 10^{-7}J$ $1kgf·m = 9.80665J$ $1lbf·ft = 1.35582J$ $1Btu = 1.05506×10^3J$ $1 马力·时 = 2.6478×10^6J$ $1HP·h = 2.6845×10^6J$ $1L·at = 98.0665J$ $1L·atm = 101.325J$ $1cal = 4.1868J$
功率 P	瓦[特] W	千克力米每秒 [米制]马力 英制马力 千卡每小时	kgf·m/s 马力 HP,hp kcal/h	$1kgf·m/s = 9.80665W$ $1 马力 = 735.499W$ $1HP = 745.70W$ $1kcal/h = 1.163W$
比热容 c 比熵 s	焦[耳]每千克开 [尔文] J/(kg·K)	千卡每千克开尔文 热化学千卡每千克开尔文 千克力米每千克开尔文	$kcal_{IT}/(kg·K)$ $kcal_{th}/(kg·K)$ kgf·m/(kg·K)	$1kcal_{IT}/(kg·K) = 4.1868×10^3J/(kg·K)$ $1kcal_{th}/(kg·K) = 4.1840×10^3J/(kg·K)$ $1kgf·m/(kg·K) = 9.80665J/(kg·K)$
比内能 $u,(e)$ 比焓 $h,(i)$	焦[耳]每千克 J/kg	千卡每千克 热化学千卡每千克 千克力米每千克	$kcal_{IT}/kg$ $kcal_{th}/kg$ kgf·m/kg	$1kcal_{IT}/kg = 4.1868×10^3J/kg$ $1kcal_{th}/kg = 4.1840×10^3J/kg$ $1kgf·m/kg = 9.80665J/kg$
传热系数 h,a [总]传热系数 k,K	瓦[特]每平方米开 [尔文] W/(m²·K)	卡每平方厘米秒开尔文 千卡每平方米小时开尔文	$cal_{IT}/(cm^2·s·K)$ $kcal_{IT}/(m^2·h·K)$	$1cal_{IT}/(cm^2·s·K) = 4.1868×10^4W/(m^2·K)$ $1kcal_{IT}/(m^2·h·K) = 1.163W/(m^2·K)$
质量流量 q_m	千克每秒 kg/s 吨每[小]时 t/h	磅每秒 英吨每小时 美吨每小时	lb/s ton/h ton(US)/h	$1lb/s = 0.453592kg/s$ $1ton/h = 1.01605t/h$ $1ton(US)/h = 0.907185t/h$
体积流量 q_V	立方米每秒 m³/s 立方米每[小]时 m³/h 升每秒 L/s	立方英寸每秒 立方英尺每秒 立方码每秒 英加仑每秒 美加仑每秒	in³/s ft³/s yd³/s gal(UK)/s gal(US)/s	$1in^3/s = 16.3871mL/s$ $1ft^3/s = 28.3186L/s$ $1yd^3/s = 0.764555m^3/s$ $1gal(UK)/s = 4.54609L/s$ $1gal(US)/s = 3.78541L/s$
磁通[量] Φ	韦[伯] Wb	麦克斯韦	Mx	$1Ms \triangleq 10^{-8}Wb$
磁通[量]密度 磁感应强度 B	特[斯拉] T	高斯	Gs	$1Gs \triangleq 10^{-4}T$
磁场强度 H	安[培]每米 A/m	奥斯特	Oe	$1Oe \triangleq 79.5775A/m$
磁位差 U_m 磁通势 F,F_m	安[培] A	吉伯	Gb	$1Gb \triangleq 0.795775A$

注 1. [ ]内的字,是在不致混淆的情况下,可以省略的字。去掉[ ]内的字,即为单位名称的简称,如力矩单位名称为牛[顿]米,其简称为牛米;磁场强度单位名称为安[培]每米,其简称为安每米。

　　2. 单位的中文符号必须使用单位简称,如压力单位的中文符号为帕,不能用帕斯卡;磁场强度单位的中文符号为安/米,不能用安培/米。无单位简称时,可用单位全称作为单位中文符号,如质量单位名称为千克,其中文符号也是千克。

表 11-1-14   长 度 换 算

公 里	市 里	英 里	海 里	米	市 尺	英 尺	码	厘 米	市 寸	英 寸
1	2	0.6214	0.5400	1	3	3.2808	1.0936	1	0.3000	0.3937
0.5000	1	0.3107	0.2700	0.3333	1	1.0936	0.3645	3.3333	1	1.3123
1.6093	3.2187	1	0.8689	0.3048	0.9144	1	0.3333	2.5400	0.7620	1
1.8520	3.7040	1.1508	1	0.9144	2.7432	3	1	—	—	—

表 11-1-15   英 寸 和 毫 米 换 算

英寸	习惯称呼	毫米	英寸	习惯称呼	毫米	英寸	习惯称呼	毫米	英寸	习惯称呼	毫米
1/16	半分	1.5875	5/16	二分半	7.9375	9/16	四分半	14.2875	3/16	六分半	20.6375
1/8	一分	3.1750	3/8	三分	9.5250	5/8	五分	15.8750	7/8	七分	22.2250
3/16	一分半	4.7625	7/16	三分半	11.1125	11/16	五分半	17.4625	15/16	七分半	23.8125
1/4	二分	6.3500	1/2	四分	12.7000	3/4	六分	19.0500	1	一英寸	25.4000

表 11-1-16   面 积 换 算

平方公里	公顷	市亩	英亩	平方英里	平方米	平方市尺	平方英尺	平方码	平方厘米	平方市寸	平方英寸
1	100.00	1500.00	247.12	0.3861	1	9.0000	10.7643	1.1960	1	0.0900	0.1550
0.0100	1	15.00	2.4712	0.0039	0.1111	1	1.1960	0.1329	11.111	1	1.7222
0.0007	0.0667	1	0.1647	0.0003	0.0929	0.8361	1	0.1111	6.4516	0.5806	1
0.0040	0.4047	6.0716	1	0.0016	0.8361	7.5251	9.0000	1	—	—	—
2.5900	259.00	3885.0	640.00	1	—	—	—	—	—	—	—

表 11-1-17   单 位 长 度 的 质 量 换 算

克/厘米	盎司/英寸	公斤/米	磅/英尺	磅/码
1	0.0897	0.1000	0.0672	0.2016
11.1483	1	1.1148	0.7492	2.2475
10.0000	0.8966	1	0.6720	2.0159
14.8820	1.3348	1.4882	1	3
4.9605	0.4449	0.4961	0.3333	1

表 11-1-18   单 位 体 积 质 量 换 算

公斤/米^3	磅/英尺^3	吨/米^3	英吨/英尺^3	公斤/升	磅/英加仑
1	0.0624	0.001	0.00003	0.001	0.0100
16.0184	1	0.016	0.0005	0.016	0.1647
1000	62.5001	1	0.0300	1	10.0313
33333.33	2083.333	33.3333	1	33.3333	334.376
100.7800	6.2344	0.0997	0.0030	0.0997	1

表 11-1-19   应 力 换 算

公斤/厘米^2	磅/英寸^2	磅/英尺^2	吨/米^2	英吨/英尺^2
1	14.2234	198.72	10	0.9143
0.0703	1	144	0.7031	0.0643
0.0005	0.0069	1	0.0049	0.0004
0.1000	1.4222	204.8032	1	0.0914
1.0937	15.5546	2240	10.9366	1

表 11-1-20　　　　　　　　　　　　长度、面积、质量、容量进位和换算

		长　度			面　积			质　量			容　量	
	名称	代号	换算	名称	代号	换算	名称	代号	换算	名称	代号	换算
公制	微米	μ	1/1000000 米	毫米²	mm²	1/1000000 米²	毫克	mg	1/1000000 公斤	毫升	ml	1/1000 升
	忽米	cmm	1/100000 米	厘米²	cm²	1/10000 米²	厘克	cg	1/100000 公斤	厘升	cl	1/100 升
	丝米	dmm	1/10000 米	米²	m²		分克	dg	1/10000 公斤	分升	dl	1/10 升
	毫米	mm	1/1000 米	公亩	a	100 米²	克	g	1/1000 公斤	升	l	
	厘米	cm	1/100 米	公顷	ha	10000 米²	十克	dag	1/100 公斤	十升	dal	10 升
	分米	dm	1/10 米				百克	hg	1/10 公斤	百升	hl	100 升
	米	m					公斤	kg		千升	kl	1000 升
	十米	dam	10 米				公担	q	100 公斤			
	百米	hm	100 米				吨	t	1000 公斤			
	公里（千米）	km	1000 米									
市制	市毫		1/10000 市尺	市寸²		1/100 市尺²	市厘		1/10000 市斤	市合		1/100 市斗
	市厘		1/1000 市尺	市尺²			市分		1/1000 市斤	市升		1/10 市斗
	市分		1/100 市尺	市丈		100 市尺²	市钱		1/100 市斤	市斗		
	市寸		1/10 市尺	市分		600 市尺²	市两		1/10 市斤	市石		10 市斗
	市尺			市亩		6000 市尺²	市斤					
	市丈		10 市尺				市担		100 市斤			
	市里		1500 市尺									
英制	英分		1/8 英寸	英寸²	in²	1/144 英尺²	盎司	oz	1/16 磅	及耳	gi	1/32 加仑
	英丝		1/1000 英寸	英尺²	ft²		磅	lb		品脱	pt	1/8 加仑
	英寸	in	1/12 英尺	码²	yd²	9 英尺²	英吨	T	2240 磅	夸脱	qt	1/4 加仑
	英尺	ft		英亩	A	43560 英尺²				加仑	gal	277.42 英寸³
	码	yd	3 英尺							立方英寸		
	英里	mi	1760 码									

注　英制的英寸和英尺也可用符号（"）和（'）代替,加在数字右上角。

第二节　导线和钢绞线

一、钢芯铝绞线

（一）钢芯铝绞线结构排列

钢芯铝绞线结构排列见图 11-2-1。

（二）钢芯铝绞线标准

钢芯铝绞线标准见表 11-2-1～表 11-2-11。

表 11-2-1　　　　　　　　钢芯铝绞线 LGJ、LGJF 型规格（GB 1179—83）

标称截面 铝/钢 （mm²）	结构根数/直径 （mm）		计　算　截　面 （mm²）			外径 不大于 （mm）	直流电阻 不大于 （Ω/km）	计算 拉断力 （N）	计算质量 （kg/km）	交货长度 不小于 （m）
	铝	钢	铝	钢	总计					
10/2	6/1.50	1/1.50	10.60	1.77	12.37	4.50	2.706	4120	42.9	3000
16/3	6/1.85	1/1.85	16.13	2.69	18.82	5.55	1.779	6130	65.2	3000
25/4	6/2.32	1/2.32	25.36	4.23	29.59	6.96	1.131	9290	102.6	3000
35/6	6/2.72	1/2.72	34.86	5.81	40.67	8.16	0.8230	12630	141.0	3000

标称截面 铝/钢 （mm²）	结构根数/直径 （mm）		计 算 截 面 （mm²）			外径 （mm）	直流电阻 不大于 （Ω/km）	计算 拉断力 （N）	计算质量 （kg/km）	交货长度 不小于 （m）
	铝	钢	铝	钢	总计					
50/8	6/3.20	1/3.20	48.25	8.04	56.29	9.60	0.5946	16870	195.1	2000
50/30	12/2.32	7/2.32	50.73	29.59	80.32	11.60	0.5692	42620	372.0	3000
70/10	6/3.80	1/3.80	68.05	11.34	79.39	11.40	0.4217	23390	275.2	2000
70/40	12/2.72	7/2.72	69.73	40.67	110.40	13.60	0.4141	58300	511.3	2000
95/15	26/2.15	7/1.67	94.39	15.33	109.72	13.61	0.3058	35000	380.8	2000
95/20	7/4.16	7/1.85	95.14	18.82	113.96	13.87	0.3019	37200	408.9	2000
95/55	12/3.20	7/3.20	96.51	56.30	152.81	16.00	0.2992	78110	707.7	2000
120/7	18/2.90	1/2.90	118.89	6.61	125.50	14.50	0.2422	27570	379.0	2000
120/20	26/2.38	7/1.85	115.67	18.82	134.49	15.07	0.2496	41000	466.8	2000
120/25	7/4.72	7/2.10	122.48	24.25	149.73	15.74	0.2345	47880	526.6	2000
120/70	12/3.60	7/3.60	122.15	71.25	193.40	18.00	0.2364	98370	895.6	2000
150/8	18/3.20	1/3.20	144.76	8.04	152.80	16.00	0.1989	32860	461.4	2000
150/20	24/2.78	7/1.85	145.68	18.82	164.50	16.67	0.1980	46630	549.4	2000
150/25	26/2.70	7/2.10	148.86	24.25	173.11	17.10	0.1939	54110	601.0	2000
150/35	30/2.50	7/2.50	147.26	34.36	181.62	17.50	0.1962	65020	676.2	2000
185/10	18/3.60	1/3.60	183.22	10.18	193.40	18.00	0.1572	40880	584.0	2000
185/25	24/3.15	7/2.10	187.04	24.25	211.29	18.90	0.1542	59420	706.1	2000
185/30	26/2.98	7/2.32	181.34	29.59	210.93	18.88	0.1592	64320	732.6	2000
185/45	30/2.80	7/2.80	184.73	43.10	227.83	19.60	0.1564	80190	848.2	2000
210/10	18/3.80	1/3.80	204.14	11.34	215.48	19.00	0.1411	45140	650.7	2000
210/25	24/3.33	7/2.22	209.02	27.10	236.12	19.98	0.1380	65990	789.1	2000
210/35	26/3.22	7/2.50	211.73	34.36	246.09	20.38	0.1363	74250	853.9	2000
210/50	30/2.98	7/2.98	209.24	48.82	258.06	20.86	0.1381	90830	960.8	2000
240/30	24/3.60	7/2.40	244.29	31.67	275.96	21.60	0.1181	75620	922.2	2000
240/40	26/3.42	7/2.66	238.85	38.90	277.75	21.66	0.1209	83370	964.3	2000
240/55	30/3.20	7/3.20	241.27	56.30	297.57	22.40	0.1198	102100	1108	2000
300/15	42/3.00	7/1.67	296.88	15.33	312.21	23.01	0.09724	68060	939.8	2000
300/20	45/2.93	7/1.95	303.42	20.91	324.33	23.43	0.09520	75680	1002	2000
300/25	48/2.85	7/2.22	306.21	27.10	333.31	23.76	0.09433	83410	1058	2000
300/40	24/3.99	7/2.66	300.09	38.90	338.99	23.94	0.09614	92220	1133	2000
300/50	26/3.83	7/2.98	299.54	48.82	348.36	24.26	0.09636	103400	1210	2000
300/70	30/3.60	7/3.60	305.36	71.25	376.61	25.20	0.09463	128000	1402	2000

续表

标称截面 铝/钢 （mm²）	结构根数/直径 （mm）		计算截面 （mm²）			外径 （mm）	直流电阻 不大于 （Ω/km）	计算 拉断力 （N）	计算质量 （kg/km）	交货长度 不小于 （m）
	铝	钢	铝	钢	总计					
400/20	42/3.51	7/1.95	406.40	20.91	427.31	26.91	0.07104	88850	1286	1500
400/25	45/3.33	7/2.22	391.91	27.10	419.01	26.64	0.07370	95940	1295	1500
400/35	48/3.22	7/2.50	390.88	34.36	425.24	26.82	0.07389	103900	1349	1500
400/50	54/3.07	7/3.07	399.73	51.82	451.55	27.63	0.07232	123400	1511	1500
400/65	26/4.42	7/3.44	398.94	65.06	464.00	28.00	0.07236	135200	1611	1500
400/95	30/4.16	19/2.50	407.75	93.27	501.02	29.14	0.07087	171300	1860	1500
500/35	45/3.75	7/2.50	497.01	34.36	531.37	30.00	0.05812	119500	1642	1500
500/45	48/3.60	7/2.80	488.58	43.10	531.68	30.00	0.05912	128100	1688	1500
500/65	54/3.44	7/3.44	501.88	65.06	566.94	30.96	0.05760	154000	1897	1500
630/45	45/4.20	7/2.80	623.45	43.10	666.55	33.60	0.04633	148700	2060	1200
630/55	48/4.12	7/3.20	639.92	56.30	696.22	34.32	0.04514	164400	2209	1200
630/80	54/3.87	19/2.32	635.19	80.32	715.51	34.82	0.04551	192900	2388	1200
800/55	45/4.80	7/3.20	814.30	56.30	870.60	38.40	0.03547	191500	2690	1000
800/70	48/4.63	7/3.60	808.15	71.25	879.40	38.58	0.03574	207000	2791	1000
800/100	54/4.33	19/2.60	795.17	100.88	896.05	38.98	0.03635	241100	2991	1000

注　LGJF型的计算质量，应在表11-2-1规定值中增加防腐涂料的质量，其增值为：钢芯涂防腐涂料者增加20%，内部铝钢各层间涂防腐涂料者增5加%。

表11-2-2　　　　　　　　　　　钢芯铝绞线 LGJ、LGJF 型节径比

结构元件	绞层	节径比	
		最小	最大
钢芯	6 根层	13	28
	12 根层	12	24
铝芯	内层	10	17
	邻外层	10	16
	外层	10	14

表11-2-3　　　　　　　　　　　导线检验项目

序　号	项　目	条文号	验收规则	试验方法
1	结构尺寸	5	T，S	
	直径	5·1·1,5·2·1		JB 1071—77
	节径比	5·1·2,5·2·2		划印法
2	外观	7·3	T，S	目力观察
3	材料	4	T，S	GB 3955—83 及 GB 3428—82
4	工艺质量	6	T，S	目力观察及工艺参数
5	铝线机械性能	7·1·1,7·1·2	T，S	GB 3955—83
	铝线电阻率	7·1·3	T，S	GB 3048.2—83
6	钢丝性能	7·2	T，S	GB 3428—82
7	长度	7·4	R	用计米器测量

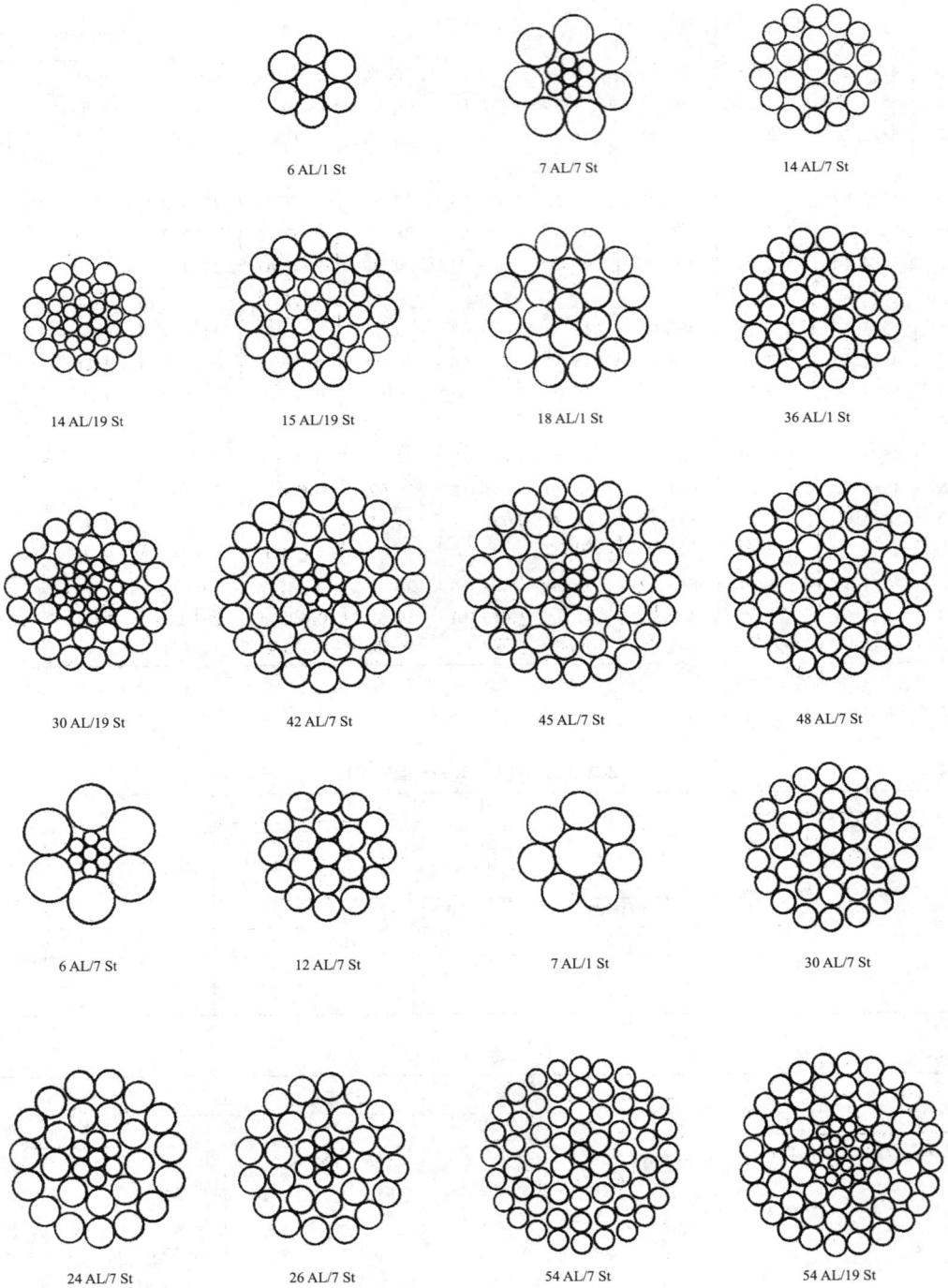

6 AL/1 St   7 AL/7 St   14 AL/7 St

14 AL/19 St   15 AL/19 St   18 AL/1 St   36 AL/1 St

30 AL/19 St   42 AL/7 St   45 AL/7 St   48 AL/7 St

6 AL/7 St   12 AL/7 St   7 AL/1 St   30 AL/7 St

24 AL/7 St   26 AL/7 St   54 AL/7 St   54 AL/19 St

图 11-2-1   钢芯铝绞线结构排列图

表 11-2-4　　　　　　　　　　　　　　　　　钢芯铝绞线的绞合常数

结　　构		铝钢股线直径比	绞　合　常　数		
铝	钢		电　阻	质　　量	
				铝	钢
6	1	1.000	0.1692	6.091	1.000
7	7	2.250	0.1452	7.117	7.032
12	7	1.000	0.08514	12.26	7.032
18	1	1.000	0.05660	18.34	1.000
24	7	1.500	0.04253	24.50	7.032
26	7	1.286	0.03928	26.56	7.032
30	7	1.000	0.03408	30.67	7.032
30	19	1.666	0.03408	30.67	19.15
42	7	1.800	0.02432	42.90	7.032
45	7	1.500	0.02271	45.98	7.032
48	7	1.286	0.02129	49.06	7.032
54	7	1.000	0.01894	55.23	7.032
54	19	1.666	0.01894	55.23	19.15

注　表中常数按表 11-2-2 中最小和最大节径比的平均值计算。

表 11-2-5　　　　　　　　　　　　　钢芯铝绞线的弹性系数和线膨胀系数

结　　构		铝钢截面比	最终弹性系数（实际值）		线膨胀系数（计算值）
铝	钢		（N/mm^2）	（kgf/mm^2）	（1/℃）
6	1	6.00	79000	8100	19.1×10^{-6}
7	7	5.06	76000	7700	18.5×10^{-6}
12	7	1.71	105000	10700	15.3×10^{-6}
18	1	18.00	66000	6700	21.2×10^{-6}
24	7	7.71	73000	7400	19.6×10^{-6}
26	7	6.13	76000	7700	18.9×10^{-6}
30	7	4.29	80000	8200	17.8×10^{-6}
30	19	4.37	78000	8000	18.0×10^{-6}
42	7	19.44	61000	6200	21.4×10^{-6}
45	7	14.46	63000	6400	20.9×10^{-6}
48	7	11.34	65000	6600	20.5×10^{-6}
54	7	7.71	69000	7000	19.3×10^{-6}
54	19	7.90	67000	6800	19.4×10^{-6}

注　1. 弹性系数值的精确度为 ±3000N/mm^2（±300kgf/mm^2）。

　　2. 弹性系数适用于受力在 15%～50% 计算拉断力的钢芯铝绞线。

表 11-2-6　　　　　　　　　　　　　　　　圆 铝 线 的 机 械 性 能

标称线径	抗 拉 强 度　不 小 于			
	绞　前		绞　后	
（mm）	（N/mm^2）	（kgf/mm^2）	（N/mm^2）	（kgf/mm^2）
1.25	200	20.4	190	19.4
1.26～1.50	193	19.7	183	18.7
1.51～1.75	188	19.2	178	18.2
1.76～2.00	184	18.8	176	17.9
2.01～2.25	180	18.4	172	17.5
2.26～2.50	176	18.0	168	17.1
2.51～2.75	173	17.6	164	16.7
2.76～3.00	169	17.2	160	16.3
3.01～3.25	166	16.9	157	16.0
3.26～3.50	164	16.7	156	15.9
3.51～3.75	162	16.5	154	15.7
3.76～4.20	160	16.3	152	15.5
4.26～5.00	159	16.2	151	15.4

表 11-2-7　　　　　钢芯镀锌钢丝的机械性能及锌层技术要求

标称线径 d (mm)	伸长1%的应力 不小于		抗拉强度不小于				锌层质量 不小于 (g/m²)	1min 浸置次数 不小于	附　着　性	
			绞　前		绞　后				试棒直径 (mm)	卷绕
	(N/mm²)	(kgf/mm²)	(N/mm²)	(kgf/mm²)	(N/mm²)	(kgf/mm²)				
1.25~1.50	1172	119.5	1310	133.6	1244	126.9	183	2	4d	(1)紧密卷绕8圈 (2)卷绕结果:锌层不得开裂,或者用手指擦锌层时无脱落的起皮
1.51~1.75	1172	119.5	1310	133.6	1244	126.9	198	2		
1.76~2.25	1172	119.5	1310	133.6	1244	126.9	214	2½		
2.26~2.75	1138	116.0	1310	133.6	1244	126.9	229	3		
2.76~3.00	1138	116.0	1310	133.6	1244	126.9	244	3½		
3.01~3.50	1103	112.5	1310	133.6	1244	126.9	244	3½		
3.51~3.80	1103	112.5	1310	133.6	1244	126.9	259	4	5d	

（三）钢芯铝绞线标准说明（GB 1197—83）

1. 中国标准与国际标准的关系

本标准的规定与国际电工委员会 IEC 207—1966 及 IEC 209—1966 的规定相一致。

2. 钢芯铝绞线的型号

LGJ 型号为钢芯铝绞线。

LGJF 型号为防腐钢芯铝绞线。

3. 钢芯铝绞线表示方法

产品用型号、规格及本标准编号表示。

例如：标称截面为铝 $300mm^2$，钢 $50mm^2$ 的钢芯铝绞线，表示为：

LGJ—300/50　GB 1179—83

4. 材料

圆铝线应符合 GB 3955—83《电工圆铝线》中 H9 状态的 LY9 型硬圆铝线的规定。

镀锌钢丝应符合 GB 3428—82《钢芯铝绞线用镀锌钢丝》的规定。

防腐涂料应呈中性，滴点应不低于 110℃，且具有耐气候性能。

5. 成品绞线

（1）绞后圆铝线的性能应符合下列规定：

1）抗拉强度应不小于 GB 3955—83 中 LY9 型抗拉强度最小值的 95%，试验时夹具的移动速度应为 25~100mm/min（参见表 11-2-6）。

2）卷绕性能应符合 GB 3955—83 中 LY9 型的规定。

3）20℃ 时的电阻率应不大于 $0.028264\Omega \cdot mm^2/m$。

（2）绞后镀锌钢丝的性能应符合下列规定：

1）抗拉强度应不小于 $1244N/mm^2$。试验时夹具移动速度为 25~100mm/min。

2）伸长 1% 时的应力应符合 GB 3428—82 规定（参见表 11-2-7）。

3）韧性试验，在扭转试验或伸长率试验中任选

一种。

扭转速度应不超过每分钟 60 转，100 倍线径长度试样上的扭转数应不少于 16 次。

伸长率试验时，标距长度为 200mm 试样的伸长率应不小于 35%。

4）卷绕性能应符合 GB 3428—82 的规定。

5）锌层的质量、附着性及均匀性应符合 GB 3428—82 规定（参见表 11-2-7）。

6. 钢芯铝绞线的结构

（1）绞线中铝线和钢丝的根数和标称直径应符合表 11-2-1 的规定。

（2）绞合节径比应符合表 11-2-2 的规定。

任一绞层铝线或钢丝的节径比应分别不大于其相邻内层的节径比。

相邻层的绞向应相反，铝线最外层为右向。

（3）防腐钢芯铝绞线，根据用户要求，可在钢芯铝绞线的任何指定层间，均匀地涂敷防腐涂料。

7. 钢芯铝绞线的参数

表 11-2-1 中钢芯铝绞线的结构参数是根据表 11-2-4 所列相应的铝钢股线直径比计算的。钢芯铝绞线中钢芯的导电性可忽略不计。绞线的电阻只按铝线的电阻计算。任何长度绞线的电阻，等于一根与绞线等长的铝线电阻乘以表 11-2-4 中相应的绞合电阻常数。

钢芯铝绞线的质量，等于一根与绞线等长的股线的质量乘以表 11-2-4 中相应的绞合质量常数，按钢芯与铝线部分的质量分别计算后加在一起得出。计算时镀锌钢丝的密度取 $7.80kg/dm^3$。

8. 绞线拉断力

铝绞线及钢芯铝绞线的计算拉断力 F_T 的计算及说明见式（3-2-4）。

（四）美国标准（ASTM Standard-B 232-72a）

美国标准见表 11-2-8。

表 11-2-8　　　　　　　　　　　　钢 芯 铝 绞 线 规 格

牌号 Code word	导体线规 Conductors size (Aluminium) CM (AWG)	股　数 Stranding 铝线 Aluminium (No./mm)	钢线 Steel (No./mm)	计算外径 Calculated overall diameter 成品 A. C. S. R (mm)	钢芯 Steel core (mm)	计算截面 Calculated sectional area 铝线 Aluminium (mm²)	钢线 Steel (mm²)	总和 Total (mm²)
Falcon	* 1590000	54/4.359	19/2.616	39.23	13.08	805.7	102.1	907.8
Lapwing	* 1590000	45/4.775	7/3.183	38.19	9.549	806.0	55.70	861.7
Parrot	1510500	54/4.247	19/2.548	38.22	12.74	765.2	96.88	862.1
Nuthatch	1510500	45/4.635	7/3.101	37.22	9.303	765.0	52.87	817.87
Plover	* 1431000	54/4.135	19/2.482	37.22	12.41	725.2	19.12	817.12
Bobolink	* 1431000	45/4.529	7/3.020	36.23	9.060	725.0	50.14	775.14
Martin	1351500	54/4.018	19/2.410	36.16	12.05	684.7	86.68	771.38
Dipper	1351500	45/4.402	7/2.934	35.21	8.802	684.9	47.33	732.23
Pheasant	* 1272000	54/3.899	19/2.339	35.09	11.70	644.8	81.64	726.44
Bittern	* 1272000	45/4.270	7/2.847	34.16	8.541	644.4	44.56	688.96
Skylark	1272000	36/4.775	1/4.775	33.43	4.775	644.8	17.91	662.71
Grackle	1192500	54/3.774	19/2.266	33.97	11.33	604.3	76.82	681.12
Bunting	1192500	45/4.135	7/2.756	33.07	8.268	604.4	41.76	646.16
Finch	* 1113000	54/3.647	19/2.189	32.83	10.95	565.4	71.50	636.9
Bluejay	* 1113000	45/3.995	7/2.664	31.96	7.992	564.3	39.02	603.32
Curlew	1033500	54/3.513	7/3.513	31.62	10.54	523.4	67.85	591.25
Ortolan	1033500	45/3.848	7/2.565	30.78	7.695	523.4	36.17	559.57
Tanager	1033500	36/4.303	1/4.303	30.12	4.303	523.4	14.54	537.94
Cardinal	* 954000	54/3.376	7/3.376	30.39	10.13	4.834	62.88	546.06
Rail	* 954000	45/3.698	7/2.466	29.59	7.398	483.3	33.43	516.73
Catbird	954000	36/4.135	1/4.135	28.95	4.135	483.5	13.43	496.93
Canary	900000	54/3.279	7/3.279	29.51	9.837	456.0	59.11	515.11
Ruddy	900000	45/3.592	7/2.395	28.74	7.185	455.9	31.54	487.44
Mallard	795000	30/4.135	19/2.482	28.95	12.41	402.9	91.92	494.82
Condor	795000	54/3.081	7/3.081	27.73	9.243	402.6	52.19	454.79
Tern	795000	45/3.376	7/2.250	27.01	6.750	402.8	27.83	430.63
Coot	795000	36/3.774	1/3.774	26.42	3.774	402.8	11.19	413.99
Drake	* 795000	26/4.442	7/3.454	28.13	10.36	403.00	65.59	468.59
Cuckoo	* 795000	24/4.623	7/3.081	27.73	9.243	403.0	52.19	455.19
Redwing	715500	30/3.922	19/2.352	27.45	11.76	362.4	82.56	444.96
Starling	715500	26/4.214	7/3.277	26.69	9.831	362.7	59.04	421.74
Stilt	715500	24/4.387	7/2.924	26.32	8.772	362.9	47.01	409.91
Gannet	666600	26/4.067	7/3.162	25.75	9.486	337.7	54.97	392.67
Flamingo	666600	24/4.234	7/2.822	25.40	8.466	337.9	43.79	381.69
Swift	636600	36/3.376	1/3.376	23.63	3.376	322.2	8.951	331.15
Egret	636600	30/3.689	19/2.220	25.89	11.10	322.2	73.55	395.75
Scoter	636600	30/3.698	7/3.698	25.89	11.09	322.2	75.18	397.38
Grosbeak	* 636600	26/3.973	7/3.089	25.15	9.267	322.4	52.46	374.86
Rook	* 636600	24/4.135	7/2.756	24.80	8.268	332.3	41.76	364.06
Kingbird	* 636600	18/4.775	1/4.775	23.88	4.775	322.4	17.91	340.31
Teal	605000	30/3.607	19/2.164	25.25	10.82	306.6	69.88	376.48

*　最通用的选择规格。

续表

标称千米质量 Nominal weight per km			拉断力 Nominal breaking load	最大直流电阻 Maximum dc resistance	交货长度 Nominal length	轴盘规格 Reel designation	包装质量 Weight of package	
铝 Aluminium	钢 Steel	成品 A. C. S. R					净重 Net	毛重 Gross
（kg）			（kg）	（Ω/km）20℃	（m）	—	（kg）	
2244	799.3	3043	24700	0.03601	1100	PL2240	3344	4139
2232	435.1	2667	19200	0.03583	1100	PL2240	2933.7	3728.7
2130	758.3	2888	22500	0.03794	1100	PL2240	3176.8	3971.8
2120	413.0	2553	18200	0.03774	1150	PL2240	2912.95	3707.95
2019	719.5	2739	22300	0.04002	1150	PL2240	3149.85	3944.85
2009	391.7	2401	17400	0.03984	1350	PL2240	3241.35	4036.35
1906	678.4	2584	21000	0.04238	1350	PL2240	3488.4	4283.4
1898	369.7	2268	16600	0.04216	1400	PL2240	3175.2	3970.2
1795	639.0	2434	19800	0.04501	1400	PL2240	3407.60	4202.6
1785	348.1	2133	15500	0.04480	1550	PL2000	3306.16	3880.16
1777	139.3	1916	12000	0.04457	1550	PL2000	2969.8	3543.8
1682	599.8	2282	19000	0.04803	1550	PL2000	3537.1	4111.1
1674	326.2	2000	14500	0.04779	1600	PL2000	3200	3774
1571	559.7	2131	17800	0.05144	1600	PL2000	3409.6	3983.4
1563	304.7	1868	13600	0.05118	1800	PL2000	3362.4	3936.4
1450	529.5	1980	16600	0.05518	1800	PL2000	3564	4138
1450	282.5	1733	12600	0.05517	1750	PL1800	3032.75	3478.75
1443	113.1	1556	9710	0.05488	1800	PL1800	2800.8	3246.8
1339	488.9	1828	15400	0.05973	1750	PL1800	3199.0	3645
1339	261.2	1600	11700	0.05975	1780	PL1800	2848	3294
1333	104.5	1438	8980	0.05944	2000	PL1800	2876	3322
1264	461.3	1725	14500	0.06332	1750	PL1800	3018.75	3464.75
1263	246.3	1509	11100	0.06332	2000	PL1800	3018	3464
1119	719.5	1839	17400	0.07186	2000	PL1800	3678	4124
1115	407.2	1522	12800	0.07173	2100	PL1800	3196.2	3642.2
1116	217.4	1333	10000	0.07168	2350	PL1800	3132.55	3578.55
1110	87.03	1197	7610	0.07134	2400	PL1800	2872.8	3318.8
1116	512.3	1628	14300	0.07167	2050	PL1800	3337.4	3783.4
1116	407.6	1524	12700	0.07166	2100	PL1800	3200.4	3646.4
1007	646.1	1653	15700	0.07987	2100	PL1800	3471.3	3917.3
1005	461.2	1466	12900	0.07963	2350	PL1800	3445.1	3891.1
1005	367.1	1372	11600	0.07961	2400	PL1800	3292.8	3738.8
935.7	429.3	1365	12000	0.08551	2450	PL1800	3344.25	3790.25
936.3	342.0	1278	10800	0.08546	2450	PL1800	3131.1	3577.1
888.6	69.64	958.2	6240	0.08916	3100	PL1800	2970.42	3416.42
894.8	575.5	1470	14300	0.08984	2450	PL1800	3601.5	4047.5
894.8	587.8	1483	13800	0.08984	2450	PL1800	3633.35	4079.35
893.0	409.8	1303	11500	0.08957	2700	PL1800	3518.1	3964.1
893.0	326.2	1219	10300	0.08960	2700	PL1800	3291.3	3737.3
888.6	139.3	1028	7120	0.08914	2800	PL1800	2878.4	3324.4
851.4	546.9	1398	13600	0.09443	2500	PL1800	3495	3941

续表

牌号 Code word	导体线规 Conductors size (Aluminium) CM (AWG)	股　数 Stranding		计算外径 Calculated overall diameter		计算截面 Calculated sectional area		
		铝线 Aluminium	钢线 Steel	成品 A. C. S. R	钢芯 Steel core	铝线 Aluminium	钢线 Steel	总和 Total
		(No. /mm)		(mm)		(mm²)		
Wood Duck	605000	30/3.607	7/3.607	25.25	10.82	306.6	71.54	378.14
squab	605000	26/3.874	7/3.012	24.53	9.026	306.5	79.88	356.38
Peacock	605000	24/4.034	7/2.690	24.21	8.070	306.7	39.78	346.48
Eagle	556500	30/3.459	7/3.459	24.21	10.38	281.9	65.78	347.68
Dove	* 556500	26/3.716	7/2.891	23.53	8.673	282.1	45.95	328.05
Parakeet	* 556500	24/3.868	7/2.578	23.20	7.734	282.0	36.54	318.54
Osprey	* 556500	18/4.465	1/4.465	22.33	4.465	281.9	15.66	297.56
Hen	* 477000	30/3.203	7/3.203	22.42	9.609	241.7	56.41	298.11
Hawk	* 477000	26/3.439	7/2.675	21.78	8.025	241.5	39.34	280.84
Flicker	* 477000	24/3.581	7/2.388	21.48	7.164	241.7	31.35	273.05
Pelican	* 477000	18/4.135	1/4.135	20.68	4.135	241.7	13.43	255.13
Lark	* 397500	30/2.924	7/2.924	20.47	8.772	201.5	47.01	248.51
Lbis	* 397500	26/3.139	7/2.441	19.88	7.323	201.2	32.76	233.96
Brant	* 397500	24/3.269	7/2.179	19.61	6.537	201.4	26.10	227.50
Chickadee	* 397500	18/3.774	1/3.774	18.87	3.774	201.4	11.19	212.59
Oriole	* 336400	30/2.690	7/2.690	18.83	8.070	170.5	39.78	210.28
Linnet	* 336400	26/2.888	7/2.245	18.28	6.735	170.3	27.78	198.01
Merlin	* 336400	18/3.472	7/3.472	17.36	3.472	170.4	9.468	179.87
Ostrich	* 300000	26/2.728	7/2.121	17.27	6.363	152.0	24.73	176.73
Partridge	* 266800	26/2.573	7/2.002	16.29	6.006	135.2	22.04	157.24
Waxwing	* 266800	18/3.091	1/3.091	15.46	3.091	135.1	7.504	142.60
Penguin	* (4/0)	6/4.770	1/4.770	14.31	4.770	107.2	17.87	125.07
Pigeon	* (3/0)	6/4.247	1/4.247	12.74	4.247	85.02	14.17	99.19
Ouail	* (2/0)	6/3.782	1/3.782	11.35	3.782	67.38	11.23	78.61
Raven	* (1/0)	6/3.371	1/3.371	10.11	3.371	53.55	8.925	62.48
Robin	* (1)	6/3.000	1/3.000	9.000	3.000	42.41	7.069	49.48
Sparate	* (2)	7/2.474	1/3.299	8.247	3.299	33.65	8.548	42.20
Sparrow	* (2)	6/2.672	1/2.672	8.016	2.672	33.64	5.607	39.25
Swanate	* (4)	7/1.961	1/2.614	6.536	2.614	21.14	5.367	25.50
Swan	* (4)	6/2.118	1/2.118	6.354	2.118	21.14	3.523	24.66
Turkey	* (6)	6/1.679	1/1.679	5.037	1.679	13.28	2.214	15.49
Cochin	Δ211300	12/3.371	7/3.371	16.86	10.11	107.1	62.48	169.58
Brahma	Δ203200	16/2.863	19/2.482	18.14	12.41	103.0	91.92	194.92
Dorking	Δ190800	12/3.203	7/3.203	16.02	9.609	96.70	56.41	153.11
Dotterel	Δ176900	12/3.084	7/3.084	15.42	9.252	89.64	52.29	141.93
Guinea	Δ159000	12/2.924	7/2.924	14.62	8.772	80.58	47.01	127.59
Leghorn	Δ134600	12/2.690	7/2.690	13.45	8.070	68.20	39.78	107.98
Minorca	Δ110800	12/2.441	7/2.441	12.21	7.323	56.16	32.76	88.92
Petrel	Δ101800	12/2.339	7/2.339	11.70	7.017	51.56	30.08	88.64
Grouse	Δ80000	8/2.540	1/4.242	9.332	4.242	40.54	14.13	54.67

* 最通用的选择规格。

Δ High strength type A. C. S. R.

标称千米重 Nominal weight per km			拉断力 Nominal breaking load	最大直流电阻 Maximum dc resistance	交货长度 Nominal length	轴盘规格 Reel designation	包装质量 Weight of package	
铝 Aluminium	钢 Steel	成品 A. C. S. R					净重 Net	毛重 Gross
（kg）			（kg）	（Ω/km）20℃	（m）	—	（kg）	
851. 4	559. 3	1411	13200	0. 09443	2500	PL1800	3527. 5	3973. 5
849. 1	389. 6	1239	11000	0. 09422	2750	PL1800	3407. 25	3853. 25
849. 9	310. 8	1161	9790	0. 09413	2750	PL1800	3192. 75	3638. 75
783. 0	514. 3	1297	12600	0. 1027	2750	PL1800	3566. 75	4012. 75
781. 1	358. 9	1140	10300	0. 1024	2850	PL1800	3249	3695
781. 3	285. 4	1067	8980	0. 1024	3100	PL1800	3307. 7	3753. 7
777. 0	121. 8	898. 8	6220	0. 1019	2200	PL1600	1797. 6	2124. 6
671. 4	441. 0	1112	10800	0. 1197	2200	PL1600	2224	2551
669. 2	307. 3	976. 5	8850	0. 1196	2200	PL1600	2148. 3	2475. 3
666. 6	244. 9	914. 5	7770	0. 1195	2200	PL1600	2011. 9	2338. 9
666. 5	104. 5	771. 0	5350	0. 1189	2300	PL1600	1773. 3	2100. 3
559. 5	367. 5	927. 0	9220	0. 1437	2500	PL1600	2317. 5	2644. 5
557. 5	255. 9	813. 4	7370	0. 1435	2600	PL1600	2114. 84	2441. 84
558. 2	203. 9	762. 1	6660	0. 1434	2600	PL1600	1981. 46	2308. 46
555. 2	87. 03	642. 2	4520	0. 1427	2900	PL1600	1861. 8	2188. 8
473. 5	311. 1	784. 6	7870	0. 1698	2900	PL1600	2275. 34	2602. 34
472. 0	216. 5	688. 5	6390	0. 1696	3200	PL1600	2203. 2	2530. 2
469. 8	73. 66	543. 5	3930	0. 1686	2500	PL1500	1358. 75	1642. 75
421. 1	193. 2	614. 3	5770	0. 1900	2500	PL1500	1535. 75	1819. 75
374. 4	172. 1	546. 5	5130	0. 2136	2900	PL1250	1584. 85	1868. 85
372. 3	58. 38	430. 7	3120	0. 2127	2000	PL1250	861. 4	931. 4
294. 1	139. 0	433. 1	3790	0. 2666	2000	PL1250	866. 2	936. 2
233. 2	110. 2	343. 4	3010	0. 3365	2500	PL1120	858. 5	928. 5
185. 0	87. 40	272. 4	2410	0. 4243	2700	PL1000	735. 48	878. 48
146. 9	69. 44	216. 3	1990	0. 5341	2300	PL1000	497. 49	510. 49
116. 4	54. 99	171. 4	1610	0. 6743	2850	PL1000	488. 49	501. 49
92. 29	66. 50	158. 8	1660	0. 8497	3100	PL1000	492. 28	505. 28
92. 32	43. 63	136. 0	1290	0. 8499	3200	PL1000	435. 2	548. 2
58. 01	41. 75	99. 76	1070	1. 353	3500×2	PL1120	698. 32	741. 32
58. 00	27. 41	85. 41	845	1. 353	2500×2	PL1000	427. 05	540. 05
36. 44	17. 23	53. 67	541	2. 152	3100	PL710	166. 38	223. 38
296. 7	488. 5	758. 2	9410	0. 2697	2600	PL1500	2041. 52	2225. 52
285. 4	722. 3	1008	12900	0. 2803	2250	PL1500	2268	2452
267. 9	441. 0	708. 9	8490	0. 2986	2900	PL1500	2055. 81	2339. 8
248. 3	408. 9	657. 2	7890	0. 3221	2000	PL1250	1314. 45	1484. 4
223. 2	367. 5	590. 7	7250	0. 3583	3100	PL1500	1831. 17	2115. 17
188. 9	311. 1	500. 0	6160	0. 4234	2300	PL1250	1150	1320
155. 6	256. 1	411. 7	5110	0. 5142	2850	PL1250	1173. 35	1343. 35
142. 8	235. 2	378. 0	4700	0. 5600	2350	PL1120	888. 3	1031. 3
111. 8	110. 0	221. 8	2370	0. 7089	2600	PL1000	576. 68	689. 68

（五）英国标准（British Standard-BS 215 Part 2：1970）

英国标准见表11-2-9。

表11-2-9 钢 芯 铝 绞 线 规 格

牌 号 Code word	标称铝截面 Nominal Aluminium area （mm²）	股 数 Stranding		计算外径 Calculated overall diameter		计算截面 Calculated sectional area		
		铝线 Aluminium （No./mm）	钢线 Steel	成品 A.C.S.R （mm）	钢芯 Steel core	铝线 Aluminium （mm²）	钢线 Steel	总和 Total
Gopher	25	6/2.36	1/2.36	7.08	2.36	26.24	4.38	30.62
weasel	30	6/2.59	1/2.59	7.77	2.59	31.61	5.27	36.88
Ferret	40	6/3.00	1/3.00	9.00	3.00	42.41	7.07	49.88
Rabbit	50	6/3.35	1/3.35	10.05	3.35	52.88	8.82	61.70
Horse	70	12/2.79	7/2.79	13.95	8.37	73.37	42.83	116.2
Dog	100	6/4.72	7/1.57	14.15	4.71	105.0	13.50	118.5
Wolf	150	30/2.59	7/2.59	18.13	7.77	158.1	36.80	194.9
Dingo	150	18/3.35	1/3.35	16.75	3.35	158.7	8.80	167.5
Lynx	175	30/2.79	7/2.79	19.53	8.37	183.4	42.80	226.2
Caracal	175	18/3.61	1/3.61	18.05	3.61	184.3	10.20	194.5
Panther	200	30/3.00	7/3.00	21.00	9.00	212.1	49.40	261.5
Jaguar	200	18/3.86	1/3.86	19.30	3.86	210.6	11.70	222.3
Zebra	400	54/3.18	7/3.18	28.62	9.54	428.9	55.60	484.5
Following Sizes are semi-standard								
Fox		6/2.79	1/2.79	8.37	2.79	36.68	6.12	42.80
Mink		6/3.66	1/3.66	10.89	3.66	63.12	10.52	73.64
Skunk		12/2.59	7/2.59	12.95	7.77	63.23	36.87	100.1
Beaver		6/3.99	1/3.99	11.97	3.99	75.00	12.50	87.50
Raccoon		6/4.09	1/4.09	12.27	4.09	78.84	13.14	91.50
Otter		6/4.22	1/4.22	12.66	4.22	83.94	13.99	97.93
Cat		6/4.50	1/4.50	13.50	4.50	95.40	15.90	111.3
Hare		6/4.72	1/4.72	14.16	4.72	105.0	17.50	122.5
Hyena		6/4.39	7/1.93	14.57	5.79	106.0	20.50	126.5
Leopard		6/5.28	7/1.75	15.81	5.25	131.4	16.80	148.2
Tiger		30/2.36	7/2.36	16.52	7.08	131.2	30.60	161.8
Coyote		26/2.54	7/1.91	15.89	5.73	131.7	20.10	151.8
Lion		30/3.18	7/3.18	22.26	9.54	238.3	55.60	293.9
Bear		30/3.35	7/3.35	23.45	10.05	264.4	61.70	326.1
Goat		30/3.71	7/3.71	25.97	11.13	324.3	75.70	400.0
Antelope		54/2.97	7/2.97	26.73	8.91	374.1	48.50	422.6
Sheep		30/3.99	7/3.99	27.93	11.97	375.0	87.50	462.5
Bison		54/3.00	7/3.00	27.00	9.00	381.7	49.50	431.2
Deer		30/4.27	7/4.27	29.89	12.81	429.6	100.2	529.8
Camel		54/3.35	7/3.35	30.15	10.05	476.0	61.7	537.7
Elk		30/4.50	7/4.50	31.50	13.50	477.0	111.3	588.3
Moose		54/3.53	7/3.50	31.77	10.59	528.5	68.5	579.0

标称千米重 Nominal weight per km			最大直流电阻 Maximum dc resistance	拉断力 Nominal breaking load	交货长度 Nominal length	轴盘规格 Reel designation	包装质量 Weight of package	
铝 Aluminium	钢 Steel	成品 A. C. S. R					净重 Net	毛重 Gross
（kg）			（Ω/km）20℃	（kg）	（m）	—	（kg）	
72.0	34.1	106	1.093	980	3200	PL1000	339.2	452.2
86.7	41.1	128	0.9077	1170	3200	PL1000	409.6	522.6
116.4	55.1	172	0.6766	1550	2850	PL1000	490.2	603.2
145.1	68.8	214	0.5426	1870	2300	PL1000	492.2	605.2
202.7	335.4	538	0.3936	6240	2300	PL1250	1237.4	1407.4
288.1	106.2	394	0.2733	3330	2000	PL1250	788	958
436.7	288.9	726	0.1828	7060	2250	PL1500	1633.5	1917.5
436.9	68.75	506	0.1815	3640	2600	PL1500	1315.6	1599.6
507.0	335.4	842	0.1576	8140	2600	PL1600	2189.2	2516.2
507.5	79.84	587	0.1563	4190	2250	PL1500	1320.75	1604.75
586.1	387.7	974	0.1363	9410	2200	PL1600	2142.8	2469.8
580.1	91.28	671	0.1367	4750	2600	PL1600	1744.6	2071.6
1185.8	435.6	1621	0.0674	13450	2000	PL1800	3242	3688
100.7	47.69	148	0.7822	1340	3000	PL1250	444	557
173.2	82.06	255	0.4546	2220	2700	PL1250	688.5	831.5
174.6	288.9	464	0.4568	5400	2400	PL1250	1113.6	1283.6
205.8	97.50	303	0.3836	2630	2850	PL1250	863.55	1033.55
216.3	102.5	319	0.3639	2760	2850	PL1250	909.15	1079.15
230.3	109.1	339	0.3418	2940	2500	PL1250	847.5	1017.5
261.8	124.0	386	0.3008	3330	2300	PL1250	887.5	1057.8
288.1	136.5	425	0.2733	3670	2000	PL1250	850	1020.0
290.8	160.5	451	0.2707	4180	3000	PL1500	1398.1	1682.1
360.5	131.9	492	0.2796	4160	2900	PL1500	1426.8	1710.8
362.5	239.9	602	0.2202	5910	2400	PL1500	1444.8	1728.8
363.9	157.2	521	0.2191	4730	2900	PL1500	1510.9	1794.9
658.5	435.6	1094	0.1213	10240	2000	PL1600	2188.0	2515
730.6	483.5	1214	0.1093	11340	3100	PL1800	3763.4	4209.4
896.2	529.9	1489	0.08912	13850	2400	PL1800	3573.6	4019.6
1034.5	380.0	1415	0.07728	12080	2300	PL1800	3254.5	3700.5
1036.3	685.6	1722	0.07705	15940	2100	PL1800	3616.2	4062.2
1055.4	387.7	1433	0.07574	12330	2350	PL1800	3367.55	3813.55
1187.2	785.5	1973	0.06727	16210	1800	PL1800	3551.4	3997.4
1315.6	483.5	1799	0.06074	14880	1800	PL1800	3238.2	3684.2
1318.2	872.0	2190	0.06059	20220	1800	PL2000	3942	4516.0
1460.8	536.9	1998	0.05470	16420	1800	PL2000	3596.4	4170.4

（六）德国标准 [German Standard DIN 48204（1972）]

德国标准见表 11-2-10。

表 11-2-10　　　　　钢芯铝绞线规格

标称导体规格 Nominal conductor size Al/St （mm²）	绞线股数 Stranding		计算外径 Calculated over diameter		计算截面 Calculated sectional area		
	铝线 Aluminium	钢线 Steel	成品 A.C.S.R	钢芯 Steel core	铝 Aluminium	钢 Steel	总和 Total
	（No. /mm）		（mm）		（mm²）		
16/2.5	6/1.8	1/1.8	5.4	—	15.3	2.55	17.9
25/4	6/2.25	1/2.25	6.8	—	23.8	4	27.8
35/6	6/2.7	1/2.7	8.1	—	34.3	5.7	40.0
44/32	14/2	7/2.4	11.2	7.2	44	31.7	75.7
50/8	6/3.2	1/3.2	9.6	—	48.3	8	56.3
50/30	12/2.33	7/2.33	11.7	6.99	51.2	29.8	81.0
70/12	26/1.85	7/1.44	11.7	4.32	69.9	11.4	81.3
95/15	26/2.15	7/1.67	13.6	5.01	94.4	15.3	109.7
95/55	12/3.2	7/3.2	16	9.6	96.5	56.3	152.8
105/75	14/3.1	19/2.25	17.5	11.25	105.7	75.5	181.2
120/20	26/2.44	7/1.9	15.5	5.7	121.6	19.8	141.4
120/70	12/3.6	7/3.6	18	10.8	122	71.3	193.3
125/30	30/2.33	7/2.33	16.1	6.99	127.9	29.8	157.1
150/25	26/2.7	7/2.1	17.1	6.31	148.9	24.2	173.1
170/40	30/2.7	7/2.7	18.9	8.1	171.8	40.1	211.9
185/30	26/3	7/2.33	19	6.99	183.8	29.8	213.6
210/35	26/3.2	7/2.49	20.3	7.47	209.1	34.1	243.2
210/50	30/3	7/3	21	9	212.1	49.5	261.6
230/30	24/3.5	7/2.33	21	6.99	230.9	29.8	260.7
240/40	26/3.45	7/2.68	21.9	8.04	243	39.5	282.5
265/35	24/3.74	7/2.49	22.4	7.47	263.7	34.1	297.8
300/50	26/3.86	7/3	24.5	9	304.3	49.5	353.8
305/40	54/2.68	7/2.68	24.1	8.04	304.6	39.5	344.1
340/30	48/3	7/2.33	25	6.99	339.3	29.8	369.1
380/50	54/3	7/3	27	9	382	49.5	431.5
385/35	48/3.2	7/2.49	26.7	7.74	386	34.1	420.1
435/55	54/3.2	7/3.2	28.8	9.6	434.3	56.3	490.6
450/40	48/3.45	7/2.68	28.7	8.04	448.7	39.5	488.2
490/65	54/3.4	7/3.4	30.6	10.2	490.3	63.6	553.9
495/35	45/3.74	7/2.49	29.9	7.47	494.1	34.1	528.2
510/45	48/3.68	7/2.87	30.7	8.61	510.2	45.3	555.5
550/70	54/3.6	7/3.6	32.4	10.8	550	71.3	621.3
560/50	48/3.86	7/3	32.2	9	561.7	49.5	611.2
570/40	45/4	7/2.68	32.2	8.04	565.5	39.5	605.0
632/45	45/4.23	7/2.87	34	8.61	632.1	45.3	677.4
680/85	54/4	19/2.4	36	12	678.8	86	764.8

续表

标称千米重 Nominal weight per km			拉断力 Nominal breaking load	最大直流电阻 Maximum dc resistance	交货长度 Nominal length	轴盘规格 Reel designation	包装质量 Weight of package	
铝 Aluminium	钢 Steel	成品 A. C. S. R					净重 Net	毛重 Gross
（kg）			（kg）	（Ω/km）20℃	（m）	—	（kg）	
41. 8	19. 9	61. 7	607	1. 879	3000	PL710	185. 7	242. 7
65. 4	31. 0	96. 4	939	1. 203	2500×2	PL1000	482	595
94. 2	44. 7	138. 9	1291	0. 8352	2500×2	PL1120	694. 5	837. 5
121. 4	248. 2	369. 6	4592	0. 6573	2500	PL1120	991. 5	1134. 5
132. 2	62. 7	194. 9	1745	0. 5947	2500	PL1000	487. 25	600. 25
141. 1	233. 9	375. 0	4469	0. 5644	2500	PL1120	937. 5	1080. 5
192. 8	89. 4	282. 2	2735	0. 4130	2500	PL1120	705. 5	848. 5
260. 3	120. 1	380. 4	3648	0. 3058	2300	PL1250	8749. 2	8939. 2
266. 2	441. 1	707. 3	8097	0. 2993	2900	PL1500	2051. 17	2335. 17
291. 8	594. 0	885. 8	11066	0. 2590	2300	PL1500	2037. 34	2321. 34
335. 5	155. 5	491. 0	4658	0. 2374	2000	PL1250	982	1152
337. 0	558. 3	895. 3	10204	0. 2363	2900	PL1600	2596. 37	2923. 37
353. 0	233. 9	586. 9	5878	0. 2259	2900	PL1500	1702. 01	1986. 01
410. 6	190. 0	600. 6	5638	0. 1939	2400	PL1500	1441. 44	1725. 44
474. 2	314. 0	788. 2	7832	0. 1682	2900	PL1600	2286. 7	2613. 7
507. 0	233. 9	740. 9	6755	0. 1570	2900	PL1600	2148. 61	2475. 61
576. 6	267. 1	843. 7	7643	0. 1381	2300	PL1600	1940. 51	2267. 51
585. 5	387. 7	973. 2	9582	0. 1363	2000	PL1600	1946. 4	2273. 4
636. 5	233. 9	870. 4	7459	0. 1250	2000	PL1600	1740. 8	2067. 8
670. 4	309. 4	979. 8	8816	0. 1181	2000	PL1600	1959. 6	2286. 6
726. 9	267. 1	994. 0	8474	0. 1094	2000	PL1600	1988	2215
839. 0	387. 7	1226. 7	10918	0. 0949	2750	PL1800	3373. 43	3819. 47
841. 2	309. 4	1150. 6	10143	0. 0949	2750	PL1800	3164. 15	3610. 15
936. 8	233. 9	1170. 7	9480	0. 0851	2500	PL1800	2926. 75	3372. 75
1054. 3	387. 7	1442. 0	12561	0. 0757	2350	PL1800	3388. 7	3834. 7
1065. 4	267. 1	1332. 5	10694	0. 0748	2350	PL1800	3131. 38	3577. 38
1199. 0	441. 1	1640. 1	13923	0. 0666	2000	PL1800	3280. 2	3726. 2
1238. 6	309. 4	1548. 0	12321	0. 0644	2000	PL1800	3096	3542
1353. 7	498. 0	1851. 7	15622	0. 0570	1750	PL1800	3240. 48	3686. 48
1368. 2	267. 2	1635. 4	12429	0. 0584	1800	PL1800	2943. 72	3389. 72
1408. 1	355. 1	1763. 2	13944	0. 0565	1750	PL1800	3085. 6	3531. 6
1518. 3	558. 3	2076. 6	17408	0. 0526	1600	PL2240	3322. 56	4117. 56
1550. 2	387. 7	1937. 9	15199	0. 0514	1600	PL2240	3100. 64	3895. 64
1561. 7	309. 4	1871. 1	14184	0. 0511	1600	PL2240	2993. 76	3788. 76
1746. 0	355. 1	2101. 1	15898	0. 0457	1550	PL2240	3256. 71	4051. 71
1874. 5	675. 8	2550. 3	21469	0. 0426	1350	PL2240	3442. 91	4237. 91

（七）加拿大标准（Canadian Standard-CSA C-49-1965）

加拿大标准见表 11-2-11。

表 11-2-11 钢芯铝绞线规格

牌 号 Code word	导体线规 Conductors size (Aluminium) CM (AWG)	股 数 Stranding 铝线 Aluminium (No./mm)	钢线 Steel	计算外径 Calculated overall diameter 成品 A.C.S.R (mm)	钢芯 Steel core	计算截面 Calculated sectional area 铝线 Aluminium (mm²)	钢线 Steel	总和 Total
Bantam	13.100	3/1.68	4/1.68	5.04	—	6.651	8.868	15.52
Maggie	20.870	3/2.12	4/2.12	6.36	—	10.59	14.12	24.71
Shrike	33.200	3/2.67	4/2.67	8.01	—	16.80	22.40	39.20
Snipe	52.825	3/3.37	4/3.37	10.11	—	26.76	35.68	62.44
Loon	66.500	3/3.78	4/3.78	11.34	—	33.66	44.88	78.54
Petrel	101.800	12/2.34	7/2.34	11.70	7.02	51.61	30.11	81.72
Minorca	110.800	12/2.44	7/2.44	12.20	7.32	56.11	32.73	88.84
Leghorn	134.600	12/2.69	7/2.69	13.45	8.07	68.20	39.78	107.98
Guinea	159.000	12/2.92	7/2.92	14.60	8.76	80.36	46.88	127.24
Dotterel	176.600	12/3.08	7/3.08	15.40	9.24	89.41	52.16	141.57
Dorking	190.800	12/3.20	7/3.20	16.00	9.60	96.50	56.29	152.79
Brahma	203.200	16/2.86	19/2.48	18.12	12.40	102.8	91.79	194.59
Cochin	211.300	12/3.37	7/3.37	16.85	10.11	107.0	62.44	169.44
Wren	AWG8	6/1.33	1/1.33	3.99	1.33	8.334	1.389	9.27
Warbler	AWG7	6/1.50	1/1.50	4.50	1.50	10.60	1.767	12.47
Turkey	AWG6	6/1.68	1/1.68	5.04	1.68	13.30	2.217	15.52
Thrush	AWG5	6/1.89	1/1.89	5.67	1.89	16.84	2.806	19.65
Swan	AWG4	6/2.12	1/2.12	6.36	2.12	21.18	3.530	24.71
Swallow	AWG3	6/2.38	1/2.38	7.14	2.38	26.69	4.449	31.14
Sparrow	AWG2	6/2.67	1/2.67	8.01	2.67	33.59	5.599	39.19
Robin	AWG1	6/3.00	1/3.00	9.00	3.00	42.41	7.069	49.48
Raven	AWG1/0	6/3.37	1/3.37	10.11	3.37	53.52	8.920	62.44
Quail	AWG2/0	6/3.78	1/3.78	11.34	3.78	67.32	11.22	78.54
Pigeon	AWG3/0	6/4.25	1/4.25	12.75	4.25	85.14	14.19	99.33
Penguin	AWG4/0	6/4.77	1/4.77	14.31	4.77	107.2	17.87	125.07
Owl	266.800	6/5.36	7/1.79	16.09	5.37	135.4	17.62	153.02
Waxwing	266.800	18/3.09	1/3.09	15.45	3.09	135.0	7.499	142.50
Partridge	266.800	26/2.57	7/2.00	16.28	6.00	134.9	21.99	156.89
Phoebe	300.000	18/3.28	1/3.28	16.40	3.28	152.1	8.450	160.55
Ostrich	300.000	26/2.73	7/2.12	17.28	6.36	152.2	24.71	176.91
Piper	300.000	30/2.54	7/2.54	17.78	7.62	152.0	35.47	187.47
Merlin	336.400	18/3.47	1/3.47	17.35	3.47	170.2	9.457	179.66
Linnet	336.400	26/2.89	7/2.25	18.31	6.75	170.6	27.83	198.43
Oriole	336.400	30/2.69	7/2.69	18.83	8.07	170.5	39.78	210.28
Chickadee	397.500	18/3.77	1/3.77	18.85	3.77	200.9	11.16	212.06
Ibis	397.500	26/3.14	7/2.44	19.88	7.32	201.3	32.73	242.03
Lark	397.500	30/2.92	7/2.92	20.44	8.76	200.9	46.88	247.78
Pelican	477.000	18/4.14	1/4.14	20.70	4.14	242.3	13.46	255.76
—	477.000	22/3.74	7/2.08	21.20	6.24	241.8	23.79	265.59
Hawk	477.000	26/3.44	7/2.67	21.77	8.01	241.6	39.19	280.79
Hen	477.000	30/3.20	7/3.20	22.40	9.60	241.3	56.29	297.59
Heron	500.000	30/3.28	7/3.28	22.96	9.84	253.5	59.15	312.65
—	556.500	22/4.04	7/2.24	22.88	6.72	282.0	27.59	309.59
Dove	556.500	26/3.72	7/2.89	23.55	8.67	282.6	45.92	328.52
Eagle	556.500	30/3.46	7/3.45	24.22	10.38	282.1	65.81	347.91

续表

标称千米重 Nominal weight per km			拉断力 Nominal breaking load	最大直流电阻 Maximum dc resistance	交货长度 Nominal length	轴盘规格 Reel designation	包装质量 Weight of package	
铝 Aluminium	钢 Steel	成品 A.C.S.R					净重 Net	毛重 Gross
(kg)			(kg)	(Ω/km)20℃	(m)	—	(kg)	
18.25	69.76	88.01	1190	4.314	3000	PL710	264.03	321.03
29.06	111.0	140.1	1890	2.709	2500×2	PL1000	700.50	813.5
46.07	176.2	222.3	2900	1.708	3200	PL1000	711.36	824.36
73.41	280.7	354.1	4470	1.072	2300	PL1000	814.43	927.43
92.35	353.0	445.4	5620	0.8523	2700	PL1120	1202.58	1345.58
142.5	235.0	377.5	4470	0.5597	2350	PL1120	887.125	1030.13
155.0	255.6	410.6	4860	0.5148	2850	PL1250	1170.21	1340.21
188.4	310.6	499.0	5860	0.4236	2300	PL1250	1147.70	1317.7
222.0	366.0	588.0	6880	0.3595	3100	PL1500	1822.8	2106.8
247.0	407.2	645.2	7440	0.3230	2000	PL1250	1308.4	1478.4
266.6	439.5	706.1	8030	0.2994	2900	PL1500	2047.69	2331.69
284.4	718.0	1003.0	12480	0.2816	2250	PL1500	2256.75	2540.75
295.7	487.5	783.2	8880	0.2699	2600	PL1500	2036.32	2320.32
22.86	10.81	33.67	336	3.443	3000	PL710	101.1	158.1
29.09	13.75	42.84	427	2.707	3000	PL710	128.52	185.52
36.50	17.25	53.75	531	2.157	3000	PL710	161.25	218.25
46.19	21.83	68.02	667	1.704	2500×2	PL1000	340.1	453.1
58.11	27.46	85.57	831	1.355	2500×2	PL1000	427.85	540.85
73.26	34.61	107.9	1020	1.075	3200	PL1000	345.28	458.28
92.14	43.56	135.7	1260	0.8540	3200	PL1000	434.24	547.24
116.4	55.00	171.4	1580	0.6763	2850	PL1000	488.49	601.49
146.8	69.40	216.2	1940	0.5361	2300	PL1000	497.26	610.26
184.7	87.29	273.0	2420	0.4261	2700	PL1120	737.10	880.1
233.6	110.4	344.0	3030	0.3370	2500	PL1250	860	1030
294.1	139.0	433.1	3820	0.2672	2000	PL1250	866.2	1036.2
371.4	137.5	508.9	4345	0.2120	2900	PL1500	1475.81	1759.81
371.8	58.84	430.1	3220	0.2134	2000	PL1250	860.2	1030.2
372.2	171.7	543.9	5090	0.2140	2900	PL1500	1577.31	1861.31
418.9	65.74	484.6	3630	0.1894	2500	PL1500	1211.5	1495.5
420.0	192.9	612.9	5740	0.1896	2500	PL1500	1532.25	1816.25
420.0	276.9	696.9	7000	0.1900	2900	PL1600	2021	2348
468.8	73.58	542.4	4050	0.1692	2500	PL1500	1356	1640
470.7	217.3	688.0	6390	0.1692	3200	PL1600	2201.6	2528.6
470.9	310.6	781.5	7730	0.1694	2900	PL1600	2266.35	2593.35
553.4	86.82	640.2	4720	0.1434	2900	PL1600	1856.58	2183.58
555.6	255.6	811.2	7330	0.1433	2000	PL1600	2109.12	2436.12
554.9	366.0	920.9	9040	0.1438	2500	PL1600	2302.25	2629.25
667.3	104.7	772.0	5600	0.1189	2300	PL1600	1775.6	2102.52
666.7	185.7	852.4	7000	0.1192	2300	PL1600	1960.52	2287.52
666.8	306.0	972.8	8780	0.1194	2200	PL1600	2140.16	2467.16
666.5	439.5	1106	10570	0.1197	2000	PL1600	2212	2539
700.3	461.8	1162	11130	0.1140	2000	PL1600	2324	2651
777.5	215.4	992.9	8050	0.1022	2000	PL1600	1985.8	2312.8
779.9	358.5	1138	10190	0.1021	2850	PL1800	3243.3	3689.3
779.1	513.8	1293	12370	0.1024	2750	PL1800	3555.75	4001.75

续表

牌 号 Code word	导体线规 Conductors size (Aluminium) CM (AWG)	股 数 Stranding		计算外径 Calculated overall diameter		计算截面 Calculated sectional area		
		铝线 Aluminium	钢线 Steel	成品 A.C.S.R	钢芯 Steel core	铝线 Aluminium	钢线 Steel	总和 Total
		(No./mm)		(mm)		(mm²)		
—	605.000	22/4.21	7/2.34	23.86	7.02	306.2	30.11	336.31
Duck	605.000	54/2.69	7/2.69	24.21	8.07	306.9	39.78	346.68
—	636.000	22/4.32	7/2.40	24.48	7.20	322.5	31.67	354.17
Grosbeak	636.000	26/3.97	7/3.09	25.15	9.27	321.9	52.49	374.39
Egret	636.000	30/3.70	19/2.22	25.90	11.10	322.5	73.55	396.05
Goose	636.000	54/2.76	7/2.76	24.84	8.28	323.1	41.88	364.98
—	666.000	42/3.20	7/1.78	24.54	5.34	337.8	17.42	355.22
Gull	666.000	54/2.82	7/2.82	25.38	8.46	337.3	43.72	381.02
Starling	715.000	26/4.21	7/3.28	26.68	9.84	361.9	59.15	421.05
Redwing	715.000	30/3.92	19/2.35	27.43	11.75	362.1	82.40	444.50
—	715.000	42/3.31	7/1.84	25.38	5.52	361.4	18.61	380.01
Crow	715.000	54/2.92	7/2.92	26.28	8.76	361.6	46.88	408.48
Drake	795.000	26/4.44	7/3.45	28.11	10.35	402.5	65.44	467.94
Mallard	795.000	30/4.14	19/2.48	28.96	12.40	403.8	91.79	495.59
—	795.000	42/3.50	7/1.94	26.82	5.82	404.1	20.69	424.79
Condor	795.000	54/3.08	7/3.08	27.72	9.24	402.4	52.16	454.56
—	874.500	42/3.67	7/2.04	28.14	6.12	444.4	22.88	467.28
Crane	874.500	54/3.23	7/3.23	29.97	9.60	442.5	57.36	499.86
—	900.000	42/3.72	7/2.07	28.53	6.21	456.5	23.56	480.06
Canary	900.000	54/3.28	7/2.28	29.52	9.84	456.3	59.15	515.45
—	954.000	42/3.88	7/2.13	29.37	6.39	483.8	24.94	508.74
Cardinal	954.000	54/3.38	7/3.38	30.42	10.14	484.5	62.81	574.31
—	1033.500	42/3.99	7/2.21	30.57	6.63	525.0	26.85	551.85
Curlew	1033.500	54/3.51	7/3.51	31.59	10.53	522.5	67.73	590.23
—	1113.000	42/4.41	7/2.30	31.74	6.90	565.3	29.09	594.39
Finch	1113.000	54/3.65	19/2.19	32.85	10.95	564.8	71.57	630.37
—	1192.000	42/4.28	7/2.38	32.82	7.14	604.4	31.14	635.54
Grackle	1192.000	54/3.77	19/2.27	33.97	11.35	604.3	76.89	681.19
—	1272.000	42/4.42	7/2.46	33.90	7.38	644.3	33.27	677.57
Pheasant	1272.000	54/3.90	19/2.34	35.10	11.70	645.3	81.72	727.02
—	1351.000	42/4.56	7/2.53	34.95	7.59	685.9	35.19	721.09
Martin	1351.000	54/4.02	19/2.41	36.17	12.05	685.3	86.68	771.98
—	1431.000	42/4.69	7/2.61	35.97	7.83	725.8	37.45	763.25
Plover	1431.000	54/4.14	19/2.48	37.24	12.40	726.8	91.19	817.99
—	1510.500	42/4.82	7/2.67	36.93	8.01	766.5	39.19	805.69
Parrot	1510.500	54/4.25	19/2.55	38.25	12.75	766.3	97.03	863.33
—	1590.000	48/4.62	7/3.60	38.52	10.80	804.5	71.26	875.76
Falcon	1590.000	54/4.36	19/2.62	39.26	13.10	806.2	102.4	908.60

标称千米重 Nominal weight per km			拉断力 Nominal breaking load	最大直流电阻 Maximum dc resistance	交货长度 Nominal length	轴盘规格 Reel designation	包装质量 Weight of package	
铝 Aluminium	钢 Steel	成品 A. C. S. R					净重 Net	毛重 Gross
（kg）			（kg）	（Ω/km）20℃	（m）	—	（kg）	
844. 4	235. 0	1079	8660	0.09412	2800	PL1800	3021. 2	3467. 2
848. 5	310. 6	1159	10230	0.09423	2750	PL1800	3187. 25	3633. 25
889. 3	247. 3	1137	9110	0.08039	2750	PL1800	3126. 75	3572. 75
888. 2	409. 8	1298	11340	0.08949	2500	PL1800	3245	3691
891. 0	576. 0	1467	14350	0.08956	2450	PL1800	3594. 15	4040. 15
893. 3	327. 0	1220	10740	0.08949	2700	PL1800	3294	3740
933. 2	136. 0	1069	8000	0.08553	2750	PL1800	2939. 75	3385. 75
932. 5	341. 3	1274	11120	0.08572	2450	PL1800	3121. 3	3567. 3
998. 9	461. 8	1461	12770	0.07972	2350	PL1800	3433. 35	3879. 35
1000	645. 2	1645	15680	0.07979	2100	PL1800	3454. 5	3900. 5
998. 4	145. 3	1144	8570	0.07993	2450	PL1800	2802. 8	3248. 8
999. 9	366. 0	1366	11920	0.07996	2400	PL1800	3278. 4	3724. 4
1111	510. 9	1622	14140	0.07171	2050	PL1800	3325. 10	3771. 10
1115	718. 9	1834	17450	0.07154	2000	PL1800	3668	4114
1117	161. 6	1279	9570	0.07149	2300	PL1800	2941. 7	3387. 7
1113	407. 2	1520	12940	0.07185	2100	PL1800	3192	3726
1228	178. 6	1407	10380	0.06502	2050	PL1800	2884. 35	3330. 35
1224	147. 8	1672	14230	0.06534	1800	PL1800	3009. 6	3454. 6
1261	183. 9	1445	10670	0.06327	2000	PL1800	2890	3336
1262	461. 8	1724	14700	0.06337	1780	PL1800	3068. 72	3514. 72
1337	194. 7	1532	11130	0.05971	1780	PL1800	2726. 96	3172
1340	490. 4	1830	15600	0.05967	1750	PL1800	3202. 5	3646. 5
1450	209. 6	1660	12070	0.05502	1750	PL1800	2905	3351
1445	528. 8	1974	16810	0.05534	1750	PL1800	3454. 5	3900. 5
1562	227. 1	1789	12910	0.05110	1800	PL2000	3220. 2	3794. 2
1562	562. 4	2214	18270	0.05119	1600	PL2000	3398. 4	3972. 4
1670	243. 1	1913	13820	0.04779	1600	PL2000	3060. 8	3634. 8
1667	602. 2	2269	19560	0.04799	1550	PL2000	3516. 95	4090. 95
1780	259. 8	2040	14735	0.04485	1550	PL2000	3162	3736
1784	639. 9	2424	20390	0.04480	1400	PL2240	3393. 6	4188
1895	274. 7	2170	15630	0.04212	1400	PL2240	3038	3833
1895	678. 7	2574	21610	0.04219	1350	PL2240	3474. 9	4269. 9
2005	292. 4	2297	16610	0.03981	1350	PL2240	3100. 95	3895. 95
2010	718. 9	2729	22900	0.03978	1150	PL2240	3138. 35	3933. 30
2117	306. 0	2423	17480	0.03769	1150	PL2240	2786. 45	3851. 45
2119	759. 8	2879	24150	0.03774	1100	PL2240	3166. 9	3961. 9
2222	556. 3	2778	21630	0.03590	1100	PL2240	3055. 8	3850. 8
2230	802. 1	3032	25480	0.03586	1100	PL2240	3335. 2	4330. 2

二、铝绞线

（一）铝绞线标准

铝绞线标准见表 11-2-12 ~ 表 11-2-15。

表 11-2-12　　　　　　　　　　　铝绞线 LJ 型规格

标称截面 （mm²）	结构根数/直径 （mm）	计算截面 （mm²）	外径 （mm）	直流电阻不大于 （Ω/km）	计算拉断力 （N）	计算质量 （kg/km）	交货长度不小于 （m）
16	7/1.70	15.89	5.10	1.802	2840	43.5	4000
25	7/2.15	25.41	6.45	1.127	4355	69.6	3000
35	7/2.50	34.36	7.50	0.8332	5760	94.1	2000
50	7/3.00	49.48	9.00	0.5786	7930	135.5	1500
70	7/3.60	71.25	10.80	0.4018	10950	195.1	1250
95	7/4.16	95.14	12.48	0.3009	14450	260.5	1000
120	19/2.85	121.21	14.25	0.2373	19420	333.5	1500
150	19/3.15	148.07	15.75	0.1943	23310	407.4	1250
185	19/3.50	182.80	17.50	0.1574	28440	503.0	1000
210	19/3.75	209.85	18.75	0.1371	32260	577.4	1000
240	19/4.00	238.76	20.00	0.1205	36260	656.9	1000
300	37/3.20	297.57	22.40	0.09689	46850	820.4	1000
400	37/3.70	397.83	25.90	0.07247	61150	1097	1000
500	37/4.16	502.90	29.12	0.05733	76370	1387	1000
630	61/3.63	631.30	32.67	0.04577	91940	1744	800
800	61/4.10	805.36	36.90	0.03588	115900	2225	800

注　1N = 0.102kgf。

表 11-2-13　　　　　　　　　　　铝绞线 LJ 型节径比

绞线中单线根数	节　径　比							
	6 根层		12 根层		18 根层		24 根层	
	最小	最大	最小	最大	最小	最大	最小	最大
7	10	14	—	—	—	—	—	—
19	10	16	10	14	—	—	—	—
37	10	17	10	16	10	14	—	—
61	10	17	10	16	10	15	10	14

表 11-2-14　　　　　　　　　　　铝绞线的绞合常数

绞线中的股线根数	绞　合　常　数		绞线中的股线根数	绞　合　常　数	
	电　阻	质　量		电　阻	质　量
7	0.1447	7.091	37	0.02757	37.74
19	0.05357	19.34	61	0.01676	62.35

注　表中常数按表 11-2-16 中最小和最大节径比的平均值计算。

表 11-2-15　　　　　　　　　　　铝绞线的弹性系数和线膨胀系数

单线根数	最终弹性系数（实际值）		线膨胀系数	单线根数	最终弹性系数（实际值）		线膨胀系数
	（N/mm²）	（kgf/mm²）	（1/℃）		（N/mm²）	（kgf/mm²）	（1/℃）
7	59000	6000	23.0×10^{-6}	37	56000	5700	23.0×10^{-6}
19	56000	5700	23.0×10^{-6}	61	54000	5500	23.0×10^{-6}

注　1. 弹性系数值的精确度为 ±3000N/mm²（±300kgf/mm²）。
　　2. 弹性系数适用于受力在 15% ~ 50% 计算拉断力的铝绞线。

（二）铝绞线标准说明（GB 1179—83）

1．等同标准

本标准的规定与国际电工委员会 IEC 207 1966 及 IEC 209 1966 的规定相一致。

2．铝绞线的型号

LJ 型号为铝绞线。

3．铝绞线表示方法

产品用型号、规格及本标准编号表示。例如：标称截面为：240mm² 的铝绞线，表示为：LJ 240 GB 1179—83。

4．铝绞线的结构

（1）绞线中铝线的根数和标称直径应符合表 11-2-15 的规定。

（2）绞合节径比应符合表 11-2-16 的规定。

节径比是指绞线中任意一根单线形成的一个完整螺旋的轴向长度与螺旋外径之比。

任一绞层的节径比应不大于相邻内层的节径比。

相邻层的绞向应相反，最外层为右向。

5．铝绞线的电阻和质量

铝绞线的电阻等于一根与绞线等长的铝线电阻乘以表 11-2-17 中一相应的绞合常数。计算时铝的电阻率取 $0.028264\Omega\cdot mm^2/m$。铝绞线的质量等于一根与绞线等长的铝单线质量乘以表 11-2-17 中一相应的绞合常数。计算时铝的密度取 $2.703kg/dm^3$。

6．工艺质量

（1）绞合：

1）圆铝线表面应光洁，不得有与良好工业产品不相称的所有缺陷。

2）绞合应均匀、紧密。

（2）焊接：

1）7 股铝绞线中的任何一根圆铝线均不允许有接头。但成品拉线模前的接头除外。

2）7 股以上的铝绞线和钢芯铝绞线中的圆铝线允许有接头。但成品绞线上两接头间的距离应不小于 15m。

接头处应光滑圆整。

铝线接头应采用电阻对焊、冷压对焊或电阻冷镦焊接。

电阻对焊的接头应退火，退火长度每侧至少为 200mm。接头处的机械强度不要求达到铝线基体的机械强度。

（三）美国标准（ASTM Standard-B 231-72）

美国标准见表 11-2-16。

表 11-2-16 铝 绞 线 规 格

牌号 Code word	导体线规 Conductor size CM（AWG）	绞线股数 Stranding	外 径 Overall diameter	计算截面 Calculated sectional area	千米质量 Weight per km	计算电阻 Calculated electrical resistance	额定强度 Rated strength	交货长度 Nominal length	轴盘规格 Reel designation	等级 Class	
—		（No./mm）	（mm）	（mm²）	（kg）	（Ω/km）20℃	（kg）	（m）	—	AA	A
Jessamine	1750000	61/4.303	38.73	886.9	2446	0.03239	13500	1100	PL2240		
Coreopsis	1590000	61/4.100	36.90	805.2	2221	0.03568	12200	1150	PL2240		
Gladiolus	1510500	61/3.998	35.98	765.6	2111	0.03752	11600	1350	PL2240		
Carnation	1431000	61/3.891	35.02	725.3	2000	0.03961	11000	1400	PL2240		
Columbine	1315000	61/3.780	34.02	684.4	1887	0.04197	10600	1550	PL2000		
Narcissus	1272000	61/3.668	33.01	664.8	1777	0.04458	9990	1600	PL2000		
Hawthorn	1192500	61/3.551	31.96	604.1	1665	0.04757	9550	1800	PL2000		
Marigold	1113000	61/3.432	30.89	564.3	1556	0.05092	8950	1760	PL1800		
Bluebell	1033500	37/4.244	29.71	523.6	1443	0.05489	8050	1780	PL1800		
Larkspur	1033500	61/3.307	29.76	523.9	1445	0.05485	8290	1780	PL1800		
Hawkweed	1000000	37/4.176	29.23	506.9	1397	0.05671	7780	1780	PL1800		
Camellia	1000000	61/3.251	29.26	506.4	1396	0.05675	8020	1780	PL1800		
Magnolia	945000	37/4.079	28.55	483.6	1333	0.05944	7440	2000	PL1800		
Goldenrod	954000	61/3.178	28.60	483.9	1334	0.05939	7630	2000	PL1800		
Cockscomb	900000	37/3.962	27.73	465.2	1257	0.06299	7000	2100	PL1800		
Snapdragon	900000	61/3.086	27.77	456.3	1258	0.06297	7190	2100	PL1800	—	○
Arbutus	795000	37/3.724	26.07	402.9	1111	0.07129	6330	2400	PL1800	○	
Lilac	795000	61/2.901	26.11	403.2	1112	0.07127	6480	2400	PL1800	—	○

续表

牌号 Code word	导体线规 Conductor size CM (AWG)	绞线股数 Stranding	外 径 Overall diameter	计算截面 Calculated sectional area	千米质量 Weight per km	计算电阻 Calculated electrical resistance	额定强度 Rated strength	交货长度 Nominal length	轴盘规格 Reel designation	等级 Class	
—	—	(No./mm)	(mm)	(mm²)	(kg)	(Ω/km)20℃	(kg)	(m)	—	AA	A
Petunia	750000	37/3.617	25.32	380.4	1048	0.07559	5960	2450	PL1800	○	—
Cattail	750000	61/2.817	25.35	380.2	1048	0.07558	6150	2450	PL1800	—	○
Violet	715500	37/3.533	24.73	362.7	1000	0.07923	5790	2450	PL1800	○	—
Nasturtium	715500	61/2.751	24.76	362.6	999.9	0.07926	5980	2700	PL1800	—	○
Verbena	700000	37/3.493	24.45	354.6	977.5	0.08105	5660	2750	PL1800	○	—
Flag	700000	61/2.720	24.48	354.5	977.5	0.08106	5820	2750	PL1800	—	○
Heuchera	650000	37/3.368	23.58	329.6	908.8	0.08718	5290	2850	PL1800	○	—
Orchid	636000	37/3.330	23.31	322.2	888.4	0.08918	5150	3100	PL1800	○	—
Meadowsweet	600000	37/3.233	22.63	303.7	837.5	0.09461	4850	2000	PL1600	○	—
Dahlia	556500	19/4.346	21.73	281.8	777.1	0.1019	4420	2200	PL1600	○	—
Mistletoe	556500	37/3.114	21.80	281.8	777.1	0.1020	5510	2200	PL1600	○	○
Zinnia	500000	19/4.120	20.60	253.3	698.5	0.1134	3980	2300	PL1600	○	—
Hyacinth	500000	37/2.591	20.66	253.1	697.8	0.1136	4140	2300	PL1600	—	○
Cosmos	477000	19/4.023	20.12	241.5	665.9	0.1190	3780	2300	PL1600	○	—
Syringa	477000	37/2.883	20.18	241.5	666.1	0.1190	3940	2300	PL1600	—	○
Goldentuft	450000	19/3.909	19.55	228.0	628.7	0.1260	3570	2600	PL1600	○	○
Canna	397500	19/3.675	18.38	201.6	555.6	0.1426	3230	2900	PL1600	○	○
Daffodil	350000	19/3.447	17.24	177.3	488.8	0.1621	2900	2500	PL1500	—	○
Tulip	336400	19/3.381	16.91	170.6	470.4	0.1685	2790	2500	PL1500	—	○
Peony	300000	19/3.193	15.97	152.1	419.4	0.1889	2490	2900	PL1500	—	○
Daisy	266800	7/4.961	14.88	135.3	373.1	0.2123	2190	2000	PL1250	○	—
Laurel	266800	19/3.010	15.05	135.2	372.7	0.2125	2260	2000	PL1250	—	○
Sneezewort	250000	7/4.801	14.40	126.7	349.4	0.2267	2050	2000	PL1250	○	—
Valerian	250000	19/2.913	14.57	126.6	349.0	0.2269	2100	2000	PL1250	—	○
Oxlip	(4/0)	7/4.417	13.25	107.2	295.7	0.2680	1740	2300	PL1250	○	○
Phlox	(3/0)	7/3.932	11.80	84.98	234.3	0.3381	1380	2300	PL1250	○	○
Aster	(2/0)	7/3.503	10.51	67.47	186.0	0.4259	1140	2300	PL1120	○	○
Poppy	(1/0)	7/3.119	9.357	53.48	147.4	0.5372	900	2600	PL1000	○	○
Pansy	(1)	7/2.776	8.328	42.36	116.8	0.6783	746	3000	PL1000	○	○
Iris	(2)	7/2.474	7.442	33.65	92.75	0.8539	614	2500×2	PL1120	○	○
Rose	(4)	7/1.961	5.883	21.14	58.29	1.359	400	3000	PL710	○	—
Peachbell	(6)	7/1.554	4.662	13.28	36.61	2.164	255	3000	PL710	○	—

（四）英国标准（A. A. C. Aluminium stranded conductor BS215-1-70）

英国标准见表11-2-17。

表 11-2-17　　　　　　　　　　　　铝 绞 线 规 格

标称截面 Nominal area	绞线股数 Stranding	计算截面 Calculated area	近似外径 Approx. overall Dia	千米质量 Weight per km	计算最小拉断力 Calculated breaking load Min	直流电阻 Calculated D. C. resistance	交货长度 Nominal length	轴盘规格 Reel designation
（mm²）	（No. /mm）	（mm²）	（mm）	（kg）	（kg）	（Ω/km）20℃	（m）	—
22	7/2.06	23.33	6.18	63.88	407	1.2270	2500×2	PL1000
25	7/2.21	26.85	6.63	73.53	468	1.0660	2500×2	PL1000
35	7/2.59	36.88	7.77	101.00	614	0.7762	3200	PL1000
50	7/3.10	52.83	9.30	144.70	845	0.5419	2600	PL1000
60	7/3.40	63.55	10.20	174.00	1010	0.4505	2200	PL1000
70	7/3.78	78.54	11.34	215.10	1221	0.3645	2700	PL1120
100	7/4.39	106.00	13.17	290.20	1633	0.2707	2300	PL12500
150	19/3.25	157.60	16.25	433.60	2622	0.1825	2900	PL1500
200	19/3.78	213.20	18.90	586.60	3306	0.1349	2300	PL1600
250	19/4.22	265.70	21.10	731.27	4122	0.1083	2000	PL1600
300	19/4.65	322.70	23.25	887.70	4974	0.08916	3000	PL1800
350	37/3.58	327.60	25.06	1021.00	5846	0.07739	2700	PL1800
400	37/3.78	415.20	26.46	1145.00	6439	0.06944	2400	PL1800
450	37/4.09	486.20	28.63	1341.00	7533	0.05930	2000	PL1800
500	37/4.27	529.80	27.89	1461.00	8178	0.05442	2100	PL1800
600	37/4.65	628.30	32.55	1732.00	9685	0.04590	1600	PL2000

（五）德国标准（German Standard-DIN 48201 Blatt 5-1965）

德国标准见表11-2-18。

表 11-2-18　　　　　　　　　　　　铝 绞 线 规 格

导体规格 Conductor size	绞线股数 Stranding	计算截面 Calculated sectional area	外径 Overall diameter	额定强度 Rated strength	千米质量 Weight per km	计算电阻 Calculated resistance	交货长度 Nominal length	轴盘规格 Reel designation
（mm²）	（No. /mm）	（mm²）	（mm）	（kg）	（kg）	（Ω/km）20℃	（m）	—
16	7/1.70	15.89	5.1	290	44	1.798	3000	PL710
25	7/2.1	24.25	6.3	425	67	1.777	2500	PL1000
35	7/2.5	34.36	7.5	585	94	0.831	3200	PL1000
50	7/3.0	39.48	9.0	810	135	0.577	2850	PL1000
50	19/1.8	48.36	9.0	860	133	0.596	2850	PL1000
70	19/2.1	65.82	10.5	1150	181	0.438	2500	PL1120
95	19/2.5	93.27	12.5	1595	256	0.309	2500	PL1250
120	19/2.8	117.0	14.0	1910	322	0.246	2000	PL1250
150	37/2.25	147.1	15.7	2520	406	0.197	1800	PL1250
185	37/2.5	181.6	17.5	3105	501	0.160	2300	PL1500
240	61/2.25	242.5	20.2	4015	670	0.120	2300	PL1600
300	61/2.5	299.4	22.5	4850	827	0.0969	2000	PL1600
400	61/2.89	400.1	26.0	6190	1105	0.0730	2400	PL1800
500	61/3.23	499.8	29.1	7600	1381	0.0580	2000	PL1800

（六）加拿大标准（A. A. C. Canadian Standard CSA C-49-1965）

加拿大标准见表 11-2-19。

表 11-2-19　　　　　　　　　　　　　　　　**铝 绞 线 规 格**

牌　号 Code word	导体线规 Conductor size CM（AWG）	绞线股数 Stranding	计算截面 Calculated sectional area	外　径 Overall diameter	额定强度 Rated strength	计算电阻 Calculated electrical resistance	千米质量 Weight per km	交货长度 Nominal length	轴盘规格 Reel desig- nation
—	—	（No.／mm）	（mm²）	（mm）	（kg）	（Ω/km）20℃	（kg）	（m）	—
Rose	（4）	7/1.96	21.12	5.88	416	1.356	57.83	2500×2	PL1000
Lily	（3）	7/2.20	26.61	6.60	515	1.076	72.82	2500×2	PL1000
Iris	（2）	7/2.47	33.54	7.41	637	0.8535	91.83	3200	PL1000
Pansy	（1）	7/2.78	42.49	8.34	777	0.6738	116.4	3000	PL1000
Poppy	（1/0）	7/3.12	53.52	9.36	938	0.5350	146.5	2500	PL1000
Aster	（2/0）	7/3.50	67.35	10.50	1180	0.4252	184.4	2500	PL1120
Phlox	（3/0）	7/3.93	84.91	11.79	1440	0.3372	232.5	2300	PL1120
Oxlip	（4/0）	7/4.42	107.4	13.26	1810	0.2667	294.0	2300	PL1120
Valerian	250000	19/2.91	126.4	14.55	2260	0.2277	347.6	3100	PL1500
Laurel	266800	19/3.01	135.2	15.05	2430	0.2128	371.9	2000	PL1250
Peony	300000	19/3.19	151.2	15.95	2660	0.1895	417.8	2900	PL1500
Tulip	336400	19/3.38	170.5	16.90	3000	0.1688	469.0	2400	PL1500
Daffodil	350000	19/3.45	177.6	17.25	3120	0.1620	488.8	2400	PL1500
—	400000	19/3.69	203.1	18.45	3500	0.1417	559.0	2900	PL1600
Goldentuft	450000	19/3.91	228.2	19.55	3860	0.1261	627.8	2600	PL1600
Cosmos	477000	19/4.02	241.1	20.10	4070	0.1193	663.4	2300	PL1600
Zinnia	500000	19/4.12	253.3	20.60	4280	0.1136	696.9	2300	PL1600
Dahlia	556500	19/4.35	282.3	21.75	4770	0.1019	777.0	2700	PL1600
—	550000	37/3.10	279.3	21.70	4920	0.1032	769.9	2700	PL1600
Meadowsweet	600000	37/3.23	303.2	22.61	5330	0.09508	835.9	2000	PL1600
Orchid	636000	37/3.33	322.2	23.31	5660	0.08946	888.4	3100	PL1800
Heuchera	650000	37/3.37	330.0	23.59	5810	0.08736	909.9	2900	PL1800
Verbena	700000	37/3.49	353.9	24.43	6220	0.08146	976.0	2750	PL1800
Petunia	750000	37/3.62	380.7	25.34	6550	0.07573	1050	2450	PL1800
—	800000	37/3.73	402.2	26.11	6960	0.07129	1115	2400	PL1800
Cockscomb	900000	37/3.96	455.8	27.72	7700	0.06324	1257	2100	PL1800
Hawkweed	1000000	37/4.18	507.6	29.26	8550	0.05679	1400	1750	PL1800
—	1100000	61/3.41	557.1	30.69	9820	0.05185	1539	1750	PL2000
—	1200000	61/3.56	607.2	32.04	10490	0.04758	1678	1600	PL2000
—	1300000	61/3.71	659.4	33.39	11350	0.04381	1822	1550	PL2000
—	1400000	61/3.82	710.0	34.65	11960	0.04068	1941	1500	PL2000
—	1500000	61/3.98	758.8	35.82	12810	0.03807	2086	1350	PL2240
—	1600000	61/4.11	809.5	36.99	13660	0.03569	2236	1150	PL2240
—	1700000	61/4.24	861.3	38.16	14520	0.03354	2380	1100	PL2240

三、铝合金绞线

（一）铝合金绞线标准（表 11-2-20 ～ 表 11-2-22）

表 11-2-20　铝合金绞线及钢芯铝合金绞线产品型号及名称

型　号	名　　称
LH_AJ	热处理铝镁硅合金绞线
LH_BJ	热处理铝镁硅稀土合金绞线
LH_AGJ	钢芯热处理铝镁硅合金绞线
LH_BGJ	钢芯热处理铝镁硅稀土合金绞线
LH_AGJF_1	轻防腐钢芯热处理铝镁硅合金绞线
LH_BGJF_1	轻防腐钢芯热处理铝镁硅稀土合金绞线
LH_AGJF_2	中防腐钢芯热处理铝镁硅合金绞线
LH_BGJF_2	中防腐钢芯热处理铝镁硅稀土合金绞线

产品表示方法：

产品用型号、规格及本标准编号表示方法。

例如：

（1）标称截面为 400mm² 的热处理铝镁硅合金绞线，表示为：

LH_AJ—400 GB 9329—88

（2）标称截面：铝合金 400mm²，钢 50mm² 的钢芯热处理铝镁硅稀土合金绞线，表示为：

LH_BGJ—400/50 GB 9329—88

表 11-2-21　铝合金绞线规格

型号	标称截面（mm²）	结构根数/直径（mm）	计算截面（mm²）	外径（mm）	计算质量（kg/km）	计算拉断力（kN）	20℃直流电阻不大于（Ω/km）	交货长度不小于（m）
LH_AJ	10	7/1.35	10.02	4.05	27.4	2.80	3.31596	4000
LH_BJ	16	7/1.71	16.08	5.13	44.0	4.49	2.06673	4000
	25	7/2.13	24.94	6.39	68.2	6.97	1.33204	3000
	35	7/2.52	34.91	7.56	95.5	9.75	0.95165	2000
	50	7/3.02	50.14	9.06	137.1	14.00	0.66262	1500
	70	7/3.57	70.07	10.71	191.6	19.57	0.47418	1250
	95	7/4.16	95.14	12.48	260.2	26.57	0.34921	1000
	120	19/2.84	120.36	14.20	330.9	33.62	0.27745	1500
	150	19/3.17	149.96	15.85	412.2	41.88	0.22269	1250
	185	19/3.52	184.90	17.60	508.3	51.64	0.18061	1000
	210	19/3.75	209.85	18.75	576.8	58.61	0.15913	1000
	240	19/4.01	239.96	20.05	659.6	67.02	0.13917	1000
	300	37/3.21	299.43	22.47	825.2	83.63	0.11181	1000
	400	37/3.71	399.98	25.97	1102.3	111.71	0.08370	1000
	500	37/4.15	500.48	29.05	1379.2	139.78	0.06689	1000
	630	61/3.63	631.30	32.67	1742.2	176.32	0.05310	1000
	800	61/4.09	801.43	36.81	2211.7	223.84	0.04183	1000
	1000	61/4.57	1000.58	41.13	2761.3	279.46	0.03351	1000

注　生产厂为哈尔滨电缆厂、武汉电线厂。

表 11-2-22　铝合金绞线 HL_4J 型规格

截面（mm²）标称	截面（mm²）计算	根数/线径（mm）	电线外径（mm）	直流电阻（20℃时）（Ω/km）	载流量（A）	质量（kg/km）	拉断力[①]（kgf）	制造长度（m）
10	10.1	3/2.07	4.5	3.275	61	29	288	4500
16	15.9	7/1.7	5.1	2.080	79	44	453	4500
25	24.7	7/2.12	6.4	1.344	103	68	704	4000
35	34.4	7/2.5	7.5	0.966	126	95	980	4000
50	49.5	7/3.0	9.0	0.671	158	136	1410	3500
70	69.3	7/3.55	10.7	0.480	193	191	1980	2500
95	93.3	19/2.5	12.5	0.359	231	257	2660	2000
95（1）	94.2	7/4.14	12.4	0.352	233		2690	2000

续表

截面（mm²）		根数/线径	电线外径	直流电阻（20℃时）	载流量	质量	拉断力①	制造长度
标 称	计 算	（mm）	（mm）	（Ω/km）	（A）	（kg/km）	（kgf）	（m）
120	117.0	19/2.8	14.0	0.286	265	322	3330	
150	148.1	19/3.15	15.8	0.226	306	409	4220	1250
185	182.8	19/3.5	17.5	0.183	347	504	5210	1000
240	236.4	19/3.98	20.0	0.141	405	652	6740	1000
300	297.8	37/3.2	22.4	0.113	465	822	8480	1000
400	397.8	37/3.7	25.8	0.0843	554	1099	11340	800
500	498.1	37/4.14	29.1	0.0673	633	1376	14200	600
600	603.8	61/3.55	32.0	0.0555	709	1668	17270	500

注 ① 1kgf=9.80665N。

（二）美国标准（ASTMB-399）

美国标准见表 11-2-23。

表 11-2-23　　　　　　　铝 合 金 绞 线 规 格

牌号 Code Name	面积 area	股数/线径 Stranding and wire diameter	外径 Overall diameter	千米重 Weight	标称拉断力 Nominal breaking load	最大直流电阻 Maximum dc resistance at 20℃	交货长度 Standard length	轴盘规格 Type of reel
—	（mm²）	（No./mm）	（mm）	（kg/km）	（daN）	（Ω/km）	（m±5%）	—
Akron	15.51	7/1.68	5.04	42.7	492	2.1598	3100	PL710
Alton	24.71	7/2.12	6.36	68.0	784	1.3556	2500×2	PL1000
Ames	39.19	7/2.67	8.02	108	1245	0.8548	3200	PL1000
Azusa	62.44	7/3.37	10.11	172	1984	0.5365	2300	PL1000
Anaheim	78.55	7/3.78	11.35	217	2393	0.4265	2700	PL1120
Amherst	99.30	7/4.25	12.75	273	3018	0.3373	2500	PL1250
Alliance	125.1	7/4.77	14.31	345	3805	0.2678	2000	PL1250
Butte	158.6	19/3.26	16.30	437	4876	0.2112	2900	PL1500
Canton	199.9	19/3.66	18.30	551	5891	0.1676	3200	PL1600
Cairo	236.4	19/3.98	19.88	650	6948	0.1417	2600	PL1600
Darien	283.7	19/4.36	21.79	781	8354	0.1181	2200	PL1600
Elgin	331.0	19/4.71	23.54	911	9742	0.1012	2850	PL1800
Flint	374.5	37/3.59	25.16	1035	10821	0.0894	2700	PL1800
Greeley	469.6	37/4.02	28.14	1295	13547	0.0713	2050	PL1800

（三）英国标准（BS3242：1970）

英国标准见表 11-2-24。

表 11-2-24　　　　　　　铝 合 金 绞 线 规 格

牌号 Code Name	标称截面 Nominal aluminium alloy area	股数/线径 Stranding and wire diameter	外径 Overall diameter	截面 Total area	千米重 Weight	标称拉断力 Nominal breaking load	最大直流电阻 Maximum dc resistance at 20℃	交货长度 Standard length	轴盘规格 Type of reel
—	（mm²）	（No./mm）	（mm）	（mm²）	（kg/km）	（daN）	（Ω/km）	（m±5%）	—
—	10	7/1.47	4.41	11.9	32	333	2.277	3000	PL710
Box	15	7/1.85	5.55	18.8	51	527	1.749	3000	PL710
Acacia	20	7/2.08	6.24	23.9	65	670	1.384	2500×2	PL1000

续表

牌号 Code Name	标称截面 Nominal aluminium alloy area	股数/线径 Stranding and wire diameter	外 径 Overall diameter	截面 Total area	千米重 Weight	标称拉断力 Nominal breaking load	最大直流电阻 Maximum dc resistance at 20℃	交货长度 Standard length	轴盘规格 Type of reel
—	（mm²）	（No./mm）	（mm）	（mm²）	（kg/km）	（daN）	（Ω/km）	（m±5%）	—
Almond	25	7/2.34	7.02	30.1	82	844	1.094	2500×2	PL1000
Cedar	30	7/2.54	7.62	35.5	97	995	0.9281	3200	PL1000
—	35	7/2.77	8.31	42.2	115	1183	0.78	3000	PL1000
Fir	40	7/2.95	8.85	47.8	131	1340	0.6680	2800	PL1000
Hazel	50	7/3.30	9.90	59.9	164	1680	0.5498	2700	PL1120
Pine	60	7/3.61	10.83	71.7	196	2010	0.4595	2350	PL1120
—	70	7/3.91	11.73	84.1	230	2357	0.3917	2300	PL1120
Willow	75	7/4.04	12.12	89.8	246	2517	0.3669	2850	PL1250
	80	7/4.19	12.57	96.5	264	2704	0.3410	2500	PL1250
—	90	7/4.45	13.35	108.8	298	3050	0.3026	2300	PL1500
Oak	100	7/4.65	13.95	118.9	325	3330	0.2769	2000	PL1250
	100	19/2.82	14.1	118.7	326	3330	0.2786	2000	PL1250
Mulberry	125	19/3.18	16.9	151.1	415	4230	0.2190	2900	PL1500
Ash	150	19/3.48	14.4	180.7	497	5060	0.1830	2300	PL1500
Elm	175	19/3.76	18.8	211.0	580	5910	0.1568	2900	PL1600
Poplar	200	37/2.87	20.09	239.0	660	6700	0.1387	2300	PL1600
	225	37/3.05	21.35	270.3	744	7570	0.1224	2200	PL1600
Sycamore	250	37/3.23	22.61	303.0	835	8490	0.1094	2000	PL1600
Upas	300	37/3.53	24.71	362.1	998	10150	0.09155	2500	PL1800
—	350	37/3.81	26.67	421.8	1163	11820	0.07860	2300	PL1800
Yew	400	37/4.06	28.42	479.9	1323	13450	0.06908	2000	PL1800

（四）德国标准（DIN 48201）

德国标准见表 11-2-25。

表 11-2-25　　　　　　　　　　　　铝 合 金 绞 线 规 格

截面 Area		股数/线径 Stranding and wire diameter	外径 Overall diameter	千米重 Weight	标称拉断力 Nominal breaking load	最大直流电阻 Maximum dc resistance at 20℃	交货长度 Standard length	轴盘规格 Type of reel
标称 Nominal	实际 Actual							
（mm²）	（mm²）	（No./mm）	（mm）	（kg/km）	（daN）	（Ω/km）	（m±5%）	—
16	15.89	7/1.7	5.1	44	444	2.0910	3000	PL710
25	24.25	7/2.1	6.3	67	677	1.3703	2500×2	PL1000
35	34.36	7/2.5	7.5	94	961	0.9669	3200	PL1000
50	49.48	7/3.0	9.0	135	1382	0.6714	2850	PL1000
50	48.36	19/1.8	9.0	133	1354	0.6905	2850	PL1000
70	65.82	19/2.1	10.5	181	1839	0.5073	2700	PL1120
95	93.27	19/2.5	12.5	256	2609	0.3579	2500	PL1250
120	117.0	19/2.8	14.0	322	3272	0.2854	2000	PL1250
150	147.1	37/2.25	15.7	406	4110	0.2274	2900	PL1500
185	181.6	37/2.5	17.5	501	5077	0.1842	2300	PL1500
240	242.5	61/2.25	20.2	670	6779	0.1383	2300	PL1600
300	299.4	61/2.5	22.5	827	8373	0.1120	2000	PL1600
400	400.1	61/2.89	26.0	1105	11183	0.0383	2400	PL1800
500	499.8	61/3.23	29.1	1381	13974	0.06709	2000	PL1800

四、钢芯铝合金绞线

钢芯铝合金绞线性能参数见表 11-2-26 ~ 表 11-2-28。

表 11-2-26

钢芯铝合金绞线规格

型号	标称截面 (mm²)	结构 根数/直径 (mm) 铝合金	结构 根数/直径 (mm) 钢	计算截面 (mm²) 铝合金	计算截面 (mm²) 钢	计算截面 (mm²) 总计	外径 (mm)	计算质量 (kg/km) 铝合金	计算质量 (kg/km) 钢	LH$_A$GJ / LH$_B$GJ	LH$_A$GJF$_1$ / LH$_B$GJF$_1$	LH$_A$CJF$_2$ / LH$_B$CJF$_2$	计算拉断力 (kN)	20℃直流电阻 不大于 (Ω/km)	交货长度 不小于 (m)
LH$_A$GJ	10/2	6/1.50	1/1.50	10.60	1.76	12.37	4.50	29.0	13.7	42.8	42.8	42.8	5.18	3.14026	3000
	16/3	6/1.85	1/1.85	16.12	2.68	18.81	5.55	44.2	20.9	65.1	65.1	65.1	7.89	2.06445	3000
	25/4	6/2.32	1/2.32	25.36	4.22	29.59	6.96	69.5	32.8	102.4	102.4	102.4	12.26	1.31272	3000
	35/6	6/2.72	1/2.72	34.86	5.81	40.67	8.16	95.5	45.2	140.7	140.7	140.7	16.86	0.95501	3000
LH$_B$GJ	50/8	6/3.20	1/3.20	48.25	8.04	56.29	9.60	132.2	62.5	194.8	194.7	194.8	23.05	0.68999	2000
	50/30	12/2.32	7/2.32	50.72	29.59	80.31	11.60	139.9	231.2	371.1	378.7	382.6	48.58	0.66059	3000
	70/10	6/3.80	1/3.80	68.04	11.34	79.38	11.40	186.5	88.2	274.7	274.7	274.7	32.51	0.48930	2000
	70/40	12/2.72	7/2.72	69.72	40.67	110.40	13.60	192.3	317.7	510.1	520.6	525.9	66.78	0.48058	2000
LH$_A$GJF$_1$	95/15	26/2.15	7/1.67	94.39	15.33	109.72	13.61	260.4	119.7	380.2	384.1	400.8	45.72	0.35508	2000
	95/55	18/3.20	7/3.20	96.50	56.29	152.80	16.00	266.2	439.8	706.0	720.6	728.0	90.46	0.34722	2000
	120/7	18/2.90	1/2.90	118.89	6.60	125.49	14.50	327.1	51.3	378.5	378.5	396.7	42.47	0.28114	2000
	120/20	26/2.38	7/2.38	115.66	18.81	134.48	15.07	319.1	147.0	466.1	471.0	491.4	56.05	0.28977	2000
LH$_B$GJF$_1$	120/70	12/3.60	7/3.60	122.14	71.25	193.39	18.00	336.9	556.6	893.6	912.0	921.3	114.50	0.27435	2000
	150/8	18/3.20	1/3.20	144.76	8.04	152.80	16.00	398.3	62.5	460.9	460.9	483.0	51.43	0.23090	2000
	150/25	26/2.70	7/2.32	148.86	24.24	173.10	17.10	410.7	189.4	600.1	606.4	632.7	72.18	0.22515	2000
	185/10	18/3.60	1/3.60	183.21	10.17	193.39	18.00	504.1	79.1	583.3	583.3	611.3	65.09	0.18244	2000
LH$_A$CJF$_2$	185/30	26/2.98	7/2.32	181.34	29.59	210.93	18.88	500.3	231.2	731.5	739.1	771.3	86.98	0.18483	2000
	210/10	18/3.80	1/3.80	204.14	11.34	215.48	19.00	561.7	88.2	649.9	649.9	681.1	72.52	0.16374	2000
	210/35	26/3.22	7/2.50	211.72	34.36	246.08	20.38	584.1	268.4	852.5	861.5	898.7	101.35	0.15830	2000
	240/30	24/3.60	7/2.40	244.29	31.66	275.95	21.60	673.6	247.4	921.0	929.2	971.3	107.85	0.13712	2000
LH$_B$GJF$_2$	240/40	26/3.42	7/2.66	238.84	38.90	277.74	21.66	658.9	303.9	962.9	972.9	1015.2	114.48	0.14033	2000
	300/20	45/2.93	7/1.95	303.41	20.90	324.32	23.43	837.7	163.3	1001.0	1006.4	1071.3	113.70	0.11054	2000
	300/50	26/3.83	19/2.32	299.54	48.82	348.36	24.26	826.4	381.4	1207.9	1220.5	1273.5	143.62	0.11189	2000
	300/70	30/3.60	7/3.60	305.36	71.25	376.61	25.20	843.3	556.6	1400.0	1418.4	1474.7	168.36	0.10987	2000
	400/25	45/3.33	7/2.22	391.91	27.09	419.00	26.64	1082.0	211.6	1293.7	1300.7	1384.9	146.97	0.08558	1500
	400/50	54/3.07	7/3.07	399.72	51.81	451.54	27.63	1104.7	404.8	1509.6	1522.9	1611.6	174.67	0.08399	1500
	400/95	30/4.16	19/2.50	407.75	93.26	501.01	29.14	1126.1	731.2	1857.4	1884.1	1959.6	226.01	0.08228	1500
	500/35	45/3.75	7/2.50	497.00	34.36	531.37	30.00	1372.2	268.4	1640.6	1649.5	1756.2	185.22	0.06748	1500
	500/65	54/3.44	7/3.44	501.88	65.05	566.93	30.96	1387.0	508.3	1895.4	1912.2	2023.5	219.31	0.06689	1500
	630/45	45/4.20	7/2.80	623.44	43.10	666.55	33.60	1721.3	336.7	2058.0	2069.2	2203.0	232.34	0.05379	1200
	630/80	54/3.87	19/2.32	635.19	80.31	715.51	34.82	1755.5	629.7	2385.2	2408.2	2548.8	278.14	0.05285	1200
	800/55	45/4.80	7/3.20	814.30	56.29	870.59	38.40	2248.2	439.8	2688.1	2702.6	2877.5	301.50	0.04118	1000
	800/100	54/4.33	19/2.60	795.16	100.87	896.04	38.98	2197.6	790.8	2988.5	3017.4	3194.1	348.57	0.04222	1000
	1000/45	72/4.21	7/2.80	1002.27	43.10	1045.37	42.08	2769.2	336.7	3105.9	3117.1	3353.3	343.71	0.03348	1000
	1000/125	54/4.84	19/2.90	993.51	125.49	1119.01	43.54	2745.8	983.9	3729.8	3765.7	3985.2	434.91	0.03379	1000

注 生产厂为哈尔滨电缆厂、武汉电线厂。

表 11-2-27 铝合金绞线及钢芯铝合金绞线性能参数表

结 构		绞 合 常 数				弹性系数① (N/mm²)	膨胀系数 (×10⁻⁶/℃)
铝合金	钢	电 阻	质 量				
			铝合金	钢			
6	1	0.1692	6.0907	1.000		79000	19.1
7	0	0.14471	7.0907	0.000		59000	23.0
12	7	0.08514	12.260	7.030		105000	15.3
18	1	0.05662	18.344	1.000		66000	21.2
19	0	0.05358	19.344	0.000		56000	23.0
24	7	0.04255	24.511	7.030		73000	19.6
26	7	0.03931	26.569	7.030		76000	18.9
30	7	0.03410	30.688	7.030		80000	17.8
30	19	0.03410	30.688	19.147		78000	18.0
37	0	0.02759	37.765	0.000		56000	23.0
45	7	0.02272	46.016	7.030		62000	20.9
54	7	0.01896	55.276	7.030		69000	19.3
54	19	0.01896	55.276	19.147		67000	19.4
61	0	0.01676	62.348	0.000		54000	23.0
72	7	0.01421	73.678	7.030		60000	21.5

注 ① 弹性系数值的允许偏差为 ±3000N/mm²。

表 11-2-28 铝合金圆线机械性能

标称直径 d (mm)	抗拉强度不小于 (N/mm²)	断裂伸长率不小于 (%)
1.33 ≤ d ≤ 4.60	294	4

注 1. 型号及名称
LHA 热处理铝镁硅合金圆线。
LHB 热处理铝镁硅稀土合金圆线。
2. 电阻率
铝合金圆线在20℃时的电阻率应不大于 0.0328Ω·mm²/m。
计算时，取下列物理参考数值：
密度 2.70g/cm³
线膨胀系数 0.000023/℃
电阻温度系数 0.00360/℃
3. 产品表示方法
铝合金圆线用型号及规格及本标准编号表示。例如：热处理铝镁硅稀土合金圆线，标称直径为2.0mm，表示为：LH$_B$2.0 GB 7893—87。

五、铝包钢线

铝包钢线是以镀锌钢线为芯，外包铝层的双金属复合导线。抗拉强度高，导电性能好，耐腐蚀性能与纯铝线相同。

铝包钢线性能参数见表11-2-29～表11-2-31。

表 11-2-29 铝包钢线型号、名称及主要用途

型号	名称	用 途
GL	铝包钢线	用作通信线及绞制的载波地线和输电线等
GGL	高强度铝包钢线	用于重冰区及大跨越导地线多股绞线

表 11-2-30 GL 型铝包钢线典型规格及性能

标称直径 (mm)	偏差 (mm)	标称截面 (mm²)	铝层单面厚度 (mm)		最小抗拉强度 (N/mm²)	最小伸长率 (%)	扭转不断裂不起皮最少次数	最大直流电阻 (20℃ Ω/km)	计算质量 (kg/km)
			标 称	最 小					
2.8	±0.06	6.1575	0.30	0.15	794			9.97	36.01
3.0	±0.06	7.0686	0.30	0.15	840			9.06	42.16
3.0	±0.06	7.0686	0.04	0.02	701			7.59	38.47
3.2	±0.06	8.0425	0.35	0.18	786			7.54	46.75
3.6	±0.07	10.1788	0.30	0.15	885			7.01	63.53
3.8	±0.07	11.3411	0.30	0.15	902	1.5	16	6.49	71.64
3.8	±0.07	11.3411	0.40	0.20	801			5.47	66.67
4.0	±0.08	12.5664	0.50	0.25	730			4.44	69.98
4.0	±0.08	12.5664	0.40	0.20	822			5.09	74.94
4.2	±0.08	13.8544	0.50	0.25	768			4.15	78.42
4.4	±0.09	15.2053	0.60	0.30	690			3.48	82.07

表 11-2-31　　　　　　　　　　GGL 型铝包钢线典型规格及性能

标称直径 （mm）	偏差 （mm）	标称截面 （mm²）	铝层单面厚度（mm）		最小抗拉强度 （N/mm²）	最小伸长率 （%）	扭转不断裂不起皮最少次数	最大直流电阻 （20℃ Ω/km）	计算质量 （kg/km）
			标称	最小					
3.8	±0.07	11.3411	0.40	0.20	955			5.47	66.67
3.8	±0.07	11.3411	0.30	0.15	1076			6.49	71.64
4.0	±0.08	12.5664	0.60	0.30	766			3.97	65.33
4.0	±0.08	12.5664	0.50	0.25	869	1.5	16	4.44	69.98
4.0	±0.08	12.5664	0.40	0.02	978			5.09	74.94
4.2	±0.08	13.8544	0.60	0.30	800			3.71	73.46
4.4	±0.09	15.2053	0.60	0.30	821			3.48	82.07

六、铝包钢绞线及钢芯铝包钢绞线

根据用户要求，把各种规格和性能的铝包钢单线、圆铝线、镀锌钢丝同心式绞制成全铝钢绞线、钢芯铝包钢绞线、铝包钢芯铝绞线及铝包钢线铝线混绞线等产品。

铝包钢绞线及钢芯铝包钢绞线性能参数见表 11-2-32 ~ 表 11-2-35。

表 11-2-32　铝包钢绞线及钢芯铝包钢绞线型号、名称及用途

型号	名称	用途
GLJ	铝包钢绞线	架空地线（载波地线）
GGLJ	高强度铝包钢绞线	大跨越导地线
GLGJ	钢芯铝包钢绞线	大跨越导地线、地线
GGLGJ	钢芯高强度铝包钢绞线	大跨越导地线
GLLJ	铝包钢芯铝绞线	在要求增大铝钢截面比和提高耐腐蚀性能的场合下用
GLLHJ	铝包钢线铝线混绞线	

表 11-2-33　GLJ 型及 GLGJ 型铝包钢绞线典型规格及性能

型　号		GLJ—120	GLGJ—80
结构	铝包钢根数/直径	19/2.8(2.2)	4/3.8(3.0)
	钢芯根数/直径		3/3.8
截面积 （mm²）	铝	44.8	17.08
	钢	72.2	62.23
	合计	117	79.31
绞线计算外径	（mm）	14	11.4
绞线质量	（kg/km）	708	541
总拉断力	（N）	84313	36863
20℃时直流电阻	（Ω/km）	0.544	0.959
制造长度（m）		按技术协议执行	

表 11-2-34　GGLJ 型高强度铝包钢绞线典型规格及性能

型　号		GGLJ—460	GGLJ—560
结构	铝包钢根数/直径	37/4.0(3.2)	37/4.4(3.2)
	钢芯根数/直径		
截面积 （mm²）	铝	167.5	265
	钢	297.55	298
	合计	465	563
绞线计算外径	（mm）	28	30.8
绞线质量	（kg/km）	2827	3091
总拉断力	（N）	399019	431372
20℃时直流电阻	（Ω/km）	0.1235	0.0958
制造长度（m）		按技术协议执行	

表 11-2-35　GGLGJ 型钢芯高强度铝包钢绞线典型规格性能

型　号		GGLGJ—150	GGLGJ—580
结构	铝包钢根数/直径	9/4.0(2.8)	34/4.1(3.2)
	钢芯根数/直径	7/2.6	1/3.2＋18/3.0
截面积 （mm²）	铝	57.68	175.42
	钢	92.58	408.72
	合计	150.26	584.14
绞线计算外径	（mm）	15.8	31.6
绞线质量	（kg/km）	903	3741
总拉断力	（N）	112745	617646
20℃时直流电阻	（Ω/km）	0.548	0.126
制造长度（m）		按技术协议执行	

注　生产厂为湘潭电缆厂。

七、扩径钢铝绞线

本产品供 330kV 及以上超高压架空送电线路用，以减少线路的电晕损失和节约有色金属。

扩径钢铝绞线性能参数见表 11-2-36、表 11-2-37。

表 11-2-36　　　　　　　　　　KKZ 型扩径空芯铝钢绞线规格

型　号	计算截面（mm²）		根数×线径（mm）			导线外径（mm）	质　量（kg/km）	制造长度（m）
	铝股	钢股	外层（铝）	内层	支撑			
KKZ-600	587.0	49.5	48×3.0	35×3.0（铝）+7×3.0（钢）	螺旋管 φ39.0	51.0	2666	250

表 11-2-37　　　　　　　　　　LGJK 型扩径钢芯铝绞线

型　号	计算截面（mm²）		根数/线径（mm）					导线外径（mm）	质　量（kg/km）	制造长度（m）
	铝股	钢股	钢芯	第一层铝绞线	第二层铝绞线	第三层铝绞线	第四层铝绞线			
LGJK-1400	1339.6	134.3	19×3.0	13×4.5	19×4.5	25×4.5	31×4.5	51	4962	250

注　生产厂为上海电缆厂、沈阳电缆厂。

八、圆铜线

（一）圆铜线标准（见表 11-2-38、表 11-2-39）

表 11-2-38　　　圆铜线的机械性能

标称直径（mm）	TR 型 伸长率（%）	TY 型 抗拉强度（N/mm²）	TY 型 伸长率（%）	TYT 型 抗拉强度（N/mm²）	TYT 型 伸长率（%）
	不		小		于
0.020	10	421	—	—	—
0.100	10	421	—	—	—
0.200	15	420	—	—	—
0.290	15	419	—	—	—
0.300	15	419	—	—	—
0.380	20	418	—	—	—
0.480	20	417	—	—	—
0.570	20	416	—	—	—
0.660	25	415	—	—	—
0.750	25	414	—	—	—
0.850	25	413	—	—	—
0.940	25	412	0.5	—	—
1.03	25	411	0.5	—	—
1.12	25	410	0.5	—	—
1.22	25	409	0.5	—	—
1.31	25	408	0.6	—	—
1.41	25	407	0.6	—	—
1.50	25	406	0.6	446	0.6
1.56	25	405	0.6	445	0.6
1.60	25	404	0.6	445	0.6
1.70	25	403	0.6	444	0.6
1.76	25	403	0.7	443	0.7
1.83	25	402	0.7	442	0.7
1.90	25	401	0.7	441	0.7
2.00	25	400	0.7	440	0.7
2.12	25	399	0.7	439	0.7
2.24	25	398	0.8	438	0.8
2.36	25	396	0.8	436	0.8

续表

标称直径（mm）	TR 型 伸长率（%）	TY 型 抗拉强度（N/mm²）	TY 型 伸长率（%）	TYT 型 抗拉强度（N/mm²）	TYT 型 伸长率（%）
		不	小		于
2.50	25	395	0.8	435	0.8
2.62	25	393	0.9	434	0.9
2.65	25	393	0.9	433	0.9
2.73	25	392	0.9	432	0.9
2.80	25	391	0.9	432	0.9
2.85	25	391	0.9	431	0.9
3.00	25	389	1.0	430	1.0
3.15	30	388	1.0	428	1.0
3.35	30	386	1.0	426	1.0
3.55	30	383	1.1	423	1.1
3.75	30	381	1.1	421	1.1
4.00	30	379	1.2	419	1.2
4.25	30	376	1.3	416	1.3
4.50	30	373	1.3	413	1.3
4.75	30	370	1.4	411	1.4
5.00	30	368	1.4	408	1.4
5.30	30	365	1.5	—	—
5.60	30	361	1.6	—	—
6.00	30	357	1.7	—	—
6.30	30	354	1.8	—	—
6.70	30	349	1.8	—	—
7.10	30	345	1.9	—	—
7.50	30	341	2.0	—	—
8.00	30	335	2.2	—	—
8.50	35	330	2.3	—	—
9.00	35	325	2.4	—	—
9.50	35	319	2.5	—	—
10.00	35	314	2.6	—	—
10.60	35	307	2.8	—	—
11.20	35	301	2.9	—	—
11.80	35	294	3.1	—	—
12.50	35	287	3.2	—	—
13.20	35	279	3.4	—	—
14.00	35	271	3.6	—	—

注　标称直径值介于表中所列紧邻两个数值之间时，采用较大标称直径值的相应性能。

表 11-2-39　　　　圆铜线的电阻率

型　　号	电阻率 ρ_{20}（$\Omega \cdot mm^2/m$）不大于	
	2.00mm 以下	2.00mm 及以上
TR	0.017241	0.017241
TY TYT	0.01796	0.01777

（二）圆铜线说明（GB 3953—83）

1. 中国标准与国际标准的关系

本标准的规定与国际电工委员会 IEC 28 1925 的规定相一致。

2. 圆铜线的型号

TR 型为软圆铜线。

TY 型为硬圆铜线。

TYT 型为特硬圆铜线。

3. 材料

圆铜线应采用符合 GB 3952—83《电工圆铜杆》规定的圆铜杆制造。

4. 圆铜线的物理参数

计算时，20℃时的铜线物理参数应取下列数值：

（1）密度。8.98g/cm^3。

（2）线膨胀系数。0.000017 l/℃。

（3）电阻温度系数：

1）TR 型。0.00393 l/℃；

2）TY，TYT 型。标称直径 2.00mm 及以上，0.00381 l/℃；

标称直径 2.00mm 以下，0.00377 l/℃。

九、硬铜绞线

TJ 型硬铜绞线规格见表 11-2-40。

表 11-2-40　　　TJ 型硬铜绞线规格

标称截面 （mm^2）	根数×线径 （mm）	导线外径 （mm）	质　量 （kg/km）	交货长度 （m） 不小于
16	7×1.68	5.0	139	4000
25	7×2.11	6.3	220	3000
35	7×2.49	7.5	306	2500
50	7×2.97	8.9	437	2000
70	19×2.14	10.7	618	1500
95	19×2.49	12.5	838	1200
120	19×2.80	14.0	1057	1000
150	19×3.15	15.8	1339	800
185	37×2.49	17.43	1649	800
240	37×2.84	19.9	2141	800
300	37×3.10	21.7	2562	600
400	37×3.66	25.6	3564	600

注　生产厂为重庆电线厂、上海电缆厂、沈阳电缆厂、杭州电缆厂、昆明电缆厂、福州电线厂、青岛电缆厂、武汉电缆厂、长通电缆厂、湘潭电缆厂、红旗电缆厂、哈尔滨电缆厂等。

十、铜包钢线

铜包钢线是以钢为芯，外层包以约占截面40%～50%纯铜层的双金属线。

由于电流的集肤效应，在高频时，如频率在100～400kHz时，直径 3.0mm 的铜包钢线与等径的硬铜线电阻相近，故代替铜线使用时，可节约50%～60%的铜，并由于导线机械强度提高，作架空线使用时，可节约30%～40%的杆柱及线路器材。

（1）用途。本产品用于电信、电子工程方面及特殊地区（例如：大跨越、盐雾、火山等地区）的电力线路。

（2）型号。GTA 型为单线载波通信架空线，GTB 型为电力绞线。

GTA、GTB 型铜包钢线线径、质量见表 11-2-41。

表 11-2-41　　GTA、GTB 型铜包钢线线径、质量

线　径（mm）	每圈最小质量（kg）
1.2；1.6；2.0；2.2；2.5；2.8	30
3.0	30
4.0；6.0	40

注　1. 每吨铜包钢线用铜量445kg，用钢量555kg。
　　2. 生产厂为湘潭电缆厂。

十一、镀锌钢绞线

（一）镀锌钢绞线标准（见表 11-2-42～表 11-2-45）

表 11-2-42　　　　钢绞线断面结构

断面		
结构	1×3	1×7
断面		
结构	1×19	

表 11-2-43　　　　　镀锌钢绞线 GJ 型规格（GB 1200—88）

结构	钢丝直径（mm）	钢绞线直径（mm）	钢绞线断面积（mm²）	公称抗拉强度（MPa）					参考质量（kg/100m）
				1175	1270	1370	1470	1570	
				钢丝破断拉力总和(kN) 不小于					
1×3	2.90	6.2	19.82	23.29	25.17	27.15	29.14	31.12	15.99
	3.20	6.4	24.13	28.35	30.65	33.06	35.47	37.88	19.47
	3.50	7.5	28.86	33.91	36.65	39.54	42.43	45.31	23.29
	4.00	8.6	37.70	44.30	47.88	51.65	55.42	59.19	30.42
1×7	1.00	3.0	5.50	6.46	6.98	7.54	8.08	8.64	4.37
	1.20	3.6	7.92	9.31	10.06	10.85	11.64	12.43	6.29
	1.40	4.2	10.78	12.67	13.69	14.77	15.85	16.92	8.56
	1.60	4.8	14.07	16.53	17.87	19.28	20.68	22.09	11.17
	1.80	5.4	17.81	20.93	22.62	24.40	26.18	27.96	14.14
	2.00	6.0	21.99	25.84	29.73	30.13	32.32	34.52	17.46
	2.30	6.9	29.08	34.17	36.93	39.84	42.75	45.66	23.09
	2.60	7.8	37.17	43.60	47.20	50.92	54.63	58.35	29.51
	2.90	8.7	46.24	54.33	58.72	63.35	67.97	72.60	36.71
	3.20	9.6	56.30	66.15	71.50	77.13	82.76	88.39	44.70
	3.50	10.5	67.35	79.14	85.85	92.27	99.00	105.74	53.48
	3.80	11.4	79.39	93.28	100.82	108.76	116.70	124.64	63.04
	4.00	12.0	87.96	103.35	111.71	120.50	129.30	138.10	69.84
1×19	1.60	8.0	38.20	44.88	48.51	52.33	56.15	59.97	30.40
	1.80	9.0	48.35	56.81	61.40	66.24	71.07	75.91	38.49
	2.00	10.0	56.69	70.14	75.81	81.78	87.74	93.71	47.51
	2.30	11.5	78.94	92.75	100.25	108.15	116.04	123.94	62.84
	2.60	13.0	100.88	118.53	128.12	138.20	148.29	158.38	80.30
	2.90	14.5	125.50	147.46	159.38	171.93	184.48	197.03	99.90
	3.20	16.0	152.81	179.55	194.06	209.35	224.63	239.91	121.64
	3.50	17.5	182.80	214.79	232.16	250.44	268.72	287.00	145.51
	4.00	20.0	238.76	280.54	303.23	327.10	350.98	374.86	190.05

表 11-2-44　钢绞线钢丝力学性能

钢丝直径	直径允许偏差	抗拉强度(MPa)					伸长率 L=200mm(%) 抗拉强度(MPa)		360°扭转次数 L=100d 抗拉强度(MPa)		
							1175、1270	1370、1470、1570	1175、1270	1370、1470	1570
(mm)		不小于					不小于				
1.00	±0.05						2.0	2.0	18	16	14
1.20	±0.05						2.0	2.0	18	16	14
1.40	±0.05	1175	1270	1370	1470	1570	2.0	2.0	18	16	14
1.60	±0.05						2.0	2.0	18	16	14
1.80	±0.06						3.0	3.0	16	14	12
2.00	±0.06						3.0	3.0	16	14	12
2.30	±0.06						3.0	3.0	16	14	12
2.60	±0.08						3.0	3.0	16	14	12
2.90	±0.08						3.0	3.0	14	12	10
3.20	±0.08	1175	1270	1370	1470	1570	4.0	3.5	14	12	10
3.50	±0.10						4.0	3.5	14	12	10
3.80	±0.10						4.0	3.5	14	12	10
4.00	±0.10						4.0	3.5	14	12	10

表 11-2-45　钢绞线钢丝的锌层质量

钢丝直径 (mm)	锌层质量 (g/m²) 不小于			缠绕试验芯杆直径为钢丝直径倍数
	A(特厚)	B(厚)	C(薄)	
1.00	160	110	80	热镀锌时为12倍；电镀锌时为5倍
1.20	160	110	80	
1.40	160	130	90	
1.60	180	130	90	
1.80	180	160	110	
2.00	200	160	110	
2.30	220	200	140	
2.60	220	200	140	
2.90		230	160	热镀锌时为14倍；电镀锌时为5倍
3.20		230	160	
3.50		250	175	
3.80		250	175	
4.00		250	175	

（二）镀锌钢绞线说明（GB 1200—88）

1. 标记示例

结构 1×7、直径 6mm、抗拉强度 1270MPa、A 级锌层的钢绞线标记为：

1×7-6.0-1270-A-GB 1200-88

2. 原料

（1）钢绞线用钢应符合 GB 699—88《优质碳素结构钢技术条件》规定，钢号由供方选择。

（2）钢绞线用镀锌钢丝捻制。钢丝表面应镀上一层均匀、连续的锌，不得有斑疤、裂缝和没有镀上锌的地方。

3. 力学性能

（1）钢绞线内钢丝力学性能应符合表 11-2-44 规定。

（2）钢绞线内钢丝的破断拉力总和应符合表 11-2-43 规定。

（3）经供需双方协商，可进行钢绞线破断拉力试验。

钢绞线破断拉力＝钢丝破断拉力总和×换算系数

换算系数：1×19 结构为 0.90

1×3、1×7 结构为 0.92

4. 锌层质量

（1）钢绞线内钢丝的锌层质量应符合表 11-2-45 规定。

（2）钢丝在按表规定的芯杆上，紧密地缠绕 6 圈，锌层不得开裂或脱落。

5. 捻制质量

（1）钢绞线通条的直径和捻距应均匀，切断后应不松散。

（2）钢绞线内各钢丝应紧密绞合，不应有交错、断裂和折弯。

（3）钢绞线内钢丝接头用对头电焊，任意两接头间距不得小于 50m，接头处应充分再镀锌。1×3 结构的钢绞线不允许有钢丝接头。

6. 尺寸

（1）钢绞线直径应符合表 11-2-43 规定。

（2）钢绞线内镀锌钢丝的直径及其允许偏差应符合表 11-2-44 规定。

（3）钢绞线的捻距应不大于其直径的 14 倍。捻向为右捻，最外层钢丝的捻向应与相邻内层钢丝的捻向相反。如需改变捻向应在合同中注明。

（4）无特殊要求时，钢绞线的长度不得小于 200m。

（三）镀锌钢绞线强度设计值

DL/T 5092—1999《110~500kV 架空送电线设计技术规程》提出杆塔的拉线宜采用镀锌钢绞线，其强度设计值，应按表 11-2-46 的规定选用。

表 11-2-46　　镀锌钢绞线强度设计值　　（N/mm²）

股数	热镀锌钢丝抗拉强度标准值					备　　注
	1175	1270	1370	1470	1570	1. 整根钢绞线的拉力设计值等于总截面与 fg 的乘积；
	整根钢绞线抗拉强度设计值 fg					2. 强度设计值 fg 中已计入了换算系数。7 股 0.92，19 股 0.90
7 股	690	745	800	860	920	
19 股	670	720	780	840	900	

第三节　绝　缘　子

一、悬式绝缘子技术数据

悬式绝缘子技术数据见表 11-3-1～表 11-3-6。悬式绝缘子型式见图 11-3-1～图 11-3-8。

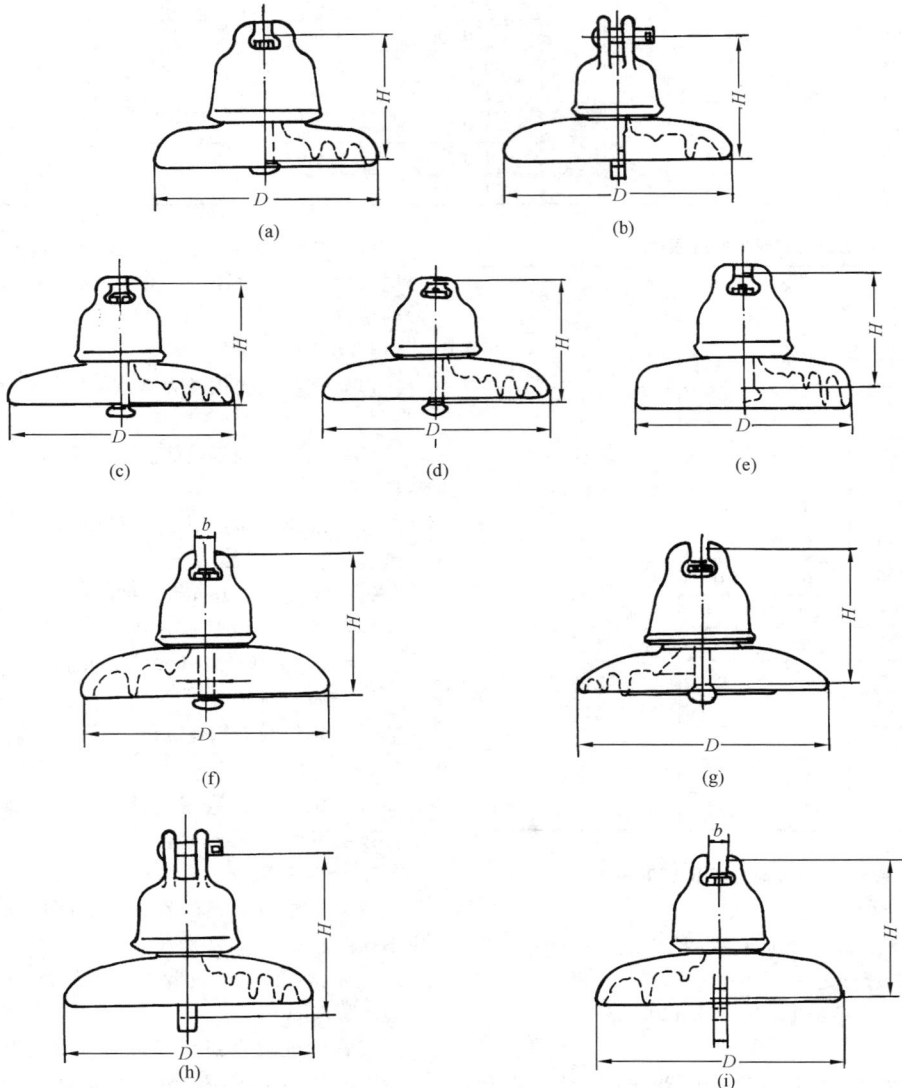

(a)

(b)

(c)

(d)

(e)

(f)

(g)

(h)

(i)

图 11-3-1　普通型瓷悬式绝缘子

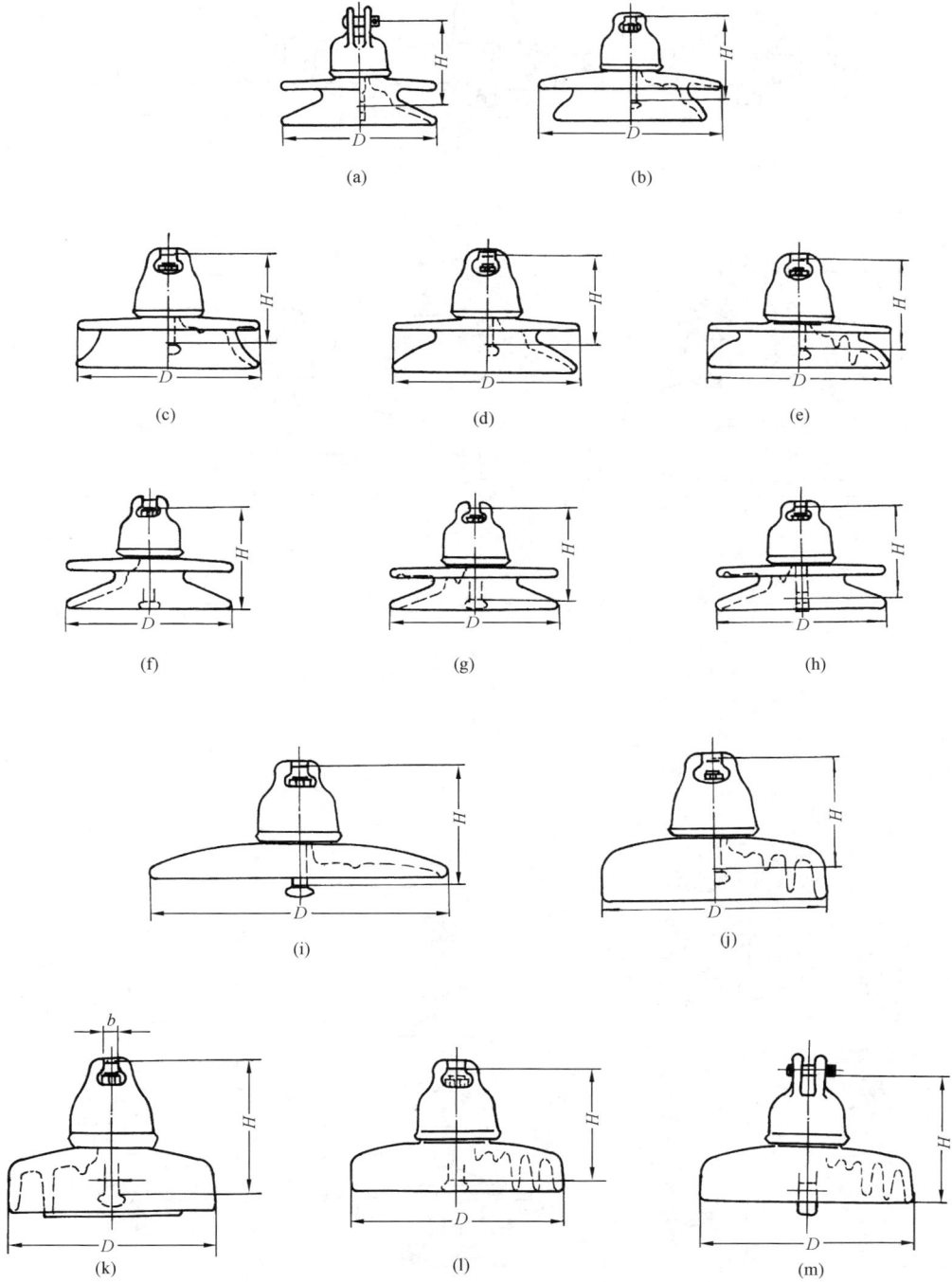

图 11-3-2 耐污型瓷悬式绝缘子

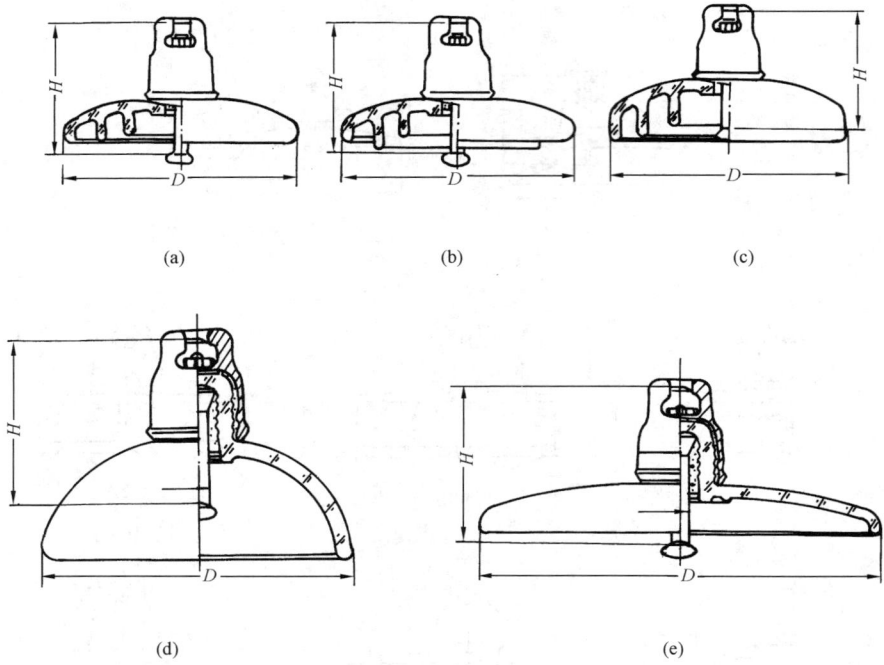

(a)

(b)

(c)

(d)

(e)

图 11-3-3 各型玻璃绝缘子

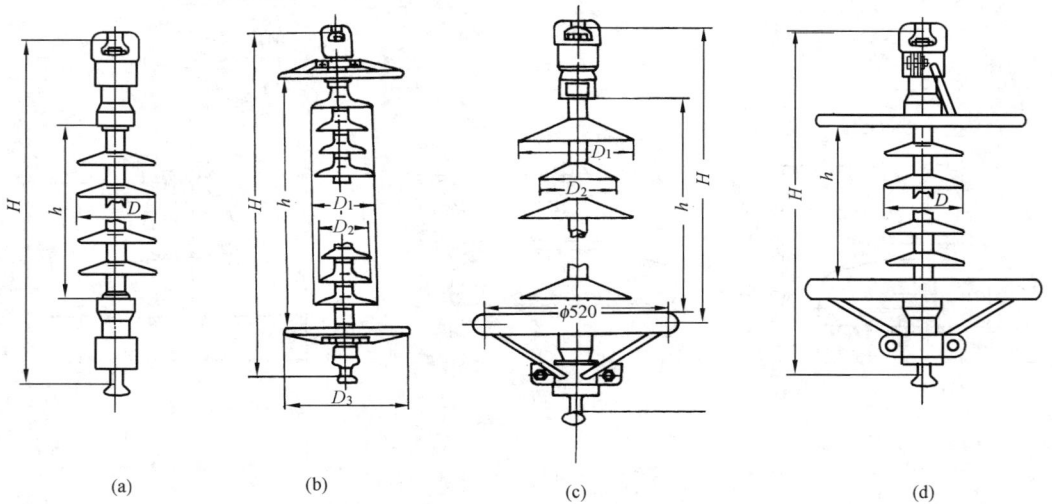

(a)

(b)

(c)

(d)

图 11-3-4 合成绝缘子（复合绝缘子）（一）

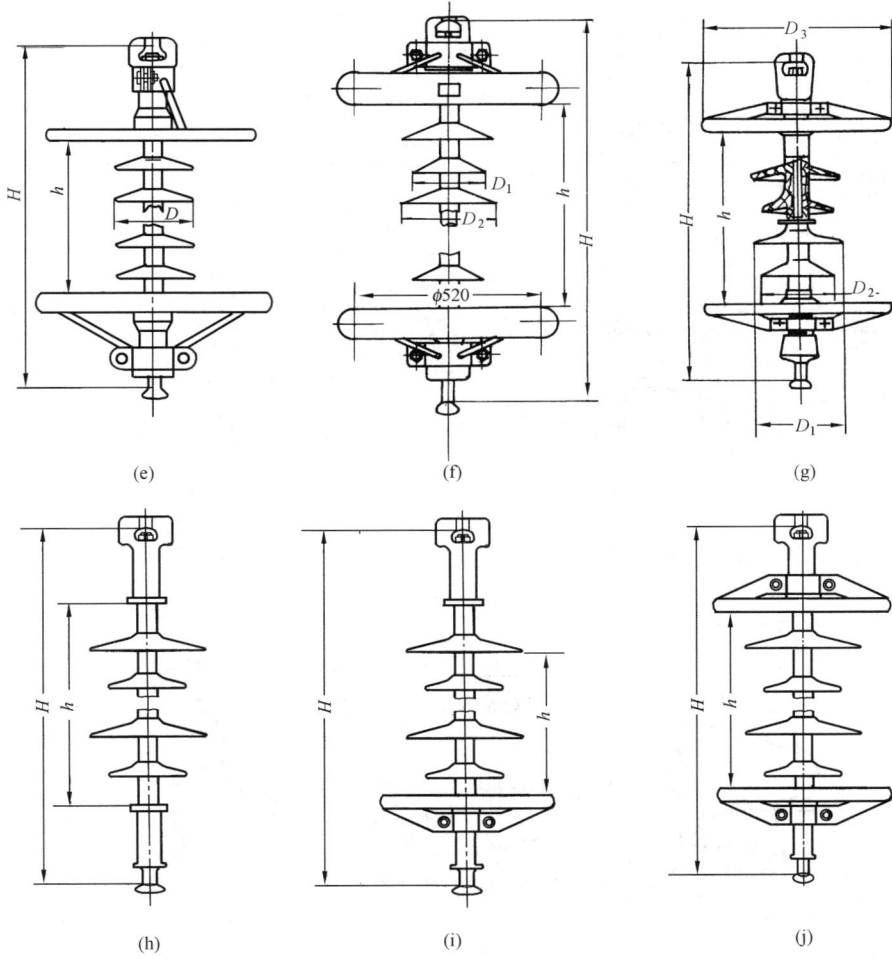

(e)   (f)   (g)

(h)   (i)   (j)

图 11-3-4 合成绝缘子（复合绝缘子）（二）

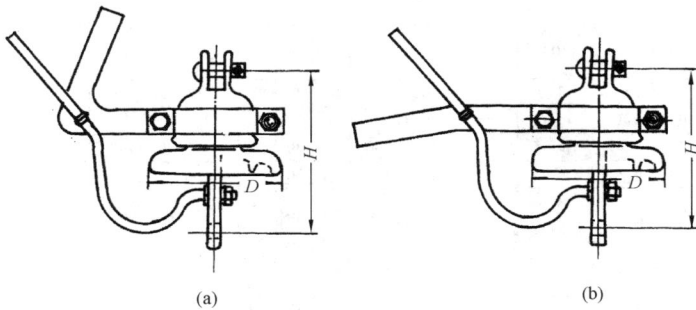

(a)   (b)

图 11-3-5 地线瓷悬式绝缘子

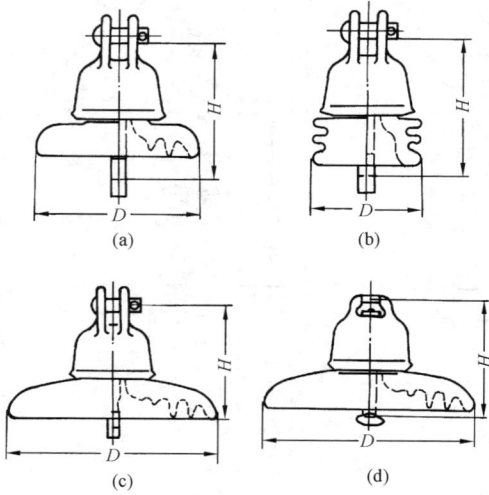

图 11-3-6　美国标准瓷悬式绝缘子

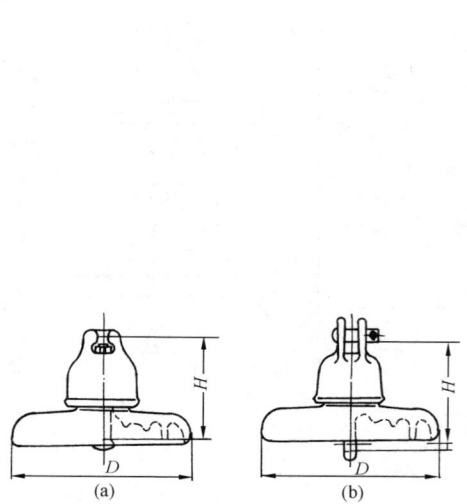

图 11-3-7　英国标准瓷悬式绝缘子

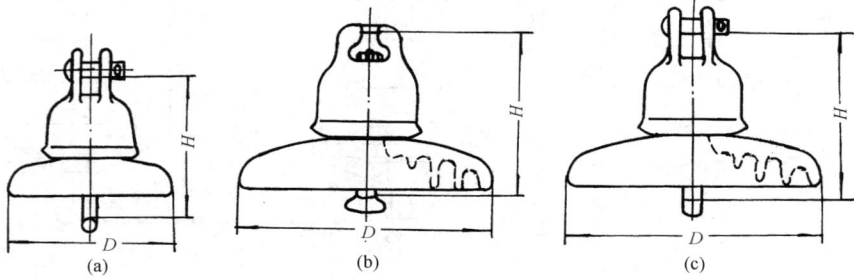

图 11-3-8　澳大利亚标准瓷悬式绝缘子

表 11-3-1　　　　　　　　　　　　　　　　　　　40、45kN 级悬式绝缘子

生产厂家	产品型号	图　号	产品代号	盘径 (mm)	高度 (mm)	泄漏距离 (mm)	工频电压有效值 (kV)			50%全波冲击闪络电压幅值 (kV)	额定机电破坏 (kN)	例行拉伸负荷 (kN)	打击破坏负荷 (N·cm)	质量 (kg)	符合标准
							干闪	湿闪	击穿						
大连电瓷厂	XP-40	11-3-1（a）	11052	175	110	185		30	90	75	40	20	500	2.4	IEC ANSI BS AS
	XP-4.5C-M 52-1	11-3-6（a）	11041	160	140	178	60	30	80	100	45	22	500	2.5	
	XP9-4.5C-M 52-9	11-3-6（b）	11042	108	159	172	60	30	80	90	45	22	500	2.3	
西安电瓷厂	XP-30C	11-3-1（f）	1119	200	146	220	60	30	90	100	40	24		3.8	IEC ANSI
	52-1	11-3-6（a）	1116	165	140	178	60	30		100	45	22.5	500	2.6	
苏州电瓷厂	XP-40C	11-3-1（b）	24005	190	140	200		30	90	85	40		565	2.6	ANSI
	52-1	11-3-6（a）	24201	152	140	178	60	30	80	100	44		500	2.5	
牡丹江电瓷厂	XP-4.5C-M 52-1	11-3-6（a）		165	140	178	60	30		100	44	22	500	2.5	NNSI
	XP$_1$-4.5C-M 52-9A	11-3-6（b）		114	160	171	60	30		100	44	22	500	2.6	
	XP-4.5C-A	11-3-8（a）		165	140	178	60	30	80	100	44	18		2.5	AS
萍乡电瓷厂	XP-40T	11-3-1（i）	0201	190	146	200		30	90	110	40			3.5	ANSI
	52-1	11-3-6（a）	0261	165	139.7	178	60	30	80	100	44		500		

表 11-3-2 　　　　　　　　　　　　　　60、70、80kN 级悬式绝缘子

生产厂家	产品型号	图　号	产品代号	盘径(mm)	高度(mm)	泄漏距离(mm)	工频电压有效值(kV) 干闪	湿闪	击穿	50%全波冲击闪络电压幅值(kV)	额定机电破坏(kN)	例行拉伸负荷(kN)	打击破坏负荷(N·cm)	质量(kg)	符合标准
大连电瓷厂	XP-70	11-3-1(c)	11136	255	146	295		40	120	100	70	35	600	4.7	IEC BS AS
	XP-70C	11-3-1(b)	11157	255	146	295		40	120	100	70	35	600	4.7	
	XP5-70	11-3-1(c)	11126	200	146	210		40	120	90	70	35	600	3.7	
	XP4-70	11-3-1(c)	11156	270	146	330		40	120	100	70	35	600	5.1	
	XP-80	11-3-1(d)	11162	255	146	295		40	120	100	80	40	600	5.1	
	XP-70C-M52-4	11-3-6(c)	11141	255	146	292	80	50	110	125	70	35.5	600	4.9	ANSI
	XP-70-M52-3	11-3-6(d)	11142	255	146	292	80	50	110		70	35.5	600	4.6	
	XPS-70C-M52-2	11-3-6(c)	11143	200	146	210	65	35	90		70	35.5	600	3.6	
	XP5-70-M52-3	11-3-6(d)	11144	200	146	210	65	35	90		70	35.5	600	3.6	
	XWP2-70	11-3-2(d)	13152	255	146	400		42	120	120	70	35		5.6	IEC BS AS
	XWP2-70C	11-3-2(a)	13151	255	146	400		42	120	120	70	35		5.9	
	XWP4-70	11-3-2(b)	13158	300/250	146	400		42	120	120	70	35		6.5	
	XMP-70	11-3-2(i)	13153	350	146	300		40	120	105	70	35		6.0	
	XMP-80	11-3-2(i)	13113	325	146	285		40	125	90	80	40		5.5	
	XHP-70	11-3-2(j)	13154	255	146	430		42	120	120	70	35	560	6.8	
	XHP-80	11-3-2(j)	13162	255	146	430		42	120	120	80	40	560	7.0	
西安电瓷厂	X-45	11-3-1(f)	1123	254	146	300	75	45	110	120	60	36		5.2	IEC
	XP-70	11-3-1(f)	1160	254	146	300	75	45	110	120	70	35		5.0	
	XP-70C	11-3-1(b)	1161	254	146	300	75	45	110	120	70	35		5.2	
	XP-80	11-3-1(f)	1163	254	146	305	75	45	110	120	80	40		5.0	
	XP-80C	11-3-1(b)	1165	254	146	300	75	45	110	120	80	40		5.2	
	XWP-70	11-3-2(c)	1351	255	146	400	90	45	120	135	70	35		5.6	
	XHP-70	11-3-2(k)	1337	255	146	430	90	50	120	130	70	35		5.4	
	XHP-80	11-3-2(k)	1338	255	160	430	90	50	120	130	80	40		5.6	
	52-2	11-3-6(c)	1117	200	146	218	65	35	90	115	67	33.5		4.0	ANSI
	52-3	11-3-6(d)	1180	254	146	292	80	50	110	125	67	33.5		5.2	
	52-3	11-3-6(d)	1181	254	146	292	80	50	110	125	80	40		5.2	
	52-4	11-3-6(c)	1161	254	146	292	80	50	110	125	70	35		5.2	

续表

生产厂家	产品型号	图　号	产品代号	盘径(mm)	高度(mm)	泄漏距离(mm)	工频电压有效值(kV)			50%全波冲击闪络电压幅值(kV)	额定机电破坏(kN)	例行拉伸负荷(kN)	打击破坏负荷(N·cm)	质量(kg)	符合标准
							干闪	湿闪	击穿						
醴陵电瓷厂	X-45	11-3-1（g）	1107	255	146	270		40	110	100	60		565	5.0	
	XP-70	11-3-1（c）	1161	255	146	295		40	110	100	70		565	4.8	
	XWP-70	11-3-2（d）	1166	280	146	400		45	110	105	70		565	6.0	
	XWP-70	11-3-2（d）	1167	255	146	400		45	110	105	70		565	6.4	
	XHP1-70	11-3-2（j）	1160	280	146	385		45	110	105	80			6.0	
	XHP1-80	11-3-2（j）	1162	250	146	430		40	130	125	80			6.9	
苏州电瓷厂	XP-70	11-3-1（f）	24006	255	146	295		40	110	100	70		565	4.6	
	XP-70C	11-3-1（b）	24007C	255	146	295		40	110	100	70		565	4.7	
	WXP1-70	11-3-2（f）	24110	255	146	400		45	120	120	70			5.3	
	XWP2-70	11-3-2（g）	24106	255	146	400		45	120	120	70			5.3	
	XWP2-70C	11-3-2（a）	24105	255	146	400		45	120	120	70			5.3	
	XHP-70	11-3-2（l）	24140	255	146	432		50	120	135	70			6.8	
	XHP-70C	11-3-2（m）	24141	255	146	432		50	120	135	70			6.8	
	XHP-80	11-3-2（l）	24142	255	146	432		50	120	135	80			6.8	
	XHP-80C	11-3-2（m）	24143	255	146	432		50	120	135	80			6.8	
	52-3	11-3-6（d）	24203	254	146	292	80	50	110	125	70		600	4.6	ANSI
	52-4	11-3-6（c）	24204	254	146	292	80	50	110	125	70		600	4.6	ANSI
牡丹江电瓷厂	XP-70-1	11-3-1（c）		255	146	280	75	45	120	120	70	28		4.6	IEC
	XP-70C-1	11-3-1（h）		255	146	280	75	45	120	120	70	28		4.9	IEC
	XP-80-1	11-3-1（c）		255	146	280	75	45	120	120	80	32		4.7	IEC
	XP-80C-1	11-3-1（h）		255	146	280	75	45	120	120	80	32		5.0	IEC
	XP-7C-M 52-2	11-3-6（c）		203	146	210	65	35	115		67	33.5	600	3.9	
	XP-7-M 52-3	11-3-6（d）		273	146	292	80	50		125	67	33.5	600	4.6	ANSI
	XP-7C-M 52-4	11-3-6（c）		273	146	292	80	50		125	67	33.5	600	4.9	
	XP-7-A	11-3-8（b）		255	146	295	75	45	120	120	66	27		4.0	AS
	XP-7C-A	11-3-8（c）		255	146	295	75	45	120	120	66	27		4.9	AS
	XP-7-Y	11-3-7（a）		255	146	295			120			70	28		4.6	BS
	XP-7C-Y	11-3-7（b）		255	146	295			120			70	28		4.9	BS
	XWP-7	11-3-2（f）		255	146	400	90	45	120	135	70	35		5.4	IEC ANSI BS AS
	XWP-7C	11-3-2（a）		255	146	400	90	45	120	135	70	35		5.6	
	XWP-8	11-3-2（f）		255	146	400	90	45	120	135	80	40		5.5	
	XWP-8C	11-3-2（a）		255	146	400	90	45	120	135	80	40		5.7	

续表

生产厂家	产品型号	图号	产品代号	盘径(mm)	高度(mm)	泄漏距离(mm)	干闪	湿闪	击穿	50%全波冲击闪络电压幅值(kV)	额定机电破坏(kN)	例行拉伸负荷(kN)	打击破坏负荷(N·cm)	质量(kg)	符合标准
南京电瓷厂	U70BS	11-3-3 (a)		255	127	305		35	110	95	70			3.7	IEC BS AS ANSI
	U70BL	11-3-3 (a)		255	146	305		43	110	100	70			3.7	
	LXY-70	11-3-3 (a)	132203	255	140	320		40	110	100	70		565	3.8	
	LXY1-70	11-3-3 (a)	132202	255	146	320		40	110	100	70		565	3.8	
	LXHN4-70	11-3-3 (c)	132605	255	146	400		45	120	120	70		565	4.8	
	LXHY3-70	11-3-3 (c)	132602	255	160	400		45	120	120	70		565	4.8	
	LXHY4-70	11-3-3 (c)		280	146	445		50	120	125	70			5.5	
萍乡电瓷厂	XP-70	11-3-1 (c)	0205	255	146	295		40	110	100	70		565	4.5	
	XP1-70	11-3-1 (c)	0206	255	127	295		35	110	95	70		565	3.8	
	XP1-70	11-3-1 (c)	0207	190	146	200		30	90	85	70		565	3.2	
	XP2-70C	11-3-1 (b)	0211	255	146	295		40	110	110	70			7.2	
	XP-70T	11-3-1 (i)	0210	255	146	295		45	110	120	70			4.5	
	XWP1-60	11-3-2 (f)	0233	255	160	400		45	120	120	60			6.8	
	XWP2-60	11-3-2 (f)	0237	255	146	400		45	120	120	60			6.8	
	XWP1-70	11-3-2 (f)	0235	255	160	400		45	120	120	70			7.1	
	XWP2-70	11-3-2 (f)	0239	255	146	400		45	120	120	70			7.0	
	XWP3-70	11-3-2 (f)	0241	280	160	450		45	120	120	70			8.0	
	XWP1-70C	11-3-2 (a)	0242	255	146	400		45	120	120	70			7.2	
	XWP2-70T	11-3-2 (b)	0244	255	146	400		45	110	130	70			7.5	
	XHP1-60	11-3-2 (j)	0251	255	160	400		45	120	120	60		560		
	XHP1-70	11-3-2 (j)	0253	255	160	400		45	120	120	70		560		
	52-2	11-3-6 (c)	0262	190.5	146	210	65	35	90	115	67		550		ANSI
	52-3	11-3-6 (d)	0263	255	146	292	80	50	110	125	67		550		
	52-4	11-3-6 (c)	0264	254	146	292	80	50	110	125	67		600		
	XP-70-A	11-3-8 (b)	0241	254	146		75	45	120	100	70			4.5	AS
	XP-70C-A	11-3-8 (c)	0242	254	146		75	45	120	100	70			4.5	
	XP-70-Y	11-3-7 (b)	0251	254	146		75	45	120	100	70			4.5	BS
自贡川盛电瓷有限公司	X-4.5	11-3-1 (f)		254	146	270	75	45	110	120	60			3.0	
	X-4.5C	11-3-1 (b)		254	146	270	75	45	110	120	60			3.0	
	XWP2-70	11-3-2 (c)		254	146	400	90	50	110	120	70			3.2	
	XP-70	11-3-1 (f)		255	146	280	75	45	110	120	70			3.0	
景德镇电瓷公司	X-4.5	11-3-1 (f)		255	146	270	75	45	110	120	60			5.0	
	XP-70	11-3-1 (f)		255	146	280	75	45	110	120	70			4.6	
	XWP-4.5	11-3-2 (f)		255	160						60			6.5	
	XWP1-60	11-3-2 (f)		255	160						60			6.5	
	XWP2-70	11-3-1 (a)		255	146						70			6.5	

注：表头「工频电压有效值(kV)」包含「干闪」「湿闪」「击穿」三列。

表 11-3-3　　　　　　　　　　　　　　　　　100、120kN 级悬式绝缘子

生产厂家	产品型号	图号	产品代号	盘径(mm)	高度(mm)	泄漏距离(mm)	工频电压有效值(kV) 干闪	湿闪	击穿	50%全波冲击闪络电压幅值(kV)	额定机电破坏(kN)	例行拉伸负荷(kN)	打击破坏负荷(N·cm)	质量(kg)	符合标准
大连电瓷厂	XP-100	11-3-1 (c)	11252	255	146	295		40	120	100	100	50	700	5.8	IEC ANSI BS AS
	XP3-100	11-3-1 (c)	11254	280	146	340		40	120	100	100	50	700	6.1	
	XP-120	11-3-1 (c)	11352	255	146	295		40	120	100	120	60	700	5.8	
	XP1-120	11-3-1 (d)	11354	255	146	320		40	120	100	120	60	700	5.6	
	XP-125	11-3-1 (c)	11332	255	146	295		40	120	100	125	62.5	700	5.8	
	XP-110C-M52-6	11-3-6 (c)	11241	255	146	295	80	50	110	125	111	55.5	700	5.6	
	XP-110-M52-5	11-3-6 (d)	11242	255	146	295	80	50	110	125	111	55.5	700	5.6	
	XWP2-100	11-3-2 (d)	13252	280	160	450		45	120	120	100	50		7.9	
	XMP-100	11-3-2 (i)	13251	360	146	300		40	120	105	100	50		7.3	
	XMP-120	11-3-2 (i)	13351	360	146	300		40	120	105	120	60		7.3	
	XHP-100	11-3-2 (j)	13254	280	160	430		45	120	120	100	50	680	7.9	
	XHP1-120	11-3-2 (j)	13352	280	146	450		45	120	120	120	60	1000	7.6	
西安电瓷厂	XP-100	11-3-1 (b)	1146	254	155	300	75	45	110	120	100	50		6.2	IEC
	XP-100	11-3-1 (b)	1166	254	146	305	75	45	110	120	100	50		5.4	
	XP-120	11-3-1 (b)	1364	254	146	300	75	45	110	120	120	60		6.0	
	XWP-100	11-3-2 (c)	1362	280	160	450	90	45	120	135	100	50		8.5	
	XWP-120	11-3-2 (c)	1363	280	146	450	90	45	120	135	120	60		8.4	
	XHP-100	11-3-2 (k)	1353	280	146	400	90	50	130	130	100	50		6.5	
	XHP1-100	11-3-2 (k)	1355	270	160	430	90	50	130	130	100	50		6.8	
	52-5	11-3-6 (d)	1185	254	146	292	80	50	110	125	111	55.5	6000	5.6	ANSI
醴陵电瓷厂	XP-100	11-3-1 (c)	1209	255	146	295		40	110	100	100		678	5.2	
	XP-126	11-3-1 (c)	1213	255	146	295		40	110	100	126			6.0	
	XWP-100	11-3-2 (d)	1140	280	146	400		45	120	105	100			7.5	
苏州电瓷厂	XP-100	11-3-1 (a)	24010	255	146	295		40	110	100	100		678	5.5	NSI
	XP-120	11-3-1 (a)	24012	255	146	295		40	110	100	120		678	6.2	
	XWP1-100	11-3-2 (g)	24107	255	160	400		45	120	120	100			5.4	
	XWP2-100	11-3-2 (g)	24109	280	160	450		45	120	120	100			7.5	
	XWP3-100	11-3-2 (g)	24128	255	146	400		45	120	120	100			5.6	
	XHP-100	11-3-2 (l)	24144	255	146	432				135	100			8.5	
	XHP-120	11-3-2 (l)	24146	255	146	432		50		135	120			8.5	
	52-5	11-3-6 (d)	24205	254	146	292	80	50	110	125	120		700	5.5	
	52-6	11-3-6 (c)	24206	254	146	292	80	50	110	125	120		700	5.5	

续表

生产厂家	产品型号	图 号	产品代号	盘径 (mm)	高度 (mm)	泄漏距离 (mm)	工频电压有效值 (kV)			50%全波冲击闪络电压幅值 (kV)	额定机电破坏 (kN)	例行拉伸负荷 (kN)	打击破坏负荷 (N·cm)	质量 (kg)	符合标准
							干闪	湿闪	击穿						
牡丹江电瓷厂	XP-100-1	11-3-1（c）		255	146	280	75	45	120	120	100	40		5.8	IEC
	XP-100C-1	11-3-1（h）		255	140	280	75	45	120	120	100	40		6.0	
	XP-120-1	11-3-1（c）		255	146	280	75	45	120	120	120	48		5.9	
	XP-120C-1	11-3-1（h）		255	146	280	75	45	120	120	120	48		6.1	
	XP-11-M52-5	11-3-6（d）		273	146	280	80	50	110	125	111	55.5	700	5.6	ANSI
	XP-11C-M52-6	11-3-6（c）		273	146	280	80	50	110	125	111	55.5	700	5.9	
	XP-10-Y	11-3-7（a）		255	146	295			120		100	40		5.8	BS
	XP-10C-Y	11-3-7（b）		255	146	295			120		100	40		6.0	
	XP-12FY	11-3-7（a）		255	146	295			120		125	50		5.9	
	XWP-10	11-3-2（f）		280	160	400	90	50	120	135	100	50		7.5	IEC ANSI BC AS
	XWP-10C	11-3-2（a）		280	160	400	90	50	120	135	100	50		7.8	
	XWP-12	11-3-2（f）		280	160	400	90	50	120	135	120	60		8.0	
	XWP-12C	11-3-2（a）		280	160	400	90	50	120	135	120	60		8.3	
南京电瓷厂	LXY-100	11-3-3（a）	133201	255	146	320		40	110	100	100		678	4.1	IEC BS AS ANSI
	LXY-120	11-3-3（a）	134205	255	146	320		40	110	100	120		678	4.2	
	LXHY4-100	11-3-3（c）	133602	280	146	450		45	120	120	120		678	5.4	
	LXHY4-120	11-3-2（c）	134602	280	146	450		45	120	125	120		678	5.5	
	LXQY-120	11-3-3（d）	134014	255	140	305		45	120	100	120		678	4.1	
	LXQY-120	11-3-3（d）	134015	255	146	305		45	120	100	120		678	4.1	
	LXAY-120	11-3-3（e）	134012	390	146	360		50	120	100	120			5.3	
萍乡电瓷厂	XWP1-100	11-3-2（f）	0243	255	160	400		45	120	120	100			8.0	
	XWP2-100	11-3-2（f）	0245	280	160	450		45	120	120	100			9.0	
	XWP1-120	11-3-2（f）	0246	280	160	450		45	120	120	120			9.0	
	XHP1-100	11-3-2（j）	0255	270	160	400		45	120	120	100		680		
	52-5	11-3-6（d）	0265	254	146	279	80	50	110	125	111		700		ANSI
	52-6	11-3-6（c）	0266	254	146	279	80	50	110	125	111		700		
	XP-125-A	11-3-8（b）	0243	254	146	292	75	45	120	100	125				AS
	XP-110-Y	11-3-7（b）	0254	254	146	292	78	45	110	100	110				BS
自贡川盛电瓷有限公司	XP-100	11-3-1（a）		255	146	280	75	45	110	120	100			3.0	
景德镇电瓷公司	XP-100	11-3-1（a）		255	146									5.1	

表 11-3-4   160kN 级悬式绝缘子

生产厂家	产品型号	图　号	产品代号	盘径（mm）	高度（mm）	泄漏距离（mm）	工频电压有效值（kV）			50%全波冲击闪络电压幅值（kV）	额定机电破坏（kN）	例行拉伸负荷（kN）	打击破坏负荷（N·cm）	质量（kg）	符合标准
							干闪	湿闪	击穿						
大连电瓷厂	XP-160	11-3-1（c）	11452	255	155	305		40	120	100	160	80	1000	6.9	IEC ANSI BS AS
	XP3-160	11-3-1（c）	11454	280	155	350		42	120	105	160	80	1000	7.5	
	XP4-160	11-3-1（c）	11456	300	155	400		42	120	110	160	80	1000	8.3	
	XP5-160	11-3-1（d）	11458	280	146	350		42	120	110	160	80	1000	6.7	
	XP1-160	11-3-1（c）	11459	255	146	305		40	120	110	160	80	1000	6.9	
	XP6-160	11-3-1（c）	11412	280	146	305		40	120	110	160	80	1000	7.0	
	XP-160-M52-8	11-3-6（d）	11442	255	146	320	80	50	110	125	160	80	1000	6.7	
	XWP-160	11-3-2（c）	13452	300	155	400		45	120	130	160	80		8.4	
	XWP2-160	11-3-2（d）	13454	300	155	450		45	120	130	160	80		9.4	
	XWP5-160	11-3-2（e）	13558	300	155	450		45	120	130	160	80		9.3	
	XMP-160	11-3-2（i）	13451	360	155	300		40	120	105	160	80		8.1	
	XHP-160	11-3-2（j）	13456	300	155	450		45	120	130	160	80	1000	10.3	
西安电瓷厂	XP-160	11-3-1（b）	1170	254	146	318	80	50	110	130	160	80		6.3	IEC
	XP2-160	11-3-1（b）	1167	280	146	338	80	50	110	130	160	80		6.3	
	XWP-160	11-3-2（d）	1367	300	155	450	90	50	110	135	160	80		9.5	
	XHP1-160	11-3-2（k）	1357	280	155	400	90	50	110	130	160	80		7.5	
	52-8	11-3-6（d）	1187	298	146	280	80	50	110	125	160	80	1000	6.9	ANSI
醴陵电瓷厂	XP-160	11-3-1（c）	1215	255	155	305		40	110	100	160		1017	6.8	
	XAP-160	11-3-1（a）	1142	280	155（146）	330		40	110	105	160			7.9	
	XAP-160	11-3-1（a）	1143	280	155（146）	365		45	110	105	160			8.1	
	XAP-160	11-3-1（a）	1144	300	155（146）	400		45	110	105	160			9.0	
	XAP-160	11-3-1（a）	1216	280	160	370		45	110	105	160			7.9	
	XWP-160	11-3-2（d）	1141	280	155（146）	400		45	110	105	160			8.0	
	XHP1-160	11-3-2（j）	1145	300	155	440		45	110	150	160			9.5	
苏州电瓷厂	XP-160	11-3-1（d）	24016	280	155	360		42	110	105	160		1017	7.8	
	XWP2-160	11-3-2（g）	24116	300	155	450		50	120	130	160			9.5	
牡丹江电瓷厂	XP-160-1	11-3-1（c）		280	146	300	80	50	120	130	160	64		7.1	IEC
	XP-160C-1	11-3-1（h）		280	146	300	80	50	120	130	160	64		7.30	
	XP-160-M52-8	11-3-6（d）		300	146	280	80	50	110	125	160	80	1000	6.9	ANSI
	XP-160C-M52-10	11-3-6（c）		300	165	280	80	50	110	125	160	80	1000	7.2	
	XP-16-A	11-3-8（b）		255	146	295	75	45	120	120	160	96		6.5	AS

续表

生产厂家	产品型号	图号	产品代号	盘径(mm)	高度(mm)	泄漏距离(mm)	工频电压有效值(kV)			50%全波冲击闪络电压幅值(kV)	额定机电破坏(kN)	例行拉伸负荷(kN)	打击破坏负荷(N·cm)	质量(kg)	符合标准
							干闪	湿闪	击穿						
牡丹江电瓷厂	XP-16-Y	11-3-7(a)		255	146	295			120		160	64		6.5	BS
	XWP-16	11-3-2(f)		280	160	400	90	50	120	135	160	80		8.5	IEC ANSI
	XWP-16C	11-3-2(a)		280	170	400	90	50	120	135	160	80		8.7	BS,AS
南京电瓷厂	LXY3-160	11-3-3(b)	135013	280	155	380		42	110	105	160		1017	6.2	IEC BS AS ANSI
	U160BL	11-3-3(a)		280	170	370		45	110	105	160		1017	6.0	
	U160BS	11-3-3(a)		280	146	370		45	110	105	160			6.0	
	LXHY3-160	11-3-3(C)	135605	280	155	450		50	120	130	160		1017	7.0	
	LXHY5-160	11-3-3(c)	135603	320	170	540		50	120	130	160		1017	8.8	
	LXHY4-160	11-3-3(c)		280	170	445		50	120	125	160			7.5	
	LXHY5-160	11-3-3(c)		320	170	450		55	120	145	160			8.5	
	LXHY-160	11-3-3(e)	135012	390	146	360		50	120	100	160			7.0	
萍乡电瓷厂	XWP1-160	11-3-2(f)	0247	280	160	400		50	120	130	160			10.0	
	XWP6-160	11-3-2(c)	0249	280	160	400		50	120	130	160			10.0	
	XAP1-160	11-3-1(e)	0259	300	160	400		50	120	130	160				
	52-10	11-3-6(c)	0267	279.4	165	279	80	50	110	125	160			10.0	ANSI
	XP-160-A	11-3-8(b)	0244	254	146	317.2	78	45	120	110	160			6.5	AS
	XP-160-Y	11-3-7(a)	0253	254	146	317.2	78	45	110	100	160			6.5	BS

表 11-3-5　　210kN级悬式绝缘子

生产厂家	产品型号	图号	产品代号	盘径(mm)	高度(mm)	泄漏距离(mm)	工频电压有效值(kV)			50%全波冲击闪络电压幅值(kV)	额定机电破坏(kN)	例行拉伸负荷(kN)	打击破坏负荷(N·cm)	质量(kg)	符合标准
							干闪	湿闪	击穿						
大连电瓷厂	XP-210	11-3-1(d)	11552	280	170	335		42	120	105	210	105	1000	9.5	IEC ANSI BS AC
	XP1-210	11-3-1(d)	11553	288	170	335		42	120	105	210	105	1000	9.4	
	XP3-210	11-3-1(d)	11554	400	170	400		42	120	105	210	105	1000	11.0	
	XWP-210	11-3-2(d)	13554	300	170	450		45	120	130	210	105		11.5	
	XHP-210	11-3-2(j)	13552	300	170	450		45	120	130	210	105	1000	12.5	
西安电瓷厂	XP-210	11-3-1(a)	1348	280	170	370	80	50	120	130	210	105		8.8	IEC
	XP-210	11-3-1(a)	1148	280	170	340	80	50	120	130	210	105		8.9	
	XP1-210	11-3-1(a)	1168	280	170	335	80	50	120	130	210	105		8.5	
	52-11	11-3-6(d)	1189	310	156	318	80	50	125	140	222	111	1000	9.2	ANSI

续表

生产厂家	产品型号	图号	产品代号	盘径(mm)	高度(mm)	泄漏距离(mm)	工频电压有效值(kV) 干闪	湿闪	击穿	50%全波冲击闪络电压幅值(kV)	额定机电破坏(kN)	例行拉伸负荷(kN)	打击破坏负荷(N·cm)	质量(kg)	符合标准
醴陵电瓷厂	XP-210	11-3-1(c)	1220	280	170	320		45	120	105	210		1017	9.5	
	XAP-210	11-3-1(a)	1146	300	170	400		45	120	105	210			10.2	
苏州电瓷厂	XP-210	11-3-1(d)	24021A	280	170	335		42	120	105	210		1017	9.1	
	XP1-210	11-3-1(d)	24021	280	170	335		42	120	105	210		1017	8.7	
	XWP-210	11-3-2(g)	24121	300	170	430		50	120	135	210			9.8	
	XWP1-210	11-3-2(g)	24121A	300	170	430		50	120	135	210			10.2	
南京电瓷厂	LXY3-210	11-3-3(a)	136202	280	170	390		42	120	105	210		1017	6.7	IEC BS AC ANSI
	U210BS	11-3-3(c)		280	170	375		47	110	110	210			7.0	
	LXHY3-210	11-3-3(c)	136201	320	170	540		50	120	130	210		1017	9.2	
	LXHY3-210	11-3-3(c)		320	170	540		55	120	145	210			9.0	
	LXAY-210	11-3-3(e)		390	160	350		50	120	100	210			7.5	
萍乡电瓷厂	XP-190-Y	11-3-7(a)	0254	279.4	171	368.3	80	47	125	110	190				BS

表 11-3-6　　　　　　　　　　300、400、530kN 级悬式绝缘子

生产厂家	产品型号	图号	产品代号	盘径(mm)	高度(mm)	泄漏距离(mm)	工频电压有效值(kV) 干闪	湿闪	击穿	50%全波冲击闪络电压幅值(kV)	额定机电破坏(kN)	例行拉伸负荷(kN)	打击破坏负荷(N·cm)	质量(kg)	符合标准
大连电瓷厂	XP-300	11-3-1(d)	11652	320	195	370		45	120	110	300	150	1000	13.5	IEC ANSI BS AS
	XHP-300	11-3-2(j)	13652	320	195	430		45	120	130	300	150	1000	14.6	
	XP-400	11-3-1(e)	11751	360	205	525		50	130	140	400	200	1000	19.2	
	XP-530	11-3-1(e)	1851	380	240	600		50	140	140	530	265	1000	23.5	
西安电瓷厂	XP-300	11-3-1(a)	1149	320	195	380	80	50	120	130	300	150		13.6	IEC ANSI
醴陵电瓷厂	XP-300	11-3-1(c)	1222	320	195	350		45	120	110	300		1017	14.0	
	XP-530	11-3-1(c)	1225	380	240	600					530				
苏州电瓷厂	XP-300	11-3-1(d)	24030	320	195	370		45	120	110	300		1017		
南京电瓷厂	LXY3-300	11-3-3(a)	137201	320	195	485				110	300		1017	10.7	IEC, BS, AC, ANSI
	U300B	11-3-3(c)		320	195	425		50	110	130	300			10.0	

二、合成绝缘子技术数据（见表 11-3-7）

表 11-3-7　　　　　　　　　　合 成 绝 缘 子

生产厂家	产品型号	图 号	额定电压（kV）	结构高度（mm）	绝缘距离（mm）	绝缘盘径（mm）	均压环直径（mm）	额定机械负荷（kN）	泄漏距离（mm）	工频电压有效值（kV） 干闪	湿闪	击穿	50%全波冲击闪络电压幅值（kN）	质量（kg）	符合标准
大连电瓷厂	FXB-35/100-3	11-3-4（a）	35	560	320	100		100	820	80			1850	3.2	IEC
	FXB-35/100-4	11-3-4（a）	35	590	350	100		100	1010	80			185	3.5	
	FXB-66/100-3	11-3-4（d）	66	950	720	100	710	100	1600	190			360	4.5	
	FXB-66/100-4	11-3-4（d）	66	1000	770	150/100	760	100	2180	190			360	6.2	
	FXB-110/100-3	11-3-4（d）	110	1240	1010	100	1000	100	2450	270			540	6.6	
	FXB-110/100-4	11-3-4（d）	110	1270	1040	150/100	1030	100	2900	270			540	7.0	
	FXB-220/100-3	11-3-4（e）	220	2150	1915	150/100	1900	100	5500	560			950	10.0	
	FXB-220/100-4	11-3-4（e）	220	2540	2300	150/100	2290	100	6400	560			950	11.0	
	FXB-220/160-3	11-3-4（e）	220	2300	1990	160/120	1970	160	5500	560			950	13.0	
	FXB-220/210-3	11-3-4（e）	220	2300	1990	160/120	1970	210	5500	560			950	15.0	
	FXB-330/160-3	11-3-4（e）	330	3110	2800	160/120	2780	160	7590	690			1300	14.0	
	FXB-330/210-3	11-3-4（e）	330	3110	2800	160/120	2780	210	7590	690			1300	17.0	
	FXB-330/210-4	11-3-4（e）	330	3310	3000	160/120	2970	210	8600	690			1300	20.0	
	FXB-330/300-3	11-3-4（e）	330	3140	2800	180/140	2800	300	7590	690			1300	23.0	
	FXB-500/160-3	11-3-4（e）	500	4340	4030	160/120	4010	160	12000	720			1675	26.0	
	FXB-500/210-3	11-3-4（e）	500	4340	4030	160/120	4010	210	12000	720			1675	28.0	
	FXB-500/300-3	11-3-4（e）	500	4370	4030	160/140	4010	300	12000	720			1675	30.0	
大连电瓷厂新产品	FXBW1-35/70	11-3-4（h）	35	610	450	100/150		70	810	95			230	2.95	IEC
	FXBW2-35/70	11-3-4（h）	35	650	450	100/150		70	810	95			230	3.20	
	FXBW3-35/70	11-3-4（h）	35	610	450	100/150		70	1015	95			230	3.25	
	FXBW4-35/70	11-3-4（h）	35	650	450	100/150		70	1015	95			230	3.50	
	FXBW1-66/70	11-3-4（h）	66	870	700	100/150		70	1450	185			410	3.8	
	FXBW2-66/70	11-3-4（h）	66	940	700	100/150		70	1450	185			410	4.1	
	FXBW3-66/70	11-3-4（h）	66	870	700	100/150		70	1900	185			410	4.2	
	FXBW4-66/70	11-3-4（h）	66	940	700	100/150		70	1900	185			410	4.5	
	FXBW1-110/70	11-3-4（h）	110	1180	1000	100/150		70	2520	230			550	6.3	
	FXBW2-110/70	11-3-4（h）	110	1240	1000	100/150		70	2520	230			550	6.6	
	FXBW3-110/70	11-3-4（h）	110	1180	1000	100/150		70	3150	230			550	6.8	
	FXBW4-110/70	11-3-4（h）	110	1240	1000	100/150		70	3150	230			550	7.1	
	FXBW1-110/100	11-3-4（h）	110	1180	1000	100/150		100	2520	230			550	6.3	
	FXBW2-110/100	11-3-4（h）	110	1240	1000	100/150		100	2520	230			550	6.6	
	FXBW3-110/100	11-3-4（h）	110	1180	1000	100/150		100	3150	230			550	6.8	
	FXBW4-110/100	11-3-4（h）	110	1240	1000	100/150		100	3150	230			550	7.1	

续表

生产厂家	产品型号	图号	额定电压(kV)	结构高度(mm)	绝缘距离(mm)	绝缘盘径(mm)	均压环直径(mm)	额定机械负荷(kN)	泄漏距离(mm)	工频电压有效值(kV) 干闪	湿闪	击穿	50%全波冲击闪络电压幅值(kN)	质量(kg)	符合标准
大连电瓷厂新产品	FXBW1-220/100	11-3-4(i)	220	2150	1900	100/150		100	5040		395		1000	9.8	IEC
	FXBW4-220/100	11-3-4(i)	220	2240	1900	100/150		100	6300		395		1000	11.6	
	FXBW1-220/160	11-3-4(i)	220	2150	1900	120/160		160	5040		395		1000	12.5	
	FXBW4-220/160	11-3-4(i)	220	2240	1900	120/160		160	6300		395		1000	14.7	
	FXBW1-330/100	11-3-4(J)	330	2930	2600	100/150		100	7260		950		1425	14.6	
	FXBW4-330/100	11-3-4(J)	330	2990	2600	100/150		100	9075		950		1425	17.1	
	FXBW1-330/160	11-3-4(J)	330	2930	2600	120/160		160	7260		950		1425	19.5	
	FXBW4-330/160	11-3-4(J)	330	2990	2600	120/160		160	9075		950		1425	22.8	
	FXB1-500/160	11-3-4(J)	500	4030	3600	120/160		160	11000		1240		2050	26.3	
	FXB4-500/160	11-3-4(J)	500	4450	4000	120/160		160	13750		1240		2250	29.8	
襄樊电力设备厂	XSH-70/66	11-3-4(a)	66	885		120		70	660					4.9	
	XSH-70/110	11-3-4(b)	110	1235	1008	140/110	250	70	1000	380	340		540	6.0	
	XSH-100/110	11-3-4(b)	110	1235	1008	140/110	250	100	1000	380	340		540	6.0	
	XSH-100/220	11-3-4(b)	220	2190	1952	140/110	305	100	1950	720	700		1100	10.0	
	XSH-160/220	11-3-4(b)	220	2317	2000	140/110	305	160	2000	720	700		1100	15.0	
	XSH-160/500	11-3-4(g)	500	4517	4146	140/110	460	160	4146	1770	1600		2500	25.0	
	XSH-210/500	11-3-4(g)	500	4517	4146	140/110	460	210	4146	1770	1600		2500	25.0	
保定电力修造厂	HXS2-35/70	11-3-4(a)	35	670	450	100		70	770	150			260	4.0	IEC 88
	HXS2-66/70	11-3-4(a)	66	870	660	100		70	1452	330			500	4.5	
	HXS2-110/70	11-3-4(a)	110	1240	1030	100		70	2420	380			580	5.0	
	HXS2-110/100	11-3-4(a)	110	1240	1010	100		100	2420	380			580	5.0	
	HXS2-220/100	11-3-4(c)	220	2150	1900	100/150	250	100	4840	710			1100	10	
	HXS2-220/160	11-3-4(c)	220	2180	1900	100/150	250	160	4840	710			1100	11	
	HXS2-330/160	11-3-4(f)	330	3070	2770	120/150	320	160	7260	1010		1300	1600	28	
	HXS2-500/160	11-3-4(f)	500	4360	4060	120/150	320	160	11000	1430		1700	2450	34	
	HXS2-500/180	11-3-4(f)	500	4360	4060	120/150	320	180	11000	1430		1700	2450	34	

三、地线绝缘子技术数据(见表11-3-8)

表11-3-8　　　　　　　　　　地线绝缘子

生产厂家	产品型号	图号	产品代号	盘径(mm)	高度(mm)	泄漏距离(mm)	额定机电负荷(mm)	工频击穿电压(kV)	打击破坏负荷(N·cm)	20mm间隙工频放电电压(kV) 上限值	下限值	15mm间隙2500V时熄弧电流(A) 感性电流	容性电流	电极耐弧能力(不小于) 工频电流(kA)	时间(s)	次数	质量(kg)
大连电瓷厂	XDP-70C	11-3-5(a)	14155	160	200	160	70	110	600	30	8	35	20	10	0.2	2	
	XDP-70CN	11-3-5(b)	14152	160	200	160	70	110	600	30	8	35	20	10	0.2	2	
	XDP-100C	11-3-5(a)	14251	170	210	170	100	110	700	30	8	35	20	10	0.2	2	
	XDP-100CN	11-3-5(b)	14252	170	210	170	100	110	700	30	8	35	20	10	0.2	2	
苏州电瓷厂	XDP-70C	11-3-5(a)	24075	160	200	160	70	110		30	8	35	20	10	0.2	2	4.3
	XDP-100C	11-3-5(a)		170	210	170	100	110		30	8	35	20	10	0.2	2	5.6

四、旧产品各型绝缘子技术数据(见表11-3-9 ~ 表11-3-14)

表 11-3-9 　　　　　　4t 级 悬 式 绝 缘 子

生产厂家	产品型号	图　号	盘径(mm)	高度(mm)	泄漏距离(mm)	工频电压有效值(kV)			50%全波冲击闪络电压幅值(kV)	抗张负荷(9.81N)			质量(kg)
						干闪	湿闪	击穿		例行	一小时机电	机电破坏	
苏州电瓷厂	XP-4C	11-3-1(b)	190	146	200	60	30	90	100		3000	4000	3.5
西安电瓷厂	X-3C	11-3-1(b)	200	146	220	60	30	90	100	2400	3000	4000	3.8
渌江电瓷厂	X-3	11-3-1(f)	200	140	200	60	30	90		2400	3000	4000	4.0
	X-3C	11-3-1(b)	200	140	200	60	30	90		2400	3000	4000	4.1
大连电瓷厂	XP-4C	11-3-1(b)	190	140	200	60	30	90	115		3000	4000	2.6
九江电瓷厂	X-3	11-3-1(f)	200	140	220	60	30	90		2400	3000	4000	3.35
	X-3C	11-3-1(b)	200	146	220	60	30	90		2400	3000	4000	3.7
自贡电瓷厂	X-3		200	140	225	60	30	90	115	2000	3000	4000	3.35
	X-3C		200	146	225	60	30	90	115	2000	3000	4000	4.0
景德镇电瓷厂	X-3	11-3-1(f)	200	140	220	60	30	90		2400	3000	4000	3.35
	X-3C	11-3-1(b)	200	146	220	60	30	90		2400	3000	4000	3.7
	XP-4	11-3-1(f)	190	140	200	60	30	90	115	2000	3000	4000	2.6
	XP-4C	11-3-1(b)	190	140	200	60	30	90	115	2000	3000	4000	2.6
南京电瓷厂	X-3	11-3-1(f)	190	146	220					3000	4000		4.0
	X-3C	11-3-1(b)	190	146	220					3000	4000		4.1

表 11-3-10 　　　　　6t 级 及 7 t 级 悬 式 绝 缘 子

生产厂家	产品型号	图　号	盘径(mm)	高度(mm)	泄漏距离(mm)	工频电压有效值(kV)			50%全波冲击闪络电压幅值(kV)	抗张负荷(9.81N)			质量(kg)
						干闪	湿闪	击穿		例行	一小时机电	机电破坏	
大冶电瓷厂	X-4.5	11-3-1(f)	254	146	270	75	45	110	120	3600	4500	6000	5.0
	X-4.5C	11-3-1(b)	254	146	270	75	45	110	120	3600	4500	6000	5.0
	XP-6	11-3-1(f)	255	146	280	75	45	110	120	3600	4500	6000	4.8
	XP-6C	11-3-1(b)	255	146	280	75	45	110	120	3600	4500	6000	4.8
苏州电瓷厂	XP-6	11-3-1(f)	254	146	290	75	45	110	120		4500	6000	4.5
	XP-6C	11-3-1(b)	254	146	290	75	45	110	120		4500	6000	4.7
	XWP_1-6 (XW_1-4.5)	11-3-2(f)	254	160	410	90	45	110	130		4500	6000	5.5
	XWP_2-6 (XW_2-4.5)	11-3-2(f)	254	146	400	90	45	110	130		4500	6000	5.5
	XWP_3-6	11-3-2(f)	270	130	400	90	45	110	130		4500	6000	5.5
西安电瓷厂	X-4.5	11-3-1(f)	254	146	300	75	45	110	120	3600	4500	6000	5.2
	XWP-6	11-3-2(f)	255	146	400	90	45	110	130	3000	4500	6000	5.4
	XW-4.5	11-3-2(f)	254	180	450	107	50	110	130	3600	4500	6000	6.3
	XH_1-4.5	11-3-2(k)	254	160	400	90	45	110	130	3600	4500	6000	5.8
	半导体釉型	11-3-2(k)	254	146	300	60	45	110	120	3600	4500	6000	5.1
渌江电瓷厂	X-4.5	11-3-1(f)	254	146	270	75	45	110	120	3600	4500	6000	5.1
	X-4.5C	11-3-1(b)	254	146	270	75	45	110	120	3600	4500	6000	5.5
	XW_1-4.5	11-3-2(g)	254	160	450	90	45	110	120	3600	4500	6000	6.5
大连电瓷厂	X-4.5	11-3-1(f)	254	146	280	75	45	110	120		4500	6000	5.0
	X-4.5C	11-3-1(b)	254	155	280	75	45	110	120		4500	6000	5.2
	XP-6	11-3-1(f)	254	146	280	75	45	110	120		4500	6000	4.3
	XP-6C	11-3-1(b)	254	146	280	75	45	110	120		4500	6000	

续表

生产厂家	产品型号	图号	盘径(mm)	高度(mm)	泄漏距离(mm)	工频电压有效值(kV)			50%全波冲击闪络电压幅值(kV)	抗张负荷(9.81N)			质量(kg)
						干闪	湿闪	击穿		例行	一小时机电	机电破坏	
九江电瓷厂	X-4.5	11-3-1（f）	254	146	290	75	45	110	120	3600	4500	6000	5.0
	X-4.5C	11-3-1（b）	254	146	290	75	45	110	120	3600	4500	6000	5.2
	XW-4.5	11-3-2（f）	254	180	440	107	50	110		3600	4500	6000	7.1
	XW-4.5	11-3-2（a）	254	188	440	107	50	110		3600	4500	6000	7.5
	XW₁-4.5	11-3-2（f）	254	160	410	90	50	110		3600	4500	6000	5.5
	XW₂-4.5	11-3-2（f）	254	146	390	90	50	110		3600	4500	6000	5.8
	XW₂-4.5C	11-3-2（a）	254	146	390	90	50	110		3600	4500	6000	5.6
景德镇电瓷厂	X-4.5	11-3-1（f）	254	146	270	75	45	110	120	3600	4500	6000	5.0
	X-4.5C	11-3-1（b）	254	150	270	75	45	110	120	3600	4500	6000	5.2
	XP-6	11-3-1（f）	255	146	280	75	45	110	120	3000	4500	6000	4.5
	X-6C	11-3-1（b）	255	146	280	75	45	110	120	3000	4500	6000	4.7
	XW-4.5		254	180	440	107	50	110	130	3600	4500	6000	7.1
	XW-4.5C		254	188	440	107	50	110	130	3600	4500	6000	7.5
	XW₁-4.5		254	160	390	90	50	110	130	3000	4500	6000	5.5
南京电瓷厂	X-4.5		255	146	290						4500	6000	5.2
	X-4.5C		255	150	290						4500	6000	5.5
自贡电瓷厂	X-4.5		254	146	300	75	45	110	120	3000	4500	6000	5.0
	X-4.5C		254	150	300	75	45	110	120	3000	4500	6000	5.2
	XP-6		255	145	300	75	45	110	120	3000	4500	6000	4.4
	XW-4.5		254	180	440	107	50	110		3000	4500	6000	7.0
	XW-4.5C		254	188	440	107	50	110		3000	4500	6000	7.2
	XW₂-4.5		254	146	390	90	50	110		3000	4500	6000	5.8
醴陵电瓷厂	X-4.5		254	146	270	75	45	110	120	3600	4500	6000	5.0
	X-4.5C		254	146	270	75	45	110	120	3600	4500	6000	5.5
	XWP-6（7）（1137）		280	146	400	90	50	110			4500（5250）	6000（7000）	7.0
苏州电瓷厂	XP-7	11-3-1（f）	254	146	290	75	45	110	120		5250	7000	4.5
	XP-7C	11-3-1（b）	254	146	290	75	45	110	120		5250	7000	4.7
	XWP₂-7	11-3-2（f）	254	146	400	90	45	110	130		5250	7000	5.5
西安电瓷厂	XP-7	11-3-1（f）	255	146	300	75	45	110	120	3500	5200	7000	4.6
	XP-7C	11-3-1（b）	255	146	300	75	45	110	120	3500	5200	7000	4.8
大连电瓷厂	XP-7	11-3-1（f）	254	146	280	75	45	110	120		5250	7000	4.6
	XP-7C	11-3-1（b）	254	146	280	75	45	110	120		5250	7000	4.8
自贡电瓷厂	XP-7		254	146	290	75	45	120	120	3500	5200	7000	4.5
南京电瓷厂	XP-7（112001）		255	146	290						5200	7000	4.5
	XP-7①（112201）		254	146	290						5200	7000	4.3
渌江电瓷厂	XP-7		254	146	290	75	45	120	120	5700	5000	7000	4.0
醴陵电瓷厂	XP-7		254	146	290	75	45	120	125		5250	7000	4.5
	XP-7C		254	146	280	75	45	120	125	3600	5250	7000	4.5
大冶电瓷厂	XP-7	11-3-1（f）	254	146	280	75	45	120	120	4200	5250	7000	4.6
	XP-7C	11-3-1（b）	255	146	280	75	45	120	120	4200	5250	7000	4.75

① 绝缘子头部为柱形砂结构。

表 11-3-11 10t 级 悬 式 绝 缘 子

生产厂家	产品型号	图 号	盘径 (mm)	高度 (mm)	泄漏距离 (mm)	工频电压有效值 (kV)			50%全波冲击闪络电压幅值 (kV)	抗张负荷(9.81N)			质量 (kg)
						干闪	湿闪	击穿		例行	一小时机电	机电破坏	
大冶电瓷厂	XP-10	11-3-1 (f)	254	146	280	75	45	110	120	5000	7500	10000	5.6
苏州电瓷厂	XP-10	11-3-1 (f)	265	146	310	75	45	120	120		7000	10000	5.8
西安电瓷厂	XP-10	11-3-1 (f)	255	146	300	75	45	110	120	5000	7500	10000	5.4
	XHP_1-10	11-3-2 (k)	270	155	410	90	50	110	130	5000	7500	10000	6.8
大连电瓷厂	XP-10	11-3-1 (f)	254	146	290	75	45	110	120		7500		
景德镇电瓷厂	XP-10		255	146	280	75	45	110	120	5000	7000	10000	5.1
自贡电瓷厂	XP-10				310	75	45	120	120	5000	7500	10000	
醴陵电瓷厂	XP-10 (1209)		254	146	280	75	45	110	120		7500	10000	5.6

表 11-3-12 16t 级 悬 式 绝 缘 子

生产厂家	产品型号	图 号	盘径 (mm)	高度 (mm)	泄漏距离 (mm)	工频电压有效值 (kV)			50%全波冲击闪络电压幅值 (kV)	抗张负荷(9.81N)			质量 (kg)
						干闪	湿闪	击穿		例行	一小时机电	机电破坏	
大冶电瓷厂	XP-16	11-3-1 (f)	254	146	290	75	45	120	120	8000	12000	16000	6.0
	XP_1-16D	11-3-1 (f)	280	155	340	80	50	120	125	8000	12000	16000	6.2
	XP_2-16D	11-3-1 (f)	280	155	350	80	50	120	125	8000	12000	16000	6.8
	XP_3-16D	11-3-1 (f)	280	155	360	80	50	120	125	8000	12000	16000	6.5
南京电瓷厂	XP-16①		254	146	290						12000	16000	5.4
苏州电瓷厂	XP-12	11-3-1 (f)	270	155	330	80	50	120	130		9000	12000	7.1
	XP-16	11-3-1 (f)	270	155	330	80	50	120	130		12000	16000	7.1
	XWP-16	11-3-2 (f)	280	155	400	90	45	120	130		12000	16000	7.1
西安电瓷厂	XP-16	11-3-1 (f)	255	155	310	75	45	110	120	8000	12000	16000	6.2
	XHP_1-16	11-3-2 (k)	280	155	420	90	50	110	130	8000	12000	16000	7.5
渌江电瓷厂	XP-16D	11-3-1 (f)	280	155	350	75	45	120	130	8000	12000	16000	7.3
大连电瓷厂	XP-16	11-3-1 (f)	254	155	290	75	45	110	120		12000	16000	
	XP_3-16D	11-3-1 (b)	280	155	350	80	50	120	130		12000	16000	
九江电瓷厂	XP-16	11-3-1 (f)	255	155		75	45	110	120	8000	12000	16000	
景德镇电瓷厂	XP-16	11-3-1 (f)	255	155		75	45	110	120	8000	12000	16000	6.0
醴陵电瓷厂	XP-16 (1215)		254	155	290	75	45	120	120		12000	16000	5.5
	$L16-W_2$ (1141)		280	155	400	90	50	120			12000	16000	8.0
	防污型 (1216)		200	160	370	80	50	120	130		12000	16000	7.0
	防污型 (1142)		280	155	330	75	45	120	130		12000	16000	7.0
	防污型 (1143)		300	155 (146)	365	80	50	120	130		12000	16000	7.0
	$L16-W_4$ (1144)		300	146	400	80	50	120	130		12000	16000	8.5
	防污型 (1145)		300	155	440	80	50	120	120		12000	16000	9.0

注 ① 绝缘子头部为柱形上砂结构。

表 11-3-13　　　　　　　　　　　　　21t 级 悬 式 绝 缘 子

生产厂家	产品型号	图　　号	盘径 (mm)	高度 (mm)	泄漏距离 (mm)	工频电压有效值（kV）			50％全波冲击闪络电压幅值（kV）	抗张负荷(9.81N)			质量 (kg)
						干闪	湿闪	击穿		例行	一小时机电	机电破坏	
大冶电瓷厂	XP-21	11-3-1（f）	280	170	320	80	50	120	130	10500	16000	21000	9.0
醴陵电瓷厂	XP-21 (1220)		280	170	320	80	50	120	130		16000	21000	9.0
南京电瓷厂	XP-21①		280	170	370						16000	21000	8.4
西安电瓷厂	XP-21	11-3-1（f）	280	170	340	80	50	120	130	10500	16000	21000	8.9
渌江电瓷厂	XP-21D	11-3-1（f）	290	170	380	80	50	120	130	12600	16000	21000	8.4
大连电瓷厂	XP-21	11-3-1（f）	280	170	320	80	50	120	130		16000	21000	
景德镇电瓷厂	XP-21		280	170	320	80	50	120	130	10500	16000	21000	9.0

注　①　绝缘子头部为柱形上砂结构。

表 11-3-14　　　　　　　　　　　　　30t 级 悬 式 绝 缘 子

生产厂家	产品型号	图　　号	盘径 (mm)	高度 (mm)	泄漏距离 (mm)	工频电压有效值（kV）			50％全波冲击闪络电压幅值（kV）	抗张负荷(9.81N)			质量 (kg)
						干闪	湿闪	击穿		例行	一小时机电	机电破坏	
西安电瓷厂	XP-30	11-3-1（f）	320	195	380	80	50	120	130	15000	22500	30000	13.6
大连电瓷厂	XP-30	11-3-1（f）	320	195	350	80	50	120	130		22500	30000	
渌江电瓷厂	XP-30D	11-3-1（f）	320	195	400	80	50	120	130	18000	22500	30000	12.5
南京电瓷厂	XP-30①		320	195	460						22500	30000	14.5
醴陵电瓷厂	XP-30 (1222)		320	195	350	80	50	120	130		22500	30000	13.5

注　①　绝缘子头部为柱形上砂结构。

五、各型产品绝缘子说明

（一）绝缘子新旧型号的说明

目前在我国有大量旧型号绝缘子正在运行，并有很多的库存绝缘子，故此本手册保留 1991 年版中的部分绝缘子产品型号。这次第二版时搜集了各主要厂家的现行产品，各型号绝缘子技术数据列入了表 11-3-1 ～ 表 11-3-8。

（二）各型绝缘子型号的说明

1. 瓷悬式绝缘子

XP—普通悬式绝缘子；

X—普通悬式绝缘子；

XWP—双层伞形耐污悬式绝缘子；

XW—双层伞形耐污悬式绝缘子；

XHP—钟罩形耐污悬式绝缘子；

XH—钟罩形耐污悬式绝缘子；

P—额定机电破坏负荷，数据标在各绝缘子型号的尾部（kN）；

C—槽型，球形不标型号。

2. 玻璃悬式绝缘子

LX—盘型悬式玻璃绝缘子；

H—耐污型玻璃绝缘子；

A—空气动力型玻璃绝缘子；

Y—圆柱头结构型。

各绝缘子型号尾部数据为额定机电破坏负荷（kN）。

3. 合成绝缘子

H—合成绝缘子；

X—悬式；

S—实心棒形。

各型号绝缘子尾部数据，分号前为额定电压（kV），分号后为额定机电破坏负荷（kN）。在一般情况下，一小时机电抗张负荷等于额定机电破坏抗张负荷乘 0.75。

4. 地线绝缘子

XDP—地线绝缘子；

C—槽型；

N—耐张型。

各型号绝缘子尾部数据为额定机电破负荷（kN）。

（三）绝缘子标准及代号的说明

1. 绝缘子标准说明

各厂生产的绝缘子产品均符合中国标准（GB）。在各表中的"符合标准"一栏，只填写国外标准的代号。

2. 各国标准的代号

IEC—国际电工委员会标准；

ANSI—美国标准；

BS—英国标准；

AS—澳大利亚标准。

（四）各型绝缘子的无线电干扰电压

一般各型绝缘子对地试验电压为 10kV、1MHz，最大无线电干扰电压为 50μV，没有在各表中一一列出。在各表中所列 XP-40、XP52-1、XP52-2、XP52-3、XP52-9 型号绝缘子的对地试验电压为 7.5kV。

（五）线路设计绝缘子的安全系数

按照 DL/T 5092—1999《110～500kV 架空送电线路设计技术规程》规定，绝缘子机械强度的安全系数 K：

（1）盘型绝缘子机械强度安全系数：最大使用荷载为 2.7，断线为 1.8，断联为 1.5。

（2）瓷质绝缘子尚应满足正常运行情况常年荷载状态下安全系数不小于 4.5。

（3）绝缘子机械强度的安全系数 K 按下式计算

$$K = \frac{T_R}{T}$$

式中 T_R——盘型绝缘子的额定机械破坏负荷，kN；

T——分别取绝缘子承受的最大使用荷载、断线、断联荷载或常年荷载，kN。

常年荷载是指年平均气温条件下绝缘子承受的荷载。断线、断联的气象条件是无风、无冰、最低气温月的最低平均气温。设计悬垂串时导、地线张力按直线杆塔的断导线（含不平衡张力）张力和地线不平衡张力取值。

第四节 金 具

一、电力金具产品型号及说明

1. 型号的表示方法

电力金具的产品型号由一～三个汉语拼音字母（以下简称字母）及阿拉伯数字（以下简称数字）、附加字母组成。其中，首位字母和数字是基本组成部分，根据产品的情况，可在首位后加上第二或第三位字母，在数字后加上附加字母来表示。

2. 型号的组成

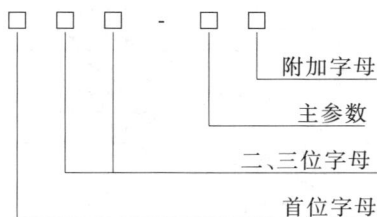

（1）首位字母。型号的首位字母的代表意义是：

1）分类类别；

2）联结金具类的产品系列名称。

首位字母用上述的类别或名称的第一个汉字的汉语拼音的第一个字母表示。当首位字母出现重复时，可选取其它字母表示。

首位字母代表的意义见表 11-4-1。

表 11-4-1　　首位字母代表的意义

字母	表示类别	表示连接金具类的产品系列名称
B		避雷线吊架
D		蝶形板
F	防护金具	
I		牵（QIAN）引板
J	接续金具	
L		联板
M	母线金具	
N	耐张线夹	
P		平行
Q		球头
S	设备线夹	
T	T 接金具	
U		U 型
W		碗头
X	悬垂线夹	
Y		延长
Z		直角

（2）二、三位字母。

型号的二、三位字母是对首位字母的补充表示，以区别不同的型式、结构、特性和用途。同一字母允许表示不同的含义，代表意义见表 11-4-2。

表 11-4-2　　二、三位字母代表的意义

字母	代 表 意 义
A	角（英语 ANGLE）
B	板、爆、补、并、包、变、避
C	槽、垂
D	倒、单、导、吊、搭
F	方、封、防
G	固、钢、过、管、钩、隔
H	合、环、护、弧
J	均、矩、间、加、绞、绝

续表

字　母	代　表　意　义
K	卡、扩、扛
L	螺、铝、立、拉
N	内
P	平、屏
Q	轻、球
R	软
S	双、三、伸、设
T	T（型）、调、椭、跳
U	U（型）
V	V（型）
W	外
X	楔、悬、修
Y	压、圆、（牵）引
Z	支、组

（3）主参数。主参数以数字表示。根据产品的特点，可取下述其中一种或多种组合表示。

1）表示适用导线的标称截面，mm^2；

2）当产品可适用于多个标号的导线时，为简化主参数数字，采用组合号以代表相应范围内的导线标称截面（见表 11-4-3）；

3）表示标称破坏荷重标记；

4）表示间距，cm 或（mm）；

5）表示母线的规格，mm；

6）表示圆杆件的直径，mm；

7）表示圆杆件的长度，mm；

8）表示适用电压，kV。

表 11-4-3　　　组合号与适用导线截面

组合号	导线截面（mm^2）	
	铝绞线、钢芯铝绞线	钢绞线
0	16 ~ 25	—
1	35 ~ 50	25 ~ 35
2	70 ~ 95	50 ~ 70
3	120 ~ 150	100 ~ 120
4	185 ~ 240	135 ~ 150
5	300 ~ 400	
6	500 ~ 630	
7	~ 800	

（4）附加字母。附加字母是补充性的区分代号，字母代表的意义为：

1）以 A、B、C 作区分表示，见表 11-4-4。

表 11-4-4　　　附加字母补充区别代号

区　分	区分总长度	区分引流角度	区分附属构件
A	短　型	0°	附碗头挂板
B	长　型	30°或 45°	附 U 型挂板
C		90°	

2）用附加字母区分导线结构，见表 11-4-5。

表 11-4-5　　　附加字区分导线结构

代　　号	LG	G	K	H	L	Z	B
导线结构型　　式	钢芯铝（绞）	钢（绞）	扩径	合金	铝（绞）	自阻尼	铝包钢

3）其它的含义见表 11-4-2。

3. 产品的命名

（1）电力金具的命名，包括产品名称与型号两部分。

（2）已有产品的产品名称和型号，由上级单位负责管理。

（3）新产品经规定程序批准正式投产前，应向上级单位申请命名。

（4）新产品的命名不应与已有的命名重复。

（5）已有产品的改进设计，如主参数和性能不变，可沿用已有的命名，仅需在技术文件中加以说明。

4. 金具螺栓拧紧力矩推荐数值（见表 11-4-6）

表 11-4-6　　　金具螺栓拧紧力矩值

螺栓直径（mm）	8	10	12	14	16	18	20
拧紧力矩（NM）	13	22	36	50	65	83	105

5. 破坏荷重及相应的螺栓直径（见表 11-4-7）

表 11-4-7　　　破坏荷重及相应的螺栓直径

标　记	4	7	10	12	16	20	25	30	50	60
破坏荷重（kN）	30	69	89	118	157	196	245	290	490	585
螺栓公称直径（mm）	M_{16}	M_{16}	M_{18}	M_{22}	M_{24}	M_{27}	M_{30}	M_{36}	M_{42}	M_{48}

注　这是 1985 年修订电力金具产品样本标准。

6. 压缩和接触金具握力与导线计算拉断力的允许值

接续和接触金具对导线的握力与导线计算拉断力之比的百分值：压缩型接续管和耐张线夹为 95%；螺栓型耐张线夹为 90%。

7. 悬垂线夹对不同导线握力的要求

悬垂线夹对不同导线的握力与导线计算拉断力之比的百分值，不应小于表 11-4-8 所列值。

表 11-4-8　　　悬式线夹对不同导线的握力值

导线类别	导线结构（铝钢比）	百分值（%）
钢芯铝绞线	＞1.7	12
	4.0 ~ 4.5	18
	5.0 ~ 5.6	20
	7.0 ~ 8.0	22
	11.0 ~ 20.0	24

续表

导线类别	导线结构（铝钢比）	百分值（%）
铜绞线		28
钢绞线	极限强度 1176～1274N/mm²	14
铝绞线		30

8. 线夹的曲率半径取值

线夹的曲率半径，悬垂线夹不小于被安装导线直径的 8～11 倍。悬垂角不小于 25°，螺栓型耐张线夹不小于被安装导线直径的 8～12 倍。

9. 金具的防电晕

用于额定电压 330kV 及以上电压等级的金具，当不采用屏蔽装置时，金具自身具有防电晕性能。

10. 符号

在金具名称、型号、数字后面加符号 ▭ 为四平线路器材厂产品。加符号 ○ 为南京线路器材厂产品。不加符号的为1997年和1985年修订版《电力金具产品样本》所列产品，其中符号 △ 为企业标准，符号 ※ 为（74）定型产品。符号〔〕为1997年修订版电力金具产品样本。

11. 金具产品说明

本手册是以四平线路器材厂、南京线路器材厂近期提供的金具产品样本和水利电力部1985年修订的电力金具产品样本为主，参照了电力工业部1997年修订的电力金具产品样本少量增加产品进行编写的。使得用户能够全面掌握全国的金具产品，便于用户合理的选用各种金具，有利于国家的线路建设。

12. 线路设计金具的安全系数

按照 DL/T 5092—1999《110～500kV 架空送电线路设计技术规程》规定，金具强度的安全系数不小于：最大使用荷载情况为 2.5；断线、断联情况为 1.5。

二、悬垂线夹

1. 悬垂线夹（GB 2318.1—85）

见图 11-4-1 和表 11-4-9。

表 11-4-9　　　　中心回转式悬垂线夹

型　号	适用绞线直径范围（mm）（包括加包缠物）	主要尺寸(mm)					破坏荷重不小于（kN）	质量（kg）
		h_1	h	l	r	d		
XGU-1	5.0～7.0	70	82[82.5]	180	4.0	12	39[40]	1.4
XGU-2	7.1～13.0	70	82	200	7.0	16	39[40]	1.8
XGU-3	13.1～21.0	90	102[101]	220	11.0	12	39[40]	2.0
XGU-4	21.1～26.0	90	110[109]	250	13.5	16	39[40]	3.0

2. 悬垂线夹（带碗头挂板，GB 2318.1—85）

见图 11-4-2 和表 11-4-10。

表 11-4-10　　　　带碗头挂板悬垂线夹

型　号	适用绞线直径范围（mm）（包括加包缠物）	主要尺寸(mm)					破坏荷重不小于（kN）	质量（kg）
		l	h_1	h	d	r		
XGU-5A	23.0～33.0	300	157	140	16	17	59(59▭)[60]	5.7
XGU-6A	34.0～45.0	300	163	140	16	23	59(59▭)[60]	6.1

3. 悬垂线夹（带 U 型挂板，GB 2318.1—85）

见图 11-4-3 和表 11-4-11。

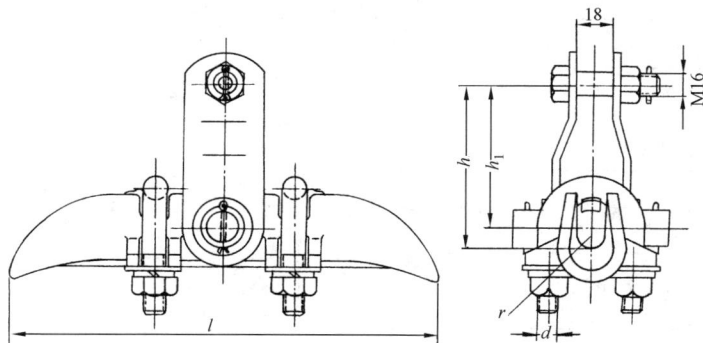

图 11-4-1　中心回转式悬垂线夹

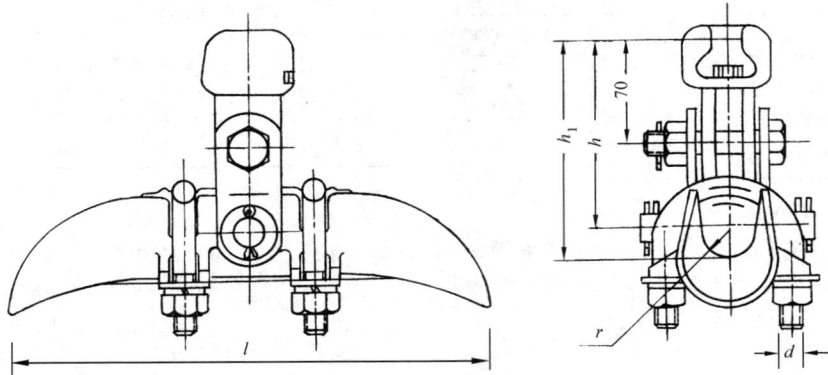

图 11-4-2   带碗头挂板悬垂线夹

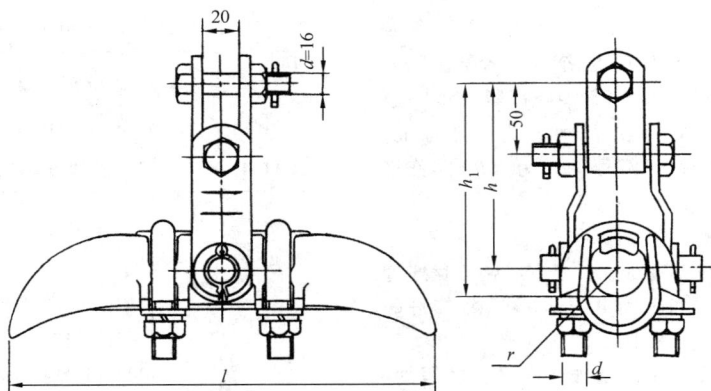

图 11-4-3   带 U 型挂板悬垂线夹

表 11-4-11   带 U 型挂板悬垂线夹

型　　号	适用绞线直径范围(mm)(包括加包缠物)	主要尺寸(mm)					破坏荷重不小于(kN)	质量(kg)
		l	h_1	h	d	r		
XGU-5 B	23.0~33.0	300	137	120	16	17	59(59□)[60]	5.4
XGU-6 B	34.0~45.0	300	143	120	16	23	59(59□)[60]	5.8
XGU-7(B)※	45.0~48.7	300	156	130	16	26	59(59□)[60]	5.4

4. 悬垂线夹（双分裂导线跳线用）△

见图 11-4-4 和表 11-4-12。

表 11-4-12   双分裂导线跳线用悬垂线夹

型　号	适用绞线直径范围(mm)(包括加包缠物)	主　要　尺　寸(mm)							质量(kg)
		l	l_1	h	d	b_1	r	b	
XTS-1	24.00(23.0~27.0)	200	110	77	16	19	13	50	4.5
XTS-2	28.00	210	110	100	16	20	16	60	6.3

注   XTS-2 可挂重锤挂点孔为 18mm。

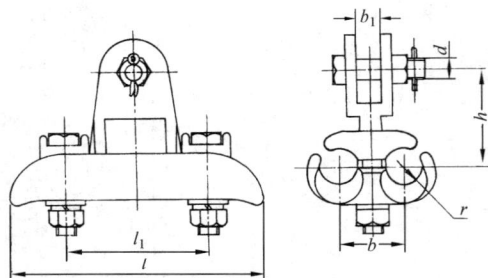

图 11-4-4   双分裂导线跳线用悬垂线夹

5. 悬垂线夹（加强型，GB 2318.2—85）

见图 11-4-5 和表 11-4-13。

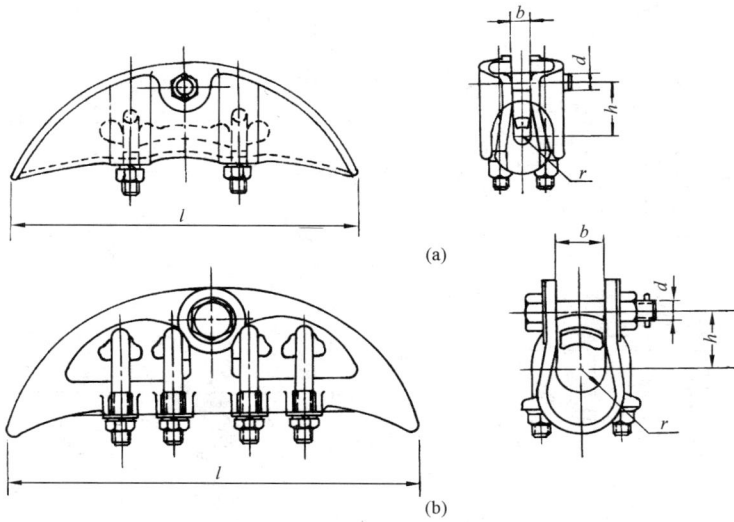

图 11-4-5 加强型悬垂线夹

（a）结构一；（b）结构二

表 11-4-13　　加强型悬垂线夹　　　　　　　　　　　　　　　　　　　　续表

型　号	简图	适用绞线直径范围(mm)(包括加包缠物)	主要尺寸(mm)					破坏荷重不小于(kN)	质量(kg)
			b	d	h	r	l		
XGJ-2	(a)	11.0~13.0	19	18	60[52]	8	300	88[90]	4.4[3.8]
XGJ-5	(b)	23.0~43.0	44	22	80[56]	22	390	118[120]	8.8[9.0]

型　号	适用绞线直径范围(mm)(包括加包缠物)	主要尺寸(mm)					破坏荷重不小于(kN)	质量(kg)
		b	d	h	l	r		
XGF-7△	31.0	24	16	65	300	16.5	29(70□)	4.5
XGF-1400△	46.0	24	16	65	300	24.0	29(70□)	4.5
XGF-1400○[]	51.0[51.0]	24	16	65[63]	300[240]	24.0[26.5]	39[40]	4.5[2.8]

6. 悬垂线夹（500kV 线路用，GB 2318.4—85）

见图 11-4-6 和表 11-4-14。

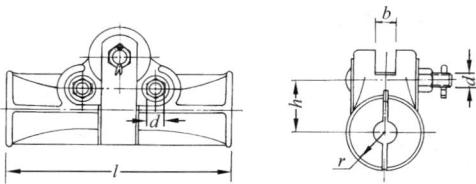

图 11-4-6　悬扛式悬垂线夹

表 11-4-14　　悬扛式悬垂线夹

型　号	适用绞线直径范围(mm)(包括加包缠物)	主要尺寸(mm)					破坏荷重不小于(kN)	质量(kg)
		b	d	h	l	r		
XGF-300[]	23.7	24	16	60	250	13.0	39(70□)[40]	3.0
XGF-6△	30.0~34.0	24	16	63	300	18.0	29(70□)	4.2

7. 悬垂线夹（500kV 线路用上扛式，GB 2318.4—85）

见图 11-4-7 和表 11-4-15。

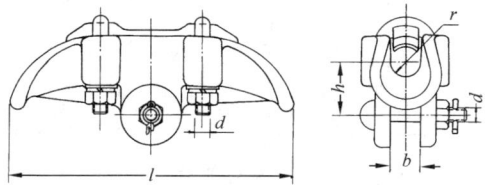

图 11-4-7　上扛式悬垂线夹

表 11-4-15　　上扛式悬垂线夹

型　号	适用绞线直径范围(mm)(包括加包缠物)	主要尺寸(mm)					破坏荷重不小于(kN)	质量(kg)
		b	d	h	l	r		
XGF-5K	23.7~27.4[23.7~27.6]	24	16	55	300	16.0[17.0]	59[60]	3[2.38]

8. 悬垂线夹(500kV 线路用下垂线,GB 2318.4—85)

见图 11-4-8 和表 11-4-16。

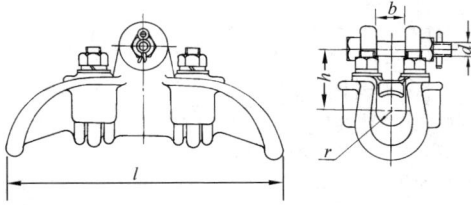

图 11-4-8 下垂式悬垂线夹

表 11-4-16 下垂式悬垂线夹

型号	适用绞线直径范围(mm)(包括加包缠物)	主要尺寸(mm)					破坏荷重不小于(kN)	质量(kg)	备注
		b	d	h	l	r			
XGF-5X	23.7~27.4 [23.7~27.6]	32	16	65	300	16.0 [17.0]	59 [60]	3.5 [3.55]	[加挂板,全高 H=147mm]

9. 悬垂线夹(双线夹垂直排列,GB 2318.3—85)

结构参数见图 11-4-9 和表 11-4-17。

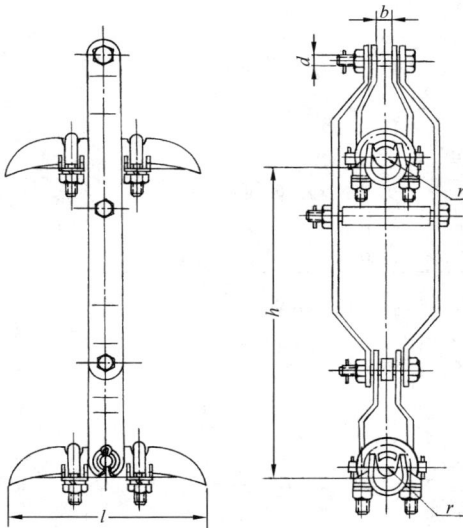

图 11-4-9 双线夹垂直排列悬垂线夹

表 11-4-17 双线夹垂直排列悬垂线夹

型号	适用绞线直径范围(mm)(包括加包缠物)	主要尺寸(mm)					破坏荷重不小于(kN)	质量(kg)
		d	b	h	l	r		
XCS-4△	21~26	16 [18]	20	400 [490]	250	13.5	39 [70]	9.3
XCS-5	23~33	16 [18]	38 [42]	400 [490]	300	17.0	59 [100]	9.3 [14.6]
XCS-6	34~45	16 [18]	38 [42]	400 [490]	300	23.0	59 [100]	11.5 [15.0]

10. 铝合金悬垂线夹

见图 11-4-10 和表 11-4-18。

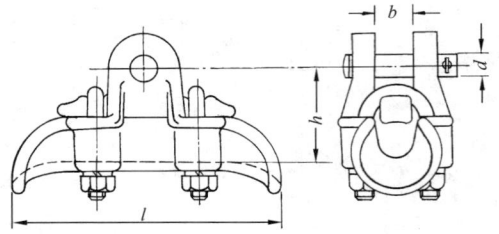

图 11-4-10 铝合金悬垂线夹

表 11-4-18 铝合金悬垂线夹

型号	适用绞线直径范围(mm)(包括加包缠物)	主要尺寸(mm)				U型螺丝尺寸(mm)	破坏荷重不小于(kN)	质量(kg)
		l	h	b	d			
XGH-1	6.30~16.50	178	54	17.5	16	12	70	1.10
XGH-2	10.20~21.60	190	54	22.2	16	12	70	1.26
XGH-3	12.70~26.40	203	52	17.5	16	14	120	1.60
XGH-4	17.80~30.00	203	52	27.0	16	14	120	1.92
XGH-5	20.30~32.80	216	68	33.5	16	14	120	1.98
XGH-6	22.90~35.30	216	68	36.5	16	16	120	2.20
XGH-7	25.40~37.30	230	54	40.0	16	16	120	2.40
XGH-8	28.00~41.20	241	78	43.0	16	16	120	2.48
XGH-9	31.30~46.20	254	83	28.6	16	16	120	2.85
XGH-10	35.60~51.80	267	95	54.0	16	16	120	2.96
XGH-11	44.50~57.20	280	95	58.7	16	16	120	3.05
XGH-3△[]	12.4~17.0	200	65	22	16		40	1.5
XGH-4△[]	19.0~21.6	220	70	28	16		40	2.2
XGH-5△[]	24.2~28.0	250	75	35	16		60	2.8

11. 防电晕悬垂线夹

见图 11-4-11 和表 11-4-19。

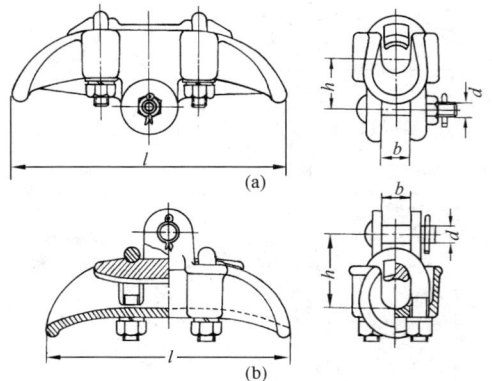

(a)

(b)

图 11-4-11 防电晕悬垂线夹

(a) 图一;(b) 图二

表 11-4-19　　　　　防电晕悬垂线夹

型 号	序号	适用绞线直径范围（mm）（包括加包缠物）	主要尺寸（mm）				U型螺丝尺寸（mm）	破坏荷重（kN）	质量（kg）
			l	h	b	d			
XGF-5K	(a)	23.70~27.40	300	60	24.0	16	16	70	3.15
XGH-1A	(b)	12.00~26.00	190	64	26.0	16	12	70	1.32

12. XGF 型悬垂线夹

见图 11-4-12 和表 11-4-20。

表 11-4-20　　　　　XGF 型悬垂线夹

型 号	适用绞线直径范围（mm）（包括加包缠物）	主要尺寸（mm）				U型螺丝尺寸（mm）	破坏荷重（kN）	质量（kg）
		l	h	b	d			
XGF-1	19.0~27.0	270	75	27.0	16	12	60	2.52
XGF-2	24.0~32.0	295	85	37.0	16	16	100	3.17
XGF-3	28.0~37.0	310	90	37.0	16	16	100	3.60
XGF-4	35.0~42.0	320	95	47.0	16	16	100	3.84
XS-1440	44.0~52.0	350	100	56.0	16	16	70	6.30

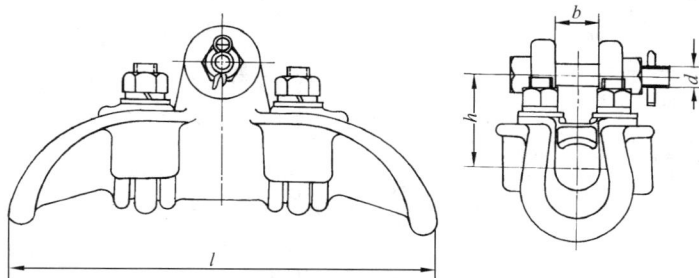

图 11-4-12　XGF 型悬垂线夹

13. XF 型悬垂线夹

见图 11-4-13 和表 11-4-21。

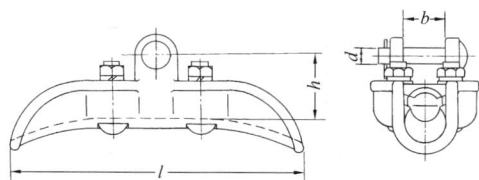

图 11-4-13　XF 型悬垂线夹

表 11-4-21　　　　　XF 型悬垂线夹

型 号	适用绞线直径范围（mm）（包括加包缠物）	主要尺寸（mm）				U型螺丝尺寸（mm）	破坏荷重（kN）	质量（kg）
		l	h	b	d			
XF-1	23.7~27.7	270	64	42	16	12	70	2.00
XF-2	27.9~30.5	270	64	42	16	12	110	2.10
XF-3	30.5~35.8	270	67	42	16	16	110	2.15
XF-4	35.8~38.4	300	73	48	16	16	110	2.30

14. XGZ 型悬垂线夹

见图 11-4-14 和表 11-4-22。

图 11-4-14　XGZ 型组合悬垂线夹

表 11-4-22　　　　　XGZ 型组合悬垂线夹

型 号	适用绞线直径范围（mm）（包括加包缠物）	主要尺寸（mm）				U型螺丝尺寸（mm）	破坏荷重（kN）	质量（kg）
		l	h	b	d			
XGZ-1	11.0~17.0	210	105	24.0	16	12	70	1.70
XGZ-2	18.0~24.0	270	120	24.0	16	12	70	2.65
XGZ-3	24.0~28.0	320	145	24.0	16	16	120	4.40
XGZ-4	28.0~32.0	370	145	24.0	16	16	120	4.75
XGZ-5	32.0~35.0	320	145	24.0	20	16	120	4.80
XGZ-6	35.0~42.0	320	160	24.0	20	16	160	5.50

15. XGS 型悬垂线夹

见图 11-4-15 和表 11-4-23。

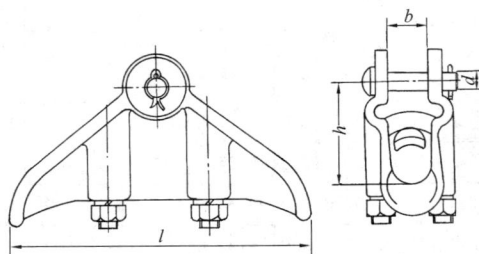

图 11-4-15 XGS 型提包式悬垂线夹

表 11-4-23 **XGS 型提包式悬垂线夹**

型　号	适用绞线直径范围（mm）（包括加包缠物）	主要尺寸（mm）				U 型螺丝尺寸（mm）	破坏荷重（kN）	质量（kg）
		l	h	b	d			
XGS-1	17.00 ~ 23.00	180	65	24.0	16	12	70	1.15
XGS-2	21.00 ~ 32.00	220	75	37.0	16	14	100	2.36
XGS-3	25.00 ~ 37.00	230	80	37.0	16	14	100	2.67
XGS-4	32.00 ~ 47.00	260	92	47.0	16	16	100	3.05
XGS-5	38.00 ~ 53.00	270	100	54.0	16	16	100	3.67

16. XGT 型悬垂线夹

见图 11-4-16 和表 11-4-24。

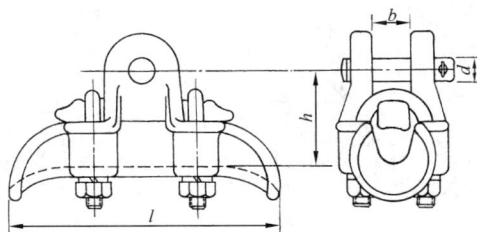

图 11-4-16 XGT 型悬垂线夹

表 11-4-24 **XGT 型悬垂线夹**

型　号	适用绞线直径范围（mm）（包括加包缠物）	主要尺寸（mm）				U 型螺丝尺寸（mm）	破坏荷重（kN）	质量（kg）
		l	h	b	d			
XGT-1	3.0 ~ 11.7	140	54	16.0	16	12	70	1.15
XGT-2	5.0 ~ 15.2	162	54	17.5	16	12	70	1.40
XGT-3	7.6 ~ 17.8	180	54	17.5	16	12	70	1.52
XGT-4	10.2 ~ 21.0	190	60	21.0	16	14	70	1.90
XGT-5	12.7 ~ 25.4	203	60	25.4	16	14	120	2.42
XGT-6	17.8 ~ 29.2	203	70	32.0	16	14	120	2.58
XGT-7	22.8 ~ 35.5	222	76	38.0	16	16	120	2.86
XGT-8	28.0 ~ 41.0	254	76	44.0	16	16	120	3.05

17. 铝合金悬垂线夹（提包式）

见图 11-4-17 和表 11-4-25。

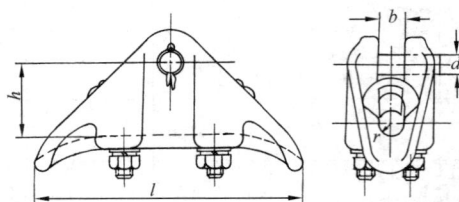

图 11-4-17 铝合金提包式悬垂线夹

表 11-4-25 **铝合金提包式悬垂线夹**

型　号	导线外径（mm）	主要尺寸（mm）					破坏荷重（kN）	质量（kg）
		h	b	d	r	l		
XGH-3	12.4 ~ 17.0	59.5	22	16	9.5	196	39	1.5
XGH-4	19.0 ~ 21.6	74	28	16	12	226	39	2.2
XGH-5	24.2 ~ 28	86.5	35	16	15	256	59	2.8
XGH-8	49 ~ 52	97	56	20	27	300	69	4.5

线夹本体和压板为铝合金制件，闭口销为青铜制件。其余为热镀锌钢制件。

18. 悬垂线夹（提包式）

见图 11-4-18 和表 11-4-26。

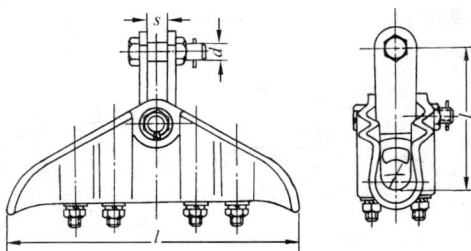

图 11-4-18 提包式悬垂线夹

表 11-4-26 **提包式悬垂线夹**

型　号	适用导线	主要尺寸（mm）					破坏荷重（kN）	质量（kg）
		h	s	d	r	l		
XGU-95/140	LGJ-95/140	134	20	16	13	340	69	6.7
XGJ-5H	HL₄GJJ-400	202	26	24	22	400	118	13.5
XGJ-3HT	HL₄GJJ-150	187	24	22	20	390	98	12.4

线夹本体和压板为可锻铸铁件，闭口销为青铜制件，其余为钢制件。可锻铸铁件和铜制件为热镀锌。

19. 加强型悬垂线夹（提包式）

见图 11-4-19 和表 11-4-27。

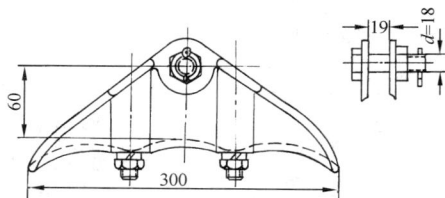

图 11-4-19 加强型提包式悬垂线夹

表 11-4-27 加强型提包式悬垂线夹

型　　号	适用地线	破坏荷重（kN）	质量（kg）
XBJ-4	GJ-70	59	4.12

线夹本体和压板为可锻铸铁件，闭口销为青铜制件，其余为钢制件。钢制件和可锻铸铁件为热镀锌。

20. 改型悬垂线夹（提包式）

见图 11-4-20 和表 11-4-28。

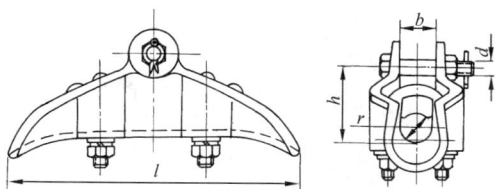

图 11-4-20 改型提包式悬垂线夹

表 11-4-28 改型提包式悬垂线夹

型　号	导线外径（mm）	主要尺寸（mm）					破坏荷重（kN）	质量（kg）
		h	b	d	r	l		
XGT-1	5.0~7.0	60	18	18	4	180	39	3.3
XGT-2	7.1~13.0	75	18	18	7	200	39	4.9
XGT-3	13.1~21.0	75	27	18	11	220	39	5.6
XGT-4	21.1~26.0	75	27	18	13.5	250	39	6.5
XGT-5	23.0~33.0	81	38	16	17	300	59	8.7
XGT-6	34.0~45.0	89	46	16	23	300	59	9.8

线夹本体和压板为可锻铸铁件，闭口销为青铜制件，其余为钢制件。可锻铸铁件、钢制件为热镀锌。

三、耐张线夹

1. 耐张线夹（螺栓型，GB 2320.1—85）

见图 11-4-21 和表 11-4-29。

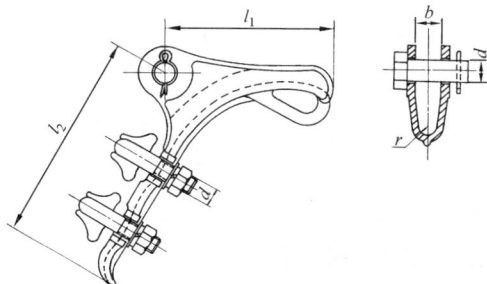

图 11-4-21 NLD 型螺栓耐张线夹

表 11-4-29 NLD 型螺栓耐张线夹

型　号	适用绞线直径范围（mm）	主要尺寸（mm）					U 型螺丝		破坏荷重不小于（kN）	质量（kg）
		d	b	l_1	l_2	r	个数	直径 d（mm）		
NLD-1	5.0~10.0	16	18	150	120	6.5	2	12	18[20]	1.3
NLD-2	10.1~14.0	16	18	205	130	8.0	3	12	41[40]	2.1
NLD-3	14.1~18.0	18	22	310	160	11.0	4	16	71[70]	4.6
NLD-4	18.1~23.0	18	25	410	220	12.5	5	16	91[90][7.0]	7.1

注 方括号内为六角头带孔螺栓数据。

2. 耐张线夹（螺栓型，GB 2320—85）

见图 11-4-22 和表 11-4-30。

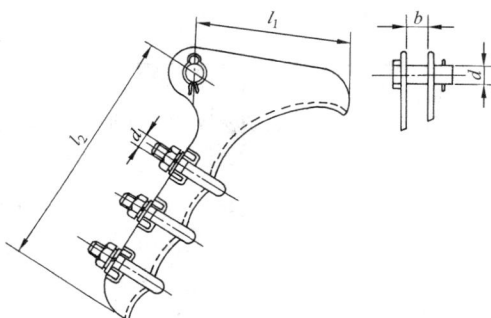

图 11-4-22 ND 型螺栓耐张线夹

表 11-4-30 ND 型螺栓耐张线夹

型　号	适用绞线直径范围（mm）	主要尺寸（mm）			U 型螺丝		破坏荷重不小于（kN）	质量（kg）
		d	b	l_1	l_2	个数	直径 d（mm）		
ND-201	5.0~10.0	16	18	152[150]	120	2	12	18[20]	1.1
ND-202	10.1~14.0	16	18	205	130	3	12	41[40]	1.9
ND-203	14.1~18.0	18	22[23]	315	150	4	16	71[70]	4.2
ND-204	18.1~23.0	18	25[27]	375	200	4	16	91[90]	6.4

注 方括号内为六角头带孔螺栓数据，γ 同图 11-4-21。

3. 耐张线夹（压缩型，避地线用，GB 2320.2—85）

见图 11-4-23 和表 11-4-31。

表 11-4-31（a） NY 型压缩耐张线夹（地线用）

型　号	适用绞线直径（mm）	主要尺寸（mm）						握着力不小于（kN）	质量（kg）
		d	d_1	d_2	l_1	l_2	l		
NY-35G	7.8	8.4	16	16	115	45	205	45	0.52
NY-50G	9.0	9.7	18	16	130	55	230	60	0.63
NY-70G	11.0	11.7	22	16	155	110	315	88	1.02
NY-100G	13.0	13.7	26	20	185	130	365	123	1.63
NY-120G	14.0	14.7	28	22	195	65	320	143	1.90
NY-135G	15.0	15.7	30	22	215	80	365	164	2.30
NY-150G	16.0	16.7	32	24	230	90	390	187	2.76

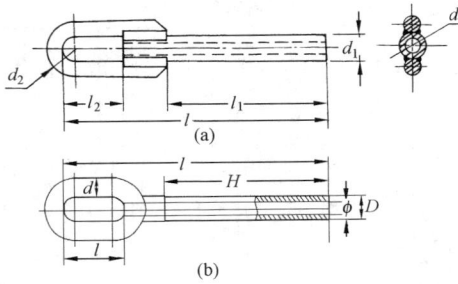

图 11-4-23　NY 型压缩耐张
线夹（地线用）

表 11-4-31（b）[ ]

型号	适用绞线		主要尺寸（mm）						握着力不小于（kN）	质量（kg）
	标准	标记	Φ	D	d	l	L	H		
NY-35G	GB1200—88	1×7 -7.8	8.4	16	16	50	195	115	45	0.52
NY-55G		1×7 -9.6	10.2	20	16	50	220	140	70	0.70
NY-80G	1270 N/mm²	1×19 -11.5	12.2	24	18	55	260	170	100	1.30
NY-100GC	GB1200—88	1×19 -13	13.7	28	22	70	325	220	130	1.64
NY-125GC		1×19 -14.5	15.2	32	24	80	360	250	165	1.70
NY-150GC	1370 N/mm²	1×19 -16	16.7	34	24	80	395	270	200	2.52
NY-50G		$1\times7-9$	9.7	18	16	50	210	130	60	0.63
NY-70G	GB1200—75	1×19 -11	11.7	22	18	55	245	155	80	1.02
NY-100G	125 kg/mm²	1×19 -13	13.7	26	20	65	290	185	120	1.63
NY-120G		1×19 -14	14.7	28	22	70	310	195	140	1.90
NY-135G		1×19 -15	15.7	30	22	70	330	215	155	2.30

4. 耐张线夹（螺栓型）

见图 11-4-24 和表 11-4-32。

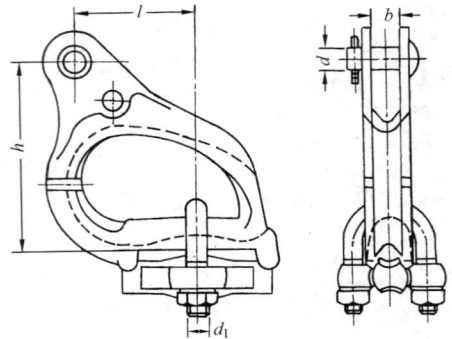

图 11-4-24　NLW 型螺栓耐张线夹

表 11-4-32　　NLW 型螺栓耐张线夹

型号	适用绞线直径范围（mm）	主要尺寸（mm）					破坏荷重不小于（kN）	质量（kg）
		h	l	b	d	d_1		
NLW-1△	4~14	130	82	20	16	16	64	1.8
NLW-2□	6.0~17.0	130	82	20	16	16	70	2.32

注　△为 1985 年产品。

5. 耐张线夹（液压型用于 GB 1179—83 钢芯铝绞线，GB 2320.3—85）

见图 11-4-25 和表 11-4-33。

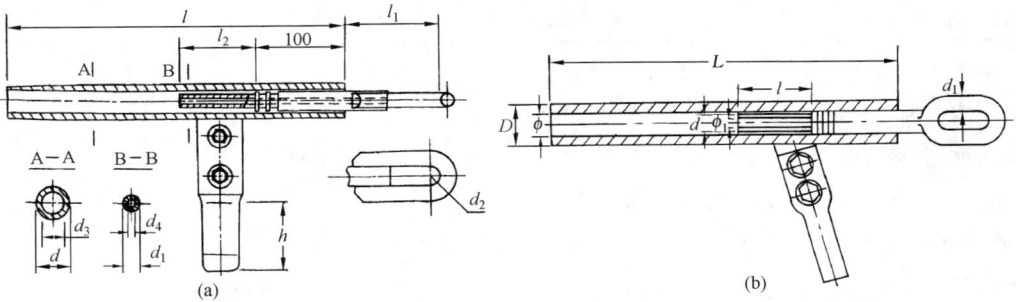

图 11-4-25　NY 型液压耐张线夹

表 11-4-33（a）　　　　　　　　　NY 型液压耐张线夹

型号	适用导线			主要尺寸（mm）									握着力不小于（kN）	质量（kg）
	型号	外径（mm）		d	d_1	d_2	l	l_1	l_2	h	d_3	d_4		
NY-240/30	LGJ-240/30	21.60		36	16	18	380	105	85	100	23.0	7.9	72	2.46
NY-240/40	LGJ-240/40	21.66		36	16	18	390	105	95	100	23.0	8.7	79	2.50
NY-240/55	LGJ-240/55	22.40		36	20	18	410	105	115	100	24.0	10.3	97	2.72

续表

型 号	适用导线 型 号	外径(mm)	d	d₁	d₂	l	l₁	l₂	h	d₃	d₄	握着力不小于(kN)	质量(kg)
NY-300/15	LGJ-300/15	23.01	40	14	16	360	95	60	110	24.5	5.7	65	2.60
NY-300/20	LGJ-500/20	23.43	40	14	18	380	105	70	110	25.0	6.5	72	2.76
NY-300/25	LGJ-300/25	23.76	40	14	18	410	105	80	110	25.5	7.3	79	2.88
NY-300/40	LGJ-300/40	23.94	40	16	18	440	105	95	110	25.5	8.7	88	3.03
NY-300/50	LGJ-300/50	24.26	40	18	18	410	105	105	110	26.0	9.6	98	3.05
NY-300/70	LGJ-300/70	25.20	42	22	20	450	140	130	110	27.0	11.5	122	3.88
NY-400/20	LGJ-400/20	26.91	45	14	18	400	105	70	120	28.5	6.5	84	3.60
NY-400/25	LGJ-400/25	26.64	45	14	18	410	105	80	120	28.5	7.3	91	3.69
NY-400/35	LGJ-400/35	26.82	45	16	20	420	140	90	120	28.5	8.2	99	3.97
NY-400/50	LGJ-400/50	27.63	45	20	20	450	140	110	120	29.5	9.9	117	4.20
NY-400/65	LGJ-400/65	28.00	48	22	22	480	160	125	120	29.5	11.0	128	5.40
NY-400/95	LGJ-400/95	29.14	48	26	26	510	180	150	120	31.0	13.2	163	6.92
NY-500/35	LGJ-500/35	30.00	52	16	20	450	140	90	130	31.5	8.2	114	5.27
NY-500/45	LGJ-500/45	30.00	52	18	20	460	140	100	130	31.5	9.1	122	5.40
NY-500/65	LGJ-500/65	30.96	52	22	22	490	160	125	130	32.5	11.0	146	6.20
NY-630/45	LGJ-630/45	33.60	60	18	22	490	160	100	150	35.5	9.1	141	7.67
NY-630/55	LGJ-630/55	34.32	60	20	22	510	160	115	150	36.0	10.3	156	7.87
NY-630/80	LGJ-630/80	34.82	60	24	26	550	180	140	150	36.0	12.3	183	9.05
NY-800/55	LGJ-800/55	33.40	65	20	26	560	180	115	170	40.0	10.3	182	10.49
NY-800/70	LGJ-800/70	33.58	65	22	26	660	180	130	170	40.5	11.5	197	10.62
NY-800/100	LGJ-800/100	33.98	65	26	30	590	200	155	170	40.5	16.7	229	12.11

表 11-4-33 （b） [ ]

型 号	适用导线 型 号	外径(mm)	D	d	d₁	L	l	φ	φ₁	握着力不小于(kN)	质量(kg)
NY-150/20	LGJ-150/20	16.67		12		290	75	18.0	6.2	44	1.28
NY-150/25	LGJ-150/25	17.10	30	14		300	85	18.5	7.0	51	1.45
NY-150/35	LGJ-150/35	17.50		16	16	320	105	19.0	8.2	62	1.50
NY-185/25	LGJ-185/25	18.90		14		310	85	20.5	7.0	56	1.70
NY-185/30	LGJ-185/30	18.88	32	14		320	95	20.5	7.6	61	1.80
NY-185/45	LGJ-185/45	19.60		18	18	340	115	21.0	9.0	76	1.90
NY-210/25	LGJ-210/25	19.98		14	16	330	95	21.5	7.3	63	2.10
NY-210/35	LGJ-210/35	20.38	34	16	18	340	105	22.0	8.2	70	2.20
NY-210/50	LGJ-210/50	20.56		18		360	125	22.5	9.6	86	2.30
NY-240/30	LGJ-240/30	21.60	36	16	18	390	100	23.0	7.9	70	2.46
NY-240/40	LGJ-240/40	21.66	36	16	18	390	110	23.0	8.7	80	2.50
NY-240/55	LGJ-240/55	22.40	36	20	20	420	130	24.0	10.3	100	2.72
NY-300/15	LGJ-300/15	23.01	40	14	16	385	70	24.5	5.7	65	2.60
NY-300/20	LGJ-300/20	23.43	40	14	18	390	80	25.0	6.5	70	2.76
NY-300/25	LGJ-300/25	23.76	40	14	18	400	90	25.5	7.3	80	2.88
NY-300/40	LGJ-300/40	23.94	40	16	18	420	110	25.5	8.7	90	3.03
NY-300/50	LGJ-300/50	24.26	40	18	20	430	120	26.0	9.6	100	3.05
NY-300/70	LGJ-300/70	25.20	42	22	22	460	145	27.0	11.5	120	3.88

续表

型　号	适用导线 型　号	外径（mm）	D	d	d_1	L	l	Φ	$Φ_1$	握着力 不小于 （kN）	质量 （kg）
NY-400/20	LGJ-400/20	26.91	45	14	18	425	80	28.5	6.5	85	3.60
NY-400/25	LGJ-400/25	26.64	45	14	18	435	90	28.5	7.3	90	3.69
NY-400/35	LGJ-400/35	26.82	45	16	20	440	100	28.5	8.2	100	3.97
NY-400/50	LGJ-400/50	27.63	45	20	22	460	120	29.5	9.9	120	4.20
NY-400/65	LGJ-400/65	28.00	48	22	22	480	140	29.5	11.0	130	5.40
NY-400/95	LGJ-400/95	29.14	48	26	24	520	170	31.0	13.2	160	6.62
NY-500/35	LGJ-500/35	30.00	52	16	22	480	100	31.5	8.2	110	5.27
NY-500/45	LGJ-500/45	30.00	52	18	22	480	110	31.5	9.1	120	5.40
NY-500/65	LGJ-500/65	30.96	52	22	22	510	140	32.5	11.0	150	6.20
NY-630/45	LGJ-630/45	33.60	60	18	22	490	110	35.5	9.0	140	7.67
NY-630/55	LGJ-630/55	34.32	60	20	24	510	130	36.0	10.3	155	7.87
NY-630/80	LGJ-630/80	34.82	60	24	24	550	160	36.5	12.3	180	9.05
NY-800/55	LGJ-800/55	38.40	65	20	24	580	130	40.0	10.3	180	10.49
NY-800/70	LGJ-800/70	38.58	65	22	26	580	145	40.5	11.5	200	10.62
NY-800/100	LGJ-800/100	38.98	65	26	26	610	180	40.5	13.7	230	12.11

　　6. 耐张线夹（爆压型、用于 GB 1179—83 钢芯铝绞线，GB 2320.4—85）

　　见图 11-4-26 和表 11-4-34。

　　7. 耐张线夹（[80] 型，用于 GB 1179—74 钢芯铝绞线）△

　　见图 11-4-27 和表 11-4-35。

表 11-4-34　　　　　　　　　　　**NB 型爆压耐张线夹**

型　号	适用导线型号	d_4	d	d_2	l_2	l	d_5	d_1	l_1	l_3	d_3	握着力 不小于 （kN）	质量 （kg）
NB-300/40A NB-300/40B	LGJ-300/40	25.5	40	16.5	110	300	8.6	22	160	250	16	88 [90]	2.75 [2.36]
NB-400/50A NB-400/50B	LGJ-400/50	29.5	45	19	120	340	9.8 [9.6]	24	170	275	18	117 [120]	3.58 [3.11]
NB-300/50A NB-300/50B	LGJ-300/50	26.0	40	18	110	340	9.6	24	190	295	18	98 [100]	2.52 [2.69]
NB-400/65A NB-400/65B	LGJ-400/65	29.5	48	20	120	360	11.0	26	200	315	20	128 [130]	4.10 [3.76]
NB-300/70A NB-300/70B	LGJ-300/70	27.0	42	19	110	350	11.5	24	200	315	18	122 [120]	3.41 [2.8]
NB-400/95A NB-400/95B	LGJ-400/95	31.0	48	22	120	390	13.2	28	220	335	20	163 [160]	4.8 [3.9]

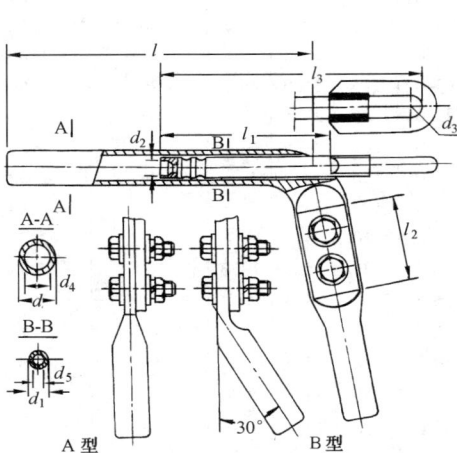

图 11-4-26　NB 型爆压耐张线夹

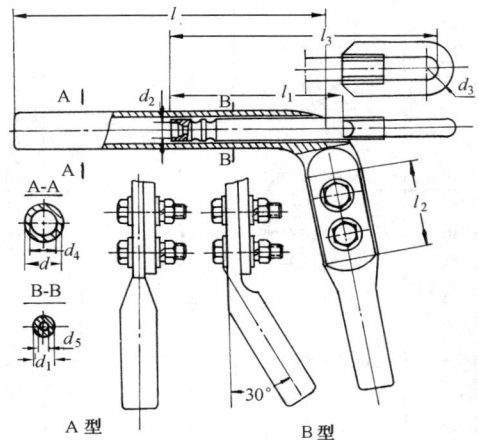

图 11-4-27　NY 型液压耐张线夹

表 11-4-35 NY 型液压耐张线夹

型 号	适 用 导 线		主 要 尺 寸(mm)											握着力不小于(kN)	质量(kg)
	型 号	外径(mm)	d_4	d	d_2	l_2	l	d_5	d_1	l_1	l_3	d_3		
NY-240QA NY-240QB	LGJQ-240	21.88	23.3	38	16	100	290	7.8	22	170	275	16	66	2.24
NY-300QA NY-300QB	LGJQ-300	23.70	25.5	40	16.5	100	300	8.5	22	160	250	16	80	2.75
NY-400QA NY-400QB	LGJQ-400	27.36	29	45	19	100	340	9.7	24	170	275	18	103	3.58
NY-185A NY-185B	LGJ-185	19.02	20.5	34	14	90	240	8.1	18	155	245	16	61	2.78
NY-240A NY-240B	LGJ-240	21.28	23	38	15.5	100	300	9.0	20	175	270	16	73	2.30
NY-300A NY-300B	LGJ-300	25.20	27.0	40	18	100	340	10.7	24	190	295	18	104	2.52
NY-400A NY-400B	LGJ-400	27.68	29.5	45	20	100	360	11.7	26	200	315	20	125	4.10
NY-185JA NY-185JB	LGJJ-185	19.60	21.5	34	15	90	270	9.0	20	170	260	16	67	4.68
NY-240JA NY-240JB	LGJJ-240	22.40	24	38	17	100	320	10.3	22	185	290	18	88	2.44
NY-300JA NY-300JB	LGJJ-300	25.68	27.0	40	19	100	350	11.7	24	200	315	20	116	3.41
NY-400JA NY-400JB	LGJJ-400	29.18	30.8	45	22	100	390	13.2	28	220	355	22	150	4.58

8. 耐张线夹([80]型、用于 GB 1179—74 钢芯铝绞线) △

见图 11-4-28 和表 11-4-36。

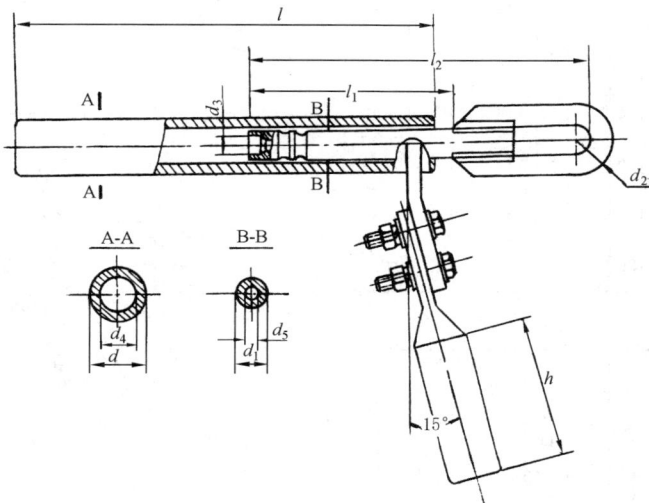

图 11-4-28 NY 型液压耐张线夹

表 11-4-36   NY 型液压耐张线夹

型号	适用导线		主要尺寸(mm)										握着力不小于(kN)	质量(kg)
	型号	外径(mm)	d_4	d_5	d	d_1	d_2	d_3	l_1	l_2	h	l		
NY-500Q	LGJQ-500	30.16	32.0	10.7	50	30	26	20	195	325	130	370	129	4.35
NY-600Q	LGJQ-600	33.20	35.0	11.7	55	33	30	22	210	340	150	400	151	5.50
NY-700Q	LGJQ-700	36.24	38.0	12.7	60	36	32	24	230	385	170	440	180	6.30

注 用挤压管制造,按企标生产,主要用于爆压。

9. 铝合金螺栓型耐张线夹□,[ ]

见图 11-4-29 和表 11-4-37。

10. 铝合金螺栓型耐张线夹

见图 11-4-30 和表 11-4-38。

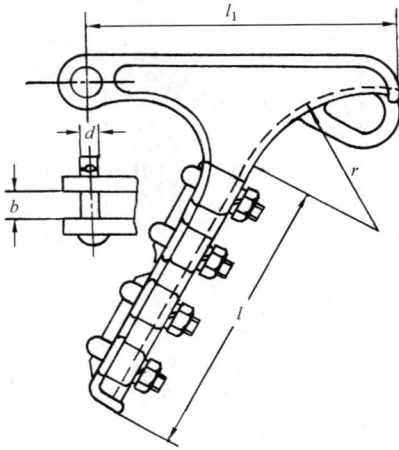

图 11-4-29 铝合金螺栓型耐张线夹

表 11-4-37-1   铝合金螺栓型耐张线夹

型号	绞线直径范围(mm)	主要尺寸(mm)					U 型螺丝		破坏荷重不小于(kN)	质量(kg)
		l	l_1	b	d	r	数量	尺寸(mm)		
NLL-1	5.0~12.0	102	149	19	16	70	2	12	45	0.87
NLL-2	7.0~15.2	120	156	19	16	76	2	12	70	1.15
NLL-3	6.0~15.8	188	203	27	16	95	3	12	70	1.48
NLL-4	8.6~18.3	225	230	30	16	121	4	12	70	2.30
NLL-5	12.0~22.0	272	292	27	16	137	5	14	100	3.56
NLL-6	12.7~26.2	330	318	30	16	156	5	14	100	4.42
NLL-7	18.0~30.5	394	336	35	20	187	5	16	100	6.81
NLL-8	22.0~35.6	412	368	43	20	229	5	16	100	7.70

表 11-4-37-2 [ ]

型号	导线外径(mm)	主要尺寸(mm)				破坏荷重不小于(kN)	质量(kg)
		l	l_1	b	d		
NLL-1	5.1~11.4	125	110	19	16	40	0.5
NLL-2	8.9~18.5	175	186	24	16	40	1.8
NLL-3	5.0~15.0	190	205	18	16	70	1.9
NLL-4	12.1~21.8	300	285	30	18	90	4.1
NLL-5	18.0~30.0	445	345	36	24	120	7.0

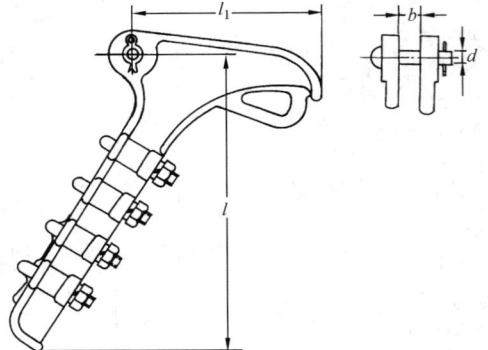

图 11-4-30 铝合金螺栓型耐张线夹

表 11-4-38   铝合金螺栓型耐张线夹

型号	绞线直径范围(mm)	主要尺寸(mm)				U 型螺丝		破坏荷重不小于(kN)	质量(kg)
		l	l_1	b	d	数量	尺寸(mm)		
NUL-1	5.0~14.0	160	145	18	16	2	12	45	1.10
NUL-2	11.0~16.0	218	165	18	16	3	12	70	1.70
NUL-3	13.0~19.0	313	180	20	16	4	12	70	2.95
NUL-4	15.0~22.0	343	200	24	16	4	12	70	3.82
NUL-5	19.0~26.0	368	210	27	16	5	16	100	4.46
NUL-6	20.0~30.0	417	330	30	20	5	16	100	7.08

11. NLT 型耐张线夹

见图 11-4-31 和表 11-4-39。

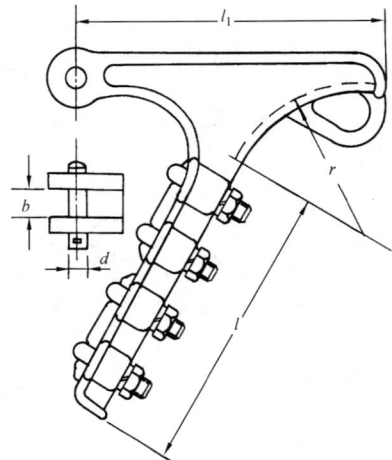

图 11-4-31 NLT 型耐张线夹

表 11-4-39　　　　NLT 型耐张线夹

型号	绞线直径范围（mm）	主要尺寸（mm）					U 型螺丝		破坏荷重不小于（kN）	质量（kg）
		l	l_1	b	d	r	数量	尺寸（mm）		
NLT-1	5.0～11.7	118	149	16	16	70	2	12	70	1.45
NLT-2	5.1～14.0	187	203	18	16	95	3	12	70	2.62
NLT-3	7.6～15.3	238	267	21	16	121	4	12	100	4.20
NLT-4	9.4～16.0	268	284	24	16	121	4	16	120	5.37
NLT-5	12.2～21.3	275	292	22	16	137	4	16	120	4.52
NLT-6	18.0～30.0	400	356	30	20	187	5	16	136	6.70

12. 国外导线用液压耐张线夹

见图 11-4-32 和表 11-4-40。

13. NY 型液压耐张线夹

见图 11-4-33 和表 11-4-41。

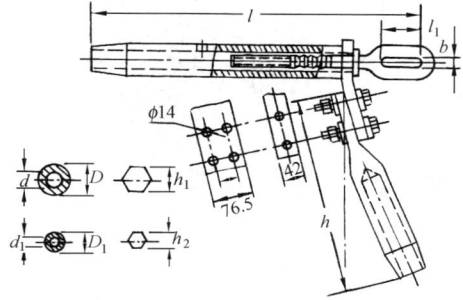

图 11-4-32　国外导线用液压耐张线夹

表 11-4-40　　　　　　　　　　国外导线用液压耐张线夹

型号	绞线		螺丝		主要尺寸（mm）									质量（kg）
	密码字	直径（mm）	数量	尺寸	D	d	D_1	d_1	l	l_1	b	h	h_1	h_2	
NY-01	Pigeon	12.75	2	12	22	13.8	10	4.5	350	50	20	170	19.0	8.6	3.2
NY-02	Merlin	17.37	2	12	30	18.5	9	3.6	400	55	20	220	25.0	7.3	3.8
NY-03	Osprey	22.33	2	12	38	23.6	10	4.6	470	55	20	220	31.9	8.6	4.3
NY-04	Dove	23.55	2	12	38	24.8	18	9.0	500	55	20	250	31.9	15.5	5.2
NY-05	Drake	28.14	4	12	46	29.4	22	10.8	590	60	26	270	39.8	19.0	6.8
NY-06	Mallard	28.96	4	12	48	30.5	26	12.9	610	60	26	295	41.5	22.6	7.1
NY-07	Rail	29.59	4	12	48	31.0	16	7.8	600	60	26	280	41.5	13.9	7.0
NY-08	Cardinal	30.38	4	12	52	31.8	20	10.5	620	60	26	290	45.0	17.5	7.2
NY-09	Parrot	38.25	4	12	62	39.8	26	13.2	740	70	30	355	53.7	22.5	10.2
NY-10	Dog	14.15	2	12	24	15.5	10	5.0	350	50	20	175	20.8	8.6	3.8
NY-11	Tiger	16.52	2	12	28	17.6	14	7.4	410	55	20	205	24.2	12.1	4.0
NY-12	Wolf	18.13	2	12	30	19.4	16	8.1	430	55	20	220	24.2	13.8	4.2
NY-13	Lynx	19.53	2	12	32	21.0	18	8.7	440	55	20	240	26.7	15.5	4.3
NY-14	Lion	22.26	2	12	36	23.6	20	9.9	490	55	20	260	30.2	17.3	5.1
NY-15	Moose	31.77	4	12	52	33.3	22	11.0	620	60	26	285	45.0	19.0	5.8

表 11-4-41　　　　　　　　　　NY 型液压耐张线夹

型号	绞线		螺丝		主要尺寸（mm）									质量（kg）
	密码字	直径（mm）	数量	尺寸	D	d	D_1	d_1	l	l_1	b	h	h_1	h_2	
NY-240	LGJ-240/40	21.66	2	12	36	23.0	16	8.7	469	55	20	225	31.2	13.9	2.5
NY-300	LGJ-300/25	23.76	2	12	40	25.5	14	7.3	465	55	22	265	34.6	12.1	2.9
NY-400	LGJ-400/50	27.63	4	12	45	29.5	20	9.9	537	65	26	280	39.0	17.3	4.2
NY-500	LGJ-500/45	30.00	4	12	52	31.5	18	9.1	627	70	28	275	45.0	15.6	5.4
NY-630	LGJ-630/55	34.32	4	12	60	36.0	20	10.3	675	70	32	300	52.0	17.3	7.9
NY-800	LGJ-800/70	38.58	4	12	65	40.5	22	11.5	755	85	38	345	56.3	19.0	10.7

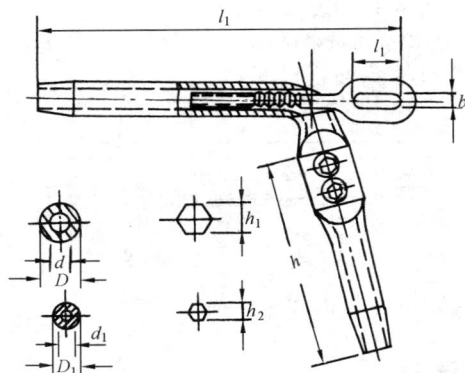

图 11-4-33　NY 型液压耐张线夹

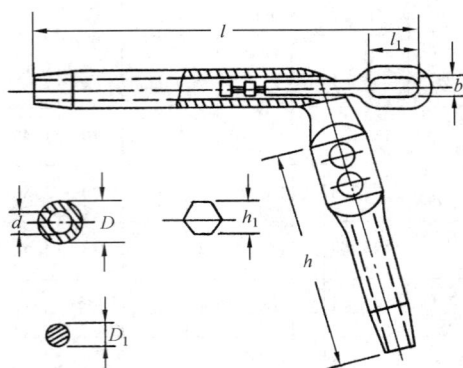

图 11-4-34　铝合金导线用液压耐张线夹

14. 铝合金导线用液压耐张线夹

见图 11-4-34 和表 11-4-42。

15. NY 型液压耐张线夹

见图 11-4-35 和表 11-4-43。

表 11-4-42　　　　　　　　　铝合金导线用液压耐张线夹

| 型　号 | 绞　线 | | 螺　丝 | | 主　要　尺　寸（mm） | | | | | | | | 质量 |
	导线型号	直径（mm）	数量	尺寸	D	d	D_1	l	l_1	b	h	h_1	（kg）
NY-95H	HL$_4$J-95	12.5	2	12	24	14.0	12	240	40	12	145	20.8	2.2
NY-120H	HL$_4$J-120	14.0	2	12	28	15.5	12	270	40	12	145	24.2	2.5
NY-150H	HL$_4$J-150	15.8	2	12	32	17.2	16	295	40	16	170	27.7	2.9
NY-185H	HL$_4$J-185	17.5	2	12	34	19.0	16	310	40	16	185	29.4	3.6
NY-240H	HL$_4$J-240	20.0	2	12	40	21.5	20	340	40	16	210	34.6	4.2
NY-300H	HL$_4$J-300	22.4	2	12	45	24.0	22	385	45	18	235	39.0	4.9
NY-400H	HL$_4$J-400	25.8	4	12	50	27.5	26	430	50	20	250	43.3	6.0
NY-500H	HL$_4$J-500	29.1	4	12	60	31.0	29	480	50	22	265	52.0	7.4
NY-600H	HL$_4$J-600	32.0	4	12	65	33.5	32	535	70	24	280	56.3	8.3

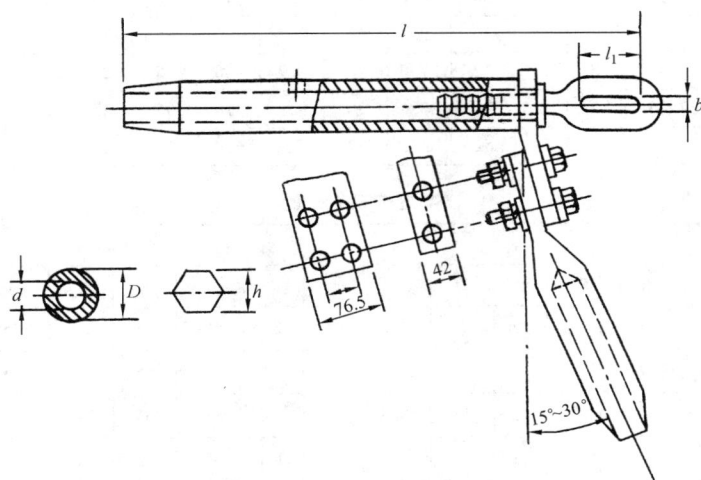

图 11-4-35　NY 型液压耐张线夹

表 11-4-43　　NY 型液压耐张线夹

型　号	导线直径（mm）	螺　丝		主　要　尺　寸(mm)						质量(kg)
		数量	尺寸	D	d	l	l_1	b	h	
NY-01H	13.0	2	12	28	14.5	356	60	22	24.2	3.6
NY-02H	16.0	2	12	32	17.5	408	60	22	27.7	3.9
NY-03H	19.6	4	12	40	21.2	500	70	25	34.6	5.9
NY-04H	21.8	4	12	45	23.4	535	70	25	39.0	6.2
NY-05H	28.8	4	12	62	30.4	640	75	28	53.7	8.1

16. NYG 型液压耐张线夹

见图 11-4-36 和表 11-4-44。

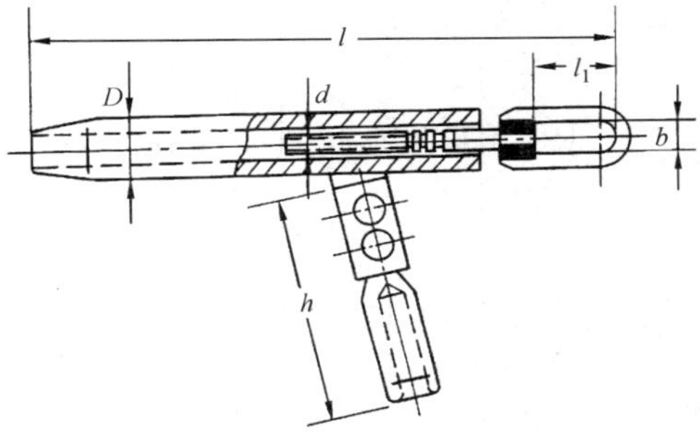

图 11-4-36　NYG 型液压耐张线夹

表 11-4-44　　NYG 型液压耐张线夹

型　号	导　　线		主要尺寸（mm）						质量(kg)
	导线型号	直径(mm)	l	l_1	b	D	d	h	
NYG-500	LGJ-500/65	30.96	660	70	30	52	22	245	6.7
NYG-630	LGJ-630/55	34.92	660	70	32	60	20	290	7.9
NYG-800	LGJ-800/70	38.58	740	85	38	65	22	335	10.7

17. NYG 和 NY 型液压耐张线夹（液压型，用于 GB 1179—83 钢芯铝绞线）○

见图 11-4-37 和表 11-4-45。

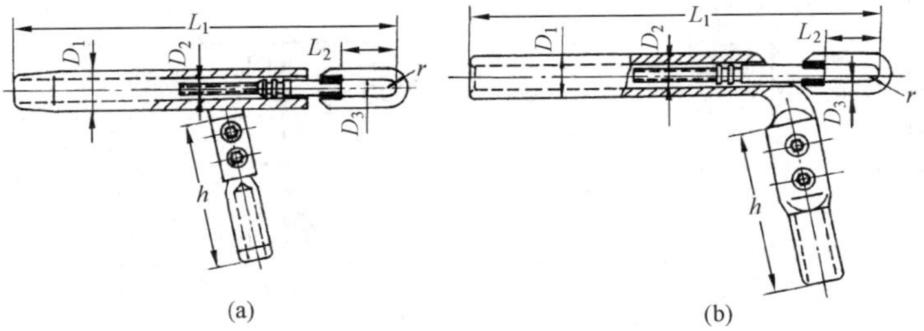

(a)　　　　(b)

图 11-4-37　NYG 和 NY 型液压耐张线夹

（a）图一；（b）图二

表 11-4-45　NYG 和 NY 型液压耐张线夹

型号	适用导线	主要尺寸(mm)							握力(kN)	质量(kg)
		D_1	D_2	D_3	L_1	L_2	r	h		
NYG-240/30	LGJ-240/30	36	16	18	500	55	10	240	72	2.91
NYG-240/40	LGJ-240/40	36	16	18	515	55	10	240	79	3.05
NYG-240/55	LGJ-240/55	36	10	18	535	55	11	250	97	3.22
NYG-300/15	LGJ-300/15	40	14	16	490	50	11	265	65	3.59
NYG-300/20	LGJ-300/20	40	14	18	510	55	11	265	72	3.58

续表

型号	适用导线	主要尺寸(mm)							握力(kN)	质量(kg)
		D_1	D_2	D_3	L_1	L_2	r	h		
NYG-300/25	LGJ-300/25	40	14	18	515	55	11	265	79	3.45
NYG-300/40	LGJ-300/40	40	16	18	535	55	11	265	88	3.52
NYG-300/50	LGJ-300/50	40	18	18	560	65	12	265	98	3.87
NYG-300/70	LGJ-300/70	42	20	20	600	70	12	265	122	4.48

续表

型号	适用导线	主要尺寸(mm)							握力(kN)	质量(kg)
		D_1	D_2	D_3	L_1	L_2	r	h		
NYG-400/20	LGJ-400/20	45	18	18	540	55	13	280	84	4.32
NYG-400/25	LGJ-400/25	45	18	18	550	55	13	280	91	4.32
NYG-400/35	LGJ-400/35	45	20	20	580	65	13	280	99	4.62
NYG-400/50	LGJ-400/50	45	20	20	590	65	13	280	117	4.70
NYG-400/65	LGJ-400/65	48	22	22	620	70	13	280	128	5.40
NYG-400/95	LGJ-400/95	48	26	26	670	80	15	280	163	7.03
NYG-500/35	LGJ-500/35	52	20	20	620	65	14	245	114	6.00
NYG-500/45	LGJ-500/45	52	20	20	625	70	14	245	122	5.49
NYG-500/65	LGJ-500/65	52	22	22	660	70	15	245	146	6.56
NYG-630/45	LGJ-630/45	60	22	22	660	70	16	290	141	7.67
NYG-630/55	LGJ-630/55	60	22	22	660	70	16	290	156	7.87
NYG-630/80	LGJ-630/80	60	26	26	715	80	17	290	188	9.05
NYG-800/55	LGJ-800/55	65	26	26	735	80	19	335	182	10.40
NYG-800/70	LGJ-800/70	65	26	26	740	85	19	335	197	10.62
NYG-800/100	LGJ-800/100	65	30	30	775	85	19	335	229	12.11
NY-400N	NAHLGJQ-400N	55	20	20	598	67	13	105	102	5.20

型号	适用导线	主要尺寸(mm)							握力(kN)	质量(kg)
		D_1	D_2	D_3	L_1	L_2	r	h		
NY-240/30	LGJ-240/30	36	16	18	455	55	10	225	72	2.5
NY-240/40	LGJ-240/40	36	16	18	469	55	10	225	79	2.5
NY-240/55	LGJ-240/55	36	20	18	481	55	11	225	97	2.7
NY-300/15	LGJ-300/15	40	14	16	441	50	11	265	65	2.6
NY-300/20	LGJ-300/20	40	14	18	465	55	11	265	72	2.8
NY-300/25	LGJ-300/25	40	14	18	465	55	11	265	79	2.9
NY-300/40	LGJ-300/40	40	16	18	487	55	11	265	88	3.1

续表

型号	适用导线	主要尺寸(mm)							握力(kN)	质量(kg)
		D_1	D_2	D_3	L_1	L_2	r	h		
NY-300/50	LGJ-300/50	40	18	18	510	65	12	265	98	3.1
NY-300/70	LGJ-300/70	42	22	20	545	70	12	265	122	3.9
NY-400/20	LGJ-400/20	45	14	18	486	55	13	280	84	3.6
NY-400/25	LGJ-400/25	45	14	18	496	55	13	280	91	3.7
NY-400/35	LGJ-400/35	45	16	20	524	65	13	280	99	4.0
NY-400/50	LGJ-400/50	45	20	20	537	65	13	280	117	4.2
NY-400/65	LGJ-400/65	48	22	22	538	70	13	280	128	5.4
NY-400/95	LGJ-400/95	48	26	26	631	80	14	280	163	6.6
NY-500/35	LGJ-500/35	52	16	20	617	65	14	275	114	5.3
NY-500/45	LGJ-500/45	52	18	20	627	70	14	275	122	5.4
NY-500/65	LGJ-500/65	52	22	22	657	70	15	275	146	6.2
NY-630/45	LGJ-630/45	60	18	22	675	70	16	300	141	7.7
NY-630/55	LGJ-630/55	60	20	22	675	70	16	300	156	7.9
NY-630/80	LGJ-630/80	60	24	26	730	80	17	300	183	9.1
NY-800/55	LGJ-800/55	65	20	26	750	80	19	345	182	10.5
NY-800/70	LGJ-800/70	65	22	26	755	85	19	345	197	10.6
NY-800/100	LGJ-800/100	65	26	30	765	85	19	345	229	12.1
NY-400N	NAHLGJQ-400N	55	24	20	598	67	13	105	102	5.2

注　线夹本体和跳线线夹为铝制件，其余为热镀锌钢制件。

18. NY 型压缩耐张线夹

见图 11-4-38 和表 11-4-46。

表 11-4-46　　NY 型压缩耐张线夹

型号	适用导线	主要尺寸 (mm)							握力(kN)	质量(kg)
		L_1	L_2	D_1	D_2	D_3	r	h		
NY-95/55	LGJ-95/55	406	50	34	22	18	11	210	74	2.1
NY-95/140	LGJ-95/140	605	80	45	30	24	15	245	163	4.9

注　线夹本体和跳线线夹为铝制件，其余为热镀锌钢制件。

19. NYZ 耐张线夹（液压型）

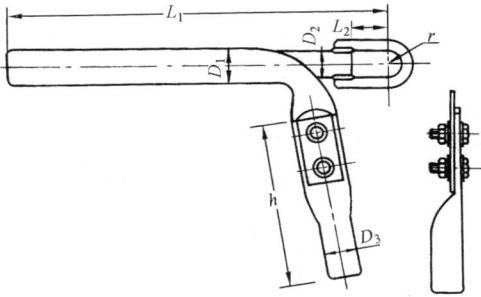

图 11-4-38　NY 型压缩耐张线夹

见图 11-4-39 和表 11-4-47。

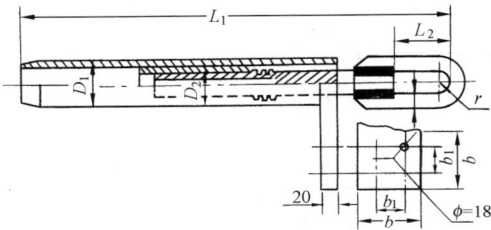

图 11-4-39　NYZ 型液压耐张线夹

表 11-4-47　　NYZ 型液压耐张线夹

型号	适用导线	主要尺寸（mm）								握力（kN）	质量（kg）
		D_1	D_2	D_3	b_1	b	r	L_1	L_2		
NYZ-600K	LGKK-600	76	—	20	60	120	15	510	70	107	7.3
NYZ-900K	LGKK-900	70	—	24	50	110	15	495	85	137	6.0
NYZ-1400	LGJQT-1400	76	30	24	60	120	20	640	70	294	7.3
NYZ-1440N	NAHLGJQ-1440	80	34	24	45（9孔）	150	20	731	100	313	11.6

注　本体为铝制件，其余为热镀锌钢制件。

20. 铝合金耐张线夹（螺栓型）

见图 11-4-40 和表 11-4-48。

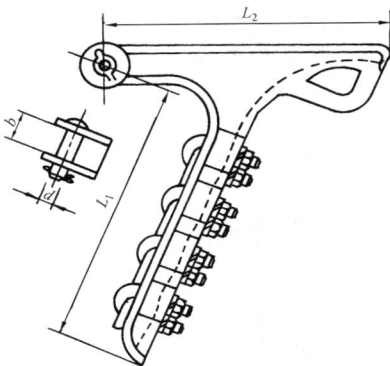

图 11-4-40　NLL 型螺栓耐张线夹

表 11-4-48　　NLL 型螺栓耐张线夹

型号	导线外径（mm）	主要尺寸（mm）				U型螺丝数量	破坏荷重（kN）	质量（kg）	备注
		d	b	L_1	L_2				
NLL-1	5.1～11.4	16	19	125	110	2	35 [40]	0.5	已列入 1997 年修订电力金具产品样本
NLL-2	8.9～18.5	16	24	175	186	2	67 [40]	1.8	
NLL-3	5.0～15.0	16	18	190	205	3	67 [70]	1.9	
NLL-4	12.1～21.8	16	30	300	285	4	102 [90]	4.1	
NLL-5	18.0～30.0	24	36	445	345	5	133 [120]	7.0	

注　本体和压板为铝合金制件，其余为热镀锌钢制件。

21. 钢芯铝合金绞线用耐张线夹（爆压型）○

见图 11-4-41 和表 11-4-49。

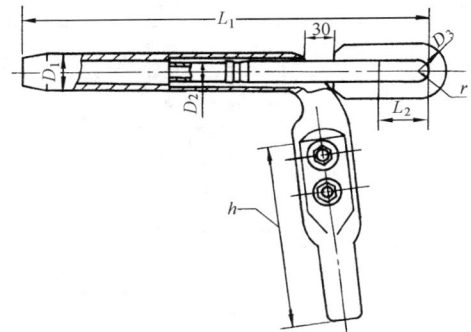

图 11-4-41　NB 型爆压耐张线夹

表 11-4-49　　NB 型爆压耐张线夹

型　号	适用导线	主要尺寸（mm）							质量（kg）
		D_1	D_2	D_3	h	r	L_1	L_2	
NB-95/18HG	HL_4GJ-95	28	16	16	205	8	380	50	1.3
NB-95-1/18HG	HL_4GJ-95-1	30	19	16	205	9.5	380	50	1.3
NB-120/22HG	HL_4GJ-120	30	18	16	215	9	405	50	1.4
NB-120-1/22HG	HL_4GJ-120-1	32	20	16	215	10	405	50	1.7
NB-150/27HG	HL_4GJ-150	34	18	16	240	9	420	50	1.8
NB-185/34HG	HL_4GJ-185	38	21	18	250	10.5	465	50	2.8
NB-240/43HG	HL_4GJ-240	45	22	20	260	11	525	60	3.7
NB-300/60HG	HL_4GJ-300	50	28	24	270	14	600	70	4.4
NB-400/72HG	HL_4GJ-400	55	30	24	270	15	650	75	5.7

注　本体和跳线线夹为铝制件，其余为热镀锌钢制件。

22. 钢芯铝合金绞线用耐张线夹（液压型）○
见图 11-4-42 和表 11-4-50。

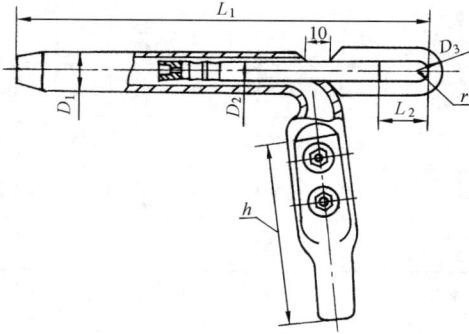

图 11-4-42　NY 型液压耐张线夹

表 11-4-50　　　　**NY 型液压耐张线夹**

型　　号	适用导线	主要尺寸（mm）							质量（kg）
		D_1	D_2	D_3	h	r	L_1	L_2	
NY-95HG	HL$_4$GJ-95 HL$_4$GJ-95-1	28	14	16	205	7	420	50	1.4
NY-120HG	HL$_4$GJ-120 HL$_4$GJ-120-1	30	15	16	215	7.5	445	50	1.5
NY-150HG	HL$_4$GJ-150	34	15	16	240	8	490	50	1.8
NY-185HG	HL$_4$GJ-185	38	18	18	250	9	535	50	2.7
NY-240HG	HL$_4$GJ-240	45	20	20	260	10	598	60	3.9
NY-300HG	HL$_4$GJ-300	50	24	24	270	12	662	70	5.5
NY-400HG	HL$_4$GJ-400	55	26	24	270	13	732	75	6.7

注　本体和跳线线夹为铝制件，其余为热镀锌钢制件。

四、连接金具

1. 球头挂环（Q 型、QP 型）GB 2323—85
见图 11-4-43 和表 11-4-51。

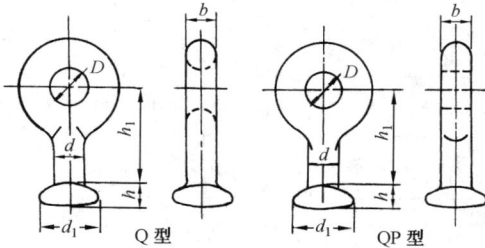

Q 型　　　　QP 型

图 11-4-43　Q、QP 型球头挂环

表 11-4-51　　　　**Q、QP 型球头挂环**

型　号	适用绝缘子型号	主要尺寸（mm）						破坏荷重不小于（kN）	质量（kg）
		d	D	b	d_1	h	h_1		
Q-7	XP-7, X-4.5	17	22	16	33.3	13.4	50	69 [70]	0.27 [0.3]
QP-7	X-4.5, XP-7	17	20	16	33.3	13.4	50	69 [70]	0.27
QP-10	XP-10	17	20	16	33.3	13.4	50	98 [100]	0.32
QP-16	XP-16	21	26	20	41.0	19.5	60	157 [160]	0.50
QP-20 [21]	XP-21	25	30	24	49.0	21.0	80	196 [210]	0.95
QP-30	XP-30	25	39	28	49.0	21.0	80	294 [300]	1.05

2. 球头挂环（QB 型）△
见图 11-4-44 和表 11-4-52。

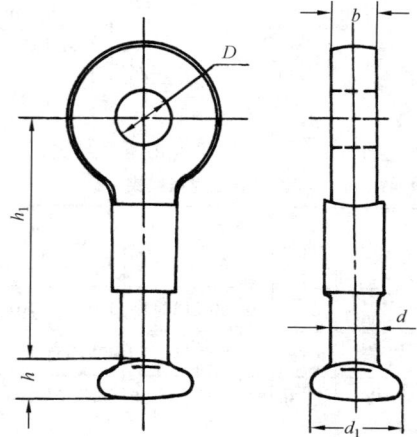

图 11-4-44　QB 型球头挂环

表 11-4-52　　　　**QB 型球头挂环**

型　号	主要尺寸（mm）						破坏荷重不小于（kN）	质量（kg）
	d_1	d	h	D	b	h_1		
QB-10	32	16	13	20	16	87	98	0.6

3. 球头挂环（QC 和 QH 型）□
见图 11-4-45 和表 11-4-53。

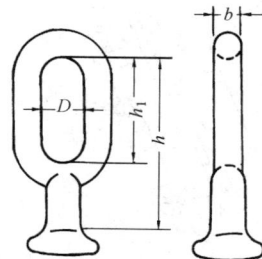

图 11-4-45　QC 和 QH 型球头挂环

表 11-4-53　QC 和 QH 型球头挂环

型　号	主要尺寸（mm）				球头尺寸	破坏荷重不小于（kN）	质量（kg）	备注
	D	h_1	h	b				
QC-7	20	50	82	16	IEC 16mm	70	0.27	QH 型适用绝缘子型号 XP-7，X-4.5
QC-10	34	70	106	18	IEC 16mm	100	0.57	
QC-12	29	51	90	16	IEC 16mm	120	0.68	
QC-20	25	64	106	20	IEC 20mm	200	0.80	
QH-7 [ ] △	24	81	100	16		70	0.84	

4. 球头挂环（QH 型）□

见图 11-4-46 和表 11-4-54。

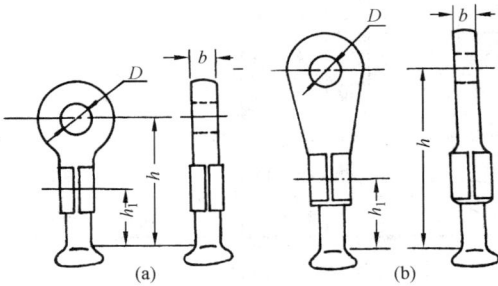

图 11-4-46　QH 型球头挂环
（a）图一；（b）图二

表 11-4-54　QH 型球头挂环

型　号	序号	主要尺寸（mm）				球头尺寸	破坏荷重不小于（kN）	质量（kg）
		D	h	h_1	b			
QH-10	1	16	87	41	16	IEC 16mm	100	0.60
QH-12	1	27	82	39	16	IEC 16mm	120	0.52
QH-16	2	20	146	56	16	IEC 20mm	160	0.85
QH-30	2	26	109	47	20	IEC 24mm	300	1.15

5. 球头挂环（QH 型）□

见图11-4-47 和表 11-4-55。

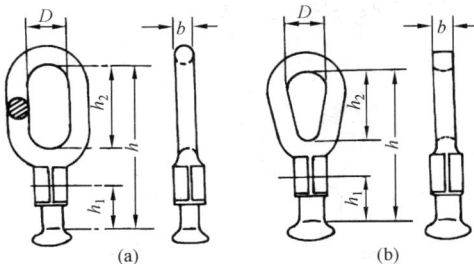

图 11-4-47　QH 型球头挂环
（a）图一；（b）图二

表 11-4-55　QH 型球头挂环

型　号	序号	主要尺寸（mm）				球头尺寸	破坏荷重不小于（kN）	质量（kg）
		D	h_2	h	h_1	b		
QH-7C	1	20	50	116	39	16	IEC 16mm	70	0.46
QH-13C	1	34	70	143	39	18	IEC 16mm	130	0.70
QH-16C	1	34	70	146	42	18	IEC 20mm	160	0.84
QH-22C	2	34	60	131	43	18	ANSI 52-8	220	0.87

6. 球头挂环（QH 型）□

见图 11-4-48 和表 11-4-56。

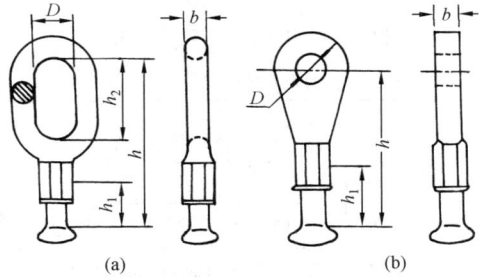

图 11-4-48　QH 型球头挂环
（a）图一；（b）图二

表 11-4-56　QH 型球头挂环

型　号	序号	主要尺寸（mm）				球头尺寸	破坏荷重不小于（kN）	质量（kg）
		D	h_2	h	h_1	b		
QH-12C	1	25	50	120	38	16	IEC 16mm	120	0.56
QH-13.5	2	20	—	100	38	16	IEC 16mm	135	0.50
QH-15	2	20	—	98	35	16	IEC 20mm	150	0.65

7. 球头挂环（QH 型）□

见图 11-4-49 和表 11-4-57。

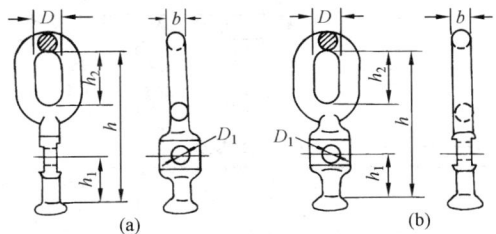

图 11-4-49　QH 型球头挂环
（a）图一；（b）图二

表 11-4-57　QH 型球头挂环

型　号	序号	主要尺寸（mm）					球头尺寸	破坏荷重不小于（kN）	质量（kg）
		D	h_2	h	h_1	b	D_1			
QH-12CA	1	25	51	140	42	16	14.5	IEC 16mm	120	0.67
QH-12CB	2	25	51	140	42	16	14.5	IEC 16mm	120	0.67

8. 球头挂板（QB 型）□

见图 11-4-50 和表 11-4-58。

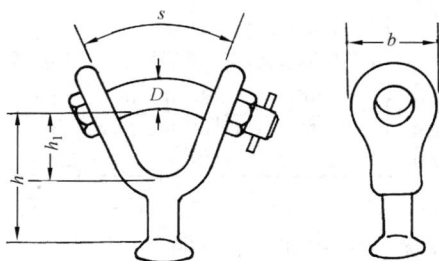

图 11-4-50　QB 型球头挂板

表 11-4-58　QB 型球头挂板

型　　号	主要尺寸（mm）					球头尺寸	破坏荷重不小于（kN）	质量（kg）
	h_1	b	s	D	h			
QB-7Y	38	40	45°	16	75	IEC 16mm	70	0.55
QB-10Y	40	42	45°	18	75	IEC 16mm	100	0.78
QB-12Y	40	44	45°	18	82	IEC 16mm	120	0.80

9. 球头挂板（QB 型）□

见图 11-4-51 和表 11-4-59。

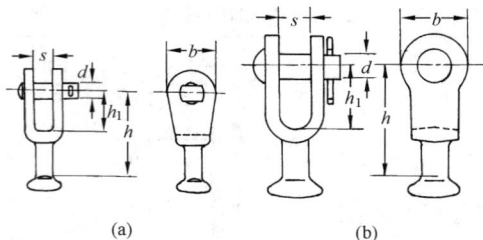

图 11-4-51　QB 型球头挂板

（a）图一；（b）图二

表 11-4-59　QB 型球头挂板

型　号	序号	主要尺寸（mm）					球头尺寸	破坏荷重不小于（kN）	质量（kg）
		h_1	b	s	d	h			
QB-4	（a）	25	34	13	12	48	IEC 11mm	40	0.38
QB-7	（a）	28	40	12	16	56	IEC 16mm	70	0.47
QB-10	（a）	34	42	20	16	68	IEC 16mm	100	0.58
QB-12	（b）	34	42	18	16	68	IEC 16mm	120	0.62
QB-16	（b）	41	42	22	18	78	IEC 20mm	160	0.88

10. 球头挂板（QB 型）□

见图 11-4-52 和表 11-4-60。

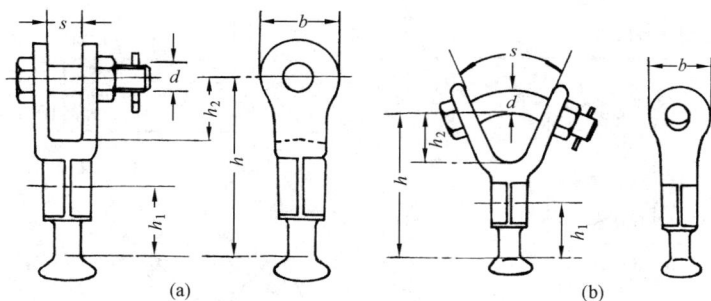

图11-4-52　QB 型球头挂板

（a）图一；（b）图二

表 11-4-60　QB 型球头挂板

型　　号	序号	主要尺寸（mm）						球头尺寸	破坏荷重不小于（kN）	质量（kg）
		h_2	b	s	d	h	h_1			
QB-12H	1	37	40	20	16	107	42	IEC 16mm	120	0.72
QB-20H	1	41	48	24	22	112	43	IEC 20mm	200	1.30
QB-10YH	2	37	42	45°	18	112	42	IEC 16mm	100	0.98

11. 球头挂板（QBD 型）□

见图 11-4-53 和表 11-4-61。

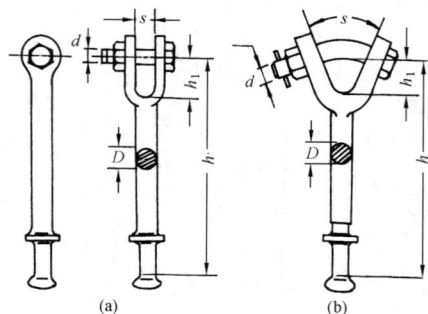

图 11-4-53　QBD 型球头挂板

（a）QBD-12，QBD-16，QBD-22；（b）QBD-12Y，QBD-16Y

表 11-4-61 QBD 型球头挂板

型 号	主要尺寸（mm）					球头尺寸	破坏荷重不小于（kN）	质量（kg）
	h_1	s	d	h	D			
QBD-12	38	18	16	242	22	IEC 16mm	136	1.25
QBD-16	38	22	18	242	24	IEC 20mm	165	1.48
QBD-22	44	32	24	275	24	IEC 24mm	228	1.70
QBD-12Y	38	45°	20	252	22	IEC 16mm	136	1.61
QBD-16Y	38	45°	22	291	24	IEC 20mm	182	1.84

12. 球头挂钩（QG 型）□
见图 11-4-54 和表 11-4-62。

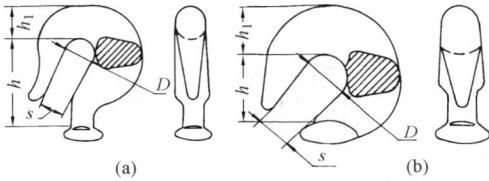

图 11-4-54 QG 型球头挂钩
（a）QG-12B；（b）QG-7A，QG-12A

表 11-4-62 QG 型球头挂钩

型 号	主要尺寸（mm）				球头尺寸	破坏荷重不小于（kN）	质量（kg）
	h_1	s	D	h			
QG-7A	26	21	24	44	IEC 16mm	70	0.60
QG-12A	32	21	24	46	IEC 16mm	120	0.78
QG-12B	32	21	24	70	IEC 16mm	120	0.85

13. 碗头挂板（W 型）GB 2324—85
见图 11-4-55 和表 11-4-63。

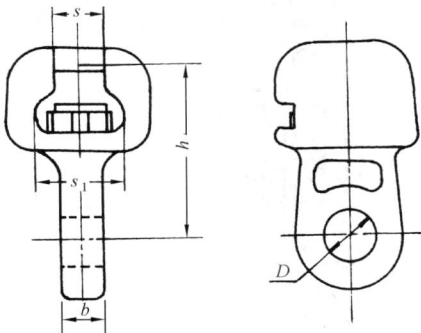

图 11-4-55 W 型碗头挂板

表 11-4-63 W 型碗头挂板

型 号	适用绝缘子型号	主要尺寸（mm）					破坏荷重不小于（kN）	质量（kg）
		b	s	s_1	h	D		
W-7A	XP-7，X-4.5	16	19.2	34.5	70	20	66.0 [70]	0.8 [0.82]
W-7B	XP-7，X-4.5	16	19.2	34.5	115	20	66.0 [70]	0.92 [1.01]
W_1-10※	XP-10	18	20.0	35.0	85	20	98.0	0.90

14. 碗头挂板（WS 型）GB 2324—85
见图 11-4-56 和表 11-4-64。

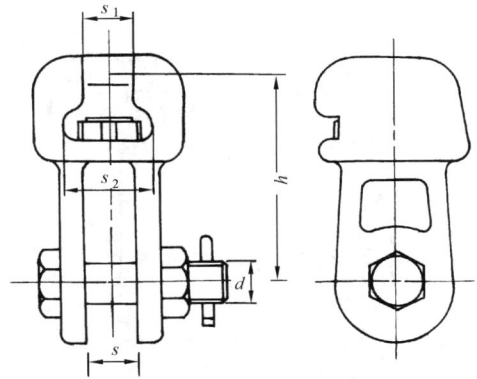

图 11-4-56 WS 型碗头挂板

表 11-4-64 WS 型碗头挂板

型 号	适用绝缘子型号	主要尺寸（mm）					破坏荷重不小于（kN）	质量（kg）
		s	s_1	s_2	d	h		
WS-7	XP-7，X-4.5	18	19.2	34.5	16	70	69 [70]	0.97
WS-10	XP-10	20	19.2	34.5	18	85	98 [100]	1.70 [1.20]
WS-16	XP-16	26	23.0	42.5	24	95	157 [160]	2.64
WS-20 [21R]	XP-16 [XP-21]	30	27.5	51.0	27	100	196 [210]	4.30
WS-30 [30R]	XP-30 [XP-30]	36	27.5	51.0	36	110	294 [300]	5.70

15. 碗头挂板（W 型）□
见图 11-4-57 和表 11-4-65。

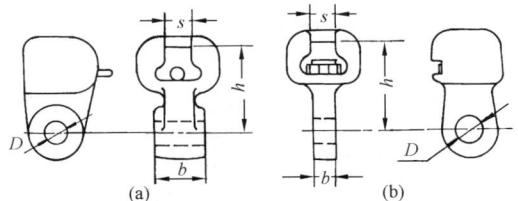

图 11-4-57 W 型碗头挂板
（a）图一；（b）图二

表 11-4-65　　　W 型碗头挂板

型　号	序号	主要尺寸（mm）				碗头尺寸	破坏荷重不小于（kN）	质量（kg）
		b	s	h	D			
W-7A	(a)	16	19.2	70	20	IEC 16mmB	70	0.80
W-7B	(a)	16	19.2	115	20	IEC 16mmB	70	0.92
W1-10	(a)	18	23.0	85	20	IEC 20mm	100	0.90
W-12A	(b)	38	19.2	65	20	IEC 16mmA	120	0.85
W-12B	(b)	54	19.2	65	20	IEC 16mmA	120	0.90
W-12C	(b)	61	19.2	65	20	IEC 16mmA	120	0.94

16. 碗头挂板（WH 型）□

见图 11-4-58 和表 11-4-66。

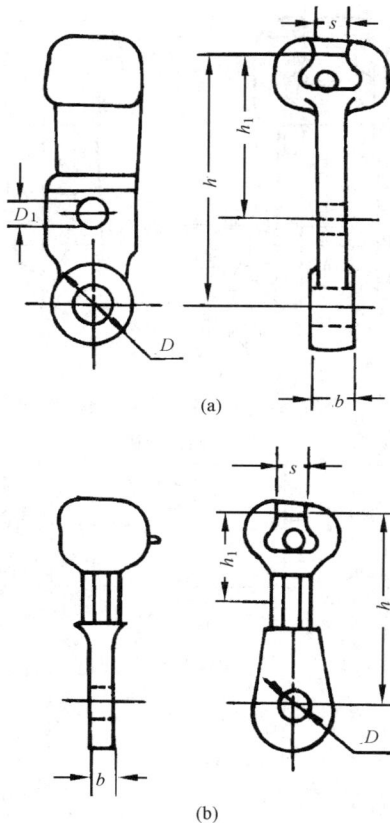

图11-4-58　WH 型碗头挂板

（a）图一；（b）图二

表 11-4-66　　　WH 型碗头挂板

型　号	序号	主要尺寸（mm）						碗头尺寸	破坏荷重不小于（kN）	质量（kg）
		b	s	D	D_1	h	h_1			
WH-7A	(a)	16	19.2	18	14	145	94	IEC 16mmA	70	1.10
WH-12A	(a)	20	19.2	18	14	150	100	IEC 16mmA	120	1.20
WH-7B	(b)	16	19.2	20	—	125	55	IEC 16mmA	70	1.05
WH-12B	(b)	16	19.2	20	—	160	90	IEC 16mmA	120	1.15
WH-16B	(b)	16	23.0	20	—	140	68	IEC 16mmA	160	1.40

17. 碗头挂板（WSH 型）□

见图 11-4-59 和表 11-4-67。

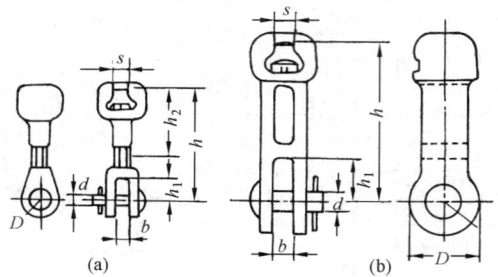

图 11-4-59　WSH 型碗头挂板

（a）图一；（b）图二

表 11-4-67　　　WSH 型碗头挂板

型　号	序号	主要尺寸（mm）						碗头尺寸	破坏荷重不小于（kN）	质量（kg）
		b	s	h	d	h_2（D）	h_1			
WSH-12A	(a)	20	19.2	163	16	95	36	IEC 16mmA	120	1.50
WSH-7B	(b)	19	19.2	114	16	(38)	32	IEC 16mmA	70	1.20
WSH-12B	(b)	21	19.2	114	16	(51)	49	IEC 16mmA	120	1.34

18. 碗头挂板（WS 型）□

见图 11-4-60 和表 11-4-68。

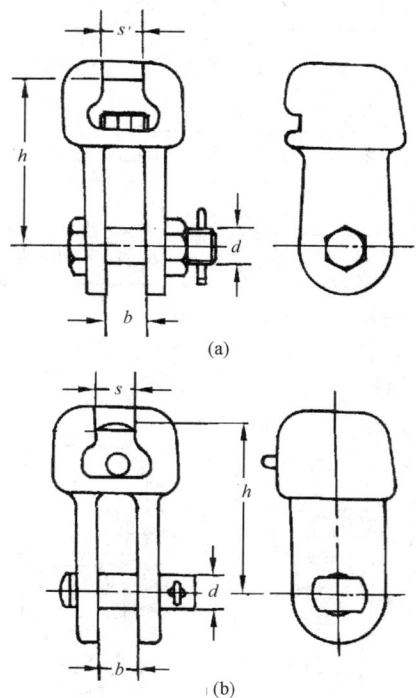

图 11-4-60　WS 型碗头挂板

（a）图一；（b）图二

表 11-4-68　　　　WS 型碗头挂板

型　号	序号	主要尺寸（mm）				碗头尺寸	破坏荷重不小于（kN）	质量（kg）
		b	s	h	d			
WS-7	(a)	18	19.2	70	16	IEC 16mmB	70	1.00
WS-10	(a)	20	19.2	85	18	IEC 16mmB	100	1.20
WS-12	(a)	24	23.0	90	22	IEC 20mm	120	1.92
WS-16	(a)	26	23.0	95	24	IEC 20mm	160	2.64
WS-20	(a)	30	27.5	100	27	IEC 24mm	200	4.30
WS-30	(a)	36	27.5	110	36	IEC 24mm	300	5.70
WS-7X	(b)	18	19.2	70	16	IEC 16mmA	70	0.90
WS-12X	(b)	20	19.2	80	16	IEC 16mmA	120	0.95

19. 碗头挂板（WS 型和 WSH 型）□

见图 11-4-61 和表 11-4-69。

表 11-4-69　　　WS 和 WSH 型碗头挂板

型　号	序号	主要尺寸（mm）						碗头尺寸	破坏荷重不小于（kN）	质量（kg）
		b	s	h	d	h_2	h_1			
WS-12Y	(a)	45°	19.2	57	20	38	—	IEC 16mmA	120	1.10
WS-16Y	(a)	45°	23.0	59	22	38	—	IEC 20mm	160	1.20
WSH-16	(b)	22	23.0	135	22	67	41	IEC 20mm	160	1.78
WSH-20	(b)	22	27.5	188	22	113	46	IEC 20mm	200	2.50

20. 碗头挂板（WSD 型）□

见图 11-4-62 和表 11-4-70。

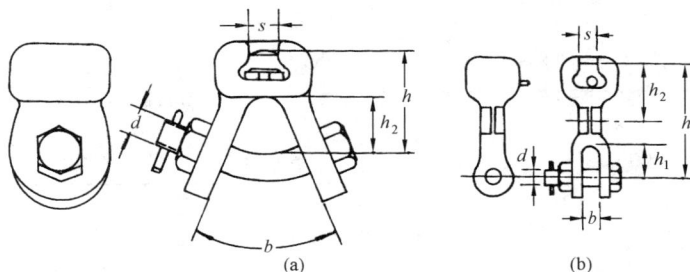

图 11-4-61　WS 和 WSH 型碗头挂板
（a）图一；（b）图二

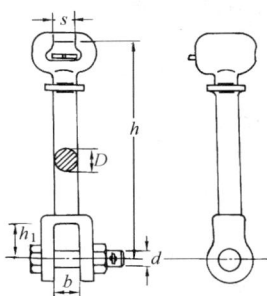

图 11-4-62　WSD 型碗头挂板

21. 碗头挂板（WH 型）□

见图 11-4-63 和表 11-4-71。

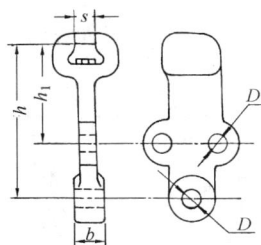

图 11-4-63　WH 型碗头挂板

表 11-4-70　　　WSD 型碗头挂板

型　号	主要尺寸（mm）						碗头尺寸	破坏荷重不小于（kN）	质量（kg）
	b	s	h	d	D	h_1			
WSD-12	22	19.2	206	16	22	35	IEC 16mmA	136	1.80
WSD-20	32	23.0	264	22	25	38	IEC 20mm	220	2.20

表 11-4-71　　　WH 型碗头挂板

型　号	主要尺寸（mm）						碗头尺寸	破坏荷重不小于（kN）	质量（kg）
	b	s	D	D_1	h	h_1			
WH-12Z	29	19.2	18	14	129	78	IEC 16mmA	120	1.80

22. 碗头球头（WQ 型）□

见图 11-4-64 和表 11-4-72。

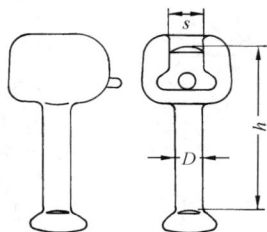

图 11-4-64　WQ 型碗头球头

表 11-4-72　WQ 型碗头球头

型　　号	主要尺寸（mm）			球头尺寸	碗头尺寸	破坏荷重不小于（kN）	质量（kg）
	s	D	h				
WQ-7	19.2	17	65	IEC 16mm	IEC 16mmA	70	0.78
WQ-16	23.0	21	75	IEC 20mm	IEC 20mm	160	0.94

23. U 型挂环　GB 2325—85

见图 11-4-65 和表 11-4-73。

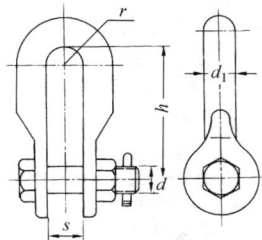

图 11-4-65　U 型挂环

表 11-4-73　U 型挂环

型　号	主要尺寸（mm）					破坏荷重不小于（kN）	质量（kg）
	s	d	d_1	h	r		
U-7	20	16	16	60[80]	10	69[70]	0.44[0.5]
U-10	22	18	18	70[85]	11	98[100]	0.54[0.6]
U-12	24	22	20	80[90]	12	118[120]	0.95[1.0]
U-16	26	24	22	90[95]	13	157[160]	1.47
U-20[21]	30	27	24	100	15	196[210]	2.20[2.30]
U-25	34	30	26	110	17	245[250]	2.79[2.80]
U-30	38	36	30	130	19	294[300]	3.70
U-50	44	42	36	150	22	490[500]	6.99[7.00]
U_1-6※	20	16	16	80	10	69	0.50

续表

型　号	主要尺寸（mm）					破坏荷重不小于（kN）	质量（kg）
	s	d	d_1	h	r		
U_1-9※	22	18	18	85	11	98	0.60
U_1-12※	21	22	20	90	12	118	1.00
U_1-20※[21]	30	27	24	115	15	196	2.30

24. U 型挂环（UX 型、U 型）□

见图 11-4-66 和表 11-4-74。

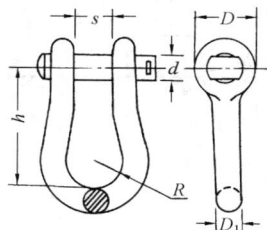

图 11-4-66　UX 型、U 型挂环

表 11-4-74　UX 型 U 型挂环

型　号	主要尺寸（mm）						破坏荷重不小于（kN）	质量（kg）
	S	D_1	D	h	d	R		
UX-7	19	16	38	76	16	11	70	0.65
UX-12	22	18	40	72	18	18	120	0.72
UX-16	26	20	44	89	20	19	160	0.98
UX-22	26	22	51	89	22	19	220	1.45

25. U 型挂环（UN 型、U 型）□

见图 11-4-67 和表 11-4-75。

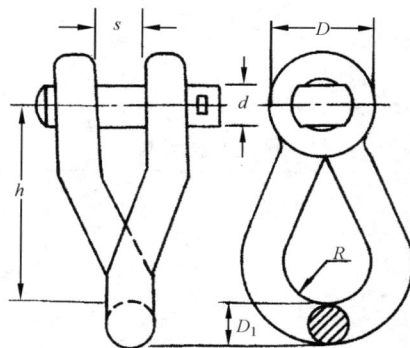

图 11-4-67　UN 型、U 型挂环

表 11-4-75　　　　UN 型 U 型挂环

型 号	主要尺寸 (mm)						破坏荷重不小于 (kN)	质量 (kg)
	S	D_1	D	h	d	R		
UN-12	19	16	38	76	16	16	120	0.70
UN-16	22	19	44	102	20	19	160	1.05

26. V 型挂环（VH 型 V 型）□

见图11-4-68和表11-4-76。

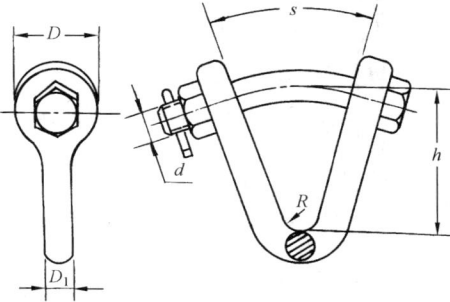

图 11-4-68　　VH 型 V 型挂环

表 11-4-76　　　　VH 型 V 型挂环

型 号	主要尺寸 (mm)						破坏荷重不小于 (kN)	质量 (kg)
	S	D_1	D	h	d	R		
VH-12	35°	18	44	90	20	13	120	0.98
VH-16	35°	20	48	90	22	13	160	1.10
VH-22	35°	22	54	100	24	19	220	1.45

27. 挂环（延长环）GB 2326.1—85

见图11-4-69和表11-4-77。

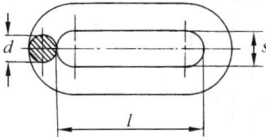

图 11-4-69　　PH 和 YH 型延长环

表 11-4-77　　　　PH 和 YH 型延长环

型 号	主要尺寸 (mm)			破坏荷重不小于 (kN)	质量 (kg)
	S	d	l		
PH-7	20	16	80	69[70]	0.34[0.37]
PH-10	22	18	100	93[100]	0.49[0.61]
PH-12	24	20	120	118[120]	0.73[0.88]
PH-16	26	22	140	157[160]	0.97[1.20]
PH-20[21]	30	24	160	196[210]	1.27[1.62]
PH-25	34	26	160	245[250]	1.62[1.97]
PH-30	38	30	180	294[300]	2.59[2.95]
YH-12N□	22	16	76	120	0.40
YH-22N□	26	19	89	220	1.50

28. 挂环（直角环）GB 2326.1—85

见图11-4-70和表11-4-78。

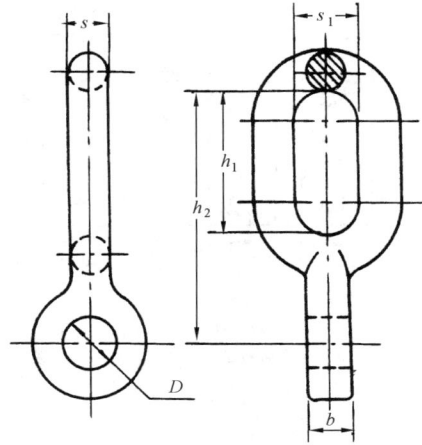

图11-4-70　　ZH 型直角环

表 11-4-78　　　　ZH 型直角环

型号	适用绝缘子型号	主要尺寸 (mm)						破坏荷重不小于 (kN)	质量 (kg)
		s_1	b	h_1	h_2	s	D		
ZH-7	X-4.5C	24	16	57	95[100]	16	20	69[70]	0.85[0.55]

29. 拉杆（YL 型）GB 2326.2—85

见图11-4-71和表11-4-79。

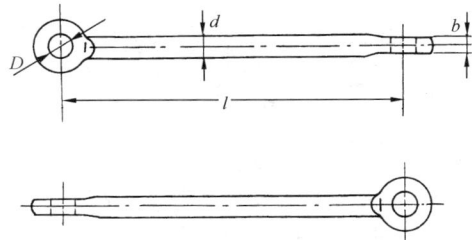

图11-4-71　　YL 型拉杆

表 11-4-79　　　　YL 型拉杆

型 号	主要尺寸 (mm)				破坏荷重不小于 (kN)	质量 (kg)
	d	D	b	l		
YL-1040	20[18]	18[20]	16	400	98[100]	0.88[1.10]
YL-1243	24[22]	22[24]	18[16]	430	118[120]	1.30[1.80]
YL-1643[ ]△	22	26	18	430	160	1.80
YL-2543[ ]△	30	33	22	430	250	3.36
YL-3043[ ]△	32	39	24	430	300	4.38

30. 挂板(Z 型)GB 2327—85

见图 11-4-72 和表 11-4-80。

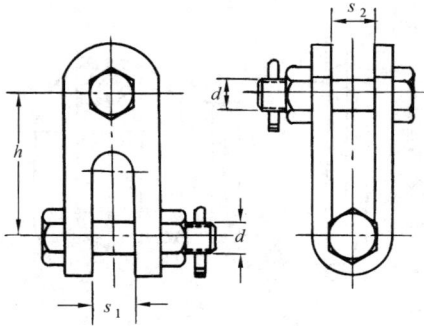

图 11-4-72   Z 型挂板

表 11-4-80   Z 型 挂 板

型 号	主要尺寸 (mm)				破坏荷重 不小于 (kN)	质量 (kg)
	s_1	s_2	d	h		
Z-7	18	18	16	60[80]	69[70]	0.56[0.64]
Z-10	20	20	18	70[80]	98[100]	0.87[0.83]
Z-12	24	24	22	80[100]	118[120]	1.16[1.32]
Z-16	26	26	24	90[100]	157[160]	2.38[2.48]
Z-21[ ]△	30	30	27	120	210	3.64
Z-25[ ]△	33	33	30	120	250	4.36

31. 挂板(ZS 型)GB 2327—85

见图 11-4-73 和表 11-4-81。

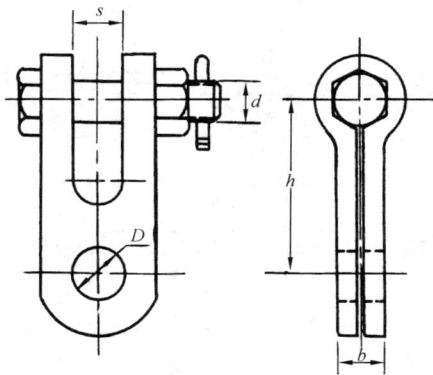

图 11-4-73   ZS 型挂板

表 11-4-81   ZS 型 挂 板

型 号	主要尺寸 (mm)					破坏荷重 不小于 (kN)	质量 (kg)
	s	b	d	D	h		
ZS-7	18	16	16	20	60[80]	69[70]	0.58
ZS-10	20	18	18	20	70[80]	98[100]	0.90
Z_3-665△[ZS-665]△	20	22	16	20	65	69[70]	0.65

32. 挂板（PS 型）GB 2327—85

见图 11-4-74 和表 11-4-82。

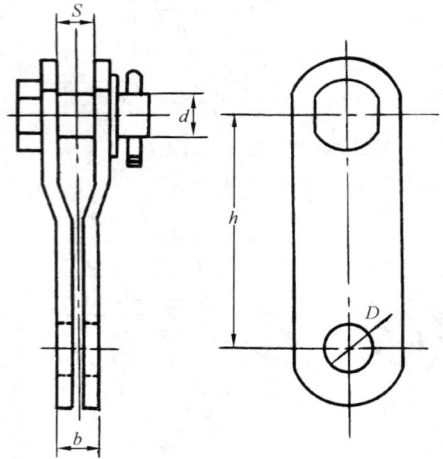

图 11-4-74   PS 型挂板

表 11-4-82   PS 型 挂 板

型号	适用范围	主要尺寸 (mm)					破坏 荷重 不小于 (kN)	质量 (kg)
		s	b	d	h	D		
PS-7	X-4.5C	18	16	16	90	20	69 [70]	0.53

注   方括号内数据为六角头带孔螺栓数据。

33. 挂板（P 型）GB 2327—85

见图 11-4-75 和表 11-4-83。

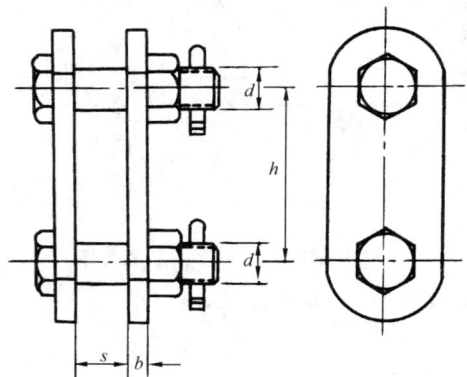

图 11-4-75   P 型挂板

表 11-4-83   P 型 挂 板

型号	适用 范围	主要尺寸 (mm)				破坏 荷重 不小于 (kN)	质量 (kg)
		b	s	d	h		
P-7	XP-7, X-4.5	6	18	16	60[70]	69[70]	0.60
P-10	XP-10	8	20	18	70[80]	98[100]	0.85

续表

型号	适用范围	b	s	d	h	破坏荷重不小于（kN）	质量（kg）
P-12	XP-12	10	24	22	80［90］［120］	118	1.52
P-16	XP-16	12	26	24	90［100］	157［160］	2.42
P-20［P-21］	XP-20, XP-21	14	30	27	120	196［210］	4.09
P-30	XP-30	16	38	36	120	294［300］	4.74
P-2018［2118］	XP-21	14	30	27	180	196［210］	5.1［4.49］
P-2024［2124］	XP-21	14	30	27	240	196［210］	6.0［5.00］
P-2030［2130］	XP-21	14	30	27	300	196［210］	6.9［5.47］
P-2036［2136］	XP-21	14	30	27	360	196［210］	7.8［6.92］
P-2042［2142］	XP-21	14	30	27	420	196［210］	8.7［6.38］
P-2048［2148］	XP-21	14	30	27	480	196［210］	9.7［6.84］
P-2054［2154］	XP-21	14	30	27	540	196［210］	10.6［7.3］
P-3018	XP-30	16	38	36	180	294［300］	6.1［5.34］
P-3024	XP-30	16	38	36	240	294［300］	7.3［5.94］
P-3030	XP-30	16	38	36	300	294［300］	8.4［6.54］
P-3036	XP-30	16	38	36	360	294［300］	9.1［7.14］
P-3042	XP-30	16	38	36	420	294［300］	10.9［7.74］
P-3048	XP-30	16	38	36	480	294［300］	12.1［8.34］
P-3054	XP-30	16	38	36	540	294［300］	13.8［8.94］
P-50［］△		18	44	42	200	500	5.55
P-5026［］△		18	44	42	260	500	9.03
P-5032［］△		18	44	42	320	500	10.72
P-5038［］△		18	44	42	380	500	12.40
P-5044［］△		18	44	42	440	500	14.09
P-5050［］△		18	44	42	500	500	15.77
P-5056［］△		18	44	42	560	500	17.46
P-5062［］△		18	44	42	620	500	19.14

34. 挂板（UB 型）GB 2327—85

见图 11-4-76 和表 11-4-84。

表 11-4-84　　UB 型 挂 板

型号	简图	s_1	d_1	d	h	s	破坏荷重不小于（kN）	质量（kg）
UB-7	（a）	18	16	16	70	45	69［70］	0.75
UB-10	（a）	20	18	18	80	45	98［100］	1.08
UB-12	（a）	24	22	22	100	60	118［120］	2.82

续表

型号	简图	s_1	d_1	d	h	s	破坏荷重不小于（kN）	质量（kg）
UB-16	（a）	26	24	24	100	60	157［160］	2.89［2.90］
UB-21［］△	（a）	30	27	27	120	70	210	3.81
UB-30［］△	（a）	39	36	36	150	70	300	5.00
UB-12T［］	（b）	24	22	22	100	45	120	2.50
UB-16T［］△	（b）	26	24	24	100	45	160	2.00
UB-21T［］△	（b）	30	27	27	120	60	210	2.12
UB-30T［］△	（b）	39	36	36	150	60	300	4.12

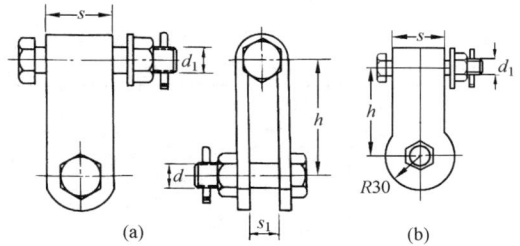

（a）　　　　　　　　　　　（b）

图 11-4-76　UB 型挂板

（a）图一；（b）图二

35. 挂板（PG 型）□

见图 11-4-77 和表 11-4-85。

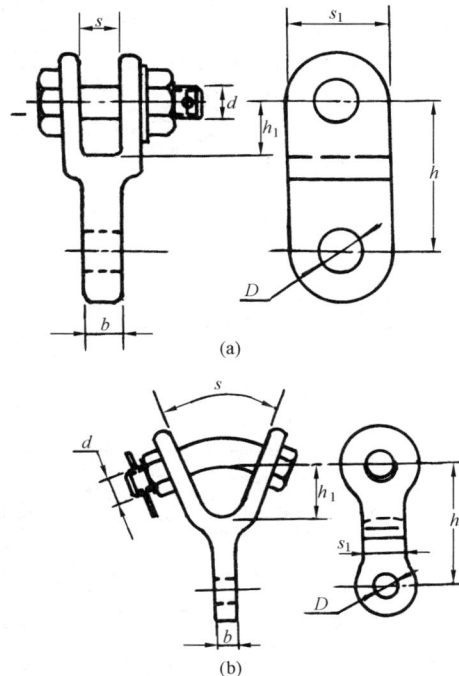

（a）

（b）

图 11-4-77　PG 型挂板

（a）图一；（b）图二

表 11-4-85　　　PG 型挂板

型号	序号	主要尺寸（mm）							破坏荷重不小于（kN）	质量（kg）
		s_1	h_1	s	D	b	h	d		
PG-7A	(a)	44	25	19	18	16	65	16	70	0.80
PG-7B	(a)	44	25	19	22	20	70	16	70	0.91
PG-12Y	(b)	44	30	45°	18	16	92	20	120	1.31
PG-16Y	(b)	44	30	45°	21	20	90	20	160	1.40

36. 夹板（QB 型）□

见图 11-4-78 和表 11-4-86。

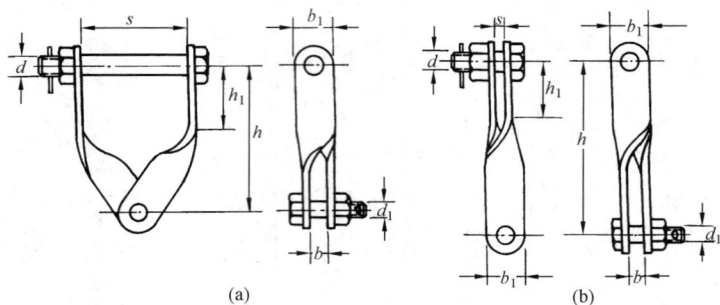

图 11-4-78　　QB 型夹板

（a）图一；（b）图二

表 11-4-86　　　QB 型夹板

型号	序号	主要尺寸（mm）							破坏荷重不小于（kN）	质量（kg）
		b	s	d	d_1	h	h_1	b_1		
QB-7A	(a)	20	105	16	16	150	50	40	70	1.42
QB-7B	(b)	16	13	16	16	165	51	40	70	1.25

37. U 型螺丝 GB 2329—85

见图 11-4-79 和表 11-4-87 ~ 表 11-4-89。

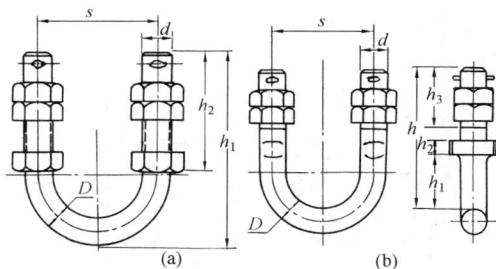

图 11-4-79　　U 型螺丝

（a）U 型；（b）UJ 型

表 11-4-87　　　U 型螺丝

型号	主要尺寸（mm）					质量（kg）
	s	d	D	h_2	h_1	
U-1240□	40	12	12	80	45	0.23
U-1440□	40	14	14	90	60	0.34
U-1470□	70	14	14	120	70	0.40
U-1670□	70	16	16	130	65	0.60
U-1870□	70	18	18	130	80	0.80
U-1880	80	18	18	108	60	0.83
U-1890□	90	18	18	115	60	0.80
U-2070□	70	20	20	155	90	1.10

续表

型号	主要尺寸（mm）					质量（kg）
	s	d	D	h_2	h_1	
U-2080	80	20	20	120	70	1.08
U-2090□	90	20	20	155	90	1.18
U-2280	80	22	22	140	90	1.30
U-2290□	90	22	22	160	100	1.35
U-2480□	80	24	24	160	100	1.68
U-2490□	90	24	24	165	100	1.70

表 11-4-88　　UJ 型 U 型螺丝

型号	主要尺寸（mm）						质量（kg）
	D	s	h_2	h_3	h_1	h	d	
UJ-1880	18	80	6	50	39	105	18	0.85
UJ-2080	20	80	7 [6]	60	43	120	20	1.10
UJ-2280	22	80	8 [6]	65	45	127	22	1.40

表 11-4-89　　U、UJ 型 U 型螺丝荷重

荷重（kN）／型号	垂直荷重	纵向荷重	横向荷重
U-1880	35	18	3.5
UJ-1880 []	35	18	5.3
U-2080	47	24	4.9
UJ-2080 []	47	24	7.4
U-2280	57	28	6.5
UJ-2280 []	57	28	10.8

38. 调整板（DB 型）GB 2330.1—85

见图 11-4-80 和表 11-4-90。

39. 调整板（PT 型）GB 2330.1—85

见图 11-4-81 和表 11-4-91。

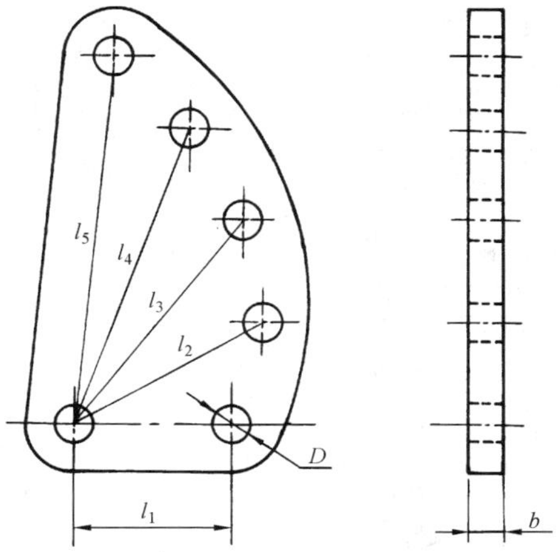

图 11-4-80 DB 型调整板

表 11-4-90 DB 型 调 整 板

型号	主要尺寸 (mm)							破坏荷重不小于(kN)	质量(kg)
	D	l_1	l_2	l_3	l_4	l_5	b		
DB-7	18	70	95	120	145	170	16	69[70]	1.7
DB-10	20	80	110	140	170	200	16	98[100]	2.7
DB-12	24	100	135	170	205	240	20[16]	118[120]	3.2[4.0]
DB-16	26	110	125	140	155	170	22[18]	157[160]	4.1
DB-20[21]	30	120	135	150	165	180	26	196[210]	7.4
DB-30	39	120	140	160	180	200	32	294[300]	12.5
DB-25[ ]△	33	120	135	150	165	180	30	250	11.0
DB-50[ ]△	45	140	185	230	275	320	38	500	29.0

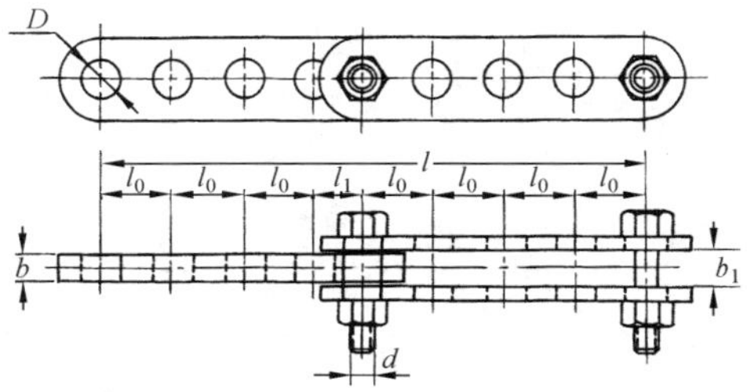

图 11-4-81 PT 型调整板

表 11-4-91 PT 型 调 整 板

型号	主要尺寸 (mm)							破坏荷重不小于(kN)	质量(kg)
	l_0	l_1	d	D	b	b_1	可调尺寸		
PT-7	45	30	16	18	16	18	225~345	69[70]	2.0[2.18]
PT-10	50	40	18	20	16	20	250~390	98[100]	2.9[3.12]

续表

型号	主要尺寸 (mm)							破坏荷重不小于(kN)	质量(kg)
	l_0	l_1	d	D	b	b_1	可调尺寸		
PT-12	60	45	22	24	16	24	300~465	118[120]	5.2[5.27]
PT-16	65	50	24	26	18	26	325~505	157[160]	7.0[7.03]
PT-20[21]	70	60	27	29	24	30	350~550	196[210]	10.14[10.05]
PT-30	80	70	36	39	32	38	400~630	294[300]	13.90[18.38]

40. 延长拉杆（YL 型） □

见图 11-4-82 和表 11-4-92。

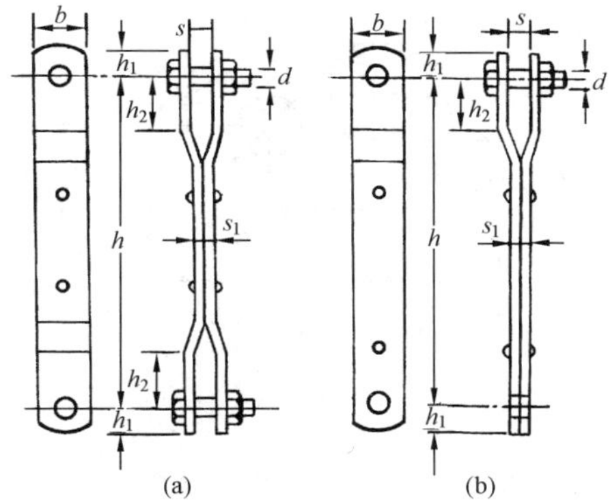

图 11-4-82 YL 型延长拉杆

（a）图一；（b）图二

表 11-4-92 YL 型 延 长 拉 杆

型号	序号	主要尺寸 (mm)							破坏荷重不小于(kN)	质量(kg)
		h_1	b	s	h_2	h	d	s_1		
YL-10A	(a)	22	40	19	44	200	16	18	100	1.52
YL-12A	(a)	25	50	20	40	200	16	18	120	1.90
YL-16A	(a)	30	50	20	40	550	18	20	160	4.50
YL-7B	(b)	22	50	18	44	300	16	10	70	1.48
YL-10B	(b)	22	40	19	44	400	16	18	100	2.53

41. 牵引板（QY 型） GB 2330.2—85

见图 11-4-83 和表 11-4-93。

表 11-4-93 QY 型 牵 引 板

型号	主要尺寸 (mm)					破坏荷重不小于(kN)	质量(kg)
	b	D	h	l_1	l		
QY-7	16	18	22	38	100	69[70]	0.8
QY-10	18[16]	20	25	42	120	98[100]	1.1[1.01]
QY-12	20[16]	24	30	52	150	118[120]	1.9[1.29]

续表

型号	主要尺寸（mm）					破坏荷重 不小于（kN）	质量（kg）
	b	D	h	l_1	l		
QY-16	22[18]	26	35	55	180	157[160]	2.6 [2.18]
QY-20 [21]	26	29[30]	45	75	200	196[210]	4.7 [3.91]
QY-30	32	39	57	95	240	294[300]	7.3 [7.67]
QY-50 []△	38	45	70	100	260	500	12.43

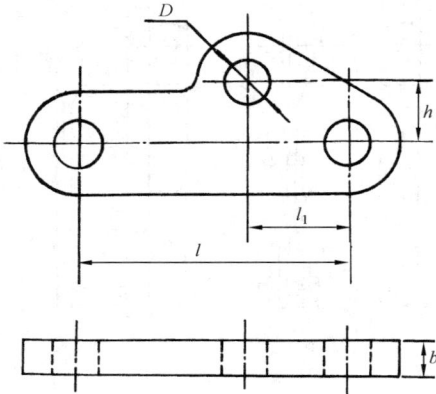

图 11-4-83　QY 型牵引板

42. 联板（L 型）GB 2328—85
见图 11-4-84 和表 11-4-94。

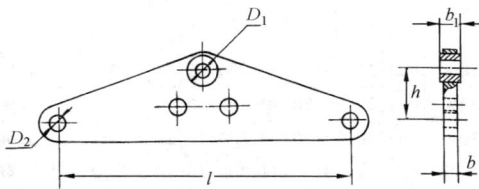

图 11-4-84　L 型联板

表 11-4-94　　　L 型 联 板

型号	主要尺寸（mm）						破坏荷重 不小于（kN）	质量（kg）
	b	b_1	h	D_1	D_2	l		
L-1040	16	16	70	20	18	400	98[100]	4.43
L-1240	16	16	70	24	18	400	118 [120]	4.66
L-1640	18	18	100	26	20	400	157 [160]	5.80 [5.85]
L-2040 [2140]	18[16]	18[26]	100	30	20	400	196[210]	6.90 [7.00]

型号	主要尺寸（mm）					破坏荷重 不小于（kN）	质量（kg）
	b	b_1	h	D_1	D_2	l		
L-2540	16	30	110	33	24	400	245 [250]	9.00
L-3040	18	32	110	39	26	400	294 [300]	10.00

43. 联板（L 型）GB 2328—85
见图 11-4-85 和表 11-4-95。

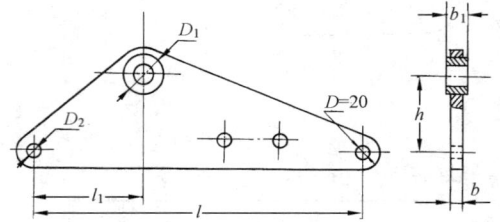

图 11-4-85　L 型联板

表 11-4-95　　　L 型 联 板

型号	主要尺寸（mm）							破坏荷重 不小于（kN）	质量（kg）
	b	b_1	h	D_1	D_2	l	l_1		
L-2060 [2160]	18	26	120	30	24[26]	600	200	196 [210]	11.80 [11.08]
L-3060	18	32	140	39	30	600	200	294[300]	16.70 [16.10]

44. 联板（L 型）GB 2328—85
见图 11-4-86 和表 11-4-96。

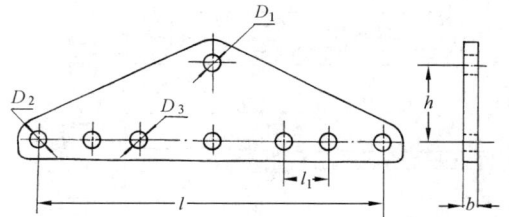

图 11-4-86　L 型联板

表 11-4-96　　　L 型 联 板

型号	主要尺寸（mm）							破坏荷重 不小于（kN）	质量（kg）	备注
	b	h	l	l_1	D_1	D_2	D_3			
L-1245	16	100	450	60	24	20	18	118 [120]	5.0	1997 年产品样本主挂孔附加强板
L-1645 []△	18	110	450	60	26	20	18	160	5.4	

续表

型号	主要尺寸（mm）							破坏荷重不小于（kN）	质量（kg）	备注
	b	h	l	l_1	D_1	D_2	D_3			
L-2145[]△	16	110	450	60	30	20	18	210	5.37	1997年产品样本主挂孔附加强板
L-2545[]△	22	110	450	60	33	26	14	250	7.32	
L-3045□	18	250	450		39	26		300	16.0	

45. 联板（L型）GB 2328—85

见图 11-4-87 和表 11-4-97。

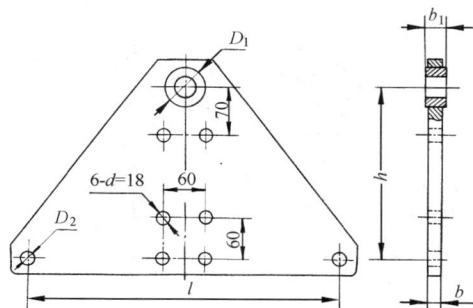

图 11-4-87　L 型联板

表 11-4-97　　　　L　型　联　板

型号	主　要　尺　寸（mm）						破坏荷重不小于（kN）	质量（kg）
	b	b_1	h	D_1	D_2	l		
L-2045[2145]	16	24[26]	250	30	20	450	196[210]	11.32[13.80]
L-3045	18	32	250	39	26	450	294[300]	16.00[18.50]
L-1245□	16		100	24	20	450	120	5.0

46. 联板（LF型）GB 2328—85

见图 11-4-88 和表 11-4-98。

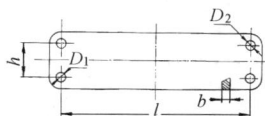

图 11-4-88　LF 型联板

表 11-4-98　　　　LF　型　联　板

型号	主要尺寸（mm）					破坏荷重不小于（kN）	质量（kg）	备注
	b	h	D_1	D_2	l			
LF-2040[2140]	16	70	20	20	400	196[210]	6.70[5.5]	1997年产品[]联板中间扣孔
LF-2540	16	110	24	24	400	245[250]	11.00[9.2]	
LF-3040	18	120	26	26	400	294[300]	18.00[11.2]	
LF-3050[3055]	18	120	26	26	550	300	12.4	

47. 联板（LV型）GB 2328—85

见图 11-4-89 和表 11-4-99。

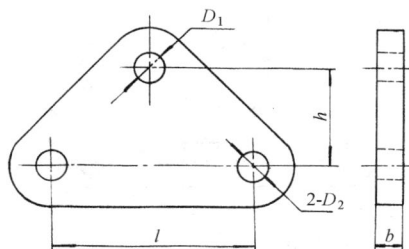

图 11-4-89　LV 型联板

表 11-4-99　　　　LV　型　联　板

型号	主要尺寸（mm）					破坏荷重不小于（kN）	质量（kg）	备注
	b	h	D_1	D_2	l			
LV-0712	16	60	18	20	120	69[70]	1.47[1.43]	LV-2115，LV-3018型联板D_1孔附加强板
LV-1020	16	60	20	20	205	98[100]	1.57	
LV-1214[]	16	90	24	20	140	120	2.35	
LV-2115[]	16	100	30	24	150	210	2.58	
LV-3018[]	18	120	39	26	180	300	5.90	

48. 联板（LS型）GB 2328—85

见图 11-4-90 和表 11-4-100。

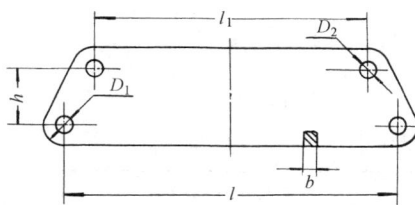

图 11-4-90　LS 型联板

表 11-4-100　　　　LS　型　联　板

型号	主要尺寸（mm）						破坏荷重不小于（kN）	质量（kg）
	b	h	D_1	D_2	l	l_1		
LS-1212						120		5.00
LS-1221						210		5.35
LS-1225						250		5.54
LS-1229	16	65	18	20	400	290	118[120]	5.73
LS-1233						330		5.92
LS-1237						370		6.11
LS-1255						550		8.66
LS-160	18	100	26	26	400	200	157	11.3

49. 联板（LJ 型）GB 2328—85

见图 11-4-91 和表 11-4-101。

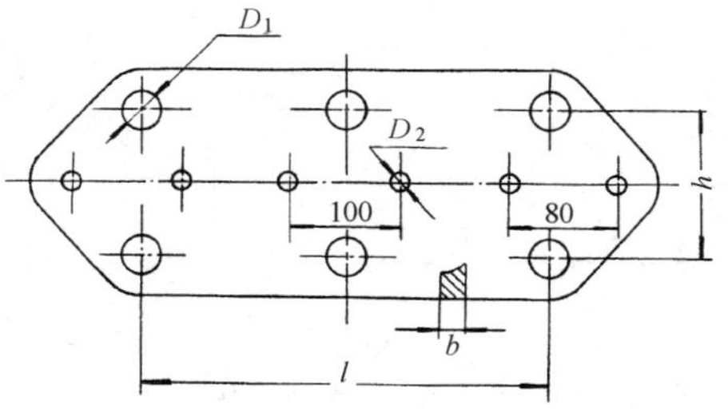

图 11-4-91　LJ 型联板

表 11-4-101　LJ 型联板

型　号	主要尺寸（mm）					破坏荷重不小于（kN）	质量（kg）
	b	h	D_2	D_1	l		
LJ-2540	16	120	18	24	400	245 [250]	11.10
LJ-3040	18	120	18	26	400	294 [300]	13.57
LJ-3045/40 [ ] △	18	120		26	450	300	13.66

50. 联板（LJ 型）GB 2328—85

见图 11-4-92 和表 11-4-102。

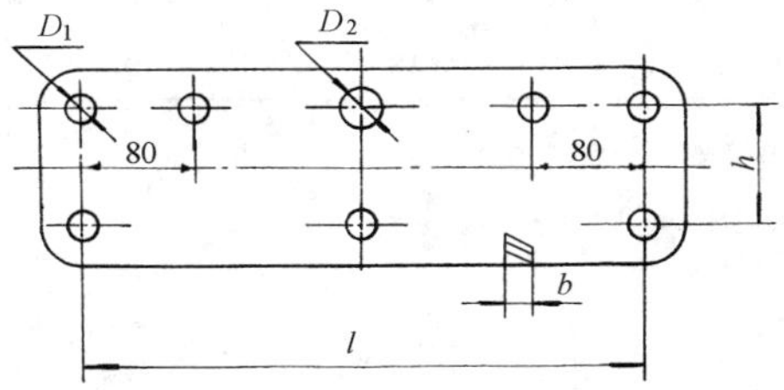

图 11-4-92　LJ 型联板

表 11-4-102　LJ 型联板

型　号	主要尺寸（mm）					破坏荷重不小于（kN）	质量（kg）
	b	h	D_1	D_2	l		
LJ-1040	16	70	18	20	400	98 [100]	6.50
LJ-1240	16	70	18	24	400	118 [120]	6.45
LJ-1640	18	100	20	26	400	157 [160]	9.54

51. 联板（LL 型）GB 2328—85

见图 11-4-93 和表 11-4-103。

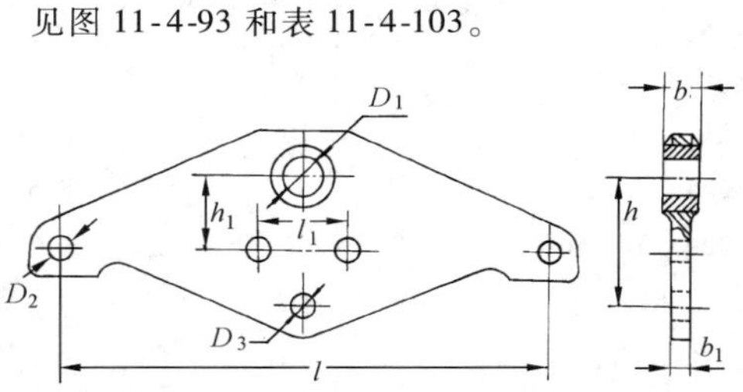

图 11-4-93　LL 型联板

表 11-4-103　LL 型联板

型　号	主要尺寸（mm）									破坏荷重不小于（kN）	质量（kg）
	b	b_1	h	l	l_1	h_1	D_1	D_2	D_3		
LL-1645	18	18	70	450	80	60	26	20	24	157 [160]	6.9 [7.4]
LL-2045 [2145]	26	18	70	450	80	60	30	20	24	196 [210]	6.9 [8.2]
LL-2545	30	18	70	450	80	60	33	20	24	245 [250]	7.0 [8.3]

52. 联板（LK 型）GB 2328—85

见图 11-4-94 和表 11-4-104。

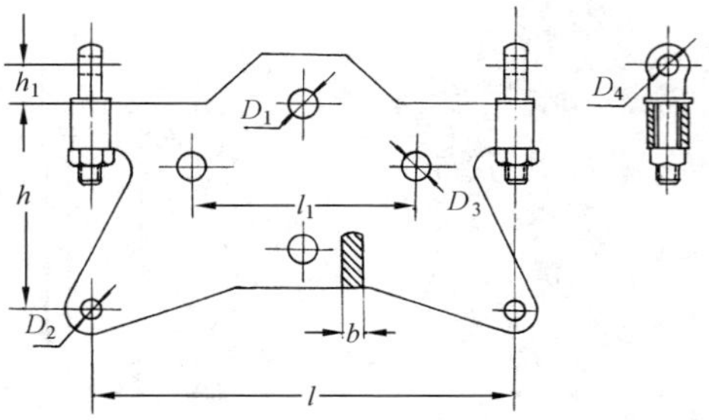

图 11-4-94　LK 型联板

表 11-4-104　LK 型联板

型　号	尺　寸（mm）									破坏荷重不小于（kN）	质量（kg）
	b	h	h_1	l	D_1	D_2	l_1	D_3	D_4		
LK-1045	16	230	40	450	20	18	240	26	18	98 [100]	18.0 [16.0]
LK-1645	18	230	40	450	26	18	240	26	18	157 [160]	18.0
LK-1649/45 [ ] △	18	230	40	450	26	18		26	18	160	18.6

53. 联板（LX 型）GB 2328—85

见图 11-4-95 和表 11-4-105。

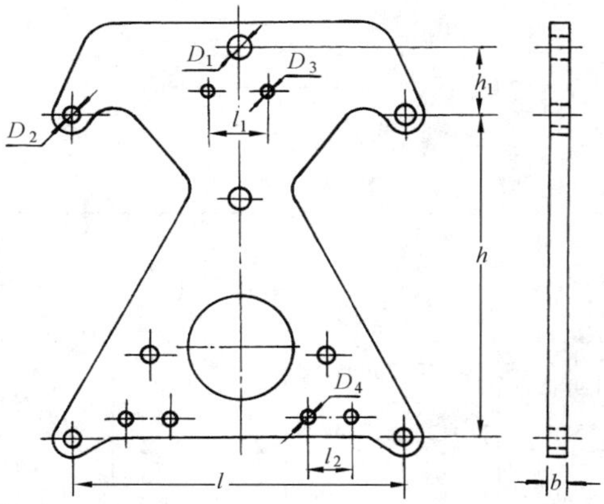

图 11-4-95　LX 型联板

表 11-4-105 LX 型 联 板

型 号	尺 寸 (mm)											破坏荷重不小于(kN)	质量(kg)	备 注
	b	h	h₁	l	l₁	l₂	D₁	D₂	D₃	D₄	B			
LX-1645	18	450	95	450	80	60	26	20	14 [18]	18	18	157 [160]	18.5 [24.8]	B 为主挂点板厚
LX-2145[ ]△	16	450	95	450			30	20			26	210	27.6	
LX-3045[ ]△	18	450	95	450			39	26			32	300	28.9	

54. 三分裂用联板（KL3 型）

见图 11-4-96 和表 11-4-106。

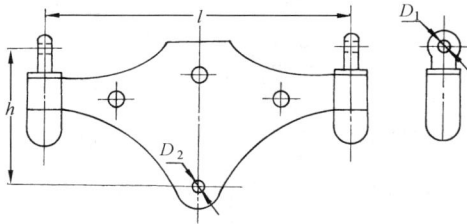

图 11-4-96 KL₃ 型三分裂联板

表 11-4-106 KL₃ 型三分裂联板

型 号	主要尺寸（mm）				破坏荷重不小于(kN)	质量(kg)
	D₁	D₂	h	l		
KL₃-1645	18	18	205	450	156	9.2
KL₃-1650	18	18	248	500	156	10.8
KL₃-1655	18	18	291	550	156	13.2

55. 地线悬垂吊架※

见图 11-4-97 和表 11-4-107。

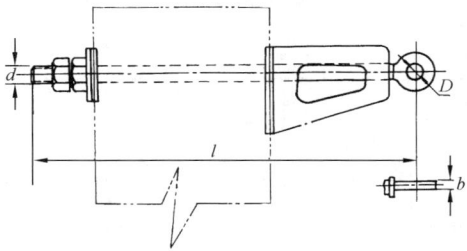

图 11-4-97 BD 型地线悬垂吊架

表 11-4-107 BD 型地线悬垂吊架

型 号	适用范围	主要尺寸（mm）				质量(kg)
		b	d	D	l	
BD-1839	φ190 锥形钢筋混凝土电杆	18	18	20	390	4.26
BD-2244	φ230 锥形钢筋混凝土电杆	18	22	20	440	4.77
BD-2451	φ300 等径钢筋混凝土电杆	18	24	20	510	5.25
BD-2762	φ400 等径钢筋混凝土电杆	18	27	20	620	7.10

注 1985 年产品样本。

五、接续金具

1. 接续管（钢绞线用）GB 2331.2—85

见图 11-4-98 和表 11-4-108。

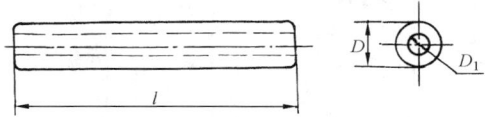

图 11-4-98 钢绞线接续管

表 11-4-108 钢 绞 线 接 续 管

型 号	适用钢绞线		主要尺寸（mm）			握着力不小于(kN)	质量(kg)
	型 号	外径(mm)	D	D₁	l		
JY-35G	GJ-35	7.8	16	8.4	220	45	0.26
JY-50G	GJ-50	9.0	18	9.6	240	60	0.36 [0.34]
JY-70G	GJ-70	11.0	22	11.7	290	88 [80]	0.65 [0.62]
JY-100G	GJ-100	13.0	26	13.7	320 [340]	123 [120]	1.20 [0.96]
YG-25※	GJ-25	6.6	14	7.2	190	33	0.17
JY-55G [ ]		9.6	22	10.3	240	70	0.55
JY-80G [ ]		11.5	24	12.2	290	100	0.96

2. 接续管（钢绞线用、爆压搭接）GB 2331.2—85

见图 11-4-99 和表 11-4-109。

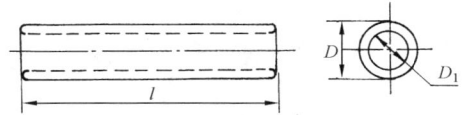

图 11-4-99 钢绞线爆压接续管

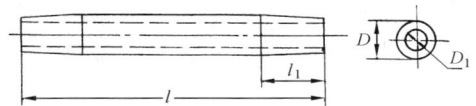

图 11-4-100 铝绞线接续管

表 11-4-109　钢绞线爆压接续管

型　号	适用钢绞线 型号	适用钢绞线 外径 (mm)	主要尺寸 (mm) D	主要尺寸 (mm) D₁	主要尺寸 (mm) l	握着力不小于 (kN)	质量 (kg)
JBD-35G	GJ-35	7.8	22	16	110	45	0.15 [0.16]
JBD-50G	GJ-50	9.0	25	17	130	60	0.27
JBD-70G	GJ-70	11.0	28	20	150	88 [80]	0.35 [0.36]
JBD-100G	GJ-100	13.0	32	23 [24]	170	128 [120]	0.52
JBD-55G [ ]		9.6	26	18	130	70	0.28
JBD-80G [ ]		11.5	29	21	150	100	0.47

3. 接续管（铝绞线用）GB 2331.3—85

见图 11-4-100 和表 11-4-110。

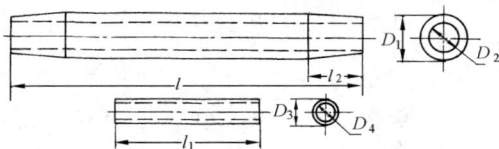

图 11-4-101　钢芯铝绞线爆压接续管

表 11-4-110　铝绞线接续管

型　号	适用导线 型号	适用导线 外径 (mm)	主要尺寸 (mm) D	主要尺寸 (mm) l₁	主要尺寸 (mm) D₁	主要尺寸 (mm) l	握着力不小于 (kN)	质量 (kg)
JY-150L	LJ-150	15.75	30	60 [20]	17.0	280	22	0.36 [0.40]
JY-185L	LJ-185	17.50	32	60 [20]	19.0	310	27	0.44 [0.50]
JY-210L	LJ-210	18.75	34	70 [20]	20.0	330	31	0.60
JY-240L	LJ-240	20.00	36	70 [20]	21.5	350	34	0.75
JY-300L	LJ-300	22.40	40	80 [25]	24.0	390	45	0.95
JY-400L	LJ-400	25.90	45	90 [25]	27.5	450	58	1.50 [1.40]
JY-500L	LJ-500	29.12	52	100 [30]	30.5	510	73	2.00 [2.10]
JY-630L	LJ-630	32.67	60	110 [35]	34.0	570	87	2.80 [2.90]
JY-800L	LJ-800	36.90	65	130 [40]	38.5	650	110	4.80 [3.70]
JYL-95 □	LJ-95	12.40	26	28	13.5	170		0.18
JYL-120 □	LJ-120	14.00	26	26	14.5	200		0.20

4. 接续管（钢芯铝绞线用，爆压）GB 2331.5—85

见图 11-4-101 和表 11-4-111。

表 11-4-111　钢芯铝绞线接爆压续管

型　号	适用导线 型号	适用导线 外径 (mm)	主要尺寸 (mm) D₁	主要尺寸 (mm) D₂	主要尺寸 (mm) l₂	主要尺寸 (mm) l	主要尺寸 (mm) l₁	主要尺寸 (mm) D₃	主要尺寸 (mm) D₄	握着力不小于 (kN)	质量 (kg)	备注
JYB-300/50	LGJ-300/50	24.26	40	26.0	40	450 [460]	120 [140]	22	17	98 [100]	1.01 [1.17]	1997 年产品 l₂ 段为等径即 D₁
JYB-400/65	LGJ-400/65	28.00	48	29.5	45	520 [530]	140 [160]	26	21	128 [130]	1.75 [2.13]	
JYB-300/40	LGJ-300/40	23.94	40	25.5	40	430	110 [120]	22	17	87 [90]	1.00 [1.14]	
JYB-400/50	LGJ-400/50	27.63	45	29.5	45	510 [500]	130 [140]	22 [24]	17 [19]	117 [120]	1.40 [1.81]	
JYB-500/65	LGJ-500/65	30.95	52	32.5	50	560	140 [160]	24	19	146 [145]	2.21 [2.35]	
JYB-300/70	LGJ-300/70	25.20	42	27.0	40	510 [550]	150 [160]	24 [25]	19	122 [120]	1.35 [1.48]	
JYB-400/95	LGJ-400/95	29.14	48	31.0	45	550 [560]	170	28 [29]	22 [23]	168 [160]	1.70 [2.23]	

5. 接续管（铝绞线用、钳压）GB 2331.1—85
见图 11-4-102 和表 11-4-112。

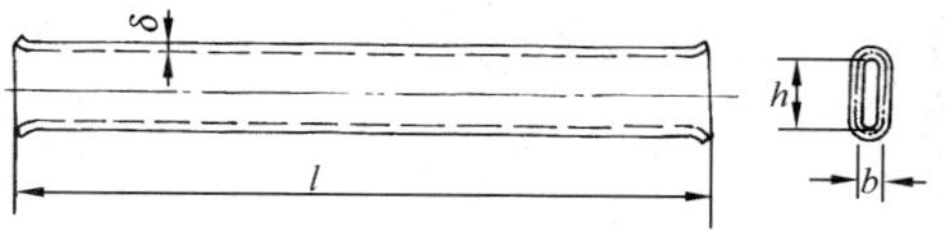

图 11-4-102　铝绞线钳压接续管

6. 接续管（钢芯铝绞线用、钳压）GB 2331.1—85
见图 11-4-103 和表 11-4-113。

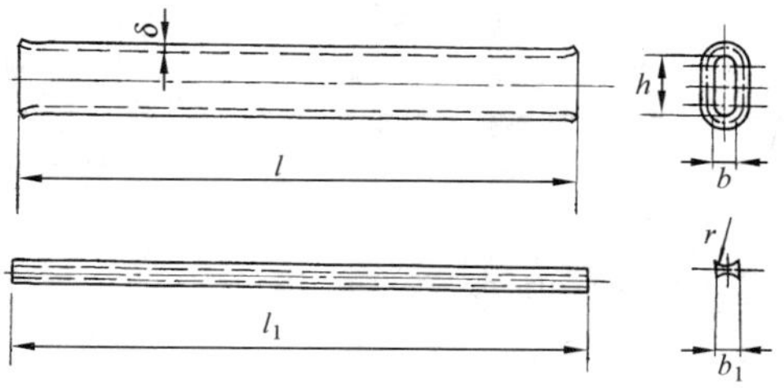

图 11-4-103　钢芯铝绞线钳压接续管

表 11-4-112　铝绞线钳压接续管

型号	适用导线		主要尺寸（mm）				钳压		握着力不小于（kN）	质量（kg）
	型号	外径（mm）	δ	h	b	l	凹深	模数		
JT-16L	LJ-16	5.10	1.7	12.0	6.0	110	10.5	6	2.7	0.02
JT-25L	LJ-25	6.45	1.7	14.4	7.2	120	12.5	6	4.1	0.03
JT-35L	LJ-35	7.50	1.7	17.0	8.5	140	14.0	6	6.5 [5.5]	0.04
JT-50L	LJ-50	9.00	1.7	20.0	10.0	190	16.5	8	7.5	0.05
JT-70L	LJ-70	10.80	1.7	23.7	11.7	210	19.5	8	10 [10.4]	0.07
JT-95L	LJ-95	12.48	1.7	26.8	13.4	280	23.0	10	14 [13.7]	0.10
JT-120L	LJ-120	14.00	2.0	30.0	15.0	300	26.0	10	18 [18.4]	0.15
JT-150L	LJ-150	15.75	2.0	34.0	17.0	320	30.0	10	22.0	0.16
JT-185L	LJ-185	17.50	2.0	38.0	19.0	340	33.5	10	27.0	0.20

表 11-4-113　钢芯铝绞线钳压接续管

型号	适用导线		主要尺寸（mm）							钳压		握着力不小于（kN）	质量（kg）
	型号	外径（mm）	b_1	δ	h	b	r	l	l_1	凹深	模数		
JT-10/2	LGJ-10/2	4.50	4.0	1.7	11.0	5.0	—	170	180	11.0	10	3.9	0.05 [0.03]
JT-16/3	LGJ-16/3	5.55	5.0	1.7	14.0	6.0	—	210	220	12.5	12	5.8	0.07 [0.05]
JT-25/4	LGJ-25/4	6.96	6.5	1.7	16.6	7.8	—	270	280	14.5	14	8.8	0.08
JT-35/6	LGJ-35/6	8.16	8.0	2.1	18.6	8.8	12.0	340	350	17.5	14	12.0	0.17 [0.12]
JT-50/8	LGJ-50/8	9.60	9.5	2.3	22.0	10.5	13.0	420	430	20.5	16	16	0.23 [0.20]
JT-70/10	LGJ-70/10	11.40	11.5	2.6	26.0	12.5	14.0	500	510	25.0	16	22 [22.2]	0.34 [0.31]
JT-95/15	LGJ-95/15	13.61	14.0	2.6	31.0	15.0	15.0	690	700	29.0	20	33 [33.3]	0.52 [0.51]
JT-95/20	LGJ-95/20	13.87	14.0	2.6	31.5	15.2	15.0	690	700	29.0	20	35 [35.3]	0.55 [0.51]
JT-120/7	LGJ-120/7	14.50	15.0	3.1	33.0	16.0	15.0	910	920	30.5	20	26 [26.2]	0.60 [0.84]
JT-120/20	LGJ-120/20	15.07	15.5	3.1	35.0	17.0	15.0	910	920	33.0	24	39	0.91 [0.90]
JT-150/8	LGJ-150/8	16.00	16.0	3.1	36.0	17.5	17.5	940	950	33.0	24	31 [31.2]	1.05 [0.93]
JT-150/20	LGJ-150/20	16.67	17.0	3.1	37.0	18.0	17.5	940	950	33.6	24	44 [44.3]	1.10 [0.97]
JT-150/25	LGJ-150/25	17.10	17.5	3.1	39.0	19.7	17.5	940	950	36.0	24	51 [51.4]	1.15 [1.01]
JT-185/10	LGJ-185/10	18.00	18.0	3.4	40.0	19.5	18.5	1040	1060	36.5	24	39 [38.8]	1.40 [1.26]
JT-185/25	LGJ-185/25	18.90	19.5	3.4	43.0	21.0	18.0	1040	1060	39.0	26	56 [56.4]	1.42 [1.37]
JT-185/30	LGJ-185/30	18.88	19.5	3.4	43.0	21.0	18.0	1040	1060	39.0	26	61 [61.1]	1.50 [1.37]

型　号	适用导线		主要尺寸（mm）							钳压		握着力不小于（kN）	质量（kg）
	型号	外径（mm）	b_1	δ	h	b	r	l	l_1	凹深	模数		
JT-210/10	LGJ-210/10	19.00	20.0	3.6	43.0	21.0	19.5	1070	1090	39.0	26	43 [42.9]	1.52 [1.49]
JT-210/25	LGJ-210/25	19.98	20.0	3.6	44.0	21.5	19.5	1070	1090	40.0	26	63 [62.7]	1.58 [1.52]
JT-210/35	LGJ-210/35	20.38	20.5	3.6	45.0	22.0	19.5	1070	1090	41.0	26	71 [70.5]	1.62 [1.55]
JT-240/30	LGJ-240/30	21.60	22.0	3.9	48.0	23.5	20.0	540	550	43.0	14	72 [71.8]	1.00
JT-240/40	LGJ-240/40	21.66	22.0	3.9	48.0	23.5	20.0	540	550	43.0	14	79 [79.2]	1.00

7. 接续管（钢芯铝绞线用、爆压搭接）GB 2331.1—85

见图 11-4-104 和表 11-4-114。

8. 接续管（钢芯铝绞线用、液压搭接）GB 2331.4—85

见图 11-4-105 和表 11-4-115。

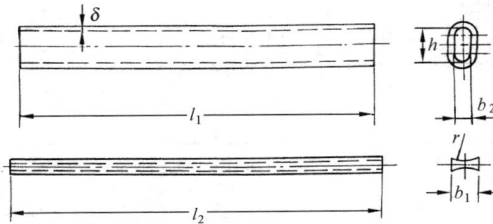

图 11-4-104　钢芯铝绞线
爆压搭接接续管

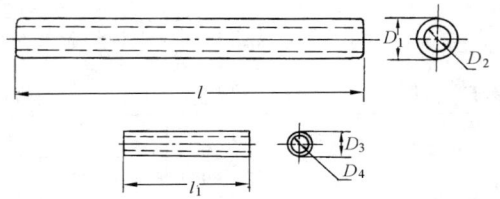

图 11-4-105　钢芯铝绞线
液压搭接接续管

表 11-4-114　　　　　　　　钢芯铝绞线爆压搭接接续管

型　号	适用导线		主要尺寸（mm）							握着力不小于（kN）	质量（kg）
	型号	外径（mm）	b_1	δ	h	b_2	r	l_1	l_2		
JTB-35/6	LGJ-35/6	8.16	8.0	2.1	18.6	8.8	12.0	170	180	12	0.08 [0.06]
JTB-50/8	LGJ-50/8	9.60	9.5	2.3	22.0	10.5	13.0	210	220	16	0.13 [0.10]
JTB-70/10	LGJ-70/10	11.40	11.5	2.6	26.0	12.5	14.0	250	260	22 [22.2]	0.19 [0.16]
JTB-95/15	LGJ-95/15	13.61	14.0	2.6	31.0	15.0	15.0	230 [260]	240 [270]	33 [33.4]	0.22 [0.18]
JTB-95/20	LGJ-95/20	13.87	14.0	2.6	31.5	15.2	15.0	230 [260]	240 [270]	35 [35.5]	0.22 [0.18]
JTB-120/7	LGJ-120/7	14.50	15.0	3.1	33.0	16.0	15.0	300	310	26 [26.2]	0.34 [0.29]
JTB-120/20	LGJ-120/20	15.07	15.5	3.1	35.0	17.0	15.0	300	310	39	0.34 [0.31]
JTB-150/8	LGJ-150/8	16.00	16.0	3.1	36.0	17.5	17.5	310	320	31 [31.1]	0.40 [0.33]
JTB-150/20	LGJ-150/20	16.67	17.0	3.1	37.0	18.0	17.5	310	320	44 [44.3]	0.40 [0.34]
JTB-150/25	LGJ-150/25	17.10	17.5	3.1	39.0	19.0	17.5	310	320	51 [51.4]	0.40 [0.36]
JTB-185/10	LGJ-185/10	18.00	18.0	3.4	40.0	19.5	18.0	350	360	39 [38.8]	0.50 [0.46]
JTB-185/25	LGJ-185/25	18.90	19.5	3.4	43.0	21.0	18.0	350	360	56 [56.4]	0.50 [0.51]
JTB-185/30	LGJ-185/30	18.88	19.5	3.4	43.0	21.0	18.0	350	360	61 [61.1]	0.50 [0.51]
JTB-210/10	LGJ-210/10	19.00	20.0	3.6	43.0	21.0	19.5	360	370	43 [42.9]	0.57 [0.54]
JTB-210/25	LGJ-210/25	19.98	20.0	3.6	44.0	21.5	19.5	360	370	63 [62.7]	0.63 [0.56]
JTB-210/35	LGJ-210/35	20.38	20.5	3.6	45.0	22.0	19.5	360 [400]	370 [410]	71 [70.5]	0.67
JTB-240/30	LGJ-240/30	21.60	22.0	3.9	48.0	23.5	20.0	370	380	72 [71.8]	0.70 [0.68]
JTB-240/40	LGJ-240/40	21.66	22.0	3.9	48.0	23.5	20.0	370 [460]	380 [470]	79 [79.2]	0.70 [0.68]

表 11-4-115 钢芯铝绞线液压搭接接续管

型号	适用导线			主要尺寸（mm）						握着力 不小于 （kN）	质量 （kg）	备注
	型号	钢芯 外径 （mm）	导线 外径 （mm）	D_1	D_3	l	l_1	D_2	D_4			
JYD-300/15	LGJ-300/15	5.01	23.01	40	18	390 [470]	50 [70]	24.5	8.4	65	0.89 [1.27]	1997 年产品 样本[] 接续外 管的两 端带有 拔稍形
JYD-300/20	LGJ-300/20	5.86	23.43	40	18	410 [490]	60 [80]	25.0	9.8	72 [70]	0.91 [1.30]	
JYD-400/20	LGJ-400/20	5.86	26.91	45	18	460 [550]	60 [80]	28.5	9.8	84 [85]	1.24 [1.75]	
JYD-300/25	LGJ-300/25	6.66	23.76	40	20	420 [480]	70 [90]	25.5	11.2	79 [80]	0.95 [1.27]	
JYD-400/25	LGJ-400/25	6.66	26.64	45	20	470 [550]	70 [90]	28.5	11.2	91 [90]	1.30 [1.78]	
JYD-240/30	LGJ-240/30	7.20	21.60	36	20	400 [460]	80 [100]	23.0	12.0	72 [70]	0.76 [1.03]	
JYD-400/35	LGJ-400/35	7.50	26.82	45	22	470 [540]	80 [100]	28.5	13.0	99 [100]	1.32 [1.79]	
JYD-500/35	LGJ-500/35	7.50	30.00	52	22	520 [620]	80 [100]	31.5	13.0	114 [110]	2.00 [2.82]	
JYD-240/40	LGJ-240/40	7.98	21.66	36	20	400 [440]	80 [100]	23.0	13.3	79 [80]	0.76 [0.97]	
JYD-300/40	LGJ-300/40	7.98	23.94	40	20	430 [490]	80 [100]	25.5	13.3	88 [90]	1.97 [1.28]	
JYD-500/45	LGJ-500/45	8.40	30.00	52	24	530 [610]	90 [110]	31.5	14.0	122 [120]	2.06 [2.88]	
JYD-630/45	LGJ-630/45	8.40	33.00 [33.60]	60	24	570 [690]	90 [110]	35.5	14.0	141 [140]	2.97 [3.80]	
JYD-300/50	LGJ-300/50	8.94	24.26	40	22	450 [490]	100 [120]	26.0	15.0	98 [100]	1.03 [1.30]	
JYD-400/50	LGJ-400/50	9.21	27.63	45	24	510 [570]	100 [120]	29.5	15.4	117 [120]	1.40 [1.87]	
JYD-240/55	LGJ-240/55	9.60	22.40	36	22	470	100 [120]	24.0	16.0	97 [100]	1.17 [1.01]	
JYD-630/55	LGJ-630/55	9.60	34.32	60	26	590 [680]	100 [120]	36.0	16.0	156 [155]	3.02 [3.63]	
JYD-800/55	LGJ-800/55	9.60	38.40	65	26	660 [780]	100 [120]	40.0	16.0	182 [180]	3.85 [4.65]	
JYD-400/65	LGJ-400/65	10.32	28.00	48	26	520 [560]	110 [130]	29.5	17.2	129 [130]	1.75 [2.28]	
JYD-500/65	LGJ-500/65	10.32	30.96	52	26	560 [640]	110 [130]	32.5	17.2	146 [150]	2.20 [2.93]	
JYD-300/70	LGJ-300/70	10.80	25.20	42	24	510 [520]	110 [130]	27.0	18.0	122 [120]	1.32 [1.48]	
JYD-800/70	LGJ-800/70	10.80	38.58	65	26	670 [760]	110 [130]	40.5	18.0	197 [200]	3.80 [4.47]	
JYD-95/55○	LGJ-95/55	9.60	16.00	34	24	370	110	17.5	16.0	74	0.82	
JY-95/140○	LGJ-95/140			45	30	685	415	32.0	16.0	163	3.20	

9. 接续管（铝合金线）□

见图 11-4-106 和表 11-4-116。

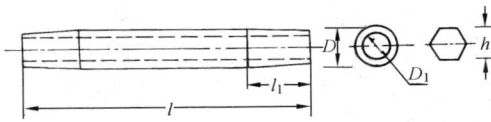

图 11-4-106　铝合金线接续管

10. 接续管铝合金线□〔〕

见图 11-4-107 和表 11-4-117-1 ~ 表 11-4-117-2。

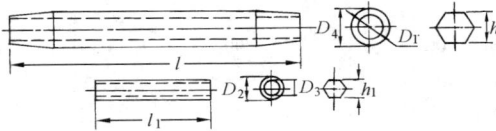

图 11-4-107　JY 型接续管

表 11-4-116　　　　铝合金线接续管

型号	导线直径范围		主要尺寸（mm）					质量（kg）
	型号	外径（mm）	D	D_1	l	h	l_1	
JY-95H	HL₄J-95	12.50	24	14.0	250	20.78	24	0.24
JY-95-1H	HL₄J-95（1）	12.40	24	14.0	250	20.78	24	0.24
JY-120H	HL₄J-120	14.00	28	15.5	280	24.24	28	0.41
JY-150H	HL₄J-150	15.80	32	17.2	320	27.71	32	0.50
JY-185H	HL₄J-185	17.50	34	19.0	350	29.44	34	0.60
JY-240H	HL₄J-240	20.00	40	21.5	400	34.64	40	0.96
JY-300H	HL₄J-300	22.40	45	24.0	450	38.97	45	1.38
JY-400H	HL₄J-400	25.80	50	27.5	520	43.30	50	1.92
JY-500H	HL₄J-500	29.10	60	31.0	580	51.96	60	3.24
JY-600H	HL₄J-600	32.00	65	33.5	640	56.29	65	4.21

表 11-4-117-1　　　　　　　　　　JY　型　接　续　管

型号	导线外径		主要尺寸（mm）								质量（kg）
	铝线	钢线	D	D_1	l	D_2	D_3	l_1	h	h_1	
JY-120	15.07	5.55	30	16.5	430	14	6.2	130	25.98	12.12	0.70
JY-150	17.10	6.30	32	19.0	500	14	7.0	150	27.71	12.12	0.96
JY-185	18.88	6.96	34	20.5	540	14	7.6	170	29.44	12.12	1.15
JY-210	20.38	7.50	34	21.5	560	16	8.2	180	29.44	13.85	1.17
JY-240	21.66	7.98	36	23.0	590	16	8.7	190	31.17	13.85	1.33
JY-300	23.43	5.85	40	25.0	580	14	6.5	140	34.64	12.12	1.52
JY-400	26.64	6.66	45	28.5	660	14	7.3	160	38.97	12.12	2.12
JY-500	30.00	8.40	50	31.5	760	18	9.1	200	43.30	15.85	3.12
JY-630	34.82	9.60	60	36.5	880	20	10.3	230	51.96	17.32	4.67
JY-800	38.58	10.80	65	40.5	980	22	11.5	260	56.29	19.05	5.84

表 11-4-117-2　　　　　　　　　　JY　型　接　续　管

型号	适用导线			主要尺寸（mm）						握着力不小于（kN）	质量（kg）	备注
	型号	钢芯外径	导线外径	D	D_2	l	l_1	D_1	D_3			
JY-240/30	LGJ-240/30	7.20	21.60	36	16	570	170	23.0	7.9	70	1.28	
JY-240/40	LGJ-240/40	7.98	21.66		16	590	190	23.0	8.7	80	1.33	
JY-240/55	LGJ-240/55	9.60	22.40		20	640	230	24.0	10.3	100	1.56	
JY-300/15	LGJ-300/15	5.01	23.01	40	14	560	120	24.5	5.7	65	1.50	1997 年产品样本〔〕△接续管，为钢芯铝绞线用，液压钢芯对接方式
JY-300/20	LGJ-300/20	5.85	24.43		14	580	140	25.0	6.5	70	1.52	
JY-300/25	LGJ-300/25	6.66	23.76		14	600	160	25.0	7.3	80	1.58	
JY-300/40	LGJ-300/40	7.98	23.94		16	640	190	25.5	8.7	90	1.70	
JY-300/50	LGJ-300/50	8.94	24.26		18	660	210	26.0	9.6	100	1.79	
JY-300/70	LGJ-300/70	10.80	25.20	42	22	710	260	26.5	11.5	120	2.09	
JY-400/20	LGJ-400/20	5.85	26.91	45	14	580	140	28.5	6.5	85	1.51	
JY-400/25	LGJ-400/25	6.66	26.64		14	660	160	28.5	7.3	90	2.12	
JY-400/35	LGJ-400/35	7.50	26.82		16	680	180	28.5	8.2	100	2.25	
JY-400/50	LGJ-400/50	9.21	27.63		20	730	220	29.5	9.9	120	2.48	
JY-400/65	LGJ-400/65	10.32	28.00	48	22	760	250	29.5	11.0	130	2.73	
JY-400/95	LGJ-400/95	12.50	29.14		26	830	300	31.0	13.2	160	3.07	

续表

型号	适用导线			主要尺寸(mm)						握着力不小于(kN)	质量(kg)	备注
	型号	钢芯外径	导线外径	D	D2	l	l1	D1	D3			
JY-500/35	LGJ-500/35	7.50	30.00		16	740	180	31.5	8.2	110	2.36	
JY-500/45	LGJ-500/45	8.40	30.00	52	18	760	200	31.5	9.1	120	3.12	1997年产品样本 []△接续管,为钢芯铝绞线用,液压钢芯对接方式
JY-500/65	LGJ-500/65	10.32	30.96		22	820	250	32.5	11.0	150	3.32	
JY-630/45	LGJ-630/45	8.40	33.60		18	840	200	35.5	9.1	140	4.45	
JY-630/55	LGJ-630/55	9.60	34.82	60	20	880	230	36.5	10.3	155	4.67	
JY-630/80	LGJ-630/80	11.60	34.82		24	940	280	36.5	12.3	180	5.25	
JY-800/55	LGJ-800/55	9.68	38.40		20	950	230	40.0	10.3	180	5.72	
JY-800/70	LGJ-800/70	10.80	35.58	65	22	980	260	40.5	11.5	200	5.84	
JY-800/100	LGJ-800/100	13.00	38.98		26	1050	310	40.5	13.7	230	6.56	

11. 补修管 GB 2333—85

见图 11-4-108 和表 11-4-118。

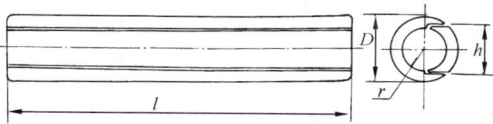

图 11-4-108　导线补修管

表 11-4-118　导线补修管

型号	适用绞线型号	主要尺寸(mm)				质量(kg)
		h	D	l	r	
JX-185/10	LGJ-185/10	20[210]	32	150[170]	10.0	0.35[0.20]
JX-185	LGJ-185/25,185/30,185/45,210/10	21[170]	32	150[170]	10.5	0.35[0.20]
JX-210	LGJ-210/25,210/35	22	34	200[220]	11.0	0.40[0.29]
JX-240	LGJ-240/30,240/40,210/50	23[24]	36	200[220]	11.5	0.45[0.33]
JX-240/55	LGJ-240/55	24	36	200[220]	12.0	0.45[0.31]
JX-300/15	LGJ-300/15	25[26]	40	250[270]	12.5	0.51[0.52]
JX-300	LGJ-300/20,300/25,300/40,300/50	26	40	250[270]	13.0	0.51
JX-300/70	LGJ-300/70	27[26]	42	250[270]	13.5	0.51[0.55]
JX-400	LGJ-400/20,400/25,400/35,400/50	29[30]	45	300[320]	14.5	0.74[0.75]
JX-400/65	LGJ-400/65	30	48	300[320]	15.0	0.74[0.90]
JX-400/95	LGJ-400/95	31	48	300[320]	15.5	0.74[0.85]
JX-500	LGJ-500/35,500/45,500/65	32	52	300[320]	16.0	1.27[1.07]
JX-630	LGJ-630/45,630/55,630/80	36	60	350[370]	18.0	1.70
JX-800/55	LGJ-800/55	40[41]	65	350[370]	20.0	2.02[1.90]
JX-800	LGJ-800/70,800/100	41	65	350[370]	20.5	2.00[1.90]
JX-35G	GJ-35	8.6	16	100[120]	4.2	0.09[0.11]
JX-50G	GJ-50	9.8	18	100[120]	4.8	0.15[0.14]
JX-70G	GJ-70	11.8	22	120[140]	5.8	0.23[0.25]
JX-100G	GJ-100	14.0	26	140[160]	7.0	0.54[0.41]

12. 预绞丝补修条 GB 2337—85

见图 11-4-109 和表 11-4-119 ~ 表 11-4-120。

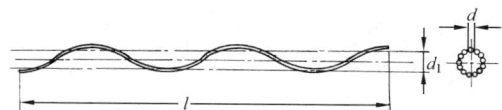

图 11-4-109　FYB 型预绞丝补修条

表 11-4-119　FYB 型预绞丝补修条

型号	适用导线 型号	外径 (mm)	主要尺寸(mm)			每组根数	质量 (kg)
			d	d_1	l		
FYB-95/15	LGJ-95/15	13.61	3.6	11.4	420	13	0.16
FYB-95/20	LGJ-95/20	13.87	3.6	11.4	420	13	0.16
FYB-95/55	LGJ-95/55	16.00	3.6	13.3 [13.0]	420	16 [13]	0.17
FYB-120/7	LGJ-120/7	14.50	3.6	12.0	450	14	0.18
FYB-120/20	LGJ-120/20	15.07	3.6	12.5	450	14	0.18
FYB-120/25	LGJ-120/25	15.74	3.6	13.0	450	14	0.18 [0.19]
FYB-150/8	LGJ-150/8	16.00	3.6	13.3	480	16	0.20
FYB-150/20	LGJ-150/20	16.67	3.6	14.7	480	16	0.21
FYB-150/25	LGJ-150/25	17.10	3.6	14.2	480	16	0.21
FYB-150/35	LGJ-150/35	17.50	3.6	14.5	480	16	0.21

表 11-4-120　YJB 型预绞丝补修条(74)定型产品

型号	适用导线 型号	外径 (mm)	单径 d	成形孔径 d_1	长度 l	节距	每组根数	质量 (kg)
YJB-35	LGJ-35	8.4	3.6	7.1	270	92	9	0.08
YJB-50	LGJ-50	9.6	3.6	8.2	300	100	10	0.09
YJB-70	LGJ-70	11.4	3.6	9.7	340	114	11	0.12
YJB-95	LGJ-95	13.7	4.6	11.6	420	140	11	0.23
YJB-120	LGJ-120	15.2	4.6	12.9	450	152	12	0.27
YJB-150	LGJ-150	17.0	4.6	14.4	480	166	13	0.30
YJB-185	LGJ-185	19.0	4.6	16.2	580	180	14	0.39
YJB-240	LGJ-240	21.6	6.3	18.4	640	215	12	0.66
YJB-300	LGJ-300	24.2	6.3	20.6	700	234	13	0.80
YJB-400	LGJ-400	28.0	6.3	23.8	820	265	14	1.05
YJB-300Q	LGJ-300Q	23.5	6.3	20.0	700	234	13	0.80
YJB-400Q	LGJ-400Q	27.2	6.3	23.0	820	265	14	1.05
YJB-500Q	LGJ-500Q	30.2	7.8	25.7	870	290	13	1.74

13. 跳线线夹(压缩型)GB 2335.2—85

见图 11-4-110 和表 11-4-121。

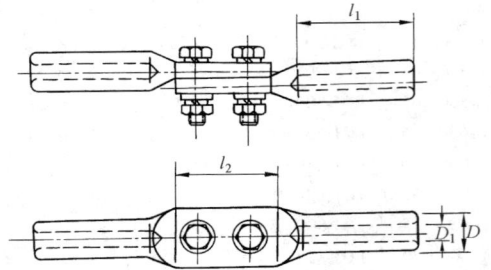

图 11-4-110　压缩型跳线线夹

表 11-4-121　压缩型跳线线夹

型号	适用导线 型号	外径 (mm)	主要尺寸(mm)				质量 (kg)
			D	l_1	l_2	D_1	
JYT-35/6	LGJ-35/6	8.16	16	60	60	9.5	0.41
JYT-50/8	LGJ-50/8	9.60	18	60	60	11.0	0.45
JYT-70/10	LGJ-70/10	11.40	22	70	60	13.0	0.54
JYT-95/15	LGJ-95/15	13.61	26	80	60	15.0	0.62
JYT-120/7	LGJ-120/7	14.50	26	80	80	16.0	0.60
JYT-120/20	LGJ-120/20	15.07	26	80	80	16.5	0.58
JYT-150/8	LGJ-150/8	16.00	30	90	80	17.5	0.84
JYT-150/20	LGJ-150/20	16.67	30	90	80	18.0	0.84
JYT-150/25	LGJ-150/25	17.10	30	90	80	18.5	0.84
JYT-185/10	LGJ-185/10	18.00	32	90	80	19.5	0.94
JYT-185/25	LGJ-185/25	18.90	32	90	80	20.5	0.90
JYT-185/30	LGJ-185/30	18.88	32	90	80	20.5	0.90
JYT-210/10	LGJ-210/10	19.00	34	100	80	20.5	1.18
JYT-210/25	LGJ-210/25	19.98	34	100	80	21.5	1.14
JYT-210/35	LGJ-210/35	20.38	34	100	80	22.0	1.10

14. 并沟线夹 GB 2335.1—85

见图 11-4-111 和表 11-4-122。

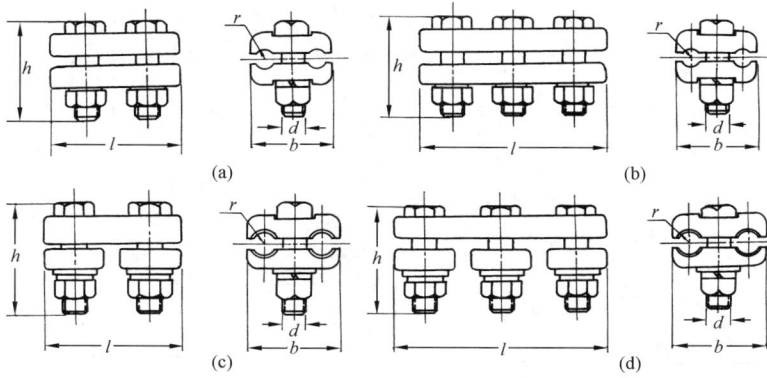

图 11-4-111　JBB 型并沟线夹

表 11-4-122　　JBB 型并沟线夹

型号	适用绞线截面(mm²)和直径(mm)		简图	主要尺寸(mm)					质量(kg)
	钢绞线	铝绞线或钢芯铝绞线		b	d	l	r	h	
JBB-1	25~35 [6.6~7.8]		(a)	44	12	90	4.5	48[40]	0.66
JBB-2	50~70 [9.6~11.0]		(a)	50	16	90	6.0	60[50]	1.00
JBB-3	100~120 [13.0~14.0]		(b)	56	16	124	7.0	65[55]	1.85
JB-0		16~25 [5.1~7.0]	(c)	38[36]	10	72	3.5	42[35]	0.22
JB-1		35~50 [7.5~9.6]	(c)	46[43]	12	80	5.0	53[40]	0.35
JB-2		70~95 [10.8~14.0]	(d)	54[50]	12	114	7.0	65[45]	0.65
JB-3		120~150 [14.5~17.5]	(d)	64[62]	16	140	8.5[9.0]	70[50]	1.06
JB-4		185~240 [18.1~22.0]	(d)	72[71]	16	144	11.0	76[55]	1.25

15. 线夹(LX 型)□

见图 11-4-112 和表 11-4-123。

表 11-4-123　　LX 型 线 夹

型　号	简图	钢导线外径	主要尺寸(mm)			数量	质量(kg)
			h	b	d		
LX-01	(a)	7.0~14.2	18	40	12	1	0.41
LX-02	(b)	7.0~14.2	18	40	12	2	0.30

16. 并沟线夹(BG 型)□

见图 11-4-113 和表 11-4-124。

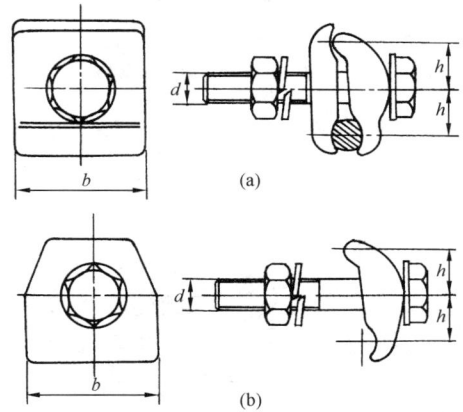

图 11-4-112　LX 型线夹
(a)图一;(b)图二

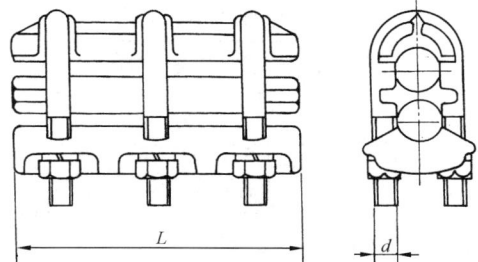

图 11-4-113　BG 型并沟线夹

表 11-4-124　　BG 型 并 沟 线 夹

型　　号	导线外径	U 型螺丝		主要尺寸(mm)		质量(kg)
		数量	尺寸	L	d	
BG-01	7.6~12.8	2	12	100	12	0.56
BG-02	9.0~14.0	2	12	120	12	0.76
BG-03	12.0~17.5	3	12	140	12	0.90

17. 并沟线夹(BG 型)□

见图 11-4-114 和表 11-4-125。

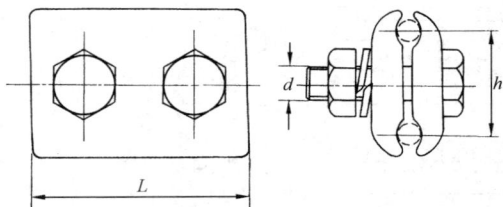

图 11-4-114　BG 型并沟线夹

表 11-4-125　　**BG 型并沟线夹**

型　号	导线外径 （mm）	主要尺寸（mm）			质量 （kg）
		L	d	h	
BG-04P	7.0～14.0	60	12	34	0.53

18. 并沟线夹（BGL 型）□

见图 11-4-115 和表 11-4-126。

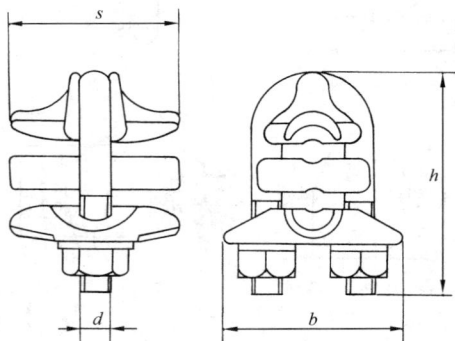

图 11-4-115　BGL 型并沟线夹

表 11-4-126　　**BGL 型并沟线夹**

型　号	导线外径 （mm）	主要尺寸（mm）				质量 （kg）
		S	b	h	d	
BGL-01U	6.5～9.4	52	52	75	10	0.24
BGL-02U	9.5～13.6	60	60	85	12	0.32

19. 并沟线夹（BGL 型）□

见图 11-4-116 和表 11-4-127。

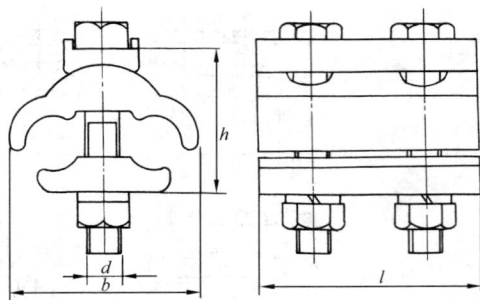

图 11-4-116　BGL 型并沟线夹

表 11-4-127　　**BGL 型并沟线夹**

型　号	导线外径 （mm）	主要尺寸（mm）				质量 （kg）
		l	b	h	d	
BGL-01P	5.0～12.8	40	45	40	10	0.18
BGL-02P	7.6～15.0	50	48	45	10	0.25
BGL-03P	12.8～17.5	70	65	60	12	0.40

20. 并沟线夹（JBG 型）○

见图 11-4-117 和表 11-4-128。

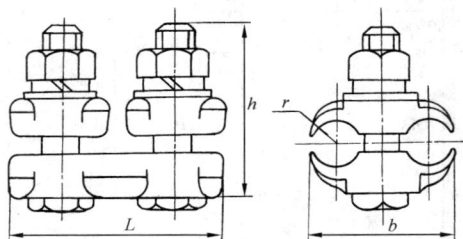

图 11-4-117　JBG 型并沟线夹

表 11-4-128　　**JBG 型并沟线夹**

型　号	导线外径 （mm）	盖板 数量	主要尺寸（mm）				质量 （kg）
			h	r	L	b	
JBG-1	4.5～11.5	1	60	6	36	43	0.1
JBG-2	4.5～11.5	2	58	7	68	48	0.4
JBG-3	14.0～17.0	2	75	8.5	72	58	0.55
JBG-4	14.0～17.0	2	75	11	80	72	0.75

注　本体和压板为铝合金制件，其余为热镀锌钢制件。

六、保护金具

1. 防振锤 GB 2336—85

见图 11-4-118 和表 11-4-129。

表 11-4-129　　　　　　　　　　　　**FD 和 FG 型防振锤**

型　号	适用绞线截面（mm²）和直径（mm）		简图	主要尺寸（mm）						钢绞线 规格	锤头 质量 （kg）	质量 （kg）
	钢绞线	铝绞线或 钢芯铝绞线		D_1	D	h	l_2	l	l_1			
FD-1		35～50 [7.5～9.6]	(b)	7.8	40	40	40	300	95	7/2.6	0.54	1.5
FD-2		70～95 [10.8～14.0]	(a)	9.0	46	55	45	370	130	7/3.0	0.94	2.4

型号	适用绞线截面(mm²)和直径(mm)		简图	主要尺寸(mm)						钢绞线规格	锤头质量(kg)	质量(kg)
	钢绞线	铝绞线或钢芯铝绞线		D_1	D	h	l_2	l	l_1			
FD-3		120~150 [14.5~17.5]	(a)	11.0	56	65	60	450	150	19/2.2	1.74	4.5
FD-4		185~240 [18.1~22.0]	(a)	11.0	62	70	60	500	175	19/2.2	2.17	5.6
FD-5		300~400 [23.0~29.0]	(a)	13.0	67	70	70	550	200	19/2.6	3.00	7.2
FD-6		500~630 [29.0~35.0]	(a)	13.0	70	75	70	550	200	19/2.6	3.60	8.6
FG-35	35 [7.8]		(b)	9.0	42	50	45	300	100	7/3.0	0.64	1.8
FG-50	50 [9.0~9.6]		(b)	9.0	46	50	45	350	130	7/3.0	0.94	2.4
FG-70	70 [11.0~11.5]		(a)	11.0	56	60	50	400	150	19/2.2	1.74	4.2
FG-100	100 [13.0]		(a)	11.0	62	65	60	500	175	19/2.2	2.40	5.9

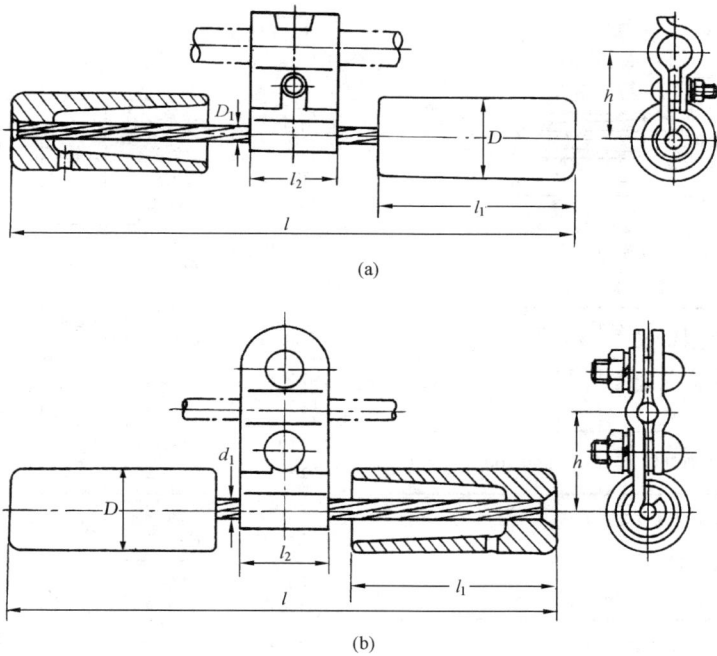

(a)

(b)

图 11-4-118　FD 和 FG 型防振锤

2. 防振锤(FF 型 500kV 线路用)△

见图 11-4-119 和表 11-4-130。

表 11-4-130　　FF 型 500kV 线路防振锤

型号	适用绞线直径(mm)	主要尺寸(mm)					质量(kg)
		l	l_1	D	D_1	h	
FF-5	23.0~28.0	550	200	67	13	70	7.4

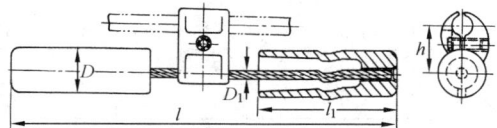

图 11-4-119　FF 型 500kV 线路防振锤

3. 防振锤(FR 型)○

见图 11-4-120 和表 11-4-131。

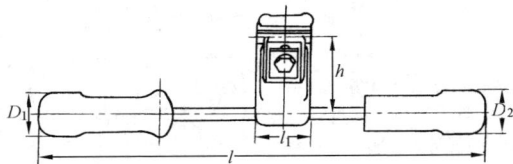

图 11-4-120　FR 型防振锤

表 11-4-131　FR 型 防 振 锤

型　号	导线外径（mm）	主要尺寸（mm）					质量（kg）
		l	D_1	D_2	h	l_1	
FR-1	7-12	429	48	48	81	50	2.7
FR-2	11-22	429	48	48	81	50	2.7
FR-3	18-28	505	57	57	91	60	4.5
FR-4	23-36	550	64	64	97	60	7.5

注　线夹为铝合金,锤径为可锻铸铁,其余为热镀锌钢制件。

4. 防振锤(FFS 型)□

见图 11-4-121 和表 11-4-132。

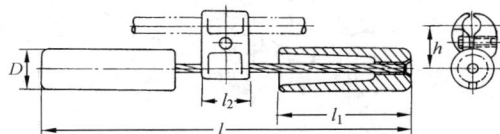

图 11-4-121　FFS 型防振锤

表 11-4-132　FFS 型 防 振 锤

型　号	导线范围		主要尺寸（mm）					质量（kg）
	外径（mm）	面积（mm²）	l_1	D	h	l	l_2	
FFS-5	23.70 ~ 27.40	300 ~ 400	200	67	70.0	550	60	7.40

5. 防振锤(FZR 型)□

见图 11-4-122 和表 11-4-133。

表 11-4-133　FZR 型 防 振 锤

型　号	导线范围	主要尺寸（mm）			质量（kg）
	外径（mm）	h	l	l_1	
FZR-01	5.0 ~ 10.0	55	258	42	1.20
FZR-02	6.0 ~ 12.0	55	307	42	1.65
FZR-03	13.0 ~ 25.0	80	366	50	2.60
FZR-04	21.0 ~ 31.0	91	514	62	4.35
FZR-05	25.0 ~ 38.0	100	526	65	5.20

6. 预绞丝护线条(FYH 型和 FYB 型)GB 2337—85

见图 11-4-123 和表 11-4-134。

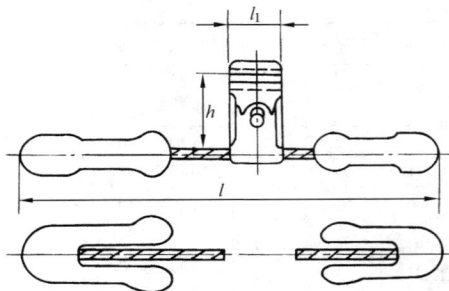

图 11-4-122　FZR 型防振锤

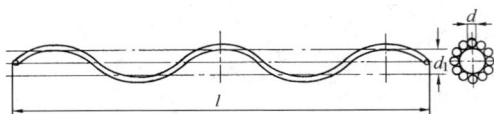

图 11-4-123　FYH 型和 FYB 型
预绞丝护线条

表 11-4-134　FYH 型和 FYB 型预绞丝护线条

型　号	适用导线		主要尺寸（mm）				每组根数	质量（kg）
	型号	外径（mm）	d	d_1	l			
FYH-95/ 15	LGJ-95/ 15	13.61	3.6	11.4	1400		13	0.53
FYH-95/ 20	LGJ-95/ 20	13.87	3.6	11.4	1400		13	0.54
FYH-95/ 55	LGJ-95/ 55	16.00	3.6	13.3	1500		16	0.62
FYH-120/ 7	LGJ-120/ 7	14.50	3.6	12.0	1400		14	0.55
FYH-120/ 20	LGJ-120/ 20	15.07	3.6	12.5	1400		14	0.57
FYH-120/ 25	LGJ-120/ 25	15.74	3.6	13.0	1400		14	0.58
FYH-120/ 70	LGJ-120/ 70	18.00	4.6	14.9	1800		14	0.75
FYH-150/ 8	LGJ-150/ 8	16.00	3.6	13.3	1500		16	0.62
FYH-150/ 20	LGJ-150/ 20	16.67	3.6	14.7	1500		16	0.65
FYH-150/ 25	LGJ-150/ 25	17.10	3.6	14.2	1500		16	0.64
FYH-150/ 35	LGJ-150/ 35	17.50	3.6	14.5	1500		16	0.66
FYH-185/ 10	LGJ-185/ 10	18.00	4.6	14.9	1800		14	1.24
FYH-185/ 25	LGJ-185/ 25	18.90	4.6	15.7	1800		14	1.25

续表

型 号	适用导线 型号	外径 (mm)	d	d₁	l	每组根数	质量 (kg)
FYH-185/30	LGJ-185/30	18.88	4.6	15.7	1800	14	1.26
FYH-185/45	LGJ-185/45	19.60	4.6	16.3	1800	14	1.26
FYH-210/10	LGJ-210/10	19.00	4.6	15.9	1800	14	1.27
FYH-210/25	LGJ-210/25	19.98	4.6	16.6	1800	14	1.28
FYH-210/35	LGJ-210/35	20.38	4.6	16.9	1800	14	1.28
FYH-210/50	LGJ-210/50	20.86	4.6	17.3	1800	14	1.30
FYH-240/30	LGJ-240/30	21.60	4.6	17.9	1900	16	1.44
FYH-240/40	LGJ-240/40	21.66	4.6	17.9	1900	16	1.44
FYH-240/55	LGJ-240/55	22.40	4.6	18.6	1900	16	1.50
FYH-300/15	LGJ-300/15	23.01	6.3	19.1	2000	13	2.30
FYH-300/20	LGJ-300/20	23.43	6.3	19.4	2000	13	2.30
FYH-300/25	LGJ-300/25	23.76	6.3	19.7	2000	13	2.33
FYH-300/40	LGJ-300/40	23.94	6.3	19.9	2000	13	2.34
FYH-300/50	LGJ-300/50	24.26	6.3	20.1	2000	13	2.34
FYH-300/70	LGJ-300/70	25.20	6.3	20.9	2000	13	2.54
FYH-400/20	LGJ-400/20	26.91	6.3	22.3	2200	14	2.80
FYH-400/25	LGJ-400/25	26.64	6.3	22.1	2200	14	2.80
FYH-400/35	LGJ-400/35	26.82	6.3	22.3	2200	14	2.80
FYH-400/50	LGJ-400/50	27.63	6.3	23.0	2200	14	2.80
FYH-400/65	LGJ-400/65	28.00	6.3	23.2	2200	14	2.83
FYH-400/95	LGJ-400/95	29.14	6.3	24.8	2200	14	2.85
FYH-500/35	LGJ-500/35	30.00	6.3	24.9	2500	16	3.48

续表

型 号	适用导线 型号	外径 (mm)	d	d₁	l	每组根数	质量 (kg)
FYH-500/45	LGJ-500/45	30.00	6.3	24.9	2500	16	3.48
FYH-500/65	LGJ-500/65	30.96	6.3	25.7	2500	16	3.50
FYH-630/45	LGJ-630/45	33.60	7.8	27.9	2500	15	5.32
FYH-630/55	LGJ-630/55	34.32	7.8	28.5	2500	15	5.40
FYH-630/80	LGJ-630/80	34.82	7.8	28.9	2500	15	5.40
FYH-800/55	LGJ-800/55	38.40	7.8	31.8	2500	17	6.02
FYH-800/70	LGJ-800/70	38.58	7.8	32.1	2500	17	6.10
FYH-800/100	LGJ-800/100	38.98	7.8	32.3	2500	17	6.20 [60.2]
FYB-95/15 ▭	LGJ-95/15	13.61	3.6	11.4	420	13	0.16
FYB-95/20 ▭	LGJ-95/20	13.87	3.6	11.4	420	13	0.16
FYB-95/55 ▭	LGJ-95/55	16.00	3.6	13.3	420	16	0.17
FYB-120/7 ▭	LGJ-120/7	14.50	3.6	12.0	450	14	0.18
FYB-120/20 ▭	LGJ-120/20	15.07	3.6	12.5	450	14	0.18
FYB-120/25 ▭	LGJ-120/25	15.74	3.6	13.0	450	14	0.18
FYB-150/8 ▭	LGJ-150/8	16.00	3.6	13.3	480	16	0.20
FYB-150/20 ▭	LGJ-150/20	16.67	3.6	14.7	480	16	0.21
FYB-150/25 ▭	LGJ-150/25	17.10	3.6	14.2	480	16	0.21
FYB-150/35 ▭	LGJ-150/35	17.50	3.6	14.5	480	16	0.21

7. 地线接地线夹（YJD 型）△

见图 11-4-124 和表 11-4-135。

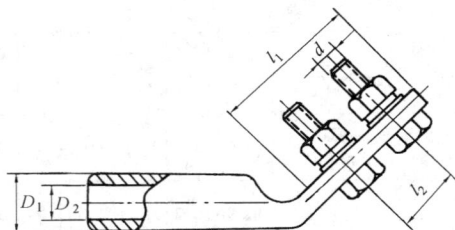

图 11-4-124   YJD 型地线接地线夹

表 11-4-135   YJD 型地线接地线夹

型　号	适用导线		主要尺寸（mm）					质量（kg）
	型号	外径（mm）	l_1	l_2	d	D_1	D_2	
YJD-240Q	LGJQ-240	21.88	100	45	16	38	23.3	0.61

8. 铝包带※

见图 11-4-125 和表 11-4-136。

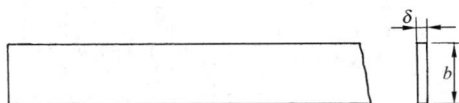

图 11-4-125   铝包带

表 11-4-136   铝包带

公称规格	厚度 δ(mm)		宽度 b(mm)		质　量	
	尺寸	允差	尺寸	允差	kg/m	m/kg
1×10	1.0	±0.03	10	±0.5	0.027	37

9. 悬重锤及其附件※

见图 11-4-126 和表 11-4-137。

表 11-4-137   悬重锤及其附件

编号	名称	型号	质量(kg)	备　注
1	重锤挂板	ZG-1	0.28	适用安装在 XGU-4 悬垂线夹上
		ZG-2	0.29	适用安装在 XGU-5，6 悬垂线夹上
2	重锤座	ZJ-1	1.50	
3	重锤片	ZC-1	15	
4	平行挂板	P-6	0.53	见连接金具

注　每个重锤座，可以安装三片重锤；根据设计需要，每加挂一副 P-6 型平行挂板，可增挂二片重锤。

10. 重锤片（ZC 型 500kV 线路用）△

见图 11-4-127 和表 11-4-138。

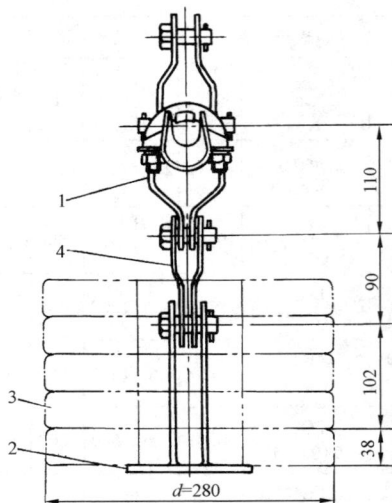

图 11-4-126   悬重锤及其附件

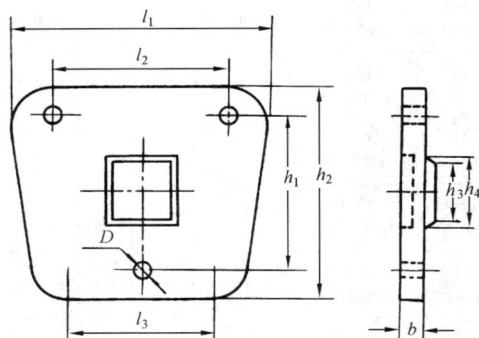

图 11-4-127   ZC 型 500kV 线路重锤

表 11-4-138   ZC 型 500kV 线路重锤片

型号	主要尺寸(mm)									质量(kg)
	l_1	l_2	l_3	h_1	h_2	b	D	h_3	h_4	
ZC-18	350	240	200	220	300	30	24	92	96	21.8

11. 间隔棒（FJQ 型）GB 2338—85

见图 11-4-128 和表 11-4-139。

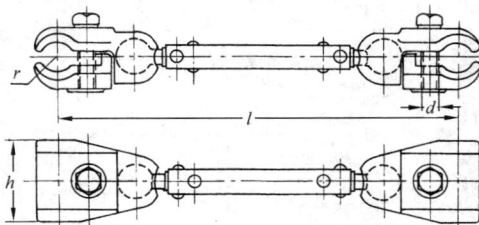

图 11-4-128   FJQ 型间隔棒

表 11-4-139　　　　　　　　　**FJQ 型 间 隔 棒**

型 号	适用导线截面 （mm²）	实用导线外径 （mm）	主要尺寸（mm）				轴向荷 重不小 于（kN）	质量 （kg）
			r	d	l	h		
FJQ-404	185~240	18.1~22.0	11.0	12	400	60	7	1.0
FJQ-405	300~400	23.0~29.0	14.5	12	400	60	10	1.2
FJQ-204	185~240	18.1~22.0	11.0	12	200	60	7	0.85
FJQ-205	300~400	23.0~29.0	14.5	12	200	60	10	1.05
FJQ-455	300~400	23.0~30.8	15.4	16	450	70	10	2.43

12. 双分裂间隔棒（SJ 型）○ ▭

见图 11-4-129 和表 11-4-140。

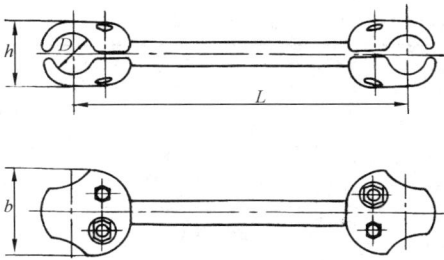

图 11-4-129　SJ 型间隔棒

表 11-4-140　　**SJ 型 间 隔 棒**

型 号	适用导线	主要尺寸（mm）				质量 （kg）
		b	h	L	D	
SJ-51○	LGKK-600	100	80	400	52	2.0
SJ-600 ▭	LGKK-1400	100	80	400	52	2.0

注　线夹和支撑管为铝合金制件,其余为热镀锌钢制件。

13. 双分裂间隔棒○

见图 11-4-130 和表 11-4-141。

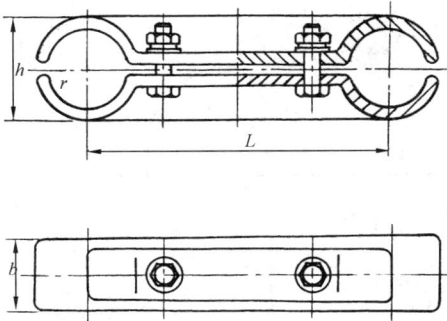

图 11-4-130　MRJ 型间隔棒

表 11-4-141　　**MRJ 型 间 隔 棒**

型 号	适用导线	主要尺寸（mm）				质量 （kg）
		b	h	L	r	
MRJ-600K-120	LGKK-600	50	68	120	26	0.7
MRJ-600K-200	LGKK-600	50	68	200	26	2.2
MRJ-600K-400	LGKK-600	60	70	400	26	2.5
MRJ-600K-450	LGKK-600	60	70	450	26	3.3
MRJ-900K-120	LGKK-900	50	65	120	26	0.7
MRJ-1400-120	LGJQT-1400	50	68	120	26	0.7
MRJ-1400-200	LGJQT-1400	50	68	200	26	2.2
MRJ-1400-400	LGJQT-1400	60	70	400	26	2.5
MRJ-1400-450	LGJQT-1400	60	70	450	26	3.3
MRJ-1440N-200	NAHLGJQ -1440	60	70	200	26	2.2
MRJ-1440N-400	NAHLGJQ -1440	60	70	400	26	2.5

注　线夹本体、螺栓和螺母均为铝合金件,其余为热镀锌钢
制件。

14. 三分裂间隔棒○ ▭

见图 11-4-131 和表 11-4-142。

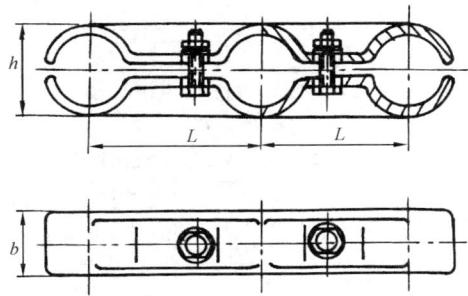

图 11-4-131　MRJ3 型间隔棒

表 11-4-142　　　　MRJ3 型间隔棒

型号	适用导线	主要尺寸（mm）			质量（kg）
		b	h	L	
MRJ3-600K-$\frac{120}{200}$	LGKK-600	50	68	120	2.2
				200	2.7
MRJ3-1400-$\frac{120}{200}$	LGJQT-1400	50	68	120	2.2
				200	2.7
MRJ3-1440N-200	NAHLGJQ-1440	60	70	200	2.7

注　线夹本体、螺栓和螺母为铝合金件，其余为热镀锌钢制件。

15. 间隔棒（SJS 型）□
见图 11-4-132 和表 11-4-143。

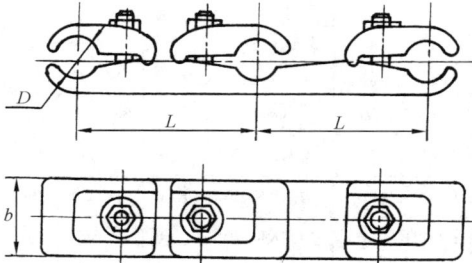

图 11-4-132　SJS 型间隔棒

表 11-4-143　　　　SJS 型间隔棒

型号	导线外径范围（mm）	主要尺寸（mm）			质量（kg）
		L	b	D	
SJS-500/120	30.0~31.0	120	50	31	0.90

16. 间隔棒（TJ 型 500kV 线路跳线用）△
见图 11-4-133 和表 11-4-144。

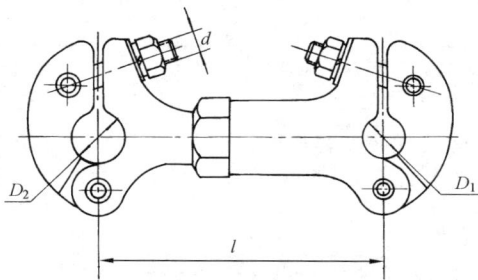

图 11-4-133　TJ2 型 500kV 线
路跳线间隔棒

表 11-4-144　　TJ2 型 500kV 线路跳线间隔棒

型号	适用导线		主要尺寸（mm）				质量（kg）
	型号	外径（mm）	D_1	D_2	l	d	
TJ2-12300 [TJ12300]	LGJQ-300	23.72 [23.76]	18	24	120	10	0.85
TJ2-12400 [TJ12400]	LGJQ-400	27.40 [27.63]	22	27	120	10	0.80

17. 间隔棒（JD4 型 500kV 线路用）△
见图 11-4-134 和表 11-4-145。

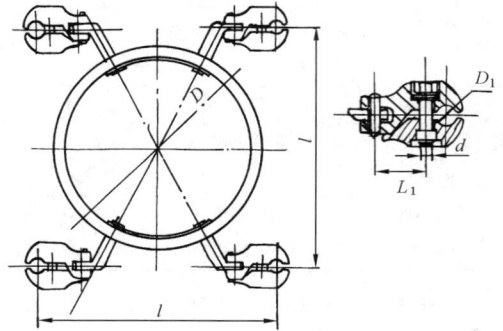

图 11-4-134　JD4 型间隔棒

表 11-4-145　　　　TJ4 型间隔棒

型号	适用导线		主要尺寸（mm）					质量（kg）
	型号	外径（mm）	l	l_1	D	D_1	d	
JD4-45300A	LGJQ-300	23.72	450	63	380	26	16	7.3
JD4-45400A	LGJQ-400	27.40	450	63	380	30	16	7.3

18. 间隔棒（JZX4 型和 JZX 型）△
见图 11-4-135 和表 11-4-146。

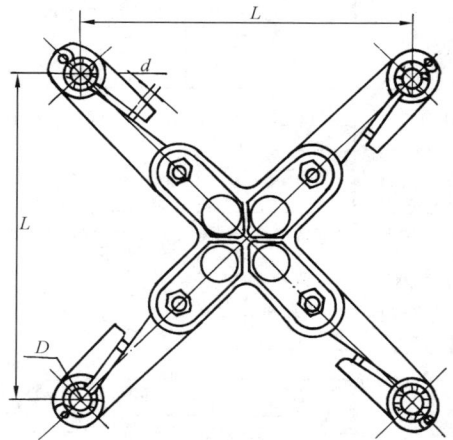

图 11-4-135　JZX4 和 JZX 型间隔棒

表 11-4-146　　JZX4 和 JZX 型间隔棒

型号	适用导线		主要尺寸（mm）			质量（kg）
	型号	外径（mm）	l	D	d	
JZX4-45300 JZX-45300 [ ]△	LGJQ-300	23.72 [23.4~25.2]	450 450	19.0 19.0	12 12	11.6
JZX4-45400 □	LGJQ-400	27.4	450	23.0	12	11.0

19. 间隔棒（JZY4 型和 JZY 型）△

见图 11-4-136 和表 11-4-147。

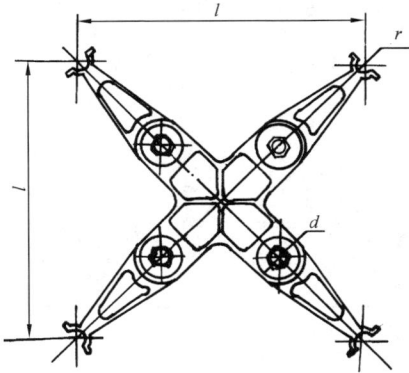

图 11-4-136 JZY4 和 JZY 型间隔棒

表 11-4-147　　**JZY4 型和 JZY 型间隔棒**

型号	适用导线		主要尺寸（mm）			质量（kg）
	型号	外径（mm）	l	r	d	
JZY4-45300 JZY-45300[ ]	LGJQ-300	23.72 [23.4~25.2]	450	16	12	10.72

注　每套间隔棒包括 16 根 φ7.8mm 预绞丝。

20. 间隔棒（FJZ 型）△

见图 11-4-137 和表 11-4-148。

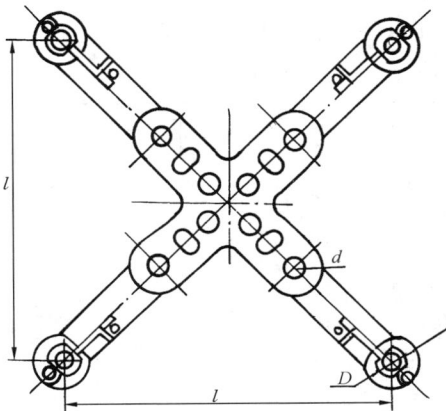

图 11-4-137 FJZ 型间隔棒

21. 间隔棒（JX 型）△

见图 11-4-138 和表 11-4-149。

表 11-4-148　　**FJZ 型间隔棒**

型号	适用导线		主要尺寸（mm）			质量（kg）
	型号	外径（mm）	l	D	d	
FJZ-300	LGJQ-300	23.72 [23.4~25.2]	450	20	12	8.7
FJZ-400	LGJQ-400	27.36 [26.9~28.0]	450	24	12	8.7

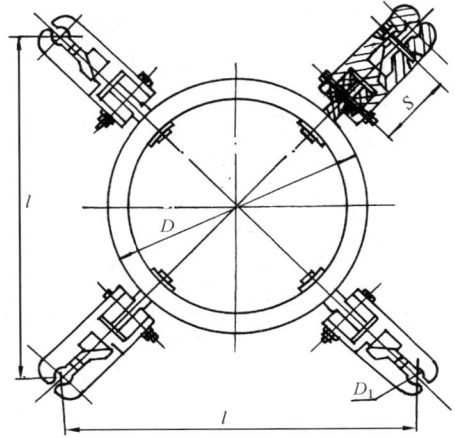

图 11-4-138 JX4 型间隔棒

表 11-4-149　　**JX4 型间隔棒**

型号	适用导线		主要尺寸（mm）				质量（kg）
	型号	外径（mm）	l	S	D	D1	
JX4-45[JX-45]△	LGJQ-300	23.72 [23.76]	450	122	327	26	7.6
JX4-45A○	LGJQ-400	27.4	450	122	327	29	7.6
JX4-45400A▭	LGJQ-400	27.4	450	122	327	29	7.6

22. 阻尼间隔棒（FJZL 型）○

见图 11-4-139 和表 11-4-150。

表 11-4-150　　**FJZL 型间隔棒**

型号	适用导线	主要尺寸（mm）			质量（kg）
		D	d	L	
FJZL-300	LGJ-300/40 LGJQ-300	20	12	450	8.5
FJZL-400	LGJQ-400 LGJJ-400	23.5			
FJZL-300A	LGJ-300 LGJJ-300	21.5			
FJZL-400A	LGJJ-400	25.5			

注　线夹、框架为铝合金制件，阻尼件为合成橡胶，其余为热镀锌钢制件。

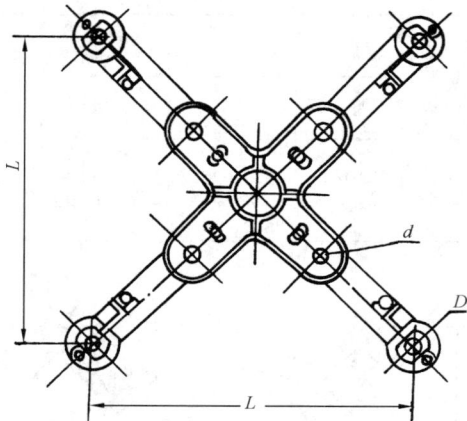

图 11-4-139　FJZL 型间隔棒

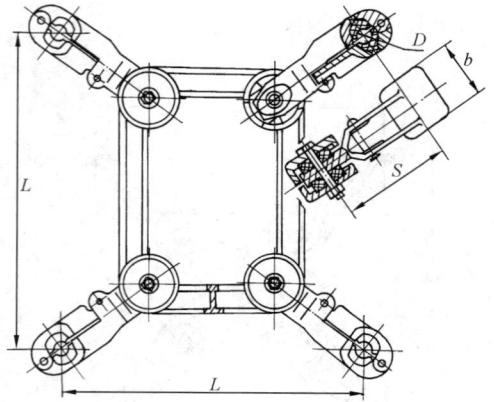

图 11-4-140　JZJ4 型和 JZF 型间隔棒

23. 间隔棒（JZJ4 型和 JZF 型）▭〔〕△

见图 11-4-140 和表 11-4-151。

表 11-4-151　　JZJ4 型和 JZF 型间隔棒

型号	导线范围		主要尺寸（mm）				质量（kg）	备注
	外径（mm）	截面积（mm²）	S	L	b	D		
JZJ4-45300	23.01～23.94	300	160	450	84	20.7	8.10	
JZJ4-45400	26.64～27.63	400	160	450	84	24.2	8.15	
JZF-300〔〕△	23.00～24.50			450		19.4	7.5	JZF型为正方形框架 l = 223mm
JZF-300J〔〕△	24.50～26.00			450		21.4	7.5	
JZF-400〔〕△	26.50～28.00			450		23.0	7.5	
JZF-400〔〕△	28.10～29.50			450		24.6	7.5	

24. 间隔棒（JZJ4 型）▭

见图 11-4-141 和表 11-4-152。

表 11-4-152　　JZJ4 型间隔棒

型号	导线范围		主要尺寸（mm）				质量（kg）
	外径（mm）	截面积（mm²）	S	L	d	b	
JZJ4-45795	28.11～28.14	468～469.6	150	457	16	80	8.20

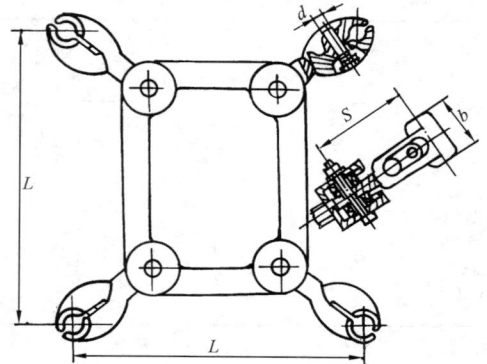

图 11-4-141　JZJ4 型间隔棒

25. 间隔棒（JZH4 型）▭

见图 11-4-142 和表 11-4-153。

表 11-4-153　　JZH4 型间隔棒

型号	导线范围		主要尺寸（mm）				质量（kg）
	外径（mm）	截面积（mm²）	S	L	b	D	
JZH4-45300	23.01～23.94	300	122	450	84	20.7	7.50
JZH4-45400	26.64～27.63	400	122	450	84	24.2	7.55

26. 间隔棒（FTY4 型）▭○

见图 11-4-143 和表 11-4-154。

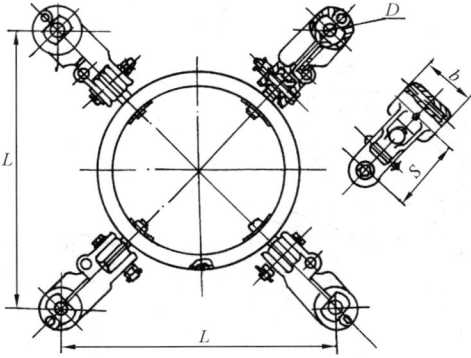

图 11-4-142　JZH4 型间隔棒

见图 11-4-145 和表 11-4-156。

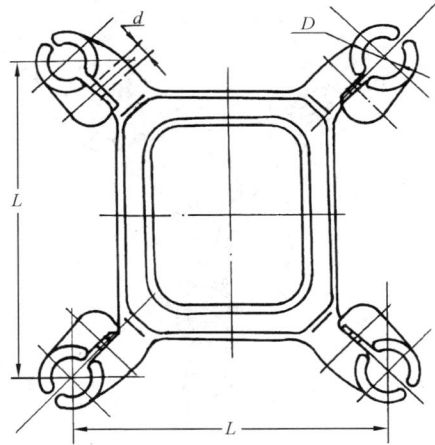

图 11-4-144　MRJ4 型间隔棒

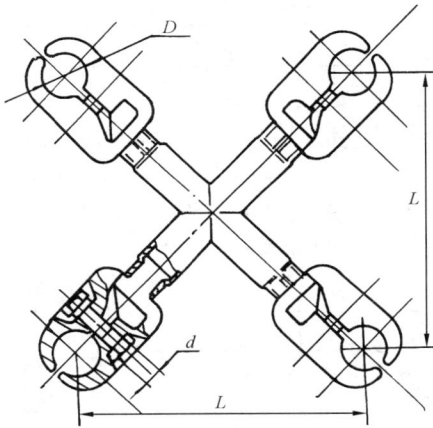

图 11-4-143　FJY4 型间隔棒

表 11-4-154　　　　**FJY4 型间隔棒**

型号	导线范围外径（mm）	主要尺寸（mm）			质量（kg）
		L	d	D	
JT4-45300 ▭	23.70	450	12	24	3.72
JT4-45400 ▭	27.40	450	12	28	3.72
FJY4-20○	23~26	200	12	27	2.7
FJY4-45○	23~26	450	12	27	3.1

27. 间隔棒（MRJ4 型）▭

见图 11-4-144 和表 11-4-155。

表 11-4-155　　　　**MRJ4 型间隔棒**

型号	导线范围外径（mm）	主要尺寸（mm）			质量（kg）
		L	d	D	
MRJ4-1400/400	49.0~51.0	400	12	52	6.70

28. 四分裂阻尼式间隔棒（FJZ 型）○

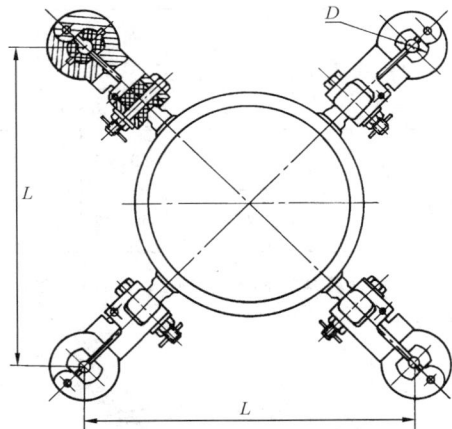

图 11-4-145　FJZ 型间隔棒

表 11-4-156　　　　**FJZ 型间隔棒**

型号	适用导线和直径（mm）	主要尺寸（mm）		质量（kg）	备注
		L	D		
FJZ-445/240 [ ]	[21.5~22.5]	450		6.8	1997 年产品样本，圆圈直径 D = 327mm，螺栓直径 M = 12mm，夹头长度 l = 119mm
FJZ-445/300	LGJQ-300 [23.4~25.2]	450	26	6.8	
FJZ-445/400	LGJQ-400 [26.9~28.0]	450	26	6.8	

注　线夹为铝合金件。阻尼垫为合成橡胶。其余为热镀锌钢制件。

29. 间隔棒（JZX3 型和 JX4 型）▭○

见图 11-4-146 和表 11-4-157。

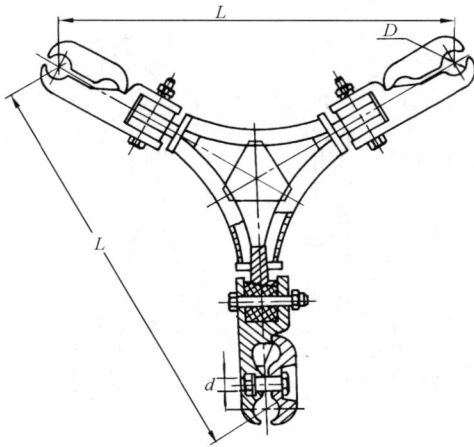

图 11-4-146　JZX3 型和 JX4 型间隔棒

表 11-4-157　　JZX3 型和 JX4 型间隔棒

型号	导线范围外径（mm）	主要尺寸（mm）			质量（kg）
		L	d	D	
JZX3-300▭，JX4-300○	23.70	450	12	26	5.60
JZX3-400▭，JX4-400○	27.40	450	12	26	5.60

30. 均压屏蔽环（FJP 型 500kV 用）GB 2339—85
见图 11-4-147 和表 11-4-158。

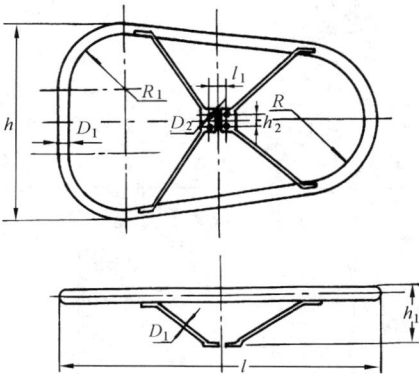

图 11-4-147　FJP 型均压屏蔽环

表 11-4-158　　FJP 型均压屏蔽环

型号	主要尺寸（mm）										质量（kg）
	l	h	h_1	l_1	h_2	R	R_1	D	D_1	D_2	
FJP-500N	1450	900	330	60	60	300	250	50	18	18	18.5[18.2]

31. 均压屏蔽环（FJP 型 500kV 用）GB 2339—85
见图 11-4-148 和表 11-4-159。

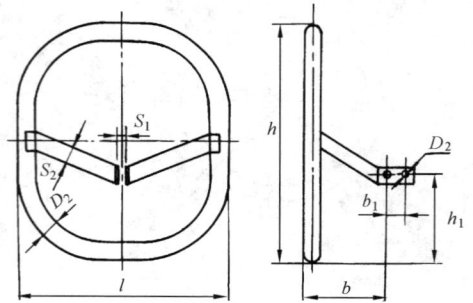

图 11-4-148　FJP 型均压屏蔽环

表 11-4-159　　FJP 型均压屏蔽环

型号	主要尺寸（mm）									质量（kg）
	h	l	h_1	b	b_1	S_1	S_2	D_1	D_2	
FJP-500XL[FJP-500X]	700	600	250	235	60	20	40	50	18	8.63[8.00]

32. 均压屏蔽环（FJP 型 500kV 用）GB 2339—85
见图 11-4-149 和表 11-4-160。

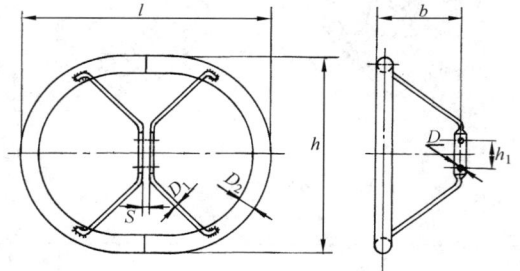

图 11-4-149　FJP 型均压屏蔽环

表 11-4-160　　FJP 型均压屏蔽环

型号	主要尺寸（mm）								质量（kg）
	l	h	b	h_1	D	D_1	D_2	S	
FJP-500XD[FJP-500XDL]	700	600	290	80	18	16	50	20	8.74[8.35]

33. 均压屏蔽环（FJP 型 500kV 用）GB 2339—85
见图 11-4-150 和表 11-4-161。

表 11-4-161　　FJP 型均压屏蔽环

型号	主要尺寸（mm）									质量（kg）
	l	h	b	S_1	S_2	S	D	D_1	D_2	
FJP-500XS FJP-500XS[ ]	1050	600	230	60	50[60]	22	50	18	16	12.3[12.0]

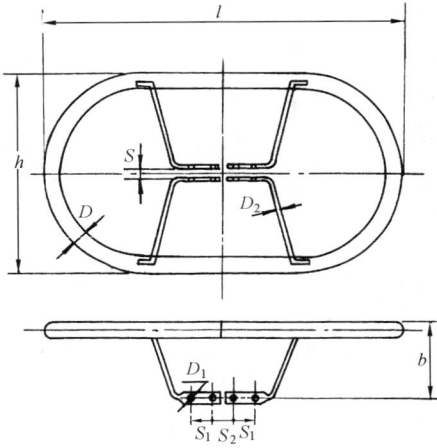

图 11-4-150　FJP 型均压屏蔽环

34. 均压屏蔽环（FJP 型和 J 型 330kV 用）GB 2339—85

见图 11-4-151 和表 11-4-162。

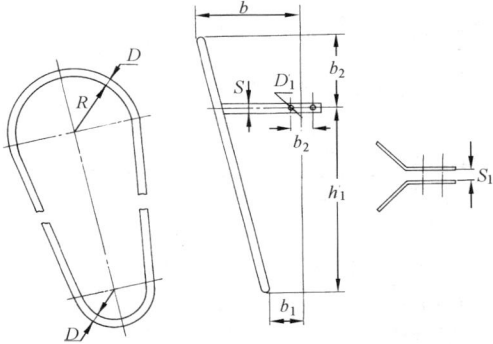

图 11-4-151　FJP 型和 J 型均压屏蔽环

表 11-4-162　　FJP 型和 J 型均压屏蔽环

型号	主要尺寸（mm）											质量（kg）
	h_1	h_2	b	b_1	b_2	S	S_1	R	r	D	D_1	
FJP-330-N	652	352	392	120	80	40	24	220	120	32	18	52 [5.5]
J-330N△	702	372	176	136	80	40	24	220	120	32	18	5.0

35. 均压屏蔽环（FJP 型 330kV 用）GB 2339—85

见图 11-4-152 和表 11-4-163。

表 11-4-163　　FJP 型均压屏蔽环

型号	主要尺寸（mm）									质量（kg）
	S	b_1	b_2	D	h_1	h_2	l	R_1	R_2	
FJP-330-X	18	145	220	32	270	350	800	100	270	4.2 [5.4]
FJP-330-NB	26	150	392	32	320	380	800	100	270	4.8 [5.54]

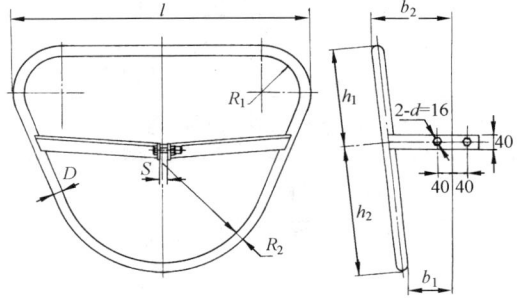

图 11-4-152　FJP 型均压屏蔽环

36. 均压屏蔽环（P 型 330kV 用）GB 2339—85

见图 11-4-153 和表 11-4-164。

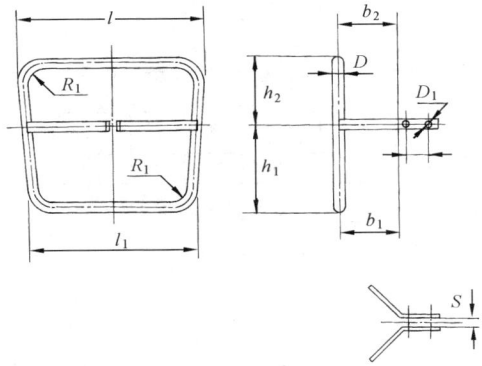

图 11-4-153　P 型均压屏蔽环

表 11-4-164　　P 型均压屏蔽环

型号	主要尺寸（mm）										质量（kg）
	l	l_1	h_1	h_2	S	b_1	b_2	D	R_1	D_1	
P-330X△	800	700	280	380	18	143	163	32	100	18	5.48

37. 均压屏蔽环（PV 型 330kV 用）GB 2339—85

见图 11-4-154 和表 11-4-165。

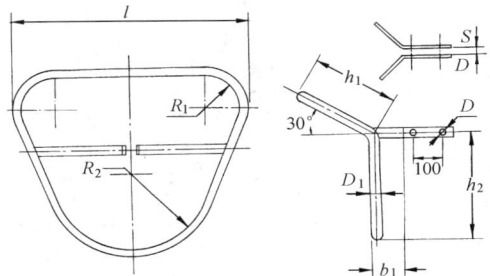

图 11-4-154　PV 型均压屏蔽环

表 11-4-165　　　PV 型均压屏蔽环

型号	主要尺寸（mm）									质量（kg）
	l	D	h_1	h_2	S	b_1	D_1	R_1	R_2	
PV-330△	815	18 [16]	300	390	220	130	32	120	300	4.8

38. 均压屏蔽环（FJP 型）▭

见图 11-4-155 和表 11-4-166。

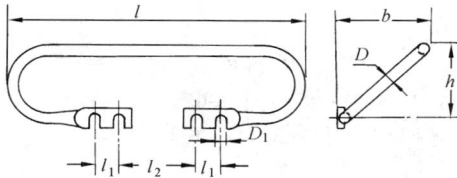

图 11-4-155　FJP 型均压屏蔽环

表 11-4-166　　　FJP 型均压屏蔽环

型号	主要尺寸（mm）						质量（kg）
	l	l_1	l_2	b	h	D_1	D	
FJP-230SL	1060	40	110	250	230	18	32	3.8

39. 均压屏蔽环 ▭

见图 11-4-156 和表 11-4-167。

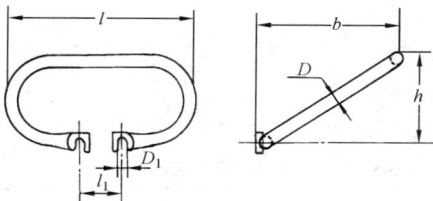

图 11-4-156　FJP 型均压屏蔽环

表 11-4-167　　　FJP 型均压屏蔽环

型号	主要尺寸（mm）						质量（kg）
	l	l_1	b	h	D_1	D	
FJP-230NL	660	60	330	140	18	32	2.2

40. 招弧角 ▭

见图 11-4-157 和表 11-4-168。

表 11-4-168　　　ZHJ 型招弧角

型号	主要尺寸（mm）							额定电压（kV）	质量（kg）
	l_1	D	h	l	S	D_1	D_2		
ZHJ-31	45	14.5	145	345	30	16	30	90	0.98
ZHJ-32	45	14.5	150	395	30	16	40	110～132	1.21
ZHJ-33	45	14.5	150	420	30	16	40	150	1.23
ZHJ-34	45	14.5	203	372	30	16	38	161	1.10
ZHJ-35	45	14.5	270	372	30	16	38	230	1.20

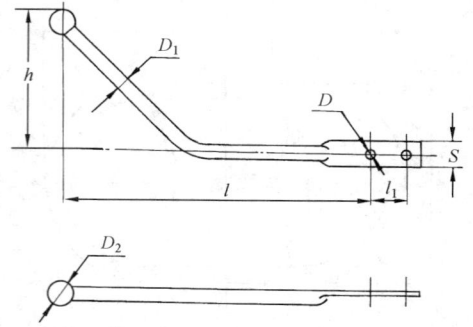

图 11-4-157　ZHJ 型招弧角

41. 招弧角 ▭

见图 11-4-158 和表 11-4-169。

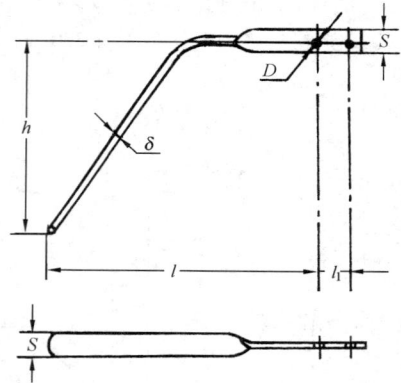

图 11-4-158　ZHJ 型招弧角

表 11-4-169　　　ZHJ 型招弧角

型号	主要尺寸（mm）						额定电压（kV）	质量（kg）
	l_1	D	h	l	δ	S		
ZHJ-41	40	14.5	250	345	6	30	66～90	0.91
ZHJ-42	40	14.5	265	395	6	30	110～132	0.97

42. 招弧角 ▭

见图 11-4-159 和表 11-4-170。

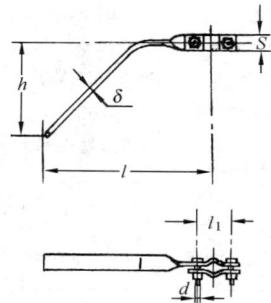

图 11-4-159　ZHJ 型招弧角

表 11-4-170　　　　**ZHJ 型招弧角**

型号	主要尺寸（mm）						额定电压（kV）	质量（kg）
	l_1	d	h	l	δ	S		
ZHJ-51	60	12	180	300	6	30	66	0.90
ZHJ-52	60	12	190	300	6	30	90	0.92
ZHJ-53	60	12	195	350	6	30	110~132	0.99

43. 招弧角 ▭

见图 11-4-160 和表 11-4-171。

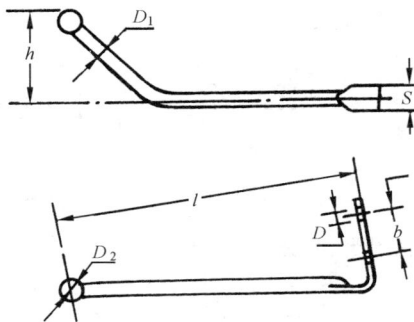

图 11-4-160　ZHJ 型招弧角

表 11-4-171　　　　**ZHJ 型招弧角**

型号	主要尺寸（mm）							额定电压（kV）	质量（kg）
	b	D	h	l	S	D_1	D_2		
ZHJ-61	60	14.5	125	290	30	16	30	90	0.95
ZHJ-62	60	14.5	125	340	30	16	40	110~132	1.19
ZHJ-63	60	14.5	125	365	30	16	40	150	1.22
ZHJ-64	60	14.5	140	340	30	16	40	110~132	1.23
ZHJ-65	60	14.5	140	365	30	16	40	150	1.24
ZHJ-66	60	14.5	190	340	30	16	40	110~132	1.26
ZHJ-67	60	14.5	200	365	30	16	40	150	1.28

44. 招弧角 ▭

见图 11-4-161 和表 11-4-172。

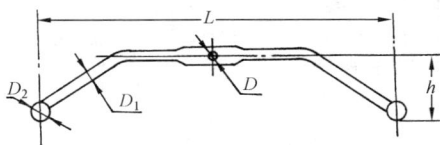

图 11-4-161　ZHJ 型招弧角

表 11-4-172　　　　**ZHJ 型招弧角**

型号	主要尺寸（mm）					额定电压（kV）	质量（kg）
	D	h	L	D_1	D_2		
ZHJ-01	14.5	197	712	16	38	138	1.20
ZHJ-02	14.5	197	762	16	38	161~230	1.26

45. 招弧角 ▭

见图 11-4-162 和表 11-4-173。

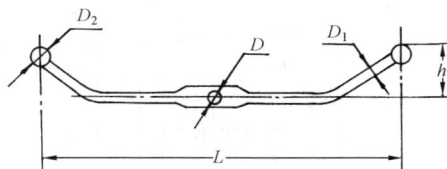

图 11-4-162　ZHJ 型招弧角

表 11-4-173　　　　**ZHJ 型招弧角**

型号	主要尺寸（mm）					额定电压（kV）	质量（kg）
	D	h	L	D_1	D_2		
ZHJ-11	14.5	114	712	16	38	138	1.15
ZHJ-12	14.5	114	762	16	38	161	1.20

46. 招弧角 ▭

见图 11-4-163 和表 11-4-174。

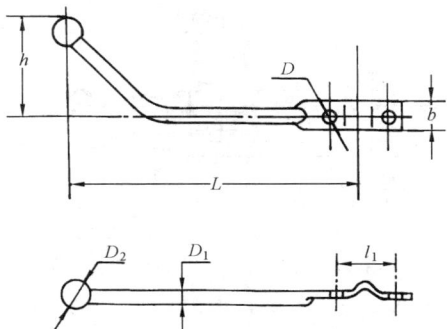

图 11-4-163　ZHJ 型招弧角

表 11-4-174　　　　**ZHJ 型招弧角**

型号	主要尺寸（mm）						额定电压（kV）	质量（kg）
	l_1	D	h	L	b	D_1	D_2		
ZHJ-21	60	14.5	105	300	30	16	30	90	0.86
ZHJ-22	60	14.5	110	350	30	16	40	110~132	1.13
ZHJ-23	60	14.5	115	375	30	16	40	150	1.15

七、拉线金具

1. 楔型线夹 GB 2320.5—85

见图 11-4-164 和表 11-4-175。

表 11-4-175　　　　**NX 型楔型线夹**

型号	适用钢绞线		主要尺寸（mm）				破坏荷重不小于（kN）	质量（kg）
	型号	外径（mm）	b	d	l	r		
NX-1	GJ-25~35	6.6~7.8	18	16	150	6.0	45	1.19 [1.20]

续表

型号	适用钢绞线		主要尺寸（mm）				破坏荷重不小于（kN）	质量（kg）
	型号	外径（mm）	b	d	l	r		
NX-2	GJ-50～70 [80]	9.0～11.0 [11.5]	20	18	180	7.3	88	1.76
LX-3※	GJ-100～120	13.0～14.0	24	24	200	7.3	143	3.20
LX-4※	GJ-135～150	15.0～16.0	28	27	220	8.0	164	5.30

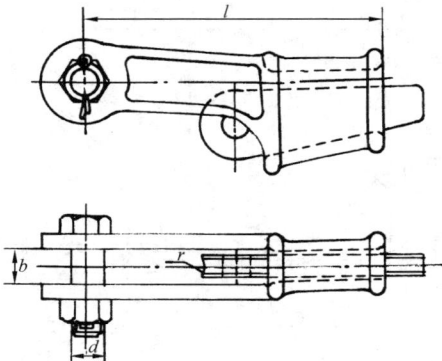

图 11-4-164　NX 型楔型线夹

2. UT 型线夹（可调式）GB 2320.5—85

见图 11-4-165 和表 11-4-176。

表 11-4-176　　　UT 型可调式线夹

型号	适用钢绞线		主要尺寸（mm）				破坏荷重不小于（kN）	质量（kg）
	型号	外径（mm）	d	l	l_1	b		
NUT-1	GJ-25～35	6.6～7.8	16	350 [370]	200	56	45	2.1
NUT-2	GJ-50～70 [80]	9.0～11.0 [11.5]	18	430 [452]	250	62	88	3.2
NUT-3	GJ-100～120	13.0～14.0	22	500	300	74	143	5.4
NUT-4	GJ-135～150	15.0～16.0	24	580	350	82	164	7.0

注　NUT-3、NUT-4 两种线夹为 1985 年产品，U 型螺丝上带有顶杠。

3. UT 型线夹（不可调式）GB 2320.5—85

见图 11-4-166 和表 11-4-177。

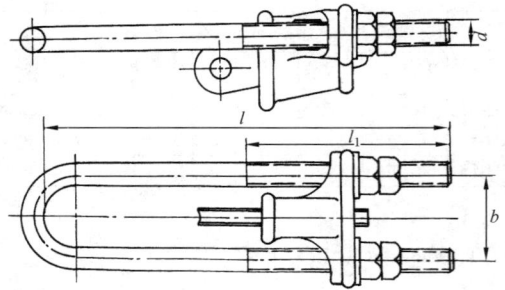

图 11-4-165　UT 型可调式线夹

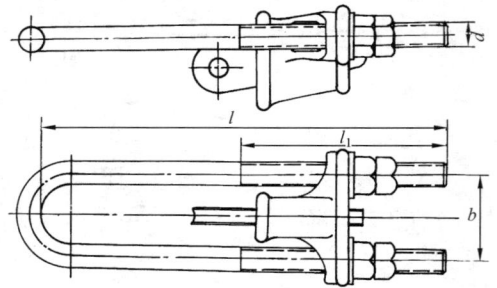

图 11-4-166　UT 型不可调式线夹

表 11-4-177　　　UT 型不可调式线夹

型号	适用钢绞线		主要尺寸（mm）				破坏荷重不小于（kN）	质量（kg）
	型号	外径（mm）	d	l	l_1	b		
NU-3	GJ-100～120	13.0～14.0	22	290	60	74	143	4.21
NU-4	GJ-135～150	15.0～16.0	24	340	70	82	164	7.27

4. 耐张线夹（NYF 型）▭

见图 11-4-167 和表 11-4-178。

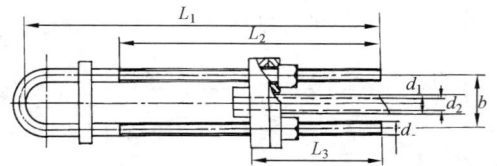

图 11-4-167　NYF 型耐张线夹

表 11-4-178　　　NYF 型耐张线夹

型号	导线外径范围（mm）	主要尺寸（mm）							破坏荷重（kN）	质量（kg）
		d	L_1	L_2	L_3	b	d_1	d_2		
NYF-35	7.8	16	280	200	140	66	16	8.4	47	2.50

续表

型号	导线外径范围（mm）	主要尺寸（mm）							破坏荷重（kN）	质量（kg）
		d	L_1	L_2	L_3	b	d_1	d_2		
NYF-50	9.0	18	330	250	160	74	18	9.7	62	3.60
NYF-70	11.0	18	330	250	190	74	22	11.7	91	5.76
NYF-100	13.0	22	400	300	220	86	26	13.7	123	7.60
NYF-120	14.0	22	400	300	220	86	28	14.7	143	7.90
NYF-135	15.0	24	470	350	250	94	30	15.7	164	8.40
NYF-165	16.8	27	480	350	280	104	34	17.5	195	12.20
NYF-180	17.5	27	480	350	280	104	36	18.4	212	12.50

5. 压接式 NLY 型线夹（可调式）○[ ]

见图 11-4-168 和表 11-4-179-1、表 11-4-179-2。

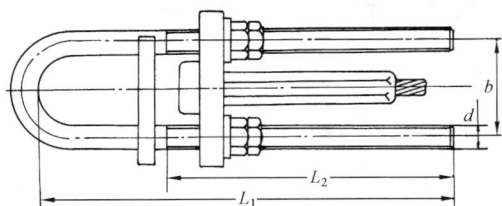

图 11-4-168 NLY 型压接式可调线夹

表 11-4-179-1 NLY 型压接式可调线夹

型号	适用导线	主要尺寸（mm）				破坏荷重（kN）	质量（kg）
		b	d	L_1	L_2		
NLY-120	GJ-120	94	24	580	400	196	7.9
NLY-135	GJ-135	94	24	580	400	196	8.4
NLY-150	GJ-150	104	24	580	400	245	12.2
NLY-165	GJ-165	104	27	588	400	255	12.5
NLY-180	GJ-180	114	30	640	450	300	13.6
NLY-195	GJ-195	114	30	640	460	300	14.4

注 热镀锌钢制件。

表 11-4-179-2 [ ]

型号	适用钢绞线		主要尺寸（mm）				握着力不小于（kN）	质量（kg）
	标准	标记	b	d	l_1	l_2		
NLY-100B	GB1200-75 125kg/ mm²	1×19-13	84	22	420	300	120	5.69
NLY-120B		1×19-14	94	24	480	340	140	7.28
NLY-135B		1×19-15	94	24	480	340	155	7.68

续表

型号	适用钢绞线		主要尺寸（mm）				握着力不小于（kN）	质量（kg）
	标准	标记	b	d	l_1	l_2		
NLY-100C	GB1200-88 1370N / mm²	1×19-13	94	22	420	300	130	5.83
NLY-125C		1×19-14.5	96	24	480	340	165	7.87
NLY-150C		1×19-16	104	27	550	380	200	11.84

6. 拉线用 U 型挂环 GB 2325—85

见图 11-4-169 和表 11-4-180。

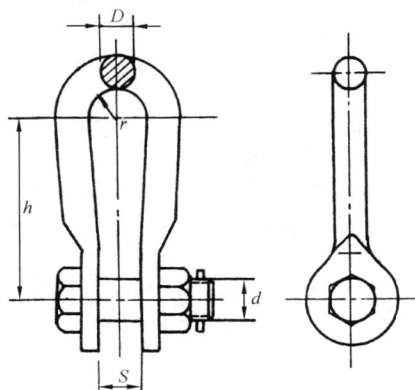

图 11-4-169 拉线用 U 型挂环

表 11-4-180 拉线用 U 型挂环

型号	主要尺寸（mm）					破坏荷重不小于（kN）	质量（kg）
	S	d	D	h	r		
UL-7	20	16	16	120	15	69 [70]	0.65
UL-10 [UL-12]	22	18	18	140	17	98 [100]	0.92
	24	22	20	140	18	120	1.40
UL-16	26	24	22	140	19	157 [160]	1.64
UL-20 [21]	30	27	24	160	22	196 [210]	2.90

7. 钢线卡子（JK 型）GB 2334—85

见图 11-4-170 和表 11-4-181。

表 11-4-181 JK 型钢线卡子

型号	适用钢绞线		主要尺寸（mm）				质量（kg）
	型号	外径（mm）	d	h	s	r	
JK-1	GJ-25～35	6.6～7.8	10	54	22	5	0.18 [0.20]
JK-2	GJ-50～70	9.0～11.0 [11.5]	10	72	28	6	0.30 [0.32]

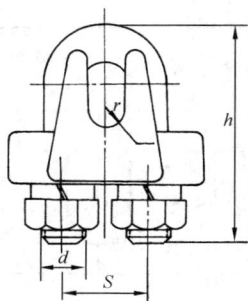

图 11-4-170　JK 型钢线卡子

8. 双拉线用联板（LV 型）GB 2328—85

见图 11-4-171 和表 11-4-182。

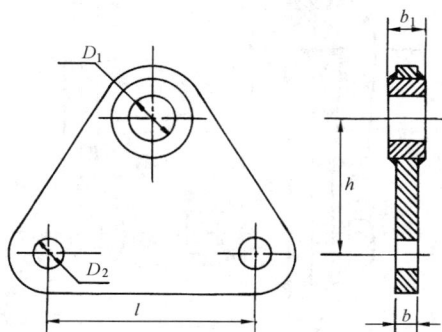

图 11-4-171　LV 型双拉线联板

表 11-4-182　　LV 型双拉线联板

型号	主要尺寸（mm）						破坏荷重不小于（kN）	质量（kg）
	b	b_1	h	D_1	D_2	l		
LV-1214	16	16	90	24	20	140	118	2.35
LV-2015	16	24	100	30	24	150	196	2.50
LV-3018	18	32	120	39	26	180	294	5.90

9. 平行挂板（PD 型）GB 2327—85

见图 11-4-172 和表 11-4-183。

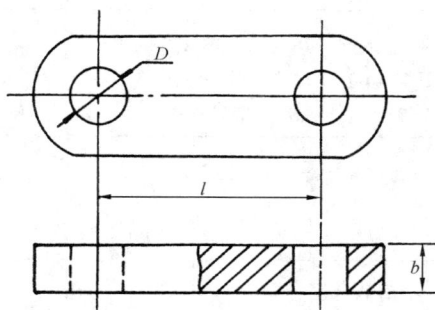

图 11-4-172　PD 型平行挂板

表 11-4-183　　PD 型平行挂板

型号	主要尺寸（mm）			破坏荷重不小于（kN）	质量（kg）
	b	D	l		
PD-7	16	18	70	69 ［70］	0.45
PD-10	18 ［16］	20	80	98 ［100］	0.67
PD-12	20 ［16］	24	100	118 ［120］	0.94

八、T 接金具

1. T 形线夹（螺栓型）GB 2340—85

见图 11-4-173 和表 11-4-184。

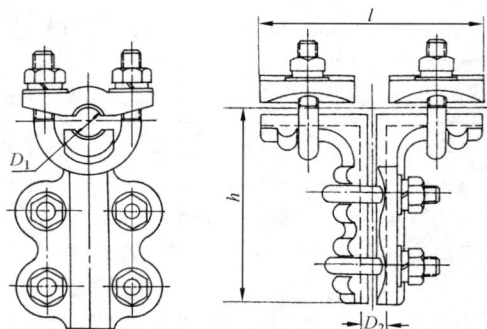

图 11-4-173　TL 型螺栓 T 型线夹

表 11-4-184　　TL 型螺栓 T 型线夹

型号	适用导线截面（mm²） 母线/引下线		主要尺寸（mm）				质量（kg）
			D_1	D_2	h	l	
TL-11	35~50/35~50		10	10	102	118	0.71
TL-21	70~95/35~50		14	10	103	118	0.78
TL-22	70~95/70~95			14	103	120	0.79
TL-31	120~150/35~50		17 ［18］	10		118	1.07
TL-32	120~150/70~95			14		120	1.06
TL-33	120~150/120~150			17 ［18］		120	1.05
TL-41	185~240/35~50		22	10	117	118	1.13
TL-42	185~240/70~95			14		120	1.13
TL-43	185~240/120~150			17 ［18］		120	1.12
TL-44	185~240/185~240			22		120	1.17

2. T 型线夹（压缩型）GB 2340—85

见图 11-4-174 和表 11-4-185。

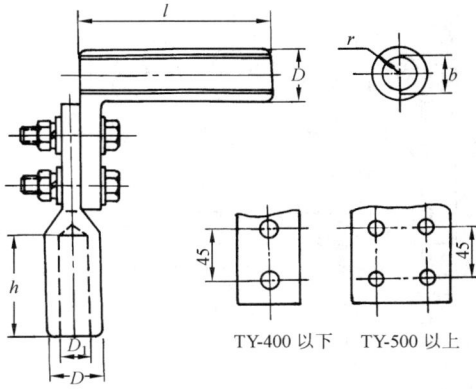

图 11-4-174　TY 型压缩 T 型线夹

表 11-4-185　　　TY 型压缩 T 型线夹

型号	适用导线		主要尺寸（mm）						质量（kg）
	型号	外径（mm）	b	D	l	h	D₁	r	
TY-120/7	LGJ-120/7	14.50	16	26	115	80	16.0	8.0	0.95 [0.68]
TY-150/8	LGJ-150/8	16.00	18	30	125	90	17.5	9.0	0.98 [0.77]
TY-150/20	LGJ-150/20	16.67	18	30	125	90	18.0	9.0 [9.5]	1.08 [0.77]
TY-185/10	LGJ-185/10	18.00	21	32	125	90	19.5	10.5 [9.9]	1.15 [0.87]
TY-185/25	LGJ-185/25	18.90	21	32	125	90	20.5	10.5 [10.4]	1.15 [0.87]
TY-210/10	LGJ-210/10	19.00	22	34	135	100	20.5	11.0 [10.3]	1.35 [0.95]
TY-210/25	LGJ-210/25	19.98	22	34	135	100	21.5	11.0 [10.9]	1.35 [0.95]
TY-240/30	LGJ-240/30	21.60	24	36	135	100	23.0	12.0 [11.7]	1.48 [1.01]
TY-300/15	LGJ-300/15	23.01	26	40	135	100	24.5	13.0 [12.3]	1.64 [1.68]
TY-300/20	LGJ-300/20	23.43	26	40	145	110	25.0	13.0 [12.6]	1.64 [1.68]
TY-300/25	LGJ-300/25	23.76	26	40	145	110	25.5	13.0 [12.9]	1.60 [1.68]
TY-300/40	LGJ-300/40	23.94	26	40	145	110	25.5	13.0 [12.9]	1.60 [1.68]
TY-400/20	LGJ-400/20	26.91	29 [30]	45	155	120	28.5	14.5 [14.4]	1.83 [1.86]
TY-400/25	LGJ-400/25	26.64	29 [30]	45	155	120	28.5	14.5 [14.4]	1.83 [1.86]
TY-400/35	LGJ-400/35	26.82	29 [30]	45	155	120	28.5	14.5 [14.4]	1.83 [1.86]
TY-400/50	LGJ-400/50	27.63	29 [30]	46	155	120	29.5	14.5 [14.9]	1.83 [1.86]

续表

型号	适用导线		主要尺寸（mm）						质量（kg）
	型号	外径（mm）	b	D	l	h	D₁	r	
TY-500/35	LGJ-500/35	30.00	32	52	165	130	31.5	16.0 [15.8]	2.65 [2.34]
TY-500/45	LGJ-500/45	30.00	32	52	165	130	31.5	16.0 [15.8]	2.65 [2.34]
TY-500/65	LGJ-500/65	30.96	32	52	165	130	32.5	16.0 [16.4]	2.60 [2.34]
TY-630/45	LGJ-630/45	33.60	36	60	185	150	35.5	18.0 [17.9]	3.05 [4.18]
TY-630/55	LGJ-630/55	34.32	36	60	185	150	36.0	18.0 [18.2]	3.05 [4.18]
TY-630/80	LGJ-630/80	34.82	36	60	185	150	36.5	18.0 [18.4]	3.05 [4.18]
TY-800/55	LGJ-800/55	38.40	40 [41]	65	210	170	40.0	20.0 [20.2]	3.35 [5.53]
TY-800/70	LGJ-800/70	38.58	41	65	210	170	40.5	20.5 [20.2]	3.35 [5.53]
TY-800/100	LGJ-800/100	38.98	41	65	210	170	40.5	20.5 [20.2]	3.35 [5.53]

3. T 型线夹（TV2 型）※

见图 11-4-175 和表 11-4-186。

表 11-4-186　　　TY2 型 T 型线夹

型号	适用导线		主要尺寸（mm）					质量（kg）
	型号	外径（mm）	D₁	b	D	h	l	
TY2-240	LGJ-240	21.6	23	24	38	128.5	170	0.94
TY2-300	LGJ-300 LGJQ-300	24.2 23.5	25.6	26.2	40	132.4	180	1.00
TY2-400	LGJ-400 LGJQ-400	28.0 27.2	29.6	30	45	140.5	190	1.14
TY2-500	LGJQ-500	30.2	32	33	50	139.0	200	1.29
TY2-600	LGJQ-600	35.1	35	36	55	142.5	220	1.55

4. T 型线夹（TYJ）型△

见图 11-4-176 和表 11-4-187。

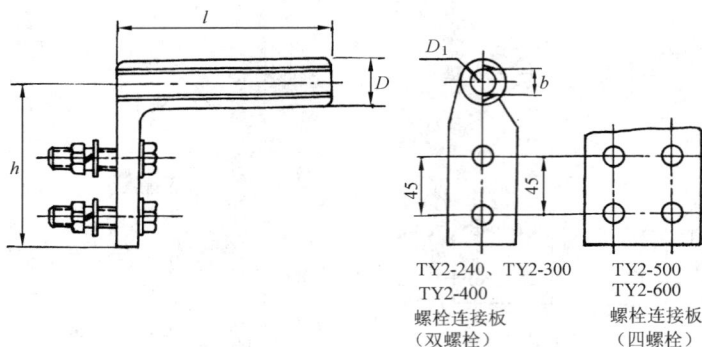

图 11-4-175　TY2 型 T 型线夹

（左侧图文）

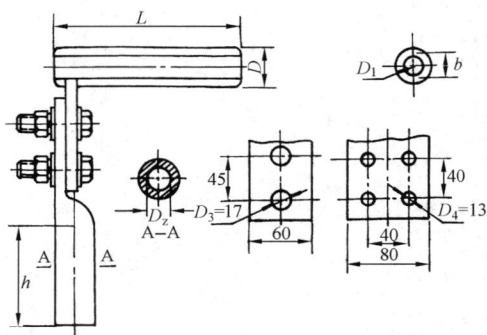

图 11-4-176　TYJ 型 T 型线夹

表 11-4-187　　　TYJ 型 T 型线夹

型　号	适用导线		主要尺寸（mm）						质量（kg）
	型号	外径（mm）	D_1	b	D	l	h	D_2	
TYJ-240	LGJ-240	21.28	23	24	38	170	100	23	1.21
TYJ-300	LGJ-300 LGJQ-300	25.20 23.70	25.6	26.2	40	180	110	25.5	1.51
TYJ-400	LGJ-400 LGJQ-400	27.68 27.36	29.6	30	45	190	120	29.5	1.75
TYJ-500	LGJQ-500	30.16	32	33	50	200	130	32	2.12
TYJ-600	LGJQ-600	33.20	35	36	55	220	150	35	2.05

5. T 型线夹（TY2J 型）△

见图 11-4-177 和表 11-4-188。

表 11-4-188　　　TY2J 型 T 型线夹

型　号	适用导线		主要尺寸（mm）				质量（kg）
	型号	外径（mm）	D_1	b	D	L	
TY2J-240	LGJ-240	21.28	23	24	38	170	0.75
TY2J-300	LGJ-300 LGJQ-300	25.20 23.70	25.6	26.2	40	180	1.01
TY2J-400	LGJ-400 LGJQ-400	27.68 27.36	29.6	30	45	190	1.12

续表

型　号	适用导线		主要尺寸（mm）				质量（kg）
	型号	外径（mm）	D_1	b	D	L	
TY2J-500	LGJQ-500	30.16	32	33	50	200	1.30
TY2J-600	LGJQ-600	33.20	35	36	55	220	1.55

△　本线夹主体与抽匣均为冷拔管加工制造，适用于液压压缩或爆压接续。可代替原铸造 T 型线夹。由四平线路器材厂按企标生产。

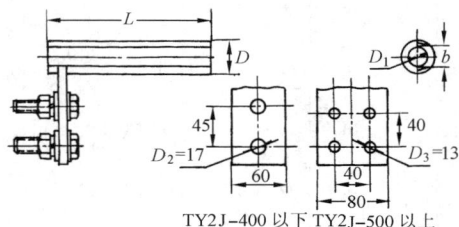

图 11-4-177　TY2J 型 T 型线夹

第五节　钢　　材

一、角钢

（一）热轧等边角钢尺寸、外形、质量及允许偏差（GB 9787—88）

1. 适用范围

本标准适用于热轧等边角钢。

2. 尺寸

（1）截面尺寸及允许偏差：

1）等边角钢的截面图示及标注符号如图 11-5-1 所示。

2）等边角钢的尺寸、截面面积、理论质量及截面特性参数应符合表 11-5-1 的规定。

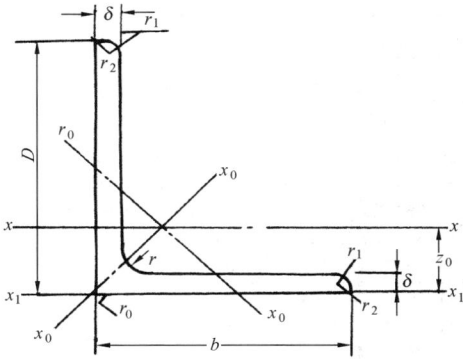

图 11-5-1 等边角钢尺寸图

b—边宽度；I—惯性矩；δ—边厚度；W—截面系数；r—内圆弧半径；i—惯性半径；r_1—边端内圆弧半径，$r_1 = \frac{1}{3}\delta$；Z_0—重心距离

3）截面尺寸允许偏差。等边角钢的边宽度 b、

边厚度 δ 尺寸允许偏差应符合表 11-5-2 的规定。

（2）长度及允许偏差：

1）通常长度。等边角钢的通常长度应符合表 11-5-3 的规定。

2）定尺、倍尺长度。等边角钢按定尺或倍尺长度交货时，应在合同中注明，其长度允许偏差为 $^{+50}_{0}$ mm。

3. 质量及允许偏差

（1）等边角钢按理论质量或实际质量交货。

（2）等边角钢计算理论质量时，钢的密度为 7.85g/cm³。

（3）根据双方协议，等边角钢每米质量允许偏差不得超过 $^{+3}_{-5}$%。

4. 标记示例

普通碳素钢甲类 3 号镇静钢，尺寸为 160mm×160mm×16mm 的热轧等边角钢标记为：

热轧等边角钢 $\frac{160 \times 160 \times 16 - GB\ 9787 - 88}{A3 - GB\ 700 - 88}$

表 11-5-1   热轧等边角钢规格及截面特性表 （根据 GB 9787-88）

| 型号 | 尺寸(mm) | | | 截面面积 A(cm²) | 质量 (kg/m) | 表面积 (m²/m) | $x-x$ | | | | x_0-x_0 | | | y_0-y_0 | | | x_1-x_1 | Z_0 (cm) |
	b	δ	r				I_x (cm⁴)	i_x (cm)	W_{xmin} (cm³)	W_{xmax} (cm³)	I_{x0} (cm⁴)	i_{x0} (cm)	W_{x0} (cm³)	I_{y0} (cm⁴)	i_{y0} (cm)	W_{y0} (cm³)	I_{x1} (cm⁴)	
2	20	3	3.5	1.132	0.889	0.078	0.40	0.59	0.29	0.67	0.63	0.75	0.45	0.17	0.39	0.20	0.81	0.60
		4		1.459	1.145	0.077	0.50	0.58	0.36	0.78	0.78	0.73	0.55	0.22	0.38	0.24	1.09	0.64
2.5	25	3	3.5	1.432	1.124	0.098	0.82	0.76	0.46	1.12	1.29	0.95	0.73	0.34	0.49	0.33	1.57	0.73
		4		1.859	1.459	0.097	1.03	0.74	0.59	1.36	1.62	0.93	0.92	0.43	0.48	0.40	2.11	0.76
3.6	30	3	4.5	1.749	1.373	0.117	1.46	0.91	0.68	1.72	2.31	1.15	1.09	0.61	0.59	0.51	2.71	0.85
		4		2.276	1.787	0.117	1.84	0.90	0.87	2.07	2.92	1.13	1.37	0.77	0.58	0.62	3.63	0.89
3.6	36	3	4.5	2.109	1.656	0.141	2.58	1.11	0.99	2.58	4.09	1.39	1.61	1.07	0.71	0.76	4.68	1.00
		4		2.756	2.163	0.141	3.29	1.09	1.28	3.16	5.22	1.38	2.05	1.37	0.70	0.93	6.25	1.04
		5		3.382	2.655	0.141	3.95	1.08	1.56	3.69	6.24	1.36	2.45	1.65	0.70	1.00	7.84	1.07
4	40	3	5	2.359	1.852	0.157	3.59	1.23	1.23	3.38	5.69	1.55	2.01	1.49	0.79	0.96	6.41	1.09
		4		3.086	2.423	0.157	4.60	1.22	1.60	4.07	7.29	1.54	2.58	1.91	0.79	1.19	8.56	1.13
		5		3.792	2.977	0.156	5.53	1.21	1.96	4.73	8.76	1.52	3.10	2.30	0.78	1.39	10.74	1.17
4.5	45	3	5	2.659	2.083	0.177	5.17	1.39	1.58	4.24	8.20	1.76	2.58	2.14	0.90	1.24	9.12	1.22
		4		3.486	2.737	0.177	6.65	1.38	2.05	5.28	10.56	1.74	3.32	2.75	0.89	1.54	12.18	1.26
		5		4.292	3.369	0.176	8.04	1.37	2.51	6.18	12.74	1.72	4.00	3.33	0.88	1.81	15.25	1.30
		6		5.076	3.985	0.176	9.33	1.36	2.95	7.02	14.76	1.71	4.64	3.89	0.88	2.06	18.36	1.33
5	50	3	5.5	2.971	2.332	0.197	7.18	1.55	1.96	5.36	11.37	1.96	3.22	2.98	1.00	1.57	12.50	1.34
		4		3.897	3.059	0.197	9.26	1.54	2.56	6.71	14.69	1.94	4.16	3.82	0.99	1.96	16.69	1.38
		5		4.803	3.770	0.196	11.21	1.53	3.13	7.89	17.79	1.92	5.03	4.63	0.98	2.31	20.90	1.42
		6		5.688	4.465	0.196	13.05	1.51	3.68	8.94	20.68	1.91	5.85	5.42	0.98	2.63	25.14	1.46
5.6	56	3	6	3.343	2.624	0.221	10.19	1.75	2.48	6.89	16.14	2.20	4.08	4.24	1.13	2.02	17.56	1.48
		4		4.390	3.446	0.220	13.18	1.73	3.24	8.61	20.92	2.18	5.28	5.45	1.11	2.52	23.43	1.53
		5		5.415	4.251	0.220	16.02	1.72	3.97	10.20	25.42	2.17	6.42	6.61	1.10	2.98	29.33	1.57
		8		8.367	6.568	0.219	23.63	1.68	6.03	14.07	37.37	2.11	9.44	9.89	1.09	4.16	47.24	1.68

续表

型号	尺寸(mm)			截面面积 A(cm²)	质量 (kg/m)	表面积 (m²/m)	$x-x$				x_0-x_0			y_0-y_0			x_1-x_1	Z_0 (cm)
	b	δ	r				I_x (cm⁴)	i_x (cm)	W_{xmin} (cm³)	W_{xmax} (cm³)	I_{x0} (cm⁴)	i_{x0} (cm)	W_{x0} (cm³)	I_{y0} (cm⁴)	i_{y0} (cm)	W_{y0} (cm³)	I_{x1} (cm⁴)	
6.3	63	4	7	4.978	3.907	0.248	19.03	1.96	4.13	11.19	30.17	2.46	6.77	7.89	1.26	3.29	33.35	1.70
		5		6.143	4.822	0.248	23.17	1.94	5.08	13.32	36.77	2.45	8.25	9.57	1.25	3.90	41.73	1.74
		6		7.288	5.721	0.247	27.12	1.93	6.00	15.24	43.03	2.43	9.66	11.20	1.24	4.46	50.14	1.78
		8		9.515	7.469	0.247	34.45	1.90	7.75	18.63	54.56	2.39	12.25	14.33	1.23	5.47	67.11	1.85
		10		11.657	9.151	0.246	41.09	1.88	9.39	21.29	64.85	2.36	14.56	17.33	1.22	6.37	84.31	1.93
7	70	4	8	5.570	4.372	0.275	26.39	2.18	5.14	14.19	41.80	2.74	8.44	10.96	1.40	4.17	45.74	1.86
		5		6.875	5.397	0.275	32.21	2.16	6.32	16.86	51.08	2.73	10.32	13.34	1.39	4.95	57.21	1.91
		6		8.160	6.406	0.275	37.77	2.15	7.48	19.37	59.93	2.71	12.11	15.61	1.38	5.67	68.73	1.95
		7		9.424	7.398	0.275	43.09	2.14	8.59	21.65	68.35	2.69	13.81	17.82	1.38	6.34	80.29	1.99
		8		10.667	8.373	0.274	48.17	2.12	9.68	23.73	76.37	2.68	15.43	19.98	1.37	6.98	91.92	2.03
7.5	75	5	9	7.412	5.818	0.295	39.96	2.32	7.30	19.68	63.30	2.92	11.94	16.61	1.50	5.80	70.36	2.03
		6		8.797	6.905	0.294	46.91	2.31	8.63	22.66	74.38	2.91	14.02	19.43	1.49	6.65	84.55	2.07
		7		10.160	7.976	0.294	53.57	2.30	9.93	25.39	84.96	2.89	16.02	22.18	1.48	7.44	98.71	2.11
		8		11.503	9.030	0.294	59.96	2.28	11.20	27.90	95.07	2.87	17.93	24.86	1.47	8.19	112.97	2.15
		10		14.126	11.089	0.293	71.98	2.26	13.64	32.42	113.92	2.84	21.48	30.05	1.46	9.56	141.71	2.22
8	80	5	9	7.912	6.211	0.315	48.79	2.48	8.34	22.69	77.33	3.13	13.67	20.25	1.60	6.66	85.36	2.15
		6		9.397	7.376	0.314	57.35	2.47	9.87	26.19	90.98	3.11	16.08	23.72	1.59	7.65	102.50	2.19
		7		10.860	8.525	0.314	65.58	2.46	11.37	29.41	104.07	3.10	18.40	27.10	1.58	8.58	119.70	2.23
		8		12.303	9.658	0.314	73.50	2.44	12.83	32.37	116.60	3.08	20.61	30.39	1.57	9.46	136.97	2.27
		10		15.126	11.874	0.313	88.43	2.42	15.64	37.63	140.09	3.04	24.76	36.77	1.56	11.08	171.74	2.35
9	90	6	10	10.637	8.350	0.354	82.77	2.79	12.61	33.92	131.26	3.51	20.63	34.28	1.80	9.95	145.87	2.44
		7		12.301	9.656	0.354	94.83	2.78	14.54	38.24	150.47	3.50	23.64	39.18	1.78	11.19	170.30	2.48
		8		13.944	10.946	0.353	106.47	2.76	16.42	42.25	168.97	3.48	26.55	43.97	1.78	12.35	194.80	2.52
		10		17.167	13.476	0.353	128.58	2.74	20.07	49.64	203.90	3.45	32.04	53.26	1.76	14.52	244.07	2.59
		12		20.306	15.940	0.352	149.22	2.71	23.57	55.89	236.21	3.41	37.12	62.22	1.75	16.49	293.76	2.67
10	100	6	12	11.932	9.367	0.393	114.95	3.10	15.68	43.05	181.98	3.91	25.74	47.92	2.00	12.69	200.07	2.67
		7		13.796	10.830	0.393	131.86	3.09	18.10	48.66	208.98	3.89	29.55	54.74	1.99	14.26	233.54	2.71
		8		15.639	12.276	0.393	148.24	3.08	20.47	53.71	235.07	3.88	33.24	61.41	1.98	15.75	267.09	2.76
		10		19.261	15.120	0.392	179.51	3.05	25.06	63.21	284.68	3.84	40.26	74.35	1.96	18.54	334.48	2.84
		12		22.800	17.898	0.391	208.90	3.03	29.47	71.79	330.95	3.81	46.80	86.84	1.95	21.08	402.34	2.91
		14		26.256	20.611	0.391	236.53	3.00	33.73	79.11	374.06	3.77	52.90	98.99	1.94	23.44	470.75	2.99
		16		29.627	23.257	0.390	262.53	2.98	37.82	85.79	414.16	3.74	58.57	110.89	1.93	25.63	539.80	3.06
11	110	7	12	15.196	11.929	0.433	177.16	3.41	22.05	59.85	280.94	4.30	36.12	73.38	2.20	17.51	301.64	2.96
		8		17.239	13.532	0.433	199.46	3.40	24.95	66.27	316.49	4.28	40.69	82.42	2.19	19.39	355.21	3.10
		10		21.261	16.690	0.432	242.19	3.38	30.60	78.38	384.39	4.25	49.42	99.98	2.17	22.91	444.65	3.09
		12		25.200	19.782	0.431	282.55	3.35	36.05	89.41	448.17	4.22	57.62	116.93	2.15	26.15	534.60	3.61
		14		29.056	22.809	0.431	320.71	3.32	41.31	98.98	508.01	4.18	65.31	133.40	2.14	29.14	625.16	3.24
12.5	125	8	14	19.750	15.504	0.492	297.03	3.88	32.52	88.14	470.89	4.88	53.28	123.16	2.50	25.86	521.01	3.37
		10		24.373	19.133	0.491	361.67	3.85	39.97	104.83	573.89	4.85	64.93	149.46	2.48	30.62	651.93	3.45
		12		28.912	22.696	0.491	423.16	3.83	47.17	119.88	671.44	4.82	75.96	174.88	2.46	35.03	783.42	3.53
		14		33.367	26.193	0.490	481.65	3.80	54.16	133.42	763.73	4.78	86.41	199.57	2.45	39.13	915.61	3.61
14	140	10	14	27.373	21.488	0.551	514.65	4.34	50.58	134.73	817.27	5.46	82.56	212.04	2.78	39.20	915.11	3.82
		12		32.512	25.522	0.551	603.68	4.31	59.80	154.79	958.79	5.43	96.85	248.57	2.77	45.02	1099.28	3.90
		14		37.567	29.490	0.550	688.81	4.28	68.75	173.07	1093.56	5.40	110.47	284.06	2.75	50.45	1284.22	3.98
		16		42.539	33.393	0.549	770.24	4.26	77.46	189.71	1221.81	5.36	123.42	318.67	2.74	55.55	1470.07	4.06
16	160	10	16	31.502	24.729	0.630	779.53	4.98	66.70	180.87	1237.30	6.27	109.36	321.76	3.20	52.76	1365.33	4.31
		12		37.441	29.391	0.630	916.58	4.95	78.98	208.79	1455.68	6.24	128.67	377.49	3.18	60.74	1639.57	4.39
		14		43.296	33.987	0.629	1048.36	4.92	90.95	234.53	1665.02	6.20	147.17	431.70	3.16	68.24	1914.68	4.47
		16		49.067	38.518	0.629	1175.08	4.89	102.63	258.26	1865.57	6.17	164.89	484.59	3.14	75.31	2190.82	4.55

续表

型号	尺寸(mm) b	δ	r	截面面积 A(cm²)	质量(kg/m)	表面积(m²/m)	I_x(cm⁴)	i_x(cm)	W_{xmin}(cm³)	W_{xmax}(cm³)	I_{x0}(cm⁴)	i_{x0}(cm)	W_{x0}(cm³)	I_{y0}(cm⁴)	i_{y0}(cm)	W_{y0}(cm³)	I_{x1}(cm⁴)	Z_0(cm)
							x-x				x0-x0			y0-y0			x1-x1	
18	180	12	16	42.241	33.159	0.710	1321.35	5.59	100.82	270.21	2100.10	7.05	165.00	542.61	3.58	78.41	2332.80	4.89
		14		48.896	38.383	0.709	1514.48	5.57	116.25	304.72	2407.42	7.02	189.15	621.53	3.57	88.38	2723.48	4.97
		16		55.467	43.542	0.709	1700.99	5.54	131.35	336.83	2703.37	6.98	212.40	698.60	3.55	97.83	3115.29	5.05
		18		61.955	48.635	0.708	1881.12	5.51	146.11	366.69	2988.24	6.94	234.78	774.01	3.53	106.79	3508.42	5.13
20	200	14	18	54.642	42.894	0.788	2103.55	6.20	144.70	385.27	3343.26	7.82	236.40	863.83	3.98	111.82	3734.10	5.46
		16		62.013	48.680	0.788	2366.15	6.18	163.65	427.10	3760.88	7.79	265.93	971.41	3.96	123.96	4270.39	5.54
		18		69.301	54.401	0.787	2620.64	6.15	182.22	466.31	4164.54	7.75	294.48	1076.74	3.94	135.52	4808.13	5.62
		20		76.505	60.056	0.787	2867.30	6.12	200.42	503.92	4554.55	7.72	322.06	1180.04	3.93	146.55	5347.51	5.69
		24		90.661	71.168	0.785	3338.20	6.07	235.78	568.69	5294.97	7.64	374.41	1381.43	3.90	167.22	6431.99	5.84

表 11-5-2　　　　　　等边角钢宽度及边厚偏差表

型　号	允许偏差（mm）	
	边宽度 b	边厚度 δ
2 ~ 5.6	±0.8	±0.4
6.3 ~ 9	±1.2	±0.6
10 ~ 14	±1.8	±0.7
16 ~ 20	±2.5	±1.0

表 11-5-3　　　　　　等边角钢长度表

型　号	长　度（m）
2 ~ 9	4 ~ 12
10 ~ 14	4 ~ 19
16 ~ 20	6 ~ 19

（二）等边角钢组合的 T 型截面角钢

等边角钢组合的 T 型截面特性表见表 11-5-4。

表 11-5-4　　　　　　等边角钢组合的 T 形截面特性表

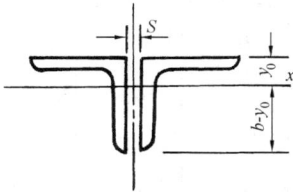

I—截面惯性矩；r—回转半径；$W_{max}=\dfrac{I}{y_0}$；$W_{min}=\dfrac{I}{b-y_0}$

角钢尺寸 肢宽(b)×厚度(δ) (mm)	两个角钢的截面面积 (cm²)	两个角钢的质量 (kg/m)	I(cm⁴)	W_{max}(cm³)	W_{min}(cm³)	r(cm)	y_0(cm)	0	4	6	8	10	12	14	16	18	20
			x-x					对于 y-y 轴的回转半径 r，两个角钢背的距离 S 为（mm）（cm）									
20×3	2.264	1.778	0.80	1.33	0.57	0.59	0.60	0.84	1.00	1.08	1.16	1.25	1.34	1.43	1.52	1.61	1.71
4	2.918	2.290	1.00	1.56	0.74	0.58	0.64	0.87	1.02	1.11	1.19	1.28	1.37	1.46	1.55	1.65	1.74
25×3	2.864	2.248	1.64	2.25	0.93	0.76	0.73	1.05	1.20	1.28	1.36	1.44	1.53	1.62	1.71	1.80	1.89
4	3.718	2.918	2.06	2.71	1.18	0.74	0.76	1.06	1.21	1.30	1.38	1.46	1.55	1.64	1.73	1.82	1.91
30×3	3.498	2.746	2.92	3.44	1.36	0.91	0.85	1.25	1.39	1.47	1.55	1.63	1.71	1.80	1.89	1.97	2.06
4	4.552	3.572	3.68	4.13	1.74	0.90	0.89	1.27	1.41	1.49	1.57	1.65	1.74	1.83	1.91	2.00	2.09
36×3	4.218	3.312	5.16	5.16	1.98	1.11	1.00	1.49	1.63	1.71	1.78	1.86	1.95	2.03	2.11	2.20	2.29
4	5.512	4.326	6.58	6.33	2.57	1.09	1.04	1.51	1.65	1.73	1.81	1.89	1.97	2.05	2.14	2.23	2.31
5	6.764	5.308	7.90	7.38	3.12	1.08	1.07	1.52	1.67	1.74	1.82	1.91	1.99	2.07	2.16	2.25	2.34

续表

角钢尺寸 肢宽（b）× 厚度（δ）（mm）	两个角钢的截面面积（cm²）	两个角钢的质量（kg/m）	$x-x$					对于 $y-y$ 轴的回转半径 r 两个角钢背的距离 S 为（mm）（cm）									
			I（cm⁴）	W_{max}（cm³）	W_{min}（cm³）	r（cm）	y_0（cm）	0	4	6	8	10	12	14	16	18	20
40×3	4.718	3.704	7.18	6.59	2.47	1.23	1.09	1.65	1.78	1.86	1.93	2.01	2.09	2.17	2.26	2.34	2.43
4	6.172	4.844	9.20	8.14	3.21	1.22	1.13	1.66	1.81	1.88	1.96	2.04	2.12	2.20	2.28	2.37	2.46
5	7.582	5.952	11.1	9.49	3.92	1.21	1.17	1.68	1.83	1.90	1.98	2.06	2.14	2.23	2.31	2.40	2.48
45×3	5.318	4.176	10.3	8.44	3.14	1.40	1.22	1.85	1.99	2.06	2.14	2.21	2.29	2.37	2.45	2.54	2.62
4	6.972	5.472	13.3	10.6	4.10	1.38	1.26	1.87	2.01	2.08	2.16	2.24	2.32	2.40	2.48	2.56	2.65
5	8.584	6.738	16.1	12.4	5.03	1.37	1.30	1.89	2.03	2.11	2.18	2.26	2.34	2.42	2.51	2.59	2.68
6	10.152	7.970	18.7	14.1	5.90	1.36	1.33	1.90	2.04	2.12	2.20	2.28	2.36	2.44	2.52	2.61	2.70
50×3	5.942	4.664	14.4	10.7	3.93	1.55	1.34	2.05	2.19	2.26	2.33	2.41	2.49	2.56	2.65	2.73	2.81
4	7.794	6.118	18.5	13.4	5.11	1.54	1.38	2.07	2.21	2.28	2.35	2.43	2.51	2.59	2.67	2.75	2.84
5	9.606	7.540	22.4	15.8	6.26	1.53	1.42	2.09	2.23	2.30	2.38	2.45	2.53	2.61	2.69	2.78	2.86
6	11.376	8.930	26.1	17.9	7.37	1.52	1.46	2.10	2.25	2.32	2.40	2.48	2.56	2.64	2.72	2.80	2.89
56×3	6.686	5.248	20.4	13.8	4.95	1.75	1.48	2.29	2.42	2.49	2.57	2.64	2.72	2.79	2.87	2.95	3.03
4	8.780	6.892	26.4	17.3	6.49	1.73	1.53	2.31	2.45	2.52	2.59	2.67	2.75	2.82	2.90	2.98	3.07
5	10.830	8.502	32.0	20.4	7.94	1.72	1.57	2.33	2.47	2.54	2.62	2.69	2.77	2.85	2.93	3.01	3.09
8	16.734	13.136	47.3	28.2	12.1	1.68	1.68	2.38	2.52	2.60	2.67	2.75	2.83	2.91	3.00	3.08	3.16
63×4	9.956	7.814	38.1	22.4	8.28	1.96	1.70	2.59	2.73	2.80	2.87	2.94	3.02	3.10	3.17	3.25	3.33
5	12.286	9.644	46.3	26.6	10.2	1.94	1.74	2.61	2.75	2.82	2.89	2.96	3.04	3.12	3.20	3.28	3.36
6	14.576	11.442	54.2	30.4	12.0	1.93	1.78	2.62	2.76	2.84	2.91	2.99	3.06	3.14	3.22	3.30	3.38
63×8	19.030	14.938	68.9	37.2	15.5	1.90	1.85	2.65	2.80	2.87	2.95	3.02	3.10	3.18	3.26	3.34	3.43
10	23.314	18.302	82.2	42.6	18.8	1.88	1.93	2.69	2.84	2.92	2.99	3.07	3.15	3.23	3.31	3.40	3.48
70×4	11.140	8.744	52.8	28.4	10.3	2.18	1.86	2.86	3.00	3.07	3.14	3.21	3.28	3.36	3.44	3.52	3.59
5	13.750	10.794	64.4	33.7	12.7	2.16	1.91	2.89	3.02	3.09	3.17	3.24	3.31	3.39	3.47	3.55	3.63
6	16.320	12.812	75.5	38.7	15.0	2.15	1.95	2.90	3.04	3.11	3.19	3.26	3.34	3.41	3.49	3.57	3.65
7	18.848	14.796	86.2	43.3	17.2	2.14	1.99	2.92	3.06	3.13	3.21	3.28	3.36	3.44	3.52	3.60	3.68
8	21.334	16.746	96.3	47.4	19.4	2.12	2.03	2.94	3.08	3.15	3.23	3.30	3.38	3.46	3.54	3.62	3.70
75×5	14.824	11.636	79.9	39.4	14.6	2.32	2.03	3.08	3.22	3.29	3.36	3.43	3.50	3.58	3.66	3.73	3.81
6	17.594	13.810	93.9	45.4	17.3	2.31	2.07	3.10	3.24	3.31	3.38	3.46	3.53	3.61	3.68	3.76	3.84
7	20.320	15.952	107	50.7	19.9	2.30	2.11	3.12	3.26	3.33	3.40	3.48	3.55	3.63	3.71	3.79	3.87
8	23.006	18.060	120	55.8	22.4	2.28	2.15	3.14	3.28	3.35	3.42	3.50	3.57	3.65	3.73	3.81	3.89
10	28.252	22.178	144	64.9	27.3	2.26	2.22	3.17	3.31	3.38	3.46	3.53	3.61	3.69	3.77	3.85	3.93
80×5	15.824	12.422	97.6	45.4	16.7	2.48	2.15	3.28	3.42	3.49	3.56	3.63	3.71	3.78	3.86	3.93	4.01
6	18.794	14.752	115	52.5	19.8	2.47	2.19	3.30	3.44	3.51	3.58	3.65	3.73	3.80	3.88	3.96	4.03
7	21.720	17.050	131	58.7	22.7	2.46	2.23	3.32	3.46	3.53	3.60	3.67	3.75	3.82	3.90	3.98	4.06
8	24.606	19.316	147	64.8	25.7	2.44	2.27	3.34	3.47	3.55	3.62	3.69	3.77	3.85	3.92	4.00	4.08
10	30.252	23.748	177	75.3	31.3	2.42	2.35	3.37	3.51	3.59	3.66	3.74	3.81	3.89	3.97	4.05	4.13

续表

角钢尺寸 肢宽(b)×厚度(δ) (mm)	两个角钢的截面面积 (cm²)	两个角钢的质量 (kg/m)	x-x					对于y-y轴的回转半径 r									
								两个角钢背的距离 S 为 (mm)									
			I	W_max	W_min	r	y_0	0	4	6	8	10	12	14	16	18	20
(mm)	(cm²)	(kg/m)	(cm⁴)	(cm³)	(cm³)	(cm)	(cm)	(cm)									
90×6	21.274	16.700	166	68.0	25.3	2.79	2.44	3.71	3.84	3.91	3.98	4.05	4.13	4.20	4.28	4.35	4.43
7	24.602	19.312	190	76.6	29.1	2.78	2.48	3.72	3.86	3.93	4.00	4.07	4.15	4.22	4.30	4.37	4.45
8	28.888	21.892	213	84.5	32.9	2.76	2.52	3.74	3.88	3.95	4.02	4.09	4.17	4.24	4.32	4.40	4.48
10	34.334	26.952	257	99.2	40.1	2.74	2.59	3.77	3.91	3.98	4.05	4.13	4.20	4.28	4.36	4.44	4.51
12	40.612	31.880	298	112	47.1	2.71	2.67	3.80	3.95	4.02	4.10	4.17	4.25	4.32	4.40	4.48	4.56
100×6	23.864	18.732	230	86.1	31.4	3.10	2.67	4.09	4.23	4.30	4.37	4.44	4.51	4.58	4.66	4.73	4.81
7	27.592	21.660	264	97.4	36.2	3.09	2.71	4.11	4.25	4.31	4.39	4.46	4.53	4.60	4.68	4.75	4.83
8	31.276	24.552	296	107	40.9	3.08	2.76	4.13	4.27	4.34	4.41	4.48	4.56	4.63	4.71	4.78	4.86
10	38.522	30.240	359	126	50.1	3.05	2.84	4.17	4.31	4.38	4.45	4.52	4.60	4.67	4.75	4.83	4.91
12	45.600	35.796	418	144	59.0	3.03	2.91	4.20	4.34	4.41	4.49	4.56	4.63	4.71	4.79	4.87	4.94
14	52.512	41.222	473	158	67.5	3.00	2.99	4.24	4.38	4.45	4.53	4.60	4.68	4.76	4.83	4.91	4.99
16	59.254	46.514	525	172	75.6	2.98	3.06	4.27	4.41	4.49	4.56	4.64	4.72	4.80	4.87	4.95	5.03
110×7	30.392	23.856	354	120	44.0	3.41	2.96	4.52	4.65	4.72	4.79	4.86	4.93	5.01	5.08	5.15	5.23
8	34.476	27.064	399	133	49.9	3.40	3.01	4.54	4.68	4.75	4.82	4.89	4.96	5.03	5.11	5.18	5.26
10	42.522	33.380	484	157	61.2	3.38	3.09	4.58	4.71	4.78	4.86	4.93	5.00	5.07	5.15	5.23	5.30
12	50.400	39.564	565	179	72.1	3.35	3.16	4.60	4.74	4.81	4.89	4.96	5.03	5.11	5.19	5.34	5.34
14	58.112	45.618	641	198	82.6	3.32	3.24	4.64	4.78	4.85	4.93	5.00	5.08	5.15	5.23	5.31	5.39
125×8	39.500	31.008	594	176	65.1	3.88	3.37	5.14	5.27	5.34	5.41	5.48	5.55	5.62	5.69	5.77	5.84
10	48.746	38.266	723	210	79.9	3.85	3.45	5.17	5.31	5.38	5.45	5.52	5.59	5.66	5.74	5.81	5.89
12	57.824	45.392	846	240	94.3	3.83	3.53	5.21	5.34	5.41	5.48	5.56	5.63	5.70	5.78	5.85	5.93
14	66.734	52.386	963	267	108	3.80	3.61	5.24	5.38	5.45	5.52	5.60	5.67	5.75	5.82	5.90	5.97
140×10	54.746	42.976	1029	269	101	4.34	3.82	5.78	5.91	5.98	6.05	6.12	6.19	6.26	6.34	6.41	6.48
12	65.024	51.044	1207	309	120	4.31	3.90	5.81	5.95	6.02	6.09	6.16	6.23	6.30	6.38	6.45	6.33
14	75.134	58.980	1378	346	138	4.28	3.98	5.85	5.98	6.05	6.13	6.20	6.27	6.34	6.42	6.49	6.57
16	85.078	66.786	1540	379	155	4.26	4.06	5.88	6.02	6.09	6.16	6.24	6.31	6.38	6.46	6.54	6.61
160×10	63.004	49.458	1559	362	133	4.98	4.31	6.58	6.71	6.78	6.85	6.92	6.99	7.06	7.13	7.20	7.28
12	74.882	58.782	1833	418	158	4.95	4.39	6.61	6.75	6.82	6.89	6.96	7.03	7.10	7.17	7.24	7.32
14	86.592	67.974	2097	469	182	4.92	4.47	6.65	6.78	6.85	6.92	6.99	7.07	7.14	7.21	7.28	7.36
16	98.134	77.036	2350	516	205	4.89	4.55	6.68	6.82	6.89	6.96	7.03	7.10	7.18	7.25	7.32	7.40
180×12	84.482	66.318	2643	540	202	5.59	4.89	7.43	7.56	7.63	7.70	7.77	7.84	7.91	7.98	8.05	8.12
14	97.792	76.766	3029	609	232	5.56	4.97	7.46	7.60	7.66	7.73	7.80	7.87	7.94	8.02	8.09	8.16
16	110.934	87.084	3402	674	263	5.54	5.05	7.49	7.63	7.70	7.77	7.84	7.91	7.98	8.06	8.13	8.20
18	123.910	97.268	3750	731	291	5.50	5.13	7.52	7.66	7.73	7.80	7.87	7.94	8.02	8.09	8.16	8.24
200×14	109.284	85.788	4207	771	289	6.20	5.46	8.26	8.40	8.47	8.53	8.60	8.67	8.74	8.81	8.89	8.96
16	124.026	97.360	4732	854	327	6.18	5.54	8.30	8.43	8.50	8.57	8.64	8.71	8.78	8.85	8.92	9.00
18	138.602	108.802	5241	933	364	6.15	5.62	8.33	8.47	8.54	8.61	8.68	8.75	8.82	8.89	8.96	9.04
20	153.010	120.112	5735	1008	401	6.12	5.69	8.36	8.50	8.56	8.64	8.71	8.78	8.85	8.92	8.99	9.07
24	181.322	142.336	6677	1137	473	6.07	5.87	8.44	8.58	8.65	8.73	8.80	8.87	8.94	9.02	9.09	9.17

（三）等边角钢组合的十字形截面角钢　　　　见表 11-5-5。

表 11-5-5　　　　　　　　　　　　等边角钢组合的十字形截面特性表

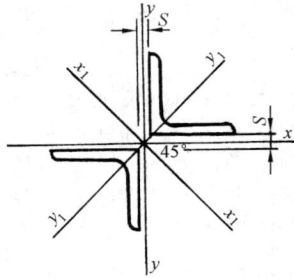

I—截面惯性矩；r—回转半径

角钢尺寸 肢宽（b）× 厚度（δ）	两个角钢的截面面积	两个角钢的质量	x_1-x_1 I					x_1-x_1 r					y_1-y_1 I	y_1-y_1 r
			两个角钢背的距离 S 为（mm）											
			0	4	6	8	10	0	4	6	8	10		
（mm）	（cm²）	（kg/m）	（cm⁴）					（cm）					（cm⁴）	（cm）
20×3	2.264	1.778	1.98	3.25	4.02	4.89	5.84	0.935	1.20	1.33	1.47	1.61	1.26	0.747
4	2.918	2.290	2.81	4.54	5.57	6.73	8.00	0.982	1.25	1.38	1.52	1.66	1.56	0.730
25×3	2.864	2.248	3.71	5.60	6.72	7.95	9.30	1.14	1.40	1.53	1.67	1.80	2.59	0.950
4	3.718	2.918	5.21	7.78	9.28	10.9	12.7	1.18	1.45	1.58	1.72	1.85	3.24	0.933
30×3	3.498	2.746	6.24	8.89	10.4	12.1	13.9	1.34	1.59	1.73	1.86	1.99	4.61	1.15
4	4.552	3.572	8.70	12.3	14.4	16.6	19.0	1.38	1.64	1.78	1.91	2.05	5.83	1.13
36×3	4.218	3.312	10.5	14.2	16.3	18.6	21.0	1.58	1.84	1.97	2.10	2.23	8.18	1.39
4	5.512	4.326	14.6	19.6	22.4	25.5	28.7	1.63	1.88	2.02	2.15	2.28	10.4	1.38
5	6.764	5.308	18.9	25.2	28.8	32.7	36.8	1.67	1.93	2.06	2.20	2.33	12.5	1.36
40×3	4.718	3.704	14.3	18.8	21.3	24.0	26.9	1.74	1.99	2.12	2.26	2.39	11.4	1.55
4	6.172	4.844	19.7	25.8	29.2	32.9	36.8	1.79	2.04	2.17	2.31	2.44	14.6	1.54
5	7.582	5.952	25.4	33.2	37.5	42.1	47.0	1.83	2.09	2.22	2.36	2.49	17.5	1.52
45×3	5.318	4.176	20.1	25.7	28.8	32.1	35.7	1.94	2.20	2.33	2.46	2.59	16.4	1.76
4	6.972	5.472	27.6	35.2	39.4	43.8	48.6	1.99	2.25	2.38	2.51	2.64	21.1	1.74
5	8.584	6.738	35.5	45.1	50.4	56.1	62.1	2.03	2.29	2.42	2.56	2.69	25.5	1.72
6	10.152	7.970	43.9	55.6	62.0	68.8	76.1	2.08	2.34	2.47	2.60	2.74	29.5	1.71
50×3	5.942	4.664	27.3	34.1	37.9	41.9	46.1	2.14	2.40	2.52	2.66	2.79	22.7	1.96
4	7.794	6.118	37.4	46.6	51.7	57.1	62.8	2.19	2.45	2.58	2.71	2.84	29.4	1.94
5	9.606	7.540	48.0	59.7	66.1	72.9	80.1	2.24	2.49	2.63	2.76	2.89	35.6	1.92
6	11.376	8.930	59.2	73.4	81.1	89.4	98.0	2.28	2.54	2.67	2.80	2.94	41.4	1.91
56×3	6.686	5.248	37.9	46.4	51.1	56.0	61.1	2.38	2.64	2.76	2.89	3.02	32.3	2.20
4	8.780	6.892	51.9	63.3	69.6	76.1	83.1	2.43	2.69	2.81	2.95	3.08	41.8	2.18
5	10.830	8.502	66.5	80.9	88.8	97.1	106	2.48	2.73	2.86	2.99	3.13	50.8	2.17
8	16.734	13.136	114	138	151	165	179	2.61	2.87	3.00	3.14	3.27	74.7	2.11
63×4	9.956	7.814	73.1	87.4	95.1	103	112	2.71	2.96	3.09	3.22	3.35	60.3	2.46
5	12.286	9.644	93.4	111	121	131	142	2.76	3.01	3.14	3.27	3.40	73.5	2.45
6	14.576	11.442	115	136	148	161	174	2.80	3.06	3.19	3.32	3.45	86.1	2.43
8	19.030	14.938	159	189	205	222	239	2.89	3.15	3.28	3.41	3.55	109	2.39
10	23.314	18.302	208	245	266	287	309	2.98	3.24	3.38	3.51	3.64	130	2.36

续表

角钢尺寸	两个角钢的截面面积	两个角钢的质量	x_1-x_1										y_1-y_1	
			I					r					I	r
肢宽（b）×厚度（δ）			两个角钢背的距离 S 为 （mm）											
			0	4	6	8	10	0	4	6	8	10		
（mm）	（cm²）	（kg/m）	（cm⁴）					（cm）					（cm⁴）	（cm）
70×4	11.140	8.744	99.4	117	126	136	146	2.99	3.24	3.37	3.50	3.63	83.6	2.74
5	13.750	10.794	127	149	161	173	186	3.04	3.29	3.42	3.55	3.68	102	2.73
6	16.320	12.812	155	182	196	211	227	3.08	3.34	3.47	3.60	3.73	120	2.71
7	18.848	14.796	184	216	233	250	269	3.13	3.38	3.51	3.65	3.78	137	2.69
8	21.334	16.746	215	251	271	291	312	3.17	3.43	3.56	3.69	3.82	153	2.68
75×5	14.824	11.636	155	180	194	208	222	3.23	3.49	3.61	3.74	3.87	127	2.92
6	17.594	13.810	189	220	236	253	271	3.28	3.53	3.66	3.79	3.92	149	2.91
7	20.320	15.952	225	261	280	300	321	3.33	3.58	3.71	3.84	3.97	170	2.89
8	23.006	18.060	262	303	325	348	372	3.37	3.63	3.76	3.89	4.02	190	2.87
10	28.252	22.178	339	391	419	448	479	3.46	3.72	3.85	3.98	4.12	228	2.84
80×5	15.824	12.422	187	215	230	246	263	3.44	3.69	3.82	3.94	4.07	155	3.13
6	18.794	14.752	228	263	281	300	320	3.48	3.74	3.87	4.00	4.13	182	3.11
7	21.720	17.050	271	311	333	355	379	3.53	3.79	3.91	4.04	4.17	208	3.10
8	24.606	19.316	315	361	386	412	439	3.58	3.83	3.96	4.09	4.22	233	3.08
10	30.252	23.748	407	466	497	530	564	3.67	3.92	4.05	4.19	4.32	280	3.04
90×6	21.274	16.700	321	364	387	411	435	3.88	4.14	4.26	4.39	4.53	263	3.51
7	24.602	19.312	380	431	458	486	514	3.93	4.19	4.31	4.44	4.57	301	3.50
8	27.888	21.892	441	500	531	563	596	3.98	4.23	4.36	4.49	4.62	338	3.48
10	34.334	26.952	569	642	682	722	764	4.07	4.33	4.46	4.59	4.72	408	3.45
12	40.612	31.880	703	793	840	889	940	4.16	4.42	4.55	4.68	4.81	472	3.41

角钢尺寸	两个角钢的截面面积	两个角钢的质量	x_1-x_1										y_1-y_1	
			I					r					I	r
肢宽（b）×厚度（δ）			两个角钢背的距离 S 为 （mm）											
			10	12	14	16	18	10	12	14	16	18		
（mm）	（cm²）	（kg/m）	（cm⁴）					（cm）					（cm⁴）	（cm）
100×6	23.864	18.732	576	607	638	671	704	4.91	5.04	5.17	5.30	5.43	364	3.91
7	27.592	21.660	680	716	753	791	831	4.96	5.09	5.22	5.36	5.49	418	3.89
8	31.276	24.552	786	828	870	914	959	5.01	5.14	5.27	5.41	5.54	470	3.88
10	38.522	30.240	1006	1059	1112	1168	1224	5.11	5.24	5.37	5.51	5.64	569	3.84
12	45.600	35.796	1236	1299	1364	1431	1499	5.21	5.34	5.47	5.60	5.73	662	3.81
14	52.512	41.222	1475	1549	1626	1704	1785	5.30	5.43	5.56	5.70	5.83	748	3.77
16	59.254	46.514	1723	1809	1897	1987	2079	5.39	5.52	5.66	5.79	5.92	828	3.74
110×7	30.392	23.856	876	919	963	1008	1054	5.37	5.50	5.63	5.76	5.89	562	4.30
8	34.476	27.064	1012	1061	1112	1164	1217	5.42	5.55	5.68	5.81	5.94	633	4.28
10	42.522	33.380	1294	1355	1419	1484	1551	5.52	5.65	5.78	5.91	6.04	769	4.25
12	50.400	39.564	1586	1661	1738	1817	1898	5.61	5.74	5.87	6.00	6.14	896	4.22
14	58.112	45.618	1890	1978	2068	2161	2256	5.70	5.83	5.97	6.10	6.23	1016	4.18

续表

角钢尺寸 肢宽（b） × 厚度（δ）	两个角钢的截面面积	两个角钢的质量	x_1-x_1											y_1-y_1	
			I					r						I	r
			两个角钢背的距离 S 为（mm）												
			10	12	14	16	18	10	12	14	16	18			
（mm）	（cm²）	（kg/m）	（cm⁴）					（cm）						（cm⁴）	（cm）
125 × 8	39.500	31.008	1428	1490	1553	1619	1685	6.01	6.14	6.27	6.40	6.53	942	4.88
10	48.746	38.266	1821	1899	1979	2061	2145	6.11	6.24	6.37	6.50	6.63	1148	4.85
12	57.824	45.392	2228	2322	2419	2518	2619	6.21	6.34	6.47	6.60	6.73	1343	4.82
14	66.734	52.386	2650	2761	2874	2991	3110	6.30	6.43	6.56	6.69	6.83	1527	4.78
140 × 10	54.746	42.976	2472	2568	2666	2766	2868	6.72	6.85	6.98	7.11	7.24	1634	5.46
12	65.024	51.044	3020	3136	3254	3375	3499	6.81	6.94	7.07	7.20	7.34	1918	5.43
14	75.134	58.980	3586	3722	3861	4003	4148	6.91	7.04	7.17	7.30	7.43	2187	5.40
16	85.078	66.786	4169	4326	4486	4650	4817	7.00	7.13	7.26	7.39	7.52	2444	5.36
160 × 10	63.004	49.458	3562	3684	3809	3937	4067	7.52	7.65	7.78	7.90	8.03	2475	6.27
12	74.882	58.782	4343	4491	4642	4796	4953	7.62	7.74	7.87	8.00	8.13	2911	6.24
14	86.592	67.974	5147	5321	5498	5679	5863	7.71	7.84	7.97	8.10	8.23	3330	6.20
16	98.134	77.036	5974	6174	6379	6587	6799	7.80	7.93	8.06	8.19	8.32	3731	6.17

角钢尺寸 肢宽（b） × 厚度（δ）	两个角钢的截面面积	两个角钢的质量	x_1-x_1											y_1-y_1	
			I					r						I	r
			两个角钢背的距离 S 为（mm）												
			12	14	16	18	20	12	14	16	18	20			
（mm）	（cm²）	（kg/m）	（cm⁴）					（cm）						（cm⁴）	（cm）
180 × 12	84.482	66.318	6184	6371	6562	6756	6954	8.56	8.68	8.81	8.94	9.07	4200	7.05
14	97.792	79.766	7317	7537	7760	7988	8220	8.65	8.78	8.91	9.04	9.17	4815	7.02
16	110.934	87.084	8479	8782	8989	9251	9517	8.74	8.87	9.00	9.13	9.26	5407	6.98
18	123.910	97.268	9671	9957	10248	10544	10845	8.83	8.96	9.09	9.22	9.36	5976	6.94
200 × 14	109.284	85.788	9761	10029	10300	10576	10856	9.45	9.58	9.71	9.84	9.97	6686	7.82
16	124.026	97.360	11299	11606	11918	12235	12557	9.54	9.67	9.80	9.93	10.1	7522	7.79
18	138.602	108.802	12872	13220	13573	13931	14296	9.64	9.77	9.90	10.0	10.2	8329	7.75
20	153.010	120.112	14482	14870	15265	15665	16072	9.73	9.86	9.99	10.1	10.2	9109	7.72
24	181.322	142.336	17811	18282	18760	19245	19738	9.91	10.0	10.2	10.3	10.4	10590	7.64

（四）等边角钢 $A\varphi$ 值表　　　　　　　　　　见表 11-5-6～表 11-5-9。

表 11-5-6　　　　　　　　　　　　　　　　A_3、A_3F 钢最小轴方向表

角　钢	∠40×3	∠40×4	∠45×4	∠45×5	∠50×4	∠50×5	∠56×4	∠56×5	∠63×5	∠63×6
A（cm²）	2.36	3.09	3.49	4.29	3.90	4.80	4.39	5.42	6.14	7.29
r_{y0}（cm）	0.79	0.79	0.89	0.88	0.99	0.98	1.11	1.10	1.25	1.24
W_{xmin}（cm³） L_0（cm）	1.23	1.60	2.05	2.51	2.56	3.13	3.24	3.97	5.08	6.00
30	2.20	2.88	3.30	4.06	3.73	4.60	4.24	5.23	5.98	7.09
35	2.15	2.81	3.24	3.98	3.67	4.52	4.19	5.16	5.92	7.02
40	2.09	2.73	3.17	3.89	3.61	4.44	4.13	5.09	5.85	6.94
45	2.02	2.64	3.09	3.79	3.53	4.34	4.06	5.00	5.78	6.85
50	1.95	2.54	3.00	3.68	3.45	4.25	3.99	4.91	5.69	6.75
55	1.87	2.44	2.90	3.56	3.36	4.13	3.91	4.81	5.60	6.64
60	1.78	2.33	2.80	3.43	3.27	4.01	3.82	4.70	5.50	6.52
65	1.69	2.21	2.69	3.29	3.17	3.89	3.73	4.58	5.40	6.39
70	1.60	2.09	2.58	3.15	3.06	3.75	3.62	4.46	5.29	6.26
75	1.50	1.97	2.46	3.00	2.95	3.61	3.52	4.33	5.17	6.12
80	1.40	1.84	2.33	2.85	2.83	3.46	3.41	4.19	5.04	5.96
85	1.30	1.71	2.21	2.69	2.71	3.31	3.30	4.05	4.91	5.81
90	1.20	1.57	2.08	2.53	2.59	3.16	3.18	3.90	4.78	5.64
95	1.10	1.43	1.95	2.36	2.46	3.00	3.06	3.75	4.64	5.48
100	1.00	1.30	1.81	2.19	2.33	2.84	2.93	3.59	4.49	5.30
105	0.91	1.19	1.67	2.02	2.19	2.67	2.81	3.43	4.34	5.12
110	0.83	1.09	1.54	1.85	2.06	2.50	2.68	3.27	4.19	4.94
115	0.76	1.00	1.41	1.71	1.92	2.33	2.55	3.10	4.04	4.75
120	0.71	0.92	1.31	1.58	1.78	2.16	2.41	2.94	3.88	4.56
125	0.65	0.86	1.21	1.46	1.65	2.00	2.27	2.76	3.71	4.36
130	0.61	0.79	1.12	1.35	1.54	1.85	2.13	2.59	3.54	4.16
135	0.57	0.74	1.05	1.26	1.43	1.73	2.00	2.42	3.38	3.96
140	0.53	0.69	0.98	1.18	1.33	1.61	1.87	2.26	3.21	3.76
145	0.50	0.65	0.91	1.10	1.25	1.51	1.75	2.12	3.03	3.55
150	0.47	0.61	0.86	1.04	1.17	1.42	1.64	1.99	2.86	3.35
155	0.44	0.58	0.81	0.97	1.10	1.33	1.54	1.87	2.70	3.15
160	0.41	0.54	0.76	0.92	1.04	1.25	1.45	1.76	2.54	2.96
165	0.39	0.51	0.72	0.87	0.98	1.19	1.37	1.66	2.40	2.80
170	0.37	0.49	0.68	0.82	0.93	1.12	1.29	1.57	2.27	2.65
175	0.35	0.46	0.65	0.78	0.88	1.06	1.22	1.49	2.14	2.50
180	0.34	0.44	0.61	0.74	0.84	1.01	1.16	1.41	2.03	2.38
185	0.32	0.42	0.58	0.70	0.79	0.96	1.11	1.34	1.93	2.25
190	0.30	0.40	0.56	0.67	0.76	0.91	1.05	1.28	1.84	2.15
195	0.29	0.38	0.53	0.64	0.72	0.87	1.00	1.22	1.75	2.04
200		0.51	0.61	0.69	0.83	0.96	1.16	1.67	1.95	
205		0.48	0.58	0.66	0.80	0.91	1.11	1.59	1.86	
210		0.46	0.56	0.63	0.76	0.87	1.06	1.52	1.78	
215		0.44	0.54	0.60	0.73	0.84	1.02	1.46	1.70	
220		0.43	0.52	0.58	0.70	0.80	0.97	1.39	1.63	
225			0.56	0.67	0.77	0.93	1.34	1.57		
230			0.53	0.65	0.74	0.90	1.29	1.50		
235			0.51	0.62	0.71	0.86	1.23	1.44		
240			0.49	0.60	0.68	0.83	1.19	1.39		
245			0.48	0.58	0.66	0.80	1.15	1.34		
250					0.64	0.77	1.11	1.29		
255					0.61	0.74	1.06	1.24		
260					0.59	0.72	1.03	1.20		
265					0.57	0.69	1.00	1.16		
270					0.55	0.67	0.96	1.12		

A_3、A_3F 钢　　　　　　最小轴方向　　　　　∠40×3～∠63×6

$L_0 = 75\sim270\text{cm}$

角 钢	∠70×5	∠70×6	∠70×7	∠75×5	∠75×6	∠75×8	∠80×6	∠80×7	∠80×8	∠90×7
A（cm²）	6.88	8.16	9.42	7.41	8.80	11.50	9.40	10.86	12.30	12.30
r_{y0}（cm）	1.39	1.38	1.38	1.50	1.49	1.47	1.59	1.58	1.57	1.78
W_{xmin}（cm³）　　 L_0（cm）	6.32	7.48	8.59	7.30	8.63	11.20	9.87	11.37	12.83	14.54
50	6.47	7.67	8.86	7.03	8.34	10.89	8.97	10.36	11.73	11.84
55	6.38	7.57	8.74	6.95	8.25	10.76	8.88	10.26	11.61	11.76
60	6.29	7.46	8.61	6.87	8.15	10.63	8.78	10.14	11.48	11.66
65	6.19	7.34	8.48	6.78	8.04	10.48	8.68	10.02	11.34	11.55
70	6.10	7.22	8.34	6.68	7.92	10.32	8.57	9.89	11.19	11.44
75	5.98	7.09	8.19	6.58	7.80	10.17	8.45	9.75	11.03	11.31
80	5.87	6.95	8.02	6.47	7.67	9.99	8.33	9.62	10.88	11.17
85	5.75	6.81	7.86	6.36	7.53	9.80	8.20	9.46	10.70	11.03
90	5.62	6.65	7.68	6.24	7.39	9.62	8.06	9.30	10.51	10.90
95	5.49	6.49	7.50	6.11	7.23	9.41	7.92	9.14	10.33	10.74
100	5.35	6.33	7.31	5.98	7.08	9.20	7.77	8.95	10.12	10.58
105	5.21	6.16	7.11	5.85	6.92	8.99	7.62	8.78	9.91	10.42
110	5.06	5.98	6.91	5.71	6.75	8.77	7.46	8.59	9.70	10.25
115	4.91	5.80	6.70	5.57	6.58	8.53	7.29	8.40	9.48	10.06
120	4.76	5.62	6.49	5.42	6.40	8.30	7.12	8.20	9.26	9.88
125	4.60	5.43	6.27	5.27	6.23	8.06	6.95	8.00	9.02	9.69
130	4.45	5.24	6.06	5.12	6.04	7.81	6.77	7.79	8.79	9.49
135	4.28	5.04	5.83	4.96	5.85	7.57	6.59	7.58	8.55	9.30
140	4.12	4.85	5.60	4.80	5.67	7.31	6.41	7.37	8.30	9.09
145	3.95	4.65	5.37	4.64	5.47	7.05	6.22	7.15	8.05	8.88
150	3.79	4.45	5.14	4.48	5.27	6.79	6.03	6.92	7.80	8.68
155	3.61	4.24	4.90	4.31	5.07	6.52	5.83	6.69	7.54	8.46
160	3.44	4.03	4.66	4.14	4.88	6.26	5.63	6.47	7.28	8.24
165	3.27	3.83	4.42	3.97	4.67	5.98	5.44	6.23	7.00	8.02
170	3.09	3.62	4.18	3.80	4.46	5.71	5.24	6.00	6.74	7.80
175	2.93	3.44	3.97	3.63	4.26	5.44	5.03	5.76	6.47	7.57
180	2.78	3.25	3.76	3.45	4.05	5.16	4.83	5.52	6.19	7.33
185	2.64	3.09	3.57	3.28	3.85	4.91	4.62	5.28	5.92	7.10
190	2.51	2.94	3.40	3.13	3.66	4.66	4.41	5.04	5.65	6.87
195	2.39	2.80	3.23	2.97	3.49	4.44	4.21	4.81	5.38	6.63
200	2.28	2.67	3.08	2.83	3.32	4.24	4.02	4.59	5.13	6.39
205	2.17	2.54	2.94	2.71	3.18	4.05	3.83	4.37	4.90	6.15
210	2.08	2.43	2.81	2.59	3.03	3.86	3.66	4.18	4.68	5.91
215	1.99	2.33	2.69	2.47	2.90	3.69	3.50	4.00	4.48	5.66
220	1.91	2.23	2.58	2.37	2.77	3.54	3.36	3.83	4.29	5.43
225	1.82	2.14	2.47	2.27	2.67	3.39	3.21	3.67	4.11	5.21
230	1.75	2.06	2.37	2.18	2.56	3.26	3.09	3.52	3.94	4.99
235	1.68	1.98	2.28	2.09	2.45	3.13	2.96	3.38	3.78	4.80
240	1.62	1.90	2.19	2.02	2.36	3.00	2.85	3.25	3.64	4.61

A₃、A₃F   钢   最小轴方向   ∠70×5 ~ ∠90×7

$L_0 = 50 \sim 240$ cm

续表

角 钢	∠70×5	∠70×6	∠70×7	∠75×5	∠75×6	∠75×8	∠80×6	∠80×7	∠80×8	∠90×7
A (cm²)	6.88	8.16	9.42	7.41	8.80	11.50	9.40	10.86	12.30	12.30
r_{y0} (cm)	1.39	1.38	1.38	1.50	1.49	1.47	1.59	1.58	1.57	1.78
W_{xmin} (cm³) L_0 (cm)	6.32	7.48	8.59	7.30	8.63	11.20	9.87	11.37	12.83	14.54
245	1.56	1.83	2.11	1.93	2.27	2.90	2.74	3.13	3.50	4.44
250	1.50	1.76	2.03	1.87	2.19	2.79	2.63	3.01	3.37	4.27
255	1.45	1.69	1.96	1.80	2.11	2.69	2.54	2.90	3.24	4.11
260	1.39	1.63	1.89	1.73	2.03	2.59	2.45	2.79	3.13	3.96
265	1.35	1.58	1.83	1.67	1.96	2.50	2.37	2.70	3.02	3.82
270	1.30	1.53	1.77	1.62	1.90	2.42	2.29	2.61	2.92	3.69
275	1.26	1.47	1.70	1.57	1.83	2.33	2.21	2.52	2.82	3.57
280	1.22	1.43	1.65	1.51	1.77	2.26	2.13	2.44	2.73	3.45
285	1.18	1.38	1.60	1.46	1.72	2.19	2.06	2.36	2.64	3.34
290	1.14	1.34	1.54	1.42	1.66	2.12	2.00	2.29	2.56	3.23
295	1.11	1.30	1.50	1.38	1.61	2.05	1.94	2.21	2.48	3.13
300	1.07	1.26	1.46	1.33	1.56	1.99	1.88	2.14	2.41	3.03
305	1.04	1.22	1.41	1.29	1.52	1.93	1.83	2.08	2.33	2.94
310	1.01	1.19	1.37	1.26	1.47	1.88	1.77	2.03	2.26	2.85
315	0.99	1.16	1.34	1.22	1.43	1.83	1.72	1.96	2.20	2.77
320	0.95	1.12	1.29	1.18	1.39	1.78	1.67	1.91	2.13	2.69
325	0.93	1.09	1.26	1.15	1.35	1.72	1.62	1.85	2.08	2.62
330	0.90	1.06	1.22	1.12	1.32	1.67	1.58	1.80	2.02	2.54
335	0.88	1.03	1.19	1.09	1.28	1.63	1.53	1.76	1.96	2.47
340	0.86	1.01	1.17	1.06	1.25	1.58	1.50	1.71	1.91	2.41
345	0.84	0.98	1.13	1.03	1.21	1.54	1.46	1.66	1.86	2.34
350				1.01	1.18	1.51	1.42	1.62	1.81	2.28
355				0.98	1.15	1.47	1.38	1.58	1.77	2.22
360				0.96	1.12	1.44	1.35	1.54	1.73	2.16
365				0.93	1.10	1.40	1.31	1.50	1.68	2.11
370				0.91	1.07		1.28	1.46	1.64	2.06
375				0.89			1.25	1.43	1.60	2.01
380							1.22	1.40	1.56	1.96
385							1.19	1.36	1.54	1.92
390							1.17	1.34	1.50	1.87
395							1.14	1.30		1.83
400										1.79
405										1.75
410										1.71
415										1.67
420										1.64
425										1.60
430										1.57
435										1.54

A_3、A_3F 钢　　　　　　　最小轴方向　　　　　　∠70×5 ~ ∠90×7

$L_0 = 245 ~ 435$cm

续表

角 钢	∠90×8	∠90×10	∠100×8	∠100×10	∠100×12	∠110×8	∠110×10	∠110×12	∠125×8	∠125×10
A（cm²）	13.94	17.17	15.64	19.26	22.80	17.24	21.26	25.20	19.75	24.37
r_{y0}（cm）	1.78	1.76	1.98	1.96	1.95	2.19	2.17	2.15	2.50	2.48
W_{xmin}（cm³） / L_0（cm）	16.42	20.07	20.47	25.06	29.47	24.95	30.60	36.50	32.52	39.97
70	12.96	15.93	14.75	18.14	21.46	16.43	20.25	23.97	19.02	23.46
75	12.82	15.75	14.61	17.97	21.26	16.31	20.10	23.80	18.92	23.34
80	12.66	15.56	14.47	17.79	21.04	16.19	19.93	23.60	18.82	23.21
85	12.51	15.36	14.33	17.61	20.83	16.06	19.78	23.41	18.70	23.06
90	12.35	15.16	14.17	17.42	20.60	15.91	19.59	23.19	18.58	22.91
95	12.18	14.94	14.01	17.22	20.36	15.76	19.41	22.96	18.45	22.74
100	11.99	14.71	13.86	17.02	20.12	15.61	19.21	22.73	18.31	22.56
105	11.81	14.48	13.68	16.80	19.85	15.45	19.02	22.49	18.17	22.39
110	11.62	14.23	13.50	16.57	19.58	15.29	18.82	22.26	18.01	22.19
115	11.41	13.98	13.30	16.34	19.31	15.12	18.60	21.99	17.85	22.00
120	11.20	13.72	13.12	16.10	19.02	14.94	18.38	21.72	17.70	21.80
125	10.99	13.46	12.91	15.83	18.71	14.75	18.14	21.43	17.54	21.60
130	10.76	13.18	12.71	15.58	18.40	14.57	17.91	21.16	17.36	21.38
135	10.54	12.89	12.50	15.32	18.09	14.37	17.66	20.85	17.18	21.16
140	10.31	12.60	12.28	15.05	17.77	14.16	17.40	20.55	17.00	20.93
145	10.07	12.30	12.06	14.78	17.44	13.96	17.14	20.23	16.81	20.70
150	9.84	12.01	11.83	14.48	17.09	13.75	16.89	19.92	16.63	20.46
155	9.59	11.70	11.59	14.19	16.74	13.53	16.61	19.59	16.43	20.21
160	9.34	11.39	11.36	13.89	16.39	13.30	16.34	19.27	16.21	19.95
165	9.09	11.08	11.12	13.60	16.04	13.08	16.05	18.91	16.02	19.69
170	8.84	10.76	10.88	13.29	15.66	12.85	15.75	18.56	15.80	19.43
175	8.58	10.44	10.63	12.98	15.29	12.61	15.46	18.21	15.58	19.16
180	8.31	10.11	10.38	12.67	14.93	12.38	15.17	17.86	15.37	18.88
185	8.05	9.77	10.12	12.35	14.54	12.14	14.87	17.51	15.15	18.61
190	7.79	9.45	9.87	12.03	14.16	11.89	14.56	17.13	14.91	18.31
195	7.52	9.11	9.60	11.70	13.77	11.65	14.24	16.75	14.67	18.02
200	7.24	8.76	9.34	11.38	13.38	11.40	13.94	16.38	14.44	17.72
205	6.97	8.42	9.07	11.03	12.98	11.14	13.62	16.00	14.20	17.43
210	6.70	8.08	8.80	10.71	12.59	10.89	13.30	15.61	13.96	17.13
215	6.42	7.74	8.54	10.37	12.18	10.62	12.98	15.22	13.73	16.82
220	6.16	7.42	8.26	10.02	11.77	10.36	12.64	14.84	13.47	16.52
225	5.91	7.11	7.98	9.68	11.36	10.10	12.31	14.43	13.21	16.20
230	5.66	6.83	7.71	9.33	10.95	9.82	11.97	14.04	12.98	15.89
235	5.44	6.55	7.43	8.99	10.54	9.57	11.65	13.63	12.72	15.57
240	5.23	6.30	7.16	8.65	10.14	9.29	11.31	13.22	12.46	15.25
245	5.03	6.06	6.89	8.32	9.76	9.01	10.96	12.81	12.19	14.92
250	4.84	5.83	6.64	8.02	9.39	8.74	10.62	12.40	11.93	14.58
255	4.66	5.62	6.38	7.71	9.06	8.46	10.28	11.99	11.67	14.26
260	4.49	5.41	6.16	7.44	8.72	8.19	9.94	11.58	11.40	13.92
265	4.33	5.22	5.94	7.18	8.42	7.91	9.59	11.18	11.12	13.60
270	4.19	5.04	5.74	6.94	8.13	7.64	9.27	10.80	10.86	13.26
275	4.04	4.88	5.54	6.69	7.84	7.39	8.96	10.42	10.59	12.91
280	3.91	4.72	5.35	6.47	7.58	7.14	8.65	10.08	10.31	12.57
285	3.79	4.55	5.18	6.26	7.33	6.90	8.38	9.74	10.03	12.22
290	3.66	4.41	5.01	6.05	7.09	6.68	8.10	9.44	9.76	11.88
295	3.55	4.28	4.85	5.86	6.88	6.47	7.85	9.15	9.48	11.54
300	3.44	4.15	4.71	5.68	6.67	6.28	7.61	8.85	9.20	11.19
305	3.33	4.02	4.56	5.51	6.46	6.08	7.36	8.58	8.93	10.85
310	3.23	3.89	4.42	5.35	6.27	5.89	7.14	8.32	8.67	10.53

A_3、A_3F 钢	最小轴方向	∠90×8 ~ ∠125×10
		$L_0 = 70 \sim 310 cm$

续表

角 钢	∠90×8	∠90×10	∠100×8	∠100×10	∠100×12	∠110×8	∠110×10	∠110×12	∠125×8	∠125×10
A（cm²）	13.94	17.17	15.64	19.26	22.80	17.24	21.26	25.20	19.75	24.37
r_{y0}（cm）	1.78	1.76	1.98	1.96	1.95	2.19	2.17	2.15	2.50	2.48
W_{xmin}（cm³） L_0（cm）	16.42	20.07	20.47	25.06	29.47	24.95	30.60	36.50	32.52	39.97
315	3.14	3.78	4.30	5.18	6.07	5.72	6.94	8.06	8.41	10.23
320	3.05	3.68	4.16	5.03	5.90	5.54	6.72	7.83	8.16	9.92
325	2.97	3.57	4.04	4.90	5.75	5.39	6.53	7.62	7.92	9.64
330	2.88	3.47	3.94	4.76	5.58	5.24	6.35	7.40	7.70	9.35
335	2.80	3.38	3.83	4.63	5.42	5.09	6.18	7.20	7.49	9.11
340	2.73	3.29	3.72	4.50	5.27	4.95	6.00	7.00	7.29	8.86
345	2.65	3.21	3.62	4.37	5.13	4.82	5.85	6.81	7.09	8.61
350	2.59	3.11	3.53	4.26	4.99	4.70	5.68	6.62	6.89	8.37
355	2.52	3.03	3.43	4.16	4.88	4.56	5.53	6.45	6.72	8.15
360	2.45	2.96	3.35	4.06	4.75	4.45	5.40	6.29	6.54	7.95
365	2.40	2.89	3.27	3.94	4.62	4.34	5.26	6.14	6.36	7.73
370	2.33	2.81	3.18	3.84	4.50	4.23	5.13	5.97	6.20	7.54
375	2.28	2.75	3.10	3.76	4.41	4.13	5.00	5.83	6.04	7.36
380	2.22	2.68	3.04	3.66	4.29	4.02	4.88	5.68	5.91	7.17
385	2.17	2.62	2.96	3.59	4.20	3.92	4.77	5.54	5.77	7.00
390	2.12	2.56	2.89	3.49	4.10	3.84	4.65	5.42	5.63	6.83
395	2.08	2.50	2.82	3.41	4.00	3.75	4.55	5.31	5.49	6.68
400	2.03	2.45	2.75	3.33	3.92	3.67	4.44	5.16	5.37	6.51
405	1.99	2.38	2.70	3.26	3.82	3.57	4.33	5.05	5.23	6.36
410	1.93	2.34	2.64	3.19	3.73	3.49	4.23	4.95	5.12	6.22
415	1.89	2.29	2.58	3.13	3.66	3.41	4.16	4.84	5.02	6.09
420	1.86	2.24	2.53	3.06	3.58	3.35	4.06	4.73	4.90	5.95
425	1.82	2.19	2.48	2.99	3.51	3.27	3.98	4.63	4.80	5.82
430	1.78	2.15	2.42	2.92	3.43	3.21	3.88	4.54	4.68	5.70
435	1.74	2.11	2.37	2.87	3.35	3.13	3.81	4.43	4.58	5.58
440	1.71	2.06	2.32	2.80	3.29	3.07	3.73	4.34	4.48	5.46
445	1.67		2.27	2.75	3.23	3.01	3.65	4.26	4.40	5.34
450			2.23	2.69	3.15	2.95	3.58	4.17	4.31	5.24
455			2.18	2.64	3.09	2.89	3.50	4.09	4.23	5.14
460			2.14	2.59	3.03	2.83	3.44	4.01	4.15	5.02
465			2.10	2.54	2.98	2.78	3.37	3.92	4.05	4.92
470			2.06	2.49	2.92	2.73	3.30	3.85	3.97	4.83
475			2.02	2.44	2.86	2.67	3.24	3.78	3.89	4.75
480			1.98	2.41	2.82	2.62	3.18	3.70	3.83	4.65
485			1.95	2.36	2.77	2.58	3.11	3.64	3.75	4.57
490			1.92	2.31		2.52	3.07	3.58	3.69	4.48
495			1.88			2.48	3.02	3.50	3.61	4.40
500						2.44	2.95	3.44	3.56	4.31
505						2.39	2.90	3.38	3.48	4.23
510						2.35	2.85	3.32	3.42	4.16
515						2.31	2.80	3.26	3.36	4.09
520						2.27	2.75	3.20	3.30	4.01
525						2.23	2.70	3.15	3.24	3.96
530						2.19	2.66	3.11	3.20	3.88
535						2.15	2.62	3.05	3.14	3.82

A₃、A₃F 钢　　　　最小轴方向　　　　∠90×8 ~ ∠125×10

L_0 = 315 ~ 535cm

角　钢	∠125×12	∠125×14	∠140×10	∠140×12	∠140×14	∠160×10	∠160×12	∠160×14	∠160×16	∠180×12
A（cm²）	28.91	33.37	27.37	32.51	37.57	31.50	37.44	43.30	49.07	42.24
r_{y0}（cm）	2.46	2.45	2.78	2.77	2.75	3.20	3.18	3.16	3.14	3.58
W_{xmin}（cm³）＼ L_0（cm）	47.17	54.16	50.58	59.80	68.75	66.70	78.98	90.95	102.63	100.82
100	26.73	30.82	25.76	30.58	35.30	30.09	35.74	41.31	46.78	40.69
105	26.52	30.58	25.59	30.38	35.07	29.94	35.57	41.10	46.55	40.55
110	26.29	30.31	25.42	30.18	34.82	29.80	35.39	40.90	46.31	40.41
115	26.05	30.04	25.24	29.96	34.58	29.65	35.21	40.67	46.05	40.24
120	25.81	29.77	25.06	29.74	34.32	29.47	35.00	40.44	45.80	40.06
125	25.58	29.49	24.86	29.50	34.04	29.32	34.81	40.21	45.52	39.89
130	25.32	29.19	24.66	29.27	33.77	29.12	34.58	39.94	45.23	39.70
135	25.05	28.88	24.46	29.03	33.50	28.96	34.38	39.71	44.95	39.49
140	24.76	28.54	24.27	28.80	33.22	28.76	34.14	39.43	44.63	39.31
145	24.50	28.23	24.04	28.53	32.91	28.56	33.91	39.16	44.32	39.07
150	24.20	27.89	23.82	28.27	32.60	28.37	33.67	38.89	44.01	38.87
155	23.88	27.52	23.60	28.00	32.28	28.17	33.44	38.61	43.70	38.64
160	23.59	27.18	23.36	27.71	31.94	27.97	33.20	38.34	43.38	38.41
165	23.26	26.80	23.14	27.45	31.63	27.76	32.93	38.02	43.02	38.17
170	22.97	26.45	22.89	27.15	31.29	27.54	32.67	37.71	42.66	37.93
175	22.64	26.07	22.62	26.83	30.91	27.32	32.42	37.41	42.31	37.70
180	22.30	25.68	22.37	26.53	30.57	27.08	32.12	37.07	41.92	37.46
185	21.97	25.29	22.11	26.21	30.19	26.84	31.84	36.75	41.58	37.20
190	21.61	24.88	21.85	25.91	29.85	26.62	31.57	36.43	41.19	36.95
195	21.26	24.47	21.58	25.59	29.47	26.38	31.28	36.09	40.79	36.67
200	20.91	24.06	21.31	25.25	29.06	26.12	30.95	35.70	40.36	36.40
205	20.56	23.66	21.03	24.94	28.69	25.85	30.65	35.36	39.97	36.10
210	20.20	23.25	20.74	24.58	28.28	25.61	30.36	34.99	39.53	35.84
215	19.82	22.81	20.45	24.23	27.87	25.33	30.03	34.63	39.14	35.56
220	19.46	22.37	20.15	23.88	27.46	25.08	29.72	34.26	38.70	35.26
225	19.09	21.95	19.86	23.53	27.05	24.81	29.40	33.89	38.28	34.93
230	18.71	21.51	19.56	23.17	26.64	24.53	29.06	33.48	37.82	34.63
235	18.33	21.07	19.27	22.82	26.23	24.25	28.74	33.11	37.39	34.33
240	17.93	20.60	18.96	22.45	25.78	23.97	28.39	32.70	36.92	34.00
245	17.55	20.15	18.65	22.09	25.37	23.68	28.03	32.29	36.45	33.70
250	17.15	19.71	18.33	21.70	24.93	23.38	27.68	31.88	35.98	33.37
255	16.75	19.23	18.03	21.35	24.49	23.09	27.33	31.47	35.51	33.06
260	16.34	18.76	17.71	20.96	24.05	22.79	26.97	31.06	35.04	32.70
265	15.96	18.31	17.38	20.58	23.61	22.50	26.62	30.65	34.57	32.39
270	15.55	17.84	17.06	20.18	23.14	22.20	26.27	30.24	34.11	32.04
275	15.13	17.36	16.74	19.80	22.69	21.91	25.90	29.78	33.59	31.69
280	14.72	16.88	16.40	19.39	22.24	21.58	25.52	29.37	33.11	31.33
285	14.31	16.41	16.08	19.01	21.77	21.28	25.15	28.92	32.60	30.98
290	13.90	15.93	15.73	18.60	21.29	20.96	24.78	28.50	32.11	30.62
295	13.49	15.45	15.39	18.21	20.85	20.66	24.40	28.05	31.61	30.27
300	13.08	14.98	15.07	17.81	20.37	20.33	24.02	27.60	31.10	29.92
305	12.70	14.53	14.73	17.40	19.90	20.01	23.65	27.16	30.57	29.56
310	12.31	14.11	14.38	16.99	19.42	19.68	23.24	26.69	30.06	29.18
315	11.93	13.67	14.04	16.58	18.94	19.35	22.86	26.25	29.53	28.81

A₃、A₃F 钢　　　　　　最小轴方向　　　　　　∠125×12 ~ ∠180×12

$L_0 = 100 \sim 315\text{cm}$

续表

角 钢	∠125×12	∠125×14	∠140×10	∠140×12	∠140×14	∠160×10	∠160×12	∠160×14	∠160×16	∠180×12
A（cm²）	28.91	33.37	27.37	32.51	37.57	31.50	37.44	43.30	49.07	42.24
r_{y0}（cm）	2.46	2.45	2.78	2.77	2.75	3.20	3.18	3.16	3.14	3.58
W_{xmin}（cm³） L_0（cm）	47.17	54.16	50.58	59.8	68.75	66.70	78.98	90.95	102.63	100.82
320	11.58	13.28	13.69	16.17	18.46	19.03	22.45	25.78	29.02	28.44
325	11.26	12.88	13.35	15.76	17.98	18.70	22.07	25.33	28.48	28.06
330	10.94	12.53	13.00	15.35	17.51	18.37	21.66	24.85	27.94	27.70
335	10.64	12.19	12.66	14.94	17.03	18.03	21.25	24.37	27.42	27.31
340	10.35	11.85	12.31	14.53	16.57	17.69	20.87	23.94	26.89	26.92
345	10.06	11.51	12.00	14.15	16.13	17.37	20.46	23.46	26.34	26.55
350	9.79	11.20	11.68	13.78	15.71	17.02	20.05	22.98	25.80	26.13
355	9.53	10.92	11.36	13.40	15.27	16.68	19.64	22.50	25.25	25.76
360	9.27	10.62	11.06	13.04	14.89	16.33	19.23	22.02	24.70	25.35
365	9.04	10.35	10.79	12.72	14.49	15.99	18.82	21.54	24.16	24.98
370	8.81	10.11	10.50	12.39	14.14	15.64	18.40	21.06	23.61	24.56
375	8.59	9.84	10.25	12.10	13.79	15.30	17.99	20.58	23.06	24.15
380	8.39	9.60	10.01	11.80	13.45	14.96	17.58	20.10	22.52	23.74
385	8.18	9.36	9.76	11.51	13.11	14.61	17.17	19.62	21.97	23.37
390	7.99	9.16	9.51	11.22	12.80	14.27	16.76	19.16	21.47	22.96
395	7.80	8.92	9.30	10.96	12.49	13.94	16.38	18.70	20.96	22.54
400	7.61	8.72	9.07	10.71	12.20	13.61	16.00	18.29	20.47	22.13
405	7.43	8.52	8.86	10.44	11.91	13.31	15.63	17.84	19.98	21.72
410	7.29	8.34	8.65	10.21	11.63	12.99	15.25	17.43	19.54	21.30
415	7.11	8.15	8.45	9.97	11.39	12.69	14.92	17.06	19.09	20.89
420	6.96	7.97	8.29	9.77	11.12	12.43	14.59	16.65	18.66	20.48
425	6.81	7.79	8.09	9.55	10.89	12.13	14.26	16.30	18.27	20.06
430	6.66	7.62	7.92	9.34	10.65	11.88	13.96	15.96	17.87	19.65
435	6.52	7.47	7.75	9.13	10.42	11.63	13.67	15.62	17.48	19.24
440	6.37	7.30	7.59	8.96	10.22	11.39	13.37	15.27	17.09	18.83
445	6.25	7.17	7.44	8.76	9.98	11.14	13.08	14.93	16.74	18.45
450	6.13	7.03	7.26	8.57	9.77	10.90	12.80	14.63	16.38	18.07
455	5.99	6.86	7.12	8.40	9.58	10.68	12.53	14.33	16.06	17.71
460	5.87	6.72	6.98	8.25	9.40	10.46	12.30	14.03	15.70	17.32
465	5.75	6.59	6.85	8.08	9.20	10.25	12.02	13.74	15.39	16.97
470	5.66	6.48	6.70	7.92	9.03	10.03	11.79	13.47	15.08	16.66
475	5.55	6.35	6.58	7.76	8.85	9.84	11.55	13.21	14.81	16.30
480	5.43	6.24	6.45	7.61	8.67	9.64	11.35	12.96	14.50	15.99
485	5.34	6.11	6.33	7.47	8.50	9.47	11.12	12.71	14.24	15.70
490	5.23	6.01	6.20	7.32	8.36	9.28	10.92	12.46	13.97	15.40
495	5.13	5.87	6.10	7.18	8.19	9.11	10.71	12.23	13.69	15.11
500	5.05	5.77	5.98	7.05	8.05	8.95	10.49	12.01	13.46	14.81
505	4.96	5.67	5.88	6.94	7.92	8.78	10.32	11.80	13.18	14.52
510	4.87	5.57	5.78	6.82	7.74	8.63	10.13	11.55	12.94	14.27
515	4.78	5.47	5.65	6.67	7.61	8.45	9.93	11.35	12.71	14.01
520	4.70	5.39	5.55	6.55	7.47	8.30	9.75	11.14	12.50	13.76
525	4.61	5.30	5.46	6.44	7.37	8.15	9.58	10.98	12.29	13.49
530	4.54	5.19	5.37	6.35	7.23	8.03	9.44	10.77	12.05	13.26
535	4.47	5.11	5.29	6.23	7.10	7.89	9.26	10.58	11.87	13.02
540	4.38	5.02	5.19	6.12	7.00	7.74	9.11	10.41	11.63	12.82

A_3、A_3F 钢	最小轴方向	∠125×12 ～ ∠180×12
		$L_0 = 320 \sim 540$cm

续表

角　钢	$\angle 180 \times 4$	$\angle 180 \times 16$	$\angle 180 \times 18$	$\angle 200 \times 14$	$\angle 200 \times 16$	$\angle 200 \times 18$	$\angle 200 \times 20$	$\angle 200 \times 24$
A（cm²）	48.90	55.47	61.96	54.64	62.01	69.30	76.51	90.66
r_{y0}（cm）	3.56	3.55	3.51	3.98	3.96	3.94	3.93	3.90
W_{xmin}（cm³）／ L_0（cm）	116.25	131.35	146.11	144.70	163.65	182.22	200.42	235.78
100	47.08	53.40	59.60	53.04	60.18	67.24	74.22	87.92
105	46.92	53.21	59.37	52.89	59.99	67.02	73.97	87.60
110	46.75	53.03	59.17	52.68	59.76	66.75	73.68	87.27
115	46.55	52.79	58.90	52.52	59.59	66.56	73.46	86.99
120	46.35	52.56	58.64	52.33	59.37	66.33	73.21	86.71
125	46.14	52.33	58.37	52.17	59.18	66.10	72.95	86.39
130	45.91	52.06	58.04	51.97	58.94	65.84	72.66	86.04
135	45.68	51.80	57.78	51.76	58.71	65.57	72.37	85.69
140	45.46	51.54	57.46	51.55	58.47	65.31	72.08	85.34
145	45.18	51.23	57.13	51.32	58.20	64.99	71.72	84.90
150	44.96	50.97	56.82	51.09	57.94	64.71	71.42	84.55
155	44.68	50.66	56.46	50.88	57.70	64.42	71.09	84.14
160	44.41	50.35	56.11	50.61	57.39	64.07	70.70	83.67
165	44.13	50.04	55.76	50.36	57.11	63.78	70.39	83.30
170	43.86	49.72	55.40	50.11	56.82	63.44	70.00	82.83
175	43.58	49.41	55.05	49.84	56.51	63.09	69.61	82.37
180	43.31	49.10	54.68	49.57	56.20	62.74	69.22	81.90
185	42.99	48.73	54.28	49.29	55.88	62.38	68.83	81.44
190	42.69	48.39	53.87	49.02	55.57	62.03	68.44	80.97
195	42.39	48.05	53.48	48.74	55.26	61.68	68.05	80.51
200	42.06	47.66	53.04	48.47	54.94	61.33	67.66	80.02
205	41.71	47.27	52.62	48.16	54.58	60.91	67.20	79.49
210	41.42	46.94	52.22	47.86	54.25	60.53	66.78	78.94
215	41.07	46.55	51.78	47.53	53.88	60.13	66.34	78.45
220	40.73	46.16	51.29	47.24	53.53	59.72	65.88	77.87
225	40.34	45.71	50.83	46.90	53.14	59.28	65.39	77.29
230	40.00	45.32	50.39	46.56	52.75	58.87	64.95	76.80
235	39.65	44.92	49.89	46.27	52.42	58.47	64.50	76.22
240	39.26	44.48	49.45	45.93	52.03	58.03	64.01	75.64
245	38.92	44.09	48.96	45.58	51.64	57.58	63.50	74.98
250	38.52	43.65	48.49	45.20	51.18	57.09	62.96	74.39
255	38.15	43.21	47.96	44.84	50.79	56.65	62.47	73.81
260	37.74	42.75	47.49	44.50	50.40	56.21	61.97	73.16
265	37.37	42.33	46.96	44.12	49.95	55.70	61.42	72.55
270	36.96	41.86	46.43	43.76	49.55	55.26	60.94	71.95
275	36.55	41.39	45.90	43.41	49.13	54.76	60.37	71.30
280	36.14	40.92	45.37	43.02	48.71	54.30	59.87	70.65
285	35.73	40.45	44.84	42.64	48.26	53.78	59.28	69.96
290	35.31	39.98	44.31	42.23	47.80	53.29	58.76	69.34
295	34.90	39.52	43.79	41.87	47.38	52.79	58.19	68.64
300	34.49	39.05	43.26	41.46	46.91	52.26	57.61	67.95
305	34.08	38.58	42.67	41.05	46.44	51.74	57.02	67.25
310	33.62	38.05	42.13	40.64	45.97	51.21	56.44	66.55
315	33.21	37.58	41.56	40.22	45.50	50.68	55.86	65.85

A₃、A₃F　钢　　　　　最小轴方向　　　　　$\angle 180 \times 14 \sim \angle 200 \times 24$

$L_0 = 100 \sim 315\,\text{cm}$

续表

角 钢	∠180×14	∠180×16	∠180×18	∠200×14	∠200×16	∠200×18	∠200×20	∠200×24
A (cm²)	48.90	55.47	61.96	54.64	62.01	69.30	76.51	90.66
r_{y0} (cm)	3.56	3.55	3.51	3.98	3.96	3.94	3.93	3.90
W_{xmin} (cm³) L_0 (cm)	116.25	131.35	146.11	144.70	163.65	182.22	200.42	235.78
320	32.75	37.06	41.01	39.81	45.03	50.15	55.27	65.16
325	32.33	36.59	40.45	39.40	44.56	49.62	54.69	64.46
330	31.89	36.07	39.89	38.99	44.09	49.10	54.10	63.76
335	31.45	35.58	39.30	38.58	43.62	48.57	53.52	63.07
340	31.00	35.07	38.72	38.16	43.15	48.02	52.90	62.28
345	30.54	34.54	38.12	37.71	42.62	47.44	52.27	61.58
350	30.08	34.03	37.54	37.29	42.15	46.92	51.69	60.81
355	29.63	33.50	36.94	36.86	41.64	46.32	51.03	60.09
360	29.15	32.98	36.37	36.41	41.15	45.79	50.45	59.37
365	28.72	32.46	35.75	36.00	40.67	45.22	49.80	58.61
370	28.24	31.92	35.14	35.53	40.15	44.67	49.19	57.83
375	27.76	31.37	34.57	35.10	39.63	44.07	48.54	57.11
380	27.31	30.88	33.96	34.65	39.15	43.51	47.90	56.30
385	26.84	30.33	33.34	34.20	38.60	42.90	47.22	55.55
390	26.36	29.78	32.73	33.72	38.08	42.35	46.62	54.76
395	25.88	29.24	32.11	33.29	37.57	41.73	45.94	53.97
400	25.40	28.69	31.49	32.81	37.02	41.16	45.31	53.22
405	24.92	28.14	30.87	32.37	36.53	40.57	44.65	52.41
410	24.44	27.60	30.25	31.91	35.98	39.96	43.97	51.60
415	23.96	27.05	29.64	31.42	35.44	39.34	43.29	50.82
420	23.48	26.50	29.02	30.94	34.89	38.77	42.67	50.06
425	23.00	25.96	28.40	30.51	34.40	38.18	42.00	49.25
430	22.52	25.41	27.78	30.04	33.85	37.56	41.32	48.43
435	22.04	24.86	27.22	29.56	33.30	36.95	40.64	47.62
440	21.58	24.37	26.63	29.08	32.76	36.33	39.96	46.80
445	21.12	23.84	26.10	28.60	32.21	35.72	39.28	45.99
450	20.71	23.38	25.51	28.12	31.66	35.10	38.59	45.18
455	20.26	22.85	24.98	27.64	31.11	34.49	37.91	44.36
460	19.84	22.38	24.51	27.15	30.56	33.87	37.23	43.55
465	19.46	21.97	23.98	26.67	30.02	33.25	36.55	42.74
470	19.06	21.50	23.51	26.19	29.47	32.64	35.87	41.92
475	18.67	21.08	23.07	25.71	28.92	32.02	35.19	41.11
480	18.33	20.69	22.63	25.23	28.37	31.41	34.51	40.30
485	17.98	20.30	22.19	24.75	27.82	30.80	33.86	39.57
490	17.64	19.90	21.75	24.28	27.32	30.25	33.22	38.82
495	17.30	19.51	21.31	23.85	26.79	29.67	32.61	38.12
500	16.95	19.12	20.93	23.40	26.32	29.15	32.01	37.33
505	16.65	18.79	20.54	22.99	25.82	28.55	31.37	36.63
510	16.33	18.43	20.17	22.52	25.32	28.02	30.78	36.01
515	16.05	18.12	19.77	22.11	24.85	27.54	30.28	35.33
520	15.73	17.75	19.42	21.73	24.44	27.04	29.69	34.66
525	15.46	17.44	19.06	21.34	23.97	26.53	29.15	34.08
530	15.18	17.13	18.77	20.94	23.55	26.09	28.67	33.50
535	14.92	16.86	18.42	20.59	23.16	25.65	28.18	32.92
540	14.68	16.56	18.12	20.25	22.77	25.21	27.69	32.34

A₃、A₃F 钢	最小轴方向	∠180×14 ~ ∠200×24
		$L_0 = 320 \sim 540$ cm

表 11-5-7　　　　　　　　　　A₃、A₃F 钢平行轴方向表

角　钢	∠40×3	∠40×4	∠45×4	∠45×5	∠50×4	∠50×5	∠56×4	∠56×5	∠63×5	∠63×6
A（cm²）	2.36	3.09	3.49	4.29	3.90	4.80	4.39	5.42	6.14	7.29
r_x（cm）	1.23	1.22	1.38	1.37	1.54	1.53	1.73	1.72	1.94	1.93
W_{xmin}（cm³） / L_0（cm）	1.23	1.60	2.05	2.51	2.56	3.13	3.24	3.97	5.08	6.00
50	2.18	2.85	3.28	4.03	3.71	4.57	4.22	5.20	5.96	7.06
55	2.14	2.80	3.23	3.98	3.67	4.52	4.19	5.16	5.91	7.01
60	2.11	2.75	3.19	3.92	3.63	4.47	4.15	5.11	5.87	6.97
65	2.07	2.70	3.14	3.86	3.58	4.41	4.11	5.06	5.83	6.91
70	2.02	2.64	3.09	3.79	3.53	4.35	4.06	5.00	5.78	6.85
75	1.97	2.58	3.03	3.72	3.48	4.28	4.02	4.95	5.73	6.79
80	1.92	2.51	2.97	3.65	3.43	4.22	3.96	4.88	5.67	6.72
85	1.87	2.44	2.91	3.57	3.37	4.15	3.91	4.82	5.61	6.65
90	1.82	2.37	2.84	3.49	3.31	4.07	3.86	4.75	5.54	6.57
95	1.76	2.30	2.77	3.40	3.25	3.99	3.80	4.68	5.48	6.49
100	1.71	2.22	2.70	3.31	3.18	3.91	3.74	4.61	5.41	6.41
105	1.65	2.14	2.63	3.22	3.11	3.83	3.68	4.53	5.34	6.33
110	1.59	2.06	2.55	3.13	3.05	3.74	3.61	4.45	5.27	6.24
115	1.53	1.98	2.48	3.04	2.97	3.65	3.55	4.36	5.19	6.15
120	1.46	1.90	2.40	2.94	2.90	3.56	3.48	4.28	5.12	6.06
125	1.40	1.81	2.32	2.84	2.82	3.46	3.41	4.19	5.03	5.96
130	1.33	1.73	2.24	2.74	2.75	3.37	3.34	4.10	4.94	5.85
135	1.27	1.64	2.16	2.63	2.67	3.27	3.26	4.01	4.86	5.75
140	1.20	1.55	2.07	2.53	2.59	3.17	3.18	3.91	4.77	5.65
145	1.13	1.46	1.99	2.42	2.51	3.07	3.11	3.82	4.68	5.54
150	1.07	1.37	1.90	2.32	2.42	2.96	3.03	3.72	4.59	5.43
155	1.00	1.30	1.81	2.21	2.34	2.86	2.95	3.62	4.49	5.31
160	0.95	1.22	1.72	2.10	2.25	2.75	2.87	3.52	4.40	5.20
165	0.89	1.15	1.64	1.99	2.17	2.65	2.79	3.42	4.30	5.09
170	0.84	1.09	1.55	1.88	2.08	2.54	2.70	3.31	4.20	4.97
175	0.80	1.03	1.47	1.78	1.99	2.43	2.62	3.21	4.10	4.85
180	0.76	0.97	1.39	1.69	1.90	2.32	2.53	3.10	4.00	4.73
185	0.72	0.93	1.32	1.60	1.81	2.21	2.45	2.99	3.90	4.61
190	0.68	0.88	1.26	1.53	1.73	2.10	2.36	2.88	3.79	4.48
195	0.65	0.84	1.19	1.45	1.65	2.00	2.27	2.77	3.69	4.35
200	0.62	0.80	1.14	1.38	1.57	1.91	2.18	2.66	3.58	4.22
205	0.59	0.77	1.09	1.32	1.49	1.82	2.09	2.55	3.47	4.09
210	0.57	0.73	1.04	1.26	1.43	1.74	2.00	2.44	3.37	3.97
215	0.54	0.70	1.00	1.21	1.37	1.66	1.92	2.34	3.26	3.83
220	0.52	0.67	0.95	1.16	1.31	1.59	1.84	2.24	3.15	3.70
225	0.50	0.64	0.91	1.11	1.25	1.53	1.76	2.15	3.04	3.57
230	0.48	0.62	0.88	1.07	1.20	1.47	1.69	2.06	2.92	3.44
235	0.46	0.59	0.84	1.02	1.16	1.41	1.62	1.98	2.81	3.31
240	0.44	0.57	0.81	0.98	1.11	1.35	1.56	1.90	2.71	3.18

A₃、A₃F 钢　　平行轴方向　　∠40×3～∠63×6　　L_0=50～240cm

续表

角 钢	∠40×3	∠40×4	∠45×4	∠45×5	∠50×4	∠50×5	∠56×4	∠56×5	∠63×5	∠63×6
A (cm²)	2.36	3.09	3.49	4.29	3.90	4.80	4.39	5.42	6.14	7.29
r_x (cm)	1.23	1.22	1.38	1.37	1.54	1.53	1.73	1.72	1.94	1.93
W_{xmin} (cm³) / L_0 (cm)	1.23	1.60	2.05	2.51	2.56	3.13	3.24	3.97	5.08	6.00
245	0.43	0.55	0.78	0.95	1.07	1.30	1.50	1.83	2.61	3.06
250	0.41	0.53	0.75	0.91	1.03	1.25	1.44	1.76	2.51	2.94
255	0.40	0.51	0.72	0.88	0.99	1.21	1.39	1.69	2.42	2.84
260	0.38	0.49	0.70	0.85	0.96	1.17	1.34	1.67	2.33	2.74
265	0.37	0.48	0.68	0.82	0.92	1.13	1.29	1.58	2.25	2.64
270	0.36	0.46	0.65	0.79	0.89	1.09	1.25	1.52	2.17	2.55
275	0.35	0.45	0.63	0.77	0.86	1.05	1.21	1.47	2.09	2.46
280	0.34	0.43	0.61	0.74	0.84	1.02	1.17	1.42	2.03	2.38
285	0.32	0.42	0.59	0.72	0.81	0.98	1.13	1.38	1.96	2.30
290	0.31	0.41	0.57	0.70	0.78	0.95	1.09	1.33	1.89	2.22
295	0.30	0.39	0.56	0.68	0.76	0.92	1.06	1.29	1.84	2.15
300	0.30	0.38	0.54	0.65	0.73	0.90	1.03	1.25	1.78	2.09
305	0.29	0.37	0.52	0.63	0.71	0.87	0.99	1.21	1.72	2.03
310			0.51	0.62	0.69	0.84	0.96	1.18	1.67	1.96
315			0.49	0.60	0.67	0.82	0.94	1.15	1.62	1.90
320			0.48	0.58	0.65	0.80	0.91	1.11	1.57	1.85
325			0.47	0.57	0.64	0.77	0.88	1.08	1.53	1.80
330			0.45	0.55	0.62	0.75	0.86	1.05	1.49	1.75
335			0.44	0.54	0.60	0.73	0.84	1.02	1.45	1.70
340			0.43	0.52	0.59	0.71	0.82	0.99	1.41	1.65
345			0.42		0.57	0.69	0.79	0.97	1.37	1.61
350					0.56	0.68	0.77	0.94	1.33	1.57
355					0.54	0.66	0.75	0.92	1.30	1.53
360					0.53	0.64	0.73	0.90	1.26	1.49
365					0.51	0.63	0.72	0.87	1.23	1.45
370					0.50	0.61	0.70	0.85	1.21	1.42
375					0.49	0.60	0.68	0.83	1.18	1.38
380					0.48	0.58	0.66	0.81	1.15	1.35
385					0.47		0.65	0.79	1.12	1.32
390							0.63	0.78	1.09	1.28
395							0.62	0.76	1.07	1.26
400							0.60	0.74	1.04	1.23
405							0.59	0.72	1.02	1.20
410							0.58	0.71	1.00	1.17
415							0.57	0.69	0.98	1.15
420							0.55	0.68	0.96	1.13
425							0.55	0.67	0.93	1.10
430							0.53	0.65	0.92	1.07
435									0.90	1.05
440									0.88	1.04

A₃、A₃F 钢 　　　　平行轴方向 　　　　∠40×3 ～ ∠63×6

$L_0 = 245 \sim 440 cm$

续表

角　　钢	∠70×5	∠70×6	∠70×7	∠75×5	∠75×6	∠75×8	∠80×6	∠80×7	∠80×8	∠90×7
A （cm²）	6.88	8.16	9.42	7.41	8.80	11.50	9.40	10.86	12.30	12.30
r_x （cm）	2.16	2.15	2.14	2.32	2.31	2.30	2.47	2.46	2.44	2.78
W_{xmin}（cm³）　　L_0（cm）	6.32	7.48	8.59	7.30	8.63	11.20	9.87	11.37	12.83	14.54
60	6.63	7.86	9.07	7.18	8.52	11.14	9.14	10.56	11.96	12.03
65	6.58	7.81	9.02	7.14	8.47	11.07	9.10	10.51	11.90	11.98
70	6.54	7.76	8.96	7.10	8.42	11.00	9.04	10.45	11.83	11.94
75	6.50	7.71	8.89	7.06	8.37	10.93	9.00	10.39	11.77	11.88
80	6.44	7.64	8.82	7.01	8.31	10.86	8.94	10.33	11.70	11.83
85	6.39	7.58	8.75	6.96	8.25	10.77	8.89	10.27	11.62	11.77
90	6.33	7.51	8.67	6.91	8.19	10.69	8.83	10.19	11.53	11.71
95	6.27	7.44	8.58	6.84	8.12	10.59	8.76	10.12	11.46	11.64
100	6.21	7.36	8.49	6.79	8.05	10.50	8.69	10.04	11.36	11.58
105	6.14	7.28	8.40	6.72	7.97	10.40	8.63	9.96	11.27	11.50
110	6.08	7.21	8.31	6.66	7.90	10.30	8.55	9.87	11.7	11.42
115	6.01	7.12	8.21	6.59	7.82	10.19	8.47	9.78	11.07	11.34
120	5.93	7.03	8.11	6.53	7.73	10.08	8.40	9.70	10.97	11.26
125	5.86	6.94	8.00	6.45	7.65	9.97	8.32	9.61	10.86	11.17
130	5.78	6.85	7.90	6.38	7.56	9.85	8.24	9.51	10.75	11.08
135	5.70	6.75	7.78	6.30	7.47	9.73	8.15	9.41	10.63	10.99
140	5.62	6.65	7.67	6.23	7.38	9.60	8.06	9.30	10.51	10.91
145	5.53	6.55	7.55	6.14	7.28	9.47	7.97	9.20	10.39	10.80
150	5.45	6.45	7.43	6.06	7.18	9.34	7.88	9.09	10.27	10.70
155	5.36	6.34	7.31	5.98	7.08	9.20	7.78	8.97	10.13	10.61
160	5.27	6.24	7.18	5.89	6.98	9.07	7.68	8.86	10.00	10.50
165	5.17	6.12	7.05	5.81	6.87	8.92	7.58	8.74	9.87	10.40
170	5.08	6.01	6.92	5.71	6.77	8.78	7.48	8.63	9.73	10.29
175	4.98	5.90	6.79	5.62	6.65	8.63	7.37	8.51	9.59	10.16
180	4.89	5.78	6.66	5.53	6.54	8.48	7.26	8.37	9.45	10.05
185	4.79	5.67	6.52	5.43	6.43	8.33	7.16	8.25	9.30	9.94
190	4.69	5.55	6.38	5.33	6.31	8.18	7.04	8.12	9.15	9.82
195	4.59	5.42	6.24	5.24	6.20	8.03	6.93	7.99	9.00	9.70
200	4.49	5.30	6.10	5.14	6.08	7.86	6.81	7.85	8.85	9.57
205	4.38	5.18	5.96	5.04	5.96	7.70	6.70	7.72	8.70	9.45
210	4.28	5.05	5.81	4.94	5.84	7.55	6.59	7.59	8.54	9.32
215	4.17	4.93	5.66	4.83	5.71	7.38	6.46	7.45	8.38	9.19
220	4.07	4.80	5.52	4.73	5.59	7.22	6.35	7.31	8.22	9.06
225	3.96	4.67	5.36	4.63	5.46	7.05	6.22	7.17	8.06	8.92
230	3.85	4.55	5.22	4.52	5.34	6.88	6.10	7.03	7.90	8.79
235	3.74	4.41	5.06	4.41	5.21	6.71	5.98	6.88	7.74	8.66
240	3.63	4.28	4.91	4.31	5.08	6.54	5.85	6.73	7.56	8.52
245	3.52	4.15	4.76	4.19	4.95	6.37	5.73	6.59	7.40	8.38
250	3.41	4.02	4.60	4.09	4.82	6.19	5.60	6.44	7.23	8.24
255	3.30	3.88	4.45	3.98	4.69	6.02	5.47	6.29	7.06	8.10
260	3.19	3.75	4.29	3.87	4.56	5.84	5.34	6.14	6.89	7.96
265	3.07	3.62	4.15	3.75	4.42	5.66	5.22	5.99	6.71	7.81
270	2.97	3.50	4.01	3.64	4.29	5.49	5.08	5.84	6.54	7.67
275	2.87	3.38	3.86	3.53	4.16	5.31	4.95	5.68	6.36	7.52
280	2.77	3.26	3.74	3.42	4.02	5.13	4.82	5.53	6.18	7.37
285	2.68	3.16	3.61	3.31	3.89	4.97	4.68	5.38	6.01	7.23
290	2.60	3.06	3.50	3.20	3.77	4.82	4.55	5.22	5.83	7.07
295	2.52	2.96	3.39	3.10	3.65	4.66	4.42	5.07	5.66	6.92
300	2.44	2.87	3.28	3.00	3.53	4.52	4.28	4.91	5.48	6.77

A_3、A_3F 钢	平行轴方向	∠70×5 ~ ∠90×7
		$L_0 = 60 \sim 300 cm$

续表

角 钢	∠70×5	∠70×6	∠70×7	∠75×5	∠75×6	∠75×8	∠80×6	∠80×7	∠80×8	∠90×7
A（cm²）	6.88	8.16	9.42	7.41	8.80	11.50	9.40	10.86	12.30	12.30
r_x（cm）	2.16	2.15	2.14	2.32	2.31	2.30	2.47	2.46	2.44	2.78
W_{xmin}（cm³） L_0（cm）	6.32	7.48	8.59	7.30	8.63	11.20	9.87	11.37	12.83	14.54
305	2.36	2.78	3.18	2.91	3.43	4.37	4.15	4.77	5.31	6.62
310	2.29	2.69	3.09	2.82	3.33	4.25	4.03	4.63	5.16	6.46
315	2.22	2.61	2.99	2.74	3.23	4.12	3.91	4.48	5.00	6.31
320	2.15	2.53	2.90	2.66	3.13	3.99	3.79	4.35	4.86	6.15
325	2.09	2.47	2.82	2.58	3.04	3.88	3.69	4.23	4.71	6.00
330	2.03	2.40	2.74	2.51	2.95	3.77	3.58	4.11	4.59	5.84
335	1.98	2.33	2.67	2.44	2.88	3.66	3.48	4.00	4.46	5.69
340	1.92	2.27	2.60	2.37	2.79	3.56	3.39	3.89	4.33	5.53
345	1.88	2.20	2.52	2.31	2.71	3.47	3.29	3.78	4.21	5.39
350	1.82	2.14	2.45	2.25	2.65	3.38	3.21	3.68	4.10	5.25
355	1.77	2.09	2.40	2.19	2.58	3.29	3.12	3.58	3.99	5.11
360	1.73	2.04	2.33	2.13	2.51	3.20	3.04	3.48	3.89	4.97
365	1.68	1.99	2.27	2.08	2.45	3.12	2.96	3.39	3.78	4.85
370	1.64	1.93	2.22	2.03	2.39	3.04	2.88	3.31	3.70	4.72
375	1.60	1.89	2.16	1.97	2.32	2.96	2.82	3.23	3.60	4.61
380	1.56	1.84	2.11	1.92	2.27	2.90	2.75	3.15	3.52	4.50
385	1.53	1.79	2.06	1.88	2.22	2.82	2.68	3.07	3.43	4.39
390	1.49	1.76	2.01	1.84	2.16	2.76	2.62	3.00	3.35	4.28
395	1.46	1.72	1.96	1.80	2.11	2.69	2.56	2.93	3.26	4.18
400	1.42	1.67	1.91	1.75	2.06	2.63	2.49	2.86	3.19	4.08
405	1.39	1.63	1.87	1.71	2.01	2.57	2.43	2.79	3.13	3.98
410	1.36	1.60	1.84	1.67	1.97	2.51	2.39	2.74	3.05	3.89
415	1.33	1.57	1.79	1.63	1.92	2.46	2.33	2.67	2.99	3.80
420	1.30	1.53	1.76	1.60	1.89	2.41	2.28	2.62	2.91	3.72
425	1.28	1.50	1.71	1.57	1.85	2.35	2.23	2.56	2.85	3.63
430	1.24	1.47	1.68	1.53	1.80	2.30	2.18	2.50	2.79	3.56
435	1.22	1.43	1.64	1.50	1.76	2.26	2.13	2.45	2.73	3.48
440	1.19	1.41	1.61	1.47	1.73	2.21	2.09	2.39	2.67	3.41
445	1.17	1.38	1.57	1.44	1.70	2.16	2.05	2.35	2.62	3.34
450	1.15	1.35	1.54	1.41	1.66	2.12	2.01	2.30	2.57	3.26
455	1.12	1.32	1.52	1.38	1.63	2.08	1.97	2.25	2.51	3.20
460	1.10	1.30	1.49	1.35	1.59	2.03	1.92	2.20	2.46	3.14
465	1.08	1.27	1.46	1.33	1.56	1.99	1.88	2.16	2.42	3.08
470	1.06	1.25	1.43	1.30	1.53	1.95	1.85	2.13	2.37	3.01
475	1.04	1.22	1.40	1.28	1.50	1.92	1.82	2.08	2.32	2.96
480	1.02	1.20	1.37	1.25	1.47	1.88	1.78	2.04	2.28	2.90
485	1.00	1.18	1.35	1.23	1.44	1.85	1.75	2.01	2.23	2.84
490	0.98	1.16	1.33	1.21	1.42	1.82	1.71	1.96	2.19	2.79
495	0.97	1.13	1.30	1.18	1.40	1.78	1.68	1.93	2.15	2.74
500	0.95	1.11	1.28	1.16	1.37	1.75	1.65	1.90	2.12	2.69
505	0.93	1.09	1.25	1.14	1.34	1.72	1.62	1.86	2.08	2.64
510	0.91	1.08	1.23	1.12	1.32	1.68	1.59	1.83	2.04	2.60
515	0.90	1.06	1.21	1.10	1.29	1.66	1.56	1.80	2.00	2.54
520	0.88	1.04	1.19	1.08	1.27	1.63	1.54	1.77	1.97	2.50
525	0.87	1.02	1.17	1.07	1.26	1.60	1.51	1.73	1.94	2.45
530	0.86	1.01	1.15	1.05	1.23	1.57	1.49	1.71	1.90	2.42
535	0.84	0.99	1.13	1.03	1.21	1.55	1.46	1.68	1.87	2.38
540	0.83			1.01	1.19	1.52	1.44	1.65	1.84	2.33
545				0.99	1.17	1.49	1.41	1.62	1.80	2.30
550				0.98	1.15	1.47	1.39	1.59	1.78	2.25

A_3、A_3F 钢　　　平行轴方向　　　∠70×5 ~ ∠90×7　　L_0 = 305 ~ 550cm

角　　钢	∠90×8	∠90×10	∠100×8	∠100×10	∠100×12	∠110×8	∠110×10	∠110×12	∠125×8	∠125×10
A（cm^2）	13.94	17.17	15.64	19.26	22.80	17.24	21.26	25.20	19.75	24.37
r_x（cm）	2.76	2.74	3.08	3.05	3.03	3.40	3.38	3.35	3.88	3.85
W_{xmin}（cm^3） L_0（cm）	16.42	20.07	20.47	25.06	29.47	24.95	30.60	36.05	32.52	39.97
80	13.40	16.49	15.16	18.65	22.07	16.79	20.70	24.53	19.35	23.87
85	13.34	16.41	15.08	18.56	21.95	16.74	20.64	24.45	19.30	23.81
90	13.26	16.32	15.02	18.48	21.86	16.68	20.56	24.35	19.25	23.75
95	13.19	16.22	14.96	18.40	21.77	16.60	20.47	24.25	19.20	23.68
100	13.11	16.12	14.88	18.31	21.66	16.55	20.39	24.15	19.15	23.62
105	13.02	16.02	14.81	18.22	21.55	16.48	20.32	24.07	19.07	23.52
110	12.93	15.90	14.73	18.12	21.43	16.41	20.23	23.95	19.01	23.44
115	12.84	15.80	14.64	18.01	21.30	16.33	20.13	23.84	18.94	23.36
120	12.75	15.67	14.56	17.91	21.17	16.26	20.04	23.73	18.88	23.29
125	12.64	15.55	14.46	17.78	21.03	16.17	19.92	23.59	18.81	23.19
130	12.54	15.42	14.37	17.67	20.89	16.09	19.83	23.48	18.73	23.10
135	12.44	15.29	14.27	17.55	20.74	16.00	19.71	23.33	18.66	23.00
140	12.34	15.17	14.17	17.42	20.59	15.90	19.60	23.20	18.58	22.90
145	12.23	15.03	14.07	17.29	20.44	15.82	19.48	23.05	18.48	22.79
150	12.11	14.88	13.97	17.17	20.29	15.71	19.36	22.90	18.41	22.69
155	11.99	14.73	13.87	17.04	20.14	15.61	19.23	22.75	18.31	22.57
160	11.87	14.58	13.75	16.90	19.97	15.51	19.11	22.60	18.22	22.46
165	11.76	14.44	13.64	16.75	19.79	15.41	18.98	22.45	18.13	22.34
170	11.63	14.28	13.53	16.61	19.62	15.31	18.85	22.30	18.03	22.21
175	11.49	14.11	13.40	16.45	19.43	15.20	18.71	22.13	17.92	22.09
180	11.36	13.95	13.28	16.31	19.27	15.09	18.58	21.96	17.82	21.96
185	11.22	13.77	13.16	16.15	19.08	14.97	18.43	21.79	17.72	21.83
190	11.10	13.61	13.04	15.99	18.87	14.85	18.28	21.61	17.62	21.71
195	10.96	13.44	12.89	15.82	18.68	14.73	18.13	21.42	17.52	21.58
200	10.81	13.25	12.77	15.66	18.49	14.61	17.99	21.26	17.41	21.43
205	10.67	13.08	12.63	15.48	18.28	14.49	17.83	21.07	17.29	21.30
210	10.52	12.89	12.50	15.33	18.08	14.36	17.67	20.86	17.17	21.15
215	10.37	12.71	12.36	15.15	17.88	14.22	17.50	20.67	17.06	21.00
220	10.22	12.52	12.22	14.97	17.66	14.09	17.34	20.48	16.94	20.85
225	10.07	12.33	12.07	14.80	17.45	13.96	17.17	20.27	16.81	20.70
230	9.91	12.14	11.93	14.61	17.23	13.82	17.00	20.08	16.70	20.55
235	9.76	11.96	11.78	14.42	17.00	13.69	16.84	19.86	16.57	20.40
240	9.60	11.75	11.63	14.23	16.78	13.55	16.67	19.66	16.45	20.23
245	9.45	11.55	11.47	14.04	16.55	13.41	16.48	19.44	16.30	20.05
250	9.28	11.36	11.32	13.85	16.32	13.26	16.31	19.23	16.17	19.90
255	9.12	11.15	11.17	13.66	16.10	13.12	16.12	19.01	16.04	19.73
260	8.96	10.95	11.02	13.47	15.87	12.97	15.93	18.78	15.90	19.56
265	8.80	10.75	10.86	13.27	15.62	12.81	15.75	18.56	15.77	19.40
270	8.62	10.54	10.70	13.08	15.40	12.66	15.56	18.33	15.63	19.21
275	8.46	10.33	10.54	12.87	15.15	12.51	15.37	18.11	15.50	19.05
280	8.29	10.12	10.38	12.68	14.91	12.36	15.18	17.88	15.35	18.86
285	8.12	9.90	10.22	12.47	14.67	12.21	14.99	17.65	15.20	18.69
290	7.94	9.68	10.05	12.26	14.43	12.05	14.80	17.41	15.06	18.50
295	7.78	9.48	9.89	12.06	14.17	11.89	14.59	17.18	14.91	18.31
300	7.60	9.26	9.71	11.84	13.93	11.73	14.40	16.94	14.75	18.12
305	7.42	9.04	9.55	11.63	13.67	11.57	14.19	16.70	14.60	17.93
310	7.25	8.82	9.37	11.42	13.43	11.41	14.00	16.46	14.45	17.74
315	7.07	8.61	9.21	11.21	13.16	11.25	13.79	16.22	14.30	17.55
320	6.89	8.39	9.04	10.99	12.90	11.09	13.59	15.97	14.14	17.36

A$_3$、A$_3$F 钢　　　　　　平行轴方向　　　　　　∠90×8 ~ ∠125×10

L_0 = 80 ~ 320cm

续表

角 钢	∠90×8	∠90×10	∠100×8	∠100×10	∠100×12	∠110×8	∠110×10	∠110×12	∠125×8	∠125×10
A（cm²）	13.94	17.17	15.64	19.26	22.80	17.24	21.26	25.20	19.75	24.37
r_x（cm）	2.76	2.74	3.08	3.05	3.03	3.40	3.38	3.35	3.88	3.85
W_{xmin}（cm³）　　L_0（cm）	16.42	20.07	20.47	25.06	29.47	24.95	30.60	36.05	32.52	39.97
325	6.72	8.17	8.86	10.78	12.66	10.92	13.39	15.72	13.99	17.17
330	6.54	7.95	8.70	10.57	12.39	10.75	13.17	15.47	13.84	16.98
335	6.36	7.73	8.52	10.35	12.13	10.58	12.97	15.22	13.68	16.77
340	6.19	7.53	8.34	10.12	11.87	10.41	12.75	14.97	13.51	16.58
345	6.02	7.32	8.16	9.90	11.60	10.24	12.55	14.72	13.36	16.37
350	5.87	7.12	7.98	9.68	11.34	10.07	12.33	14.46	13.19	16.17
355	5.71	6.93	7.81	9.46	11.08	9.90	12.11	14.19	13.04	15.98
360	5.56	6.76	7.63	9.24	10.81	9.72	11.91	13.95	12.87	15.77
365	5.42	6.57	7.45	9.02	10.55	9.56	11.70	13.69	12.71	15.56
370	5.28	6.42	7.27	8.80	10.29	9.38	11.48	13.43	12.54	15.36
375	5.15	6.26	7.10	8.58	10.04	9.20	11.25	13.16	12.37	15.14
380	5.03	6.10	6.92	8.38	9.79	9.03	11.03	12.90	12.19	14.94
385	4.90	5.95	6.76	8.18	9.57	8.85	10.81	12.64	12.04	14.72
390	4.78	5.81	6.60	7.97	9.32	8.67	10.59	12.38	11.86	14.51
395	4.66	5.67	6.44	7.78	9.10	8.49	10.37	12.11	11.70	14.30
400	4.56	5.53	6.28	7.61	8.89	8.32	10.15	11.85	11.52	14.08
405	4.45	5.40	6.15	7.42	8.68	8.14	9.93	11.59	11.34	13.86
410	4.35	5.28	6.00	7.26	8.49	7.96	9.71	11.32	11.16	13.65
415	4.25	5.17	5.87	7.10	8.30	7.78	9.49	11.08	11.01	13.44
420	4.16	5.05	5.74	6.94	8.12	7.62	9.29	10.83	10.83	13.22
425	4.07	4.94	5.62	6.79	7.93	7.45	9.09	10.60	10.65	13.00
430	3.98	4.83	5.49	6.63	7.76	7.30	8.90	10.35	10.47	12.78
435	3.89	4.73	5.37	6.49	7.59	7.13	8.69	10.13	10.29	12.55
440	3.82	4.63	5.25	6.36	7.43	6.97	8.51	9.93	10.12	12.33
445	3.73	4.53	5.15	6.21	7.26	6.84	8.34	9.70	9.94	12.11
450	3.65	4.43	5.03	6.08	7.11	6.69	8.15	9.51	9.76	11.89
455	3.58	4.36	4.93	5.96	6.97	6.55	7.99	9.32	9.58	11.67
460	3.51	4.26	4.83	5.85	6.83	6.42	7.84	9.13	9.40	11.45
465	3.44	4.18	4.74	5.72	6.69	6.30	7.68	8.95	9.22	11.22
470	3.38	4.09	4.64	5.62	6.56	6.17	7.52	8.76	9.05	11.00
475	3.30	4.02	4.55	5.50	6.43	6.04	7.36	8.59	8.87	10.79
480	3.24	3.94	4.46	5.39	6.31	5.92	7.23	8.41	8.70	10.58
485	3.18	3.86	4.37	5.30	6.20	5.81	7.08	8.26	8.53	10.39
490	3.12	3.79	4.30	5.19	6.06	5.70	6.95	8.09	8.38	10.19
495	3.06	3.72	4.21	5.09	5.95	5.59	6.81	7.94	8.22	9.98
500	3.01	3.66	4.13	4.99	5.84	5.48	6.68	7.79	8.05	9.79
505	2.96	3.59	4.05	4.91	5.75	5.38	6.56	7.65	7.90	9.63
510	2.90	3.51	3.99	4.82	5.63	5.28	6.45	7.51	7.77	9.44
515	2.84	3.45	3.92	4.73	5.54	5.19	6.33	7.38	7.62	9.27
520	2.79	3.39	3.84	4.65	5.43	5.09	6.22	7.24	7.48	9.11
525	2.74	3.34	3.78	4.56	5.34	5.01	6.10	7.11	7.36	8.95
530	2.70	3.28	3.70	4.48	5.25	4.92	5.99	6.99	7.23	8.79
535	2.65	3.22	3.64	4.41	5.15	4.83	5.89	6.88	7.10	8.63
540	2.61	3.17	3.58	4.33	5.07	4.75	5.80	6.74	6.97	8.47
545	2.57	3.11	3.52	4.26	4.98	4.67	5.68	6.63	6.85	8.33

A₃、A₃F 钢　　　　　平行轴方向　　　　　∠90×8 ～ ∠125×10

$L_0 = 325 \sim 545$ cm

续表

角　钢	∠90×8	∠90×10	∠100×8	∠100×10	∠100×12	∠110×8	∠110×10	∠110×12	∠125×8	∠125×10
A（cm²）	13.94	17.17	15.64	19.26	22.80	17.24	21.26	25.20	19.75	24.37
r_x（cm）	2.76	2.74	3.08	3.05	3.03	3.40	3.38	3.35	3.88	3.85
W_{xmin}（cm³） L_0（cm）	16.42	20.07	20.47	25.06	29.47	24.95	30.60	36.05	32.52	39.97
550	2.52	3.06	3.46	4.19	4.90	4.58	5.59	6.51	6.73	8.18
555	2.48	3.01	3.40	4.12	4.83	4.50	5.49	6.42	6.61	8.05
560	2.44	2.96	3.35	4.06	4.73	4.43	5.41	6.31	6.51	7.91
565	2.40	2.91	3.30	3.98	4.65	4.37	5.33	6.20	6.40	7.77
570	2.36	2.87	3.24	3.91	4.58	4.29	5.23	6.11	6.29	7.65
575	2.32	2.82	3.18	3.85	4.50	4.22	5.16	6.00	6.19	7.52
580	2.28	2.79	3.13	3.79	4.45	4.16	5.06	5.91	6.08	7.41
585	2.26	2.74	3.08	3.74	4.37	4.08	4.99	5.81	6.00	7.29
590	2.22	2.70	3.05	3.68	4.30	4.02	4.91	5.71	5.90	7.17
595	2.19	2.66	3.00	3.62	4.25	3.96	4.82	5.64	5.81	7.06
600	2.16	2.61	2.95	3.57	4.17	3.90	4.76	5.54	5.72	6.96
605	2.12	2.58	2.91	3.51	4.11	3.85	4.68	5.46	5.63	6.84
610	2.09	2.54	2.86	3.47	4.04	3.78	4.61	5.39	5.54	6.74
615	2.05	2.50	2.82	3.40	3.99	3.73	4.55	5.31	5.46	6.65
620	2.03	2.47	2.77	3.36	3.93	3.68	4.49	5.21	5.38	6.53
625	2.00	2.44	2.74	3.31	3.87	3.63	4.41	5.14	5.29	6.43
630	1.98	2.39	2.70	3.26	3.81	3.56	4.34	5.06	5.21	6.34
635	1.94	2.36	2.66	3.21	3.76	3.51	4.28	4.99	5.14	6.24
640	1.91	2.32	2.62	3.17	3.71	3.46	4.22	4.94	5.06	6.17
645	1.89	2.29	2.58	3.13	3.65	3.41	4.17	4.86	5.00	6.08
650	1.86	2.26	2.55	3.08	3.61	3.37	4.11	4.79	4.93	5.98
655	1.84	2.23	2.51	3.05	3.55	3.32	4.05	4.72	4.85	5.91
660	1.81	2.20	2.48	3.00	3.52	3.27	3.99	4.66	4.79	5.82
665	1.79	2.17	2.44	2.96	3.45	3.23	3.94	4.59	4.72	5.74
670	1.76	2.15	2.42	2.91	3.42	3.19	3.88	4.54	4.65	5.65
675	1.74	2.12	2.37	2.88	3.36	3.14	3.83	4.46	4.58	5.58
680	1.72	2.09	2.35	2.83	3.32	3.10	3.78	4.41	4.53	5.50
685	1.70	2.06	2.32	2.80	3.28	3.05	3.73	4.35	4.46	5.44
690	1.67		2.28	2.77	3.24	3.02	3.68	4.29	4.41	5.35
695			2.26	2.74	3.20	2.98	3.63	4.24	4.34	5.29
700			2.23	2.70	3.15	2.93	3.59	4.18	4.29	5.22
705			2.21	2.66	3.11	2.90	3.54	4.12	4.24	5.16
710			2.17	2.62	3.07	2.86	3.49	4.08	4.19	5.09
715			2.14	2.59	3.03	2.82	3.45	4.02	4.13	5.01
720			2.11	2.56	3.00	2.80	3.40	3.98	4.07	4.95
725			2.09	2.53	2.96	2.75	3.37	3.92	4.01	4.88
730			2.06	2.50	2.92	2.73	3.32	3.88	3.96	4.82
735			2.04	2.47	2.88	2.69	3.29	3.82	3.91	4.78
740			2.01	2.43	2.85	2.66	3.23	3.78	3.88	4.72
745			1.99	2.41	2.83	2.62	3.20	3.74	3.83	4.65
750			1.96	2.39	2.79	2.59	3.17	3.68	3.78	4.59
755			1.95	2.36	2.75	2.57	3.12	3.64	3.73	4.55
760			1.93	2.33		2.53	3.09	3.61	3.70	4.49
765			1.90			2.50	3.05	3.57	3.65	4.43
770			1.88			2.47	3.02	3.51	3.60	4.39

A₃、A₃F　钢	平行轴方向	∠90×8 ～ ∠125×10
		$L_0 = 550 \sim 770\mathrm{cm}$

续表

角 钢	∠125×12	∠125×14	∠140×10	∠140×12	∠140×14	∠160×10	∠160×12	∠160×14	∠160×16	∠180×12
A (cm^2)	28.91	33.37	27.37	32.51	37.57	31.50	37.44	43.30	49.07	42.24
r_x (cm)	3.83	3.80	4.34	4.31	4.28	4.98	4.95	4.92	4.89	5.59
W_{xmin} (cm^3) / L_0 (cm)	47.17	54.16	50.58	59.80	68.75	66.70	78.98	90.95	102.63	100.82
100	28.01	32.30	26.69	31.69	36.60	30.90	36.71	42.45	48.09	41.62
105	27.89	32.17	26.62	31.61	36.51	30.84	36.64	42.36	47.99	41.54
110	27.80	32.07	26.56	31.54	36.42	30.77	36.56	42.27	47.89	41.47
115	27.70	31.95	26.48	31.44	36.30	30.71	36.49	42.18	47.79	41.39
120	27.61	31.84	26.39	31.32	36.17	30.65	36.41	42.09	47.69	41.31
125	27.50	31.71	26.32	31.24	36.08	30.58	36.34	42.01	47.59	41.24
130	27.38	31.58	26.23	31.14	35.96	30.52	36.25	41.90	47.46	41.16
135	27.27	31.45	26.16	31.05	35.85	30.42	36.14	41.77	47.31	41.09
140	27.14	31.29	26.07	30.94	35.72	30.33	36.03	41.65	47.19	41.01
145	27.02	31.15	25.97	30.82	35.59	30.26	35.95	41.55	47.06	40.94
150	26.90	31.00	25.88	30.71	35.46	30.17	35.85	41.44	46.94	40.83
155	26.75	30.83	25.78	30.60	35.32	30.10	35.76	41.33	46.81	40.71
160	26.62	30.68	25.66	30.45	35.16	30.01	35.64	41.19	46.65	40.63
165	26.47	30.51	25.56	30.34	35.03	29.91	35.53	41.06	46.50	40.53
170	26.32	30.33	25.47	30.21	34.87	29.82	35.42	40.93	46.53	40.43
175	26.17	30.16	25.34	30.06	34.69	29.72	35.30	40.80	46.20	40.34
180	26.02	29.98	25.23	29.93	34.55	29.63	35.18	40.64	46.01	40.23
185	25.87	29.81	25.11	29.79	34.38	29.50	35.04	40.49	45.85	40.12
190	25.72	29.63	24.99	29.64	34.20	29.41	34.93	40.36	45.70	40.00
195	25.57	29.44	24.86	29.49	34.03	29.31	34.80	40.20	45.51	39.89
200	25.39	29.25	24.74	29.34	33.85	29.18	34.65	40.02	45.31	39.78
205	25.22	29.04	24.61	29.19	33.68	29.06	34.51	39.88	45.15	39.64
210	25.06	28.85	24.48	29.04	33.50	28.96	34.38	39.71	44.96	39.51
215	24.87	28.63	24.36	28.89	33.32	28.83	34.23	39.54	44.76	39.39
220	24.68	28.41	24.23	28.73	33.13	28.71	34.08	39.36	44.55	39.27
225	24.52	28.23	24.08	28.55	32.94	28.58	33.93	39.19	44.35	39.12
230	24.34	28.01	23.95	28.39	32.73	28.45	33.78	39.01	44.15	38.97
235	24.15	27.79	23.80	28.22	32.55	28.33	33.63	38.83	43.95	38.86
240	23.94	27.53	23.66	28.04	32.33	28.20	33.47	38.66	43.75	38.70
245	23.74	27.32	23.51	27.86	32.11	28.07	33.32	38.48	43.55	38.55
250	23.55	27.10	23.35	27.67	31.91	27.95	33.17	38.31	43.34	38.40
255	23.35	26.84	23.21	27.51	31.71	27.82	33.00	38.09	43.10	38.25
260	23.15	26.62	23.06	27.32	31.49	27.66	32.83	37.91	42.89	38.10
265	22.95	26.38	22.90	27.13	31.27	27.53	32.66	37.70	42.65	37.95
270	22.74	26.15	22.74	26.92	31.01	27.38	32.49	37.52	42.44	37.80
275	22.53	25.89	22.56	26.72	30.80	27.25	32.32	37.30	42.19	37.65
280	22.30	25.65	22.40	26.54	30.58	27.09	32.13	37.08	41.94	37.49
285	22.10	25.39	22.24	26.34	30.33	26.93	31.94	36.86	41.70	37.34
290	21.88	25.13	22.06	26.13	30.10	26.78	31.77	36.68	41.48	37.16
295	21.65	24.87	21.90	25.94	29.88	26.64	31.60	36.46	41.23	37.00
300	21.42	24.60	21.74	25.73	29.62	26.49	31.41	36.24	40.98	36.82
305	21.20	24.34	21.56	25.53	29.39	26.33	31.22	36.02	40.71	36.65
310	20.97	24.08	21.39	25.31	29.13	26.16	31.01	35.76	40.43	36.48
315	20.75	23.81	21.20	25.09	28.89	25.98	30.81	35.54	40.18	36.30

A_3、A_3F 钢	平行轴方向	∠125×12 ~ ∠180×12
		$L_0 = 100 \sim 315$cm

续表

角　　钢	∠125×12	∠125×14	∠140×10	∠140×12	∠140×14	∠160×10	∠160×12	∠160×14	∠160×16	∠180×12
A（cm²）	28.91	33.37	27.37	32.51	37.57	31.50	37.44	43.30	49.07	42.24
r_x（cm）	3.83	3.80	4.34	4.31	4.28	4.98	4.95	4.92	4.89	5.59
W_{xmin}（cm³） L_0（cm）	47.17	54.16	50.58	59.80	68.75	66.70	78.98	90.95	102.63	100.82
320	20.52	23.55	21.03	24.89	28.64	25.82	30.62	35.32	39.93	36.11
325	20.29	23.28	20.85	24.66	28.38	25.66	30.43	35.10	39.66	35.92
330	20.06	22.99	20.66	24.44	28.11	25.50	30.21	34.84	39.38	35.77
335	19.81	22.72	20.47	24.21	27.85	25.32	30.01	34.62	39.13	35.58
340	19.58	22.45	20.28	23.98	27.59	25.16	29.82	34.39	38.85	35.39
345	19.33	22.16	20.09	23.76	27.32	24.99	29.61	34.13	38.58	35.20
350	19.10	21.90	19.90	23.53	27.06	24.81	29.41	33.91	38.30	34.99
355	18.86	21.60	19.71	23.30	26.80	24.64	29.19	33.64	38.00	34.78
360	18.62	21.32	19.53	23.08	26.53	24.45	28.97	33.39	37.73	34.60
365	18.36	21.04	19.34	22.85	26.27	24.27	28.77	33.16	37.45	34.41
370	18.12	20.73	19.15	22.63	25.99	24.11	28.55	32.90	37.14	34.21
375	17.86	20.45	18.95	22.37	25.71	23.92	28.32	32.63	36.84	33.99
380	17.62	20.15	18.74	22.14	25.44	23.73	28.10	32.37	36.54	33.80
385	17.36	19.86	18.55	21.90	25.14	23.54	27.87	32.10	36.24	33.61
390	17.12	19.57	18.34	21.66	24.88	23.35	27.64	31.84	35.94	33.39
395	16.86	19.27	18.15	21.43	24.61	23.16	27.41	31.58	35.64	33.19
400	16.59	18.96	17.95	21.18	24.32	22.97	27.19	31.31	35.34	32.98
405	16.33	18.67	17.74	20.94	24.03	22.78	26.96	31.05	35.04	32.75
410	16.09	18.38	17.54	20.69	23.75	22.59	26.73	30.78	34.74	32.54
415	15.83	18.07	17.33	20.45	23.45	22.40	26.51	30.52	34.44	32.34
420	15.57	17.76	17.12	20.19	23.15	22.21	26.28	30.26	34.13	32.11
425	15.30	17.45	16.90	19.94	22.87	22.02	26.05	29.97	33.79	31.88
430	15.04	17.15	16.71	19.69	22.57	21.82	25.79	29.68	33.48	31.66
435	14.77	16.84	16.49	19.43	22.28	21.61	25.56	29.42	33.18	31.43
440	14.51	16.53	16.28	19.19	21.99	21.42	25.34	29.14	32.83	31.20
445	14.24	16.23	16.08	18.93	21.68	21.22	25.07	28.85	32.53	30.98
450	13.98	15.92	15.85	18.67	21.38	21.01	24.84	28.58	32.23	30.75
455	13.72	15.61	15.63	18.40	21.08	20.82	24.62	28.30	31.88	30.52
460	13.45	15.30	15.41	18.16	20.80	20.62	24.36	28.01	31.58	30.30
465	13.19	15.00	15.22	17.91	20.49	20.41	24.13	27.73	31.23	30.07
470	12.92	14.71	15.00	17.64	20.19	20.20	23.86	27.44	30.92	29.84
475	12.69	14.41	14.78	17.38	19.88	19.99	23.63	27.15	30.57	29.62
480	12.43	14.15	14.56	17.11	19.57	19.79	23.37	26.85	30.23	29.39
485	12.21	13.87	14.34	16.85	19.26	19.57	23.11	26.56	29.92	29.13
490	11.95	13.59	14.12	16.59	18.96	19.36	22.88	26.27	29.57	28.90
495	11.73	13.34	13.89	16.32	18.65	19.16	22.61	25.97	29.23	28.67
500	11.51	13.10	13.67	16.06	18.34	18.94	22.35	25.69	28.91	28.42
505	11.30	12.83	13.45	15.79	18.03	18.73	22.12	25.39	28.56	28.17
510	11.08	12.61	13.23	15.53	17.73	18.53	21.86	25.09	28.21	27.95
515	10.89	12.39	13.01	15.27	17.42	18.31	21.59	24.78	27.86	27.71
520	10.70	12.17	12.79	15.00	17.11	18.08	21.33	24.47	27.52	27.45
525	10.51	11.95	12.57	14.74	16.81	17.86	21.07	24.19	27.21	27.22
530	10.32	11.73	12.35	14.47	16.53	17.66	20.84	23.90	26.85	26.96
535	10.14	11.51	12.14	14.24	16.23	17.45	20.57	23.59	26.50	26.73
540	9.95	11.33	11.94	13.99	15.97	17.23	20.31	23.28	26.15	26.48
545	9.79	11.12	11.73	13.76	15.69	17.01	20.04	22.97	25.80	26.21
550	9.62	10.95	11.54	13.52	15.40	16.79	19.78	22.66	25.45	25.96
555	9.46	10.74	11.33	13.28	15.14	16.57	19.51	22.36	25.10	25.73
560	9.28	10.56	11.14	13.05	14.91	16.34	19.25	22.05	24.75	25.46
565	9.13	10.39	10.95	12.86	14.65	16.12	18.98	21.74	24.40	25.20

A_3、A_3F 钢　　　　平行轴方向　　　　∠125×12 ~ ∠180×12

$L_0 = 320 \sim 565$cm

续表

角 钢	∠125×12	∠125×14	∠140×10	∠140×12	∠140×14	∠160×10	∠160×12	∠160×14	∠160×16	∠180×12
A (cm²)	28.91	33.37	27.37	32.51	37.57	31.50	37.44	43.30	49.07	42.24
r_x (cm)	3.83	3.80	4.34	4.31	4.28	4.98	4.95	4.92	4.89	5.59
$W_{x min}$ (cm³) \ L_0 (cm)	47.17	54.16	50.58	59.80	68.75	66.70	78.98	90.95	102.63	100.82
570	8.98	10.21	10.78	12.63	14.39	15.90	18.72	21.43	24.05	24.97
575	8.84	10.07	10.60	12.42	14.17	15.68	18.45	21.12	23.69	24.71
580	8.71	9.89	10.42	12.23	13.95	15.46	18.19	20.82	23.34	24.44
585	8.56	9.75	10.27	12.04	13.73	15.24	17.92	20.51	22.99	24.18
590	8.44	9.58	10.11	11.85	13.51	15.02	17.66	20.20	22.64	23.92
595	8.30	9.43	9.95	11.66	13.30	14.80	17.39	19.89	22.29	23.67
600	8.16	9.29	9.79	11.47	13.08	14.57	17.13	19.58	21.94	23.43
605	8.04	9.15	9.64	11.29	12.87	14.35	16.87	19.28	21.62	23.16
610	7.93	9.01	9.48	11.12	12.67	14.13	16.61	19.01	21.28	22.90
615	7.80	8.86	9.34	10.94	12.48	13.98	16.37	18.70	20.97	22.64
620	7.67	8.73	9.19	10.78	12.31	13.72	16.12	18.44	20.67	22.37
625	7.56	8.59	9.06	10.63	12.09	13.51	15.89	18.17	20.33	22.11
630	7.45	8.49	8.93	10.45	11.92	13.32	15.65	17.87	20.02	21.84
635	7.36	8.36	8.78	10.30	11.74	13.12	15.40	17.60	19.72	21.58
640	7.25	8.23	8.65	10.14	11.57	12.91	15.17	17.34	19.46	21.31
645	7.13	8.13	8.53	9.99	11.42	12.72	14.96	17.12	19.17	21.05
650	7.04	8.00	8.40	9.87	11.25	12.55	14.76	16.86	18.86	20.78
655	6.94	7.88	8.30	9.72	11.08	12.38	14.53	16.60	18.61	20.52
660	6.83	7.77	8.18	9.58	10.94	12.19	14.31	16.38	18.36	20.26
665	6.74	7.67	8.06	9.46	10.78	12.01	14.13	16.16	18.11	19.99
670	6.65	7.55	7.95	9.32	10.63	11.85	13.94	15.94	17.86	19.73
675	6.55	7.47	7.84	9.19	10.48	11.70	13.75	15.72	17.61	19.46
680	6.47	7.35	7.73	9.06	10.34	11.54	13.56	15.50	17.36	19.20
685	6.37	7.26	7.62	8.95	10.21	11.38	13.37	15.28	17.10	18.93
690	6.29	7.17	7.53	8.83	10.04	11.22	13.18	15.06	16.86	18.69
695	6.22	7.08	7.43	8.69	9.91	11.06	12.99	14.85	16.65	18.45
700	6.14	6.99	7.31	8.58	9.78	10.91	12.82	14.66	16.41	18.19
705	6.07	6.87	7.22	8.46	9.65	10.77	12.65	14.45	16.21	17.96
710	5.96	6.78	7.12	8.35	9.55	10.62	12.48	14.28	16.00	17.74
715	5.89	6.70	7.03	8.26	9.42	10.48	12.33	14.09	15.76	17.47
720	5.81	6.61	6.96	8.16	9.29	10.35	12.16	13.88	15.56	17.24
725	5.74	6.55	6.87	8.04	9.17	10.21	11.99	13.71	15.36	17.02
730	5.68	6.47	6.77	7.94	9.07	10.07	11.84	13.53	15.15	16.81
735	5.61	6.38	6.69	7.85	8.93	9.94	11.68	13.35	14.97	16.60
740	5.54	6.29	6.61	7.74	8.84	9.82	11.53	13.20	14.80	16.38
745	5.46	6.24	6.52	7.65	8.71	9.69	11.40	13.05	14.60	16.16
750	5.41	6.15	6.44	7.54	8.61	9.58	11.27	12.87	14.42	15.97
755	5.34	6.06	6.35	7.46	8.50	9.47	11.12	12.71	14.25	15.78
760	5.27	6.01	6.29	7.36	8.41	9.34	10.98	12.56	14.07	15.60
765	5.21	5.92	6.20	7.28	8.29	9.24	10.85	12.41	13.90	15.41
770	5.14	5.85	6.14	7.19	8.20	9.12	10.72	12.25	13.72	15.22
775	5.08	5.78	6.06	7.10	8.11	9.01	10.59	12.10	13.57	15.03
780	5.02	5.72	5.98	7.02	8.02	8.90	10.46	11.97	13.42	14.84
785	4.97	5.65	5.92	6.95	7.93	8.79	10.34	11.83	13.24	14.65
790	4.91	5.58	5.86	6.87	7.82	8.70	10.23	11.68	13.07	14.48
795	4.85	5.52	5.79	6.78	7.72	8.60	10.09	11.53	12.92	14.32
800	4.80	5.45	5.72	6.69	7.63	8.49	9.96	11.40	12.77	14.13
805	4.74	5.41	5.64	6.61	7.54	8.38	9.85	11.26	12.62	13.98
810	4.70	5.33	5.58	6.54	7.46	8.29	9.74	11.13	12.50	13.83
815	4.64	5.29	5.51	6.46	7.38	8.19	9.62	11.03	12.36	13.64

A_3、$A_3 F$ 钢		平行轴方向			∠125×12 ~ ∠180×12					
					$L_0 = 570 \sim 815\text{cm}$					

续表

角　钢	$\angle 180 \times 14$	$\angle 180 \times 16$	$\angle 180 \times 18$	$\angle 200 \times 14$	$\angle 200 \times 16$	$\angle 200 \times 18$	$\angle 200 \times 20$	$\angle 200 \times 24$
A（cm^2）	48.90	55.47	61.96	54.64	62.01	69.30	76.51	90.66
r_x（cm）	5.56	5.54	5.50	6.20	6.18	6.15	6.12	6.07
W_{xmin}（cm^3） L_0（cm）	116.25	131.35	146.11	144.70	163.65	182.22	200.42	235.78
150	47.24	53.57	59.80	53.15	60.30	67.38	74.36	88.08
155	47.10	53.42	59.64	53.06	60.20	67.26	74.24	87.93
160	47.01	53.32	59.52	52.97	60.10	67.15	74.10	87.75
165	46.89	53.17	59.35	52.85	59.96	66.98	73.91	87.53
170	46.79	53.06	59.24	52.72	59.81	66.81	73.73	87.31
175	46.67	52.93	59.08	52.60	59.68	66.67	73.58	87.16
180	46.54	52.78	58.91	52.51	59.57	66.54	73.43	86.95
185	46.41	52.63	58.74	52.37	59.42	66.38	73.26	86.77
190	46.28	52.48	58.57	52.28	59.32	66.27	73.13	86.59
195	46.15	52.33	58.40	52.16	59.18	66.10	72.94	86.37
200	46.02	52.17	58.21	52.03	59.03	65.94	72.75	86.14
205	45.84	51.97	58.00	51.90	58.88	65.77	72.57	85.92
210	45.70	51.82	57.83	51.77	58.73	65.60	72.38	85.69
215	45.57	51.67	57.66	51.63	58.58	65.43	72.19	85.47
220	45.41	51.48	57.43	51.50	58.43	65.26	72.00	85.22
225	45.24	51.28	57.21	51.35	58.25	65.05	71.76	84.93
230	45.08	51.11	57.03	51.18	58.07	64.85	71.55	84.71
235	44.93	50.94	56.82	51.05	57.92	64.68	71.36	84.48
240	44.76	50.74	56.59	50.92	57.76	64.51	71.16	84.21
245	44.58	50.54	56.37	50.76	57.57	64.29	70.91	83.91
250	44.40	50.34	56.14	50.58	57.37	64.06	70.66	83.63
255	44.23	50.14	55.92	50.41	57.19	63.87	70.46	83.40
260	44.05	49.94	55.69	50.28	57.03	63.68	70.24	83.11
265	43.88	49.74	55.47	50.11	56.83	63.45	69.99	82.81
270	43.70	49.54	55.24	49.93	56.63	63.23	69.74	82.51
275	43.53	49.33	55.02	49.76	56.43	63.00	69.49	82.21
280	43.35	49.13	54.79	49.58	56.23	62.78	69.24	81.91
285	43.16	48.91	54.51	49.40	56.03	62.55	68.99	81.61
290	42.95	48.68	54.28	49.23	55.83	62.33	68.74	81.31
295	42.77	48.46	54.01	49.05	55.63	62.10	68.49	81.01
300	42.55	48.22	53.77	48.87	55.43	61.88	68.24	80.72
305	42.37	48.02	53.51	48.70	55.23	61.65	67.99	80.42
310	42.16	47.77	53.23	48.52	55.03	61.43	67.74	80.11
315	41.94	47.52	52.95	48.35	54.83	61.19	67.45	79.74
320	41.72	47.27	52.68	48.14	54.58	60.91	67.16	79.43
325	41.52	47.06	52.45	47.94	54.36	60.68	66.90	79.08
330	41.33	46.82	52.17	47.75	54.14	60.41	66.59	78.74
335	41.11	46.57	51.88	47.53	53.90	60.16	66.33	78.43
340	40.89	46.32	51.60	47.36	53.70	59.92	66.04	78.05
345	40.67	46.00	51.28	47.14	53.45	59.63	65.73	77.68
350	40.40	45.77	50.98	46.92	53.20	59.35	65.42	77.31
355	40.18	45.52	50.70	46.70	52.95	59.07	65.10	76.98
360	39.96	45.27	50.41	46.49	52.71	58.83	64.85	76.65
365	39.74	45.02	50.11	46.31	52.51	58.58	64.55	76.28

A_3、A_3F　钢　　　　　　平行轴方向　　　　　　$\angle 180 \times 14 \sim \angle 200 \times 24$

$L_0 = 150 \sim 365$ cm

角 钢	∠180×14	∠180×16	∠180×18	∠200×14	∠200×16	∠200×18	∠200×20	∠200×24
A（cm²）	48.90	55.47	61.96	54.64	62.01	69.30	76.51	90.66
r_x（cm）	5.56	5.54	5.50	6.20	6.18	6.15	6.12	6.07
W_{xmin}（cm³）　　L_0（cm）	116.25	131.35	146.11	144.70	163.65	182.22	200.42	235.78
370	39.49	44.72	49.79	46.10	52.26	58.30	64.24	75.90
375	39.25	44.46	49.51	45.88	52.00	58.01	63.93	75.53
380	39.03	44.21	49.22	45.66	51.75	57.73	63.61	75.10
385	38.80	43.93	48.88	45.43	51.48	57.41	63.24	74.69
390	38.54	43.65	48.60	45.17	51.19	57.10	62.92	74.32
395	38.32	43.39	48.27	44.94	50.94	56.82	62.60	73.95
400	38.06	43.09	47.93	44.72	50.69	56.54	62.29	73.57
405	37.79	42.79	47.63	44.50	50.44	56.25	61.96	73.13
410	37.57	42.54	47.32	44.27	50.16	55.93	61.59	72.73
415	37.32	42.24	46.98	44.01	49.87	55.62	61.28	72.36
420	37.05	41.94	46.64	43.78	49.62	55.34	60.96	71.97
425	36.79	41.64	46.30	43.56	49.37	55.05	60.62	71.52
430	36.52	41.34	45.96	43.32	49.08	54.71	60.26	71.15
435	36.26	41.04	45.63	43.07	48.81	54.42	59.94	70.72
440	36.00	40.74	45.29	42.85	48.54	54.11	59.57	70.27
445	35.73	40.44	44.95	42.59	48.24	53.77	59.19	69.85
450	35.47	40.14	44.61	42.32	47.94	53.44	58.86	69.46
455	35.20	39.84	44.28	42.08	47.68	53.16	58.52	69.02
460	34.94	39.54	43.94	41.85	47.40	52.82	58.15	68.57
465	34.68	39.24	43.60	41.58	47.10	52.48	57.77	68.12
470	34.41	38.94	43.26	41.32	46.80	52.15	57.40	67.67
475	34.15	38.64	42.90	41.05	46.50	51.81	57.02	67.22
480	33.87	38.30	42.52	40.79	46.20	51.47	56.65	66.78
485	33.57	37.98	42.19	40.52	45.90	51.13	56.27	66.33
490	33.31	37.68	41.84	40.26	45.60	50.79	55.90	65.88
495	33.04	37.36	41.45	40.00	45.30	50.46	55.52	65.43
500	32.74	37.02	41.11	39.73	44.99	50.12	55.15	64.98
505	32.47	36.72	40.77	39.47	44.69	49.78	54.77	64.53
510	32.20	36.42	40.39	39.20	44.39	49.44	54.40	64.09
515	31.91	36.07	40.03	38.94	44.09	49.10	54.02	63.64
520	31.63	35.77	39.66	38.67	43.79	48.77	53.65	63.19
525	31.34	35.42	39.30	38.41	43.49	48.43	53.27	62.70
530	31.05	35.11	38.94	38.15	43.19	48.08	52.85	62.20
535	30.78	34.78	38.54	37.87	42.85	47.68	52.44	61.76
540	30.47	34.43	38.16	37.56	42.52	47.34	52.07	61.31
545	30.16	34.10	37.82	37.30	42.22	47.01	51.69	60.79
550	29.90	33.78	37.42	37.03	41.92	46.64	51.25	60.32
555	29.59	33.43	37.03	36.74	41.57	46.26	50.87	59.87
560	29.29	33.09	36.68	36.45	41.26	45.92	50.49	59.40
565	29.01	32.79	36.30	36.19	40.96	45.58	50.09	58.89
570	28.72	32.44	35.91	35.92	40.64	45.20	49.67	58.44
575	28.41	32.09	35.51	35.62	40.29	44.84	49.29	57.92
580	28.10	31.74	35.12	35.34	39.99	44.48	48.86	57.45
585	27.80	31.38	34.75	35.05	39.65	44.09	48.46	56.97
590	27.49	31.06	34.39	34.75	39.33	43.76	48.06	56.45
595	27.23	30.74	34.00	34.49	39.01	43.37	47.62	55.93
600	26.92	30.39	33.60	34.18	38.66	42.97	47.19	55.48
605	26.61	30.04	33.21	33.87	38.31	42.60	46.81	54.97
610	26.31	29.69	32.81	33.59	38.00	42.25	46.38	54.45
615	26.00	29.34	32.42	33.31	37.67	41.86	45.95	53.95
A_3、A_3F 钢			平行轴方向		∠180×14 ~ ∠200×24　L_0 = 370 ~ 615cm			

续表

角 钢	$\angle 180 \times 14$	$\angle 180 \times 16$	$\angle 180 \times 18$	$\angle 200 \times 14$	$\angle 200 \times 16$	$\angle 200 \times 18$	$\angle 200 \times 20$	$\angle 200 \times 24$
A（cm^2）	48.90	55.47	61.96	54.64	62.01	69.30	76.51	90.66
r_x（cm）	5.56	5.54	5.50	6.20	6.18	6.15	6.12	6.07
W_{xmin}（cm^3）L_0（cm）	116.25	131.35	146.11	144.70	163.65	182.22	200.42	235.78
620	25.69	28.99	32.03	33.00	37.32	41.46	45.53	53.49
625	25.38	28.64	31.63	32.70	36.97	41.11	45.15	52.97
630	25.08	28.29	31.24	32.42	36.67	40.74	44.71	52.45
635	24.77	27.94	30.84	32.13	36.32	40.35	44.27	51.92
640	24.46	27.59	30.45	31.82	35.97	39.96	43.84	51.40
645	24.15	27.24	30.05	31.52	35.62	39.56	43.40	50.90
650	23.84	26.88	29.66	31.21	35.27	39.17	42.98	50.44
655	23.54	26.53	29.27	30.90	34.92	38.81	42.60	49.92
660	23.23	26.18	28.87	30.62	34.62	38.45	42.16	49.40
665	22.92	25.83	28.48	30.34	34.28	38.05	41.72	48.88
670	22.61	25.48	28.08	30.03	33.93	37.66	41.29	48.35
675	22.31	25.13	27.69	29.72	33.58	37.26	40.85	47.83
680	22.00	24.78	27.33	29.41	33.22	36.87	40.41	47.31
685	21.70	24.47	26.96	29.10	32.87	36.47	39.97	46.79
690	21.43	24.14	26.60	28.79	32.52	36.08	39.54	46.26
695	21.12	23.81	26.26	28.49	32.17	35.69	39.10	45.74
700	20.86	23.51	25.90	28.18	31.82	35.29	38.66	45.22
705	20.60	23.20	25.52	27.87	31.47	34.90	38.22	44.69
710	20.30	22.86	25.18	27.56	31.12	34.50	37.79	44.17
715	20.02	22.55	24.84	27.25	30.77	34.11	37.35	43.65
720	19.76	22.25	24.56	26.94	30.42	33.71	36.91	43.13
725	19.51	22.00	24.23	26.64	30.06	33.32	36.47	42.60
730	19.28	21.71	23.89	26.33	29.71	32.93	36.04	42.08
735	19.01	21.41	23.59	26.02	29.36	32.53	35.60	41.56
740	18.75	21.14	23.31	25.71	29.01	32.14	35.16	41.04
745	18.53	20.89	23.03	25.40	28.66	31.74	34.72	40.51
750	18.31	20.64	22.75	25.09	28.31	31.35	34.29	40.04
755	18.09	20.39	22.47	24.78	27.96	30.95	33.88	39.56
760	17.87	20.14	22.19	24.48	27.61	30.60	33.49	39.05
765	17.65	19.89	21.90	24.19	27.30	30.23	33.05	38.61
770	17.43	19.64	21.62	23.91	26.97	29.85	32.68	38.16
775	17.21	19.39	21.34	23.61	26.64	29.52	32.30	37.65
780	16.99	19.14	21.11	23.34	26.34	29.18	31.89	37.17
785	16.78	18.93	20.84	23.08	26.04	28.79	31.47	36.72
790	16.60	18.69	20.60	22.79	25.68	28.43	31.10	36.29
795	16.38	18.47	20.37	22.49	25.37	28.09	30.72	35.91
800	16.21	18.27	20.12	22.23	25.07	27.76	30.40	35.47
805	16.03	18.05	19.86	21.96	24.79	27.48	30.05	35.02
810	15.82	17.81	19.63	21.74	24.53	27.15	29.67	34.61
815	15.63	17.61	19.41	21.49	24.23	26.81	29.31	34.24
820	15.45	17.41	19.18	21.23	23.93	26.50	29.00	33.87
825	15.28	17.21	18.96	20.96	23.66	26.21	28.69	33.49
830	15.10	17.01	18.79	20.74	23.41	25.93	28.38	33.12
835	14.94	16.85	18.57	20.52	23.16	25.65	28.06	32.75
840	14.80	16.67	18.34	20.30	22.91	25.37	27.75	32.37
845	14.62	16.47	18.16	20.08	22.66	25.09	27.44	32.00
850	14.45	16.29	17.97	19.86	22.41	24.81	27.13	31.63
855	14.31	16.12	17.76	19.64	22.15	24.52	26.81	31.25
860	14.15	15.94	17.57	19.42	21.90	24.24	26.50	30.94
865	14.00	15.78	17.36	19.20	21.65	23.96	26.21	30.60

A_3、A_3F 钢	平行轴方向	$\angle 180 \times 14 \sim \angle 200 \times 24$
		$L_0 = 620 \sim 865$cm

表 11-5-8　　　　　　　　　　　　　　　　　16Mn 钢最小轴方向表

角 钢	$\angle 40 \times 3$	$\angle 40 \times 4$	$\angle 45 \times 4$	$\angle 45 \times 5$	$\angle 50 \times 4$	$\angle 50 \times 5$	$\angle 56 \times 4$	$\angle 56 \times 5$	$\angle 63 \times 5$	$\angle 63 \times 6$
A（cm^2）	2.36	3.09	3.49	4.29	3.90	4.80	4.39	5.42	6.14	7.29
r_{y0}（cm）	0.79	0.79	0.89	0.88	0.99	0.98	1.11	1.10	1.25	1.24
W_{xmin}（cm^3）　L_0（cm）	1.23	1.60	2.05	2.51	2.56	3.13	3.24	3.97	5.08	6.00
30	2.14	2.79	3.22	3.96	3.66	4.50	4.17	5.15	5.90	7.00
35	2.06	2.69	3.13	3.85	3.58	4.40	4.10	5.05	5.82	6.90
40	1.97	2.58	3.03	3.72	3.48	4.28	4.02	4.94	5.73	6.78
45	1.88	2.46	2.92	3.58	3.38	4.15	3.92	4.82	5.62	6.66
50	1.78	2.32	2.79	3.42	3.26	4.01	3.81	4.69	5.50	6.51
55	1.67	2.18	2.66	3.26	3.14	3.85	3.70	4.55	5.37	6.36
60	1.56	2.03	2.52	3.08	3.01	3.69	3.58	4.40	5.23	6.19
65	1.44	1.88	2.38	2.90	2.87	3.51	3.45	4.24	5.09	6.02
70	1.32	1.72	2.22	2.71	2.73	3.33	3.31	4.06	4.93	5.83
75	1.19	1.56	2.07	2.51	2.58	3.14	3.17	3.89	4.77	5.63
80	1.07	1.39	1.91	2.31	2.42	2.95	3.03	3.70	4.59	5.43
85	0.95	1.24	1.74	2.11	2.26	2.75	2.87	3.51	4.42	5.21
90	0.85	1.11	1.58	1.90	2.10	2.55	2.71	3.32	4.24	4.99
95	0.76	1.00	1.42	1.71	1.93	2.35	2.56	3.12	4.05	4.77
100	0.69	0.91	1.29	1.55	1.77	2.14	2.39	2.92	3.85	4.53
105	0.63	0.83	1.17	1.41	1.61	1.94	2.23	2.71	3.66	4.30
110	0.58	0.76	1.07	1.29	1.47	1.77	2.06	2.50	3.46	4.06
115	0.53	0.70	0.98	1.19	1.35	1.63	1.89	2.29	3.26	3.81
120	0.49	0.64	0.91	1.09	1.24	1.50	1.74	2.11	3.05	3.57
125	0.45	0.59	0.84	1.01	1.15	1.39	1.61	1.96	2.84	3.32
130	0.42	0.55	0.78	0.94	1.07	1.29	1.49	1.81	2.63	3.07
135	0.39	0.51	0.72	0.87	0.99	1.20	1.39	1.69	2.44	2.86
140	0.37	0.48	0.68	0.81	0.93	1.12	1.30	1.58	2.28	2.66
145	0.34	0.45	0.64	0.77	0.87	1.05	1.21	1.47	2.13	2.49
150	0.32	0.42	0.60	0.72	0.81	0.98	1.14	1.38	2.00	2.33
155	0.30	0.40	0.56	0.67	0.76	0.92	1.07	1.30	1.87	2.19
160	0.29	0.37	0.53	0.64	0.72	0.87	1.01	1.22	1.77	2.06
165	0.27	0.35	0.50	0.60	0.68	0.82	0.95	1.15	1.66	1.94
170	0.25	0.33	0.47	0.57	0.64	0.78	0.90	1.09	1.57	1.84
175	0.24	0.32	0.45	0.54	0.61	0.73	0.85	1.03	1.49	1.74
180	0.23	0.30	0.42	0.51	0.58	0.70	0.81	0.98	1.41	1.65
185	0.22	0.29	0.40	0.48	0.55	0.66	0.77	0.93	1.34	1.56
190	0.21	0.27	0.38	0.46	0.52	0.63	0.73	0.88	1.27	1.49
195	0.20	0.26	0.37	0.44	0.50	0.60	0.69	0.84	1.21	1.42
200			0.35	0.42	0.48	0.58	0.66	0.80	1.15	1.35
205			0.33	0.40	0.45	0.55	0.63	0.76	1.11	1.29
210			0.32	0.38	0.43	0.52	0.60	0.73	1.06	1.23
215			0.30	0.37	0.42	0.50	0.58	0.70	1.01	1.18
220			0.29	0.35	0.40	0.48	0.55	0.67	0.96	1.13
225					0.38	0.46	0.53	0.64	0.93	1.08
230					0.37	0.44	0.51	0.62	0.89	1.04
235					0.35	0.43	0.49	0.59	0.85	1.00
240					0.34	0.41	0.47	0.57	0.82	0.96
245					0.33	0.39	0.45	0.55	0.79	0.92

16Mn 钢　　　　　　最小轴方向　　　　　　$\angle 40 \times 3 \sim \angle 63 \times 6$
$L_0 = 30 \sim 245 cm$

续表

角 钢	∠70×5	∠70×6	∠70×7	∠75×5	∠75×6	∠75×8	∠80×6	∠80×7	∠80×8	∠90×7
A (cm²)	6.88	8.16	9.42	7.41	8.80	11.50	9.40	10.86	12.30	12.30
r_{y0} (cm)	1.39	1.38	1.38	1.50	1.49	1.47	1.59	1.58	1.57	1.78
W_{xmin} (cm³) L_0 (cm)	6.32	7.48	8.59	7.30	8.63	11.20	9.87	11.37	12.83	14.54
50	6.29	7.46	8.61	6.87	8.14	10.62	8.78	10.14	11.47	11.66
55	6.17	7.31	8.44	6.76	8.01	10.44	8.65	9.99	11.30	11.52
60	6.04	7.16	8.27	6.63	7.86	10.25	8.52	9.83	11.12	11.37
65	5.91	7.00	8.08	6.51	7.71	10.04	8.37	9.66	10.92	11.22
70	5.76	6.82	7.88	6.37	7.55	9.83	8.21	9.48	10.72	11.05
75	5.61	6.63	7.66	6.23	7.37	9.59	8.05	9.29	10.50	10.88
80	5.45	6.44	7.44	6.08	7.19	9.35	7.88	9.08	10.26	10.69
85	5.28	6.24	7.21	5.92	7.00	9.09	7.69	8.87	10.02	10.50
90	5.11	6.03	6.97	5.75	6.80	8.83	7.51	8.65	9.77	10.29
95	4.93	5.82	6.72	5.58	6.60	8.55	7.31	8.42	9.50	10.08
100	4.75	5.60	6.47	5.41	6.39	8.27	7.10	8.18	9.23	9.86
105	4.56	5.37	6.20	5.23	6.17	7.98	6.89	7.94	8.95	9.63
110	4.36	5.14	5.93	5.04	5.94	7.69	6.68	7.69	8.67	9.39
115	4.16	4.90	5.66	4.84	5.71	7.38	6.46	7.43	8.37	9.15
120	3.96	4.66	5.38	4.65	5.48	7.06	6.23	7.16	8.07	8.90
125	3.76	4.42	5.10	4.45	5.24	6.75	6.00	6.89	7.75	8.65
130	3.55	4.17	4.82	4.25	5.01	6.43	5.76	6.61	7.44	8.39
135	3.35	3.92	4.53	4.05	4.76	6.11	5.52	6.34	7.12	8.12
140	3.14	3.67	4.24	3.84	4.52	5.78	5.29	6.05	6.80	7.85
145	2.93	3.42	3.95	3.64	4.27	5.45	5.04	5.78	6.48	7.57
150	2.74	3.21	3.70	3.42	4.02	5.11	4.79	5.48	6.15	7.29
155	2.57	3.01	3.48	3.21	3.76	4.80	4.54	5.19	5.82	7.02
160	2.42	2.83	3.27	3.02	3.54	4.51	4.29	4.90	5.48	6.73
165	2.29	2.67	3.09	2.85	3.34	4.25	4.04	4.61	5.16	6.44
170	2.16	2.52	2.91	2.69	3.15	4.02	3.81	4.35	4.87	6.15
175	2.04	2.39	2.76	2.54	2.98	3.80	3.60	4.12	4.61	5.86
180	1.93	2.26	2.61	2.41	2.82	3.60	3.42	3.90	4.37	5.57
185	1.83	2.14	2.48	2.29	2.68	3.41	3.24	3.70	4.14	5.27
190	1.75	2.04	2.36	2.17	2.55	3.24	3.08	3.52	3.94	5.01
195	1.66	1.94	2.24	2.07	2.42	3.09	2.93	3.34	3.74	4.76
200	1.58	1.85	2.14	1.97	2.31	2.94	2.79	3.19	3.57	4.54
205	1.51	1.77	2.04	1.88	2.21	2.81	2.66	3.04	3.40	4.33
210	1.44	1.69	1.95	1.79	2.10	2.69	2.54	2.90	3.25	4.13
215	1.38	1.61	1.86	1.72	2.02	2.57	2.43	2.78	3.11	3.95
220	1.32	1.54	1.78	1.65	1.93	2.46	2.33	2.66	2.97	3.78
225	1.27	1.48	1.71	1.58	1.85	2.36	2.23	2.55	2.86	3.62
230	1.22	1.43	1.65	1.51	1.77	2.26	2.14	2.45	2.74	3.47
235	1.17	1.37	1.58	1.45	1.70	2.17	2.05	2.34	2.63	3.33
240	1.12	1.31	1.52	1.39	1.63	2.09	1.97	2.25	2.53	3.20
245	1.08	1.26	1.46	1.34	1.58	2.01	1.90	2.17	2.42	3.08
250	1.04	1.21	1.40	1.29	1.52	1.93	1.83	2.09	2.33	2.96
255	1.00	1.17	1.35	1.25	1.46	1.86	1.76	2.01	2.25	2.86
260	0.96	1.13	1.31	1.20	1.41	1.80	1.70	1.94	2.18	2.75
265	0.93	1.09	1.26	1.16	1.36	1.73	1.64	1.87	2.10	2.65
270	0.90	1.06	1.22	1.12	1.31	1.67	1.58	1.81	2.02	2.56
275	0.87	1.02	1.18	1.08	1.27	1.61	1.52	1.75	1.95	2.47
280	0.84	0.99	1.14	1.04	1.22	1.56	1.47	1.69	1.89	2.39
285	0.81	0.95	1.10	1.01	1.19	1.51	1.43	1.63	1.83	2.31
290	0.79	0.92	1.06	0.98	1.15	1.47	1.38	1.58	1.77	2.24
295	0.76	0.89	1.03	0.95	1.11	1.42	1.34	1.53	1.71	2.17
300	0.74	0.87	1.00	0.92	1.08	1.38	1.30	1.48	1.66	2.10
305	0.72	0.84	0.97	0.89	1.04	1.33	1.26	1.43	1.61	2.03
310	0.69	0.82	0.95	0.86	1.01	1.29	1.22	1.40	1.56	1.98
315	0.68	0.79	0.91	0.84	0.98	1.25	1.18	1.35	1.52	1.92
320	0.66	0.77	0.89	0.81	0.95	1.22	1.15	1.32	1.48	1.86
325	0.64	0.75	0.86	0.80	0.93	1.18	1.12	1.27	1.43	1.81
330	0.62	0.73	0.84	0.77	0.90	1.16	1.08	1.24	1.39	1.75
335	0.60	0.71	0.82	0.75	0.88	1.12	1.06	1.21	1.35	1.71
340	0.59	0.69	0.80	0.73	0.85	1.09	1.03	1.17	1.32	1.66
345	0.58	0.67	0.77	0.71	0.83	1.06	1.01	1.15	1.28	1.61
350				0.69	0.81	1.03	0.98	1.11	1.24	1.58
355				0.67	0.79	1.01	0.95	1.09	1.22	1.53
360				0.66	0.77	0.98	0.93	1.06	1.19	1.50
365				0.64	0.75	0.96	0.91	1.03	1.16	1.45

16Mn 钢　　　　最小轴方向　　　　∠70×5 ~ ∠90×7　　$L_0 = 50 \sim 365$cm

续表

角 钢	∠90×8	∠90×10	∠100×8	∠100×10	∠100×12	∠110×8	∠110×10	∠110×12	∠125×8	∠125×10
A（cm²）	13.94	17.17	15.64	19.26	22.80	17.24	21.26	25.20	19.75	24.37
r_{y0}（cm）	1.78	1.76	1.98	1.96	1.95	2.19	2.17	2.15	2.50	2.48
W_{xmin}（cm³） L_0（cm）	16.42	20.07	20.47	25.06	29.47	24.95	30.60	36.05	32.52	39.97
70	12.53	15.38	14.35	17.65	20.87	16.07	19.79	23.43	18.72	23.08
75	12.33	15.14	14.16	17.41	20.58	15.89	19.58	23.17	18.57	22.89
80	12.12	14.87	13.97	17.16	20.29	15.73	19.36	22.91	18.41	22.69
85	11.90	14.60	13.77	16.91	19.98	15.53	19.12	22.61	18.23	22.47
90	11.67	14.30	13.55	16.63	19.66	15.33	18.87	22.32	18.07	22.27
95	11.43	13.99	13.33	16.36	19.33	15.13	18.61	22.00	17.87	22.02
100	11.18	13.69	13.09	16.06	18.98	14.91	18.34	21.68	17.68	21.77
105	10.92	13.36	12.85	15.76	18.61	14.69	18.06	21.34	17.48	21.53
110	10.65	13.02	12.60	15.45	18.24	14.46	17.77	20.99	17.26	21.26
115	10.37	12.68	12.33	15.12	17.86	14.22	17.48	20.63	17.04	20.99
120	10.09	12.32	12.07	14.78	17.45	13.97	17.16	20.26	16.83	20.71
125	9.81	11.96	11.79	14.44	17.04	13.71	16.83	19.86	16.59	20.41
130	9.51	11.59	11.52	14.09	16.63	13.45	16.51	19.47	16.35	20.12
135	9.21	11.22	11.22	13.73	16.20	13.18	16.17	19.06	16.10	19.80
140	8.89	10.83	10.94	13.37	15.76	12.90	15.83	18.65	15.86	19.49
145	8.58	10.44	10.64	12.99	15.31	12.63	15.48	18.23	15.58	19.16
150	8.27	10.05	10.34	12.61	14.86	12.34	15.12	17.81	15.33	18.83
155	7.95	9.65	10.02	12.22	14.39	12.05	14.76	17.37	15.05	18.49
160	7.63	9.25	9.70	11.83	13.92	11.75	14.38	16.91	14.77	18.14
165	7.30	8.84	9.39	11.43	13.45	11.45	14.00	16.46	14.50	17.80
170	6.97	8.43	9.07	11.04	12.99	11.14	13.61	15.99	14.20	17.43
175	6.64	8.02	8.75	10.63	12.50	10.82	13.22	15.52	13.92	17.07
180	6.32	7.60	8.43	10.23	12.02	10.51	12.83	15.05	13.63	16.70
185	5.98	7.20	8.09	9.81	11.52	10.19	12.44	14.58	13.31	16.33
190	5.68	6.84	7.76	9.41	11.04	9.88	12.05	14.10	13.02	15.94
195	5.40	6.51	7.43	8.99	10.53	9.54	11.63	13.62	12.70	15.55
200	5.14	6.20	7.10	8.56	10.03	9.23	11.24	13.12	12.38	15.16
205	4.91	5.91	6.75	8.15	9.56	8.90	10.82	12.63	12.07	14.76
210	4.69	5.65	6.45	7.78	9.12	8.57	10.41	12.14	11.75	14.37
215	4.48	5.39	6.16	7.44	8.72	8.23	10.00	11.64	11.44	13.98
220	4.28	5.17	5.90	7.12	8.35	7.90	9.58	11.14	11.12	13.57
225	4.10	4.96	5.65	6.82	8.00	7.56	9.15	10.65	10.78	13.17
230	3.93	4.74	5.41	6.53	7.67	7.24	8.78	10.21	10.47	12.75
235	3.78	4.55	5.20	6.27	7.35	6.94	8.42	9.80	10.13	12.34
240	3.63	4.38	4.99	6.02	7.06	6.67	8.09	9.41	9.80	11.94
245	3.49	4.21	4.79	5.80	6.79	6.41	7.77	9.05	9.46	11.52
250	3.36	4.05	4.61	5.58	6.54	6.17	7.48	8.70	9.12	11.10
255	3.24	3.90	4.44	5.37	6.29	5.94	7.20	8.39	8.79	10.67
260	3.12	3.76	4.28	5.17	6.06	5.73	6.93	8.07	8.45	10.27
265	3.00	3.63	4.12	4.99	5.85	5.52	6.68	7.78	8.16	9.90
270	2.90	3.50	3.99	4.81	5.65	5.32	6.45	7.51	7.86	9.55
275	2.80	3.37	3.85	4.64	5.45	5.14	6.23	7.27	7.58	9.23
280	2.71	3.26	3.72	4.50	5.27	4.97	6.01	7.01	7.33	8.91
285	2.62	3.16	3.60	4.35	5.10	4.80	5.82	6.77	7.09	8.62
16Mn 钢			最小轴方向				∠90×8 ~ ∠125×10 $L_0 = 70 ~ 285cm$			

续表

角　钢	∠90×8	∠90×10	∠100×8	∠100×10	∠100×12	∠110×8	∠110×10	∠110×12	∠125×8	∠125×10
A（cm²）	13.94	17.17	15.64	19.26	22.80	17.24	21.26	25.20	19.75	24.37
r_{y0}（cm）	1.78	1.76	1.98	1.96	1.95	2.19	2.17	2.15	2.50	2.48
W_{xmin}（cm³） ＼ L_0（cm）	16.42	20.07	20.47	25.06	29.47	24.95	30.60	36.05	32.52	39.97
290	2.54	3.06	3.48	4.20	4.92	4.64	5.62	6.56	6.85	8.32
295	2.46	2.97	3.36	4.07	4.77	4.50	5.45	6.35	6.64	8.07
300	2.38	2.87	3.26	3.94	4.62	4.36	5.28	6.15	6.42	7.80
305	2.30	2.78	3.16	3.82	4.47	4.22	5.11	5.96	6.22	7.56
310	2.24	2.69	3.06	3.71	4.33	4.09	4.96	5.78	6.02	7.34
315	2.18	2.61	2.97	3.59	4.22	3.97	4.82	5.61	5.85	7.12
320	2.11	2.54	2.89	3.50	4.10	3.86	4.67	5.43	5.69	6.89
325	2.05	2.47	2.81	3.40	3.98	3.74	4.54	5.28	5.51	6.70
330	1.99	2.39	2.73	3.30	3.87	3.64	4.40	5.13	5.35	6.50
335	1.94	2.33	2.65	3.20	3.75	3.54	4.28	4.98	5.19	6.33
340	1.88	2.26	2.57	3.11	3.65	3.43	4.16	4.85	5.06	6.16
345	1.83	2.21	2.51	3.02	3.56	3.34	4.04	4.71	4.92	5.98
350	1.79	2.15	2.44	2.94	3.45	3.25	3.94	4.60	4.78	5.82
355	1.74	2.10	2.37	2.87	3.37	3.17	3.84	4.48	4.66	5.67
360	1.70	2.04	2.32	2.80	3.28	3.09	3.75	4.36	4.54	5.52
365	1.64	1.98	2.26	2.73	3.19	3.01	3.65	4.25	4.42	5.37
370	1.61	1.94	2.19	2.66	3.11	2.93	3.55	4.13	4.31	5.23
375	1.57	1.89	2.15	2.59	3.04	2.85	3.45	4.04	4.21	5.10
380	1.53	1.85	2.10	2.53	2.97	2.78	3.38	3.94	4.09	4.98
385	1.50	1.81	2.04	2.48	2.90	2.71	3.30	3.83	3.99	4.86
390	1.46	1.76	2.00	2.41	2.83	2.65	3.22	3.74	3.89	4.74
395	1.42	1.73	1.95	2.36	2.77	2.59	3.15	3.66	3.81	4.62
400	1.40	1.68	1.91	2.31	2.69	2.53	3.07	3.58	3.71	4.52
405	1.36	1.65	1.86	2.24	2.63	2.47	2.99	3.49	3.63	4.42
410	1.33	1.61	1.81	2.19	2.57	2.41	2.94	3.41	3.56	4.32
415	1.31	1.57	1.77	2.14	2.51	2.36	2.87	3.33	3.48	4.22
420	1.27	1.53	1.73	2.09	2.46	2.31	2.79	3.27	3.40	4.13
425	1.24	1.50	1.69	2.06	2.42	2.26	2.75	3.19	3.32	4.03
430	1.22	1.47	1.67	2.01	2.36	2.22	2.68	3.12	3.24	3.94
435	1.19	1.44	1.63	1.97	2.30	2.16	2.63	3.07	3.18	3.86
440	1.17	1.41	1.59	1.94	2.27	2.12	2.58	2.99	3.10	3.78
445	1.14		1.57	1.89	2.21	2.08	2.51	2.92	3.04	3.69
450			1.53	1.86	2.17	2.03	2.46	2.87	2.98	3.62
455			1.50	1.81	2.14	1.99	2.41	2.81	2.92	3.55
460			1.47	1.78	2.08	1.95	2.36	2.75	2.86	3.47
465			1.44	1.75	2.04	1.91	2.31	2.71	2.80	3.40
470			1.42	1.71	2.01	1.87	2.28	2.66	2.75	3.34
475			1.39	1.68	1.97	1.85	2.23	2.60	2.69	3.28
480			1.36	1.64	1.93	1.81	2.19	2.55	2.65	3.20
485			1.33	1.62	1.90	1.77	2.15	2.51	2.59	3.15
490			1.31	1.58		1.74	2.11	2.45	2.55	3.09
495			1.28			1.71	2.06	2.41	2.49	3.03
500						1.67	2.03	2.37	2.45	2.98
505						1.64	2.00	2.32	2.41	2.93
510						1.62	1.96	2.29	2.37	2.86

16Mn 钢　　　　　　最小轴方向　　　　　　∠90×8 ～ ∠125×10

$L_0 = 290 \sim 510\text{cm}$

续表

角　钢	∠125×12	∠125×14	∠140×10	∠140×12	∠140×14	∠160×10	∠160×12	∠160×14	∠160×16	∠180×12
A (cm²)	28.91	33.37	27.37	32.51	37.57	31.50	37.44	43.30	49.07	42.24
r_{y0} (cm)	2.46	2.45	2.78	2.77	2.75	3.20	3.18	3.16	3.14	3.58
W_{xmin} (cm³) / L_0 (cm)	47.17	54.16	50.58	59.80	68.75	66.70	79.98	90.95	102.63	100.82
100	25.78	29.73	25.05	29.73	34.31	29.45	34.98	40.41	45.76	40.05
105	25.49	29.39	24.80	29.44	33.96	29.26	34.74	40.13	45.43	39.82
110	25.17	29.01	24.56	29.15	33.62	29.03	34.47	39.82	45.09	39.58
115	24.84	28.64	24.31	28.85	33.28	28.83	34.23	39.53	44.74	39.35
120	24.50	28.23	24.06	28.55	32.92	28.59	33.93	39.19	44.35	39.09
125	24.15	27.82	23.79	28.23	32.54	28.34	33.64	38.85	43.96	38.83
130	23.79	27.41	23.52	27.91	32.17	28.10	33.34	38.50	43.57	38.58
135	23.41	26.97	23.23	27.56	31.76	27.85	33.05	38.16	43.18	38.29
140	23.03	26.53	22.93	27.20	31.35	27.58	32.72	37.77	42.74	37.99
145	22.65	26.08	22.64	26.85	30.94	27.32	32.40	37.39	42.30	37.70
150	22.24	25.61	22.32	26.47	30.49	27.05	32.09	37.03	41.87	37.40
155	21.83	25.13	22.02	26.12	30.07	26.76	31.73	36.62	41.40	37.10
160	21.42	24.65	21.68	25.71	29.60	26.46	31.38	36.20	40.94	36.77
165	21.00	24.17	21.37	25.33	29.15	26.17	31.03	35.79	40.47	36.44
170	20.56	23.67	21.02	24.92	28.67	25.87	30.66	35.35	39.95	36.12
175	20.12	23.16	20.68	24.51	28.20	25.54	30.28	34.93	39.48	35.77
180	19.68	22.63	20.33	24.10	27.72	25.24	29.91	34.48	38.95	35.41
185	19.24	22.12	19.99	23.68	27.23	24.90	29.50	34.02	38.44	35.06
190	18.77	21.57	19.62	23.24	26.72	24.58	29.12	33.56	37.90	34.70
195	18.30	21.03	19.27	22.82	26.21	24.24	28.71	33.08	37.35	34.31
200	17.83	20.49	18.90	22.38	25.70	23.89	28.30	32.60	36.81	33.95
205	17.36	19.94	18.51	21.91	25.18	23.55	27.88	32.12	36.26	33.55
210	16.89	19.40	18.14	21.47	24.65	23.21	27.47	31.64	35.71	33.16
215	16.42	18.85	17.75	21.00	24.10	22.85	27.04	31.12	35.12	32.76
220	15.92	18.27	17.35	20.54	23.55	22.48	26.61	30.64	34.57	32.35
225	15.45	17.73	16.96	20.07	23.01	22.13	26.17	30.12	33.97	31.94
230	14.95	17.15	16.56	19.60	22.46	21.76	25.74	29.60	33.37	31.52
235	14.45	16.57	16.17	19.13	21.92	21.37	25.27	29.07	32.78	31.11
240	13.96	16.00	15.78	18.66	21.37	21.01	24.83	28.55	32.17	30.70
245	13.46	15.42	15.38	18.17	20.78	20.62	24.36	28.00	31.54	30.24
250	12.96	14.84	14.96	17.69	20.24	20.22	23.89	27.45	30.92	29.83
255	12.45	14.26	14.57	17.21	19.66	19.83	23.42	26.91	30.29	29.37
260	12.00	13.75	14.15	16.71	19.09	19.44	22.95	26.36	29.66	28.93
265	11.56	13.24	13.73	16.21	18.52	19.04	22.48	25.81	29.04	28.46
270	11.15	12.77	13.33	15.73	17.94	18.65	22.01	25.26	28.41	28.03
275	10.77	12.33	12.91	15.23	17.36	18.26	21.54	24.71	27.79	27.56
280	10.41	11.92	12.49	14.74	16.78	17.86	21.06	24.14	27.12	27.09
285	10.06	11.51	12.05	14.21	16.19	17.44	20.56	23.57	26.49	26.62
290	9.73	11.15	11.65	13.73	15.66	17.04	20.08	23.03	25.85	26.15
295	9.41	10.78	11.28	13.30	15.14	16.64	19.59	22.43	25.19	25.67
300	9.11	10.44	10.91	12.87	14.66	16.22	19.09	21.85	24.52	25.20
305	8.82	10.11	10.57	12.46	14.22	15.80	18.60	21.30	23.89	24.73
310	8.56	9.81	10.25	12.08	13.77	15.40	18.11	20.70	23.22	24.26
315	8.32	9.51	9.94	11.73	13.36	14.98	17.62	20.13	22.54	23.79
320	8.06	9.23	9.64	11.37	12.95	14.55	17.11	19.55	21.87	23.27
325	7.82	8.96	9.35	11.03	12.59	14.14	16.59	18.94	21.20	22.80
330	7.59	8.71	9.10	10.74	12.21	13.70	16.09	18.38	20.58	22.32
335	7.39	8.47	8.83	10.41	11.87	13.31	15.63	17.88	19.99	21.81
340	7.18	8.23	8.58	10.12	11.53	12.95	15.19	17.35	19.43	21.30

| 16Mn 钢 | 最小轴方向 | ∠125×12 ~ ∠180×12　　$L_0 = 100 \sim 340$cm |

续表

角　钢	∠125×12	∠125×14	∠140×10	∠140×12	∠140×14	∠160×10	∠160×12	∠160×14	∠160×16	∠180×12
A（cm²）	28.91	33.37	27.37	32.51	37.57	31.50	37.44	43.30	49.07	42.24
r_{y0}（cm）	2.46	2.45	2.78	2.77	2.75	3.20	3.18	3.16	3.14	3.58
W_{xmin}（cm³） L_0（cm）	47.17	54.16	50.58	59.80	68.75	66.70	79.98	90.95	2.63	100.82
345	6.98	7.99	8.34	9.84	11.22	12.58	14.77	16.88	18.89	20.83
350	6.80	7.79	8.12	9.58	10.93	12.23	14.36	16.43	18.39	20.32
355	6.62	7.58	7.92	9.34	10.62	11.92	13.99	15.97	17.89	19.83
360	6.45	7.38	7.69	9.08	10.34	11.59	13.62	15.56	17.42	19.33
365	6.27	7.18	7.50	8.84	10.07	11.30	13.27	15.15	16.95	18.81
370	6.12	7.01	7.30	8.61	9.82	11.00	12.91	14.74	16.53	18.30
375	5.96	6.83	7.13	8.40	9.58	10.71	12.59	14.40	16.12	17.83
380	5.81	6.66	6.95	8.20	9.33	10.47	12.28	14.02	15.70	17.40
385	5.67	6.50	6.78	8.00	9.09	10.19	11.97	13.67	15.31	16.95
390	5.53	6.33	6.60	7.79	8.89	9.94	11.67	13.33	14.93	16.53
395	5.40	6.19	6.45	7.61	8.68	9.70	11.39	13.03	14.57	16.14
400	5.29	6.06	6.31	7.44	8.48	9.48	11.12	12.71	14.25	15.75
405	5.17	5.92	6.16	7.26	8.27	9.25	10.88	12.43	13.89	15.39
410	5.05	5.78	6.01	7.09	8.07	9.05	10.61	12.12	13.58	15.03
415	4.93	5.65	5.87	6.94	7.90	8.83	10.37	11.85	13.26	14.68
420	4.81	5.51	5.74	6.77	7.72	8.63	10.14	11.58	12.95	14.34
425	4.70	5.39	5.62	6.62	7.55	8.43	9.90	11.32	12.69	14.04
430	4.61	5.27	5.49	6.48	7.37	8.25	9.70	11.07	12.42	13.70
435	4.52	5.17	5.37	6.34	7.23	8.07	9.50	10.84	12.14	13.41
440	4.40	5.05	5.26	6.19	7.06	7.91	9.28	10.61	11.86	13.11
445	4.31	4.95	5.14	6.07	6.93	7.74	9.07	10.37	11.62	12.83
450	4.23	4.85	5.04	5.95	6.79	7.56	8.89	10.17	11.39	12.57
455	4.14	4.75	4.95	5.84	6.65	7.42	8.71	9.96	11.15	12.32
460	4.05	4.65	4.85	5.72	6.52	7.27	8.54	9.75	10.92	12.06
465	3.99	4.55	4.75	5.60	6.38	7.12	8.36	9.55	10.68	11.80
470	3.90	4.48	4.65	5.48	6.24	6.97	8.18	9.34	10.48	11.57
475	3.81	4.38	4.55	5.37	6.11	6.83	8.02	9.18	10.26	11.33
480	3.76	4.31	4.45	5.26	6.01	6.71	7.87	8.98	10.07	11.10
485	3.69	4.21	4.38	5.16	5.88	6.56	7.71	8.81	9.87	10.90
490	3.61	4.14	4.29	5.08	5.77	6.45	7.56	8.65	9.66	10.70
495	3.55	4.07	4.21	4.96	5.67	6.32	7.41	8.47	9.50	10.48
500	3.49	4.00	4.14	4.88	5.57	6.19	7.28	8.33	9.30	10.28
505	3.40	3.90	4.06	4.79	5.46	6.09	7.14	8.16	9.14	10.09
510	3.34	3.83	3.98	4.71	5.36	5.96	7.01	8.02	8.99	9.91
515	3.29	3.76	3.91	4.62	5.25	5.86	6.89	7.88	8.83	9.73
520	3.23	3.70	3.83	4.53	5.18	5.76	6.78	7.75	8.67	9.56
525	3.17	3.63	3.78	4.45	5.07	5.67	6.66	7.61	8.52	9.38
530	3.12	3.59	3.71	4.38	4.98	5.57	6.54	7.47	8.36	9.20
535	3.08	3.52	3.64	4.29	4.90	5.47	6.42	7.33	8.21	9.04
540	3.02	3.46	3.58	4.23	4.83	5.37	6.30	7.20	8.05	8.89
545	2.96	3.39	3.53	4.17	4.73	5.27	6.19	7.06	7.92	8.72
550	2.92	3.35	3.46	4.08	4.66	5.17	6.07	6.97	7.79	8.58
555	2.87	3.29	3.40	4.02	4.59	5.09	5.99	6.83	7.67	8.44
560	2.81	3.24	3.35	3.96	4.52	5.01	5.87	6.74	7.52	8.29
565	2.78	3.18	3.31	3.90	4.42	4.93	5.79	6.60	7.41	8.17
570	2.73	3.14	3.23	3.81	4.35	4.84	5.68	6.50	7.29	8.01
575	2.70	3.08	3.18	3.75	4.28	4.77	5.59	6.41	7.16	7.89
580	2.64	3.04	3.13	3.69	4.21	4.69	5.51	6.30	7.04	7.77
585	2.61	2.98	3.08	3.64	4.14	4.61	5.43	6.19	6.94	7.65
590	2.57	2.94	3.03	3.58	4.07	4.54	5.33	6.09	6.83	7.54

16Mn 钢　　　　　最小轴方向　　　　　∠125×12 ~ ∠180×12　　$L_0=345\sim590$cm

续表

角 钢	∠180×14	∠180×16	∠180×18	∠200×14	∠200×16	∠200×18	∠200×20	∠200×24
A（cm^2）	48.90	55.47	61.96	54.64	62.01	69.30	76.51	90.66
r_{y0}（cm）	3.56	3.55	3.51	3.98	3.96	3.94	3.93	3.90
W_{xmin}（cm^3） L_0（cm）	116.25	131.35	146.11	144.70	163.65	182.22	200.42	235.78
100	46.34	52.55	58.61	52.33	59.36	66.31	73.19	86.68
105	46.06	52.23	58.26	52.10	59.09	66.00	72.84	86.25
110	45.79	51.92	57.91	51.86	58.83	65.71	72.53	85.87
115	45.51	51.61	57.55	51.61	58.53	65.37	72.14	85.41
120	45.20	51.25	57.14	51.33	58.22	65.02	71.75	84.94
125	44.91	50.93	56.78	51.06	57.90	64.66	71.36	84.48
130	44.61	50.58	56.37	50.78	57.59	64.31	70.97	83.98
135	44.27	50.19	55.93	50.46	57.22	63.89	70.51	83.46
140	43.93	49.80	55.49	50.18	56.90	63.54	70.12	82.99
145	43.58	49.41	55.04	49.88	56.55	63.13	69.66	82.42
150	43.24	49.02	54.60	49.54	56.16	62.69	69.17	81.84
155	42.87	48.59	54.10	49.19	55.77	62.25	68.69	81.26
160	42.50	48.18	53.62	48.85	55.38	61.81	68.20	80.68
165	42.11	47.74	53.15	48.51	54.98	61.37	67.71	80.10
170	41.73	47.30	52.62	48.16	54.59	60.92	67.21	79.46
175	41.32	46.83	52.10	47.77	54.14	60.42	66.66	78.84
180	40.91	46.36	51.57	47.41	53.72	59.94	66.11	78.17
185	40.50	45.89	51.04	47.02	53.29	59.48	65.61	77.55
190	40.07	45.39	50.44	46.64	52.84	58.95	65.02	76.85
195	39.62	44.90	49.92	46.23	52.37	58.42	64.44	76.16
200	39.20	44.41	49.32	45.82	51.90	57.90	63.86	75.46
205	38.72	43.86	48.73	45.41	51.43	57.37	63.27	74.76
210	38.29	43.37	48.15	44.99	50.96	56.82	62.65	73.99
215	37.81	42.82	47.53	44.53	50.43	56.24	62.03	73.28
220	37.33	42.28	46.92	44.11	49.96	55.72	61.44	72.54
225	36.85	41.73	46.30	43.67	49.44	55.11	60.76	71.73
230	36.37	41.18	45.68	43.19	48.90	54.52	60.12	71.00
235	35.89	40.64	45.06	42.77	48.41	53.95	59.48	70.19
240	35.38	40.06	44.38	42.29	47.86	53.33	58.80	69.38
245	34.88	39.49	43.76	41.81	47.31	52.72	58.11	68.56
250	34.38	38.92	43.09	41.33	46.76	52.10	57.43	67.75
255	33.87	38.34	42.43	40.85	46.21	51.49	56.75	66.94
260	33.33	37.72	41.73	40.36	45.67	50.87	56.07	66.12
265	32.81	37.13	41.08	39.88	45.12	50.24	55.36	65.22
270	32.28	36.53	40.37	39.36	44.51	49.57	54.63	64.40
275	31.73	35.90	39.66	38.87	43.96	48.96	53.95	63.54
280	31.19	35.28	38.96	38.37	43.37	48.27	53.19	62.69
285	30.64	34.65	38.25	37.85	42.80	47.63	52.47	61.78
290	30.09	34.03	37.55	37.33	42.18	46.93	51.69	60.88
295	29.54	33.40	36.84	36.78	41.58	46.29	50.99	60.01
300	28.99	32.78	36.13	36.28	40.99	45.59	50.21	59.08
305	28.44	32.15	35.43	35.73	40.36	44.89	49.43	58.15
310	27.89	31.53	34.70	35.18	39.73	44.18	48.65	57.22
315	27.32	30.86	33.95	34.63	39.11	43.48	47.88	56.29
320	26.74	30.22	33.25	34.08	38.48	42.78	47.10	55.36
325	26.19	29.60	32.51	33.54	37.85	42.07	46.32	54.43
330	25.61	28.92	31.77	32.99	37.23	41.37	45.54	53.50
335	25.04	28.27	31.01	32.44	36.60	40.67	44.76	52.57
340	24.45	27.61	30.30	31.89	35.98	39.96	43.98	51.64

16Mn 钢　　　　　　最小轴方向　　　　　　∠180×14 ~ ∠200×24

$L_0 = 100 ~ 340$cm

续表

角 钢	∠180×14	∠180×16	∠180×18	∠200×14	∠200×16	∠200×18	∠200×20	∠200×24
A (cm²)	48.90	55.47	61.96	54.64	62.01	69.30	76.51	90.66
r_{y0} (cm)	3.56	3.55	3.51	3.98	3.96	3.94	3.93	3.90
W_{xmin}(cm³) / L_0 (cm)	116.25	131.35	146.11	144.70	163.65	182.22	200.42	235.78
345	23.90	26.98	29.53	31.34	35.35	39.26	43.20	50.67
350	23.30	26.31	28.78	30.79	34.70	38.50	42.35	49.69
355	22.71	25.63	28.05	30.19	34.03	37.78	41.57	48.76
360	22.14	24.98	27.26	29.64	33.41	37.08	40.79	47.80
365	21.53	24.28	26.52	29.09	32.77	36.33	39.94	46.81
370	20.95	23.64	25.84	28.49	32.09	35.60	39.15	45.80
375	20.42	23.05	25.17	27.92	31.42	34.83	38.30	44.86
380	19.90	22.45	24.54	27.33	30.78	34.13	37.52	43.89
385	19.41	21.90	23.93	26.78	30.14	33.37	36.67	42.91
390	18.93	21.35	23.37	26.18	29.46	32.65	35.87	41.89
395	18.50	20.86	22.79	25.62	28.79	31.88	35.03	40.93
400	18.03	20.35	22.26	25.02	28.15	31.14	34.20	39.88
405	17.62	19.88	21.73	24.43	27.44	30.35	33.32	38.91
410	17.21	19.42	21.20	23.82	26.77	29.63	32.54	38.00
415	16.80	18.95	20.74	23.27	26.15	28.95	31.81	37.15
420	16.43	18.55	20.26	22.75	25.58	28.29	31.06	36.28
425	16.07	18.12	19.80	22.22	24.97	27.65	30.37	35.46
430	15.70	17.71	19.36	21.73	24.43	27.03	29.69	34.67
435	15.36	17.32	18.92	21.25	23.88	26.44	29.06	33.93
440	15.01	16.93	18.54	20.80	23.39	25.87	28.41	33.19
445	14.72	16.60	18.15	20.35	22.87	25.32	27.82	32.49
450	14.39	16.25	17.78	19.92	22.40	24.79	27.23	31.79
455	14.12	15.93	17.38	19.51	21.93	24.26	26.65	31.10
460	13.80	15.57	17.02	19.10	21.46	23.74	26.07	30.49
465	13.52	15.26	16.67	18.69	21.01	23.28	25.58	29.88
470	13.25	14.94	16.32	18.33	20.62	22.82	25.05	29.23
475	12.97	14.63	16.03	17.97	20.17	22.33	24.53	28.65
480	12.74	14.37	15.72	17.59	19.78	21.89	24.05	28.07
485	12.48	14.10	15.39	17.25	19.39	21.45	23.56	27.52
490	12.25	13.81	15.09	16.91	19.00	21.04	23.13	27.00
495	12.02	13.55	14.80	16.58	18.67	20.64	22.66	26.50
500	11.77	13.28	14.54	16.28	18.29	20.26	22.27	26.02
505	11.56	13.05	14.27	15.98	17.98	19.90	21.84	25.48
510	11.35	12.81	14.01	15.70	17.62	19.49	21.41	25.02
515	11.15	12.58	13.74	15.38	17.29	19.14	21.03	24.55
520	10.94	12.34	13.48	15.10	16.98	18.79	20.64	24.09
525	10.74	12.11	13.25	14.83	16.66	18.43	20.25	23.68
530	10.53	11.89	13.01	14.55	16.35	18.12	19.92	23.25
535	10.37	11.70	12.77	14.30	16.10	17.80	19.55	22.87
540	10.17	11.47	12.54	14.06	15.81	17.52	19.23	22.45
545	10.01	11.28	12.34	13.84	15.53	17.19	18.89	22.03
550	9.83	11.10	12.12	13.57	15.28	16.88	18.53	21.66
555	9.65	10.89	11.94	13.34	14.98	16.59	18.23	21.31
560	9.51	10.73	11.70	13.11	14.74	16.33	17.94	20.96
565	9.33	10.52	11.53	12.90	14.51	16.06	17.65	20.61
570	9.18	10.37	11.35	12.70	14.27	15.80	17.36	20.27
575	9.04	10.21	11.17	12.49	14.04	15.54	17.07	19.92
580	8.91	10.05	11.00	12.28	13.80	15.27	16.77	19.57
585	8.77	9.90	10.82	12.08	13.57	15.01	16.48	19.31
590	8.63	9.74	10.64	11.87	13.33	14.80	16.27	18.96

16Mn 钢　　　　　最小轴方向　　　　　∠180×14 ~ ∠200×24　L_0 = 345 ~ 590cm

表 11-5-9   **16Mn 钢平行轴方向表**

角　　钢	∠40×3	∠40×4	∠45×4	∠45×5	∠50×4	∠50×5	∠56×4	∠56×5	∠63×5	∠63×6
A（cm²）	2.36	3.09	3.49	4.29	3.90	4.80	4.39	5.42	6.14	7.29
r_x（cm）	1.23	1.22	1.38	1.37	1.54	1.53	1.73	1.72	1.94	1.93
W_{xmin}（cm³）＼L_0（cm）	1.23	1.60	2.05	2.51	2.56	3.13	3.24	3.97	5.08	6.00
50	2.10	2.75	3.19	3.92	3.62	4.46	4.15	5.11	5.87	6.96
55	2.05	2.68	3.12	3.84	3.57	4.40	4.10	5.05	5.81	6.89
60	2.00	2.61	3.06	3.76	3.51	4.32	4.04	4.98	5.75	6.82
65	1.94	2.53	2.99	3.67	3.44	4.24	3.98	4.91	5.69	6.74
70	1.88	2.45	2.91	3.58	3.38	4.15	3.92	4.83	5.62	6.66
75	1.81	2.36	2.83	3.48	3.30	4.06	3.85	4.75	5.54	6.56
80	1.75	2.27	2.75	3.38	3.23	3.97	3.78	4.66	5.46	6.47
85	1.68	2.18	2.67	3.27	3.15	3.87	3.71	4.57	5.38	6.37
90	1.61	2.09	2.58	3.16	3.06	3.77	3.63	4.47	5.29	6.27
95	1.53	1.99	2.49	3.05	2.98	3.66	3.55	4.37	5.20	6.16
100	1.45	1.89	2.39	2.93	2.89	3.55	3.47	4.27	5.10	6.04
105	1.38	1.79	2.29	2.81	2.80	3.43	3.39	4.16	5.00	5.92
110	1.30	1.68	2.19	2.68	2.70	3.32	3.30	4.05	4.90	5.80
115	1.22	1.58	2.09	2.56	2.61	3.20	3.21	3.94	4.80	5.68
120	1.14	1.47	1.99	2.43	2.51	3.07	3.11	3.83	4.69	5.54
125	1.06	1.36	1.89	2.30	2.41	2.95	3.02	3.71	4.58	5.41
130	0.98	1.26	1.78	2.17	2.31	2.82	2.92	3.59	4.47	5.28
135	0.91	1.17	1.68	2.04	2.20	2.69	2.82	3.46	4.35	5.14
140	0.85	1.09	1.57	1.90	2.10	2.56	2.72	3.33	4.23	5.00
145	0.79	1.02	1.46	1.78	1.99	2.43	2.62	3.21	4.11	4.85
150	0.74	0.96	1.37	1.66	1.89	2.30	2.52	3.08	3.98	4.70
155	0.70	0.90	1.29	1.56	1.78	2.17	2.41	2.95	3.86	4.55
160	0.66	0.85	1.21	1.47	1.67	2.03	2.31	2.82	3.73	4.40
165	0.62	0.80	1.14	1.39	1.57	1.92	2.20	2.69	3.60	4.25
170	0.59	0.75	1.08	1.31	1.49	1.81	2.09	2.56	3.48	4.10
175	0.55	0.71	1.02	1.24	1.41	1.71	1.99	2.42	3.34	3.94
180	0.53	0.68	0.97	1.17	1.33	1.62	1.88	2.29	3.21	3.78
185	0.50	0.64	0.92	1.12	1.26	1.54	1.78	2.17	3.08	3.62
190	0.47	0.61	0.87	1.06	1.20	1.46	1.69	2.06	2.95	3.46
195	0.45	0.58	0.83	1.01	1.14	1.39	1.61	1.96	2.81	3.31
200	0.43	0.56	0.79	0.96	1.09	1.33	1.53	1.87	2.67	3.14
205	0.41	0.53	0.75	0.92	1.04	1.26	1.46	1.79	2.55	3.00
210	0.39	0.51	0.72	0.88	0.99	1.21	1.40	1.70	2.43	2.86
215	0.38	0.48	0.69	0.84	0.95	1.15	1.33	1.63	2.33	2.73

16Mn 钢   平行轴方向   ∠40×3 ~ ∠63×6

$L_0 = 50 \sim 215\text{cm}$

续表

角 钢	∠40×3	∠40×4	∠45×4	∠45×5	∠50×4	∠50×5	∠56×4	∠56×5	∠63×5	∠63×6
A（cm^2）	2.36	3.09	3.49	4.29	3.90	4.80	4.39	5.42	6.14	7.29
r_x（cm）	1.23	1.22	1.38	1.37	1.54	1.53	1.73	1.72	1.94	1.93
W_{xmin}（cm^3） L_0（cm）	1.23	1.60	2.05	2.51	2.56	3.13	3.24	3.97	5.08	6.00
220	0.36	0.46	0.66	0.80	0.91	1.11	1.28	1.56	2.23	2.62
225	0.34	0.44	0.63	0.77	0.87	1.06	1.22	1.49	2.13	2.50
230	0.33	0.43	0.61	0.74	0.84	1.02	1.17	1.43	2.05	2.40
235	0.32	0.41	0.58	0.71	0.80	0.98	1.13	1.38	1.96	2.30
240	0.31	0.40	0.56	0.68	0.77	0.94	1.08	1.32	1.88	2.21
245	0.29	0.38	0.54	0.65	0.74	0.90	1.04	1.27	1.81	2.13
250	0.28	0.36	0.52	0.63	0.71	0.87	1.00	1.22	1.74	2.05
255	0.27	0.35	0.50	0.61	0.69	0.84	0.96	1.18	1.68	1.97
260	0.26	0.34	0.48	0.59	0.66	0.81	0.93	1.13	1.62	1.90
265	0.25	0.33	0.47	0.56	0.64	0.78	0.90	1.09	1.56	1.83
270	0.25	0.32	0.45	0.55	0.62	0.75	0.86	1.06	1.51	1.77
275	0.24	0.31	0.43	0.53	0.60	0.73	0.83	1.02	1.45	1.71
280	0.23	0.30	0.42	0.51	0.58	0.70	0.81	0.99	1.41	1.65
285	0.22	0.29	0.41	0.49	0.56	0.68	0.78	0.96	1.36	1.60
290	0.22	0.28	0.39	0.48	0.54	0.66	0.76	0.92	1.31	1.55
295	0.21	0.27	0.38	0.46	0.52	0.64	0.73	0.89	1.27	1.50
300	0.20	0.26	0.37	0.45	0.51	0.62	0.71	0.87	1.23	1.45
305	0.20	0.25	0.36	0.44	0.49	0.60	0.69	0.84	1.20	1.41
310			0.35	0.42	0.48	0.58	0.67	0.82	1.16	1.36
315			0.34	0.41	0.46	0.56	0.65	0.79	1.13	1.32
320			0.33	0.40	0.45	0.55	0.63	0.77	1.09	1.29
325			0.32	0.39	0.44	0.53	0.61	0.75	1.06	1.25
330			0.31	0.38	0.42	0.52	0.59	0.73	1.03	1.21
335			0.30	0.37	0.41	0.50	0.58	0.71	1.00	1.18
340			0.29	0.36	0.40	0.49	0.56	0.69	0.97	1.14
345			0.29		0.39	0.48	0.55	0.67	0.95	1.11
350					0.38	0.47	0.53	0.65	0.92	1.08
355					0.37	0.45	0.52	0.63	0.90	1.06
360					0.36	0.44	0.50	0.62	0.87	1.03
365					0.35	0.43	0.49	0.60	0.85	1.00
370					0.35	0.42	0.48	0.58	0.83	0.98
375					0.34	0.41	0.47	0.57	0.81	0.95
380					0.33	0.40	0.46	0.56	0.79	0.93
385					0.32		0.45	0.55	0.77	0.91
390							0.44	0.53	0.76	0.89
16Mn 钢			平行轴方向				∠40×3 ~ ∠63×6 L_0 = 220 ~ 390cm			

续表

角 钢	∠70×5	∠70×6	∠70×7	∠75×5	∠75×6	∠75×8	∠80×6	∠80×7	∠80×8	∠90×7
A（cm²）	6.88	8.16	9.42	7.41	8.80	11.50	9.40	10.86	12.30	12.30
r_x（cm）	2.16	2.15	2.14	2.32	2.31	2.30	2.47	2.46	2.44	2.78
W_{xmin}（cm³） L_0（cm）	6.32	7.48	8.59	7.30	8.63	11.20	9.87	11.37	12.83	14.54
60	6.52	7.74	8.93	7.08	8.40	10.97	9.02	10.42	11.80	11.91
65	6.46	7.66	8.84	7.03	8.33	10.88	8.96	10.35	11.72	11.84
70	6.40	7.59	8.76	6.96	8.26	10.78	8.90	10.28	11.63	11.78
75	6.33	7.50	8.66	6.90	8.18	10.68	8.82	10.19	11.53	11.70
80	6.25	7.42	8.56	6.83	8.10	10.57	8.74	10.10	11.43	11.62
85	6.18	7.32	8.45	6.76	8.01	10.45	8.66	10.00	11.31	11.53
90	6.10	7.23	8.34	6.68	7.92	10.33	8.58	9.91	11.20	11.45
95	6.01	7.12	8.22	6.60	7.82	10.20	8.48	9.79	11.08	11.35
100	5.92	7.02	8.10	6.52	7.73	10.06	8.39	9.68	10.95	11.26
105	5.83	6.91	7.97	6.43	7.62	9.92	8.29	9.57	10.82	11.15
110	5.74	6.80	7.84	6.34	7.52	9.78	8.19	9.45	10.69	11.04
115	5.64	6.68	7.70	6.25	7.40	9.63	8.08	9.33	10.55	10.93
120	5.54	6.56	7.56	6.15	7.29	9.48	7.97	9.20	10.40	10.81
125	5.43	6.43	7.41	6.05	7.16	9.32	7.86	9.07	10.24	10.69
130	5.33	6.31	7.26	5.95	7.05	9.15	7.75	8.94	10.09	10.57
135	5.21	6.17	7.11	5.84	6.92	8.99	7.62	8.79	9.93	10.44
140	5.10	6.04	6.96	5.73	6.79	8.81	7.50	8.65	9.76	10.31
145	4.99	5.90	6.79	5.62	6.66	8.64	7.37	8.51	9.60	10.17
150	4.87	5.77	6.64	5.51	6.52	8.46	7.24	8.35	9.42	10.03
155	4.76	5.62	6.47	5.40	6.39	8.27	7.11	8.20	9.24	9.90
160	4.63	5.48	6.30	5.28	6.25	8.09	6.98	8.04	9.07	9.74
165	4.51	5.33	6.13	5.16	6.11	7.90	6.84	7.89	8.88	9.60
170	4.38	5.18	5.95	5.04	5.96	7.71	6.70	7.72	8.70	9.45
175	4.25	5.03	5.77	4.92	5.81	7.51	6.56	7.56	8.51	9.29
180	4.13	4.87	5.60	4.79	5.66	7.31	6.42	7.39	8.31	9.14
185	4.00	4.72	5.42	4.66	5.51	7.11	6.27	7.23	8.13	8.98
190	3.87	4.57	5.24	4.53	5.36	6.91	6.12	7.05	7.92	8.81
195	3.74	4.41	5.06	4.41	5.20	6.70	5.97	6.87	7.72	8.66
200	3.61	4.25	4.88	4.28	5.05	6.50	5.82	6.70	7.52	8.49
205	3.47	4.09	4.69	4.15	4.89	6.29	5.67	6.52	7.32	8.32
210	3.34	3.93	4.50	4.02	4.74	6.09	5.51	6.34	7.12	8.15
215	3.20	3.77	4.32	3.88	4.58	5.87	5.36	6.17	6.91	7.97
220	3.07	3.61	4.13	3.75	4.42	5.66	5.20	5.98	6.70	7.80
225	2.93	3.45	3.95	3.62	4.26	5.45	5.05	5.80	6.50	7.62
230	2.81	3.31	3.79	3.48	4.10	5.23	4.89	5.61	6.28	7.44
235	2.70	3.17	3.63	3.35	3.94	5.01	4.73	5.43	6.07	7.27
240	2.59	3.05	3.49	3.21	3.77	4.81	4.57	5.24	5.86	7.09
245	2.49	2.93	3.36	3.08	3.63	4.62	4.41	5.06	5.64	6.91
250	2.40	2.82	3.22	2.96	3.49	4.45	4.25	4.87	5.42	6.72
255	2.31	2.72	3.11	2.85	3.36	4.28	4.08	4.68	5.22	6.55
260	2.22	2.61	2.99	2.75	3.23	4.13	3.93	4.51	5.03	6.36
265	2.14	2.52	2.88	2.65	3.12	3.98	3.79	4.34	4.84	6.17
270	2.07	2.43	2.78	2.56	3.01	3.84	3.65	4.19	4.68	5.99
275	2.00	2.35	2.69	2.47	2.91	3.70	3.53	4.05	4.51	5.80
280	1.93	2.27	2.60	2.38	2.81	3.58	3.41	3.91	4.36	5.61
285	1.86	2.19	2.51	2.30	2.71	3.46	3.30	3.78	4.21	5.42
290	1.80	2.12	2.43	2.23	2.62	3.35	3.19	3.66	4.08	5.23
295	1.75	2.06	2.35	2.16	2.54	3.24	3.09	3.53	3.94	5.07
300	1.69	1.99	2.28	2.09	2.46	3.14	2.99	3.42	3.82	4.90

16Mn 钢	平行轴方向	∠70×5 ~ ∠90×7 $L_0 = 60 \sim 300$cm

续表

角　钢	∠70×5	∠70×6	∠70×7	∠75×5	∠75×6	∠75×8	∠80×6	∠80×7	∠80×8	∠90×7
A（cm^2）	6.88	8.16	9.42	7.41	8.80	11.50	9.40	10.86	12.30	12.30
r_x（cm）	2.16	2.15	2.14	2.32	2.31	2.30	2.47	2.46	2.44	2.78
W_{xmin}（cm^3）／L_0（cm）	6.32	7.48	8.59	7.30	8.63	11.20	9.87	11.37	12.83	14.54
305	1.64	1.93	2.21	2.02	2.38	3.04	2.89	3.31	3.70	4.75
310	1.59	1.87	2.14	1.96	2.31	2.95	2.80	3.21	3.59	4.61
315	1.54	1.82	2.08	1.90	2.24	2.86	2.72	3.13	3.48	4.47
320	1.50	1.76	2.02	1.85	2.18	2.77	2.64	3.03	3.38	4.33
325	1.45	1.71	1.95	1.79	2.11	2.70	2.56	2.94	3.28	4.20
330	1.41	1.66	1.90	1.74	2.05	2.62	2.49	2.85	3.19	4.09
335	1.37	1.61	1.85	1.70	2.00	2.54	2.42	2.77	3.10	3.97
340	1.34	1.57	1.79	1.65	1.94	2.47	2.35	2.70	3.01	3.86
345	1.30	1.53	1.75	1.60	1.89	2.40	2.29	2.62	2.93	3.75
350	1.26	1.49	1.70	1.56	1.83	2.34	2.23	2.55	2.85	3.65
355	1.23	1.45	1.66	1.52	1.79	2.28	2.17	2.49	2.77	3.56
360	1.20	1.41	1.62	1.48	1.74	2.22	2.11	2.42	2.70	3.46
365	1.17	1.37	1.57	1.44	1.70	2.16	2.05	2.36	2.63	3.37
370	1.14	1.34	1.53	1.40	1.65	2.11	2.01	2.30	2.56	3.28
375	1.11	1.31	1.49	1.37	1.61	2.06	1.95	2.24	2.50	3.20
380	1.08	1.28	1.46	1.34	1.57	2.01	1.90	2.18	2.43	3.12
385	1.06	1.24	1.42	1.31	1.54	1.96	1.85	2.13	2.38	3.04
390	1.03	1.21	1.39	1.27	1.50	1.91	1.82	2.08	2.32	2.97
395	1.01	1.19	1.36	1.24	1.46	1.86	1.77	2.03	2.27	2.90
400	0.98	1.16	1.32	1.21	1.42	1.82	1.73	1.99	2.22	2.83
405	0.96	1.13	1.30	1.18	1.39	1.78	1.69	1.94	2.17	2.77
410	0.94	1.10	1.27	1.16	1.36	1.74	1.65	1.90	2.12	2.70
415	0.92	1.08	1.24	1.13	1.33	1.70	1.62	1.85	2.06	2.64
420	0.90	1.06	1.21	1.10	1.30	1.66	1.58	1.81	2.01	2.58
425	0.88	1.03	1.18	1.08	1.28	1.62	1.54	1.76	1.98	2.52
430	0.86	1.01	1.16	1.06	1.25	1.59	1.51	1.73	1.93	2.47
435	0.84	0.99	1.14	1.03	1.22	1.56	1.47	1.70	1.89	2.41
440	0.83	0.97	1.11	1.01	1.19	1.52	1.44	1.65	1.85	2.36
445	0.80	0.95	1.08	0.99	1.17	1.49	1.42	1.62	1.81	2.31
450	0.79	0.93	1.06	0.97	1.15	1.46	1.39	1.59	1.77	2.27
455	0.77	0.91	1.04	0.96	1.13	1.43	1.36	1.55	1.74	2.22
460	0.76	0.89	1.02	0.93	1.10	1.41	1.33	1.52	1.70	2.18
465	0.74	0.88	1.01	0.92	1.08	1.38	1.30	1.50	1.67	2.13
470	0.73	0.86	0.98	0.90	1.06	1.34	1.28	1.47	1.63	2.09
475	0.72	0.84	0.96	0.88	1.03	1.32	1.25	1.43	1.60	2.05
480	0.70	0.82	0.95	0.86	1.01	1.29	1.23	1.41	1.58	2.00
485	0.69	0.81	0.93	0.84	0.99	1.27	1.21	1.39	1.54	1.97
490	0.67	0.79	0.91	0.83	0.98	1.24	1.18	1.36	1.52	1.93
495	0.67	0.78	0.89	0.81	0.96	1.23	1.16	1.33	1.49	1.89
500	0.65	0.77	0.88	0.80	0.95	1.20	1.14	1.31	1.45	1.86
505	0.64	0.75	0.86	0.79	0.93	1.18	1.12	1.28	1.43	1.82
510	0.63	0.74	0.85	0.77	0.91	1.16	1.09	1.26	1.40	1.79
515	0.62	0.73	0.83	0.76	0.89	1.14	1.08	1.23	1.38	1.76
520	0.61	0.71	0.82	0.75	0.88	1.12	1.06	1.21	1.35	1.72
525	0.60	0.70	0.80	0.73	0.86	1.10	1.04	1.19	1.33	1.70
530	0.58	0.69	0.79	0.72	0.85	1.08	1.02	1.17	1.31	1.66
535	0.58	0.68	0.77	0.71	0.83	1.06	1.01	1.16	1.29	1.64
540	0.56			0.70	0.82	1.05	0.99	1.13	1.26	1.61
545				0.68	0.80	1.02	0.97	1.11	1.24	1.59
550				0.67	0.79	1.01	0.95	1.10	1.23	1.55

16Mn 钢　　　　　　平行轴方向　　　　　　∠70×5 ~ ∠90×7
　　　　　　　　　　　　　　　　　　　　　$L_0 = 305 \sim 550$cm

角　钢	∠90×8	∠90×10	∠100×8	∠100×10	∠100×12	∠110×8	∠110×10	∠110×12	∠125×8	∠125×10
A （cm²）	13.94	17.17	15.64	19.26	22.80	17.24	21.26	25.20	19.75	24.37
r_x （cm）	2.76	2.74	3.08	3.05	3.03	3.40	3.38	3.35	3.88	3.85
W_{xmin}（cm³） L_0 （cm）	16.42	20.07	20.47	25.06	29.47	24.95	30.60	36.50	32.52	39.97
80	13.16	16.19	14.94	18.38	21.74	16.59	20.45	24.23	19.18	23.66
85	13.06	16.07	14.84	18.27	21.61	16.51	20.36	24.11	19.10	23.56
90	12.96	15.94	14.75	18.14	21.46	16.43	20.25	23.98	19.03	23.47
95	12.85	15.80	14.65	18.02	21.31	16.35	20.15	23.85	18.95	23.37
100	12.74	15.67	14.55	17.89	21.16	16.25	20.02	23.70	18.87	23.28
105	12.62	15.51	14.43	17.75	20.98	16.14	19.89	23.55	18.78	23.16
110	12.49	15.35	14.33	17.62	20.83	16.04	19.77	23.40	18.70	23.05
115	12.36	15.20	14.21	17.46	20.64	15.93	19.62	23.23	18.59	22.92
120	12.23	15.03	14.08	17.30	20.45	15.82	19.50	23.08	18.49	22.80
125	12.09	14.85	13.95	17.14	20.26	15.71	19.35	22.89	18.39	22.67
130	11.96	14.68	13.82	16.99	20.07	15.58	19.19	22.70	18.28	22.52
135	11.80	14.50	13.68	16.81	19.86	15.45	19.03	22.52	18.17	22.39
140	11.65	14.31	13.55	16.63	19.65	15.33	18.88	22.33	18.06	22.26
145	11.50	14.12	13.41	16.46	19.45	15.20	18.72	22.13	17.94	22.10
150	11.34	13.91	13.26	16.27	19.22	15.06	18.54	21.93	17.81	21.94
155	11.18	13.72	13.11	16.08	18.99	14.92	18.37	21.71	17.68	21.78
160	11.00	13.50	12.95	15.90	18.77	14.78	18.20	21.51	17.55	21.62
165	10.84	13.30	12.79	15.69	18.52	14.63	18.01	21.28	17.43	21.47
170	10.66	13.08	12.63	15.50	18.29	14.48	17.82	21.06	17.28	21.28
175	10.49	12.86	12.47	15.28	18.03	14.33	17.63	20.83	17.15	21.11
180	10.31	12.64	12.30	15.08	17.79	14.18	17.44	20.59	17.01	20.94
185	10.13	12.41	12.13	14.86	17.52	14.01	17.23	20.35	16.86	20.76
190	9.94	12.18	11.95	14.64	17.26	13.86	17.04	20.11	16.71	20.57
195	9.76	11.95	11.77	14.42	17.00	13.68	16.82	19.85	16.56	20.38
200	9.57	11.71	11.60	14.20	16.73	13.52	16.62	19.61	16.41	20.19
205	9.37	11.47	11.42	13.97	16.46	13.34	16.40	19.34	16.25	19.99
210	9.18	11.22	11.22	13.73	16.18	13.16	16.18	19.08	16.08	19.78
215	8.98	10.97	11.05	13.50	15.90	12.99	15.96	18.82	15.93	19.59
220	8.78	10.72	10.85	13.27	15.62	12.81	15.74	18.55	15.76	19.38
225	8.57	10.47	10.66	13.02	15.33	12.63	15.52	18.29	15.58	19.17
230	8.37	10.22	10.47	12.78	15.04	12.44	15.28	18.00	15.43	18.96
235	8.17	9.97	10.27	12.53	14.74	12.26	15.06	17.74	15.25	18.74
240	7.97	9.72	10.07	12.28	14.44	12.07	14.82	17.45	15.07	18.51
245	7.75	9.45	9.86	12.03	14.14	11.89	14.59	17.16	14.89	18.29
250	7.55	9.20	9.66	11.77	13.84	11.68	14.34	16.87	14.71	18.07
255	7.34	8.93	9.46	11.52	13.54	11.50	14.11	16.58	14.53	17.85
260	7.13	8.67	9.25	11.27	13.24	11.30	13.85	16.28	14.36	17.62
265	6.91	8.42	9.05	11.02	12.94	11.09	13.60	15.98	14.16	17.38
270	6.70	8.15	8.85	10.75	12.61	10.89	13.35	15.68	13.98	17.16
275	6.49	7.88	8.63	10.49	12.31	10.69	13.10	15.38	13.79	16.91
280	6.27	7.61	8.43	10.24	12.00	10.48	12.85	15.08	13.60	16.68
285	6.05	7.35	8.21	9.97	11.68	10.28	12.60	14.78	13.40	16.42
290	5.85	7.11	8.00	9.69	11.36	10.08	12.34	14.48	13.21	16.19
295	5.66	6.87	7.78	9.44	11.05	9.88	12.09	14.17	13.01	15.94
300	5.48	6.65	7.58	9.17	10.74	9.67	11.83	13.85	12.81	15.69
305	5.31	6.45	7.36	8.90	10.41	9.45	11.57	13.55	12.60	15.43
310	5.15	6.25	7.14	8.63	10.08	9.25	11.32	13.23	12.40	15.18
315	4.99	6.06	6.92	8.35	9.77	9.04	11.04	12.92	12.20	14.93
320	4.84	5.88	6.71	8.10	8.48	8.83	10.78	12.60	11.99	14.67

16Mn 钢　　　　　　　　　　平行轴方向　　　　　　　　　　∠90×8 ～ ∠125×10

$L_0 = 80 ～ 320cm$

角　　钢	∠90×8	∠90×10	∠100×8	∠100×10	∠100×12	∠110×8	∠110×10	∠110×12	∠125×8	∠125×10
A（cm²）	13.94	17.17	15.64	19.26	22.80	17.24	21.26	25.20	19.75	24.37
r_x（cm）	2.76	2.74	3.08	3.05	3.03	3.40	3.38	3.35	3.88	3.85
$W_{x\min}$（cm³） L_0（cm）	16.42	20.07	20.47	25.06	29.47	24.95	30.60	36.50	32.52	39.97
325	4.70	5.72	6.51	7.87	9.19	8.61	10.52	12.29	11.79	14.12
330	4.57	5.54	6.32	7.64	8.93	8.40	10.25	11.97	11.59	14.17
335	4.44	5.39	6.14	7.42	8.68	8.18	9.99	11.64	11.38	13.91
340	4.31	5.23	5.97	7.22	8.43	7.96	9.72	11.33	10.96	13.65
345	4.20	5.09	5.80	7.02	8.20	7.75	9.45	10.99	10.96	13.38
350	4.08	4.96	5.65	6.83	7.98	7.53	9.18	10.69	10.75	13.13
355	3.97	4.82	5.50	6.64	7.76	7.32	8.93	10.41	10.55	12.87
360	3.87	4.69	5.34	6.47	7.57	7.13	8.69	10.12	10.33	12.60
365	3.77	4.57	5.22	6.30	7.36	6.94	8.46	9.86	10.12	12.33
370	3.66	4.46	5.07	6.13	7.17	6.76	8.24	9.61	9.90	12.07
375	3.58	4.35	4.95	5.98	6.98	6.59	8.04	9.36	9.69	11.81
380	3.49	4.24	4.82	5.83	6.82	6.42	7.83	9.13	9.47	11.54
385	3.40	4.13	4.71	5.68	6.65	6.27	7.64	8.91	9.26	11.26
390	3.32	4.03	4.59	5.56	6.49	6.12	7.46	8.68	9.04	11.00
395	3.24	3.94	4.48	5.41	6.33	5.96	7.27	8.48	8.82	10.71
400	3.17	3.85	4.37	5.29	6.18	5.82	7.11	8.28	8.60	10.45
405	3.09	3.75	4.27	5.16	6.03	5.69	6.93	8.08	8.39	10.20
410	3.02	3.67	4.17	5.04	5.90	5.55	6.77	7.89	8.20	9.97
415	2.95	3.58	4.08	4.93	5.77	5.43	6.61	7.70	8.01	9.74
420	2.88	3.50	3.99	4.82	5.64	5.30	6.46	7.54	7.83	9.51
425	2.82	3.43	3.89	4.71	5.50	5.19	6.32	7.37	7.65	9.30
430	2.76	3.35	3.81	4.60	5.39	5.07	6.19	7.21	7.49	9.10
435	2.70	3.27	3.73	4.51	5.27	4.97	6.05	7.05	7.31	8.90
440	2.64	3.21	3.65	4.41	5.16	4.85	5.92	6.90	7.16	8.71
445	2.59	3.14	3.57	4.32	5.05	4.75	5.79	6.74	7.01	8.52
450	2.54	3.08	3.50	4.23	4.94	4.65	5.67	6.60	6.86	8.33
455	2.49	3.02	3.42	4.13	4.85	4.55	5.55	6.47	6.71	8.17
460	2.44	2.96	3.35	4.06	4.73	4.46	5.44	6.34	6.58	8.00
465	2.39	2.89	3.29	3.97	4.64	4.37	5.33	6.21	6.44	7.83
470	2.33	2.83	3.22	3.89	4.55	4.28	5.23	6.08	6.31	7.67
475	2.28	2.77	3.15	3.81	4.46	4.19	5.11	5.96	6.18	7.51
480	2.25	2.72	3.09	3.74	4.37	4.11	5.02	5.85	6.05	7.37
485	2.20	2.68	3.03	3.66	4.28	4.03	4.92	5.74	5.94	7.22
490	2.16	2.62	2.97	3.60	4.21	3.96	4.83	5.62	5.82	7.09
495	2.11	2.57	2.92	3.53	4.13	3.88	4.73	5.51	5.72	6.95
500	2.08	2.52	2.87	3.47	4.06	3.81	4.64	5.41	5.60	6.81
505	2.04	2.48	2.82	3.41	3.98	3.73	4.55	5.31	5.50	6.69
510	2.00	2.43	2.77	3.34	3.91	3.67	4.47	5.20	5.40	6.56
515	1.96	2.39	2.71	3.28	3.83	3.60	4.39	5.11	5.29	6.43
520	1.93	2.34	2.66	3.22	3.76	3.54	4.30	5.02	5.19	6.33
525	1.89	2.31	2.61	3.15	3.69	3.47	4.23	4.93	5.11	6.21
530	1.87	2.26	2.56	3.11	3.63	3.40	4.15	4.85	5.02	6.10
535	1.83	2.23	2.52	3.05	3.57	3.35	4.09	4.75	4.93	6.00
540	1.80	2.19	2.48	3.00	3.50	3.28	4.01	4.68	4.84	5.88
545	1.77	2.15	2.44	2.94	3.45	3.23	3.94	4.60	4.75	5.78
550	1.74	2.12	2.39	2.90	3.39	3.18	3.88	4.53	4.68	5.69
555	1.71	2.08	2.36	2.85	3.32	3.13	3.82	4.45	4.60	5.59
560	1.69	2.05	2.32	2.80	3.27	3.08	3.76	4.38	4.52	5.50
565	1.65	2.01	2.28	2.75	3.22	3.03	3.69	4.30	4.45	5.40
570	1.62	1.97	2.24	2.70	3.17	2.98	3.63	4.23	4.37	5.31

16Mn 钢	平行轴方向	∠90×8 ~ ∠125×10 $L_0 = 325 \sim 570\mathrm{cm}$

续表

角 钢	∠125×12	∠125×14	∠140×10	∠140×12	∠140×14	∠160×10	∠160×12	∠160×14	∠160×16	∠180×12
A (cm^2)	28.91	33.37	27.37	32.51	37.57	31.50	37.44	43.30	49.07	42.24
r_x (cm)	3.83	3.80	4.34	4.31	4.28	4.98	4.95	4.92	4.89	5.59
W_{xmin} (cm^3) / L_0 (cm)	47.17	54.16	50.58	59.80	68.75	66.70	78.98	90.95	102.63	100.82
100	27.60	31.82	26.38	31.32	36.17	30.64	36.11	42.08	47.68	41.32
105	27.46	31.67	26.29	31.21	36.04	30.55	36.29	41.95	47.53	41.25
110	27.33	31.51	26.19	31.10	35.91	30.45	36.18	41.82	47.37	41.14
115	27.17	31.33	26.09	30.96	35.75	30.36	36.07	41.69	47.22	41.03
120	27.02	31.15	25.98	30.84	35.61	30.26	35.95	41.56	47.07	40.91
125	26.87	30.98	25.86	30.69	35.43	30.17	35.84	41.42	46.92	40.80
130	26.69	30.77	25.74	30.54	35.26	30.07	35.72	41.27	46.74	40.69
135	26.54	30.59	25.61	30.39	35.08	29.95	35.58	41.12	46.57	40.57
140	26.37	30.39	25.48	30.24	34.91	29.85	35.45	40.97	46.39	40.46
145	26.19	30.17	25.35	30.07	34.70	29.72	35.30	40.79	46.19	40.35
150	26.00	29.95	25.20	29.90	34.52	29.60	35.15	40.61	45.99	40.20
155	25.81	29.73	25.08	29.75	34.33	29.47	35.00	40.44	45.79	40.08
160	25.62	29.51	24.93	29.57	34.11	29.34	34.85	40.26	45.59	39.94
165	25.43	29.28	24.77	29.38	33.89	29.21	34.68	40.06	45.35	39.79
170	25.21	29.04	26.61	29.19	33.68	29.06	34.51	39.87	45.14	39.64
175	25.00	28.79	24.45	29.00	33.46	28.93	34.36	39.69	44.94	39.49
180	24.81	28.56	24.30	28.81	33.24	28.80	34.19	39.49	44.70	39.33
185	24.58	28.29	24.14	28.62	33.01	28.64	34.00	39.27	44.45	39.18
190	24.35	28.03	23.96	28.40	32.76	28.49	33.81	39.05	44.20	38.99
195	24.13	27.76	23.80	28.21	32.52	28.33	33.62	38.83	43.95	38.84
200	23.90	27.50	23.61	27.99	32.28	28.17	33.43	38.61	43.69	38.69
205	23.66	27.21	23.45	27.79	32.03	28.01	33.24	38.39	43.44	38.51
210	23.42	26.94	23.26	27.56	31.77	27.85	33.06	38.17	43.19	38.32
215	23.19	26.66	23.07	27.33	31.50	27.69	32.85	37.92	42.89	38.13
220	22.92	26.35	22.88	27.11	31.24	27.50	32.64	37.69	42.64	37.94
225	22.68	26.08	22.69	26.88	30.98	27.34	32.43	37.43	42.34	37.75
230	22.43	25.77	22.50	26.64	30.69	27.16	32.22	37.20	42.09	37.56
235	22.16	25.46	22.28	26.39	30.41	26.99	32.02	36.95	41.79	37.37
240	21.90	25.16	22.10	26.17	30.15	26.80	31.79	36.69	41.49	37.19
245	21.63	24.85	21.89	25.91	29.84	26.61	31.56	36.42	41.19	36.96
250	21.37	24.54	21.67	25.65	29.55	26.42	31.34	36.16	40.89	36.77
255	21.10	24.23	21.47	25.42	29.26	26.23	31.11	35.89	40.58	36.55
260	20.81	23.89	21.26	25.16	28.96	26.04	30.88	35.63	40.27	36.35
265	20.55	23.59	21.04	24.89	28.65	25.85	30.64	35.33	39.93	36.14
270	20.27	23.24	20.82	24.63	28.34	25.63	30.39	35.06	39.63	35.91
275	19.99	22.92	20.60	24.36	28.03	25.44	30.16	34.79	39.32	35.69
280	19.69	22.57	20.38	24.10	27.73	25.25	29.92	34.49	38.97	35.46
285	19.40	22.26	20.16	23.84	27.42	25.03	29.65	34.18	38.63	35.23
290	19.12	21.90	19.93	23.56	27.08	24.81	29.41	33.92	38.31	35.01
295	18.82	21.55	19.69	23.27	26.77	24.61	29.16	33.61	37.96	34.78
300	18.51	21.20	19.47	23.01	26.46	24.39	28.90	33.30	37.61	34.52
305	18.21	20.85	19.24	22.72	26.12	24.17	28.63	32.99	37.26	34.28
310	17.91	20.50	19.00	22.45	25.79	23.95	28.37	32.69	36.91	34.06
315	17.61	20.15	18.76	22.15	25.44	23.73	28.10	32.38	36.56	33.82
320	17.31	19.80	18.51	21.86	25.12	23.51	27.84	32.07	36.21	33.55
325	17.00	19.45	18.28	21.58	24.78	23.29	27.57	31.76	35.86	33.29
330	16.70	19.09	18.03	21.28	24.43	23.06	27.31	31.45	35.48	33.06
335	16.40	18.74	17.78	20.98	24.07	22.83	27.02	31.10	35.10	32.80
340	16.08	18.36	17.53	20.67	23.72	22.59	26.74	30.79	34.75	32.54

16Mn 钢 　　　　平行轴方向 　　　　∠125×12 ~ ∠180×12
$L_0 = 100 \sim 340$cm

续表

角　　钢	∠125×12	∠125×14	∠140×10	∠140×12	∠140×14	∠160×10	∠160×12	∠160×14	∠160×16	∠180×12
A（cm^2）	28.91	33.37	27.37	32.51	37.57	31.50	37.44	43.30	49.07	42.24
r_x（cm）	3.83	3.80	4.34	4.31	4.28	4.98	4.95	4.92	4.89	5.59
W_{xmin}（cm^3）　L_0（cm）	47.17	54.16	50.58	59.80	68.75	66.70	78.98	90.95	102.63	100.82
345	15.77	18.01	17.27	20.37	23.37	22.37	26.48	30.48	34.38	32.27
350	15.47	17.65	17.02	20.07	23.02	22.14	26.18	30.14	34.00	32.01
355	15.14	17.27	16.77	19.77	22.67	21.89	25.91	29.82	33.62	31.74
360	14.83	16.90	16.52	19.47	22.32	21.66	25.62	29.47	33.22	31.48
365	14.50	16.54	16.26	19.17	21.97	21.41	25.31	29.12	32.85	31.21
370	14.20	16.17	16.01	18.86	21.62	21.17	25.04	28.81	32.47	30.95
375	13.87	15.80	15.76	18.56	21.27	20.94	24.75	28.46	32.07	30.68
380	13.56	15.42	15.51	18.26	20.88	20.68	24.44	28.10	31.66	30.38
385	13.24	15.05	15.24	17.93	20.53	20.43	24.14	27.75	31.26	30.11
390	12.91	14.66	14.98	17.62	20.17	20.18	23.84	27.40	30.86	29.85
395	12.57	14.30	14.72	17.32	19.81	19.92	23.54	27.05	30.46	29.56
400	12.27	13.95	14.47	17.00	19.43	19.67	23.23	26.70	30.06	29.28
405	11.99	13.63	14.19	16.69	19.06	19.42	22.93	26.34	29.66	28.99
410	11.70	13.30	13.93	16.35	18.70	19.16	22.63	25.99	29.26	28.69
415	11.44	13.00	13.66	16.05	18.34	18.91	22.33	25.64	28.85	28.40
420	11.17	12.71	13.41	15.73	17.96	18.66	22.02	25.29	28.45	28.13
425	10.93	12.42	13.13	15.42	17.59	18.41	21.72	24.94	28.05	27.83
430	10.68	12.15	12.87	15.09	17.22	18.15	21.42	24.58	27.65	27.52
435	10.45	11.88	12.60	14.78	16.84	17.90	21.12	24.21	27.20	27.22
440	10.23	11.62	12.33	14.44	16.45	17.64	20.78	23.84	26.80	26.92
445	10.00	11.36	12.05	14.11	16.09	17.36	20.47	23.48	26.40	26.62
450	9.79	11.14	11.78	13.81	15.74	17.11	20.17	23.13	25.99	26.32
455	9.60	10.90	11.53	13.53	15.42	16.86	19.87	22.76	22.55	26.01
460	9.38	10.67	11.31	13.24	15.09	16.59	19.53	22.39	25.14	25.71
465	9.19	10.45	11.06	12.97	14.78	16.32	19.23	22.01	24.69	25.41
470	9.00	10.23	10.84	12.70	14.47	16.05	18.89	21.64	24.29	25.11
475	8.82	10.04	10.62	12.44	14.20	15.78	18.58	21.29	23.88	24.80
480	8.66	9.83	10.41	12.21	13.90	15.53	18.28	20.91	23.44	24.50
485	8.48	9.66	10.20	11.96	13.64	15.26	17.94	20.54	23.03	24.20
490	8.33	9.45	10.01	11.73	13.38	14.99	17.64	20.16	22.59	23.90
495	8.15	9.27	9.82	11.51	13.11	14.72	17.30	19.79	22.18	23.57
500	8.00	9.10	9.63	11.28	12.85	14.45	16.99	19.41	21.72	23.25
505	7.85	8.92	9.44	11.06	12.62	14.19	16.65	19.02	21.29	22.95
510	7.70	8.75	9.26	10.87	12.40	13.90	16.32	18.65	20.89	22.65
515	7.56	8.61	9.11	10.67	12.15	13.63	16.01	18.30	20.50	22.34
520	7.43	8.46	8.93	10.46	11.93	13.38	15.71	17.97	20.13	22.00
525	7.31	8.29	8.76	10.27	11.71	13.14	15.44	17.64	19.75	21.70
530	7.17	8.15	8.61	10.08	11.49	12.90	15.15	17.32	19.40	21.36
535	7.03	8.00	8.45	9.90	11.31	12.66	14.88	17.01	19.05	21.05
540	6.91	7.86	8.30	9.74	11.09	12.44	14.62	16.70	18.72	20.75
545	6.80	7.73	8.16	9.57	10.92	12.22	14.35	16.43	18.39	20.43
550	6.68	7.60	8.02	9.41	10.72	12.01	14.12	16.13	18.06	20.10
555	6.57	7.47	7.90	9.24	10.53	11.81	13.86	15.85	17.76	19.79
560	6.46	7.34	7.74	9.08	10.35	11.60	13.64	15.59	17.46	19.45
565	6.34	7.21	7.62	8.93	10.18	11.41	13.41	15.33	17.16	19.15
570	6.23	7.11	7.49	8.78	10.00	11.22	13.18	15.06	16.86	18.81
575	6.15	6.98	7.36	8.63	9.84	11.03	12.96	14.80	16.59	18.47
580	6.03	6.86	7.24	8.49	9.69	10.84	12.74	14.57	16.34	18.16
585	5.94	6.75	7.13	8.36	9.54	10.67	12.55	14.35	16.06	17.86
590	5.84	6.65	7.01	8.24	9.38	10.51	12.35	14.09	15.79	17.58

16Mn 钢	平行轴方向	∠125×12 ~ ∠180×12　　$L_0 = 345 \sim 590\text{cm}$

角　钢	∠180×14	∠180×16	∠180×18	∠200×14	∠200×16	∠200×18	∠200×20	∠200×24
A（cm²）	48.90	55.47	61.96	54.64	62.01	69.30	76.51	90.66
r_x（cm）	5.56	5.54	5.50	6.20	6.18	6.15	6.12	6.07
W_{xmin}（cm³）　　L_0（cm）	116.25	131.35	146.11	144.70	163.65	182.22	200.42	235.78
150	46.50	52.74	58.87	52.48	59.54	66.52	73.40	86.93
155	46.37	52.59	58.69	52.35	59.39	66.35	73.22	86.71
160	46.20	52.39	58.46	52.21	59.24	66.18	73.02	86.45
165	46.03	52.19	58.24	52.05	59.05	65.95	72.77	86.17
170	45.85	51.99	58.01	51.90	58.88	65.77	72.58	85.94
175	45.67	51.79	57.79	51.75	58.71	65.57	72.34	85.65
180	45.50	51.59	57.56	51.57	58.51	65.35	72.09	85.35
185	45.31	51.36	57.30	51.40	58.31	65.12	71.84	85.05
190	45.10	51.13	57.05	51.22	58.11	64.90	71.59	84.75
195	44.92	50.93	56.82	51.05	57.91	64.67	71.34	84.45
200	44.75	50.72	56.58	50.87	57.71	64.44	71.09	84.15
205	44.53	50.47	56.29	50.69	57.49	64.20	70.81	83.78
210	44.31	50.22	56.01	50.47	57.24	63.92	70.52	83.46
215	44.09	49.97	55.73	50.29	57.04	63.70	70.27	83.17
220	43.87	49.72	55.45	50.11	56.84	63.47	70.02	82.84
225	43.65	49.47	55.17	49.92	56.62	63.21	69.71	82.47
230	43.43	49.22	54.89	49.70	56.36	62.93	69.40	82.10
235	43.21	48.97	54.60	49.48	56.11	62.64	69.08	81.72
240	42.98	48.70	54.28	49.26	55.86	62.36	68.77	81.35
245	42.72	48.42	53.98	49.04	55.61	62.08	68.46	80.98
250	42.50	48.16	53.67	48.82	55.36	61.80	68.15	80.60
255	42.24	47.86	53.35	48.60	55.11	61.52	67.83	80.23
260	42.01	47.61	53.06	48.38	54.86	61.24	67.52	79.86
265	41.76	47.31	52.72	48.16	54.61	60.95	67.19	79.42
270	41.49	47.01	52.38	47.91	54.31	60.61	66.82	79.02
275	41.23	46.71	52.04	47.66	54.04	60.32	66.51	78.62
280	40.97	46.41	51.70	47.43	53.77	60.00	66.14	78.18
285	40.70	46.11	51.37	47.17	53.48	59.69	65.81	77.81
290	40.44	45.81	51.03	46.94	53.23	59.40	65.46	77.37
295	40.17	45.50	50.65	46.69	52.93	59.06	65.09	76.92
300	39.87	45.16	50.29	46.43	52.63	58.72	64.71	76.47
305	39.60	44.85	49.95	46.16	52.33	58.38	64.34	76.02
310	39.34	44.55	49.59	45.90	52.03	58.04	63.96	75.57
315	39.04	44.21	49.20	45.63	51.73	57.71	63.59	75.12
320	38.73	43.86	48.81	45.37	51.43	57.37	63.21	74.68
325	38.45	43.54	48.47	45.11	51.13	57.03	62.83	74.18
330	38.16	43.21	48.08	44.83	50.80	56.65	62.39	73.69
335	37.86	42.86	47.68	44.52	50.46	56.28	62.01	73.24
340	37.55	42.51	47.29	44.26	50.16	55.95	61.64	72.79
345	37.24	42.16	46.89	43.99	49.86	55.60	61.23	72.27
350	36.93	41.81	46.50	43.70	49.52	55.21	60.80	71.75
355	36.63	41.46	46.11	43.40	49.17	54.81	60.36	71.27
360	36.32	41.11	45.71	43.09	48.83	54.46	59.98	70.79
365	36.01	40.76	45.32	42.83	48.53	54.09	59.56	70.27
370	35.70	40.41	44.91	42.53	48.18	53.70	59.12	69.75
375	35.37	40.02	44.47	42.22	47.83	53.30	58.69	69.22
380	35.04	39.65	44.07	41.91	47.48	52.91	58.25	68.70
385	34.73	39.30	43.68	41.60	47.12	52.52	57.81	68.18
390	34.42	38.93	43.23	41.29	46.77	52.12	57.37	67.66

16Mn 钢　　　　　　平行轴方向　　　　　　　∠180×14～∠200×24

L_0 = 150～390cm

角　钢	∠180×14	∠180×16	∠180×18	∠200×14	∠200×16	∠200×18	∠200×20	∠200×24
A（cm²）	48.90	55.47	61.96	54.64	62.01	69.30	76.51	90.66
r_x（cm）	5.56	5.54	5.50	6.20	6.18	6.15	6.12	6.07
W_{xmin}（cm³） L_0（cm）	116.25	131.35	146.11	144.70	163.65	182.22	200.42	235.78
395	34.07	38.54	42.83	40.98	46.42	51.73	56.94	67.13
400	33.76	38.18	42.39	40.67	46.07	51.33	56.50	66.61
405	33.41	37.78	41.94	40.37	45.72	50.94	56.06	66.09
410	33.06	37.38	41.52	40.06	45.37	50.54	55.62	65.52
415	32.74	37.03	41.10	39.75	45.01	50.12	55.12	64.95
420	32.40	36.64	40.65	39.40	44.61	49.69	54.67	64.43
425	32.05	36.24	40.20	39.08	44.25	49.29	54.23	63.90
430	31.70	35.84	39.75	38.77	43.90	48.90	53.78	63.31
435	31.35	35.43	39.30	38.45	43.53	48.45	53.28	62.77
440	31.00	35.03	38.85	38.10	43.14	48.04	52.84	62.20
445	30.64	34.63	38.40	37.79	42.79	47.62	52.35	61.60
450	30.29	34.23	37.94	37.45	42.38	47.17	51.85	61.02
455	29.94	33.83	37.49	37.10	41.98	46.72	51.38	60.50
460	29.59	33.43	37.04	36.75	41.61	46.32	50.93	59.90
465	29.24	33.03	36.59	36.45	41.24	45.89	50.43	59.31
470	28.88	32.63	36.14	36.09	40.84	45.43	49.93	58.71
475	28.53	32.23	35.69	35.74	40.44	44.98	49.43	58.11
480	28.18	31.83	35.24	35.39	40.04	44.53	48.93	57.51
485	27.83	31.43	34.78	35.04	39.64	44.08	48.43	56.92
490	27.47	31.00	34.28	34.68	39.24	43.63	47.93	56.32
495	27.08	30.57	33.83	34.33	38.83	43.18	47.43	55.72
500	26.73	30.17	33.38	33.98	38.43	42.73	46.93	55.12
505	26.37	29.77	32.93	33.63	38.03	42.28	46.43	54.53
510	26.02	29.37	32.43	33.27	37.63	41.83	45.93	53.93
515	25.64	28.92	31.96	32.92	37.23	41.38	45.43	53.33
520	25.27	28.52	31.48	32.57	36.83	40.93	44.93	52.73
525	24.90	28.07	31.00	32.22	36.43	40.48	44.43	52.14
530	24.52	27.66	30.55	31.86	36.02	40.03	43.93	51.54
535	24.17	27.26	30.08	31.51	35.62	39.58	43.43	50.93
540	23.81	26.83	29.59	31.16	35.22	39.12	42.91	50.26
545	23.41	26.40	29.13	30.81	34.81	38.63	42.35	49.66
550	23.06	25.99	28.62	30.41	34.36	38.15	41.85	49.06
555	22.67	25.55	28.17	30.05	33.96	37.70	41.35	48.46
560	22.31	25.14	27.67	29.69	33.55	37.25	40.85	47.84
565	21.93	24.69	27.16	29.34	33.15	36.80	40.33	47.18
570	21.53	24.24	26.70	28.99	32.74	36.30	39.78	46.58
575	21.16	23.83	26.25	28.60	32.29	35.83	39.28	45.91
580	20.80	23.43	25.82	28.23	31.89	35.36	38.72	45.29

续表

角钢	∠180×14	∠180×16	∠180×18	∠200×14	∠200×16	∠200×18	∠200×20	∠200×24
A (cm²)	48.90	55.47	61.96	54.64	62.01	69.30	76.51	90.66
r_x (cm)	5.56	5.54	5.50	6.20	6.18	6.15	6.12	6.07
W_{xmin} (cm³) / L_0 (cm)	116.25	131.35	146.11	144.70	163.65	182.22	200.42	235.78
585	20.46	23.06	25.41	27.86	31.44	34.86	38.20	44.70
590	20.15	22.69	24.97	27.47	31.02	34.41	37.70	44.08
595	19.80	22.31	24.58	27.12	30.62	33.96	37.18	43.41
600	19.49	21.96	24.18	26.76	30.21	33.47	36.62	42.81
605	19.18	21.61	23.79	26.38	29.76	32.99	36.12	42.15
610	18.87	21.26	23.45	26.00	29.35	32.52	35.57	41.53
615	18.60	20.96	23.06	25.64	28.92	32.02	35.05	40.90
620	18.31	20.61	22.71	25.24	28.49	31.57	34.52	40.23
625	18.02	20.31	22.38	24.89	28.08	31.07	33.96	39.56
630	17.76	20.01	22.04	24.51	27.63	30.57	33.40	38.96
635	17.49	19.71	21.70	24.11	27.18	30.08	32.89	38.36
640	17.23	19.41	21.36	23.73	26.76	29.62	32.39	37.80

16Mn钢　　平行轴方向　　∠180×14～∠200×24　L_0=395～640cm

（五）热轧不等边角钢尺寸、外形、质量及允许偏差（GB 9788—88）

1. 适用范围

本标准适用于热轧不等边角钢。

2. 尺寸及允许偏差

（1）截面尺寸及允许偏差：

1）不等边角钢的截面图示及标注符号如图11-5-2所示。

2）不等边角钢的尺寸、截面面积、理论质量及截面特性参数应符合表11-5-10的规定。

3）截面尺寸允许偏差。不等边角钢边宽度 B、b，边厚度 δ 尺寸允许偏差应符合表11-5-11的规定。

（2）长度及允许偏差：

1）通常长度。不等边角钢的通常长度应符合表11-5-12的规定。

2）定尺、倍尺长度。不等边角钢按定尺或倍尺长度交货时，应在合同中注明。其长度允许偏差为 $^{+50}_{\ \ 0}$mm。

3. 质量及允许偏差

（1）不等边角钢按理论质量或实际重量交货。

（2）不等边角钢计算理论质量时，钢的密度为7.85g/cm³。

（3）根据双方协议，不等边角钢每米质量允许

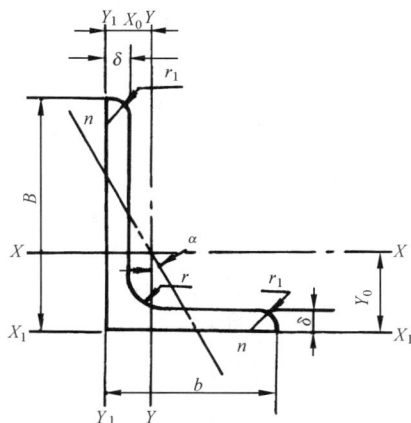

图11-5-2　不等边角钢尺寸图

B—长边宽度；I—惯性矩；b—短边宽度；W—截面系数；δ—边厚度；i—惯性半径；r—内圆弧半径；X_0—重心距离；r_1—边端内圆弧半径；Y_0—重心距离

偏差不得超过 $^{+3}_{-5}$%。

4. 标记示例

普通碳素钢甲类3号镇静钢，尺寸为160mm×100mm×10mm热轧不等边角钢的标记如下：

热轧不等边角钢 $\dfrac{160\times100\times10-GB\ 9788-88}{A3-GB\ 700-88}$

表 11-5-10

不等边角钢特性参数表

型号	尺寸 (mm)				截面面积 (cm²)	理论质量 (kg/m)	外表面积 (m²/m)	参数数值													
								X–X			Y–Y			X₁–X₁		Y₁–Y₁		U–U			
	B	b	δ	r				I_x (cm⁴)	i_x (cm)	W_x (cm³)	I_y (cm⁴)	i_y (cm)	W_y (cm³)	I_{x1} (cm⁴)	Y_0 (cm)	I_{y1} (cm⁴)	X_0 (cm)	I_u (cm⁴)	i_u (cm)	W_u (cm³)	tanα
2.5/1.6	25	16	3	3.5	1.162	0.912	0.080	0.70	0.78	0.43	0.22	0.44	0.19	1.56	0.86	0.43	0.42	0.14	0.34	0.16	0.392
			4		1.499	1.176	0.079	0.88	0.77	0.55	0.27	0.43	0.24	2.09	0.90	0.59	0.46	0.17	0.34	0.20	0.381
3.2/2	32	20	3	3.5	1.492	1.171	0.102	1.53	1.01	0.72	0.46	0.55	0.30	3.27	1.08	0.82	0.49	0.28	0.43	0.25	0.382
			4		1.939	1.522	0.101	1.93	1.00	0.93	0.57	0.54	0.39	4.37	1.12	1.12	0.53	0.35	0.42	0.32	0.374
4/2.5	40	25	3	4	1.890	1.484	0.127	3.08	1.28	1.15	0.93	0.70	0.49	5.39	1.32	1.59	0.59	0.56	0.54	0.40	0.385
			4		2.467	1.936	0.127	3.93	1.36	1.49	1.18	0.69	0.63	8.53	1.37	2.14	0.63	0.71	0.54	0.52	0.381
4.5/2.8	45	28	3	5	2.149	1.687	0.143	4.45	1.44	1.17	1.34	0.79	0.62	9.10	1.47	2.23	0.64	0.80	0.61	0.51	0.383
			4		2.806	2.203	0.143	5.69	1.42	1.91	1.70	0.78	0.80	12.13	1.51	3.00	0.68	1.02	0.60	0.66	0.380
5/3.2	50	32	3	5.5	2.431	1.908	0.161	6.24	1.60	1.84	2.02	0.91	0.82	12.49	1.60	3.31	0.73	1.20	0.70	0.68	0.404
			4		3.177	2.494	0.160	8.02	1.59	2.39	2.58	0.90	1.06	16.65	1.65	4.45	0.77	1.53	0.69	0.87	0.402
5.6/3.6	56	36	3	6	2.743	2.153	0.181	8.88	1.80	2.32	2.92	1.03	1.05	17.54	1.78	4.70	0.80	1.73	0.79	0.87	0.408
			4		3.590	2.818	0.180	11.45	1.79	3.03	3.76	1.02	1.37	23.39	1.82	6.33	0.85	2.23	0.79	1.13	0.408
			5		4.415	3.466	0.180	13.86	1.77	3.71	4.49	1.01	1.65	29.25	1.87	7.94	0.88	2.67	0.78	1.36	0.404
6.3/4	63	40	4	7	4.058	3.185	0.202	16.49	2.02	3.87	5.23	1.14	1.70	33.30	2.04	8.63	0.92	3.12	0.88	1.40	0.398
			5		4.993	3.920	0.202	20.02	2.00	4.74	6.31	1.12	2.71	41.63	2.08	10.86	0.95	3.76	0.87	1.71	0.396
			6		5.908	4.638	0.201	23.36	1.96	5.59	7.29	1.11	2.43	49.98	2.12	13.12	0.99	4.34	0.86	1.99	0.393
			7		6.802	5.339	0.201	26.53	1.98	6.40	8.24	1.10	2.78	58.07	2.15	15.47	1.03	4.97	0.86	2.29	0.389
7/4.5	70	45	4	7.5	4.547	3.570	0.226	23.17	2.26	4.86	7.55	1.29	2.17	45.92	2.24	12.26	1.02	4.40	0.98	1.77	0.410
			5		5.609	4.403	0.225	27.95	2.23	5.92	9.13	1.28	2.65	57.10	2.28	15.39	1.06	5.40	0.98	2.19	0.407
			6		6.647	5.218	0.225	32.54	2.21	6.95	10.62	1.26	3.12	68.35	2.32	18.58	1.09	6.35	0.98	2.59	0.404
			7		7.657	6.011	0.225	37.22	2.20	8.03	12.01	1.25	3.57	79.99	2.36	21.84	1.13	7.16	0.97	2.94	0.402

续表

型号	尺寸(mm)				截面面积(cm²)	理论质量(kg/m)	外表面积(m²/m)	X-X Ix(cm⁴)	X-X ix(cm)	X-X Wx(cm³)	Y-Y Iy(cm⁴)	Y-Y iy(cm)	Y-Y Wy(cm³)	X1-X1 Ix1(cm⁴)	X1-X1 Y0(cm)	Y1-Y1 Iy1(cm⁴)	Y1-Y1 X0(cm)	U-U Iu(cm⁴)	U-U iu(cm)	U-U Wu(cm³)	tanα
	B	b	δ	r																	
(7.5/5)	75	50	5	8	6.125	4.808	0.245	34.86	2.39	6.83	12.61	1.44	3.30	70.00	2.40	21.04	1.17	7.41	1.10	2.74	0.435
			6		7.260	5.699	0.245	41.12	2.38	8.12	14.70	1.42	3.88	84.30	2.44	25.37	1.21	8.54	1.08	3.19	0.435
			8		9.467	7.431	0.244	52.39	2.35	10.52	18.53	1.40	4.99	112.50	2.52	34.23	1.29	10.87	1.07	4.10	0.429
			10		11.590	9.098	0.244	62.71	2.33	12.79	21.96	1.38	6.04	140.80	2.60	43.43	1.36	13.10	1.06	4.99	0.423
8/5	80	50	5	8	6.375	5.005	0.255	41.96	2.56	7.78	12.82	1.42	3.32	85.21	2.60	21.06	1.14	7.66	1.10	2.74	0.388
			6		7.560	5.935	0.255	49.49	2.56	9.25	14.95	1.41	3.91	102.53	2.65	25.41	1.18	8.85	1.08	3.20	0.387
			7		8.724	6.848	0.255	56.16	2.54	10.58	16.96	1.39	4.48	119.33	2.69	29.82	1.21	10.18	1.08	3.70	0.384
			8		9.867	7.745	0.254	62.83	2.52	11.92	18.85	1.38	5.03	136.41	2.73	34.32	1.25	11.38	1.07	4.16	0.381
9/5.6	90	56	5	9	7.212	5.661	0.287	60.45	2.90	9.92	18.32	1.59	4.21	121.32	2.91	29.53	1.25	10.98	1.23	3.49	0.385
			6		8.557	6.717	0.286	71.03	2.88	11.74	21.42	1.58	4.96	145.59	2.95	35.58	1.29	12.90	1.23	4.13	0.384
			7		9.880	7.756	0.286	81.01	2.86	13.49	24.36	1.57	5.70	169.60	3.00	41.71	1.33	14.67	1.22	4.72	0.382
			8		11.183	8.779	0.286	91.03	2.85	15.27	27.15	1.56	6.41	194.17	3.04	47.93	1.36	16.34	1.21	5.29	0.380
10/6.3	100	63	6	10	9.617	7.550	0.320	99.06	3.21	14.64	30.94	1.79	7.29	199.71	3.24	50.50	1.43	18.42	1.38	5.25	0.394
			7		11.111	8.722	0.320	113.45	3.20	16.88	35.26	1.78	8.21	233.00	3.28	59.14	1.47	21.00	1.38	6.02	0.394
			8		12.584	9.878	0.319	127.37	3.18	19.08	39.39	1.77	9.98	266.32	3.32	67.88	1.50	23.50	1.37	6.78	0.391
			10		15.467	12.142	0.319	153.81	3.15	23.32	47.12	1.74	10.16	333.06	3.40	85.73	1.58	28.33	1.35	8.24	0.387
10/8	100	80	6	10	10.637	8.350	0.354	107.04	3.17	15.19	61.24	2.40	10.16	199.83	2.95	102.68	1.97	31.65	1.72	8.37	0.627
			7		12.301	9.656	0.354	122.73	3.16	17.52	70.08	2.39	11.71	233.20	3.00	119.98	2.01	36.17	1.72	9.60	0.626
			8		13.944	10.946	0.353	137.92	3.14	19.81	78.58	2.37	13.21	266.61	3.04	137.37	2.05	40.58	1.71	10.80	0.625
			10		17.167	13.476	0.353	166.87	3.12	24.24	94.65	2.35	16.12	333.63	3.12	172.48	2.13	49.10	1.69	13.12	0.622
11/7	110	70	6	10	10.637	8.350	0.354	133.37	3.54	17.85	42.92	2.01	7.90	265.78	3.53	69.08	1.57	25.36	1.54	6.53	0.403
			7		12.301	9.656	0.354	153.00	3.53	20.60	49.01	2.00	9.09	310.07	3.57	80.82	1.61	28.95	1.53	7.50	0.402
			8		13.944	10.946	0.353	172.04	3.51	23.30	54.87	1.98	10.25	354.39	3.62	92.70	1.65	32.45	1.53	8.45	0.401
			10		17.167	13.476	0.353	208.39	3.48	28.54	65.88	1.96	12.48	443.13	3.70	116.83	1.72	39.20	1.51	10.29	0.397

续表

型号	尺寸(mm)				截面面积(cm²)	理论质量(kg/m)	外表面积(m²/m)	参数数值													
	B	b	δ	r				X－X			Y－Y			X₁－X₁		Y₁－Y₁		U－U			
								I_x (cm⁴)	i_x (cm)	W_x (cm³)	I_y (cm⁴)	i_y (cm)	W_y (cm³)	I_{x1} (cm⁴)	Y_0 (cm)	I_{y1} (cm⁴)	X_0 (cm)	I_u (cm⁴)	i_u (cm)	W_u (cm³)	tanα
12.5/8	125	80	7	11	14.096	11.066	0.403	227.98	4.02	26.86	74.42	2.30	12.01	454.99	4.01	120.32	1.80	43.81	1.76	9.92	0.408
			8		15.989	12.551	0.403	256.77	4.01	30.41	83.49	2.28	13.56	519.99	4.06	137.85	1.84	49.15	1.75	11.18	0.407
			10		19.712	15.474	0.402	312.04	3.98	37.33	100.67	2.26	16.56	659.09	4.14	173.40	1.92	59.45	1.74	13.64	0.404
			12		23.351	18.330	0.402	364.41	3.95	44.01	116.67	2.24	19.43	780.39	4.22	209.67	2.00	69.35	1.72	16.01	0.400
14/9	140	90	8	12	18.038	14.160	0.453	365.64	4.50	38.48	120.69	2.59	17.34	730.53	4.50	195.79	2.04	70.83	1.98	14.31	0.411
			10		22.261	17.475	0.452	445.50	4.47	47.31	140.03	2.56	21.22	913.20	4.58	245.92	2.12	85.82	1.96	17.48	0.409
			12		26.400	20.724	0.451	521.59	4.44	55.87	169.79	2.54	24.95	1096.09	4.66	296.89	2.19	100.21	1.95	20.54	0.406
			14		30.456	23.908	0.451	594.10	4.42	64.18	192.10	2.51	28.54	1279.26	4.74	348.82	2.27	114.13	1.94	23.52	0.403
16/10	160	100	10	13	25.315	19.872	0.512	668.69	5.14	62.13	205.03	2.85	26.56	1362.89	5.24	336.59	2.28	121.74	2.19	21.92	0.390
			12		30.054	23.592	0.511	784.91	5.11	73.49	239.06	2.82	31.28	1635.56	5.32	405.94	2.36	142.33	2.17	25.79	0.388
			14		34.709	27.247	0.510	896.30	5.08	84.56	271.20	2.80	35.83	1908.50	5.40	476.42	2.43	162.23	2.16	29.56	0.385
			16		39.281	30.835	0.510	1003.04	5.05	95.33	301.60	2.77	40.24	2181.79	5.48	548.22	2.51	182.57	2.16	33.44	0.382
18/11	180	110	10	14	28.373	22.273	0.571	956.25	5.80	78.96	278.11	3.13	32.49	1940.40	5.89	447.22	2.44	166.50	2.42	26.88	0.376
			12		33.712	26.464	0.571	1124.72	5.78	93.53	325.03	3.10	38.32	2328.38	5.98	538.94	2.52	194.87	2.40	31.66	0.374
			14		38.967	30.589	0.570	1286.91	5.75	107.76	369.55	3.08	43.97	2716.60	6.06	631.95	2.59	222.30	2.39	36.32	0.372
			16		44.139	34.649	0.569	1443.06	5.72	121.64	411.85	3.06	49.44	3105.15	6.14	726.46	2.67	248.94	2.38	40.87	0.369
20/12.5	220	125	12	14	37.912	29.761	0.641	1570.90	6.44	116.73	483.16	3.57	49.99	3193.85	6.54	787.74	2.83	285.79	2.74	41.23	0.392
			14		43.867	34.436	0.640	1800.97	6.41	134.65	550.83	3.54	57.44	3726.17	6.62	922.47	2.91	326.58	2.73	47.34	0.390
			16		49.739	39.045	0.639	2023.35	6.38	152.18	615.44	3.52	64.69	4258.86	6.70	1058.86	2.99	366.21	2.71	53.32	0.388
			18		55.526	43.588	0.639	2238.30	6.35	169.33	677.19	3.49	71.74	4792.00	6.78	1197.13	3.06	404.83	2.70	59.18	0.385

注: 1. 括号内型号不推荐使用。
2. 截面图中的 $r_1=1/3d$ 及表中 r 值的数据用于孔型设计, 不做交货条件。

表 11-5-11　不等边角钢宽度、厚度及偏差表

型 号	允许偏差（mm）	
	边宽度 B、b	边厚度 δ
2.5/1.6～5.6/3.6	±0.8	±0.4
6.3/4～9/5.6	±1.5	±0.6
10/6.3～14/9	±2.0	±0.7
16/10～20/12.5	±2.5	±1.0

表 11-5-12　不等边角钢长度表

型 号	长 度（m）
2.5/1.6～9/5.6	4～12
10/6.3～14/9	4～19
16/10～20/12.5	6～19

二、槽钢

热轧槽钢尺寸、外形、质量及允许偏差（GB 707—88）

1. 适用范围

本标准适用于腿部内侧有斜度的热轧槽钢。

2. 尺寸

（1）截面尺寸及允许偏差：

1）槽钢的截面图示及标准符号如图 11-5-3 所示。

2）槽钢的尺寸、截面面积、理论质量及截面特性参数应符合表 11-5-13 的规定。

3）经供需双方协议，可供应表 11-5-14 中所规定的槽钢。

4）截面尺寸允许偏差。槽钢的高度 h、腿宽度 b、腰厚度 δ 尺寸允许偏差应符合表 11-5-15 的规定。

（2）长度及允许偏差。

1）通常长度。槽钢的通常长度应符合表 11-5-16 的规定。

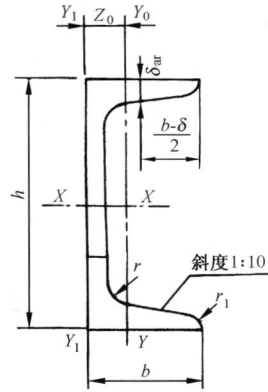

图 11-5-3　槽钢尺寸图

h—高度；r_1—腿端圆弧半径；b—腿宽度；

I—惯性矩；δ—腰厚度；W—截面系数；

δ_{av}—平均腿厚度；i—惯性半径；

r—内圆弧半径；Z_0—YY 轴与 Y_1Y_1 轴间距

2）定尺、倍尺长度。槽钢按定尺或倍尺长度交货时，应在合同中注明。

3. 质量及允许偏差

（1）槽钢按理论质量或实际质量交货。

（2）槽钢计算理论质量时，钢的密度为 7.85 g/cm³。

（3）槽钢截面面积的计算公式为

$$hd + 2t(b-d) + 0.349(r^2 - r_1^2) \quad (11\text{-}5\text{-}1)$$

（4）根据双方协议，槽钢每米质量允许偏差不得超过 $^{+3}_{-5}$%。

4. 标记示例

普通碳素钢甲类 3 号镇静钢，尺寸为 $180 \times 68 \times 7$mm 的热轧槽钢标记为

$$热轧槽钢\frac{180 \times 68 \times 7 - GB\ 707 - 88}{A3 - GB\ 700 - 88}$$

表 11-5-13　槽钢特性参数表

型号	尺　寸（mm）						截面面积（cm²）	理论质量（kg/m）	参　考　数　值							
									X－X			Y－Y			Y_1－Y_1	Z_0（cm）
	h	b	δ	δ_{AV}	r	r_1			W_x（cm³）	I_x（cm⁴）	i_y（cm）	W_y（cm³）	I_y（cm⁴）	i_y（cm）	I_{y1}（cm⁴）	
5	50	37	4.5	7.0	7.0	3.5	6.928	5.438	10.4	26.0	1.94	3.55	8.30	1.10	20.9	1.35
6.3	63	40	4.8	7.5	7.5	3.8	8.451	6.634	16.1	50.8	2.45	4.50	11.9	1.19	28.4	1.36
8	80	43	5.0	8.0	8.0	4.0	10.248	8.045	25.3	101	3.15	5.79	16.6	1.27	37.4	1.43
10	100	48	5.3	8.5	8.5	4.2	12.748	10.007	39.7	198	3.95	7.80	25.6	1.41	54.9	1.52
12.6	126	53	5.5	9.0	9.0	4.5	15.692	12.318	62.1	391	4.95	10.2	38.0	1.57	77.1	1.59

型号	尺寸（mm）						截面面积（cm²）	理论质量（kg/m）	参考数值							
									X－X			Y－Y			Y₁－Y₁	Z₀
	h	b	δ	δ_{AV}	r	r_1			W_x（cm³）	I_x（cm⁴）	i_y（cm）	W_y（cm³）	I_y（cm⁴）	i_y（cm）	I_{y1}（cm⁴）	（cm）
14a	140	58	6.0	9.5	9.5	4.8	18.516	14.535	80.5	564	5.52	13.0	53.2	1.70	107	1.71
14b	140	60	8.0	9.5	9.5	4.8	21.316	16.733	87.1	609	5.35	14.1	61.1	1.69	121	1.67
16a	160	63	6.5	10.0	10.0	5.0	21.962	17.240	108	866	6.28	16.3	73.3	1.83	144	1.80
16	160	65	8.5	10.0	10.0	5.0	25.162	19.752	117	935	6.10	17.6	83.4	1.82	161	1.75
18a	180	68	7.0	10.5	10.5	5.2	25.699	20.174	141	1270	7.04	20.0	98.6	1.96	190	1.88
18	180	70	9.0	10.5	10.5	5.2	29.299	23.000	152	1370	6.84	21.5	111	1.95	210	1.84
20a	200	73	7.0	11.0	11.0	5.5	28.837	22.637	178	1780	7.86	24.2	128	2.11	244	2.01
20	200	75	9.0	11.0	11.0	5.5	32.831	25.777	191	1910	7.64	25.9	144	2.09	268	1.95
22a	220	77	7.0	11.5	11.5	5.8	31.846	24.999	218	2390	8.67	28.2	158	2.23	298	2.10
22	220	79	9.0	11.5	11.5	5.8	36.246	28.453	234	2570	8.42	30.1	176	2.21	326	2.03
25a	250	78	7.0	12.0	12.0	6.0	34.917	27.410	270	3370	9.82	30.6	176	2.24	322	2.07
25b	250	80	9.0	12.0	12.0	6.0	39.917	31.335	282	3530	9.41	32.7	196	2.22	353	1.98
25c	250	82	11.0	12.0	12.0	6.0	44.917	35.260	295	3690	9.07	35.9	218	2.21	384	1.92
28a	280	82	7.5	12.5	12.5	6.2	40.034	31.427	340	4760	10.9	35.7	218	2.33	388	2.10
28b	280	84	9.5	12.5	12.5	6.2	45.634	35.823	366	5130	10.6	37.9	242	2.30	428	2.02
28c	280	86	11.5	12.5	12.5	6.2	51.234	40.219	393	5500	10.4	40.3	268	2.29	463	1.95
32a	320	88	8.0	14.0	14.0	7.0	48.513	38.083	475	7600	12.5	46.5	305	2.50	552	2.24
32b	320	90	10.0	14.0	14.0	7.0	54.913	43.107	509	8140	12.2	49.2	336	2.47	593	2.16
32c	320	92	12.0	14.0	14.0	7.0	61.313	48.131	543	8690	11.9	52.6	374	2.47	643	2.09
36a	360	96	9.0	16.0	16.0	8.0	60.910	47.814	660	11900	14.0	63.5	455	2.73	818	2.44
36b	360	98	11.0	16.0	16.0	8.0	68.110	53.466	703	12700	13.6	66.9	497	2.70	880	2.37
36c	360	100	13.0	16.0	16.0	8.0	75.310	59.118	746	13400	13.4	70.0	536	2.67	948	2.34
40a	400	100	10.5	18.0	18.0	9.0	75.068	58.928	879	11600	15.3	78.8	592	2.81	1070	2.49
40b	400	102	12.5	18.0	18.0	9.0	83.068	65.208	932	18600	15.0	82.5	640	2.78	1140	2.44
40c	400	104	14.5	18.0	18.0	9.0	91.068	71.488	986	19700	14.7	86.2	688	2.75	1220	2.42

注　截面图和表中标注的圆弧半径 r、r_1 的数据用于孔型设计，不做交货条件。

表 11-5-14　　　　　　　　　　　　槽钢特性参数表（协议供应型号）

型号	尺寸（mm）						截面面积（cm²）	理论质量（kg/m）	参考数值							
									X－X			Y－Y			Y₁－Y₁	Z₀
	h	b	δ	δ_{AV}	r	r_1			W_x（cm³）	I_x（cm⁴）	i_x（cm）	W_y（cm³）	I_y（cm⁴）	i_y（cm）	I_{y1}（cm⁴）	（cm）
6.5	65	40	4.3	7.5	7.5	3.8	8.547	6.709	17.0	55.2	2.54	4.59	12.0	1.19	28.3	1.38
12	120	53	5.5	9.0	9.0	4.5	15.362	12.059	57.7	346	4.75	10.2	37.4	1.56	77.7	1.62
24a	240	78	7.0	12.0	12.0	6.0	34.217	26.860	254	3050	9.45	30.5	174	2.25	325	2.10
24b	240	80	9.0	12.0	12.0	6.0	39.017	30.628	274	3280	9.17	32.5	194	2.23	355	2.03
24c	240	82	11.0	12.0	12.0	6.0	43.817	34.396	293	3510	8.96	34.4	213	2.21	388	2.00

续表

型号	尺 寸 (mm)						截面面积 (cm²)	理论质量 (kg/m)	参 考 数 值							Z₀ (cm)
	h	b	δ	δ_AV	r	r₁			X－X			Y－Y			Y₁－Y₁	
									W_x (cm³)	I_x (cm⁴)	i_x (cm)	W_y (cm³)	I_y (cm⁴)	i_y (cm)	I_{y1} (cm⁴)	
27a	270	82	7.5	12.5	12.5	6.2	39.284	30.838	323	4360	10.5	35.5	216	2.34	393	2.13
27b	270	84	9.5	12.5	12.5	6.2	44.684	35.077	347	4690	10.3	37.7	239	2.31	428	2.06
27c	270	86	11.5	12.5	12.5	6.2	50.084	39.316	372	5020	10.1	39.8	261	2.28	467	2.03
30a	300	85	7.5	13.5	13.5	6.8	43.902	34.463	403	6050	11.7	41.1	260	2.43	467	2.17
30b	300	87	9.5	13.5	13.5	6.8	49.902	39.173	433	6500	11.4	44.0	289	2.41	515	2.13
30c	300	89	11.5	13.5	13.5	6.8	55.902	43.883	463	6950	11.2	46.4	316	2.38	560	2.09

注 表中标注的圆弧半径 r、r₁ 的数据用于孔型设计，不做交货条件。

表 11-5-15   槽钢尺寸偏差表

型 号	允许偏差 (mm)		
	高 度 h	腿宽度 b	腰厚度 δ
5～8	±1.5	±1.5	±0.4
>8～14	±2.0	±2.0	±0.5
>14～18		±2.5	±0.6
>18～30	±3.0	±3.0	±0.7
>30～40		±3.5	±0.8

表 11-5-16   槽钢长度表

型 号	长 度 (m)
5～8	5～12
>8～18	5～19
>18～40	6～19

三、钢管

(一) 直缝电焊钢管（GB/T 13793—92）

1. 尺寸、质量

(1) 钢管的外径、壁厚应符合表 11-5-17 的规定。根据需方要求，经供需双方协议，可以供应其它尺寸的钢管。

(2) 长度：

1) 通常长度：

外径≤30mm   2～6m

外径>30～70mm   2～8m

外径>70mm   2～10m

每批通常长度的钢管允许 5%（按质量）的短尺钢管，短尺长度不小于 1m。

2) 定尺长度、倍尺长度。定尺长度和倍尺总长度在通常长度范围内。倍尺长度按每倍尺留 5mm 切口余量。

(3) 钢管按理论质量或实际质量交货。理论质量见表 11-5-17，钢的密度为 7.85kg/dm³。按公式计算如下

$$m = 0.02466 (D - \delta) \delta \qquad (11\text{-}5\text{-}2)$$

式中 m——钢管质量，kg/m；

δ——钢管公称壁厚，mm；

D——钢管公称外径，mm。

2. 牌号和化学成分

钢管应用 GB699 中的 08F、08、10F、10、15F、15、20 钢和 GB700 中 Q215、Q235 等级为 A、B 的钢（沸腾钢、半镇静钢、镇静钢）制造。钢的化学成分（熔炼成分）应符合相应标准的规定，经供需双方协议也可供应其它易焊接钢牌号的钢管。

3. 制造方法

钢管应以热轧钢带、冷轧钢带电阻焊接或焊后冷加工方法制造。制造方法一般由供方选择。

4. 力学性能

钢管的力学性能应符合表 11-5-18 的规定。

(二) 低压流体输送用镀锌焊接钢管（GB/T 3091—93）

本标准适用于输送水、煤气、空气、油和取暖蒸汽等一般较低压力流体或其它用途的热浸镀锌焊接（炉焊或电焊）钢管。本钢管俗称白管。

1. 分类

(1) 钢管按壁厚分为普通镀锌钢管和加厚镀锌钢管。

(2) 钢管按管端形式分为不带螺纹镀锌钢管和带螺纹镀锌钢管。

2. 尺寸及质量

(1) 外径和壁厚。钢管在镀锌前（以下简称黑管）的外径和壁厚尺寸及其允许偏差应符合表 11-5-19 的规定。

表 11-5-19 中所列尺寸及理论质量均指黑管。

表11-5-17

直缝电焊钢管外径、壁厚及质量表

壁　厚　（mm）

钢管的理论质量（kg/m）

外径(mm)	0.5	0.6	0.8	1.0	1.2	1.4	1.5	1.6	1.8	2.0	2.2	2.5	2.8	3.0	3.2	3.5	3.8	4.0	4.2	4.5	4.8	5.0	5.4	5.6	6.0	6.5	7.0	8.0	9.0	10.0	11.0	12.0	12.7
5	0.055	0.065																															
8	0.092	0.109	0.142	0.173	0.201																												
10	0.117	0.139	0.181	0.222	0.260																												
12	0.142	0.169	0.221	0.271	0.320	0.366	0.388	0.410																									
13		0.183	0.241	0.296	0.343	0.400	0.425	0.450																									
14		0.198	0.260	0.321	0.379	0.435	0.462	0.489																									
15		0.213	0.280	0.345	0.408	0.470	0.499	0.529																									
16		0.228	0.300	0.370	0.438	0.504	0.536	0.568																									
17		0.243	0.320	0.395	0.468	0.539	0.573	0.608																									
18		0.257	0.339	0.419	0.497	0.573	0.610	0.647																									
19		0.272	0.359	0.444	0.527	0.608	0.647	0.687																									
20		0.287	0.379	0.469	0.556	0.642	0.684	0.726																									
21			0.399	0.493	0.586	0.677	0.721	0.765	0.852	0.937																							
22			0.418	0.518	0.616	0.711	0.758	0.805	0.897	0.986	1.074																						
25			0.477	0.592	0.704	0.815	0.869	0.923	1.030	1.134	1.237	1.387																					
28			0.537	0.666	0.793	0.918	0.980	1.042	1.163	1.282	1.400	1.572	1.740																				
30			0.576	0.715	0.852	0.987	1.054	1.121	1.252	1.381	1.508	1.695	1.878	1.997																			
32				0.764	0.911	1.065	1.128	1.199	1.341	1.480	1.617	1.819	2.016	2.145																			
34				0.814	0.971	1.125	1.202	1.278	1.429	1.578	1.725	1.942	2.154	2.293																			
37				0.888	1.059	1.229	1.333	1.397	1.562	1.726	1.888	2.127	2.361	2.515																			

续表

钢管的理论质量（kg/m）

壁厚（mm）

外径(mm)	0.5	0.6	0.8	1.0	1.2	1.4	1.5	1.6	1.8	2.0	2.2	2.5	2.8	3.0	3.2	3.5	3.8	4.0	4.2	4.5	4.8	5.0	5.4	5.6	6.0	6.5	7.0	8.0	9.0	10.0	11.0	12.0	12.7
38				0.912	1.089	1.264	1.350	1.436	1.607	1.776	1.942	2.189	2.430	2.589	2.746	2.978																	
40				0.962	1.148	1.333	1.424	1.515	1.696	1.874	2.051	2.312	2.569	2.737	2.904	3.150																	
45				1.09	1.30	1.51	1.61	1.71	1.92	2.12	2.32	2.62	2.91	3.11	3.30	3.58	3.86																
46					1.33	1.54	1.65	1.75	1.96	2.17	2.38	2.68	2.98	3.18	3.38	3.668	3.95																
48					1.38	1.61	1.72	1.83	2.05	2.27	2.48	2.81	3.12	3.33	3.54	3.84	4.14																
50					1.44	1.68	1.79	1.91	2.14	2.37	2.59	2.93	3.26	3.48	3.69	4.01	4.33																
51					1.47	1.71	1.83	1.95	2.18	2.42	2.65	2.99	3.33	3.55	3.77	4.10	4.42																
53					1.53	1.78	1.90	2.03	2.27	2.52	2.76	3.11	3.47	3.70	3.93	4.27	4.61																
54					1.56	1.82	1.94	2.07	2.32	2.56	2.81	3.17	3.54	3.77	4.01	4.36	4.93																
60					1.74	2.02	2.16	2.30	2.58	2.86	3.14	3.54	3.95	4.22	4.48	4.88	5.27																
63.5					1.84	2.14	2.29	2.44	2.74	3.03	3.33	3.76	4.19	4.48	4.76	5.18	5.59																
65							2.35	2.50	2.81	3.11	3.41	3.85	4.29	4.59	4.88	5.31	5.73																
70							2.37	2.70	3.03	3.35	3.68	4.16	4.64	4.96	5.27	5.74	6.20																
76							2.76	2.94	3.29	3.65	4.00	4.53	5.05	5.40	5.74	6.26	6.77																
80							2.90	3.09	3.47	3.85	4.22	4.78	5.33	5.70	6.06	6.60	7.14																
83							3.01	3.21	3.60	3.99	4.38	4.96	5.54	5.92	6.30	6.86	7.42	7.79															
89							3.24	3.45	3.87	4.29	4.71	5.33	5.95	6.36	6.77	7.38	7.98	8.38															
95							3.46	3.69	4.14	4.59	5.03	5.70	6.37	6.81	7.24	7.90	8.55	8.98															
101.6							3.70	3.95	4.43	4.91	5.39	6.11	6.82	7.29	7.76	8.47	9.16	9.63															
102							3.72	3.96	4.45	4.93	5.41	6.13	6.85	7.32	7.80	8.50	9.20	9.67															

续表

外径 (mm) \ 壁厚 (mm)	0.5	0.6	0.8	1.0	1.2	1.4	1.5	1.6	1.8	2.0	2.2	2.5	2.8	3.0	3.2	3.5	3.8	4.0	4.2	4.5	4.8	5.0	5.4	5.6	6.0	6.5	7.0	8.0	9.0	10.0	11.0	12.0	12.7
108														7.77	8.72	9.02	9.76	10.26	10.75	11.49	12.22	12.70											
114														8.21	8.74	9.54	10.33	10.85	11.37	12.15	12.93	13.44	14.46	14.97									
114.3														8.23	8.77	9.56	10.35	10.88	11.40	12.18	12.96	13.48	14.50	15.01									
121														8.73	9.30	10.14	10.98	11.54	12.10	12.93	13.75	14.30	15.39	15.94									
127														9.17	9.77	10.66	11.54	12.13	12.72	13.59	14.46	15.04	16.19	16.76	17.90								
133																11.18	12.11	12.72	13.34	14.26	15.17	15.78	16.99	17.59	18.79								
139.3																11.72	12.70	13.35	13.99	14.96	15.92	16.56	17.83	18.46	19.72								
140																11.78	12.76	13.42	14.07	15.04	16.00	16.65	17.92	18.56	19.83								
152																12.82	13.80	14.60	15.31	16.37	17.42	18.13	19.52	20.22	21.60								
159																		15.3	16.0	17.1	18.3	19.0	20.5	21.2	22.6	24.4	26.2						
165.1																		15.9	16.7	17.8	19.0	19.7	21.3	22.0	23.5	25.4	27.3						
168.3																		16.2	17.0	18.2	19.4	20.1	21.7	22.5	24.0	25.9	27.8						
177.8																		17.1	18.0	19.2	20.5	21.3	23.0	23.8	25.4	27.5	29.5	33.5					
180																		17.4	18.2	19.5	20.7	21.6	23.3	24.1	25.7	27.8	29.9	33.9					
193.7																		18.7	19.6	21.0	22.4	23.3	25.1	26.0	27.8	30.0	32.2	36.6					
203																				22.0	23.5	24.4	26.3	27.3	29.1	31.5	33.8	38.5					
219.1																				23.8	25.4	26.4	28.5	29.5	31.5	34.1	36.6	41.6	46.6				
244.5																				26.6	28.4	29.5	31.8	33.0	35.3	38.1	41.0	46.7	52.3				
267																						32.3	34.8	36.1	38.6	41.8	44.9	51.1	57.3	63.4			
273																						33.0	35.6	36.9	39.5	42.7		48.9	52.3	58.6	64.9		

钢管的理论质量（kg/m）

续表

壁 厚（mm）

钢管的理论质量（kg/m）

外径（mm）	0.5	0.6	0.8	1.0	1.2	1.4	1.5	1.6	1.8	2.0	2.2	2.5	2.8	3.0	3.2	3.5	3.8	4.0	4.2	4.5	4.8	5.0	5.4	5.6	6.0	6.5	7.0	8.0	9.0	10.0	11.0	12.0	12.7
298.5																								40.4	43.3	46.8	50.3	57.3	64.3	71.1	78.0		
323.9																								44.0	47.0	50.9	54.7	62.3	69.9	77.4	84.9		
325																									47.2	51.1	54.9	62.5	70.1	77.7	85.2		
351																									51.0	55.2	59.4	67.7	75.9	84.1	92.2		
355.6																									51.7	56.0	60.2	68.6	76.9	85.2	93.5	101.7	
368																									53.6	57.9	62.3	71.0	79.7	88.3	96.8	105.3	
377																									54.9	59.4	63.9	72.8	81.7	90.5	99.28	108.0	
402																									58.6	63.4	68.2	77.7	87.2	96.7	106.1	115.4	
406.4																									59.2	64.1	68.9	78.6	88.2	97.8	107.3	116.7	123.3
419																									61.1	66.1	71.1	81.1	91.0	100.9	110.7	120.4	127.2
426																									62.1	67.2	72.3	82.5	92.5	102.6	112.6	122.5	129.4
457																									66.7	72.2	77.7	88.5	99.4	110.2	121.0	131.7	139.1
478																									69.8	75.6	81.3	92.7	104.1	115.4	126.7	131.7	145.7
480																									70.1	75.9	81.6	93.1	104.5	115.9	127.2	138.5	146.3
508																									74.3	80.4	85.5	98.6	110.7	122.8	134.8	146.8	155.1

表 11-5-18　　　　钢管力学性能表

牌　号	R		DY	
	抗拉强度 F_T(MPa)	伸长率 δ_5(%)	抗拉强度 F_T(MPa)	伸长率 δ_5(%)
	不　　小　　于			
08F、08、10F、10	315	22	375	13
15F、15	355	20	400	11
20	390	19	440	9
Q195	315	22	335	14
Q1215-A、B	335	22	335	13
Q235-A、B	375	20	390	9

表 11-5-19　　钢管的外径、壁厚及允许偏差表

公称口径		外　径		普通钢管			加厚钢管		
				壁　厚		理论质量	壁　厚		理论质量
(mm)	(in)	公称尺寸(mm)	允许偏差	公称尺寸(mm)	允许偏差(%)	(kg/m)	公称尺寸(mm)	允许偏差(%)	(kg/m)
6	1/8	10.0	±0.50 mm	2.00	+12 −15	0.39	2.50	+12 −15	0.46
8	1/4	13.5		2.25		0.62	2.75		0.73
10	3/8	17.0		2.25		0.82	2.75		0.97
15	1/2	21.3		2.75		1.26	3.25		1.45
20	3/4	26.8		2.75		1.63	3.50		2.01
25	1	33.5		3.25		2.42	4.00		2.91
32	1 1/4	42.3		3.25		3.13	4.00		3.78
40	1 1/2	48.0		3.50		3.84	4.25		4.58
50	2	60.0	±1%	3.50		4.88	4.50		6.16
65	2 1/2	75.5		3.75		6.64	4.50		7.88
80	3	88.5		4.00		8.34	4.75		9.81
100	4	114.0		4.00		10.85	5.00		13.44
125	5	140.0		4.00		13.42	5.50		18.24
150	6	165.0		4.50		17.81	5.50		21.63

注　公称口径，表示近似内径的参考尺寸。对各种规格的钢管，其外径决定于 YB822 所规定的尺寸。每种规格的实际内径随着管壁厚度而变化。公称口径不等于外径减 2 倍壁厚之差。

根据需方要求，可供应表 11-5-19 以外其它尺寸的镀锌钢管。

（2）长度。钢管的通常长度为 4～9m。在通常长度范围内，还可以按定尺长度或倍尺长度交货。

（3）交货质量。镀锌钢管以实际质量交货。也可按理论质量交货。

镀锌钢管的每米质量（钢的密度为 7.85kg/dm³）按下式计算

$$P_L = C[0.02466(D-\delta)\delta] \qquad (11\text{-}5\text{-}3)$$

式中　P_L——镀锌钢管的每米质量，kg/m；

　　　C——镀锌钢管比黑管增加的质量系数，见表 11-5-20；

　　　D——黑管的外径，mm；

　　　δ——黑管的壁厚，mm。

3. 力学性能

钢管镀锌前的力学性能应符合 GB 3092 规定。

4. 工艺性能

（1）镀锌层的均匀性。

镀锌钢管应作镀锌层均匀性的试验。钢管试样在硫酸铜溶液中连续浸渍 5 次不得变红（镀铜色）。

（2）冷弯曲试验。

公称口径不大于 50mm 的镀锌钢管应作冷弯曲试验。弯曲角度 90°，弯曲半径为外径的 8 倍。试验时不带填充物，试样焊缝处应置于弯曲方向的外侧或上部。试验后，试样上不应有裂缝及锌层剥落现象。

（3）水压试验。

水压试验应在黑管进行，也可用涡流探伤代替水压试验。试验压力或涡流探伤对比试样尺寸应符合 GB 3092 的规定。

5. 镀锌层质量

根据需方要求，并在合同中注明，镀锌钢管可作镀锌层的质量测定。其平均值应不小于 500g/m²，但其中任何一个试样不得小于 480g/m²。

表 11-5-20　　镀锌钢管比黑管增加质量系数表

公称口径		外　径	镀锌钢管比黑管增加的质量系数 C	
(mm)	(in)	(mm)	普通钢管	加厚钢管
6	1/8	10.0	1.064	1.059
8	1/4	13.5	1.056	1.046
10	3/8	17.0	1.056	1.046
15	1/2	21.3	1.047	1.039
20	3/4	26.8	1.046	1.039
25	1	33.5	1.039	1.032
32	1 1/4	42.3	1.039	1.032
40	1 1/2	48.0	1.036	1.030
50	2	60.0	1.036	1.028
65	2 1/2	75.5	1.034	1.028
80	3	88.5	1.032	1.207
100	4	114.0	1.032	1.026
125	5	140.0	1.028	1.023
150	6	165.0	1.028	1.023

（三）一般低压流体输送用螺旋缝埋弧焊钢管（SY5037—83）

本标准适用于水、煤气、空气和蒸汽等一般低压流体输送用埋弧焊钢管。本标准范围的钢管，未考虑高温状态的使用。

一般低压流体输送用螺旋缝埋弧焊钢管以热轧钢带卷作管坯，经常温螺旋成型，采用双面自动埋弧焊或单面焊法制成。

1. 尺寸、质量

（1）钢管的公称外径和公称壁厚应符合表11-5-21的规定。

（2）钢管按理论质量交货，管端不带螺纹的钢管每米理论质量按式（11-5-3）计算，考虑了焊缝加重。

$$P_L = 0.0246615 \times (D - \delta) \times \delta + 0.50 \quad (11\text{-}5\text{-}4)$$

式中符号同式（11-5-2）。

（3）钢管通常长度为 6～12m，根据需方要求，并经供需双方协议，可将供应的通常长度加到18m或双方商定的其它长度。

2. 钢管的生产方法

（1）本标准范围的钢管采用热轧钢带卷作管坯，经常温螺旋成形、焊接成钢管。

（2）本标准范围的螺旋焊缝采用双面埋弧焊法焊接。

（3）钢带对头焊缝：

1）钢管上允许有钢带对头焊缝，钢带对头焊缝与管端面的距离不得小于300mm。

2）允许将钢带对头焊缝的凸起部分铣去，但不允许铣削处或焊缝原始表面低于母材。

3）钢带对头焊缝可采用双面或单面埋弧焊法施焊。

（4）短管对焊接长：

1）允许将几根短管对焊接长成一根钢管，每段短管的长度不得小于2m。

2）环向焊缝两侧的螺旋焊缝应错开，其间距不得小于150mm。

3）对接环向焊缝可采用半自动埋弧焊或手工焊法施焊，焊缝应符合标准有关条款要求。

3. 钢种

本标准范围的钢管采用 GB 700—88 中的 Q235钢，GB 1591—88 中的 16Mn，GB 2517—81《一般结构用热连轧钢板和钢带》中的 RJ216～RJ392，以及钢种等级符合 API 5LS 标准规定的 A、B、X42、X46、X52、X56、X60、X65 和 X70 级钢；经供需双方商定，也可以采用其它可焊性良好的钢种，其技术条件由双方协议确定。

表 11-5-21   钢管的公称外径、公称壁厚和每米理论质量表

公称外径 D (mm)	公 称 壁 厚 δ（mm）										
	6	7	8	9	10	11	12	13	14	15	16
	每 米 理 论 质 量 （kg/m）										
219.1	26.90	32.03	37.11	42.15	47.13						
244.5	30.03	35.79	41.50	47.16	52.77						
273.0	33.55	40.01	46.42	52.78	59.10						
323.9		47.54	55.21	62.82	70.39						
355.6		52.23	60.68	69.08	77.43						
(377)		55.40	64.37	73.30	82.18						
406.4		59.75	69.45	79.10	88.70	98.26					
(426)		62.65	72.83	82.97	93.05	103.09					
457		67.23	78.18	89.08	99.94	110.74	121.49	132.19	142.85		
508		74.78	86.99	99.15	111.25	123.31	135.32	147.29	159.20		
(529)		77.89	90.61	103.29	115.92	128.49	141.02	153.50	165.93		
559		82.33	95.79	109.21	122.57	135.89	149.16	162.38	175.55		
610		89.87	104.60	119.27	133.89	148.47	162.99	177.47	191.90		
(630)		92.83	108.5	123.22	138.33	153.40	168.42	183.39	198.31		
660		97.27	113.23	129.13	144.99	160.80	176.56	192.27	207.93		
711		104.82	122.03	139.20	156.31	173.38	190.39	207.36	224.28		

续表

公称外径 D (mm)	公称壁厚 δ (mm)											
	6	7	8	9	10	11	12	13	14	15	16	
	每米理论质量 (kg/m)											
(720)		106.15	123.59	140.97	158.31	175.60	192.84	210.02	227.16			
762			130.84	149.26	167.63	185.95	204.23	222.45	240.63	258.76		
813			139.64	159.32	178.95	198.53	218.06	237.55	256.98	276.36		
(820)			140.85	160.70	180.50	200.26	219.96	239.62	259.22	278.78	298.29	317.75
914				179.25	201.37	223.44	245.46	267.44	289.36	311.23	333.06	354.84
920				180.43	202.70	224.92	247.09	269.21	291.28	313.31	335.28	357.20
1016				199.37	224.01	248.59	273.13	297.62	322.06	346.45	370.79	395.08
(1020)				200.16	224.89	249.58	274.22	298.81	323.34	347.83	327.27	396.66
1220					298.90	328.47	357.99	387.46	416.88	446.26	475.58	
1420					348.23	382.73	417.18	451.58	485.94	520.24	554.50	
1620					397.55	436.98	476.37	515.70	544.99	594.23	633.41	
1820					446.87	491.24	535.56	579.82	624.04	668.21	712.33	
2020					496.20	545.49	594.74	643.94	693.09	742.19	791.25	
2220					545.52	599.75	653.93	708.06	762.15	816.18	870.16	

注　1. 本表中未加括号的钢管公称外径采纳了 ISO336 标准中的系列 1 直径，并按 API5LS 增补了 559、660 两个直径，加括号者为不包括在 ISO336 标准中的保留直径。

　　2. 根据需方的需求，经供需双方协议，可供应：

　　　a. 介于本表所列最大与最小尺寸（包括公称外径和公称壁厚）之间的其它尺寸钢管；

　　　b. 不在本表所列最大与最小尺寸之间的其它尺寸钢管。

　　3. D > 1420mm 的钢管的订货须经供需双方协议确定。

（四）桩用螺旋缝埋弧焊钢管（SY5040—83）

本标准适用于土木建筑结构、码头、桥梁等基础桩用钢管。

1. 品种规格

（1）钢管的公称外径和公称壁厚应符合表 11-5-22 的规定。

（2）钢管按理论质量交货。

钢管的每米理论质量按下式计算：

$$P_L = 0.0246615 \times (D - \delta) \times \delta + 0.50$$

$$(11\text{-}5\text{-}5)$$

（3）钢管长度：

1）通常长度为 8 ~ 12.5m。经供需双方商定，长度可超过上述范围。

2）定尺长度允许偏差为 + 200mm。

2. 钢号

本标准范围的钢管采用 GB 700—88 中的 Q235、Q235F，GB 1591—88 中的 16Mn 焊制，经供需双方商定，也可采用其它钢号。

3. 钢管生产方法

本标准范围的钢管采用双面埋弧焊接或高频焊接。

表 11-5-22　　钢管的公称外径、公称壁厚和每米理论质量表

公称外径 D (mm)	公称壁厚 (mm)												
	4	5	6	7	8	9	10	11	12	13	14	15	16
	每米理论质量 (kg/m)												
168.3	16.71	20.64	24.52										
177.8	17.64	21.81	25.92										
193.7	19.21	23.77	28.27										

公称外径 D (mm)	公称壁厚 (mm)												
	4	5	6	7	8	9	10	11	12	13	14	15	16
	每米理论质量 (kg/m)												
219.1		26.90	32.02	37.11	42.15	47.13							
244.5		30.03	35.79	41.50	47.16	52.77							
273.0		33.55	40.03	46.52	52.78	59.10							
323.9			47.54	55.21	62.82	70.39							
355.6			52.23	60.68	69.08	77.43							
377.0*			55.40	64.37	73.30	82.13							
406.4			59.75	69.45	79.10	88.70	98.26						
426.0*			62.65	72.83	82.97	93.05	103.09						
457.0			67.23	78.18	89.08	99.94	110.74	121.49	132.19	142.85			
508.0			74.78	86.99	99.15	111.25	123.31	135.32	147.29	159.20			
529.0*			77.89	90.61	103.29	115.92	128.49	141.02	153.50	165.93			
610.0			89.87	104.60	119.27	133.89	148.47	162.99	177.47	191.90			
630.0*			92.33	108.5	123.22	138.33	153.40	168.42	183.39	198.31			
711.0			104.82	122.03	139.20	156.31	173.36	190.39	207.36	224.28			
720.0*			106.15	123.59	140.97	158.31	175.60	192.84	210.02	227.16			
762.0				130.84	149.26	167.63	185.95	204.23	222.45	240.63	258.76		
813.0				139.64	159.32	178.95	198.53	218.06	237.55	256.98	276.36		
820.0*				140.85	160.70	180.50	200.26	219.96	239.62	259.22	278.78	298.29	317.75
914.0					179.25	201.37	223.44	245.46	267.44	289.36	311.23	333.06	354.84
920.0*					180.44	202.70	224.92	247.06	269.21	291.28	313.31	335.23	357.20
1016.0					199.37	224.01	248.59	273.13	297.62	322.06	346.45	370.79	395.08
1020.0*					200.16	224.81	249.58	274.22	298.81	323.34	347.83	372.27	396.66
1220.0*							298.90	328.47	357.99	387.46	416.88	446.26	475.57
1420.0*							348.23	382.73	417.18	451.58	485.94	520.24	554.50
1620.0							397.55	436.98	476.37	515.70	554.99	594.23	633.41
1820.0							446.87	491.24	535.82	579.82	624.04	668.21	712.33
2020.0							496.20	545.49	594.74	643.94	693.09	742.19	791.25
2220.0							545.52	599.75	653.93	708.06	762.15	816.18	870.16

注　1. 有 * 标记者，为推荐选用规格。

　　2. 经协商，也可提供本表最大与最小尺寸之间的其它尺寸钢管。

（五）结构用无缝钢管（GB 8162—87）

本标准适用于一般结构、机械结构用无缝钢管。按材质不同，分优质碳素结构钢、低合金结构钢和合金结构钢。优质碳素结构钢和低合金结构钢无缝钢管一般以热轧状态交货，屈服点按钢管壁厚分挡组距，便于根据结构的不同需要合理选材，主要用于一般结构件或对性能要求不高的机械零件。合金结构钢无缝钢管以热轧或热处理状态交货，经调质热处理有较高的综合力学性能，常用于制造尺寸较大的、对性能要求较高的重要机械零件。

1. 规格、尺寸

（1）外径和壁厚。钢管分为热轧（挤压、扩）和冷拔（轧）两种。热轧（挤压、扩）钢管的外径和壁厚应符合表11-5-23的规定，冷拔（轧）钢管的外径和壁厚应符合表11-5-24的规定。

根据需方要求，可生产表11-5-23和表11-5-24规定以外的钢管。

（2）长度。通常长度：热轧（挤压、扩）钢管为3~12m，冷拔（轧）钢管为2~10.5m。在通常长度范围内，可按定尺长度、倍尺长度或范围长度交货。

2. 牌号和化学成分

（1）钢管由10、20、35、45和16Mn钢及表11-5-25中规定牌号的钢制造。根据需方要求，经供需双方协议，可生产其它牌号的钢管。

（2）钢的牌号及熔炼成分应符合GB 699—88、GB 1591—88、GB 3077—88标准的规定。钢管按熔炼成分验收。

3. 交货状态

热轧（挤压、扩）钢管以热轧状态或热处理状态交货；冷拔（轧）钢管以热处理状态交货。

4. 力学性能

（1）交货状态的碳素钢、低合金钢管的纵向力学性能应符合表11-5-25的规定。

表 11-5-23

热 轧 钢 管 品 种 表

壁 厚（mm）

钢 管 理 论 质 量（kg/m）

外径(mm)		2.5	3	3.5	4	4.5	5	5.5	6	6.5	7	7.5	8	8.5	9	9.5	10	11	12
32	—	1.82	2.15	2.46	2.76	3.05	3.33	3.59	3.85	4.09	4.32	4.53	4.73	—	—	—	—	—	—
38	—	2.19	2.59	2.98	3.35	3.72	4.07	4.41	4.73	5.05	5.35	5.64	5.92	—	—	—	—	—	—
42	—	2.44	2.89	3.32	3.75	4.16	4.56	4.95	5.33	5.69	6.04	6.38	6.71	7.02	7.32	7.60	7.89	—	—
45	—	2.62	3.11	3.58	4.04	4.49	4.93	5.36	5.77	6.17	6.56	6.94	7.30	7.65	7.99	8.32	8.63	—	—
50	—	2.93	3.48	4.01	4.54	5.05	5.55	6.04	6.51	6.97	7.42	7.86	8.29	8.70	9.10	9.49	9.86	—	—
54	—	—	3.77	4.36	4.93	5.49	6.04	6.58	7.10	7.61	8.11	8.60	9.07	9.54	9.99	10.43	10.85	11.67	—
57	—	—	3.99	4.62	5.23	5.83	6.41	6.98	7.55	8.09	8.63	9.16	9.67	10.17	10.65	11.13	11.59	12.48	13.32
60	—	—	4.22	4.88	5.52	6.16	6.78	7.39	7.99	8.58	9.15	9.71	10.26	10.79	11.32	11.83	12.33	13.29	14.21
63.5	—	—	4.48	5.18	5.87	6.55	7.21	7.87	8.51	9.14	9.75	10.36	10.95	11.53	12.10	12.65	13.19	14.24	15.24
68	—	—	4.81	5.57	6.31	7.05	7.77	8.48	9.17	9.86	10.53	11.19	11.84	12.47	13.09	13.71	14.30	15.46	16.57
70	—	—	4.96	5.74	6.51	7.27	8.01	8.75	9.47	10.18	10.88	11.56	12.23	12.89	13.54	14.17	14.80	16.01	17.16
73	—	—	5.18	6.00	6.81	7.60	8.38	9.16	9.91	10.66	11.39	12.11	12.82	13.52	14.20	14.88	15.54	16.82	18.05
76	—	—	5.40	6.26	7.10	7.93	8.75	9.56	10.36	11.14	11.91	12.67	13.42	14.15	14.87	15.58	16.28	17.63	18.94
83	—	—	—	6.86	7.79	8.71	9.62	10.51	11.39	12.26	13.12	13.96	14.80	15.62	16.42	17.22	18.00	19.53	21.01
89	—	—	—	7.38	8.38	9.38	10.36	11.33	12.23	13.22	14.15	15.07	15.98	16.87	17.76	18.63	19.48	21.16	22.79
95	—	—	—	7.90	8.89	10.04	11.10	12.14	13.17	14.19	15.19	16.18	17.16	18.13	19.09	20.03	20.96	22.79	24.56
102	—	—	—	8.50	9.67	10.82	11.96	13.09	14.20	15.31	16.40	17.48	18.54	19.60	20.64	21.67	22.69	24.69	26.63
108	—	—	—	—	10.26	11.49	12.70	13.90	15.09	16.27	17.43	18.59	19.73	20.86	21.97	23.08	24.17	26.31	28.41
114	—	—	—	—	10.85	12.15	13.44	14.72	15.98	17.23	18.47	19.70	20.91	22.11	23.30	24.48	25.65	27.94	30.19
121	—	—	—	—	11.54	12.93	14.30	15.67	17.02	18.35	19.68	20.99	22.29	23.58	24.86	26.12	27.37	29.84	32.26
127	—	—	—	—	12.13	13.59	15.04	16.48	17.90	19.31	20.71	22.10	23.48	24.84	26.19	27.53	28.85	31.47	34.03
133	—	—	—	—	12.72	14.26	15.78	17.29	18.79	20.28	21.75	23.21	24.66	26.10	27.52	28.93	30.33	33.10	35.81
140	—	—	—	—	—	15.04	16.65	18.24	19.83	21.40	22.96	24.51	26.04	27.56	29.07	30.57	32.06	34.99	37.88
146	—	—	—	—	—	15.70	17.39	19.06	20.72	22.36	23.99	25.62	27.22	28.82	30.41	31.98	33.54	36.62	39.66
152	—	—	—	—	—	16.37	18.13	19.87	21.60	23.32	25.03	26.73	28.41	30.08	31.74	33.39	35.02	38.25	41.43

续表

外径 (mm)	2.5	3	3.5	4	4.5	5	5.5	6	6.5	7	7.5	8	8.5	9	9.5	10	11	12
							壁 厚 (mm) 钢管理论质量（kg/m）											
159	—	—	—	—	17.14	18.89	20.82	22.64	24.44	26.24	28.02	29.79	31.55	33.29	35.02	36.75	40.15	43.50
168	—	—	—	—	—	20.10	22.04	23.97	25.89	27.79	29.68	31.56	33.43	35.29	37.13	38.97	42.59	46.17
180	—	—	—	—	—	21.58	23.67	25.74	27.81	29.86	31.90	33.93	35.95	37.95	39.94	41.92	45.84	49.72
194	—	—	—	—	—	23.30	25.60	27.82	30.05	32.28	34.49	36.69	38.88	41.06	43.22	45.38	49.64	53.86
203	—	—	—	—	—	—	—	29.15	31.50	33.83	36.16	38.47	40.77	43.06	45.33	47.59	52.08	56.52
219	—	—	—	—	—	—	—	31.52	34.06	36.60	39.12	41.63	44.12	46.61	49.08	51.54	56.42	61.26
245	—	—	—	—	—	—	—	—	38.23	41.08	43.93	46.76	49.57	52.38	55.17	57.95	63.48	68.95
273	—	—	—	—	—	—	—	—	42.72	45.92	49.10	52.28	55.44	58.59	61.73	64.86	71.07	77.24
299	—	—	—	—	—	—	—	—	—	—	53.91	57.41	60.89	64.36	67.82	71.27	78.13	84.93
325	—	—	—	—	—	—	—	—	—	—	58.72	62.54	66.34	70.13	73.91	77.68	85.18	92.63
351	—	—	—	—	—	—	—	—	—	—	—	67.67	71.79	75.90	80.01	84.10	92.23	100.32
377	—	—	—	—	—	—	—	—	—	—	—	—	—	81.67	86.10	90.51	99.23	108.02
402	—	—	—	—	—	—	—	—	—	—	—	—	—	87.22	91.85	96.67	106.06	115.41
426	—	—	—	—	—	—	—	—	—	—	—	—	—	92.55	97.57	102.59	112.58	122.52
450	—	—	—	—	—	—	—	—	—	—	—	—	—	97.88	103.20	108.50	119.08	130.61
(465)	—	—	—	—	—	—	—	—	—	—	—	—	—	101.20	106.71	112.20	123.15	134.05
480	—	—	—	—	—	—	—	—	—	—	—	—	—	104.53	110.22	115.90	127.22	139.49
500	—	—	—	—	—	—	—	—	—	—	—	—	—	108.97	114.91	120.83	132.65	145.41
530	—	—	—	—	—	—	—	—	—	—	—	—	—	115.63	121.94	128.23	140.78	153.29
(550)	—	—	—	—	—	—	—	—	—	—	—	—	—	120.07	126.62	133.16	146.21	159.20
560	—	—	—	—	—	—	—	—	—	—	—	—	—	122.29	128.97	135.63	148.92	163.16
600	—	—	—	—	—	—	—	—	—	—	—	—	—	131.17	138.34	145.50	159.77	174.00
630	—	—	—	—	—	—	—	—	—	—	—	—	—	137.82	145.36	152.89	167.91	183.88

续表

钢 管 理 论 质 量（kg/m）

外径（mm）	壁厚（mm）														
	13	14	15	16	17	18	19	20	22	(24)	25	(26)	28	30	32
32	—	—	—	—	—	—	—	—	—	—	—	—	—	—	—
38	—	—	—	—	—	—	—	—	—	—	—	—	—	—	—
42	—	—	—	—	—	—	—	—	—	—	—	—	—	—	—
45	—	—	—	—	—	—	—	—	—	—	—	—	—	—	—
50	—	—	—	—	—	—	—	—	—	—	—	—	—	—	—
54	—	—	—	—	—	—	—	—	—	—	—	—	—	—	—
57	14.11	—	—	—	—	—	—	—	—	—	—	—	—	—	—
60	15.07	15.88	—	—	—	—	—	—	—	—	—	—	—	—	—
63.5	16.19	17.09	—	—	—	—	—	—	—	—	—	—	—	—	—
68	17.63	18.64	19.60	20.52	—	—	—	—	—	—	—	—	—	—	—
70	18.27	19.33	20.34	21.31	—	—	—	—	—	—	—	—	—	—	—
73	19.23	20.37	21.45	22.49	23.48	24.41	25.30	—	—	—	—	—	—	—	—
76	20.20	21.40	22.56	23.67	24.73	25.75	26.71	—	—	—	—	—	—	—	—
83	22.44	23.82	25.15	26.44	27.67	28.85	29.99	—	—	—	—	—	—	—	—
89	24.36	25.89	27.37	28.80	30.18	31.52	32.80	34.03	36.35	38.47	—	—	—	—	—
95	26.29	27.96	29.59	31.17	32.70	34.18	35.61	36.99	39.60	42.02	—	—	—	—	—
102	28.53	30.38	32.18	33.93	35.63	37.29	38.89	40.44	43.40	46.16	—	—	—	—	—
108	30.46	32.45	34.40	36.30	38.15	39.95	41.70	43.40	46.66	49.71	51.17	52.58	55.24	—	—
114	32.38	34.52	36.62	38.67	40.66	42.61	44.51	46.36	49.91	53.27	54.87	56.42	59.38	—	—
121	34.62	36.94	39.21	41.43	43.60	45.72	47.79	49.81	53.71	57.41	59.18	60.91	64.21	—	—
127	36.55	39.01	41.43	43.80	46.12	48.38	50.60	52.77	56.96	60.96	62.88	64.76	68.36	71.76	—
133	38.47	41.08	43.65	46.16	48.63	51.05	53.41	55.73	60.22	64.51	66.58	68.60	72.50	76.20	79.70
140	40.71	43.50	46.24	48.93	51.56	54.15	56.69	59.18	64.02	68.65	70.90	73.09	77.33	81.38	85.22
146	42.64	45.57	48.46	51.29	54.08	56.82	59.50	62.14	67.27	72.20	74.60	76.94	81.48	85.82	89.96
152	44.56	47.64	50.68	53.66	56.59	59.48	62.32	65.10	70.53	75.76	78.30	80.79	85.62	90.26	94.69

续表

外径 (mm)	壁厚 (mm) 钢管理论质量 (kg/m) 13	14	15	16	17	18	19	20	22	(24)	25	(26)	28	30	32
159	46.80	50.06	53.27	56.42	59.53	62.59	65.60	68.55	74.33	79.90	82.61	85.27	90.45	95.43	100.22
168	49.69	53.17	56.59	59.97	63.30	65.58	69.81	72.99	79.21	85.22	88.16	91.04	96.67	102.09	107.32
180	53.54	57.31	61.03	64.71	68.33	71.91	75.43	78.91	85.72	92.33	95.56	98.74	104.95	110.97	116.79
194	58.02	62.14	66.21	70.23	74.20	78.12	81.99	85.52	93.31	100.61	104.19	107.71	114.62	121.33	127.84
203	60.91	65.25	69.54	73.78	77.97	82.12	86.21	90.26	98.20	105.94	109.74	113.49	120.83	127.99	134.94
219	66.04	70.77	75.46	80.10	84.68	89.22	93.71	98.15	106.88	115.41	119.60	123.74	131.88	139.82	147.57
245	74.37	79.75	83.08	90.35	95.58	100.76	105.89	110.97	120.98	130.80	135.63	140.41	149.83	159.06	168.08
273	83.35	89.42	95.43	101.40	107.32	113.19	119.01	124.78	136.17	147.37	152.89	158.37	169.17	179.77	190.18
299	91.69	98.39	105.05	111.66	118.22	124.73	131.19	137.60	150.28	162.76	168.92	175.04	187.12	199.01	210.70
325	100.02	107.37	114.67	121.92	129.12	136.27	143.37	150.43	164.38	178.14	184.95	191.71	205.07	218.24	231.21
351	108.36	116.35	124.29	132.18	140.02	147.81	155.56	163.25	178.49	193.53	200.98	208.38	223.04	237.48	251.73
377	116.69	125.32	133.90	142.44	150.92	159.35	167.74	176.07	192.59	208.92	217.01	225.05	240.98	256.71	272.25
402	124.71	133.95	143.15	152.30	161.40	170.45	179.45	188.40	206.16	223.72	232.42	241.08	258.24	275.21	291.97
426	132.40	142.24	152.03	161.77	171.46	181.10	190.70	200.24	219.18	237.92	247.22	256.46	274.81	292.96	310.91
450	140.09	150.52	160.91	171.24	181.52	191.76	201.94	212.08	232.20	252.12	262.01	271.85	291.38	310.72	329.85
(465)	144.90	155.70	166.46	177.16	187.81	198.41	208.97	219.47	240.34	261.00	271.26	281.47	301.74	321.81	341.69
480	149.71	160.88	172.00	183.08	194.10	205.07	216.00	226.37	248.47	269.88	280.51	291.09	312.10	332.91	353.53
500	156.12	167.79	179.40	190.97	202.48	213.95	225.37	236.74	259.32	281.72	292.84	303.91	325.91	347.71	369.31
530	165.74	178.14	190.50	202.80	215.06	227.27	239.42	251.53	275.60	299.47	311.33	323.14	346.62	369.90	392.98
(550)	172.15	185.05	197.90	210.70	223.44	236.14	248.79	261.40	286.45	311.31	323.66	335.97	360.43	384.70	408.76
560	175.36	188.50	201.60	214.54	227.64	240.58	253.48	266.33	291.88	317.23	—	—	—	—	—
600	188.18	202.31	216.39	230.42	244.41	258.34	272.22	286.06	313.58	340.90	—	—	—	—	—
630	197.80	212.67	227.49	242.26	256.98	271.65	286.28	300.85	329.85	358.66	—	—	—	—	—

续表

外径 (mm)	壁厚 (mm) 钢管理论质量 (kg/m)														
	(34)	(35)	36	(38)	40	(42)	(45)	(48)	50	56	60	63	(65)	70	75
32	—	—	—	—	—	—	—	—	—	—	—	—	—	—	—
38	—	—	—	—	—	—	—	—	—	—	—	—	—	—	—
42	—	—	—	—	—	—	—	—	—	—	—	—	—	—	—
45	—	—	—	—	—	—	—	—	—	—	—	—	—	—	—
50	—	—	—	—	—	—	—	—	—	—	—	—	—	—	—
54	—	—	—	—	—	—	—	—	—	—	—	—	—	—	—
57	—	—	—	—	—	—	—	—	—	—	—	—	—	—	—
60	—	—	—	—	—	—	—	—	—	—	—	—	—	—	—
63.5	—	—	—	—	—	—	—	—	—	—	—	—	—	—	—
68	—	—	—	—	—	—	—	—	—	—	—	—	—	—	—
70	—	—	—	—	—	—	—	—	—	—	—	—	—	—	—
73	—	—	—	—	—	—	—	—	—	—	—	—	—	—	—
76	—	—	—	—	—	—	—	—	—	—	—	—	—	—	—
83	—	—	—	—	—	—	—	—	—	—	—	—	—	—	—
89	—	—	—	—	—	—	—	—	—	—	—	—	—	—	—
95	—	—	—	—	—	—	—	—	—	—	—	—	—	—	—
102	—	—	—	—	—	—	—	—	—	—	—	—	—	—	—
108	—	—	—	—	—	—	—	—	—	—	—	—	—	—	—
114	—	—	—	—	—	—	—	—	—	—	—	—	—	—	—
121	—	—	—	—	—	—	—	—	—	—	—	—	—	—	—
127	—	—	—	—	—	—	—	—	—	—	—	—	—	—	—
133	—	—	—	—	—	—	—	—	—	—	—	—	—	—	—
140	88.88	90.63	92.33	—	—	—	—	—	—	—	—	—	—	—	—
146	93.91	95.81	97.66	—	—	—	—	—	—	—	—	—	—	—	—
152	98.94	100.99	102.98	—	—	—	—	—	—	—	—	—	—	—	—

续表

壁厚（mm） 钢管理论质量（kg/m）

外径（mm）	(34)	(35)	36	(38)	40	(42)	(45)	(48)	50	56	60	63	(65)	70	75
159	104.81	107.03	109.20	—	—	—	—	—	—	—	—	—	—	—	—
168	112.35	114.80	117.19	121.82	126.26	130.50	136.50	—	—	—	—	—	—	—	—
180	122.41	125.15	127.84	133.07	138.10	142.93	149.81	—	—	—	—	—	—	—	—
194	134.15	137.24	140.27	146.19	151.91	157.43	165.35	—	—	—	—	—	—	—	—
203	141.70	145.00	148.26	154.62	160.78	166.75	175.33	183.47	188.65	—	—	—	—	—	—
219	155.11	158.81	162.46	169.61	176.57	183.33	193.10	202.41	208.38	—	—	—	—	—	—
245	176.91	181.25	185.54	193.98	202.22	210.25	221.94	233.18	240.44	—	—	—	—	—	—
273	204.58	209.73	214.84	224.90	234.76	244.43	258.56	272.45	281.12	—	—	—	—	—	—
299	222.19	227.86	233.58	244.58	255.48	266.18	281.86	297.10	307.02	335.57	353.62	366.64	375.08	395.30	414.29
325	243.99	250.30	256.56	268.94	281.12	293.11	310.72	327.88	339.08	371.48	392.09	407.04	416.75	440.34	462.28
351	265.79	272.74	279.64	293.31	306.77	320.04	339.57	358.66	371.13	407.38	430.56	447.43	458.43	485.24	510.46
377	287.58	295.18	302.73	317.67	332.42	346.97	368.42	389.43	403.19	443.29	469.03	487.82	500.10	529.98	558.55
402	308.55	316.76	324.92	341.10	357.08	372.86	396.16	419.02	434.02	477.81	506.02	526.66	540.18	573.10	604.79
426	328.67	337.47	346.23	363.59	380.75	397.72	422.80	447.43	463.61	510.96	541.53	563.95	578.65	614.56	649.21
450	348.79	358.19	367.53	386.08	404.42	422.57	449.43	475.84	493.20	544.10	577.04	601.24	617.12	655.96	693.56
(465)	361.37	371.13	380.85	400.13	419.22	438.11	466.07	493.59	511.70	564.81	599.24	624.54	641.16	681.84	721.31
480	373.94	384.08	394.17	414.19	436.02	453.64	482.72	511.35	530.19	585.53	621.43	647.84	665.20	707.74	749.05
500	390.71	401.34	411.92	432.93	453.74	474.36	504.91	535.02	554.85	613.15	651.02	678.91	697.26	742.27	786.04
530	415.87	427.23	438.55	461.04	483.34	505.43	538.20	570.53	591.84	654.58	695.41	725.52	745.35	794.05	841.52
(550)	432.64	444.50	456.31	479.79	503.06	526.15	560.40	594.21	616.50	682.19	725.00	756.59	777.41	828.58	878.51
560	—	—	—	—	—	—	—	—	—	—	—	—	—	—	—
600	—	—	—	—	—	—	—	—	—	—	—	—	—	—	—
630	—	—	—	—	—	—	—	—	—	—	—	—	—	—	—

注 表中带括号的规格，不推荐使用。

表 11-5-24　　冷拔（轧）钢管品种表

外径 (mm)	壁厚 (mm)　理论质量 (kg/m)																	
	0.25	0.30	0.40	0.50	0.60	0.80	1.0	1.2	1.4	1.5	1.6	1.8	2.0	2.2	2.5	2.8	3.0	3.2
6	0.0354	0.0421	0.055	0.068	0.080	0.103	0.123	0.142	0.159	0.166	0.174	0.186	0.197	—	—	—	—	—
7	0.0416	0.0496	0.065	0.080	0.095	0.122	0.148	0.172	0.193	0.203	0.213	0.231	0.247	0.260	0.277	—	—	—
8	0.0477	0.057	0,075	0,092	0.110	0.142	0.173	0.201	0.228	0.240	0.253	0.275	0.296	0.315	0.339	—	—	—
9	0.054	0.064	0.085	0.105	0.124	0.162	0.197	0.231	0.262	0.277	0.292	0.320	0.345	0.369	0.401	0.428	—	—
10	0.060	0.072	0.095	0.117	0.139	0.182	0.222	0.261	0.297	0.314	0.332	0.364	0.395	0.423	0.462	0.497	0.518	0.537
11	0.066	0.079	0.105	0.129	0.154	0.201	0.247	0.290	0.331	0.351	0.371	0.408	0.444	0.477	0.524	0.566	0.592	0.615
12	0.072	0.087	0.115	0.142	0.169	0.221	0.271	0.320	0.366	0.388	0.410	0.453	0.493	0.532	0.586	0.635	0.666	0.694
(13)	0.079	0.094	0.124	0.154	0.184	0.241	0.296	0.349	0.400	0.425	0.450	0.497	0.543	0.586	0.647	0.704	0.740	0.774
14	0.085	0.101	0.134	0.166	0.198	0.260	0.321	0.379	0.435	0.462	0.490	0.542	0.592	0.640	0.709	0.773	0.814	0.852
(15)	0.091	0.109	0.144	0.179	0.213	0.280	0.345	0.408	0.470	0.499	0.529	0.586	0.641	0.694	0.771	0.842	0.888	0.931
16	0.097	0.116	0.154	0.191	0.228	0.300	0.370	0.438	0.504	0.536	0.568	0.630	0.691	0.749	0.832	0.91	0.962	1.01
(17)	0.103	0.124	0.164	0.203	0.243	0.320	0.395	0.468	0.539	0.573	0.608	0.675	0.740	0.803	0.894	0.98	1.04	1.09
18	0.109	0.131	0.174	0.216	0.258	0.340	0.419	0.497	0.573	0.610	0.647	0.719	0.789	0.857	0.956	1.05	1.11	1.17
19	0.115	0.138	0.183	0.228	0.272	0.359	0.444	0.527	0.608	0.647	0.687	0.763	0.838	0.911	1.02	1.12	1.18	1.25
20	0.122	0.146	0.193	0.240	0.287	0.379	0.469	0.556	0.642	0.684	0.726	0.808	0.888	0.966	1.08	1.19	1.26	1.33
(21)	—	—	0.203	0.253	0.302	0.399	0.493	0.586	0.677	0.721	0.765	0.852	0.937	1.02	1.14	1.26	1.33	1.41
22	—	—	0.212	0.265	0.317	0.418	0.518	0.616	0.711	0.758	0.805	0.897	0.986	1.07	1.20	1.33	1.41	1.48
23	—	—	0.222	0.277	0.331	0.438	0.543	0.645	0.746	0.795	0.844	0.941	1.04	1.13	1.27	1.39	1.48	1.56
(24)	—	—	0.236	0.290	0.346	0.458	0.567	0.675	0.780	0.832	0.884	0.985	1.09	1.18	1.33	1.46	1.55	1.64
25	—	—	0.242	0.302	0.361	0.477	0.592	0.704	0.815	0.869	0.923	1.03	1.13	1.24	1.39	1.53	1.63	1.72
27	—	—	0.262	0.327	0.391	0.517	0.641	0.763	0.884	0.943	1.00	1.13	1.23	1.34	1.51	1.67	1.78	1.88
28	—	—	0.272	0.339	0.406	0.537	0.666	0.793	0.918	0.98	1.04	1.16	1.28	1.40	1.57	1.74	1.85	1.96
29	—	—	0.282	0.351	0.412	0.556	0.691	0.823	0.953	1.02	1.08	1.21	1.33	1.45	1.63	1.81	1.92	2.04
30	—	—	0.292	0.364	0.435	0.576	0.715	0.852	0.987	1.05	1.12	1.25	1.38	1.51	1.70	1.88	2.00	2.12

续表

外径 (mm)	0.25	0.30	0.40	0.50	0.60	0.80	1.0	1.2	1.4	1.5	1.6	1.8	2.0	2.2	2.5	2.8	3.0	3.2
							壁 厚 (mm) 钢管理论质量 (kg/m)											
32	—	—	0.311	0.388	0.465	0.616	0.765	0.911	1.056	1.13	1.20	1.34	1.48	1.62	1.82	2.02	2.15	2.27
34	—	—	0.331	0.413	0.494	0.655	0.814	0.971	1.125	1.20	1.28	1.43	1.58	1.72	1.94	2.15	2.29	2.43
(35)	—	—	0.341	0.425	0.509	0.675	0.838	1.000	1.160	1.24	1.32	1.47	1.63	1.78	2.00	2.22	2.37	2.51
36	—	—	0.350	0.438	0.524	0.695	0.863	1.030	1.195	1.28	1.36	1.52	1.68	1.83	2.07	2.29	2.44	2.59
38	—	—	0.370	0.462	0.553	0.734	0.912	1.089	1.26	1.35	1.44	1.61	1.78	1.94	2.19	2.43	2.59	2.75
40	—	—	0.390	0.487	0.583	0.774	0.962	1.148	1.33	1.42	1.52	1.69	1.87	2.05	2.31	2.57	2.74	2.90
42	—	—	—	—	—	—	1.010	1.207	1.40	1.50	1.60	1.79	1.97	2.16	2.44	2.71	2.89	3.06
44.5	—	—	—	—	—	—	1.073	1.281	1.49	1.59	1.69	1.90	2.10	2.29	2.59	2.88	3.07	3.26
45	—	—	—	—	—	—	1.090	1.296	1.51	1.61	1.71	1.92	2.12	2.32	2.62	2.91	3.11	3.30
48	—	—	—	—	—	—	1.160	1.385	1.61	1.72	1.83	2.05	2.27	2.48	2.81	3.12	3.33	3.54
50	—	—	—	—	—	—	1.21	1.44	1.68	1.79	1.91	2.14	2.37	2.59	2.93	3.26	3.48	3.70
51	—	—	—	—	—	—	1.23	1.47	1.71	1.83	1.95	2.18	2.42	2.65	2.99	3.33	3.55	3.77
53	—	—	—	—	—	—	1.28	1.53	1.78	1.91	2.03	2.27	2.52	2.76	3.11	3.47	3.70	3.93
54	—	—	—	—	—	—	1.31	1.56	1.82	1.94	2.07	2.32	2.56	2.81	3.18	3.54	3.77	4.01
56	—	—	—	—	—	—	1.36	1.62	1.89	2.02	2.15	2.41	2.66	2.92	3.30	3.67	3.92	4.17
57	—	—	—	—	—	—	1.38	1.65	1.92	2.05	2.19	2.45	2.71	2.97	3.36	3.74	4.00	4.25
60	—	—	—	—	—	—	1.46	1.74	2.02	2.16	2.31	2.58	2.86	3.14	3.55	3.95	4.22	4.48
63	—	—	—	—	—	—	1.53	1.83	2.13	2.27	2.42	2.72	3.01	3.30	3.73	4.16	4.44	4.72
65	—	—	—	—	—	—	1.58	1.89	2.20	2.35	2.50	2.81	3.11	3.41	3.85	4.29	4.59	4.88
(68)	—	—	—	—	—	—	1.65	1.98	2.30	2.46	2.62	2.94	3.26	3.57	4.04	4.50	4.81	5.11
70	—	—	—	—	—	—	1.70	2.04	2.37	2.53	2.70	3.03	3.35	3.68	4.16	4.64	4.96	5.27
73	—	—	—	—	—	—	1.78	2.12	2.47	2.64	2.82	3.16	3.50	3.84	4.35	4.85	5.18	5.51
75	—	—	—	—	—	—	1.82	2.18	2.54	2.72	2.90	3.25	3.60	3.95	4.47	4.99	5.33	5.67
76	—	—	—	—	—	—	1.85	2.21	2.58	2.76	2.94	3.29	3.65	4.00	4.53	5.05	5.40	5.75
80	—	—	—	—	—	—	—	—	2.71	2.90	3.09	3.47	3.85	4.22	4.78	5.33	5.70	6.06

续表

壁厚 (mm) / 钢管理论质量 (kg/m)

外径 (mm)	0.25	0.30	0.40	0.50	0.60	0.80	1.0	1.2	1.4	1.5	1.6	1.8	2.0	2.2	2.5	2.8	3.0	3.2
(83)	—	—	—	—	—	—	—	—	2.82	3.02	3.21	3.60	4.00	4.38	4.96	5.54	5.92	6.30
85	—	—	—	—	—	—	—	—	2.89	3.09	3.29	3.69	4.09	4.49	5.09	5.68	6.07	6.46
89	—	—	—	—	—	—	—	—	3.02	3.24	3.45	3.87	4.29	4.71	5.33	5.95	6.36	6.77
90	—	—	—	—	—	—	—	—	3.06	3.27	3.49	3.91	4.34	4.76	5.39	6.02	6.44	6.85
95	—	—	—	—	—	—	—	—	3.23	3.46	3.69	4.14	4.59	5.03	5.70	6.37	6.81	7.24
100	—	—	—	—	—	—	—	—	3.40	3.64	3.88	4.36	4.83	5.31	6.01	6.71	7.18	7.64
(102)	—	—	—	—	—	—	—	—	3.47	3.72	3.96	4.45	4.93	5.41	6.13	6.85	7.32	7.80
108	—	—	—	—	—	—	—	—	3.68	3.94	4.20	4.71	5.23	5.74	6.50	7.26	7.77	8.27
110	—	—	—	—	—	—	—	—	3.75	4.01	4.28	2.80	5.33	5.85	6.63	7.40	7.92	8.43
120	—	—	—	—	—	—	—	—	—	4.38	4.67	5.25	5.82	6.39	7.24	8.09	8.66	9.22
125	—	—	—	—	—	—	—	—	—	—	—	5.47	6.07	6.66	7.54	8.42	9.03	9.61
130	—	—	—	—	—	—	—	—	—	—	—	—	—	—	7.86	8.78	9.40	10.00
133	—	—	—	—	—	—	—	—	—	—	—	—	—	—	8.05	8.98	9.62	10.24
140	—	—	—	—	—	—	—	—	—	—	—	—	—	—	—	—	10.14	10.80
150	—	—	—	—	—	—	—	—	—	—	—	—	—	—	—	—	10.88	11.58
160	—	—	—	—	—	—	—	—	—	—	—	—	—	—	—	—	—	—
170	—	—	—	—	—	—	—	—	—	—	—	—	—	—	—	—	—	—
180	—	—	—	—	—	—	—	—	—	—	—	—	—	—	—	—	—	—
190	—	—	—	—	—	—	—	—	—	—	—	—	—	—	—	—	—	—
200	—	—	—	—	—	—	—	—	—	—	—	—	—	—	—	—	—	—

续表

钢管理论质量 (kg/m)

外径 (mm)	壁厚 (mm)																	
	3.5	4.0	4.5	5.0	5.5	6.0	6.5	7.0	7.5	8.0	8.5	9	9.5	10	11	12	13	14
6	—	—	—	—	—	—	—	—	—	—	—	—	—	—	—	—	—	—
7	—	—	—	—	—	—	—	—	—	—	—	—	—	—	—	—	—	—
8	—	—	—	—	—	—	—	—	—	—	—	—	—	—	—	—	—	—
9	—	—	—	—	—	—	—	—	—	—	—	—	—	—	—	—	—	—
10	0.561	—	—	—	—	—	—	—	—	—	—	—	—	—	—	—	—	—
11	0.647	—	—	—	—	—	—	—	—	—	—	—	—	—	—	—	—	—
12	0.734	0.789	—	—	—	—	—	—	—	—	—	—	—	—	—	—	—	—
(13)	0.820	0.888	—	—	—	—	—	—	—	—	—	—	—	—	—	—	—	—
14	0.906	0.986	—	—	—	—	—	—	—	—	—	—	—	—	—	—	—	—
(15)	0.993	1.09	1.17	1.23	—	—	—	—	—	—	—	—	—	—	—	—	—	—
16	1.08	1.18	1.28	1.36	—	—	—	—	—	—	—	—	—	—	—	—	—	—
(17)	1.17	1.28	1.39	1.48	—	—	—	—	—	—	—	—	—	—	—	—	—	—
18	1.25	1.38	1.50	1.60	—	—	—	—	—	—	—	—	—	—	—	—	—	—
19	1.34	1.48	1.61	1.73	1.83	1.92	—	—	—	—	—	—	—	—	—	—	—	—
20	1.42	1.58	1.72	1.85	1.97	2.07	—	—	—	—	—	—	—	—	—	—	—	—
(21)	1.51	1.68	1.83	1.97	2.10	2.22	—	—	—	—	—	—	—	—	—	—	—	—
22	1.60	1.78	1.94	2.10	2.24	2.37	—	—	—	—	—	—	—	—	—	—	—	—
(23)	1.68	1.87	2.05	2.22	2.37	2.52	—	—	—	—	—	—	—	—	—	—	—	—
(24)	1.77	1.97	2.16	2.34	2.51	2.66	2.81	2.93	—	—	—	—	—	—	—	—	—	—
25	1.86	2.07	2.28	2.47	2.64	2.81	2.97	3.11	—	—	—	—	—	—	—	—	—	—
27	2.03	2.27	2.50	2.71	2.92	3.11	3.29	3.45	—	—	—	—	—	—	—	—	—	—
28	2.11	2.37	2.61	2.84	3.05	3.26	3.45	3.63	—	—	—	—	—	—	—	—	—	—
29	2.20	2.47	2.72	2.96	3.19	3.40	3.61	3.80	3.98	—	—	—	—	—	—	—	—	—
30	2.29	2.56	2.83	3.08	3.32	3.55	3.77	3.97	4.16	4.34	—	—	—	—	—	—	—	—

续表

外径 (mm)	壁厚 (mm) 钢管理论质量 (kg/m)																	
	3.5	4.0	4.5	5.0	5.5	6.0	6.5	7.0	7.5	8.0	8.5	9	9.5	10	11	12	13	14
32	2.46	2.76	3.05	3.33	3.59	3.85	4.09	4.32	4.53	4.74	—	—	—	—	—	—	—	—
34	2.63	2.96	3.27	3.58	3.87	4.14	4.41	4.66	4.90	5.13	—	—	—	—	—	—	—	—
(35)	2.72	3.06	3.38	3.70	4.00	4.29	4.57	4.83	5.09	5.33	—	—	—	—	—	—	—	—
36	2.81	3.16	3.50	3.82	4.14	4.44	4.73	5.01	5.27	5.52	—	—	—	—	—	—	—	—
38	2.98	3.35	3.72	4.07	4.41	4.74	5.05	5.35	5.64	5.92	6.18	6.44	—	—	—	—	—	—
40	3.15	3.55	3.94	4.32	4.68	5.03	5.37	5.70	6.01	6.31	6.60	6.88	—	—	—	—	—	—
42	3.32	3.75	4.16	4.56	4.95	5.33	5.69	6.04	6.38	6.71	7.02	7.32	—	—	—	—	—	—
44.5	3.54	4.00	4.44	4.87	5.29	5.70	6.09	6.47	6.84	7.20	7.55	7.88	—	—	—	—	—	—
45	3.58	4.04	4.49	4.93	5.36	5.77	6.17	6.56	6.94	7.30	7.65	7.99	8.32	8.63	—	—	—	—
48	3.84	4.34	4.83	5.30	5.76	6.21	6.65	7.08	7.49	7.89	8.28	8.66	9.02	9.37	—	—	—	—
50	4.01	4.54	5.05	5.55	6.04	6.51	6.97	7.42	7.86	8.29	8.70	9.10	9.49	9.86	10.58	11.25	—	—
51	4.10	4.64	5.16	5.67	6.17	6.66	7.13	7.60	8.05	8.48	8.91	9.32	9.72	10.11	10.85	11.54	—	—
53	4.27	4.83	5.38	5.92	6.44	6.95	7.45	7.94	8.42	8.88	9.33	9.77	10.19	10.60	11.39	12.13	—	—
54	4.36	4.93	5.49	6.04	6.58	7.10	7.61	8.11	8.60	9.08	9.54	9.99	10.43	10.85	11.67	12.43	—	—
56	4.53	5.13	5.71	6.29	6.85	7.40	7.93	8.46	8.97	9.47	9.96	10.43	10.89	11.34	12.21	13.02	—	—
57	4.62	5.23	5.83	6.41	6.99	7.55	8.10	8.63	9.16	9.67	10.17	10.65	11.13	11.59	12.48	13.32	14.11	—
60	4.88	5.52	6.16	6.78	7.39	7.99	8.58	9.15	9.71	10.26	10.80	11.32	11.83	12.33	13.29	14.21	15.07	15.88
63	5.14	5.82	6.49	7.15	7.80	8.43	9.06	9.67	10.26	10.85	11.42	11.98	12.53	13.07	14.11	15.09	—	—
65	5.31	6.02	6.71	7.40	8.07	8.73	9.38	10.01	10.63	11.25	11.84	12.43	13.00	13.56	14.65	15.68	—	—
(68)	5.57	6.31	7.05	7.77	8.48	9.17	9.86	10.53	11.19	11.84	12.47	13.10	13.71	14.30	15.46	16.57	17.63	18.64
70	5.74	6.51	7.27	8.01	8.75	9.47	10.18	10.88	11.56	12.23	12.89	13.54	14.17	14.80	16.01	17.16	18.27	19.33
73	6.00	6.81	7.60	8.38	9.16	9.91	10.66	11.39	12.11	12.82	13.52	14.20	14.88	15.54	16.82	18.05	19.24	20.37
75	6.17	7.00	7.82	8.63	9.43	10.21	10.98	11.74	12.48	13.22	13.94	14.65	15.34	16.03	17.36	18.64	—	—
76	6.26	7.10	7.93	8.75	9.56	10.36	11.14	11.91	12.67	13.42	14.15	14.87	15.58	16.28	17.63	18.94	20.20	21.41
80	6.50	7.50	8.38	9.25	10.10	10.95	11.78	12.60	13.41	14.20	14.99	15.76	16.52	17.26	18.72	20.12	—	—

续表

外径 (mm)	壁厚 (mm) 钢管理论质量 (kg/m)																	
	3.5	4.0	4.5	5.0	5.5	6.0	6.5	7.0	7.5	8.0	8.5	9	9.5	10	11	12	13	14
(83)	6.86	7.79	8.71	9.62	10.51	11.39	12.26	13.12	13.96	14.80	15.62	16.42	17.22	18.00	19.53	21.01	22.44	23.82
85	7.04	7.99	8.93	9.86	10.78	11.69	12.58	13.46	14.33	15.19	16.04	16.87	17.69	18.49	20.07	21.60	—	—
89	7.38	8.38	9.38	10.36	11.33	12.28	13.22	14.16	15.07	15.98	16.87	17.76	18.63	19.48	21.16	22.79	24.36	25.89
90	7.47	8.48	9.49	10.48	11.46	12.43	13.38	14.33	15.22	16.18	17.08	17.98	18.86	19.73	21.43	23.08	—	—
95	7.90	8.98	10.04	11.10	12.14	13.17	14.19	15.19	16.18	17.16	18.13	19.09	20.03	20.96	22.79	24.56	—	—
100	8.38	9.47	10.60	11.71	12.82	13.91	14.99	16.05	17.11	18.15	19.18	20.20	21.20	22.19	24.14	26.04	—	—
(102)	8.50	9.67	10.82	11.96	13.09	14.21	15.31	16.40	17.48	18.55	19.60	20.64	21.67	22.69	24.69	26.63	—	—
108	9.02	10.26	11.49	12.70	13.90	15.09	16.27	17.44	18.59	19.73	20.86	21.97	23.08	24.17	26.31	28.41	—	—
110	9.19	10.46	11.71	12.95	14.17	15.39	16.59	17.78	18.96	20.12	21.28	22.42	23.54	24.66	26.85	29.00	—	—
120	10.06	11.44	12.82	14.18	15.53	16.87	18.20	19.51	20.81	22.10	23.37	24.64	25.89	27.13	29.57	31.96	—	—
125	10.49	11.94	13.37	14.80	16.21	17.61	18.99	20.37	21.73	23.08	24.42	25.75	27.06	28.36	30.92	33.44	—	—
130	10.92	12.43	13.93	15.41	16.89	18.35	19.80	21.23	22.66	24.07	25.47	26.85	28.23	29.59	32.28	34.92	—	—
133	11.18	12.72	14.26	15.78	17.29	18.79	20.28	21.75	23.21	24.66	26.10	27.52	28.93	30.33	33.10	35.81	—	—
140	11.78	13.42	15.04	16.65	18.24	19.83	21.40	22.96	24.51	26.04	27.56	29.08	30.57	32.06	34.99	37.88	—	—
150	12.65	14.40	16.15	17.88	19.60	21.31	23.00	24.68	26.36	28.01	29.66	31.29	32.91	34.52	37.71	40.84	—	—
160	13.51	15.39	17.26	19.11	20.96	22.79	24.60	26.41	28.20	29.99	31.76	33.51	35.26	36.99	40.42	43.80	—	—
170	14.37	16.37	18.37	20.34	22.31	24.27	26.21	28.14	30.05	31.96	33.85	35.73	37.60	39.46	43.13	46.76	—	—
180	15.23	17.36	19.48	21.58	23.67	25.75	27.81	29.87	31.90	33.93	35.95	37.95	39.94	41.92	45.84	49.72	—	—
190	—	18.35	20.58	22.81	25.02	27.22	29.41	31.59	33.75	35.90	38.04	40.17	42.29	44.39	48.56	52.67	—	—
200	—	19.33	21.69	24.04	26.38	28.70	31.02	33.32	35.60	37.88	40.14	42.39	44.63	46.85	51.27	55.63	—	—

注 表中带括号规格，不推荐使用。

（2）合金结构钢钢管试样调质后的力学性能应符合表 11-5-26 的规定。

5. 工艺性能

由 10、20、16Mn 钢制造的钢管，对于外径大于 22mm，并且壁厚与外径比值小于和等于 10% 的钢管，应进行压扁试验。其平板间距 H 值按表 11-5-25 的规定。

压扁后试样不得出现裂缝或裂口。

（六）钢管塔设计计算用表（表 11-5-27 ~ 表 11-5-29）

表 11-5-25　　　　　　　　　　　钢管的纵向力学性能表

序号	钢号	抗拉强度 σ_b（MPa）	屈服点 σ_s（MPa）			伸长率 σ_5（%）	压扁试验平板间距（mm）
			钢管壁厚				
			≤22mm	>22 ~ 30mm	>30mm		
			不　小　于				
1	10	335	205	195	185	24	2/3D
2	20	390	245	235	225	20	2/3D
3	35	510	305	295	285	17	—
4	45	590	335	325	315	14	—
5	16Mn	490	325	315	305	21	7/8D

注　1. 压扁试验的两平板间距（H）最小值应是钢管壁厚的 5 倍。

2. D：钢管外径。

表 11-5-26　　　　　　　　　　　合金结构钢钢管力学性能表

序号	牌号	热　处　理					力　学　性　能			
		淬　火			回　火		抗拉强度 σ_b（MPa）	屈服强度 $\sigma_{0.2}$（MPa）	伸长率 δ_5（%）	钢管热处理状态布氏硬度压痕直径（mm）
		温度（℃）		冷却剂	温度（℃）	冷却剂				
		第一次淬火	第二次淬火				不　小　于			
1	40Mn2	840	—	水、油	540	水、油	885	735	12	4.1
2	40Mn2	840	—	水、油	550	水、油	885	735	10	4.1
3	27SiMn	920	—	水	450	水、油	980	835	12	4.1
4	45MnB	840	—	油	500	水、油	1030	835	9	4.1
5	20Mn2B	**880	—	油	200	水、空	980	785	10	4.4
6	20Cr	**880	800	水、油	200	水、空	*835 / *785	*540 / *490	*10 / *10	4.5 / 4.5
7	30Cr	860	—	油	500	水、油	885	685	11	4.4
8	35Cr	860	—	油	500	水、油	930	735	11	4.2
9	40Cr	850	—	油	520	水、油	980	785	9	4.2
10	45Cr	840	—	油	520	水、油	1030	835	9	4.1
11	50Cr	830	—	油	520	水、油	1080	930	9	4.0
12	38CrSi	900	—	油	600	水、油	980	835	12	3.8
13	12CrMo	900	—	空	650	空	410	265	24	4.5
14	15CrMo	900	—	空	650	空	440	295	22	4.5
15	20CrMo	**880	—	水、油	500	水、油	*885 / *845	*685 / *635	*11 / *12	4.3 / 4.3
16	35CrMo	850	—	油	550	水、油	980	835	12	4.0
17	42CrMo	850	—	油	560	水、油	1080	930	12	4.1
18	12CrMoV	970	—	空	750	空	440	225	22	3.9
19	12Cr1MoV	970	—	空	750	空	490	245	22	4.5
20	38CrMoAl	940	—	水、油	640	水、油	*980 / *930	*835 / *785	*12 / *14	4.0 / 4.0
21	50CrVA	860	—	油	500	水、油	1275	1130	10	3.8

续表

序号	牌号	热 处 理					力 学 性 能			
		淬 火			回 火		抗拉强度 σ_b (MPa)	屈服强度 $\sigma_{0.2}$ (MPa)	伸长率 δ_5 (%)	钢管热处理状态布氏硬度压痕直径 (mm)
		温度（℃）		冷却剂	温度（℃）	冷却剂				
		第一次淬火	第二次淬火				不 小 于			
22	20CrMn	850	—	油	200	水、空	930	735	10	4.4
23	20CrMnSi	**880	—	油	480	水、油	785	635	12	4.2
24	30CrMnSi	**880	—	油	520	水、油	*1080 / *980	*885 / *835	*8 / *10	4.0 / 4.0
25	35CrMnSiA	**880	—	油	230	水、空	1620	—	9	4.0
26	20CrMnTi	**880	870	油	200	水、空	1080	835	10	4.1
27	30CrMnTi	**880	850	油	200	水、空	1470	—	9	4.0
28	12CrNi2	860	780	水、油	200	水、空	785	590	12	4.2
29	12CrNi3	860	780	油	200	水、空	930	685	11	4.1
30	12Cr2Ni4	860	780	油	200	水、空	1080	835	10	3.7
31	40CrNiMoA	850	—	油	600	水、油	980	835	12	3.7
32	45CrNiMoVA	860	—	油	460	油	1470	1325	7	3.7

注 1. 表中所列热处理温度允许调整范围：淬火 ±20℃，低温回火 ±30℃，高温回火 ±50℃。

2. 硼钢在淬火前可先经正火。铬锰钛钢第一次淬火可用正火代替。

* 可按其中一组数据交换。

** 于 280～320℃ 等温淬火。

表 11-5-27 焊接钢管断面特性表

外径 （mm）	75.5	88.5	114	140	165	203	219	245	273
壁厚 （mm）	3.75	4	4	4.5	5.5	6	6	6	6
断面积 A （cm²）	8.45	10.62	13.82	19.15	27.559	37.134	40.149	45.05	50.328
回转半径 r （cm）	2.54	2.991	3.892	4.794	5.643	6.968	7.534	8.453	9.442
惯性矩 J （cm³）	54.54	94.986	209.349	440.118	877.447	1803.069	2278.738	3218.68	4487.08
每米质量 （kg/m）	6.635	8.336	10.851	15.03	21.634	29.149	31.517	35.36	39.508
断面抵抗距 W （m³）	14.449	21.466	36.728	62.874	106.357	177.642	208.104	262.750	328.724
外径 （mm）	299	325	351	377	426	478	529	630	720
壁厚 （mm）	6	6	6	6	6	8	8	8	8
断面积 A （cm²）	55.23	60.13	65.031	69.93	79.168	118.12	130.941	156.326	178.945
回转半径 r （cm）	10.361	11.28	12.199	13.119	14.851	16.619	18.422	21.993	25.175
惯性矩 J （cm³）	5929.199	7651.327	9678.315	12035.01	17460.14	32626.41	44439.12	75612.37	11340.826
每米质量 （kg/m）	43.355	47.202	51.049	54.897	62.147	92.727	102.789	122.716	140.472
断面抵抗距 W （m³）	396.602	470.851	551.471	638.462	819.725	1365.122	1680.118	2400.393	3150.229

表 11-5-28 A₃F 焊接钢管 Fφ 表

钢管外径 / 厚度（mm） / 每米质量（kg） / 计算长度(cm)	φ75.5	φ88.5	φ114.4	φ140	φ165	φ203	φ219	φ245	φ273
厚度 (mm)	3.75	4	4	4.5	5.5	6	6	6	6
每米质量 (kg)	6.635	8.336	10.851	15.03	21.634	29.149	31.517	35.36	39.508
150	7.15	9.42	12.89						
155	7.07	9.35	12.82						

续表

钢管外径 厚度(mm) 每米质量(kg) 计算长度(cm)	φ75.5 3.75 6.635	φ88.5 4 8.336	φ114.4 4 10.851	φ140 4.5 15.03	φ165 5.5 21.634	φ203 6 29.149	φ219 6 31.517	φ245 6 35.36	φ273 6 39.508
160	6.98	9.27	12.75						
165	6.90	9.19	12.68						
170	6.82	9.10	12.61						
175	6.72	9.01	12.54	17.98					
180	6.63	8.93	12.48	17.91					
185	6.53	8.84	12.41	17.85					
190	6.44	8.74	12.33	17.78					
195	6.34	8.65	12.27	17.71					
200	6.24	8.56	12.19	17.64	25.99	35.70	38.83		
205	6.14	8.46	12.11	17.56	25.90	35.63	38.76		
210	6.04	8.37	12.03	17.48	25.81	35.57	38.68		
215	5.94	8.27	11.95	17.40	25.73	35.51	38.62		
220	5.84	8.17	11.86	17.32	25.64	35.44	38.56		
225	5.73	8.07	11.78	17.24	25.55	35.37	38.48	43.56	48.98
230	5.62	7.96	11.70	17.16	25.46	35.28	38.42	43.50	48.94
235	5.52	7.85	11.61	17.08	25.38	35.20	38.36	43.44	48.90
240	5.41	7.74	11.53	17.00	25.29	35.12	38.28	43.36	48.84
245	5.30	7.64	11.43	16.92	25.19	35.04	38.20	43.29	48.77
250	5.19	7.53	11.33	16.83	25.10	34.96	38.12	43.22	48.69
255	5.08	7.43	11.24	16.74	25.01	34.86	38.04	43.16	48.62
260		7.32	11.14	16.65	24.91	34.77	37.96	43.09	48.54
265		7.20	11.05	16.56	24.81	34.68	37.88	43.02	48.45
270		7.09	10.95	16.46	24.71	34.60	37.80	42.94	48.38
275		6.98	10.86	16.37	24.61	34.50	37.70	42.86	48.32
280		6.86	10.76	16.28	24.51	34.39	37.60	42.78	48.26
285		6.75	10.66	16.18	24.42	34.29	37.52	42.70	48.20
290		6.63	10.56	16.08	24.31	34.20	37.43	42.62	48.14
295		6.51	10.45	15.97	24.19	34.10	37.35	42.54	48.08
300		6.40	10.34	15.87	24.08	34.00	37.25	42.46	48.00
305			10.23	15.76	23.97	33.90	37.14	42.37	47.92
310			10.13	15.66	23.87	33.79	37.04	42.28	47.84
315			10.02	15.56	23.75	33.70	36.96	42.20	47.76
320			9.92	15.44	23.63	33.59	36.86	42.11	47.68
325			9.81	15.34	23.51	33.48	36.75	42.02	47.60
330			9.70	15.23	23.40	33.36	36.64	41.93	47.52
335			9.59	15.12	23.29	33.26	36.54	41.83	47.43
340			9.48	15.01	23.17	33.15	36.44	41.72	47.33
345			9.37	14.90	23.05	33.05	36.33	41.61	47.24
350			9.25	14.78	22.93	32.94	36.22	41.53	47.15
355			9.14	14.69	22.80	32.83	36.11	41.44	47.07

续表

钢管外径 厚 度（mm） 每米质量（kg） 计算长度（cm）	φ75.5 3.75 6.635	φ88.5 4 8.336	φ114.4 4 10.851	φ140 4.5 15.03	φ165 5.5 21.634	φ203 6 29.149	φ219 6 31.517	φ245 6 35.36	φ273 6 39.508
360			9.02	14.56	22.67	32.71	36.01	41.33	46.99
365			8.91	14.44	22.54	32.59	35.90	41.23	46.91
370			8.80	14.32	22.41	32.47	35.79	41.13	46.82
375			8.69	14.20	22.28	32.34	35.69	41.03	46.72
380			8.57	14.08	22.15	32.22	35.58	40.92	46.61
385			8.45	13.96	22.02	32.10	35.47	40.82	46.51
390			8.33	13.84	21.89	31.98	35.35	40.70	46.42
395				13.72	21.76	31.84	35.23	40.59	46.33
400				13.60	21.63	31.71	35.11	40.49	46.23
405				13.48	21.49	31.59	34.98	40.38	46.13
410				13.37	21.33	31.47	34.86	40.27	46.03
415				13.24	21.20	31.35	34.75	40.16	45.91
420				13.11	21.07	31.22	34.62	40.06	45.80
425				12.98	20.92	31.08	34.49	39.95	45.70
430				12.85	20.78	30.95	34.36	39.85	45.59
435				12.72	20.63	30.80	34.23	39.72	45.48
440				12.60	20.48	30.64	34.11	39.60	45.38
445				12.47	20.34	30.51	33.99	39.48	45.27
450				12.34	20.19	30.38	33.86	39.36	45.17
455				12.22	20.04	30.25	33.73	39.23	45.05
460				12.08	19.90	30.12	33.60	39.12	44.94
465				11.95	19.75	29.96	33.46	39.00	44.84
470				11.82	19.59	29.81	33.32	38.87	44.73
475				11.68	19.46	29.67	33.16	38.74	44.63
480				11.55	19.32	29.52	33.02	38.61	44.52
485					19.16	29.38	32.88	38.48	44.39
490					19.00	29.24	32.74	38.35	44.27
495					18.85	29.11	32.62	38.25	44.15
500					18.69	28.94	32.47	38.13	44.05
505						28.78	32.31	38.00	43.92
510						28.63	32.18	37.86	43.79
515						28.50	32.04	37.73	43.67
520						28.33	31.90	37.59	43.55
525						28.18	31.75	37.46	43.43
530						28.02	31.61	37.30	43.30
535						27.85	31.48	37.14	43.17
540						27.70	31.32	37.00	43.04
545						27.53	31.15	36.88	42.91
550						27.38	31.00	36.74	42.78

钢管外径 厚度（mm） 每米质量（kg） 计算长度（cm）	φ299 6 43.355	φ325 6 47.202	φ351 6 51.049	φ377 6 54.897	φ426 6 62.147	φ478 8 92.727	φ529 8 102.789	φ630 8 122.716	φ720 8 140.472
150									
155									
160									
165									
170									
175									
180									
185									
190									
195									
200									
205									
210									
215									
220									
225	53.99								
230	53.94								
235	53.89								
240	53.84								
245	53.78								
250	53.72	58.73	63.73						
255	53.67	58.68	63.68						
260	53.62	58.63	63.63						
265	53.56	58.57	63.57						
270	53.50	58.51	63.52						
275	53.44	58.47	63.47	68.46	77.90				
280	53.36	58.42	63.42	68.41	77.85				
285	53.28	58.36	63.37	68.36	77.80				
290	53.21	58.30	63.31	68.31	77.75				
295	53.14	58.24	63.25	68.25	77.69				
300	53.08	58.17	63.20	68.20	77.62	116.35	129.34		
305	53.00	58.09	63.15	68.15	77.57	116.27	129.30		
310	52.93	58.00	63.09	68.09	77.52	116.20	129.26		
315	52.86	57.93	63.04	68.04	77.47	116.12	129.21		
320	52.80	57.87	62.98	67.99	77.42	116.05	129.15		
325	52.73	57.81	62.90	67.94	77.37	115.98	129.08	154.69	177.55
330	52.66	57.75	62.82	67.88	77.32	115.91	129.00	154.64	177.51
335	52.58	57.67	62.74	67.83	77.27	115.84	128.92	154.59	177.48
340	52.50	57.59	62.66	67.78	77.21	115.76	128.85	154.55	177.44
345	52.42	57.53	62.59	67.71	77.16	115.70	128.78	154.51	177.41
350	52.34	57.48	62.53	67.68	77.11	115.64	128.72	154.47	177.37
355	52.26	57.39	62.48	67.55	77.05	115.57	128.64	154.43	177.33

续表

厚度（mm）钢管外径	φ299	φ325	φ351	φ377	φ426	φ478	φ529	φ630	φ720
	6	6	6	6	6	8	8	8	8
每米质量（kg）计算长度（cm）	43.355	47.202	51.049	54.897	62.147	92.727	102.789	122.716	140.472
360	52.18	57.33	62.40	67.46	76.99	115.49	128.56	154.40	177.25
365	52.09	57.24	62.32	67.38	76.94	115.42	128.48	154.37	177.16
370	52.01	57.15	62.26	67.32	76.89	115.34	128.41	154.34	177.08
375	51.92	57.08	62.20	67.26	76.83	115.29	128.35	154.28	176.99
380	51.82	57.00	62.14	67.20	76.78	115.21	128.28	154.21	176.96
385	51.72	56.91	62.06	67.12	76.73	115.13	128.22	154.14	176.92
390	51.64	56.85	61.98	67.05	76.66	115.06	128.15	154.06	176.89
395	51.56	56.76	61.90	66.98	76.58	114.99	128.09	153.98	176.85
400	51.48	56.68	61.81	66.92	76.50	114.91	128.01	153.90	176.82
405	51.39	56.61	61.74	66.86	76.42	114.85	128.94	153.84	176.78
410	51.29	56.50	61.66	66.80	76.33	114.77	127.86	153.78	176.74
415	51.19	56.39	61.58	66.72	76.25	114.69	127.80	153.72	176.71
420	51.08	56.30	61.50	66.64	76.19	114.62	127.73	153.64	176.67
425	50.98	56.23	61.42	66.56	76.14	114.55	127.65	153.57	176.64
430	50.89	56.16	61.33	66.48	76.08	114.48	127.59	153.51	176.58
435	50.80	56.06	61.25	66.40	76.00	114.40	127.51	153.43	176.51
440	50.70	55.98	61.17	66.31	75.92	114.29	127.44	153.36	176.44
445	50.60	55.87	61.07	66.24	75.86	114.19	127.37	153.28	176.37
450	50.50	55.77	60.97	66.15	75.80	114.08	127.30	153.20	176.30
455	50.40	55.66	60.87	66.08	75.74	113.97	127.24	153.12	176.23
460	50.29	55.56	60.80	66.00	75.68	113.87	127.16	153.06	176.17
465	50.18	55.47	60.72	65.92	75.61	113.76	127.08	153.00	176.10
470	50.07	55.37	60.63	65.84	75.53	113.68	127.01	152.95	176.00
475	49.97	55.28	60.56	65.75	75.45	113.61	126.93	152.87	175.94
480	49.86	55.19	60.45	65.65	75.37	113.54	126.86	152.79	175.87
485	49.75	55.08	60.35	65.55	75.29	113.44	126.75	152.73	175.81
490	49.65	54.98	60.24	65.45	75.21	113.34	126.65	152.65	175.73
495	49.54	54.87	60.13	65.37	75.13	113.24	126.55	152.57	175.67
500	49.43	54.77	60.02	65.29	75.05	113.14	126.44	152.50	175.60
505	49.32	54.68	59.95	65.21	74.97	113.06	126.34	152.43	175.53
510	49.22	54.56	59.87	65.13	74.89	112.99	126.23	152.36	175.46
515	49.11	54.45	59.77	65.03	74.81	112.90	126.12	152.29	175.37
520	49.01	54.34	59.66	64.93	74.73	112.80	126.03	152.23	175.29
525	48.89	54.23	59.56	64.83	74.66	112.70	125.97	152.15	175.24
530	48.78	54.12	59.45	64.71	74.58	112.60	125.89	152.06	175.17
535	48.65	54.02	59.34	64.60	74.50	112.50	125.81	152.01	175.10
540	48.52	53.92	59.24	64.51	74.40	112.39	125.70	151.94	175.03
545	48.41	53.81	59.13	64.43	74.30	112.28	125.60	151.87	174.95
550	48.30	53.70	59.03	64.35	74.18	112.18	125.51	151.79	174.88

表 11-5-29　　　　　　　　　　　　　　　**16Mn 焊接钢管 Fφ 表**

钢管外径 厚度(mm) 每米质量(kg) 计算长度(cm)	φ75.5	φ88.5	φ114.4	φ140	φ165	φ203	φ219	φ245	φ273
	3.75	4	4	4.5	5.5	6	6	6	6
	6.635	8.336	10.851	15.03	21.634	29.149	31.517	35.36	39.508
150	6.61	8.91	12.47						
155	6.50	8.80	12.38						
160	6.38	8.69	12.29						
165	6.27	8.58	12.20						
170	6.15	8.47	12.11						
175	6.02	8.35	12.01	17.47					
180	5.90	8.23	11.91	17.37					
185	5.77	8.10	11.81	17.27					
190	5.65	7.98	11.71	17.17					
195	5.52	7.85	11.60	17.07					
200	5.38	7.73	11.49	16.98	25.27	35.10	38.25		
205	5.25	7.60	11.39	16.87	25.17	34.99	38.16		
210	5.12	7.47	11.27	16.76	25.05	34.88	38.07		
215	4.98	7.34	11.16	16.65	24.93	34.77	37.98		
220	4.85	7.20	11.05	16.54	24.80	34.66	37.87		
225	4.71	7.07	10.93	16.43	24.68	34.56	37.77	42.91	48.39
230	4.58	6.82	10.81	16.32	24.56	34.46	37.65	42.82	48.30
235	4.44	6.78	10.69	16.20	24.44	34.33	37.54	42.73	48.23
240	4.30	6.64	10.57	16.08	24.32	34.20	37.44	42.64	48.15
245	4.16	6.50	10.44	15.96	24.18	34.10	37.33	42.53	48.07
250	4.02	6.35	10.32	15.84	24.05	34.00	37.22	42.42	47.96
255	3.88	6.21	10.19	15.72	23.91	33.87	37.10	42.31	47.86
260		6.07	10.06	15.59	23.77	33.74	36.98	42.20	47.78
265		5.92	9.93	15.46	23.65	33.60	36.87	42.10	47.70
270		5.78	9.80	15.33	23.51	33.46	36.76	42.00	47.60
275		5.63	9.67	15.20	23.36	33.33	36.64	41.89	47.49
280		5.48	9.54	15.07	23.21	33.21	36.50	41.77	47.38
285		5.33	9.40	14.94	23.07	33.07	36.37	41.64	47.27
290		5.19	9.26	14.80	22.92	32.93	36.23	41.52	47.16
295		5.03	9.13	14.66	22.77	32.80	36.09	41.41	47.05
300		4.88	8.99	14.52	22.63	32.67	35.97	41.31	46.95
305			8.84	14.38	22.47	32.51	35.84	41.20	46.85
310			8.70	14.24	22.31	32.36	35.70	41.07	46.74
315			8.56	14.09	22.16	32.22	35.57	40.94	46.61
320			8.42	13.99	21.99	32.06	35.44	40.80	46.48
325			8.28	13.80	21.83	31.92	35.30	40.66	46.36
330			8.13	13.65	21.66	31.77	35.15	40.53	46.26
335			7.99	13.50	21.50	31.62	35.00	40.40	46.16
340			7.85	13.35	21.34	31.46	34.85	40.27	46.05
345			7.70	13.20	21.17	31.30	34.69	40.14	45.91
350			7.55	13.06	20.99	31.14	34.55	40.00	45.77
355			7.41	12.90	20.83	30.98	34.41	39.87	45.65

续表

厚　度（mm） 钢管外径	φ155	φ88.5	φ114.4	φ140	φ165	φ203	φ219	φ245	φ273
厚度（mm）	3.75	4	4	4.5	5.5	6	6	6	6
每米质量（kg） 计算长度（cm）	6.635	8.336	10.851	15.03	21.634	29.149	31.517	35.36	39.508
360			7.26	12.76	20.66	30.82	34.27	39.71	45.51
365			7.11	12.60	20.48	30.66	34.11	39.57	45.37
370			6.96	12.44	20.31	30.50	33.94	39.44	45.24
375			6.81	12.28	20.14	30.32	33.79	39.30	45.12
380			6.66	12.12	19.96	30.14	33.62	39.16	44.98
385			6.52	11.95	19.78	29.98	33.46	39.00	44.84
390			6.36	11.80	19.60	29.82	33.30	38.85	44.72
395				11.64	19.43	29.64	33.13	38.71	44.58
400				11.48	19.24	29.45	32.98	38.57	44.45
405				11.32	19.06	29.28	32.80	38.41	44.31
410				11.16	18.87	29.11	32.62	38.25	44.16
415				11.00	18.68	28.93	32.46	38.09	44.01
420				10.84	18.49	28.74	32.30	37.92	43.88
425				10.67	18.31	28.56	32.13	37.76	43.74
430				10.50	18.12	28.37	31.94	37.61	43.57
435				10.34	17.92	28.18	31.75	37.45	43.42
440				10.18	17.72	28.00	31.58	37.29	43.28
445				10.01	17.53	27.81	31.42	37.13	43.14
450				9.84	17.33	27.63	31.24	36.96	42.98
455				9.67	77.14	27.44	31.05	36.78	42.82
460				9.51	16.94	27.25	30.86	36.60	42.61
465				9.35	16.75	27.07	30.67	36.44	42.50
470				9.17	16.55	26.87	30.49	36.28	42.34
475				9.00	16.36	26.67	30.30	36.12	42.18
480				8.83	16.16	26.47	30.11	35.94	42.02
485					15.97	26.28	29.93	35.75	41.85
490					15.78	26.09	29.73	35.56	41.70
495					15.58	25.88	29.55	35.40	41.55
500					15.36	25.68	29.36	35.24	41.38
505						25.49	29.17	35.05	41.20
510						25.27	28.97	34.86	41.02
515						25.06	28.77	34.67	40.86
520						24.86	28.58	34.47	40.69
525						24.66	28.39	34.29	40.53
530						24.45	28.20	34.10	40.37
535						24.24	28.00	33.92	40.19
540						24.03	27.80	33.74	40.00
545						23.87	27.59	33.55	39.81
550						23.60	27.38	33.36	39.63
555									
560									
565									

续表

钢管外径 厚度（mm） 每米质量（kg） 计算长度(cm)	φ299 6 43.355	φ325 6 41.202	φ351 6 51.049	φ377 6 54.891	φ426 6 62.141	φ478 8 92.127	φ529 8 102.189	φ630 8 122.116	φ720 8 140.472
150									
155									
160									
165									
170									
175									
180									
185									
190									
195									
200									
205									
210									
215									
220									
225	53.46								
230	53.38								
235	53.30								
240	53.21								
245	53.13								
250	53.05	58.12	63.18						
255	52.97	58.04	63.10						
260	52.89	57.96	63.02						
265	52.81	57.88	62.94						
270	52.73	57.80	62.86						
275	52.63	57.72	62.78	67.84	77.35				
280	52.53	57.64	62.70	67.76	77.28				
285	52.44	57.56	62.62	67.68	77.21				
290	52.35	57.47	62.54	67.60	77.14				
295	52.25	57.39	62.46	67.52	77.06				
300	52.15	57.28	62.38	67.43	76.98	115.50	128.60		
305	52.04	57.18	62.30	67.36	76.90	115.44	128.51		
310	51.93	57.10	62.22	67.28	76.82	115.38	128.43		
315	51.82	57.02	62.14	67.20	76.75	115.30	128.35		
320	51.71	56.92	62.04	67.13	76.67	115.22	128.27		
325	51.60	56.81	61.94	67.05	76.59	115.14	128.19	154.04	176.99
330	51.50	56.10	61.85	66.98	76.51	114.96	128.11	153.98	176.93
336	51.40	56.59	61.76	66.89	76.43	114.88	128.03	153.90	176.86
340	51.30	56.48	61.68	66.80	76.35	114.77	127.95	153.82	176.79
345	51.17	56.37	61.58	66.70	76.27	114.66	127.87	153.75	176.72
350	51.03	56.27	61.47	66.60	76.18	114.55	127.80	153.67	176.65
355	50.91	56.16	61.36	66.50	76.10	114.46	127.69	153.59	176.58

续表

厚度（mm） 钢管外径 每米质量（kg） 计算长度（cm）	φ299 6 43.355	φ325 6 47.202	φ351 6 51.049	φ377 6 54.897	φ426 6 62.147	φ478 8 92.727	φ529 8 102.789	φ630 8 122.716	φ728 8 140.472
360	50.81	56.06	61.26	66.41	76.02	114.36	127.58	153.49	176.51
365	50.70	55.96	61.16	66.32	75.94	114.26	127.47	153.39	176.44
370	50.60	55.85	61.04	66.23	75.87	114.14	127.36	153.28	176.37
375	50.48	55.73	60.92	66.13	75.79	114.03	127.25	153.18	176.30
380	50.35	55.60	60.82	66.03	75.71	113.93	127.14	153.10	176.23
385	50.22	55.47	60.72	65.92	75.63	113.81	127.05	153.02	176.15
390	50.08	55.36	60.61	65.81	75.53	113.69	126.95	152.95	176.08
395	49.94	55.25	60.51	65.70	75.42	113.58	126.84	152.89	175.99
400	49.81	55.15	60.40	65.59	75.31	113.48	126.75	152.82	175.92
405	49.67	55.04	60.28	65.48	75.23	113.37	126.64	152.76	175.83
410	49.54	54.93	60.15	65.37	75.15	113.28	126.52	152.68	175.74
415	49.42	54.79	60.02	65.27	75.07	113.17	126.41	152.61	175.65
420	49.29	54.65	59.91	65.17	74.97	113.06	126.30	152.53	175.56
425	49.15	54.51	59.80	65.06	74.86	112.96	126.20	152.42	175.46
430	49.02	54.38	59.70	64.96	74.75	112.85	126.10	152.31	175.36
435	48.88	54.24	59.58	64.84	74.64	112.72	125.99	152.21	175.27
440	48.74	54.11	59.47	64.71	74.54	112.59	125.89	152.11	175.20
445	48.60	53.97	59.34	64.58	74.43	112.45	125.77	152.00	175.11
450	48.46	53.84	59.21	64.45	74.31	112.31	125.66	151.88	175.03
455	48.31	53.71	59.08	64.34	74.20	112.21	125.55	151.78	174.98
460	48.16	53.58	58.94	64.23	74.10	112.10	125.45	151.68	174.91
465	48.02	53.45	58.81	64.13	73.99	111.98	125.34	151.57	174.83
470	47.87	53.32	58.67	64.03	73.89	111.86	125.24	151.47	174.76
475	47.71	53.18	58.53	63.91	73.78	111.71	125.14	151.37	174.69
480	47.56	53.05	58.40	63.78	73.67	111.56	125.02	151.26	174.60
485	47.42	52.91	58.27	63.64	73.57	111.42	124.88	151.15	174.49
490	47.28	52.75	58.14	63.51	73.47	111.28	124.74	151.04	174.39
495	47.13	52.60	58.01	63.37	73.33	111.13	124.60	150.93	174.29
500	46.97	52.46	57.88	63.23	73.19	110.97	124.47	150.82	114.19
505	46.81	52.31	57.75	63.10	73.07	110.83	124.37	150.72	174.06
510	46.65	52.16	57.62	62.97	72.95	110.69	124.25	150.62	173.96
515	46.49	52.00	57.49	62.83	72.85	110.55	124.13	150.51	173.85
520	46.33	51.86	57.35	62.71	72.74	110.41	124.03	150.40	173.74
525	46.17	51.73	57.20	62.58	72.64	110.27	123.87	150.29	173.64
530	46.01	51.59	57.05	62.45	72.53	110.14	123.73	150.18	173.54
535	45.85	51.43	56.90	62.31	72.41	110.01	123.60	150.07	173.44
540	45.69	51.28	56.75	62.17	72.28	109.86	123.45	149.96	173.34
545	45.53	51.12	56.60	62.05	72.16	109.71	123.31	149.85	173.24
550	45.37	50.96	56.47	61.92	72.03	109.56	123.15	149.75	173.13

四、工字钢

热轧工字钢尺寸、外形、质量及允许偏差参见 GB 706—88。

1. 适用范围

适用于腿部内侧有斜度的窄边热轧工字钢。

2. 尺寸

（1）截面尺寸及允许偏差：

1）工字钢的截面图示及标注符号如图 11-5-4 所示。

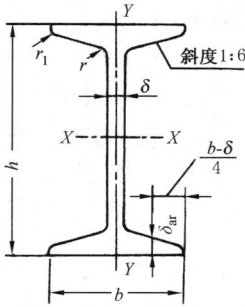

图 11-5-4　工字钢尺寸图

h—高度；r_1—腿端圆弧半径；b—腿宽度；I—惯性矩；δ—腰厚度；W—截面系数；δ_{av}—平均腿厚度；i—惯性半径；r—内圆弧半径

2）工字钢的尺寸、截面面积、理论质量及截面特性参数应符合表 11-5-30 的规定。

3）经供需双方协议，可供应表 11-5-31 中所规定的工字钢。

4）截面尺寸允许偏差。工字钢的高度（h）、腿宽度（b）、腰厚度（δ）尺寸允许偏差应符合表 11-5-32 的规定。

（2）长度及允许偏差：

1）通常长度。工字钢的通常长度应符合表 11-5-33 的规定。

2）定尺、倍尺长度。工字钢按定尺或倍尺长度交货时，应在合同中注明。

3. 外形

（1）弯曲度。

工字钢每米弯曲度不大于 2mm，总弯曲度不大于总长度的 0.2%。

（2）扭转。

工字钢不得有明显的扭转。

4. 质量及允许偏差

（1）工字钢按理论质量或实际质量交货。

（2）工字钢计算理论质量时，钢的密度为 $7.85\,\text{g/cm}^3$。

（3）工字钢截面面积的计算公式为：

$$h\delta + 2t\,(b-\delta)\ + 0.815\ (r^2 - r_1^2) \quad (11\text{-}5\text{-}6)$$

式中符号见图 11-5-4。

表 11-5-30　　　　　　　　　　　　工字钢特性参数表

型号	尺　寸　（mm）						截面面积（cm²）	理论质量（kg/m）	参　考　数　值						
									X－X				Y－Y		
	h	b	δ	δ_{av}	r	r_1			I_x（cm⁴）	W_x（cm³）	i_x（cm）	$I_x:S_x$	I_y（cm⁴）	W_y（cm³）	I_y（cm）
10	100	68	4.5	7.6	6.5	3.3	14.345	11.261	245	49.0	4.14	8.59	33.0	9.72	1.52
12.6	126	74	5.0	8.4	7.0	3.5	18.118	14.223	488	77.5	5.20	10.8	46.9	12.7	1.61
14	140	80	5.5	9.1	7.5	3.8	21.516	16.890	712	102	5.76	12.0	64.4	16.1	1.73
16	160	88	6.0	9.9	8.0	4.0	26.131	20.513	1130	141	6.58	13.8	93.1	21.2	1.89
18	180	94	6.5	10.7	8.5	4.3	30.756	21.143	1600	185	7.36	15.4	122	26.0	2.00
20a	200	100	7.0	11.4	9.0	4.5	35.578	27.929	2370	237	8.15	17.2	158	31.5	2.12
20b	200	102	9.0	11.4	9.0	4.5	39.578	31.069	2500	250	7.96	16.9	169	33.1	2.06
22a	220	110	7.5	12.3	9.5	4.8	42.128	33.070	3400	309	8.99	16.9	225	40.9	2.31
22b	220	112	9.5	12.3	9.5	4.8	46.528	36.524	3570	325	8.78	18.7	239	42.7	2.27
25a	250	116	8.0	13.0	10.0	5.0	48.541	38.105	5020	402	10.2	21.6	280	48.3	2.10
25b	250	118	10.0	13.0	10.0	5.0	53.541	42.030	5280	423	9.94	21.3	309	52.4	2.40
28a	280	122	8.5	13.7	10.5	5.3	55.404	43.492	7110	508	11.3	24.6	345	56.6	2.50

续表

型号	尺寸（mm）						截面面积（cm²）	理论质量（kg/m）	参 考 数 值						
									X－X				Y－Y		
	h	b	δ	δ_{av}	r	r_1			I_x (cm⁴)	W_x (cm³)	i_x (cm)	$I_x:S_x$	I_y (cm⁴)	W_y (cm³)	i_y (cm)
28b	280	124	10.5	13.7	10.5	5.3	61.004	47.888	7480	534	11.1	24.2	379	61.2	2.49
32a	320	130	9.5	15.0	11.5	5.8	67.156	52.717	11100	692	12.8	27.5	460	70.8	2.62
32b	320	132	11.5	15.0	11.5	5.8	73.556	97.741	11500	726	12.6	27.1	502	76.0	2.61
32c	320	134	13.5	15.0	11.5	5.8	79.956	62.785	12200	760	12.3	26.8	544	81.2	2.61
36a	360	136	10.0	15.8	12.0	6.0	76.480	60.037	15800	875	14.4	30.7	552	81.2	2.69
36b	360	138	12.0	15.8	12.0	6.0	83.680	65.689	16500	919	14.1	30.3	582	84.3	2.61
36c	360	140	14.0	15.8	12.0	6.0	90.880	71.341	17300	962	13.8	29.9	612	87.4	2.60
40a	400	142	10.5	16.5	12.5	6.3	86.112	67.598	21700	1090	15.9	34.1	660	93.2	2.77
40b	400	144	12.5	16.5	12.5	6.3	94.112	73.878	22800	1140	15.6	33.6	692	96.2	2.71
40c	400	146	14.5	16.5	12.5	6.3	102.112	80.158	23900	1190	15.2	33.2	727	99.6	2.65
45a	450	150	11.5	18.0	13.5	6.8	102.446	80.420	32200	1430	17.7	38.6	855	114	2.89
45b	450	152	13.5	18.0	13.5	6.8	111.446	87.485	33800	1500	17.4	38.0	894	118	2.84
45c	450	154	15.5	18.0	13.5	6.8	120.446	94.550	35300	1570	17.1	37.6	938	112	2.79
50a	500	158	12.0	20.0	14.0	7.0	119.304	93.654	46500	1860	19.7	42.8	1120	142	3.07
50b	500	160	14.0	20.0	14.0	7.0	129.304	101.504	48600	1940	19.4	42.4	1170	146	3.01
50c	500	162	16.0	20.0	14.0	7.0	139.304	109.354	50600	2080	19.0	41.8	1220	151	2.96
56a	560	166	12.5	21.0	14.5	7.3	135.435	106.316	65600	2340	22.0	47.7	1370	165	3.18
56b	560	168	14.5	21.0	14.5	7.3	146.635	115.108	68500	2450	21.6	47.2	1490	174	3.16
56c	560	170	16.5	21.0	14.5	7.3	157.835	123.900	71400	2550	21.3	46.7	1560	183	3.16
63a	630	176	13.0	22.0	15.0	7.5	154.658	121.407	93900	2980	21.5	54.2	1700	193	3.31
63b	630	178	15.0	22.0	15.0	7.5	167.258	131.298	98100	3160	24.3	53.5	1810	204	3.20
63c	630	186	17.0	22.0	15.0	7.5	179.858	141.189	102000	3300	28.8	52.9	1920	214	3.27

注 截面图和表中标注的圆弧半径r、r_1的数据用于孔型设计，不做交货条件。

表 11-5-31 **工字钢特性参数表**（协议供应品种）

型号	尺寸（mm）						截面面积（cm²）	理论重量（kg/m）	参 考 数 值						
									X－X				Y－Y		
	h	b	δ	δ_{av}	r	r_1			I_x (cm⁴)	W_x (cm³)	i_x (cm)	$I_x:S_x$	I_y (cm⁴)	W_y (cm³)	i_y (cm)
12	120	74	5.0	8.4	7.0	3.5	17.818	13.987	436	72.7	4.95	10.3	46.9	12.7	1.62
24a	240	116	8.0	13.0	10.0	5.0	47.741	37.477	4570	381	9.77	20.7	280	43.4	2.42
24b	240	118	10.0	13.0	10.0	5.0	52.541	41.245	4800	400	9.57	20.4	297	50.4	2.38
27a	270	122	8.5	13.7	10.5	5.3	54.554	42.825	6550	485	10.9	23.8	345	56.6	2.51
27b	270	124	10.5	13.7	10.5	5.3	59.954	47.064	6870	509	10.7	22.9	366	58.9	2.47
30a	300	126	9.0	14.4	11.0	5.5	61.254	48.084	8950	597	12.1	25.7	400	63.5	2.55
30b	300	128	11.0	14.4	11.0	5.5	67.254	52.794	9400	627	11.8	25.4	422	65.9	2.50
30c	300	130	13.0	14.4	11.0	5.5	73.254	57.504	9850	657	11.6	26.0	445	68.5	2.46
55a	550	166	12.5	21.0	14.5	7.3	134.185	105.335	62900	2290	21.6	46.9	1370	164	3.19
55b	550	168	14.5	21.0	14.5	7.3	145.185	113.970	65600	2390	21.2	46.4	1420	170	3.14
55c	550	170	16.5	21.0	14.5	7.3	156.185	122.605	68400	2490	20.9	45.8	1480	175	3.08

注 表中标注的圆弧半径r、r_1的数据用于孔型设计，不做交货条件。

表 11-5-32　　工字钢尺寸、偏差表

型　号	允许偏差（mm）		
	高度 h	腿宽度 b	腰厚度 δ
$\leqslant 14$	± 2.0	± 2.0	± 0.5
$> 14 \sim 18$		± 2.5	
$> 18 \sim 30$	± 3.0	± 3.0	± 0.7
$> 30 \sim 40$		± 3.5	± 0.8
$> 40 \sim 63$	± 4.0	± 4.0	± 0.9

表 11-5-33　　工字钢长度表

型　号	长　度（m）
$10 \sim 18$	$5 \sim 19$
$20 \sim 63$	$6 \sim 19$

（4）根据双方协议，工字钢每米质量允许偏差不得超过 $^{+3}_{-5}$ %。

5．标记示例

普通碳素钢甲素 3 号镇静钢，尺寸为 $400 \times 144 \times 12.5$ mm 的热轧工字钢标记为

$$热轧工字钢 \frac{400 \times 144 \times 12.5 - GB\ 706—88}{A3 - GB\ 700—88}$$

五、钢板和钢带

（一）一般结构用热连轧钢板和钢带（GB 2517—81）

1．适用范围

本标准适用于建筑、桥梁、车辆等一般结构用热连轧钢板和钢带（以下简称钢板和钢带）。

2．交货状态

钢板和钢带的交货状态应符合表 11-5-34 的规定。

表 11-5-34　　钢板和钢带尺寸表

类别	宽　度	厚　度	交货状态
钢　板	$700 \sim 1550$	$1.2 \sim 6.35$	热轧或冷平整
		$> 6.35 \sim 13.0$	热轧
钢　带	$700 \sim 1550$	$1.2 \sim 8.6$	热轧或冷平整
		$> 8.6 \sim 13.0$	热轧
	< 700	$1.2 \sim 8.6$	热轧

注　1．宽度 $700 \sim 1550$ mm 的钢带为轧制边供应。

　　　2．冷平整量不大于 4%。

3．牌号和化学成分

钢板和钢带的牌号和化学成分（熔炼分析）应符合表 11-5-35 的规定。

表 11-5-35　　钢板和钢带牌号及化学成分表

牌　　号	化学成分（%）			
	C	Mn	P	S
	（$\leqslant$）			
RJ216	0.20	0.70	0.045	0.050
RJ235	0.20	0.70	0.045	0.050
RJ255	0.20	0.70	0.045	0.050
RJ294	0.20	1.50	0.045	0.050
RJ343	0.20	1.60	0.045	0.050
RJ392	0.20	1.70	0.040	0.040

注 　1．钢一般用硅脱氧，经双方协议可用铝脱氧。

　　　2．经需方同意，必要时钢中可添加微量合金元素。

4．机械性能和工艺性能

钢板和钢带的屈服点、抗拉强度、伸长率及冷弯试验应符合表 11-5-36 的规定。

表 11-5-36　　钢板和钢带力学特性表

牌　号	机　械　性　能			$180°$冷弯试验
	屈服点，σ_s N/mm² (kg/mm²)$\geqslant$	抗拉强度，σ_b N/mm² (kg/cm²)	伸长率，σ_5 （%）（$\geqslant$）	d—弯心直径 δ—试样厚度
RJ216	216（22）	$333 \sim 412（34 \sim 42）$	31	$d = a$
RJ235	235（24）	$372 \sim 451（38 \sim 46）$	27	$d = 1.5a$
RJ255	255（26）	$412 \sim 510（42 \sim 52）$	25	$d = 2a$
RJ294	294（30）	$441 \sim 539（45 \sim 55）$	22	$d = 2a$
RJ343	343（35）	$490 \sim 608（50 \sim 62）$	22	$d = 2a$
RJ392	392（40）	$539 \sim 657（55 \sim 67）$	20	$d = 3a$

注 　1．经双方协议，可供应机械性能和工艺性能高于表 11-5-36 规定的钢板和钢带。

　　　2．经双方协议，可增加钢板和钢带的检验项目，其试验方法和技术指标按双方协议。

（二）热轧钢板和钢带的尺寸、外形及质量（GB 709—88）

见表 11-5-37、表 11-5-38。

表 11-5-37　　　　　　钢 板 尺 寸 表

钢板公称厚度（mm）	按下列钢板宽度的最小和最大长度（mm）																
	600	650	700	710	750	800	850	900	950	1000	1100	1250	1400	1420	1500	1600	1700
0.50, 0.55, 0.60	1200	1400	1420	1500	1500	1700	1800	1900	2000	—	—	—	—	—	—	—	—
0.65, 0.70, 0.75	2000	2000	1420	1420	1500	1500	1700	1800	1900	2000	—	—	—	—	—	—	—
0.80, 0.90	2000	2000	1420	1420	1500	1500	1700	1800	1900	2000	—	—	—	—	—	—	—
1.0	2000	2000	1420	1420	1500	1600	1700	1800	1900	2000	—	—	—	—	—	—	—
1.2, 1.3, 1.4	2000	2000	2000	2000	2000	2000	2000	2000	2000	2000	2500/3000	—	—	—	—	—	—
1.5, 1.6, 1.8	2000	2000	2000	2000/6000	2000/6000	2000/6000	2000/6000	2000/6000	2000/6000	2000/6000	2000/6000	2000/6000	2000/6000	2000/6000	2000/6000	—	—
2.0, 2.2	2000	2000	2000/6000	2000/6000	2000/6000	2000/6000	2000/6000	2000/6000	2000/6000	2000/6000	2000/6000	2000/6000	2000/6000	2000/6000	2000/6000	2000/6000	2000/6000
2.5, 2.8	2000	2000	2000/6000	2000/6000	2000/6000	2000/6000	2000/6000	2000/6000	2000/6000	2000/6000	2000/6000	2000/6000	2000/6000	2000/6000	2000/6000	2000/6000	2000/6000
3.0, 3.2, 3.5, 3.8, 3.9	2000	2000	2000/6000	2000/6000	2000/6000	2000/6000	2000/6000	2000/6000	2000/6000	2000/6000	2000/6000	2000/6000	2000/6000	2000/6000	2000/6000	2000/6000	2000/6000
4.0, 4.5, 5	—	—	2000/6000	2000/6000	2000/6000	2000/6000	2000/6000	2000/6000	2000/6000	2000/6000	2000/6000	2000/6000	2000/6000	2000/6000	2000/6000	2000/6000	2000/6000
6.7	—	—	2000/6000	2000/6000	2000/6000	2000/6000	2000/6000	2000/6000	2000/6000	2000/6000	2000/6000	2000/6000	2000/6000	2000/6000	2000/6000	2000/6000	2000/6000
8.9, 10	—	—	2000/6000	2000/6000	2000/6000	2000/6000	2000/6000	2000/6000	2000/6000	2000/6000	2000/6000	2000/6000	2000/6000	2000/6000	2000/6000	3000/12000	3000/12000
11, 12	—	—	—	—	—	—	—	—	—	2000/6000	2000/6000	2000/6000	2000/6000	2000/6000	3000/1200	3000/12000	3000/12000
13, 14, 15, 16, 17, 18, 19, 20, 21, 22, 25	—	—	—	—	—	—	—	—	—	2500/6500	2500/6500	2500/12000	2500/12000	2500/12000	3000/12000	3000/11000	3500/11000
26, 28, 30, 32, 34, 36, 38, 40	—	—	—	—	—	—	—	—	—	—	—	2500/12000	2500/12000	2500/12000	3000/12000	3000/12000	3500/12000
42, 45, 48, 50, 52, 55, 60, 65, 70, 75, 80, 85, 90, 95, 100, 105, 110, 120, 125, 130, 140, 150, 160, 165, 170, 180, 185, 190, 195, 200	—	—	—	—	—	—	—	—	—	—	—	2500/9000	2500/9000	3000/9000	3000/9000	3000/9000	3500/9000

续表

钢板公称厚度（mm）	按下列钢板宽度的最小和最大长度（mm）																
	1800	1900	2000	2100	2200	2300	2400	2500	2600	2700	2800	2900	3000	3200	3400	3600	3800
0.50，0.55，0.60	—	—	—	—	—	—	—	—	—	—	—	—	—	—	—	—	—
0.65，0.70，0.75	—	—	—	—	—	—	—	—	—	—	—	—	—	—	—	—	—
0.80，0.90	—	—	—	—	—	—	—	—	—	—	—	—	—	—	—	—	—
1.0	—	—	—	—	—	—	—	—	—	—	—	—	—	—	—	—	—
1.2，1.3，1.4	—	—	—	—	—	—	—	—	—	—	—	—	—	—	—	—	—
1.5，1.6，1.8	—	—	—	—	—	—	—	—	—	—	—	—	—	—	—	—	—
2.0，2.2	—	—	—	—	—	—	—	—	—	—	—	—	—	—	—	—	—
2.5，2.8	2000/6000	—	—	—	—	—	—	—	—	—	—	—	—	—	—	—	—
3.0，3.2，3.5，3.8，3.9	2000/6000	—	—	—	—	—	—	—	—	—	—	—	—	—	—	—	—
4.0，4.5，5	2000/6000	—	—	—	—	—	—	—	—	—	—	—	—	—	—	—	—
6.7	2000/6000	2000/6000	2000/6000	—	—	—	—	—	—	—	—	—	—	—	—	—	—
8.9，10	3000/12000	3000/12000	3000/12000	3000/12000	3000/12000	3000/12000	4000/12000	4000/12000	—	—	—	—	—	—	—	—	—
11，12	3000/12000	3000/12000	3000/10000	3000/10000	3000/10000	3000/9000	4000/9000	4000/9000	—	—	—	—	—	—	—	—	—
13，14，15，16，17，18，19，20，21，22，25	4000/10000	4000/10000	4000/10000	4500/10000	4500/9000	4500/9000	4000/9000	4000/9000	3500/9000	3500/8200	3500/8200	—	—	—	—	—	—
26，28，30，32，34，36，38，40	3500/12000	4000/12000	4000/12000	4000/12000	4500/12000	4500/12000	4000/11000	4000/11000	3500/10000	3500/10000	3500/10000	3500/10000	3000/9500	3200/9500	3400/9500	3600/9500	—
42，45，48，50，52，55，60，65，70，75，80，85，90，95，100，105，110，120，125，130，140，150，160，165，170，180，185，190，195，200	3500/9000	3500/9000	3500/9000	3500/9000	3500/9000	3500/9000	3500/9000	3500/9000	3000/9000	3000/9000	3000/9000	3000/9000	3000/9000	3200/9000	3400/8500	3600/8000	3600/7000

表 11-5-38　　　　　　　　　　　　　　钢带尺寸表

钢带公称厚度（mm）	1.2，1.4，1.5，1.8，2.0，2.5，2.8，3.0，3.2，3.5，3.8，4.0，4.5，5.0，5.5，6.0，6.5，7.0，8.0，10.0，11.0，13.0，14.0，15.0，16.0，18.0，19.0，20.0，22.0，25.0
钢带公称宽度（mm）	600，650，700，800，850，900，950，1000，1050，1100，1150，1200，1250，1300，1350，1400，1450，1500，1550，1600，1700，1800，1900

表 11-5-39

扁钢截面及质量表

厚度 δ (mm) ／ 理论质量 (kg/m)

宽度 b (mm)	3	4	5	6	7	8	9	10	11	12	14	16	18	20	22	25	28	30	32	36	40	45	50	56	60
10	0.24	0.31	0.39	0.47	0.55	0.63																			
12	0.28	0.38	0.47	0.57	0.66	0.75																			
14	0.33	0.44	0.55	0.66	0.77	0.88																			
16	0.38	0.50	0.63	0.75	0.88	1.00	1.15	1.26																	
18	0.42	0.57	0.71	0.85	0.99	1.13	1.27	1.41																	
20	0.47	0.63	0.78	0.94	1.10	1.26	1.41	1.57	1.73	1.88															
22	0.52	0.69	0.86	1.04	1.21	1.38	1.55	1.73	1.90	2.07															
25	0.59	0.78	0.98	1.18	1.37	1.57	1.77	1.96	2.16	2.36	2.75	3.14													
28	0.66	0.88	1.10	1.32	1.54	1.76	1.98	2.20	2.42	2.64	3.08	3.53													
30	0.71	0.94	1.18	1.41	1.65	1.88	2.12	2.36	2.59	2.83	3.30	3.77	4.24	4.71											
32	0.75	1.00	1.26	1.51	1.76	2.01	2.26	2.51	2.76	3.01	3.52	4.02	4.52	5.02											
35	0.82	1.10	1.37	1.65	1.92	2.20	2.47	2.75	3.02	3.30	3.85	4.40	4.95	5.50	6.04	6.87	7.69								
40	0.94	1.26	1.57	1.88	2.20	2.51	2.83	3.14	3.45	3.77	4.40	5.02	5.65	6.28	6.91	7.85	8.79								
45	1.06	1.41	1.77	2.12	2.47	2.83	3.18	3.53	3.89	4.24	4.95	5.65	6.36	7.07	7.77	8.83	9.89	10.60	11.30	12.72					
50	1.18	1.57	1.96	2.36	2.75	3.14	3.53	3.93	4.32	4.71	5.50	6.28	7.06	7.85	8.64	9.81	10.99	11.78	12.56	14.13					
55		1.73	2.16	2.59	3.02	3.45	3.89	4.32	4.75	5.18	6.04	6.91	7.77	8.64	9.50	10.79	12.09	12.95	13.82	15.54					
60		1.88	2.36	2.83	3.30	3.77	4.24	4.71	5.18	5.65	6.59	7.54	8.48	9.42	10.36	11.78	13.19	14.13	15.07	16.96	18.84	21.20			
65		2.04	2.55	3.06	3.57	4.08	4.59	5.10	5.61	6.12	7.14	8.16	9.18	10.20	11.23	12.76	14.29	15.31	16.33	18.37	20.41	22.96			
70		2.20	2.75	3.30	3.85	4.40	4.95	5.50	6.04	6.59	7.69	8.79	9.89	10.99	12.09	13.74	15.39	16.49	17.58	19.78	21.98	24.73			
75		2.36	2.94	3.53	4.12	4.71	5.30	5.89	6.48	7.07	8.24	9.42	10.60	11.78	12.95	14.72	16.48	17.66	18.84	21.20	23.55	26.49			
80		2.51	3.14	3.77	4.40	5.02	5.65	6.28	6.91	7.54	8.79	10.05	11.30	12.56	13.82	15.70	17.58	18.84	20.10	22.61	25.12	28.26	31.40	35.17	
85			3.34	4.00	4.67	5.34	6.01	6.67	7.34	8.01	9.34	10.68	12.01	13.34	14.68	16.68	18.68	20.02	21.35	24.02	26.69	30.08	33.36	37.37	40.04
90			3.53	4.24	4.95	5.65	6.36	7.07	7.77	8.48	9.89	11.30	12.72	14.13	15.54	17.66	19.78	21.20	22.61	25.43	28.26	31.79	35.32	39.56	42.39
95			3.73	4.47	5.22	5.97	6.71	7.46	8.20	8.95	10.44	11.93	13.42	14.92	16.41	18.64	20.88	22.37	23.86	26.85	29.83	33.56	37.29	41.76	44.74
100			3.92	4.71	5.50	6.28	7.06	7.85	8.64	9.42	10.99	12.56	14.13	15.70	17.27	19.62	21.98	23.55	25.12	28.26	31.40	35.32	39.25	43.96	47.10
105			4.12	4.95	5.77	6.59	7.42	8.24	9.07	9.89	11.54	13.19	14.84	16.48	18.13	20.61	23.08	24.73	26.38	29.67	32.97	37.09	41.21	46.16	49.46
110			4.32	5.18	6.04	6.91	7.77	8.64	9.50	10.36	12.09	13.82	15.54	17.27	19.00	21.59	24.18	25.90	27.63	31.09	34.54	38.86	43.18	48.36	51.81
120			4.71	5.65	6.59	7.54	8.48	9.42	10.36	11.30	13.19	15.07	16.96	18.84	20.72	23.55	26.38	28.26	30.14	33.91	37.68	42.39	47.10	52.75	56.52
125				5.89	6.87	7.85	8.83	9.81	10.79	11.78	13.74	15.70	17.66	19.62	21.58	24.53	27.48	29.44	31.40	35.32	39.25	44.16	49.06	54.95	58.88
130				6.12	7.14	8.16	9.18	10.20	11.23	12.25	14.29	16.33	18.37	20.41	22.45	25.51	28.57	30.62	32.66	36.74	40.82	45.92	51.02	57.15	61.23
140					7.69	8.79	9.89	10.99	12.09	13.19	15.39	17.58	19.78	21.98	24.18	27.48	30.77	32.97	35.17	39.56	43.96	49.46	54.95	61.54	65.94
150					8.24	9.42	10.60	11.78	12.95	14.13	16.48	18.84	21.20	23.55	25.90	29.44	32.97	35.32	37.68	42.39	47.10	52.99	58.88	65.94	70.65

注:
1. 表中的粗线用以划分扁钢的组别;
   第 1 组—理论质量 ≤19kg/m;
   第 2 组—理论质量 >19kg/m。
2. 表中的理论质量按密度为 7.85g/cm³ 计算。

（三）热轧扁钢尺寸、外形及质量（GB 704—88）

1. 适用范围

本标准适用于厚度为 3～60mm、宽度为 10～150mm、截面为矩形的一般用途热轧扁钢。

2. 尺寸

（1）扁钢的截面图及标注符号如图 11-5-5 所示。

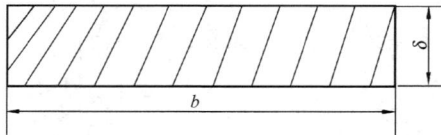

图 11-5-5 扁钢尺寸图

δ—扁钢厚度；b—扁钢宽度

（2）扁钢的截面尺寸及理论质量应符合表 11-5-39 的规定。

六、圆钢和方钢

（一）热轧圆钢和方钢尺寸、外形、质量及允许偏差（GB 702—86）

1. 适用范围

本标准适用于直径为 5.5～250mm 的热轧圆钢和边长为 5.5～200mm 的热轧方钢。

2. 截面尺寸及允许偏差

（1）圆钢和方钢的截面形状及标注符号如图 11-5-6 所示。

（2）圆钢直径和方钢边长及理论质量列于表 11-5-40。

根据需方要求，并经供需双方协议，可供应表 11-5-40 中未列入规格的圆钢和方钢。

（3）圆钢直径和方钢边长的允许偏差应符合表 11-5-41 的规定。

精度组别应在相应产品标准或合同中注明，未注明者按第 3 组精度执行。

（二）圆钢截面特性

圆钢截面特性见表 11-5-42。

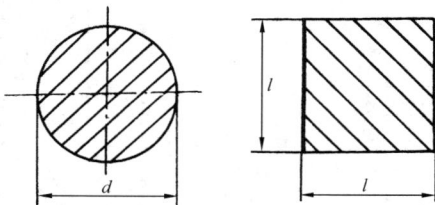

图 11-5-6 圆钢和方钢尺寸图

d—圆钢直径；l—方钢边长

表 11-5-40　　圆钢直径和方钢边长及理论质量表

圆钢直径 d 方钢边长 l (mm)	理论质量 (kg/m)		圆钢直径 d 方钢边长 l (mm)	理论质量 (kg/m)	
	圆钢	方钢		圆钢	方钢
5.5	0.186	0.237	42	10.9	13.8
6	0.222	0.283	45	12.5	15.9
6.5	0.260	0.332	48	14.2	18.1
7	0.302	0.385	50	15.4	19.6
8	0.395	0.502	53	17.3	22.1
9	0.499	0.636	*55	18.6	23.7
10	0.617	0.785	*56	19.3	24.6
*11	0.746	0.950	*58	20.7	26.4
12	0.888	1.13	60	22.2	28.3
13	1.04	1.33	63	24.5	31.2
14	1.21	1.54	*65	26.0	33.2
15	1.39	1.77	*68	28.5	36.3
16	1.58	2.01	70	30.2	38.5
17	1.78	2.27	75	34.7	44.2
18	2.00	2.54	80	39.5	50.2
19	2.23	2.83	85	44.5	56.7
20	2.47	3.14	90	49.9	63.66
21	2.72	3.46	95	55.6	70.84
22	2.98	3.80	100	61.7	78.5
*23	3.26	4.15	105	68.0	86.5
24	3.55	4.52	110	74.6	95.0
25	3.85	4.91	115	81.5	104
26	4.17	5.31	120	88.8	113
*27	4.49	5.72	125	96.3	123
28	4.83	6.15	130	104	133
*29	5.18	6.60	140	121	154
30	5.55	7.06	150	139	177
*31	5.92	7.54	160	158	201
32	6.31	8.04	170	178	227
*33	6.71	8.04	180	200	254
34	7.13	9.07	190	223	283
*35	7.55	9.62	200	247	314
36	7.99	10.2	220	298	
38	8.90	11.3	250	385	
40	9.86	12.6			

注　1. 表中的理论质量是按密度为 7.85g/cm³ 计算的。

　　2. 表中带 * 者不推荐使用。

表 11-5-41　　圆钢和方钢边长允许偏差表

圆钢直径 d 方钢边长 l (mm)	精度组别 允许偏差（mm）		
	1 组	2 组	3 组
5.5～7	±0.20	±0.30	±0.40
>7～20	±0.25	±0.35	±0.40
>20～30	±0.30	±0.40	±0.50
>30～50	±0.40	±0.50	±0.60
>50～80	±0.60	±0.70	±0.80
>80～110	±0.90	±1.0	±1.1
>110～150	±1.2	±1.3	±1.4
>150～190	—	—	±2.0
>190～250	—	—	±2.5

表 11-5-42　　　　　　　　　　　　　　圆 钢 截 面 特 性 表

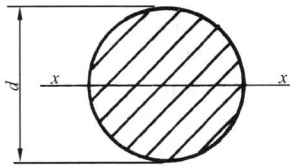

I—截面惯性矩；W—截面抵抗矩；r—回转半径

直径 d	截面面积	质量	$x-x$			直径 d	截面面积	质量	$x-x$		
			I	W	r				I	W	r
(mm)	(cm²)	(kg/m)	(cm⁴)	(cm³)	(cm)	(mm)	(cm²)	(kg/m)	(cm⁴)	(cm³)	(cm)
2.5	0.049	0.039	0.000192	0.00154	0.0625	19	2.835	2.230	0.640	0.674	0.475
3	0.071	0.055	0.000398	0.00265	0.075	20	3.142	2.466	0.785	0.785	0.5
4	0.126	0.099	0.00126	0.00628	0.1	21	3.464	2.720	0.955	0.909	0.525
5	0.196	0.154	0.00307	0.0123	0.125	22	3.801	2.984	1.150	1.045	0.55
6	0.283	0.222	0.00636	0.0212	0.15	23	4.155	3.260	1.374	1.195	0.575
7	0.385	0.302	0.0118	0.0337	0.175	24	4.524	3.551	1.629	1.358	0.6
8	0.503	0.395	0.0201	0.0503	0.2	25	4.909	3.85	1.917	1.534	0.625
9	0.635	0.499	0.0322	0.0716	0.225	26	5.309	4.17	2.243	1.726	0.65
10	0.785	0.617	0.0491	0.0982	0.25	27	5.726	4.495	2.609	1.933	0.675
11	0.950	0.750	0.0719	0.131	0.275	28	6.153	4.83	3.017	2.155	0.7
12	1.131	0.888	0.102	0.170	0.3	30	7.069	5.55	3.976	2.651	0.75
13	1.327	1.040	0.140	0.216	0.325	32	8.043	6.31	5.147	3.217	0.8
14	1.539	1.208	0.189	0.269	0.35	34	9.079	7.13	6.560	3.859	0.85
15	1.767	1.390	0.249	0.331	0.375	35	9.620	7.50	7.366	4.209	0.875
16	2.011	1.578	0.322	0.402	0.4	36	10.179	7.99	8.245	4.581	0.9
17	2.270	1.780	0.410	0.482	0.425	40	12.561	9.865	12.566	6.283	1
18	2.545	1.998	0.515	0.573	0.45						

七、钢筋混凝土用钢筋

(一)钢筋混凝土用热轧光圆钢筋（GB 13013—91）

本标准适用于钢筋混凝土用热轧直条光圆钢筋。

本标准不适用于由成品钢材再次轧制成的再生钢筋。

1. 术语、级别、代号

(1) 术语。

光圆钢筋

横截面通常为圆形，且表面为光滑的钢筋混凝土配筋用钢材。

热轧光圆钢筋

经热轧成型并自然冷却的成品光圆钢筋。

(2) 级别、代号。

热轧直条光圆钢筋级别为Ⅰ级，强度等级代号为R235。

2. 尺寸及公称质量

(1) 公称直径范围及推荐直径。钢筋的公称直径范围为 8～20mm，本标准推荐的钢筋公称直径为 8、10、12、16、20mm。

(2) 公称截面积与公称质量。钢筋的公称横截面积与公称质量列于表 11-5-43。

表 11-5-43　　　　　钢筋截面及质量表

公称直径（mm）	公称截面积（mm²）	公称质量（kg/m）
8	50.27	0.395
10	78.54	0.617
12	113.1	0.888
14	153.9	1.21
16	201.1	1.58
18	254.5	2.00
20	314.2	2.47

注　表中公称质量密度按 7.85g/cm³ 计算。

(3) 光圆钢筋的截面形状如图 11-5-7 所示。

(4) 长度：

1) 通常长度。钢筋按直条交货时，其通常长度为 3.5～12m，其中长度为 3.5m 至小于 6m 之间的钢筋不得超过每批质量的 3%。

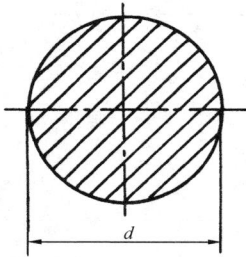

图 11-5-7　光圆钢筋截面形状图

2）钢筋按定尺或倍尺长度交货时，应在合同中注明。

3. 牌号及化学成分

（1）钢的牌号及化学成分（熔炼分析）应符合表 11-5-44 的规定。

（2）钢中残余元素铬、镍、铜含量应各不大于 0.30％，氧气转炉钢的氮含量不应大于 0.008％，经需方同意，铜的残余含量可不大于 0.35％。供方如能保证可不做分析。

（3）钢中砷的残余含量不应大于 0.080％。用含砷矿冶炼生铁所冶炼的钢，砷含量由供需双方协议规定。如原料中没有含砷，对钢中的砷含量可以不做分析。

表 11-5-44　圆钢牌号及化学成分表

表面形状	钢筋级别	强度代号	牌号	化学成分（％）				
				C	Si	Mn	P	S
							不大于	
光圆	1	R235	Q235	0.14~0.22	0.12~0.30	0.30~0.65	0.45	0.050

（4）在保证钢筋性能合格的条件下，钢的成分下限不作为交货条件。

4. 力学性能、工艺性能

钢筋的力学性能、工艺性能应符合表 11-5-45 的规定。冷弯试验时受弯曲部位外表面不得产生裂纹。

表 11-5-45　圆钢筋力学、工艺性能表

表面形状	钢筋级别	强度等级代号	公称直径（mm）	屈服点 σ_s（MPa）	抗拉强度 σ_b（MPa）	伸长率 δ_5（％）	冷弯 d—弯芯直径 d_1—钢筋公称直径
				不小于			
光圆	I	R235	8~20	235	370	25	180° $d=d_1$

（二）钢筋混凝土用热轧带肋钢筋（GB 1499—91）

本标准适用于钢筋混凝土用热轧带肋钢筋。

本标准不适用于由成品钢材再次轧制成的再生钢筋。

钢筋混凝土用热轧带肋钢筋是指钢筋混凝土配筋用的直条或盘条状钢材，交货状态分为直条和盘圆两

种。通常带有 2 道纵肋和沿长度方向均匀分布的横肋。横肋的外形分螺旋形、人字形、月牙形 3 种。规格用公称直径的毫米数表示。公称直径相当于截面相等的光圆钢筋的公称直径。公称直径为 8~50mm，推荐采用的直径为 8、10、12、16、20、25、32、40mm。

钢筋在混凝土中主要承受拉应力。带肋钢筋由于表面肋的作用，和混凝土有较大的黏结能力，因而能更好地承受外力的作用。钢筋广泛用于各种建筑结构，特别是大型、重型、轻型薄壁和高层建筑结构。

1. 术语、级别、代号

（1）术语：

1）热轧钢筋。经热轧成型并自然冷却的成品钢筋。

2）带肋钢筋。横截面通常为圆形，且表面通常带有两条纵肋和沿长度方向均匀分布的横肋的钢筋。

3）月牙肋钢筋。横肋的纵截面呈月牙形，且与纵肋不相交的钢筋。

4）等高肋钢筋。横肋的纵截面高度相等，且与纵肋相交的钢筋。

5）纵肋。平行于钢筋轴线的均匀连续肋。

6）横肋。与纵肋不平行的其它肋。

7）带肋钢筋的公称直径。与钢筋的公称横截面积相等的圆直径。

8）带肋钢筋的相对肋面积。横肋在与钢筋轴线垂直平面上的投影面积与钢筋公称周长和横肋间距的乘积之比。

（2）级别、代号。热轧带肋钢筋的级别分为Ⅱ、Ⅲ、Ⅳ级，其强度等级代号分别为：RL335、RL400、RL540（RL590）其中 R 为热轧的汉语拼音字头。

2. 尺寸及公称质量

（1）公称直径范围及推荐直径。钢筋的公称直径范围为 8~50mm，本标准推荐的钢筋公称直径为 8、10、12、16、20、25、32mm 和 40mm。

（2）公称横截面积与公称质量列于表 11-5-46。

表 11-5-46　带肋钢筋截面及质量表

公称直径（mm）	公称横截面面积（mm²）	公称质量（kg/m）
8	50.27	0.395
10	78.54	0.617
12	113.1	0.888
14	153.9	1.21
16	201.1	1.58
18	254.5	2.00
20	314.2	2.47
22	380.1	2.98
25	490.9	3.85
28	615.8	4.83
32	804.2	6.31
36	1018	7.99
40	1257	9.87
50	1964	15.42

注　表 11-5-46 中公称质量按密度为 7.85g/cm³ 计算。

（3）月牙肋钢筋和等高肋钢筋的表面形状分别如图 11-5-8、图 11-5-9 所示。

（4）带肋钢筋横肋设计原则应符合下列规定：

1）横肋与钢筋轴线的夹角 β 不应小于45°，当该夹角不大于70°时，钢筋相对两面上横肋的方向应相反。

2）横肋间距 1 不得大于钢筋公称直径的 0.7 倍。

3）横肋侧面与钢筋表面的夹角 α 不得小于45°。

4）钢筋相对两面上横肋末端之间的间隙（包括纵肋宽度）总和不应大于钢筋公称周长的20%。

5）对于Ⅱ、Ⅲ级带肋钢筋，当公称直径不大于12mm时，相对肋面积不应小于 0.055；公称直径为14mm和16mm时，相对肋面积不应小于 0.060；公称直径大于16mm时，相对肋面积不应小于 0.065。

（5）长度：

1）通常长度。钢筋按直条交货时，其通常长度

为 3.5～12m，其中长度为 3.5m 至小于 6m 之间的钢筋不得超过每批质量的 3%。

带肋钢筋以盘卷钢筋交货时每盘应是一整条钢筋，其盘重及盘径应由供需双方协商。

2）定尺、倍尺长度。钢筋按定尺或倍尺长度交货时，应在合同中注明。

3.牌号及化学成分

（1）钢的牌号及化学成分（熔炼分析）符合表11-5-47的规定。

（2）钢中铬、镍、铜的残余含量应不大于0.30%，其总量不大于0.60%，经需方同意，铜的残余含量可不大于0.35%。供方如能保证可不做分析。

（3）氧气转炉钢的含氮量不应大于0.008%，采用吹氧吹氮复合吹炼工艺冶炼的钢，含氮量可不大于0.012%，供方如能保证可不做分析。

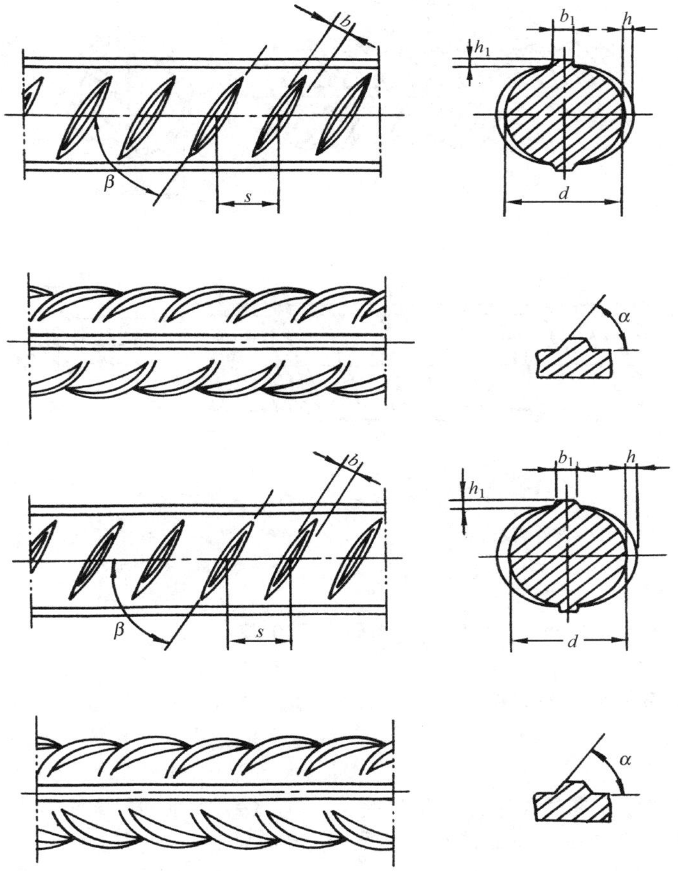

图 11-5-8　月牙肋钢筋表面及截面形状

d—钢筋内径；α—横肋斜角；h—横肋高度；β—横肋与轴线夹角；

h_1—纵肋高度；b_1—纵肋顶宽；s—横肋间距；b—横肋顶宽

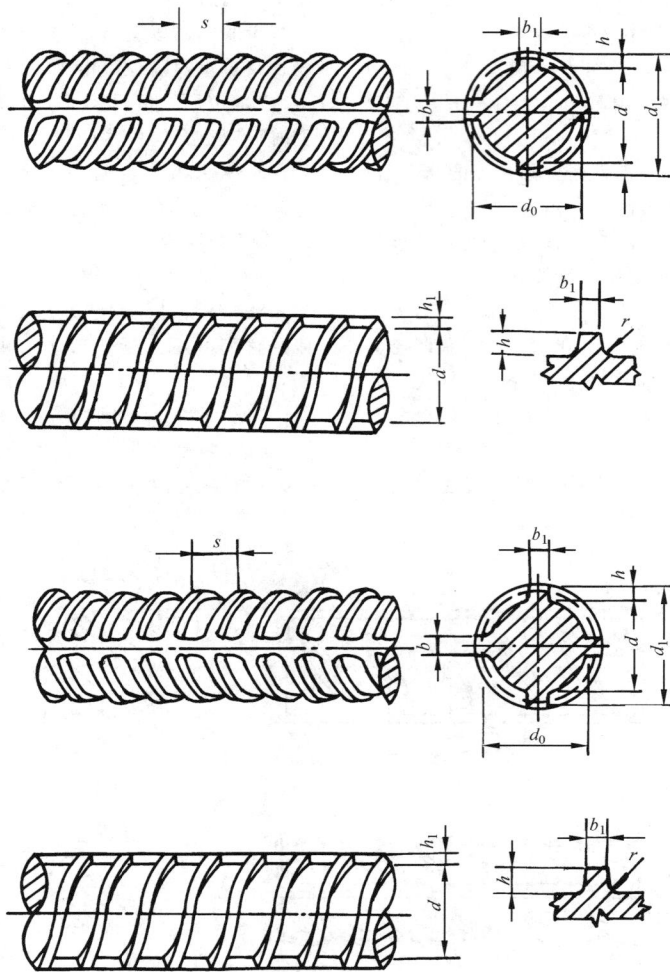

图 11-5-9　等高肋钢筋表面及截面形状

d—钢筋内径；b—纵肋宽度；h—横肋高度；b_1—横肋顶宽；

h_1—纵肋高度；s—横肋间距；r—横肋根部圆弧半径

（4）在保证钢筋性能合格的条件下，C、Si、Mn 的含量下限可不作交货条件。

（5）钢筋的化学成分允许偏差应符合 GB222 的规定。

4．力学性能、工艺性能

（1）钢筋的力学性能、工艺性能应符合表 11-5-48 的规定。当钢筋进行冷弯或反向弯曲试验时，受弯曲部位外表面不得产生裂缝。

（2）根据需方要求，Ⅳ级钢筋外形按光圆交货时钢筋强度等级代号为 R540。

5．较高质量热轧带肋钢筋的技术要求（补充件）

（1）本附录规定了具有较高质量的热轧带肋钢筋的技术要求。

（2）钢的牌号及化学成分（熔炼分析）应符合表 11-5-49 的规定。

（3）用氧气转炉冶炼的钢，在浇注前应对钢水进行吹氩（或能保证质量的其它惰性气体）处理。

（4）钢筋的力学性能、工艺性能应符合表 11-5-50 的规定。

（三）钢筋混凝土用余热处理钢筋（GB 13014—91）

本标准适用于钢筋混凝土用余热处理钢筋。

本标准不适用于由成品钢材再次轧制成的再生钢筋。

表 11-5-47　　　　　　　　　　　　　　带肋钢筋牌号及化学成分表

表面形状	钢筋级别	强度等级代号	牌号	化学成分（%）							
				C	Si	Mn	V	Ti	Nb	P	S
										不大于	
月牙肋	Ⅱ	RL335	20MnSi	0.17 ~ 0.25	0.40 ~ 0.80	1.20 ~ 1.60	—	—	—	0.045	0.045
			20MnNbb	0.17 ~ 0.25	≤0.17	1.00 ~ 1.50	—	—	0.05	0.045	0.045
	Ⅲ	RL400	20MnSiV	0.17 ~ 0.25	0.20 ~ 0.80	1.20 ~ 1.60	0.04 ~ 0.12	—	—	0.045	0.045
			20MnTi	0.17 ~ 0.25	0.17 ~ 0.37	1.20 ~ 1.60	—	0.02 ~ 0.05	—	0.045	0.045
			25MnSi	0.20 ~ 0.30	0.60 ~ 1.00	1.20 ~ 1.60	—	—	—	0.045	0.045
等高肋	Ⅳ	RL540	40Si2MnV	0.36 ~ 0.46	1.40 ~ 1.80	0.70 ~ 1.00	0.08 ~ 0.15	—	—	0.045	0.045
			40SiMnV	0.40 ~ 0.50	1.10 ~ 1.50	1.00 ~ 1.40	0.05 ~ 0.12	—	—	0.045	0.045
			40Si2MnTi	0.40 ~ 0.48	1.40 ~ 1.80	0.80 ~ 1.20	—	0.02 ~ 0.08	—	0.045	0.045

表 11-5-48　　　　　　　　　　　　　　带肋钢筋力学、工艺性能表

表面形状	钢筋级别	强度等级代号	公称直径（mm）	屈服点 δ_s（MPa）	抗拉强度 σ_b（MPa）	伸长率 δ_5（%）	冷弯 d—弯芯直径 d_1—钢筋公称直径
				不 小 于			
月牙肋	Ⅱ	RL335	$\dfrac{8 \sim 25}{28 \sim 40}$	335	$\dfrac{510}{490}$	16	$\dfrac{180°\,d = 3d_1}{180°\,d = 4d_1}$
	Ⅲ	RL400	$\dfrac{8 \sim 25}{28 \sim 40}$	400	570	14	$\dfrac{90°\,d = 3d_1}{90°\,d = 4d_1}$
等高肋	Ⅳ	RL540	$\dfrac{10 \sim 25}{28 \sim 32}$	540	835	10	$\dfrac{90°\,d = 5d_1}{90°\,d = 6d_1}$

表 11-5-49　　　　　　　　　　　　　　带肋钢筋牌号及化学成分表

表面形状	钢筋级别	强度等级代号	牌号	化学成分（%）					P	S
				C	Si	Mn	V	Ti	不大于	
月牙肋	Ⅱ	RL335	20MnSi	0.17 ~ 0.23	0.40 ~ 0.70	1.30 ~ 1.60	—	—	0.045	0.045
	Ⅲ	RL400	20MnSiV	0.17 ~ 0.25	0.20 ~ 0.80	1.20 ~ 1.60	0.04 ~ 0.12	—	0.045	0.045
			20MnTi	0.17 ~ 0.25	0.17 ~ 0.37	1.20 ~ 1.60	—	0.02 ~ 0.05	0.045	0.045
等高肋	Ⅳ	RL590	40Si2MnV	0.36 ~ 0.46	1.40 ~ 1.80	1.70 ~ 1.00	0.08 ~ 0.15	—	0.045	0.045
			45SiMnV	0.40 ~ 0.50	1.10 ~ 1.50	1.00 ~ 1.40	0.05 ~ 0.12	—	0.045	0.045

表 11-5-50　　　　　　　　　　　　　　带肋钢筋力学、工艺性能表

表面形状	钢筋级别	强度等级代号	公称直径（mm）	屈服点 σ_s（MPa）	抗拉强度 σ_b（MPa）	σ_b / σ_s	伸长率 δ_5（%）	冷弯	反向弯曲 正弯 45° 反弯 23°
				不 小 于				d—弯芯直径 d_1—钢筋公称直径	
月牙肋	Ⅱ	RL335	$\dfrac{8 \sim 25}{28 \sim 40}$	335 ~ 460	510	1.25	18	$\dfrac{180°\,d = 3d_1}{180°\,d = 4d_1}$	$\dfrac{d = 4d}{d = 5d_1}$
	Ⅲ	RL400	$\dfrac{8 \sim 25}{28 \sim 40}$	400 ~ 540	590	1.25	14	$\dfrac{90°\,d = 3d_1}{90°\,d = 4d_1}$	$\dfrac{d = 5d_1}{d = 6d_1}$
等高肋	Ⅳ	RL590	$\dfrac{10 \sim 25}{28 \sim 32}$	≥590	885		10	$\dfrac{90°\,d = 5d_1}{90°\,d = 6d_1}$	

余热处理钢筋全长性能均匀，晶粒细小，在保证良好塑性、焊接性能的条件下，屈服点约提高10%，用作钢筋混凝土结构的配筋，可节约材料并提高构件的安全可靠性。

1. 术语、级别、代号

（1）术语：

1）余热处理钢筋。热轧后立即穿水，进行表面控制冷却，然后利用芯部余热自身完成回火处理所得的成品钢筋。

2）带肋钢筋。表面通常带有两条纵肋和沿长度方向均匀分布的横肋的钢筋。

3）月牙肋钢筋。横肋的纵截面呈月牙形，且与纵肋不相交的钢筋。

4）纵肋。平行于钢筋轴线的均匀连续肋。

5）横肋。与纵肋不平行的其它肋。

6）带肋钢筋的公称直径。与钢筋的公称横截面积相等的圆的直径。

7）带肋钢筋的相对肋面积。横肋在与钢筋轴线垂直平面上投影面积与钢筋公称周长和横肋间距的乘积之比。

（2）级别、代号。余热处理带肋钢筋的级别为Ⅲ级，强度等级代号为KL400（其中K为"控制"的汉语拼音字头）。

2. 尺寸及公称质量

（1）公称直径范围及推荐直径。钢筋的公称直径范围为8～40mm，本标准推荐的钢筋公称直径为8、10、12、16、20、25、32mm和40mm。

（2）公称横截面面积与公称质量。钢筋的公称横截面面积与公称质量列于表11-5-51。

（3）月牙肋钢筋表面形状如图11-5-10所示。

（4）带肋钢筋横肋设计原则应符合下列规定：

1）横肋与钢筋轴线的夹角β应不小于45°，当该夹角不大于70°时，钢筋相对两面上横肋的方向应相交。

2）横肋间距1不应大于钢筋公称直径的0.7倍。

3）横肋侧面与钢筋表面的夹角α不应小于45°。

4）钢筋相对两面上横肋末端之间的间隙（包括纵肋宽度）总和不应大于钢筋公称周长的20%。

表 11-5-51   钢筋公称截面面积、公称质量表

公称直径 （mm）	公称横截面面积 （mm²）	公称质量 （kg/m）
8	50.27	0.395
10	78.54	0.617
12	113.1	0.888
14	153.9	1.21
16	201.1	1.58
18	254.5	2.00
20	314.2	2.47
22	380.1	2.98
25	490.9	3.85
28	615.8	4.83
32	804.2	6.31
36	1018	7.99
40	1257	9.87

注 公称质量按密度为 7.85g/cm³ 计算。

5）Ⅱ、Ⅲ级带肋钢筋，当钢筋公称直径不大于12mm时，相对肋面积不应小于0.055；公称直径为14mm和16mm时，相对肋面积不应小于0.060；公称直径大于16mm时，相对肋面积不小于0.065。

（5）长度。

1）通常长度。钢筋按直条交货时，其通常长度为3.5～12m。其中长度为3.5m至小于6m之间的钢筋不应超过每批质量的3%。

带肋钢筋以盘卷钢筋交货时每盘应是一整盘钢筋，其盘重及盘径应由供需双方协商。

2）定尺、倍尺长度。钢筋按定尺或倍尺长度交货时，应在合同中注明。

3. 牌号及化学成分

（1）钢的牌号及化学成分（熔炼分析）应符合表11-5-52的规定。

（2）钢中铬、镍、铜的残余含量应不大于0.30%，其总量不大于0.60%。经需方同意，铜的残余含量可不大于0.35%。供方保证可不作分析。

（3）氧气转炉钢的氮含量不应大于0.008%，采用吹氧复合吹炼工艺冶炼的钢，氮含量可不大于0.012%。供方保证可不作分析。

4. 力学性能和工艺性能

钢筋的力学性能和工艺性能应符合表11-5-53的规定。当冷弯试验时，受弯曲部位外表面不得产生裂纹。

表 11-5-52   余热处理钢筋牌号、化学成分表

表面形状	钢筋级别	强度代号	牌号	化学成分（%）				
				C	Si	Mn	P	S
月牙肋	Ⅲ	KL400	20MnSi	0.17～0.25	0.40～0.80	1.20～1.60	不大于	
							0.045	0.045

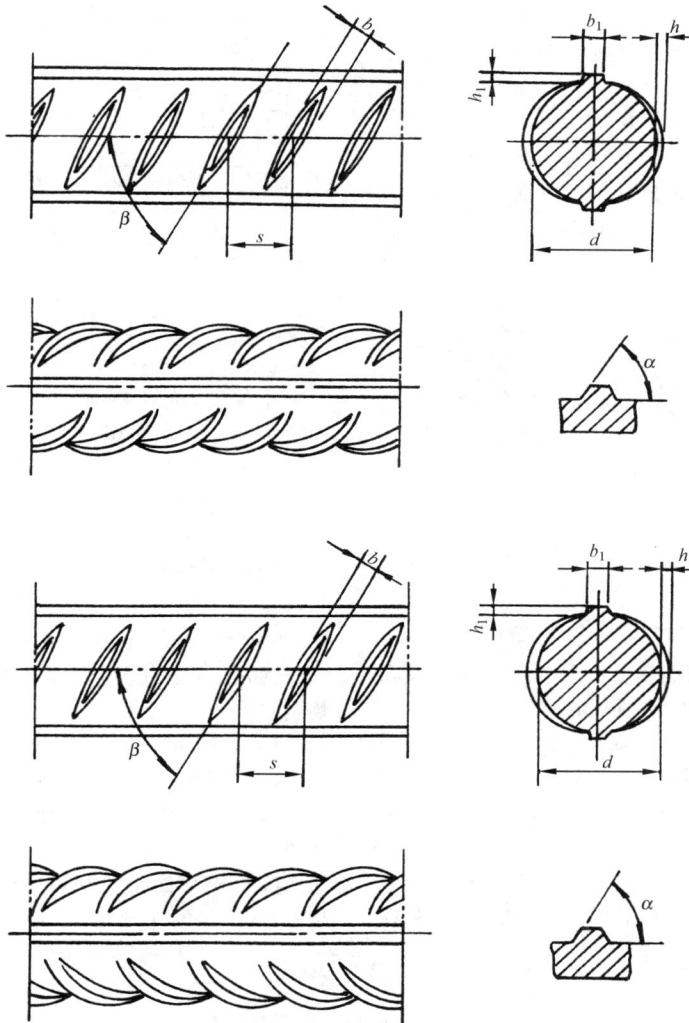

图 11-5-10　月牙肋钢筋表面及截面形状

d—钢筋内径；h—横肋高度；h_1—纵肋高度；b_1—纵肋顶宽；b—横肋顶宽

α—横肋斜角；β—横肋与轴线夹角；s—横肋间距

表 11-5-53　　　　　　　　　余热处理钢筋力学、工艺性能表

表面形状	钢筋级别	强度等级代号	公称直径（mm）	屈服点 σ_s（MPa）	抗拉强度 σ_b（MPa）	伸长率 δ_5（%）	冷弯 d—弯芯直径 d_1—钢筋公称直径
				不　小　于			
月牙肋	Ⅲ	KL400	8～25	440	600	14	90° $d = 3d_1$
			28～40				90° $d = 4d_1$

（四）预应力混凝土用热处理钢筋（GB 4463—84）

预应力混凝土用热处理钢筋，是用于预应力混凝土结构的经过调质热处理的螺纹钢筋，但不适用于焊接和点焊的钢筋。由于钢筋经过调质处理有较高的综合力学性能，除有高的强度外，还有较好的塑性和韧性，特别适于预应力构件。用其配筋的预应力构件比Ⅳ级钢筋节省钢材 30%。钢筋成盘供应，可省去冷拉、调直和对焊工序，施工方便。但其应力腐蚀及缺陷敏感性较强，应防止产生锈蚀及刻痕等现象。

预应力混凝土用热处理钢筋按其螺纹外形分为有

纵肋和无纵肋两种。规格分 8.2mm 和 10mm 两种。

1. 分类和代号

（1）热处理钢筋按其螺纹外形分为有纵肋和无纵肋两种。

（2）热处理钢筋代号为 RB150。

2. 尺寸及理论质量

（1）有纵肋的热处理钢筋的尺寸及理论质量应符合图 11-5-11 和表 11-5-54 的规定。

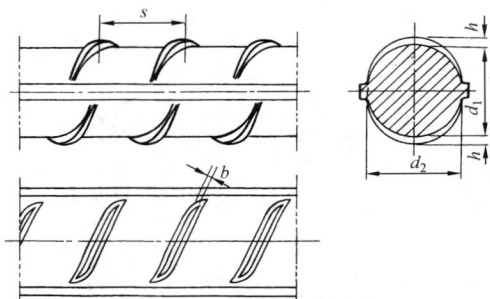

图 11-5-11　带纵筋的热处理钢筋图

（2）无纵肋的热处理钢筋的尺寸及理论质量应符合图 11-5-12 和表 11-5-55 的规定。

（3）钢筋热处理后应卷成盘。公称直径为 6mm 和 8.2mm 的热处理钢筋的盘的内径不小于 1.7m。公称直径为 10mm 的热处理钢筋的盘的内径不小于 2.0m。

（4）每盘钢筋应由一整根钢筋组成。每盘钢筋的质量应不小于 60kg。每批钢筋中允许有 5%的盘数为不足 60kg，但不得小于 25kg。

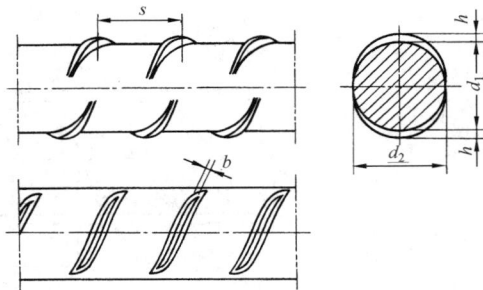

图 11-5-12　无纵肋筋的热处理钢筋图

3. 标记示例

分称直径 8.2mm 的热处理钢筋标记为：RB150—8.2—GB 4463—84。

4. 牌号及化学成分

（1）钢的牌号及化学成分（熔炼分析）应符合表 11-5-56 的规定。

（2）40Si2Mn、48Si2Mn 钢中 Cr、Ni 残余含量各不得大于 0.20%，Cu 残余含量不得大于 0.30%。45Si2Cr 钢中 Ni、Cu 残余含量各不得大于 0.30%。

供方可不进行残余元素分析，但应保证符合以上规定。

5. 力学性能

（1）钢筋的力学性能应符合表 11-5-57 的规定。

（2）根据需方要求，供方可提供同类产品的松弛性能。

（3）松弛性能。1000h 的松弛值不大于 3.5%，供方在保证 1000h 松弛值合格的基础上可进行 10h 的松弛试验，其松弛值应不大于 1.5%。

表 11-5-54　　有肋筋热处理钢筋尺寸及质量表

公称直径 d (mm)	尺寸及允许偏差（mm）							截面计算面积 A (mm²)	理论质量 (kg/m)
	垂直内径 d_1	水平内径 d_2	肋　距 s	横肋高 h_1	横肋宽 b_1	纵肋高 h_2	纵肋宽 b_2		
8.2	$8.0^{+0.6}_{-0.2}$	$8.3^{+0.6}_{-0.2}$	7.5 ± 0.5	$0.7^{+0.5}_{-0.2}$	$0.7^{+0.5}_{-0.2}$	$0.7^{+0.5}_{-0.2}$	1.2 ± 0.5	52.81	0.432
10	$9.6^{+0.6}_{-0.2}$	9.6 ± 0.6	7.5 ± 0.5	1.0 ± 0.4	$1.0^{+7}_{-0.3}$	$0.7^{+0.5}_{-0.8}$	1.5 ± 0.5	78.54	0.617

表 11-5-55　　无纵肋筋热处理钢筋尺寸及质量表

公称直径 d (mm)	尺寸及允许偏差（mm）					截面计算面积 A (mm²)	理论质量 (kg/m)
	垂直内径 d_1	水平内径 d_2	肋距 s	横肋高 h	横肋宽 b		
6	$5.8^{+0.6}_{-0.2}$	$6.3^{+0.6}_{-0.2}$	7.5 ± 0.5	$0.4^{+0.3}_{-0.2}$	$0.7^{+0.5}_{-0.2}$	28.27	0.230
8.2	$7.9^{+0.6}_{-0.2}$	$8.5^{+0.6}_{-0.2}$	7.5 ± 0.5	$0.7^{+0.5}_{-0.2}$	$0.7^{+0.5}_{-0.2}$	52.73	0.424

表 11-5-56　　　　　　　　　　　　　　　　热处理钢筋牌号及化学成分表

牌　号	化　学　成　分　（%）					
	C	Si	Mn	Cr	P	S
					不大于	
40Si2Mn	0.36～0.45	1.40～1.90	0.80～1.20	—	0.045	0.045
48Si2Mn	0.44～0.53	1.40～1.90	0.80～1.20	—	0.045	0.045
45Si2Cr	0.41～0.51	1.55～1.95	0.40～0.70	0.30～0.60	0.045	0.045

表 11-5-57　　热处理钢筋力学性能表

公称直径（mm）	牌　号	$\sigma_{0.2}$	σ_b	δ_{10}（%），≮
		MPa，≮		
6 8.2 10	40Si2Mn 48Si2Mn 45Si2Cr	1325	1470	6

（五）预应力混凝土用钢丝（GB5223—85）

预应力混凝土用钢丝简称预应力钢丝，是以优质碳素结构钢盘条为原料，经铅淬火索氏体化、酸洗、冷拉制成的用作预应力混凝土骨架的钢丝。钢丝的抗拉强度比热轧建筑用圆钢、螺纹钢材高 1～2 倍，在构件中采用预应力钢丝可收到节省钢材、减少构件截面和节省混凝土的效果，主要用作桥梁、吊车梁、电杆、管桩、楼板、轨枕、大口径管道等预应力混凝土构件中的预应力钢筋。

1. 分类、代号

（1）按交货状态预应力钢丝分为冷拉及矫直回火两种。

（2）按外形预应力钢丝分为光面及刻痕两种。

（3）按用途预应力钢丝分为桥梁用、电杆用及其它水泥制品用。

（4）预应力钢丝的代号为：

冷拉——L；

矫直回火——J；

矫直回火刻痕——JK。

2. 规格、尺寸、质量

（1）每盘钢丝由一根组成，其盘重应不小于50kg，最低质量不小于 20kg，每个交货批中最低质量的盘数不得多于 10%。

（2）盘径：

1）矫直回火钢丝的盘径不小于 1700mm。

2）冷拉钢丝的盘径不小于 600mm。经供需双方协议，也可供应盘径不小于 550mm 的钢丝。

3. 标记示例

（1）直径为 5.0mm，抗拉强度 1570MPa 的矫直回火钢丝，其标记为：

预应力钢丝 5.0—1570—J—GB 5223—85

（2）直径为 5.0mm，抗拉强度为 1470MPa 的矫直回火刻痕钢丝，其标记为：

预应力钢丝 5.0—1470—JK—GB 5223—85

（3）直径为 3.0mm，抗拉强度为 1570MPa 的冷拉钢丝，其标记为：

预应力钢丝 3.0—1570—L—GB 5223—85

4. 牌号及化学成分

制造钢丝用钢的化学成分应符合 GB 699—88《优质碳素结构钢技术条件》的规定，其钢号由供方根据钢丝直径和力学性能确定。

5. 力学性能

（1）矫直回火钢丝的力学性能应符合表 11-5-58 的规定。

（2）冷拉钢丝的力学性能应符合表 11-5-59 的规定。

表 11-5-59 中 3.0mm 的钢丝的弯曲试验，供需双方也可按弯曲半径 $R=10mm$ 进行，但弯曲次数不小于 9 次。

（3）刻痕钢丝的力学性能应符合表 11-5-60 的规定。

（4）根据不同的用途，经供需双方协议，可能供应表 11-5-58～表 11-5-60 以外的其它强度级别的预应力钢丝，而其余力学性能应满足本标准要求。

（5）直径为 3.0mm，抗拉强度为 1470MPa 和 1570MPa 的钢丝是专供铁路轨枕用的。其交货状态经供需双方协议在合同中注明。

（6）如需方没有要求，供方可不提供同类产品的松弛性能。

（7）供方在保证 1000h 松弛性能合格的基础上可进行 10h 松弛试验，其松弛值对于Ⅰ级松弛应不大于 3.0%，对于Ⅱ级松弛应大于 1.5%。

表 11-5-58   矫直回火钢丝力学性能表

公称直径 (mm)	抗拉强度 σ_b (MPa) 不小于	屈服强度 $\sigma_{0.2}$ (MPa) 不小于	伸长度 (%) $L_0 = 100mm$ 不小于	弯曲次数		松弛		
				次数 不小于	弯曲半径 R (mm)	初始应力相当于公称强度的百分数 (%)	1000h 应力损失 (%) 不大于	
							I 级松弛	II 级松弛
3.0	1470 1570	1255 1330		3 3	7.5 7.5			
4.0	1670	1410	4	3	10	70	8	2.5
5.0	1470 1570 1670	1255 1330 1410		4 4 4	15 15 15			

注 1. I 级松弛即普通松弛级，II 级松弛即低松弛级。

    2. 屈服强度 $\sigma_{0.2}$ 值不小于公称抗拉强度的 85%。

表 11-5-59   冷拉钢丝力学性能表

公称直径 (mm)	抗拉强度 σ_b (MPa) 不小于	屈服强度 $\sigma_{0.2}$ (MPa) 不小于	伸长率 (%) $L_0 = 100mm$ 不小于	弯曲次数	
				次数 不小于	弯曲半径 R (mm)
3.0	1470 1570	1100 1180	2 2	4 4	7.5 7.5
4.0	1670	1255	3	4	10
5.0	1470 1570 1670	1100 1180 1255	3 3 3	5 5 5	15 15 15

注 屈服强度 $\sigma_{0.2}$ 值不小于公称抗拉强度的 75%。

表 11-5-60   刻痕钢丝力学性能表

公称直径 (mm)	抗拉强度 σ_b (MPa) 不小于	屈服强度 $\sigma_{0.2}$ (MPa) 不小于	伸长度 (%) $L_0 = 100mm$ 不小于	弯曲次数		松弛		
				次数 不小于	弯曲半径 R (mm)	初始应力相当于公称强度的百分数 (%)	1000h 应力损失 (%) 不大于	
							I 级松弛	II 级松弛
5.0	1180 1470	1000 1255	4	4 4	15 15	70	8	2.5

注 屈服强度 $\sigma_{0.2}$ 值不小于公称抗拉强度的 85%。

八、盘条

(一) 低碳钢热轧圆盘条 (GB 701—91)

本标准适用于供拉丝、建筑、包装及其它用途普通质量的低碳钢热轧圆盘条。

低碳钢热轧圆盘条是由屈服强度较低的碳素结构钢轧制的盘条。是目前用量最大、使用最广的线材，也称普通线材。

普通线材除大量用作建筑混凝土的配筋外，还广泛用于拉制普通低碳钢丝和镀锌低碳钢丝。

1. 分类、代号

盘条按用途分类，其代号如下，盘条类别应在订货合同中注明。

L——供拉丝用盘条；

J——供建筑和其它用途用盘条。

2. 尺寸

盘条的公称直径为：5.5、6.0、6.5、7.0、8.0、9.0、10.0、11.0、12.0、13.0、14.0mm。根据供需双方协议也可生产其它尺寸的盘条。

3. 标记示例

用 Q235-A·F 轧制的供拉丝用直径为 6.5mm 的盘条标记为：

盘条 Q235-A·F—L6.5—GB 701

4. 牌号和化学成分

盘条的牌号和化学成分（熔炼分析）应符合表 11-5-61 规定。

表 11-5-61   热轧圆盘条牌号和化学成分表

牌号	化学成分（%）					脱氧方法	用途
	C	Mn	Si	S	P		
				不大于			
Q195	0.06 ~ 0.12	0.25 ~ 0.50	0.30	0.050	0.045	F、b、Z	拉丝
Q215 A	0.09 ~ 0.15	0.25 ~ 0.55	0.30	0.050	0.045	F、b、Z	拉丝
Q215 B				0.045	0.045		
Q235 A	0.14 ~ 0.22	0.30 ~ 0.65	0.30	0.050	0.045	F、b、Z	建筑
Q235 B	0.12 ~ 0.20	0.30 ~ 0.70		0.045			

5. 力学性能和工艺性能

（1）供拉丝用盘条的力学性能和工艺性能应符合表 11-5-62 规定。

经需方同意并在合同中注明，供拉丝用的盘条也可按化学成分交货。

表 11-5-62   热轧圆盘条力学、工艺性能表

牌号	力学性能		冷弯试验,180° d = 弯心直径 d_1 = 试样直径
	抗拉强度 σ_b (MPa) 不大于	伸长率 δ_{10} (%) 不小于	
Q195	400	28	$d = 0$
Q215	420	26	$d = 0.5d_1$
Q235	470	22	$d = d_1$

（2）供建筑及包装等用途的盘条力学性能和工艺性能应符合表 11-5-63 规定。

表 11-5-63   热轧圆盘条力学、工艺性能表

牌号	力学性能			冷弯试验, 180° d = 弯心直径 d_1 = 试样直径	用途
	屈服点 σ_s (MPa) 不小于	抗拉强度 σ_b (MPa) 不大于	伸长率 δ_{10} (%) 不小于		
Q215	215	335	26	$d = 0.5d_1$	供包装等用
Q235	235	375	22	$d = d_1$	供建筑用

(二) 优质碳素钢盘条 (GB 4354—84)

本标准适用于优质碳素结构钢盘条，除牌号和化学成分外，本标准也适用于合金弹簧钢丝用盘条。

1. 尺寸

（1）盘条直径范围为 5.5 ~ 19.0mm。

（2）标记示例。用牌号为 70 钢制造的直径为 8mm 盘条，标记为：

碳结钢盘条 70—8—GB 4354—84

2. 牌号及化学成分

（1）盘条用 GB 699—88《优质碳素结构钢技术条件》中规定的 25Mn ~ 80Mn、40Mn ~ 70Mn 钢制造。化学成分中碳含量范围应比 GB 699—88 规定的上下限分别减少 0.01%。

（2）当从钢坯、盘条取样进行化学成分分析时，其允许偏差应符合 GB 222 的规定。

九、焊接材料

(一) 焊接材料的种类 (见表 11-5-64)

表 11-5-64　　　焊接材料种类表

类　别	名　称	用　途
电焊条	结构钢电焊条	焊接碳钢、普通低合金钢、铸钢用
	钼和铬钼耐热钢电焊条	焊接珠光体钢、马氏体钢等耐热钢用
	低温钢电焊条	焊接低温用钢用
	铬不锈钢电焊条	焊接铬不锈钢用
	奥氏体不锈钢电焊条	焊接铬镍不锈钢用
	堆焊电焊条	用于修复工件被磨损、腐蚀的表面和制造耐磨、耐蚀、耐热特殊合金表面层
	铸铁电焊条	焊接一般灰口铸铁、高强度铸铁、耐热铸铁、可锻铸铁、球墨铸铁用
	铜及铜合金电焊条	焊接铜及铜合金用
	镍及镍合金电焊条	焊接镍及镍合金用
	铝及铝合金电焊条	焊接铝及铝合金用
	特殊用途电焊条	作特殊用途,如水下焊接、水下切割及铸铁件焊补前开坡口用
自动焊及电渣焊用焊丝	碳素结构钢焊丝	自动焊或电渣焊焊接碳素钢用,亦用于气焊
	合金结构钢焊丝	自动焊或电渣焊焊接碳素钢、普低钢和合金结构钢用
	不锈钢焊丝	
埋弧自动焊及电渣焊用焊剂	熔炼型焊剂	用于自动焊、半自动焊和电渣焊焊接碳素钢、低合金钢、高合金钢及各种合金用
	烧结型焊剂	
	陶质型焊剂	

（二）结构钢电焊条

1. 牌号表示方法

结构钢电焊条的牌号表示方法举例如下:

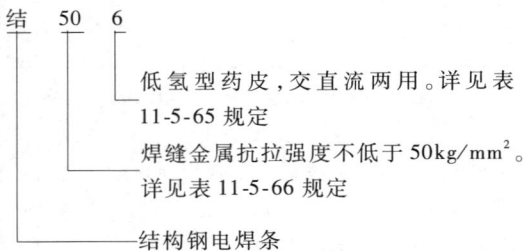

结　50　6

- 低氢型药皮,交直流两用。详见表 11-5-65 规定
- 焊缝金属抗拉强度不低于 50kg/mm²。详见表 11-5-66 规定
- 结构钢电焊条

表 11-5-65　　各种焊条药皮类型及焊接电源种类表

牌号	药皮类型	焊接电源种类	牌号	药皮类型	焊接电源种类
××0	不属已规定的类型	不规定	××5	锰型	直流或交流
××1	钛型	直流或交流	××6	低氢型	直流或交流
××2	钛钙型	直流或交流	××7	低氢型	直　流
××3	钛铁矿型	直流或交流	××8	石墨型	直流或交流
××4	氧化铁型	直流或交流	××9	盐基型	直　流

表 11-5-66　　焊缝金属抗拉强度等级及屈服强度等级

牌号	焊缝金属抗拉强度等级 (9.81N/mm²)	焊缝金属屈服强度等级 (9.81N/mm²)	牌号	焊缝金属抗拉强度等级 (9.81N/mm²)	焊缝金属屈服强度等级 (9.81N/mm²)
结 42×	42	30	结 70×	70	50
结 50×	50	35	结 85×	85	—
结 55×	55	40	结 10×	100	
结 60×	60	45			

2. 结构钢电焊条的使用说明

要作好焊接工作,必须对施焊工作的材质、焊接设备的性能和所用焊接材料的性能都有所了解,并作出恰当的选择和配合,才能保证焊接成品的质量。不同的钢种要求选用不同类别的电焊条,而同一钢种又因焊件的工作条件、工作环境、结构形状等的差别,也要求选用不同品种的电焊条。一般可按结构钢的强度选择相应强度等级的电焊条。随着结构钢强度的增高、焊接裂缝倾向也随之加大,因此必须采取相应措施如下:

表 11-5-67

结构钢电焊条的性能及用途表

类别	序号	名称	统一牌号	符合国标	药皮类型	焊缝金属化学成分（%）						机械性能			焊接电源	参考电流（A）　焊条直径（mm）							说明及用途
						碳 ≤	锰	硅	硫	磷	其他	抗拉强度（9.81N/mm²）	延伸率（%）≥	冲击值（9.81N·m/cm²）		1.6	2.0	2.5	3.2	4.0	5.0	5.8	
低碳钢电焊条	1	钛型低碳钢电焊条	结 421	T421	钛型	0.12	0.30~0.60	≤0.35	0.035	≤0.05	—	42	17	8	交直流	25~40	40~70	50~80	80~120	150~190	200~240	220~280	本焊条可进行全位置焊接，操作性能良好，韧性、塑性好，再引弧容易，但引弧性不及结 422 焊条。用于一般低碳钢结构，特别适用于薄板小件及短焊缝的间断焊和要求表面光洁的盖面焊
	2	钛钙型低碳钢电焊条	结 422	T422	钛钙型	0.12	0.3~0.6	≤0.25	0.035	≤0.05	—	42	18	8	交直流		40~70	70~90	90~130	160~210	220~270	260~310	本焊条接较重要，用于焊接较重要的低碳钢结构和强度等级较低的普低钢，如 09 锰 2 等
	3	铁粉钛钙型低碳钢电焊条	结 422-Fe铁	T422-Fe	铁粉钛钙型	0.12	0.30~0.60	≤0.25	0.035	≤0.05	—	42	18	8	交直流					150~230	220~320	—	熔敷效率高（一般为 135% 左右），可提高焊生产效率。但只适用于平焊、平角焊和立角焊。用于低碳钢结构的焊接
	4	铁矿型低碳钢电焊条	结 423铁	T423	铁矿型	0.12	0.35~0.60	≤0.20	0.035	≤0.05	—	42	18	8	交直流				90~130	150~200	250~310	—	本焊条平焊、立焊、平角焊的操作性能稍次于结 422 电焊条。本焊条工艺性能较好，且成本较低廉。可用于焊接较重要的低碳钢结构
	5	氧化铁型低碳钢电焊条	结 424铁	T424	氧化铁型	0.12	0.50~0.90	≤0.15	0.035	≤0.05	—	42	18	8	交直流			50~80	80~110	150~190	190~250	—	本焊条特点是熔深大，熔化速度快，抗热裂性能较好。但由于焊缝中含锰量较高，仰焊较为困难，焊、仰焊重要结构较差。可用于焊接立焊的低碳钢结构

续表

类别	序号	名称	统一牌号	符合国标	药皮类型	焊缝金属化学成分（%）碳≤	锰	硅	硫	磷	其他	机械性能 抗拉强度（9.81N/mm²）	延伸率（%）≥	冲击值（9.81N·m/cm²）	焊接电源	参考电流（A） 1.6	2.0	2.5	3.2	4.0	5.0	5.8	说明及用途
普低钢电焊条	6	纤维素型底层电焊条	结500	T500	纤维素型	0.20	0.4~0.6	≤0.2	0.035	≤0.05	钼0.4~0.7	50	16	6	交直流			—	110~140	170~220	—	—	本焊条具有电弧穿透力大，不易产生气孔，夹渣等特点。如用于作底层焊时，一般应挑弧焊，以免铁水下坠。如管壁较厚时，也可连续施焊。专用于厚壁容器及钢管的底层打底焊，可免去铲根和封底焊工序，从而提高了工效并改善焊工作条件。本焊条不适多层焊及封面焊。本焊条使用前必须经100~120℃，1~2h烘干，温度不宜过高，避免烧损药皮中的纤维素
	7	钛钙型低氢钢电焊条	结502	T502	钛钙型	0.12	0.5~0.9	≤0.30	0.035	≤0.05	—	50	16	6	交直流	40~70		70~90	90~130	160~210	220~270	260~310	本焊条可进行全位置焊接。主要用于16锰等普低钢结构的焊接
	8	钛铁矿型低氢钢电焊条	结503	T503	钛铁矿型	0.12	0.5~0.9	≤0.30	0.035	≤0.05	—	50	16	6	交直流	—		—	90~120	160~210	220~270	260~310	平焊、角焊工艺性能较好，其立焊操作性能稍次于结502等焊条。适用于普低钢的焊接，如16锰等

续表

类别	序号	名称	统一牌号	符合国标	药皮类型	碳≤	锰	硅	硫	磷	其他	抗拉强度(9.81N/mm²)	延伸率(%)≥	冲击值(9.81N·m/cm²)≥	焊接电源	1.6	2.0	2.5	3.2	4.0	5.0	5.8	说明及用途
普低钢电焊条	9	铁粉型低普低氢电焊条	结506	T506-Fe	铁粉低氢型	0.12	0.6~1.2	≤0.065	0.035	≤0.04	—	50	20	13	交直流				120~150	170~200	210~250	—	本焊条点灵活。其药皮含有铁粉（熔敷效率高），焊接效率较高（可减少焊接层次，接效率为10%左右）。适用于普低钢的焊接，如16锰等
	10	低氢型普低钢电焊条	结507	T507	低氢型	0.12	0.8~1.3	≤0.065	0.035	≤0.04	—	50	20	13	直流			40~70	60~90	140~180	170~210	210~260	本焊条可进行全位置焊接，具有良好的塑性、韧性及抗裂性能。可焊接中碳钢和某些普低钢，如09锰2硅、16锰、09锰2钒等
	11	低氢低普低钢电焊条	结507	Fe	低氢型	0.10	0.8~1.3	0.30~0.60	0.035	≤0.04	—	50	20	13	直流		70~100	110~140	150~190	200~240	—		本焊条美观，成型美观，效率高。适用于焊接中碳钢和某些普低钢，如16锰、09锰2硅、09锰2钒等

注
1. 焊条长度：250，300，350，400，450mm；
2. 表中提供的试验结果，一般均以直径4mm焊条为例；
3. 焊条直径系指不包括药皮的焊芯直径。可以生产直径3mm的代3.2mm；5.8mm的代6mm。

（1）碳钢的焊接：

1）低碳钢。焊接性能较好，一般不易产生焊接裂缝，故无需采取特别措施。

2）中碳钢。由于含碳量的增加，逐渐有发生焊接裂缝的倾向。防止方法是选用低氢型焊条或焊缝金属具有好塑性及高韧性的焊条，必要时可将焊件以预热处理。

（2）普通低合金钢的焊接。我国目前推广使用的 16 锰、16 锡加稀土、16 锰铜、15 锰钛、15 锰钛铜、09 锰 2、09 锰 2 铜、10 锰硅铜等普通低合金钢都具有较好的焊接性能，可选用相应强度的电焊条焊接。普低钢的淬硬和冷裂缝倾向大，氢含量是产生冷裂纹的因素之一。因此普低钢焊接最好选用碱性低氢焊条。对某些可焊性较差的普低钢和低合金高强度钢，在焊接时还应采取相应的工艺措施，防止开裂。

（3）铸钢的焊接。铸钢含碳量一般都较高，且厚度大，形状复杂，极易产生焊接裂缝，特别是铸钢中合金元素含量多时更为突出，所以在施焊中应特别注意。

结构钢电焊条根据药皮不同，大体分为酸性和碱性低氢型两大类。根据低氢型焊条的特点，在焊接中必须注意以下事项：

（1）施焊前应将焊条经 300～350℃左右烘焙 1h，随烘随用。

（2）焊前必须对焊件清除铁锈、油污、水分等杂质。

（3）焊接时须用短弧操作，以窄焊道为宜。

（4）用直流电源时，焊条接正极。

3. 结构钢电焊条的性能及用途（表 11-5-67）。

十、常用型钢组合截面回转半径近似值计算（表 11-5-68）

表 11-5-68   常用型钢组合截面回转半径近似值计算图表

$i_x = 0.30h$ $i_y = 0.30b$ $i_z = 0.195h$	$i_x = 0.30h$ $i_y = 0.17b$	$i_x = 0.40h$ $i_y = 0.21b$
$i_x = 0.32h$ $i_y = 0.28b$ $i_z = 0.18\dfrac{h+b}{2}$	$i_x = 0.20h$ $i_y = 0.21b$	$i_x = 0.43h$ $i_y = 0.24b$
$i_x = 0.30h$ $i_y = 0.215b$	$i_x = 0.21h$ $i_y = 0.21b$ $i_z = 0.185h$	$i_x = 0.39h$ $i_y = 0.29b$
$i_x = 0.32h$ $i_y = 0.20b$	$i_x = 0.21h$ $i_y = 0.21b$	$i_x = 0.43h$ $i_y = 0.43b$

续表

$i_x = 0.28h$ $i_y = 0.24b$	$i_x = 0.45h$ $i_y = 0.24b$	$i_x = 0.39h$ $i_y = 0.20b$
$i_x = 0.38h$ $i_y = 0.60b$	$i_x = 0.44h$ $i_y = 0.32b$	$i_x = 0.29h$ $i_y = 0.29b$
$i_x = 0.38h$ $i_y = 0.44b$	$i_x = 0.44h$ $i_y = 0.38b$	$i_x = 0.24hcp$ $i_y = 0.41bcp$
$i_x = 0.32h$ $i_y = 0.58b$	$i_x = 0.37h$ $i_y = 0.54b$	$i = 0.25d$
$i_x = 0.32h$ $i_y = 0.40b$	$i_x = 0.37h$ $i_y = 0.45b$	$i = 0.35dcp$ $dcp = \dfrac{D+d}{2}$
$i_x = 0.38h$ $i_y = 0.32b$	$i_x = 0.40h$ $i_y = 0.24b$	注: $hcp = \dfrac{h_1 + h_2}{2}$ $bcp = \dfrac{b_1 + b_2}{2}$

十一、常用截面几何特性

见表 11-5-69。

表11-5-69

常用截面几何特性表

序号	断面图形	面积 A	重心位置 y	惯性力矩 I	断面系数 $W=\dfrac{I_x}{y}$	回转半径 $r=\sqrt{\dfrac{I_x}{A}}$
1		$\dfrac{1}{2}bh$ $=\sqrt{s(s-a)(s-b)(s-c)}$ $s=\dfrac{1}{2}(a+b+c)$	$\dfrac{2}{3}h$	$I_x=\dfrac{1}{36}bh^3$ $I_B=\dfrac{1}{4}bh^3$ $I_b=\dfrac{1}{12}bh^3$	$W_B=\dfrac{1}{24}bh^2$ $W_b=\dfrac{1}{12}bh^2$	$\dfrac{h}{\sqrt{18}}=0.2357h$
2		bh	$\dfrac{h}{2}$	$\dfrac{1}{12}bh^3$	$\dfrac{1}{6}bh^2$	$\dfrac{h}{\sqrt{12}}=0.289h$
3		a^2	$\dfrac{a}{\sqrt{2}}=0.707a$	$\dfrac{1}{12}a^4$	$\dfrac{\sqrt{2}}{12}a^3=0.118a^3$	$\dfrac{a}{\sqrt{12}}=0.289a$
4		$\dfrac{1}{2}(b_1+b)h$	$\dfrac{h}{3}\cdot\dfrac{b+2b_1}{b+b_1}$	$\dfrac{a^2+4bb_1+b^2}{36(b_1+b)}h^3$	$\dfrac{a^2+4bb_1+b^2}{12(2b_1+b)}h^2$	$\dfrac{h}{6(b_1+b)}\times\sqrt{2(b^2+4bb_1+b_1^2)}$
5		$\dfrac{3\sqrt{3}}{2}b^2=2.598b^2$	$\dfrac{\sqrt{3}}{4}b=0.866b$	$\dfrac{5\sqrt{3}}{16}b^4=0.5413b^4$	$\dfrac{5}{8}b^3=0.625b^3$	$\sqrt{\dfrac{5}{24}}\,b=0.456b$
6		$\pi r^2=\dfrac{\pi d^2}{4}$	$y=\dfrac{d}{2}$	$\dfrac{\pi r^4}{4}=\dfrac{\pi d^4}{64}\approx0.05d^4$	$\dfrac{\pi r^3}{4}=\dfrac{\pi d^3}{32}\approx0.1d^3$	$\dfrac{d}{4}$

续表

序号	断面图形	面积 A	重心位置 y	惯性力矩 I	断面系数 $W=\dfrac{I_x}{y}$	回转半径 $r=\sqrt{\dfrac{I_x}{A}}$
7		$\dfrac{\pi d^2}{8}=0.3927d^2$	$\dfrac{2d}{3\pi}=0.2122d$	$\dfrac{d^4(9\pi^2-64)}{1152\pi}=0.0069d^4$	$\dfrac{d^3(9\pi^2-64)}{768}=0.3233d^3$	$\dfrac{d\sqrt{9\pi^2-64}}{12\pi}=0.1322d$
8		$\dfrac{\pi hb}{4}=0.785ab$	$\dfrac{h}{2}$	$J_x=\dfrac{\pi hb^3}{64}$ $J_y=\dfrac{\pi hb^3}{64}$	$W_x=\dfrac{\pi bh^2}{32}$ $W_y=\dfrac{\pi hb^2}{32}$	$r_x=\dfrac{h}{4}$ $r_y=\dfrac{b}{4}$
9		$HB-hb$	$\dfrac{H}{2}$	$\dfrac{1}{12}(BH^3-bh^3)$	$\dfrac{1}{6H}(BH^3-bh^3)$	$\sqrt{\dfrac{J}{A}}$
10		$HB+hb$	$\dfrac{H}{2}$	$\dfrac{1}{12}(BH^3+bh^3)$	$\dfrac{1}{6H}(BH^3+bh^3)$	$\sqrt{\dfrac{J}{A}}$
11		$Hb+hd$	$y_1=\dfrac{1}{2}\dfrac{bH^2+bd^2}{bH+bd}$ $y_2=H-y_1$	$\dfrac{1}{3}(By_1^3-hc^3+by_2^3)$	$W_1=\dfrac{J}{y_1}$ $W_2=\dfrac{J}{y_2}$	$\sqrt{\dfrac{J}{A}}$

十二、钢材的机械性能（GB 700—88、 见表 11-5-70 ~ 表 11-5-74。

GB 1591—88 VB168—70）

表 11-5-70   钢材机械性能表

钢号	钢材厚度或直径（mm）	拉 伸 试 验			180°冷弯试验 d = 弯心直径 δ = 钢材厚度 b = 试件宽度		冲击韧性		
		屈服点 σ_s （N/mm²）	抗拉强度 σ_b（N/mm²）	伸长率 δ_s（%）	纵 向	横 向	等级	温度（℃）	V 形冲击功（纵向）
		不小于		不小于					不小于
Q235	≤16	235	375 ~ 460	26	$d = \delta$	$d = 1.5a$	A	—	—
	>16 ~ 40	225		25			B	20	
	>40 ~ 60	215		24					
	>60 ~ 100	205		23	$d = 2\delta$	$d = 2.5a$	C	0	27
	>100 ~ 150	195		22	$d = 2.5\delta$	$d = 3a$			
	>150	185		21	$d = 2.5\delta$	$d = 3a$	D	−20	
16M$_n$	≤16	345	510 ~ 660	22	$d = 2\delta$				
	>16 ~ 25	325	490 ~ 640	21					
	>25 ~ 36	315	470 ~ 620	21	$d = 3\delta$				
	>36 ~ 50	295	470 ~ 620	21					
	>50 ~ 100 方圆钢	275	470 ~ 620	20					
15M$_n$V	≤4	410	550 ~ 700	19	$d = 2\delta$				
	>4 ~ 16	390	530 ~ 680	18					
	>16 ~ 25	375	510 ~ 660	18	$d = 3\delta$		20		27
	>25 ~ 36	355	490 ~ 640	18					
	>36 ~ 50	335	490 ~ 640	18					
16M$_{nq}$	≤16	345	≥510	21	$d = 2\delta$				
	17 ~ 25	325	≥490	19					
	26 ~ 36	305	0	19	$d = 3\delta$				
15M$_n$V$_q$	≤16	390	≥580	18					
	17 ~ 25	370	≥510	17					
	26 ~ 36	355	≥490	17					

注 1. Q235-A 级钢的冷弯试验，在需方要求时才进行，当冷弯合格时，抗拉强度上限可以不作为交货条件；

2. 用沸腾钢轧制的 Q235B 级钢材，其厚度（直径）一般不大于 25mm；

3. 进行拉伸和弯曲试验时，钢板和钢带应取横向试样，伸长率允许降低 1%（绝对值），型钢应取纵向试样。

表 11-5-71　钢材的机械性能表

标准代号	钢号	组别	机械性能			
			屈服点 σ_s (9.81N/mm²) 不小于	抗拉强度 σ_b (9.81N/mm²)	伸长率(%) δ_5　δ_{10} 不小于	180°冷弯试验 d=弯心直径 δ=试样厚度
GB 700—65	2号钢	第1组	22	34~42	31　26	$d=0$
		第2组	20			
		第3组	19			
	3号钢 沸腾钢	第1组	24	38~40 / 41~43 / 44~47	27　23 / 26　22 / 25　21	$d=1.5\delta$
		第2组	22	38~40 / 41~43 / 44~47	27　23 / 26　22 / 25　21	
		第3组	21	38~40 / 41~43 / 44~47	27　23 / 26　22 / 25　21	
	3号钢 镇静钢	第1组	24	38~40 / 41~43 / 44~47	27　23 / 26　22 / 25　21	
		第2组	23	38~40 / 41~43 / 44~47	27　23 / 26　22 / 25　21	
		第3组	22	38~40 / 41~43 / 44~47	27　23 / 26　22 / 25　21	
YB 13—69	16锰钢	第1组	35	≥52	21　—	$d=2\delta$
		第2组	33	≥50	19　—	$d=3\delta$
		第3组	31	≥48	19　—	
YB 168—70	16锰桥钢	第1组	35	≥52	21　—	$d=2\delta$
		第2组	33	≥50	19　—	
		第3组	31	≥48	19　—	$d=3\delta$

续表

标准代号	钢号	钢材种类	取样方向	钢材直径或厚度(mm)	试样状态	冲击韧性 a_k (9.81N·m/cm²) 不小于
YB 13—69	16锰钢	钢板和条钢	双方协议	双方协议	常温	≥6
					-40℃	≥3
					应变时效后	双方协议
YB 168—70	16锰桥钢	钢板	横着轧制方向	≥12	常温	≥6
					-40℃	≥3
					应变时效后	≥3

注　条钢包括棒钢、型钢和异型钢。

表 11-5-73　钢的化学成分表

标准代号	钢号		化学成分（%）			
			碳	硫　磷 不大于	硅	锰
GB 700—65	2号钢	平炉 沸腾钢	0.09~0.15		≤0.07	0.25~0.50
		平炉 镇静钢			0.12~0.30	
		侧吹碱性转炉 沸腾钢	0.06~0.12		≤0.07	0.25~0.55
		侧吹碱性转炉 镇静钢		0.055　0.045	0.10~0.30	
	3号钢	平炉 沸腾钢	0.14~0.22		≤0.07	0.30~0.60
		平炉 镇静钢			0.12~0.30	0.40~0.65
		侧吹碱性转炉 沸腾钢	0.10~0.20		≤0.07	0.30~0.60
		侧吹碱性转炉 镇静钢			0.10~0.30	
YB 13—69	16锰钢		0.12~0.20	0.050　0.050	0.20~0.60	1.20~1.60
YB 168—70	16锰桥钢		0.12~0.20	0.045　0.040	0.20~0.60	1.20~1.60

表 11-5-72　钢材的机械性能表

标准代号	钢号	钢材种类	取样方向	钢材直径或厚度(mm)	试样状态	冲击韧性 a_k (9.81N·m/cm²) 不小于
GB 700—65	3号钢	钢板	横着轧制方向	12~25	常温	7
		条钢	顺着轧制方向			8
		钢板和条钢		>25		10
						双方协议
	3号镇静钢	钢板	双方协议	12~20	-20℃	3
					-40℃	双方协议
					应变时效后	双方协议
				>20	-20℃	双方协议
					应变时效后	≥3

表 11-5-74　钢铸件的化学成分和机械性能表

标准代号	铸件牌号	化学成分（%）					机械性能				
		碳	硫	磷	锰	硅	屈服点 σ_s (9.81N/ mm²)	抗拉强度 σ_b (9.81N/ mm²)	伸长率 δ_5 (%)	断面收缩率 Ψ (%)	冲击韧性 α_k (9.81N· m/cm²)
		不大于					不　　小　　于				
GB 979—67	ZG15	0.12~0.22	0.06	0.06	0.35~0.65	0.20~0.45	20	40	25	40	6.0
	ZG25	>0.22~0.32	0.06	0.06	0.50~0.80	0.20~0.45	24	45	20	32	4.5
	ZG35	>0.32~0.42	0.06	0.06	0.50~0.80	0.20~0.45	28	50	16	25	3.5

十三、杆塔钢材强度设计值

110~500kV 架空送电线路设计技术规程（DL/T 5092—1999）提出杆塔钢材强度设计值，应按表 11-5-75 的规定选用。

表 11-5-75　钢材的强度设计值表　　　（N/mm²）

类别\材料	钢材组别或厚度（mm）		抗拉	抗压和抗剪	抗剪	孔壁承压*
钢材	Q235	第一组	215	215	125	370
		第二组	200	200	115	
		第三组	190	190	110	
	Q345	≤16	315	315	185	510
		17~25	300	300	175	490
	Q390	≤16	350	350	205	530
		17~25	335	335	195	510

* 适用于构件上螺栓端距大于 $1.5D_B$（D_B 螺栓直径）。

十四、钢材理论质量计算

钢材理论质量计算公式表见表 11-5-76。

表 11-5-76　钢材理论质量计算公式表

序号	钢材类别	计算公式	代号说明
1	圆钢	$A = 0.7854d^2$（mm²） $m = 0.0061654a^2$（kg/m）	A（断面积，mm²） d（直径，mm） m（理论单位长度质量，kg/m）
2	方钢	$A = b^2$（mm²） $m = 0.00785a^2$（kg/m）	b（边宽，mm）
3	六角钢	$F = 0.866b^2$ $= 2.598sb^2$（mm²） $m = 0.0203943s^2$ $= 0.0067983b^2$（kg/m）	s（对边距离，mm）
4	八角钢	$A = 0.8284b^2$ $= 4.8284S^2$（mm²） $m = 0.0379S^2$ $= 0.006503b^2$（kg/m）	
5	钢板、扁钢、带钢	$A = b \times \delta$（mm²） $m = 0.00785b\delta$（kg/m）	b（边宽，mm） δ（厚，mm）
6	等边角钢	$A = d(2b - \delta) + 0.2146(r^2 - 2r_1^2)$（mm²） $m = 0.00785[\delta(2b-\delta) + 0.2146 \cdot (r^2 - 2r_1^2)] \approx 0.00795d(2b-\delta)$（kg/ m）	δ（边厚，mm），b（边宽，mm） r（内弧半径，mm） r_1（端弧半径，mm）
7	不等边角钢	$A = \delta(b_1 + b - \delta) + 0.2146 \times (r^2 - 2r_1^2)$（mm²） $m = 0.00785[\delta(b_1 + b - d) + 0.2146(r^2 - 2r_1^2)] \approx 0.00795\delta(b_1 + b - \delta)$（kg/m）	δ（边厚，mm）b_1（长边宽，mm） b（短边宽，mm） r（内弧半径，mm） r_1（端弧半径，mm）
8	工字钢	$A = hd + 2t(b - \delta) + 0.8584(r^2 - r_1^2)$（mm²） $m = 0.00785[h\delta + 2t(b-\delta) + 0.8584 \cdot (r^2 - r_1^2)]$（kg/m）	h（高度，mm）； b（腿宽，mm）； δ（腰厚，mm）； t（平均腿厚，mm）； r（内弧半径，mm）； r_1（端弧半径，mm）
9	槽钢	$A = hd + 2t(b - \delta) + 0.4292 \cdot (r^2 - r_1^2)$（mm²） $m = 0.00785[h\delta + 2t(b-\delta) + 0.4292(r^2 - r_1^2)]$（kg/m）	
10	钢管	$A = 3.1416(D - \delta)\delta$（mm²） $m = 0.02466(D - \delta)\delta$（kg/m）	D（外径，mm）； δ（壁厚，mm）

注　1. （质量，kg）= F（断面积，mm²）× L（长度，m）× g（密度，g/cm³）× 1/1000；

2. 钢材密度一般按 7.85 计算。

第六节　螺栓、螺母

一、单个螺栓的容许承载力

单个螺栓的容许承载力见表 11-6-1、表 11-6-2。

Q235 钢　一个 C 级螺栓的承载力见表 11-6-3。

表 11-6-1　　　　　　　　　　　　　　　　　　　单个螺栓的容许承载力表（一）

螺栓强度等级	容许抗剪应力（kN/cm²）	螺栓公称直径（mm）	螺栓横截面积（cm²）		一个螺栓的抗剪容许承载力（kN）		构件为 A₃ 钢时一个螺栓的容许承压承载力（kN）							
							连接板厚度（mm）							
			毛面积	净面积	单剪	双剪	3	4	5	6	7	8	10	12
4.8	10.791	12	1.13	0.76	12.19	24.38	8.98	11.93	15.0	17.96	21.03	23.99	30.00	35.92
		16	2.01	1.44	21.67	43.34	11.93	15.91	20.0	23.99	27.97	32.06	40.0	47.98
		20	3.14	2.25	33.88	67.76	15.0	20.0	25.01	30.01	35.02	40.02	50.02	60.02
		(22)	3.80	2.82	41.01	82.02	16.48	21.94	27.51	32.97	38.43	44.0	54.42	65.94
		24	4.52	3.24	48.77	97.54	17.96	23.99	30.01	36.04	41.95	47.98	60.02	72.08
5.8	13.734	12	1.13	0.76	15.51	31.02	8.98	11.93	15.0	17.96	21.03	23.99	30.00	35.92
		16	2.01	1.44	27.60	55.20	11.93	15.91	20.0	23.99	27.97	32.06	40.0	47.98
		20	3.14	2.25	43.12	86.24	15.0	20.0	25.01	30.01	35.02	40.02	50.02	60.02
		(22)	3.80	2.82	52.19	104.38	16.48	21.94	27.51	32.97	38.43	44.0	54.42	65.94
		24	4.52	3.24	62.07	124.14	17.96	23.99	30.01	36.04	41.95	47.98	60.02	72.08
6.8	15.696	12	1.13	0.76	17.72	35.44	8.98	11.93	15.0	17.96	21.03	23.99	30.00	35.92
		16	2.01	1.44	31.54	63.08	11.93	15.91	20.0	23.99	27.97	32.06	40.0	47.98
		20	3.14	2.25	49.28	98.56	15.0	20.0	25.01	30.01	35.02	40.02	50.02	60.02
		(22)	3.80	2.82	59.64	119.28	16.48	21.94	27.51	32.97	38.43	44.0	54.42	65.94
		24	4.52	3.24	70.93	141.86	17.96	23.99	30.01	36.04	41.95	47.98	60.02	72.08

注　1. 本表按螺栓孔中心至构件端部的距离为 $1.5d_0$ 计算，构件容许承压应力为 25.015kN/cm²，d_0 为螺栓直径。

　　2. 螺栓净面积系根据 GB 192—63 及 GB 196—63 计算的。

　　3. 括号内的尺寸尽可能不采用。

表 11-6-2　　　　　　　　　　　　　　　　　　　单个螺栓的容许承载力表（二）

螺栓强度等级	容许抗剪应力（kN/cm²）	螺栓公称直径（mm）	螺栓横截面积（cm²）		一个螺栓的抗剪容许承载力（kN）		构件为 16 锰钢时一个螺栓的容许承压承载力（kN）							
							连接板厚度（mm）							
			毛面积	净面积	单剪	双剪	5	6	7	8	10	12	14	16
4.8	10.791	12	1.13	0.76	12.19	24.38	21.18	25.36	29.69	33.87	42.36	50.72	59.38	67.74
		16	2.01	1.44	21.67	43.34	28.25	33.87	39.48	45.26	56.50	67.74	78.96	90.52
		20	3.14	2.25	33.88	67.76	35.31	42.37	49.44	56.50	70.62	84.74	98.88	113.0
		(22)	3.80	2.82	41.01	82.02	38.84	46.55	54.25	62.12	77.68	93.10	108.50	124.24
		24	4.52	3.24	48.77	97.54	42.37	50.88	59.23	67.74	86.74	101.76	118.46	135.48
5.8	13.734	12	1.13	0.76	15.51	31.02	21.18	25.36	29.69	33.87	42.36	50.72	59.38	67.74
		16	2.01	1.44	27.60	55.20	28.25	33.87	39.48	45.26	56.50	67.74	78.96	90.52
		20	3.14	2.25	43.12	86.24	35.31	42.37	49.44	56.50	70.62	84.74	98.88	113.0
		(22)	3.80	2.82	52.19	104.38	38.84	46.55	54.25	62.12	77.68	93.10	108.50	124.24
		24	4.52	3.24	62.07	124.14	42.37	50.88	59.23	67.74	86.74	101.76	118.46	135.48
6.8	15.696	12	1.13	0.76	17.72	35.44	21.18	25.36	29.69	33.87	42.36	50.72	59.38	67.74
		16	2.01	1.44	31.54	63.08	28.25	33.87	39.48	45.26	56.50	67.74	78.96	90.52
		20	3.14	2.25	49.28	98.56	35.31	42.37	49.44	56.50	70.62	84.74	98.88	113.0
		(22)	3.80	2.82	59.64	119.28	38.84	46.55	54.25	62.12	77.68	93.10	108.5	124.24
		24	4.52	3.24	70.93	141.86	42.37	50.88	59.23	67.74	86.74	101.76	118.46	135.48

注　1. 本表按螺栓孔中心至构件端部的距离为 $1.5d_0$ 计算，构件容许承压应力为 35.316kN/cm²，d_0 为螺栓直径。

　　2. 螺栓净面积系根据 GB 192—63 及 GB 196—63 计算的。

　　3. 括号内的尺寸尽可能不采用。

表 11-6-3 Q235钢　一个C级螺栓的承载力

| 螺栓直径 d (mm) | 螺栓毛截面面积 A (10^2 mm²) | 螺栓有效截面面积 A_e (10^2 mm²) | 构件钢材的钢号 | 承压的承载力设计值 F_p (kN) 当承压板的厚度 t (mm) 为 | | | | | | | | | | 受拉的承载力设计值 F_T (kN) | 受剪的承载力设计值 F_s (kN) | |
				5	6	7	8	10	12	14	16	18	20		单剪	双剪
12	1.131	0.843	Q235 钢	18.3	22.0	25.6	29.3	36.6	43.9	51.2	58.6	65.9	73.2	14.3	14.7	29.4
			16Mn 钢、16Mnq 钢	25.2	30.2	35.3	40.3	50.4	60.5	70.6	80.6	86.4	96.0			
			15MnV 钢、15MnVq 钢	26.1	31.3	36.5	41.8	52.2	62.6	73.1	83.5	90.7	100.8			
14	1.539	1.154	Q235 钢	21.4	25.6	29.9	34.2	42.7	51.2	59.8	68.3	76.9	85.4	19.6	20.0	40.0
			16Mn 钢、16Mnq 钢	29.4	35.3	41.2	47.0	58.8	70.6	82.3	94.1	100.8	112.0			
			15MnV 钢、15MnVq 钢	30.5	36.5	42.6	48.7	60.9	73.1	85.3	97.4	105.8	117.6			
16	2.011	1.567	Q235 钢	24.4	29.3	34.2	39.1	48.8	58.6	68.3	78.1	87.8	97.6	26.6	26.1	52.3
			16Mn 钢、16Mnq 钢	33.6	40.3	47.0	53.8	67.2	80.6	94.1	107.5	115.2	128.0			
			15MnV 钢、15MnVq 钢	34.8	41.8	48.7	55.7	69.6	83.5	97.4	111.4	121.0	134.4			
18	2.545	1.925	Q235 钢	27.5	32.9	38.4	43.9	54.9	65.9	76.9	87.8	98.8	109.8	32.7	33.1	66.2
			16Mn 钢、16Mnq 钢	37.8	45.4	52.9	60.5	75.6	90.7	105.8	121.0	129.6	144.0			
			15MnV 钢、15MnVq 钢	39.2	47.0	54.8	62.6	78.3	94.0	109.6	125.3	136.1	151.2			
20	3.142	2.448	Q235 钢	30.5	36.6	42.7	48.8	61.0	73.2	85.4	97.6	109.8	122.0	41.6	40.8	81.7
			16Mn 钢、16Mnq 钢	42.0	50.4	58.8	67.2	84.0	100.8	117.6	134.4	144.0	160.0			
			15MnV 钢、15MnVq 钢	43.5	52.2	60.9	69.6	87.0	104.4	121.6	139.2	151.2	168.0			
22	3.801	3.034	Q235 钢	33.6	40.3	47.0	53.7	67.1	80.5	93.9	107.4	120.8	134.2	51.6	49.4	98.8
			16Mn 钢、16Mnq 钢	46.2	55.4	64.7	73.9	92.4	110.9	129.4	147.8	158.4	176.0			
			15MnV 钢、15MnVq 钢	47.9	57.4	67.0	76.6	95.7	114.8	134.0	153.1	166.3	184.8			
24	4.524	3.525	Q235 钢	36.6	43.9	51.2	58.6	73.2	87.8	102.5	117.1	131.8	146.4	59.9	58.8	117.6
			16Mn 钢、16Mnq 钢	50.4	60.5	70.6	80.6	100.8	121.0	141.1	161.3	172.8	192.0			
			15MnV 钢、15MnVq 钢	52.2	62.6	73.1	83.5	104.4	125.3	146.2	167.0	181.4	201.6			
27	5.726	4.594	Q235 钢	41.2	49.4	57.6	65.9	82.4	98.8	115.3	131.8	148.2	164.7	78.1	74.4	148.9
			16Mn 钢、16Mnq 钢	56.7	68.0	79.4	90.7	113.4	136.1	158.8	181.4	194.4	216.0			
			15MnV 钢、15MnVq 钢	58.7	70.5	82.2	94.0	117.5	140.9	164.4	187.9	204.1	226.8			
30	7.069	5.606	Q235 钢	45.8	54.9	64.1	73.2	91.5	109.8	128.1	146.4	164.7	183.0	95.3	91.9	183.8
			16Mn 钢、16Mnq 钢	63.0	75.6	88.2	100.8	126.0	151.2	176.4	201.6	216.0	240.0			
			15MnV 钢、15MnVq 钢	65.3	78.3	91.4	104.4	130.4	156.6	182.7	208.8	226.8	252.0			

二、螺栓、铆钉连接强度（见表 11-6-4 ～ 表 11-6-6）

表 11-6-4 高强度螺栓性能等级、钢材及机械性能

| 螺栓种类 | 性能等级 | 采用钢号 | 机　械　性　能 | | | | 洛氏硬度 HRC |
| | | | 屈服强度 | | 抗拉强度 | | |
			kgf/mm²	N/mm²	kgf/mm²	N/mm²	
大六角头	8、8 级	45、35	≥63	≥620	85～105	830～1030	24～31
	10、9 级	20MnTiB 40B、35VB	≥95	≥940	106～126	1040～1240	33～39
扭剪型	10、9 级	20MnTiB	≥95	≥940	106～126	1040～1240	33～39

表 11-6-5　　　　　　　　　　螺栓连接的强度设计值　　　　　　　　　　（N/mm²）

螺栓的钢号（或性能等级）和构件的钢号		钢材厚度（mm）	普通螺栓						锚栓		承压型高强度螺栓	
			C 级螺栓			A 级、B 级螺栓						
			抗拉	抗剪	承压	抗拉	抗剪（Ⅰ类孔）	承压（Ⅰ类孔）	抗拉	抗剪	承压	
普通螺栓	Q235 钢	—	170	130	—	170	170		—	—	—	
锚栓	Q235 钢	—	—	—	—	—	—		140	—	—	
	16Mn 钢	—	—	—	—	—	—		180	—	—	
承压型高强度螺栓	8、8 级	—	—	—	—	—	—		—	250	—	
	10、9 级	—	—	—	—	—	—		—	310	—	
构件	Q235 钢	（≤16）~60	—	—	305	—	—	400		—	465	
	16Mn 钢 16Mnq 钢	≤16	—	—	420	—	—	550		—	640	
		17~25	—	—	400	—	—	530		—	615	
		26~36	—	—	385	—	—	510		—	590	
	15MnV 钢 15MnVq 钢	≤16	—	—	435	—	—	570		—	665	
		17~25	—	—	420	—	—	550		—	640	
		26~36	—	—	400	—	—	530		—	615	

表 11-6-6　螺栓和锚栓的强度设计值　（N/mm²）

材料	类别	螺栓、锚栓直径（mm）	抗拉	抗剪
镀锌粗制螺栓	4.8 级	标称直径 D≤24	200	170
	5.8 级	标称直径 D≤24	240	210
	6.8 级	标称直径 D≤24	300	240
	8.8 级	标称直径 D≤24	400	300
锚栓	Q235 钢	外径 ≥16	160	—
	35 号优质碳素钢	外径 ≥16	190	—

注　该表为 110~500kV 架空送电线路设计技术规程（DL/T 5092—1999）提出的螺栓和锚栓的强度设计值。

三、螺栓、铆钉连接最小容许距离
（见表 11-6-7 ~ 表 11-6-10）

表 11-6-7　角钢、钢板的螺栓间距、边距

螺栓规格	孔径（mm）	孔距（mm）		边距（mm）		
		单排孔	双排孔	端边	轧制边	切角边
M12	φ13.0	40	60	20	≮16	≤18
M16	φ17.5	50	80	25	≮21	≮23
M20	φ21.5	60	100	30	≮26	≮28
M24	φ25.5	80	120	40	≮31	≮33

表 11-6-8　工字钢和槽钢腹板上螺栓或铆钉最小容许线距

工字钢型号	12.6	14	16	18	20	22	25	28	32	36	40	45	50
线距 c（mm）	35	40	45	50	50	55	60	60	65	65	70	75	75
槽钢型号	12.6	14	16	18	20	22	25	28	32	36	40		
线距 c（mm）	45	45	50	55	55	60	60	65	70	75	75		

表 11-6-9　工字钢和槽钢翼缘上螺栓或铆钉的最小容许线距

工字钢型号	12.6	14	16	18	20	22	25	28	32	36	40	45	50
线距 a（mm）	42	44	44	50	54	54	64	64	70	74	80	84	94
槽钢型号	12.6	14	16	18	20	22	25	28	32	36	40		
线距 a（mm）	30	35	35	40	45	50	50	50	60	60	60		

表 11-6-10　角钢上螺栓或铆钉最小容许线距

单行排列	角钢肢宽（mm）	40	45	50	56	63	70	75	80	90	100	110	125
	线距 e（mm）	20	24	28	32	36	40	40	40	50	50	60	60
	螺栓或铆钉最大直径（mm）	16	16	16	16	20	20	20	20	20	20	20	20
双行错列	角钢肢宽（mm）	125	140	160	180	200	双行并列	角钢肢宽	160	180	200		
	b（mm）	45	50	60	60	70		b	50	60	80		
	b₁（mm）	75	90	100	120	130		b₁	120	140	160		
	螺栓或铆钉最大直径（mm）	20	24	24	24	24		螺栓或铆钉孔最大直径（mm）	24	24	24		

四、粗制六角头螺栓尺寸及质量（见表11-6-11）

表11-6-11   粗制六角头螺栓尺寸（按 GB 5—76）

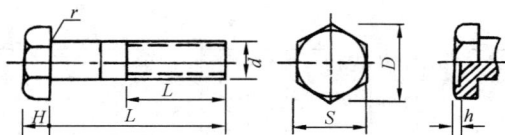

尺　　寸（mm）									
S	19	22	24	27	30	32	36	41	46
H	8	9	10	12	13	14	15	17	19
d_1	12	14	16	18	20	22	24	27	30
$r \leqslant$	0.8			1.0			1.5		
D	21.9	25.4	27.7	31.2	34.6	36.9	41.6	47.3	53.1
螺栓直径 d	12	(14)	16	(18)	20	(22)	24	(27)	30
L	L_0								
25	25	25	25						
30	30	30	30	30					
35	35	35	35	35	35				
40	30 | 40	40	40	40	40				
45	30 | 45	35 | 45	45	45	45				
50	30	35 | 50	40 | 50	50	50	50			
55	30	35	40 | 55	45 | 55	55	55	55		
60	30	35	40 | 60	45 | 60	50 | 60	60	60	60	60
65	30	35	40	45 | 65	50 | 65	55 | 65	65	65	65
70	30	35	40	45	50 | 70	55 | 70	60 | 70	70	70
75	30	35	40	45	50	55 | 75	60 | 75	65 | 75	75
80	30	35	40	45	50	55	60 | 80	65 | 80	70 | 80
90	30	35	40	45	50	55	60	65	70 | 90
100	30	35	40	45	50	55	60	65	70
110	30	35	40	45	50	55	60	65	70
120	30	35	40	45	50	55	60	65	70
130	30	35	40	45	50	55	60	65	70
140	30	35	40	45	50	55	60	65	70
150	30	35	40	45	50	55	60	65	70
160	30	35	40	45	50	55	60	65	70
180	30	35	40	45	50	55	60	65	70
200	30	35	40	45	50	55	60	65	70
220	30	35	40	45	50	55	60	65	70
240	30	35	40	45	50	55	60	65	70
260	30	35	40	45	50	55	60	65	70
280	30	35	40	45	50	55	60	65	70
300	30	35	40	45	50	55	60	65	70

注　1. 括号内的尺寸尽可能不采用。

　　2. L_0 栏中，若有两个数值时，左边数值表示螺纹长度，右边数值表示允许螺栓杆上全部制出螺纹。

五、粗制六角螺母尺寸及质量（见表 11-6-12）

表 11-6-12　粗制六角螺母尺寸及质量（按 GB 41—76）

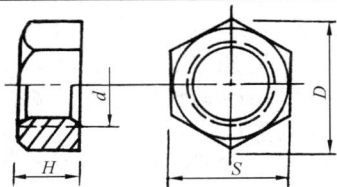

d	S	H	D	每 1000 个钢螺母的质量
（mm）		（mm）		（kg）
12	19	10	21.9	16.32
(14)	22	11	25.4	25.28
16	24	13	27.7	34.12
(18)	27	14	31.2	44.19
20	30	16	34.6	61.91
(22)	32	18	36.9	75.94
24	36	19	41.6	111.9
(27)	41	22	47.3	168.0
30	46	24	53.1	234.2

注　括号内的尺寸尽可能不采用。

表 11-6-13　粗制垫圈尺寸及质量（按 GB 95—76）

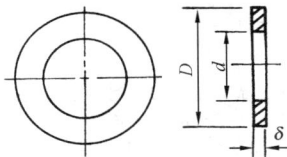

螺纹直径	d	D	δ	每 1000 个钢垫圈的质量
（mm）		（mm）		（kg）
12	14	24	2	4.685
(14)	16	28	2	6.510
16	18	30	3	10.65
(18)	20	34	3	13.98
20	22	37	3	16.37
(22)	24	39	3	17.48
24	26	44	4	31.08
(27)	30	50	4	39.46
30	33	56	4	50.48

注　括号内的尺寸尽可能不采用。

第七节　混　凝　土

一、水泥

（一）水泥的主要性质

水泥属于水硬性矿物胶结材料,当其与水或适当的盐类溶液混合后,在常温下经过一定的物理和化学变化过程,能由浆状或可塑状逐渐凝结,进而硬化具有一定的强度,并将松散材料胶结为整体。水泥除能在空气中硬化和保持强度外,还能在水中继续硬化,并长期地保持和继续提高其强度。现将水泥性质的主要内容介绍于下:

（1）比重与容重。普通水泥的比重为 3.0~3.15,通常采用 3.1;容重为 1000~1600kg/m³,通常采用 1300kg/m³。

（2）细度。细度是指水泥颗粒的粗细程度。颗粒愈细的水泥硬化愈快,早期强度愈高,但在空气中硬化时,有较大的收缩。

（3）凝结时间。水泥的凝结时间对施工有重要意义。水泥从加水（调成标准稠度）到开始凝结所需的时间称为初凝时间。已经初凝的水泥,塑性大为降低。水泥从加水到凝结完了所需的时间称为终凝时间。已经终凝的水泥才初步具有强度。

为了保证在施工中有足够的处理时间并满足施工中操作的要求,通常,要求水泥的初凝时间不宜过早而终凝时间不宜过迟。

（4）标号与强度。水泥标号与水泥强度是密切相关的,但二者的概念并不相同。标号是根据按国家标准强度检验方法测得的 28 天的抗压强度确定的。即把水泥和标准砂以 1:2.5 的比例,加入适量的水用软练方法制成 4×4=16cm 的水泥砂浆试件,按要求进行标准养护 28 天后,分别做抗压、抗折强度试验。根据试件破坏时每平方厘米截面积上所受压力及抗折力的数值,确定水泥的标号。在确定标号时,一般是以 28 天抗压强度作为主要依据。例如试验得到的 28 天抗压强度为 325·9.81N/cm²,或虽高于 325·9.81N/cm²,但却不足 425·9.81N/cm² 时,就定为 325 号。水泥的早期强度和后期强度对施工和使用亦有重要意义。

（5）体积安定性。体积安定性简称安定性,是指水泥在硬化过程中体积变化的均匀性。事实上,水泥遇水后,在凝结硬化的过程中,体积必然要发生变化,但变化不能太大并应保持均匀。水泥中如果含较多的游离石灰、氧化镁或三氧化硫,就能使水泥结构产生不均匀的变形,甚至崩溃。

（6）水化热。水泥与水的作用为放热反应,随着硬化过程的进行,不断放出热量,这种热量称为水化热。水泥水化热的大小与放热的快慢,除了决定于水泥的成分外,还与水泥的细度有关,细度大的水泥,早期放热量较多。

水泥的水化热对施工应用有很大的影响。对于小断面、小体积的混凝土构件的低温施工,水化热可加快其硬化速度。但对于水坝、大型基础等大体积混凝土工程,则由于水化热积聚在内部,不易散发,内部温度上升过高,致使混凝土产生内应力而开裂或破坏。故在大体积混凝土工程中,为降低水泥的放热量,宜采用低热水泥、外掺粉煤灰等掺合料或采用各种特殊的冷却方法,使内部温度不致上升过高。

（二）水泥标准

水泥标准是对水泥材料的全面的、统一的技术规定和技术要求。水泥标准可分为国家标准、部颁标准和企业标准等。标准的内容包括各品种水泥的定义、水泥的标号、水泥的品质指标（关于细度、凝结时间、安定性、强度、氧化镁和三氧化硫含量的技术要求）、品质指标的试验方法、验收规则、包装与标志、运输与保管等内容。

为了使水泥标准制定得更加完善合理，我国从1977 年开始，逐步对各种水泥的标准做了修改。凡已颁布执行新标准的水泥，本类中均根据新标准编号；尚未颁布新标准的水泥，本类中均注明"仍沿用原标准"。

水泥新标准对原标准作了重要的修改。新、旧标准主要不同点是：

（1）新标准（GB 175—77）中增加了硅酸盐水泥（纯熟料水泥）和粉煤灰水泥两个品种，并将普通硅酸盐水泥简称为普通水泥，以区别于硅酸盐水泥。

（2）新标准中水泥的标号改用软练法测定，即检验水泥强度所用的胶砂含水量较原来采用的硬练法增多，呈塑性状态。软练法对水泥活性比较敏感，也符合拌制混凝土时的实际状况，可以提高预测混凝土实际强度的准确性。

（3）新标准对水泥化学成分的限制有所放宽，而对细度的要求有了提高。

（4）新标准在试验方法、验收规则、发货要求等方面都作了一定修改，较前更加完善。

（三）一般水泥

一般水泥特性参数及使用范围，见表 11-7-1 ~ 表11-7-3。

表 11-7-1   一般水泥的定义与标号（摘自 GB 175—77、GB 1344—77）

名　称	标　号	定　义
硅酸盐水泥	425 525 625	凡以适当成分的生料，烧至部分熔融，所得以硅酸盐为主要成分的硅酸盐水泥熟料，加入适量的石膏，磨细制成的水硬性胶凝材料，称为硅酸盐水泥
普通硅酸盐水泥 （普通水泥）	225 275 325 425 525 625	凡由硅酸盐水泥熟料、少量混合材料、适量石膏磨细制成的水硬性胶凝材料，称为普通硅酸盐水泥（简称普通水泥）。水泥中混合材料掺加量按重量百分比计，掺活性混合材料时，不得超过 15%；掺非活性混合材料时，不得超过 10% 同时掺活性和非活性混合材料时，总量不得超过 15%，其中非活性混合材料不得超过 10%
矿渣硅酸盐水泥 （矿渣水泥）	225 275 325 425 525	凡由硅酸盐水泥熟料和粒化高炉矿渣，加入适量石膏磨细制成的水硬性胶凝材料，称为矿渣硅酸盐水泥（简称矿渣水泥）。水泥中粒化高炉矿渣掺加量按重量百分比计为 20% ~ 70%。允许用不超过混合材料总掺量 1/3 的火山灰质混合材料或粉煤灰代替部分粒化高炉矿渣。但代替数量最多不得超过水泥重量的 15%
火山灰质硅酸盐水泥 （火山灰水泥）	225 275 325 425 525	凡由硅酸盐水泥熟料和火山灰质混合材料，加入适量石膏磨细制成的水硬性胶凝材料，称为火山灰质硅酸盐水泥（简称火山灰水泥）。水泥中火山灰质混合材料掺加量按重量百分比计为 20% ~ 50%。允许掺加不超过混合材料总掺量 1/3 的粒化高炉矿渣代替部分火山灰质混合材料
粉煤灰硅酸盐水泥 （粉煤灰水泥）	225 275 325 425 525	凡由硅酸盐水泥熟料和粉煤灰，加入适量石膏磨细制成的水硬性胶凝材料，称为粉煤灰硅酸盐水泥（简称粉煤灰水泥）。水泥中粉煤灰掺加量按重量百分比计为 20% ~ 40%。允许掺加不超过混合材料总掺量 1/3 的粒化高炉矿渣。此时混合材料总掺量可达 50%。但粉煤灰掺加量仍不得超过 40%

注 水泥的标号，系按水泥胶砂强度检验方法（GB 177—77）进行检验，所得 28 天抗压强度而定的（以下其它各种水泥均同）。

表 11-7-2   一般水泥的品质指标（摘自 GB 175—77、GB 1344—77）

名　称 项　目	硅酸盐水泥			普通水泥			矿渣水泥 火山灰水泥 粉煤灰水泥	
细度	0.08mm 方孔筛筛余不得超过 15%							
凝结时间	初凝不得早于 45min，终凝不得迟于 12min							
安定性	用沸煮法检验必须合格							
抗压强度 (9.81N/cm²)　　龄期 标号	3 天	7 天	28 天	3 天	7 天	28 天	7 天	28 天
225	—	—	—	—	130	225	110	225
275	—	—	—	—	160	275	130	275
325	—	—	—	120	190	325	150	325
425	180	270	425	160	250	425	210	425
525	230	340	525	210	320	525	290	525
625	290	430	625	270	410	625	—	—

续表

项 目	名 称	硅酸盐水泥			普通水泥			矿渣水泥 火山灰水泥 粉煤灰水泥	
抗折强度 (9.81N/cm²)	225	—	—	—	—	—	28	45	23	45
	275	—	—	—	—	—	33	50	28	50
	325	—	—	—	—	25	37	55	33	55
	425	34	46	64	34	46	64	42	64
	525	42	54	72	42	54	72	50	72
	625	50	62	80	50	62	80	—	—
氧化镁		熟料氧化镁的含量不得超过5%。如水泥经过压蒸安定性试验合格，则熟料中氧化镁的含量允许放宽到6%							
三氧化硫		矿渣水泥中三氧化硫的含量不得超过4%；其它水泥中三氧化硫的含量不得超过3.5%							

注 1. 熟料中氧化镁含量为5%~6%时，凡矿渣掺加量大于40%或火山灰质混合材料、粉煤灰掺加量大于30%制成的水泥，可不作压蒸试验。
　　2. 水泥厂应在水泥发出日起11天内，寄发水泥品质试验报告。试验报告中应包括28天强度外的全部试验结果。28天强度数值在水泥发出日起32日内补报。

表 11-7-3　　　　　　　　　　　　　　　　一般水泥的特性及使用范围

水泥品种	特 性		使 用 范 围	
	优 点	缺 点	适 用 于	不 适 用 于
硅酸盐水泥 普通水泥	1. 早期强度高 2. 凝结硬化快 3. 抗冻性好 4. 硅酸盐水泥和普通水泥在相同标号下，前者3天到7天的强度高3%~7%	1. 水化热较高 2. 抗水性差 3. 耐酸碱和硫酸盐类的化学浸蚀差	1. 一般地上工程和不受侵蚀性作用的地下工程以及不受水压作用的工程 2. 无腐蚀性水中的受冻工程 3. 早期强度要求较高的工程 4. 在低温条件下需要强度发展较快的工程 但每日平均气温在4℃以下或最低气温在−3℃以下时，应按冬季施工规定办理	1. 水利工程的水中部分 2. 大体积混凝土工程 3. 受化学浸蚀的工程
火山灰水泥 粉煤灰水泥	1. 对硫酸盐类浸蚀的抵抗能力强 2. 抗水性好 3. 水化热较低 4. 在湿润环境中后期强度的增进率较大 5. 在蒸汽养护中强度发展较快	1. 早期强度低，凝结较慢。在低温环境中尤甚 2. 耐冻性差 3. 吸水性大 4. 干缩性较大	1. 地下、水中工程及经常受较高水压的工程 2. 受海水及含硫酸盐类溶液浸蚀的工程 3. 大体积混凝土工程 4. 蒸汽养护的工程 5. 远距离运输的砂浆和混凝土	1. 气候干热地区或难于维持20~30天内经常湿润的工程 2. 早期强度要求高的工程 3. 受冻工程
矿渣水泥	1. 对硫酸盐类浸蚀的抵抗能力及抗水性较好 2. 耐热性好 3. 水化热低 4. 在蒸汽养护中强度发展较快 5. 在潮湿环境中后期强度增进率较大	1. 早期强度低，凝结较慢。在低温环境中尤甚 2. 耐冻性较差 3. 干缩性大，有泌水现象	1. 地下、水中及海水中的工程以及经常受高水压的工程 2. 大体积混凝土工程 3. 蒸汽养护的工程 4. 受热工程 5. 代替普通硅酸盐水泥用于地上工程，但应加强养护。亦可用于不常受冻融交替作用的受冻工程	1. 对早期强度要求高的工程 2. 低温环境中施工而无保温措施的工程

（四）抗硫酸盐硅酸盐水泥

凡以适当成分的生料，烧至部分熔融，所得以硅酸钙为主要成分的特定矿物组成的熟料，加入适量石膏，磨成细粉，制成的一种具有较高抗硫酸盐性能的水硬性胶凝材料，称为抗硫酸盐硅酸盐水泥，简称抗硫酸盐水泥，其各项指标见表11-7-4、表11-7-5。

表 11-7-4　　　　　　　　抗硫酸盐水泥的品质指标（摘自 GB 748—65）

项目		品　质　指　标					
细度		4900 孔/cm² 标准筛，筛余量不得超过 10%					
凝结时间		初凝不早于 45min，终凝不迟于 12h					
安定性		用沸煮法试验，试体体积变化必须均匀					
强度 (9.81N/cm²)	强度类别及龄期 标号	抗压强度			抗拉强度		
		3 天	7 天	28 天	3 天	7 天	28 天
	400	160	260	400	15	19	24
	500	220	350	500	19	23	27
熟料矿物成分		3CaO·SiO₂≤50%　3CaO·Al₂O₃≤5% 3CaO·Al₂O₃＋4CaO·Al₂O₃·Fe₂O₃≤22%					
烧失量		不得超过 1.5%					
游离石灰		水泥熟料中游离石灰的含量，不得超过 1.0%					
氧化镁		水泥熟料中氧化镁的含量，不得超过 4.5%					
三氧化硫		水泥中三氧化硫的含量，不得超过 2.5%					
抗硫酸盐腐蚀系数 F_6		不得小于 0.8					

注　1. 抗硫酸盐腐蚀系数"F_6"，系指水泥试体在人工配制的硫酸根离子浓度为 2500mg/L 的硫酸钠溶液中，浸蚀 6 个月后的腐蚀系数；

　　2. 抗硫酸盐水泥尚无新标准，本表仍沿用原标准。

表 11-7-5　　抗硫酸盐水泥的特性、
用途、生产单位及注意事项

	特性及用途	生产单位	水泥标号	注意事项
特性	有较高的抗硫酸盐性能	四川省嘉华水泥厂	500	1. 生产单位自水泥发出之日起，10 天内须将试验报告寄给购货单位。28 天强度数值，应在 31 天内向购货单位补报。抗硫酸盐浸蚀指标数值，应在六个月内向购货单位补报。 2. 运输、保存时不要受潮和与其它水泥混杂
用途	用于同时受硫酸盐浸蚀、冻融和干湿作用的海港工程、水利工程及地下工程			

（五）硅酸盐大坝水泥和矿渣硅酸盐大坝水泥

（1）硅酸盐大坝水泥。凡以适当成分的生料、烧至部分熔融，所得以硅酸钙为主要成分的硅酸盐大坝水泥熟料，加入适量石膏，磨细制成的水硬性胶凝材料，称为硅酸盐大坝水泥。

（2）普通硅酸盐大坝水泥。凡由硅酸盐大坝水泥熟料、粒化高炉矿渣或火山灰质混合材料、加入适量石膏，磨细制成的水硬性胶凝材料，称为普通硅酸盐大坝水泥（简称普通大坝水泥）。水泥中粒化高炉矿渣或火山灰质混合材料掺量不得超过 15%（按质量百分比计）。

（3）矿渣硅酸盐大坝水泥。凡由硅酸盐大坝水泥熟料、粒化高炉矿渣、加入适量石膏，磨细制成的水硬性胶凝材料，称为矿渣硅酸盐大坝水泥（简称矿渣大坝水泥）。水泥中粒化高炉矿渣掺加量按重量百分比计为 20%～60%。

允许用不超过混合材料总掺量 1/3 的粉煤灰代替部分粒化高炉矿渣。但代替数量最多不得超过水泥质量的 15%。

硅酸盐大坝水泥和矿渣硅酸盐大坝水泥各项指标见表 11-7-6、表 11-7-7。

表 11-7-6　　　硅酸盐大坝水泥、普通大坝水泥、矿渣大坝水泥的品质指标（摘自 GB 200—80）

项　目		品　质　指　标							
细　　　度		0.08mm 方孔筛，筛余量不得超过 15%							
凝结时间		初凝不得早于 60min，终凝不得迟于 12h							
安定性		必须合格							
抗压强度 (9.81N/cm²)	龄期 标号	硅酸盐大坝水泥			普通大坝水泥			矿渣大坝水泥	
		3 天	7 天	28 天	3 天	7 天	28 天	7 天	28 天
	325							140	325
	425	160	250	425	145	235	425	190	425
	525	210	320	525	195	305	525		

项　目	品　质　指　标							
抗折强度 （9.81N/cm²）	325 425 525	 34 42	 46 54	 64 72	34 42	46 54	64 72	33 42	55 64

		3 天	7 天	3 天	7 天	3 天	7 天
水化热 （k/g）	325 425 525	 60 	 70 70	 55① 55	 65① 65	 45 	 55

项目	内容
铝酸三钙和硅酸三钙含量	大坝水泥熟料的铝酸三钙含量不得超过 6%；在生产矿渣大坝水泥时，允许放宽到 8%；大坝水泥熟料的硅酸三钙含量应为 40%～55%；在生产普通大坝水泥和矿渣大坝水泥时，不作规定
氧　化　镁	大坝水泥熟料的氧化镁含量不得超过 5%
三　氧　化　硫	大坝水泥中三氧化硫含量不得超过 3.5%
碱	大坝水泥熟料中的碱含量，以 Na₂O（Na₂O + 0.658K₂O）表示，不得超过 0.6%；在生产矿渣大坝水泥时，允许放宽到 1.0%。经使用和生产双方协议，碱含量的规定可以变动
游离氧化钙	大坝水泥熟料的游离氧化钙含量不得超过 0.8%；在生产普通大坝水泥、矿渣大坝水泥时，允许放宽到 1.2%

① 经使用和生产单位双方协议后，425 号矿渣大坝水泥的 3、7 天水化热允许适当提高，但不得超过 2cal/g。

表 11-7-7　　　　大坝水泥及矿渣大坝水泥的特性、用途、生产单位

名称	特性及用途	生产单位	水泥标号	名称	特性及用途	生产单位	水泥标号
大坝水泥	特性： 1. 水化热较低 2. 抗冻性、耐磨性较高 3. 具有一定的抗硫酸盐能力 用途： 1. 适用于大坝溢流面或其它大体积水工建筑物、水位变动区域的覆面层等，要求具有较低水化热和较高抗冻性、耐磨性的部位 2. 适用于清水或含有较低硫酸盐类浸蚀介质的水中工程	永登水泥厂 水城水泥厂 三三〇工程局水泥厂 抚顺水泥厂	525 525 425 525 525	矿渣大坝水泥	特性： 1. 水化热较低 2. 具有一定的抗硫酸盐能力 用途： 1. 适用于大坝或其它大体积水工建筑物以及一般大体积工程的内部，要求具有较低水化热的部位 2. 适用于清水或含有较低硫酸盐类浸蚀介质的水中工程	水城水泥厂 三三〇工程局水泥厂 抚顺水泥厂	425 425 425

（六）防潮硅酸盐水泥

凡在粉磨硅酸盐水泥熟料和石膏时，加入少量的防潮剂共同磨细制得的具有吸湿性低、可塑性好的水硬性胶凝材料，称为防潮硅酸盐水泥，简称防潮水泥，其各项指标见表 11-7-8～表 11-7-9。

表 11-7-8　　　　防潮水泥的品质指标（摘自 JC 155—68）

项　目	技　术　标　准
细　度 凝结时间 体积安定性	均应符合 GB 175—77 中关于普通水泥的相应相求
强　度 游离氧化钙 铝酸三钙 烧失量、氧化镁、三氧化硫 防潮剂掺量 防潮性能 砂浆含气量	防潮水泥分为 500 号、600 号两种 水泥熟料中游离氧化钙的含量，不宜大于 0.8% 水泥熟料中铝酸三钙的含量，不宜大于 10% 应符合普通硅酸盐水泥熟料的相应标准 根据水泥的贮存条件和贮存时间确定。一般为水泥成品重量的 0.3%～0.5% 快速法测防潮性能，水珠变形时应不小于 5min 砂浆含气量应不大于 18%

注 防潮水泥尚无新标准，本表仍沿用原标准。

表 11-7-9　　　　　　　　　防潮水泥的特性、用途、生产单位及注意事项

特　性　及　用　途		生 产 单 位	水泥标号	注　意　事　项
特性	吸湿性低，可塑性好	广州水泥厂曾经生产，可根据需要联系	协议	1. 水泥品质试验报告，按 GB 175—62 规定办理 2. 运输和保管时，不同标号的水泥应该分开，并不与其它品种水泥混杂 3. 使用防潮水泥时，需按使用说明书规定的方法进行使用
用途	1. 适宜于较长期贮存（当相对湿度在 50% ~ 70% 范围内时，可贮存一年以上） 2. 凡可使用普通硅酸盐水泥的混凝土工程，一般均可用防潮硅酸盐水泥			

（七）水玻璃型耐酸水泥

凡将耐酸填料(一般采用石英岩、熔融辉绿岩或陶瓷碎片)和硬化剂(一般采用氟硅酸钠)按适当配比共同粉磨，或分别粉磨后再混合均匀而制得的一种粉状物料，这种在使用时用适量的水玻璃溶液拌匀后，能在空气中结硬，并具有抵抗大多数无机酸和有机酸腐蚀能力的物料，称为水玻璃型耐酸水泥。其各项指标见表 11-7-10、表 11-7-11。

（八）建筑工程中常用水泥的选用（见表 11-7-12）

表 11-7-10　　　　　　　　水玻璃型耐酸水泥的品质指标（摘自 JC 77—65）

项　　目	品　　质　　指　　标
细　　度	4900 孔/cm^2 标准筛，筛余量不得超过 15%
凝结时间	初凝不得早于 30h，终凝不得迟于 8h
抗拉强度	试锭在空气中养护 28 天后，其抗拉强度不得低于 $20 \times 9.81 N/cm^2$；在硫酸内沸煮以后，抗拉强度的降低不得大于 25%
耐　酸　度	耐酸度应大于 91%
耐酸安定性	水泥试饼在空气中、常温酸中以及在 40% 硫酸中沸煮 1h 后，应无突出物、裂纹、脱层、损坏等一切可见的缺陷
煤油吸收率	试块在空气中养护 10 天后，其煤油吸收率不得大于 15%

注　1. 为了早日确定抗拉强度，允许在试体养护 10 天后即进行试验，但其强度不得低于 28 天强度指标的 90%；
　　2. 水玻璃型耐酸水泥尚无新标准，本表仍沿用原标准。

表 11-7-11　　　　　　　　　　水玻璃型耐酸水泥的特性、用途及注意事项

特性	用　　途		注　意　事　项
	适 用 范 围	不 适 用 范 围	
具有对大多数无机酸和有机酸的抗腐蚀能力	适用于化工、冶金、造纸、制糖和纺织等工业部门的一般耐酸工程中。可用以制备耐酸胶泥、耐酸砂浆和耐酸混凝土等	1. 不能用于食品工业中。如必须使用时，应考虑到氟硅酸钠的毒性。应先进行产品中含氟量的化验，证明对人体无害时才许使用 2. 不能用于受氢氟酸、氟硅酸、300℃以上的热磷酸及碱性溶液（包括碱类及碱性盐类）浸蚀的工程 3. 不能用于长期受水浸润的工程 4. 不能用于受高级脂肪酸（油酸、棕榈酸等）浸蚀的工程	1. 配制耐酸胶泥、耐酸砂浆和耐酸混凝土时，须使用的水玻璃一般为硅酸钠水溶液。模数一般为 2.40～3.00，比重一般为 1.38～1.50 2. 生产单位自水泥发出之日起，须于 14 天内将水泥技术要求试验报告寄发购货单位。耐酸安定性、煤油吸收率及 28 天抗拉强度数值等，必须于 31 天内向购货单位补报 3. 运输、保管时，不得受潮和混入杂物，严禁与其它品种水泥混杂

表 11-7-12　　建筑工程中常用水泥的选用　　　　　　　　　　　　　　　　　　　　　　　续表

工程特点及所处环境条件	优先选用	可以使用	不得使用	工程特点及所处环境条件	优先选用	可以使用	不得使用
一般地上土建工程	硅酸盐水泥 普通水泥	矿渣水泥 火山灰水泥 粉煤灰水泥		严寒地区水位升降范围内的混凝土工程	硅酸盐水泥 普通水泥 快硬水泥 抗硫酸盐水泥		矿渣水泥 火山灰水泥 粉煤灰水泥
气候干热地区施工的工程	硅酸盐水泥 普通水泥	矿渣水泥	火山灰水泥 粉煤灰水泥	大体积混凝土工程	硅酸盐大坝水泥 矿渣大坝水泥	矿渣水泥 火山灰水泥 粉煤灰水泥	
严寒地区施工的工程	硅酸盐水泥 普通水泥 快硬水泥	矿渣水泥	火山灰水泥 粉煤灰水泥	受蒸汽养护的工程	矿渣水泥 火山灰水泥 粉煤灰水泥	硅酸盐水泥 普通水泥	

续表

工程特点及所处环境条件	优先选用	可以使用	不得使用
有耐磨性要求的混凝土	硅酸盐水泥	普通水泥 矿渣水泥	火山灰水泥 粉煤灰水泥
地下、水中的混凝土工程	矿渣水泥 火山灰水泥 粉煤灰水泥 抗硫酸盐水泥	硅酸盐水泥 普通水泥	
受海水及含硫酸盐类溶液侵蚀的工程	抗硫酸盐水泥 火山灰水泥 粉煤灰水泥	硅酸盐大坝水泥 矿渣大坝水泥 矿渣水泥	
早期强度要求较高的工程	硅酸盐水泥 快硬水泥 特快硬水泥	高级水泥 高标号普通水泥 高铝水泥	矿渣水泥 火山灰水泥 粉煤灰水泥
大于 500 号的高标号混凝土工程	高级水泥 高标号硅酸盐水泥 浇筑水泥	快硬水泥 特快硬水泥 高标号普通水泥	矿渣水泥 火山灰水泥 粉煤灰水泥
耐酸防腐蚀工程 耐铵防腐蚀工程	水玻璃型耐酸水泥 耐铵聚合物胶凝材料	硫磺耐酸胶凝材料	耐铵聚合物胶凝材料 水玻璃型耐酸水泥 硫磺耐酸胶凝材料
耐火混凝土工程	低钙铝酸盐耐火水泥 铝酸盐耐火水泥	矿渣水泥 高铝水泥	硅酸盐水泥 普通水泥
防水、抗渗工程	硅酸盐膨胀水泥 石膏矾土膨胀水泥	自应力水泥 硅酸盐水泥 普通水泥 火山灰水泥	矿渣水泥
防潮工程	防潮水泥	硅酸盐水泥 普通水泥	
油（气）井固井工程	油井水泥		
紧急抢修和加固工程	高级水泥 浇筑水泥 快硬水泥 特快硬水泥	高铝水泥 硅酸盐水泥 硅酸盐膨胀水泥 石膏矾土膨胀水泥	矿渣水泥 火山灰水泥 粉煤灰水泥
混凝土预制构件拼装锚固工程	高级水泥 浇筑水泥 快硬水泥 特快硬水泥	硅酸盐膨胀水泥 石膏矾土膨胀水泥 硅酸盐水泥	

续表

工程特点及所处环境条件	优先选用	可以使用	不得使用
自应力混凝土构件及制品	自应力水泥	硅酸盐水泥或普通水泥与高铝水泥配制	
保温、隔热工程	矿渣水泥 硅酸盐水泥 普通水泥	低钙铝酸盐耐火水泥 铝酸盐耐火水泥	
装饰工程	白水泥 彩色水泥	普通水泥 火山灰水泥	
特殊小机件、精密接缝工程	磷酸锌胶凝材料		

二、石 材

（一）天然石材

凡自天然岩石中开采而得的毛料，或经加工制成块状或板状的石材，统称天然石材。岩石的地质分类分为火成岩、水成岩和变质岩三种，其造岩矿物主要是由石英、长石、云母、深色矿物、高岭土、碳酸钙、碳酸镁、白云石和石膏等所组成。岩石的生成条件，决定着各类岩石的构造特性，而岩石的构造特性又决定着岩石一系列的重要性质，因此也就决定着各种天然石材在建筑上的使用范围及条件。建筑常用天然石材的名称、性能、用途及产地见表 11-7-13。

（二）石子

石子是碎石与卵石（又称砾石、河砾石、河光石）的统称。碎石一般系用花岗岩、砂岩、石英岩、玄武岩等，经人工或机械破碎而成。碎石的颗粒形状对混凝土的质量影响甚为重要，最好的颗粒形状是接近正方形的小立方体石块，片状或针形者都不宜用以拌制高标号混凝土。卵石的颗粒形状有圆卵形、纯碎石形、长条形和片形等。石子的分类及质量要求见表 11-7-14。

三、砂

普通砂系指自然山砂、河砂而言。它是由坚硬的天然岩石经自然风化逐渐形成的疏散颗粒的混合物。普通砂的主要用途是作为细集料与胶凝材料（包括水泥、石灰、石膏等）配制成砂浆或混凝土使用。普通砂的分类及质量要求见表 11-7-15。

四、混 凝 土

（一）混凝土的强度

（1）混凝土的强度设计值（N/mm^2）按表 11-7-16 采

表 11-7-13　建筑常用天然石材的名称、性能、用途及产地

名称	主要质量指标 项目		指标	主要用途	主要产地
花岗石（俗称：豆渣石）	容重（kg/m³）		2500~2700	基础、桥墩、堤坝、拱石、阶石、路面、海港结构、基座、勒脚、窗盘、装饰石等	山东泰山、崂山，陕西华山，湖南衡山，安徽黄山，江苏金山（黄红色）、焦山（青白色），浙江莫干山，北京西山等地
	强度（9.81N/cm²）	抗压	1200~2500		
		抗折	85~150		
		抗剪	130~190		
	吸水率（%）		<1		
	膨胀系数（10⁻⁶/℃）		5.6~7.34		
	平均韧性（cm）		8		
	平均质量磨耗率（%）		11		
	耐用年限（年）		75~200		
石灰岩（俗称：青石）	容重（kg/m³）		1000~2600	墙身、桥墩、基础、阶石、路面及石灰、粉刷材料原料	分布极广，全国各处均有，但质量相差甚大，选用时须特别注意
	强度（9.81N/cm²）	抗压	220~1400		
		抗折	18~200		
		抗剪	70~140		
	吸水率（%）		2~6		
	膨胀系数（10⁻⁶/℃）		6.75~6.77		
	平均韧性		7		
	平均质量磨耗率		8		
	耐用年限（年）		20~40		
砂岩（俗称：青条石）	容重（kg/m³）		2200~2500	基础、墙身、栏杆、衬面、阶石、人行道、纪念碑及其它装饰石材等	南京钟山、浙江千里岗、山东莱州、四川等地，均以砂岩为主。山东莱州产纯白色者，名白粒岩，俗名白玉石。北京故宫的台阶即用此建造。北京人民英雄纪念碑，碑身四周十块大浮雕及其它艺术零件等，亦均采用此石。庄严巍峨，坚固美观。南京钟山者为硅质砂岸，耐久性强。四川产者则质轻，含云母及黏土层较多，故吸水性大，容易风化
	强度（9.81N/cm²）	抗压	470~1400		
		抗折	35~140		
		抗剪	85~180		
	吸水率（%）		<10		
	膨胀系数（10⁻⁶/℃）		9.02~11.2		
	平均韧性		10		
	平均质量磨耗率		12		
	耐用年限（年）		20~200		
大理岩（俗称：大理石）	容重（kg/m³）		2600~2700	装饰材料、踏步、地面、墙面、柱面、柜台、栏杆、电气绝缘板等	云南大理、湖北大冶、黄石、河北曲阳、琢州、山东莱州、莱阳、广东云浮、福建南平、江苏高资、广西桂林、浙江杭州、河南淅川、陕西潼关、洛南、北京市房山等地
	强度（9.81N/cm²）	抗压	700~1100		
		抗折	60~160		
		抗剪	70~120		
	吸水率（%）		<1		
	膨胀系数（10⁻⁶/℃）		6.5~10.12		
	平均韧性（cm）		—		
	平均质量磨耗率（%）		—		
	耐用年限（年）		40~100		

表 11-7-14　石子的分类及质量要求

名称	按粒径大小分类 名称	粒径（mm）	容重（kg/m³）	质量要求
碎石	特细碎石	5~10	1400~1500	有害杂质含量： 1. 黏土、泥灰、粉末等≯2~3% 2. 煤屑、云母等轻物质≯0.5% 3. 硫酸盐（以 SO_3 计）≯1%（上列含量均以占石子的总质量计）
	细碎石	10~20		
	中碎石	20~40		
	粗碎石	40~150		
卵石	特细卵石	5~10	1600~1800	
	细卵石	10~20		
	中卵石	20~40		
	粗卵石	40~150		

表 11-7-15　普通砂的分类及质量要求

种类	质量要求	容重（kg/m³）
（1）按形成条件及环境区分： 河砂、海砂、山砂 （2）按细度模数区分： 粗砂—— M_x 为 3.7~3.1 中砂—— M_x 为 3.0~2.3 细砂—— M_x 为 2.2~1.6 特细—— M_x 为 1.5~0.7	（1）颗粒坚硬洁净 （2）黏土、泥灰、粉末等不得超过砂的3%煤屑、云母等不得超过砂的0.5% （3）三氧化硫（SO_3）不得超过砂的1%（均以质量计）	（1）干燥状态：平均1500~1600 （2）堆积震动下紧密状态：1600~1700

注　M_x 为砂的细度模数，参见原国家建工总局颁发的《普通混凝土用砂质量标准及检验方法》（JGJ 52—79）。

用。计算现浇钢筋混凝土轴心受压及偏心受压构件时，如截面的长边或直径小于300mm则表中混凝土的强度设计值应乘以系数 $k_1 = 0.80$，当构件质量（如混凝土成型、截面和轴线尺寸等）确有保证时，可不受此限。离心混凝土的强度设计值应按专门规定取用。

（2）混凝土的强度标准值按表 11-7-17 采用。

（二）混凝土受压或受拉时的弹性模量 E_c（kN/mm²）　E_c 按表 11-7-18 采用。

（三）混凝土的疲劳强度设计值

混凝土的疲劳强度设计值 F_c^f、F_{cm}^f 及 F_t^f 为表 11-7-16 的混凝土强度设计值与相应的疲劳强度修正系数 γ_p 的乘积，修正系数 γ_p 应根据不同疲劳应力比值 ρ^f 按表 11-7-19 采用，此处：$\rho^f = \dfrac{\sigma_{min}^f}{\sigma_{max}^f}$，$\sigma_{min}^f$（$\sigma_{max}^f$）为构件疲劳验算时，截面同一纤维上的混凝土最小（大）应力。

表 11-7-19 中系数仅适用于承受重级工作制吊车梁的构件，对于中级工作制吊车的混凝土疲劳强度修正系数 γ_p，应按表中数值乘系数 1.10 采用，但相乘后的数值不得大于1；如采用蒸汽养护时，养护温度不宜超过60℃，如超过时，应按计算需要的混凝土设计强度等级提高20%。

（四）混凝土的疲劳变形模量 E_c^f

混凝土的疲劳变形模量 E_c^f（kN/mm^2）应按表 11-7-20 采用。

（五）原规范（《钢筋混凝土结构设计规范》TJ 10—74）的混凝土强度标准值及强度设计值

当采用原规范的混凝土标号，而设计按新规范有关规定时，其对应的各类强度标准值及强度设计值按表 11-7-21 及表 11-7-22 采用，原规范的混凝标号与混凝土强度等级的换算，由表 11-7-23 查用。

对于表 11-7-21，原规范的混凝土标号系指按标准方法制作养护的边长为 200mm 的立方体试块，在 28 天龄期用标准试验方法测得的具有 85% 保证率的抗压极限强度；f_{pmk} 系按 $1.10F_{pk}$ 取用。

对于表 11-7-22，在采用本表的强度设计值时，仍应遵守（一）混凝土强度的有关规定。

（六）混凝土用料量（见表 11-7-24、表 17-7-25）。

表 11-7-16　混凝土的强度设计值

强度种类	混 凝 土 强 度 等 级											
	C7.5	C10	C15	C20	C25	C30	C35	C40	C45	C50	C55	C60
轴心抗压（N/mm^2）	3.70	5	7.50	10	12.50	15	17.50	19.50	21.50	23.50	25	26.50
弯曲抗压（N/mm^2）	4.10	5.50	8.50	11	13.50	16.50	19	21.50	23.50	26	27.50	29
抗拉（N/mm^2）	0.55	0.65	0.90	1.10	1.30	1.50	1.65	1.80	1.90	2	2.10	2.20

表 11-7-17　混凝土的强度标准值

项次	强度种类	混 凝 土 强 度 等 级										
		C10	C15	C20	C25	C30	C35	C40	C45	C50	C55	C60
1	轴心抗压（N/mm^2）	6.70	10	13.50	17	20	23.50	27	29.50	32	34	36
2	弯曲抗压（N/mm^2）	7.50	11	15	18.50	22	26	29.50	32.50	35	37.50	39.50
3	抗拉（N/mm^2）	0.90	1.20	1.50	1.75	2	2.25	2.45	2.60	2.75	2.85	2.90

表 11-7-18　混凝土的弹性模量

混凝土强度等级	C10	C15	C20	C25	C30	C35	C40	C45	C50	C55	C60
E_c（kN/mm^2）	17.50	22	25.50	28	30	31.50	32.50	33.50	34.50	35.50	36

表 11-7-19　修正系数 γ_p

ρ^f	$\rho^f < 0.2$	$0.2 \leqslant \rho^f < 0.3$	$0.3 \leqslant \rho^f < 0.4$	$0.4 \leqslant \rho^f < 0.5$	$\rho^f \geqslant 0.5$
γ_p	0.74	0.80	0.86	0.93	1

表 11-7-20　变形模量 E_c^f

混凝土强度等级	C20	C25	C30	C35	C40	C45	C50	C55	C60
E_c^f（kN/mm^2）	11	12	13	14	15	15.50	16	16.50	17

表 11-7-21　对应于原规范混凝土标号的强度标准值

项次	强度种类	原 规 范 的 混 凝 土 标 号									
		100	150	200	250	300	350	400	450	500	600
1	轴心抗压（N/mm^2）	7	10.50	14	17.50	21	24.50	28	30.50	33	38
2	弯曲抗压（N/mm^2）	7.50	11.50	15.50	19	23	27	31	33.50	36.50	42
3	抗拉（N/mm^2）	1	1.30	1.60	1.90	2.10	2.35	2.55	2.70	2.85	3.05

表 11-7-22　对应于原规范混凝土标号的强度设计值

项次	强度种类	原 规 范 的 混 凝 土 标 号									
		100	150	200	250	300	350	400	450	500	600
1	轴心抗压（N/mm^2）	4.30	6.50	9	11.50	14	16.50	18.50	20.50	22.50	25.50
2	弯曲抗压（N/mm^2）	4.70	7.50	10	12.50	15.50	18	20.50	22.50	24.50	28
3	抗拉（N/mm^2）	0.60	0.80	1	1.20	1.40	1.60	1.75	1.85	1.95	2.10

表 11-7-23　原规范混凝土标号与混凝土强度等级的换算

原规范（TJ 10—74）混凝土标号	100	150	200	250	300	400	500	600
混凝土强度等级（GBJ 10—89）	C8	C13	C18	C23	C28	C38	C48	C58

表 11-7-24

每立方米混凝土用料参考表（砾石）

材料名称	单位	混凝土标号 50	70			100			150			200			250			300			350		400		500
水泥标号 →		300	300	400	500	300	400	500	300	400	500	300	400	500	400	500	600	400	500	600	500	600	500	600	600
砾石粒径 5~10mm 水泥	kg					245	210	200	313	260	232	388	315	275	375		306	433	345	318	405	362	465	406	487
中粗砂	m³					0.47	0.49	0.50	0.44	0.46	0.48	0.40	0.43	0.46	0.41		0.44	0.38	0.42	0.43	0.39	0.41	0.36	0.39	0.35
石子	m³					0.86	0.86	0.86	0.85	0.86	0.86	0.82	0.84	0.85	0.83		0.85	0.82	0.85	0.84	0.83	0.83	0.81	0.82	0.81
水	m³					0.19	0.19	0.19	0.20	0.19	0.19	0.19	0.19	0.19	0.20		0.19	0.20	0.19	0.20	0.20	0.20	0.21	0.21	0.21
砾石粒径 5~15mm 水泥	kg					237	210	200	303	254	229	376	303	270	364		298	421	342	310	398	349	454	388	464
中粗砂	m³					0.45	0.47	0.49	0.43	0.45	0.47	0.40	0.43	0.45	0.40		0.43	0.37	0.40	0.42	0.38	0.40	0.36	0.38	0.34
石子	m³					0.88	0.88	0.87	0.86	0.86	0.87	0.84	0.86	0.86	0.85		0.87	0.84	0.86	0.86	0.85	0.85	0.83	0.85	0.84
水	m³					0.18	0.18	0.18	0.19	0.19	0.18	0.19	0.19	0.19	0.19		0.19	0.20	0.19	0.19	0.19	0.19	0.20	0.20	0.20
砾石粒径 10~30mm 水泥	kg					223	205	200	286	242	222	355	284	250	341		285	392	326	301	378	335	432	358	
中粗砂	m³					0.45	0.46	0.48	0.40	0.44	0.46	0.39	0.42	0.44	0.39		0.42	0.37	0.40	0.41	0.37	0.37	0.35	0.37	
石子	m³					0.94	0.95	0.94	0.92	0.92	0.92	0.90	0.92	0.92	0.91		0.92	0.90	0.91	0.91	0.90	0.91	0.89	0.90	
水	m³					0.17	0.17	0.17	0.17	0.18	0.18	0.17	0.18	0.18	0.18		0.18	0.18	0.18	0.18	0.18	0.19	0.19	0.19	
砾石粒径 20~40mm 水泥	kg	180	200	200	200	218	200	200	280	235	219	347	278	245	329	280		375	313	300	367	333	365		
中粗砂	m³	0.48	0.47	0.45	0.47	0.44	0.45	0.47	0.38	0.41	0.44	0.37	0.39	0.43	0.38	0.41		0.36	0.39	0.40	0.35	0.38	0.36		
石子	m³	0.93	0.94	0.95	0.94	0.96	0.95	0.94	0.97	0.96	0.95	0.94	0.94	0.94	0.93	0.94		0.94	0.94	0.92	0.92	0.92	0.92		
水	m³	0.17	0.17	0.17	0.17	0.17	0.17	0.17	0.17	0.18	0.18	0.17	0.18	0.18	0.18	0.18		0.18	0.18	0.19	0.18	0.19	0.19		
砾石粒径 30~70mm 水泥	kg	180	190	200	200	212	200	200	273	230	210	339	275	240	324	276									
中粗砂	m³	0.47	0.46	0.45	0.44	0.42	0.44	0.45	0.40	0.42	0.44	0.37	0.39	0.42	0.37	0.40									
石子	m³	0.95	0.96	0.95	0.96	0.97	0.97	0.96	0.94	0.96	0.97	0.94	0.95	0.96	0.94	0.95									
水	m³	0.16	0.16	0.17	0.17	0.17	0.17	0.17	0.18	0.17	0.17	0.18	0.17	0.17	0.17	0.17									

注　表中水泥标号为硬练标号。

表 11-7-25

每立方米混凝土用料参考表（碎石）

材料名称	单位	50	70	70	70	100	100	100	150	150	150	200	200	200	250	250	300	300	300	350	350	400	400	500
混凝土标号 / 水泥标号		300	300	400	500	300	400	500	300	400	500	300	400	500	400	500	400	500	600	500	600	500	600	600
碎石粒径 5~10mm 水泥	kg					260	215	200	328	270	238	402	325	282	382	329	443	371	336	431	378	490	420	500
中粗砂	m³					0.52	0.55	0.56	0.49	0.52	0.55	0.46	0.49	0.52	0.47	0.49	0.44	0.47	0.49	0.44	0.46	0.41	0.44	0.40
石子	m³					0.86	0.86	0.85	0.84	0.85	0.85	0.82	0.84	0.85	0.83	0.84	0.81	0.83	0.83	0.82	0.83	0.82	0.82	0.81
水	m³					0.21	0.21	0.20	0.21	0.21	0.20	0.22	0.21	0.21	0.21	0.21	0.21	0.21	0.22	0.22	0.22	0.23	0.22	0.23
碎石粒径 5~15mm 水泥	kg					253	213	200	319	268	237	392	317	275	377	318	435	364	328	423	368	482	408	480
中粗砂	m³					0.51	0.54	0.55	0.48	0.51	0.53	0.45	0.48	0.51	0.45	0.48	0.43	0.46	0.48	0.43	0.46	0.40	0.43	0.39
石子	m³					0.87	0.88	0.87	0.86	0.87	0.87	0.84	0.86	0.87	0.85	0.86	0.83	0.85	0.85	0.83	0.85	0.82	0.84	0.83
水	m³					0.20	0.20	0.20	0.21	0.21	0.20	0.21	0.20	0.20	0.21	0.20	0.21	0.21	0.21	0.21	0.21	0.22	0.21	0.22
碎石粒径 10~30mm 水泥	kg					240	208	200	305	258	233	372	302	267	356	303	414	346	319	405	354	464	388	
中粗砂	m³					0.51	0.53	0.54	0.47	0.50	0.52	0.45	0.48	0.50	0.45	0.48	0.42	0.45	0.47	0.42	0.45	0.40	0.43	
石子	m³					0.92	0.91	0.90	0.90	0.90	0.90	0.88	0.90	0.90	0.89	0.90	0.87	0.89	0.89	0.87	0.88	0.85	0.88	
水	m³					0.19	0.19	0.19	0.19	0.19	0.19	0.20	0.19	0.19	0.19	0.20	0.20	0.20	0.21	0.20	0.20	0.21	0.20	
碎石粒径 20~40mm 水泥	kg	180	204	190	180	235	205	200	298	251	230	365	295	265	344	297	400	335	318	395	349	455	380	
中粗砂	m³	0.55	0.51	0.52	0.54	0.50	0.52	0.53	0.47	0.49	0.51	0.44	0.47	0.49	0.44	0.47	0.42	0.44	0.46	0.42	0.44	0.39	0.42	
石子	m³	0.91	0.93	0.94	0.93	0.93	0.93	0.92	0.92	0.92	0.92	0.91	0.92	0.92	0.91	0.92	0.89	0.91	0.90	0.89	0.90	0.87	0.90	
水	m³	0.19	0.18	0.18	0.18	0.19	0.19	0.19	0.19	0.19	0.19	0.20	0.19	0.19	0.19	0.19	0.19	0.19	0.20	0.20	0.20	0.21	0.20	
碎石粒径 30~70mm 水泥	kg	180	208			229	200	200	292	249	221	359	289	250	340	288								
中粗砂	m³	0.54	0.53			0.48	0.50	0.52	0.45	0.48	0.50	0.43	0.46	0.48	0.43	0.45								
石子	m³	0.93	0.91			0.95	0.95	0.94	0.93	0.94	0.94	0.91	0.94	0.94	0.93	0.94								
水	m³	0.18	0.19			0.18	0.18	0.18	0.19	0.19	0.18	0.19	0.18	0.18	0.19	0.19								

注　表中水泥标号为硬练标号。

（七）混凝土外加剂

外加剂是为改进水泥净浆、砂浆和混凝土的某些性能而掺入其中的物质，又称附加剂、添加剂。外加剂依靠物理、化学或物理化学作用（如吸附、絮凝、分散、催化或与水泥中某些成分发生反应）而奏效。

混凝土外加剂的使用已有五十多年的历史，它已被公认为是提高混凝土强度及改善混凝土各种性能的有效手段。由于外加剂在混凝土工程中获得日益广泛的应用，许多地方已把它作为混凝土中除水泥、砂、石、水以外的第五种材料。近年来，随着人们对节能的重视，进一步促进了外加剂的发展。一些国家（如日本、挪威等）几乎在全部混凝土工程中采用了外加剂，且加有外加剂的商品混凝土已经出现。其它国家在混凝土工程中采用外加剂的比重也日益增加。目前世界上外加剂约有三百余种。

我国外加剂的研究和生产，近年来也得到较快的发展，目前已有数十种之多，并在建筑、铁道、交通、港口、水工等方面得到应用，收到了显著的效果。

外加剂按使用功能的分类及其主要功能见表11-7-26。

外加剂按化学成分分类及其主要化学成分、型号和作用见表11-7-27。

五、环形截面钢筋混凝土电杆截面特性数据（见表11-7-28）

表 11-7-26　　　　　外加剂按使用功能的分类及其主要功能

种　类	主　要　功　能
减水剂	减水剂是一种表面活性剂，加入混凝土中能对水泥颗粒起分散作用，从而把水泥凝聚体中所包含的水释放出来，使水泥达到充分水化。在混凝土中掺入，可减少混凝土的用水量，降低水灰比，改善混凝土和易性，有利于泵送、滑模、喷射等混凝土新工艺的施工；在保持坍落度不变的情况下，可增加混凝土的强度；在保持混凝土抗压强度及和易性基本相同的情况下，可节约水泥；对抗渗、抗冻等各项性能均有所改善
早强剂	早强剂通过对水泥水化过程所产生的综合的物理、化学作用，能显著提高混凝土的早期强度；改善混凝土拌合物的工艺性能和硬化混凝土的物理力学性能；对混凝土工程的冬季施工很有利
加气剂	加气剂包括引气剂和发气剂。引气剂可使砂浆、混凝土中产生大量微细的均匀分布的封闭气泡，可阻塞有害的毛细孔通道，从而改善和易性，提高抗渗性、抗冻性和耐久性。发气剂加入混凝土料浆后，会与水泥中的碱反应产生气体，使之体积膨胀呈多孔结构的物质。某些金属粉末（如铝粉）、过氧化氢、碳化钙和漂白粉等均可作引气剂
膨胀剂	膨胀剂主要用于补偿混凝土收缩，常与减水剂一起配制地脚螺栓灌浆料、设备安装时的坐浆材料及混凝土接头等。还可用于防水工程，防止大体积混凝土的收缩裂缝。也可用于自应力混凝土，调整掺量以控制膨胀值
速凝剂	速凝剂主要用于冬季滑模施工及喷射混凝土等需要速凝的混凝土工程，也可用于抢修堵漏工程
缓凝剂	缓凝剂主要用于大体积混凝土工程的施工和某些在施工操作上需要保持较长处理混凝土时间的项目
消泡剂	又名去沫剂。对引气性较大的减水剂，在使用时须同时加入消泡剂，以消减微沫
防锈剂	又称阻锈剂或缓蚀剂。采用氯化物作早强剂时，需要同时加入防锈剂，防阻对钢筋的锈蚀

表 11-7-27　　　　外加剂按化学成分分类及其主要化学成分、型号和作用

种　类	主　要　化　学　成　分
木质素系	主要成分为木质素磺酸盐或其衍生物，属于天然高分子化合物。国内目前研究及应用较多的有 M 型、木钠、CH、JM-Ⅱ等。它是利用生产化学纤维浆或纸浆的下脚料，提取酒精后的废液经喷雾干燥而成。具有减水、增强、加气、缓凝等综合效果。可用于一般工程
磺化煤焦油系	以芳香族磺酸盐甲醛缩合物为主要成分。原料是煤焦油中各馏分，尤以萘及其同系物用得最多，此外尚有蒽、菲、古玛隆等，经磺化缩合而成。由于采用的原料及加工工艺不同，性能上也就各有差异。目前国内品种多达 20 余种，如 NF、NNO、FDN、VNF、MF、建 1、JN、HN、CU、CRS、A 型、B 型等。减水、增强等效果均优于木质素系，属高效减水剂，适用于高强及流化混凝土，可配制 800～1000 号混凝土
树脂系	以三聚氰胺甲醛缩合物为主要成分，又称密胺树脂。国内研制的有 SM。这种减水剂效应较高，分散作用好，引气也很少，可降低析水性，它促进初期水泥水化作用，起到某些催化作用，可配制 800～1000 号混凝土，也可提高耐火混凝土在高温下（1000～1200℃）的强度
糖蜜系	以蛋白质酵母残体、多种有机酸和部分残糖为主要成分。它是以糖厂生产过程中的废液（糖渣、废蜜）为原料，与石灰中和成盐的物质。除具备一般减水剂性能外，尚有相当的缓凝作用和一定的引气性。国内产品有 3FG、TF、ST 等。适用于大体积混凝土浇筑及夏季施工，多用于水工工程

续表

种 类	主 要 化 学 成 分
腐 殖 酸	以草炭、泥煤或褐煤等为主要原料,通过水洗碱溶、蒸发浓缩、碱式磺化、喷雾干燥等工艺过程而制得。又称胡敏酸。其主要成分为腐殖酸,是一种天然的有机高分子化合物,具有分散及乳化作用。适于作一般减水剂。其产品有长城牌减水剂等
复合减水剂	为了满足各种不同的施工要求及降低成本,国内外都普遍研制复合外加剂。如用 MF 与消泡剂复合使用,可以弥补单掺 MF 时后期强度降低的缺点。又如用 UNF-2 与 Na_2SO_4、三乙醇胺复合,可作为早强剂,用 NC 混凝土早强剂与硫酸钠和糖钙复合,可有效地在负温下使用等

表 11-7-28　　　　　　　　**环形截面钢筋混凝土电杆截面特性数据**

$$A = \frac{\pi}{4}(D^2 - d^2) \quad (cm^2)$$

$$J = \frac{\pi}{64}(D^4 - d^4) \quad (cm^2)$$

$$W = \frac{\pi}{32}D^8(1 - a^4) \quad a = \frac{d}{D}$$

$$= \frac{A}{4r_2}(r_2^2 + r_1^2) \quad (cm^3)$$

$$r_0 = \sqrt{\frac{J}{A}} = \frac{1}{4}\sqrt{D^2 + d^2} \quad (cm)$$

$$V = A \times 10^{-4} \times 1 \quad (m^3)$$

$$P_l = 2600V \quad (kg/m)$$

D	d	δ	A	J	W	r_0	V	G
20	12	4.0	201	7147	683	5.96	0.020	52
	11	4.5	219	7260	713	5.76	0.022	57
	10	5.0	235	7360	736	5.59	0.024	61
25	17	4.0	246	15080	1206	7.56	0.026	69
	16	4.5	295	16000	1270	7.36	0.030	77
	15	5.0	314	16700	1335	7.29	0.031	82
30	22	4.0	327	28300	1900	9.30	0.033	85
	21	4.5	361	30200	2010	9.15	0.036	94
	20	5.0	392	32400	2120	9.08	0.039	102
40	32	4.0	453	74200	3710	12.81	0.045	118
	30	5.0	550	85900	4295	12.50	0.055	143
	28	6.0	640	95200	4795	12.20	0.064	167
55	45	5.0	785	247770	9110	17.77	0.079	204
	39	8.0	1180	335490	12210	16.86	0.118	306
	35	10.0	1413	375330	13360	16.30	0.141	367

第八节 木 材

一、木材的选用(见表 11-8-1)

二、电杆、桩木、坑木的规格、材质要求(见表 11-8-2)

三、木材的物理性能(见表 11-8-3)

四、木材的计算指标

(一)木材强度设计值及弹性模量

(1)正常情况下,常用木材强度设计值及弹性模量应按表 11-8-4 采用,当计算构件端部或接头处的拉力螺栓垫板时,木材横纹承压强度设计值应按"局部表面及齿面"一栏的数值采用。

(2)表 11-8-4 的设计指标尚应按下列条件予以调整:

1)表 11-8-4 的强度设计值和弹性模量,应乘以表 11-8-5 的调整系数;当若干条件同时出现时,相应的系数应连乘。

2）当采用原木时，若验算部位未经切削，其顺纹抗压强度设计值、抗弯强度设计值及弹性模量可提高15%。

3）当方木截面短边尺寸不小于150mm时，其抗弯强度设计值可提高10%。

4）当采用湿材时，各种木材的横纹承压强度设计值和弹性模量，以及落叶松木材的抗弯强度设计值宜降低10%。

（二） 新利用树种木材的强度设计值和弹性模量

对新利用树种木材，其材质标准符合要求时，木材强度设计值及弹性模量可按表11-8-6采用，当采用杨木和拟赤杨时，其顺纹强度设计值及弹性模量可按表中TB11级数值乘以0.90采用；横纹强度设计值可按TB11级数值乘以0.60采用；若当地有使用经验也可在此基础上适当调整。

（三） 木材斜纹承压强度设计值 $f_{c\alpha}$

1. 计算式

当 $\alpha \le 10°$ 时，

$$F_{\rho\alpha} = F_{\rho} \tag{11-8-1}$$

当 $10° < \alpha \le 90°$ 时，

$$F_{\rho\alpha} = \cfrac{f_c}{1 + \left(\cfrac{F_\rho}{F_{\rho \cdot 90}} - 1 \right) \cfrac{\alpha - 10°}{80°} \sin\alpha} \tag{11-8-2}$$

式中：

α——作用力方向与木纹方向的夹角（°）；

$F_{\rho\alpha}$——木材斜纹承压强度设计值（N/mm²）。

表 11-8-1   木 材 的 选 用

使用部位	材 质 要 求	建议选用的树种
电杆横担木	要求纹理直、强度大、耐久、不劈裂的木材	红椎、包栎树、铁槠、面槠、槲栎、白栎、柞栎、麻栎、小叶栎、栓皮栎、槐、刺槐、水曲柳、桦等
电杆	要求树干长而直、具有适当的强度、耐久性好的木材	杉木、红豆杉、云杉、红皮云杉、细叶云杉、鱼鳞云杉、紫果云杉、冷杉、杉松冷杉、奥冷杉、兴安落叶松、四川红杉、长白落叶松、红杉、红松、马尾松、云南松、铁杉、云南铁杉、柳杉、桧木、侧柏、栗、珍珠栗、大叶桉等
桩 木 坑 木	要求抗剪、抗劈、抗压、抗冲击力好、耐久、纹理直、并具有高度天然抗害性能的木材	红豆杉、云杉、红皮云杉、细叶云杉、鱼鳞云杉、紫果云杉、冷杉、杉松冷杉、奥冷杉、铁杉、云南铁杉、黄杉、油杉、云南油杉、兴安落叶松、四川红杉、长白落叶松、红杉、华山松、白皮松、红松、广东松、黄山松、马尾松、樟子松、油松、云南松、杉木、桧木、柏木、包栎树、铁槠、面槠、槲栎、白栎、柞栎、麻栎、小叶栎、栓皮栎、栗、珍珠栗、春榆、大叶榆、大果榆、榔榆、白榆、光叶榉、金丝李、樟木、檫木、山合欢、大叶合欢、皂角、槐、刺槐、大叶桉等
枕 木	要求抗冲击、耐磨、具有适当强度、耐腐蚀性能好的木材	红豆杉、黄杉、铁杉、云南铁杉、油杉、云南油杉、兴安落叶松、四川红杉、长白落叶松、红杉、油松、马尾松、红松、云南松、华山松、云杉、冷杉、杉木、桧木、柏木、侧柏、枫桦、红桦、黑桦、亮叶桦、香桦、白桦、栗、珍珠栗、长柄山毛榉、包栎树、铁槠、槲栎、白栎、柞栎、麻栎、小叶栎、白克木、枫香、槐、刺槐、黄菠萝、春榆、大叶榆、大果榆、榔榆、白榆、大叶桉、梓树、楸树、七裂槭、色木槭、青榨槭、满洲槭等

表 11-8-2   电杆、桩木、坑木的规格、材质要求

名 称		规 格（cm）				材 质 要 求				适用树种
		梢径	径级进位	长度	长级进位	内腐	弯曲	外腐、漏节	虫害	
电 杆	普通特殊	12~18 18~24	2	600~850 900~1200	50	小头不许有，大头允许检尺径的20%	2%	不许有	不许有（但表皮虫沟和小虫眼不计）	落叶松、马尾松、云南松、红松、云杉、冷杉、铁杉、杉木
桩 木	普通 特殊	18~24 20~30	2	600~850 900~1200	50					
坑 木	小径 大径	8~12 14~24	2	自200以上	20 50	不许有	长2~3m，3% 长3.2~4.8m，5% 长5m以上，7%			所有针、阔叶树种

表 11-8-3　各种树种的木材物理力学性能及产地

树种名称	学名	产地	气干容重 (g/cm³)	干缩率(%) 径向	干缩率(%) 弦向	抗压强度(9.81N/cm²) 顺纹	横纹局部受压 径向	横纹局部受压 弦向	横纹全部受压 径向	横纹全部受压 弦向	抗拉强度(9.81N/cm²) 顺纹	抗拉横纹 径向	抗拉横纹 弦向	顺纹抗剪(9.81N/cm²) 径面	顺纹抗剪 弦面	抗弯强度(9.81N/cm²)	弯曲弹性模量(t/cm²)	冲击韧度(9.81N·m/cm³)	抗剪力(9.81N/cm²) 径面	抗剪力 弦面	硬度(9.81N/cm²) 径面	硬度 弦面	硬度 端面	树种别名
针叶树:																								
冷杉	A. Fabri	四川	0.433	0.174	0.341	388	39	47	27	36	973	27	18	50	55	700	98	0.195	6.2	7.5	178	205	312	泡杉
柔毛冷杉	A. Faxoniana	四川	0.455	0.194	0.380	380	37	44	29	36	922	24	18	58	59	781	106	0.176	7.1	7.9	189	221	307	
杉松冷杉	A. holophylla	东北	0.390	0.122	0.300	356	29	38	22	27	736	29	19	62	65	677	92	0.151	6.3	7.5	149	164	259	辽东冷杉，沙松
臭冷杉	A. nephrolepis	东北	0.384	0.129	0.366	364	32	36	22	26	788	28	19	57	63	651	95	0.159	5.8	7.4	143	164	220	臭松
巴山冷杉	A. fargesii	甘肃	0.391	0.133	0.335	323	43	34	32	22	740	29	14	51	65	599	81	0.142	5.6	8.7	159	184	309	朴松，糠潇
侧柏	B. orientalis	山东	0.618	0.131	0.198	436	112	99	86	73	—	—	—	91	110	890	75	—	11.1	14.1	491	483	596	扁柏，黄柏，香柏
柳杉	C. Fortunei	福建	0.341	0.092	0.244	243	17	32	13	20	631	18	11	52	43	469	63	0.121	5.0	5.7	113	106	192	孔雀杉，线柳
		安徽	0.368	0.108	0.280	297	27	30	20	21	—	21	15	48	50	532	81	0.111	6.0	8.7	123	153	232	
杉木	C. lanceolata	湖南	0.371	0.123	0.277	388	32	33	19	15	772	20	12	42	49	638	95	0.128	5.2	7.1	139	163	253	柔湖木，西湖木
		四川	0.416	0.136	0.286	391	33	40	25	29	935	28	20	60	59	684	94	0.148	5.3	6.4	178	188	290	无杉
		安徽	0.394	0.115	0.259	381	38	43	28	32	791	21	16	62	64	737	95	0.125	5.8	6.5	185	206	304	江木，刺杉
		广西	0.390	0.123	0.268	386	38	40	24	22	724	28	22	51	75	725	102	0.111	6.0	7.9	195	145	301	
		浙江	0.426	0.125	0.233	428	—	41	25	—	816	15	16	71	74	863	—	0.153	7.9	7.0	218	211	286	正杉
		福建	0.383	0.114	0.269	356	35	—	—	26	861	20	16	61	68	—	—	0.155	5.5	6.5	158	168	267	
柏木	C. funebris	湖北	0.600	0.127	0.180	543	108	97	81	69	1171	35	23	96	111	1005	101	0.230	9.4	12.3	425	435	595	建木，南木
		四川	0.581	0.168	0.243	451	91	91	71	58	1178	27	—	94	122	980	113	0.263	10.0	12.9	486	474	639	白木树，香扁柏
福建柏	F. Hodginsii	福建	0.452	0.106	0.202	343	53	53	42	38	1010	27	16	66	77	768	91	0.172	7.1	9.3	268	267	430	柏树，香柏
银杏	G. biloba	安徽	0.532	0.169	0.230	408	60	52	39	32	—	26	37	93	113	787	93	0.180	9.6	12.3	317	301	431	建柏，杜木
水松	G. pensilis	广东	0.578	0.156	0.270	349	26	74	16	40	—	—	—	85	61	700	96	0.230	7.3	7.5	233	249	301	白果，鸭掌树
桧木	J. chinensis	安徽	0.622	0.162	0.222	430	—	—	—	—	—	—	—	—	—	736	—	—	—	—	511	526	642	水莲柏
油杉	K. Fortunei	福建	0.552	0.185	0.301	457	35	76	26	49	1100	30	22	81	70	911	124	0.288	8.4	9.8	318	316	440	刺柏，真珍柏
云南油杉	K. Evelyniana	云南	0.573	0.169	0.333	514	43	58	31	41	—	23	19	76	76	943	114	0.187	9.1	10.8	312	315	407	福杉，铁坚杉
兴安落叶松	L. Gmelini	东北	0.641	0.168	0.398	557	49	89	—	—	1299	30	25	85	68	1094	141	0.245	10.1	10.8	315	—	377	杉松
		内蒙	0.696	0.186	0.411	524	60	73	44	48	1323	—	—	91	92	1170	129	0.230	13.3	13.3	—	313	412	黄花松
四川红杉	L. Mastersiana	四川	0.458	0.145	0.311	398	36	65	26	41	952	22	19	64	64	761	104	0.190	5.8	6.6	327	200	313	
长白落叶松	L. olgensis	东北	0.594	0.168	0.408	522	40	82	24	46	1226	24	24	88	71	993	126	0.244	9.1	9.0	200	—	334	
红杉	L. Potaninii	四川	0.452	0.129	0.269	370	45	64	32	22	775	25	22	49	52	702	87	0.142	7.3	8.7	193	195	312	黄花落叶松

续表

树种名称	学名	产地	气干容重(g/cm³)	干缩率径向(%)	干缩率弦向(%)	抗压顺纹	抗压横纹局部受压径向	抗压横纹局部受压弦向	抗压横纹全部受压径向	抗压横纹全部受压弦向	抗拉顺纹	抗拉横纹径向	抗拉横纹弦向	顺纹抗剪径面	顺纹抗剪弦面	抗弯强度(弦向)(9.81N/cm²)	弯曲弹性模量(弦向)(t/cm²)	冲击韧度(弦向)(9.81N·m/cm³)	抗剪力径面(9.81N/cm²)	抗剪力弦面(9.81N/cm²)	硬度径面(9.81N/cm²)	硬度弦面(9.81N/cm²)	硬度端面(9.81N/cm²)	树种别名
西伯利亚落叶松	L. sibirica	云南	0.519	0.150	0.326	411	41	51	35	37	911	—	—	62	65	802	100	0.259	6.7	8.3	—	—	—	
	L. sibirica	新疆	0.563	0.162	0.372	390	40	63	30	36	1130	—	—	87	67	846	101	0.258	13.8	12.7	207	223	345	
太白红杉	L. chsnensis	陕西	0.530	0.114	0.263	385	58	78	48	62	728	34	25	102	107	658	104	—	10.0	9.2	324	333	467	大白落叶松
水杉	M. glyptostroboides	湖北	0.342	0.089	0.241	296	23	34	18	23	666	14	10	45	38	546	74	0.120	4.7	6.6	136	142	249	杉木、白儿松
云杉	P. asperata	四川	0.478	0.178	0.334	419	36	52	37	47	984	27	23	65	64	829	105	0.211	8.2	8.3	207	224	263	
	P. asperata	甘肃	0.350	0.106	0.275	276	34	35	28	24	672	27	16	54	58	543	61	0.121	5.5	7.3	127	151	196	
麦吊云杉	P. brachytyla	四川	0.515	0.203	0.318	494	49	66	38	45	1407	29	22	82	72	893	125	0.223	7.8	9.7	284	298	420	油麦吊云杉、云杉
鱼鳞云杉	P. jezoensis	东北	0.451	0.171	0.349	424	44	44	31	28	1009	27	24	62	65	751	106	0.242	9.1	9.5	176	161	250	鱼鳞松
	P. jezoensis	吉林	0.467	0.198	0.360	399	47	53	32	33	1356	27	22	65	60	893	129	0.226	8.2	8.9	185	192	264	
红皮云杉	P. Koyamai	东北	0.417	0.136	0.319	361	37	45	—	21	967	27	16	62	62	699	110	0.164	6.6	8.7	—	—	225	红皮臭
	P. Koyamai	吉林	0.435	0.142	0.315	367	41	47	26	26	956	32	15	58	53	747	107	0.184	8.0	9.6	164	183	255	
细叶云杉	P. Neovetchii	四川	0.499	0.182	0.330	398	41	51	28	33	1093	27	22	72	73	834	118	0.223	8.8	9.9	218	243	315	青杆、刺儿松
紫果云杉	P. purpurea	四川	0.500	0.185	0.314	467	43	56	33	39	1118	25	23	56	58	868	114	0.204	7.9	9.0	212	252	294	
	P. purpurea	甘肃	0.429	0.160	0.315	376	44	50	33	31	988	27	18	68	70	667	91	0.161	6.7	9.3	178	208	296	
天山云杉	P. Schrenkiana	青海	0.418	0.140	0.250	329	68	72	43	42	615	39	27	83	81	419	98	0.130	7.5	9.1	223	227	344	雪岭云杉
	P. Schrenkiana	新疆	0.432	0.139	0.309	332	65	44	31	28	504	28	23	66	70	621	87	0.144	9.4	11.2	269	244	326	
粗皮云杉	P. asperata	陕西	0.333	0.126	0.318	270	42	39	31	20	1066	24	14	50	63	498	71	0.101	7.0	9.0	150	171	198	脂木、白松
	P. asperata	湖北	0.455	0.147	0.375	319	37	31	30	23	—	24	14	54	63	655	96	0.217	7.2	10.1	161	187	234	
华山松	P. Armandi	河南	0.471	0.137	0.318	329	35	36	30	28	866	33	21	65	72	640	106	0.184	7.4	8.7	174	165	254	五叶松、白松
	P. Armandi	西藏	0.438	0.131	0.248	313	49	42	33	31	859	25	15	31	34	613	88	—	9.0	11.8	142	131	223	
白皮松	P. Bungeana	云南	0.458	0.108	0.252	262	44	36	25	23	901	27	15	59	64	622	87	0.175	8.2	10.1	161	172	222	果松、青松、白果松
	P. Bungeana	山西	0.486	0.120	0.172	360	79	65	59	48	981	31	20	86	85	662	64	0.135	7.5	10.0	259	254	336	
红松	P. Koraiensis	东北	0.440	0.122	0.321	328	38	39	31	20	982	23	18	63	69	653	99	0.175	7.6	9.1	—	—	220	虎皮松、青杆
广东松	P. Kwangtungensis	湖南	0.501	0.130	0.270	325	—	—	44	62	—	—	—	81	80	917	100	0.201	10.1	10.2	277	252	351	海松、果松

续表

树种名称	学名	产地	气干容重(g/cm³)	干缩率(%)径向	干缩率(%)弦向	抗压强度顺纹	横纹局部受压径向	横纹局部受压弦向	横纹全部受压径向	横纹全部受压弦向	抗拉强度顺纹	抗拉横纹径向	抗拉横纹弦向	顺纹抗剪径向	顺纹抗剪弦面	抗弯强度(弦向)	弯曲弹性模量(弦向)(t/cm²)	冲击韧度(弦向)(9.81N·m/cm³)	抗劈力径面	抗劈力弦面	硬度径面	硬度弦面	硬度端面	树种别名
黄山松	P. hwangshanensis	安徽	0.571	0.206	0.358	484	46	69	34	45	—	27	29	99	87	912	131	0.271	11.8	10.7	302	290	316	黄松
马尾松	P. Massoniana	湖南	0.519	0.152	0.297	465	42	69	22	33	1049	23	19	75	67	910	121	0.192	8.6	10.1	253	279	296	
		江西	0.476	0.137	0.303	329	39	42	29	24	—	30	26	75	74	763	106	0.220	10.0	10.0	208	235	252	
		安徽	0.533	0.140	0.270	419	35	37	32	39	990	26	22	73	71	807	105	0.189	10.4	11.2	250	295	297	
		广东	0.574	0.164	0.309	503	—	—	64	61	1412	50	42	90	101	1112	164	0.234	—	—	308	330	361	青松
		福建	0.568	0.161	0.301	437	50	71	40	48	972	32	27	99	94	—	—	0.248	10.8	12.1	293	300	340	松树,枞柏
		湖北	0.510	0.173	0.280	481	—	—	31	34	925	31	34	81	73	710	132	0.210	10.7	9.3	240	230	315	
		浙江	0.555	0.167	0.358	374	—	—	—	—	760	17	19	75	76	724	—	0.184	9.8	8.5	263	245	311	
樟子松	P. sylvestris	广西	0.449	0.123	0.277	315	42	42	27	27	668	8.7	11	74	67	665	88	0.227	8.7	11.0	208	254	310	山松,枞柏
		内蒙	0.480	0.150	0.310	371	36	36	—	—	1151	46	31	78	76	713	99	0.184	10.2	10.8	—	—	258	蒙古赤松
		东北	0.462	0.145	0.325	317	39	33	26	24	945	44	28	67	72	742	91	0.174	9.1	11.5	214	222	264	樟松
油松	P. tabulaeformis	湖北	0.537	0.160	0.298	424	46	58	32	39	1206	25	17	68	63	880	112	0.216	9.7	11.5	231	266	287	东北黑松
		河南	0.544	0.170	0.306	389	46	57	34	34	750	25	20	79	81	750	99	—	10.3	10.5	202	220	256	红皮松
		陕西	0.430	0.110	0.300	365	60	69	44	45	—	28	24	79	88	660	93	—	10.1	8.7	297	300	356	短叶松
云南松	P. yunnanensis	云南	0.588	0.196	0.406	455	35	49	25	34	1205	24	22	81	77	953	129	0.282	9.0	10.3	296	322	389	青松,飞松
		四川	—	—	—	478	—	—	43	49	1231	30	26	90	83	982	132	—	10.0	11.0	—	—	—	
异叶罗汉松	P. imbricatus	海南	0.463	0.155	0.259	390	63	56	38	38	1069	24	16	76	82	825	93	0.191	7.5	8.9	275	297	500	岭南罗汉松
竹柏	P. Nagi	广西	0.509	0.122	0.239	375	—	—	—	—	—	—	—	—	—	772	—	—	—	—	285	321	490	大果竹柏
脉叶罗汉松	P. neriifolius	湖南	0.604	0.176	0.262	415	—	—	—	—	—	—	—	—	—	969	—	—	—	—	487	627	786	
金钱松	P. amabilis	福建	0.542	0.100	0.232	423	—	—	—	—	—	—	—	—	—	861	—	—	—	—	347	347	457	
黄杉	P. sinensis	湖北	0.491	0.157	0.276	357	29	59	24	41	1049	19	17	77	58	760	100	0.148	8.6	9.3	223	244	330	水松
		云南	0.582	0.176	0.283	506	46	73	36	52	1266	25	21	90	85	963	117	0.308	9.3	10.4	361	361	502	
红豆杉	T. wallichiana	湖南	0.450	0.117	0.183	441	60	73	20	21	680	20	21	120	131	851	—	—	4.6	5.9	438	291	310	卷柏,扁柏
		四川	0.761	0.178	0.209	556	—	—	—	—	—	—	—	—	—	—	—	—	—	—	743	656	787	
		湖北	0.623	0.146	0.255	454	—	—	—	—	—	—	—	—	—	866	—	0.200	—	—	468	568	630	观音杉
铁杉	T. chinensis	四川	0.511	0.149	0.273	496	42	67	36	40	1178	31	19	83	92	915	111	0.200	8.4	9.0	271	292	408	仙柏,刺柏
		湖北	0.508	0.157	0.288	400	37	65	28	41	1062	22	18	77	64	827	103	0.191	8.5	10.3	255	263	391	

2. $F_{p\alpha}$还可由图11-8-1查用

【例】 TC15B 鱼鳞云杉 $F_p = 12N/mm^2$ $F_{p \cdot 90} = 3.10N/mm^2$ 按图11-8-1中间实线所示查得 $F_{p \cdot 30} = 8.83N/mm^2$。

（四）受弯构件的挠度容许值 [W]

受弯构件的计算挠度，不应超过表11-8-7的容许挠度值 [W]。

（五）受压构件计算长度 l_0 和容许长细比 [λ]

1. 柱

（1）两端铰接：$l_0 = l$；

（2）一端固定一端自由：$l_0 = 2l$；

（3）一端固定一端铰接：$l_0 = 0.8l$。

2. 桁架

（1）平面内。取节点中心间距；

（2）平面外。屋架上弦取锚固檩条间的距离；腹杆取节点中心间距；在杆系拱、框架及类似结构中的受压下弦，取侧向支承点间的距离。

3. 受压构件容许长细比 [λ]

受压构件长细比不应超过表11-8-8的容许长细比[λ]。

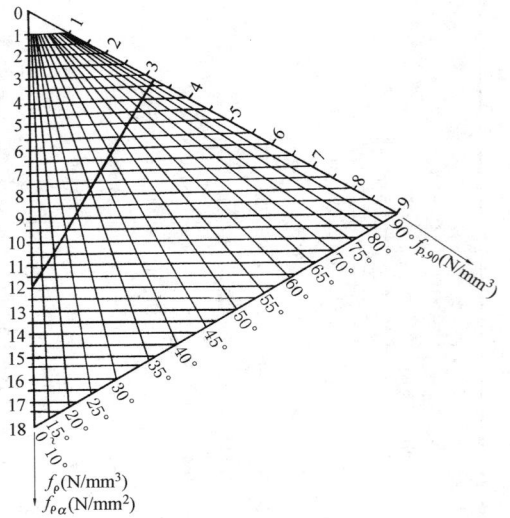

图 11-8-1　木材斜纹承压强度

表 11-8-4　常用树种木材的强度设计值和弹性模量（N/mm²）

强度等级	组别	适用树种	抗弯	顺纹抗压及承压	顺纹抗拉	顺纹抗剪	横纹承压			弹性模量 E
							全表面	局部表面及齿面	拉力螺栓垫板下面	
TC17	A	柏木	17	16	10	1.70	2.30	3.50	4.60	10000
	B	东北落叶松		15	9.50	1.60				
TC15	A	铁杉、油杉	15	13	9	1.60	2.10	3.10	4.20	10000
	B	鱼鳞云杉、西南云杉		12	9	1.50				
TC13	A	油松、新疆落叶松、云南松、马尾松	13	12	8.50	1.50	1.90	2.90	3.80	10000
	B	红皮云杉、丽江云杉、红松、樟子松		10	8	1.40				9000
TC11	A	西北云杉、新疆云杉	11	10	7.50	1.40	1.80	2.70	3.60	9000
	B	杉木、冷杉		10	7	1.20				
TB20	—	栎木、青冈、椆木	20	18	12	2.80	4.20	6.30	8.40	12000
TB17	—	水曲柳	17	16	11	2.40	3.80	5.70	7.60	11000
TB15	—	锥栗（桐木）、桦木	15	14	10	2	3.10	4.70	6.20	10000

表 11-8-5　木材强度设计值和弹性模量的调整系数

项次	使用条件	调整系数	
		强度设计值	弹性模量
1	露天结构	0.90	0.85
2	在生产性高温条件下，木材表面温度达40~50℃	0.80	0.80
3	当仅有恒荷载或恒荷载所产生的内力占全部荷载产生内力的80%以上时，应单独以恒载进行验算	0.80	0.80
4	木构筑物	0.90	1
5	施工荷载	1.30	1

表 11-8-6 **新利用树种木材强度设计值和弹性模量（N/mm²）**

强度等级	树种名称	抗弯	顺纹抗压及承压	顺纹抗剪	横纹承压			弹性模量
					全表面	局部表面及齿面	拉力螺栓垫板下面	
TB15	槐木、乌墨	15	13	1.80	2.80	4.20	5.60	9000
	木麻黄			1.60				
TB13	柠檬桉、隆缘桉、蓝桉	13	12	1.50	2.40	3.60	4.80	8000
	檫木			1.20				
TB11	榆木 臭椿、柮木	11	10	1.30	2.10	3.20	4.10	7000

表 11-8-7 表 5.2-4 **受弯构件的容许挠度值**

序号	构件类别		容许挠度 $[W]$
1	檩条	$l \leqslant 3.30$m	$l/200$
		$l > 3.30$m	$l/250$
2	椽条		$l/150$
3	抹灰吊顶中的受弯构件		$l/250$
4	楼板梁和搁栅		$l/250$

表 11-8-8 表 5.2-5 **受压构件容许长细比**

项次	构 件 类 别	容许长细比 $[\lambda]$
1	结构的主要构件（包括桁架的弦杆、支座处的斜杆或竖杆及承重柱等）	120
2	般构件	150
3	支撑	200

第九节 建筑材料质量

建筑材料质量表见表 11-9-1。

表 11-9-1 **建筑材料质量表**

名 称	质量（kg/m³）	备注
1. 木材：杉木	< 400	重量随含水率而不同
冷杉、云杉、红松、华山松 樟子松、铁杉、拟赤杨、红椿、杨木、枫杨	400 ~ 500	重量随含水率而不同
马尾松、云南松、油松、赤松、广东松、柮木、枫香、柳木、檫木、秦岭落叶松、新疆落叶松	500 ~ 600	重量随含水率而不同
东北落叶松、陆均松、榆木、桦木、水曲柳、苦楝、木荷、臭椿	600 ~ 700	重量随含水率而不同

续表

名 称	质量（kg/m³）	备注
椎木（栲木）、石栎、槐木、乌墨	700 ~ 800	重量随含水率而不同
青冈栎（槠木）、栎木（柞木）、桉树、木麻黄	> 800	重量随含水率而不同
2. 土、砂、砂砾、岩石：腐殖土	1500 ~ 1600	干，$\varphi = 40°$；湿，$\varphi = 35°$；很湿，$\varphi = 25°$
黏土	1350	干，松，空隙比为 1.0
黏土	1600	干，$\varphi = 40°$，压实
黏土	1800	湿，$\varphi = 35°$，压实
黏土	2000	很湿，$\varphi = 20°$，压实
砂土	1220	干，松
砂土	1600	干，$\varphi = 35°$，压实
砂土	1800	湿，$\varphi = 35°$，压实
砂土	2000	很湿，$\varphi = 25°$，压实
砂子	1400	干，细砂
砂子	1700	干，粗砂
卵石	1600 ~ 1800	干
黏土夹卵石	1700 ~ 1800	干，松
砂夹卵石	1500 ~ 1700	干，松
砂夹卵石	1600 ~ 1920	干，压实
砂夹卵石	1890 ~ 1920	湿
浮石	600 ~ 800	干
浮石填充料	400 ~ 600	

续表

名　称	质　量（kg/m³）	备注
砂岩	2360	
页岩	2800	
页岩	1480	片石堆置
泥灰石	1400	$\varphi = 40°$
花岗岩，大理石	2800	
花岗石	1540	片石堆置
石灰石	2640	
石灰石	1520	片石堆置
贝壳石灰岩	1400	
白云石	1600	片石堆置，$\varphi = 48°$
滑石	2710	
火石（燧石）	3520	
云斑石	2760	
玄武岩	2950	
长石	2550	
角闪石，绿石	3000	
角闪石，绿石	1710	片石堆置
碎石子	1400 ~ 1500	堆置
岩粉	1600	黏土质或石炭质的
多孔黏土	500 ~ 800	作填充料用，$\varphi = 35°$
硅藻土填充料	400 ~ 600	
辉绿岩板	2950	
3. 石灰、水泥、灰浆、混凝土及水：生石灰块	1100	堆置，$\varphi = 30°$
生石灰粉	1200	堆置，$\varphi = 35°$
熟石灰膏	1350	
石灰砂浆，混合砂浆	1700	
水泥石灰焦渣砂浆	1400	
石灰焦渣砂浆	1300	
灰土	1750	石灰：土 = 3：7，夯实
稻草石灰泥	1600	
纸筋石灰泥	1600	
石灰锯末	340	1：3，松
石灰三合土	1750	石灰、砂子、卵石
水泥	1250	轻质松散，$\varphi = 20°$

续表

名　称	质　量（kg/m³）	备注
水泥	1450	散装，$\varphi = 30°$
水泥	1600	袋装压实，$\varphi = 40°$
矿渣水泥	1450	
水泥砂浆	2000	
水泥蛭石砂浆	500 ~ 800	
石棉水泥浆	1900	
膨胀珍珠岩砂浆	700 ~ 1500	
石膏砂浆	1200	
碎砖混凝土	1850	
素混凝土	2200 ~ 2400	振捣或不振捣
矿渣混凝土	2000	
焦渣混凝土	1600 ~ 1700	承重用
焦渣混凝土	1000 ~ 1400	填充用
铁屑混凝土	2800 ~ 6500	
浮石混凝土	900 ~ 1400	
沥青混凝土	2000	
无砂大孔混凝土	1600 ~ 1900	
泡沫混凝土	400 ~ 600	
加气混凝土	550 ~ 750	单块
钢筋混凝土	2400 ~ 2500	
碎砖钢筋混凝土	2000	
钢丝网水泥	2500	用于承重结构
水玻璃耐酸混凝土	2000 ~ 2350	
粉煤灰陶粒混凝土	1950	
水	1000	温度4℃，密度最大时
冰	896	
4. 金属矿产：铸铁	7250	
锻铁	7750	
铁矿渣	2760	
赤铁矿	2500 ~ 3000	
钢	7850	
紫铜、赤铜	8900	
黄铜、青铜	8500	
硫化铜矿	4200	
铝	2700	
铝合金	2800	
锌	7050	

第十节　66kV 线路绝缘子串和地线金具串定型设计图

一、设计使用说明书

（一）使用范围

（1）该设计是为送电线路设计、施工、运行人员工作需要设计的送电线路绝缘子串和地线金具串定型设计图。使用人员可根据需要选用适合自己情况的各种组装串。可起到保证设计质量、加快设计进度的作用。

（2）绝缘子串设计是以大连地区 66kV 电压，瓷耐污绝缘子为基础设计的，当改变绝缘体型式后，金具组装不变，具有通用性。即改变绝缘子型式或片数后，可成为 35、66、110、220kV 线路通用的定型设计图。

（3）复合绝缘子串设计是以大连地区 66kV 电压，复合绝缘子串为基础设计的，当改变复合绝缘子型式后，即可成为 35、66、110、220kV 线路复合绝缘子串的定型设计图。

（4）送电线路地线金具串定型设计图，不分电压等级，适用 35、66、110、220kV 线路。

（二）杆塔挂点联接的设计

该设计是绝缘子串和地线金具串第一个金具零件与杆塔挂点的联接，采用了 U 型螺丝、UB 型挂板、Z 型挂板、U 型挂环、ZS 型挂板等联接金具。选用时

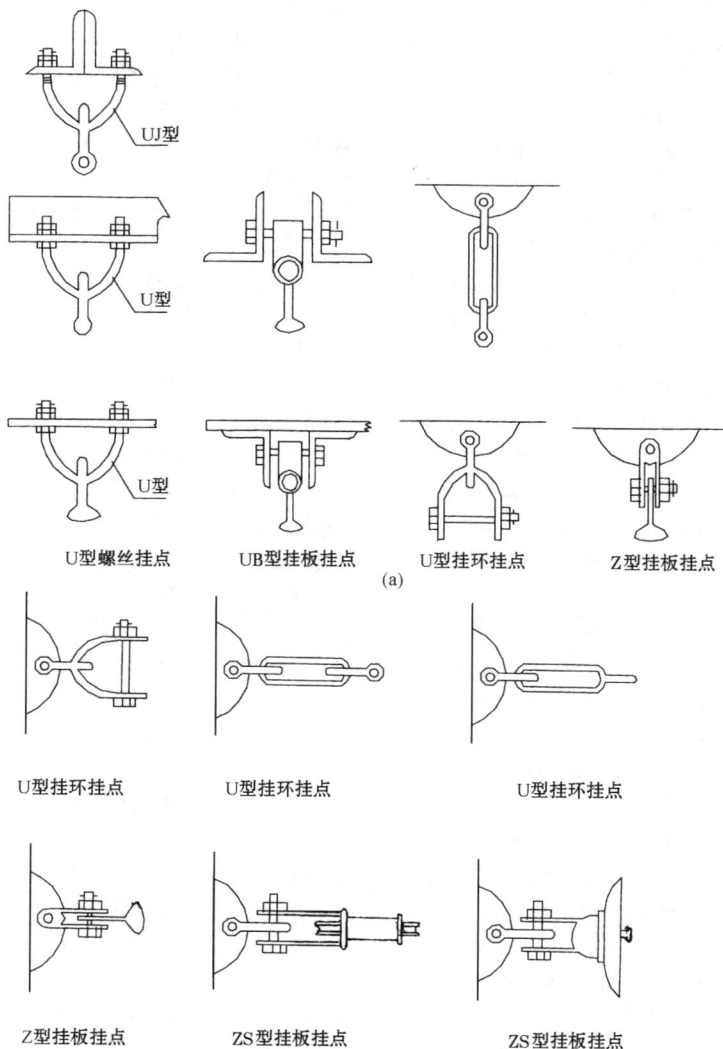

图 11-10-1　杆塔挂点图

（a）悬垂挂点图；（b）耐张挂点图

可按照杆塔挂点方式选择适合的金具联接方式，各种金具零件挂点见图 11-10-1。

1. 悬垂挂点图

（1）U 型螺丝挂点。U 型螺丝与杆塔联接时，可直接与球头挂环或 U 型挂环联接。采用 UJ 型螺丝挂点时要和 U 型挂环或 QH 型球头挂环相配合。采用 U 型螺丝挂点时可与 Q 型、QH 型球头挂环或 U 型挂环相配合。U 型和 UJ 型螺丝均不能与 QP 型球头挂环相配合。U 型、UJ 型螺丝可与双角钢、单角钢、钢板、槽钢相联接。UJ 型为加强型螺丝，适用于承受较大荷重，大弯矩的情况。U 型螺丝适用于较小荷重，小弯矩的情况。第一个金具零件可与 U 型挂环、Q 型球头挂环、QH 型球头挂环、ZH 型挂环相联接。

（2）UB 型挂板挂点。UB 型挂板与杆塔联接时，采用两个角钢抬起 UB 型挂板的方式，固定在杆塔上，UB 型挂板的螺栓杆长，能够穿过两角钢后固定。角钢的内侧可向上，也可向下，由杆塔结构设计确定。第一个金具零件可与 QP 型球头挂环相联接。

（3）U 型挂环挂点。U 型挂环与杆塔联接时，用联板相联接，将 U 型挂环挂在一块向下的钢板上，设计时要求 U 型挂环能自由活动。挂点钢板一般固定在两个角钢相夹的位置或加焊在钢板上，也可挂在角钢的一个边上。第一个金具零件可与 U 型挂环、ZH 型挂环、QH 球头挂环相联接。

（4）Z 型或 ZS 型挂板挂点，Z 型或 ZS 型挂板与杆塔联接时，将 Z 型或 ZS 型挂板挂在一块向下的钢板上。Z 型或 ZS 型挂板固定在钢板上要求能自由活动。挂点钢板一般固定在两个角钢相夹的位置或焊在垂直向下的钢板上，也可挂在角钢的一个边上。第一个金具零件可与 QP 型球头挂环、槽型绝缘子相联接。

2. 耐张挂点图

（1）U 型挂环挂点。U 型挂环与杆塔相联接时，将 U 型挂环挂在一块向线路水平方向的钢板上。要求 U 型挂环能自由活动。挂点钢板一般固定在组合角钢上，也可加焊在角钢上。第一个金具零件可与 U 型挂环、PH 型挂环、ZH 型挂环、QH 型球头挂环相联接。

（2）Z 型或 PS 型挂板挂点。Z 型或 PS 型挂板与杆塔联接时，将 Z 型或 PS 型挂板挂在一块沿线路水平方向的钢板上。要求 Z 型或 PS 型挂板能自由活动。挂点钢板一般固定在组合角钢上，也可加焊在角钢上。第一个金具零件可与 QP 型球头挂环相联接。PS 型挂板可与槽型绝缘子、楔型线夹相联接。

（3）ZS 型挂板挂点。ZS 型挂板与杆塔联接时，将 ZS 型挂板挂在一块沿线路方向的钢板上，要求 ZS 型挂板能自由活动。挂点钢板一般固定在组合角钢上，也可加焊在角钢上。第一个金具零件与楔型线夹、槽型绝缘子相联接。

3. 杆塔挂点孔径与螺栓直径尺寸的配合

杆塔挂点孔径与螺栓直径应有 1.5～2mm 间隙，方能按常规配合。

（三）线路绝缘子串和地线金具串破坏荷重等级

该设计是按 70，100，120，160，210kN 荷重等级设计的线路绝缘子组装串和地线金具组装串。

（四）导、地线型号的选用

该定型设计是按送电线路常用的导、地线型号进行组装设计的。钢芯铝绞线采用符合国标 GB 1179—83，型号为 LGJ 型导线。钢绞线采用符合国标 GB 1200—88，型号为 GJ 型地线。

该定型设计采用了一种组装串，可适应多种导线或地线型号的组合。作为定型设计，这种组合可以被广泛地应用。

（五）线路线夹的选用

该定型设计是按电力部颁发的《电力金具产品样本》并参考了线路器材厂产品样本进行组装设计的。采用了一种组装串，可适用多个不同型号的悬垂线夹或耐张线夹。作为定型设计，这种组合可以被广泛应用。

（六）线路金具零件的选用

该定型设计是按 1985 年修订的原水利电力部《电力金具产品样本》和 1997 年修订的原电力工业部《电力金具产品样本》及各金具厂家样本的金具零件进行组装设计的。

在一部分线路绝缘子串组装图中附加了说明，采用四平线路器材厂产品及 1985 年修订《电力金具产品样本》，是因为 1997 年修订版金具零件，有的不能互相合适的配合。

（七）复合绝缘子串的选用

该定型设计复合绝缘子串采用了大连电瓷厂带均压环的复合绝缘子串。一般地区可首选不带均压环的产品，但 220kV 等级均需选用带均压环产品。

（八）绝缘子的机械强度计算

1. 绝缘子的安全系数 K

K_1——最大使用荷重情况为 2.7；

K_2——断线情况为 1.8；

K_3——断联情况为 1.5；

K_4——正常运行常年荷重为 4.5。

2. 绝缘子机械强度计算

$$KF < F_u \qquad (11-10-1)$$

式中 K——绝缘子机械强度安全系数；

F——最大设计使用荷重，N；

F_u——绝缘子机械破坏荷重，N。

3. 悬式绝缘子最大设计使用荷重 F 计算

（1）覆冰情况。

$$F = F_1 + G_1 \qquad (11\text{-}10\text{-}2)$$

式中　F_1——导线荷重，覆冰时综合荷重，N；

$$F_1 = P_7 \times l_v \qquad (11\text{-}10\text{-}3)$$

式中　P_7——导线覆冰时，单位综合荷重，N/m；

　　　l_v——线路最大垂直档距，m；

　　　G_1——覆冰时绝缘子串综合荷重，N。

（2）大风情况

$$F = F_2 + G_2 \qquad (11\text{-}10\text{-}4)$$

式中　F_2——导线荷重，大风时综合荷重，N；

$$F_2 = P_6 \times l_h \qquad (11\text{-}10\text{-}5)$$

式中　P_6——导线覆冰时，单位综合荷重，N/m；

　　　l_h——线路最大水平档距，m；

　　　G_2——大风时绝缘子串综合荷重，N。

（3）导线断线情况

$$KF < F_u \qquad (11\text{-}10\text{-}6)$$

式中　K——绝缘子在导线断线时，机械强度安全系数；

　　　F_u——绝缘子机械破坏荷重，N；

F——导线断线时的断线张力，N。

4. 耐张绝缘子最大使用荷重 F 计算

$$KF < F_u \qquad (11\text{-}10\text{-}7)$$

式中　K——绝缘子机械强度安全系数；

　　　F_u——绝缘子机械破坏荷重，N；

　　　F——导线最大使用张力，N。

5. 其它荷重尚应满足正常运行情况常年荷重和断联及断线荷重强度的要求。

（九）金具的机械强度计算

1. 金具的安全系数 K

K_1——最大使用荷重情况为 2.5

K_2——断线、断联情况为 1.5

2. 金具的机械强度计算

金具机械强度计算方法与绝缘子机械强度的计算方法相同。

二、66kV 线路绝缘子串和地线金具串定型设计图纸目录

66kV 线路绝缘子串和地线金具串定型设计图纸目录见表 11-10-1。

表 11-10-1　　　　　　　　　　　66kV 线路绝缘子串和地线金具串定型设计图纸目录表

项　目	图　号		图　名	备　注
（一）66kV线路悬垂绝缘子串组装图	1. 66kV线路悬垂瓷绝缘子串组装图	图 11-10-2	66kV 线路单联悬垂绝缘子串组装图	70kN 级，与杆塔 Z-7 挂板联接
		图 11-10-3	66kV 线路单联悬垂绝缘子串组装图	70kN 级，与杆塔 UB-7 挂板联接
		图 11-10-4	66kV 线路单联悬垂绝缘子串组装图	70kN 级，与杆塔 U 型螺丝联接
		图 11-10-5	66kV 线路单联复导线悬垂绝缘子串组装图	70kN 级，与杆塔 Z-7 挂板联接
		图 11-10-6	66kV 线路单联复导线悬垂绝缘子串组装图	70kN 级，与杆塔 UB-7 挂板联接
		图 11-10-7	66kV 线路单联复导线悬垂绝缘子串组装图	70kN 级，与杆塔 U 型螺丝联接
		图 11-10-8	66kV 线路单联复导线悬垂绝缘子串组装图	100kN 级，与杆塔 Z-10 挂板联接
		图 11-10-9	66kV 线路单联复导线悬垂绝缘子串组装图	100kN 级，与杆塔 UB-10 挂板联接
		图 11-10-10	66kV 线路单联复导线悬垂绝缘子串组装图	100kN 级，与杆塔 U 型螺丝联接
		图 11-10-11	66kV 线路双联双线夹悬垂绝缘子串组装图	120kN 级，与杆塔 Z-12 挂板联接
		图 11-10-12	66kV 线路双联双线夹悬垂绝缘子串组装图	120kN 级，与杆塔 UB-12 挂板联接
		图 11-10-13	66kV 线路双联双线夹悬垂绝缘子串组装图	100kN 级，与杆塔 Z-10 挂板联接
		图 11-10-14	66kV 线路双联双线夹悬垂绝缘子串组装图	100kN 级，与杆塔 UB-10 挂板联接
		图 11-10-15	66kV 线路双联双线夹悬垂绝缘子串组装图	100kN 级，与杆塔 U 型螺丝联接
		图 11-10-16	66kV 线路双串悬垂绝缘子串组装图	70kN 级，与杆塔 Z-7 挂板联接
		图 11-10-17	66kV 线路双串悬垂绝缘子串组装图	70kN 级，与杆塔 UB-7 挂板联接
		图 11-10-18	66kV 线路双联复导线悬垂绝缘子串组装图	120kN 级，与杆塔 Z-12 挂板联接
		图 11-10-19	66kV 线路双联复导线悬垂绝缘子串组装图	120kN 级，与杆塔 UB-12 挂板联接
		图 11-10-20	66kV 线路双联复导线悬垂绝缘子串组装图	100kN 级，与杆塔 Z-10 挂板联接
		图 11-10-21	66kV 线路双联复导线悬垂绝缘子串组装图	100kN 级，与杆塔 UB-10 挂板联接
		图 11-10-22	66kV 线路双串复导线悬垂绝缘子串组装图	70kN 级，与杆塔 Z-7 挂板联接
		图 11-10-23	66kV 线路双串复导线悬垂绝缘子串组装图	70kN 级，与杆塔 UB-7 挂板联接

项　目		图　号	图　　名	备　注
（一）66kV线路悬垂绝缘子串组装图	2. 66kV线路悬垂瓷跳线绝缘子串组装图	图 11-10-24	66kV 线路跳线单联悬垂绝缘子串组装图	70kN 级，与杆塔 U 型螺丝联接
		图 11-10-25	66kV 线路跳线单联悬垂绝缘子串组装图	70kN 级，与杆塔 Z-7 挂板联接
		图 11-10-26	66kV 线路双导线跳线悬垂绝缘子串组装图	70kN 级，与杆塔 U 型螺丝联接
		图 11-10-27	66kV 线路双导线跳线悬垂绝缘子串组装图	70kN 级，与杆塔 Z-7 挂板联接
	3. 66kV线路悬垂复合绝缘子串组装图	图 11-10-28	66kV 线路单联悬垂复合绝缘子串组装图	70kN 级，与杆塔 Z-7 挂板联接
		图 11-10-29	66kV 线路单联悬垂复合绝缘子串组装图	70kN 级，与杆塔 UB-7 挂板联接
		图 11-10-30	66kV 线路单联悬垂复合绝缘子串组装图	70kN 级，与杆塔 U 型螺丝联接
		图 11-10-31	66kV 线路单联复导线悬垂复合绝缘子串组装图	70kN 级，与杆塔 Z-7 挂板联接
		图 11-10-32	66kV 线路单联复导线悬垂复合绝缘子串组装图	70kN 级，与杆塔 UB-7 挂板联接
		图 11-10-33	66kV 线路单联复导线悬垂复合绝缘子串组装图	70kN 级，与杆塔 U 型螺丝联接
		图 11-10-34	66kV 线路单联复导线悬垂复合绝缘子串组装图	100kN 级，与杆塔 Z-10 挂板联接
		图 11-10-35	66kV 线路单联复导线悬垂复合绝缘子串组装图	100kN 级，与杆塔 UB-10 挂板联接
		图 11-10-36	66kV 线路单联复导线悬垂复合绝缘子串组装图	100kN 级，与杆塔 U 型螺丝联接
		图 11-10-37	66kV 线路双联双线夹悬垂复合绝缘子串组装图	120kN 级，与杆塔 Z-12 挂板联接
		图 11-10-38	66kV 线路双联双线夹悬垂复合绝缘子串组装图	120kN 级，与杆塔 UB-12 挂板联接
		图 11-10-39	66kV 线路双联双线夹悬垂复合绝缘子串组装图	100kN 级，与杆塔 Z-10 挂板联接
		图 11-10-40	66kV 线路双联双线夹悬垂复合绝缘子串组装图	100kN 级，与杆塔 UB-10 挂板联接
		图 11-10-41	66kV 线路双联悬垂复合绝缘子串组装图	70kN 级，与杆塔 Z-7 挂板联接
		图 11-10-42	66kV 线路双联悬垂复合绝缘子串组装图	70kN 级，与杆塔 UB-7 挂板联接
		图 11-10-43	66kV 线路双联复导线悬垂复合绝缘子串组装图	120kN 级，与杆塔 Z-12 挂板联接
		图 11-10-44	66kV 线路双联复导线悬垂复合绝缘子串组装图	120kN 级，与杆塔 UB-12 挂板联接
		图 11-10-45	66kV 线路双联复导线悬垂复合绝缘子串组装图	100kN 级，与杆塔 Z-10 挂板联接
		图 11-10-46	66kV 线路双联复导线悬垂复合绝缘子串组装图	100kN 级，与杆塔 UB-10 挂板联接
		图 11-10-47	66kV 线路双联复导线悬垂复合绝缘子串组装图	70kN 级，与杆塔 Z-7 挂板联接
		图 11-10-48	66kV 线路双联复导线悬垂复合绝缘子串组装图	70kN 级，与杆塔 UB-7 挂板联接
	4. 66kV线路单联悬垂跳线复合绝缘子串组装图	图 11-10-49	66kV 线路单联跳线悬垂复合绝缘子串组装图	70kN 级，与杆塔 U 型螺丝联接
		图 11-10-50	66kV 线路单联跳线悬垂复合绝缘子串组装图	70kN 级，与杆塔 Z-7 挂板联接
		图 11-10-51	66kV 线路双导线跳线悬垂复合绝缘子串组装图	70kN 级，与杆塔 U 型螺丝联接
		图 11-10-52	66kV 线路双导线跳线悬垂复合绝缘子串组装图	70kN 级，与杆塔 Z-7 挂板联接
（二）66kV线路耐张绝缘子串组装图	1. 66kV线路耐张瓷绝缘子串组装图	图 11-10-53	66kV 线路单联耐张绝缘子串组装图	70kN 级，NLD 型线夹，与杆塔 U-7 挂环联接
		图 11-10-54	66kV 线路单联耐张绝缘子串组装图	70kN 级，NLD 型线夹，与杆塔 Z-7 挂板联接
		图 11-10-55	66kV 线路单联耐张绝缘子串组装图——绝缘子倒装串	70kN 级，NLD 型线夹，与杆塔 Z-7 挂板联接
		图 11-10-56	66kV 线路单联耐张绝缘子串组装图	100kN 级，NLD 型线夹，与杆塔 U-10 挂环联接
		图 11-10-57	66kV 线路单联耐张绝缘子串组装图	100kN 级，NLD 型线夹，与杆塔 Z-10 挂板联接
		图 11-10-58	66kV 线路单联耐张绝缘子串组装图——绝缘子倒装串	100kN 级，NLD 型线夹，与杆塔 Z-10 挂板联接
		图 11-10-59	66kV 线路单联耐张绝缘子串组装图	70kN 级，NLL 型线夹，与杆塔 U-7 挂环联接
		图 11-10-60	66kV 线路单联耐张绝缘子串组装图	70kN 级，NLL 型线夹，与杆塔 Z-7 挂板联接

续表

项 目		图 号	图 名	备 注
（二）66kV线路耐张绝缘子串组装图	1. 66kV线路耐张瓷绝缘子串组装图	图 11-10-61	66kV 线路单联耐张绝缘子串组装图——绝缘子倒装串	70kN 级，NLL 型线夹，与杆塔 Z-7 挂板联接
		图 11-10-62	66kV 线路单联耐张绝缘子串组装图	100kN 级，NLL 型线夹，与杆塔 U-10 挂环联接
		图 11-10-63	66kV 线路单联耐张绝缘子串组装图	100kN 级，NLL 型线夹，与杆塔 Z-10 挂板联接
		图 11-10-64	66kV 线路单联耐张绝缘子串组装图——绝缘子倒装串	100kN 级，NLL 型线夹，与杆塔 Z-10 挂板联接
		图 11-10-65	66kV 线路单联耐张绝缘子串组装图	100kN 级，NB 型线夹，与杆塔 U-10 挂环联接
		图 11-10-66	66kV 线路单联耐张绝缘子串组装图	100kN 级，NB 型线夹，与杆塔 Z-10 挂板联接
		图 11-10-67	66kV 线路单联耐张绝缘子串组装图——绝缘子倒装串	100kN 级，NB 型线夹，与杆塔 Z-10 挂板联接
		图 11-10-68	66kV 线路单联耐张绝缘子串组装图	100kN 级，WN 型线夹，与杆塔 U-10 挂环联接
		图 11-10-69	66kV 线路单联耐张绝缘子串组装图	100kN 级，WN 型线夹，与杆塔 Z-10 挂板联接
		图 11-10-70	66kV 线路单联耐张绝缘子串组装图——绝缘子倒装串	100kN 级，WN 型线夹，与杆塔 Z-10 挂板联接
		图 11-10-71	66kV 线路双联耐张绝缘子串组装图	100kN 级，NLD 型线夹，与杆塔 U-10 挂环联接
		图 11-10-72	66kV 线路双联耐张绝缘子串组装图	120kN 级，NLD 型线夹，与杆塔 U-12 挂环联接
		图 11-10-73	66kV 线路双联耐张绝缘子串组装图	120kN 级，NLL 型线夹，与杆塔 U-12 挂环联接
		图 11-10-74	66kV 线路双联耐张绝缘子串组装图	160kN 级，NLL 型线夹，与杆塔 U-16 挂环联接
		图 11-10-75	66kV 线路双联耐张绝缘子串组装图	120kN 级，NB 型线夹，与杆塔 U-12 挂环联接
		图 11-10-76	66kV 线路双联耐张绝缘子串组装图——绝缘子倒装串	120kN 级，NB 型线夹，与杆塔 U-12 挂环联接
		图 11-10-77	66kV 线路双联耐张绝缘子串组装图	160kN 级，NB 型线夹，与杆塔 U-16 挂环联接
		图 11-10-78	66kV 线路双联耐张绝缘子串组装图——绝缘子倒装串	160kN 级，NB 型线夹，与杆塔 U-16 挂环联接
		图 11-10-79	66kV 线路双联耐张绝缘子串组装图	120kN 级，WN 型线夹，与杆塔 U-12 挂环联接
		图 11-10-80	66kV 线路双联耐张绝缘子串组装图——绝缘子倒装串	120kN 级，WN 型线夹，与杆塔 U-12 挂环联接
		图 11-10-81	66kV 线路双联耐张绝缘子串组装图	160kN 级，WN 型线夹，与杆塔 U-16 挂环联接
		图 11-10-82	66kV 线路双联耐张绝缘子串组装图——绝缘子倒装串	160kN 级，WN 型线夹，与杆塔 U-16 挂环联接
		图 11-10-83	66kV 线路双联复导线耐张绝缘子串组装图	160kN 级，NB 型线夹，与杆塔 U-16 挂环联接
		图 11-10-84	66kV 线路双联复导线耐张绝缘子串组装图	210kN 级，NB 型线夹，与杆塔 U-21 挂环联接
		图 11-10-85	66kV 线路双联复导线耐张绝缘子串组装图——绝缘子倒装串	210kN 级，NB 型线夹，与杆塔 U-21 挂环联接

项　目		图　号	图　名	备　注
（二）66kV线路耐张绝缘子串组装图	1.66kV线路耐张瓷绝缘子串组装图	图 11-10-86	66kV 线路双联复导线耐张绝缘子串组装图	160kN 级，WN 型线夹，与杆塔 U-16 挂环联接
		图 11-10-87	66kV 线路双联复导线耐张绝缘子串组装图	210kN 级，WN 型线夹，与杆塔 U-21 挂环联接
		图 11-10-88	66kV 线路双联复导线耐张绝缘子串组装图——绝缘子倒装串	210kN 级，WN 型线夹，与杆塔 U-21 挂环联接
	2.66kV线路耐张复合绝缘子串组装图	图 11-10-89	66kV 线路单联耐张复合绝缘子串组装图	70kN 级，NLD 型线夹，与杆塔 U-7 挂环联接
		图 11-10-90	66kV 线路单联耐张复合绝缘子串组装图	70kN 级，NLD 型线夹，与杆塔 Z-7 挂板联接
		图 11-10-91	66kV 线路单联耐张复合绝缘子串组装图	100kN 级，NLL 型线夹，与杆塔 U-10 挂环联接
		图 11-10-92	66kV 线路单联耐张复合绝缘子串组装图	100kN 级，NLL 型线夹，与杆塔 Z-10 挂板联接
		图 11-10-93	66kV 线路单联耐张复合绝缘子串组装图	100kN 级，NB 型线夹，与杆塔 U-10 挂环联接
		图 11-10-94	66kV 线路单联耐张复合绝缘子串组装图	100kN 级，NB 型线夹，与杆塔 Z-10 挂板联接
		图 11-10-95	66kV 线路单联耐张复合绝缘子串组装图	100kN 级，WN 型线夹，与杆塔 U-10 挂环联接
		图 11-10-96	66kV 线路单联耐张复合绝缘子串组装图	100kN 级，WN 型线夹，与杆塔 Z-10 挂板联接
		图 11-10-97	66kV 线路双联耐张复合绝缘子串组装图	100kN 级，NLD 型线夹，与杆塔 U-10 挂环联接
		图 11-10-98	66kV 线路双联耐张复合绝缘子串组装图	120kN 级，NLL 型线夹，与杆塔 U-12 挂环联接
		图 11-10-99	66kV 线路双联耐张复合绝缘子串组装图	120kN 级，NB 型线夹，与杆塔 U-12 挂环联接
		图 11-10-100	66kV 线路双联耐张复合绝缘子串组装图	120kN 级，WN 型线夹，与杆塔 U-12 挂环联接
		图 11-10-101	66kV 线路双联复导线耐张复合绝缘子串组装图	210kN 级，NB 型线夹，与杆塔 U-21 挂环联接
		图 11-10-102	66kV 线路双联复导线耐张复合绝缘子串组装图	210kN 级，WN 型线夹，与杆塔 U-21 挂环联接
（三）送电线路地线金具串组装图	1.送电线路地线悬垂金具串组装图	图 11-10-103	送电线路地线悬垂金具串组装图	70kN 级，与杆塔 U 型螺丝联接
		图 11-10-104	送电线路地线悬垂金具串组装图	70kN 级，与杆塔 U-7 挂环联接
		图 11-10-105	送电线路地线悬垂金具串组装图	70kN 级，与杆塔 ZS-7 挂板联接
	2.送电线路地线耐张金具串组装图	图 11-10-106	送电线路地线楔型耐张金具串组装图	70kN 级，与杆塔 U-7 挂环联接
		图 11-10-107	送电线路地线楔型耐张金具串组装图	70kN 级，与杆塔 ZS-7 挂板联接
		图 11-10-108	送电线路地线压缩型耐张金具串组装图	70kN 级，与杆塔 U-7 挂板联接

三、66kV 线路悬垂绝缘子串组装图

（一）66kV 线路悬垂瓷绝缘子串组装图

1. 66kV 线路悬垂瓷绝缘子串组装图（70kN 级，与杆塔 Z-7 挂板联接）

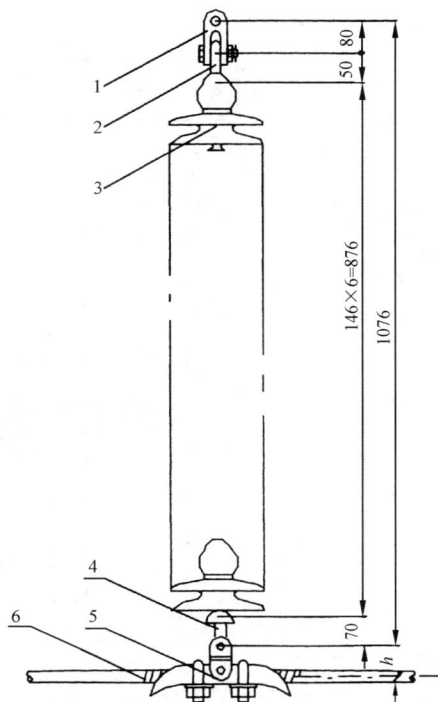

图 11-10-2 66kV 线路单联悬垂绝缘子串组装图

表 11-10-2 　　　　　　　　　　　图 11-10-2 零件表

| 序号 | 名　称 | 型　号 | 导线 | | 数量 | 单重 (kg) | 全重 (kg) | 总重 (kg) | 长度 (mm) |
			型　号	直径 (mm)					
1	挂板	Z-7			1	0.64	0.64		80
2	球头挂环	QP-7			1	0.27	0.27		50
3	绝缘子	XWP2-70			5	5.6	28.0		146
					6	5.6	33.6		
					7	5.6	39.2		
4	碗头挂板	W-7A			1	0.82	0.82		70
5	悬垂线夹	XGU-2	LGJ-35/6~70/10	8.2~11.4	1	1.8	1.8	37.13	82
		XGU-3	LGJ-70/40~185/45	13.6~19.6	1	2.0	2.0	37.33	101
		XGU-4	LGJ-210/10~300/40	19.0~23.9	1	3.0	3.0	38.33	109
		XGU-5A	LGJ-240/30~500/65	21.6~31.0	1	5.7	5.7	40.21	157
6	铝包带	1×10							

注　1. 本表中悬垂线夹型号是按导线缠铝包带相配的导线型号，如采用缠预绞丝需另选悬垂线夹的型号；

2. 总重和长度为绝缘子6片组装的总重和长度，如采用5片或7片时，需另改总重和长度；

3. XGU-5A 线夹自带碗头，总重和尺寸包括在线夹中；自带碗头 H-70mm。

2. 66kV 线路单联悬垂绝缘子串组装图（70kN 级，与杆塔 UB-7 挂板联接）

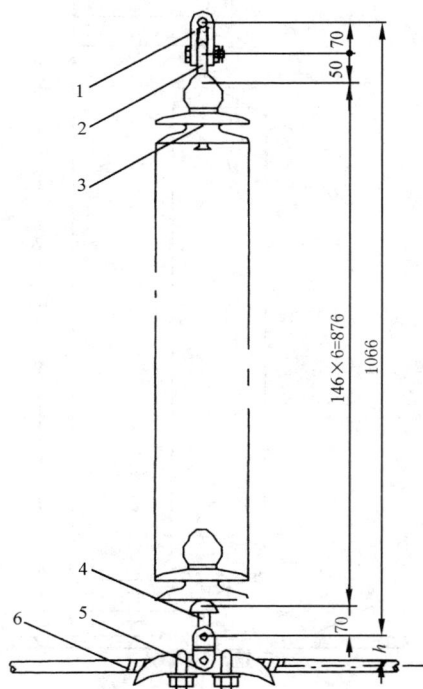

图 11-10-3　66kV 线路单联悬垂绝缘子串组装图

表 11-10-3　　　　　　　　　　　　　　　图 11-10-3 零件表

序号	名　称	型　号	导　线		数量	单重（kg）	全重（kg）	总重（kg）	长度（mm）
			型　号	直径（mm）					
1	挂板	UB-7			1	0.75	0.75		70
2	球头挂环	QP-7			1	0.27	0.27		50
3	绝缘子	XWP2-70			5	5.6	28.0		146
					6	5.6	33.6		
					7	5.6	39.2		
4	碗头挂板	W-7A			1	0.82	0.82		70
5	悬垂线夹	XGU-2	LGJ-35/6~70/10	8.2~11.4	1	1.8	1.8	37.24	82
		XGU-3	LGJ-70/40~185/45	13.6~19.6	1	2.0	2.0	37.44	101
		XGU-4	LGJ-210/10~300/40	19.0~23.9	1	3.0	3.0	38.44	109
		XGU-5A	LGJ-240/30~500/65	21.6~31.0	1	5.7	5.7	40.32	157
6	铝包带	1×10							

注　1. 本表中悬垂线夹型号是按导线缠铝包带相配的导线型号，如采用缠预绞丝需另选悬垂线夹的型号；
　　2. 总重和长度为绝缘子 6 片组装的总重和长度，如采用 5 片或 7 片时，需另改总重和长度；
　　3. XGU-5A 线夹自带碗头，总重和尺寸包括在线夹中；自带碗头 H-70mm。

3. 66kV 线路单联悬垂绝缘子串组装图 (70kN 级, 与杆塔 U 型螺丝联接)

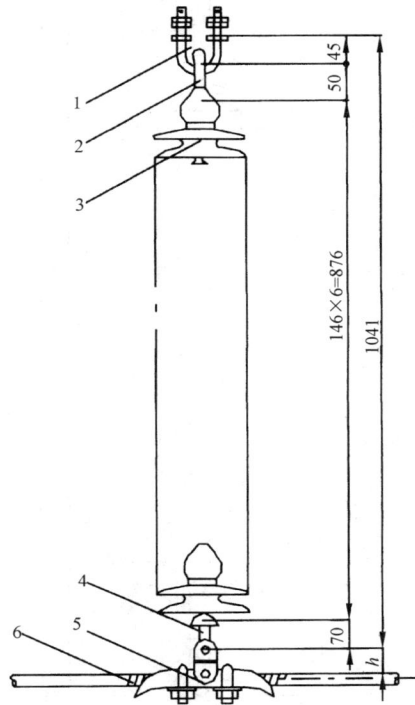

图 11-10-4 66kV 线路单联悬垂绝缘子串组装图

表 11-10-4 图 11-10-4 零件表

| 序号 | 名 称 | 型 号 | 导 线 | | 数量 | 单重 (kg) | 全重 (kg) | 总重 (kg) | 长度 (mm) |
			型 号	直径 (mm)					
1	U 型螺丝	U-1880			1	0.83	0.83		45
2	球头挂环	Q-7			1	0.3	0.3		50
3	绝缘子	XWP2-70			5	5.6	28.0		146
					6	5.6	33.6		
					7	5.6	39.2		
4	碗头挂板	W-7A			1	0.82	0.82		70
5	悬垂线夹	XGU-2	LGJ-35/6～70/10	8.2～11.4	1	1.8	1.8	37.35	82
		XGU-3	LGJ-70/40～185/45	13.6～19.6	1	2.0	2.0	37.55	101
		XGU-4	LGJ-210/10～300/40	19.0～23.9	1	3.0	3.0	38.55	109
		XGU-5A	LGJ-240/30～500/65	21.6～31.0	1	5.7	5.7	40.43	157
6	铝包带	1×10							

注 1. 本表中悬垂线夹型号是按导线缠铝包带相配的导线型号, 如采用缠预绞丝需另选悬垂线夹的型号;

2. 总重和长度为绝缘子 6 片组装的总重和长度, 如采用 5 片或 7 片时, 需另改总重和长度;

3. XGU-5A 线夹自带碗头, 总重和尺寸包括在线夹中; 自带碗头 H-70mm。

4. 66kV 线路单联复导线悬垂绝缘子串组装图（70kN 级，与杆塔 Z-7 挂板联接）

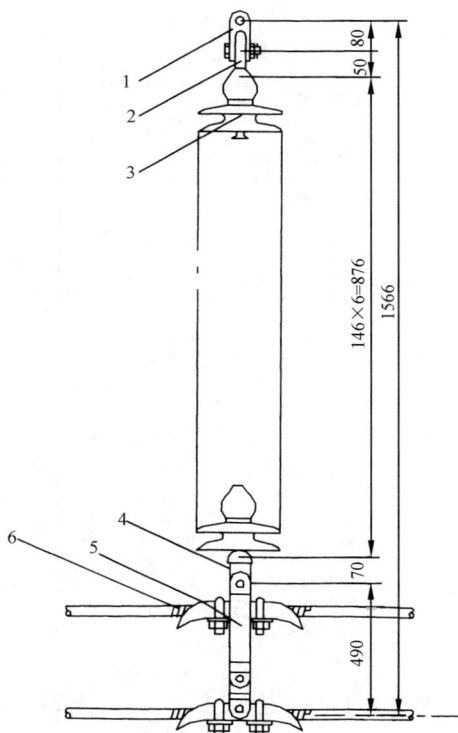

图 11-10-5　66kV 线路单联复导线悬垂绝缘子串组装图

表 11-10-5　　　　　　　　　　　　　　　　　**图 11-10-5 零件表**

序号	名　称	型　号	导　线		数量	单重（kg）	全重（kg）	总重（kg）	长度（mm）
			型　号	直径（mm）					
1	挂板	Z-7			1	0.64	0.64		80
2	球头挂环	QP-7			1	0.27	0.27		50
3	绝缘子	XWP2-70			5	5.6	28.0		146
					6	5.6	33.6		
					7	5.6	39.2		
4	碗头挂板	W-7A			1	0.82	0.82		70
5	复导线双线夹	XCS-4	LGJ-240/30～300/70	21.6～25.2	1	9.3	9.3	44.63	490
		XCS-5	LGJ-300/15～500/65	23.01～30.96	1	14.6	14.6	49.93	490
6	铝包带	1×10							

注　1. 本表中悬垂线夹型号是按导线缠铝包带相配的导线型号，如采用缠预绞丝需另选悬垂线夹的型号；

　　2. 总重和长度为绝缘子 6 片组装的总重和长度，如采用 5 片或 7 片时，需另改总重和长度。

5. 66kV线路单联复导线悬垂绝缘子串组装图（70kN级，与杆塔UB-7挂板联接）

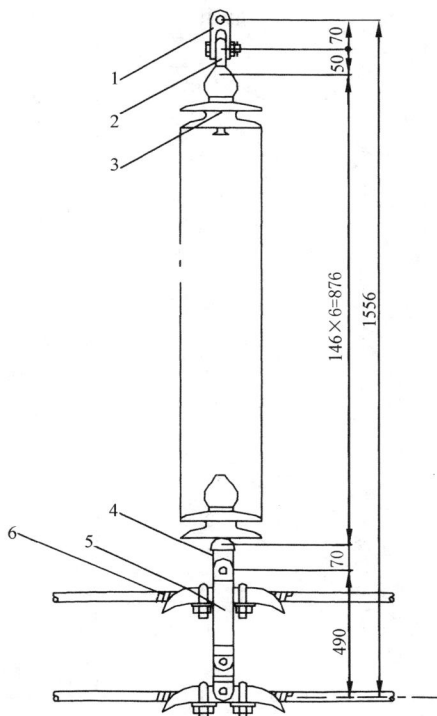

图 11-10-6 66kV线路单联复导线悬垂绝缘子串组装图

表 11-10-6　　　　　　　　　　　图 11-10-6 零 件 表

序号	名 称	型 号	导 线 型 号	导 线 直径（mm）	数量	单重（kg）	全重（kg）	总重（kg）	长度（mm）
1	挂板	UB-7			1	0.75	0.75		70
2	球头挂环	QP-7			1	0.27	0.27		50
3	绝缘子	XWP2-70			5	5.6	28.0		146
					6	5.6	33.6		
					7	5.6	39.2		
4	碗头挂板	W-7A			1	0.82	0.82		70
5	复导线双线夹	XCS-4	LGJ-240/30～300/70	21.6～25.2	1	9.3	9.3	44.74	490
		XCS-5	LGJ-300/15～500/65	23.01～30.96	1	14.6	14.6	50.04	490
6	铝包带	1×10							

注 1. 本表中悬垂线夹型号是按导线缠铝包带相配的导线型号，如采用缠预绞丝需另选悬垂线夹的型号；
　　 2. 总重和长度为绝缘子6片组装的总重和长度，如采用5片或7片时，需另改总重和长度。

6. 66kV 线路单联复导线悬垂绝缘子串组装图（70kN 级，与杆塔 U 型螺丝联接）

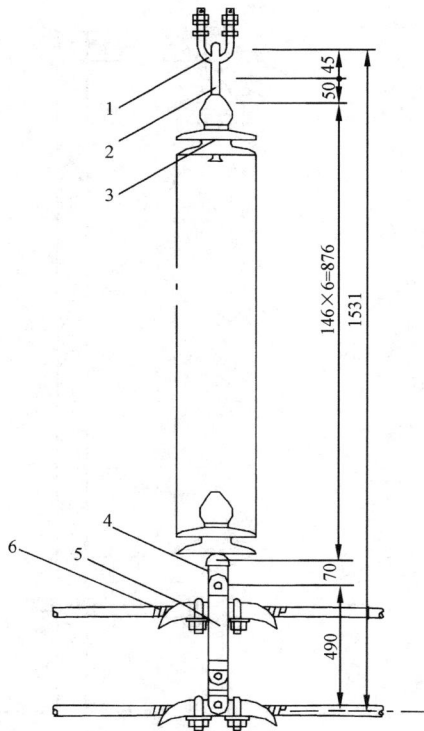

图 11-10-7 66kV 线路单联复导线悬垂绝缘子串组装图

表 11-10-7 　　　　　　　　　　**图 11-10-7 零件表**

序号	名　称	型　号	导线		数量	单重（kg）	全重（kg）	总重（kg）	长度（mm）
			型　号	直径（mm）					
1	U 型螺丝	U-2080			1	1.08	1.08		45
2	球头挂环	Q-7			1	0.30	0.30		50
3	绝缘子	XWP2-70			5	5.6	28.0		146
					6	5.6	33.6		
					7	5.6	39.2		
4	碗头挂板	W-7A			1	0.82	0.82		70
5	复导线双线夹	XCS-4	LGJ-240/30～300/70	21.6～25.2	1	9.3	9.3	45.10	490
		XCS-5	LGJ-300/15～500/65	23.01～30.96	1	14.6	14.6	50.40	490
6	铝包带	1×10							

注 1. 本表中悬垂线夹型号是按导线缠铝包带相配的导线型号，如采用缠预绞丝需另选悬垂线夹的型号；

　　2. 总重和长度为绝缘子 6 片组装的总重和长度，如采用 5 片或 7 片时，需另改总重和长度。

7. 66kV 线路单联复导线悬垂绝缘子串组装图（100kN 级，与杆塔 Z-10 挂板联接）

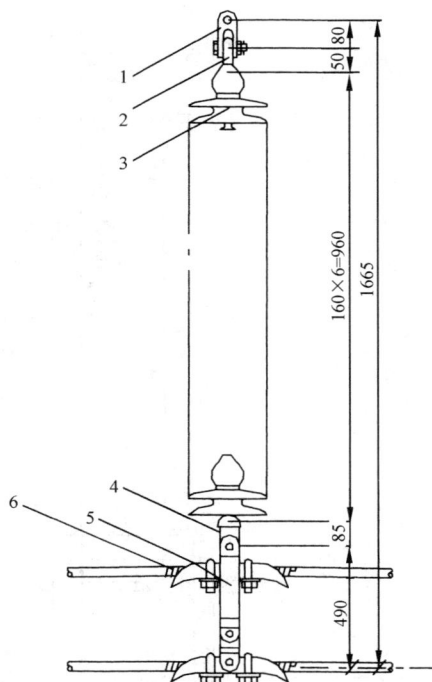

图 11-10-8　66kV 线路单联复导线悬垂绝缘子串组装图

表 11-10-8　　　　　　　　　　　**图 11-10-8　零 件 表**

序号	名　称	型　号	导　线		数量	单重（kg）	全重（kg）	总重（kg）	长度（mm）
			型　　号	直径（mm）					
1	挂板	Z-10			1	0.83	0.83		80
2	球头挂环	QP-10			1	0.32	0.32		50
3	绝缘子	XWP2-100			5	7.9	39.5		160
					6	7.9	47.2		
					7	7.9	55.3		
4	碗头挂板	W1-10			1	0.90	0.90		85
5	复导线双线夹	XCS-4	LGJ-240/30～300/70	21.6～25.2	1	9.3	9.3	58.55	490
		XCS-5	LGJ-300/15～500/65	23.01～30.96	1	14.6	14.6	63.85	490
6	铝包带	1×10							

注　1. 本表中悬垂线夹型号是按导线缠铝包带相配的导线型号，如采用缠预绞丝需另选悬垂线夹的型号；
　　　2. 总重和长度为绝缘子 6 片组装的总重和长度，如采用 5 片或 7 片时，需另改总重和长度。

8. 66kV 线路单联复导线悬垂绝缘子串组装图（100kN 级，与杆塔 UB-10 挂板联接）

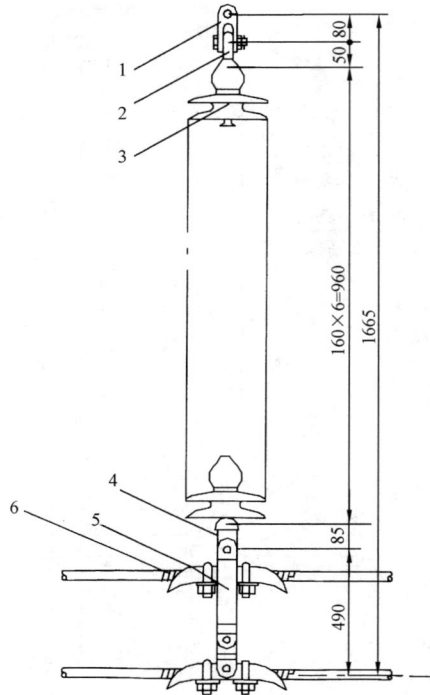

图 11-10-9   66kV 线路单联复导线悬垂绝缘子串组装图

表 11-10-9   **图 11-10-9 零件表**

| 序号 | 名 称 | 型 号 | 导 线 | | 数量 | 单重 (kg) | 全重 (kg) | 总重 (kg) | 长度 (mm) |
			型 号	直径 (mm)					
1	挂板	UB-10			1	1.08	1.08		80
2	球头挂环	QP-10			1	0.32	0.32		50
3	绝缘子	XWP2-100			5	7.9	39.5		160
					6	7.9	47.4		
					7	7.9	55.3		
4	碗头挂板	W1-10			1	0.90	0.90		85
5	复导线双线夹	XCS-4	LGJ-240/30 ~ 300/70	21.6 ~ 25.2	1	9.3	9.3	59.0	490
		XCS-5	LGJ-300/15 ~ 500/65	23.01 ~ 30.96	1	14.6	14.6	64.3	490
6	铝包带	1×10							

注 1. 本表中悬垂线夹型号是按导线缠铝包带相配的导线型号，如采用缠预绞丝需另选悬垂线夹的型号；

　　 2. 总重和长度为绝缘子 6 片组装的总重和长度，如采用 5 片或 7 片时，需另改总重和长度。

9. 66kV 线路单联复导线悬垂绝缘子串组装图（100kN 级，与杆塔 U 型螺丝联接）

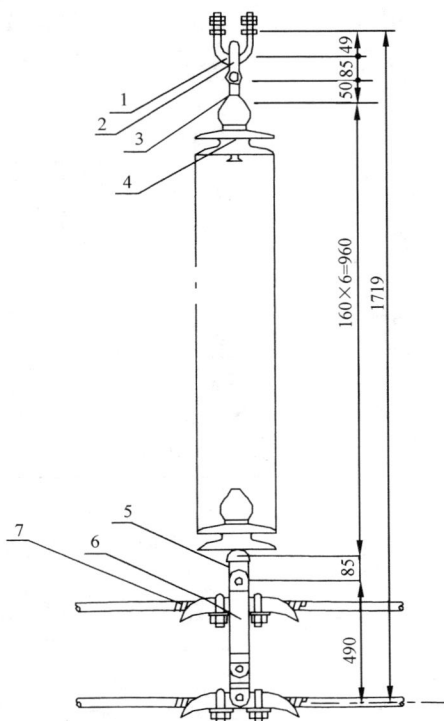

图 11-10-10 66kV 线路单联复导线悬垂绝缘子串组装图

表 11-10-10   图 11-10-10 零 件 表

序号	名 称	型 号	导 线		数量	单重（kg）	全重（kg）	总重（kg）	长度（mm）
			型 号	直径（mm）					
1	U 型螺丝	UJ-2080			1	1.10	1.10		49
2	挂环	U-10			1	0.60	0.60		85
3	球头挂环	QP-10			1	0.32	0.32		50
4	绝缘子	XWP2-100			5	7.9	39.5		160
					6	7.9	47.4		
					7	7.9	55.3		
5	碗头挂板	W1-10			1	0.90	0.90		85
6	复导线双线夹	XCS-4	LGJ-240/30～300/70	21.6～25.2	1	9.3	9.3	59.62	490
		XCS-5	LGJ-300/15～500/65	23.01～30.96	1	14.6	14.6	64.92	490
7	铝包带	1×10							

注 1. 本表中悬垂线夹型号是按导线缠铝包带相配的导线型号，如采用缠预绞丝需另选悬垂线夹的型号；

    2. 总重和长度为绝缘子 6 片组装的总重和长度，如采用 5 片或 7 片时，需另改总重和长度。

10. 66kV 线路双联双线夹悬垂绝缘子串组装图（120kN 级，与杆塔 Z-12 挂板联接）

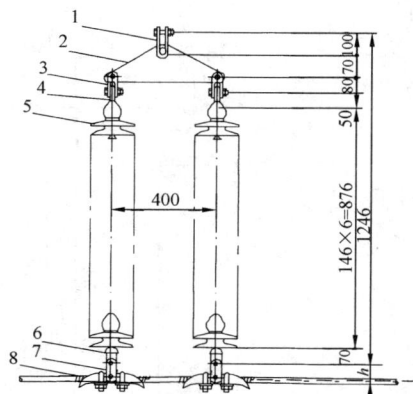

图 11-10-11 66kV 线路双联双线夹悬垂绝缘子串组装图

表 11-10-11   **图 11-10-11 零 件 表**

序号	名 称	型 号	导 线		数 量	单重（kg）	全重（kg）	总重（kg）	长度（mm）
			型 号	直径（mm）					
1	挂板	Z-12			1	1.32	1.32		100
2	联板	L-1240			1	4.66	4.66		70
3	挂板	Z-7			2	0.64	1.28		80
4	球头挂环	QP-7			2	0.27	0.54		50
5	绝缘子	XWP2-70			2×5	5.6	56.00		146
					2×6	5.6	67.20		
					2×7	5.6	78.40		
6	碗头挂板	W-7A			2	0.82	1.64		70
7	悬垂线夹	XGU-2	LGJ-35/6 ~ 70/10	8.2 ~ 11.4	2	1.8	3.6	80.24	82
		XGU-3	LGJ-70/40 ~ 185/45	13.6 ~ 19.6	2	2.0	4.0	80.64	101
		XGU-4	LGJ-210/10 ~ 300/40	19.0 ~ 23.9	2	3.0	6.0	82.64	109
		XGU-5A	LGJ-240/30 ~ 500/65	21.6 ~ 31.0	2	5.7	11.4	86.40	157
8	铝包带	1×10							

注 1. 本表中悬垂线夹型号是按导线缠铝包带相配的导线型号，如采用缠预绞丝需另选悬垂线夹的型号；

2. 总重和长度为绝缘子 6 片组装的总重和长度，如采用 5 片或 7 片时，需另改总重和长度；

3. XGU-5A 线夹自带碗头，总重和尺寸包括在线夹中；自带碗头 H-70mm。

11. 66kV 线路双联双线夹悬垂绝缘子串组装图（120kN 级，与杆塔 UB-12 挂板联接）

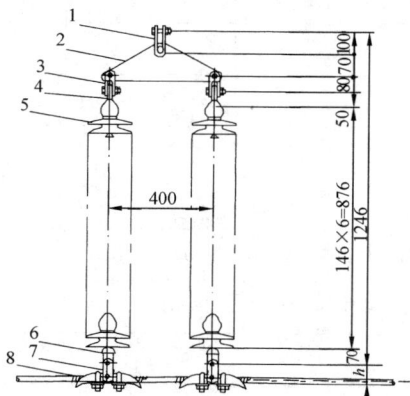

图 11-10-12 66kV 线路双联双线夹悬垂绝缘子串组装图

表 11-10-12

图 11-10-12 零件表

序号	名 称	型 号	导 线		数量	单重 (kg)	全重 (kg)	总重 (kg)	长度 (mm)
			型 号	直径 (mm)					
1	挂板	UB-12			1	2.82	2.82		100
2	联板	L-1240			1	4.66	4.66		70
3	挂板	Z-7			2	0.64	1.28		80
4	球头挂环	QP-7			2	0.27	0.54		50
5	绝缘子	XWP2-70			2×5	5.6	56.00		146
					2×6	5.6	67.20		
					2×7	5.6	78.40		
6	碗头挂板	W-7A			2	0.82	1.64		70
7	悬垂线夹	XGU-2	LGJ-35/6～70/10	8.2～11.4	2	1.8	3.6	81.74	82
		XGU-3	LGJ-70/40～185/45	13.6～19.6	2	2.0	4.0	82.14	101
		XGU-4	LGJ-210/10～300/40	19.0～23.9	2	3.0	6.0	84.14	109
		XGU-5A	LGJ-240/30～500/65	21.6～31.0	2	5.7	11.4	87.90	157
8	铝包带	1×10							

注 1. 本表中悬垂线夹型号是按导线缠铝包带相配的导线型号，如采用缠预绞丝需另选悬垂线夹的型号；
2. 总重和长度为绝缘子6片组装的总重和长度，如采用5片或7片时，需另改总重和长度；
3. XGU-5A线夹自带碗头，总重和尺寸包括在线夹中；自带碗头 H-70mm。

12. 66kV 线路双联双线夹悬垂绝缘子串组装图（100kN 级，与杆塔 Z-10 挂板联接）

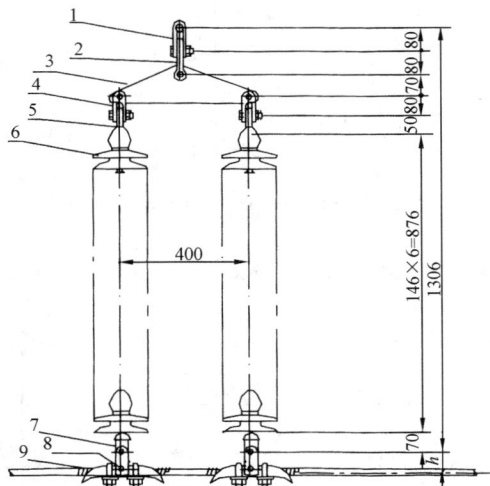

图 11-10-13 66kV 线路双联双线夹悬垂绝缘子串组装图

表 11-10-13

图 11-10-13 零件表

序号	名 称	型 号	导 线		数量	单重 (kg)	全重 (kg)	总重 (kg)	长度 (mm)
			型 号	直径 (mm)					
1	挂板	Z-10			1	0.83	0.83		80
2	挂板	ZS-10			1	0.90	0.90		80
3	联板	L-1040			1	4.43	4.43		70
4	挂板	Z-7			2	0.64	1.28		80
5	球头挂环	QP-7			2	0.27	0.54		50
6	绝缘子	XWP2-70			2×5	5.6	56.00		146
					2×6	5.6	67.20		
					2×7	5.6	78.40		
7	碗头挂板	W-7A			2	0.82	1.64		70

续表

序号	名 称	型 号	导 线		数量	单重 (kg)	全重 (kg)	总重 (kg)	长度 (mm)
			型 号	直径 (mm)					
8	悬垂线夹	XGU-2	LGJ-35/6～70/10	8.2～11.4	2	1.8	3.6	80.42	82
		XGU-3	LGJ-70/40～185/45	13.6～19.6	2	2.0	4.0	80.82	101
		XGU-4	LGJ-210/10～300/40	19.0～23.9	2	3.0	6.0	82.82	109
		XGU-5A	LGJ-240/30～500/65	21.6～31.0	2	5.7	11.4	86.58	157
9	铝包带	1×10							

注   1. 本表中悬垂线夹型号是按导线缠铝包带相配的导线型号，如采用缠预绞丝需另选悬垂线夹的型号；

2. 总重和长度为绝缘子6片组装的总重和长度，如采用5片或7片时，需另改总重和长度；

3. XGU-5A 线夹自带碗头，总重和尺寸包括在线夹中；自带碗头 H-70mm。

13. 66kV 线路双联双线夹悬垂绝缘子串组装图（100kN 级，与杆塔 UB-10 挂板联接）

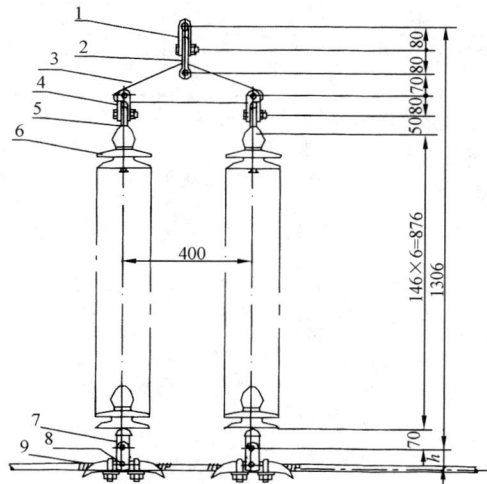

图 11-10-14   66kV 线路双联双线夹悬垂绝缘子串组装图

表 11-10-14   图 11-10-14 零 件 表

序号	名 称	型 号	导 线		数量	单重 (kg)	全重 (kg)	总重 (kg)	长度 (mm)
			型 号	直径 (mm)					
1	挂板	UB-10			1	1.08	1.08		80
2	挂板	ZS-10			1	0.90	0.90		80
3	联板	L-1040			1	4.43	4.43		70
4	挂板	Z-7			2	0.64	1.28		80
5	球头挂环	QP-7			2	0.27	0.54		50
6	绝缘子	XWP2-70			2×5	5.6	56.00		146
					2×6	5.6	67.20		
					2×7	5.6	78.40		
7	碗头挂板	W-7A			2	0.82	1.64		70
8	悬垂线夹	XGU-2	LGJ-35/6～70/10	8.2～11.4	2	1.8	3.6	80.67	82
		XGU-3	LGJ-70/40～185/45	13.6～19.6	2	2.0	4.0	81.07	101
		XGU-4	LGJ-210/10～300/40	19.0～23.9	2	3.0	6.0	83.07	109
		XGU-5A	LGJ-240/30～500/65	21.6～31.0	2	5.7	11.4	86.83	157
9	铝包带	1×10							

注   1. 本表中悬垂线夹型号是按导线缠铝包带相配的导线型号，如采用缠预绞丝需另选悬垂线夹的型号；

2. 总重和长度为绝缘子6片组装的总重和长度，如采用5片或7片时，需另改总重和长度；

3. XGU-5A 线夹自带碗头，总重和尺寸包括在线夹中；自带碗头 H-70mm。

14. 66kV 线路双联双线夹悬垂绝缘子串组装图（100kN 级，与杆塔 U 型螺丝联接）

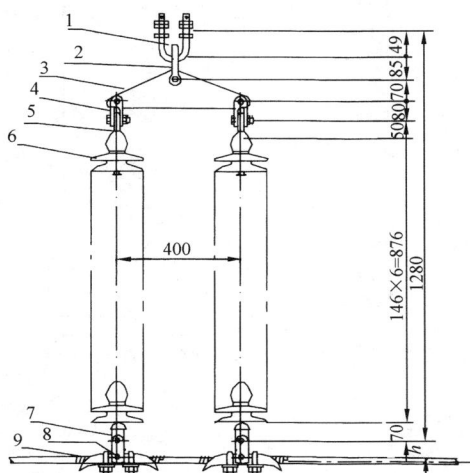

图 11-10-15　66kV 线路双联双线夹悬垂绝缘子串组装图

表 11-10-15　　　　　　　　　　　　　　图 11-10-15　零 件 表

序号	名　称	型　号	导　线		数量	单重（kg）	全重（kg）	总重（kg）	长度（mm）
			型　号	直径（mm）					
1	U 型螺丝	UJ-2080			1	1.10	1.10		49
2	U 型挂环	U-10			1	0.60	0.60		85
3	联板	L-1040			1	4.43	4.43		70
4	挂板	Z-7			2	0.64	1.28		80
5	球头挂环	QP-7			2	0.27	0.54		50
6	绝缘子	XWP2-70			2×5	5.6	56.00		146
					2×6	5.6	67.20		
					2×7	5.6	78.40		
7	碗头挂板	W-7A			2	0.82	1.64		70
8	悬垂线夹	XGU-2	LGJ-35/6 ~ 70/10	8.2 ~ 11.4	2	1.8	3.6	80.39	82
		XGU-3	LGJ-70/40 ~ 185/45	13.6 ~ 19.6	2	2.0	4.0	80.79	101
		XGU-4	LGJ-210/10 ~ 300/40	19.0 ~ 23.9	2	3.0	6.0	82.79	109
		XGU-5A	LGJ-240/30 ~ 500/65	21.6 ~ 31.0	2	5.7	11.4	86.55	157
9	铝包带	1×10							

注　1. 本表中悬垂线夹型号是按导线缠铝包带相配的导线型号，如采用缠预绞丝需另选悬垂线夹的型号；
　　2. 总重和长度为绝缘子 6 片组装的总重和长度，如采用 5 片或 7 片时，需另改总重和长度；
　　3. XGU-5A 线夹自带碗头，总重和尺寸包括在线夹中；自带碗头 H-70mm。

15. 66kV 线路双串悬垂绝缘子串组装图（70kN 级，与杆塔 Z-7 挂板联接）

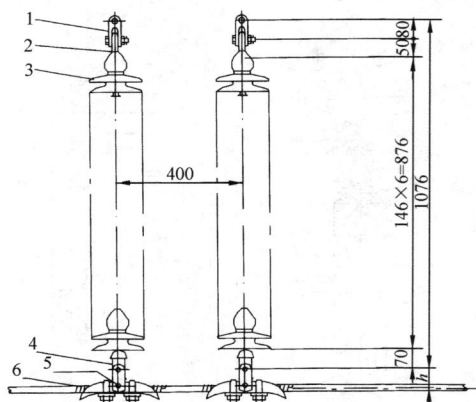

图 11-10-16　66kV 线路双串悬垂绝缘子串组装图

表 11-10-16　　　　　　　　　　图 11-10-16　零 件 表

序号	名　称	型　号	导　线		数量	单重（kg）	全重（kg）	总重（kg）	长度（mm）
			型　号	直径（mm）					
1	挂板	Z-7			2	0.64	1.28		80
2	球头挂环	QP-7			2	0.27	0.54		50
3	绝缘子	XWP2-70			2×5	5.6	56.00		146
					2×6	5.6	67.20		
					2×7	5.6	78.40		
4	碗头挂板	W-7A			2	0.82	1.64		70
5	悬垂线夹	XGU-2	LGJ-35/6～70/10	8.2～11.4	2	1.8	3.6	74.26	82
		XGU-3	LGJ-70/40～185/45	13.6～19.6	2	2.0	4.0	74.66	101
		XGU-4	LGJ-210/10～300/40	19.0～23.9	2	3.0	6.0	76.66	109
		XGU-5A	LGJ-240/30～500/65	21.6～31.0	2	5.7	11.4	80.42	157
6	铝包带	1×10							

注　1. 本表中悬垂线夹型号是按导线缠铝包带相配的导线型号，如采用缠预绞丝需另选悬垂线夹的型号；

2. 总重和长度为绝缘子6片组装的总重和长度，如采用5片或7片时，需另改总重和长度；

3. XGU-5A 线夹自带碗头，总重和尺寸包括在线夹中；自带碗头 H-70mm。

16. 66kV 线路双串悬垂绝缘子串组装图（70kN 级，与杆塔 UB-7 挂板联接）

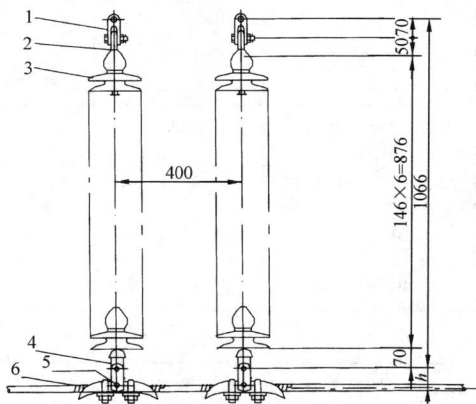

图 11-10-17　66kV 线路双串悬垂绝缘子串组装图

表 11-10-17　　　　　　　**图 11-10-17　零件表**

序号	名　称	型　号	导　线		数量	单重（kg）	全重（kg）	总重（kg）	长度（mm）
			型　号	直径（mm）					
1	挂板	UB-7			2	0.75	1.50		70
2	球头挂环	QP-7			2	0.27	0.54		50
3	绝缘子	XWP2-70			2×5	5.6	56.00		146
					2×6	5.6	67.20		
					2×7	5.6	78.40		
4	碗头挂板	W-7A			2	0.82	1.64		70
5	悬垂线夹	XGU-2	LGJ-35/6～70/10	8.2～11.4	2	1.8	3.6	74.48	82
		XGU-3	LGJ-70/40～185/45	13.6～19.6	2	2.0	4.0	74.88	101
		XGU-4	LGJ-210/10～300/40	19.0～23.9	2	3.0	6.0	76.88	109
		XGU-5A	LGJ-240/30～500/65	21.6～31.0	2	5.7	11.4	80.64	157
6	铝包带	1×10							

注　1. 本表中悬垂线夹型号是按导线缠铝包带相配的导线型号，如采用缠预绞丝需另选悬垂线夹的型号；

　　2. 总重和长度为绝缘子 6 片组装的总重和长度，如采用 5 片或 7 片时，需另改总重和长度；

　　3. XGU-5A 线夹自带碗头，总重和尺寸包括在线夹中；自带碗头 H-70mm。

17. 66kV 线路双联复导线悬垂绝缘子串组装图（120kN 级，与杆塔 Z-12 挂板联接）

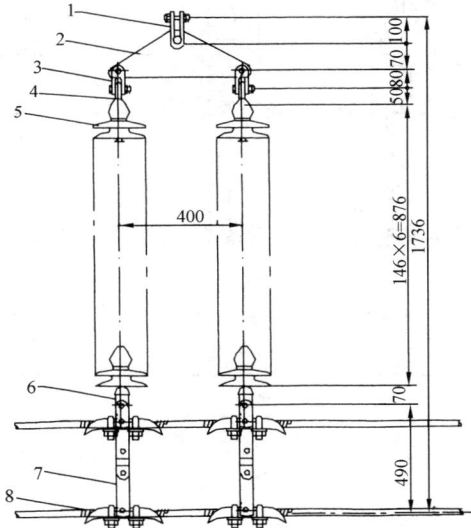

图 11-10-18　66kV 线路双联复导线悬垂绝缘子串组装图

表 11-10-18　　　　　　　**图 11-10-18　零件表**

序号	名　称	型　号	导　线		数量	单重（kg）	全重（kg）	总重（kg）	长度（mm）
			型　号	直径（mm）					
1	挂板	Z-12			1	1.32	1.32		100
2	联板	L-1240			1	4.66	4.66		70
3	挂板	Z-7			2	0.64	1.28		80
4	球头挂环	QP-7			2	0.27	0.54		50
5	绝缘子	XWP2-70			2×5	5.6	56.00		146
					2×6	5.6	67.20		
					2×7	5.6	78.40		
6	碗头挂板	W-7A			2	0.82	1.64		70
7	复导线双线夹	XCS-4	LGJ-240/30～300/70	21.6～25.2	2	9.3	18.6	95.24	490
		XCS-5	LGJ-300/15～500/65	23.01～30.96	2	14.6	29.2	105.84	490
8	铝包带	1×10							

注　1. 本表中悬垂线夹型号是按导线缠铝包带相配的导线型号，如采用缠预绞丝需另选悬垂线夹的型号；

　　2. 总重和长度为绝缘子 6 片组装的总重和长度，如采用 5 片或 7 片时，需另改总重和长度。

18. 66kV 线路双联复导线悬垂绝缘子串组装图（120kN 级，与杆塔 UB-12 挂板联接）

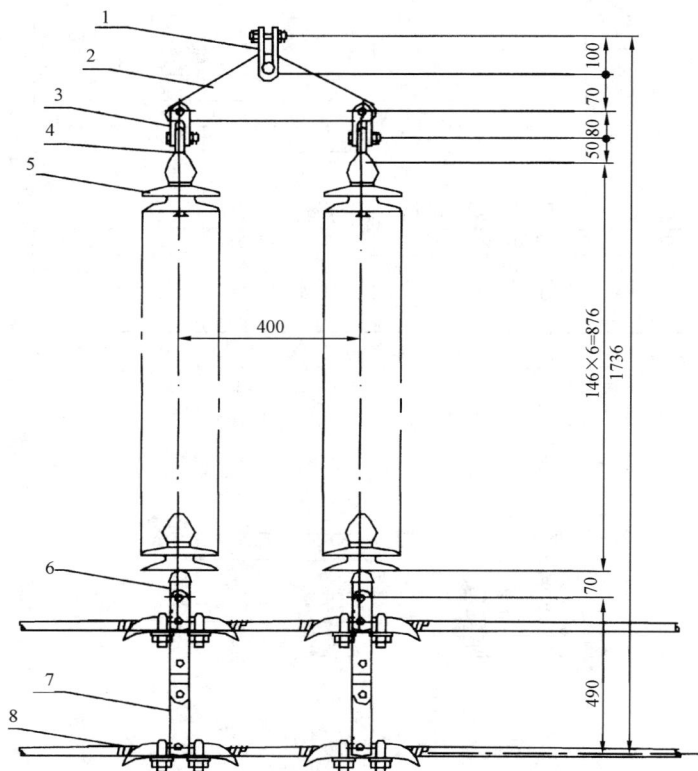

图 11-10-19　66kV 线路双联复导线悬垂绝缘子串组装图

表 11-10-19　　　　　　　　　　　**图 11-10-19 零 件 表**

序号	名　称	型　号	导　线		数量	单重 (kg)	全重 (kg)	总重 (kg)	长度 (mm)
			型　号	直径 (mm)					
1	挂板	UB-12			1	2.82	2.82		100
2	联板	L-1240			1	4.66	4.66		70
3	挂板	Z-7			2	0.64	1.28		80
4	球头挂环	QP-7			2	0.27	0.54		50
5	绝缘子	XWP2-70			2×5	5.6	56.00		146
					2×6	5.6	67.20		
					2×7	5.6	78.40		
6	碗头挂板	W-7A			2	0.82	1.64		70
7	复导线双线夹	XCS-4	LGJ-240/30～300/70	21.6～25.2	2	9.3	18.6	96.74	490
		XCS-5	LGJ-300/15～500/65	23.01～30.96	2	14.6	29.2	107.34	490
8	铝包带	1×10							

注　1. 本表中悬垂线夹型号是按导线缠铝包带相配的导线型号，如采用缠预绞丝需另选悬垂线夹的型号；

　　　2. 总重和长度为绝缘子 6 片组装的总重和长度，如采用 5 片或 7 片时，需另改总重和长度。

19. 66kV 线路双联复导线悬垂绝缘子串组装图（100kN 级，与杆塔 Z-10 挂板联接）

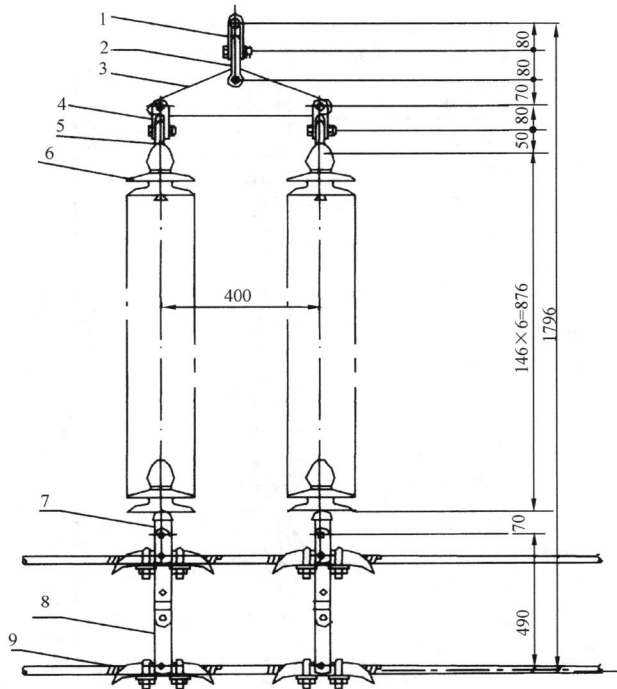

图 11-10-20　66kV 线路双联复导线悬垂绝缘子串组装图

表 11-10-20　　　　　　　　　　　　　　图 11-10-20 零件表

序号	名　称	型　号	导　线		数量	单重（kg）	全重（kg）	总重（kg）	长度（mm）
			型　号	直径（mm）					
1	挂板	Z-10			1	0.83	0.83		80
2	挂板	ZS-10			1	0.90	0.90		80
3	联板	L-1040			1	4.43	4.43		70
4	挂板	Z-7			2	0.64	1.28		80
5	球头挂环	QP-7			2	0.27	0.54		50
6	绝缘子	XWP2-70			2×5	5.6	56.00		146
					2×6	5.6	67.20		
					2×7	5.6	78.40		
7	碗头挂板	W-7A			2	0.82	1.64		70
8	复导线双线夹	XCS-4	LGJ-240/30～300/70	21.6～25.2	2	9.3	18.6	95.42	490
		XCS-5	LGJ-300/15～500/65	23.01～30.96	2	14.6	29.2	106.02	490
9	铝包带	1×10							

注　1. 本表中悬垂线夹型号是按导线缠铝包带相配的导线型号，如采用缠预绞丝需另选悬垂线夹的型号；

　　2. 总重和长度为绝缘子 6 片组装的总重和长度，如采用 5 片或 7 片时，需另改总重和长度。

20. 66kV 线路双联复导线悬垂绝缘子串组装图（100kN 级，与杆塔 UB-10 挂板联接）

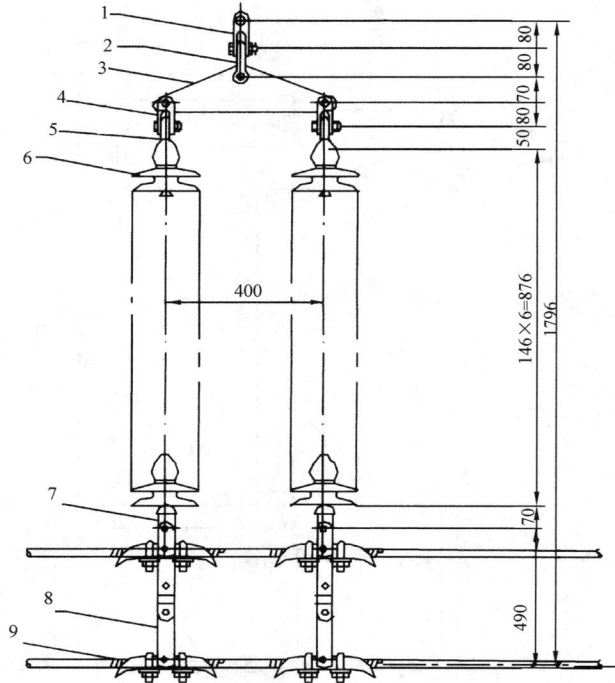

图 11-10-21 66kV 线路双联复导线悬垂绝缘子串组装图

表 11-10-21   图 11-10-21 零 件 表

序号	名 称	型 号	导 线		数量	单重（kg）	全重（kg）	总重（kg）	长度（mm）
			型 号	直径（mm）					
1	挂板	UB-10			1	1.08	1.08		80
2	挂板	ZS-10			1	0.90	0.90		80
3	联板	L-1040			1	4.43	4.43		70
4	挂板	Z-7			2	0.64	1.28		80
5	球头挂环	QP-7			2	0.27	0.54		50
6	绝缘子	XWP2-70			2×5	5.6	56.00		146
					2×6	5.6	67.20		
					2×7	5.6	78.40		
7	碗头挂板	W-7A			2	0.82	1.64		70
8	复导线双线夹	XCS-4	LGJ-240/30～300/70	21.6～25.2	2	9.3	18.6	95.67	490
		XCS-5	LGJ-300/15～500/65	23.01～30.96	2	14.6	29.2	106.27	490
9	铝包带	1×10							

注 1. 本表中悬垂线夹型号是按导线缠铝包带相配的导线型号，如采用缠预绞丝需另选悬垂线夹的型号；

2. 总重和长度为绝缘子 6 片组装的总重和长度，如采用 5 片或 7 片时，需另改总重和长度。

21. 66kV 线路双串复导线悬垂绝缘子串组装图（70kN 级，与杆塔 Z-7 挂板联接）

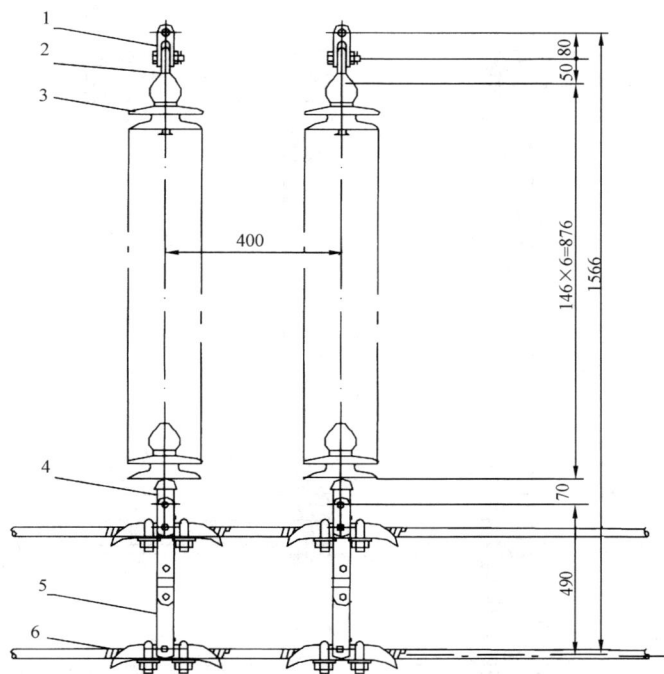

图 11-10-22   66kV 线路双串复导线悬垂绝缘子串组装图

表 11-10-22   图 11-10-22 零 件 表

序号	名 称	型 号	导线 型 号	导线 直径（mm）	数量	单重（kg）	全重（kg）	总重（kg）	长度（mm）
1	挂板	Z-7			2	0.64	1.28		80
2	球头挂环	QP-7			2	0.27	0.54		50
3	绝缘子	XWP2-70			2×5	5.6	56.00		146
					2×6	5.6	67.20		
					2×7	5.6	78.40		
4	碗头挂板	W-7A			2	0.82	1.64		70
5	复导线双线夹	XCS-4	LGJ-240/30～300/70	21.6～25.2	2	9.3	18.6	89.26	490
		XCS-5	LGJ-300/15～500/65	23.01～30.96	2	14.6	29.2	99.86	490
6	铝包带	1×10							

注 1. 本表中悬垂线夹型号是按导线缠铝包带相配的导线型号，如采用缠预绞丝需另选悬垂线夹的型号；

  2. 总重和长度为绝缘子 6 片组装的总重和长度，如采用 5 片或 7 片时，需另改总重和长度。

22. 66kV 线路双串复导线悬垂绝缘子串组装图（70kN 级，与杆塔 UB-7 挂板联接）

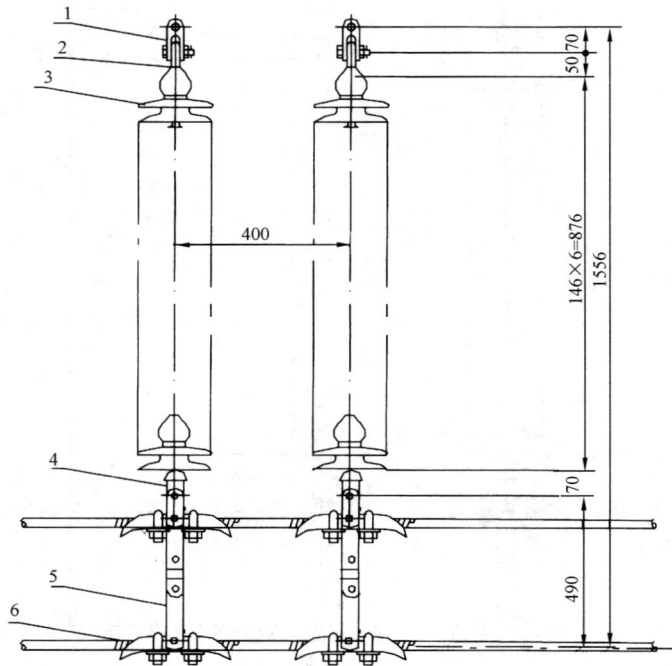

图 11-10-23   66kV 线路双串复导线悬垂绝缘子串组装图

表 11-10-23   图 11-10-23 零 件 表

序号	名 称	型 号	导 线		数量	单重 (kg)	全重 (kg)	总重 (kg)	长度 (mm)
			型 号	直径（mm）					
1	挂板	UB-7			2	0.75	1.50		70
2	球头挂环	QP-7			2	0.27	0.54		50
3	绝缘子	XWP2-70			2×5	5.6	56.00		146
					2×6	5.6	67.20		
					2×7	5.6	78.40		
4	碗头挂板	W-7A			2	0.82	1.64		70
5	复导线双线夹	XCS-4	LGJ-240/30～300/70	21.6～25.2	2	9.3	18.6	89.48	490
		XCS-5	LGJ-300/15～500/65	23.01～30.96	2	14.6	29.2	100.08	490
6	铝包带	1×10							

注   1. 本表中悬垂线夹型号是按导线缠铝包带相配的导线型号，如采用缠预绞丝需另选悬垂线夹的型号；

     2. 总重和长度为绝缘子 6 片组装的总重和长度，如采用 5 片或 7 片时，需另改总重和长度。

（二）66kV 线路悬垂瓷跳线绝缘子串组装图

1. 66kV 线路跳线单联悬垂绝缘子串组装图（70kN 级，与杆塔 U 型螺丝联接）

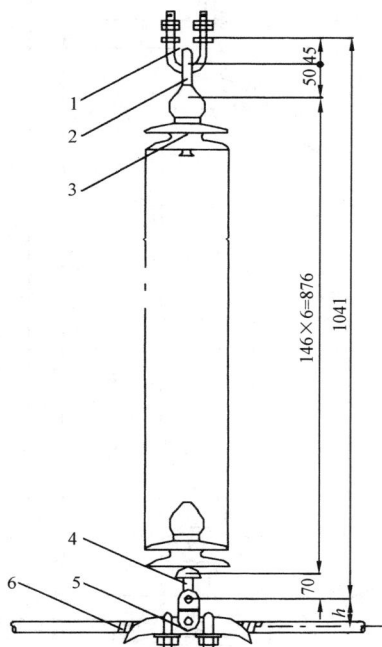

图 11-10-24　66kV 线路跳线单联悬垂绝缘子串组装图

表 11-10-24　　　　　　　　　　**图 11-10-24 零件表**

序号	名　称	型　号	导线		数量	单重（kg）	全重（kg）	总重（kg）	长度（mm）
			型号	直径（mm）					
1	U 型螺丝	U-1880			1	0.83	0.83		45
2	球头挂环	Q-7			1	0.3	0.3		50
3	绝缘子	XWP2-70			5	5.6	28.0		146
					6	5.6	33.6		
					7	5.6	39.2		
4	碗头挂板	W-7A			1	0.82	0.82		70
5	悬垂线夹	XGU-2	LGJ-35/6 ~ 70/10	8.2 ~ 11.4	1	1.8	1.8	37.35	82
		XGU-3	LGJ-70/40 ~ 185/45	13.6 ~ 19.6	1	2.0	2.0	37.55	101
		XGU-4	LGJ-210/10 ~ 300/40	19.0 ~ 23.9	1	3.0	3.0	38.55	109
		XGU-5A	LGJ-240/30 ~ 500/65	21.6 ~ 31.0	1	5.7	5.7	40.43	157
6	铝包带	1×10							

注　1. 总重和长度为绝缘子 6 片组装的总重和长度，如采用 5 片或 7 片时，需另改总重和长度；
　　2. XGU-5A 线夹自带碗头，总重和尺寸包括在线夹中；自带碗头 H-70mm。

2. 66kV 线路跳线单联悬垂绝缘子串组装图（70kN 级，与杆塔 Z-7 挂板联接）

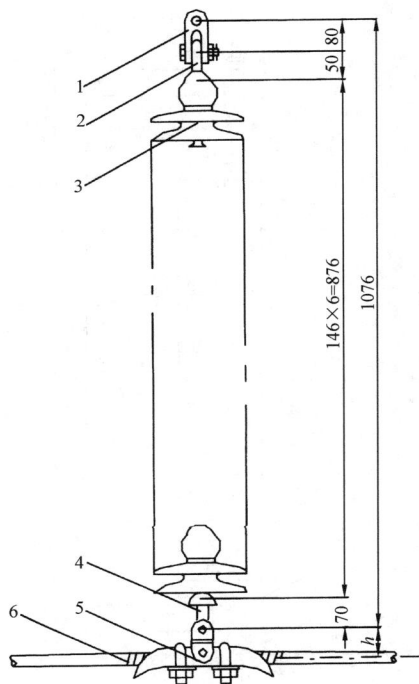

图 11-10-25　66kV 线路跳线单联悬垂绝缘子串组装图

表 11-10-25　　　　　　　　**图 11-10-25 零件表**

序号	名　称	型　号	导　线		数量	单重（kg）	全重（kg）	总重（kg）	长度（mm）
			型　号	直径（mm）					
1	挂板	Z-7			1	0.64	0.64		80
2	球头挂环	QP-7			1	0.27	0.27		50
3	绝缘子	XWP2-70			5	5.6	28.0		146
					6	5.6	33.6		
					7	5.6	39.2		
4	碗头挂板	W-7A			1	0.82	0.82		70
5	悬垂线夹	XGU-2	LGJ-35/6～70/10	8.2～11.4	1	1.8	1.8	37.13	82
		XGU-3	LGJ-70/40～185/45	13.6～19.6	1	2.0	2.0	37.33	101
		XGU-4	LGJ-210/10～300/40	19.0～23.9	1	3.0	3.0	38.33	109
		XGU-5A	LGJ-240/30～500/65	21.6～31.0	1	5.7	5.7	40.21	157
6	铝包带	1×10							

注　1. 总重和长度为绝缘子 6 片组装的总重和长度，如采用 5 片或 7 片时，需另改总重和长度；

　　2. XGU-5A 线夹自带碗头，总重和尺寸包括在线夹中；自带碗头 H-70mm。

3. 66kV 线路双导线跳线悬垂绝缘子串组装图（70kN 级，与杆塔 U 型螺丝联接）

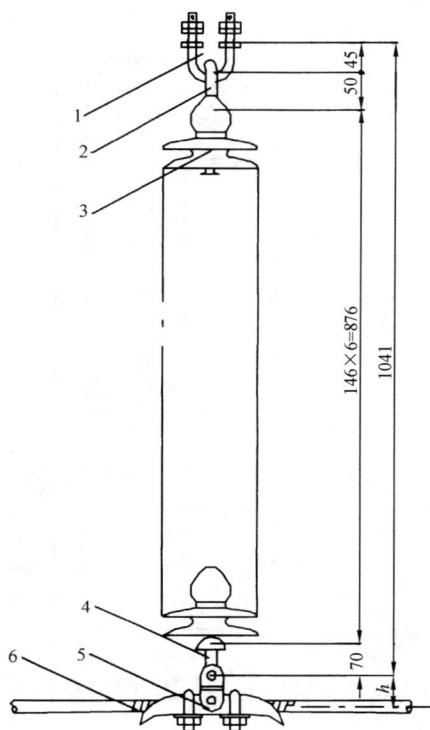

图 11-10-26　66kV 线路双导线跳线悬垂绝缘子串组装图

表 11-10-26　　　　　　　　　　图 11-10-26 零 件 表

序号	名　　称	型　号	数量	单重 (kg)	全重 (kg)	总重 (kg)	长度 (mm)
1	U 型螺丝	U-1880	1	0.83	0.83		45
2	球头挂环	Q-7	1	0.3	0.3		50
3	绝缘子	XWP2-70	5	5.6	28.0		146
			6	5.6	33.6		
			7	5.6	39.2		
4	碗头挂板	W-7A	1	0.82	0.82		70
5	悬垂线夹	XTS-1 ($d=24$mm)	1	4.5	4.5	40.05	77
		XTS-2 ($d=28$mm)	1	6.3	6.3	41.85	100
6	铝包带	1×10					

注　总重和长度为绝缘子 6 片组装的总重和长度，如采用 5 片或 7 片时，需另改总重和长度。

4. 66kV 线路双导线跳线悬垂绝缘子串组装图（70kN 级，与杆塔 Z-7 挂板联接）

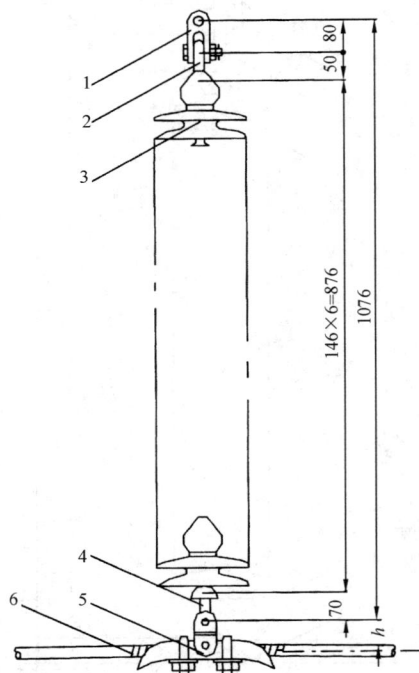

图 11-10-27   66kV 线路双导线跳线悬垂绝缘子串组装图

表 11-10-27   **图 11-10-27 零 件 表**

序号	名 称	型 号	数量	单重 （kg）	全重 （kg）	总重 （kg）	长度 （mm）
1	挂板	Z-7	1	0.64	0.64		80
2	球头挂环	QP-7	1	0.27	0.27		50
3	绝缘子	XWP2-70	5	5.6	28.0		146
			6	5.6	33.6		
			7	5.6	39.2		
4	碗头挂板	W-7A	1	0.82	0.82		70
5	悬垂线夹	XTS-1 （$d = 24$mm）	1	4.5	4.5	39.83	77
		XTS-2 （$d = 28$mm）	1	6.3	6.3	41.63	100
6	铝包带	1 × 10					

注   总重和长度为绝缘子 6 片组装的总重和长度，如采用 5 片或 7 片时，需另改总重和长度。

（三）66kV 线路悬垂复合绝缘子串组装图

1. 66kV 线路单联悬垂复合绝缘子串组装图（70kN 级，与杆塔 Z-7 挂板联接）

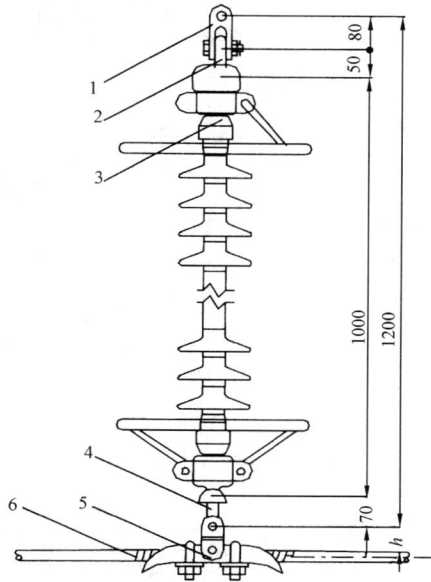

图 11-10-28　66kV 线路单联悬垂复合绝缘子串组装图

表 11-10-28　　　　　　　　　　　图 11-10-28 零 件 表

序号	名　称	型　号	导　线		数量	单重（kg）	全重（kg）	总重（kg）	长度（mm）
			型　号	直径（mm）					
1	挂板	Z-7			1	0.64	0.64		80
2	球头挂环	QP-7			1	0.27	0.27		50
3	复合绝缘子	FXB-66/100-3			1	4.5	4.5		950
		FXB-66/100-4			1	6.2	6.2		1000
4	碗头挂板	W-7A			1	0.82	0.82		70
5	悬垂线夹	XGU-2	LGJ-35/6～70/10	8.2～11.4	1	1.8	1.8	9.73	82
		XGU-3	LGJ-70/40～185/45	13.6～19.6	1	2.0	2.0	9.93	101
		XGU-4	LGJ-210/10～300/40	19.0～23.9	1	3.0	3.0	10.93	109
		XGU-5A	LGJ-240/30～500/65	21.6～31.0	1	5.7	5.7	12.81	157
6	铝包带	1×10							

注　1. 本表中悬垂线夹型号是按导线缠铝包带相配的导线型号，如采用缠预绞丝需另选悬垂线夹的型号；

　　2. 总重和长度为复合绝缘子 FXB-66/100-4 型组装的总重和长度，如采用其它型时，需另改总重和长度；

　　3. XGU-5A 线夹自带碗头，总重和尺寸包括在线夹中；自带碗头 H-70mm。

2. 66kV 线路单联悬垂复合绝缘子串组装图（70kN 级，与杆塔 UB-7 挂板联接）

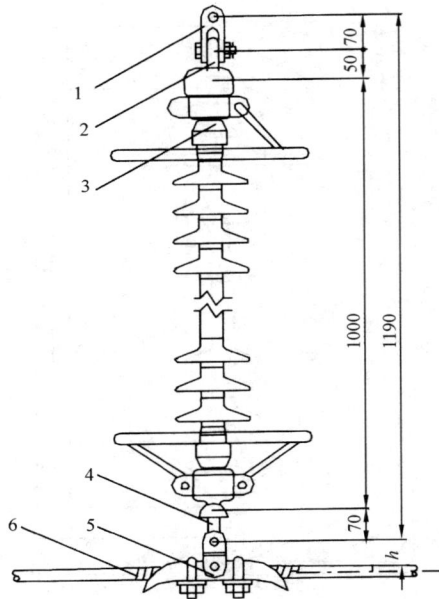

图 11-10-29　66kV 线路单联悬垂复合绝缘子串组装图

表 11-10-29　　　　　　　　　　　　　　**图 11-10-29 零件表**

序号	名　称	型　号	导线		数量	单重（kg）	全重（kg）	总重（kg）	长度（mm）
			型　号	直径（mm）					
1	挂板	UB-7			1	0.75	0.75		70
2	球头挂环	QP-7			1	0.27	0.27		50
3	复合绝缘子	FXB-66/100-3			1	4.5	4.5		950
		FXB-66/100-4			1	6.2	6.2		1000
4	碗头挂板	W-7A			1	0.82	0.82		70
5	悬垂线夹	XGU-2	LGJ-35/6 ~ 70/10	8.2 ~ 11.4	1	1.8	1.8	9.84	82
		XGU-3	LGJ-70/40 ~ 185/45	13.6 ~ 19.6	1	2.0	2.0	10.04	101
		XGU-4	LGJ-210/10 ~ 300/40	19.0 ~ 23.9	1	3.0	3.0	11.04	109
		XGU-5A	LGJ-240/30 ~ 500/65	21.6 ~ 31.0	1	5.7	5.7	12.92	157
6	铝包带	1×10							

注　1. 本表中悬垂线夹型号是按导线缠铝包带相配的导线型号，如采用缠预绞丝需另选悬垂线夹的型号；
　　2. 总重和长度为复合绝缘子 FXB-66/100-4 型组装的总重和长度，如采用其它型时，需另改总重和长度；
　　3. XGU-5A 线夹自带碗头，总重和尺寸包括在线夹中；自带碗头 H-70mm。

3. 66kV 线路单联悬垂复合绝缘子串组装图（70kN 级，与杆塔 U 型螺丝联接）

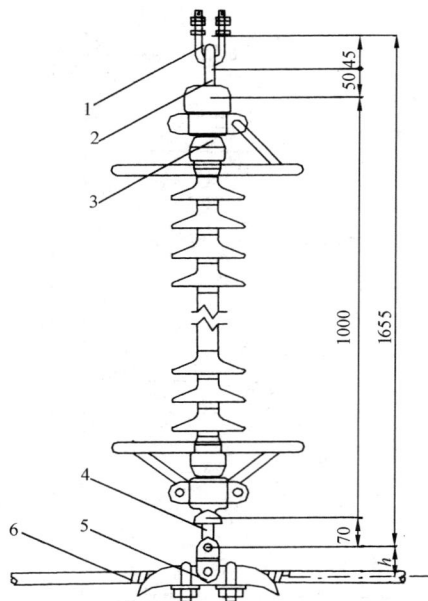

图 11-10-30　66kV 线路单联悬垂复合绝缘子串组装图

表 11-10-30　　　　　　　　　**图 11-10-30 零件表**

序号	名　称	型　号	导线		数量	单重 (kg)	全重 (kg)	总重 (kg)	长度 (mm)
			型　号	直径（mm）					
1	U 型螺丝	U-1880			1	0.83	0.83		45
2	球头挂环	Q-7			1	0.3	0.3		50
3	复合绝缘子	FXB-66/100-3			1	4.5	4.5		950
		FXB-66/100-4			1	6.2	6.2		1000
4	碗头挂板	W-7A			1	0.82	0.82		70
5	悬垂线夹	XGU-2	LGJ-35/6 ~ 70/10	8.2 ~ 11.4	1	1.8	1.8	9.95	82
		XGU-3	LGJ-70/40 ~ 185/45	13.6 ~ 19.6	1	2.0	2.0	10.15	101
		XGU-4	LGJ-210/10 ~ 300/40	19.0 ~ 23.9	1	3.0	3.0	11.15	109
		XGU-5A	LGJ-240/30 ~ 500/65	21.6 ~ 31.0	1	5.7	5.7	13.03	157
6	铝包带	1×10							

注　1. 本表中悬垂线夹型号是按导线缠铝包带相配的导线型号，如采用缠预绞丝需另选悬垂线夹的型号；

2. 总重和长度为复合绝缘子 FXB-66/100-4 型组装的总重和长度，如采用其它型时，需另改总重和长度；

3. XGU-5A 线夹自带碗头，总重和尺寸包括在线夹中；自带碗头 H-70mm。

4. 66kV 线路单联复导线悬垂复合绝缘子串组装图（70kN 级，与杆塔 Z-7 挂板联接）

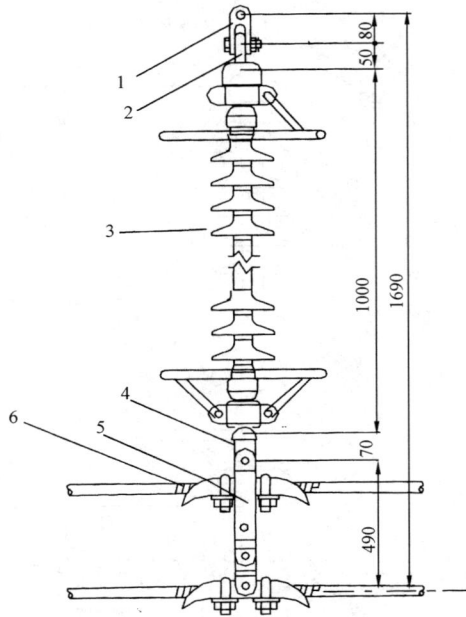

图 11-10-31   66kV 线路单联复导线悬垂复合绝缘子串组装图

表 11-10-31

图 11-10-31 零 件 表

序号	名 称	型 号	导 线 型 号	导 线 直径（mm）	数量	单重（kg）	全重（kg）	总重（kg）	长度（mm）
1	挂板	Z-7			1	0.64	0.64		80
2	球头挂环	QP-7			1	0.27	0.27		50
3	复合绝缘子	FXB-66/100-3			1	4.5	4.5		950
		FXB-66/100-4			1	6.2	6.2		1000
4	碗头挂板	W-7A			1	0.82	0.82		70
5	复导线双线夹	XCS-4	LGJ-240/30～300/70	21.6～25.2	1	9.3	9.3	17.23	490
		XCS-5	LGJ-300/15～500/65	23.01～30.96	1	14.6	14.6	22.53	490
6	铝包带								

注 1. 本表中悬垂线夹型号是按导线缠铝包带相配的导线型号，如采用缠预绞丝需另选悬垂线夹的型号；
    2. 总重和长度为复合绝缘子 FXB-66/100-4 型组装的总重和长度，如采用其它型号时，需另改总重和长度。

5. 66kV 线路单联复导线悬垂复合绝缘子串组装图（70kN 级，与杆塔 UB-7 挂板联接）

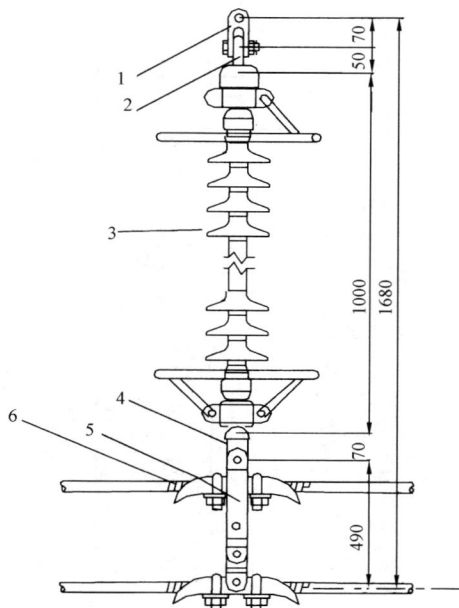

图 11-10-32　66kV 线路单联复导线悬垂复合绝缘子串组装图

表 11-10-32　　　　　　　　　　　　　**图 11-10-32 零件表**

| 序号 | 名　称 | 型　号 | 导　线 | | 数量 | 单重 (kg) | 全重 (kg) | 总重 (kg) | 长度 (mm) |
			型　号	直径（mm）					
1	挂板	UB-7			1	0.75	0.75		70
2	球头挂环	QP-7			1	0.27	0.27		50
3	复合绝缘子	FXB-66/100-3			1	4.5	4.5		950
		FXB-66/100-4			1	6.2	6.2		1000
4	碗头挂板	W-7A			1	0.82	0.82		70
5	复导线双线夹	XCS-4	LGJ-240/30～300/70	21.6～25.2	1	9.3	9.3	17.34	490
		XCS-5	LGJ-300/15～500/65	23.01～30.96	1	14.6	14.6	22.64	490
6	铝包带								

注　1. 本表中悬垂线夹型号是按导线缠铝包带相配的导线型号，如采用缠预绞丝需另选悬垂线夹的型号；

　　　2. 总重和长度为复合绝缘子 FXB-66/100-4 型组装的总重和长度，如采用其它型时，需另改总重和长度。

6. 66kV 线路单联复导线悬垂复合绝缘子串组装图（70kN 级，与杆塔 U 型螺丝联接）

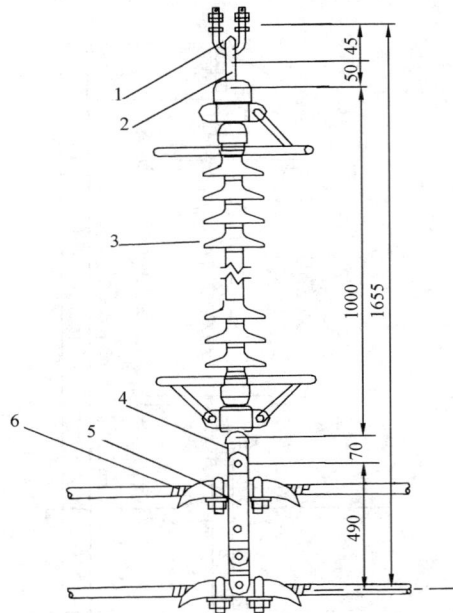

图 11-10-33　66kV 线路单联复导线悬垂复合绝缘子串组装图

表 11-10-33　　　　　　　　　　**图 11-10-33 零件表**

序号	名称	型号	导线		数量	单重(kg)	全重(kg)	总重(kg)	长度(mm)
			型号	直径（mm）					
1	U 型螺丝	U-1880			1	0.83	0.83		45
2	球头挂环	Q-7			1	0.30	0.30		50
3	复合绝缘子	FXB-66/100-3			1	4.5	4.5		950
		FXB-66/100-4			1	6.2	6.2		1000
4	碗头挂板	W-7A			1	0.82	0.82		70
5	复导线双线夹	XCS-4	LGJ-240/30～300/70	21.6～25.2	1	9.3	9.3	17.45	490
		XCS-5	LGJ-300/15～500/65	23.01～30.96	1	14.6	14.6	22.75	490
6	铝包带								

注 1. 本表中悬垂线夹型号是按导线缠铝包带相配的导线型号，如采用缠预绞丝需另选悬垂线夹的型号；

2. 总重和长度为复合绝缘子 FXB-66/100-4 型组装的总重和长度，如采用其它型时，需另改总重和长度。

7. 66kV 线路单联复导线悬垂复合绝缘子串组装图（100kN 级，与杆塔 Z-10 挂板联接）

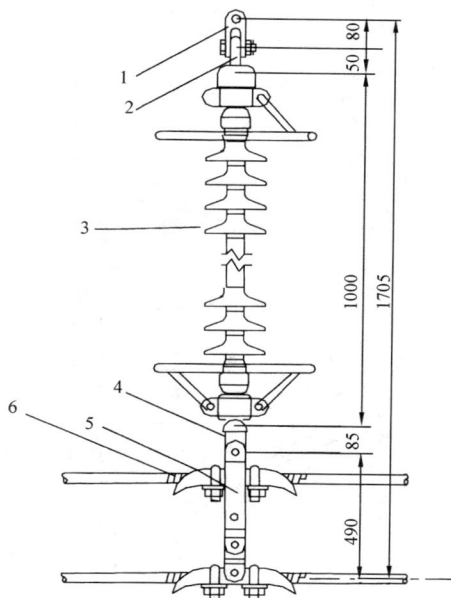

图 11-10-34　66kV 线路单联复导线悬垂复合绝缘子串组装图

表 11-10-34   图 11-10-34 零 件 表

| 序号 | 名 称 | 型 号 | 导 线 | | 数量 | 单重（kg） | 全重（kg） | 总重（kg） | 长度（mm） |
			型 号	直径（mm）					
1	挂板	Z-10			1	0.83	0.83		80
2	球头挂环	QP-10			1	0.32	0.32		50
3	复合绝缘子	FXB-66/100-3			1	4.5	4.5		950
		FXB-66/100-4			1	6.2	6.2		1000
4	碗头挂板	W1-10			1	0.90	0.90		85
5	复导线双线夹	XCS-4	LGJ-240/30 ~ 300/70	21.6 ~ 25.2	1	9.3	9.3	17.55	490
		XCS-5	LGJ-300/15 ~ 500/65	23.01 ~ 30.96	1	14.6	14.6	22.85	490
6	铝包带								

注　1. 本表中悬垂线夹型号是按导线缠铝包带相配的导线型号，如采用缠预绞丝需另选悬垂线夹的型号；

　　2. 总重和长度为复合绝缘子 FXB-66/100-4 型组装的总重和长度，如采用其它型时，需另改总重和长度。

8. 66kV 线路单联复导线悬垂复合绝缘子串组装图（100kN 级，与杆塔 UB-10 挂板联接）

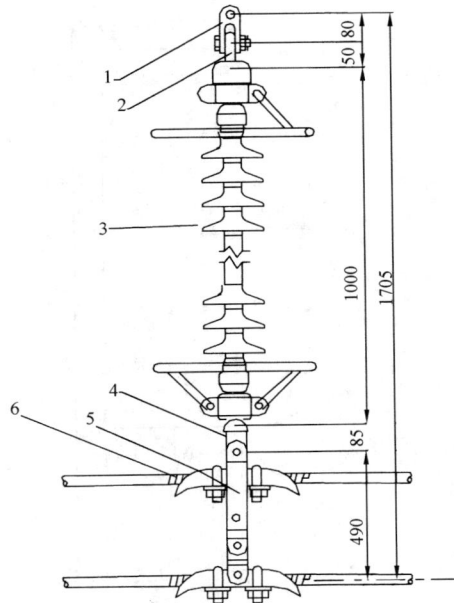

图 11-10-35   66kV 线路单联复导线悬垂复合绝缘子串组装图

表 11-10-35   图 11-10-35 零 件 表

序号	名　称	型　号	导　线		数量	单重（kg）	全重（kg）	总重（kg）	长度（mm）
			型　号	直径（mm）					
1	挂板	UB-10			1	1.08	1.08		80
2	球头挂环	QP-10			1	0.32	0.32		50
3	复合绝缘子	FXB-66/100-3			1	4.5	4.5		950
		FXB-66/100-4			1	6.2	6.2		1000
4	碗头挂板	W1-10			1	0.90	0.90		85
5	复导线双线夹	XCS-4	LGJ-240/30～300/70	21.6～25.2	1	9.3	9.3	17.80	490
		XCS-5	LGJ-300/15～500/65	23.01～30.96	1	14.6	14.6	23.10	490
6	铝包带								

注   1. 本表中悬垂线夹型号是按导线缠铝包带相配的导线型号，如采用缠预绞丝需另选悬垂线夹的型号；

　　　2. 总重和长度为复合绝缘子 FXB-66/100-4 型组装的总重和长度，如采用其它型时，需另改总重和长度。

9. 66kV 线路单联复导线悬垂复合绝缘子串组装图（100kN 级，与杆塔 U 型螺丝联接）

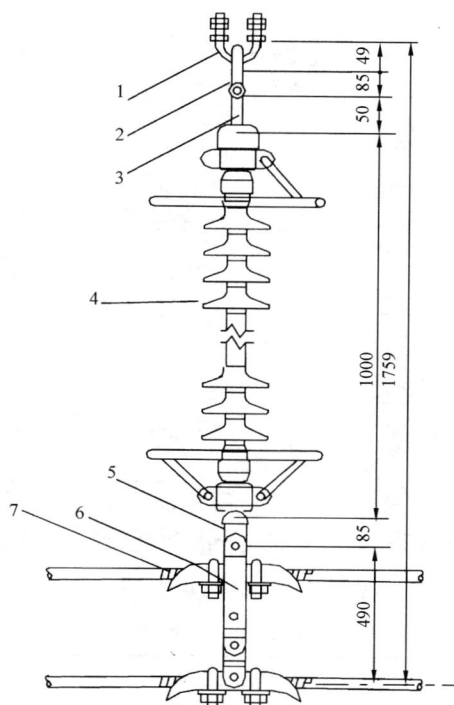

图 11-10-36　66kV 线路单联复导线悬垂复合绝缘子串组装图

表 11-10-36　　　　　　　　　　　**图 11-10-36 零件表**

序号	名　称	型　号	导线		数量	单重 (kg)	全重 (kg)	总重 (kg)	长度 (mm)
			型　号	直径（mm）					
1	U 型螺丝	UJ-2080			1	1.10	1.10		49
2	U 型挂环	U-10			1	0.6	0.6		85
3	球头挂环	QP-10			1	0.32	0.32		50
4	复合绝缘子	FXB-66/100-3			1	4.5	4.5		950
		FXB-66/100-4			1	6.2	6.2		1000
5	碗头挂板	W1-10			1	0.90	0.90		85
6	复导线双线夹	XCS-4	LGJ-240/30～300/70	21.6～25.2	1	9.3	9.3	18.42	490
		XCS-5	LGJ-300/15～500/65	23.01～30.96	1	14.6	14.6	23.72	490
7	铝包带								

注 1. 本表中悬垂线夹型号是按导线缠铝包带相配的导线型号，如采用缠预绞丝需另选悬垂线夹的型号；

　　 2. 总重和长度为复合绝缘子 FXB-66/100-4 型组装的总重和长度，如采用其它型时，需另改总重和长度。

10. 66kV 线路双联双线夹悬垂复合绝缘子串组装图（120kN 级，与杆塔 Z-12 挂板联接）

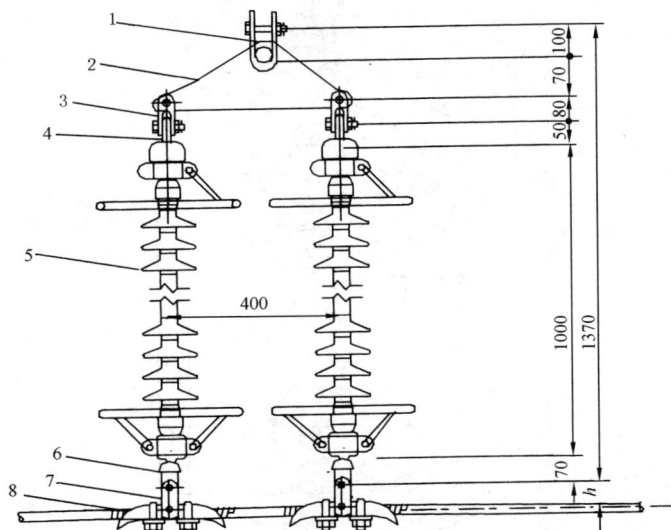

图 11-10-37   66kV 线路双联双线夹悬垂复合绝缘子串组装图

表 11-10-37   图 11-10-37 零件表

序号	名　称	型　号	导　线		数量	单重（kg）	全重（kg）	总重（kg）	长度（mm）
			型　号	直径（mm）					
1	挂板	Z-12			1	1.32	1.32		100
2	联板	L-1240			1	4.66	4.66		70
3	挂板	Z-7			2	0.64	1.28		80
4	球头挂环	QP-7			2	0.27	0.54		50
5	复合绝缘子	FXB-66/100-3			2	4.5	9.0		950
		FXB-66/100-4			2	6.2	12.4		1000
6	碗头挂板	W-7A			2	0.82	1.64		70
7	悬垂线夹	XGU-2	LGJ-35/6 ~ 70/10	8.2 ~ 11.4	2	1.8	3.6	25.44	82
		XGU-3	LGJ-70/40 ~ 185/45	13.6 ~ 19.6	2	2.0	4.0	25.84	101
		XGU-4	LGJ-210/10 ~ 300/40	19.0 ~ 23.9	2	3.0	6.0	27.84	109
		XGU-5A	LGJ-240/30 ~ 500/65	21.6 ~ 31.0	2	5.7	11.4	31.60	157
8	铝包带	1×10							

注　1. 本表中悬垂线夹型号是按导线缠铝包带相配的导线型号，如采用缠预绞丝需另选悬垂线夹的型号；
　　2. 总重和长度为复合绝缘子 FXB-66/100-4 型组装的总重和长度，如采用其它型时，需另改总重和长度；
　　3. XGU-5A 线夹自带碗头，总重和尺寸包括在线夹中；自带碗头 H-70mm。

11. 66kV 线路双联双线夹悬垂复合绝缘子串组装图（120kN 级，与杆塔 UB-12 挂板联接）

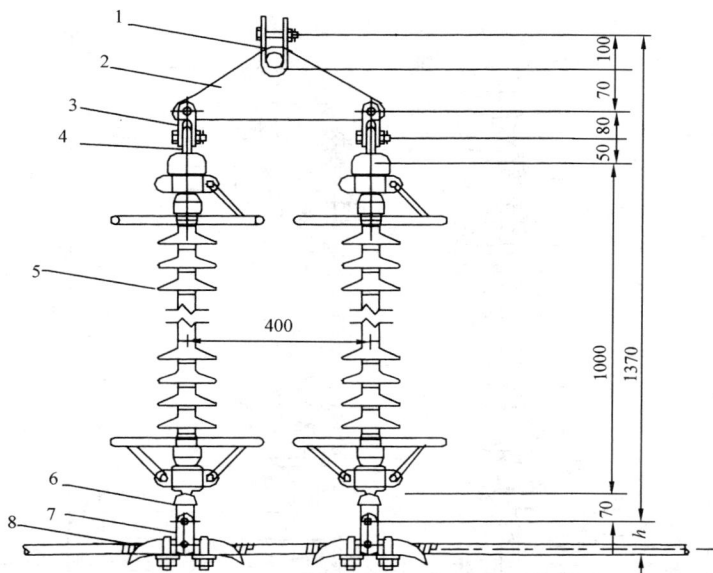

图 11-10-38　66kV 线路双联双线夹悬垂复合绝缘子串组装图

表 11-10-38　　　　　　　　　　**图 11-10-38　零 件 表**

序号	名　称	型　号	导　线 型　号	导　线 直径（mm）	数量	单重 （kg）	全重 （kg）	总重 （kg）	长度 （mm）
1	挂板	UB-12			1	2.82	2.82		100
2	联板	L-1240			1	4.66	4.66		70
3	挂板	Z-7			2	0.64	1.28		80
4	球头挂环	QP-7			2	0.27	0.54		50
5	复合绝缘子	FXB-66/ 100-3			2	4.5	9.0		950
		FXB-66/ 100-4			2	6.2	12.4		1000
6	碗头挂板	W-7A			2	0.82	1.64		70
7	悬垂线夹	XGU-2	LGJ-35/6～70/10	8.2～11.4	2	1.8	3.6	26.94	82
		XGU-3	LGJ-70/40～185/45	13.6～19.6	2	2.0	4.0	27.34	101
		XGU-4	LGJ-210/10～300/40	19.0～23.9	2	3.0	6.0	29.34	109
		XGU-5A	LGJ-240/30～500/65	21.6～31.0	2	5.7	11.4	33.10	157
8	铝包带	1×10							

注　1. 本表中悬垂线夹型号是按导线缠铝包带相配的导线型号，如采用缠预绞丝需另选悬垂线夹的型号；

　　2. 总重和长度为复合绝缘子 FXB-66/100-4 型组装的总重和长度，如采用其它型时，需另改总重和长度；

　　3. XGU-5A 线夹自带碗头，总重和尺寸包括在线夹中；自带碗头 H-70mm。

12. 66kV 线路双联双线夹悬垂复合绝缘子串组装图（100kN 级，与杆塔 Z-10 挂板联接）

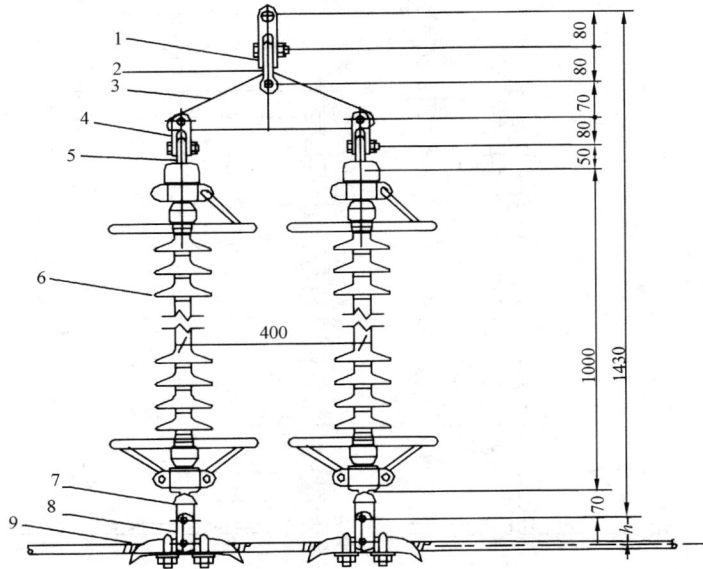

图 11-10-39   66kV 线路双联双线夹悬垂复合绝缘子串组装图

表 11-10-39   图 11-10-39 零件表

序号	名 称	型 号	导 线		数量	单重（kg）	全重（kg）	总重（kg）	长度（mm）
			型 号	直径（mm）					
1	挂板	Z-10			1	0.83	0.83		80
2	挂板	ZS-10			1	0.90	0.90		80
3	联板	L-1040			1	4.43	4.43		70
4	挂板	Z-7			2	0.64	1.28		80
5	球头挂环	QP-7			2	0.27	0.54		50
6	复合绝缘子	FXB-66/100-3			2	4.5	9.0		950
		FXB-66/100-4			2	6.2	12.4		1000
7	碗头挂板	W-7A			2	0.82	1.64		70
8	悬垂线夹	XGU-2	LGJ-35/6 ~ 70/10	8.2 ~ 11.4	2	1.8	3.6	25.62	82
		XGU-3	LGJ-70/40 ~ 185/45	13.6 ~ 19.6	2	2.0	4.0	26.02	101
		XGU-4	LGJ-210/10 ~ 300/40	19.0 ~ 23.9	2	3.0	6.0	28.02	109
		XGU-5A	LGJ-240/30 ~ 500/65	21.6 ~ 31.0	2	5.7	11.4	31.78	157
9	铝包带	1 × 10							

注 1. 本表中悬垂线夹型号是按导线缠铝包带相配的导线型号，如采用缠预绞丝需另选悬垂线夹的型号；

2. 总重和长度为复合绝缘子 FXB-66/100-4 型组装的总重和长度，如采用其它型时，需另改总重和长度；

3. XGU-5A 线夹自带碗头，总重和尺寸包括在线夹中；自带碗头 H-70mm。

13. 66kV 线路双联双线夹悬垂复合绝缘子串组装图（100kN 级，与杆塔 UB-10 挂板联接）

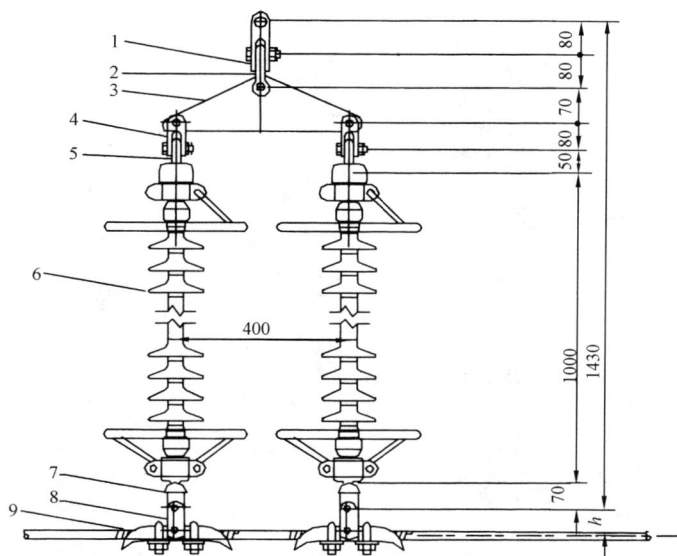

图 11-10-40　66kV 线路双联双线夹悬垂复合绝缘子串组装图

表 11-10-40　　　　　　　　　　**图 11-10-40 零件表**

序号	名　称	型　号	导　线 型　号	导　线 直径（mm）	数量	单重（kg）	全重（kg）	总重（kg）	长度（mm）
1	挂板	UB-10			1	1.08	1.08		80
2	挂板	ZS-10			1	0.90	0.90		80
3	联板	L-1040			1	4.43	4.43		70
4	挂板	Z-7			2	0.64	1.28		80
5	球头挂环	QP-7			2	0.27	0.54		50
6	复合绝缘子	FXB-66/100-3			2	4.5	9.0		950
		FXB-66/100-4			2	6.2	12.4		1000
7	碗头挂板	W-7A			2	0.82	1.64		70
8	悬垂线夹	XGU-2	LGJ-35/6～70/10	8.2～11.4	2	1.8	3.6	25.87	82
		XGU-3	LGJ-70/40～185/45	13.6～19.6	2	2.0	4.0	26.27	101
		XGU-4	LGJ-210/10～300/40	19.0～23.9	2	3.0	6.0	28.27	109
		XGU-5A	LGJ-240/30～500/65	21.6～31.0	2	5.7	11.4	32.03	157
9	铝包带	1×10							

注 1. 本表中悬垂线夹型号是按导线缠铝包带相配的导线型号，如采用缠预绞丝需另选悬垂线夹的型号；

　　2. 总重和长度为复合绝缘子 FXB-66/100-4 型组装的总重和长度，如采用其它型时，需另改总重和长度；

　　3. XGU-5A 线夹自带碗头，总重和尺寸包括在线夹中；自带碗头 H-70mm。

14. 66kV 线路双串悬垂复合绝缘子串组装图（70kN 级，与杆塔 Z-7 挂板联接）

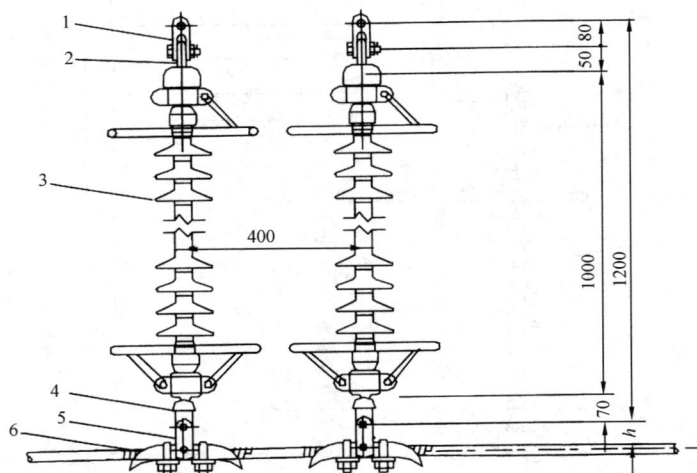

图 11-10-41   66kV 线路双串悬垂复合绝缘子串组装图

表 11-10-41   图 11-10-41 零件表

| 序号 | 名 称 | 型 号 | 导线 | | 数量 | 单重（kg） | 全重（kg） | 总重（kg） | 长度（mm） |
			型 号	直径（mm）					
1	挂板	Z-7			2	0.64	1.28		80
2	球头挂环	QP-7			2	0.27	0.54		50
3	复合绝缘子	FXB-66/100-3			2	4.5	9.0		950
		FXB-66/100-4			2	6.2	12.4		1000
4	碗头挂板	W-7A			2	0.82	1.64		70
5	悬垂线夹	XGU-2	LGJ-35/6 ~ 70/10	8.2 ~ 11.4	2	1.8	3.6	19.46	82
		XGU-3	LGJ-70/40 ~ 185/45	13.6 ~ 19.6	2	2.0	4.0	19.86	101
		XGU-4	LGJ-210/10 ~ 300/40	19.0 ~ 23.9	2	3.0	6.0	21.86	109
		XGU-5A	LGJ-240/30 ~ 500/65	21.6 ~ 31.0	2	5.7	11.4	25.62	157
6	铝包带	1×10							

注　1. 本表中悬垂线夹型号是按导线缠铝包带相配的导线型号，如采用缠预绞丝需另选悬垂线夹的型号；

　　2. 总重和长度为复合绝缘子 FXB-66/100-4 型组装的总重和长度，如采用其它型时，需另改总重和长度；

　　3. XGU-5A 线夹自带碗头，总重和尺寸包括在线夹中；自带碗头 H-70mm。

15. 66kV 线路双串悬垂复合绝缘子串组装图（70kN 级，与杆塔 UB-7 挂板联接）

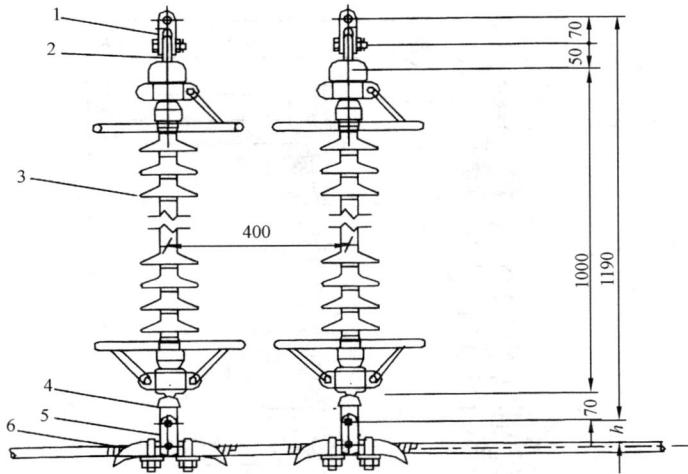

图 11-10-42　66kV 线路双串悬垂复合绝缘子串组装图

表 11-10-42　　　　　　　　　　　　　　图 11-10-42 零件表

序号	名　称	型　号	导　线		数量	单重（kg）	全重（kg）	总重（kg）	长度（mm）
			型　号	直径（mm）					
1	挂板	UB-7			2	0.75	1.50		70
2	球头挂环	QP-7			2	0.27	0.54		50
3	复合绝缘子	FXB-66/100-3			2	4.5	9.0		950
		FXB-66/100-4			2	6.2	12.4		1000
4	碗头挂板	W-7A			2	0.82	1.64		70
5	悬垂线夹	XGU-2	LGJ-35/6 ~ 70/10	8.2 ~ 11.4	2	1.8	3.6	19.68	82
		XGU-3	LGJ-70/40 ~ 185/45	13.6 ~ 19.6	2	2.0	4.0	20.08	101
		XGU-4	LGJ-210/10 ~ 300/40	19.0 ~ 23.9	2	3.0	6.0	22.08	109
		XGU-5A	LGJ-240/30 ~ 500/65	21.6 ~ 31.0	2	5.7	11.4	25.84	157
6	铝包带	1×10							

注　1. 本表中悬垂线夹型号是按导线缠铝包带相配的导线型号，如采用缠预绞丝需另选悬垂线夹的型号；
　　2. 总重和长度为复合绝缘子 FXB-66/100-4 型组装的总重和长度，如采用其它型时，需另改总重和长度；
　　3. XGU-5A 线夹自带碗头，总重和尺寸包括在线夹中；自带碗头 H-70mm。

16. 66kV 线路双联复导线悬垂复合绝缘子串组装图（120kN 级，与杆塔 Z-12 挂板联接）

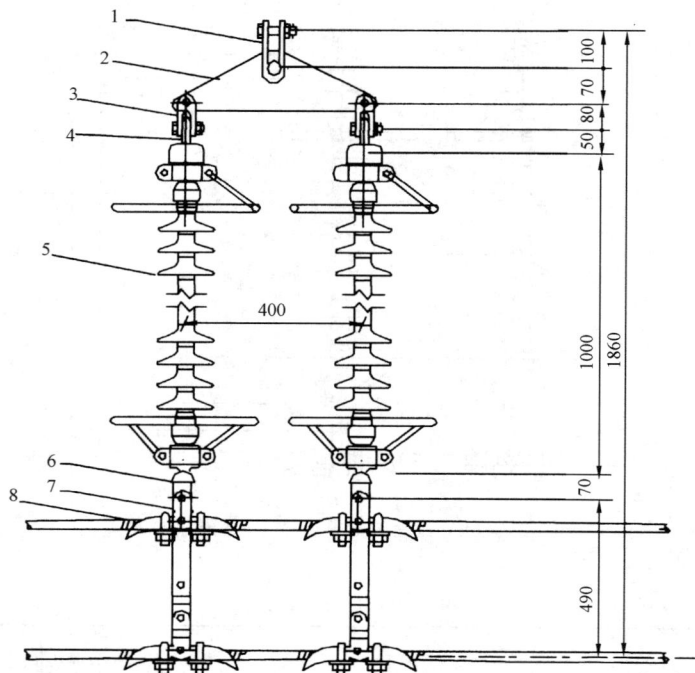

图 11-10-43   66kV 线路双联复导线悬垂复合绝缘子串组装图

表 11-10-43   图 11-10-43 零 件 表

序号	名 称	型 号	导 线		数量	单重（kg）	全重（kg）	总重（kg）	长度（mm）
			型 号	直径（mm）					
1	挂板	Z-12			1	1.32	1.32		100
2	联板	L-1240			1	4.66	4.66		70
3	挂板	Z-7			2	0.64	1.28		80
4	球头挂环	QP-7			2	0.27	0.54		50
5	复合绝缘子	FXB-66/100-3			2	4.5	9.0		950
		FXB-66/100-4			2	6.2	12.4		1000
6	碗头挂板	W-7A			2	0.82	1.64		70
7	复导线双线夹	XCS-4	LGJ-240/30～300/70	21.6～25.2	2	9.3	18.6	40.44	490
		XCS-5	LGJ-300/15～500/65	23.01～30.96	2	14.6	29.2	51.04	490
8	铝包带	1×10							

注 1. 本表中悬垂线夹型号是按导线缠铝包带相配的导线型号，如采用缠预绞丝需另选悬垂线夹的型号；

2. 总重和长度为复合绝缘子 FXB-66/100-4 型组装的总重和长度，如采用其它型时，需另改总重和长度。

17. 66kV 线路双联复导线悬垂复合绝缘子串组装图（120kN 级，与杆塔 UB-12 挂板联接）

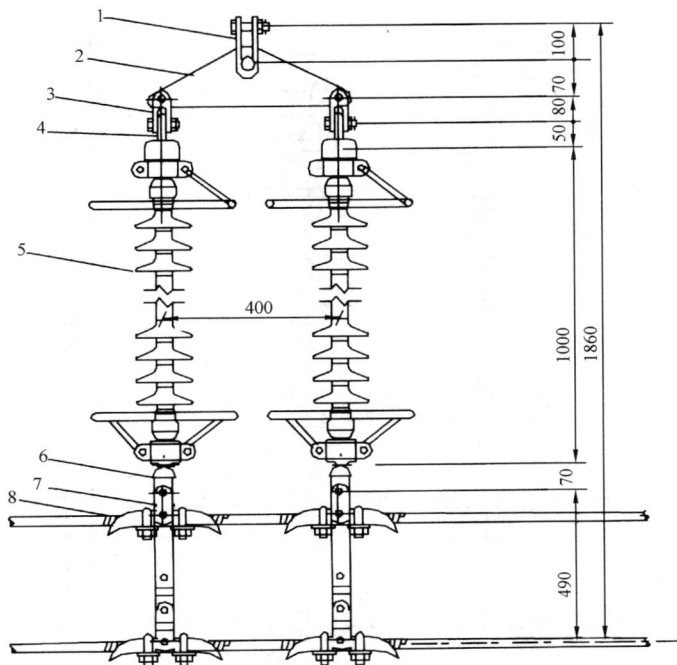

图 11-10-44　66kV 线路双联复导线悬垂复合绝缘子串组装图

表 11-10-44　　　　　　　　　　　图 11-10-44 零件表

| 序号 | 名　称 | 型　号 | 导　线 | | 数量 | 单重
（kg） | 全重
（kg） | 总重
（kg） | 长度
（mm） |
			型　号	直径（mm）					
1	挂板	UB-12			1	2.82	2.82		100
2	联板	L-1240			1	4.66	4.66		70
3	挂板	Z-7			2	0.64	1.28		80
4	球头挂环	QP-7			2	0.27	0.54		50
5	复合绝缘子	FXB-66/100-3			2	4.5	9.0		950
		FXB-66/100-4			2	6.2	12.4		1000
6	碗头挂板	W-7A			2	0.82	1.64		70
7	复导线双线夹	XCS-4	LGJ-240/30～300/70	21.6～25.2	2	9.3	18.6	41.94	490
		XCS-5	LGJ-300/15～500/65	23.01～30.96	2	14.6	29.2	52.54	490
8	铝包带	1×10							

注　1. 本表中悬垂线夹型号是按导线缠铝包带相配的导线型号，如采用缠预绞丝需另选悬垂线夹的型号；

　　2. 总重和长度为复合绝缘子 FXB-66/100-4 型组装的总重和长度，如采用其它型时，需另改总重和长度。

18. 66kV 线路双联复导线悬垂复合绝缘子串组装图（100kN 级，与杆塔 Z-10 挂板联接）

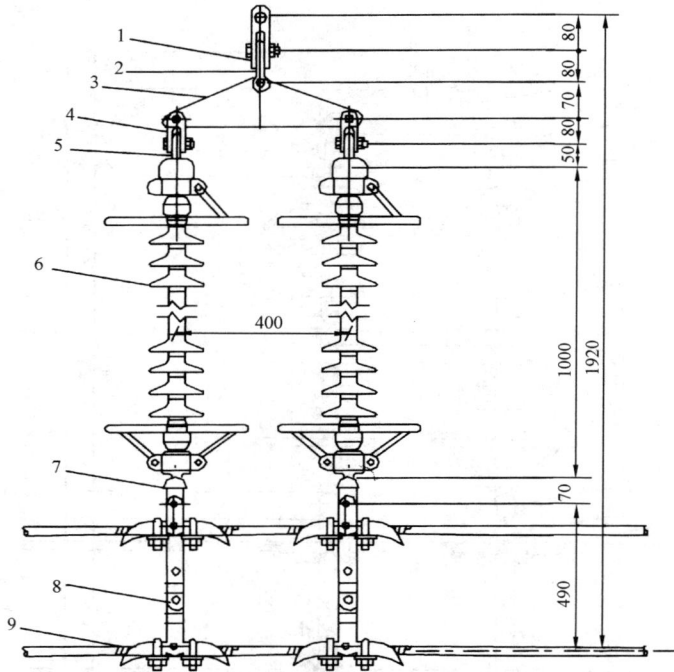

图 11-10-45   66kV 线路双联复导线悬垂复合绝缘子串组装图

表 11-10-45   图 11-10-45 零件表

| 序号 | 名 称 | 型 号 | 导 线 | | 数量 | 单重（kg） | 全重（kg） | 总重（kg） | 长度（mm） |
			型 号	直径（mm）					
1	挂板	Z-10			1	0.83	0.83		80
2	挂板	ZS-10			1	0.90	0.90		80
3	联板	L-1040			1	4.43	4.43		70
4	挂板	Z-7			2	0.64	1.28		80
5	球头挂环	QP-7			2	0.27	0.54		50
6	复合绝缘子	FXB-66/100-3			2	4.5	9.0		950
		FXB-66/100-4			2	6.2	12.4		1000
7	碗头挂板	W-7A			2	0.82	1.64		70
8	复导线双线夹	XCS-4	LGJ-240/30～300/70	21.6～25.2	2	9.3	18.6	40.62	490
		XCS-5	LGJ-300/15～500/65	23.01～30.96	2	14.6	29.2	51.22	490
9	铝包带	1×10							

注   1. 本表中悬垂线夹型号是按导线缠铝包带相配的导线型号，如采用缠预绞丝需另选悬垂线夹的型号；
　　　2. 总重和长度为复合绝缘子 FXB-66/100-4 型组装的总重和长度，如采用其它型时，需另改总重和长度。

19. 66kV 线路双联复导线悬垂复合绝缘子串组装图（100kN 级，与杆塔 UB-10 挂板联接）

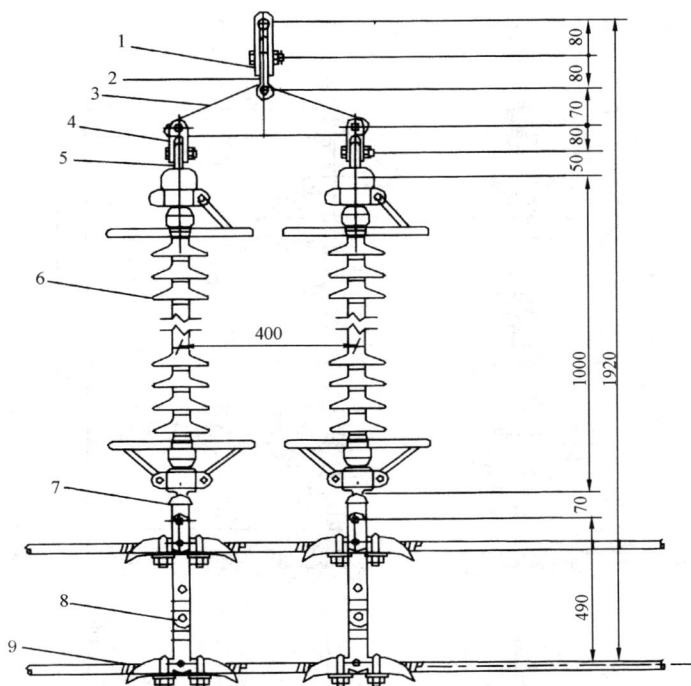

图 11-10-46　66kV 线路双联复导线悬垂复合绝缘子串组装图

表 11-10-46　　　　　　　　　　　　　　　图 11-10-46 零件表

序号	名称	型号	导线 型号	导线 直径（mm）	数量	单重（kg）	全重（kg）	总重（kg）	长度（mm）
1	挂板	UB-10			1	1.08	1.08		80
2	挂板	ZS-10			1	0.90	0.90		80
3	联板	L-1040			1	4.43	4.43		70
4	挂板	Z-7			2	0.64	1.28		80
5	球头挂环	QP-7			2	0.27	0.54		50
6	复合绝缘子	FXB-66/100-3			2	4.5	9.0		950
		FXB-66/100-4			2	6.2	12.4		1000
7	碗头挂板	W-7A			2	0.82	1.64		70
8	复导线双线夹	XCS-4	LGJ-240/30～300/70	21.6～25.2	2	9.3	18.6	40.87	490
		XCS-5	LGJ-300/15～500/65	23.01～30.96	2	14.6	29.2	51.47	490
9	铝包带	1×10							

注　1. 本表中悬垂线夹型号是按导线缠铝包带相配的导线型号，如采用缠预绞丝需另选悬垂线夹的型号；
　　2. 总重和长度为复合绝缘子 FXB-66/100-4 型组装的总重和长度，如采用其它型时，需另改总重和长度。

20. 66kV 线路双串复导线悬垂复合绝缘子串组装图（70kN级，与杆塔 Z-7 挂板联接）

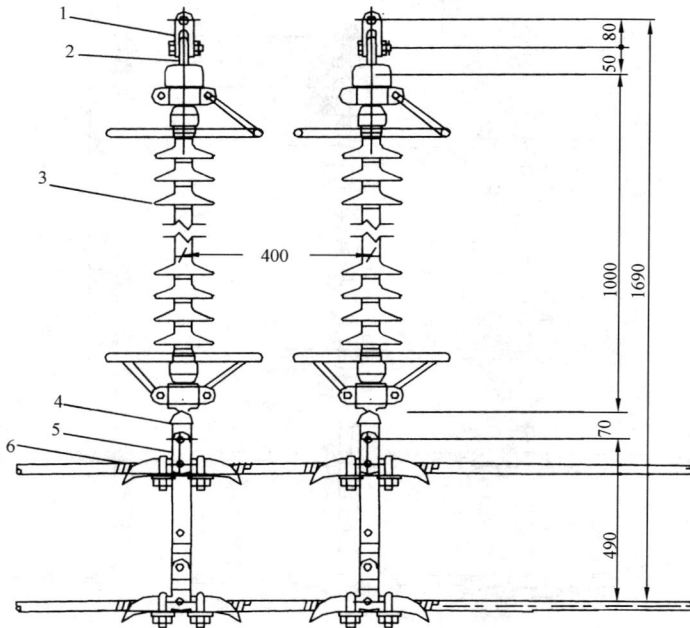

图 11-10-47　66kV 线路双串复导线悬垂复合绝缘子串组装图

表 11-10-47 　　　　　　　　　　　　　　图 11-10-47 零 件 表

序号	名　称	型　号	导　线		数量	单重（kg）	全重（kg）	总重（kg）	长度（mm）
			型　号	直径（mm）					
1	挂板	Z-7			2	0.64	1.28		80
2	球头挂环	QP-7			2	0.27	0.54		50
3	复合绝缘子	FXB-66/100-3			2	4.5	9.0		950
		FXB-66/100-4			2	6.2	12.4		1000
4	碗头挂板	W-7A			2	0.82	1.64		70
5	复导线双线夹	XCS-4	LGJ-240/30～300/70	21.6～25.2	2	9.3	18.6	34.46	490
		XCS-5	LGJ-300/15～500/65	23.01～30.96	2	14.6	29.2	45.06	490
6	铝包带	1×10							

注　1. 本表中悬垂线夹型号是按导线缠铝包带相配的导线型号，如采用缠预绞丝需另选悬垂线夹的型号；
　　2. 总重和长度为复合绝缘子 FXB-66/100-4 型组装的总重和长度，如采用其它型时，需另改总重和长度。

21. 66kV 线路双串复导线悬垂复合绝缘子串组装图（70kN级，与杆塔 UB-7 挂板联接）

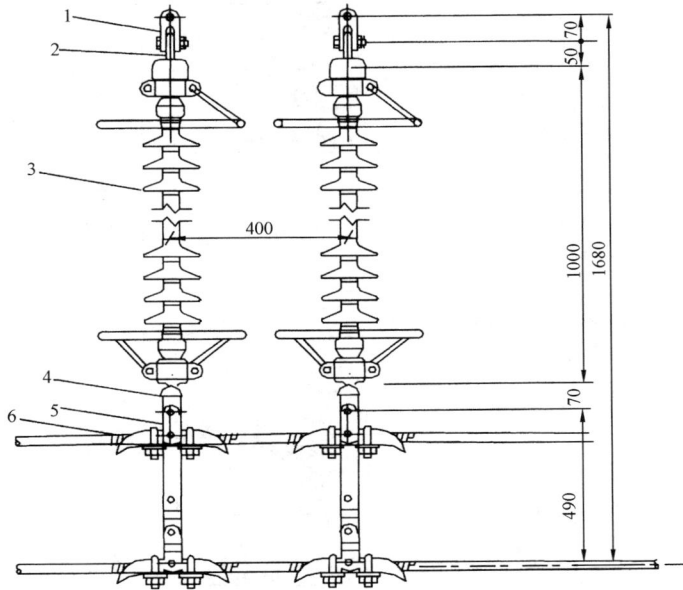

图 11-10-48　66kV 线路双串复导线悬垂复合绝缘子串组装图

表 11-10-48　　　　　　图 11-10-48　零 件 表

序号	名　称	型　号	导　线		数量	单重（kg）	全重（kg）	总重（kg）	长度（mm）
			型　号	直径（mm）					
1	挂板	UB-7			2	0.75	1.50		70
2	球头挂环	QP-7			2	0.27	0.54		50
3	复合绝缘子	FXB-66/100-3			2	4.5	9.0		950
		FXB-66/100-4			2	6.2	12.4		1000
4	碗头挂板	W-7A			2	0.82	1.64		70
5	复导线双线夹	XCS-4	LGJ-240/30～300/70	21.6～25.2	2	9.3	18.6	34.68	490
		XCS-5	LGJ-300/15～500/65	23.01～30.96	2	14.6	29.2	45.28	490
6	铝包带	1×10							

注　1. 本表中悬垂线夹型号是按导线缠铝包带相配的导线型号，如采用缠预绞丝需另选悬垂夹的型号；

　　2. 总重和长度为复合绝缘子 FXB-66/100-4 型组装的总重和长度，如采用其它型时，需另改总重和长度。

（四）66kV 线路单联悬垂跳线复合绝缘子串组装图

1. 66kV 线路单联跳线悬垂复合绝缘子串组装图（70kN 级，与杆塔 U 型螺丝联接）

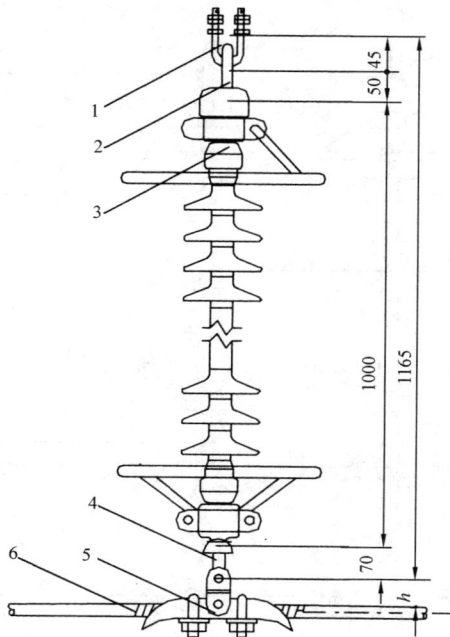

图 11-10-49   66kV 线路单联跳线悬垂复合绝缘子串组装图

表 11-10-49   **图 11-10-49 零 件 表**

序号	名　称	型　号	导线		数量	单重（kg）	全重（kg）	总重（kg）	长度（mm）
			型　号	直径（mm）					
1	U 型螺丝	U-1880			1	0.83	0.83		45
2	球头挂环	Q-7			1	0.3	0.3		50
3	复合绝缘子	FXB-66/100-3			1	4.5	4.5		950
		FXB-66/100-4			1	6.2	6.2		1000
4	碗头挂板	W-7A			1	0.82	0.82		70
5	悬垂线夹	XGU-2	LGJ-35/6～70/10	8.2～11.4	1	1.8	1.8	9.95	82
		XGU-3	LGJ-70/40～185/45	13.6～19.6	1	2.0	2.0	10.15	101
		XGU-4	LGJ-210/10～300/40	19.0～23.9	1	3.0	3.0	11.15	109
		XGU-5A	LGJ-240/30～500/65	21.6～31.0	1	5.7	5.7	13.03	157
6	铝包带	1×10							

注 1. 总重和长度为复合绝缘子 FXB-66/100-4 型组装的总重和长度，如采用其它型时，需另改总重和长度；

2. XGU-5A 线夹自带碗头，总重和尺寸包括在线夹中；自带碗头 H-70mm。

2. 66kV 线路单联跳线悬垂复合绝缘子串组装图（70kN 级，与杆塔 Z-7 挂板联接）

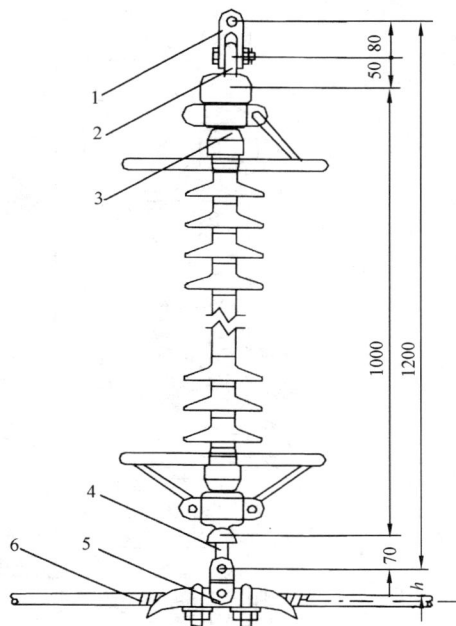

图 11-10-50　66kV 线路单联跳线悬垂复合绝缘子串组装图

表 11-10-50　　　　　　　　　　　　　　**图 11-10-50 零 件 表**

序号	名　称	型　号	导　线		数量	单重 (kg)	全重 (kg)	总重 (kg)	长度 (mm)
			型　号	直径（mm）					
1	挂板	Z-7			1	0.64	0.64		80
2	球头挂环	QP-7			1	0.27	0.27		50
3	复合绝缘子	FXB-66/100-3			1	4.5	4.5		950
		FXB-66/100-4			1	6.2	6.2		1000
4	碗头挂板	W-7A			1	0.82	0.82		70
5	悬垂线夹	XGU-2	LGJ-35/6～70/10	8.2～11.4	1	1.8	1.8	9.73	82
		XGU-3	LGJ-70/40～185/45	13.6～19.6	1	2.0	2.0	9.93	101
		XGU-4	LGJ-210/10～300/40	19.0～23.9	1	3.0	3.0	10.93	109
		XGU-5A	LGJ-240/30～500/65	21.6～31.0	1	5.7	5.7	12.81	157
6	铝包带	1×10							

注　1. 总重和长度为复合绝缘子 FXB-66/100-4 型组装的总重和长度，如采用其它型时，需另改总重和长度；

　　　2. XGU-5A 线夹自带碗头，总重和尺寸包括在线夹中；自带碗头 H-70mm。

3. 66kV 线路双导线跳线悬垂复合绝缘子串组装图（70kN 级，与杆塔 U 型螺丝联接）

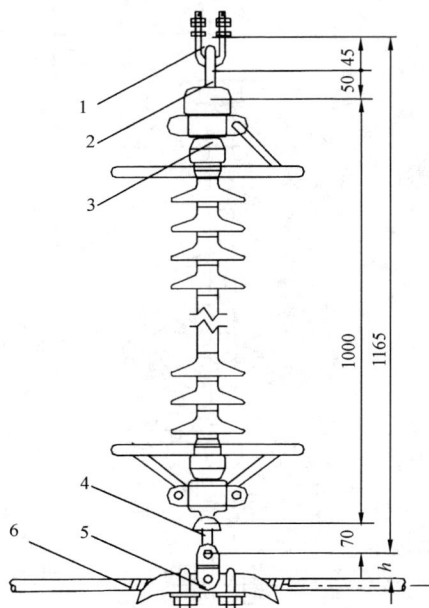

图 11-10-51　66kV 线路双导线跳线悬垂复合绝缘子串组装图

表 11-10-51 　　　　　　　　　　　　　　　图 11-10-51　零 件 表

序号	名　称	型　号	数量	单重(kg)	全重(kg)	总重(kg)	长度(mm)
1	U 型螺丝	U-1880	1	0.83	0.83		45
2	球头挂环	Q-7	1	0.3	0.3		50
3	复合绝缘子	FXB-66/100-3	1	4.5	4.5		950
		FXB-66/100-4	1	6.2	6.2		1000
4	碗头挂板	W-7A	1	0.82	0.82		70
5	悬垂线夹	XTS-1 ($d=24mm$)	1	4.5	4.5	12.65	77
		XTS-2 ($d=28mm$)	1	6.3	6.3	14.45	100
6	铝包带	1×10					

注　总重和长度为复合绝缘子 FXB-66/100-4 型组装的总重和长度，如采用其它型时，需另改总重和长度。

4. 66kV 线路双导线跳线悬垂复合绝缘子串组装图（70kN 级，与杆塔 Z-7 挂板联接）

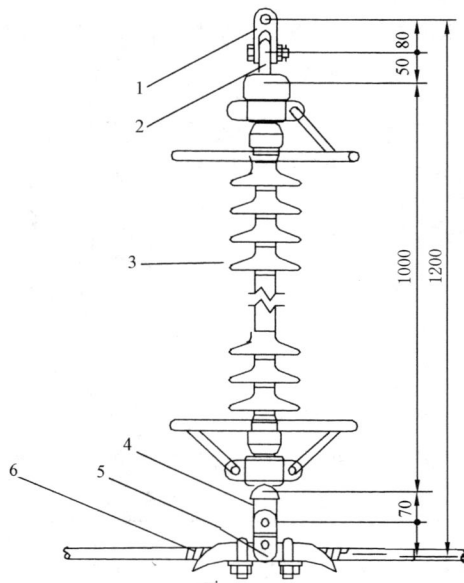

图 11-10-52　66kV 线路双导线跳线悬垂复合绝缘子串组装图

表 11-10-52　　　　　　　　　　　　　　　**图 11-10-52 零 件 表**

序号	名　称	型　号	数量	单重（kg）	全重（kg）	总重（kg）	长度（mm）
1	挂板	Z-7	1	0.64	0.64		80
2	球头挂环	QP-7	1	0.27	0.27		50
3	复合绝缘子	FXB-66/100-3	1	4.5	4.5		950
		FXB-66/100-4	1	6.2	6.2		1000
4	碗头挂板	W-7A	1	0.82	0.82		70
5	复导线双线夹	XTS-1（d = 24mm）	1	4.5	4.5	12.43	77
		XTS-2（d = 28mm）	1	6.3	6.3	14.23	100
6	铝包带	1 × 10					

注　总重和长度为复合绝缘子 FXB-66/100-4 型组装的总重和长度，如采用其它型时，需另改总重和长度。

四、66kV 线路耐张绝缘子串组装图

（一）66kV 线路耐张瓷绝缘子串组装图

1. 66kV 线路单联耐张绝缘子串组装图（70kN 级，NLD 型线夹，与杆塔 U-7 挂环联接）

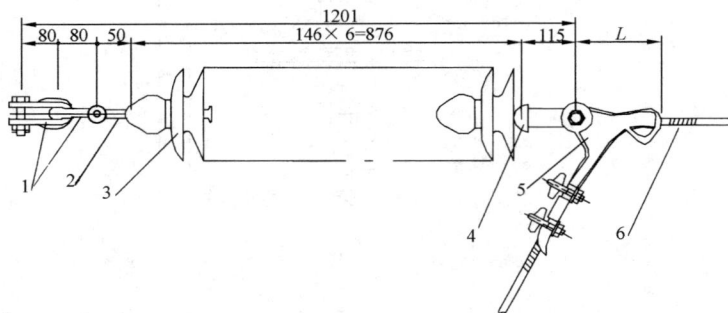

图 11-10-53　66kV 线路单联耐张绝缘子串组装图

表 11-10-53　　　　　　　　　　　图 11-10-53 零件表

序号	名　称	型　号	导线		数量	单重（kg）	全重（kg）	总重（kg）	长度（mm）
			型　号	直径（mm）					
1	U 型挂环	U-7			2	0.50	1.00		80
2	球头挂环	QP-7			1	0.27	0.27		50
3	绝缘子	XWP2-70			6	5.6	33.6		146
					7	5.6	39.2		
4	碗头挂板	W-7B			1	1.01	1.01		115
5	耐张线夹	NLD-2	LGJ-50/8～70/40	9.6～13.6	1	2.1	2.1	37.98	130
		NLD-3	LGJ-95/15～150/35	13.61～17.5	1	4.6	4.6	40.48	160
		NLD-4	LGJ-185/10～240/55	18.0～22.4	1	7.0	7.0	42.88	220
6	铝包带	1×10							

注　总重和长度为绝缘子 6 片组装的重量和长度，如不用 6 片另改总重和长度。

2. 66kV 线路单联耐张绝缘子串组装图（70kN 级，NLD 型线夹，与杆塔 Z-7 挂板联接）

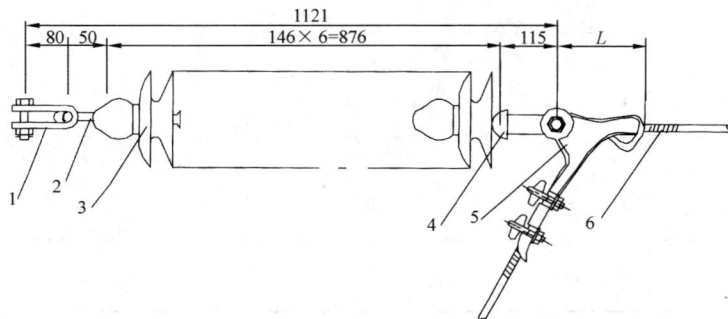

图 11-10-54　66kV 线路单联耐张绝缘子串组装图

表 11-10-54　　　　　　　　　图 11-10-54 零 件 表

序号	名 称	型 号	导线		数量	单重（kg）	全重（kg）	总重（kg）	长度（mm）
			型 号	直径（mm）					
1	挂板	Z-7			1	0.64	0.64		80
2	球头挂环	QP-7			1	0.27	0.27		50
3	绝缘子	XWP2-70			6	5.6	33.6		146
					7	5.6	39.2		
4	碗头挂板	W-7B			1	1.01	1.01		115
5	耐张线夹	NLD-2	LGJ-50/8～70/40	9.6～13.6	1	2.1	2.1	37.62	130
		NLD-3	LGJ-95/15～150/35	13.61～17.5	1	4.6	4.6	40.12	160
		NLD-4	LGJ-185/10～240/55	18.0～22.4	1	7.0	7.0	42.52	220
6	铝包带	1×10							

注　总重和长度为绝缘子 6 片组装的重量和长度，如不用 6 片另改总重和长度。

3. 66kV 线路单联耐张绝缘子串组装图——绝缘子倒装串（70kN 级，NLD 型线夹，与杆塔 Z-7 挂板联接）

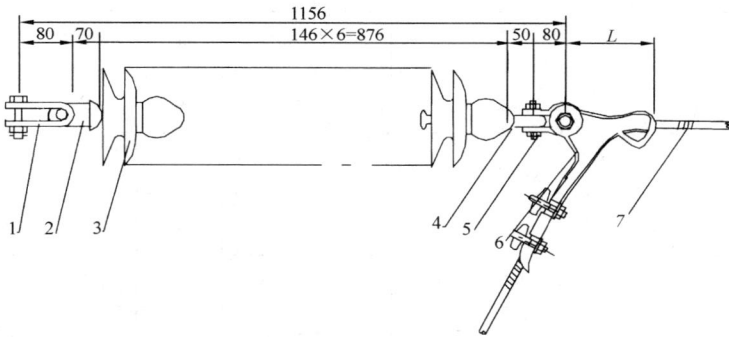

图 11-10-55　66kV 线路单联耐张绝缘子串组装图——绝缘子倒装串

表 11-10-55　　　　　　　　　图 11-10-55 零 件 表

序号	名 称	型 号	导线		数量	单重（kg）	全重（kg）	总重（kg）	长度（mm）
			型 号	直径（mm）					
1	挂板	Z-7			1	0.64	0.64		80
2	碗头挂板	W-7A			1	0.82	0.82		70
3	绝缘子	XWP2-70			6	5.6	33.6		146
					7	5.6	39.2		
4	球头挂环	QP-7			1	0.27	0.27		50
5	U 型挂环	U-7			1	0.5	0.5		80
6	耐张线夹	NLD-2	LGJ-50/8～70/40	9.6～13.6	1	2.1	2.1	37.93	130
		NLD-3	LGJ-95/15～150/35	13.61～17.5	1	4.6	4.6	40.43	160
		NLD-4	LGJ-185/10～240/55	18.0～22.4	1	7.0	7.0	42.83	220
7	铝包带	1×10							

注　总重和长度为绝缘子 6 片组装的重量和长度，如不用 6 片另改总重和长度。

4. 66kV 线路单联耐张绝缘子串组装图（100kN 级，NLD 型线夹，与杆塔 U-10 挂环联接）

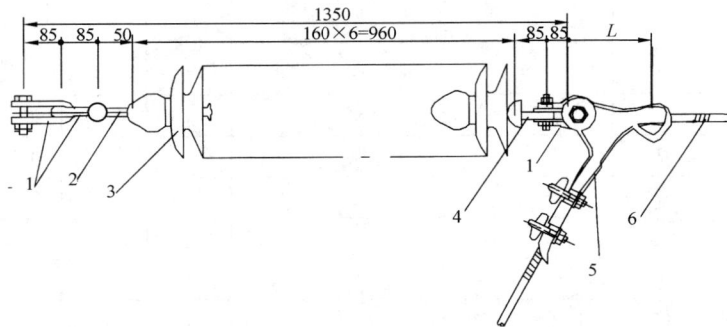

图 11-10-56   66kV 线路单联耐张绝缘子串组装图

表 11-10-56   图 11-10-56 零 件 表

| 序号 | 名　称 | 型　号 | 导　线 | | 数量 | 单重（kg） | 全重（kg） | 总重（kg） | 长度（mm） |
			型　号	直径（mm）					
1	U 型挂环	U-10			3	0.60	1.80		85
2	球头挂环	QP-10			1	0.32	0.32		50
3	绝缘子	XWP2-100			6	7.9	47.4		160
					7	7.9	55.3		
4	碗头挂板	W1-10			1	0.90	0.90		85
5	耐张线夹	NLD-2	LGJ-50/8～70/40	9.6～13.6	1	2.1	2.1	52.52	130
		NLD-3	LGJ-95/15～150/35	13.61～17.5	1	4.6	4.6	55.02	160
		NLD-4	LGJ-185/10～240/55	18.0～22.4	1	7.0	7.0	57.42	220
6	铝包带	1×10							

注　1. 总重和长度为绝缘子 6 片组装的重量和长度，如不用 6 片另改总重和长度；

　　2. 当采用 NLD-2 型线夹时，相联的 U 型挂环改用 U-7。

5. 66kV 线路单联耐张绝缘子串组装图（100kN 级，NLD 型线夹，与杆塔 Z-10 挂板联接）

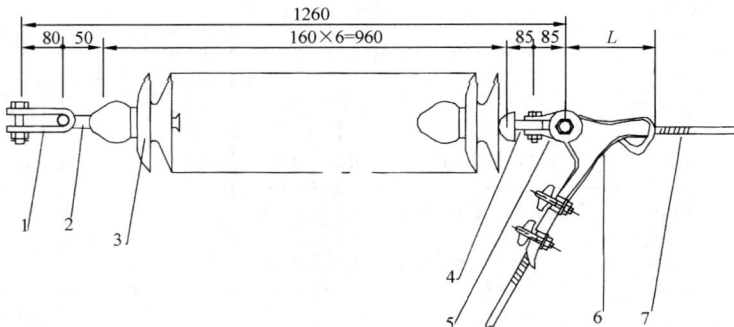

图 11-10-57   66kV 线路单联耐张绝缘子串组装图

表 11-10-57　　　　　　　　　　　　　**图 11-10-57　零 件 表**

序号	名　称	型　号	导　线 型　号	导　线 直径（mm）	数量	单重（kg）	全重（kg）	总重（kg）	长度（mm）
1	挂板	Z-10			1	0.83	0.83		80
2	球头挂环	QP-10			1	0.32	0.32		50
3	绝缘子	XWP2-100			6	7.9	47.4		160
					7	9.9	55.3		
4	碗头挂板	W1-10			1	0.90	0.90		85
5	U 型挂环	U-10			1	0.60	0.60		85
6	耐张线夹	NLD-2	LGJ-50/8～70/40	9.6～13.6	1	2.1	2.1	52.15	130
		NLD-3	LGJ-95/15～150/35	13.61～17.5	1	4.6	4.6	54.65	160
		NLD-4	LGJ-185/10～240/55	18.0～22.4	1	7.0	7.0	57.05	220
7	铝包带	1×10							

注　1. 总重和长度为绝缘子 6 片组装的重量和长度，如不用 6 片另改总重和长度；

　　2. 当采用 NLD-2 型线夹时，相联的 U 型挂环改用 U-7。

6. 66kV 线路单联耐张绝缘子串组装图——绝缘子倒装串（100kN 级，NLD 型线夹，与杆塔 Z-10 挂板联接）

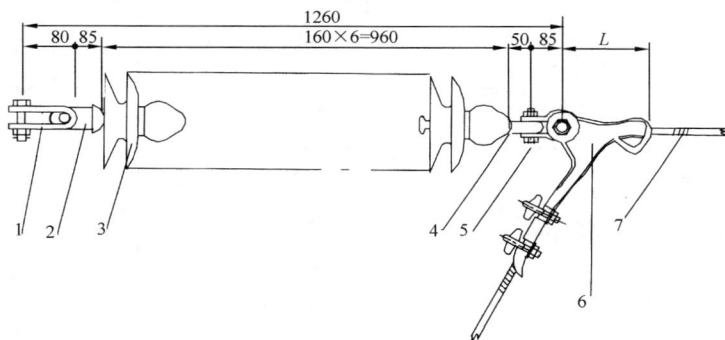

图 11-10-58　66kV 线路单联耐张绝缘子串组装图——绝缘子倒装串

表 11-10-58　　　　　　　　　　　　　**图 11-10-58　零 件 表**

序号	名　称	型　号	导　线 型　号	导　线 直径（mm）	数量	单重（kg）	全重（kg）	总重（kg）	长度（mm）
1	挂板	Z-10			1	0.83	0.83		80
2	碗头挂板	W1-10			1	0.90	0.90		85
3	绝缘子	XWP2-100			6	7.9	47.4		160
					7	9.9	55.3		
4	球头挂环	QP-10			1	0.32	0.32		50
5	U 型挂环	U-10			1	0.60	0.60		85
6	耐张线夹	NLD-2	LGJ-50/8～70/40	9.6～13.6	1	2.1	2.1	52.15	130
		NLD-3	LGJ-95/15～150/35	13.61～17.5	1	4.6	4.6	54.65	160
		NLD-4	LGJ-185/10～240/55	18.0～22.4	1	7.0	7.0	57.05	220
7	铝包带	1×10							

注　1. 总重和长度为绝缘子 6 片组装的重量和长度，如不用 6 片另改总重和长度；

　　2. 当采用 NLD-2 型线夹时，相联的 U 型挂环改用 U-7。

7. 66kV 线路单联耐张绝缘子串组装图（70kN 级，NLL 型线夹，与杆塔 U-7 挂环联接）

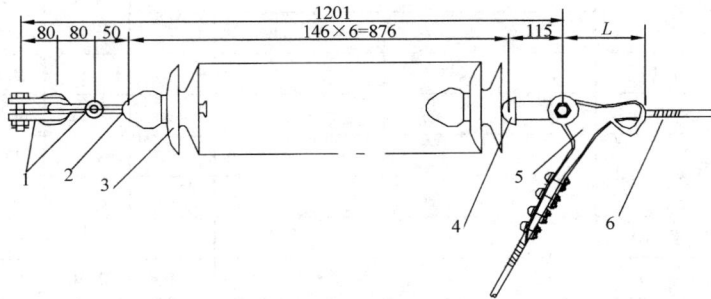

图 11-10-59　66kV 线路单联耐张绝缘子串组装图

表 11-10-59　　　　　　　　　　　　　**图 11-10-59 零件表**

序号	名　称	型　号	导线		数量	单重（kg）	全重（kg）	总重（kg）	长度（mm）
			型　号	直径（mm）					
1	U 型挂环	U-7			2	0.50	1.00		80
2	球头挂环	QP-7			1	0.27	0.27		50
3	绝缘子	XWP2-70			6	5.6	33.6		146
					7	5.6	39.2		
4	碗头挂板	W-7B			1	1.01	1.01		115
5	耐张线夹	NLL-4	LGJ-70/10～240/40	11.4～21.66	1	4.1	4.1	39.98	285
		NLL-5	LGJ-185/10～500/45	18.0～30.0	1	7.0	7.0	42.88	345
6	铝包带	1×10							

注　1. 总重和长度为绝缘子 6 片组装的重量和长度，如不用 6 片另改总重和长度；

　　2. 采用 W-7B 碗头挂板，相联的 NLL-5 型线夹中的螺栓直径选用 d 为 18。

8. 66kV 线路单联耐张绝缘子串组装图（70kN 级，NLL 型线夹，与杆塔 Z-7 挂板联接）

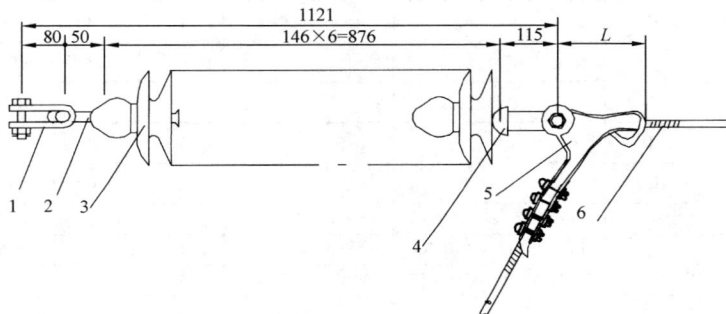

图 11-10-60　66kV 线路单联耐张绝缘子串组装图

表 11-10-60　　　　　　　　　　　　图 11-10-60　零　件　表

序号	名　称	型　号	导线		数量	单重（kg）	全重（kg）	总重（kg）	长度（mm）
			型　号	直径（mm）					
1	挂板	Z-7			1	0.64	0.64		80
2	球头挂环	QP-7			1	0.27	0.27		50
3	绝缘子	XWP2-70			6	5.6	33.6		146
					7	5.6	39.2		
4	碗头挂板	W-7B			1	1.01	1.01		115
5	耐张线夹	NLL-4	LGJ-70/10～240/40	11.4～21.66	1	4.1	4.1	39.62	285
		NLL-5	LGJ-185/10～500/45	18.0～30.0	1	7.0	7.0	42.52	345
6	铝包带	1×10							

注　1. 总重和长度为绝缘子 6 片组装的重量和长度，如不用 6 片另改总重和长度；
　　2. 采用 W-7B 碗头挂板，相联的 NLL-5 型线夹中的螺栓直径选用 d 为 18。

9. 66kV 线路单联耐张绝缘子串组装图——绝缘子倒装串（70kN 级，NLL 型线夹，与杆塔 Z-7 挂板联接）

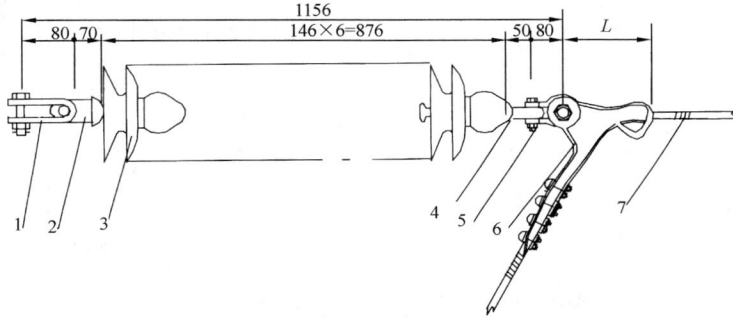

图 11-10-61　66kV 线路单联耐张绝缘子串组装图——绝缘子倒装串

表 11-10-61　　　　　　　　　　　　图 11-10-61　零　件　表

序号	名　称	型　号	导线		数量	单重（kg）	全重（kg）	总重（kg）	长度（mm）
			型　号	直径（mm）					
1	挂板	Z-7			1	0.64	0.64		80
2	碗头挂板	W-7A			1	0.82	0.82		70
3	绝缘子	XWP2-70			6	5.6	33.6		146
					7	5.6	39.2		
4	球头挂环	QP-7			1	0.27	0.27		50
5	U 型挂环	U-7			1	0.5	0.5		80
6	耐张线夹	NLL-4	LGJ-70/10～240/40	11.4～21.66	1	4.1	4.1	39.93	285
		NLL-5	LGJ-185/10～500/45	18.0～30.0	1	7.0	7.0	42.83	345
7	铝包带	1×10							

注　1. 总重和长度为绝缘子 6 片组装的重量和长度，如不用 6 片另改总重和长度；
　　2. 采用 U-7 型 U 型挂环，相联 NLL-5 型线夹中的螺栓直径 d 为 18mm。

10. 66kV 线路单联耐张绝缘子串组装图（100kN 级，NLL 型线夹，与杆塔 U-10 挂环联接）

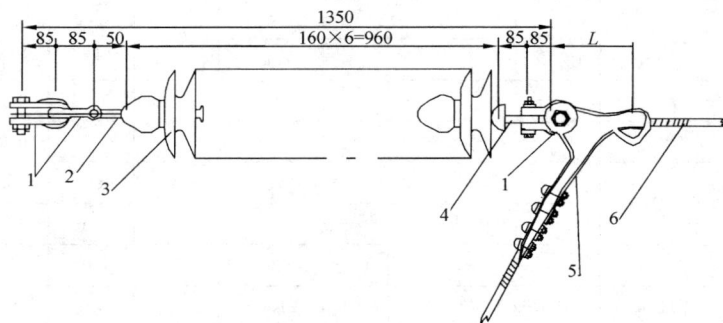

图 11-10-62　66kV 线路单联耐张绝缘子串组装图

表 11-10-62　　　　　　　　　　　　　　　**图 11-10-62 零 件 表**

序号	名　称	型　号	导　线		数量	单重（kg）	全重（kg）	总重（kg）	长度（mm）
			型　号	直径（mm）					
1	U 型挂环	U-10			3	0.60	1.80		85
2	球头挂环	QP-10			1	0.32	0.32		50
3	绝缘子	XWP2-100			6	7.9	47.4		160
					7	7.9	55.3		
4	碗头挂板	W1-10			1	0.90	0.90		85
5	耐张线夹	NLL-4	LGJ-70/10～240/40	11.4～21.66	1	4.1	4.1	54.52	285
		NLL-5	LGJ-185/10～500/45	18.0～30.0	1	7.0	7.0	57.42	345
6	铝包带	1×10							

注　1. 总重和长度为绝缘子 6 片组装的重量和长度，如不用 6 片另改总重和长度；

　　2. 采用 U-10 型 U 型挂环，相联 NLL-5 型线夹中的螺栓直径 d 为 20mm。

11. 66kV 线路单联耐张绝缘子串组装图（100kN 级，NLL 型线夹，与杆塔 Z-10 挂板联接）

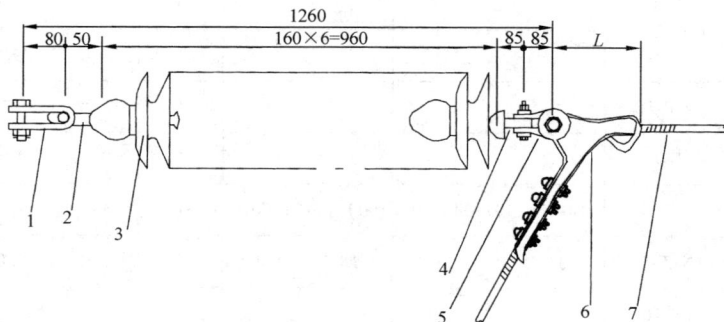

图 11-10-63　66kV 线路单联耐张绝缘子串组装图

表 11-10-63　　　　　　　　　　　　　图 11-10-63 零 件 表

序号	名　称	型　号	导线 型　号	导线 直径（mm）	数量	单重 （kg）	全重 （kg）	总重 （kg）	长度 （mm）
1	挂板	Z-10			1	0.83	0.83		80
2	球头挂环	QP-10			1	0.32	0.32		50
3	绝缘子	XWP2-100			6	7.9	47.4		160
					7	7.9	55.3		
4	碗头挂板	W1-10			1	0.9	0.9		85
5	U 型挂环	U-10			1	0.6	0.6		85
6	耐张线夹	NLL-4	LGJ-70/10～240/40	11.4～21.66	1	4.1	4.1	54.15	285
		NLL-5	LGJ-185/10～500/45	18.0～30.0	1	7.0	7.0	57.05	345
7	铝包带	1×10							

注 1. 总重和长度为绝缘子 6 片组装的重量和长度，如不用 6 片另改总重和长度；
　　2. 采用 U-10 型 U 型挂环，相联 NLL-5 型线夹中的螺栓直径 d 为 20mm。

12. 66kV 线路单联耐张绝缘子串组装图——绝缘子倒装串（100kN 级，NLL 型线夹，与杆塔 Z-10 挂板联接）

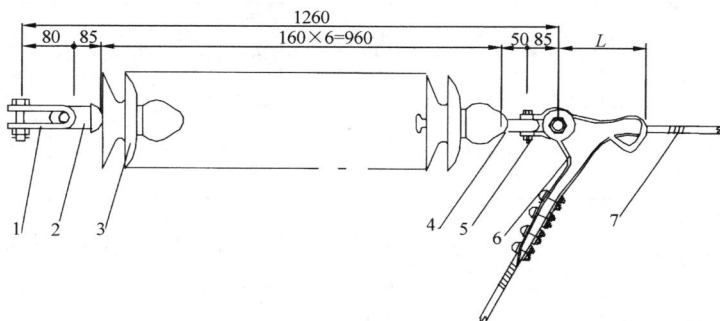

图 11-10-64　66kV 线路单联耐张绝缘子串组装图——绝缘子倒装串

表 11-10-64　　　　　　　　　　　　　图 11-10-64 零 件 表

序号	名　称	型　号	导线 型　号	导线 直径（mm）	数量	单重 （kg）	全重 （kg）	总重 （kg）	长度 （mm）
1	挂板	Z-10			1	0.83	0.83		80
2	碗头挂板	W1-10			1	0.90	0.90		85
3	绝缘子	XWP2-100			6	7.9	47.4		160
					7	7.9	55.3		
4	球头挂环	QP-10			1	0.32	0.32		50
5	U 型挂环	U-10			1	0.6	0.6		85
6	耐张线夹	NLL-4	LGJ-70/10～240/40	11.4～21.66	1	4.1	4.1	54.15	285
		NLL-5	LGJ-185/10～500/45	18.0～30.0	1	7.0	7.0	57.05	345
7	铝包带	1×10							

注 1. 总重和长度为绝缘子 6 片组装的重量和长度，如不用 6 片另改总重和长度；
　　2. 采用 U-10 型 U 型挂环，相联 NLL-5 型线夹中的螺栓直径 d 为 20mm。

13. 66kV 线路单联耐张绝缘子串组装图（100kN 级，NB 型线夹，与杆塔 U-10 挂环联接）

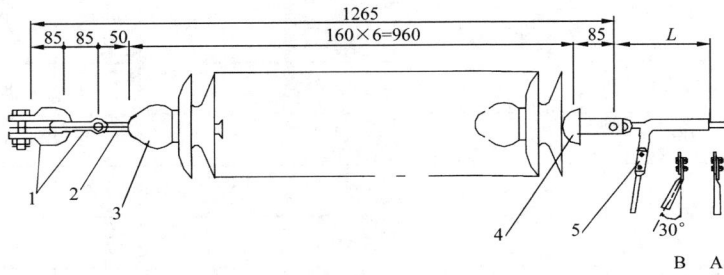

图 11-10-65 66kV 线路单联耐张绝缘子串组装图

表 11-10-65

图 11-10-65 零 件 表

序号	名 称	型 号	导线		数量	单重（kg）	全重（kg）	总重（kg）	长度（mm）
			型 号	直径（mm）					
1	U 型挂环	U-10			2	0.60	1.20		85
2	球头挂环	QP-10			1	0.32	0.32		50
3	绝缘子	XWP2-100			6	7.9	47.4		160
					7	7.9	55.3		
4	碗头挂板	WS-10			1	1.2	1.2		85
5	耐张线夹	NB-300/40A NB-300/40B	LGJ-300/40	23.94	1	2.36	2.36	52.48	410
		NB-300/50A NB-300/50B	LGJ-300/50	24.26	1	2.69	2.69	52.81	470
		NB-400/50A NB-400/50B	LGJ-400/50	27.63	1	3.11	3.11	53.23	470

注 1. 总重和长度为绝缘子 6 片组装的重量和长度，如不用 6 片另改总重和长度；

2. 绕跳线耐张线夹用 B 型；

3. 为了与 WS-10 配合，选用四平线路器材厂 NB 型线夹，或按 1985 年修订《电力金具产品样本》选用。

14. 66kV 线路单联耐张绝缘子串组装图（100kN 级，NB 型线夹，与杆塔 Z-10 挂板联接）

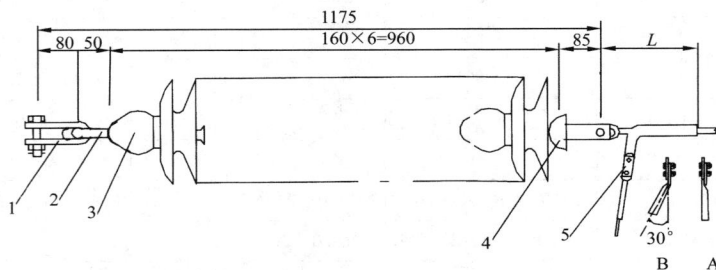

图 11-10-66 66kV 线路单联耐张绝缘子串组装图

表 11-10-66　　　　　　　　　　**图 11-10-66　零件表**

序号	名　称	型　号	导线		数量	单重 （kg）	全重 （kg）	总重 （kg）	长度 （mm）
			型　号	直径（mm）					
1	挂板	Z-10			1	0.83	0.83		80
2	球头挂环	QP-10			1	0.32	0.32		50
3	绝缘子	XWP2-100			6	7.9	47.4		160
					7	7.9	55.3		
4	碗头挂板	WS-10			1	1.2	1.2		85
5	耐张线夹	NB-300/40A NB-300/40B	LGJ-300/40	23.94	1	2.36	2.36	52.11	410
		NB-300/50A NB-300/50B	LGJ-300/50	24.26	1	2.69	2.69	52.44	470
		NB-400/50A NB-400/50B	LGJ-400/50	27.63	1	3.11	3.11	52.86	470

注　1. 总重和长度为绝缘子 6 片组装的重量和长度，如不用 6 片另改总重和长度；

　　2. 绕跳线耐张线夹用 B 型；

　　3. 为了与 WS-10 配合，选用四平线路器材厂 NB 型线夹，或按 1985 年修订《电力金具产品样本》选用。

15. 66kV 线路单联耐张绝缘子串组装图——绝缘子倒装串（100kN 级，NB 型线夹，与杆塔 Z-10 挂板联接）

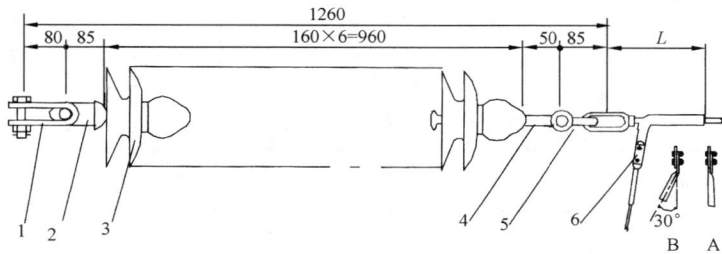

图 11-10-67　66kV 线路单联耐张绝缘子串组装图——绝缘子倒装串

表 11-10-67　　　　　　　　　　**图 11-10-67　零件表**

序号	名　称	型　号	导线		数量	单重 （kg）	全重 （kg）	总重 （kg）	长度 （mm）
			型　号	直径（mm）					
1	挂板	Z-10			1	0.83	0.83		80
2	碗头挂板	W1-10			1	0.90	0.90		85
3	绝缘子	XWP2-100			6	7.9	47.4		160
					7	7.9	55.3		
4	球头挂环	QP-10			1	0.32	0.32		50
5	U 型挂环	U-10			1	0.60	0.60		85
6	耐张线夹	NB-300/40A NB-300/40B	LGJ-300/40	23.94	1	2.36	2.36	52.41	410
		NB-300/50A NB-300/50B	LGJ-300/50	24.26	1	2.69	2.69	52.74	470
		NB-400/50A NB-400/50B	LGJ-400/50	27.63	1	3.11	3.11	53.16	470

注　1. 总重和长度为绝缘子 6 片组装的重量和长度，如不用 6 片另改总重和长度；

　　2. 绕跳线耐张线夹用 B 型。

16. 66kV 线路单联耐张绝缘子串组装图（100kN 级，WN 型线夹，与杆塔 U-10 挂环联接）

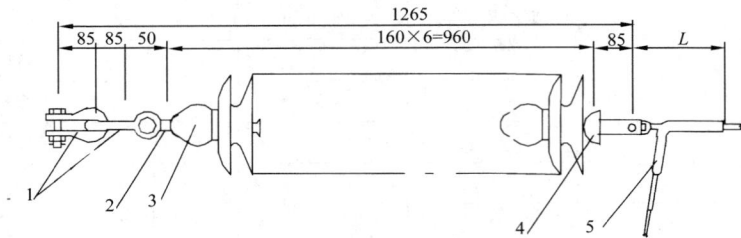

图 11-10-68　66kV 线路单联耐张绝缘子串组装图

表 11-10-68　　　　　　　　　**图 11-10-68 零 件 表**

序号	名　称	型　号	导　线		数量	单重（kg）	全重（kg）	总重（kg）	长度（mm）
			型　号	直径（mm）					
1	U 型挂环	U-10			2	0.60	1.20		85
2	球头挂环	QP-10			1	0.32	0.32		50
3	绝缘子	XWP2-100			6	7.9	47.4		160
					7	7.9	55.3		
4	碗头挂板	WS-10			1	1.2	1.20		85
5	耐张线夹	WN-240/40	LGJ-240/40	21.66	1	1.90	1.90	52.02	450
		WN-300/40	LGJ-300/40	23.94	1	2.10	2.10	52.22	470
		WN-400/50	LGJ-400/50	27.63	1	2.90	2.90	53.02	510

注　1. 总重和长度为绝缘子 6 片组装的重量和长度，如不用 6 片另改总重和长度；

　　2. 绕跳线耐张线夹偏转 30°压接。

　　3. WN 型跳线爆压耐张线夹为四平线路器材厂产品。

17. 66kV 线路单联耐张绝缘子串组装图（100kN 级，WN 型线夹，与杆塔 Z-10 挂板联接）

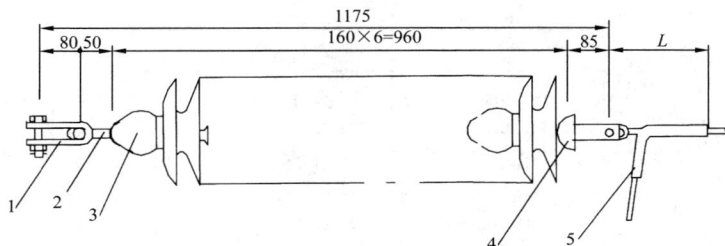

图 11-10-69　66kV 线路单联耐张绝缘子串组装图

表 11-10-69   图 11-10-69 零件表

序号	名称	型号	导线 型号	导线 直径（mm）	数量	单重（kg）	全重（kg）	总重（kg）	长度（mm）
1	挂板	Z-10			1	0.83	0.83		80
2	球头挂环	QP-10			1	0.32	0.32		50
3	绝缘子	XWP2-100			6	7.9	47.4		160
					7	7.9	55.3		
4	碗头挂板	WS-10			1	1.2	1.2		85
5	耐张线夹	WN-240/40	LGJ-240/40	21.66	1	1.90	1.90	51.65	450
		WN-300/40	LGJ-300/50	23.94	1	2.10	2.10	51.85	470
		WN-400/50	LGJ-400/50	27.63	1	2.90	2.90	52.65	510

注 1. 总重和长度为绝缘子 6 片组装的重量和长度，如不用 6 片另改总重和长度；

2. 绕跳线耐张线夹偏转 30°压接。

18. 66kV 线路单联耐张绝缘子串组装图——绝缘子倒装串（100kN 级，WN 型线夹，与杆塔 Z-10 挂板联接）

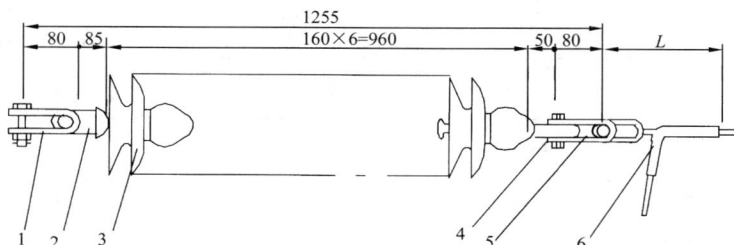

图 11-10-70 66kV 线路单联耐张绝缘子串组装图——绝缘子倒装串

表 11-10-70   图 11-10-70 零件表

序号	名称	型号	导线 型号	导线 直径（mm）	数量	单重（kg）	全重（kg）	总重（kg）	长度（mm）
1	挂板	Z-10			1	0.83	0.83		80
2	碗头挂板	W1-10			1	0.90	0.90		85
3	绝缘子	XWP2-100			6	7.9	47.4		160
					7	7.9	55.3		
4	球头挂环	QP-10			1	0.32	0.32		50
5	挂板	Z-10			1	0.83	0.83		80
6	耐张线夹	WN-240/40	LGJ-240/40	21.66	1	1.90	1.90	52.18	450
		WN-300/40	LGJ-300/50	23.94	1	2.10	2.10	52.38	470
		WN-400/50	LGJ-400/50	27.63	1	2.90	2.90	53.18	510

注 1. 总重和长度为绝缘子 6 片组装的重量和长度，如不用 6 片另改总重和长度；

2. 绕跳线耐张线夹偏转 30°压接。

19. 66kV 线路双联耐张绝缘子串组装图（100kN 级，NLD 型线夹，与杆塔 U-10 挂环联接）

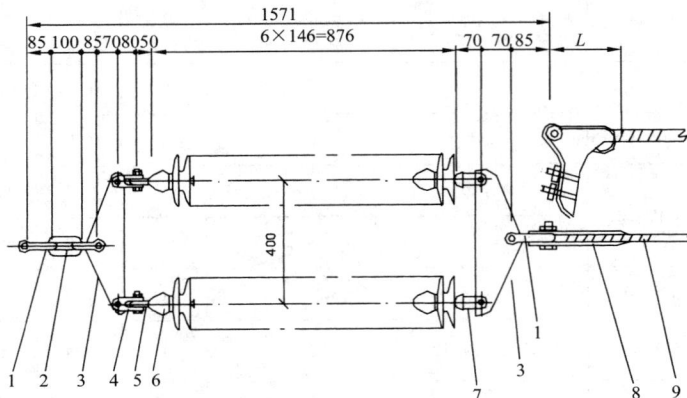

图 11-10-71　66kV 线路双联耐张绝缘子串组装图

表 11-10-71

图 11-10-71　零件表

序号	名　称	型　号	导　线 型　号	导　线 直径（mm）	数量	单重（kg）	全重（kg）	总重（kg）	长度（mm）
1	U 型挂环	U-10			3	0.6	1.80		85
2	挂环	PH-10			1	0.61	0.61		100
3	联板	L-1040			2	4.43	8.86		70
4	挂板	Z-7			2	0.64	1.28		80
5	球头挂环	QP-7			2	0.27	0.54		50
6	绝缘子	XWP2-70			2×5	5.6	56.0		146
					2×6	5.6	67.2		
					2×7	5.6	78.4		
7	碗头挂板	WS-7			2	0.97	1.94		70
8	耐张线夹	NLD-2	LGJ-50/8～70/40	9.6～13.6	1	2.1	2.1	84.33	130
		NLD-3	LGJ-95/15～150/35	13.61～17.5	1	4.6	4.6	86.83	160
		NLD-4	LGJ-185/10～240/55	18.0～22.4	1	7.0	7.0	89.23	220
9	铝包带	1×10							

注　总重和长度为绝缘子 6 片组装的总重和长度，如不用 6 片，需另改总重和长度；

20. 66kV 线路双联耐张绝缘子串组装图（120kN 级，NLD 型线夹，与杆塔 U-12 挂环联接）

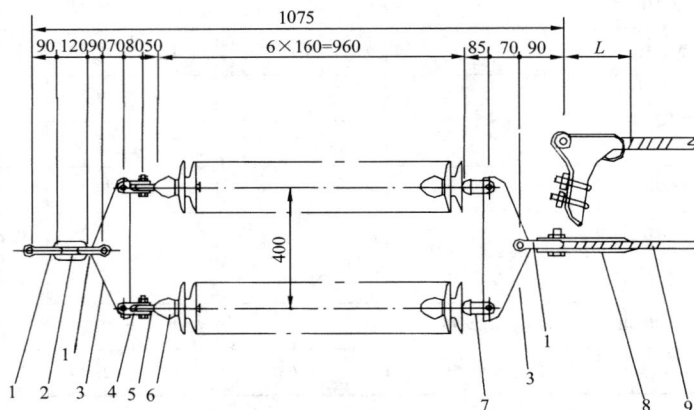

图 11-10-72　66kV 线路双联耐张绝缘子串组装图

表 11-10-72　　　　　　　　　　　图 11-10-72　零 件 表

序号	名　称	型　号	导线 型　号	导线 直径（mm）	数量	单重（kg）	全重（kg）	总重（kg）	长度（mm）
1	U 型挂环	U-12			3	1.0	3.0		90
2	挂环	PH-12			1	0.88	0.88		120
3	联板	L-1240			2	4.66	9.32		70
4	挂板	Z-10			2	0.83	1.66		80
5	球头挂环	QP-10			2	0.32	0.64		50
6	绝缘子	XWP2-100			2×5	7.9	79.0		160
					2×6	7.9	94.8		
					2×7	7.9	110.6		
7	碗头挂板	WS-10			2	1.20	2.40		85
8	耐张线夹	NLD-2	LGJ-50/8～70/40	9.6～13.6	1	2.1	2.1	114.8	130
		NLD-3	LGJ-95/15～150/35	13.61～17.5	1	4.6	4.6	117.3	160
		NLD-4	LGJ-185/10～240/55	18.0～22.4	1	7.0	7.0	119.7	220
9	铝包带	1×10							

注　1. 总重和长度为绝缘子 6 片组装的总重和长度，如不用 6 片，需另改总重和长度；

　　　　2. 采用 NLD-2 线夹，相配 U 型挂环改用 U-7。

21. 66kV 线路双联耐张绝缘子串组装图（120kN 级，NLL 型线夹，与杆塔 U-12 挂环联接）

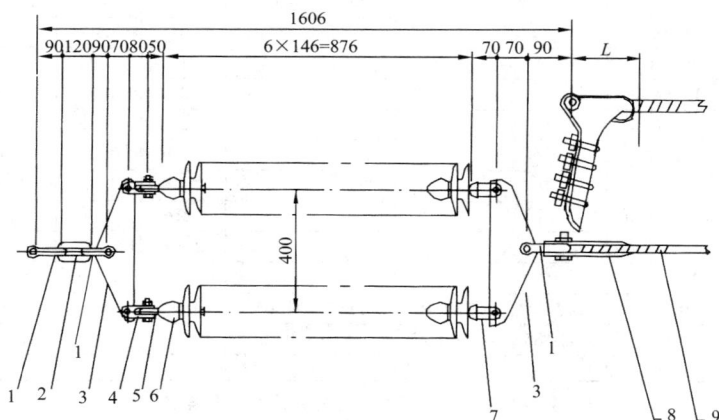

图 11-10-73　　66kV 线路双联耐张绝缘子串组装图

表 11-10-73　　　　　　　　　　　图 11-10-73　零 件 表

序号	名　称	型　号	导线 型　号	导线 直径（mm）	数量	单重（kg）	全重（kg）	总重（kg）	长度（mm）
1	U 型挂环	U-12			3	1.0	3.0		90
2	挂环	PH-12			1	0.88	0.88		120
3	联板	L-1240			2	4.66	9.32		70
4	挂板	Z-7			2	0.64	1.28		80
5	球头挂环	QP-7			2	0.27	0.54		50
6	绝缘子	XWP2-70			2×5	5.6	56.0		146
					2×6	5.6	67.2		
					2×7	5.6	78.4		
7	碗头挂板	WS-7			2	0.97	1.94		70
8	耐张线夹	NLL-4	LGJ-70/10～240/40	11.4～21.66	1	4.1	4.1	88.26	285
		NLL-5	LGJ-185/10～500/45	18.0～30.0	1	7.0	7.0	91.16	345
9	铝包带	1×10							

注　1. 总重和长度为绝缘子 6 片组装的总重和长度，如不用 6 片，需另改总重和长度；

　　　　2. 为 U-12 配合，选用 NLL-5 线夹时，螺栓 d 改为 22mm。

22. **66kV 线路双联耐张绝缘子串组装图（160kN 级，NLL 型线夹，与杆塔 U-16 挂环联接）**

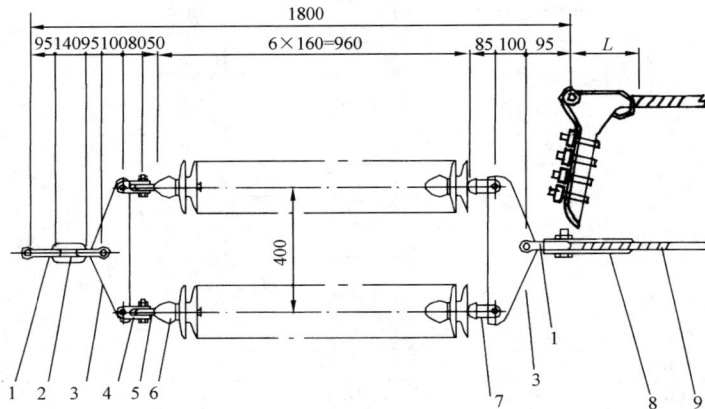

图 11-10-74　66kV 线路双联耐张绝缘子串组装图

表 11-10-74　　　　　　　　　　　图 11-10-74　零件表

| 序号 | 名　称 | 型　号 | 导　线 | | 数量 | 单重（kg） | 全重（kg） | 总重（kg） | 长度（mm） |
			型　号	直径（mm）					
1	U 型挂环	U-16			3	1.47	4.41		95
2	挂环	PH-16			1	1.20	1.20		140
3	联板	L-1640			2	5.85	11.7		100
4	挂板	Z-10			2	0.83	1.66		80
5	球头挂环	QP-10			2	0.32	0.64		50
6	绝缘子	XWP2-100			2×5	7.9	79.0		160
					2×6	7.9	94.8		
					2×7	7.9	110.6		
7	碗头挂板	WS-10			2	1.20	2.40		85
8	耐张线夹	NLL-4	LGJ-70/10～240/40	11.4～21.66	1	4.1	4.1	120.91	285
		NLL-5	LGJ-185/10～500/45	18.0～30.0	1	7.0	7.0	123.81	245
9	铝包带	1×10							

注　总重和长度为绝缘子 6 片组装的总重和长度，如不用 6 片，需另改总重和长度。

23. **66kV 线路双联耐张绝缘子串组装图（120kN 级，NB 型线夹，与杆塔 U-12 挂环联接）**

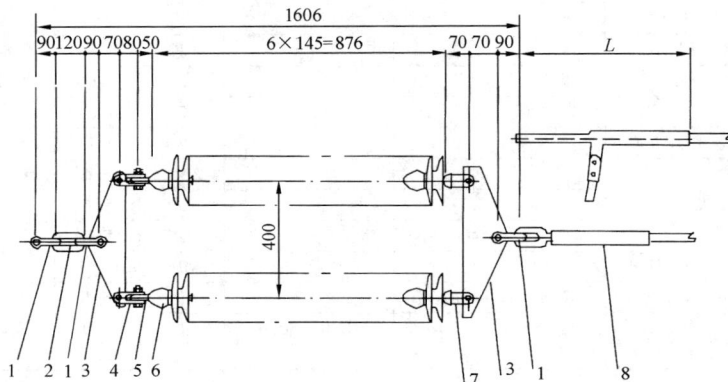

图 11-10-75　66kV 线路双联耐张绝缘子串组装图

表 11-10-75　　　　　　　　　　　　图 11-10-75　零 件 表

序号	名　称	型　号	导　线		数量	单重（kg）	全重（kg）	总重（kg）	总长（mm）
			型　号	直径（mm）					
1	U 型挂环	U-12			3	1.0	3.0		90
2	挂环	PH-12			1	0.88	0.88		120
3	联板	L-1240			2	4.66	9.32		70
4	挂板	Z-7			2	0.64	1.28		80
5	球头挂环	QP-7			2	0.27	0.54		50
6	绝缘子	XWP2-70			2×5	5.6	56.0		146
					2×6	5.6	67.2		
					2×7	5.6	78.4		
7	碗头挂板	WS-7			2	0.97	1.94		70
8	耐张线夹	NB-240/30 A NB-240/30 B	LGJ-240/30	21.6	1	2.04	2.04	86.2	410
		NB-240/40 A NB-240/40 B	LGJ-240/40	21.66	1	2.20	2.20	86.36	420
		NB-300/40 A NB-300/40 B	LGJ-300/40	23.94	1	2.36	2.36	86.52	410
		NB-300/50 A NB-300/50 B	LGJ-300/50	24.26	1	2.69	2.69	86.85	470
		NB-400/50 A NB-400/50 B	LGJ-400/50	27.63	1	3.11	3.11	87.27	470
		NB-400/65 A NB-400/65 B	LGJ-400/65	28.00	1	3.76	3.76	87.92	490

注　1. 总重和长度为绝缘子 6 片组装的总重和长度，如不用 6 片，需另改总重和长度；
　　2. 绕跳线耐张线夹均用 B 型。

24. 66kV 线路双联耐张绝缘子串组装图——绝缘子倒装串（120kN 级，NB 型线夹，与杆塔 U-12 挂环联接）

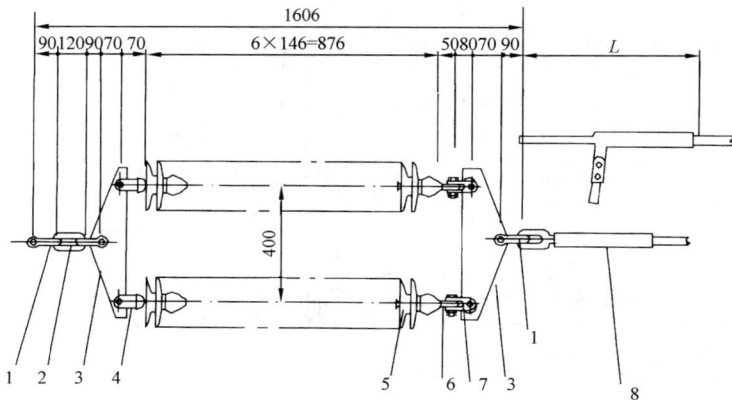

图 11-10-76　66kV 线路双联耐张绝缘子串组装图——绝缘子倒装串

表 11-10-76　　　　　　　　　图 11-10-76　零件表

序号	名　称	型　号	导　线		数量	单重（kg）	全重（kg）	总重（kg）	总长（mm）
			型　号	直径（mm）					
1	U 型挂环	U-12			3	1.0	3.0		90
2	挂环	PH-12			1	0.88	0.88		120
3	联板	L-1240			2	4.66	9.32		70
4	碗头挂板	WS-7			2	0.97	1.94		70
5	绝缘子	XWP2-70			2×5	5.6	56.0		146
					2×6	5.6	67.2		
					2×7	5.6	78.4		
6	球头挂环	QP-7			2	0.27	0.54		50
7	挂板	Z-7			2	0.64	1.28		80
8	耐张线夹	NB-240/30A NB-240/30B	LGJ-240/30	21.6	1	2.04	2.04	86.2	410
		NB-240/40A NB-240/40B	LGJ-240/40	21.66	1	2.20	2.20	86.36	420
		NB-300/40A NB-300/40B	LGJ-300/40	23.94	1	2.36	2.36	86.52	410
		NB-300/50A NB-300/50B	LGJ-300/50	24.26	1	2.69	2.69	86.85	470
		NB-400/50A NB-400/50B	LGJ-400/50	27.63	1	3.11	3.11	87.27	470
		NB-400/65A NB-400/65B	LGJ-400/65	28.00	1	3.76	3.76	87.92	490

注　1. 总重和长度为绝缘子 6 片组装的总重和长度，如不用 6 片，需另改总重和长度；

　　2. 绕跳线耐张线夹均用 B 型。

25. 66kV 线路双联耐张绝缘子串组装图（160kN 级，NB 型线夹，与杆塔 U-16 挂环联接）

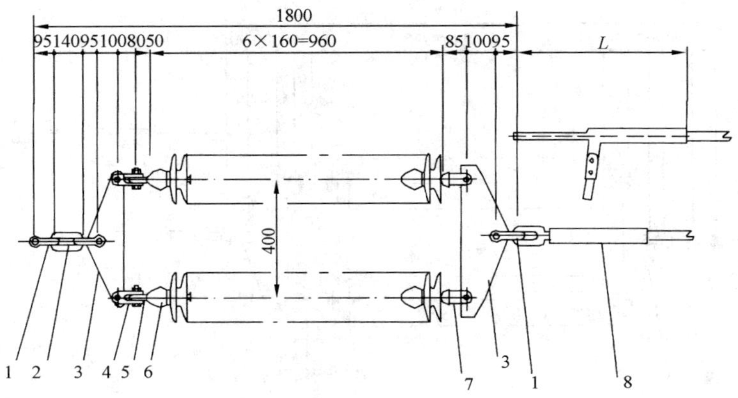

图 11-10-77　66kV 线路双联耐张绝缘子串组装图

表 11-10-77　　　　　　　　图 11-10-77 零 件 表

序号	名　称	型　号	导　线型　号	导　线直径（mm）	数量	单重（kg）	全重（kg）	总重（kg）	总长（mm）
1	U 型挂环	U-16			3	1.47	4.41		95
2	挂环	PH-16			1	1.20	1.20		140
3	联板	L-1640			2	5.85	11.7		100
4	挂板	Z-10			2	0.83	1.66		80
5	球头挂环	QP-10			2	0.32	0.64		50
6	绝缘子	XWP2-100			2×5	7.9	79.0		160
					2×6	7.9	94.8		
					2×7	7.9	110.6		
7	碗头挂板	WS-10			2	1.20	2.40		85
8	耐张线夹	NB-240/30A NB-240/30B	LGJ-240/30	21.6	1	2.04	2.04	118.5	410
		NB-240/40A NB-240/40B	LGJ-240/40	21.66	1	2.20	2.20	119.01	420
		NB-300/40A NB-300/40B	LGJ-300/40	23.94	1	2.36	2.36	119.17	410
		NB-300/50A NB-300/50B	LGJ-300/50	24.26	1	2.69	2.69	119.5	470
		NB-400/50A NB-400/50B	LGJ-400/50	27.63	1	3.11	3.11	119.92	470
		NB-400/65A NB-400/65B	LGJ-400/65	28.00	1	3.76	3.76	120.57	490

注　1. 总重和长度为绝缘子 6 片组装的总重和长度，如不用 6 片，需另改总重和长度；
　　2. 绕跳线耐张线夹均用 B 型。

26. 66kV 线路双联耐张绝缘子串组装图——绝缘子倒装串（160kN 级，NB 型线夹，与杆塔 U-16 挂环联接）

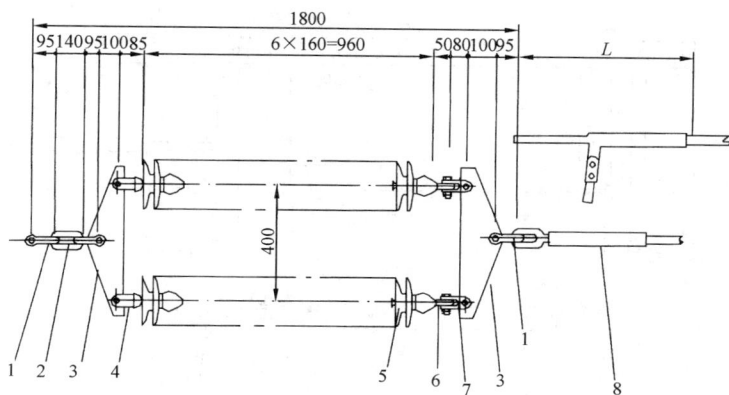

图 11-10-78　66kV 线路双联耐张绝缘子串组装图——绝缘子倒装串

表 11-10-78 　　　　　　　　　　　　图 11-10-78　零件表

序号	名　称	型　号	导　线		数量	单重（kg）	全重（kg）	总重（kg）	总长（mm）
			型　号	直径（mm）					
1	U 型挂环	U-16			3	1.47	4.41		95
2	挂环	PH-16			1	1.20	1.20		140
3	联板	L-1640			2	5.85	11.7		100
4	碗头挂板	WS-10			2	1.20	2.40		85
5	绝缘子	XWP2-100			2×5	7.9	79.0		160
					2×6	7.9	94.8		
					2×7	7.9	110.6		
6	球头挂环	QP-10			2	0.32	0.64		50
7	挂板	Z-10			2	0.83	1.66		80
8	耐张线夹	NB-240/30A NB-240/30B	LGJ-240/30	21.6	1	2.04	2.04	118.85	410
		NB-240/40A NB-240/40B	LGJ-240/40	21.66	1	2.20	2.20	119.01	420
		NB-300/40A NB-300/40B	LGJ-300/40	23.94	1	2.36	2.36	119.17	410
		NB-300/50A NB-300/50B	LGJ-300/50	24.26	1	2.69	2.69	119.5	470
		NB-400/50A NB-400/50B	LGJ-400/50	27.63	1	3.11	3.11	119.92	470
		NB-400/65A NB-400/65B	LGJ-400/65	28.00	1	3.76	3.76	120.57	490

注　1. 总重和长度为绝缘子 6 片组装的总重和长度，如不用 6 片，需另改总重和长度；
　　2. 绕跳线耐张线夹均用 B 型。

27. 66kV 线路双联耐张绝缘子串组装图（120kN 级，WN 型线夹，与杆塔 U-12 挂环联接）

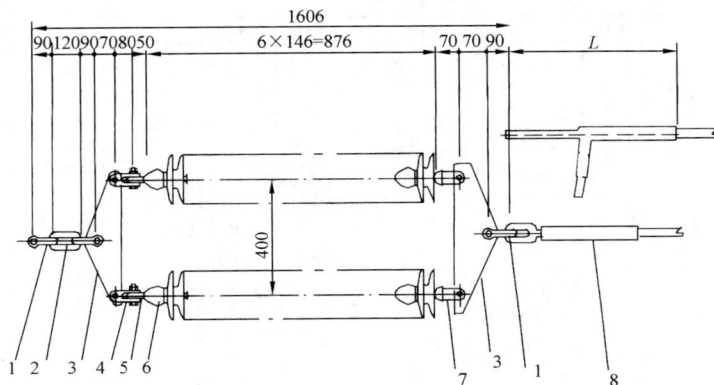

图 11-10-79　66kV 线路双联耐张绝缘子串组装图

表 11-10-79　　　　　　　　　　　图 11-10-79　零 件 表

序号	名　称	型　号	导线		数量	单重 (kg)	全重 (kg)	总重 (kg)	长度 (mm)
			型　号	直径（mm）					
1	U 型挂环	U-12			3	1.0	3.0		90
2	挂环	PH-12			1	0.88	0.88		120
3	联板	L-1240			2	4.66	9.32		70
4	挂板	Z-7			2	0.64	1.28		80
5	球头挂环	QP-7			2	0.27	0.54		50
6	绝缘子	XWP2-70			2×5	5.6	56.0		146
					2×6	5.6	67.2		
					2×7	5.6	78.4		
7	碗头挂板	WS-7			2	0.97	1.94		70
8	耐张线夹	WN-240/40	LGJ-240/40	21.66	1	1.9	1.9	86.06	450
		WN-300/40	LGJ-300/40	23.94	1	2.1	2.1	86.26	470
		WN-400/50	LGJ-400/50	27.63	1	2.9	2.9	87.06	510

注　1. 总重和长度为绝缘子 6 片组装的总重和长度，如不用 6 片，需另改总重和长度；

　　2. 绕跳线耐张线夹偏转 30°压接。

28. **66kV 线路双联耐张绝缘子串组装图——绝缘子倒装串（120kN 级，WN 型线夹，与杆塔 U-12 挂环联接）**

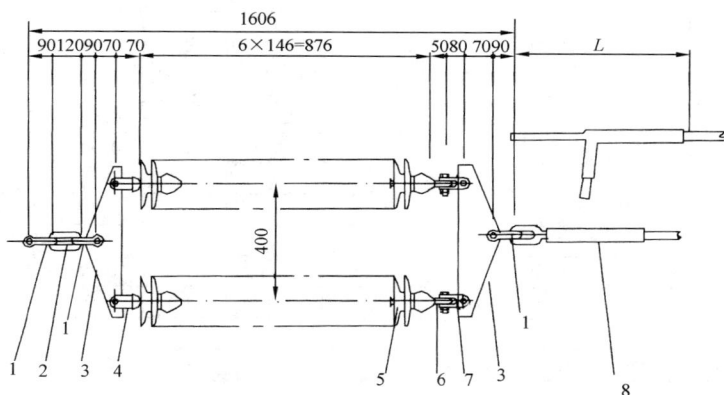

图 11-10-80　66kV 线路双联耐张绝缘子串组装图——绝缘子倒装串

表 11-10-80　　　　　　　　　　　图 11-10-80　零 件 表

序号	名　称	型　号	导线		数量	单重 (kg)	全重 (kg)	总重 (kg)	长度 (mm)
			型　号	直径（mm）					
1	U 型挂环	U-12			3	1.0	3.0		90
2	挂环	PH-12			1	0.88	0.88		120
3	联板	L-1240			2	4.66	9.32		70
4	碗头挂板	WS-7			2	0.97	1.94		70
5	绝缘子	XWP2-70			2×5	5.6	56.0		146
					2×6	5.6	67.2		
					2×7	5.6	78.4		
6	球头挂环	QP-7			2	0.27	0.54		50
7	挂板	Z-7			2	0.64	1.28		80
8	耐张线夹	WN-240/40	LGJ-240/40	21.66	1	1.9	1.9	86.06	450
		WN-300/40	LGJ-300/40	23.94	1	2.1	2.1	86.26	470
		WN-400/50	LGJ-400/50	27.63	1	2.9	2.9	87.06	510

注　1. 总重和长度为绝缘子 6 片组装的总重和长度，如不用 6 片，需另改总重和长度；

　　2. 绕跳线耐张线夹偏转 30°压接。

29. 66kV 线路双联耐张绝缘子串组装图（160kN 级，WN 型线夹，与杆塔 U-16 挂环联接）

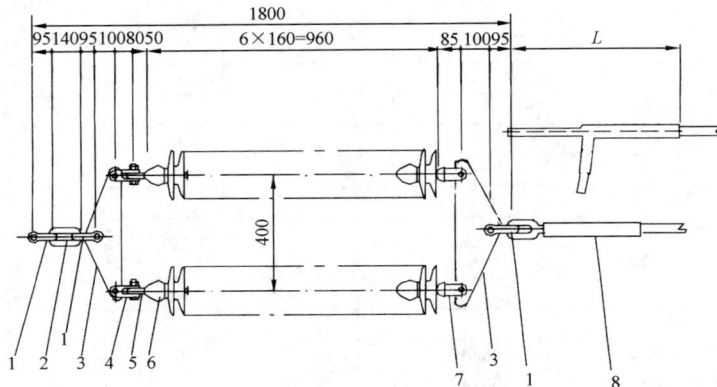

图 11-10-81　　66kV 线路双联耐张绝缘子串组装图

表 11-10-81　　　　　　　　　　　**图 11-10-81　零件表**

序号	名　称	型　号	导　线		数量	单重（kg）	全重（kg）	总重（kg）	长度（mm）
			型　号	直径（mm）					
1	U 型挂环	U-16			3	1.47	4.41		95
2	挂环	PH-16			1	1.20	1.20		140
3	联板	L-1640			2	5.85	11.7		100
4	挂板	Z-10			2	0.83	1.66		80
5	球头挂环	QP-10			2	0.32	0.64		50
6	绝缘子	XWP2-100			2×5	7.9	97.0		160
					2×6	7.9	94.8		
					2×7	7.9	110.6		
7	碗头挂板	WS-10			2	1.20	2.40		85
8	耐张线夹	WN-240/40	LGJ-240/40	21.66	1	1.9	1.9	118.71	450
		WN-300/40	LGJ-300/40	23.94	1	2.1	2.1	118.91	470
		WN-400/50	LGJ-400/50	27.63	1	2.9	2.9	119.71	510

注　1. 总重和长度为绝缘子 6 片组装的总重和长度；

　　2. 绕跳线耐张线夹均用 B 型。

30. 66kV 线路双联耐张绝缘子串组装图——绝缘子倒装串（160kN 级，WN 型线夹，与杆塔 U-16 挂环联接）

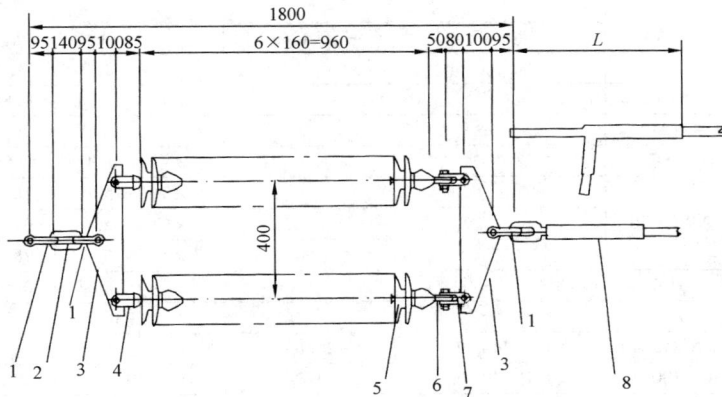

图 11-10-82　　66kV 线路双联耐张绝缘子串组装图——绝缘子倒装串

表 11-10-82　　　　　　　　　　**图 11-10-82 零件表**

| 序号 | 名　称 | 型　号 | 导　线 | | 数量 | 单重（kg） | 全重（kg） | 总重（kg） | 长度（mm） |
			型　号	直径（mm）					
1	U型挂环	U-16			3	1.47	4.41		95
2	挂环	PH-16			1	1.20	1.20		140
3	联板	L-1640			2	5.85	11.7		100
4	碗头挂板	WS-10			2	1.20	2.40		85
5	绝缘子	XWP2-100			2×5	7.9	79.0		160
					2×6	7.9	94.8		
					2×7	7.9	110.6		
6	球头挂环	QP-10			2	0.32	0.64		50
7	挂板	Z-10			2	0.83	1.66		80
8	耐张线夹	WN-240/40	LGJ-240/40	21.66	1	1.9	1.9	118.71	450
		WN-300/40	LGJ-300/40	23.94	1	2.1	2.1	118.91	470
		WN-400/50	LGJ-400/50	27.63	1	2.9	2.9	119.71	510

注 1. 总重和长度为绝缘子6片组装的总重和长度；

　　2. 绕跳线耐张线夹均用B型。

31. 66kV线路双联复导线耐张绝缘子串组装图（160kN级，NB型线夹，与杆塔U-16挂环联接）

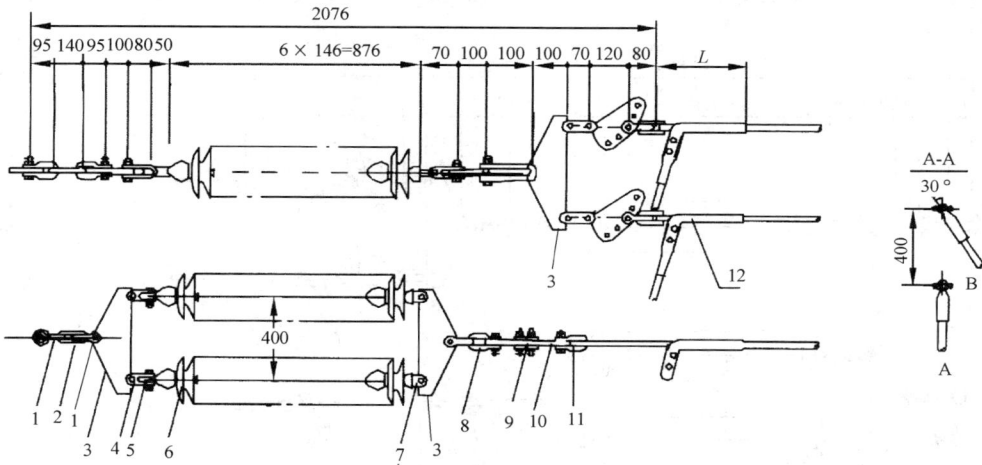

图 11-10-83　66kV线路双联复导线耐张绝缘子串组装图

表 11-10-83　　　　　　　　　　**图 11-10-83 零件表**

| 序号 | 名　称 | 型　号 | 导　线 | | 数量 | 单重（kg） | 全重（kg） | 总重（kg） | 长度（mm） |
			型　号	直径（mm）					
1	U型挂环	U-16			2	1.47	2.94		95
2	挂环	PH-16			1	1.20	1.20		140
3	联板	L-1640			3	5.85	17.55		100
4	挂板	Z-7			2	0.64	1.28		80
5	球头挂环	QP-7			2	0.27	0.54		50
6	绝缘子	XWP2-70			2×5	5.6	56.0		146
					2×6	5.6	67.2		
					2×7	5.6	78.4		
7	碗头挂板	WS-7			2	0.97	1.94		70
8	挂板	Z-16			1	2.48	2.48		100
9	挂板	P-7			2	0.60	1.2		70
10	调整板	DB-7			2	1.7	3.4		120
11	U型挂环	U-7			2	0.5	1.0		80

续表

序号	名 称	型 号	导 线		数量	单重 (kg)	全重 (kg)	总重 (kg)	长度 (mm)
			型 号	直径 (mm)					
12	耐张线夹	NB-240/30A NB-240/30B	LGJ-240/30	21.6	2	2.04	4.08	104.81	410
		NB-240/40A NB-240/40B	LGJ-240/40	21.66	2	2.20	4.4	105.13	420
		NB-300/40A NB-300/40B	LGJ-300/40	23.94	2	2.36	4.72	105.45	410
		NB-300/50A NB-300/50B	LGJ-300/50	24.26	2	2.69	5.38	106.11	470
		NB-400/50A NB-400/50B	LGJ-400/50	27.63	2	3.11	6.22	106.95	470

注 1. 总重和长度为绝缘子6片组装的总重和长度, 如不用6片, 需另改总重和长度;

2. 绕跳线耐张线夹均用B型;

3. y 为了与U-7配合, 选用四平线路器材厂NB型线夹, 或按1985年修订《电力新金具产品样本》选用。

32. 66kV线路双联复导线耐张绝缘子串组装图 (210kN级, NB型线夹, 与杆塔U-21挂环联接)

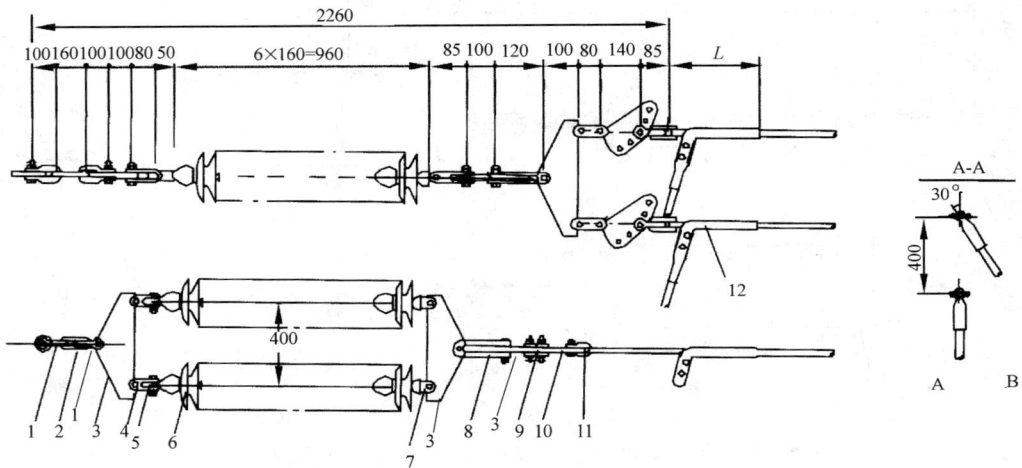

图 11-10-84 66kV线路双联复导线耐张绝缘子串组装图

表 11-10-84 **图 11-10-84 零件表**

序号	名 称	型 号	导 线		数量	单重 (kg)	全重 (kg)	总重 (kg)	长度 (mm)
			型 号	直径 (mm)					
1	U型挂环	U-21			2	2.3	4.6		100
2	挂环	PH-21			1	1.62	1.62		160
3	联板	L-2140			3	7.00	21.00		100
4	挂板	Z-10			2	0.83	1.66		80
5	球头挂环	QP-10			2	0.32	0.64		50
6	绝缘子	XWP2-100			2×5	7.9	79.0		160
					2×6	7.9	94.8		
					2×7	7.9	110.6		
7	碗头挂板	WS-10			2	1.2	2.4		85
8	挂板	Z-21			1	3.64	3.64		120
9	挂板	P-10			2	0.85	1.7		80
10	调整板	DB-10			2	2.7	5.4		140
11	U型挂环	U-10			2	0.6	1.2		85

续表

序号	名　称	型　号	导　线		数量	单重 (kg)	全重 (kg)	总重 (kg)	长度 (mm)
			型　号	直径（mm）					
12	耐张线夹	NB-240/30A NB-240/30B	LGJ-240/30	21.6	2	2.04	4.08	142.74	410
		NB-240/40A NB-240/40B	LGJ-240/40	21.66	2	2.20	4.4	143.06	420
		NB-300/40A NB-300/40B	LGJ-300/40	23.94	2	2.36	4.72	143.38	410
		NB-300/50A NB-300/50B	LGJ-300/50	24.26	2	2.69	5.38	144.04	470
		NB-400/50A NB-400/50B	LGJ-400/50	27.63	2	3.11	6.22	144.88	470

注　1. 总重和长度为绝缘子6片组装的总重和长度，如不用6片，需另改总重和长度；

　　2. 绕跳线耐张线夹均用B型；

　　3. 为了与U-10配合，选用四平线路器材厂NB型线夹，或按1985年修订《电力靳金具产品样本》选用。

33. 66kV线路双联复导线耐张绝缘子串组装图——绝缘子倒装串（210kN级，NB型线夹，与杆塔U-21挂环联接）

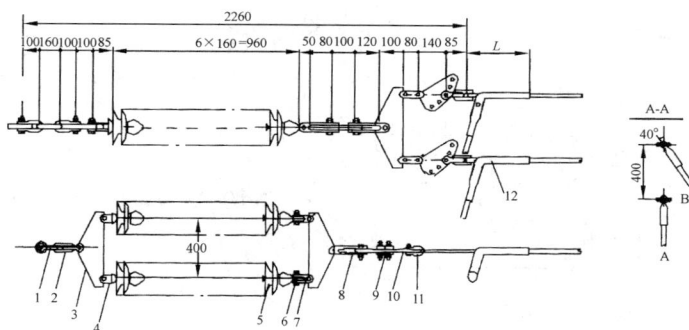

图 11-10-85　66kV线路双联复导线耐张绝缘子串组装图——绝缘子倒装串

表 11-10-85　　　　　　　　　　　　**图 11-10-85 零件表**

序号	名　称	型　号	导　线		数量	单重 (kg)	全重 (kg)	总重 (kg)	长度 (mm)
			型　号	直径（mm）					
1	U型挂环	U-21			2	2.3	4.6		100
2	挂环	PH-21			1	1.62	1.62		160
3	联板	L-2140			3	7.00	21.00		100
4	碗头挂板	WS-10			2	1.2	2.4		85
5	绝缘子	XWP2-100			2×5	7.9	79.0		160
					2×6	7.9	94.8		
					2×7	7.9	110.6		
6	球头挂环	QP-10			2	0.32	0.64		50
7	挂板	Z-10			2	0.83	1.66		80
8	挂板	Z-21			1	3.64	3.64		120
9	挂板	P-10			2	0.85	1.7		80
10	调整板	DB-10			2	2.7	5.4		140
11	U型挂环	U-10			2	0.6	1.2		85

续表

序号	名　称	型　号	导　线		数量	单重 （kg）	全重 （kg）	总重 （kg）	长度 （mm）
			型　号	直径（mm）					
12	耐张线夹	NB-240/30A NB-240/30B	LGJ-240/30	21.6	2	2.04	4.08	142.74	410
		NB-240/40A NB-240/40B	LGJ-240/40	21.66	2	2.20	4.4	143.06	420
		NB-300/40A NB-300/40B	LGJ-300/40	23.94	2	2.36	4.72	143.38	410
		NB-300/50A NB-300/50B	LGJ-300/50	24.26	2	2.69	5.38	144.04	470
		NB-400/50A NB-400/50B	LGJ-400/50	27.63	2	3.11	6.22	144.88	470

注 1. 总重和长度为绝缘子6片组装的总重和长度，如不用6片，需另改总重和长度；

　　2. 绕跳线耐张线夹均用 B 型；

　　3. 为了与 U-10 配合，选用四平线路器材厂 NB 型线夹，或按 1985 年修订《电力金具产品样本》选用。

34. 66kV 线路双联复导线耐张绝缘子串组装图（160kN 级，WN 型线夹，与杆塔 U-16 挂环联接）

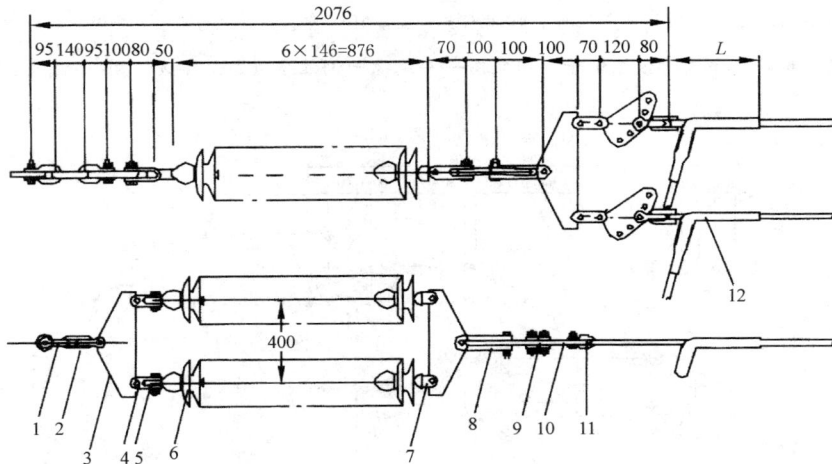

图 11-10-86　66kV 线路双联复导线耐张绝缘子串组装图

表 11-10-86　　　　　　　　　　　**图 11-10-86 零件表**

序号	名　称	型　号	导　线		数量	单重 （kg）	全重 （kg）	总重 （kg）	长度 （mm）
			型　号	直径（mm）					
1	U 型挂环	U-16			2	1.47	2.94		95
2	挂环	PH-16			1	1.20	1.20		140
3	联板	L-1640			3	5.85	17.55		100
4	挂板	Z-7			2	0.64	1.28		80
5	球头挂环	QP-7			2	0.27	0.54		50
6	绝缘子	XWP2-70			2×5	5.6	56.0		146
					2×6	5.6	67.2		
					2×7	5.6	78.4		
7	碗头挂板	WS-7			2	0.97	1.94		70
8	挂板	Z-16			1	2.48	2.48		100
9	挂板	P-7			2	0.60	1.2		70
10	调整板	DB-7			2	1.7	3.4		120
11	U 型挂环	U-7			2	0.5	1.0		80

序号	名　称	型　号	导　线		数量	单重（kg）	全重（kg）	总重（kg）	长度（mm）
			型　号	直径（mm）					
12	耐张线夹	WN-240/40	LGJ-240/40	21.66	2	1.9	3.8	104.53	450
		WN-300/40	LGJ-300/40	23.94	2	2.1	4.2	104.93	470
		WN-400/50	LGJ-400/50	27.63	2	2.9	5.8	106.53	510

注　1. 总重和长度为绝缘子6片组装的总重和长度，如不用6片，需另改总重和长度；

　　2. 绕跳线和上导线耐张线夹偏转30°压接。

35. 66kV 线路双联复导线耐张绝缘子串组装图（210kN 级，WN 型线夹，与杆塔 U-21 挂环联接）

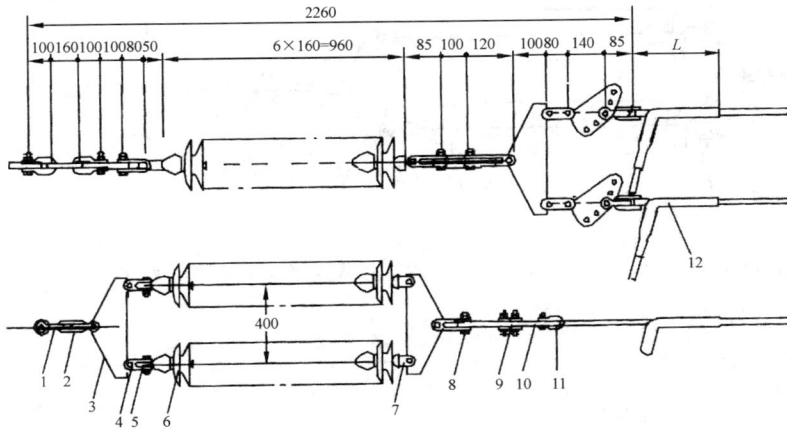

图 11-10-87　66kV 线路双联复导线耐张绝缘子串组装图

表 11-10-87　　　　　　　　图 11-10-87 零 件 表

序号	名　称	型　号	导　线		数量	单重（kg）	全重（kg）	总重（kg）	长度（mm）
			型　号	直径（mm）					
1	U 型挂环	U-21			2	2.3	4.6		100
2	挂环	PH-21			1	1.62	1.62		160
3	联板	L-2140			3	7.00	21.00		100
4	挂板	Z-10			2	0.83	1.66		80
5	球头挂环	QP-10			2	0.32	0.64		50
6	绝缘子	XWP2-100			2×5	7.9	79.0		160
					2×6	7.9	94.8		
					2×7	7.9	110.6		
7	碗头挂板	WS-10			2	1.2	2.4		85
8	挂板	Z-21			1	3.64	3.64		120
9	挂板	P-10			2	0.85	1.7		80
10	调整板	DB-10			2	2.7	5.4		140
11	U 型挂环	U-10			2	0.6	1.2		85
12	耐张线夹	WN-240/40	LGJ-240/40	21.66	2	1.9	3.8	142.46	450
		WN-300/40	LGJ-300/40	23.94	2	2.1	4.2	142.86	470
		WN-400/50	LGJ-400/50	27.63	2	2.9	5.8	144.46	510

注　1. 总重和长度为绝缘子6片组装的总重和长度，如不用6片，需另改总重和长度；

　　2. 绕跳线和上导线耐张线夹偏转30°压接。

36. 66kV 线路双联复导线耐张绝缘子串组装图——绝缘子倒装串（210kN 级，WN 型线夹，与杆塔 U-21 挂环联接）

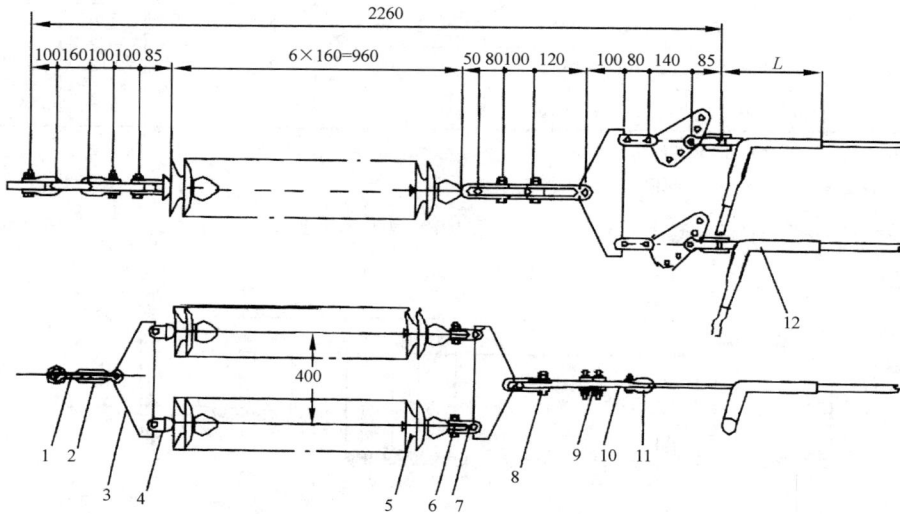

图 11-10-88　66kV 线路双联复导线耐张绝缘子串组装图——绝缘子倒装串

表 11-10-88　　　　　　　　　　**图 11-10-88 零件表**

序号	名 称	型 号	导 线 型 号	导 线 直径（mm）	数 量	单重（kg）	全重（kg）	总重（kg）	长 度（mm）
1	U 型挂环	U-21			2	2.3	4.6		100
2	挂环	PH-21			1	1.62	1.62		160
3	联板	L-2140			3	7.00	21.00		100
4	碗头挂板	WS-10			2	1.20	2.40		85
5	绝缘子	XWP2-100			2×5	7.9	79.0		160
					2×6	7.9	94.8		
					2×7	7.9	110.6		
6	球头挂环	QP-10			2	0.32	0.64		50
7	挂板	Z-10			2	0.83	1.66		80
8	挂板	Z-21			1	3.64	3.64		120
9	挂板	P-10			2	0.85	1.7		80
10	调整板	DB-10			2	2.7	5.4		140
11	U 型挂环	U-10			2	0.6	1.2		85
12	耐张线夹	WN-240/40	LGJ-240/40	21.66	2	1.9	3.8	142.46	450
		WN-300/40	LGJ-300/40	23.94	2	2.1	4.2	142.86	470
		WN-400/50	LGJ-400/50	27.63	2	2.9	5.8	144.46	510

注　1. 总重和长度为绝缘子 6 片组装的总重和长度，如不用 6 片，需另改总重和长度；

　　2. 绕跳线和上导线耐张线夹偏转 30° 压接。

（二）66kV 线路耐张复合绝缘子串组装图

1. 66kV 线路单联耐张复合绝缘子串组装图（70kN 级，NLD 型线夹，与杆塔 U-7 挂环联接）

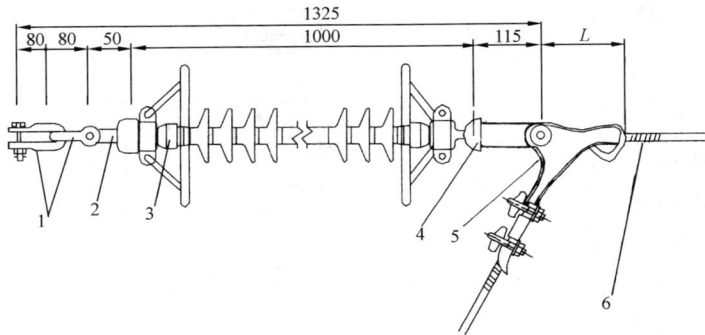

图 11-10-89　66kV 线路单联耐张复合绝缘子串组装图

表 11-10-89　　　　　　　　　　图 11-10-89　零 件 表

序号	名　称	型　号	导线 型　号	导线 直径（mm）	数量	单重（kg）	全重（kg）	总重（kg）	长度（mm）
1	U 型挂环	U-7			2	0.50	1.00		80
2	球头挂环	QP-7			1	0.27	0.27		50
3	复合绝缘子	FXB-66/100-3			1	4.5	4.5		950
		FXB-66/100-4			1	6.2	6.2		1000
4	碗头挂板	W-7B			1	1.01	1.01		115
5	耐张线夹	NLD-2	LGJ-50/8～70/40	9.6～13.6	1	2.1	2.1	10.58	130
		NLD-3	LGJ-95/15～150/35	13.61～17.5	1	4.6	4.6	13.08	160
		NLD-4	LGJ-185/10～240/55	18.0～22.4	1	7.0	7.0	15.48	220
6	铝包带	1×10							

注　总重和长度为复合绝缘子 FXB-66/100-4 型组装的总重和长度，如采用其它型时，需另改总重和长度。

2. 66kV 线路单联耐张复合绝缘子串组装图（70kN 级，NLD 型线夹，与杆塔 Z-7 挂板联接）

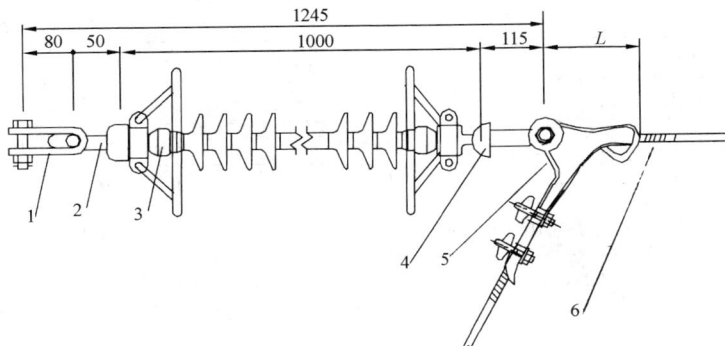

图 11-10-90　66kV 线路单联耐张复合绝缘子串组装图

表 11-10-90　　　　　　　　　　　　　**图 11-10-90 零件表**

序号	名　称	型　号	导　线		数量	单重（kg）	全重（kg）	总重（kg）	长度（mm）
			型　号	直径（mm）					
1	挂板	Z-7			1	0.64	0.64		80
2	球头挂环	QP-7			1	0.27	0.27		50
3	复合绝缘子	FXB-66/100-3			1	4.5	4.5		950
		FXB-66/100-4			1	6.2	6.2		1000
4	碗头挂板	W-7B			1	1.01	1.01		115
5	耐张线夹	NLD-2	LGJ-50/8～70/40	9.6～13.6	1	2.1	2.1	10.22	130
		NLD-3	LGJ-95/15～150/35	13.61～17.5	1	4.6	4.6	12.72	160
		NLD-4	LGJ-185/10～240/55	18.0～22.4	1	7.0	7.0	15.12	220
6	铝包带	1×10							

注　总重和长度为复合绝缘子 FXB-66/100-4 型组装的总重和长度，如采用其它型时，需另改总重和长度。

3. 66kV 线路单联耐张复合绝缘子串组装图（100kN 级，NLL 型线夹，与杆塔 U-10 挂环联接）

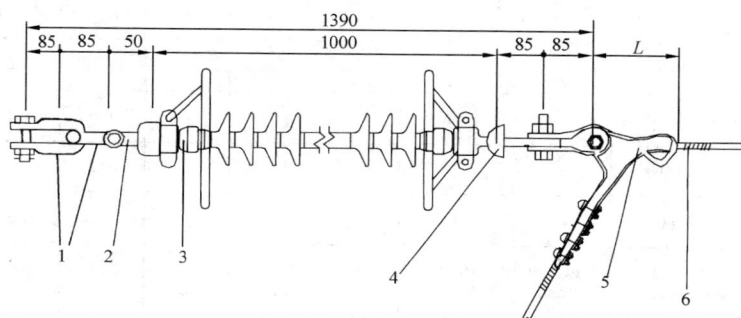

图 11-10-91　66kV 线路单联耐张复合绝缘子串组装图

表 11-10-91　　　　　　　　　　　　　**图 11-10-91 零件表**

序号	名　称	型　号	导　线		数量	单重（kg）	全重（kg）	总重（kg）	长度（mm）
			型　号	直径（mm）					
1	U 型挂环	U-10			3	0.60	1.80		85
2	球头挂环	QP-10			1	0.32	0.32		50
3	复合绝缘子	FXB-66/100-3			1	4.5	4.5		950
		FXB-66/100-4			1	6.2	6.2		1000
4	碗头挂板	W1-10			1	0.9	0.9		85
5	耐张线夹	NLL-4	LGJ-70/10～240/40	11.4～21.66	1	4.1	4.1	13.32	285
		NLL-5	LGJ-185/10～500/45	18.0～33.0	1	7.0	7.0	16.22	345
6	铝包带	1×10							

注　1. 总重和长度为复合绝缘子 FXB-66/100-4 型组装的总重和长度，如采用其它型时，需另改总重和长度；

2. 采用 U-10 型 U 型挂环，相联 NLL-5 型线夹中的螺栓直径 d 为 20mm。

4. 66kV 线路单联耐张复合绝缘子串组装图（100kN 级，NLL 型线夹，与杆塔 Z-10 挂板联接）

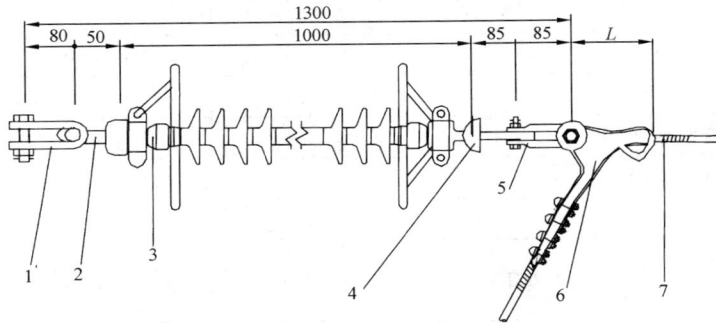

图 11-10-92　66kV 线路单联耐张复合绝缘子串组装图

表 11-10-92　　　　　　　　　　　　　**图 11-10-92　零件表**

序号	名　称	型　号	导　线		数量	单重 (kg)	全重 (kg)	总重 (kg)	长度 (mm)
			型　号	直径（mm）					
1	挂板	Z-10			1	0.83	0.83		80
2	球头挂环	QP-10			1	0.32	0.32		50
3	复合绝缘子	FXB-66/100-3			1	4.5	4.5		950
		FXB-66/100-4			1	6.2	6.2		1000
4	碗头挂板	W1-10			1	0.9	0.9		85
5	U 型挂环	U-10			1	0.6	0.6		85
6	耐张线夹	NLL-4	LGJ-70/10～240/40	11.4～21.66	1	4.1	4.1	12.95	285
		NLL-5	LGJ-185/10～500/45	18.0～33.0	1	7.0	7.0	15.85	345
7	铝包带	1×10							

注　1. 总重和长度为复合绝缘子 FXB-66/100-4 型组装的总重和长度，如采用其它型时，需另改总重和长度；

　　2. 采用 U-10 型 U 型挂环，相联 NLL-5 型线夹中的螺栓直径 d 为 20mm。

5. 66kV 线路单联耐张复合绝缘子串组装图（100kN 级，NB 型线夹，与杆塔 U-10 挂环联接）

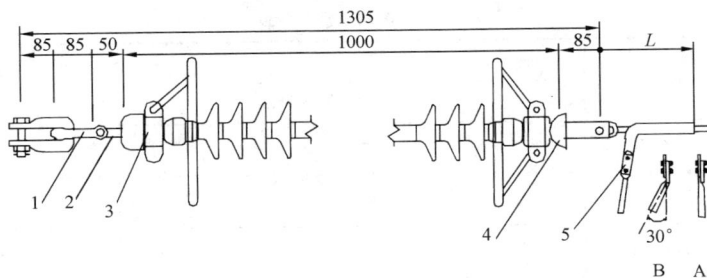

图 11-10-93　66kV 线路单联耐张复合绝缘子串组装图

表 11-10-93   图 11-10-93 零 件 表

序号	名 称	型 号	导线		数量	单重（kg）	全重（kg）	总重（kg）	长度（mm）
			型 号	直径（mm）					
1	U 型挂环	U-10			2	0.60	1.20		85
2	球头挂环	QP-10			1	0.32	0.32		50
3	复合绝缘子	FXB-66/100-3			1	4.5	4.5		950
		FXB-66/100-4			1	6.2	6.2		1000
4	碗头挂板	WS-10			1	1.2	1.2		85
5	耐张线夹	NB-300/40A NB-300/40B	LGJ-300/40	23.94	1	2.36	2.36	11.28	410
		NB-300/50A NB-300/50B	LGJ-300/50	24.26	1	2.69	2.69	11.61	470
		NB-400/50A NB-400/50B	LGJ-400/50	27.63	1	3.11	3.11	12.03	470
		NB-400/65A NB-400/65B	LGJ-400/65	28.00	1	3.76	3.76	12.68	490

注 1. 总重和长度为绝缘子 6 片组装的重量和长度，如不用 6 片另改总重和长度；

2. 绕跳线耐张线夹用 B 型；

3. 为了与 WS-10 配合，选用四平线路器材厂 NB 型线夹，或按 1985 年修订《电力金具产品样本》选用。

6. 66kV 线路单联耐张复合绝缘子串组装图（100kN 级，NB 型线夹，与杆塔 Z-10 挂板联接）

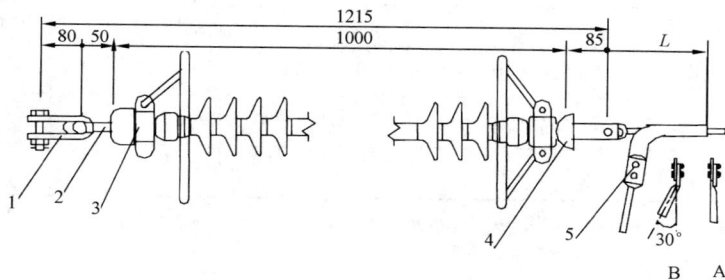

图 11-10-94   66kV 线路单联耐张复合绝缘子串组装图

表 11-10-94   图 11-10-94 零 件 表

序号	名 称	型 号	导线		数量	单重（kg）	全重（kg）	总重（kg）	长度（mm）
			型 号	直径（mm）					
1	挂板	Z-10			1	0.83	0.83		80
2	球头挂环	QP-10			1	0.32	0.32		50
3	复合绝缘子	FXB-66/100-3			1	4.5	4.5		950
		FXB-66/100-4			1	6.2	6.2		1000
4	碗头挂板	WS-10			1	1.2	1.2		85

| 序号 | 名　称 | 型　号 | 导　线 | | 数量 | 单重
（kg） | 全重
（kg） | 总重
（kg） | 长度
（mm） |
			型　号	直径（mm）					
5	耐张线夹	NB-300/40A NB-300/40B	LGJ-300/40	23.94	1	2.36	2.36	10.91	410
		NB-300/50A NB-300/50B	LGJ-300/50	24.26	1	2.69	2.69	11.24	470
		NB-400/50A NB-400/50B	LGJ-400/50	27.63	1	3.11	3.11	11.66	470
		NB-400/65A NB-400/65B	LGJ-400/65	28.00	1	3.76	3.76	12.31	490

注　1. 总重和长度为绝缘子6片组装的重量和长度，如不用6片另改总重和长度；

　　2. 绕跳线耐张线夹用 B 型；

　　3. 为了与 WS-10 配合，选用四平线路器材厂 NB 型线夹，或按1985年修订《电力金具产品样本》选用。

7. 66kV 线路单联耐张复合绝缘子串组装图（100kN 级，WN 型线夹，与杆塔 U-10 挂环联接）

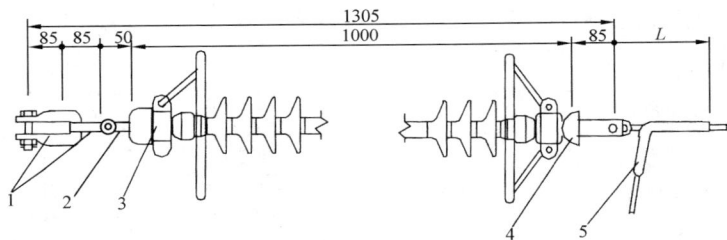

图 11-10-95　66kV 线路单联耐张复合绝缘子串组装图

表 11-10-95　　　　　　　　　　　图 11-10-95 零 件 表

| 序号 | 名　称 | 型　号 | 导　线 | | 数量 | 单重
（kg） | 全重
（kg） | 总重
（kg） | 长度
（mm） |
			型　号	直径（mm）					
1	挂环	U-10			2	0.60	1.20		85
2	球头挂环	QP-10			1	0.32	0.32		50
3	复合绝缘子	FXB-66/100-3			1	4.5	4.5		950
		FXB-66/100-4			1	6.2	6.2		1000
4	碗头挂板	WS-10			1	1.2	1.2		85
5	耐张线夹	WN-240/40	LGJ-240/40	21.66	1	1.9	1.9	10.82	450
		WN-300/40	LGJ-300/40	23.94	1	2.1	2.1	11.02	470
		WN-400/50	LGJ-400/50	27.63	1	2.90	2.90	11.82	510

注　1. 总重和长度为绝缘子6片组装的重量和长度，如不用6片另改总重和长度；

　　2. 绕跳线耐张线夹偏转30°压接。

8. 66kV 线路单联耐张复合绝缘子串组装图（100kN 级，WN 型线夹，与杆塔 Z-10 挂板联接）

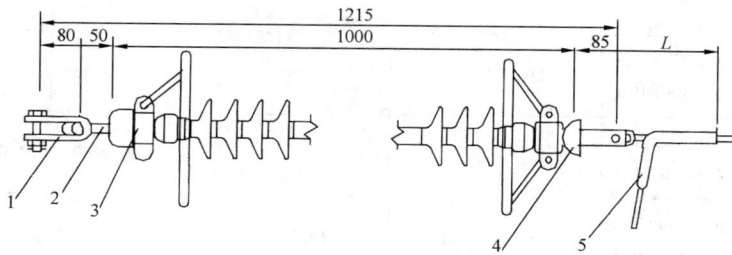

图 11-10-96　66kV 线路单联耐张复合绝缘子串组装图

表 11-10-96　　　　　　　　　　　　图 11-10-96　零 件 表

序号	名　称	型　号	导 线		数量	单重 （kg）	全重 （kg）	总重 （kg）	长度 （mm）
			型　号	直径（mm）					
1	挂板	Z-10			1	0.83	0.83		80
2	球头挂环	QP-10			1	0.32	0.32		50
3	复合绝缘子	FXB-66/100-3			1	4.5	4.5		950
		FXB-66/100-4			1	6.2	6.2		1000
4	碗头挂板	WS-10			1	1.2	1.2		85
5	耐张线夹	WN-240/40	LGJ-240/40	21.66	1	1.9	1.9	10.45	450
		WN-300/40	LGJ-300/40	23.94	1	2.1	2.1	10.65	470
		WN-400/50	LGJ-400/50	27.63	1	2.90	2.90	11.45	510

注　1. 总重和长度为绝缘子 6 片组装的重量和长度，如不用 6 片另改总重和长度；

　　　2. 绕跳线耐张线夹偏转 30°压接。

9. 66kV 线路双联耐张复合绝缘子串组装图（100kN 级，NLD 型线夹，与杆塔 U-10 挂环联接）

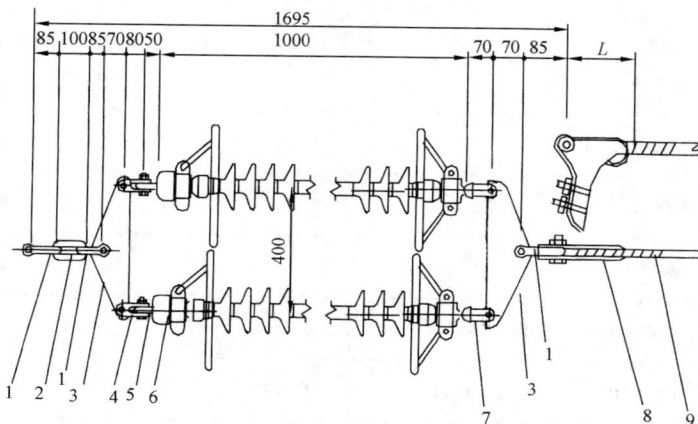

图 11-10-97　66kV 线路双联耐张复合绝缘子串组装图

表 11-10-97　　　　　**图 11-10-97 零件表**

序号	名　称	型　号	导　线 型　号	导　线 直径（mm）	数量	单重（kg）	全重（kg）	总重（kg）	长度（mm）
1	U 型挂环	U-10			3	0.6	1.8		85
2	挂环	PH-10			1	0.61	0.61		100
3	联板	L-1040			2	4.43	8.86		70
4	挂板	Z-7			2	0.64	1.28		80
5	球头挂环	QP-7			2	0.27	0.54		50
6	复合绝缘子	FXB-66/100-3			2×1	4.5	9		95
		FXB-66/100-4			2×1	6.2	12.4		100
7	碗头挂板	WS-7			2	0.97	1.94		70
8	耐张线夹	NLD-2	LGJ-50/8～70/40	9.6～13.6	1	2.1	2.1	29.53	130
		NLD-3	LGJ-95/15～150/35	13.61～17.5	1	4.6	4.6	32.03	160
		NLD-4	LGJ-185/10～240/55	18.0～22.4	1	7.0	7.0	34.43	220
9	铝包带	1×10							

注　1. 总重和长度为复合绝缘子（FXB-66/100-4 型）组装的总重和长度，如采用其它型时，需另改总重和长度；

　　2. 采用 NLD-2 线夹相配 U 型挂环改用 U-7。

10. 66kV 线路双联耐张复合绝缘子串组装图（120kN 级，NLL 型线夹，与杆塔 U-12 挂环联接）

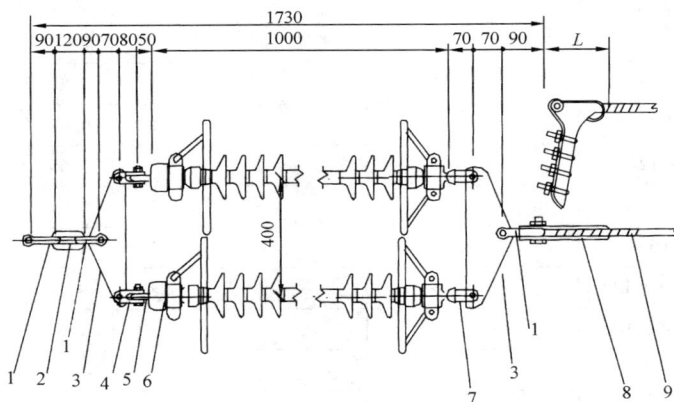

图 11-10-98　66kV 线路双联耐张复合绝缘子串组装图

表 11-10-98　　　　　**图 11-10-98 零件表**

序号	名　称	型　号	导　线 型　号	导　线 直径（mm）	数量	单重（kg）	全重（kg）	总重（kg）	长度（mm）
1	U 型挂环	U-12			3	1.0	3.0		90
2	挂环	PH-12			1	0.88	0.88		120
3	联板	L-1240			2	4.66	9.32		70
4	挂板	Z-7			2	0.64	1.28		80
5	球头挂环	QP-7			2	0.27	0.54		50
6	复合绝缘子	FXB-66/100-3			2×1	4.5	9.0		950
		FXB-66/100-4			2×1	6.2	12.4		1000
7	碗头挂板	WS-7			2	0.97	1.94		70
8	耐张线夹	NLL-4	LGJ-70/10～240/40	11.4～21.6	1	4.1	4.1	33.46	285
		NLL-5	LGJ-185/10～500/45	18.0～30.0	1	7.0	7.0	36.36	245
9	铝包带	1×10							

注　1. 总重和长度为复合绝缘子 FXB-66/100-4 型组装的总重和长度，如采用其它型时，需另改总重和长度；

　　2. 为 U-12 配合，选用 NLL-5 时，螺栓直径 d 改为 22mm。

11. 66kV 线路双联耐张复合绝缘子串组装图（120kN 级，NB 型线夹，与杆塔 U-12 挂环联接）

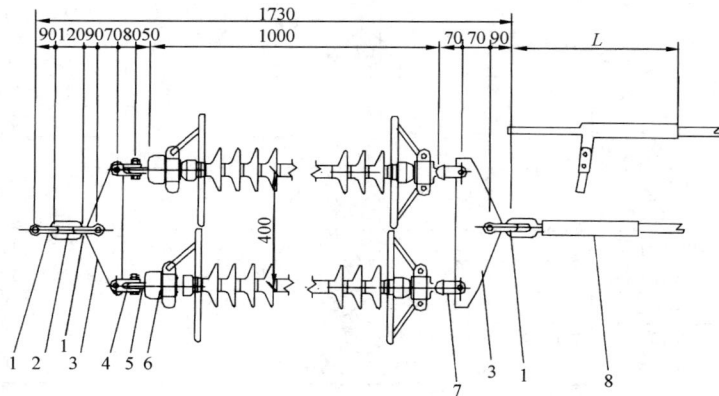

图 11-10-99 66kV 线路双联耐张复合绝缘子串组装图

表 11-10-99　　　　　　　　　　　图 11-10-99 零 件 表

序号	名　称	型　号	导线型　号	导线直径（mm）	数量	单重（kg）	全重（kg）	总重（kg）	长度（mm）
1	U 型挂环	U-12			3	1.0	3.0		90
2	挂环	PH-12			1	0.88	0.88		120
3	联板	L-1240			2	4.66	9.32		70
4	挂板	Z-7			2	0.64	1.28		80
5	球头挂环	QP-7			2	0.27	0.54		50
6	复合绝缘子	FXB-66/100-3			2×1	4.5	9.0		950
		FXB-66/100-4			2×1	6.2	12.4		1000
7	碗头挂板	WS-7			2	0.97	1.94		70
8	耐张线夹	NB-240/30A NB-240/30B	LGJ-240/30	21.6	1	2.04	2.04	31.4	410
		NB-240/40A NB-240/40B	LGJ-240/40	21.66	1	2.20	2.20	31.56	420
		NB-300/40A NB-300/40B	LGJ-300/40	23.94	1	2.36	2.36	31.72	410
		NB-300/50A NB-300/50B	LGJ-300/50	24.26	1	2.69	2.69	32.05	470
		NB-400/50A NB-400/50B	LGJ-400/50	27.63	1	3.11	3.11	32.47	470
		NB-400/65A NB-400/65B	LGJ-400/65	28.00	1	3.76	3.76	33.12	490

注　1. 总重和长度为复合绝缘子 FXB-66/100-4 型组装的总重和长度，如采用其它型时，需另改总重和长度；
　　2. 绕跳线耐张线夹均用 B 型。

12. 66kV 线路双联耐张复合绝缘子串组装图（120kN 级，WN 型线夹，与杆塔 U-12 挂环联接）

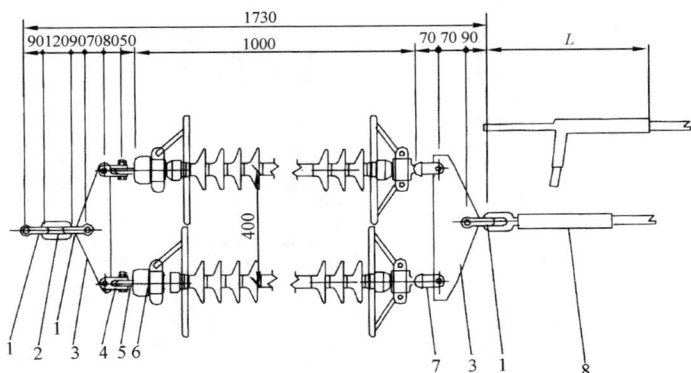

图 11-10-100 66kV 线路双联耐张复合绝缘子串组装图

表 11-10-100   **图 11-10-100 零件表**

序号	名 称	型 号	导 线 型 号	导 线 直径（mm）	数量	单重（kg）	全重（kg）	总重（kg）	长度（mm）
1	U 型挂环	U-12			3	1.0	3.0		90
2	挂环	PH-12			1	0.88	0.88		120
3	联板	L-1240			2	4.66	9.32		70
4	挂板	Z-7			2	0.64	1.28		80
5	球头挂环	QP-7			2	0.27	0.54		50
6	复合绝缘子	FXB-66/100-3			2×1	4.5	9.0		950
		FXB-66/100-4			2×1	6.2	12.4		1000
7	碗头挂板	WS-7			2	0.97	1.94		70
8	耐张线夹	WN-240/40	LGJ-240/40	21.66	1	1.9	1.9	31.26	450
		WN-300/40	LGJ-300/40	23.94	1	2.1	2.1	31.46	470
		WN-400/50	LGJ-400/50	27.63	1	2.9	2.9	32.26	510

注 1. 总重和长度为复合绝缘子 FXB-66/100-4 型组装的总重和长度，如采用其它型时，需另改总重和长度；
    2. 绕跳线耐张线夹偏转 30°压接。

13. 66kV 线路双联复导线耐张复合绝缘子串组装图（210kN 级，NB 型线夹，与杆塔 U-21 挂环联接）

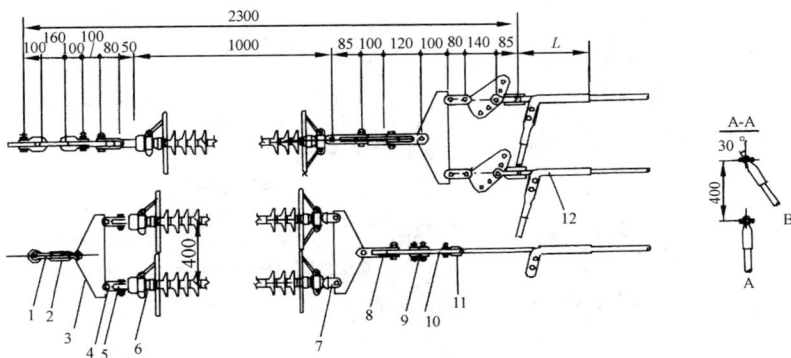

图 11-10-101 66kV 线路双联复导线耐张复合绝缘子串组装图

表 11-10-101　　　　　　　　　　　　图 11-10-101 零件表

| 序号 | 名　称 | 型　号 | 导　线 | | 数量 | 单重（kg） | 全重（kg） | 总重（kg） | 长度（mm） |
			型　号	直径（mm）					
1	U 型挂环	U-21			2	2.3	4.6		100
2	挂环	PH-21			1	1.62	1.62		160
3	联板	L-2140			3	7.00	21.00		100
4	挂板	Z-10			2	0.83	1.66		80
5	球头挂环	QP-10			2	0.32	0.64		50
6	复合绝缘子	FXB-66/100-3			2×1	4.5	9.0		950
		FXB-66/100-4			2×1	6.2	12.4		1000
7	碗头挂板	WS-10			2	1.2	2.4		85
8	挂板	Z-21			1	3.64	3.64		120
9	挂板	P-10			2	0.85	1.7		80
10	调整板	DB-10			2	2.7	5.4		140
11	U 型挂环	U-10			2	0.6	1.2		85
12	耐张线夹	NB-240/30A NB-240/30B	LGJ-240/30	21.6	2	2.04	4.08	60.34	410
		NB-240/40A NB-240/40B	LGJ-240/40	21.66	2	2.20	4.4	60.66	420
		NB-300/50A NB-300/50B	LGJ-300/40	23.94	2	2.36	4.72	66.98	410
		NB-300/50A NB-300/50B	LGJ-300/50	24.26	2	2.69	5.38	61.64	470
		NB-400/50A NB-400/50B	LGJ-400/50	27.63	2	3.11	6.22	62.48	470
		NB-400/65A NB-400/65B	LGJ-400/65	28.00	2	3.76	7.52	63.78	490

注　1. 总重和长度为绝缘子 6 片组装的总重和长度，如不用 6 片，需另改总重和长度；

　　2. 绕跳线耐张线夹均用 B 型；

　　3. 为了与 U-10 配合，选用四平线路器材厂 NB 型线夹，或按 1985 年修订《电力靳金具产品样本》选用。

14. 66kV 线路双联复导线耐张复合绝缘子串组装图（210kN 级，WN 型线夹，与杆塔 U-21 挂环联接）

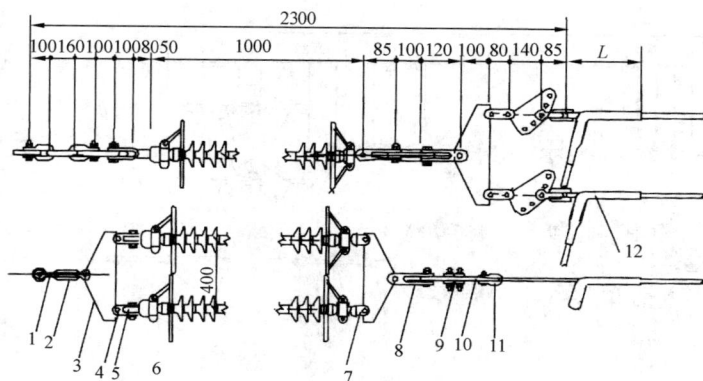

图 11-10-102　66kV 线路双联复导线耐张复合绝缘子串组装图

表 11-10-102　　　　　　　　　　图 11-10-102　零件表

序号	名　称	型　号	导线		数量	单重（kg）	全重（kg）	总重（kg）	长度（mm）
			型　号	直径（mm）					
1	U 型挂环	U-21			2	2.3	4.6		100
2	挂环	PH-21			1	1.62	1.62		160
3	联板	L-2140			3	7.00	21.00		100
4	挂板	Z-10			2	0.83	1.66		80
5	球头挂环	QP-10			2	0.32	0.64		50
6	复合绝缘子	FXB-66/100-3			2×1	4.5	9.0		950
		FXB-66/100-4			2×1	6.2	12.4		1000
7	碗头挂板	WS-10			2	1.2	2.4		85
8	挂板	Z-21			1	3.64	3.64		120
9	挂板	P-10			2	0.85	1.7		80
10	调整板	DB-10			2	2.7	5.4		140
11	U 型挂环	U-10			2	0.6	1.2		85
12	耐张线夹	WN-240/40	LGJ-240/40	21.66	2	1.9	3.8	60.06	450
		WN-300/40	LGJ-300/40	23.94	2	2.1	4.2	60.46	470
		WN-400/50	LGJ-400/50	27.63	2	2.9	5.8	62.06	510

注　1. 总重和长度为复合绝缘子 FXB-66/100-4 型组装的总重和长度，如采用其它型时，需另改总重和长度；

　　　2. 绕跳线耐张线夹偏转30°压接。

五、送电线路地线金具串组装图

（一）送电线路地线悬垂金具串组装图

1. 送电线路地线悬垂金具串组装图（70kN 级，与杆塔 U 型螺丝联接）

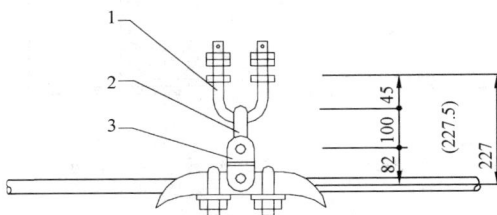

图 11-10-103　送电线路地线悬垂金具串组装图

表 11-10-103　　　　　　　　　　图 11-10-103　零件表

序号	名　称	型　号	地线		个数	单重（kg）	长度（mm）	总重（kg）	长度（mm）
			型　号	直径（mm）					
1	U 型挂环	U-1880			1	0.83	45		
2	挂环	ZH-7			1	0.55	100		
3	悬垂线夹	XGU-1	GJ-25～35	6.5～7.8	1	1.40	82.5	2.78	（227.5）
		XGU-2	GJ-50～70	9.0～11.4	1	1.80	82.0	3.18	227

注　带（　）的为 XGU-1 型线夹金具组装串的总长。

2. 送电线路地线悬垂金具串组装图（70kN级，与杆塔U-7挂环联接）

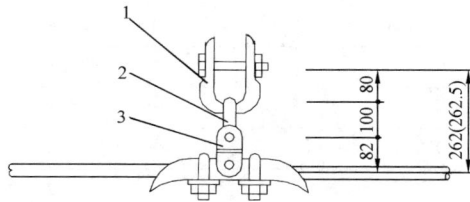

图 11-10-104 送电线路地线悬垂金具串组装图

表 11-10-104 　　　　　　　　　　　　　　　**图 11-10-104 零件表**

序号	名 称	型 号	地 线		个数	单重（kg）	长度（mm）	总重（kg）	长度（mm）
			型 号	直径（mm）					
1	U型挂环	U-7			1	0.5	80		
2	挂环	ZH-7			1	0.55	100		
3	悬垂线夹	XGU-1	GJ-25～35	6.5～7.8	1	1.40	82.5	2.45	(262.5)
		XGU-2	GJ-50～70	9.0～11.4	1	1.80	82	2.85	262

注 带 （ ） 的为 XGU-1 型线夹金具组装串的总长。

3. 送电线路地线悬垂金具串组装图（70kN级，与杆塔ZS-7挂板联接）

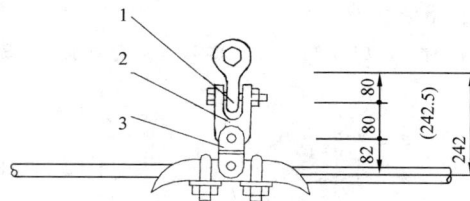

图 11-10-105 送电线路地线悬垂金具串组装图

表 11-10-105 　　　　　　　　　　　　　　　**图 11-10-105 零件表**

序号	名 称	型 号	地 线		个数	单重（kg）	长度（mm）	总重（kg）	长度（mm）
			型 号	直径（mm）					
1	挂板	ZS-7			1	0.58	80		
2	挂板	ZS-7			1	0.58	80		
3	悬垂线夹	XGU-1	GJ-25～35	6.5～7.8	1	1.40	82.5	2.56	(242.5)
		XGU-2	GJ-50～70	9.0～11.4	1	1.80	82.0	2.96	242

注 带 （ ） 的为 XGU-1 型线夹金具组装串的总长。

（二）送电线路地线耐张金具串组装图

1. 送电线路地线楔型耐张金具串组装图（70kN 级，与杆塔 U-7 挂环联接）

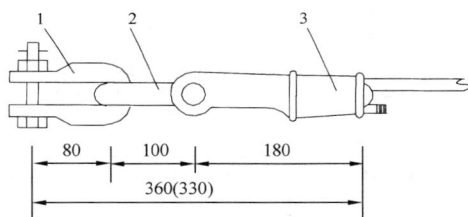

图 11-10-106　送电线路地线楔型耐张金具串组装图

表 11-10-106　　　　　　　　　　　　　　图 11-10-106　零件表

| 序号 | 名　称 | 型　号 | 地线 | | 个数 | 单重 | 长度 | 总重 | 长度 |
			型　号	直径（mm）		（kg）	（mm）	（kg）	（mm）
1	U 型挂环	U-7			1	0.50	80		
2	挂环	ZH-7			1	0.55	100		
3	耐张线夹	NX-1	GJ-25～35	6.5～7.8	1	1.20	150	2.25	(330)
		NX-2	GJ-50～70	9.0～11.4	1	1.76	180	2.81	360

注　带（ ）的为 NX-1 型线夹金具组装串的总长。

2. 送电线路地线楔型耐张金具串组装图（70kN 级，与杆塔 ZS-7 挂板联接）

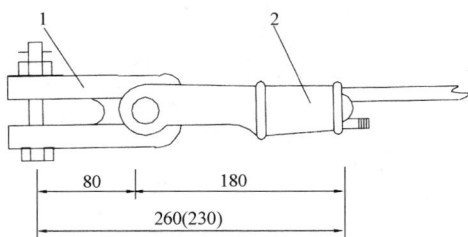

图 11-10-107　送电线路地线楔型耐张金具串组装图

表 11-10-107　　　　　　　　　　　　　　图 11-10-107　零件表

| 序号 | 名　称 | 型　号 | 地线 | | 个数 | 单重 | 长度 | 总重 | 长度 |
			型　号	直径（mm）		（kg）	（mm）	（kg）	（mm）
1	挂板	ZS-7			1	0.58	80		
2	耐张线夹	NX-1	GJ-25～35	6.6～7.8	1	1.20	150	1.78	(230)
		NX-2	GJ-50～70	9.0～11.4	1	1.76	180	2.34	260

注　带（ ）的为 NX-1 型线夹金具组装串的总长。

3. 送电线路地线压缩型耐张金具串组装图（70kN 级，与杆塔 U-7 挂环联接）

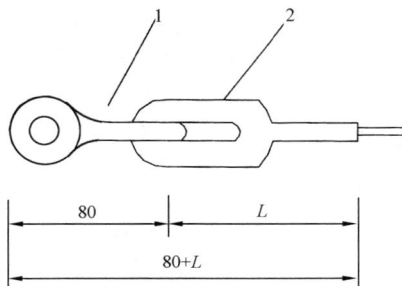

图 11-10-108　送电线路地线压缩型耐张金具串组装图

表 11-10-108　　　　　　　　　**图 11-10-108 零件表**

序号	名　称	型　号	地　线		个数	单重	长度	总重	长度
			型　号	直径（mm）		（kg）	（mm）	（kg）	（mm）
1	挂板	U-7			1	0.50	80		
2	耐张线夹	NY-35G	1×7－7.8	7.8	1	0.52	195	1.02	275
		NY-55G	1×7－9.6	9.6	1	0.7	220	1.20	300
		NY-50G	1×7－9	9	1	0.63	210	1.13	290
		NY-70G	1×19－11	11	1	1.02	245	1.52	325

参 考 文 献

［11-1］机械电子工业部．机械产品目录第九册电线电缆．机械工业出版社，1991.

［11-2］熊中实，倪文杰主编．钢材大全．中国建材工业出版社，1994.

［11-3］陆友琪、马二恩、郭铁成、王毅昌编．钢材实用手册．中国科学院技术出版社，1991.

［11-4］陈载赋主编．建筑结构设计手册．四川科学技术出版社，1994.

［11-5］《法定单位袖珍手册》编写组．法定单位袖珍手册．机械工业出版社，1986.